CÁLCULO

DIFERENCIAL E INTEGRAL

CÁLCULO
DIFERENCIAL E INTEGRAL

RON LARSON
The Pennsylvania State University
The Behrend College

BRUCE EDWARDS
University of Florida

Traducción
Javier León Cárdenas

Revisión técnica
Joel Ibarra Escutia
Tecnológico Nacional de México
Instituto Tecnológico de Toluca

Universidad Autónoma de Nuevo León
Facultad de Ingeniería Mecánica y Eléctrica
Amelia González Cantú
Ricardo Jesús Villarreal Lozano
Magda Patricia Estrada Castillo
César Sordia Salinas
Blanca Yarumi Hi Guajardo
Maria del Refugio Lara Banda
Patricia Elena Moreno Rodríguez
Laura Imelda García Ortiz
Deisy Jaqueline Olazarán Vázquez
Néstor Emmanuel Orellana Hernández

Instituto Politécnico Nacional
CECyT 9, Juan de Dios Bátiz
Gilberto Gamaliel Díaz Monroy
Sergio Ramírez Espinosa

Universidad de Guadalajara, Centro Universitario de Ciencias Exactas e Ingenierías
Sandra Minerva Valdivia Bautista

Instituto Politécnico Nacional
ESIME, Unidad Zacatenco
Francisco Guillermo Becerril Espinoza
Enrique Alfonso Santillán Velarde

Universidad Autónoma de Ciudad Juárez
Instituto de Ingeniería y Tecnología
Heidy Cecilia Chavira
Oscar Hernán Estrada Estrada

Cengage

Australia • Brasil • Canadá • Estados Unidos • México • Reino Unido • Singapur

Cálculo diferencial e integral
Primera edición
Ron Larson
Bruce Edwards

Directora Higher Education Latinoamérica:
Lucía Romo Alanis

Gerente editorial Latinoamérica:
Jesús Mares Chacón

Editora:
Abril Vega Orozco

Coordinador de manufactura:
Rafael Pérez González

Diseño de portada:
Larson Texts, Inc.

Adaptación de portada:
Rafael Vela Ricalde

Imagen de portada:
© Philipp Tur / Shutterstock.com

Composición tipográfica:
Humberto Nuñez Ramos
Heriberto Gachuz Chávez

Traducido del libro:
Calculus with CalcChat® and CalcView®.
Twelfth Edition.
Ron Larson / Bruce Edwards.
Publicado en inglés por Cengage Learning ©2023.
ISBN: 978-0-357-74913-5

Datos para catalogación bibliográfica:
Larson, Ron y Bruce Edwards.
Cálculo diferencial e integral.
Primera edición.
ISBN: 978-607-570-140-0

Visite nuestro sitio en:
http://latam.cengage.com

Impreso en México por Cosegraf
Núm. Impresión: 01 Fecha de Impresión: Marzo 2023
1 2 3 4 5 6 26 25 24 23

Contenido breve

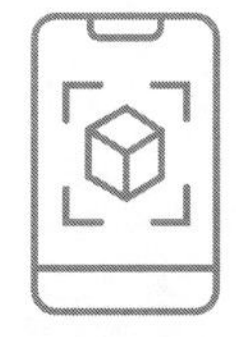

En este capítulo de Cálculo vectorial es posible visualizar algunas gráficas en **REALIDAD AUMENTADA**.

Contenido detallado

En este capítulo de Cálculo vectorial es posible visualizar algunas gráficas en **REALIDAD AUMENTADA**.

En este capítulo de Cálculo vectorial es posible visualizar algunas gráficas en **REALIDAD AUMENTADA**.

* Este material se encuentra disponible en línea. Consulte términos y condiciones con su representante Cengage.

Prefacio

Les presentamos la nueva edición de *Cálculo diferencial e integral*. Esta obra cuenta con novedosos recursos que le ayudarán a entender y dominar el cálculo. Este texto incluye características que hacen de él una valiosa herramienta de aprendizaje para los estudiantes y de enseñanza para los profesores.

Cálculo diferencial e integral, de Ron Larson y Bruce Edwards, proporciona instrucciones claras, matemáticas precisas y la amplia cobertura que usted espera de su curso.

La obra le ofrece acceso gratuito a **LarsonCalculus.com**— Un sitio web complementario con recursos para apoyar la enseñanza-aprendizaje (disponible solo en inglés).

Usted tiene acceso a videos en los que se explican los conceptos o las pruebas del libro, explorar ejemplos, ver gráficas tridimensionales, descargar artículos de revistas especializadas y mucho más.

Este material está basado en la obra completa en inglés, pero cuenta con material disponible que le ayudará en sus clases.

CARACTERÍSTICAS

NUEVO Las grandes ideas del cálculo

Hemos añadido una nueva característica para ayudarlo a descubrir y entender las Grandes ideas del cálculo. Esta característica, que se denota por el icono, tiene cuatro partes.

- Las notas **Grandes ideas del cálculo** ofrecen una visión general de los principales conceptos del capítulo y cómo se relacionan con los conceptos que ha estudiado previamente. Estas notas aparecen casi al principio y también en el repaso del capítulo.
- En cada sección y en el repaso del capítulo, asegúrese de hacer los ejercicios de **Repaso de conceptos** y los de **Exploración de conceptos**. Estos le ayudarán a desarrollar su conocimiento del cálculo con mayor profundidad y claridad. Trabaje en estos ejercicios para desarrollar y fortalecer su comprensión de los conceptos.
- Para seguir explorando el cálculo, haga los ejercicios de **Construcción de conceptos** al terminar y repasar cada capítulo. Estos ejercicios no solamente le ayudarán a expandir su conocimiento y uso del cálculo, sino que lo prepararán para aprender los conceptos de capítulos posteriores.

Grandes ideas del cálculo

Se usarán los conceptos en este capítulo a lo largo del estudio del cálculo. Tome el tiempo necesario para comprender completamente cada concepto ahora para que pueda aplicarlo más tarde. Asegúrese de completar todos los ejercicios conceptuales en este texto: repaso, exploración y construcción de conceptos. Estos ejercicios están denotados por .

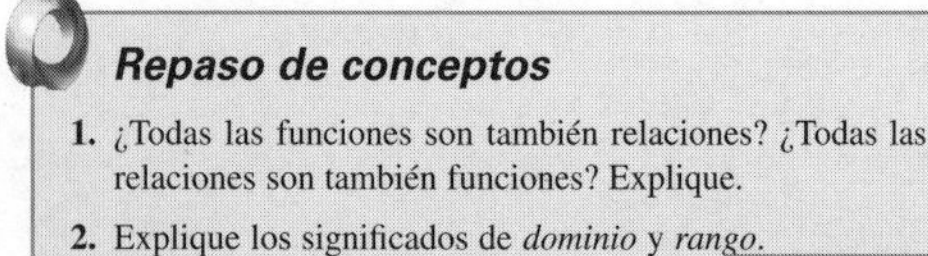

Repaso de conceptos

1. ¿Todas las funciones son también relaciones? ¿Todas las relaciones son también funciones? Explique.
2. Explique los significados de *dominio* y *rango*.
3. ¿Cuáles son los tres tipos básicos de trans funciones?
4. Describa los cuatro casos del criterio d principal.

Exploración de conceptos

En los ejercicios 49 y 50 se presenta la gráfica de la derivada de una función. Dibuje las gráficas de *dos* funciones que tengan la derivada señalada. (Hay más de una respuesta correcta.) Para imprimir una copia ampliada de la gráfica, visite *MathGraphs.com* (disponible solo en inglés).

49. (gráfica de f') **50.** (gráfica de f')

Construcción de conceptos

75. Considere la función

$$F(x) = \int_0^x \operatorname{sen}^2 t\, dt$$

(a) Evalúe F en $x = 0, \pi/6, \pi/3, \pi/2, 2\pi/3, 5\pi/6$ y π. ¿Son los valores de F crecientes o decrecientes? Explique su respuesta.

(b) Utilice las capacidades de integración de una calculadora para graficar F y $y_1 = \operatorname{sen}^2 t$ en el intervalo $0 \leq t \leq \pi$.

(c) Utilice las capacidades de derivación de una calculadora para graficar F'. ¿Cómo se relaciona esta gráfica con la gráfica del inciso (b)?

(d) Verifique que $\operatorname{sen}^2 t$ es la derivada de

$$y = \frac{1}{2}t - \frac{1}{4}\operatorname{sen} 2t$$

Grafique y y escriba un párrafo corto acerca de como esta gráfica se relaciona con las gráficas de los incisos (b) y(c).

Conjuntos de ejercicios ACTUALIZADOS

Los conjuntos de ejercicios han sido examinados de manera cuidadosa y extensa para asegurar que sean rigurosos, relevantes y que incluyan los tópicos que los lectores nos han sugerido. Los ejercicios han sido nombrados y organizados a fin de que usted vea las relaciones entre los ejemplos y los ejercicios. Los ejercicios de la vida real, desarrollados paso a paso, refuerzan las habilidades de solución de problemas y el dominio de conceptos al darle la oportunidad de aplicarlos en situaciones cotidianas.

Proyectos de trabajo

En secciones específicas aparecen proyectos que le ayudarán a explorar las aplicaciones relacionadas con los tópicos que se encuentre estudiando. Todos estos proyectos ofrecen características interesantes y atractivas para que los estudiantes trabajen e investiguen ideas de manera colaborativa.

PROYECTO DE TRABAJO

Gráficas y límites de funciones trigonométricas

Recuerde, del teorema 1.9, que el límite de

$$f(x) = \frac{\operatorname{sen} x}{x}$$

cuando x tiende a 0 es 1.

(a) Utilice una herramienta de graficación para representar la función f en el intervalo $-\pi \le x \le \pi$, y explique cómo ayuda esta gráfica a confirmar dicho teorema.

(b) Explique cómo podría usar una tabla de valores para confirmar numéricamente el valor de este límite.

(c) Trace la gráfica de la función $g(x) = \operatorname{sen} x$. Trace una recta tangente en el punto (0, 0) y estime visualmente su pendiente.

(d) Sea $(x, \operatorname{sen} x)$ un punto en la gráfica de g cercano a (0, 0). Escriba una fórmula para la pendiente de la recta secante que une a $(x, \operatorname{sen} x)$ con (0, 0). Evalúe esta fórmula para $x = 0.1$ y $x = 0.01$. A continuación, encuentre la pendiente exacta de la recta tangente a g en el punto (0, 0).

(e) Dibuje la gráfica de la función coseno, $h(x) = \cos x$. ¿Cuál es la pendiente de la recta tangente en el punto (0, 1)? Utilice límites para calcular analíticamente dicha pendiente.

(f) Calcule la pendiente de la recta tangente a $k(x) = \tan x$ en el punto (0, 0).

Aperturas de capítulo ACTUALIZADAS

Cada apertura de capítulo destaca aplicaciones reales utilizadas en los ejemplos y ejercicios.

Objetivos de sección

Las listas con viñetas al inicio de cada sección señalan los objetivos de aprendizaje para que usted sepa qué contenidos se presentarán a continuación.

Teoremas

Los teoremas proporcionan el marco conceptual para el cálculo. Estos se enuncian claramente y están separados del resto del capítulo mediante recuadros que contribuyen visualmente a una lectura más dinámica. Por lo general se acompañan de pruebas que también aparecen en el sitio *LarsonCalculus.com*

Definiciones

Como en el caso de los teoremas, las definiciones se destacan mediante recuadros que contribuyen a una mejor referencia visual y están enunciadas claramente a través de una redacción precisa y formal.

Exploraciones

Las exploraciones proporcionan desafíos únicos para estudiar conceptos que no se han abordado formalmente en el libro y que le permiten aprender mediante el descubrimiento, así como introducir otros tópicos relacionados con los que se estudian en cada sección. Explorar los temas de esta manera lo alienta, como se dice comúnmente, a pensar fuera de la caja.

Comentarios ACTUALIZADOS

Estas pistas y consejos refuerzan o expanden los conceptos, le enseñan cómo estudiar matemáticas, lo previenen acerca de errores comunes, abordan casos especiales o muestran soluciones alternativas a un ejemplo. Hemos añadido algunos Comentarios para ayudar a los estudiantes que necesitan una tutoría más profunda en álgebra.

Notas históricas y biografías ACTUALIZADAS

Las notas históricas dan información acerca de los fundamentos del cálculo. Las biografías le presentan personajes que crearon e hicieron contribuciones a esta disciplina. En *LarsonCalculus.com* están disponibles muchas más.

166 **Capítulo 3** Aplicaciones de la derivada

3.1 Extremos en un intervalo

- **Definir extremos de una función en un intervalo.**
- **Definir extremos relativos de una función en un intervalo abierto.**
- **Encontrar los extremos en un intervalo cerrado.**

Extremos de una función

En el cálculo, se dedica mucho esfuerzo para determinar el comportamiento de una función f en un intervalo I. ¿f tiene un valor máximo en I? ¿Tiene un valor mínimo? ¿Dónde es creciente la función? ¿Dónde es decreciente? En este capítulo se aprenderá cómo las derivadas pueden ser utilizadas para responder estas preguntas. También se verá por qué estas preguntas son importantes en las aplicaciones de la vida real.

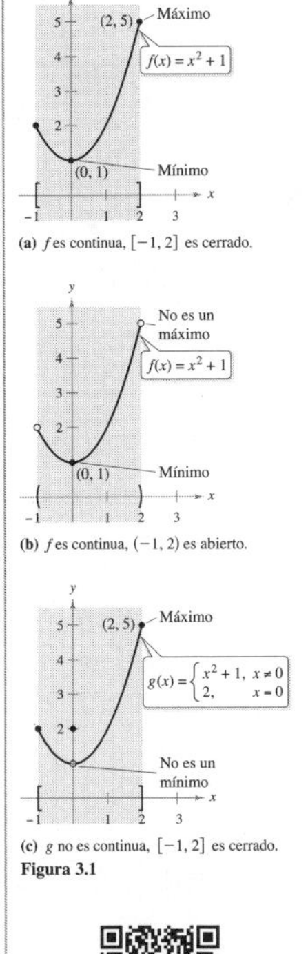

(a) f es continua, $[-1, 2]$ es cerrado.

(b) f es continua, $(-1, 2)$ es abierto.

(c) g no es continua, $[-1, 2]$ es cerrado.

Figura 3.1

Para ver las figuras a color, acceda al código

Definición de extremos

Sea f una función definida en un intervalo I que contiene a c.

1. $f(c)$ es el **mínimo de f en I** si $f(c) \le f(x)$ para toda x en I.
2. $f(c)$ es el **máximo de f en I** si $f(c) \ge f(x)$ para toda x en I.

Los mínimos y máximos de una función en un intervalo son los **valores extremos**, o simplemente **extremos**, de la función en el intervalo. El mínimo y el máximo de una función en un intervalo también reciben el nombre de **mínimo absoluto** y **máximo absoluto**, o **mínimo global** y **máximo global** en el intervalo. En un intervalo dado, los puntos extremos pueden ocurrir en puntos interiores o en sus puntos finales (vea la figura 3.1). A los puntos extremos que se encuentran en los puntos finales se les llama **puntos extremos finales**.

Una función no siempre tiene un mínimo o un máximo en un intervalo. Por ejemplo, en la figura 3.1(a) y (b), es posible ver que la función $f(x) = x^2 + 1$ tiene tanto un mínimo como un máximo en el intervalo cerrado $[-1, 2]$, pero no tiene un máximo en el intervalo abierto $(-1, 2)$. Además, en la figura 3.1(c) se observa que la continuidad (o la falta de la misma) puede afectar la existencia de un extremo en un intervalo. Esto sugiere el siguiente teorema. (Aunque el teorema de los valores extremos es intuitivamente creíble, su demostración no se encuentra dentro del objetivo de este libro.)

TEOREMA 3.1 El teorema del valor extremo

Si f es una función continua en el intervalo cerrado $[a, b]$, entonces f tiene tanto un mínimo como un máximo en el intervalo.

Exploración

Determinación de los valores mínimo y máximo El teorema del valor extremo (al igual que el teorema del valor intermedio) es un *teorema de existencia* porque indica la existencia de valores mínimo y máximo, pero no muestra cómo determinarlos. Use la función para valores extremos de una herramienta de graficación con el fin de encontrar los valores *mínimo y máximo* de cada una de las siguientes funciones. En cada caso, ¿los valores de x son exactos o aproximados? Explique.

a. $f(x) = x^2 - 4x + 5$ en el intervalo cerrado $[-1, 3]$

b. $f(x) = x^3 - 2x^2 - 3x - 2$ en el intervalo cerrado $[-1, 3]$

Tecnología

A lo largo del libro se muestran recuadros sobre la tecnología que le enseñan cómo utilizarla para resolver problemas. Estos consejos también le advierten sobre las posibles trampas en el uso de la tecnología.

Ejercicios del tipo ¿Cómo lo ve?

Un ejercicio de este tipo en cada sección presenta un problema que deberá resolver mediante una inspección visual aplicando los conceptos aprendidos durante la lección.

Aplicaciones ACTUALIZADAS

Para responder la pregunta: "¿Cuándo podría aplicar este conocimiento?", se han incluido en el libro ejercicios cuidadosamente seleccionados. Estas aplicaciones provienen de diversas fuentes, ya sea eventos de la actualidad, datos sobre el mundo, aplicaciones en la industria y más, todos ellos relacionados con un amplio abanico de intereses. Entender qué es o qué puede llegar a ser el cálculo favorece un entendimiento más completo del material.

Desafíos del Examen Putnam

Este tipo de preguntas aparecen en secciones muy específicas. Estas retarán su entendimiento y aumentarán los límites de su comprensión sobre el cálculo.

CARACTERÍSTICA RELEVANTE

La nueva edición de *Cálculo diferencial e integral* cuenta con una nueva característica que estamos seguros resultará muy atractiva y práctica a los estudiantes y profesores.

Podrán identificar las imágenes que se pueden visualizar en Realidad Aumentada porque estarán indicadas con un recuadro.

En la mayoría de las imágenes tridimensionales incluidas en los capítulos de Cálculo vectorial en la obra, se proporciona una función en forma explícita de modo que pueda utilizarse alguna aplicación de Realidad Aumentada para visualizarla.

Las gráficas en tres dimensiones pueden visualizarse mejor utilizando alguna aplicación de Realidad Aumentada (AR, por sus siglas en inglés), por ejemplo, GeoGebra.

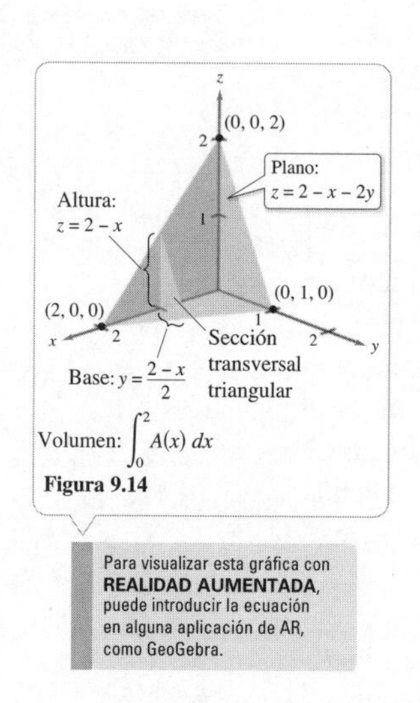

Figura 9.14

Para visualizar esta gráfica con **REALIDAD AUMENTADA**, puede introducir la ecuación en alguna aplicación de AR, como GeoGebra.

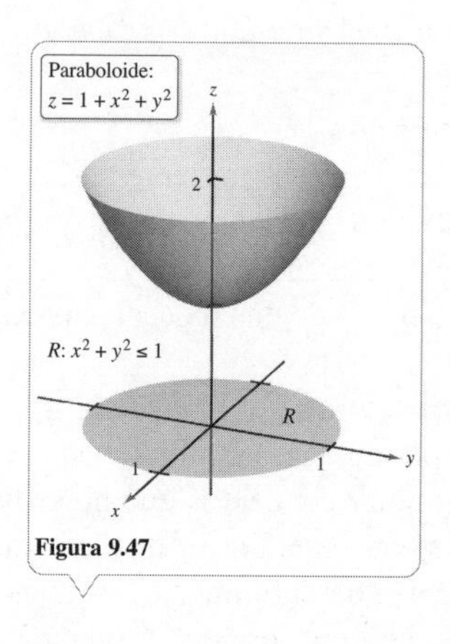

Figura 9.47

Los capítulos que incluyen esta nueva característica (8 y 9) podrán ser identificados porque en el contenido aparecerá este diferenciador

En este capítulo de Cálculo vectorial es posible visualizar algunas gráficas en **REALIDAD AUMENTADA**.

Los invitamos a probar este nuevo recurso en el estudio del Cálculo vectorial.

Reconocimientos

Queremos agradecer a todas las personas que nos han ayudado en las diferentes etapas de la producción de nuestro libro *Cálculo diferencial e integral.* Su aliento, críticas y sugerencias han sido muy valiosas.

Revisores

Stan Adamski, *Owens Community College;* Tilak de Alwis; Darry Andrews; Alexander Arhangelskii, *Ohio University;* Seth G. Armstrong, *Southern Utah University;* Jim Ball, *Indiana State University;* Denis Bell, *University of Northern Florida;* Marcelle Bessman, *Jacksonville University;* Abraham Biggs, *Broward Community College;* Jesse Blosser, *Eastern Mennonite School;* Linda A. Bolte, *Eastern Washington University;* James Braselton, *Georgia Southern University;* Harvey Braverman, *Middlesex County College;* Mark Brittenham, *University of Nebraska;* Tim Chappell, *Penn Valley Community College;* Fan Chen, *El Paso Community College;* Mingxiang Chen, *North Carolina A&T State University;* Oiyin Pauline Chow, *Harrisburg Area Community College;* Julie M. Clark, *Hollins University;* P.S. Crooke, *Vanderbilt University;* Jim Dotzler, *Nassau Community College;* Murray Eisenberg, *University of Massachusetts at Amherst;* Donna Flint, *South Dakota State University;* Michael Frantz, *University of La Verne;* David French, *Tidewater Community College;* Sudhir Goel, *Valdosta State University;* Arek Goetz, *San Francisco State University;* Donna J. Gorton, *Butler County Community College;* John Gosselin, *University of Georgia;* Arran Hamm; Shahryar Heydari, *Piedmont College;* Guy Hogan, *Norfolk State University;* Dr. Enayat Kalantarian, *El Paso Community College;* Marcia Kleinz, *Atlantic Cape Community College;* Ashok Kumar, *Valdosta State University;* Kevin J. Leith, *Albuquerque Community College;* Maxine Lifshitz, *Friends Academy;* Douglas B. Meade, *University of South Carolina;* Bill Meisel, *Florida State College at Jacksonville;* Shahrooz Moosavizadeh; Teri Murphy, *University of Oklahoma;* Darren Narayan, *Rochester Institute of Technology;* Susan A. Natale, *The Ursuline School, NY;* Martha Nega, *Georgia Perimeter College;* Francis Nkansah, *Bunker Hill Community College;* Sam Pearsall, *Los Angeles Pierce College;* Terence H. Perciante, *Wheaton College;* James Pommersheim, *Reed College;* Laura Ritter, *Southern Polytechnic State University;* Carson Rogers, *Boston College;* Leland E. Rogers, *Pepperdine University;* Paul Seeburger, *Monroe Community College;* Edith A. Silver, *Mercer County Community College;* Howard Speier, *Chandler-Gilbert Community College;* Desmond Stephens, *Florida A&M University;* Jianzhong Su, *University of Texas at Arlington;* James K. Vallade, *Monroe County Community College;* Patrick Ward, *Illinois Central College;* Chia-Lin Wu, *Richard Stockton College of New Jersey;* Diane M. Zych, *Erie Community College.*

Nuestro agradecimiento especial a Robert Hostetler y David Heyd, compañeros profesores de The Behrend College y The Pennsylvania State University, por sus importantes contribuciones al libro.

También agradecemos al equipo de Larson Texts, Inc., quienes nos ayudaron en la producción, composición e ilustración del libro y sus complementos. Además, les agradecemos por su ayuda en el desarrollo y mantenimiento de los sitios *CalcChat.com, CalcView.com, LarsonCalculus.com, MathArticles.com* y *MathGraphs.com.*

A nivel personal, agradecemos a nuestras esposas Deanna Gilbert Larson y Consuelo Edwards por su amor, paciencia y apoyo. Asimismo, una nota especial de agradecimiento para R. Scott O'Neill.

Si usted tiene sugerencias para mejorar esta obra, siéntase libre de escribirnos. En nuestra labor académica hemos recibido numerosos comentarios tanto de profesores como de estudiantes y los valoramos muchísimo.

Ron Larson

Bruce Edwards

Revisores de la edición en español

Agradecemos el apoyo y colaboración en la revisión de esta obra a los profesores:

Instituto Politécnico Nacional
CECyT 9, Juan de Dios Bátiz
Jonathan Reyes González

Universidad de Monterrey
Escuela de Ingeniería y Tecnología
Pamela Jocelyn Palomo Martínez
Ayax Santos Guevara

Universidad Autónoma de Ciudad Juárez
Instituto de Ingeniería y Tecnología
Sonia Azeneth Olvera López

P Preparación para el cálculo

P.1 Modelado de la concentración de dióxido de carbono *(Ejemplo 6, p. 7)*

P.2 Modelos lineales y razones de cambio *(Ejercicio 26, p. 16)*

P.3 Aerodinámica automotriz *(Ejercicio 101, p. 30)*

P.4 Gráficas y modelos *(Ejercicio 79, p. 40)*

P.1 Gráficas y modelos

- Dibujar la gráfica de una ecuación.
- Encontrar las intersecciones de la gráfica.
- Probar la simetría de una gráfica respecto a un eje y al origen.
- Encontrar los puntos de intersección de dos gráficas.
- Interpretar los modelos matemáticos con los datos de la vida real.

RENÉ DESCARTES (1596-1650)

Descartes hizo muchas contribuciones a la filosofía, la ciencia y las matemáticas. En su libro *La Géométrie*, publicado en 1637, describió la idea de representar puntos del plano por medio de pares de números reales y curvas en el plano mediante ecuaciones.

Vea LarsonCalculus.com (disponible solo en inglés) para leer más acerca de esta biografía.

Gráfica de una ecuación

En 1637, el matemático francés René Descartes revolucionó el estudio de las matemáticas mediante la combinación de sus dos principales campos: álgebra y geometría. Con el plano de coordenadas de Descartes, los conceptos geométricos pudieron ser formulados analíticamente y los conceptos algebraicos pudieron ser visualizados de forma gráfica. El poder de este enfoque era tal que a un siglo de su introducción mucho del cálculo ya había sido desarrollado.

Se puede seguir el mismo enfoque en el estudio del cálculo. Es decir, mediante la visualización del cálculo desde múltiples perspectivas, en forma *gráfica, analítica* y *numérica*, se puede aumentar la comprensión de los conceptos fundamentales.

Considere la ecuación $3x + y = 7$. El punto (2, 1) es un **punto solución** de la ecuación; esta se satisface (es verdadera) cuando se sustituye 2 por x y 1 por y. Esta ecuación tiene muchas otras soluciones, como (1, 4) y (0, 7), para encontrarlas de manera sistemática despeje y de la ecuación inicial.

$y = 7 - 3x$ Método analítico.

Ahora, se construye una **tabla de valores** dando valores de x.

x	0	1	2	3	4
y	7	4	1	−2	−5

Método numérico.

Para ver las figuras a color, acceda al código

A partir de la tabla, se puede ver que (0, 7), (1, 4), (2, 1), (3, −2) y (4, −5) son soluciones de la ecuación original $3x + y = 7$. Al igual que muchas ecuaciones, esta tiene una cantidad infinita de soluciones. El conjunto de todos los puntos de solución constituye la **gráfica** de la ecuación, como se ilustra en la figura P.1. Observe que el dibujo mostrado en la figura se refiere a cómo la gráfica de $3x + y = 7$, en realidad solo representa una *porción* de la misma. La gráfica completa se extendería más allá de la página.

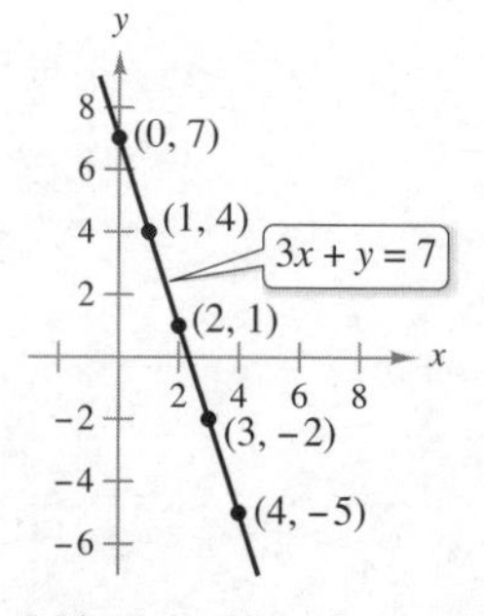

Método gráfico: $3x + y = 7$.
Figura P.1

En este curso se estudiarán varias técnicas para la representación gráfica. La más simple consiste en dibujar puntos hasta que la forma esencial de la gráfica sea evidente.

EJEMPLO 1 Dibujar una gráfica mediante el trazado de puntos

Para dibujar la gráfica de $y = x^2 - 2$, primero construya una tabla de valores. A continuación, dibuje los puntos dados en la tabla. Después, una los puntos con una *curva suave*, como se muestra en la figura P.2. Esta gráfica es una **parábola**. Es una de las cónicas que se estudiarán en el capítulo 10.

x	−2	−1	0	1	2	3
y	2	−1	−2	−1	2	7

La parábola $y = x^2 - 2$.
Figura P.2

iStockPhoto/GeorgiosArt

Una desventaja de la representación mediante el trazado de puntos radica en que la obtención de una idea confiable de la forma de una gráfica puede necesitar que se grafiquen un gran número de puntos. Utilizando solo unos pocos se corre el riesgo de obtener una visión deformada de la gráfica. Por ejemplo, suponiendo que para dibujar la gráfica de

$$y = \frac{1}{30}x(39 - 10x^2 + x^4)$$

se han marcado solo cinco puntos

$$(-3, -3), \quad (-1, -1), \quad (0, 0), \quad (1, 1) \quad \text{y} \quad (3, 3)$$

como se muestra en la figura P.3(a). A partir de estos cinco puntos se podría concluir que la gráfica es una recta. Sin embargo, esto no es correcto. Trazando varios puntos más, se puede ver que la gráfica es más complicada, como se observa en la figura P.3(b).

Para ver la figura a color, acceda al código

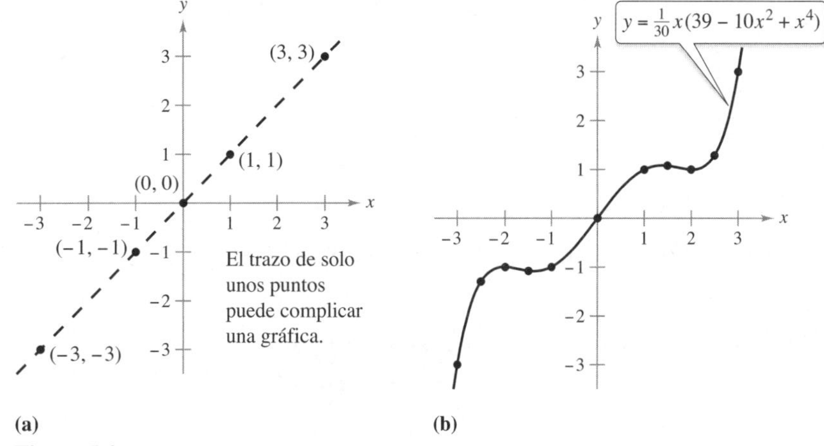

(a) (b)

Figura P.3

Exploración

Comparación de los métodos gráfico y analítico Utilice una herramienta de graficación para representar cada una de las siguientes ecuaciones. En cada caso, encuentre una ventana de visualización que muestre las características principales de la gráfica.

a. $y = x^3 - 3x^2 + 2x + 5$

b. $y = x^3 - 3x^2 + 2x + 25$

c. $y = -x^3 - 3x^2 + 20x + 5$

d. $y = 3x^3 - 40x^2 + 50x - 45$

e. $y = -(x + 12)^3$

f. $y = (x - 2)(x - 4)(x - 6)$

Un enfoque puramente gráfico a este problema involucraría una simple estrategia de "intuición, comprobación y revisión". ¿Qué tipo de aspectos podría involucrar un planteamiento analítico? Por ejemplo, ¿la gráfica tiene simetrías? ¿Tiene curvas? Si es así, ¿dónde están? A medida que se avance por los capítulos 1, 2 y 3 de este texto se estudiarán muchas herramientas analíticas nuevas que serán de ayuda para analizar las gráficas de ecuaciones.

TECNOLOGÍA Graficar una ecuación se ha hecho más fácil con tecnología. Sin embargo, aún con tecnología es posible tergiversar una gráfica gravemente. Por ejemplo, cada una de las pantallas de la herramienta de graficación* de la figura P.4 muestran una porción de la gráfica de

$$y = x^3 - x^2 - 25$$

De la figura P.4(a) se podría suponer que la gráfica es una recta. Sin embargo, la figura P.4(b) muestra que no es así. Entonces, cuando se dibuja una ecuación, ya sea a mano o mediante una herramienta de graficación, se debe tener en cuenta que diferentes ventanas de representación pueden dar lugar a imágenes muy distintas de una gráfica. Al elegir una ventana, la clave está en mostrar una imagen de la gráfica que se ajuste al contexto del problema.

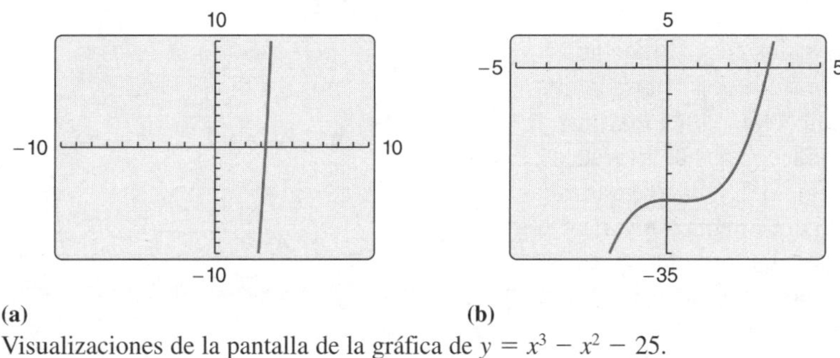

(a) (b)

Visualizaciones de la pantalla de la gráfica de $y = x^3 - x^2 - 25$.

Figura P.4

*En este libro, el término *herramienta de graficación* se refiere a una calculadora graficadora (como la *TI-Nspire* y *Desmos*) o a un software matemático como *Maple* y *Mathematica*.

COMENTARIO Algunos textos denominan intersección x a la coordenada x del punto $(a, 0)$ en lugar del propio punto. A menos que sea necesario distinguirlos, se usará el término *intersección* para denotar tanto al punto de intersección con el eje x como a su abscisa.

Intersecciones de una gráfica

Dos tipos de puntos de solución útiles al representar gráficamente una ecuación son aquellos en los que la coordenada x o y es cero. Tales puntos se denominan **intersecciones con los ejes**, porque son los puntos en los que la gráfica corta (hace intersección con) el eje x o el eje y. El punto $(a, 0)$ es una **intersección en x** de la gráfica de una ecuación cuando es un punto solución de la ecuación. Para determinar las intersecciones en x de una gráfica, iguale y a cero y despeje x de la ecuación resultante. De manera análoga, el punto $(0, b)$ es una **intersección en y** de la gráfica de una ecuación cuando es un punto solución de la ecuación. Para encontrar las intersecciones en y de una gráfica, iguale x a cero y despeje y de la ecuación resultante.

Es posible que una gráfica no tenga intersecciones con los ejes, o que presente varias de ellas. Por ejemplo, considere las cuatro gráficas de la figura P.5.

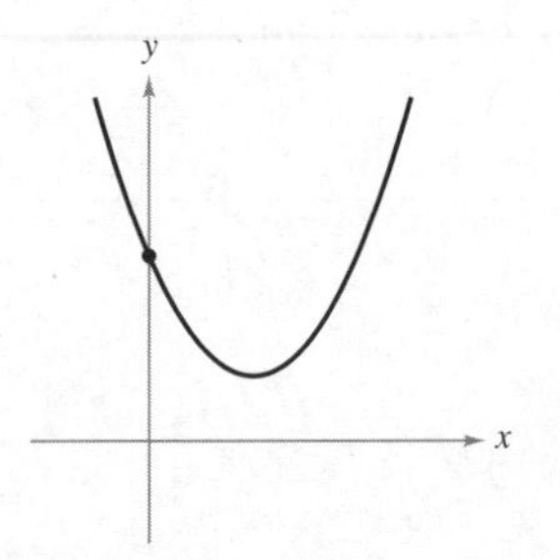

No hay intersecciones con el eje x.
Una intersección con el eje y.

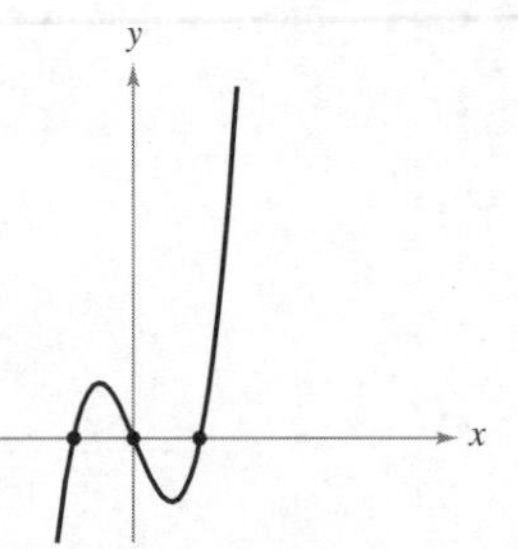

Tres intersecciones con el eje x.
Una intersección con el eje y.

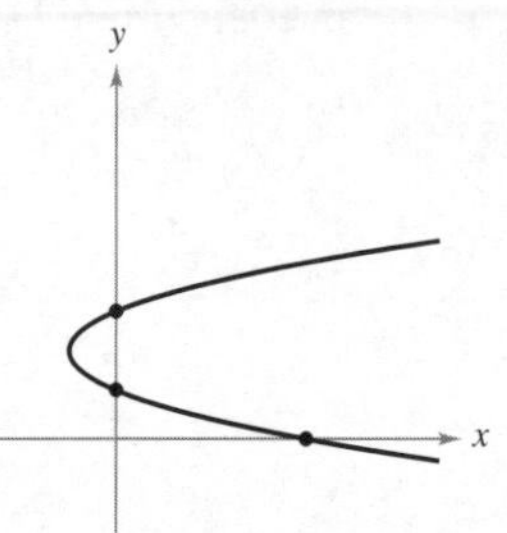

Una intersección con el eje x.
Dos intersecciones con el eje y.

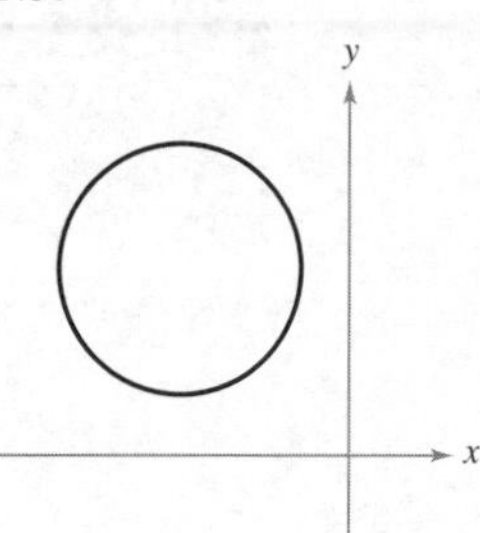

No hay intersecciones.

Figura P.5

EJEMPLO 2 Encontrar las intersecciones *x* y *y*

Encuentre las intersecciones con los ejes x y y en la gráfica de $y = x^3 - 4x$.

Solución Para determinar las intersecciones en x, haga y igual a cero y despeje x.

$$x^3 - 4x = 0 \quad \text{Iguale } y \text{ a cero.}$$

$$x(x^2 - 4) = 0 \quad \text{Factorizar el factor monomio común.}$$

$$x(x - 2)(x + 2) = 0 \quad \text{Diferencia de factores de dos cuadrados.}$$

$$x = 0, 2 \text{ o } -2 \quad \text{Despeje } x.$$

Puesto que esta ecuación admite tres soluciones, se puede concluir que la gráfica tiene tres intersecciones en x

$$(0, 0), \quad (2, 0) \quad \text{y} \quad (-2, 0) \qquad \text{Intersecciones en } x.$$

Para encontrar las intersecciones en y, iguale x a cero. Resulta entonces $y = 0$. Por tanto, la intersección en y es

$$(0, 0) \qquad \text{Intersección en } y.$$

(Vea la figura P.6.)

TECNOLOGÍA En el ejemplo 2 utilice un método analítico para determinar intersecciones con los ejes. Cuando no es posible utilizar un método analítico, puede recurrir a métodos gráficos buscando los puntos donde la gráfica interseca los ejes. Utilice la función *trace* de su herramienta de graficación para aproximar las intersecciones de la gráfica del ejemplo 2. Observe que tal vez la herramienta tenga un programa incorporado que puede encontrar las intersecciones con el eje x de una gráfica. Si es así, utilice el programa para encontrar dichas intersecciones de la gráfica de la ecuación en el ejemplo 2.

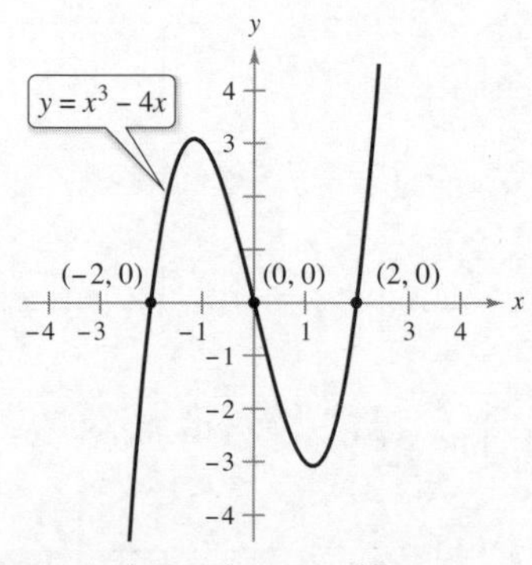

Intersecciones de una gráfica.
Figura P.6

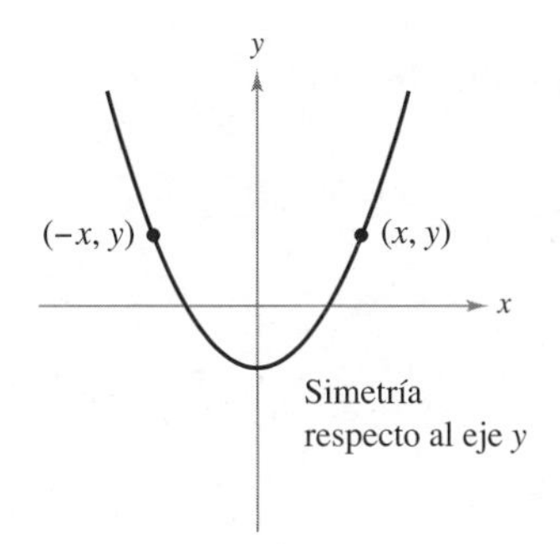

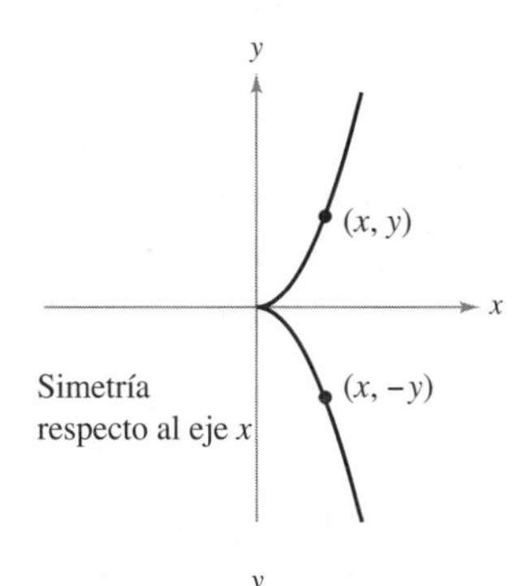

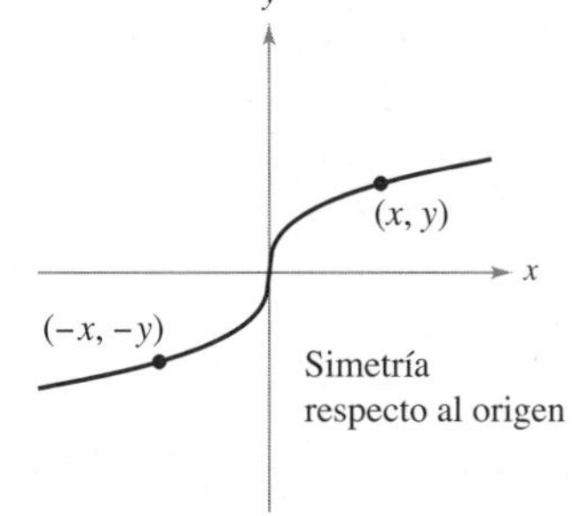

Figura P.7

Simetría de una gráfica

Conocer la simetría de una gráfica antes de intentar trazarla es útil porque solo se necesitará la mitad de los puntos para hacerlo. Los tres tipos siguientes de simetría pueden servir de ayuda para dibujar la gráfica de una ecuación (vea la figura P.7).

1. Una gráfica es **simétrica respecto al eje y** si, para cada punto (x, y) de la gráfica, el punto $(-x, y)$ también pertenece a la gráfica. Esto significa que la porción de la gráfica situada a la izquierda del eje y es la imagen especular de la derecha de dicho eje.
2. Una gráfica es **simétrica respecto al eje x** si, para cada punto (x, y) de la gráfica, el punto $(x, -y)$ también pertenece a la gráfica. Esto significa que la porción situada sobre el eje x del eje es la imagen especular de la situada bajo el mismo eje.
3. Una gráfica es **simétrica respecto al origen** si, para cada punto (x, y) de la gráfica, el mismo punto $(-x, -y)$ también pertenece a la gráfica. Esto significa que la gráfica permanece inalterada si se efectúa una rotación de 180° respecto al origen.

Pruebas de simetría

1. La gráfica de una ecuación en x y y es simétrica respecto al eje y si al sustituir x por $-x$ en la ecuación se obtiene una ecuación equivalente.
2. La gráfica de una ecuación en x y y es simétrica respecto al eje x si al sustituir y por $-y$ en la ecuación resulta una ecuación equivalente.
3. La gráfica de una ecuación en x y y es simétrica respecto al origen si al sustituir x por $-x$ y y por $-y$ en la ecuación se obtiene una ecuación equivalente.

La gráfica de un polinomio es simétrica respecto al eje y si cada uno de los términos tiene exponente par (o es una constante). Por ejemplo, la gráfica de

$$y = 2x^4 - x^2 + 2$$

es simétrica respecto al eje y. La gráfica de un polinomio es simétrica respecto al origen si cada uno de los términos tiene exponente impar, como se ilustra en el ejemplo 3.

EJEMPLO 3 Comprobar la simetría

Verifique si la gráfica de $y = 2x^3 - x$ es simétrica respecto (a) al eje y y (b) respecto al origen.

Solución

a.

$y = 2x^3 - x$	Escriba la ecuación original.
$y = 2(-x)^3 - (-x)$	Sustituya x por $-x$.
$y = -2x^3 + x$	Simplifique. *No* es una ecuación equivalente.

Debido a que la sustitución x por $-x$ *no* produce una ecuación equivalente, se puede concluir que la gráfica de $y = 2x^3 - x$ *no* es simétrica respecto al eje y.

b.

$y = 2x^3 - x$	Escriba la ecuación original.
$-y = 2(-x)^3 - (-x)$	Sustituya x por $-x$ y y por $-y$.
$-y = -2x^3 + x$	Simplifique.
$y = 2x^3 - x$	Ecuación equivalente.

Puesto que la sustitución x por $-x$ y y por $-y$ produce una ecuación equivalente, puede concluir que la gráfica de $y = 2x^3 - x$ es simétrica respecto al origen, como se muestra en la figura P.8.

Simetría respecto al origen.
Figura P.8

EJEMPLO 4 Usar las intersecciones y las simetrías para representar una gráfica

Consulte LarsonCalculus.com (disponible solo en inglés) para una versión interactiva de este tipo de ejemplo.

Dibuje la gráfica de $x - y^2 = 1$.

Solución La gráfica es simétrica respecto al eje x porque al sustituir y por $-y$ se obtiene una ecuación equivalente.

$$x - y^2 = 1 \qquad \text{Escriba la ecuación original.}$$
$$x - (-y)^2 = 1 \qquad \text{Sustituya } y \text{ por } -y.$$
$$x - y^2 = 1 \qquad \text{Ecuación equivalente.}$$

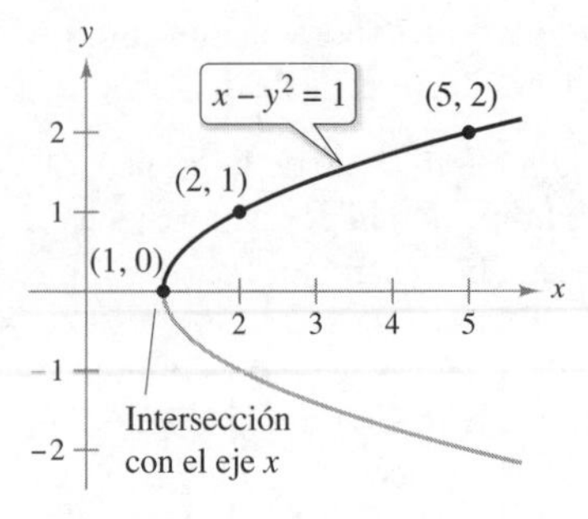

Figura P.9

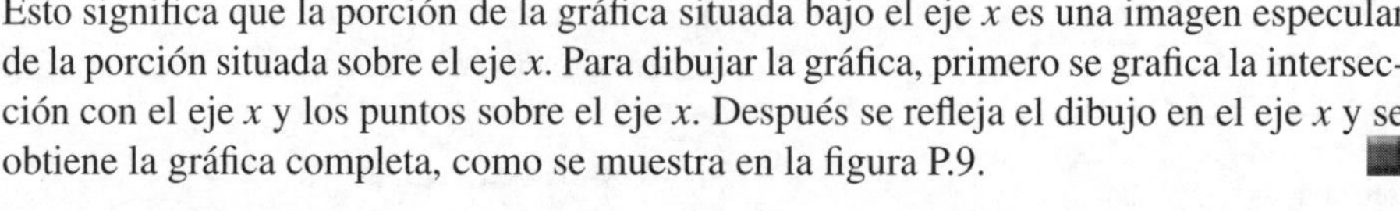

Esto significa que la porción de la gráfica situada bajo el eje x es una imagen especular de la porción situada sobre el eje x. Para dibujar la gráfica, primero se grafica la intersección con el eje x y los puntos sobre el eje x. Después se refleja el dibujo en el eje x y se obtiene la gráfica completa, como se muestra en la figura P.9. ■

TECNOLOGÍA Las herramientas de graficación están diseñadas para dibujar con mayor facilidad ecuaciones en las que y está en función de x (vea la definición de *función* en la sección P.3). Para representar otros tipos de ecuación, es necesario dividir la gráfica en dos o más partes, *o bien* utilizar un modo gráfico diferente. Por ejemplo, una manera de graficar la ecuación del ejemplo 4 es dividirla en dos partes.

$$y_1 = \sqrt{x - 1} \qquad \text{Porción superior de la gráfica.}$$
$$y_2 = -\sqrt{x - 1} \qquad \text{Porción inferior de la gráfica.}$$

Puntos de intersección

Un **punto de intersección** de las gráficas de dos ecuaciones es un punto que satisfaga ambas ecuaciones. Los puntos de intersección de dos gráficas se determinan al resolver las ecuaciones simultáneamente.

EJEMPLO 5 Determinar los puntos de intersección

Calcule los puntos de intersección de las gráficas de

$$x^2 - y = 3 \quad \text{y} \quad x - y = 1$$

Solución Comience por representar las gráficas de ambas ecuaciones en el *mismo* sistema de coordenadas rectangulares, como se muestra en la figura P.10. De la figura, parece que las gráficas tienen dos puntos de intersección. Para determinarlos, se puede proceder de la siguiente manera.

$$y = x^2 - 3 \qquad \text{Despeje } y \text{ de la primera ecuación.}$$
$$y = x - 1 \qquad \text{Despeje } y \text{ de la segunda ecuación.}$$
$$x^2 - 3 = x - 1 \qquad \text{Iguale los valores obtenidos de } y.$$
$$x^2 - x - 2 = 0 \qquad \text{Escriba la ecuación en la forma general.}$$
$$(x - 2)(x + 1) = 0 \qquad \text{Factorice.}$$
$$x = 2 \text{ o } -1 \qquad \text{Despeje } x.$$

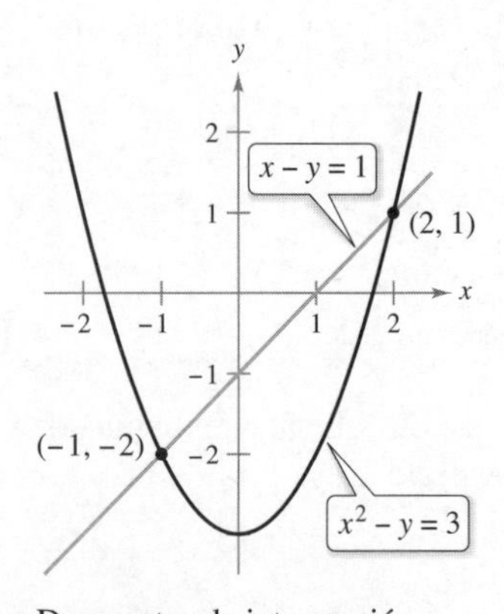

Dos puntos de intersección.
Figura P.10

Los valores correspondientes de y se obtienen sustituyendo $x = 2$ y $x = -1$ en cualquiera de las ecuaciones originales. Resultan así los dos puntos de intersección

$$(2, 1) \quad \text{y} \quad (-1, -2) \qquad \text{Puntos de intersección.}$$ ■

Se pueden verificar los puntos de intersección del ejemplo 5 por sustitución *tanto* en la ecuación original como usando la función de *intersección* de la herramienta de graficación.

Grandes ideas del cálculo

Se usarán los conceptos en este capítulo a lo largo del estudio del cálculo. Tome el tiempo necesario para comprender completamente cada concepto ahora para que pueda aplicarlo más tarde. Asegúrese de completar todos los ejercicios conceptuales en este texto: repaso, exploración y construcción de conceptos. Estos ejercicios están denotados por .

Modelos matemáticos

Al aplicar las matemáticas en la vida real, con frecuencia se usan ecuaciones como **modelos matemáticos**. En el desarrollo de un modelo matemático con el fin de representar datos reales, debe esforzarse para alcanzar dos objetivos (a menudo contradictorios): precisión y sencillez. Es decir, el modelo deberá ser suficientemente simple para poder manejarlo, pero también preciso para producir resultados significativos. En el apéndice G se exploran estos objetivos de forma más completa.

EJEMPLO 6 Comparar dos modelos matemáticos

El observatorio de Mauna Loa, Hawái, registra la concentración de dióxido de carbono y (en partes por millón) en la atmósfera terrestre. En la figura P.11 se muestran los registros correspondientes al mes de enero de varios años. En 1990 se usaron estos datos para pronosticar el nivel de dióxido de carbono en la atmósfera terrestre en el año 2035, utilizando el modelo cuadrático:

$$y = 0.020t^2 + 0.68t + 316.7$$ Modelo cuadrático para los datos de 1960 a 1990.

donde $t = 0$ representa a 1960, como se muestra en la figura P.11(a). Los datos mostrados en la figura P.11(b) representan los años 1960 hasta 2020 y se pueden modelar por

$$y = 0.013t^2 + 0.85t + 316.2$$ Modelo cuadrático para los datos de 1960 a 2020.

donde $t = 0$ representa a 1960. ¿Cuál fue el pronóstico dado en el primer modelo de 1960 a 1990? Dados los datos del segundo modelo los años 1990 a 2010, ¿parece exacta esa predicción para el año 2035?

El observatorio de Mauna Loa en Hawái ha estado monitoreando el aumento de la concentración de dióxido de carbono en la atmósfera de la Tierra desde 1958.

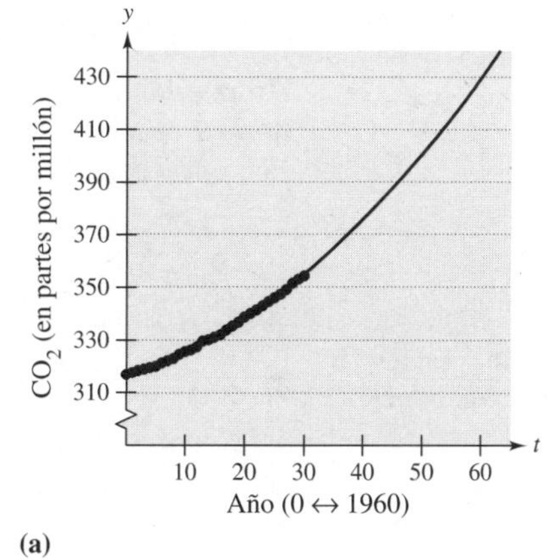

(a)

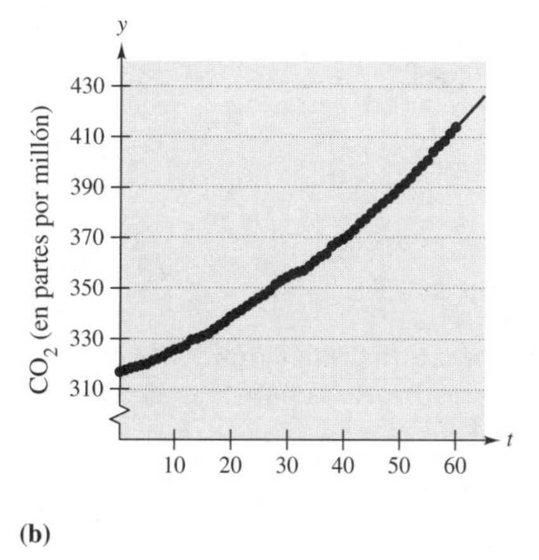

(b)

Figura P.11

Solución Para responder a la primera pregunta, sustituya $t = 75$ (para el año 2035) en el primer modelo.

$$y = 0.020(75)^2 + 0.68(75) + 316.7 = 480.2$$ Modelo para los datos de 1960 a 1990.

Así, de acuerdo con este modelo, la concentración de dióxido de carbono en la atmósfera terrestre alcanzaría alrededor de 480 partes por millón en el año 2035. Utilizando el segundo modelo para los datos de 1960 a 2020, la predicción para el año 2035 es

$$y = 0.013(75)^2 + 0.85(75) + 316.2 = 453.075$$ Modelo para los datos de 1960 a 2020.

Por lo tanto, de acuerdo con el segundo modelo, parece que el pronóstico de 1990 fue demasiado elevado. ■

Los modelos del ejemplo 6 se desarrollaron utilizando un procedimiento llamado *regresión por mínimos cuadrados* (vea la sección 8.9). Note que pueden utilizarse las capacidades de regresión de alguna utilidad gráfica para encontrar un modelo matemático (vea los ejercicios 69 y 70).

P.1 Ejercicios

Las respuestas a los ejercicios impares pueden consultarse en el Apéndice de este libro.

Repaso de conceptos

1. Describa cómo encontrar las intersecciones de la gráfica de una ecuación con los ejes x y y.
2. Explique cómo usar la simetría para trazar la gráfica de una ecuación.

Correspondencia **En los ejercicios 3 a 6, relacione cada ecuación con su gráfica. [Las gráficas están etiquetadas (a), (b), (c) y (d).]**

(a)

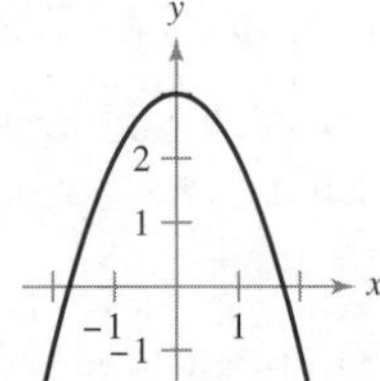

(b)

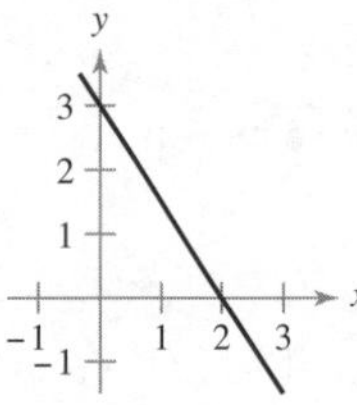

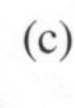

(c)

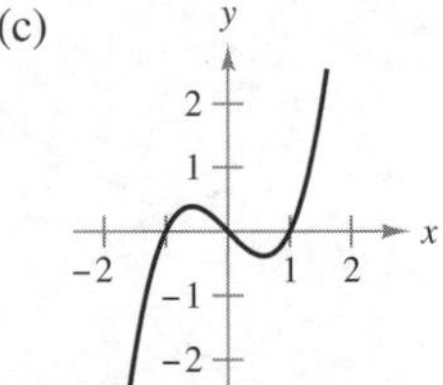

(d)

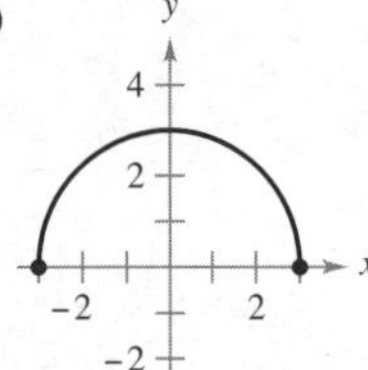

3. $y = -\frac{3}{2}x + 3$
4. $y = \sqrt{9 - x^2}$
5. $y = 3 - x^2$
6. $y = x^3 - x$

Elaborar una gráfica mediante puntos de trazado **En los ejercicios 7 a 16, elabore la gráfica de la ecuación mediante el trazado de puntos.**

7. $y = \frac{1}{2}x + 2$
8. $y = 5 - 2x$
9. $y = 4 - x^2$
10. $y = (x - 3)^2$
11. $y = |x + 1|$
12. $y = |x| - 1$
13. $y = \sqrt{x} - 6$
14. $y = \sqrt{x + 2}$
15. $y = \dfrac{3}{x}$
16. $y = \dfrac{1}{x + 2}$

Aproximar puntos solución **En los ejercicios 17 y 18, utilice una herramienta de graficación para representar la ecuación. Desplace el cursor a lo largo de la curva para determinar de manera aproximada la coordenada desconocida de cada punto solución, con una precisión de dos decimales.**

17. $y = \sqrt{5 - x}$
    (a) $(2, y)$
    (b) $(x, 3)$
18. $y = x^5 - 5x$
    (a) $(-0.5, y)$
    (b) $(x, -4)$

El símbolo indica los ejercicios donde se pide utilizar la tecnología para graficar o un sistema de álgebra computacional. La resolución de los demás ejercicios también puede simplificarse mediante el uso de la tecnología adecuada.

Encontrar la intersección **En los ejercicios 19 a 28, encuentre las intersecciones.**

19. $y = 2x - 5$
20. $y = 4x^2 + 3$
21. $y = x^2 + x - 2$
22. $y^2 = x^3 - 4x$
23. $y = x\sqrt{16 - x^2}$
24. $y = (x - 1)\sqrt{x^2 + 1}$
25. $y = \dfrac{2 - \sqrt{x}}{5x + 1}$
26. $y = \dfrac{x^2 + 3x}{(3x + 1)^2}$
27. $x^2y - x^2 + 4y = 0$
28. $y = 2x - \sqrt{x^2 + 1}$

Pruebas de simetría **En los ejercicios 29 a 40, busque si existe simetría respecto a cada uno de los ejes y respecto al origen.**

29. $y = x^2 - 6$
30. $y = 9x - x^2$
31. $y^2 = x^3 - 8x$
32. $y = x^3 + x$
33. $xy = 4$
34. $xy^2 = -10$
35. $y = 4 - \sqrt{x + 3}$
36. $xy - \sqrt{4 - x^2} = 0$
37. $y = \dfrac{x}{x^2 + 1}$
38. $y = \dfrac{x^5}{4 - x^2}$
39. $y = |x^3 + x|$
40. $|y| - x = 3$

Utilizar las intersecciones y la simetría para dibujar una gráfica **En los ejercicios 41 a 58, encuentre cualquier intersección y pruebe la simetría. Después dibuje la gráfica de la ecuación.**

41. $y = 2 - 3x$
42. $y = \frac{2}{3}x + 1$
43. $y = 9 - x^2$
44. $y = 2x^2 + x$
45. $y = x^3 + 2$
46. $y = x^3 - 4x$
47. $y = x\sqrt{x + 5}$
48. $y = \sqrt{25 - x^2}$
49. $x = y^3$
50. $x = y^4 - 16$
51. $y = \dfrac{8}{x}$
52. $y = \dfrac{10}{x^2 + 1}$
53. $y = 6 - |x|$
54. $y = |6 - x|$
55. $x^2 + y^2 = 9$
56. $x^2 + 4y^2 = 4$
57. $3y^2 - x = 9$
58. $3x - 4y^2 = 8$

Encontrar los puntos de intersección **En los ejercicios 59 a 64, encuentre los puntos de intersección de las gráficas de las ecuaciones.**

59. $x + y = 8$
    $4x - y = 7$
60. $3x - 2y = -4$
    $4x + 2y = -10$
61. $x^2 + y = 15$
    $-3x + y = 11$
62. $x = 3 - y^2$
    $y = x - 1$
63. $x^2 + y^2 = 5$
    $x - y = 1$
64. $x^2 + y^2 = 16$
    $x + 2y = 4$

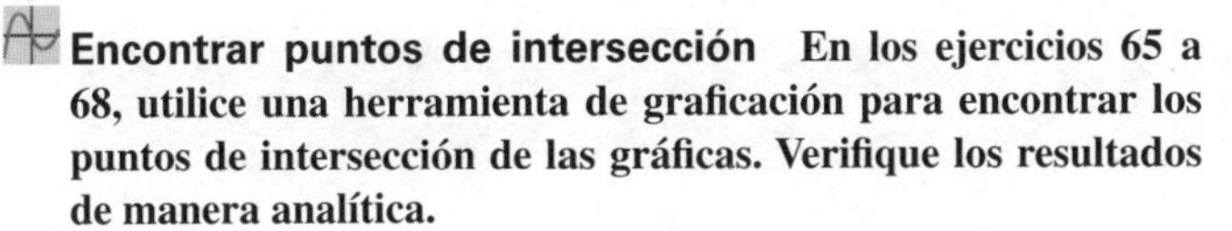

Encontrar puntos de intersección En los ejercicios 65 a 68, utilice una herramienta de graficación para encontrar los puntos de intersección de las gráficas. Verifique los resultados de manera analítica.

65. $y = x^3 - 2x^2 + x - 1$
$y = -x^2 + 3x - 1$

66. $y = x^4 - 2x^2 + 1$
$y = 1 - x^2$

67. $y = \sqrt{x + 6}$
$y = \sqrt{-x^2 - 4x}$

68. $y = -|2x - 3| + 6$
$y = 6 - x$

69. Modelar datos La tabla muestra el producto interno bruto o PIB (en billones de dólares), de 2012 a 2019. (*Fuente: U.S. Bureau of Economic Analysis*)

Año	2012	2013	2014	2015
PIB	16.2	16.8	17.5	18.2

Año	2016	2017	2018	2019
PIB	18.7	19.5	20.6	21.4

(a) Use las capacidades de regresión de alguna utilidad para encontrar un modelo matemático de la forma $y = at + b$ para los datos. En el modelo, y representa el PIB (en billones de dólares) y t representa el año, con $t = 12$ correspondiendo a 2012.

(b) Utilice una herramienta de graficación para trazar los datos y graficar el modelo. Compare los datos con el modelo.

(c) Utilice el modelo para predecir el PIB en el año 2029.

70. Modelar datos

La tabla muestra el número de suscriptores de teléfonos móviles (en miles de millones) en todo el mundo de 2012 a 2019. (*Fuente: Statista*)

Año	2012	2013	2014	2015
Número	6.3	6.7	7.0	7.2

Año	2016	2017	2018	2019
Número	7.5	7.8	7.9	8.3

(a) Utilice la función de regresión de una herramienta de graficación para encontrar un modelo matemático de la forma $y = at^2 + bt + c$ de los datos. En este modelo, y representa el número de usuarios (en miles de millones) y t representa el año, con $t = 12$ correspondiendo a 2012.

(b) Utilice una herramienta de graficación para trazar los datos y graficar el modelo. Compare los datos con el modelo.

(c) Utilice el modelo para predecir el número de suscriptores de teléfonos móviles en el mundo en el año 2029.

PeopleImages/Getty Images

71. Punto de equilibrio Encuentre las ventas necesarias para alcanzar el equilibrio ($R = C$), si el costo C de producción de x unidades es $C = 2.04x + 5600$ y el ingreso R por vender x unidades es $R = 3.29x$.

72. Usar puntos solución ¿Para qué valores de k la gráfica de $y^2 = 4kx$ pasan por el punto?

(a) $(1, 1)$ (b) $(2, 4)$ (c) $(0, 0)$ (d) $(3, 3)$

Exploración de conceptos

73. Escriba una ecuación cuya gráfica tiene intersecciones en $x = -\frac{3}{2}$, $x = 4$ y $x = \frac{5}{2}$. (Puede existir más de una respuesta correcta.)

74. Una gráfica es simétrica respecto al eje x y al eje y. ¿También es simétrica respecto al origen? Explique su respuesta.

75. Una gráfica es simétrica respecto a cualquiera de los ejes y al origen, ¿también es simétrica respecto al otro eje? Explique su respuesta.

76. ¿CÓMO LO VE? Utilice las gráficas de dos ecuaciones para contestar las siguientes preguntas.

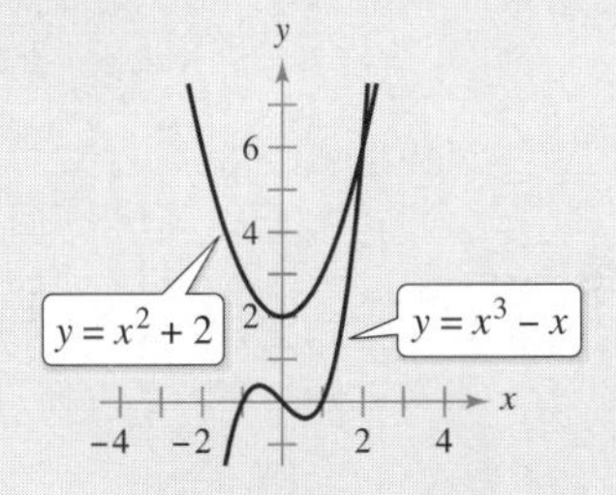

(a) ¿Cuáles son las intersecciones de cada ecuación?

(b) Determine la simetría de cada ecuación.

(c) Determine el punto de intersección de las dos ecuaciones.

¿Verdadero o falso? En los ejercicios 77 a 80, determine si el enunciado es verdadero o falso. Si es falso, explique por qué o proporcione un ejemplo que demuestre que es falso.

77. Si $(-4, -5)$ es el punto en una gráfica que es simétrica respecto al eje x, entonces $(4, -5)$ también es un punto en dicha gráfica.

78. Si $(-4, -5)$ es el punto en una gráfica que es simétrica respecto al eje y, entonces $(4, -5)$ también es un punto en la gráfica.

79. Si $b^2 - 4ac > 0$ y $a \neq 0$, entonces la gráfica de

$y = ax^2 + bx + c$

tiene dos intersecciones x.

80. Si $b^2 - 4ac = 0$ y $a \neq 0$, entonces la gráfica de

$y = ax^2 + bx + c$

solo tiene una intersección con x.

P.2 Modelos lineales y razones de cambio

- **Encontrar la pendiente de una recta que pasa por dos puntos.**
- **Escribir la ecuación de una recta dados un punto y su pendiente.**
- **Interpretar la pendiente como una razón o como una tasa en aplicaciones cotidianas.**
- **Trazar la gráfica de una ecuación lineal en la forma de pendiente-ordenada.**
- **Escribir las ecuaciones de rectas que son paralelas o perpendiculares a una recta dada.**

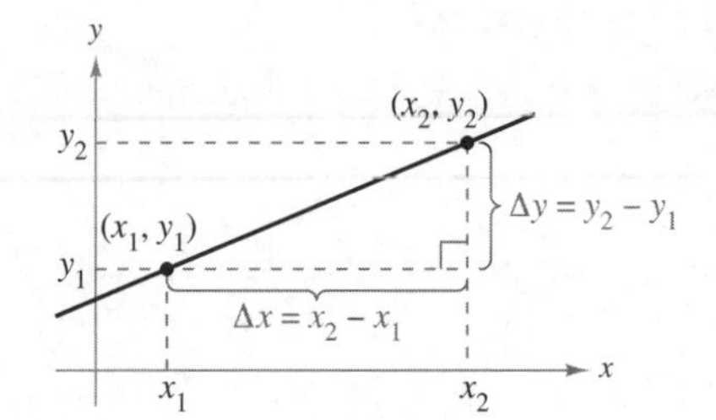

$\Delta y = y_2 - y_1 =$ cambio en y
$\Delta x = x_2 - x_1 =$ cambio en x
Figura P.12

La pendiente de una recta

La **pendiente** de una recta no vertical es una medida del número de unidades que la recta asciende (o desciende) verticalmente por cada unidad de cambio horizontal de izquierda a derecha. Considere los dos puntos (x_1, y_1) y (x_2, y_2) de la recta de la figura P.12. Al desplazarse de izquierda a derecha por la recta se produce un cambio vertical de

$$\Delta y = y_2 - y_1 \qquad \text{Cambio en } y.$$

unidades por cada cambio horizontal de

$$\Delta x = x_2 - x_1 \qquad \text{Cambio en } x.$$

unidades (Δ es la letra griega *delta* mayúscula y los símbolos Δy y Δx se leen "delta y" y "delta x").

Definición de la pendiente de una recta

La **pendiente** m de una recta no vertical que pasa por los puntos (x_1, y_1) y (x_2, y_2) es

$$m = \frac{\Delta y}{\Delta x} = \frac{y_2 - y_1}{x_2 - x_1}, \quad x_1 \neq x_2 \qquad \text{Pendiente de una recta no vertical.}$$

La pendiente no está definida para rectas verticales.

Al aplicar la fórmula de la pendiente, observe que

$$\frac{y_2 - y_1}{x_2 - x_1} = \frac{-(y_1 - y_2)}{-(x_1 - x_2)} = \frac{y_1 - y_2}{x_1 - x_2} \qquad \text{Fracciones equivalentes.}$$

Por tanto, no importa el orden en que se reste, *siempre* que sea consistente y las dos "coordenadas restadas" provengan del mismo punto.

En la figura P.13 se muestran cuatro rectas con pendiente: una positiva, otra cero, otra negativa y otra "indefinida". En general, cuanto mayor sea el valor absoluto de la pendiente de una recta, mayor es su inclinación. Por ejemplo, en la figura P.13, la recta con una pendiente –5 está más inclinada que la pendiente $\frac{1}{5}$.

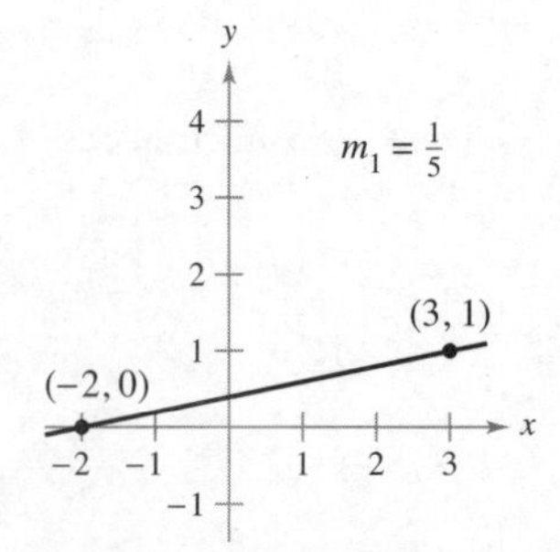

Si m es positiva, la recta sube de izquierda a derecha.

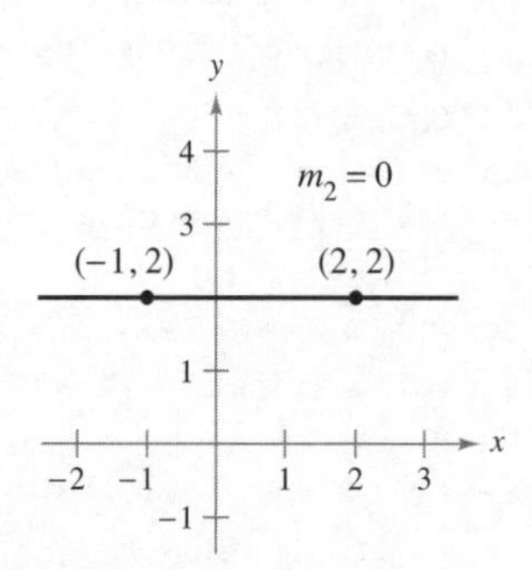

Si m es cero, la recta es horizontal.

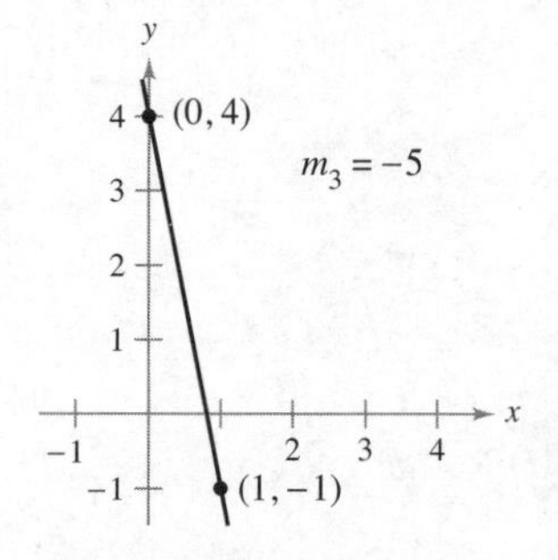

Si m es negativa, la recta baja de izquierda a derecha.

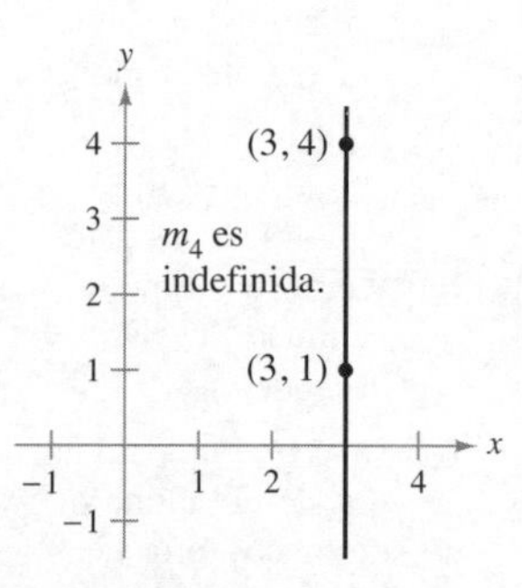

Si m es indefinida, la recta es vertical.

Figura P.13

Ecuaciones de las rectas

Para calcular la pendiente de una recta pueden utilizarse dos de sus puntos *cualesquiera*. Esto puede verificarse con ayuda de los triángulos semejantes de la figura P.14. (Recuerde que las razones de los lados correspondientes de dos triángulos semejantes son iguales.)

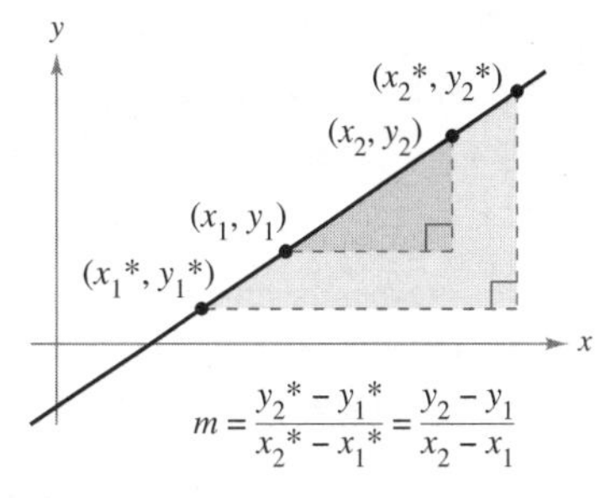

Cualquier par de puntos de una recta no vertical determina su pendiente.
Figura P.14

Exploración

Investigación de ecuaciones de las rectas Utilice una herramienta de graficación para dibujar cada una de las siguientes ecuaciones lineales. ¿Qué punto es común a las siete rectas? ¿Qué valor determina la pendiente de la recta en cada ecuación?

a. $y - 4 = -2(x + 1)$
b. $y - 4 = -1(x + 1)$
c. $y - 4 = -\frac{1}{2}(x + 1)$
d. $y - 4 = 0(x + 1)$
e. $y - 4 = \frac{1}{2}(x + 1)$
f. $y - 4 = 1(x + 1)$
g. $y - 4 = 2(x + 1)$

Use los resultados para construir la ecuación de una recta que pase por $(-1, 4)$ con una pendiente m.

Si (x_1, y_1) es un punto sobre una recta no vertical con pendiente m y (x, y) es *cualquier otro* punto de la recta, entonces

$$\frac{y - y_1}{x - x_1} = m$$

Esta ecuación, que involucra las dos variables x y y, se puede escribir en la forma

$$y - y_1 = m(x - x_1)$$

que es conocida como **forma punto-pendiente** de la ecuación de una recta.

Forma punto-pendiente de la ecuación de una recta

La **forma punto-pendiente** de la ecuación de la recta con pendiente m que pasa por el punto (x_1, y_1) está dada por

$$y - y_1 = m(x - x_1) \qquad \text{Forma punto-pendiente.}$$

Para ver las figuras a color, acceda al código

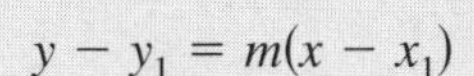

COMENTARIO Recuerde que la pendiente se puede usar solo para describir una recta no vertical. En consecuencia, las rectas verticales no se pueden expresar mediante ecuaciones punto-pendiente. Por ejemplo, la ecuación de la recta vertical que pasa por el punto $(1, -2)$ es $x = 1$.

EJEMPLO 1 Determinar la ecuación de una recta

Encuentre la ecuación de la recta con pendiente 3 que pasa por el punto $(1, -2)$. Luego trace la recta.

Solución

$y - y_1 = m(x - x_1)$	Forma punto-pendiente.
$y - (-2) = 3(x - 1)$	Sustituya y_1 por -2, x_1 por 1 y m por 3.
$y + 2 = 3x - 3$	Simplifique.
$y = 3x - 5$	Despeje y.

Para dibujar la recta, primero trace el punto $(1, -2)$. Entonces, como la pendiente es $m = 3$, puede localizar un segundo punto de la recta moviendo una unidad a la derecha y tres unidades hacia arriba, como se muestra en la figura P.15. ■

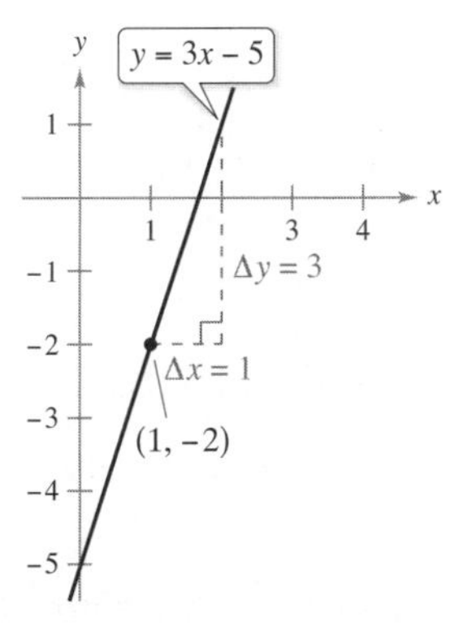

La recta de pendiente 3 que pasa por el punto (1, -2).
Figura P.15

Tasas y razones de cambio

La pendiente de una recta puede interpretarse ya sea como una *tasa* o como una *razón*. Si los ejes x y y tienen la misma unidad de medida, la pendiente no tiene unidades y es una **razón**. Si los ejes x y y tienen distintas unidades de medida, la pendiente es una **tasa** o **razón de cambio**. Al estudiar cálculo se encontrarán aplicaciones relativas a ambas interpretaciones de la pendiente.

EJEMPLO 2 Usar una pendiente como una razón

La pendiente máxima recomendada de una rampa para sillas de ruedas es $\frac{1}{12}$. Un negocio instala una rampa para sillas de ruedas que se eleva a una altura de 22 pulgadas sobre una longitud de 24 pies, como se muestra en la figura P.16. ¿Está la rampa más pronunciada de lo recomendado? (*Fuente: ADA Standards for Accesible Design*)

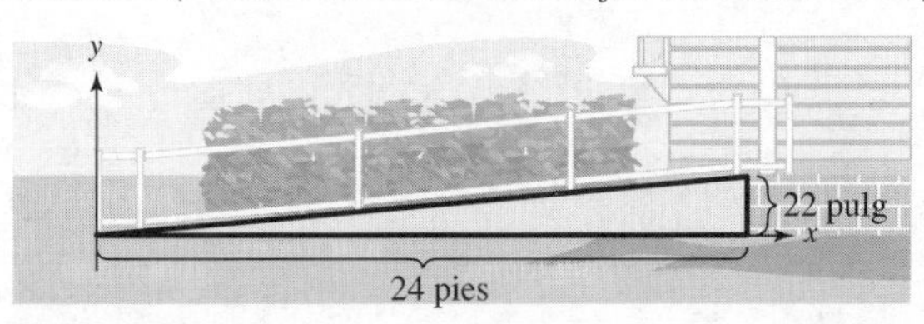

Figura P.16

Para ver las figuras a color, acceda al código

Solución La longitud de la rampa es de 24 pies o 12(24) = 288 pulgadas. La pendiente de la rampa es la razón de su altura (ascenso) a su longitud (el cambio horizontal).

$$\text{Pendiente de la rampa} = \frac{\text{cambio vertical}}{\text{cambio horizontal}}$$

$$= \frac{22 \text{ pulg}}{288 \text{ pulg}}$$

$$\approx 0.076$$

Debido a que la pendiente de la rampa es menor que $\frac{1}{12} \approx 0.083$, la rampa no está más empinada de lo recomendado. Observe que la pendiente es un cociente y no tiene unidades.

EJEMPLO 3 Usar una pendiente como una razón de cambio

La población de Texas era de aproximadamente 25.2 millones en 2010 y cerca de 29.4 millones en 2020. ¿Cuál será la población de Texas en 2028? (*Fuente: U.S. Census Bureau*)

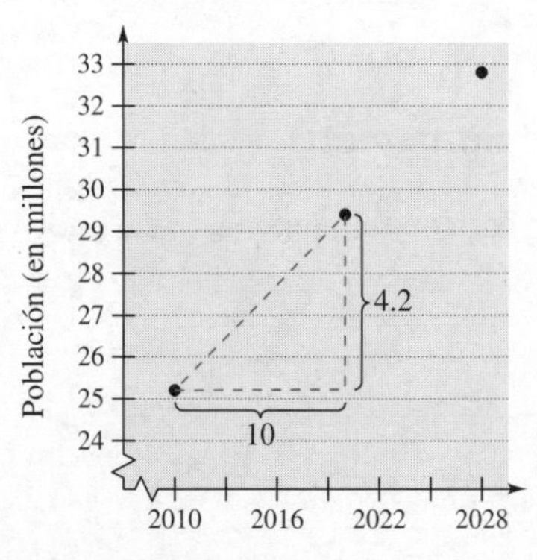

Población de Texas.
Figura P.17

Solución Durante el periodo de 10 años desde 2010 hasta 2020, la razón de cambio promedio de la población en Texas fue

$$\text{Razón de cambio} = \frac{\text{cambio en la población}}{\text{cambio en años}}$$

$$= \frac{29.4 - 25.2}{2020 - 2010}$$

$$= 0.42 \text{ millones de personas por año}$$

Suponiendo que la población de Texas continúe creciendo a este mismo ritmo durante los próximos ocho años, en 2028 tendrá una población de alrededor de

$$29.4 + 8(0.42) \approx 32.8 \text{ millones de habitantes} \qquad \text{(Vea la figura P.17.)}$$

La razón de cambio hallada en el ejemplo 3 es una **razón promedio de cambio**. Una razón promedio de cambio se calcula siempre sobre un intervalo. En este caso, el intervalo es [2010, 2020]. En el capítulo 2 se estudiará otro tipo de razón de cambio llamada *razón de cambio instantánea*.

Modelos gráficos lineales

Muchos de los problemas en la geometría de coordenadas se pueden clasificar en dos categorías básicas.

1. Dada una gráfica (o partes de ella), determinar su ecuación.
2. Dada una ecuación, trazar su gráfica.

Para las rectas, ciertos problemas de la primera categoría se pueden resolver utilizando la forma punto-pendiente. Sin embargo, esta forma no resulta especialmente útil para resolver problemas de la segunda categoría. La forma que mejor se adapta al trazado de la gráfica de una recta es la forma **pendiente-ordenada** de la ecuación de una recta.

Forma de pendiente-ordenada de la ecuación de una recta

La gráfica de la ecuación lineal

$y = mx + b$ Forma pendiente-ordenada.

es una recta que tiene pendiente m y una intersección con el eje y en $(0, b)$.

Para ver las figuras a color, acceda al código

EJEMPLO 4 **Trazar rectas en el plano**

Dibuje la gráfica de cada una de las siguientes ecuaciones.

a. $y = 2x + 1$ **b.** $y = 2$ **c.** $3y + x - 6 = 0$

Solución

a. Esta ecuación puede escribirse en la forma pendiente-ordenada.

$y = 2x + 1$ $y = mx + b$

Puesto que $b = 1$, la intersección en y es $(0, 1)$. Como la pendiente es $m = 2$, se sabe que la recta asciende dos unidades por cada unidad que se mueve hacia la derecha, como se muestra en la figura P.18(a).

b. Al escribir la ecuación $y = 2$ en la forma de pendiente-ordenada.

$y = (0)x + 2$ $y = mx + b$

se puede ver que la pendiente es $m = 0$ y la intersección con el eje y es $(0, 2)$. Dado que la pendiente es cero, se sabe que es horizontal, como se muestra en la figura P.18(b).

c. Se comienza por escribir la ecuación en la forma pendiente-ordenada.

$3y + x - 6 = 0$ Escriba la ecuación original.

$3y = -x + 6$ Aísle y a la izquierda.

$y = -\frac{1}{3}x + 2$ $y = mx + b$

De esta forma, se puede ver que la intersección en y es $(0, 2)$ y la pendiente $m = -\frac{1}{3}$. Esto quiere decir que la recta desciende una unidad por cada tres unidades que se mueve hacia la derecha, como se muestra en la figura P.18(c).

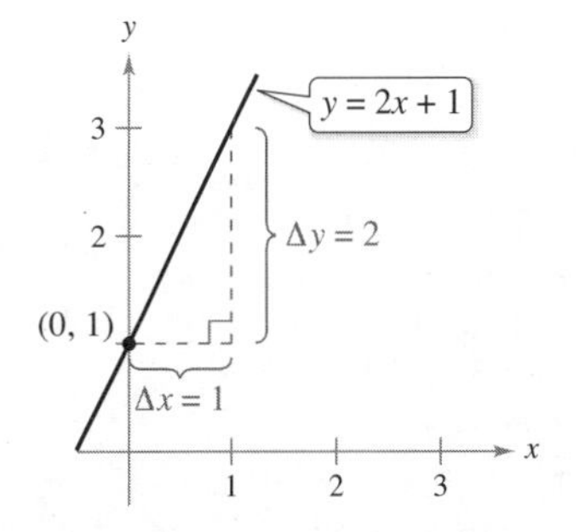

(a) $m = 2$; la recta sube hacia la derecha.

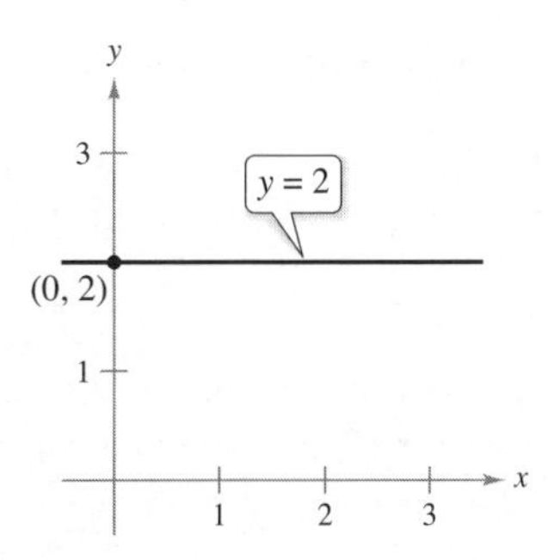

(b) $m = 0$; la recta es horizontal.

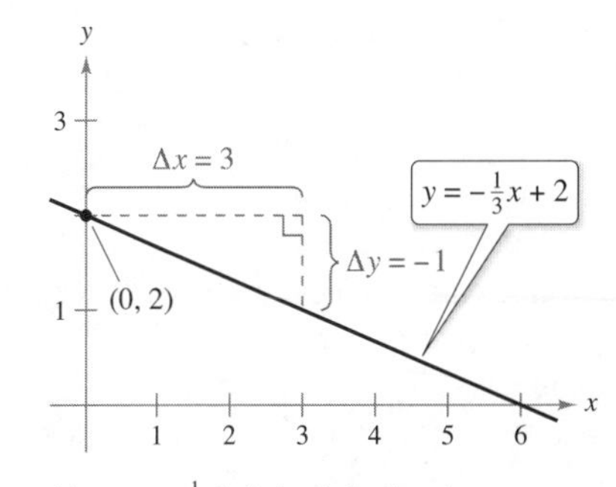

(c) $m = -\frac{1}{3}$; baja hacia la derecha.

Figura P.18

Dado que la pendiente de una recta vertical no está definida, su ecuación no puede escribirse en la forma pendiente-ordenada. Sin embargo, la ecuación de cualquier recta puede escribirse en la **forma general**.

$$Ax + By + C = 0$$ Forma general de la ecuación de una recta.

donde A y B no *son* cero. Por ejemplo, la recta vertical

$$x = a$$ Recta vertical.

puede representarse por la ecuación general

$$x - a = 0$$ Forma general.

COMENTARIO Escribir la ecuación de una recta es un concepto importante en el cálculo. Por ejemplo, en el capítulo 2 se usará la forma punto-pendiente de una recta para escribir ecuaciones de rectas tangentes.

Resumen de ecuaciones de las rectas

1. Forma general: $Ax + By + C = 0$
2. Línea vertical: $x = a$
3. Línea horizontal: $y = b$
4. Forma pendiente-ordenada: $y = mx + b$
5. Forma punto-pendiente: $y - y_1 = m(x - x_1)$

Rectas paralelas y perpendiculares

La pendiente de una recta es una herramienta útil para determinar si dos rectas son paralelas o perpendiculares, como se muestra en la figura P.19. Específicamente, dos rectas no verticales con la misma pendiente son paralelas, y dos rectas no verticales cuyas pendientes son recíprocas negativas son perpendiculares.

COMENTARIO En matemáticas, la expresión "si y solo si" es una manera de establecer dos implicaciones en una misma afirmación. Por ejemplo, la primera afirmación de la derecha equivale a las dos implicaciones siguientes:

a. Si dos rectas no verticales distintas son paralelas, entonces sus pendientes son iguales.

b. Si dos rectas no verticales distintas tienen pendientes iguales, entonces son paralelas.

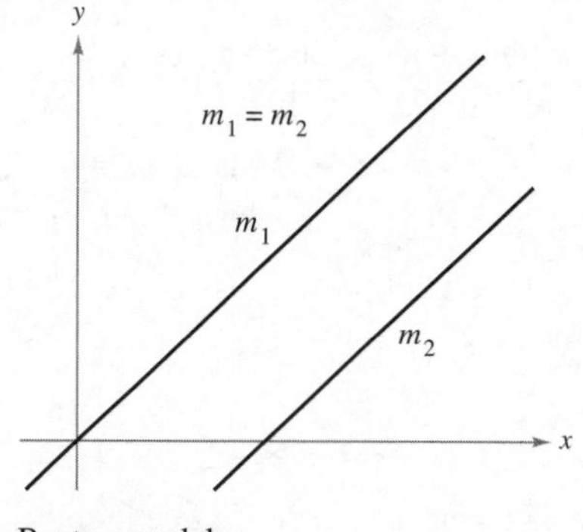

Rectas paralelas.

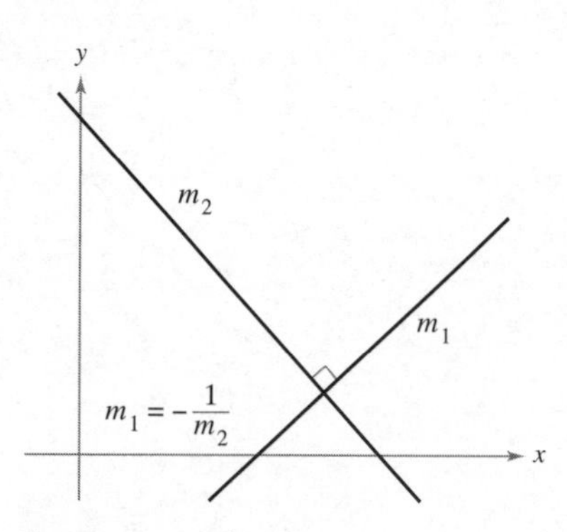

Rectas perpendiculares.

Figura P.19

Rectas paralelas y rectas perpendiculares

1. Dos rectas no verticales distintas son **paralelas** si y solo si sus pendientes son iguales, es decir, si y solo si

$$m_1 = m_2$$ Las paralelas ⟺ tienen pendientes iguales.

2. Dos rectas no verticales distintas son **perpendiculares** si y solo si sus pendientes son recíprocas negativas, es decir, si y solo si

$$m_1 = -\frac{1}{m_2}$$ Las perpendiculares ⟺ tienen pendientes recíprocas negativas.

EJEMPLO 5 Rectas paralelas y rectas perpendiculares

Consulte LarsonCalculus.com (disponible solo en inglés) para una versión interactiva de este tipo de ejemplo.

Encuentre las formas generales de las ecuaciones de las rectas que pasan por el punto $(2, -1)$ y son (a) paralela a y (b) perpendicular a la recta $2x - 3y = 5$.

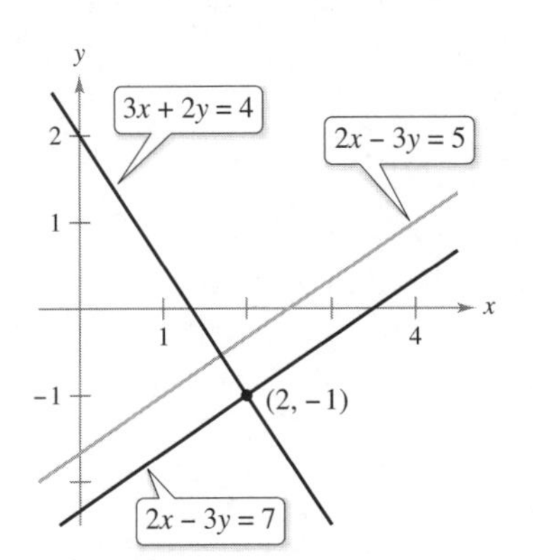

Rectas paralela y perpendicular a $2x - 3y = 5$.
Figura P.20

Solución Se comienza por escribir la ecuación lineal $2x - 3y = 5$ en forma de pendiente-ordenada.

$$2x - 3y = 5 \qquad \text{Escriba la ecuación original.}$$
$$y = \tfrac{2}{3}x - \tfrac{5}{3} \qquad \text{Forma pendiente-ordenada.}$$

Por lo tanto, la recta dada tiene una pendiente de $m = \frac{2}{3}$. (Vea la figura P.20.)

a. La recta que pasa por $(2, -1)$ que es paralela a la recta dada tiene pendiente de $\frac{2}{3}$.

$$y - y_1 = m(x - x_1) \qquad \text{Forma punto-pendiente.}$$
$$y - (-1) = \tfrac{2}{3}(x - 2) \qquad \text{Sustituya.}$$
$$3(y + 1) = 2(x - 2) \qquad \text{Simplifique.}$$
$$3y + 3 = 2x - 4 \qquad \text{Propiedad distributiva.}$$
$$2x - 3y - 7 = 0 \qquad \text{Forma general.}$$

Observe la similitud con la ecuación de la recta dada, $2x - 3y = 5$.

b. Al calcular el recíproco negativo de la pendiente de la recta dada, se puede determinar que la pendiente de toda recta perpendicular a la recta inicial es $-\frac{3}{2}$.

$$y - y_1 = m(x - x_1) \qquad \text{Forma punto-pendiente.}$$
$$y - (-1) = -\tfrac{3}{2}(x - 2) \qquad \text{Sustituya.}$$
$$2(y + 1) = -3(x - 2) \qquad \text{Simplifique.}$$
$$2y + 2 = -3x + 6 \qquad \text{Propiedad distributiva.}$$
$$3x + 2y - 4 = 0 \qquad \text{Forma general.}$$

CONFUSIÓN TECNOLÓGICA La pendiente de una recta parece distorsionada si se utilizan diferentes escalas en los ejes *x* y *y*. Por ejemplo, las dos pantallas de calculadora graficadora de las figuras P.21(a) y P.21(b) muestran las rectas dadas por

$$y = 2x \quad \text{y} \quad y = -\tfrac{1}{2}x + 3$$

Puesto que esas rectas tienen pendientes que son recíprocas negativas, las rectas deben ser perpendiculares. Sin embargo, en la figura P.21(a) no lo parecen, debido a que la escala del eje *x* no es la misma que la escala del eje *y*. En la figura P.21(b) parecen perpendiculares debido a que la escala utilizada del eje *x* es igual a la empleada para el eje *y*. Se dice que este tipo de ventanas de visualización tienen la *misma escala*.

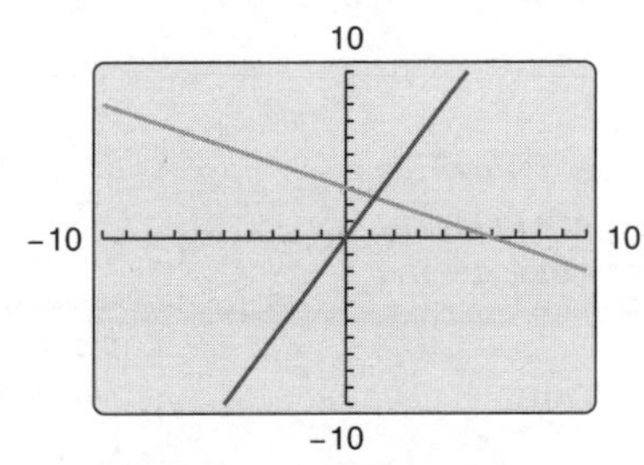

(a) La escala del eje *x* no es la misma que la del eje *y*.

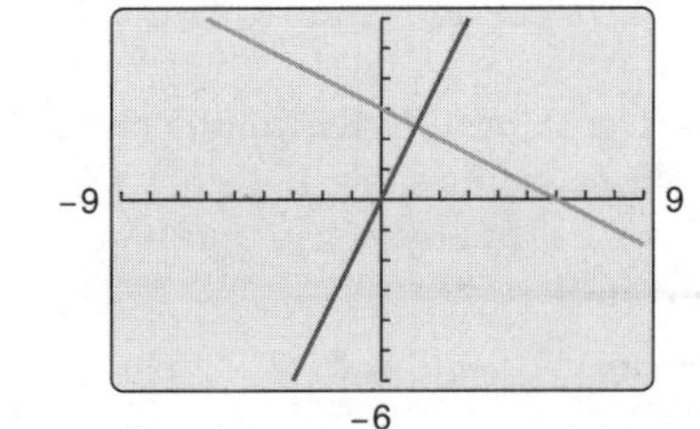

(b) La escala del eje *x* es la misma que la del eje *y*.

Figura P.21

Para ver las figuras a color, acceda al código

P.2 Ejercicios

Las respuestas a los ejercicios impares pueden consultarse en el Apéndice de este libro.

Repaso de conceptos

1. En la forma $y = mx + b$, ¿qué representa m? ¿Qué representa b?

2. ¿Es posible que dos rectas con pendiente positiva sean perpendiculares? ¿Por qué sí o por qué no?

Estimar la pendiente **En los ejercicios 3 a 6, estime la pendiente de la recta a partir de su gráfica. Para imprimir una copia ampliada de la gráfica, visite *MathGraphs.com* (disponible solo en inglés).**

3.

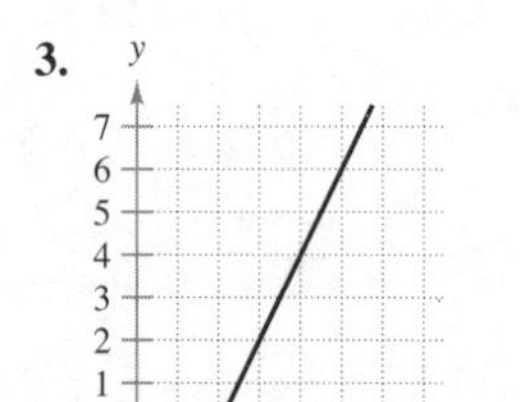

4.

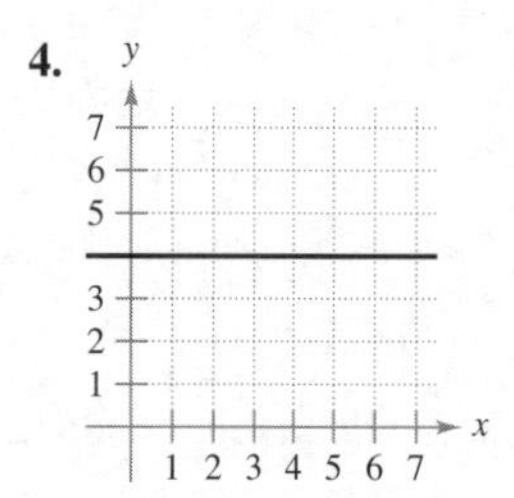

5.

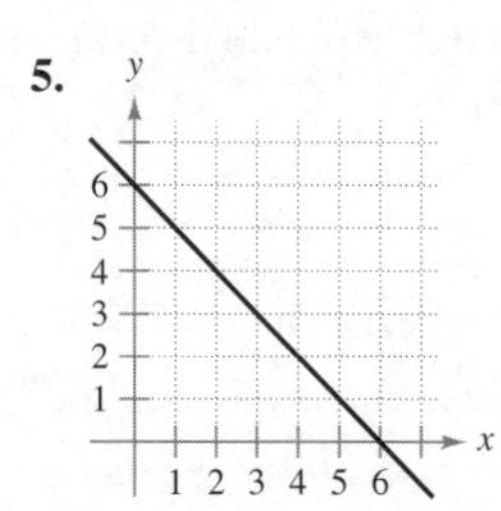

6.

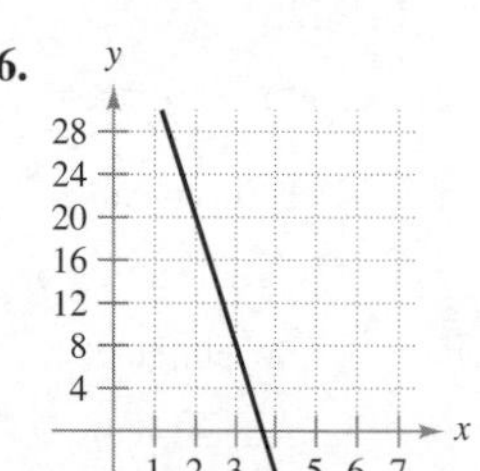

Encontrar la pendiente de una recta **En los ejercicios 7 a 12, grafique el par de puntos y encuentre la pendiente de la recta que pasa por ellos.**

7. $(3, -4), (5, 2)$
8. $(0, 0), (-2, 3)$
9. $(4, 6), (4, 1)$
10. $(3, -5), (5, -5)$
11. $\left(-\frac{1}{2}, \frac{2}{3}\right), \left(-\frac{3}{4}, \frac{1}{6}\right)$
12. $\left(\frac{7}{8}, \frac{3}{4}\right), \left(\frac{5}{4}, -\frac{1}{4}\right)$

Dibujar rectas **En los ejercicios 13 y 14, trace las rectas a través del punto con las pendientes indicadas. Realice los dibujos en el mismo conjunto de ejes de coordenadas.**

	Puntos	Pendientes			
13.	$(3, 4)$	(a) 1	(b) -2	(c) $-\frac{3}{2}$	(d) Indefinida
14.	$(-2, 5)$	(a) 3	(b) -3	(c) $\frac{1}{3}$	(d) 0

Encontrar la pendiente de una recta **En los ejercicios 15 a 18, utilice el punto sobre la recta y su pendiente para determinar otros tres puntos por los que pase la recta (hay más de una respuesta correcta).**

	Punto	Pendiente		Punto	Pendiente
15.	$(6, 2)$	$m = 0$	16.	$(-4, 3)$	m no está definida.
17.	$(1, 7)$	$m = -3$	18.	$(-2, -2)$	$m = 2$

Encontrar la pendiente de una recta **En los ejercicios 19 a 24, encuentre la ecuación de la recta que pasa por el punto y tiene la pendiente indicada. Luego trace la recta.**

	Punto	Pendiente
19.	$(0, 3)$	$m = \frac{3}{4}$
20.	$(-5, -2)$	$m = \frac{6}{5}$
21.	$(1, 2)$	m no está definida.
22.	$(0, 4)$	$m = 0$
23.	$(3, -2)$	$m = 3$
24.	$(-2, 4)$	$m = -\frac{3}{5}$

25. **Gradiente de una carretera** Está conduciendo por una carretera que tiene un gradiente de inclinación del 6%. Esto significa que la pendiente de la carretera es de $\frac{6}{100}$. Aproximar la cantidad de cambio vertical en esta posición cuando se conducen 200 pies.

26. **Diseñar una banda transportadora**

Una banda transportadora en movimiento se construye para que suba 1 metro por cada 3 metros de cambio horizontal.

(a) Encuentre la pendiente de la banda transportadora.

(b) Suponga que la banda transportadora se extiende entre dos plantas en una fábrica. Encuentre la longitud de la banda transportadora cuando la distancia vertical entre los pisos es de 10 pies.

27. **Población** La siguiente tabla muestra las poblaciones (en millones) de Estados Unidos desde 2011 hasta 2020. La variable t representa el tiempo en años, con $t = 11$ correspondiente a 2011 (*Fuente: U.S. Census Bureau*)

t	11	12	13	14	15
y	312.0	314.2	316.3	318.6	320.9

t	16	17	18	19	20
y	323.2	325.2	326.9	328.5	330.1

(a) Dibuje los datos a mano y una los puntos adyacentes con un segmento de recta. Utilice la pendiente de cada segmento de recta para determinar el año en que la población aumentó con menor rapidez.

(b) Calcule la razón de cambio promedio de la población de Estados Unidos de 2011 a 2020.

(c) Utilice la razón de cambio promedio de la población para predecir la población de Estados Unidos en 2030.

Westend61/Getty Images

28. Producción de combustible diesel a base de biomasa La tabla muestra las producciones de combustible diesel a base de biomasa y (en millones de barriles por día) para Estados Unidos de 2014 a 2019. La variable t representa el año, con $t = 14$ que corresponde a 2014. (*Fuente: U.S. Energy Information Administration*)

t	14	15	16	17	18	19
y	83	82	102	104	121	112

(a) Trace los datos y conecte los puntos adyacentes con un segmento de recta. Use la pendiente de cada segmento de recta para determinar el año en que la producción de combustible diesel a base de biomasa aumentó más rápidamente.

(b) Encuentre la razón promedio de cambio de la producción del combustible diesel a base de biomasa para Estados Unidos desde 2014 hasta 2019.

(c) ¿Debería usarse la tasa de cambio promedio para predecir la producción futura de combustible diesel a base de biomasa? Explique.

Encontrar la pendiente y la intersección con el eje *y* **En los ejercicios 29 a 34, calcule la pendiente y la intersección con el eje *y* (si es posible) de la recta.**

29. $y = 4x - 3$

30. $-x + y = 1$

31. $5x + y = 20$

32. $6x - 5y = 15$

33. $x = 4$

34. $y = -1$

Dibujar una recta en el plano **En los ejercicios 35 a 42, trace la gráfica de la ecuación.**

35. $y = -3$

36. $x = 4$

37. $y = -2x + 1$

38. $y = \frac{1}{3}x - 1$

39. $y - 2 = \frac{3}{2}(x - 1)$

40. $y - 1 = 3(x + 4)$

41. $3x - 3y + 1 = 0$

42. $x + 2y + 6 = 0$

Encontrar una ecuación de una recta **En los ejercicios 43 a 50, encuentre la ecuación de la recta que pasa por los puntos. Luego trace la recta.**

43. $(4, 3), (0, -5)$

44. $(-2, -2), (1, 7)$

45. $(2, 8), (5, 0)$

46. $(-3, 6), (1, 2)$

47. $(6, 3), (6, 8)$

48. $(1, -2), (3, -2)$

49. $(3, 1), (5, 1)$

50. $(2, 5), (2, 7)$

51. Escribir una ecuación Escriba una ecuación para la recta que pasa por los puntos $(0, b)$ y $(3, 1)$.

52. Uso de intersecciones Demuestre que la recta con intersecciones $(a, 0)$ y $(0, b)$ tiene la siguiente ecuación.

$$\frac{x}{a} + \frac{y}{b} = 1, \quad a \neq 0, b \neq 0$$

Escribir una ecuación en forma general **En los ejercicios 53 a 56, utilice el resultado del ejercicio 52 para escribir una ecuación de la recta en forma general.**

53. Intersección con el eje x: $(2, 0)$
Intersección con el eje y: $(0, 3)$

54. Intersección con el eje x: $\left(-\frac{2}{3}, 0\right)$
Intersección con el eje y: $(0, -2)$

55. Punto de la recta: $(9, -2)$
Intersección con el eje x: $(2a, 0)$
Intersección con el eje y: $(0, a)$
$(a \neq 0)$

56. Punto de la recta: $\left(-\frac{2}{3}, -2\right)$
Intersección con el eje x: $(a, 0)$
Intersección con el eje y: $(0, -a)$
$(a \neq 0)$

Encontrar rectas paralelas y perpendiculares **En los ejercicios 57 a 62, escriba la ecuación de la recta que pasa por el punto y que sea: (a) paralela a la recta dada, y (b) perpendicular a la recta dada.**

	Punto	Recta
57.	$(-7, -2)$	$x = 1$
58.	$(-1, 0)$	$y = -3$
59.	$(-3, 2)$	$x + y = 7$
60.	$(2, 5)$	$x - y = -2$
61.	$\left(\frac{3}{4}, \frac{7}{8}\right)$	$5x - 3y = 0$
62.	$\left(\frac{5}{6}, -\frac{1}{2}\right)$	$7x + 4y = 8$

Razón de cambio **En los ejercicios 63 y 64 se da el valor de un producto, en dólares, durante 2021 y la razón a la que se espera que cambie su valor durante los próximos 5 años. Escriba una ecuación lineal que proporcione el valor en dólares *V* del producto en términos del año *t*. (Sea $t = 0$ representativo de 2020.)**

	Valor en 2021	Razón de cambio
63.	\$1850	\$250 aumento anual
64.	\$17 200	\$1600 reducción anual

Puntos colineales **En los ejercicios 65 y 66, determine si los puntos son colineales. (Se dice que tres puntos son *colineales* si pertenecen a una misma recta.)**

65. $(-2, 1), (-1, 0), (2, -2)$

66. $(0, 4), (7, -6), (-5, 11)$

Exploración de conceptos

67. Demuestre que los puntos $(-1, 0)$, $(3, 0)$, $(1, 2)$ y $(1, -2)$ son los vértices de un cuadrado.

68. Una recta está representada por la ecuación $ax + by = 4$.

(a) ¿Cuándo la recta es paralela al eje x?

(b) ¿Cuándo la recta es paralela al eje y?

(c) Dé valores para a y b de manera que la recta tenga una pendiente de $\frac{5}{8}$.

(d) Dé valores para a y b de manera que la recta sea perpendicular a la recta $y = \frac{2}{5}x + 3$.

(e) Dé valores para a y b de manera que la recta coincida con la gráfica de $5x + 6y = 8$.

69. Encontrar una recta tangente Determine la ecuación de la recta tangente al círculo $x^2 + y^2 = 169$ en el punto $(5, 12)$.

70. Encontrar una recta tangente Encuentre la ecuación de la recta tangente al círculo $(x - 1)^2 + (y - 1)^2 = 25$ en el punto $(4, -3)$.

71. Encontrar los puntos de intersección Encuentre las coordenadas del punto de intersección de los segmentos dados.

(a) Mediatrices (b) Medianas

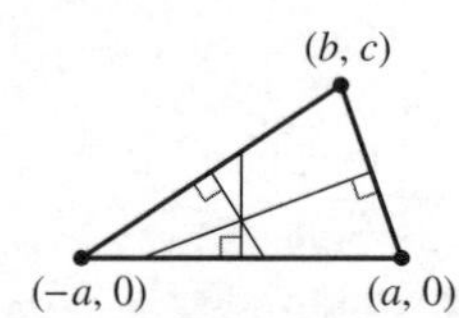

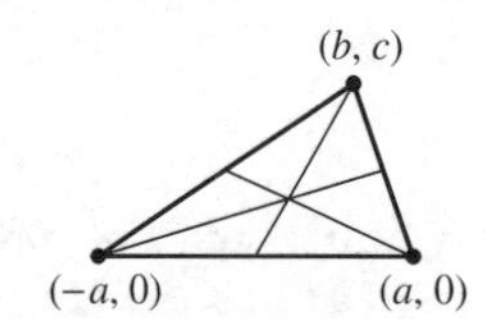

72. ¿CÓMO LO VE? A continuación se muestran varias rectas. (Se han etiquetado de a a f.)

(a) ¿Qué rectas tienen una pendiente positiva?

(b) ¿Qué rectas tienen una pendiente negativa?

(c) ¿Qué rectas son paralelas?

(d) ¿Qué rectas son perpendiculares?

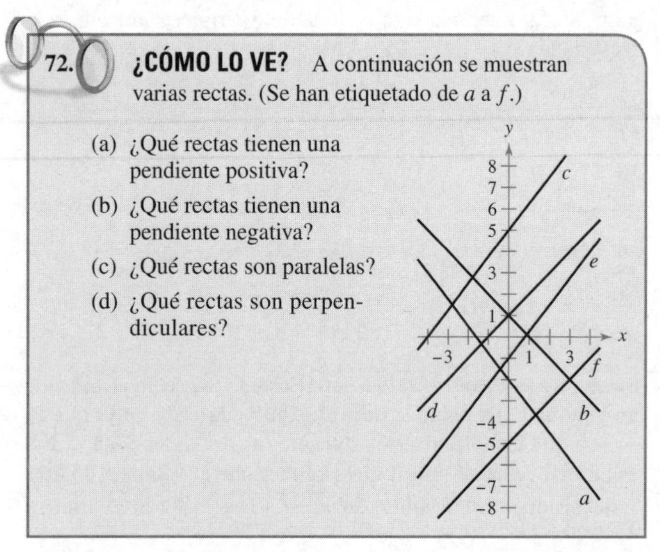

73. Convertir temperaturas Encuentre la ecuación lineal que exprese la relación que existe entre la temperatura en grados Celsius C y en grados Fahrenheit F. Utilice el hecho de que el agua se congela a 0 °C (32 °F) y hierve a 100 °C (212 °F) para convertir 72 °F a grados Celsius.

74. Elección profesional Como vendedor, usted recibe un salario mensual de 2000 dólares, más una comisión de 7% de las ventas. Se le ofrece un nuevo trabajo con $2300 por mes, más una comisión de 5% de las ventas.

(a) Escriba ecuaciones lineales para su salario mensual W en términos de sus ventas mensuales por su trabajo actual y su oferta de trabajo.

(b) Utilice una herramienta de graficación para trazar una ecuación lineal y encontrar el punto de intersección. ¿Qué significa?

(c) ¿Considera poder vender $20 000 mensuales de producto? ¿Debería cambiar de trabajo? Explique.

75. Alquiler de departamentos Una agencia inmobiliaria maneja un complejo de 50 departamentos. Cuando el alquiler es de $780 mensuales, los 50 departamentos están ocupados. Sin embargo, cuando el alquiler es de $825, el número promedio de departamentos ocupados desciende a 47. Suponga que la relación entre el alquiler mensual p y la demanda x es lineal. (*Nota*: Aquí se usa el término *demanda* para referirse al número de unidades ocupadas.)

(a) Escriba una ecuación lineal que proporcione la demanda x en términos de alquiler p.

(b) *Extrapolación lineal* Utilice una herramienta de graficación para representar la ecuación de la demanda y use la función *trace* para pronosticar el número de departamentos ocupados si el alquiler aumenta a $855.

(c) *Interpolación lineal* Pronostique el número de departamentos ocupados si el alquiler baja a $795. Verifique el resultado gráficamente.

76. Modelar datos Un profesor pone cuestionarios de 20 puntos y exámenes de 100 puntos a lo largo de un curso de matemáticas. Las calificaciones promedio de seis estudiantes, dadas como pares ordenados (x, y), donde x es la calificación promedio en los cuestionarios y y la calificación promedio en los exámenes, son (18, 87), (10, 55), (19, 96), (16, 79), (13, 76) y (15, 82).

(a) Utilice las capacidades de regresión de una herramienta de graficación para encontrar la recta de regresión por mínimos cuadrados para los datos.

(b) Utilice una herramienta de graficación para trazar los puntos y graficar la recta de regresión en una misma ventana.

(c) Utilice la recta de regresión para pronosticar la calificación promedio en los exámenes de un estudiante cuya calificación promedio en los cuestionarios es 17.

(d) Interprete el significado de la pendiente de la recta de regresión.

(e) Si el profesor añade 4 puntos a la calificación promedio en los exámenes de cada alumno, describa el cambio de posición de los puntos trazados y la modificación en la ecuación de la recta.

77. Distancia Demuestre que la distancia entre el punto (x_1, y_1) y la recta $Ax + By + C = 0$ es

$$\text{Distancia} = \frac{|Ax_1 + By_1 + C|}{\sqrt{A^2 + B^2}}$$

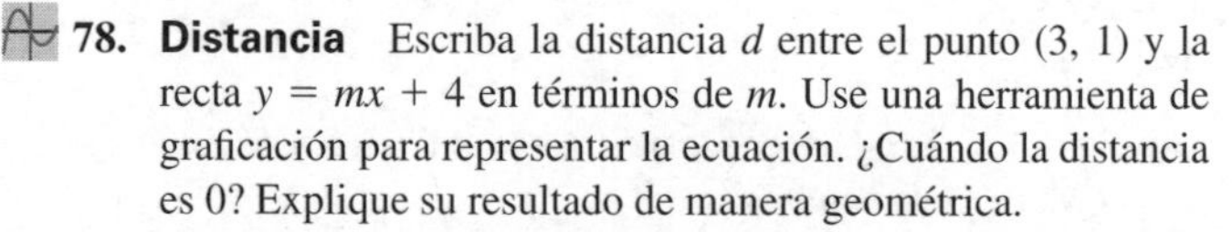

78. Distancia Escriba la distancia d entre el punto (3, 1) y la recta $y = mx + 4$ en términos de m. Use una herramienta de graficación para representar la ecuación. ¿Cuándo la distancia es 0? Explique su resultado de manera geométrica.

Distancia En los ejercicios 79 y 80 utilice el resultado del ejercicio 77 para encontrar la distancia entre el punto y la recta.

79. Punto: $(-2, 1)$
Recta: $x - y - 2 = 0$

80. Punto: $(2, 3)$
Recta: $4x + 3y = 10$

81. Demostración Demuestre que las diagonales de un rombo se cortan perpendicularmente. (Un rombo es un cuadrilátero con lados de igual longitud.)

82. Demostración Demuestre que la figura que se obtiene uniendo los puntos medios de los lados consecutivos de cualquier cuadrilátero es un paralelogramo.

83. Demostración Demuestre que si los puntos (x_1, y_1) y (x_2, y_2) pertenecen a la misma recta que (x_1^*, y_1^*) y (x_2^*, y_2^*), entonces:

$$\frac{y_2^* - y_1^*}{x_2^* - x_1^*} = \frac{y_2 - y_1}{x_2 - x_1}$$

Suponga que $x_1 \neq x_2$ y $x_1^* \neq x_2^*$

84. Demostración Demuestre que si las pendientes de dos rectas son recíprocas negativas de la otra, entonces las rectas son perpendiculares.

¿Verdadero o falso? En los ejercicios 85 y 86, determine si el enunciado es verdadero o falso. Si es falso, explique por qué o dé un ejemplo que demuestre que es falso.

85. Las rectas de las ecuaciones $ax + by = c_1$ y $bx - ay = c_2$ son perpendiculares. Suponga que $a \neq 0$ y $b \neq 0$.

86. Si una recta contiene puntos en el primero y tercer cuadrantes, entonces su pendiente debe ser positiva.

P.3 Funciones y sus gráficas

- **Usar la notación de función para representar y evaluar funciones.**
- **Encontrar el dominio y el rango de una función.**
- **Trazar la gráfica de una función.**
- **Identificar los diferentes tipos de transformaciones de las funciones.**
- **Clasificar funciones y reconocer combinaciones de funciones.**

COMENTARIO Los conceptos en esta sección son esenciales para el estudio del cálculo. Es importante dominarlos ahora para que posteriormente sea posible aprender material más avanzado.

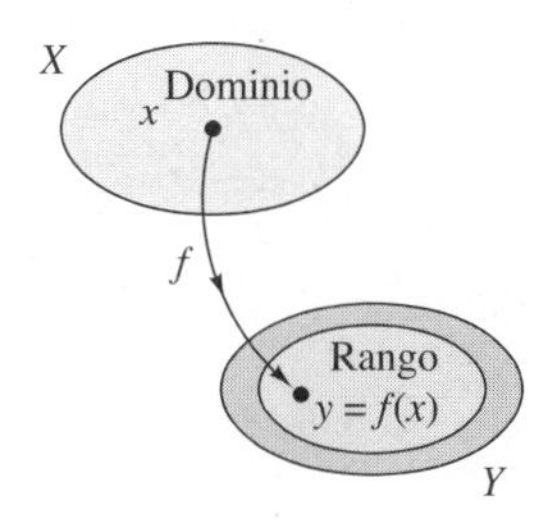

Una función real f de una variable real.
Figura P.22

Para ver la figura a color, acceda al código

NOTACIÓN DE FUNCIONES

Gottfried Wilhelm Leibniz fue el primero que utilizó la palabra *función*, en 1694, para denotar cualquier cantidad relacionada con una curva, como las coordenadas de uno de sus puntos o su pendiente. Cuarenta años más tarde, Leonhard Euler empleó la palabra "función" para describir cualquier expresión construida con una variable y varias constantes. Fue él quien introdujo la notación $y = f(x)$. (Para leer más acerca de Euler, vea la biografía de la siguiente página.)

Funciones y notación de funciones

Una **relación** entre dos conjuntos X y Y es un conjunto de pares ordenados, cada uno de la forma (x, y), donde x es un elemento de X y y un elemento de Y. Una **función** de X a Y es una relación entre X y Y con la propiedad de que si dos pares ordenados tienen el mismo valor de x, también tienen el mismo valor de y. La variable x se denomina **variable independiente**, mientras que la variable y es la **variable dependiente**.

Muchas situaciones de la vida real pueden modelarse por medio de funciones. Por ejemplo, el área de A de un círculo es una función de su radio r.

$$A = \pi r^2 \qquad A \text{ es una función de } r.$$

En este caso, r es la variable independiente, y A la variable dependiente.

Definición de función real valuada de una variable real

Sean X y Y conjuntos de números reales. Una **función real valuada f de una variable real x** de X a Y es una regla de correspondencia que asigna a cada número x en X exactamente un número y en Y.

El **dominio** de f es el conjunto X. El número y es la **imagen** de x bajo f se denota mediante $f(x)$, que se llama **valor de f en x**. El **rango** de f se define como el subconjunto de Y formado por todas las imágenes de los números en X (vea la figura P.22).

Las funciones pueden especificarse de varias formas. No obstante, este texto se concentra fundamentalmente en funciones dadas por ecuaciones que contienen variables dependientes e independientes. Por ejemplo, la ecuación

$$x^2 + 2y = 1 \qquad \text{Ecuación en forma implícita.}$$

define a la variable dependiente y como función de la variable independiente x. Para **evaluar** esta función (esto es, para encontrar el valor de y correspondiente a un valor de x dado) resulta conveniente despejar y en el lado izquierdo de la ecuación.

$$y = \tfrac{1}{2}(1 - x^2) \qquad \text{Ecuación en forma explícita.}$$

Utilizando f como nombre de la función, esta ecuación puede escribirse como

$$f(x) = \tfrac{1}{2}(1 - x^2) \qquad \text{Notación de funciones.}$$

La ecuación original $x^2 + 2y = 1$ define **implícitamente** a y como una función de x. Cuando se despeja y, se obtiene la ecuación en forma **explícita**.

La notación de funciones tiene la ventaja de que permite identificar claramente la variable dependiente como $f(x)$; al mismo tiempo se entiende que la variable independiente es x y que la función se denota por "f". El símbolo $f(x)$ se lee "f de x". La notación de funciones permite ahorrar palabras. En lugar de preguntar "¿Cuál es el valor de y que corresponde a $x = 3$?", se puede preguntar "¿Cuánto vale $f(3)$?".

LEONHARD EULER (1707-1783)

Además de sus contribuciones esenciales a casi todas las ramas de las matemáticas, Euler fue uno de los primeros en aplicar el cálculo a problemas reales de la física. Sus numerosas publicaciones incluyen temas como construcción de barcos, acústica, óptica, astronomía, mecánica y magnetismo.
Consulte LarsonCalculus.com (disponible solo en inglés) para leer más de esta biografía.

En una ecuación que define a una función de x el papel de la variable x es simplemente el de un hueco a llenar. Por ejemplo, la función

$$f(x) = 2x^2 - 4x + 1 \qquad \text{Función de } x.$$

puede describirse como

$$f(\square) = 2(\square)^2 - 4(\square) + 1 \qquad \text{Función de } \square$$

donde se usan rectángulos entre paréntesis en lugar de x. Para evaluar $f(-2)$, basta reemplazar cada rectángulo con –2.

$$\begin{aligned} f(-2) &= 2(-2)^2 - 4(-2) + 1 && \text{Sustituya } \square \text{ por } -2 \\ &= 2(4) + 8 + 1 && \text{Simplifique.} \\ &= 17 && \text{Simplifique.} \end{aligned}$$

Aunque es frecuente usar f como un símbolo adecuado para denotar una función y x para la variable independiente, se pueden utilizar otros símbolos. Por ejemplo, todas las ecuaciones siguientes definen la misma función.

$$\begin{aligned} f(x) &= x^2 - 4x + 7 && \text{El nombre de la función es } f \text{, el de la variable independiente es } x. \\ f(t) &= t^2 - 4t + 7 && \text{El nombre de la función es } h \text{, el de la variable independiente es } t. \\ g(s) &= s^2 - 4s + 7 && \text{El nombre de la función es } g \text{, el de la variable independiente es } s. \end{aligned}$$

EJEMPLO 1 Evaluar una función

Para la función f definida por $f(x) = x^2 + 7$, evalúe cada expresión:

a. $f(3a)$ **b.** $f(b - 1)$ **c.** $\dfrac{f(x + \Delta x) - f(x)}{\Delta x}$

COMENTARIO La expresión en el ejemplo 1(c) se llama *cociente de diferencias* y tiene un significado especial en el cálculo. Se aprenderá más sobre esto en el capítulo 2.

Solución

a. $$\begin{aligned} f(3a) &= (3a)^2 + 7 && \text{Sustituya } x \text{ por } 3a. \\ &= 9a^2 + 7 && \text{Simplifique.} \end{aligned}$$

b. $$\begin{aligned} f(b - 1) &= (b - 1)^2 + 7 && \text{Sustituya } x \text{ por } b - 1. \\ &= b^2 - 2b + 1 + 7 && \text{Desarrolle el binomio.} \\ &= b^2 - 2b + 8 && \text{Simplifique.} \end{aligned}$$

c. $$\begin{aligned} \frac{f(x + \Delta x) - f(x)}{\Delta x} &= \frac{[(x + \Delta x)^2 + 7] - (x^2 + 7)}{\Delta x} \\ &= \frac{x^2 + 2x\Delta x + (\Delta x)^2 + 7 - x^2 - 7}{\Delta x} \\ &= \frac{2x\Delta x + (\Delta x)^2}{\Delta x} \\ &= \frac{\cancel{\Delta x}(2x + \Delta x)}{\cancel{\Delta x}} \\ &= 2x + \Delta x, \quad \Delta x \neq 0 \end{aligned}$$

■

En cálculo es importante especificar con claridad el dominio de una función o expresión. Por ejemplo, en el ejemplo 1(c), las expresiones

$$\frac{f(x + \Delta x) - f(x)}{\Delta x} \quad \text{y} \quad 2x + \Delta x, \quad \Delta x \neq 0$$

son equivalentes, ya que $\Delta x = 0$ se excluye del dominio de la función o expresión. Si no se estableciera esa restricción del dominio, las dos expresiones no serían equivalentes.

Dominio y rango de una función

El dominio de una función puede describirse de manera explícita, o bien de manera *implícita* mediante la ecuación empleada para definir la función. El **dominio implícito** es el conjunto de todos los números reales para los que la ecuación está definida, mientras que un dominio definido explícitamente es el que se da junto con la función. Por ejemplo, la función dada por

$$f(x) = \frac{1}{x^2 - 4}, \quad 4 \leq x \leq 5$$ f tiene un dominio definido *explícitamente*.

tiene un dominio definido de manera explícita dado por $\{x: \ 4 \leq x \leq 5\}$. Por otra parte, la función dada por

$$g(x) = \frac{1}{x^2 - 4}$$ g tiene un dominio definido *implícitamente*.

tiene un dominio implícito que es el conjunto $\{x: \ x \neq \pm 2\}$.

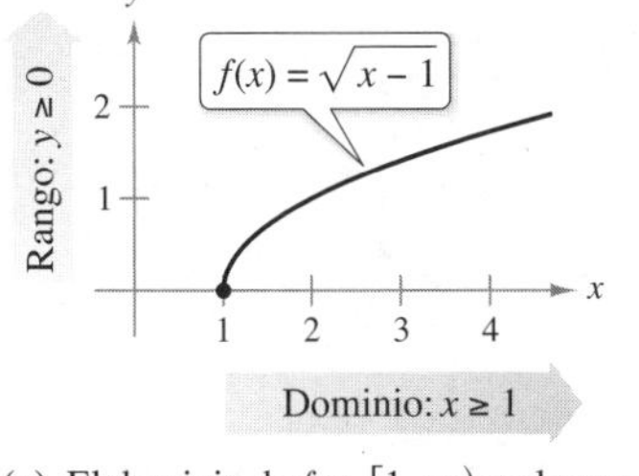

(a) El dominio de f es $[1, \infty)$ y el rango es $[0, \infty)$.

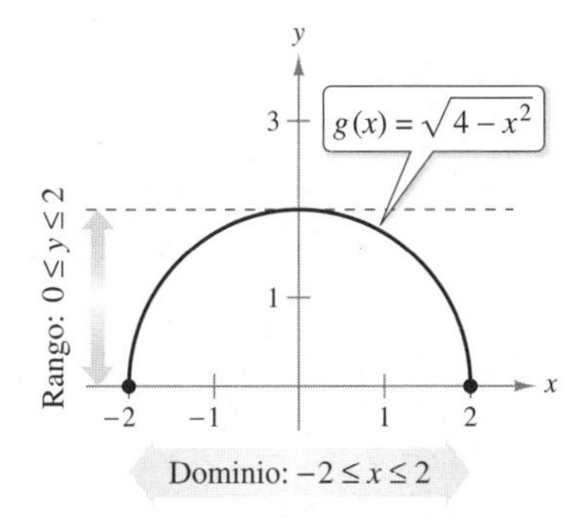

(b) El dominio de g es $[-2, 2]$ y el rango es $[0, 2]$.

Figura P.23

EJEMPLO 2 Calcular el dominio y rango de una función

Encuentre el dominio y el rango de cada función.

a. $f(x) = \sqrt{x - 1}$ **b.** $g(x) = \sqrt{4 - x^2}$

Solución

a. El dominio de la función

$$f(x) = \sqrt{x - 1}$$

es el conjunto de los valores de $x - 1 \geq 0$; es decir, el intervalo $[1, \infty)$. Para encontrar el rango, observe que $f(x) = \sqrt{x - 1}$ nunca es negativa. Por tanto, el rango es el intervalo $[0, \infty)$, como se muestra en la figura P.23(a).

b. El dominio de la función

$$g(x) = \sqrt{4 - x^2}$$

es el conjunto de todos los valores para los cuales $4 - x^2 \geq 0$ o bien $x^2 \leq 4$. De esta manera, el dominio de g es el intervalo $[-2, 2]$. Para encontrar el rango, observe que $g(x) = \sqrt{4 - x^2}$ nunca es negativa y es a lo más 2. De esta manera, el rango es el intervalo $[0, 2]$ como se muestra en la figura P.23(b). Note que la gráfica de g es un *semicírculo* de radio 2.

EJEMPLO 3 Una función definida por más de una ecuación

Para la función escalonada (definida por partes)

$$f(x) = \begin{cases} 1 - x, & x < 1 \\ \sqrt{x - 1}, & x \geq 1 \end{cases}$$

se tiene que f está definida para $x < 1$ y $x \geq 1$, su dominio es todo el conjunto de los números reales. En la parte del dominio donde $x \geq 1$, la función se comporta como en el ejemplo 2(a). Para $x < 1$, todos los valores de $1 - x$ son positivos. Por consiguiente, el rango de la función es el intervalo $[0, \infty)$. (Vea la figura P.24.)

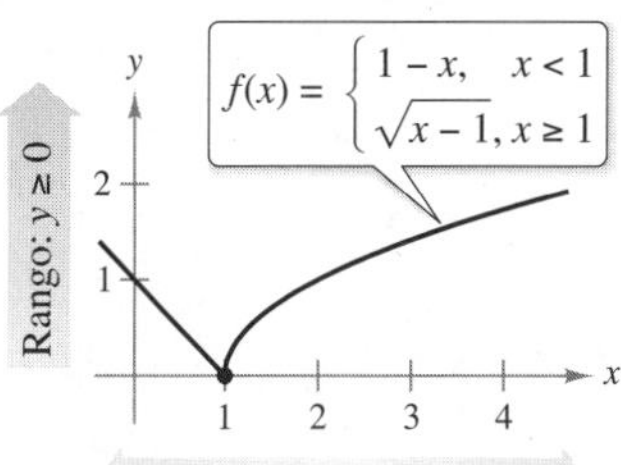

El dominio de f es $(-\infty, \infty)$, y el rango es $[0, \infty)$.

Figura P.24

Una función de X a Y es **uno a uno** (o **inyectiva**) si a cada valor de y perteneciente al rango le corresponde exactamente un valor x del dominio. Por ejemplo, la función dada en el ejemplo 2(a) es inyectiva, mientras que las de los ejemplos 2(b) y 3 no lo son. Se dice que una función de X a Y es **suprayectiva** (o **sobreyectiva**) si su rango es todo Y.

Para ver las figuras a color, acceda al código

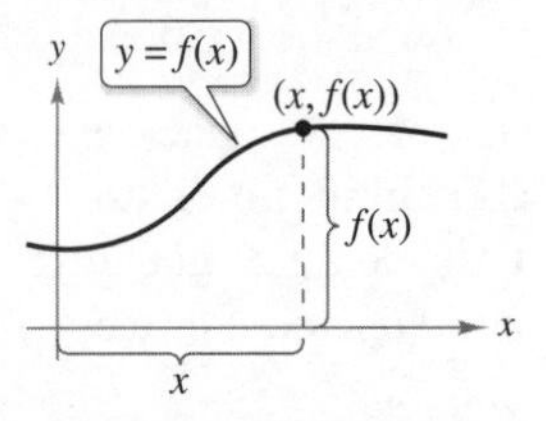

Gráfica de una función.
Figura P.25

Gráfica de una función

La gráfica de una función $y = f(x)$ está formada por todos los puntos $(x, f(x))$, donde x está en el dominio de f. En la figura P.25 se puede observar que

$$x = \text{distancia dirigida desde el eje } y$$

y

$$f(x) = \text{distancia dirigida desde el eje } x$$

Una recta vertical puede cortar la gráfica de una función de x como máximo *una vez*. Esta observación proporciona un criterio visual adecuado, llamado **criterio de la recta vertical**, para funciones de x. Es decir, una gráfica en el plano cartesiano es la gráfica de una función de x si y solo si ninguna recta vertical hace intersección con ella en más de un punto. Por ejemplo, en la figura P.26(a) se puede ver que la gráfica no define a y como función de x, ya que hay una recta vertical que corta a la gráfica dos veces, mientras que en las figuras P.26(b) y (c) las gráficas sí definen a y como función de x.

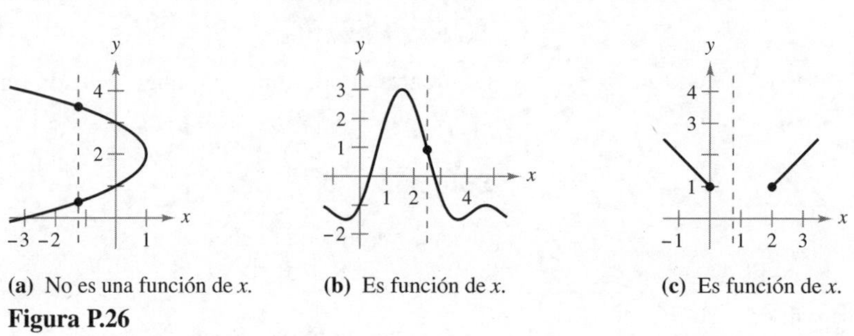
(a) No es una función de x. **(b)** Es función de x. **(c)** Es función de x.
Figura P.26

En la figura P.27 se muestran las gráficas de seis funciones básicas. Se debe ser capaz de reconocer estas gráficas. (Las gráficas de las seis funciones trigonométricas básicas se muestran en la sección P.4.)

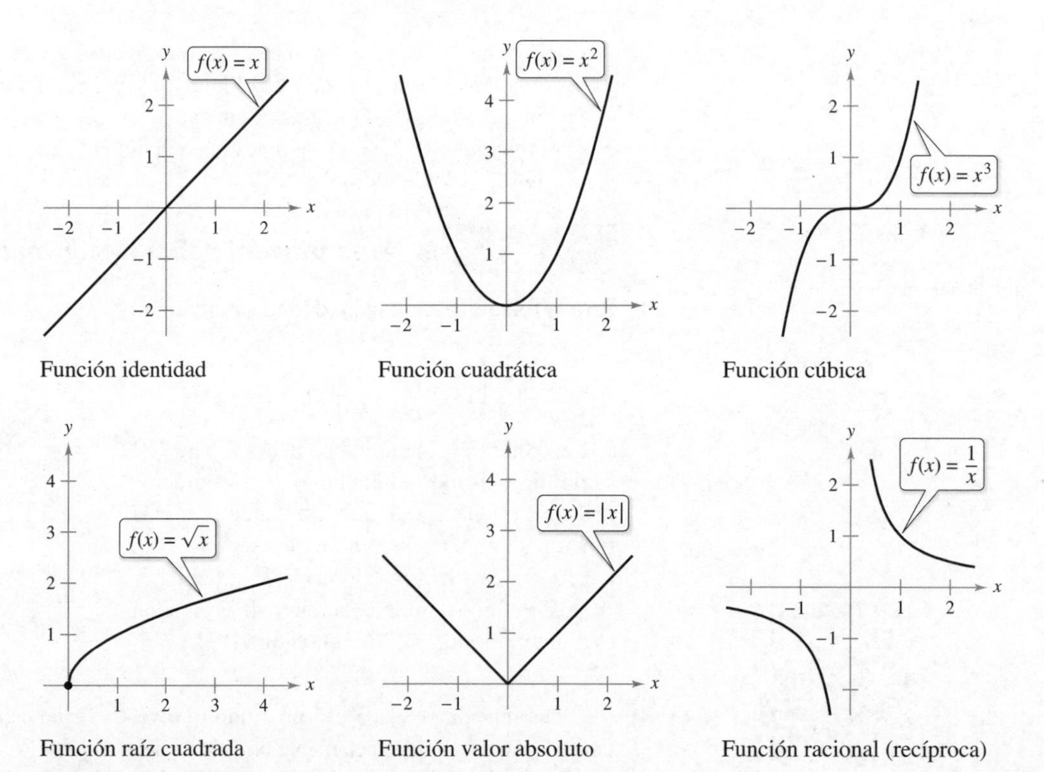

Gráficas de las seis funciones básicas.
Figura P.27

Transformaciones de funciones

Algunas familias de gráficas tienen la misma forma básica. Por ejemplo, compare la gráfica de $y = x^2$ con las gráficas de las otras cuatro funciones cuadráticas de la figura P.28.

OLIVER HEAVISIDE (1850-1925)

Heaviside fue un matemático y físico británico que contribuyó al campo de las matemáticas aplicadas, especialmente en aplicaciones de las matemáticas a la ingeniería eléctrica. La *función Heaviside* es un clásico tipo de función "encendido-apagado" que tiene aplicaciones en electricidad y ciencias de la computación. (Vea el ejercicio 62.)

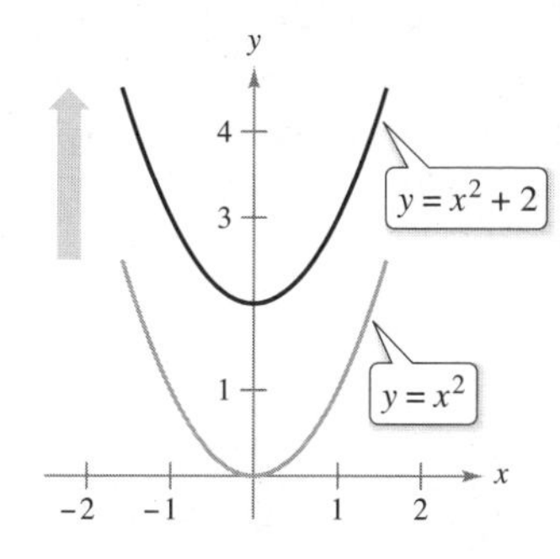

(a) Traslación vertical hacia arriba

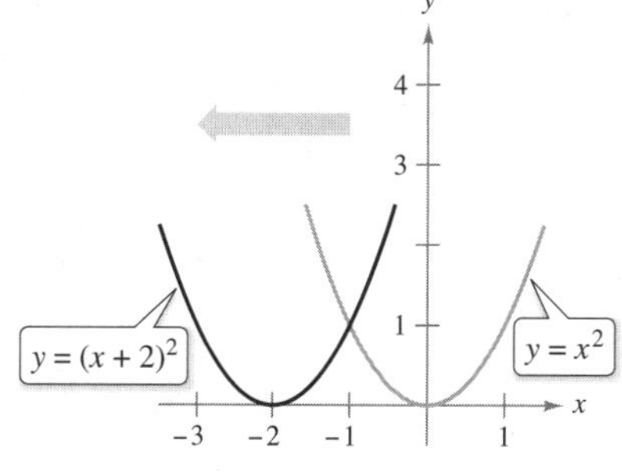

(b) Traslación horizontal a la izquierda

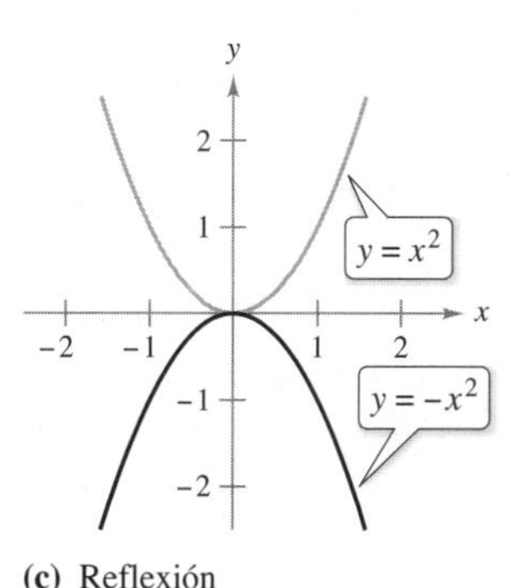

(c) Reflexión

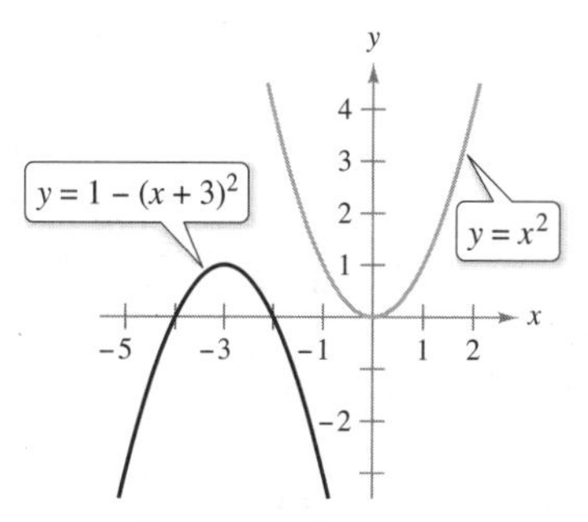

(d) Traslación a la izquierda, reflexión y traslación hacia arriba

Figura P.28

Cada una de las gráficas de la figura P.28 es una **transformación** de la gráfica de $y = x^2$. Los tres tipos básicos de transformaciones ilustrados por estas gráficas son las traslaciones verticales, las traslaciones horizontales y las reflexiones. La notación de funciones es adecuada para describir transformaciones de gráficas en el plano. Por ejemplo, al utilizar

$f(x) = x^2$ Función original.

como la función original, las transformaciones mostradas en la figura P.28 se pueden representar por medio de las siguientes ecuaciones.

a. $y = f(x) + 2$ Traslación vertical de 2 unidades hacia arriba.

b. $y = f(x + 2)$ Traslación horizontal de 2 unidades a la izquierda.

c. $y = -f(x)$ Reflexión respecto al eje x.

d. $y = -f(x + 3) + 1$ Traslación de 3 unidades a la izquierda, reflexión respecto al eje x y traslación de 1 unidad hacia arriba.

Tipos básicos de transformaciones ($c > 0$)

Gráfica original:	$y = f(x)$
Traslación horizontal de c unidades a la **derecha**:	$y = f(x - c)$
Traslación horizontal de c unidades a la **izquierda**:	$y = f(x + c)$
Traslación vertical de c unidades **hacia abajo**:	$y = f(x) - c$
Traslación vertical de c unidades **hacia arriba**:	$y = f(x) + c$
Reflexión (respecto al eje x):	$y = -f(x)$
Reflexión (respecto al eje y):	$y = f(-x)$
Reflexión (respecto al origen):	$y = -f(-x)$

Science and Society/Superstock

Clasificaciones y combinaciones de funciones

La noción moderna de una función es fruto de los esfuerzos de muchos matemáticos de los siglos XVII y XVIII. Mención especial merece Leonhard Euler, a quien debemos la notación de funciones $y = f(x)$. Hacia finales del siglo XVIII, los matemáticos y científicos habían llegado a la conclusión de que un gran número de fenómenos de la vida real podían representarse mediante modelos matemáticos, construidos a partir de una colección de funciones denominadas **funciones elementales**. Estas funciones se dividen en tres categorías.

1. Funciones algebraicas (polinomiales, radicales, racionales).
2. Funciones trigonométricas (seno, coseno, tangente, etc.).
3. Funciones exponenciales y logarítmicas.

Se revisarán las funciones trigonométricas en la siguiente sección. El resto de las funciones no algebraicas, como las funciones trigonométricas inversas y las funciones exponenciales y logarítmicas, se presentan en el capítulo 5.

El tipo más común de función algebraica es una **función polinomial**

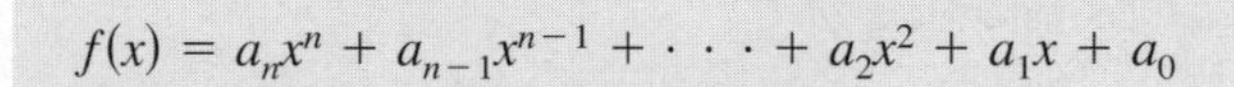

$$f(x) = a_n x^n + a_{n-1}x^{n-1} + \cdot \cdot \cdot + a_2x^2 + a_1x + a_0$$

COMENTARIO Note que los *puntos suspensivos* (los tres puntos entre los signos de suma) indican que el patrón continúa.

donde n es un entero no negativo. Las constantes a_i son **coeficientes**, siendo a_n el **coeficiente principal** y a_0 el **término constante** de la función polinomial. Si $a_n \neq 0$, entonces n es el **grado** de la función polinomial. La función polinomial cero $f(x) = 0$ no tiene grado. Aunque se suelen utilizar subíndices para los coeficientes de funciones polinomiales en general, para las de grados más bajos se utilizan con frecuencia las siguientes formas más sencillas. (Observe que $a \neq 0$.)

Grado cero:	$f(x) = a$	Función constante.
Grado uno:	$f(x) = ax + b$	Función lineal.
Grado dos:	$f(x) = ax^2 + bx + c$	Función cuadrática.
Grado tres:	$f(x) = ax^3 + bx^2 + cx + d$	Función cúbica.

Aunque la gráfica de una función polinomial no constante puede presentar varias vueltas, eventualmente ascenderá o descenderá sin límite al moverse x hacia la izquierda o hacia la derecha. Se puede determinar si la gráfica de

$$f(x) = a_n x^n + a_{n-1}x^{n-1} + \cdot \cdot \cdot + a_2x^2 + a_1x + a_0$$

eventualmente crece o decrece a partir del grado de la función (par o impar) y del coeficiente principal a_n, como se indica en la figura P.29. Observe que las regiones punteadas muestran que el **criterio del coeficiente principal** *solamente* determina el comportamiento a la derecha y a la izquierda de la gráfica.

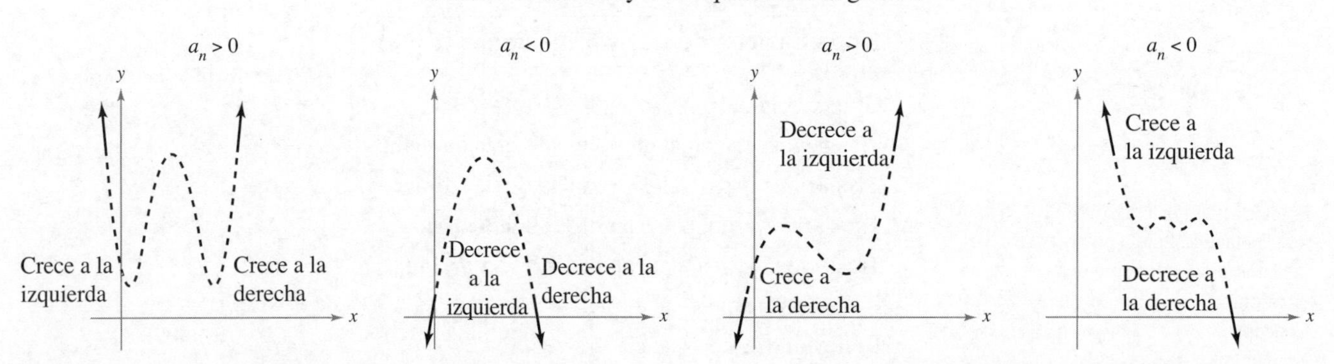

Criterio del coeficiente principal para funciones polinomiales.
Figura P.29

Del mismo modo que un número racional se puede escribir como el cociente de dos enteros, una **función racional** se puede expresar como el cociente de dos polinomios. De manera específica, una función f es racional si tiene la forma

$$f(x) = \frac{p(x)}{q(x)}, \quad q(x) \neq 0$$

donde $p(x)$ y $q(x)$ son polinomios.

Las funciones polinomiales y las racionales son ejemplos de **funciones algebraicas**. Se llama función algebraica de x a aquella que se puede expresar mediante un número finito de sumas, diferencias, productos, cocientes y raíces que contengan x^n. Por ejemplo, $f(x) = \sqrt{x+1}$ es algebraica. Las funciones no algebraicas se denominan **trascendentes**. Por ejemplo, las funciones trigonométricas son trascendentes. (Vea la sección P.4.)

Para ver la figura a color, acceda al código

Es posible combinar dos funciones de varias formas para crear nuevas funciones. Por ejemplo, dadas $f(x) = 2x - 3$ y $g(x) = x^2 + 1$, se pueden construir las siguientes funciones.

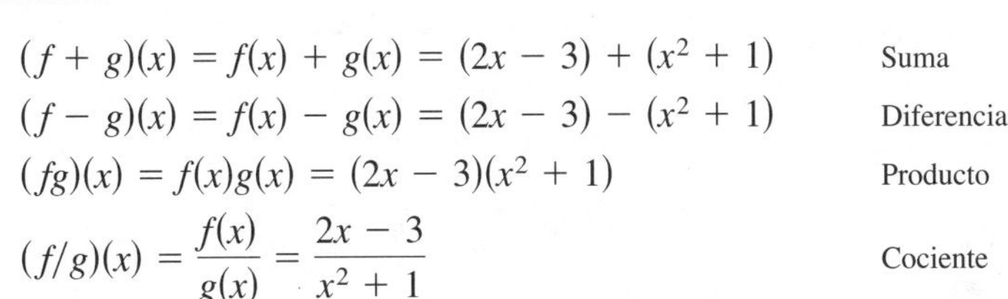

$(f+g)(x) = f(x) + g(x) = (2x-3) + (x^2+1)$ Suma

$(f-g)(x) = f(x) - g(x) = (2x-3) - (x^2+1)$ Diferencia

$(fg)(x) = f(x)g(x) = (2x-3)(x^2+1)$ Producto

$(f/g)(x) = \dfrac{f(x)}{g(x)} = \dfrac{2x-3}{x^2+1}$ Cociente

Aún hay otra manera de combinar dos funciones, llamada **composición**. La función resultante recibe el nombre de **función compuesta**.

Definición de función compuesta

Sean f y g dos funciones. La función dada por $(f \circ g)(x) = f(g(x))$ se llama función **compuesta** de f con g. El dominio de $f \circ g$ es el conjunto de todas las x del dominio de g tales que $g(x)$ esté en el dominio de f (vea la figura P.30).

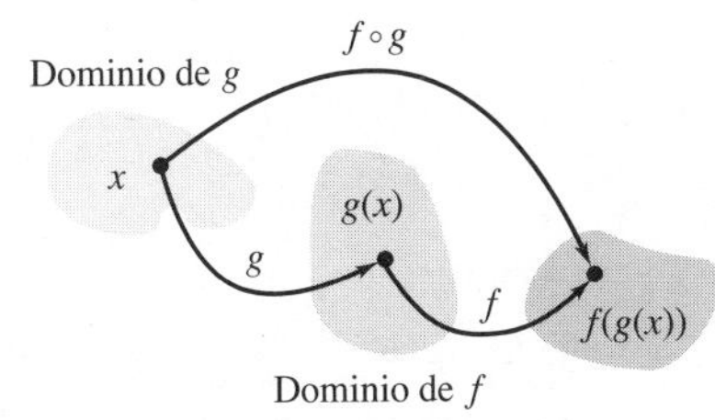

El dominio de la función compuesta $f \circ g$.
Figura P.30

La función compuesta de f con g puede no ser igual a la función compuesta de g con f. Esto se muestra en el ejemplo siguiente.

EJEMPLO 4 Hallar funciones compuestas

Consulte LarsonCalculus.com (disponible solo en inglés) para una versión interactiva de este tipo de ejemplo.

Dadas $f(x) = 2x - 3$ y $g(x) = x^2 + 1$, encuentre cada una de las funciones compuestas:

a. $f \circ g$ **b.** $g \circ f$

Solución

a. $(f \circ g)(x) = f(g(x))$ Definición de $f \circ g$.

$= f(x^2+1)$ Sustituya x^2+1 por $g(x)$.

$= 2(x^2+1) - 3$ Definición de $f(x)$.

$= 2x^2 - 1$ Simplifique.

b. $(g \circ f)x = g(f(x))$ Definición de $g \circ f$.

$= g(2x-3)$ Sustituya $2x-3$ por $f(x)$.

$= (2x-3)^2 + 1$ Definición de $g(x)$.

$= 4x^2 - 12x + 10$ Simplifique.

Observe que $(f \circ g)(x) \neq (g \circ f)(x)$.

PARA INFORMACIÓN ADICIONAL Puede encontrar más información sobre la historia del concepto de función en el artículo "Evolution of the Function Concept: A Brief Survey", de Israel Kleiner, en *The College Mathematics Journal*. Para consultar este artículo, visite *MathArticles.com* (disponible solo en inglés).

En la sección P.1 se definió la intersección en x de una gráfica como todo punto $(a, 0)$ en el que la gráfica corta el eje x. Si la gráfica representa una función f, el número a es un **cero** de f. En otras palabras, los *ceros de una función f son las soluciones de la ecuación* $f(x) = 0$. Por ejemplo, la función

$$f(x) = x - 4$$

tiene un cero en $x = 4$, porque $f(4) = 0$.

En la sección P.1 también se estudiaron diferentes tipos de simetrías. En la terminología de funciones, se dice que una función es **par** si su gráfica es simétrica respecto al eje y, y se dice que es **impar** si su gráfica es simétrica respecto al origen. Los criterios de simetría de la sección P.1 conducen a la siguiente prueba para las funciones pares e impares.

Prueba para las funciones pares e impares

La función $y = f(x)$ es **par** si $f(-x) = f(x)$. La función $y = f(x)$ es **impar** si $f(-x) = -f(x)$.

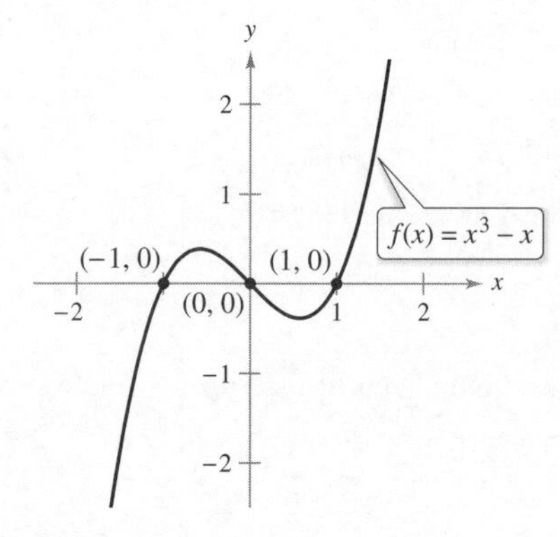

(a) Función par

Es importante notar que algunas funciones no son pares ni impares, como se muestra en el siguiente ejemplo.

EJEMPLO 5 Funciones pares o impares y ceros de funciones

Determine si cada una de las siguientes funciones es par, impar o ninguna de ambas. Después calcule los ceros de la función.

a. $f(x) = x^3 - x$ **b.** $g(x) = \dfrac{1}{x^2}$ **c.** $h(x) = -x^2 - x - 1$

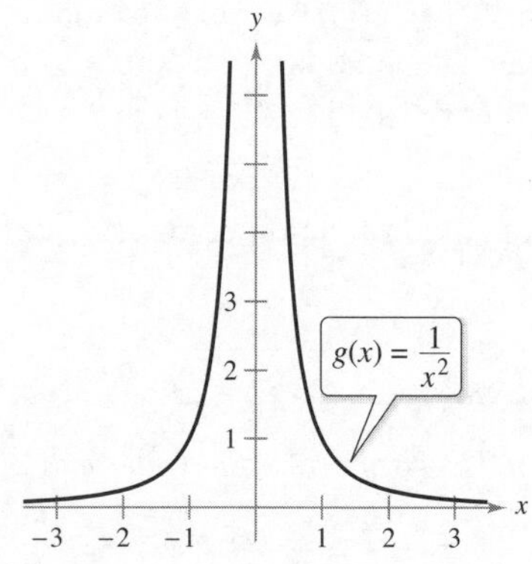

(b) Función impar

Solución

a. La función es impar, porque

$$f(-x) = (-x)^3 - (-x) = -x^3 + x = -(x^3 - x) = -f(x)$$

Los ceros de f son

$$x^3 - x = 0 \qquad \text{Sea } f(x) = 0.$$

$$x(x^2 - 1) = 0 \qquad \text{Factorice el término común.}$$

$$x(x - 1)(x + 1) = 0 \qquad \text{Factorice la diferencia cuadrados.}$$

$$x = 0, 1, -1 \qquad \text{Ceros de } f.$$

Vea la figura P.31(a).

b. Esta función es par porque

$$g(-x) = \frac{1}{(-x)^2} = \frac{1}{x^2} = g(x)$$

Esta función no tiene ceros porque $1/x^2$ es positiva para toda x en el dominio, como se muestra en la figura P.31(b).

c. Al sustituir a $-x$ por x, se tiene

$$h(-x) = -(-x)^2 - (-x) - 1 = -x^2 + x - 1$$

Y dado que $h(x) = -x^2 - x - 1$ y $-h(x) = x^2 + x + 1$, se puede concluir que

$$h(-x) \neq h(x) \qquad \text{La función } \textit{no} \text{ es par.}$$

y

$$h(-x) \neq -h(x) \qquad \text{La función } \textit{no} \text{ es impar.}$$

De manera que la función no es par ni impar. Esta función no tiene ceros porque $-x^2 - x - 1$ es negativa para toda x en el dominio, como se muestra en la figura P.31(c).

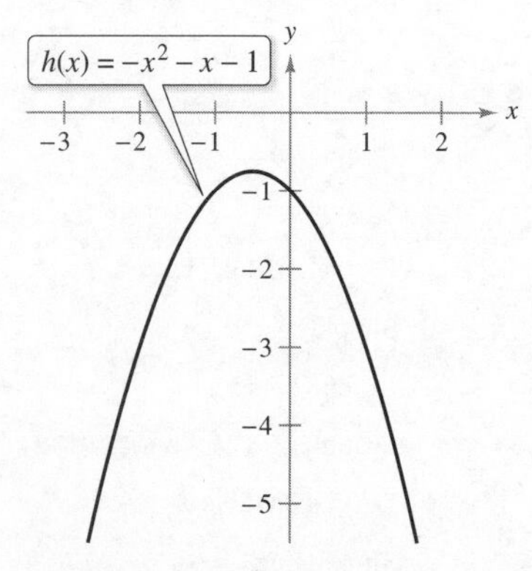

(c) Función ni par ni impar

Figura P.31

P.3 Ejercicios

Las respuestas a los ejercicios impares pueden consultarse en el Apéndice de este libro.

Repaso de conceptos

1. ¿Todas las funciones son también relaciones? ¿Todas las relaciones son también funciones? Explique.
2. Explique los significados de *dominio* y *rango*.
3. ¿Cuáles son los tres tipos básicos de transformaciones de funciones?
4. Describa los cuatro casos del criterio del coeficiente principal.

Evaluar una función En los ejercicios 5 a 12, evalúe la función para el (los) valor(es) dado(s) de la variable independiente. Simplifique los resultados.

5. $f(x) = 3x - 2$

(a) $f(0)$ (b) $f(5)$ (c) $f(b)$ (d) $f(x - 1)$

6. $f(x) = 7x - 4$

(a) $f(0)$ (b) $f(-3)$ (c) $f(b)$ (d) $f(x + 2)$

7. $f(x) = \sqrt{x^2 + 4}$

(a) $f(-2)$ (b) $f(3)$ (c) $f(2)$ (d) $f(x + bx)$

8. $f(x) = \sqrt{x + 5}$

(a) $f(-4)$ (b) $f(11)$ (c) $f(4)$ (d) $f(x + \Delta x)$

9. $g(x) = 5 - x^2$

(a) $g(0)$ (b) $g(\sqrt{5})$ (c) $g(-2)$ (d) $g(t - 1)$

10. $g(x) = x^2(x - 4)$

(a) $g(4)$ (b) $g(\frac{3}{2})$ (c) $g(c)$ (d) $g(t + 4)$

11. $f(x) = x^3$

$\frac{f(x + \Delta x) - f(x)}{\Delta x}$

12. $f(x) = 3x - 1$

$\frac{f(x) - f(1)}{x - 1}$

Encontrar el dominio y el rango de una función En los ejercicios 13 a 22, encuentre el dominio y el rango de la función.

13. $f(x) = 4x^2$

14. $g(x) = x^2 - 5$

15. $h(x) = 4 - x^2$

16. $f(x) = x^3$

17. $g(x) = \sqrt{6x}$

18. $h(x) = -\sqrt{x + 3}$

19. $f(x) = \sqrt{16 - x^2}$

20. $f(x) = |x - 3|$

21. $f(x) = \frac{3}{x}$

22. $f(x) = \frac{x - 2}{x + 4}$

Encontrar el dominio de una función En los ejercicios 23 a 26, encuentre el dominio de la función.

23. $f(x) = \sqrt{x} + \sqrt{1 - x}$

24. $f(x) = \sqrt{x^2 - 3x + 2}$

25. $f(x) = \frac{1}{|x + 3|}$

26. $g(x) = \frac{1}{|x^2 - 4|}$

Encontrar el rango y el dominio de una función escalonada En los ejercicios 27 a 30, evalúe la función como se indica. Determine su dominio y su rango.

27. $f(x) = \begin{cases} 2x + 1, & x < 0 \\ 2x + 2, & x \geq 0 \end{cases}$

(a) $f(-1)$ (b) $f(0)$ (c) $f(2)$ (d) $f(t^2 + 1)$

28. $f(x) = \begin{cases} x^2 + 2, & x \leq 1 \\ 2x^2 + 2, & x > 1 \end{cases}$

(a) $f(-2)$ (b) $f(0)$ (c) $f(1)$ (d) $f(s^2 + 2)$

29. $f(x) = \begin{cases} |x| + 1, & x < 1 \\ -x + 1, & x \geq 1 \end{cases}$

(a) $f(-3)$ (b) $f(1)$ (c) $f(3)$ (d) $f(b^2 + 1)$

30. $f(x) = \begin{cases} \sqrt{x + 4}, & x \leq 5 \\ (x - 5)^2, & x > 5 \end{cases}$

(a) $f(-3)$ (b) $f(0)$ (c) $f(5)$ (d) $f(10)$

Trazar la gráfica de una función En los ejercicios 31 a 42, trace la gráfica de la función y encuentre su dominio y su rango. Utilice una herramienta graficadora para verificar las gráficas.

31. $f(x) = 4 - x$

32. $f(x) = \frac{5}{6} - \frac{2}{3}x$

33. $f(x) = x^2 + 5$

34. $f(x) = -2x^2 - 1$

35. $f(x) = (x - 1)^3 + 2$

36. $f(x) = \frac{1}{4}x^3 + 3$

37. $f(x) = \sqrt{9 - x^2}$

38. $f(x) = x + \sqrt{4 - x^2}$

39. $g(x) = |x| - 5$

40. $f(x) = |x^2 - 1|$

41. $g(x) = \frac{1}{x^2 + 2}$

42. $f(t) = \frac{2}{7 + t}$

Usar el criterio de la recta vertical En los ejercicios 43 a 46, aplique el criterio de la recta vertical para determinar si y es una función de x. Para imprimir una copia ampliada de la gráfica, visite *MathGraphs.com* (disponible solo en inglés).

43. $x - y^2 = 0$

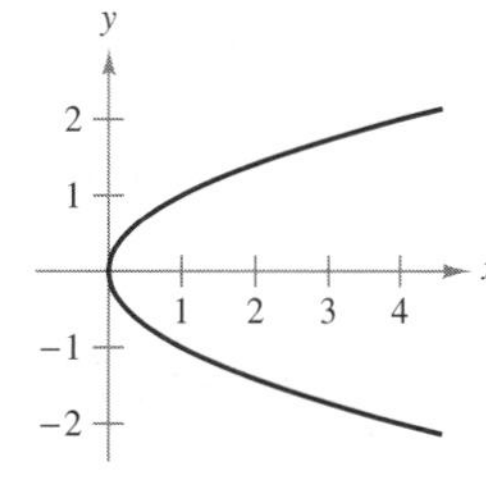

44. $\sqrt{x^2 - 4} - y = 0$

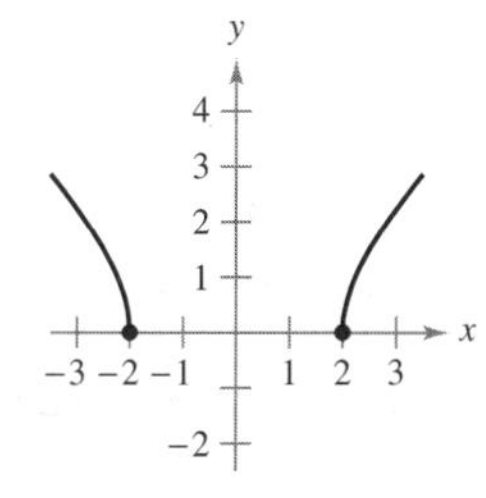

45. $y = \begin{cases} x + 1, & x \leq 0 \\ -x + 2, & x > 0 \end{cases}$

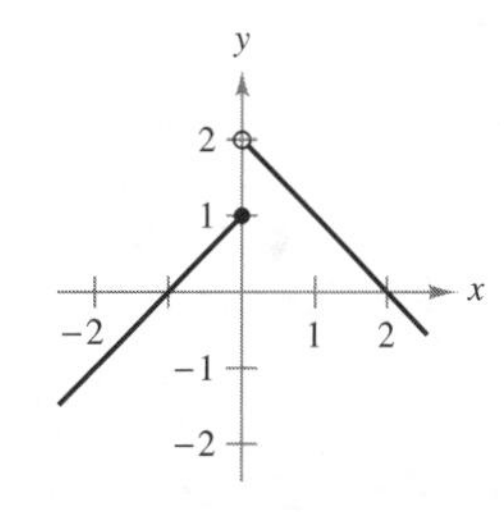

46. $x^2 + y^2 = 4$

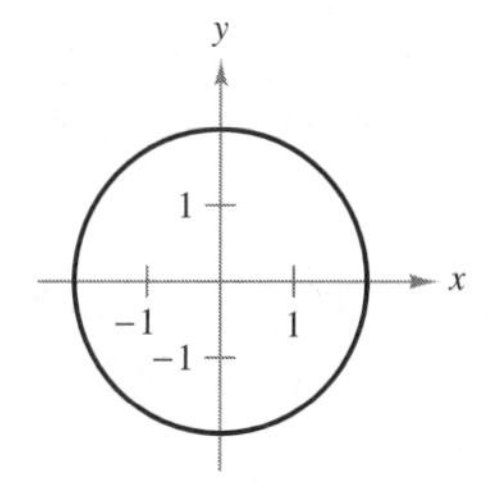

Decidir si una ecuación es una función En los ejercicios 47 a 50, determine si y es una función de x.

47. $x^2 + y = 16$ **48.** $x^2 + y^2 = 16$

49. $y^2 = x^2 - 1$ **50.** $x^2y - x^2 + 4y = 0$

Transformar una función En los ejercicios 51 a 54, la gráfica muestra una de las seis funciones básicas en la página 22 y una transformación de la función. Describa la transformación. A continuación, escriba la ecuación para la transformación.

51.

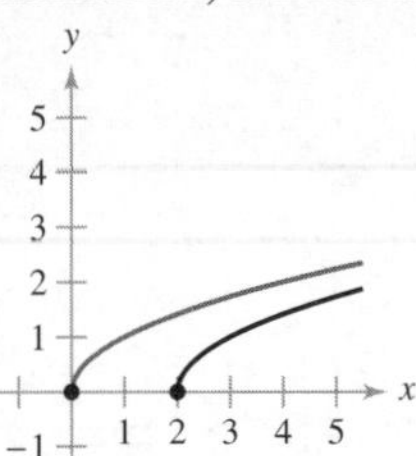

52.

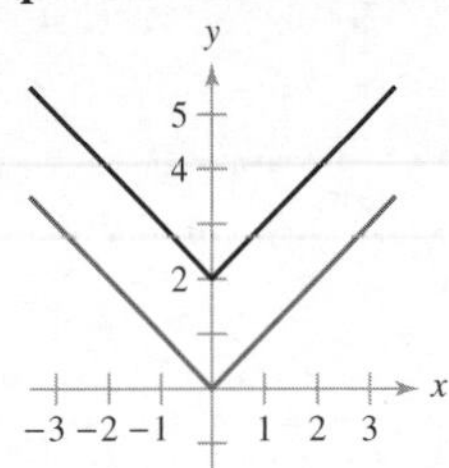

53.

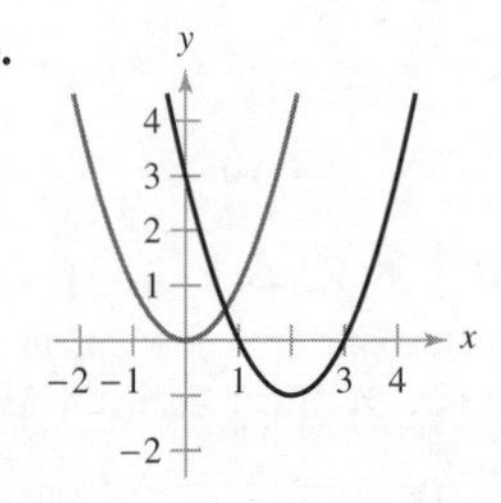

54.

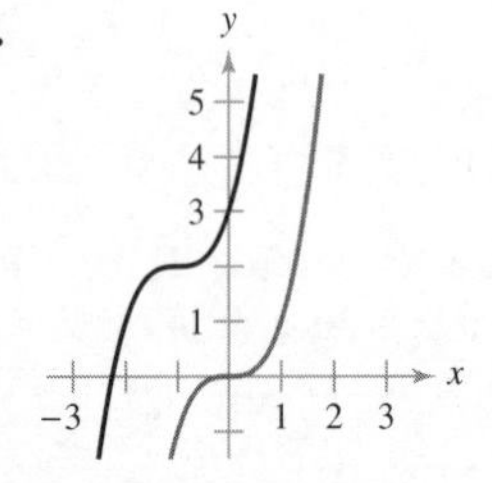

Relacionar En los ejercicios 55 a 60, utilice la gráfica de $y = f(x)$ para relacionar la función con su gráfica.

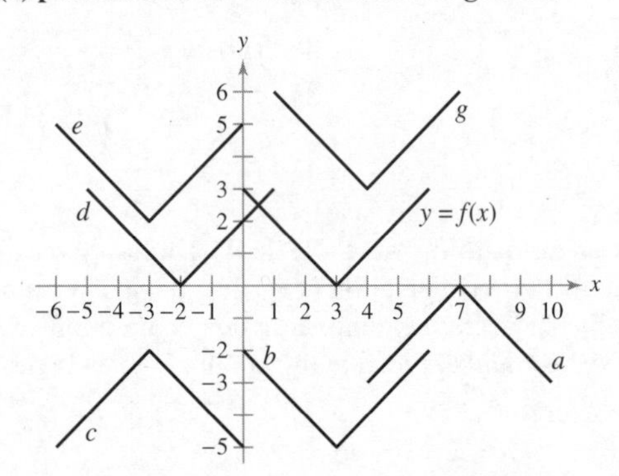

55. $y = f(x + 5)$ **56.** $y = f(x) - 5$

57. $y = -f(-x) - 2$ **58.** $y = -f(x - 4)$

59. $y = f(x + 6) + 2$ **60.** $y = f(x - 1) + 3$

61. Trazar transformaciones Utilice la gráfica de f mostrada en la figura para trazar la gráfica de cada función. Para imprimir una copia ampliada de la gráfica, visite *MathGraphs.com* (disponible solo en inglés).

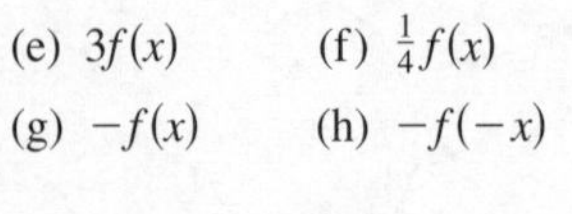

(a) $f(x + 3)$ (b) $f(x - 1)$

(c) $f(x) + 2$ (d) $f(x) - 4$

(e) $3f(x)$ (f) $\frac{1}{4}f(x)$

(g) $-f(x)$ (h) $-f(-x)$

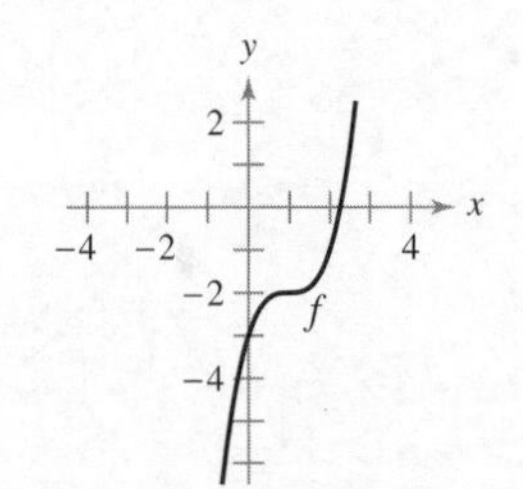

62. La función de Heaviside La función de Heaviside $H(x)$ es ampliamente utilizada en aplicaciones de la ingeniería.

$$H(x) = \begin{cases} 1, & x \geq 0 \\ 0, & x < 0 \end{cases}$$

Trace la gráfica de la función de Heaviside y las gráficas de las siguientes funciones.

(a) $H(x) - 2$ (b) $H(x - 2)$ (c) $-H(x)$

(d) $H(-x)$ (e) $\frac{1}{2}H(x)$ (f) $-H(x - 2) + 2$

Combinar funciones En los ejercicios 63 y 64, determine (a) $(f + g)(x)$, (b) $(f - g)(x)$, (c) $(fg)(x)$ y (d) $(f/g)(x)$.

63. $f(x) = 2x - 5$, $g(x) = 4 - 3x$ **64.** $f(x) = x^2 + 5x + 4$, $g(x) = x + 1$

65. Evaluar funciones compuestas Dadas $f(x) = \sqrt{x}$ y $g(x) = x^2 - 1$, evalúe cada expresión.

(a) $f(g(1))$ (b) $g(f(1))$ (c) $g(f(0))$

(d) $f(g(-4))$ (e) $f(g(x))$ (f) $g(f(x))$

66. Evaluar funciones compuestas Sean $f(x) = 2x^3$ y $g(x) = 4x + 3$. Evalúe cada expresión.

(a) $f(g(0))$ (b) $f\left(g\left(\frac{1}{2}\right)\right)$

(c) $g(f(0))$ (d) $g\left(f\left(-\frac{1}{4}\right)\right)$

(e) $f(g(x))$ (f) $g(f(x))$

Encontrar funciones compuestas En los ejercicios 67 a 72, encuentre las funciones compuestas $f \circ g$ y $g \circ f$. Encuentre el dominio de cada función compuesta. ¿Son iguales ambas funciones compuestas?

67. $f(x) = x$, $g(x) = x^2$ **68.** $f(x) = \sqrt[3]{x - 5}$, $g(x) = x^3 + 5$

69. $f(x) = x^2$, $g(x) = \sqrt{x}$ **70.** $f(x) = x^2 - 1$, $g(x) = -x$

71. $f(x) = \dfrac{3}{x}$, $g(x) = x^2 - 1$ **72.** $f(x) = \dfrac{1}{x}$, $g(x) = \sqrt{x + 2}$

73. Evaluar funciones compuestas Utilice las gráficas de f y de g para evaluar cada expresión. Si el resultado es indefinido, explique por qué.

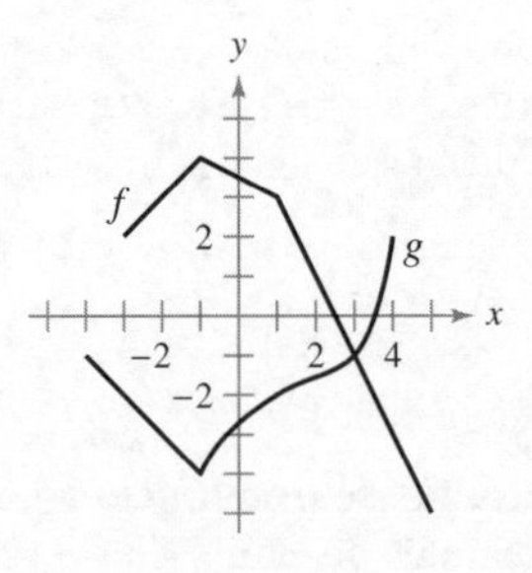

(a) $(f \circ g)(3)$ (b) $g(f(2))$

(c) $g(f(5))$ (d) $(f \circ g)(-3)$

(e) $(g \circ f)(-1)$ (f) $f(g(-1))$

74. Ondas Se deja caer una roca en un estanque tranquilo, provocando ondas en forma de círculos concéntricos. El radio (en pies) de la onda exterior está dado por $r(t) = 0.6t$, donde t es el tiempo, en segundos, transcurrido desde que la roca golpea el agua. El área del círculo está dada por la función $A(r) = \pi r^2$. Calcule e interprete $(A \circ r)(t)$.

Piénselo En los ejercicios 75 y 76, $F(x) = f \circ g$. Identifique las funciones para f y g. Existen muchas respuestas correctas.

75. $F(x) = \sqrt{2x - 2}$ **76.** $F(x) = \dfrac{1}{4x^6}$

Piénselo En los ejercicios 77 y 78, encuentre las coordenadas de un segundo punto de la gráfica de una función f, si el punto dado forma parte de la gráfica y la función es (a) par y (b) impar.

77. $\left(-\frac{3}{2}, 4\right)$

78. $(4, 9)$

79. Funciones pares e impares En la figura se muestran las gráficas de f, g y h. Determine si cada función es par o impar o ninguna de las dos.

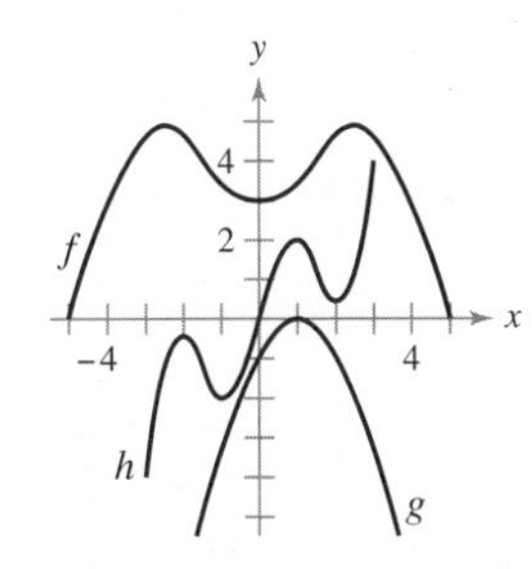

Figura para 79

Figura para 80

80. Funciones pares e impares El dominio de la función f que se muestra en la figura es $-6 \leq x \leq 6$.

(a) Complete la gráfica de f dado que f es par.

(b) Complete la gráfica de f dado que f es impar.

Funciones pares e impares y ceros de las funciones En los ejercicios 81 a 84, determine si la función es par, impar o ninguna de las dos. Luego determine los ceros de la función. Utilice una herramienta de graficación para verificar su resultado.

81. $f(x) = x^2(4 - x^2)$ **82.** $f(x) = \sqrt[3]{x}$

83. $f(x) = 2\sqrt[6]{x}$ **84.** $f(x) = 4x^4 - 3x^2$

Escribir funciones En los ejercicios 85 a 88, escriba la ecuación para una función que tiene la gráfica dada.

85. Segmento de la recta que une $(-2, 4)$ y $(0, -6)$.

86. Segmento de la recta que une $(3, 1)$ y $(5, 8)$.

87. La mitad inferior de la parábola $x + y^2 = 0$.

88. La mitad inferior del círculo $x^2 + y^2 = 36$.

Dibujar una gráfica En los ejercicios 89 a 92, trace una posible gráfica de la situación.

89. La velocidad de un aeroplano en una función del tiempo durante un vuelo de 5 horas.

90. La altura de una pelota de béisbol en función de la distancia horizontal durante un *home run*.

91. Tras unos minutos de recorrido, un estudiante que conduce 15 millas para ir a la universidad recuerda que olvidó en casa el trabajo que tiene que entregar ese día. Conduciendo a mayor velocidad de la que acostumbra, regresa a casa, recoge su trabajo y reemprende su camino a la universidad. Considere la distancia desde la casa del estudiante como función del tiempo.

92. Una persona compra un auto nuevo y lo conserva durante 6 años. Durante el año 4, la persona compra varias actualizaciones caras. Considere el valor del automóvil como una función del tiempo.

93. Dominio Determine el valor de c de manera que el dominio de la función $f(x) = \sqrt{c - x^2}$ sea $[-5, 5]$.

94. Dominio Determine todos los valores de c de manera que el dominio de la función

$$f(x) = \frac{x + 3}{x^2 + 3cx + 6}$$

sea el conjunto de todos los números reales.

Exploración de conceptos

95. ¿Puede la gráfica de una función uno a uno intersecar una recta horizontal más de una vez? Explique.

96. Dé un ejemplo de funciones f y g tales que $f \circ g = g \circ f$ y $f(x) \neq g(x)$. No utilice ningún par de funciones aplicables de los ejercicios 67 a 72.

97. ¿El grado de una función polinomial determina si la función es par o impar? Explique.

98. Determine si la función $f(x) = 0$ es par, impar, ambas o ninguna de ellas. Explique.

99. Razonamiento gráfico Un termostato controlado de manera electrónica está programado para reducir la temperatura automáticamente durante la noche. La temperatura T, en grados Celsius, está dada en términos de t, el tiempo en horas de un reloj de 24 horas. (Vea la figura.)

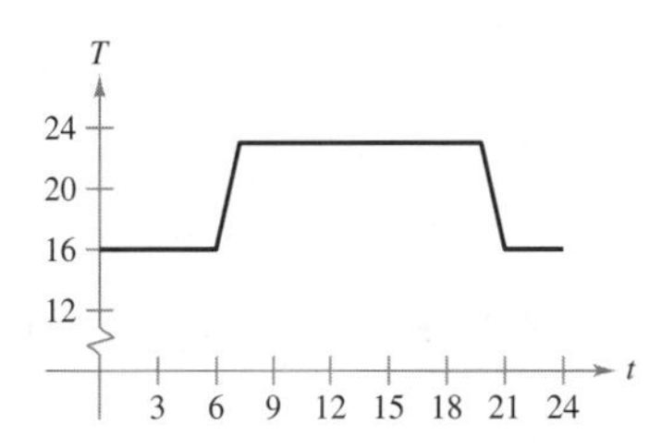

(a) Calcule $T(4)$ y $T(15)$.

(b) Si el termostato se reprograma para producir una temperatura $H(t) = T(t - 1)$, ¿qué cambios habrá en la temperatura? Explique.

(c) Si el termostato se reprograma para producir una temperatura $H(t) = T(t) - 1$, ¿qué cambios habrá en la temperatura? Explique.

(d) Escriba una función escalonada que represente la gráfica.

100. **¿CÓMO LO VE?** El agua fluye a una vasija de 30 centímetros de altura a velocidad constante, llenándola en 5 segundos. Utilice esta información y la forma de la vasija que se muestra en la figura para responder a las siguientes preguntas, si d es la profundidad del agua en centímetros y t es el tiempo en segundos (vea la figura).

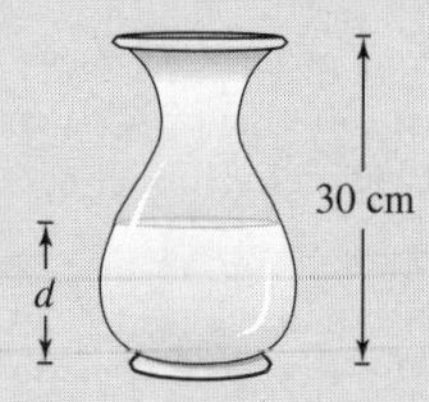

(a) Explique por qué d es una función de t.

(b) Determine el dominio y el rango de dicha función.

(c) Trace una posible gráfica de la función.

(d) Use la gráfica del inciso (c) para calcular $d(4)$. ¿Qué representa esto?

101. Aerodinámica automotriz

La potencia H, en caballos de fuerza, que requiere cierto automóvil para vencer la resistencia del viento está dada por

$H(x) = 0.00004636x^3$

donde x es la velocidad del automóvil en millas por hora.

(a) Use alguna utilidad para graficar la función.

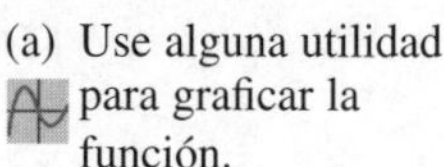

(b) Reescriba la función de potencia de tal modo que x represente la velocidad en kilómetros por hora. [Encuentre $H(x/1.6)$.]

102. Redacción Utilice una herramienta de graficación para representar las funciones polinomiales

$$p_1(x) = x^3 - x + 1 \text{ y } p_2(x) = x^3 - x$$

¿Cuántos ceros tiene cada una de estas funciones? ¿Existe algún polinomio cúbico que no tenga ceros? Explique su respuesta.

103. Demostración Demuestre que la función es impar.

$$f(x) = a_{2n+1}x^{2n+1} + \cdot \cdot \cdot + a_3x^3 + a_1x$$

104. Demostración Demuestre que la función es par.

$$f(x) = a_{2n}x^{2n} + a_{2n-2}x^{2n-2} + \cdot \cdot \cdot + a_2x^2 + a_0$$

105. Demostración Demuestre que el producto de dos funciones pares (o impares) es una función par.

106. Demostración Demuestre que el producto de una función impar y una par es una función impar.

107. Longitud Una recta que pasa por el punto (3, 2) forma con los ejes x y y un triángulo rectángulo en el primer cuadrante (vea la figura). Exprese la longitud L de la hipotenusa como función de x.

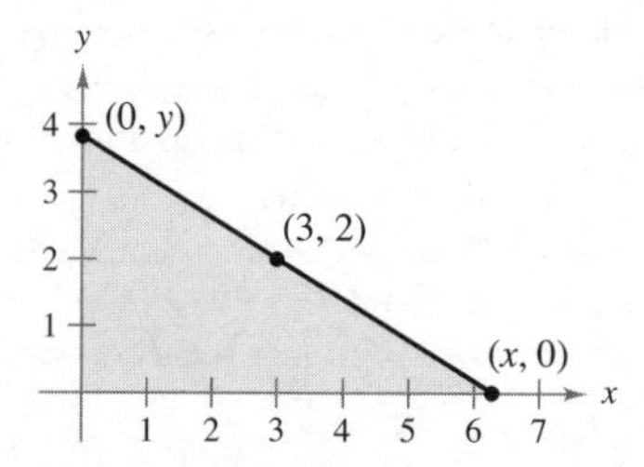

108. Volumen Se va a construir una caja abierta (sin tapa) de volumen máximo con una pieza cuadrada de material de 24 centímetros de lado, recortando cuadrados iguales en las esquinas y doblando los lados hacia arriba (vea la figura).

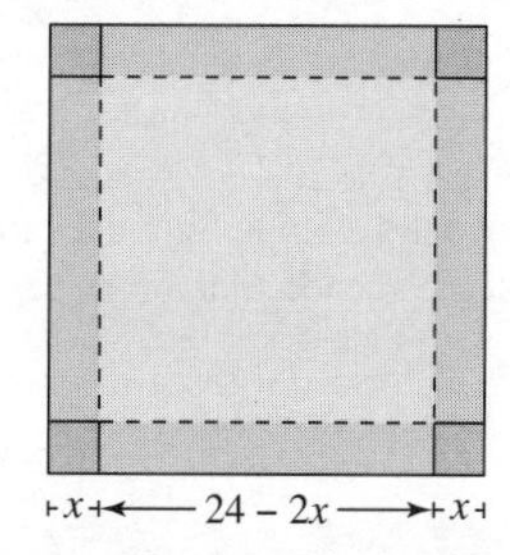

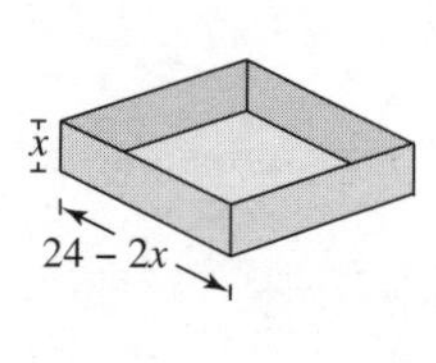

(a) Exprese el volumen V como función de x, que es la longitud de las esquinas cuadradas. ¿Cuál es el dominio de la función?

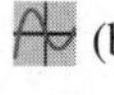

(b) Utilice una herramienta de graficación para representar la función volumen y aproximar las dimensiones de la caja que producen el volumen máximo.

¿Verdadero o falso? En los ejercicios 109 a 114, determine si el enunciado es verdadero o falso. Si es falso, explique por qué o dé un ejemplo que demuestre que es falso.

109. Si $f(a) = f(b)$, entonces $a = b$.

110. Una recta vertical puede cortar la gráfica de una función a lo más una vez.

111. Si $f(x) = f(-x)$ para toda x en el dominio de f, entonces la gráfica de f es simétrica respecto al eje y.

112. Si f es una función, entonces

$f(ax) = af(x)$

113. La gráfica de una función de x no puede tener simetría respecto al eje x.

114. Si el dominio de una función consta de un solo número, entonces su rango debe constar también de solamente un número.

DESAFÍOS DEL EXAMEN PUTNAM

115. Sea R la región constituida por los puntos (x, y) del plano cartesiano que satisfacen tanto $|x| - |y| \leq 1$ como $|y| \leq 1$. Trace la región R y calcule su área.

116. Considere un polinomio $f(x)$ con coeficientes reales que tienen la propiedad $f(g(x)) = g(f(x))$ para todo polinomio $g(x)$ con coeficientes reales. Determine y demuestre la naturaleza de $f(x)$.

P.4 Repaso de funciones trigonométricas

- **Describir ángulos y usar la medida en grados.**
- **Usar la medida en radianes.**
- **Comprender las definiciones de las seis funciones trigonométricas.**
- **Evaluar funciones trigonométricas.**
- **Resolver ecuaciones trigonométricas.**
- **Graficar funciones trigonométricas.**

Ángulos y medida en grados

Un ángulo tiene tres partes: un **rayo inicial** (o lado), un **rayo terminal** y un **vértice** (el punto de intersección de los dos rayos), como se muestra en la figura P.32(a). Un ángulo está en **posición normal (estándar)** cuando su rayo inicial coincide con el eje x positivo y su vértice está en el origen, como se muestra en la figura P.32(b).

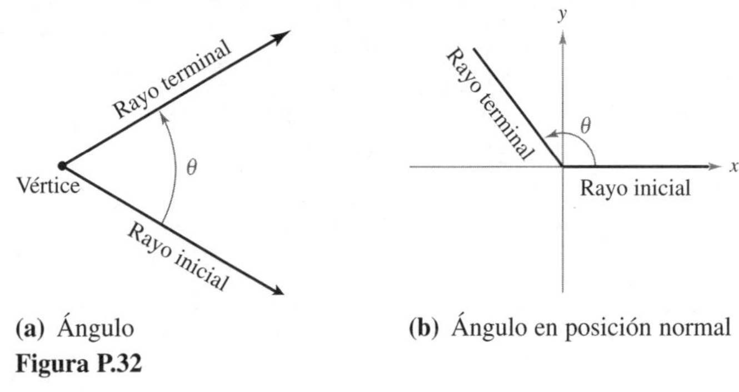

(a) Ángulo
(b) Ángulo en posición normal
Figura P.32

Se dará por hecho que el lector está familiarizado con la medida de un ángulo en grados.* En la práctica es muy común usar θ (la letra griega minúscula theta) para representar tanto a un ángulo como su medida. Los ángulos entre 0° y 90° son **agudos**, y los ángulos entre 90° y 180° son **obtusos**.

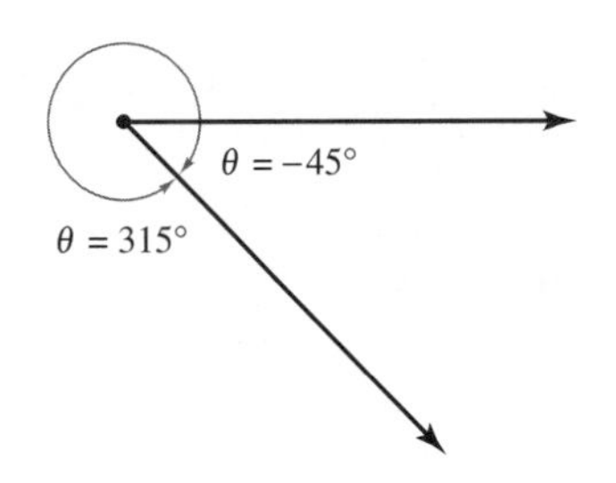

Ángulos coterminales.
Figura P.33

Los ángulos positivos se miden en sentido *contrario a las manecillas del reloj* y los ángulos negativos se miden en *sentido horario*. Por ejemplo, en la figura P.33 se muestra un ángulo cuya medida es $-45°$. No se puede asignar una medida a un ángulo simplemente sabiendo dónde se ubican sus rayos inicial y terminal. Para medir un ángulo, también se debe saber cómo giró su rayo terminal. Por ejemplo, la figura P.33 muestra que el ángulo $-45°$ tiene el mismo rayo terminal que el ángulo 315°. Estos ángulos son **coterminales**. En general, si θ es cualquier ángulo entonces $\theta + n(360)$, donde n es un entero no cero, es coterminal con θ.

Si un ángulo es mayor que 360° entonces su rayo terminal ha girado más de una vuelta completa en sentido antihorario, como se muestra en la figura P.34(a). Para formar un ángulo cuya medida es menor que $-360°$ se puede girar un rayo terminal más de una revolución completa en el sentido de las manecillas del reloj como se muestra en la figura P.34(b).

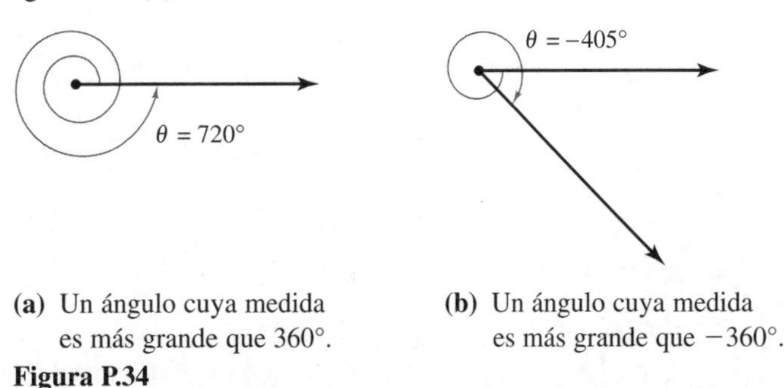

(a) Un ángulo cuya medida es más grande que 360°.
(b) Un ángulo cuya medida es más grande que $-360°$.
Figura P.34

---

*Para una revisión más completa de la trigonometría, vea *Precalculus*, 11ª edición, o *Trigonometry: A Right Triangle Approach*, 1ª edición, ambos por Ron Larson (Boston, Massachusetts: Cengage, 2022).

Medida en radianes

Para asignar una medida en radianes a un ángulo θ, considere que θ es un ángulo central de un círculo de radio 1, como se muestra en la figura P.35. La **medida en radianes** de θ se define entonces como la longitud del arco del sector circular. Como el perímetro de un círculo es $2\pi r$, el perímetro del **círculo unitario** (de radio 1) es 2π. Esto implica que la medida en radianes de un ángulo de 360° es 2π. En otras palabras, $360° = 2\pi$ radianes.

Al usar la medida de θ en radianes, la **longitud** s de un arco circular de radio r es $s = r\theta$, como se muestra en la figura P.36.

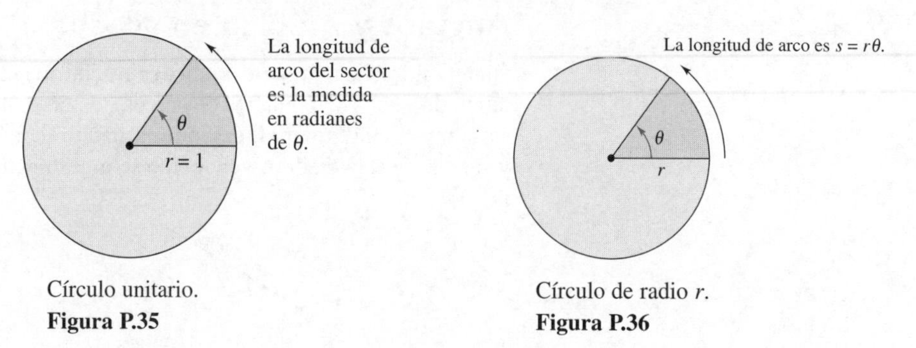

Círculo unitario.
Figura P.35

Círculo de radio r.
Figura P.36

Se deben conocer las conversiones de los ángulos comunes que se muestran en la figura P.37. Para otros ángulos, se usa el hecho de que $180° = \pi$ radianes.

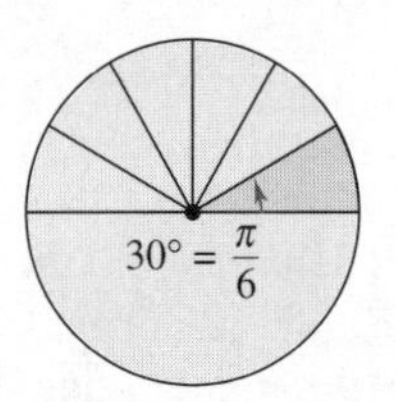

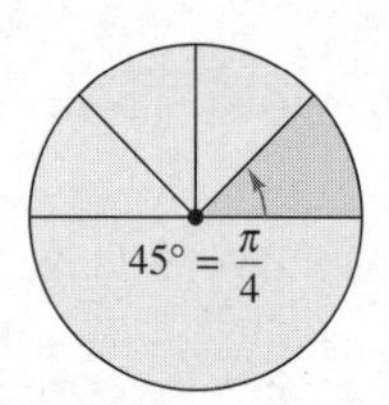

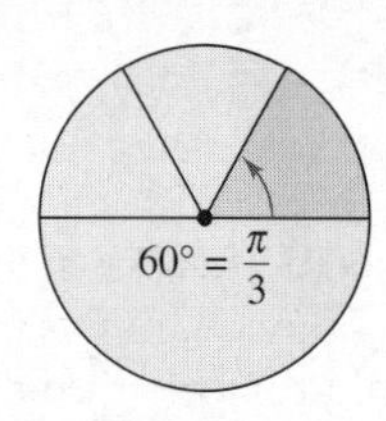

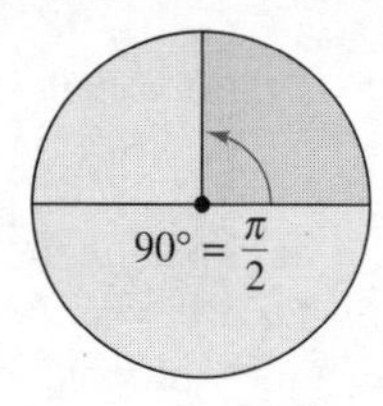

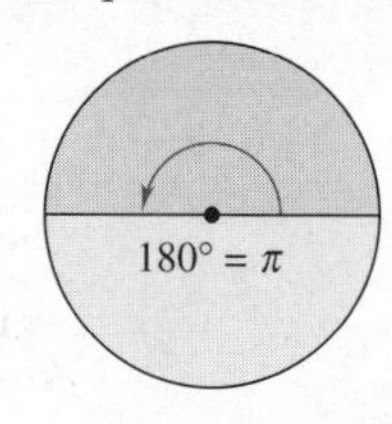

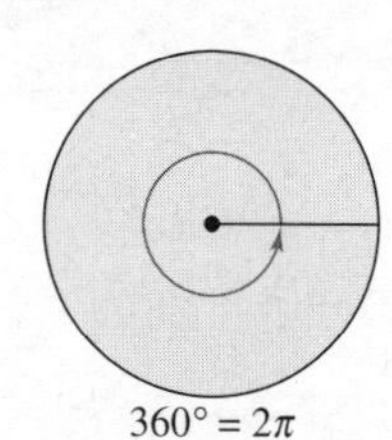

$360° = 2\pi$

Medidas en grados y radianes para varios ángulos comunes.
Figura P.37

EJEMPLO 1 Convertir entre grados y radianes

a. $40° = (40 \text{ grados})\left(\dfrac{\pi \text{ rad}}{180 \text{ grados}}\right) = \dfrac{2\pi}{9}$ radianes

b. $540° = (540 \text{ grados})\left(\dfrac{\pi \text{ rad}}{180 \text{ grados}}\right) = 3\pi$ radianes

c. $-270° = (-270 \text{ grados})\left(\dfrac{\pi \text{ rad}}{180 \text{ grados}}\right) = -\dfrac{3\pi}{2}$ radianes

d. $-\dfrac{\pi}{2}$ radianes $= \left(-\dfrac{\pi}{2} \text{ rad}\right)\left(\dfrac{180 \text{ grados}}{\pi \text{ rad}}\right) = -90°$

e. 2 radianes $= (2 \text{ rad})\left(\dfrac{180 \text{ grados}}{\pi \text{ rad}}\right) = \left(\dfrac{360}{\pi}\right)^{\circ} \approx 114.59°$

f. $\dfrac{9\pi}{2}$ radianes $= \left(\dfrac{9\pi}{2} \text{ rad}\right)\left(\dfrac{180 \text{ grados}}{\pi \text{ rad}}\right) = 810°$ ■

Para ver las figuras a color, acceda al código

TECNOLOGÍA La mayoría de las utilidades gráficas incluyen los modos *grados* y *radianes*. Es conveniente aprender a usar su utilidad de graficación para convertir de grados a radianes y viceversa. Use alguna utilidad para verificar los resultados del ejemplo 1.

Las funciones trigonométricas

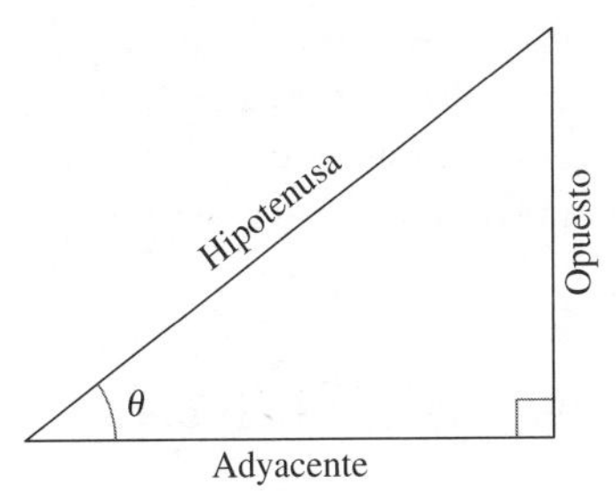

Lados de un triángulo rectángulo.
Figura P.38

Hay dos enfoques comunes para el estudio de la trigonometría. En uno, las funciones trigonométricas se definen como razones de dos lados de un triángulo rectángulo. En el otro, estas funciones se definen en términos de un punto en el rayo terminal de un ángulo en posición normal. Las seis funciones trigonométricas, **seno, coseno, tangente, cotangente, secante y cosecante** (abreviadas como sen, cos, tan, cot, sec y csc, respectivamente), se definen a continuación desde ambos puntos de vista.

Definición de las seis funciones trigonométricas

Definiciones en un triángulo rectángulo, con $0 < \theta < \frac{\pi}{2}$ (vea la figura P.38)

$$\operatorname{sen}\theta = \frac{\text{opuesto}}{\text{hipotenusa}} \qquad \cos\theta = \frac{\text{adyacente}}{\text{hipotenusa}} \qquad \tan\theta = \frac{\text{opuesto}}{\text{adyacente}}$$

$$\csc\theta = \frac{\text{hipotenusa}}{\text{opuesto}} \qquad \sec\theta = \frac{\text{hipotenusa}}{\text{adyacente}} \qquad \cot\theta = \frac{\text{adyacente}}{\text{opuesto}}$$

Definiciones de las funciones circulares, donde θ *es cualquier ángulo* (vea la figura P.39)

$$\operatorname{sen}\theta = \frac{y}{r} \qquad \cos\theta = \frac{x}{r} \qquad \tan\theta = \frac{y}{x},\ x \neq 0$$

$$\csc\theta = \frac{r}{y},\ y \neq 0 \qquad \sec\theta = \frac{r}{x},\ x \neq 0 \qquad \cot\theta = \frac{x}{y},\ y \neq 0$$

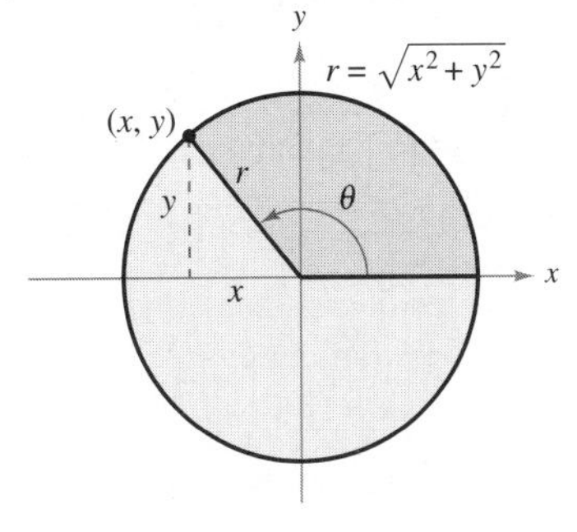

Un ángulo en posición estándar.
Figura P.39

Las identidades trigonométricas que se enumeran a continuación son todas consecuencia directa de las definiciones. [Note que ϕ es la letra griega minúscula phi y $\operatorname{sen}^2\theta$ se usa para representar $(\operatorname{sen}\theta)^2$.]

Identidades trigonométricas

Fórmulas de suma y diferencia

$$\operatorname{sen}(\theta \pm \phi) = \operatorname{sen}\theta\cos\phi \pm \cos\theta\operatorname{sen}\phi$$

$$\cos(\theta \pm \phi) = \cos\theta\cos\phi \mp \operatorname{sen}\theta\operatorname{sen}\phi$$

$$\tan(\theta \pm \phi) = \frac{\tan\theta \pm \tan\phi}{1 \mp \tan\theta\tan\phi}$$

Fórmulas de reducción de potencias

$$\operatorname{sen}^2\theta = \frac{1 - \cos 2\theta}{2}$$

$$\cos^2\theta = \frac{1 + \cos 2\theta}{2}$$

$$\tan^2\theta = \frac{1 - \cos 2\theta}{1 + \cos 2\theta}$$

Fórmulas de ángulo doble

$$\operatorname{sen} 2\theta = 2\operatorname{sen}\theta\cos\theta$$

$$\cos 2\theta = 2\cos^2\theta - 1 = 1 - 2\operatorname{sen}^2\theta = \cos^2\theta - \operatorname{sen}^2\theta$$

$$\tan 2\theta = \frac{2\tan\theta}{1 - \tan^2\theta}$$

Identidades de cuadrados

$\operatorname{sen}^2\theta + \cos^2\theta = 1$

$1 + \tan^2\theta = \sec^2\theta$

$1 + \cot^2\theta = \csc^2\theta$

Identidades par/impar

$\operatorname{sen}(-\theta) = -\operatorname{sen}\theta$ $\qquad \csc(-\theta) = -\csc\theta$

$\cos(-\theta) = \cos\theta$ $\qquad \sec(-\theta) = \sec\theta$

$\tan(-\theta) = -\tan\theta$ $\qquad \cot(-\theta) = -\cot\theta$

Identidades de recíprocos

$$\csc\theta = \frac{1}{\operatorname{sen}\theta}$$

$$\sec\theta = \frac{1}{\cos\theta}$$

$$\cot\theta = \frac{1}{\tan\theta}$$

Identidades de cofunciones

$$\operatorname{sen}\left(\frac{\pi}{2} - u\right) = \cos u \qquad \cos\left(\frac{\pi}{2} - u\right) = \operatorname{sen} u$$

$$\tan\left(\frac{\pi}{2} - u\right) = \cot u \qquad \cot\left(\frac{\pi}{2} - u\right) = \tan u$$

$$\sec\left(\frac{\pi}{2} - u\right) = \csc u \qquad \csc\left(\frac{\pi}{2} - u\right) = \sec u$$

Evaluación de funciones trigonométricas

Hay dos maneras de evaluar funciones trigonométricas: (1) aproximaciones decimales con una calculadora y (2) evaluaciones exactas usando identidades trigonométricas y fórmulas de geometría. Cuando se utilice una calculadora para evaluar una función trigonométrica, es importante recordar configurar la calculadora en el modo apropiado: modo en *grados* DEG o modo en *radianes* RAD.

EJEMPLO 2 Valor exacto de las funciones trigonométricas

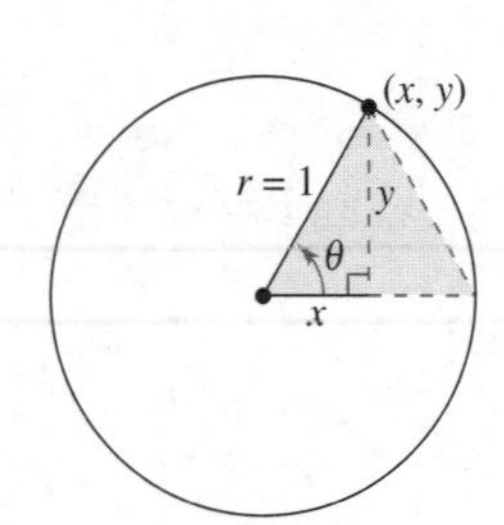

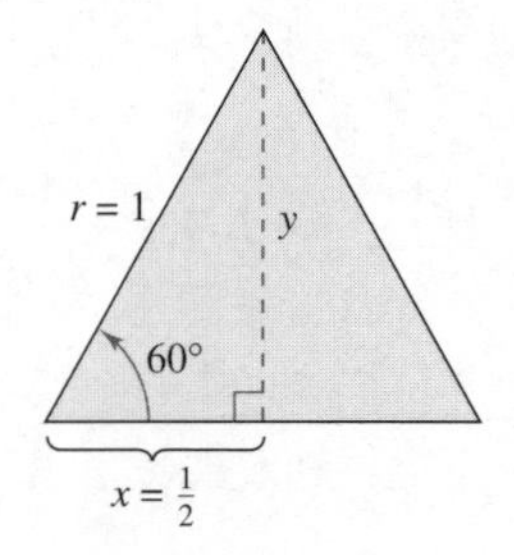

Figura P.40

Evaluar el seno, el coseno y la tangente de $\pi/3$.

Solución Como $60° = \pi/3$ radianes, se puede dibujar un triángulo equilátero con lados de longitud 1 y θ como uno de sus ángulos, como se muestra en la figura P.40. Porque la altura de este triángulo divide en dos partes iguales a su base se tiene $x = \frac{1}{2}$. Por el teorema de Pitágoras, se obtiene

$$y = \sqrt{r^2 - x^2} = \sqrt{1 - \left(\frac{1}{2}\right)^2} = \sqrt{\frac{3}{4}} = \frac{\sqrt{3}}{2}$$

Ahora, conocidos los valores de x, y y r, se evalúa el seno, el coseno y la tangente de $\pi/3$.

$$\operatorname{sen}\frac{\pi}{3} = \frac{y}{r} = \frac{\sqrt{3}/2}{1} = \frac{\sqrt{3}}{2} \qquad \operatorname{sen}\theta = \frac{y}{r}$$

$$\cos\frac{\pi}{3} = \frac{x}{r} = \frac{1/2}{1} = \frac{1}{2} \qquad \cos\theta = \frac{x}{r}$$

$$\tan\frac{\pi}{3} = \frac{y}{x} = \frac{\sqrt{3}/2}{1/2} = \sqrt{3} \qquad \tan\theta = \frac{y}{x}$$

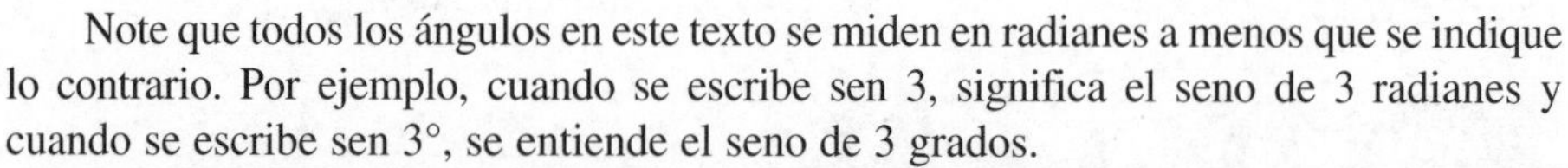

Note que todos los ángulos en este texto se miden en radianes a menos que se indique lo contrario. Por ejemplo, cuando se escribe sen 3, significa el seno de 3 radianes y cuando se escribe sen 3°, se entiende el seno de 3 grados.

En la siguiente tabla se muestran las medidas en grados y en radianes de distintos ángulos comunes, junto con los valores correspondientes del seno, el coseno y la tangente (vea la figura P.41).

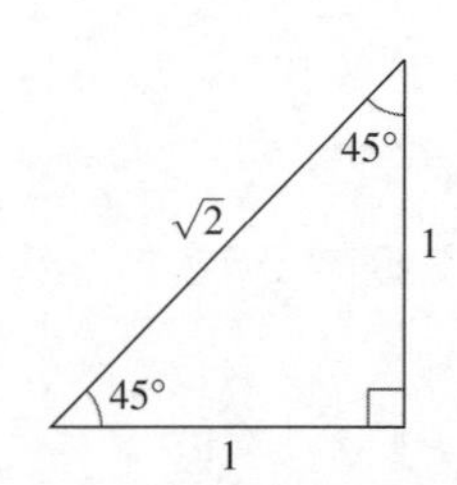

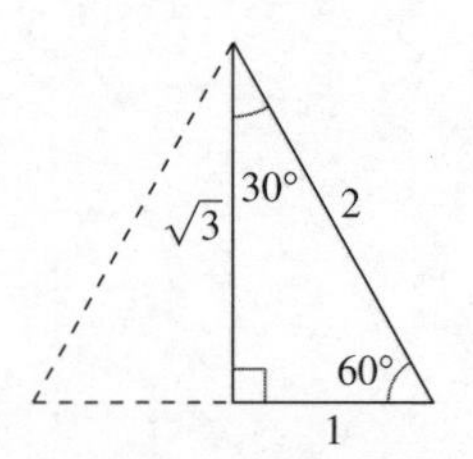

Ángulos comunes.
Figura P.41

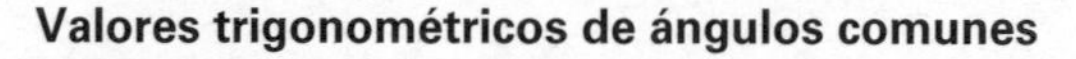

Valores trigonométricos de ángulos comunes

θ (grados)	0°	30°	45°	60°	90°	180°	270°
θ (radianes)	0	$\frac{\pi}{6}$	$\frac{\pi}{4}$	$\frac{\pi}{3}$	$\frac{\pi}{2}$	π	$\frac{3\pi}{2}$
sen θ	0	$\frac{1}{2}$	$\frac{\sqrt{2}}{2}$	$\frac{\sqrt{3}}{2}$	1	0	-1
cos θ	1	$\frac{\sqrt{3}}{2}$	$\frac{\sqrt{2}}{2}$	$\frac{1}{2}$	0	-1	0
tan θ	0	$\frac{\sqrt{3}}{3}$	1	$\sqrt{3}$	Indefinido	0	Indefinido

EJEMPLO 3 Usar las identidades trigonométricas

a. $\operatorname{sen}\left(-\frac{\pi}{3}\right) = -\operatorname{sen}\frac{\pi}{3} = -\frac{\sqrt{3}}{2} \qquad \operatorname{sen}(-\theta) = -\operatorname{sen}\theta$

b. $\sec 60° = \frac{1}{\cos 60°} = \frac{1}{1/2} = 2 \qquad \sec\theta = \frac{1}{\cos\theta}$

Para ver las figuras a color, acceda al código

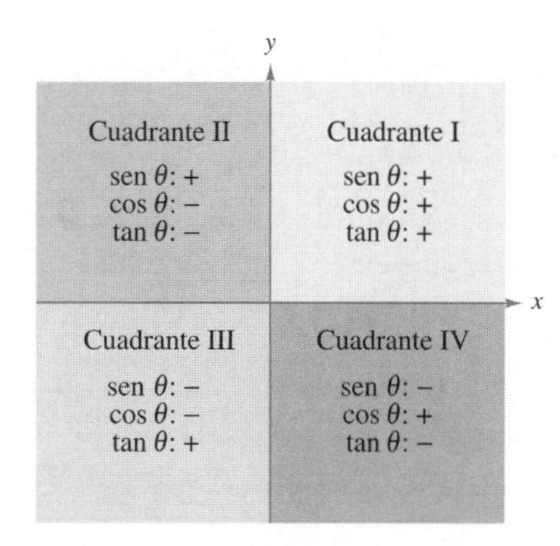

Signos en los cuadrantes para las funciones trigonométricas.
Figura P.42

Los signos en los cuadrantes para las funciones seno, coseno y tangente se muestran en la figura P.42. Para extender el uso de la tabla en la página anterior para ángulos en otros cuadrantes diferentes del primero, se puede usar el concepto de **ángulo de referencia** (vea la figura P.43), con el signo del cuadrante apropiado. Por ejemplo, el ángulo de referencia para $3\pi/4$ es $\pi/4$ y porque el seno es positivo en el cuadrante II, se puede escribir

$$\text{sen}\,\frac{3\pi}{4} = \text{sen}\,\frac{\pi}{4} = \frac{\sqrt{2}}{2}$$

Del mismo modo, porque el ángulo de referencia para 330° es 30° y la tangente es negativa en el cuadrante IV, se puede escribir

$$\tan 330° = -\tan 30° = -\frac{\sqrt{3}}{3}$$

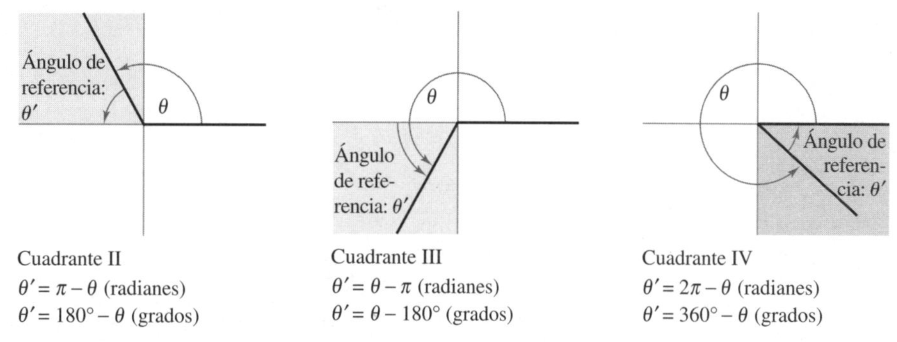

Cuadrante II
$\theta' = \pi - \theta$ (radianes)
$\theta' = 180° - \theta$ (grados)

Cuadrante III
$\theta' = \theta - \pi$ (radianes)
$\theta' = \theta - 180°$ (grados)

Cuadrante IV
$\theta' = 2\pi - \theta$ (radianes)
$\theta' = 360° - \theta$ (grados)

Figura P.43

Para ver las figuras a color, acceda al código

Solución de ecuaciones trigonométricas

¿Cómo resolvería la ecuación sen $\theta = 0$? Se sabe que $\theta = 0$ es una solución, pero no es la única. Cualquiera de los siguientes valores de θ también es una solución.

$$\ldots, -3\pi, -2\pi, -\pi, 0, \pi, 2\pi, 3\pi, \ldots$$

Se puede escribir este conjunto de soluciones infinitas como $\{n\pi: n \text{ es un entero}\}$.

EJEMPLO 4 Solución de una ecuación trigonométrica

Resolver la ecuación sen $\theta = -\dfrac{\sqrt{3}}{2}$

Solución Para resolver la ecuación se debe considerar que la función seno es negativa en los cuadrantes III y IV y que

$$\text{sen}\,\frac{\pi}{3} = \frac{\sqrt{3}}{2}$$

Entonces, se están buscando valores de θ en el tercer y cuarto cuadrantes que tienen un ángulo de referencia de $\pi/3$. En el intervalo $[0, 2\pi]$, los dos ángulos que se ajustan a estos criterios son

$$\theta = \pi + \frac{\pi}{3} = \frac{4\pi}{3} \quad \text{y} \quad \theta = 2\pi - \frac{\pi}{3} = \frac{5\pi}{3}$$

Al agregar múltiplos enteros de 2π a cada una de estas soluciones, se obtiene la solución general

$$\theta = \frac{4\pi}{3} + 2n\pi \quad \text{o} \quad \theta = \frac{5\pi}{3} + 2n\pi \qquad \text{Solución general.}$$

donde n es un entero. (Vea la figura P.44.) ■

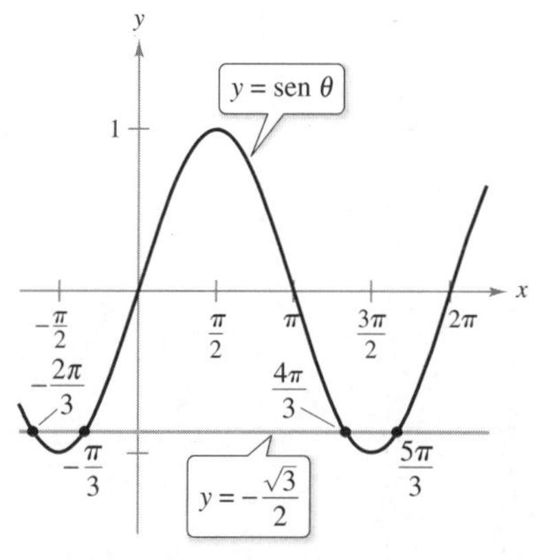

Puntos solución de sen $\theta = -\dfrac{\sqrt{3}}{2}$

Figura P.44

EJEMPLO 5 Solución de una ecuación trigonométrica

COMENTARIO Asegúrese de entender las convenciones matemáticas sobre los paréntesis y las funciones trigonométricas. Por ejemplo, en el ejemplo 5, $\cos 2\theta$ significa $\cos(2\theta)$.

Resolver la ecuación $\cos 2\theta = 2 - 3 \operatorname{sen} \theta$, donde $0 \le \theta \le 2\pi$.

Solución La ecuación contiene funciones seno y coseno. Con la identidad de ángulo doble $\cos 2\theta = 1 - \operatorname{sen}^2 \theta$, la ecuación se puede reescribir en términos de funciones senos. Ahora se resuelve la ecuación como una ecuación cuadrática en la variable sen θ.

$$\cos 2\theta = 2 - 3 \operatorname{sen} \theta \qquad \text{Escriba la ecuación original.}$$

$$1 - 2\operatorname{sen}^2 \theta = 2 - 3 \operatorname{sen} \theta \qquad \text{Fórmula de ángulo doble.}$$

$$0 = 2\operatorname{sen}^2 \theta - 3 \operatorname{sen} \theta + 1 \qquad \text{Ecuación cuadrática tipo } ax^2 + bx + c = 0.$$

$$0 = (2 \operatorname{sen} \theta - 1)(\operatorname{sen} \theta - 1) \qquad \text{Factorice.}$$

Si $2 \operatorname{sen} \theta - 1 = 0$, entonces $\operatorname{sen} \theta = 1/2$ y $\theta = \pi/6$ o $\theta = 5\pi/6$. Si $\operatorname{sen} \theta - 1 = 0$, entonces $\operatorname{sen} \theta = 1$ y $\theta = \pi/2$. De esta manera, para $0 \le \theta \le 2\pi$, hay tres soluciones

$$\theta = \frac{\pi}{6}, \quad \frac{5\pi}{6} \quad \text{o} \quad \frac{\pi}{2}$$

Gráficas de las funciones trigonométricas

Una función f es **periódica** cuando existe un número real positivo p tal que $f(x + p) = f(x)$ para toda x en el dominio de f. El menor valor positivo de p (si existe) es el **periodo** de f. Las funciones seno, coseno, secante y cosecante tienen cada una un periodo de 2π y las otras dos funciones trigonométricas, tangente y cotangente, tienen un periodo de π como se muestra en la figura P.45.

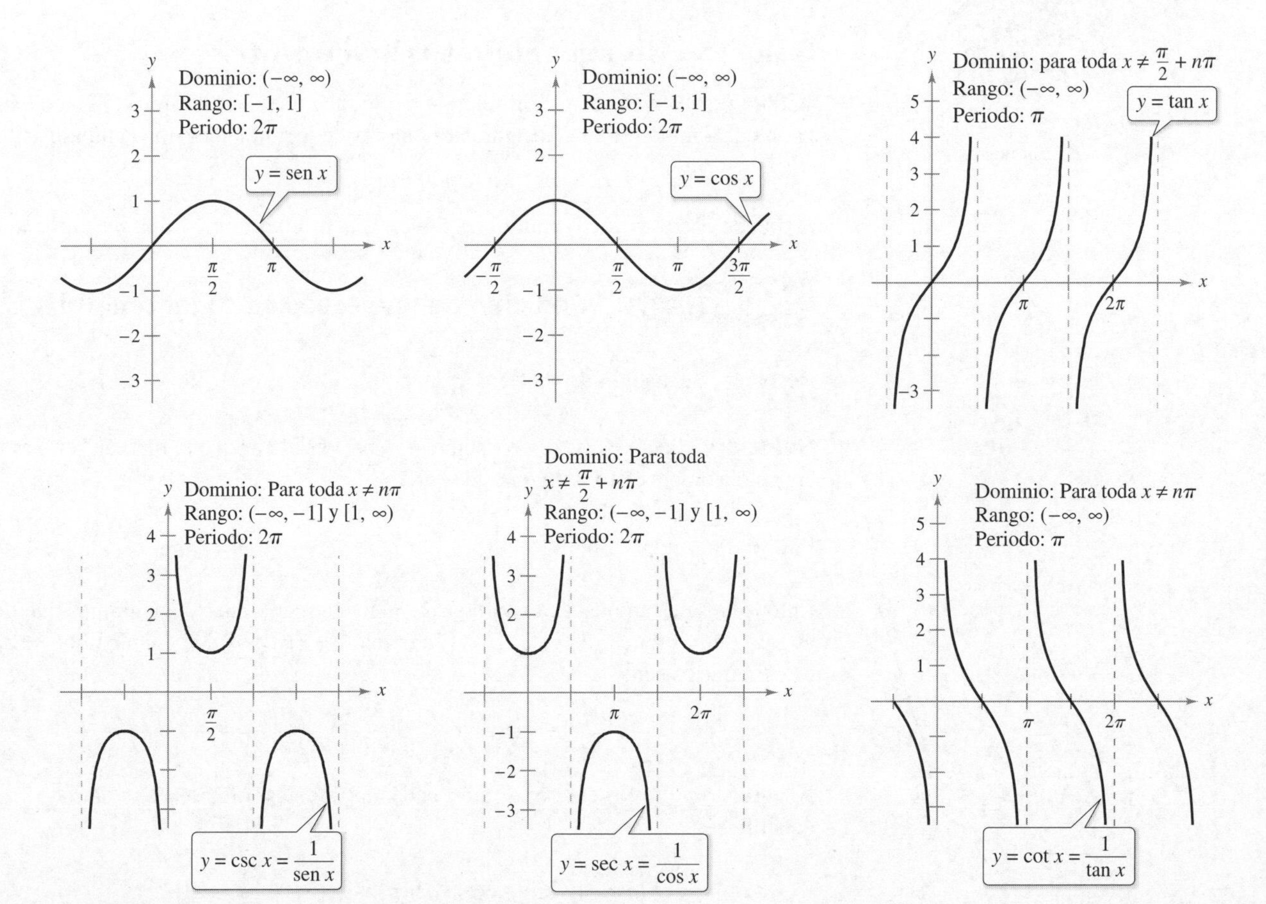

Las gráficas de las seis funciones trigonométricas.
Figura P.45

TECNOLOGÍA

Para obtener las gráficas mostradas en la figura P.45 con alguna utilidad gráfica, asegúrese de seleccionar el modo *radianes*.

Note en la figura P.45 que el valor máximo de sen x y cos x es 1 y el valor mínimo es -1. Las gráficas de las funciones $y = a$ sen bx y $y = a \cos bx$ oscilan entre $-a$ y a, de manera que tiene una **amplitud** de $|a|$. Además, dado que $bx = 0$ cuando $x = 0$ y $bx = 2\pi$ cuando $x = 2\pi/b$ se deduce que las funciones $y = a$ sen bx y $y = a \cos bx$ tienen un periodo de $2\pi/|b|$. La tabla a continuación resume las amplitudes y los periodos de algunos tipos de funciones trigonométricas.

Función	Periodo	Amplitud
$y = a$ sen bx o $y = a \cos bx$	$\dfrac{2\pi}{\lvert b\rvert}$	$\lvert a\rvert$
$y = a \tan bx$ o $y = a \cot bx$	$\dfrac{\pi}{\lvert b\rvert}$	No aplica
$y = a \sec bx$ o $y = a \csc bx$	$\dfrac{2\pi}{\lvert b\rvert}$	No aplica

EJEMPLO 6 Trazar la gráfica de una función trigonométrica

Trazar la gráfica de $f(x) = 3 \cos 2x$.

Solución La gráfica de $f(x) = 3 \cos 2x$ tiene una amplitud de 3 y un periodo de $2\pi/2 = \pi$. Usando la forma básica de la gráfica de la función coseno, se traza un periodo de la función en el intervalo $[0, \pi]$ considerando el siguiente patrón.

Máximo: $(0, 3)$

Mínimo: $\left(\dfrac{\pi}{2}, -3\right)$

Máximo: $(\pi, 3)$

Siguiendo con este patrón se pueden trazar varios ciclos de la gráfica, como se muestra en la figura P.46.

Figura P.46

Para ver la figura a color, acceda al código

EJEMPLO 7 Desplazamientos de las gráficas de las funciones trigonométricas

a. Para trazar la gráfica de $f(x) = \text{sen}(x + \pi/2)$, se desplaza la gráfica de $y =$ sen x a la izquierda $\pi/2$ unidades, como se muestra en la figura P.47(a).

b. Para trazar la gráfica de $f(x) = 2 +$ sen x, se desplaza la gráfica de $y =$ sen x hacia arriba 2 unidades, como se muestra en la figura P.47(b).

c. Para trazar la gráfica de $f(x) = 2 + \text{sen}(x - \pi/4)$, se desplaza la gráfica de $y =$ sen x hacia arriba 2 unidades y a la derecha $\pi/4$ unidades, como se muestra en la figura P.47(c).

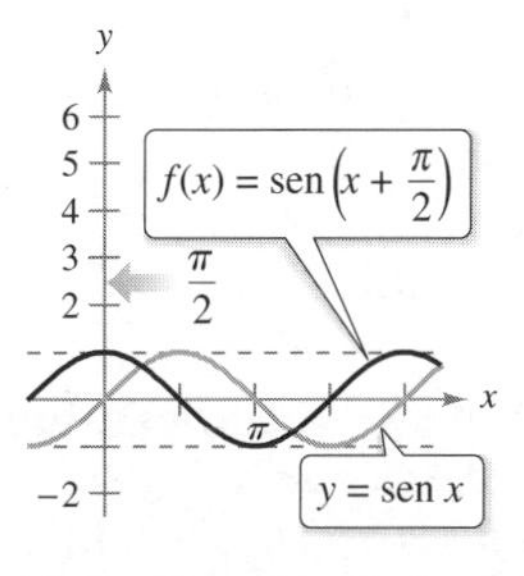

(a) Desplazamiento horizontal a la izquierda

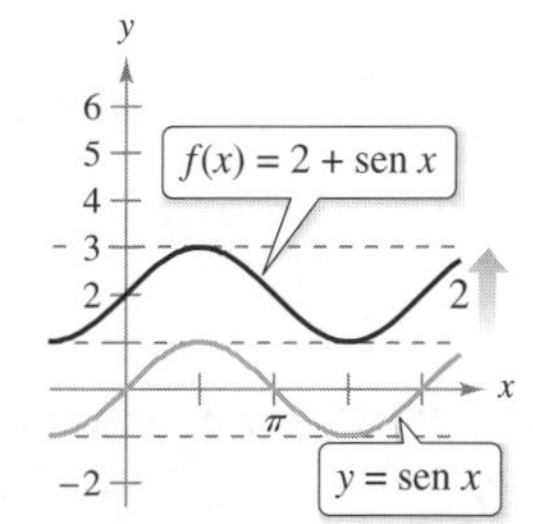

(b) Desplazamiento vertical hacia arriba

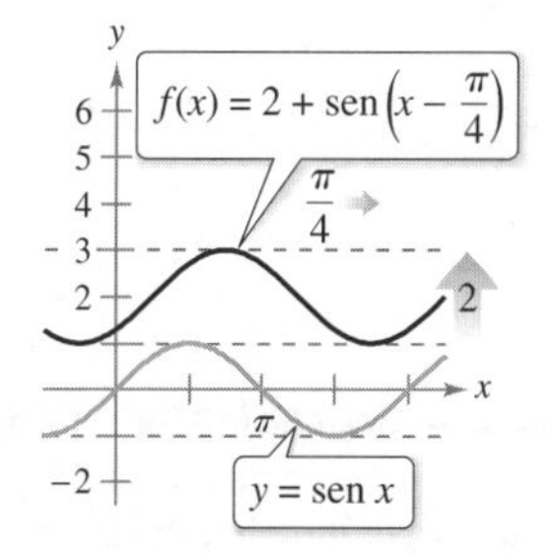

(c) Desplazamientos horizontal y vertical

Transformaciones de la gráfica de $y =$ sen x.

Figura P.47

■

P.4 Ejercicios

Las respuestas a los ejercicios impares pueden consultarse en el Apéndice de este libro.

Repaso de conceptos

1. Explique cómo encontrar ángulos coterminales en radianes.
2. Explique cómo convertir de grados a radianes.
3. Encontrar sen θ, cos θ y tan θ.

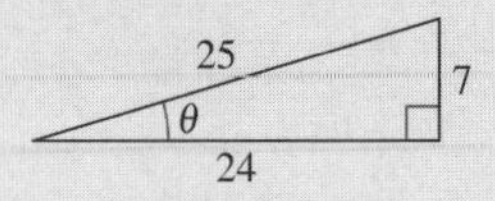

4. Describa el significado de *amplitud* y *periodo*.

Ángulos coterminales en grados **En los ejercicios 5 y 6, determine dos ángulos coterminales en grados (uno positivo y otro negativo) para cada ángulo.**

5. (a)

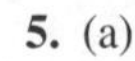
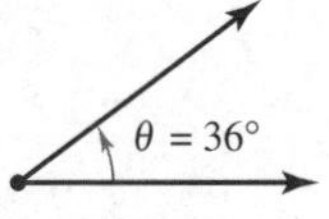

(b)

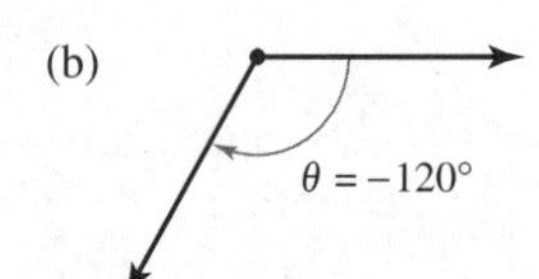

6. (a)

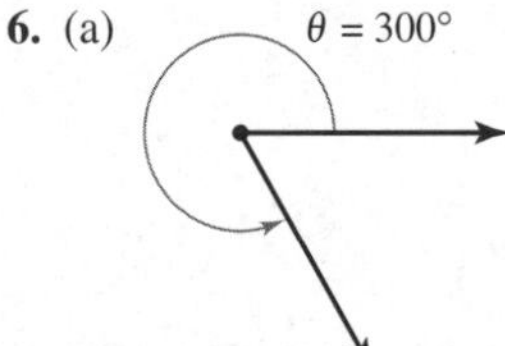

(b)

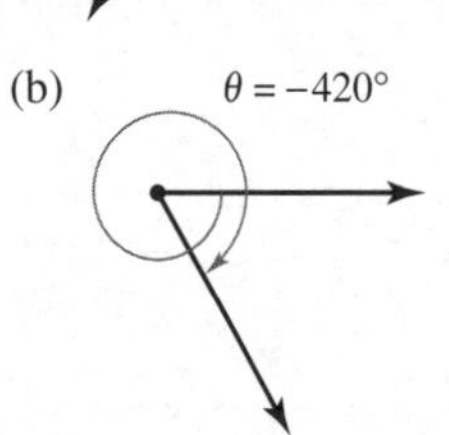

Ángulos coterminales en radianes **En los ejercicios 7 y 8, determine dos ángulos coterminales en radianes (uno positivo y otro negativo) para cada ángulo.**

7. (a) $\theta = \frac{\pi}{9}$

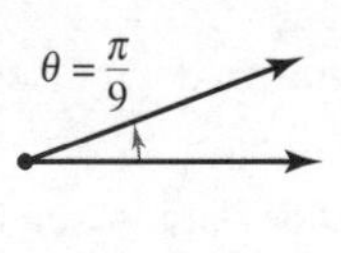

(b) $\theta = \frac{4\pi}{3}$

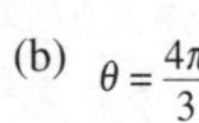
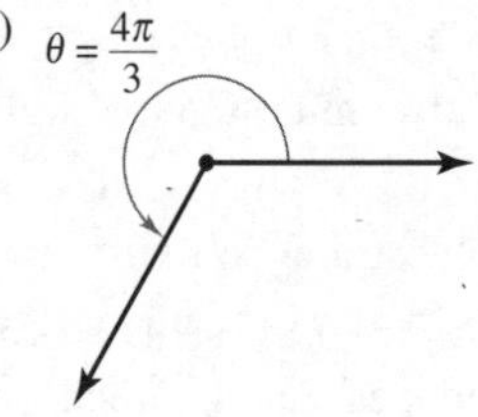

8. (a) $\theta = -\frac{9\pi}{4}$

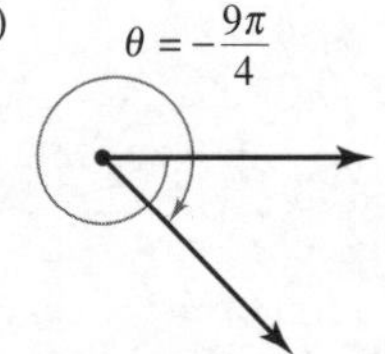

(b) $\theta = \frac{8\pi}{9}$

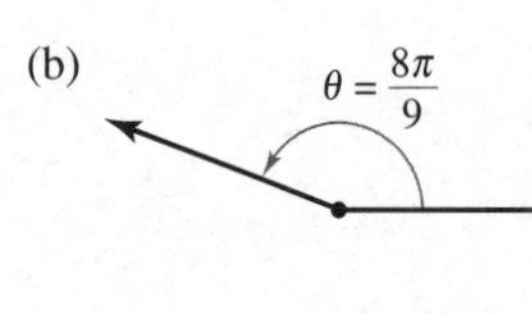

Grados a radianes **En los ejercicios 9 y 10, convierta cada medida en grados a radianes como un múltiplo de π y como una aproximación decimal con una precisión de tres decimales.**

9. (a) 30° (b) 150° (c) 315° (d) 120°

10. (a) −20° (b) −240° (c) −330° (d) 144°

Radianes a grados **En los ejercicios 11 y 12, convierta cada medida en radianes a grados.**

11. (a) $\frac{3\pi}{2}$ (b) $\frac{7\pi}{6}$ (c) $-\frac{7\pi}{12}$ (d) -2.367

12. (a) $\frac{7\pi}{3}$ (b) $-\frac{11\pi}{30}$ (c) $\frac{11\pi}{6}$ (d) 0.438

13. **Completar una tabla** Sea r el radio de un círculo, θ el ángulo central (medido en radianes) y s la longitud de arco subtendida por el ángulo. Use la relación $s = r\theta$ para completar la tabla.

r	8 pies	15 pulg	85 cm		
s	12 pies			96 pulg	8642 millas
θ		1.6	$\frac{3\pi}{4}$	4	$\frac{2\pi}{3}$

14. **Velocidad angular** Un automóvil se mueve a una velocidad de 50 millas por hora y el diámetro de sus ruedas es de 2.5 pies.
(a) Encuentre el número de revoluciones por minuto que las ruedas giran.
(b) Encuentre la velocidad angular de las ruedas en radianes por minuto.

Evaluar funciones trigonométricas **En los ejercicios 15 y 16, evalúe las seis funciones trigonométricas para el ángulo θ.**

15. (a)

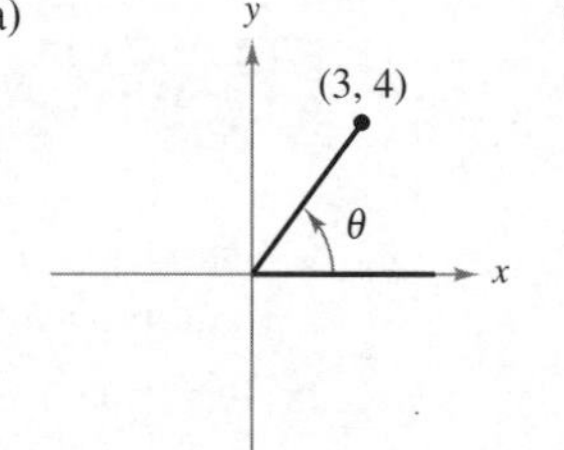

(b)

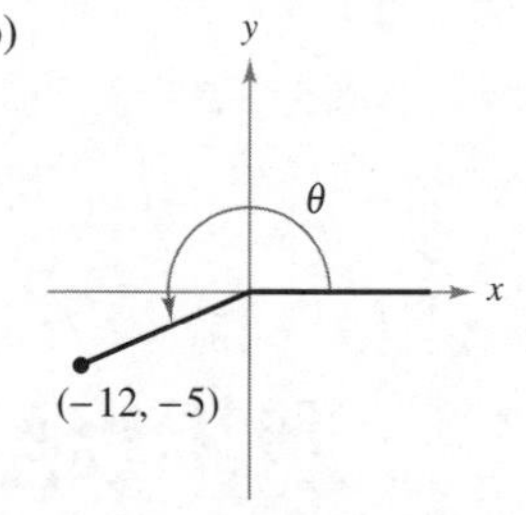

16. (a)

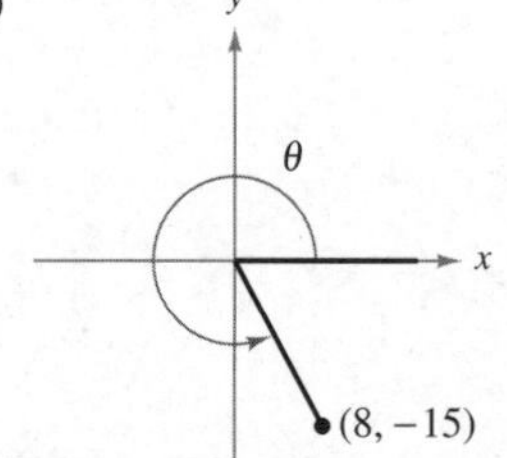

(b)

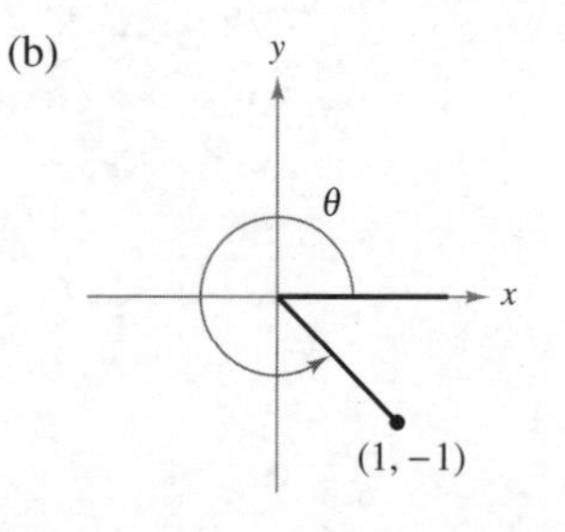

Evaluar funciones trigonométricas **En los ejercicios 17 a 20, trace un triángulo que corresponda a la función trigonométrica del ángulo θ. Después evalúe las otras cinco funciones trigonométricas del ángulo θ.**

17. sen $\theta = \frac{1}{2}$

18. sen $\theta = \frac{1}{3}$

19. cos $\theta = \frac{4}{5}$

20. sec $\theta = \frac{13}{5}$

Evaluar funciones trigonométricas En los ejercicios 21 y 22, encuentre el valor exacto del seno, coseno y la tangente de cada ángulo. No utilice una calculadora.

21. (a) $225°$ (b) $-225°$ (c) $\frac{5\pi}{3}$ (d) $\frac{11\pi}{6}$

22. (a) $60°$ (b) $120°$ (c) $\frac{\pi}{4}$ (d) $\frac{5\pi}{4}$

Usar identidades trigonométricas En los ejercicios 23 y 24, utilice identidades trigonométricas para encontrar el valor exacto de cada función trigonométrica.

23. (a) $\cos(-60°)$ (b) $\cot(\pi/6)$

24. (a) $\csc(\pi/3)$ (b) $\tan(-30°)$

Evaluar funciones trigonométricas En los ejercicios 25 a 28, utilice una calculadora para evaluar cada función trigonométrica. Redondee sus respuestas a cuatro decimales.

25. (a) $\operatorname{sen} 10°$ (b) $\csc 10°$

26. (a) $\sec 225°$ (b) $\sec 135°$

27. (a) $\tan \frac{\pi}{9}$ (b) $\tan \frac{10\pi}{9}$

28. (a) $\cot(1.35)$ (b) $\tan(1.35)$

Determinar cuadrantes En los ejercicios 29 y 30, determine el cuadrante en el que se encuentra θ.

29. (a) $\operatorname{sen} \theta < 0$ y $\cos \theta < 0$
(b) $\sec \theta > 0$ y $\cot \theta < 0$

30. (a) $\operatorname{sen} \theta > 0$ y $\cos \theta < 0$
(b) $\csc \theta < 0$ y $\tan \theta > 0$

Resolver ecuaciones trigonométricas En los ejercicios 31 a 34, encuentre dos soluciones de cada ecuación. De sus respuestas en radianes ($0 \le \theta \le 2\pi$). No utilice una calculadora.

31. (a) $\cos \theta = \frac{\sqrt{2}}{2}$ (b) $\cos \theta = -\frac{\sqrt{2}}{2}$

32. (a) $\sec \theta = 2$ (b) $\sec \theta = -2$

33. (a) $\tan \theta = 1$ (b) $\cot \theta = -\sqrt{3}$

34. (a) $\operatorname{sen} \theta = \frac{\sqrt{3}}{2}$ (b) $\operatorname{sen} \theta = -\frac{1}{2}$

Resolver una ecuación trigonométrica En los ejercicios 35 a 46, resuelva la ecuación para θ donde $0 \le \theta \le 2\pi$.

35. $2 \operatorname{sen}^2 \theta = 1$

36. $\tan^2 \theta = 3$

37. $\tan^2 \theta - \tan \theta = 0$

38. $2 \cos^2 \theta - \cos \theta = 1$

39. $2 \cos^2 \theta + \cos \theta = 1$

40. $\csc^2 \theta + \csc \theta - 2 = 0$

41. $\sec \theta \csc \theta = 2 \csc \theta$

42. $\operatorname{sen} \theta = \cos \theta$

43. $\cos^2 \theta + \operatorname{sen} \theta = 1$

44. $\tan^2 \theta = \sec \theta - 1$

45. $\cos \frac{\theta}{2} - \cos \theta = 1$

46. $\cos \frac{\theta}{2} - \operatorname{sen} \theta = 0$

47. Ascenso de avión Un avión deja la pista ascendiendo con un ángulo de 18° y una velocidad de 275 pies por segundo (vea la figura). Encuentre la altitud a del avión después de 1 minuto.

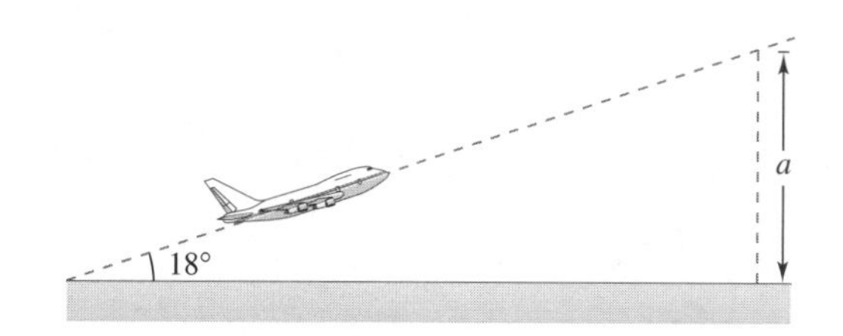

48. Altura de una montaña Mientras se viaja a través de un terreno plano, se observa una montaña directamente de frente. Su ángulo de elevación (hasta el pico) es 3.5°. Después de conducir 13 millas más cerca de la montaña, el ángulo de elevación es 9°. Aproxime la altura de la montaña.

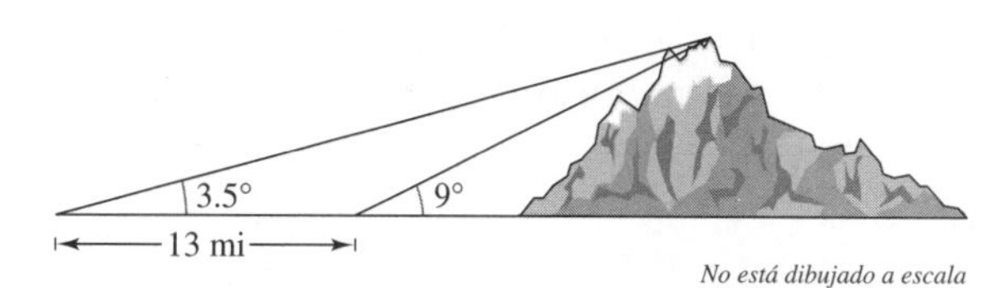

No está dibujado a escala

Periodo y amplitud de una función trigonométrica En los ejercicios 49 a 52, determine el periodo y la amplitud de cada función.

49. $y = 2 \operatorname{sen} 2x$

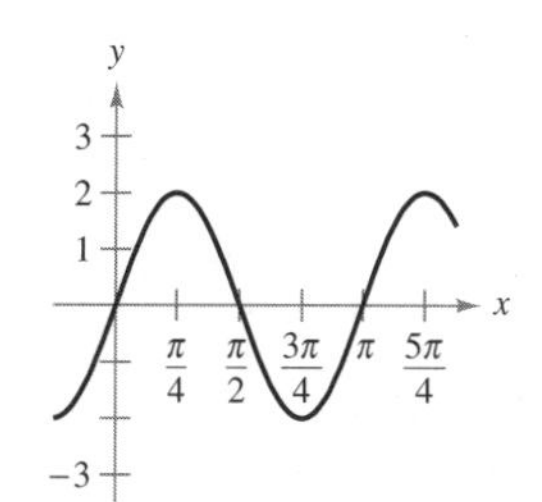

50. 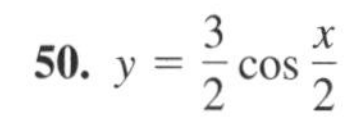 $y = \frac{3}{2} \cos \frac{x}{2}$

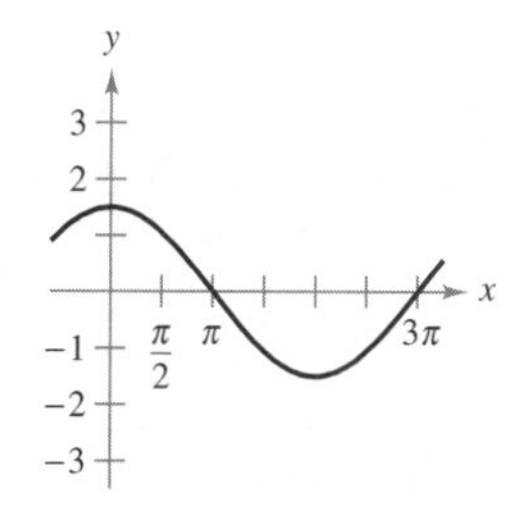

51. $y = -3 \operatorname{sen} 4\pi x$

52. $y = \frac{2}{3} \cos \frac{\pi x}{10}$

Periodo de una función trigonométrica En los ejercicios 53 a 56, encuentre el periodo de la función.

53. $y = 5 \tan 2x$

54. $y = 7 \tan 2\pi x$

55. $y = \sec 5x$

56. $y = \csc 4x$

Redacción En los ejercicios 57 y 58, use alguna utilidad para graficar cada función en la misma ventana de visualización para $c = -2$, $c = -1$, $c = 1$ y $c = 2$. Dé una descripción escrita de cómo cambia la gráfica cuando c cambia.

57. (a) $f(x) = c \operatorname{sen} x$
(b) $f(x) = \cos cx$
(c) $f(x) = \cos(\pi x - c)$

58. (a) $f(x) = \operatorname{sen} x + c$
(b) $f(x) = -\operatorname{sen}(2\pi x - c)$
(c) $f(x) = c \cos x$

Trazar la gráfica de una función trigonométrica **En los ejercicios 59 a 72, trace la gráfica de la función.**

59. $y = 2\cos 2x$

60. $y = \operatorname{sen} \dfrac{x}{2}$

61. $y = -\operatorname{sen} \dfrac{2\pi x}{3}$

62. $y = 2\tan x$

63. $y = \tan 2x$

64. $y = \csc \dfrac{x}{2}$

65. $y = \csc 2\pi x$

66. $y = 2\sec 2x$

67. $y = \operatorname{sen}(x + \pi)$

68. $y = \cos\left(x - \dfrac{\pi}{3}\right)$

69. $y = 1 + \cos\left(x - \dfrac{\pi}{2}\right)$

70. $y = 1 + \operatorname{sen}\left(x + \dfrac{\pi}{2}\right)$

71. $y = 3 + \sec \dfrac{x\pi}{2}$

72. $y = -1 - 4\csc\left(3x - \dfrac{3\pi}{2}\right)$

Razonamiento gráfico **En los ejercicios 73 y 74, encuentre *a*, *b* y *c* tal que la gráfica de la función coincida con la gráfica de la figura.**

73. $y = a\cos(bx - c)$

74. $y = a\operatorname{sen}(bx - c)$

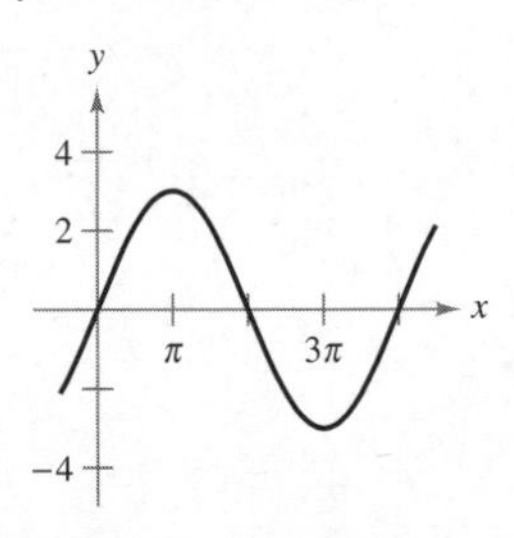

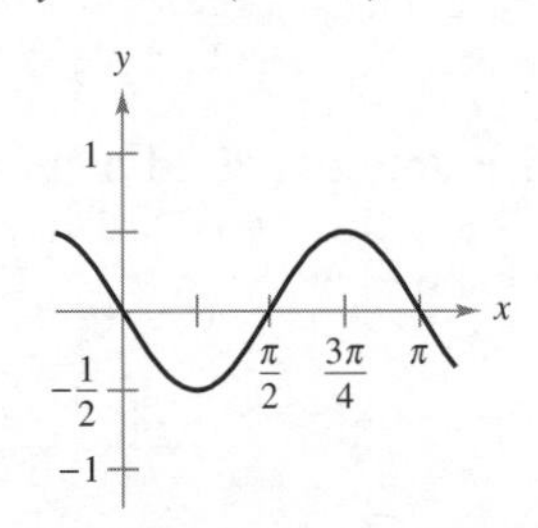

Exploración de conceptos

75. Se conoce el valor de $\tan\theta$. ¿Es posible encontrar el valor de $\sec\theta$ sin encontrar la medida de θ? Explique.

76. Explique cómo restringir el dominio de la función seno para que se convierta en una función uno a uno.

77. ¿Cómo comparar los rangos de la función coseno y la función secante?

78. **¿CÓMO LO VE?** Considere un ángulo en posición normal con $r = 12$ centímetros, como se muestra en la figura. Describa los cambios en los valores de x, y, $\operatorname{sen}\theta$, $\cos\theta$ y $\tan\theta$ cuando θ crece continuamente de 0 a $\pi/2$.

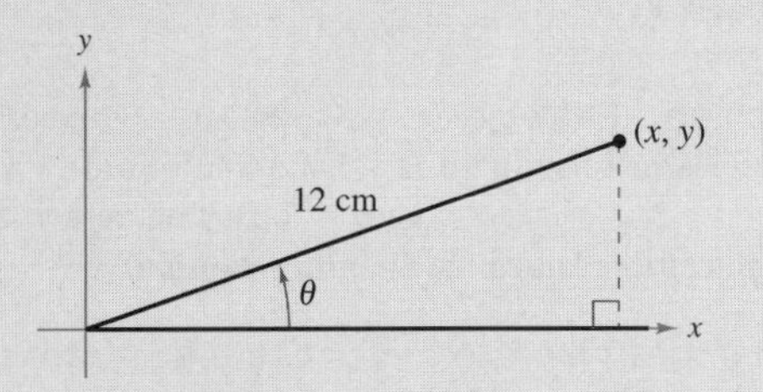

79. **Rueda de la fortuna**

Un modelo para la altura h (en pies) de una cabina de una rueda de la fortuna es $h = 50 + 50 \operatorname{sen} 8\pi t$ donde t se mide en minutos. (La rueda de la fortuna tiene un radio de 50 pies.) Este modelo tiene una altura de 50 pies cuando $t = 0$. Modifique el modelo para que la altura de la cabina sea de 1 pie cuando $t = 0$.

80. **Ventas** Las ventas mensuales S (en miles de unidades) de los productos de temporada son modelados por

$$S = 58.3 + 32.5\cos\frac{\pi t}{6}$$

donde t es el tiempo (en meses) y $t = 1$ corresponde a enero. Use alguna utilidad para representar gráficamente el modelo para S y determine los meses en que las ventas exceden las 75 000 unidades.

81. **Piénselo** Trace las gráficas de,

$f(x) = \operatorname{sen} x$, $g(x) = |\operatorname{sen} x|$ y $h(x) = \operatorname{sen}(|x|)$.

En general, ¿cómo son las gráficas de $|f(x)|$ y $f(|x|)$ respecto de la gráfica de f?

82. **Reconocer un patrón** Utilice una herramienta de graficación para comparar la gráfica de

$$f(x) = \frac{4}{\pi}\left(\operatorname{sen}\pi x + \frac{1}{3}\operatorname{sen} 3\pi x\right)$$

con la gráfica mostrada abajo. Mejore la aproximación agregando un término a $f(x)$. Use alguna utilidad para verificar que la nueva aproximación sea mejor que la original. ¿Es posible encontrar otros términos que al agregarse hagan la aproximación aún mejor? ¿Cuál es el patrón? (*Sugerencia*: Use términos en seno.)

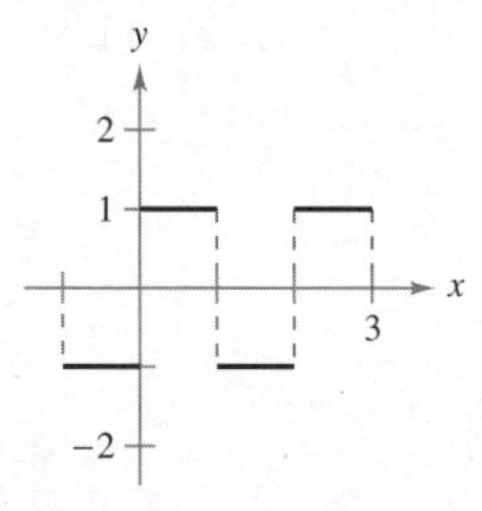

¿Verdadero o falso? **En los ejercicios 83 a 86, determine si el enunciado es verdadero o falso. Si es falso, explique por qué o dé un ejemplo que demuestre que es falso.**

83. Una medida de 4 radianes corresponde a dos vueltas completas desde el lado inicial hasta el lado terminal de un ángulo.

84. La amplitud siempre es positiva.

85. La función $y = \frac{1}{2}\operatorname{sen} 2x$ tiene una amplitud que es el doble que la de $y = \operatorname{sen} x$.

86. La función $y = 3\cos(x/3)$ tiene un periodo que es el triple que el periodo de la función $y = \cos x$.

Ejercicios de repaso

Las respuestas a los ejercicios impares pueden consultarse en el Apéndice de este libro.

Exploración de conceptos

En este capítulo, se revisaron varios conceptos matemáticos necesarios para un estudio exitoso del cálculo.

- Gráficas de ecuaciones
- Funciones
- Dominio y rango
- Seis funciones básicas y sus gráficas
- Transformaciones
- Funciones trigonométricas

Se utilizarán estas funciones y se aplicarán los conocimientos del cálculo para modelar y estudiar aplicaciones de la vida real en las ciencias, negocios e ingeniería.

1. Relacione la ecuación o ecuaciones con las características dadas, si es posible.

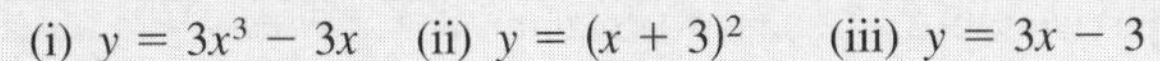

(i) $y = 3x^3 - 3x$ (ii) $y = (x + 3)^2$ (iii) $y = 3x - 3$

(iv) $y = \sqrt[3]{x}$ (v) $y = 3x^2 + 3$ (vi) $y = \sqrt{x + 3}$

(a) Simétrica respecto al eje *y*.

(b) Tres intersecciones con el eje *x*.

(c) Simétrica respecto al eje *x*.

(d) El punto $(-2, 1)$ está en la gráfica.

(e) Simétrica respecto al origen.

(f) La gráfica pasa por el origen.

2. Grafique la ecuación $y = cx + 1$ para $c = 1, 2, 3, 4$ y 5. A continuación realice una conjetura acerca del coeficiente de *x* y la gráfica de la ecuación.

3. Dé un ejemplo que justifique cada enunciado.

(a) $\operatorname{sen}(u + v) \neq \operatorname{sen} u + \operatorname{sen} v$

(b) $\cos(u + v) \neq \cos u + \cos v$

(c) $\tan(u + v) \neq \tan u + \tan v$

4. Use alguna herramienta de graficación para graficar la función $y = d + a \operatorname{sen}(bx - c)$ para varios valores diferentes de *a*, *b*, *c* y *d*. Escriba un párrafo que describa los cambios en la gráfica correspondientes a los cambios en cada constante.

5. Considere las funciones $f(x) = 3 \cos 2x$ y $g(x) = x|x|$.

(a) Determine el dominio y el rango de cada función.

(b) Analice la simetría de cada función.

(c) Determine las intersecciones de cada función.

(d) Trace la gráfica de cada función.

(e) Encuentre $f + g$, $f - g$, fg y f/g.

(f) Encuentre $f(g(x))$ y $g(f(x))$.

6. Considere las funciones

$f(x) = x^2$ y $g(x) = \sqrt{x}$

(a) Encuentre $f(g(x))$ y $g(f(x))$.

(b) ¿Cuáles son los dominios de $f \circ g$ y $g \circ f$?

(c) ¿Cuáles son los rangos de $f \circ g$ y $g \circ f$?

(d) ¿Es $f(g(x)) = g(f(x))$? Explique su razonamiento.

Encontrar intersecciones **En los ejercicios 7 a 10, encuentre las intersecciones.**

7. $y = 5x - 8$ **8.** $y = x^2 - 8x + 12$

9. $y = \dfrac{x - 3}{x - 4}$ **10.** $y = (x - 3)\sqrt{x + 4}$

Pruebas para encontrar simetría **En los ejercicios 11 a 14, verifique si existe simetría respecto a cada eje y al origen.**

11. $y = x^2 + 4x$ **12.** $y = x^4 - x^2 + 3$

13. $y^2 = x^2 - 5$ **14.** $xy = -2$

Dibujar una gráfica usando intersecciones y simetría **En los ejercicios 15 a 20, dibuje la gráfica de la ecuación. Identifique la intersección y prueba de simetría.**

15. $y = -\frac{1}{2}x + 3$

16. $y = -x^2 + 4$

17. $y = 9x - x^3$ **18.** $y^2 = 9 - x$

19. $y = 2\sqrt{4 - x}$ **20.** $y = |x - 4| - 4$

Encontrar los puntos de intersección **En los ejercicios 21 a 24 encuentre los puntos de intersección de las gráficas de las ecuaciones.**

21. $5x + 3y = -1$, $x - y = -5$ **22.** $2x + 4y = 9$, $6x - 4y = 7$

23. $x - y = -5$, $x^2 - y = 1$ **24.** $x^2 + y^2 = 1$, $-x + y = 1$

Encontrar la pendiente de una recta **En los ejercicios 25 y 26, dibuje los puntos y calcule la pendiente de la recta que pasa por ellos.**

25. $\left(\frac{3}{2}, 1\right), \left(5, \frac{5}{2}\right)$

26. $(-7, 8), (-1, 8)$

Encontrar la ecuación de una recta **En los ejercicios 27 a 30, halle una ecuación de la recta que pasa por el punto y tiene la pendiente indicada. Después dibuje la recta.**

27. $(3, -5),\ m = \frac{7}{4}$ **28.** $(-3, 0),\ m = -\frac{2}{3}$

29. $(-8, 1),\ m$ es indefinida **30.** $(5, 4),\ m = 0$

Encontrar la pendiente y la intersección con el eje *y* **En los ejercicios 31 y 32, encuentre la pendiente y la intersección con el eje *y* de la recta.**

31. $y - 3x = 5$ **32.** $9 - y = x$

Dibujar rectas en el plano **En los ejercicios 33 a 36, dibuje una gráfica de la ecuación.**

33. $y = 6$ **34.** $x = -3$

35. $y = 4x - 2$ **36.** $3x + 2y = 12$

Encontrar una ecuación de una recta **En los ejercicios 37 y 38, encuentre una ecuación de la recta que pasa por los puntos. Después dibuje la recta.**

37. $(0, 0), (8, 2)$ **38.** $(-5, 5), (10, -1)$

39. Encontrar ecuaciones de rectas Encuentre las ecuaciones de las rectas que pasan por $(-3, 5)$ y tienen las siguientes características.

(a) Pendiente de $\frac{7}{16}$
(b) Paralela a la recta $5x - 3y = 3$
(c) Perpendicular a la recta $3x + 4y = 8$
(d) Paralela al eje x

40. Encontrar ecuaciones de rectas Encuentre las ecuaciones de las rectas que pasan por $(2, 4)$ y poseen las siguientes características.

(a) Pendiente de $-\frac{2}{3}$
(b) Perpendicular a la recta $x + y = 0$
(c) Paralela a la recta $3x - y = 0$
(d) Paralela al eje x

41. Razón de cambio El precio de adquisición de una máquina nueva es \$12 500, y su valor decrecerá \$850 por año. Use esta información para escribir una ecuación lineal que determine el valor V de la máquina t años después de su adquisición. Calcule su valor transcurridos 3 años.

42. Análisis de punto de equilibrio Un contratista adquiere un equipo en \$36 500 cuyo costo de combustible y mantenimiento es de \$9.25 por hora. Al operador del equipo se le pagan \$13.50 por hora, y a los clientes se les cobran \$30 por hora.

(a) Escriba una ecuación para el costo C que supone hacer funcionar el equipo durante t horas.
(b) Escriba una ecuación para los ingresos R derivados de t horas de uso del equipo.
(c) Determine el punto de equilibrio, calculando el instante en el que $R = C$.

Evaluar una función **En los ejercicios 43 a 48, evalúe la función en cada valor de la variable independiente. Simplifique el resultado.**

43. $f(x) = 5x + 4$

(a) $f(0)$ (b) $f(5)$ (c) $f(-3)$ (d) $f(t + 1)$

44. $f(x) = x^3 - 2x$

(a) $f(-3)$ (b) $f(2)$ (c) $f(-1)$ (d) $f(c - 1)$

45. $f(x) = \begin{cases} x + 2, & x \le 1 \\ 2x - 3, & x > 1 \end{cases}$

(a) $f(-2)$ (b) $f(0)$ (c) $f(1)$ (d) $f(2)$

46. $f(x) = \begin{cases} |3x - 1|, & x < 0 \\ x^2 - 1, & x \ge 0 \end{cases}$

(a) $f(-1)$ (b) $f(0)$ (c) $f(1)$ (d) $f(a^2 + 3)$

47. $f(x) = 4x^2$

$$\frac{f(x + \Delta x) - f(x)}{\Delta x}$$

48. $f(x) = 2x - 6$

$$\frac{f(x) - f(1)}{x - 1}$$

Encontrar el rango y el dominio de una función **En los ejercicios 49 a 52, encuentre el dominio y el rango de la función.**

49. $f(x) = x^2 + 3$ **50.** $g(x) = \sqrt{6 - x}$

51. $f(x) = -|x + 1|$ **52.** $h(x) = \dfrac{2}{x + 1}$

Trazar la gráfica de una función **En los ejercicios 53 a 56, trace una gráfica de la función y encuentre su dominio y rango. Use alguna utilidad para verificar su gráfica.**

53. $f(x) = x^3 + x^2 - x - 1$ **54.** $g(x) = \sqrt{x + 1}$

55. $h(x) = |x + 3|$ **56.** $f(x) = \dfrac{4}{2x - 1}$

Usar el criterio de la recta vertical **En los ejercicios 57 y 58, utilice el criterio de la recta vertical para determinar si es una función de *x*. Para imprimir una imagen ampliada de la gráfica visite *MathGraphs.com* (disponible solo en inglés).**

57. $x + y^2 = 2$ **58.** $x^2 - y = 0$

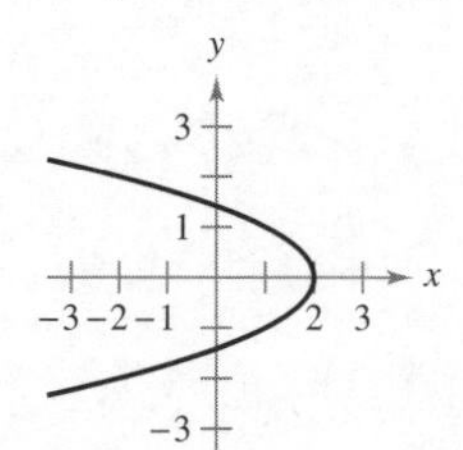

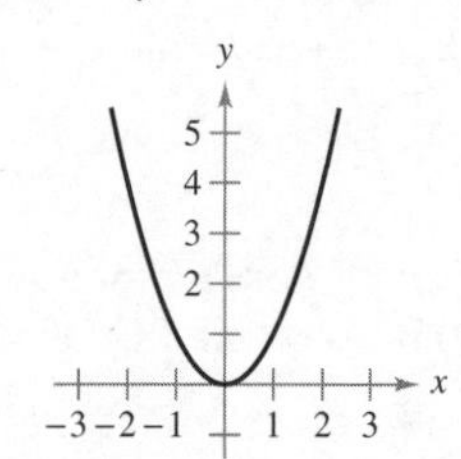

Determinar si una ecuación es una función **En los ejercicios 59 y 60, determine si *y* es una función de *x*.**

59. $xy + x^3 - 2y = 0$ **60.** $x = 9 - y^2$

61. Transformar funciones Utilice una herramienta de graficación para representar $f(x) = x^3 - 3x^2$. Empleando la gráfica, escriba una fórmula para la función g de la figura.

(a)

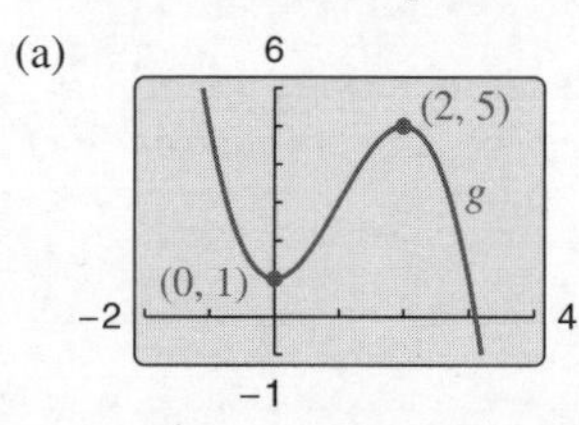

(b)

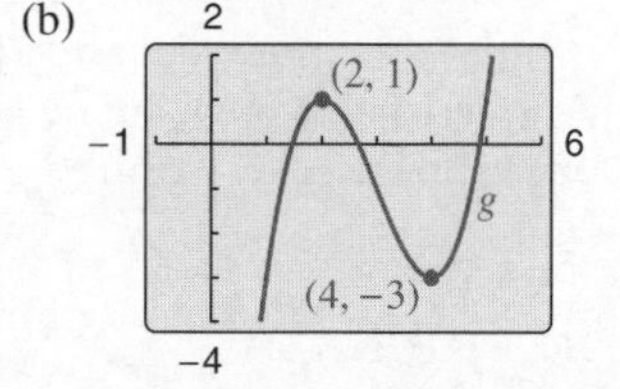

62. Piénselo ¿Cuál es el menor grado posible de la función polinomial cuya gráfica se aproxima a la que se muestra en cada inciso? ¿Qué signo debe tener el coeficiente principal?

(a)

(b)

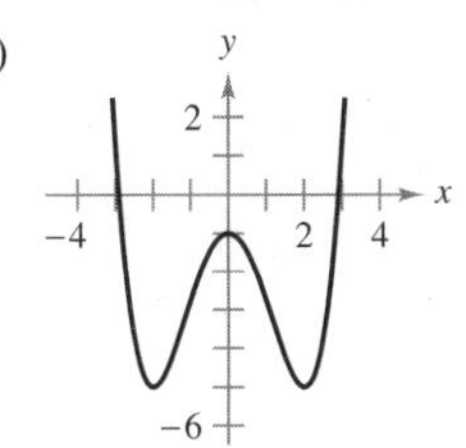

(c)

(d)

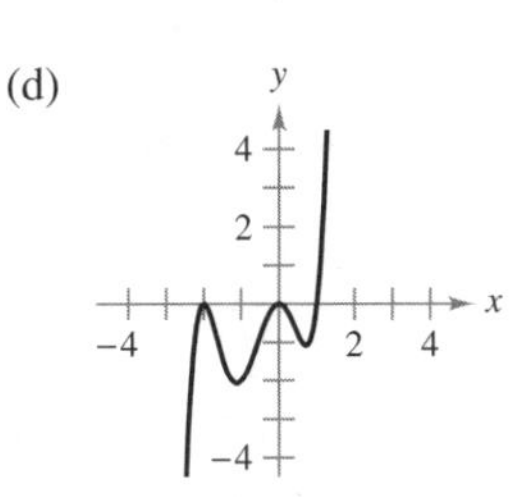

Encontrar funciones compuestas

En los ejercicios 63 y 64 encuentre las funciones compuestas $f \circ g$ y $g \circ f$. Encuentre el dominio de cada función compuesta. ¿Son iguales las dos funciones compuestas?

63. $f(x) = 3x + 1$

$g(x) = -x$

64. $f(x) = \sqrt{x - 2}$

$g(x) = x^2$

Funciones pares e impares y ceros de funciones

En los ejercicios 65 y 66, determine si la función es par, impar o ninguna de las dos. A continuación, encuentre los ceros de la función. Use alguna utilidad para verificar su resultado.

65. $f(x) = x^4 - x^2$

66. $f(x) = \sqrt{x^3 + 1}$

De grados a radianes

En los ejercicios 67 a 70, convierta la medida en grados a radianes como múltiplo de π y como un decimal con precisión de tres decimales.

67. $340°$ **68.** $300°$

69. $-480°$ **70.** $-900°$

De radianes a grados

En los ejercicios 71 a 74, convierta la medida en radianes a grados.

71. $\dfrac{\pi}{6}$ **72.** $\dfrac{11\pi}{4}$

73. $-\dfrac{2\pi}{3}$ **74.** $-\dfrac{13\pi}{6}$

Evaluar funciones trigonométricas

En los ejercicios 75 a 80, encuentre el valor exacto del seno, coseno y la tangente del ángulo. No utilice una calculadora.

75. $-45°$ **76.** $240°$ **77.** $\dfrac{13\pi}{6}$

78. $-\dfrac{4\pi}{3}$ **79.** $405°$ **80.** $180°$

Evaluar funciones trigonométricas

En los ejercicios 81 a 86, utilice una calculadora para evaluar la función trigonométrica. Redondee su respuesta a cuatro lugares decimales.

81. $\tan 33°$ **82.** $\cot 401°$ **83.** $\sec \dfrac{12\pi}{5}$

84. $\csc \dfrac{2\pi}{9}$ **85.** $\operatorname{sen}\left(-\dfrac{\pi}{9}\right)$ **86.** $\cos\left(-\dfrac{3\pi}{7}\right)$

Resolver una ecuación trigonométrica

En los ejercicios 87 a 92, resuelva la ecuación para θ, donde $0 \le \theta \le 2\pi$.

87. $2 \cos \theta + 1 = 0$ **88.** $2 \cos^2 \theta = 1$

89. $2 \operatorname{sen}^2 \theta + 3 \operatorname{sen} \theta = -1$ **90.** $\cos^3 \theta = \cos \theta$

91. $\sec^2 \theta - \sec \theta - 2 = 0$ **92.** $2 \sec^2 \theta + \tan^2 \theta = 5$

Trazar la gráfica de una función trigonométrica

En los ejercicios 93 a 100, trace la gráfica de la función.

93. $y = 9 \cos x$ **94.** $y = \operatorname{sen} \pi x$

95. $y = 3 \operatorname{sen} \dfrac{2x}{5}$ **96.** $y = 8 \cos \dfrac{x}{4}$

97. $y = \dfrac{1}{3} \tan x$ **98.** $y = \cot \dfrac{x}{2}$

99. $y = -\sec 2\pi x$ **100.** $y = -4 \csc 3x$

Construcción de conceptos

101. Uno de los temas fundamentales del cálculo es encontrar la pendiente de la recta tangente a una curva en un punto. Para ver cómo se puede hacer esto, considere el punto (4, 2) en la gráfica de $f(x) = \sqrt{x}$ (vea la figura).

(a) Encuentre la pendiente m_1 de la recta que une (4, 2) y (9, 3). ¿Es la pendiente de la recta tangente en (4, 2) mayor o menor que m_1?

(b) Encuentre la pendiente m_2 de la recta que une (4, 2) y (1, 1). ¿Es la pendiente de la recta tangente en (4, 2) mayor o menor que m_2?

(c) Encuentre la pendiente m_3 de la recta que une (4, 2) y (4.41, 2.1). ¿Es la pendiente de la recta tangente en (4, 2) mayor o menor que m_3?

(d) Encuentre la pendiente de la recta que une (4, 2) y $(4 + h, f(4 + h))$ en términos del número no cero h.

(e) ¿Cuál es la pendiente de la recta tangente en (4, 2)? Explique cómo obtuvo esta respuesta.

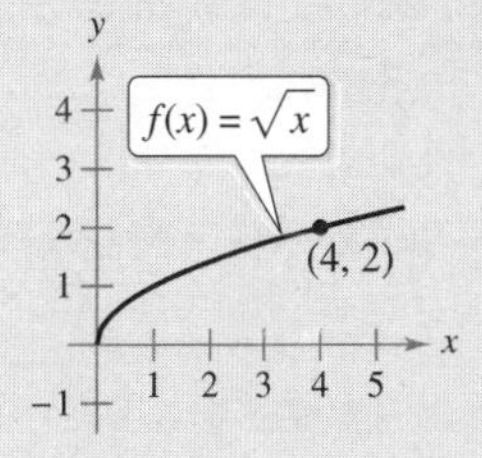

Solución de problemas

Las respuestas a los ejercicios impares pueden consultarse en el Apéndice de este libro.

1. **Encontrar rectas tangentes** Considere el círculo

   $x^2 + y^2 - 6x - 8y = 0$

   que se muestra en la figura.

   (a) Encuentre el centro y el radio del círculo.

   (b) Encuentre una ecuación de la recta tangente a la circunferencia en el punto (0, 0).

   (c) Encuentre una ecuación de la recta tangente a la circunferencia en el punto (6, 0).

   (d) ¿En qué punto se cortan dichas tangentes?

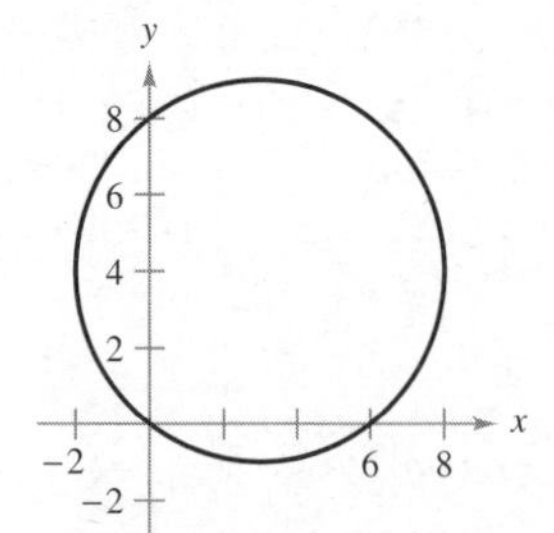

Figura para 1

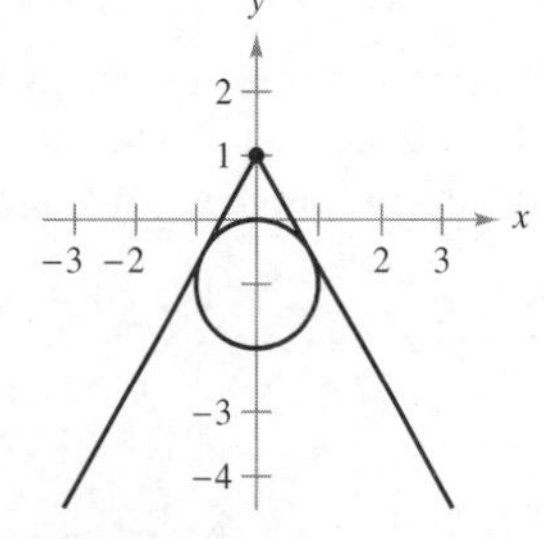

Figura para 2

2. **Encontrar rectas tangentes** Sean dos rectas tangentes que van del punto (0, 1) al círculo $x^2 + (y + 1)^2 = 1$ (vea la figura). Encuentre las ecuaciones de ambas rectas, valiéndose del hecho de que cada recta tangente hace intersección con el círculo *exactamente* en un solo punto.

3. **Escribir una función** Una persona se encuentra en una lancha a 2 millas del punto más cercano a la costa y se dirige a un punto Q ubicado a 3 millas sobre la costa y a 1 milla tierra adentro (vea la figura). La persona puede navegar a 2 millas por hora y caminar a 4 millas por hora. Escriba el tiempo total T del recorrido en función de x.

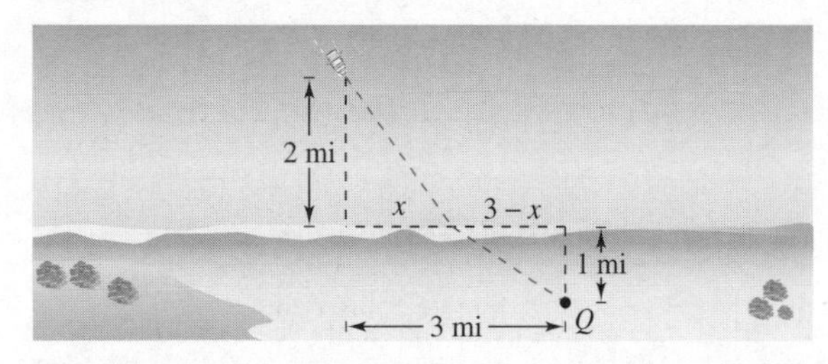

4. **Dibujar transformaciones** Tomando en cuenta la gráfica de la función que se muestra a continuación, construya la gráfica de las siguientes funciones. Para imprimir una copia ampliada de la gráfica, visite *MathGraphs.com* (disponible solo en inglés).

   (a) $f(x + 1)$ (b) $f(x) + 1$

   (c) $2f(x)$ (d) $f(-x)$

   (e) $-f(x)$ (f) $|f(x)|$

   (g) $f(|x|)$

5. **Área máxima** Un ranchero planea crear un potrero rectangular adyacente a un río. Ya tiene 100 metros de cerca, y no es necesario cercar el lado que se encuentra a lo largo del río (vea la figura).

   (a) Escriba el área A del potrero en función de x que es la longitud del lado paralelo al río. ¿Cuál es el dominio de A?

   (b) Grafique la función de área y estime las dimensiones que producen la mayor cantidad de área para el potrero.

   (c) Encuentre las dimensiones que producen la mayor cantidad de área del potrero completando el cuadrado.

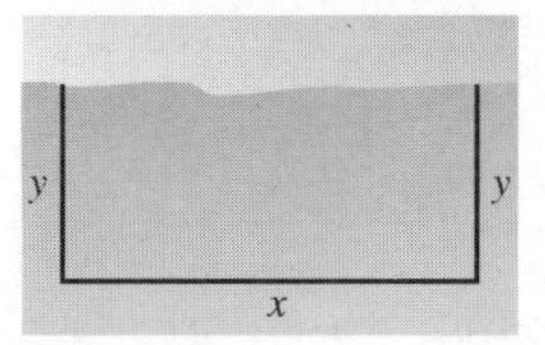

Figura para 5

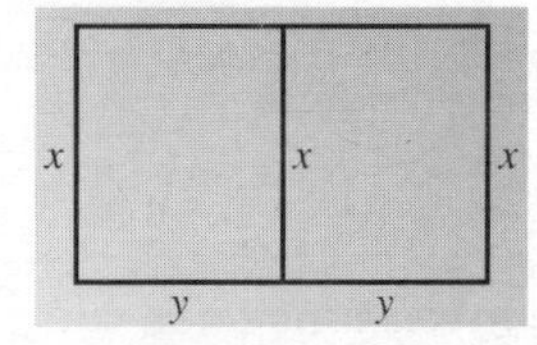

Figura para 6

6. **Área máxima** El propietario de un rancho cuenta con 300 metros de cerca para enrejar dos potreros contiguos (vea la figura).

   (a) Escriba el área total A de ambos potreros como una función de x. ¿Cuál es el dominio de A?

   (b) Grafique la función de área y estime las dimensiones que producen la mayor área de los potreros.

   (c) Encuentre las dimensiones que producen la mayor cantidad de área del potrero, completando el cuadrado.

7. **Velocidad promedio** Conduce por la playa a una velocidad de 120 kilómetros por hora. En el viaje de regreso conduce a 60 kilómetros por hora. ¿Cuál es la velocidad promedio en todo el viaje? Explique su razonamiento.

8. **Funciones compuestas** Sea $f(x) = \dfrac{1}{1 - x}$

   (a) ¿Cuáles son el dominio y el rango de f?

   (b) Encuentre la composición de $f(f(x))$, ¿cuál es el dominio de esta función?

   (c) Encuentre $f(f(f(x)))$, ¿cuál es el dominio de esta función?

   (d) Represente gráficamente $f(f(f(x)))$. ¿La gráfica es una recta? Explique por qué.

9. **Lemniscata** Sean d_1 y d_2 las distancias entre el punto (x, y) y los puntos $(-1, 0)$ y $(1, 0)$, respectivamente, como se muestra en la figura. Demuestre que la ecuación de la gráfica de todos los puntos (x, y) que satisfacen $d_1 d_2 = 1$ es

   $(x^2 + y^2)^2 = 2(x^2 - y^2)$

Esta curva se conoce como **lemniscata**. Trace la lemniscata e identifique tres puntos sobre la gráfica.

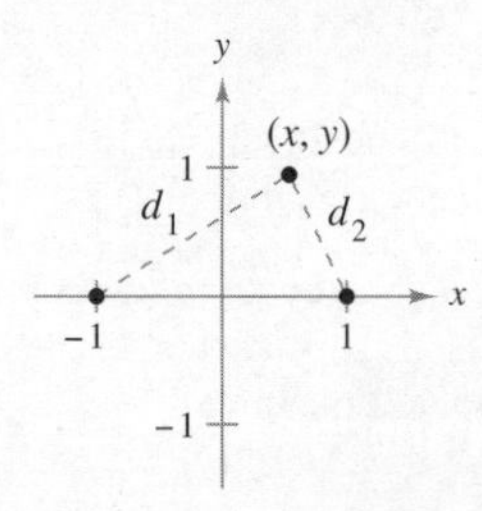

1 Límites y sus propiedades

1.2 Determinación de límites de manera gráfica y numérica *(Ejercicio 74, p. 61)*

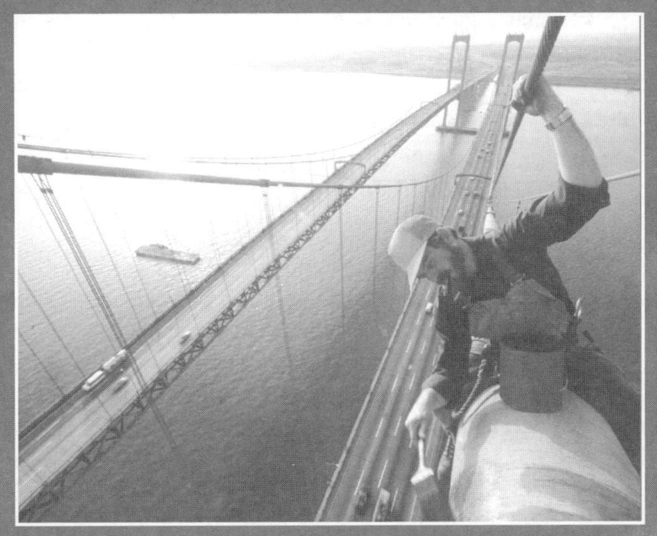

1.3 Objeto en caída libre *(Ejercicios 101 y 102, p. 72)*

1.4 Ley de Charles y cero absoluto *(Ejemplo 5, p. 78)*

1.5 Límites infinitos *(Ejercicio 66, p. 93)*

1.1 Una mirada previa al cálculo

- **Describir lo que es el cálculo y cómo se compara con el precálculo.**
- **Describir que el problema de la recta tangente es básico para el cálculo.**
- **Describir que el problema del área también es básico para el cálculo.**

¿Qué es el cálculo?

El cálculo es la matemática del cambio. Por ejemplo, el cálculo es la matemática de las velocidades, aceleraciones, rectas tangentes, pendientes, áreas, volúmenes, longitudes de arco, centroides, curvaturas y una gran variedad de conceptos que han permitido a científicos, ingenieros y economistas elaborar modelos para situaciones de la vida real.

Aunque las matemáticas del precálculo también tratan con velocidades, aceleraciones, rectas tangentes, pendientes y demás, existe una diferencia fundamental entre ellas y el cálculo. Mientras que las primeras son más estáticas, el cálculo es más dinámico. He aquí algunos ejemplos.

- Un objeto que se mueve con velocidad constante puede ser analizado con precálculo. Sin embargo, para analizar la velocidad de un objeto sometido a aceleración es necesario el cálculo.
- La pendiente de una recta puede ser analizada con precálculo, pero para analizar la pendiente de una curva es necesario el cálculo.
- La curvatura de un círculo es constante y puede ser analizada con precálculo, pero para analizar la curvatura variable de una curva general es necesario el cálculo.
- El área de un rectángulo puede ser analizada con precálculo. Para analizar el área bajo una curva general es necesario el cálculo.

Cada una de estas situaciones implica la misma estrategia general: la reformulación de las matemáticas del precálculo a través de un proceso de límite. De tal modo, una manera de responder a la pregunta "¿qué es el cálculo?" consiste en decir que el cálculo es una "máquina de límites" que consta de tres etapas. La primera etapa la constituyen las matemáticas del precálculo, como la pendiente de una recta o el área de un rectángulo. La segunda etapa es el proceso de límite, y la tercera es una nueva formulación del cálculo como la derivada y la integral.

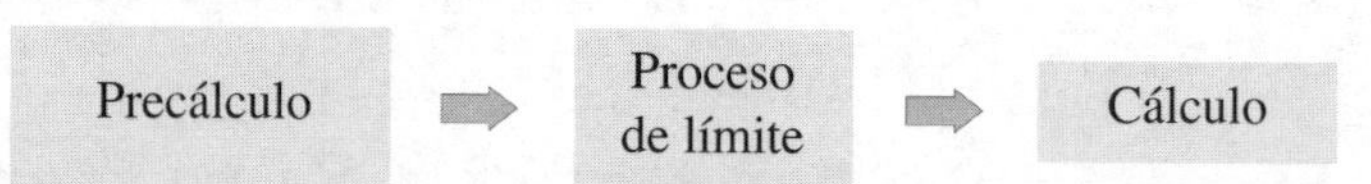

Por desgracia, algunos estudiantes tratan de aprender cálculo como si se tratara de una simple recopilación de fórmulas nuevas. Si se reduce el estudio de cálculo a la memorización de fórmulas de derivación y de integración, su comprensión será deficiente, el estudiante perderá confianza en sí mismo y no obtendrá satisfacción.

En las dos páginas siguientes se presentan algunos conceptos familiares del precálculo, listados junto con sus contrapartes del cálculo. A lo largo del texto se debe recordar que el objetivo es aprender cómo se utilizan las fórmulas y técnicas del precálculo para producir las fórmulas y técnicas más generales del cálculo. Es posible que algunas de las "viejas fórmulas" de las páginas siguientes no resulten familiares y por esta razón las repasaremos todas.

A medida que se avance en el libro, se sugiere volver a leer estos comentarios repetidas veces. Intente identificar en cuál de las tres etapas del estudio del cálculo se encuentra. Por ejemplo, los tres primeros capítulos se relacionan con las tres etapas de la siguiente manera.

Capítulo P: Preparación para el cálculo	Precálculo
Capítulo 1: Límites y sus propiedades	Proceso de límite
Capítulo 2: Derivación	Cálculo

Este ciclo se repite muchas veces en una escala menor en todo el libro.

COMENTARIO A medida que vaya avanzando en este curso, le conviene recordar que el aprendizaje de cálculo es solo uno de sus fines. Su objetivo más importante es aprender a utilizar el cálculo para modelar y resolver problemas reales. Enseguida se presentan algunas estrategias de resolución de problemas que pueden ayudar.

- Asegúrese de entender la pregunta. ¿Cuáles son los datos? ¿Qué se le pide encontrar?
- Conciba un plan. Existen muchos métodos que se pueden utilizar: hacer un esquema, resolver un problema sencillo, trabajar hacia atrás, dibujar un diagrama, usar recursos tecnológicos o aplicar cualquiera de muchos otros enfoques.
- Ejecute el plan. Asegúrese de que responde la pregunta. Enuncie la respuesta en palabras. Por ejemplo, en vez de escribir la respuesta como $x = 4.6$, sería mejor escribir: "El área de la zona es 4.6 metros cuadrados".
- Revise el trabajo. ¿Tiene sentido la respuesta? ¿Existe alguna forma de comprobar lo razonable de su respuesta?

Sin cálculo	Con cálculo diferencial
Valor de $f(x)$ cuando $x = c$	Límite de $f(x)$ cuando x tiende a c
Pendiente de una recta	Pendiente de una curva
Recta secante a una curva	Recta tangente a una curva
Razón de cambio promedio entre $t = a$ y $t = b$	Razón de cambio instantánea en $t = c$
Curvatura del círculo	Curvatura de una curva
Altura de una curva en $x = c$	Altura máxima de una curva sobre un intervalo
Plano tangente a una esfera	Plano tangente a una superficie
Dirección del movimiento a lo largo de una recta	Dirección del movimiento a lo largo de una curva

Para ver las figuras a color, acceda al código

Sin cálculo	Con cálculo integral
Área de un rectángulo	Área bajo una curva
Trabajo realizado por una fuerza constante	Trabajo hecho por una fuerza variable
Centro de un rectángulo	Centroide de una región
Longitud de un segmento de recta	Longitud de un arco
Área superficial de un cilindro	Área superficial de un sólido de revolución
Masa de un sólido con densidad constante	Masa de un sólido con densidad variable
Volumen de un sólido rectangular	Volumen de la región bajo una superficie
Suma de un número finito de términos $a_1 + a_2 + \cdots + a_n = S$	Suma de un número infinito de términos $a_1 + a_2 + a_3 + \cdots = S$

Para ver las figuras a color, acceda al código

El problema de la recta tangente

La noción de un límite es fundamental en el estudio del cálculo. Las siguientes breves descripciones de dos problemas clásicos del cálculo: *el problema de la recta tangente y el problema del área*, pueden servir para tener una idea de cómo los límites se utilizan en el cálculo.

En el problema de la recta tangente, se da una función f y un punto P en su gráfica, y se requiere encontrar una ecuación de la recta tangente a la gráfica en el punto P, como se muestra en la figura 1.1.

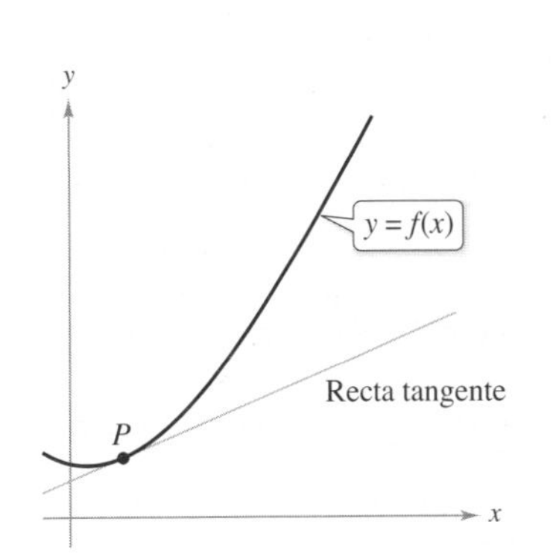

Recta tangente de la gráfica de f en P.
Figura 1.1

Exceptuando los casos en que una recta tangente es vertical, el problema de encontrar la **recta tangente** en el punto P equivale al de determinar la *pendiente* de la recta tangente en P. Se puede calcular aproximadamente esta pendiente trazando una recta que pase por el punto de tangencia y por un segundo punto de la curva, como se muestra en la figura 1.2(a). Esta recta se llama **recta secante**. Si $P(c, f(c))$ es el punto de tangencia y

$$Q(c + \Delta x, f(c + \Delta x))$$

es un segundo punto de la gráfica de f, la pendiente de la recta secante que pasa por estos dos puntos puede determinarse con precálculo y está dada por

$$m_{sec} = \frac{f(c + \Delta x) - f(c)}{c + \Delta x - c} = \frac{f(c + \Delta x) - f(c)}{\Delta x}$$

Para ver las figuras a color, acceda al código

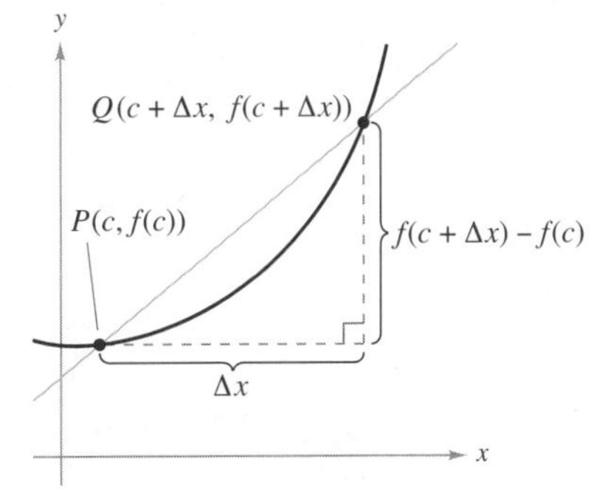

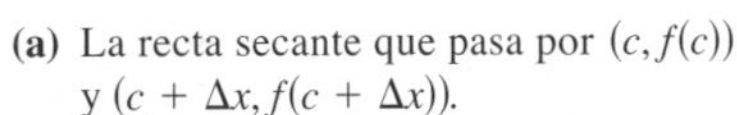

(a) La recta secante que pasa por $(c, f(c))$ y $(c + \Delta x, f(c + \Delta x))$.

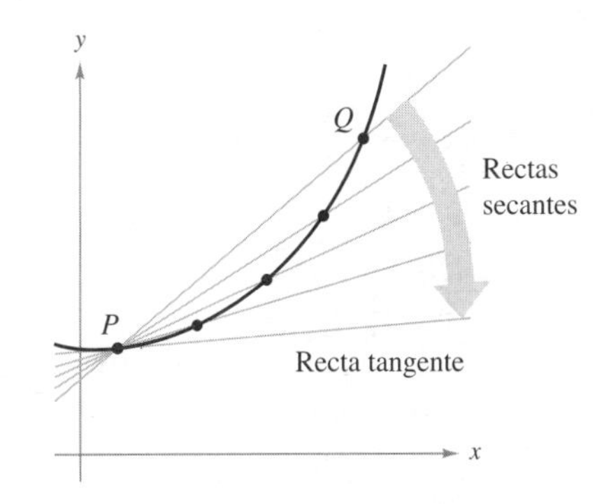

(b) Cuando Q tiende a P, las rectas secantes se aproximan a la recta tangente.

Figura 1.2

GRACE CHISHOLM YOUNG (1868-1944)

Grace Chisholm Young obtuvo su título en matemáticas de Girton College de Cambridge, Inglaterra. Sus primeros trabajos se publicaron bajo el nombre de William Young, su marido. Entre 1914 y 1916, Grace Young publicó trabajos relativos a los fundamentos de cálculo que la hicieron merecedora del Premio Gamble del Girton College.

A medida que el punto Q se aproxima al punto P, las pendientes de las rectas secantes se aproximan a la pendiente de la recta tangente, como se muestra en la figura 1.2(b). Cuando existe tal "posición límite", se dice que la pendiente de la recta tangente es el **límite** de las pendientes de las rectas secantes (este importante concepto del cálculo se estudiará con más detalle en el capítulo 2).

Exploración

Los siguientes puntos se encuentran en la gráfica de $f(x) = x^2$

$Q_1(1.5, f(1.5))$, $Q_2(1.1, f(1.1))$, $Q_3(1.01, f(1.01))$,
$Q_4(1.001, f(1.001))$, $Q_5(1.0001, f(1.0001))$

Cada punto sucesivo se acerca más al punto $P(1, 1)$. Calcule la pendiente de la recta secante que pasa por Q_1 y P, Q_2 y P, y así sucesivamente. Utilice una herramienta de graficación para representar estas rectas secantes. Luego, utilice los resultados para estimar la pendiente de la recta tangente a la gráfica de f en el punto P.

El problema del área

En el problema de la recta tangente se vio cómo el proceso de límite puede ser aplicado a la pendiente de una recta para encontrar la pendiente de una curva general. Un segundo problema clásico en cálculo es determinar el área de una región plana limitada por las gráficas de funciones. Este problema también se puede resolver mediante un proceso del límite. En este caso, el proceso de límite se aplica al área de un rectángulo con el fin de encontrar el área de una región general.

Como un ejemplo sencillo, considere la región acotada por la gráfica de la función $y = f(x)$, el eje x y las rectas verticales $x = a$ y $x = b$, como se muestra en la figura 1.3. Se puede aproximar el área de la región utilizando varias regiones rectangulares, como se muestra en la figura 1.4. Al aumentar el número de rectángulos, la aproximación tiende a ser cada vez mejor porque la cantidad de área perdida por los rectángulos disminuye. El objetivo radica en determinar el límite de la suma de las áreas de los rectángulos cuando su número crece indefinidamente.

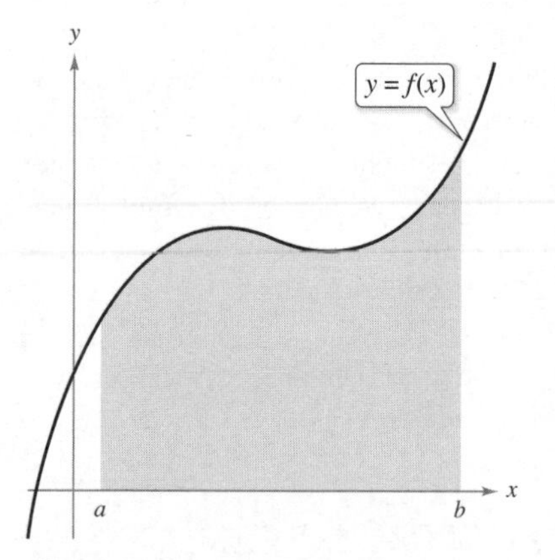

Área bajo una curva.
Figura 1.3

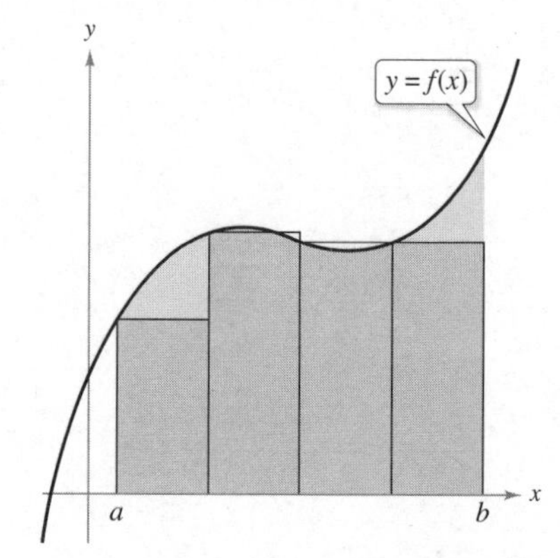

Aproximación usando cuatro rectángulos.

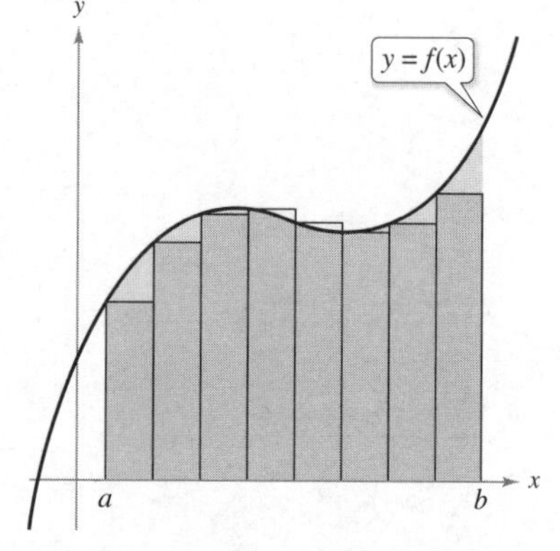

Aproximación usando ocho rectángulos.

Figura 1.4

Para ver las figuras a color, acceda al código

El descubrimiento de la relación entre el problema de la recta tangente y el problema del área condujo al nacimiento del cálculo. Se aprenderá más sobre esta relación cuando se estudie el teorema fundamental del cálculo en el capítulo 4.

Exploración

Considere la región acotada por las gráficas de

$$f(x) = x^2, \quad y = 0 \quad \text{y} \quad x = 1$$

que se muestra en el inciso (a) de la figura. El área de esta región puede ser aproximada utilizando dos conjuntos de rectángulos, unos inscritos en ella y otros circunscritos, como se muestra en los incisos (b) y (c). Encuentre la suma de las áreas de cada conjunto de rectángulos. Luego, utilice los resultados para aproximar el área de la región.

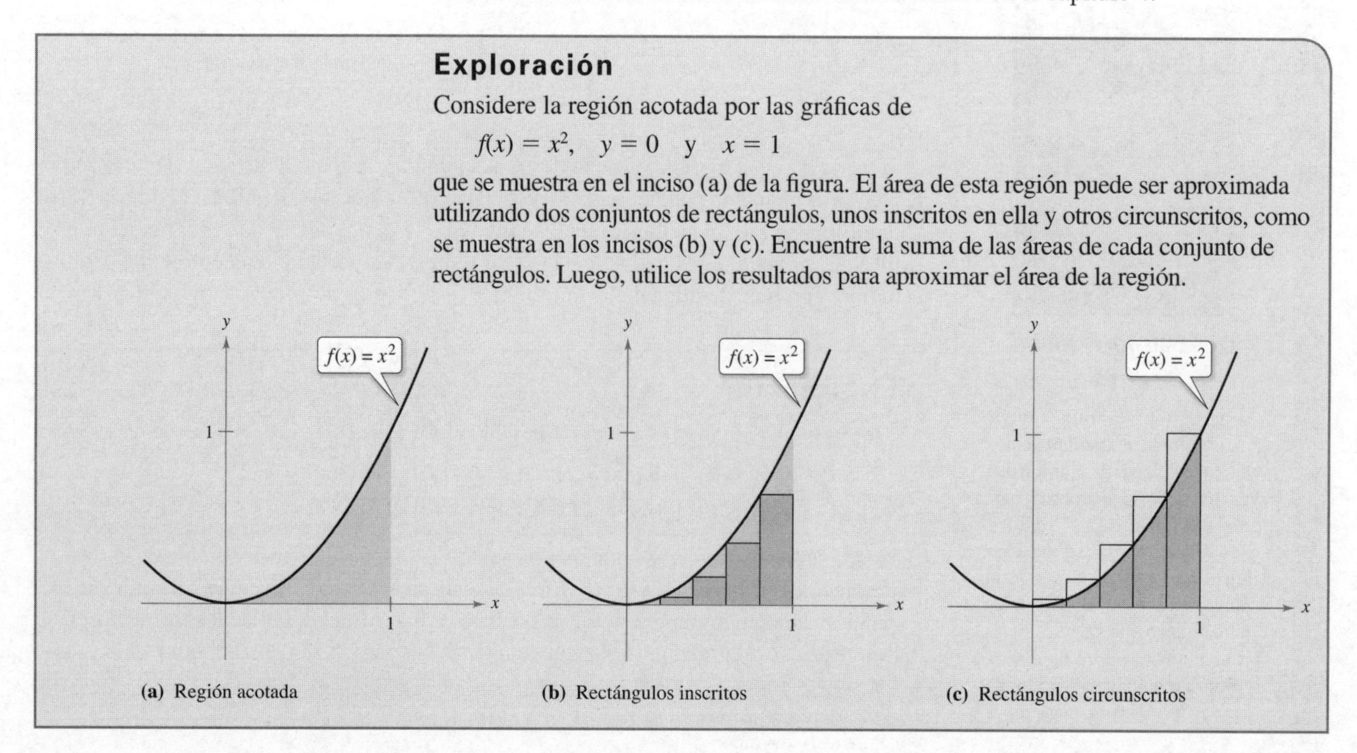

(a) Región acotada **(b)** Rectángulos inscritos **(c)** Rectángulos circunscritos

1.1 Ejercicios

Las respuestas a los ejercicios impares pueden consultarse en el Apéndice de este libro.

Repaso de conceptos

1. Describa la relación entre precálculo y cálculo. Enumere tres conceptos de precálculo y sus correspondientes contrapartes del cálculo.
2. Discuta la relación entre las rectas secantes a través de un punto fijo y la recta tangente correspondiente en ese punto fijo.

Precálculo o cálculo En los ejercicios 3 a 6, decida si el problema se puede resolver mediante precálculo o si requiere cálculo. Si el problema se puede resolver utilizando precálculo, resuélvalo. En caso contrario, explique el razonamiento y aproxime la solución por métodos gráficos o numéricos.

3. Calcule la distancia recorrida en 15 segundos por un objeto que viaja a una velocidad constante de 20 pies por segundo.
4. Calcule la distancia recorrida en 15 segundos por un objeto que se mueve a una velocidad $v(t) = 20 + 7 \cos t$ pies por segundo.

5. **Razón de cambio**

Un ciclista recorre una trayectoria que admite como modelo la ecuación $f(x) = 0.04(8x - x^2)$ donde x y $f(x)$ se miden en millas. Calcule la razón de cambio en la elevación cuando $x = 2$.

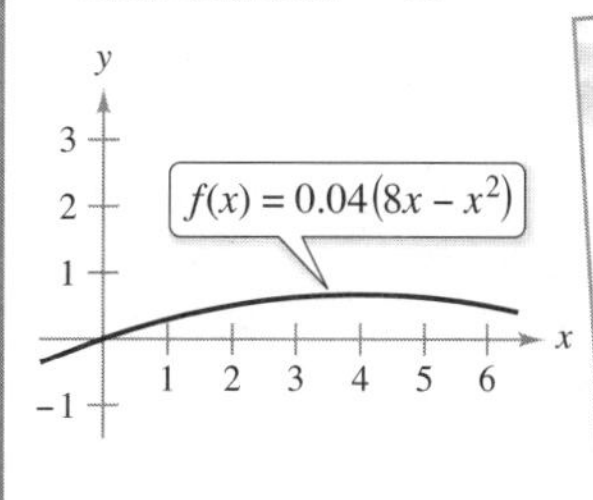

6. Un ciclista recorre una trayectoria modelada por la función $f(x) = 0.08x$, donde x y $f(x)$ se miden en millas. Encuentre la razón de cambio de la elevación cuando $x = 2$.

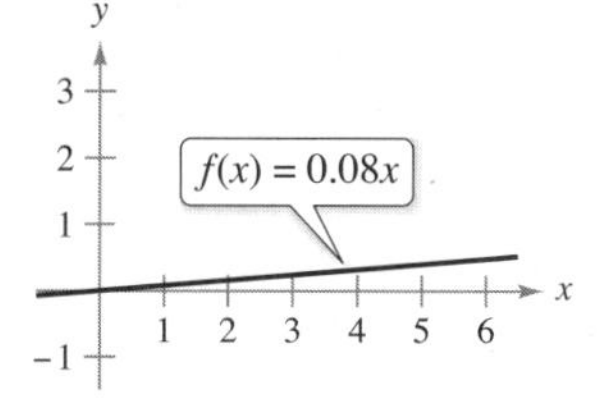

7. **Rectas secantes** Considere la función

$$f(x) = \sqrt{x}$$

y el punto $P(4, 2)$ en la gráfica de f.

(a) Dibuje la gráfica de f y las rectas secantes que pasan por $P(4, 2)$ y $Q(x, f(x))$ para los valores de x: 1, 3 y 5.

(b) Encuentre la pendiente de cada recta secante.

(c) Utilice los resultados del inciso (b) para estimar la pendiente de recta tangente a f en $P(4, 2)$. Describa cómo puede mejorar la aproximación de la pendiente.

8. **Rectas secantes** Considere la función $f(x) = 6x - x^2$ y el punto $P(2, 8)$ sobre la gráfica de f:

(a) Dibuje la gráfica de f y las rectas secantes que pasan por $P(2, 8)$ y $Q(x, f(x))$ para los valores de x: 3, 2.5 y 1.5.

(b) Encuentre la pendiente de cada recta secante.

(c) Utilice los resultados del inciso (b) para calcular la pendiente de la recta tangente a la gráfica de f en el punto $P(2, 8)$. Describa cómo puede mejorar la aproximación de la pendiente.

9. **Aproximar un área** Utilice los rectángulos de cada una de las gráficas para aproximar el área de la región acotada por $y = 5/x$, $y = 0$, $x = 1$ y $x = 5$. Describa cómo se puede continuar este proceso para obtener una aproximación más exacta del área.

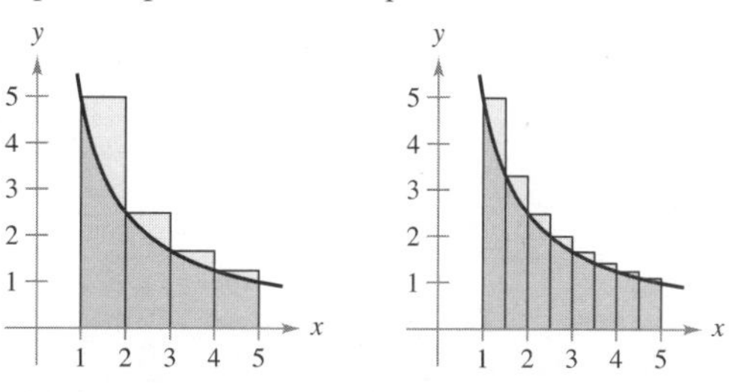

10. **¿CÓMO LO VE?** ¿Cómo describiría la razón de cambio instantánea de la posición de un automóvil sobre una autopista?

Exploración de conceptos

11. Considere la longitud de la gráfica de $f(x) = 5/x$ desde $(1, 5)$ hasta $(5, 1)$.

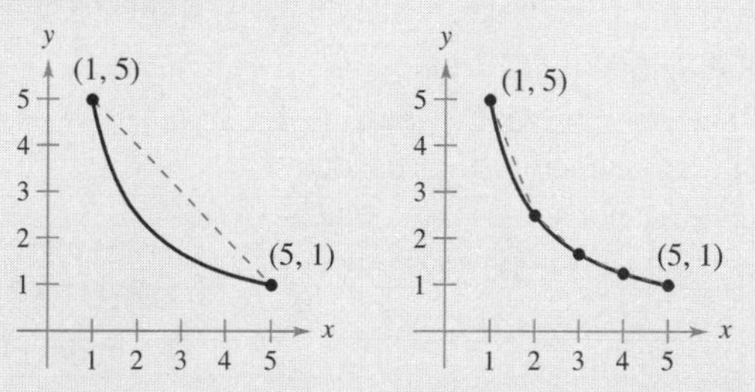

(a) Aproxime la longitud de la curva encontrando la distancia entre sus extremos, como se muestra en la primera figura.

(b) Aproxime la longitud de la curva encontrando la suma de las longitudes de los cuatro segmentos de recta, como se muestra en la segunda figura.

(c) Describa cómo se podría continuar con este proceso para obtener una aproximación más exacta de la longitud de la curva.

1.2 Determinación de límites de manera gráfica y numérica

- **Estimar un límite utilizando una aproximación numérica o gráfica.**
- **Identificar las diferentes formas en las que un límite puede no existir.**
- **Probar la existencia de un límite utilizando la definición formal de límite.**

Introducción a los límites

Al dibujar la función de la gráfica

$$f(x) = \frac{x^3 - 1}{x - 1} \qquad f \text{ está indefinida en } x = 1.$$

para todos los valores distintos de $x = 1$, es posible emplear las técnicas usuales de representación de curvas. Sin embargo, en $x = 1$ no está claro qué esperar. Para obtener una idea del comportamiento de la gráfica de f cerca de $x = 1$, se pueden usar dos conjuntos de valores de x, uno que se aproxime a 1 por la izquierda y otro que lo haga por la derecha, como se ilustra en la tabla.

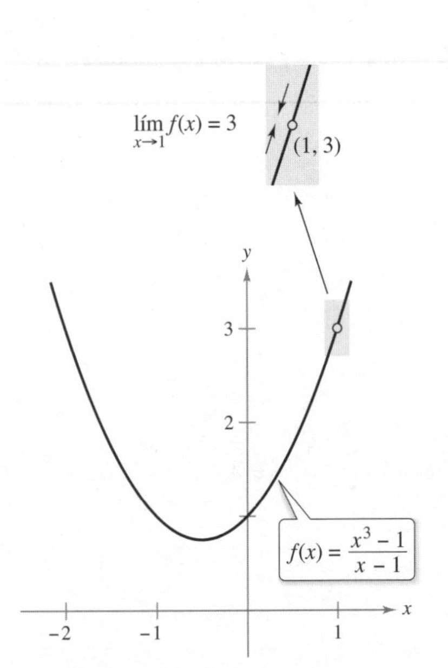

El límite de $f(x)$ cuando x tiende a 1 es 3.
Figura 1.5

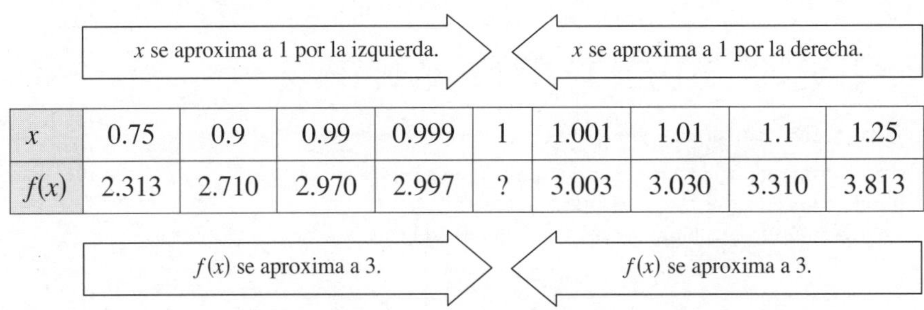

x se aproxima a 1 por la izquierda. → ← x se aproxima a 1 por la derecha.

x	0.75	0.9	0.99	0.999	1	1.001	1.01	1.1	1.25
$f(x)$	2.313	2.710	2.970	2.997	?	3.003	3.030	3.310	3.813

$f(x)$ se aproxima a 3. → ← $f(x)$ se aproxima a 3.

Como se muestra en la figura 1.5, la gráfica de f es una parábola con un hueco en el punto $(1, 3)$. A pesar de que x no puede ser igual a 1, se puede acercar arbitrariamente a 1 y, en consecuencia, $f(x)$ se acerca arbitrariamente a 3. Utilizando la notación de límites, se puede escribir

$$\lim_{x\to 1} f(x) = 3. \qquad \text{Esto se lee: "El límite de } f(x) \text{ cuando } x \text{ tiende a 1 es 3".}$$

Este análisis conduce a una definición informal de límite. Si $f(x)$ se acerca arbitrariamente a un único número L cuando x se aproxima a c por cualquiera de los dos lados $(x \neq c)$, entonces el **límite** de $f(x)$, cuando x tiende a c, es L. Esto se escribe

$$\lim_{x\to c} f(x) = L$$

COMENTARIO Note que si $f(x)$ no se acerca arbitrariamente a un solo número real L cuando x tiende a c por ambos lados, entonces el límite de $f(x)$ *no existe*.

Exploración

Estimar el límite

$$\lim_{x\to 2} \frac{x^2 - 3x + 2}{x - 2}$$

de manera numérica completando la tabla de abajo. A continuación, utilice una herramienta de graficación para calcular el límite de manera gráfica.

x	1.75	1.9	1.99	1.999	2	2.001	2.01	2.1	2.25
$f(x)$	?	?	?	?	?	?	?	?	?

Para ver la figura a color, acceda al código

EJEMPLO 1 Estimar numéricamente un límite

Evalúe la función $f(x) = x/(\sqrt{x+1} - 1)$ en varios puntos cercanos a $x = 0$ y use el resultado para calcular el límite.

$$\lim_{x \to 0} \frac{x}{\sqrt{x+1} - 1}$$

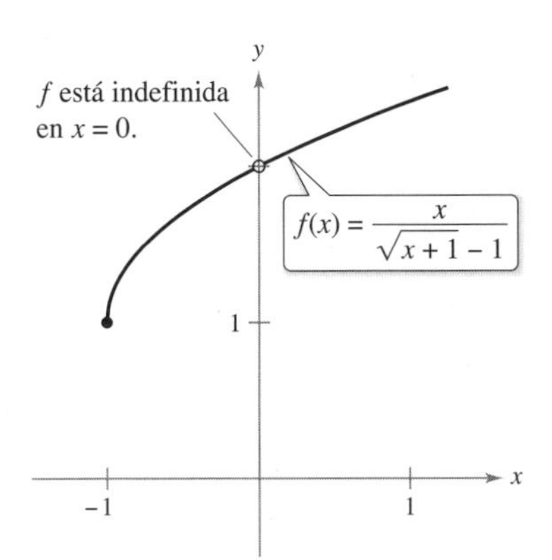

El límite de $f(x)$ cuando x se aproxima a 0 es 2.

Figura 1.6

Solución La siguiente tabla muestra los valores de $f(x)$ para diversos valores de x cercanos a 0.

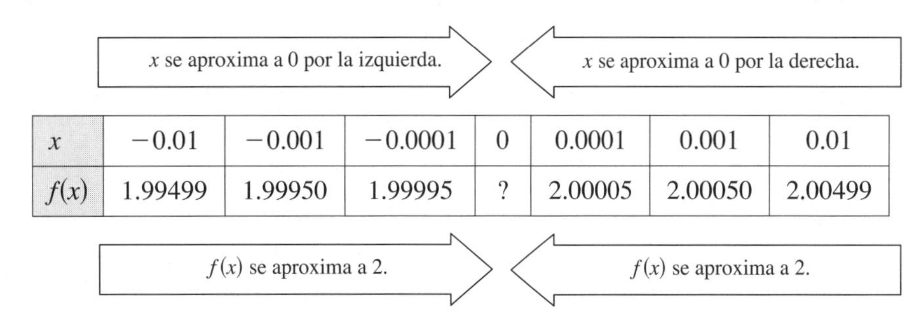

x	−0.01	−0.001	−0.0001	0	0.0001	0.001	0.01
$f(x)$	1.99499	1.99950	1.99995	?	2.00005	2.00050	2.00499

$f(x)$ se aproxima a 2. $f(x)$ se aproxima a 2.

De los datos mostrados en la tabla, se puede estimar que el límite es 2. Dicho resultado se confirma por la gráfica de f (vea la figura 1.6).

Para ver las figuras a color, acceda al código

Observe que en el ejemplo 1, la función no está definida en $x = 0$ y aún así $f(x)$ parece aproximarse a un límite a medida que x tiende a 0. Esto ocurre con frecuencia, y es importante darse cuenta de que la *existencia o inexistencia de $f(x)$ en $x = c$ no tiene relación con la existencia del límite de $f(x)$ cuando x tiende a c.*

EJEMPLO 2 Encontrar un límite

Encuentre el límite de $f(x)$ cuando x tiende a 2, donde

$$f(x) = \begin{cases} 1, & x \neq 2 \\ 0, & x = 2 \end{cases}$$

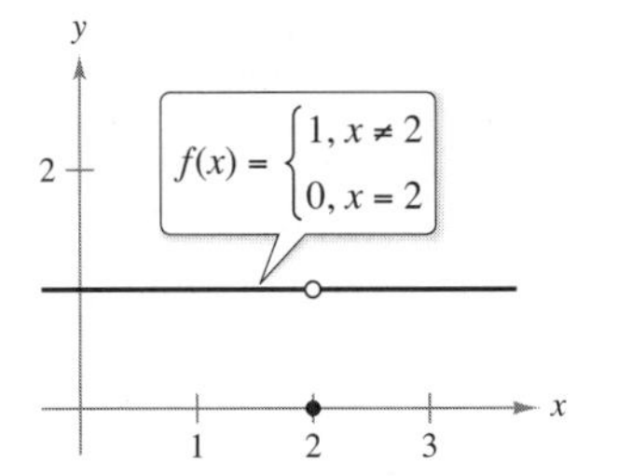

El límite de $f(x)$ cuando x tiende a 2 es 1.

Figura 1.7

Solución Puesto que $f(x) = 1$ para toda x distinta de $x = 2$, se puede concluir que el límite es 1, como se muestra en la figura 1.7. Por tanto, se puede escribir

$$\lim_{x \to 2} f(x) = 1 \qquad \text{El límite de } f(x) \text{ cuando } x \text{ tiende a 2 es 1.}$$

El hecho de que $f(2) = 0$ no influye en la existencia ni en el valor del límite cuando x tiende a 2. Por ejemplo, cuando x tiende a 2, la función

$$g(x) = \begin{cases} 1, & x \neq 2 \\ 2, & x = 2 \end{cases} \qquad \lim_{x \to 2} g(x) = 1$$

tiene el mismo límite que f.

Hasta este punto de la sección, se han calculado los límites de manera numérica y gráfica. Cada uno de estos métodos genera una *estimación* del límite. En la sección 1.3 se estudiarán técnicas analíticas para evaluarlos. A lo largo de este curso, trate de desarrollar el hábito de utilizar el siguiente enfoque triple para la resolución de problemas.

1. Método numérico — Construya una tabla de valores.
2. Método gráfico — Elabore una gráfica.
3. Método analítico — Utilice álgebra o cálculo.

Límites que no existen

En los tres ejemplos siguientes se examinarán algunos límites que no existen.

EJEMPLO 3 Diferente comportamiento por la derecha y por la izquierda

Demuestre que el siguiente límite $\lim\limits_{x\to 0} \dfrac{|x|}{x}$ no existe.

Solución Considere la gráfica de la función

$$f(x) = \frac{|x|}{x}$$

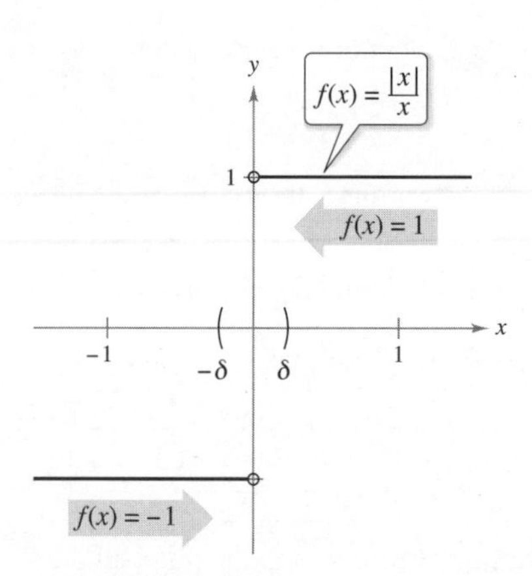

El $\lim\limits_{x\to 0} f(x)$ no existe.
Figura 1.8

De la figura 1.8 y de la definición de valor absoluto.

$$|x| = \begin{cases} x, & x \geq 0 \\ -x, & x < 0 \end{cases}$$ Definición de valor absoluto.

observe que

$$\frac{|x|}{x} = \begin{cases} 1, & x > 0 \\ -1, & x < 0 \end{cases}$$

Esto significa que, sin importar cuánto se aproxime x a 0, existirán tanto valores positivos como negativos de x que darán $f(x) = 1$ y $f(x) = -1$. De manera específica, si δ (letra griega *delta* minúscula) es un número positivo, entonces los valores de x que satisfacen la desigualdad $0 < |x| < \delta$, se pueden clasificar en los valores de $|x|/x$ como -1 o 1 en los intervalos

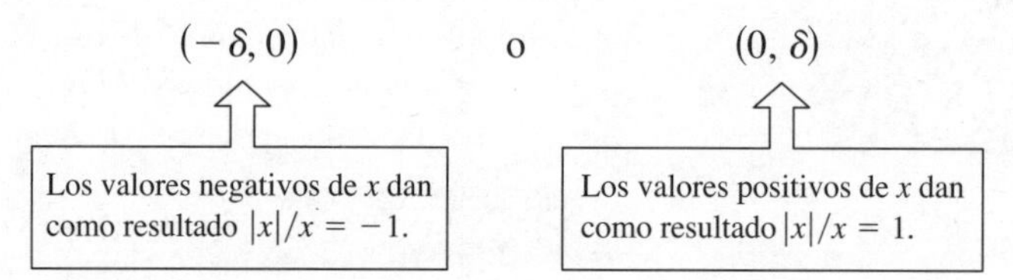

Para ver las figuras a color, acceda al código

Debido a que $|x|/x$ se aproxima a un número diferente por la derecha del 0, que si se aproxima por la izquierda entonces el límite $\lim\limits_{x\to 0} (|x|/x)$ no existe.

EJEMPLO 4 Comportamiento no acotado

Analice la existencia del límite $\lim\limits_{x\to 0} \dfrac{1}{x^2}$

Solución Considere la gráfica de la función

$$f(x) = \frac{1}{x^2}$$

En la figura 1.9 se puede observar que a medida que x tiende a 0, tanto por la derecha como por la izquierda, $f(x)$ crece sin límite. Esto quiere decir que eligiendo un valor de x lo suficientemente cercano a 0, puede forzar que $f(x)$ sea tan grande como se quiera. Por ejemplo, $f(x)$ será mayor que 100 si se eligen valores de x que estén entre $\frac{1}{10}$ y 0. Es decir

$$0 < |x| < \frac{1}{10} \quad \Rightarrow \quad f(x) = \frac{1}{x^2} > 100$$

Del mismo modo, se puede forzar a que $f(x)$ sea mayor que 1 000 000 si se elige

$$0 < |x| < \frac{1}{1000} \quad \Rightarrow \quad f(x) = \frac{1}{x^2} > 1\,000\,000$$

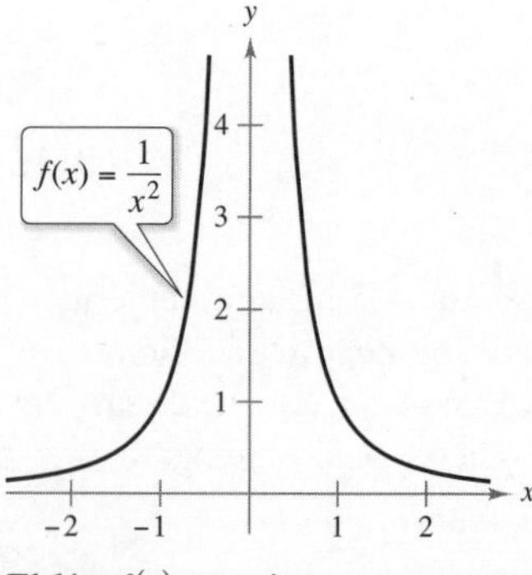

El $\lim\limits_{x\to 0} f(x)$ no existe.
Figura 1.9

Puesto que $f(x)$ no se aproxima a ningún número real L cuando x tiende a 0, se puede concluir que el límite no existe. ■

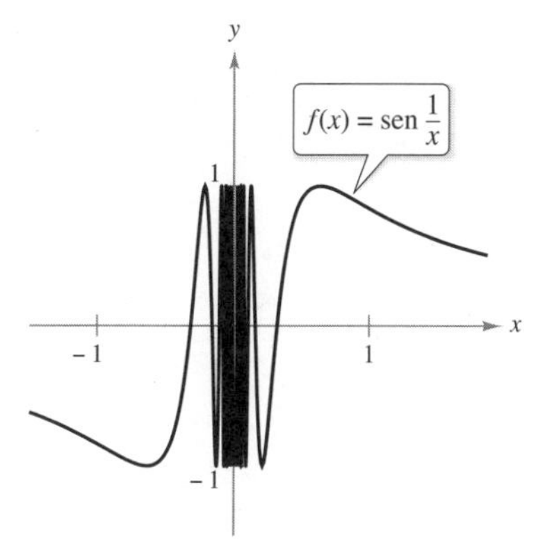

El $\lim_{x\to 0} f(x)$ no existe.
Figura 1.10

EJEMPLO 5 Comportamiento oscilante

Consulte LarsonCalculus.com (disponible solo en inglés) para una versión interactiva de este tipo de ejemplo.

Analice la existencia del límite $\lim_{x\to 0} \text{sen}\,\frac{1}{x}$

Solución Sea $f(x) = \text{sen}(1/x)$. En la figura 1.10 puede observar que cuando x tiende a 0, $f(x)$ oscila entre -1 y 1. Por consiguiente, el límite no existe, dado que sin importar qué tan pequeño se elija δ, siempre es posible encontrar x_1 y x_2 que disten menos de δ unidades de 0 tales que $\text{sen}(1/x_1) = 1$ y $\text{sen}(1/x_2) = -1$, como se muestra en la tabla.

x	$\frac{2}{\pi}$	$\frac{2}{3\pi}$	$\frac{2}{5\pi}$	$\frac{2}{7\pi}$	$\frac{2}{9\pi}$	$\frac{2}{11\pi}$	$x \to 0$
$\text{sen}\,\frac{1}{x}$	1	-1	1	-1	1	-1	El límite no existe.

PETER GUSTAV DIRICHLET (1805-1859)

En el desarrollo temprano del cálculo, la definición de una función era mucho más restrictiva que en la actualidad, y "funciones" como la de Dirichlet no se hubieran tomado en consideración. La definición moderna de función se debe al matemático alemán Peter Gustav Dirichlet.

Consulte LarsonCalculus.com (disponible solo en inglés) para leer más de esta biografía.

Comportamientos asociados con la no existencia de un límite

1. $f(x)$ se aproxima a un número diferente desde el lado derecho de c que desde el lado izquierdo.
2. $f(x)$ aumenta o disminuye sin control a medida que x tiende a c.
3. $f(x)$ oscila entre dos valores fijos a medida que x tiende a c.

Además de la función anterior, existen muchas otras funciones interesantes que presentan comportamientos inusuales. Una de las más citadas es la *función de Dirichlet*

$$f(x) = \begin{cases} 0, & \text{si } x \text{ es racional} \\ 1, & \text{si } x \text{ es irracional} \end{cases}$$

Puesto que esta función *no tiene límite* en cualquier número real c, *no es continua* en ningún número real c. La continuidad se estudiará con más detalle en la sección 1.4.

CONFUSIÓN TECNOLÓGICA Cuando utilice una herramienta de graficación para investigar el comportamiento de una función cerca del valor de x en el que se intenta evaluar un límite, recuerde que no siempre se puede confiar en las gráficas realizadas por estas herramientas. Al utilizar una herramienta de graficación para dibujar la gráfica de la función del ejemplo 5 en un intervalo que contenga al 0, es muy probable que obtenga una gráfica incorrecta, como la que se muestra en la figura 1.11. El motivo por el cual una herramienta de graficación no puede mostrar la gráfica correcta radica en que la gráfica cuenta con oscilaciones infinitas en cualquier intervalo que contenga al 0.

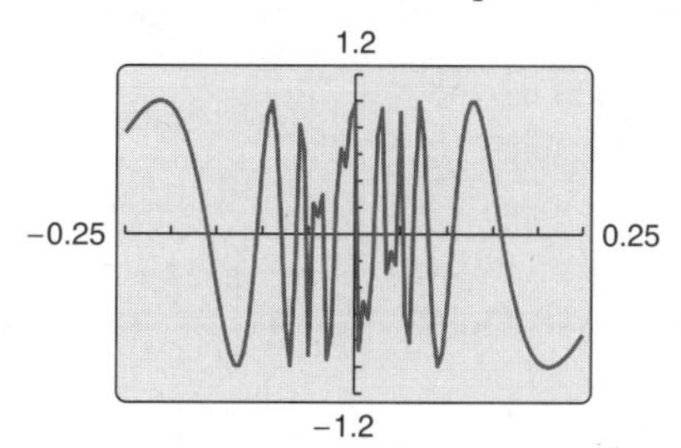

Gráfica incorrecta de $f(x) = \text{sen}(1/x)$.
Figura 1.11

Para ver la figura a color, acceda al código

Definición formal de límite

Examine nuevamente la descripción informal de límite. Si $f(x)$ se acerca de manera arbitraria a un número L a medida que x tiende a c por cualquiera de sus lados, se dice que el límite de $f(x)$ cuando x tiende a c es L y se escribe

$$\lim_{x \to c} f(x) = L$$

A primera vista, esta descripción parece muy técnica. Sin embargo, es informal porque aún no se ha dado un significado preciso a las dos frases

"$f(x)$ se acerca arbitrariamente a L"

y

"x tiende a c"

La primera persona en asignar un significado matemático riguroso a estas dos frases fue Agustin-Louis Cauchy. Su **definición ε-δ de límite** es la que se utiliza de manera estándar en la actualidad.

PARA INFORMACIÓN ADICIONAL Para conocer más sobre la introducción del rigor al cálculo, consulte "Who Gave You The Epsilon? Cauchy and the Origins of Rigorous Calculus", de Judith V. Grabiner, en *The American Mathematical Monthly.* Para ver este artículo, visite *MathArticles.com* (disponible solo en inglés).

En la figura 1.12, sea ε (letra griega *épsilon* minúscula) la representación de un número positivo (pequeño). Entonces, la frase "$f(x)$ se acerca arbitrariamente a L" significa que $f(x)$ pertenece al intervalo $(L - \varepsilon, L + \varepsilon)$. Al usar la definición de valor absoluto, esto se puede escribir como

$$|f(x) - L| < \varepsilon$$

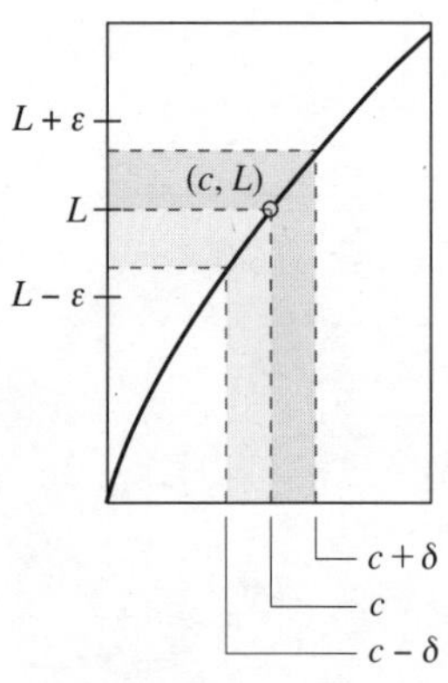

Definición ε-δ del límite de $f(x)$ cuando x tiende a c.
Figura 1.12

Del mismo modo, la frase "x tiende a c" significa que existe un número positivo δ tal que x está en el intervalo $(c - \delta, c)$, o bien al intervalo $(c, c + \delta)$. Esto puede expresarse de manera precisa mediante la doble desigualdad

$$0 < |x - c| < \delta$$

Para ver la figura a color, acceda al código

La primera desigualdad

$$0 < |x - c| \qquad \text{La distancia entre } x \text{ y } c \text{ es mayor que } 0.$$

expresa que $x \neq c$. La segunda desigualdad

$$|x - c| < \delta \qquad x \text{ está a menos de } \delta \text{ unidades de } c.$$

indica que x está a una distancia menor que δ de c.

Definición de límite

Sea f una función definida en un intervalo abierto que contiene a c (excepto posiblemente en c) y sea L un número real. La expresión

$$\lim_{x \to c} f(x) = L$$

significa que para cada $\varepsilon > 0$ existe $\delta > 0$ tal que si

$$0 < |x - c| < \delta$$

entonces

$$|f(x) - L| < \varepsilon$$

COMENTARIO A lo largo de todo el texto, la expresión

$$\lim_{x \to c} f(x) = L$$

implica dos afirmaciones, el límite existe *y* el límite es igual a L.

Algunas funciones carecen de límite cuando x tiende a c, pero aquellas que lo poseen no pueden tener dos límites diferentes cuando x tiende a c. Es decir, *si el límite de una función existe, entonces es único* (vea el ejercicio 86).

Los siguientes tres ejemplos deben ayudar a entender mejor la definición ε-δ de límite.

EJEMPLO 6 Determinar una δ para un ε dado

Dado el límite $\lim_{x \to 3} (2x - 5) = 1$, encuentre δ tal que

$$|(2x - 5) - 1| < 0.01$$

siempre que

$$0 < |x - 3| < \delta$$

Solución En este problema se trabaja con un valor dado de ε, digamos $\varepsilon = 0.01$. Para encontrar una δ apropiada, se intenta establecer una conexión entre los valores absolutos

$$|(2x - 5) - 1| \quad \text{y} \quad |x - 3|$$

Observe que

$$|(2x - 5) - 1| = |2x - 6| = 2|x - 3|$$

Como la desigualdad $|(2x - 5) - 1| < 0.01$ es equivalente a $2|x - 3| < 0.01$, puede elegir

$$\delta = \tfrac{1}{2}(0.01) = 0.005 \qquad \text{Opción para } \delta$$

Esta opción funciona porque

$$0 < |x - 3| < 0.005$$

lo cual implica que

$$|(2x - 5) - 1| = 2|x - 3| < 2(0.005) = 0.01$$

Como se muestra en la figura 1.13, para cualquier valor de x a menos de 0.005 del 3. ($x \neq 3$), los valores de $f(x)$ están a menos de 0.01 del 1.

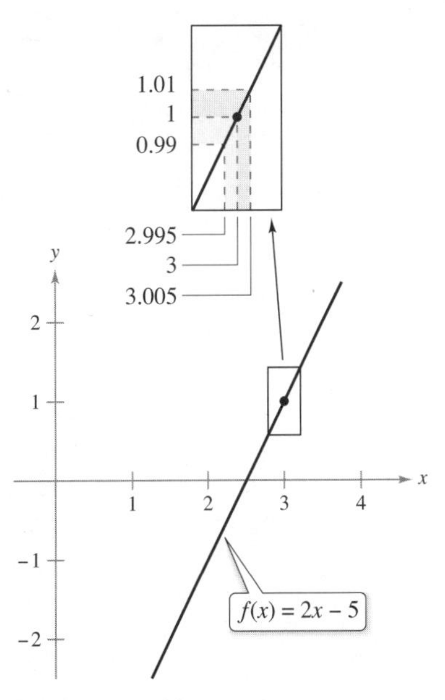

El límite de $f(x)$ cuando x tiende a 3 es 1.
Figura 1.13

Para ver la figura a color, acceda al código

En el ejemplo 6, observe que 0.005 es el *mayor* valor de δ que garantiza que

$$|(2x - 5) - 1| < 0.01 \quad \text{siempre que} \quad 0 < |x - 3| < \delta$$

Cualquier valor positivo de δ *menor* también satisface esta condición.

En el ejemplo 6 se encontró un valor de δ para una ε dada. Esto no prueba la existencia del límite. Para hacer eso, se debe demostrar que se puede encontrar una δ para *cualquier* ε, como se muestra en el siguiente ejemplo.

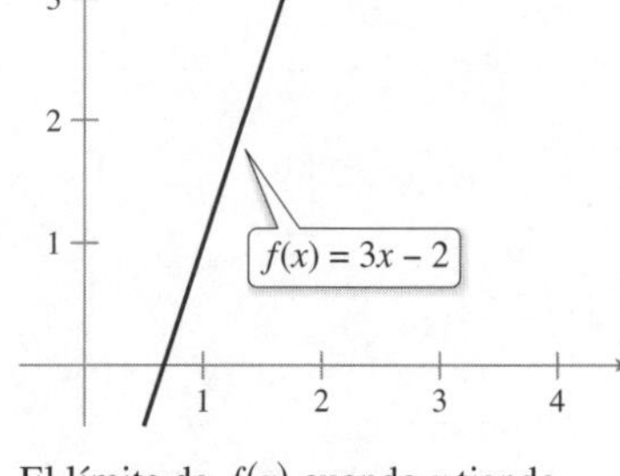

El límite de $f(x)$ cuando x tiende a 2 es 4.

Figura 1.14

EJEMPLO 7 Usar la definición ε-δ de límite

Utilice la definición ε-δ de límite para demostrar que

$$\lim_{x\to 2} (3x - 2) = 4$$

Solución Se debe demostrar que para todo $\varepsilon > 0$, existe una $\delta > 0$ tal que

$$|(3x - 2) - 4| < \varepsilon$$

siempre que

$$0 < |x - 2| < \delta$$

Puesto que la elección δ depende de ε, se necesita establecer una relación entre los valores absolutos $|(3x - 2) - 4|$ y $|x - 2|$

$$|(3x - 2) - 4| = |3x - 6| = 3|x - 2|$$

Por tanto, para cada $\varepsilon > 0$ dado, se puede elegir $\delta = \varepsilon/3$. Esta opción funciona porque

$$0 < |x - 2| < \delta = \frac{\varepsilon}{3}$$

implica que

$$|(3x - 2) - 4| = 3|x - 2| < 3\left(\frac{\varepsilon}{3}\right) = \varepsilon$$

Como puede ver en la figura 1.14, para cualquier valor de x a menos de un δ de $2 (x \neq 2)$, los valores de $f(x)$ se encuentran a menos de un ε del 4.

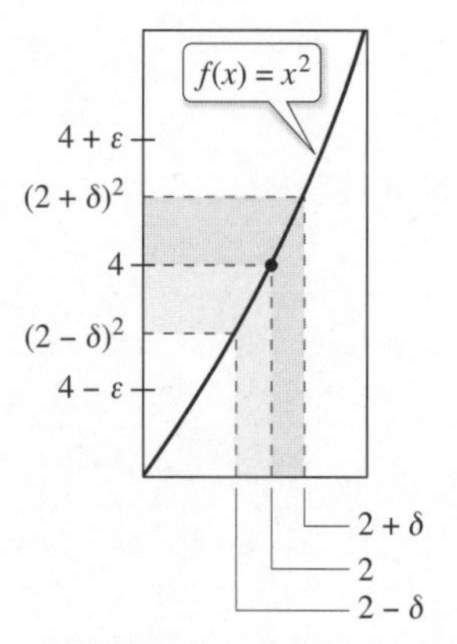

El límite de $f(x)$ cuando x tiende a 2 es 4.

Figura 1.15

EJEMPLO 8 Usar la definición ε-δ de límite

Utilice la definición ε-δ de límite, para demostrar que $\lim_{x\to 2} x^2 = 4$

Solución Se debe demostrar que para cada $\varepsilon > 0$ existe una $\delta > 0$, de tal forma que

$$|x^2 - 4| < \varepsilon$$

siempre que

$$0 < |x - 2| < \delta$$

Para encontrar una δ adecuada, comience escribiendo $|x^2 - 4| = |x - 2||x + 2|$. Se está interesado en valores de x cercanos a 2, de manera que se elige x en el intervalo $(1, 3)$, $x + 2 < 5$, de tal manera que $|x + 2| < 5$. Luego haciendo que δ sea el mínimo entre $\varepsilon/5$ y 1 resulta que, siempre que $0 < |x - 2| < \delta$, se tiene

$$|x^2 - 4| = |x - 2||x + 2| < \left(\frac{\varepsilon}{5}\right)(5) = \varepsilon$$

Como se muestra en la figura 1.15, para valores de x a menos de una δ del $2 (x \neq 2)$, los valores de $f(x)$ se encuentran a menos de un ε del 4. ■

A lo largo de este capítulo se utilizará la definición ε-δ de límite, principalmente para demostrar teoremas acerca de límites y para establecer la existencia o inexistencia de tipos específicos de límites. Para *calcular* límites, se aprenderán técnicas más fáciles de usar que la definición ε-δ de límite.

Para ver las figuras a color, acceda al código

1.2 Ejercicios

Las respuestas a los ejercicios impares pueden consultarse en el Apéndice de este libro.

Repaso de conceptos

1. Escriba una breve descripción del significado de la notación $\lim_{x\to 8} f(x) = 25$.
2. Identifique tres tipos de comportamiento asociados con la inexistencia de un límite. Ilustre cada uno de estos tipos con la gráfica de una función.
3. Dado el límite

   $$\lim_{x\to 2} (2x + 1) = 5$$

   utilice una gráfica para mostrar el significado de la frase "$0 < |x - 2| < 0.25$ implica $|(2x + 1) - 5| < 0.5$".
4. ¿Es siempre el límite de $f(x)$ cuando x tiende a c igual a $f(c)$? ¿Por qué sí o por qué no?

Estimación numérica de un límite **En los ejercicios 5 a 10, complete la tabla y utilice el resultado para estimar el límite. Utilice una herramienta de graficación para graficar la función y confirmar su resultado.**

5. $\lim_{x\to 4} \dfrac{x - 4}{x^2 - 5x + 4}$

x	3.9	3.99	3.999	4	4.001	4.01	4.1
$f(x)$				?			

6. $\lim_{x\to 3} \dfrac{x - 3}{x^2 - 9}$

x	2.9	2.99	2.999	3	3.001	3.01	3.1
$f(x)$				?			

7. $\lim_{x\to 0} \dfrac{\sqrt{x + 1} - 1}{x}$

x	−0.1	−0.01	−0.001	0	0.001	0.01	0.1
$f(x)$				?			

8. $\lim_{x\to 3} \dfrac{[1/(x + 1)] - (1/4)}{x - 3}$

x	2.9	2.99	2.999	3	3.001	3.01	3.1
$f(x)$				?			

9. $\lim_{x\to 0} \dfrac{\operatorname{sen} x}{x}$

x	−0.1	−0.01	−0.001	0	0.001	0.01	0.1
$f(x)$				?			

10. $\lim_{x\to 0} \dfrac{\cos x - 1}{x}$

x	−0.1	−0.01	−0.001	0	0.001	0.01	0.1
$f(x)$				?			

Encontrar límites gráficamente **En los ejercicios 11 a 18, utilice la gráfica para encontrar el límite (si existe). Si el límite no existe, explique por qué.**

11. $\lim_{x\to 0} \sec x$

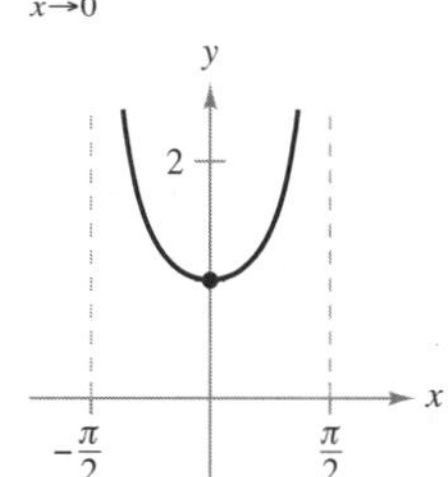

12. $\lim_{x\to 3} (4 - x)$

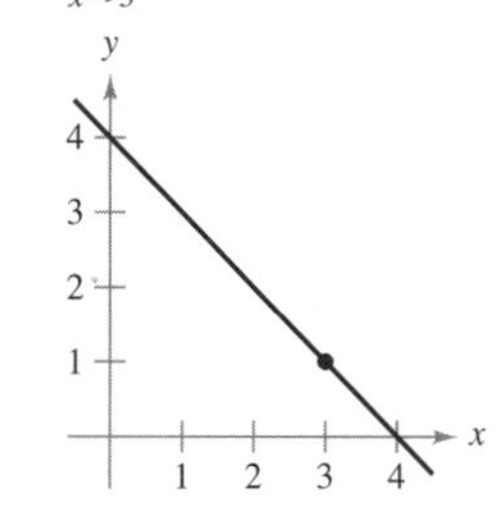

13. $\lim_{x\to 2} f(x)$

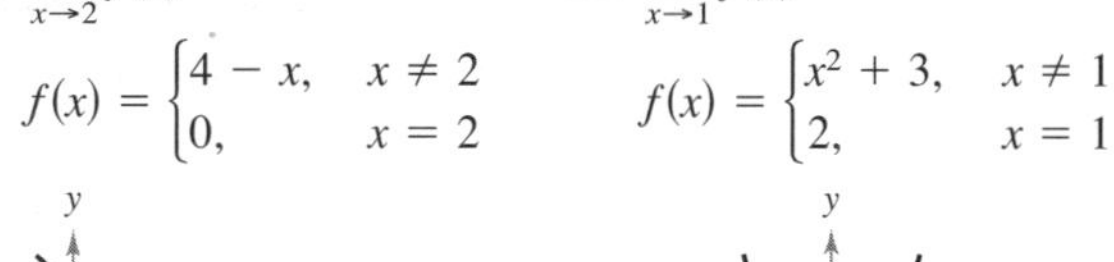

$$f(x) = \begin{cases} 4 - x, & x \neq 2 \\ 0, & x = 2 \end{cases}$$

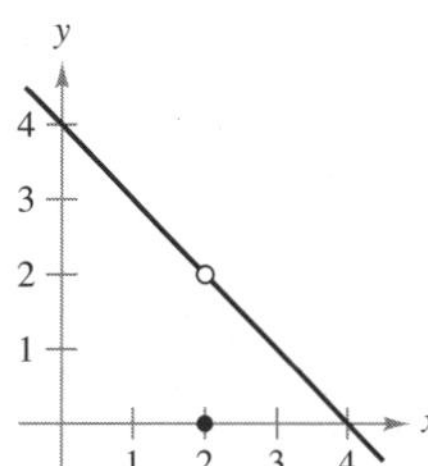

14. $\lim_{x\to 1} f(x)$

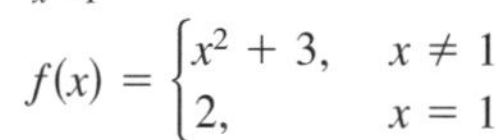

$$f(x) = \begin{cases} x^2 + 3, & x \neq 1 \\ 2, & x = 1 \end{cases}$$

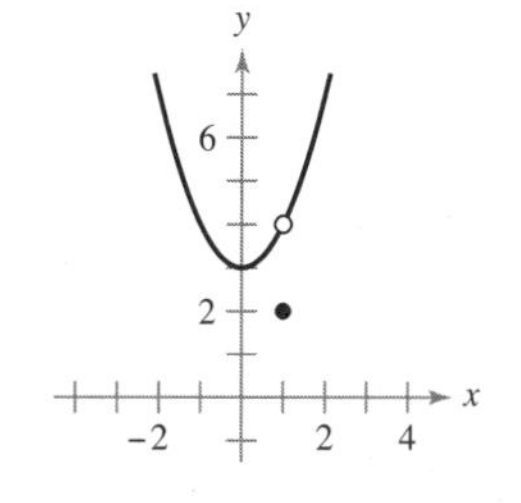

15. $\lim_{x\to 2} \dfrac{|x - 2|}{x - 2}$

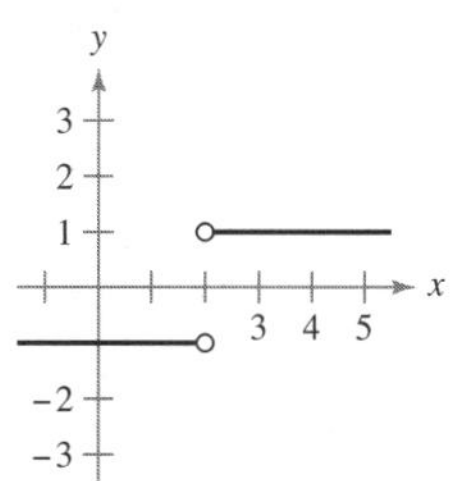

16. $\lim_{x\to 5} \dfrac{2}{x - 5}$

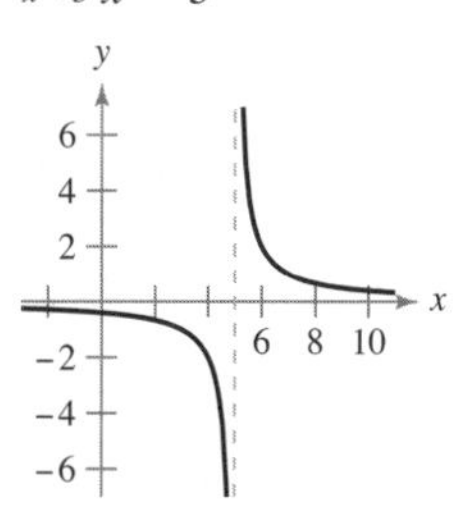

17. $\lim_{x\to 0} \cos \dfrac{1}{x}$

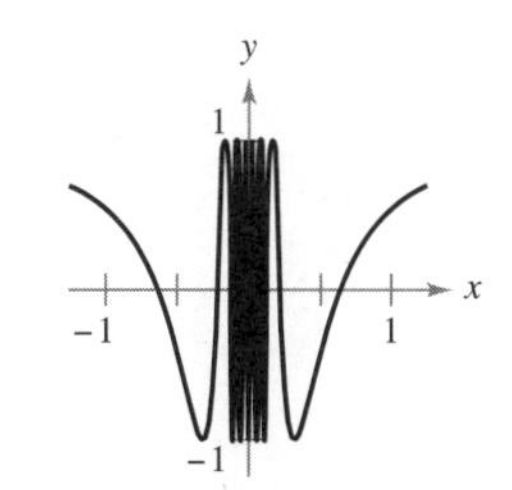

18. $\lim_{x\to \pi/2} \tan x$

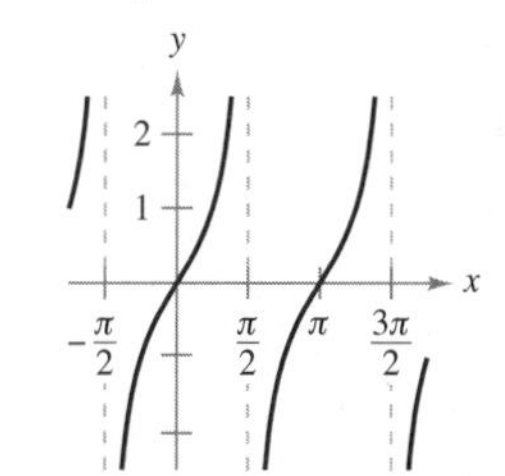

Estimación numérica de un límite En los ejercicios 19 a 30, elabore una tabla de valores para la función y utilice el resultado para estimar el valor del límite. Utilice una herramienta de graficación para representar la función y confirmar el resultado.

19. $\lim\limits_{x\to 4} \dfrac{x^2-16}{x-4}$

20. $\lim\limits_{x\to 7} \dfrac{7-x}{x^2-49}$

21. $\lim\limits_{x\to 1} \dfrac{x-2}{x^2+x-6}$

22. $\lim\limits_{x\to -4} \dfrac{x+4}{x^2+9x+20}$

23. $\lim\limits_{x\to 1} \dfrac{x^4-1}{x^6-1}$

24. $\lim\limits_{x\to -3} \dfrac{x^3+27}{x+3}$

25. $\lim\limits_{x\to -6} \dfrac{\sqrt{10-x}-4}{x+6}$

26. $\lim\limits_{x\to 1} \dfrac{\sqrt{3}-\sqrt{x+2}}{1-x}$

27. $\lim\limits_{x\to 0} \dfrac{[2/(x+2)]-1}{x}$

28. $\lim\limits_{x\to 2} \dfrac{[x/(x+1)]-(2/3)}{x-2}$

29. $\lim\limits_{x\to 0} \dfrac{\operatorname{sen} 2x}{x}$

30. $\lim\limits_{x\to 0} \dfrac{\tan x}{\tan 2x}$

Un límite que no existe En los ejercicios 31 y 32, construya una tabla de valores para la función y utilícela para explicar por qué el límite no existe.

31. $\lim\limits_{x\to 0} \dfrac{2}{x^3}$

32. $\lim\limits_{x\to 0} \dfrac{3|x|}{x^2}$

Razonamiento gráfico En los ejercicios 33 y 34, utilice la gráfica de la función f para determinar si existe el valor de la cantidad dada. De ser así, encuéntrela; si no existe, explique por qué.

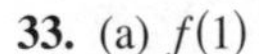

33. (a) $f(1)$

(b) $\lim\limits_{x\to 1} f(x)$

(c) $f(4)$

(d) $\lim\limits_{x\to 4} f(x)$

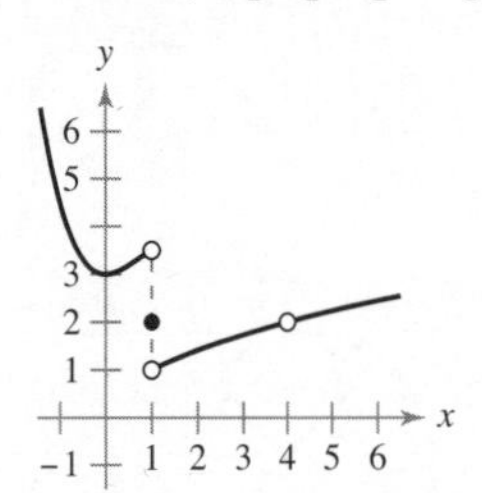

34. (a) $f(-2)$

(b) $\lim\limits_{x\to -2} f(x)$

(c) $f(0)$

(d) $\lim\limits_{x\to 0} f(x)$

(e) $f(2)$

(f) $\lim\limits_{x\to 2} f(x)$

(g) $f(4)$

(h) $\lim\limits_{x\to 4} f(x)$

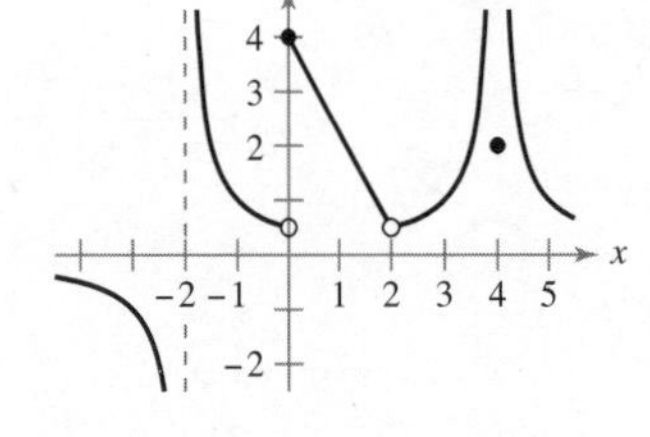

Límites de una función por partes En los ejercicios 35 y 36, trace la gráfica de f e identifique los valores de c para los cuales existe el límite $\lim\limits_{x\to c} f(x)$.

35. $f(x) = \begin{cases} x^2, & x \le 2 \\ 8-2x, & 2 < x < 4 \\ 4, & x \ge 4 \end{cases}$

36. $f(x) = \begin{cases} \operatorname{sen} x, & x < 0 \\ 1-\cos x, & 0 \le x \le \pi \\ \cos x, & x > \pi \end{cases}$

Dibujar una gráfica En los ejercicios 37 y 38, construya la gráfica de una función f que satisfaga los valores indicados (existen muchas respuestas correctas).

37. $f(0)$ no está definida.

$\lim\limits_{x\to 0} f(x) = 4$

$f(2) = 6$

$\lim\limits_{x\to 2} f(x) = 3$

38. $f(-2) = 0$

$f(2) = 0$

$\lim\limits_{x\to -2} f(x) = 0$

$\lim\limits_{x\to 2} f(x)$ no existe.

39. Encontrar una δ En la figura se muestra la gráfica de $f(x) = x + 1$. Encuentre una δ tal que si $0 < |x-2| < \delta$, entonces $|f(x) - 3| < 0.4$.

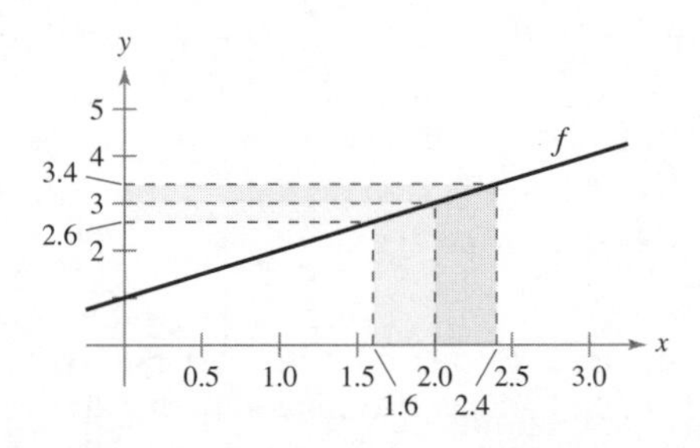

40. Encontrar una δ En la figura se muestra la gráfica de

$$f(x) = \frac{1}{x-1}$$

Encuentre una δ tal que si $0 < |x-2| < \delta$, entonces $|f(x) - 1| < 0.01$

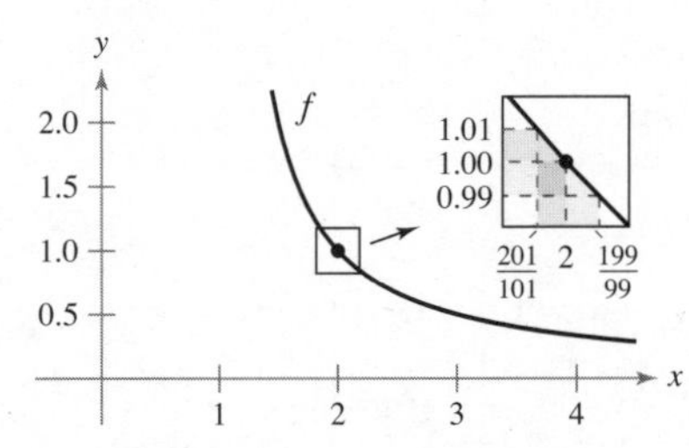

Para ver las figuras a color, acceda al código

41. Encontrar una δ En la figura se muestra la gráfica de

$$f(x) = 2 - \frac{1}{x}$$

Encuentre una δ tal que si $0 < |x-1| < \delta$, entonces $|f(x) - 1| < 0.1$

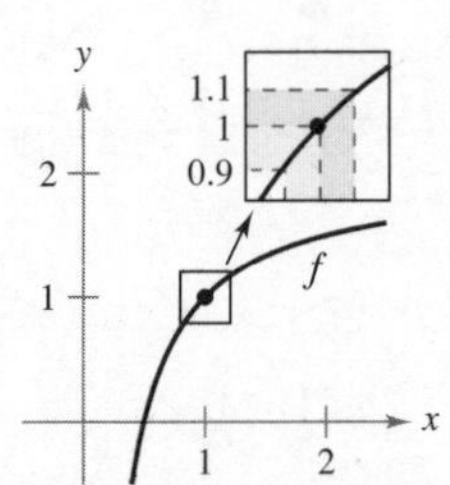

42. Encontrar una δ Repetir el ejercicio 41 para cada valor de ε. ¿Qué sucede con el valor de δ cuando el valor de ε se hace más pequeño?

(a) $\varepsilon = 0.05$

(b) $\varepsilon = 0.01$

(c) $\varepsilon = 0.005$

(d) $\varepsilon = 0.001$

Encontrar una δ En los ejercicios 43 a 48, encuentre el límite L. Después determine $\delta > 0$ tal que $|f(x) - L| < \varepsilon$ siempre que $0 < |x - c| < \delta$ (a) $\varepsilon = 0.01$ y (b) $\varepsilon = 0.005$.

43. $\lim_{x \to 2} (3x + 2)$
44. $\lim_{x \to 6} \left(6 - \frac{1}{3}x\right)$
45. $\lim_{x \to 2} (x^2 - 3)$
46. $\lim_{x \to 4} (x^2 + 6)$
47. $\lim_{x \to 4} (x^2 - x)$
48. $\lim_{x \to 3} x^2$

Usar la definición ε-δ de límite En los ejercicios 49 a 60, encuentre el límite L. Luego utilice la definición ε-δ de límite para demostrar que el límite es L.

49. $\lim_{x \to 4} (x + 2)$
50. $\lim_{x \to -2} (4x + 5)$
51. $\lim_{x \to -4} \left(\frac{1}{2}x - 1\right)$
52. $\lim_{x \to 3} \left(\frac{3}{4}x + 1\right)$
53. $\lim_{x \to 6} 3$
54. $\lim_{x \to 2} (-1)$
55. $\lim_{x \to 0} \sqrt[3]{x}$
56. $\lim_{x \to 4} \sqrt{x}$
57. $\lim_{x \to -5} |x - 5|$
58. $\lim_{x \to 3} |x - 3|$
59. $\lim_{x \to 1} (x^2 + 1)$
60. $\lim_{x \to -4} (x^2 + 4x)$

61. **Encontrar un límite** ¿Cuál es el límite de $f(x) = 4$ cuando x tiende a π?

62. **Encontrar un límite** ¿Cuál es el límite de $g(x) = x$ cuando x tiende a π?

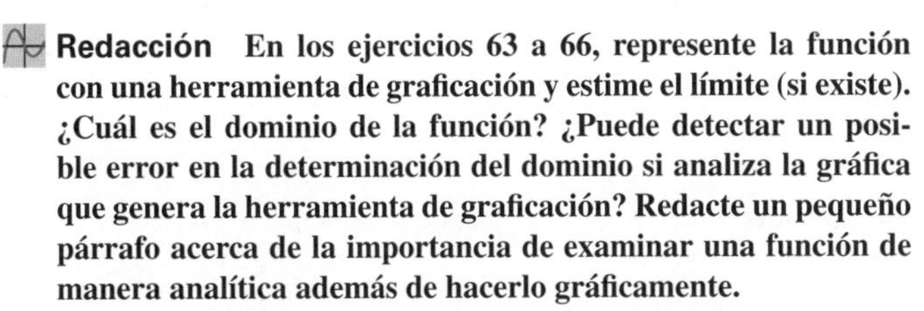

Redacción En los ejercicios 63 a 66, represente la función con una herramienta de graficación y estime el límite (si existe). ¿Cuál es el dominio de la función? ¿Puede detectar un posible error en la determinación del dominio si analiza la gráfica que genera la herramienta de graficación? Redacte un pequeño párrafo acerca de la importancia de examinar una función de manera analítica además de hacerlo gráficamente.

63. $f(x) = \dfrac{x - 3}{x^2 - 4x + 3}$

$\lim_{x \to 3} f(x)$

64. $f(x) = \dfrac{\sqrt{x + 5} - 3}{x - 4}$

$\lim_{x \to 4} f(x)$

65. $f(x) = \dfrac{x - 9}{\sqrt{x} - 3}$

$\lim_{x \to 9} f(x)$

66. $f(x) = \dfrac{x - 5}{x^2 - 25}$

$\lim_{x \to 5} f(x)$

67. **Costo de envío** Un minorista en línea cobra \$7.50 por el envío prioritario de un paquete que pesa hasta una libra y \$0.75 por cada libra adicional o fracción de la misma. Una fórmula para el costo de envío C (en dólares) está dada por $C(x) = 7.5 - 0.75[\![1 - x]\!]$, $x > 0$, donde x es el peso del paquete (en libras). (*Nota*: $[\![x]\!]$ = mayor entero n tal que $n \le x$. Por ejemplo, $[\![3.2]\!] = 3$ y $[\![-1.6]\!] = -2$.)

(a) Evalúe $C(10.75)$. ¿Qué representa $C(10.75)$?

(b) Use una herramienta de graficación para graficar la función de costo de envío para $0 < x \le 6$. ¿Existe el límite de $C(x)$ cuando x tiende a 3? Explique.

68. **Modelado de datos** Un minorista en línea cobra \$26.35 por el envío prioritario de un paquete que pesa hasta 0.5 libras y \$0.40 por cada libra adicional o fracción de la misma.

(a) Escriba una fórmula para el costo de envío C (en dólares) en términos del peso del paquete x (en libras). (*Sugerencia*: Vea el ejercicio 67.)

(b) Use una herramienta de graficación para graficar la función de costo de envío para $0 < x \le 10$. ¿Existe el límite de $C(x)$ cuando x tiende a 9? Explique.

Repaso de conceptos

69. Cuando se usa la definición de límite para probar que L es el límite de $f(x)$ cuando x tiende a c, se encuentra el mayor valor satisfactorio de δ. ¿Por qué cualquier valor positivo más pequeño de δ también funcionaría?

70. La definición de límite de la página 56 requiere que f sea una función definida sobre un intervalo abierto que contiene a c, excepto posiblemente en c. ¿Por qué es necesaria esta condición?

71. Cuando $f(2) = 4$, ¿se puede concluir algo acerca del límite de f cuando x tiende a 2? Explique su razonamiento.

72. Si el límite de $f(x)$ cuando x tiende a 2 es 4, ¿se puede concluir algo acerca de $f(2)$? Explique su razonamiento.

73. **Joyería** Un joyero ajusta un anillo de tal manera que su circunferencia interna es de 6 cm.

(a) ¿Cuál es el radio del anillo?

(b) Si la circunferencia interna del anillo puede variar entre 5.5 y 6.5 centímetros, ¿cuánto puede variar su radio?

(c) Utilice la definición ε-δ de límite para describir esta situación. Identifique ε y δ.

74. **Deportes**

Un fabricante de artículos deportivos diseña una pelota de golf que tiene un volumen de 2.48 pulgadas cúbicas.

(a) ¿Cuál es el radio de la pelota de golf?

(b) Si el volumen de la pelota puede variar entre 2.45 y 2.51 pulgadas cúbicas, ¿cuánto puede variar su radio?

(c) Utilice la definición ε-δ de límite para describir esta situación. Identifique ε y δ.

75. **Calcular un límite** Considere la función $f(x) = (1 + x)^{1/x}$. Estime el límite de $f(x)$ cuando x tiende a 0 mediante la evaluación de f en valores de x cercanos a 0. Dibuje la gráfica de f.

El símbolo indica un ejercicio en el que se sugiere que utilice una herramienta de graficación o un sistema algebraico computarizado simbólico. Las soluciones de otros ejercicios también pueden ser facilitadas por el uso de la tecnología apropiada.

76. Calcular un límite Considere la función

$$f(x) = \frac{|x+1| - |x-1|}{x}$$

Estime el límite de $f(x)$ cuando x tiende a 0 mediante la evaluación de f en valores de x cercanos a 0. Construya la gráfica de f.

77. Razonamiento gráfico La expresión

$$\lim_{x\to 2} \frac{x^2-4}{x-2} = 4$$

Significa que a cada $\varepsilon > 0$ le corresponde una $\delta > 0$ tal que si $0 < |x-2| < \delta$, entonces

$$\left|\frac{x^2-4}{x-2} - 4\right| < \varepsilon$$

Si $\varepsilon = 0.001$, entonces

$$\left|\frac{x^2-4}{x-2} - 4\right| < 0.001$$

Utilice una herramienta de graficación para representar ambos lados de esta desigualdad. Use la función *zoom*, para encontrar un intervalo $(2-\delta, 2+\delta)$ tal que la desigualdad sea verdadera.

78. ¿CÓMO LO VE? Utilice la gráfica de f para identificar los valores de c para los que $\lim_{x\to c} f(x)$ existe.

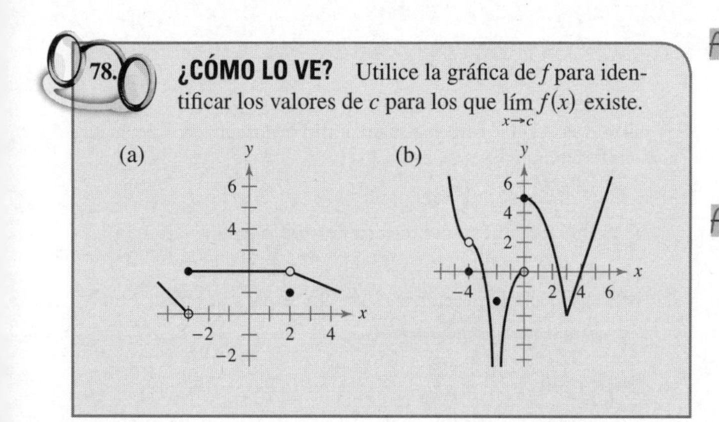

¿Verdadero o falso? En los ejercicios 79 a 82, determine si el enunciado es verdadero o falso. Si es falso, explique por qué o dé un contraejemplo que lo demuestre.

79. Si f no está definida en $x = c$, no existe el límite de $f(x)$ cuando x se aproxima a c.

80. Si el límite de $f(x)$ cuando x tiende a c es 0, debe existir un número k tal que $f(k) < 0.001$.

81. Si $f(c) = L$, entonces $\lim_{x\to c} f(x) = L$.

82. Si $\lim_{x\to c} f(x) = L$, entonces $f(c) = L$.

Piénselo En los ejercicios 83 y 84, considere la función $f(x) = \sqrt{x}$.

83. ¿Es $\lim_{x\to 0.25} \sqrt{x} = 0.5$ una afirmación verdadera? Explique su respuesta.

84. ¿Es $\lim_{x\to 0} \sqrt{x} = 0$ una afirmación verdadera? Explique su respuesta.

85. Demostración Considere la recta $f(x) = mx + b$, donde $m \neq 0$. Utilice la definición ε-δ de límite para demostrar que $\lim_{x\to c} f(x) = mc + b$.

86. Demostración Demuestre que si el límite de $f(x)$ cuando x tiende a c existe, entonces el límite debe ser único. [*Sugerencia*: Sea $\lim_{x\to c} f(x) = L_1$ y $\lim_{x\to c} f(x) = L_2$ y demuestre que $L_1 = L_2$.]

87. Demostración Demuestre que

$$\lim_{x\to c} f(x) = L$$

es equivalente a

$$\lim_{x\to c} [f(x) - L] = 0$$

88. Demostración

(a) Demuestre que

$$\lim_{x\to 0} (3x+1)(3x-1)x^2 + 0.01 = 0.01$$

y pruebe que existe un intervalo abierto (a, b) que contiene al 0, tal que $(3x+1)(3x-1)x^2 + 0.01 > 0$ para toda $x \neq 0$ en (a, b).

(b) Si $\lim_{x\to c} g(x) = L$, donde $L > 0$, demuestre que existe un intervalo abierto (a, b) que contiene a c, tal que $g(x) > 0$ para toda $x \neq c$ en (a, b).

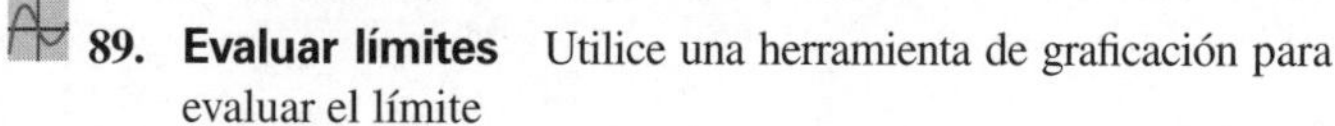

89. Evaluar límites Utilice una herramienta de graficación para evaluar el límite

$$\lim_{x\to 0} \frac{\operatorname{sen} nx}{x}$$

para diferentes valores de n. ¿Qué observa?

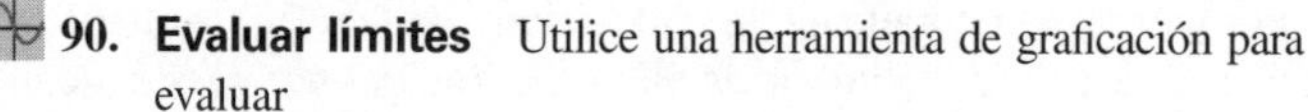

90. Evaluar límites Utilice una herramienta de graficación para evaluar

$$\lim_{x\to 0} \frac{\tan nx}{x}$$

para diferentes valores de n. ¿Qué observa?

DESAFÍOS DEL EXAMEN PUTNAM

91. Inscriba un rectángulo con base b y altura h en un círculo de radio 1, y un triángulo isósceles con base b, como se muestra en la figura. ¿Para qué valor de h tienen la misma área el rectángulo y el triángulo?

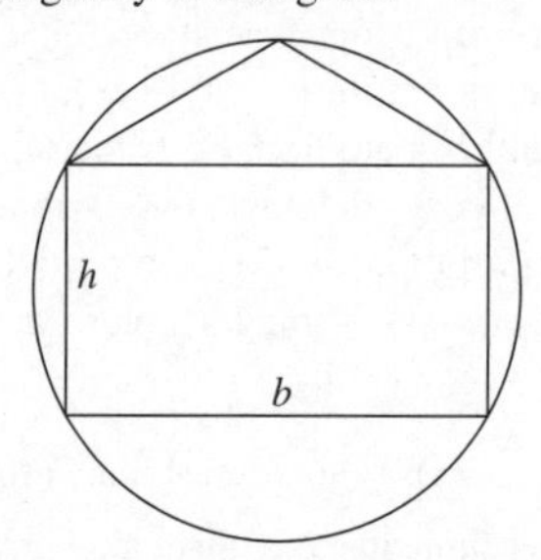

92. Un cono circular recto tiene una base de radio 1 y una altura de 3. Se inscribe un cubo dentro de él, de tal manera que una de las caras del cubo queda contenida en la base del cono. ¿Cuál es la longitud lateral del cubo?

Este problema fue preparado por el Committee on Prize Putnam Competition.

1.3 Cálculo analítico de límites

- **Evaluar un límite mediante el uso de las propiedades de los límites.**
- **Desarrollar y usar una estrategia para el cálculo de límites.**
- **Evaluar un límite mediante el uso de técnicas de cancelación.**
- **Evaluar un límite mediante el uso de técnicas de racionalización.**
- **Evaluar un límite mediante el uso del teorema del emparedado.**

Para ver la figura a color, acceda al código

Propiedades de los límites

En la sección 1.2 se aprendió que el límite de $f(x)$ cuando x tiende a c no depende del valor de f en $x = c$. Sin embargo, puede darse el caso de que este límite sea $f(c)$. En tales casos se puede evaluar el límite por **sustitución directa**. Esto es

$$\lim_{x \to c} f(x) = f(c) \qquad \text{Sustituya } x \text{ por } c.$$

Las funciones *bien comportadas* son **continuas en *c***. En la sección 1.4 se examinará con más detalle este concepto.

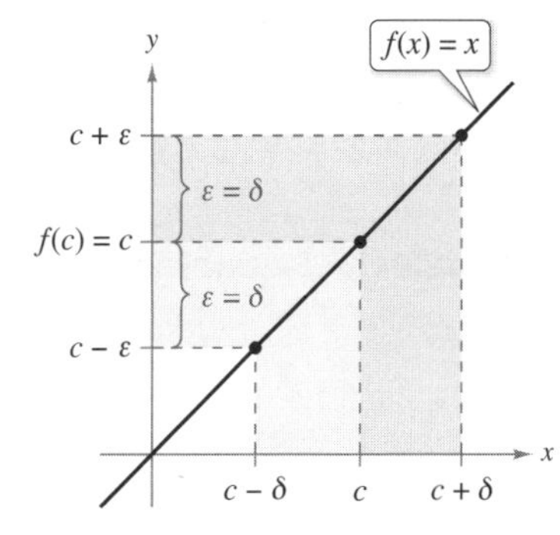

Figura 1.16

> **TEOREMA 1.1 Algunos límites básicos**
>
> Sean b y c números reales y n un entero positivo, entonces
>
> **1.** $\lim_{x \to c} b = b$ **2.** $\lim_{x \to c} x = c$ **3.** $\lim_{x \to c} x^n = c^n$

Demostración Las demostraciones de las propiedades 1 y 3 del teorema 1.1 se dejan como ejercicios (vea los ejercicios 107 y 108). Para demostrar la propiedad 2 es necesario demostrar que para todo $\varepsilon > 0$ existe una $\delta > 0$ tal que $|x - c| < \varepsilon$ siempre que $0 < |x - c| < \delta$. Para lograrlo elija $\delta = \varepsilon$. Entonces, la segunda desigualdad implica a la primera, como se muestra en la figura 1.16.

EJEMPLO 1 Evaluar límites básicos

a. $\lim_{x \to 2} 3 = 3$ **b.** $\lim_{x \to -4} x = -4$ **c.** $\lim_{x \to 2} x^2 = 2^2 = 4$ ■

COMENTARIO Para ayudarle a aprender estas propiedades, escriba cada una con palabras. Por ejemplo, en palabras, la propiedad 3 del teorema 1.2 dice: "El límite del producto de dos funciones es el producto de sus límites". Escriba las otras propiedades en palabras.

> **TEOREMA 1.2 Propiedades de los límites**
>
> Sean b y c números reales y n un entero positivo, si f y g son funciones con los siguientes límites
>
> $$\lim_{x \to c} f(x) = L \quad \text{y} \quad \lim_{x \to c} g(x) = K$$
>
> **1.** Múltiplo escalar: $\lim_{x \to c} [b f(x)] = bL$
>
> **2.** Suma o diferencia: $\lim_{x \to c} [f(x) \pm g(x)] = L \pm K$
>
> **3.** Producto: $\lim_{x \to c} [f(x)g(x)] = LK$
>
> **4.** Cociente: $\lim_{x \to c} \dfrac{f(x)}{g(x)} = \dfrac{L}{K}, \quad K \neq 0$
>
> **5.** Potencia: $\lim_{x \to c} [f(x)]^n = L^n$
>
> La demostración de la propiedad 1 se deja como ejercicio (vea el ejercicio 121). En el apéndice A se da una demostración de las demás propiedades.

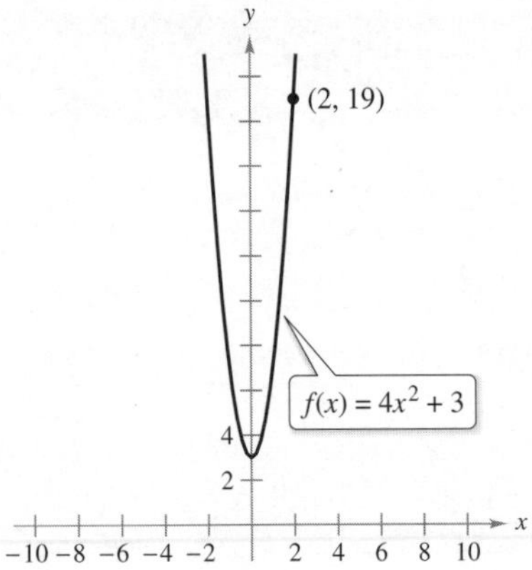

EJEMPLO 2 El límite de un polinomio

Determine el límite $\lim_{x\to 2} (4x^2 + 3)$

Solución

$$\begin{aligned}\lim_{x\to 2} (4x^2 + 3) &= \lim_{x\to 2} 4x^2 + \lim_{x\to 2} 3 && \text{Propiedad 2, teorema 1.2.}\\ &= 4\left(\lim_{x\to 2} x^2\right) + \lim_{x\to 2} 3 && \text{Propiedad 1, teorema 1.2.}\\ &= 4(2^2) + 3 && \text{Propiedades 1 y 3, teorema 1.1.}\\ &= 19 && \text{Simplifique.}\end{aligned}$$

Este límite se ve reforzado por la gráfica de $f(x) = 4x^2 + 3$ que se muestra en la figura 1.17. ■

El límite de $f(x)$ cuando x tiende a 2 es 19.
Figura 1.17

En el ejemplo 2, observe que el límite (cuando x tiende a 2) de la *función polinomial* $p(x) = 4x^2 + 3$ es simplemente el valor de p en $x = 2$.

$$\lim_{x\to 2} p(x) = p(2) = 4(2^2) + 3 = 19$$

Esta propiedad de *sustitución directa* es válida para todas las funciones polinomiales y también puede ser utilizada para hallar el límite de funciones racionales cuyos denominadores no se anulen en el punto considerado.

Para ver las figuras a color, acceda al código

> **TEOREMA 1.3 Límites de las funciones polinomiales y racionales**
>
> Si p es una función polinomial y c un número real, entonces
>
> $$\lim_{x\to c} p(x) = p(c) \qquad \text{Sustitución directa.}$$
>
> Si r es una función racional dada por $r(x) = p(x)/q(x)$ y c un número real tal que $q(c) \neq 0$, entonces
>
> $$\lim_{x\to c} r(x) = r(c) = \frac{p(c)}{q(c)} \qquad \text{Sustitución directa, } q(c) \neq 0.$$

EJEMPLO 3 Límite de una función racional

Encuentre el límite $\lim_{x\to 1} \frac{x^2 + x + 2}{x + 1}$

Solución Puesto que el denominador no es 0 cuando $x = 1$, se puede aplicar el teorema 1.3 para obtener

$$\lim_{x\to 1} \frac{x^2 + x + 2}{x + 1} = \frac{1^2 + 1 + 2}{1 + 1} = \frac{4}{2} = 2 \qquad \text{Vea la figura 1.18.}$$ ■

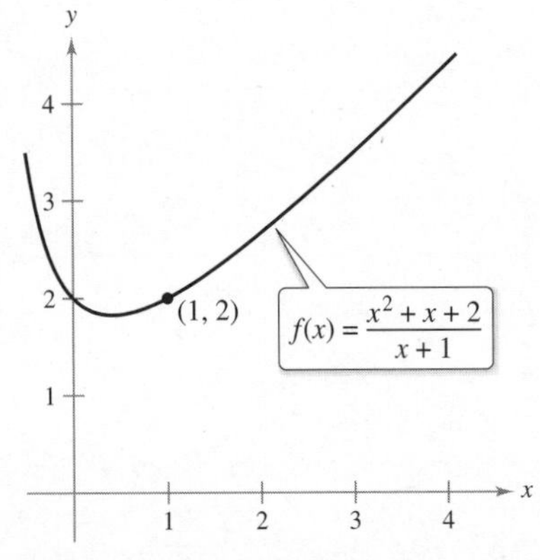

El límite de $f(x)$ cuando x tiende a 1 es 2.
Figura 1.18

Las funciones polinomiales y racionales son dos de los tres tipos básicos de funciones algebraicas. El siguiente teorema se refiere al límite del tercer tipo de función algebraica: el que contiene un radical.

> **TEOREMA 1.4 Límite de una función radical**
>
> Si n es un entero positivo. El siguiente límite es válido para toda c si n es impar, y para toda $c > 0$ si n es par
>
> $$\lim_{x\to c} \sqrt[n]{x} = \sqrt[n]{c} \qquad \text{Sustitución directa.}$$
>
> En el apéndice A se presenta una demostración de este teorema.

Grandes ideas del cálculo

La idea de un límite es fundamental en el cálculo. Se utiliza el concepto de límite de una función para desarrollar algunas de las grandes ideas del cálculo tales como la diferenciación y la integración. Asegúrese de completar todos los ejercicios conceptuales en este texto: Repaso de conceptos, Exploración de conceptos y Construcción de conceptos. Estos ejercicios se denotan por ◯.

El siguiente teorema aumentará notablemente su habilidad para calcular límites, ya que muestra cómo analizar el límite de una función compuesta.

TEOREMA 1.5 Límite de una función compuesta

Si f y g son funciones tales que $\lim\limits_{x\to c} g(x) = L$ y $\lim\limits_{x\to L} f(x) = f(L)$, entonces

$$\lim_{x\to c} f(g(x)) = f\left(\lim_{x\to c} g(x)\right) = f(L)$$

En el apéndice A se presenta una demostración de este teorema.

EJEMPLO 4 Límite de una función compuesta

Consulte LarsonCalculus.com (disponible solo en inglés) para una versión interactiva de este tipo de ejemplo.

Encuentre el límite.

a. $\lim\limits_{x\to 0} \sqrt{x^2+4}$ **b.** $\lim\limits_{x\to 3} \sqrt[3]{2x^2-10}$

Solución

a. Puesto que

$$\lim_{x\to 0} (x^2+4) = 0^2+4 = 4 \quad \text{y} \quad \lim_{x\to 4} \sqrt{x} = \sqrt{4} = 2$$

puede concluir que

$$\lim_{x\to 0} \sqrt{x^2+4} = \sqrt{4} = 2$$

b. Puesto que

$$\lim_{x\to 3} (2x^2-10) = 2(3^2) - 10 = 8 \quad \text{y} \quad \lim_{x\to 8} \sqrt[3]{x} = \sqrt[3]{8} = 2$$

puede concluir que

$$\lim_{x\to 3} \sqrt[3]{2x^2-10} = \sqrt[3]{8} = 2$$

Se ha visto que los límites de muchas funciones algebraicas pueden ser evaluados por sustitución directa. Las seis funciones trigonométricas básicas también cuentan con esta propiedad deseable, como se muestra en el siguiente teorema (presentado sin demostración).

TEOREMA 1.6 Límites de funciones trigonométricas

Sea c un número real en el dominio de una función trigonométrica dada

1. $\lim\limits_{x\to c} \operatorname{sen} x = \operatorname{sen} c$ **2.** $\lim\limits_{x\to c} \cos x = \cos c$ **3.** $\lim\limits_{x\to c} \tan x = \tan c$

4. $\lim\limits_{x\to c} \cot x = \cot c$ **5.** $\lim\limits_{x\to c} \sec x = \sec c$ **6.** $\lim\limits_{x\to c} \csc x = \csc c$

EJEMPLO 5 Límites de funciones trigonométricas

a. $\lim\limits_{x\to 0} \tan x = \tan 0 = 0$

b. $\lim\limits_{x\to \pi} (x\cos x) = \left(\lim\limits_{x\to \pi} x\right)\left(\lim\limits_{x\to \pi} \cos x\right) = \pi\cos(\pi) = -\pi$

c. $\lim\limits_{x\to 0} \operatorname{sen}^2 x = \lim\limits_{x\to 0} (\operatorname{sen} x)^2 = 0^2 = 0$

Estrategia para el cálculo de límites

En las tres páginas previas se han estudiado diversos tipos de funciones cuyos límites pueden calcularse mediante sustitución directa. Lo anterior, aunado al teorema siguiente, puede ser utilizado para desarrollar una estrategia para calcular límites.

Para ver las figuras a color, acceda al código

TEOREMA 1.7 Funciones que coinciden en todo, salvo en un punto

Sea c un número real y $f(x) = g(x)$ para toda $x \neq c$ en un intervalo abierto que contiene a c. Si existe el límite de $g(x)$ cuando x tiende a c, entonces también existe el límite de $f(x)$ y

$$\lim_{x \to c} f(x) = \lim_{x \to c} g(x)$$

En el apéndice A se presenta una demostración de este teorema.

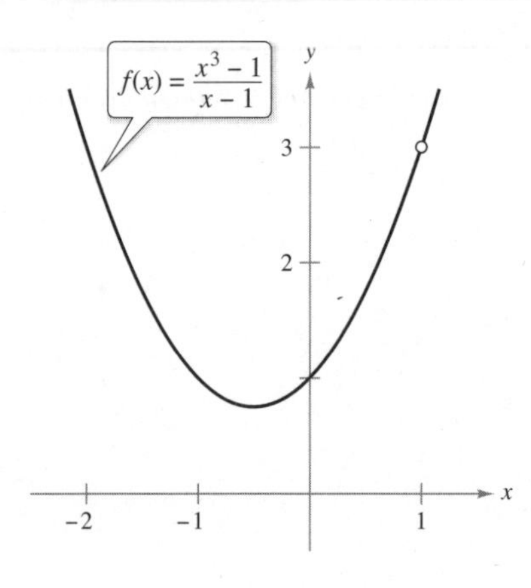

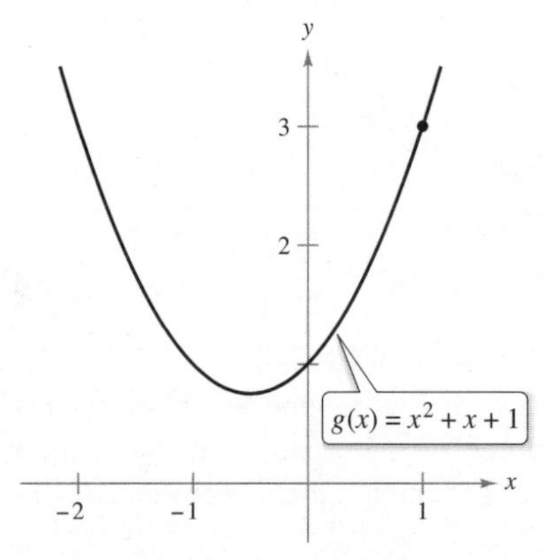

f y g coinciden, salvo en un punto.
Figura 1.19

EJEMPLO 6 Calcular el límite de una función

Encuentre el límite

$$\lim_{x \to 1} \frac{x^3 - 1}{x - 1}$$

Solución Sea $f(x) = (x^3 - 1)/(x - 1)$. Al factorizar y dividir factores comunes se puede reescribir a f como

$$f(x) = \frac{\cancel{(x - 1)}(x^2 + x + 1)}{\cancel{(x - 1)}} = x^2 + x + 1 = g(x), \quad x \neq 1$$

De tal modo, para todos los valores de x distintos de $x = 1$, las funciones f y g coinciden, como se muestra en la figura 1.19. Puesto que el $\lim_{x \to 1} g(x)$ existe, puede aplicar el teorema 1.7 y concluir que f y g tienen el mismo límite en $x = 1$.

$$\lim_{x \to 1} \frac{x^3 - 1}{x - 1} = \lim_{x \to 1} \frac{(x - 1)(x^2 + x + 1)}{x - 1} \qquad \text{Factorice.}$$

$$= \lim_{x \to 1} \frac{\cancel{(x - 1)}(x^2 + x + 1)}{\cancel{x - 1}} \qquad \text{Cancele factores idénticos.}$$

$$= \lim_{x \to 1} (x^2 + x + 1) \qquad \text{Aplique el teorema 1.7.}$$

$$= 1^2 + 1 + 1 \qquad \text{Use sustitución directa.}$$

$$= 3 \qquad \text{Simplifique.}$$

COMENTARIO Cuando aplique esta estrategia para el cálculo de límites, recuerde que algunas funciones no tienen límite (cuando x tiende a c). Por ejemplo, el siguiente límite no existe.

$$\lim_{x \to 1} \frac{x^3 + 1}{x - 1}$$

Estrategia para el cálculo de límites

1. Aprenda a reconocer cuáles límites pueden evaluarse por medio de la sustitución directa (estos límites se enumeran en los teoremas 1.1 a 1.6).
2. Si el límite de $f(x)$ cuando x tiende a c *no se puede* evaluar por sustitución directa, trate de encontrar una función g que coincida con f para toda x distinta de $x = c$. [Seleccione una g tal que el límite de $g(x)$ *se pueda* evaluar por medio de la sustitución directa.] Después aplique el teorema 1.7 para concluir de manera *analítica* que

$$\lim_{x \to c} f(x) = \lim_{x \to c} g(x) = g(c)$$

3. Utilice una *gráfica* o una *tabla* para respaldar la conclusión.

Técnica de cancelación

Un procedimiento para encontrar un límite es la **técnica de cancelación**. Esta técnica consiste en dividir factores comunes, como se muestra en el ejemplo 7.

EJEMPLO 7 Técnicas de cancelación

Consulte LarsonCalculus.com (disponible solo en inglés) para una versión interactiva de este tipo de ejemplo.

Encuentre el límite $\lim\limits_{x \to -3} \dfrac{x^2 + x - 6}{x + 3}$

Solución Aunque se trata del límite de una función racional, *no se puede* aplicar el teorema 1.3 debido a que el límite del denominador es 0.

$$\lim_{x \to -3} \frac{x^2 + x - 6}{x + 3} \quad \begin{cases} \lim\limits_{x \to -3} (x^2 + x - 6) = 0 \\ \lim\limits_{x \to -3} (x + 3) = 0 \end{cases}$$

La sustitución directa falla.

Dado que el límite del numerador también es 0, numerador y denominador tienen un *factor común* de $(x + 3)$. Por tanto, para toda $x \neq -3$, se cancela este factor para obtener

$$f(x) = \frac{x^2 + x - 6}{x + 3} = \frac{(x + 3)(x - 2)}{x + 3} = x - 2 = g(x), \quad x \neq -3$$

Empleando el teorema 1.7, se obtiene que

$$\lim_{x \to -3} \frac{x^2 + x - 6}{x + 3} = \lim_{x \to -3} (x - 2) \qquad \text{Aplique el teorema 1.7.}$$

$$= -5 \qquad \text{Use sustitución directa.}$$

Este resultado se muestra de forma gráfica en la figura 1.20. Observe que la gráfica de la función f coincide con la de la función $g(x) = x - 2$, solo que la gráfica de f tiene un hueco en el punto $(-3, -5)$.

COMENTARIO En la solución del ejemplo 7, asegúrese de distinguir la utilidad del teorema del factor del álgebra. Este teorema establece que si c es un cero de una función polinomial, entonces $(x - c)$ es un factor del polinomio. Por tanto, cuando se aplica sustitución directa a una función racional y se obtiene

$$r(c) = \frac{p(c)}{q(c)} = \frac{0}{0}$$

se puede concluir que $(x - c)$ es un factor común de $p(x)$ y de $q(x)$.

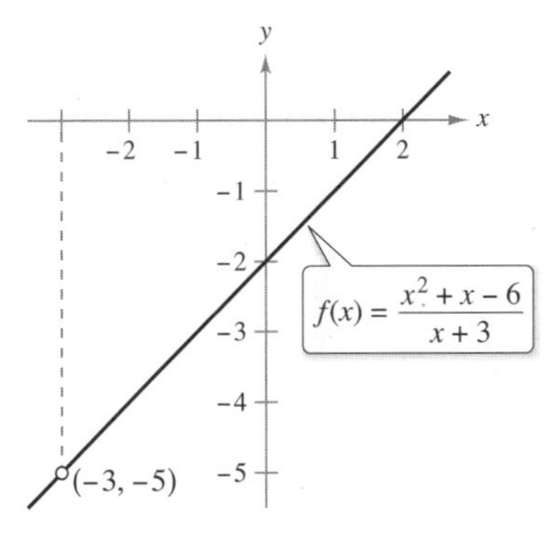

f no está definida para $x = -3$. El límite de $f(x)$ cuando x tiende a -3 es -5.
Figura 1.20

En el ejemplo 7, la sustitución directa produce la forma fraccionaria 0/0, que carece de significado. A una expresión como 0/0 se le denomina **forma indeterminada**, porque no es posible (a partir solo de esa forma) determinar el límite. Si al intentar evaluar un límite llega a esta forma, debe reescribir la fracción de modo que el nuevo denominador no tenga 0 como límite. Una manera de lograrlo consiste en *cancelar los factores comunes*. Otra opción consiste en *utilizar una racionalización*, como se muestra en la siguiente página.

CONFUSIÓN TECNOLÓGICA Una herramienta de graficación puede dar información incorrecta sobre la gráfica de una función. Por ejemplo, trate de graficar la función del ejemplo 7

$$f(x) = \frac{x^2 + x - 6}{x + 3}$$

en una herramienta de graficación. En la mayoría de ellas, la gráfica parece estar definida en cada número real. Sin embargo, f no está definida cuando $x = -3$, de modo que la gráfica de f tiene un hueco en $x = -3$. Puede verificarlo con una herramienta de graficación mediante la función de *trazado* o con una *tabla*.

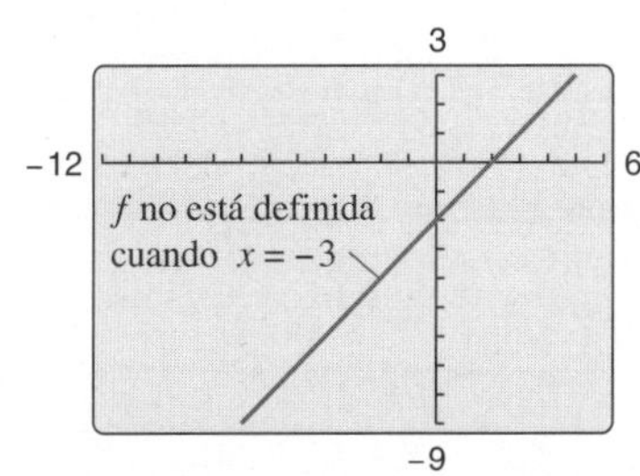

Gráfica incorrecta de f.

Para ver las figuras a color, acceda al código

Técnica de racionalización

Otra forma de encontrar un límite analíticamente es la **técnica de racionalización**, que consiste en racionalizar ya sea el numerador o el denominador de una expresión fraccionaria. Recuerde que racionalizar el numerador (o denominador) significa multiplicar el numerador y el denominador por el conjugado del numerador (o denominador). Por ejemplo, para racionalizar el numerador de

$$\frac{\sqrt{x}+4}{x}$$

multiplique el numerador y el denominador por el conjugado de $\sqrt{x}+4$, que es

$$\sqrt{x}-4$$

EJEMPLO 8 Técnica de racionalización

Encuentre el límite $\lim\limits_{x\to 0} \dfrac{\sqrt{x+1}-1}{x}$

Solución Por sustitución directa, se obtiene la forma indeterminada 0/0.

$$\lim_{x\to 0} \frac{\sqrt{x+1}-1}{x} \quad \begin{cases} \lim\limits_{x\to 0}\left(\sqrt{x+1}-1\right) = 0 \\ \lim\limits_{x\to 0} x = 0 \end{cases}$$

La sustitución directa falla.

En este caso, se puede reescribir la fracción racionalizando el numerador

$$\frac{\sqrt{x+1}-1}{x} = \left(\frac{\sqrt{x+1}-1}{x}\right)\left(\frac{\sqrt{x+1}+1}{\sqrt{x+1}+1}\right)$$

$$= \frac{(x+1)-1}{x\left(\sqrt{x+1}+1\right)} \qquad \text{Multiplique.}$$

$$= \frac{\not{x}}{\not{x}\left(\sqrt{x+1}+1\right)} \qquad \text{Divida el factor común.}$$

$$= \frac{1}{\sqrt{x+1}+1}, \quad x \neq 0$$

COMENTARIO La técnica de racionalización para la evaluación de límites se basa en multiplicar por una forma conveniente de 1. En el ejemplo 8, la forma apropiada es

$$1 = \frac{\sqrt{x+1}+1}{\sqrt{x+1}+1}$$

Ahora, cuando se emplea el teorema 1.7, se puede evaluar el límite como se muestra a continuación

$$\lim_{x\to 0} \frac{\sqrt{x+1}-1}{x} = \lim_{x\to 0} \frac{1}{\sqrt{x+1}+1} \qquad \text{Aplique el teorema 1.7.}$$

$$= \frac{1}{1+1} \qquad \text{Utilice sustitución directa.}$$

$$= \frac{1}{2} \qquad \text{Simplifique.}$$

Una tabla o una gráfica pueden servir para fortalecer la conclusión de que el límite es $\frac{1}{2}$. (Vea la figura 1.21.)

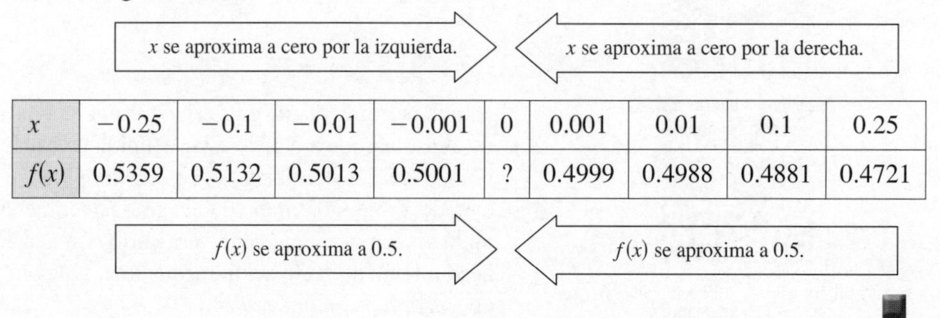

x se aproxima a cero por la izquierda. → ← x se aproxima a cero por la derecha.

x	−0.25	−0.1	−0.01	−0.001	0	0.001	0.01	0.1	0.25
$f(x)$	0.5359	0.5132	0.5013	0.5001	?	0.4999	0.4988	0.4881	0.4721

$f(x)$ se aproxima a 0.5. → ← $f(x)$ se aproxima a 0.5.

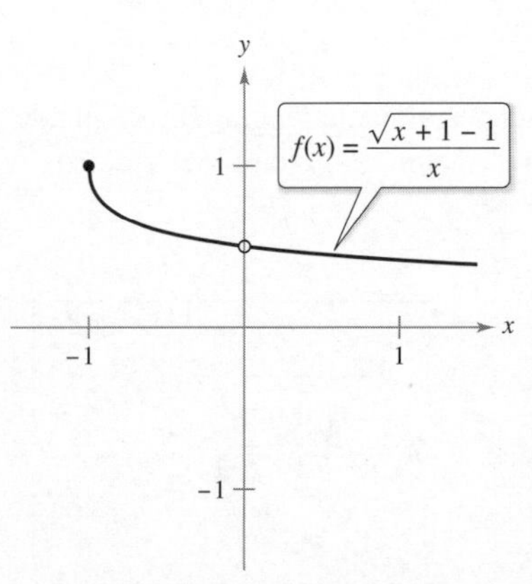

El límite de $f(x)$ cuando x tiende a 0 es $\frac{1}{2}$.
Figura 1.21

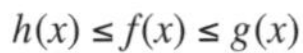

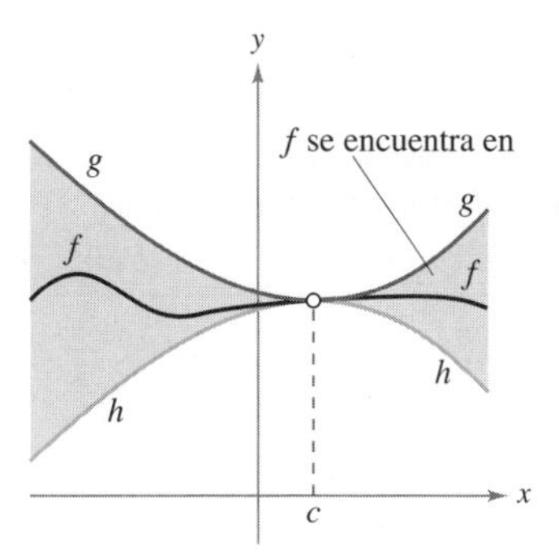

Teorema del emparedado.
Figura 1.22

Teorema del emparedado

El siguiente teorema se refiere al límite de una función que está "comprendida" entre otras dos, cada una de las cuales tiene el mismo límite para un valor dado de x, como se muestra en la figura 1.22.

> **TEOREMA 1.8 Teorema del emparedado**
>
> Si $h(x) \le f(x) \le g(x)$ para toda x en un intervalo abierto que contiene a c excepto posiblemente en c, y si
>
> $$\lim_{x \to c} h(x) = L = \lim_{x \to c} g(x)$$
>
> entonces $\lim_{x \to c} f(x)$ existe y es igual a L.
>
> En el apéndice A se presenta una demostración de este teorema.

En la demostración del teorema 1.9 se puede observar la utilidad del teorema del emparedado (también se le llama teorema del sándwich o de encaje).

> **TEOREMA 1.9 Dos límites trigonométricos especiales**
>
> **1.** $\lim_{x \to 0} \dfrac{\operatorname{sen} x}{x} = 1$ **2.** $\lim_{x \to 0} \dfrac{1 - \cos x}{x} = 0$

Demostración La demostración del segundo límite se deja como un ejercicio (vea el ejercicio 122). Para evitar la confusión entre dos usos distintos de x, se presenta la demostración utilizando la variable θ, donde θ denota un ángulo agudo positivo *medido en radianes.* La figura 1.23 muestra un sector circular comprendido entre dos triángulos.

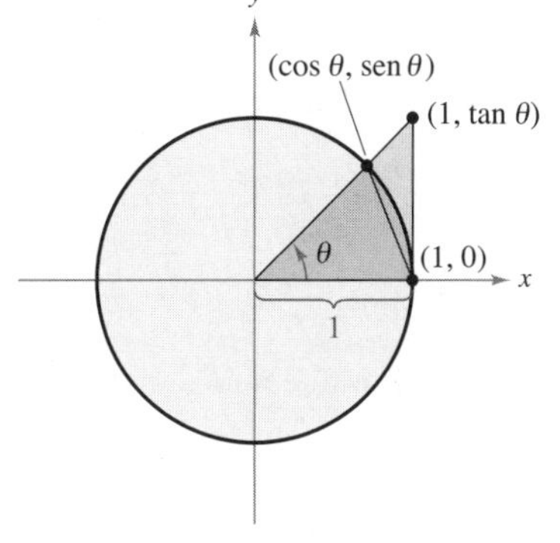

Sector circular utilizado para demostrar el teorema 1.9.
Figura 1.23

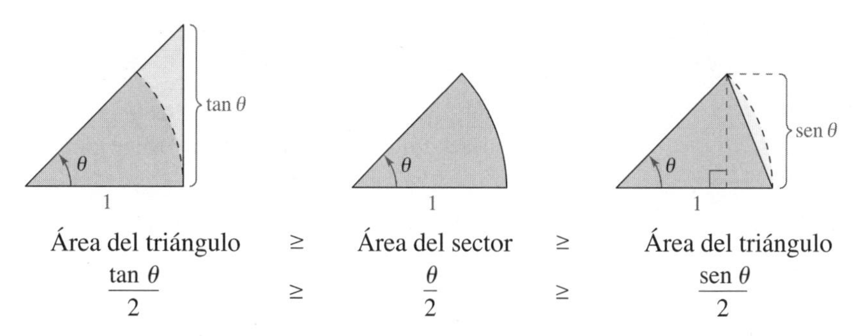

Área del triángulo ≥ Área del sector ≥ Área del triángulo

$$\frac{\tan\theta}{2} \ge \frac{\theta}{2} \ge \frac{\operatorname{sen}\theta}{2}$$

Al multiplicar cada expresión por $2/\operatorname{sen}\theta$ resulta

$$\left(\frac{\tan\theta}{2}\right)\left(\frac{2}{\operatorname{sen}\theta}\right) \ge \left(\frac{\theta}{2}\right)\left(\frac{2}{\operatorname{sen}\theta}\right) \ge \left(\frac{\operatorname{sen}\theta}{2}\right)\left(\frac{2}{\operatorname{sen}\theta}\right) \implies \frac{1}{\cos\theta} \ge \frac{\theta}{\operatorname{sen}\theta} \ge 1$$

y tomando sus recíprocos e invirtiendo las desigualdades se obtiene

$$\cos\theta \le \frac{\operatorname{sen}\theta}{\theta} \le 1$$

Puesto que $\cos\theta = \cos(-\theta)$ y $(\operatorname{sen}\theta)/\theta = [(\operatorname{sen}(-\theta)]/(-\theta)$, se puede concluir que esta desigualdad es válida para *toda* θ distinta de cero dentro del intervalo abierto $(-\pi/2, \pi/2)$. Por último, dado que $\lim_{\theta \to 0} \cos\theta = 1$ y $\lim_{\theta \to 0} 1 = 1$, se puede aplicar el teorema del emparedado para concluir que

$$\lim_{\theta \to 0} \frac{\operatorname{sen}\theta}{\theta} = 1$$

Para ver las figuras a color, acceda al código

EJEMPLO 9 Límite en el que interviene una función trigonométrica

Encuentre el límite $\lim\limits_{x\to 0} \dfrac{\tan x}{x}$

Solución La sustitución directa resulta en la forma indeterminada 0/0. Para resolver este problema, se reescribe tan x como (sen x)/(cos x) y se obtiene

$$\lim_{x\to 0} \frac{\tan x}{x} = \lim_{x\to 0} \left(\frac{\operatorname{sen} x}{x}\right)\left(\frac{1}{\cos x}\right)$$

Ahora, puesto que

$$\lim_{x\to 0} \frac{\operatorname{sen} x}{x} = 1$$

y

$$\lim_{x\to 0} \frac{1}{\cos x} = 1$$

se puede obtener

$$\begin{aligned}\lim_{x\to 0} \frac{\tan x}{x} &= \left(\lim_{x\to 0} \frac{\operatorname{sen} x}{x}\right)\left(\lim_{x\to 0} \frac{1}{\cos x}\right)\\ &= (1)(1)\\ &= 1\end{aligned}$$

(Vea la figura 1.24.)

El límite de $f(x)$ cuando x tiende a 0 es 1.
Figura 1.24

COMENTARIO Asegúrese de entender las convenciones matemáticas relativas a los paréntesis y a las funciones trigonométricas. Por ejemplo, en el ejemplo 10, sen $4x$ significa sen$(4x)$.

EJEMPLO 10 Límite en el que interviene una función trigonométrica

Encuentre el límite $\lim\limits_{x\to 0} \dfrac{\operatorname{sen} 4x}{x}$

Solución La sustitución directa resulta en la forma indeterminada 0/0. Para resolver este problema, se reescribe el límite como

$$\lim_{x\to 0} \frac{\operatorname{sen} 4x}{x} = 4\left(\lim_{x\to 0} \frac{\operatorname{sen} 4x}{4x}\right)$$ Multiplique y divida entre 4.

Ahora, haga $y = 4x$ y observe que x tiende a 0 si y solo si y tiende a 0, se puede escribir

$$\begin{aligned}\lim_{x\to 0} \frac{\operatorname{sen} 4x}{x} &= 4\left(\lim_{x\to 0} \frac{\operatorname{sen} 4x}{4x}\right)\\ &= 4\left(\lim_{y\to 0} \frac{\operatorname{sen} y}{y}\right) && \text{Haga que } y = 4x.\\ &= 4(1) && \text{Aplique el teorema 1.9(1).}\\ &= 4 && \text{Vea la figura 1.25.}\end{aligned}$$

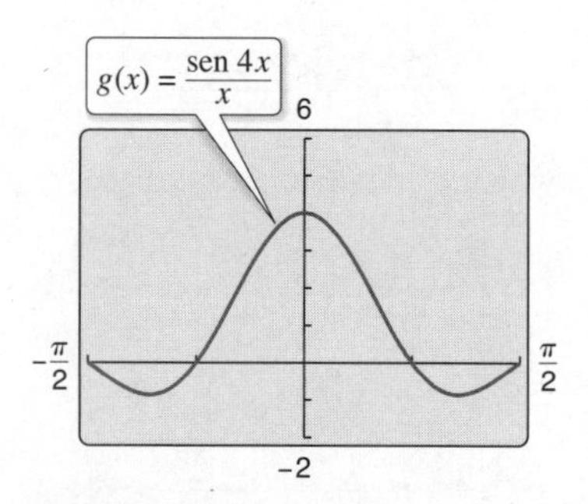

El límite de $g(x)$ cuando x tiende a 0 es 4.
Figura 1.25

TECNOLOGÍA Utilice una herramienta de graficación para confirmar los límites de los ejemplos y del conjunto de ejercicios. Por ejemplo, las figuras 1.24 y 1.25 muestran las gráficas de

$$f(x) = \frac{\tan x}{x} \quad \text{y} \quad g(x) = \frac{\operatorname{sen} 4x}{x}$$

Observe que la primera gráfica parece contener al punto (0, 1) y la segunda al punto (0, 4), lo cual respalda las conclusiones obtenidas en los ejemplos 9 y 10.

Para ver las figuras a color, acceda al código

1.3 Ejercicios

Las respuestas a los ejercicios impares pueden consultarse en el Apéndice de este libro.

Repaso de conceptos

1. Describa cómo encontrar el límite de una función polinomial $p(x)$ cuando x tiende a c.
2. ¿Cuál es el significado de una forma indeterminada?
3. Explique el teorema del emparedado.
4. Enliste los dos límites trigonométricos especiales.

Encontrar un límite En los ejercicios 5 a 22, encuentre el límite.

5. $\lim_{x\to 2} x^3$
6. $\lim_{x\to -3} x^4$
7. $\lim_{x\to -3} (2x+5)$
8. $\lim_{x\to 9} (4x-1)$
9. $\lim_{x\to -3} (x^2+3x)$
10. $\lim_{x\to 2} (-x^3+1)$
11. $\lim_{x\to -3} (2x^2+4x+1)$
12. $\lim_{x\to 1} (2x^3-6x+5)$
13. $\lim_{x\to 3} \sqrt{x+8}$
14. $\lim_{x\to 2} \sqrt[3]{12x+3}$
15. $\lim_{x\to -4} (1-x)^3$
16. $\lim_{x\to 0} (3x-2)^4$
17. $\lim_{x\to 2} \dfrac{3}{2x+1}$
18. $\lim_{x\to -5} \dfrac{5}{x+3}$
19. $\lim_{x\to 1} \dfrac{x}{x^2+4}$
20. $\lim_{x\to 1} \dfrac{3x+5}{x+1}$
21. $\lim_{x\to 7} \dfrac{3x}{\sqrt{x+2}}$
22. $\lim_{x\to 3} \dfrac{\sqrt{x+6}}{x+2}$

Encontrar límites En los ejercicios 23 a 26, encuentre los límites.

23. $f(x) = 5-x,\ g(x) = x^3$
 (a) $\lim_{x\to 1} f(x)$ (b) $\lim_{x\to 4} g(x)$ (c) $\lim_{x\to 1} g(f(x))$
24. $f(x) = x+7,\ g(x) = x^2$
 (a) $\lim_{x\to -3} f(x)$ (b) $\lim_{x\to 4} g(x)$ (c) $\lim_{x\to -3} g(f(x))$
25. $f(x) = 4-x^2,\ g(x) = \sqrt{x+1}$
 (a) $\lim_{x\to 1} f(x)$ (b) $\lim_{x\to 3} g(x)$ (c) $\lim_{x\to 1} g(f(x))$
26. $f(x) = 2x^2-3x+1,\ g(x) = \sqrt[3]{x+6}$
 (a) $\lim_{x\to 4} f(x)$ (b) $\lim_{x\to 21} g(x)$ (c) $\lim_{x\to 4} g(f(x))$

Encontrar el límite de una función trigonométrica. En los ejercicios 27 a 36, encuentre el límite de la función trigonométrica.

27. $\lim_{x\to \pi/2} \operatorname{sen} x$
28. $\lim_{x\to \pi} \tan x$
29. $\lim_{x\to 1} \cos \dfrac{\pi x}{3}$
30. $\lim_{x\to 2} \operatorname{sen} \dfrac{\pi x}{12}$
31. $\lim_{x\to 0} \sec 2x$
32. $\lim_{x\to \pi} \cos 3x$
33. $\lim_{x\to 5\pi/6} \operatorname{sen} x$
34. $\lim_{x\to 5\pi/3} \cos x$
35. $\lim_{x\to 3} \tan \dfrac{\pi x}{4}$
36. $\lim_{x\to 7} \sec \dfrac{\pi x}{6}$

Evaluar límites En los ejercicios 37 a 40, utilice la información dada para evaluar los límites.

37. $\lim_{x\to c} f(x) = \frac{2}{5}$
 $\lim_{x\to c} g(x) = 2$
 (a) $\lim_{x\to c} [5g(x)]$
 (b) $\lim_{x\to c} [f(x)+g(x)]$
 (c) $\lim_{x\to c} [f(x)g(x)]$
 (d) $\lim_{x\to c} \dfrac{f(x)}{g(x)}$
38. $\lim_{x\to c} f(x) = 2$
 $\lim_{x\to c} g(x) = \frac{3}{4}$
 (a) $\lim_{x\to c} [4f(x)]$
 (b) $\lim_{x\to c} [f(x)+g(x)]$
 (c) $\lim_{x\to c} [f(x)g(x)]$
 (d) $\lim_{x\to c} \dfrac{f(x)}{g(x)}$
39. $\lim_{x\to c} f(x) = 16$
 (a) $\lim_{x\to c} [f(x)]^2$
 (b) $\lim_{x\to c} \sqrt{f(x)}$
 (c) $\lim_{x\to c} [3f(x)]$
 (d) $\lim_{x\to c} [f(x)]^{3/2}$
40. $\lim_{x\to c} f(x) = 27$
 (a) $\lim_{x\to c} \sqrt[3]{f(x)}$
 (b) $\lim_{x\to c} \dfrac{f(x)}{18}$
 (c) $\lim_{x\to c} [f(x)]^2$
 (d) $\lim_{x\to c} [f(x)]^{2/3}$

Encontrar un límite En los ejercicios 41 a 46, escriba una función simple que coincida en todo con la función dada, excepto en un punto. Luego, encuentre el límite de la función. Use alguna herramienta para confirmar el resultado.

41. $\lim_{x\to 0} \dfrac{x^2+3x}{x}$
42. $\lim_{x\to 0} \dfrac{x^4-5x^2}{x^2}$
43. $\lim_{x\to -1} \dfrac{x^2-1}{x+1}$
44. $\lim_{x\to -2} \dfrac{3x^2+5x-2}{x+2}$
45. $\lim_{x\to 2} \dfrac{x^3-8}{x-2}$
46. $\lim_{x\to -1} \dfrac{x^3+1}{x+1}$

Encontrar un límite En los ejercicios 47 a 62, determine el límite.

47. $\lim_{x\to 0} \dfrac{x}{x^2-x}$
48. $\lim_{x\to 0} \dfrac{7x^3-x^2}{x}$
49. $\lim_{x\to 4} \dfrac{x-4}{x^2-16}$
50. $\lim_{x\to 5} \dfrac{5-x}{x^2-25}$
51. $\lim_{x\to -3} \dfrac{x^2+x-6}{x^2-9}$
52. $\lim_{x\to 2} \dfrac{x^2+2x-8}{x^2-x-2}$
53. $\lim_{x\to 4} \dfrac{\sqrt{x+5}-3}{x-4}$
54. $\lim_{x\to 3} \dfrac{\sqrt{x+1}-2}{x-3}$
55. $\lim_{x\to 0} \dfrac{\sqrt{x+5}-\sqrt{5}}{x}$
56. $\lim_{x\to 0} \dfrac{\sqrt{2+x}-\sqrt{2}}{x}$
57. $\lim_{x\to 0} \dfrac{[1/(3+x)]-(1/3)}{x}$
58. $\lim_{x\to 0} \dfrac{[1/(x+4)]-(1/4)}{x}$
59. $\lim_{\Delta x\to 0} \dfrac{2(x+\Delta x)-2x}{\Delta x}$
60. $\lim_{\Delta x\to 0} \dfrac{(x+\Delta x)^2-x^2}{\Delta x}$
61. $\lim_{\Delta x\to 0} \dfrac{(x+\Delta x)^2-2(x+\Delta x)+1-(x^2-2x+1)}{\Delta x}$
62. $\lim_{\Delta x\to 0} \dfrac{(x+\Delta x)^3-x^3}{\Delta x}$

Encontrar un límite En los ejercicios 63 a 74, determine el límite trigonométrico.

63. $\lim\limits_{x\to 0} \dfrac{\operatorname{sen} x}{5x}$

64. $\lim\limits_{x\to 0} \dfrac{3(1-\cos x)}{x}$

65. $\lim\limits_{x\to 0} \dfrac{(\operatorname{sen} x)(1-\cos x)}{x^2}$

66. $\lim\limits_{\theta\to 0} \dfrac{\cos\theta\tan\theta}{\theta}$

67. $\lim\limits_{x\to 0} \dfrac{\operatorname{sen}^2 x}{x}$

68. $\lim\limits_{x\to 0} \dfrac{\tan^2 x}{x}$

69. $\lim\limits_{h\to 0} \dfrac{(1-\cos h)^2}{h}$

70. $\lim\limits_{x\to 0} \dfrac{\cos x - \operatorname{sen} x - 1}{2x}$

71. $\lim\limits_{x\to 0} \dfrac{6-6\cos x}{3}$

72. $\lim\limits_{\phi\to\pi} \phi\sec\phi$

73. $\lim\limits_{t\to 0} \dfrac{\operatorname{sen} 3t}{2t}$

74. $\lim\limits_{x\to 0} \dfrac{\operatorname{sen} 2x}{\operatorname{sen} 3x}$ $\left[\textit{Sugerencia}\text{: Encuentre } \lim\limits_{x\to 0}\left(\dfrac{2\operatorname{sen} 2x}{2x}\right)\left(\dfrac{3x}{3\operatorname{sen} 3x}\right)\right]$

Análisis gráfico, numérico y analítico En los ejercicios 75 a 82, utilice una herramienta de graficación para representar la función y estimar el límite. Use una tabla para respaldar su conclusión. Posteriormente, calcule el límite empleando métodos analíticos.

75. $\lim\limits_{x\to 0} \dfrac{\sqrt{x+2}-\sqrt{2}}{x}$

76. $\lim\limits_{x\to 16} \dfrac{4-\sqrt{x}}{x-16}$

77. $\lim\limits_{x\to 0} \dfrac{[1/(2+x)]-(1/2)}{x}$

78. $\lim\limits_{x\to 2} \dfrac{x^5-32}{x-2}$

79. $\lim\limits_{t\to 0} \dfrac{\operatorname{sen} 3t}{t}$

80. $\lim\limits_{x\to 0} \dfrac{\cos x - 1}{2x^2}$

81. $\lim\limits_{x\to 0} \dfrac{\operatorname{sen} x^2}{x}$

82. $\lim\limits_{x\to 0} \dfrac{\operatorname{sen} x}{\sqrt[3]{x}}$

Encontrar un límite En los ejercicios 83 a 90, determine

$$\lim_{\Delta x\to 0} \frac{f(x+\Delta x)-f(x)}{\Delta x}.$$

83. $f(x) = 3x - 2$

84. $f(x) = -6x + 3$

85. $f(x) = x^2 - 4x$

86. $f(x) = 3x^2 + 1$

87. $f(x) = 2\sqrt{x}$

88. $f(x) = \sqrt{x} - 5$

89. $f(x) = \dfrac{1}{x+3}$

90. $f(x) = \dfrac{1}{x^2}$

Usar el teorema del emparedado En los ejercicios 91 y 92, utilice el teorema del emparedado para calcular $\lim\limits_{x\to c} f(x)$.

91. $c = 0$
$4 - x^2 \le f(x) \le 4 + x^2$

92. $c = a$
$b - |x-a| \le f(x) \le b + |x-a|$

Usar el teorema del emparedado En los ejercicios 93 a 96, utilice una herramienta de graficación para representar la función dada y las ecuaciones $y = |x|$ y $y = -|x|$ en una misma ventana. Usando las gráficas para visualizar el teorema del emparedado, calcule $\lim\limits_{x\to 0} f(x)$.

93. $f(x) = |x| \operatorname{sen} x$

94. $f(x) = |x| \cos x$

95. $f(x) = x \operatorname{sen} \dfrac{1}{x}$

96. $h(x) = x \cos \dfrac{1}{x}$

Exploración de conceptos

97. En el contexto de cálculo de límites, discuta qué se entiende por dos funciones que coinciden en todo excepto en un punto. Incluya un ejemplo.

98. Escriba una función de cada tipo especificado que tenga un límite de 4 cuando x tiende a 8.
(a) Lineal
(b) Polinomio de grado 2
(c) Racional
(d) Radical
(e) Coseno
(f) Seno

Objeto en caída libre En los ejercicios 99 y 100, utilice la función de posición $s(t) = -4.9t^2 + 200$, que da la altura (en metros) de un objeto que cae desde t segundos una altura de 200 m. La velocidad en el instante $t = a$ segundos está dada por

$$\lim_{t\to a} \frac{s(a)-s(t)}{a-t}$$

99. Determine la velocidad del objeto cuando $t = 3$.

100. ¿A qué velocidad golpeará el suelo?

Objeto en caída libre

En los ejercicios 101 y 102, utilice la función de posición $s(t) = -16t^2 + 500$, que da la altura (en pies) de un objeto que lleva cayendo t segundos desde una altura de 500 pies. La velocidad en el instante $t = a$ segundos está dada por

$$\lim_{t\to a} \frac{s(a)-s(t)}{a-t}$$

101. Si a un albañil se le cae un bote de pintura lleno desde una altura de 500 pies, ¿a qué velocidad estará cayendo en 2 segundos?

102. Si a un albañil se le cae un bote de pintura lleno desde una altura de 500 pies, ¿cuánto tiempo tardará este en llegar al suelo? ¿A qué velocidad se impactará el bote?

103. **Redacción** Utilice una herramienta de graficación para graficar

$$f(x) = x,\quad g(x) = \operatorname{sen} x \quad\text{y}\quad h(x) = \frac{\operatorname{sen} x}{x}$$

en la misma ventana de visualización. Compare las magnitudes de $f(x)$ y $g(x)$ cuando x tiende a 0. Utilice la comparación para escribir un breve párrafo en el que se explique por qué

$$\lim_{x\to 0} h(x) = 1$$

Kevin Fleming/Getty Images

104. Redacción Utilice una herramienta de graficación para representar

$$f(x) = x,\quad g(x) = \operatorname{sen}^2 x \quad \text{y} \quad h(x) = \frac{\operatorname{sen}^2 x}{x}$$

en la misma ventana de visualización. Compare las magnitudes de $f(x)$ y $g(x)$ cuando x tiende a 0. Utilice la comparación para escribir un breve párrafo en el que se explique por qué

$$\lim_{x\to 0} h(x) = 0$$

105. Encontrar funciones Encuentre dos funciones f y g tales que $\lim\limits_{x\to 0} f(x)$ y $\lim\limits_{x\to 0} g(x)$ no existan, pero

$$\lim_{x\to 0} [f(x) + g(x)]$$

sí existe.

106. Demostración Demuestre que si $\lim\limits_{x\to c} f(x)$ existe y

$$\lim_{x\to c} [f(x) + g(x)]$$

no existe, entonces $\lim\limits_{x\to c} g(x)$ tampoco existe.

107. Demostración Demuestre la propiedad 1 del teorema 1.1.

108. Demostración Demuestre la propiedad 3 del teorema 1.1. (Se puede utilizar la propiedad 4 del teorema 1.2.)

109. Demostración Demuestre que si

$$\lim_{x\to c} f(x) = 0 \ \text{ y } \ |g(x)| \le M$$

para un número fijo M y para toda $x \neq c$, entonces

$$\lim_{x\to c} [f(x)g(x)] = 0$$

110. Demostración Demuestre que si

$$\lim_{x\to c} f(x) = L$$

entonces $\lim\limits_{x\to c} |f(x)| = |L|$

[*Sugerencia*: Utilice la desigualdad $\big||f(x)| - |L|\big| \le |f(x) - L|$]

111. Demostración

(a) Demuestre que si

$$\lim_{x\to c} f(x) = 0$$

entonces $\lim\limits_{x\to c} |f(x)| = 0$

(b) Demuestre que si

$$\lim_{x\to c} |f(x)| = 0$$

entonces $\lim\limits_{x\to c} f(x) = 0$

[*Nota*: Este ejercicio es recíproco de la parte (a).]

112. Piénselo Encuentre una función f que muestre que el recíproco del ejercicio 110 no es verdadero. [*Sugerencia*: Busque una función f tal que $\lim\limits_{x\to c} |f(x)| = |L|$ pero donde $\lim\limits_{x\to c} f(x)$ no exista.]

113. Piénselo Cuando se utiliza una herramienta de graficación para generar una tabla para aproximar

$$\lim_{x\to 0} \frac{\operatorname{sen} x}{x}$$

un estudiante concluye que el límite era 0.01745 y no 1. Determine la causa probable del error.

114. ¿CÓMO LO VE? ¿Utilizaría la técnica de cancelación o la técnica de racionalización para encontrar el límite de cada función? Explique su razonamiento.

(a) $\lim\limits_{x\to -2} \dfrac{x^2 + x - 2}{x + 2}$ (b) $\lim\limits_{x\to 0} \dfrac{\sqrt{x + 4} - 2}{x}$

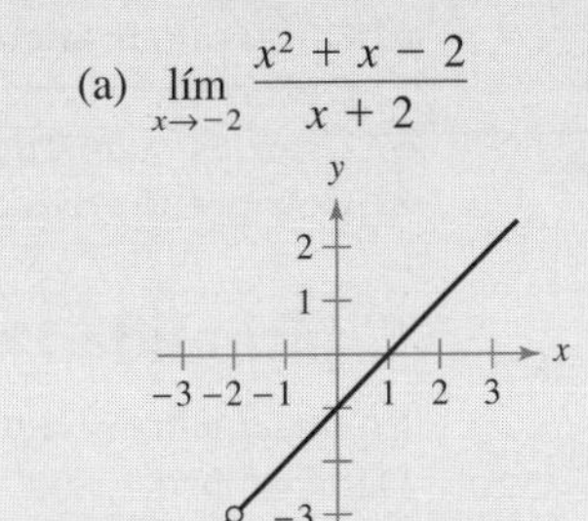

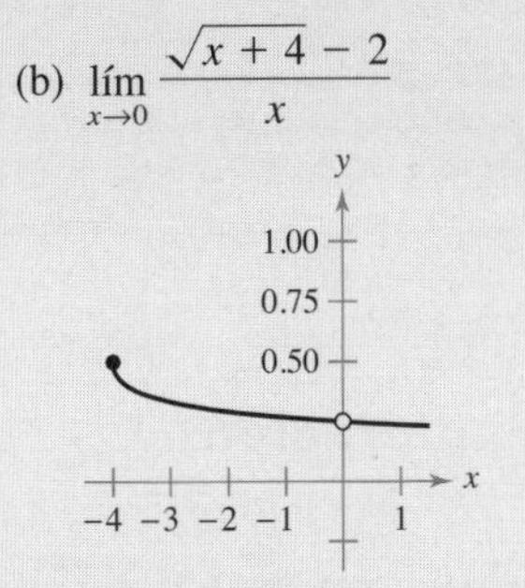

¿Verdadero o falso? En los ejercicios 115 a 120, determine si el enunciado es verdadero o falso. Si es falso, explique por qué o proporcione un contraejemplo que lo demuestre.

115. $\lim\limits_{x\to 0} \dfrac{|x|}{x} = 1$

116. $\lim\limits_{x\to \pi} \dfrac{\operatorname{sen} x}{x} = 1$

117. Si $f(x) = g(x)$ para todos los números reales no cero y $\lim\limits_{x\to 0} f(x) = L$, entonces $\lim\limits_{x\to 0} g(x) = L$.

118. Si $\lim\limits_{x\to c} f(x) = L$, entonces $f(c) = L$.

119. $\lim\limits_{x\to 2} f(x) = 3$, donde $f(x) = \begin{cases} 3, & x \le 2 \\ 0, & x > 2 \end{cases}$

120. Si $f(x) < g(x)$ para toda $x \neq a$, entonces

$$\lim_{x\to a} f(x) < \lim_{x\to a} g(x).$$

121. Demostración Demuestre la propiedad 1 del teorema 1.2.

122. Demostración Demuestre la segunda parte del teorema 1.9

$$\lim_{x\to 0} \frac{1 - \cos x}{x} = 0$$

123. Razonamiento gráfico Considere $f(x) = \dfrac{\sec x - 1}{x^2}$

(a) Determine el dominio de f.

(b) Utilice una herramienta de graficación para graficar a f. ¿Resulta evidente el dominio de f a partir de la gráfica? Si no es así, explique por qué.

(c) Utilice la gráfica f para calcular $\lim\limits_{x\to 0} f(x)$.

(d) Confirme su respuesta del inciso (c) utilizando el método analítico.

124. Aproximación

(a) Encuentre $\lim\limits_{x\to 0} \dfrac{1 - \cos x}{x^2}$

(b) Utilice el resultado del inciso anterior para obtener la aproximación $\cos x \approx 1 - \frac{1}{2}x^2$ para x cercanas a 0.

(c) Aplique el resultado del inciso (b) para estimar cos(0.1).

(d) Utilice una calculadora para estimar cos(0.1) con cuatro cifras decimales. Compare el resultado con el del inciso (c).

125. Funciones por partes Sean

$$f(x) = \begin{cases} 0, & \text{si } x \text{ es racional} \\ 1, & \text{si } x \text{ es irracional} \end{cases} \quad \text{y} \quad g(x) = \begin{cases} 0, & \text{si } x \text{ es racional} \\ x, & \text{si } x \text{ es irracional} \end{cases}.$$

Calcule (si es posible) $\lim\limits_{x\to 0} f(x)$ y $\lim\limits_{x\to 0} g(x)$.

1.4 Continuidad y límites laterales

- Determinar la continuidad en un punto y en un intervalo abierto.
- Determinar límites laterales y la continuidad en un intervalo cerrado.
- Usar las propiedades de continuidad.
- Comprender y aplicar el teorema del valor intermedio.

Continuidad en un punto y en un intervalo abierto

En matemáticas, el término *continuo* tiene el mismo significado que en su uso cotidiano. De manera informal, para decir que una función f es continua en $x = c$, significa que no hay interrupción en la gráfica de f en c. Es decir, la gráfica no tiene saltos o huecos en c. En la figura 1.26 se identifican tres valores de x en los que la gráfica de f *no es continua*. En los demás puntos del intervalo (a, b), la gráfica de f no sufre interrupciones y es **continua**.

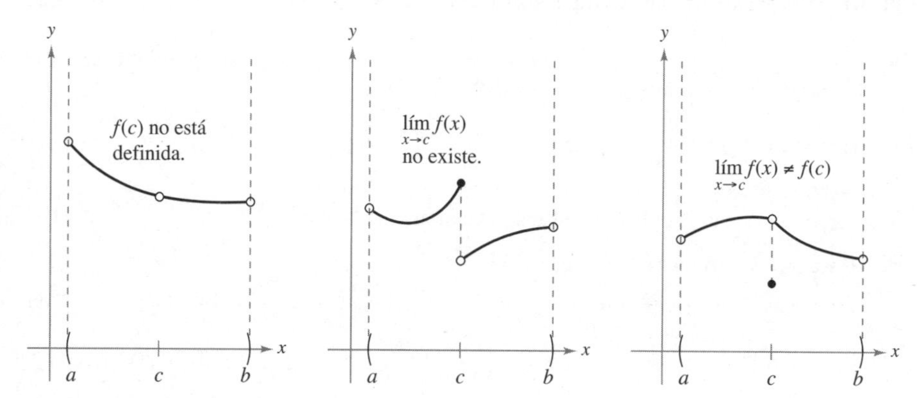

Existen tres condiciones para las que la gráfica de f no es continua en $x = c$.
Figura 1.26

En la figura 1.26, se observa que la continuidad en $x = c$ no se satisface mediante cualquiera de las siguientes condiciones.

1. La función no está definida en $x = c$.
2. No existe el límite de $f(x)$ en $x = c$.
3. El límite de $f(x)$ existe en $x = c$, pero no es igual a $f(c)$.

Si no se da *ninguna* de las tres condiciones anteriores, se dice que la función f es **continua en c**, como se indica en la importante definición dada a continuación.

Exploración

De manera informal, una función es *continua* en un intervalo abierto si su gráfica se puede dibujar sin levantar el lápiz del papel. Utilice una herramienta de graficación para graficar las siguientes funciones en el intervalo indicado. De las gráficas, ¿qué funciones se diría que son continuas sobre el intervalo? ¿Se puede confiar en los resultados obtenidos gráficamente? Explique su razonamiento.

Función	Intervalo
a. $y = x^2 + 1$	$(-3, 3)$
b. $y = \dfrac{1}{x - 2}$	$(-3, 3)$
c. $y = \dfrac{\operatorname{sen} x}{x}$	$(-\pi, \pi)$
d. $y = \dfrac{x^2 - 4}{x + 2}$	$(-3, 3)$

PARA INFORMACIÓN ADICIONAL Para obtener más información sobre el concepto de continuidad, vea el artículo "Leibniz an the Spell of the Continuous", de Hardy Grant, en *The College Mathematic Journal.* Para consultar este artículo, *visite MathArticles.com* (disponible solo en inglés).

Definición de continuidad

Continuidad en un punto
Una función f es **continua en c** si se satisfacen las tres condiciones siguientes

1. $f(c)$ está definida.
2. $\lim\limits_{x \to c} f(x)$ existe.
3. $\lim\limits_{x \to c} f(x) = f(c)$

Continuidad en un intervalo abierto
Una función es **continua en un intervalo abierto (a, b)** si es continua en cada punto del intervalo. Una función que es continua en toda la recta real, es decir en $(-\infty, \infty)$, se llama **continua en todas partes**.

Una función puede ser continua en algunos puntos y discontinua en otros. Una función que es continua en todos los puntos *de su dominio* se dice simplemente continua.

Para ver las figuras a color, acceda al código

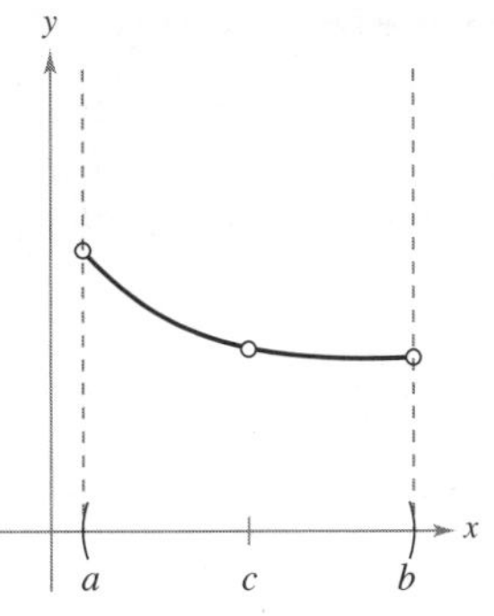

(a) Discontinuidad removible.

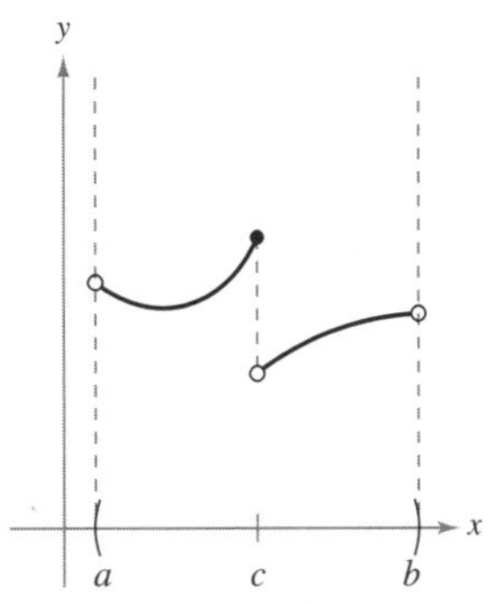

(b) Discontinuidad no removible.

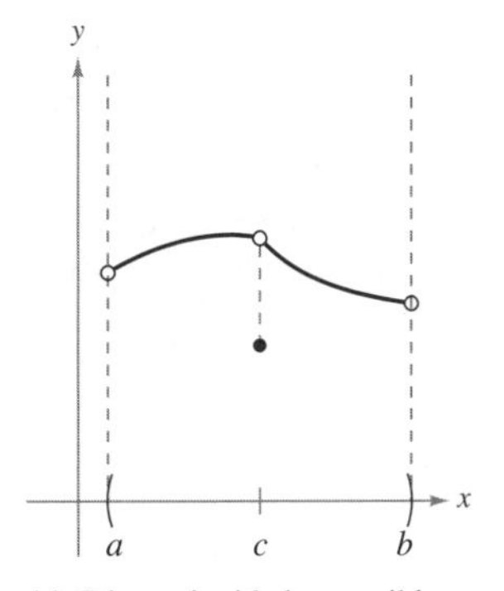

(c) Discontinuidad removible.

Figura 1.27

Considere un intervalo abierto I que contiene un número real c. Si la función f está definida en I (excepto posiblemente en c) y no es continua en c, se dice que f tiene una **discontinuidad** en c. Las discontinuidades se clasifican en dos categorías: **removibles** o **no removibles**. Se dice que una discontinuidad en c es evitable o removible si f se puede hacer continua definiendo (o redefiniendo) apropiadamente $f(c)$. Por ejemplo, las funciones en las figuras 1.27(a) y (c) presentan discontinuidades evitables en c, mientras que la función de la figura 1.27(b) presenta una discontinuidad no evitable o no removible en c.

EJEMPLO 1 Continuidad de una función

Analice la continuidad de cada función.

a. $f(x) = \dfrac{1}{x}$ **b.** $g(x) = \dfrac{x^2 - 1}{x - 1}$ **c.** $h(x) = \begin{cases} x + 1, & x \leq 0 \\ x^2 + 1, & x > 0 \end{cases}$ **d.** $y = \operatorname{sen} x$

Solución

a. El dominio de f lo constituyen todos los números reales distintos de cero. A partir del teorema 1.3, puede concluir que f es continua en todos los valores de x de su dominio. En $x = 0$, f tiene una discontinuidad inevitable, como se muestra en la figura 1.28(a). En otras palabras, no hay modo de definir $f(0)$ para hacer que la nueva función sea continua en $x = 0$.

b. El dominio de g lo constituyen todos los números reales, excepto $x = 1$. Aplicando el teorema 1.3, puede concluir que g es continua en todos los valores de x de su dominio. En $x = 1$, la función presenta una discontinuidad evitable, como se muestra en la figura 1.28(b). Si $g(1)$ se define como 2, la "nueva" función es continua para todos los números reales.

c. El dominio de h está formado por todos los números reales. La función h es continua en $(-\infty, 0)$. Si $x = 0$, $h(0) = 1$, y en $(0, \infty)$, y puesto que

$$\lim_{x \to 0} h(x) = 1 \qquad \text{El límite de } h(x) \text{ cuando } x \text{ tiende a 0 existe y es igual a } h(0).$$

De esta manera, h es continua en toda la recta real, como ilustra la figura 1.28(c).

d. El dominio de y está formado por todos los números reales. Del teorema 1.6, puede concluir que la función es continua en todo su dominio $(-\infty, \infty)$, como se muestra en la figura 1.28(d).

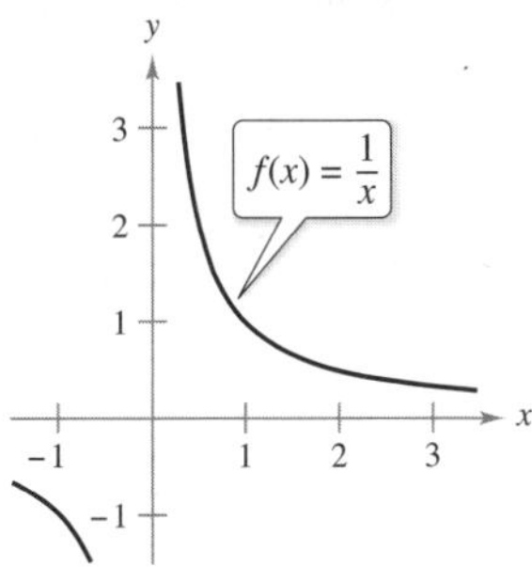

(a) Discontinuidad no removible en $x = 0$.

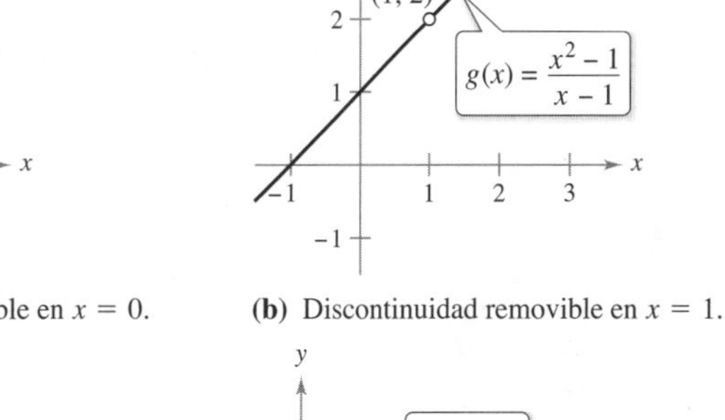

(b) Discontinuidad removible en $x = 1$.

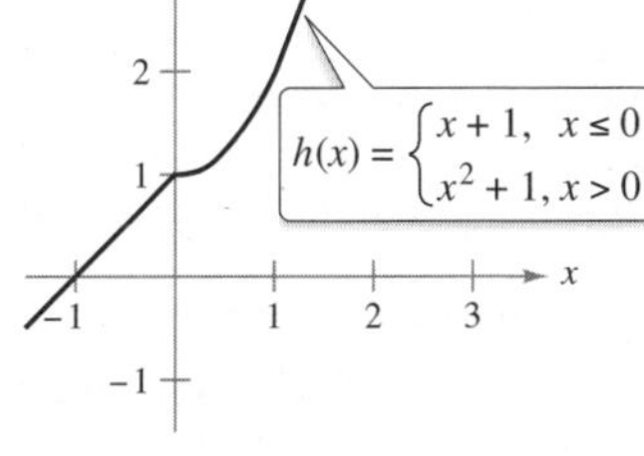

(c) Continua en toda la recta real.

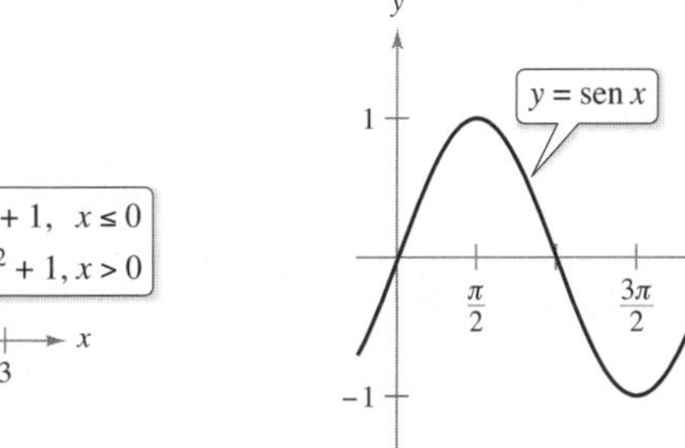

(d) Continua en toda la recta real.

Figura 1.28

COMENTARIO Algunas veces a la función del ejemplo 1(a) se le llama "discontinua", pero se ha encontrado que esta terminología puede ser confusa. Es preferible decir que la función tiene una discontinuidad en $x = 0$.

Para ver las figuras a color, acceda al código

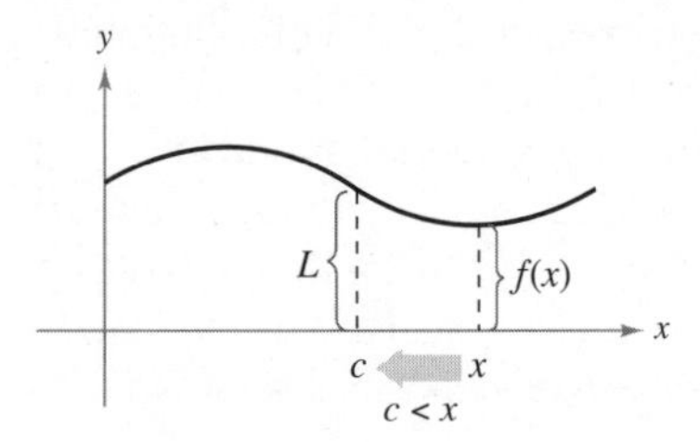

(a) Límite cuando x tiende a c por la derecha.

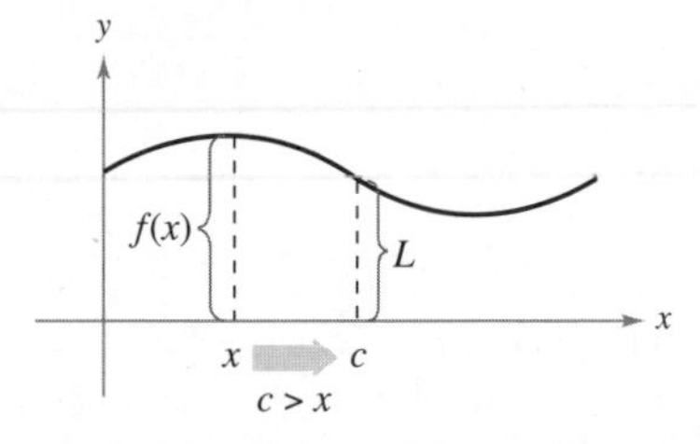

(b) Límite cuando x tiende a c desde la izquierda.

Figura 1.29

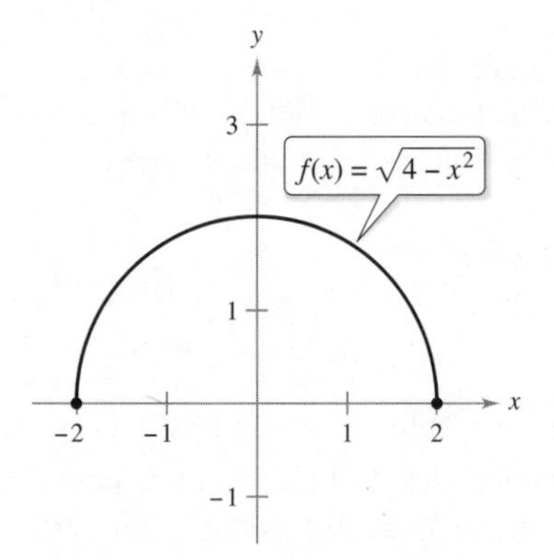

El límite de $f(x)$ cuando x tiende a -2 por la derecha es 0.

Figura 1.30

Límites laterales y continuidad en un intervalo cerrado

Para comprender el concepto de continuidad sobre un intervalo cerrado, es necesario estudiar antes un tipo diferente de límite, llamado **límite lateral**. Por ejemplo, el **límite por la derecha** significa que x tiende a c con valores mayores a c [vea la figura 1.29(a)]. Este límite se denota como

$$\lim_{x \to c^+} f(x) = L$$

Límite por la derecha.

Del mismo modo, el **límite por la izquierda** significa que x tiende a c con valores menores a c [vea la figura 1.29(b)]. Este límite se denota como

$$\lim_{x \to c^-} f(x) = L$$

Límite por la izquierda.

Los límites laterales son útiles al calcular límites de funciones que contienen radicales. Por ejemplo, si n es un entero par, entonces

$$\lim_{x \to 0^+} \sqrt[n]{x} = 0$$

EJEMPLO 2 Un límite lateral

Encuentre el límite de $f(x) = \sqrt{4 - x^2}$ cuando x tiende a –2 por la derecha.

Solución Como se muestra en la figura 1.30, el límite cuando x se aproxima a –2 por la derecha es

$$\lim_{x \to -2^+} \sqrt{4 - x^2} = 0$$

Los límites laterales pueden usarse para investigar el comportamiento de las **funciones escalonadas**. Un tipo común de función escalonada es la **función máximo entero** $[\![x]\!]$, que se define como

$$[\![x]\!] = \text{mayor entero } n \text{ tal que } n \leq x$$

Función máximo entero.

Por ejemplo, $[\![2.5]\!] = 2$ y $[\![-2.5]\!] = -3$.

EJEMPLO 3 Función máximo entero

Calcule el límite de la función máximo entero $f(x) = [\![x]\!]$ cuando x tiende a 0 por la izquierda y por la derecha.

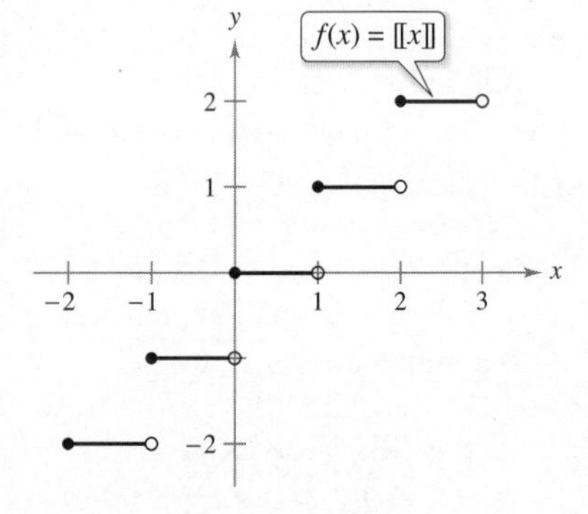

Función parte entera o entero mayor.

Figura 1.31

Solución Como se muestra en la figura 1.31, el límite cuando x tiende a 0 *por la izquierda* es

$$\lim_{x \to 0^-} [\![x]\!] = -1$$

y el límite cuando x tiende a 0 *por la derecha* es

$$\lim_{x \to 0^+} [\![x]\!] = 0$$

La función máximo entero no es continua en 0 debido a que los límites por la izquierda y por la derecha en ese punto son diferentes. Mediante un razonamiento similar, se puede concluir que la función máximo entero tiene una discontinuidad en cualquier entero n.

Para ver las figuras a color, accede al código

Cuando el límite por la izquierda no es igual al límite por la derecha, el límite (bilateral) *no existe*, como se establece en el siguiente teorema. Su demostración se obtiene directamente de la definición de límite lateral.

TEOREMA 1.10 Existencia de un límite

Sea f una función, y sean c y L números reales. El límite de $f(x)$ cuando x tiende a c es L si y solo si

$$\lim_{x \to c^-} f(x) = L \quad \text{y} \quad \lim_{x \to c^+} f(x) = L$$

El concepto de límite lateral permite extender la definición de continuidad a los intervalos cerrados. Básicamente, se dice que una función es continua sobre un intervalo cerrado si es continua en el interior del intervalo y tiene continuidad lateral en los extremos. Esto se establece de manera formal en la siguiente definición.

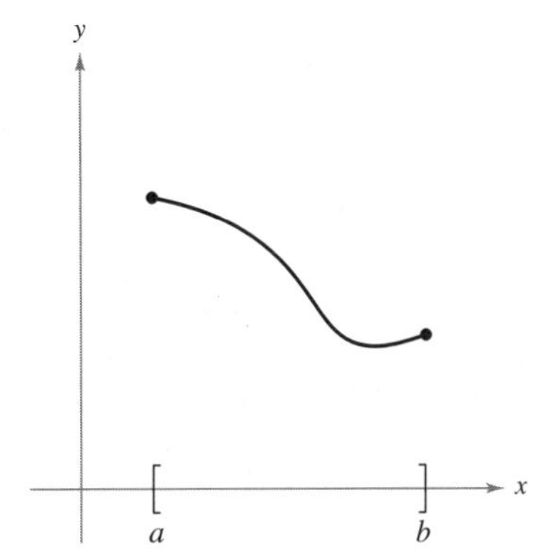

Función continua en un intervalo cerrado.
Figura 1.32

Definición de continuidad sobre un intervalo cerrado

Una función f es **continua sobre el intervalo cerrado $[a, b]$** si es continua sobre el intervalo abierto (a, b) y

$$\lim_{x \to a^+} f(x) = f(a) \qquad \text{Límite cuando } x \text{ tiende a } a \text{ por la derecha.}$$

y

$$\lim_{x \to b^-} f(x) = f(b) \qquad \text{Límite cuando } x \text{ tiende a } b \text{ por la izquierda.}$$

La función f es **continua por la derecha** en a y **continua por la izquierda** en b (vea la figura 1.32).

Se pueden establecer definiciones análogas para definir la continuidad en intervalos de la forma $(a, b]$ y $[a, b)$, que no son abiertos ni cerrados o sobre intervalos infinitos. Por ejemplo, la función

$$f(x) = \sqrt{x}$$

es continua sobre el intervalo infinito $[0, \infty)$, y la función

$$g(x) = \sqrt{2 - x}$$

es continua sobre el intervalo infinito $(-\infty, 2]$.

EJEMPLO 4 Continuidad sobre un intervalo cerrado

Analice la continuidad de

$$f(x) = \sqrt{1 - x^2}$$

Solución El dominio de f es el intervalo cerrado $[-1, 1]$. En todos los puntos del intervalo abierto $(-1, 1)$, la continuidad de f se sigue de los teoremas 1.4 y 1.5. Además, dado que

$$\lim_{x \to -1^+} \sqrt{1 - x^2} = 0 = f(-1) \qquad \text{Continua por la derecha.}$$

y

$$\lim_{x \to 1^-} \sqrt{1 - x^2} = 0 = f(1) \qquad \text{Continua por la izquierda.}$$

se puede concluir que f es continua en el intervalo cerrado $[-1, 1]$, como se ilustra en la figura 1.33. ■

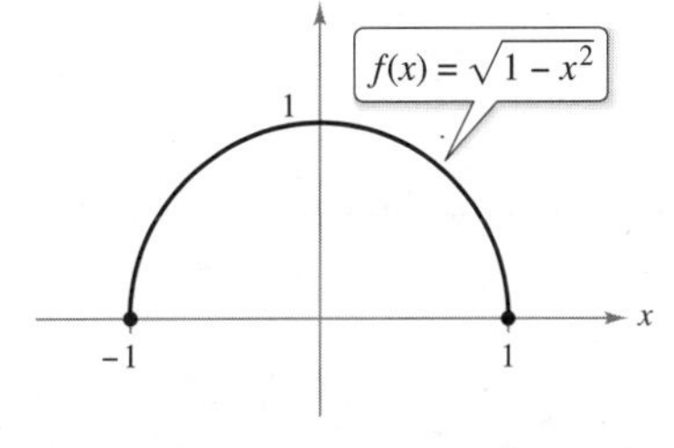

f es función continua sobre $[-1, 1]$.
Figura 1.33

El siguiente ejemplo utiliza un límite lateral para determinar el "límite más bajo" de la temperatura de la materia.

COMENTARIO La ley de Charles para los gases (suponiendo una presión constante) puede enunciarse como

$$V = kT$$

donde V es el volumen, k es una constante y T es la temperatura.

EJEMPLO 5 Ley de Charles y cero absoluto

En la escala Kelvin, el *cero absoluto* es la temperatura 0 K. A pesar de que se han obtenido temperaturas muy cercanas a 0 K en laboratorio, nunca se ha alcanzado el cero absoluto. De hecho, existen evidencias que sugieren la imposibilidad de alcanzar el cero absoluto. ¿Cómo determinaron los científicos que 0 K es el "límite inferior" de la temperatura de la materia? ¿Cuál es el cero absoluto en la escala Celsius?

Solución La determinación del cero absoluto proviene del trabajo del físico francés Jacques Charles (1746-1823), quien descubrió que el volumen de un gas a presión constante crece de manera lineal respecto a la temperatura. En la tabla siguiente se ilustra la relación entre volumen y temperatura. Para generar los valores de la tabla, un mol de hidrógeno se mantiene a una presión constante de una atmósfera. El volumen V es aproximado y se mide en litros. La temperatura T se mide en grados Celsius.

T	−40	−20	0	20	40	60	80
V	19.1482	20.7908	22.4334	24.0760	25.7186	27.3612	29.0038

El helio líquido se utiliza para enfriar imanes superconductores, como los que se usan en las máquinas de resonancia magnética nuclear (MRI, por sus siglas en inglés) o en el gran Colisionador de Hadrones (vea la foto). Los imanes están hechos con materiales que solo superconducen a temperaturas de unos pocos grados por encima del cero absoluto. Estas temperaturas son posibles de alcanzar con helio líquido porque el helio se convierte en líquido a −269 °C o 4.15 K.

Los puntos presentados en la tabla se muestran en la figura de la derecha. Empleando dichos puntos, se puede determinar que T y V se relacionan a través de la ecuación lineal

$$V = 0.08213T + 22.4334$$

Resolviendo para T, se obtiene una ecuación para la temperatura del gas

$$T = \frac{V - 22.4334}{0.08213}$$

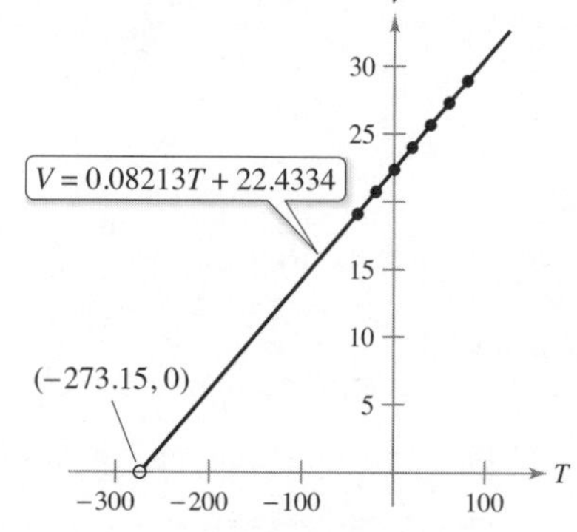

El volumen del hidrógeno gaseoso depende de su temperatura.

Mediante el razonamiento de que el volumen del gas puede tender a 0 (pero nunca ser igual o menor que cero), puede concluir que la "temperatura mínima posible" se obtiene por medio de

$$\lim_{V \to 0^+} T = \lim_{V \to 0^+} \frac{V - 22.4334}{0.08213} \qquad \text{Límite lateral derecho.}$$

$$= \frac{0 - 22.4334}{0.08213} \qquad \text{Use sustitución directa.}$$

$$\approx -273.15$$

De esta manera, el cero en la escala Kelvin (0 K) es aproximadamente −273.15° en la escala Celsius. ■

La tabla siguiente muestra la temperatura del ejemplo 5, en la escala Fahrenheit. Repita la solución del ejemplo 5 utilizando estas temperaturas y volúmenes. Utilice el resultado para determinar el valor del cero absoluto en la escala Fahrenheit.

T	−40	−4	32	68	104	140	176
V	19.1482	20.7908	22.4334	24.0760	25.7186	27.3612	29.0038

Para ver la figura a color, acceda al código

Propiedades de la continuidad

En la sección 1.3 se estudiaron las propiedades de los límites. Cada una de esas propiedades genera una propiedad correspondiente relativa a la continuidad de una función. Por ejemplo, el teorema 1.11 es consecuencia directa del teorema 1.2.

AUGUSTIN-LOUIS CAUCHY (1789-1857)

El concepto de función continua fue presentado por primera vez por Augustin-Louis Cauchy en 1821. La definición expuesta en su texto *Cours d'Analyse*, establecía que las pequeñas modificaciones definidas en y eran resultado de pequeñas modificaciones indefinidas en x: "... $f(x)$ será una función continua si... los valores numéricos de la diferencia $f(x + \alpha) - f(x)$ disminuyen de forma indefinida con los de α... ".

Consulte LarsonCalculus.com (disponible solo en inglés) para leer más de esta biografía.

TEOREMA 1.11 Propiedades de la continuidad

Si b es un número real, y f y g son continuas en $x = c$, entonces las siguientes funciones también son continuas en c.

1. Múltiplo escalar: bf
2. Suma: $f + g$
3. Diferencia: $f - g$
4. Producto: fg
5. Cociente: $\frac{f}{g}$, $g(c) \neq 0$

En el apéndice A se da una demostración de este teorema.

Es importante que usted sea capaz de reconocer las funciones que son continuas en cada punto de sus dominios. La lista siguiente resume las funciones que se han estudiado hasta ahora, que son continuas en cada punto de sus dominios.

1. Funciones polinomiales: $p(x) = a_n x^n + a_{n-1}x^{n-1} + \cdot \cdot \cdot + a_1 x + a_0$
2. Funciones racionales: $r(x) = \frac{p(x)}{q(x)}$, $q(x) \neq 0$
3. Funciones radicales: $f(x) = \sqrt[n]{x}$
4. Funciones trigonométricas: sen x, cos x, tan x, cot x, sec x, csc x.

Combinando el teorema 1.11 con esta síntesis, puede concluir que una gran variedad de funciones elementales son continuas en sus dominios.

EJEMPLO 6 Aplicar las propiedades de la continuidad

Consulte LarsonCalculus.com (disponible solo en inglés) para una versión interactiva de este tipo de ejemplo.

Por el teorema 1.11, cada una de las siguientes funciones es continua en todos los puntos de su dominio.

$$f(x) = x + \operatorname{sen} x, \quad f(x) = 3 \tan x, \quad f(x) = \frac{x^2 + 1}{\cos x}$$

El siguiente teorema, consecuencia del teorema 1.5, permite determinar la continuidad de funciones *compuestas*, como

$$f(x) = \operatorname{sen} 3x, \quad f(x) = \sqrt{x^2 + 1} \quad \text{y} \quad f(x) = \tan \frac{1}{x}$$

TEOREMA 1.12 Continuidad de una función compuesta

Si g es continua en c y f es continua en $g(c)$, entonces la función compuesta dada por $(f \circ g)(x) = f(g(x))$ es continua en c.

COMENTARIO Una consecuencia del teorema 1.12 es que si f y g satisfacen las condiciones señaladas, es posible determinar que el límite de $f(g(x))$ cuando x tiende a c es

$$\lim_{x \to c} f(g(x)) = f(g(c))$$

Demostración De la definición de continuidad se sigue que $\lim_{x \to c} g(x) = g(c)$ y $\lim_{x \to g(c)} f(x) = f(g(c))$. Al aplicar el teorema para el cálculo del límite de una función compuesta con $L = g(c)$ se obtiene $\lim_{x \to c} f(g(x)) = f\left(\lim_{x \to c} g(x)\right) = f(g(c))$. De esta manera $(f \circ g)(x) = f(g(x))$ es continua en c.

EJEMPLO 7 Probar la continuidad

Describa el intervalo o los intervalos donde cada función es continua.

a. $f(x) = \tan x$ **b.** $g(x) = \begin{cases} \operatorname{sen} \dfrac{1}{x}, & x \neq 0 \\ 0, & x = 0 \end{cases}$ **c.** $h(x) = \begin{cases} x \operatorname{sen} \dfrac{1}{x}, & x \neq 0 \\ 0, & x = 0 \end{cases}$

Solución

a. La función tangente $f(x) = \tan x$ no está definida en

$$x = \frac{\pi}{2} + n\pi, \quad \text{con } n \text{ un número entero}$$

En todos los demás puntos f es continua. De tal modo, $f(x) = \tan x$ es continua en todos los intervalos abiertos

$$\ldots, \left(-\frac{3\pi}{2}, -\frac{\pi}{2}\right), \left(-\frac{\pi}{2}, \frac{\pi}{2}\right), \left(\frac{\pi}{2}, \frac{3\pi}{2}\right), \ldots$$

como muestra la figura 1.34(a).

b. Puesto que $y = 1/x$ es continua, excepto en $x = 0$, y la función seno es continua para todos los valores reales de x, del teorema 1.12 se sigue que

$$y = \operatorname{sen} \frac{1}{x}$$

es continua en todos los valores reales salvo en $x = 0$. En $x = 0$, no existe el límite de $g(x)$ (vea el ejemplo 5 de la sección 1.2). Por tanto, g es continua en los intervalos $(-\infty, 0)$ y $(0, \infty)$, como se muestra en la figura 1.34(b).

c. Esta función es parecida a la del inciso (b), con excepción de que las oscilaciones están amortiguadas por el factor x. Para $x \neq 0$ la función $y = x \operatorname{sen}(1/x)$ es continua. Observe que

$$-|x| \leq x \operatorname{sen} \frac{1}{x} \leq |x|, \quad x \neq 0 \qquad \text{y} \qquad \lim_{x \to 0} \left(-|x|\right) = 0 = \lim_{x \to 0} |x|$$

Aplicando el teorema del emparedado se obtiene

$$\lim_{x \to 0} h(x) = 0$$

Dado que $h(0) = 0$, se sabe que h es continua en $x = 0$. De esta manera, h es continua en toda la recta real, como se muestra en la figura 1.34(c).

Para ver las figuras a color, acceda al código

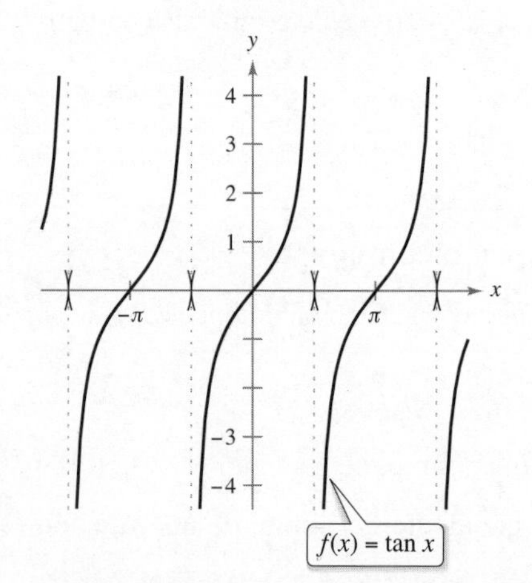

(a) f es continua en cada intervalo abierto de su dominio.

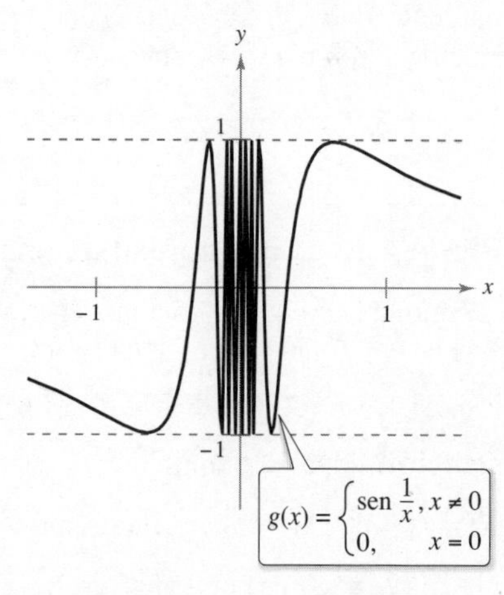

(b) g es continua en $(-\infty, 0)$ y $(0, \infty)$.

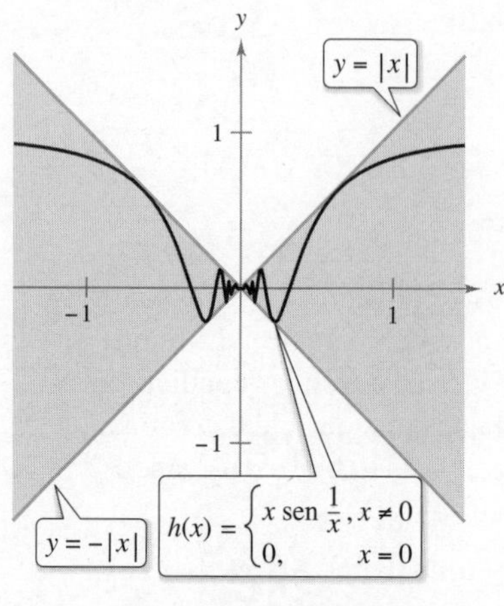

(c) h es continua en toda la recta real.

Figura 1.34

Teorema del valor intermedio

El teorema 1.13 es un importante teorema relativo al comportamiento de las funciones continuas en un intervalo cerrado.

TEOREMA 1.13 Teorema del valor intermedio

Si f es continua en el intervalo cerrado $[a, b]$, $f(a) \neq f(b)$ y k es cualquier número entre $f(a)$ y $f(b)$, entonces existe al menos un número c en $[a, b]$ tal que

$$f(c) = k$$

COMENTARIO El teorema del valor intermedio asegura que existe al menos un número c, pero no proporciona un método para encontrarlo. Tales teoremas se denominan **teoremas de existencia**. Al consultar un libro de cálculo avanzado, se observará que la demostración de este teorema se basa en una propiedad de los números reales llamada *completitud.* El teorema del valor intermedio establece que dada una función continua f, si x toma todos los valores entre a y b, entonces $f(x)$ debe tomar todos los valores entre $f(a)$ y $f(b)$.

Como ejemplo sencillo del teorema del valor intermedio, considere la estatura de las personas. Suponga que una persona medía 1.52 m al cumplir 13 años y 1.57 m al cumplir 14 años, entonces, para cualquier altura h entre 1.52 m y 1.57 m, debe existir algún momento t en el que su estatura fue exactamente h. Esto parece razonable, debido a que el crecimiento humano es continuo y la estatura de una persona no cambia de un valor a otro en forma abrupta.

El teorema del valor intermedio garantiza la existencia de *al menos* un número c en el intervalo cerrado $[a, b]$. Puede, claro está, haber más de uno, tal que

$$f(c) = k$$

como se muestra en la figura 1.35. Una función discontinua no necesariamente satisface la propiedad del valor intermedio. Por ejemplo, la gráfica de la función discontinua de la figura 1.36 salta sobre la recta horizontal dada por

$$y = k$$

y por tal razón no existe valor alguno para c en $[a, b]$, tal que $f(c) = k$.

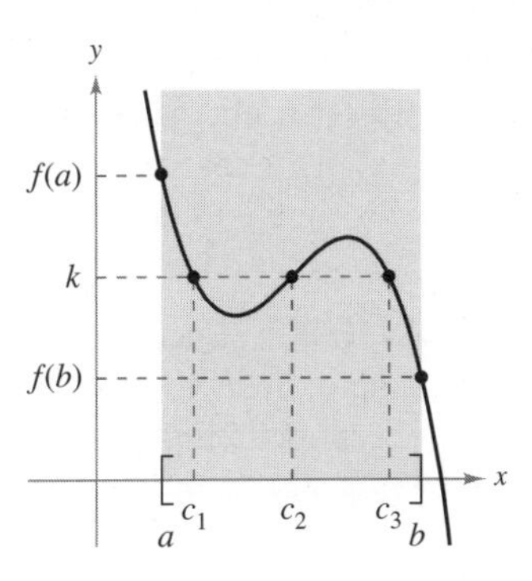

f es continua en $[a, b]$.
[Existen tres números c tales que $f(c) = k$].

Figura 1.35

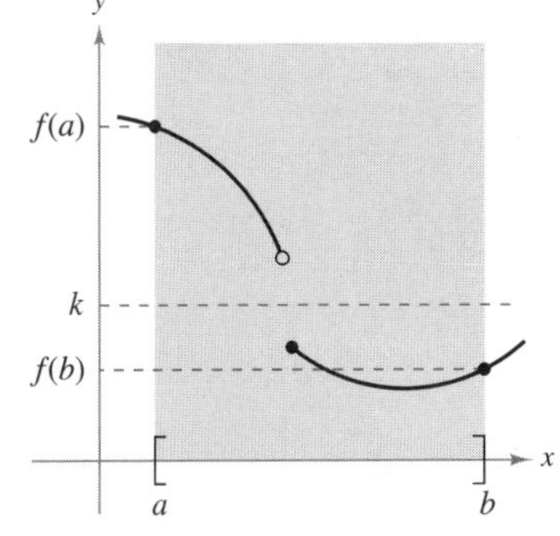

f no es continua en $[a, b]$.
[No existen números c tales que $f(c) = k$].

Figura 1.36

Para ver las figuras a color, acceda al código

El teorema del valor intermedio suele emplearse para localizar los ceros de una función continua en un intervalo cerrado. De manera más específica, si f es continua en $[a, b]$ y $f(a)$ y $f(b)$ tienen signo distinto, entonces el teorema garantiza la existencia de al menos un cero de f en el intervalo cerrado $[a, b]$.

EJEMPLO 8 Aplicar el teorema del valor intermedio

Utilice el teorema del valor medio para demostrar que la función polinomial

$$f(x) = x^3 + 2x - 1$$

tiene un cero en el intervalo [0, 1].

Solución Observe que f es continua en el intervalo cerrado [0, 1]. Dado que

$$f(0) = 0^3 + 2(0) - 1 = -1 \quad \text{y} \quad f(1) = 1^3 + 2(1) - 1 = 2$$

resulta que $f(0) < 0$ y $f(1) > 0$. Por tanto, puede aplicar el teorema del valor intermedio y concluir que debe existir algún c en [0, 1] tal que

$$f(c) = 0 \qquad f \text{ tiene un cero en el intervalo cerrado } [0, 1].$$

como se muestra en la figura 1.37.

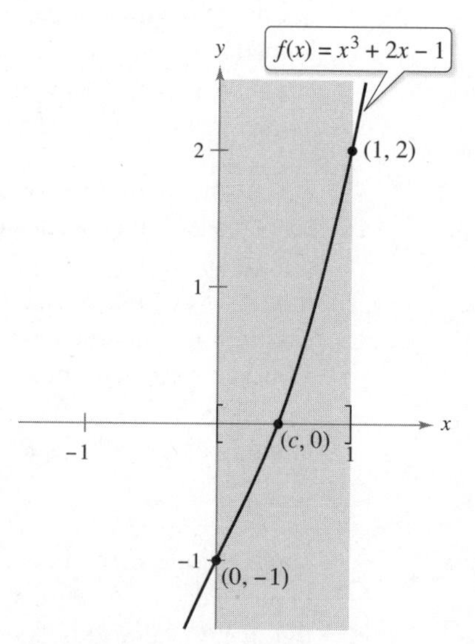

f es continua en $[0, 1]$ con $f(0) < 0$ y $f(1) > 0$
Figura 1.37

El **método de bisección** para aproximar los ceros reales de una función continua es parecido al método empleado en el ejemplo 8. Si se sabe que existe un cero en el intervalo cerrado $[a, b]$, dicho cero debe pertenecer al intervalo $[a, (a + b)/2]$ o $[(a + b)/2, b]$. A partir del signo de $f([a + b]/2)$, se puede determinar cuál intervalo contiene al cero. Mediante bisecciones sucesivas del intervalo, se puede "atrapar" al cero de la función.

TECNOLOGÍA Puede usar la función *raíz* o *cero* de una herramienta de graficación para aproximar los ceros reales de una función continua. Usando esta característica, el cero de la función en el ejemplo 8, $f(x) = x^3 + 2x - 1$, es aproximadamente 0.453, como se muestra en la figura.

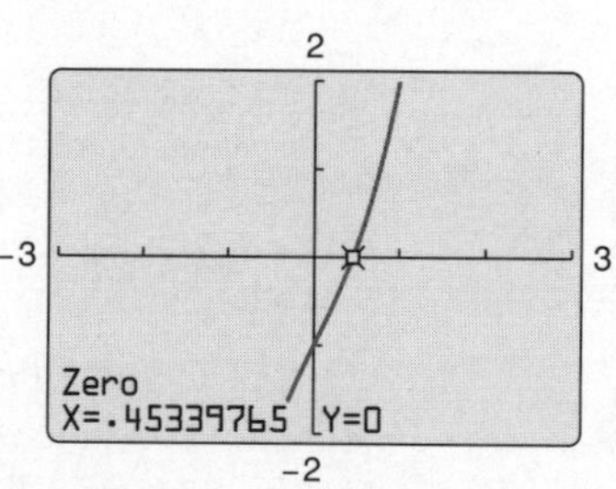

Cero de $f(x) = x^3 + 2x - 1$

Para ver las figuras a color, acceda al código

1.4 Ejercicios

Las respuestas a los ejercicios impares pueden consultarse en el Apéndice de este libro.

Repaso de conceptos

1. Describa las tres condiciones que se cumplen cuando una función es continua en un punto.
2. ¿Cuál es el valor de c en el siguiente límite?
$\lim\limits_{x\to c^+} 2\sqrt{x+1} = 0$
3. Si $\lim\limits_{x\to 3^-} f(x) = 1$ y $\lim\limits_{x\to 3^+} f(x) = 1$, determine si el límite $\lim\limits_{x\to 3} f(x)$ existe o no. Explique su respuesta.
4. Explique el teorema del valor intermedio.

Límites y continuidad **En los ejercicios 5 a 10, use la gráfica para determinar cada límite y analice la continuidad de la función.**

(a) $\lim\limits_{x\to c^+} f(x)$ (b) $\lim\limits_{x\to c^-} f(x)$ (c) $\lim\limits_{x\to c} f(x)$

5.

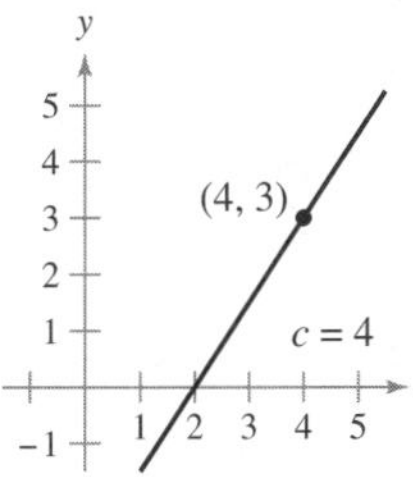

6.

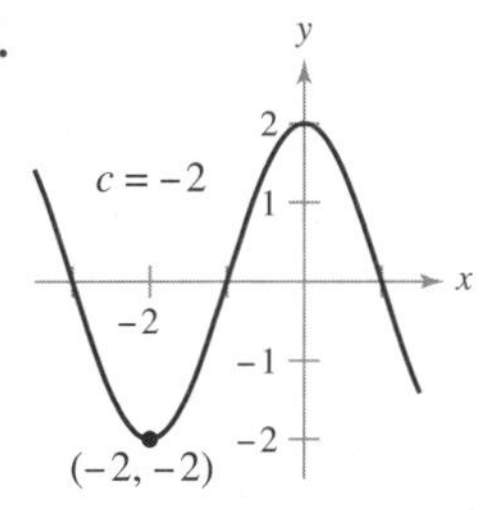

7.

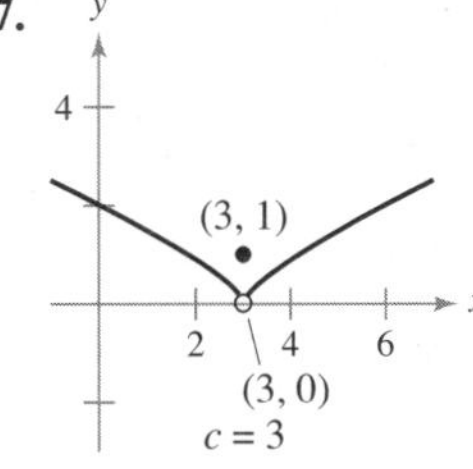

8.

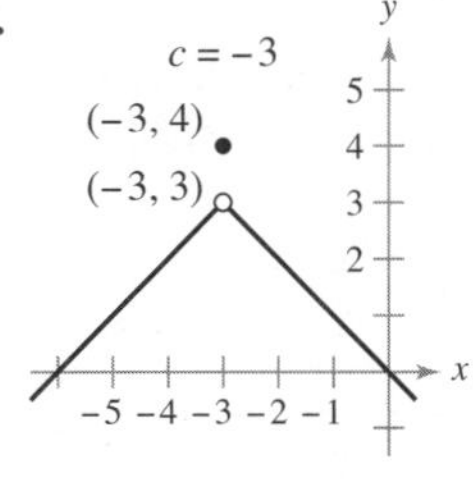

9.

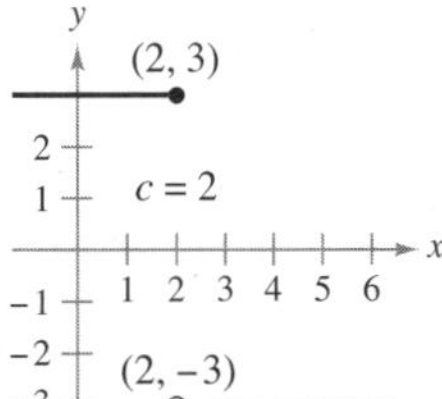

10.

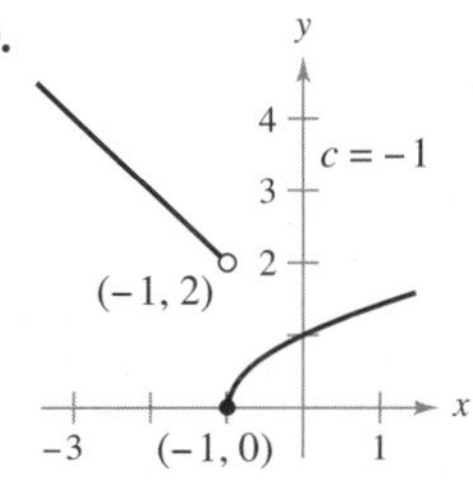

Calcular un límite **En los ejercicios 11 a 34, calcule el límite (si existe); si no existe, explique por qué.**

11. $\lim\limits_{x\to 8^+} \dfrac{1}{x+8}$

12. $\lim\limits_{x\to 3^+} \dfrac{2}{x+3}$

13. $\lim\limits_{x\to 5^+} \dfrac{x-5}{x^2-25}$

14. $\lim\limits_{x\to 4^+} \dfrac{4-x}{x^2-16}$

15. $\lim\limits_{x\to 1^-} \dfrac{x^2-2x+1}{x-1}$

16. $\lim\limits_{x\to -3^+} \dfrac{x+3}{x^2+7x+12}$

17. $\lim\limits_{x\to -3^-} \dfrac{x}{\sqrt{x^2-9}}$

18. $\lim\limits_{x\to 4^-} \dfrac{\sqrt{x}-2}{x-4}$

19. $\lim\limits_{x\to 0^-} \dfrac{|x|}{x}$

20. $\lim\limits_{x\to 10^+} \dfrac{|x-10|}{x-10}$

21. $\lim\limits_{x\to 1^-} \csc \dfrac{\pi x}{2}$

22. $\lim\limits_{x\to 3/2^+} \cos \dfrac{\pi x}{3}$

23. $\lim\limits_{x\to \pi} \cot x$

24. $\lim\limits_{x\to \pi/2} \sec x$

25. $\lim\limits_{x\to 4^-} (5[\![x]\!] - 7)$

26. $\lim\limits_{x\to 2^+} (2x - [\![x]\!])$

27. $\lim\limits_{x\to -1} \left(\left[\!\left[\dfrac{x}{3}\right]\!\right] + 3\right)$

28. $\lim\limits_{x\to 1} \left(1 - \left[\!\left[-\dfrac{x}{2}\right]\!\right]\right)$

29. $\lim\limits_{\Delta x\to 0^-} \dfrac{\dfrac{1}{x+\Delta x} - \dfrac{1}{x}}{\Delta x}$

30. $\lim\limits_{\Delta x\to 0^+} \dfrac{(x+\Delta x)^2 + x + \Delta x - (x^2+x)}{\Delta x}$

31. $\lim\limits_{x\to 3^-} f(x)$, donde $f(x) = \begin{cases} \dfrac{x+2}{2}, & x \le 3 \\ \dfrac{12-2x}{3}, & x > 3 \end{cases}$

32. $\lim\limits_{x\to 3} f(x)$, donde $f(x) = \begin{cases} x^2-4x+6, & x < 3 \\ -x^2+4x-2, & x \ge 3 \end{cases}$

33. $\lim\limits_{x\to 1} f(x)$, donde $f(x) = \begin{cases} x^3+1, & x < 1 \\ x+1, & x \ge 1 \end{cases}$

34. $\lim\limits_{x\to 1^+} f(x)$, donde $f(x) = \begin{cases} x, & x \le 1 \\ 1-x, & x > 1 \end{cases}$

Continuidad de una función **En los ejercicios 35 a 38, analice la continuidad de la función.**

35. $f(x) = \dfrac{1}{x^2-4}$

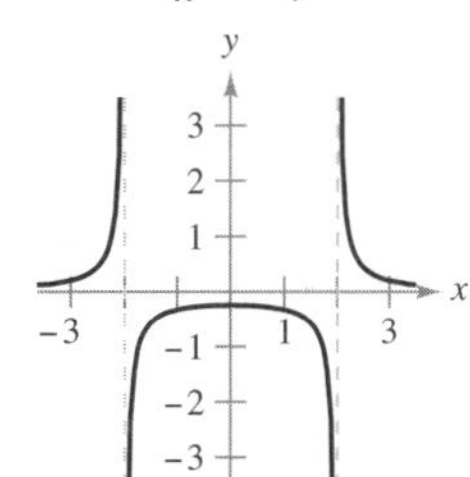

36. $f(x) = \dfrac{x^2-1}{x+1}$

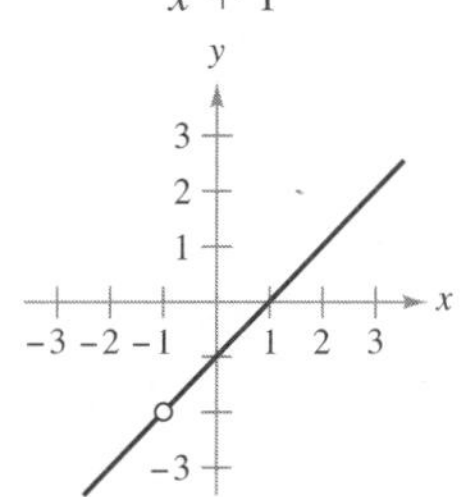

37. $f(x) = \frac{1}{2}[\![x]\!] + x$

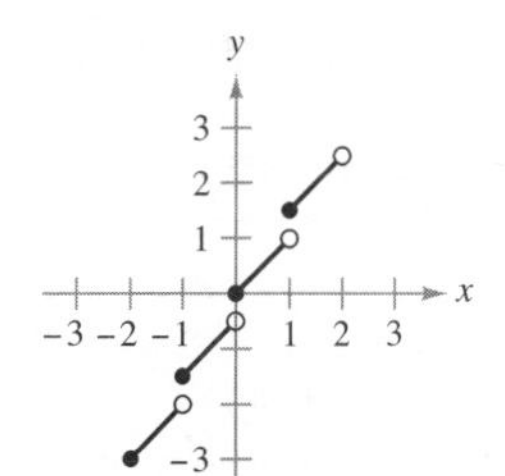

38. $f(x) = \begin{cases} x, & x < 1 \\ 2, & x = 1 \\ 2x-1, & x > 1 \end{cases}$

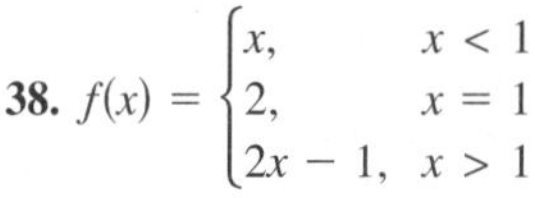

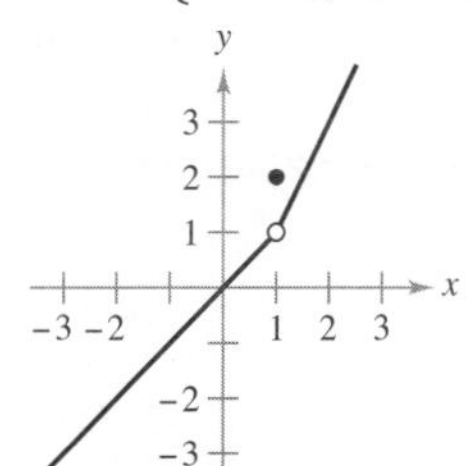

Continuidad sobre un intervalo cerrado En los ejercicios 39 a 42, analice la continuidad de la función en el intervalo cerrado.

Función	Intervalo
39. $g(x) = \sqrt{49 - x^2}$	$[-7, 7]$
40. $f(t) = 3 - \sqrt{9 - t^2}$	$[-3, 3]$
41. $f(x) = \begin{cases} 3 - x, & x \leq 0 \\ 3 + \frac{1}{2}x, & x > 0 \end{cases}$	$[-1, 4]$
42. $g(x) = \dfrac{1}{x^2 - 4}$	$[-1, 2]$

Discontinuidades removible y no removible En los ejercicios 43 a 68, encuentre los valores de x (si existe alguno) en los cuales f no es continua. Establezca si las discontinuidades son removibles o no removibles.

43. $f(x) = \dfrac{6}{x}$

44. $f(x) = \dfrac{4}{x - 6}$

45. $f(x) = x^2 - 9$

46. $f(x) = x^2 - 4x + 4$

47. $f(x) = \dfrac{1}{4 - x^2}$

48. $f(x) = \dfrac{1}{x^2 + 1}$

49. $f(x) = 3x - \cos x$

50. $f(x) = \operatorname{sen} x - 8x$

51. $f(x) = \dfrac{x}{x^2 - x}$

52. $f(x) = \dfrac{x}{x^2 - 4}$

53. $f(x) = \dfrac{x}{x^2 + 1}$

54. $f(x) = \dfrac{x - 5}{x^2 - 25}$

55. $f(x) = \dfrac{x + 2}{x^2 - 3x - 10}$

56. $f(x) = \dfrac{x + 2}{x^2 - x - 6}$

57. $f(x) = \dfrac{|x + 7|}{x + 7}$

58. $f(x) = \dfrac{2|x - 3|}{x - 3}$

59. $f(x) = \csc 2x$

60. $f(x) = \tan \dfrac{\pi x}{2}$

61. $f(x) = [\![x - 8]\!]$

62. $f(x) = 5 - [\![x]\!]$

63. $f(x) = \begin{cases} x, & x \leq 1 \\ x^2, & x > 1 \end{cases}$

64. $f(x) = \begin{cases} -2x + 3, & x < 1 \\ x^2, & x \geq 1 \end{cases}$

65. $f(x) = \begin{cases} \frac{1}{2}x + 1, & x \leq 2 \\ 3 - x, & x > 2 \end{cases}$

66. $f(x) = \begin{cases} -2x, & x \leq 2 \\ x^2 - 4x + 1, & x > 2 \end{cases}$

67. $f(x) = \begin{cases} \tan \dfrac{\pi x}{4}, & |x| < 1 \\ x, & |x| \geq 1 \end{cases}$

68. $f(x) = \begin{cases} \csc \dfrac{\pi x}{6}, & |x - 3| \leq 2 \\ 2, & |x - 3| > 2 \end{cases}$

Construir una función continua En los ejercicios 69 a 74, encuentre la constante a, o las constantes a y b, tales que la función sea continua en toda la recta real.

69. $f(x) = \begin{cases} 3x^2, & x \geq 1 \\ ax - 4, & x < 1 \end{cases}$

70. $f(x) = \begin{cases} 3x^3, & x \leq 1 \\ ax + 5, & x > 1 \end{cases}$

71. $f(x) = \begin{cases} x^3, & x \leq 2 \\ ax^2, & x > 2 \end{cases}$

72. $g(x) = \begin{cases} \dfrac{4 \operatorname{sen} x}{x}, & x < 0 \\ a - 2x, & x \geq 0 \end{cases}$

73. $f(x) = \begin{cases} 2, & x \leq -1 \\ ax + b, & -1 < x < 3 \\ -2, & x \geq 3 \end{cases}$

74. $g(x) = \begin{cases} \dfrac{x^2 - a^2}{x - a}, & x \neq a \\ 8, & x = a \end{cases}$

Continuidad de una función compuesta En los ejercicios 75 a 80, analice la continuidad de la función compuesta $h(x) = f(g(x))$.

75. $f(x) = x^2$
$g(x) = x - 1$

76. $f(x) = 5x + 1$
$g(x) = x^3$

77. $f(x) = \dfrac{1}{x - 6}$
$g(x) = x^2 + 5$

78. $f(x) = \dfrac{1}{\sqrt{x}}$
$g(x) = x - 1$

79. $f(x) = \tan x$
$g(x) = \dfrac{x}{2}$

80. $f(x) = \operatorname{sen} x$
$g(x) = x^2$

Determinar discontinuidades En los ejercicios 81 a 84, utilice una herramienta de graficación para graficar la función. Use la gráfica para determinar todo valor de x donde la función no es continua.

81. $f(x) = [\![x]\!] - x$

82. $h(x) = \dfrac{1}{x^2 + 2x - 15}$

83. $g(x) = \begin{cases} x^2 - 3x, & x > 4 \\ 2x - 5, & x \leq 4 \end{cases}$

84. $f(x) = \begin{cases} \dfrac{\cos x - 1}{x}, & x < 0 \\ 5x, & x \geq 0 \end{cases}$

Prueba de continuidad En los ejercicios 85 a 92, describa el o los intervalos en los que la función es continua.

85. $f(x) = \dfrac{x}{x^2 + x + 2}$

86. $f(x) = \dfrac{x + 1}{\sqrt{x}}$

87. $f(x) = 3 - \sqrt{x}$

88. $f(x) = x\sqrt{x + 3}$

89. $f(x) = \sec \dfrac{\pi x}{4}$

90. $f(x) = \cos \dfrac{1}{x}$

91. $f(x) = \begin{cases} \dfrac{x^2 - 1}{x - 1}, & x \neq 1 \\ 2, & x = 1 \end{cases}$

92. $f(x) = \begin{cases} 2x - 4, & x \neq 3 \\ 1, & x = 3 \end{cases}$

Existencia de un cero En los ejercicios 93 a 96, explique por qué la función tiene un cero en el intervalo dado.

Función	Intervalo
93. $f(x) = \frac{1}{12}x^4 - x^3 + 4$	$[1, 2]$
94. $f(x) = x^3 + 5x - 3$	$[0, 1]$
95. $f(x) = x^2 - 2 - \cos x$	$[0, \pi]$
96. $f(x) = -\dfrac{5}{x} + \tan \dfrac{\pi x}{10}$	$[1, 4]$

Existencia de múltiples ceros En los ejercicios 97 y 98, explique por qué la función tiene al menos dos ceros en el intervalo $[1, 5]$.

97. $f(x) = (x - 3)^2 - 2$

98. $f(x) = 2 \cos x$

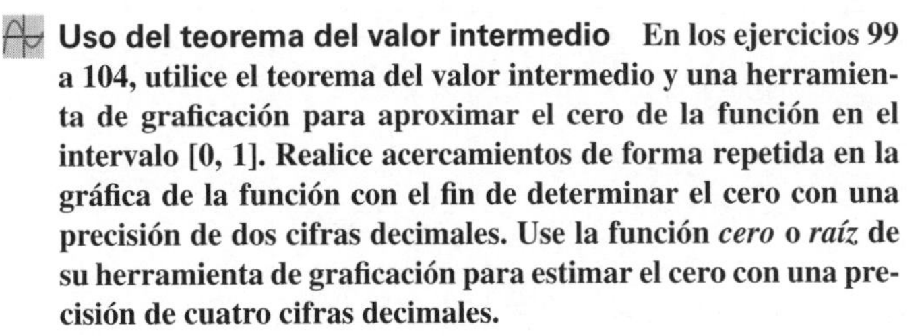

Uso del teorema del valor intermedio En los ejercicios 99 a 104, utilice el teorema del valor intermedio y una herramienta de graficación para aproximar el cero de la función en el intervalo [0, 1]. Realice acercamientos de forma repetida en la gráfica de la función con el fin de determinar el cero con una precisión de dos cifras decimales. Use la función *cero* o *raíz* de su herramienta de graficación para estimar el cero con una precisión de cuatro cifras decimales.

99. $f(x) = x^3 + x - 1$

100. $f(x) = x^4 - x^2 + 3x - 1$

101. $g(t) = 2\cos t - 3t$

102. $h(\theta) = \tan\theta + 3\theta - 4$

103. $f(x) = \sqrt{x^2 + 17x + 19} - 6$

104. $f(x) = \sqrt{x^4 + 39x + 13} - 4$

Uso del teorema del valor intermedio En los ejercicios 105 a 110, verifique que el teorema del valor intermedio es aplicable al intervalo indicado y encuentre el valor de c garantizado por el teorema.

105. $f(x) = x^2 + x - 1, \quad [0, 5], \quad f(c) = 11$

106. $f(x) = x^2 - 6x + 8, \quad [0, 3], \quad f(c) = 0$

107. $f(x) = \sqrt{x + 7} - 2, \quad [0, 5], \quad f(c) = 1$

108. $f(x) = \sqrt[3]{x} + 8, \quad [-9, -6], \quad f(c) = 6$

109. $f(x) = \dfrac{x - x^3}{x - 4}, \quad [1, 3], \quad f(c) = 3$

110. $f(x) = \dfrac{x^2 + x}{x - 1}, \quad \left[\dfrac{5}{2}, 4\right], \quad f(c) = 6$

Exploración de conceptos

111. (a) Escriba una función f que sea continua en (a, b) pero discontinua en $[a, b]$.

(b) Escriba una función g que esté definida y no sea cero en $[a, b]$, si se sabe que $g(a)$ y $g(b)$ tienen signos opuestos. ¿Es continua la función g en $[a, b]$? Explique su respuesta.

112. Trace la gráfica de cualquier función f tal que

$$\lim_{x\to 3^+} f(x) = 1 \quad \text{y} \quad \lim_{x\to 3^-} f(x) = 0$$

¿Esta función es continua en $x = 3$? Explique su respuesta.

113. Si las funciones f y g son continuas para todas las x reales, ¿$f + g$ siempre es continua para todas las x reales? ¿f/g siempre es continua para todas las x reales? Si alguna no es continua, elabore un ejemplo para verificar su conclusión.

114. Describa la diferencia entre una discontinuidad evitable y una no evitable. En su explicación, dé ejemplos de las siguientes descripciones.

(a) Una función con una discontinuidad no evitable en $x = 4$.

(b) Una función con una discontinuidad evitable en $x = -4$.

(c) Una función que cuenta con las dos características descritas en los incisos (a) y (b).

¿Verdadero o falso? En los ejercicios 115 a 120, determine si el enunciado es verdadero o falso. Si es falso, explique por qué o proporcione un contraejemplo que lo demuestre.

115. Si $\lim_{x\to c} f(x) = L$ y $f(c) = L$, entonces f es continua en c.

116. Si $f(x) = g(x)$ para $x \neq c$ y $f(c) \neq g(c)$, entonces f o g no es continua en c.

117. El teorema del valor intermedio garantiza que $f(a)$ y $f(b)$ difieren en un signo cuando una función continua f tiene al menos un cero en el intervalo $[a, b]$.

118. El límite de la función máximo entero cuando x tiende a 0 por la izquierda es -1.

119. Una función racional puede tener infinitos valores de x en los cuales no es continua.

120. La función $f(x) = \dfrac{|x - 1|}{x - 1}$ es continua en $(-\infty, \infty)$.

121. Piénselo Describa en qué difieren las funciones

$$f(x) = 3 + [\![x]\!] \quad \text{y} \quad g(x) = 3 - [\![-x]\!]$$

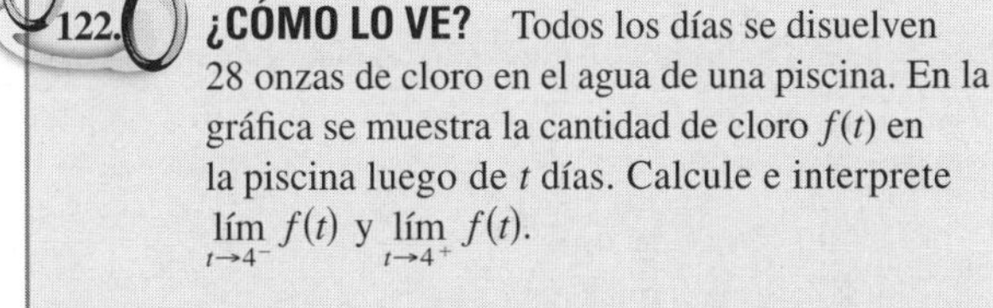

122. **¿CÓMO LO VE?** Todos los días se disuelven 28 onzas de cloro en el agua de una piscina. En la gráfica se muestra la cantidad de cloro $f(t)$ en la piscina luego de t días. Calcule e interprete $\lim_{t\to 4^-} f(t)$ y $\lim_{t\to 4^+} f(t)$.

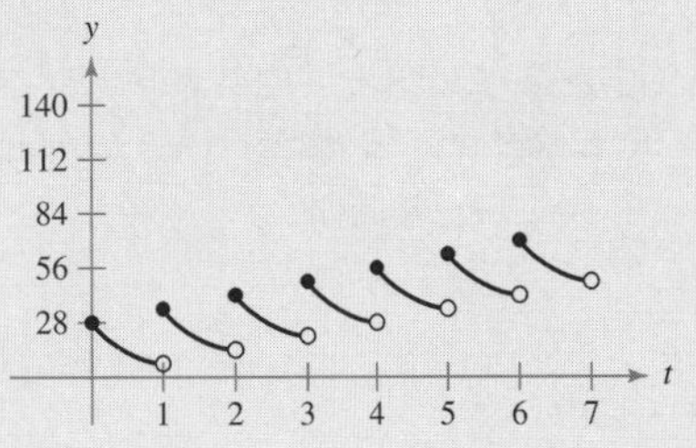

123. Garaje de estacionamiento Un garaje de estacionamiento cobra \$3 por aparcar hasta una hora y \$1 por cada hora o fracción adicional, hasta un máximo diario de \$15.

(a) Escriba una fórmula para el cargo de estacionamiento C (en dólares) en términos del número de horas estacionadas t.

(b) Dibuje la gráfica de la función de cargo por estacionamiento y analice su continuidad.

124. Gestión de inventarios El número de unidades en inventario en una pequeña empresa está dado por

$$N(t) = 25\left(2\left[\!\!\left[\frac{t + 2}{2}\right]\!\!\right] - t\right)$$

donde t representa el tiempo en meses. Dibuje la gráfica de esta función y analice su continuidad. ¿Con qué frecuencia la empresa debe reponer existencias?

125. Déjà vu Un sábado a las 8:00 de la mañana, un hombre comienza a correr por la ladera de una montaña hacia su campamento de fin de semana (vea la figura). El domingo a las 8:00 de la mañana baja corriendo la montaña. Tarda 20 minutos en subir y solo 10 minutos en bajar. Demuestre que en algún momento en el camino hacia abajo la persona pasó por el mismo lugar exactamente a la misma hora del sábado. [*Sugerencia*: Considere que $s(t)$ y $r(t)$ son las funciones de subida y bajada, y aplique el teorema del valor intermedio para la función $f(t) = s(t) - r(t)$.]

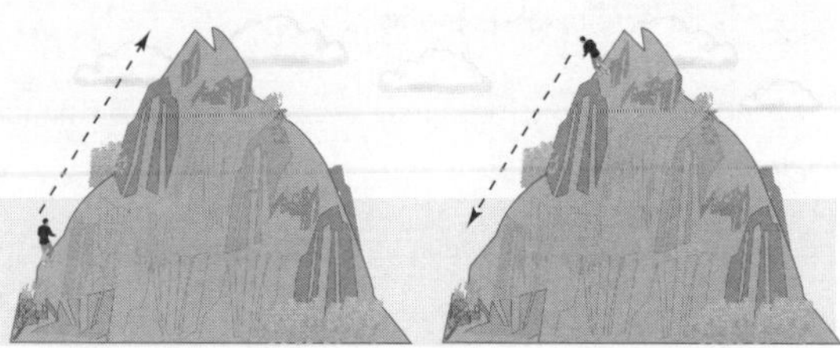

No está dibujado a escala

Sábado 8:00 de la mañana Domingo 8:00 de la mañana

126. Volumen Utilice el teorema del valor intermedio para demostrar que entre todas las esferas cuyos radios pertenecen al intervalo [5, 8] hay una con un volumen de 1500 centímetros cúbicos.

127. Demostración Demuestre que si f es continua y carece de ceros en $[a, b]$, entonces

$f(x) > 0$ para toda x en $[a, b]$ o $f(x) < 0$ para toda x en $[a, b]$.

128. Función de Dirichlet Demuestre que la función de Dirichlet

$$f(x) = \begin{cases} 0, & \text{si } x \text{ es racional} \\ 1, & \text{si } x \text{ es irracional} \end{cases}$$

no es continua para ningún número real.

129. Continuidad de una función Demuestre que la función

$$f(x) = \begin{cases} 0, & \text{si } x \text{ es racional} \\ kx, & \text{si } x \text{ es irracional} \end{cases}$$

es continua solo en $x = 0$. (Suponga que k es cualquier número real no cero.)

130. Función signo La **función signo** se define como

$$\operatorname{sgn}(x) = \begin{cases} -1, & x < 0 \\ 0, & x = 0 \\ 1, & x > 0 \end{cases}$$

Dibuje la gráfica de $\operatorname{sgn}(x)$ y calcule los siguientes límites (si es posible).

(a) $\lim\limits_{x \to 0^-} \operatorname{sgn}(x)$ (b) $\lim\limits_{x \to 0^+} \operatorname{sgn}(x)$ (c) $\lim\limits_{x \to 0} \operatorname{sgn}(x)$

131. Frecuencia La tabla recoge valores de la frecuencia F (en Hertz) de una nota musical en diferentes tiempos t (en segundos).

t	0	1	2	3	4	5
F	436	444	434	446	433	444

(a) Grafique los datos y conecte los puntos con una curva.

(b) ¿Parece existir una frecuencia límite de la nota? Explique su respuesta.

132. Elaborar modelos Un nadador cruza una piscina de ancho b nadando en línea recta desde (0, 0) hasta $(2b, b)$ (vea la figura).

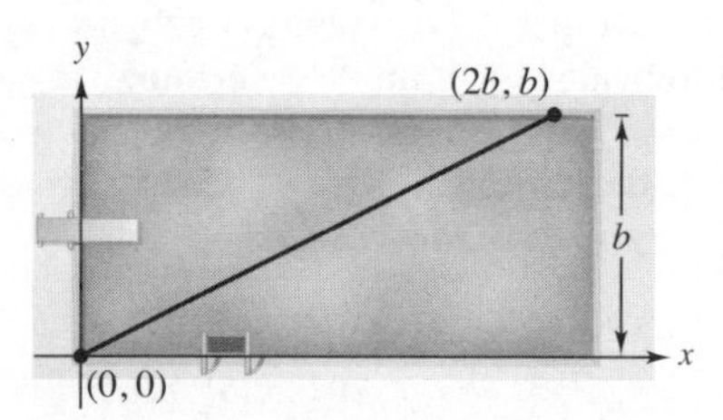

(a) Sea f una función definida como la coordenada y del punto sobre el lado más largo de la piscina que se encuentra más cerca del nadador en cualquier momento dado durante su trayecto a través de la piscina. Encuentre la función f y dibuje su gráfica. ¿Se trata de una función continua? Explique la respuesta.

(b) Sea g la distancia mínima entre el nadador y el lado más largo de la piscina. Encuentre la función g y dibuje la gráfica. ¿Se trata de una función continua? Explique la respuesta.

133. Hacer funciones continuas Encuentre todos los valores de c tales que cada función sea continua en $(-\infty, \infty)$.

(a) $f(x) = \begin{cases} x^3, & x \le c \\ 3x^2 - 2x, & x > c \end{cases}$

(b) $g(x) = \begin{cases} 1 - x^2, & x \le c \\ x, & x > c \end{cases}$

134. Hacer una función continua Sea

$$f(x) = \frac{\sqrt{x + c^2} - c}{x}, \quad c > 0$$

¿Cuál es el dominio de f? ¿Cómo se puede definir f en $x = 0$ para que sea continua en ese punto?

135. Demostración Demuestre que para todo número real y existe un x en $(-\pi/2, \pi/2)$, tal que $\tan x = y$.

136. Demostración Demuestre que si

$$\lim_{\Delta x \to 0} f(c + \Delta x) = f(c)$$

entonces f es continua en c.

137. Continuidad de una función Analice la continuidad de la función $h(x) = x[\![x]\!]$

138. Demostración

(a) Sean $f_1(x)$ y $f_2(x)$ funciones continuas en el intervalo $[a, b]$. Si $f_1(a) < f_2(a)$ y $f_1(b) > f_2(b)$, demuestre que existe c entre a y b, tal que $f_1(c) = f_2(c)$.

(b) Demuestre que existe c en $\left[0, \frac{\pi}{2}\right]$ tal que $\cos x = x$. Utilice una herramienta de graficación para estimar c con tres cifras decimales.

DESAFÍOS DEL EXAMEN PUTNAM

139. Afirme o desmienta: si x y y son números reales con $y \ge 0$, y $y(y + 1) \le (x + 1)^2$, entonces $y(y - 1) \le x^2$.

140. Encuentre todos los polinomios $P(x)$ tales que

$P(x^2 + 1) = (P(x))^2 + 1$ y $P(0) = 0$.

1.5 Límites infinitos

- **Determinar límites infinitos por la izquierda y por la derecha.**
- **Encontrar y dibujar las asíntotas verticales de la gráfica de una función.**

Límites infinitos

Considere la función $f(x) = 3/(x - 2)$. De la figura 1.38 y de la siguiente tabla, se puede observar que $f(x)$ *decrece indefinidamente* cuando x tiende a 2 por la izquierda y que $f(x)$ *crece indefinidamente* cuando x tiende a 2 por la derecha.

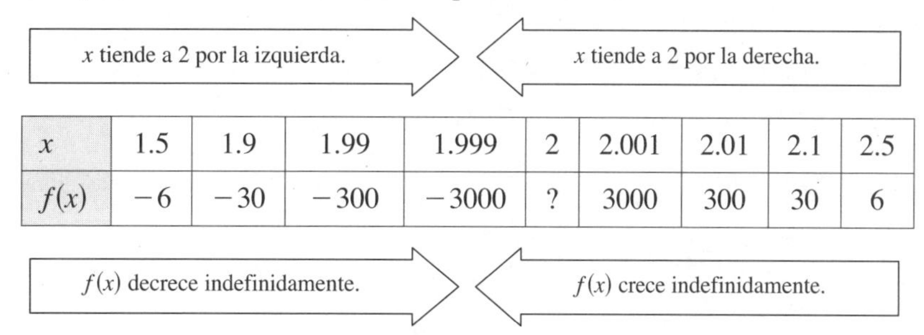

x	1.5	1.9	1.99	1.999	2	2.001	2.01	2.1	2.5
$f(x)$	−6	−30	−300	−3000	?	3000	300	30	6

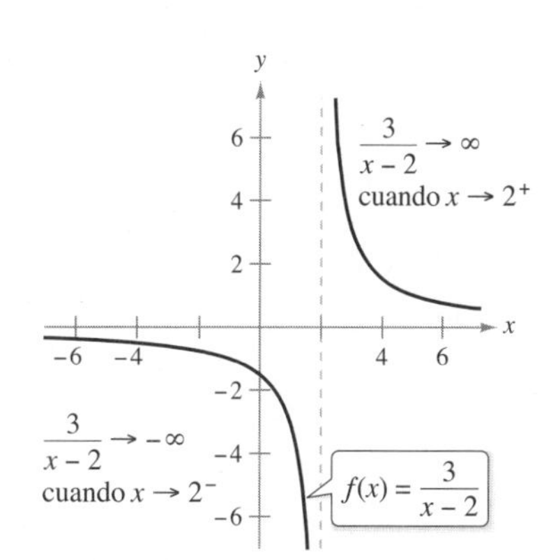

$f(x)$ crece y decrece indefinidamente cuando x tiende a 2.
Figura 1.38

Este comportamiento se denota como

$$\lim_{x\to 2^-} \frac{3}{x-2} = -\infty \qquad f(x) \text{ decrece indefinidamente cuando } x \text{ tiende a 2 por la izquierda.}$$

y

$$\lim_{x\to 2^+} \frac{3}{x-2} = \infty \qquad f(x) \text{ crece indefinidamente cuando } x \text{ tiende a 2 por la derecha.}$$

Para ver las figuras a color, acceda al código

Los símbolos ∞ y $-\infty$ se refieren a infinito positivo e infinito negativo, respectivamente. Estos símbolos no representan números reales. Son símbolos convenientes utilizados para describir las condiciones ilimitadas de forma más concisa. Un límite en el que $f(x)$ aumenta o disminuye indefinidamente a medida que x tiende a c se llama **límite infinito**.

Definición de límites infinitos

Sea f una función definida en todo número real de un intervalo abierto que contiene a c (excepto posiblemente en c). La expresión

$$\lim_{x\to c} f(x) = \infty$$

significa que para toda $M > 0$ existe una $\delta > 0$ tal que $f(x) > M$, siempre que $0 < |x - c| < \delta$ (vea la figura 1.39). Del mismo modo, la expresión

$$\lim_{x\to c} f(x) = -\infty$$

significa que para toda $N < 0$ existe una $\delta > 0$ tal que $f(x) < N$, siempre que

$$0 < |x - c| < \delta$$

Para definir el **límite infinito por la izquierda**, se sustituye $0 < |x - c| < \delta$ por $c - \delta < x < c$. Y para definir el **límite infinito por la derecha**, se sustitutye $0 < |x - c| < \delta$ por $c < x < c + \delta$.

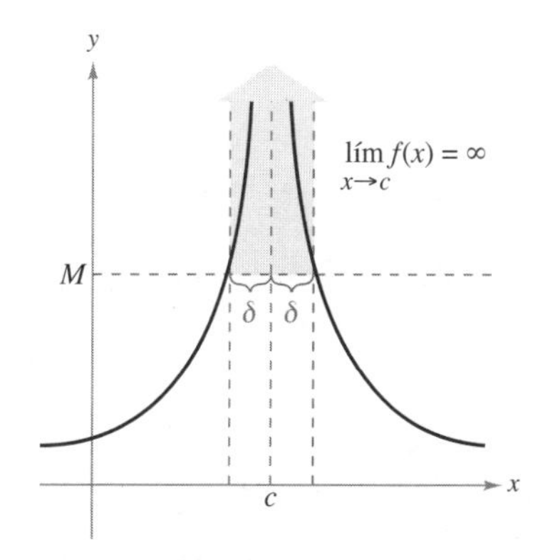

Límites infinitos.
Figura 1.39

Observe que el signo de igualdad en la expresión lím $f(x) = \infty$ no significa que el límite exista. Por el contrario, indica la razón de su *no existencia* al denotar el comportamiento no acotado de $f(x)$ cuando x tiende a c.

Exploración

Represente las siguientes funciones con una herramienta de graficación. En cada una de ellas, determine analíticamente el único número real c que no pertenece al dominio. A continuación, encuentre de manera gráfica el límite de $f(x)$ si existe, cuando x tiende a c por la izquierda y por la derecha.

a. $f(x) = \dfrac{3}{x - 4}$

b. $f(x) = \dfrac{1}{2 - x}$

c. $f(x) = \dfrac{2}{(x - 3)^2}$

d. $f(x) = \dfrac{-3}{(x + 2)^2}$

EJEMPLO 1 Determinar límites infinitos a partir de una gráfica

Determine el límite de cada función que se muestra en la figura 1.40 cuando x tiende a 1 por la izquierda y por la derecha.

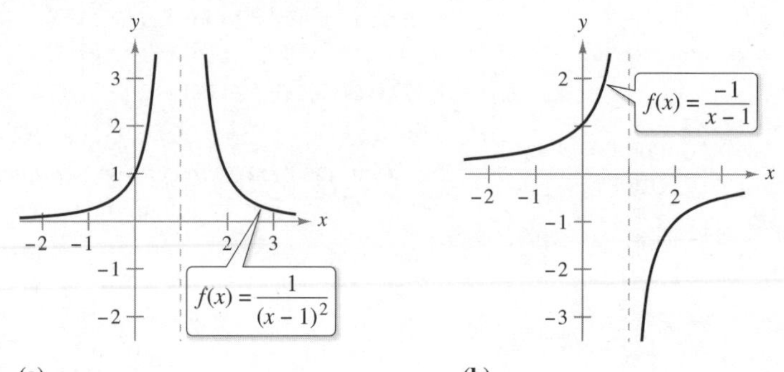

(a) **(b)**

Las dos gráficas tienen una asíntota vertical en $x = 1$.

Figura 1.40

Solución

a. Cuando x tiende a 1 por la izquierda o por la derecha, $(x - 1)^2$ es un número positivo pequeño. Así, el cociente $1/(x - 1)^2$ es un número grande y $f(x)$ tiende a infinito por ambos lados de $x = 1$. De modo que puede concluir

$$\lim_{x\to 1} \frac{1}{(x - 1)^2} = \infty \qquad \text{El límite por cada lado es infinito.}$$

La figura 1.40(a) respalda este análisis.

b. Cuando x se aproxima a 1 por la derecha, $x - 1$ es un número negativo pequeño. Así, el cociente $-1/(x - 1)$ es un número positivo grande y $f(x)$ tiende a infinito por la izquierda de $x = 1$. De modo que puede concluir

$$\lim_{x\to 1^-} \frac{-1}{x - 1} = \infty \qquad \text{El límite por la izquierda es infinito.}$$

Cuando x se aproxima a 1 por la derecha, $x - 1$ es un número positivo pequeño. Así, el cociente $-1/(x - 1)$ es un número negativo grande y $f(x)$ tiende a menos infinito por la derecha de $x = 1$. De modo que puede concluir

$$\lim_{x\to 1^+} \frac{-1}{x - 1} = -\infty \qquad \text{El límite por la derecha es infinito negativo.}$$

La figura 1.40(b) respalda este análisis.

Para ver las figuras a color, acceda al código

TECNOLOGÍA Recuerde que se puede utilizar un método numérico para analizar un límite. Por ejemplo, puede usar una herramienta de graficación para crear una tabla de valores para analizar el límite en el ejemplo 1(a), como se muestra en la siguiente figura.

Introduzca los valores x usando el modo de *solicitar*.

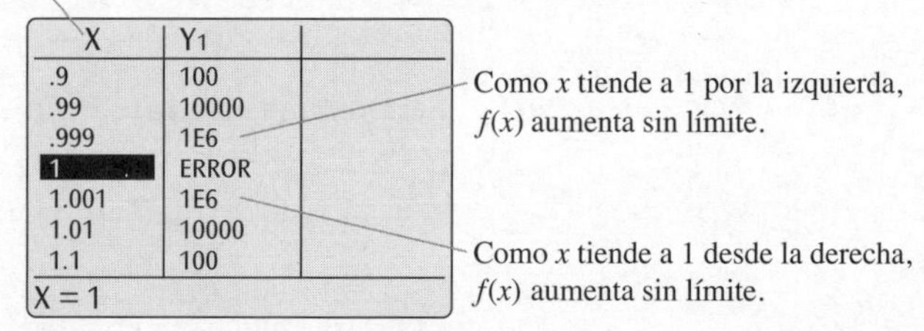

X	Y1	
.9	100	
.99	10000	
.999	1E6	
1	ERROR	
1.001	1E6	
1.01	10000	
1.1	100	
X = 1		

Use una herramienta de graficación para hacer una tabla de valores para analizar el límite en el ejemplo 1(b).

Asíntotas verticales

Si fuera posible extender las gráficas de la figura 1.40 hacia el infinito positivo o negativo, vería que ambas se acercan arbitrariamente a la recta vertical $x = 1$. Esta recta es una **asíntota vertical** de la gráfica de f. (En las secciones 3.5 y 3.6 se estudiarán otros tipos de asíntotas.)

COMENTARIO Si la gráfica de una función f tiene una asíntota vertical en $x = c$, entonces f *no es continua* en c.

Para ver las figuras a color, acceda al código

Definición de asíntota vertical

Si $f(x)$ tiende a infinito (o menos infinito) cuando x tiende a c por la derecha o por la izquierda, se dice que la recta $x = c$ es una **asíntota vertical** de la gráfica de f.

En el ejemplo 1, observe que todas las funciones son *cocientes* y la asíntota vertical aparece en el número en el cual el denominador es 0 (y el numerador no es 0). El siguiente teorema generaliza esta observación.

TEOREMA 1.14 Asíntotas verticales

Sean f y g funciones continuas sobre un intervalo abierto que contiene a c. Si $f(c) \neq 0$, $g(c) = 0$ y existe un intervalo abierto que contiene a c tal que $g(x) \neq 0$ para todo $x \neq c$ en el intervalo, entonces la gráfica de la función

$$h(x) = \frac{f(x)}{g(x)}$$

tiene una asíntota vertical en $x = c$.

Una demostración de este teorema se da en el apéndice A.

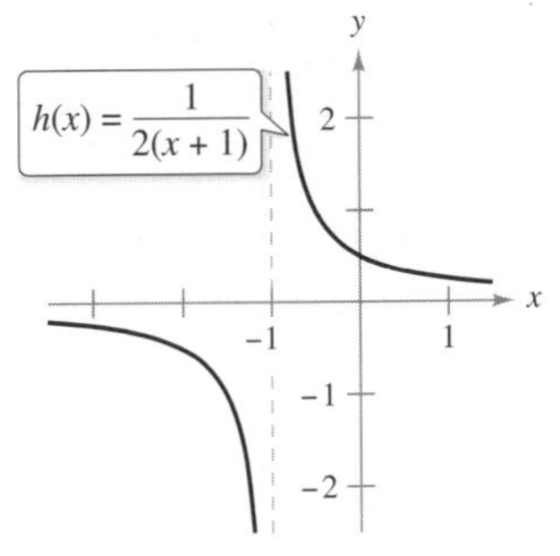

(a)

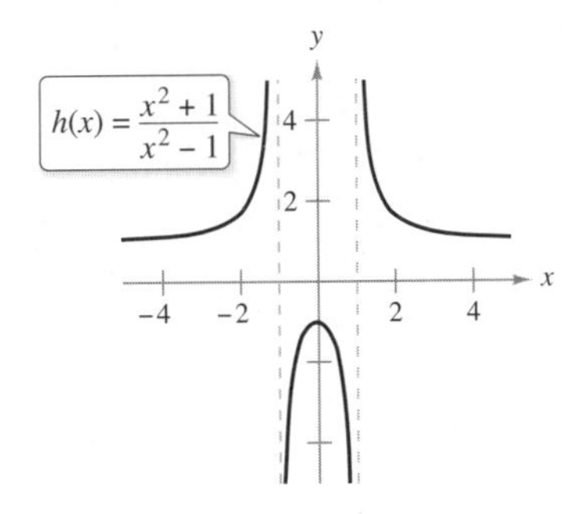

(b)

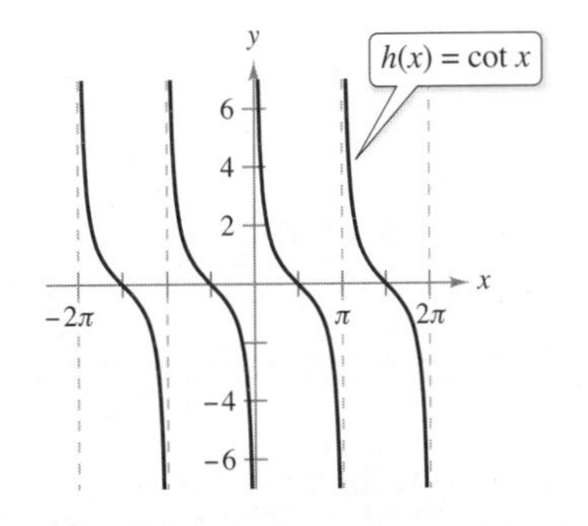

(c)

Funciones con asíntotas verticales.

Figura 1.41

EJEMPLO 2 Calcular asíntotas verticales

Consulte LarsonCalculus.com (disponible solo en inglés) para una versión interactiva de este tipo de ejemplo.

a. Cuando $x = -1$, el denominador de

$$h(x) = \frac{1}{2(x + 1)}$$

es igual a 0 y el numerador no lo es. Por tanto, mediante el teorema 1.14, puede concluir que $x = -1$ es una asíntota vertical, como se muestra en la figura 1.41(a).

b. Al factorizar el denominador como

$$h(x) = \frac{x^2 + 1}{x^2 - 1} = \frac{x^2 + 1}{(x - 1)(x + 1)} \qquad \text{Diferencia de cuadrados.}$$

Se puede determinar que el denominador se anula en $x = -1$ y en $x = 1$. Además, dado que el numerador no es 0, en estos dos puntos se puede aplicar el teorema 1.14 y concluir que la gráfica de f tiene dos asíntotas verticales, como se muestra en la figura 1.41(b).

c. Al escribir la función cotangente de la forma

$$h(x) = \cot x = \frac{\cos x}{\operatorname{sen} x} \qquad \text{Cociente de identidad.}$$

se puede aplicar el teorema 1.14 para concluir que las asíntotas verticales tienen lugar en todos los valores de x, tales que $\operatorname{sen} x = 0$ y $\cos x \neq 0$, como se muestra en la figura 1.41(c). Por consiguiente, la gráfica de esta función tiene infinitas asíntotas verticales. Estas asíntotas aparecen cuando $x = n\pi$, donde n es un número entero. ■

El teorema 1.14 exige que el valor del numerador en $x = c$ no sea 0. Si tanto el numerador como el denominador son 0 en $x = c$, se obtiene la *forma indeterminada* 0/0, y no es posible establecer el comportamiento límite en $x = c$ sin realizar una investigación complementaria, como se ilustra en el ejemplo 3.

EJEMPLO 3 Función racional con factores comunes

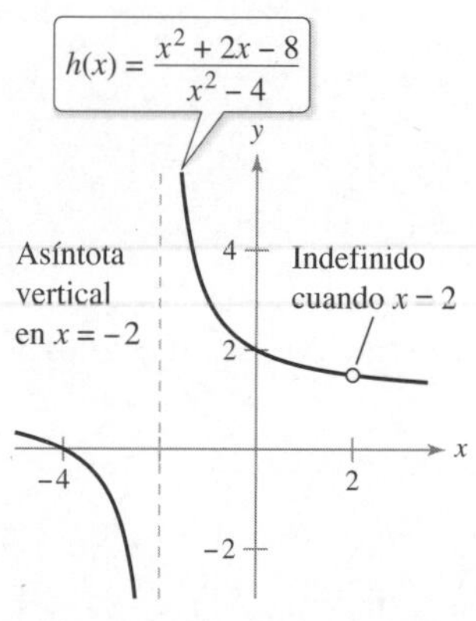

$h(x)$ crece y decrece indefinidamente cuando x tiende a -2.
Figura 1.42

Determine todas las asíntotas verticales de la gráfica de

$$h(x) = \frac{x^2 + 2x - 8}{x^2 - 4}$$

Solución Comience por simplificar la expresión como sigue

$$h(x) = \frac{x^2 + 2x - 8}{x^2 - 4} \qquad \text{Escriba la función original.}$$

$$= \frac{(x + 4)(x - 2)}{(x + 2)(x - 2)} \qquad \text{Factorice y cancele los factores comunes.}$$

$$= \frac{x + 4}{x + 2}, \quad x \neq 2 \qquad \text{Simplifique.}$$

En todos los valores de x distintos de $x = 2$, la gráfica de h coincide con la de $k(x) = (x + 4)/(x + 2)$. De manera que puede aplicar a k el teorema 1.14 y concluir que existe una asíntota vertical en $x = -2$, como se muestra en la figura 1.42. A partir de la gráfica, observe que

$$\lim_{x \to -2^-} \frac{x^2 + 2x - 8}{x^2 - 4} = -\infty \quad \text{y} \quad \lim_{x \to -2^+} \frac{x^2 + 2x - 8}{x^2 - 4} = \infty$$

Note que $x = 2$ *no es* una asíntota vertical.

EJEMPLO 4 Calcular límites infinitos

Determine los siguientes límites

$$\lim_{x \to 1^-} \frac{x^2 - 3x}{x - 1} \quad \text{y} \quad \lim_{x \to 1^+} \frac{x^2 - 3x}{x - 1}$$

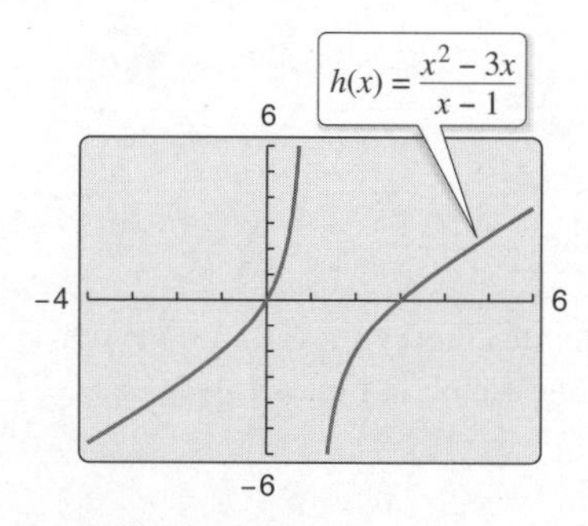

La gráfica de h tiene una asíntota vertical en $x = 1$.
Figura 1.43

Solución Puesto que el denominador es 0 cuando $x = 1$ (y el numerador no se anula), se sabe que la gráfica de

$$h(x) = \frac{x^2 - 3x}{x - 1}$$

tiene una asíntota vertical en $x = 1$. Esto significa que cada uno de los límites dados son ∞ o $-\infty$. Se puede determinar el resultado al analizar h en los valores de x cercanos a 1, o al utilizar una herramienta de graficación. En la gráfica de h que se muestra en la figura 1.43, observe que la gráfica tiende a ∞ por la izquierda de $x = 1$ y a $-\infty$ por la derecha de $x = 1$. De tal modo, puede concluir que

$$\lim_{x \to 1^-} \frac{x^2 - 3x}{x - 1} = \infty \qquad \text{El límite por la izquierda es infinito.}$$

y

$$\lim_{x \to 1^+} \frac{x^2 - 3x}{x - 1} = -\infty \qquad \text{El límite por la derecha es infinito negativo.}$$

Para ver las figuras a color, acceda al código

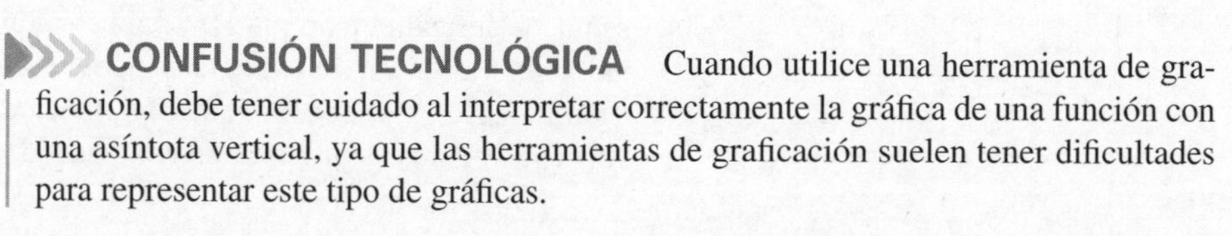

CONFUSIÓN TECNOLÓGICA Cuando utilice una herramienta de graficación, debe tener cuidado al interpretar correctamente la gráfica de una función con una asíntota vertical, ya que las herramientas de graficación suelen tener dificultades para representar este tipo de gráficas.

TEOREMA 1.15 Propiedades de los límites infinitos

Sean c y L números reales, y sean f y g funciones tales que

$$\lim_{x \to c} f(x) = \infty \quad \text{y} \quad \lim_{x \to c} g(x) = L$$

1. Suma: $\lim_{x \to c} [f(x) + g(x)] = \infty$
2. Diferencia: $\lim_{x \to c} [f(x) - g(x)] = \infty$
3. Producto: $\lim_{x \to c} [f(x)g(x)] = \infty, \quad L > 0$

   $\lim_{x \to c} [f(x)g(x)] = -\infty, \quad L < 0$
4. Cociente: $\lim_{x \to c} \dfrac{g(x)}{f(x)} = 0$

Propiedades análogas son válidas para límites laterales y para funciones cuyo límite de $f(x)$ cuando x tiende a c es $-\infty$ [vea el ejemplo 5(d)].

COMENTARIO Asegúrese de entender que la propiedad 3 del teorema 1.15 no es válida cuando $\lim_{x \to c} g(x) = 0$.

Demostración Esta es una demostración de la propiedad de la suma. [Las demostraciones de las demás propiedades se dejan como ejercicio (vea el ejercicio 78).] Para demostrar que el límite de $f(x) + g(x)$ es infinito, elija $M > 0$. Se necesita entonces encontrar una $\delta > 0$ tal que $[f(x) + g(x)] > M$ siempre que $0 < |x - c| < \delta$. Para simplificar, suponga que L es positivo. Sea $M_1 = M + 1$. Puesto que el límite de $f(x)$ es infinito, existe una δ_1 tal que $f(x) > M_1$ siempre que $0 < |x - c| < \delta_1$. Como además el límite de $g(x)$ es L, existe una δ_2 tal que $|g(x) - L| < 1$ siempre que $0 < |x - c| < \delta_2$. Haciendo que δ sea el menor de δ_1 y δ_2, puede concluir que $0 < |x - c| < \delta$ implica que $f(x) > M + 1$ y $|g(x) - L| < 1$. La segunda de estas desigualdades implica que $g(x) > L - 1$ y, sumando esto a la primera desigualdad, se obtiene

$$f(x) + g(x) > (M + 1) + (L - 1) = M + L > M$$

Por lo tanto, puede concluir que

$$\lim_{x \to c} [f(x) + g(x)] = \infty$$

■

EJEMPLO 5 Calcular límites

a. Puesto que $\lim_{x \to 0} 1 = 1$ y $\lim_{x \to 0} \dfrac{1}{x^2} = \infty$, se puede escribir

$$\lim_{x \to 0} \left(1 + \frac{1}{x^2}\right) = \infty \qquad \text{Propiedad 1, teorema 1.15.}$$

b. Puesto que $\lim_{x \to 1^-} (x^2 + 1) = 2$ y $\lim_{x \to 1^-} (\cot \pi x) = -\infty$, se sigue que

$$\lim_{x \to 1^-} \frac{x^2 + 1}{\cot \pi x} = 0 \qquad \text{Propiedad 4, teorema 1.15.}$$

c. Puesto que $\lim_{x \to 0^+} 3 = 3$ y $\lim_{x \to 0^+} \cot x = \infty$, se puede escribir que

$$\lim_{x \to 0^+} 3 \cot x = \infty \qquad \text{Propiedad 3, teorema 1.15.}$$

d. Puesto que $\lim_{x \to 0^-} x^2 = 0$ y $\lim_{x \to 0^-} \dfrac{1}{x} = -\infty$, se deduce que

$$\lim_{x \to 0^-} \left(x^2 + \frac{1}{x}\right) = -\infty \qquad \text{Propiedad 1, teorema 1.15.}$$

■

COMENTARIO Observe que la solución del ejemplo 5(d) utiliza la propiedad 1 del teorema 1.15 para el límite de $f(x)$ conforme x tiende a c es $-\infty$.

1.5 Ejercicios

Las respuestas a los ejercicios impares pueden consultarse en el Apéndice de este libro.

Repaso de conceptos

1. Describa el significado de límite infinito. ¿Qué representa ∞?
2. Describa qué se entiende por la asíntota vertical de una gráfica.

Calcular límites infinitos de una gráfica **En los ejercicios 3 a 6, determine si $f(x)$ tiende a ∞ o $-\infty$ cuando x tiende a -2 por la izquierda y por la derecha.**

3. $f(x) = 2\left|\dfrac{x}{x^2-4}\right|$

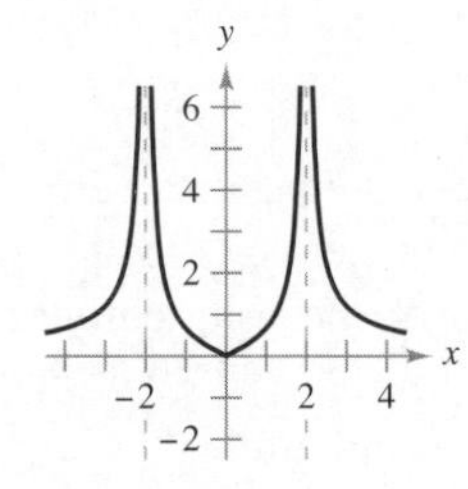

4. $f(x) = \dfrac{1}{x+2}$

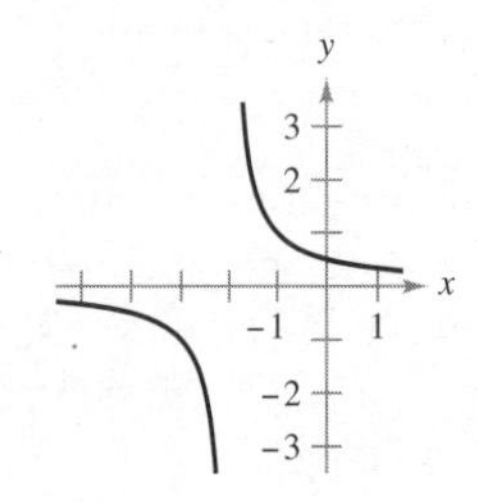

5. $f(x) = \tan\dfrac{\pi x}{4}$

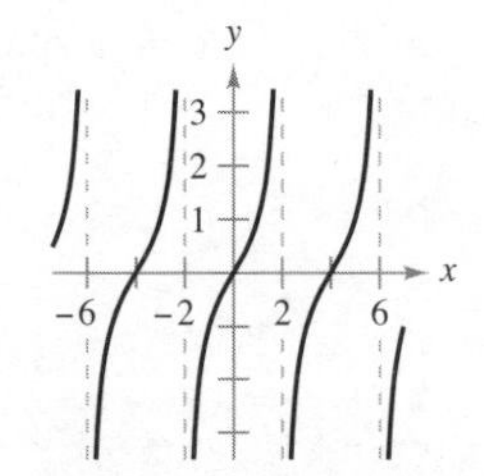

6. $f(x) = \sec\dfrac{\pi x}{4}$

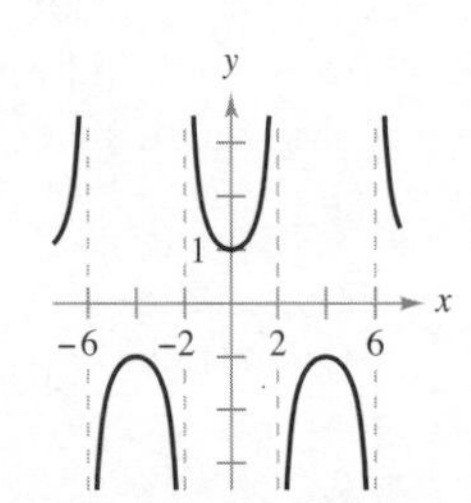

Calcular límites infinitos **En los ejercicios 7 a 10, determine si $f(x)$ tiende a ∞ o $-\infty$ cuando x tiende a 4 por la izquierda y por la derecha.**

7. $f(x) = \dfrac{1}{x-4}$ **8.** $f(x) = \dfrac{-1}{x-4}$

9. $f(x) = \dfrac{1}{(x-4)^2}$ **10.** $f(x) = \dfrac{-1}{(x-4)^2}$

Análisis numérico y gráfico **En los ejercicios 11 a 18, genere una tabla de valores para la función y utilícela para determinar si $f(x)$ tiende a ∞ o $-\infty$ cuando x tiende a –3 por la izquierda y por la derecha, respectivamente. Utilice una herramienta de graficación para representar la función y confirmar su respuesta.**

11. $f(x) = \dfrac{1}{x^2-9}$ **12.** $f(x) = \dfrac{x}{x^2-9}$

13. $f(x) = \dfrac{x^2}{x^2-9}$ **14.** $f(x) = -\dfrac{1}{3+x}$

15. $f(x) = \cot\dfrac{\pi x}{3}$ **16.** $f(x) = \tan\dfrac{\pi x}{6}$

17. $f(x) = \sec\dfrac{\pi x}{6}$ **18.** $f(x) = \csc\dfrac{\pi x}{3}$

Encontrar asíntotas verticales **En los ejercicios 19 a 34, encuentre las asíntotas verticales (si las hay) de la gráfica de la función.**

19. $f(x) = \dfrac{1}{x^2}$ **20.** $f(x) = \dfrac{2}{(x-3)^3}$

21. $f(x) = \dfrac{x^2}{x^2-4}$ **22.** $f(x) = \dfrac{3x}{x^2+9}$

23. $g(t) = \dfrac{t-1}{t^2+1}$ **24.** $h(s) = \dfrac{3s+4}{s^2-16}$

25. $f(x) = \dfrac{3}{x^2+x-2}$ **26.** $g(x) = \dfrac{x^2-5x+25}{x^3+125}$

27. $f(x) = \dfrac{x^2-2x-15}{x^3-5x^2+x-5}$ **28.** $h(t) = \dfrac{t^2-2t}{t^4-16}$

29. $f(x) = \dfrac{4x^2+4x-24}{x^4-2x^3-9x^2+18x}$

30. $h(x) = \dfrac{x^2-9}{x^3+3x^2-x-3}$

31. $f(x) = \csc x$ **32.** $f(x) = \tan \pi x$

33. $s(t) = \dfrac{t}{\operatorname{sen} t}$ **34.** $g(\theta) = \dfrac{\tan\theta}{\theta}$

Asíntota vertical o discontinuidad evitable **En los ejercicios 35 a 38, determine si la función tiene una asíntota vertical o una discontinuidad evitable en $x = -1$. Represente la función con una herramienta de graficación para confirmar su respuesta.**

35. $f(x) = \dfrac{x^2-1}{x+1}$ **36.** $f(x) = \dfrac{x^2-2x-8}{x+1}$

37. $f(x) = \dfrac{\cos(x^2-1)}{x+1}$ **38.** $f(x) = \dfrac{\operatorname{sen}(x+1)}{x+1}$

Encontrar un límite lateral **En los ejercicios 39 a 56, encuentre el límite unilateral (si los hay).**

39. $\lim\limits_{x\to -1^+} \dfrac{1}{x+1}$ **40.** $\lim\limits_{x\to 1^-} \dfrac{-1}{(x-1)^2}$

41. $\lim\limits_{x\to 2^+} \dfrac{x}{x-2}$ **42.** $\lim\limits_{x\to 2^-} \dfrac{x^2}{x^2+4}$

43. $\lim\limits_{x\to -3^-} \dfrac{x+3}{x^2+x-6}$ **44.** $\lim\limits_{x\to (-1/2)^+} \dfrac{6x^2+x-1}{4x^2-4x-3}$

45. $\lim\limits_{x\to 0^-} \left(1+\dfrac{1}{x}\right)$ **46.** $\lim\limits_{x\to 0^+} \left(6-\dfrac{1}{x^3}\right)$

47. $\lim\limits_{x\to -4^-} \left(x^2+\dfrac{2}{x+4}\right)$ **48.** $\lim\limits_{x\to 0^+} \left(x-\dfrac{1}{x}+3\right)$

49. $\lim\limits_{x\to 0^+} \left(\operatorname{sen} x+\dfrac{1}{x}\right)$ **50.** $\lim\limits_{x\to 3^+} \left(\dfrac{x}{3}+\cot\dfrac{\pi x}{2}\right)$

51. $\lim\limits_{x\to 0^+} \dfrac{2}{\operatorname{sen} x}$ **52.** $\lim\limits_{x\to (\pi/2)^+} \dfrac{-2}{\cos x}$

53. $\lim\limits_{x\to \pi^+} \dfrac{\sqrt{x}}{\csc x}$ **54.** $\lim\limits_{x\to 0^-} \dfrac{x+2}{\cot x}$

55. $\lim\limits_{x\to (1/2)^-} x\sec \pi x$ **56.** $\lim\limits_{x\to (1/2)^+} x^2\tan \pi x$

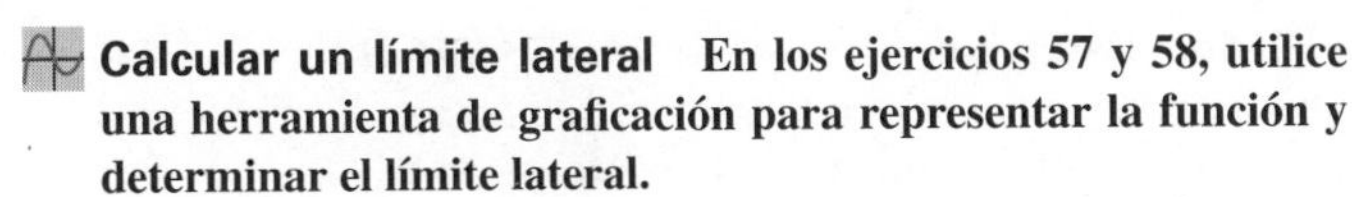

Calcular un límite lateral En los ejercicios 57 y 58, utilice una herramienta de graficación para representar la función y determinar el límite lateral.

57. $\lim\limits_{x\to 1^+} \dfrac{x^2+x+1}{x^3-1}$

58. $\lim\limits_{x\to 1^-} \dfrac{x^3-1}{x^2+x+1}$

Determinar límites En los ejercicios 59 y 60, utilice la información dada para determinar cada límite.

59. $\lim\limits_{x\to c} f(x) = \infty$

$\lim\limits_{x\to c} g(x) = -2$

(a) $\lim\limits_{x\to c} [f(x) + g(x)]$

(b) $\lim\limits_{x\to c} [f(x)g(x)]$

(c) $\lim\limits_{x\to c} \dfrac{g(x)}{f(x)}$

60. $\lim\limits_{x\to c} f(x) = -\infty$

$\lim\limits_{x\to c} g(x) = 3$

(a) $\lim\limits_{x\to c} [f(x) + g(x)]$

(b) $\lim\limits_{x\to c} [f(x)g(x)]$

(c) $\lim\limits_{x\to c} \dfrac{g(x)}{f(x)}$

Exploración de conceptos

61. Escriba una función racional con asíntotas verticales en $x = 6$ y en $x = -2$ y un cero en $x = 3$.

62. ¿Tiene toda función racional una asíntota vertical? Explique su respuesta.

63. Utilice la gráfica de la función f (vea la figura) para trazar la gráfica de $g(x) = 1/f(x)$ sobre el intervalo $[-2, 3]$. Para imprimir una copia ampliada de la gráfica, visite *MathGraphs.com* (disponible solo en inglés).

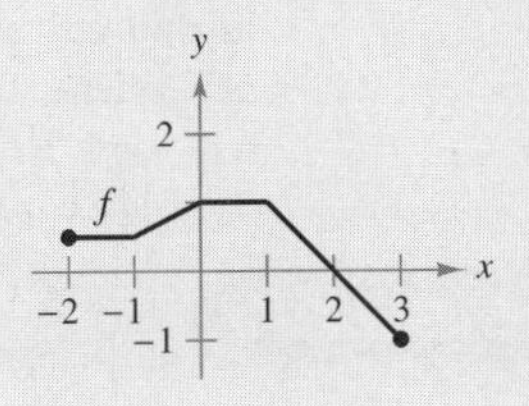

64. Relatividad De acuerdo con la teoría de la relatividad, la masa m de una partícula depende de su velocidad v, es decir:

$$m = \frac{m_0}{\sqrt{1-(v^2/c^2)}}$$

donde m_0 es la masa cuando la partícula está en reposo y c es la velocidad de la luz. Calcule el límite de la masa cuando v tiende a c desde la izquierda.

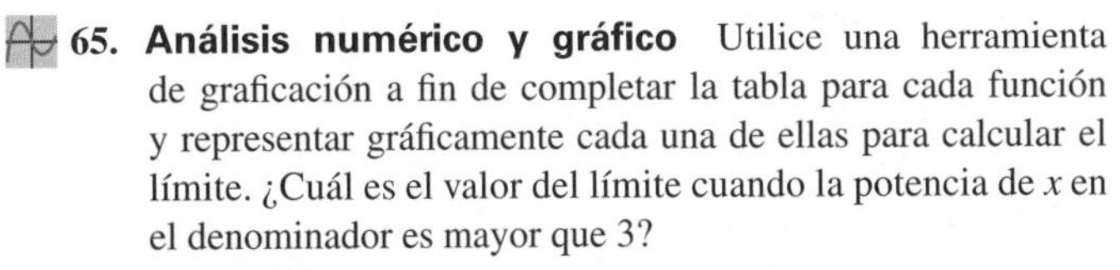

65. Análisis numérico y gráfico Utilice una herramienta de graficación a fin de completar la tabla para cada función y representar gráficamente cada una de ellas para calcular el límite. ¿Cuál es el valor del límite cuando la potencia de x en el denominador es mayor que 3?

x	1	0.5	0.2	0.1	0.01	0.001	0.0001
$f(x)$							

(a) $\lim\limits_{x\to 0^+} \dfrac{x - \operatorname{sen} x}{x}$

(b) $\lim\limits_{x\to 0^+} \dfrac{x - \operatorname{sen} x}{x^2}$

(c) $\lim\limits_{x\to 0^+} \dfrac{x - \operatorname{sen} x}{x^3}$

(d) $\lim\limits_{x\to 0^+} \dfrac{x - \operatorname{sen} x}{x^4}$

66. ¿CÓMO LO VE? Para una cantidad de gas a una temperatura constante, la presión P es inversamente proporcional al volumen V. ¿Cuál es el límite de P conforme V se aproxima a 0 desde la derecha? Explique lo que esto significa en el contexto del problema.

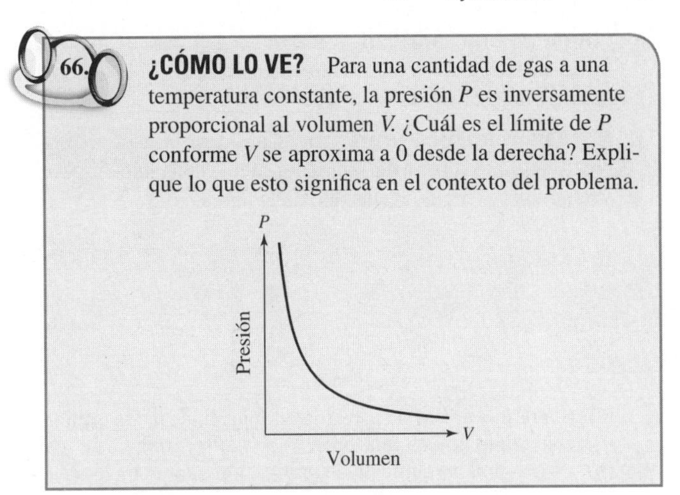

67. Razón de cambio Una escalera de 25 pies de largo está apoyada en una casa (vea la figura). Si por alguna razón la base de la escalera se aleja del muro a un ritmo de 2 pies por segundo, la parte superior descenderá con una razón dada por

$$r = \frac{2x}{\sqrt{625 - x^2}} \text{ pies/s}$$

donde x es la distancia que hay entre la base de la escalera y el muro y la casa, y r es la rapidez en pies por segundo.

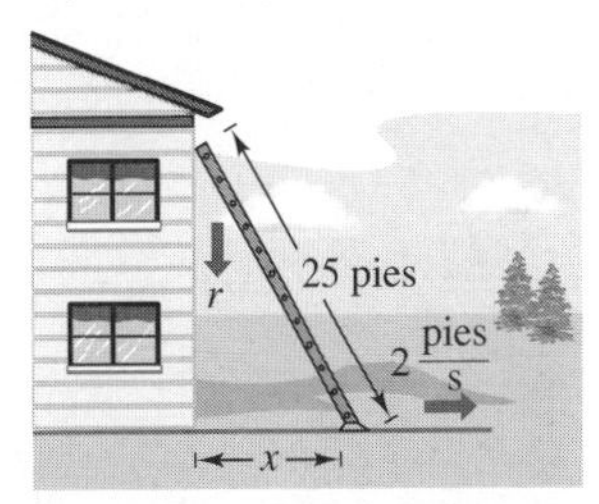

(a) Calcule la rapidez r cuando x es 15 pies.

(b) Encuentre el límite de r cuando x tiende a 25 por la izquierda.

68. Rapidez media

En un viaje de d millas hacia otra ciudad, la rapidez media de un camión fue de x millas por hora. En el viaje de regreso, su rapidez media fue de y millas por hora. La velocidad media del viaje de ida y vuelta fue de 50 millas por hora.

(a) Verifique que

$$y = \frac{25x}{x - 25}$$

¿Cuál es el dominio?

(b) Elabore una tabla que muestre los valores correspondientes de y (en millas por hora) para los valores x de 30, 40, 50 y 60 millas por hora. ¿Los valores de y difieren de los esperados? Explique su respuesta.

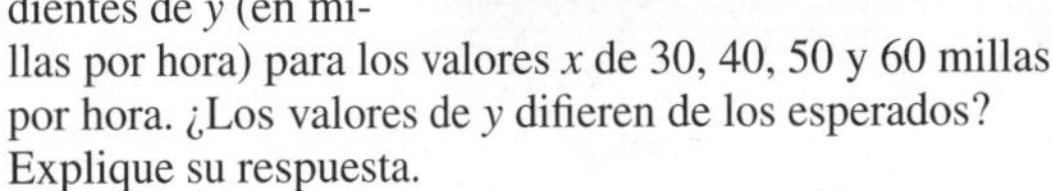

(c) Calcule el límite de y cuando x se aproxima a 25 por la derecha e interprete el resultado.

69. Límite de una suma Una suma S es inversamente proporcional a $1 - r$, donde $0 < |r| < 1$. Encuentre el límite de S cuando $r \to 1^-$.

70. Límite de una cantidad Una cantidad Q varía de manera inversamente proporcional a la raíz cuadrada de $t - 4$. Encuentre el límite de Q cuando $t \to 4^+$.

71. Análisis numérico y gráfico Considere la región sombreada que queda fuera del sector del círculo con radio de 10 m y dentro del triángulo rectángulo de la figura.

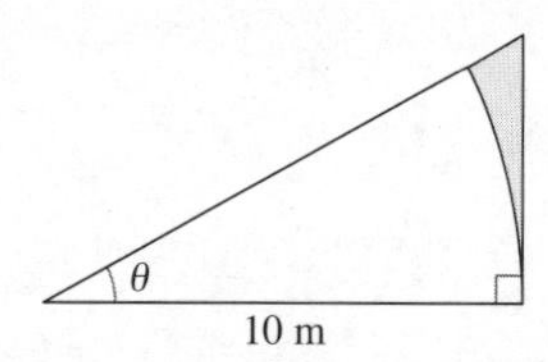

(a) Exprese el área A de la región en función de θ. Determine el dominio de esta función.

(b) Utilice una herramienta de graficación para completar la tabla y representar la función sobre el dominio apropiado.

θ	0.3	0.6	0.9	1.2	1.5
$f(\theta)$					

(c) Calcule el límite de A conforme θ tiende a $\pi/2$ por la izquierda.

72. Análisis numérico y gráfico Una banda cruzada conecta la polea de 20 cm (10 cm de radio) de un motor eléctrico con otra polea de 40 cm (20 cm de radio) de una sierra circular. El motor eléctrico gira a 1700 revoluciones por minuto.

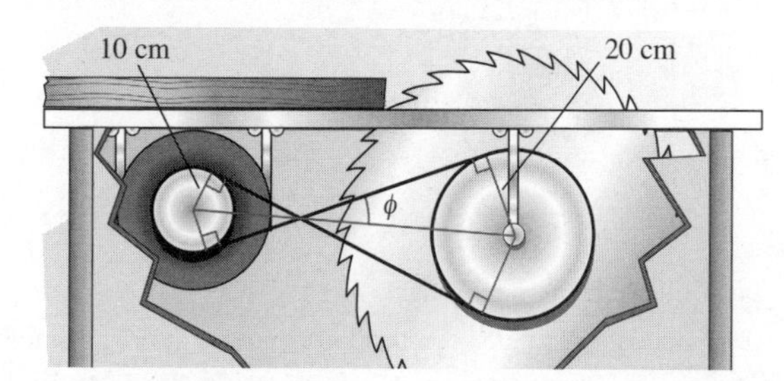

(a) Determine el número de revoluciones por minuto de la sierra.

(b) ¿Cómo afecta el cruce de la banda a la sierra en relación con el motor?

(c) Sea L la longitud total de la correa. Exprese L en función de ϕ, donde ϕ se mide en radianes. ¿Cuál es el dominio de la función? (*Sugerencia*: Sume las longitudes de los tramos rectos de la banda y las longitudes de la banda alrededor de cada polea.)

(d) Utilice una herramienta de graficación para completar la tabla.

ϕ	0.3	0.6	0.9	1.2	1.5
L					

(e) Utilice una herramienta de graficación para representar la función de un dominio apropiado.

(f) Calcule $\lim\limits_{\phi \to (\pi/2)^-} L$

(g) Utilice algún argumento geométrico como base de otro procedimiento para encontrar el límite del inciso (f)

(h) Calcule $\lim\limits_{\phi \to 0^+} L$

¿Verdadero o falso? En los ejercicios 73 a 76, determine si el enunciado es verdadero o falso. Si es falso, explique por qué o proporcione un ejemplo que demuestre que lo es.

73. La gráfica de una función no puede cruzar una asíntota vertical.

74. Las gráficas de las funciones polinomiales no tienen asíntotas verticales.

75. Las gráficas de las funciones trigonométricas carecen de asíntotas verticales.

76. Si f tiene una asíntota vertical en $x = 0$, entonces no está definida en $x = 0$.

77. Encontrar funciones Encuentre funciones f y g tales que $\lim\limits_{x \to c} f(x) = \infty$ y $\lim\limits_{x \to c} g(x) = \infty$, pero $\lim\limits_{x \to c} [f(x) - g(x)] \neq 0$.

78. Demostración Demuestre las propiedades restantes del teorema 1.15.

79. Demostración Demuestre que si $\lim\limits_{x \to c} f(x) = \infty$, entonces $\lim\limits_{x \to c} \dfrac{1}{f(x)} = 0$.

80. Demostración Demuestre que si

$$\lim_{x \to c} \frac{1}{f(x)} = 0$$

entonces $\lim\limits_{x \to c} f(x)$ no existe.

Demostración En los ejercicios 81 a 84, use la definición ε-δ del límite para demostrar el enunciado.

81. $\lim\limits_{x \to 3^+} \dfrac{1}{x - 3} = \infty$

82. $\lim\limits_{x \to 5^-} \dfrac{1}{x - 5} = -\infty$

83. $\lim\limits_{x \to 8^+} \dfrac{3}{8 - x} = -\infty$

84. $\lim\limits_{x \to 9^-} \dfrac{6}{9 - x} = \infty$

PROYECTO DE TRABAJO

Gráficas y límites de funciones trigonométricas

Recuerde, del teorema 1.9, que el límite de

$$f(x) = \frac{\operatorname{sen} x}{x}$$

cuando x tiende a 0 es 1.

(a) Utilice una herramienta de graficación para representar la función f en el intervalo $-\pi \leq x \leq \pi$, y explique cómo ayuda esta gráfica a confirmar dicho teorema.

(b) Explique cómo podría usar una tabla de valores para confirmar numéricamente el valor de este límite.

(c) Trace la gráfica de la función $g(x) = \operatorname{sen} x$. Trace una recta tangente en el punto $(0, 0)$ y estime visualmente su pendiente.

(d) Sea $(x, \operatorname{sen} x)$ un punto en la gráfica de g cercano a $(0, 0)$. Escriba una fórmula para la pendiente de la recta secante que une a $(x, \operatorname{sen} x)$ con $(0, 0)$. Evalúe esta fórmula para $x = 0.1$ y $x = 0.01$. A continuación, encuentre la pendiente exacta de la recta tangente a g en el punto $(0, 0)$.

(e) Dibuje la gráfica de la función coseno, $h(x) = \cos x$. ¿Cuál es la pendiente de la recta tangente en el punto $(0, 1)$? Utilice límites para calcular analíticamente dicha pendiente.

(f) Calcule la pendiente de la recta tangente a $k(x) = \tan x$ en el punto $(0, 0)$.

Ejercicios de repaso

Las respuestas a los ejercicios impares pueden consultarse en el Apéndice de este libro.

Exploración de conceptos

La idea central de este capítulo es el concepto de límite de una función. Los límites se utilizarán para desarrollar tres ideas principales del cálculo: la derivada, la integral y series infinitas. El enunciado

$$\lim_{x \to c} f(x) = L$$

significa que si $f(x)$ se acerca arbitrariamente a un solo número L cuando x tiende a c (desde cualquier lado), entonces el límite de $f(x)$ cuando x tiende a c es L. De lo contrario, el límite no existe. El concepto de límite conduce naturalmente a la definición de continuidad, que tiene tres condiciones: (1) $f(c)$ está definido, (2) el límite $\lim_{x \to c} f(x)$ existe y (3) $\lim_{x \to c} f(x) = f(c)$

1. Encuentre una función f que satisfaga las dos primeras condiciones en la definición de continuidad pero no la tercera.
2. ¿Puede una función que es continua para toda x real tener una asíntota vertical? Explique su respuesta.
3. Considere la función $f(x) = \sqrt{x(x-1)}$
   (a) Encuentre el dominio de f.
   (b) Encuentre $\lim_{x \to 0^-} f(x)$.
   (c) Encuentre $\lim_{x \to 1^+} f(x)$.
4. Considere la función
   $$g(x) = \frac{1}{x-4}$$
   (a) Encuentre el dominio de g.
   (b) Analice la continuidad de g.
   (c) Describa el comportamiento de g a medida que x se acerca cada vez más a 4.
5. Considere la función
   $$f(x) = \frac{\tan 2x}{x}$$
   (a) Encuentre el límite $\lim_{x \to 0} f(x)$, si existe.
   (b) ¿Puede f estar definida en $x = 0$ pero de manera que f sea continua en $x = 0$?
6. Considere las gráficas de las funciones g_1, g_2, g_3 y g_4.

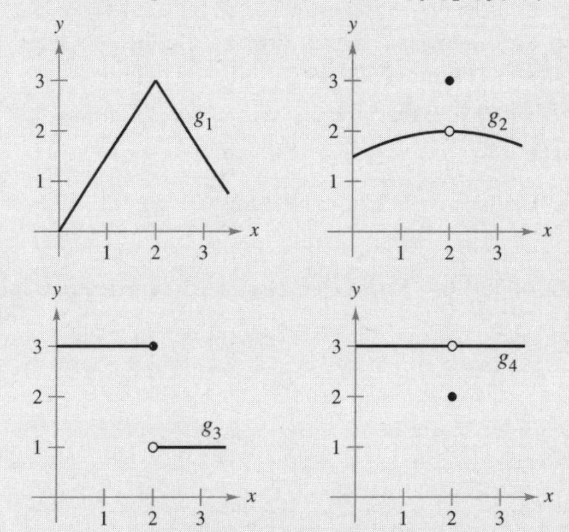

Para cada una de las condiciones dadas de la función f, ¿cuál de las gráficas puede ser la que le corresponde?

(a) $\lim_{x \to 2} f(x) = 3$
(b) f es continua en 2.
(c) $\lim_{x \to 2^-} f(x) = 3$

Precálculo o cálculo **En los ejercicios 7 y 8, decida si cada problema se puede resolver usando precálculo o si se requiere cálculo. Cuando el problema puede ser resuelto usando precálculo, resuélvalo. Cuando el problema parezca requerir cálculo, explique su razonamiento y use un gráfico o método numérico para estimar la solución.**

7. Encuentre el área de la región sombreada.

(a)

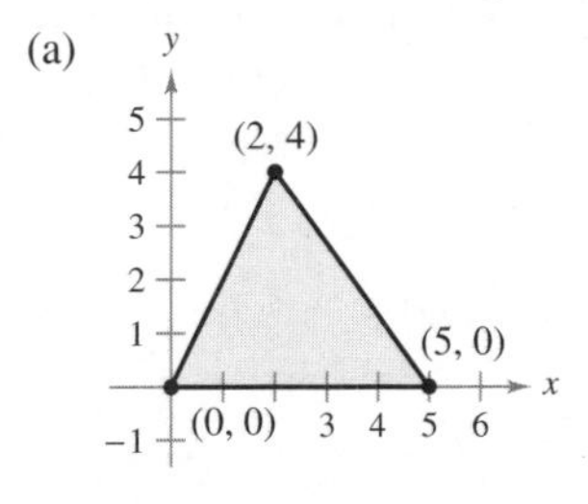

(b)

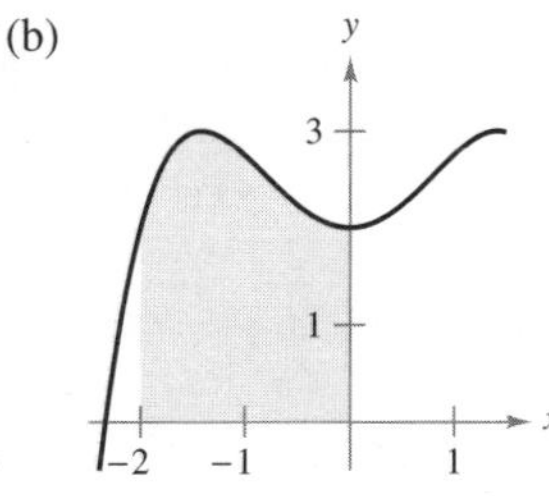

8. Encuentre la distancia entre los puntos (1, 1) y (3, 9) (a) a lo largo de la curva $y = x^2$ y (b) a lo largo de la línea $y = 4x - 3$.

Estimar un límite numéricamente **En los ejercicios 9 a 14, elabore una tabla de valores para la función y use el resultado para estimar el límite. Use una herramienta de graficación para graficar la función y confirmar su resultado.**

9. $\lim_{t \to 5} \dfrac{t^2 - 25}{t - 5}$
10. $\lim_{x \to 3} \dfrac{x - 3}{x^2 - 7x + 12}$
11. $\lim_{x \to 0} \dfrac{\sqrt{x+4} - 2}{x}$
12. $\lim_{x \to 1} \dfrac{1 - \sqrt[3]{x}}{x - 1}$
13. $\lim_{x \to 0} \dfrac{[1/(x+7)] - (1/7)}{x}$
14. $\lim_{x \to 0} \dfrac{[4/(x+2)] - 2}{x}$

Encontrar un límite de manera gráfica En los ejercicios 15 y 16, utilice la gráfica para encontrar el límite (si existe). Si el límite no existe, explique por qué.

15. $h(x) = \left[\!\left[-\frac{x}{2}\right]\!\right] + x^2$

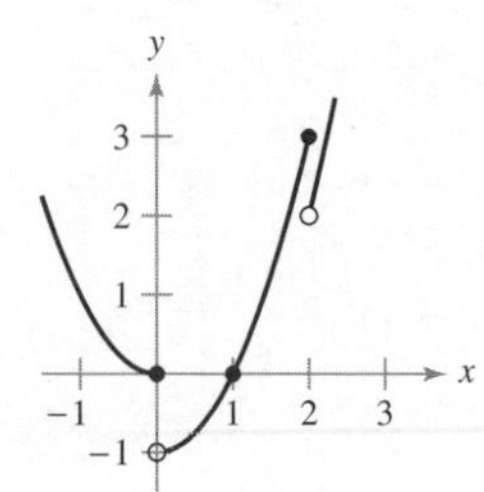

(a) $\lim_{x\to 2} h(x)$ (b) $\lim_{x\to 1} h(x)$

16. $g(x) = \frac{-2x}{x-3}$

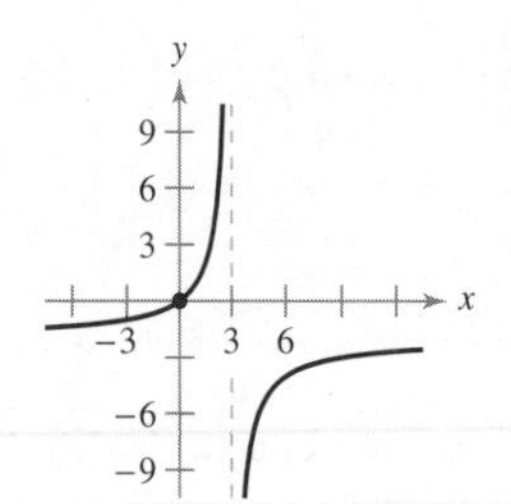

(a) $\lim_{x\to 3} g(x)$ (b) $\lim_{x\to 0} g(x)$

Usar la definición ε-δ de un límite En los ejercicios 17 a 20, encuentre el límite L. Después, utilice la definición ε-δ para demostrar que el límite es L.

17. $\lim_{x\to 1} (x+4)$

18. $\lim_{x\to 9} \sqrt{x}$

19. $\lim_{x\to 2} (1-x^2)$

20. $\lim_{x\to 5} 9$

Calcular un límite En los ejercicios 21 a 38, encuentre el límite.

21. $\lim_{x\to -6} x^2$

22. $\lim_{x\to 0} (5x-3)$

23. $\lim_{t\to 4} \sqrt{t+2}$

24. $\lim_{x\to 2} \sqrt{x^3+1}$

25. $\lim_{x\to 27} \left(\sqrt[3]{x}-1\right)^4$

26. $\lim_{x\to 7} (x-4)^3$

27. $\lim_{x\to 4} \frac{4}{x-1}$

28. $\lim_{x\to 2} \frac{x}{x^2+1}$

29. $\lim_{x\to -3} \frac{2x^2+11x+15}{x+3}$

30. $\lim_{t\to 4} \frac{t^2-16}{t-4}$

31. $\lim_{x\to 4} \frac{\sqrt{x-3}-1}{x-4}$

32. $\lim_{x\to 0} \frac{\sqrt{4+x}-2}{x}$

33. $\lim_{x\to 0} \frac{[1/(x+1)]-1}{x}$

34. $\lim_{s\to 0} \frac{\left(1/\sqrt{1+s}\right)-1}{s}$

35. $\lim_{x\to 0} \frac{1-\cos x}{\operatorname{sen} x}$

36. $\lim_{x\to \pi/4} \frac{4x}{\tan x}$

37. $\lim_{\Delta x\to 0} \frac{\operatorname{sen}[(\pi/6)+\Delta x]-(1/2)}{\Delta x}$

[*Sugerencia*: $\operatorname{sen}(\theta+\phi) = \operatorname{sen}\theta\cos\phi + \cos\theta\operatorname{sen}\phi$]

38. $\lim_{\Delta x\to 0} \frac{\cos(\pi+\Delta x)+1}{\Delta x}$

[*Sugerencia*: $\cos(\theta+\phi) = \cos\theta\cos\phi - \operatorname{sen}\theta\operatorname{sen}\phi$]

Evaluar un límite En los ejercicios 39 a 42, calcule el límite dados $\lim_{x\to c} f(x) = -6$ y $\lim_{x\to c} g(x) = \frac{1}{2}$.

39. $\lim_{x\to c} [f(x)g(x)]$

40. $\lim_{x\to c} \frac{f(x)}{g(x)}$

41. $\lim_{x\to c} [f(x)+2g(x)]$

42. $\lim_{x\to c} [f(x)]^2$

Análisis gráfico, numérico y analítico En los ejercicios 43 a 46, utilice una herramienta de graficación para trazar la función y calcular el límite. Use una tabla para reforzar su conclusión. A continuación, determine el límite por métodos analíticos.

43. $\lim_{x\to 0} \frac{\sqrt{2x+9}-3}{x}$

44. $\lim_{x\to 0} \frac{[1/(x+4)]-(1/4)}{x}$

45. $\lim_{x\to -9} \frac{x^3+729}{x+9}$

46. $\lim_{x\to 0} \frac{\cos x-1}{x}$

Objeto en caída libre En los ejercicios 47 y 48, utilice la función de posición $s(t) = -4.9t^2 + 250$, que da la altura (en metros) de un objeto que cae libremente durante t segundos desde una altura de 250 metros. Su velocidad en el tiempo $t = a$ segundos está dada por

$$\lim_{t\to a} \frac{s(a)-s(t)}{a-t}$$

47. Calcule la velocidad cuando $t = 4$.

48. ¿Cuándo y con qué velocidad golpeará el suelo?

Encontrar un límite En los ejercicios 49 a 60, encuentre el límite (si existe). Si no existe, explique por qué.

49. $\lim_{x\to 3^+} \frac{1}{x+3}$

50. $\lim_{x\to 6^-} \frac{x-6}{x^2-36}$

51. $\lim_{x\to 10^+} \frac{x}{\sqrt{x^2-100}}$

52. $\lim_{x\to 25^+} \frac{\sqrt{x}-5}{x-25}$

53. $\lim_{x\to 3^-} \frac{|x-3|}{x-3}$

54. $\lim_{x\to 2^-} \frac{x^2-4}{|x-2|}$

55. $\lim_{x\to 2^-} (2[\![x]\!]+1)$

56. $\lim_{x\to 4} [\![x-1]\!]$

57. $\lim_{x\to 2} f(x)$, donde $f(x) = \begin{cases} (x-2)^2, & x \le 2 \\ 2-x, & x > 2 \end{cases}$

58. $\lim_{x\to 1^+} g(x)$, donde $g(x) = \begin{cases} \sqrt{1-x}, & x \le 1 \\ x+1, & x > 1 \end{cases}$

59. $\lim_{t\to 1} h(t)$, donde $h(t) = \begin{cases} t^3+1, & t < 1 \\ \frac{1}{2}(t+1), & t \ge 1 \end{cases}$

60. $\lim_{s\to -2} f(s)$, donde $f(s) = \begin{cases} -s^2-4s-2, & s \le -2 \\ s^2+4s+6, & s > -2 \end{cases}$

Continuidad en un intervalo cerrado En los ejercicios 61 y 62 discuta la continuidad de la función sobre el intervalo cerrado.

61. $g(x) = \sqrt{8-x^3}$, $[-2, 2]$

62. $h(x) = \frac{3}{5-x}$, $[0, 5]$

Discontinuidades evitables y no evitables En los ejercicios 63 a 68, encuentre los valores de x (si los hay) en los que f no es continua. Establezca si las discontinuidades son evitables o no evitables.

63. $f(x) = x^4 - 81x$

64. $f(x) = x^2 - x + 20$

65. $f(x) = \frac{4}{x-5}$

66. $f(x) = \frac{1}{x^2-9}$

67. $f(x) = \frac{x}{x^3-x}$

68. $f(x) = \frac{x+3}{x^2-3x-18}$

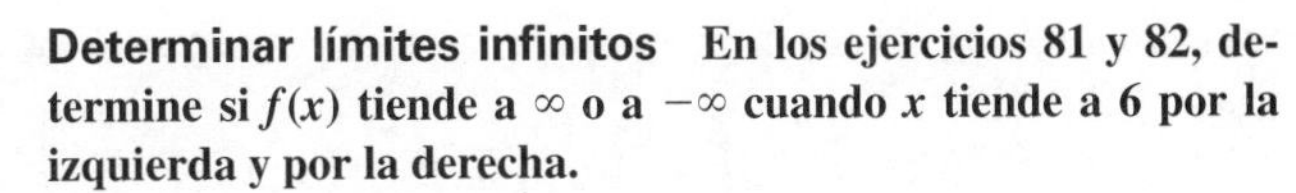

69. **Hacer una función continua** Determine el valor de c para que la función f sea continua en toda la recta real.

$$f(x) = \begin{cases} x + 3, & x \leq 2 \\ cx + 6, & x > 2 \end{cases}$$

70. **Hacer una función continua** Determine los valores b y c que hacen a la función continua en toda la recta real.

$$f(x) = \begin{cases} x + 1, & 1 < x < 3 \\ x^2 + bx + c, & |x - 2| \geq 1 \end{cases}$$

Prueba de continuidad **En los ejercicios 71 a 76, determine los intervalos sobre los que la función es continua.**

71. $f(x) = -3x^2 + 7$

72. $f(x) = \dfrac{4x^2 + 7x - 2}{x + 2}$

73. $f(x) = \sqrt{x} + \cos x$

74. $f(x) = [\![x + 3]\!]$

75. $f(x) = \begin{cases} \dfrac{3x^2 - x - 2}{x - 1}, & x \neq 1 \\ 0, & x = 1 \end{cases}$

76. $f(x) = \begin{cases} 5 - x, & x \leq 2 \\ 2x - 3, & x > 2 \end{cases}$

77. **Usar el teorema del valor intermedio** Utilice el teorema de valor intermedio para demostrar que

$f(x) = 2x^3 - 3$

tiene un cero en el intervalo $[1, 2]$.

78. **Usar el teorema del valor intermedio** Utilice el teorema de valor intermedio para demostrar que

$f(x) = x^2 + x - 2$

tiene al menos dos ceros en el intervalo $[-3, 3]$.

Usar el teorema del valor intermedio **En los ejercicios 79 y 80, verifique que el teorema del valor intermedio aplica en el intervalo indicado y encuentre el valor de c garantizado por el teorema.**

79. $f(x) = x^2 + 5x - 4, \quad [-1, 2], \quad f(c) = 2$

80. $f(x) = (x - 6)^3 + 4, \quad [4, 7], \quad f(c) = 3$

Determinar límites infinitos **En los ejercicios 81 y 82, determine si $f(x)$ tiende a ∞ o a $-\infty$ cuando x tiende a 6 por la izquierda y por la derecha.**

81. $f(x) = \dfrac{1}{x - 6}$

82. $f(x) = \dfrac{-1}{(x - 6)^2}$

Encontrar asíntotas verticales **En los ejercicios 83 a 88, encuentre las asíntotas verticales (si existen) de la gráfica de la función.**

83. $f(x) = \dfrac{3}{x}$

84. $f(x) = \dfrac{5}{(x - 2)^4}$

85. $f(x) = \dfrac{x^3}{x^2 - 9}$

86. $h(x) = \dfrac{6x}{36 - x^2}$

87. $f(x) = \sec \dfrac{\pi x}{2}$

88. $f(x) = \csc \pi x$

Encontrar un límite lateral **En los ejercicios 89 a 98, encuentre el límite lateral (si existe).**

89. $\displaystyle \lim_{x \to 1^-} \frac{x^2 + 2x + 1}{x - 1}$

90. $\displaystyle \lim_{x \to (1/2)^+} \frac{x}{2x - 1}$

91. $\displaystyle \lim_{x \to -1^+} \frac{x + 1}{x^3 + 1}$

92. $\displaystyle \lim_{x \to -1^-} \frac{x + 1}{x^4 - 1}$

93. $\displaystyle \lim_{x \to 0^+} \left(x - \frac{1}{x^3} \right)$

94. $\displaystyle \lim_{x \to 2^-} \frac{1}{\sqrt[3]{x^2 - 4}}$

95. $\displaystyle \lim_{x \to 0^+} \frac{\text{sen } 4x}{5x}$

96. $\displaystyle \lim_{x \to 0^-} \frac{\sec x^3}{2x}$

97. $\displaystyle \lim_{x \to 0^+} \frac{\csc 2x}{x}$

98. $\displaystyle \lim_{x \to 0^-} \frac{\cos^2 x}{x}$

99. **Medio ambiente** Una central térmica quema carbón para generar energía eléctrica. El costo C, en dólares, de eliminar $p\%$ de las sustancias contaminantes del aire en sus emisiones de humo es

$$C = \frac{80\,000p}{100 - p}, \quad 0 \leq p < 100$$

(a) Calcule cuánto cuesta eliminar 90% de los contaminantes.

(b) Encuentre el límite de C cuando p tiende a 100 por la izquierda e interprete su significado.

Construcción de conceptos

100. Considere la función

$$f(x) = \frac{x^2 - 4}{x - 2}$$

(a) Encuentre el dominio de f.

(b) Factorice el numerador y simplifique la función. Describa la gráfica de f.

(c) Describa el comportamiento de f a medida que x se acerca más y más a 2. Refuerce su respuesta con una tabla apropiada.

(d) Encuentre $\displaystyle \lim_{x \to 2} f(x)$.

(e) Considere la parábola $h(x) = x^2$. Encuentre la pendiente de la recta secante que une los puntos $(2, 4)$ y $(2.1, 4.41)$ en la gráfica de h. Explique cómo podría hallar la pendiente de la recta tangente a h en el punto $(2, 4)$.

101. Para números positivos $a < b$, la **función pulso** se define como

$$P_{a,b}(x) = H(x - a) - H(x - b) = \begin{cases} 0, & x < a \\ 1, & a \leq x < b \\ 0, & x \geq b \end{cases}$$

Donde H es la función de Heaviside (vea el ejercicio 62, página 28).

(a) Dibuje la gráfica de la función pulso.

(b) Encuentre $\displaystyle \lim_{x \to a^+} P_{a,b}(x)$, $\displaystyle \lim_{x \to a^-} P_{a,b}(x)$, $\displaystyle \lim_{x \to b^+} P_{a,b}(x)$ y $\displaystyle \lim_{x \to b^-} P_{a,b}(x)$.

(c) Analice la continuidad de la función pulso.

(d) ¿Por qué a U se le llama **función impulso unitario**?

$$U(x) = \frac{1}{b - a} P_{a,b}(x)$$

Solución de problemas

Las respuestas a los ejercicios impares pueden consultarse en el Apéndice de este libro.

1. **Perímetro y área** Sea $P(x, y)$ un punto de la parábola $y = x^2$ en el primer cuadrante. Considere el triángulo $\triangle PAO$ formado por P, $A(0, 1)$ y el origen $O(0, 0)$, y el triángulo $\triangle PBO$ formado por P, $B(1, 0)$ y el origen (vea la figura).

   (a) Determine el perímetro de cada triángulo en términos de x.

   (b) Sea $r(x)$ la razón entre los perímetros de ambos triángulos,

   $$r(x) = \frac{\text{Perímetro } \triangle PAO}{\text{Perímetro } \triangle PBO}$$

   Complete la tabla. Calcule $\lim_{x\to 0^+} r(x)$

x	4	2	1	0.1	0.01
Perímetro $\triangle PAO$					
Perímetro $\triangle PBO$					
$r(x)$					

   (c) Determine el área de cada triángulo en términos de x.

   (d) Sea $a(x)$ el cociente de las áreas de ambos triángulos,

   $$a(x) = \frac{\text{Área } \triangle PBO}{\text{Área } \triangle PAO}$$

   Complete la tabla. Calcule $\lim_{x\to 0^+} a(x)$

x	4	2	1	0.1	0.01
Área $\triangle PAO$					
Área $\triangle PBO$					
$a(x)$					

2. **Área**

   (a) Calcule el área de un hexágono regular inscrito en un círculo de radio 1 (vea la figura). ¿Cuánto se acerca su área a la del círculo?

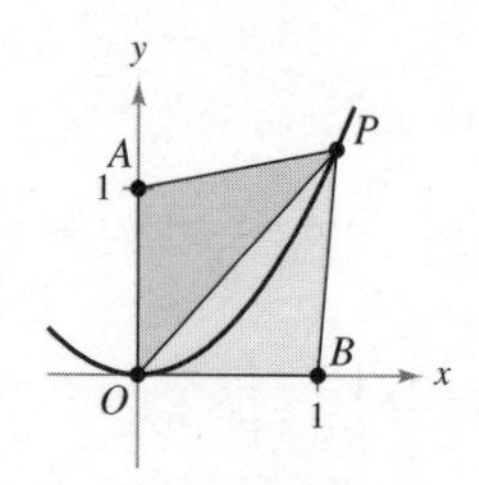

Figura para 1

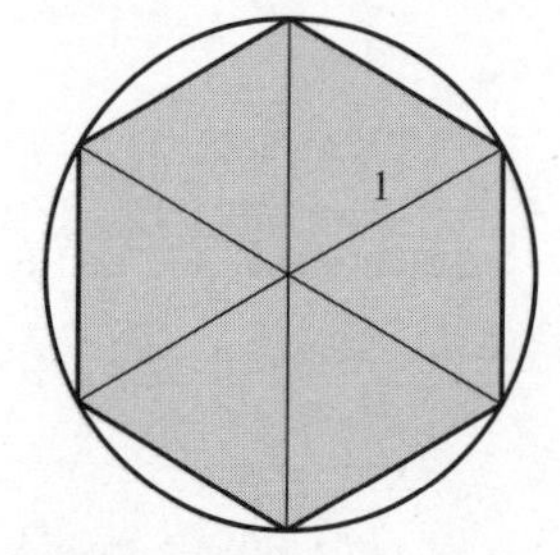

Figura para 2

   (b) Encuentre el área A_n de un polígono regular con n lados inscrito en un círculo de radio 1. Elabore su respuesta como una función de n.

   (c) Complete la tabla. ¿A qué numero se aproxima A_n cuando n se hace cada vez más grande?

n	6	12	24	48	96
A_n					

3. **Recta tangente** Sea $P(5, -12)$ un punto sobre la circunferencia $x^2 + y^2 = 169$.

   (a) ¿Cuál es la pendiente de la recta que une a P con $O(0, 0)$?

   (b) Encuentre la ecuación de la recta tangente a la circunferencia en P.

   (c) Sea $Q(x, y)$ otro punto sobre la circunferencia y ubicado en el cuarto cuadrante. Calcule la pendiente m_x de la recta que une a P con Q en términos de x.

   (d) Calcule $\lim_{x\to 5} m_x$. ¿Cómo se relaciona este número con la respuesta del inciso (b)?

4. **Encontrar límites** Sean

   $$\lim_{x\to c} [f(x) + g(x)] = 5 \quad \text{y} \quad \lim_{x\to c} [f(x) - g(x)] = 12$$

   Encuentre $\lim_{x\to c} [f(x)g(x)]$ y $\lim_{x\to c} [f(x)/g(x)]$

5. **Encontrar valores** Encuentre los valores de las constantes a y b tales que

   $$\lim_{x\to 0} \frac{\sqrt{a + bx} - \sqrt{3}}{x} = \sqrt{3}$$

6. **Velocidad de escape** Para que un cohete escape del campo de gravedad de la Tierra, se debe lanzar con una velocidad inicial denominada **velocidad de escape**. Un cohete lanzado desde la superficie de la Tierra tiene una velocidad v (en millas por segundo) dada por

   $$v = \sqrt{\frac{2GM}{r} + v_0^2 - \frac{2GM}{R}} \approx \sqrt{\frac{192000}{r} + v_0^2 - 48}$$

   donde v_0 es la velocidad inicial, r es la distancia entre el cohete y el centro de la Tierra, G es la constante de gravedad, M es la masa de la Tierra y R es el radio de la Tierra (4000 millas, aproximadamente).

   (a) Encuentre el valor de v_0 para el que se obtiene un límite infinito para r cuando v tiende a cero. Este valor de v_0 es la velocidad de escape para la Tierra.

   (b) Un cohete lanzado desde la superficie de la Luna se desplaza con una velocidad v (millas por segundo) dada por

   $$v = \sqrt{\frac{1920}{r} + v_0^2 - 2.17}$$

   Encuentre la velocidad de escape para la Luna.

   (c) Un cohete lanzado desde la superficie de un planeta se desplaza con una velocidad v (en millas por segundo) dada por

   $$v = \sqrt{\frac{10600}{r} + v_0^2 - 6.99}$$

   Encuentre la velocidad de escape de este planeta. ¿La masa de este planeta es mayor o menor que la de la Tierra? (Suponga que la densidad media de este planeta es igual a la de la Tierra.)

7. **Demostración** Sea a una constante diferente de cero. Demuestre que si $\lim_{x\to 0} f(x) = L$, entonces $\lim_{x\to 0} f(ax) = L$. Demuestre por medio de un ejemplo que a debe ser distinta de cero.

2 Derivación

2.2 Reglas básicas de derivación y razones de cambio *(Ejercicio 103, p. 121)*

2.3 Aceleración debida a la gravedad *(Ejemplo 10, p. 128)*

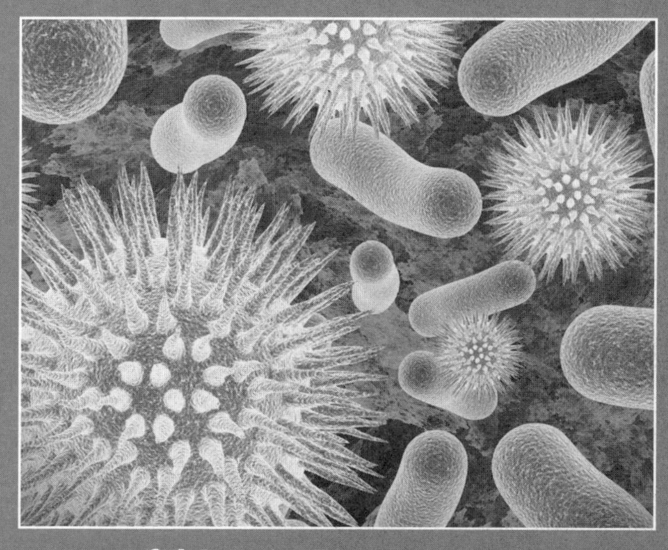

2.4 Bacterias *(Ejercicio 107, p. 143)*

2.6 Razones de cambio relacionadas *(Ejemplo 2, p. 153)*

2.1 La derivada y el problema de la recta tangente

- **Hallar la pendiente de la recta tangente de una curva en un punto.**
- **Usar la definición de límite para calcular la derivada de una función.**
- **Entender la relación entre derivabilidad y continuidad.**

ISAAC NEWTON (1642-1727)

Además de sus trabajos relativos al cálculo, Newton aportó a la física contribuciones tan revolucionarias como la Ley de la Gravitación Universal y sus tres leyes del movimiento. *Consulte LarsonCalculus.com (disponible solo en inglés) para leer más de esta biografía.*

El problema de la recta tangente

El cálculo se desarrolló a partir de cuatro problemas principales que los matemáticos europeos estuvieron trabajando durante el siglo XVII.

1. El problema de la recta tangente (sección 1.1 y en esta sección)
2. El problema de velocidad y aceleración (secciones 2.2 y 2.3)
3. El problema de máximos y mínimos (sección 3.1)
4. El problema del área (secciones 1.1 y 4.2)

Cada problema involucra el concepto de un límite y cualquiera de ellos puede servir como introducción al cálculo.

En la sección 1.1 se hizo una breve introducción al problema de la recta tangente. Aunque Pierre de Fermat (1601-1665), René Descartes (1596-1650), Christian Huygens (1629-1695) e Isaac Barrow (1630-1677) habían propuesto soluciones parciales, la primera solución generada se suele atribuir a Isaac Newton (1642-1727) y a Gottfried Leibniz (1646-1716). El trabajo de Newton respecto a este problema procedía de su interés por la refracción de la luz y la óptica.

¿Qué quiere decir que una recta es tangente a una curva en un punto? En una circunferencia, la recta tangente en un punto P es la recta perpendicular al radio que pasa por P, como se muestra en la figura 2.1.

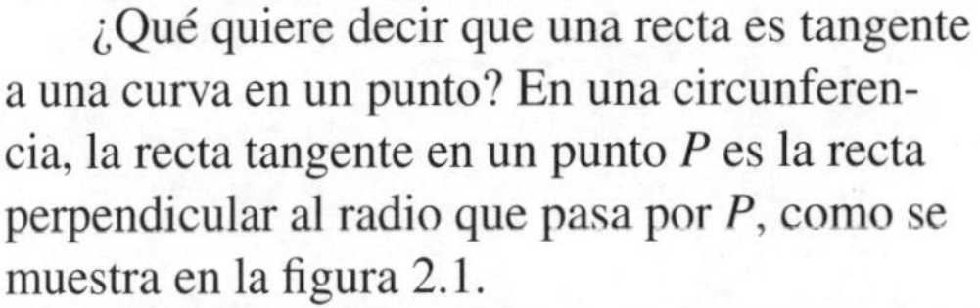

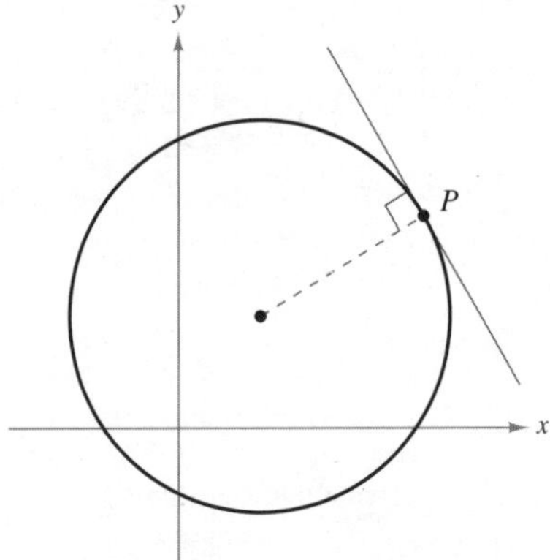

Recta tangente a una circunferencia.
Figura 2.1

Sin embargo, en una curva general el problema se complica. Por ejemplo, ¿cómo se podrían definir las rectas tangentes que se observan en la figura 2.2? Se puede decir que una recta es tangente a una curva en un punto P si toca a la curva en P sin atravesarla. Esta definición sería correcta para la primera curva de la figura 2.2, pero no para la segunda. También se podría decir que una recta es tangente a una curva si la toca o la corta exactamente en un punto. Esta definición podría funcionar para una circunferencia, pero no para curvas más generales, como sugiere la tercera curva de la figura 2.2.

Para ver las figuras a color, acceda al código

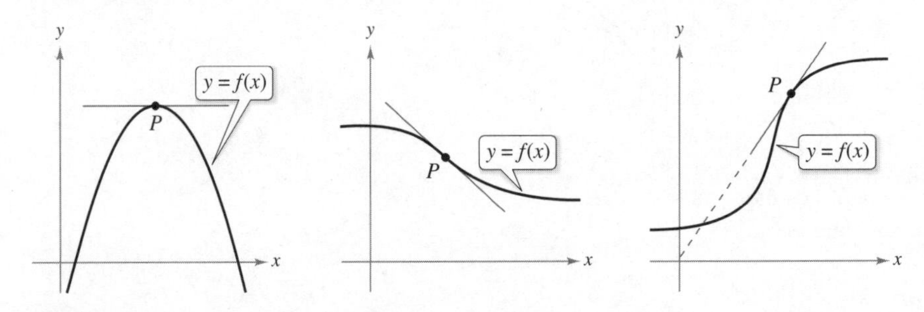

Recta tangente a una curva en un punto.
Figura 2.2

Exploración

Utilice una herramienta de graficación para representar la función $f(x) = 2x^3 - 4x^2 + 3x - 5$. En la misma pantalla, dibuje la gráfica $y = x - 5$, $y = 2x - 5$ y $y = 3x - 5$. ¿Cuál de estas rectas, si es que hay alguna, parece ser tangente a la gráfica de f en el punto $(0, -5)$? Explique su razonamiento.

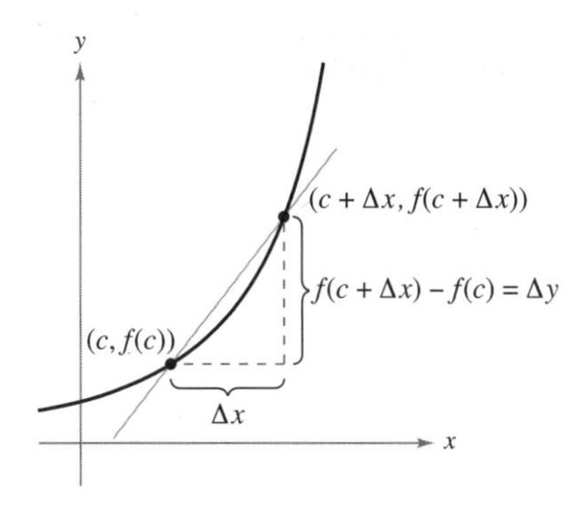

Recta secante que pasa por $(c, f(c))$ y $(c + \Delta x, f(c + \Delta x))$
Figura 2.3

Para ver las figuras a color, acceda al código

EL PROBLEMA DE LA RECTA TANGENTE

En 1637 el matemático René Descartes estableció lo siguiente respecto al problema de la recta tangente:

"Y no tengo inconveniente en afirmar que este no es solo el problema de geometría más útil y general que conozco, sino incluso el que siempre desearía conocer."

Esencialmente, el problema de encontrar la recta tangente en un punto P se reduce al de calcular su *pendiente* en ese punto. Se puede aproximar la pendiente de la recta tangente usando la **recta secante*** que pasa por el punto de tangencia y por un segundo punto sobre la curva, como se muestra en la figura 2.3. Si $(c, f(c))$ es el punto de tangencia y

$$(c + \Delta x, f(c + \Delta x))$$

es el segundo punto de la gráfica de f, la pendiente de la recta secante que pasa por ambos puntos está dada por la sustitución en la fórmula de la pendiente

$$m = \frac{y_2 - y_1}{x_2 - x_1}$$

$$m_{\text{sec}} = \frac{f(c + \Delta x) - f(c)}{(c + \Delta x) - c} \qquad \frac{\text{Cambio en } y}{\text{Cambio en } x}$$

$$m_{\text{sec}} = \frac{f(c + \Delta x) - f(c)}{\Delta x} \qquad \text{Pendiente de la recta secante.}$$

La expresión a la derecha en esta ecuación es un **cociente de diferencias**. El denominador Δx es el **cambio en x** y el numerador

$$\Delta y = f(c + \Delta x) - f(c)$$

es el **cambio en y.**

La belleza de este procedimiento radica en que se pueden obtener aproximaciones más y más precisas de la pendiente de la recta tangente tomando puntos de la gráfica cada vez más próximos al punto P de tangencia, como se muestra en la figura 2.4.

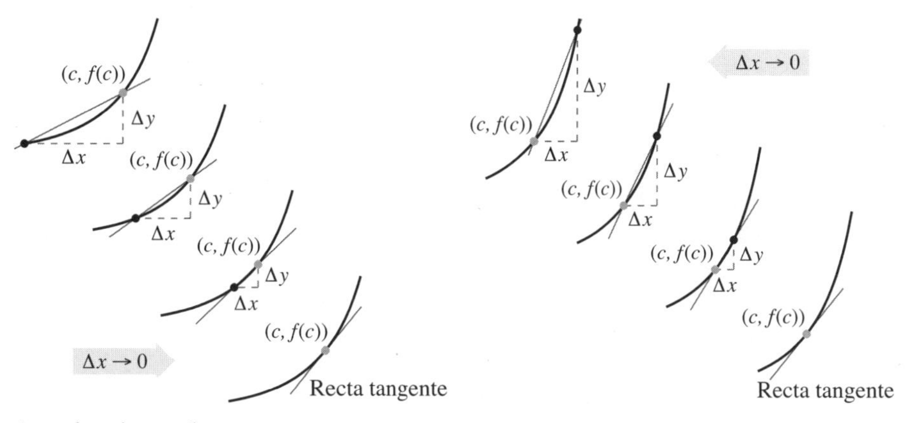

Aproximaciones a la recta tangente.
Figura 2.4

COMENTARIO La variable Δx se utiliza para representar el cambio en x en la definición de pendiente de una gráfica. También pueden utilizarse otras variables. En ocasiones la definición se escribe como

$$m = \lim_{h \to 0} \frac{f(c + h) - f(c)}{h}$$

Definición de la recta tangente con pendiente *m*

Si f está definida en un intervalo abierto que contiene a c y además existe el límite,

$$\lim_{\Delta x \to 0} \frac{\Delta y}{\Delta x} = \lim_{\Delta x \to 0} \frac{f(c + \Delta x) - f(c)}{\Delta x} = m$$

entonces la recta que pasa por $(c, f(c))$ con pendiente m es la **recta tangente** a la gráfica de f en el punto $(c, f(c))$.

La pendiente de la recta tangente a la gráfica de f en el punto $(c, f(c))$ se llama también **pendiente de la gráfica de f en $x = c$.**

*El uso de la palabra *secante* procede del latín *secare*, que significa cortar, y no es una referencia a la función trigonométrica del mismo nombre.

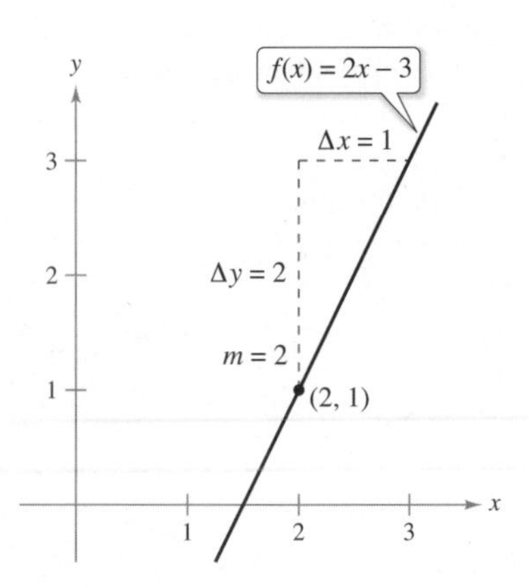

La pendiente de f en (2, 1) es $m = 2$
Figura 2.5

EJEMPLO 1 Pendiente de la gráfica de una función lineal

Encuentre la pendiente de la gráfica de $f(x) = 2x - 3$ cuando $c = 2$, se puede aplicar la definición de la pendiente de una recta tangente, como se muestra.

$$\begin{aligned}
\lim_{\Delta x \to 0} \frac{f(2 + \Delta x) - f(2)}{\Delta x} &= \lim_{\Delta x \to 0} \frac{[2(2 + \Delta x) - 3] - [2(2) - 3]}{\Delta x} \\
&= \lim_{\Delta x \to 0} \frac{4 + 2\Delta x - 3 - 4 + 3}{\Delta x} \\
&= \lim_{\Delta x \to 0} \frac{2\cancel{\Delta x}}{\cancel{\Delta x}} && \text{Agrupar términos semejantes.} \\
&= \lim_{\Delta x \to 0} 2 && \text{Eliminar factor común.} \\
&= 2 && \text{Propiedad 1, teorema 1.1.}
\end{aligned}$$

La pendiente de f en $(c, f(c)) = (2, 1)$ es $m = 2$, como lo muestra la figura 2.5. Observe que la definición de límite de la pendiente f concuerda con la definición de pendiente analizada en la sección P.2. ■

La gráfica de una función lineal tiene la misma pendiente en todos sus puntos. Esto no sucede en las funciones no lineales, como se puede observar en el siguiente ejemplo.

EJEMPLO 2 Rectas tangentes a la gráfica de una función no lineal

Calcule las pendientes de las rectas tangentes a la gráfica de $f(x) = x^2 + 1$ en los puntos (0, 1) y (−1, 2), que se ilustran en la figura 2.6.

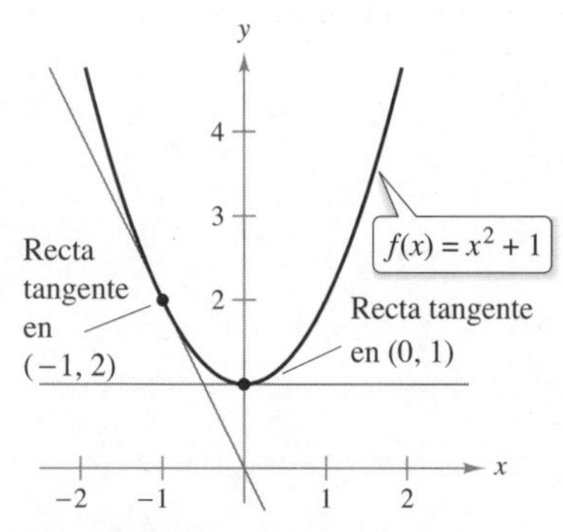

La pendiente de f en un punto cualquiera $(c, f(c))$ es $m = 2c$
Figura 2.6

Solución Sea $(c, f(c))$ que representan un punto arbitrario en la gráfica de f. La pendiente de la recta tangente en $(c, f(c))$ se puede encontrar como se muestra a continuación. [Observe en el proceso de límite que c se mantiene constante (cuando Δx tiende a 0).]

$$\begin{aligned}
\lim_{\Delta x \to 0} \frac{f(c + \Delta x) - f(c)}{\Delta x} &= \lim_{\Delta x \to 0} \frac{[(c + \Delta x)^2 + 1] - (c^2 + 1)}{\Delta x} \\
&= \lim_{\Delta x \to 0} \frac{c^2 + 2c(\Delta x) + (\Delta x)^2 + 1 - c^2 - 1}{\Delta x} \\
&= \lim_{\Delta x \to 0} \frac{2c(\Delta x) + (\Delta x)^2}{\Delta x} && \text{Combine términos semejantes.} \\
&= \lim_{\Delta x \to 0} (2c + \Delta x) && \text{Divida el factor común.} \\
&= 2c && \text{Sustituya y simplifique.}
\end{aligned}$$

De esta manera, la pendiente en *cualquier* punto $(c, f(c))$ de la gráfica de f es $m = 2c$. En el punto (0, 1), la pendiente es $m = 2(0) = 0$ y en (−1, 2), la pendiente es $m = 2(-1) = -2$. ■

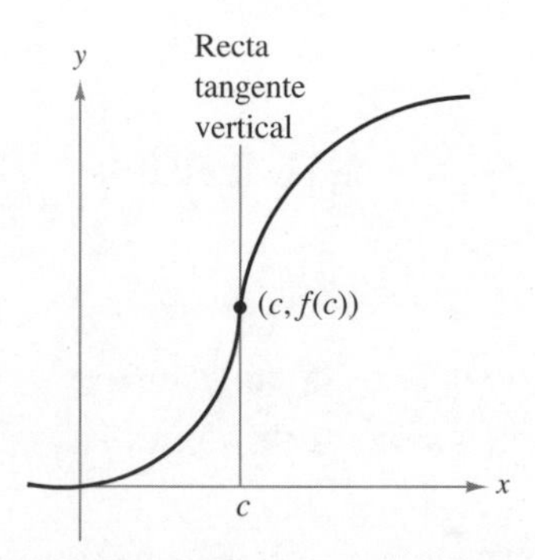

La gráfica de f tiene una recta tangente vertical en $(c, f(c))$.
Figura 2.7

La definición de la recta tangente a una curva no incluye la posibilidad de una recta tangente vertical. Para estas se usa la siguiente definición. Si f es continua en c y

$$\lim_{\Delta x \to 0} \frac{f(c + \Delta x) - f(c)}{\Delta x} = \infty \quad \text{o} \quad \lim_{\Delta x \to 0} \frac{f(c + \Delta x) - f(c)}{\Delta x} = -\infty$$

la recta vertical, $x = c$, que pasa por $(c, f(c))$ es una **recta tangente vertical** a la gráfica de f. Por ejemplo, la función que se muestra en la figura 2.7 tiene tangente vertical en $(c, f(c))$. Si el dominio de f es el intervalo cerrado $[a, b]$, se puede ampliar la definición de recta tangente vertical de manera que incluya los extremos, considerando la continuidad y los límites por la derecha (para $x = a$) y por la izquierda (para $x = b$).

Derivada de una función

Se ha llegado a un punto crucial en el estudio del cálculo. El límite utilizado para definir la pendiente de una recta tangente también se utiliza para definir una de las dos operaciones fundamentales del cálculo: la **derivación**.

Definición de la derivada de una función

La **derivada** de f en x está dada por

$$f'(x) = \lim_{\Delta x \to 0} \frac{f(x + \Delta x) - f(x)}{\Delta x}$$

si el límite existe. Para todas las x para las que exista este límite, f' es una función de x.

COMENTARIO La notación $f'(x)$ se lee como "f prima de x".

Observe que la derivada de una función de x también es una función de x. Esta "nueva" función proporciona la pendiente de la recta tangente a la gráfica de f en el punto $(x, f(x))$, siempre que la gráfica tenga una recta tangente en dicho punto. La derivada también puede ser utilizada para determinar la **razón de cambio instantánea** (o simplemente **razón de cambio**) de una variable con respecto a otra.

El proceso de calcular la derivada de una función se llama **derivación**. Una función es **derivable en x** si su derivada en x existe, y es **derivable sobre un intervalo abierto (a, b)** cuando es derivable en todos y cada uno de los puntos de ese intervalo.

Además de $f'(x)$, se usan otras notaciones para la derivada de $y = f(x)$. Las más comunes son:

$$f'(x), \quad \frac{dy}{dx}, \quad y', \quad \frac{d}{dx}[f(x)], \quad D_x[y].$$

Notación de las derivadas.

La notación dy/dx se lee "derivada de y *respecto a* x" o simplemente "dy, dx". Usando notaciones de límites, se puede escribir

$$\frac{dy}{dx} = \lim_{\Delta x \to 0} \frac{\Delta y}{\Delta x} = \lim_{\Delta x \to 0} \frac{f(x + \Delta x) - f(x)}{\Delta x} = f'(x)$$

Grandes ideas del cálculo

La derivada de una función, un tema principal del cálculo, proporciona la pendiente de la gráfica de la función en cualquier punto. Tal información tiene muchas aplicaciones de la vida real en las ciencias, negocios e ingeniería. Por ejemplo, se puede usar una derivada para encontrar la velocidad, la aceleración, una ganancia máxima o una distancia mínima.

EJEMPLO 3 Calcular la derivada mediante el proceso de límite

Consulte LarsonCalculus.com (disponible solo en inglés) para una versión interactiva de este tipo de ejemplo.

Calcule la derivada de $f(x) = x^3 + 2x$, utilice la definición de la derivada como se muestra.

$$\begin{aligned}
f'(x) &= \lim_{\Delta x \to 0} \frac{f(x + \Delta x) - f(x)}{\Delta x} && \text{Definición de derivada.} \\
&= \lim_{\Delta x \to 0} \frac{(x + \Delta x)^3 + 2(x + \Delta x) - (x^3 + 2x)}{\Delta x} \\
&= \lim_{\Delta x \to 0} \frac{x^3 + 3x^2\Delta x + 3x(\Delta x)^2 + (\Delta x)^3 + 2x + 2\Delta x - x^3 - 2x}{\Delta x} \\
&= \lim_{\Delta x \to 0} \frac{3x^2\Delta x + 3x(\Delta x)^2 + (\Delta x)^3 + 2\Delta x}{\Delta x} && \text{Combine términos semejantes.} \\
&= \lim_{\Delta x \to 0} \frac{\cancel{\Delta x}[3x^2 + 3x\Delta x + (\Delta x)^2 + 2]}{\cancel{\Delta x}} && \text{Factorice.} \\
&= \lim_{\Delta x \to 0} [3x^2 + 3x\Delta x + (\Delta x)^2 + 2] && \text{Divida el factor común.} \\
&= 3x^2 + 2 && \text{Sustituya.}
\end{aligned}$$

COMENTARIO Cuando use la definición para encontrar la derivada de una función, la clave consiste en volver a expresar el cociente de diferencias, de manera que Δx no aparezca como factor del denominador.

COMENTARIO Recuerde que la derivada de una función f es en sí misma una función, que se puede utilizar para encontrar la pendiente de la recta tangente en el punto $(x, f(x))$ en la gráfica de f.

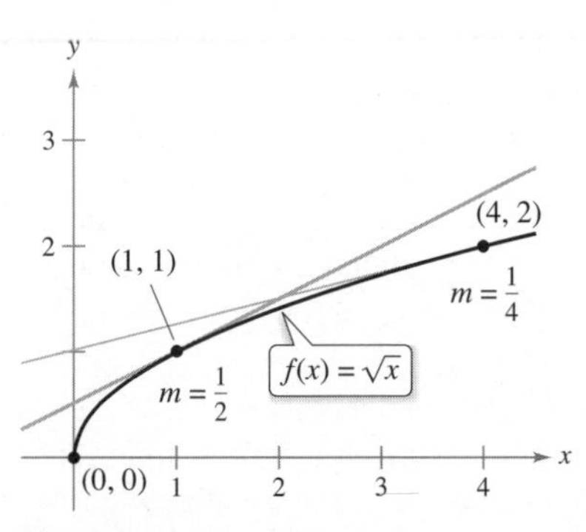

La pendiente de f en $(x, f(x))$, $x > 0$, es $m = 1/(2\sqrt{x})$

Figura 2.8

EJEMPLO 4 Usar la derivada para calcular la pendiente en un punto

Encuentre $f'(x)$ para $f(x) = \sqrt{x}$. A continuación, calcule la   de la gráfica de f en los puntos (1, 1) y (4, 2). Analice el comportamiento de f en (0, 0).

Solución Racionalice el numerador, como se explicó en la sección 1.3.

$$f'(x) = \lim_{\Delta x \to 0} \frac{f(x + \Delta x) - f(x)}{\Delta x} \qquad \text{Definición de derivada.}$$

$$= \lim_{\Delta x \to 0} \frac{\sqrt{x + \Delta x} - \sqrt{x}}{\Delta x}$$

$$= \lim_{\Delta x \to 0} \left(\frac{\sqrt{x + \Delta x} - \sqrt{x}}{\Delta x}\right)\left(\frac{\sqrt{x + \Delta x} + \sqrt{x}}{\sqrt{x + \Delta x} + \sqrt{x}}\right)$$

$$= \lim_{\Delta x \to 0} \frac{(x + \Delta x) - x}{\Delta x\left(\sqrt{x + \Delta x} + \sqrt{x}\right)} \qquad \text{Racionalice el numerador.}$$

$$= \lim_{\Delta x \to 0} \frac{\cancel{\Delta x}}{\cancel{\Delta x}\left(\sqrt{x + \Delta x} + \sqrt{x}\right)} \qquad \text{Agrupe términos semejantes.}$$

$$= \lim_{\Delta x \to 0} \frac{1}{\sqrt{x + \Delta x} + \sqrt{x}} \qquad \text{Divida el factor común.}$$

$$= \frac{1}{2\sqrt{x}} \qquad \text{Sustituya y simplifique.}$$

En el punto (1, 1) la pendiente es $f'(1) = \frac{1}{2}$. En el punto (4, 2) la pendiente $f'(4) = \frac{1}{4}$. Vea la figura 2.8. El dominio de f' son todas las $x > 0$, la pendiente de f no está defnida en (0, 0). Además, la gráfica de f tiene tangente vertical en (0, 0).

COMENTARIO En muchas aplicaciones, resulta conveniente usar una variable independiente distinta de x, como se manifiesta en el ejemplo 5.

Para ver las figuras a color, acceda al código.

EJEMPLO 5 Calcular la derivada de una función

Consulte LarsonCalculus.com (disponible solo en inglés) para una versión interactiva de este tipo de ejemplo.

Encuentre la derivada de la función $y = 2/t$ respecto a t.

Solución Considerando $y = f(t)$, obtiene

$$\frac{dy}{dt} = \lim_{\Delta t \to 0} \frac{f(t + \Delta t) - f(t)}{\Delta t} \qquad \text{Definición de derivada.}$$

$$= \lim_{\Delta t \to 0} \frac{\frac{2}{t + \Delta t} - \frac{2}{t}}{\Delta t} \qquad f(t + \Delta t) = \frac{2}{t + \Delta t} \text{ y } f(t) = \frac{2}{t}$$

$$= \lim_{\Delta t \to 0} \frac{\frac{2t - 2(t + \Delta t)}{t(t + \Delta t)}}{\Delta t} \qquad \text{Combine las fracciones del numerador.}$$

$$= \lim_{\Delta t \to 0} \frac{-2\cancel{\Delta t}}{\cancel{\Delta t}(t)(t + \Delta t)} \qquad \text{Invierta el divisor y multiplique. Combine términos semejantes.}$$

$$= \lim_{\Delta t \to 0} \frac{-2}{t(t + \Delta t)} \qquad \text{Cancele el factor común.}$$

$$= -\frac{2}{t^2} \qquad \text{Utilice sustitución directa y simplifique.}$$

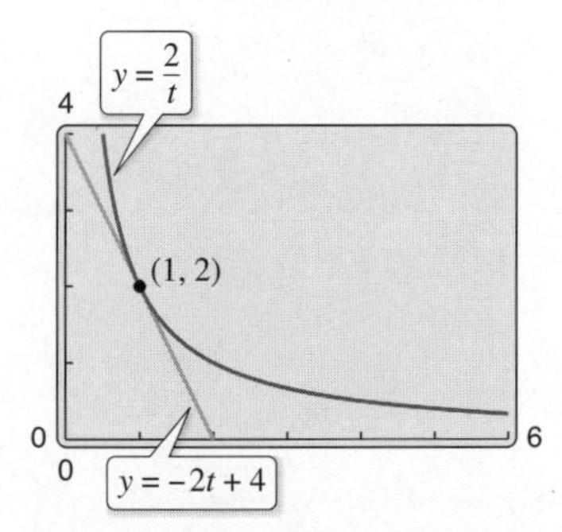

En el punto $(1, 2)$, la recta $y = -2t + 4$ es tangente a la gráfica de $y = 2/t$.

Figura 2.9

TECNOLOGÍA Puede utilizar una herramienta de graficación para comprobar el resultado del ejemplo 5. Por ejemplo, usando la fórmula $dy/dt = -2/t^2$, usted sabe que la pendiente de la gráfica de $y = 2/t$ en el punto (1, 2) es $m = -2$. Esto implica que, usando la forma punto-pendiente, una ecuación de la recta tangente a la gráfica en (1, 2) es

$$y - 2 = -2(t - 1) \quad \text{o} \quad y = -2t + 4 \qquad \text{Vea la figura 2.9.}$$

Derivabilidad y continuidad

La forma alternativa del límite de la derivada es útil al investigar la relación que existe entre derivabilidad y continuidad. La derivada de f en c es

$$f'(c) = \lim_{x \to c} \frac{f(x) - f(c)}{x - c}$$ Forma alternativa de la derivada.

si el límite existe (vea la figura 2.10). En el apéndice A se da una demostración de la equivalencia de la forma alternativa de la derivada.

PARA INFORMACIÓN ADICIONAL Para obtener más información sobre la acreditación de los descubrimientos matemáticos a los primeros "descubridores", consulte el artículo "Mathematical Firsts—Who Done It?", de Richard H. Williams y Roy D. Mazzagatti, en *Mathematics Teacher*. Para ver este artículo, visite *MathArticles.com* (disponible solo en inglés).

Cuando x tiende a c, la recta secante se aproxima a la recta tangente.
Figura 2.10

Para ver las figuras a color, acceda al código.

Observe que la existencia del límite en esta forma alternativa requiere que los límites unilaterales

$$\lim_{x \to c^-} \frac{f(x) - f(c)}{x - c}$$

y

$$\lim_{x \to c^+} \frac{f(x) - f(c)}{x - c}$$

existan y sean iguales. Estos límites laterales se denominan **derivada por la izquierda y por la derecha**, respectivamente. Se dice que f es **derivable sobre un intervalo cerrado $[a, b]$** si es derivable en (a, b) y cuando existe tanto la derivada por la derecha en a como la derivada por la izquierda en b.

Cuando una función no es continua en $x = c$, no puede ser derivable en $x = c$. Por ejemplo, la función máximo entero

$$f(x) = [\![x]\!]$$

no es continua en $x = 0$, y en consecuencia no es derivable en $x = 0$ (vea la figura 2.11). Se puede verificar esto con solo observar que

$$\lim_{x \to 0^-} \frac{f(x) - f(0)}{x - 0} = \lim_{x \to 0^-} \frac{[\![x]\!] - 0}{x} = \infty$$ Derivada por la izquierda.

y

$$\lim_{x \to 0^+} \frac{f(x) - f(0)}{x - 0} = \lim_{x \to 0^+} \frac{[\![x]\!] - 0}{x} = 0$$ Derivada por la derecha.

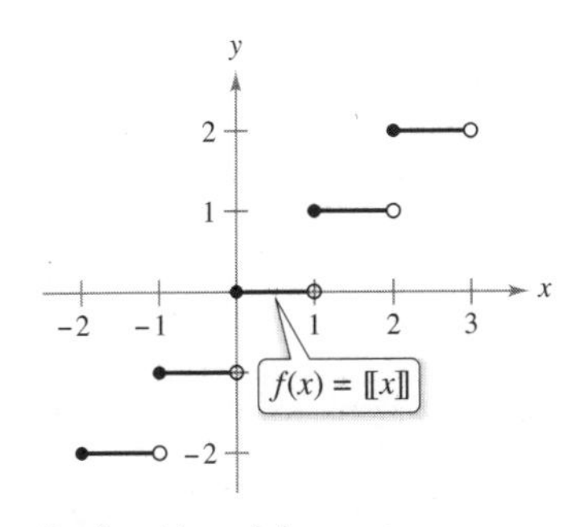

La función máximo entero no es derivable en $x = 0$ ya que no es continua en ese punto.
Figura 2.11

Aunque es cierto que derivable implica continua (como se muestra en el teorema 2.1 de la página siguiente), el recíproco no es cierto. En otras palabras, puede ocurrir que una función sea continua en $x = c$ y *no* sea derivable en $x = c$. Los ejemplos 6 y 7 ilustran tal posibilidad.

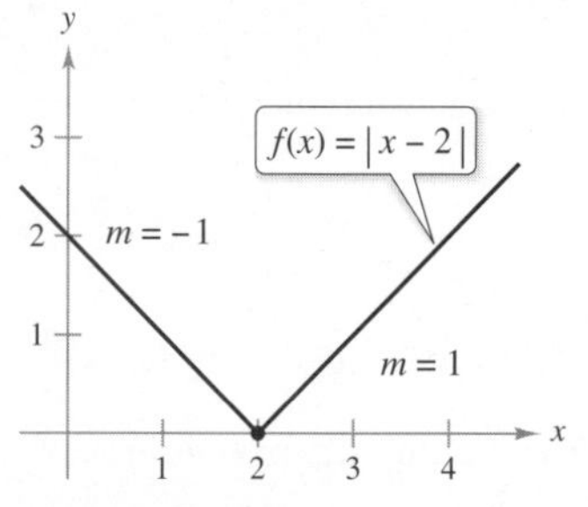

f no es derivable en $x = 2$ porque las derivadas laterales no son iguales.
Figura 2.12

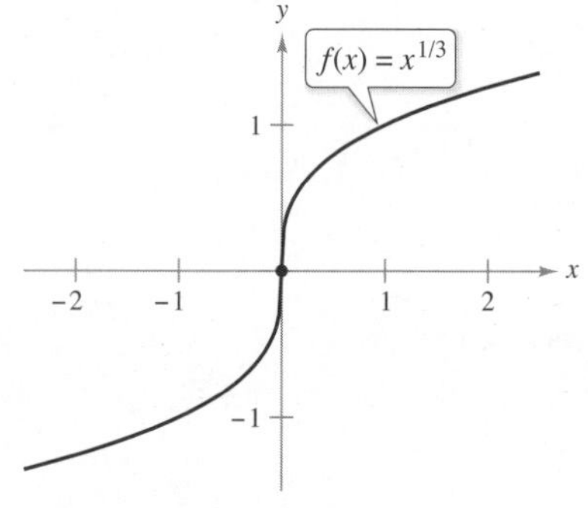

f no es derivable en $x = 0$ porque tiene una tangente vertical en ese punto.
Figura 2.13

Para ver las figuras a color, acceda al código

EJEMPLO 6 Una gráfica con un pico

Consulte LarsonCalculus.com (disponible solo en inglés) para una versión interactiva de este tipo de ejemplo.

La función $f(x) = |x - 2|$, que se muestra en la figura 2.12, es continua en $x = 2$. Sin embargo, los límites unilaterales

$$\lim_{x\to 2^-} \frac{f(x) - f(2)}{x - 2} = \lim_{x\to 2^-} \frac{|x - 2| - 0}{x - 2} = -1$$ Derivada por la izquierda.

y

$$\lim_{x\to 2^+} \frac{f(x) - f(2)}{x - 2} = \lim_{x\to 2^+} \frac{|x - 2| - 0}{x - 2} = 1$$ Derivada por la derecha.

no son iguales. Por consiguiente, f no es derivable en $x = 2$ y la gráfica de f no tiene una recta tangente en el punto $(2, 0)$.

EJEMPLO 7 Una gráfica con una recta tangente vertical

La función $f(x) = x^{1/3}$ es continua en $x = 0$, como se muestra en la figura 2.13. Sin embargo, como el límite

$$\lim_{x\to 0} \frac{f(x) - f(0)}{x - 0} = \lim_{x\to 0} \frac{x^{1/3} - 0}{x} = \lim_{x\to 0} \frac{1}{x^{2/3}} = \infty$$

es infinito, puede concluir que la recta tangente en $x = 0$ es vertical. Por tanto, f no es derivable en $x = 0$. ■

En los ejemplos 6 y 7 puede observar que una función no es derivable en un punto donde su gráfica cuenta con un pico *o* una tangente vertical.

> **TEOREMA 2.1 Derivabilidad implica continuidad**
>
> Si f es derivable en $x = c$, entonces f es continua en $x = c$.

Demostración Para comprobar que f es continua en $x = c$ bastará con demostrar que $f(x)$ tiende a $f(c)$ cuando $x \to c$. Para tal fin, use la derivabilidad de f en $x = c$ y considere el siguiente límite. (Note el uso de la forma alternativa del límite de la derivada.)

$$\lim_{x\to c} [f(x) - f(c)] = \lim_{x\to c} \left[(x - c)\left(\frac{f(x) - f(c)}{x - c}\right)\right]$$ Multiplique y divida entre $x - c$.

$$= \left[\lim_{x\to c} (x - c)\right]\left[\lim_{x\to c} \frac{f(x) - f(c)}{x - c}\right]$$ Propiedad 4, teorema 1.2.

$$= (0)[f'(c)]$$ Forma alternativa de la derivada.

$$= 0$$

Puesto que la diferencia $f(x) - f(c)$ tiende a cero cuando $x \to c$, se puede concluir que $\lim_{x\to c} f(x) = f(c)$. De tal manera, f es continua en $x = c$. ■

Los siguientes enunciados expresan en forma resumida la relación que existe entre continuidad y derivabilidad.

1. Si una función es derivable en $x = c$, entonces es continua en $x = c$. Por tanto, derivabilidad implica continuidad.
2. Es posible que una función sea continua en $x = c$ sin ser derivable. En otras palabras, continuidad no implica derivabilidad (vea los ejemplos 6 y 7).

TECNOLOGÍA

Algunas herramientas de graficación cuentan con una utilidad para derivar que realiza una *derivación numérica* calculando valores de la derivada mediante la fórmula

$$f'(x) \approx \frac{f(x + \Delta x) - f(x - \Delta x)}{2\Delta x}$$

donde Δx es un número pequeño como 0.001. ¿Observa algún problema con esta definición? Por ejemplo, usándola, ¿cuál sería la derivada de $f(x) = |x|$ cuando $x = 0$?

2.1 Ejercicios

Las respuestas a los ejercicios impares pueden consultarse en el Apéndice de este libro.

Repaso de conceptos

1. Describa cómo encontrar la pendiente de la recta tangente a la gráfica de una función en un punto.
2. Enliste cuatro notaciones alternativas para la derivada $f'(x)$.
3. Describa cómo encontrar la derivada de una función utilizando un proceso de límite.
4. Describa la relación entre continuidad y derivabilidad.

Estimar una pendiente **En los ejercicios 5 y 6, calcule la pendiente de la curva en los puntos (x_1, y_1) y (x_2, y_2).**

5.

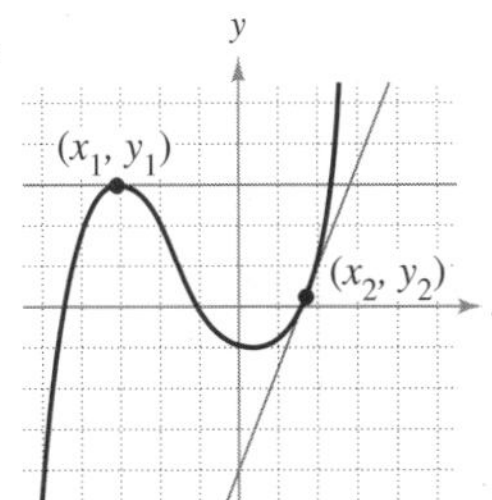

6.

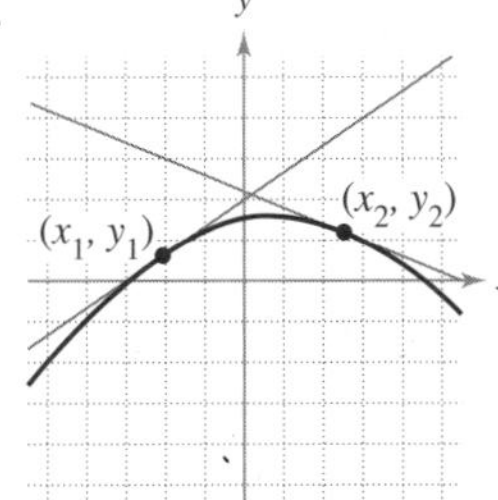

Pendientes de rectas secantes **En los ejercicios 7 y 8, utilice la gráfica que se muestra en la figura. Para imprimir una copia ampliada de la gráfica, visite *MathGraphs.com* (disponible solo en inglés).**

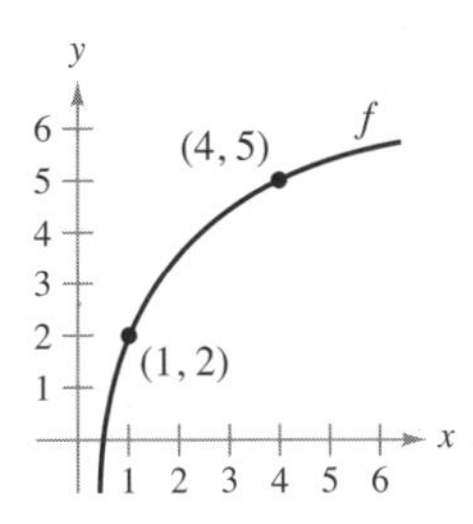

7. Identifique o trace en la figura cada una de las cantidades siguientes.

   (a) $f(1)$ y $f(4)$ (b) $f(4) - f(1)$

   (c) $4 - 1$ (d) $y - 2 = \dfrac{f(4) - f(1)}{4 - 1}(x - 1)$

8. Inserte el símbolo de desigualdad adecuado (< o >) entre las cantidades dadas.

   (a) $\dfrac{f(4) - f(1)}{4 - 1}$ ▢ $\dfrac{f(4) - f(3)}{4 - 3}$

   (b) $\dfrac{f(4) - f(1)}{4 - 1}$ ▢ $f'(1)$

Encontrar la pendiente de una recta tangente **En los ejercicios 9 a 14, encuentre la pendiente de la recta tangente a la gráfica de la función en el punto dado.**

9. $f(x) = 3 - 5x, \quad (-1, 8)$
10. $g(x) = \frac{3}{2}x + 1, \quad (-2, -2)$
11. $f(x) = 2x^2 - 3, \quad (2, 5)$
12. $f(x) = 5 - x^2, \quad (3, -4)$
13. $f(t) = 3t - t^2, \quad (0, 0)$
14. $h(t) = t^2 + 4t, \quad (1, 5)$

Encontrar la derivada por el proceso de límite **En los ejercicios 15 a 28, encuentre la derivada mediante el proceso de límite.**

15. $f(x) = 7$
16. $g(x) = -3$
17. $f(x) = -5x$
18. $f(x) = 7x - 3$
19. $h(s) = 3 + \frac{2}{3}s$
20. $f(x) = 5 - \frac{2}{3}x$
21. $f(x) = x^2 + x - 3$
22. $f(x) = x^2 - 5$
23. $f(x) = x^3 - 12x$
24. $g(t) = t^3 + 4t$
25. $f(x) = \dfrac{1}{x - 1}$
26. $f(x) = \dfrac{1}{x^2}$
27. $f(x) = \sqrt{x + 4}$
28. $h(s) = -2\sqrt{s}$

Encontrar la ecuación de una recta tangente **En los ejercicios 29 a 36, (a) encuentre la ecuación de la recta tangente a la gráfica de f en el punto indicado, (b) utilice una herramienta de graficación para graficar la función y su recta tangente en dicho punto y (c) aplique la función *derivada* de una herramienta de graficación para comprobar sus resultados.**

29. $f(x) = x^2 + 3, \quad (-1, 4)$
30. $f(x) = x^2 + 2x - 1, \quad (1, 2)$
31. $f(x) = x^3, \quad (2, 8)$
32. $f(x) = x^3 + 1, \quad (-1, 0)$
33. $f(x) = \sqrt{x}, \quad (1, 1)$
34. $f(x) = \sqrt{x - 1}, \quad (5, 2)$
35. $f(x) = x + \dfrac{4}{x}, \quad (-4, -5)$
36. $f(x) = x - \dfrac{1}{x}, \quad (1, 0)$

Encontrar la ecuación de una recta tangente **En los ejercicios 37 a 42, encuentre la ecuación de la recta tangente a la gráfica de f y paralela a la recta dada.**

	Función	Recta
37.	$f(x) = -\dfrac{1}{4}x^2$	$x + y = 0$
38.	$f(x) = 2x^2$	$4x + y + 3 = 0$
39.	$f(x) = x^3$	$3x - y + 1 = 0$
40.	$f(x) = x^3 + 2$	$3x - y - 4 = 0$
41.	$f(x) = \dfrac{1}{\sqrt{x}}$	$x + 2y - 6 = 0$
42.	$f(x) = \dfrac{1}{\sqrt{x - 1}}$	$x + 2y + 7 = 0$

Trazar una derivada **En los ejercicios 43 a 48, construya la gráfica de f' y explique cómo se obtuvo la respuesta.**

43.

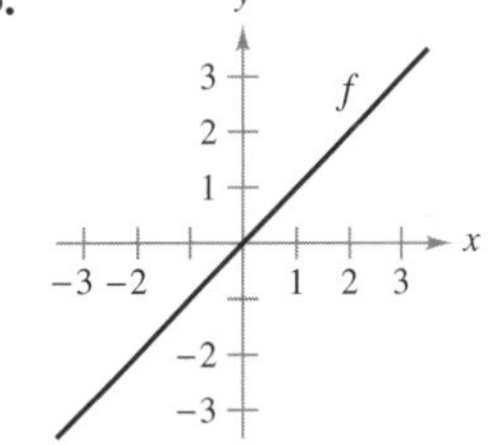

44.

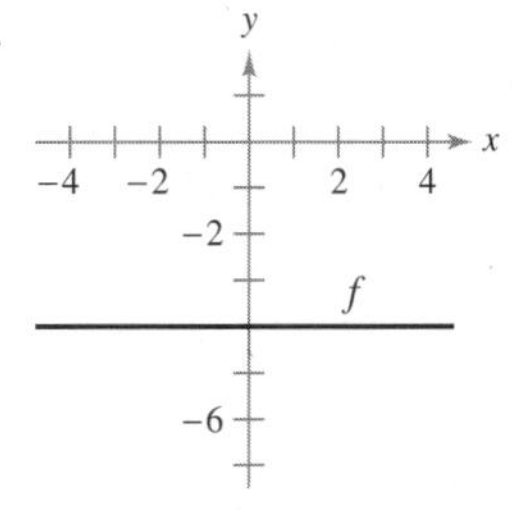

45. 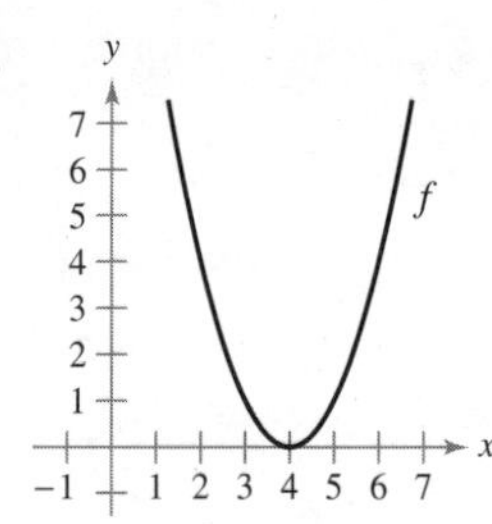

46. 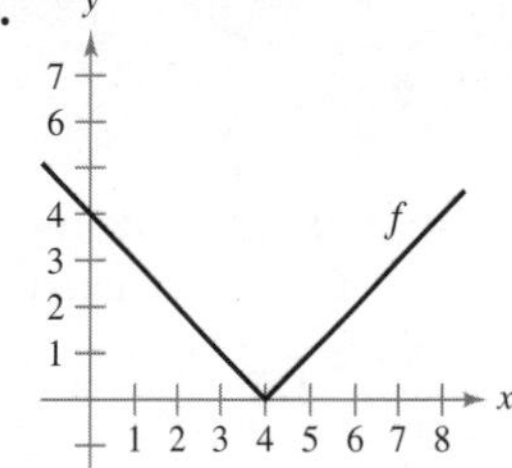

47. 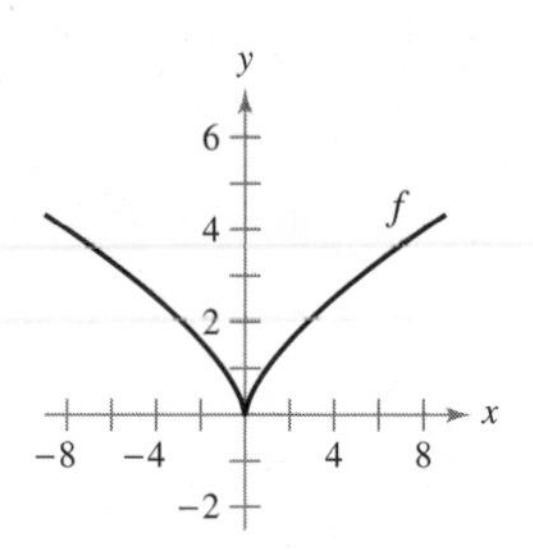

48. 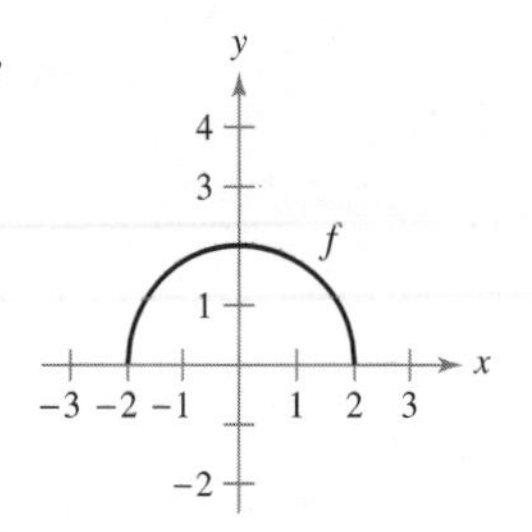

Exploración de conceptos

49. Dibuje la gráfica de una función cuya derivada siempre sea negativa. Explique su razonamiento.

50. Trace una gráfica de una función cuya derivada sea cero en exactamente dos puntos. Explique su razonamiento.

51. ¿Tienen f y f' el mismo dominio? Explique.

52. Una función f es simétrica con respecto al origen. ¿Es f' necesariamente simétrica con respecto al origen? Explique.

53. **Usar una recta tangente** La recta tangente a la gráfica de $y = g(x)$ en el punto $(4, 5)$ pasa por el punto $(7, 0)$. Encuentre $g(4)$ y $g'(4)$.

54. **Usar una recta tangente** La recta tangente a la gráfica de $y = h(x)$ en el punto $(-1, 4)$ pasa por el punto $(3, 6)$. Encuentre $h(-1)$ y $h'(-1)$.

Trabajando hacia atrás En los ejercicios 55 a 58, el límite representa a $f'(c)$ para una función f y un número c. Encuentre f y c.

55. $\lim\limits_{\Delta x \to 0} \dfrac{[5 - 3(1 + \Delta x)] - 2}{\Delta x}$

56. $\lim\limits_{\Delta x \to 0} \dfrac{(-2 + \Delta x)^3 + 8}{\Delta x}$

57. $\lim\limits_{x \to 6} \dfrac{-x^2 + 36}{x - 6}$

58. $\lim\limits_{x \to 9} \dfrac{2\sqrt{x} - 6}{x - 9}$

Escribir una función utilizando derivadas En los ejercicios 59 y 60, identifique una función f que tenga las características señaladas. Represéntela gráficamente.

59. $f(0) = 2$; $f'(x) = -3$ para $-\infty < x < \infty$

60. $f(0) = 4$; $f'(0) = 0$; $f'(x) < 0$ para $x < 0$; $f'(x) > 0$ para $x > 0$

Encontrar la ecuación de una recta tangente En los ejercicios 61 y 62, encuentre las ecuaciones de dos rectas tangentes a la gráfica de f que pasen por el punto que se indica.

61. $f(x) = 4x - x^2$

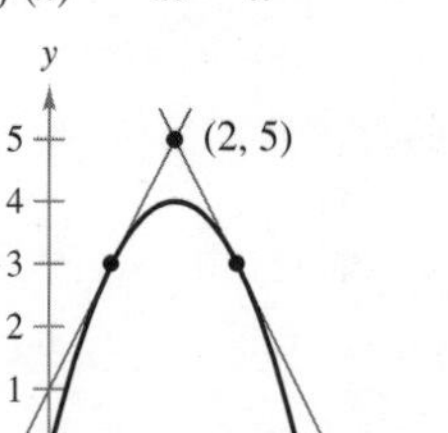

62. $f(x) = x^2$

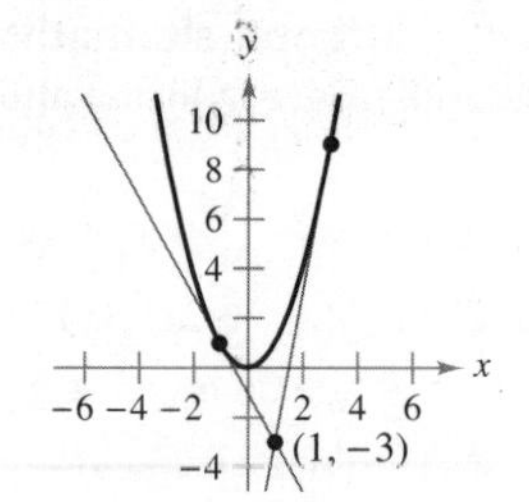

63. **Razonamiento gráfico** Utilice una herramienta de graficación para representar una de las siguientes funciones y sus rectas tangentes en $x = -1$, $x = 0$ y $x = 1$. Con base en los resultados, determine si las pendientes de las rectas tangentes a la gráfica de una función para distintos valores de x siempre son diferentes.

(a) $f(x) = x^2$ (b) $g(x) = x^3$

64. **¿CÓMO LO VE?** En la figura se muestra la gráfica de g'.

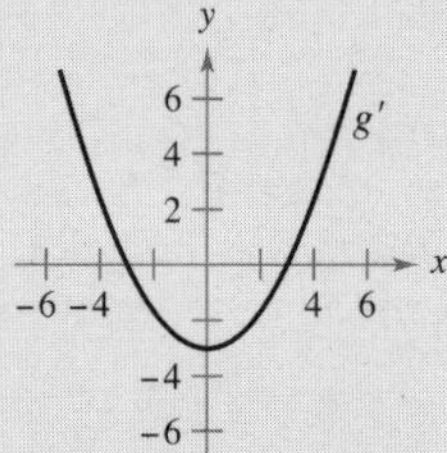

(a) $g'(0) =$ ▢ (b) $g'(3) =$ ▢

(c) ¿Qué puede concluir de la gráfica de g sabiendo que $g'(1) = -\frac{8}{3}$?

(d) ¿Qué puede concluir de la gráfica de g sabiendo que $g'(-4) = \frac{7}{3}$?

(e) ¿Es $g(6) - g(4)$ positiva o negativa? Explique su respuesta.

(f) ¿Es posible encontrar $g(2)$ a partir de la gráfica? Explique su respuesta.

65. **Razonamiento gráfico** Considere la función $f(x) = \frac{1}{2}x^2$.

(a) Utilice una herramienta de graficación para representar la función y estime los valores de $f'(0)$, $f'\left(\frac{1}{2}\right)$, $f'(1)$ y $f'(2)$.

(b) Utilice los resultados del inciso (a) para determinar los valores de $f'\left(-\frac{1}{2}\right)$, $f'(-1)$ y $f'(-2)$.

(c) Trace una posible gráfica de f'.

(d) Utilice la definición de derivada para determinar $f'(x)$.

66. **Razonamiento gráfico** Considere la función $f(x) = \frac{1}{3}x^3$.

(a) Utilice una herramienta de graficación para representar la función y estimar los valores de $f'(0)$, $f'\left(\frac{1}{2}\right)$, $f'(1)$, $f'(2)$ y $f'(3)$.

(b) Utilice los resultados del inciso (a) para determinar los valores de $f'\left(-\frac{1}{2}\right)$, $f'(-1)$, $f'(-2)$ y $f'(-3)$.

(c) Trace una posible gráfica de f'.

(d) Utilice la definición de derivada para determinar $f'(x)$.

Aproximar una derivada **En los ejercicios 67 y 68, evalúe $f(2)$ y $f(2.1)$, y utilice los resultados para estimar $f'(2)$.**

67. $f(x) = x(4 - x)$ **68.** $f(x) = \frac{1}{4}x^3$

Usar la forma alternativa de la derivada **En los ejercicios 69 a 78 utilice la forma alternativa para calcular la derivada en $x = c$ (si existe).**

69. $f(x) = x^2 - 5,\ c = 3$ **70.** $g(x) = x^2 - x,\ c = 1$

71. $f(x) = x^3 + 2x^2 + 1,\ c = -2$

72. $f(x) = x^3 + 6x,\ c = 2$

73. $g(x) = \sqrt{|x|},\ c = 0$ **74.** $f(x) = 3/x,\ c = 4$

75. $f(x) = (x - 6)^{2/3},\ c = 6$ **76.** $g(x) = (x + 3)^{1/3},\ c = -3$

77. $h(x) = |x + 7|,\ c = -7$ **78.** $f(x) = |x - 6|,\ c = 6$

Determinar la derivabilidad **En los ejercicios 79 a 82, describa los valores de x para los que f es derivable.**

79. $f(x) = (x + 4)^{2/3}$ **80.** $f(x) = \dfrac{x^2}{x^2 - 4}$

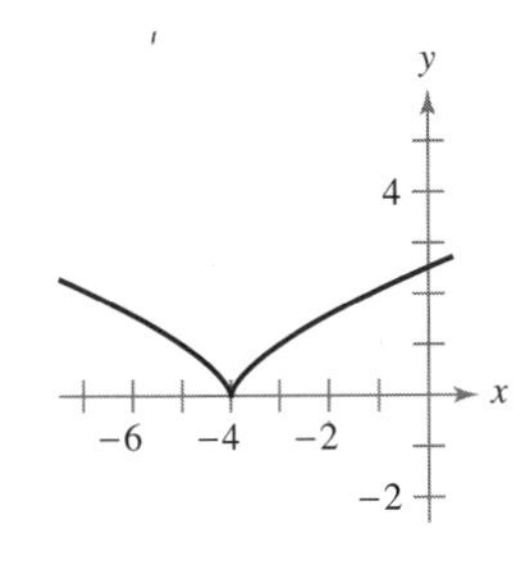

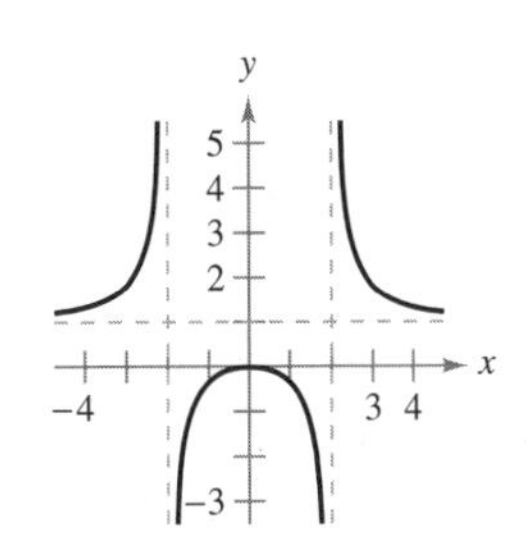

81. $f(x) = \sqrt{x + 1} + 1$ **82.** $f(x) = \begin{cases} x^2 - 4, & x \le 0 \\ 4 - x^2, & x > 0 \end{cases}$

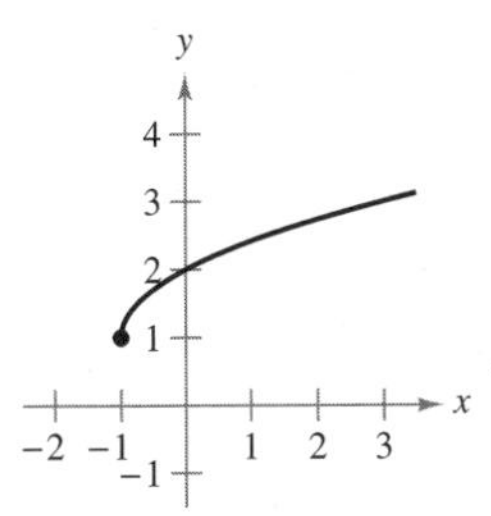

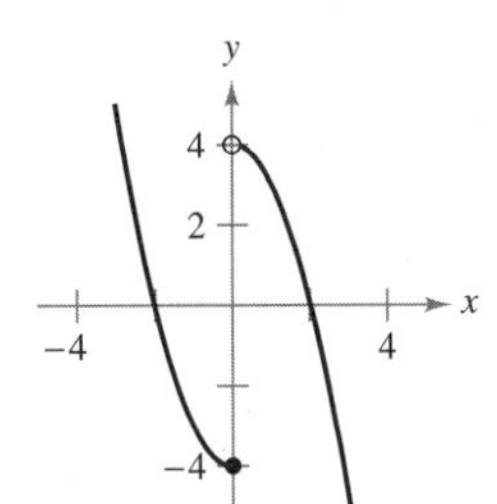

Análisis gráfico **En los ejercicios 83 a 86, utilice una herramienta de graficación para trazar la función y encontrar los valores de x en los cuales f es derivable.**

83. $f(x) = |x - 5|$ **84.** $f(x) = \dfrac{4x}{x - 3}$

85. $f(x) = x^{2/5}$

86. $f(x) = \begin{cases} x^3 - 3x^2 + 3x, & x \le 1 \\ x^2 - 2x, & x > 1 \end{cases}$

Determinar la derivabilidad **En los ejercicios 87 a 90, encuentre las derivadas desde la izquierda y desde la derecha en $x = 1$ (si existen). ¿La función es derivable en $x = 1$?**

87. $f(x) = |x - 1|$ **88.** $f(x) = \sqrt{1 - x^2}$

89. $f(x) = \begin{cases} (x - 1)^3, & x \le 1 \\ (x - 1)^2, & x > 1 \end{cases}$ **90.** $f(x) = (1 - x)^{2/3}$

Determinar la derivabilidad **En los ejercicios 91 y 92, determine si la función es derivable en $x = 2$.**

91. $f(x) = \begin{cases} x^2 + 1, & x \le 2 \\ 4x - 3, & x > 2 \end{cases}$ **92.** $f(x) = \begin{cases} \frac{1}{2}x + 2, & x < 2 \\ \sqrt{2x}, & x \ge 2 \end{cases}$

93. Razonamiento gráfico Una recta de pendiente m pasa por el punto $(0, 4)$ y tiene la ecuación $y = mx + 4$.

(a) Escriba la distancia d que hay entre la recta y el punto $(3, 1)$ como función de m.

(b) Utilice una herramienta de graficación para representar la función d del inciso (a). Basándose en la gráfica, ¿es esa función derivable para todo valor de m? Si no es así especifique dónde no lo es.

94. Conjetura Considere las funciones $f(x) = x^2$ y $g(x) = x^3$.

(a) Dibuje la gráfica f y f' sobre el mismo conjunto de ejes.

(b) Dibuje la gráfica g y g' sobre el mismo conjunto de ejes.

(c) Identifique un patrón entre f y g y sus respectivas derivadas. Utilícelo para hacer conjeturas respecto a $h'(x)$ si $h(x) = x^n$, donde n es un número entero y $n \ge 2$.

(d) Encuentre $f'(x)$ si $f(x) = x^4$. Compare el resultado con la conjetura del inciso (*c*). ¿Esto comprueba la conjetura? Explique su respuesta.

¿Verdadero o falso? **En los ejercicios 95 a 98, determine si el enunciado es verdadero o falso. Para los que sean falsos, explique por qué o proporcione un contraejemplo que lo demuestre.**

95. La pendiente de la recta tangente a una función derivable f en el punto $(2, f(2))$ es

$$\frac{f(2 + \Delta x) - f(2)}{\Delta x}$$

96. Si una función es continua en un punto, entonces es derivable en él.

97. Si una función tiene derivadas laterales por la derecha y por la izquierda en un punto, entonces es derivable en ese punto.

98. Si una función es derivable en un punto, entonces es continua en ese punto.

99. Derivabilidad y continuidad Sean

$$f(x) = \begin{cases} x \operatorname{sen} \dfrac{1}{x}, & x \ne 0 \\ 0, & x = 0 \end{cases}$$

y

$$g(x) = \begin{cases} x^2 \operatorname{sen} \dfrac{1}{x}, & x \ne 0 \\ 0, & x = 0 \end{cases}$$

Demuestre que f es continua, pero no derivable, en $x = 0$. Demuestre que g es derivable en 0 y calcule $g'(0)$.

100. Redacción Utilice una herramienta de graficación para representar las funciones $f(x) = x^2 + 1$ y $g(x) = |x| + 1$ en la misma ventana de visualización. Utilice las funciones *zoom* y *trace* para analizarlas cerca del punto $(0, 1)$. ¿Qué observa? ¿Cuál función es derivable en ese punto? Escriba un pequeño párrafo describiendo el significado geométrico de la derivabilidad en un punto.

2.2 Reglas básicas de derivación y razones de cambio

- **Encontrar la derivada de una función mediante la regla de la constante.**
- **Encontrar la derivada de una función mediante la regla de la potencia.**
- **Encontrar la derivada de una función mediante la regla del múltiplo constante.**
- **Encontrar la derivada de una función mediante las reglas de la suma y de la diferencia.**
- **Encontrar la derivada de las funciones seno y coseno.**
- **Usar derivadas para calcular razones de cambio.**

La regla de la constante

En la sección 2.1 utilizó la definición límite para encontrar derivadas. En esta y en las siguientes dos secciones se presentarán varias "reglas de derivación" que le permiten encontrar derivadas sin el uso *directo* de la definición de límite.

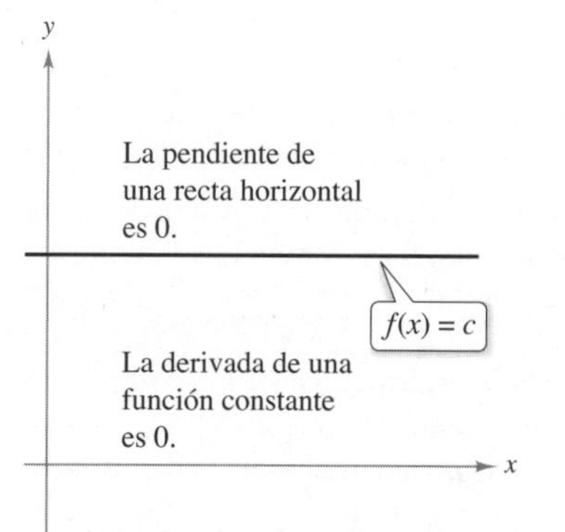

Observe que la regla de la constante equivale a decir que la pendiente de una recta horizontal es 0. Esto demuestra la relación que existe entre derivada y pendiente.
Figura 2.14

TEOREMA 2.2 La regla de la constante

La derivada de una función constante es 0. Es decir, si c es un número real, entonces

$$\frac{d}{dx}[c] = 0$$

(Vea la figura 2.14.)

Demostración Sea $f(x) = c$. Entonces, por la definición de límite de la derivada,

$$\begin{aligned}\frac{d}{dx}[c] &= f'(x)\\ &= \lim_{\Delta x \to 0} \frac{f(x + \Delta x) - f(x)}{\Delta x} && \text{Definición de derivada.}\\ &= \lim_{\Delta x \to 0} \frac{c - c}{\Delta x} && f(x+\Delta x) = f(x) = c\\ &= \lim_{\Delta x \to 0} 0\\ &= 0\end{aligned}$$

■

EJEMPLO 1 **Aplicar la regla de la constante**

	Función	Derivada
a.	$y = 7$	$dy/dx = 0$
b.	$f(x) = 0$	$f'(x) = 0$
c.	$s(t) = -3$	$s'(t) = 0$
d.	$y = k\pi^2$, k es constante	$dy/dx = 0$

■

Exploración

Escriba una conjetura Utilice la definición de derivada de la sección 2.1 para encontrar la derivada de las siguientes funciones. ¿Qué patrones observa? Utilice los resultados para elaborar una conjetura acerca de la derivada de $f(x) = x^n$.

a. $f(x) = x^1$ **b.** $f(x) = x^2$ **c.** $f(x) = x^3$
d. $f(x) = x^4$ **e.** $f(x) = x^{1/2}$ **f.** $f(x) = x^{-1}$

La regla de la potencia

Antes de demostrar la próxima regla, es importante que revise el proceso de desarrollo de un binomio.

$$(x + \Delta x)^2 = x^2 + 2x\Delta x + (\Delta x)^2$$
$$(x + \Delta x)^3 = x^3 + 3x^2\Delta x + 3x(\Delta x)^2 + (\Delta x)^3$$
$$(x + \Delta x)^4 = x^4 + 4x^3\Delta x + 6x^2(\Delta x)^2 + 4x(\Delta x)^3 + (\Delta x)^4$$
$$(x + \Delta x)^5 = x^5 + 5x^4\Delta x + 10x^3(\Delta x)^2 + 10x^2(\Delta x)^3 + 5x(\Delta x)^4 + (\Delta x)^5$$

El desarrollo general del binomio para un entero positivo n cualquiera es

$$(x + \Delta x)^n = x^n + nx^{n-1}(\Delta x) + \underbrace{\frac{n(n-1)x^{n-2}}{2}(\Delta x)^2 + \cdots + (\Delta x)^n}_{(\Delta x)^2 \text{ es un factor común en estos términos.}}$$

Este desarrollo del binomio se utilizará para demostrar un caso especial de la regla de la potencia.

TEOREMA 2.3 La regla de la potencia

Si n es un número racional, entonces la función $f(x) = x^n$ es derivable y

$$\frac{d}{dx}[x^n] = nx^{n-1}$$

Para que f sea derivable en $x = 0$, n debe ser un número tal que x^{n-1} esté definida en un intervalo que contenga al 0.

COMENTARIO Del ejemplo 7 de la sección 2.1, se encontró que la función $f(x) = x^{1/3}$ está definida en $x = 0$ pero no es derivable en $x = 0$. Esto se debe a que $x^{-2/3}$ no está definida sobre un intervalo que contiene al cero.

Demostración Si n es un entero positivo mayor que 1, entonces del desarrollo del binomio resulta

$$\begin{aligned}
\frac{d}{dx}[x^n] &= \lim_{\Delta x \to 0} \frac{(x + \Delta x)^n - x^n}{\Delta x} \\
&= \lim_{\Delta x \to 0} \frac{x^n + nx^{n-1}(\Delta x) + \frac{n(n-1)x^{n-2}}{2}(\Delta x)^2 + \cdots + (\Delta x)^n - x^n}{\Delta x} \\
&= \lim_{\Delta x \to 0} \left[nx^{n-1} + \frac{n(n-1)x^{n-2}}{2}(\Delta x) + \cdots + (\Delta x)^{n-1} \right] \\
&= nx^{n-1} + 0 + \cdots + 0 \\
&= nx^{n-1}
\end{aligned}$$

Esto demuestra el caso en el que n es un entero positivo mayor que 1. Se deja al lector la demostración del caso $n = 1$. En el ejemplo 7 de la sección 2.3 se demuestra el caso para el que n es un entero negativo. En el ejercicio 73 de la sección 2.5 se le pide demostrar el caso en el cual n es racional (en la sección 5.5 la regla de la potencia se extenderá hasta abarcar los valores irracionales de n). ■

Al utilizar la regla de la potencia, es conveniente considerar el caso en el que $n = 1$ como una regla distinta de derivación, a saber

$$\frac{d}{dx}[x] = 1 \qquad \text{Regla de la potencia para } n = 1.$$

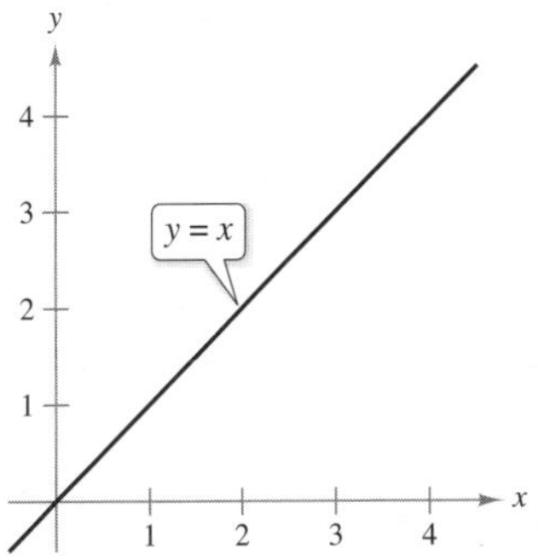

Esta regla es congruente con el hecho de que la pendiente de la recta $y = x$ es 1, como se muestra en la figura 2.15.

La pendiente de la recta $y = x$ es 1.
Figura 2.15

EJEMPLO 2 Usar la regla de la potencia

	Función	**Derivada**
a.	$f(x) = x^3$	$f'(x) = 3x^2$
b.	$g(x) = \sqrt[3]{x}$	$g'(x) = \dfrac{d}{dx}[x^{1/3}] = \dfrac{1}{3}x^{-2/3} = \dfrac{1}{3x^{2/3}}$
c.	$y = \dfrac{1}{x^2}$	$\dfrac{dy}{dx} = \dfrac{d}{dx}[x^{-2}] = (-2)x^{-3} = -\dfrac{2}{x^3}$

Observe que en el ejemplo 2(c), *antes* de derivar se ha reescrito $1/x^2$ como x^{-2}. En *muchos* problemas de derivación, el primer paso consiste en reescribir la función.

Dada:		Reescriba:		Derive:		Simplifique:
$y = \dfrac{1}{x^2}$	⇨	$y = x^{-2}$	⇨	$\dfrac{dy}{dx} = (-2)x^{-3}$	⇨	$\dfrac{dy}{dx} = -\dfrac{2}{x^3}$

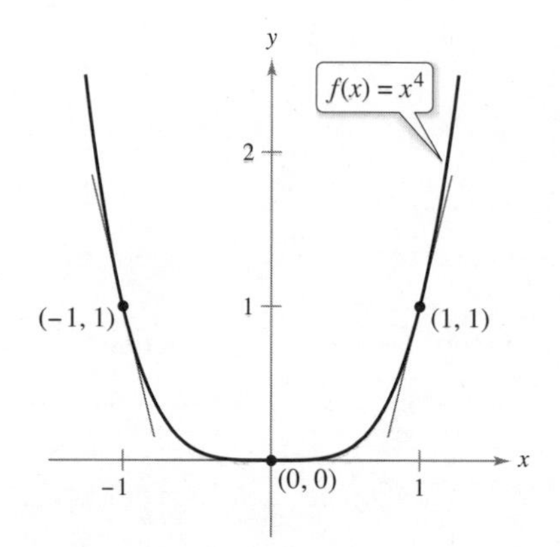

Observe que la pendiente es negativa en el punto $(-1, 1)$, cero en $(0, 0)$ y positiva en $(1, 1)$.
Figura 2.16

EJEMPLO 3 Pendiente de una gráfica

Consulte LarsonCalculus.com (disponible solo en inglés) para una versión interactiva de este tipo de ejemplo.

Calcule la pendiente de la gráfica de $f(x) = x^4$ para cada valor de x.

a. $x = -1$ **b.** $x = 0$ **c.** $x = 1$

Solución La pendiente de una gráfica en un punto es igual a la derivada en dicho punto. La derivada de f es $f'(x) = 4x^3$.

a. Para $x = -1$, la pendiente es $f'(-1) = 4(-1)^3 = -4$ La pendiente es negativa.

b. Para $x = 0$, la pendiente es $f'(0) = 4(0)^3 = 0$ La pendiente es 0.

c. Para $x = 1$, la pendiente es $f'(1) = 4(1)^3 = 4$ La pendiente es positiva.

Vea la figura 2.16.

Para ver las figuras a color, acceda al código

EJEMPLO 4 Encontrar la ecuación de una recta tangente

Consulte LarsonCalculus.com (disponible solo en inglés) para una versión interactiva de este tipo de ejemplo.

Encuentre la ecuación de la recta tangente a la gráfica de $f(x) = x^2$ cuando $x = -2$.

Solución Para encontrar el *punto* sobre la gráfica de f, evalúe la función en $x = -2$.

$$(-2, f(-2)) = (-2, 4) \qquad \text{Punto de la gráfica.}$$

Para calcular la *pendiente* de la gráfica en $x = -2$, evalúe la derivada, $f'(x) = 2x$, en $x = -2$.

$$m = f'(-2) = -4 \qquad \text{Pendiente de la gráfica en } (-2, 4).$$

Ahora, utilice la forma punto-pendiente (vea la sección P.2) para escribir la ecuación de la recta tangente.

$$y - y_1 = m(x - x_1) \qquad \text{Forma punto-pendiente.}$$
$$y - 4 = -4[x - (-2)] \qquad \text{Sustituya para } y_1, m \text{ y } x_1.$$
$$y = -4x - 4 \qquad \text{Simplifique.}$$

Se puede verificar este resultado con la utilidad *tangente* de una utilidad gráfica, como se muestra en la figura 2.17.

La recta $y = -4x - 4$ es tangente a la gráfica de $f(x) = x^2$ en el punto $(-2, 4)$.
Figura 2.17

La regla del múltiplo constante

TEOREMA 2.4 La regla del múltiplo constante

Si f es una función derivable y c un número real, entonces cf también es derivable y además

$$\frac{d}{dx}[cf(x)] = cf'(x)$$

Demostración

$$\frac{d}{dx}[cf(x)] = \lim_{\Delta x \to 0} \frac{cf(x + \Delta x) - cf(x)}{\Delta x}$$ Definición de derivada.

$$= \lim_{\Delta x \to 0} c\left[\frac{f(x + \Delta x) - f(x)}{\Delta x}\right]$$ Factorice c.

$$= c\left[\lim_{\Delta x \to 0} \frac{f(x + \Delta x) - f(x)}{\Delta x}\right]$$ Aplique la propiedad 1, teorema 1.2.

$$= cf'(x)$$ Definición de la derivada de f. ■

De manera informal, la regla del múltiplo constante establece que las constantes se pueden sacar de la derivada, incluso cuando aparecen en el denominador.

$$\frac{d}{dx}[cf(x)] = c\frac{d}{dx}[f(x)] = cf'(x)$$

$$\frac{d}{dx}\left[\frac{f(x)}{c}\right] = \frac{d}{dx}\left[\left(\frac{1}{c}\right)f(x)\right] = \left(\frac{1}{c}\right)\frac{d}{dx}[f(x)] = \left(\frac{1}{c}\right)f'(x)$$

EJEMPLO 5 Aplicar la regla del múltiplo constante

Función	Derivada
a. $y = 5x^3$	$\frac{dy}{dx} = \frac{d}{dx}[5x^3] = 5\frac{d}{dx}[x^3] = 5(3)x^2 = 15x^2$
b. $y = \frac{2}{x}$	$\frac{dy}{dx} = \frac{d}{dx}[2x^{-1}] = 2\frac{d}{dx}[x^{-1}] = 2(-1)x^{-2} = -\frac{2}{x^2}$
c. $f(t) = \frac{4t^2}{5}$	$f'(t) = \frac{d}{dt}\left[\frac{4}{5}t^2\right] = \frac{4}{5}\frac{d}{dt}[t^2] = \frac{4}{5}(2t) = \frac{8}{5}t$
d. $y = 2\sqrt{x}$	$\frac{dy}{dx} = \frac{d}{dx}[2x^{1/2}] = 2\left(\frac{1}{2}x^{-1/2}\right) = x^{-1/2} = \frac{1}{\sqrt{x}}$
e. $y = \frac{1}{2\sqrt[3]{x^2}}$	$y' = \frac{d}{dx}\left[\frac{1}{2}x^{-2/3}\right] = \frac{1}{2}\left(-\frac{2}{3}\right)x^{-5/3} = -\frac{1}{3x^{5/3}}$
f. $y = -\frac{3x}{2}$	$\frac{dy}{dx} = \frac{d}{dx}\left[-\frac{3}{2}x\right] = -\frac{3}{2}(1) = -\frac{3}{2}$ ■

COMENTARIO Antes de derivar funciones que implican radicales, reescriba la función con exponentes racionales.

La regla del múltiplo constante y la de la potencia se pueden combinar en una sola. La regla resultante es

$$\frac{d}{dx}[cx^n] = cnx^{n-1}$$

EJEMPLO 6 **Usar el paréntesis al derivar**

	Función original	Reescriba	Derive	Simplifique
a.	$y = \dfrac{5}{2x^3}$	$y = \dfrac{5}{2}(x^{-3})$	$y' = \dfrac{5}{2}(-3x^{-4})$	$y' = -\dfrac{15}{2x^4}$
b.	$y = \dfrac{5}{(2x)^3}$	$y = \dfrac{5}{8}(x^{-3})$	$y' = \dfrac{5}{8}(-3x^{-4})$	$y' = -\dfrac{15}{8x^4}$
c.	$y = \dfrac{7}{3x^{-2}}$	$y = \dfrac{7}{3}(x^2)$	$y' = \dfrac{7}{3}(2x)$	$y' = \dfrac{14x}{3}$
d.	$y = \dfrac{7}{(3x)^{-2}}$	$y = 63(x^2)$	$y' = 63(2x)$	$y' = 126x$

Las reglas de suma y resta

TEOREMA 2.5 Las reglas de suma y resta

La suma (o resta) de dos funciones derivables f y g es derivable. Además, la derivada de $f + g$ (o $f - g$) es igual a la suma (o diferencia) de las derivadas de f y g.

$$\frac{d}{dx}[f(x) + g(x)] = f'(x) + g'(x)$$ Regla de la suma.

$$\frac{d}{dx}[f(x) - g(x)] = f'(x) - g'(x)$$ Regla de la resta.

COMENTARIO Como una ayuda para aprender las reglas de derivación, pueden escribirse en palabras. Por ejemplo, en palabras, la regla de la suma dice: "La derivada de la suma de dos funciones derivables es la suma de sus derivadas". También puede escribir las reglas en notación con una prima ($'$), como

$$(f + g)' = f' + g'$$

Demostración Una demostración de la regla de la suma se deduce del teorema 1.2. (La de la resta se demuestra de manera análoga.)

$$\begin{aligned}
\frac{d}{dx}[f(x) + g(x)] &= \lim_{\Delta x \to 0} \frac{[f(x + \Delta x) + g(x + \Delta x)] - [f(x) + g(x)]}{\Delta x} \\
&= \lim_{\Delta x \to 0} \frac{f(x + \Delta x) + g(x + \Delta x) - f(x) - g(x)}{\Delta x} \\
&= \lim_{\Delta x \to 0} \left[\frac{f(x + \Delta x) - f(x)}{\Delta x} + \frac{g(x + \Delta x) - g(x)}{\Delta x}\right] \\
&= \lim_{\Delta x \to 0} \frac{f(x + \Delta x) - f(x)}{\Delta x} + \lim_{\Delta x \to 0} \frac{g(x + \Delta x) - g(x)}{\Delta x} \\
&= f'(x) + g'(x)
\end{aligned}$$

Las reglas de suma y resta pueden ampliarse en cualquier número finito de funciones. Por ejemplo, si $F(x) = f(x) + g(x) - h(x)$, entonces $F'(x) = f'(x) + g'(x) - h'(x)$.

COMENTARIO En el ejemplo 7(c), observe que antes de la derivación,

$$\frac{3x^2 - x + 1}{x}$$

fue reescrita como

$$3x - 1 + \frac{1}{x}$$

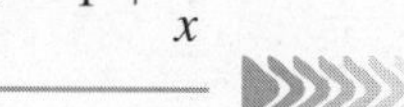

EJEMPLO 7 **Aplicar las reglas de suma y resta**

	Función	Derivada
a.	$f(x) = x^3 - 4x + 5$	$f'(x) = 3x^2 - 4$
b.	$g(x) = -\dfrac{x^4}{2} + 3x^3 - 2x$	$g'(x) = -2x^3 + 9x^2 - 2$
c.	$y = \dfrac{3x^2 - x + 1}{x} = 3x - 1 + \dfrac{1}{x}$	$y' = 3 - \dfrac{1}{x^2} = \dfrac{3x^2 - 1}{x^2}$

■ **PARA INFORMACIÓN ADICIONAL** El esbozo de una demostración geométrica de las derivadas de las funciones seno y coseno puede consultarse en el artículo "The Spider's Spacewalk Derivation of sin′ and cos′", de Tim Hesterberg, en *The College Mathematics Journal.* Para ver este artículo, visite *MathArticles.com* (disponible solo en inglés).

Para ver las figuras a color, acceda al código

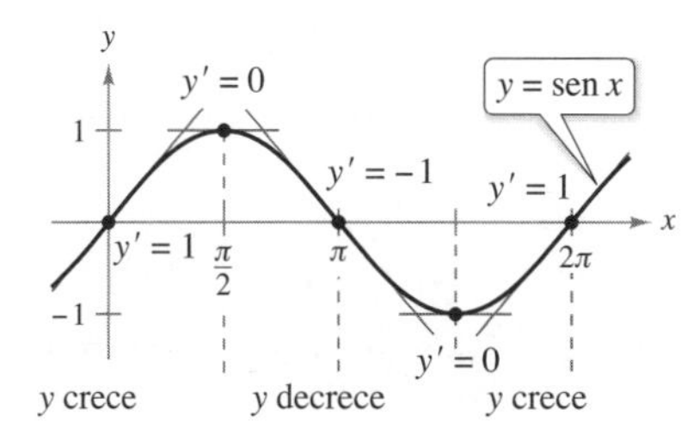

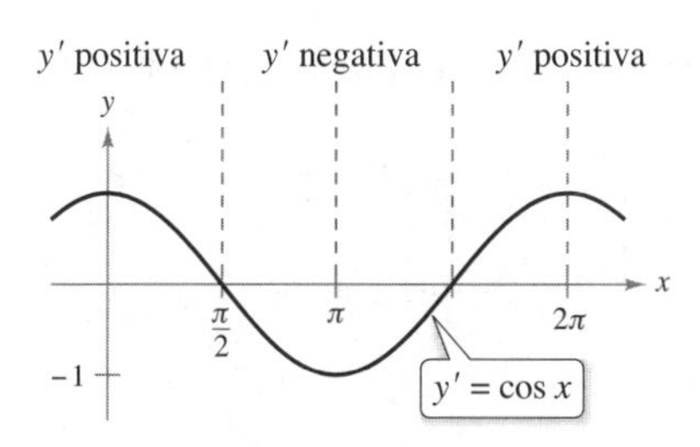

La derivada de la función seno es la función coseno.
Figura 2.18

Derivadas de las funciones seno y coseno

En la sección 1.3 se estudiaron los límites

$$\lim_{\Delta x \to 0} \frac{\text{sen}\,\Delta x}{\Delta x} = 1 \quad \text{y} \quad \lim_{\Delta x \to 0} \frac{1 - \cos \Delta x}{\Delta x} = 0$$ Teorema 1.9.

Estos dos límites pueden utilizarse para demostrar las reglas de derivación de las funciones seno y coseno (las derivadas de las demás funciones trigonométricas se analizan en la sección 2.3).

TEOREMA 2.6 Derivadas de las funciones seno y coseno

$$\frac{d}{dx}[\text{sen}\,x] = \cos x \qquad \frac{d}{dx}[\cos x] = -\text{sen}\,x$$

Demostración A continuación se presenta una demostración de la primera regla. (La demostración de la segunda regla se deja al lector como un ejercicio [vea el ejercicio 114].) En la demostración, observe el uso de la identidad trigonométrica $\text{sen}(x + \Delta x) = \text{sen}\,x \cos \Delta x + \cos x\,\text{sen}\,\Delta x$.

$$\frac{d}{dx}[\text{sen}\,x] = \lim_{\Delta x \to 0} \frac{\text{sen}(x + \Delta x) - \text{sen}\,x}{\Delta x}$$ Definición de derivada.

$$= \lim_{\Delta x \to 0} \frac{\text{sen}\,x \cos \Delta x + \cos x\,\text{sen}\,\Delta x - \text{sen}\,x}{\Delta x}$$ Identidad trigonométrica.

$$= \lim_{\Delta x \to 0} \frac{\cos x\,\text{sen}\,\Delta x - (\text{sen}\,x)(1 - \cos \Delta x)}{\Delta x}$$ Reordene y factorice.

$$= \lim_{\Delta x \to 0} \left[(\cos x)\left(\frac{\text{sen}\,\Delta x}{\Delta x}\right) - (\text{sen}\,x)\left(\frac{1 - \cos \Delta x}{\Delta x}\right)\right]$$ Separe fracciones.

$$= (\cos x)\left(\lim_{\Delta x \to 0} \frac{\text{sen}\,\Delta x}{\Delta x}\right) - (\text{sen}\,x)\left(\lim_{\Delta x \to 0} \frac{1 - \cos \Delta x}{\Delta x}\right)$$ Propiedades de límites.

$$= (\cos x)(1) - (\text{sen}\,x)(0)$$

$$= \cos x$$

Esta regla de derivación se ilustra en la figura 2.18. Observe que para cada x, la *pendiente* de la curva seno es igual al valor del coseno. ■

EJEMPLO 8 Derivadas que contienen senos y cosenos

Consulte LarsonCalculus.com (disponible solo en inglés) para una versión interactiva de este tipo de ejemplo.

	Función	**Derivada**
a.	$y = 2\,\text{sen}\,x$	$y' = 2\cos x$
b.	$y = \dfrac{\text{sen}\,x}{2} = \dfrac{1}{2}\,\text{sen}\,x$	$y' = \dfrac{1}{2}\cos x = \dfrac{\cos x}{2}$
c.	$y = x + \cos x$	$y' = 1 - \text{sen}\,x$
d.	$y = \cos x - \dfrac{\pi}{3}\,\text{sen}\,x$	$y' = -\text{sen}\,x - \dfrac{\pi}{3}\cos x$

■

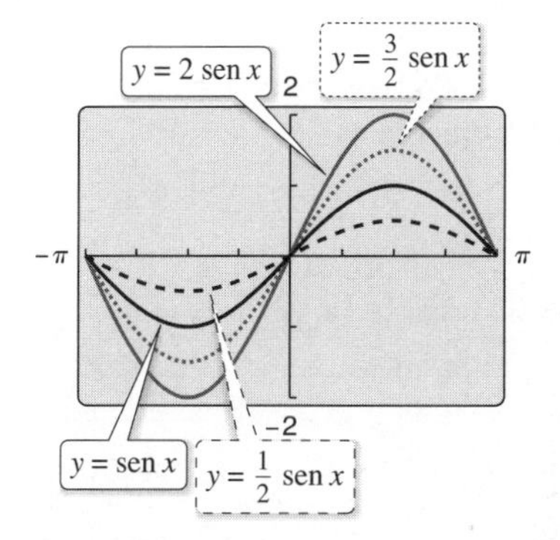

$\dfrac{d}{dx}[a\,\text{sen}\,x] = a\cos x$
Figura 2.19

TECNOLOGÍA Una herramienta de graficación permite visualizar la interpretación de una derivada. Por ejemplo, en la figura 2.19 se muestran las gráficas de $y = a\,\text{sen}\,x$ para $a = \frac{1}{2}, 1, \frac{3}{2}$ y 2. Calcule la pendiente de cada gráfica en el punto (0, 0). Después verifique los cálculos de manera analítica mediante el cálculo de la derivada de cada función cuando $x = 0$.

Razones de cambio

Ya se ha visto que la derivada se utiliza para calcular la pendiente. Pero también sirve para determinar la razón del cambio de una variable respecto a otra. Las aplicaciones relacionadas con razones de cambio, algunas veces denominadas razones de cambio instantáneas, ocurren en una amplia variedad de campos. Algunos ejemplos son las razones de crecimiento de poblaciones, las razones de producción, las razones de flujo de un líquido, la velocidad y la aceleración.

Un uso frecuente de la razón de cambio consiste en describir el movimiento de un objeto que se mueve en línea recta. En tales problemas, se acostumbra utilizar una recta horizontal o línea vertical con un origen designado para representar la línea de movimiento. Sobre tales rectas, el movimiento hacia la derecha (o hacia arriba) se considera de dirección positiva y el movimiento hacia la izquierda (o hacia abajo) de dirección negativa.

La función s que representa la posición (respecto al origen) de un objeto como función del tiempo t se denomina **función de posición**. Si durante cierto lapso de tiempo Δt el objeto cambia su posición en una cantidad $\Delta s = s(t + \Delta t) - s(t)$, entonces, empleando la conocida fórmula

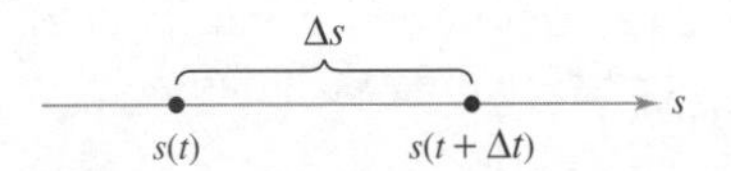

Esta figura muestra las posiciones de un objeto que se mueve a lo largo de una línea recta al tiempo t y poco después en el tiempo $t + \Delta t$. En este caso, la recta es horizontal.
Figura 2.20

$$\text{Razón} = \frac{\text{distancia}}{\text{tiempo}}$$

la **velocidad promedio** es

$$\frac{\text{Cambio en distancia}}{\text{Cambio en tiempo}} = \frac{\Delta s}{\Delta t} \qquad \text{Velocidad promedio.}$$

Tenga en cuenta que el cambio en la posición Δs también se denomina **desplazamiento** del objeto sobre el intervalo de tiempo de t a $t + \Delta t$. (Vea la figura 2.20.)

EJEMPLO 9 Velocidad promedio de un objeto en su caída

Si se deja caer una bola de billar desde una altura de 100 pies, su altura s en el instante t se representa mediante la función de posición

$$s = -16t^2 + 100 \qquad \text{Función de posición.}$$

donde s se mide en pies y t en segundos. Encuentre la velocidad promedio para cada uno de estos intervalos

a. $[1, 2]$ **b.** $[1, 1.5]$ **c.** $[1, 1.1]$

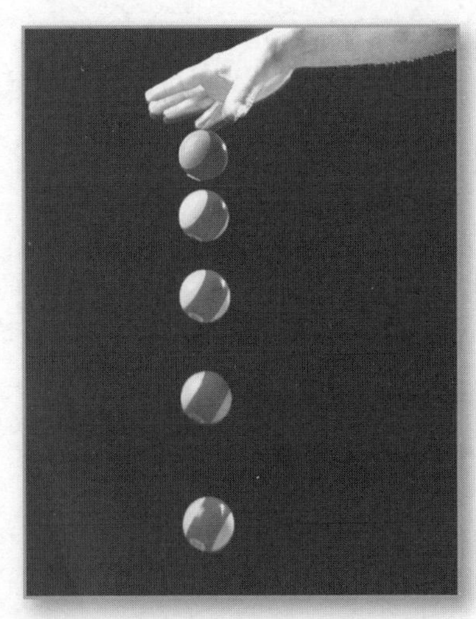

Exposición fotográfica de larga duración de una bola de billar en caída libre.

Solución

a. En el intervalo $[1, 2]$ el objeto cae desde una altura de $s(1) = -16(1)^2 + 100 = 84$ pies hasta una altura de $s(2) = -16(2)^2 + 100 = 36$ pies. La velocidad promedio es

$$\frac{\Delta s}{\Delta t} = \frac{36 - 84}{2 - 1} = \frac{-48}{1} = -48 \text{ pies por segundo}$$

b. En el intervalo $[1, 1.5]$ el objeto cae desde una altura de 84 pies hasta una altura de $s(1.5) = -16(1.5)^2 + 100 = 64$ pies. La velocidad promedio es

$$\frac{\Delta s}{\Delta t} = \frac{64 - 84}{1.5 - 1} = \frac{-20}{0.5} = -40 \text{ pies por segundo}$$

c. En el intervalo $[1, 1.1]$ el objeto cae desde una altura de 84 pies hasta una altura de $s(1.1) = -16(1.1)^2 + 100 = 80.64$ pies. La velocidad promedio es

$$\frac{\Delta s}{\Delta t} = \frac{80.64 - 84}{1.1 - 1} = \frac{-3.36}{0.1} = -33.6 \text{ pies por segundo}$$

Observe que las velocidades promedio son *negativas,* lo que refleja el hecho de que el objeto se mueve hacia abajo. ■

Para ver la figura a color, acceda al código

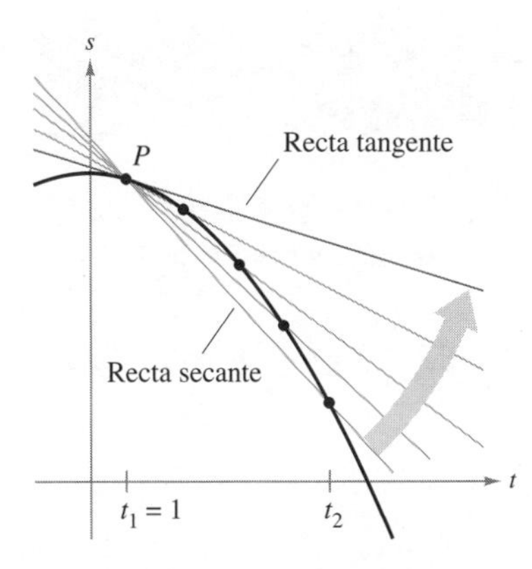

La velocidad promedio entre t_1 y t_2 es igual a la pendiente de la recta secante. La velocidad instantánea en t_1 es igual a la pendiente de la recta tangente.

Figura 2.21

Suponga que en el ejemplo 9 quiere encontrar la velocidad *instantánea* (o simplemente velocidad) del objeto cuando $t = 1$. Al igual que puede aproximar la pendiente de la recta tangente utilizando las pendientes de rectas secantes, también puede aproximar la velocidad en $t = 1$ por medio de las velocidades promedio durante un pequeño intervalo $[1, 1 + \Delta t]$ (vea la figura 2.21). Calculando el límite cuando Δt tiende a cero, se obtiene la velocidad cuando $t = 1$. Al intentar hacerlo puede comprobar que la velocidad cuando $t = 1$ es de -32 pies por segundo.

En general, si $s = s(t)$ es la función posición de un objeto que se mueve a lo largo de una línea recta, su **velocidad** al tiempo t es

$$v(t) = \lim_{\Delta t \to 0} \frac{s(t + \Delta t) - s(t)}{\Delta t} = s'(t)$$ Función de velocidad.

En otras palabras, la función de velocidad es la derivada de la función de posición. La velocidad puede ser positiva, cero o negativa. La **rapidez** de un objeto se define como el valor absoluto de su velocidad, y nunca es negativa.

La posición de un objeto en caída libre (despreciando la resistencia del aire) bajo la influencia de la gravedad se obtiene mediante la ecuación

$$s(t) = -\frac{1}{2}gt^2 + v_0 t + s_0$$ Función de posición.

Para ver las figuras a color, acceda al código

donde s_0 es la altura inicial del objeto, v_0 la velocidad inicial y g la aceleración de la gravedad. En la Tierra, el valor de g es de aproximadamente 32 pies por segundo por segundo o 9.8 metros por segundo por segundo.

EJEMPLO 10 Utilizar la derivada para calcular la velocidad

En el instante $t = 0$, un clavadista se lanza desde un trampolín que está a 32 pies sobre el nivel del agua de la piscina (vea la figura 2.22). La velocidad inicial del clavadista es de 16 pies por segundo. ¿Cuánto tarda el clavadista en llegar al agua? ¿Cuál es su velocidad al momento del impacto?

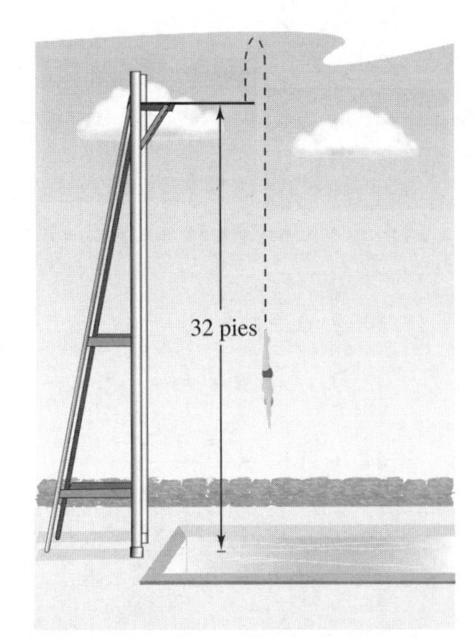

La velocidad es positiva cuando un objeto se eleva y negativa cuando desciende. Se observa que el clavadista se mueve hacia arriba durante la primera mitad del segundo, porque la velocidad es positiva para $0 < t < \frac{1}{2}$. Cuando la velocidad es 0, el clavadista ha alcanzado la altura máxima de salto.

Figura 2.22

Solución Comience escribiendo una ecuación para representar la posición del clavadista. Utilizando la función de posición dada arriba con $g = 32$ pies por segundo por segundo, $v_0 = 16$ pies por segundo y $s_0 = 32$ pies, se puede escribir

$$\begin{aligned} s(t) &= -\frac{1}{2}(32)t^2 + 16t + 32 \\ &= -16t^2 + 16t + 32 \end{aligned}$$ Función de posición.

Para determinar el momento en que toca el agua haga $s = 0$ y despeje t.

$$-16t^2 + 16t + 32 = 0$$ Iguale a cero la función posición.

$$-16(t + 1)(t - 2) = 0$$ Factorice.

$$t = -1 \text{ o } 2$$ Despeje t.

Como $t \geq 0$, seleccione el valor positivo, así que el clavadista llega en $t = 2$ segundos. La velocidad en el instante t está dada por la derivada

$$s'(t) = -32t + 16$$ Función de velocidad.

Por tanto, su velocidad en $t = 2$ es

$$s'(2) = -32(2) + 16 = -48 \text{ pies por segundo}$$ ■

En el ejemplo 10, observe que la unidad para $s'(t)$ es la unidad para s (pies) dividida entre la unidad t (segundos). En general, la unidad para $f'(x)$ es la unidad para f dividida entre la unidad para x.

2.2 Ejercicios

Las respuestas a los ejercicios impares pueden consultarse en el Apéndice de este libro.

Repaso de conceptos

1. Explique cómo encontrar la derivada de una función constante.
2. Explique cómo encontrar la derivada de la función $f(x) = cx^n$.
3. Identifique las derivadas de las funciones seno y coseno.
4. Describa la diferencia entre velocidad promedio y velocidad.

Calcular la pendiente **En los ejercicios 5 y 6, utilice la gráfica para calcular la pendiente de la recta tangente a $y = x^n$ en el punto (1, 1). Verifique su respuesta de manera analítica. Para imprimir una copia ampliada de la gráfica, visite el sitio *MathGraphs.com* (disponible solo en inglés).**

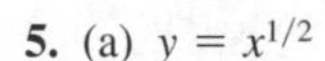

5. (a) $y = x^{1/2}$ (b) $y = x^3$

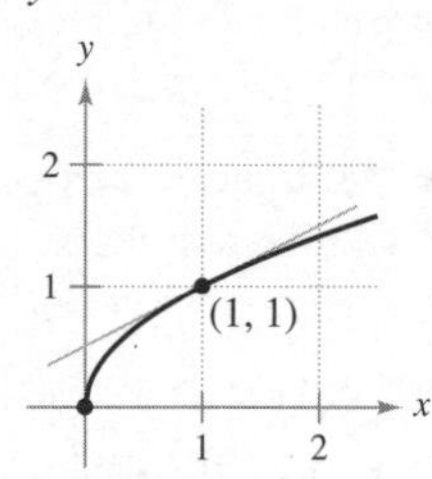

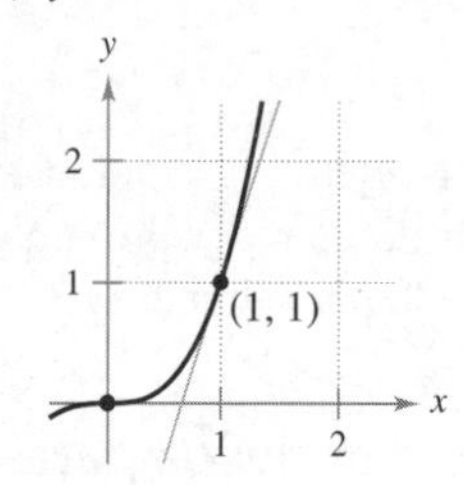

6. (a) $y = x^{-1/2}$ (b) $y = x^{-1}$

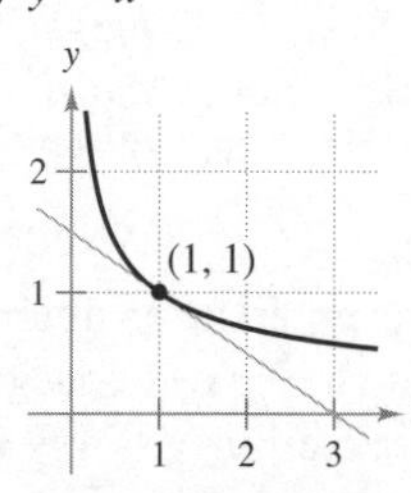

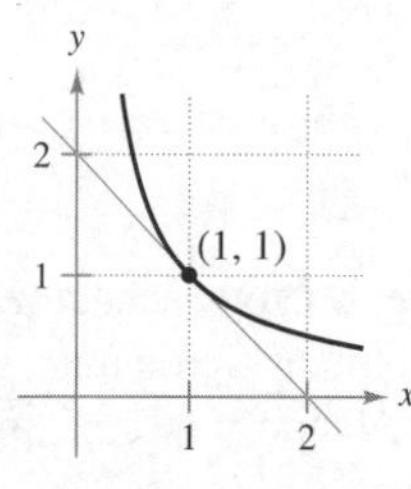

Calcular la derivada **En los ejercicios 7 a 26, use las reglas de derivabilidad para calcular la derivada de la función.**

7. $y = 12$
8. $f(x) = -9$
9. $y = x^7$
10. $y = x^{12}$
11. $y = \dfrac{1}{x^5}$
12. $y = \dfrac{3}{x^7}$
13. $f(x) = \sqrt[9]{x}$
14. $g(x) = \sqrt[4]{x}$
15. $f(x) = x + 11$
16. $g(x) = 6x + 3$
17. $f(t) = -3t^2 + 2t - 4$
18. $y = t^2 - 3t + 1$
19. $g(x) = x^2 + 4x^3$
20. $y = 4x - 3x^3$
21. $s(t) = t^3 + 5t^2 - 3t + 8$
22. $y = 2x^3 + 6x^2 - 1$
23. $y = \dfrac{\pi}{2}\,\text{sen}\,\theta$
24. $g(t) = \pi \cos t$
25. $y = x^2 - \frac{1}{2}\cos x$
26. $y = 7x^4 + 2\,\text{sen}\,x$

Reescribir una función antes de la derivación **En los ejercicios 27 a 30, complete la tabla para encontrar la derivada de la función.**

Función original	Reescriba	Derive	Simplifique
27. $y = \dfrac{2}{7x^4}$			
28. $y = \dfrac{8}{5x^{-5}}$			
29. $y = \dfrac{6}{(5x)^3}$			
30. $y = \dfrac{3}{(2x)^{-2}}$			

Encontrar la pendiente de una gráfica **En los ejercicios 31 a 38, encuentre la pendiente de la gráfica de la función en el punto indicado. Utilice las capacidades de derivación de una herramienta de graficación para verificar los resultados.**

Función	Punto
31. $f(x) = \dfrac{8}{x^2}$	$(2, 2)$
32. $f(t) = 2 - \dfrac{4}{t}$	$(4, 1)$
33. $f(x) = -\frac{1}{2} + \frac{7}{5}x^3$	$\left(0, -\frac{1}{2}\right)$
34. $y = 2x^4 - 3$	$(1, -1)$
35. $y = (4x + 1)^2$	$(0, 1)$
36. $f(x) = 2(x - 4)^2$	$(2, 8)$
37. $f(\theta) = 4\,\text{sen}\,\theta - \theta$	$(0, 0)$
38. $g(t) = -2\cos t + 5$	$(\pi, 7)$

Encontrar la derivada **En los ejercicios 39 a 54, encuentre la derivada de cada función.**

39. $f(x) = x^2 + 5 - 3x^{-2}$
40. $f(x) = x^3 - 2x + 3x^{-3}$
41. $g(t) = t^2 - \dfrac{4}{t^3}$
42. $f(x) = 8x + \dfrac{3}{x^2}$
43. $f(x) = \dfrac{x^3 - 3x^2 + 4}{x^2}$
44. $h(x) = \dfrac{4x^3 + 2x + 5}{x}$
45. $g(t) = \dfrac{3t^2 + 4t - 8}{t^{3/2}}$
46. $h(s) = \dfrac{s^5 + 2s + 6}{s^{1/3}}$
47. $y = x(x^2 + 1)$
48. $y = x^2(2x^2 - 3x)$
49. $f(x) = \sqrt{x} - 6\sqrt[3]{x}$
50. $f(t) = t^{2/3} - t^{1/3} + 4$
51. $f(x) = 6\sqrt{x} + 5\cos x$
52. $f(x) = \dfrac{2}{\sqrt[3]{x}} + 3\cos x$
53. $y = \dfrac{1}{(3x)^{-2}} - 5\cos x$
54. $y = \dfrac{3}{(2x)^3} + 2\,\text{sen}\,x$

Encontrar la ecuación de una recta tangente En los ejercicios 55 a 58: (a) encuentre la ecuación de la recta tangente a la gráfica de f en el punto indicado, (b) utilice una herramienta de graficación para representar la función y su recta tangente en el punto y (c) verifique los resultados empleando la función *tangente* de una herramienta de graficación.

Función	Punto
55. $f(x) = -2x^4 + 5x^2 - 3$	$(1, 0)$
56. $y = x^3 - 3x$	$(2, 2)$
57. $f(x) = \dfrac{2}{\sqrt[4]{x^3}}$	$(1, 2)$
58. $y = (x - 2)(x^2 + 3x)$	$(1, -4)$

Recta tangente horizontal En los ejercicios 59 a 64, determine los puntos (si los hay) donde la gráfica de la función tiene una recta tangente horizontal.

59. $y = x^4 - 2x^2 + 3$

60. $y = x^3 + x$

61. $y = \dfrac{1}{x^2}$

62. $y = x^2 + 9$

63. $y = x + \operatorname{sen} x, \quad 0 \leq x < 2\pi$

64. $y = \sqrt{3}x + 2\cos x, \quad 0 \leq x < 2\pi$

Encontrar un valor En los ejercicios 65 a 68, encuentre una k tal que la recta sea tangente a la gráfica de la función.

Función	Recta
65. $f(x) = k - x^2$	$y = -6x + 1$
66. $f(x) = kx^2$	$y = -2x + 3$
67. $f(x) = \dfrac{k}{x}$	$y = -\dfrac{3}{4}x + 3$
68. $f(x) = k\sqrt{x}$	$y = x + 4$

Exploración de conceptos

En los ejercicios 69 a 72 se muestra la relación que existe entre f y g. Explique la relación entre f' y g'.

69. $g(x) = f(x) + 6$

70. $g(x) = 2f(x)$

71. $g(x) = -5f(x)$

72. $g(x) = 3f(x) - 1$

En los ejercicios 73 y 74 se muestran las gráficas de la función f y su derivada f' en el mismo plano cartesiano. Clasifique las gráficas como f o f' y explique en un breve párrafo los criterios empleados para hacer tal selección. Para imprimir una copia ampliada de la gráfica, visite *MathGraphs.com* (disponible solo en inglés).

73.

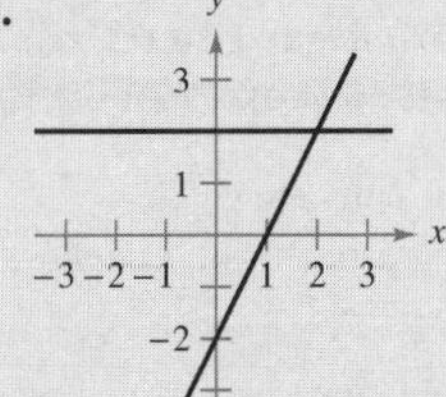

74.

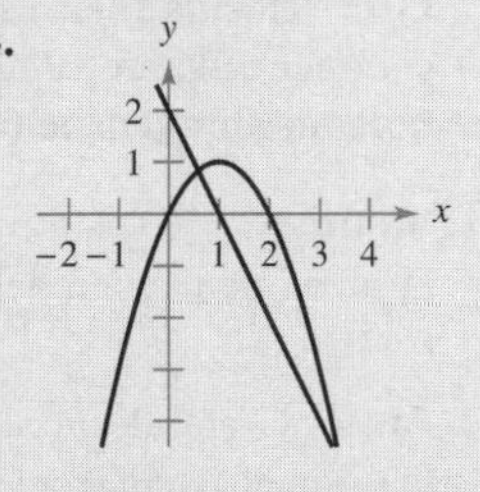

75. **Trazar una gráfica** Trace la gráfica de una función f tal que $f' > 0$ para todas las x y la razón de cambio de la función sea decreciente.

76. **¿CÓMO LO VE?** Utilice la gráfica para responder a las siguientes preguntas. Para imprimir una copia ampliada de la gráfica, visite *MathGraphs.com* (disponible solo en inglés).

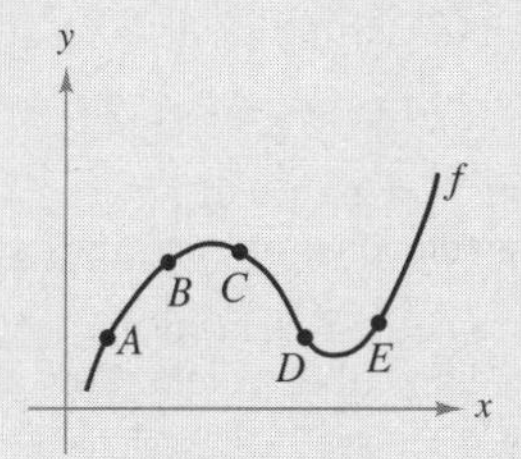

(a) ¿Entre qué par de puntos consecutivos es mayor la razón de cambio promedio de la función?

(b) ¿La razón de cambio promedio entre A y B es mayor o menor que la razón de cambio instantáneo en B?

(c) Trace una recta tangente a la gráfica entre los puntos C y D cuya pendiente sea igual a la razón de cambio promedio de la función entre C y D.

77. **Encontrar las ecuaciones de las rectas tangentes** Dibuje las gráficas de $y = x^2$ y $y = -x^2 + 6x - 5$, así como las dos rectas que son tangentes a ambas gráficas. Encuentre las ecuaciones de dichas rectas.

78. **Rectas tangentes** Demuestre que las gráficas de

$$y = x \quad \text{y} \quad y = \frac{1}{x}$$

tienen rectas tangentes perpendiculares entre sí en su punto de intersección.

79. **Recta tangente horizontal** Demuestre que la gráfica de la función

$$f(x) = 3x + \operatorname{sen} x + 2$$

no tiene ninguna recta tangente horizontal.

80. **Recta tangente** Demuestre que la gráfica de la función

$$f(x) = x^5 + 3x^3 + 5x$$

no tiene una recta tangente con pendiente de 3.

Encontrar la ecuación de la recta tangente En los ejercicios 81 y 82, encuentre la ecuación de la recta tangente a la gráfica de la función f que pasa por el punto (x_0, y_0), que no pertenece a la gráfica. Para determinar el punto de tangencia (x, y) en la gráfica de f, resuelva la ecuación

$$f'(x) = \frac{y_0 - y}{x_0 - x}$$

81. $f(x) = \sqrt{x}$

$(x_0, y_0) = (-4, 0)$

82. $f(x) = \dfrac{2}{x}$

$(x_0, y_0) = (5, 0)$

83. **Aproximación lineal** Considere la función $f(x) = x^{3/2}$ con el punto de solución (4, 8).

(a) Utilice una herramienta de graficación para representar f. Use la función *zoom* para ampliar el entorno del punto (4, 8). Tras varias ampliaciones, la gráfica aparecerá casi lineal. Utilice la función *trace* para determinar las coordenadas de un punto de la gráfica próximo al (4, 8). Encuentre la ecuación de la secante $S(x)$ que une esos dos puntos.

(b) Encuentre la ecuación de la recta

$$T(x) = f'(4)(x - 4) + f(4)$$

tangente a la gráfica de f que pasa por el punto dado. ¿Por qué las funciones lineales S y T son casi iguales?

(c) Represente f y T en la misma ventana de la herramienta de graficación. Observe que T es una buena aproximación de f cuando x es cercano a 4. ¿Qué ocurre con la precisión de esta aproximación a medida que el punto de tangencia se aleja?

(d) Demuestre la conclusión obtenida en el inciso (c) completando la tabla.

Δx	-3	-2	-1	-0.5	-0.1	0
$f(4 + \Delta x)$						
$T(4 + \Delta x)$						

Δx	0.1	0.5	1	2	3
$f(4 + \Delta x)$					
$T(4 + \Delta x)$					

84. **Aproximación lineal** Repita el ejercicio 83 empleando ahora la función $f(x) = x^3$, donde $T(x)$ es la recta tangente en el punto (1, 1). Explique por qué la precisión de la aproximación lineal disminuye más rápido que en el ejercicio anterior.

¿Verdadero o falso? **En los ejercicios 85 a 90, determine si el enunciado es verdadero o falso. Si es falso, explique por qué o proporcione un contraejemplo que demuestre que lo es.**

85. Si $f'(x) = g'(x)$, entonces $f(x) = g(x)$.

86. Si $y = x^{a+2} + bx$, entonces $dy/dx = (a + 2)x^{a+1} + b$.

87. Si $y = \pi^2$, entonces $dy/dx = 2\pi$.

88. Si $f(x) = -g(x) + b$, entonces $f'(x) = -g'(x)$.

89. Si $f(x) = 0$, entonces $f'(x)$ no está definida.

90. Si $f(x) = \dfrac{1}{x^n}$, entonces $f'(x) = \dfrac{1}{nx^{n-1}}$.

Encontrar razones de cambio **En los ejercicios 91 a 94, calcule la razón de cambio promedio de la función en el intervalo dado. Compárelo con las razones de cambio instantáneas en los extremos del intervalo.**

91. $f(t) = 3t + 5$, $[1, 2]$

92. $f(t) = t^2 - 7$, $[3, 3.1]$

93. $f(x) = \dfrac{-1}{x}$, $[1, 2]$

94. $f(x) = \operatorname{sen} x$, $\left[0, \dfrac{\pi}{6}\right]$

Movimiento vertical **En los ejercicios 95 y 96, utilice la función de posición $s(t) = -16t^2 + v_0t + s_0$ para objetos en caída libre.**

95. Se deja caer una moneda desde lo alto de un edificio que tiene una altura de 1362 pies.

(a) Determine las funciones que describen la posición y la velocidad de la moneda.

(b) Calcule su velocidad promedio en el intervalo [1, 2].

(c) Encuentre las velocidades instantáneas cuando $t = 1$ y $t = 2$.

(d) Calcule el tiempo que tarda en llegar al suelo.

(e) Determine su velocidad al impactar el suelo.

96. Desde una altura de 220 pies, se lanza hacia abajo una bola con una velocidad inicial de –22 pies/s. ¿Cuál es su velocidad después de 3 segundos? ¿Cuál es la velocidad después de descender 108 pies?

Movimiento vertical **En los ejercicios 97 y 98, utilice la función posición $s(t) = -4.9t^2 + v_0t + s_0$ para objetos en caída libre.**

97. Se lanza un proyectil hacia arriba desde la superficie terrestre con una velocidad inicial de 120 m/s. ¿Cuál es su velocidad a los 5 segundos? ¿Y después de 10 segundos?

98. Se deja caer una piedra desde el borde de un acantilado que está a 214 metros por encima del agua.

(a) Determine las funciones de posición y velocidad para la piedra.

(b) Determine la velocidad promedio en el intervalo [2, 5].

(c) Encuentre las velocidades instantáneas cuando $t = 2$ y $t = 5$.

(d) Halle el tiempo que tarda la roca en llegar a la superficie de el agua.

(e) Encuentre la velocidad de la roca al momento del impacto.

99. **Piénselo** **La gráfica de una función de posición (vea la figura) representa la distancia recorrida en millas por una persona que conduce durante 10 minutos para llegar a su trabajo. Elabore un dibujo de la función velocidad correspondiente.**

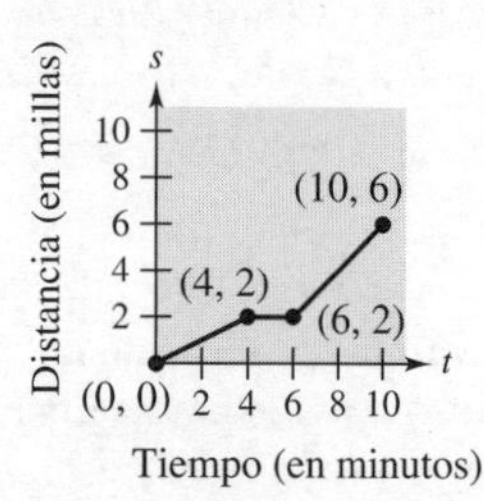

Figura para 99

Figura para 100

100. **Piénselo** **La gráfica de una función velocidad representa la velocidad, en millas por hora, de una persona que conduce durante 10 minutos para llegar a su trabajo. Elabore un dibujo de la función posición correspondiente.**

101. **Volumen** El volumen de un cubo con lado s es $V = s^3$. Calcule la razón de cambio del volumen respecto a s cuando $s = 6$ centímetros.

102. **Área** El área de un cuadrado con lados s es $A = s^2$. Encuentre la razón de cambio del área respecto a s cuando $s = 6$ metros.

103. Modelado de datos

La distancia de frenado de un automóvil sobre pavimento plano y seco, que viaja a una velocidad v (kilómetros por hora), es la distancia R (metros) que recorre durante el tiempo de reacción del conductor más la distancia B (metros) que recorre una vez aplicados los frenos (vea la figura). La tabla muestra los resultados de un experimento al respecto.

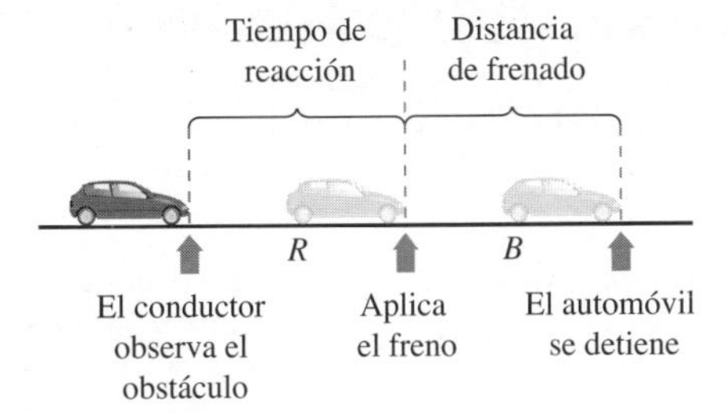

Velocidad, v	20	40	60	80	100
Distancia durante el tiempo de reacción, R	8.3	16.7	25.0	33.3	41.7
Distancia durante el tiempo de frenado, B	2.3	9.0	20.2	35.8	55.9

(a) Utilice las funciones de regresión de una herramienta de graficación para obtener un modelo lineal para el tiempo de reacción R.

(b) Utilice las funciones de regresión de una herramienta de graficación para obtener un modelo cuadrático para la distancia aplicando los frenos B.

(c) Encuentre el polinomio que expresa la distancia total T recorrida hasta que el vehículo se detiene por completo.

(d) Utilice una herramienta de graficación para representar las funciones R, B y T en una misma ventana.

(e) Calcule la derivada de T y las razones de cambio de la distancia total de frenado para $v = 40$, $v = 80$ y $v = 100$.

(f) A partir de los resultados de este ejercicio, elabore sus conclusiones acerca del comportamiento de la distancia total de frenado a medida que se aumenta la velocidad.

104. Costo del combustible Un automóvil viaja 15 000 millas al año y recorre x millas por galón. Suponiendo que el costo promedio del combustible es \$3.48 por galón, calcule el costo anual C del combustible consumido como función de x y utilice esta función para completar la tabla.

x	10	15	20	25	30	35	40
C							
dC/dx							

¿Quién se beneficiaría más con el aumento de una milla por galón en la eficiencia del vehículo: un conductor que obtiene 15 millas por galón o uno que obtiene 35 millas por galón? Explique su respuesta.

Tumar/Shutterstock.com

105. Velocidad Verifique que la velocidad promedio en el intervalo de tiempo $[t_0 - \Delta t, t_0 + \Delta t]$ es la misma que la velocidad instantánea en $t = t_0$ para la función de posición

$$s(t) = -\frac{1}{2}at^2 + c$$

106. Gestión de inventario El costo anual de inventario C de un fabricante es

$$C = \frac{1\,008\,000}{Q} + 6.3Q$$

donde Q es el tamaño del pedido cuando se reponen existencias. Calcule el cambio del costo anual cuando Q crece de 350 a 351 y compárelo con la razón de cambio instantáneo para $Q = 350$.

107. Encontrar la ecuación de una parábola Encuentre la ecuación de la parábola $y = ax^2 + bx + c$ que pasa por el punto $(0, 1)$ y es tangente a la recta $y = x - 1$ en el punto $(1, 0)$.

108. Demostración Sea (a, b) un punto cualquiera de la gráfica de $y = 1/x$, $x > 0$. Demuestre que el área del triángulo formado por la recta tangente que pasa por (a, b) y los ejes coordenados es 2.

109. Rectas tangentes Encuentre las ecuaciones de las rectas tangentes a la gráfica de la curva $y = x^3 - 9x$ que pasan por el punto $(1, -9)$ que no está en la gráfica.

110. Rectas tangentes Encuentre las ecuaciones de las rectas tangentes a la gráfica de la parábola $y = x^2$ que pasa por el punto dado, que no está en la gráfica.

(a) $(0, a)$ (b) $(a, 0)$

¿Existe alguna restricción para la constante a?

Hacer una función derivable En los ejercicios 111 y 112, encuentre a y b tales que f sea derivable en todas partes.

111. $f(x) = \begin{cases} ax^3, & x \leq 2 \\ x^2 + b, & x > 2 \end{cases}$

112. $f(x) = \begin{cases} \cos x, & x < 0 \\ ax + b, & x \geq 0 \end{cases}$

113. Determinar la derivabilidad ¿Dónde son derivables las funciones $f_1(x) = |\operatorname{sen} x|$ y $f_2(x) = \operatorname{sen}|x|$?

114. Demostración Demuestre que $\frac{d}{dx}[\cos x] = -\operatorname{sen} x$.

PARA INFORMACIÓN ADICIONAL En el artículo "Sines and Cosines of the Times", de Victor J. Katz, publicado en *Math Horizons,* encontrará una interpretación geométrica de las derivadas de las funciones trigonométricas. Para consultar este artículo, visite *MathArticles.com* (disponible solo en inglés).

DESAFÍO DEL EXAMEN PUTNAM

115. Encontrar las funciones diferenciables $f: \mathbb{R} \to \mathbb{R}$ de tal forma que

$$f'(x) = \frac{f(x + n) - f(x)}{n}$$

para todos los números reales x y los números enteros positivos n.

Este problema fue compuesto por el Committee on the Putnam Prize Competition.

2.3 Reglas del producto, del cociente y derivadas de orden superior

- **Encontrar la derivada de una función mediante la regla del producto.**
- **Encontrar la derivada de una función mediante la regla del cociente.**
- **Encontrar las derivadas de las funciones trigonométricas.**
- **Encontrar las derivadas de orden superior de una función.**

La regla del producto

En la sección 2.2 se aprendió que la derivada de la suma de dos funciones es simplemente la suma de sus derivadas. Las reglas para las derivadas del producto y el cociente de dos funciones no son tan simples.

COMENTARIO Algunas personas prefieren la siguiente versión de la regla del producto

$$\frac{d}{dx}[f(x)g(x)] = f'(x)g(x) + f(x)g'(x)$$

La ventaja de esta forma radica en que se puede generalizar con facilidad a multiplicaciones con tres o más factores.

TEOREMA 2.7 La regla del producto

El producto de dos funciones derivables f y g también es derivable. Además, la derivada de fg es igual a la primera función por la derivada de la segunda más la derivada de la primera por la segunda.

$$\frac{d}{dx}[f(x)g(x)] = f(x)g'(x) + g(x)f'(x)$$

Demostración Algunas demostraciones matemáticas, como en el caso de la regla de la suma, son directas. Otras requieren pasos inteligentes cuyo motivo puede resultar imperceptible para el lector. Esta demostración presenta uno de esos pasos, sumar y restar una misma cantidad. En este caso, la cantidad es $f(x + \Delta x)g(x)$. Después de este paso, observe cómo se separan las funciones f y g reescribiendo la fracción como la suma de dos fracciones y luego factorizando los numeradores.

$$\begin{aligned}
\frac{d}{dx}[f(x)g(x)] &= \lim_{\Delta x\to 0} \frac{f(x + \Delta x)g(x + \Delta x) - f(x)g(x)}{\Delta x} \\
&= \lim_{\Delta x\to 0} \frac{f(x + \Delta x)g(x + \Delta x) - f(x + \Delta x)g(x) + f(x + \Delta x)g(x) - f(x)g(x)}{\Delta x} \\
&= \lim_{\Delta x\to 0} \left[f(x + \Delta x)\frac{g(x + \Delta x) - g(x)}{\Delta x} + g(x)\frac{f(x + \Delta x) - f(x)}{\Delta x}\right] \\
&= \lim_{\Delta x\to 0} \left[f(x + \Delta x)\frac{g(x + \Delta x) - g(x)}{\Delta x}\right] + \lim_{\Delta x\to 0} \left[g(x)\frac{f(x + \Delta x) - f(x)}{\Delta x}\right] \\
&= \lim_{\Delta x\to 0} f(x + \Delta x) \cdot \overbrace{\lim_{\Delta x\to 0} \frac{g(x + \Delta x) - g(x)}{\Delta x}}^{\text{Definición de } g'(x)} + \lim_{\Delta x\to 0} g(x) \cdot \overbrace{\lim_{\Delta x\to 0} \frac{f(x + \Delta x) - f(x)}{\Delta x}}^{\text{Definición de } f'(x)} \\
&= f(x)g'(x) + g(x)f'(x)
\end{aligned}$$

Observe que $\lim_{\Delta x\to 0} f(x + \Delta x) = f(x)$ porque se considera que f es derivable en x y por el teorema 2.1 es continua en x. ■

La regla del producto es extensiva a multiplicaciones con más de dos factores. Por ejemplo, si f, g y h son funciones derivables de x, entonces

$$\frac{d}{dx}[f(x)g(x)h(x)] = f'(x)g(x)h(x) + f(x)g'(x)h(x) + f(x)g(x)h'(x)$$

(vea el ejercicio 139). De esta manera, la derivada de $y = x^2 \operatorname{sen} x \cos x$ es

$$\begin{aligned}
y' &= 2x \operatorname{sen} x \cos x + x^2 \cos x \cos x + x^2(\operatorname{sen} x)(-\operatorname{sen} x) \\
&= 2x \operatorname{sen} x \cos x + x^2(\cos^2 x - \operatorname{sen}^2 x)
\end{aligned}$$

LA REGLA DEL PRODUCTO

Cuando Leibniz elaboró originalmente una fórmula para la regla del producto, lo hizo motivado por la expresión

$$(x + dx)(y + dy) - xy$$

de la cual restó $dx\,dy$ (considerándolos despreciables) y calculó la forma diferencial $x\,dy + y\,dx$. Esta derivación tuvo como resultado la forma tradicional de la regla del producto. (*Fuente: La historia de las matemáticas, por David M. Burton*)

La derivada del producto de dos funciones no está dada (en general) por el producto de sus derivadas. Para observarlo basta con comparar el producto de las derivadas de

$$f(x) = 3x - 2x^2$$

y

$$g(x) = 5 + 4x$$

con la derivada obtenida en el ejemplo 1.

EJEMPLO 1 Aplicar la regla del producto

Encuentre la derivada de $h(x) = (3x - 2x^2)(5 + 4x)$.

Solución

$$h'(x) = \underbrace{(3x - 2x^2)}_{\text{Primera}} \underbrace{\frac{d}{dx}[5 + 4x]}_{\text{Derivada de la segunda}} + \underbrace{(5 + 4x)}_{\text{Segunda}} \underbrace{\frac{d}{dx}[3x - 2x^2]}_{\text{Derivada de la primera}}$$ Aplique la regla del producto.

$$= (3x - 2x^2)(4) + (5 + 4x)(3 - 4x)$$ Calcule las derivadas.

$$= (12x - 8x^2) + (15 - 8x - 16x^2)$$ Multiplique.

$$= -24x^2 + 4x + 15$$ Simplifique. ■

En el ejemplo 1 se tiene la opción de calcular la derivada con o sin la regla del producto. Para encontrar la derivada sin usar la regla del producto, se puede escribir

$$D_x[(3x - 2x^2)(5 + 4x)] = D_x[-8x^3 + 2x^2 + 15x]$$
$$= -24x^2 + 4x + 15$$

En el siguiente ejemplo debe utilizar la regla del producto.

EJEMPLO 2 Aplicar la regla del producto

Encuentre la derivada de $y = 3x^2 \operatorname{sen} x$.

Solución

$$\frac{d}{dx}[3x^2 \operatorname{sen} x] = 3x^2 \frac{d}{dx}[\operatorname{sen} x] + \operatorname{sen} x \frac{d}{dx}[3x^2]$$ Aplique la regla del producto.

$$= 3x^2 \cos x + (\operatorname{sen} x)(6x)$$ Calcule las derivadas.

$$= 3x^2 \cos x + 6x \operatorname{sen} x$$

$$= 3x(x \cos x + 2 \operatorname{sen} x)$$ Factorice.

EJEMPLO 3 Aplicar la regla del producto

Encuentre la derivada de $y = 2x \cos x - 2 \operatorname{sen} x$.

Solución

$$\frac{dy}{dx} = \underbrace{(2x)\left(\frac{d}{dx}[\cos x]\right) + (\cos x)\left(\frac{d}{dx}[2x]\right)}_{\text{Regla del producto}} - \underbrace{2\frac{d}{dx}[\operatorname{sen} x]}_{\text{Regla del múltiplo constante}}$$

$$= (2x)(-\operatorname{sen} x) + (\cos x)(2) - 2(\cos x)$$ Calcule las derivadas.

$$= -2x \operatorname{sen} x$$ Simplifique. ■

COMENTARIO Observe que en el ejemplo 3 se usa la regla del producto cuando ambos factores son variables, y la del múltiplo constante cuando uno de ellos es constante.

La regla del cociente

TEOREMA 2.8 La regla del cociente

El cociente f/g de dos funciones derivables f y g también es derivable para todos los valores de x para los que $g(x) \neq 0$. Además, la derivada de f/g se obtiene mediante el denominador por la derivada del numerador menos el numerador por la derivada del denominador, todo dividido entre el cuadrado del denominador.

$$\frac{d}{dx}\left[\frac{f(x)}{g(x)}\right] = \frac{g(x)f'(x) - f(x)g'(x)}{[g(x)]^2}, \quad g(x) \neq 0$$

COMENTARIO De la regla del cociente, puede ver que la derivada de un cociente no es (en general) el cociente de las derivadas.

Para ver la figura a color, acceda al código

Demostración Al igual que en la demostración del teorema 2.7, la clave radica en sumar y restar una misma cantidad. En este caso, la cantidad es $f(x)g(x)$.

$$\frac{d}{dx}\left[\frac{f(x)}{g(x)}\right] = \lim_{\Delta x \to 0} \frac{\dfrac{f(x + \Delta x)}{g(x + \Delta x)} - \dfrac{f(x)}{g(x)}}{\Delta x} \qquad \text{Definición de derivada}$$

$$= \lim_{\Delta x \to 0} \frac{g(x)f(x + \Delta x) - f(x)g(x + \Delta x)}{\Delta x g(x)g(x + \Delta x)}$$

$$= \lim_{\Delta x \to 0} \frac{g(x)f(x + \Delta x) - f(x)g(x) + f(x)g(x) - f(x)g(x + \Delta x)}{\Delta x g(x)g(x + \Delta x)}$$

$$= \frac{\displaystyle\lim_{\Delta x \to 0} \frac{g(x)[f(x + \Delta x) - f(x)]}{\Delta x} - \lim_{\Delta x \to 0} \frac{f(x)[g(x + \Delta x) - g(x)]}{\Delta x}}{\displaystyle\lim_{\Delta x \to 0} [g(x)g(x + \Delta x)]}$$

$$= \frac{g(x)\overbrace{\left[\lim_{\Delta x \to 0} \frac{f(x + \Delta x) - f(x)}{\Delta x}\right]}^{\text{Definición de } f'(x)} - f(x)\overbrace{\left[\lim_{\Delta x \to 0} \frac{g(x + \Delta x) - g(x)}{\Delta x}\right]}^{\text{Definición de } g'(x)}}{\displaystyle\lim_{\Delta x \to 0} [g(x)g(x + \Delta x)]}$$

$$= \frac{g(x)f'(x) - f(x)g'(x)}{[g(x)]^2}$$

Observe que $\lim_{\Delta x \to 0} g(x + \Delta x) = g(x)$, porque se considera que g *es* derivable en x y por el teorema 2.1 es continua en x. ■

TECNOLOGÍA Con una herramienta de graficación se pueden comparar las gráficas de una función y de su derivada. Por ejemplo, en la figura siguiente, la gráfica de la función del ejemplo 4 parece incluir dos puntos con rectas tangentes horizontales. ¿Cuáles son los valores de y' en dichos puntos?

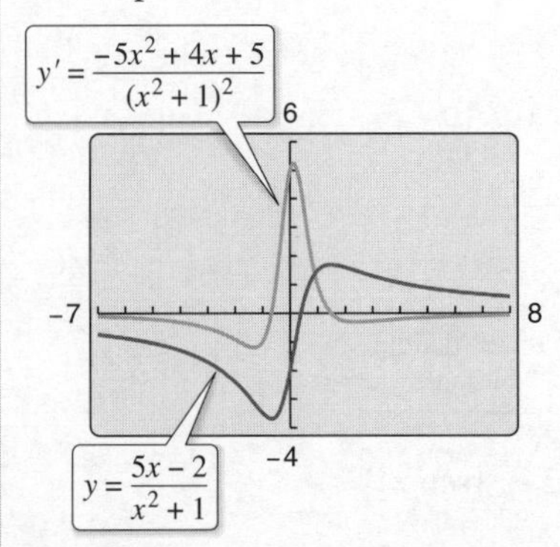

Comparación gráfica de una función y su derivada.

EJEMPLO 4 Aplicar la regla del cociente

Encuentre la derivada de $y = \dfrac{5x - 2}{x^2 + 1}$

Solución

$$\frac{d}{dx}\left[\frac{5x - 2}{x^2 + 1}\right] = \frac{(x^2 + 1)\dfrac{d}{dx}[5x - 2] - (5x - 2)\dfrac{d}{dx}[x^2 + 1]}{(x^2 + 1)^2} \qquad \text{Aplique la regla del cociente.}$$

$$= \frac{(x^2 + 1)(5) - (5x - 2)(2x)}{(x^2 + 1)^2} \qquad \text{Calcular las derivadas.}$$

$$= \frac{(5x^2 + 5) - (10x^2 - 4x)}{(x^2 + 1)^2} \qquad \text{Multiplicar.}$$

$$= \frac{-5x^2 + 4x + 5}{(x^2 + 1)^2} \qquad \text{Simplificar.}$$

■

Observe el uso de los paréntesis en el ejemplo 4. Es recomendable utilizar paréntesis libremente en *todos* los problemas de derivación. Por ejemplo, cuando se usa la regla del cociente, es conveniente encerrar todo factor y derivadas en un paréntesis y prestar especial atención a la resta exigida en el numerador.

Al presentar las reglas de derivación en la sección anterior se hizo hincapié en la necesidad de reescribir *antes* de derivar. El ejemplo siguiente ilustra este aspecto en la regla del cociente.

Para ver la figura a color, acceda al código

EJEMPLO 5 Reescribir antes de derivar

Encuentre la ecuación de la recta tangente a la gráfica de $f(x) = \dfrac{3 - (1/x)}{x + 5}$ en $(-1, 1)$.

Solución Comience por reescribir la función.

$$f(x) = \frac{3 - (1/x)}{x + 5} \quad \text{Función original.}$$

$$= \frac{x\left(3 - \frac{1}{x}\right)}{x(x + 5)} \quad \text{Multiplique por } x \text{ al numerador y denominador.}$$

$$= \frac{3x - 1}{x^2 + 5x} \quad \text{Reescriba.}$$

Ahora, aplique la regla del cociente.

$$f'(x) = \frac{(x^2 + 5x)(3) - (3x - 1)(2x + 5)}{(x^2 + 5x)^2} \quad \text{Regla del cociente.}$$

$$= \frac{(3x^2 + 15x) - (6x^2 + 13x - 5)}{(x^2 + 5x)^2}$$

$$= \frac{-3x^2 + 2x + 5}{(x^2 + 5x)^2} \quad \text{Simplifique.}$$

Para encontrar la pendiente en $(-1, 1)$, evalúe $f'(-1)$.

$$f'(-1) = 0 \quad \text{Pendiente de la gráfica en } (-1, 1).$$

Luego, utilizando la forma punto-pendiente de la ecuación de una recta, se puede determinar que la ecuación de la recta tangente en $(-1, 1)$ es $y = 1$. Vea la figura 2.23. ■

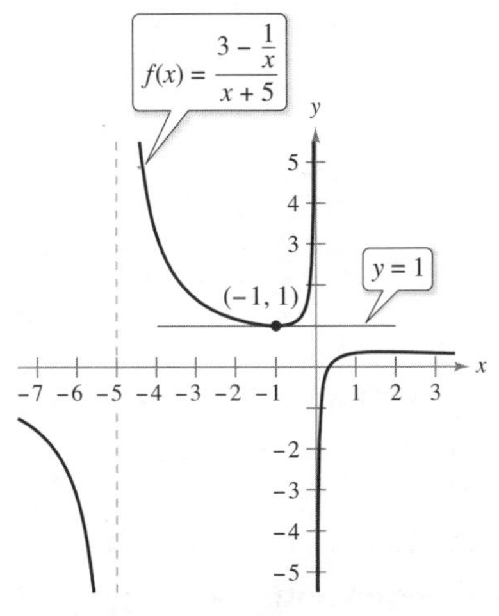

La recta $y = 1$ es tangente a la gráfica de $f(x)$ en el punto $(-1, 1)$.
Figura 2.23

No todo cociente requiere ser derivado mediante la regla del cociente. Por ejemplo, cada uno de los cocientes del ejemplo siguiente se puede considerar como el producto de una constante por una función de x. En tales casos es más sencillo aplicar la regla del múltiplo constante.

COMENTARIO Para distinguir la ventaja de la regla del múltiplo constante en ciertos cocientes, trate de calcular las derivadas del ejemplo 6 mediante la regla del cociente. Llegará al mismo resultado, pero con un esfuerzo mucho mayor.

EJEMPLO 6 Aplicar la regla del múltiplo constante

	Función original	Reescriba	Derive	Simplifique
a.	$y = \dfrac{x^2 + 3x}{6}$	$y = \dfrac{1}{6}(x^2 + 3x)$	$y' = \dfrac{1}{6}(2x + 3)$	$y' = \dfrac{2x + 3}{6}$
b.	$y = \dfrac{5x^4}{8}$	$y = \dfrac{5}{8}x^4$	$y' = \dfrac{5}{8}(4x^3)$	$y' = \dfrac{5}{2}x^3$
c.	$y = \dfrac{-3(3x - 2x^{1/2})}{7x}$	$y = -\dfrac{3}{7}(3 - 2x^{-1/2})$	$y' = -\dfrac{3}{7}(x^{-3/2})$	$y' = -\dfrac{3}{7x^{3/2}}$
d.	$y = \dfrac{9}{5x^2}$	$y = \dfrac{9}{5}(x^{-2})$	$y' = \dfrac{9}{5}(-2x^{-3})$	$y' = -\dfrac{18}{5x^3}$

■

En la sección 2.2 se demostró la regla de la potencia solo para exponentes n enteros mayores que 1. En el siguiente ejemplo se extiende esa demostración a exponentes enteros negativos.

EJEMPLO 7 **Regla de la potencia: exponentes enteros negativos**

Si n es un entero negativo, existe un entero positivo k tal que $n = -k$. Por tanto, usando la regla del cociente se puede escribir.

$$\frac{d}{dx}[x^n] = \frac{d}{dx}\left[\frac{1}{x^k}\right] \qquad x^n = x^{-k} = \frac{1}{x^k}$$

$$= \frac{x^k(0) - (1)(kx^{k-1})}{(x^k)^2} \qquad \text{Regla del cociente y regla de la potencia.}$$

$$= \frac{0 - kx^{k-1}}{x^{2k}}$$

$$= -kx^{-k-1} \qquad \frac{x^{k-1}}{x^{2k}} = x^{k-1-2k} = x^{-k-1}$$

$$= nx^{n-1} \qquad n = -k$$

Por lo que la regla de la potencia

$$\frac{d}{dx}[x^n] = nx^{n-1} \qquad \text{Regla de la potencia.}$$

es válida para todo entero. En el ejercicio 73 de la sección 2.5 se pide demostrar el caso en el que n es cualquier número racional. ■

Derivadas de las funciones trigonométricas

Conocidas las derivadas de las funciones seno y coseno, la regla del cociente permite determinar las derivadas de las cuatro funciones trigonométricas restantes.

TEOREMA 2.9 Derivadas de las funciones trigonométricas

$$\frac{d}{dx}[\tan x] = \sec^2 x \qquad \frac{d}{dx}[\cot x] = -\csc^2 x$$

$$\frac{d}{dx}[\sec x] = \sec x \tan x \qquad \frac{d}{dx}[\csc x] = -\csc x \cot x$$

COMENTARIO En la demostración del teorema 2.9, tenga en cuenta el uso de las identidades trigonométricas

$$\text{sen}^2 x + \cos^2 x = 1$$

y

$$\sec x = \frac{1}{\cos x}$$

Estas identidades trigonométricas y otras se enumeran en la sección P.4 y en las tablas de las fórmulas de este texto.

Demostración Considerando $\tan x = (\text{sen } x/\cos x)$ y aplicando la regla del cociente obtiene

$$\frac{d}{dx}[\tan x] = \frac{d}{dx}\left[\frac{\text{sen } x}{\cos x}\right]$$

$$= \frac{(\cos x)(\cos x) - (\text{sen } x)(-\text{sen } x)}{\cos^2 x} \qquad \text{Aplique la regla del cociente.}$$

$$= \frac{\cos^2 x + \text{sen}^2 x}{\cos^2 x} \qquad \text{Multiplicar.}$$

$$= \frac{1}{\cos^2 x} \qquad \text{Identidad pitagórica.}$$

$$= \sec^2 x \qquad \text{Identidad de recíprocos.}$$

La demostración de las otras tres partes del teorema se deja al lector como ejercicio (vea el ejercicio 89). ■

EJEMPLO 8 Derivar funciones trigonométricas

Consulte LarsonCalculus.com (disponible solo en inglés) para una versión interactiva de este tipo de ejemplo.

Función	**Derivada**
a. $y = x - \tan x$	$\dfrac{dy}{dx} = 1 - \sec^2 x$
b. $y = x \sec x$	$y' = x(\sec x \tan x) + (\sec x)(1)$ $= (\sec x)(1 + x \tan x)$

COMENTARIO Debido a las identidades trigonométricas, la derivada de una función trigonométrica puede adoptar diversas formas. Esto complica la comparación de las soluciones obtenidas por usted con las propuestas al final del libro.

EJEMPLO 9 Diferentes formas de una derivada

Derive ambas formas de

$$y = \frac{1 - \cos x}{\operatorname{sen} x} = \csc x - \cot x$$

Solución

Primera forma: $y = \dfrac{1 - \cos x}{\operatorname{sen} x}$ Escriba la primera forma.

$$y' = \frac{(\operatorname{sen} x)(\operatorname{sen} x) - (1 - \cos x)(\cos x)}{\operatorname{sen}^2 x}$$ Regla del cociente.

$$= \frac{\operatorname{sen}^2 x - \cos x + \cos^2 x}{\operatorname{sen}^2 x}$$ Multiplicar.

$$= \frac{1 - \cos x}{\operatorname{sen}^2 x}$$ $\operatorname{sen}^2 x + \cos^2 x = 1$

Segunda forma: $y = \csc x - \cot x$ Escriba la segunda forma.

$$y' = -\csc x \cot x + \csc^2 x$$ Derivada respecto a x.

Para demostrar que ambas derivadas son idénticas, escriba

$$\frac{1 - \cos x}{\operatorname{sen}^2 x} = \frac{1}{\operatorname{sen}^2 x} - \frac{\cos x}{\operatorname{sen}^2 x}$$ Separe en fracciones.

$$= \frac{1}{\operatorname{sen}^2 x} - \left(\frac{1}{\operatorname{sen} x}\right)\left(\frac{\cos x}{\operatorname{sen} x}\right)$$ Producto de fracciones.

$$= \csc^2 x - \csc x \cot x$$ Identidades de recíproco y de cociente. ■

El siguiente resumen muestra que gran parte del trabajo necesario para obtener la forma simplificada de una derivada ocurre *después* de derivar. Observe que dos características de una forma simplificada son la ausencia de exponentes negativos y el agrupamiento de términos semejantes.

	$f'(x)$ después de derivar	$f'(x)$ después de simplificar
Ejemplo 1	$(3x - 2x^2)(4) + (5 + 4x)(3 - 4x)$	$-24x^2 + 4x + 15$
Ejemplo 3	$(2x)(-\operatorname{sen} x) + (\cos x)(2) - 2(\cos x)$	$-2x \operatorname{sen} x$
Ejemplo 4	$\dfrac{(x^2 + 1)(5) - (5x - 2)(2x)}{(x^2 + 1)^2}$	$\dfrac{-5x^2 + 4x + 5}{(x^2 + 1)^2}$
Ejemplo 5	$\dfrac{(x^2 + 5x)(3) - (3x - 1)(2x + 5)}{(x^2 + 5x)^2}$	$\dfrac{-3x^2 + 2x + 5}{(x^2 + 5x)^2}$
Ejemplo 9	$\dfrac{(\operatorname{sen} x)(\operatorname{sen} x) - (1 - \cos x)(\cos x)}{\operatorname{sen}^2 x}$	$\dfrac{1 - \cos x}{\operatorname{sen}^2 x}$

Derivadas de orden superior

Así como al derivar una función de posición se obtiene una función de velocidad, se puede obtener una función de **aceleración** al derivar una función de velocidad. En otras palabras, la función de aceleración es la *segunda* derivada de la función de posición.

$$s(t) \qquad \text{Función de posición.}$$

$$v(t) = s'(t) \qquad \text{Función de velocidad.}$$

$$a(t) = v'(t) = s''(t) \qquad \text{Función de aceleración.}$$

La función $a(t)$ es la **segunda derivada** de $s(t)$ y se denota como $s''(t)$.

La segunda derivada es un ejemplo de una **derivada de orden superior**. Se pueden definir derivadas de cualquier orden entero positivo. Por ejemplo, la **tercera derivada** es la derivada de la segunda derivada. Las derivadas de orden superior se denotan como se muestra a continuación.

COMENTARIO La segunda derivada de la función es la derivada de la primera derivada de la función.

Primera derivada: y', $f'(x)$, $\dfrac{dy}{dx}$, $\dfrac{d}{dx}[f(x)]$, $D_x[y]$

Segunda derivada: y'', $f''(x)$, $\dfrac{d^2y}{dx^2}$, $\dfrac{d^2}{dx^2}[f(x)]$, $D_x^2[y]$

Tercera derivada: y''', $f'''(x)$, $\dfrac{d^3y}{dx^3}$, $\dfrac{d^3}{dx^3}[f(x)]$, $D_x^3[y]$

Cuarta derivada: $y^{(4)}$, $f^{(4)}(x)$, $\dfrac{d^4y}{dx^4}$, $\dfrac{d^4}{dx^4}[f(x)]$, $D_x^4[y]$

$\vdots$

n-ésima derivada: $y^{(n)}$, $f^{(n)}(x)$, $\dfrac{d^ny}{dx^n}$, $\dfrac{d^n}{dx^n}[f(x)]$, $D_x^n[y]$

EJEMPLO 10 Determinar la aceleración de la gravedad

Puesto que la Luna carece de atmósfera, un objeto que cae en ella no encuentra resistencia del aire. En 1971, el astronauta David Scott verificó que una pluma de ave y un martillo caen con la misma razón. La función de posición para cada uno de esos objetos es

$$s(t) = -0.81t^2 + 2$$

donde $s(t)$ es la altura en metros y t el tiempo en segundos. ¿Cuál es la relación entre al fuerza de gravedad de la Tierra respecto a la Luna?

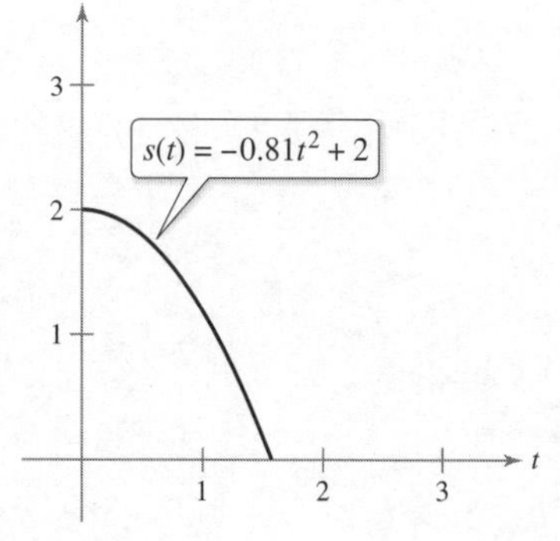

Solución Para calcular la aceleración, derive dos veces la función de posición.

$$s(t) = -0.81t^2 + 2 \qquad \text{Función de posición.}$$

$$s'(t) = -1.62t \qquad \text{Función de velocidad.}$$

$$s''(t) = -1.62 \qquad \text{Función de aceleración.}$$

Debido a que $s''(t) = -g$, la aceleración de la gravedad en la Luna es de 1.62 m/s². Puesto que la aceleración de la gravedad de la Tierra es de 9.8 m/s², el cociente de la fuerza de gravedad de la Tierra respecto a la de la Luna es

$$\frac{\text{Fuerza de gravedad en la Tierra}}{\text{Fuerza de gravedad en la Luna}} = \frac{9.8}{1.62} \approx 6.0$$

La masa de la Luna es de 7.349×10^{22} kg y la de la Tierra 5.976×10^{24} kg. El radio de la Luna es 1737 km y el de la Tierra 6378 km. Puesto que la fuerza de gravedad de un planeta es directamente proporcional a su masa e inversamente proporcional al cuadrado de su radio, el cociente entre las fuerzas de gravedad en la Tierra y en la Luna es

$$\frac{(5.976 \times 10^{24})/6378^2}{(7.349 \times 10^{22})/1737^2} \approx 6.0$$

Vadim Sadovski/Shutterstock.com

2.3 Ejercicios

Las respuestas a los ejercicios impares pueden consultarse en el Apéndice de este libro.

Repaso de conceptos

1. Explique cómo encontrar la derivada del producto de dos funciones derivables.
2. Explique cómo encontrar la derivada del cociente de dos funciones derivables.
3. Identifique las derivadas de tan x, cot x, sec x y csc x.
4. Explique cómo calcular una derivada de orden superior.

Utilizar la regla del producto En los ejercicios 5 a 10, utilice la regla del producto para derivar la función.

5. $g(x) = (2x - 3)(1 - 5x)$
6. $y = (3x - 4)(x^3 + 5)$
7. $h(t) = \sqrt{t}(1 - t^2)$
8. $g(s) = \sqrt{s}(s^2 + 8)$
9. $f(x) = x^3 \cos x$
10. $g(x) = \sqrt{x} \operatorname{sen} x$

Utilizar la regla del cociente En los ejercicios 11 a 16, utilice la regla del cociente para derivar la función.

11. $f(x) = \dfrac{x}{x - 5}$
12. $g(t) = \dfrac{3t^2 - 1}{2t + 5}$
13. $h(x) = \dfrac{\sqrt{x}}{x^3 + 1}$
14. $f(x) = \dfrac{x^2}{2\sqrt{x} + 1}$
15. $g(x) = \dfrac{\operatorname{sen} x}{x^2}$
16. $f(t) = \dfrac{\cos t}{t^3}$

Determinar y evaluar una derivada En los ejercicios 17 a 22, encuentre $f'(x)$ y $f'(c)$.

	Función	Valor de c
17.	$f(x) = (x^3 + 4x)(3x^2 + 2x - 5)$	$c = 0$
18.	$f(x) = (2x^2 - 3x)(9x + 4)$	$c = -1$
19.	$f(x) = \dfrac{x^2 - 4}{x - 3}$	$c = 1$
20.	$f(x) = \dfrac{x - 4}{x + 4}$	$c = 3$
21.	$f(x) = x \cos x$	$c = \dfrac{\pi}{4}$
22.	$f(x) = \dfrac{\operatorname{sen} x}{x}$	$c = \dfrac{\pi}{6}$

Usar la regla del múltiplo constante En los ejercicios 23 a 28, complete la tabla para hallar la derivada de la función sin usar la regla del cociente.

	Función original	Reescriba	Derive	Simplifique
23.	$y = \dfrac{x^3 + 6x}{3}$			
24.	$y = \dfrac{5x^2 - 3}{4}$			
25.	$y = \dfrac{6}{7x^2}$			
26.	$y = \dfrac{10}{3x^3}$			
27.	$y = \dfrac{4x^{3/2}}{x}$			
28.	$y = \dfrac{2x}{x^{1/3}}$			

Encontrar una derivada En los ejercicios 29 a 40, encuentre la derivada de la función algebraica.

29. $f(x) = \dfrac{4 - 3x - x^2}{x^2 - 1}$
30. $f(x) = \dfrac{x^2 + 5x + 6}{x^2 - 4}$
31. $f(x) = x\left(1 - \dfrac{4}{x + 3}\right)$
32. $f(x) = x^4\left(1 - \dfrac{2}{x + 1}\right)$
33. $f(x) = \dfrac{3x - 1}{\sqrt{x}}$
34. $f(x) = \sqrt[3]{x}(\sqrt{x} + 3)$
35. $f(x) = \dfrac{2 - \dfrac{1}{x}}{x - 3}$
36. $h(x) = \dfrac{\dfrac{1}{x^2} + 5x}{x + 1}$
37. $g(s) = s^3\left(5 - \dfrac{s}{s + 2}\right)$
38. $g(x) = x^2\left(\dfrac{2}{x} - \dfrac{1}{x + 1}\right)$
39. $f(x) = (2x^3 + 5x)(x - 3)(x + 2)$
40. $f(x) = (x^3 - x)(x^2 + 2)(x^2 + x - 1)$

Encontrar la derivada de una función trigonométrica En los ejercicios 41 a 56, encuentre la derivada de la función trigonométrica.

41. $f(t) = t^2 \operatorname{sen} t$
42. $f(\theta) = (\theta + 1) \cos \theta$
43. $f(t) = \dfrac{\cos t}{t}$
44. $f(x) = \dfrac{\operatorname{sen} x}{x^3}$
45. $f(x) = -x + \tan x$
46. $y = x + \cot x$
47. $g(t) = \sqrt[4]{t} + 6 \csc t$
48. $h(x) = \dfrac{1}{x} - 12 \sec x$
49. $y = \dfrac{3(1 - \operatorname{sen} x)}{2 \cos x}$
50. $y = \dfrac{\sec x}{x}$
51. $y = -\csc x - \operatorname{sen} x$
52. $y = x \operatorname{sen} x + \cos x$
53. $f(x) = x^2 \tan x$
54. $f(x) = \operatorname{sen} x \cos x$
55. $y = 2x \operatorname{sen} x + x^2 \cos x$
56. $h(\theta) = 5\theta \sec \theta + \theta \tan \theta$

Encontrar una derivada usando tecnología En los ejercicios 57 a 60, use un programa de cálculo para derivar las funciones.

57. $g(x) = \left(\dfrac{x + 1}{x + 2}\right)(2x - 5)$
58. $f(x) = \left(\dfrac{x^2 - x - 3}{x^2 + 1}\right)(x^2 + x + 1)$
59. $g(\theta) = \dfrac{\theta}{1 - \operatorname{sen} \theta}$
60. $f(x) = \dfrac{\cos x}{1 - \operatorname{sen} x}$

Encontrar la pendiente de una gráfica **En los ejercicios 61 a 64, encuentre la pendiente de la gráfica de la función en el punto dado. Utilice una herramienta de graficación para verificar su resultado.**

	Función	**Punto**
61.	$y = \dfrac{1 + \csc x}{1 - \csc x}$	$\left(\dfrac{\pi}{6}, -3\right)$
62.	$f(x) = \tan x \cot x$	$(1, 1)$
63.	$h(t) = \dfrac{\sec t}{t}$	$\left(\pi, -\dfrac{1}{\pi}\right)$
64.	$f(x) = (\text{sen } x)(\text{sen } x + \cos x)$	$\left(\dfrac{\pi}{4}, 1\right)$

Encontrar la ecuación de una recta tangente **En los ejercicios 65 a 70, (a) encuentre la ecuación de la recta tangente a la gráfica de f en el punto dado, (b) utilice una herramienta de graficación para representar la función y su recta tangente en ese punto, y (c) utilice la función *tangente* de alguna herramienta para confirmar los resultados.**

65. $f(x) = (x^3 + 4x - 1)(x - 2)$, $(1, -4)$

66. $f(x) = (x - 2)(x^2 + 4)$, $(1, -5)$

67. $f(x) = \dfrac{x}{x + 4}$, $(-5, 5)$ **68.** $f(x) = \dfrac{x + 3}{x - 3}$, $(4, 7)$

69. $f(x) = \tan x$, $\left(\dfrac{\pi}{4}, 1\right)$ **70.** $f(x) = \sec x$, $\left(\dfrac{\pi}{3}, 2\right)$

Curvas famosas **En los ejercicios 71 a 74, encuentre la ecuación de la recta tangente a la gráfica en el punto dado (las curvas de los ejercicios 71 y 72 se conocen como *brujas de Agnesi*. Las curvas de los ejercicios 73 y 74 se denominan *serpentinas*).**

71.

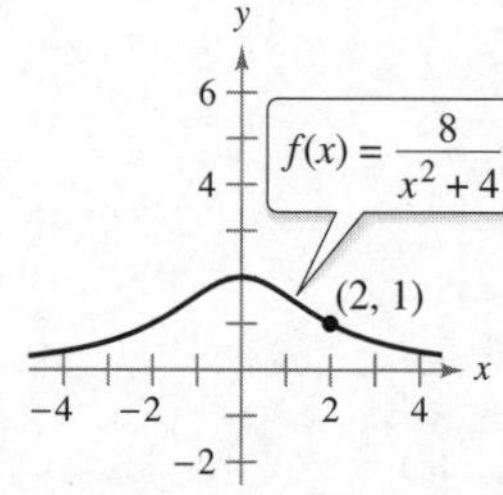

72.

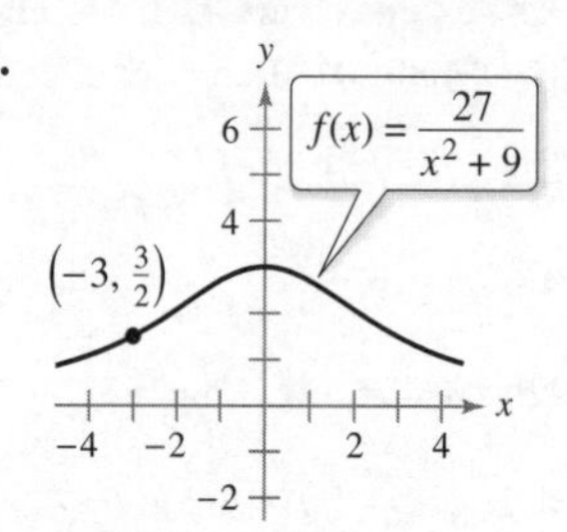

73.

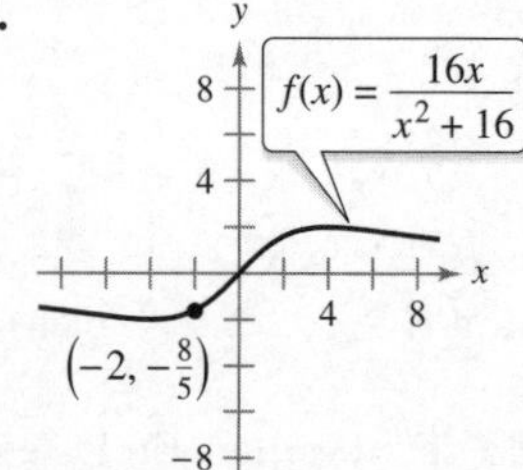

74.

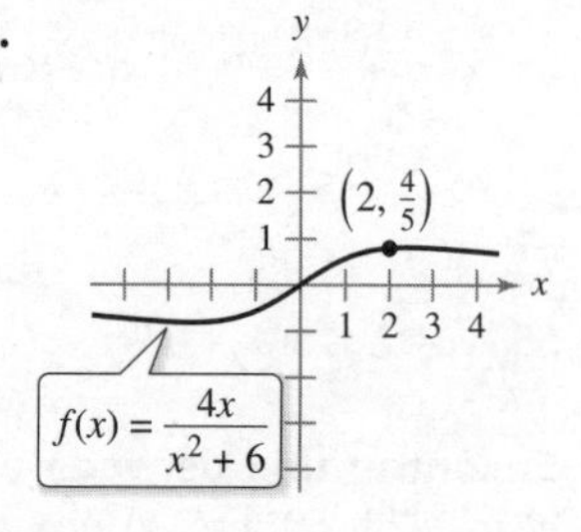

Recta tangente horizontal **En los ejercicios 75 a 78, determine el (los) punto(s) donde la gráfica tiene tangente horizontal.**

75. $f(x) = \dfrac{2x - 1}{x^2}$ **76.** $f(x) = \dfrac{x^2}{x^2 + 1}$

77. $f(x) = \dfrac{x^2}{x - 1}$ **78.** $f(x) = \dfrac{x - 4}{x^2 - 7}$

79. Rectas tangentes Encuentre las ecuaciones de las rectas tangentes a la gráfica de

$$f(x) = \frac{x + 1}{x - 1}$$

que son paralelas a la recta $2y + x = 6$. A continuación, dibuje la gráfica de la función y las rectas tangentes.

80. Rectas tangentes Encuentre las ecuaciones de las rectas tangentes a la gráfica de $f(x) = x/(x - 1)$ que pasan por el punto $(-1, 5)$. A continuación, dibuje la gráfica de la función y las rectas tangentes.

Explorar una relación **En los ejercicios 81 y 82, verifique que $f'(x) = g'(x)$, y explique la relación que existe entre f y g.**

81. $f(x) = \dfrac{3x}{x + 2}$, $g(x) = \dfrac{5x + 4}{x + 2}$

82. $f(x) = \dfrac{\text{sen } x - 3x}{x}$, $g(x) = \dfrac{\text{sen } x + 2x}{x}$

Calcular derivadas **En los ejercicios 83 y 84, utilice las gráficas de f y g, siendo $p(x) = f(x)g(x)$ y $q(x) = f(x)/g(x)$.**

83. (a) Encuentre $p'(1)$.
(b) Encuentre $q'(4)$.

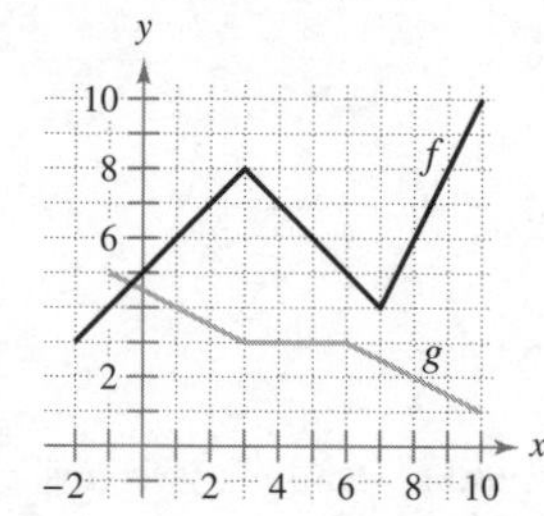

84. (a) Encuentre $p'(4)$.
(b) Encuentre $q'(7)$.

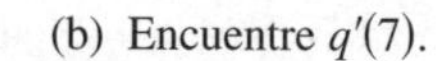

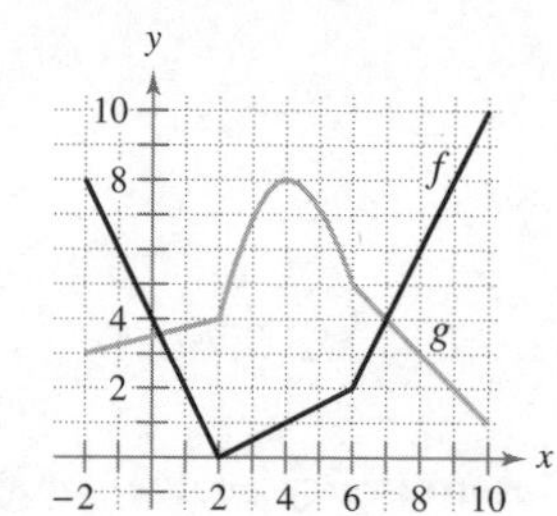

85. Área La longitud de un rectángulo está dada por $6t + 5$ y su altura es $\sqrt{t}$, donde t es el tiempo en segundos y las dimensiones están en centímetros. Encuentre la razón de cambio de área respecto al tiempo.

86. Volumen El radio de un cilindro recto circular está dado por $\sqrt{t + 2}$ y su altura por $\frac{1}{2}\sqrt{t}$, donde t es el tiempo en segundos y las dimensiones se encuentran en pulgadas. Encuentre la razón de cambio del volumen respecto al tiempo.

87. Gestión del inventario El costo C de pedido y transporte de los elementos utilizados para la fabricación de un proceso es

$$C = 100\left(\frac{200}{x^2} + \frac{x}{x + 30}\right), \quad x \geq 1$$

donde C se mide en miles de dólares y x es el tamaño del pedido, en cientos. Encuentre la razón de cambio de C respecto a x cuando (a) $x = 10$, (b) $x = 15$ y (c) $x = 20$. ¿Qué implican estas razones de cambio cuando el tamaño del pedido aumenta?

88. Biología Una población de 500 bacterias se introduce en un cultivo y aumenta de número de acuerdo con la ecuación

$$P(t) = 500\left(1 + \frac{4t}{50 + t^2}\right)$$

donde t se mide en horas. Calcule la razón de cambio al que está creciendo la población cuando $t = 2$.

89. Demostración Demuestre las siguientes reglas de derivación.

(a) $\dfrac{d}{dx}[\sec x] = \sec x \tan x$

(b) $\dfrac{d}{dx}[\csc x] = -\csc x \cot x$

(c) $\dfrac{d}{dx}[\cot x] = -\csc^2 x$

90. Razón de cambio Determine si existe algún valor de x en el intervalo $[0, 2\pi)$ tal que las razones de cambio de $f(x) = \sec x$ y de $g(x) = \csc x$ sean iguales.

91. Modelado de datos La siguiente tabla muestra los gastos h (en miles de millones de dólares) en cuidado de la salud en Estados Unidos y la población p (en millones) durante los años 2014 a 2019. La t representa el año, y $t = 14$ corresponde a 2014. (*Fuente: U.S. Centers for Medicare & Medicaid Services and U.S. Census Bureau.*)

Año, t	14	15	16	17	18	19
h	3008	3178	3325	3466	3630	3795
p	319	321	323	326	327	328

(a) Utilice una herramienta de graficación para encontrar modelos lineales para los gastos en cuidado de la salud $h(t)$ y la población $p(t)$.

(b) Utilice una herramienta de graficación para graficar $h(t)$ y $p(t)$.

(c) Encuentre $A = h(t)/p(t)$, y grafíquela utilizando una herramienta adecuada. ¿Qué representa esta función?

(d) Calcule e interprete $A'(t)$ en el contexto del problema.

92. Satélites Cuando los satélites exploran la Tierra, solo tienen alcance para una parte de su superficie. Algunos de ellos cuentan con sensores que pueden medir el ángulo θ que se muestra en la figura. Si h representa la distancia que hay entre el satélite y la superficie de la Tierra y r representa el radio.

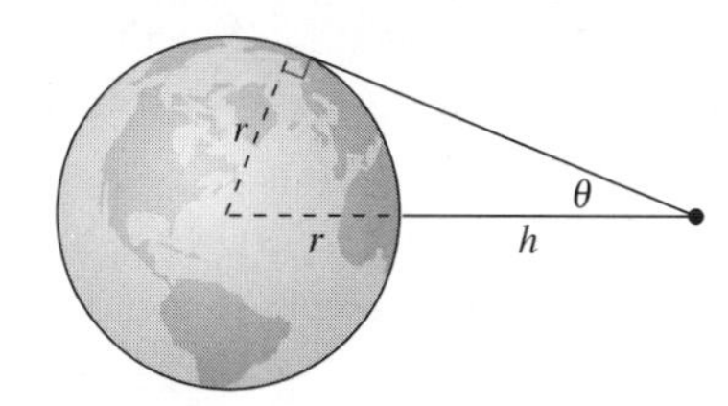

(a) Demuestre que $h = r(\csc\theta - 1)$.

(b) Encuentre la velocidad a la que cambia h con respecto a θ cuando $\theta = 30°$. (Suponga que $r = 4000$ millas.)

Encontrar la segunda derivada **En los ejercicios 93 a 102, encuentre la segunda derivada de la función.**

93. $f(x) = x^2 + 7x - 4$

94. $f(x) = 4x^5 - 2x^3 + 5x^2$

95. $f(x) = 4x^{3/2}$

96. $f(x) = x^2 + 3x^{-3}$

97. $f(x) = \dfrac{x}{x-1}$

98. $f(x) = \dfrac{x^2 + 3x}{x - 4}$

99. $f(x) = x \operatorname{sen} x$

100. $f(x) = x \cos x$

101. $f(x) = \csc x$

102. $f(x) = \sec x$

Encontrar la derivada de orden superior **En los ejercicios 103 a 106, encuentre la derivada de orden superior que se indica.**

103. $f'(x) = x^3 - x^{2/5}$, $\quad f^{(3)}(x)$

104. $f^{(3)}(x) = \sqrt[5]{x^4}$, $\quad f^{(4)}(x)$

105. $f''(x) = -\operatorname{sen} x$, $\quad f^{(8)}(x)$

106. $f^{(4)}(t) = t \cos t$, $\quad f^{(5)}(t)$

Utilizar relaciones **En los ejercicios 107 a 110, utilice la información dada para encontrar $f'(2)$.**

$g(2) = 3$ y $g'(2) = -2$

$h(2) = -1$ y $h'(2) = 4$

107. $f(x) = 2g(x) + h(x)$

108. $f(x) = 4 - h(x)$

109. $f(x) = \dfrac{g(x)}{h(x)}$

110. $f(x) = g(x)h(x)$

Exploración de conceptos

111. ¿Polinomios de qué grado satisfacen $f^{(n)} = 0$? Explique su razonamiento.

112. Describa cómo derivar una función definida por partes. Use su enfoque para encontrar las derivadas primera y segunda de

$f(x) = x|x|$

Explique por qué no existe $f''(x)$.

En los ejercicios 113 y 114 se muestran las gráficas de f, f' y f'' sobre el mismo plano cartesiano. Identifique la gráfica. Explique su razonamiento. Para imprimir una copia ampliada de la gráfica, visite *MathGraphs.com* (disponible solo en inglés).

113.

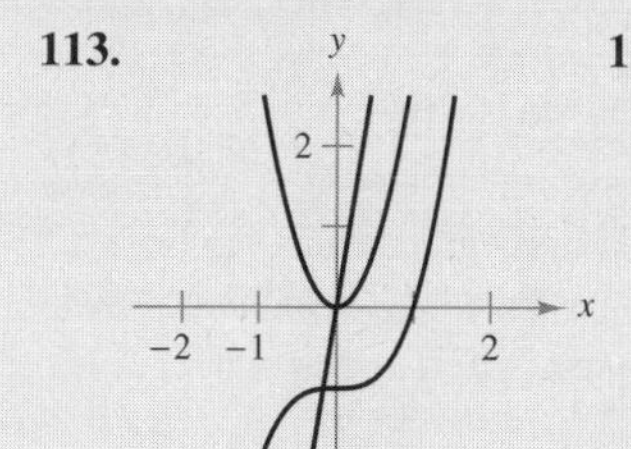

114.

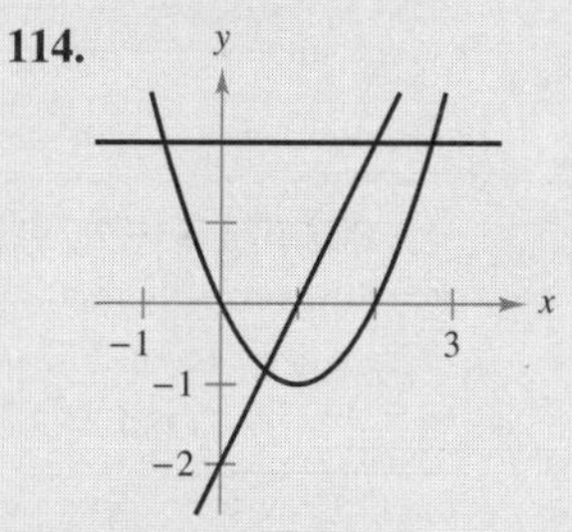

En los ejercicios 115 y 116, se muestra la gráfica de f. Dibuje las gráficas de f' y f''. Para imprimir una copia ampliada de la gráfica, visite *MathGraphs.com* (disponible solo en inglés).

115.

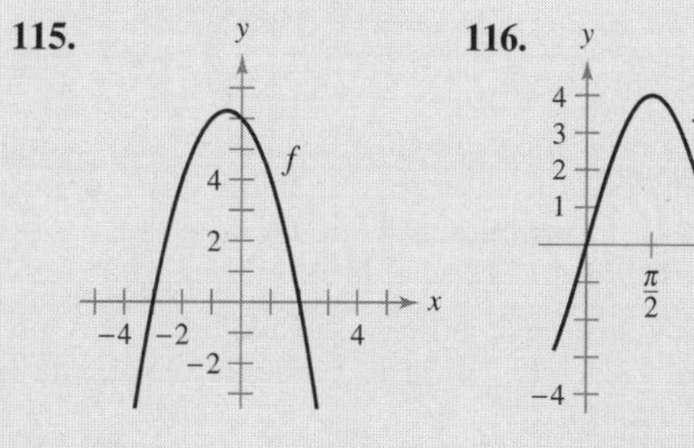

116.

y, f, 4, 3, 2, 1, x, $\frac{\pi}{2}$, $\frac{3\pi}{2}$, −4

117. Trazar una gráfica Trace la grafica de una función derivable f tal que $f(2) = 0$, $f' < 0$ para $-\infty < x < 2$ y $f' > 0$ para $2 < x < \infty$. Explique su razonamiento.

118. Trazar una gráfica Trace la gráfica de una función derivable f tal que $f > 0$ y $f' < 0$ para todos los números reales x. Explique su razonamiento.

119. Aceleración La velocidad de un objeto está dada por

$$v(t) = 36 - t^2, \quad 0 \leq t \leq 6$$

donde v se mide en metros por segundo y t es el tiempo en segundos. Calcule su velocidad y su aceleración cuando $t = 3$. ¿Qué puede decir acerca de la rapidez del objeto cuando la velocidad y aceleración tienen signos opuestos?

120. Aceleración La velocidad de un automóvil que parte del reposo es

$$v(t) = \frac{100t}{2t + 15}$$

donde v se mide en pies por segundo y t es el tiempo en segundos. Calcule su aceleración en (a) 5 segundos, (b) 10 segundos y (c) 20 segundos.

121. Distancia de frenado Al momento de aplicar los frenos, un vehículo viaja a 66 pies/s (45 millas por hora). La función de posición del vehículo es

$$s(t) = -8.25t^2 + 66t$$

donde s se mide en pies y t en segundos. Utilice esta función para completar la tabla y encontrar la velocidad media durante cada intervalo.

t	0	1	2	3	4
$s(t)$					
$v(t)$					
$a(t)$					

122. ¿CÓMO LO VE? En la figura se muestran las gráficas de las funciones posición, velocidad y aceleración de una partícula.

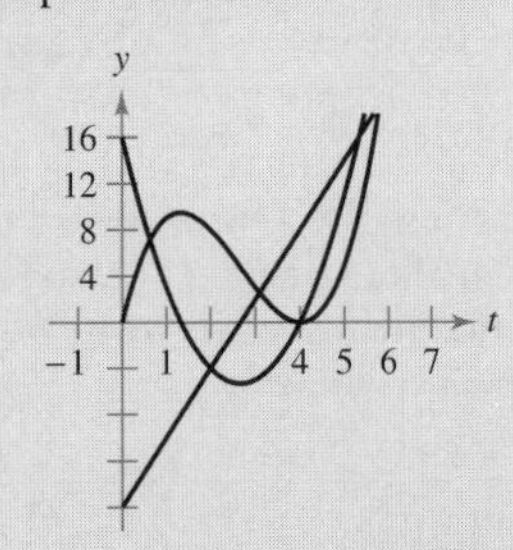

(a) Copie las gráficas de las funciones. Identifique cada una de ellas. Explique su razonamiento. Para imprimir una copia ampliada de la gráfica, visite *MathGraphs.com* (disponible solo en inglés).

(b) Sobre su dibujo, identifique cuándo aumenta y disminuye la velocidad de la partícula. Explique su razonamiento.

Determinar un patrón En los ejercicios 123 y 124, desarrolle una fórmula general para $f^{(n)}(x)$, dada $f(x)$.

123. $f(x) = x^n$ **124.** $f(x) = \dfrac{1}{x}$

125. Determinar un patrón Considere la función producto $f(x) = g(x)h(x)$.

(a) Utilice la regla del producto para elaborar una regla general que permita encontrar $f''(x)$, $f'''(x)$ y $f^{(4)}(x)$.

(b) Empleando los resultados del inciso (a), redacte una regla general para $f^{(n)}(x)$.

126. Determinar un patrón Desarrolle una fórmula general para calcular la enésima derivada de $xf(x)$, donde f es una función derivable de x.

Determinar un patrón En los ejercicios 127 y 128, encuentre las derivadas de la función f para $n = 1, 2, 3$ y 4. Utilice los resultados para elaborar una regla general para $f'(x)$ en términos de n.

127. $f(x) = x^n \operatorname{sen} x$ **128.** $f(x) = \dfrac{\cos x}{x^n}$

Ecuaciones diferenciales En los ejercicios 129 a 132, verifique si la función satisface la ecuación diferencial. (Una *ecuación diferencial* en x y y es una ecuación que involucra x, y y las derivadas de y.)

	Función	**Ecuación diferencial**
129.	$y = \dfrac{1}{x}, x > 0$	$x^3y'' + 2x^2y' = 0$
130.	$y = 2x^3 - 6x + 10$	$-y''' - xy'' - 2y' = -24x^2$
131.	$y = 2 \operatorname{sen} x + 3$	$y'' + y = 3$
132.	$y = 3 \cos x + \operatorname{sen} x$	$y'' + y = 0$

¿Verdadero o falso? En los ejercicios 133 a 138, determine si el enunciado es verdadero o falso. Si es falso, explique por qué es falso o proporcione un contraejemplo que demuestre que lo es.

133. Si $h(x) = f(x)g(x)$, entonces $h'(x) = f'(x)g'(x)$.

134. Si $h(x) = (x + 1)(x + 2)(x + 3)(x + 4)$, entonces $h^{(5)}(x) = 0$.

135. Si $f'(c)$ y $g'(c)$ son cero y $h(x) = f(x)g(x)$, entonces $h'(c) = 0$.

136. Si la función de posición de un objeto es lineal, entonces su aceleración es cero.

137. La segunda derivada representa la razón de cambio de la primera derivada.

138. La función $f(x) = \operatorname{sen} x + c$ satisface $f^{(n)} = f^{(n+4)}$ para todos los enteros $n \geq 1$.

139. Demostración Utilice la regla del producto dos veces para demostrar que si f, g y h son funciones derivables de x, entonces

$$\frac{d}{dx}[f(x)g(x)h(x)] = f'(x)g(x)h(x) + f(x)g'(x)h(x) + f(x)g(x)h'(x)$$

140. Piénselo Sean f y g funciones cuyas respectivas primera y segunda derivadas existen sobre el intervalo I. ¿Cuál de las siguientes fórmulas es verdadera?

(a) $fg'' - f''g = (fg' - f'g)'$

(b) $fg'' + f''g = (fg)''$

2.4 La regla de la cadena

- **Encontrar la derivada de una función compuesta por la regla de la cadena.**
- **Encontrar la derivada de una función mediante la regla general de la potencia.**
- **Simplificar la derivada de una función al aplicar técnicas algebraicas.**
- **Encontrar la derivada de una función trigonométrica utilizando la regla de la cadena.**

La regla de la cadena

Ahora es tiempo de analizar una de las reglas de derivación más poderosas, la **regla de la cadena**. Esta regla se aplica a las funciones compuestas y añade una sorprendente versatilidad a las reglas analizadas en las dos secciones precedentes. Por ejemplo, al comparar las funciones que se muestran a continuación: las de la izquierda se pueden derivar sin la regla de la cadena, mientras que las de la derecha se derivan mejor con ella.

Sin la regla de la cadena	Con la regla de la cadena
$y = x^2 + 1$	$y = \sqrt{x^2 + 1}$
$y = \operatorname{sen} x$	$y = \operatorname{sen} 6x$
$y = 3x + 2$	$y = (3x + 2)^5$
$y = x + \tan x$	$y = x + \tan x^2$

En esencia, la regla de la cadena establece que si y cambia dy/du veces más rápido que u, mientras que u cambia du/dx veces más rápido que x, entonces y cambia $(dy/du)(du/dx)$ veces más rápido que x.

EJEMPLO 1 Derivar una función compuesta

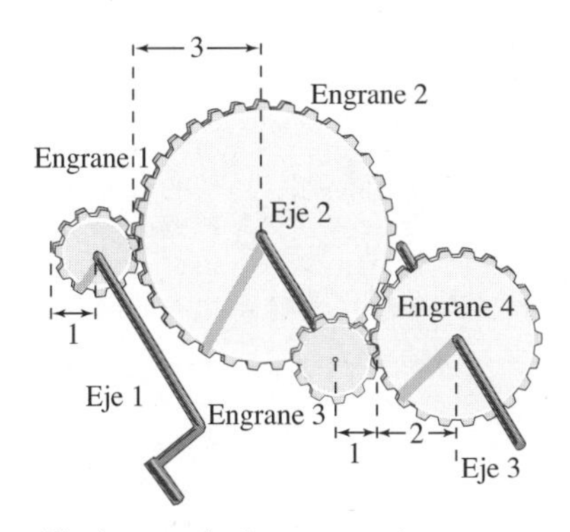

Eje 1: y revoluciones por minuto
Eje 2: u revoluciones por minuto
Eje 3: x revoluciones por minuto
Figura 2.24

La figura 2.24 muestra un juego de engranes, construido de tal manera que el segundo y el tercer engranes giran sobre un eje común. Cuando gira el primer engrane, impulsa al segundo y este a su vez al tercero. Sean y, u y x los números de revoluciones por minuto del primero, segundo y tercer ejes, respectivamente. Encuentre dy/du, du/dx y dy/dx, y demuestre que

$$\frac{dy}{dx} = \frac{dy}{du} \cdot \frac{du}{dx}$$

Solución Puesto que la circunferencia del segundo engranaje es tres veces mayor que la del primero, el primer eje debe dar tres vueltas para que el segundo complete una; del mismo modo, el segundo eje debe dar dos vueltas para que el tercero complete una, de esta manera

$$\frac{dy}{du} = 3 \quad \text{y} \quad \frac{du}{dx} = 2$$

Al combinar ambos resultados, se sabe que el primer eje debe dar seis vueltas para hacer girar una vez al tercer eje. Por lo que

$$\begin{aligned}\frac{dy}{dx} &= \boxed{\text{Razón de cambio del primer eje respecto al segundo}} \cdot \boxed{\text{Razón de cambio del segundo eje respecto al tercero}} \\ &= \frac{dy}{du} \cdot \frac{du}{dx} \\ &= 3 \cdot 2 \\ &= 6 \\ &= \boxed{\text{Razón de cambio del primer eje respecto al tercero}}\end{aligned}$$

En otras palabras, la razón de cambio de y respecto a x es igual al producto de la razón de cambio de y respecto a u multiplicado por la razón de cambio de u respecto a x. ■

Para ver la figura a color, acceda al código

Exploración

Aplicación de la regla de la cadena Cada una de las siguientes funciones se puede derivar utilizando las reglas de derivación estudiadas en las secciones 2.2 y 2.3. Calcular la derivada de cada función utilizando dichas reglas. Luego encontrar la derivada utilizando la regla de la cadena. Comparar los resultados. ¿Cuál de los dos métodos es más sencillo?

a. $y = \dfrac{2}{3x+1}$

b. $y = (x+2)^3$

c. $y = \text{sen } 2x$

COMENTARIO La forma alternativa del límite de la derivada se da al final de la sección 2.1.

El ejemplo 1 ilustra un caso simple de la regla de la cadena. La regla general se establece en el siguiente teorema.

TEOREMA 2.10 La regla de la cadena

Si $y = f(u)$ es una función derivable de u y además $u = g(x)$ es una función derivable de x, entonces $y = f(g(x))$ es una función derivable de x y

$$\frac{dy}{dx} = \frac{dy}{du} \cdot \frac{du}{dx}$$

o, de manera equivalente

$$\frac{d}{dx}[f(g(x))] = f'(g(x))g'(x)$$

Demostración Sea $h(x) = f(g(x))$. Usando la forma alternativa de la derivada, se necesita demostrar que, para $x = c$

$$h'(c) = f'(g(c))g'(c)$$

Una consideración importante en esta demostración es el comportamiento de g cuando x tiende a c. Se presentan dificultades cuando existen valores de x, distintos de c, tales que $g(x) = g(c)$. En el apéndice A se explica cómo utilizar la derivabilidad de f y g para superar este problema. Por ahora, suponga que $g(x) \neq g(c)$ para valores de x distintos de c. En las demostraciones de las reglas del producto y del cociente sumó y restó una misma cantidad. Ahora recurrirá a un truco similar, multiplicar y dividir por una misma cantidad (distinta de cero). En este caso, la cantidad es $g(x) - g(c)$. Observe que, como g es derivable, también es continua, por lo que $g(x)$ tiende a $g(c)$ cuando x tiende a c.

$$h'(c) = \lim_{x \to c} \frac{f(g(x)) - f(g(c))}{x - c} \qquad \text{Forma alterna de la derivada.}$$

$$= \lim_{x \to c} \left[\frac{f(g(x)) - f(g(c))}{x - c} \cdot \frac{g(x) - g(c)}{g(x) - g(c)}\right], \quad g(x) \neq g(c)$$

$$= \lim_{x \to c} \left[\frac{f(g(x)) - f(g(c))}{g(x) - g(c)} \cdot \frac{g(x) - g(c)}{x - c}\right]$$

$$= \overbrace{\left[\lim_{x \to c} \frac{f(g(x)) - f(g(c))}{g(x) - g(c)}\right]}^{\text{Definición de } f'(g(c))} \overbrace{\left[\lim_{x \to c} \frac{g(x) - g(c)}{x - c}\right]}^{\text{Definición de } g'(c)}$$

$$= f'(g(c))g'(c)$$

■

Al aplicar la regla de la cadena, es útil considerar que la función compuesta $f \circ g$ está constituida por dos partes: una interior y otra exterior.

Función exterior

$$y = f(g(x)) = f(u)$$

Función interior

La derivada de $y = f(u)$ es la derivada de la función exterior (en la función interior u) multiplicada por la derivada de la función interior.

$$y' = f'(u) \cdot u'$$

EJEMPLO 2 **Descomponer una función compuesta**

	Función original $y = f(g(x))$	Función interna $u = g(x)$	Función externa $y = f(u)$
a.	$y = \dfrac{1}{x+1}$	$u = x + 1$	$y = \dfrac{1}{u}$
b.	$y = \operatorname{sen} 2x$	$u = 2x$	$y = \operatorname{sen} u$
c.	$y = \sqrt{3x^2 - x + 1}$	$u = 3x^2 - x + 1$	$y = \sqrt{u}$
d.	$y = \tan^2 x$	$u = \tan x$	$y = u^2$

EJEMPLO 3 **Aplicar la regla de la cadena**

Encuentre dy/dx

$$y = (x^2 + 1)^3$$

Solución Para esta función, considere que la función interior es $u = x^2 + 1$ y la función exterior es $y = u^3$. Por medio de la regla de la cadena obtiene

$$\frac{dy}{dx} = \underbrace{3(x^2 + 1)^2}_{\frac{dy}{du}}\underbrace{(2x)}_{\frac{du}{dx}} = 6x(x^2 + 1)^2$$

■

COMENTARIO El ejemplo 3 también se puede resolver sin hacer uso de la regla de la cadena, al expandir el binomio para obtener

$$y = x^6 + 3x^4 + 3x^2 + 1$$

y entonces encontrar la derivada

$$y' = 6x^5 + 12x^3 + 6x$$

Compruebe que esta derivada es la misma que la del ejemplo 3. ¿Qué método utilizaría para encontrar

$$\frac{d}{dx}(x^2 + 1)^{50}?$$

La regla general de la potencia

La función del ejemplo 3 es uno de los tipos más comunes de funciones compuestas, $y = [u(x)]^n$. La regla para derivar estas funciones se llama **regla general de la potencia**, y es un caso particular de la regla de la cadena.

TEOREMA 2.11 La regla general de la potencia

Si $y = [u(x)]^n$, donde u es una función derivable de x y n es un número racional, entonces

$$\frac{dy}{dx} = n[u(x)]^{n-1}\frac{du}{dx}$$

o de manera equivalente

$$\frac{d}{dx}[u^n] = nu^{n-1}u'$$

Demostración Puesto que $y = [u(x)]^n = u^n$, aplique la regla de la cadena para obtener

$$\frac{dy}{dx} = \left(\frac{dy}{du}\right)\left(\frac{du}{dx}\right) \qquad \text{Aplique la regla de la cadena.}$$

$$= \frac{d}{du}[u^n]\frac{du}{dx}$$

Por medio de la regla (simple) de la potencia estudiada en la sección 2.2, se tiene $D_u[u^n] = nu^{n-1}$, y se sigue que

$$\frac{dy}{dx} = nu^{n-1}\frac{du}{dx} \qquad \text{Aplique la regla (simple) de la potencia.}$$

■

EJEMPLO 4 Aplicar la regla general de la potencia

Encuentre la derivada de $f(x) = (3x - 2x^2)^3$.

Solución Sea $u = 3x - 2x^2$. Entonces

$$f(x) = (3x - 2x^2)^3 = u^3$$

y, mediante la regla general de la potencia, la derivada es

$$f'(x) = \overbrace{3}^{n}\overbrace{(3x - 2x^2)^2}^{u^{n-1}}\overbrace{\frac{d}{dx}[3x - 2x^2]}^{u'}$$ Aplique la regla general de la potencia.

$$= 3(3x - 2x^2)^2(3 - 4x)$$ Derive $3x - 2x^2$.

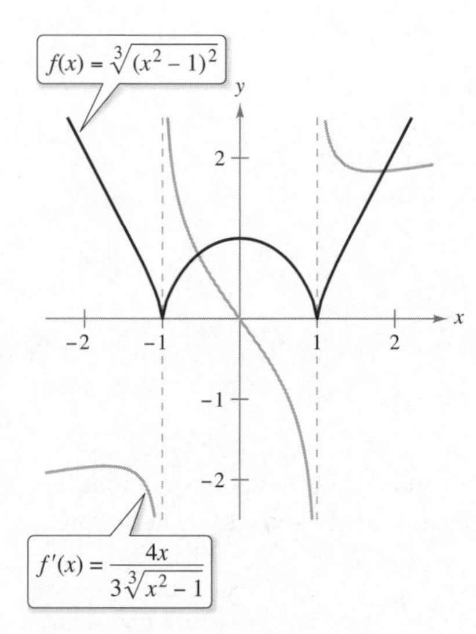

La derivada de f es 0 en $x = 0$ y no está definida en $x = \pm 1$.
Figura 2.25

EJEMPLO 5 Derivar funciones radicales

Encuentre los puntos de la gráfica de

$$f(x) = \sqrt[3]{(x^2 - 1)^2}$$

en los que $f'(x) = 0$ y aquellos en los que $f'(x)$ no existe.

Solución Reescriba la función en forma exponencial como

$$f(x) = (x^2 - 1)^{2/3}$$ Reescriba la función original.

Aplique ahora la regla general de la potencia (con $u = x^2 - 1$), para obtener

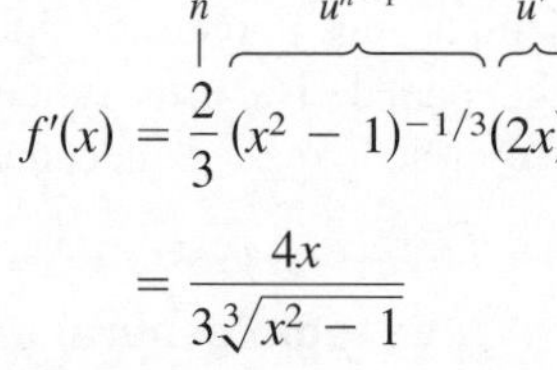

$$f'(x) = \overbrace{\frac{2}{3}}^{n}\overbrace{(x^2 - 1)^{-1/3}}^{u^{n-1}}\overbrace{(2x)}^{u'}$$ Aplique la regla general de la potencia.

$$= \frac{4x}{3\sqrt[3]{x^2 - 1}}$$ Exprese en forma radical.

De manera que $f'(x) = 0$ cuando $x = 0$ y $f'(x)$ no existe en $x = \pm 1$, como se muestra en la figura 2.25.

EJEMPLO 6 Derivar cocientes con numeradores constantes

Derive la función

$$g(t) = \frac{-7}{(2t - 3)^2}$$

Solución Para empezar, reescriba la función con exponente negativo

$$g(t) = -7(2t - 3)^{-2}$$ Reescriba la función original.

Ahora aplique la regla general de la potencia (con $u = 2t - 3$) se tiene

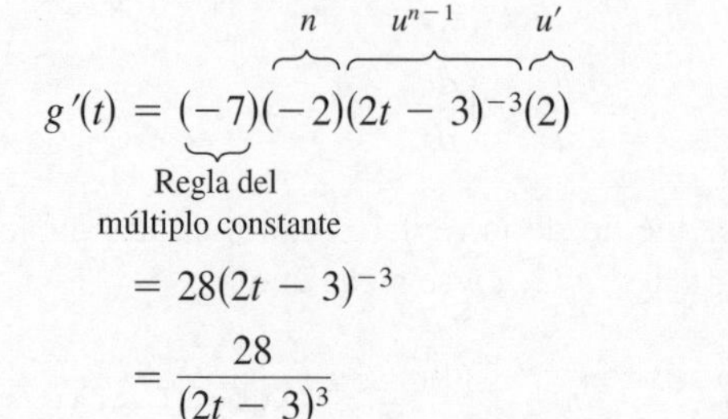

$$g'(t) = \underbrace{(-7)}_{\text{Regla del múltiplo constante}}\overbrace{(-2)}^{n}\overbrace{(2t - 3)^{-3}}^{u^{n-1}}\overbrace{(2)}^{u'}$$ Aplique la regla general de la potencia.

$$= 28(2t - 3)^{-3}$$ Simplifique.

$$= \frac{28}{(2t - 3)^3}$$ Exprese con exponente positivo.

COMENTARIO Intente derivar la función del ejemplo 6 usando la regla del cociente. El resultado será el mismo, pero el método es menos eficiente que la regla general de la potencia.

Para ver la figura a color, acceda al código

Simplificación de derivadas

Los siguientes tres ejemplos muestran algunas técnicas para simplificar las derivadas de funciones que involucran productos, cocientes y composiciones.

EJEMPLO 7 Simplificar por factorización de la potencia mínima

Calcule la derivada de $f(x) = x^2\sqrt{1 - x^2}$.

Solución

$$f(x) = x^2\sqrt{1 - x^2} \qquad \text{Escriba la función original.}$$

$$= x^2(1 - x^2)^{1/2} \qquad \text{Reescriba.}$$

$$f'(x) = x^2 \frac{d}{dx}[(1 - x^2)^{1/2}] + (1 - x^2)^{1/2} \frac{d}{dx}[x^2] \qquad \text{Regla del producto.}$$

$$= x^2\left[\frac{1}{2}(1 - x^2)^{-1/2}(-2x)\right] + (1 - x^2)^{1/2}(2x) \qquad \text{Regla general de la potencia.}$$

$$= -x^3(1 - x^2)^{-1/2} + 2x(1 - x^2)^{1/2} \qquad \text{Simplifique.}$$

$$= x(1 - x^2)^{-1/2}[-x^2(1) + 2(1 - x^2)] \qquad \text{Factorice.}$$

$$= x(1 - x^2)^{-1/2}(2 - 3x^2) \qquad \text{Simplifique.}$$

$$= \frac{x(2 - 3x^2)}{\sqrt{1 - x^2}} \qquad \text{Escriba en forma radical.}$$

COMENTARIO En el ejemplo 7, note que se restan exponentes cuando se factoriza. Es decir, cuando $(1 - x^2)^{-1/2}$ se factoriza de $(1 - x^2)^{1/2}$, el factor *restante* tiene un exponente de $\frac{1}{2} - \left(-\frac{1}{2}\right) = 1$. De esta manera, $(1 - x^2)^{1/2}$ es igual al producto de $(1 - x^2)^{-1/2}$ y $(1 - x^2)^1$.

EJEMPLO 8 Simplificar la derivada de un cociente

$$f(x) = \frac{x}{\sqrt[3]{x^2 + 4}} \qquad \text{Función original.}$$

$$= \frac{x}{(x^2 + 4)^{1/3}} \qquad \text{Reescriba.}$$

$$f'(x) = \frac{(x^2 + 4)^{1/3}(1) - x(1/3)(x^2 + 4)^{-2/3}(2x)}{(x^2 + 4)^{2/3}} \qquad \text{Regla del cociente.}$$

$$= \frac{1}{3}(x^2 + 4)^{-2/3}\left[\frac{3(x^2 + 4) - (2x^2)(1)}{(x^2 + 4)^{2/3}}\right] \qquad \text{Factorice.}$$

$$= \frac{x^2 + 12}{3(x^2 + 4)^{4/3}} \qquad \text{Simplifique.}$$

EJEMPLO 9 Simplificar la derivada de una potencia

Consulte LarsonCalculus.com (disponible solo en inglés) para una versión interactiva de este tipo de ejemplo.

$$y = \left(\frac{3x - 1}{x^2 + 3}\right)^2 \qquad \text{Función original.}$$

$$y' = \underbrace{2}_{n}\underbrace{\left(\frac{3x - 1}{x^2 + 3}\right)}_{u^{n-1}}\underbrace{\frac{d}{dx}\left[\frac{3x - 1}{x^2 + 3}\right]}_{u'} \qquad \text{Regla general de la potencia.}$$

$$= \left[\frac{2(3x - 1)}{x^2 + 3}\right]\left[\frac{(x^2 + 3)(3) - (3x - 1)(2x)}{(x^2 + 3)^2}\right] \qquad \text{Regla del cociente.}$$

$$= \frac{2(3x - 1)(3x^2 + 9 - 6x^2 + 2x)}{(x^2 + 3)^3} \qquad \text{Multiplique.}$$

$$= \frac{2(3x - 1)(-3x^2 + 2x + 9)}{(x^2 + 3)^3} \qquad \text{Simplifique.}$$

TECNOLOGÍA Las herramientas de graficación con derivación simbólica son capaces de derivar funciones muy complicadas. No obstante, suelen presentar el resultado en forma no simplificada. Si cuenta con una herramienta de ese tipo, úsela para calcular las derivadas de las funciones de los ejemplos 7, 8 y 9. Luego compare los resultados con los dados en estos ejemplos.

Funciones trigonométricas y la regla de la cadena

A continuación se muestran las "versiones de la regla de la cadena" de las derivadas de las funciones trigonométricas.

$$\frac{d}{dx}[\text{sen } u] = (\cos u)u' \qquad \frac{d}{dx}[\cos u] = -(\text{sen } u)u'$$

$$\frac{d}{dx}[\tan u] = (\sec^2 u)u' \qquad \frac{d}{dx}[\cot u] = -(\csc^2 u)u'$$

$$\frac{d}{dx}[\sec u] = (\sec u \tan u)u' \qquad \frac{d}{dx}[\csc u] = -(\csc u \cot u)u'$$

EJEMPLO 10 Aplicar la regla de la cadena a funciones trigonométricas

a. $y = \text{sen } \overbrace{2x}^{u}$ $\qquad y' = \overbrace{\cos 2x}^{\cos u} \overbrace{\frac{d}{dx}[2x]}^{u'} = (\cos 2x)(2) = 2 \cos 2x$

b. $y = \cos\overbrace{(x - 1)}^{u}$ $\qquad y' = \overbrace{-\text{sen}(x - 1)}^{-(\text{sen } u)} \overbrace{\frac{d}{dx}[x - 1]}^{u'} = -\text{sen}(x - 1)$

c. $y = \tan \overbrace{3x}^{u}$ $\qquad y' = \overbrace{\sec^2 3x}^{(\sec^2 u)} \overbrace{\frac{d}{dx}[3x]}^{u'} = (\sec^2 3x)(3) = 3 \sec^2 3x$ ■

Asegúrese de entender las convenciones matemáticas que afectan a los paréntesis y las funciones trigonométricas. Así, en el ejemplo 10(a), se escribe sen $2x$, que significa sen $(2x)$.

EJEMPLO 11 Paréntesis y funciones trigonométricas

a. $y = \cos 3x^2 = \cos(3x^2)$ $\qquad y' = (-\text{sen } 3x^2)(6x) = -6x \text{ sen } 3x^2$

b. $y = (\cos 3)x^2$ $\qquad y' = (\cos 3)(2x) = 2x \cos 3$

c. $y = \cos(3x)^2 = \cos(9x^2)$ $\qquad y' = (-\text{sen } 9x^2)(18x) = -18x \text{ sen } 9x^2$

d. $y = \cos^2 x = (\cos x)^2$ $\qquad y' = 2(\cos x)(-\text{sen } x) = -2 \cos x \text{ sen } x$

e. $y = \sqrt{\cos x} = (\cos x)^{1/2}$ $\qquad y' = \frac{1}{2}(\cos x)^{-1/2}(-\text{sen } x) = -\frac{\text{sen } x}{2\sqrt{\cos x}}$ ■

COMENTARIO Otra manera de escribir la derivada en el ejemplo 11(d) es usar la identidad de ángulo doble, $2 \text{ sen } x \cos x = \text{sen } 2x$. Al aplicar esta identidad, el resultado es

$$\begin{aligned} y' &= -2 \cos x \text{ sen } x \\ &= -(2 \text{ sen } x \cos x) \\ &= -\text{sen } 2x \end{aligned}$$

Para calcular la derivada de una función con la forma $k(x) = f(g(h(x)))$, es necesario que aplique la regla de la cadena dos veces, como se ilustra en el ejemplo 12.

EJEMPLO 12 Aplicación reiterada de la regla de la cadena

$f(t) = \text{sen}^3 4t$ — Función original.

$= (\text{sen } 4t)^3$ — Reescriba.

$f'(t) = 3(\text{sen } 4t)^2 \frac{d}{dt}[\text{sen } 4t]$ — Aplique la regla de la cadena por primera vez.

$= 3(\text{sen } 4t)^2(\cos 4t) \frac{d}{dt}[4t]$ — Aplique la regla de la cadena por segunda vez.

$= 3(\text{sen } 4t)^2(\cos 4t)(4)$

$= 12 \text{ sen}^2 4t \cos 4t$ — Simplifique. ■

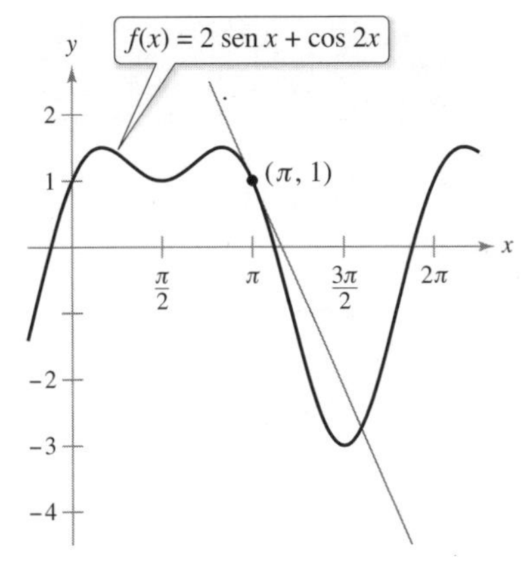

Figura 2.26

Para ver la figura a color, acceda al código

EJEMPLO 13 Recta tangente a una función trigonométrica

Encuentre la ecuación de la recta tangente a la gráfica de $f(x) = 2 \text{ sen } x + \cos 2x$ en el punto $(\pi, 1)$, como se muestra en la figura 2.26. A continuación, determine todos los valores de x sobre el intervalo $(0, 2\pi)$ en los que la gráfica de f tiene una tangente horizontal.

Solución Comience por encontrar $f'(x)$.

$$f(x) = 2 \text{ sen } x + \cos 2x \qquad \text{Escriba la función original.}$$

$$f'(x) = 2 \cos x + (-\text{sen } 2x)(2) \qquad \text{Aplique la regla de la cadena a } \cos 2x.$$

$$= 2 \cos x - 2 \text{ sen } 2x \qquad \text{Simplifique.}$$

Para encontrar la ecuación de la recta tangente en $(\pi, 1)$, evalúe $f'(\pi)$.

$$f'(\pi) = 2 \cos \pi - 2 \text{ sen } 2\pi \qquad \text{Sustituya.}$$

$$= -2 \qquad \text{Pendiente de la gráfica en } (\pi, 1).$$

Ahora utilizando la forma punto-pendiente de la ecuación de la recta, escriba

$$y - y_1 = m(x - x_1) \qquad \text{Forma punto-pendiente.}$$

$$y - 1 = -2(x - \pi) \qquad \text{Sustituya } y_1, m \text{ y } x_1.$$

$$y = 1 - 2x + 2\pi \qquad \text{Ecuación de la recta tangente en } (\pi, 1).$$

Note que $f'(x) = 0$ en el intervalo $(0, 2\pi)$ cuando $x = \frac{\pi}{6}, \frac{\pi}{2}, \frac{5\pi}{6}$ y $\frac{3\pi}{2}$. De tal modo, la gráfica de f tiene una tangente horizontal en $x = \frac{\pi}{6}, \frac{\pi}{2}, \frac{5\pi}{6}$ y $\frac{3\pi}{2}$. ■

Esta sección concluye con un resumen de las reglas de derivación estudiadas hasta este momento. Para adquirir mayor práctica en la derivación, debe aprender cada regla con palabras, no con símbolos. Como ayuda para la memorización, considere que las cofunciones (coseno, cotangente y cosecante) tienen un signo menos como parte de sus derivadas.

Resumen de las reglas de derivación

Reglas generales de derivación

Sea c un número real, n un número racional, u y v funciones derivables de x y f una función derivable de u.

Regla de la constante:

$$\frac{d}{dx}[c] = 0$$

Regla de la potencia simple:

$$\frac{d}{dx}[x^n] = nx^{n-1}, \quad \frac{d}{dx}[x] = 1$$

Regla del múltiplo de constante:

$$\frac{d}{dx}[cu] = cu'$$

Regla de la suma o diferencia:

$$\frac{d}{dx}[u \pm v] = u' \pm v'$$

Regla del producto:

$$\frac{d}{dx}[uv] = uv' + vu'$$

Regla del cociente:

$$\frac{d}{dx}\left[\frac{u}{v}\right] = \frac{vu' - uv'}{v^2}$$

Regla de la cadena:

$$\frac{d}{dx}[f(u)] = f'(u)u'$$

Regla general de la potencia:

$$\frac{d}{dx}[u^n] = nu^{n-1}u'$$

Derivadas de funciones trigonométricas

$$\frac{d}{dx}[\text{sen } x] = \cos x \qquad \frac{d}{dx}[\tan x] = \sec^2 x \qquad \frac{d}{dx}[\sec x] = \sec x \tan x$$

$$\frac{d}{dx}[\cos x] = -\text{sen } x \qquad \frac{d}{dx}[\cot x] = -\csc^2 x \qquad \frac{d}{dx}[\csc x] = -\csc x \cot x$$

2.4 Ejercicios

Las respuestas a los ejercicios impares pueden consultarse en el Apéndice de este libro.

Repaso de conceptos

1. Explique cómo encontrar la derivada de la composición de dos funciones derivables.
2. Explique la diferencia entre la regla de la potencia simple y la regla general de potencias.

Descomponer una función compuesta **En los ejercicios 3 a 8, complete la tabla.**

$y = f(g(x))$	$u = g(x)$	$y = f(u)$
3. $y = (6x - 5)^4$		
4. $y = \sqrt[3]{4x + 3}$		
5. $y = \dfrac{1}{3x + 5}$		
6. $y = \dfrac{2}{\sqrt{x^2 + 10}}$		
7. $y = \csc^3 x$		
8. $y = \operatorname{sen} \dfrac{5x}{2}$		

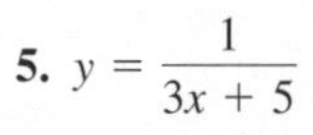

Encontrar la derivada **En los ejercicios 9 a 34, encuentre la derivada de la función.**

9. $y = (2x - 7)^3$
10. $y = 5(2 - x^3)^4$
11. $g(x) = 3(4 - 9x)^{5/6}$
12. $f(t) = (9t + 2)^{2/3}$
13. $h(s) = -2\sqrt{5s^2 + 3}$
14. $g(x) = \sqrt{4 - 3x^2}$
15. $y = \sqrt[3]{6x^2 + 1}$
16. $y = 2\sqrt[4]{9 - x^2}$
17. $y = \dfrac{1}{x - 2}$
18. $s(t) = \dfrac{1}{4 - 5t - t^2}$
19. $g(s) = \dfrac{6}{(s^3 - 2)^3}$
20. $y = -\dfrac{3}{(t - 2)^4}$
21. $y = \dfrac{1}{\sqrt{3x + 5}}$
22. $g(t) = \dfrac{1}{\sqrt{t^2 - 2}}$
23. $f(x) = x^2(x - 2)^7$
24. $f(x) = x(2x - 5)^3$
25. $y = x\sqrt{1 - x^2}$
26. $y = x^2\sqrt{16 - x^2}$
27. $y = \dfrac{x}{\sqrt{x^2 + 1}}$
28. $y = \dfrac{x}{\sqrt{x^4 + 4}}$
29. $g(x) = \left(\dfrac{x + 5}{x^2 + 2}\right)^2$
30. $h(t) = \left(\dfrac{t^2}{t^3 + 2}\right)^2$
31. $s(t) = \left(\dfrac{1 + t}{t + 3}\right)^4$
32. $g(x) = \left(\dfrac{3x^2 - 2}{2x + 3}\right)^{-2}$
33. $f(x) = ((x^2 + 3)^5 + x)^2$
34. $g(x) = (2 + (x^2 + 1)^4)^3$

Encontrar la derivada de una función trigonométrica **En los ejercicios 35 a 54, encuentre la derivada de la función.**

35. $y = \cos 4x$
36. $y = \operatorname{sen} \pi x$
37. $g(x) = 5 \tan 3x$
38. $h(x) = \sec 6x$
39. $y = \operatorname{sen}(\pi x)^2$
40. $y = \csc(1 - 2x)^2$
41. $h(x) = \operatorname{sen} 2x \cos 2x$
42. $g(\theta) = \sec\left(\frac{1}{2}\theta\right) \tan\left(\frac{1}{2}\theta\right)$
43. $f(x) = \dfrac{\cot x}{\operatorname{sen} x}$
44. $g(v) = \dfrac{\cos v}{\csc v}$
45. $y = 4 \sec^2 x$
46. $g(t) = 5 \cos^2 \pi t$
47. $f(\theta) = \frac{1}{4} \operatorname{sen}^2 2\theta$
48. $h(t) = 2 \cot^2(\pi t + 2)$
49. $f(t) = 3 \sec(\pi t - 1)^2$
50. $y = 5 \cos(\pi x)^2$
51. $y = \operatorname{sen}(3x^2 + \cos x)$
52. $y = \cos(5x + \csc x)$
53. $y = \operatorname{sen} \sqrt{\cot 3\pi x}$
54. $y = \cos \sqrt{\operatorname{sen}(\tan \pi x)}$

Encontrar una derivada usando tecnología **En los ejercicios 55 a 58, utilice un sistema algebraico por computadora para encontrar la derivada de la función. Use la utilidad de graficación para graficar la función y su derivada en el mismo plano cartesiano. Describa el comportamiento de la función que corresponde a cualquier cero de la gráfica de la derivada.**

55. $y = \dfrac{\sqrt{x} + 1}{x^2 + 1}$
56. $y = \sqrt{\dfrac{2x}{x + 1}}$
57. $y = \dfrac{\cos \pi x + 1}{x}$
58. $y = x^2 \tan \dfrac{1}{x}$

Pendiente de una recta tangente **En los ejercicios 59 y 60, calcule la pendiente de la recta tangente a la función seno en el origen. Compare este valor con el número de ciclos completos en el intervalo $[0, 2\pi]$.**

59.

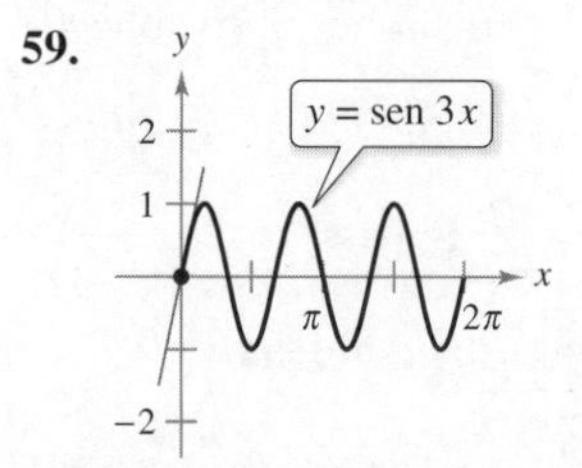

60.

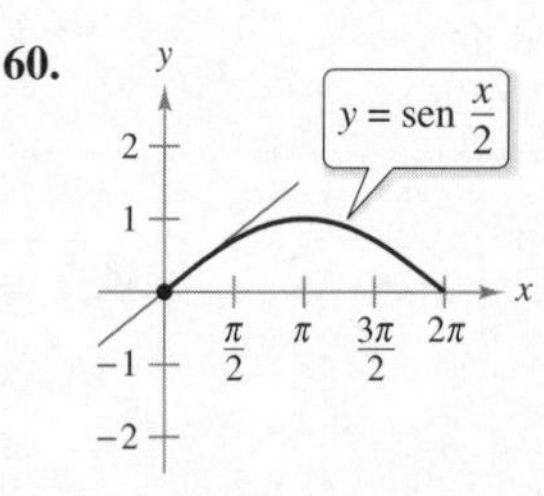

Encontrar la pendiente de una gráfica **En los ejercicios 61 a 68, encuentre la pendiente de la gráfica de la función en el punto indicado. Utilice una herramienta de graficación para verificar los resultados.**

61. $y = \sqrt{x^2 + 8x}$, $(1, 3)$
62. $y = \sqrt[5]{3x^3 + 4x}$, $(2, 2)$
63. $f(x) = 5(x^3 - 2)^{-1}$, $\left(-2, -\frac{1}{2}\right)$
64. $f(x) = \dfrac{1}{(x^2 - 3x)^2}$, $\left(4, \dfrac{1}{16}\right)$
65. $y = \dfrac{4}{(x + 2)^2}$, $(0, 1)$
66. $y = \dfrac{4}{(x^2 - 2x)^3}$, $(1, -4)$
67. $y = 26 - \sec^3 4x$, $(0, 25)$
68. $y = \dfrac{1}{x} + \sqrt{\cos x}$, $\left(\dfrac{\pi}{2}, \dfrac{2}{\pi}\right)$

Encontrar la ecuación de una recta tangente En los ejercicios 69 a 76: (a) encuentre la ecuación de la recta tangente a la gráfica de f en el punto que se indica, (b) utilice una herramienta de graficación para representar la función y la recta tangente en ese punto y (c) verifique los resultados empleando la utilidad *tangente* de su herramienta de graficación.

69. $f(x) = \sqrt{2x^2 - 7}$, $(4, 5)$

70. $f(x) = \frac{1}{3}x\sqrt{x^2 + 5}$, $(2, 2)$

71. $y = (4x^3 + 3)^2$, $(-1, 1)$

72. $f(x) = (9 - x^2)^{2/3}$, $(1, 4)$

73. $f(x) = \operatorname{sen} 8x$, $(\pi, 0)$

74. $y = \cos 3x$, $\left(\frac{\pi}{4}, -\frac{\sqrt{2}}{2}\right)$

75. $f(x) = \tan^2 x$, $\left(\frac{\pi}{4}, 1\right)$

76. $y = 2\tan^3 x$, $\left(\frac{\pi}{4}, 2\right)$

Curvas famosas En los ejercicios 77 y 78, encuentre la ecuación de la recta tangente a la gráfica del punto dado. Después utilice una herramienta de graficación para dibujar la función y su recta tangente en la misma ventana de visualización.

77. Semicírculo

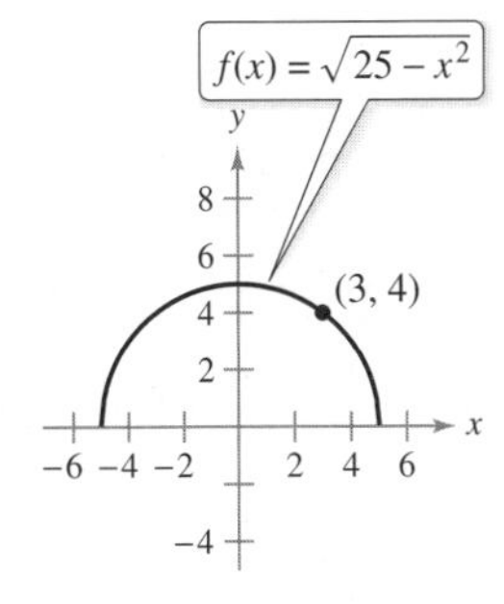

78. Curva punta de bala

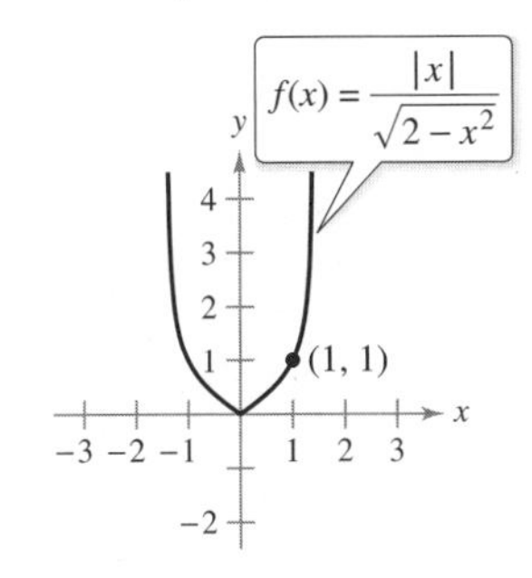

79. Recta tangente horizontal Determine el (los) punto(s) en el intervalo $(0, 2\pi)$ en los que la gráfica de

$$f(x) = 2\cos x + \operatorname{sen} 2x$$

tiene una tangente horizontal.

80. Recta tangente horizontal Determine el (los) punto(s) en los que la gráfica de

$$f(x) = \frac{-4x}{\sqrt{2x - 1}}$$

tiene una tangente horizontal.

Determinar una segunda derivada En los ejercicios 81 a 86, encuentre la segunda derivada de la función.

81. $f(x) = 5(2 - 7x)^4$

82. $f(x) = 6(x^3 + 4)^3$

83. $f(x) = \dfrac{1}{11x - 6}$

84. $f(x) = \dfrac{8}{(x - 2)^2}$

85. $f(x) = \operatorname{sen} x^2$

86. $f(x) = \sec^2 \pi x$

Evaluar una segunda derivada En los ejercicios 87 a 92, evalúe la segunda derivada de la función en el punto dado. Utilice una herramienta de graficación para verificar los resultados.

87. $h(x) = \frac{1}{9}(3x + 1)^3$, $\left(1, \frac{64}{9}\right)$

88. $h(t) = (2t^3 + 3)^2$, $(1, 25)$

89. $g(x) = 3\sqrt{2x + 7}$, $(-3, 3)$

90. $f(x) = \dfrac{1}{\sqrt{x + 4}}$, $\left(0, \frac{1}{2}\right)$

91. $f(x) = \cos x^2$, $(0, 1)$

92. $g(t) = \tan 2t$, $\left(\frac{\pi}{6}, \sqrt{3}\right)$

Exploración de conceptos

En los ejercicios 93 y 94, se muestran las gráficas de una función f y su derivada f'. Clasifique las gráficas según correspondan a f o f' y escriba en un breve párrafo los criterios que utilizó para hacer la selección. Para imprimir una copia ampliada de la gráfica, visite *MathGraphs.com* (disponible solo en inglés).

93.

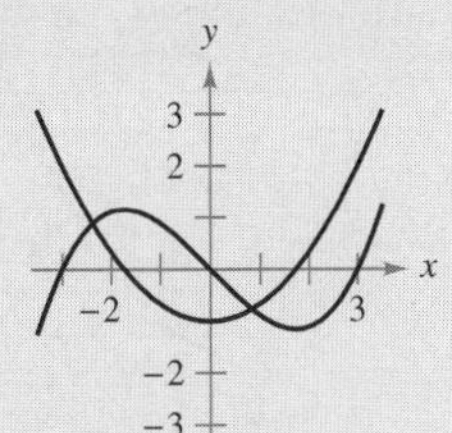

94.

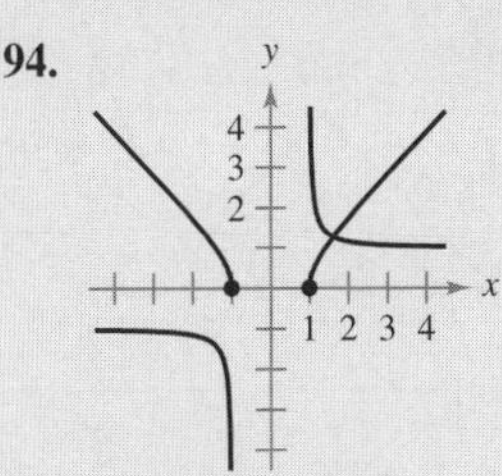

95. Dada la relación que existe entre f y g, explique la relación entre f' y g'.

(a) $g(x) = f(3x)$ (b) $g(x) = f(x^2)$

96. Considere la función

$$r(x) = \frac{2x - 5}{(3x + 1)^2}$$

(a) En general, ¿cómo calcula la derivada de $h(x) = \dfrac{f(x)}{g(x)}$ mediante la regla del producto, si g es una función compuesta?

(b) Calcule $r'(x)$ mediante la regla del producto.

(c) Calcule $r'(x)$ mediante la regla del cociente.

(d) ¿Qué método prefiere? Explique su elección.

97. Piénselo La tabla muestra algunos valores de la derivada de una función desconocida f. Complete la tabla encontrando, si es posible, la derivada de cada una de las siguientes transformaciones de f.

(a) $g(x) = f(x) - 2$ (b) $h(x) = 2f(x)$

(c) $r(x) = f(-3x)$ (d) $s(x) = f(x + 2)$

x	-2	-1	0	1	2	3
$f'(x)$	4	$\frac{2}{3}$	$-\frac{1}{3}$	-1	-2	-4
$g'(x)$						
$h'(x)$						
$r'(x)$						
$s'(x)$						

98. Usar relaciones Dado que $g(5) = -3$, $g'(5) = 6$, $h(5) = 3$ y $h'(5) = -2$, encuentre $f'(5)$ si es posible para cada una de las siguientes funciones. Si no es posible, establezca la información adicional que se requiere.

(a) $f(x) = g(x)h(x)$ (b) $f(x) = g(h(x))$

(c) $f(x) = \dfrac{g(x)}{h(x)}$ (d) $f(x) = [g(x)]^3$

Calcular derivadas **En los ejercicios 99 y 100, se muestran las gráficas de f y g. Sea $h(x) = f(g(x))$ y $s(x) = g(f(x))$. Calcule las derivadas, si es que existen. Si las derivadas no existen, explique por qué.**

99. (a) Encuentre $h'(1)$.

(b) Encuentre $s'(5)$.

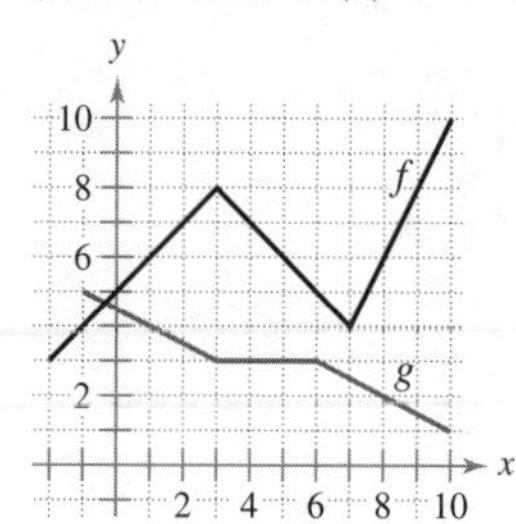

100. (a) Encuentre $h'(3)$.

(b) Encuentre $s'(9)$.

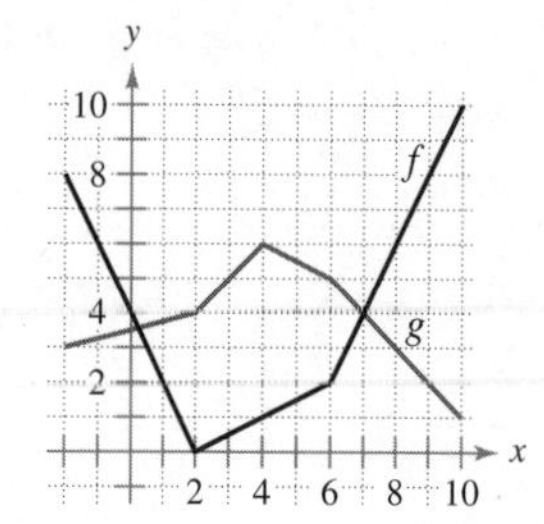

101. Efecto Doppler La frecuencia F de la sirena de un carro de bomberos oída por un observador en reposo está dada por

$$F = \frac{132400}{331 \pm v}$$

donde $\pm v$ representa la velocidad del carro de bomberos (observe la figura). Calcule la razón de cambio de F respecto de v cuando

(a) el carro se acerca a una velocidad de 30 m/s (use $-v$).

(b) el carro se aleja a una velocidad de 30 m/s (use $+v$).

102. Movimiento armónico El desplazamiento de su posición de equilibrio para un objeto en movimiento armónico situado al extremo de un resorte es

$$y = \frac{1}{3}\cos 12t - \frac{1}{4}\operatorname{sen} 12t$$

donde y se mide en pies y t en segundos. Determine la posición y la velocidad del objeto cuando $t = \pi/8$.

103. Péndulo Un péndulo de 15 cm se mueve según la ecuación $\theta = 0.2 \cos 8t$, donde θ es el desplazamiento angular de la vertical en radiantes y t es el tiempo en segundos. Calcule el máximo desplazamiento angular y la razón de cambio de θ cuando $t = 3$ segundos.

104. Movimiento ondulatorio Una boya oscila con movimiento armónico simple dado por $y = A \cos \omega t$, mientras las olas pasan por ella. La boya se mueve verticalmente, desde el punto más bajo hasta el más alto, un total de 3.5 pies. Cada 10 segundos regresa a su punto de máxima altura.

(a) Escriba una ecuación que explique el movimiento de esa boya si está en su máxima altura cuando $t = 0$.

(b) Calcule la velocidad de la boya en función de t.

105. Modelado de datos En la siguiente tabla se muestra la temperatura máxima promedio (en grados Fahrenheit) correspondiente a la ciudad de Chicago, Illinois. (*Fuente: National Oceanic and Atmospheric Administration*)

Mes	Ene	Feb	Mar	Abr
Temperatura	31.0	35.3	46.6	59.0

Mes	May	Jun	Jul	Ago
Temperatura	70.0	79.7	84.1	81.9

Mes	Sep	Oct	Nov	Dic
Temperatura	74.8	62.3	48.2	34.8

(a) Utilice una herramienta de graficación para representar los datos y encontrar un modelo para esos datos con la forma

$T(t) = a + b \operatorname{sen}(ct - d)$

donde T es la temperatura y t el tiempo en meses, con $t = 1$ correspondiente al mes de enero.

(b) Represente el modelo en la herramienta de graficación. ¿Ajusta bien a los datos?

(c) Encuentre T' y utilice la herramienta de graficación para representar la derivada.

(d) Con base en la gráfica de la derivada, ¿cuándo cambia la temperatura de manera más rápida? ¿Y más lenta? ¿Coinciden las respuestas con las observaciones experimentales? Explique su respuesta.

106. ¿CÓMO LO VE? El costo C (en dólares) de producción de x unidades de un artículo es $C = 60x + 1350$. Durante una semana, la gerencia observó que el número de x unidades producidas a lo largo de t horas puede ser modelado por la gráfica por $x = -1.6t^3 + 19t^2 - 0.5t - 1$. En la gráfica se muestra el costo C en términos del tiempo t.

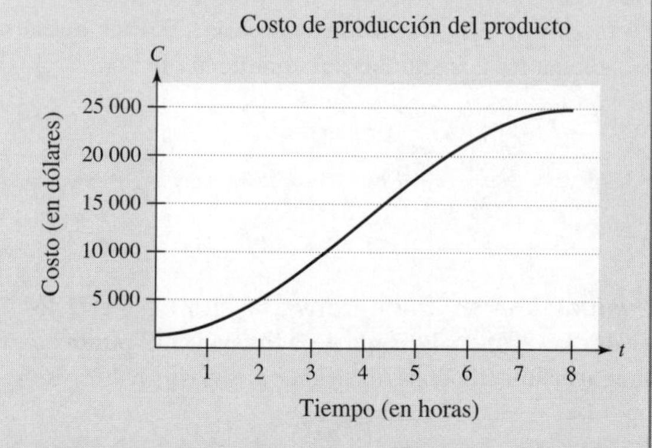

(a) Utilice la gráfica, ¿cuál es mayor, la razón de cambio del costo después de 1 hora, o la razón de cambio de costo después de 4 horas?

(b) Explique por qué la función de costo no se incrementa con una razón constante durante el turno de 8 horas.

107. Biología

El número N de bacterias en un cultivo después de t días se modela por

$$N = 400\left[1 - \frac{3}{(t^2 + 2)^2}\right]$$

Encuentre las razones de cambio de N con respecto a t cuando (a) $t = 0$, (b) $t = 1$, (c) $t = 2$, (d) $t = 3$ y (e) $t = 4$. (f) ¿Qué puede concluir?

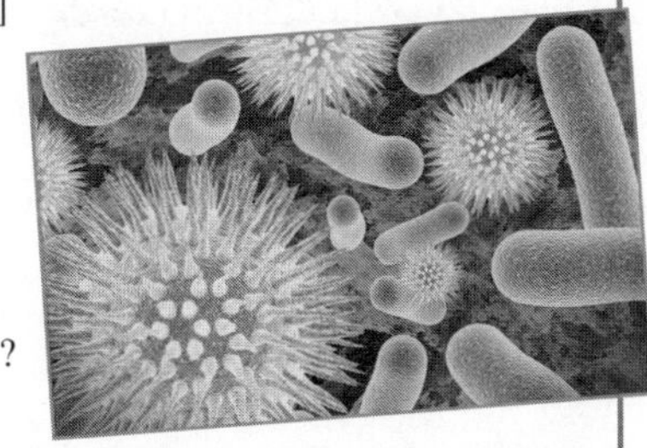

108. Depreciación El valor V de una máquina de t años después de su adquisición es inversamente proporcional a la raíz cuadrada $t + 1$. El valor inicial de la máquina es de \$10 000.

(a) Escriba V como una función de t.

(b) Encuentre la razón de la depreciación cuando $t = 1$.

(c) Encuentre la razón de la depreciación cuando $t = 3$.

109. Búsqueda de un patrón Sea $f(x) = \operatorname{sen} \beta x$, donde β es una constante.

(a) Calcule las cuatro primeras derivadas de la función.

(b) Verifique que la función y su segunda derivada satisfacen la ecuación $f''(x) + \beta^2 f(x) = 0$.

(c) Utilice los resultados del inciso (a) para desarrollar fórmulas generales para las derivadas de orden par e impar $f^{(2k)}(x)$ y $f^{(2k-1)}(x)$. [*Sugerencia*: $(-1)^k$ es positivo si k es par y negativo si k es impar.]

110. Piénselo Sea f una función derivable de periodo p.

(a) ¿La función f' es periódica? Verifique su respuesta.

(b) Considere la función $g(x) = f(2x)$, ¿la función $g'(x)$ es periódica? Verifique su respuesta.

111. Piénselo Sean $r(x) = f(g(x))$ y $s(x) = g(f(x))$, donde f y g se muestran en la figura adjunta. Calcule (a) $r'(1)$ y (b) $s'(4)$.

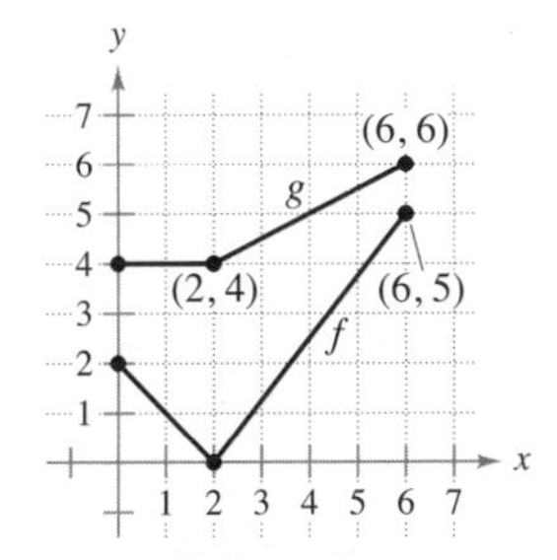

112. Usar las funciones trigonométricas

(a) Encuentre la derivada de $g(x) = \operatorname{sen}^2 x + \cos^2 x$ de dos maneras distintas.

(b) Para $f(x) = \sec^2 x$ y $g(x) = \tan^2 x$, demuestre que

$$f'(x) = g'(x).$$

Lotus_studio/Shutterstock.com

113. Funciones par e impar

(a) Demuestre que la derivada de una función impar es par. Esto es, si $f(-x) = -f(x)$, entonces $f'(-x) = f'(x)$.

(b) Demuestre que la derivada de una función par es impar. Es decir, si $f(-x) = f(x)$, entonces $f'(-x) = -f'(x)$.

114. Demostración Sea u una función derivable de x. Considere que $|u| = \sqrt{u^2}$ para demostrar que

$$\frac{d}{dx}[|u|] = u'\frac{u}{|u|}, \quad u \neq 0$$

Usar el valor absoluto En los ejercicios 115 a 118, utilice el resultado del ejercicio 114 para encontrar la derivada de la función.

115. $g(x) = |3x - 5|$

116. $f(x) = |x^2 - 9|$

117. $h(x) = |x| \cos x$

118. $f(x) = |\operatorname{sen} x|$

Aproximaciones lineal y cuadrática Las aproximaciones lineal y cuadrática de una función f en $x = a$ son

$$P_1(x) = f'(a)(x - a) + f(a) \quad \text{y}$$

$$P_2(x) = \tfrac{1}{2}f''(a)(x - a)^2 + f'(a)(x - a) + f(a)$$

En los ejercicios 119 y 120: (a) calcule las aproximaciones lineal y cuadrática de f que se especifican, (b) utilice una herramienta de graficación para representar f y sus aproximaciones, (c) determine cuál de las dos, P_1 o P_2, es mejor aproximación y (d) establezca cómo varía la precisión a medida que se aleja de $x = a$.

119. $f(x) = \tan x; \quad a = \frac{\pi}{4}$

120. $f(x) = \sec x; \quad a = \frac{\pi}{6}$

¿Verdadero o falso? En los ejercicios 121 a 124, determine si el enunciado es verdadero o falso. Si es falso, explique por qué o proporcione un contraejemplo que demuestre que lo es.

121. La pendiente de la función $f(x) = \operatorname{sen} ax$ en el origen es a.

122. La pendiente de la función $f(x) = \cos bx$ en el origen es $-b$.

123. Si y es una función derivable de u, y u es una función derivable de x, entonces y es una función derivable de x.

124. Si y es una función derivable de u, u es una función derivable de v y v es una función derivable de x, entonces

$$\frac{dy}{dx} = \frac{dy}{du}\frac{du}{dv}\frac{dv}{dx}$$

DESAFÍOS DEL EXAMEN PUTNAM

125. Sea $f(x) = a_1 \operatorname{sen} x + a_2 \operatorname{sen} 2x + \cdots + a_n \operatorname{sen} nx$, donde $a_1, a_2, \ldots, a_n$ son números reales y n es un número entero positivo. Dado que $|f(x)| \leq |\operatorname{sen} x|$, para toda x real, demuestre que $|a_1 + 2a_2 + \cdots + na_n| \leq 1$.

126. Sea k un número entero positivo fijo. La n-ésima derivada de $\frac{1}{x^k - 1}$ tiene la forma $\frac{P_n(x)}{(x^k - 1)^{n+1}}$ donde $P_n(x)$ es un polinomio. Encuentre $P_n(1)$.

2.5 Derivación implícita

- Distinguir entre funciones escritas en forma explícita y en forma implícita.
- Usar derivación implícita para hallar la derivada de una función.

Funciones explícitas e implícitas

Hasta este punto, la mayoría de las funciones estudiadas en el texto se enunciaron de **forma explícita**. Por ejemplo, en la ecuación $y = 3x^2 - 5$, la variable y está escrita explícitamente como función de x. Sin embargo, algunas funciones solo se enuncian de manera implícita en una ecuación. Por ejemplo, la función $y = 1/x$ está definida **implícitamente** por la ecuación

$$xy = 1$$ Forma implícita.

Para hallar dy/dx para esta ecuación, se puede escribir y como función explícita de x y luego derivar.

Forma implícita	**Forma explícita**	**Derivada**
$xy = 1$	$y = \frac{1}{x} = x^{-1}$	$\frac{dy}{dx} = -x^{-2} = -\frac{1}{x^2}$

Esta estrategia funciona siempre que pueda resolver para la función de forma explícita. Sin embargo, no puede utilizar este procedimiento cuando no puede resolver para y en función de x. Por ejemplo, ¿cómo encuentra dy/dx para la ecuación

$$x^2 - 2y^3 + 4y = 2?$$

Resulta muy difícil despejar y como función explícita de x. Para hallar dy/dx se puede usar **derivación implícita**.

Para comprender cómo hallar dy/dx implícitamente, es preciso que tenga en cuenta que la derivación se efectúa *respecto a x*. Esto quiere decir que cuando tenga que derivar términos que solo contienen a x, la derivación será la habitual. Sin embargo, cuando haya que derivar un término donde aparezca y, será necesario aplicar la regla de la cadena, ya que está suponiendo que y está definida implícitamente como función derivable de x.

COMENTARIO Al encontrar una derivada implícitamente, puede resultar útil escribir la notación de Leibniz antes de cada término. Entonces, para el ejemplo 1(c), se puede escribir

$$\frac{d}{dx}[x + 3y] = \frac{d}{dx}[x] + \frac{d}{dx}[3y]$$
$$= 1 + 3\frac{dy}{dx}$$

Note cómo esta técnica es utilizada en el ejemplo 2.

EJEMPLO 1 Derivar respecto de x

a. $\frac{d}{dx}[x^3] = 3x^2$ Las variables coinciden: use la regla simple de las potencias.

Las variables coinciden.

b. $\frac{d}{dx}[y^3] = \underbrace{3y^2}_{nu^{n-1}}\underbrace{\frac{dy}{dx}}_{u'}$ Las variables no coinciden: use la regla de la cadena.

Las variables no coinciden.

c. $\frac{d}{dx}[x + 3y] = 1 + 3\frac{dy}{dx}$ Regla de la cadena: $\frac{d}{dx}[3y] = 3y'$

d. $\frac{d}{dx}[xy^2] = x\frac{d}{dx}[y^2] + y^2\frac{d}{dx}[x]$ Regla del producto.

$= x\left(2y\frac{dy}{dx}\right) + y^2(1)$ Regla de la cadena.

$= 2xy\frac{dy}{dx} + y^2$ Simplifique.

Derivación implícita

Directrices para la derivación implícita

1. Derive ambos lados de la ecuación *respecto de x*.
2. Agrupe todos los términos en que aparezca dy/dx en el lado izquierdo de la ecuación y pase todos los demás a la derecha.
3. Factorice dy/dx del lado izquierdo de la ecuación.
4. Despeje dy/dx.

Observe que en el ejemplo 2 la derivación implícita puede producir una expresión para dy/dx en la que aparezcan a la vez x y y.

Para ver la figura a color, acceda al código

Derivación implícita

Encuentre dy/dx en $y^3 + y^2 - 5y - x^2 = -4$.

Solución

1. Derive los dos miembros de la ecuación respecto de x.

$$\frac{d}{dx}[y^3 + y^2 - 5y - x^2] = \frac{d}{dx}[-4]$$

$$\frac{d}{dx}[y^3] + \frac{d}{dx}[y^2] - \frac{d}{dx}[5y] - \frac{d}{dx}[x^2] = \frac{d}{dx}[-4]$$

$$3y^2\frac{dy}{dx} + 2y\frac{dy}{dx} - 5\frac{dy}{dx} - 2x = 0$$

2. Agrupe los términos con dy/dx en la parte izquierda y pase todos los demás al lado derecho.

$$3y^2\frac{dy}{dx} + 2y\frac{dy}{dx} - 5\frac{dy}{dx} = 2x$$

3. Factorice dy/dx en la parte izquierda.

$$\frac{dy}{dx}(3y^2 + 2y - 5) = 2x$$

4. Despeje dy/dx dividiendo entre $(3y^2 + 2y - 5)$.

$$\frac{dy}{dx} = \frac{2x}{3y^2 + 2y - 5}$$

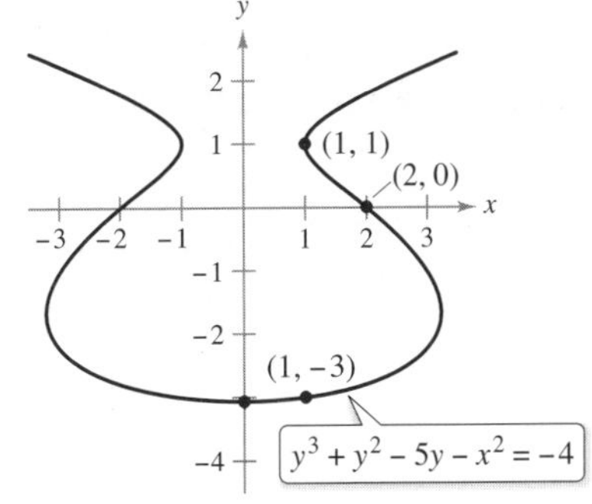

Puntos en la gráfica	Pendiente de la gráfica
$(2, 0)$	$-\frac{4}{5}$
$(1, -3)$	$\frac{1}{8}$
$x = 0$	0
$(1, 1)$	Indefinida

La ecuación implícita

$$y^3 + y^2 - 5y - x^2 = -4$$

tiene la derivada

$$\frac{dy}{dx} = \frac{2x}{3y^2 + 2y - 5}$$

Figura 2.27

Para ver cómo se puede usar la *derivación implícita*, considere la gráfica de la figura 2.27. En ella puede observar que y no es una función de x. A pesar de ello, la derivada determinada en el ejemplo 2 proporciona una fórmula para la pendiente de la recta tangente en un punto de esta gráfica. Debajo de la gráfica se muestran las pendientes en varios puntos de la gráfica.

TECNOLOGÍA Con la mayoría de las herramientas de graficación es fácil representar una ecuación que exprese de manera explícita a y en función de x. Por el contrario, representar las gráficas asociadas con otras ecuaciones requiere cierto ingenio. Por ejemplo, tratar de representar la gráfica de la ecuación empleada en el ejemplo 2 configurando la herramienta de graficación en modo *paramétrico*, a fin de elaborar la gráfica de las representaciones paramétricas $x = \sqrt{t^3 + t^2 - 5t + 4}$, $y = t$, y $x = -\sqrt{t^3 + t^2 - 5t + 4}$, $y = t$, para $-5 \leq t \leq 5$. ¿Cómo se compara el resultado con la gráfica que se muestra en la figura 2.27? (Se aprenderá más sobre este tipo de representación cuando se estudien ecuaciones paramétricas en la sección 10.2.)

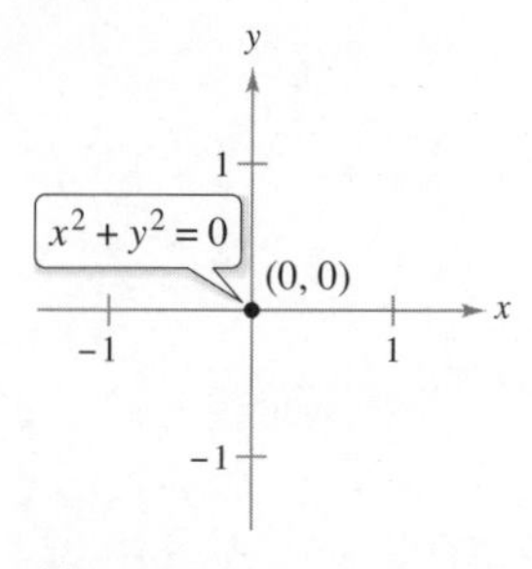

(a)

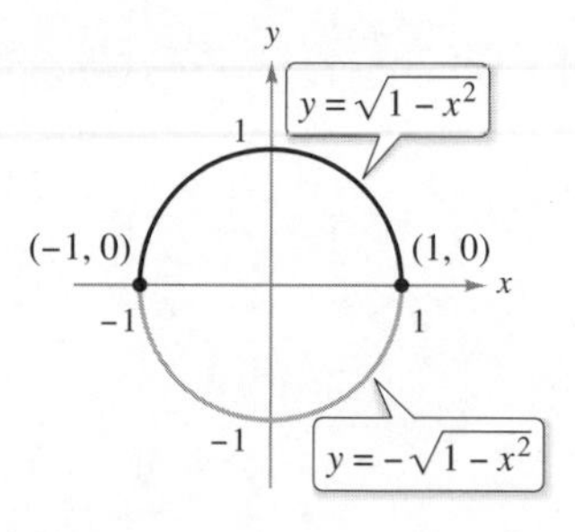

(b)

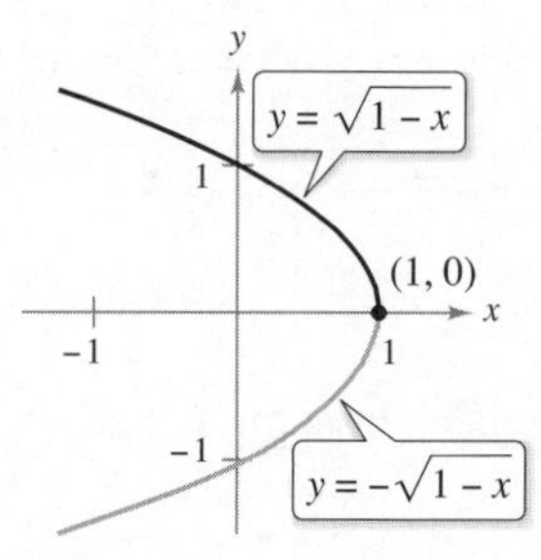

(c)

Algunos segmentos de curva pueden representarse por medio de funciones derivables.

Figura 2.28

En una ecuación que no tiene puntos solución, por ejemplo $x^2 + y^2 = -4$, no tiene sentido despejar dy/dx. Sin embargo, si una porción de una gráfica puede representarse mediante una función derivable dy/dx tendrá sentido como pendiente en cada punto de esa porción. Recuerde que una función no es derivable en (a) los puntos con tangente vertical y (b) los puntos en los que la función no es continua.

EJEMPLO 3 Gráficas y funciones derivables

Si es posible, represente y como una función derivable de x.

a. $x^2 + y^2 = 0$ **b.** $x^2 + y^2 = 1$ **c.** $x + y^2 = 1$

Solución

a. La gráfica de esta ecuación se compone de solo un punto. Por tanto, no define y como función derivable de x. Vea la figura 2.28(a).

b. La gráfica de esta ecuación es la circunferencia unitaria, centrada en (0, 0). La semicircunferencia superior está dada por la función derivable

$$y = \sqrt{1 - x^2}, \quad -1 < x < 1$$

y la semicircunferencia inferior por la función derivable

$$y = -\sqrt{1 - x^2}, \quad -1 < x < 1$$

En los puntos (−1, 0) y (1, 0), la pendiente no está definida. Vea la figura 2.28(b).

c. La mitad superior de esta parábola está dada por la función derivable.

$$y = \sqrt{1 - x}, \quad x < 1$$

y la inferior por la función derivable

$$y = -\sqrt{1 - x}, \quad x < 1$$

En el punto (1, 0) la pendiente no está definida. Vea la figura 2.28(c).

EJEMPLO 4 Calcular la pendiente de una gráfica implícita

Consulte LarsonCalculus.com (disponible solo en inglés) para una versión interactiva de este tipo de ejemplo.

Calcule la pendiente de la recta tangente a la gráfica de $x^2 + 4y^2 = 4$ en el punto $(\sqrt{2}, -1/\sqrt{2})$. Vea la figura 2.29.

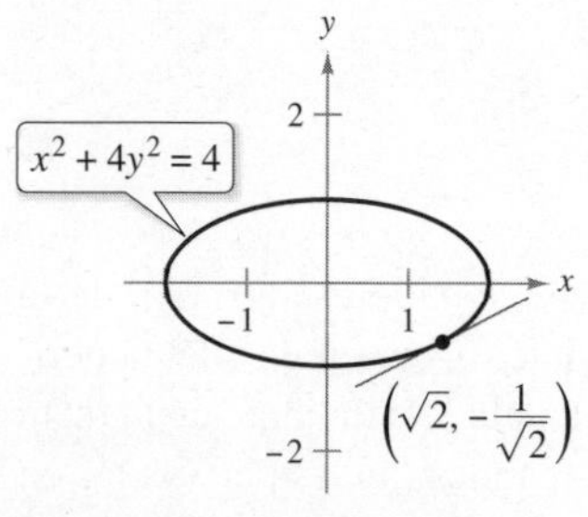

Figura 2.29

Solución

$$x^2 + 4y^2 = 4 \qquad \text{Ecuación original.}$$

$$2x + 8y\frac{dy}{dx} = 0 \qquad \text{Derive respecto de } x.$$

$$\frac{dy}{dx} = \frac{-2x}{8y} \qquad \text{Despeje términos con } \frac{dy}{dx}.$$

$$= \frac{-x}{4y} \qquad \text{Simplifique.}$$

De esta manera, en $(\sqrt{2}, -1/\sqrt{2})$, la pendiente es

$$\frac{dy}{dx} = \frac{-\sqrt{2}}{-4/\sqrt{2}} = \frac{1}{2} \qquad \text{Evalúe } \frac{dy}{dx} \text{ cuando } x = \sqrt{2} \text{ y } y = -\frac{1}{\sqrt{2}}.$$

Para observar las ventajas de la derivación implícita, intente rehacer el ejemplo 4 manejando la función explícita $y = -\frac{1}{2}\sqrt{4 - x^2}$.

Para ver las figuras a color, acceda al código

EJEMPLO 5 Calcular la pendiente de una gráfica implícita

Calcule la pendiente de la gráfica de $3(x^2 + y^2)^2 = 100xy$ en el punto (3, 1).

Solución

$$3(x^2 + y^2)^2 = 100xy \qquad \text{Escriba la ecuación original.}$$

$$\frac{d}{dx}[3(x^2 + y^2)^2] = \frac{d}{dx}[100xy] \qquad \text{Derive respecto a } x.$$

$$3(2)(x^2 + y^2)\left(2x + 2y\frac{dy}{dx}\right) = 100\left[x\frac{dy}{dx} + y(1)\right]$$

$$12y(x^2 + y^2)\frac{dy}{dx} - 100x\frac{dy}{dx} = 100y - 12x(x^2 + y^2) \qquad \text{Ordene términos.}$$

$$[12y(x^2 + y^2) - 100x]\frac{dy}{dx} = 100y - 12x(x^2 + y^2) \qquad \text{Factorice } \frac{dy}{dx}.$$

$$\frac{dy}{dx} = \frac{100y - 12x(x^2 + y^2)}{-100x + 12y(x^2 + y^2)} \qquad \text{Despeje } \frac{dy}{dx}.$$

$$= \frac{25y - 3x(x^2 + y^2)}{-25x + 3y(x^2 + y^2)}$$

Lemniscata.
Figura 2.30

En el punto (3, 1), la pendiente de la gráfica es

$$\frac{dy}{dx} = \frac{25(1) - 3(3)(3^2 + 1^2)}{-25(3) + 3(1)(3^2 + 1^2)} = \frac{25 - 90}{-75 + 30} = \frac{-65}{-45} = \frac{13}{9}$$

como muestra la figura 2.30. Esta gráfica se denomina **lemniscata**.

EJEMPLO 6 Determinar una función derivable

Encuentre dy/dx implícitamente para la ecuación sen $y = x$. A continuación, determine el mayor intervalo de la forma $-a < y < a$ en el que y es una función derivable de x (vea la figura 2.31).

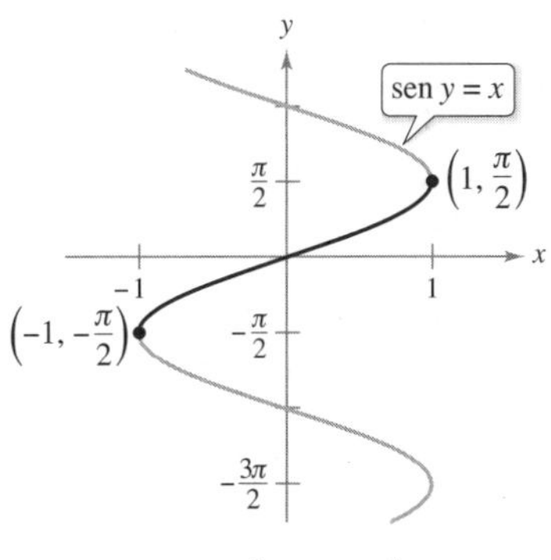

La derivada es $\frac{dy}{dx} = \frac{1}{\sqrt{1 - x^2}}$.

Figura 2.31

Solución

$$\text{sen } y = x \qquad \text{Escriba la ecuación original.}$$

$$\frac{d}{dx}[\text{sen } y] = \frac{d}{dx}[x] \qquad \text{Derive respecto a } x.$$

$$\cos y \frac{dy}{dx} = 1$$

$$\frac{dy}{dx} = \frac{1}{\cos y} \qquad \text{Despeje } \frac{dy}{dx}.$$

El intervalo más grande cercano al origen en el que y es derivable respecto de x es $-\pi/2 < y < \pi/2$. Para verlo, observe que cos y es positivo en ese intervalo y 0 en sus extremos. Si se restringe a ese intervalo $-\pi/2 < y < \pi/2$, es posible escribir dy/dx explícitamente como función de x. Para ello, puede escribir

$$\cos y = \sqrt{1 - \text{sen}^2 y} = \sqrt{1 - x^2}, \quad -\frac{\pi}{2} < y < \frac{\pi}{2} \qquad \text{sen } y = x$$

y concluir que y es derivable en $-\pi/2 < y < \pi/2$, y además

$$\frac{dy}{dx} = \frac{1}{\sqrt{1 - x^2}}$$

Más adelante estudiará este ejemplo cuando se definan las funciones trigonométricas inversas en la sección 5.7. ■

Para ver las figuras a color, acceda al código

ISAAC BARROW (1630-1677)

La gráfica de la figura 2.32 se conoce como **curva kappa** debido a su semejanza con la letra griega kappa, κ. La solución general para la recta tangente a esta curva fue descubierta por el matemático inglés Isaac Barrow. Newton fue su alumno y con frecuencia intercambiaron correspondencia relacionada con su trabajo en el entonces incipiente desarrollo del cálculo. *Consulte LarsonCalculus.com (disponible solo en inglés) para leer más de esta biografía.*

Para ver la figura a color, acceda al código

Al usar la derivación implícita, con frecuencia es posible simplificar la forma de la derivada (como en el ejemplo 6) utilizando de manera apropiada la ecuación *original*. Se puede emplear una técnica semejante para encontrar y simplificar las derivadas de orden superior obtenidas de forma implícita.

EJEMPLO 7 Calcular la segunda derivada implícita

Dada $x^2 + y^2 = 25$, encuentre $\dfrac{d^2y}{dx^2}$.

Solución Derivando ambos términos respecto de x obtiene

$$2x + 2y\frac{dy}{dx} = 0 \qquad \text{Derive respecto a } x.$$

$$2y\frac{dy}{dx} = -2x$$

$$\frac{dy}{dx} = \frac{-2x}{2y} \qquad \text{Despeje } \frac{dy}{dx}.$$

$$= -\frac{x}{y}$$

Derivando por segunda vez respecto de x obtiene

$$\frac{d^2y}{dx^2} = -\frac{(y)(1) - (x)(dy/dx)}{y^2} \qquad \text{Regla del cociente.}$$

$$= -\frac{y - (x)(-x/y)}{y^2} \qquad \text{Sustituya } -\frac{x}{y} \text{ para } \frac{dy}{dx}.$$

$$= -\frac{y^2 + x^2}{y^3} \qquad \text{Simplifique.}$$

$$= -\frac{25}{y^3} \qquad \text{Sustituya 25 para } x^2 + y^2.$$

EJEMPLO 8 Recta tangente a una gráfica

Encuentre la recta tangente a la gráfica dada por $x^2(x^2 + y^2) = y^2$ en el punto $(\sqrt{2}/2, \sqrt{2}/2)$, como se muestra en la figura 2.32.

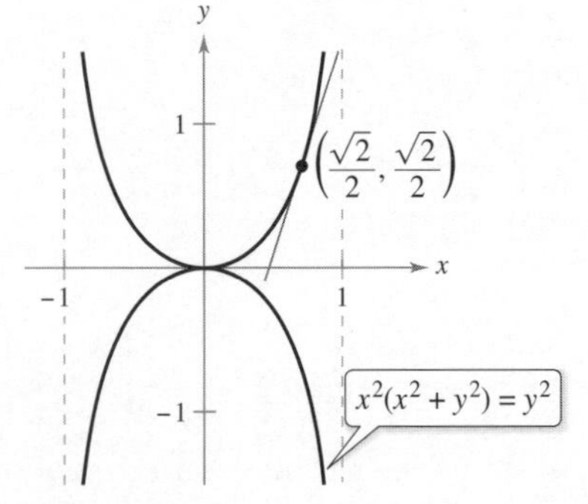

La curva kappa.
Figura 2.32

Solución Reescribiendo y derivando implícitamente, resulta

$$x^4 + x^2y^2 - y^2 = 0 \qquad \text{Reescriba la ecuación original.}$$

$$4x^3 + x^2\left(2y\frac{dy}{dx}\right) + 2xy^2 - 2y\frac{dy}{dx} = 0 \qquad \text{Derive respecto a } x.$$

$$2x^2y\frac{dy}{dx} - 2y\frac{dy}{dx} = -4x^3 - 2xy^2 \qquad \text{Ordene términos.}$$

$$2y(x^2 - 1)\frac{dy}{dx} = -2x(2x^2 + y^2) \qquad \text{Factorice.}$$

$$\frac{dy}{dx} = \frac{x(2x^2 + y^2)}{y(1 - x^2)} \qquad \text{Despeje } \frac{dy}{dx}.$$

En el punto $(\sqrt{2}/2, \sqrt{2}/2)$, la pendiente es

$$\frac{dy}{dx} = \frac{(\sqrt{2}/2)[2(1/2) + (1/2)]}{(\sqrt{2}/2)[1 - (1/2)]} = \frac{3/2}{1/2} = 3$$

y la ecuación de la recta tangente en ese punto es

$$y - \frac{\sqrt{2}}{2} = 3\left(x - \frac{\sqrt{2}}{2}\right) \quad \text{o} \quad y = 3x - \sqrt{2}$$

2.5 Ejercicios

Las respuestas a los ejercicios impares pueden consultarse en el Apéndice de este libro.

Repaso de conceptos

1. Describa la diferencia entre la forma explícita de una función y una ecuación implícita. Proporcione un ejemplo de cada caso.
2. Establezca un procedimiento para la derivación implícita.
3. Explique cuándo se requiere utilizar la derivación implícita para calcular una derivada.
4. ¿Cómo se aplica la regla de la cadena cuando se calcula dy/dx de manera implícita?

Encontrar la derivada **En los ejercicios 5 a 20, encuentre dy/dx por medio de la derivación implícita.**

5. $x^2 + y^2 = 9$
6. $x^2 - y^2 = 25$
7. $x^5 + y^5 = 16$
8. $2x^3 + 3y^3 = 64$
9. $x^3 - xy + y^2 = 7$
10. $x^2y + y^2x = -2$
11. $x^3y^3 - y = x$
12. $\sqrt{xy} = x^2y + 1$
13. $x^3 - 3x^2y + 2xy^2 = 12$
14. $x^4y - 8xy + 3xy^2 = 9$
15. $\operatorname{sen} x + 2\cos 2y = 1$
16. $(\operatorname{sen} \pi x + \cos \pi y)^2 = 2$
17. $\csc x = x(1 + \tan y)$
18. $\cot y = x - y$
19. $y = \operatorname{sen} xy$
20. $x = \sec \dfrac{1}{y}$

Encontrar derivadas implícitas y explícitas **En los ejercicios 21 a 24: (a) encuentre dos funciones explícitas despejando y en términos de x, (b) construya la gráfica de la ecuación y clasifique las partes dadas por las respectivas funciones explícitas, (c) derive las funciones explícitas y (d) encuentre implícitamente dy/dx y demuestre que el resultado es equivalente al del inciso (c).**

21. $x^2 + y^2 = 64$
22. $25x^2 + 36y^2 = 300$
23. $16y^2 - x^2 = 16$
24. $x^2 + y^2 - 4x + 6y + 9 = 0$

Encontrar la pendiente de una gráfica **En los ejercicios 25 a 32, encuentre dy/dx por medio de la derivación implícita y calcule la pendiente de la gráfica en el punto indicado.**

25. $xy = 6, \quad (-6, -1)$
26. $3x^3y = 6, \quad (1, 2)$
27. $y^2 = \dfrac{x^2 - 49}{x^2 + 49}, \quad (7, 0)$
28. $4y^3 = \dfrac{x^2 - 36}{x^3 + 36}, \quad (6, 0)$
29. $(x + y)^3 = x^3 + y^3, \quad (-1, 1)$
30. $x^3 + y^3 = 6xy - 1, \quad (2, 3)$
31. $\tan(x + y) = x, \quad (0, 0)$
32. $x \cos y = 1, \quad \left(2, \dfrac{\pi}{3}\right)$

Curvas famosas **En los ejercicios 33 a 36, calcule la pendiente de la recta tangente a la gráfica en el punto propuesto.**

33. Bruja de Agnesi: $(x^2 + 4)y = 8$

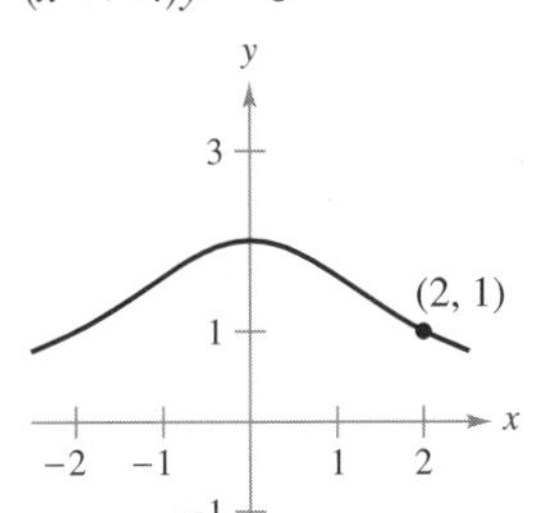

34. Cisoide de Diocles: $(4 - x)y^2 = x^3$

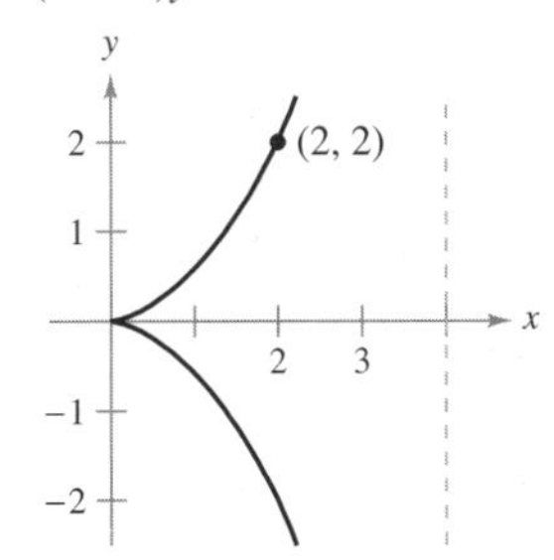

35. Bifolio: $(x^2 + y^2)^2 = 4x^2y$

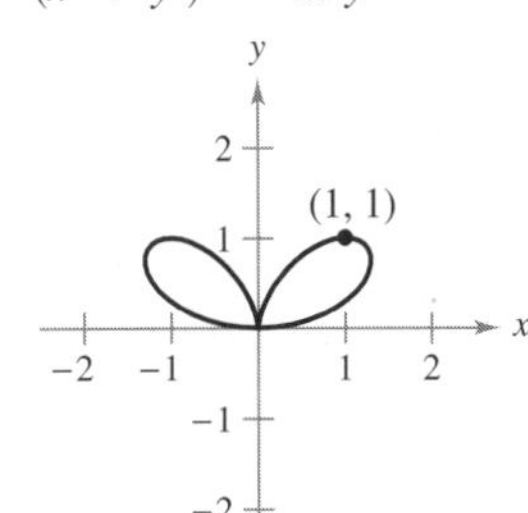

36. Folio de Descartes: $x^3 + y^3 - 6xy = 0$

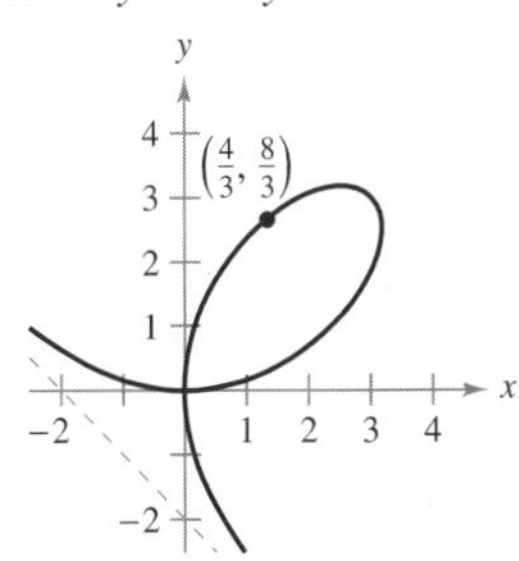

Curvas famosas **En los ejercicios 37 a 42, encuentre la ecuación de la recta tangente a la gráfica en el punto dado. Para imprimir una copia agrandada de la gráfica, visite *MathGraphs.com* (disponible solo en inglés).**

37. Parábola

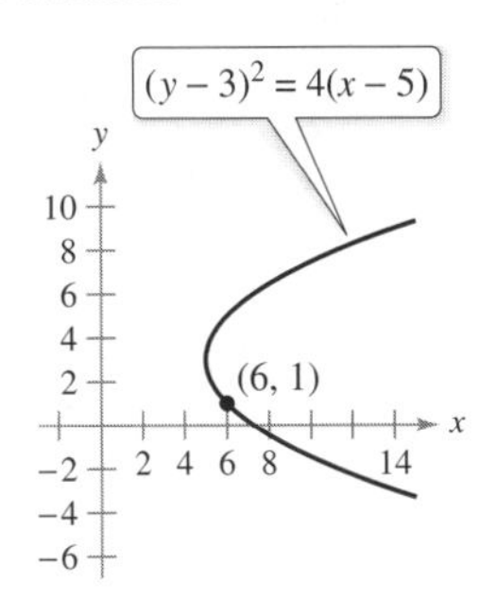

38. Circunferencia

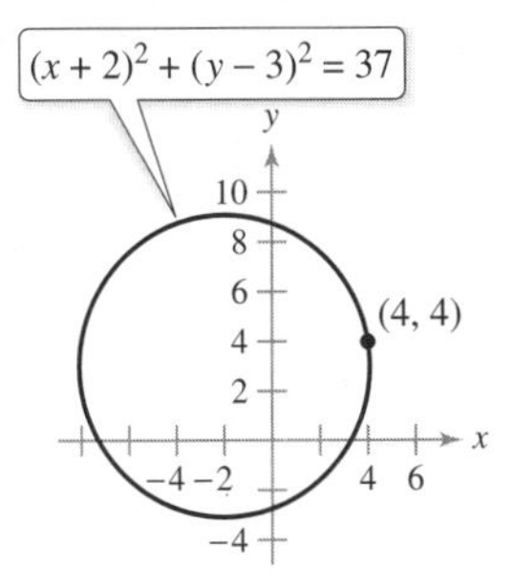

39. Cruciforme

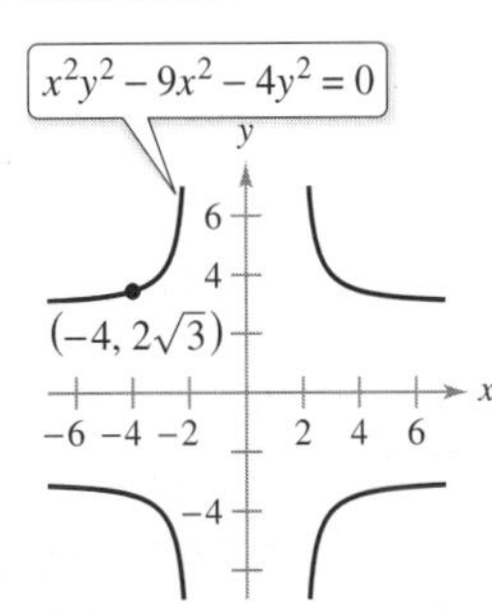

40. Astroide

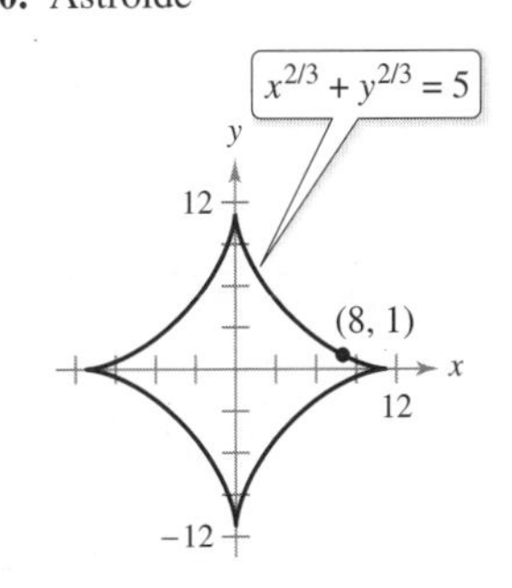

41. Lemniscata

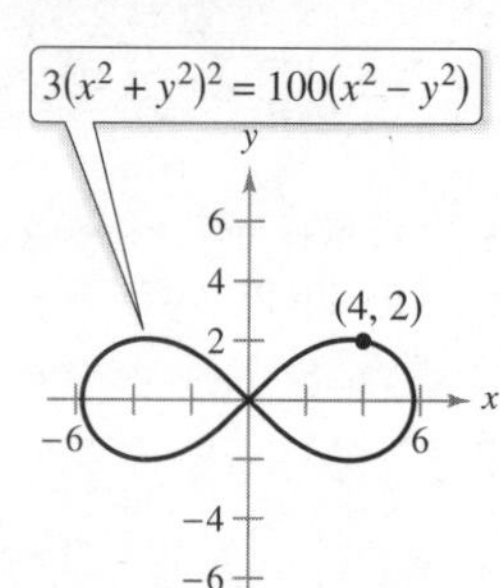

42. Curva kappa

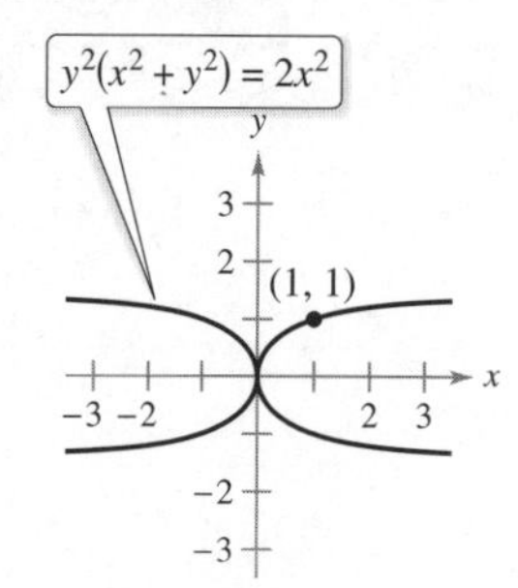

Exploración de conceptos

43. Escriba dos ecuaciones diferentes en forma implícita que puedan expresarse en forma explícita. A continuación, escriba dos ecuaciones en forma implícita que no puedan expresarse en forma explícita.

44. Escriba una función explícita para la cual dy/dx no esté definida. Explique su respuesta.

45. Elipse

(a) Utilice la derivación implícita para encontrar la ecuación de la recta tangente a la elipse $\dfrac{x^2}{2} + \dfrac{y^2}{8} = 1$ en $(1, 2)$.

(b) Demuestre que la ecuación de la recta tangente a la elipse $\dfrac{x^2}{a^2} + \dfrac{y^2}{b^2} = 1$ en (x_0, y_0) es $\dfrac{x_0 x}{a^2} + \dfrac{y_0 y}{b^2} = 1$

46. Hipérbola

(a) Utilice la derivación implícita para encontrar la ecuación de la recta tangente a la hipérbola $\dfrac{x^2}{6} - \dfrac{y^2}{8} = 1$ en $(3, -2)$.

(b) Demuestre que la ecuación de la recta tangente a la hipérbola $\dfrac{x^2}{a^2} - \dfrac{y^2}{b^2} = 1$ en (x_0, y_0) es $\dfrac{x_0 x}{a^2} - \dfrac{y_0 y}{b^2} = 1$

Determinar una función derivable **En los ejercicios 47 y 48, calcule dy/dx de manera implícita y encuentre el mayor intervalo con la forma $-a < y < a$ o $0 < y < a$ tal que y sea una función derivable para x. Exprese dy/dx en función de x.**

47. $\tan y = x$

48. $\cos y = x$

Encontrar la segunda derivada **En los ejercicios 49 a 54, encuentre d^2y/dx^2 en términos de x y y.**

49. $x^2 + y^2 = 4$

50. $x^2y - 4x = 5$

51. $x^2y - 2 = 5x + y$

52. $xy - 1 = 2x + y^2$

53. $7xy + \operatorname{sen} x = 2$

54. $3xy - 4\cos x = -6$

Encontrar la ecuación de una recta tangente **En los ejercicios 55 y 56, use una herramienta de graficación para representar la ecuación. Encuentre la ecuación de la recta tangente a la gráfica en el punto dado y grafique la recta tangente en la misma ventana.**

55. $\sqrt{x} + \sqrt{y} = 5, \quad (9, 4)$

56. $y^2 = \dfrac{x - 1}{x^2 + 1}, \quad \left(2, \dfrac{\sqrt{5}}{5}\right)$

Rectas tangentes y rectas normales **En los ejercicios 57 y 58, encuentre las ecuaciones de las rectas tangente y normal a la circunferencia en el punto indicado (la *recta normal* en un punto es perpendicular a la tangente en ese punto). Utilice una herramienta de graficación para representar la ecuación, la recta tangente y la recta normal.**

57. $x^2 + y^2 = 25$
$(4, 3), (-3, 4)$

58. $x^2 + y^2 = 36$
$(6, 0), (5, \sqrt{11})$

59. Rectas normales Demuestre que la recta normal a cualquier punto de la circunferencia $x^2 + y^2 = r^2$ pasa por el origen.

60. Círculos Dos circunferencias de radio 4 son tangentes a la gráfica de $y^2 = 4x$ en el punto $(1, 2)$. Encuentre las ecuaciones de esas dos circunferencias.

Rectas tangentes horizontal y vertical **En los ejercicios 61 y 62, determine los puntos en los cuales la gráfica de la ecuación tiene recta tangente horizontal o vertical.**

61. $25x^2 + 16y^2 + 200x - 160y + 400 = 0$

62. $4x^2 + y^2 - 8x + 4y + 4 = 0$

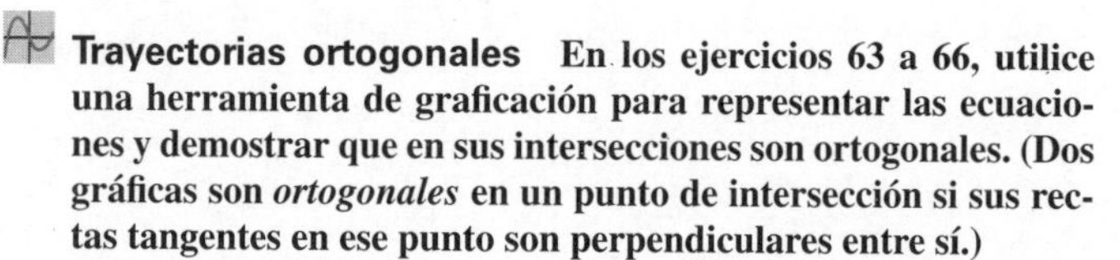

Trayectorias ortogonales **En los ejercicios 63 a 66, utilice una herramienta de graficación para representar las ecuaciones y demostrar que en sus intersecciones son ortogonales. (Dos gráficas son *ortogonales* en un punto de intersección si sus rectas tangentes en ese punto son perpendiculares entre sí.)**

63. $2x^2 + y^2 = 6$
$y^2 = 4x$

64. $y^2 = x^3$
$2x^2 + 3y^2 = 5$

65. $x + y = 0$
$x = \operatorname{sen} y$

66. $x^3 = 3(y - 1)$
$x(3y - 29) = 3$

Trayectorias ortogonales **En los ejercicios 67 y 68, verifique que las dos familias de curvas son ortogonales, con C y K números reales. Utilice una herramienta de graficación para representar ambas familias con dos valores de C y dos valores de K.**

67. $xy = C, \quad x^2 - y^2 = K$

68. $x^2 + y^2 = C^2, \quad y = Kx$

69. Trayectorias ortogonales En la siguiente figura se muestra un mapa topográfico realizado por un grupo de excursionistas. Ellos se encuentran en el área boscosa que está en la parte superior de la colina que se muestra en el mapa y deciden seguir la ruta de descenso menos empinada (trayectorias ortogonales a los contornos del mapa). Dibuje la ruta que deben seguir si parten desde el punto A y si lo hacen desde el punto B. Si su objetivo es llegar a la carretera que pasa por la parte superior del mapa, ¿cuál de esos puntos de partida deben utilizar? Para imprimir una copia agrandada del mapa, visite *MathGraphs.com* (disponible solo en inglés).

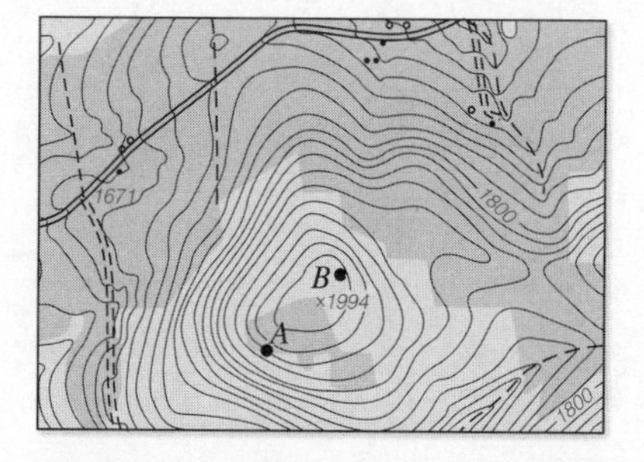

70. **¿CÓMO LO VE?** Utilice la gráfica para contestar las preguntas.

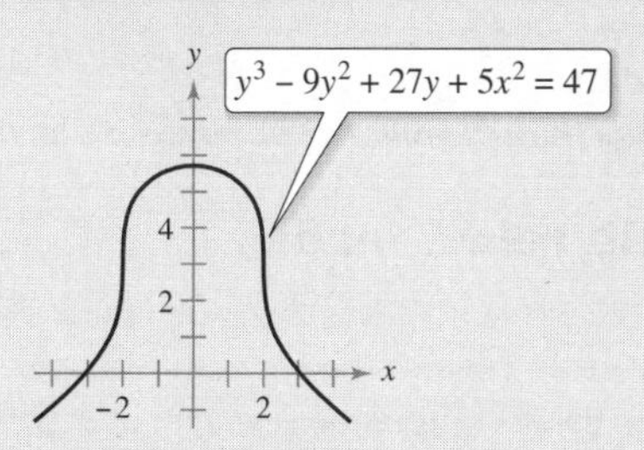

(a) ¿Qué es mayor, la pendiente de la recta tangente en $x = -3$ o la pendiente de la recta tangente en $x = -1$?

(b) Calcule el (los) punto(s) donde la gráfica tiene una tangente vertical.

(c) Estime el (los) punto(s) donde la gráfica tiene una tangente horizontal.

71. Encontrar ecuaciones de rectas tangentes Considere la ecuación $x^4 = 4(4x^2 - y^2)$.

(a) Utilice una herramienta de graficación para representarla.

(b) Encuentre y represente gráficamente las cuatro rectas tangentes a la curva en $y = 3$.

(c) Calcule las coordenadas exactas del punto de intersección de las dos rectas tangentes en el primer cuadrante.

72. Rectas tangentes e intersecciones Sea L una recta tangente a la curva

$$\sqrt{x} + \sqrt{y} = \sqrt{c}$$

Demuestre que la suma de las intersecciones de L en los ejes x y y es c.

73. Demostración Demuestre (teorema 2.3) que

$$\frac{d}{dx}[x^n] = nx^{n-1}$$

para el caso donde n es un número racional. (*Sugerencia*: Escriba $y = x^{p/q}$ en la forma $y^q = x^p$ y derive de forma implícita. Suponga que p y q son enteros, con $q > 0$.)

74. Pendiente Encuentre todos los puntos de la circunferencia $x^2 + y^2 = 100$, donde la pendiente es igual a $\frac{3}{4}$.

75. Rectas tangentes Encuentre las ecuaciones de las dos rectas tangentes a la elipse $\frac{x^2}{4} + \frac{y^2}{9} = 1$ que pasan por el punto $(4, 0)$ no contenido en la gráfica.

76. Normales a una parábola La gráfica muestra las rectas normales desde el punto $(2, 0)$ a la gráfica de la parábola $x = y^2$. Encuentre cuántas rectas normales existen desde el punto $(x_0, 0)$ a la gráfica de la parábola si (a) $x_0 = \frac{1}{4}$, (b) $x_0 = \frac{1}{2}$ y (c) $x_0 = 1$? ¿Para qué valor de x_0 existen dos rectas normales perpendiculares entre sí?

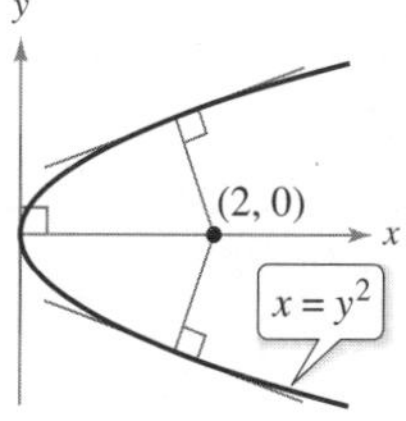

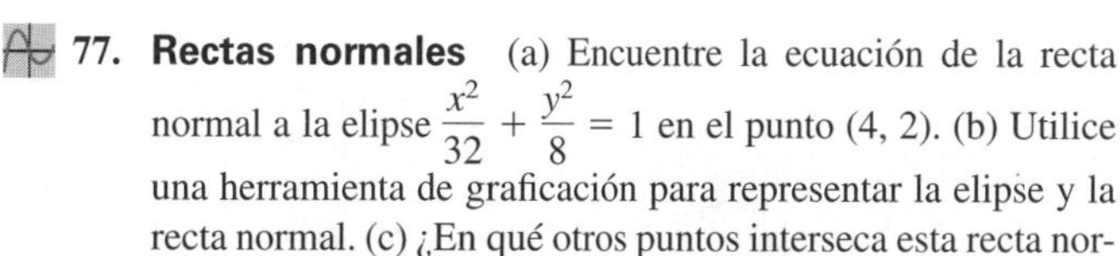

77. Rectas normales (a) Encuentre la ecuación de la recta normal a la elipse $\frac{x^2}{32} + \frac{y^2}{8} = 1$ en el punto $(4, 2)$. (b) Utilice una herramienta de graficación para representar la elipse y la recta normal. (c) ¿En qué otros puntos interseca esta recta normal a la elipse?

PROYECTO DE TRABAJO

Ilusiones ópticas

En cada una de las siguientes gráficas se genera una ilusión óptica por intersecciones de rectas con una familia de curvas. En todos los casos, las rectas parecen ser curvas. Encuentre el valor de dy/dx para los valores de x y y.

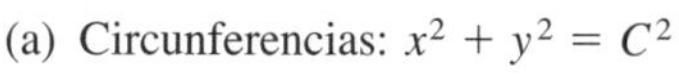

(a) Circunferencias: $x^2 + y^2 = C^2$

$x = 3, y = 4, C = 5$

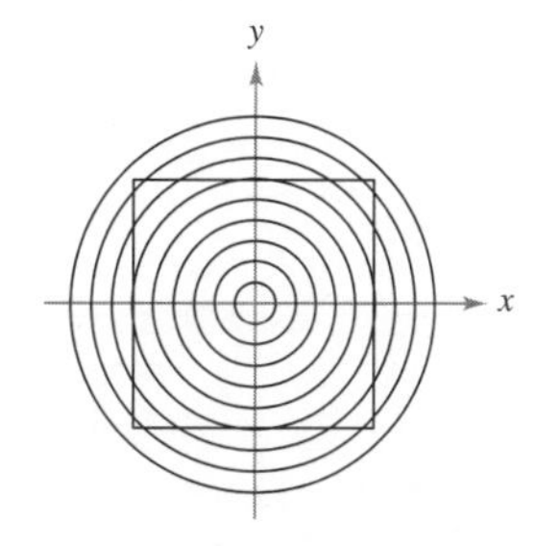

(b) Hipérbolas: $xy = C$

$x = 1, y = 4, C = 4$

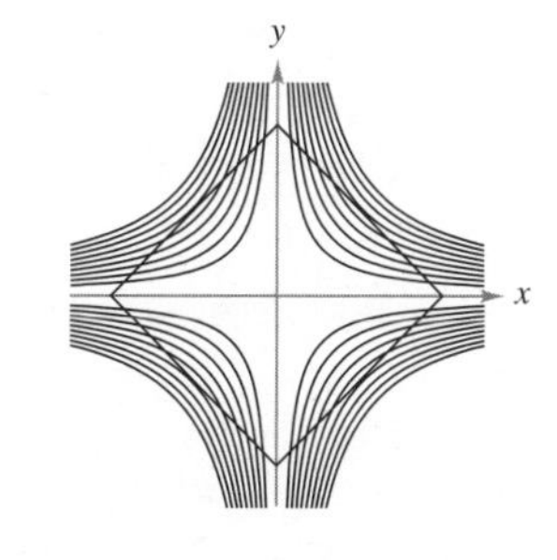

(c) Rectas: $ax = by$

$x = \sqrt{3}, y = 3,$

$a = \sqrt{3}, b = 1$

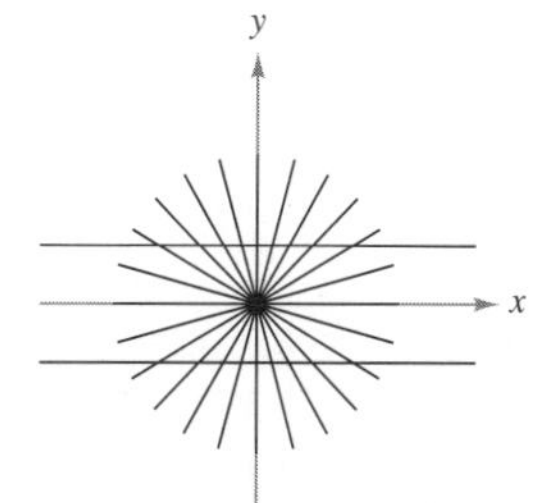

(d) Curvas coseno: $y = C \cos x$

$x = \frac{\pi}{3}, y = \frac{1}{3}, C = \frac{2}{3}$

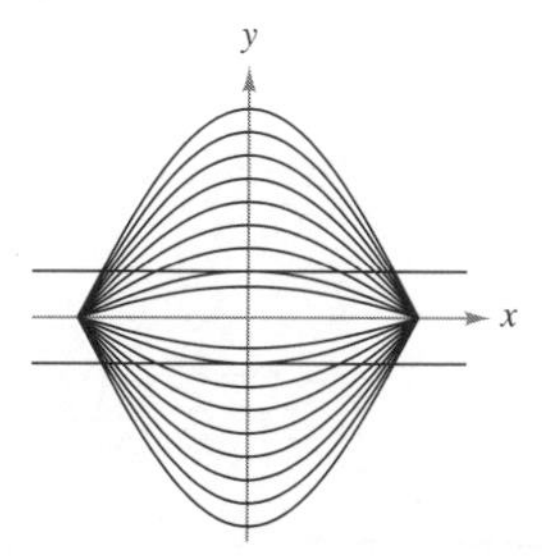

■ **PARA INFORMACIÓN ADICIONAL** Para obtener más información sobre las matemáticas de las ilusiones ópticas, vea el artículo "Descriptive Models for Perception of Optical illusions", de David A. Smith, en *The UMAP Journal*.

2.6 Razones de cambio relacionadas

- **Hallar una razón de cambio relacionada.**
- **Utilizar razones de cambio relacionadas para resolver problemas de la vida real.**

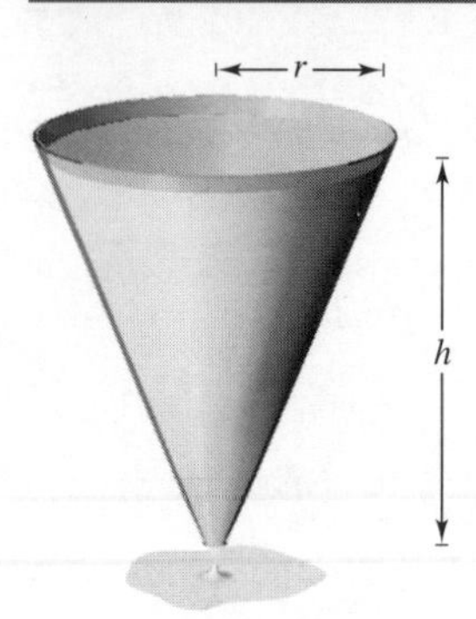

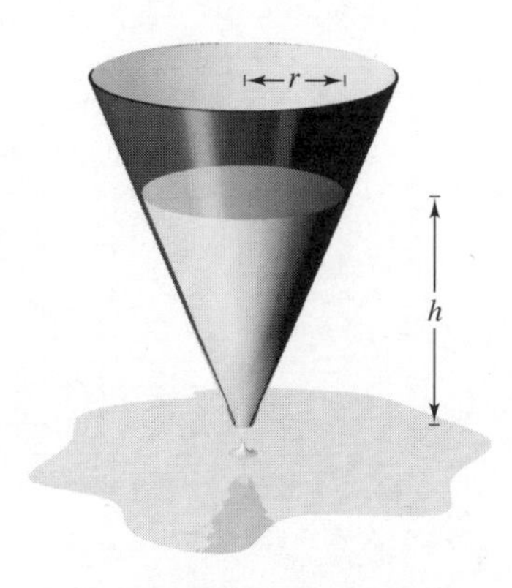

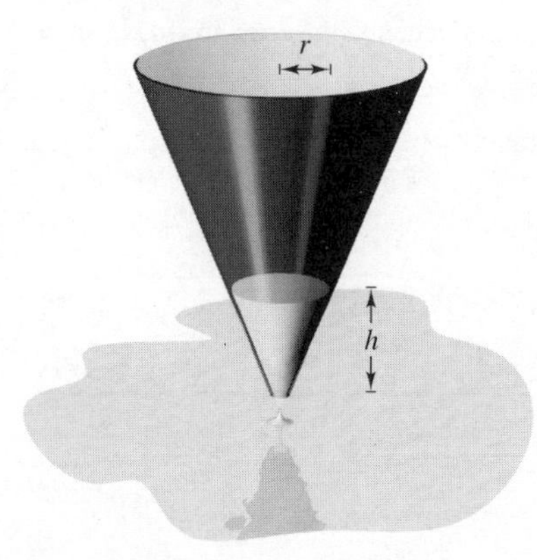

El volumen está relacionado con el radio y con la altura.

Figura 2.33

Para ver las figuras a color, acceda al código

Cálculo de razones de cambio relacionadas

Ya se ha visto cómo usar la regla de la cadena para encontrar dy/dx de manera implícita. Otra aplicación relevante de la regla de la cadena consiste en encontrar razones de cambio de dos o más variables relacionadas que están cambiando respecto al *tiempo*.

Por ejemplo, cuando sale agua de un depósito cónico (figura 2.33), el volumen V, el radio r y la altura h del nivel del agua son funciones del tiempo t. Dado que estas variables se relacionan mediante la ecuación.

$$V = \frac{\pi}{3} r^2 h \qquad \text{Ecuación original.}$$

se puede derivar implícitamente respecto a t a fin de obtener la ecuación de la **razón relacionada**.

$$\frac{d}{dt}[V] = \frac{d}{dt}\left[\frac{\pi}{3} r^2 h\right]$$

$$\frac{dV}{dt} = \frac{\pi}{3}\left[r^2 \frac{dh}{dt} + h\left(2r\frac{dr}{dt}\right)\right] \qquad \text{Derive respecto a } t.$$

$$= \frac{\pi}{3}\left(r^2 \frac{dh}{dt} + 2rh\frac{dr}{dt}\right)$$

De esta ecuación se puede ver que la razón de cambio de V está relacionada con la razón de cambio de h y r.

Exploración

Cálculo de una razón de cambio relacionada Suponga que en el tanque cónico que se muestra en la figura 2.33, la altura está cambiando a un ritmo de -0.2 pies por minuto y el radio lo está haciendo a un ritmo de -0.1 pies por minuto. ¿Cuál es la razón de cambio de volumen cuando el radio es $r = 1$ pie y la altura es $h = 2$ pies? ¿La razón de cambio del volumen depende de los valores de r y h? Explique su respuesta.

EJEMPLO 1 Dos razones de cambio relacionadas

Sean x y y dos funciones derivables de t, y relacionadas por la ecuación $y = x^2 + 3$. Calcule dy/dt para $x = 1$, dado que $dy/dx = 2$ para $x = 1$.

Solución Derive ambos lados *respecto a t*, utilizando la regla de la cadena.

$$y = x^2 + 3 \qquad \text{Ecuación original.}$$

$$\frac{d}{dt}[y] = \frac{d}{dt}[x^2 + 3] \qquad \text{Derive respecto a } t.$$

$$\frac{dy}{dt} = 2x\frac{dx}{dt} \qquad \text{Regla de la cadena.}$$

Cuando $x = 1$ y $dx/dt = 2$, se tiene

$$\frac{dy}{dt} = 2(1)(2) = 4$$

■

Solución de problemas con razones de cambio relacionadas

En el ejemplo 1 se le *dio* la ecuación que relaciona las variables x y y, y se le pedía hallar la razón de cambio de y para $x = 1$.

Ecuación: $y = x^2 + 3$

Razón dada: $\dfrac{dx}{dt} = 2$ cuando $x = 1$

Hallar: $\dfrac{dy}{dt}$ cuando $x = 1$

Para ver la figura a color, acceda al código

En los ejemplos restantes de esta sección, debe *crear* un modelo matemático a partir de una descripción verbal.

EJEMPLO 2 Un cambio de área

El área total se incrementa a medida que lo hace el radio del círculo exterior.
Figura 2.34

En un lago en calma se deja caer una piedra, lo que provoca ondas circulares, como se muestra en la figura 2.34. El radio r del círculo exterior está creciendo a una razón constante de 1 pie/s. Cuando el radio es 4 pies, ¿a qué razón está cambiando el área A de la región circular perturbada?

Solución Las variables r y A están relacionadas por la ecuación del área del círculo $A = \pi r^2$. La razón de cambio del radio r es $dr/dt = 1$.

Razón dada: $A = \pi r^2$ — Área de un círculo.

Ritmo dado: $\dfrac{dr}{dt} = 1$ pie por segundo (razón constante)

Hallar: $\dfrac{dA}{dt}$ cuando $r = 4$ pies

Con esta información, derive cada lado de la ecuación respecto a t para encontrar dA/dt.

$$\frac{d}{dt}[A] = \frac{d}{dt}[\pi r^2] \qquad \text{Derive respecto a } t.$$

$$\frac{dA}{dt} = 2\pi r\frac{dr}{dt} \qquad \text{Regla de la cadena.}$$

$$= 2\pi(4)(1) \qquad \text{Sustituya 4 por } r \text{ y 1 por } \frac{dr}{dt}.$$

$$= 8\pi \text{ pies cuadrados por segundo} \qquad \text{Simplifique.}$$

Cuando el radio es de 4 pies, el área cambia a razón de 8π pies cuadrados por segundo. ■

COMENTARIO Al utilizar esta estrategia, cerciórese de que el paso 4 no se realiza hasta que el paso 3 esté terminado. Sustituya los valores conocidos de las variables antes de derivarlas tendría como resultado final una derivada inapropiada.

Directrices para la solución de problemas de razones de cambio relacionadas

1. Identifique todas las cantidades *dadas y las cantidades por determinar.* Haga un dibujo y marque las cantidades.
2. Escriba una ecuación que incluya las variables cuyas razones de cambio se encuentran en la información dada o deben calcularse.
3. Utilizando la regla de la cadena, derive de manera implícita ambos lados de la ecuación *respecto al tiempo t.*
4. *Después* de terminar el paso 3, sustituya en la ecuación resultante todos los valores conocidos de las variables y sus razones de cambio. Luego despeje la razón de cambio requerida.

La tabla siguiente contiene varios ejemplos de modelos matemáticos que incluyen razones de cambio. Por ejemplo, la razón de cambio del primer ejemplo es la velocidad de un automóvil.

Enunciado verbal	Modelo matemático
La velocidad de un automóvil tras una hora de viaje es de 50 millas por hora.	$x =$ distancia recorrida $\frac{dx}{dt} = 50$ mi/h cuando $t = 1$
Se introduce agua en una piscina a razón de 10 metros cúbicos por hora.	$V =$ volumen de agua en la piscina $\frac{dV}{dt} = 10\ \text{m}^3/\text{h}$
Una rueda gira a 25 revoluciones por minuto (1 revolución $= 2\pi$ radianes).	$\theta =$ ángulo de giro $\frac{d\theta}{dt} = 25(2\pi)$ rad/min
Una población de bacterias está aumentando a una razón de 2000 por hora.	$x =$ cantidad de población $\frac{dx}{dt} = 2000$ bacterias por hora

PARA INFORMACIÓN ADICIONAL Para aprender más sobre la historia de los problemas de razones de cambio relacionadas, vea el artículo "The Lengthening Shadow: The Story of Related Rated", de Bill Austin, Don Barry y David Berman, en *Mathematics Magazine.* Para ver este artículo, visite *MathArticles.com* (disponible solo en inglés).

EJEMPLO 3 Inflado de un globo

Se bombea aire en el interior de un globo esférico a razón de 4.5 pies cúbicos por minuto. Calcule la razón de cambio del radio del globo cuando el radio es de 2 pies.

Solución Sea V el volumen del globo y r su radio. Puesto que el volumen está creciendo a razón de 4.5 pies cúbicos por minuto, usted sabe que en el instante t la razón de cambio del volumen es $dV/dt = \frac{9}{2}$. De tal modo que el problema se puede formular de la siguiente manera:

Razón dada: $\frac{dV}{dt} = \frac{9}{2}$ pies cúbicos por minuto (razón constante)

Calcular: $\frac{dr}{dt}$ cuando $r = 2$ pies

Para encontrar la razón de cambio del radio, encuentre una ecuación que relacione el radio r con el volumen V.

Ecuación: $V = \frac{4}{3}\pi r^3$ Volumen de una esfera.

COMENTARIO La fórmula para determinar el volumen de una esfera y otras fórmulas de geometría pueden consultarse en las tablas de fórmulas de este texto.

Derive ambos lados de la ecuación respecto a t, para obtener

$$\frac{dV}{dt} = 4\pi r^2 \frac{dr}{dt} \qquad \text{Derive respecto a } t.$$

$$\frac{dr}{dt} = \frac{1}{4\pi r^2}\left(\frac{dV}{dt}\right) \qquad \text{Despeje } \frac{dr}{dt}.$$

Por último, cuando $r = 2$ la razón de cambio del radio resulta ser

$$\frac{dr}{dt} = \frac{1}{4\pi(2)^2}\left(\frac{9}{2}\right) \approx 0.09 \text{ pies por minuto.}$$

Observe que en el ejemplo 3 el volumen está creciendo a razón *constante*, pero el radio cambia a razón *variable*. El hecho de que dos razones estén relacionadas no implica que sean proporcionales. En este caso en particular, el radio crece más y más lentamente con el paso del tiempo. ¿Por qué?

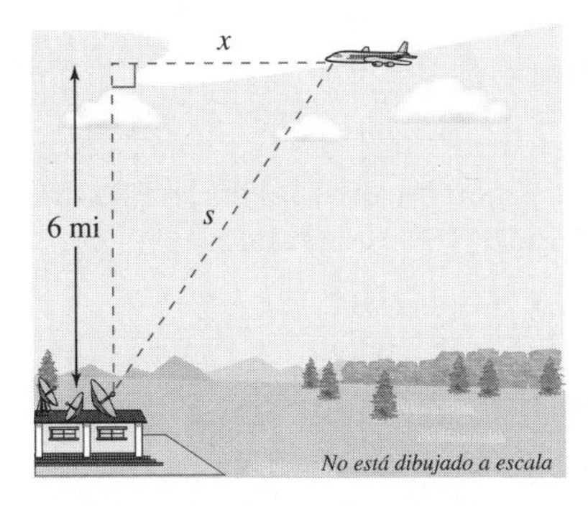

Un avión vuela a 6 millas de altura y está a s millas de la estación de radar.
Figura 2.35

Para ver las figuras a color, acceda al código

EJEMPLO 4 Velocidad de un avión detectado por radar

Consulte LarsonCalculus.com (disponible solo en inglés) para una versión interactiva de este tipo de ejemplo.

Un avión recorre una ruta de vuelo que lo llevará directamente sobre una estación de radar, como se muestra en la figura 2.35. Si s está decreciendo a razón de 400 millas por hora cuando $s = 10$ millas. ¿Cuál es la velocidad del avión?

Solución Sea x la distancia horizontal al radar, como se ilustra en la figura 2.35. Observe que cuando $s = 10$, $x = \sqrt{10^2 - 36^2} = 8$. Además, ds/dt es negativa porque s representa una distancia que está decreciendo.

Razón dada: $ds/dt = -400$ millas por hora cuando $s = 10$ millas

Encuentre: dx/dt cuando $s = 10$ millas y $x = 8$ millas

En la figura 2.35, note que las distancias 6, x y s son los lados de un triángulo rectángulo. De manera que se utiliza el teorema de Pitágoras para escribir una ecuación que relaciona estas cantidades.

Ecuación: $x^2 + 6^2 = s^2$ Teorema de Pitágoras.

$$2x\frac{dx}{dt} = 2s\frac{ds}{dt}$$ Derive respecto a t.

$$\frac{dx}{dt} = \frac{s}{x}\left(\frac{ds}{dt}\right)$$ Despeje $\frac{dx}{dt}$.

$$= \frac{10}{8}(-400)$$ Sustituya s, x y $\frac{ds}{dt}$.

$$= -500 \text{ millas por hora}$$ Simplifique.

Puesto que la velocidad es de −500 millas por hora, la *rapidez* es 500 millas/h. (Observe en el ejemplo 4 que la velocidad es negativa porque x representa una distancia que disminuye.) ■

EJEMPLO 5 Ángulo de elevación variable

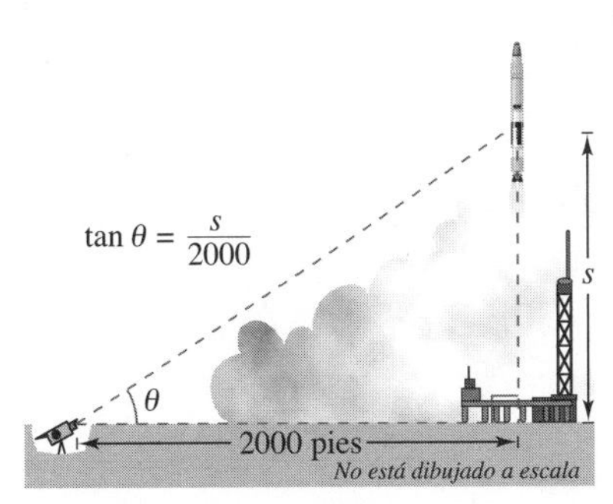

Una cámara de televisión, situada a ras de suelo, está filmando el despegue del transbordador espacial, que se mueve verticalmente de acuerdo con la ecuación de posición $s = 50t^2$, donde s se mide en pies y t en segundos. La cámara está a 2000 pies de la plataforma de lanzamiento.

Figura 2.36

Calcule la razón de cambio del ángulo de elevación de la cámara que se muestra en la figura 2.36, diez segundos después del despegue.

Solución Sea θ el ángulo de elevación, como se muestra en la figura 2.36. Cuando $t = 10$, la altura s del cohete es $s = 50t^2 = 50(10)^2 = 5000$ pies.

Razón dada: $ds/dt = 100t =$ velocidad del cohete (en pies por segundo)

Encontrar: $d\theta/dt$ cuando $t = 10$ segundos y $s = 5000$ pies

Utilizando la figura 2.36, relacione s y θ mediante la ecuación $\tan\theta = s/2000$.

Ecuación: $$\tan\theta = \frac{s}{2000}$$ Vea la figura 2.36.

$$(\sec^2\theta)\frac{d\theta}{dt} = \frac{1}{2000}\left(\frac{ds}{dt}\right)$$ Derive respecto a t.

$$\frac{d\theta}{dt} = \cos^2\theta\,\frac{100t}{2000}$$ Sustituya $100t$ por $\frac{ds}{dt}$.

$$= \left(\frac{2000}{\sqrt{s^2 + 2000^2}}\right)^2 \frac{100t}{2000}$$ $\cos\theta = \frac{2000}{\sqrt{s^2 + 2000^2}}$.

Cuando $t = 10$ y $s = 5000$, se tiene

$$\frac{d\theta}{dt} = \frac{2000(100)(10)}{5000^2 + 2000^2} = \frac{2}{29} \text{ radianes por segundo}$$

De tal modo, cuando $t = 10$, θ cambia a razón de $\frac{2}{29}$ radianes por segundo. ■

EJEMPLO 6 Velocidad de un pistón

En el motor que se muestra en la figura 2.37, una varilla de 7 pulgadas está conectada a un cigüeñal de 3 pulgadas de radio, que gira en sentido contrario al de las manecillas del reloj, a 200 revoluciones por minuto. Calcule la velocidad del pistón cuando $\theta = \pi/3$.

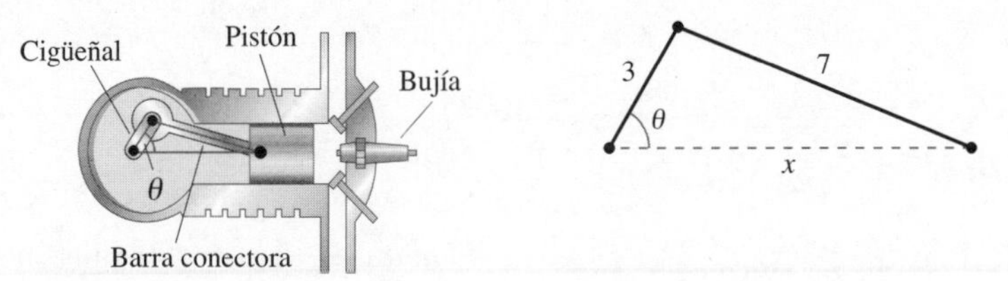

La velocidad de un pistón se relaciona con el ángulo del cigüeñal.
Figura 2.37

Solución Etiquete las distancias como se muestra en la figura 2.37. Puesto que una revolución completa equivale a 2π radianes, se deduce que $d\theta/dt = 200(2\pi) = 400\pi$ radianes por minuto.

Razón dada: $\dfrac{d\theta}{dt} = 400\pi$ radianes por minuto (razón constante)

Encuentre: $\dfrac{dx}{dt}$ cuando $\theta = \dfrac{\pi}{3}$

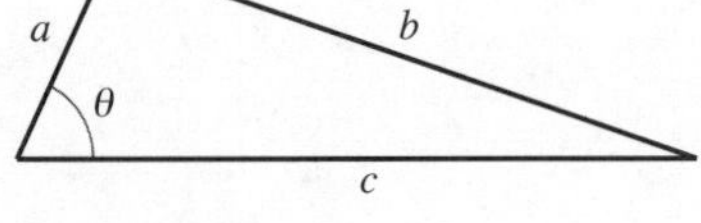

Ley de cosenos:
$b^2 = a^2 + c^2 - 2ac \cos \theta$.
Figura 2.38

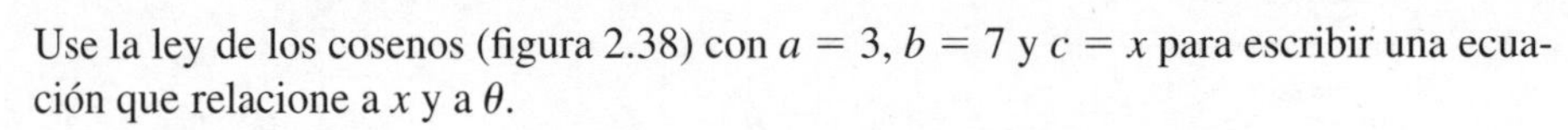

Use la ley de los cosenos (figura 2.38) con $a = 3$, $b = 7$ y $c = x$ para escribir una ecuación que relacione a x y a θ.

Ecuación:

$$7^2 = 3^2 + x^2 - 2(3)(x) \cos \theta$$

$$0 = 2x\frac{dx}{dt} - 6\left(-x \operatorname{sen} \theta \frac{d\theta}{dt} + \cos \theta \frac{dx}{dt}\right)$$

$$(6 \cos \theta - 2x)\frac{dx}{dt} = 6x \operatorname{sen} \theta \frac{d\theta}{dt}$$

$$\frac{dx}{dt} = \frac{6x \operatorname{sen} \theta}{6 \cos \theta - 2x}\left(\frac{d\theta}{dt}\right)$$

De esta manera, cuando $\theta = \pi/3$, la velocidad del pistón es

$$7^2 = 3^2 + x^2 - 2(3)(x) \cos \frac{\pi}{3} \qquad \text{Sustituya } \theta \text{ por } \pi/3.$$

$$49 = 9 + x^2 - 6x\left(\frac{1}{2}\right)$$

$$0 = x^2 - 3x - 40 \qquad \text{Escriba la forma general.}$$

$$0 = (x - 8)(x + 5) \qquad \text{Factorice.}$$

$$x = 8 \text{ pulgadas} \qquad \text{Elegir la solución positiva.}$$

De esta manera, cuando $x = 8$ y $\theta = \pi/3$, la velocidad del pistón es

$$\frac{dx}{dt} = \frac{6(8)\left(\sqrt{3}/2\right)}{6(1/2) - 16}(400\pi)$$

$$= \frac{9600\pi\sqrt{3}}{-13}$$

$$\approx -4018 \text{ pulgadas por minuto}$$

De esta manera, cuando $\theta = \pi/3$, la velocidad del pistón está decreciendo a razón de 4018 pulgadas por minuto. (Observe que la velocidad es negativa debido a que x representa una distancia que está decreciendo.) ■

Para ver las figuras a color, acceda al código

2.6 Ejercicios

Las respuestas a los ejercicios impares pueden consultarse en el Apéndice de este libro.

Repaso de conceptos

1. ¿Qué es una razón de cambio relacionada?
2. Establezca la estrategia para resolver problemas de razones de cambio relacionadas en la vida real.

Usar razones de cambio relacionadas **En los ejercicios 3 a 6, suponga que x y y son funciones derivables de t y encuentre los valores señalados de dy/dt y dx/dt.**

Ecuación	Encontrar	Dado
3. $y = \sqrt{x}$	(a) $\dfrac{dy}{dt}$ cuando $x = 4$	$\dfrac{dx}{dt} = 3$
	(b) $\dfrac{dx}{dt}$ cuando $x = 25$	$\dfrac{dy}{dt} = 2$
4. $y = 3x^2 - 5x$	(a) $\dfrac{dy}{dt}$ cuando $x = 3$	$\dfrac{dx}{dt} = 2$
	(b) $\dfrac{dx}{dt}$ cuando $x = 2$	$\dfrac{dy}{dt} = 4$
5. $xy = 4$	(a) $\dfrac{dy}{dt}$ cuando $x = 8$	$\dfrac{dx}{dt} = 10$
	(b) $\dfrac{dx}{dt}$ cuando $x = 1$	$\dfrac{dy}{dt} = -6$
6. $x^2 + y^2 = 25$	(a) $\dfrac{dy}{dt}$ cuando $x = 3, y = 4$	$\dfrac{dx}{dt} = 8$
	(b) $\dfrac{dx}{dt}$ cuando $x = 4, y = 3$	$\dfrac{dy}{dt} = -2$

Movimiento de un punto **En los ejercicios 7 a 10, un punto se está moviendo sobre la gráfica de la función a la razón dx/dt. Calcule dy/dt para los valores dados de x.**

7. $y = 2x^2 + 1;\ \dfrac{dx}{dt} = 2$ centímetros por segundo

   (a) $x = -1$ (b) $x = 0$ (c) $x = 1$

8. $y = \dfrac{1}{1 + x^2};\ \dfrac{dx}{dt} = 6$ pulgadas por segundo

   (a) $x = -2$ (b) $x = 0$ (c) $x = 2$

9. $y = \tan x;\ \dfrac{dx}{dt} = 3$ pies por segundo

   (a) $x = -\dfrac{\pi}{3}$ (b) $x = -\dfrac{\pi}{4}$ (c) $x = 0$

10. $y = \cos x;\ \dfrac{dx}{dt} = 4$ centímetros por segundo

    (a) $x = \dfrac{\pi}{6}$ (b) $x = \dfrac{\pi}{4}$ (c) $x = \dfrac{\pi}{3}$

11. **Área** El radio r de una circunferencia se incrementa a una razón de 4 centímetros por minuto. Determine la razón de cambio del área cuando $r = 37$ centímetros.

12. **Área** La longitud s de cada lado de un triángulo equilátero está creciendo a razón de 13 pies por hora. Determine la razón de cambio del área cuando $s = 41$ pies. (*Sugerencia*: La fórmula para el área de un triángulo equilátero es

    $$A = \frac{s^2\sqrt{3}}{4}.)$$

13. **Volumen** El radio r de una esfera está creciendo a razón de 3 pulgadas por minuto.
    (a) Calcule la razón de cambio del volumen cuando $r = 9$ y $r = 36$ pulgadas.
    (b) Explique por qué la razón del cambio del volumen de la esfera no es constante, a pesar de que dr/dt es constante.

14. **Radio** Se infla un globo esférico con gas a razón de 800 centímetros cúbicos por minuto.
    (a) Encuentre la razón de cambio del radio cuando $r = 30$ centímetros y cuando $r = 85$ centímetros.
    (b) Explique por qué la razón de cambio del radio de la esfera no es constante a pesar de que dV/dt es constante.

15. **Volumen** Todas las aristas de un cubo están creciendo a razón de 6 centímetros por segundo. ¿Qué tan rápido está aumentando el volumen cuando cada arista mide (a) 2 cm y (b) 10 cm?

16. **Área de una superficie** En las condiciones del problema anterior, determine la razón a la que cambia el área de la superficie cuando cada arista mide (a) 2 cm y (b) 10 cm.

17. **Altura** En una planta de arena y grava, la arena cae de una cinta transportadora creando un montículo de forma cónica a razón de 10 pies cúbicos por minuto. El diámetro de la base del montículo es de aproximadamente tres veces la altura. ¿A qué razón cambia la altura del montón cuando su altura es 15 pies? (*Sugerencia*: La fórmula para el volumen de un cono es $V = \frac{1}{3}\pi r^2 h$.)

18. **Altura** El volumen de un aceite en un contenedor cilíndrico está creciendo a razón de 150 pulgadas cúbicas por segundo. La altura del cilindro es aproximadamente 10 veces el radio. ¿A qué razón está cambiando la altura cuando el aceite está a una altura de 35 pulgadas? (*Sugerencia*: La fórmula para el volumen de un cilindro circular es $V = r^2h$.)

19. **Profundidad** Una piscina tiene 12 metros de largo, 6 de ancho y una profundidad que oscila desde 1 hasta 3 m (vea la figura). Se bombea agua en ella a razón de $\frac{1}{4}$ de metro cúbico por minuto y ya hay 1 m de agua en el extremo más profundo.

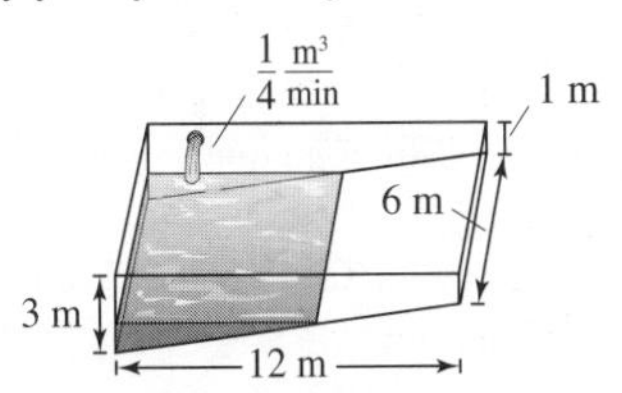

    (a) ¿Qué porcentaje de la piscina está lleno?
    (b) ¿A qué razón se eleva el nivel de agua?

20. **Profundidad** Una artesa tiene 12 pies de largo y 3 de ancho en su parte superior (vea la figura), sus extremos tienen forma de triángulo isósceles con una altura de 3 pies.

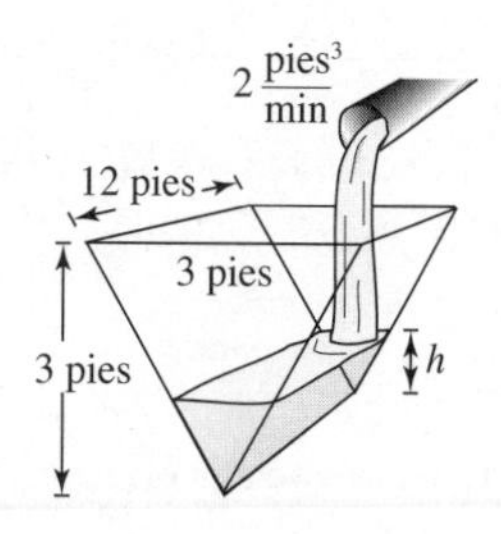

(a) Si se vierte agua en ella a razón de 2 pies cúbicos por minuto, ¿a qué razón sube el nivel del agua cuando la profundidad h de agua es de 1 pie?

(b) Si el agua sube a una razón de $\frac{3}{8}$ de pulgada por minuto cuando $h = 2$, determine la razón a la que se está vertiendo agua en la artesa.

21. **Escalera deslizante** Una escalera de 25 pies de longitud está apoyada sobre una pared (vea la figura). Su base se desliza por la pared a razón de 2 pies por segundo.

(a) ¿A qué razón está bajando su extremo superior por la pared cuando la base está a 7, 15 y 24 pies de la pared?

(b) Determine la razón a la que cambia el área del triángulo formado por la escalera, el suelo y la pared, cuando la base de la escalera está a 7 pies de la pared.

(c) Calcule la razón de cambio del ángulo formado por la escalera y la pared cuando la base está a 7 pies de la pared.

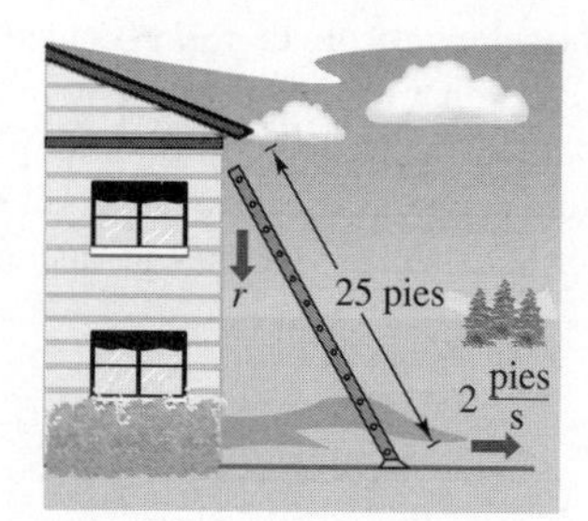

Figura para 21

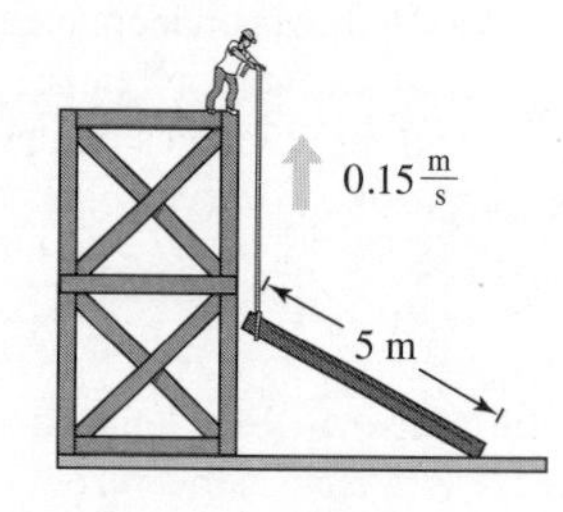

Figura para 22

PARA INFORMACIÓN ADICIONAL Para obtener más información sobre las matemáticas relativas a las escaleras deslizantes, vea el artículo "The Falling Ladder Paradox", de Paul Scholten y Andrew Simoson, en *The College Mathematics Journal*.

22. **Construcción** Un obrero levanta, con ayuda de una soga, un tablón de 5 metros hasta lo alto de un edificio en construcción (vea la figura). Suponga que el otro extremo del tablón sigue una trayectoria perpendicular a la pared y que el obrero mueve el tablón a razón de 0.15 m/s. ¿Qué tan rápido se desliza por el suelo el extremo cuando está a 2.5 m de la pared?

23. **Construcción** Un cabrestante situado en lo alto de un edificio de 12 metros levanta un tubo de la misma longitud hasta colocarlo en posición vertical, como se muestra en la figura. El cabrestante recoge la cuerda a razón de –0.2 m/s. Calcule las razones de cambio vertical y horizontal del extremo del tubo cuando $y = 6$ metros.

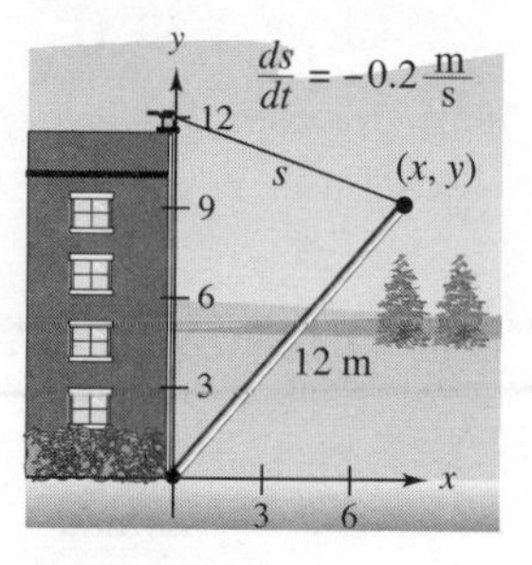

Figura para 23

Figura para 24

24. **Navegación** Un velero es arrastrado hacia el muelle por medio de un cabrestante situado a una altura de 12 pies por encima de la cubierta del barco (vea la figura).

(a) Si la cuerda se recoge a razón de 4 pies por segundo, determine la velocidad del velero cuando quedan 13 pies de cuerda sin recoger. ¿Qué ocurre con la velocidad del velero a medida que el barco se acerca más al muelle?

(b) Suponiendo que el bote se mueve a una razón constante de 4 pies por segundo, determine la velocidad a la que el cabrestante recoge la cuerda cuando quedan 13 pies de ella por recoger. ¿Qué ocurre con la velocidad del cabrestante a medida que el barco se acerca más al muelle?

25. **Control de tráfico aéreo** Un controlador detecta que dos aviones que vuelan a la misma altura tienen trayectorias perpendiculares y convergen en un punto (vea la figura). Uno de ellos está a 225 millas de dicho punto y vuela a 450 millas por hora. El otro está a 300 millas y se desplaza a 600 millas/h.

(a) ¿Con qué rapidez se reduce la distancia s entre ellos?

(b) ¿De cuánto tiempo dispone el controlador para modificar la ruta de alguno de ellos?

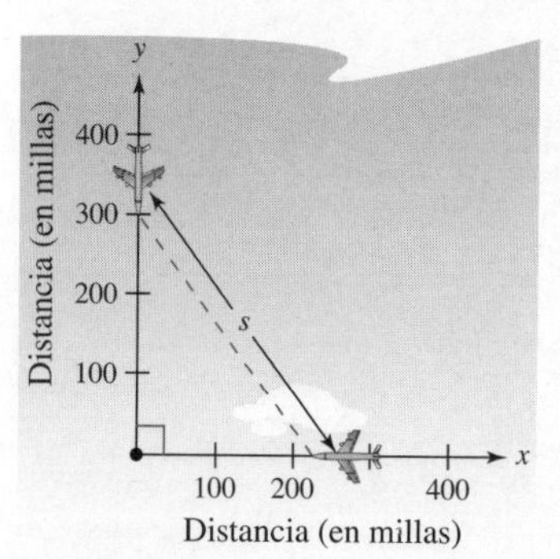

Figura para 25

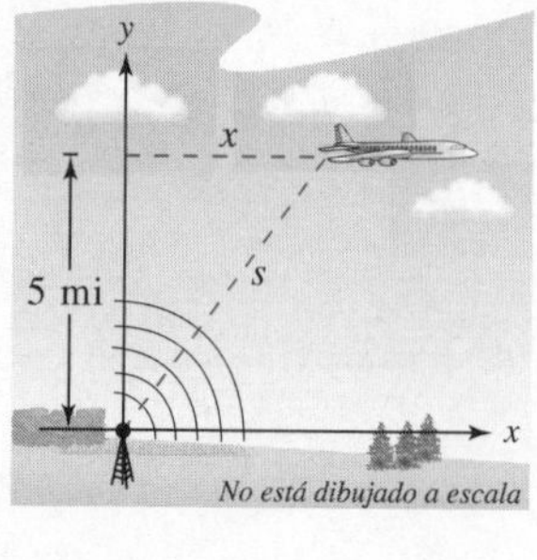

Figura para 26

26. **Control de tráfico aéreo** Un avión vuela a 5 millas de altura y pasa exactamente por encima de una antena de radar (vea la figura). Cuando el avión está a 10 millas ($s = 10$), el radar detecta que la distancia s está cambiando a una velocidad de 240 millas/h. ¿Cuál es la velocidad del avión?

27. **Deportes** Un campo de béisbol tiene forma de un cuadrado con lados de 90 pies (vea la figura). Si un jugador corre de segunda a tercera a 25 pies por segundo y se encuentra a 20 pies de la tercera base, ¿con qué rapidez está cambiando su distancia s respecto al home?

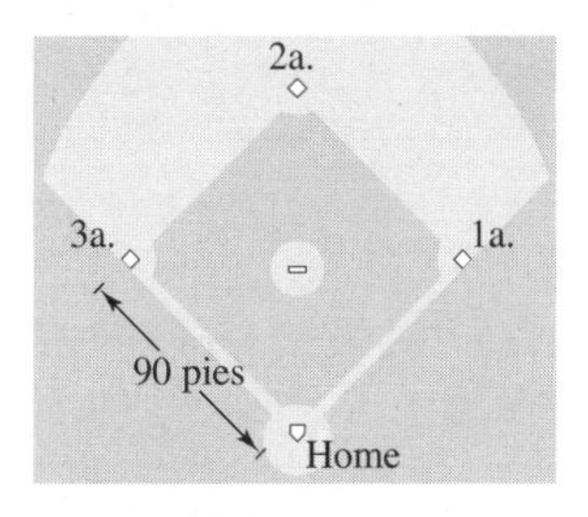

Figura para 27 y 28

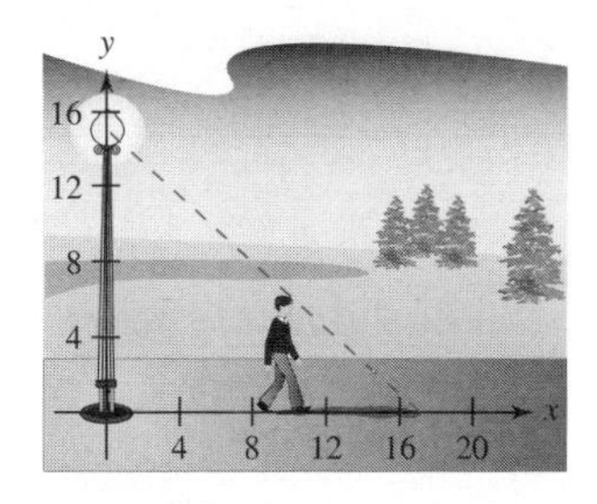

Figura para 29

28. **Deportes** En el campo de béisbol del ejercicio 27, suponga que el jugador corre desde primera hasta segunda base a 25 pies por segundo. Calcule la razón de cambio de su distancia respecto al home cuando se encuentra a 20 pies de la segunda base.

29. **Longitud de una sombra** Un hombre de 6 pies de altura camina a 5 pies por segundo alejándose de una lámpara que está a 15 pies de altura sobre el suelo (vea la figura).

(a) ¿Cuando el hombre está a 10 pies de la base de la lámpara, a qué velocidad se mueve la punta del extremo de su sombra?

(b) ¿Cuando el hombre está a 10 pies de la base de la lámpara, con qué rapidez está cambiando la longitud de su sombra?

30. **Longitud de una sombra** Repita el ejercicio anterior, suponiendo ahora que el hombre camina *hacia* la lámpara y que ésta se encuentra situada a 20 pies de altura (vea la figura).

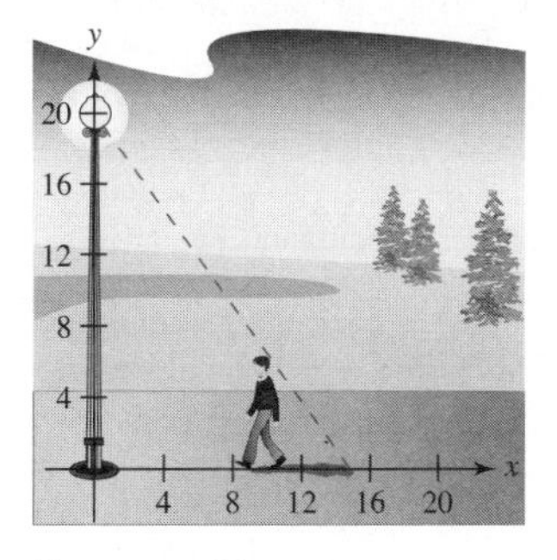

Figura para 30

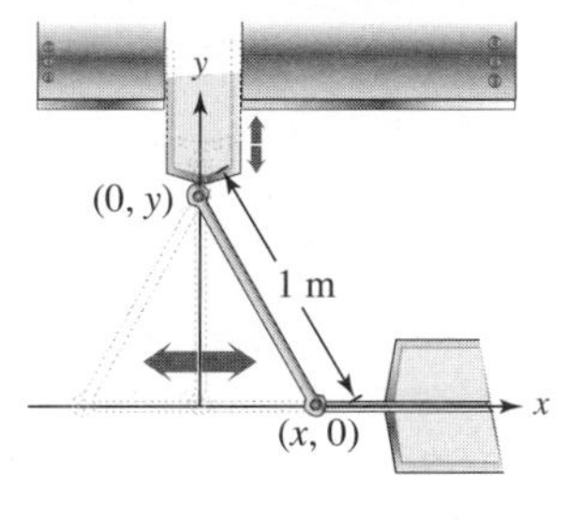

Figura para 31

31. **Diseño de máquinas** Los extremos de una varilla móvil de 1 m de longitud tienen coordenadas $(x, 0)$ y $(0, y)$ (vea la figura). La posición del extremo que se apoya en el eje x es

$$x(t) = \frac{1}{2}\operatorname{sen}\frac{\pi t}{6}$$

donde t se mide en segundos.

(a) Calcule la duración de un ciclo completo de la varilla.

(b) ¿Cuál es el punto más bajo que alcanza el extremo de la varilla que está en el eje y?

(c) Encuentre la velocidad del extremo que se mueve por el eje y cuando el otro está en $\left(\frac{1}{4}, 0\right)$.

32. **Diseño de máquinas** Repita el ejercicio anterior para una función de posición $x(t) = \frac{3}{5}\operatorname{sen}\pi t$. Utilice el punto $\left(\frac{3}{10}, 0\right)$ para el inciso (c).

33. **Evaporación** Una gota esférica al caer alcanza una capa de aire seco y comienza a evaporarse a una razón proporcional a su área superficial $(S = 4\pi r^2)$. Demuestre que el radio de la gota decrece a razón constante.

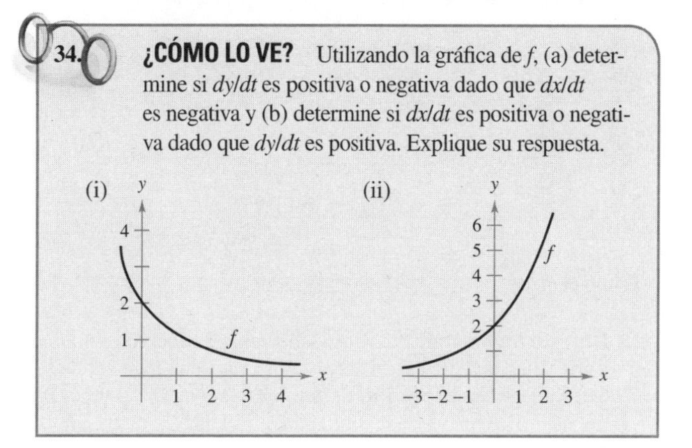

Exploración de conceptos

35. Describa la relación entre la razón de cambio de y y la razón de cambio de x en cada expresión. Suponga que todas las variables y derivadas son positivas.

(a) $\dfrac{dy}{dt} = 3\dfrac{dx}{dt}$ (b) $\dfrac{dy}{dt} = x(L - x)\dfrac{dx}{dt}, \quad 0 \le x \le L$

36. Sea V el volumen de un cubo de arista s que está cambiando respecto al tiempo. Si ds/dt es constante, ¿cómo cambia dV/dt? Explique su respuesta.

37. **Electricidad** La resistencia eléctrica combinada R de R_1 y R_2, conectadas en paralelo, está dada por

$$\frac{1}{R} = \frac{1}{R_1} + \frac{1}{R_2}$$

donde R, R_1 y R_2 se miden en ohms. R_1 y R_2 están creciendo a razón de 1 y 1.5 ohms por segundo, respectivamente. ¿Con qué rapidez está cambiando la resistencia R cuando $R_1 = 50$ ohms y $R_2 = 75$ ohms?

38. **Circuito eléctrico** El voltaje V en volts de un circuito eléctrico está dado por $V = IR$, donde I es la resistencia en amperes y R es la resistencia en omhs. Se sabe que R está creciendo a razón de 2 omhs por segundo y V está creciendo a razón de 3 volts por segundo. ¿Cuál es la razón de cambio de I cuando $V = 12$ volts y $R = 4$ omhs?

39. **Control de vuelo** Un avión vuela en aire con condiciones estables con una velocidad de 275 millas por hora. Si el avión asciende con un ángulo de 18°, calcule la rapidez a la que está ganando altura.

40. **Ángulo de elevación** Un globo asciende a 4 metros por segundo desde un punto del suelo a 50 m de un observador. Calcule la razón de cambio del ángulo de elevación del globo cuando está a 50 metros de altura.

41. Ángulo de elevación El pescador de la figura recoge el sedal para capturar su pieza a razón de 1 pie por segundo, desde un punto que está a 10 pies por encima del agua (vea la figura). ¿Con qué rapidez cambia el ángulo θ entre el sedal y el agua cuando quedan por recoger 25 pies de sedal?

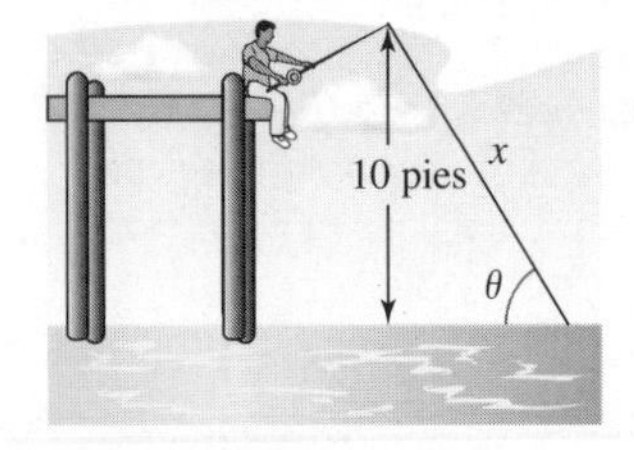

Figura para 41

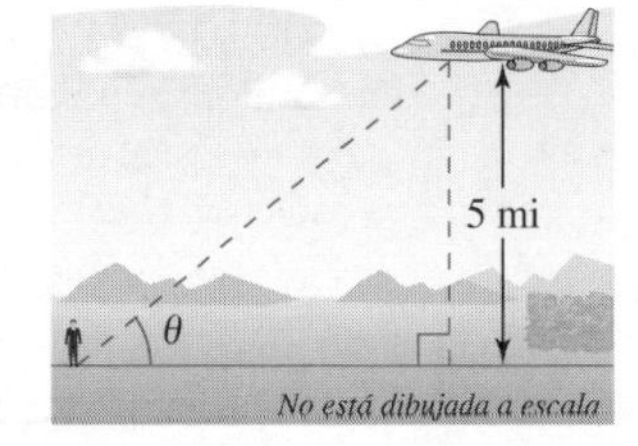

Figura para 42

42. Ángulo de elevación Un avión vuela a 5 millas de altitud y a una velocidad de 600 millas por hora, hacia un punto situado exactamente en la vertical de un observador (vea la figura). Encuentre las razones a las que el ángulo de elevación θ cambia cuando (a) $\theta = 30°$, (b) $\theta = 60°$ y (c) $\theta = 75°$.

43. Rapidez angular *vs.* rapidez lineal La patrulla de la figura está estacionada a 50 pies de un largo almacén. La luz de su torreta gira a 30 revoluciones por minuto. ¿A qué velocidad se está moviendo la luz a lo largo del muro cuando el haz forma ángulos de (a) $\theta = 30°$, (b) $\theta = 60°$ y (c) $\theta = 70°$ con la línea perpendicular desde la luz a la pared?

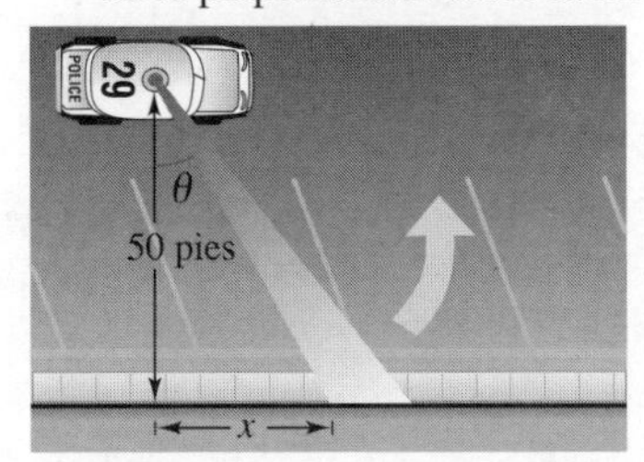

Figura para 43

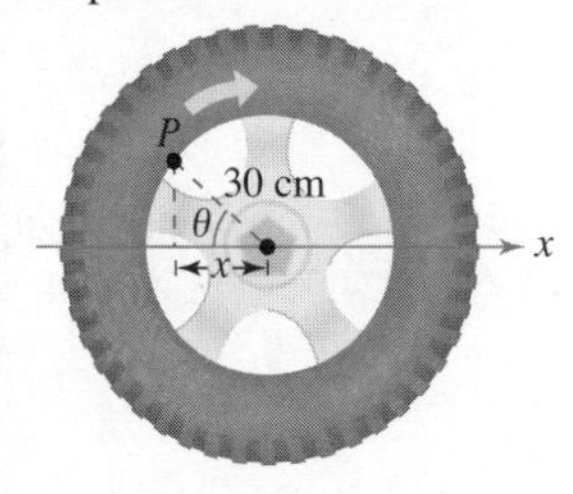

Figura para 44

44. Rapidez lineal *vs.* rapidez angular Una rueda de 30 cm de radio gira a razón de 10 vueltas por segundo. Se pinta un punto P en su borde (vea la figura).

(a) Encuentre dx/dt como función de θ.

(b) Utilice una herramienta de graficación para representar la función del inciso (a).

(c) ¿Cuándo es mayor el valor absoluto de la razón de cambio de x?, ¿y el menor?

(d) Calcule dx/dt cuando $\theta = 30°$ y $\theta = 60°$.

45. Área El ángulo adyacente de los dos lados de igual longitud constante s de un triángulo isósceles es θ.

(a) Demuestre que el área del triángulo está dada por $A = \frac{1}{2}s^2 \operatorname{sen} \theta$.

(b) El ángulo θ aumenta a razón de 12 radianes por minuto. Encuentre las razones de cambio del área cuando $\theta = \pi/6$ y $\theta = \pi/3$.

46. Cámara de vigilancia Una cámara de seguridad centrada a 50 pies sobre el piso se mueve de un lado a otro a lo largo de un pasillo de 100 pies de largo (vea la figura). Debe usarse una velocidad variable de rotación para cambiar el centro de enfoque a lo largo del piso del pasillo a una razón constante. Encuentre un modelo para la velocidad variable de rotación adecuado si $|dx/dt| = 2$ pies por segundo.

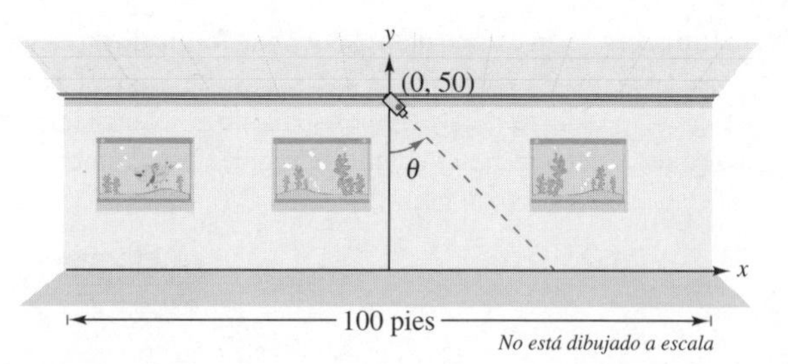

Figura para 46

47. Modelado de datos La tabla muestra los números (en millones) de participantes en los programas de almuerzo gratis f y de almuerzo con precio reducido r en Estados Unidos para los años 2013 hasta 2020. (*Fuente: Departamento de Agricultura de Estados Unidos.*)

Año	2013	2014	2015	2016
f	18.9	19.2	19.8	20.1
r	2.6	2.5	2.2	2.0

Año	2017	2018	2019	2020
f	20.0	20.2	20.1	16.0
r	2.0	1.8	1.7	1.2

(a) Utilice las herramientas de regresión de una graficadora para encontrar un modelo de la forma

$$r(f) = af^3 + bf^2 + cf + d$$

para los datos, donde t es el tiempo en años, y $t = 13$ corresponde a 2013.

(b) Calcule dr/dt. A continuación, utilice el modelo para estimar dr/dt para $t = 18$ cuando se prevé que el número de participantes en el programa de almuerzo gratis aumentará a razón de 0.25 millones de participantes por año.

48. Sombra en movimiento Se deja caer una pelota desde una altura de 20 m, a una distancia de 12 m de una lámpara (vea la figura). La sombra de la pelota se mueve a lo largo del suelo. ¿Con qué rapidez se está moviendo la sombra un segundo después de soltar la pelota? (*Enviado por Dennis Gittinger, St. Phillips College, San Antonio, TX.*)

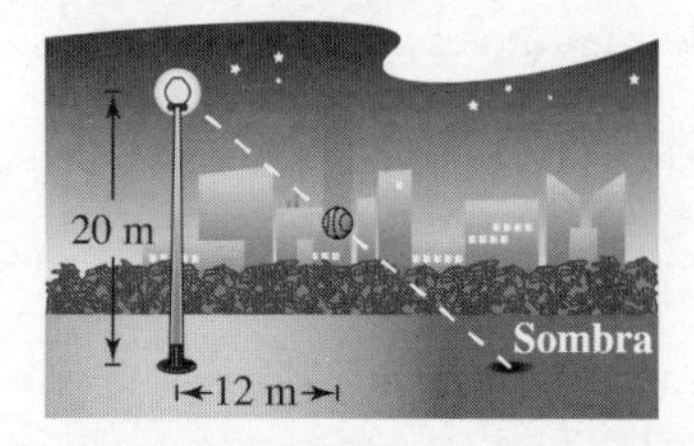

Aceleración **En los ejercicios 49 y 50, calcule la aceleración del objeto especificado. (*Sugerencia*: Recuerde que si una variable cambia a razón constante, su aceleración es cero.)**

49. Calcule la aceleración del extremo superior a la escalera del ejercicio 21 cuando su base está a 7 pies de la pared.

50. Calcule la aceleración del velero del ejercicio 24(*a*) cuando faltan por recoger 13 pies de cuerda.

Ejercicios de repaso

Las respuestas a los ejercicios impares pueden consultarse en el Apéndice de este libro.

Exploración de conceptos

En este capítulo se aprendió que el límite que se usa para definir la pendiente de una recta tangente también se usa para definir una de las grandes ideas del cálculo: la derivación. La derivada de f en x es

$$f'(x) = \lim_{\Delta x \to 0} \frac{f(x + \Delta x) - f(x)}{\Delta x}$$

siempre que exista el límite. Observe cómo esta definición le permite hacer más de lo que puede con el precálculo. Con precálculo, se puede encontrar el cambio promedio entre $t = a$ y $t = b$. Con la derivada, ahora puede encontrar la razón de cambio instantánea en $t = a$. En el capítulo también se desarrollaron reglas para encontrar derivadas, como las reglas del producto y de la cadena.

1. Considere que un automóvil se mueve de acuerdo con la función de posición $s(t) = -16t^2 + 64t + 80$.

(a) Determine la posición en $t = 0$, $t = 2$ y $t = 4$.

(b) Calcule la velocidad media entre $s(2)$ y $s(4)$. ¿Fue necesario utilizar cálculo?

(c) Calcule la velocidad instantánea del automóvil cuando $t = 4$. ¿Fue necesario utilizar cálculo?

(d) Describa cómo podrían usarse los límites para encontrar la velocidad instantánea del automóvil.

2. Dibuje la gráfica de $s(t) = -16x^2 + 64x + 80$.

(a) Calcule la pendiente de la recta secante a través de $f(2)$ y $f(4)$. ¿Fue necesario utilizar cálculo?

(b) Calcular la pendiente de la recta tangente en el punto $f(4)$. ¿Fue necesario utilizar cálculo?

(c) Explique cómo utilizar líneas secantes y límites para encontrar la pendiente de una gráfica en un punto en particular.

(d) ¿Cómo se compara este ejercicio con el ejercicio 1?

3. Trace una gráfica de una función cuya derivada siempre sea positiva. Explique cómo encontró la respuesta.

4. Encuentre un polinomio de segundo grado

$$f(x) = ax^2 + bx + c$$

Tal que su gráfica tiene una recta tangente con pendiente 10 en el punto (2, 7) y una intersección con el eje x en (1, 0).

5. Escoja una función diferenciable $p(x)$, un punto $(c, p(c))$ y un punto cercano $(c + h, p(c + h))$. Escriba ecuaciones para la recta tangente a la gráfica de $p(x)$ en $(c, p(c))$ y para la recta secante que pasa por $(c, p(c))$ y $(c + h, p(c + h))$.

(a) Utilice una herramienta de graficación para graficar $p(x)$, la recta tangente y la recta secante.

(b) Encuentre una función $D(x)$ que represente la diferencia entre la tangente recta y la recta secante. Utilice una herramienta de graficación para graficar D. ¿Qué se observa acerca de $D(x)$?

(c) Escoja otra función para $p(x)$. ¿Qué se observa?

6. Sea $f(x) = ax^3 + bx^2 + cx + d$, con $a \neq 0$. Determine condiciones para a, b, c y d cuando la gráfica de f tiene (a) ninguna tangente horizontal, (b) exactamente una tangente horizontal y (c) exactamente dos tangentes horizontales. Dé un ejemplo para cada caso.

Encontrar la derivada por el proceso del límite En los ejercicios 7 a 10, encuentre la derivada de la función por el proceso límite.

7. $f(x) = 12$

8. $f(x) = 5x - 4$

9. $f(x) = x^3 - 2x + 1$

10. $f(x) = \dfrac{6}{x}$

Usar la forma alterna de la derivada En los ejercicios 11 y 12, use la forma alterna de la derivada para encontrar la derivada en $x = c$ (si es que existe).

11. $g(x) = 2x^2 - 3x, \quad c = 2$

12. $f(x) = \dfrac{1}{x + 4}, \quad c = 3$

Determinar la derivabilidad En los ejercicios 13 y 14, determine los valores de x en los que f es derivable.

13. $f(x) = (x - 3)^{2/5}$

14. $f(x) = \dfrac{3x}{x + 1}$

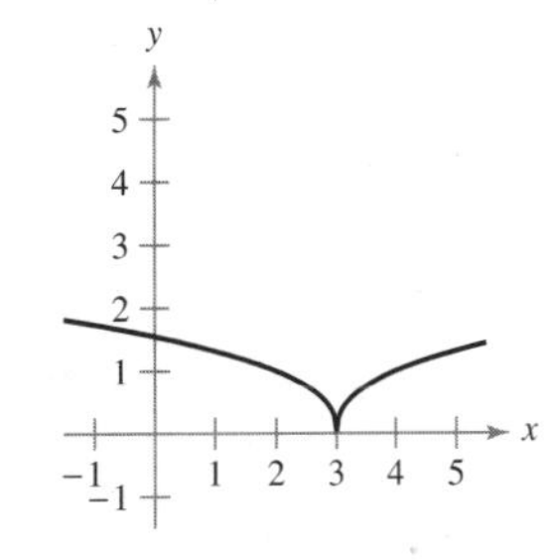

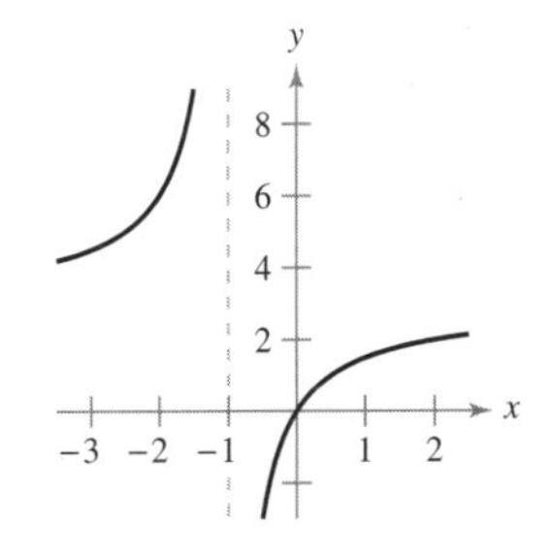

Encontrar la derivada **En los ejercicios 15 a 26, use las reglas de derivación para encontrar la derivada de la función.**

15. $y = 25$

16. $f(t) = \pi/6$

17. $f(x) = x^3 - 11x^2$

18. $g(s) = 3s^5 - 2s^4$

19. $h(x) = 6\sqrt{x} + 3\sqrt[3]{x}$

20. $f(x) = x^{1/2} - x^{-5/6}$

21. $g(t) = \dfrac{2}{3t^2}$

22. $h(x) = \dfrac{8}{5x^4}$

23. $f(\theta) = 4\theta - 5 \operatorname{sen} \theta$

24. $g(\alpha) = 4 \cos \alpha + 6$

25. $f(\theta) = 3 \cos \theta - \dfrac{\operatorname{sen} \theta}{4}$

26. $g(\alpha) = \dfrac{5 \operatorname{sen} \alpha}{3} - 2\alpha$

Encontrar la pendiente de una gráfica **En los ejercicios 27 a 30, encuentre la pendiente de la gráfica de las funciones en el punto dado.**

27. $f(x) = \dfrac{27}{x^3}$, $(3, 1)$

28. $f(x) = 3x^2 - 4x$, $(1, -1)$

29. $f(x) = 4x^5 + 3x - \operatorname{sen} x$, $(0, 0)$

30. $f(x) = 5 \cos x - 9x$, $(0, 5)$

31. Cuerda vibrante Cuando se pulsa la cuerda de una guitarra, esta vibra con una frecuencia $F = 200\sqrt{T}$, donde F se mide en vibraciones por segundo y la tensión T se mide en libras. Encuentre las razones de cambio en F cuando (a) $T = 4$ libras y (b) $T = 9$ libras.

32. Área superficial El área de la superficie de un cubo con lados de longitud x está dada por $S = 6x^2$. Encuentre la razón de cambio del área de la superficie respecto a x cuando $x = 4$ pulgadas.

Movimiento vertical **En los ejercicios 33 y 34, utilice la función de posición $s(t) = -16t^2 + v_0 t + s_0$ para objetos en caída libre.**

33. Se lanza una pelota hacia abajo desde la parte alta de un edificio de 600 pies con una velocidad inicial de -30 pies por segundo.

(a) Determine las funciones de posición y velocidad de la pelota.
(b) Determine la velocidad promedio en el intervalo $[1, 3]$.
(c) Encuentre las velocidades instantáneas cuándo $t = 1$ y $t = 3$.
(d) Encuentre el tiempo necesario para que la pelota llegue a nivel de suelo.
(e) Determine la velocidad de la pelota en el impacto.

34. Un bloque se deja caer desde lo alto de una plataforma de 450 pies. ¿Cuál es su velocidad después de 2 segundos? ¿Y después de 5 segundos?

Encontrar la derivada **En los ejercicios 35 a 46, utilice la regla del producto o la regla del cociente para encontrar la derivada de la función.**

35. $f(x) = (5x^2 + 8)(x^2 - 4x - 6)$

36. $g(x) = (2x^3 + 5x)(3x - 4)$

37. $f(x) = (9x - 1) \operatorname{sen} x$

38. $f(t) = 2t^5 \cos t$

39. $f(x) = \dfrac{x^2 + x - 1}{x^2 - 1}$

40. $f(x) = \dfrac{2x + 7}{x^2 + 4}$

41. $y = \dfrac{x^4}{\cos x}$

42. $y = \dfrac{\operatorname{sen} x}{x^4}$

43. $y = 3x^2 \sec x$

44. $y = -x^2 \tan x$

45. $y = x \cos x - \operatorname{sen} x$

46. $g(x) = x^4 \cot x + 3x \cos x$

Encontrar la ecuación de una recta tangente **En los ejercicios 47 a 50, encuentre una ecuación de la recta tangente a la gráfica de f en el punto dado.**

47. $f(x) = (x + 2)(x^2 + 5)$, $(-1, 6)$

48. $f(x) = (x - 4)(x^2 + 6x - 1)$, $(0, 4)$

49. $f(x) = \dfrac{x + 1}{x - 1}$, $\left(\dfrac{1}{2}, -3\right)$

50. $f(x) = \dfrac{1 + \cos x}{1 - \cos x}$, $\left(\dfrac{\pi}{2}, 1\right)$

Encontrar una segunda derivada **En los ejercicios 51 a 58, encuentre la segunda derivada de la función.**

51. $g(t) = -8t^3 - 5t + 12$

52. $h(x) = 6x^{-2} + 7x^2$

53. $f(x) = 15x^{5/2}$

54. $f(x) = 20\sqrt[5]{x}$

55. $f(\theta) = 3 \tan \theta$

56. $h(t) = 10 \cos t - 15 \operatorname{sen} t$

57. $g(x) = 4 \cot x$

58. $h(t) = -12 \csc t$

59. Aceleración La velocidad de un objeto es $v(t) = 20 - t^2$, $0 \le t \le 6$, donde v está dada en metros por segundo y t es el tiempo en segundos. Encuentre la velocidad y aceleración de un objeto cuando $t = 3$.

60. Aceleración La velocidad inicial de un automóvil que parte del reposo es

$$v(t) = \frac{90t}{4t + 10}$$

donde v se mide en pies por segundo y t es el tiempo en segundos. Calcule la aceleración para los tiempos: (a) 1 segundo, (b) 5 segundos y (c) 10 segundos.

Encontrar la derivada **En los ejercicios 61 a 72, encuentre la derivada de la función.**

61. $y = (7x + 3)^4$

62. $y = (x^2 - 6)^3$

63. $y = \dfrac{1}{(x^2 + 5)^3}$

64. $f(x) = \dfrac{1}{(5x + 1)^2}$

65. $y = 5 \cos(9x + 1)$

66. $y = -6 \operatorname{sen} 3x^4$

67. $y = \dfrac{x}{2} - \dfrac{\operatorname{sen} 2x}{4}$

68. $y = \dfrac{\sec^7 x}{7} - \dfrac{\sec^5 x}{5}$

69. $y = x(6x + 1)^5$

70. $f(s) = (s^2 - 1)^{5/2}(s^3 + 5)$

71. $f(x) = \left(\dfrac{x}{\sqrt{x + 5}}\right)^3$

72. $h(x) = \left(\dfrac{x + 5}{x^2 + 3}\right)^2$

Encontrar la pendiente de una gráfica **En los ejercicios 73 a 78, encuentre la pendiente de la gráfica de la función en el punto dado.**

73. $f(x) = \sqrt{1 - x^3}$, $(-2, 3)$

74. $f(x) = \sqrt[3]{x^2 - 1}$, $(3, 2)$

75. $f(x) = \dfrac{x + 8}{\sqrt{3x + 1}}$, $(0, 8)$

76. $f(x) = \dfrac{3x + 1}{(4x - 3)^3}$, $(1, 4)$

77. $y = \dfrac{1}{2} \csc 2x$, $\left(\dfrac{\pi}{4}, \dfrac{1}{2}\right)$

78. $y = \csc 3x + \cot 3x$, $\left(\dfrac{\pi}{6}, 1\right)$

Encontrar una segunda derivada En los ejercicios 79 a 82, encuentre la segunda derivada de la función.

79. $y = (8x + 5)^3$ **80.** $y = \dfrac{1}{5x + 1}$

81. $f(x) = \cot x$ **82.** $y = x \operatorname{sen}^2 x$

83. Refrigeración La temperatura T (en grados Fahrenheit) de la comida que está en un congelador es

$$T = \frac{700}{t^2 + 4t + 10}$$

donde t es el tiempo en horas. Encuentre la razón de cambio respecto a t en cada uno de los siguientes tiempos.

(a) $t = 1$ (b) $t = 3$ (c) $t = 5$ (d) $t = 10$

84. Movimiento armónico El desplazamiento del equilibrio de un objeto en movimiento armónico en el extremo de un resorte es

$$y = \frac{1}{4}\cos 8t - \frac{1}{4}\operatorname{sen} 8t$$

donde y se mide en pies y el tiempo t en segundos. Determine la posición y velocidad del objeto cuando $t = \pi/4$.

Encontrar una derivada En los ejercicios 85 a 90, encuentre *dy/dx* por derivación implícita.

85. $x^2 + y^2 = 49$ **86.** $x^2 + 4xy - y^3 = 6$

87. $x^3y - xy^3 = 4$ **88.** $\sqrt{xy} = x - 4y$

89. $x \operatorname{sen} y = y \cos x$ **90.** $\cos(x + y) = x$

Rectas tangentes y normales En los ejercicios 91 y 92, encuentre las ecuaciones de las rectas tangente y normal a la gráfica de la ecuación en el punto dado. (La *recta normal* en un punto es perpendicular a la recta tangente en el punto.) Utilice una herramienta de graficación para representar la ecuación, la recta tangente y la normal.

91. $x^2 + y^2 = 10$, $(3, 1)$ **92.** $x^2 - y^2 = 20$, $(6, 4)$

93. Razón de cambio Un punto se mueve sobre la curva $y = \sqrt{x}$ de manera tal que el valor en y aumenta con un ritmo de dos unidades por segundo. ¿A qué ritmo cambia x cuando $x = 1/2$, $x = 1$ y $x = 4$?

94. Área superficial Las aristas de un cubo se expanden a un ritmo de 8 centímetros por segundo. ¿Con qué rapidez cambia el área de su superficie cuando sus aristas tienen 6.5 centímetros?

95. Rapidez lineal *vs.* angular Un faro giratorio se localiza a 1 kilómetro en línea recta de una playa (vea la figura). Si el faro gira a razón de 3 revoluciones por minuto, ¿a qué velocidad parece moverse el haz de luz (en kilómetros por hora) para un espectador que se encuentra a $\frac{1}{2}$ kilómetro sobre la playa?

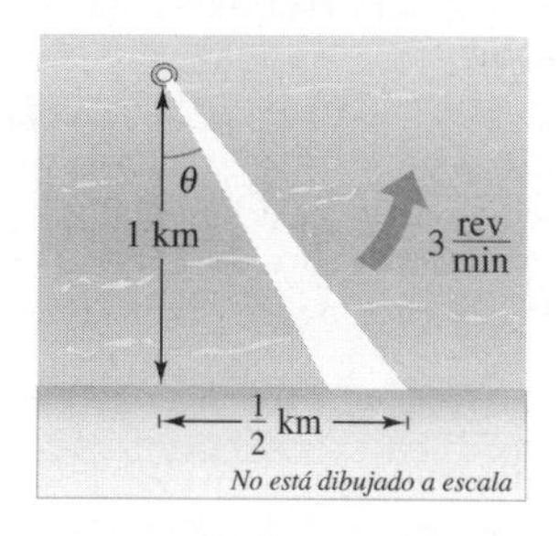

96. Sombra en movimiento Se deja caer un costal de arena desde un globo aerostático que se encuentra a 60 metros de altura; en ese momento el ángulo de elevación del Sol es de 30° (vea la figura). La posición del costal está dada por $s(t) = 60 - 4.9t^2$. Encuentre la rapidez a la que se mueve la sombra sobre el piso cuando el costal está a una altura de 35 metros.

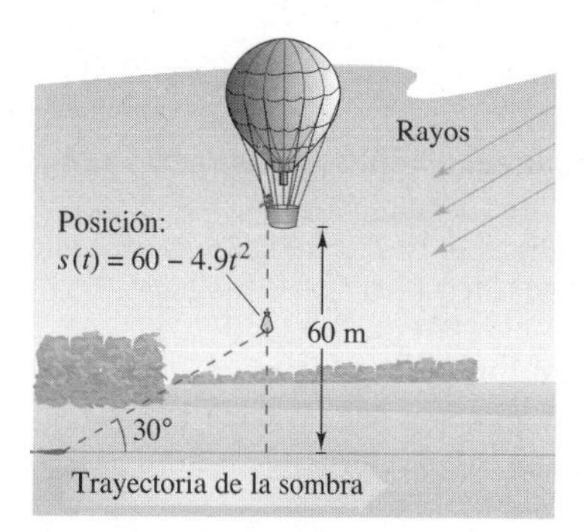

Construcción de conceptos

97. Si a es la aceleración de un objeto entonces el **jerk** j está definido por $j(t) = a'(t)$.

(a) Use esta definición para dar una interpretación física de j.
(b) Encuentre j para el vehículo que frena en el ejercicio 121 en la sección 2.3 e interprete el resultado.

98. El movimiento de un ascensor está dado por la función escalonada que se muestra en la figura.

(a) Identifique las funciones de posición, velocidad, aceleración y el jerk (para una definición de jerk, vea el ejercicio 97).
(b) ¿Qué funciones parecen ser derivables en $x = 3/4$?
(c) Describa cómo puede sentir un pasajero cada una de estas formas de movimiento. ¿Cuáles son las implicaciones de las partes no derivables de las gráficas?

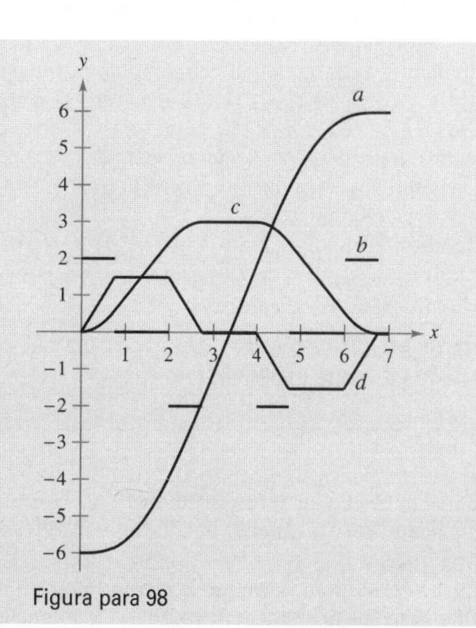

Figura para 98

Solución de problemas

Las respuestas a los ejercicios impares pueden consultarse en el Apéndice de este libro.

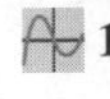

1. **Encontrar ecuaciones de círculos** Tomando en cuenta la gráfica de la parábola $y = x^2$.

   (a) Encuentre el radio r del círculo más grande posible centrado sobre el eje x que es tangente a la parábola en el origen, como se muestra en la figura. Este círculo se denomina **círculo de curvatura**. Encuentre la ecuación de este círculo. Utilice alguna herramienta para graficar el círculo y la parábola en la misma ventana de visualización para verificar su respuesta.

   (b) Encuentre el centro $(0, b)$ del círculo con radio 1 centrado sobre el eje y que es la tangente a la parábola en dos puntos, como se muestra en la figura. Encuentre la ecuación de este círculo. Utilice una herramienta de graficación para representar el círculo y la parábola en la misma ventana de visualización para verificar su respuesta.

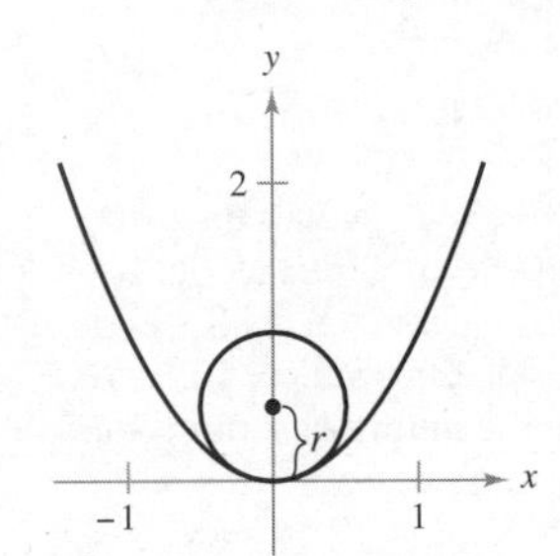

Figura para 1(a)

Figura para 1(b)

2. **Encontrar ecuaciones de las rectas tangentes** Represente las dos parábolas $y = x^2$ y $y = -x^2 + 2x - 5$ en el mismo plano cartesiano. Encuentre las ecuaciones de las dos rectas igualmente tangentes a ambas parábolas.

3. **Encontrar un polinomio** Encuentre un polinomio de tercer grado $p(x)$ tangente a la recta $y = 14x - 13$ en el punto $(1, 1)$, y tangente a la recta $y = -2x - 5$ en el punto $(-1, -3)$.

4. **Recta tangente y recta normal**

   (a) Encuentre la ecuación de la recta tangente a la parábola $y = x^2$ en el punto $(2, 4)$.

   (b) Encuentre la ecuación la ecuación de la recta normal a $y = x^2$ en el punto $(2, 4)$. (La *recta normal* es perpendicular a la tangente en el punto de tangencia.) ¿Dónde corta esta recta a la parábola por segunda vez?

   (c) Encuentre las ecuaciones de las rectas tangente y normal a $y = x^2$ en el punto $(0, 0)$.

   (d) Demuestre que para todo punto $(a, b) \neq (0, 0)$ sobre la parábola $y = x^2$, la recta normal corta a la gráfica una segunda vez.

5. **Proyectil en movimiento** Un astronauta que está en la Luna lanza una roca. El peso de la roca es

$$s = -\frac{27}{10}t^2 + 27t + 6$$

   donde s se mide en pies y t en segundos.

   (a) Encuentre las expresiones para la velocidad y aceleración de la roca.

   (b) Encuentre el tiempo en que la roca está en su punto más alto. ¿Cuál es la altura de la roca en este momento?

   (c) ¿Cómo se compara la aceleración de la roca con la aceleración de la gravedad de la Tierra?

6. **Encontrar polinomios**

   (a) Encuentre el polinomio $P_1(x) = a_0 + a_1x$ cuyo valor y pendiente coinciden con el valor y la pendiente de $f(x) = \cos x$ en el punto $x = 0$.

   (b) Encuentre el polinomio $P_2(x) = a_0 + a_1x + a_2x^2$ cuyo valor y primeras dos derivadas coinciden con el valor y las dos primeras derivadas de $f(x) = \cos x$ en el punto $x = 0$. Este polinomio se denomina **polinomio de Taylor** de segundo grado de $f(x) = \cos x$ en $x = 0$.

   (c) Complete la siguiente tabla comparando los valores de $f(x) = \cos x$ y $P_2(x)$. ¿Qué es lo que observa?

x	-1.0	-0.1	-0.001	0	0.001	0.1	1.0
$\cos x$							
$P_2(x)$							

   (d) Encuentre el polinomio de Taylor de tercer grado de $f(x) = \operatorname{sen} x$ en $x = 0$.

7. **Curva famosa** La gráfica de la **curva ocho** $x^4 = a^2(x^2 - y^2)$, $a \neq 0$, se muestra a continuación.

   (a) Explique cómo podría utilizar una herramienta de graficación para representar esta curva.

   (b) Utilice una herramienta de graficación para representar la curva para diversos valores de la constante a. Describa cómo influye en la forma de la curva.

   (c) Determine los puntos de la curva donde la recta tangente es horizontal.

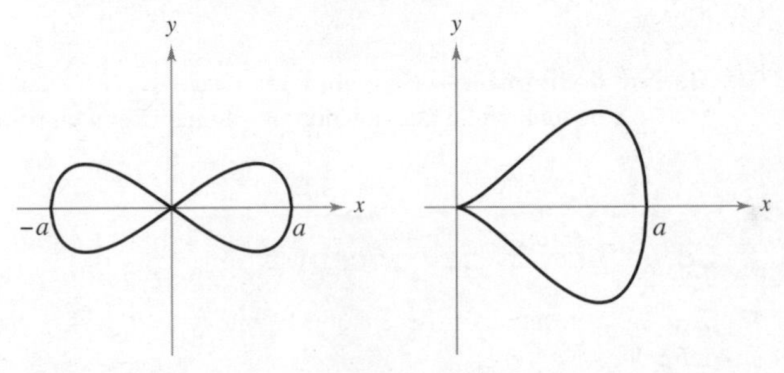

Figura para 7

Figura para 8

8. **Curva famosa** La gráfica de la curva **cuártica en forma de pera** $b^2y^2 = x^3(a - x)$, $a, b > 0$, se muestra a continuación.

   (a) Explique cómo podría utilizar una herramienta de graficación para representar esta curva.

   (b) Utilice una herramienta de graficación para representar la curva para diversos valores de las constantes a y b. Describa cómo influyen en la forma de la curva.

   (c) Determine los puntos de la curva donde la recta tangente es horizontal.

9. **Demostración** Sea L una función derivable para todo x. Demuestre que si $L(a + b) = L(a) + L(b)$ para todo a y b, entonces $L'(x) = L'(0)$ para todo x. ¿A qué se parece la gráfica de L?

3 Aplicaciones de la derivada

3.2 Velocidad *(Ejercicio 59, p. 180)*

3.5 Límites al infinito *(Ejercicio 41, p. 207)*

3.7 Pozo petrolero en altamar *(Ejercicio 41, p. 226)*

3.9 Diferenciales *(Ejemplo 3, p. 237)*

Superior izquierda, Denis Belitsky/Shutterstock.com; superior derecha, Blanscape/Shutterstock.com; inferior izquierda, landbysea/Getty Images; inferior derecha, Harper 3D/Shutterstock.com

3.1 Extremos en un intervalo

- Definir extremos de una función en un intervalo.
- Definir extremos relativos de una función en un intervalo abierto.
- Encontrar los extremos en un intervalo cerrado.

Extremos de una función

En el cálculo, se dedica mucho esfuerzo para determinar el comportamiento de una función f en un intervalo I. ¿f tiene un valor máximo en I? ¿Tiene un valor mínimo? ¿Dónde es creciente la función? ¿Dónde es decreciente? En este capítulo se aprenderá cómo las derivadas pueden ser utilizadas para responder estas preguntas. También se verá por qué estas preguntas son importantes en las aplicaciones de la vida real.

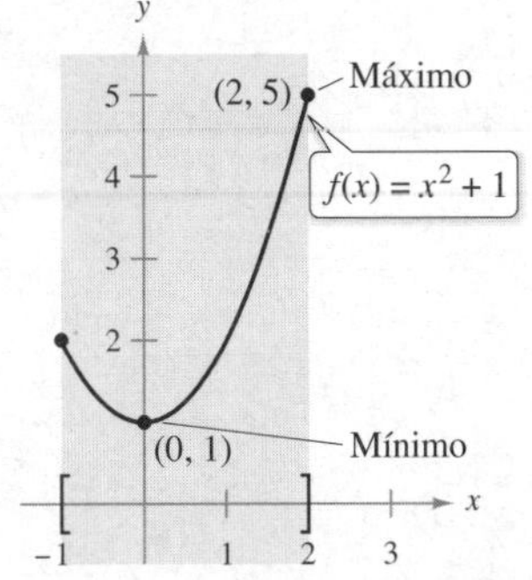

(a) f es continua, $[-1, 2]$ es cerrado.

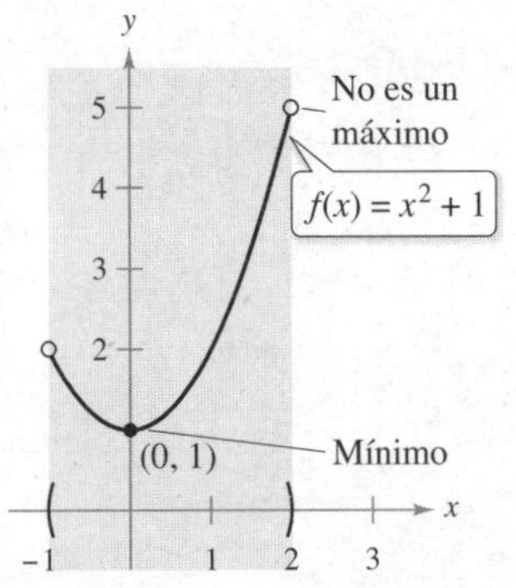

(b) f es continua, $(-1, 2)$ es abierto.

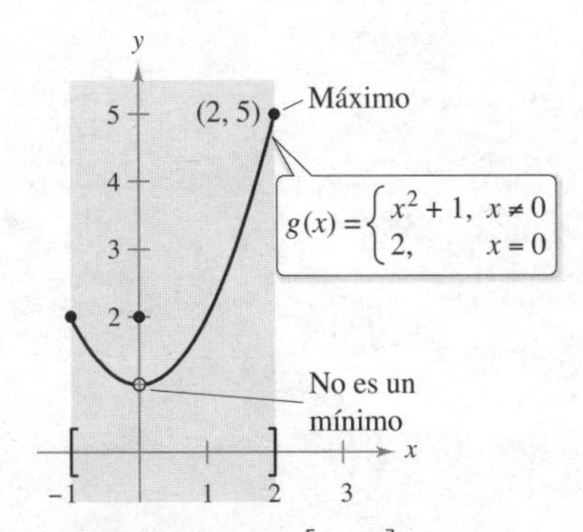

(c) g no es continua, $[-1, 2]$ es cerrado.

Figura 3.1

Para ver las figuras a color, acceda al código

Definición de extremos

Sea f una función definida en un intervalo I que contiene a c.

1. $f(c)$ es el **mínimo de f en I** si $f(c) \leq f(x)$ para toda x en I.
2. $f(c)$ es el **máximo de f en I** si $f(c) \geq f(x)$ para toda x en I.

Los mínimos y máximos de una función en un intervalo son los **valores extremos**, o simplemente **extremos**, de la función en el intervalo. El mínimo y el máximo de una función en un intervalo también reciben el nombre de **mínimo absoluto** y **máximo absoluto**, o **mínimo global** y **máximo global** en el intervalo. En un intervalo dado, los puntos extremos pueden ocurrir en puntos interiores o en sus puntos finales (vea la figura 3.1). A los puntos extremos que se encuentran en los puntos finales se les llama **puntos extremos finales**.

Una función no siempre tiene un mínimo o un máximo en un intervalo. Por ejemplo, en la figura 3.1(a) y (b), es posible ver que la función $f(x) = x^2 + 1$ tiene tanto un mínimo como un máximo en el intervalo cerrado $[-1, 2]$, pero no tiene un máximo en el intervalo abierto $(-1, 2)$. Además, en la figura 3.1(c) se observa que la continuidad (o la falta de la misma) puede afectar la existencia de un extremo en un intervalo. Esto sugiere el siguiente teorema. (Aunque el teorema de los valores extremos es intuitivamente creíble, su demostración no se encuentra dentro del objetivo de este libro.)

TEOREMA 3.1 El teorema del valor extremo

Si f es una función continua en el intervalo cerrado $[a, b]$, entonces f tiene tanto un mínimo como un máximo en el intervalo.

Exploración

Determinación de los valores mínimo y máximo El teorema del valor extremo (al igual que el teorema del valor intermedio) es un *teorema de existencia* porque indica la existencia de valores mínimo y máximo, pero no muestra cómo determinarlos. Use la función para valores extremos de una herramienta de graficación con el fin de encontrar los valores *mínimo* y *máximo* de cada una de las siguientes funciones. En cada caso, ¿los valores de x son exactos o aproximados? Explique.

a. $f(x) = x^2 - 4x + 5$ en el intervalo cerrado $[-1, 3]$

b. $f(x) = x^3 - 2x^2 - 3x - 2$ en el intervalo cerrado $[-1, 3]$

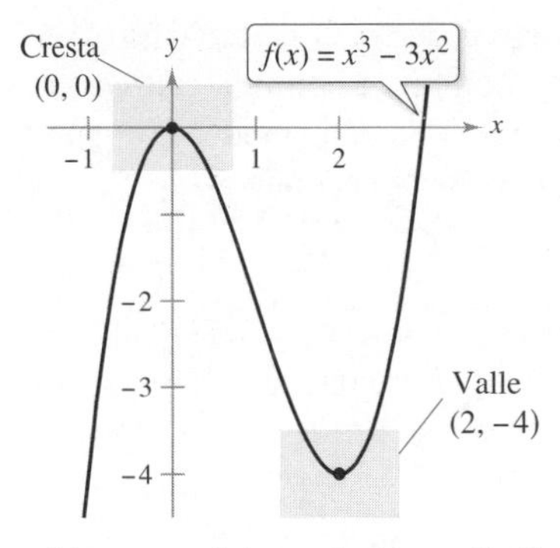

f tiene un máximo relativo en (0, 0) y un mínimo relativo en (2, −4).
Figura 3.2

Para ver las figuras a color, acceda al código

Extremos relativos y puntos críticos

En la figura 3.2 la gráfica de $f(x) = x^3 - 3x^2$ tiene un **máximo relativo** en el punto (0, 0) y un **mínimo relativo** en el punto (2, −4). De manera informal, para una función continua, puede pensar que un máximo relativo ocurre en una "cresta" de la gráfica, y que un mínimo relativo se representa en un "valle" en la gráfica. Tales cimas y valles pueden ocurrir de dos maneras. Si la cresta (o valle) es suave y redondeada, la gráfica tiene una tangente horizontal en el punto alto (o punto bajo). Si la cresta (o valle) es un pico, la gráfica representa una función que no es derivable en el punto más alto (o en el punto más bajo).

Definición de extremos relativos

1. Si hay un intervalo abierto que contiene a c en el cual $f(c)$ es un máximo, entonces $f(c)$ recibe el nombre de **máximo relativo** de f, o se puede decir que f tiene un **máximo relativo en $(c, f(c))$**.
2. Si hay un intervalo abierto que contiene a c en el cual $f(c)$ es un mínimo, entonces $f(c)$ recibe el nombre de **mínimo relativo** de f, o se puede decir que f tiene un **mínimo relativo en $(c, f(c))$**.

Un máximo relativo o un mínimo relativo algunas veces se llaman **máximo local** y **mínimo local**, respectivamente.

El ejemplo 1 examina las derivadas de una función en extremos relativos *dados*. (En la sección 3.3 se estudia en detalle la *determinación* de los extremos relativos de una función.)

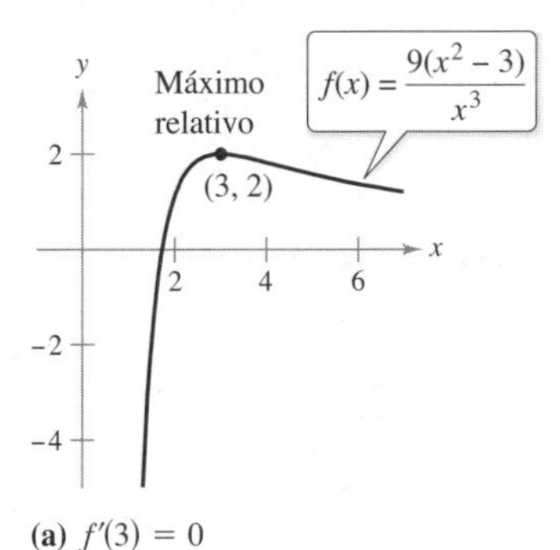

(a) $f'(3) = 0$

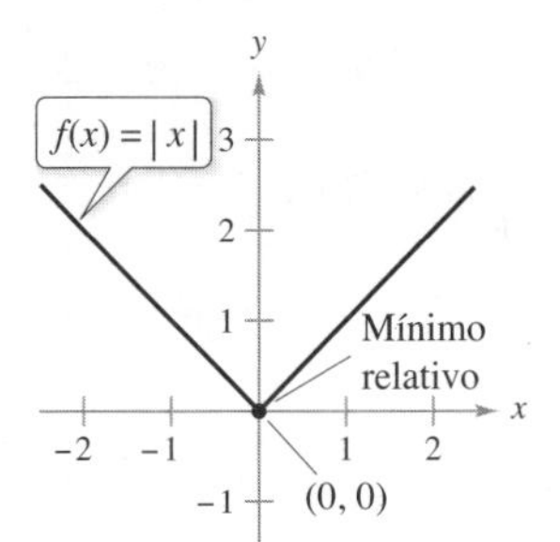

(b) $f'(0)$ no existe.

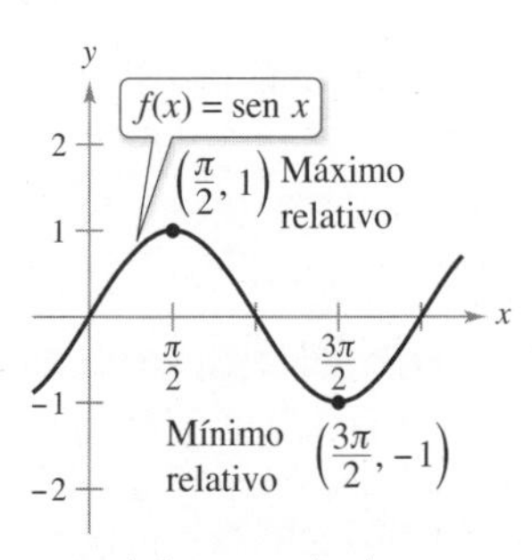

(c) $f'\left(\dfrac{\pi}{2}\right) = 0; f'\left(\dfrac{3\pi}{2}\right) = 0$

Figura 3.3

EJEMPLO 1 Valor de la derivada en los extremos relativos

Encuentre el valor de la derivada en cada uno de los extremos relativos que se ilustran en la figura 3.3.

Solución

a. La derivada de $f(x) = \dfrac{9(x^2 - 3)}{x^3}$ es

$$f'(x) = \frac{x^3(18x) - (9)(x^2 - 3)(3x^2)}{(x^3)^2} \quad \text{Derive utilizando la regla del cociente.}$$

$$= \frac{9x^2[2x^2 - 3(x^2 - 3)]}{x^6} \quad \text{Factorice.}$$

$$= \frac{9(9 - x^2)}{x^4} \quad \text{Divida factores comunes y agrupe términos semejantes.}$$

En el punto (3, 2), el valor de la derivada es $f'(3) = 0$ [vea la figura 3.3(a)].

b. En $x = 0$, la derivada de $f(x) = |x|$ *no existe* debido a que difieren los siguientes límites unilaterales [vea la figura 3.3(b)].

$$\lim_{x \to 0^-} \frac{f(x) - f(0)}{x - 0} = \lim_{x \to 0^-} \frac{|x|}{x} = -1 \quad \text{Límite desde la izquierda.}$$

$$\lim_{x \to 0^+} \frac{f(x) - f(0)}{x - 0} = \lim_{x \to 0^+} \frac{|x|}{x} = 1 \quad \text{Límite desde la derecha.}$$

c. La derivada de $f(x) = \operatorname{sen} x$ es $f'(x) = \cos x$. En el punto $(\pi/2, 1)$, el valor de la derivada es $f'(\pi/2) = \cos(\pi/2) = 0$. En el punto $(3\pi/2, -1)$, el valor de la derivada es $f'(3\pi/2) = \cos(3\pi/2) = 0$ [vea la figura 3.3(c)].

Observe que en el ejemplo 1, en los extremos relativos la derivada es cero o no existe. Los valores de x en estos puntos especiales reciben el nombre de **puntos críticos**. La figura 3.4 ilustra los dos tipos de puntos críticos. Advierta en la definición que el punto crítico c debe estar en el dominio de f, pero c no tiene que estar en el dominio de f'.

COMENTARIO Algunas veces a los puntos críticos se les llama *valores críticos* o *números críticos*.

Definición de un punto crítico

Sea f una función definida en c. Si $f'(c) = 0$ o si f no es derivable en c, entonces c es un **punto crítico** de f.

Para ver las figuras a color, acceda al código

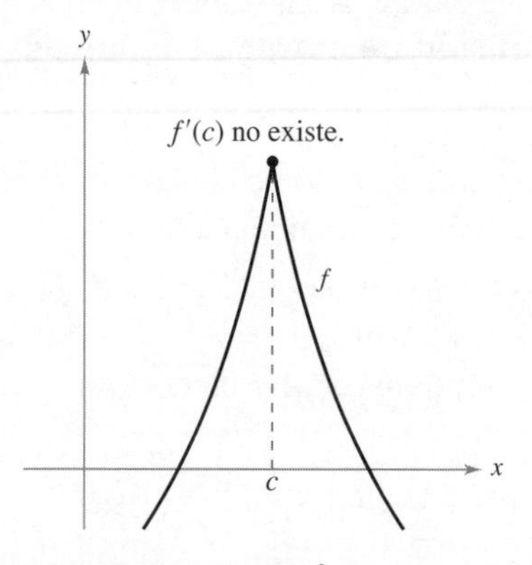

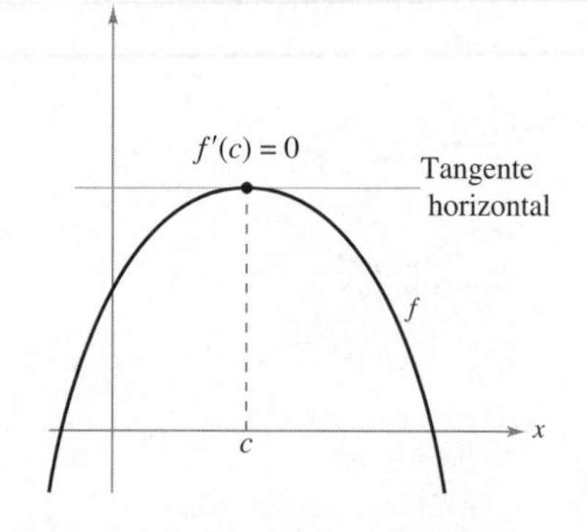

c es un punto crítico de f.

Figura 3.4

TEOREMA 3.2 Los extremos relativos se presentan solo en puntos críticos

Si f tiene un mínimo relativo o un máximo relativo en $x = c$, entonces c es un punto crítico de f.

PIERRE DE FERMAT (1601-1665)

Para Fermat, que estudió abogacía, las matemáticas eran más una afición que una profesión. Sin embargo, Fermat realizó muchas contribuciones a la geometría analítica, la teoría de números, el cálculo y la probabilidad. En cartas a sus amigos, escribió sobre muchas de las ideas fundamentales del cálculo, mucho antes de Newton o Leibniz. Por ejemplo, en ocasiones el teorema 3.2 se atribuye a Fermat.

Consulte LarsonCalculus.com (disponible solo en inglés) para leer más de esta biografía.

Demostración

Caso 1: Si f *no* es derivable en $x = c$, entonces, por definición, c es un punto crítico de f y el teorema es válido.

Caso 2: Si f es derivable en $x = c$, entonces $f'(c)$ debe ser positiva, negativa o 0. Suponga que $f'(c)$ es positiva. Entonces

$$f'(c) = \lim_{x \to c} \frac{f(x) - f(c)}{x - c} > 0$$

lo cual implica que existe un intervalo (a, b) que contiene a c de modo tal que

$$\frac{f(x) - f(c)}{x - c} > 0, \text{ para toda } x \neq c \text{ en } (a, b).$$

Vea el ejercicio 88(b), sección 1.2.

Como este cociente es positivo, los signos en el denominador y el numerador deben coincidir. Lo anterior produce las siguientes desigualdades para los valores de x en el intervalo (a, b).

Izquierda de c: $x < c$ y $f(x) < f(c)$ ⇨ $f(c)$ no es mínimo relativo.

Derecha de c: $x > c$ y $f(x) > f(c)$ ⇨ $f(c)$ no es máximo relativo.

De tal modo, la suposición de que $f'(c) > 0$ contradice la hipótesis de que $f(c)$ es un extremo relativo. Suponiendo que $f'(c) < 0$ produce una contradicción similar, solo queda una posibilidad, a saber, $f'(c) = 0$. En consecuencia, por definición, c es un punto crítico de f y el teorema resulta válido. ■

Determinación de extremos en un intervalo cerrado

El teorema 3.2 señala que los extremos relativos de una función *solo* pueden ocurrir en los puntos críticos de la función. Sabiendo esto, se pueden utilizar las siguientes estrategias para determinar los extremos en un intervalo cerrado.

Grandes ideas del cálculo

En este capítulo se estudiarán algunas de las aplicaciones de la derivada. Estas aplicaciones incluyen análisis gráfico y optimización. Además, se estudiará cómo se usa la derivada en el teorema del valor medio, uno de los teoremas más importantes en el cálculo.

Directrices para la determinación de los extremos en un intervalo cerrado

Para determinar los extremos de una función continua f en un intervalo cerrado $[a, b]$, se siguen estos pasos.

1. Encuentre los puntos críticos de f en (a, b).
2. Evalúe f en cada punto crítico en (a, b).
3. Evalúe f en cada punto extremo de $[a, b]$.
4. El más pequeño de estos valores es el mínimo. El más grande es el máximo.

Los siguientes tres ejemplos muestran cómo aplicar estas estrategias. Asegúrese de que la determinación de los puntos críticos de la función solo es una parte del procedimiento. La evaluación de la función en los puntos críticos *y* los puntos extremos corresponden a la otra parte.

Para ver la figura a color, acceda al código

EJEMPLO 2 Determinar los extremos en un intervalo cerrado

Determine los extremos de

$$f(x) = 3x^4 - 4x^3$$

en el intervalo $[-1, 2]$

Solución Comience derivando la función

$$f(x) = 3x^4 - 4x^3 \qquad \text{Escriba la función original.}$$

$$f'(x) = 12x^3 - 12x^2 \qquad \text{Derive.}$$

Para determinar los puntos críticos de f en el intervalo $(-1, 2)$, necesita encontrar los valores de x para los cuales $f'(x) = 0$ y todos los valores de x para los cuales $f'(x)$ no existe.

$$12x^3 - 12x^2 = 0 \qquad \text{Iguale } f'(x) \text{ a cero.}$$

$$12x^2(x - 1) = 0 \qquad \text{Factorice.}$$

$$12x^2 = 0 \quad \Rightarrow \quad x = 0 \qquad \text{Iguale el primer factor con cero.}$$

$$x - 1 = 0 \quad \Rightarrow \quad x = 1 \qquad \text{Iguale el segundo factor con cero.}$$

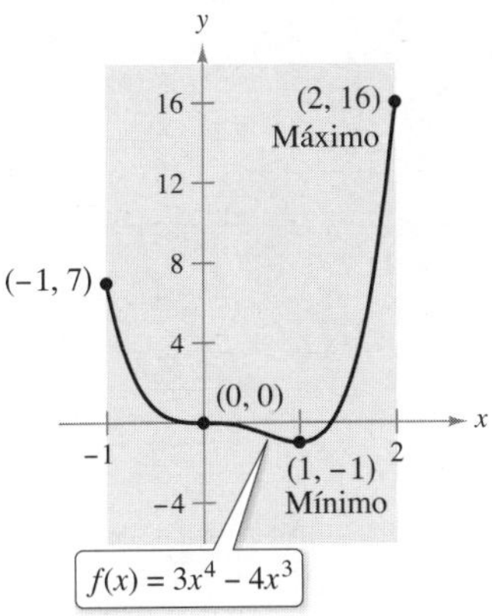

Debido a que f' se define para toda x, es posible concluir que $x = 0$ y $x = 1$ son los únicos puntos críticos de f. Al evaluar f en estos dos puntos críticos y en los puntos extremos de $[-1, 2]$, es posible determinar que el máximo es $f(2) = 16$ y el mínimo corresponde a $f(1) = -1$, como se muestra en la tabla. La gráfica de f se muestra en la figura 3.5.

Punto extremo izquierdo	Punto crítico	Punto crítico	Punto extremo derecho
$f(-1) = 7$	$f(0) = 0$	$f(1) = -1$ Mínimo	$f(2) = 16$ Máximo

En el intervalo cerrado $[-1, 2]$, f tiene un mínimo en $(1, -1)$ y un máximo en $(2, 16)$.
Figura 3.5

En la figura 3.5 observe que el punto crítico $x = 0$ no produce un mínimo relativo o un máximo relativo. Esto indica que el recíproco del teorema 3.2 no es válido. En otras palabras, *los puntos críticos de una función no necesariamente son extremos relativos.*

EJEMPLO 3 Determinar los extremos en un intervalo cerrado

Encuentre los extremos de $f(x) = 2x - 3x^{2/3}$ en el intervalo $[-1, 3]$.

Solución Comience derivando la función.

$$f(x) = 2x - 3x^{2/3} \qquad \text{Escriba la función original.}$$

$$f'(x) = 2 - \frac{2}{x^{1/3}} \qquad \text{Derive.}$$

$$= 2\left(\frac{x^{1/3} - 1}{x^{1/3}}\right) \qquad \text{Simplifique.}$$

A partir de esta derivada se puede ver que la función tiene dos puntos críticos en el intervalo $(-1, 3)$. El número 1 es crítico porque $f'(1) = 0$, y el punto 0 es un punto crítico debido a que $f'(0)$ no existe. Al evaluar f en estos dos números y en los puntos extremos del intervalo, se puede concluir que el mínimo es $f(-1) = -5$ y el máximo, $f(0) = 0$, como se indica en la tabla. La gráfica de f se muestra en la figura 3.6.

Punto final izquierdo	Punto crítico	Punto crítico	Punto final derecho
$f(-1) = -5$ Mínimo	$f(0) = 0$ Máximo	$f(1) = -1$	$f(3) = 6 - 3\sqrt[3]{9} \approx -0.24$

En el intervalo cerrado $[-1, 3]$, f tiene un mínimo en $(-1, -5)$ y un máximo en $(0, 0)$.
Figura 3.6

EJEMPLO 4 Determinar los extremos en un intervalo cerrado

Consulte LarsonCalculus.com (disponible solo en inglés) para una versión interactiva de este tipo de ejemplo.

Encuentre los extremos de

$$f(x) = 2 \operatorname{sen} x - \cos 2x$$

en el intervalo $[0, 2\pi]$.

Solución Comencemos por derivar la función.

$$f(x) = 2 \operatorname{sen} x - \cos 2x \qquad \text{Escriba la función original.}$$

$$f'(x) = 2\cos x + 2 \operatorname{sen} 2x \qquad \text{Iguale.}$$

$$= 2\cos x + 4\cos x \operatorname{sen} x \qquad \operatorname{sen} 2x = 2\cos x \operatorname{sen} x$$

$$= 2(\cos x)(1 + 2 \operatorname{sen} x) \qquad \text{Factorice.}$$

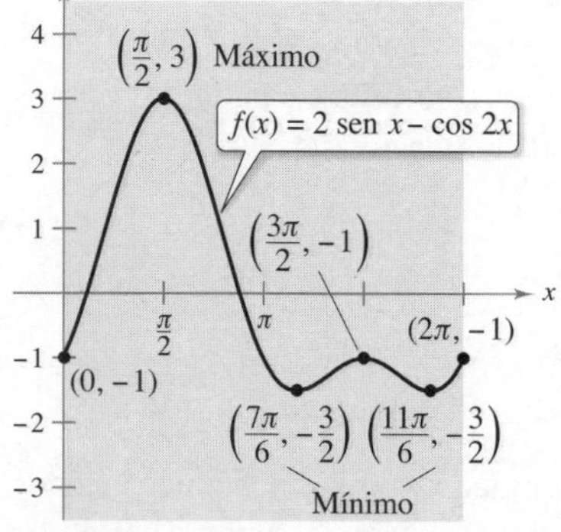

En el intervalo cerrado $[0, 2\pi]$, f tiene dos mínimos en $(7\pi/6, -3/2)$ y $(11\pi/6, -3/2)$ y un máximo en $(\pi/2, 3)$.
Figura 3.7

Como f es derivable para toda x real, podemos establecer todos los puntos críticos de f determinando las raíces de su derivada. Considerando $2(\cos x)(1 + 2 \operatorname{sen} x) = 0$ en el intervalo $(0, 2\pi)$, el factor $\cos x$ es cero cuando $x = \pi/2$ y cuando $x = 3\pi/2$. El factor $(1 + 2 \operatorname{sen} x)$ es cero cuando $x = 7\pi/6$ y cuando $x = 11\pi/6$. Al evaluar f en estos cuatro puntos críticos y en los puntos extremos del intervalo, se concluye que el máximo es $f(\pi/2) = 3$ y que se presenta el mínimo en *dos* puntos, $f(7\pi/6) = -3/2$ y $f(11\pi/6) = -3/2$, como se indica en la tabla. La gráfica se muestra en la figura 3.7.

Punto final izquierdo	Punto crítico	Punto crítico	Punto crítico	Punto crítico	Punto final derecho
$f(0) = -1$	$f\left(\frac{\pi}{2}\right) = 3$ Máximo	$f\left(\frac{7\pi}{6}\right) = -\frac{3}{2}$ Mínimo	$f\left(\frac{3\pi}{2}\right) = -1$	$f\left(\frac{11\pi}{6}\right) = -\frac{3}{2}$ Mínimo	$f(2\pi) = -1$

Para ver las figuras a color, acceda al código

3.1 Ejercicios

Las respuestas a los ejercicios impares pueden consultarse en el Apéndice de este libro.

Repaso de conceptos

1. Explique qué significa decir que $f(c)$ es el mínimo de f en un intervalo I.
2. Describa el teorema del valor extremo.
3. Explique la diferencia entre un máximo relativo y un máximo absoluto en un intervalo I.
4. Dé la definición de un punto crítico.
5. Explique cómo encontrar los puntos críticos de una función.
6. Explique cómo encontrar los extremos de una función continua en un intervalo cerrado $[a, b]$.

Encontrar el valor de la derivada en extremos relativos **En los ejercicios 7 a 12, determine el valor de la derivada (si existe) en cada extremo indicado.**

7. $f(x) = \dfrac{x^2}{x^2 + 4}$

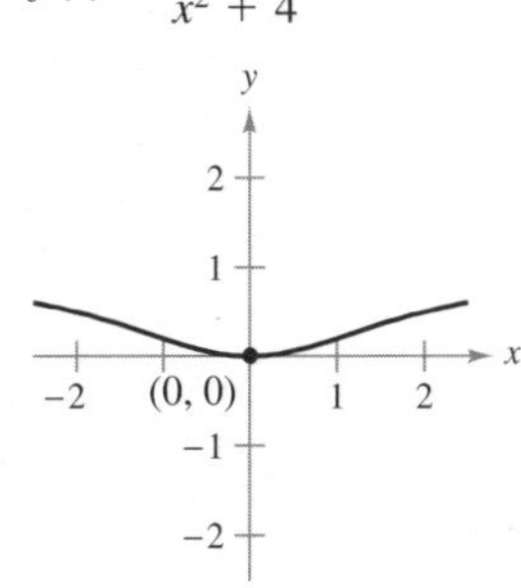

8. $f(x) = \cos \dfrac{\pi x}{2}$

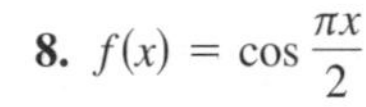

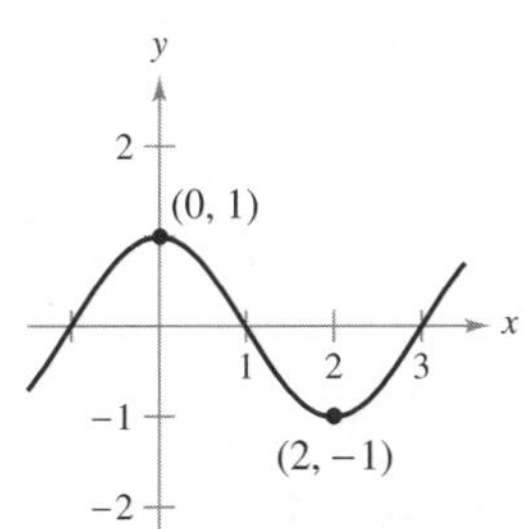

9. $g(x) = x + \dfrac{4}{x^2}$

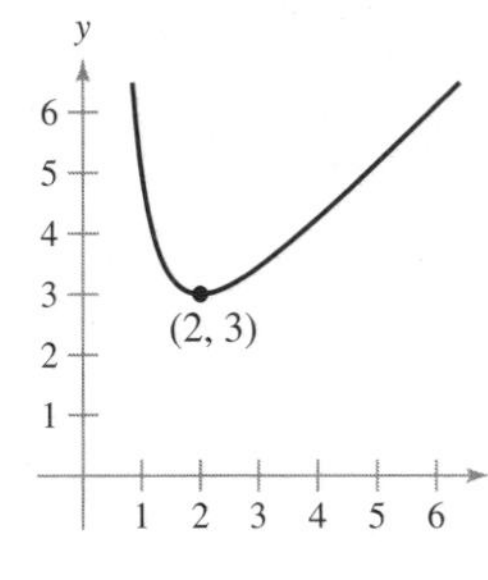

10. $f(x) = -3x\sqrt{x + 1}$

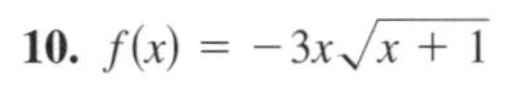

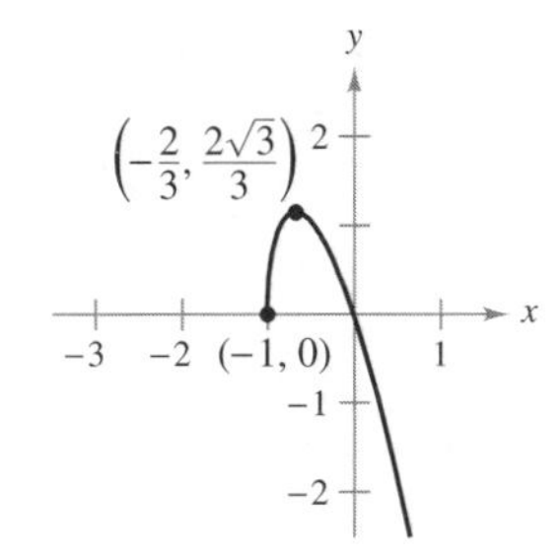

11. $f(x) = (x + 2)^{2/3}$

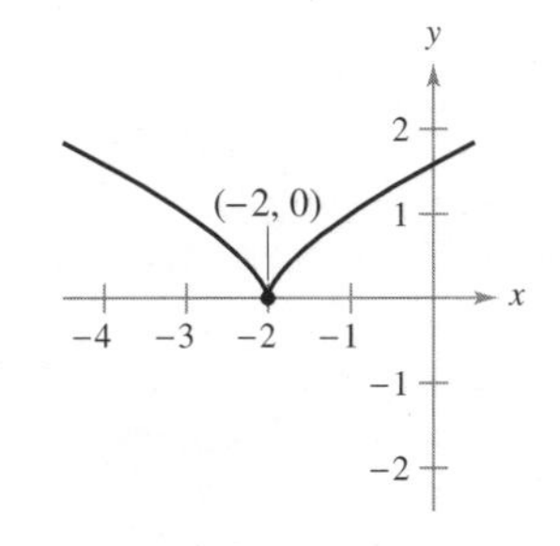

12. $f(x) = 4 - |x|$

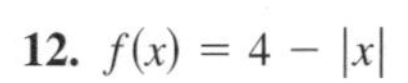

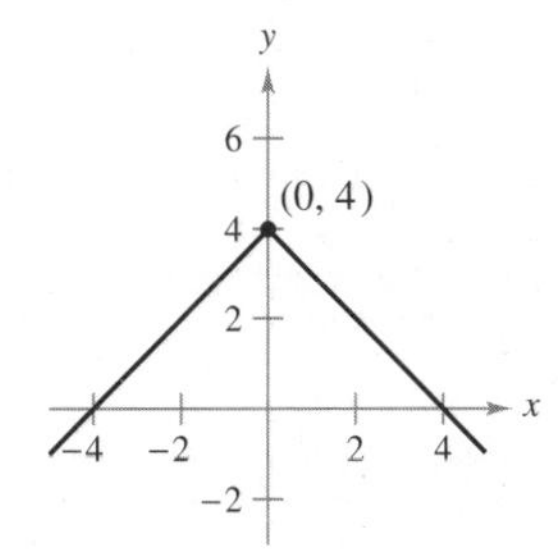

Aproximar puntos críticos **En los ejercicios 13 a 16, aproxime los puntos críticos de la función que se muestra en la gráfica. Determine si la función tiene un máximo relativo, mínimo relativo, máximo absoluto, mínimo absoluto o ninguno de estos en cada punto crítico en el intervalo mostrado.**

13.

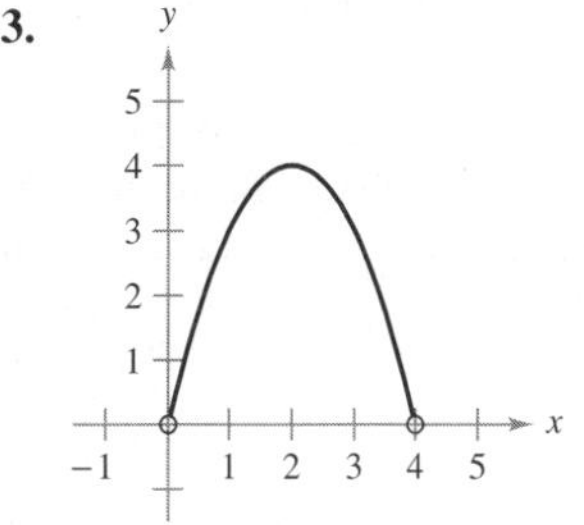

14.

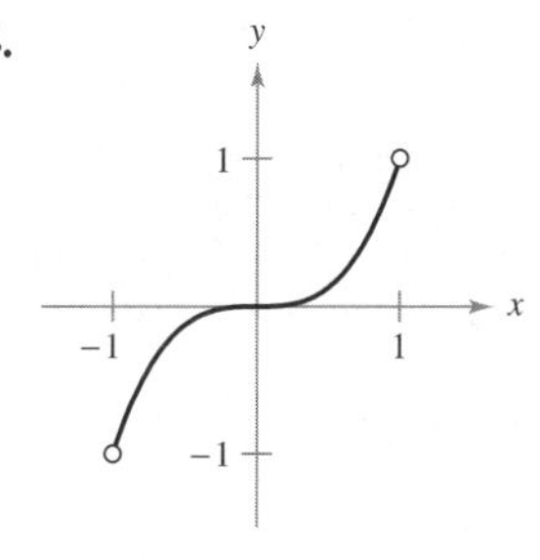

15.

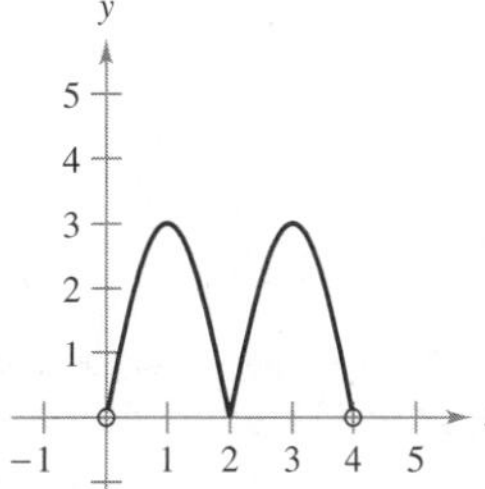

16.

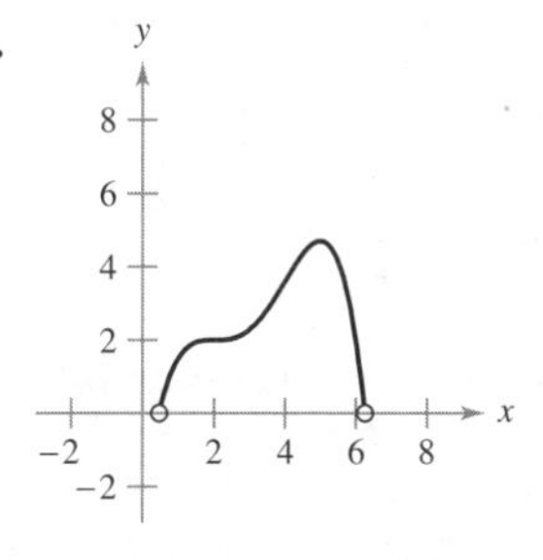

Encontrar puntos críticos **En los ejercicios 17 a 22, determine los puntos críticos de la función.**

17. $f(x) = 4x^2 - 6x$
18. $g(x) = x - \sqrt{x}$
19. $g(t) = t\sqrt{4 - t},\ t < 3$
20. $f(x) = \dfrac{4x}{x^2 + 1}$
21. $h(x) = \operatorname{sen}^2 x + \cos x,\quad 0 < x < 2\pi$
22. $f(\theta) = 2 \sec \theta + \tan \theta,\quad 0 < \theta < 2\pi$

Encontrar extremos en un intervalo cerrado **En los ejercicios 23 a 40, ubique los extremos absolutos de la función en el intervalo cerrado.**

23. $f(x) = 3 - x,\ [-1, 2]$
24. $f(x) = \dfrac{3}{4}x + 2,\ [0, 4]$
25. $h(x) = 5 - 2x^2,\ [-3, 1]$
26. $f(x) = 7x^2 + 1,\ [-1, 2]$
27. $f(x) = x^3 - \dfrac{3}{2}x^2,\ [-1, 2]$
28. $f(x) = 2x^3 - 6x,\ [0, 3]$
29. $y = 3x^{2/3} - 2x,\ [-1, 1]$
30. $g(x) = \sqrt[3]{x},\ [-8, 8]$
31. $g(x) = \dfrac{6x^2}{x - 2},\ [-2, 1]$
32. $h(t) = \dfrac{t}{t + 3},\ [-1, 6]$
33. $y = 3 - |t - 3|,\ [-1, 5]$
34. $g(x) = |x + 4|,\ [-7, 1]$
35. $f(x) = [\![x]\!],\ [-2, 2]$
36. $h(x) = [\![2 - x]\!],\ [-2, 2]$
37. $f(x) = \operatorname{sen} x,\ \left[\dfrac{5\pi}{6}, \dfrac{11\pi}{6}\right]$
38. $g(x) = \sec x,\ \left[-\dfrac{\pi}{6}, \dfrac{\pi}{3}\right]$
39. $y = 3 \cos x,\ [0, 2\pi]$
40. $y = \tan \dfrac{\pi x}{8},\ [0, 2]$

Encontrar extremos en un intervalo En los ejercicios 41 a 44, localice los extremos absolutos de la función (si existen) sobre cada intervalo.

41. $f(x) = 2x - 3$

(a) $[0, 2]$ (b) $[0, 2)$

(c) $(0, 2]$ (d) $(0, 2)$

42. $f(x) = 5 - x$

(a) $[1, 4]$ (b) $[1, 4)$

(c) $(1, 4]$ (d) $(1, 4)$

43. $f(x) = x^2 - 2x$

(a) $[-1, 2]$ (b) $(1, 3]$

(c) $(0, 2)$ (d) $[1, 4)$

44. $f(x) = \sqrt{4 - x^2}$

(a) $[-2, 2]$ (b) $[-2, 0)$

(c) $(-2, 2)$ (d) $[1, 2)$

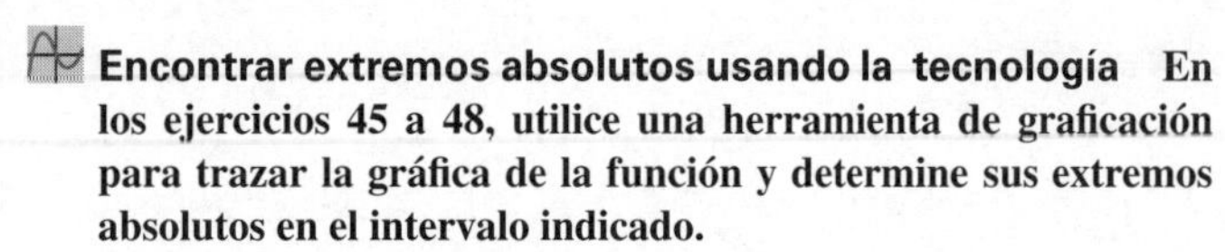

Encontrar extremos absolutos usando la tecnología En los ejercicios 45 a 48, utilice una herramienta de graficación para trazar la gráfica de la función y determine sus extremos absolutos en el intervalo indicado.

45. $f(x) = \dfrac{3}{x - 1}, \quad (1, 4]$

46. $f(x) = \dfrac{2}{2 - x}, \quad [0, 2)$

47. $f(x) = \sqrt{x} + \dfrac{\operatorname{sen} x}{3}, \quad [0, \pi]$

48. $f(x) = -x + \cos 3\pi x, \quad \left[0, \dfrac{\pi}{6}\right]$

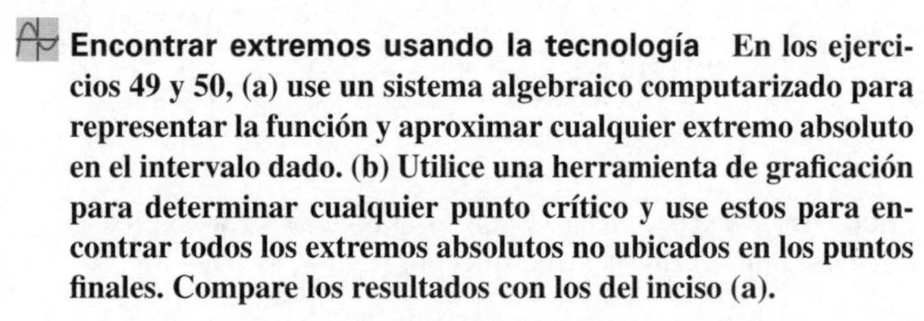

Encontrar extremos usando la tecnología En los ejercicios 49 y 50, (a) use un sistema algebraico computarizado para representar la función y aproximar cualquier extremo absoluto en el intervalo dado. (b) Utilice una herramienta de graficación para determinar cualquier punto crítico y use estos para encontrar todos los extremos absolutos no ubicados en los puntos finales. Compare los resultados con los del inciso (a).

49. $f(x) = 3.2x^5 + 5x^3 - 3.5x, \quad [0, 1]$

50. $f(x) = \dfrac{4}{3}x\sqrt{3 - x}, \quad [0, 3]$

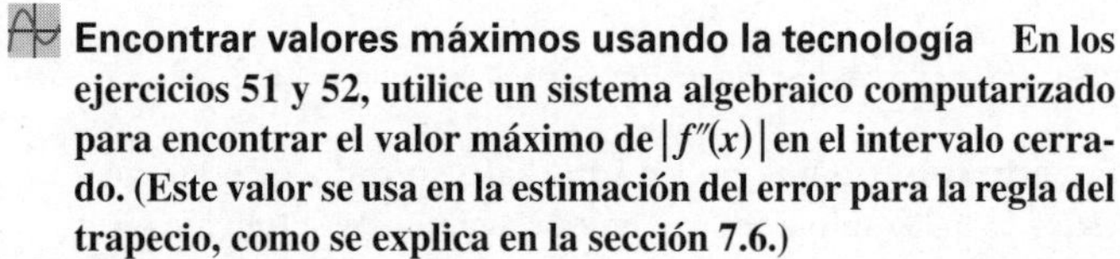

Encontrar valores máximos usando la tecnología En los ejercicios 51 y 52, utilice un sistema algebraico computarizado para encontrar el valor máximo de $|f''(x)|$ en el intervalo cerrado. (Este valor se usa en la estimación del error para la regla del trapecio, como se explica en la sección 7.6.)

51. $f(x) = \sqrt{1 + x^3}, \quad [0, 2]$

52. $f(x) = \dfrac{1}{x^2 + 1}, \quad \left[\dfrac{1}{2}, 3\right]$

Encontrar valores máximos usando la tecnología En los ejercicios 53 y 54, utilice un sistema algebraico computarizado para determinar el valor máximo de $|f^{(4)}(x)|$ en el intervalo cerrado. (Este valor se emplea en la estimación del error para la regla de Simpson, como se explica en la sección 7.6.)

53. $f(x) = (x + 1)^{2/3}, \quad [0, 2]$

54. $f(x) = \dfrac{1}{x^2 + 1}, \quad [-1, 1]$

55. Redacción Escriba un párrafo breve explicando por qué una función definida en un intervalo abierto puede no tener un máximo o un mínimo. Ilustre la explicación con un dibujo de la gráfica de tal función.

56. **¿CÓMO LO VE?** Determine si cada uno de los puntos etiquetados es un máximo o un mínimo absoluto, un máximo o un mínimo relativo o ninguno.

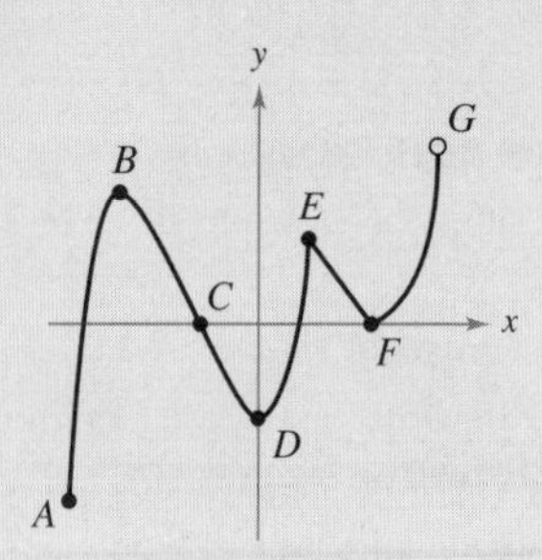

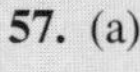

Exploración de conceptos

En los ejercicios 57 y 58, determine a partir de la gráfica si f tiene un mínimo en el intervalo abierto (a, b). Explique su razonamiento.

57. (a)

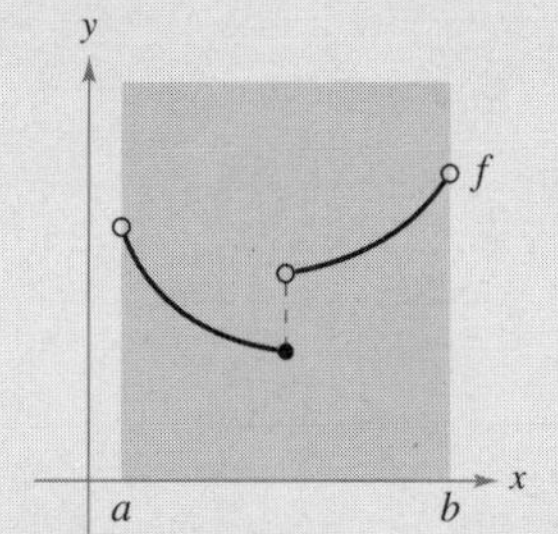

(b)

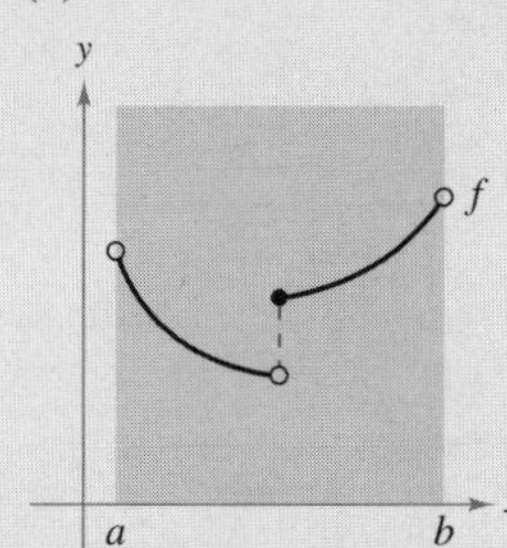

58. (a)

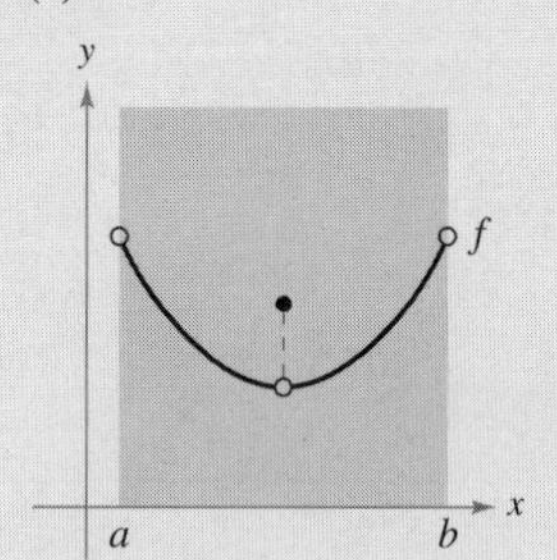

(b)

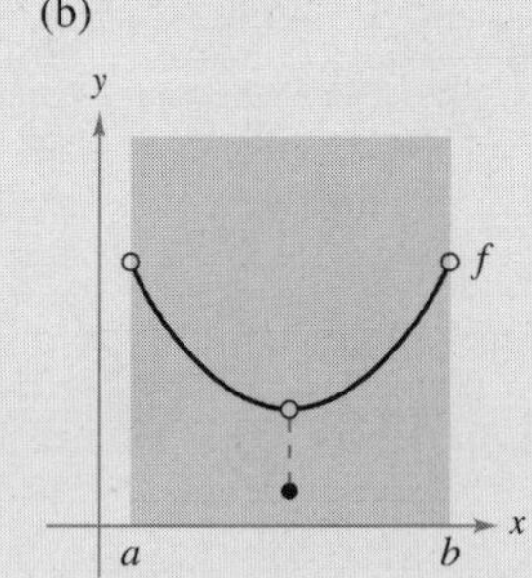

59. Considere la función

$$f(x) = \frac{x - 4}{x + 2}$$

¿Es $x = -2$ un punto crítico de f? ¿Por qué sí o por qué no?

60. Grafique una función en el intervalo $[-2, 5]$ que tenga las siguientes características.

Mínimo relativo en $x = -1$

Punto crítico (pero no un extremo) en $x = 0$

Máximo absoluto en $x = 2$

Mínimo absoluto en $x = 5$

61. Potencia La fórmula para la salida de potencia P de una batería es

$$P = VI - RI^2$$

donde V es la fuerza electromotriz en volts, R es la resistencia en ohms e I es la corriente en amperes. Determine la corriente (medida en amperes) que corresponde a un valor máximo de P en una batería para la cual $V = 12$ volts y $R = 0.5$ ohms. Suponga que un fusible de 15 amperes enlaza la salida en el intervalo $0 \leq I \leq 15$. ¿Podría aumentarse la salida de potencia sustituyendo el fusible de 15 amperes por uno de 20 amperes? Explique.

62. Aspersor giratorio para césped Un aspersor giratorio para césped se construye de manera tal que $d\theta/dt$ es constante, donde θ varía entre 45° y 135° (vea la figura). La distancia que el agua recorre horizontalmente es

$$x = \frac{v^2 \operatorname{sen} 2\theta}{32}, \quad 45° \leq \theta \leq 135°$$

donde v es la velocidad del agua. Encuentre dx/dt y explique por qué este aspersor no riega de manera uniforme. ¿Qué parte del césped recibe la mayor cantidad de agua?

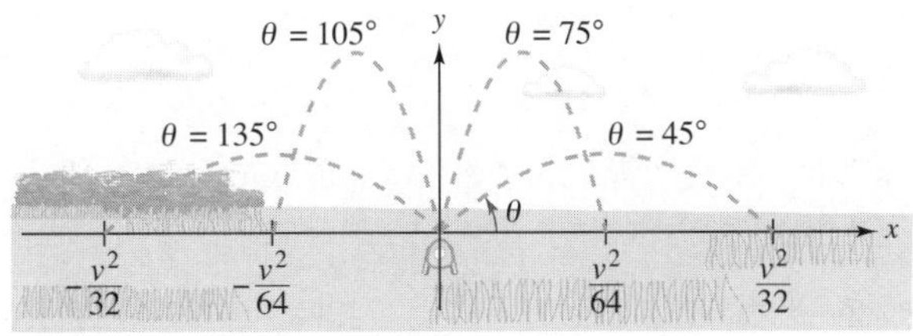

Aspersor de agua: $45° \leq \theta \leq 135°$

PARA INFORMACIÓN ADICIONAL Para mayor información acerca de "Calculus of lawn sprinklers", consulte el artículo "Design of an Oscillating Sprinkler", de Bart Braden, en *Mathematics Magazine.* Para ver este artículo, visite *MathArticles.com* (disponible solo en inglés).

63. Panal El área de la superficie de una celda de un panal es

$$S = 6hs + \frac{3s^2}{2}\left(\frac{\sqrt{3} - \cos\theta}{\operatorname{sen}\theta}\right)$$

donde h y s son constantes positivas y θ es el ángulo al cual las caras superiores alcanzan la altura de la celda (vea la figura). Encuentre el ángulo θ $(\pi/6 \leq \theta \leq \pi/2)$ que minimiza el área superficial S.

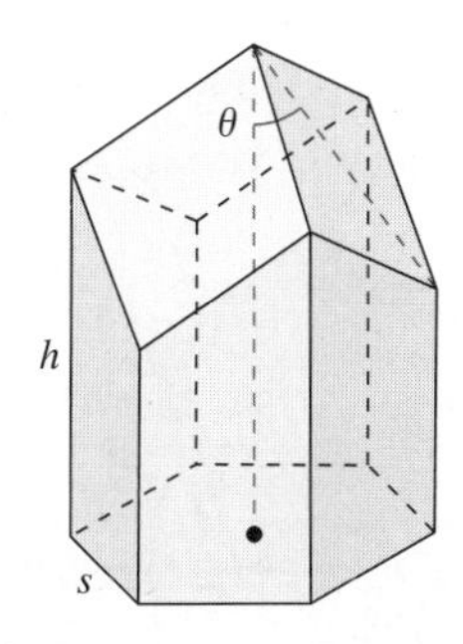

PARA INFORMACIÓN ADICIONAL Para mayor información acerca de la estructura geométrica de una celda de un panal, consulte el artículo "The Design of Honeycombs", de Anthony L. Peressini, en UMAP Módulo 502, publicado por COMAP, Inc., Suite 210, 57 Bedford Street, Lexington, MA.

64. Diseño de una autopista Para construir una autopista es necesario rellenar una parte de un valle donde los declives (pendientes) son de 9 y 6% (vea la figura). La pendiente superior de la región rellenada tendrá la forma de un arco parabólico que es tangente a las dos pendientes en los puntos A y B. La distancia horizontal desde el punto A hasta el eje y y desde el punto B hasta el eje y es de 500 pies en ambos casos.

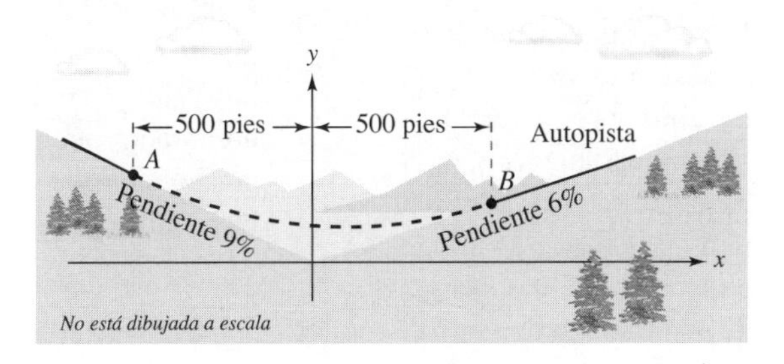

(a) Determine las coordenadas de A y B.

(b) Determine una función cuadrática $y = ax^2 + bx + c$ para $-500 \leq x \leq 500$ que describa la parte superior de la región rellenada.

(c) Construya una tabla en la que se indiquen las profundidades del relleno $x = -500, -400, -300, -200, -100, 0, 100, 200, 300, 400$ y 500.

(d) ¿Cuál será el punto más bajo de una autopista terminada? ¿Estará directamente sobre el punto donde se juntan los dos declives?

¿Verdadero o falso? En los ejercicios 65 a 68, determine si el enunciado es verdadero o falso. Si es falso, explique por qué o dé un ejemplo que demuestre que es falso.

65. El máximo de $y = x^2$ en el intervalo $(-3, 3)$ es 9.

66. Si una función es continua en un intervalo cerrado, entonces debe tener un mínimo en el intervalo.

67. Si $x = c$ es un punto crítico de la función f, entonces también es un punto crítico de la función $g(x) = f(x) + k$, donde k es una constante.

68. Si $x = c$ es un punto crítico de la función f, entonces también es un punto crítico de la función $g(x) = f(x - k)$, donde k es una constante.

69. Funciones Sea f una función derivable en un intervalo I que contiene a c. Si f tiene un valor máximo en $x = c$, demuestre que $-f$ tiene un valor mínimo en $x = c$.

70. Puntos críticos Considere la función polinomial cúbica $f(x) = ax^3 + bx^2 + cx + d$, donde $a \neq 0$. Demuestre que f puede tener uno, dos o ningún punto crítico y dé un ejemplo de cada caso.

DESAFÍO DEL EXAMEN PUTNAM

71. Determine todos los números reales $a > 0$ para los que existe una función $f(x)$ continua y no negativa definida sobre $[0, a]$, con la propiedad de que la definida por $R = \{(x, y): 0 \leq x \leq a, 0 \leq y \leq f(x)\}$ tiene perímetro k y área k^2 para algún número real k.

Este problema fue preparado por el Committee on the Putnam Prize Competition.

3.2 El teorema de Rolle y el teorema del valor medio

- **Describir y usar el teorema de Rolle.**
- **Describir y usar el teorema del valor medio.**

Teorema de Rolle

El teorema del valor extremo (sección 3.1) establece que una función continua en un intervalo cerrado $[a, b]$ debe tener tanto un mínimo como un máximo en el intervalo. Ambos valores, sin embargo, pueden ocurrir en los puntos extremos. El **teorema de Rolle**, nombrado así en honor del matemático francés Michel Rolle (1652-1719), proporciona las condiciones que garantizan la existencia de un valor extremo en el *interior* de un intervalo cerrado.

Exploración

Valores extremos en un intervalo cerrado Dibuje un plano de coordenadas rectangular en una hoja de papel. Marque los puntos (1, 3) y (5, 3). Utilizando un lápiz o una pluma, dibuje la gráfica de una función derivable f que empieza en (1, 3) y termina en (5, 3). ¿Existe al menos un punto sobre la gráfica para el cual la derivada sea cero? ¿Sería posible dibujar la gráfica de manera que no hubiera un punto para el cual la derivada es cero? Explique su razonamiento.

TEOREMA 3.3 Teorema de Rolle

Sea f continua en el intervalo cerrado $[a, b]$ y derivable en el intervalo abierto (a, b). Si $f(a) = f(b)$, entonces existe al menos un número c en (a, b) tal que $f'(c) = 0$.

Demostración Sea $f(a) = d = f(b)$.

Caso 1: Si $f(x) = d$ para toda x en $[a, b]$, entonces f es constante en el intervalo y, por el teorema 2.2, $f'(x) = 0$ para toda x en (a, b).

Caso 2: Suponga que $f(x) > d$ para alguna x en (a, b). Por el teorema del valor extremo, se sabe que f tiene un máximo en algún punto c en el intervalo. Además, como $f(c) > d$, este máximo no puede estar en los puntos extremos. De tal modo, f tiene un máximo en el intervalo *abierto* (a, b). Esto implica que $f(c)$ es un máximo *relativo* y por el teorema 3.2, c es un punto crítico de f. Por último, como f es derivable en c, es posible concluir que $f'(c) = 0$.

Caso 3: Si $f(x) < d$ para alguna x en (a, b), se puede utilizar un argumento similar al del caso 2, pero implicando el mínimo en vez del máximo. ■

Para ver las figuras a color, acceda al código

De acuerdo con el teorema de Rolle, si una función f es continua en $[a, b]$ y derivable en (a, b), y si $f(a) = f(b)$, debe existir al menos un valor x entre a y b en el cual la gráfica de f tiene una tangente horizontal [vea la figura 3.8(a)]. Si se elimina el requerimiento de derivabilidad del teorema de Rolle, f seguirá teniendo un punto crítico en (a, b), pero quizá no produzca una tangente horizontal. Un caso de este tipo se muestra en la figura 3.8(b).

TEOREMA DE ROLLE

Michel Rolle, matemático francés, fue el primero en publicar en 1691 el teorema que lleva su nombre. Sin embargo, antes de ese tiempo Rolle fue uno de los más severos críticos del cálculo, señalando que este proporcionaba resultados erróneos y se basaba en razonamientos infundados. Posteriormente Rolle se dio cuenta de la utilidad del cálculo.

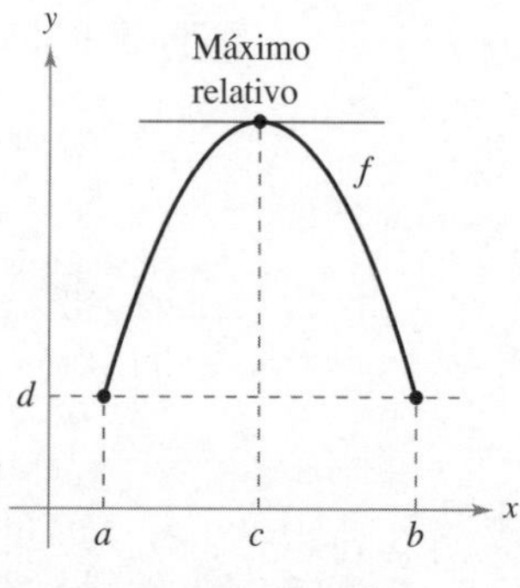

(a) f es continua en $[a, b]$ y derivable en (a, b).

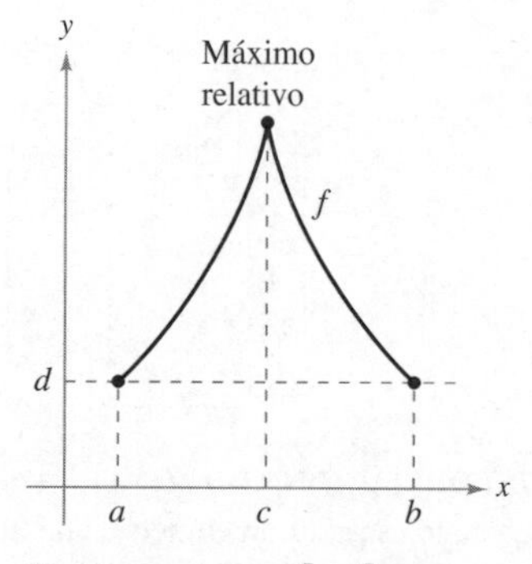

(b) f es continua en $[a, b]$ pero no derivable en (a, b).

Figura 3.8

EJEMPLO 1 Ilustrar el teorema de Rolle

Encuentre las dos intersecciones en x de

$$f(x) = x^2 - 3x + 2$$

y demuestre que $f'(x) = 0$ en algún punto entre las dos intersecciones en x.

Solución Advierta que f es derivable en toda la recta real. Igualando $f(x)$ a 0, se obtiene

$$x^2 - 3x + 2 = 0 \quad \text{Iguale } f(x) \text{ a 0.}$$

$$(x - 1)(x - 2) = 0 \quad \text{Factorice.}$$

$$x = 1, 2 \quad \text{Resuelva para } x.$$

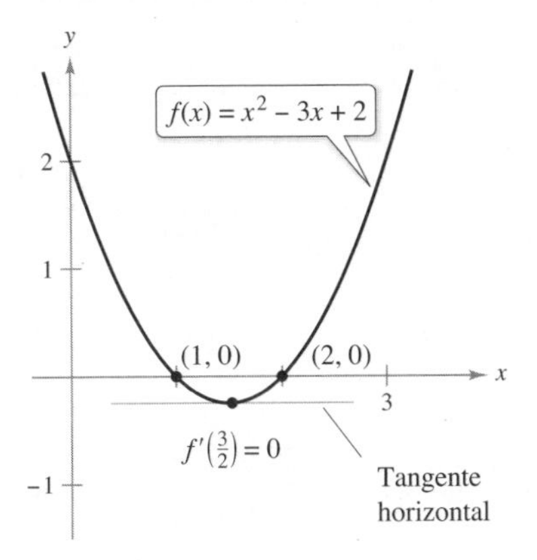

El valor de x para el cual $f'(x) = 0$ está entre las dos intersecciones con el eje x.
Figura 3.9

De tal modo, $f(1) = f(2) = 0$, y de acuerdo con el teorema de Rolle se sabe que *existe* al menos una c en el intervalo $(1, 2)$ tal que $f'(c) = 0$. Para *determinar* dicha c, derive f para obtener

$$f'(x) = 2x - 3 \quad \text{Derive.}$$

y así puede determinar que $f'(x) = 0$ cuando $x = \frac{3}{2}$. Observe que el valor de x se encuentra en el intervalo abierto $(1, 2)$, como se indica en la figura 3.9. ■

Para ver las figuras a color, acceda al código

El teorema de Rolle establece que si f satisface las condiciones del teorema, debe haber *al menos* un punto entre a y b en el cual la derivada es 0. Es posible que exista más de un punto de estas características, como se muestra en el siguiente ejemplo.

EJEMPLO 2 Ilustrar el teorema de Rolle

Sea $f(x) = x^4 - 2x^2$. Determine todos los valores de c en el intervalo $(-2, 2)$ tal que $f'(c) = 0$.

Solución Para empezar, observe que la función satisface las condiciones del teorema de Rolle. Esto es, f es continua en el intervalo $[-2, 2]$ y derivable en el intervalo $(-2, 2)$. Además, debido a que $f(-2) = f(2) = 8$, puede concluir que existe al menos una c en $(-2, 2)$ tal que $f'(c) = 0$. Ya que

$$f'(x) = 4x^3 - 4x \quad \text{Derive.}$$

igualando a 0 la derivada, se obtiene

$$4x^3 - 4x = 0 \quad \text{Iguale } f'(x) \text{ a cero.}$$

$$4x(x - 1)(x + 1) = 0 \quad \text{Factorice.}$$

$$x = 0, 1, -1 \quad \text{Valores de } x \text{ para los cuales } f'(x) = 0.$$

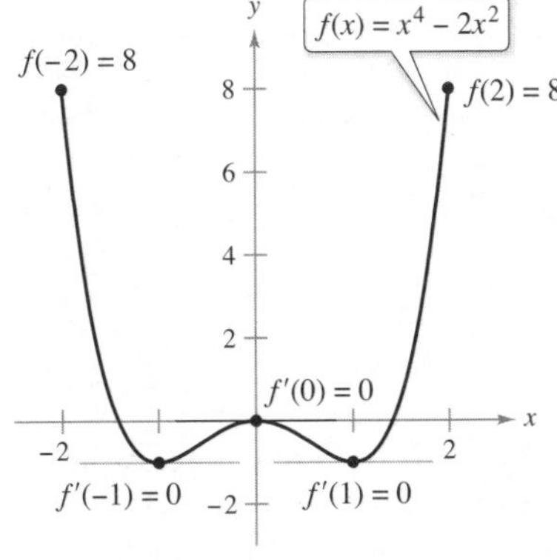

$f'(x) = 0$ para más de un valor de x en el intervalo $(-2, 2)$.
Figura 3.10

De tal modo, en el intervalo $(-2, 2)$, la derivada es cero en valores diferentes de x, como se indica en la figura 3.10. ■

CONFUSIÓN TECNOLÓGICA Se puede utilizar una herramienta de graficación para indicar si los puntos sobre las gráficas de los ejemplos 1 y 2 son mínimos o máximos relativos de las funciones. Sin embargo, al usar una herramienta de graficación, debe tener presente que es posible obtener imágenes o gráficas equivocadas. Por ejemplo, use una herramienta de graficación para representar

$$f(x) = 1 - (x - 1)^2 - \frac{1}{1000(x - 1)^{1/7} + 1}$$

En la mayoría de las ventanas de visualización parece que la función tiene un máximo de 1 cuando $x = 1$ (vea la figura 3.11). No obstante, al evaluar la función en $x = 1$, observará que $f(1) = 0$. Para determinar el comportamiento de esta función cerca de $x = 1$, es necesario examinar la gráfica de manera analítica para obtener la imagen completa.

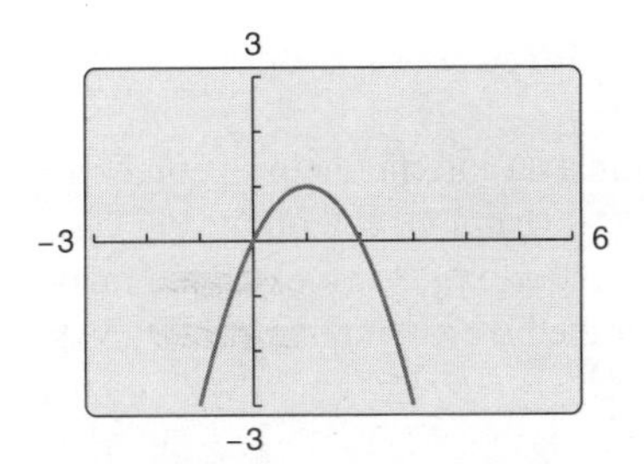

Figura 3.11

COMENTARIO En el teorema del valor medio, "medio" se refiere a la media (o promedio) de la tasa de cambio de f en el intervalo $[a, b]$.

El teorema del valor medio

El teorema de Rolle puede utilizarse para probar otro teorema: el **teorema del valor medio**.

TEOREMA 3.4 El teorema del valor medio

Si f es continua en el intervalo cerrado $[a, b]$ y derivable en el intervalo abierto (a, b), entonces existe un número c en (a, b) tal que

$$f'(c) = \frac{f(b) - f(a)}{b - a}$$

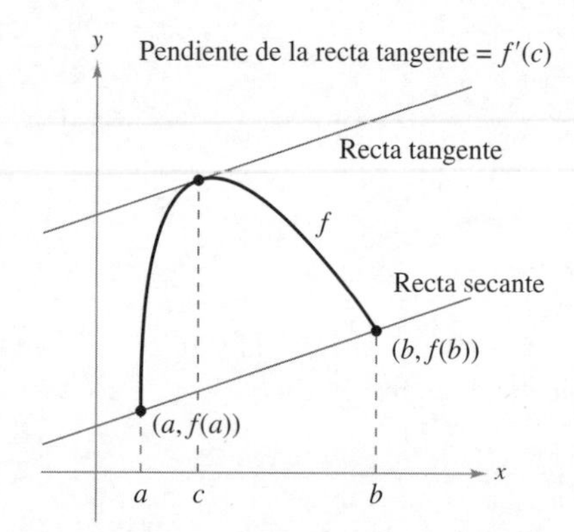

Figura 3.12

Demostración Consulte la figura 3.12. La ecuación de la recta secante que contiene los puntos $(a, f(a))$ y $(b, f(b))$ es

$$y = \overbrace{\left[\frac{f(b) - f(a)}{b - a}\right]}^{\text{Pendiente de recta secante}}(x - a) + f(a) \qquad \text{Recta secante por } (a, f(a)) \text{ y } (b, f(b)).$$

Sea $g(x)$ la diferencia entre $f(x)$ y y. Entonces

$$g(x) = f(x) - y$$

$$= f(x) - \left[\frac{f(b) - f(a)}{b - a}\right](x - a) - f(a) \qquad \text{Sustituya } y.$$

Evaluando g en a y b, se observa que

$$g(a) = 0 = g(b)$$

Como f es continua sobre $[a, b]$ se sigue que g también es continua sobre $[a, b]$. Además, en virtud de que f es derivable, g también lo es, y resulta posible aplicar el teorema de Rolle a la función g. Así, existe un número c en (a, b) tal que $g'(c) = 0$, lo que implica que

$$g'(c) = 0 \qquad \text{Iguale } g'(c) \text{ con cero.}$$

$$f'(c) - \frac{f(b) - f(a)}{b - a} = 0 \qquad \text{Derive } g.$$

De tal modo, existe un número c en (a, b) tal que

$$f'(c) = \frac{f(b) - f(a)}{b - a} \qquad \text{Despeje } f'(c).$$

Para ver la figura a color, acceda al código

Aunque es posible utilizar el teorema del valor medio de manera directa en la solución de problemas, se usa más a menudo para demostrar otros teoremas. De hecho, algunas personas consideran que es el teorema más importante en el cálculo pues se relaciona estrechamente con el teorema fundamental que se explica en la sección 4.4. Por ahora, es posible obtener una idea de la versatilidad de este teorema considerando los resultados planteados en los ejercicios 79 a 83 de esta sección.

El teorema del valor medio tiene implicaciones para ambas interpretaciones básicas de la derivada. Geométricamente, el teorema garantiza la existencia de una recta tangente que es paralela a la recta secante que pasa por los puntos

$$(a, f(a)) \quad \text{y} \quad (b, f(b))$$

como se muestra en la figura 3.12. El ejemplo 3 ilustra esta interpretación geométrica del teorema del valor medio. En términos de las razones de cambio, el teorema del valor medio implica que debe haber un punto en el intervalo abierto (a, b) en el cual la razón de cambio instantánea es igual a la razón de cambio promedio en el intervalo $[a, b]$. Esto se ilustra en el ejemplo 4.

JOSEPH-LOUIS LAGRANGE (1736-1813)

El teorema del valor medio fue demostrado por primera vez por el famoso matemático Joseph-Louis Lagrange. Nacido en Italia, Lagrange formó parte de la corte de Federico *El Grande* en Berlín durante 20 años.

Consulte LarsonCalculus.com (disponible solo en inglés) para leer más de esta biografía.

EJEMPLO 3 Determinar una recta tangente

Consulte LarsonCalculus.com (disponible solo en inglés) para una versión interactiva de este tipo de ejemplo.

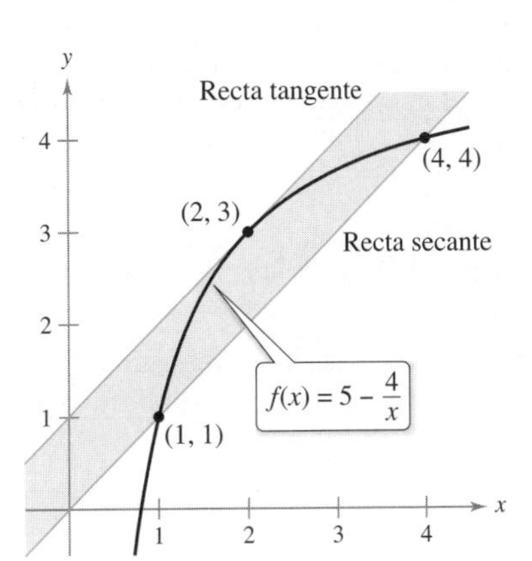

La recta tangente en (2, 3) es paralela a la recta secante que pasa por (1, 1) y (4, 4).

Figura 3.13

Dada $f(x) = 5 - (4/x)$, determine todos los valores de c en el intervalo abierto (1, 4) tales que

$$f'(c) = \frac{f(4) - f(1)}{4 - 1}$$

Solución La pendiente de la recta secante que pasa por $(1, f(1))$ y $(4, f(4))$ es

$$\frac{f(4) - f(1)}{4 - 1} = \frac{4 - 1}{4 - 1} = 1 \qquad \text{Pendiente de recta secante.}$$

Observe que la función satisface las condiciones del teorema del valor medio. Esto es, f es continua en el intervalo [1, 4] y derivable en el intervalo (1, 4). Entonces, existe al menos un número c en (1, 4) tal que $f'(c) = 1$. Resolviendo la ecuación $f'(x) = 1$, se obtiene

$$\frac{4}{x^2} = 1 \qquad \text{Haga } f'(x) \text{ igual a 1.}$$

lo cual implica que $x = \pm 2$. De tal modo, en el intervalo (1, 4), puede concluir que $c = 2$. La figura 3.13 muestra la gráfica de f, la recta secante pasa por los puntos (1, 1) y (4, 4) y muestra además la recta tangente en $x = 2$. Observe que la recta tangente es paralela a la recta secante porque ambas rectas tienen la misma pendiente.

EJEMPLO 4 Determinar la razón de cambio instantánea

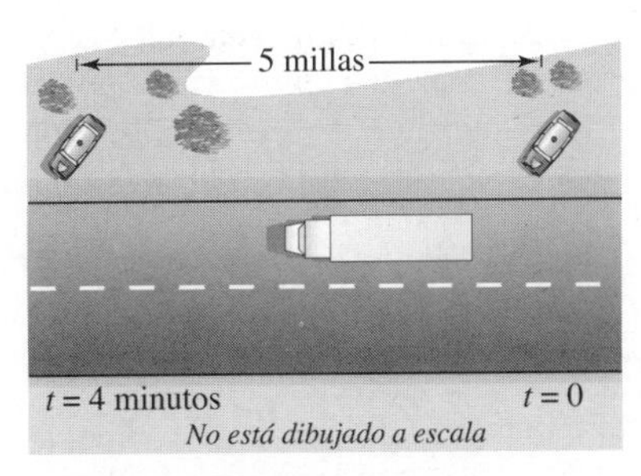

En algún tiempo t, la velocidad instantánea es igual a la velocidad promedio durante los 4 minutos.

Figura 3.14

Dos patrullas estacionadas equipadas con radar se encuentran a 5 millas de distancia sobre una autopista, como se muestra en la figura 3.14. Cuando pasa un camión al lado de la primera patrulla, la velocidad de este se registra en un valor de 55 millas por hora. Cuatro minutos después, cuando el camión pasa al lado de la segunda patrulla, el registro de velocidad corresponde a 50 millas por hora. Demuestre que el camión ha excedido el límite de velocidad (de 55 millas por hora) en algún momento dentro del intervalo de los 4 minutos dados.

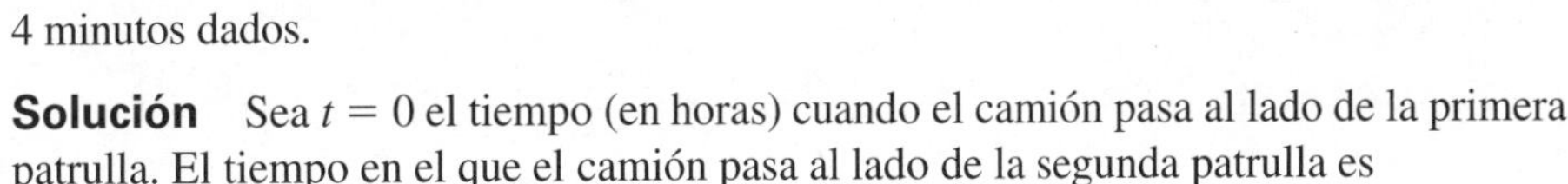

Solución Sea $t = 0$ el tiempo (en horas) cuando el camión pasa al lado de la primera patrulla. El tiempo en el que el camión pasa al lado de la segunda patrulla es

$$t = \frac{4}{60} = \frac{1}{15} \text{ hora}$$

Si $s(t)$ representa la distancia (en millas) recorrida por el camión, tiene que $s(0) = 0$ y $s\left(\frac{1}{15}\right) = 5$. Por tanto, la velocidad promedio del camión sobre el trecho de 5 millas de autopista es

$$\text{Velocidad promedio} = \frac{s(1/15) - s(0)}{(1/15) - 0} = \frac{5}{1/15} = 75 \text{ millas por hora}$$

Suponiendo que la función de posición es derivable, es posible aplicar el teorema del valor medio para concluir que el camión debe haber estado viajando a razón de 75 millas por hora en algún momento durante los 4 minutos. ■

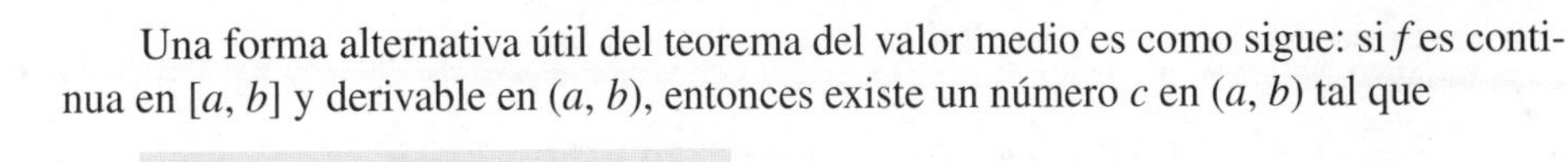

Una forma alternativa útil del teorema del valor medio es como sigue: si f es continua en $[a, b]$ y derivable en (a, b), entonces existe un número c en (a, b) tal que

$$f(b) = f(a) + (b - a)f'(c) \qquad \text{Forma alternativa del teorema del valor medio.}$$

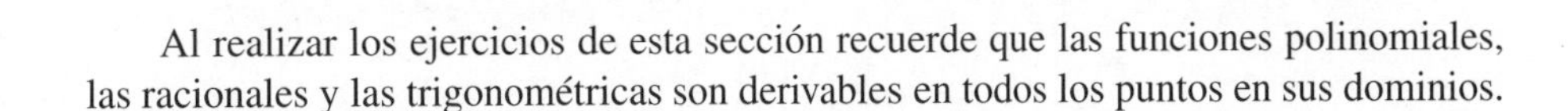

Al realizar los ejercicios de esta sección recuerde que las funciones polinomiales, las racionales y las trigonométricas son derivables en todos los puntos en sus dominios.

Para ver las figuras a color, acceda al código

3.2 Ejercicios

Las respuestas a los ejercicios impares pueden consultarse en el Apéndice de este libro.

Repaso de conceptos

1. Explique el teorema de Rolle.
2. Explique el teorema del valor medio.

Redacción En los ejercicios 3 a 6, explique por qué el teorema de Rolle no se aplica a la función aun cuando existan a y b tales que $f(a) = f(b)$.

3. $f(x) = \left|\frac{1}{x}\right|, \ [-1, 1]$
4. $f(x) = \cot\frac{x}{2}, \ [\pi, 3\pi]$
5. $f(x) = 1 - |x - 1|, \ [0, 2]$
6. $f(x) = \sqrt{(2 - x^{2/3})^3}, \ [-1, 1]$

Usar el teorema de Rolle En los ejercicios 7 a 10, encuentre dos intersecciones con el eje x de la función f y demuestre que $f'(x) = 0$ en algún punto entre las dos intersecciones.

7. $f(x) = x^2 - x - 2$
8. $f(x) = x^2 + 6x$
9. $f(x) = x\sqrt{x + 4}$
10. $f(x) = -3x\sqrt{x + 1}$

Usar el teorema de Rolle En los ejercicios 11 a 24, determine si es posible aplicar el teorema de Rolle a la función f en el intervalo cerrado $[a, b]$. Si se puede aplicar el teorema de Rolle, determine todos los valores de c en el intervalo abierto (a, b) tales que $f'(c) = 0$. Si no se puede aplicar, explique por qué no.

11. $f(x) = -x^2 + 3x, \ [0, 3]$
12. $f(x) = x^2 - 8x + 5, \ [2, 6]$
13. $f(x) = (x - 1)(x - 2)(x - 3), \ [1, 3]$
14. $f(x) = (x - 4)(x + 2)^2, \ [-2, 4]$
15. $f(x) = x^{2/3} - 1, \ [-8, 8]$
16. $f(x) = 3 - |x - 3|, \ [0, 6]$
17. $f(x) = \frac{x^2 - 2x - 3}{x + 2}, \ [-1, 3]$
18. $f(x) = \frac{x^2 - 4}{x - 1}, \ [-2, 2]$
19. $f(x) = \operatorname{sen} x, \ [0, 2\pi]$
20. $f(x) = \cos x, \ [\pi, 3\pi]$
21. $f(x) = \cos \pi x, \ [0, 2]$
22. $f(x) = \operatorname{sen} 3x, \ \left[\frac{\pi}{2}, \frac{7\pi}{6}\right]$
23. $f(x) = \tan x, \ [0, \pi]$
24. $f(x) = \sec x, \ [\pi, 2\pi]$

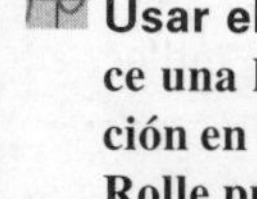

Usar el teorema de Rolle En los ejercicios 25 a 28, utilice una herramienta de graficación para representar la función en el intervalo cerrado $[a, b]$. Determine si el teorema de Rolle puede aplicarse a f en el intervalo y si es así, encuentre todos los valores de c en el intervalo abierto (a, b) tales que $f'(c) = 0$.

25. $f(x) = |x| - 1, \ [-1, 1]$
26. $f(x) = x - x^{1/3}, \ [0, 1]$
27. $f(x) = \frac{x}{2} - \operatorname{sen}\frac{\pi x}{6}, \ [-1, 0]$
28. $f(x) = x - \tan \pi x, \ \left[-\frac{1}{4}, \frac{1}{4}\right]$

29. **Movimiento vertical** La altura de una pelota t segundos después de que se lanzó hacia arriba a partir de una altura de 6 pies y con una velocidad inicial de 48 pies por segundo es $f(t) = -16t^2 + 48t + 6$
    (a) Compruebe que $f(1) = f(2)$.
    (b) De acuerdo con el teorema de Rolle, ¿cuál debe ser la velocidad en algún tiempo en el intervalo $(1, 2)$? Determine ese tiempo.

30. **Costos de pedidos** El costo de pedido y transporte C para componentes utilizados en un proceso de manufactura se aproxima mediante

$$C(x) = 10\left(\frac{1}{x} + \frac{x}{x + 3}\right)$$

donde C se mide en miles de dólares y x es el tamaño del pedido en cientos.
    (a) Compruebe que $C(3) = C(6)$.
    (b) De acuerdo con el teorema de Rolle, la rapidez de cambio del costo debe ser 0 para algún tamaño de pedido en el intervalo $(3, 6)$. Determine ese tamaño de pedido.

Teorema del valor medio En los ejercicios 31 y 32, copie la gráfica y dibuje la recta secante a la misma a través de los puntos $(a, f(a))$ y $(b, f(b))$. A continuación, dibuje cualquier recta tangente a la gráfica para cada valor de c garantizada por el teorema del valor medio. Para imprimir una copia ampliada de la gráfica, visite *MathGraphs.com* (disponible solo en inglés).

31.
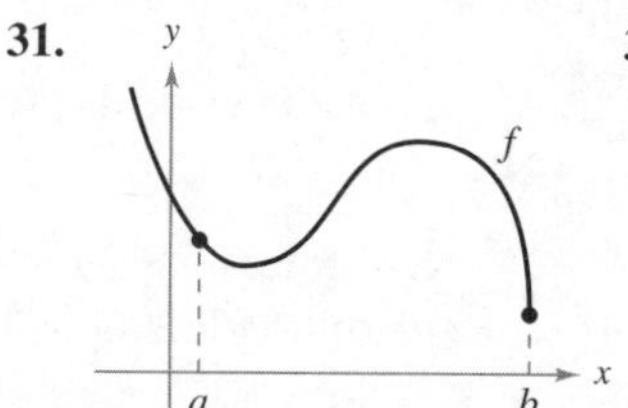

32.
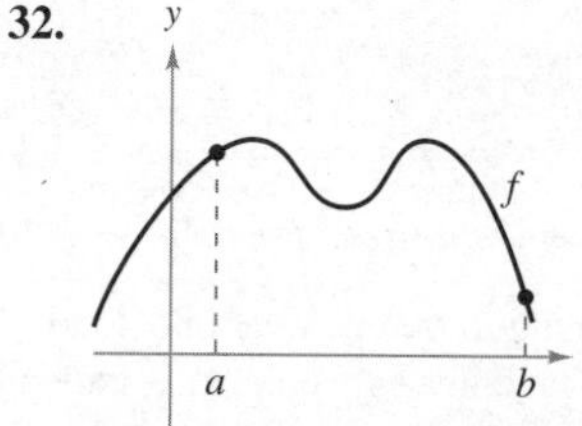

Redacción En los ejercicios 33 a 36, explique por qué el teorema de valor medio no aplica a la función f en el intervalo $[0, 6]$.

33.
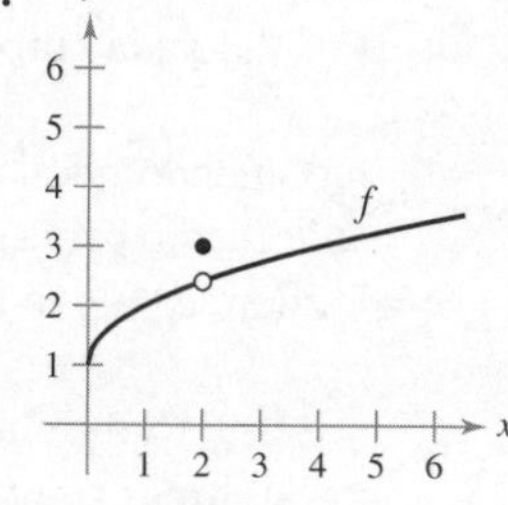

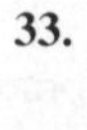

34.
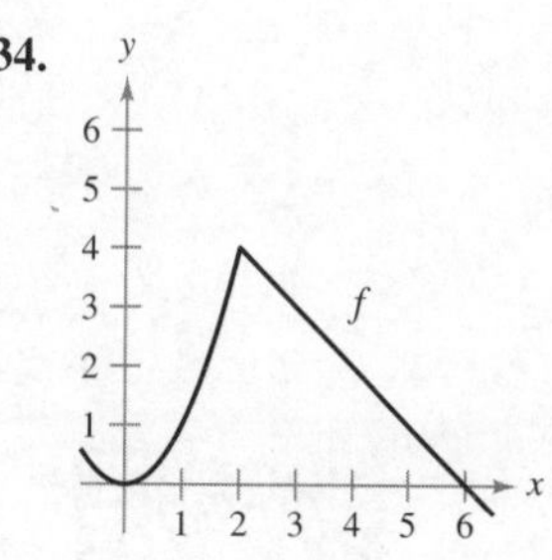

35. $f(x) = \frac{1}{x - 3}$
36. $f(x) = |x - 3|$

37. **Teorema del valor medio** Considere la gráfica de la función $f(x) = -x^2 + 5$ (vea la figura).

(a) Determine la ecuación de la recta secante que une los puntos $(-1, 4)$ y $(2, 1)$.

(b) Utilice el teorema del valor medio para determinar un punto c en el intervalo $(-1, 2)$ tal que la recta tangente en c sea paralela a la recta secante.

(c) Encuentre la ecuación de la recta tangente que pasa por c.

(d) A continuación, utilice una herramienta de graficación para representar f, la recta secante y la recta tangente.

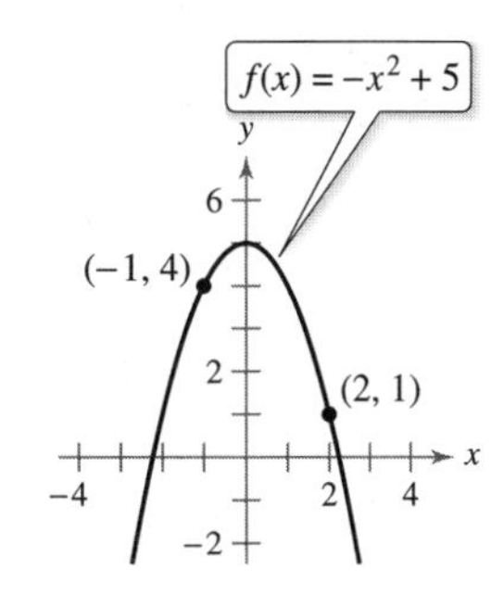

Figura para 37

Figura para 38

38. **Teorema del valor medio** Considere la gráfica de la función $f(x) = x^2 - x - 12$ (vea la figura).

(a) Encuentre la ecuación de la recta secante que une los puntos $(-2, -6)$ y $(4, 0)$.

(b) Utilice el teorema del valor medio para determinar un punto c en el intervalo $(-2, 4)$ tal que la recta tangente en c sea paralela a la recta secante.

(c) Determine la ecuación de la recta tangente que pasa por c.

(d) Utilice una herramienta de graficación para representar f, la recta secante y la recta tangente.

Usar el teorema del valor medio En los ejercicios 39 a 48, determine si el teorema del valor medio puede aplicarse a f en el intervalo cerrado $[a, b]$. Si el teorema del valor medio puede aplicarse, encuentre todos los valores de c en el intervalo abierto (a, b) tal que

$$f'(c) = \frac{f(b) - f(a)}{b - a}$$

Si no puede aplicarse, explique por qué no.

39. $f(x) = 6x^3, \quad [1, 2]$

40. $f(x) = x^6, \quad [-1, 1]$

41. $f(x) = x^3 + 2x + 4, \quad [-1, 0]$

42. $f(x) = x^3 - 3x^2 + 9x + 5, \quad [0, 1]$

43. $f(x) = \dfrac{x + 2}{x - 1}, \quad [-3, 3]$

44. $f(x) = \dfrac{x}{x - 5}, \quad [1, 4]$

45. $f(x) = |2x + 1|, \quad [-1, 3]$

46. $f(x) = \sqrt{2 - x}, \quad [-7, 2]$

47. $f(x) = \operatorname{sen} x, \quad [0, \pi]$

48. $f(x) = \cos x + \tan x, \quad [0, \pi]$

Usar el teorema del valor medio En los ejercicios 49 a 52 utilice una herramienta de graficación para (a) representar la función f en el intervalo, (b) encontrar y representar la recta secante que pasa por los puntos sobre la gráfica de f en los puntos terminales del intervalo dado y (c) encontrar y representar cualquier recta tangente a la gráfica de f que sea paralela a la recta secante.

49. $f(x) = \dfrac{x}{x + 1}, \quad \left[-\dfrac{1}{2}, 2\right]$

50. $f(x) = x - 2 \operatorname{sen} x, \quad [-\pi, \pi]$

51. $f(x) = \sqrt{x}, \quad [1, 9]$

52. $f(x) = x^4 - 2x^3 + x^2, \quad [0, 6]$

53. **Movimiento vertical** La altura de un objeto t segundos después de que se deja caer desde una altura de 300 metros es

$s(t) = -4.9t^2 + 300$

(a) Encuentre la velocidad promedio del objeto durante los primeros 3 segundos.

(b) Utilice el teorema del valor medio para verificar que en algún tiempo durante los primeros 3 segundos de la caída la velocidad instantánea es igual a la velocidad promedio. Determine ese tiempo.

54. **Ventas** Una compañía introduce un nuevo producto para el cual el número de unidades vendidas S es

$$S(t) = 200\left(5 - \frac{9}{2 + t}\right)$$

donde t es el tiempo en meses.

(a) Encuentre la razón promedio de cambio de $S(t)$ durante el primer año.

(b) ¿Durante qué mes del primer año $S'(t)$ es igual a la razón promedio de cambio?

Exploración de conceptos

55. Sea f continua en $[a, b]$ y derivable en (a, b). Si existe c en (a, b) tal que $f'(c) = 0$, ¿se concluye que $f(a) = f(b)$? Explique.

56. Sea f continua en el intervalo cerrado $[a, b]$ y derivable en el intervalo abierto (a, b). Además, suponga que $f(a) = f(b)$ y que c es un número real en el intervalo (a, b) tal que $f'(c) = 0$. Encuentre un intervalo para la función g sobre la cual pueda aplicarse el teorema de Rolle y determine el punto crítico correspondiente de g (k es una constante).

(a) $g(x) = f(x) + k$ (b) $g(x) = f(x - k)$

(c) $g(x) = f(kx)$

57. La función

$$f(x) = \begin{cases} 0, & x = 0 \\ 1 - x, & 0 < x \leq 1 \end{cases}$$

es derivable sobre $(0, 1)$ y satisface $f(0) = f(1)$. Sin embargo, su derivada nunca es cero sobre $(0, 1)$. ¿Contradice lo anterior al teorema de Rolle? Explique.

58. ¿Es posible encontrar una función f tal que $f(-2) = -2$, $f(2) = 6$ y $f'(x) < 1$ para toda x? ¿Por qué sí o por qué no?

59. Velocidad

Un avión despega a las 2:00 p.m. en un vuelo de 2500 millas. El avión llega a su destino 5.5 horas después. Explique por qué hay al menos dos momentos durante el vuelo en los que la velocidad del avión es de 400 millas por hora.

60. Temperatura Cuando se saca un objeto del horno y se pone a temperatura ambiente constante de 90 °F la temperatura de su núcleo es de 1500 °F. Cinco horas después la temperatura del núcleo es 390 °F. Explique por qué debe existir un tiempo en el intervalo (0, 5) en el que la temperatura disminuye a una razón de 222 °F por hora.

61. Velocidad Dos ciclistas empiezan una carrera a las 8:00 a.m. Ambos terminan la carrera 2 horas y 15 minutos después. Demuestre que en algún momento de la carrera los ciclistas viajan a la misma velocidad.

62. Aceleración A las 9:13 a.m., un automóvil deportivo viaja a 35 millas por hora. Dos minutos después se desplaza a 85 millas por hora. Demuestre que en algún momento durante este intervalo, la aceleración del automóvil es exactamente igual a 1500 millas por hora al cuadrado.

63. Piénselo Dibuje la gráfica de una función arbitraria f que satisface la condición dada pero que no satisfaga las condiciones del teorema del valor medio en el intervalo $[-5, 5]$.

(a) f es continua. (b) f no es continua.

64. ¿CÓMO LO VE? La figura muestra dos partes de la gráfica de una función derivable continua f sobre $[-10, 4]$. La derivada f' también es continua. Para imprimir una copia ampliada de la gráfica, visite *MathGraphs.com* (disponible solo en inglés).

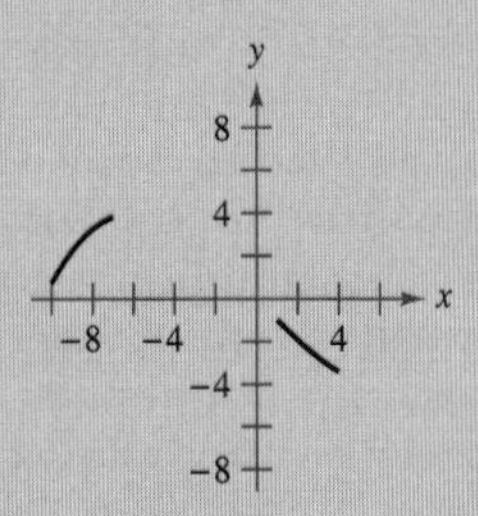

(a) Explique por qué f debe tener al menos un cero en $[-10, 4]$.

(b) Explique por qué f' debe tener también al menos un cero en el intervalo $[-10, 4]$. ¿Cómo se llaman estos ceros?

(c) Realice un posible dibujo de la función con un cero con f' en el intervalo $[-10, 4]$.

Determinar una solución En los ejercicios 65 a 68, demuestre que la ecuación tiene exactamente una solución real.

65. $x^5 + x^3 + x + 1 = 0$ **66.** $2x^5 + 7x - 1 = 0$

67. $3x + 1 - \text{sen}\, x = 0$ **68.** $2x - 2 - \cos x = 0$

Usar una derivada En los ejercicios 69 a 72, encuentre una función f que tiene la derivada $f'(x)$ y cuya gráfica pasa por el punto dado. Explique su razonamiento.

69. $f'(x) = 0, \quad (2, 5)$ **70.** $f'(x) = 4, \quad (0, 1)$

71. $f'(x) = 2x, \quad (1, 0)$ **72.** $f'(x) = 6x - 1, \quad (2, 7)$

¿Verdadero o falso? En los ejercicios 73 a 76, determine si el enunciado es verdadero o falso. Si es falso, explique por qué o dé un ejemplo que lo demuestre.

73. El teorema del valor medio puede aplicarse a $f(x) = 1/x$ en el intervalo $[-1, 1]$.

74. Si la gráfica de una función tiene tres intersecciones con el eje x, entonces debe tener al menos dos puntos en los cuales su recta tangente es horizontal.

75. Si la gráfica de una función polinomial tiene tres intersecciones con el eje x, entonces debe tener al menos dos puntos en los cuales su recta tangente es horizontal.

76. El teorema del valor medio puede ser aplicado a la función $f(x) = \tan x$ en el intervalo $[0, \pi/4]$.

77. Demostración Demuestre que si $a > 0$ y n es cualquier entero positivo, entonces la función polinomial $p(x) = x^{2n+1} + ax + b$ no puede tener dos raíces reales.

78. Rectas tangentes

(a) Sea $f(x) = x^2$ y $g(x) = -x^3 + x^2 + 3x + 2$. Entonces $f(-1) = g(-1)$ y $f(2) = g(2)$. Demuestre que hay al menos un valor c en el intervalo $(-1, 2)$ donde la recta tangente a f en $(c, f(c))$ es paralela a la recta tangente g en $(c, g(c))$. Identifique c.

(b) Sean f y g funciones derivables sobre $[a, b]$ donde $f(a) = g(a)$ y $f(b) = g(b)$. Demuestre que hay al menos un valor c en el intervalo (a, b) donde la recta tangente a f en $(c, f(c))$ es paralela a la recta tangente a g en $(c, g(c))$.

79. Demostración Sea $p(x) = Ax^2 + Bx + C$. Demuestre que para cualquier intervalo $[a, b]$, el valor c garantizado por el teorema del valor medio es el punto medio del intervalo.

80. Demostración Demuestre que si $f'(x) = 0$ para toda x en el intervalo (a, b) entonces f es constante sobre (a, b).

81. Demostración Demuestre que $|\cos a - \cos b| \leq |a - b|$ para toda a y b.

82. Demostración Demuestre que $|\text{sen}\, a - \text{sen}\, b| \leq |a - b|$ para toda a y b.

83. Usar el teorema del valor medio Sea $0 < a < b$. Utilice el teorema del valor medio para demostrar que

$$\sqrt{b} - \sqrt{a} < \frac{b - a}{2\sqrt{a}}$$

DESAFÍO DEL EXAMEN PUTNAM

84. Sea f una función tres veces derivable (real valuada y definida en $\mathbb{R}$) tal que f tiene al menos cinco diferentes ceros reales. Demuestre que

$$f + 6f' + 12f'' + 8f'''$$

tiene al menos dos diferentes ceros reales.

Este problema fue preparado por el Committee on the Putnam Prize Competition.

3.3 Funciones crecientes y decrecientes y el criterio de la primera derivada

- **Determinar los intervalos sobre los cuales una función es creciente o decreciente.**
- **Aplicar el criterio de la primera derivada para determinar los extremos relativos de una función.**

Funciones crecientes y decrecientes

En esta sección se aprenderá cómo se pueden utilizar las derivadas para *clasificar* extremos relativos ya sea como mínimos o como máximos relativos. En primer término, es importante definir las funciones crecientes y decrecientes.

Definición de funciones crecientes y decrecientes

Una función f es **creciente** en un intervalo si para cualesquiera dos números x_1 y x_2 en el intervalo, $x_1 < x_2$ implica $f(x_1) < f(x_2)$.

Una función f es **decreciente** en un intervalo si para cualesquiera dos números x_1 y x_2 en el intervalo, $x_1 < x_2$ implica $f(x_1) > f(x_2)$.

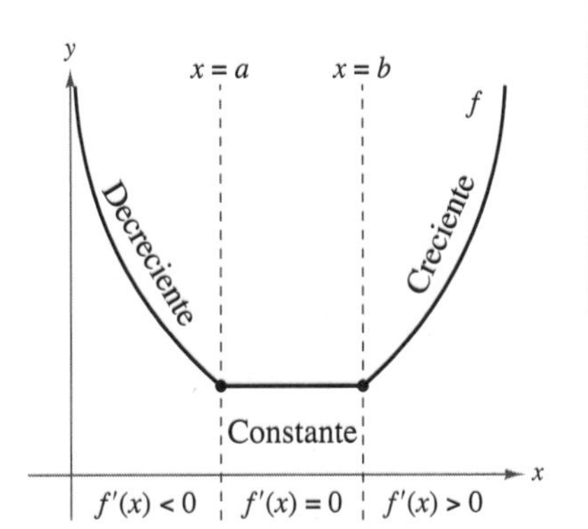

La derivada se relaciona con la pendiente de una función.
Figura 3.15

Una función es creciente si, *cuando x se mueve hacia la derecha*, su gráfica asciende, y es decreciente si su gráfica desciende. Por ejemplo, la función en la figura 3.15 es decreciente en el intervalo $(-\infty, a)$, es constante en el intervalo (a, b) y creciente en el intervalo (b, ∞). Como se demuestra en el teorema 3.5, una derivada positiva implica que la función es creciente, una derivada negativa implica que la función es decreciente, y una derivada cero sobre todo el intervalo implica que la función es constante en ese intervalo.

TEOREMA 3.5 Criterio para las funciones crecientes y decrecientes

Sea f una función que es continua en el intervalo cerrado $[a, b]$ y derivable en el intervalo abierto (a, b).

1. Si $f'(x) > 0$ para toda x en (a, b), entonces f es creciente en $[a, b]$.
2. Si $f'(x) < 0$ para toda x en (a, b), entonces f es decreciente en $[a, b]$.
3. Si $f'(x) = 0$ para toda x en (a, b), entonces f es constante en $[a, b]$.

COMENTARIO Las conclusiones en los primeros dos casos del teorema 3.5 son válidas incluso si $f'(x) = 0$ en un número finito de valores de x en (a, b).

Demostración Para probar el primer caso, suponga que $f'(x) > 0$ para toda x en el intervalo (a, b) y sean $x_1 < x_2$ cualesquiera dos puntos en el intervalo $[a, b]$. Mediante el teorema del valor medio, se sabe que existe un número c tal que $x_1 < c < x_2$, y

$$f'(c) = \frac{f(x_2) - f(x_1)}{x_2 - x_1}$$

Como $f'(c) > 0$ y $x_2 - x_1 > 0$, se sabe que $f(x_2) - f(x_1) > 0$, lo cual implica que $f(x_1) < f(x_2)$. De tal modo, f es creciente en el intervalo. El segundo caso tiene una demostración similar (vea el ejercicio 97), y el tercer caso se dio en el ejercicio 80 en la sección 3.2. ■

Para ver la figura a color, acceda al código

Para ver las figuras a color, acceda al código

EJEMPLO 1 Intervalos sobre los cuales *f* es creciente y decreciente

Determine los intervalos abiertos sobre los cuales $f(x) = x^3 - \frac{3}{2}x^2$ es creciente o decreciente.

Solución Observe que *f* es derivable en toda la recta real y la derivada de *f* es

$$f(x) = x^3 - \tfrac{3}{2}x^2 \qquad \text{Escriba la función original.}$$

$$f'(x) = 3x^2 - 3x \qquad \text{Derive.}$$

Para determinar los puntos críticos de *f*, iguale $f'(x)$ a cero.

$$3x^2 - 3x = 0 \qquad \text{Iguale } f'(x) \text{ a cero.}$$

$$3(x)(x-1) = 0 \qquad \text{Factorice.}$$

$$x = 0, 1 \qquad \text{Puntos críticos.}$$

Como no hay puntos para los cuales f' no existe, puede concluir que $x = 0$ y $x = 1$ son los únicos puntos críticos. La tabla siguiente resume la prueba de los tres intervalos determinados por estos dos puntos críticos.

Intervalo	$-\infty < x < 0$	$0 < x < 1$	$1 < x < \infty$
Valor de la prueba	$x = -1$	$x = \frac{1}{2}$	$x = 2$
Signo de $f'(x)$	$f'(-1) = 6 > 0$	$f'\left(\frac{1}{2}\right) = -\frac{3}{4} < 0$	$f'(2) = 6 > 0$
Conclusión	Creciente	Decreciente	Creciente

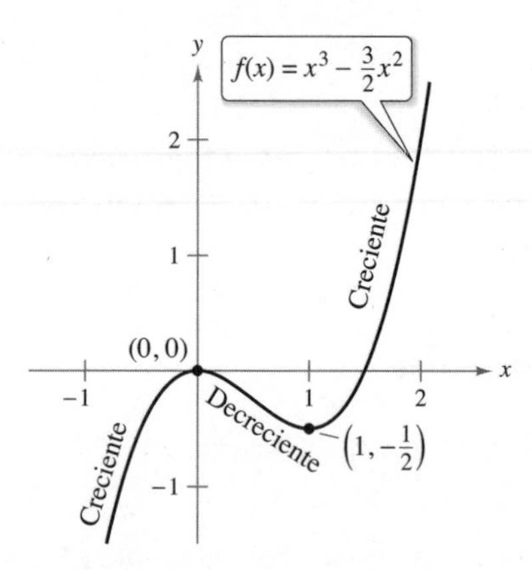

Figura 3.16

Por el teorema 3.5, *f* es creciente sobre los intervalos $(-\infty, 0)$ y $(1, \infty)$ y decreciente en el intervalo $(0, 1)$, como se indica en la figura 3.16. ■

El ejemplo 1 le muestra cómo determinar intervalos sobre los cuales una función es creciente o decreciente. La guía a continuación resume los pasos que se siguen en el ejemplo.

Directrices para determinar los intervalos en los que una función es creciente o decreciente

Sea *f* continua en el intervalo (a, b). Para encontrar los intervalos abiertos sobre los cuales *f* es creciente o decreciente, hay que seguir estos pasos.

1. Localice los puntos críticos de *f* en (a, b), y utilícelos para determinar intervalos de prueba.
2. Determine el signo de $f'(x)$ en un valor de prueba en cada uno de los intervalos.
3. Recurra al teorema 3.5 para determinar si *f* es creciente o decreciente para cada intervalo.

Esta estrategia también es válida si el intervalo (a, b) se sustituye por un intervalo de la forma $(-\infty, b)$, (a, ∞) o $(-\infty, \infty)$.

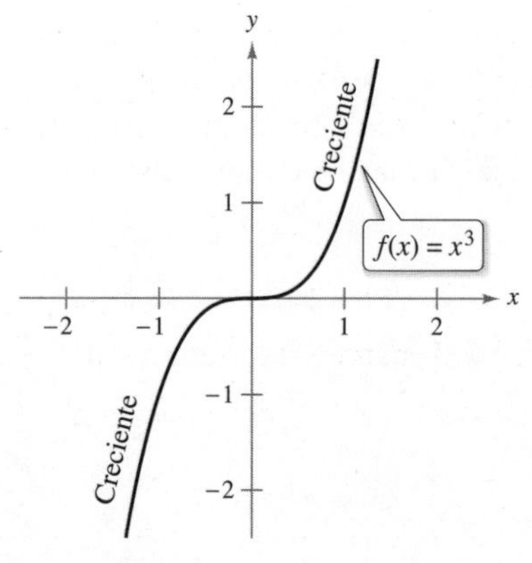

(a) Función estrictamente monótona

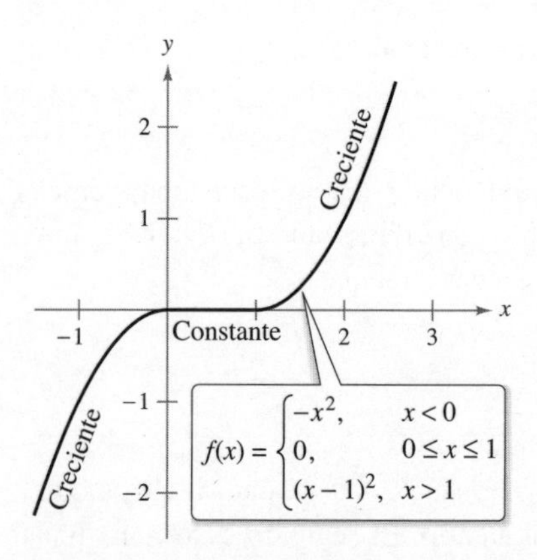

(b) No estrictamente monótona

Figura 3.17

Una función es **estrictamente monótona** en un intervalo si es creciente o decreciente sobre todo el intervalo. Por ejemplo, la función $f(x) = x^3$ es estrictamente monótona en toda la recta real porque siempre es creciente sobre ella, como se indica en la figura 3.17(a). La función que se muestra en la figura 3.17(b) no es estrictamente monótona en toda la recta de los números reales porque es constante en el intervalo $[0, 1]$.

Criterio de la primera derivada

Una vez determinados los intervalos en los cuales una función es creciente o decreciente, no es difícil localizar los extremos relativos de la función. Por ejemplo, en la figura 3.18 (del ejemplo 1), la función

$$f(x) = x^3 - \frac{3}{2}x^2$$

tiene un máximo relativo en el punto (0, 0) porque f es creciente inmediatamente a la izquierda de $x = 0$ y decreciente inmediatamente a la derecha de $x = 0$. De manera similar, f tiene un mínimo relativo en el punto $\left(1, -\frac{1}{2}\right)$ debido a que f decrece de inmediato a la izquierda de $x = 1$ y crece de inmediato a la derecha de $x = 1$. El siguiente teorema precisa más esta observación.

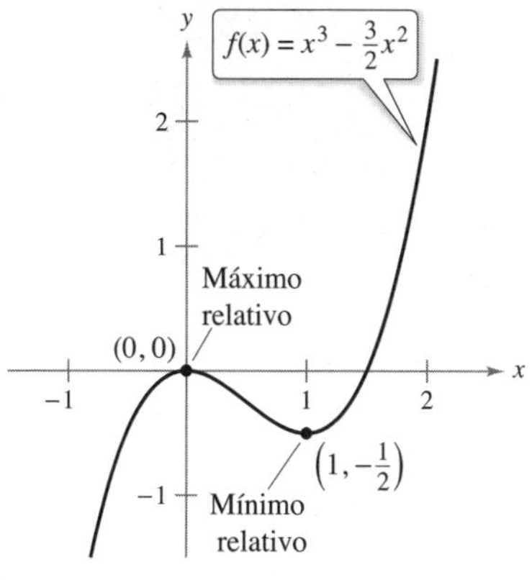

Extremos relativos de f

Figura 3.18

COMENTARIO Las siguientes directrices pueden ayudarle a aplicar el criterio de la primera derivada.

1. Encuentre la derivada de f.
2. Localice los puntos críticos de f y use estos números para determinar los intervalos de prueba.
3. Determine el signo de la derivada $f'(x)$ en un número arbitrario en cada uno de los intervalos de prueba.
4. Para cada punto crítico c, use el criterio de la primera derivada para decidir si $f(c)$ es un mínimo relativo, un relativo máximo, o ninguno de los dos.

TEOREMA 3.6 Criterio de la primera derivada

Sea c un punto crítico de una función f que es continua en un intervalo abierto I que contiene a c. Si f es derivable en el intervalo, excepto posiblemente en c, entonces $f(c)$ puede clasificarse como sigue.

1. Si $f'(x)$ cambia de negativa a positiva en c, entonces f tiene un *mínimo relativo* en $(c, f(c))$.
2. Si $f'(x)$ cambia de positiva a negativa en c, entonces f tiene un *máximo relativo* en $(c, f(c))$.
3. Si $f'(x)$ es positiva en ambos lados de c o negativa en ambos lados de c, entonces $f(c)$ no es un mínimo relativo ni un máximo relativo.

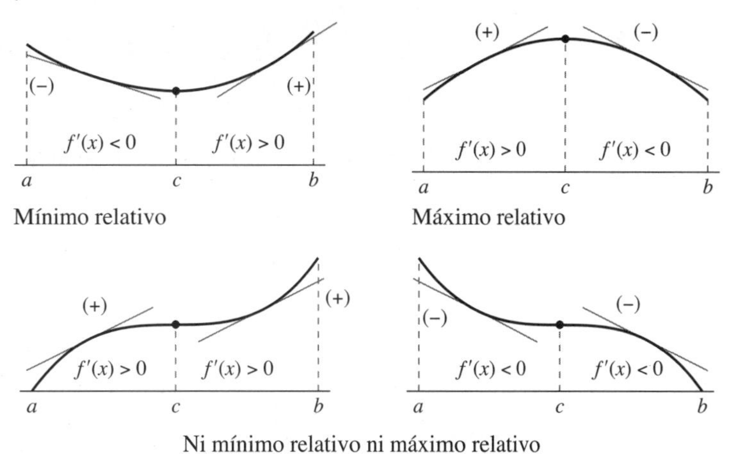

Ni mínimo relativo ni máximo relativo

Demostración Suponga que $f'(x)$ cambia de negativa a positiva en c. Entonces ahí existen a y b en I tales que

$$f'(x) < 0 \text{ para toda } x \text{ en } (a, c) \quad \text{y} \quad f'(x) > 0 \text{ para toda } x \text{ en } (c, b)$$

Por el teorema 3.5, f es decreciente sobre $[a, c]$ y creciente en $[c, b]$. De tal modo, $f(c)$ es un mínimo de f en el intervalo abierto (a, b) y, en consecuencia, un mínimo relativo de f. Esto demuestra el primer caso del teorema. El segundo caso puede demostrarse de una manera similar (vea el ejercicio 98). ■

Para ver las figuras a color, acceda al código

Para ver las figuras a color, acceda al código

EJEMPLO 2 Aplicar el criterio de la primera derivada

Determine los extremos relativos de la función $f(x) = \frac{1}{2}x - \operatorname{sen} x$ en el intervalo $(0, 2\pi)$.

Solución Observe que f es continua en el intervalo $(0, 2\pi)$. La derivada de f es $f'(x) = \frac{1}{2} - \cos x$. Para determinar los puntos críticos de f en este intervalo, iguale $f'(x)$ a 0.

$$\frac{1}{2} - \cos x = 0 \qquad \text{Iguale } f'(x) \text{ a cero.}$$

$$\cos x = \frac{1}{2} \qquad \text{Despeje la } x \text{ de la izquierda y multiplique cada lado por } -1.$$

$$x = \frac{\pi}{3}, \frac{5\pi}{3} \qquad \text{Puntos críticos en el intervalo } (0, 2\pi).$$

Debido a que f' existe en todos los puntos, se puede concluir que $x = \pi/3$ y $x = 5\pi/3$ son los únicos puntos críticos. La tabla resume las pruebas de los tres intervalos determinados por estos dos números críticos. Mediante la aplicación del criterio de la primera derivada, usted puede concluir que f tiene un mínimo relativo en el punto donde $x = \pi/3$ y un máximo relativo en el punto donde $x = 5\pi/3$, como se muestra en la figura 3.19.

Intervalo	$0 < x < \frac{\pi}{3}$	$\frac{\pi}{3} < x < \frac{5\pi}{3}$	$\frac{5\pi}{3} < x < 2\pi$
Valor de prueba	$x = \frac{\pi}{4}$	$x = \pi$	$x = \frac{7\pi}{4}$
Signo de $f'(x)$	$f'\left(\frac{\pi}{4}\right) < 0$	$f'(\pi) > 0$	$f'\left(\frac{7\pi}{4}\right) < 0$
Conclusión	Decreciente	Creciente	Decreciente

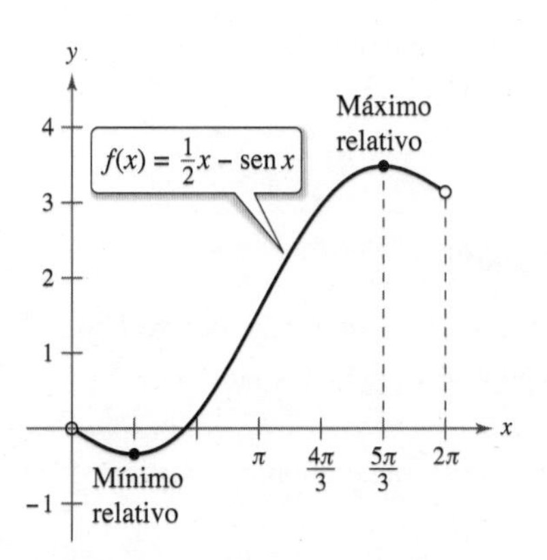

Ocurre un mínimo relativo donde f cambia de decreciente a creciente, y un máximo relativo donde f cambia de creciente a decreciente.
Figura 3.19

EJEMPLO 3 Aplicar el criterio de la primera derivada

Encuentre los extremos relativos de $f(x) = (x^2 - 4)^{2/3}$.

Solución Comience observando que f es continua en toda la recta real. La derivada de f

$$f'(x) = \frac{2}{3}(x^2 - 4)^{-1/3}(2x) \qquad \text{Regla de la potencia general.}$$

$$= \frac{4x}{3(x^2 - 4)^{1/3}} \qquad \text{Simplifique.}$$

es 0 cuando $x = 0$ y no existe cuando $x = \pm 2$. De tal modo, los puntos críticos son $x = -2$, $x = 0$ y $x = 2$. La tabla resume los valores de prueba de cuatro intervalos determinados para estos tres puntos críticos. Aplicando el criterio de la primera derivada, se puede concluir que f tiene un mínimo relativo en el punto $(-2, 0)$, un máximo relativo en el punto $(0, \sqrt[3]{16})$, y otro mínimo relativo en el punto $(2, 0)$, como se ilustra en la figura 3.20.

Intervalo	$-\infty < x < -2$	$-2 < x < 0$	$0 < x < 2$	$2 < x < \infty$
Valor de prueba	$x = -3$	$x = -1$	$x = 1$	$x = 3$
Signo de $f'(x)$	$f'(-3) < 0$	$f'(-1) > 0$	$f'(1) < 0$	$f'(3) > 0$
Conclusión	Decreciente	Creciente	Decreciente	Creciente

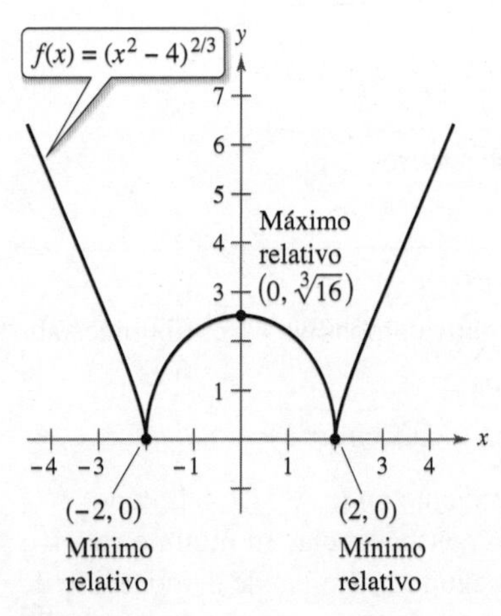

Figura 3.20

Observe que en los ejemplos 1 y 2 las funciones dadas son derivables en toda la recta numérica real. Para tales funciones, los únicos puntos críticos son aquellos para los cuales $f'(x) = 0$. El ejemplo 3 se relaciona con una función que tiene dos tipos de puntos críticos: aquellos para los cuales $f'(x) = 0$ y aquellos para los cuales f no es derivable.

Al usar el criterio de la primera derivada, asegúrese de considerar el dominio de la función. Así, en el siguiente ejemplo, la función

$$f(x) = \frac{x^4 + 1}{x^2}$$

No está definida cuando $x = 0$. Este valor de x debe utilizarse con los puntos críticos para determinar los intervalos de prueba.

EJEMPLO 4 Aplicar el criterio de la primera derivada

Consulte LarsonCalculus.com (disponible solo en inglés) para una versión interactiva de este tipo de ejemplo.

Determine los extremos relativos de $f(x) = \dfrac{x^4 + 1}{x^2}$.

Solución Observe que f no está definida cuando $x = 0$.

$$f(x) = x^2 + x^{-2} \qquad \text{Reescriba la función original.}$$

$$f'(x) = 2x - 2x^{-3} \qquad \text{Derive.}$$

$$= 2x - \frac{2}{x^3} \qquad \text{Reescriba con exponente positivo.}$$

$$= \frac{2(x^4 - 1)}{x^3} \qquad \text{Simplifique.}$$

$$= \frac{2(x^2 + 1)(x - 1)(x + 1)}{x^3} \qquad \text{Factorice.}$$

De tal modo, $f'(x)$ es cero en $x = \pm 1$. Además, como $x = 0$ no está en el dominio de f, es necesario que utilice este valor de x junto con los puntos críticos para determinar los intervalos de prueba.

$$x = \pm 1 \qquad \text{Puntos críticos, } f'(\pm 1) = 0$$

$$x = 0 \qquad \text{El cero no está en el dominio de } f.$$

La tabla resume los valores prueba de los cuatro intervalos determinados por estos tres valores de x. Aplicando el criterio de la primera derivada, puede concluir que f tiene un mínimo relativo en el punto $(-1, 2)$ y otro en el punto $(1, 2)$, como se muestra en la figura 3.21.

Intervalo	$-\infty < x < -1$	$-1 < x < 0$	$0 < x < 1$	$1 < x < \infty$
Valor de prueba	$x = -2$	$x = -\frac{1}{2}$	$x = \frac{1}{2}$	$x = 2$
Signo de $f'(x)$	$f'(-2) < 0$	$f'\left(-\frac{1}{2}\right) > 0$	$f'\left(\frac{1}{2}\right) < 0$	$f'(2) > 0$
Conclusión	Decreciente	Creciente	Decreciente	Creciente

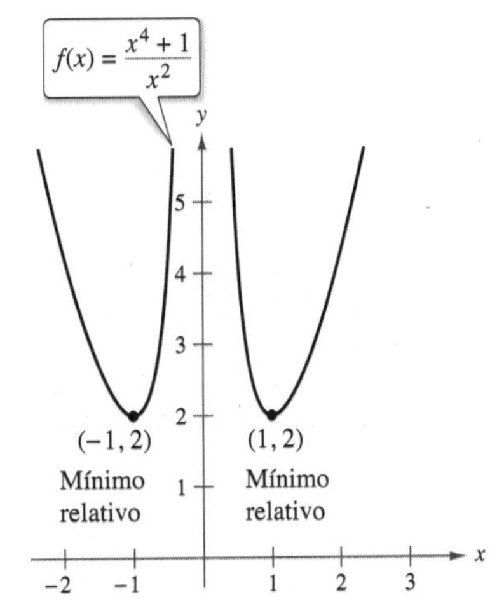

Los valores de x que no están en el dominio de f, así como los puntos críticos, determinan los intervalos prueba de f'.

Figura 3.21

TECNOLOGÍA El paso más difícil al aplicar el criterio de la primera derivada es determinar los valores para los cuales la derivada es igual a 0. Por ejemplo, los valores de x para los cuales la derivada de

$$f(x) = \frac{x^4 + 1}{x^2 + 1}$$

es igual a cero son $x = 0$ y $x = \pm\sqrt{\sqrt{2} - 1}$. Si se tiene acceso a tecnología que puede efectuar derivación simbólica y resolver ecuaciones, utilícela para aplicar el criterio de la primera derivada a esta función.

Para ver la figura a color, acceda al código

COMENTARIO Cuando un proyectil es impulsado desde el nivel del suelo y la resistencia del aire se desprecia, el objeto viajará más lejos con un ángulo inicial de 45°. Sin embargo, cuando el proyectil es impulsado desde un punto por encima del nivel del suelo, el ángulo que produce una distancia horizontal máxima no es 45°.

EJEMPLO 5 Trayectoria de un proyectil

Despreciando la resistencia del aire, la trayectoria de un proyectil que se lanza a un ángulo θ es

$$y = -\frac{g \sec^2 \theta}{2v_0^2}x^2 + (\tan \theta)x + h, \quad 0 \leq \theta \leq \frac{\pi}{2}$$

donde y es la altura, x es la distancia horizontal, g es la aceleración debida a la gravedad, v_0 es la velocidad inicial y h es la altura inicial. (Esta ecuación se obtiene en la sección 12.3.) Sea $g = 32$ pies por segundo por segundo, $v_0 = 24$ pies por segundo y $h = 9$ pies por segundo. ¿Qué valor de θ producirá una máxima distancia horizontal?

Solución Para encontrar la distancia que el proyectil recorre, sea $y = 0$, $g = 32$, $v_0 = 24$ y $h = 9$. Entonces sustituya estos valores en la ecuación dada como se muestra.

$$-\frac{g \sec^2 \theta}{2v_0^2}x^2 + (\tan \theta)x + h = y \qquad \text{Escriba la ecuación original.}$$

$$-\frac{32 \sec^2 \theta}{2(24^2)}x^2 + (\tan \theta)x + 9 = 0 \qquad \text{Sustituya.}$$

$$-\frac{\sec^2 \theta}{36}x^2 + (\tan \theta)x + 9 = 0 \qquad \text{Simplifique.}$$

A continuación, resuelva para x utilizando la fórmula general cuadrática con $a = -\sec^2 \theta/36$, $b = \tan \theta$ y $c = 9$

$$x = \frac{-b \pm \sqrt{b^2 - 4ac}}{2a} \qquad \text{Fórmula general cuadrática.}$$

$$x = \frac{-\tan \theta \pm \sqrt{(\tan \theta)^2 - 4(-\sec^2 \theta/36)(9)}}{2(-\sec^2 \theta/36)} \qquad \text{Sustituya.}$$

$$x = \frac{-\tan \theta \pm \sqrt{\tan^2 \theta + \sec^2 \theta}}{-\sec^2 \theta/18}$$

$$x = 18 \cos \theta\left(\operatorname{sen} \theta + \sqrt{\operatorname{sen}^2 \theta + 1}\right), \quad x \geq 0$$

En este punto se necesita determinar el valor de θ que produce un valor máximo de x. La aplicación del criterio de la primera derivada en forma manual resultaría tediosa. Sin embargo, el uso de la tecnología para resolver la ecuación $dx/d\theta = 0$, elimina la mayoría de los cálculos engorrosos. El resultado es que el valor máximo de x ocurre cuando

$$\theta \approx 0.61548 \text{ radianes o } 35.3°$$

Esta conclusión se refuerza dibujando la trayectoria del proyectil para diferentes valores de θ, como se indica en la figura 3.22. Observe que en las tres trayectorias indicadas, la distancia recorrida es mayor para $\theta = 35°$.

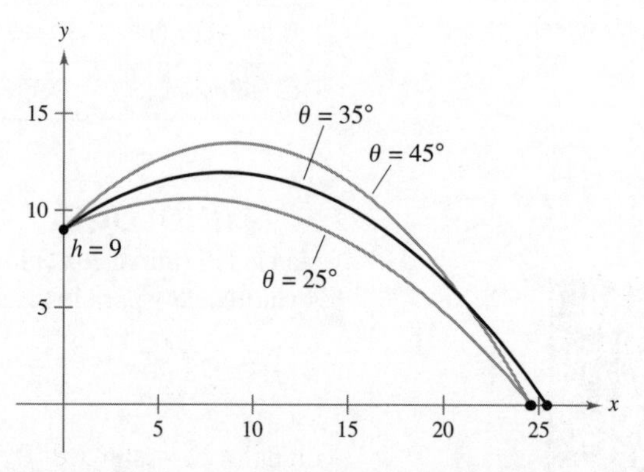

La trayectoria de un proyectil con ángulo inicial θ.
Figura 3.22

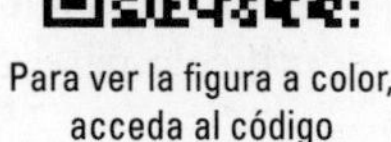

3.3 Ejercicios

Las respuestas a los ejercicios impares pueden consultarse en el Apéndice de este libro.

Repaso de conceptos

1. Describa el criterio para las funciones crecientes y decrecientes.
2. Explique el criterio de la primera derivada.

Usar una gráfica En los ejercicios 3 y 4, utilice la gráfica de f para determinar (a) el intervalo abierto más grande sobre el cual f es creciente y (b) el intervalo abierto más grande sobre el cual f es decreciente.

3.

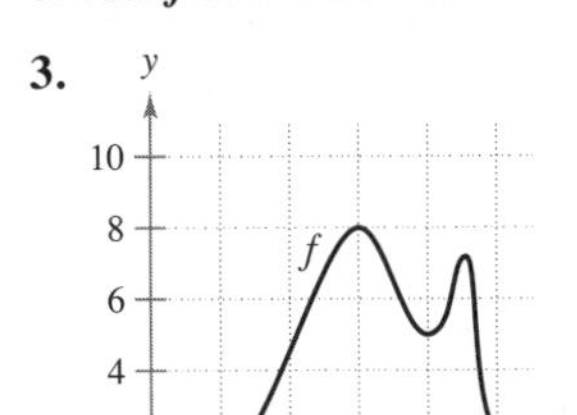

4.

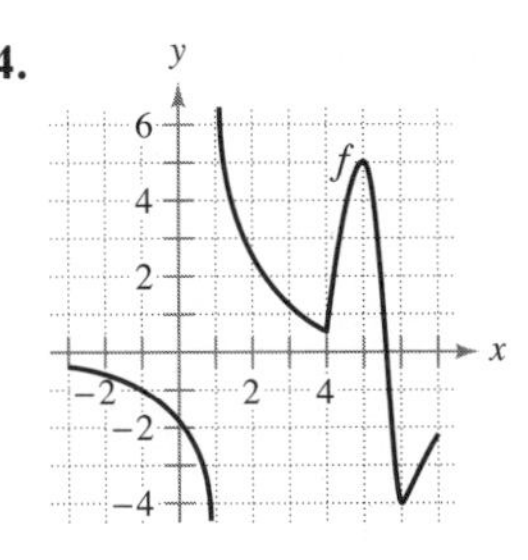

Usar una gráfica En los ejercicios 5 a 10, utilice la gráfica para estimar los intervalos abiertos sobre los cuales la función es creciente o decreciente. A continuación, determine los mismos intervalos analíticamente.

5. $y = -(x + 1)^2$

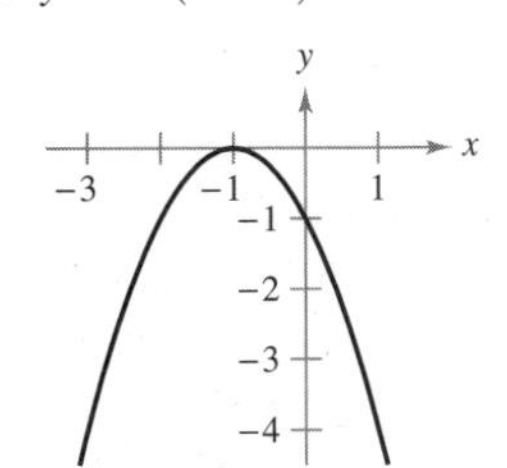

6. $f(x) = x^2 - 6x + 8$

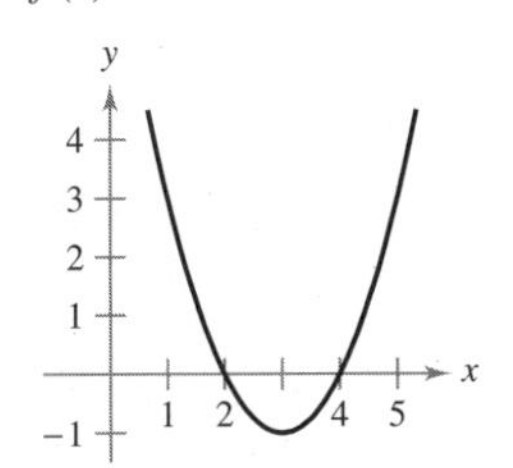

7. $y = \frac{x^3}{4} - 3x$

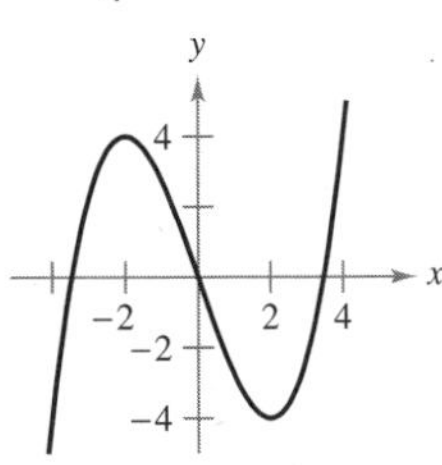

8. $f(x) = x^4 - 2x^2$

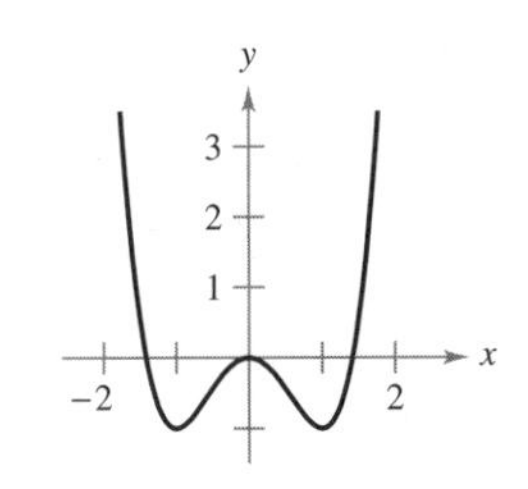

9. $f(x) = \frac{1}{(x + 1)^2}$

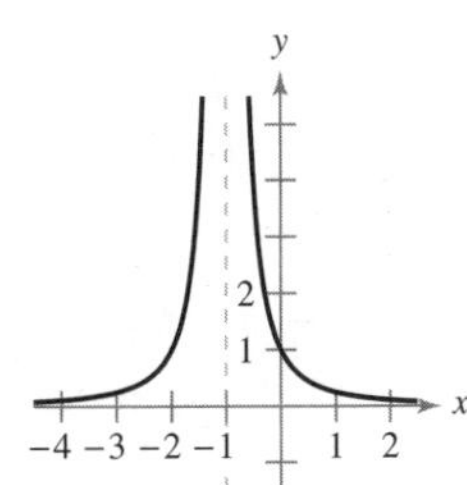

10. $y = \frac{x^2}{2x - 1}$

Intervalos en los que una función es creciente o decreciente En los ejercicios 11 a 18, identifique los intervalos abiertos sobre los cuales la función es creciente o decreciente.

11. $g(x) = x^2 - 2x - 8$
12. $h(x) = 12x - x^3$
13. $y = x\sqrt{16 - x^2}$
14. $y = x + \frac{9}{x}$
15. $f(x) = \operatorname{sen} x - 1, \quad 0 < x < 2\pi$
16. $f(x) = \cos \frac{3x}{2}, \quad 0 < x < 2\pi$
17. $y = x - 2 \cos x, \quad 0 < x < 2\pi$
18. $f(x) = \operatorname{sen}^2 x + \operatorname{sen} x, \quad 0 < x < 2\pi$

Aplicar el criterio de la primera derivada En los ejercicios 19 a 40, (a) encuentre los puntos críticos de f (si los hay), (b) determine el (los) intervalo(s) abierto(s) sobre los cuales la función es creciente o decreciente, (c) aplique el criterio de la primera derivada para identificar todos los extremos relativos y (d) utilice una herramienta de graficación para confirmar los resultados.

19. $f(x) = x^2 - 8x$
20. $f(x) = x^2 + 6x + 10$
21. $f(x) = -2x^2 + 4x + 3$
22. $f(x) = -3x^2 - 4x - 2$
23. $f(x) = -7x^3 + 21x + 3$
24. $f(x) = x^3 - 6x^2 + 15$
25. $f(x) = (x - 1)^2(x + 3)$
26. $f(x) = (8 - x)(x + 1)^2$
27. $f(x) = \frac{x^5 - 5x}{5}$
28. $f(x) = \frac{-x^6 + 6x}{10}$
29. $f(x) = x^{1/3} + 1$
30. $f(x) = x^{2/3} - 4$
31. $f(x) = (x + 2)^{2/3}$
32. $f(x) = (x - 3)^{1/3}$
33. $f(x) = 5 - |x - 5|$
34. $f(x) = |x + 3| - 1$
35. $f(x) = 2x + \frac{1}{x}$
36. $f(x) = \frac{x}{x - 5}$
37. $f(x) = \frac{x^2}{x^2 - 9}$
38. $f(x) = \frac{x^2 - 2x + 1}{x + 1}$
39. $f(x) = \begin{cases} 4 - x^2, & x \le 0 \\ -2x, & x > 0 \end{cases}$
40. $f(x) = \begin{cases} 2x + 1, & x \le -1 \\ x^2 - 2, & x > -1 \end{cases}$

Aplicar el criterio de la primera derivada En los ejercicios 41 a 48, considere la función en el intervalo $(0, 2\pi)$. Para cada función, (a) encuentre los intervalos abiertos sobre los cuales la función es creciente o decreciente, (b) aplique el criterio de la primera derivada para identificar todos los extremos relativos y (c) utilice una herramienta de graficación para confirmar los resultados.

41. $f(x) = x - 2 \operatorname{sen} x$
42. $f(x) = \operatorname{sen} x \cos x + 5$
43. $f(x) = \operatorname{sen} x + \cos x$
44. $f(x) = \frac{x}{2} + \cos x$
45. $f(x) = \cos^2(2x)$
46. $f(x) = \operatorname{sen} x - \sqrt{3} \cos x$
47. $f(x) = \operatorname{sen}^2 x + \operatorname{sen} x$
48. $f(x) = \frac{\operatorname{sen} x}{1 + \cos^2 x}$

Determinar y analizar derivadas utilizando tecnología En los ejercicios 49 a 54, (a) utilice un sistema de álgebra por computadora para derivar la función, (b) dibuje las gráficas de f y de f' en el mismo sistema de ejes de coordenadas en el intervalo indicado, (c) encuentre los puntos críticos de f en el intervalo abierto, (d) determine el (los) intervalo(s) sobre el (los) cual(es) f' es positiva y el (los) intervalo(s) sobre el (los) cual(es) es negativa. Compare el comportamiento de f y el signo de f'.

49. $f(x) = 2x\sqrt{9 - x^2}, \quad [-3, 3]$

50. $f(x) = 10\left(5 - \sqrt{x^2 - 3x + 16}\right), \quad [0, 5]$

51. $f(t) = t^2 \operatorname{sen} t, \quad [0, 2\pi]$

52. $f(x) = \dfrac{x}{2} + \cos\dfrac{x}{2}, \quad [0, 4\pi]$

53. $f(x) = -3 \operatorname{sen}\dfrac{x}{3}, \quad [0, 6\pi]$

54. $f(x) = 2 \operatorname{sen} 3x + 4\cos 3x, \quad [0, \pi]$

Comparar funciones En los ejercicios 55 y 56, utilice simetría, extremos y ceros para trazar la gráfica de f. ¿En qué se diferencian las funciones f y g?

55. $f(x) = \dfrac{x^5 - 4x^3 + 3x}{x^2 - 1}$

$g(x) = x(x^2 - 3)$

56. $f(t) = \cos^2 t - \operatorname{sen}^2 t$

$g(t) = 1 - 2\operatorname{sen}^2 t$

Piénselo En los ejercicios 57 a 62, en la figura se muestra la gráfica de f. Dibuje una gráfica de la derivada de f. Para imprimir una copia aumentada de la gráfica visite *MathGraphs.com* (disponible solo en inglés).

57.

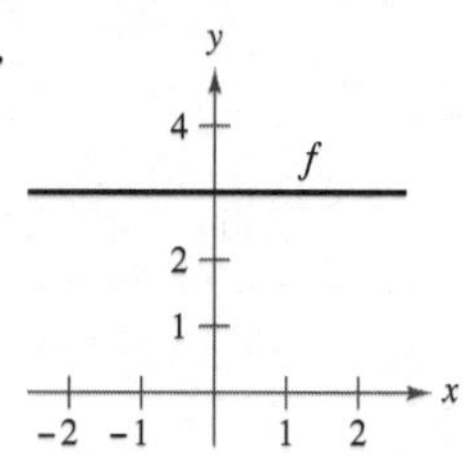

58.

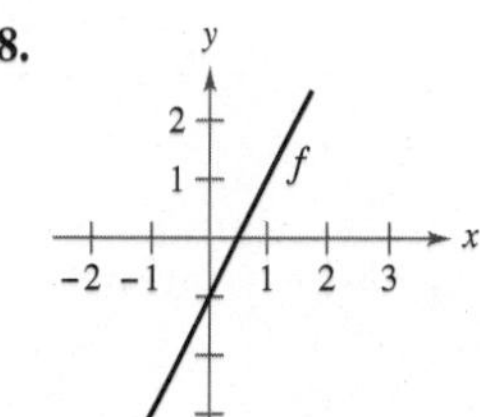

59.

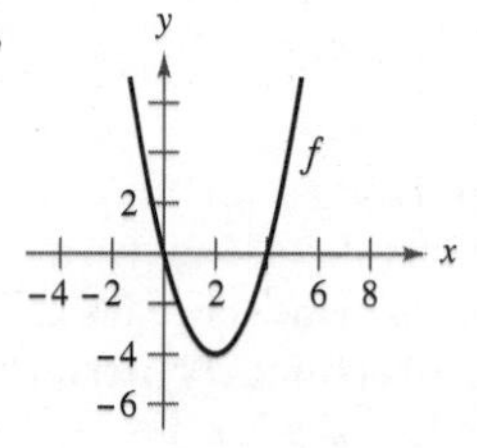

60.

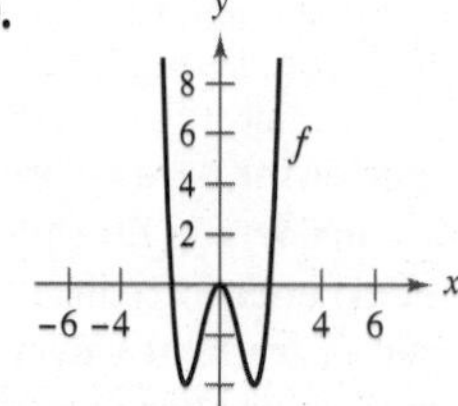

61.

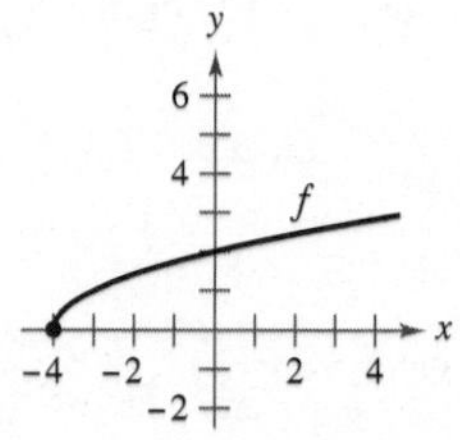

62.

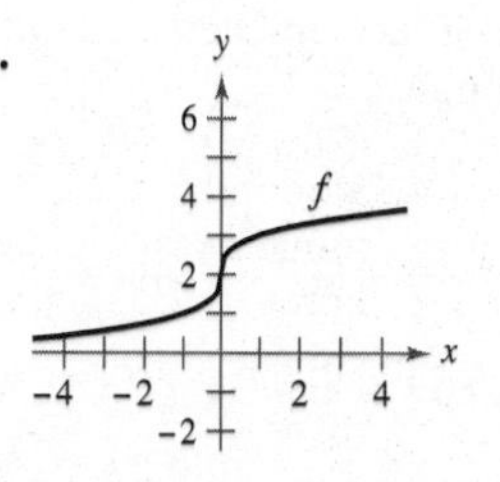

Exploración de conceptos

En los ejercicios 63 a 66, suponga que f es derivable para toda x. Los signos de f' son como sigue.

$f'(x) > 0$ sobre $(-\infty, -4)$

$f'(x) < 0$ sobre $(-4, 6)$

$f'(x) > 0$ sobre $(6, \infty)$

Encuentre la desigualdad apropiada para el valor de c indicado.

	Función	Signo de $g'(c)$
63.	$g(x) = f(x) + 5$	$g'(0)$ ▢ 0
64.	$g(x) = 3f(x) - 3$	$g'(-5)$ ▢ 0
65.	$g(x) = -f(x)$	$g'(-6)$ ▢ 0
66.	$g(x) = f(x - 10)$	$g'(0)$ ▢ 0

67. Dibuje la gráfica de la función arbitraria de f tal que

$$f'(x)\begin{cases} > 0, & x < 4 \\ \text{indefinida}, & x = 4 \\ < 0, & x > 4 \end{cases}$$

68. ¿Es siempre la suma de dos funciones crecientes otra función creciente? Explique su respuesta.

69. ¿Es siempre el producto de dos funciones crecientes otra función creciente? Explique su respuesta.

70. **¿CÓMO LO VE?** Utilice la gráfica de f' para (a) identificar los puntos críticos de f, (b) identificar los intervalos abiertos sobre los cuales f es creciente o decreciente, y (c) determinar si f tiene un máximo relativo, un mínimo relativo o ninguno de los dos en cada punto crítico.

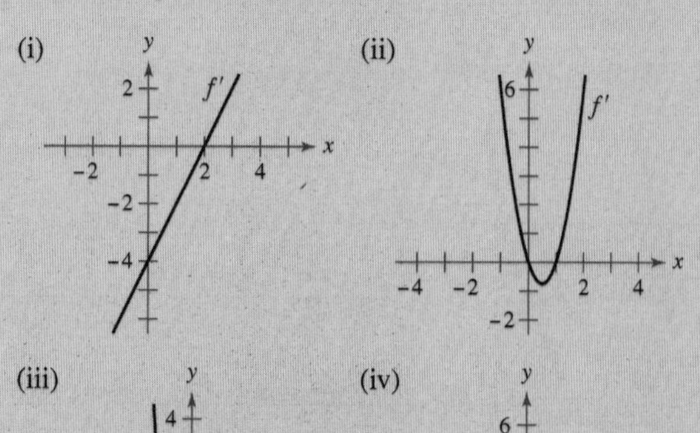

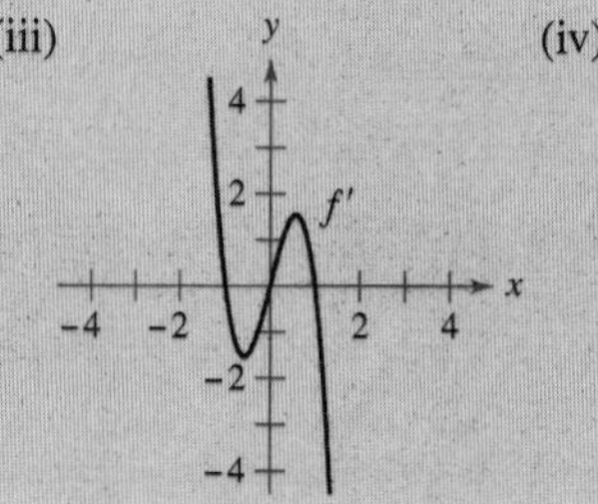

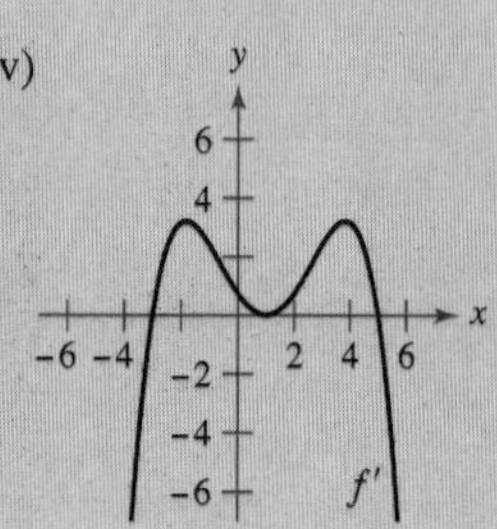

71. **Analizar un punto crítico** Una función derivable de f tiene un punto crítico en $x = 5$. Identifique los extremos relativos de f en el punto crítico si $f'(4) = -2.5$ y $f'(6) = 3$.

72. **Analizar un punto crítico** Una función derivable de f tiene un punto crítico en $x = 2$. Identifique los extremos relativos de f en el punto crítico si $f'(1) = 2$ y $f'(3) = 6$.

Piénselo **En los ejercicios 73 y 74, la función f es derivable en el intervalo indicado. La tabla muestra el valor de $f'(x)$ para algunos valores seleccionados de x. (a) Dibuje la gráfica de f, (b) aproxime los puntos críticos y (c) identifique los extremos relativos.**

73. f es derivable sobre $[-1, 1]$.

x	-1	-0.75	-0.50	-0.25	0
$f'(x)$	-10	-3.2	-0.5	0.8	5.6

x	0.25	0.50	0.75	1
$f'(x)$	3.6	-0.2	-6.7	-20.1

74. f es derivable sobre $[0, \pi]$.

x	0	$\pi/6$	$\pi/4$	$\pi/3$	$\pi/2$
$f'(x)$	3.14	-0.23	-2.45	-3.11	0.69

x	$2\pi/3$	$3\pi/4$	$5\pi/6$	π
$f'(x)$	3.00	1.37	-1.14	-2.84

75. **Rodamiento de un cojinete de bola** Un cojinete de bola se coloca sobre un plano inclinado y empieza a rodar. El ángulo de elevación del plano es θ. La distancia (en metros) que el cojinete de bola rueda en t segundos es $s(t) = 4.9(\operatorname{sen}\theta)t^2$.

(a) Determine la velocidad del cojinete de bola después de t segundos.

(b) Complete la tabla y utilícela para determinar el valor de θ que produce la máxima velocidad de un instante particular.

θ	0	$\pi/4$	$\pi/3$	$\pi/2$	$2\pi/3$	$3\pi/4$	π
$s'(t)$							

76. **Modelar datos** A continuación se muestran los gastos totales de una cuenta en el Fondo Fiduciario del Seguro Médico Suplementario (en miles de millones de dólares) para los años 2011 a 2019.

2011: 67.1	2012: 66.9	2013: 69.7
2014: 78.1	2015: 89.8	2016: 99.9
2017: 100.0	2018: 95.2	2019: 97.6

(Fuente: U.S. Centers for Medicare and Medicaid Services)

(a) Utilice las capacidades de regresión de una herramienta de graficación para encontrar un modelo de la forma $M = at^3 + bt^2 + ct + d$ para los datos. (Considere que $t = 11$ que represente el año 2011.)

(b) Utilice una herramienta de graficación para dibujar los datos y representar el modelo.

(c) Encuentre el valor máximo del modelo y compare el resultado con los datos actuales.

77. **Análisis numérico, gráfico y analítico** La concentración C de un compuesto químico en el flujo sanguíneo t horas después de la inyección en el tejido muscular es

$$C(t) = \frac{3t}{27 + t^3}, \quad t \geq 0$$

(a) Complete la tabla y utilícela para aproximar el tiempo en el que la concentración es más grande.

t	0	0.5	1	1.5	2	2.5	3
$C(t)$							

(b) Utilice una herramienta de graficación para representar la función de concentración y use la gráfica para aproximar el tiempo en el que la concentración es más grande.

(c) Utilice cálculo para determinar analíticamente el tiempo en que la concentración es más grande.

78. **Análisis numérico, gráfico y analítico** Considere las funciones $f(x) = x$ y $g(x) = \operatorname{sen} x$ en el intervalo $(0, \pi)$.

(a) Complete la tabla y haga una conjetura acerca de cuál es la función más grande en el intervalo $(0, \pi)$.

x	0.5	1	1.5	2	2.5	3
$f(x)$						
$g(x)$						

(b) Utilice una herramienta de graficación para representar las funciones y use las gráficas para hacer una conjetura acerca de cuál es la función más grande en el intervalo $(0, \pi)$.

(c) Demuestre que $f(x) > g(x)$ en el intervalo $(0, \pi)$. [*Sugerencia*: Demuestre que $h'(x) > 0$, donde $h = f - g$.]

79. **Contracción de la tráquea** La tos obliga a que la tráquea (conducto de aire) se contraiga, lo cual afecta la velocidad v del aire que pasa a través de ella. La velocidad del aire al toser es

$$v = k(R - r)r^2, \quad 0 \leq r < R$$

donde k es una constante, R es el radio normal de la tráquea y r es el radio cuando se tose. ¿Qué radio producirá la máxima velocidad del aire?

80. **Resistencia eléctrica** La resistencia R de cierto tipo de resistor es

$$R = \sqrt{0.001T^4 - 4T + 100}$$

donde R se mide en ohms y la temperatura T se mide en grados Celsius.

(a) Utilice un sistema algebraico computarizado para determinar dR/dT y el punto crítico de la función. Determine la resistencia mínima para este tipo de resistor.

(b) Utilice una herramienta de graficación para representar la función R y use la gráfica para aproximar la resistencia mínima de este tipo de resistor.

Movimiento a lo largo de una recta **En los ejercicios 81 a 84, la función $s(t)$ describe el movimiento de una partícula que se mueve a lo largo de una recta. (a) Encuentre la función de velocidad de la partícula en cualquier instante $t \geq 0$, (b) identifique el (los) intervalo(s) de tiempo cuando la partícula se está moviendo en la dirección positiva, (c) identifique el (los) intervalo(s) de tiempo cuando la partícula se mueve en la dirección negativa y (d) identifique el instante en el que la partícula cambia su dirección.**

81. $s(t) = 6t - t^2$

82. $s(t) = t^2 - 10t + 29$

83. $s(t) = t^3 - 5t^2 + 4t$

84. $s(t) = t^3 - 20t^2 + 128t - 280$

Movimiento a lo largo de una recta **En los ejercicios 85 y 86, la gráfica muestra la posición de una partícula que se mueve a lo largo de una recta. Describa cómo cambia la posición de la partícula con respecto al tiempo.**

85.

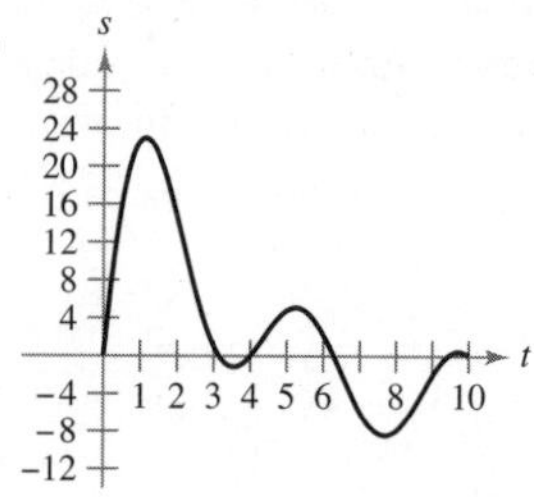

86.

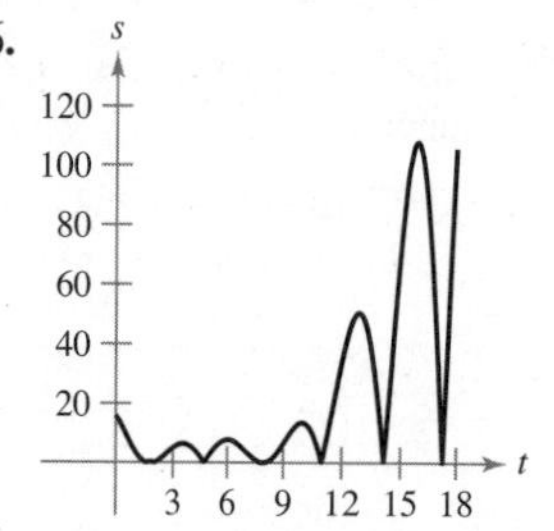

Cálculo de funciones polinomiales **En los ejercicios 87 a 90, encuentre una función polinomial**

$$f(x) = a_n x^n + a_{n-1}x^{n-1} + \cdots + a_2x^2 + a_1x + a_0$$

que tiene únicamente los extremos especificados. (a) Determine el grado mínimo de la función y proporcione los criterios que utilizó para determinar el grado. (b) Recurriendo al hecho de que las coordenadas de los extremos son puntos solución de la función y al de que las coordenadas x son puntos críticos, determine un sistema de ecuaciones lineales cuya solución produce los coeficientes de la función requerida. (c) Utilice una herramienta de graficación para resolver el sistema de ecuaciones y determinar la función. (d) Utilice una herramienta de graficación para confirmar su resultado.

87. Mínimo relativo: $(0, 0)$; máximo relativo: $(2, 2)$

88. Mínimo relativo: $(0, 0)$; máximo relativo: $(4, 1000)$

89. Mínimos relativos: $(0, 0)$, $(4, 0)$; máximo relativo: $(2, 4)$

90. Mínimo relativo: $(1, 2)$; máximos relativos: $(-1, 4)$, $(3, 4)$

¿Verdadero o falso? **En los ejercicios 91 a 96, determine si el enunciado es verdadero o falso. Si es falso, explique por qué o dé un ejemplo que demuestre que es falso.**

91. No existe una función con un número infinito de puntos críticos.

92. La función $f(x) = x$ no tiene extremos en ningún intervalo abierto.

93. Todo polinomio de grado n tiene $(n - 1)$ puntos críticos.

94. Un polinomio de grado n tiene a lo más $(n - 1)$ puntos críticos.

95. Existe un máximo o mínimo relativo en cada punto crítico.

96. Los máximos relativos de la función f son $f(1) = 4$ y $f(3) = 10$. Por lo tanto, f tiene por lo menos un mínimo para algunas x en el intervalo $(1, 3)$.

97. Demostración Demuestre el segundo caso del teorema 3.5.

98. Demostración Demuestre el segundo caso del teorema 3.6.

99. Demostración Utilice las definiciones de funciones crecientes y decrecientes para demostrar que $f(x) = x^3$ es creciente en $(-\infty, \infty)$.

100. Demostración Utilice las definiciones de las funciones creciente y decreciente para demostrar que

$$f(x) = \frac{1}{x}$$

es decreciente sobre $(-0, \infty)$.

DESAFÍO DEL EXAMEN PUTNAM

101. Encuentre el valor mínimo de

$$|\operatorname{sen} x + \cos x + \tan x + \cot x + \sec x + \csc x|$$

para números reales x.

Estos problemas fueron preparados por el Committee on the Putnam Prize Competition.

PROYECTO DE TRABAJO

Funciones polinomiales pares de cuarto grado

(a) Grafique cada uno de los polinomios de cuarto grado mostrados. Encuentre los puntos críticos, los intervalos abiertos en los cuales la función es creciente o decreciente y los extremos relativos.

(i) $f(x) = x^4 + 1$

(ii) $f(x) = x^4 + 2x^2 + 1$

(iii) $f(x) = x^4 - 2x^2 + 1$

(b) Considere el polinomio de cuarto grado

$$f(x) = x^4 + ax^2 + b$$

(i) Demuestre que hay un punto crítico cuando $a = 0$ y encuentre los intervalos abiertos en los cuales la función es creciente o decreciente.

(ii) Demuestre que hay un punto crítico cuando $a > 0$ y encuentre los intervalos abiertos en los cuales la función es creciente o decreciente.

(iii) Demuestre que hay tres puntos críticos cuando $a < 0$ y encuentre los intervalos abiertos en los cuales la función es creciente o decreciente.

(iv) Demuestre que no tiene ceros reales cuando

$$a^2 < 4b$$

(v) Determine el posible número de ceros cuando

$$a^2 \geq 4b$$

Explique su razonamiento.

3.4 Concavidad y criterio de la segunda derivada

- **Determinar los intervalos en los cuales una función es cóncava hacia arriba o cóncava hacia abajo.**
- **Encontrar cualquier punto de inflexión de la gráfica de una función.**
- **Aplicar el criterio de la segunda derivada para determinar extremos relativos de una función.**

Concavidad

Ya se ha visto que localizar los intervalos en los que una función f es creciente o decreciente ayuda a describir su gráfica. En esta sección se verá cómo la localización de los intervalos en los que f' es creciente o decreciente puede utilizarse para determinar dónde la gráfica de f se *curva hacia arriba* o se *curva hacia abajo.*

Definición de concavidad

Sea f derivable en un intervalo abierto I. La gráfica de f es **cóncava hacia arriba** sobre I si f' es creciente en el intervalo y **cóncava hacia abajo** en I si f' es decreciente en el intervalo.

Para ver las figuras a color, acceda al código

Los siguientes dos enunciados y la figura 3.23 proporcionan una útil interpretación gráfica de la concavidad. (Vea el apéndice A para una demostración de estos resultados.)

1. Sea f derivable en un intervalo abierto I. Si la gráfica de f es cóncava *hacia arriba* en I, entonces la gráfica de f se encuentra *arriba* de todas sus rectas tangentes en I. [Vea la figura 3.23(a).]
2. Sea f derivable en un intervalo abierto I. Si la gráfica de f es cóncava *hacia abajo* en I, entonces la gráfica de f se encuentra *debajo* de todas sus rectas tangentes en I. [Vea la figura 3.23(b).]

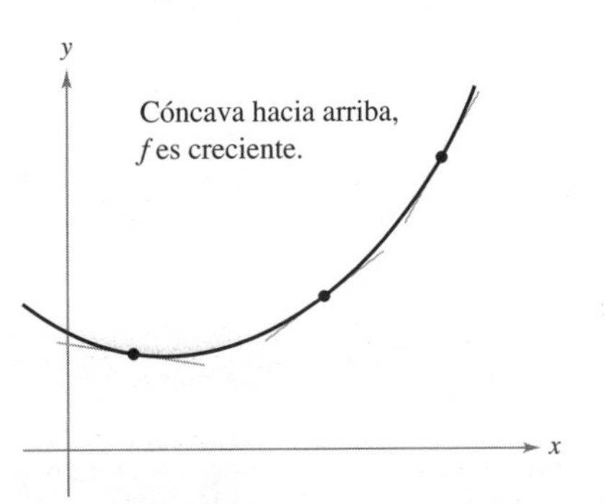

(a) La gráfica de f se encuentra sobre sus rectas tangentes.

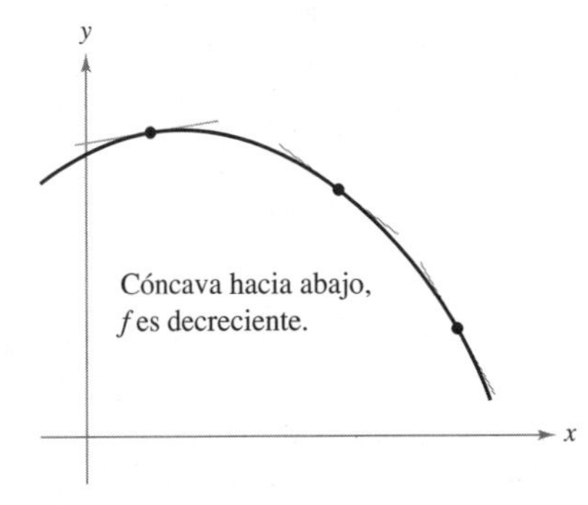

(b) La gráfica de f se encuentra debajo de sus rectas tangentes.

Figura 3.23

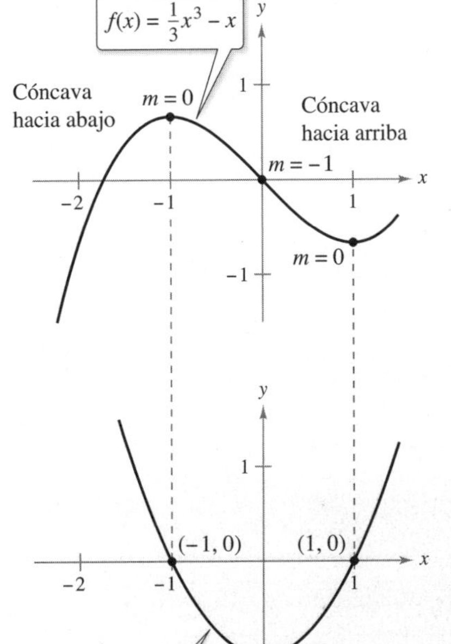

La concavidad de f se relaciona con la pendiente de la derivada.

Figura 3.24

Para determinar los intervalos abiertos en los cuales la gráfica de un función f es cóncava hacia arriba o hacia abajo, necesita determinar los intervalos sobre los cuales f' es creciente o decreciente. Por ejemplo, la gráfica de

$$f(x) = \frac{1}{3}x^3 - x \qquad \text{Función original.}$$

es cóncava hacia abajo en el intervalo abierto $(-\infty, 0)$ debido a que

$$f'(x) = x^2 - 1 \qquad \text{Primera derivada.}$$

es decreciente ahí (vea la figura 3.24). De manera similar, la gráfica de f es cóncava hacia arriba en el intervalo $(0, \infty)$ debido a que f' es creciente sobre $(0, \infty)$.

El teorema siguiente muestra cómo utilizar la *segunda* derivada de una función f para determinar los intervalos sobre los cuales la gráfica de f es cóncava hacia arriba o hacia abajo. Una demostración de este teorema se deduce directamente del teorema 3.5 y de la definición de concavidad.

TEOREMA 3.7 Prueba de concavidad

Sea f una función cuya segunda derivada existe en un intervalo abierto I.

1. Si $f''(x) > 0$ para toda x en I, entonces la gráfica de f es cóncava hacia arriba en I.
2. Si $f''(x) < 0$ para toda x en I, entonces la gráfica de f es cóncava hacia abajo en I.

En el apéndice A se presenta una demostración de este teorema.

COMENTARIO Un tercer caso del teorema 3.7 podría ser que si $f''(x) = 0$ para toda x en I, entonces f es lineal. Observe, sin embargo, que la concavidad no se define para una recta. En otras palabras, una recta no es cóncava hacia arriba ni cóncava hacia abajo.

Para aplicar el teorema 3.7, localice los valores de x para los cuales $f''(x) = 0$ o $f''(x)$ no existe. Ahora utilice estos valores de x para determinar los intervalos de prueba. Por último se prueba el signo de $f''(x)$ en cada uno de los intervalos de prueba.

EJEMPLO 1 Determinar la concavidad

Determine los intervalos abiertos sobre los cuales la gráfica de

$$f(x) = \frac{6}{x^2 + 3}$$

es cóncava hacia arriba o hacia abajo.

Solución Comience observando que f es continua en toda la recta real. A continuación, encuentre la segunda derivada de f.

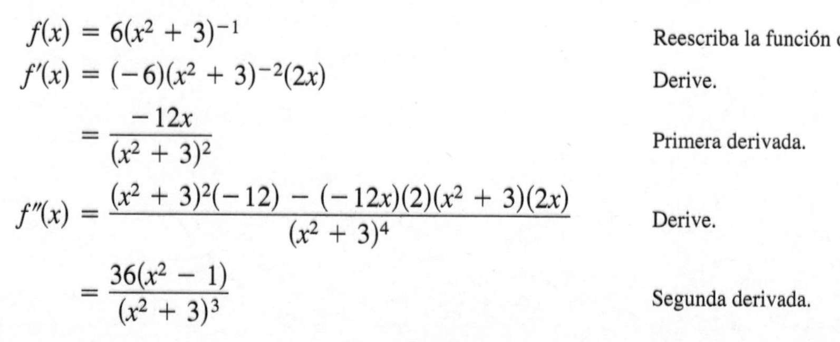
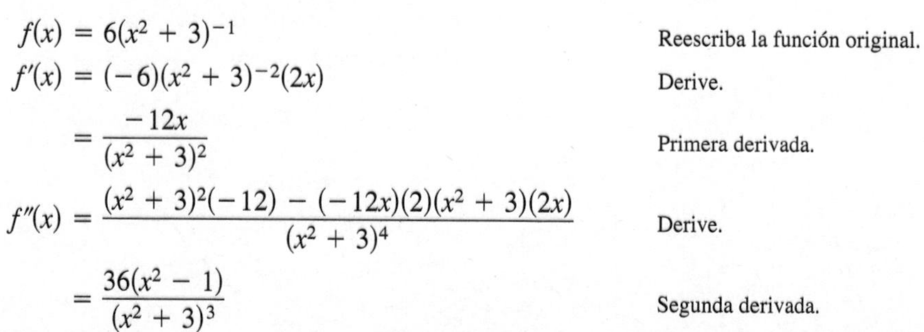

$$f(x) = 6(x^2 + 3)^{-1}$$ Reescriba la función original.

$$f'(x) = (-6)(x^2 + 3)^{-2}(2x)$$ Derive.

$$= \frac{-12x}{(x^2 + 3)^2}$$ Primera derivada.

$$f''(x) = \frac{(x^2 + 3)^2(-12) - (-12x)(2)(x^2 + 3)(2x)}{(x^2 + 3)^4}$$ Derive.

$$= \frac{36(x^2 - 1)}{(x^2 + 3)^3}$$ Segunda derivada.

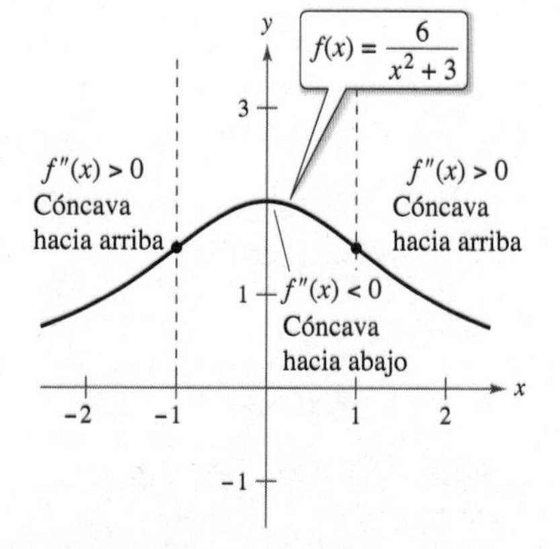

A partir del signo de $f''(x)$, se puede determinar la concavidad de la gráfica de f.

Figura 3.25

Como $f''(x) = 0$ cuando $x = \pm 1$ y f'' está definida en toda la recta real, se debe probar f'' en los intervalos $(-\infty, -1)$, $(-1, 1)$ y $(1, \infty)$. Los resultados se muestran en la tabla y en la figura 3.25.

Intervalo	$-\infty < x < -1$	$-1 < x < 1$	$1 < x < \infty$
Valor de prueba	$x = -2$	$x = 0$	$x = 2$
Signo de $f''(x)$	$f''(-2) > 0$	$f''(0) < 0$	$f''(2) > 0$
Conclusión	Cóncava hacia arriba	Cóncava hacia abajo	Cóncava hacia arriba

■

Para ver la figura a color, acceda al código

La función dada en el ejemplo 1 es continua en toda la recta real. Si hay valores de x en los cuales la función no es continua, dichos valores deben usarse, junto con los puntos en los cuales $f''(x) = 0$ o $f''(x)$ no existe, para formar los intervalos de prueba.

EJEMPLO 2 Determinar la concavidad

Determine los intervalos abiertos sobre los cuales la gráfica de

$$f(x) = \frac{x^2 + 1}{x^2 - 4}$$

es cóncava hacia arriba o hacia abajo.

Solución Al derivar dos veces, se obtiene lo siguiente.

$$f(x) = \frac{x^2 + 1}{x^2 - 4}$$ Escriba la función original.

$$f'(x) = \frac{(x^2 - 4)(2x) - (x^2 + 1)(2x)}{(x^2 - 4)^2}$$ Derive.

$$= \frac{-10x}{(x^2 - 4)^2}$$ Primera derivada.

$$f''(x) = \frac{(x^2 - 4)^2(-10) - (-10x)(2)(x^2 - 4)(2x)}{(x^2 - 4)^4}$$ Derive.

$$= \frac{10(3x^2 + 4)}{(x^2 - 4)^3}$$ Segunda derivada.

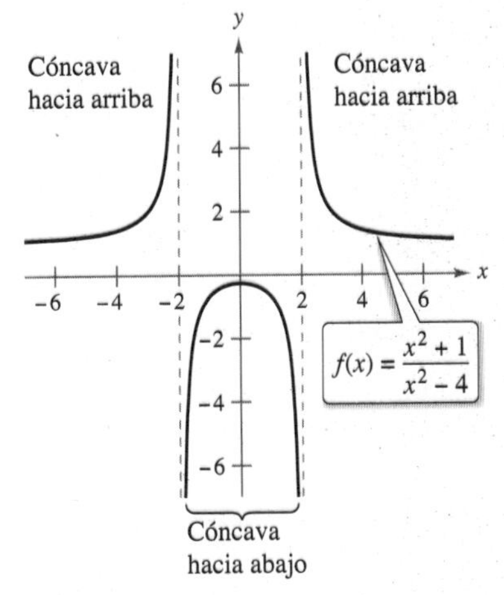

Figura 3.26

No hay puntos en los cuales $f''(x) = 0$, pero en $x = \pm 2$ la función f no es continua, por lo que se prueba la concavidad en los intervalos $(-\infty, -2)$, $(-2, 2)$ y $(2, \infty)$, como se ilustra en la tabla. La gráfica de f se muestra en la figura 3.26.

Intervalo	$-\infty < x < -2$	$-2 < x < 2$	$2 < x < \infty$
Valor de la prueba	$x = -3$	$x = 0$	$x = 3$
Signo de $f''(x)$	$f''(-3) > 0$	$f''(0) < 0$	$f''(3) > 0$
Conclusión	Cóncava hacia arriba	Cóncava hacia abajo	Cóncava hacia arriba

Puntos de inflexión

La gráfica de la figura 3.25 tiene dos puntos en los que cambia de concavidad. Si la recta tangente a la gráfica existe en un punto de este tipo, ese punto es un **punto de inflexión**. En la figura 3.27 se muestran tres tipos de puntos de inflexión.

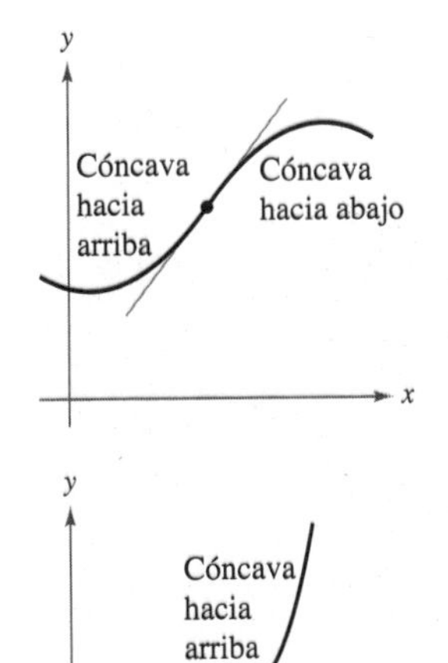

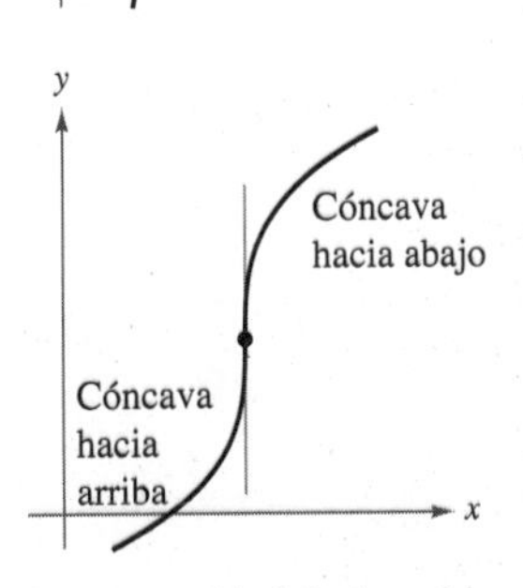

La concavidad de f cambia en un punto de inflexión. Observe que la gráfica cruza su recta tangente en un punto de inflexión.
Figura 3.27

Definición de punto de inflexión

Sea f una función que es continua en un intervalo abierto, y sea c un punto en ese intervalo. Si la gráfica de f tiene una recta tangente en este punto $(c, f(c))$, entonces ese punto es un **punto de inflexión** de la gráfica de f si la concavidad de f cambia de cóncava hacia arriba a cóncava hacia abajo (o de cóncava hacia abajo a cóncava hacia arriba) en ese punto.

La definición de *punto de inflexión* dada en este libro requiere que la recta tangente exista en el punto de inflexión. Algunos libros no requieren esto. Por ejemplo, no se considera que la función

$$f(x) = \begin{cases} x^3, & x < 0 \\ x^2 + 2x, & x \geq 0 \end{cases}$$ La gráfica de f no tiene una recta tangente en $(0, 0)$.

tenga un punto de inflexión en el origen, aun cuando la concavidad de la gráfica cambia de cóncava hacia abajo a cóncava hacia arriba.

Para localizar los *posibles* puntos de inflexión, se pueden determinar los valores de x para los cuales $f''(x) = 0$ o $f''(x)$ no existe. Esto es similar al procedimiento para localizar los extremos relativos de f.

> **TEOREMA 3.8 Punto de inflexión**
>
> Si $(c, f(c))$ es un punto de inflexión de la gráfica de f, entonces $f''(c) = 0$ o $f''(c)$ no existe.

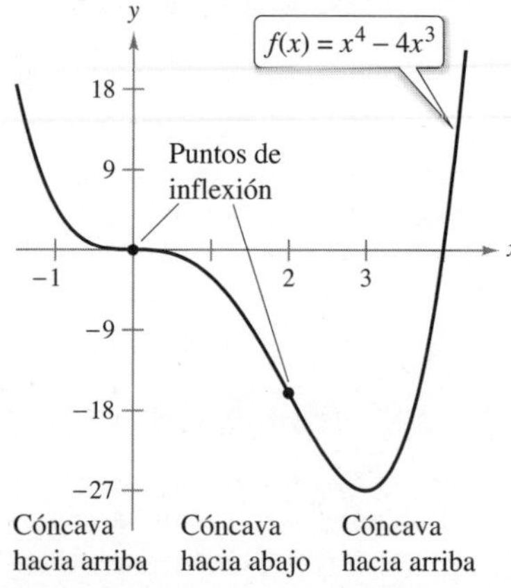

Pueden ocurrir puntos de inflexión donde $f''(x) = 0$ o $f''(x)$ no existe.
Figura 3.28

EJEMPLO 3 Determinar los puntos de inflexión

Determine los puntos de inflexión y analice la concavidad de la gráfica de

$$f(x) = x^4 - 4x^3$$

Solución Al derivar dos veces, obtiene lo siguiente

$f(x) = x^4 - 4x^3$ Escriba la función original.

$f'(x) = 4x^3 - 12x^2$ Encuentre la primera derivada.

$f''(x) = 12x^2 - 24x = 12x(x - 2)$ Encuentre la segunda derivada.

Haciendo $f''(x) = 0$ se puede determinar que los posibles puntos de inflexión ocurren en $x = 0$ y $x = 2$. Al probar los intervalos determinados por estos valores de x, se puede concluir que ambos producen puntos de inflexión. Un resumen de esta prueba se presenta en la tabla y la gráfica de f se ilustra en la figura 3.28.

Intervalo	$-\infty < x < 0$	$0 < x < 2$	$2 < x < \infty$
Valor de prueba	$x = -1$	$x = 1$	$x = 3$
Signo de $f''(x)$	$f''(-1) > 0$	$f''(1) < 0$	$f''(3) > 0$
Conclusión	Cóncava hacia arriba	Cóncava hacia abajo	Cóncava hacia arriba

El recíproco del teorema 3.8 por lo general no es cierto. Es decir, es posible que la segunda derivada sea 0 en un punto que *no* es punto de inflexión. Por ejemplo, en la figura 3.29 se muestra la gráfica de $f(x) = x^4$. La segunda derivada es 0 cuando $x = 0$, pero el punto $(0, 0)$ no es un punto de inflexión porque la gráfica de f es cóncava hacia arriba en ambos intervalos $-\infty < x < 0$ y $0 < x < \infty$.

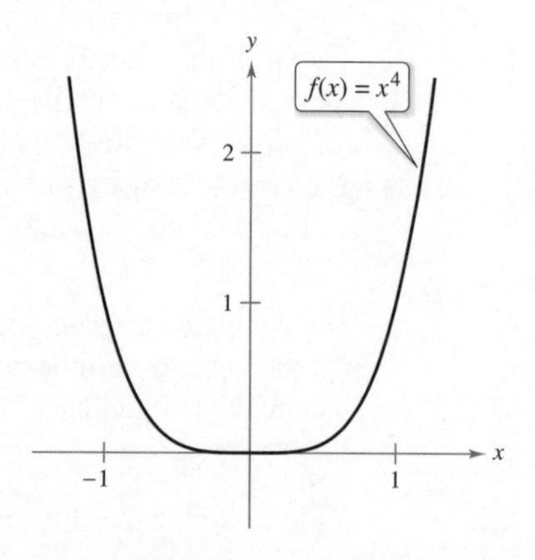

$f''(x) = 0$, pero $(0, 0)$ no es un punto de inflexión.
Figura 3.29

> **Exploración**
>
> Considere la función cúbica general de la forma
>
> $$f(x) = ax^3 + bx^2 + cx + d$$
>
> Se sabe que el valor de d tiene relación con la localización de la gráfica, pero no con el valor de la primera derivada en los valores dados de x. Gráficamente, esto es cierto debido a que los cambios en el valor de d desplazan a la gráfica hacia arriba o hacia abajo, pero no cambian su forma básica. Utilice una herramienta de graficación para representar varias funciones cúbicas con diferentes valores de c. Después, proporcione una explicación gráfica de por qué los cambios en c no afectan los valores de la segunda derivada.

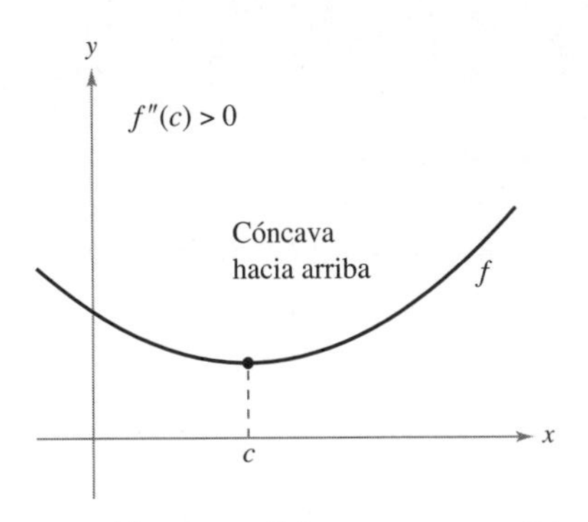

Si $f'(c) = 0$ y $f''(c) > 0$, entonces $f(c)$ es un mínimo relativo.

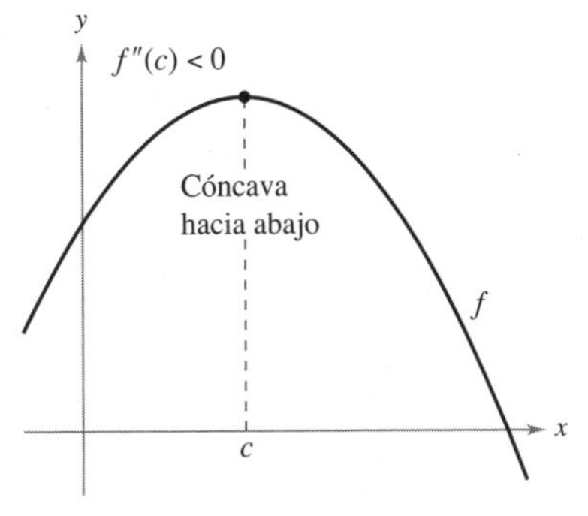

Si $f'(c) = 0$ y $f''(c) < 0$, entonces $f(c)$ es un máximo relativo.
Figura 3.30

Para ver las figuras a color, acceda al código

Criterio de la segunda derivada

Además de un método para analizar la concavidad es posible utilizar la segunda derivada para realizar una prueba simple a los máximos y mínimos relativos. Esta se basa en el hecho de que si la gráfica de una función f es cóncava hacia arriba en un intervalo abierto que contiene a c y $f'(c) = 0$, $f(c)$ debe ser un mínimo relativo de f. De manera similar, si la gráfica de una función es cóncava hacia abajo en un intervalo abierto que contiene a c y $f'(c) = 0$, entonces $f(c)$ debe ser un máximo relativo de f (vea la figura 3.30).

TEOREMA 3.9 Criterio de la segunda derivada

Sea f una función tal que $f'(c) = 0$ y la segunda derivada de f existe en un intervalo abierto que contiene a c.

1. Si $f''(c) > 0$, entonces f tiene un mínimo relativo en $(c, f(c))$.
2. Si $f''(c) < 0$, entonces f tiene un mínimo relativo en $(c, f(c))$.

Si $f''(c) = 0$, entonces el criterio falla. Esto es, f quizá tenga un máximo relativo, un mínimo relativo o ninguno de los dos. En tales casos, puede utilizar el criterio de la primera derivada.

Demostración Considere como primer caso $f''(c) > 0$. Dado que

$$f''(c) = \lim_{x \to c} \frac{f'(x) - f'(c)}{x - c} > 0 \qquad \text{Use la definición de límite de la segunda derivada.}$$

y que $f''(c) = 0$, existe un intervalo abierto que contiene a c para el cual

$$\frac{f'(x) - f'(c)}{x - c} = \frac{f'(x)}{x - c} > 0 \qquad \text{Vea el ejercicio 88(b), sección 1.2.}$$

para toda $x \neq c$ en I. Si $x < c$, entonces $x - c < 0$ y $f'(x) < 0$. Además, si $x > c$, entonces $x - c > 0$ y $f''(x) > 0$. De tal modo, $f'(x)$ cambia de negativa a positiva en c, y el criterio de la primera derivada implica que $f(c)$ es un mínimo relativo. Se deja al lector la demostración del segundo caso. ■

EJEMPLO 4 Emplear el criterio de la segunda derivada

Consulte LarsonCalculus.com (disponible solo en inglés) para una versión interactiva de este tipo de ejemplo.

Encuentre los extremos relativos de

$$f(x) = -3x^5 + 5x^3$$

Solución La primera derivada de la función es

$$f'(x) = -15x^4 + 15x^2 = 15x^2(1 - x^2)$$

De esta derivada, se puede ver que $x = -1$, 0 y 1 son los únicos puntos críticos de f. Al encontrar la segunda derivada

$$f''(x) = -60x^3 + 30x = 30x(1 - 2x^2)$$

se puede aplicar el criterio de la segunda derivada como se indica a continuación.

Punto	$(-1, -2)$	$(0, 0)$	$(1, 2)$
Signo de $f''(x)$	$f''(-1) > 0$	$f''(0) = 0$	$f''(1) < 0$
Conclusión	Mínimo relativo	Falla de la prueba	Máximo relativo

Como el criterio de la segunda derivada no aplica en $(0, 0)$, puede utilizar el criterio de la primera derivada y observar que f aumenta hacia la izquierda y hacia la derecha de $x = 0$. De tal modo, $(0, 0)$ no es un mínimo relativo ni un máximo relativo (aun cuando la gráfica tiene una recta tangente horizontal en este punto). La gráfica de f se muestra en la figura 3.31. ■

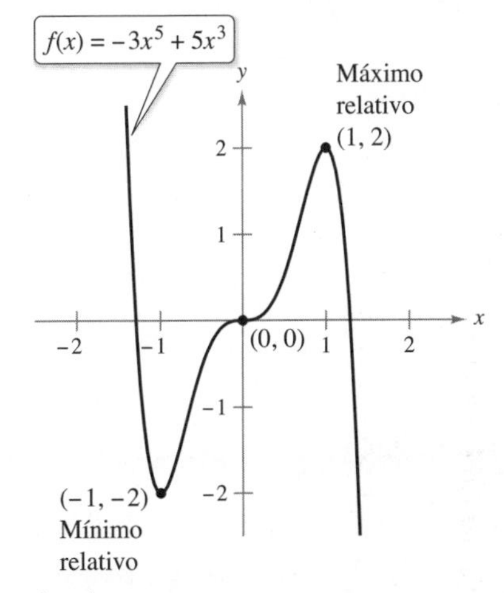

$(0, 0)$ no es un mínimo relativo ni un máximo relativo.
Figura 3.31

3.4 Ejercicios

Las respuestas a los ejercicios impares pueden consultarse en el Apéndice de este libro.

Repaso de conceptos

1. Describa la prueba de concavidad.
2. Describa el criterio de la segunda derivada.

Usar una gráfica **En los ejercicios 3 y 4, se muestra la gráfica de f. Establezca los signos de f' y f'' en el intervalo (0, 2).**

3. 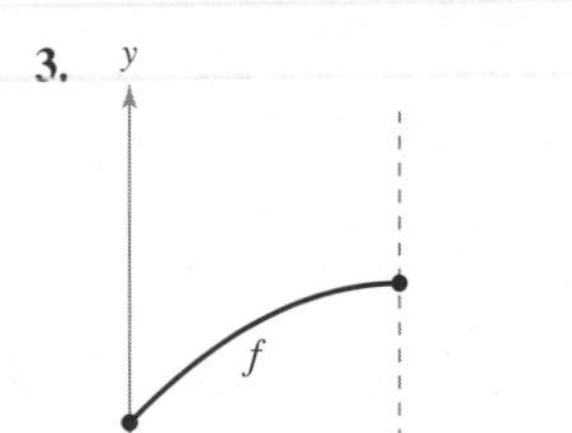

4. 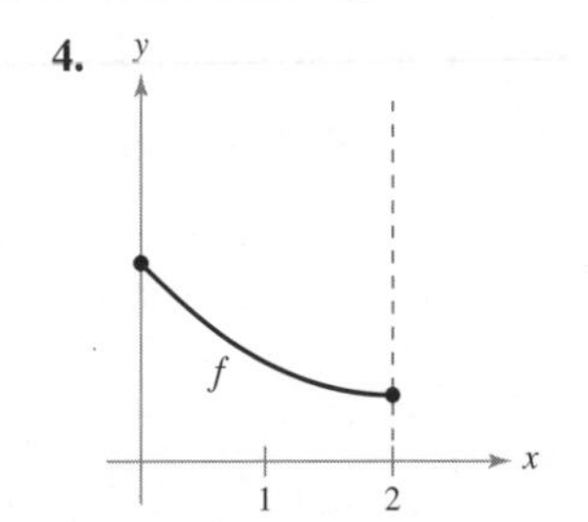

Determinar la concavidad **En los ejercicios 5 a 16, determine los intervalos abiertos sobre los cuales la gráfica es cóncava hacia arriba o cóncava hacia abajo.**

5. $f(x) = x^2 - 4x + 8$
6. $g(x) = 3x^2 - x^3$
7. $f(x) = x^4 - 3x^3$
8. $h(x) = x^5 - 5x + 2$
9. $f(x) = \dfrac{24}{x^2 + 12}$
10. $f(x) = \dfrac{2x^2}{3x^2 + 1}$
11. $f(x) = \dfrac{x - 2}{6x + 1}$
12. $f(x) = \dfrac{x + 8}{x - 7}$
13. $f(x) = \dfrac{x^2 + 1}{x^2 - 1}$
14. $h(x) = \dfrac{x^2 - 1}{2x - 1}$
15. $y = 2x - \tan x, \quad \left(-\dfrac{\pi}{2}, \dfrac{\pi}{2}\right)$
16. $y = x + \dfrac{2}{\operatorname{sen} x}, \quad (-\pi, \pi)$

Buscar puntos de inflexión **En los ejercicios 17 a 32, encuentre los puntos de inflexión y analice la concavidad de la gráfica de la función.**

17. $f(x) = x^3 - 9x^2 + 24x - 18$
18. $f(x) = -x^3 + 6x^2 - 5$
19. $f(x) = 2 - 7x^4$
20. $f(x) = 4 - x - 3x^4$
21. $f(x) = x(x - 4)^3$
22. $f(x) = (x - 2)^3(x - 1)$
23. $f(x) = x\sqrt{x + 3}$
24. $f(x) = x\sqrt{9 - x}$
25. $f(x) = \dfrac{6 - x}{\sqrt{x}}$
26. $f(x) = \dfrac{x + 3}{\sqrt{x}}$
27. $f(x) = \operatorname{sen} \dfrac{x}{2}, \quad [0, 4\pi]$
28. $f(x) = 2 \csc \dfrac{3x}{2}, \quad (0, 2\pi)$
29. $f(x) = \sec\left(x - \dfrac{\pi}{2}\right), \quad (0, 4\pi)$
30. $f(x) = \operatorname{sen} x + \cos x, \quad [0, 2\pi]$
31. $f(x) = 2 \operatorname{sen} x + \operatorname{sen} 2x, \quad [0, 2\pi]$
32. $f(x) = x + 2 \cos x, \quad [0, 2\pi]$

Usar el criterio de la segunda derivada **En los ejercicios 33 a 44, encuentre todos los extremos relativos de la función. Utilice el criterio de la segunda derivada donde sea aplicable.**

33. $f(x) = 6x - x^2$
34. $f(x) = x^2 + 3x - 8$
35. $f(x) = x^3 - 3x^2 + 3$
36. $f(x) = -x^3 + 7x^2 - 15x$
37. $f(x) = x^4 - 4x^3 + 2$
38. $f(x) = -x^4 + 2x^3 + 8x$
39. $f(x) = x^{2/3} - 3$
40. $f(x) = \sqrt{x^2 + 1}$
41. $f(x) = x + \dfrac{4}{x}$
42. $f(x) = \dfrac{9x - 1}{x + 5}$
43. $f(x) = \cos x - x, \quad [0, 4\pi]$
44. $f(x) = 2 \operatorname{sen} x + \cos 2x, \quad [0, 2\pi]$

Encontrar los extremos y los puntos de inflexión usando tecnología **En los ejercicios 45 a 48, utilice un sistema algebraico computarizado para analizar la función en el intervalo que se indica. (a) Encuentre la primera y segunda derivadas de la función. (b) Determine cualesquiera extremos relativos y puntos de inflexión. (c) Represente gráficamente f, f' y f'' en el mismo conjunto de ejes de coordenadas y establezca la relación entre el comportamiento de f los signos f' y de f''.**

45. $f(x) = 0.2x^2(x - 3)^3, \quad [-1, 4]$
46. $f(x) = x^2\sqrt{6 - x^2}, \quad [-\sqrt{6}, \sqrt{6}]$
47. $f(x) = \operatorname{sen} x - \frac{1}{3} \operatorname{sen} 3x + \frac{1}{5} \operatorname{sen} 5x, \quad [0, \pi]$
48. $f(x) = \sqrt{2x} \operatorname{sen} x, \quad [0, 2\pi]$

Exploración de conceptos

49. Considere una función f tal que f' es creciente. Dibuje las gráficas de f para (a) $f' < 0$ y (b) $f' > 0$.
50. S representa las ventas semanales de un producto. ¿Qué se puede decir de S' y S'' en relación con cada uno de los siguientes enunciados?
   (a) La razón de cambio de las ventas está creciendo.
   (b) La razón de cambio de las ventas es constante.
   (c) Las ventas están estables.
   (d) Las ventas están declinando, pero a una razón menor.
   (e) Las ventas se han desplomado y han empezado a crecer.

Dibujar una gráfica **En los ejercicios 51 y 52 se muestra la gráfica de f. Grafique f, f' y f'' en el mismo sistema de ejes coordenados. Para imprimir una copia ampliada de la gráfica, vaya a *MathGraphs.com* (disponible solo en inglés).**

51. 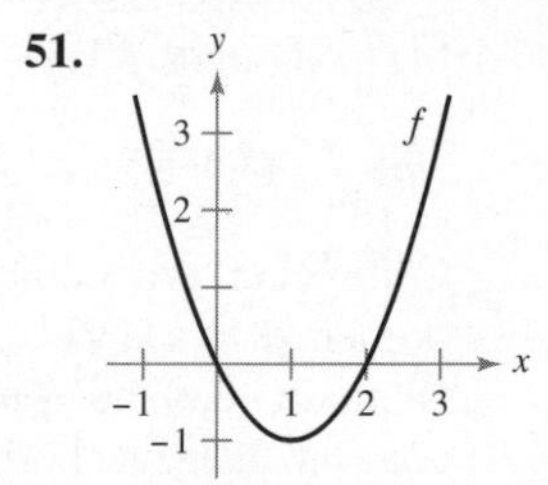

52. 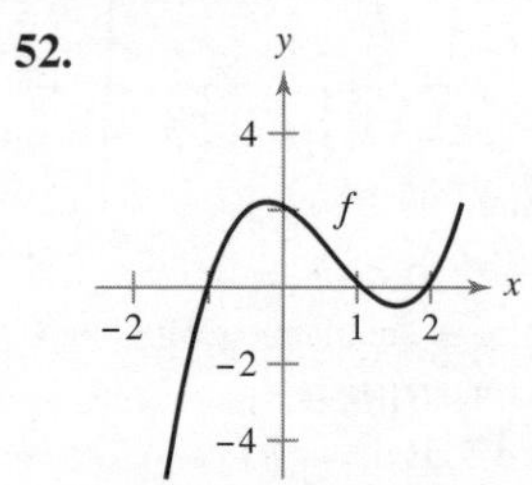

Piénselo **En los ejercicios 53 a 56, dibuje la gráfica de una función f que tenga las características indicadas.**

53. $f(0) = f(2) = 0$

$f'(x) > 0$ para $x < 1$

$f'(1) = 0$

$f'(x) < 0$ para $x > 1$

$f''(x) < 0$

54. $f(0) = f(2) = 0$

$f'(x) < 0$ para $x < 1$

$f'(1) = 0$

$f'(x) > 0$ para $x > 1$

$f''(x) > 0$

55. $f(2) = f(4) = 0$

$f'(x) < 0$ para $x < 3$

$f'(3)$ no existe

$f'(x) > 0$ para $x > 3$

$f''(x) < 0, x \neq 3$

56. $f(1) = f(3) = 0$

$f'(x) > 0$ para $x < 2$

$f'(2)$ no existe

$f'(x) < 0$ para $x > 2$

$f''(x) > 0, x \neq 2$

57. Piénselo La figura muestra la gráfica de f''. Dibuje una gráfica de f. (La respuesta no es única.) Para imprimir una copia ampliada de la gráfica, vaya a *MathGraphs.com* (disponible solo en inglés).

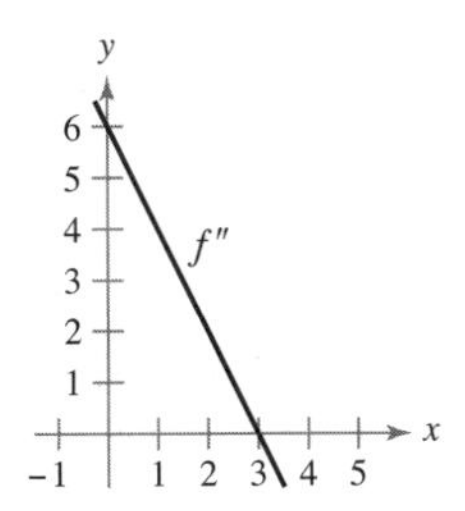

58. ¿CÓMO LO VE? Se vierte agua en el florero que se muestra en la figura a una velocidad constante.

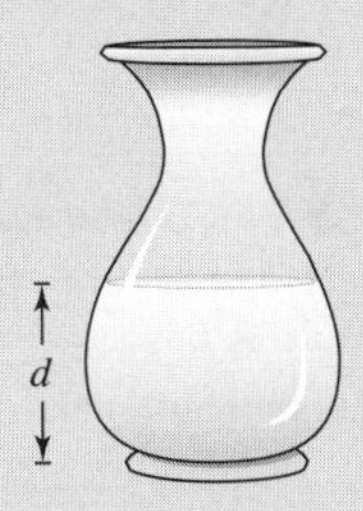

(a) Represente gráficamente la profundidad d del agua en el florero como una función del tiempo.

(b) ¿La función tiene algún extremo? Explique.

(c) Interprete los puntos de inflexión de la gráfica de d.

59. Conjetura Considere la función

$f(x) = (x - 2)^n$

(a) Use una herramienta de graficación para representar f respecto a $n = 1, 2, 3$ y 4. Utilice las gráficas para realizar una conjetura acerca de la relación entre n y cualesquiera de los puntos de inflexión de la gráfica de f.

(b) Verifique su conjetura del inciso (a).

60. Punto de inflexión Considere la función $f(x) = \sqrt[3]{x}$.

(a) Represente gráficamente la función e identifique el punto de inflexión.

(b) ¿Existe $f''(x)$ en el punto de inflexión? Explique.

Encontrar una función cúbica **En los ejercicios 61 y 62, determine a, b, c y d tales que la función cúbica**

$f(x) = ax^3 + bx^2 + cx + d$

satisfaga las condiciones dadas.

61. Máximo relativo: (3, 3)

Mínimo relativo: (5, 1)

Punto de inflexión: (4, 2)

62. Máximo relativo: (2, 4)

Mínimo relativo: (4, 2)

Punto de inflexión: (3, 3)

63. Trayectoria de planeo de un avión Un pequeño avión empieza su descenso desde una altura de 1 milla, a 4 millas al oeste de la pista de aterrizaje (vea la figura).

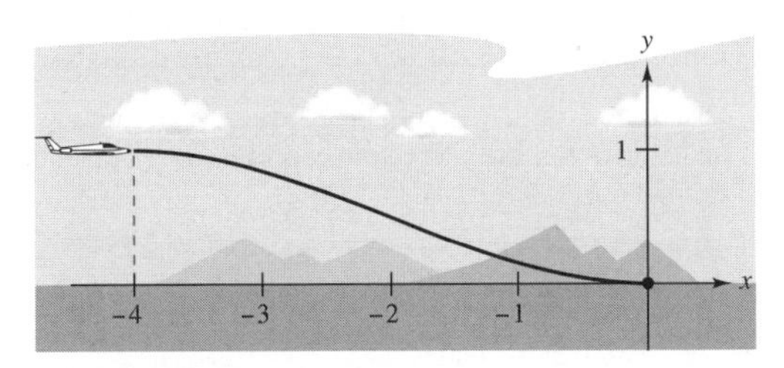

(a) Encuentre la función cúbica $f(x) = ax^3 + bx^2 + cx + d$ en el intervalo $[-4, 0]$ que describe una trayectoria de planeo uniforme para el aterrizaje.

(b) La función del inciso (a) modela la trayectoria de planeo del avión. ¿Cuándo descendería el avión a la razón más rápida?

PARA INFORMACIÓN ADICIONAL Para más información acerca de este tipo de modelado, vea el artículo "How Not to Land at Lake Tahoe!", de Richard Barshinger, en *The American Mathematical Monthly*. Para consultar este artículo, visite *MathArticles.com* (disponible solo en inglés).

64. Diseño de autopistas Una sección de la autopista que conecta dos laderas con inclinación de 6% y 4% se va a construir entre dos puntos que están separados por una distancia horizontal de 2000 pies (vea la figura). En el punto en que se juntan las dos laderas, hay una diferencia de altura de 50 pies.

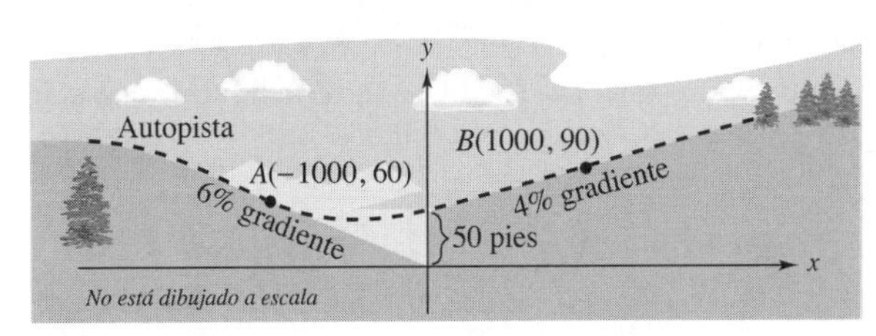

(a) Encuentre una función cúbica

$f(x) = ax^3 + bx^2 + cx + d, \quad -1000 \leq x \leq 1000$

que describa la sección de la autopista que conecte las laderas. En los puntos A y B la pendiente del modelo debe igualar la inclinación de la ladera.

(b) Utilice una herramienta de graficación para representar el modelo.

(c) Use una herramienta de graficación para representar la derivada del modelo.

(d) Determine el gradiente de la parte más inclinada de la sección de transición de la autopista.

65. Costo promedio Un fabricante ha determinado que el costo total C de operación de una fábrica es

$$C = 0.5x^2 + 15x + 5000$$

donde x es el número de unidades producidas. ¿En qué nivel de producción se minimizará el costo promedio por unidad? (El costo promedio por unidad es C/x.)

66. Peso específico Un modelo para el peso específico del agua S es

$$S = \frac{5.755}{10^8}T^3 - \frac{8.521}{10^6}T^2 + \frac{6.540}{10^5}T + 0.99987, 0 < T < 25$$

donde T es la temperatura del agua en grados Celsius.

(a) Utilice la segunda derivada para determinar la concavidad de S.

(b) Utilice un sistema algebraico computarizado para determinar las coordenadas del valor máximo de la función.

(c) Use una herramienta de graficación para elaborar una gráfica de la función sobre el dominio especificado. (Utilice un ajuste en el cual $0.996 \leq S \leq 1.001$.)

(d) Calcule el peso específico del agua cuando $T = 20°$.

67. Crecimiento de ventas Las ventas anuales de S de un nuevo producto están dadas por

$$S = \frac{5000t^2}{8 + t^2}, \quad 0 \leq t \leq 3$$

donde t es el tiempo en años.

(a) Complete la tabla. A continuación, úsela para estimar cuándo se incrementan las ventas anuales con una mayor rapidez.

t	0.5	1	1.5	2	2.5	3
S						

(b) Utilice una herramienta de graficación para representar la función S. A continuación, use la gráfica para estimar cuándo las ventas anuales están creciendo más rápidamente.

(c) Encuentre el tiempo exacto en el que las ventas anuales crecen al ritmo más alto.

68. Modelar datos La tabla muestra la velocidad media S (palabras por minuto) a la que teclea un estudiante de mecanografía después de t semanas de asistir a clases.

t	5	10	15	20	25	30
S	38	56	79	90	93	94

Un modelo para los datos es

$$S = \frac{100t^2}{65 + t^2}, \quad t > 0$$

(a) Utilice una herramienta de graficación para representar los datos y el modelo.

(b) Utilice la segunda derivada para determinar la concavidad de S. Compare el resultado con la gráfica del inciso (a).

(c) ¿Cuál es el signo de la primera derivada para $t > 0$? Combinando esta información con la concavidad del modelo, ¿qué puede inferir sobre la velocidad cuando t crece?

Aproximaciones lineal y cuadrática. En los ejercicios 69 a 72, utilice una herramienta de graficación para representar la función. A continuación, represente las aproximaciones lineal y cuadrática.

$$P_1(x) = f(a) + f'(a)(x - a)$$

y

$$P_2(x) = f(a) + f'(a)(x - a) + \tfrac{1}{2}f''(a)(x - a)^2$$

en la misma ventana de visualización. Compare los valores de f, P_1 y P_2 y sus primeras derivadas en $x = a$. ¿Cómo cambia la aproximación cuando se aleja de $x = a$?

Función	Valor de a
69. $f(x) = 2(\operatorname{sen} x + \cos x)$	$a = \frac{\pi}{4}$
70. $f(x) = 2(\operatorname{sen} x + \cos x)$	$a = 0$
71. $f(x) = \sqrt{1 - x}$	$a = 0$
72. $f(x) = \frac{\sqrt{x}}{x - 1}$	$a = 2$

73. Punto de inflexión y extremos Considere la función

$$f(x) = \frac{\operatorname{sen} x}{x}, \quad x > 0$$

(a) Demuestre que los extremos relativos de f están sobre la curva $y^2(1 + x^2) = 1$.

(b) Demuestre que los puntos de inflexión de f están sobre la curva $y^2(4 + x^4) = 4$.

74. Punto de inflexión y extremos Demuestre que el punto de inflexión de

$$f(x) = x(x - 6)^2$$

se encuentra entre los extremos relativos de f.

¿Verdadero o falso? En los ejercicios 75 a 78, determine si el enunciado es verdadero o falso. Si es falso, explique por qué o dé un ejemplo de por qué es falso.

75. La gráfica de todo polinomio cúbico tiene precisamente un punto inflexión.

76. La gráfica de

$$f(x) = \frac{1}{x}$$

es cóncava hacia abajo para $x < 0$ y cóncava hacia arriba para $x > 0$, y por ello tiene un punto de inflexión en $x = 0$.

77. Si $f'(c) > 0$, entonces f es cóncava hacia arriba en $x = c$.

78. Si $f''(2) = 0$, entonces la gráfica de f debe tener un punto de inflexión en $x = 2$.

Demostración En los ejercicios 79 y 80, considere que f y g representan funciones derivables tales que $f'' \neq 0$ y $g'' \neq 0$.

79. Demuestre que si f y g son cóncavas hacia arriba en el intervalo (a, b) entonces $f + g$ también son cóncavas hacia arriba sobre (a, b).

80. Demuestre que si f y g son positivas, crecientes y cóncavas hacia arriba en el intervalo (a, b), entonces fg también es cóncava hacia arriba sobre (a, b).

3.5 Límites al infinito

- **Determinar límites (finitos) al infinito.**
- **Determinar las asíntotas horizontales de la gráfica de una función, si las hay.**
- **Determinar límites infinitos al infinito.**

Límites al infinito

En esta sección se analiza el "comportamiento final" de una función en un intervalo *infinito*. Considere la gráfica de

$$f(x) = \frac{3x^2}{x^2 + 1}$$

como se ilustra en la figura 3.32. Gráficamente, se puede ver que los valores de $f(x)$ parecen aproximarse a 3 cuando x crece o decrece sin límite. Una aproximación numérica respalda esta conclusión, como se indica en la tabla.

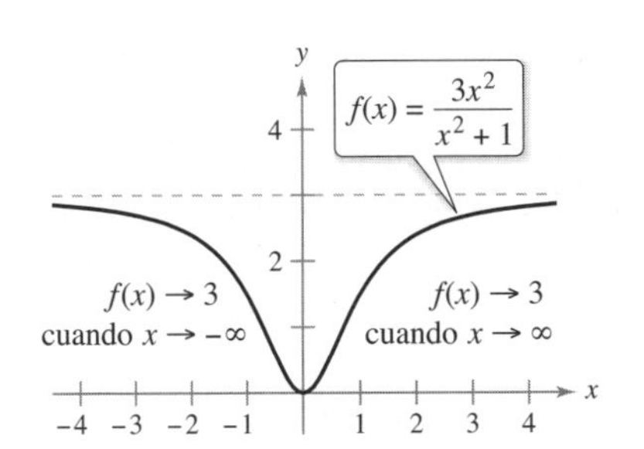

El límite de $f(x)$ cuando x tiende a $-\infty$ o ∞ es 3.
Figura 3.32

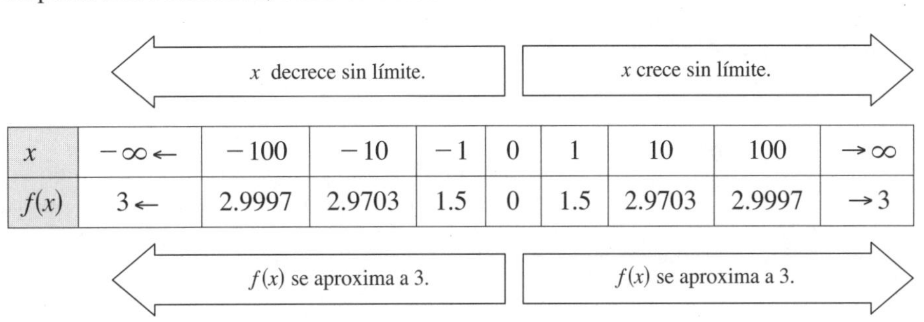

x	$-\infty \leftarrow$	-100	-10	-1	0	1	10	100	$\to \infty$
$f(x)$	$3 \leftarrow$	2.9997	2.9703	1.5	0	1.5	2.9703	2.9997	$\to 3$

Para ver las figuras a color, acceda al código

La tabla sugiere que el valor de $f(x)$ se aproxima a 3 cuando x crece sin límite ($x \to \infty$). De manera similar, $f(x)$ tiende a 3 cuando x decrece sin límite ($x \to -\infty$). Estos **límites en el infinito** se denotan mediante

$$\lim_{x \to -\infty} f(x) = 3 \qquad \text{Límite en infinito negativo.}$$

y

$$\lim_{x \to \infty} f(x) = 3 \qquad \text{Límite en infinito positivo.}$$

COMENTARIO La expresión $\lim_{x \to -\infty} f(x) = L$ o $\lim_{x \to \infty} f(x) = L$ significa que el límite existe *y* el límite es igual a L.

Decir que una expresión es cierta cuando x crece *sin límite* significa que para algún número real (grande) M, la expresión es verdadera para *toda* x en el intervalo $\{x: x > M\}$. La siguiente definición usa este concepto.

Definición de límites al infinito

Sea L un número real.

1. La expresión $\lim_{x \to \infty} f(x) = L$ significa que para cada $\varepsilon > 0$ existe un $M > 0$ tal que $|f(x) - L| < \varepsilon$ siempre que $x > M$.
2. La expresión $\lim_{x \to -\infty} f(x) = L$ significa que para cada $\varepsilon > 0$ existe un $N < 0$ tal que $|f(x) - L| < \varepsilon$ siempre que $x < N$.

La definición de un límite en el infinito se muestra en la figura 3.33. En esta figura, se advierte que para un número positivo dado ε, existe un número positivo M tal que, para $x > M$, la gráfica de f estará entre las rectas horizontales dadas por

$$y = L + \varepsilon \quad \text{y} \quad y = L - \varepsilon$$

$f(x)$ está a menos de ε unidades de L cuando $x \to \infty$.
Figura 3.33

Exploración

Utilice una herramienta de graficación para representar

$$f(x) = \frac{2x^2 + 4x - 6}{3x^2 + 2x - 16}$$

Describa todas las características importantes de la gráfica. ¿Puede encontrar una sola ventana de observación que muestre con claridad todas estas características? Explique su razonamiento.

¿Cuáles son las asíntotas horizontales de la gráfica, de manera que esta se encuentre dentro de 0.001 unidades de su asíntota horizontal? Explique su razonamiento.

Asíntotas horizontales

En la figura 3.33, la gráfica de f se aproxima a la recta $y = L$ cuando x crece sin límite. La recta $y = L$ recibe el nombre de **asíntota horizontal** de la gráfica de f.

Definición de una asíntota horizontal

La recta $y = L$ es una **asíntota horizontal** de la gráfica de f si

$$\lim_{x\to-\infty} f(x) = L \quad \text{o} \quad \lim_{x\to\infty} f(x) = L$$

Observe que a partir de esta definición se deduce que la gráfica de una *función* de x puede tener a lo mucho dos asíntotas horizontales (una a la derecha y otra a la izquierda).

Los límites al infinito, tienen muchas de las propiedades de los límites estudiados en la sección 1.3. Por ejemplo, si existen tanto $\lim_{x\to\infty} f(x)$ como $\lim_{x\to\infty} g(x)$ entonces

$$\lim_{x\to\infty} [f(x) + g(x)] = \lim_{x\to\infty} f(x) + \lim_{x\to\infty} g(x) \qquad \text{Propiedad 2, teorema 1.2.}$$

y

$$\lim_{x\to\infty} [f(x)g(x)] = \left[\lim_{x\to\infty} f(x)\right]\left[\lim_{x\to\infty} g(x)\right] \qquad \text{Propiedad 4, teorema 1.2.}$$

Se cumplen propiedades similares para límites en $-\infty$.

Cuando se evalúan límites al infinito, resulta de utilidad el siguiente teorema.

TEOREMA 3.10 Límites al infinito

Si r es un número racional positivo y c es cualquier número real, entonces

$$\lim_{x\to\infty} \frac{c}{x^r} = 0$$

Además, si x^r está definida cuando $x < 0$, entonces

$$\lim_{x\to-\infty} \frac{c}{x^r} = 0$$

En el apéndice A se da una demostración de este teorema.

Para ver la figura a color, acceda al código

EJEMPLO 1 Determinar el límite al infinito

Encuentre el límite: $\lim_{x\to\infty} \left(5 - \frac{2}{x^2}\right)$

Solución Utilizando varias propiedades de los límites se puede escribir

$$\begin{aligned}\lim_{x\to\infty} \left(5 - \frac{2}{x^2}\right) &= \lim_{x\to\infty} 5 - \lim_{x\to\infty} \frac{2}{x^2} && \text{Propiedad 3, teorema 1.2.}\\ &= 5 - 0 && \text{Propiedad 1, teorema 1.1 y teorema 3.10.}\\ &= 5\end{aligned}$$

Así, la recta $y = 5$ es una asíntota horizontal a la derecha. Note que cuando $x \to -\infty$

$$\lim_{x\to-\infty} \left(5 - \frac{2}{x^2}\right) = \lim_{x\to-\infty} 5 - \lim_{x\to-\infty} \frac{2}{x^2} = 5 - 0 = 5$$

Así, la recta $y = 5$ es una asíntota a la izquierda. La gráfica de la función $f(x) = 5 - (2/x^2)$ se muestra en la figura 3.34. (En la figura 3.34, la asíntota horizontal $y = 5$ se muestra como una línea punteada.) ■

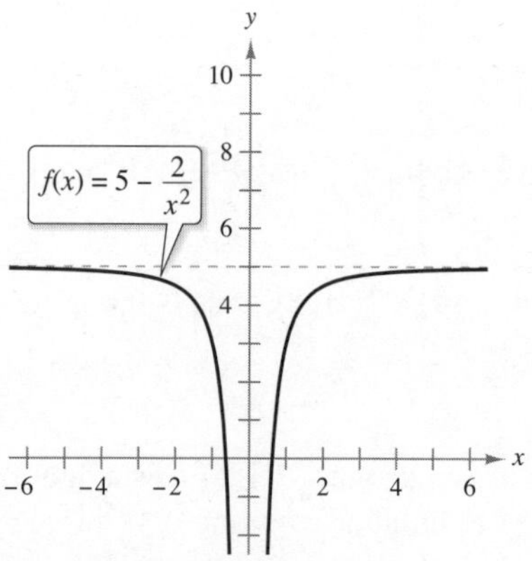

$f(x) = 5 - \frac{2}{x^2}$

$y = 5$ es una asíntota horizontal.

Figura 3.34

EJEMPLO 2 Determinar un límite al infinito

Determine el límite $\lim_{x\to\infty} \dfrac{2x-1}{x+1}$

Solución Observe que tanto el numerador como el denominador tienden al infinito cuando x tiende al infinito.

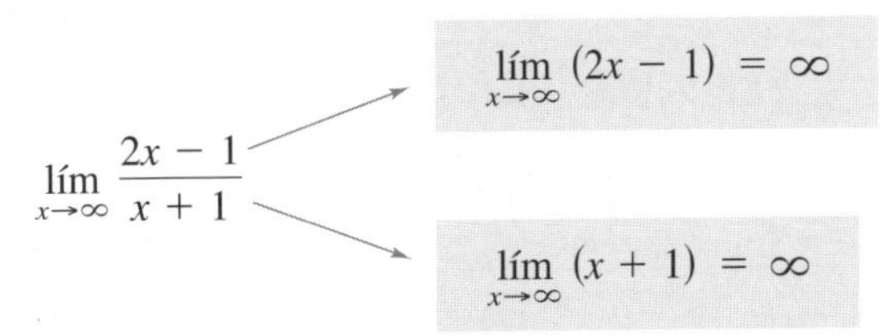

COMENTARIO Cuando se encuentre con una forma indeterminada como la del ejemplo 2, debe dividir el numerador y el denominador entre la potencia más alta de x en el *denominador*.

Esto produce una **forma indeterminada** ∞/∞. Para resolver este problema, puede dividir tanto el numerador como el denominador entre x. Después de eso, el límite puede evaluarse como se muestra.

$$\lim_{x\to\infty} \frac{2x-1}{x+1} = \lim_{x\to\infty} \frac{\dfrac{2x-1}{x}}{\dfrac{x+1}{x}} \qquad \text{Divida el numerador y el denominador entre } x.$$

$$= \lim_{x\to\infty} \frac{2-\dfrac{1}{x}}{1+\dfrac{1}{x}} \qquad \text{Simplifique.}$$

$$= \frac{\lim\limits_{x\to\infty} 2 - \lim\limits_{x\to\infty} \dfrac{1}{x}}{\lim\limits_{x\to\infty} 1 + \lim\limits_{x\to\infty} \dfrac{1}{x}} \qquad \text{Propiedades 2, 3 y 5, teorema 1.2.}$$

$$= \frac{2-0}{1+0} \qquad \text{Propiedad 1, teorema 1.1 y teorema 3.10.}$$

$$= 2$$

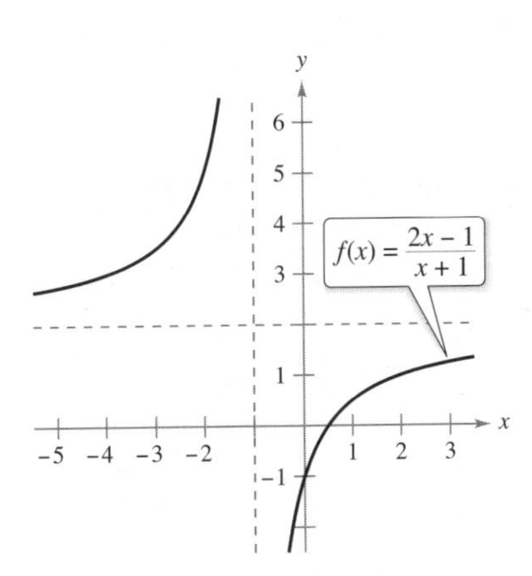

$y = 2$ es una asíntota horizontal.
Figura 3.35

De tal modo, la recta $y = 2$ es una asíntota horizontal a la derecha. Al tomar el límite cuando $x \to -\infty$, puede ver que $y = 2$ también es una asíntota horizontal a la izquierda. La figura 3.35 muestra la gráfica de la función y de su asíntota horizontal $y = 2$. (Note que también se muestra la gráfica de la asíntota vertical $x = -1$.) ■

TECNOLOGÍA Se puede verificar que el límite del ejemplo 2 es razonable al evaluar la función $f(x)$ para algunos valores positivos grandes de x. Por ejemplo

$$f(100) \approx 1.9703, \quad f(1000) \approx 1.9970, \quad \text{y } f(10\,000) \approx 1.9997$$

Otra forma de verificar que el límite obtenido es razonable consiste en representar la gráfica con una herramienta de graficación. Por ejemplo, en la figura 3.36, la gráfica de

$$f(x) = \frac{2x-1}{x+1}$$

se muestra con la recta horizontal $y = 2$. Observe que cuando x crece, la gráfica de f se mueve más cerca de su asíntota horizontal.

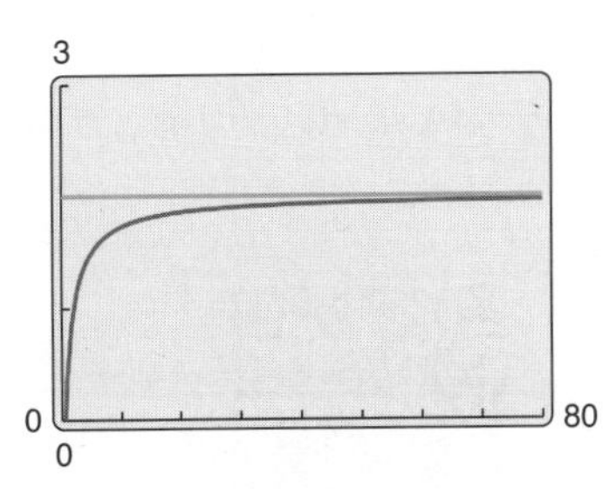

Cuando x aumenta, la gráfica de f se mueve más y más cerca a la recta $y = 2$.
Figura 3.36

Para ver las figuras a color, acceda al código

MARÍA GAETANA AGNESI (1718-1799)

Agnesi fue una de las pocas mujeres en recibir crédito por aportaciones importantes a las matemáticas antes del siglo XX. Casi al cumplir 20 años, escribió el primer texto que incluyó tanto cálculo diferencial como integral. Alrededor de los 30, fue miembro honorario de la facultad en la Universidad de Boloña.
Consulte LarsonCalculus.com (disponible solo en inglés) para leer más de esta biografía.

EJEMPLO 3 Comparar tres funciones racionales

Consulte LarsonCalculus.com (disponible solo en inglés) para una versión interactiva de este tipo de ejemplo.

Determine cada límite.

a. $\lim\limits_{x\to\infty} \dfrac{2x+5}{3x^2+1}$ **b.** $\lim\limits_{x\to\infty} \dfrac{2x^2+5}{3x^2+1}$ **c.** $\lim\limits_{x\to\infty} \dfrac{2x^3+5}{3x^2+1}$

Solución En cada caso, el intento de evaluar el límite produce la forma indeterminada ∞/∞. Note que la potencia más grande de x en el denominador de cada fracción es x^2. De esta manera, para encontrar cada límite se divide tanto numerador como denominador entre x^2.

a. $$\lim_{x\to\infty} \frac{2x+5}{3x^2+1} = \lim_{x\to\infty} \frac{(2/x)+(5/x^2)}{3+(1/x^2)} = \frac{0+0}{3+0} = \frac{0}{3} = 0$$

b. $$\lim_{x\to\infty} \frac{2x^2+5}{3x^2+1} = \lim_{x\to\infty} \frac{2+(5/x^2)}{3+(1/x^2)} = \frac{2+0}{3+0} = \frac{2}{3}$$

c. $$\lim_{x\to\infty} \frac{2x^3+5}{3x^2+1} = \lim_{x\to\infty} \frac{2x+(5/x^2)}{3+(1/x^2)} = \frac{\infty}{3}$$ El límite no existe.

Este límite *no existe* porque el numerador aumenta sin límite mientras el denominador se aproxima a 3. ■

El ejemplo 3 sugiere las siguientes estrategias para la búsqueda de límites en el infinito de funciones racionales. Utilice estas estrategias para comprobar los resultados en el ejemplo 3.

Directrices para determinar límites en $\pm\infty$ de funciones racionales

1. Si el grado del numerador es *menor que* el grado del denominador, entonces el límite de la función racional es 0.
2. Si el grado del numerador es *igual* al grado del denominador, entonces el límite de la función racional es el cociente de los coeficientes principales.
3. Si el grado del numerador es *mayor que* el grado del denominador, entonces el límite de la función racional no existe.

Estos límites parecen razonables cuando se considera que para valores grandes de x, el término de la potencia más alta de la función racional es el que más "influye" en la determinación del límite. Por ejemplo,

$$\lim_{x\to\infty} \frac{1}{x^2+1}$$ ← El grado del numerador es 0. ← El grado del denominador es 2.

es 0 porque el denominador "domina" al numerador cuando x aumenta o disminuye sin límite, como se muestra en la figura 3.37.

■ **PARA INFORMACIÓN ADICIONAL** Para mayor información sobre las contribuciones de las mujeres a las matemáticas, vea el artículo "Why Women Succeed in Mathematics" de Mona Fabricant, Sylvia Svitak y Patricia Clark Kenschaft en *Mathematics Teacher*. Para ver este artículo, visite *MathArticles.com* (disponible solo en inglés).

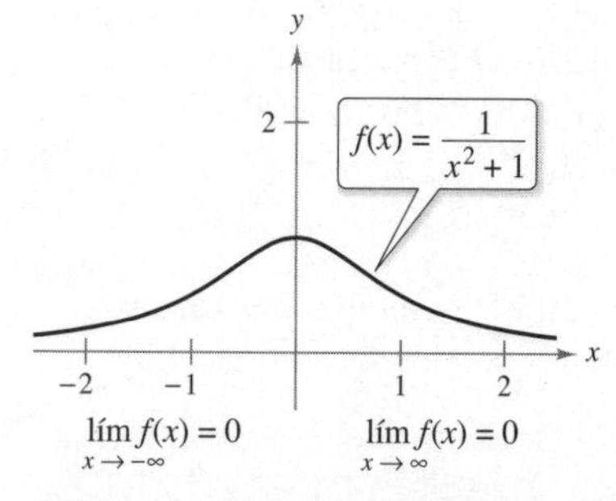

f tiene una asíntota horizontal en $y = 0$.
Figura 3.37

Para ver la figura a color, acceda al código

La función que se muestra en la figura 3.37 es un caso especial de un tipo de curva estudiada por la matemática italiana María Gaetana Agnesi. La forma general de esta función es

$$f(x) = \frac{8a^3}{x^2+4a^2}$$ Bruja de Agnesi.

y a través de la traducción errónea de la palabra italiana *vertéré*, la curva ha llegado a conocerse como la Bruja de Agnesi. El trabajo de Agnesi con esta curva apareció por primera vez en un libro de cálculo que se publicó en 1748.

Para ver las figuras a color, acceda al código

En la figura 3.37 puede observar que la función $f(x) = 1/(x^2 + 1)$ tiende a la misma asíntota horizontal hacia la derecha que hacia la izquierda. Esto es siempre cierto para las funciones racionales. Las funciones que no son racionales, sin embargo, pueden tender a diferentes asíntotas horizontales hacia la derecha y hacia la izquierda. Esto se demuestra en el ejemplo 4.

COMENTARIO Asegúrese de entender que las estrategias de la página anterior *no aplican* para límites de funciones que "parecen racionales", como las del ejemplo 4. Recuerde, una función racional es el cociente de dos *polinomios* (vea la sección P.3).

EJEMPLO 4 Una función con dos asíntotas horizontales

Determine cada límite.

a. $\displaystyle \lim_{x\to\infty} \frac{3x - 2}{\sqrt{2x^2 + 1}}$ **b.** $\displaystyle \lim_{x\to-\infty} \frac{3x - 2}{\sqrt{2x^2 + 1}}$

Solución

a. Para $x > 0$, puede escribir $x = \sqrt{x^2}$. De tal modo, al dividir tanto el numerador como el denominador entre x se obtiene

$$\frac{3x - 2}{\sqrt{2x^2 + 1}} = \frac{\dfrac{3x - 2}{x}}{\dfrac{\sqrt{2x^2 + 1}}{\sqrt{x^2}}} = \frac{3 - \dfrac{2}{x}}{\sqrt{\dfrac{2x^2 + 1}{x^2}}} = \frac{3 - \dfrac{2}{x}}{\sqrt{2 + \dfrac{1}{x^2}}}$$

y puede tomar el límite de la siguiente manera

$$\lim_{x\to\infty} \frac{3x - 2}{\sqrt{2x^2 + 1}} = \lim_{x\to\infty} \frac{3 - \dfrac{2}{x}}{\sqrt{2 + \dfrac{1}{x^2}}} = \frac{3 - 0}{\sqrt{2 + 0}} = \frac{3}{\sqrt{2}}$$

b. Para $x < 0$, puede escribir $x = -\sqrt{x^2}$. De manera que al dividir tanto el denominador como el numerador entre x se obtiene

$$\frac{3x - 2}{\sqrt{2x^2 + 1}} = \frac{\dfrac{3x - 2}{x}}{\dfrac{\sqrt{2x^2 + 1}}{-\sqrt{x^2}}} = \frac{3 - \dfrac{2}{x}}{-\sqrt{\dfrac{2x^2 + 1}{x^2}}} = \frac{3 - \dfrac{2}{x}}{-\sqrt{2 + \dfrac{1}{x^2}}}$$

y puede tomar el límite de la siguiente manera.

$$\lim_{x\to-\infty} \frac{3x - 2}{\sqrt{2x^2 + 1}} = \lim_{x\to-\infty} \frac{3 - \dfrac{2}{x}}{-\sqrt{2 + \dfrac{1}{x^2}}} = \frac{3 - 0}{-\sqrt{2 + 0}} = -\frac{3}{\sqrt{2}}$$

La gráfica de $f(x) = (3x - 2)/\sqrt{2x^2 + 1}$ se presenta en la figura 3.38. En la figura, note que la recta $y = 3/\sqrt{2}$ es una asíntota horizontal a la derecha y la recta $y = -3/\sqrt{2}$ es una asíntota horizontal a la izquierda.

$y = \frac{3}{\sqrt{2}}$, Asíntota horizontal hacia la derecha

$y = -\frac{3}{\sqrt{2}}$, Asíntota horizontal hacia la izquierda

$f(x) = \frac{3x - 2}{\sqrt{2x^2 + 1}}$

Las funciones que no son racionales pueden tener diferentes asíntotas horizontales derecha e izquierda.
Figura 3.38

CONFUSIÓN TECNOLÓGICA Si utiliza una herramienta de graficación para estimar un límite, cerciórese de confirmar también la estimación en forma analítica (las imágenes que muestra una herramienta de graficación pueden ser erróneas). Por ejemplo, la figura 3.39 muestra una vista de la gráfica de

$$y = \frac{2x^3 + 1000x^2 + x}{x^3 + 1000x^2 + x + 1000}$$

De acuerdo con esta imagen, sería convincente pensar que la gráfica tiene a $y = 1$ como una asíntota horizontal. Un enfoque analítico indica que la asíntota horizontal es en realidad $y = 2$. Confirme lo anterior agrandando la ventana de la observación de la herramienta de graficación.

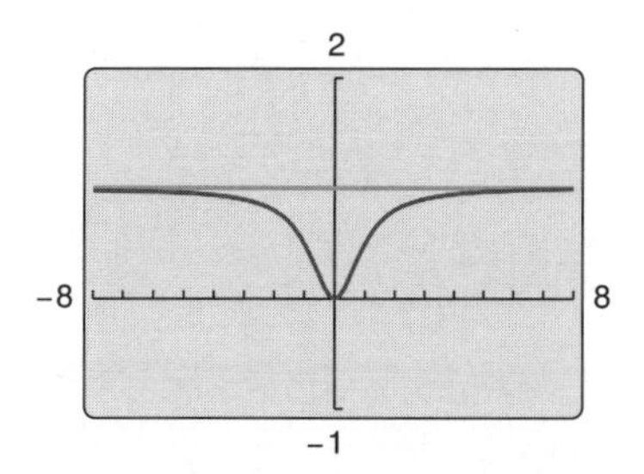

La asíntota horizontal parece ser la recta $y = 1$, pero en realidad es la recta $y = 2$.
Figura 3.39

En la sección 1.4 (ejemplo 7(c)) se utilizó el teorema del emparedado para evaluar un límite que incluye funciones trigonométricas. Este teorema también es válido para los límites al infinito.

EJEMPLO 5 Límites que implican funciones trigonométricas

Encuentre cada límite.

a. $\lim\limits_{x\to\infty} \operatorname{sen} x$ **b.** $\lim\limits_{x\to\infty} \dfrac{\operatorname{sen} x}{x}$

Cuando x aumenta sin límite, $f(x)$ tiende a cero.
Figura 3.40

Solución

a. Cuando x tiende al infinito, la función seno oscila entre 1 y -1. En consecuencia, este límite no existe.

b. Como $-1 \le \operatorname{sen} x \le 1$, se concluye que para $x > 0$

$$-\frac{1}{x} \le \frac{\operatorname{sen} x}{x} \le \frac{1}{x}$$

donde

$$\lim_{x\to\infty}\left(-\frac{1}{x}\right) = 0 \quad \text{y} \quad \lim_{x\to\infty}\frac{1}{x} = 0$$

Entonces, por el teorema del emparedado, es posible obtener

$$\lim_{x\to\infty}\frac{\operatorname{sen} x}{x} = 0$$

como se muestra en la figura 3.40.

Para ver las figuras a color, acceda al código

EJEMPLO 6 Nivel de oxígeno en un estanque

Suponga que $f(t)$ mide el nivel de oxígeno en un estanque, donde $f(t) = 1$ es el nivel normal (no contaminado) y el tiempo t se mide en semanas. Cuando $t = 0$, se descarga desperdicio orgánico en el estanque, y como el material de desperdicio se oxida, el nivel de oxígeno en el estanque es

$$f(t) = \frac{t^2 - t + 1}{t^2 + 1}$$

¿Qué porcentaje del nivel de oxígeno existe en el estanque después de una semana? ¿Después de dos semanas? ¿Después de 10 semanas? ¿Cuál es el límite cuando t tiende a infinito?

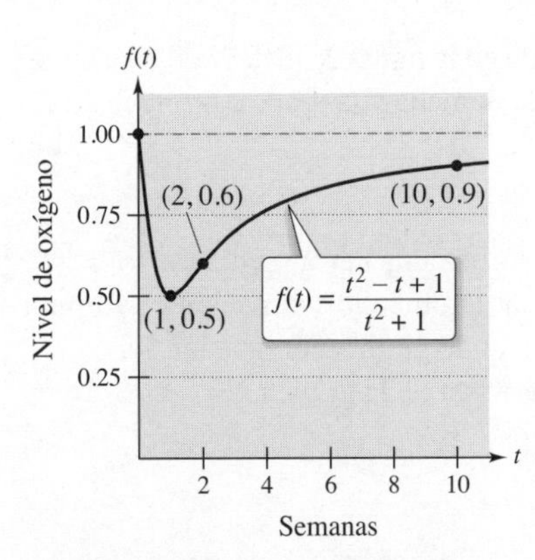

El nivel de oxígeno en el estanque se aproxima a nivel normal de 1 cuando t tiende a ∞.
Figura 3.41

Solución Cuando $t = 1$, 2 y 10, los niveles de oxígeno son como se muestra.

$$f(1) = \frac{1^2 - 1 + 1}{1^2 + 1} = \frac{1}{2} = 50\% \qquad \text{1 semana.}$$

$$f(2) = \frac{2^2 - 2 + 1}{2^2 + 1} = \frac{3}{5} = 60\% \qquad \text{2 semanas.}$$

$$f(10) = \frac{10^2 - 10 + 1}{10^2 + 1} = \frac{91}{101} \approx 90.1\% \qquad \text{10 semanas.}$$

Para encontrar el límite cuando t tiende a infinito, se puede utilizar el procedimiento de la página 202 o bien, divida el numerador y el denominador entre t^2 para de obtener

$$\lim_{t\to\infty}\frac{t^2 - t + 1}{t^2 + 1} = \lim_{t\to\infty}\frac{1 - (1/t) + (1/t^2)}{1 + (1/t^2)} = \frac{1 - 0 + 0}{1 + 0} = 1 = 100\%$$

Vea la figura 3.41. ■

Límites infinitos al infinito

Muchas funciones no tienden a un límite finito cuando x crece (o decrece) sin límite. Por ejemplo, ninguna función polinomial tiene un límite finito en el infinito. La siguiente definición se usa para describir el comportamiento de las funciones polinomiales y otras funciones al infinito.

COMENTARIO La determinación de si una función tiene un límite infinito al infinito es útil para analizar el "comportamiento asintótico" de la gráfica. Verá ejemplos de esto en la sección 3.6 sobre trazado de curvas.

Definición de límites al infinito

Sea f una función definida en el intervalo (a, ∞).

1. La expresión $\lim\limits_{x\to\infty} f(x) = \infty$ significa que para cada número positivo M, existe un número correspondiente $N > 0$ tal que $f(x) > M$ siempre que $x > N$.
2. La expresión $\lim\limits_{x\to\infty} f(x) = -\infty$ significa que para cada número negativo M, existe un número correspondiente $N > 0$ tal que $f(x) < M$ siempre que $x > N$.

Se pueden dar definiciones similares para los enunciados

$$\lim_{x\to-\infty} f(x) = \infty \quad \text{y} \quad \lim_{x\to-\infty} f(x) = -\infty$$

EJEMPLO 7 Determinar límites infinitos al infinito

Determinar cada límite.

a. $\lim\limits_{x\to\infty} x^3$ **b.** $\lim\limits_{x\to-\infty} x^3$

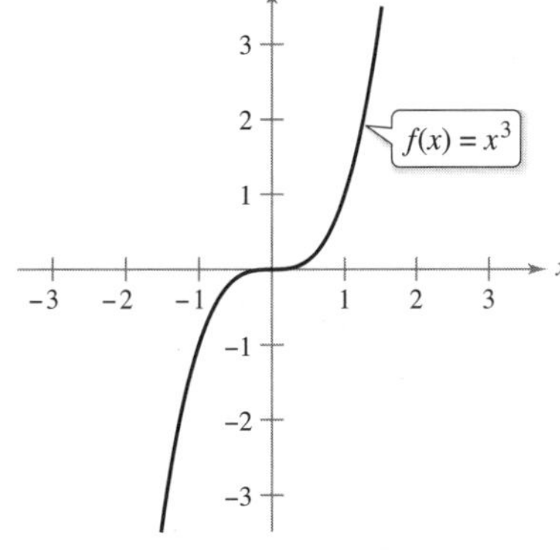

Figura 3.42

Solución

a. Cuando x crece sin límite, x^3 también crece sin límite. De tal modo que se puede escribir

$$\lim_{x\to\infty} x^3 = \infty$$

b. Cuando x decrece sin límite, x^3 también decrece sin límite. En consecuencia, se puede escribir

$$\lim_{x\to-\infty} x^3 = -\infty$$

La gráfica de $f(x) = x^3$ en la figura 3.42 ilustra estos dos resultados, los cuales concuerdan con el criterio del coeficiente dominante para las funciones polinomiales que se describen en la sección P.3.

EJEMPLO 8 Determinar límites infinitos al infinito

Encuentre cada límite.

a. $\lim\limits_{x\to\infty} \dfrac{2x^2 - 4x}{x + 1}$ **b.** $\lim\limits_{x\to-\infty} \dfrac{2x^2 - 4x}{x + 1}$

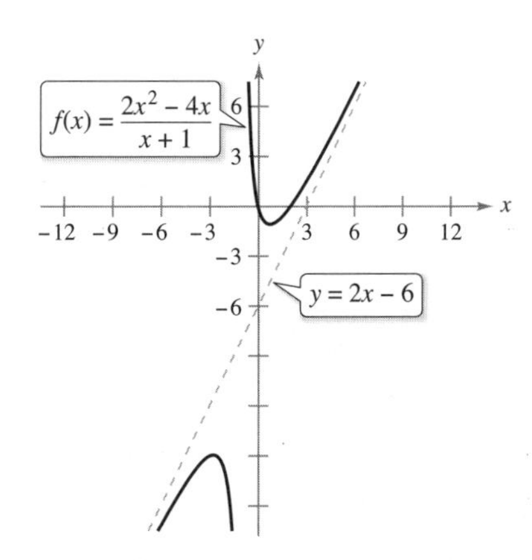

Figura 3.43

Solución Una manera de evaluar cada uno de estos límites consiste en utilizar una división larga para escribir la función racional impropia como la suma de un polinomio y de una función racional.

$$\textbf{a.}\ \lim_{x\to\infty} \frac{2x^2 - 4x}{x + 1} = \lim_{x\to\infty}\left(2x - 6 + \frac{6}{x + 1}\right) = \infty$$

$$\textbf{b.}\ \lim_{x\to-\infty} \frac{2x^2 - 4x}{x + 1} = \lim_{x\to-\infty}\left(2x - 6 + \frac{6}{x + 1}\right) = -\infty$$

Las expresiones anteriores pueden interpretarse diciendo que cuando x tiende a $\pm\infty$ la función $f(x) = (2x^2 - 4x)/(x + 1)$ se comporta como la función $g(x) = 2x - 6$. En la sección 3.6 esto se describe en forma gráfica afirmando que la recta $y = 2x - 6$ es una *asíntota oblicua* de la gráfica de f, como se muestra en la figura 3.43. ■

3.5 Ejercicios

Las respuestas a los ejercicios impares pueden consultarse en el Apéndice de este libro.

Repaso de conceptos

1. Describa qué significa cada enunciado.

   (a) $\lim_{x\to\infty} f(x) = -5$

   (b) $\lim_{x\to-\infty} f(x) = 3$

2. Explique qué significa que la gráfica de una función tenga una asíntota horizontal.
3. ¿Cuál es el número máximo de asíntotas horizontales que puede tener una gráfica? Explique su respuesta.
4. Resuma las estrategias para encontrar límites al infinito de funciones racionales.

Relacionar **En los ejercicios 5 a 10, relacione la función con una de las gráficas [(a), (b), (c), (d), (e) o (f)] utilizando como ayuda a las asíntotas horizontales.**

(a)

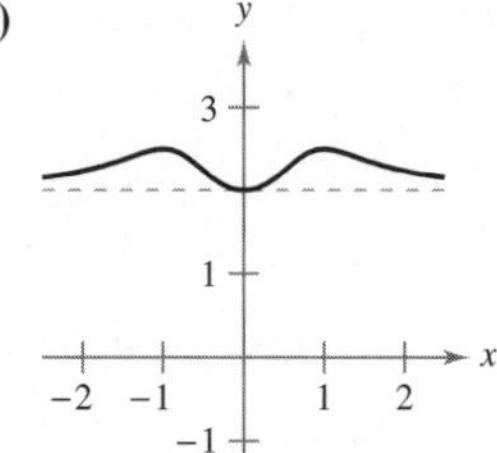

(b)

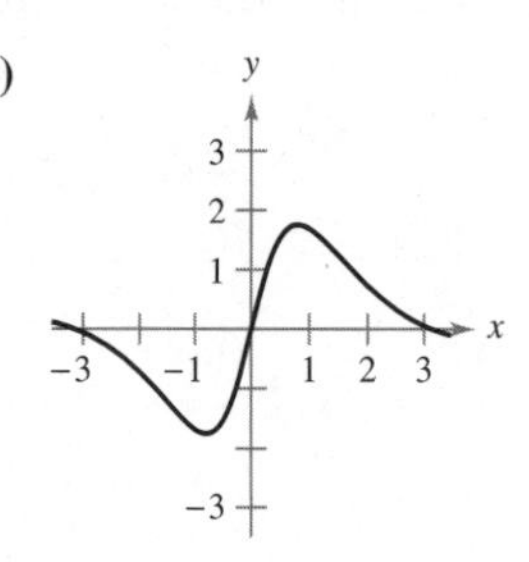

(c)

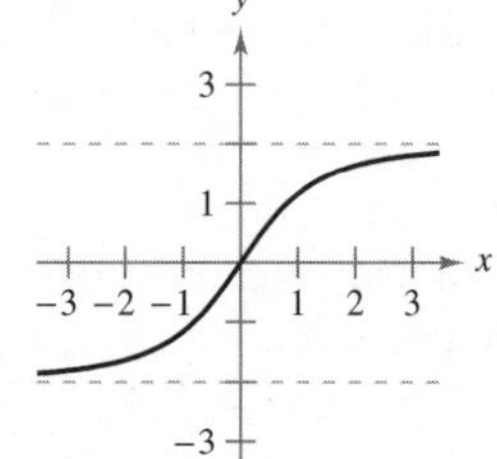

(d)

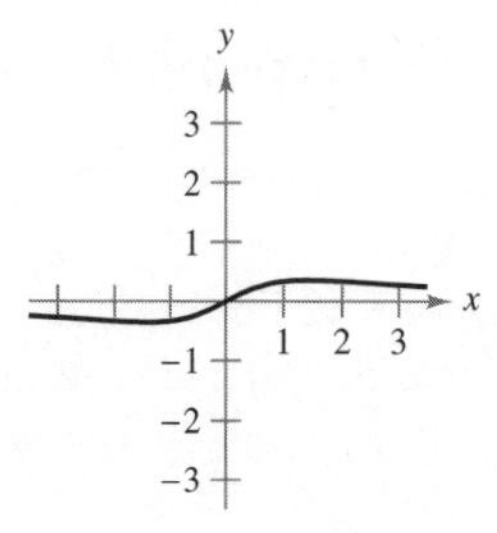

(e)

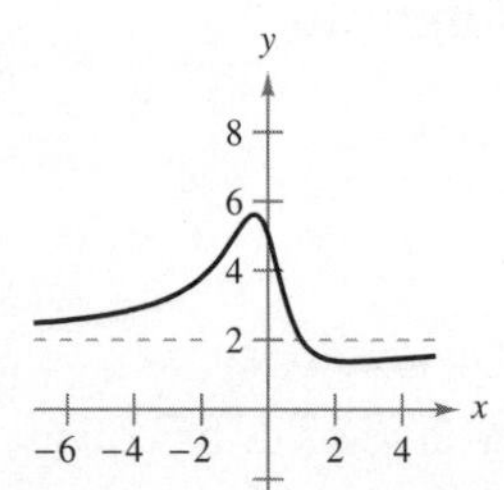

(f)

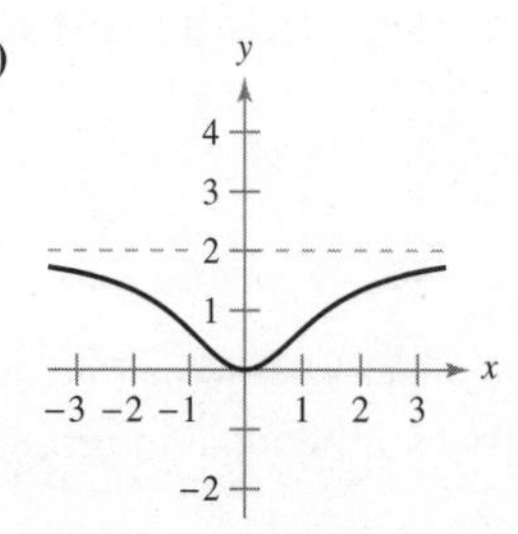

5. $f(x) = \dfrac{2x^2}{x^2 + 2}$

6. $f(x) = \dfrac{2x}{\sqrt{x^2 + 2}}$

7. $f(x) = \dfrac{x}{x^2 + 2}$

8. $f(x) = 2 + \dfrac{x^2}{x^4 + 1}$

9. $f(x) = \dfrac{4 \operatorname{sen} x}{x^2 + 1}$

10. $f(x) = \dfrac{2x^2 - 3x + 5}{x^2 + 1}$

Encontrar límites al infinito **En los ejercicios 11 y 12, determine $\lim_{x\to\infty} h(x)$, si es posible.**

11. $f(x) = 5x^3 - 3$

    (a) $h(x) = \dfrac{f(x)}{x^2}$

    (b) $h(x) = \dfrac{f(x)}{x^3}$

    (c) $h(x) = \dfrac{f(x)}{x^4}$

12. $f(x) = -4x^2 + 2x - 5$

    (a) $h(x) = \dfrac{f(x)}{x}$

    (b) $h(x) = \dfrac{f(x)}{x^2}$

    (c) $h(x) = \dfrac{f(x)}{x^3}$

Encontrar límites al infinito **En los ejercicios 13 a 16, encuentre cada límite, si es posible.**

13. (a) $\lim_{x\to\infty} \dfrac{x^2 + 2}{x^3 - 1}$

    (b) $\lim_{x\to\infty} \dfrac{x^2 + 2}{x^2 - 1}$

    (c) $\lim_{x\to\infty} \dfrac{x^2 + 2}{x - 1}$

14. (a) $\lim_{x\to\infty} \dfrac{3 - 2x}{3x^3 - 1}$

    (b) $\lim_{x\to\infty} \dfrac{3 - 2x}{3x - 1}$

    (c) $\lim_{x\to\infty} \dfrac{3 - 2x^2}{3x - 1}$

15. (a) $\lim_{x\to\infty} \dfrac{5 - 2x^{3/2}}{3x^2 - 4}$

    (b) $\lim_{x\to\infty} \dfrac{5 - 2x^{3/2}}{3x^{3/2} - 4}$

    (c) $\lim_{x\to\infty} \dfrac{5 - 2x^{3/2}}{3x - 4}$

16. (a) $\lim_{x\to\infty} \dfrac{5x^{3/2}}{4x^2 + 1}$

    (b) $\lim_{x\to\infty} \dfrac{5x^{3/2}}{4x^{3/2} + 1}$

    (c) $\lim_{x\to\infty} \dfrac{5x^{3/2}}{4\sqrt{x} + 1}$

Encontrar un límite **En los ejercicios 17 a 36, encuentre el límite, si existe.**

17. $\lim_{x\to\infty} \left(4 + \dfrac{3}{x}\right)$

18. $\lim_{x\to-\infty} \left(\dfrac{5}{x} - \dfrac{x}{3}\right)$

19. $\lim_{x\to\infty} \dfrac{7x + 6}{9x - 4}$

20. $\lim_{x\to-\infty} \dfrac{4x^2 + 5}{x^2 + 3}$

21. $\lim_{x\to-\infty} \dfrac{2x^2 + x}{6x^3 + 2x^2 + x}$

22. $\lim_{x\to\infty} \dfrac{5x^3 + 1}{10x^3 - 3x^2 + 7}$

23. $\lim_{x\to-\infty} \dfrac{5x^2}{x + 3}$

24. $\lim_{x\to-\infty} \dfrac{x^3 - 4}{x^2 + 1}$

25. $\lim_{x\to-\infty} \dfrac{x}{\sqrt{x^2 - x}}$

26. $\lim_{x\to-\infty} \dfrac{x}{\sqrt{x^2 + 1}}$

27. $\lim_{x\to-\infty} \dfrac{2x + 1}{\sqrt{x^2 - x}}$

28. $\lim_{x\to\infty} \dfrac{5x^2 + 2}{\sqrt{x^2 + 3}}$

29. $\lim_{x\to\infty} \dfrac{\sqrt{x^2 - 1}}{2x - 1}$

30. $\lim_{x\to-\infty} \dfrac{\sqrt{x^4 - 1}}{x^3 - 1}$

31. $\lim_{x\to\infty} \dfrac{x + 1}{(x^2 + 1)^{1/3}}$

32. $\lim_{x\to-\infty} \dfrac{2x}{(x^6 - 1)^{1/3}}$

33. $\lim_{x\to\infty} \dfrac{1}{2x + \operatorname{sen} x}$

34. $\lim_{x\to\infty} \cos \dfrac{1}{x}$

35. $\lim_{x\to\infty} \dfrac{\operatorname{sen} 2x}{x}$

36. $\lim_{x\to\infty} \dfrac{x - \cos x}{x}$

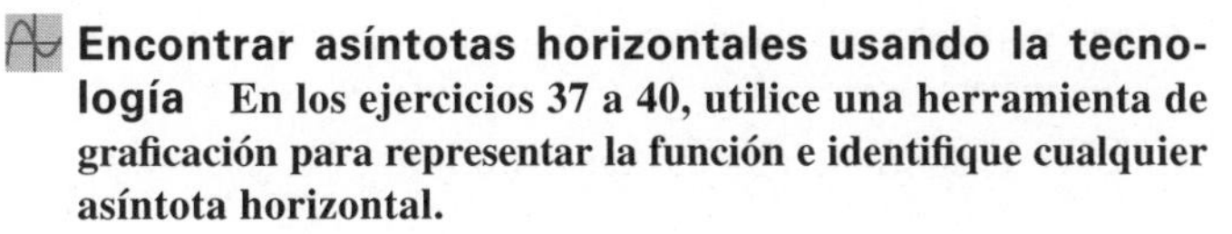

Encontrar asíntotas horizontales usando la tecnología **En los ejercicios 37 a 40, utilice una herramienta de graficación para representar la función e identifique cualquier asíntota horizontal.**

37. $f(x) = \dfrac{|x|}{x + 1}$

38. $f(x) = \dfrac{|3x + 2|}{x - 2}$

39. $f(x) = \dfrac{3x}{\sqrt{x^2 + 2}}$

40. $f(x) = \dfrac{\sqrt{9x^2 - 2}}{2x + 1}$

Encontrar un límite **En los ejercicios 41 y 42, determine el límite. (*Sugerencia*: Sea $x = 1/t$ y encuentre el límite cuando $t \to 0^+$.)**

41. $\lim\limits_{x\to\infty} x \operatorname{sen}\dfrac{1}{x}$

42. $\lim\limits_{x\to\infty} x \tan\dfrac{1}{x}$

Encontrar un límite **En los ejercicios 43 a 46, encuentre el límite. Utilice una herramienta de graficación para verificar su resultado. (*Sugerencia*: Trate la expresión como una fracción cuyo denominador es 1, y racionalice el numerador.)**

43. $\lim\limits_{x\to-\infty} \left(x + \sqrt{x^2 + 3}\right)$

44. $\lim\limits_{x\to\infty} \left(x - \sqrt{x^2 + x}\right)$

45. $\lim\limits_{x\to-\infty} \left(3x + \sqrt{9x^2 - x}\right)$

46. $\lim\limits_{x\to\infty} \left(4x - \sqrt{16x^2 - x}\right)$

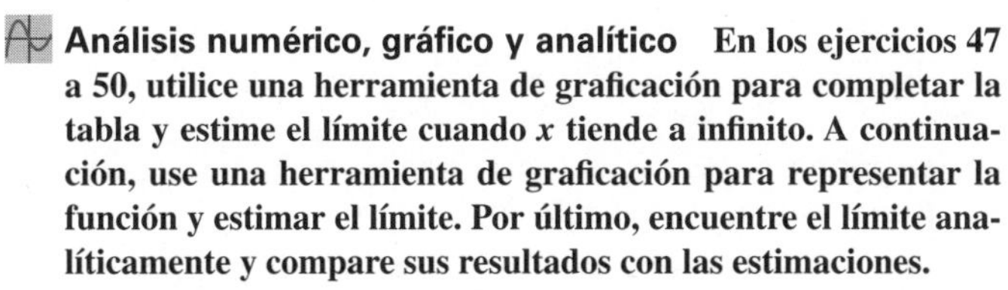

Análisis numérico, gráfico y analítico **En los ejercicios 47 a 50, utilice una herramienta de graficación para completar la tabla y estime el límite cuando x tiende a infinito. A continuación, use una herramienta de graficación para representar la función y estimar el límite. Por último, encuentre el límite analíticamente y compare sus resultados con las estimaciones.**

x	10^0	10^1	10^2	10^3	10^4	10^5	10^6
$f(x)$							

47. $f(x) = x - \sqrt{x(x - 1)}$

48. $f(x) = x^2 - x\sqrt{x(x - 1)}$

49. $f(x) = x \operatorname{sen}\dfrac{1}{2x}$

50. $f(x) = \dfrac{x + 1}{x\sqrt{x}}$

51. **Eficiencia de un motor**

La eficiencia de un motor de combustión interna es

$$\text{Eficiencia } (\%) = 100\left[1 - \frac{1}{(v_1/v_2)^c}\right]$$

donde v_1/v_2 es la razón entre el gas no comprimido y el gas comprimido y c es una constante positiva que depende del diseño del motor. Encuentre el límite de la eficiencia cuando la razón de compresión se acerca al infinito.

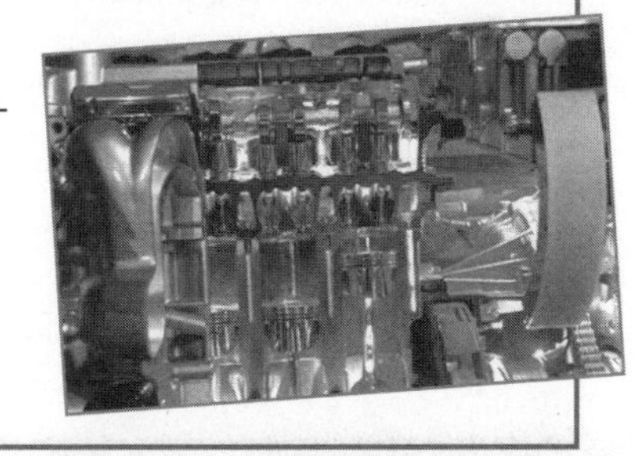

52. **Física** La primera ley del movimiento de Newton y la teoría especial de la relatividad de Einstein difieren respecto al comportamiento de las partículas cuando su velocidad se acerca a la velocidad de la luz, c. Las funciones N y E representan la velocidad v, respecto al tiempo t, de una partícula acelerada por una fuerza constante como la predijeron Newton y Einstein. Desarrolle una condición límite que describa cada una de estas dos teorías.

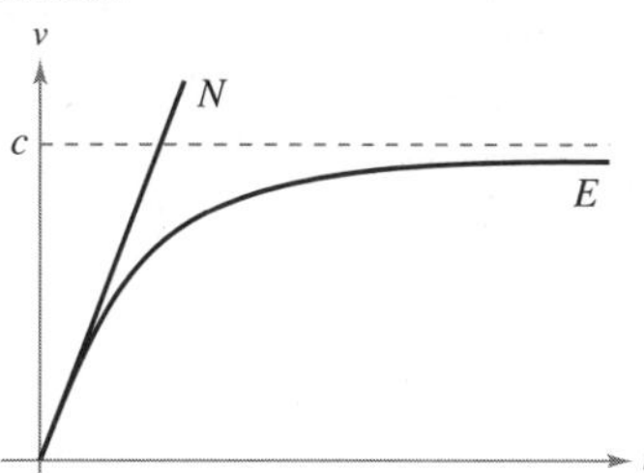

Exploración de conceptos

53. Explique las diferencias entre límites al infinito y límites infinitos.

54. ¿Puede la gráfica de una función cruzar una asíntota horizontal? Explique su respuesta.

55. Si f es una función continua tal que $\lim\limits_{x\to\infty} f(x) = 5$, determine, si es posible, $\lim\limits_{x\to-\infty} f(x)$ para cada condición especificada.

    (a) La gráfica de f es simétrica respecto al eje y.

    (b) La gráfica de f es simétrica respecto al origen.

56. **¿CÓMO LO VE?** La gráfica muestra la temperatura T, en grados Fahrenheit, del vidrio fundido t segundos después de que se retira de un horno.

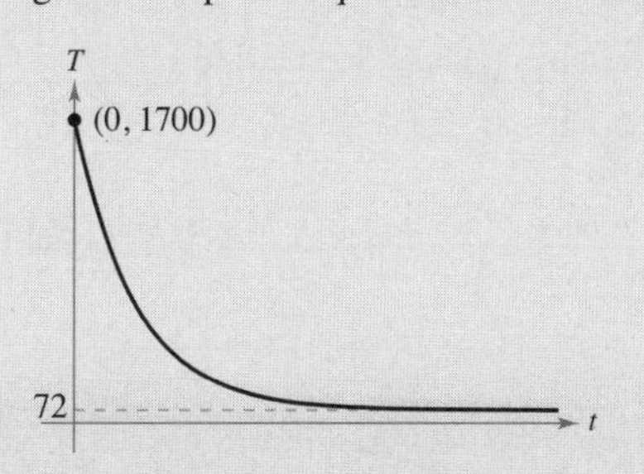

(a) Encuentre $\lim\limits_{t\to0^+} T$. ¿Qué representa este límite?

(b) Encuentre $\lim\limits_{t\to\infty} T$. ¿Qué representa este límite?

57. **Modelar datos** La tabla muestra la velocidad S (en palabras por minuto) a la que un estudiante de mecanografía teclea t semanas después de iniciar su aprendizaje.

t	5	10	15	20	25	30
S	28	56	79	90	93	94

Un modelo para los datos es $S = \dfrac{100t^2}{65 + t^2}, \quad t > 0.$

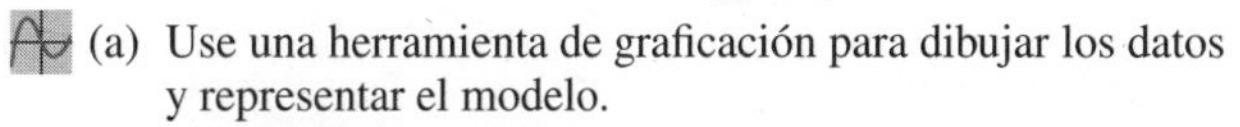

(a) Use una herramienta de graficación para dibujar los datos y representar el modelo.

(b) ¿Parece haber alguna velocidad límite para mecanografiar? Explique.

Blanscape/Shutterstock.com

58. Modelar datos Una sonda de calor se une a un intercambiador de calor de un sistema calefactor. La temperatura T (grados Celsius) se registra t segundos después que el horno empieza su operación. Los resultados para los primeros dos minutos se registran en la tabla.

t	0	15	30	45	60
T	25.2°	36.9°	45.5°	51.4°	56.0°

t	75	90	105	120
T	59.6°	62.0°	64.0°	65.2°

(a) Utilice los programas para el cálculo de regresión de una herramienta de graficación para encontrar un modelo de la forma $T_1 = at^2 + bt + c$ para los datos.

(b) Utilice una herramienta de graficación para representar T_1.

(c) Un modelo racional para los datos es

$$T_2 = \frac{1451 + 86t}{58 + t}$$

Use una herramienta de graficación para graficar T_2.

(d) Encuentre $\lim_{t\to\infty} T_2$

(e) Interprete el resultado del inciso (d) en el contexto del problema. ¿Es posible hacer este tipo de análisis usando T_1? Explique.

59. Usar la definición de límites al infinito En la figura se muestra la gráfica de

$$f(x) = \frac{2x^2}{x^2 + 2}$$

(a) Determine $L = \lim_{x\to\infty} f(x)$

(b) Determine x_1 y x_2 en términos de ε.

(c) Determine M, donde $M > 0$, tal que $|f(x) - L| < \varepsilon$ para $x > M$.

(d) Determine N, donde $N < 0$, tal que $|f(x) - L| < \varepsilon$ para $x < N$.

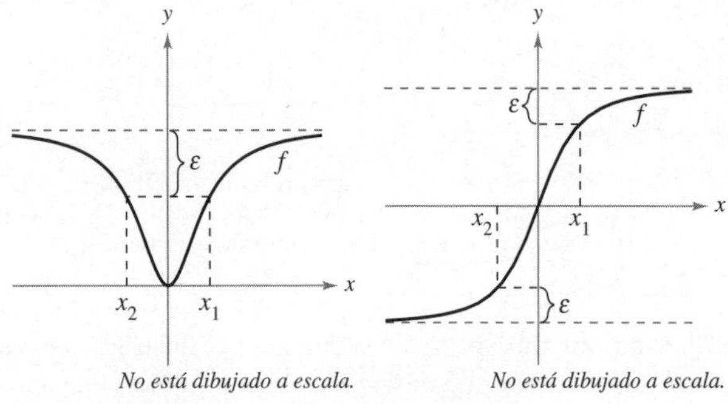

Figura para 59 Figura para 60

60. Usar la definición de límites al infinito Se muestra la gráfica de

$$f(x) = \frac{6x}{\sqrt{x^2 + 2}}$$

(a) Encuentre $L = \lim_{x\to\infty} f(x)$ y $K = \lim_{x\to-\infty} f(x)$.

(b) Determine x_1 y x_2 en términos de ε.

(c) Determine M, donde $M > 0$, tal que $|f(x) - L| < \varepsilon$ para $x > M$.

(d) Determine N, donde $N < 0$, tal que $|f(x) - K| < \varepsilon$ para $x < N$.

61. Usar la definición de límites al infinito Considere

$$\lim_{x\to\infty} \frac{3x}{\sqrt{x^2 + 3}}$$

(a) Utilice la definición de límites al infinito para encontrar los valores de M que corresponde a $\varepsilon = 0.5$.

(b) Utilice la definición de límites al infinito para encontrar los valores de M que corresponde a $\varepsilon = 0.1$.

62. Usar la definición de límites al infinito Considere

$$\lim_{x\to-\infty} \frac{3x}{\sqrt{x^2 + 3}}$$

(a) Utilice la definición de límites al infinito para encontrar los valores de N que corresponde a $\varepsilon = 0.5$.

(b) Utilice la definición de límites al infinito para encontrar los valores de N que corresponde a $\varepsilon = 0.1$.

Demostración En los ejercicios 63 a 66, use la definición de límites al infinito para comprobar el límite.

63. $\lim_{x\to\infty} \frac{1}{x^2} = 0$

64. $\lim_{x\to\infty} \frac{2}{\sqrt{x}} = 0$

65. $\lim_{x\to-\infty} \frac{1}{x^3} = 0$

66. $\lim_{x\to-\infty} \frac{1}{x - 2} = 0$

67. Distancia Una recta con una pendiente m pasa por el punto $(0, 4)$.

(a) Escriba la distancia d entre la recta y el punto $(3, 1)$ como una función de m. (*Sugerencia*: Vea la sección P.2, ejercicio 77.)

(b) Utilice una herramienta de graficación para representar la ecuación del inciso (a).

(c) Determine $\lim_{m\to\infty} d(m)$ y $\lim_{m\to-\infty} d(m)$. Interprete geométricamente los resultados.

68. Distancia Una recta con pendiente m pasa por el punto $(0, -2)$.

(a) Escriba la distancia d entre la recta y el punto $(4, 2)$ como una función de m.

(b) Utilice una herramienta de graficación para representar la ecuación del inciso (a).

(c) Determine $\lim_{m\to\infty} d(m)$ y $\lim_{m\to-\infty} d(m)$. Interprete geométricamente los resultados.

69. Demostración Demuestre que si

$$p(x) = a_n x^n + \cdots + a_1 x + a_0$$

y

$$q(x) = b_m x^m + \cdots + b_1 x + b_0$$

donde $a_n \neq 0$ y $b_m \neq 0$, entonces

$$\lim_{x\to\infty} \frac{p(x)}{q(x)} = \begin{cases} 0, & n < m \\ \dfrac{a_n}{b_m}, & n = m \\ \pm\infty, & n > m \end{cases}$$

70. Demostración Utilice la definición de límites infinitos al infinito para demostrar que $\lim_{x\to\infty} x^3 = \infty$.

3.6 Un resumen del trazado de curvas

Analizar y trazar la gráfica de una función.

Análisis de la gráfica de una función

Sería difícil exagerar la importancia de usar gráficas en matemáticas. La introducción de la geometría analítica de Descartes contribuyó de manera significativa a los rápidos avances en el cálculo que se iniciaron durante la mitad del siglo XVII. En palabras de Lagrange: "Mientras el álgebra y la geometría recorrieron caminos independientes, su avance fue lento y sus aplicaciones limitadas. Sin embargo, cuando estas dos ciencias se juntaron, extrajeron una de la otra una fresca vitalidad y a partir de ahí marcharon a gran velocidad hacia la perfección."

Hasta ahora se han estudiado varios conceptos que son útiles al analizar la gráfica de una función.

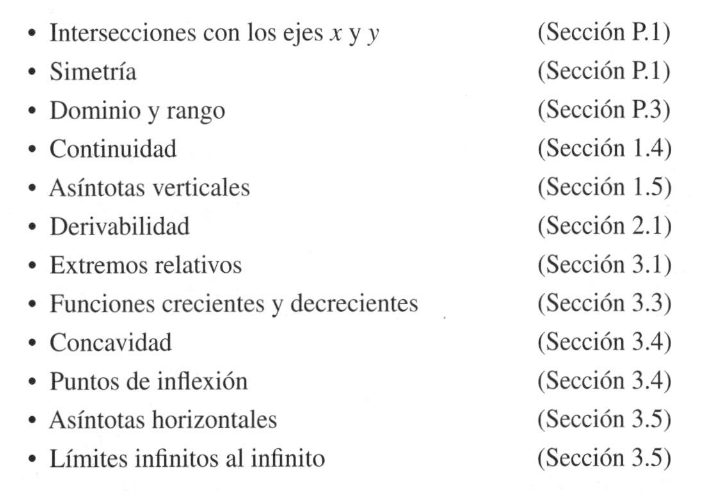

- Intersecciones con los ejes x y y (Sección P.1)
- Simetría (Sección P.1)
- Dominio y rango (Sección P.3)
- Continuidad (Sección 1.4)
- Asíntotas verticales (Sección 1.5)
- Derivabilidad (Sección 2.1)
- Extremos relativos (Sección 3.1)
- Funciones crecientes y decrecientes (Sección 3.3)
- Concavidad (Sección 3.4)
- Puntos de inflexión (Sección 3.4)
- Asíntotas horizontales (Sección 3.5)
- Límites infinitos al infinito (Sección 3.5)

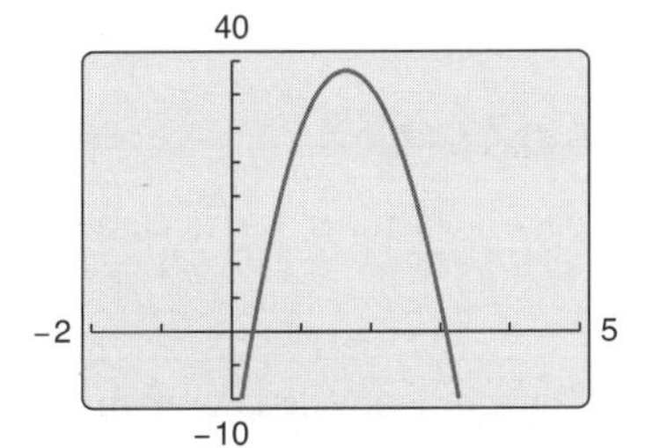

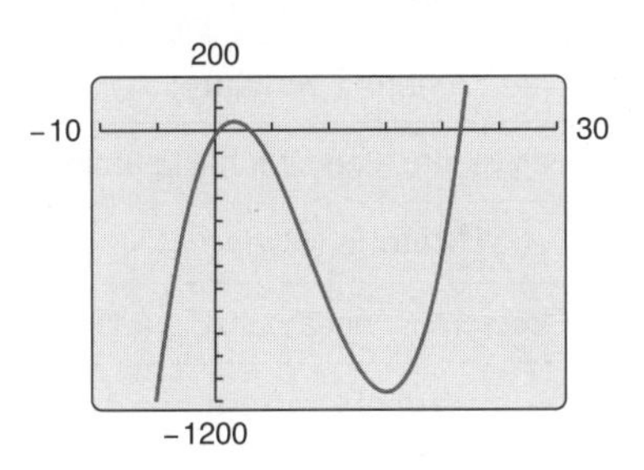

Diferentes ventanas de observación para la gráfica de $f(x) = x^3 - 25x^2 + 74x - 20$.
Figura 3.44

Al dibujar la gráfica de una función, ya sea en forma manual o por medio de una herramienta gráfica, recuerde que normalmente no es posible mostrar toda la gráfica *entera*. La decisión de qué parte de la gráfica se decide mostrar es muchas veces crucial. Por ejemplo, ¿cuál de las ventanas de visualización en la figura 3.44 representa mejor la gráfica de

$$f(x) = x^3 - 25x^2 + 74x - 20?$$

Al ver ambas imágenes, está claro que la segunda ventana de observación proporciona una representación más completa de la gráfica. Sin embargo, ¿una tercera ventana de observación revelaría otras partes interesantes de la gráfica? Para responder a esta pregunta, es necesario que utilice el cálculo para interpretar la primera y segunda derivadas. A continuación se presentan algunas estrategias para determinar una buena ventana de visualización de la gráfica de una función.

Directrices para analizar la gráfica de una función

1. Determine el dominio y el rango de la función.
2. Determine las intersecciones, asíntotas y la simetría de la gráfica.
3. Localice los valores de x para los cuales $f'(x)$ y $f''(x)$, son cero o no existen. Utilizar los resultados para determinar los extremos relativos y puntos de inflexión.

Para ver las figuras a color, acceda al código

En estas estrategias se advierte la importancia del *álgebra* (así como del cálculo) para resolver las ecuaciones $f(x) = 0$, $f'(x) = 0$ y $f''(x) = 0$.

Para ver las figuras a color, acceda al código

EJEMPLO 1 Dibujar la gráfica de una función racional

Analice y dibuje la gráfica de

$$f(x) = \frac{2(x^2 - 9)}{x^2 - 4}$$

Solución

Dominio:	Todos los números reales excepto $x = \pm 2$
Rango:	$(-\infty, 2) \cup \left[\frac{9}{2}, \infty\right)$
Intersecciones en x:	$(-3, 0), (3, 0)$
Intersección en y:	$\left(0, \frac{9}{2}\right)$
Asíntotas verticales:	$x = -2, x = 2$
Asíntota horizontal:	$y = 2$
Simetría:	Respecto al eje y
Primera derivada:	$f'(x) = \frac{20x}{(x^2 - 4)^2}$
Segunda derivada:	$f''(x) = \frac{-20(3x^2 + 4)}{(x^2 - 4)^3}$
Punto crítico:	$x = 0$
Posibles puntos de inflexión:	Ninguno
Intervalos de prueba:	$(-\infty, -2), (-2, 0), (0, 2), (2, \infty)$

La tabla muestra cómo se usan los intervalos de prueba para determinar varias características de la gráfica. La gráfica de f se muestra en la figura 3.45.

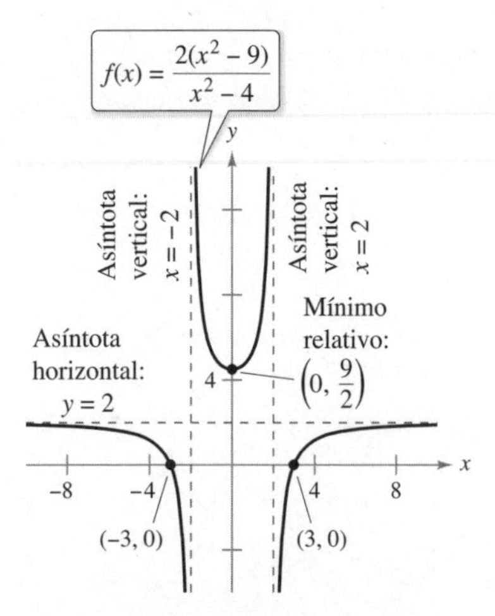

Empleando el cálculo, puede tener la certeza de que se han determinado todas las características de la gráfica de f.
Figura 3.45

	$f(x)$	$f'(x)$	$f''(x)$	Característica de la gráfica
$-\infty < x < -2$		$-$	$-$	Decreciente, cóncava hacia abajo
$x = -2$	Indefinida	Indefinida	Indefinida	Asíntota vertical
$-2 < x < 0$		$-$	$+$	Decreciente, cóncava hacia arriba
$x = 0$	$\frac{9}{2}$	0	$+$	Mínimo relativo
$0 < x < 2$		$+$	$+$	Creciente, cóncava hacia arriba
$x = 2$	Indefinida	Indefinida	Indefinida	Asíntota vertical
$2 < x < \infty$		$+$	$-$	Creciente, cóncava hacia abajo

■ **PARA INFORMACIÓN ADICIONAL** Para más información sobre el uso de tecnología para representar funciones racionales, consulte el artículo "Graphs of Rational Functions for Computer Assisted Calculus", de Stan Bird y Terry Walters, en *The College Mathematic Journal.* Para consultar este artículo, visite *MathArticles.com* (disponible solo en inglés).

Asegúrese de entender todas las indicaciones de la creación de una tabla, tal como se muestra en el ejemplo 1. Debido al uso del cálculo, debe *estar seguro* de que la gráfica no tiene extremos o puntos de inflexión aparte de los que se muestran en la figura 3.45.

CONFUSIÓN TECNOLÓGICA Sin utilizar el tipo de análisis que se describe en el ejemplo 1, es fácil obtener una visión incompleta de las características básicas de la gráfica. Por ejemplo, la figura 3.46 muestra una imagen de la gráfica de

$$g(x) = \frac{2(x^2 - 9)(x - 20)}{(x^2 - 4)(x - 21)}$$

De acuerdo con esta imagen, parece que la gráfica de g es casi la misma que la gráfica de f mostrada en la figura 3.45. Sin embargo, las gráficas de estas dos funciones difieren bastante. Trate de agrandar la ventana de observación para ver las diferencias.

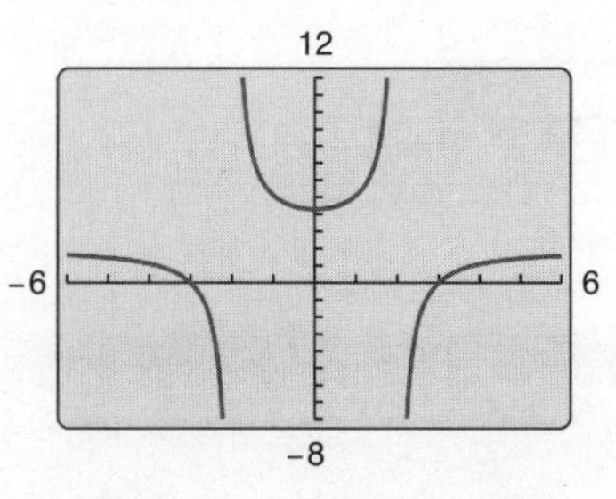

Al no utilizar el cálculo, es posible que pase por alto las características importantes de la gráfica de g.
Figura 3.46

EJEMPLO 2 Dibujar la gráfica de una función racional

Analice y dibuje la gráfica de $f(x) = \dfrac{x^2 - 2x + 4}{x - 2}$

Solución

Dominio:	Todos los números reales excepto $x = 2$
Rango:	$(-\infty, -2] \cup [6, \infty)$
Intersecciones en x:	Ninguna
Intersección en y:	$(0, -2)$
Asíntota vertical:	$x = 2$
Asíntotas horizontales:	Ninguna
Simetría:	Ninguna
Comportamiento final o asintótico:	$\lim\limits_{x \to -\infty} f(x) = -\infty, \ \lim\limits_{x \to \infty} f(x) = \infty$
Primera derivada:	$f'(x) = \dfrac{x(x-4)}{(x-2)^2}$
Segunda derivada:	$f''(x) = \dfrac{8}{(x-2)^3}$
Puntos críticos:	$x = 0, x = 4$
Posibles puntos de inflexión:	Ninguno
Intervalos de prueba:	$(-\infty, 0), (0, 2), (2, 4), (4, \infty)$

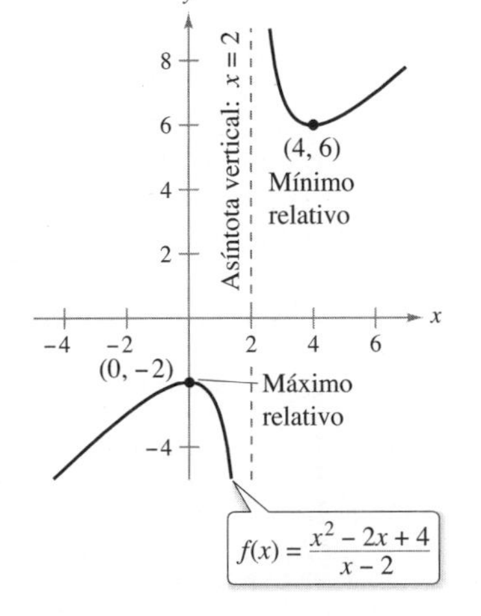

Figura 3.47

El análisis de la gráfica de f se muestra en la tabla y la gráfica se ilustra en la figura 3.47.

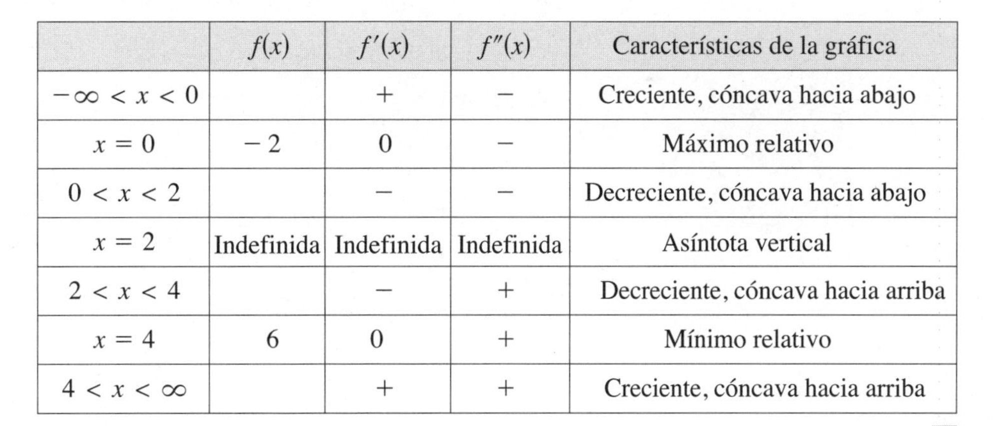

	$f(x)$	$f'(x)$	$f''(x)$	Características de la gráfica
$-\infty < x < 0$		+	−	Creciente, cóncava hacia abajo
$x = 0$	−2	0	−	Máximo relativo
$0 < x < 2$		−	−	Decreciente, cóncava hacia abajo
$x = 2$	Indefinida	Indefinida	Indefinida	Asíntota vertical
$2 < x < 4$		−	+	Decreciente, cóncava hacia arriba
$x = 4$	6	0	+	Mínimo relativo
$4 < x < \infty$		+	+	Creciente, cóncava hacia arriba

Para ver las figuras a color, acceda al código

Aunque la gráfica de la función en el ejemplo 2 no tiene asíntota horizontal, tiene una asíntota oblicua. La gráfica de una función racional (que no tiene factores comunes y cuyo denominador es de grado 1 o mayor) tiene una **asíntota oblicua** si el grado del numerador excede el grado del denominador exactamente en 1. Para determinar la asíntota oblicua, use la división larga para describir la función racional como la suma de un polinomio de primer grado (la asíntota oblicua) y otra función racional.

$$f(x) = \frac{x^2 - 2x + 4}{x - 2} \qquad \text{Escriba la ecuación original (vea el ejemplo 2).}$$

$$= x + \frac{4}{x - 2} \qquad \text{Reescriba utilizando la división larga.}$$

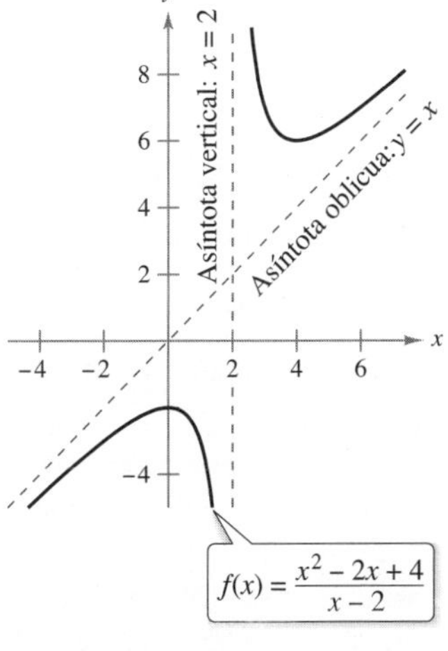

Una asíntota oblicua.
Figura 3.48

En la figura 3.48, observe que la gráfica de f se acerca a la asíntota oblicua $y = x$ cuando x tiende a $-\infty$ o ∞.

EJEMPLO 3 Una función que involucra un radical

Analice y dibuje la gráfica de $f(x) = \dfrac{x}{\sqrt{x^2 + 2}}$.

Solución

$$f'(x) = \frac{2}{(x^2 + 2)^{3/2}} \qquad \text{Encuentre la primera derivada.}$$

$$f''(x) = -\frac{6x}{(x^2 + 2)^{5/2}} \qquad \text{Encuentre la segunda derivada.}$$

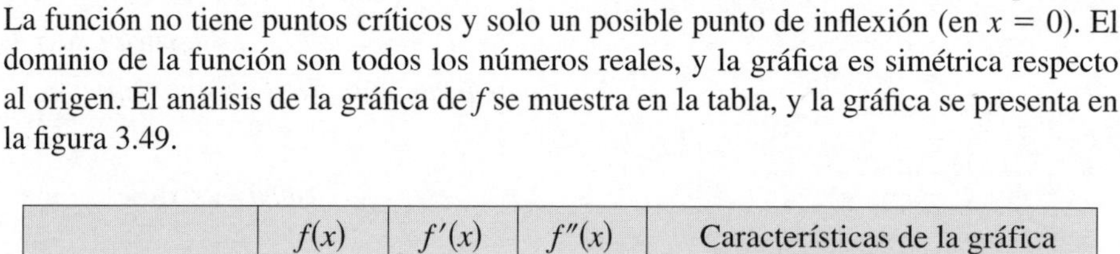

La gráfica solo tiene una sola intersección, (0, 0). No tiene asíntotas verticales, pero cuenta con dos asíntotas horizontales: $y = 1$ (a la derecha) y $y = -1$ (a la izquierda). La función no tiene puntos críticos y solo un posible punto de inflexión (en $x = 0$). El dominio de la función son todos los números reales, y la gráfica es simétrica respecto al origen. El análisis de la gráfica de f se muestra en la tabla, y la gráfica se presenta en la figura 3.49.

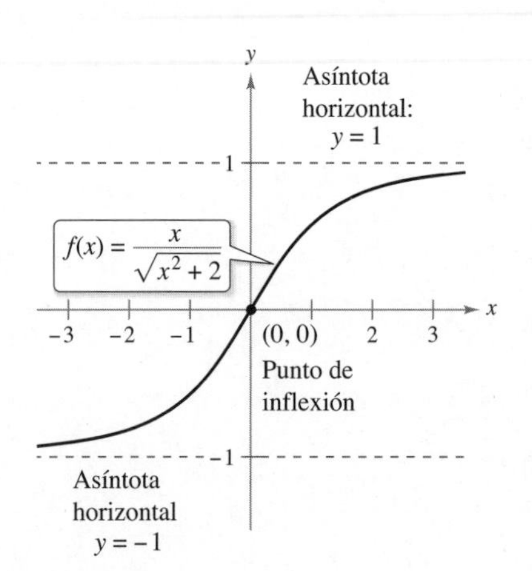

Figura 3.49

	$f(x)$	$f'(x)$	$f''(x)$	Características de la gráfica
$-\infty < x < 0$		+	+	Creciente, cóncava hacia arriba
$x = 0$	0	+	0	Punto de inflexión
$0 < x < \infty$		+	−	Creciente, cóncava hacia abajo

EJEMPLO 4 Una función que involucra exponentes racionales

Analice y dibuje la gráfica de $f(x) = 2x^{5/3} - 5x^{4/3}$

Solución

$$f'(x) = \frac{10}{3}x^{1/3}(x^{1/3} - 2) \qquad \text{Encuentre la primera derivada.}$$

$$f''(x) = \frac{20(x^{1/3} - 1)}{9x^{2/3}} \qquad \text{Encuentre la segunda derivada.}$$

Para ver las figuras a color, acceda al código

La función tiene dos intersecciones: (0, 0) y $\left(\frac{125}{8}, 0\right)$. No hay asíntotas horizontales ni verticales. La función tiene dos puntos críticos ($x = 0$ y $x = 8$) y dos posibles puntos de inflexión ($x = 0$ y $x = 1$). El dominio son todos los números reales. El análisis de la gráfica de f se presenta en la tabla, y la gráfica se ilustra en la figura 3.50.

Figura 3.50

	$f(x)$	$f'(x)$	$f''(x)$	Características de la gráfica
$-\infty < x < 0$		+	−	Creciente, cóncava hacia abajo
$x = 0$	0	0	Indefinida	Máximo relativo
$0 < x < 1$		−	−	Decreciente, cóncava hacia abajo
$x = 1$	−3	−	0	Punto de inflexión
$1 < x < 8$		−	+	Decreciente, cóncava hacia arriba
$x = 8$	−16	0	+	Mínimo relativo
$8 < x < \infty$		+	+	Creciente, cóncava hacia arriba

EJEMPLO 5 Dibujar la gráfica de una función polinomial

Consulte LarsonCalculus.com (disponible solo en inglés) para una versión interactiva de este tipo de ejemplo.

Analice y dibuje la gráfica de

$$f(x) = x^4 - 12x^3 + 48x^2 - 64x$$

Solución Comience factorizando para obtener

$$f(x) = x(x^4 - 12x^3 + 48x^2 - 64x) \quad \text{Factorice término común.}$$
$$= x(x-4)^3 \quad \text{Forma factorizada.}$$

Luego, utilizando la forma factorizada de $f(x)$, se puede efectuar el siguiente análisis.

Dominio: Todos los números reales
Rango: $[-27, \infty)$
Intersecciones en x: $(0, 0), (4, 0)$
Intersección en y: $(0, 0)$
Asíntotas verticales: Ninguna
Asíntotas horizontales: Ninguna
Simetría: Ninguna
Comportamiento final o asintótico: $\lim\limits_{x\to-\infty} f(x) = \infty, \lim\limits_{x\to\infty} f(x) = \infty$
Primera derivada: $f'(x) = 4(x-1)(x-4)^2$
Segunda derivada: $f''(x) = 12(x-4)(x-2)$
Puntos críticos: $x = 1, x = 4$
Posibles puntos de inflexión: $x = 2, x = 4$
Intervalos de prueba: $(-\infty, 1), (1, 2), (2, 4), (4, \infty)$

El análisis de la gráfica de f se muestra en la tabla, y la gráfica se presenta en la figura 3.51(a). Utilice una herramienta de graficación para verificar su trabajo, como se muestra en la figura 3.51(b).

	$f(x)$	$f'(x)$	$f''(x)$	Características de la gráfica
$-\infty < x < 1$		$-$	$+$	Decreciente, cóncava hacia arriba
$x = 1$	-27	0	$+$	Mínimo relativo
$1 < x < 2$		$+$	$+$	Creciente, cóncava hacia arriba
$x = 2$	-16	$+$	0	Punto de inflexión
$2 < x < 4$		$+$	$-$	Creciente, cóncava hacia abajo
$x = 4$	0	0	0	Punto de inflexión
$4 < x < \infty$		$+$	$+$	Creciente, cóncava hacia arriba

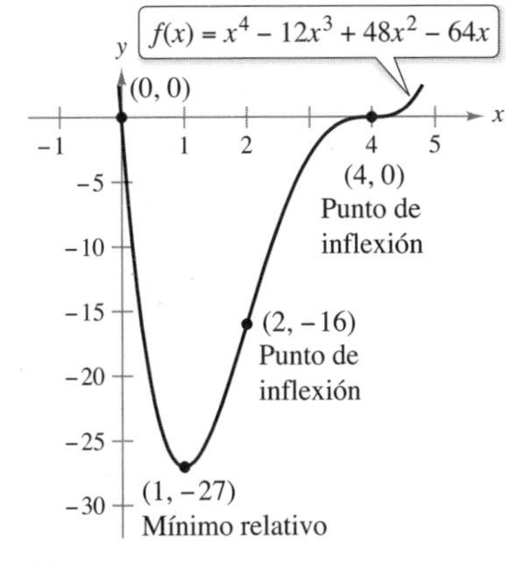

(a)
Una función polinomial de grado par debe tener al menos un extremo relativo.

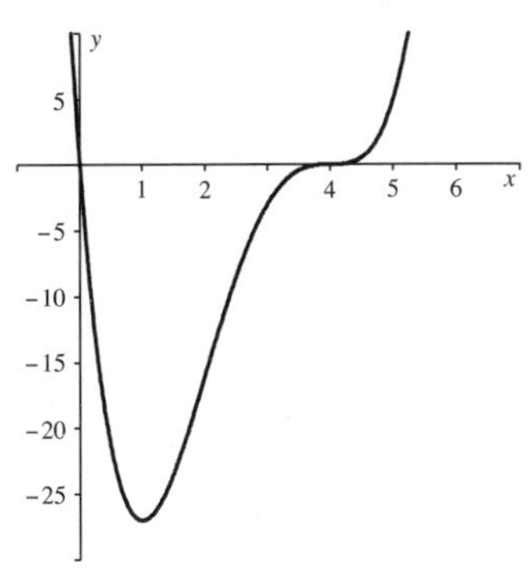

(b)
A partir del resultado mostrado por *Maple*, la gráfica en la figura 3.51(a) parece ser correcta.
Figura 3.51

La función polinomial de cuarto grado en el ejemplo 5 tiene un mínimo relativo y ningún máximo relativo. En general, una función polinomial de grado n puede tener *a lo más* $n - 1$ extremos relativos, y *cuando mucho* $n - 2$ puntos de inflexión. Además, las funciones polinomiales de grado par deben tener *al menos* un extremo relativo.

Recuerde del criterio del coeficiente principal que se describió en la sección P.3, que el "comportamiento final" o asintótico de la gráfica de una función polinomial es determinado mediante su coeficiente principal y su grado. Por ejemplo, debido a que el polinomio en el ejercicio 5 tiene un coeficiente principal positivo, la gráfica crece hacia la derecha. Además, dado que el grado es par, la gráfica también crece a la izquierda.

EJEMPLO 6 Una función que involucra seno y coseno

Analice y dibuje la gráfica de $f(x) = (\cos x)/(1 + \operatorname{sen} x)$.

Solución Debido a que la función tiene un periodo de 2π, se puede restringir el análisis de la gráfica a cualquier intervalo de longitud 2π. Por conveniencia, utilice $[-\pi/2, 3\pi/2]$.

Dominio: Todos los números reales excepto $x = \frac{3 + 4n}{2}\pi$

Rango: Todos los números reales

Periodo: 2π

Intersección en x: $\left(\frac{\pi}{2}, 0\right)$

Intersección en y: $(0, 1)$

Asíntotas verticales: $x = -\frac{\pi}{2}, x = \frac{3\pi}{2}$ Vea la nota de abajo.

Asíntotas horizontales: Ninguna

Simetría: Ninguna

Primera derivada: $f'(x) = -\frac{1}{1 + \operatorname{sen} x}$

Segunda derivada: $f''(x) = \frac{\cos x}{(1 + \operatorname{sen} x)^2}$

Puntos críticos: Ninguno

Posible punto de inflexión: $x = \frac{\pi}{2}$

Intervalos de prueba: $\left(-\frac{\pi}{2}, \frac{\pi}{2}\right), \left(\frac{\pi}{2}, \frac{3\pi}{2}\right)$

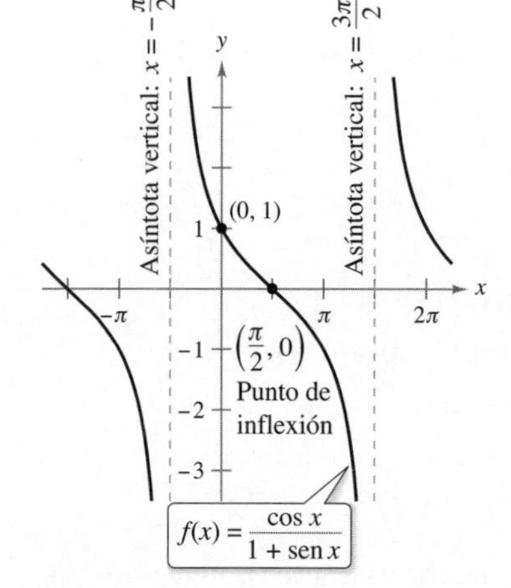

Figura 3.52

El análisis de la gráfica de f en el intervalo $[-\pi/2, 3\pi/2]$ se muestra en la tabla, y la gráfica en la figura 3.52.

	$f(x)$	$f'(x)$	$f''(x)$	Características de la gráfica
$x = -\frac{\pi}{2}$	Indefinida	Indefinida	Indefinida	Asíntota vertical
$-\frac{\pi}{2} < x < \frac{\pi}{2}$		$-$	$+$	Decreciente, cóncava hacia arriba
$x = \frac{\pi}{2}$	0	$-$	0	Punto de inflexión
$\frac{\pi}{2} < x < \frac{3\pi}{2}$		$-$	$-$	Decreciente, cóncava hacia abajo
$x = \frac{3\pi}{2}$	Indefinida	Indefinida	Indefinida	Asíntota vertical

COMENTARIO Sustituyendo $-\pi/2$ o $3\pi/2$ en la función f, se obtiene la forma indeterminada $0/0$, y se estudiará en la sección 5.6. Para determinar si la función tiene asíntotas verticales en estos dos valores, reescriba f como

$$f(x) = \frac{\cos x}{1 + \operatorname{sen} x} = \frac{(\cos x)(1 - \operatorname{sen} x)}{(1 + \operatorname{sen} x)(1 - \operatorname{sen} x)} = \frac{(\cos x)(1 - \operatorname{sen} x)}{\cos^2 x} = \frac{1 - \operatorname{sen} x}{\cos x}$$

A continuación, utilice el teorema 1.14 para concluir que la gráfica de f tiene asíntotas verticales en $x = -\pi/2$ y $3\pi/2$.

Para ver la figura a color, acceda al código

3.6 Ejercicios

Las respuestas a los ejercicios impares pueden consultarse en el Apéndice de este libro.

Repaso de conceptos

1. Explique las estrategias para analizar la gráfica de una función.
2. Explique cómo crear una tabla para determinar las características de una gráfica. ¿Qué elementos se incluyen?
3. Describa el tipo de función que puede tener una asíntota oblicua. Explique cómo determinar la ecuación de una asíntota oblicua.
4. ¿Cuál es el número máximo de extremos relativos y puntos de inflexión que puede tener un polinomio de quinto grado? Explique su respuesta.

Relacionar **En los ejercicios 5 a 8, relacione la gráfica de f en la columna izquierda con la de su derivada en la columna derecha.**

Gráfica de f

Gráfica de f'

5.

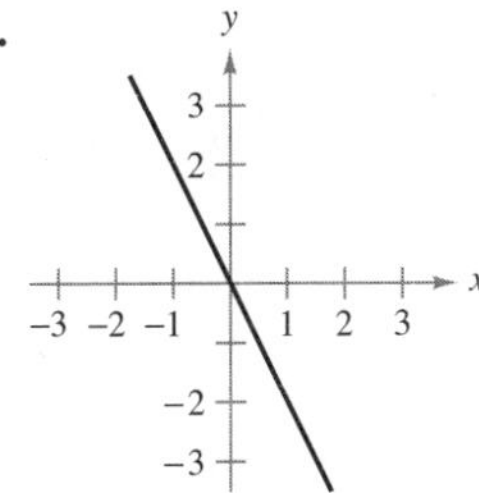

(a)

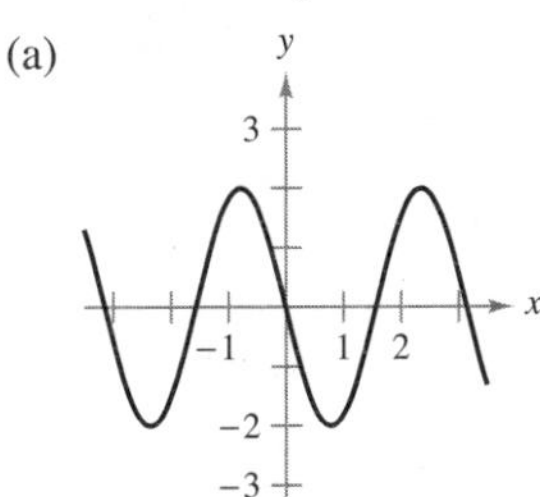

6.

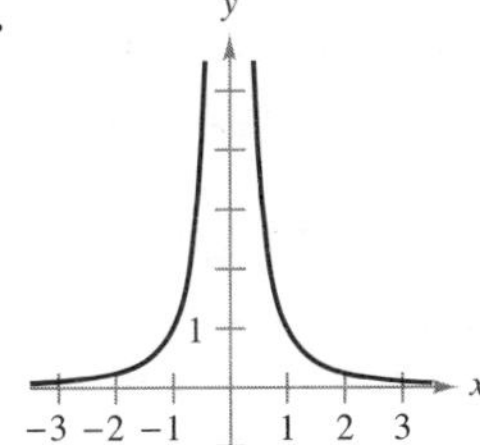

(b)

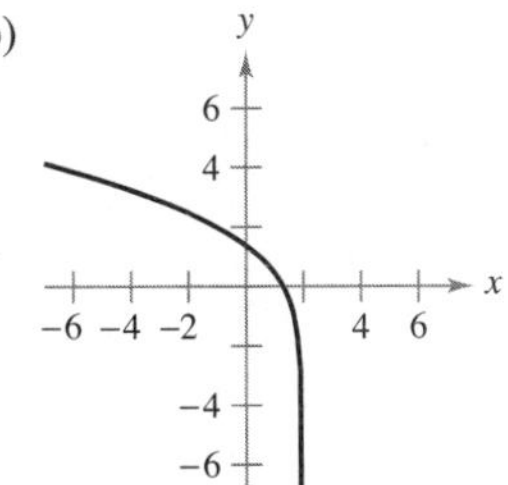

7.

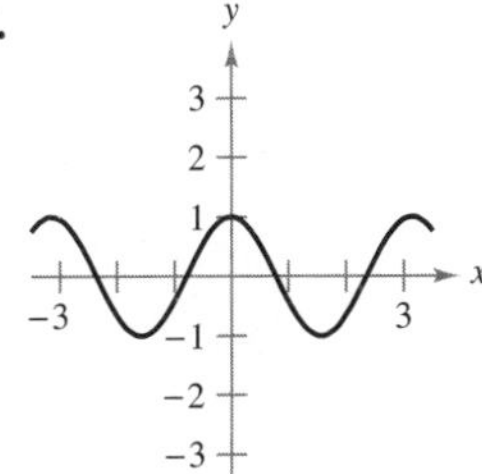

(c)

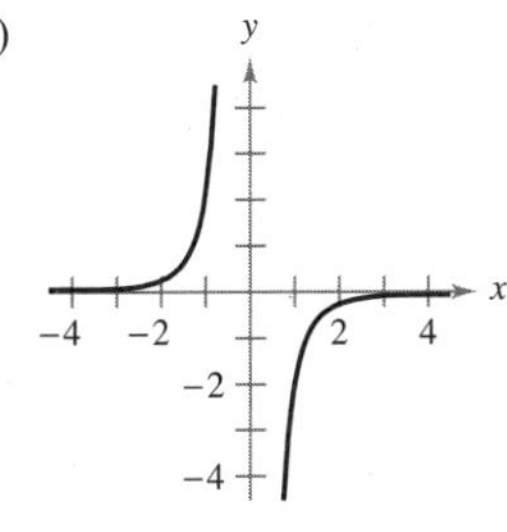

8.

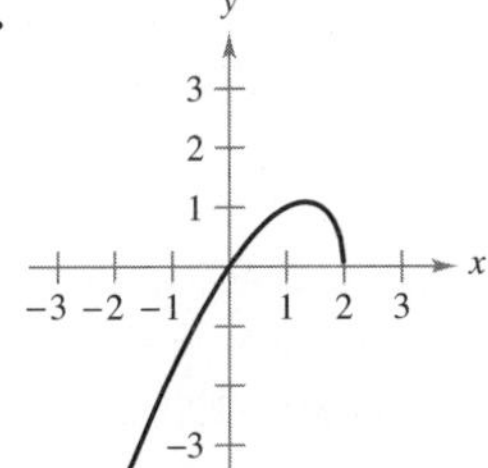

(d)

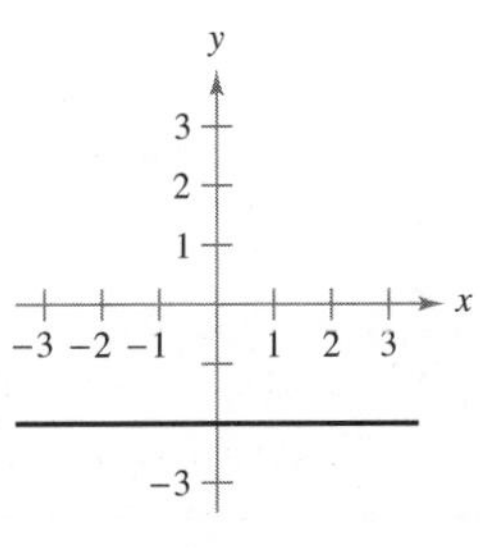

Analizar la gráfica de una función **En los ejercicios 9 a 36, analice y dibuje una gráfica de la función. Indique todas las intersecciones, extremos relativos, puntos de inflexión y asíntotas. Utilice una herramienta de graficación para verificar los resultados.**

9. $y = \dfrac{1}{x-2} - 3$
10. $y = \dfrac{x}{x^2+1}$
11. $y = \dfrac{x}{1-x}$
12. $y = \dfrac{x-4}{x-3}$
13. $y = \dfrac{x+1}{x^2-4}$
14. $y = \dfrac{2x}{9-x^2}$
15. $y = \dfrac{x^2}{x^2+3}$
16. $y = \dfrac{x^2+1}{x^2-4}$
17. $y = 3 + \dfrac{2}{x}$
18. $f(x) = \dfrac{x-3}{x}$
19. $f(x) = x + \dfrac{32}{x^2}$
20. $y = \dfrac{4}{x^2} + 1$
21. $y = \dfrac{3x}{x^2-1}$
22. $f(x) = \dfrac{x^3}{x^2-9}$
23. $y = \dfrac{x^2-6x+12}{x-4}$
24. $y = \dfrac{-x^2-4x-7}{x+3}$
25. $y = \dfrac{x^3}{\sqrt{x^2-4}}$
26. $y = \dfrac{x}{\sqrt{x^2-4}}$
27. $y = x\sqrt{4-x}$
28. $g(x) = x\sqrt{9-x^2}$
29. $y = 3x^{2/3} - 2x$
30. $y = (x+1)^2 - 3(x+1)^{2/3}$
31. $y = 2 - x - x^3$
32. $y = -\frac{1}{3}(x^3 - 3x + 2)$
33. $y = 3x^4 + 4x^3$
34. $y = -2x^4 + 3x^2$
35. $xy^2 = 9$
36. $x^2y = 9$

Analizar la gráfica de una función **En los ejercicios 37 a 44, analice y trace una gráfica de la función en el intervalo dado. Identifique todas la intersecciones con los ejes, los extremos relativos, puntos de inflexión y asíntotas. Utilice una herramienta de graficación para verificar sus resultados.**

Función	Intervalo
37. $f(x) = 2x - 4 \operatorname{sen} x$	$0 \le x \le 2\pi$
38. $f(x) = -x + 2\cos x$	$0 \le x \le 2\pi$
39. $y = \operatorname{sen} x - \frac{1}{18}\operatorname{sen} 3x$	$0 \le x \le 2\pi$
40. $y = 2(x-2) + \cot x$	$0 < x < \pi$
41. $y = 2(\csc x + \sec x)$	$0 < x < \dfrac{\pi}{2}$
42. $y = \sec^2 \dfrac{\pi x}{8} - 2\tan \dfrac{\pi x}{8} - 1$	$-3 < x < 3$
43. $g(x) = x \tan x$	$-\dfrac{3\pi}{2} < x < \dfrac{3\pi}{2}$
44. $g(x) = x \cot x$	$-2\pi < x < 2\pi$

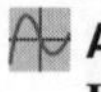

Analizar la gráfica de una función utilizando tecnología **En los ejercicios 45 a 50, utilice un sistema algebraico por computadora para analizar y representar gráficamente la función. Identifique todos los extremos relativos, puntos de inflexión y asíntotas.**

45. $f(x) = \dfrac{20x}{x^2 + 1} - \dfrac{1}{x}$

46. $f(x) = x + \dfrac{4}{x^2 + 1}$

47. $f(x) = \dfrac{-2x}{\sqrt{x^2 + 7}}$

48. $f(x) = \dfrac{4x}{\sqrt{x^2 + 15}}$

49. $y = \cos x - \frac{1}{4}\cos 2x, \quad 0 \le x \le 2\pi$

50. $y = 2x - \tan x, \quad -\dfrac{\pi}{2} < x < \dfrac{\pi}{2}$

Identificar gráficas **En los ejercicios 51 y 52 se muestran las gráficas de f' y f'' en el mismo sistema coordenado. Identifique cada gráfica y trace la gráfica de f. Explique su razonamiento. Para imprimir una copia aumentada de la gráfica visite *MathGraphs.com* (disponible solo en inglés).**

51.

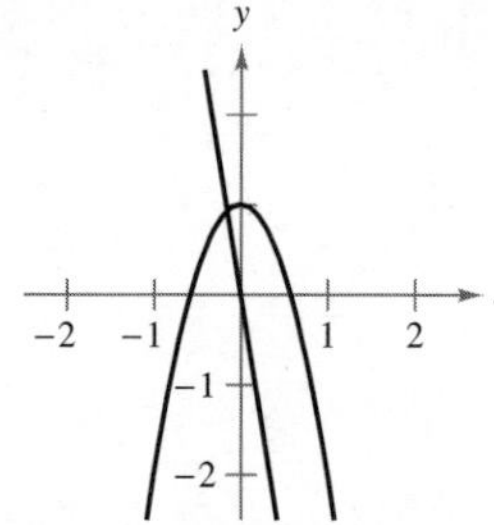

52.

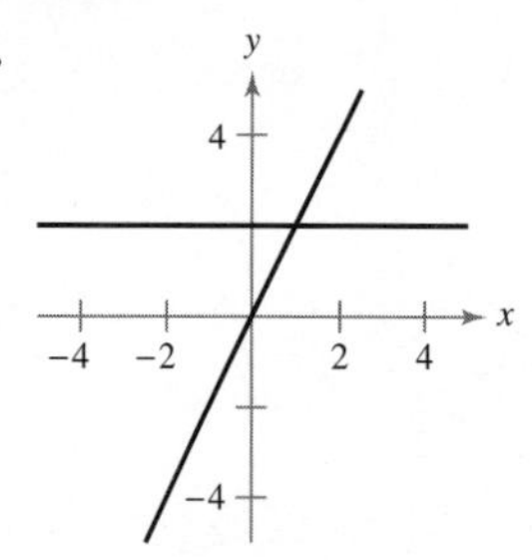

Razonamiento gráfico **En los ejercicios 53 a 56, utilice la gráfica de f' para trazar la gráfica de f y la gráfica de f''. Para imprimir una copia ampliada de la gráfica, visite *MathGraphs.com* (disponible solo en inglés).**

53.

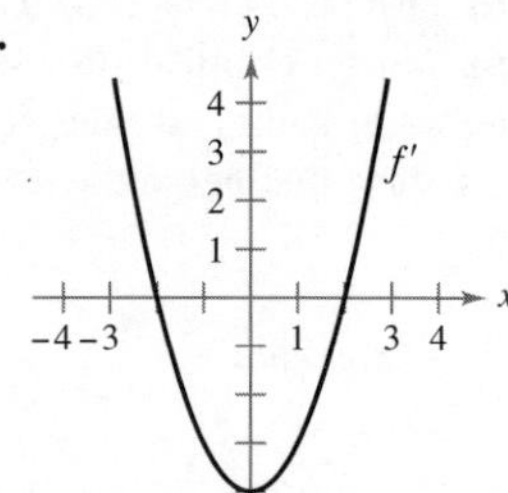

54.

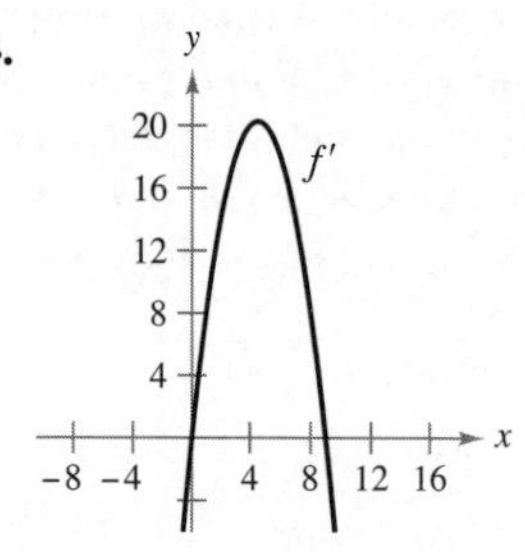

55.

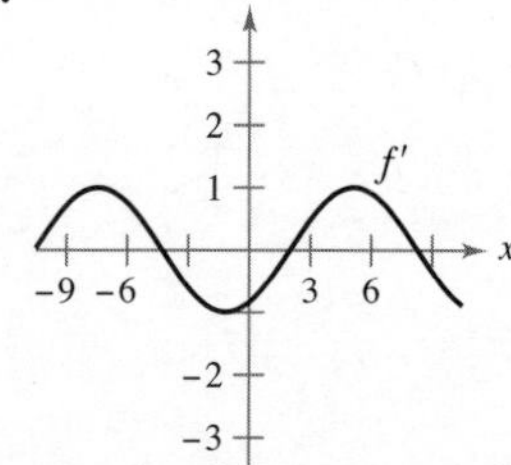

56.

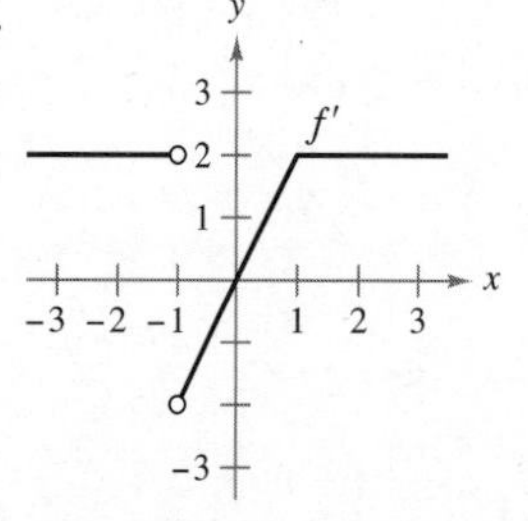

(Proporcionado por Bill Fox, Moberly Area Community College, Moberly, MO)

57. **Razonamiento gráfico** Considere la función

$$f(x) = \frac{\cos^2 \pi x}{\sqrt{x^2 + 1}}, \quad 0 < x < 4$$

(a) Utilice un sistema algebraico computarizado para representar la función y emplear la gráfica para aproximar en forma visual los puntos críticos.

(b) Use el sistema algebraico para determinar f' y aproximar los puntos críticos. ¿Los resultados son los mismos que los de la aproximación visual del inciso (a)? Explique.

58. **Razonamiento gráfico** Considere la función

$f(x) = \tan(\text{sen}\, \pi x)$

(a) Utilice una herramienta de graficación para representar la función.

(b) Identifique toda simetría de la gráfica.

(c) ¿Es periódica la función? Si es así, ¿cuál es el periodo?

(d) Identifique todos los extremos en $(-1, 1)$.

(e) Utilice una herramienta de graficación para determinar la concavidad de la gráfica en $(0, 1)$.

Exploración de conceptos

59. Trace la gráfica de una función derivable f que satisfaga las condiciones y que tenga a $x = 2$ como su único punto crítico.

$f'(x) < 0$ para $x < 2$

$f'(x) > 0$ para $x > 2$

$\lim\limits_{x \to -\infty} f(x) = 6$

$\lim\limits_{x \to \infty} f(x) = 6$

60. ¿Es posible trazar la gráfica de una función que satisfaga las condiciones del ejercicio 59 y que *no* tenga puntos de inflexión? Explique su respuesta.

61. Sea $f'(t) < 0$ para toda t en el intervalo $(2, 8)$. Explique por qué $f(3) > f(5)$.

62. Sea $f(0) = 3$ y $2 \le f'(x) \le 4$ para toda x en el intervalo $[-5, 5]$. Determine los valores más grandes y los más pequeños posibles de $f(2)$.

63. La gráfica de una función f se muestra abajo. Para imprimir una copia aumentada de la gráfica visite *MathGraphs.com* (disponible solo en inglés).

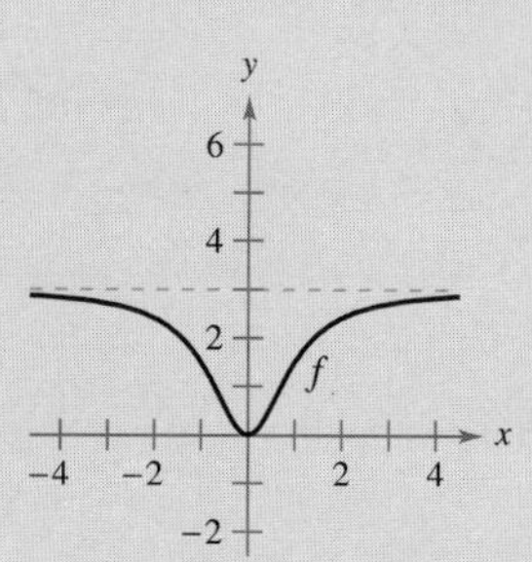

(a) Trace f'.

(b) Utilice la gráfica para estimar $\lim\limits_{x \to \infty} f(x)$ y $\lim\limits_{x \to \infty} f'(x)$.

(c) Explique las respuestas proporcionadas en la parte (b).

64. **¿CÓMO LO VE?** La gráfica de f se muestra en la figura.

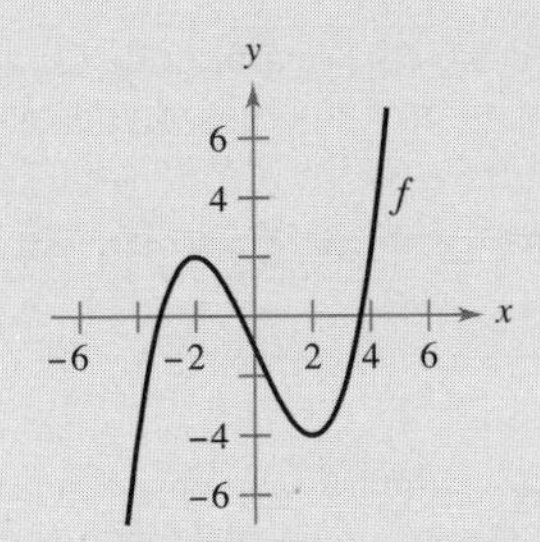

(a) ¿Para qué valores de x es $f'(x)$ cero, positiva y negativa? ¿Qué significan estos valores?

(b) ¿Para qué valores de x es $f''(x)$ cero, positiva y negativa? ¿Qué significan estos valores?

(c) ¿Sobre qué intervalo la función de f' es creciente?

(d) ¿Para qué valor de x es $f'(x)$ mínima? Para este valor de x, ¿cuál es la razón de cambio de f comparada con las rapideces de cambio de f para otros valores de x? Explique.

Asíntotas verticales y horizontales **En los ejercicios 65 a 68, utilice una herramienta de graficación para representar la función. Use la gráfica para determinar, si es posible, que la gráfica de la función cruza su asíntota horizontal. ¿Es posible que la gráfica de una función cruce su asíntota vertical? ¿Por qué sí o por qué no?**

65. $f(x) = \dfrac{4(x-1)^2}{x^2 - 4x + 5}$

66. $g(x) = \dfrac{3x^4 - 5x + 3}{x^4 + 1}$

67. $h(x) = \dfrac{\operatorname{sen} 2x}{x}$

68. $f(x) = \dfrac{\cos 3x}{4x}$

Examinar una función **En los ejercicios 69 y 70, utilice una herramienta de graficación para representar la función. Explique por qué no hay asíntota vertical cuando una inspección superficial de la función quizá indique que debería haber una.**

69. $h(x) = \dfrac{6 - 2x}{3 - x}$

70. $g(x) = \dfrac{x^2 + x - 2}{x - 1}$

Asíntota oblicua **En los ejercicios 71 a 76, utilice una herramienta de graficación para representar la función y determinar la asíntota oblicua de la gráfica. Realice acercamientos repetidos y describa cómo parece cambiar la gráfica que se exhibe. ¿Por qué ocurre lo anterior?**

71. $f(x) = -\dfrac{x^2 - 3x - 1}{x - 2}$

72. $g(x) = \dfrac{2x^2 - 8x - 15}{x - 5}$

73. $f(x) = \dfrac{2x^3}{x^2 + 1}$

74. $h(x) = \dfrac{-x^3 + x^2 + 4}{x^2}$

75. $f(x) = \dfrac{x^3 - 3x^2 + 2}{x(x - 3)}$

76. $f(x) = -\dfrac{x^3 - 2x^2 + 2}{2x^2}$

77. Investigación Sea $P(x_0, y_0)$ un punto arbitrario sobre la gráfica de f tal que $f'(x_0) \neq 0$, como se indica en la figura. Verifique cada afirmación.

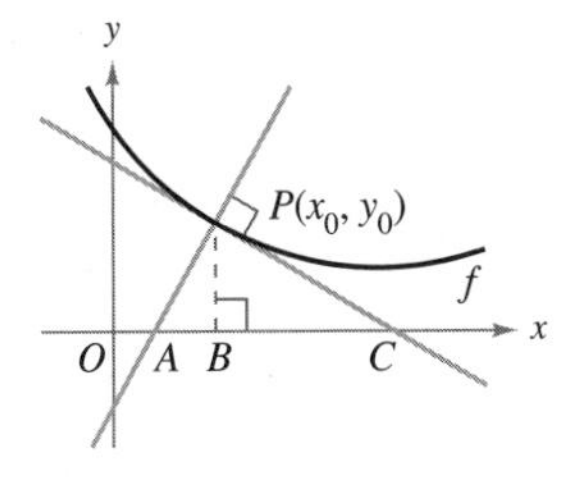

(a) La intersección de la recta tangente con el eje x es

$$\left(x_0 - \frac{f(x_0)}{f'(x_0)}, 0\right)$$

(b) La intersección de la recta tangente con el eje y es

$$(0, f(x_0) - x_0 f'(x_0))$$

(c) La intersección de la recta normal con el eje x es

$$(x_0 + f(x_0) f'(x_0), 0)$$

(La *recta normal* en un punto es perpendicular a la recta tangente en el mismo punto.)

(d) La intersección de la recta normal con el eje y es

$$\left(0, y_0 + \frac{x_0}{f'(x_0)}\right)$$

(e) $|BC| = \left|\dfrac{f(x_0)}{f'(x_0)}\right|$

(f) $|PC| = \left|\dfrac{f(x_0)\sqrt{1 + [f'(x_0)]^2}}{f'(x_0)}\right|$

(g) $|AB| = |f(x_0) f'(x_0)|$

(h) $|AP| = |f(x_0)|\sqrt{1 + [f'(x_0)]^2}$

78. Razonamiento gráfico Identifique los números reales x_0, x_1, x_2, x_3 y x_4 en la figura de tal manera que cada una de las siguientes situaciones sea verdadera.

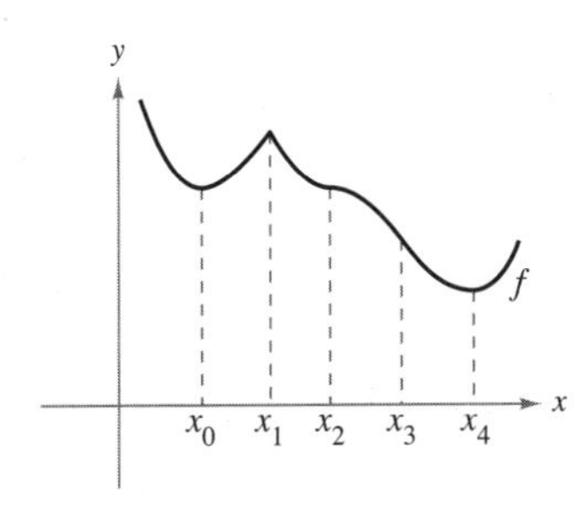

(a) $f'(x) = 0$

(b) $f''(x) = 0$

(c) $f'(x)$ no existe.

(d) f tiene un máximo relativo.

(e) f tiene un punto de inflexión.

Piénselo **En los ejercicios 79 a 82, genere una función cuya gráfica tenga las características indicadas. (Hay más de una respuesta correcta.)**

79. Asíntota vertical: $x = 3$

Asíntota horizontal: $y = 0$

80. Asíntota vertical: $x = -5$

Asíntota horizontal: Ninguna

81. Asíntota vertical: $x = 3$

Asíntota inclinada: $y = 3x + 2$

82. Asíntota vertical: $x = 2$

Asíntota inclinada: $y = -x$

¿Verdadero o falso? **En los ejercicios 83 a 86, determine si el enunciado es verdadero o falso. Si es falso explique por qué o dé un ejemplo que muestre que es falso.**

83. Si $f'(x) > 0$ para todos los números reales x, entonces f crece indefinidamente.

84. Si $f''(x) < 0$ para todos los números reales x, entonces f decrece indefinidamente.

85. Cada función racional tiene una asíntota oblicua.

86. Cada función polinomial tiene un máximo y un mínimo absolutos en $(-\infty, \infty)$.

87. Razonamiento gráfico La gráfica de la primera derivada de una función f en el intervalo $[-7, 5]$ se muestra en la figura. Utilice la gráfica para responder cada pregunta.

(a) ¿En qué intervalo(s) es f decreciente?

(b) ¿En qué intervalo(s) es la gráfica de f cóncava hacia abajo?

(c) ¿En qué valor(es) tiene f extremos relativos?

(d) ¿En qué valor(es) tiene f un punto de inflexión?

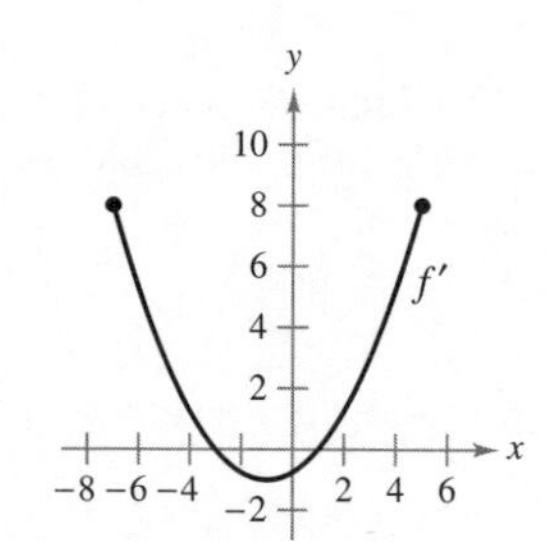

Figura para 87

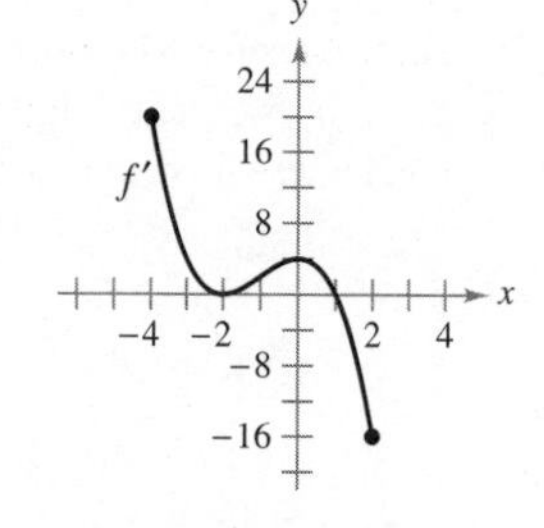

Figura para 88

88. Razonamiento gráfico La gráfica de la primera derivada de una función f en el intervalo $[-4, 2]$ se muestra en la figura. Utilice la gráfica para resolver cada pregunta.

(a) ¿En qué intervalo(s) es f creciente?

(b) ¿En qué intervalo(s) es la gráfica de f cóncava hacia arriba?

(c) ¿En qué valor(es) tiene f extremos relativos?

(d) ¿En qué valor(es) tiene f un punto de inflexión?

89. Razonamiento gráfico Considere la función

$$f(x) = \frac{ax}{(x - b)^2}$$

Determine el efecto sobre la gráfica de f si a y b cambian. Considere casos en los que a y b son ambos positivos o ambos negativos, y casos en los que a y b tienen signos opuestos.

90. Razonamiento gráfico Considere la función

$$f(x) = \frac{1}{2}(ax)^2 - ax, \quad a \neq 0$$

(a) Determine los cambios (si los hay) en las intersecciones, los extremos y la concavidad de la gráfica f cuando varía a.

(b) En la misma ventana de visualización, utilice una herramienta de graficación para representar la función para cuatro valores diferentes de a.

Asíntotas oblicuas **En los ejercicios 91 y 92, la gráfica de la función tiene dos asíntotas oblicuas. Identifique cada asíntota oblicua. A continuación, represente gráficamente la función y sus asíntotas.**

91. $y = \sqrt{4 + 16x^2}$

92. $y = \sqrt{x^2 + 6x}$

93. Investigación Considere la función

$$f(x) = \frac{2x^n}{x^4 + 1}$$

para valores enteros no negativos de n.

(a) Analice la relación entre el valor de n y la simetría de la gráfica.

(b) ¿Para qué valores de n el eje x será la asíntota horizontal?

(c) ¿Para qué valor de n será $y = 2$ la asíntota horizontal?

(d) ¿Cuál es la asíntota de la gráfica cuando $n = 5$?

(e) Represente f con una herramienta de graficación para cada valor de n indicado en la tabla. Emplee la gráfica para determinar el número M de extremos y el número N de puntos de inflexión de la gráfica.

n	0	1	2	3	4	5
M						
N						

DESAFÍO DEL EXAMEN PUTNAM

94. Considere que $f(x)$ está definida para $a \leq x \leq b$. Suponiendo propiedades apropiadas de continuidad y derivabilidad, demuestre para $a < x < b$ que

$$\frac{\dfrac{f(x) - f(a)}{x - a} - \dfrac{f(b) - f(a)}{b - a}}{x - b} = \frac{1}{2}f''(\varepsilon)$$

donde ε es algún número entre a y b.

3.7 Problemas de optimización

Resolver problemas de máximos y mínimos aplicados.

Problemas de aplicación de máximos y mínimos

Una de las aplicaciones más comunes de cálculo implica la determinación de los valores mínimo y máximo. Recuerde cuántas veces ha oído hablar de utilidad (beneficio) máxima(o), mínimo costo, tiempo mínimo, voltaje máximo, tamaño óptimo, tamaño mínimo, máxima resistencia y máxima distancia. Antes de describir una estrategia general de solución para tales problemas, considere el siguiente ejemplo.

EJEMPLO 1 Determinar el volumen máximo

Un fabricante quiere diseñar una caja abierta que tenga una base cuadrada y un área superficial de 108 pulgadas cuadradas, como se muestra en la figura 3.53. ¿Qué dimensiones producirá una caja con un volumen máximo?

Caja abierta con base cuadrada:
$S = x^2 + 4xh = 108$
Figura 3.53

Solución Debido a que la caja tiene una base cuadrada, su volumen es

$$V = x^2h \qquad \text{Ecuación primaria.}$$

Esta ecuación recibe el nombre de **ecuación primaria** porque proporciona una fórmula para la cantidad que se va a optimizar. Dado que V será maximizada, se requiere escribir a V como función de una variable. Para hacer esto, note que el área de la superficie de la caja es

$$S = (\text{área de la base}) + (\text{área de los cuatro lados})$$
$$S = x^2 + 4xh = 108 \qquad \text{Ecuación secundaria.}$$

A continuación se resuelve esta ecuación para h en términos de x para obtener $h = (108 - x^2)/(4x)$. Sustituyendo en la ecuación primaria, se obtiene

$$V = x^2h \qquad \text{Función de dos variables.}$$
$$= x^2\left(\frac{108 - x^2}{4x}\right) \qquad \text{Sustituya para } h.$$
$$= 27x - \frac{x^3}{4} \qquad \text{Función de una variable.}$$

Para ver la figura a color, acceda al código

Antes de determinar qué valor de x producirá un valor máximo de V, se necesita determinar el *dominio factible.* Esto es, ¿qué valores de x tienen sentido en este problema? Se sabe que $V \geq 0$. También sabe que x debe ser no negativa y que el área de la base ($A = x^2$) es a lo más 108. De tal modo, el dominio factible es

$$0 \leq x \leq \sqrt{108} \qquad \text{Dominio factible.}$$

Para maximizar V, determine los puntos críticos de la función de volumen en el intervalo $(0, \sqrt{108})$.

$$\frac{dV}{dx} = 27 - \frac{3x^2}{4} \qquad \text{Derive respecto a } x.$$
$$27 - \frac{3x^2}{4} = 0 \qquad \text{Iguale la derivada a cero.}$$
$$3x^2 = 108 \qquad \text{Simplifique.}$$
$$x = \pm 6 \qquad \text{Puntos críticos.}$$

Así, los puntos críticos son $x = \pm 6$. No se necesita considerar $x = -6$ porque está fuera del dominio. La evaluación V en el punto crítico $x = 6$ y en los puntos terminales del dominio produce $V(0) = 0$, $V(6) = 108$ y $V(\sqrt{108}) = 0$. Por tanto, V es máximo cuando $x = 6$ y las dimensiones de la caja son 6 pulgadas por 6 pulgadas por 3 pulgadas. ■

TECNOLOGÍA Puede verificar la respuesta del ejemplo 1 utilizando una herramienta de graficación para representar la función volumen

$$V = 27x - \frac{x^3}{4}$$

Utilice una ventana de visualización en la que $0 \leq x \leq \sqrt{108} \approx 10.4$ y $0 \leq y \leq 120$, y use la función *maximum* o *trace* para determinar el valor máximo de V.

En el ejemplo 1 puede observarse que hay un número infinito de cajas abiertas con 108 pulgadas cuadradas de área superficial. Para empezar a resolver el problema, debe preguntarse qué forma básica parecería producir un volumen máximo. ¿La caja debe ser alta, muy baja o casi cúbica?

Incluso puede tratar de calcular algunos volúmenes, como se muestra en la figura 3.54, para ver si obtiene una mejor idea de en qué consiste el problema de las dimensiones óptimas. Recuerde que no se puede empezar a resolver un problema hasta que no haya identificado con total claridad.

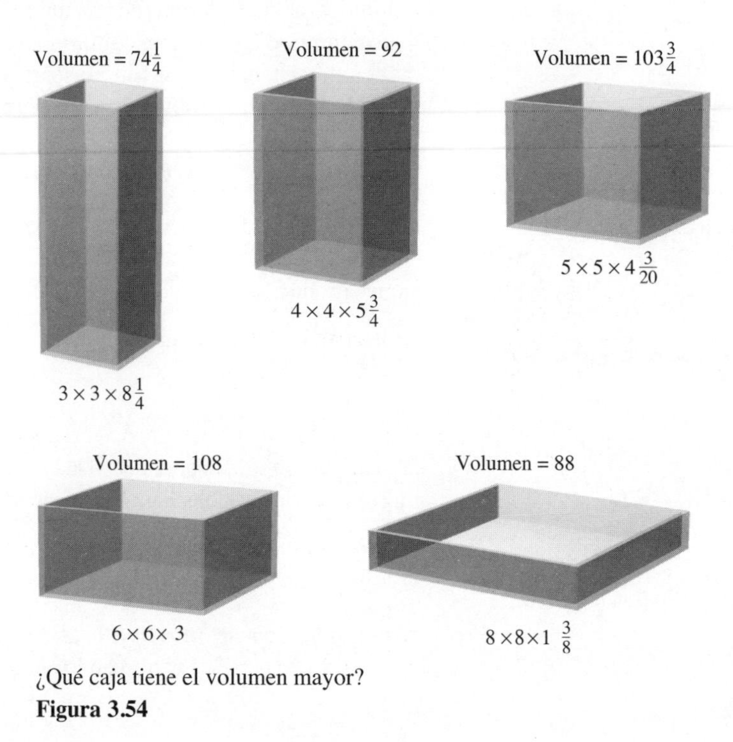

¿Qué caja tiene el volumen mayor?
Figura 3.54

El ejemplo 1 ilustra las siguientes estrategias para resolver problemas aplicados de mínimos y máximos.

Directrices para resolver problemas aplicados de mínimos y máximos

1. Identifique todas las cantidades *dadas* y las que *se van a determinar*. Si es posible, elabore un dibujo.
2. Escriba una **ecuación primaria** para la cantidad que se va a maximizar o minimizar. (Una revisión de varias fórmulas útiles a partir de la geometría se presenta al final del libro.)
3. Reduzca la ecuación primaria a *una sola variable independiente*. Esto quizá implique el uso de **ecuaciones secundarias** que relacionen las variables independientes de la ecuación primaria.
4. Determine el dominio factible de la ecuación primaria. Esto es, determinar los valores para los cuales el problema planteado tiene sentido.
5. Determine el valor máximo o mínimo deseado mediante las técnicas de cálculo estudiadas en las secciones 3.1 a 3.4.

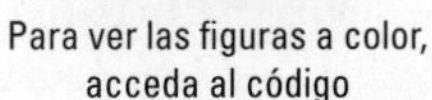
Para ver las figuras a color, acceda al código

COMENTARIO Al efectuar el paso 5, recuerde que para determinar el máximo o mínimo de una función continua f en un intervalo cerrado, debe comparar los valores de f en sus puntos críticos con los valores de f en los puntos terminales del intervalo.

EJEMPLO 2 Determinar la distancia mínima

Consulte LarsonCalculus.com (disponible solo en inglés) para una versión interactiva de este tipo de ejemplo.

¿Qué puntos sobre la gráfica de $y = 4 - x^2$ son más cercanos al punto (0, 2)?

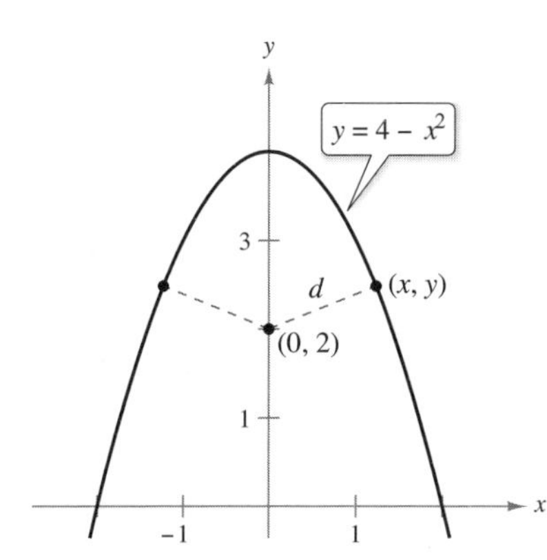

La cantidad a minimizar es la distancia: $d = \sqrt{(x-0)^2 + (y-2)^2}$.
Figura 3.55

Solución La figura 3.55 muestra que hay dos puntos a una distancia mínima del punto (0, 2). La distancia entre el punto (0, 2) y un punto (x, y) sobre la gráfica de $y = 4 - x^2$ está dada por

$$d = \sqrt{(x-0)^2 + (y-2)^2} \qquad \text{Ecuación primaria.}$$

Usando la ecuación secundaria $y = 4 - x^2$, se puede reescribir la ecuación primaria como

$$d = \sqrt{x^2 + (4 - x^2 - 2)^2} \qquad \text{Sustituya la ecuación secundaria.}$$
$$= \sqrt{x^4 - 3x^2 + 4} \qquad \text{Simplifique.}$$

Como d es más pequeña cuando la expresión dentro del radical es aún menor, solo es necesario determinar los puntos críticos de $f(x) = x^4 - 3x^2 + 4$. Observe que el dominio de f es toda la recta numérica real. Por tanto, no hay puntos terminales del dominio a considerar. Además, la derivada de f

$$f'(x) = 4x^3 - 6x \qquad \text{Derive respecto a } x.$$
$$= 2x(2x^2 - 3) \qquad \text{Factorice.}$$

es cero cuando

$$x = 0, \quad \sqrt{\frac{3}{2}} \quad \text{y} \quad -\sqrt{\frac{3}{2}} \qquad \text{Ceros de } f'.$$

Al probar estos puntos críticos con el criterio de la primera derivada se verifica que $x = 0$ produce un máximo relativo, mientras que $x = \sqrt{3/2}$ y $x = -\sqrt{3/2}$ producen una distancia mínima. Por tanto, los puntos más cercanos son $\left(\sqrt{3/2}, 5/2\right)$ y $\left(-\sqrt{3/2}, 5/2\right)$.

EJEMPLO 3 Determinar el área mínima

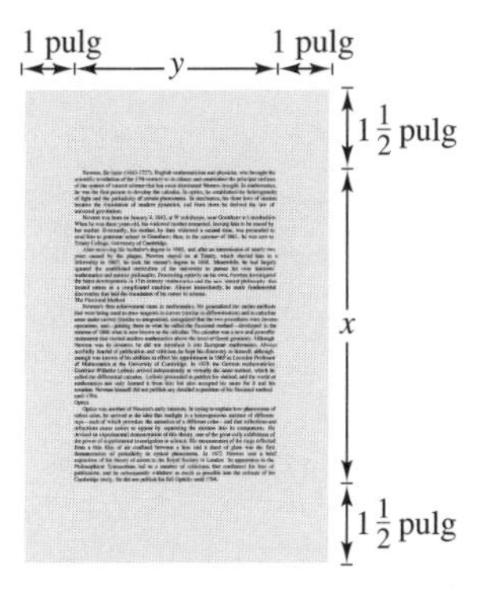

Las cantidad que se va a minimizar es el área: $A = (x + 3)(y + 2)$.
Figura 3.56

Una página rectangular debe contener 24 pulgadas cuadradas de impresión. Los márgenes en la parte superior y de la parte inferior de la página deben ser de $1\frac{1}{2}$ pulgadas, y mientras que los márgenes de la izquierda y la derecha deberán ser de 1 pulgada (vea la figura 3.56). ¿Cuáles deben ser las dimensiones de la página para que se use la menor cantidad de papel?

Solución Sea A el área que se va a minimizar.

$$A = (x + 3)(y + 2) \qquad \text{Ecuación primaria.}$$

El área impresa dentro del margen está dada por

$$24 = xy \qquad \text{Ecuación secundaria.}$$

Despejando de esta ecuación para y produce $y = 24/x$. La sustitución en la ecuación primaria da lugar a

$$A = (x + 3)\left(\frac{24}{x} + 2\right) = 30 + 2x + \frac{72}{x} \qquad \text{Función de una variable.}$$

Debido a que x debe ser positiva, solo interesan valores de A para $x > 0$. Para encontrar los puntos críticos, derive respecto a x,

$$\frac{dA}{dx} = 2 - \frac{72}{x^2} \qquad \text{Derive respecto a } x.$$

y observe que la derivada es cero cuando $x^2 = 36$ o $x = \pm 6$. Por tanto, los puntos críticos son $x = \pm 6$. No es necesario considerar $x = -6$ porque este punto está fuera del dominio. El criterio de la primera derivada confirma que A es mínima cuando $x = 6$. Por lo que, $y = \frac{24}{6} = 4$ y las dimensiones de la página deben ser $x + 3 = 9$ pulgadas por $y + 2 = 6$ pulgadas. ■

Para ver las figuras a color, acceda al código

EJEMPLO 4 Hallar la longitud mínima

Dos postes, uno de 12 pies de altura y el otro de 28 pies, están a 30 pies de distancia. Se sostienen por dos cables, conectados a una sola estaca, desde el nivel del suelo hasta la parte superior de cada poste. ¿Dónde debe colocarse la estaca para que se use la menor cantidad de cable?

Solución Sea W la longitud del cable que se va a minimizar. Utilizando la figura 3.57, puede escribir

$$W = y + z \qquad \text{Ecuación primaria.}$$

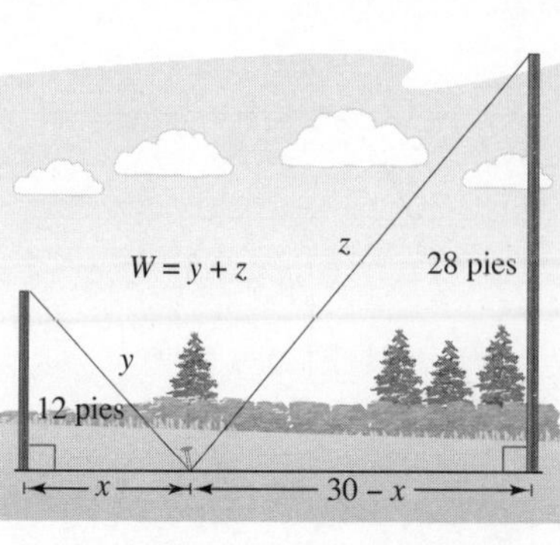

La cantidad que se va a minimizar es la longitud. De acuerdo con el diagrama, se puede ver que x varía entre 0 y 30.
Figura 3.57

En este problema, más que resolver para y en términos de z (o viceversa), se debe despejar tanto y como z en términos de una tercera variable x, como se indica en la figura 3.57. De acuerdo con el teorema de Pitágoras, obtiene

$$x^2 + 12^2 = y^2$$
$$(30 - x)^2 + 28^2 = z^2$$

lo que implica que

$$y = \sqrt{x^2 + 144}$$
$$z = \sqrt{x^2 - 60x + 1684}$$

Por tanto, W está dada por

$$W = y + z$$
$$= \sqrt{x^2 + 144} + \sqrt{x^2 - 60x + 1684}, \quad 0 \le x \le 30$$

Derivar W respecto a x produce

$$\frac{dW}{dx} = \frac{x}{\sqrt{x^2 + 144}} + \frac{x - 30}{\sqrt{x^2 - 60x + 1684}}$$

Haciendo $dw/dx = 0$, se obtendrá

$$\frac{x}{\sqrt{x^2 + 144}} + \frac{x - 30}{\sqrt{x^2 - 60x + 1684}} = 0$$
$$\frac{x}{\sqrt{x^2 + 144}} = \frac{30 - x}{\sqrt{x^2 - 60x + 1684}}$$
$$x\sqrt{x^2 - 60x + 1684} = (30 - x)\sqrt{x^2 + 144}$$
$$x^2(x^2 - 60x + 1684) = (30 - x)^2(x^2 + 144)$$
$$x^4 - 60x^3 + 1684x^2 = x^4 - 60x^3 + 1044x^2 - 8640x + 129\,600$$
$$640x^2 + 8640x - 129\,600 = 0$$
$$320(x - 9)(2x + 45) = 0$$
$$x = 9, -22.5$$

Para ver las figuras a color, acceda al código

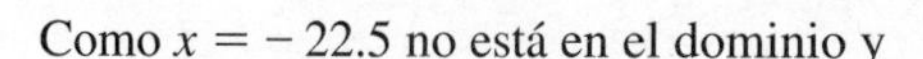

Como $x = -22.5$ no está en el dominio y

$$W(0) \approx 53.04, \quad W(9) = 50 \quad \text{y} \quad W(30) \approx 60.31$$

se puede concluir que el alambre debe colocarse a 9 pies del poste de 12 pies. ■

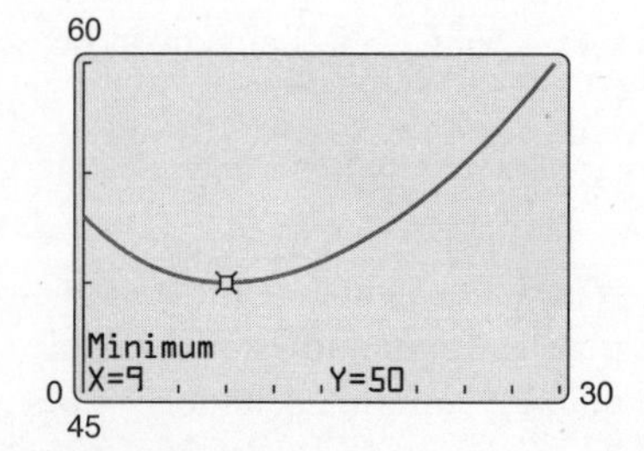

Figura 3.58

TECNOLOGÍA Del ejemplo 4, puede ver que los problemas de optimización aplicada implican una gran cantidad de álgebra. Si tiene acceso a una herramienta de graficación, confirme que $x = 9$ produce un valor mínimo de W al trazar la gráfica

$$W = \sqrt{x^2 + 144} + \sqrt{x^2 - 60x + 1684}$$

como se muestra en la figura 3.58.

En cada uno de los primeros cuatro ejemplos, el valor extremo ocurre en un punto crítico. Aunque esto sucede a menudo, recuerde que un valor extremo también puede presentarse en un punto terminal de un intervalo, como se muestra en el ejemplo 5.

EJEMPLO 5 Un máximo en un punto terminal

Se van a usar 4 pies de alambre para formar un cuadrado y un círculo. ¿Qué cantidad del alambre debe usarse para el cuadrado y qué cantidad para el círculo a fin de abarcar la máxima área total?

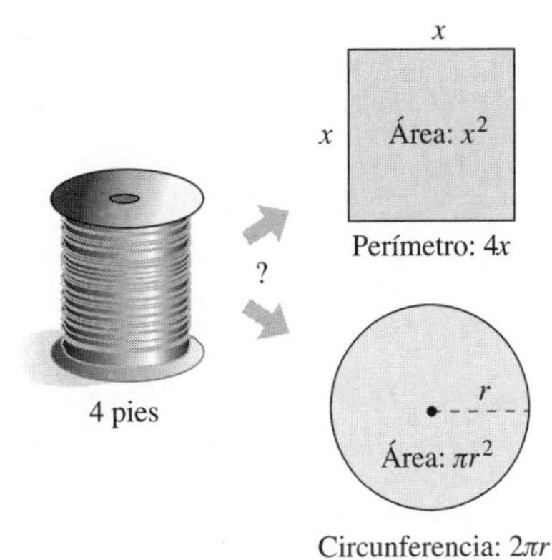

La cantidad que se va a maximizar es el área: $A = x^2 + \pi r^2$.
Figura 3.59

Solución El área total (vea la figura 3.59) está dada por

$$A = (\text{área del cuadrado}) + (\text{área del círculo})$$

$$A = x^2 + \pi r^2 \qquad \text{Ecuación primaria.}$$

Como la longitud total de alambre es 4 pies, se obtiene

$$4 = (\text{perímetro del cuadrado}) + (\text{circunferencia del círculo})$$

$$4 = 4x + 2\pi r \qquad \text{Ecuación secundaria.}$$

Por tanto, $r = 2(1 - x)/\pi$, y sustituyendo en la ecuación primaria, obtiene

$$\begin{aligned} A &= x^2 + \pi\left[\frac{2(1 - x)}{\pi}\right]^2 \\ &= x^2 + \frac{4(1 - x)^2}{\pi} \\ &= \frac{1}{\pi}(\pi x^2 + 4 - 8x + 4x^2) \\ &= \frac{1}{\pi}[(\pi + 4)x^2 - 8x + 4] \end{aligned}$$

El dominio factible es $0 \le x \le 1$ restringido por el perímetro cuadrado. Como

$$\frac{dA}{dx} = \frac{2(\pi + 4)x - 8}{\pi}$$

el único punto crítico en $(0, 1)$ es $x = 4/(\pi + 4) \approx 0.56$. Así, utilizando

$$A(0) \approx 1.27, \quad A(0.56) \approx 0.56 \quad \text{y} \quad A(1) = 1$$

puede concluir que el área máxima ocurre cuando $x = 0$. Es decir, se usa *todo* el alambre para el círculo. ■

Exploración

¿Cuál sería la respuesta si en el ejemplo 5 se preguntaran las dimensiones necesarias para encerrar el área total *mínima*?

Antes de ir a la sección de ejercicios, se revisan las ecuaciones primarias formuladas en los primeros cinco ejemplos. Como indican las aplicaciones, estos cinco ejemplos son bastante simples, no obstante las ecuaciones primarias resultantes son bastante complicadas.

$$V = 27x - \frac{x^3}{4} \qquad \text{Ejemplo 1.}$$

$$d = \sqrt{x^4 - 3x^2 + 4} \qquad \text{Ejemplo 2.}$$

$$A = 30 + 2x + \frac{72}{x} \qquad \text{Ejemplo 3.}$$

$$W = \sqrt{x^2 + 144} + \sqrt{x^2 - 60x + 1684} \qquad \text{Ejemplo 4.}$$

$$A = \frac{1}{\pi}[(\pi + 4)x^2 - 8x + 4] \qquad \text{Ejemplo 5.}$$

Se debe esperar que las aplicaciones de la vida real incluyan ecuaciones *al menos tan complicadas* como estas cinco. Recuerde que una de las metas principales de este curso es aprender a utilizar el cálculo con el fin de analizar ecuaciones que en un principio parecen ser complejas.

Para ver la figura a color, acceda al código

3.7 Ejercicios

Las respuestas a los ejercicios impares pueden consultarse en el Apéndice de este libro.

Repaso de conceptos

1. Defina *ecuación primaria, ecuación secundaria* y *dominio factible*.
2. Describa las estrategias para resolver problemas de máximos y mínimos aplicados.

3. **Análisis numérico, gráfico y analítico** Siga los pasos indicados para encontrar dos números positivos cuya suma es 110 y cuyo producto es un máximo posible.
   (a) Complete analíticamente seis renglones de una tabla como la siguiente. (Se muestran los primeros dos renglones.) Utilice la tabla para estimar el producto máximo.

Primer número, x	Segundo número	Producto, P
10	$110 - 10$	$10(110 - 10) = 1000$
20	$110 - 20$	$20(110 - 20) = 1800$

   (b) Escriba el producto P como una función de x.
   (c) Use el cálculo para determinar el punto crítico de la función en el inciso (b). Encuentre después los dos números.
    (d) Utilice una herramienta de graficación para representar la función del inciso (b) y estime la solución a partir de la gráfica.

4. **Análisis numérico, gráfico y analítico** Una caja abierta de volumen máximo se va a construir a partir de una pieza cuadrada de material, de 24 pulgadas de lado, cortando cuadrados iguales a partir de las esquinas y doblando los bordes (vea la figura).

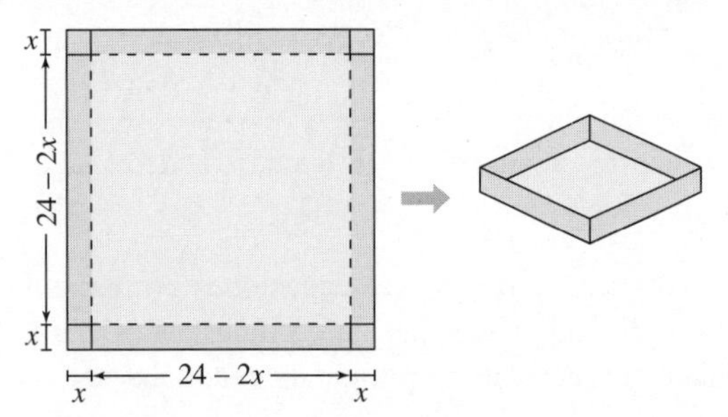

   (a) Complete analíticamente seis renglones de una tabla tal como la siguiente. (Se muestran los primeros renglones.) Use la tabla para estimar el volumen máximo.

Altura, x	Largo y ancho	Volumen, V
1	$24 - 2(1)$	$1[24 - 2(1)]^2 = 484$
2	$24 - 2(2)$	$2[24 - 2(2)]^2 = 800$

   (b) Escriba el volumen V como una función de x.
   (c) Use cálculo para determinar el punto crítico de la función en el inciso (b) y encontrar el volumen máximo.
    (d) Utilice una herramienta de graficación para representar la función del inciso (b) y verificar el volumen máximo a partir de la gráfica.

Encontrar números **En los ejercicios 5 a 10, encuentre dos números positivos que satisfagan los requerimientos dados.**

5. La suma es S y el producto es un máximo.
6. El producto es 185 y la suma es un mínimo.
7. El producto es 147 y la suma del primero más tres veces el segundo número es mínimo.
8. La suma del primer número al cuadrado y el segundo es 54 y el producto es un máximo.
9. La suma del primer número y el doble del segundo es 108 y el producto es un máximo.
10. La suma del primer número al cubo y el segundo es 500, y el producto es máximo.

Área máxima **En los ejercicios 11 y 12, encuentre el largo y ancho de un rectángulo que tiene el perímetro dado y un área máxima.**

11. Perímetro: 80 metros
12. Perímetro: P unidades

Perímetro mínimo **En los ejercicios 13 y 14, encuentre el largo y ancho de un rectángulo que tiene el área dada y un perímetro mínimo.**

13. Área: 49 pies cuadrados
14. Área: A centímetros cuadrados

Distancia mínima **En los ejercicios 15 a 18, determine el punto sobre la gráfica de la función que está más cerca al punto dado.**

15. $y = x^2, \ (0, 3)$
16. $y = x^2 - 2, \ (0, -1)$
17. $f(x) = \sqrt{x}, \ (4, 0)$
18. $f(x) = \sqrt{x - 8}, \ (12, 0)$

19. **Área mínima** Un póster rectangular contendrá 648 pulgadas cuadradas de área impresa. Los márgenes superior e inferior son de 2 pulgadas y a la derecha e izquierda son de 1 pulgada. Encuentre las dimensiones de la página de forma tal que se use la menor cantidad de papel.

20. **Área mínima** Una página rectangular contendrá 36 pulgadas cuadradas de área impresa. Los márgenes de cada lado serán de $1\frac{1}{2}$ pulgadas. Encuentre las dimensiones de la página de forma tal que se use la menor cantidad de papel.

21. **Longitud mínima** Un granjero planea cercar un pastizal rectangular adyacente a un río (vea la figura). El pastizal debe contener 405 000 m² para proporcionar suficiente pastura para el rebaño. ¿Qué dimensiones requeriría la cantidad mínima de cercado si no es necesario cercar a lo largo del río?

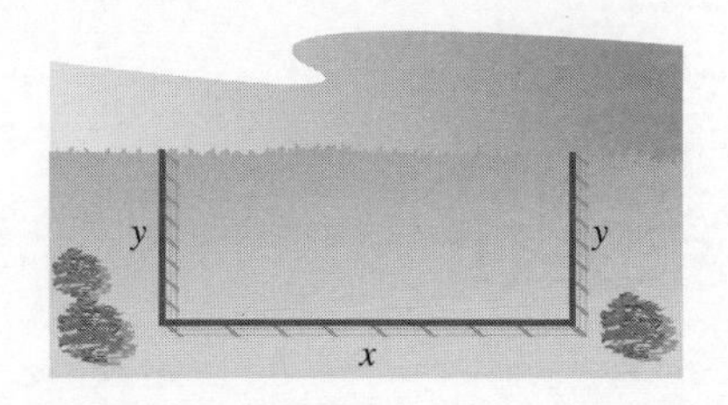

22. Volumen máximo Determine las dimensiones de un sólido rectangular (con base cuadrada) de volumen máximo si su área rectangular es de superficie de 337.5 cm^2.

23. Área máxima Una ventana normanda se construye juntando un semicírculo a la parte superior de una ventana rectangular ordinaria (vea la figura). Encuentre las dimensiones de una ventana normanda de área máxima si el perímetro total es de 16 pies.

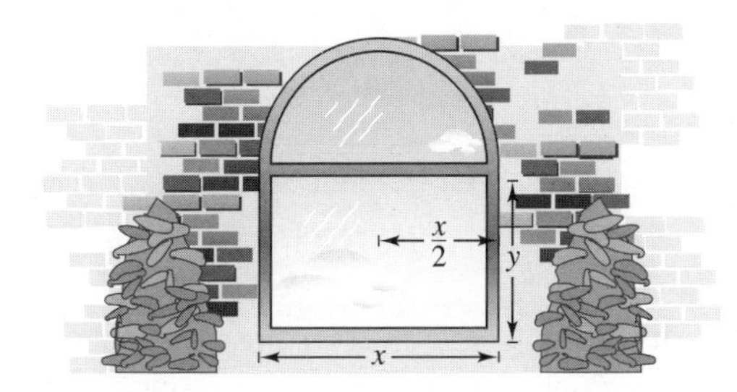

24. Área máxima Un rectángulo está acotado por los ejes x y y y la gráfica de $y = (6-x)/2$ (vea la figura). ¿Qué longitud y ancho debe tener el rectángulo de manera que su área sea un máximo?

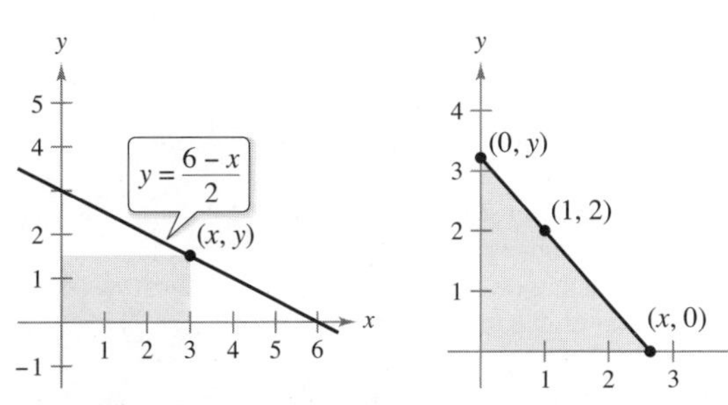

Figura para 24

Figura para 25

25. Longitud mínima y área mínima Un triángulo rectángulo se forma en el primer cuadrante mediante los ejes x y y y una recta que pasa por el punto (1, 2) (vea la figura).

(a) Escriba la longitud L de la hipotenusa como una función de x.

(b) Utilice una herramienta de graficación para aproximar x de manera tal que la longitud de la hipotenusa sea un mínimo.

(c) Determine los vértices del triángulo de tal forma que su área sea mínima.

26. Área máxima Determine el área del triángulo isósceles más grande que pueda inscribirse en un círculo de radio 6 (vea la figura).

(a) Resuelva escribiendo el área como una función de h.

(b) Resuelva escribiendo el área en función de α.

(c) Identifique el tipo de triángulo de área máxima.

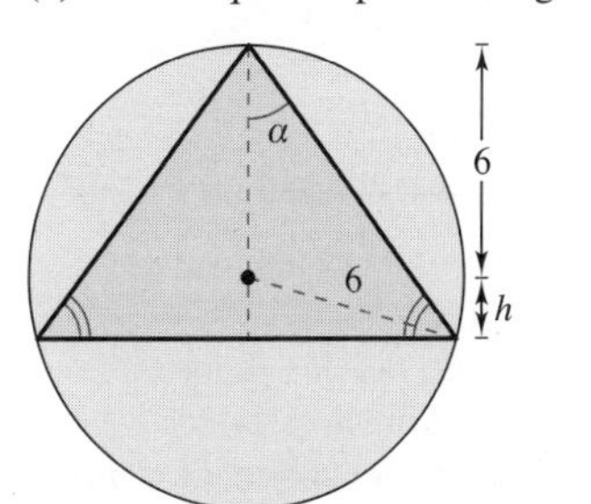

Figura para 26

Figura para 27

27. Área máxima Un rectángulo está delimitado por el eje x y el semicírculo

$$y = \sqrt{25 - x^2}$$

(vea la figura). ¿Qué largo y ancho debe tener el rectángulo de manera que su área sea un máximo?

28. Área máxima Encuentre las dimensiones del rectángulo más grande que puede inscribirse en un semicírculo de radio r (vea el ejercicio 27).

29. Análisis numérico, gráfico y analítico Una sala de ejercicios tiene la forma de un rectángulo con un semicírculo en cada extremo. Por la parte externa una pista de carreras de 200 metros delimita la sala.

(a) Dibuje una figura para representar el problema. Utilice x y y para representar el largo y el ancho del rectángulo.

(b) De manera analítica complete seis renglones de una tabla como la siguiente. (Se muestran los dos primeros renglones.) Utilice la tabla para estimar el área máxima de la región rectangular.

Largo, x	Ancho, y	Área, xy
10	$\frac{2}{\pi}(100 - 10)$	$(10)\frac{2}{\pi}(100 - 10) \approx 573$
20	$\frac{2}{\pi}(100 - 20)$	$(20)\frac{2}{\pi}(100 - 20) \approx 1019$

(c) Escriba el área A de la región rectangular como una función de x.

(d) Utilice cálculo para encontrar el punto crítico de la función del inciso (c) y determinar el valor máximo.

(e) Utilice una herramienta de graficación para representar la función en el inciso (c) y encuentre el área máxima y las dimensiones que producen el área máxima.

30. Análisis numérico, gráfico y analítico Se va a diseñar un cilindro circular recto que pueda contener 22 pulgadas cúbicas de refresco (aproximadamente 12 onzas de fluido).

(a) En forma analítica complete seis renglones de una tabla como la siguiente. (Se muestran los dos primeros renglones.)

Radio, r	Altura	Área de la superficie, S
0.2	$\frac{22}{\pi(0.2)^2}$	$2\pi(0.2)\left[0.2 + \frac{22}{\pi(0.2)^2}\right] \approx 220.3$
0.4	$\frac{22}{\pi(0.4)^2}$	$2\pi(0.4)\left[0.4 + \frac{22}{\pi(0.4)^2}\right] \approx 111.0$

(b) Use una herramienta de graficación para generar renglones adicionales de la tabla. Utilice la tabla para estimar el área superficial mínima.

(c) Escriba el área superficial S como una función de r.

(d) Utilice cálculo para encontrar el punto crítico de la función en el inciso (c) y encontrar las dimensiones que producirán el área superficial mínima.

(e) Utilice una herramienta de graficación para representar la función del inciso (c) y estime el área superficial mínima a partir de la gráfica.

Exploración de conceptos

31. Una botella se champú tiene la forma de un cilindro circular recto. Como el área superficial de la botella no cambia cuando esta se comprime, ¿es cierto que el volumen permanece invariable? Explique.

32. El perímetro de un rectángulo es de 20 pies. De todas las dimensiones posibles, el área máxima es de 25 pies cuadrados cuando su largo y ancho son ambos de 5 pies. ¿Hay dimensiones que producirán un área mínima? Explique.

33. Área superficial mínima Un sólido se forma juntando dos hemisferios a los extremos de un cilindro circular recto. El volumen total del sólido es de 14 cm^3. Encuentre el radio del cilindro que produce el área superficial mínima.

34. Costo mínimo Un tanque industrial de la forma que se describe en el ejercicio 33 debe tener un volumen de 4000 pies cúbicos. Si el costo de fabricación de los hemisferios, por pie cuadrado es el doble que el lateral, determine las dimensiones que minimizarán el costo.

35. Área mínima La suma de los perímetros de un triángulo equilátero y un cuadrado es igual a 10. Encuentre las dimensiones del triángulo y el cuadrado que producen el área total mínima.

36. Área máxima Se usarán 20 pies de alambre para formar dos figuras. En cada uno de los siguientes casos, ¿qué cantidad de alambre debe utilizarse en cada figura de manera que el área total encerrada sea máxima?

(a) Triángulo equilátero y cuadrado

(b) Cuadrado y pentágono regular

(c) Pentágono regular y hexágono regular

(d) Hexágono regular y círculo

¿Qué puede concluir a partir de este patrón? {*Sugerencia*: El área de un polígono rectangular con n lados de longitud x es $A = (n/4)[\cot(\pi/n)]x^2$.}

37. Resistencia de una viga Una viga de madera tiene una sección transversal rectangular de altura h y ancho w (vea la figura) La resistencia S de la viga es directamente proporcional al ancho y al cuadrado de la altura. ¿Cuáles son las dimensiones de la viga más fuerte que puede cortarse a partir de un leño redondo de 20 pulgadas de diámetro? (*Sugerencia*: $S = kh^2w$, donde k es la constante de proporcionalidad.)

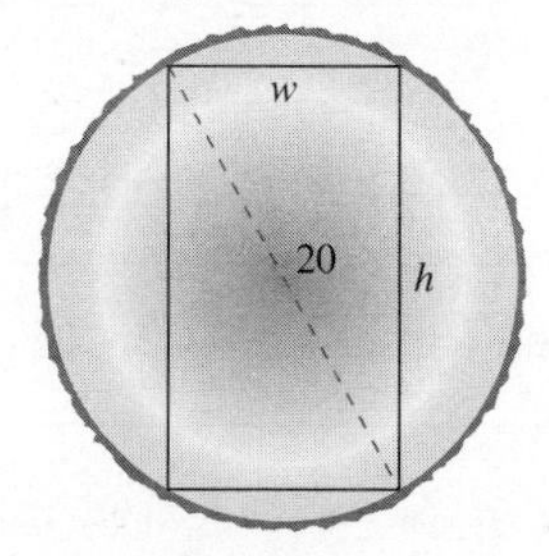

Figura para 37

Figura para 38

38. Longitud mínima Dos fábricas se localizan en las coordenadas $(-x, 0)$ y $(x, 0)$ con su suministro eléctrico ubicado en $(0, h)$ (vea la figura). Determine y de manera tal que la longitud total de la línea de transmisión eléctrica desde el suministro eléctrico hasta las fábricas sea mínima.

landbysea/Getty Images

39. Perímetro máximo Considere un triángulo isósceles inscrito en un círculo de radio 2, como se muestra en la figura. Encuentre el valor más grande posible del perímetro del triángulo.

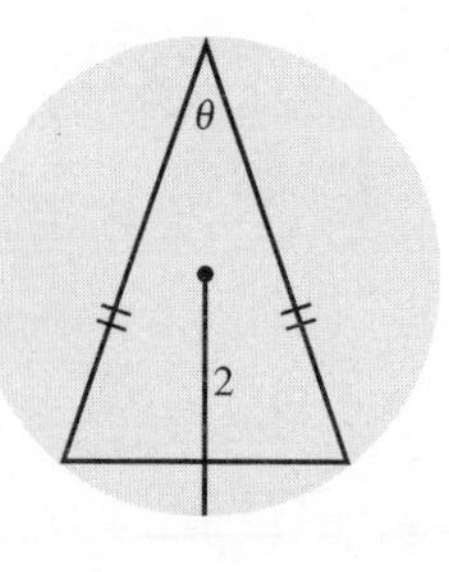

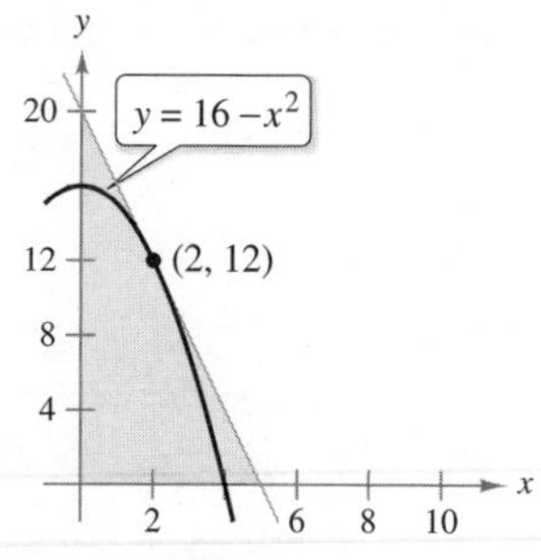

Figura para 39

Figura para 40

40. Área mínima Considere la recta tangente L a la parábola $y = 16 - x^2$, en el punto (2, 12) (vea la figura). Encuentre el área del triángulo en el primer cuadrante definido por la intersección de L con los ejes x y y. A continuación, determine el punto de la parábola para el cual la recta tangente define el triángulo de menor área.

41. Costo mínimo

Un pozo petrolero marino se encuentra a 2 kilómetros de la costa. La refinería está a 4 kilómetros por la costa. La instalación de la tubería en el océano es dos veces más cara que sobre tierra. ¿Qué trayectoria debe seguir la tubería para minimizar el costo?

42. Iluminación Una fuente luminosa se localiza sobre el centro de una mesa circular de 4 pies de diámetro (vea la figura). Encuentre la altura h de la fuente luminosa de modo tal que la iluminación I en el perímetro de la mesa sea máxima cuando

$$I = \frac{k \operatorname{sen} \alpha}{s^2}$$

donde s es la altura oblicua, α es el ángulo al cual la luz incide sobre la mesa y k es una constante.

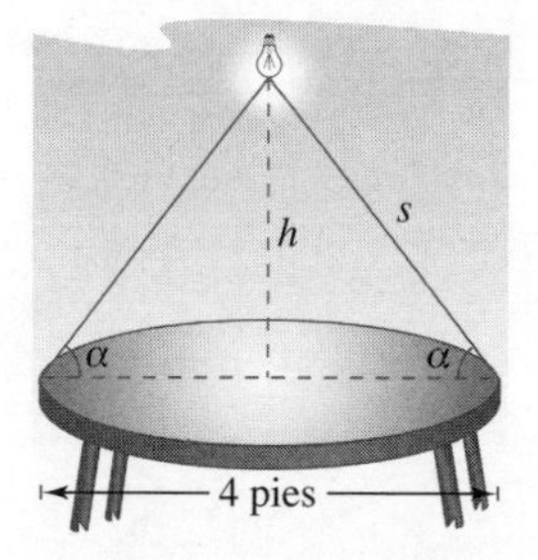

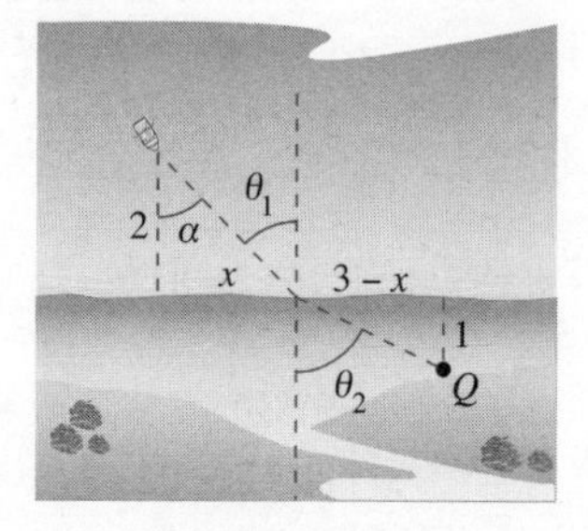

Figura para 42

Figura para 43

43. Tiempo mínimo Un guía de turistas se encuentra en un bote a 2 millas del punto más cercano a la costa. Se dirige al punto Q, localizado a 3 millas por la costa y a 1 milla tierra adentro (vea la figura). El hombre puede remar a 2 millas por hora y caminar a 4 millas por hora. ¿Hacia qué punto sobre la costa debe remar para llegar al punto Q en el menor tiempo?

44. Tiempo mínimo Las condiciones son las mismas que en el ejercicio 43 salvo que el hombre puede remar a v_1 millas por hora y caminar a v_2 millas por hora. Si θ_1 y θ_2 son las magnitudes de los ángulos, muestre que el hombre llegará al punto Q en el menor tiempo cuando

$$\frac{\operatorname{sen}\theta_1}{v_1} = \frac{\operatorname{sen}\theta_2}{v_2}$$

45. Distancia mínima Dibuje las gráficas de $f(x) = 2 - 2 \operatorname{sen} x$ en el intervalo $[0, \pi/2]$.

(a) Determine la distancia desde el origen a la intersección con el eje y y la distancia desde el origen a la intersección con el eje x.

(b) Escriba la distancia d desde el origen a un punto sobre la gráfica de f como una función de x.

(c) Utilice cálculo para encontrar el valor de x que minimiza la función d en el intervalo $[0, \pi/2]$. ¿Cuál es la distancia mínima? Utilice una herramienta de graficación para verificar sus resultados.

(Proporcionado por Tim Chapell, Penn Valley Community College, Kansas City, MO)

46. Tiempo mínimo Cuando ondas luminosas, que viajan en un medio transparente, inciden sobre la superficie de un segundo medio transparente, cambian de dirección. Este cambio de dirección recibe el nombre de *refracción* y se define mediante la **ley de Snell de la refracción**,

$$\frac{\operatorname{sen}\theta_1}{v_1} = \frac{\operatorname{sen}\theta_2}{v_2}$$

donde θ_1 y θ_2 son las magnitudes de los ángulos que se muestran en la figura y v_1 y v_2 son las velocidades de la luz en los dos medios. Demuestre que este problema es equivalente al del ejercicio 44, y que las ondas luminosas que viajan de P a Q siguen la trayectoria de tiempo mínimo.

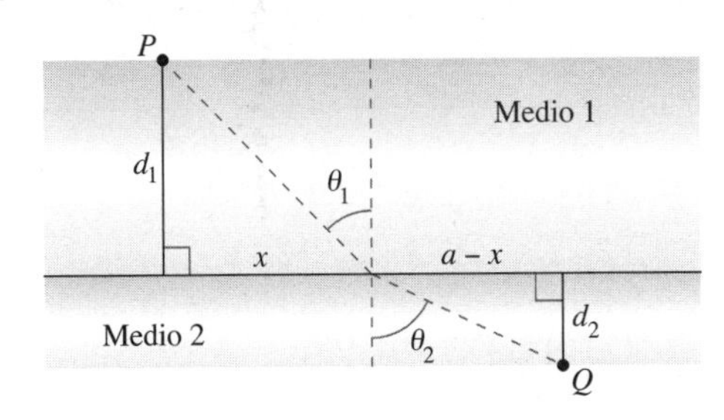

47. Volumen máximo Un sector con ángulo central θ se corta de un círculo de 12 pulgadas de radio (vea la figura), y los bordes del sector se juntan para formar un cono. Determine la magnitud de θ tal que el volumen del cono sea un máximo.

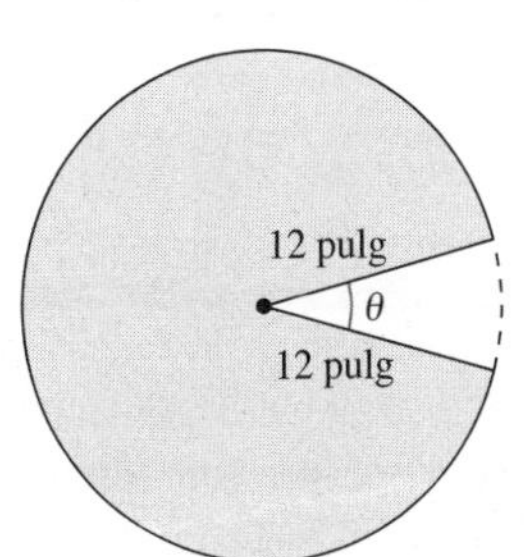

Figura para 47

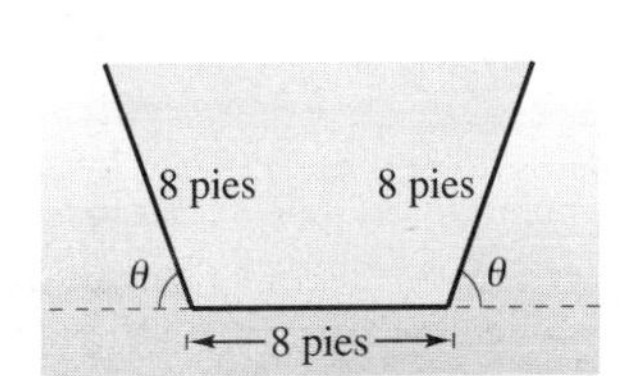

Figura para 48

48. Análisis numérico, gráfico y analítico Las secciones transversales de un canal de irrigación son trapezoides isósceles de los cuales tres lados miden 8 pies de largo (vea la figura). Determine el ángulo de elevación θ de los lados de manera tal que el área de la sección transversal sea un máximo, completando lo siguiente.

(a) Complete analíticamente seis renglones de una tabla como la siguiente. (Se muestran los dos primeros renglones.)

θ	Base 1	Base 2	Altitud	Área
10°	8	$8 + 16 \cos 10°$	$8 \operatorname{sen} 10°$	≈ 22.1
20°	8	$8 + 16 \cos 20°$	$8 \operatorname{sen} 20°$	≈ 42.5

(b) Utilice una herramienta de graficación para generar renglones adicionales de la tabla y poder estimar el área de sección transversal máxima.

(c) Escriba el área de sección transversal A como una función de θ.

(d) Utilice cálculo para determinar el punto crítico de la función del inciso (c) y encuentre el ángulo que producirá la máxima área de la sección transversal. ¿Cuál es el área máxima?

(e) Utilice una herramienta de graficación para representar la función del inciso (c) y verifique el área máxima de la sección transversal.

49. Utilidad máxima Suponga que la cantidad de dinero depositada en un banco es proporcional al cuadrado de la tasa de interés que paga el banco por este dinero. Además el banco puede reinvertir esta suma a 8%. Determine la tasa de interés que el banco debe pagar para maximizar la utilidad. (Utilice la fórmula de interés simple.)

50. ¿CÓMO LO VE? La gráfica muestra la ganancia (en miles de dólares) de una empresa en términos de su costo de publicidad (en miles de dólares).

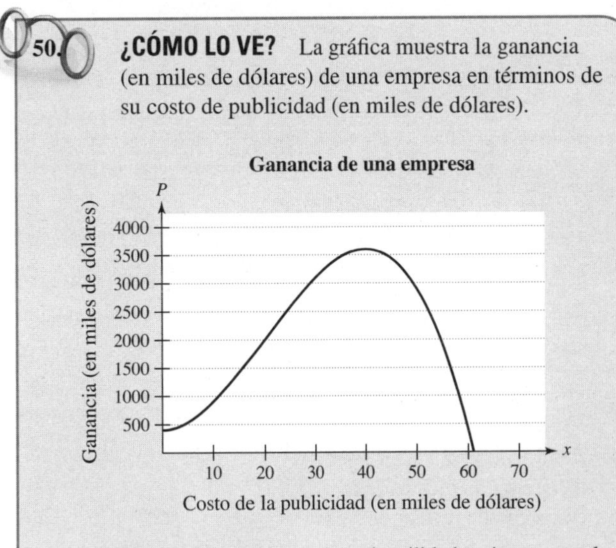

(a) Estime el intervalo en el que la utilidad está aumentando.

(b) Estime el intervalo en el que la utilidad está disminuyendo.

(c) Estime la cantidad de dinero que la empresa debe gastar en publicidad para obtener una utilidad máxima.

(d) El punto de rendimiento decreciente es el punto en el que la tasa de crecimiento de la función de utilidad comienza a declinar. Estime el punto de rendimiento decreciente.

Distancia mínima **En los ejercicios 51 a 53, considere un centro de distribución de combustible localizado en el origen del sistema rectangular de coordenadas (unidades en millas; vea las figuras). El centro suministra tres fábricas con coordenadas (4, 1), (5, 6) y (10, 3). Los camiones de reparto siguen la línea $y = mx$ y líneas de alimentación a las tres fábricas. El objetivo es determinar m de forma que la suma de las longitudes de las líneas sea mínima.**

51. Minimice la suma de los cuadrados de las longitudes de las líneas de alimentación dada por

$$S_1 = (4m - 1)^2 + (5m - 6)^2 + (10m - 3)^2$$

Halle la ecuación de la ruta recta de los camiones mediante este método y determine la suma de las longitudes de las líneas de alimentación.

52. Minimice la suma de los valores absolutos de las longitudes de las líneas de alimentación dada por

$$S_2 = |4m - 1| + |5m - 6| + |10m - 3|$$

Encuentre la ecuación para la ruta recta de los camiones mediante este método y a continuación determine la suma de las longitudes de las líneas de alimentación. (*Sugerencia*: Utilice una herramienta de graficación para representar la función S_2 y aproximar el punto crítico requerido.)

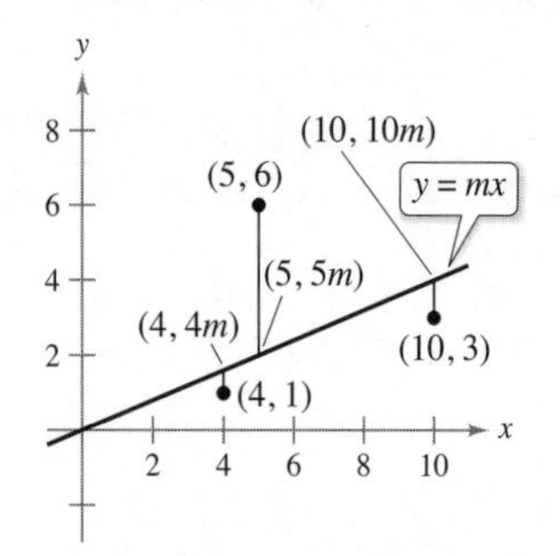

Figura para 51 y 52

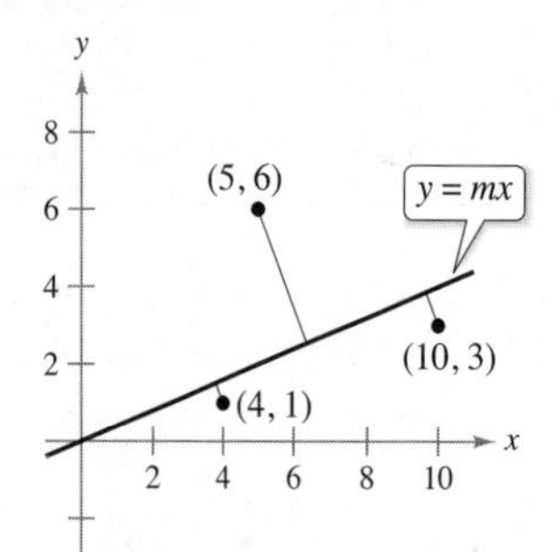

Figura para 53

53. Minimice la suma de las distancias perpendiculares (vea la figura y el ejercicio 77 en la sección P.2) desde la línea troncal a las fábricas dadas por

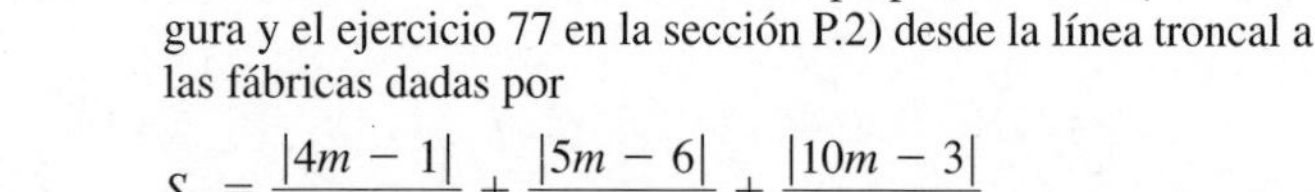

$$S_3 = \frac{|4m - 1|}{\sqrt{m^2 + 1}} + \frac{|5m - 6|}{\sqrt{m^2 + 1}} + \frac{|10m - 3|}{\sqrt{m^2 + 1}}$$

Halle la ecuación de la recta con este método y a continuación determine la suma de las longitudes de las líneas de alimentación. (*Sugerencia*: Utilice una herramienta de graficación para representar la función S_3 y aproximar el punto crítico requerido.)

54. Área máxima Considere una cruz simétrica inscrita en un círculo de radio r (vea la figura).

(a) Escriba el área A de la cruz como una función de x y determine el valor de x que maximiza el área.

(b) Escriba el área A de la cruz como una función de θ que maximiza el área.

(c) Demuestre que los puntos críticos de los incisos (a) y (b) proceden de la misma área máxima. ¿Cuál es esta área?

55. Distancia mínima Encuentre el punto sobre la gráfica de la ecuación

$$16x = y^2$$

que está más cercano al punto (6, 0).

56. Distancia mínima Encuentre el punto sobre la gráfica de la función

$$x = \sqrt{10y}$$

que está más cercano al punto (0, 4). (*Sugerencia*: Considere el dominio de la función.)

DESAFÍOS DEL EXAMEN PUTNAM

57. Determine el valor máximo de $f(x) = x^3 - 3x$ sobre el conjunto de números reales x que satisfacen $x^4 + 36 \leq 13x^2$. Explique el razonamiento.

58. Encuentre el valor máximo de

$$\frac{(x + 1/x)^6 - (x^6 + 1/x^6) - 2}{(x + 1/x)^3 + (x^3 + 1/x^3)} \quad \text{para } x > 0$$

PROYECTO DE TRABAJO

Tiempo mínimo

Una persona está en el punto A a la orilla de un lago circular de radio 2 kilómetros (vea la figura). La persona debe caminar alrededor del lago hacia el punto B y luego nadar al punto C en la menor cantidad de tiempo. El punto C se encuentra en el diámetro que pasa por el punto A. Suponga que la persona puede caminar a v_1 kilómetros por hora y nadar a v_2 kilómetros por hora y que además $0 \leq \theta \leq \pi$.

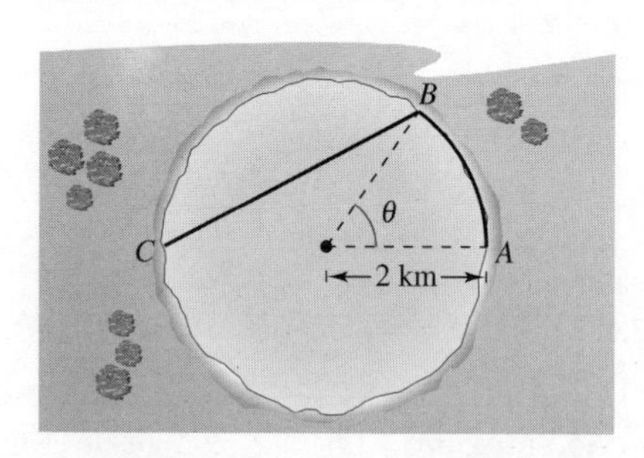

(a) Encuentre la distancia recorrida desde el punto A hasta el punto B en términos de θ.

(b) Encuentre la distancia que se nada desde el punto B hasta el punto C en términos de θ.

(c) Escriba la función $f(\theta)$ que representa el tiempo total para moverse del punto A al punto C.

(d) Encuentre $f'(\theta)$.

(e) Si $v_1 = 5$ y $v_2 = 2$, aproxime los puntos críticos de f. ¿El(los) punto(s) crítico(s) corresponde(n) a un máximo o un mínimo relativos? ¿Dónde debe ubicarse el punto B que minimice el tiempo para ir del punto A al punto C? Explique.

(f) Repita la parte (e) para $v_1 = 3$ y $v_2 = 2$.

3.8 Método de Newton

Para ver las figuras a color, acceda al código

➤ **Aproximar un cero de una función utilizando el método de Newton.**

Método de Newton

En esta sección se estudiará una técnica para aproximar los ceros (raíces) reales de una función. La técnica recibe el nombre de **método de Newton**, y utiliza rectas tangentes para aproximar la gráfica de la función cerca de sus intersecciones con el eje x.

Para ver cómo funciona el método de Newton, considere una función f que es continua en el intervalo $[a, b]$ y derivable en el intervalo (a, b). Si $f(a)$ y $f(b)$ difieren en signo, entonces, por el teorema del valor intermedio, f debe tener al menos un cero en el intervalo (a, b). Para estimar este cero, elija

$$x = x_1 \qquad \text{Primera estimación.}$$

como se muestra en la figura 3.60(a). El método de Newton se basa en la suposición de que la gráfica de f y la recta tangente en $(x_1, f(x_1))$ cruzan ambas por el eje x en *casi* el mismo punto. Debido a que es muy fácil calcular la intersección con el eje x de esta recta tangente, es posible utilizarla como una segunda estimación (y, usualmente, mejor) del cero de f. La recta tangente pasa por el punto $(x_1, f(x_1))$ con una pendiente de $f'(x_1)$. En la forma punto-pendiente, la ecuación de la recta tangente es

$$y - f(x_1) = f'(x_1)(x - x_1) \qquad \text{Forma punto-pendiente.}$$

$$y = f'(x_1)(x - x_1) + f(x_1) \qquad \text{Despeje } y.$$

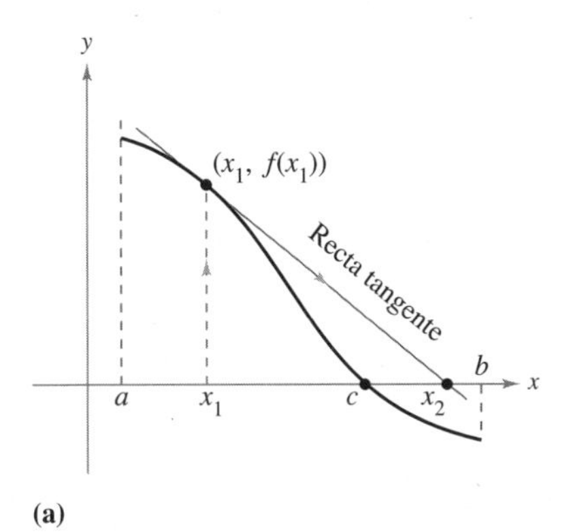

(a)

Haciendo $y = 0$ y despejando x, obtiene

$$f'(x_1)(x - x_1) + f(x_1) = 0 \implies x - x_1 = -\frac{f(x_1)}{f'(x_1)} \implies x = x_1 - \frac{f(x_1)}{f'(x_1)}$$

Por tanto, a partir de la estimación inicial x_1, se obtiene una nueva estimación.

$$x_2 = x_1 - \frac{f(x_1)}{f'(x_1)} \qquad \text{Segunda estimación [vea la figura 3.60(a)].}$$

Usted puede mejorar x_2 y calcular aún una tercera estimación.

$$x_3 = x_2 - \frac{f(x_2)}{f'(x_2)} \qquad \text{Tercera estimación [vea la figura 3.60(b)].}$$

La aplicación repetida de este proceso se denomina método de Newton.

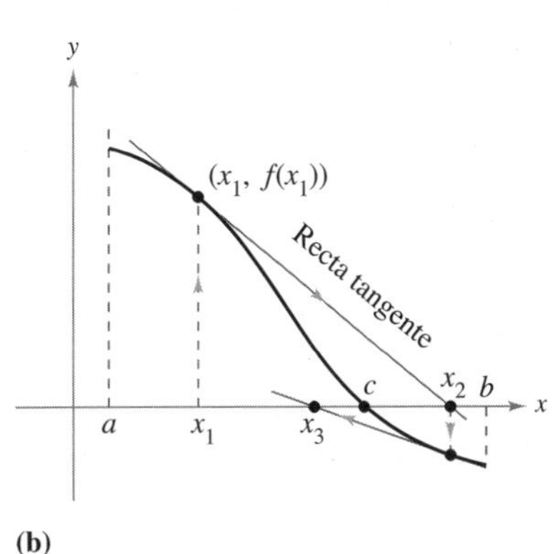

(b)

La intersección con el eje x de la recta tangente aproxima el cero de f.

Figura 3.60

MÉTODO DE NEWTON

Isaac Newton fue el primero que describió el método para aproximar los ceros reales de una función en su texto *Method of Fluxions*. Aunque el libro lo escribió en 1671, no se publicó hasta 1736. Entre tanto, en 1690, Joseph Raphson (1648-1715) publicó un artículo que describía un método para aproximar los ceros reales de una función que era muy similar a la de Newton. Por esta razón, el método a veces recibe el nombre de método de Newton-Raphson.

Método de Newton para aproximar los ceros de una función

Sea $f(c) = 0$, donde f es derivable en un intervalo abierto que contiene a c. Entonces, para aproximar c, utilice los siguientes pasos.

1. Haga una estimación inicial x_1 que es cercana a c. (Una gráfica es útil.)
2. Determine una nueva aproximación.

$$x_{n+1} = x_n - \frac{f(x_n)}{f'(x_n)} \qquad \text{Fórmula de iteración.}$$

3. Si $|x_n - x_{n+1}|$ está dentro de la precisión deseada, deje que x_{n+1} sirva como la aproximación final. En otro caso, regrese al paso 2 y calcule una nueva aproximación.

Cada aplicación sucesiva de este procedimiento recibe el nombre de **iteración**.

Para ver las figuras a color, acceda al código

Para muchas funciones, con unas pocas iteraciones del método de Newton, se conseguirán errores de aproximación muy pequeños, como muestra el ejemplo 1.

EJEMPLO 1 Aplicar el método de Newton

Calcule tres iteraciones del método de Newton para aproximar un cero de $f(x) = x^2 - 2$. Utilice $x_1 = 1$ como la estimación inicial.

Solución Como $f(x) = x^2 - 2$, tiene que $f'(x) = 2x$, y el proceso iterativo está dado por la fórmula

$$x_{n+1} = x_n - \frac{f(x_n)}{f'(x_n)} = x_n - \frac{x_n^2 - 2}{2x_n}$$

Los cálculos para tres iteraciones se muestran en la tabla. La primera iteración de este proceso se muestra en la figura 3.61.

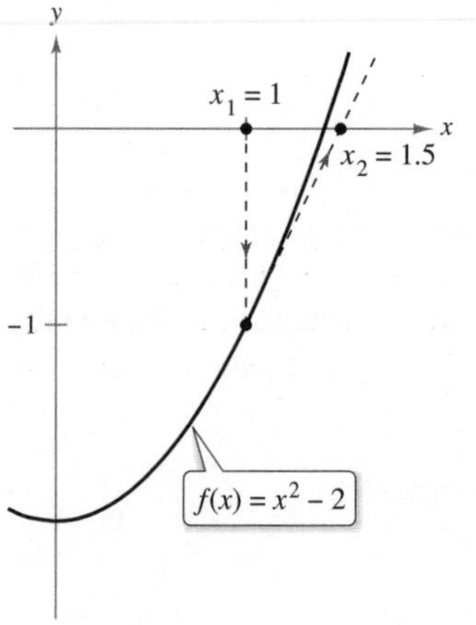

n	x_n	$f(x_n)$	$f'(x_n)$	$\frac{f(x_n)}{f'(x_n)}$	$x_n - \frac{f(x_n)}{f'(x_n)}$
1	1.000000	−1.000000	2.000000	−0.500000	1.500000
2	1.500000	0.250000	3.000000	0.083333	1.416667
3	1.416667	0.006945	2.833334	0.002451	1.414216
4	1.414216				

La primera iteración del método de Newton.
Figura 3.61

Desde luego, en este caso se sabe que los dos ceros de la función son $\pm\sqrt{2}$. Para seis lugares decimales, $\sqrt{2} = 1.414214$. De tal modo, después de solo tres iteraciones del método de Newton, se obtiene una aproximación que está dentro de 0.000002 de una raíz real.

EJEMPLO 2 Aplicar el método de Newton

Consulte LarsonCalculus.com (disponible solo en inglés) para una versión interactiva de este tipo de ejemplo.

Utilice el método de Newton para aproximar los ceros de

$$f(x) = 2x^3 + x^2 - x + 1$$

Continúe las iteraciones hasta que dos aproximaciones sucesivas difieran por menos de 0.0001.

Solución Comience dibujando una gráfica de f, como se muestra en la figura 3.62. A partir de la gráfica, puede observar que la función tiene sólo un cero, el cual ocurre cerca de $x = -1.2$. A continuación, derive f y deduzca la fórmula de iteración.

$$x_{n+1} = x_n - \frac{f(x_n)}{f'(x_n)} = x_n - \frac{2x_n^3 + x_n^2 - x_n + 1}{6x_n^2 + 2x_n - 1}$$

Los cálculos se muestran en la tabla.

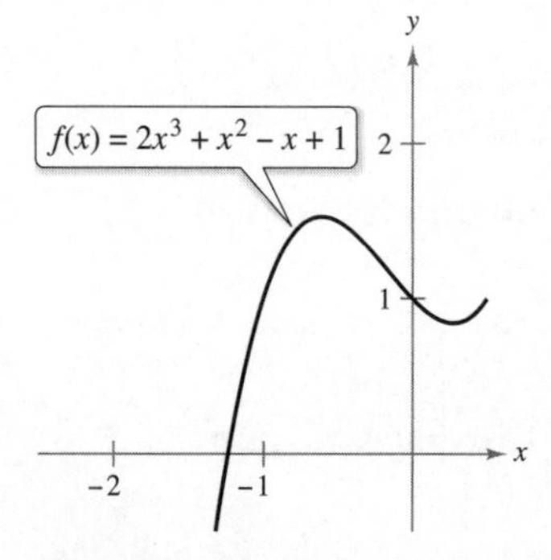

Después de tres iteraciones del método de Newton, el cero de f se aproxima hasta la exactitud deseada.
Figura 3.62

n	x_n	$f(x_n)$	$f'(x_n)$	$\frac{f(x_n)}{f'(x_n)}$	$x_n - \frac{f(x_n)}{f'(x_n)}$
1	−1.20000	0.18400	5.24000	0.03511	−1.23511
2	−1.23511	−0.00771	5.68276	−0.00136	−1.23375
3	−1.23375	0.00001	5.66533	0.00000	−1.23375
4	−1.23375				

Como dos aproximaciones sucesivas difieren por menos del valor requerido de 0.0001, se puede estimar el cero de f como −1.23375.

Cuando, como en los ejemplos 1 y 2, las aproximaciones se acercan a un límite, se dice que la sucesión $x_1, x_2, x_3, \ldots, x_n$ **converge**. Además si el límite es c, puede demostrar que c debe ser un cero de f.

El método de Newton no siempre produce una sucesión convergente. La figura 3.63 ilustra una situación así. Debido a que el método de Newton implica la división entre $f'(x_n)$, es claro que fallará si la derivada es cero para cualquier x_n en la sucesión. Cuando existe este problema, es fácil superarlo eligiendo un valor diferente para x_1. Otra forma en la que el método de Newton puede fallar se muestra en el siguiente ejemplo.

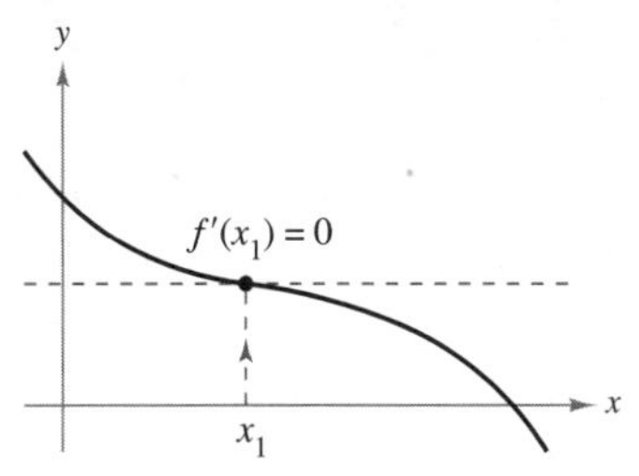

El método de Newton no converge si $f'(x_n) = 0$.
Figura 3.63

PARA INFORMACIÓN ADICIONAL Para más información sobre cuando el método de Newton falla, consulte el artículo "No Fooling! Newton's Method Can Be Fooled", de Peter Horton, en *Mathematics Magazine*. Para consultar este artículo, consulte *MathArticles.com* (disponible solo en inglés).

Para ver las figuras a color, acceda al código

EJEMPLO 3 Ejemplo en el que el método de Newton falla

La función $f(x) = x^{1/3}$ no es derivable en $x = 0$. Demuestre que el método de Newton no converge al utilizar $x_1 = 0.1$.

Solución Como $f'(x) = \frac{1}{3}x^{-2/3}$, la fórmula de iteración es

$$x_{n+1} = x_n - \frac{f(x_n)}{f'(x_n)} = x_n - \frac{x_n^{1/3}}{\frac{1}{3}x_n^{-2/3}} = x_n - 3x_n = -2x_n$$

Los cálculos se presentan en la tabla. Esta tabla y la figura 3.64 indican que x_n continúa creciendo en magnitud a medida que $n \to \infty$, y por ello el límite de la sucesión no existe.

n	x_n	$f(x_n)$	$f'(x_n)$	$\frac{f(x_n)}{f'(x_n)}$	$x_n - \frac{f(x_n)}{f'(x_n)}$
1	0.10000	0.46416	1.54720	0.30000	−0.20000
2	−0.20000	−0.58480	0.97467	−0.60000	0.40000
3	0.40000	0.73681	0.61401	1.20000	−0.80000
4	−0.80000	−0.92832	0.3680	−2.40000	1.60000

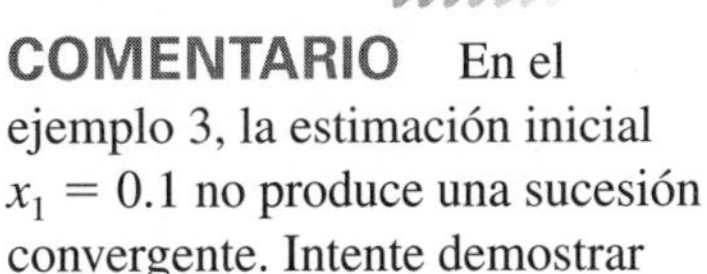

COMENTARIO En el ejemplo 3, la estimación inicial $x_1 = 0.1$ no produce una sucesión convergente. Intente demostrar que el método de Newton también falla para cualquier otra elección de x_1 (distinta del cero real).

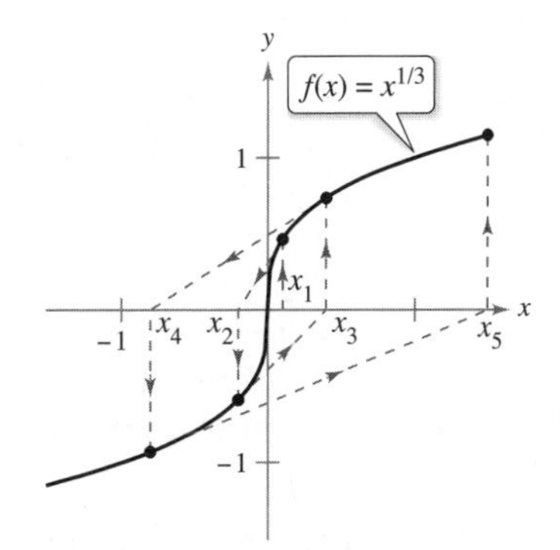

El método de Newton no converge para todo valor de x distinto del cero real de f.
Figura 3.64

Es posible demostrar que una condición suficiente para producir la convergencia del método de Newton a un cero de f es que

$$\left|\frac{f(x)f''(x)}{[f'(x)]^2}\right| < 1 \qquad \text{Condición para convergencia.}$$

en un intervalo abierto que contenga al cero. En el caso del ejemplo 1, esta demostración produce

$$f(x) = x^2 - 2, \quad f'(x) = 2x, \quad f''(x) = 2$$

y

$$\left|\frac{f(x)f''(x)}{[f'(x)]^2}\right| = \left|\frac{(x^2-2)(2)}{4x^2}\right| = \left|\frac{1}{2} - \frac{1}{x^2}\right| \qquad \text{Ejemplo 1.}$$

En el intervalo (1, 3), esta cantidad es menor que 1 y, en consecuencia, se garantiza la convergencia del método de Newton. Por otro lado, en el ejemplo 3, se tiene

$$f(x) = x^{1/3}, \quad f'(x) = \frac{1}{3}x^{-2/3}, \quad f''(x) = -\frac{2}{9}x^{-5/3}$$

y

$$\left|\frac{f(x)f''(x)}{[f'(x)]^2}\right| = \left|\frac{x^{1/3}(-2/9)(x^{-5/3})}{(1/9)(x^{-4/3})}\right| = 2 \qquad \text{Ejemplo 3.}$$

que no es menor que 1 para ningún valor de x, por lo que el método de Newton no convergerá.

Ha aprendido varias técnicas para encontrar los ceros de las funciones. Los ceros de algunas funciones, como

$$f(x) = x^3 - 2x^2 - x + 2$$

pueden determinarse mediante técnicas algebraicas simples, como la factorización. Los ceros de las otras funciones, como

$$f(x) = x^3 - x + 1$$

no pueden determinarse mediante métodos algebraicos *elementales*. Esta función particular solo tiene un cero real, y utilizando técnicas algebraicas más avanzadas puede determinar que el cero es

$$x = -\sqrt[3]{\frac{3-\sqrt{23/3}}{6}} - \sqrt[3]{\frac{3+\sqrt{23/3}}{6}}$$

Como la solución *exacta* se escribe en términos de raíces cuadradas y raíces cúbicas, esta se denomina **solución por radicales**.

La determinación de las soluciones radicales de una ecuación polinomial es uno de los problemas fundamentales del álgebra. El primero de este tipo de resultados es la fórmula cuadrática, que data por lo menos de los tiempos babilónicos. La fórmula general para los ceros de una función cúbica se desarrolló mucho después. En el siglo XVI, un matemático italiano, Jerome Cardan, publicó un método para encontrar soluciones radicales a ecuaciones cúbicas y de cuarto grado. Después, durante 300 años, el problema de encontrar una fórmula general para el quinto grado permaneció sin resolver. Por último, en el siglo XIX, el problema fue resuelto de manera independiente por dos jóvenes matemáticos. Niels Henrik Abel, matemático noruego, y Evariste Galois, un matemático francés, demostraron que no es posible resolver una ecuación polinomial *general* de quinto (o de mayor) grado por medio de radicales. Desde luego, se pueden resolver ecuaciones particulares de quinto grado, como

$$x^5 - 1 = 0$$

pero Abel y Galois fueron capaces de demostrar que no existe una solución general por *radicales*.

NIELS HENRIK ABEL (1802-1829)

EVARISTE GALOIS (1811-1832)

Aunque las vidas tanto de Abel como de Galois fueron breves, su trabajo en el campo de análisis y el álgebra abstracta tuvieron un gran alcance.

Consulte LarsonCalculus.com (disponible solo en inglés) para leer una biografía de cada uno de estos matemáticos.

Art Collection 2/Alamy Stock Photo

Science History Images/Alamy Stock Photo

3.8 Ejercicios

Las respuestas a los ejercicios impares pueden consultarse en el Apéndice de este libro.

Repaso de conceptos

1. Explique el método de Newton para aproximar los ceros de una función. Incluya una gráfica en su explicación.
2. ¿Por qué el método de Newton falla cuando $f'(x_n) = 0$? ¿Qué significado tiene esto gráficamente?

Usar el método de Newton **En los ejercicios 3 a 6, calcule dos iteraciones del método de Newton para aproximar un cero de la función utilizando la estimación inicial indicada.**

3. $f(x) = x^2 - 5, \quad x_1 = 2$
4. $f(x) = x^3 - 3, \quad x_1 = 1.4$
5. $f(x) = \cos x, \quad x_1 = 1.6$
6. $f(x) = \tan x, \quad x_1 = 0.1$

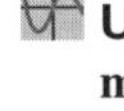

Usar el método de Newton **En los ejercicios 7 a 16 utilice el método de Newton para aproximar el (los) cero(s) de la función. Continúe el proceso hasta que dos aproximaciones sucesivas difieran menos de 0.001. A continuación, encuentre el (los) cero(s) utilizando una herramienta de graficación y compare los resultados.**

7. $f(x) = x^3 + 4$
8. $f(x) = 2 - x^3$
9. $f(x) = x^3 + x - 1$
10. $f(x) = x^5 + x - 1$
11. $f(x) = 5\sqrt{x - 1} - 2x$
12. $f(x) = x - 2\sqrt{x + 1}$
13. $f(x) = x^3 - 3.9x^2 + 4.79x - 1.881$
14. $f(x) = -x^3 + 2.7x^2 + 3.55x - 2.422$
15. $f(x) = 1 - x + \operatorname{sen} x$
16. $f(x) = x^3 - \cos x$

Puntos de intersección **En los ejercicios 17 a 20, aplique el método de Newton para aproximar el (los) valor(es) de x del (los) punto(s) indicado(s) de intersección de las dos gráficas. Continúe el proceso hasta que dos aproximaciones sucesivas difieran menos de 0.001. [*Sugerencia*: Sea $h(x) = f(x) - g(x)$.]**

17. $f(x) = 2x + 1$
    $g(x) = \sqrt{x + 4}$

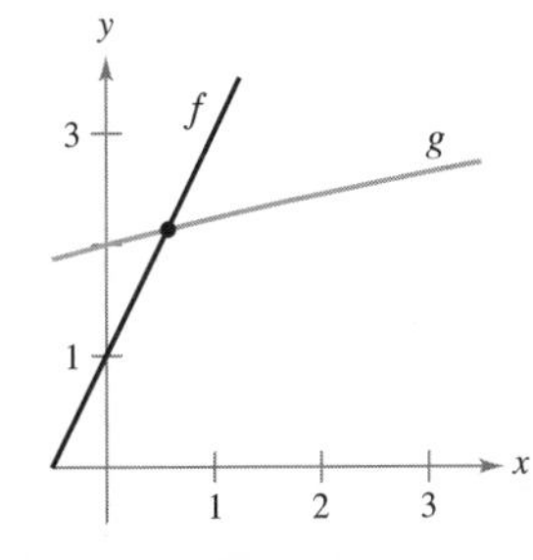

18. $f(x) = 3 - x$
    $g(x) = \dfrac{1}{x^2 + 1}$

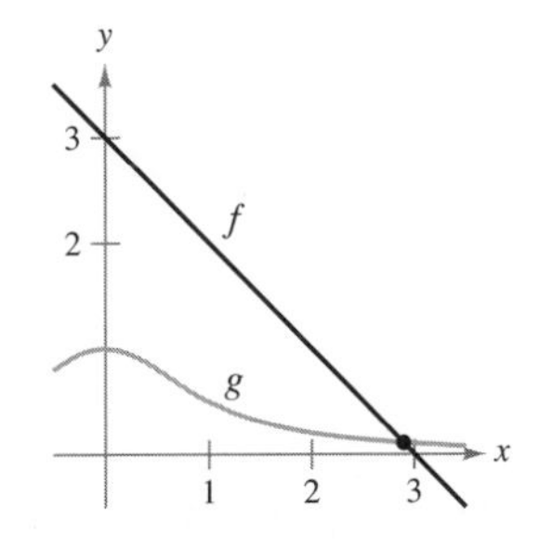

19. $f(x) = x$
    $g(x) = \tan x$

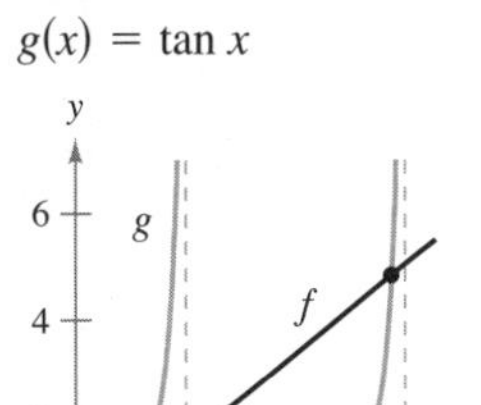
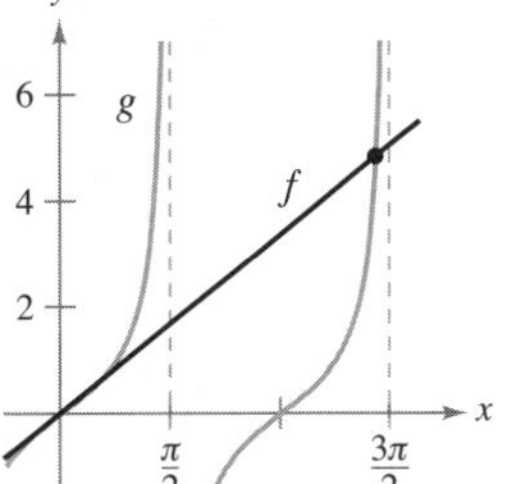

20. $f(x) = x^2$
    $g(x) = \cos x$

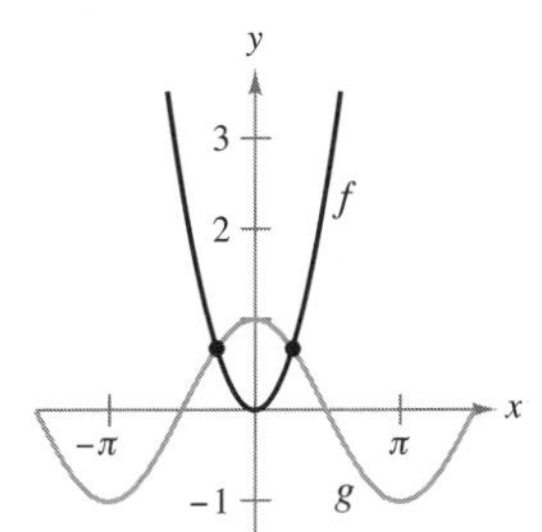

21. **Usar el método de Newton** Considere la función $f(x) = x^3 - 3x^2 + 3$
    (a) Utilice una herramienta de graficación para representar f.
    (b) Utilice el método de Newton con $x_1 = 1$ como estimación inicial.
    (c) Repita el inciso (b) utilizando $x_1 = \frac{1}{4}$ como estimación inicial y observe que el resultado es diferente.
    (d) Para comprender por qué los resultados de los incisos (b) y (c) son diferentes, dibuje las rectas tangentes a la gráfica de f en los puntos $(1, f(1))$ y $\left(\frac{1}{4}, f\left(\frac{1}{4}\right)\right)$.
    (e) Describa por qué es importante seleccionar con cuidado la estimación inicial.

22. **Usar el método de Newton** Repita los pasos en el ejercicio 21 para la función $f(x) = \operatorname{sen} x$ con estimaciones iniciales de $x_1 = 1.8$ y $x_1 = 3$.

Falla del método de Newton **En los ejercicios 23 y 24, aplique el método de Newton utilizando la estimación inicial indicada y explique por qué falla el método.**

23. $y = 2x^3 - 6x^2 + 6x - 1, \quad x_1 = 1$

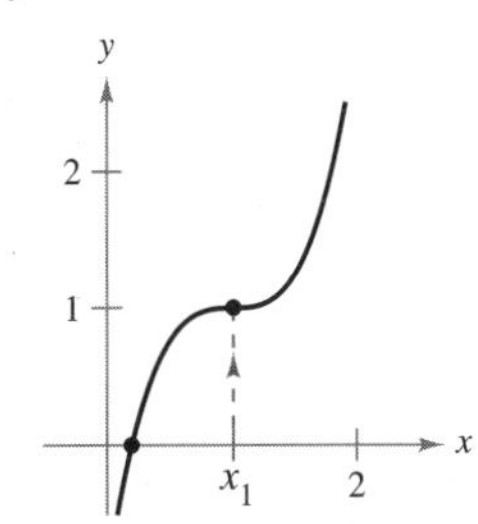

Figura para 23

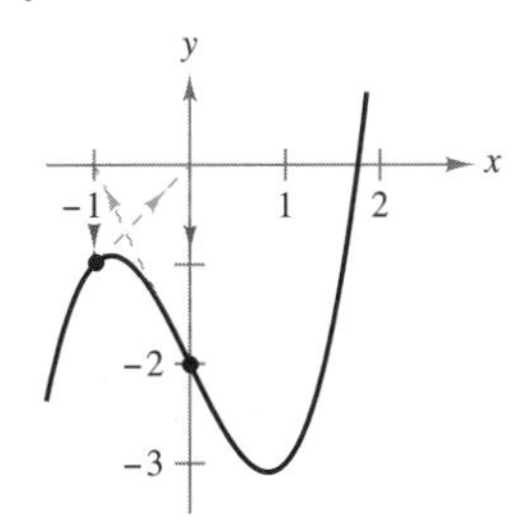

Figura para 24

24. $y = x^3 - 2x - 2, \quad x_1 = 0$

Exploración de conceptos

25. ¿Cuáles serán los valores de los siguientes puntos para x si el punto inicial es un cero de f? Explique su respuesta.
26. ¿Falla el método de Newton cuando el valor inicial es un máximo relativo de f? Explique su respuesta.

Punto fijo En los ejercicios 27 y 28, aproxime el punto fijo de la función hasta dos lugares decimales. [Un *punto fijo* de una función f es un número real c tal que $f(c) = c$.]

27. $f(x) = \cos x$

28. $f(x) = \cot x, \quad 0 < x < \pi$

29. Demostración Demuestre que si f es derivable en $(-\infty, \infty)$ y $f(x) < 1$ para todo número real, entonces f tiene a lo más un punto fijo. [Un *punto fijo* de una función f es un número real c tal que $f(c) = c$.]

30. Punto fijo Utilice el resultado del ejercicio anterior para demostrar que $f(x) = \frac{1}{2}\cos x$ tiene a lo más un punto fijo.

Usar el método de Newton En los ejercicios 31 a 33, se incluyen algunos problemas típicos de las secciones previas de este capítulo. En cada caso, utilice el método de Newton para aproximar la solución.

31. Distancia mínima Encuentre sobre la gráfica de $f(x) = 4 - x^2$ el punto más cercano al punto $(1, 0)$.

32. Medicina La concentración C de un compuesto químico en el flujo sanguíneo t horas después de la inyección en el tejido muscular está dada por

$$C = \frac{3t^2 + t}{50 + t^3}$$

¿Cuándo es más grande la concentración?

33. Tiempo mínimo Se encuentra en un bote a 2 millas del punto más cercano sobre la costa (vea la figura) y se dirige al punto Q, que se ubica a 3 millas por la costa y a 1 milla tierra adentro. Tiene la posibilidad de remar a 3 millas por hora y de caminar a 4 millas por hora. ¿Hacia qué punto sobre la costa debe remar para llegar a Q en el tiempo mínimo?

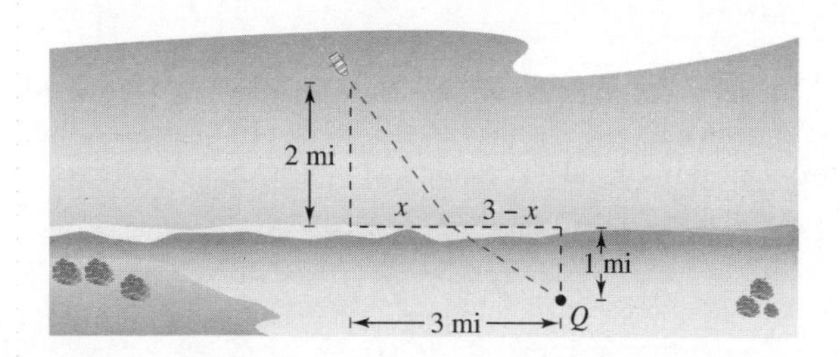

34. ¿CÓMO LO VE? ¿Para qué valor(es) el método de Newton falla al converger para la función que se muestra en la gráfica? Explique su razonamiento.

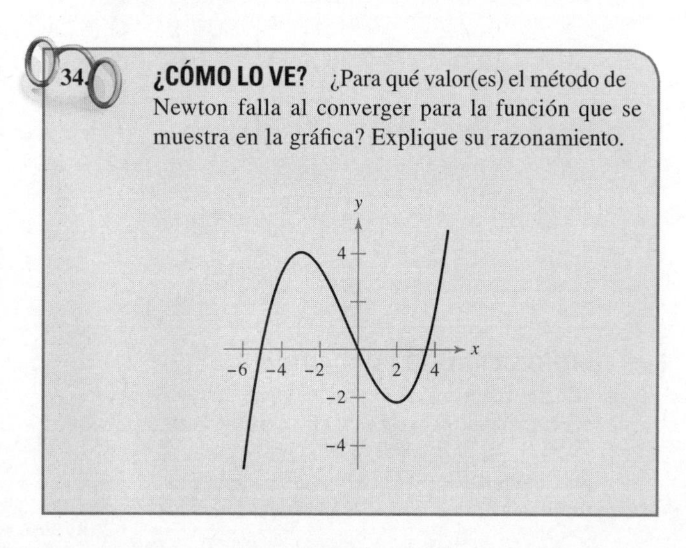

35. Regla de la mecánica La regla de la mecánica para aproximar $\sqrt{a}$, $a > 0$, es

$$x_{n+1} = \frac{1}{2}\left(x_n + \frac{a}{x_n}\right), \quad n = 1, 2, 3, \ldots$$

donde x_1 es una aproximación de $\sqrt{a}$.

(a) Utilice el método de Newton y la función $f(x) = x^2 - a$ para derivar la regla de la mecánica.

(b) Utilice la regla de la mecánica para aproximar $\sqrt{5}$ y $\sqrt{7}$ hasta tres decimales.

36. Aproximar por radicales

(a) Utilice el método de Newton y la función $f(x) = x^n - a$ para obtener una regla general a la aproximación $x = \sqrt[n]{a}$.

(b) Utilice la regla general que encontró en el inciso (a) para aproximar $\sqrt[4]{6}$ y $\sqrt[3]{15}$ hasta tres decimales.

37. Aproximaciones reciprocas Use el método de Newton para demostrar que la ecuación

$$x_{n+1} = x_n(2 - ax_n)$$

puede utilizarse para aproximar $1/a$ si x_1 es una estimación inicial del recíproco de a. Observe que este método de aproximación de recíprocos utiliza solo las operaciones de resta y multiplicación. (*Sugerencia*: Considere

$$f(x) = \frac{1}{x} - a.)$$

38. Aproximaciones reciprocas Utilice el resultado del ejercicio anterior para aproximar (*a*) $\frac{1}{3}$ y (b) $\frac{1}{11}$ hasta tres decimales.

¿Verdadero o falso? En los ejercicios 39 a 42, determine si el enunciado es verdadero o falso. Si es falso, explique por qué o dé un ejemplo que demuestre que es falso.

39. Los ceros de $f(x) = \dfrac{p(x)}{q(x)}$ coinciden con los ceros de $p(x)$.

40. Si los coeficientes de una función polinomial son todos positivos, entonces el polinomio no tiene ceros positivos.

41. Si $f(x)$ es un polinomio cúbico tal que $f'(x)$ nunca es cero, entonces cualquier estimación inicial forzará a que el método de Newton converja al cero de f.

42. El método de Newton falla cuando el punto de estimación inicial x_1 corresponde a una recta tangente horizontal a la gráfica de f en x_1.

43. Rectas tangentes La gráfica de $f(x) = -\operatorname{sen} x$ tiene un número infinito de rectas tangentes que pasan por el origen. Utilice el método de Newton para aproximar la pendiente de la recta tangente que tenga la pendiente más grande hasta tres lugares decimales.

44. Punto de tangencia En la figura se muestra la gráfica de $f(x) = \cos x$ y una recta tangente de f que pasa por el origen. Encuentre las coordenadas del punto de tangencia con una aproximación de tres decimales.

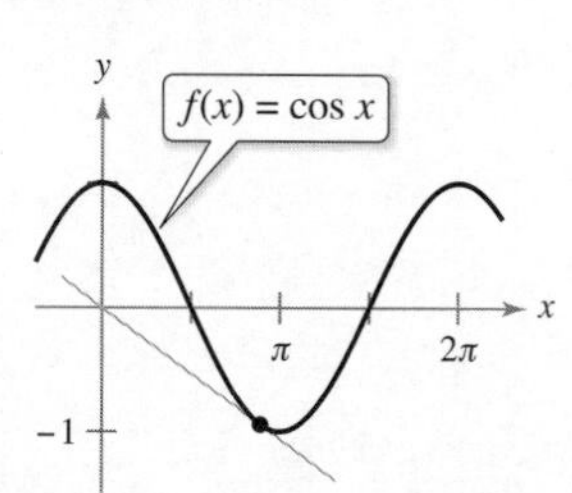

3.9 Diferenciales

- Describir el concepto de una aproximación por medio de una recta tangente.
- Comparar el valor de la diferencial, dy, con el cambio real en y, Δy.
- Estimar una propagación de error utilizando una diferencial.
- Encontrar la diferencial de una función utilizando fórmulas de derivación.

Exploración

Recta tangente de aproximación Sea $f(x) = x^2$. Use una utilidad gráfica para representar f y su recta tangente en el punto (1, 1) en la misma ventana de visualización. Use una ventana de visualización con $0.4 \leq x \leq 1.6$ y $0.4 \leq y \leq 1.6$. ¿Qué observa conforme ambas gráficas se aproximan a (1, 1)? Utilice la característica *trace* para comparar los valores de f con los valores de y de la recta tangente. Conforme los valores de x se acercan a 1, ¿qué observa?

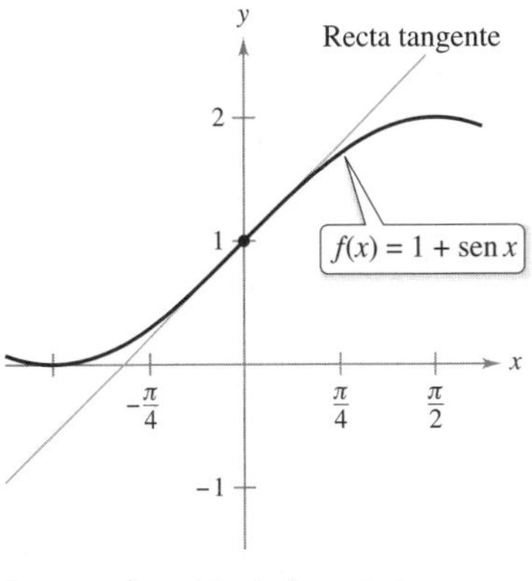

Aproximaciones por recta tangente

El método de Newton (sección 3.8) es un ejemplo del uso de una recta tangente para aproximar la gráfica de una función. En esta sección se estudiará otras situaciones en las cuales la gráfica de la función puede ser aproximada mediante una línea recta.

Para iniciar, considere una función f que es derivable en c. La ecuación de la recta tangente en el punto $(c, f(c))$ está dada por

$$y - f(c) = f'(c)(x - c)$$

$$y = f(c) + f'(c)(x - c)$$

y es llamada **aproximación por una recta tangente** (o **aproximación lineal) de f en c**. Como c es una constante, y es una función lineal de x. Además, restringiendo los valores de x de modo que sean suficientemente cercanos a c, puede utilizar los valores de y como aproximaciones (hasta alcanzar la precisión deseada) de los valores de la función f. En otras palabras, cuando x tiende a c, el límite de y es $f(c)$.

EJEMPLO 1 Usar la aproximación por una recta tangente

Consulte LarsonCalculus.com (disponible solo en inglés) para una versión interactiva de este tipo de ejemplo.

Determine la aproximación por una recta tangente de $f(x) = 1 + \operatorname{sen} x$ en el punto (0, 1). Después, utilice una tabla para comparar los valores y de la función lineal con los de $f(x)$ en un intervalo abierto que contenga a $x = 0$.

Solución La derivada de f es $f'(x) = \cos x$. Por tanto, la ecuación de la recta tangente a la gráfica de f en el punto (0, 1) es

$$y = f(0) + f'(0)(x - 0)$$
$$y = 1 + (1)(x - 0)$$
$$y = 1 + x \qquad \text{Aproximación lineal.}$$

La tabla compara los valores de y dados por esta aproximación lineal con los valores de $f(x)$ cerca de $x = 0$. Observe que cuanto más cercano es x a 0, mejor es la aproximación. Esta conclusión se refuerza por medio de la gráfica que se muestra en la figura 3.65.

x	−0.5	−0.1	−0.01	0	0.01	0.1	0.5
$f(x) = 1 + \operatorname{sen} x$	0.521	0.9002	0.9900002	1	1.0099998	1.0998	1.479
$y = 1 + x$	0.5	0.9	0.99	1	1.01	1.1	1.5

Recta tangente
$f(x) = 1 + \operatorname{sen} x$

La aproximación de la recta tangente de f en el punto (0, 1).
Figura 3.65

COMENTARIO Asegúrese de ver que esta aproximación lineal de $f(x) = 1 + \operatorname{sen} x$ depende del punto de tangencia. En un punto diferente sobre la gráfica de f, se obtendría una aproximación diferente de la recta tangente. Por ejemplo, encuentre la aproximación lineal de $f(x) = 1 + \operatorname{sen} x$ en el punto $(\pi/6, 3/2)$ y compare el resultado con el del ejemplo 1.

Para ver la figura a color, acceda al código

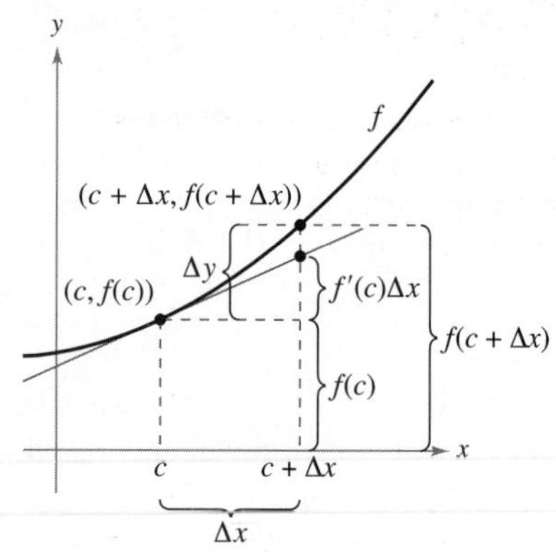

Cuando Δx es pequeña, $\Delta y = f(c + \Delta x) - f(c)$ es aproximada por $f'(c)\Delta x$.
Figura 3.66

Diferenciales

Cuando la recta tangente a la gráfica de f en el punto $(c, f(c))$

$$y = f(c) + f'(c)(x - c)$$ Recta tangente en $(c, f(c))$.

se usa como una aproximación de la gráfica de f, la cantidad $x - c$ recibe el nombre de cambio en x, y se denota mediante Δx, como se muestra en la figura 3.66. Cuando Δx es pequeña, el cambio en y (denotado por Δy) puede aproximarse como se muestra.

$$\Delta y = f(c + \Delta x) - f(c)$$ Cambio real en y.

$$\approx f'(c)\Delta x$$ Cambio aproximado en y.

Para una aproximación de este tipo la cantidad Δx tradicionalmente se denota mediante ***dx*** y se conoce como **diferencial de *x***. La expresión $f'(x)\,dx$ se denota por dy, y se denomina **diferencial de *y***.

Definición de diferenciales

Sea $y = f(x)$ una función derivable en un intervalo abierto que contiene a x. La **diferencial de *x*** (denotada por dx) es cualquier número real distinto de cero. La **diferencial de *y*** (denotada por dy) es

$$dy = f'(x)\,dx.$$

En muchos tipos de aplicaciones, la diferencial de y puede utilizarse como una aproximación del cambio en y. Esto es

$$\Delta y \approx dy \quad \text{o} \quad \Delta y \approx f'(x)\,dx$$

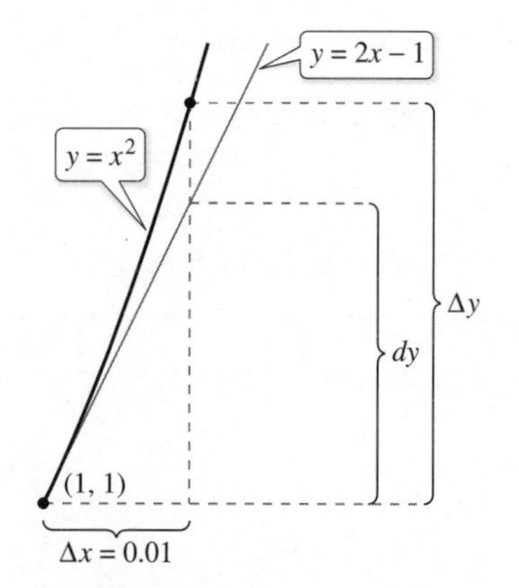

El cambio en y, Δy, se aproxima por la diferencial de y, dy.
Figura 3.67

EJEMPLO 2 Comparar Δy y dy

Sea $y = x^2$. Determine dy cuando $x = 1$ y $dx = 0.01$. Compare este valor con Δy para $x = 1$ y $\Delta x = 0.01$.

Solución Como $y = f(x) = x^2$, se tiene $f'(x) = 2x$, y la diferencial dy está dada por

$$dy = f'(x)\,dx = f'(1)(0.01) = 2(0.01) = 0.02$$ Diferencial de y.

Ahora, utilizando $\Delta x = 0.01$, el cambio en y es

$$\Delta y = f(x + \Delta x) - f(x) = f(1.01) - f(1) = (1.01)^2 - 1^2 = 0.0201$$

La figura 3.67 muestra la comparación geométrica de dy y Δy. Intente comparar otros valores de dy y Δy. Verá que los valores se aproximan cada vez más entre sí cuando dx (o Δx), tiende a 0. ■

En el ejemplo 2, la recta tangente a la gráfica de $f(x) = x^2$ en $x = 1$ es

$$y = 2x - 1$$ Recta tangente a la gráfica de f en $x = 1$.

Para valores de x cercanos a 1, esta recta es cercana a la gráfica de f, como se muestra en la figura 3.67 y en la tabla.

x	0.5	0.9	0.99	1	1.01	1.1	1.5
$f(x) = x^2$	0.25	0.81	0.9801	1	1.0201	1.21	2.25
$y = 2x - 1$	0	0.8	0.98	1	1.02	1.2	2

Para ver las figuras a color, acceda al código

Propagación del error

Los físicos y los ingenieros tienden a hacer un uso libre de las aproximaciones de Δy mediante dy. Una forma en la que esto sucede en la práctica es al estimar los errores propagados por los aparatos (dispositivos) de medición. Por ejemplo, si x denota el valor medido de una variable y $x + \Delta x$ representa el valor exacto, entonces Δx es el *error en medición*. Por último, si el valor medido x se usa para calcular otro valor $f(x)$, la diferencia entre $f(x + \Delta x)$ y $f(x)$, es el **error de propagación**.

$$\underbrace{f(x + \overbrace{\Delta x}^{\text{Error de medición}})}_{\text{Valor exacto}} - \underbrace{f(x)}_{\text{Valor medido}} = \overbrace{\Delta y}^{\text{Error de propagación}}$$

EJEMPLO 3 Estimar el error

Los cojinetes de bola se utilizan para reducir la fricción entre las piezas móviles de una máquina.

Se mide el radio de una bola de un cojinete y se encuentra que es igual a 0.7 pulgadas, como se muestra en la figura. Si la medición no tiene un error mayor que 0.01 pulgadas, estime el error de propagación en el volumen V de la bola del cojinete.

0.7

El radio medido de un cojinete de bola es correcto dentro de 0.01 pulgadas.

Solución La fórmula para el volumen de una esfera es

$$V = \frac{4}{3}\pi r^3$$

donde r es el radio de la esfera. Por tanto, puede escribir

$$r = 0.7 \qquad \text{Radio medido.}$$

y

$$-0.01 \le \Delta r \le 0.01 \qquad \text{Error posible.}$$

Para aproximar el error de propagación en el volumen, derive V para obtener $dV/dr = 4\pi r^2$ y escriba

$$\begin{aligned} \Delta V &\approx dV && \text{Aproxime } \Delta V \text{ con } dV. \\ &= 4\pi r^2\, dr \\ &= 4\pi(0.7)^2(\pm 0.01) && \text{Sustituya } r \text{ y } dr. \\ &\approx \pm 0.06158 \text{ pulgadas cúbicas} \end{aligned}$$

De este modo, el volumen tiene un error de propagación de casi 0.06 pulgadas cúbicas. ■

¿Se podría decir si el error de propagación en el ejemplo 3 es grande o pequeño? La respuesta se indica de mejor manera en términos *relativos* al comparar dV con V. El cociente

$$\begin{aligned} \frac{dV}{V} &= \frac{4\pi r^2\, dr}{\frac{4}{3}\pi r^3} && \text{Cociente de } dV \text{ y } V. \\ &= \frac{3\, dr}{r} && \text{Simplifique.} \\ &\approx \frac{3}{0.7}(\pm 0.01) && \text{Sustituya } dr \text{ y } r. \\ &\approx \pm 0.0429 \end{aligned}$$

recibe el nombre de **error relativo**. El correspondiente **error porcentual** es aproximadamente 4.29%.

Cálculo de diferenciales

Cada una de las reglas de derivación que estudió en el capítulo 2 pueden escribirse en **forma diferencial**. Por ejemplo, suponga que u y v son funciones derivables de x. A partir de la definición de diferenciales, tiene

$$du = u'\,dx \qquad \text{Diferencial de } u.$$

y

$$dv = v'\,dx \qquad \text{Diferencial de } v.$$

De tal manera, se puede escribir la forma diferencial de la regla del producto como se muestra a continuación.

$$\begin{aligned} d[uv] &= \frac{d}{dx}[uv]\,dx && \text{Diferencial de } uv. \\ &= [uv' + vu']\,dx && \text{Regla del producto.} \\ &= uv'\,dx + vu'\,dx \\ &= u\,dv + v\,du \end{aligned}$$

Fórmulas diferenciales

Sean u y v funciones derivables de x.

Múltiplo constante: $d[cu] = c\,du$

Suma o diferencia: $d[u \pm v] = du \pm dv$

Producto: $d[uv] = u\,dv + v\,du$

Cociente: $d\left[\dfrac{u}{v}\right] = \dfrac{v\,du - u\,dv}{v^2}$

EJEMPLO 4 Determinar diferenciales

	Función	Derivada	Diferencial
a.	$y = x^2$	$\dfrac{dy}{dx} = 2x$	$dy = 2x\,dx$
b.	$y = \sqrt{x}$	$\dfrac{dy}{dx} = \dfrac{1}{2\sqrt{x}}$	$dy = \dfrac{dx}{2\sqrt{x}}$
c.	$y = 2\,\text{sen}\,x$	$\dfrac{dy}{dx} = 2\cos x$	$dy = 2\cos x\,dx$
d.	$y = x\cos x$	$\dfrac{dy}{dx} = -x\,\text{sen}\,x + \cos x$	$dy = (-x\,\text{sen}\,x + \cos x)\,dx$
e.	$y = \dfrac{1}{x}$	$\dfrac{dy}{dx} = -\dfrac{1}{x^2}$	$dy = -\dfrac{dx}{x^2}$

GOTTFRIED WILHELM LEIBNIZ (1646-1716)

Tanto a Leibniz y Newton se les acredita como creadores del cálculo. Sin embargo, fue Leibniz quien trató de ampliar el cálculo formulando reglas y la notación formal. A menudo pasaba días eligiendo una notación adecuada para un nuevo concepto.
Vea LarsonCalculus.com (disponible solo en inglés) para leer más de esta biografía.

La notación en el ejemplo 4 recibe el nombre de **notación de Leibniz** para derivadas y diferenciales, en honor del matemático alemán Gottfried Wilhelm Leibniz. La belleza de esta notación se debe a que proporciona una forma fácil de recordar varias fórmulas de cálculo importantes al dar la apariencia de que las fórmulas se derivaron de manipulaciones algebraicas de diferenciales. Por ejemplo, en la notación de Leibniz, la *regla de la cadena*

$$\frac{dy}{dx} = \frac{dy}{du}\frac{du}{dx}$$

parecería ser verdadera debido a que las du se anulan. Aunque este razonamiento es *incorrecto*, la notación ayuda a recordar la regla de la cadena.

EJEMPLO 5 Encontrar la diferencial de una función compuesta

$$y = f(x) = \operatorname{sen} 3x \qquad \text{Función original.}$$

$$f'(x) = 3 \cos 3x \qquad \text{Aplicación de la regla de la cadena.}$$

$$dy = f'(x)\, dx = 3 \cos 3x\, dx \qquad \text{Forma diferencial.}$$

EJEMPLO 6 Encontrar la diferencial de una función compuesta

$$y = f(x) = (x^2 + 1)^{1/2} \qquad \text{Función original.}$$

$$f'(x) = \frac{1}{2}(x^2 + 1)^{-1/2}(2x) = \frac{x}{\sqrt{x^2 + 1}} \qquad \text{Aplicación de la regla de la cadena.}$$

$$dy = f'(x)\, dx = \frac{x}{\sqrt{x^2 + 1}}\, dx \qquad \text{Forma diferencial.}$$

■

Las diferenciales pueden utilizarse para aproximar valores de funciones. Para realizar esto respecto a la función dada por $y = f(x)$, utilice la fórmula.

$$f(x + \Delta x) \approx f(x) + dy = f(x) + f'(x)\, dx$$

COMENTARIO Esta fórmula es equivalente a la aproximación lineal dada anteriormente en esta sección.

la cual se deriva de la aproximación

$$\Delta y = f(x + \Delta x) - f(x) \approx dy$$

La clave para usar esta fórmula es elegir un valor de x que facilite el cálculo, como se muestra en el ejemplo 7.

EJEMPLO 7 Aproximar los valores de una función

Utilice diferenciales para aproximar $\sqrt{16.5}$

Solución Utilizando $f(x) = \sqrt{x}$, puede escribir

$$f(x + \Delta x) \approx f(x) + f'(x)\, dx = \sqrt{x} + \frac{1}{2\sqrt{x}}\, dx$$

Ahora bien, eligiendo $x = 16$ y $dx = 0.5$, obtiene la siguiente aproximación

$$f(x + \Delta x) = \sqrt{16.5} \approx \sqrt{16} + \frac{1}{2\sqrt{16}}(0.5) = 4 + \left(\frac{1}{8}\right)\left(\frac{1}{2}\right) = 4.0625$$

De manera que, $\sqrt{16.5} \approx 4.0625$ ■

Para ver la figura a color, acceda al código

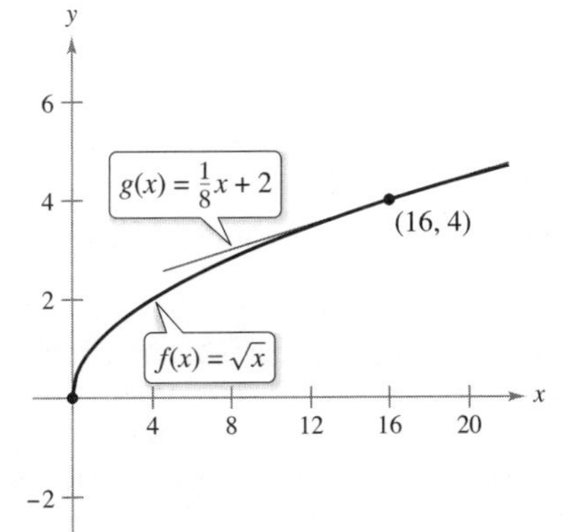

Figura 3.68

La aproximación por medio de la recta tangente a $f(x) = \sqrt{x}$ en $x = 16$ es la recta $g(x) = \frac{1}{8}x + 2$. Para valores de x cercanos a 16, las gráficas de f y g son muy próximas entre sí, como se muestra en la figura 3.68. Por ejemplo,

$$f(16.5) = \sqrt{16.5} \approx 4.0620 \qquad \text{Función original cuando } x = 16.5.$$

y

$$g(16.5) = \frac{1}{8}(16.5) + 2 = 4.0625 \qquad \text{Aproximación por la recta tangente cuando } x = 16.5.$$

De hecho, si se usa una herramienta de graficación para realizar un acercamiento al punto de tangencia (16, 4), se verá que las dos gráficas parecen coincidir. Observe también que a medida que se aleja del punto de tangencia, la aproximación lineal es menos exacta.

3.9 Ejercicios

Las respuestas a los ejercicios impares pueden consultarse en el Apéndice de este libro.

Repaso de conceptos

1. Dar la ecuación de la aproximación por la recta tangente (aproximación lineal) a la gráfica de una función f en el punto $(c, f(c))$.
2. Explique el significado de las diferenciales de x y y.
3. Explique los términos *propagación del error*, *error relativo* y *error porcentual*.
4. Explique cómo encontrar la diferencial de una función.

Usar la aproximación de una recta tangente **En los ejercicios 5 a 10, determine la aproximación por la recta tangente T a la gráfica de f en un punto dado. Utilice esta aproximación lineal para completar la tabla.**

x	1.9	1.99	2	2.01	2.1
$f(x)$					
$T(x)$					

5. $f(x) = x^2, \quad (2, 4)$
6. $f(x) = \dfrac{6}{x^2}, \quad \left(2, \dfrac{3}{2}\right)$
7. $f(x) = x^5, \quad (2, 32)$
8. $f(x) = \sqrt{x}, \quad (2, \sqrt{2})$
9. $f(x) = \operatorname{sen} x, \quad (2, \operatorname{sen} 2)$
10. $f(x) = \csc x, \quad (2, \csc 2)$

Verificar la aproximación por una recta tangente **En los ejercicios 11 y 12, verifique la aproximación por medio de la recta tangente de la función en el punto indicado. A continuación, utilice una herramienta de graficación para representar la función y su aproximación en la misma ventana de observación.**

	Función	Aproximación	Punto
11.	$f(x) = \sqrt{x+4}$	$y = 2 + \dfrac{x}{4}$	$(0, 2)$
12.	$f(x) = \tan x$	$y = x$	$(0, 0)$

Comparar Δy y dy **En los ejercicios 13 a 18, utilice la información para evaluar y comparar Δy y dy.**

	Función	Valores de x	Diferencial de x
13.	$y = 0.5x^3$	$x = 1$	$\Delta x = dx = 0.1$
14.	$y = 6 - 2x^2$	$x = -2$	$\Delta x = dx = 0.1$
15.	$y = x^4 + 1$	$x = -1$	$\Delta x = dx = 0.01$
16.	$y = 2 - x^4$	$x = 2$	$\Delta x = dx = 0.01$
17.	$y = x - 2x^3$	$x = 3$	$\Delta x = dx = 0.001$
18.	$y = 7x^2 - 5x$	$x = -4$	$\Delta x = dx = 0.001$

Encontrar una diferencial **En los ejercicios 19 a 28, encuentre la diferencial dy de la función dada.**

19. $y = 3x^2 - 4$
20. $y = 3x^{2/3}$
21. $y = x \tan x$
22. $y = \csc 2x$
23. $y = \dfrac{x+1}{2x-1}$
24. $y = \sqrt{x} + \dfrac{1}{\sqrt{x}}$
25. $y = \sqrt{9 - x^2}$
26. $y = x\sqrt{1 - x^2}$
27. $y = 3x - \operatorname{sen}^2 x$
28. $y = \dfrac{\sec^2 x}{x^2 + 1}$

Usar diferenciales **En los ejercicios 29 y 30, use diferenciales y la gráfica de f para aproximar (a) $f(1.9)$ y (b) $f(2.04)$. Para imprimir una copia ampliada de la gráfica, visite *MathGraphs.com* (disponible solo en inglés).**

29.

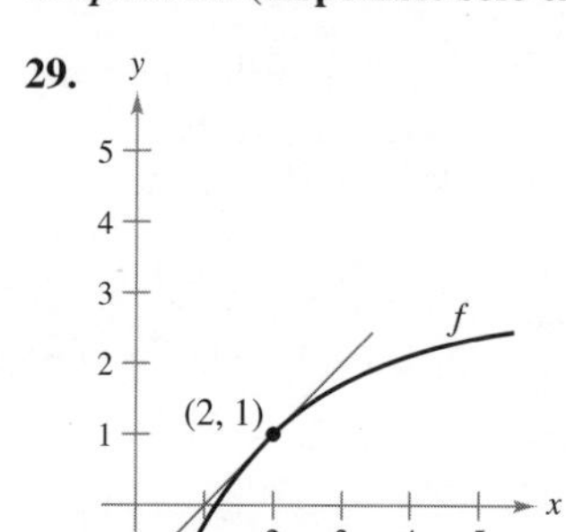

30.

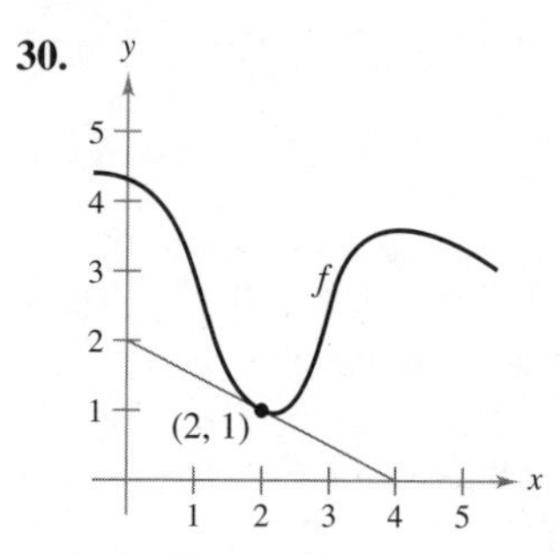

Usar diferenciales **En los ejercicios 31 y 32, utilice diferenciales y la gráfica de g' para aproximar (a) $g(2.93)$ y (b) $g(3.1)$ dado que $g(3) = 8$.**

31.

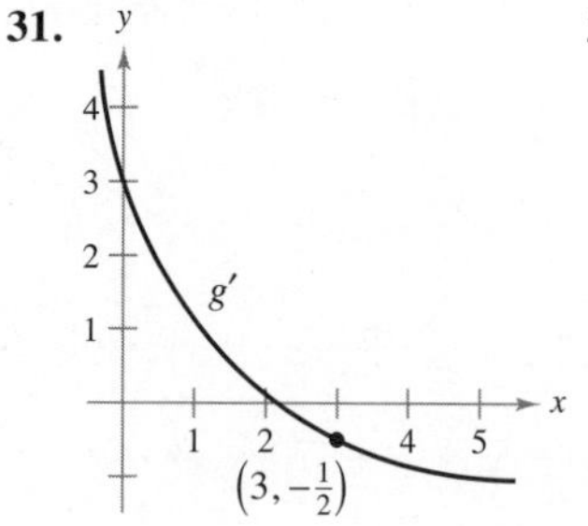

32.

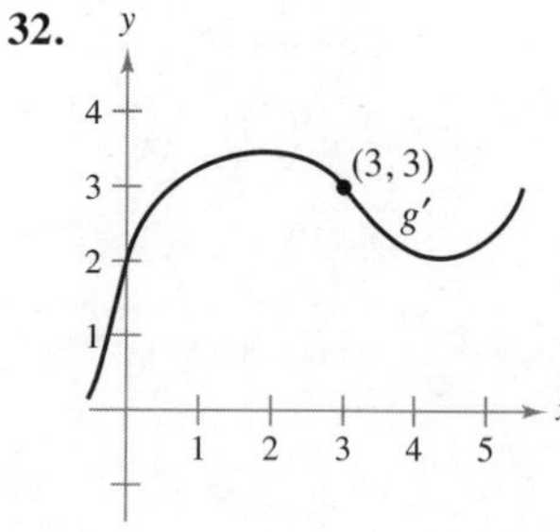

33. **Área** La medida del lado de una loseta cuadrada es de 10 pulgadas, con un posible error de $\frac{1}{32}$ de pulgada.
    (a) Use diferenciales para aproximar el posible error de propagación en el cálculo del área del cuadrado.
    (b) Calcule el porcentaje de error en el cálculo de la superficie de un cuadrado.

34. **Área** Al medir la base y la altura de un triángulo se obtiene que son 36 y 50 cm, respectivamente. El posible error en cada medición es de 0.25 cm.
    (a) Utilice diferenciales para aproximar el posible error de propagación en el cálculo del área del triángulo.
    (b) Calcule el error porcentual en el cálculo del área del triángulo.

35. Volumen y área superficial La medición del borde de un cubo indica un valor de 15 pulgadas, con un error posible de 0.03 pulgadas.

(a) Utilice diferenciales para aproximar el máximo error de propagación posible en el cálculo del volumen del cubo.

(b) Use diferenciales para aproximar el posible error propagado en el cálculo del área de superficie del cubo.

(c) Aproxime los errores porcentuales en los incisos (a) y (b).

36. Volumen y área superficial La medición del radio de una esfera es de 8 pulgadas, con un posible error de 0.02 pulgadas.

(a) Utilice diferenciales para aproximar el máximo error posible en el cálculo del volumen de la esfera.

(b) Utilice diferenciales para aproximar el posible error de propagación en el cálculo del área de superficie de la esfera.

(c) Aproxime los errores porcentuales en los incisos (a) y (b).

37. Distancia de frenado La distancia total T en la que se detiene un vehículo es

$$T = 2.2x + 0.05x^2$$

donde T está en pies y x es la velocidad en millas por hora. Aproxime el cambio y el porcentaje de cambio en la distancia total de frenado conforme la velocidad cambia de $x = 25$ a $x = 26$ millas por hora.

38. ¿CÓMO LO VE? La gráfica muestra la ganancia P (en dólares) de la venta de unidades de un artículo. Use la gráfica para determinar cuál es mayor, el cambio en el resultado cuando los cambios en el nivel de producción 400-401 unidades o el cambio en el resultado cuando los niveles de producción cambian de 900 a 901 unidades. Explique su razonamiento.

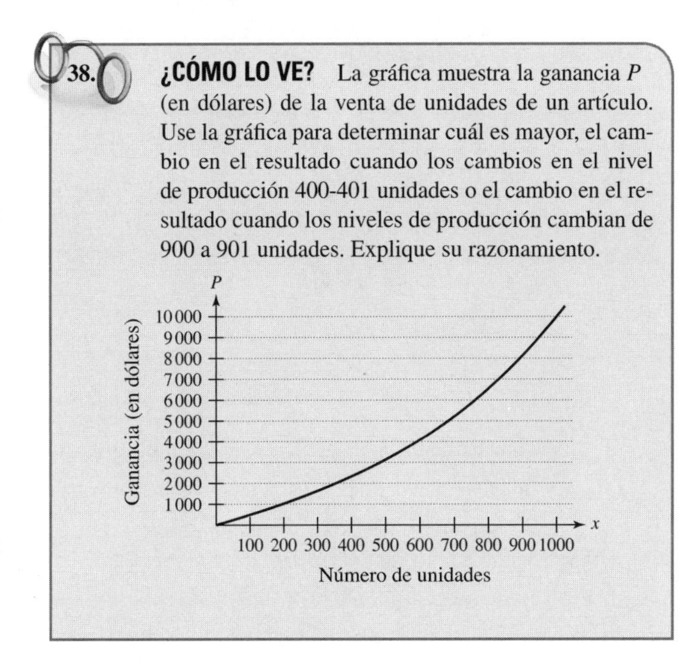

39. Péndulo El periodo de un péndulo está dado por

$$T = 2\pi\sqrt{\frac{L}{g}}$$

donde L es la longitud del péndulo en pies, g es la aceleración debida a la gravedad y T es el tiempo en segundos. El péndulo se ha sometido a un aumento de temperatura tal que la longitud ha aumentado en $\frac{1}{2}\%$.

(a) Encuentre el cambio porcentual aproximado en el periodo.

(b) Utilizando el resultado del inciso (a), encuentre el error aproximado de este reloj de péndulo en 1 día.

40. Ley de Ohm Una corriente de I amperes pasa por un resistor de R ohms. La **ley de Ohm** establece que el voltaje E aplicado al resistor es

$$E = IR$$

Si el voltaje es constante, demuestre que la magnitud del error relativo en R provocado por el cambio en I es igual en magnitud al error relativo en I.

41. Movimiento de proyectiles El alcance R de un proyectil es

$$R = \frac{v_0^2}{32}(\operatorname{sen} 2\theta)$$

donde v_0 es la velocidad inicial en pies por segundo y θ es el ángulo de elevación. Si $v_0 = 2500$ pies por segundo y θ cambia de 10° a 11°, utilice diferenciales para aproximar el cambio en el alcance.

42. Agrimensura Un topógrafo que está a 50 pies de la base de un árbol mide el ángulo de elevación de la parte superior de este último y obtiene un valor de 71.5°. ¿Con qué precisión debe medirse el ángulo si el error porcentual en la estimación de la altura de este mismo debe ser menor que 6%?

Aproximar los valores de la función **En los ejercicios 43 a 46, utilice diferenciales para aproximar el valor de la expresión. Compare su respuesta con la de la calculadora.**

43. $\sqrt{99.4}$

44. $\sqrt[3]{26}$

45. $\sqrt[4]{624}$

46. $(2.99)^3$

Exploración de conceptos

47. Describa el cambio en la precisión de dy como una aproximación para Δy cuando Δx tiende a cero. Utilice una gráfica para respaldar su respuesta.

48. Dé una explicación corta de por qué cada aproximación es válida.

(a) $\sqrt{4.02} \approx 2 + \frac{1}{4}(0.02)$

(b) $\tan 0.05 \approx 0 + 1(0.05)$

¿Verdadero o falso? **En los ejercicios 49 a 53, determine si el enunciado es verdadero o falso. Si es falso, explique por qué o dé un ejemplo que lo demuestre.**

49. Si $y = x + c$, entonces $dy = dx$.

50. Si $y = ax + b$, entonces $\dfrac{\Delta y}{\Delta x} = \dfrac{dy}{dx}$.

51. Si y es diferenciable, entonces $\lim\limits_{\Delta x \to 0} (\Delta y - dy) = 0$.

52. Si $y = f(x)$, f es creciente y derivable, y $\Delta x > 0$, entonces $\Delta y \geq dy$.

53. La aproximación por la recta tangente en cualquier punto para una ecuación lineal es la misma ecuación lineal.

Ejercicios de repaso

Las respuestas a los ejercicios impares pueden consultarse en el Apéndice de este libro.

Exploración de conceptos

En este capítulo se exploraron varias aplicaciones de la derivada. Una de ellas, el análisis gráfico, utilizó conceptos revisados en el capítulo P y los conceptos en los capítulos 1 a 3 para ayudar a dibujar completamente la gráfica de una función.

Capítulo P
- Intersecciones con los ejes x y y
- Simetría
- Dominio y rango

Capítulos 1 a 3
- Asíntotas
- Puntos críticos
- Intervalos de crecimiento y decrecimiento
- Extremos
- Concavidad y puntos de inflexión

Estos conceptos, además del teorema de Rolle y del teorema del valor medio, le servirán para analizar situaciones de la vida real y resolver problemas de optimización.

1. Proporcione la definición de punto crítico y grafique una función mostrando los diferentes tipos de puntos críticos.

2. Considere la función $f(x) = 3 - |x - 4|$.

(a) Grafique la función y verifique que $f(1) = f(7)$.

(b) Note que $f'(x)$ no es igual a cero para ningún x en $[1, 7]$. Explique por qué esto no contradice el teorema de Rolle.

3. Considere la desigualdad

$$\sqrt{x+1} < \frac{1}{2}x + 1$$

donde x es un número real positivo.

(a) Utilice la función *table* de una utilidad gráfica para investigar la validez de esta desigualdad.

(b) Utilice el teorema del valor medio para demostrar que la desigualdad es verdadera.

4. Considere la función $f(x) = 108x^2 - 4x^3$

(a) Encuentre los puntos críticos de f.

(b) Encuentre los extremos relativos de f.

(c) Encuentre los intervalos abiertos en los que f es creciente o decreciente.

(d) Determine los intervalos abiertos en los que f es cóncava hacia arriba o cóncava hacia abajo.

(e) Encuentre los puntos de inflexión de f.

(f) Dibuje la gráfica de f.

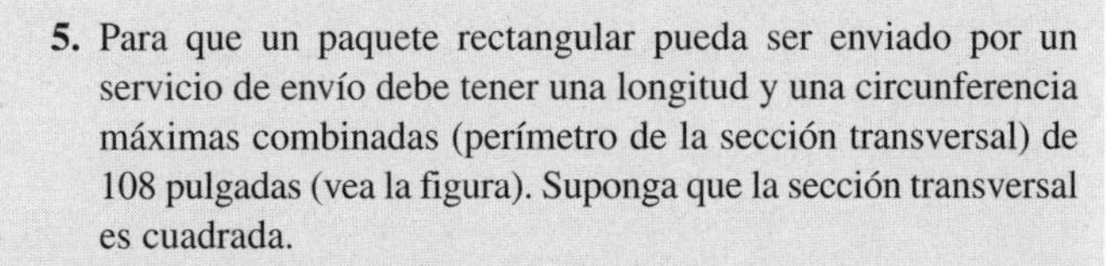

5. Para que un paquete rectangular pueda ser enviado por un servicio de envío debe tener una longitud y una circunferencia máximas combinadas (perímetro de la sección transversal) de 108 pulgadas (vea la figura). Suponga que la sección transversal es cuadrada.

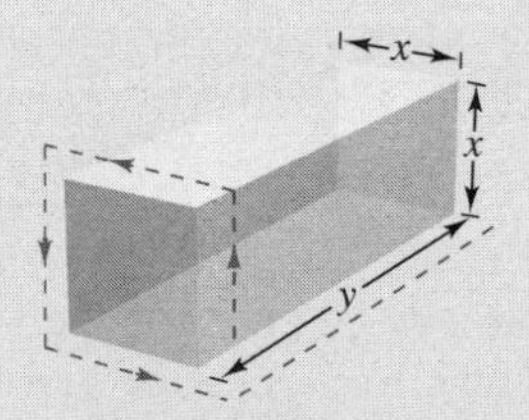

(a) Escriba el volumen V del paquete en función de x. Compare esta ecuación con la del ejercicio 4. ¿Qué se observa?

(b) Encuentre las dimensiones del paquete de volumen máximo que puede ser enviado.

6. Considere la función

$$f(x) = 3\cos^2\left(\frac{\pi x}{2}\right)$$

(a) Utilice una herramienta de graficación para graficar f y f.

(b) ¿Es f una función continua? ¿Es f' una función continua?

(c) ¿Aplica el teorema de Rolle en el intervalo $[-1, 1]$? ¿Aplica en el intervalo $[1, 2]$? Explique su respuesta.

(d) Evalúe, si es posible, $\lim\limits_{x\to 3^-} f'(x)$ y $\lim\limits_{x\to 3^+} f'(x)$.

Encontrar extremos en un intervalo cerrado **En los ejercicios 7 a 14, encuentre el extremo absoluto de la función en un intervalo cerrado.**

7. $f(x) = x^2 + 5x,\ [-4, 0]$

8. $f(x) = x^3 + 6x^2,\ [-6, 1]$

9. $f(x) = \sqrt{x} - 2,\ [0, 4]$

10. $h(x) = x - 3\sqrt{x},\ [0, 9]$

11. $f(x) = \dfrac{4x}{x^2 + 9},\ [-4, 4]$

12. $f(x) = \dfrac{x}{\sqrt{x^2 + 1}},\ [0, 2]$

13. $g(x) = 2x + 5\cos x,\ [0, 2\pi]$

14. $f(x) = \operatorname{sen} 2x,\ \ [0, 2\pi]$

Usar el teorema de Rolle **En los ejercicios 15 a 18, determine si el teorema de Rolle se puede aplicar a f en el intervalo cerrado $[a, b]$. Si el teorema de Rolle se puede aplicar, encuentre todos los valores de c en el intervalo abierto (a, b) tales que $f'(c) = 0$. Si el teorema de Rolle no se puede aplicar, explique por qué no.**

15. $f(x) = x^3 - 3x - 6,\ \ [-1, 2]$

16. $f(x) = (x - 2)(x + 3)^2,\ \ [-3, 2]$

17. $f(x) = \dfrac{x^2}{1 - x^2},\ \ [-2, 2]$

18. $f(x) = \operatorname{sen} 2x,\ \ [-\pi, \pi]$

Usar el teorema del valor medio **En los ejercicios 19 a 24, determine si el teorema del valor medio puede o no ser aplicado a la función f en el intervalo cerrado $[a, b]$. Si se puede aplicar el teorema, encuentre todos los valores de c en el intervalo (a, b) tales que**

$$f'(c) = \frac{f(b) - f(a)}{b - a}$$

Si el teorema no puede ser aplicado, explique por qué.

19. $f(x) = x^{2/3}, \quad [1, 8]$

20. $f(x) = \frac{1}{x}, \quad [1, 4]$

21. $f(x) = |5 - x|, \quad [2, 6]$

22. $f(x) = 2x - 3\sqrt{x}, \quad [-1, 1]$

23. $f(x) = x - \cos x, \quad \left[-\frac{\pi}{2}, \frac{\pi}{2}\right]$

24. $f(x) = \sqrt{x} - 2x, \quad [0, 4]$

25. Teorema del valor medio ¿Puede aplicarse el teorema del valor medio a la función

$$f(x) = \frac{1}{x^2}$$

en el intervalo $[-2, 1]$? Explique.

26. Usar el teorema del valor medio

(a) Para la función $f(x) = Ax^2 + Bx + C$, determine el valor de c garantizado por el teorema del valor medio en el intervalo $[x_1, x_2]$.

(b) Demuestre el resultado del ejercicio del inciso (a) para $f(x) = 2x^2 - 3x + 1$ en el intervalo $[0, 4]$.

Intervalos en los que f crece o decrece **En los ejercicios 27 a 32, determine los puntos críticos (si los hay) y los intervalos abiertos sobre los cuales la función es creciente o decreciente.**

27. $f(x) = x^2 + 3x - 12$

28. $h(x) = (x + 2)^{1/3} + 8$

29. $f(x) = (x - 1)^2(2x - 5)$

30. $g(x) = (x + 1)^3$

31. $h(x) = \sqrt{x}(x - 3), \quad x > 0$

32. $f(x) = \operatorname{sen} x + \cos x, \quad 0 < x < 2\pi$

Aplicar la primera derivada **En los ejercicios 33 a 40, (a) determine los puntos críticos de f (si los hay), (b) encuentre el (los) intervalo(s) abierto(s) sobre los que la función es creciente o decreciente, (c) aplique el criterio de la primera derivada para encontrar los extremos relativos, y (d) utilice una herramienta de graficación para confirmar los resultados.**

33. $f(x) = x^2 - 6x + 5$

34. $f(x) = 4x^3 - 5x$

35. $f(t) = \frac{1}{4}t^4 - 8t$

36. $f(x) = \frac{x^3 - 8x}{4}$

37. $f(x) = \frac{x + 4}{x^2}$

38. $f(x) = \frac{x^2 - 3x - 4}{x - 2}$

39. $f(x) = \cos x - \operatorname{sen} x, \quad (0, 2\pi)$

40. $f(x) = \frac{3}{2}\operatorname{sen}\left(\frac{\pi x}{2} - 1\right), \quad (0, 4)$

Movimiento rectilíneo **En los ejercicios 41 y 42, la función $s(t)$ describe el movimiento rectilíneo de una partícula.**

(a) Encuentre la función de velocidad de una partícula para cualquier tiempo $t \geq 0$.

(b) Identifique el (los) intervalo(s) de tiempo sobre el (los) cual(es) la partícula se mueve en una dirección positiva.

(c) Identifique el (los) intervalo(s) de tiempo sobre el (los) cual(es) la partícula se mueve en una dirección negativa.

(d) Identifique el (los) tiempo(s) en el (los) cual(es) la partícula cambia de dirección.

41. $s(t) = 3t - 2t^2$

42. $s(t) = 6t^3 - 8t + 3$

Determinar los puntos de inflexión **En los ejercicios 43 a 48, determine los puntos de inflexión y analice la concavidad de la gráfica de la función.**

43. $f(x) = x^3 - 9x^2$

44. $f(x) = 6x^4 - x^2$

45. $g(x) = x\sqrt{x + 5}$

46. $f(x) = 3x - 5x^3$

47. $f(x) = x + \cos x, \quad [0, 2\pi]$

48. $f(x) = \tan \frac{x}{4}, \quad (0, 2\pi)$

Usar la segunda derivada **En los ejercicios 49 a 54, encuentre todos los extremos relativos de la función. Utilice el criterio de la segunda derivada donde sea aplicable.**

49. $f(x) = (x + 9)^2$

50. $f(x) = x^4 - 2x^2 + 6$

51. $g(x) = 2x^2(1 - x^2)$

52. $h(t) = t - 4\sqrt{t + 1}$

53. $f(x) = 2x + \frac{18}{x}$

54. $h(x) = x - 2\cos x, \quad [0, 4\pi]$

Piénselo **En los ejercicios 55 y 56, dibuje la gráfica de una función f que tenga las características indicadas.**

55. $f(0) = f(6) = 0$

$f'(3) = f'(5) = 0$

$f'(x) > 0$ para $x < 3$

$f'(x) > 0$ para $3 < x < 5$

$f'(x) < 0$ para $x > 5$

$f''(x) < 0$ para $x < 3$ o $x > 4$

$f''(x) > 0$ para $3 < x < 4$

56. $f(0) = 4, f(6) = 0$

$f'(x) < 0$ para $x < 2$ o $x > 4$

$f'(2)$ no existe

$f'(4) = 0$

$f'(x) > 0$ para $2 < x < 4$

$f''(x) < 0$ para $x \neq 2$

57. Redacción El titular de un periódico señala que "La tasa de crecimiento de déficit nacional está decreciendo". ¿Qué es lo que significa esto? ¿Qué implica este comentario en cuanto a la gráfica de déficit como una función del tiempo?

58. Costo de inventario El costo del inventario depende de los costos de pedidos y almacenamiento de acuerdo con el modelo de inventario.

$$C = \left(\frac{Q}{x}\right)s + \left(\frac{x}{2}\right)r$$

Determine el tamaño de pedido que minimizará el costo, suponiendo que las ventas ocurren a una tasa constante, Q es el número de unidades vendidas por año, r es el costo de almacenamiento de una unidad durante 1 año, s es el costo de colocar un pedido y x es el número de unidades por pedido.

59. Modelar datos Los gastos por la defensa nacional D (en miles de millones de dólares) para años determinados de 2011 a 2019 se muestran en la tabla, donde t es el tiempo en años, con $t = 11$ correspondiente a 2011. (*Fuente: U.S. Office of Management and Budget*)

t	11	12	13	14	15
D	705.6	677.9	633.4	603.5	589.7

t	16	17	18	19
D	593.4	598.7	631.1	686.0

(a) Utilice las funciones de regresión de una herramienta de graficación para ajustar un modelo de la forma

$$D = at^4 + bt^3 + ct^2 + dt + e$$

para los datos.

(b) Utilice una herramienta de graficación para dibujar los datos y representar el modelo.

(c) Para el año que se muestra en la tabla, ¿cuándo indica el modelo que el gasto para la defensa nacional fue un máximo? ¿Cuándo fue un mínimo?

(d) Para los años que se indican en la tabla, ¿cuándo indica el modelo que el gasto para la defensa nacional está creciendo a mayor velocidad?

60. Modelar datos El gerente de un almacén registra las ventas anuales S (en miles de dólares) de un producto durante un periodo de 7 años, como se indica en la tabla, donde t es el tiempo en años, con $t = 14$ correspondiendo a 2014.

t	14	15	16	17	18	19	20
S	8.1	7.3	7.8	9.2	11.3	12.8	12.9

(a) Utilice las capacidades de regresión de una herramienta de graficación para ajustar un modelo de la forma

$$S = at^3 + bt^2 + ct + d$$

para los datos.

(b) Utilice una herramienta de graficación para dibujar los datos y representar el modelo.

(c) Utilice el cálculo para determinar el tiempo t en el que las ventas estuvieron creciendo a la mayor velocidad.

(d) ¿Piensa que el modelo sería exacto para predecir las ventas futuras? Explique.

Determinar un límite **En los ejercicios 61 a 70, determine el límite si existe.**

61. $\lim_{x\to\infty}\left(8 + \frac{1}{x}\right)$

62. $\lim_{x\to-\infty}\frac{1 - 4x}{x + 1}$

63. $\lim_{x\to\infty}\frac{x^2}{1 - 8x^2}$

64. $\lim_{x\to-\infty}\frac{9x^3 + 5}{7x^4}$

65. $\lim_{x\to-\infty}\frac{3x^2}{x + 5}$

66. $\lim_{x\to-\infty}\frac{\sqrt{x^2 + x}}{-2x}$

67. $\lim_{x\to\infty}\frac{5\cos x}{x}$

68. $\lim_{x\to\infty}\frac{x^3}{\sqrt{x^2 + 2}}$

69. $\lim_{x\to-\infty}\frac{6x}{x + \cos x}$

70. $\lim_{x\to-\infty}\frac{x}{2\,\text{sen}\,x}$

Encontrar asíntotas horizontales utilizando tecnología **En los ejercicios 71 a 74, utilice una herramienta de graficación para identificar las asíntotas horizontales.**

71. $f(x) = \frac{3}{x} + 4$

72. $g(x) = \frac{5x^2}{x^2 + 2}$

73. $f(x) = \frac{x}{\sqrt{x^2 + 6}}$

74. $f(x) = \frac{\sqrt{4x^2 - 1}}{8x + 1}$

Analizar la gráfica de una función **En los ejercicios 75 a 84, analice y dibuje una gráfica de la función. Marque las intersecciones, extremos relativos, puntos de inflexión y asíntotas. Use una herramienta de graficación para verificar sus resultados.**

75. $f(x) = 4x - x^2$

76. $f(x) = x^4 - 2x^2 + 6$

77. $f(x) = x\sqrt{16 - x^2}$

78. $f(x) = (x^2 - 4)^2$

79. $f(x) = x^{1/3}(x + 3)^{2/3}$

80. $f(x) = (x - 3)(x + 2)^3$

81. $f(x) = \frac{5 - 3x}{x - 2}$

82. $f(x) = \frac{2x}{1 + x^2}$

83. $f(x) = x^3 + x + \frac{4}{x}$

84. $f(x) = x^2 + \frac{1}{x}$

85. Encontrar números Encuentre dos números positivos tales que la suma del doble del primero y el triple del segundo sea 216 y que su producto sea máximo.

86. Distancia mínima Encuentre el punto sobre la gráfica de $f(x) = \sqrt{x}$ que se encuentra más cerca del punto (6, 0).

87. Área máxima Un ranchero tiene 400 pies de cerca para encerrar dos corrales rectangulares adyacentes (vea la figura). ¿Qué dimensiones debe utilizar de manera que el área encerrada sea máxima?

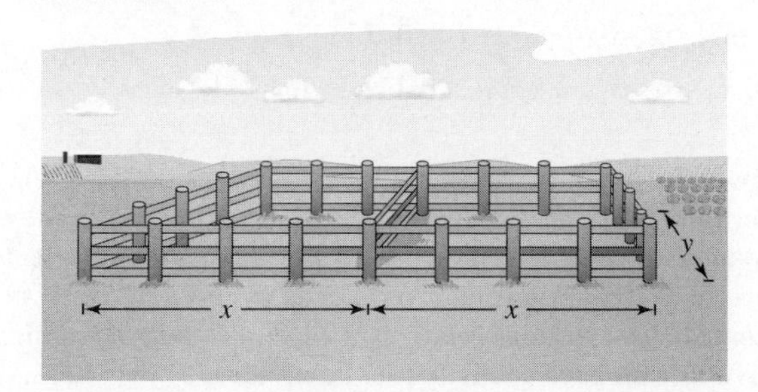

88. Área máxima Encuentre las dimensiones del rectángulo de área máxima, con lados paralelos a los ejes de coordenadas, que puede inscribirse en la elipse dada por

$$\frac{x^2}{144} + \frac{y^2}{16} = 1$$

89. Longitud mínima Un triángulo rectángulo en el primer cuadrante tiene los ejes de coordenadas como lados, y la hipotenusa pasa por el punto (1, 8). Encuentre los vértices del triángulo de modo tal que la longitud de la hipotenusa sea mínima.

90. **Longitud mínima** Hay que apuntalar la fachada de un edificio con una viga que debe pasar sobre una cerca paralela de 5 pies de altura y a 4 pies de distancia del edificio. Determine la longitud de la viga más corta que puede usarse.

91. **Longitud máxima** Calcule la longitud de la tubería más larga que se puede transportar sin inclinarla por dos pasillos con 4 y 6 pies de ancho que forman esquina en ángulo recto.

92. **Longitud máxima** Un pasillo con 6 pies de ancho se junta con otro de 9 pies de ancho formando un ángulo recto. Encuentre la longitud del tubo más largo que puede transportarse sin inclinarse alrededor de esta esquina. [*Sugerencia*: Si L es la longitud de la tubería, demuestre que

$$L = 6 \csc \theta + 9 \csc\left(\frac{\pi}{2} - \theta\right)$$

donde θ es el ángulo entre el tubo y la pared del pasillo más estrecho.]

93. **Volumen máximo** Encuentre el mayor volumen de un cono circular recto que puede ser inscrito en una esfera de radio r.

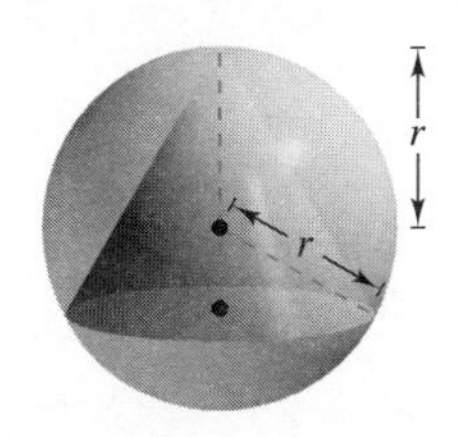

94. **Volumen máximo** Encuentre el mayor volumen de un cilindro circular recto que se puede inscribir en una esfera de radio r.

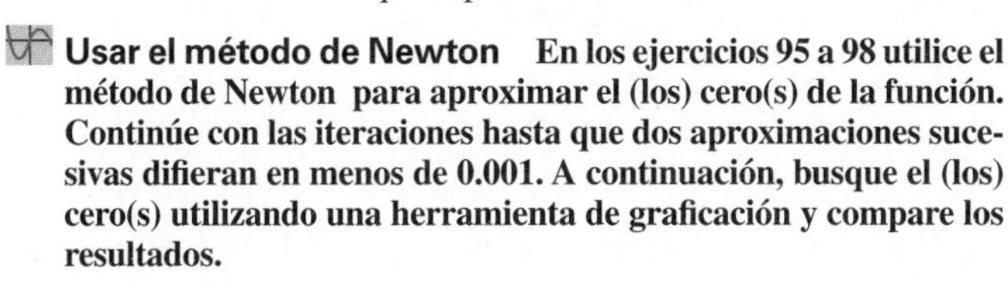

Usar el método de Newton **En los ejercicios 95 a 98 utilice el método de Newton para aproximar el (los) cero(s) de la función. Continúe con las iteraciones hasta que dos aproximaciones sucesivas difieran en menos de 0.001. A continuación, busque el (los) cero(s) utilizando una herramienta de graficación y compare los resultados.**

95. $f(x) = x^3 - 3x - 1$

96. $f(x) = x^3 + 2x + 1$

97. $f(x) = x^4 + x^3 - 3x^2 + 2$

98. $f(x) = 3\sqrt{x - 1} - x$

Encontrar los puntos de intersección **En los ejercicios 99 y 100, aplique el método de Newton para aproximar el (los) valor(es) x del punto indicado de intersección de las dos gráficas. Continúe el proceso hasta dos aproximaciones sucesivas diferidas en menos de 0.001. [*Sugerencia*: Sea $h(x) = f(x) - g(x)$.]**

99. $f(x) = 1 - x$
$g(x) = x^5 + 2$

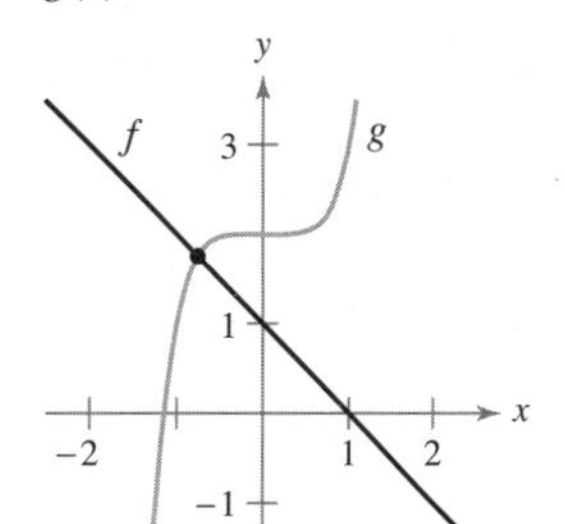

100. $f(x) = \operatorname{sen} x$
$g(x) = x^2 - 2x + 1$

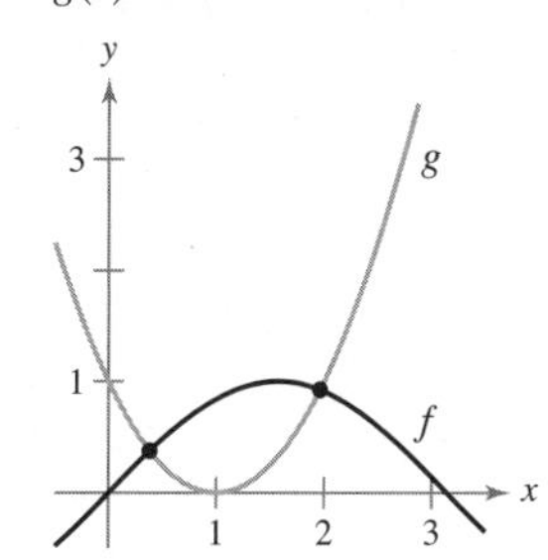

Comparar Δy y dy **En los ejercicios 101 y 102, utilice la información para evaluar y comparar Δy y dy.**

	Función	Valores x	Diferenciales de x
101.	$y = 4x^3$	$x = 2$	$\Delta x = dx = 0.1$
102.	$y = x^2 - 5x$	$x = -3$	$\Delta x = dx = 0.01$

Encontrar la diferencial **En los ejercicios 103 y 104, encuentre la diferencial dy de la función dada.**

103. $y = x(1 - \cos x)$

104. $y = \sqrt{36 - x^2}$

105. **Aproximar valores de una función** Use diferenciales para aproximar el valor de (a) $\sqrt{63.9}$ y (b) $(2.02)^4$. Compare sus respuestas con los resultados obtenidos con una calculadora.

106. **Volumen y superficie** El radio de una esfera se mide como 9 centímetros, con un error posible de 0.025 centímetros.

(a) Use diferenciales para aproximar el error de propagación posible al calcular el volumen de la esfera.

(b) Use diferenciales para aproximar el error de propagación posible en el cálculo de la superficie de la esfera.

(c) Calcule el error porcentual en los incisos (a) y (b).

Construcción de conceptos

107. Las figuras muestran un rectángulo, un círculo y un semicírculo inscritos en un triángulo definido por los ejes coordenados y la porción de la recta definida en el primer cuadrante por (3, 0) y (0, 4). Encuentre las dimensiones de cada figura inscrita de manera que su área sea máxima. Establezca si el cálculo fue útil para encontrar las dimensiones requeridas. Explique su razonamiento.

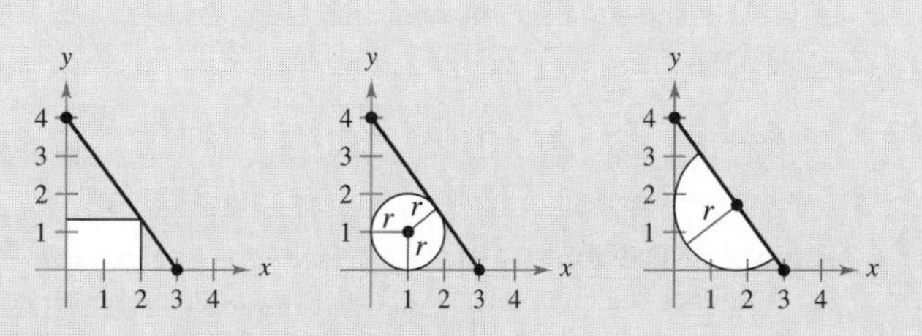

Figura para 107

108. Encuentre el punto sobre la gráfica de $y = 1/(1 + x^2)$ donde la recta tangente tiene la pendiente más grande y el punto donde la recta tangente tiene la pendiente más pequeña (vea la figura).

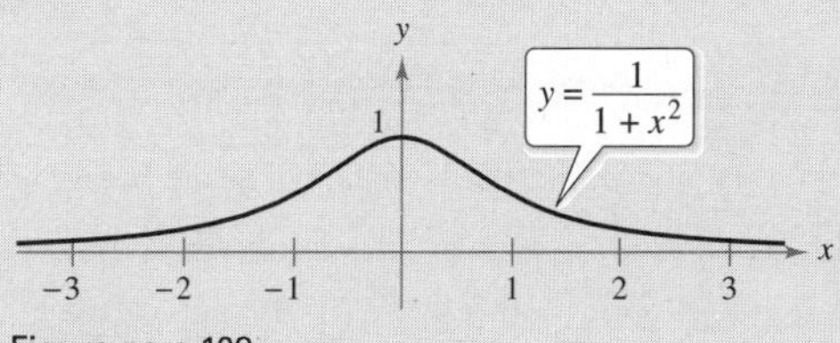

Figura para 108

109. Encuentre a, b y c tales que la función f satisfaga las hipótesis del teorema del valor medio en el intervalo [0, 3].

$$f(x) = \begin{cases} 1, & x = 0 \\ ax + b, & 0 < x \leq 1 \\ x^2 + 4x + c, & 1 < x \leq 3 \end{cases}$$

Solución de problemas

Las respuestas a los ejercicios impares pueden consultarse en el Apéndice de este libro.

1. **Extremos relativos** Represente el polinomio de cuarto grado

$$p(x) = x^4 + ax^2 + 1$$

para diversos valores de la constante a.

(a) Determine el valor de a para el cual p tiene exactamente un mínimo relativo.

(b) Determine los valores de a para los cuales p tiene exactamente un máximo relativo.

(c) Determine los valores de a para los cuales p tiene exactamente dos mínimos relativos.

(d) Demuestre que la gráfica de p no puede tener exactamente dos extremos relativos.

2. **Mínimo relativo** Sea

$$f(x) = \frac{c}{x} + x^2$$

Determine todos los valores de la constante c tales que f tiene un mínimo relativo, pero no un máximo relativo.

3. **Puntos de inflexión**

(a) Sea $f(x) = ax^2 + bx + c$, $a \neq 0$, un polinomio cuadrático. ¿Cuántos puntos de inflexión tiene la gráfica de f?

(b) Sea $f(x) = ax^3 + bx^2 + cx + d$, $a \neq 0$, un polinomio cúbico. ¿Cuántos puntos de inflexión tiene la gráfica de f?

(c) Suponga que la función $y = f(x)$ satisface la ecuación

$$\frac{dy}{dx} = ky\left(1 - \frac{y}{L}\right)$$

donde k y L son constantes positivas. Demuestre que la gráfica de f tiene un punto de inflexión en el punto donde $y = L/2$. (Esta ecuación recibe el nombre de **ecuación diferencial logística**.)

4. **Demostración**

(a) Demuestre que $\lim_{x\to\infty} x^2 = \infty$

(b) Demuestre que $\lim_{x\to\infty}\left(\frac{1}{x^2}\right) = 0$

(c) Sea L un número real. Demuestre que si $\lim_{x\to\infty} f(x) = L$, entonces

$$\lim_{y\to 0^+} f\left(\frac{1}{y}\right) = L$$

5. **Teorema de Darboux** Demuestre el **teorema de Darboux:** Sea f diferenciable en el intervalo cerrado $[a, b]$ de tal manera que $f'(a) = y_1$ y $f'(b) = y_2$. Si d se encuentra entre y_1 y y_2, entonces existe c en (a, b) tal que $f'(c) = d$.

6. **Iluminación** La cantidad de iluminación de una superficie es proporcional a la intensidad de la fuente luminosa, inversamente proporcional al cuadrado de la distancia desde la fuente luminosa, y proporcional a sen θ, donde θ es el ángulo al cual la luz incide sobre la superficie. Un cuarto rectangular mide 10 por 24 pies, con un techo de 10 pies (vea la figura). Determine la altura a la cual debe ubicarse la luz para permitir que las esquinas del piso reciban la mayor cantidad posible de luz.

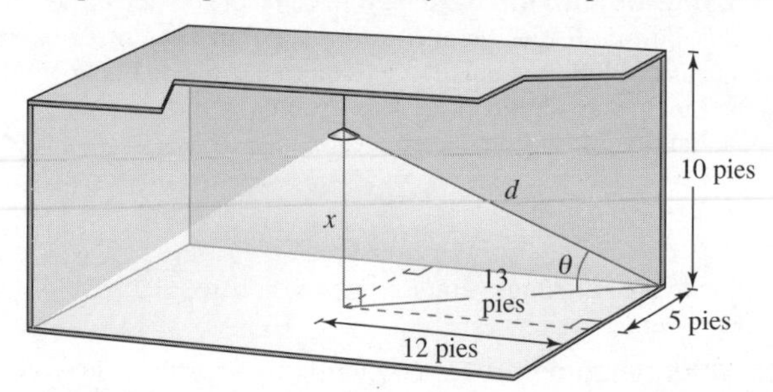

7. **Distancia máxima** Considere un cuarto en la forma de un cubo, de 4 metros de lado. Un insecto en el punto P desea desplazarse hasta el punto Q en la esquina opuesta, como se indica en la figura. Emplee el cálculo para determinar la trayectoria más corta. ¿Puede resolver el problema sin el cálculo? Explique (*Sugerencia:* Considere las dos paredes como una pared.)

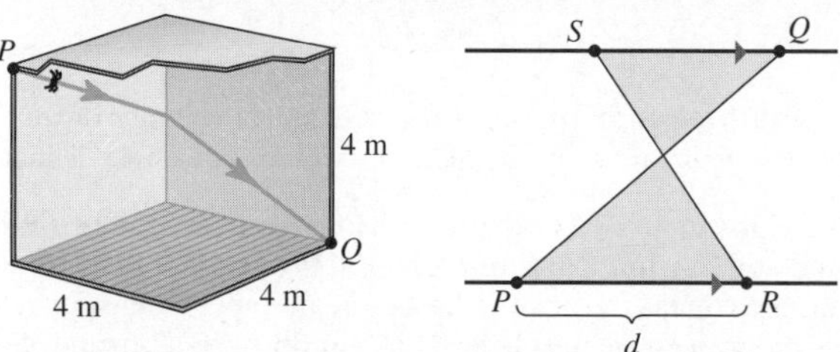

Figura para 7 Figura para 8

8. **Áreas de triángulos** La recta que une P y Q cruza las dos rectas paralelas, como se muestra en la figura. El punto R está a d unidades de P. ¿A qué distancia de Q debe situarse el punto S de manera que la suma de las áreas de los dos triángulos sombreados sea un mínimo? ¿De qué modo la suma será un máximo?

9. **Teorema del valor medio extendido** Demuestre el siguiente **teorema de valor medio extendido:** Si f y f' son continuas en el intervalo cerrado $[a, b]$, y si f'' existe en el intervalo abierto (a, b), entonces existe un número c en (a, b) tal que

$$f(b) = f(a) + f'(a)(b - a) + \frac{1}{2}f''(c)(b - a)^2$$

10. **Teorema del valor medio** Determine los valores a, b, c y d de manera que la función f satisfaga la hipótesis del teorema del valor medio en el intervalo $[-1, 2]$.

$$f(x) = \begin{cases} a, & x = -1 \\ 2, & -1 < x \leq 0 \\ bx^2 + c, & 0 < x \leq 1 \\ dx + 4, & 1 < x \leq 2 \end{cases}$$

4 Integración

4.1 Antiderivadas e integración indefinida *(Ejercicio 62, p. 257)*

4.2 Área *(Ejercicio 77, p. 269)*

4.4 La velocidad del sonido *(Ejemplo 5, p. 286)*

4.5 Electricidad *(Ejercicio 88, p. 307)*

4.1 Antiderivadas e integración indefinida

- **Escribir la solución general de una ecuación diferencial y usar la notación de integral indefinida para antiderivadas.**
- **Utilizar las reglas básicas de integración para encontrar antiderivadas.**
- **Encontrar una solución particular de una ecuación diferencial.**

Exploración

Determinación de antiderivadas Para cada derivada describa la función original F.

a. $F'(x) = 2x$

b. $F'(x) = x$

c. $F'(x) = x^2$

d. $F'(x) = \dfrac{1}{x^2}$

e. $F'(x) = \dfrac{1}{x^3}$

f. $F'(x) = \cos x$

¿Qué estrategia usó para determinar F?

Antiderivadas

Para encontrar una función F cuya derivada es $f(x) = 3x^2$, podría usarse lo que se sabe de derivadas, para concluir que

$$F(x) = x^3 \text{ ya que } \frac{d}{dx}[x^3] = 3x^2$$

La función F es una *antiderivada* de f.

Definición de una antiderivada

Se dice que una función F es una **antiderivada** de f en un intervalo I, si $F'(x) = f(x)$ para toda x en I.

Note que F se llama *una* antiderivada de f en vez de *la* antiderivada de f. Para entender por qué, observe que

$$F_1(x) = x^3, \quad F_2(x) = x^3 - 5 \quad \text{y} \quad F_3(x) = x^3 + 97$$

son todas antiderivadas de $f(x) = 3x^2$. De hecho, para cualquier constante C, la función dada por $F(x) = x^3 + C$ es una antiderivada de f.

TEOREMA 4.1 Representación de antiderivadas

Si F es una antiderivada de f en un intervalo I, entonces G es una antiderivada de f en el intervalo I si y solo si G es de la forma $G(x) = F(x) + C$, para toda x en I, donde C es una constante.

Demostración La demostración del teorema 4.1 en un sentido es directa. Esto es, si $G(x) = F(x) + C$, $F'(x) = f(x)$ y C es constante, entonces

$$G'(x) = \frac{d}{dx}[F(x) + C] = F'(x) + 0 = f(x)$$

Para demostrar el teorema en otro sentido, se supone que G es una antiderivada de f. Se define una función H tal que

$$H(x) = G(x) - F(x)$$

Para cualesquiera dos puntos a y b ($a < b$) en el intervalo, H es continua sobre $[a, b]$ y derivable dentro de (a, b). Por el teorema del valor medio

$$H'(c) = \frac{H(b) - H(a)}{b - a}$$

para alguna c en (a, b). Sin embargo, $H'(c) = 0$, por consiguiente $H(a) = H(b)$. Dado que a y b son puntos arbitrarios en el intervalo, se sabe que H es una función constante C. Así, $G(x) - F(x) = C$ y por esto $G(x) = F(x) + C$. ■

Grandes ideas del cálculo

En este capítulo se estudiará la integración. La integración como derivación es un tema fundamental del cálculo. Curiosamente, como se aprenderá en el teorema fundamental del cálculo, estos dos temas principales tienen una relación inversa. Como parte del estudio de la integración se examinarán las áreas de regiones planas.

Si utiliza el teorema 4.1 puede representar la familia completa de antiderivadas de una función agregando una constante a una antiderivada *conocida.* Por ejemplo, sabiendo que

$$D_x[x^2] = 2x$$

puede representar la familia de *todas* las antiderivadas de $f(x) = 2x$ por

$$G(x) = x^2 + C \qquad \text{Familia de todas las antiderivadas de } f(x) = 2x.$$

donde C es constante. La constante C recibe el nombre de **constante de integración**. La familia de funciones representadas por G es la **antiderivada general** de f, y $G(x) = x^2 + C$ es la **solución general** de la *ecuación diferencial*

$$G'(x) = 2x \qquad \text{Ecuación diferencial.}$$

Una **ecuación diferencial** en x y y es una ecuación que incluye a x, y y las derivadas de y. Es decir

$$y' = 3x \quad \text{y} \quad y' = x^2 + 1$$

son ejemplos de ecuaciones diferenciales.

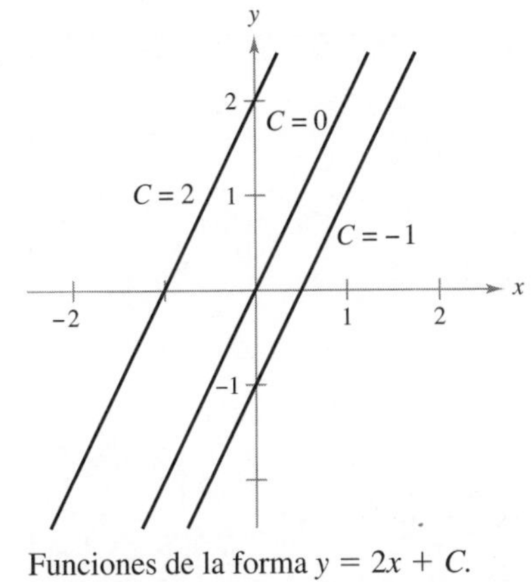

Funciones de la forma $y = 2x + C$.
Figura 4.1

EJEMPLO 1 Solución de una ecuación diferencial

Determine la solución general de la ecuación diferencial $dy/dx = 2$.

Solución Para empezar, determine una función cuya derivada es 2. Una función con esta característica es

$$y = 2x \qquad 2x \text{ es } \textit{una} \text{ antiderivada de } 2.$$

Ahora bien, utilice el teorema 4.1 para concluir que la solución general de la ecuación diferencial es

$$y = 2x + C \qquad \text{Solución general.}$$

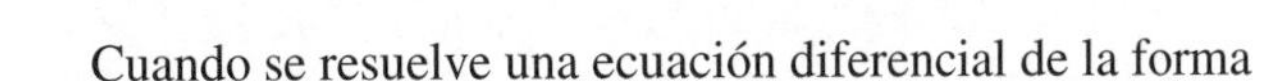

En la figura 4.1 se muestran las gráficas de varias funciones de la forma $y = 2x + C$. ■

Cuando se resuelve una ecuación diferencial de la forma

$$\frac{dy}{dx} = f(x) \qquad \text{Ecuación diferencial.}$$

es conveniente escribirla en la forma diferencial equivalente

$$dy = f(x)\,dx \qquad \text{Ecuación en forma diferencial.}$$

La operación para determinar todas las soluciones de esta ecuación se denomina **antiderivación** (o **integración indefinida**) y se denota mediante un signo integral $\int$. La solución se denota mediante

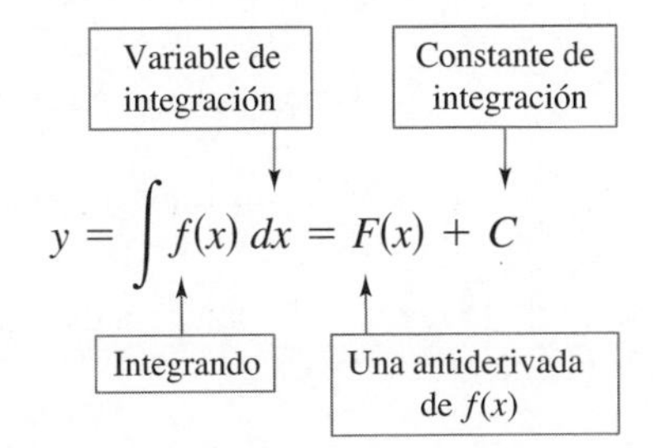

$$y = \int f(x)\,dx = F(x) + C$$

La expresión $\int f(x)dx$ se lee como la *antiderivada de f respecto a x*. De tal manera, la diferencial de dx sirve para identificar a x como la variable de integración. El término **integral indefinida** es sinónimo de antiderivada.

COMENTARIO En este texto, la notación $\int f(x)dx = F(x) + C$ significa que F es una antiderivada de f *en un intervalo.*

Reglas básicas de integración

La naturaleza inversa de la integración y la derivación puede comprobarse sustituyendo $F'(x)$ por $f(x)$ en la definición de integración indefinida para obtener

$$\int F'(x)\,dx = F(x) + C$$ La integración indefinida es la "inversa" de la derivación.

Además, si $\int f(x)\,dx = F(x) + C$, entonces

$$\frac{d}{dx}\left[\int f(x)\,dx\right] = f(x)$$ La derivación es la "inversa" de la integración indefinida.

Estas dos ecuaciones le permiten obtener directamente fórmulas de integración a partir de fórmulas de derivación, como se muestra en el siguiente resumen.

Reglas básicas de integración

Fórmula de derivación	Fórmula de integración	
$\frac{d}{dx}[C] = 0$	$\int 0\,dx = C$	
$\frac{d}{dx}[kx] = k$	$\int k\,dx = kx + C$	
$\frac{d}{dx}[kf(x)] = kf'(x)$	$\int kf(x)\,dx = k\int f(x)\,dx$	
$\frac{d}{dx}[f(x) \pm g(x)] = f'(x) \pm g'(x)$	$\int [f(x) \pm g(x)]\,dx = \int f(x)\,dx \pm \int g(x)\,dx$	
$\frac{d}{dx}[x^n] = nx^{n-1}$	$\int x^n\,dx = \frac{x^{n+1}}{n+1} + C, \quad n \neq -1$	Regla de la potencia.
$\frac{d}{dx}[\operatorname{sen} x] = \cos x$	$\int \cos x\,dx = \operatorname{sen} x + C$	
$\frac{d}{dx}[\cos x] = -\operatorname{sen} x$	$\int \operatorname{sen} x\,dx = -\cos x + C$	
$\frac{d}{dx}[\tan x] = \sec^2 x$	$\int \sec^2 x\,dx = \tan x + C$	
$\frac{d}{dx}[\sec x] = \sec x \tan x$	$\int \sec x \tan x\,dx = \sec x + C$	
$\frac{d}{dx}[\cot x] = -\csc^2 x$	$\int \csc^2 x\,dx = -\cot x + C$	
$\frac{d}{dx}[\csc x] = -\csc x \cot x$	$\int \csc x \cot x\,dx = -\csc x + C$	

Observe que la regla de la potencia para la integración tiene la restricción $n \neq -1$. La fórmula de integración para

$$\int \frac{1}{x}\,dx$$ Antiderivada de la función recíproca.

se debe esperar hasta la introducción de la función logaritmo natural en el capítulo 5.

COMENTARIO En el ejemplo 2, advierta que el patrón general de integración es similar al de la derivación.

Integral original

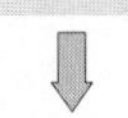

Reescriba

Integre

Simplifique

EJEMPLO 2 Describir antiderivadas

$$\int 3x\,dx = 3\int x\,dx$$ Regla del múltiplo constante.

$$= 3\int x^1\,dx$$ Reescriba x como x^1.

$$= 3\left(\frac{x^2}{2}\right) + C$$ Regla de la potencia ($n = 1$).

$$= \frac{3}{2}x^2 + C$$ Simplifique.

Las antiderivadas de $3x$ son la forma $\frac{3}{2}x^2 + C$, donde C es cualquier constante. ■

Cuando se evalúan integrales indefinidas, una aplicación estricta de las reglas básicas de integración tiende a producir complicadas constantes de integración. En el caso del ejemplo 2, la solución se podría haber escrito

$$\int 3x\,dx = 3\int x\,dx = 3\left(\frac{x^2}{2} + C\right) = \frac{3}{2}x^2 + 3C$$

Sin embargo, como C representa *cualquier* constante, es problemático e innecesario escribir $3C$ como la constante de integración. Por tanto, $\frac{3}{2}x^2 + 3C$ se escribe en la forma más simple, $\frac{3}{2}x^2 + C$.

EJEMPLO 3 Reescribir antes de integrar

Consulte LarsonCalculus.com (disponible solo en inglés) para una versión interactiva de este tipo de ejemplo.

	Integral original	Reescriba	Integre	Simplifique
a.	$\int \frac{1}{x^3}\,dx$	$\int x^{-3}\,dx$	$\frac{x^{-2}}{-2} + C$	$-\frac{1}{2x^2} + C$
b.	$\int \sqrt{x}\,dx$	$\int x^{1/2}\,dx$	$\frac{x^{3/2}}{3/2} + C$	$\frac{2}{3}x^{3/2} + C$
c.	$\int 2\,\text{sen}\,x\,dx$	$2\int \text{sen}\,x\,dx$	$2(-\cos x) + C$	$-2\cos x + C$

COMENTARIO Las reglas de integración básicas permiten integrar cualquier función polinomial.

EJEMPLO 4 Integrar funciones polinomiales

a. $$\int dx = \int 1\,dx$$ Se entiende que el integrando es 1.

$$= x + C$$ Regla de la constante.

b. $$\int (x + 2)\,dx = \int x\,dx + \int 2\,dx$$ Regla de la suma.

$$= \frac{x^2}{2} + C_1 + 2x + C_2$$ Reglas de la potencia y de la constante.

$$= \frac{x^2}{2} + 2x + C$$ $C = C_1 + C_2$

La segunda línea en la solución suele omitirse.

c. $$\int (3x^4 - 5x^2 + x)\,dx = 3\left(\frac{x^5}{5}\right) - 5\left(\frac{x^3}{3}\right) + \frac{x^2}{2} + C$$

$$= \frac{3}{5}x^5 - \frac{5}{3}x^3 + \frac{1}{2}x^2 + C$$ ■

Uno de los pasos más importantes en la integración es *reescribir el integrando* en una forma que se ajuste a una de las reglas básicas de integración. Para ilustrar mejor este punto, observe cómo los integrandos se reescriben en los siguientes tres ejemplos.

EJEMPLO 5 Reescribir antes de integrar

$$\int \frac{x+1}{\sqrt{x}}\,dx = \int\left(\frac{x}{\sqrt{x}} + \frac{1}{\sqrt{x}}\right)dx$$ Reescriba como dos fracciones.

$$= \int (x^{1/2} + x^{-1/2})\,dx$$ Reescriba con exponentes fraccionarios.

$$= \frac{x^{3/2}}{3/2} + \frac{x^{1/2}}{1/2} + C$$ Integre.

$$= \frac{2}{3}x^{3/2} + 2x^{1/2} + C$$ Simplifique. ■

Cuando integre cocientes no debe integrar numerador y denominador por separado. Esto es incorrecto tanto en la integración como en la derivación. En el caso del ejemplo 5, asegúrese de entender que

$$\int \frac{x+1}{\sqrt{x}}\,dx \neq \frac{\int (x+1)\,dx}{\int \sqrt{x}\,dx}$$

EJEMPLO 6 Reescribir antes de integrar

$$\int \frac{\operatorname{sen} x}{\cos^2 x}\,dx = \int \left(\frac{1}{\cos x}\right)\left(\frac{\operatorname{sen} x}{\cos x}\right)dx$$ Reescriba como un producto.

$$= \int \sec x \tan x\,dx$$ Reescriba utilizando identidades trigonométricas.

$$= \sec x + C$$ Integre.

COMENTARIO Recuerde de la trigonometría que

$$\sec x = \frac{1}{\cos x}$$

y

$$\tan x = \frac{\operatorname{sen} x}{\cos x}$$

EJEMPLO 7 Reescribir antes de integrar

	Integral original	Reescriba	Integre	Simplifique
a.	$\int \frac{2}{\sqrt{x}}\,dx$	$2\int x^{-1/2}\,dx$	$2\left(\frac{x^{1/2}}{1/2}\right) + C$	$4x^{1/2} + C$
b.	$\int (t^2+1)^2\,dt$	$\int (t^4 + 2t^2 + 1)\,dt$	$\frac{t^5}{5} + 2\left(\frac{t^3}{3}\right) + t + C$	$\frac{1}{5}t^5 + \frac{2}{3}t^3 + t + C$
c.	$\int \frac{x^3+3}{x^2}\,dx$	$\int (x + 3x^{-2})\,dx$	$\frac{x^2}{2} + 3\left(\frac{x^{-1}}{-1}\right) + C$	$\frac{1}{2}x^2 - \frac{3}{x} + C$
d.	$\int \sqrt[3]{x}(x-4)\,dx$	$\int (x^{4/3} - 4x^{1/3})\,dx$	$\frac{x^{7/3}}{7/3} - 4\left(\frac{x^{4/3}}{4/3}\right) + C$	$\frac{3}{7}x^{7/3} - 3x^{4/3} + C$

■

Al hacer los ejercicios, tenga en cuenta que se puede comprobar la respuesta a un problema de antiderivación mediante la derivación. Como una muestra en el ejemplo 7(a) se puede comprobar que $4x^{1/2} + C$ es la antiderivada correcta derivando la respuesta para obtener

$$D_x[4x^{1/2} + C] = 4\left(\frac{1}{2}\right)x^{-1/2} = \frac{2}{\sqrt{x}}$$ Utilice la derivación para comprobar la antiderivada.

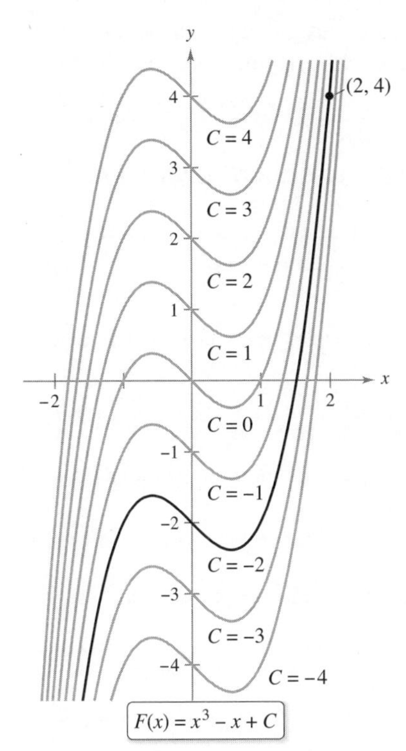

La solución particular que satisface la condición inicial $F(2) = 4$ es $F(x) = x^3 - x - 2$.
Figura 4.2

Condiciones iniciales y soluciones particulares

Ha visto que la ecuación $y = \int f(x)\,dx$ tiene muchas soluciones (cada una difiere de las otras en una constante). Eso significa que las gráficas de cualesquiera dos antiderivadas de f son traslaciones verticales una de otra. Por ejemplo, la figura 4.2 muestra las gráficas de varias de las antiderivadas de la forma

$$y = \int (3x^2 - 1)\,dx = x^3 - x + C \qquad \text{Solución general.}$$

para diversos valores enteros de C. Cada una de estas antiderivadas es una solución de la ecuación diferencial

$$\frac{dy}{dx} = 3x^2 - 1 \qquad \text{Ecuación diferencial.}$$

En muchas aplicaciones de la integración se da suficiente información para determinar una **solución particular**. Para hacer esto, solo necesita conocer el valor de $y = F(x)$ para un valor de x. Esta información recibe el nombre de **condición inicial**. Por ejemplo, en la figura 4.2, solo una de las curvas pasa por el punto $(2, 4)$. Para encontrar esta curva, utilice la solución general

$$F(x) = x^3 - x + C \qquad \text{Solución general.}$$

y la condición inicial

$$F(2) = 4 \qquad \text{Condición inicial.}$$

Utilizando la condición inicial en la solución general, puede determinar que

$$F(2) = 8 - 2 + C = 4$$

lo que implica que $C = -2$. Por tanto, la solución particular que pasa por $(2, 4)$ es

$$F(x) = x^3 - x - 2 \qquad \text{Solución particular.}$$

EJEMPLO 8 Determinar una solución particular

Encuentre la solución general de

$$F'(x) = \frac{1}{x^2}, \quad x > 0$$

y determine la solución particular que satisface la condición inicial $F(1) = 0$.

Solución Para encontrar la solución general, integre para obtener

$$F(x) = \int \frac{1}{x^2}\,dx \qquad F(x) = \int F'(x)\,dx$$

$$= \int x^{-2}\,dx \qquad \text{Reescriba como una potencia.}$$

$$= \frac{x^{-1}}{-1} + C \qquad \text{Integre.}$$

$$= -\frac{1}{x} + C, \quad x > 0 \qquad \text{Solución general.}$$

Utilizando la condición inicial $F(1) = 0$, resuelva para C de la siguiente manera.

$$F(1) = -\frac{1}{1} + C = 0 \quad \Longrightarrow \quad C = 1$$

Por tanto, la solución particular, como se muestra en la figura 4.3, es

$$F(x) = -\frac{1}{x} + 1, \quad x > 0 \qquad \text{Solución particular.}$$

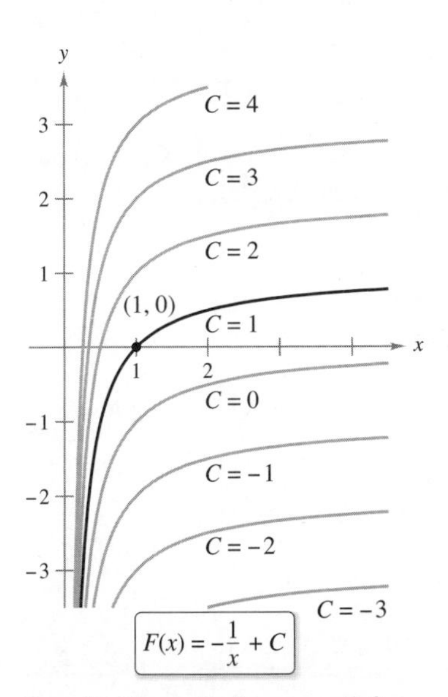

La solución particular que satisface la condición inicial $F(1) = 0$ es $F(x) = -(1/x) + 1, x > 0$.

Figura 4.3

Hasta ahora, en esta sección ha utilizado x como variable de integración. En las aplicaciones a menudo es conveniente utilizar una variable distinta. Así, en el siguiente ejemplo, la variable de integración es el *tiempo t*.

EJEMPLO 9 Resolver un problema de movimiento vertical

Una pelota se lanza hacia arriba con una velocidad inicial de 64 pies por segundo a partir de una altura inicial de 80 pies. [Suponga que la aceleración es $a(t) = -32$ pies por segundo por segundo.]

a. Encuentre la función de posición que expresa la altura s como una función del tiempo t.

b. ¿Cuándo llegará la pelota al suelo?

Solución

a. Considere que $t = 0$ representa el tiempo inicial. Las dos condiciones iniciales indicadas pueden escribirse de la siguiente manera.

$s(0) = 80$ La altura inicial es 80 pies.

$s'(0) = 64$ La velocidad inicial es de 64 pies por segundo.

Dado que $a(t) = s''(t)$, se integra $s''(t) = -32$ para encontrar la función de velocidad

$$s'(t) = \int s''(t)\,dt = \int -32\,dt = -32t + C_1$$

Empleando la velocidad inicial se obtiene $s'(0) = 64 = -32(0) + C_1$, lo cual implica que $C_1 = 64$. Después, integre la función de velocidad $s'(t)$, para obtener la función de posición

$$s(t) = \int s'(t)\,dt = \int (-32t + 64)\,dt = -16t^2 + 64t + C_2$$

Al utilizar la altura inicial, se encuentra que

$$s(0) = 80 = -16(0^2) + 64(0) + C_2$$

lo que implica que $C_2 = 80$. De ese modo, la función de posición es

$s(t) = -16t^2 + 64t + 80$ Función de posición.

La gráfica de s se muestra en la figura 4.4.

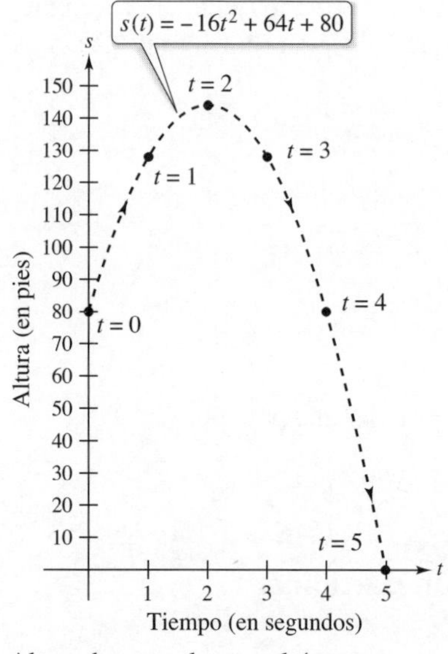

Altura de una pelota en el tiempo t.
Figura 4.4

b. Utilizando la función de posición que encontró en el inciso (a), es posible determinar el tiempo en que la pelota golpea el suelo al resolver la ecuación $s(t) = 0$.

$-16t^2 + 64t + 80 = 0$ Iguale $s(t)$ con cero.

$-16(t + 1)(t - 5) = 0$ Factorice.

$t = -1, 5$ Valores de t para los cuales $s(t) = 0$.

Como t debe ser positivo, puede concluir que la pelota golpea el suelo 5 segundos después de haber sido lanzada. ■

En el ejemplo 9, observe que la función de posición tiene la forma

$s(t) = -\frac{1}{2}gt^2 + v_0t + s_0$ Función de posición.

donde g es la aceleración debida a la gravedad, v_0 es la velocidad inicial y s_0 es la altura inicial, como se presentó en la sección 2.2.

El ejemplo 9 muestra cómo utilizar el cálculo para analizar problemas de movimiento vertical en los que la aceleración está determinada por una fuerza de gravedad. Puede utilizar una estrategia similar para analizar otros problemas de movimiento rectilíneo (vertical u horizontal) en los que la aceleración (o desaceleración) es el resultado de alguna otra fuerza, como verá en los ejercicios 65 a 72.

4.1 Ejercicios

Las respuestas a los ejercicios impares pueden consultarse en el Apéndice de este libro.

Repaso de conceptos

1. Explique qué significa que una función F sea una antiderivada de una función f en un intervalo I.
2. ¿Pueden dos funciones diferentes ser antiderivadas de la misma función? Explique su respuesta.
3. Explique cómo encontrar una solución particular de una ecuación diferencial.
4. Describa la diferencia entre la solución general y una solución particular de una ecuación diferencial.

Integrar y derivar **En los ejercicios 5 y 6, compruebe la expresión demostrando que la derivada del lado derecho es igual al integrando del lado izquierdo.**

5. $\displaystyle\int\left(-\frac{6}{x^4}\right)dx = \frac{2}{x^3} + C$

6. $\displaystyle\int\left(8x^3 + \frac{1}{2x^2}\right)dx = 2x^4 - \frac{1}{2x} + C$

Resolver una ecuación diferencial **En los ejercicios 7 a 10, encuentre la solución general de la ecuación diferencial y compruebe el resultado mediante derivación.**

7. $\dfrac{dy}{dt} = 9t^2$

8. $\dfrac{dy}{dt} = 5$

9. $\dfrac{dy}{dx} = x^{3/2}$

10. $\dfrac{dy}{dx} = 2x^{-3}$

Reescribir antes de integrar **En los ejercicios 11 a 14, complete la tabla para encontrar la integral indefinida.**

Integral original	Reescribir	Integrar	Simplificar
11. $\displaystyle\int \sqrt[3]{x}\,dx$			
12. $\displaystyle\int \frac{1}{4x^2}\,dx$			
13. $\displaystyle\int \frac{1}{x\sqrt{x}}\,dx$			
14. $\displaystyle\int \frac{1}{(3x)^2}\,dx$			

Encontrar una integral indefinida **En los ejercicios 15 a 36, encuentre la integral indefinida y compruebe el resultado mediante derivación.**

15. $\displaystyle\int (x + 7)\,dx$

16. $\displaystyle\int (13 - x)\,dx$

17. $\displaystyle\int (x^5 + 1)\,dx$

18. $\displaystyle\int (9x^8 - 2x - 6)\,dx$

19. $\displaystyle\int (x^{3/2} + 2x + 1)\,dx$

20. $\displaystyle\int \left(\sqrt{x} + \frac{1}{2\sqrt{x}}\right)dx$

21. $\displaystyle\int \sqrt[3]{x^2}\,dx$

22. $\displaystyle\int \left(\sqrt[4]{x^3} + 1\right)dx$

23. $\displaystyle\int \frac{1}{x^5}\,dx$

24. $\displaystyle\int \left(2 - \frac{3}{x^{10}}\right)dx$

25. $\displaystyle\int \frac{x + 6}{\sqrt{x}}\,dx$

26. $\displaystyle\int \frac{x^4 - 3x^2 + 5}{x^4}\,dx$

27. $\displaystyle\int (x + 1)(3x - 2)\,dx$

28. $\displaystyle\int (4t^2 + 3)^2\,dt$

29. $\displaystyle\int (5\cos x + 4\,\mathrm{sen}\,x)\,dx$

30. $\displaystyle\int (\mathrm{sen}\,x - 6\cos x)\,dx$

31. $\displaystyle\int (\csc x \cot x - 2x)\,dx$

32. $\displaystyle\int (\theta^2 + \sec^2\theta)\,d\theta$

33. $\displaystyle\int (\sec^2\theta - \mathrm{sen}\,\theta)\,d\theta$

34. $\displaystyle\int (\sec y)(\tan y - \sec y)\,dy$

35. $\displaystyle\int (\tan^2 y + 1)\,dy$

36. $\displaystyle\int (4x - \csc^2 x)\,dx$

Encontrar una solución particular **En los ejercicios 37 a 44, encuentre la solución particular de la ecuación diferencial que satisface las condiciones iniciales.**

37. $f'(x) = 6x,\ f(0) = 8$
38. $g'(x) = 4x^2,\ g(-1) = 3$
39. $h'(x) = 7x^6 + 5,\ h(1) = -1$
40. $f'(s) = 10s - 12s^3,\ f(3) = 2$
41. $f''(x) = 2,\ f'(2) = 5,\ f(2) = 10$
42. $f''(x) = 3x^2,\ f'(-1) = -2,\ f(2) = 3$
43. $f''(x) = x^{-3/2},\ f'(4) = 2,\ f(0) = 0$
44. $f''(x) = \mathrm{sen}\,x,\ f'(0) = 1,\ f(0) = 6$

Campos direccionales **En los ejercicios 45 y 46 se dan una ecuación diferencial, un punto y un campo direccional. Un *campo de pendientes* (o *campo direccional*) está compuesto por segmentos de recta con pendientes dadas por la ecuación diferencial. Estos segmentos de recta proporcionan una perspectiva visual de las pendientes de las soluciones de la ecuación diferencial. (a) Dibuje dos soluciones aproximadas de la ecuación diferencial en el campo de pendientes, una de las cuales pasa por el punto indicado. (Para imprimir una copia ampliada de la gráfica, visite *MathGraphs.com,* disponible solo en inglés.) (b) Utilice la integración y el punto dado para determinar la solución particular de la ecuación diferencial y use una herramienta de graficación para representar la solución. Compare el resultado con los dibujos del inciso (a) que pasan por el punto dado.**

45. $\dfrac{dy}{dx} = x^2 - 1,\ (-1, 3)$

46. $\dfrac{dy}{dx} = -\dfrac{1}{x^2},\ x > 0,\ (1, 3)$

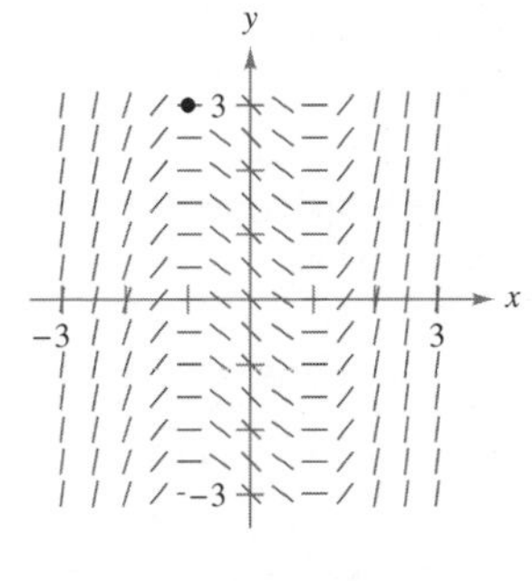

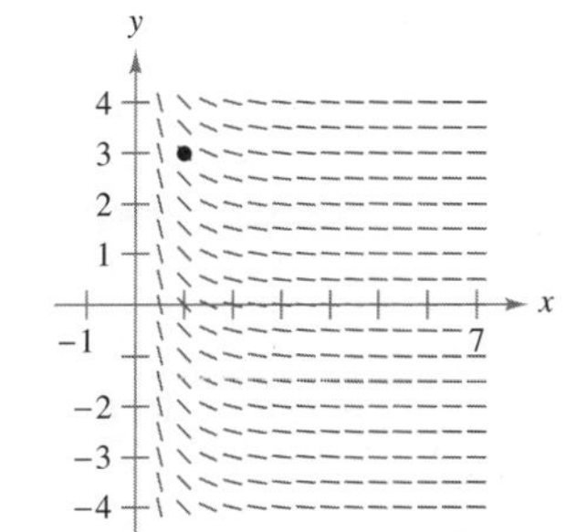

Campos direccionales **En los ejercicios 47 y 48, (a) utilice una herramienta de graficación para representar un campo direccional para la ecuación diferencial, (b) utilice la integración y el punto indicado para determinar la solución particular de ecuación diferencial y (c) grafique la solución particular y el campo direccional en la misma ventana de visualización.**

47. $\dfrac{dy}{dx} = 2x, (-2, -2)$

48. $\dfrac{dy}{dx} = 2\sqrt{x}, (4, 12)$

Exploración de conceptos

En los ejercicios 49 y 50 se presenta la gráfica de la derivada de una función. Dibuje las gráficas de *dos* funciones que tengan la derivada señalada. (Hay más de una respuesta correcta.) Para imprimir una copia ampliada de la gráfica, visite *MathGraphs.com* (disponible solo en inglés).

49.

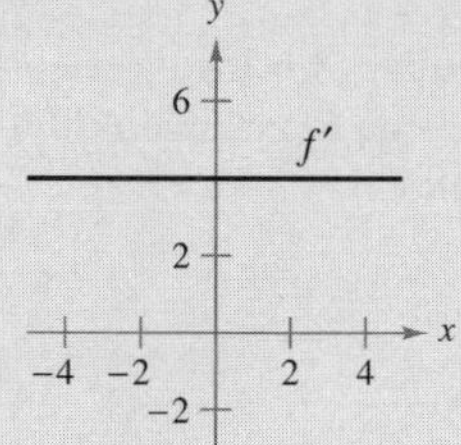

50.

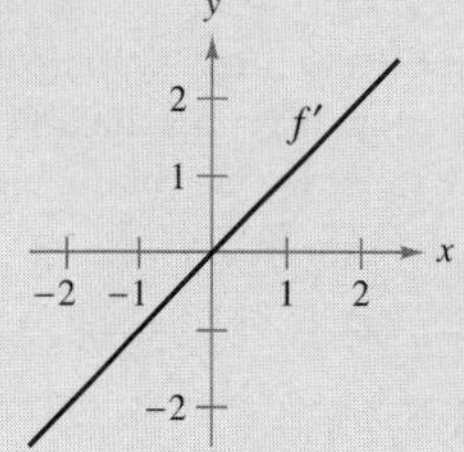

51. Considere $f(x) = \tan^2 x$ y $g(x) = \sec^2 x$. ¿Qué nota acerca de las derivadas de f y g? ¿Qué puede concluir acerca de la relación entre f y g?

52. **¿CÓMO LO VE?** Use la gráfica de f' que se muestra en la figura para responder lo siguiente.

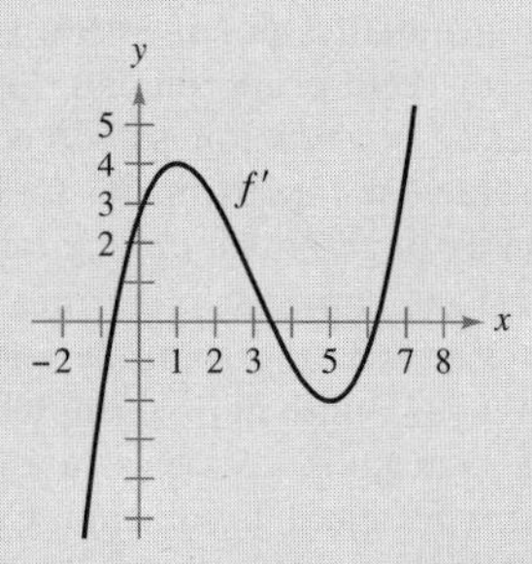

(a) Aproxime la pendiente de f en $x = 4$. Explique.

(b) ¿Es $f(5) - f(4) > 0$? Explique.

(c) Aproxime el valor de x donde f es máxima. Explique.

(d) Aproxime cualquier intervalo en el que la gráfica de f es cóncava hacia arriba y cualquier intervalo abierto en el cual es cóncava hacia abajo. Aproxime la coordenada x a cualquier punto de inflexión.

53. Tangente horizontal Encuentre una función f tal que la gráfica de esta tenga una tangente horizontal en $(0, 2)$ y $f''(x) = 2x$.

54. Dibujar una gráfica Las gráficas de f y f' pasan a través del origen. Use la gráfica de f'' mostrada en la figura para bosquejar la gráfica de f y f'. Para imprimir una copia ampliada de la gráfica, visite *MathGraphs.com* (disponible solo en inglés).

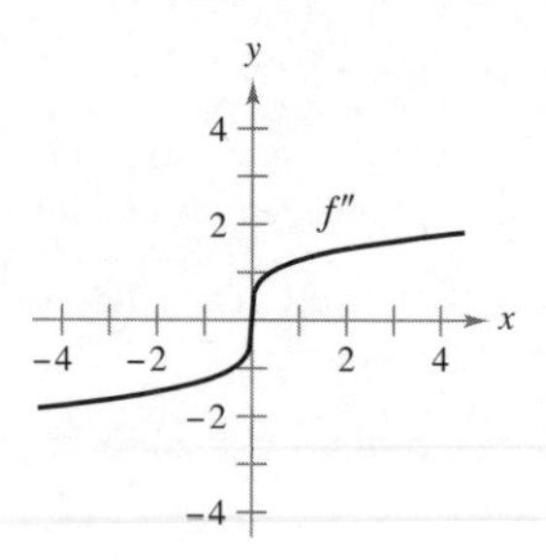

55. Crecimiento de árboles Un vivero de plantas verdes suele vender cierto arbusto después de 6 años de crecimiento y cuidado. La velocidad de crecimiento durante esos 6 años es, aproximadamente, $dh/dt = 1.5t + 5$, donde t es el tiempo en años y h es la altura en centímetros. Las plantas de semillero miden 12 centímetros de altura cuando se plantan ($t = 0$).

(a) Determine la altura después de t años.

(b) ¿Qué altura tienen los arbustos cuando se venden?

56. Crecimiento poblacional La tasa de crecimiento dP/dt de una población de bacterias es proporcional a la raíz cuadrada de t, donde P es el tamaño de la población y t es el tiempo en días ($0 \le t \le 10$). Esto es

$$\frac{dP}{dt} = k\sqrt{t}$$

El tamaño inicial de la población es igual a 500. Después de un día la población ha crecido hasta 600. Calcule el tamaño de la población después de 7 días.

Movimiento vertical **En los ejercicios 57 a 59, suponga que la aceleración del objeto es $a(t) = -32$ pies por segundo por segundo. (Desprecie la resistencia del aire.)**

57. Una pelota se lanza verticalmente hacia arriba desde una altura de 6 pies con una velocidad inicial de 60 pies por segundo. ¿Qué altura alcanzará la pelota?

58. ¿Con qué velocidad inicial debe lanzarse un objeto hacia arriba (desde el nivel del suelo) para alcanzar la parte superior del monumento a Washington (aproximadamente 550 pies)?

59. Un globo aerostático, que asciende verticalmente con una velocidad de 16 pies por segundo, deja caer una bolsa de arena en el instante en el que está a 64 pies sobre el suelo.

(a) ¿En cuántos segundos llegará la bolsa al suelo?

(b) ¿A qué velocidad hará contacto con el suelo?

Movimiento vertical **En los ejercicios 60 a 62, suponga que la aceleración del objeto es $a(t) = -9.8$ metros por segundo por segundo. (Desprecie la resistencia del aire.)**

60. Una pelota de béisbol es lanzada hacia arriba desde una altura de 2 metros con una velocidad inicial de 10 metros por segundo. Determine su altura máxima.

61. ¿A qué velocidad inicial debe lanzarse un objeto hacia arriba (desde una altura de 2 metros) para que alcance una altura máxima de 200 metros?

62. Gran Cañón

El Gran Cañón tiene una profundidad de 1800 metros en su punto más profundo. Se deja caer una roca desde el borde sobre ese punto. ¿Cuánto tardará la roca en llegar al suelo del cañón?

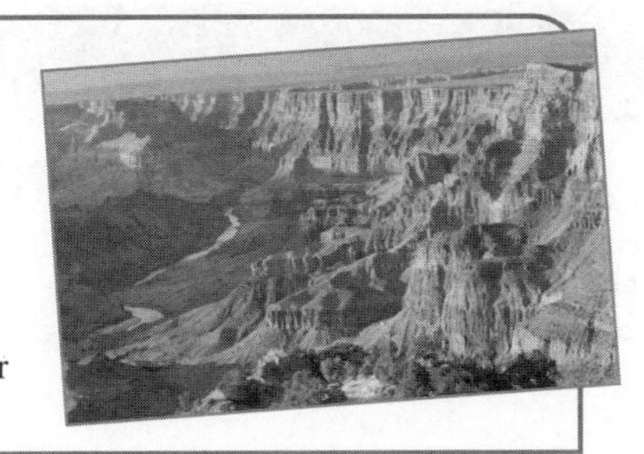

63. Gravedad lunar Sobre la Luna, la aceleración de un objeto en caída libre es $a(t) = -1.6$ m/s^2. Se deja caer una piedra desde un peñasco y golpea la superficie de la Luna 20 segundos después. ¿Desde qué altura cayó? ¿Cuál era su velocidad en el momento del impacto?

64. Velocidad de escape La velocidad de escape mínima que se requiere para que un objeto escape de la atracción gravitatoria de la Tierra se obtiene a partir de la solución de la ecuación

$$\int v\,dv = -GM\int \frac{1}{y^2}\,dy$$

donde v es la velocidad del objeto lanzado desde la Tierra, y es la distancia desde el centro terrestre, G es la constante de la gravitación y M es la masa de la Tierra. Demuestre que v y y están relacionadas por la ecuación

$$v^2 = v_0^2 + 2GM\left(\frac{1}{y} - \frac{1}{R}\right)$$

donde v_0 es la velocidad inicial del objeto y R es el radio terrestre.

Movimiento rectilíneo En los ejercicios 65 a 68, considere una partícula que se mueve a lo largo del eje x, donde $x(t)$ es la posición de la partícula en el tiempo t, $x'(t)$ su velocidad y $x''(t)$ su aceleración.

65. $x(t) = t^3 - 6t^2 + 9t - 2, \quad 0 \le t \le 5$
(a) Determine la velocidad y la aceleración de la partícula.
(b) Encuentre los intervalos abiertos de t en los cuales la partícula se mueve hacia la derecha.
(c) Encuentre la velocidad de la partícula cuando la aceleración es 0.

66. Repita el ejercicio 65 para la función de posición
$x(t) = (t - 1)(t - 3)^2, \quad 0 \le t \le 5$

67. Una partícula se mueve a lo largo del eje x a una velocidad de $v(t) = 1/\sqrt{t}$, $t > 0$. En el tiempo $t = 1$, su posición es $x = 4$. Encuentre las funciones de posición y la aceleración de la partícula.

68. Una partícula, inicialmente en reposo, se mueve a lo largo del eje x de manera que su aceleración en el tiempo $t > 0$ está dada por $a(t) = \cos t$. En el tiempo $t = 0$, su posición es $x = 3$.
(a) Determine las funciones velocidad y la posición de la partícula.
(b) Encuentre los valores de t para los cuales la partícula está en reposo.

69. Aceleración Una concesionaria de automóviles indica que un vehículo tarda 13 segundos en acelerar desde 25 kilómetros por hora hasta 80 kilómetros por hora. Suponga que la aceleración es constante.
(a) Determine la aceleración en m/s^2.
(b) Halle la distancia que recorre el automóvil durante los 13 segundos.

70. Desaceleración Un automóvil que viaja a 45 millas por hora recorre 132 pies, a desaceleración constante, luego de que se aplican los frenos para detenerlo.
(a) ¿Qué distancia recorre el automóvil cuando su velocidad se reduce a 30 millas por hora?
(b) ¿Qué distancia recorre el automóvil cuando su velocidad se reduce a 15 millas por hora?
(c) Dibuje la recta real desde 0 hasta 132 y grafique los puntos encontrados en los incisos (a) y (b). ¿Qué se puede concluir?

71. Aceleración En el instante en que la luz de un semáforo se pone en verde, un automóvil que ha estado esperando en un crucero empieza a moverse con una aceleración constante de 6 pies/s^2. En el mismo instante, un camión que viaja a una velocidad constante de 30 pies por segundo rebasa al automóvil.
(a) ¿A qué distancia del punto de inicio el automóvil rebasará al camión?
(b) ¿A qué velocidad circulará el automóvil cuando rebase al camión?

72. Aceleración Suponga que un avión totalmente cargado parte desde el reposo con una aceleración constante mientras se mueve por una pista. El avión requiere 0.7 millas de pista y una velocidad de 160 millas por hora para despegar. ¿Cuál es su aceleración?

¿Verdadero o falso? En los ejercicios 73 a 78, determine si el enunciado es verdadero o falso. Si es falso, explique por qué o proporcione un ejemplo que demuestre que es falso.

73. La antiderivada de $f(x)$ es única.

74. Toda antiderivada de una función polinomial de grado n es una función polinomial de grado $n + 1$.

75. Si $p(x)$ es una función polinomial, entonces p tiene exactamente una antiderivada cuya gráfica contiene al origen.

76. Si $F(x)$ y $G(x)$ son antiderivadas de $f(x)$, entonces $F(x) = G(x) + C$.

77. Si $f'(x) = g(x)$ entonces $\int g(x)\,dx = f(x) + C$

78. $\int f(x)g(x)\,dx = \left(\int f(x)\,dx\right)\left(\int g(x)\,dx\right)$

79. Demostración Sean $s(x)$ y $c(x)$ dos funciones que satisfacen $s'(x) = c(x)$ y $c'(x) = -s(x)$ para toda x. Si $s(0) = 0$ y $c(0) = 1$, demuestre que $[s(x)]^2 + [c(x)]^2 = 1$.

80. Piénselo Encuentre la solución general de

$$f'(x) = -2x \operatorname{sen} x^2$$

DESAFÍO DEL EXAMEN PUTNAM

81. Suponga que f y g son funciones no constantes, derivables y de valores reales definidas en $(-\infty, \infty)$. Además, suponga que para cada par de números reales x y y,

$$f(x + y) = f(x)f(y) - g(x)g(y) \quad \text{y}$$
$$g(x + y) = f(x)g(y) + g(x)f(y)$$

Si $f'(0) = 0$, demuestre que $(f(x))^2 + (g(x))^2 = 1$ para toda x.

4.2 Área

- **Emplear la notación sigma para escribir y calcular una suma.**
- **Entender el concepto de área.**
- **Aproximar el área de una región plana.**
- **Determinar el área de una región plana usando límites.**

Notación sigma

En la sección anterior estudió antiderivación. En esta sección se considerará además un problema que se presentó en la sección 1.1: el de encontrar el área de una región en el plano. A primera vista, estas dos ideas parecen no relacionarse, pero en la sección 4.4 descubrirá que están estrechamente relacionadas por medio de un teorema muy importante conocido como teorema fundamental del cálculo.

Esta sección inicia introduciendo una notación concisa para sumas. Esta notación recibe el nombre de **notación sigma** ya que utiliza la letra griega mayúscula sigma, Σ.

Notación sigma

La suma de n términos $a_1, a_2, a_3, \ldots, a_n$ se escribe como

$$\sum_{i=1}^{n} a_i = a_1 + a_2 + a_3 + \cdots + a_n$$

donde i es el **índice de suma**, a_i es el ***i*-ésimo término** de la suma y los **límites inferior y superior de la suma** son 1 y n.

COMENTARIO Los límites superior e inferior de la suma deben ser constantes respecto al índice de suma. Sin embargo, el límite inferior no tiene por qué ser 1. Cualquier entero menor o igual al límite superior es válido.

EJEMPLO 1 Ejemplos con la notación sigma

a. $\displaystyle\sum_{i=1}^{6} i = 1 + 2 + 3 + 4 + 5 + 6$

b. $\displaystyle\sum_{i=0}^{5} (i + 1) = 1 + 2 + 3 + 4 + 5 + 6$

c. $\displaystyle\sum_{j=3}^{7} j^2 = 3^2 + 4^2 + 5^2 + 6^2 + 7^2$

d. $\displaystyle\sum_{j=1}^{5} \frac{1}{\sqrt{j}} = \frac{1}{\sqrt{1}} + \frac{1}{\sqrt{2}} + \frac{1}{\sqrt{3}} + \frac{1}{\sqrt{4}} + \frac{1}{\sqrt{5}}$

e. $\displaystyle\sum_{k=1}^{n} \frac{1}{n}(k^2 + 1) = \frac{1}{n}(1^2 + 1) + \frac{1}{n}(2^2 + 1) + \cdots + \frac{1}{n}(n^2 + 1)$

f. $\displaystyle\sum_{i=1}^{n} f(x_i)\,\Delta x = f(x_1)\,\Delta x + f(x_2)\,\Delta x + \cdots + f(x_n)\,\Delta x$

En los incisos (a) y (b), observe que la misma suma puede representarse de maneras diferentes utilizando la notación sigma. ■

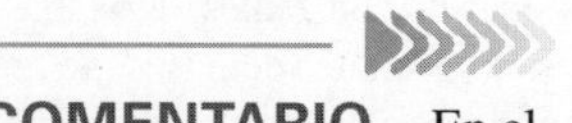

COMENTARIO En el ejemplo 1(e), note que k es la variable y el factor $1/n$ se mantiene constante. ¿Qué factor es constante en el ejemplo 1(f)?

Aunque puede utilizarse cualquier variable como índice de suma, suele preferirse i, j y k. Observe en el ejemplo 1 que el índice de suma no aparece en los términos de la suma desarrollada.

Las siguientes propiedades de la sumatoria empleando la notación sigma se deducen de las propiedades asociativa y conmutativa de la suma y de la propiedad distributiva de la adición en la multiplicación. (En la primera propiedad, k es una constante.)

1. $\sum_{i=1}^{n} ka_i = k\sum_{i=1}^{n} a_i$ **2.** $\sum_{i=1}^{n} (a_i \pm b_i) = \sum_{i=1}^{n} a_i \pm \sum_{i=1}^{n} b_i$

El siguiente teorema lista algunas fórmulas útiles para la suma de potencias.

LA SUMA DE LOS PRIMEROS CIEN ENTEROS

El maestro de Carl Friedrich Gauss (1777-1855) pidió a sus alumnos que sumaran todos los enteros desde 1 hasta 100. Cuando Gauss regresó con la respuesta correcta muy poco tiempo después, el maestro solamente pudo mirarlo con asombro. Esto fue lo que hizo Gauss:

$$\begin{array}{r} 1 + 2 + 3 + \cdots + 100 \\ 100 + 99 + 98 + \cdots + 1 \\ \hline 101 + 101 + 101 + \cdots + 101 \end{array}$$

$$\frac{100 \times 101}{2} = 5050$$

Esto se generaliza por medio del teorema 4.2, propiedad 2, donde

$$\sum_{i=1}^{100} i = \frac{100(101)}{2} = 5050$$

TEOREMA 4.2 Fórmulas de sumatoria

1. $\sum_{i=1}^{n} c = cn$, c es una constante **2.** $\sum_{i=1}^{n} i = \frac{n(n+1)}{2}$

3. $\sum_{i=1}^{n} i^2 = \frac{n(n+1)(2n+1)}{6}$ **4.** $\sum_{i=1}^{n} i^3 = \frac{n^2(n+1)^2}{4}$

Una demostración de este teorema se da en el apéndice A.

EJEMPLO 2 Evaluar una suma

Encuentre $\sum_{i=1}^{n} \frac{i+1}{n^2}$ para $n = 10, 100, 1000$ y 10000.

Solución Use el álgebra y el teorema 4.2 para simplificar la suma.

$$\sum_{i=1}^{n} \frac{i+1}{n^2} = \frac{1}{n^2}\sum_{i=1}^{n}(i+1) \qquad \text{Factorice la constante } 1/n^2 \text{ fuera de la suma.}$$

$$= \frac{1}{n^2}\left(\sum_{i=1}^{n} i + \sum_{i=1}^{n} 1\right) \qquad \text{Escriba como dos sumas.}$$

$$= \frac{1}{n^2}\left[\frac{n(n+1)}{2} + n\right] \qquad \text{Aplique el teorema 4.2.}$$

$$= \frac{1}{n^2}\left(\frac{n^2+3n}{2}\right) \qquad \text{Simplifique.}$$

$$= \frac{n+3}{2n} \qquad \text{Simplifique.}$$

Después de esto puede encontrar la suma sustituyendo los valores apropiados de n, como se muestra en la tabla.

n	10	100	1000	10000
$\sum_{i=1}^{n} \frac{i+1}{n^2} = \frac{n+3}{2n}$	0.65000	0.51500	0.50150	0.50015

PARA INFORMACIÓN ADICIONAL Para una interpretación geométrica de las fórmulas de suma, consulte el artículo "Looking at $\sum_{k=1}^{n} k$ and $\sum_{k=1}^{n} k^2$ Geometrically", de Eric Hegblom, en *Mathematics Teacher*. Para ver este artículo, visite *MathArticles.com* (disponible solo en inglés).

En el ejemplo 2, note que en la tabla la suma parece aproximarse a un límite conforme n aumenta. Aunque la discusión de límites al infinito, en la sección 3.5 se aplica a una variable x, donde x puede ser cualquier número real, muchos de los resultados siguen siendo válidos cuando una variable n se restringe a valores enteros positivos. Así, para encontrar el límite de $(n + 3)/2n$ cuando n tiende a infinito, se puede escribir

$$\lim_{n\to\infty} \frac{n+3}{2n} = \lim_{n\to\infty}\left(\frac{n}{2n} + \frac{3}{2n}\right) = \lim_{n\to\infty}\left(\frac{1}{2} + \frac{3}{2n}\right) = \frac{1}{2} + 0 = \frac{1}{2}$$

Área

En la geometría euclidiana, el tipo más simple de región plana es un rectángulo. Aunque la gente a menudo afirma que la *fórmula* para el área de un rectángulo es

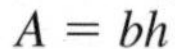

$$A = bh$$

resulta más apropiado decir que esta es la *definición* del **área de un rectángulo**.

A partir de esta definición, se pueden deducir fórmulas para áreas de muchas otras regiones planas. Por ejemplo, para determinar el área de un triángulo, se puede formar un rectángulo cuya área es dos veces la del triángulo, como se indica en la figura 4.5. Una vez que sabe cómo encontrar el área de un triángulo, se puede determinar el área de cualquier polígono subdividiéndolo en regiones triangulares, como se ilustra en la figura 4.6.

Para ver las figuras a color, acceda al código

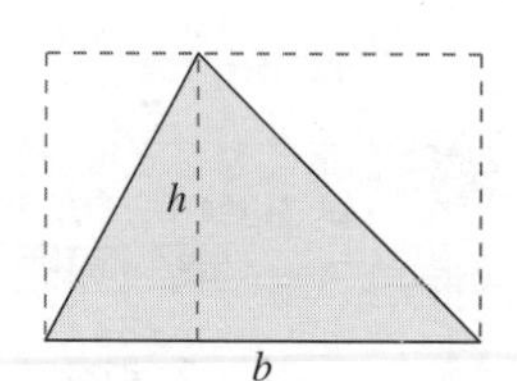

Triángulo: $A = \frac{1}{2}bh$
Figura 4.5

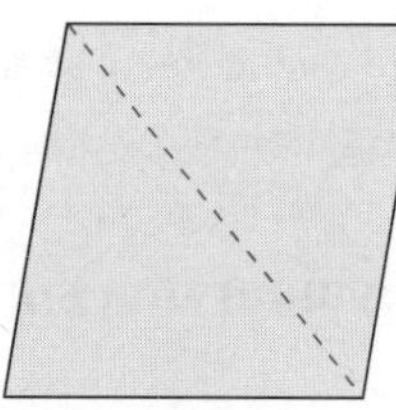

Paralelogramo

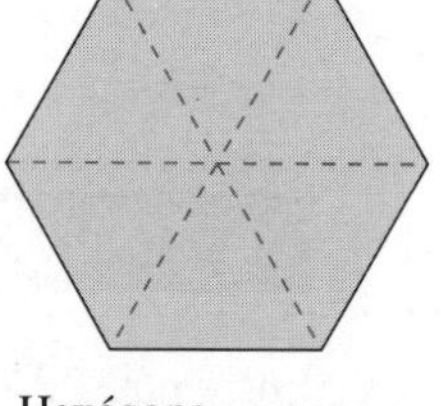

Hexágono

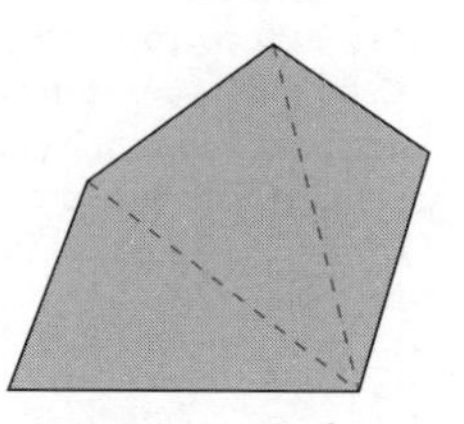

Polígono

Figura 4.6

ARQUÍMEDES (287-212 a.C.)

Arquímedes utilizó el método de agotamiento para deducir fórmulas para las áreas de elipses, segmentos parabólicos y sectores de una espiral. Se le considera el más grande matemático aplicado de la antigüedad.
Consulte LarsonCalculus.com (disponible solo en inglés) para leer más de esta biografía.

Hallar las áreas de regiones diferentes de los polígonos es más difícil. Los antiguos griegos fueron capaces de determinar fórmulas para las áreas de algunas regiones generales (principalmente aquellas delimitadas por las cónicas) mediante el método de *agotamiento*. La descripción más clara de este método fue dada por Arquímedes. En esencia, el método es un proceso de límite en el que el área se encierra entre dos polígonos (uno inscrito en la región y uno circunscrito alrededor de la región).

Por ejemplo, en la figura 4.7 el área de una región circular se aproxima mediante un polígono inscrito de n lados y un polígono circunscrito de n lados. Para cada valor de n el área del polígono inscrito es menor que el área del círculo, y el área del polígono circunscrito es mayor que el área del círculo. Además, a medida que n aumenta, las áreas de ambos polígonos van siendo cada vez mejores aproximaciones del área del círculo.

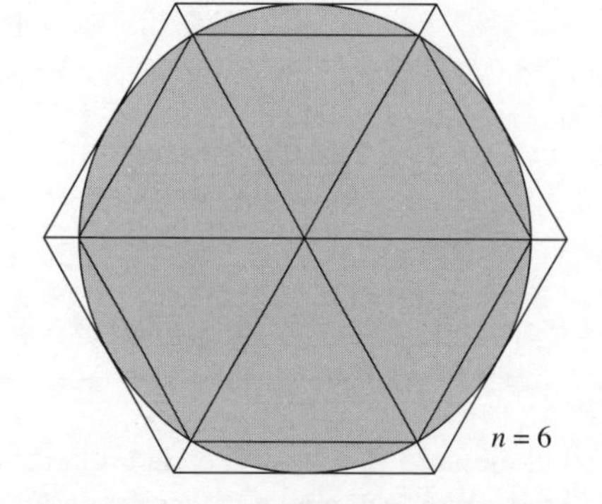

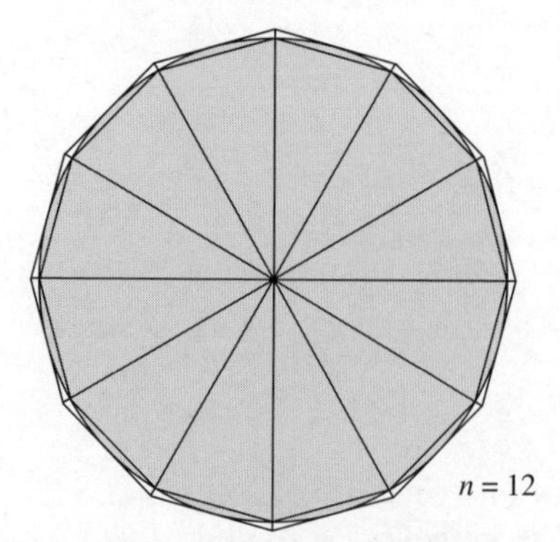

Método de agotamiento para determinar el área de una región circular.
Figura 4.7

PARA INFORMACIÓN ADICIONAL Para un desarrollo alternativo de la fórmula para el área de un círculo, consulte el artículo "Proof Whitout Words: Area of a Disk is πR^2", de Russell Jay Hendel, en *Mathematics Magazine.* Para leer este artículo, visite *MathArticles.com* (disponible solo en inglés).

Un proceso similar al que usó Arquímedes para determinar el área de una región plana se usa en los ejemplos restantes en esta sección.

El área de una región plana

Recuerde de la sección 1.1 que los orígenes del cálculo están relacionados con dos problemas clásicos: el problema de la recta tangente y el problema del área. En el ejemplo 3 se inicia la investigación del problema del área.

EJEMPLO 3 Aproximar el área de una región plana

Use los cinco rectángulos de la figura 4.8(a) y 4.8(b) para determinar *dos* aproximaciones del área de la región que se encuentra entre la gráfica de

$$f(x) = -x^2 + 5$$

y el eje x entre $x = 0$ y $x = 2$.

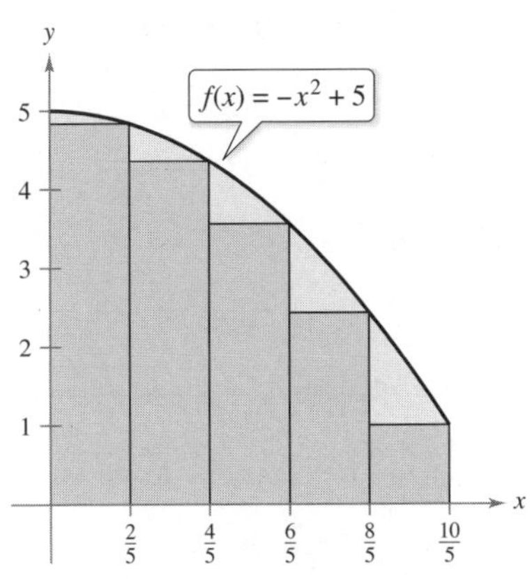

(a) El área de una región parabólica es mayor que el área de los rectángulos.

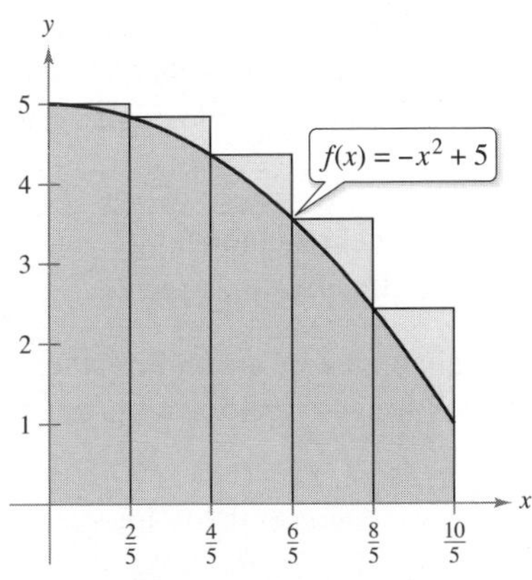

(b) El área de la región parabólica es menor que el área de los rectángulos.

Figura 4.8

Solución

a. Los puntos terminales de la derecha de los cinco intervalos son

$$\frac{2}{5}i \qquad \text{Extremos derechos.}$$

donde $i = 1, 2, 3, 4, 5$. El ancho de cada rectángulo es $\frac{2}{5}$, y la altura de cada rectángulo se puede obtener al hallar f en el punto terminal derecho de cada intervalo.

$$\left[0, \frac{2}{5}\right], \left[\frac{2}{5}, \frac{4}{5}\right], \left[\frac{4}{5}, \frac{6}{5}\right], \left[\frac{6}{5}, \frac{8}{5}\right], \left[\frac{8}{5}, \frac{10}{5}\right]$$

Evalúe f en los extremos de la derecha de estos intervalos.

La suma de las áreas de los cinco rectángulos es

$$\sum_{i=1}^{5} \underbrace{f\left(\frac{2i}{5}\right)}_{\text{Altura}} \underbrace{\left(\frac{2}{5}\right)}_{\text{Ancho}} = \sum_{i=1}^{5} \left[-\left(\frac{2i}{5}\right)^2 + 5\right]\left(\frac{2}{5}\right) = \frac{162}{25} = 6.48$$

Como cada uno de los cinco rectángulos se encuentra dentro de la región parabólica, puede concluir que el área de la región parabólica es mayor que 6.48.

b. Los extremos izquierdos de los cinco intervalos son

$$\frac{2}{5}(i - 1) \qquad \text{Extremos izquierdos.}$$

donde $i = 1, 2, 3, 4, 5$. El ancho de cada rectángulo es $\frac{2}{5}$, y la altura de cada uno puede obtenerse evaluando f en el extremo izquierdo de cada intervalo. Por tanto, la suma es

$$\sum_{i=1}^{5} \underbrace{f\left(\frac{2i-2}{5}\right)}_{\text{Altura}} \underbrace{\left(\frac{2}{5}\right)}_{\text{Ancho}} = \sum_{i=1}^{5} \left[-\left(\frac{2i-2}{5}\right)^2 + 5\right]\left(\frac{2}{5}\right) = \frac{202}{25} = 8.08$$

Debido a que la región parabólica se encuentra contenida en la unión de las cinco regiones rectangulares, es posible concluir que el área de la región parabólica es menor que 8.08.

Combinando los resultados de los incisos (a) y (b), puede concluir que

$$6.48 < (\text{Área de la región}) < 8.08$$

Al incrementar el número de rectángulos utilizados en el ejemplo 3, puede obtener aproximaciones más y más cercanas al área de la región. Por ejemplo, al utilizar 25 rectángulos, cada uno de ancho $\frac{2}{25}$, puede concluir que

$$7.1712 < (\text{Área de la región}) < 7.4912$$

Para ver las figuras a color, acceda al código

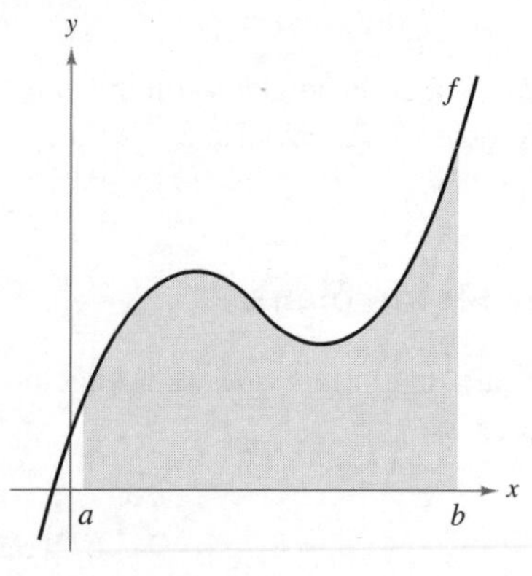

Región bajo una curva.
Figura 4.9

Encontrar el área por definición

Piense en el procedimiento utilizado para encontrar el área en el ejemplo 3. ¿Puede generalizarse este procedimiento para determinar áreas debajo de otras curvas? Considere la región plana mostrada en la figura 4.9. La cota superior de la región es la gráfica de $y = f(x)$, la cota inferior es el eje x y los límites izquierdo y derecho son las rectas verticales $x = a$ y $x = b$. También considere que la función f es continua y no negativa en el intervalo cerrado $[a, b]$.

Para aproximar el área de la región, comience subdividiendo el intervalo $[a, b]$ en n subintervalos, cada uno de ancho

$$\Delta x = \frac{b - a}{n} \qquad \text{Ancho de cada subintervalo.}$$

como se muestra en la figura 4.10. Los extremos de los intervalos son

$$\underbrace{a + 0(\Delta x)}_{a = x_0} < \underbrace{a + 1(\Delta x)}_{x_1} < \underbrace{a + 2(\Delta x)}_{x_2} < \cdot \cdot \cdot < \underbrace{a + n(\Delta x)}_{x_n = b}$$

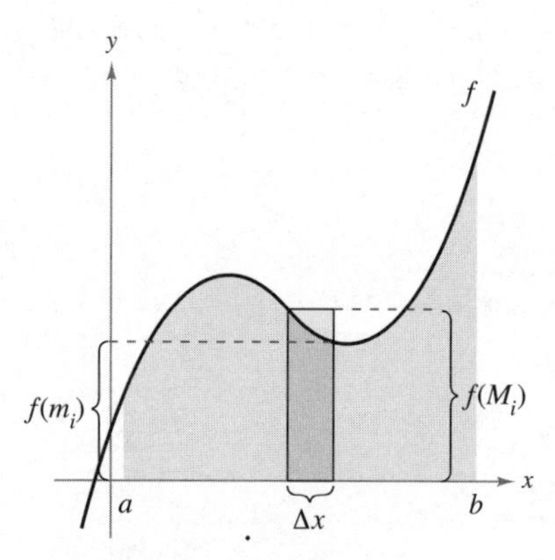

El intervalo $[a, b]$ se divide en n subintervalos de ancho $\Delta x = \dfrac{b - a}{n}$.
Figura 4.10

Como f es continua, el teorema del valor extremo garantiza la existencia de un valor mínimo y uno máximo de f en *cada* subintervalo.

$f(m_i)$ = valor mínimo de f en el i-ésimo subintervalo
$f(M_i)$ = valor máximo de f en el i-ésimo subintervalo

A continuación defina un **rectángulo inscrito** que se encuentre *dentro* de la i-ésima subregión y un **rectángulo circunscrito** que se extienda *fuera* de la i-ésima subregión. La altura del i-ésimo rectángulo inscrito es $f(m_i)$ y la altura del i-ésimo rectángulo circunscrito es $f(M_i)$. Para *cada* i, el área del rectángulo inscrito es menor que o igual que el área del rectángulo circunscrito.

$$\begin{pmatrix}\text{Área del rectángulo}\\ \text{inscrito}\end{pmatrix} = f(m_i)\,\Delta x \leq f(M_i)\,\Delta x = \begin{pmatrix}\text{Área del rectángulo}\\ \text{circunscrito}\end{pmatrix}$$

La suma de las áreas de los rectángulos inscritos recibe el nombre de **suma inferior**, y la suma de las áreas de los rectángulos circunscritos se conoce como **suma superior**.

$$\text{Suma inferior} = s(n) = \sum_{i=1}^{n} f(m_i)\,\Delta x \qquad \text{Área de rectángulos inscritos.}$$

$$\text{Suma superior} = S(n) = \sum_{i=1}^{n} f(M_i)\,\Delta x \qquad \text{Área de rectángulos circunscritos.}$$

Para ver las figuras a color, acceda al código

En la figura 4.11 se puede observar que la suma inferior $s(n)$ es menor o igual que la suma superior $S(n)$. Además, el área real de la región se encuentra entre estas dos sumas.

$$s(n) \leq (\text{Área de la región}) \leq S(n)$$

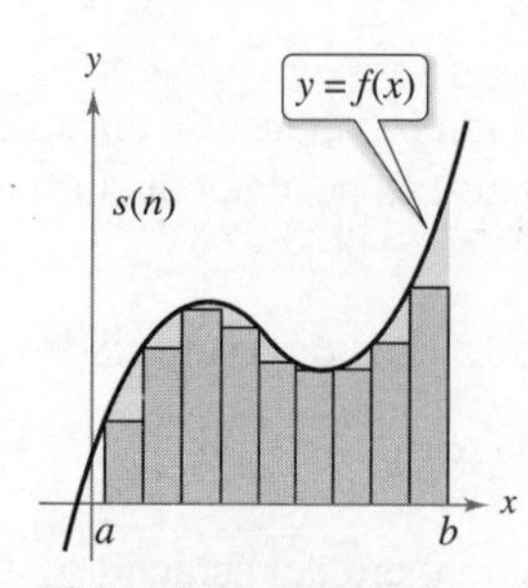

El área de los rectángulos inscritos es menor que el área de la región.

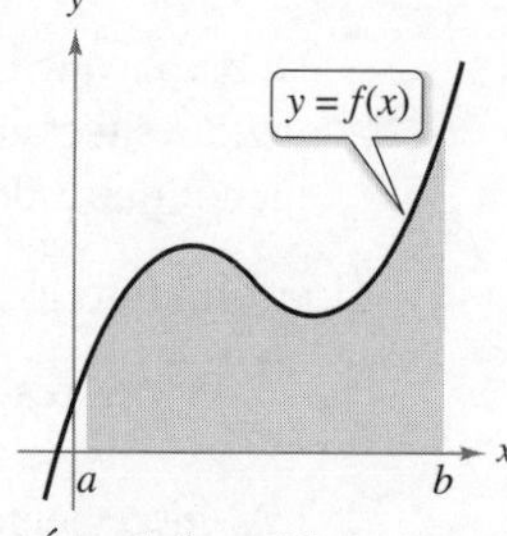

Área de la región.

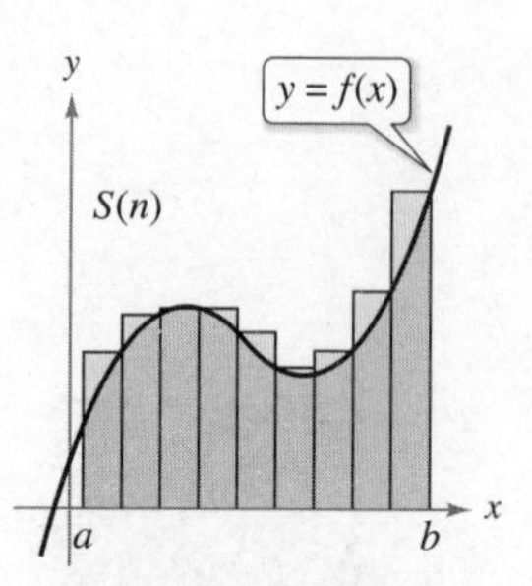

El área de los rectángulos circunscritos es mayor que el área de la región.

Figura 4.11

EJEMPLO 4 Hallar las sumas superior e inferior de una región

Determine la suma superior e inferior de la región delimitada por la gráfica de $f(x) = x^2$ y el eje x entre $x = 0$ y $x = 2$.

Solución Para empezar, divida el intervalo $[0, 2]$ en n subintervalos, cada uno de ancho

$$\Delta x = \frac{b-a}{n} = \frac{2-0}{n} = \frac{2}{n}$$

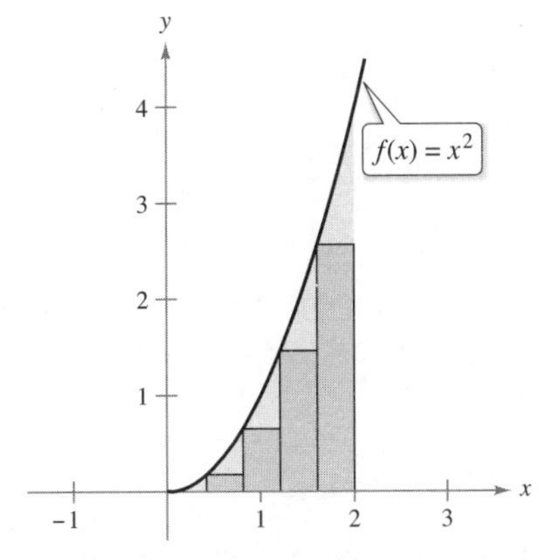

Rectángulos inscritos.

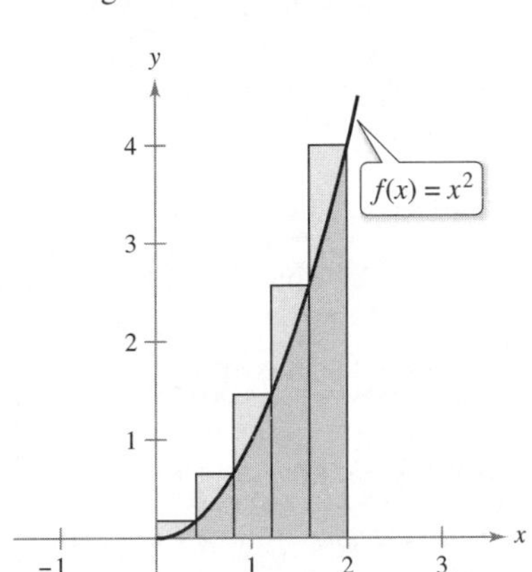

Rectángulos circunscritos.

Figura 4.12

La figura 4.12 muestra los puntos terminales de los subintervalos y varios de los rectángulos inscritos y circunscritos. Como f es creciente en el intervalo $[0, 2]$, el valor mínimo en cada subintervalo ocurre en el extremo izquierdo, y el valor máximo ocurre en el extremo derecho.

Extremos izquierdos

$$m_i = 0 + (i-1)\left(\frac{2}{n}\right) = \frac{2(i-1)}{n}$$

Extremos derechos

$$M_i = 0 + i\left(\frac{2}{n}\right) = \frac{2i}{n}$$

Utilizando los puntos terminales izquierdos, la suma inferior es

$$s(n) = \sum_{i=1}^{n} f(m_i)\,\Delta x \qquad \text{Fórmula de suma inferior.}$$

$$= \sum_{i=1}^{n} f\left[\frac{2(i-1)}{n}\right]\left(\frac{2}{n}\right) \qquad \text{Sustituya } m_i.$$

$$= \sum_{i=1}^{n} \left[\frac{2(i-1)}{n}\right]^2\left(\frac{2}{n}\right) \qquad \text{Definición de } f(x).$$

$$= \sum_{i=1}^{n} \left(\frac{8}{n^3}\right)(i^2 - 2i + 1) \qquad \text{Evalúe la potencia y factorice.}$$

$$= \frac{8}{n^3}\left(\sum_{i=1}^{n} i^2 - 2\sum_{i=1}^{n} i + \sum_{i=1}^{n} 1\right) \qquad \text{Factorice y escriba como tres sumas.}$$

$$= \frac{8}{n^3}\left\{\frac{n(n+1)(2n+1)}{6} - 2\left[\frac{n(n+1)}{2}\right] + n\right\} \qquad \text{Aplique el teorema 4.2.}$$

$$= \frac{4}{3n^3}(2n^3 - 3n^2 + n) \qquad \text{Simplifique.}$$

$$= \frac{8}{3} - \frac{4}{n} + \frac{4}{3n^2} \qquad \text{Suma inferior.}$$

Empleando los puntos terminales derechos, la suma superior es

$$S(n) = \sum_{i=1}^{n} f(M_i)\,\Delta x \qquad \text{Fórmula de suma superior.}$$

$$= \sum_{i=1}^{n} f\left(\frac{2i}{n}\right)\left(\frac{2}{n}\right) \qquad \text{Sustituya } M_i.$$

$$= \sum_{i=1}^{n} \left(\frac{2i}{n}\right)^2\left(\frac{2}{n}\right) \qquad \text{Definición de } f(x).$$

$$= \sum_{i=1}^{n} \left(\frac{8}{n^3}\right)i^2 \qquad \text{Evalúe la potencia y factorice.}$$

$$= \frac{8}{n^3}\left[\frac{n(n+1)(2n+1)}{6}\right] \qquad \text{Aplique el teorema 4.2.}$$

$$= \frac{4}{3n^3}(2n^3 + 3n^2 + n) \qquad \text{Simplifique.}$$

$$= \frac{8}{3} + \frac{4}{n} + \frac{4}{3n^2} \qquad \text{Suma superior.}$$

Para ver las figuras a color, acceda al código

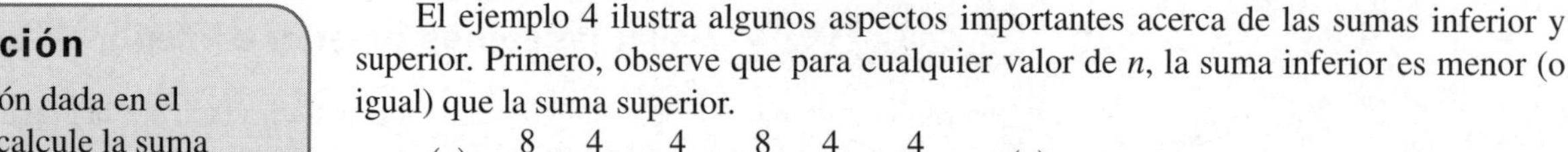

Exploración

Para la región dada en el ejemplo 4, calcule la suma inferior

$$s(n) = \frac{8}{3} - \frac{4}{n} + \frac{4}{3n^2}$$

y la suma superior

$$S(n) = \frac{8}{3} + \frac{4}{n} + \frac{4}{3n^2}$$

para $n = 10$, 100 y 1000. Utilice los resultados para determinar el área de la región.

El ejemplo 4 ilustra algunos aspectos importantes acerca de las sumas inferior y superior. Primero, observe que para cualquier valor de n, la suma inferior es menor (o igual) que la suma superior.

$$s(n) = \frac{8}{3} - \frac{4}{n} + \frac{4}{3n^2} < \frac{8}{3} + \frac{4}{n} + \frac{4}{3n^2} = S(n) \quad \text{Suma inferior < suma superior.}$$

Segundo, la diferencia entre estas dos sumas disminuye cuando n aumenta. De hecho, si toma los límites cuando $n \to \infty$, tanto la suma superior como la suma inferior se aproximan a $\frac{8}{3}$.

$$\lim_{n\to\infty} s(n) = \lim_{n\to\infty}\left(\frac{8}{3} - \frac{4}{n} + \frac{4}{3n^2}\right) = \frac{8}{3} \quad \text{Límite de la suma inferior.}$$

y

$$\lim_{n\to\infty} S(n) = \lim_{n\to\infty}\left(\frac{8}{3} + \frac{4}{n} + \frac{4}{3n^2}\right) = \frac{8}{3} \quad \text{Límite de la suma superior.}$$

El siguiente teorema muestra que la equivalencia de los límites (cuando $n \to \infty$) de las sumas superior e inferior no es una mera coincidencia. Este teorema es válido para toda función continua no negativa en el intervalo cerrado $[a, b]$. La demostración de este teorema es más adecuada para un curso de cálculo avanzado.

TEOREMA 4.3 Límites de las sumas superior e inferior

Sea f una función continua y no negativa en el intervalo $[a, b]$. Los límites cuando $n \to \infty$ de las sumas inferior y superior existen y son iguales entre sí. Esto es

$$\lim_{n\to\infty} s(n) = \lim_{n\to\infty} \sum_{i=1}^{n} f(m_i)\,\Delta x \quad \text{Límite de la suma inferior.}$$

$$= \lim_{n\to\infty} \sum_{i=1}^{n} f(M_i)\,\Delta x$$

$$= \lim_{n\to\infty} S(n) \quad \text{Límite de la suma superior.}$$

donde $\Delta x = (b - a)|n$ y $f(m_i)$ y $f(M_i)$ son los valores mínimo y máximo de f en el subintervalo.

Para ver la figura a color, acceda al código

En el teorema 4.3 se obtiene el mismo límite tanto con el valor mínimo $f(m_i)$ como con el valor máximo $f(M_i)$. Por tanto, a partir del teorema de compresión (teorema 1.8), se deduce que la elección de x en el i-ésimo intervalo no afecta al límite. Esto significa que está en libertad de elegir cualquier valor de x *arbitrario* en el i-ésimo subintervalo, como en la siguiente *definición del área de una región en el plano.*

Definición del área de una región en el plano

Sea f una función continua y no negativa en el intervalo $[a, b]$ (vea la figura 4.13). El área de la región limitada por la gráfica de f, el eje x y las rectas verticales $x = a$ y $x = b$ es

$$\text{Área} = \lim_{n\to\infty} \sum_{i=1}^{n} f(c_i)\,\Delta x$$

donde $x_{i-1} \le c_i \le x_i$ y

$$\Delta x = \frac{b - a}{n}$$

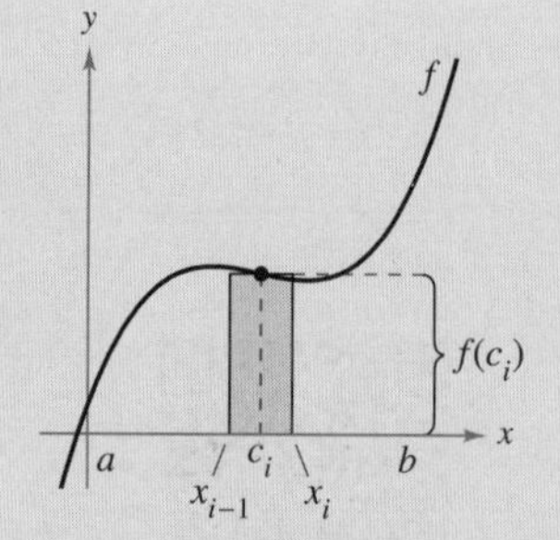

El ancho del i-ésimo subintervalo es $\Delta x = x_i - x_{i-1}$.
Figura 4.13

Para ver las figuras a color, acceda al código

EJEMPLO 5 Hallar el área mediante la definición de límite

Encuentre el área de la región limitada por la gráfica $f(x) = x^3$, el eje x y las rectas verticales $x = 0$ y $x = 1$, como se muestra en la figura 4.14.

Solución Comience observando que la función f es continua y no negativa en el intervalo $[0, 1]$. Después, divida el intervalo $[0, 1]$ en n subintervalos, cada uno de ancho $\Delta x = 1/n$. De acuerdo con la definición de área, se puede elegir cualquier valor de x en el i-ésimo subintervalo. En este ejemplo, los extremos derechos $c_i = i/n$ resultan adecuados.

$$\text{Área} = \lim_{n\to\infty} \sum_{i=1}^{n} f(c_i)\,\Delta x \qquad \text{Definición de área mediante el límite.}$$

$$= \lim_{n\to\infty} \sum_{i=1}^{n} \left(\frac{i}{n}\right)^3 \left(\frac{1}{n}\right) \qquad \text{Extremos derechos: } c_i = \frac{i}{n}$$

$$= \lim_{n\to\infty} \frac{1}{n^4} \sum_{i=1}^{n} i^3 \qquad \text{Factorice la constante } \frac{1}{n^4} \text{ de la suma.}$$

$$= \lim_{n\to\infty} \frac{1}{n^4} \left[\frac{n^2(n+1)^2}{4}\right] \qquad \text{Teorema 4.2, propiedad 4.}$$

$$= \lim_{n\to\infty} \left(\frac{1}{4} + \frac{1}{2n} + \frac{1}{4n^2}\right) \qquad \text{Simplifique.}$$

$$= \frac{1}{4} \qquad \text{Evalúe el límite.}$$

El área de la región es $\frac{1}{4}$.

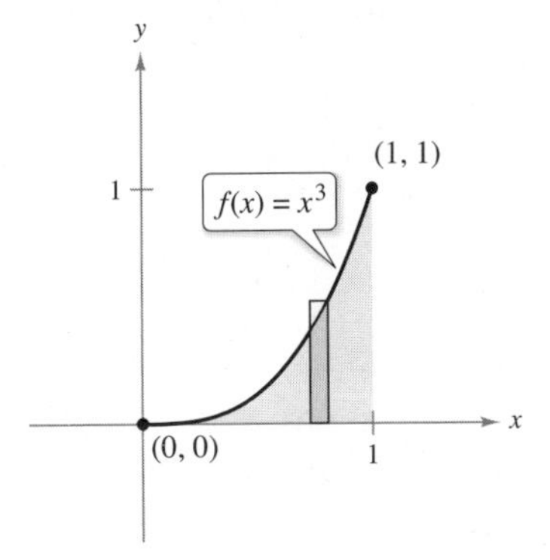

El área de la región acotada por la gráfica de f, el eje x, $x = 0$ y $x = 1$ es $\frac{1}{4}$

Figura 4.14

EJEMPLO 6 Hallar el área mediante la definición de límite

Consulte LarsonCalculus.com (disponible solo en inglés) para una versión interactiva de este tipo de ejemplo.

Determine el área de la región limitada por la gráfica de $f(x) = 4 - x^2$, el eje x y las rectas verticales $x = 1$ y $x = 2$, como se muestra en la figura 4.15.

Solución La función f es continua y no negativa en el intervalo $[1, 2]$. Por tanto, comience dividiendo el intervalo en n subintervalos, cada uno de ancho $\Delta x = 1/n$. Eligiendo el extremo derecho

$$c_i = a + i\Delta x = 1 + \frac{i}{n} \qquad \text{Extremos derechos.}$$

de cada subintervalo, se obtiene

$$\text{Área} = \lim_{n\to\infty} \sum_{i=1}^{n} f(c_i)\,\Delta x \qquad \text{Definición de área.}$$

$$= \lim_{n\to\infty} \sum_{i=1}^{n} \left[4 - \left(1 + \frac{i}{n}\right)^2\right]\left(\frac{1}{n}\right) \qquad \text{Extremos derechos: } c_i = 1 + \frac{i}{n}$$

$$= \lim_{n\to\infty} \sum_{i=1}^{n} \left(3 - \frac{2i}{n} - \frac{i^2}{n^2}\right)\left(\frac{1}{n}\right) \qquad \text{Simplifique.}$$

$$= \lim_{n\to\infty} \left(\frac{1}{n}\sum_{i=1}^{n} 3 - \frac{2}{n^2}\sum_{i=1}^{n} i - \frac{1}{n^3}\sum_{i=1}^{n} i^2\right) \qquad \text{Factorice y separe en tres sumas.}$$

$$= \lim_{n\to\infty} \left[3 - \left(1 + \frac{1}{n}\right) - \left(\frac{1}{3} + \frac{1}{2n} + \frac{1}{6n^2}\right)\right] \qquad \text{Aplique el teorema 4.2.}$$

$$= 3 - 1 - \frac{1}{3} \qquad \text{Evalúe el límite.}$$

$$= \frac{5}{3}$$

El área de la región es $\frac{5}{3}$.

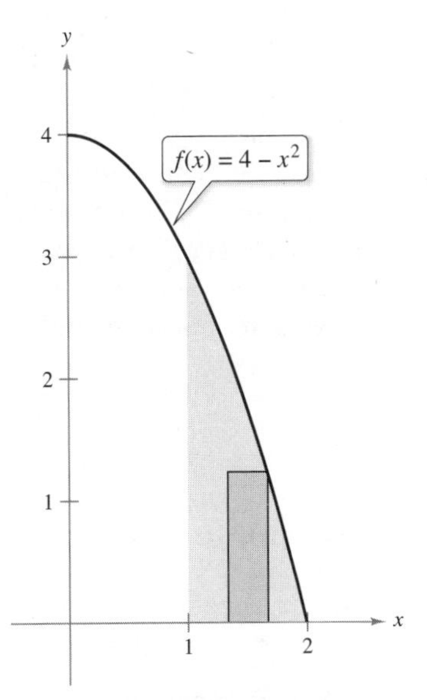

El área de la región acotada por la gráfica de f, el eje x, $x = 1$ y $x = 2$ es $\frac{5}{3}$

Figura 4.15

El último ejemplo en esta sección considera una región limitada por el eje y (en vez del eje x).

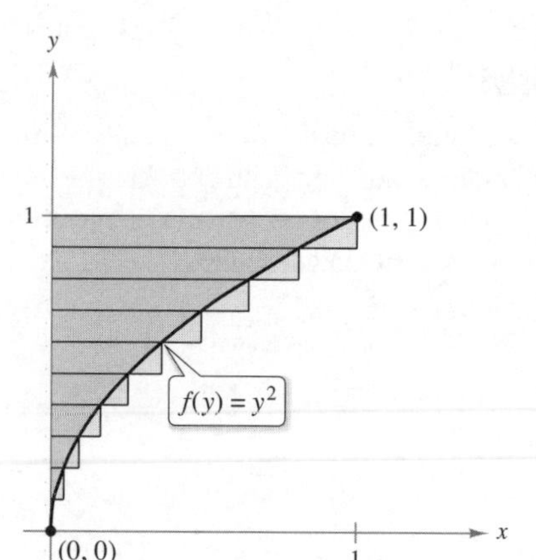

El área de la región acotada por la gráfica de f, el eje y para $0 \le y \le 1$ es $\frac{1}{3}$.

Figura 4.16

EJEMPLO 7 Una región limitada por el eje y

Encuentre el área de la región limitada por la gráfica de $f(y) = y^2$ y el eje y para $0 \le y \le 1$ como se muestra en la figura 4.16.

Solución Cuando f es una función continua y no negativa de y, puede seguir utilizando el mismo procedimiento básico que se ilustró en los ejemplos 5 y 6. Comience dividiendo el intervalo [0, 1] en n subintervalos, cada uno de ancho $\Delta y = 1/n$. Después utilice los puntos terminales superiores $c_i = i/n$, para obtener

$$\text{Área} = \lim_{n\to\infty} \sum_{i=1}^{n} f(c_i)\,\Delta y \qquad \text{Definición de área mediante el límite.}$$

$$= \lim_{n\to\infty} \sum_{i=1}^{n} \left(\frac{i}{n}\right)^2 \left(\frac{1}{n}\right) \qquad \text{Puntos terminales superiores: } c_i = \frac{i}{n}$$

$$= \lim_{n\to\infty} \frac{1}{n^3} \sum_{i=1}^{n} i^2 \qquad \text{Factorice la constante } \frac{1}{n^3} \text{ de la suma.}$$

$$= \lim_{n\to\infty} \frac{1}{n^3}\left[\frac{n(n+1)(2n+1)}{6}\right] \qquad \text{Teorema 4.2, propiedad 3.}$$

$$= \lim_{n\to\infty} \left(\frac{1}{3} + \frac{1}{2n} + \frac{1}{6n^2}\right) \qquad \text{Simplifique.}$$

$$= \frac{1}{3} \qquad \text{Evalúe el límite.}$$

El área de la región es $\frac{1}{3}$. ■

Para ver las figuras a color, acceda al código

COMENTARIO En la sección 7.6 se aprenderá acerca de otros métodos de aproximación. Uno de los métodos, la regla del trapecio, es similar a la regla del punto medio.

En los ejemplos 5, 6 y 7, se elige un valor de c_i que sea conveniente para el cálculo del límite. Debido a que cada límite da el área exacta para *cualquier* c_i no hay necesidad de encontrar valores que den buenas aproximaciones cuando n es pequeña. Sin embargo, para una *aproximación*, debe tratar de encontrar un valor de c_i que dé una buena aproximación del área de la i-ésima subregión. En general, un buen valor para elegir es el punto medio del intervalo, $c_i = (x_{i-1} + x_i)/2$, y se aplica la **regla del punto medio**.

$$\text{Área} \approx \sum_{i=1}^{n} f\left(\frac{x_{i-1} + x_i}{2}\right)\Delta x \qquad \text{Regla del punto medio.}$$

EJEMPLO 8 Aproximar el área con la regla del punto medio

Utilice la regla del punto medio con $n = 4$ para aproximar el área de la región limitada por la gráfica de $f(x) = \operatorname{sen} x$ y el eje x para $0 \le x \le \pi$ como se muestra en la figura 4.17.

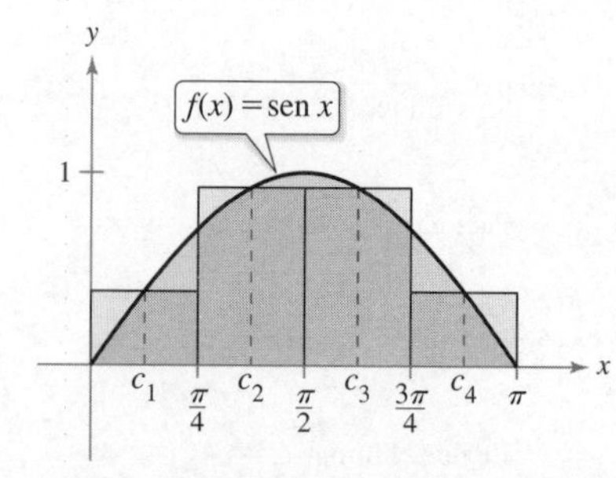

El área de la región limitada por la gráfica de $f(x) = \operatorname{sen} x$ y el eje x para $0 \le x \le \pi$ es aproximadamente de 2.052.

Figura 4.17

Solución Para $n = 4$, $\Delta x = \pi/4$. A continuación se muestran los puntos medios de las subregiones.

$$c_1 = \frac{0 + (\pi/4)}{2} = \frac{\pi}{8} \qquad c_2 = \frac{(\pi/4) + (\pi/2)}{2} = \frac{3\pi}{8}$$

$$c_3 = \frac{(\pi/2) + (3\pi/4)}{2} = \frac{5\pi}{8} \qquad c_4 = \frac{(3\pi/4) + \pi}{2} = \frac{7\pi}{8}$$

Así, el área se aproxima por

$$\text{Área} \approx \sum_{i=1}^{n} f(c_i)\,\Delta x = \sum_{i=1}^{4} (\operatorname{sen} c_i)\left(\frac{\pi}{4}\right) = \frac{\pi}{4}\left(\operatorname{sen}\frac{\pi}{8} + \operatorname{sen}\frac{3\pi}{8} + \operatorname{sen}\frac{5\pi}{8} + \operatorname{sen}\frac{7\pi}{8}\right)$$

que es aproximadamente 2.052. ■

4.2 Ejercicios

Las respuestas a los ejercicios impares pueden consultarse en el Apéndice de este libro.

Repaso de conceptos

1. Identifique el índice de suma, el límite superior de suma y el límite inferior de suma para
$$\sum_{i=3}^{8} (i-4)$$
2. Encuentre el valor n.
(a) $\sum_{i=1}^{n} i = \frac{5(5+1)}{2}$ (b) $\sum_{i=1}^{n} i^2 = \frac{20(20+1)[2(20)+1]}{6}$
3. Describa los métodos de sumas superior e inferior en la aproximación del área de una región, use figuras donde sea necesario.
4. Explique cómo encontrar el área de una región plana utilizando límites.

Encontrar la suma En los ejercicios 5 a 10, encuentre la suma agregando cada término. Use la función de suma de la herramienta de graficación para comprobar el resultado.

5. $\sum_{i=1}^{6} (3i+2)$
6. $\sum_{k=3}^{9} (k^2+1)$
7. $\sum_{k=0}^{4} \frac{1}{k^2+1}$
8. $\sum_{j=2}^{5} \frac{1}{2j}$
9. $\sum_{k=0}^{7} c$
10. $\sum_{i=1}^{4} [(i-1)^2+(i+1)^3]$

Usar la notación sigma En los ejercicios 11 a 16, use la notación sigma para escribir la suma.

11. $\frac{1}{5(1)}+\frac{1}{5(2)}+\frac{1}{5(3)}+\cdots+\frac{1}{5(11)}$
12. $\frac{6}{2+1}+\frac{6}{2+2}+\frac{6}{2+3}+\cdots+\frac{6}{2+11}$
13. $\left[7\left(\frac{1}{6}\right)+5\right]+\left[7\left(\frac{2}{6}\right)+5\right]+\cdots+\left[7\left(\frac{6}{6}\right)+5\right]$
14. $\left[1-\left(\frac{1}{4}\right)^2\right]+\left[1-\left(\frac{2}{4}\right)^2\right]+\cdots+\left[1-\left(\frac{4}{4}\right)^2\right]$
15. $\left[\left(\frac{2}{n}\right)^3-\frac{2}{n}\right]\left(\frac{2}{n}\right)+\cdots+\left[\left(\frac{2n}{n}\right)^3-\frac{2n}{n}\right]\left(\frac{2}{n}\right)$
16. $\left[2\left(1+\frac{3}{n}\right)^2\right]\left(\frac{3}{n}\right)+\cdots+\left[2\left(1+\frac{3n}{n}\right)^2\right]\left(\frac{3}{n}\right)$

Evaluar una suma En los ejercicios 17 a 24, utilice las propiedades de la notación sigma y el teorema 4.2 para evaluar la suma. Utilice la función de suma de alguna herramienta de graficación para comprobar el resultado.

17. $\sum_{i=1}^{12} 7$
18. $\sum_{i=1}^{20} -8$
19. $\sum_{i=1}^{24} 4i$
20. $\sum_{i=1}^{16} (5i-4)$
21. $\sum_{i=1}^{20} (i-1)^2$
22. $\sum_{i=1}^{10} (i^2-1)$
23. $\sum_{i=1}^{7} i(i+3)^2$
24. $\sum_{i=1}^{25} (i^3-2i)$

Evaluar una suma En los ejercicios 25 a 28, utilice las fórmulas de suma para reescribir la expresión sin la notación sigma. Use el resultado para determinar la suma correspondiente a $n = 10, 100, 1000$ y $10\,000$.

25. $\sum_{i=1}^{n} \frac{2i+1}{n^2}$
26. $\sum_{j=1}^{n} \frac{7j+4}{n^2}$
27. $\sum_{k=1}^{n} \frac{6k(k-1)}{n^3}$
28. $\sum_{i=1}^{n} \frac{2i^3-3i}{n^4}$

Aproximar el área de una región plana En los ejercicios 29 a 34, use los puntos terminales izquierdo y derecho y el número de rectángulos dados para encontrar dos aproximaciones del área de la región entre la gráfica de la función y el eje x en el intervalo dado.

29. $f(x) = 2x+5$, $[0, 2]$, 4 rectángulos
30. $f(x) = 9-x$, $[2, 4]$, 6 rectángulos
31. $g(x) = 2x^2-x-1$, $[2, 5]$, 6 rectángulos
32. $g(x) = x^2+1$, $[1, 3]$, 8 rectángulos
33. $f(x) = \cos x$, $\left[0, \frac{\pi}{2}\right]$, 4 rectángulos
34. $g(x) = \operatorname{sen} x$, $[0, \pi]$, 6 rectángulos

Usar sumas superior e inferior En los ejercicios 35 y 36, delimite el área de la región sombreada aproximando las sumas superior e inferior. Utilice rectángulos de ancho 1.

35.

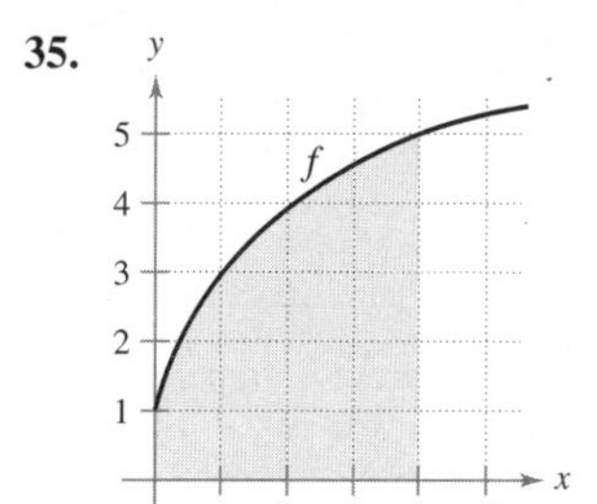

36.

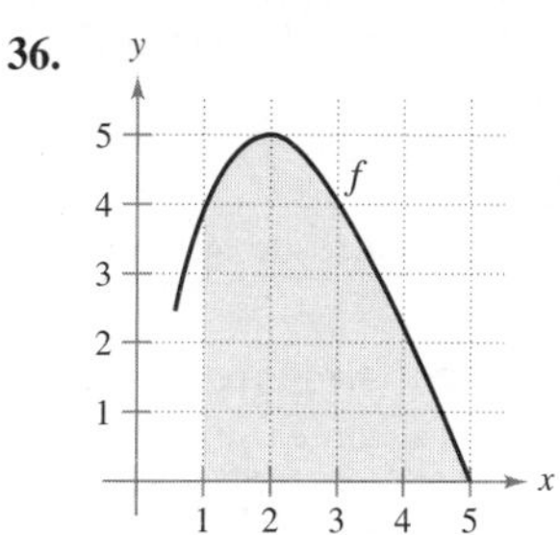

Encontrar las sumas superior e inferior para una región En los ejercicios 37 a 40, utilice sumas superiores e inferiores para aproximar el área de la región empleando el número dado de subintervalos (de igual ancho).

37. $y = \sqrt{x}$

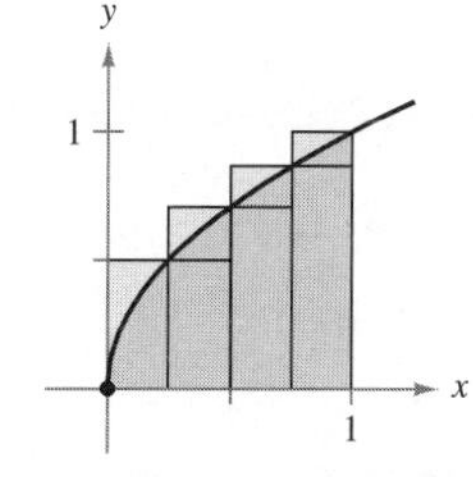

38. $y = \sqrt{x} + 2$

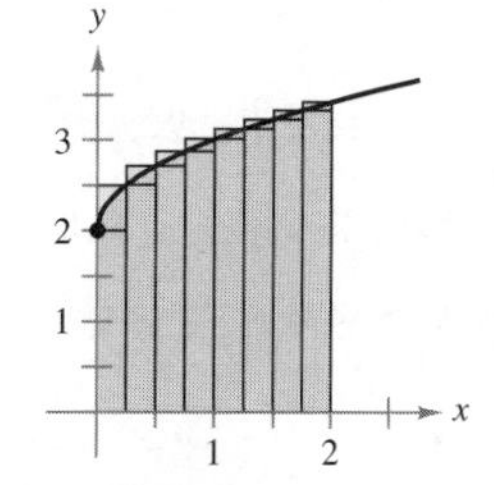

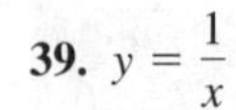

39. $y = \dfrac{1}{x}$

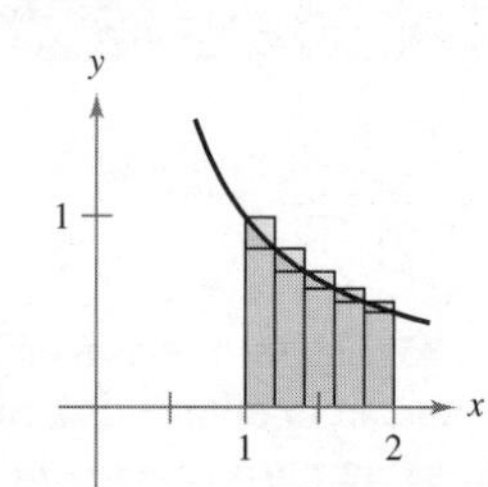

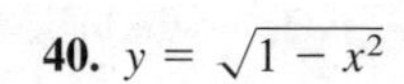

40. $y = \sqrt{1 - x^2}$

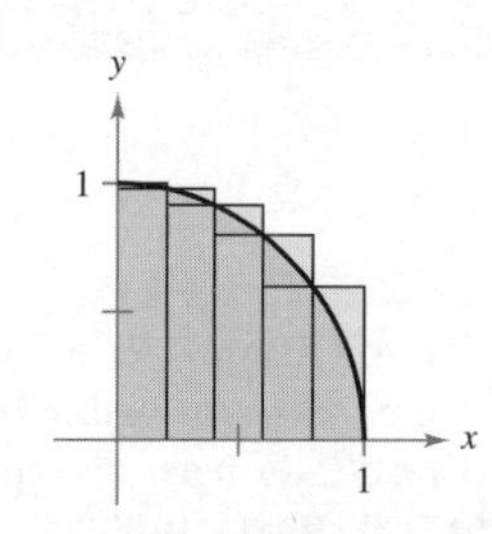

Encontrar sumas superiores e inferiores para una región **En los ejercicios 41 a 44, encuentre las sumas superiores e inferiores para la región acotada por la gráfica de la función y el eje x en el intervalo dado. Exprese su respuesta en términos del número de subintervalos n.**

	Función	Intervalo
41.	$f(x) = 3x$	$[0, 4]$
42.	$f(x) = 6 - 2x$	$[1, 2]$
43.	$f(x) = 5x^2$	$[0, 1]$
44.	$f(x) = 9 - x^2$	$[0, 2]$

45. Razonamiento numérico Considere un triángulo de área 2 delimitado por las gráficas de $y = x$, $y = 0$ y $x = 2$.

(a) Dibuje la región.

(b) Divida el intervalo $[0, 2]$ en n subintervalos de igual ancho y demuestre que los puntos terminales son

$$0 < 1\left(\frac{2}{n}\right) < \cdots < (n-1)\left(\frac{2}{n}\right) < n\left(\frac{2}{n}\right)$$

(c) Demuestre que $s(n) = \sum_{i=1}^{n}\left[(i-1)\left(\frac{2}{n}\right)\right]\left(\frac{2}{n}\right)$.

(d) Demuestre que $S(n) = \sum_{i=1}^{n}\left[i\left(\frac{2}{n}\right)\right]\left(\frac{2}{n}\right)$.

(e) Encuentre $s(n)$ y $S(n)$ para $n = 5, 10, 50$ y 100.

(f) Demuestre que $\lim_{n\to\infty} s(n) = \lim_{n\to\infty} S(n) = 2$.

46. Razonamiento numérico Considere un trapezoide de área 4 delimitado por las gráficas de $y = x$, $y = 0$, $x = 1$ y $x = 3$.

(a) Dibuje la región.

(b) Divida el intervalo $[1, 3]$ en n subintervalos de igual ancho y demuestre que los puntos terminales son

$$1 < 1 + 1\left(\frac{2}{n}\right) < \cdots < 1 + (n-1)\left(\frac{2}{n}\right) < 1 + n\left(\frac{2}{n}\right)$$

(c) Demuestre que $s(n) = \sum_{i=1}^{n}\left[1 + (i-1)\left(\frac{2}{n}\right)\right]\left(\frac{2}{n}\right)$.

(d) Demuestre que $S(n) = \sum_{i=1}^{n}\left[1 + i\left(\frac{2}{n}\right)\right]\left(\frac{2}{n}\right)$.

(e) Encuentre $s(n)$ y $S(n)$ para $n = 5, 10, 50$ y 100.

(f) Demuestre que $\lim_{n\to\infty} s(n) = \lim_{n\to\infty} S(n) = 4$.

Calcular el área por la definición de límite **En los ejercicios 47 a 56, utilice el proceso de límite para encontrar el área de la región entre la gráfica de la función y el eje x en el intervalo indicado. Dibuje la región.**

47. $y = -4x + 5$, $[0, 1]$

48. $y = 3x - 2$, $[2, 5]$

49. $y = x^2 + 2$, $[0, 1]$

50. $y = 5x^2 + 1$, $[0, 2]$

51. $y = 25 - x^2$, $[1, 4]$

52. $y = 4 - x^2$, $[-2, 2]$

53. $y = 27 - x^3$, $[1, 3]$

54. $y = 2x - x^3$, $[0, 1]$

55. $y = x^2 - x^3$, $[-1, 1]$

56. $y = 2x^3 - x^2$, $[1, 2]$

Calcular el área por la definición de límite **En los ejercicios 57 a 62, utilice el proceso de límite para determinar el área de la región entre la gráfica de la función y el eje y en el intervalo y indicado. Dibuje la región.**

57. $f(y) = 4y$, $0 \le y \le 2$

58. $g(y) = \frac{1}{2}y$, $2 \le y \le 4$

59. $f(y) = y^2$, $0 \le y \le 5$

60. $y = 3y - y^2$, $2 \le y \le 3$

61. $g(y) = 4y^2 - y^3$, $1 \le y \le 3$

62. $h(y) = y^3 + 1$, $1 \le y \le 2$

Aproximar el área con la regla del punto medio **En los ejercicios 63 a 66, utilice la regla del punto medio con $n = 4$ para aproximar el área de la región limitada por la gráfica de la función y el eje x en el intervalo dado.**

63. $f(x) = x^2 + 3$, $[0, 2]$

64. $f(x) = x^2 + 4x$, $[0, 4]$

65. $f(x) = \tan x$, $\left[0, \frac{\pi}{4}\right]$

66. $f(x) = \cos x$, $\left[0, \frac{\pi}{2}\right]$

Exploración de conceptos

67. Determine qué valor aproxima mejor el área de una región acotada por la gráfica de $f(x) = 4 - x^2$ y el eje x en el intervalo $[0, 2]$. Haga su selección con base en la gráfica de la región y no por la realización de cálculos.

(a) -2 (b) 6 (c) 10 (d) 3 (e) 8

68. Una función es continua, no negativa, cóncava hacia arriba y decreciente en el intervalo $[0, a]$. ¿Produce el uso de los puntos extremos derechos de los subintervalos una estimación mayor o menor del área de una región acotada por la gráfica de una función y el eje x?

69. Explique por qué la regla del punto medio casi siempre resulta en una mejor aproximación del área en comparación con el método del punto extremo.

70. ¿Proporciona la regla del punto medio el área exacta entre la gráfica de una función y el eje x? Explique su respuesta.

71. Razonamiento gráfico Considere la región delimitada por la gráfica de $f(x) = 8x/(x + 1)$, $x = 0$, $x = 4$ y $y = 0$, como se muestra en la figura.

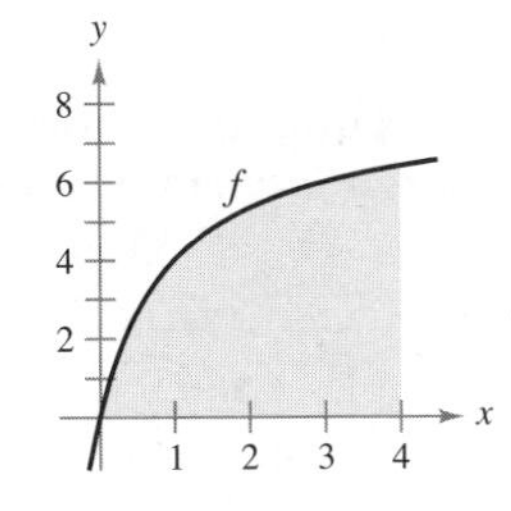

(a) Redibuje la figura, trace y sombree los rectángulos que representan a la suma inferior cuando $n = 4$. Encuentre esta suma inferior.

(b) Redibuje la figura, trace y sombree los rectángulos que representan la suma superior cuando $n = 4$. Determine esta suma superior.

(c) Redibuje la figura, trace y sombree los rectángulos cuyas alturas se determinan mediante los valores funcionales en el punto medio de cada subintervalo cuando $n = 4$. Determine esta suma utilizando la regla del punto medio.

(d) Compruebe las siguientes fórmulas al aproximar el área de la región utilizando n subintervalos de igual ancho.

Suma inferior: $s(n) = \sum_{i=1}^{n} f\left[(i - 1)\frac{4}{n}\right]\left(\frac{4}{n}\right)$

Suma superior: $S(n) = \sum_{i=1}^{n} f\left[(i)\frac{4}{n}\right]\left(\frac{4}{n}\right)$

Regla del punto medio: $M(n) = \sum_{i=1}^{n} f\left[\left(i - \frac{1}{2}\right)\frac{4}{n}\right]\left(\frac{4}{n}\right)$

(e) Utilice una herramienta de graficación para crear una tabla de los valores de $S(n)$ y $M(n)$ para $n = 4, 8, 20, 100$ y 200.

(f) Explique por qué $s(n)$ aumenta y $S(n)$ disminuye para valores crecientes de n, como se muestra en la tabla en el inciso (e).

72. ¿CÓMO LO VE? La función que se muestra en la gráfica siguiente es creciente en el intervalo $[1, 4]$. El intervalo se divide en 12 subintervalos.

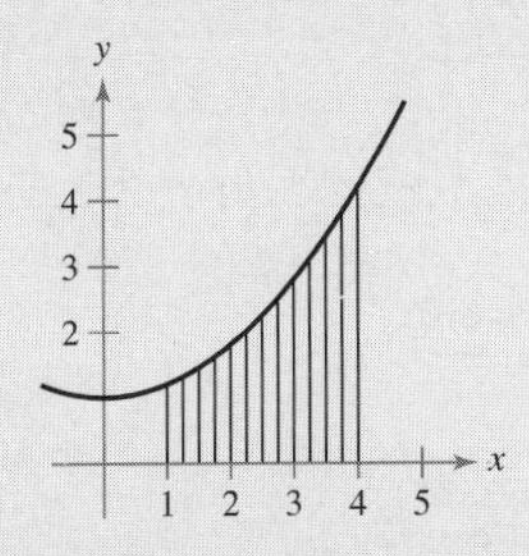

(a) ¿Cuáles son los puntos terminales izquierdos del primer y último subintervalos?

(b) ¿Cuáles son los puntos terminales derechos de los primeros dos subintervalos?

(c) Cuando se usan los puntos terminales derechos, ¿se trazan rectángulos arriba o debajo de las gráficas de la función?

(d) ¿Qué se puede concluir acerca de las alturas de los rectángulos cuando la función es constante en el intervalo dado?

¿Verdadero o falso? En los ejercicios 73 y 74, determine si el enunciado es verdadero o falso. Si es falso, explique por qué o proporcione un ejemplo que lo demuestre.

73. La suma de los primeros n enteros positivos es $n(n + 1)/2$.

74. Si f es continua y no negativa sobre $[a, b]$, entonces los límites cuando $n \to \infty$ de su suma inferior $s(n)$ y de su suma superior $S(n)$ existen ambos y son iguales.

75. Redacción Utilice la figura para escribir un pequeño párrafo donde explique por qué la fórmula de la suma $1 + 2 + \cdots + n = \frac{1}{2}n(n + 1)$ es válida para todos los enteros positivos n.

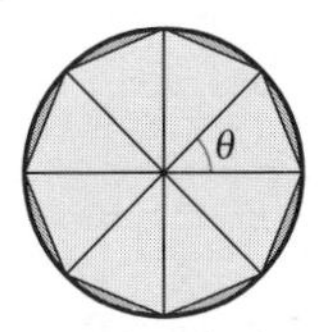

Figura para 75

Figura para 76

76. Razonamiento gráfico Considere un polígono regular de n lados inscrito en un círculo de radio r. Una los vértices del polígono al centro del círculo, formando n triángulos congruentes (vea la figura).

(a) Determine el ángulo central θ en términos de n.

(b) Demuestre que el área de cada triángulo es $\frac{1}{2}r^2 \text{ sen } \theta$.

(c) Sea A_n la suma de las áreas de los n triángulos. Encuentre $\lim_{n\to\infty} A_n$.

77. Capacidad de asientos

Un maestro coloca n asientos para formar la fila de atrás de un diseño de aula. Cada fila sucesiva contiene dos asientos menos que la fila anterior. Encuentre una fórmula para el número de asientos utilizados en el diseño. (*Pista*: El número de asientos en el diseño depende de si n es par o impar.)

78. Demostración Demuestre cada fórmula mediante inducción matemática. (Quizá se necesite revisar el método de demostración por inducción en un texto de precálculo.)

(a) $\sum_{i=1}^{n} 2i = n(n + 1)$ (b) $\sum_{i=1}^{n} i^3 = \frac{n^2(n + 1)^2}{4}$

DESAFÍO DEL EXAMEN PUTNAM

79. Un dardo, lanzado al azar, incide sobre un blanco cuadrado. Suponiendo que cualesquiera de las dos partes del blanco de igual área son igualmente probables de ser golpeadas por el dardo, encuentre la probabilidad de que el punto de incidencia sea más cercano al centro que a cualquier borde. Escriba la respuesta en la forma $(a\sqrt{b} + c)/d$, donde a, b, c y d son enteros positivos.

4.3 Sumas de Riemann e integrales definidas

- **Describir una suma de Riemann.**
- **Evaluar una integral definida utilizando límites y fórmulas trigonométricas.**
- **Evaluar una integral definida utilizando las propiedades de las integrales definidas.**

Sumas de Riemann

En la definición de área dada en la sección 4.2, las particiones tenían subintervalos de *igual ancho.* Esto se hizo solo por conveniencia de cálculo. El siguiente ejemplo muestra que no es necesario tener subintervalos de igual ancho.

Los subintervalos no tienen anchos iguales.
Figura 4.18

EJEMPLO 1 Una partición con subintervalos de anchos desiguales

Considere la región acotada por la gráfica de $f(x) = \sqrt{x}$ y el eje x para $0 \leq x \leq 1$, como se muestra en la figura 4.18. Encuentre el límite

$$\lim_{n\to\infty} \sum_{i=1}^{n} f(c_i)\,\Delta x_i$$

donde c_i es el punto terminal derecho de la partición dada por $c_i = i^2/n^2$ y Δx_i es el ancho del i-ésimo intervalo.

Solución El punto terminal izquierdo del i-ésimo intervalo es $(i - 1)^2/n^2$. Así, el ancho del i-ésimo intervalo es

$$\Delta x_i = \frac{i^2}{n^2} - \frac{(i-1)^2}{n^2} \qquad \text{Ancho = (punto terminal derecho) − (punto terminal izquierdo)}$$

$$= \frac{i^2 - i^2 + 2i - 1}{n^2} \qquad \text{Reste las fracciones y expanda el binomio.}$$

$$= \frac{2i - 1}{n^2} \qquad \text{Simplifique.}$$

Para ver las figuras a color, acceda al código

Ahora, evalúe el límite.

$$\lim_{n\to\infty} \sum_{i=1}^{n} f(c_i)\,\Delta x_i = \lim_{n\to\infty} \sum_{i=1}^{n} \sqrt{\frac{i^2}{n^2}}\left(\frac{2i-1}{n^2}\right)$$

$$= \lim_{n\to\infty} \frac{1}{n^3} \sum_{i=1}^{n} (2i^2 - i)$$

$$= \lim_{n\to\infty} \frac{1}{n^3}\left[2\left(\frac{n(n+1)(2n+1)}{6}\right) - \frac{n(n+1)}{2}\right]$$

$$= \lim_{n\to\infty} \frac{4n^3 + 3n^2 - n}{6n^3}$$

$$= \lim_{n\to\infty} \left(\frac{2}{3} + \frac{1}{2n} - \frac{1}{6n^2}\right)$$

$$= \frac{2}{3}$$

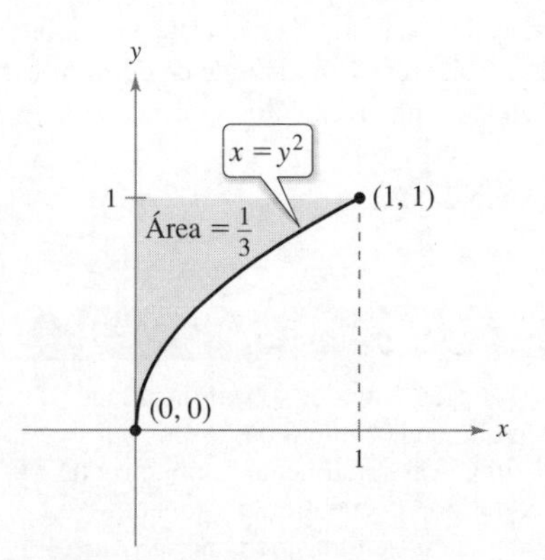

El área de la región acotada por la gráfica de $x = y^2$ y el eje y para $0 \leq y \leq 1$ es $\frac{1}{3}$.
Figura 4.19

De acuerdo con el ejemplo 7 de la sección 4.2, se sabe que la región mostrada en la figura 4.19 tiene un área de $\frac{1}{3}$. Debido a que el cuadrado acotado por $0 \leq x \leq 1$ y $0 \leq y \leq 1$ tiene un área de 1, se puede concluir que el área de la región que se muestra en la figura 4.18 es $\frac{2}{3}$. Esto concuerda con el límite encontrado en el ejemplo 1, aun cuando en ese ejemplo utilizó una partición con subintervalos de anchos desiguales. La razón por la que esta partición particular da el área apropiada es que cuando n crece, el *ancho del subintervalo más grande tiende a cero.* Esta es la característica clave del desarrollo de las integrales definidas.

En la sección 4.2 se utilizó el límite de una suma para definir el área de una región en el plano. La determinación del área por este medio es solo una de las *muchas* aplicaciones que involucran el límite de una suma. Un enfoque similar puede utilizarse para determinar cantidades diversas como longitudes de arco, valores medios, centroides, volúmenes, trabajo y áreas de superficies. La siguiente definición se nombró en honor a Georg Friedrich Bernhard Riemann. Aunque la integral definida se había utilizado con anterioridad, fue Riemann quien generalizó el concepto para cubrir una categoría más amplia de funciones.

En la siguiente definición de una suma de Riemann, observe que la función f no tiene otra restricción que haber sido definida en el intervalo $[a, b]$. (En la sección 4.2, la función f se supuso continua y no negativa, debido a que se trabajó con un área bajo una curva.)

GEORG FRIEDRICH BERNHARD RIEMANN (1826-1866)

El matemático alemán Riemann realizó su trabajo más notable en las áreas de la geometría no euclidiana, ecuaciones diferenciales, y la teoría de números. Fueron los resultados de Riemann en física y matemáticas los que conformaron la estructura en la que se basa la teoría de la relatividad general de Einstein.
Consulte LarsonCalculus.com (disponible solo en inglés) para leer más de esta biografía.

Definición de suma de Riemann

Sea f una función definida en el intervalo cerrado $[a, b]$ y sea Δ una partición de $[a, b]$ dada por

$$a = x_0 < x_1 < x_2 < \cdot \cdot \cdot < x_{n-1} < x_n = b$$

donde Δx_i es el ancho del i-ésimo subintervalo

$$[x_{i-1}, x_i] \qquad i\text{-ésimo subintervalo.}$$

Si c_i es *cualquier* punto en el i-ésimo subintervalo entonces la suma

$$\sum_{i=1}^{n} f(c_i)\,\Delta x_i, \quad x_{i-1} \le c_i \le x_i$$

se denomina **suma de Riemann** de f para la partición Δ. (Las sumas de la sección 4.2 son ejemplos de sumas de Riemann, pero hay sumas de Riemann más generales que las cubiertas aquí.)

El ancho del subintervalo más grande de la partición Δ es la **norma** de la partición y se denota por medio de $\|\Delta\|$. Si todos los intervalos tienen el mismo ancho, la partición es **regular** y la norma se denota mediante

$$\|\Delta\| = \Delta x = \frac{b-a}{n} \qquad \text{Partición regular o trivial.}$$

En una **partición general**, la norma se relaciona con el número de subintervalos en $[a, b]$ por medio de la desigualdad

$$\frac{b-a}{\|\Delta\|} \le n \qquad \text{Partición general.}$$

Por tanto, el número de subintervalos en una partición tiende a infinito cuando la norma de la partición tiende a cero. Esto es, $\|\Delta\| \to 0$ implica que $n \to \infty$.

La afirmación recíproca de este enunciado no es verdadera. Por ejemplo, sea Δ_n la partición del intervalo $[0, 1]$ dado por

$$0 < \frac{1}{2^n} < \frac{1}{2^{n-1}} < \cdot \cdot \cdot < \frac{1}{8} < \frac{1}{4} < \frac{1}{2} < 1$$

Como se muestra en la figura 4.20, para cualquier valor positivo de n, la norma de la partición Δ_n es $\frac{1}{2}$. Por tanto, hacer que n tienda a infinito no obliga a que $\|\Delta\|$ se aproxime a 0. En una partición regular, sin embargo, los enunciados

$$\|\Delta\| \to 0 \quad \text{y} \quad n \to \infty$$

son equivalentes.

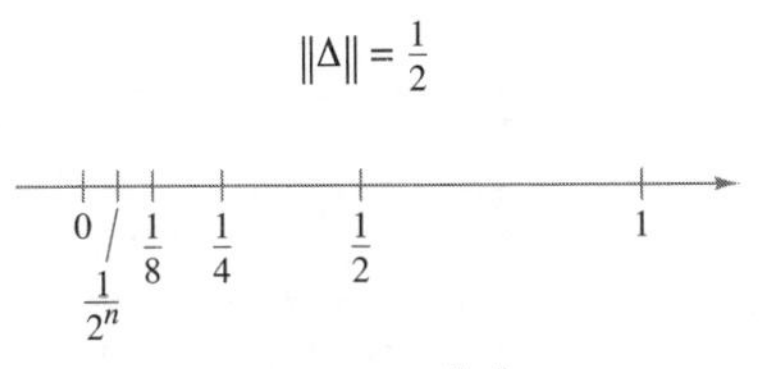

$n \to \infty$ no implica que $\|\Delta\| \to 0$.
Figura 4.20

INTERFOTO/Alamy Stock Photo

Integrales definidas

Para definir la integral definida, considere el siguiente límite

$$\lim_{\|\Delta\| \to 0} \sum_{i=1}^{n} f(c_i)\, \Delta x_i = L$$

Afirmar que este límite existe significa que hay un número real L, tal que para toda $\varepsilon > 0$ existe una $\delta > 0$ tal que para toda partición de $\|\Delta\| < \delta$, se deduce que

$$\left| L - \sum_{i=1}^{n} f(c_i)\, \Delta x_i \right| < \varepsilon$$

a pesar de cualquier elección de c_i en el i-ésimo subintervalo de cada partición de Δ.

Definición de una integral definida

Si una función f está definida en el intervalo cerrado $[a, b]$ y el límite de las sumas de Riemann sobre las particiones Δ

$$\lim_{\|\Delta\| \to 0} \sum_{i=1}^{n} f(c_i)\, \Delta x_i$$

existe (como se describió antes), entonces se dice que f es **integrable** en $[a, b]$ y el límite se denota por

$$\lim_{\|\Delta\| \to 0} \sum_{i=1}^{n} f(c_i)\, \Delta x_i = \int_a^b f(x)\, dx$$

El límite recibe el nombre de **integral definida** de f de a a b. El número a es el **límite inferior** de integración, y el número b es el **límite superior** de integración.

COMENTARIO Más adelante en este capítulo aprenderá métodos convenientes para calcular $\int_a^b f(x)\, dx$ para funciones continuas. Por ahora, debe usar la definición de límite.

No es una coincidencia que la notación para integrales definidas sea similar a la que se utilizó para las integrales indefinidas. En la siguiente sección verá por qué, cuando se introduzca el teorema fundamental del cálculo. Por ahora, es importante observar que las integrales definidas y las integrales indefinidas son identidades diferentes. Una integral definida es un *número*, en tanto que una integral indefinida es una *familia de funciones.*

A pesar de que las sumas de Riemann fueron definidas para funciones con muy pocas restricciones, una condición suficiente para que una función f sea integrable en $[a, b]$ es que sea continua en $[a, b]$. Una demostración de este teorema está más allá del objetivo de este texto.

TEOREMA 4.4 Continuidad implica integrabilidad

Si una función f es continua en el intervalo cerrado $[a, b]$, entonces f es integrable en $[a, b]$. Es decir, $\int_a^b f(x)\, dx$ existe.

PARA INFORMACIÓN ADICIONAL Para obtener más información acerca de la historia de la integral definida, consulte el artículo "The Evolution of Integration", de A. Shenitzer y J. Steprāns, en *The American Mathematical Monthly*. Para ver este artículo, visite *MathArticles.com* (disponible solo en inglés).

Exploración

Inverso del teorema 4.4 ¿Es verdadero el inverso del teorema 4.4? Es decir, si una función es integrable, ¿tiene que ser continua? Explique su razonamiento y proporcione ejemplos.

Describa las relaciones entre continuidad, derivabilidad e integrabilidad. ¿Cuál es la condición más fuerte? ¿Cuál es la más débil? ¿Qué condiciones implican otras condiciones?

EJEMPLO 2 Evaluar una integral definida como límite

Encuentre la integral definida $\int_{-2}^{1} 2x\,dx$.

Solución La función $f(x) = 2x$ es integrable en el intervalo $[-2, 1]$ porque es continua en $[-2, 1]$. Además, la definición de integrabilidad implica que cualquier partición cuya norma tienda a 0 puede utilizarse para determinar el límite. Por conveniencia en los cálculos, defina Δ subdividiendo $[-2, 1]$ en n subintervalos del mismo ancho.

$$\Delta x_i = \Delta x = \frac{b-a}{n} = \frac{3}{n}$$ Ancho del intervalo.

Eligiendo c_i como el punto terminal derecho de cada subintervalo, obtiene

$$c_i = a + i(\Delta x) = -2 + \frac{3i}{n}$$ Punto terminal derecho.

De este modo, la integral definida está dada por

$$\int_{-2}^{1} 2x\,dx = \lim_{\|\Delta\|\to 0} \sum_{i=1}^{n} f(c_i)\,\Delta x_i$$ Definición de integral definida.

$$= \lim_{n\to\infty} \sum_{i=1}^{n} f(c_i)\,\Delta x$$ $n \to \infty$ cuando $\|\Delta\| \to 0$

$$= \lim_{n\to\infty} \sum_{i=1}^{n} 2\left(-2 + \frac{3i}{n}\right)\left(\frac{3}{n}\right)$$ $f(c_i) = 2c_i$ y $\Delta x = \frac{3}{n}$

$$= \lim_{n\to\infty} \frac{6}{n} \sum_{i=1}^{n} \left(-2 + \frac{3i}{n}\right)$$ Factorice términos constantes.

$$= \lim_{n\to\infty} \frac{6}{n}\left(-2\sum_{i=1}^{n} 1 + \frac{3}{n}\sum_{i=1}^{n} i\right)$$ Propiedad de suma.

$$= \lim_{n\to\infty} \frac{6}{n}\left\{-2n + \frac{3}{n}\left[\frac{n(n+1)}{2}\right]\right\}$$ Aplique el teorema 4.2.

$$= \lim_{n\to\infty} \frac{6}{n}\left(-2n + \frac{3n}{2} + \frac{3}{2}\right)$$

$$= \lim_{n\to\infty} \left(-12 + 9 + \frac{9}{n}\right)$$

$$= -3$$

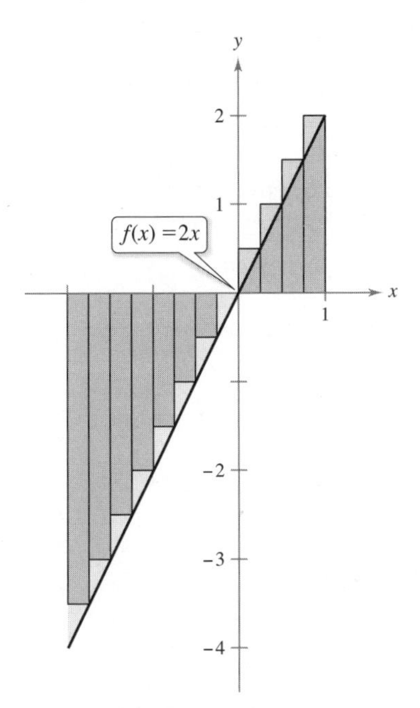

Como la integral definida es negativa, no representa el área de la región.
Figura 4.21

Para ver las figuras a color, acceda al código

Debido a que la integral definida en el ejemplo 2 es negativa, esta *no* representa el área de la región que se muestra en la figura 4.21. Las integrales definidas pueden ser positivas, negativas o cero. Para que una integral definida sea interpretada como un área (como se estableció en la sección 4.2), la función f debe ser continua y no negativa en $[a, b]$, como se establece en el siguiente teorema. La demostración de este teorema es directa: utilizar simplemente la definición de área dada en la sección 4.2, porque es una suma de Riemann.

Se puede usar una integral definida para determinar el área de la región acotada por la gráfica de f, el eje x, $x = a$ y $x = b$.
Figura 4.22

TEOREMA 4.5 La integral definida como área de una región

Si una función f es continua y no negativa en el intervalo cerrado $[a, b]$, entonces el área de la región acotada por la gráfica de f, el eje x y las rectas verticales $x = a$ y $x = b$ está dada por

$$\text{Área} = \int_a^b f(x)\,dx$$

(Vea la figura 4.22.)

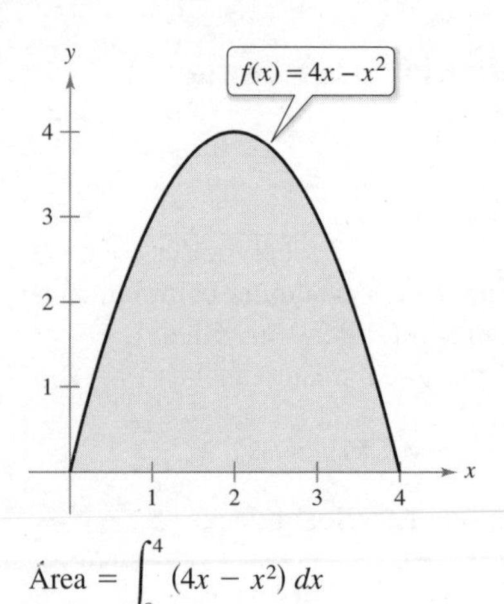

$$\text{Área} = \int_0^4 (4x - x^2)\, dx$$

Figura 4.23

Como un ejemplo del teorema 4.5, considere la región delimitada por la gráfica de

$$f(x) = 4x - x^2$$

y el eje x, como se muestra en la figura 4.23. Debido a que f es continua y no negativa en el intervalo cerrado $[0, 4]$, el área de la región es

$$\text{Área} = \int_0^4 (4x - x^2)\, dx$$

Una técnica directa para hallar una integral definida como esta se analizará en la sección 4.4. Por ahora, se puede calcular una integral definida de dos maneras: usando la definición en términos de límites *o* verificando si la integral definida representa el área de una región geométrica común, tal como un rectángulo, triángulo o semicírculo.

EJEMPLO 3 Áreas de figuras geométricas comunes

Dibuje la región correspondiente a cada integral definida. A continuación, evalúe cada integral utilizando una fórmula geométrica.

a. $\displaystyle\int_1^3 4\, dx$ **b.** $\displaystyle\int_0^3 (x + 2)\, dx$ **c.** $\displaystyle\int_{-2}^2 \sqrt{4 - x^2}\, dx$

Solución En la figura 4.24 se muestra un dibujo de cada región.

a. Esta región es un rectángulo de altura 4 y ancho 2.

$$\int_1^3 4\, dx = (\text{Área del rectángulo}) = 4(2) = 8$$

b. Esta región es un trapezoide con una altura de 3 y bases paralelas de longitudes 2 y 5. La fórmula para el área de un trapezoide es $\frac{1}{2}h(b_1 + b_2)$.

$$\int_0^3 (x + 2)\, dx = (\text{Área del trapezoide}) = \frac{1}{2}(3)(2 + 5) = \frac{21}{2}$$

c. Esta región es un semicírculo de radio 2. La fórmula para el área de un semicírculo es $\frac{1}{2}\pi r^2$.

$$\int_{-2}^2 \sqrt{4 - x^2}\, dx = (\text{Área del semicírculo}) = \frac{1}{2}\pi(2^2) = 2\pi$$

Para ver las figuras a color, acceda al código

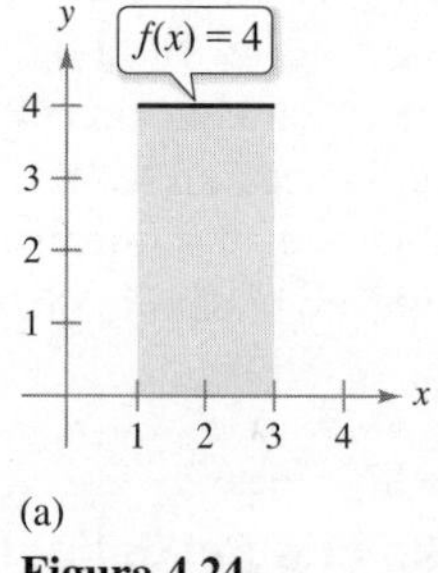

(a)

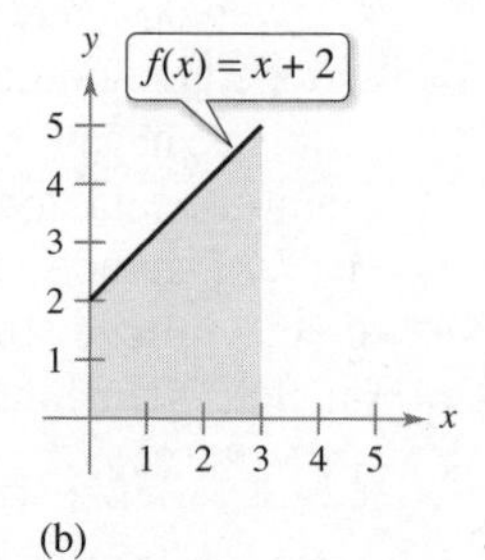

(b)

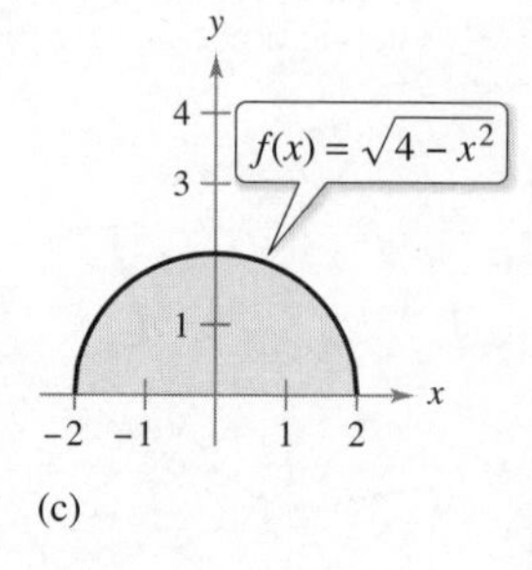

(c)

Figura 4.24

La variable de integración en una integral definida algunas veces se denomina como *variable muda* porque puede ser sustituida por cualquier otra variable sin cambiar el valor de la integral. Por ejemplo, las integrales definidas

$$\int_0^3 (x + 2)\, dx \quad \text{y} \quad \int_0^3 (t + 2)\, dt$$

tienen el mismo valor.

Propiedades de las integrales definidas

La definición de la integral definida de f en el intervalo $[a, b]$ especifica que $a < b$. Sin embargo, ahora es conveniente extender la definición para cubrir casos en los cuales $a = b$ o $a > b$. Geométricamente, las siguientes dos definiciones parecen razonables. Por ejemplo, tiene sentido definir el área de una región de ancho cero y altura finita igual a 0.

Definiciones de dos integrales definidas especiales

1. Si una función f está definida en $x = a$, entonces $\int_a^a f(x)\,dx = 0$
2. Si una función f es integrable en $[a, b]$, entonces $\int_b^a f(x)\,dx = -\int_a^b f(x)\,dx$

Para ver las figuras a color, acceda al código

EJEMPLO 4 Calcular integrales definidas

Consulte LarsonCalculus.com (disponible solo en inglés) para una versión interactiva de este tipo de ejemplo.

Evalúe

a. $\int_\pi^\pi \operatorname{sen} x\,dx$ **b.** $\int_3^0 (x + 2)\,dx$

Solución

a. Debido a que la función seno se define en $x = \pi$, los límites superior e inferior de integración son iguales, puede escribir

$$\int_\pi^\pi \operatorname{sen} x\,dx = 0$$

b. La integral $\int_3^0 (x + 2)\,dx$ es la misma que la dada en el ejemplo 3(b), excepto por el hecho de que los límites superior e inferior se intercambian. Debido a que la integral en el ejemplo 3(b), tiene un valor de $\frac{21}{2}$, puede escribir

$$\int_3^0 (x + 2)\,dx = -\int_0^3 (x + 2)\,dx = -\frac{21}{2}$$

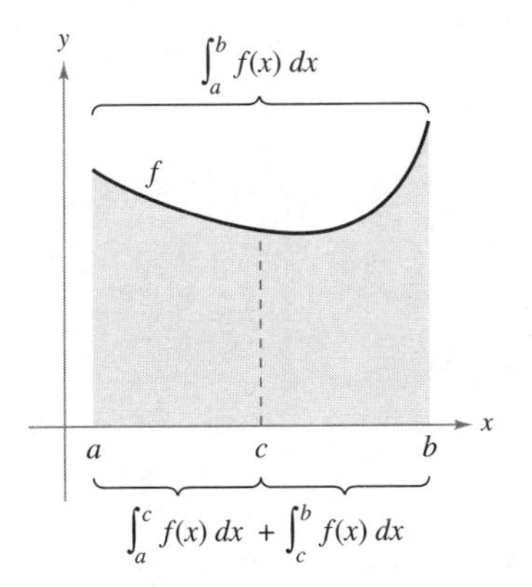

Figura 4.25

En la figura 4.25 la región más grande puede dividirse en $x = c$ en dos subregiones cuya intersección es un segmento de recta. Como el segmento de recta tiene área cero, se concluye que el área de la región más grande es igual a la suma de las áreas de las dos regiones más pequeñas.

TEOREMA 4.6 Propiedad aditiva de intervalos

Si una función f es integrable en los tres intervalos cerrados determinados por a, b y c, entonces

$$\int_a^b f(x)\,dx = \int_a^c f(x)\,dx + \int_c^b f(x)\,dx$$

Vea la figura 4.25.

EJEMPLO 5 Usar la propiedad aditiva de intervalos

$$\int_{-1}^1 |x|\,dx = \int_{-1}^0 -x\,dx + \int_0^1 x\,dx \quad \text{Teorema 4.6.}$$

$$= \frac{1}{2} + \frac{1}{2} \quad \text{Área del triángulo. Vea la figura 4.26.}$$

$$= 1$$

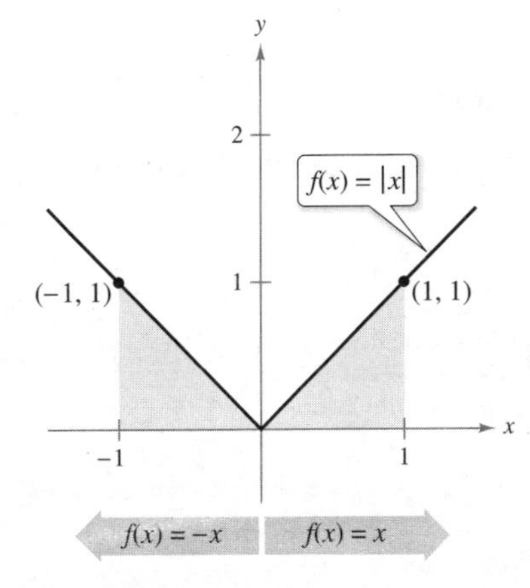

Figura 4.26

Debido a que la integral definida se entiende como el límite de una suma, hereda las propiedades de la sumatoria dadas en la parte superior de la página 259.

TEOREMA 4.7 Propiedades de las integrales definidas

Si las funciones f y g son integrables en $[a, b]$ y k es una constante, entonces las funciones kf y $f \pm g$ son integrables en $[a, b]$, y

1. $\displaystyle\int_a^b kf(x)\,dx = k\int_a^b f(x)\,dx$

2. $\displaystyle\int_a^b [f(x) \pm g(x)]\,dx = \int_a^b f(x)\,dx \pm \int_a^b g(x)\,dx$

COMENTARIO Observe que la propiedad 2 del teorema 4.7 puede ser extendida a cualquier número finito de funciones (vea el ejemplo 6).

EJEMPLO 6 Evaluar una integral definida

Evalúe $\displaystyle\int_1^3 (-x^2 + 4x - 3)\,dx$ utilizando los siguientes valores.

$$\int_1^3 x^2\,dx = \frac{26}{3}, \qquad \int_1^3 x\,dx = 4, \qquad \int_1^3 dx = 2$$

Solución

$$\begin{aligned}\int_1^3 (-x^2 + 4x - 3)\,dx &= \int_1^3 (-x^2)\,dx + \int_1^3 4x\,dx + \int_1^3 (-3)\,dx\\ &= -\int_1^3 x^2\,dx + 4\int_1^3 x\,dx - 3\int_1^3 dx\\ &= -\left(\frac{26}{3}\right) + 4(4) - 3(2)\\ &= \frac{4}{3}\end{aligned}$$

Para ver la figura a color, acceda al código

Si las funciones f y g son continuas en el intervalo cerrado $[a, b]$ y $0 \le f(x) \le g(x)$ para $a \le x \le b$, las siguientes propiedades son ciertas. Primero, el área de la región acotada por la gráfica de f y el eje x (entre a y b) debe ser no negativa. Segundo, esta área debe ser menor o igual que el área de la región delimitada por la gráfica de g y el eje x (entre a y b), como se muestra en la figura 4.27. Estos dos resultados se generalizan en el teorema 4.8.

$\displaystyle\int_a^b f(x)\,dx \le \int_a^b g(x)\,dx$

Figura 4.27

TEOREMA 4.8 Conservación de desigualdades

1. Si f es una función integrable y no negativa en el intervalo cerrado $[a, b]$, entonces

$$0 \le \int_a^b f(x)\,dx$$

2. Si las funciones f y g son integrables en el intervalo cerrado $[a, b]$ y $f(x) \le g(x)$ para toda x en $[a, b]$, entonces

$$\int_a^b f(x)\,dx \le \int_a^b g(x)\,dx$$

En el apéndice A se da una demostración de este teorema.

4.3 Ejercicios

Las respuestas a los ejercicios impares pueden consultarse en el Apéndice de este libro.

Repaso de conceptos

1. Explique qué representa una suma de Riemann.
2. Explique cómo encontrar el área de una región utilizando una integral definida.

Evaluar un límite **En los ejercicios 3 y 4, utilice el ejemplo 1 como modelo para evaluar el límite**

$$\lim_{n\to\infty} \sum_{i=1}^{n} f(c_i)\,\Delta x_i$$

sobre la región acotada por las gráficas de las ecuaciones.

3. $f(x) = \sqrt{x}, \quad y = 0, \quad x = 0, \quad x = 3$

$\left(\textit{Sugerencia}: \text{Sea } c_i = \dfrac{3i^2}{n^2}\right)$

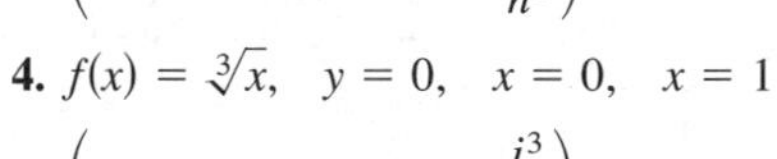

4. $f(x) = \sqrt[3]{x}, \quad y = 0, \quad x = 0, \quad x = 1$

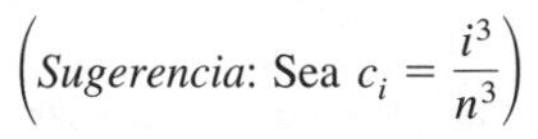

$\left(\textit{Sugerencia}: \text{Sea } c_i = \dfrac{i^3}{n^3}\right)$

Para ver las figuras a color, acceda al código

Evaluar una integral definida como un límite **En los ejercicios 5 a 10, evalúe la integral definida mediante la definición de límite.**

5. $\displaystyle\int_2^6 8\,dx$
6. $\displaystyle\int_{-2}^3 x\,dx$
7. $\displaystyle\int_{-1}^1 x^3\,dx$
8. $\displaystyle\int_1^4 4x^2\,dx$
9. $\displaystyle\int_1^2 (x^2 + 1)\,dx$
10. $\displaystyle\int_{-2}^1 (2x^2 + 3)\,dx$

Escribir un límite como una integral definida **En los ejercicios 11 y 12, escriba el límite como una integral definida en el intervalo dado, donde c_i es cualquier punto en el i-ésimo subintervalo.**

	Límite	Intervalo
11.	$\displaystyle\lim_{\|\Delta\|\to 0} \sum_{i=1}^{n} (3c_i + 10)\,\Delta x_i$	$[-1, 5]$
12.	$\displaystyle\lim_{\|\Delta\|\to 0} \sum_{i=1}^{n} \sqrt{c_i^2 + 4}\,\Delta x_i$	$[0, 3]$

Escribir una integral definida **En los ejercicios 13 a 22, escriba una integral definida que represente el área de la región. (No evalúe la integral.)**

13. $f(x) = 5$

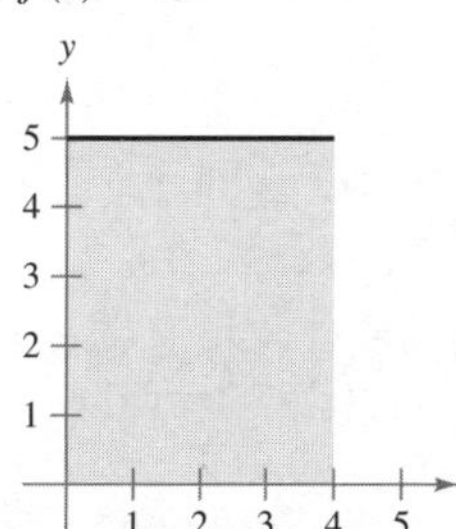

14. $f(x) = 6 - 3x$

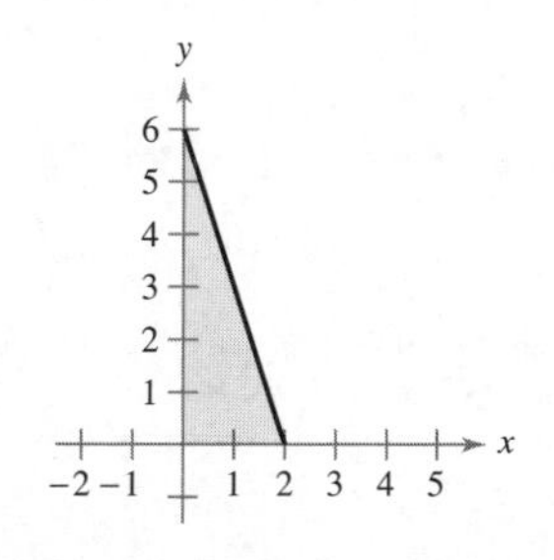

15. $f(x) = 4 - |x|$

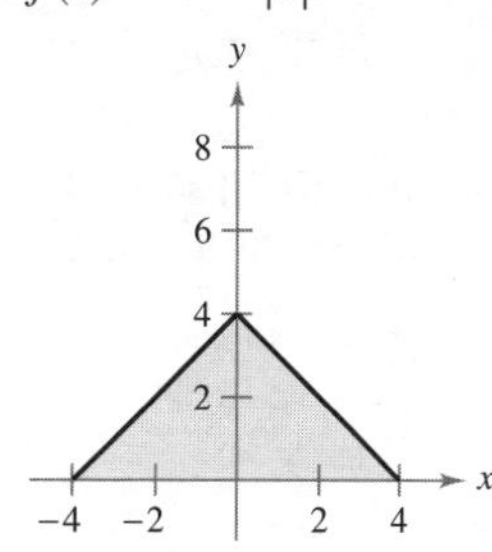

16. $f(x) = x^2$

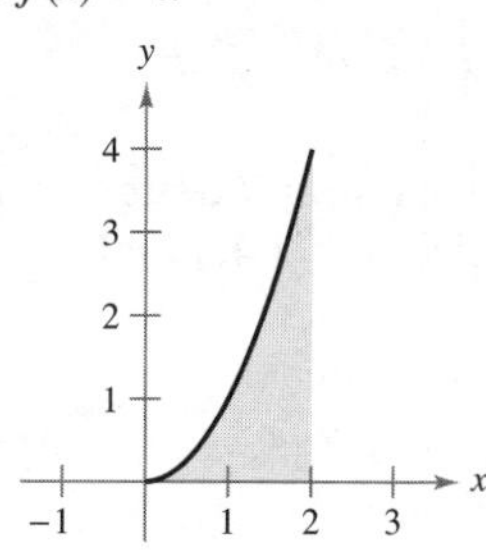

17. $f(x) = 25 - x^2$

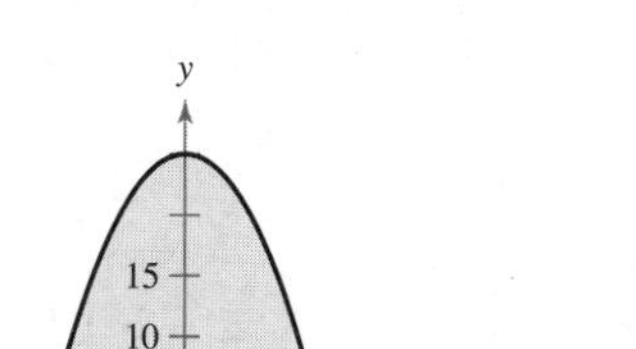

18. $f(x) = \dfrac{4}{x^2 + 2}$

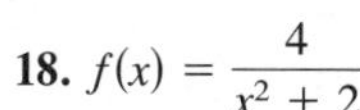

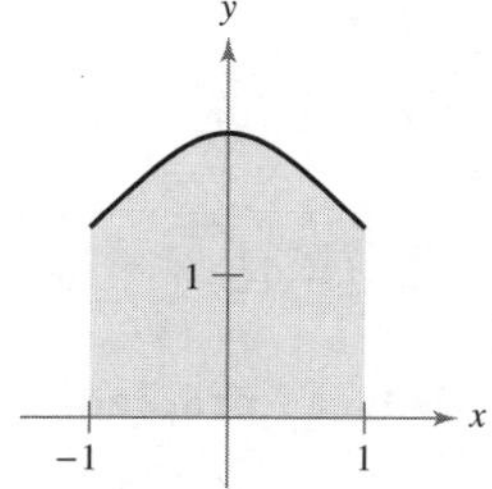

19. $f(x) = \cos x$

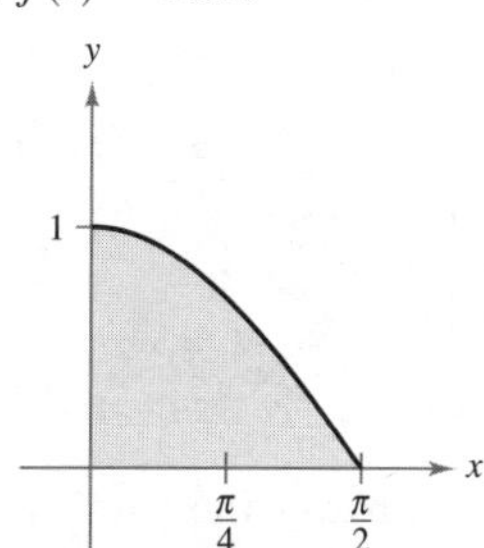

20. $f(x) = \tan x$

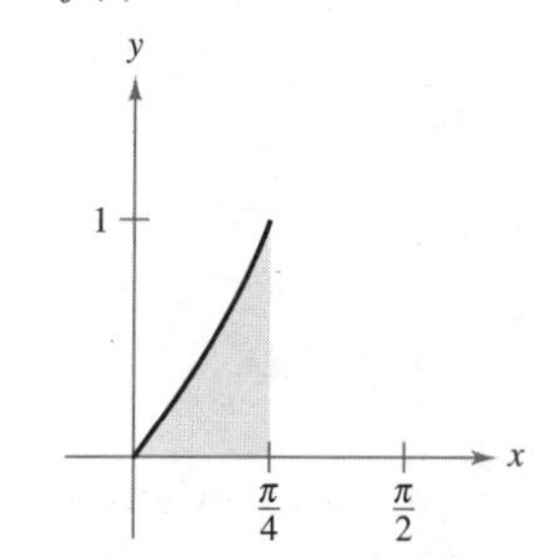

21. $g(y) = y^3$

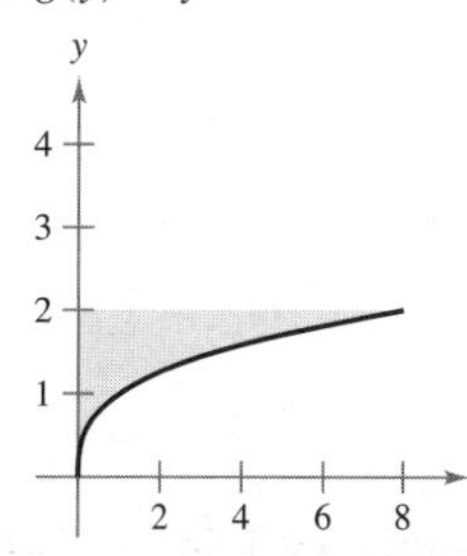

22. $f(y) = (y - 2)^2$

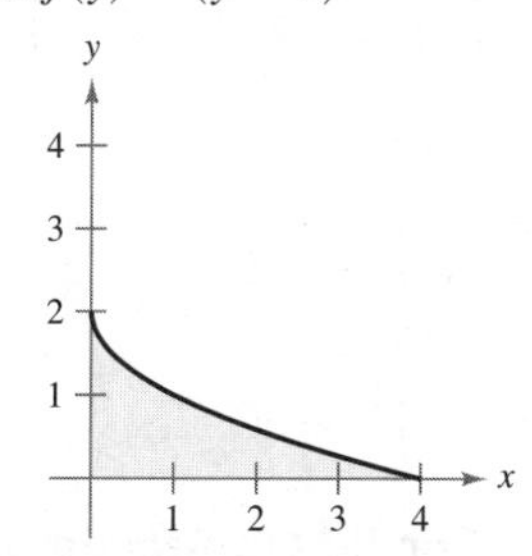

Evaluar una integral definida mediante una fórmula geométrica **En los ejercicios 23 a 32, dibuje la región cuya área está dada por la integral definida. A continuación, use una fórmula geométrica para evaluar la integral ($a > 0, r > 0$).**

23. $\displaystyle\int_0^3 4\,dx$
24. $\displaystyle\int_{-3}^4 9\,dx$
25. $\displaystyle\int_0^4 x\,dx$
26. $\displaystyle\int_0^8 \frac{x}{4}\,dx$

27. $\int_0^2 (3x+4)\,dx$

28. $\int_0^3 (8-2x)\,dx$

29. $\int_{-1}^1 (1-|x|)\,dx$

30. $\int_{-a}^a (a-|x|)\,dx$

31. $\int_{-7}^7 \sqrt{49-x^2}\,dx$

32. $\int_{-r}^r \sqrt{r^2-x^2}\,dx$

Usar las propiedades de las integrales definidas **En los ejercicios 33 a 40, evalúe la integral utilizando los siguientes valores.**

$$\int_2^6 x^3\,dx = 320, \qquad \int_2^6 x\,dx = 16, \qquad \int_2^6 dx = 4$$

33. $\int_6^2 x^3\,dx$

34. $\int_2^2 x\,dx$

35. $\int_2^6 \frac{1}{4}x^3\,dx$

36. $\int_2^6 -3x\,dx$

37. $\int_2^6 (x-14)\,dx$

38. $\int_2^6 \left(6x - \frac{1}{8}x^3\right) dx$

39. $\int_2^6 (2x^3 - 10x + 7)\,dx$

40. $\int_2^6 (21 - 5x - x^3)\,dx$

41. **Usar las propiedades de las integrales definidas** Dadas

$$\int_0^5 f(x)\,dx = 10 \quad \text{y} \quad \int_5^7 f(x)\,dx = 3$$

evalúe

(a) $\int_0^7 f(x)\,dx$ (b) $\int_5^0 f(x)\,dx$

(c) $\int_5^5 f(x)\,dx$ (d) $\int_0^5 3f(x)\,dx$

42. **Usar las propiedades de las integrales definidas** Dadas

$$\int_0^3 f(x)\,dx = 4 \quad \text{y} \quad \int_3^6 f(x)\,dx = -1$$

evalúe

(a) $\int_0^6 f(x)\,dx$ (b) $\int_6^3 f(x)\,dx$

(c) $\int_3^3 f(x)\,dx$ (d) $\int_3^6 -5f(x)\,dx$

43. **Usar las propiedades de integrales definidas** Dadas

$$\int_2^6 f(x)\,dx = 10 \quad \text{y} \quad \int_2^6 g(x)\,dx = -2$$

evalúe

(a) $\int_2^6 [f(x)+g(x)]\,dx$ (b) $\int_2^6 [g(x)-f(x)]\,dx$

(c) $\int_2^6 2g(x)\,dx$ (d) $\int_2^6 3f(x)\,dx$

44. **Usar las propiedades de integrales definidas** Dadas

$$\int_{-1}^1 f(x)\,dx = 0 \quad \text{y} \quad \int_0^1 f(x)\,dx = 5$$

evalúe

(a) $\int_{-1}^0 f(x)\,dx$ (b) $\int_0^1 f(x)\,dx - \int_{-1}^0 f(x)\,dx$

(c) $\int_{-1}^1 3f(x)\,dx$ (d) $\int_0^1 3f(x)\,dx$

45. **Estimar una integral definida** Utilice la tabla de valores para determinar las estimaciones inferiores y superiores de

$$\int_0^{10} f(x)\,dx$$

Suponga que f es una función decreciente.

x	0	2	4	6	8	10
$f(x)$	32	24	12	−4	−20	−36

46. **Estimar una integral definida** Utilice la tabla de valores para calcular

$$\int_0^6 f(x)\,dx$$

Utilice tres subintervalos iguales y (a) los extremos izquierdos (b) los extremos derechos y (c) los puntos medios. Si f es una función creciente, ¿cómo se compara cada estimación con el valor real? Explique su razonamiento

x	0	1	2	3	4	5	6
$f(x)$	−6	0	8	18	30	50	80

47. **Piénselo** La gráfica de una función f está compuesta por segmentos de recta y un semicírculo como se muestra en la figura. Evalúe cada integral definida utilizando fórmulas geométricas.

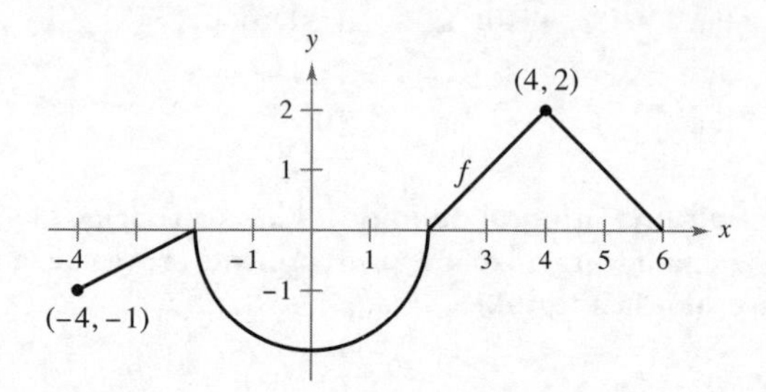

(a) $\int_0^2 f(x)\,dx$ (b) $\int_2^6 f(x)\,dx$

(c) $\int_{-4}^2 f(x)\,dx$ (d) $\int_{-4}^6 f(x)\,dx$

(e) $\int_{-4}^6 |f(x)|\,dx$ (f) $\int_{-4}^6 [f(x)+2]\,dx$

48. Piénselo La gráfica de f consta de segmentos de recta, como se muestra en la figura. Evalúe cada integral definida utilizando fórmulas geométricas.

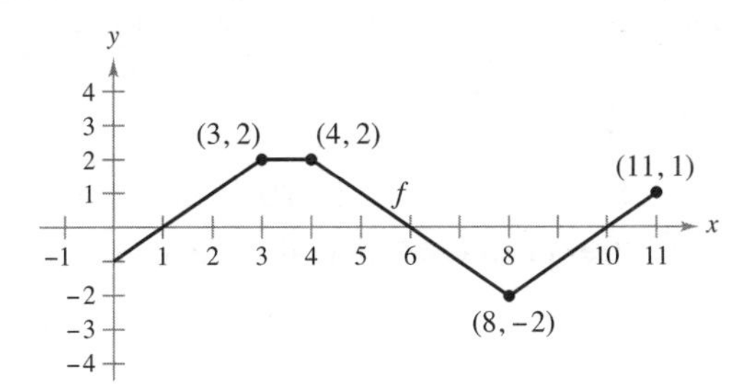

(a) $\int_0^1 -f(x)\,dx$ (b) $\int_3^4 3f(x)\,dx$

(c) $\int_0^7 f(x)\,dx$ (d) $\int_5^{11} f(x)\,dx$

(e) $\int_0^{11} f(x)\,dx$ (f) $\int_4^{10} f(x)\,dx$

49. Piénselo Considere la función f que es continua en el intervalo $[-5, 5]$ y para la cual

$$\int_0^5 f(x)\,dx = 4$$

Evalúe cada integral.

(a) $\int_0^5 [f(x) + 2]\,dx$ (b) $\int_{-2}^3 f(x + 2)\,dx$

(c) $\int_{-5}^5 f(x)\,dx$ (f es par) (d) $\int_{-5}^5 f(x)\,dx$ (f es impar)

50. ¿CÓMO LO VE? Utilice la figura para llenar los espacios con el símbolo <, > o =. Explique su razonamiento.

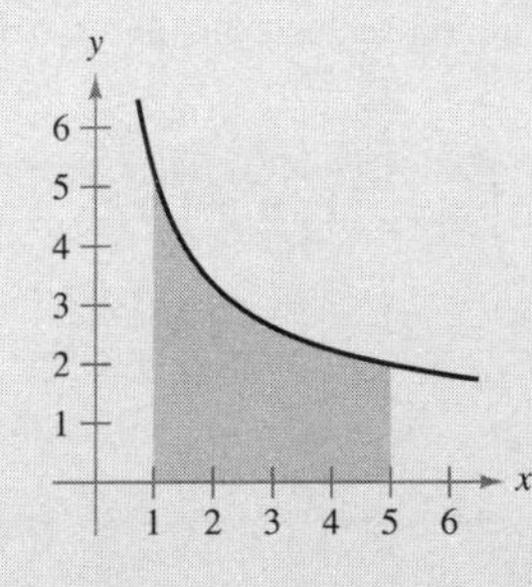

Para ver la figura a color, acceda al código

(a) El intervalo $[1, 5]$ se divide en n subintervalos de igual ancho, Δx y x_i es el punto terminal izquierdo del i-ésimo subintervalo.

$$\sum_{i=1}^{n} f(x_i)\,\Delta x \quad \square \quad \int_1^5 f(x)\,dx$$

(b) El intervalo $[1, 5]$ se divide en n subintervalos de igual ancho Δx y x_i es el punto terminal derecho del i-ésimo subintervalo.

$$\sum_{i=1}^{n} f(x_i)\,\Delta x \quad \square \quad \int_1^5 f(x)\,dx$$

51. Piénselo Una función f se define a continuación. Utilice fórmulas geométricas para encontrar $\int_0^8 f(x)\,dx$.

$$f(x) = \begin{cases} 4, & x < 4 \\ x, & x \geq 4 \end{cases}$$

52. Piénselo Una función f se define a continuación. Utilice fórmulas geométricas para encontrar $\int_0^{12} f(x)\,dx$.

$$f(x) = \begin{cases} 6, & x > 6 \\ -\frac{1}{2}x + 9, & x \leq 6 \end{cases}$$

Exploración de conceptos

En los ejercicios 53 y 54, determine cuáles valores se aproximan mejor a la integral definida. Realice la selección con base en un dibujo.

53. $\int_0^4 \sqrt{x}\,dx$

(a) 5 (b) -3 (c) 10 (d) 2 (e) 8

54. $\int_0^{1/2} 4\cos \pi x\,dx$

(a) 4 (b) $\frac{4}{3}$ (c) 16 (d) 2π (e) -6

55. Use una gráfica para explicar por qué

$$\int_a^a f(x)\,dx = 0$$

si f está definida en $x = a$.

56. Use una gráfica para explicar por qué

$$\int_a^b kf(x)\,dx = k\int_a^b f(x)\,dx$$

si f es integrable en $[a, b]$ y k es una constante.

57. Describa dos formas de evaluar

$$\int_{-1}^3 (x + 2)\,dx$$

Verifique que cada método da el mismo resultado.

58. Proporcione una función que sea integrable en el intervalo $[-1, 1]$, pero no continua en $[-1, 1]$.

Encontrar valores En los ejercicios 59 a 62, encuentre posibles valores de a y b que hagan el enunciado verdadero. Si es posible, use una gráfica para sustentar su respuesta. (Puede haber más de una respuesta correcta.)

59. $\int_{-2}^1 f(x)\,dx + \int_1^5 f(x)\,dx = \int_a^b f(x)\,dx$

60. $\int_{-3}^3 f(x)\,dx + \int_3^6 f(x)\,dx - \int_a^b f(x)\,dx = \int_{-1}^6 f(x)\,dx$

61. $\int_a^b \operatorname{sen} x\,dx < 0$

62. $\int_a^b \cos x\,dx = 0$

¿Verdadero o falso? **En los ejercicios 63 a 68, determine si el enunciado es verdadero o falso. Si es falso, dé un ejemplo que demuestre que es falso.**

63. $\displaystyle\int_a^b [f(x) + g(x)]\, dx = \int_a^b f(x)\, dx + \int_a^b g(x)\, dx$

64. $\displaystyle\int_a^b f(x)g(x)\, dx = \left[\int_a^b f(x)\, dx\right]\left[\int_a^b g(x)\, dx\right]$

65. Si la norma de una partición tiende a cero, entonces el número de subintervalos tiende a infinito.

66. Si f es creciente en $[a, b]$, entonces el valor mínimo de f en $[a, b]$ es $f(a)$.

67. $\displaystyle\int_a^b f(x)\, dx \geq 0$

68. $\displaystyle\int_2^2 \operatorname{sen} x^2\, dx = 0$

69. Encontrar la suma de Riemann Encuentre la suma de Riemann para $f(x) = x^2 + 3x$ en el intervalo $[0, 8]$, donde

$$x_0 = 0, \quad x_1 = 1, \quad x_2 = 3, \quad x_3 = 7 \quad \text{y} \quad x_4 = 8$$

y donde

$$c_1 = 1, \quad c_2 = 2, \quad c_3 = 5 \quad \text{y} \quad c_4 = 8$$

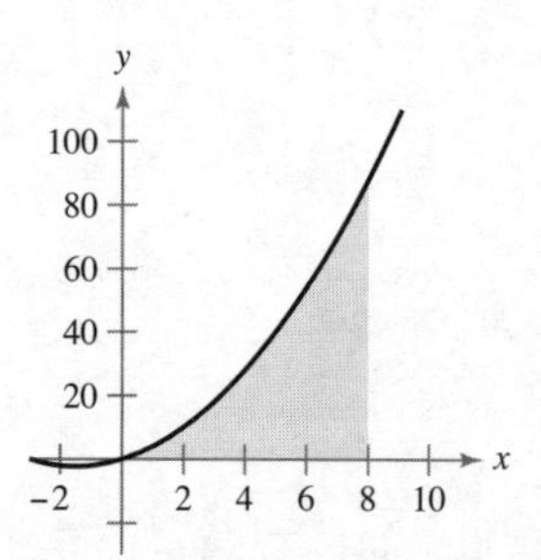

Para ver las figuras a color, acceda al código

70. Encontrar la suma de Riemann Encuentre la suma de Riemann para $f(x) = \operatorname{sen} x$ en el intervalo $[0, 2\pi]$, donde

$$x_0 = 0, \quad x_1 = \frac{\pi}{4}, \quad x_2 = \frac{\pi}{3}, \quad x_3 = \pi \quad \text{y} \quad x_4 = 2\pi,$$

y donde

$$c_1 = \frac{\pi}{6}, \quad c_2 = \frac{\pi}{3}, \quad c_3 = \frac{2\pi}{3} \quad \text{y} \quad c_4 = \frac{3\pi}{2}$$

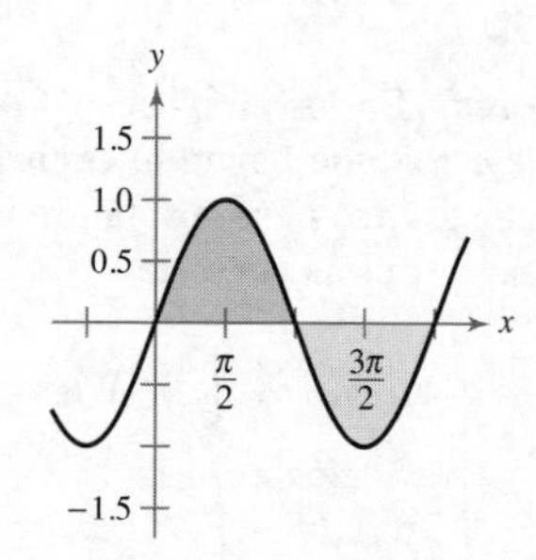

71. Demostración Demuestre que $\displaystyle\int_a^b x\, dx = \frac{b^2 - a^2}{2}$

72. Demostración Demuestre que $\displaystyle\int_a^b x^2\, dx = \frac{b^3 - a^3}{3}$

73. Piénselo Determine si la función de Dirichlet

$$f(x) = \begin{cases} 1, & x \text{ es racional} \\ 0, & x \text{ es irracional} \end{cases}$$

es integrable en el intervalo $[0, 1]$. Explique.

74. Encontrar la integral definida La función

$$f(x) = \begin{cases} 0, & x = 0 \\ \dfrac{1}{x}, & 0 < x \leq 1 \end{cases}$$

está definida en $[0, 1]$, como se muestra en la figura. Demuestre que

$$\int_0^1 f(x)\, dx$$

no existe. ¿Contradice esto al teorema 4.4? ¿Por qué si o por qué no?

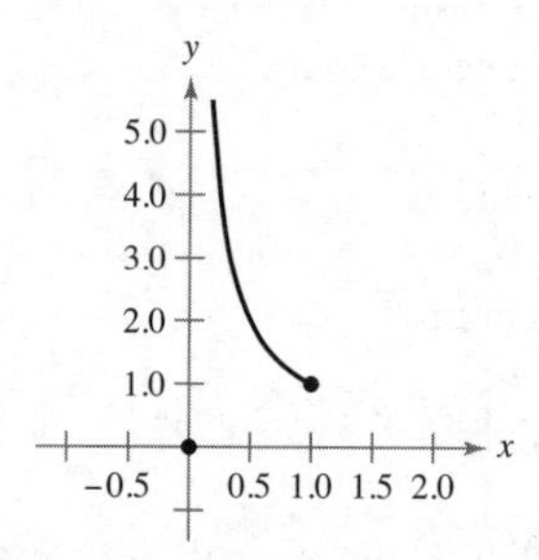

75. Determinar valores Encuentre constantes a y b, con $a < b$, que maximizan el valor de

$$\int_a^b (1 - x^2)\, dx$$

Explique su razonamiento.

76. Encontrar valores Encuentre las constantes a y b, con $a < 4 < b$, tales que

$$\left|\int_a^b (x - 4)\, dx\right| = 16 \quad \text{y} \quad \int_a^b |x - 4|\, dx = 20$$

77. Piénselo ¿Cuándo

$$\int_a^b f(x)\, dx = \int_a^b |f(x)|\, dx?$$

Explique su respuesta.

78. Función escalón Evalúe, si es posible, la integral

$$\int_0^2 [\![x]\!]\, dx$$

79. Usar las sumas de Riemann Determine

$$\lim_{n\to\infty} \frac{1}{n^3}(1^2 + 2^2 + 3^2 + \cdots + n^2)$$

utilizando una suma de Riemann apropiada.

4.4 Teorema fundamental del cálculo

- **Evaluar una integral definida utilizando el teorema fundamental del cálculo.**
- **Describir y utilizar el teorema del valor medio para integrales.**
- **Encontrar el valor medio de una función sobre un intervalo cerrado.**
- **Describir y utilizar el segundo teorema fundamental del cálculo.**
- **Describir y utilizar el teorema del cambio neto.**

El teorema fundamental del cálculo

Hasta ahora ha sido introducido en dos de las principales ramas del cálculo: el cálculo diferencial (presentado con el problema de la recta tangente) y el cálculo integral (presentado con el problema del área). Hasta aquí podría parecer que estos dos problemas no se relacionan, aunque tienen una conexión muy estrecha. La conexión fue descubierta de forma independiente por Isaac Newton y Gottfried Leibniz y está establecida en un teorema que recibe el nombre de **teorema fundamental del cálculo**.

De manera informal, el teorema establece que la derivación y la integración (definida) son operaciones inversas, en el mismo sentido que lo son la división y la multiplicación. Para saber cómo Newton y Leibniz habrían pronosticado esta relación, considere las aproximaciones que se muestran en la figura 4.28. La pendiente de la recta tangente fue definida utilizando el *cociente* $\Delta y/\Delta x$ (la pendiente de la recta secante). De manera similar el área de la región bajo una curva se definió utilizando el *producto* $\Delta y \Delta x$ (el área de un rectángulo). Por tanto, al menos en una etapa de aproximación primitiva, las operaciones de derivación y de integración definida parecen tener una relación inversa en el mismo sentido en el que son operaciones inversas la división y la multiplicación. El teorema fundamental del cálculo establece que los procesos del límite (utilizados para definir la derivada y la integral definida) preservan esta relación inversa.

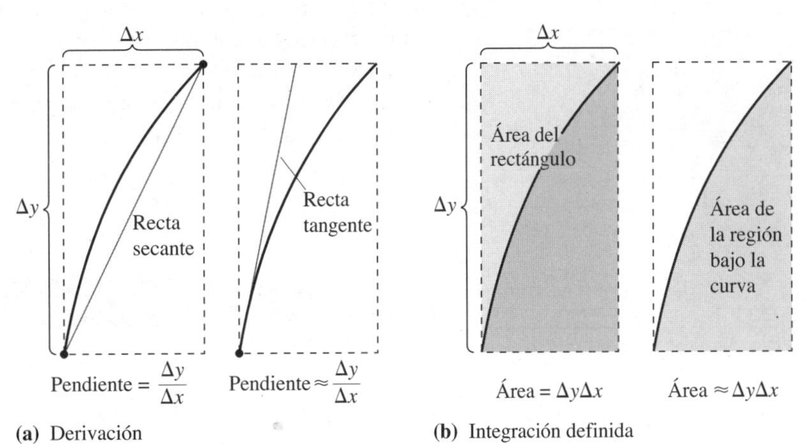

La derivación y la integración definida tienen una relación "inversa".
Figura 4.28

ANTIDERIVACIÓN E INTEGRACIÓN DEFINIDA

A lo largo de este capítulo se ha estado utilizando el signo de integral para denotar una antiderivada (una familia de funciones) y una integral definida (un número).

Antiderivación: $\int f(x)\,dx$ Integración definida: $\int_a^b f(x)\,dx$

El uso de este mismo símbolo para ambas operaciones hace parecer que están relacionadas. Sin embargo, en los primeros trabajos con cálculo, no se sabía que las dos operaciones estaban relacionadas. Leibniz aplicó primero el símbolo $\int$ a la integral definida y se deriva de la letra *S*. (Leibniz calculó el área como una suma infinita, por tanto, eligió la letra *S*.)

Para ver las figuras a color, acceda al código

TEOREMA 4.9 El teorema fundamental del cálculo

Si una función f es continua en el intervalo cerrado $[a, b]$ y F es una antiderivada de f en el intervalo $[a, b]$, entonces

$$\int_a^b f(x)\,dx = F(b) - F(a)$$

Demostración La clave para la demostración consiste en escribir la diferencia $F(b) - F(a)$ en una forma conveniente. Sea Δ cualquier partición de $[a, b]$.

$$a = x_0 < x_1 < x_2 < \cdots < x_{n-1} < x_n = b$$

Mediante la resta y suma de términos semejantes, se obtiene

$$\begin{aligned} F(b) - F(a) &= F(x_n) - F(x_{n-1}) + F(x_{n-1}) - \cdots - F(x_1) + F(x_1) - F(x_0) \\ &= \sum_{i=1}^{n} [F(x_i) - F(x_{i-1})] \end{aligned}$$

De acuerdo con el teorema del valor medio, se sabe que existe un número c_i en el i-ésimo subintervalo tal que

$$F'(c_i) = \frac{F(x_i) - F(x_{i-1})}{x_i - x_{i-1}}$$

Como $F'(c_i) = f(c_i)$, se puede hacer que $\Delta x_i = x_i - x_{i-1}$ y obtener

$$F(b) - F(a) = \sum_{i=1}^{n} f(c_i)\,\Delta x_i$$

Esta importante ecuación dice que al aplicar repetidamente el teorema del valor medio, siempre se puede encontrar una colección de valores c_i tal que la *constante* $F(b) - F(a)$ es una suma de Riemann de f en $[a, b]$ para cualquier partición. El teorema 4.4 garantiza que el límite de sumas de Riemann sobre las particiones con $\|\Delta\| \to 0$ existe. Así, el tomar el límite (cuando $\|\Delta\| \to 0$) produce

$$F(b) - F(a) = \int_a^b f(x)\,dx$$

■

Directrices para utilizar el teorema fundamental del cálculo

1. *Suponiendo que se pueda encontrar* una antiderivada (o primitiva) de f, se tiene una forma de calcular una integral definida sin tener que utilizar el límite de una suma.
2. Cuando se aplica el teorema fundamental del cálculo, la siguiente notación resulta conveniente.

   $$\int_a^b f(x)\,dx = F(x)\Big]_a^b = F(b) - F(a)$$

   Por ejemplo, para calcular $\int_1^3 x^3\,dx$, se puede escribir

   $$\int_1^3 x^3\,dx = \frac{x^4}{4}\Big]_1^3 = \frac{3^4}{4} - \frac{1^4}{4} = \frac{81}{4} - \frac{1}{4} = 20$$

3. No es necesario incluir una constante de integración C en la antiderivada o primitiva, ya que

   $$\int_a^b f(x)\,dx = \Big[F(x) + C\Big]_a^b = [F(b) + C] - [F(a) + C] = F(b) - F(a)$$

COMENTARIO Otras notaciones comunes utilizadas al aplicar el teorema fundamental del cálculo son

$$\Big[F(x)\Big]_a^b \quad \text{y} \quad F(x)\Big|_a^b$$

EJEMPLO 1 Evaluar integrales definidas

Consulte LarsonCalculus.com (disponible solo en inglés) para una versión interactiva de este tipo de ejemplo.

Evalúe cada integral definida.

a. $\int_1^2 (x^2 - 3)\, dx$ **b.** $\int_1^4 3\sqrt{x}\, dx$ **c.** $\int_0^{\pi/4} \sec^2 x\, dx$

Solución

a. $\int_1^2 (x^2 - 3)\, dx = \left[\frac{x^3}{3} - 3x\right]_1^2 = \left(\frac{8}{3} - 6\right) - \left(\frac{1}{3} - 3\right) = -\frac{2}{3}$

b. $\int_1^4 3\sqrt{x}\, dx = 3\int_1^4 x^{1/2}\, dx = 3\left[\frac{x^{3/2}}{3/2}\right]_1^4 = 2(4)^{3/2} - 2(1)^{3/2} = 14$

c. $\int_0^{\pi/4} \sec^2 x\, dx = \tan x\Big]_0^{\pi/4} = \tan\frac{\pi}{4} - \tan 0 = 1 - 0 = 1$

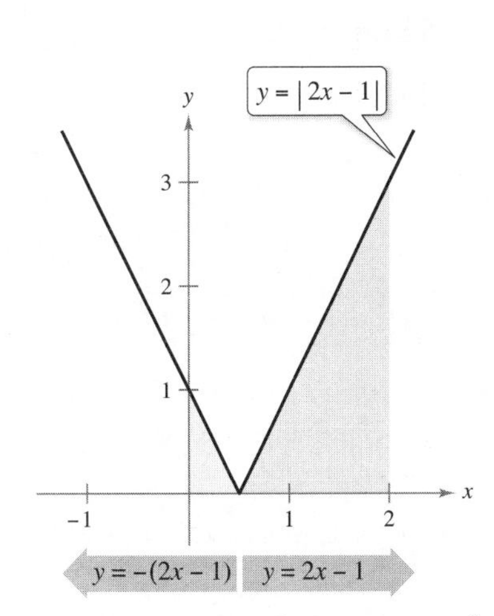

La integral definida de y en $[0, 2]$ es $\frac{5}{2}$

Figura 4.29

EJEMPLO 2 Integral definida de un valor absoluto

Calcule $\int_0^2 |2x - 1|\, dx$

Solución Utilizando la figura 4.29 y la definición de valor absoluto, se puede reescribir el integrando como se indica.

$$|2x - 1| = \begin{cases} -(2x - 1), & x < \frac{1}{2} \\ 2x - 1, & x \geq \frac{1}{2} \end{cases}$$ Reescriba usando la definición de valor absoluto.

A partir de esto, use el teorema 4.6 para reescribir la integral en dos partes.

$$\int_0^2 |2x - 1|\, dx = \int_0^{1/2} -(2x - 1)\, dx + \int_{1/2}^2 (2x - 1)\, dx$$
$$= \left[-x^2 + x\right]_0^{1/2} + \left[x^2 - x\right]_{1/2}^2$$
$$= \left(-\frac{1}{4} + \frac{1}{2}\right) - (0 + 0) + (4 - 2) - \left(\frac{1}{4} - \frac{1}{2}\right)$$
$$= \frac{5}{2}$$

Para ver las figuras a color, acceda al código

EJEMPLO 3 Usar el teorema fundamental para encontrar un área

Encuentre el área de la región delimitada por la gráfica de

$y = 2x^2 - 3x + 2$

el eje x y las rectas verticales $x = 0$ y $x = 2$, como se muestra en la figura 4.30.

Solución Observe que $y > 0$ en el intervalo $[0, 2]$.

$$\text{Área} = \int_0^2 (2x^2 - 3x + 2)\, dx$$ Integre entre $x = 0$ y $x = 2$.

$$= \left[\frac{2x^3}{3} - \frac{3x^2}{2} + 2x\right]_0^2$$ Encuentre la antiderivada.

$$= \left(\frac{16}{3} - 6 + 4\right) - (0 - 0 + 0)$$ Aplique el teorema fundamental.

$$= \frac{10}{3}$$ Simplifique.

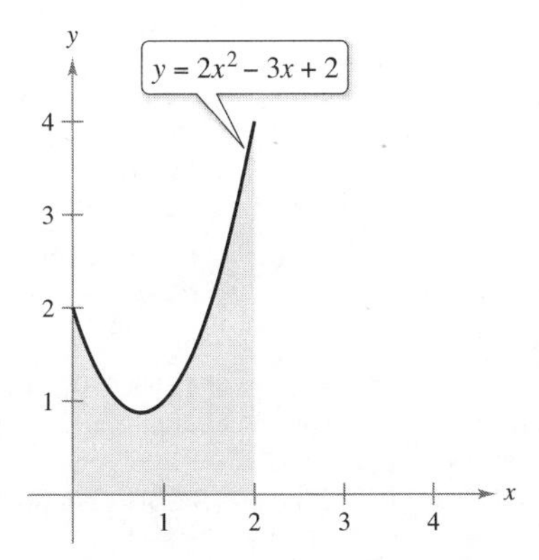

El área de la región acotada por la gráfica de y, el eje x, $x = 0$ y $x = 2$ es $\frac{10}{3}$

Figura 4.30

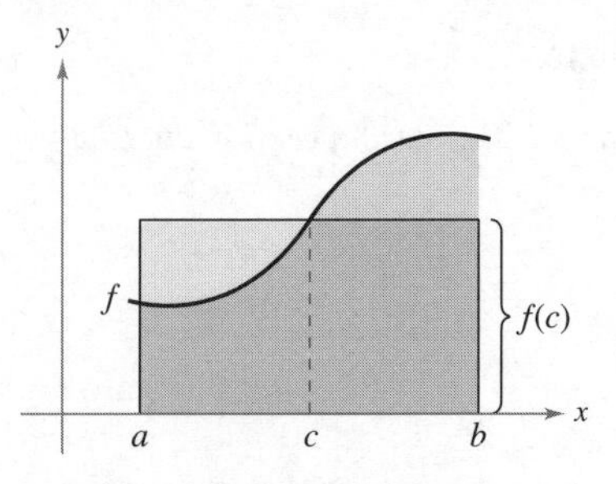

Rectángulo de valor medio:

$$f(c)(b-a)=\int_a^b f(x)\,dx$$

Figura 4.31

El teorema del valor medio para integrales

En la sección 4.2 se vio que el área de una región bajo una curva es mayor que el área de un rectángulo inscrito y menor que el área de un rectángulo circunscrito. El teorema del valor medio para integrales establece que en alguna parte “entre” los rectángulos inscrito y circunscrito hay un rectángulo cuya área es precisamente igual al área de la región bajo la curva, como se ilustra en la figura 4.31.

> **TEOREMA 4.10 Teorema del valor medio para integrales**
>
> Si una función f es continua en el intervalo cerrado $[a, b]$, entonces existe un número c en el intervalo cerrado $[a, b]$, tal que
>
> $$\int_a^b f(x)\,dx = f(c)(b-a)$$

Demostración

Caso 1: Si f es constante en el intervalo $[a, b]$, el teorema es claramente válido debido a que c puede ser cualquier punto en $[a, b]$.

Caso 2: Si f no es constante en $[a, b]$, entonces, por el teorema del valor extremo, pueden elegirse $f(m)$ y $f(M)$ como valores mínimo y máximo de f en $[a, b]$. Como

$$f(m) \le f(x) \le f(M)$$

para toda x en $[a, b]$, se puede aplicar el teorema 4.8 para escribir la siguiente desigualdad doble

Para ver las figuras a color, acceda al código

$$\int_a^b f(m)\,dx \le \int_a^b f(x)\,dx \le \int_a^b f(M)\,dx \qquad \text{Vea la figura 4.32.}$$

$$f(m)(b-a) \le \int_a^b f(x)\,dx \le f(M)(b-a) \qquad \text{Aplique el teorema fundamental.}$$

$$f(m) \le \frac{1}{b-a}\int_a^b f(x)\,dx \le f(M) \qquad \text{Divida entre } b-a.$$

De acuerdo con la tercera desigualdad, se puede aplicar el teorema del valor medio para concluir que existe alguna c en $[a, b]$ tal que

$$f(c)=\frac{1}{b-a}\int_a^b f(x)\,dx \quad \text{o} \quad f(c)(b-a)=\int_a^b f(x)\,dx$$

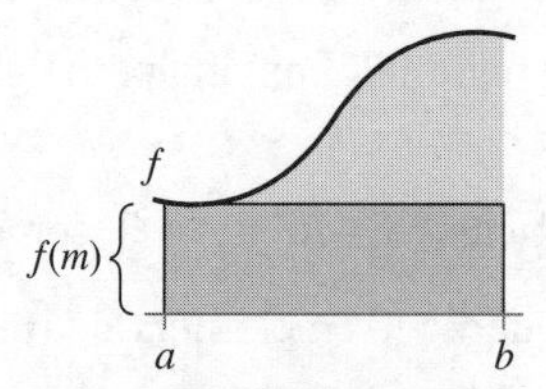

Rectángulo inscrito (menor que el área real)

$$\int_a^b f(m)\,dx = f(m)(b-a)$$

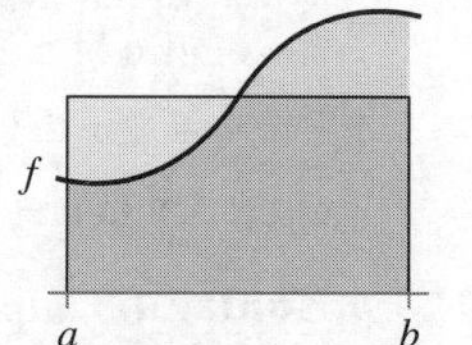

Rectángulo del valor medio (igual al área real)

$$\int_a^b f(x)\,dx$$

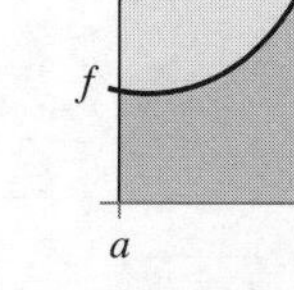

Rectángulo circunscrito (mayor que el área real)

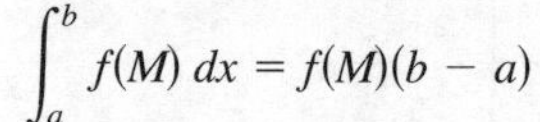

$$\int_a^b f(M)\,dx = f(M)(b-a)$$

Figura 4.32

■

Observe que el teorema 4.10 no especifica cómo determinar c, solo garantiza la existencia de al menos un número c en el intervalo.

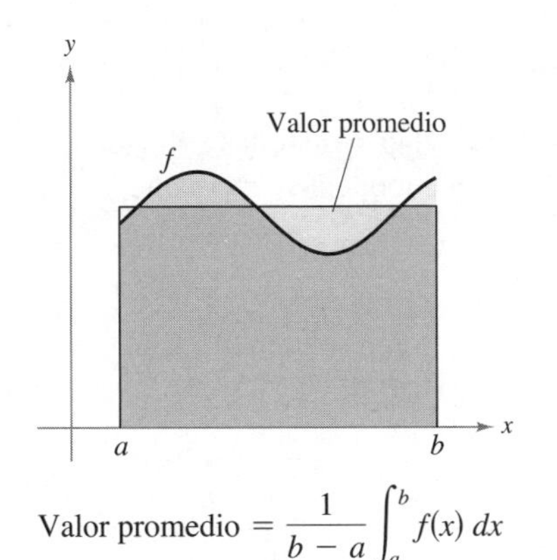

$$\text{Valor promedio} = \frac{1}{b-a}\int_a^b f(x)\,dx$$

Figura 4.33

Valor promedio de una función

El valor de $f(c)$ dado en el teorema del valor medio para integrales recibe el nombre de **valor promedio** de f en el intervalo $[a, b]$.

Definición del valor promedio de una función en un intervalo

Si una función f es integrable en el intervalo cerrado $[a, b]$, entonces el **valor promedio** de f en el intervalo es

$$\frac{1}{b-a}\int_a^b f(x)\,dx \qquad \text{Vea la figura 4.33.}$$

Para saber por qué el valor promedio de f se define de esta manera, divida $[a, b]$ en n subintervalos de igual anchura $\Delta x = (b - a)/n$. Si c_i es cualquier punto en el i-ésimo subintervalo, el promedio aritmético (o media) de los valores de la función en los c_i está dado por

$$a_n = \frac{1}{n}[f(c_1) + f(c_2) + \cdot \cdot \cdot + f(c_n)] \qquad \text{Promedio de } f(c_1), \ldots, f(c_n)$$

Al escribir la suma en notación de sumatoria y al multiplicar y dividir entre $(b - a)$, se puede escribir la media como

$$a_n = \frac{1}{n}\sum_{i=1}^{n} f(c_i) \qquad \text{Reescriba usando notación de sumatoria.}$$

$$= \frac{1}{n}\sum_{i=1}^{n} f(c_i)\left(\frac{b-a}{b-a}\right) \qquad \text{Multiplicar y dividir entre } (a-b).$$

$$= \frac{1}{b-a}\sum_{i=1}^{n} f(c_i)\left(\frac{b-a}{n}\right) \qquad \text{Reescriba.}$$

$$= \frac{1}{b-a}\sum_{i=1}^{n} f(c_i)\,\Delta x \qquad \Delta x = \frac{b-a}{n}$$

Para ver las figuras a color, acceda al código

Por último, al tomar el límite cuando $n \to \infty$ se obtiene el valor promedio de f en el intervalo $[a, b]$, como se indicó en la definición anterior. Observe en la figura 4.33, que el área de la región bajo la gráfica de f es igual al área del rectángulo cuya altura es el valor medio.

Este desarrollo del valor promedio de una función en un intervalo es solo uno de los muchos usos prácticos de las integrales definidas para representar procesos de suma. En el capítulo 7 se estudiarán otras aplicaciones, tales como volumen, longitud de arco, centros de masa y trabajo.

EJEMPLO 4 Determinar el valor promedio de una función

Determine el valor promedio de $f(x) = 3x^2 - 2x$ en el intervalo $[1, 4]$.

Solución El valor promedio está dado por

$$\frac{1}{b-a}\int_a^b f(x)\,dx = \frac{1}{4-1}\int_1^4 (3x^2 - 2x)\,dx$$

$$= \frac{1}{3}\Big[x^3 - x^2\Big]_1^4$$

$$= \frac{1}{3}[64 - 16 - (1 - 1)]$$

$$= \frac{48}{3}$$

$$= 16 \qquad \text{Vea la figura 4.34.}$$

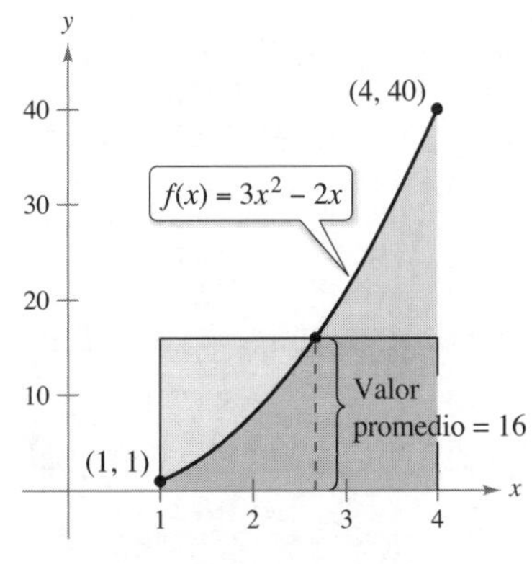

Figura 4.34

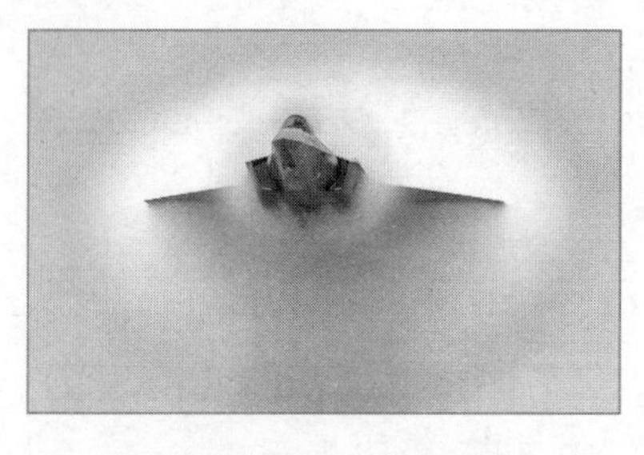

La primera persona en volar a una velocidad mayor que la del sonido fue Charles Yeager. El 14 de octubre de 1947, a una altitud de 12.2 kilómetros, Yeager alcanzó 295.9 metros por segundo. Si Yeager hubiera volado a una altitud menor que 11.275 kilómetros, su velocidad no hubiera "roto la barrera del sonido". La foto muestra un F/A-18F, Super Hornet, un bimotor de combate supersónico. Un "green hornet" utilizando una mezcla 50/50 de biocombustible, hecho a partir de aceite de camelina, se convirtió en el primer avión táctico estadounidense naval en superar Mach 1 (la velocidad del sonido).

EJEMPLO 5 La velocidad del sonido

A diferentes alturas en la atmósfera de la Tierra, el sonido viaja a distintas velocidades. La velocidad del sonido $s(x)$ (en metros por segundo) puede modelarse mediante

$$s(x) = \begin{cases} -4x + 341, & 0 \le x < 11.5 \\ 295, & 11.5 \le x < 22 \\ \frac{3}{4}x + 278.5, & 22 \le x < 32 \\ \frac{3}{2}x + 254.5, & 32 \le x < 50 \\ -\frac{3}{2}x + 404.5, & 50 \le x \le 80 \end{cases}$$

donde x es la altitud en kilómetros (vea la figura). ¿Cuál es la velocidad promedio del sonido en el intervalo [0, 80]?

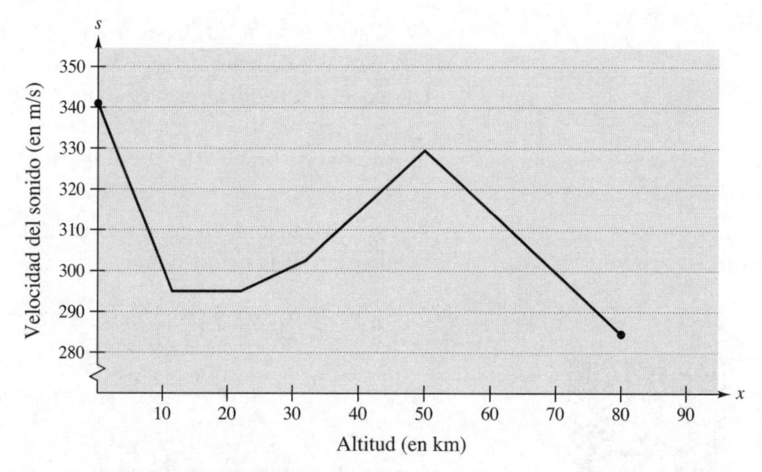

La velocidad del sonido depende de la altitud.

Solución Comience con la integración $s(x)$ en el intervalo [0, 80]. Para hacer esto, se puede dividir la integral en cinco partes.

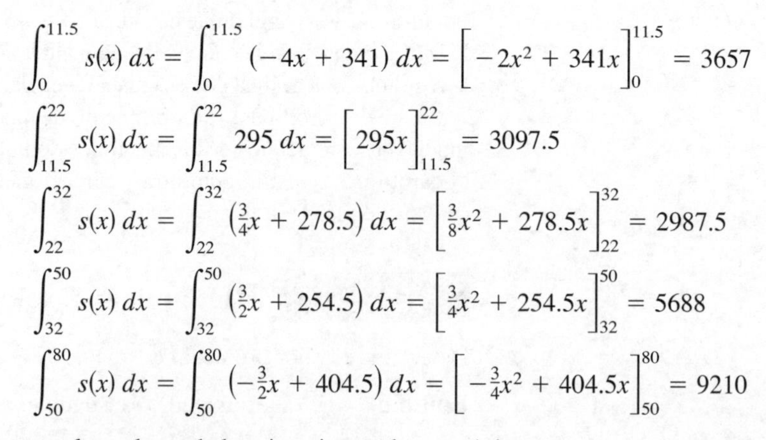

$$\int_0^{11.5} s(x)\,dx = \int_0^{11.5} (-4x + 341)\,dx = \Big[-2x^2 + 341x\Big]_0^{11.5} = 3657$$

$$\int_{11.5}^{22} s(x)\,dx = \int_{11.5}^{22} 295\,dx = \Big[295x\Big]_{11.5}^{22} = 3097.5$$

$$\int_{22}^{32} s(x)\,dx = \int_{22}^{32} \left(\tfrac{3}{4}x + 278.5\right)dx = \Big[\tfrac{3}{8}x^2 + 278.5x\Big]_{22}^{32} = 2987.5$$

$$\int_{32}^{50} s(x)\,dx = \int_{32}^{50} \left(\tfrac{3}{2}x + 254.5\right)dx = \Big[\tfrac{3}{4}x^2 + 254.5x\Big]_{32}^{50} = 5688$$

$$\int_{50}^{80} s(x)\,dx = \int_{50}^{80} \left(-\tfrac{3}{2}x + 404.5\right)dx = \Big[-\tfrac{3}{4}x^2 + 404.5x\Big]_{50}^{80} = 9210$$

Al sumar los valores de las cinco integrales, se obtiene

$$\int_0^{80} s(x)\,dx = 24\,640$$

Por tanto, la velocidad media del sonido entre los 0 y 80 km de altitud es

$$\text{Velocidad promedio} = \frac{1}{80}\int_0^{80} s(x)\,dx = \frac{24\,640}{80} = 308 \text{ metros por segundo.}$$ ■

Para ver la figura a color, acceda al código

APFootage/Alamy Stock Photo

El segundo teorema fundamental del cálculo

Al introducir la integral definida de f en el intervalo $[a, b]$ se ha tomado como fijo el límite superior de integración b y x como la variable de integración. Sin embargo, es posible que surja una situación un poco diferente en la que la variable x se use como el límite superior de integración. Para evitar la confusión de utilizar x de dos maneras diferentes, se usa temporalmente t como la variable de integración. (Recuerde que la integral definida *no* es una función de su variable de integración.)

Para ver la figura a color, acceda al código

La integral definida como un número **La integral definida como una función de x**

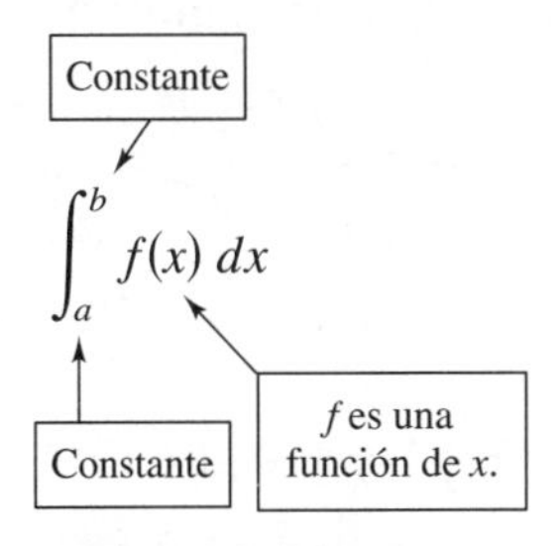

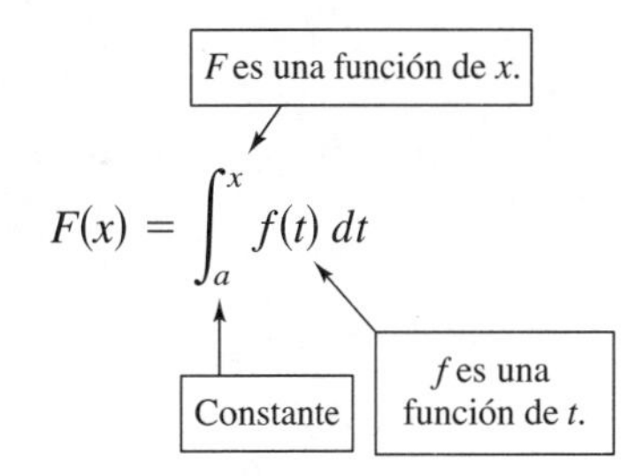

Exploración

Utilice una herramienta de graficación para representar la función

$$F(x) = \int_0^x \cos t\,dt$$

para $0 \le x \le 2\pi$. ¿Reconoce esta gráfica? Explique.

EJEMPLO 6 La integral definida como función

Calcule la función

$$F(x) = \int_0^x \cos t\,dt$$

en $x = 0, \frac{\pi}{6}, \frac{\pi}{4}, \frac{\pi}{3}$ y $\frac{\pi}{2}$

Solución Podría calcular cinco integrales definidas diferentes, una para cada uno de los límites superiores dados. Sin embargo, es mucho más simple fijar x (como una constante) por el momento para obtener

$$\begin{aligned}\int_0^x \cos t\,dt &= \operatorname{sen} t\Big]_0^x \\ &= \operatorname{sen} x - \operatorname{sen} 0 \\ &= \operatorname{sen} x\end{aligned}$$

Después de esto, utilizando $F(x) = \operatorname{sen} x$, puede obtener los resultados que se muestran en la figura 4.35.

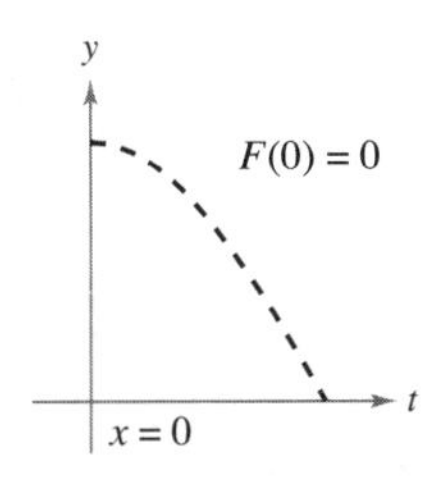

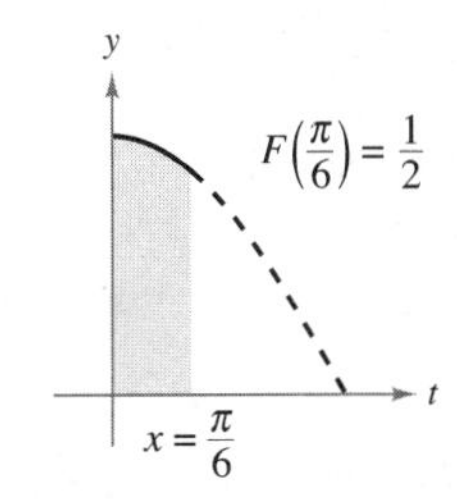

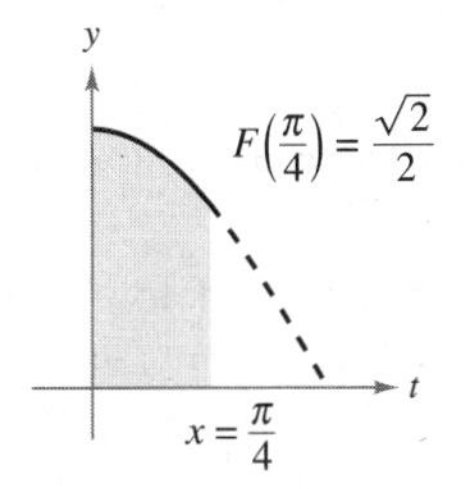

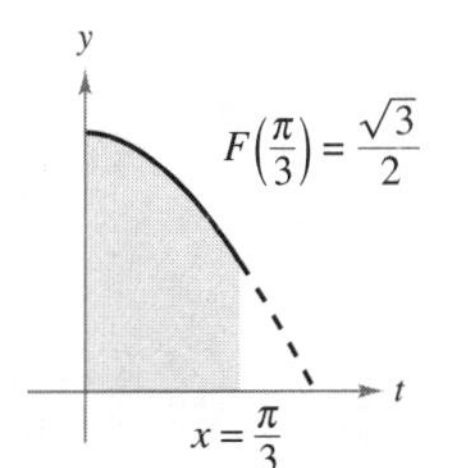

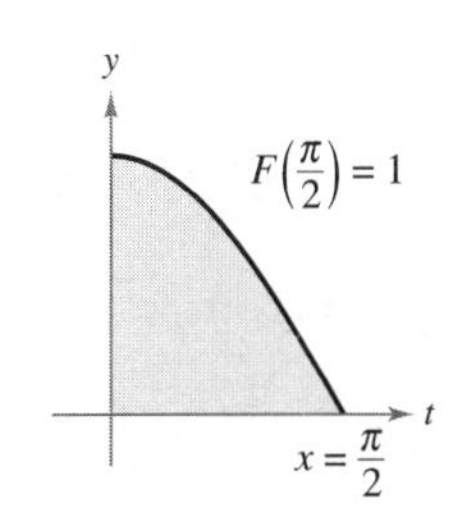

$F(x) = \int_0^x \cos t\,dt$ es el área bajo la curva $f(t) = \cos t$ desde 0 hasta x.
Figura 4.35

Se puede considerar a la función $F(x)$ como la *acumulación* del área bajo la curva $f(t) = \cos t$ desde $t = 0$ hasta $t = x$. Para $x = 0$, el área es 0 y $F(0) = 0$. Para $x = \pi/2$, $F(\pi/2) = 1$ se obtiene el área acumulada bajo la curva coseno del intervalo completo $[0, \pi/2]$. Esta interpretación de una integral como una **función de acumulación** se usa a menudo en aplicaciones de la integración.

En el ejemplo 6, observe que la derivada de F es el integrando original (solo que con la variable cambiada). Esto es

$$\frac{d}{dx}[F(x)] = \frac{d}{dx}[\operatorname{sen} x] = \frac{d}{dx}\left[\int_0^x \cos t\, dt\right] = \cos x$$

Este resultado se generaliza en el siguiente teorema, denominado el segundo teorema fundamental del cálculo.

TEOREMA 4.11 El segundo teorema fundamental del cálculo

Si una función f es continua en un intervalo abierto I que contiene a a, entonces, para cada x en el intervalo

$$\frac{d}{dx}\left[\int_a^x f(t)\, dt\right] = f(x)$$

Demostración Comience definiendo F como

$$F(x) = \int_a^x f(t)\, dt$$

Luego, de acuerdo con la definición de la derivada, puede escribir

$$\begin{aligned} F'(x) &= \lim_{\Delta x \to 0} \frac{F(x + \Delta x) - F(x)}{\Delta x} \\ &= \lim_{\Delta x \to 0} \frac{1}{\Delta x}\left[\int_a^{x+\Delta x} f(t)\, dt - \int_a^x f(t)\, dt\right] \\ &= \lim_{\Delta x \to 0} \frac{1}{\Delta x}\left[\int_a^{x+\Delta x} f(t)\, dt + \int_x^a f(t)\, dt\right] \\ &= \lim_{\Delta x \to 0} \frac{1}{\Delta x}\left[\int_x^{x+\Delta x} f(t)\, dt\right] \end{aligned}$$

Por el teorema del valor medio (suponiendo que $\Delta x > 0$), sabe que existe un número c en el intervalo $[x, x + \Delta x]$ tal que la integral en la expresión anterior es igual a $f(c)\,\Delta x$. Además, como $x \leq c \leq x + \Delta x$ se deduce que $c \to x$ cuando $\Delta x \to 0$. Por tanto, se obtiene

$$F'(x) = \lim_{\Delta x \to 0}\left[\frac{1}{\Delta x} f(c)\,\Delta x\right] = \lim_{\Delta x \to 0} f(c) = f(x)$$

Se puede plantear un argumento similar para $\Delta x < 0$. ■

Utilizando el modelo del área para integrales definidas, considere la aproximación

$$f(x)\,\Delta x \approx \int_x^{x+\Delta x} f(t)\, dt$$

se dice que el área del rectángulo de altura $f(x)$ y anchura Δx es aproximadamente igual al área de la región que se encuentra entre la gráfica de f y el eje x en el intervalo

$$[x, x + \Delta x]$$

como se muestra en la figura de la derecha.

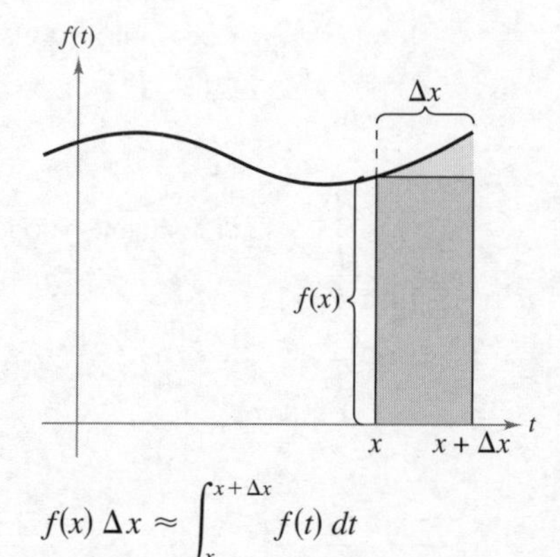

$$f(x)\,\Delta x \approx \int_x^{x+\Delta x} f(t)\, dt$$

Para ver la figura a color, acceda al código

Observe que el segundo teorema del cálculo indica que toda f continua admite una antiderivada. Sin embargo, esta no necesita ser una función elemental. (Recuerde el análisis de las funciones elementales en la sección P.3.)

EJEMPLO 7 Usar el segundo teorema fundamental del cálculo

Calcule $\dfrac{d}{dx}\left[\int_0^x \sqrt{t^2+1}\,dt\right]$.

Solución Observe que $f(t) = \sqrt{t^2+1}$ es continua en toda la recta real. Por tanto, empleando el segundo teorema fundamental del cálculo, se puede escribir

$$\frac{d}{dx}\left[\int_0^x \sqrt{t^2+1}\,dt\right] = \sqrt{x^2+1}$$

La derivación que se muestra en el ejemplo 7 es una aplicación directa del segundo teorema fundamental del cálculo. El siguiente ejemplo muestra cómo puede combinarse este teorema con la regla de la cadena para encontrar la derivada de una función.

EJEMPLO 8 Usar el segundo teorema fundamental del cálculo

Encuentre la derivada de $F(x) = \displaystyle\int_{\pi/2}^{x^3} \cos t\,dt$.

Solución Haciendo $u = x^3$, puede aplicar el segundo teorema fundamental del cálculo junto con la regla de la cadena como se ilustra.

$$F'(x) = \frac{dF}{du}\frac{du}{dx} \qquad \text{Regla de la cadena.}$$

$$= \frac{d}{du}[F(x)]\frac{du}{dx} \qquad \text{Definición de } \frac{dF}{du}$$

$$= \frac{d}{du}\left[\int_{\pi/2}^{x^3} \cos t\,dt\right]\frac{du}{dx} \qquad \text{Sustituya } \int_{\pi/2}^{x^3} \cos t\,dt \text{ para } F(x).$$

$$= \frac{d}{du}\left[\int_{\pi/2}^{u} \cos t\,dt\right]\frac{du}{dx} \qquad \text{Sustituya } u \text{ por } x^3.$$

$$= (\cos u)(3x^2) \qquad \text{Aplique el segundo teorema fundamental del cálculo.}$$

$$= (\cos x^3)(3x^2) \qquad \text{Reescriba como una función de } x.$$

Debido a que la integral del ejemplo 8 se integra con facilidad, puede comprobar la derivada del modo siguiente.

$$F(x) = \int_{\pi/2}^{x^3} \cos t\,dt$$

$$= \operatorname{sen} t\Big]_{\pi/2}^{x^3}$$

$$= \operatorname{sen} x^3 - \operatorname{sen}\frac{\pi}{2}$$

$$= \operatorname{sen} x^3 - 1$$

En esta forma, puede aplicar la regla de las potencias para comprobar que la derivada es la misma que la que se obtuvo en el ejemplo 8.

$$\frac{d}{dx}[\operatorname{sen} x^3 - 1] = (\cos x^3)(3x^2) \qquad \text{Derivada de } F.$$

Teorema del cambio neto

El teorema fundamental del cálculo (teorema 4.9) establece que si f es continua en el intervalo cerrado $[a, b]$ y F es una antiderivada de f en $[a, b]$, entonces

$$\int_a^b f(x)\,dx = F(b) - F(a)$$

Pero dado $F'(x) = f(x)$, este enunciado se puede reescribir como

$$\int_a^b F'(x)\,dx = F(b) - F(a)$$

donde la cantidad $F(b) - F(a)$ representa el *cambio neto de* $F(x)$ *en el intervalo* $[a, b]$.

TEOREMA 4.12 El teorema del cambio neto

Si $F'(x)$ es la razón de cambio de una cantidad $F(x)$, entonces la integral definida de $F'(x)$ de a a b proporciona el cambio total, o **cambio neto**, de $F(x)$ en el intervalo $[a, b]$.

$$\int_a^b F'(x)\,dx = F(b) - F(a) \qquad \text{Cambio neto de } F.$$

EJEMPLO 9 Usar el teorema del cambio neto

Una sustancia química fluye en un tanque de almacenamiento a una razón de $180 + 3t$ litros por minuto, donde t es el tiempo en minutos y $0 \le t \le 60$. Encuentre la cantidad de sustancia química que fluye en el tanque durante los primeros 20 minutos.

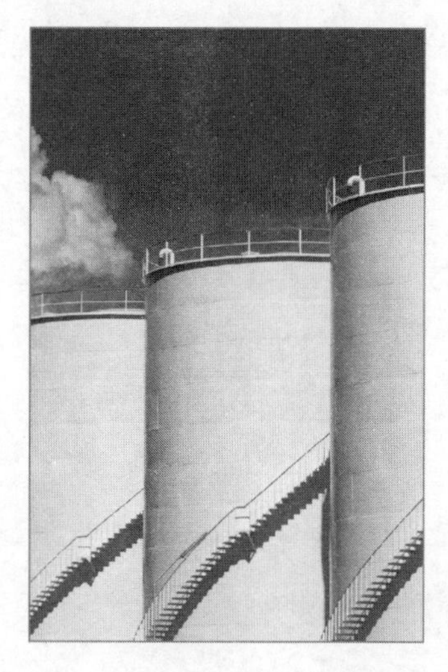

Solución Sea $c(t)$ la cantidad de sustancia química en el tanque en el tiempo t. Entonces $c'(t)$ representa la razón a la cual la sustancia química fluye dentro del tanque en el tiempo t. Durante los primeros 20 minutos, la cantidad que fluye dentro del tanque es

$$\begin{aligned}\int_0^{20} c'(t)\,dt &= \int_0^{20} (180 + 3t)\,dt \\ &= \left[180t + \frac{3}{2}t^2\right]_0^{20} \\ &= 3600 + 600 \\ &= 4200\end{aligned}$$

Así, la cantidad que fluye dentro del tanque durante los primeros 20 minutos es 4200 litros. ■

Otra forma de ilustrar el teorema del cambio neto es examinar la velocidad de una partícula que se mueve a lo largo de una línea recta, donde $s(t)$ es la posición en el tiempo t. Entonces, su velocidad es $v(t) = s'(t)$ y

$$\int_a^b v(t)\,dt = s(b) - s(a) \qquad \text{Desplazamiento sobre } [a, b].$$

representa el cambio neto en posición, o **desplazamiento**, de la partícula en el intervalo de tiempo $a \le t \le b$.

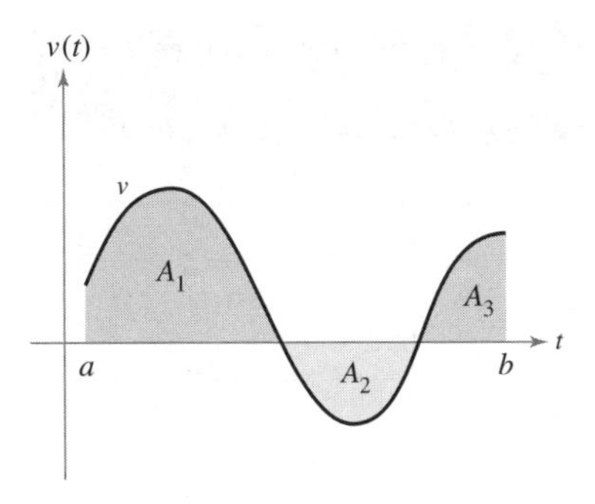

A_1, A_2 y A_3 son las áreas de las regiones sombreadas.

Figura 4.36

Cuando calcula la **distancia total** recorrida por la partícula en el intervalo $a \le t \le b$, debe considerar los intervalos donde $v(t) < 0$ y los intervalos donde $v(t) > 0$. Cuando $v(t) < 0$, la partícula se mueve hacia la izquierda. Cuando $v(t) > 0$, la partícula se mueve hacia la derecha. En ambos casos, la distancia se encuentra integrando la **rapidez** de la partícula $|v(t)|$.

$$\text{Distancia total recorrida en } [a, b] = \int_a^b |v(t)|\, dt$$

La figura 4.36 muestra cómo el desplazamiento y la distancia total recorrida pueden ser interpretadas como áreas debajo de una curva de velocidad.

$$\text{Desplazamiento en } [a, b] = \int_a^b v(t)\, dt = A_1 - A_2 + A_3$$

$$\text{Distancia total recorrida sobre } [a, b] = \int_a^b |v(t)|\, dt = A_1 + A_2 + A_3$$

EJEMPLO 10 Solución de un problema de movimiento de una partícula

La velocidad (en pies por segundo) de una partícula moviéndose a lo largo de una recta es

$$v(t) = t^3 - 10t^2 + 29t - 20$$

donde t es el tiempo en segundos.

a. ¿Cuál es el desplazamiento de la partícula en el intervalo $1 \le t \le 5$?

b. ¿Cuál es la distancia total recorrida por la partícula en el intervalo $1 \le t \le 5$?

Para ver las figuras a color de las páginas 291 a 294, acceda al código

Solución

a. El desplazamiento de la partícula en $1 \le t \le 5$ es

$$\int_1^5 v(t)\, dt = \int_1^5 (t^3 - 10t^2 + 29t - 20)\, dt$$
$$= \left[\frac{1}{4}t^4 - \frac{10}{3}t^3 + \frac{29}{2}t^2 - 20t\right]_1^5$$
$$= \frac{25}{12} - \left(-\frac{103}{12}\right)$$
$$= \frac{32}{3} \text{ pies}$$

Por tanto, la partícula se mueve 10.667 pies hacia la derecha.

b. Para encontrar la distancia total recorrida, calcule $\int_1^5 |v(t)|\, dt$. Usando la figura 4.37 y el hecho de que $v(t)$ puede factorizarse como $(t - 1)(t - 4)(t - 5)$, puede determinar que $v(t) > 0$ en $(1, 4)$ y $v(t) < 0$ en $(4, 5)$. Por tanto, la distancia total recorrida es

$$\int_1^5 |v(t)|\, dt = \int_1^4 v(t)\, dt + \int_4^5 -v(t)\, dt$$
$$= \int_1^4 (t^3 - 10t^2 + 29t - 20)\, dt + \int_4^5 -(t^3 - 10t^2 + 29t - 20)\, dt$$
$$= \left[\frac{1}{4}t^4 - \frac{10}{3}t^3 + \frac{29}{2}t^2 - 20t\right]_1^4 + \left[-\frac{1}{4}t^4 + \frac{10}{3}t^3 - \frac{29}{2}t^2 + 20t\right]_4^5$$
$$= \frac{45}{4} + \frac{7}{12}$$
$$= \frac{71}{6} \text{ pies}$$

o aproximadamente 11.833 pies. ■

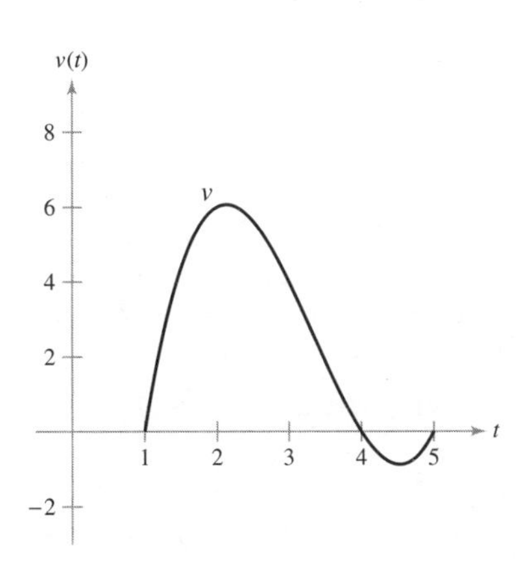

Figura 4.37

4.4 Ejercicios

Las respuestas a los ejercicios impares pueden consultarse en el Apéndice de este libro.

Repaso de conceptos

1. Explique cómo evaluar una integral definida usando el teorema fundamental el cálculo.
2. Describa el teorema del valor medio para integrales.
3. Explique cómo encontrar el valor promedio de una función sobre un intervalo.
4. Explique por qué

$$F(x) = \int_0^x f(t)\,dt$$

es considerada una función de acumulación.

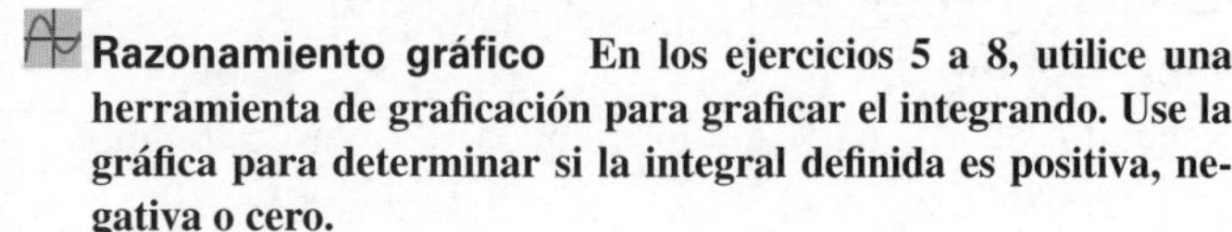

Razonamiento gráfico **En los ejercicios 5 a 8, utilice una herramienta de graficación para graficar el integrando. Use la gráfica para determinar si la integral definida es positiva, negativa o cero.**

5. $\displaystyle\int_0^{\pi} \frac{4}{x^2+1}\,dx$
6. $\displaystyle\int_0^{\pi} \cos x\,dx$
7. $\displaystyle\int_{-2}^{2} x\sqrt{x^2+1}\,dx$
8. $\displaystyle\int_{-2}^{2} x\sqrt{2-x}\,dx$

Evaluar una integral definida **En los ejercicios 9 a 36, evalúe la integral definida. Utilice una herramienta de graficación para comprobar el resultado.**

9. $\displaystyle\int_{-1}^{0} (2x-1)\,dx$
10. $\displaystyle\int_{-1}^{2} (7-3t)\,dt$
11. $\displaystyle\int_{-1}^{1} (t^2-5)\,dt$
12. $\displaystyle\int_{1}^{2} (6x^2-3x)\,dx$
13. $\displaystyle\int_{0}^{1} (2t-1)^2\,dt$
14. $\displaystyle\int_{1}^{4} (8x^3-x)\,dx$
15. $\displaystyle\int_{1}^{2} \left(\frac{3}{x^2}-1\right)dx$
16. $\displaystyle\int_{-2}^{-1} \left(u-\frac{1}{u^2}\right)du$
17. $\displaystyle\int_{1}^{4} \frac{u-2}{\sqrt{u}}\,du$
18. $\displaystyle\int_{-8}^{8} x^{1/3}\,dx$
19. $\displaystyle\int_{-1}^{1} \left(\sqrt[3]{t}-2\right)dt$
20. $\displaystyle\int_{1}^{8} \sqrt{\frac{2}{x}}\,dx$
21. $\displaystyle\int_{0}^{1} \frac{x-\sqrt{x}}{3}\,dx$
22. $\displaystyle\int_{0}^{2} (6-t)\sqrt{t}\,dt$
23. $\displaystyle\int_{-1}^{0} (t^{1/3}-t^{2/3})\,dt$
24. $\displaystyle\int_{-8}^{-1} \frac{x-x^2}{2\sqrt[3]{x}}\,dx$
25. $\displaystyle\int_{0}^{5} |2x-5|\,dx$
26. $\displaystyle\int_{1}^{4} (3-|x-3|)\,dx$
27. $\displaystyle\int_{0}^{4} |x^2-9|\,dx$
28. $\displaystyle\int_{0}^{4} |x^2-4x+3|\,dx$
29. $\displaystyle\int_{0}^{\pi} (\text{sen}\,x-7)\,dx$
30. $\displaystyle\int_{0}^{\pi} (2+\cos x)\,dx$
31. $\displaystyle\int_{0}^{\pi/4} \frac{1-\text{sen}^2\theta}{\cos^2\theta}\,d\theta$
32. $\displaystyle\int_{0}^{\pi/4} \frac{\sec^2\theta}{\tan^2\theta+1}\,d\theta$
33. $\displaystyle\int_{-\pi/6}^{\pi/6} \sec^2 x\,dx$
34. $\displaystyle\int_{\pi/4}^{\pi/2} (2-\csc^2 x)\,dx$
35. $\displaystyle\int_{-\pi/3}^{\pi/3} 4\sec\theta\tan\theta\,d\theta$
36. $\displaystyle\int_{-\pi/2}^{\pi/2} (2\theta+\cos\theta)\,d\theta$

Encontrar el área de una región **En los ejercicios 37 a 40, determine el área de la región dada.**

37. $y = x - x^2$

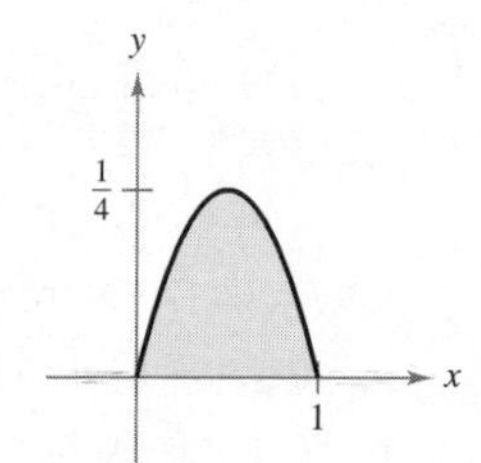

38. $y = \dfrac{1}{x^2}$

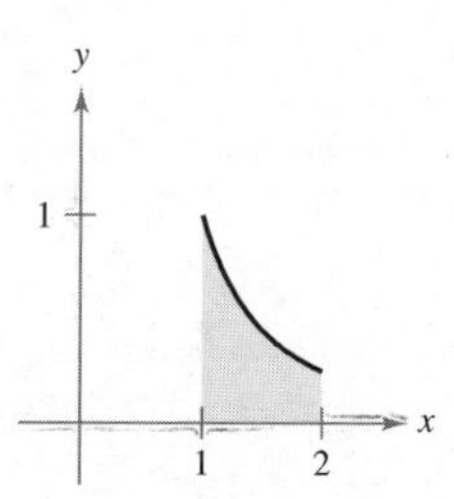

39. $y = \cos x$

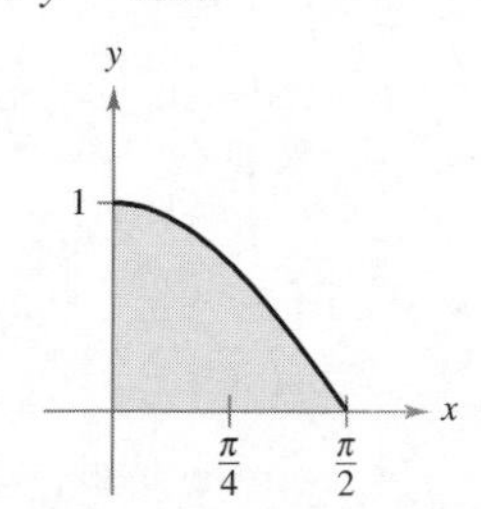

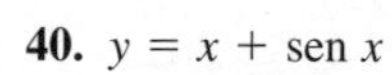

40. $y = x + \text{sen}\,x$

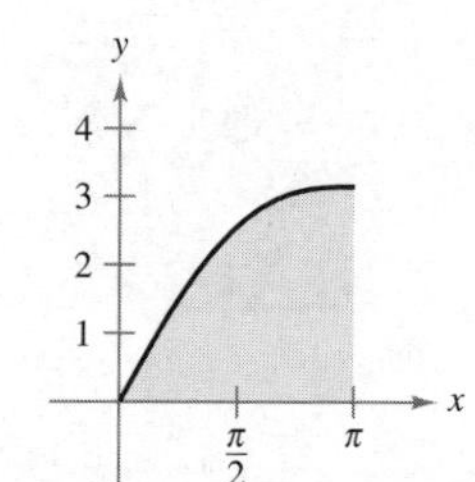

Encontrar el área de una región **En los ejercicios 41 a 46, encuentre el área de la región delimitada por las gráficas de las ecuaciones.**

41. $y = 5x^2 + 2, \quad x = 0, \quad x = 2, \quad y = 0$
42. $y = x^3 + 6x, \quad x = 2, \quad y = 0$
43. $y = 1 + \sqrt[3]{x}, \quad x = 0, \quad x = 8, \quad y = 0$
44. $y = 2\sqrt{x} - x, \quad y = 0$
45. $y = -x^2 + 4x, \quad y = 0$
46. $y = 1 - x^4, \quad y = 0$

Utilizar el teorema del valor medio para integrales **En los ejercicios 47 a 52, determine el (los) valor(es) de *c* cuya existencia garantiza el teorema del valor medio para integrales para la función en el intervalo dado.**

47. $f(x) = x^3, \quad [0, 3]$
48. $f(x) = \sqrt{x}, \quad [4, 9]$
49. $y = \dfrac{x^2}{4}, \quad [0, 6]$
50. $f(x) = \dfrac{9}{x^3}, \quad [1, 3]$
51. $f(x) = 2\sec^2 x, \quad \left[-\dfrac{\pi}{4}, \dfrac{\pi}{4}\right]$
52. $f(x) = \cos x, \quad \left[-\dfrac{\pi}{3}, \dfrac{\pi}{3}\right]$

Encontrar el valor promedio de una función **En los ejercicios 53 a 58, encuentre el valor promedio de la función en el intervalo dado y todos los valores de x en el intervalo para los cuales la función es igual a su valor promedio.**

53. $f(x) = 4 - x^2, \quad [-2, 2]$

54. $f(x) = \dfrac{4(x^2 + 1)}{x^2}, \quad [1, 3]$

55. $f(x) = x^4 + 7, \quad [0, 2]$

56. $f(x) = 4x^3 - 3x^2, \quad [0, 1]$

57. $f(x) = \operatorname{sen} x, \quad [0, \pi]$

58. $f(x) = \cos x, \quad \left[0, \dfrac{\pi}{2}\right]$

59. **Fuerza** La fuerza F (en newtons) de un cilindro hidráulico en una prensa es proporcional al cuadrado de $\sec x$, donde x es la distancia (en metros) que el cilindro se desplaza en su ciclo. El dominio de F es $[0, \pi/3]$ y $F(0) = 500$.
   (a) Encuentre F como una función de x.
   (b) Determine la fuerza promedio ejercida por la prensa en el intervalo $[0, \pi/3]$.

60. **Ciclo respiratorio** El volumen V en litros de aire en los pulmones durante un ciclo respiratorio de cinco segundos se aproxima con el modelo $V = 0.1729t + 0.1522t^2 - 0.0374t^3$, donde t es el tiempo en segundos. Aproxime el volumen promedio de aire en los pulmones durante un ciclo.

61. **El experimento de la aguja de Buffon** Sobre un plano horizontal se trazan rectas paralelas separadas por una distancia de 2 pulgadas. Una aguja de 2 pulgadas se lanza aleatoriamente sobre el plano. La probabilidad de que la aguja toque una recta es

$$P = \frac{2}{\pi}\int_0^{\pi/2} \operatorname{sen}\theta\, d\theta$$

donde θ es el ángulo agudo entre la aguja y cualquiera de las rectas paralelas. Determine esta probabilidad.

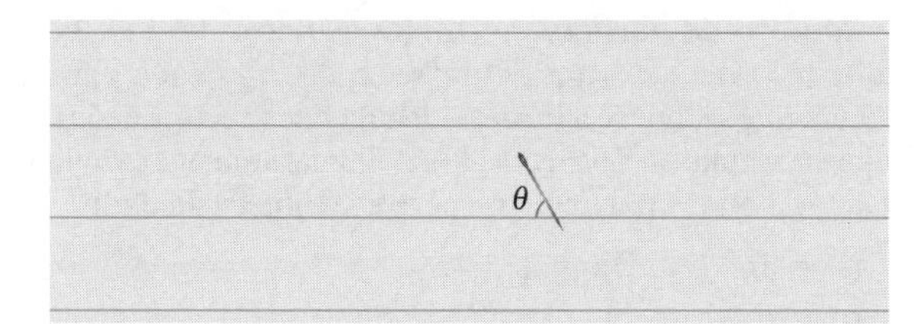

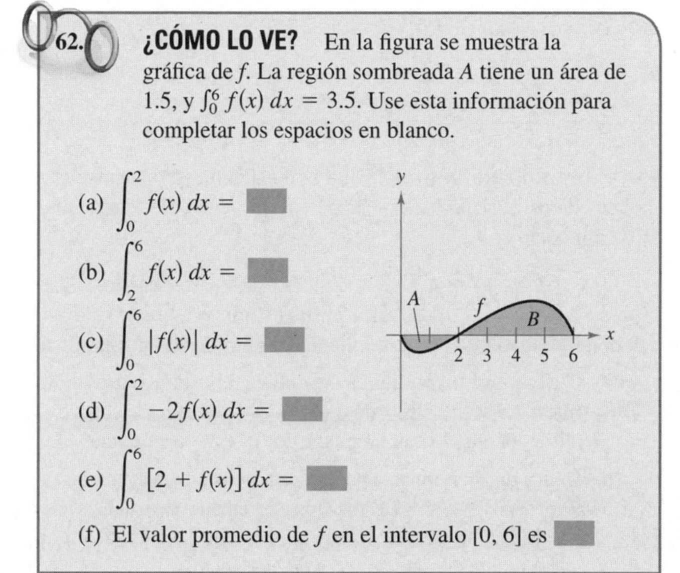

62. **¿CÓMO LO VE?** En la figura se muestra la gráfica de f. La región sombreada A tiene un área de 1.5, y $\int_0^6 f(x)\,dx = 3.5$. Use esta información para completar los espacios en blanco.
   (a) $\int_0^2 f(x)\,dx = \square$
   (b) $\int_2^6 f(x)\,dx = \square$
   (c) $\int_0^6 |f(x)|\,dx = \square$
   (d) $\int_0^2 -2f(x)\,dx = \square$
   (e) $\int_0^6 [2 + f(x)]\,dx = \square$
   (f) El valor promedio de f en el intervalo $[0, 6]$ es $\square$

Evaluar una integral definida **En los ejercicios 63 y 64, determine F como una función de x y evalúela en $x = 2$, $x = 5$ y $x = 8$.**

63. $F(x) = \displaystyle\int_1^x \frac{20}{v^2}\,dv$

64. $F(x) = \displaystyle\int_2^x (t^3 + 2t - 2)\,dt$

Evaluar la integral definida **En los ejercicios 65 y 66, encuentre F como una función de x y evalúela en $x = 0$, $x = \pi/4$ y $x = \pi/2$.**

65. $F(x) = \displaystyle\int_0^x \cos\theta\,d\theta$

66. $F(x) = \displaystyle\int_{-\pi}^x \operatorname{sen}\theta\,d\theta$

67. **Analizar una función** Sea

$$g(x) = \int_0^x f(t)\,dt$$

donde f es la función cuya gráfica se muestra en la figura.
   (a) Calcule $g(0)$, $g(2)$, $g(4)$, $g(6)$ y $g(8)$.
   (b) Determine el intervalo abierto más grande sobre el cual g es creciente. Encuentre el intervalo abierto más grande en el que g es decreciente.
   (c) Identifique cualquier extremo de g.
   (d) Dibuje una gráfica sencilla de g.

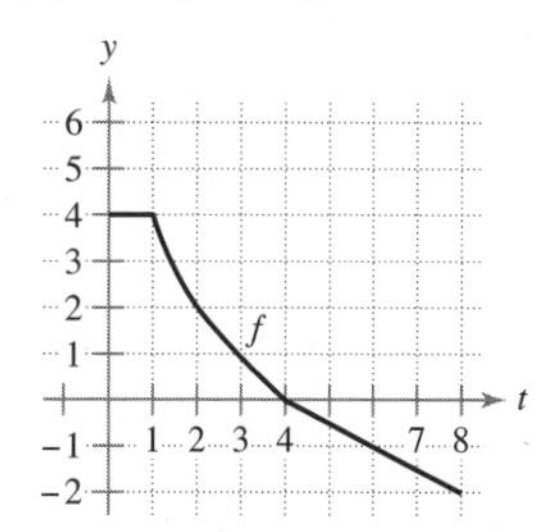

Figura para 67

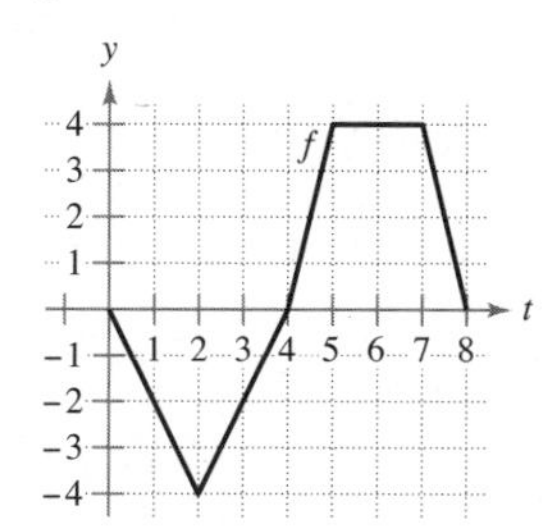

Figura para 68

68. **Analizar una función** Sea

$$g(x) = \int_0^x f(t)\,dt$$

donde f es una función cuya gráfica se muestra en la figura.
   (a) Calcule $g(0)$, $g(2)$, $g(4)$, $g(6)$ y $g(8)$.
   (b) Encuentre el intervalo abierto más grande en el cual g es creciente. Determine el intervalo abierto más grande en el que g es decreciente.
   (c) Identifique cualquier extremo de g.
   (d) Dibuje una gráfica sencilla de g.

Comprobar y determinar una integral **En los ejercicios 69 a 74, (a) integre para determinar F como una función de x y (b) demuestre el segundo teorema fundamental del cálculo derivando el resultado del inciso (a).**

69. $F(x) = \displaystyle\int_0^x (t + 2)\,dt$

70. $F(x) = \displaystyle\int_0^x t(t^2 + 1)\,dt$

71. $F(x) = \displaystyle\int_8^x \sqrt[3]{t}\,dt$

72. $F(x) = \displaystyle\int_4^x t^{3/2}\,dt$

73. $F(x) = \displaystyle\int_{\pi/4}^x \sec^2 t\,dt$

74. $F(x) = \displaystyle\int_{\pi/3}^x \sec t \tan t\,dt$

Usar el segundo teorema fundamental del cálculo **En los ejercicios 75 a 80, utilice el segundo teorema fundamental del cálculo para encontrar $F'(x)$.**

75. $F(x) = \int_{-2}^{x} (t^2 - 2t)\, dt$ **76.** $F(x) = \int_{1}^{x} \frac{t^2}{t^2 + 1}\, dt$

77. $F(x) = \int_{-1}^{x} \sqrt{t^4 + 1}\, dt$ **78.** $F(x) = \int_{1}^{x} \sqrt[4]{t}\, dt$

79. $F(x) = \int_{1}^{x} \sqrt{t} \csc t\, dt$ **80.** $F(x) = \int_{0}^{x} \sec^3 t\, dt$

Encontrar una derivada **En los ejercicios 81 a 86 encuentre $F'(x)$.**

81. $F(x) = \int_{x}^{x+2} (4t + 1)\, dt$ **82.** $F(x) = \int_{-x}^{x} t^3\, dt$

83. $F(x) = \int_{0}^{\operatorname{sen} x} \sqrt{t}\, dt$ **84.** $F(x) = \int_{2}^{x^2} \frac{1}{t^3}\, dt$

85. $F(x) = \int_{0}^{x^3} \operatorname{sen} t^2\, dt$ **86.** $F(x) = \int_{0}^{2x} \cos t^4\, dt$

87. Análisis gráfico Aproxime la gráfica de g en el intervalo $0 \le x \le 4$, donde

$$g(x) = \int_{0}^{x} f(t)\, dt$$

Identifique la coordenada x de un extremo de g. Para imprimir una copia ampliada de la gráfica, visite *MathGraphs.com* (disponible solo en inglés).

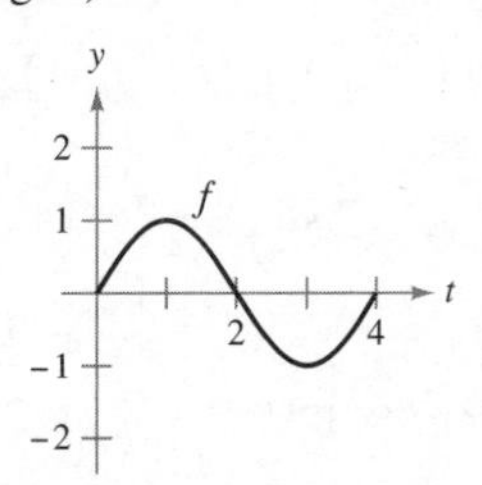

88. Área El área A entre la gráfica de la función

$$g(t) = 4 - \frac{4}{t^2}$$

y el eje t en el intervalo $[1, x]$ es

$$A(x) = \int_{1}^{x} \left(4 - \frac{4}{t^2}\right) dt$$

(a) Determine la asíntota horizontal de la gráfica de g.

(b) Integre para encontrar A como una función de x. ¿La gráfica de A tiene una asíntota horizontal? Explique.

89. Flujo de agua El agua fluye de un tanque de almacenamiento a razón de $(500 - 5t)$ litros por minuto. Encuentre la cantidad de agua que fluye hacia afuera del tanque durante los primeros 18 minutos.

90. Filtración de aceite A la 1:00 p.m. empieza a filtrarse aceite desde un tanque a razón de $(4 + 0.75t)$ galones por hora.

(a) ¿Cuánto aceite se pierde desde la 1:00 p.m., hasta las 4:00 p.m.?

(b) ¿Cuánto aceite se pierde desde las 4:00 p.m. hasta las 7:00 p.m.?

(c) Compare los resultados de los incisos (a) y (b). ¿Qué se observa?

91. Velocidad La gráfica muestra la velocidad, en pies por segundo, de un automóvil que acelera desde el reposo. Utilice la gráfica para calcular la distancia que el automóvil recorre en 8 segundos.

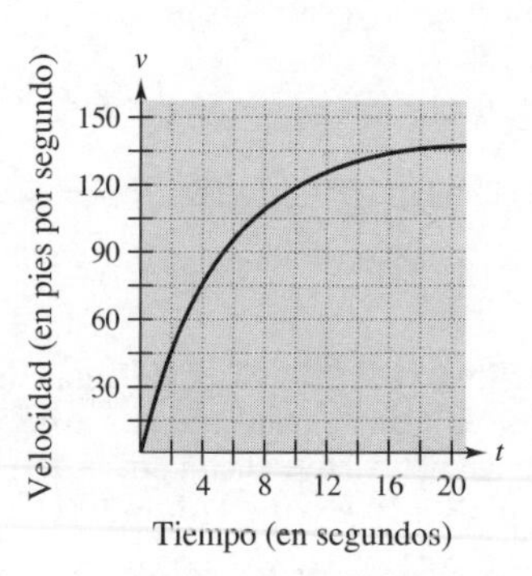

92. Velocidad La gráfica muestra la velocidad, en pies por segundo, de la desaceleración de un automóvil después de que el conductor aplica los frenos. Utilice la gráfica para calcular qué distancia recorre el auto antes de detenerse.

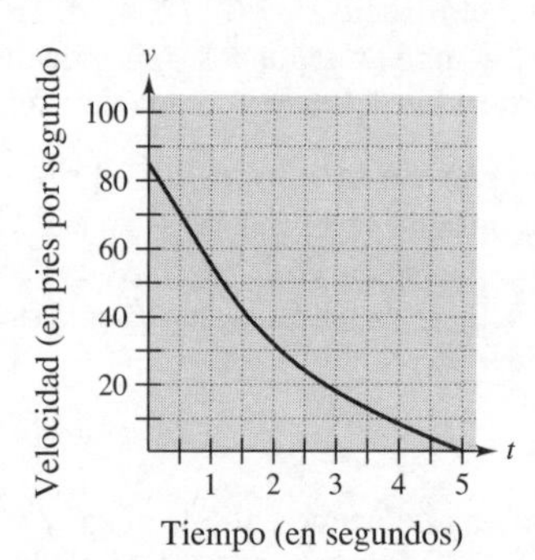

Movimiento de partículas **En los ejercicios 93 a 98, la función de la velocidad, en pies por segundo, está dada para una partícula que se mueve a lo largo de una línea recta, donde t es el tiempo en segundos. Encuentre (a) el desplazamiento y (b) la distancia total que la partícula recorre en el intervalo dado.**

93. $v(t) = 5t - 7, \quad 0 \le t \le 3$

94. $v(t) = t^2 - t - 12, \quad 1 \le t \le 5$

95. $v(t) = t^3 - 10t^2 + 27t - 18, \quad 1 \le t \le 7$

96. $v(t) = t^3 - 8t^2 + 15t, \quad 0 \le t \le 5$

97. $v(t) = \frac{1}{\sqrt{t}}, \quad 1 \le t \le 4$

98. $v(t) = \cos t, \quad 0 \le t \le 3\pi$

99. Promedio de ventas Una compañía ajusta un modelo a los datos de ventas mensuales de un producto de temporada. El modelo es

$$S(t) = \frac{t}{4} + 1.8 + 0.5 \operatorname{sen}\left(\frac{\pi t}{6}\right), \quad 0 \le t \le 24$$

donde S son las ventas (en miles) y t es el tiempo en meses.

(a) Utilice una herramienta de graficación para representar $f(t) = 0.5 \operatorname{sen} (\pi t/6)$ para $0 \le t \le 24$. Use la gráfica para explicar por qué el valor promedio de $f(t)$ es cero en el intervalo.

(b) Utilice una herramienta de graficación para representar $S(t)$ y la recta $g(t) = t/4 + 1.8$ en la misma ventana de visualización. Use la gráfica y el resultado del inciso (a) para explicar por qué g recibe el nombre *recta de tendencia*.

100. Valor promedio El valor promedio de $g(x)$ en $[-1, 1]$ es 8 y el valor promedio de $g(x)$ en $[1, 6]$ es 7. Encuentre el valor promedio de $g(x)$ en $[-1, 6]$.

Exploración de conceptos

101. Describa una situación en la que el desplazamiento y la distancia total recorrida por una partícula son iguales.

102. Si $r'(t)$ representa la razón de crecimiento de un perro en libras por año. ¿Qué representa $r(t)$? ¿Qué representa $\int_2^6 r'(t)\,dt$ acerca del perro?

103. Explique por qué el teorema fundamental del cálculo no puede ser utilizado para integrar

$$f(x) = \frac{1}{x-c}$$

sobre cualquier intervalo que contiene a c.

104. Modelado de datos Se prueba un vehículo experimental en una pista recta. Parte del reposo y su velocidad v (en metros por segundo) se registra en la tabla cada 10 segundos durante un minuto.

t	0	10	20	30	40	50	60
v	0	5	21	40	62	78	83

(a) Use una herramienta de graficación para determinar un modelo de la forma $v = at^3 + bt^2 + ct + d$ para los datos.

(b) Utilice una herramienta de graficación para dibujar los datos y hacer la gráfica del modelo.

(c) Utilice el teorema fundamental del cálculo para aproximar la distancia recorrida por el vehículo durante la prueba.

105. Movimiento de partículas Una partícula se mueve a lo largo del eje x. La posición de la partícula en el tiempo t está dada por

$$x(t) = t^3 - 6t^2 + 9t - 2, \quad 0 \le t \le 5$$

Encuentre el desplazamiento total que la partícula recorre en 5 unidades de tiempo.

106. Movimiento de partículas Repita el ejercicio 105 para la función posición dada por

$$x(t) = (t-1)(t-3)^2, \quad 0 \le t \le 5$$

Error de análisis En los ejercicios 107 a 110, describa por qué la expresión es incorrecta.

107. $\displaystyle\int_{-1}^{1} x^{-2}\,dx = \left[-x^{-1}\right]_{-1}^{1} = (-1) - 1 = -2$ ✗

108. $\displaystyle\int_{-2}^{1} \frac{2}{x^3}\,dx = \left[-\frac{1}{x^2}\right]_{-2}^{1} = -\frac{3}{4}$ ✗

109. $\displaystyle\int_{\pi/4}^{3\pi/4} \sec^2 x\,dx = \left[\tan x\right]_{\pi/4}^{3\pi/4} = -2$ ✗

110. $\displaystyle\int_{\pi/2}^{3\pi/2} \csc x \cot x\,dx = \left[-\csc x\right]_{\pi/2}^{3\pi/2} = 2$ ✗

¿Verdadero o falso? En los ejercicios 111 y 112, determine si el enunciado es verdadero o falso. Si es falso, explique por qué o proporcione un ejemplo que lo demuestre.

111. Si $F'(x) = G'(x)$ en el intervalo $[a, b]$, entonces $F(b) - F(a) = G(b) - G(a)$

112. Si $F(b) - F(a) = G(b) - G(a)$ entonces $F'(x) = G'(x)$ en el intervalo $[a, b]$.

113. Antiderivada Encuentre la antiderivada de

$$f(x) = |x|$$

114. Analizar una función Demuestre que la función

$$f(x) = \int_0^{1/x} \frac{1}{t^2+1}\,dt + \int_0^{x} \frac{1}{t^2+1}\,dt$$

es constante para $x > 0$.

115. Encontrar la función Encuentre la función $f(x)$ y todos los valores de c tal que

$$\int_c^x f(t)\,dt = x^2 + x - 2$$

116. Usar una función Sea $L(x) = \displaystyle\int_1^x \frac{1}{t}\,dt,\ x > 0$

(a) Encuentre $L(1)$.

(b) Encuentre $L'(x)$ y $L'(1)$.

(c) Use una utilidad gráfica para aproximar el valor de x (a tres decimales) para el cual $L(x) = 1$.

(d) Demuestre que $L(x_1x_2) = L(x_1) + L(x_2)$ para todos los valores positivos de x_1 y x_2.

117. Determinar valores Sea

$$G(x) = \int_0^x \left[s \int_0^s f(t)\,dt \right] ds$$

donde f es continua para toda t real. Determine (a) $G(0)$, (b) $G'(0)$, (c) $G''(x)$ y (d) $G''(0)$.

118. Demostración Demuestre que

$$\frac{d}{dx}\left[\int_{u(x)}^{v(x)} f(t)\,dt\right] = f(v(x))v'(x) - f(u(x))u'(x)$$

DESAFÍO DEL EXAMEN PUTNAM

119. Para cada función continua $f\colon [0, 1] \to \mathbb{R}$, sean

$$I(f) = \int_0^1 x^2 f(x)\,dx$$

y

$$J(x) = \int_0^1 x(f(x))^2\,dx$$

Encuentre el valor máximo de $I(f) - J(f)$ en todas las funciones f.

4.5 Integración por sustitución

- **Utilizar el reconocimiento de patrones para encontrar una integral indefinida.**
- **Emplear un cambio de variables para determinar una integral indefinida.**
- **Utilizar la regla general de la potencia para la integración para encontrar una integral indefinida.**
- **Utilizar un cambio de variables para calcular una integral definida.**
- **Evaluar una integral definida que incluya una función par o impar.**

Reconocimiento de patrones

En esta sección se estudiarán técnicas para integrar funciones compuestas. El análisis se divide en dos partes: *reconocimiento de patrones* y *cambio de variables*. Ambas técnicas implican una **sustitución por *u***. Con el reconocimiento de patrones se efectúa la sustitución mentalmente, y con el cambio de variables se escriben los pasos de la sustitución.

El papel de la sustitución en la integración es comparable con el de la regla de la cadena en la derivación. Recuerde que para funciones derivables dadas por

$$y = F(u) \quad \text{y} \quad u = g(x)$$

la regla de la cadena establece que

$$\frac{d}{dx}[F(g(x))] = F'(g(x))g'(x)$$

De acuerdo con la definición de una antiderivada, se deduce que

$$\int F'(g(x))g'(x)\,dx = F(g(x)) + C$$

Estos resultados se resumen en el siguiente teorema.

COMENTARIO El enunciado del teorema 4.13 no dice cómo distinguir entre $f(g(x))$ y $g'(x)$ en el integrando. A medida que se tenga más experiencia en la integración, la habilidad para efectuar esta operación aumentará. Desde luego, parte de la clave es su familiaridad con las derivadas.

TEOREMA 4.13 Antiderivación de una función compuesta

Sea g una función cuyo rango es un intervalo I, y sea f una función continua en I. Si g es derivable en su dominio y F es una antiderivada de f sobre I, entonces

$$\int f(g(x))g'(x)\,dx = F(g(x)) + C$$

Si $u = g(x)$, entonces $du = g'(x)\,dx$ y

$$\int f(u)\,du = F(u) + C$$

Los ejemplos 1 y 2 muestran cómo aplicar *directamente* el teorema 4.13, reconociendo la presencia de $f(g(x))$ y $g'(x)$. Observe que la función compuesta en el integrando tiene una *función exterior* f y una *función interior* g. Además, la derivada $g'(x)$ está presente como un factor del integrando.

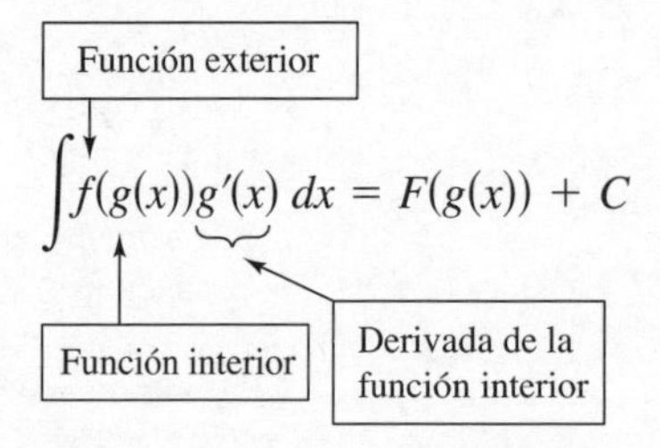

EJEMPLO 1 **Reconocer el patrón de $f(g(x))g'(x)$**

Determine $\int (x^2 + 1)^2(2x)\,dx$.

Solución Tomando $g(x) = x^2 + 1$, obtiene

$$g'(x) = 2x \qquad \text{Derivada de } g.$$

y

$$f(g(x)) = f(x^2 + 1) = (x^2 + 1)^2 \qquad \text{Composición de } f \text{ con } g.$$

A partir de esto, puede reconocer que el integrando sigue el patrón $f(g(x))g'(x)$. Utilizando la regla de la potencia para la integración y el teorema 4.13, puede escribir

$$\int \overbrace{(x^2 + 1)^2}^{f(g(x))}\overbrace{(2x)}^{g'(x)}\,dx = \frac{1}{3}(x^2 + 1)^3 + C$$

Trate de utilizar la regla de la cadena para comprobar que la derivada de $\frac{1}{3}(x^2 + 1)^3 + C$ es el integrando de la integral original.

EJEMPLO 2 **Reconocer el patrón $f(g(x))g'(x)$**

Determine $\int 5 \cos 5x\,dx$

Solución Tomando $g(x) = 5x$, se obtiene

$$g'(x) = 5 \qquad \text{Derivada de } g.$$

y

$$f(g(x)) = f(5x) = \cos 5x \qquad \text{Composición de } f \text{ con } g.$$

A partir de esto, puede reconocer que el integrando sigue el patrón $f(g(x))g'(x)$. Utilizando la regla del coseno para la integración y el teorema 4.13, puede escribir

$$\int \overbrace{(\cos 5x)}^{f(g(x))}\overbrace{(5)}^{g'(x)}\,dx = \text{sen } 5x + C$$

Puede comprobar esto derivando sen $5x + C$ para obtener el integrando original. ■

TECNOLOGÍA Usar un sistema algebraico computarizado, tal como *Maple*, *Mathematica* o *TI-Nspire*, para resolver las integrales dadas en los ejemplos 1 y 2. ¿Se obtienen las mismas antiderivadas que las que se obtienen en los ejemplos?

Exploración

Reconocimiento de patrones El integrando en cada una de las siguientes integrales etiquetadas de la (a) a la (c) corresponde al patrón $f(g(x))g'(x)$. Identifique el patrón y utilice el resultado para calcular la integral.

a. $\int 2x(x^2 + 1)^4\,dx$ **b.** $\int 3x^2\sqrt{x^3 + 1}\,dx$ **c.** $\int (\sec^2 x)(\tan x + 3)\,dx$

Las integrales de la (d) a la (f) son similares a las de la (a) a la (c). Demuestre cómo puede multiplicar y dividir entre una constante para calcular estas integrales.

d. $\int x(x^2 + 1)^4\,dx$ **e.** $\int x^2\sqrt{x^3 + 1}\,dx$ **f.** $\int (2 \sec^2 x)(\tan x + 3)\,dx$

Los integrandos en los ejemplos 1 y 2 corresponden exactamente al patrón $f(g(x))\,g'(x)$ (solo tiene que reconocer el patrón). Puede extender esta técnica de manera considerable utilizando la regla del múltiplo constante.

$$\int kf(x)\,dx = k\int f(x)\,dx$$

Muchos integrandos contienen la parte esencial (la parte variable) de $g'(x)$, aunque está faltando un múltiplo constante. En tales casos, puede multiplicar y dividir entre el múltiplo constante necesario, como se muestra en el ejemplo 3.

EJEMPLO 3 Multiplicar y dividir entre una constante

Encuentre la integral indefinida.

$$\int x(x^2 + 1)^2\,dx$$

Solución Esto es similar a la integral dada en el ejemplo 1, salvo porque al integrando le falta un factor 2. Al reconocer que $2x$ es la derivada de $x^2 + 1$, tome

$$g(x) = x^2 + 1$$

Para obtener un factor 2, multiplique y divida el integrando por la constante 2.

$$\int x(x^2 + 1)^2\,dx = \int (x^2 + 1)^2\left(\frac{1}{2}\right)(2x)\,dx \qquad \text{Multiplique y divida entre 2.}$$

$$= \frac{1}{2}\int \overbrace{(x^2 + 1)^2}^{f(g(x))}\,\overbrace{(2x)}^{g'(x)}\,dx \qquad \text{Regla del múltiplo constante.}$$

$$= \frac{1}{2}\left[\frac{(x^2 + 1)^3}{3}\right] + C \qquad \text{Integre.}$$

$$= \frac{1}{6}(x^2 + 1)^3 + C \qquad \text{Simplifique.}$$

En la práctica, la mayoría de la gente no escribiría tantos pasos como los que se muestran en el ejemplo 3. Por ejemplo, podría calcular la integral escribiendo simplemente

$$\int x(x^2 + 1)^2\,dx = \frac{1}{2}\int (x^2 + 1)^2\,(2x)\,dx$$

$$= \frac{1}{2}\left[\frac{(x^2 + 1)^3}{3}\right] + C$$

$$= \frac{1}{6}(x^2 + 1)^3 + C$$

Asegúrese de que la regla del múltiplo *constante* se aplica solo a *constantes*. No puede multiplicar y dividir entre una variable y después, mover la variable fuera del signo de la integral. Por ejemplo,

$$\int (x^2 + 1)^2\,dx \neq \frac{1}{2x}\int (x^2 + 1)^2\,(2x)\,dx$$

Después de todo, si fuera legítimo mover cantidades variables fuera del signo de la integral, se podría mover el integrando completo y simplificar todo el proceso. Sin embargo, el resultado sería incorrecto.

Cambio de variables para integrales indefinidas

Con un **cambio de variables** formal puede reescribir por completo la integral en términos de u y du (o de cualquier otra variable conveniente). Aunque este procedimiento puede implicar más pasos escritos que el reconocimiento de patrones ilustrado en los ejemplos 1 a 3, resulta útil para integrandos complicados. La técnica del cambio de variable utiliza la notación de Leibniz para la diferencial. Esto es, si $u = g(x)$, entonces $du = g'(x)\,dx$, y la integral en el teorema 4.13 toma la forma

$$\int f(g(x))g'(x)\,dx = \int f(u)\,du = F(u) + C$$

EJEMPLO 4 Cambio de variables

Encuentre $\int \sqrt{2x-1}\,dx$.

Solución Primero, sea u la función interior, $u = 2x - 1$. Calcule después la diferencial du de manera que $du = 2\,dx$. Ahora, utilizando $\sqrt{2x-1} = \sqrt{u}$ y $dx = du/2$, sustituya para obtener

$$\int \sqrt{2x-1}\,dx = \int \sqrt{u}\left(\frac{du}{2}\right) \quad \text{Sustituya.}$$

$$= \frac{1}{2}\int u^{1/2}\,du \quad \text{Regla del múltiplo constante.}$$

$$= \frac{1}{2}\left(\frac{u^{3/2}}{3/2}\right) + C \quad \text{Antiderivada en términos de } u.$$

$$= \frac{1}{3}u^{3/2} + C \quad \text{Simplifique.}$$

$$= \frac{1}{3}(2x-1)^{3/2} + C \quad \text{Antiderivada en términos de } x.$$

COMENTARIO Como la integración suele ser más difícil que la derivación, compruebe su respuesta en un problema de integración mediante la derivación. Así, en el ejemplo 4 debe derivarse $\frac{1}{3}(2x-1)^{3/2} + C$ para comprobar que se obtiene el integrando original.

EJEMPLO 5 Cambio de variables

Consulte LarsonCalculus.com (disponible solo en inglés) para una versión interactiva de este tipo de ejemplo.

Encuentre $\int x\sqrt{2x-1}\,dx$

Solución Como en el ejemplo previo, sea $u = 2x - 1$ para obtener $dx = du/2$. Como el integrando contiene un factor de x, tiene que despejar x en términos de u, como se muestra.

$$u = 2x - 1 \quad \Longrightarrow \quad x = \frac{u+1}{2} \quad \text{Despeje } x \text{ en términos de } u.$$

Después de esto, utilizando la sustitución, obtiene

$$\int x\sqrt{2x-1}\,dx = \int \left(\frac{u+1}{2}\right) u^{1/2}\left(\frac{du}{2}\right) \quad \text{Sustituya.}$$

$$= \frac{1}{4}\int (u^{3/2} + u^{1/2})\,du$$

$$= \frac{1}{4}\left(\frac{u^{5/2}}{5/2} + \frac{u^{3/2}}{3/2}\right) + C$$

$$= \frac{1}{10}(2x-1)^{5/2} + \frac{1}{6}(2x-1)^{3/2} + C$$

Para completar el cambio variable en el ejemplo 5, debe resolver para x en términos de u. Algunas veces esto es muy difícil. Por fortuna no siempre es necesario, como se ilustra en el siguiente ejemplo.

EJEMPLO 6 Cambio de variables

Determine $\int \operatorname{sen}^2 3x \cos 3x \, dx$

Solución Debido a que $\operatorname{sen}^2 3x = (\operatorname{sen} 3x)^2$, puede tomar $u = \operatorname{sen} 3x$. Entonces

$$du = (\cos 3x)(3)\, dx \qquad \text{Derive cada lado.}$$

Ahora, debido a que $\cos 3x \, dx$ es parte de la integral original, puede escribir

$$\frac{du}{3} = \cos 3x \, dx \qquad \text{Divida cada lado entre 3.}$$

Sustituyendo u y $du/3$ en la integral original, obtiene

$$\begin{aligned}
\int \operatorname{sen}^2 3x \cos 3x \, dx &= \int u^2 \frac{du}{3} && \text{Sustituya.}\\
&= \frac{1}{3}\int u^2 \, du && \text{Regla del múltiplo constante.}\\
&= \frac{1}{3}\left(\frac{u^3}{3}\right) + C && \text{Antiderivada en términos de } u.\\
&= \frac{1}{9}\operatorname{sen}^3 3x + C && \text{Antiderivada en términos de } x.
\end{aligned}$$

Puede comprobar lo anterior derivando.

$$\begin{aligned}
\frac{d}{dx}\left[\frac{1}{9}\operatorname{sen}^3 3x + C\right] &= \left(\frac{1}{9}\right)(3)(\operatorname{sen} 3x)^2(\cos 3x)(3)\\
&= \operatorname{sen}^2 3x \cos 3x
\end{aligned}$$

Como la derivación produce el integrando original, ha obtenido la antiderivada correcta. ■

COMENTARIO Cuando realice un cambio de variables, cerciórese de que su respuesta esté escrita utilizando las mismas variables que en el integrando original. Así, en el ejemplo 6, no debe dejar la respuesta como

$$\frac{1}{9}u^3 + C$$

sino más bien, reemplazar u por $\operatorname{sen} 3x$.

Los pasos que se utilizan para la integración por sustitución se resumen en la siguiente guía.

Directrices para realizar un cambio de variables

1. Elija una sustitución $u = g(x)$. Usualmente, es mejor elegir la parte *interna* de una función compuesta, tal como una cantidad elevada a una potencia.
2. Calcule $du = g'(x)\, dx$.
3. Reescriba la integral en términos de la variable u y du.
4. Encuentre la integral resultante en términos de u.
5. Reemplace u por $g(x)$ para obtener una antiderivada en términos de x.
6. Compruebe su respuesta por derivación.

Hasta ahora, se ha visto dos técnicas para la aplicación de la sustitución, y verá más técnicas en el resto de esta sección. Cada técnica es ligeramente diferente de las demás. Sin embargo, se debe recordar que el objetivo es el mismo con cada técnica, *se está tratando de encontrar una antiderivada del integrando.*

Regla general de la potencia para integrales

Una de las sustituciones de u más comunes incluye cantidades en el integrando que se elevan a una potencia. Debido a la importancia de este tipo de sustitución, se le da un nombre especial: **regla general de la potencia para integrales**. Una demostración de esta regla se deduce directamente de la regla (simple) de la potencia para la integración, junto con el teorema 4.13.

TEOREMA 4.14 Regla general de la potencia para integrales

Si g es una función derivable de x, entonces

$$\int [g(x)]^n g'(x)\,dx = \frac{[g(x)]^{n+1}}{n+1} + C, \quad n \neq -1$$

De manera equivalente, si $u = g(x)$, entonces

$$\int u^n\,du = \frac{u^{n+1}}{n+1} + C, \quad n \neq -1$$

EJEMPLO 7 Sustitución y regla general de la potencia

a. $$\int 3(3x-1)^4\,dx = \int \overbrace{(3x-1)^4}^{u^4}\overbrace{(3)\,dx}^{du} = \overbrace{\frac{(3x-1)^5}{5}}^{u^5/5} + C$$

b. $$\int (2x+1)(x^2+x)\,dx = \int \overbrace{(x^2+x)^1}^{u^1}\overbrace{(2x+1)\,dx}^{du} = \overbrace{\frac{(x^2+x)^2}{2}}^{u^2/2} + C$$

c. $$\int 3x^2\sqrt{x^3-2}\,dx = \int \overbrace{(x^3-2)^{1/2}}^{u^{1/2}}\overbrace{(3x^2)\,dx}^{du} = \overbrace{\frac{(x^3-2)^{3/2}}{3/2}}^{u^{3/2}/(3/2)} + C = \frac{2}{3}(x^3-2)^{3/2} + C$$

d. $$\int \frac{-4x}{(1-2x^2)^2}\,dx = \int \overbrace{(1-2x^2)^{-2}}^{u^{-2}}\overbrace{(-4x)\,dx}^{du} = \overbrace{\frac{(1-2x^2)^{-1}}{-1}}^{u^{-1}/(-1)} + C = -\frac{1}{1-2x^2} + C$$

e. $$\int \cos^2 x \operatorname{sen} x\,dx = -\int \overbrace{(\cos x)^2}^{u^2}\overbrace{(-\operatorname{sen} x)\,dx}^{du} = -\overbrace{\frac{(\cos x)^3}{3}}^{u^3/3} + C$$ ■

COMENTARIO El ejemplo 7(b) ilustra un caso de la regla general de la potencia que a veces se pasa por alto: cuando la potencia es $n = 1$. En este caso, la regla toma la forma

$$\int u\,du = \frac{u^2}{2} + C$$

Algunas integrales cuyos integrandos incluyen cantidades elevadas a potencias no pueden determinarse mediante la regla general de la potencia. Considere las dos integrales

$$\int x(x^2+1)^2\,dx \quad \text{y} \quad \int (x^2+1)^2\,dx$$

La sustitución

$$u = x^2 + 1$$

funciona en la primera integral pero no en la segunda. En la segunda, la sustitución falla porque al integrando le falta el factor x necesario para formar du. Por fortuna, *esta integral particular* se puede hacer desarrollando el integrando como

$$(x^2+1)^2 = x^4 + 2x^2 + 1$$

y utilizando la regla (simple) de la potencia para integrar cada término.

Cambio de variables para integrales definidas

Cuando se usa la sustitución de u en una integral definida, muchas veces es conveniente determinar los límites de integración para la variable u en vez de convertir la antiderivada de nuevo a la variable x y calcularla en los límites originales. Este cambio de variables se establece explícitamente en el siguiente teorema. La demostración es consecuencia del teorema 4.13 en combinación con el teorema fundamental del cálculo.

TEOREMA 4.15 Cambio de variables para integrales definidas

Si la función $u = g(x)$ tiene una derivada continua en el intervalo cerrado $[a, b]$ y la función f es continua sobre el rango de g, entonces

$$\int_a^b f(g(x))g'(x)\,dx = \int_{g(a)}^{g(b)} f(u)\,du$$

EJEMPLO 8 Cambio de variables

Calcule $\int_0^1 x(x^2 + 1)^3\,dx$.

Solución Para calcular esta integral, sea $u = x^2 + 1$. Entonces, obtiene

$du = 2x\,dx$ Derive cada lado.

Antes de sustituir, determine los nuevos límites superior e inferior de integración.

Límite inferior	**Límite superior**
Cuando $x = 0,\ u = 0^2 + 1 = 1$	Cuando $x = 1,\ u = 1^2 + 1 = 2$

Ahora, se puede sustituir para obtener

$$\int_0^1 x(x^2 + 1)^3\,dx = \frac{1}{2}\int_0^1 (x^2 + 1)^3(2x)\,dx$$ Límites de integración para x.

$$= \frac{1}{2}\int_1^2 u^3\,du$$ Límites de integración para u.

$$= \frac{1}{2}\left[\frac{u^4}{4}\right]_1^2$$ Antiderivada en términos de u.

$$= \frac{1}{2}\left(4 - \frac{1}{4}\right)$$ Aplique el teorema fundamental del cálculo.

$$= \frac{15}{8}$$ Simplifique.

Observe que obtiene el mismo resultado cuando se reescribe la antiderivada $\frac{1}{2}(u^4/4)$ en términos de la variable x y se calcula la integral definida en los límites originales de la integración, como se muestra.

$$\frac{1}{2}\left[\frac{u^4}{4}\right]_1^2 = \frac{1}{2}\left[\frac{(x^2 + 1)^4}{4}\right]_0^1$$ Reescribir en términos de x.

$$= \frac{1}{2}\left(4 - \frac{1}{4}\right)$$ Aplique el teorema fundamental del cálculo.

$$= \frac{15}{8}$$ Simplifique. ■

EJEMPLO 9 Cambio de variables

Evalúe la integral definida.

$$\int_1^5 \frac{x}{\sqrt{2x-1}}\,dx$$

Solución Para calcular esta integral, sea $u = \sqrt{2x-1}$. Entonces, se obtiene

$$u^2 = 2x - 1 \qquad \text{Cuadrado de cada lado.}$$

$$u^2 + 1 = 2x \qquad \text{Agregue 1 a cada lado.}$$

$$\frac{u^2+1}{2} = x \qquad \text{Divida cada lado entre 2.}$$

$$u\,du = dx \qquad \text{Derive cada lado.}$$

Para ver las figuras a color, acceda al código

Antes de sustituir, determine los nuevos límites superior e inferior de integración.

Límite inferior	**Límite superior**
Cuando $x = 1,\ u = \sqrt{2-1} = 1$	Cuando $x = 5,\ u = \sqrt{10-1} = 3$

Ahora, sustituya para obtener

$$\int_1^5 \frac{x}{\sqrt{2x-1}}\,dx = \int_1^3 \frac{1}{u}\left(\frac{u^2+1}{2}\right)u\,du \qquad \text{Sustituya.}$$

$$= \frac{1}{2}\int_1^3 (u^2+1)\,du \qquad \text{Regla del múltiplo constante.}$$

$$= \frac{1}{2}\left[\frac{u^3}{3} + u\right]_1^3 \qquad \text{Antiderivada en términos de } u.$$

$$= \frac{1}{2}\left(9 + 3 - \frac{1}{3} - 1\right) \qquad \text{Aplique el teorema fundamental del cálculo.}$$

$$= \frac{16}{3} \qquad \text{Simplifique.}$$

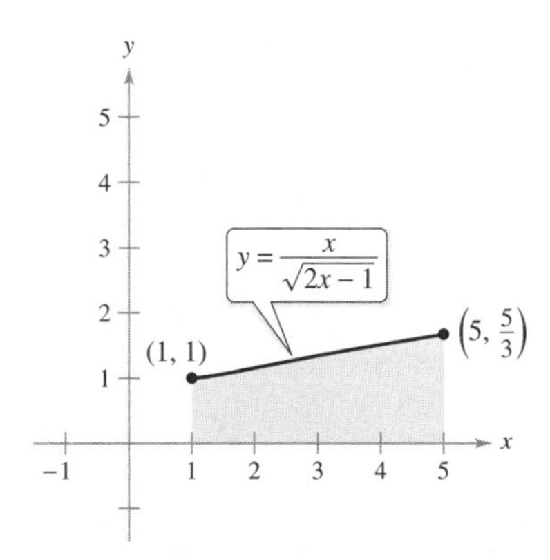

La región antes de la sustitución tiene un área de $\frac{16}{3}$

Figura 4.38

Geométricamente, puede interpretar la ecuación

$$\int_1^5 \frac{x}{\sqrt{2x-1}}\,dx = \int_1^3 \frac{u^2+1}{2}\,du$$

en el sentido de que las dos regiones *diferentes* que se ilustran en las figuras 4.38 y 4.39 tienen la *misma* área.

Al calcular integrales definidas por cambio de variable (sustitución), es posible que el límite superior de la integración correspondiente a la nueva variable u sea más pequeña que el límite inferior. Si esto ocurre no reordene los límites. Simplemente calcule la integral de la manera usual. Por ejemplo, después de sustituir $u = \sqrt{1-x}$ en la integral

$$\int_0^1 x^2(1-x)^{1/2}\,dx$$

se obtiene $u = \sqrt{1-0} = 1$ cuando $x = 0$, y $u = \sqrt{1-1} = 0$ cuando $x = 1$. Por tanto, la forma correcta de esta integral en la variable u es

$$-2\int_1^0 (1-u^2)^2u^2\,du$$

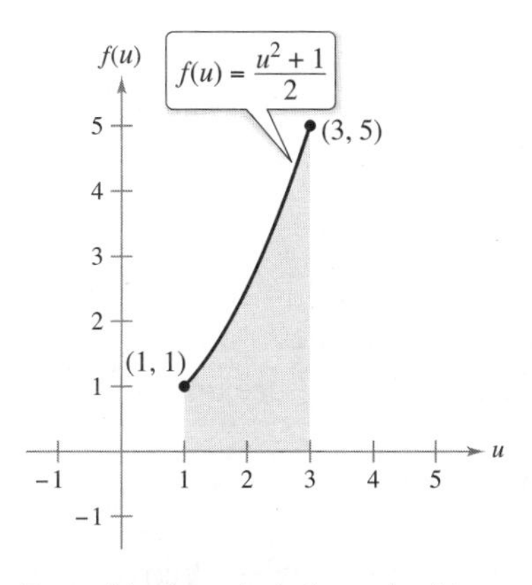

La región después de la sustitución tiene un área de $\frac{16}{3}$.

Figura 4.39

Desarrollando el integrando, se puede evaluar esta integral como se muestra

$$-2\int_1^0 (u^2 - 2u^4 + u^6)\,du = -2\left[\frac{u^3}{3} - \frac{2u^5}{5} + \frac{u^7}{7}\right]_1^0 = -2\left(-\frac{1}{3} + \frac{2}{5} - \frac{1}{7}\right) = \frac{16}{105}$$

Integración de funciones pares e impares

Incluso con un cambio de variables, la integración puede ser difícil. En ocasiones se puede simplificar el cálculo de una integral definida (en un intervalo que es simétrico respecto al eje y o respecto al origen) reconociendo que el integrando es una función par o impar (vea la figura 4.40).

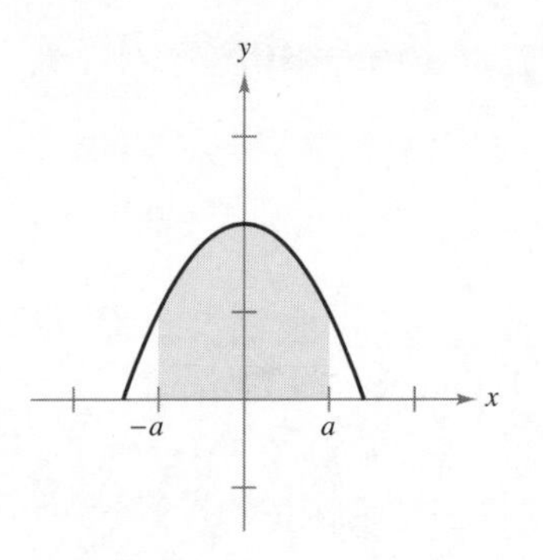

Función par.

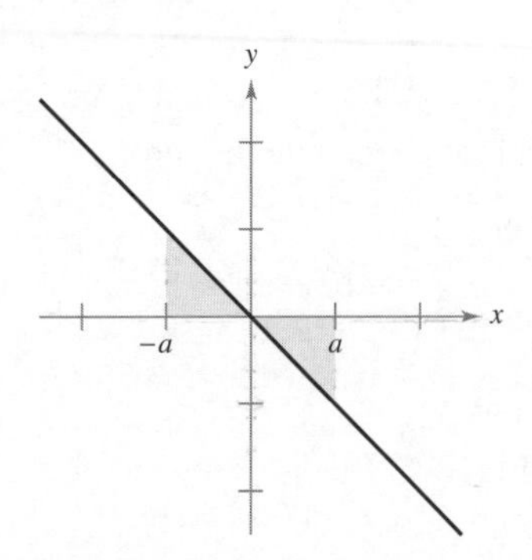

Función impar.
Figura 4.40

> **TEOREMA 4.16 Integración de funciones pares e impares**
>
> Sea f una función en el intervalo cerrado $[-a, a]$.
>
> **1.** Si f es una función *par*, entonces $\int_{-a}^{a} f(x)\,dx = 2\int_{0}^{a} f(x)\,dx$
>
> **2.** Si f es una función *impar*, entonces $\int_{-a}^{a} f(x)\,dx = 0$

Demostración Esta es la demostración de la primera propiedad. (La demostración de la segunda propiedad se le deja a usted como ejercicio [vea el ejercicio 103].) Como f es par, sabe que

$$f(x) = f(-x) \qquad \text{Definición de una función par (vea la sección P.3).}$$

Utilizando el teorema 4.13 con la sustitución $u = -x$, se obtiene

$$\int_{-a}^{0} f(x)\,dx = \int_{a}^{0} f(-u)(-du) = -\int_{a}^{0} f(u)\,du = \int_{0}^{a} f(u)\,du = \int_{0}^{a} f(x)\,dx$$

Por último, utilizando el teorema 4.6, se tiene que

$$\begin{aligned}\int_{-a}^{a} f(x)\,dx &= \int_{-a}^{0} f(x)\,dx + \int_{0}^{a} f(x)\,dx\\ &= \int_{0}^{a} f(x)\,dx + \int_{0}^{a} f(x)\,dx\\ &= 2\int_{0}^{a} f(x)\,dx\end{aligned}$$

■

Para ver las figuras a color, acceda al código

EJEMPLO 10 Integrar una función impar

Evalúe la integral definida.

$$\int_{-\pi/2}^{\pi/2} (\operatorname{sen}^3 x \cos x + \operatorname{sen} x \cos x)\,dx$$

Solución Sea $f(x) = \operatorname{sen}^3 x \cos x + \operatorname{sen} x \cos x$. Esta función es impar porque

$$\begin{aligned}f(-x) &= \operatorname{sen}^3(-x)\cos(-x) + \operatorname{sen}(-x)\cos(-x)\\ &= -\operatorname{sen}^3 x \cos x - \operatorname{sen} x \cos x\\ &= -f(x)\end{aligned}$$

Por tanto, la función f es simétrica respecto al origen en el intervalo $[-\pi/2, \pi/2]$. Esto significa que se puede aplicar la propiedad 2 del teorema 4.16 para concluir que

$$\int_{-\pi/2}^{\pi/2} (\operatorname{sen}^3 x \cos x + \operatorname{sen} x \cos x)\,dx = 0$$

De acuerdo con la figura 4.41 observe que las dos regiones a cualquier lado del eje y tienen la misma área. Sin embargo, como una se encuentra por debajo del eje x y otra está por encima del mismo, la integración produce un efecto de cancelación. (Se verá más de las áreas bajo el eje x en la sección 7.1.) ■

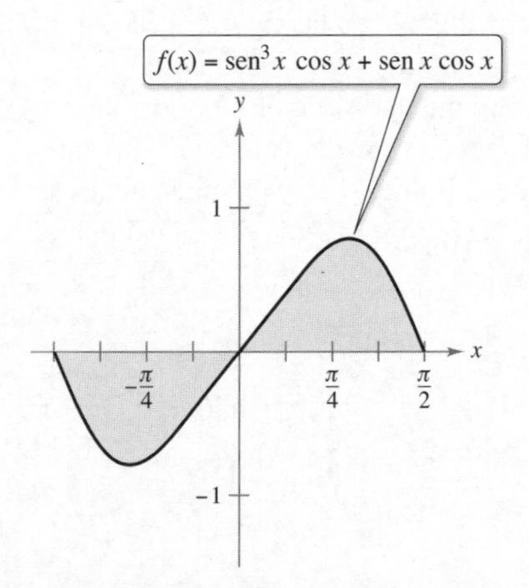

Como f es una función impar, $\int_{-\pi/2}^{\pi/2} f(x)\,dx = 0.$

Figura 4.41

4.5 Ejercicios

Las respuestas a los ejercicios impares pueden consultarse en el Apéndice de este libro.

Repaso de conceptos

1. Explique cómo utilizar la regla del múltiplo constante para encontrar una integral indefinida.
2. Resuma las estrategias para realizar un cambio de variable cuando se busca una integral indefinida.
3. Describa la regla general de la potencia para integrales.
4. Sin integrar, explique por qué

$$\int_{-2}^{2} x(x^2+1)^2\,dx = 0$$

Reconocer patrones **En los ejercicios 5 a 8, complete la tabla identificando u y du para la integral.**

$\int f(g(x))g'(x)\,dx$	$u = g(x)$	$du = g'(x)\,dx$
5. $\int (5x^2+1)^2(10x)\,dx$		
6. $\int x^2\sqrt{x^3+1}\,dx$		
7. $\int \tan^2 x\sec^2 x\,dx$		
8. $\int \frac{\cos x}{\operatorname{sen}^2 x}\,dx$		

Encontrar una integral indefinida **En los ejercicios 9 a 30, encuentre la integral indefinida y compruebe el resultado por derivación.**

9. $\int (1+6x)^4(6)\,dx$
10. $\int (x^2-9)^3(2x)\,dx$
11. $\int \sqrt{25-x^2}\,(-2x)\,dx$
12. $\int \sqrt[3]{3-4x^2}(-8x)\,dx$
13. $\int x^3(x^4+3)^2\,dx$
14. $\int x^2(6-x^3)^5\,dx$
15. $\int x^2(2x^3-1)^4\,dx$
16. $\int x(5x^2+4)^3\,dx$
17. $\int t\sqrt{t^2+2}\,dt$
18. $\int t^3\sqrt{2t^4+3}\,dt$
19. $\int 5x\sqrt[3]{1-x^2}\,dx$
20. $\int 6u^6\sqrt{u^7+8}\,du$
21. $\int \frac{7x}{(1-x^2)^3}\,dx$
22. $\int \frac{x^3}{(1+x^4)^2}\,dx$
23. $\int \frac{x^2}{(1+x^3)^2}\,dx$
24. $\int \frac{6x^2}{(4x^3-9)^3}\,dx$
25. $\int \frac{x}{\sqrt{1-x^2}}\,dx$
26. $\int \frac{x^3}{\sqrt{1+x^4}}\,dx$
27. $\int \left(1+\frac{1}{t}\right)^3\left(\frac{1}{t^2}\right)dt$
28. $\int \left(8-\frac{1}{t^4}\right)^2\left(\frac{1}{t^5}\right)dt$
29. $\int \frac{1}{\sqrt{2x}}\,dx$
30. $\int \frac{x}{\sqrt[3]{5x^2}}\,dx$

Ecuación diferencial **En los ejercicios 31 a 34, resuelva la ecuación diferencial.**

31. $\frac{dy}{dx} = 4x + \frac{4x}{\sqrt{16-x^2}}$
32. $\frac{dy}{dx} = \frac{10x^2}{\sqrt{1+x^3}}$
33. $\frac{dy}{dx} = \frac{x+1}{(x^2+2x-3)^2}$
34. $\frac{dy}{dx} = \frac{18-6x^2}{\sqrt{x^3-9x+7}}$

Campos direccionales **En los ejercicios 35 y 36, se indican una ecuación diferencial, un punto y un campo direccional. Un *campo direccional* consiste en segmentos de recta con pendientes dadas por la ecuación diferencial. Estos segmentos de recta proporcionan una perspectiva visual de las direcciones de las soluciones de una ecuación diferencial. (a) Dibuje dos soluciones aproximadas de la ecuación diferencial en el campo direccional, una de las cuales pasa por el punto dado. (Para imprimir una copia ampliada de la gráfica, visite *MathGraphs.com*, disponible solo en inglés.) (b) Utilice la integración para encontrar la solución particular de la ecuación diferencial y use una herramienta de graficación para representar la solución. Compare el resultado con los dibujos del inciso (a).**

35. $\frac{dy}{dx} = x\sqrt{4-x^2}$, $(2, 2)$
36. $\frac{dy}{dx} = x^2(x^3-1)^2$, $(1, 0)$

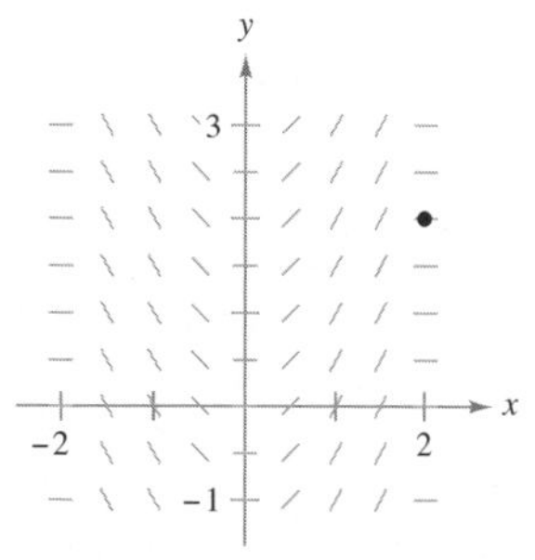

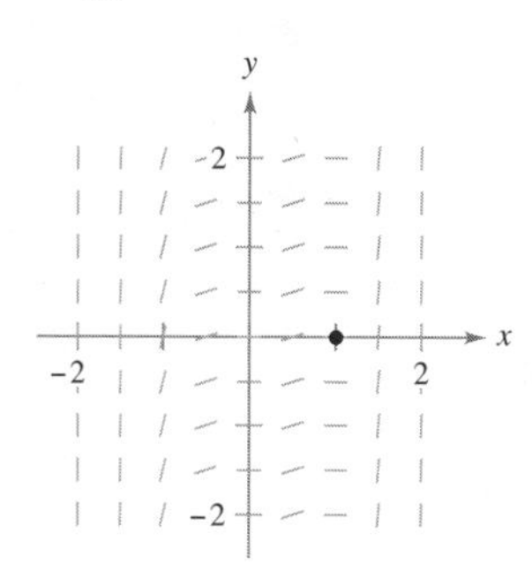

Ecuación diferencial **En los ejercicios 37 y 38 se muestra la gráfica de una función f. Utilice la ecuación diferencial y el punto dado para determinar una ecuación de la función.**

37. $\frac{dy}{dx} = 18x^2(2x^3+1)^2$
38. $\frac{dy}{dx} = \frac{-48}{(3x+5)^3}$

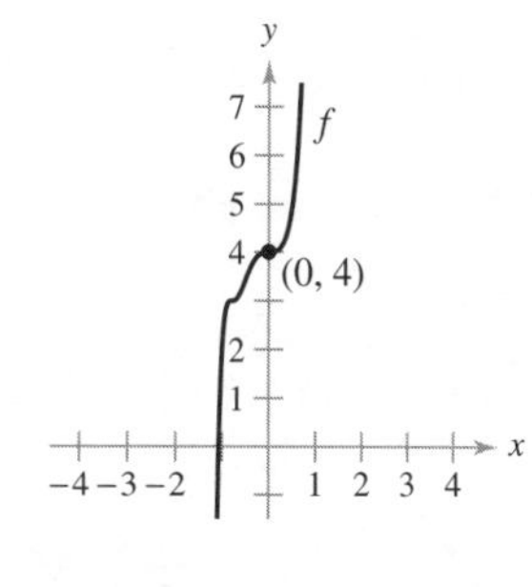

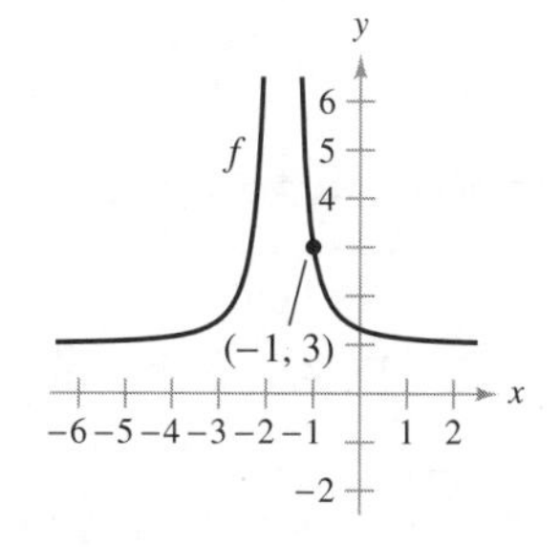

Encontrar la integral indefinida En los ejercicios 39 a 48, encuentre la integral definida.

39. $\int \pi \operatorname{sen} \pi x \, dx$
40. $\int \operatorname{sen} 4x \, dx$
41. $\int \cos 6x \, dx$
42. $\int \csc^2\left(\frac{x}{2}\right) dx$
43. $\int \frac{1}{\theta^2} \cos \frac{1}{\theta} \, d\theta$
44. $\int x \operatorname{sen} x^2 \, dx$
45. $\int \operatorname{sen} 2x \cos 2x \, dx$
46. $\int \sqrt[3]{\tan x} \sec^2 x \, dx$
47. $\int \frac{\csc^2 x}{\cot^3 x} \, dx$
48. $\int \frac{\operatorname{sen} x}{\cos^3 x} \, dx$

Encontrar una ecuación En los ejercicios 49 a 52, encuentre una ecuación para la función f que tiene la derivada dada y cuya gráfica pasa por el punto indicado.

	Derivada	Punto
49.	$f'(x) = -\operatorname{sen} \frac{x}{2}$	$(0, 6)$
50.	$f'(x) = \sec^2(2x)$	 $\left(\frac{\pi}{2}, 2\right)$
51.	$f'(x) = 2x(4x^2 - 10)^2$	$(2, 10)$
52.	$f'(x) = -2x\sqrt{8 - x^2}$	$(2, 7)$

Para ver las figuras a color de las páginas 306 a 307, acceda al código

Cambio de variables En los ejercicios 53 a 60, encuentre la integral indefinida mediante un cambio de variables.

53. $\int x\sqrt{x + 6} \, dx$
54. $\int x\sqrt{3x - 4} \, dx$
55. $\int x^2\sqrt{1 - x} \, dx$
56. $\int (x + 1)\sqrt{2 - x} \, dx$
57. $\int \frac{x^2 - 1}{\sqrt{2x - 1}} \, dx$
58. $\int \frac{2x + 1}{\sqrt{x + 4}} \, dx$
59. $\int \cos^3 2x \operatorname{sen} 2x \, dx$
60. $\int \sec^5 7x \tan 7x \, dx$

Evaluar una integral definida En los ejercicios 61 a 70, calcule la integral definida. Use una herramienta de graficación para comprobar su resultado.

61. $\int_{-1}^{1} x(x^2 + 1)^3 \, dx$
62. $\int_{0}^{1} x^3(2x^4 + 1)^2 \, dx$
63. $\int_{1}^{2} 2x^2\sqrt{x^3 + 1} \, dx$
64. $\int_{-1}^{0} x\sqrt{1 - x^2} \, dx$
65. $\int_{0}^{4} \frac{1}{\sqrt{2x + 1}} \, dx$
66. $\int_{0}^{2} \frac{x}{\sqrt{1 + 2x^2}} \, dx$
67. $\int_{1}^{9} \frac{1}{\sqrt{x}(1 + \sqrt{x})^2} \, dx$
68. $\int_{4}^{5} \frac{x}{\sqrt{2x - 6}} \, dx$
69. $2\pi\int_{0}^{1} (x + 1)\sqrt{1 - x} \, dx$
70. $2\pi\int_{-1}^{0} x^2\sqrt{x + 1} \, dx$

Encontrar el área de una región En los ejercicios 71 a 74, encuentre el área de la región. Use una herramienta de graficación para comprobar su resultado.

71. $\int_{0}^{7} x\sqrt[3]{x + 1} \, dx$
72. $\int_{-2}^{6} x^2\sqrt[3]{x + 2} \, dx$

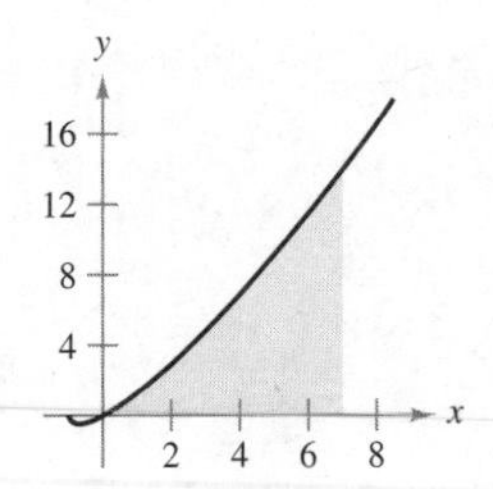

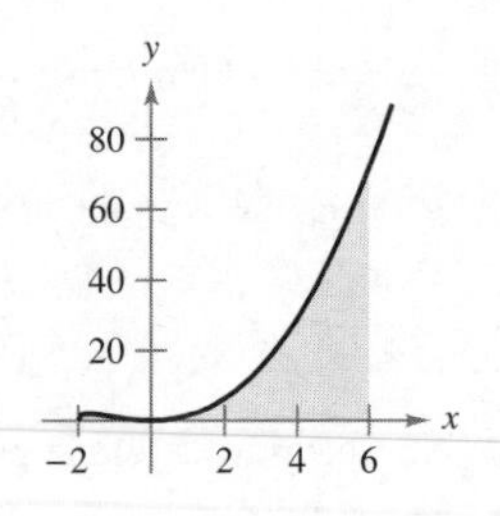

73. $\int_{\pi/2}^{2\pi/3} \sec^2\left(\frac{x}{2}\right) dx$

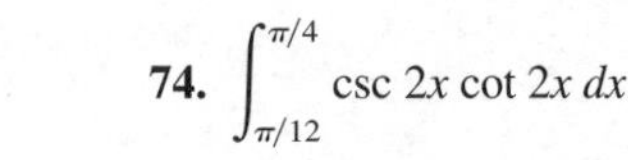

74. $\int_{\pi/12}^{\pi/4} \csc 2x \cot 2x \, dx$

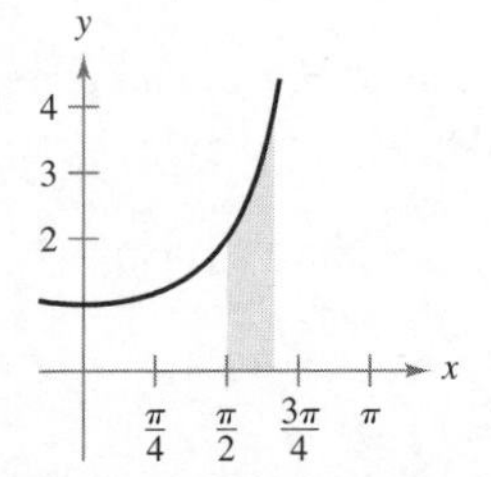

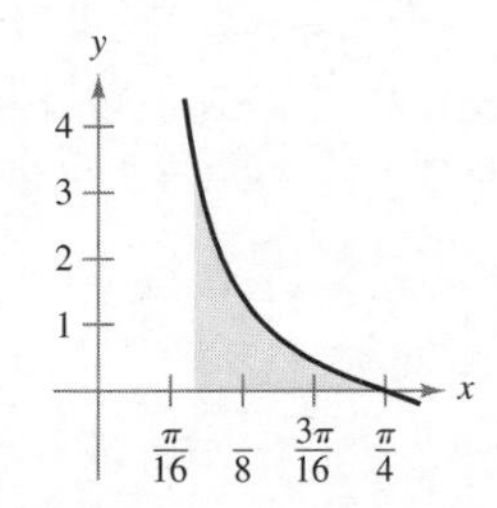

Funciones par e impar En los ejercicios 75 a 78, evalúe la integral utilizando las propiedades de las funciones pares e impares como una ayuda.

75. $\int_{-2}^{2} x^2(x^2 + 1) \, dx$
76. $\int_{-2}^{2} x(x^2 + 1)^3 \, dx$
77. $\int_{-\pi/2}^{\pi/2} \operatorname{sen} x \cos x \, dx$
78. $\int_{-\pi/2}^{\pi/2} \operatorname{sen}^2 x \cos x \, dx$

79. **Usar una función par** Use $\int_0^6 x^2 \, dx = 72$ para evaluar cada integral indefinida sin usar el teorema fundamental del cálculo.

(a) $\int_{-6}^{6} x^2 \, dx$ (b) $\int_{-6}^{0} x^2 \, dx$

(c) $\int_{0}^{6} -2x^2 \, dx$ (d) $\int_{-6}^{6} 3x^2 \, dx$

80. **Usar la simetría** Utilice la simetría de las gráficas de las funciones seno y coseno como ayuda para calcular cada integral definida.

(a) $\int_{-\pi/4}^{\pi/4} \operatorname{sen} x \, dx$ (b) $\int_{-\pi/4}^{\pi/4} \cos x \, dx$

(c) $\int_{-\pi/2}^{\pi/2} \cos x \, dx$ (d) $\int_{-\pi/2}^{\pi/2} \operatorname{sen} x \cos x \, dx$

Funciones par e impar En los ejercicios 81 y 82, escriba la integral como la suma de la integral de una función impar y la integral de una función par. Utilice esta simplificación para calcular la integral.

81. $\int_{-3}^{3} (x^3 + 4x^2 - 3x - 6) \, dx$
82. $\int_{-\pi/2}^{\pi/2} (\operatorname{sen} 4x + \cos 4x) \, dx$

Exploracion de conceptos

83. Se le pide que encuentre una de las integrales. ¿Cuál elegiría? Explique.

(a) $\int \sqrt{x^3+1}\,dx$ o $\int x^2\sqrt{x^3+1}\,dx$

(b) $\int \cot 2x\,dx$ o $\int \cot^3 2x \csc^2 2x\,dx$

84. Encuentre la integral indefinida en dos formas. Explique alguna diferencia en las formas de la respuesta.

(a) $\int (2x-1)^2\,dx$ (b) $\int \operatorname{sen} x \cos x\,dx$

85. Depreciación La tasa de depreciación dV/dt de una máquina es inversamente proporcional al cuadrado de $(t+1)$, donde V es el valor de la máquina t años después de que se compró. El valor inicial de la máquina fue de 500 000 dólares, y su valor decreció 100 000 dólares en el primer año. Calcule su valor después de 4 años.

86. ¿CÓMO LO VE? La gráfica muestra la velocidad de flujo de agua a una estación de bombeo por un día.

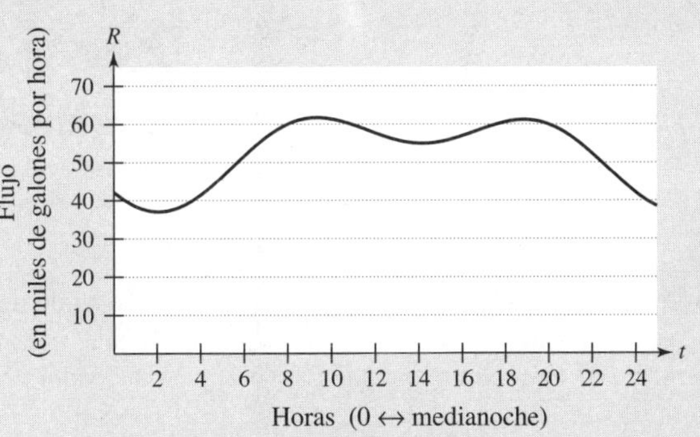

(a) Aproxime la velocidad de flujo máxima a la estación de bombeo. ¿En qué momento ocurre esto?

(b) Explique cómo se puede encontrar la cantidad de agua utilizada durante el día.

(c) Aproxime el periodo de 2 horas cuando se usa la menor cantidad de agua. Explique su razonamiento.

87. Ventas Las ventas S (en miles de unidades) de un producto de temporada están dadas por el modelo

$$S = 74.50 + 43.75 \operatorname{sen} \frac{\pi t}{6}$$

donde t es el tiempo en meses, con $t = 1$ correspondiente a enero. Determine las ventas promedio para cada periodo.

(a) El primer trimestre $(0 \le t \le 3)$

(b) El segundo trimestre $(3 \le t \le 6)$

(c) El año completo $(0 \le t \le 12)$

88. Electricidad

La intensidad de corriente alterna en un circuito eléctrico es

$$I = 2 \operatorname{sen}(60\pi t) + \cos(120\pi t)$$

donde I se mide en amperes y t se mide en segundos. Determine la corriente promedio para cada intervalo de tiempo.

(a) $0 \le t \le \frac{1}{60}$

(b) $0 \le t \le \frac{1}{240}$

(c) $0 \le t \le \frac{1}{30}$

89. Análisis gráfico Considere las funciones f y g, donde

$$f(x) = 6 \operatorname{sen} x \cos^2 x \quad \text{y} \quad g(t) = \int_0^t f(x)\,dx$$

(a) Utilice una herramienta de graficación para representar f y g en la misma ventana de visualización.

(b) Explique por qué g es no negativa.

(c) Identifique los puntos sobre la gráfica de g que corresponden a los extremos de f.

(d) ¿Cada uno de los ceros de f corresponden a un extremo de g? Explique.

(e) Considere la función

$$h(t) = \int_{\pi/2}^t f(x)\,dx$$

Utilice una herramienta de graficación para representar h. ¿Cuál es la relación entre g y h? Compruebe su conjetura.

90. Obtener un límite utilizando una integral definida Determine

$$\lim_{n\to+\infty} \sum_{i=1}^{n} \frac{\operatorname{sen}(i\pi/n)}{n}$$

evaluando una integral definida apropiada en el intervalo [0, 1].

91. Reescribir integrales

(a) Demuestre que $\int_0^1 x^3(1-x)^8\,dx = \int_0^1 x^8(1-x)^3\,dx$

(b) Demuestre que $\int_0^1 x^a(1-x)^b\,dx = \int_0^1 x^b(1-x)^a\,dx$

92. Reescribir integrales

(a) Demuestre que $\int_0^{\pi/2} \operatorname{sen}^2 x\,dx = \int_0^{\pi/2} \cos^2 x\,dx$

(b) Demuestre que $\int_0^{\pi/2} \operatorname{sen}^n x\,dx = \int_0^{\pi/2} \cos^n x\,dx$, donde n es un entero positivo.

TWStock/Shutterstock.com

¿Verdadero o falso? **En los ejercicios 93 a 98, determine si el enunciado es verdadero o falso. Si es falso, explique por qué o proporcione un ejemplo que lo demuestre.**

93. $\int 3x^2(x^3+5)^{-2}\,dx = -(x^3+5)^{-1} + C$

94. $\int x(x^2+1)\,dx = \frac{1}{2}x^2\left(\frac{1}{3}x^3 + x\right) + C$

95. $\int_{-10}^{10} (ax^3 + bx^2 + cx + d)\,dx = 2\int_0^{10} (bx^2 + d)\,dx$

96. $\int_a^b \operatorname{sen} x\,dx = \int_a^{b+2\pi} \operatorname{sen} x\,dx$

97. $4\int \operatorname{sen} x \cos x\,dx = -\cos 2x + C$

98. $\int \operatorname{sen}^2 2x \cos 2x\,dx = \frac{1}{3}\operatorname{sen}^3 2x + C$

99. Reescribir integrales Suponga que f es continua en todas partes y que c es una constante. Demuestre que

$$\int_{ca}^{cb} f(x)\,dx = c\int_a^b f(cx)\,dx$$

100. Integrar y derivar

(a) Compruebe que $\operatorname{sen} u - u\cos u + C = \int u \operatorname{sen} u\,du$

(b) Utilice el inciso (a) para demostrar que $\int_0^{\pi^2} \operatorname{sen}\sqrt{x}\,dx = 2\pi$

101. Demostración Complete la demostración del teorema 4.16.

102. Reescribir integrales Demuestre que si f es continua en toda la recta real, entonces

$$\int_a^b f(x+h)\,dx = \int_{a+h}^{b+h} f(x)\,dx$$

DESAFÍOS DEL EXAMEN PUTNAM

103. Si $a_0, a_1, \ldots, a_n$ son números reales que satisfacen

$$\frac{a_0}{1} + \frac{a_1}{2} + \cdots + \frac{a_n}{n+1} = 0$$

demuestre que la ecuación

$$a_0 + a_1x + a_2x^2 + \cdots + a_nx^n = 0$$

tiene al menos un cero real.

104. Encuentre todas las funciones continuas positivas $f(x)$ para $0 \le x \le 1$, tales que

$$\int_0^1 f(x)\,dx = 1$$

$$\int_0^1 f(x)x\,dx = \alpha$$

$$\int_0^1 f(x)x^2\,dx = \alpha^2$$

donde α es un número real.

PROYECTO DE TRABAJO

Probabilidad

La función $f(x) = kx^n(1-x)^m$, donde $0 \le x \le 1$, $n > 0$, $m > 0$ y k es una constante, puede utilizarse para representar diversas distribuciones de probabilidad. Si k se elige de manera que

$$\int_0^1 f(x)dx = 1$$

la probabilidad de que x caerá entre a y b ($0 \le a \le b \le 1$) es

$$P_{a,b} = \int_a^b f(x)\,dx$$

(a) La probabilidad de que una persona recuerde entre $100a\%$ y $100b\%$ del material aprendido en un experimento es

$$P_{a,b} = \int_a^b \frac{15}{4}x\sqrt{1-x}\,dx$$

donde x representa el porcentaje recordado. (Vea la figura.)

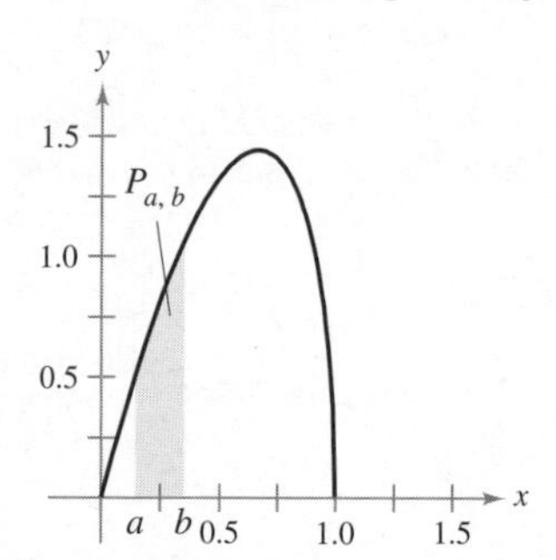

Para ver las figuras a color, acceda al código

¿Cuál es la probabilidad de que un individuo elegido al azar recuerde entre 50 y 75% del material? ¿Cuál es el porcentaje medio de lo que se recuerda? Esto es, ¿para qué valor de b es cierto que la probabilidad de recordar de 0 a b es 0.5?

(b) La probabilidad de que se tomen muestras de un mineral de una región que contiene entre $100a\%$ y $100b\%$ de hierro es

$$P_{a,b} = \int_a^b \frac{1155}{32}x^3(1-x)^{3/2}\,dx$$

donde x representa el porcentaje de hierro. (Vea la figura.)

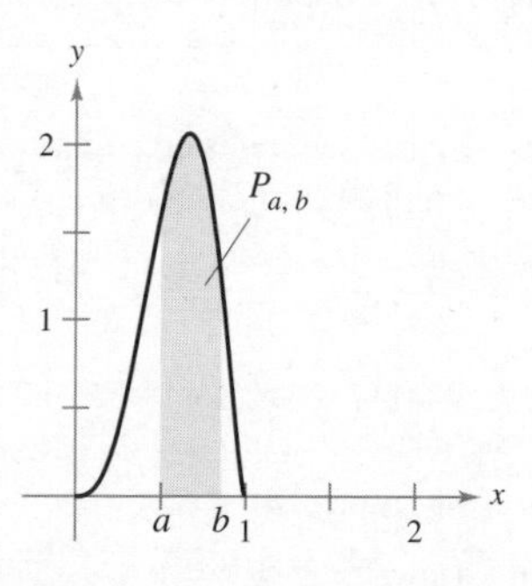

Encontrar la probabilidad de que la muestra contenga entre 0% y 25% de hierro. Encuentre la probabilidad de que la muestra contenga entre 50% y 100% de hierro?

Ejercicios de repaso

Las respuestas a los ejercicios impares pueden consultarse en el Apéndice de este libro.

Exploración de conceptos

Para ver la figura a color, acceda al código

En los capítulos 2 y 3 se estudió el primer tema importante del cálculo, la derivada. En este capítulo se estudió el segundo tema principal, la integración. La relación entre estos dos conceptos se establece en el teorema más importante de todo el cálculo, el teorema fundamental del cálculo. La importancia de la relación inversa entre la derivación y la integración no se puede subestimar.

$$\int_a^b f(x)\,dx = F(b) - F(a) \quad \text{y} \quad \frac{d}{dx}\left[\int_a^x f(t)\,dt\right] = f(x)$$

1. Considere las funciones

$f(x) = \text{sen}^2 x$ y $g(x) = \cos^2 x$

(a) ¿Qué se observa acerca de las derivadas de f y g?

(b) ¿Qué se puede concluir acerca de la relación entre f y g?

2. Determine si la función

$$f(x) = \frac{1}{x - 4}$$

es o no integrable en el intervalo $[0, 5]$. Explique su razonamiento.

3. Determine qué valor aproxima mejor a la integral

$$\int_0^9 \left(1 + \sqrt{x}\right) dx$$

Realice su selección con base en una gráfica.

(a) -3 (b) 9

(c) 27 (d) 3

4. Considere la función

$$F(x) = \int_{-3}^{x} (t^2 + 3t + 2)\,dt$$

(a) Integre para encontrar F como una función de x.

(b) Demuestre el segundo teorema fundamental del cálculo derivando el resultado de la parte (a).

5. Sea $v(t)$ la velocidad (en pies por segundo) de una partícula que se mueve a lo largo de una línea recta en el tiempo t (en segundos). La gráfica de $v(t)$ se muestra en la figura. Describa qué representa cada expresión en el contexto de la situación.

(a) $v'(t)$ (b) $\int_a^c v(t)\,dt$

(c) $\int_a^c |v(t)|\,dt$ (d) $\frac{d}{dx}\left[\int_a^x v(t)\,dt\right]$

(e) $A - B$

(f) $\int_a^b v(t)\,dt + \int_b^c v(t)\,dt$

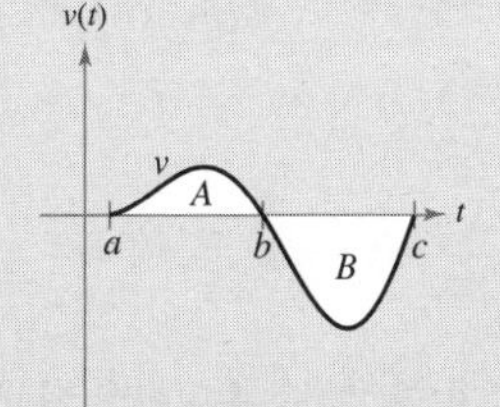

Figura para 5

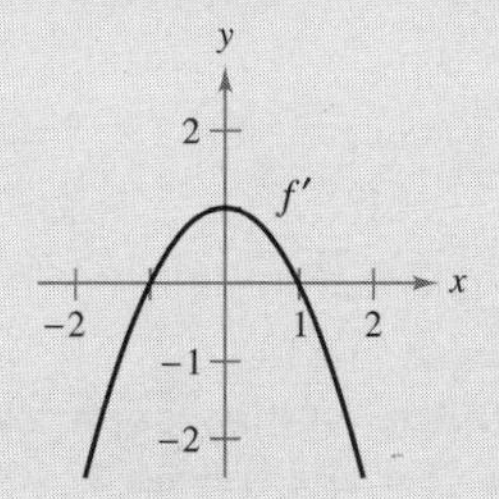

Figura para 6

6. La gráfica de la derivada de f se muestra en la figura. Dibuje las gráficas de dos funciones que tengan la derivada dada. (Hay más de una respuesta correcta.) Para imprimir una copia ampliada de la gráfica visite *MathGraphs.com* (disponible solo en inglés).

Encontrar una integral indefinida En los ejercicios 7 a 10, encuentre la integral indefinida.

7. $\int (x^3 + 4)\,dx$ **8.** $\int (4x^2 + x + 3)\,dx$

9. $\int \frac{6}{\sqrt[3]{x}}\,dx$ **10.** $\int (2\csc^2 x - 9\,\text{sen}\,x)\,dx$

Determinar una solución especial En los ejercicios 11 y 12, encuentre la solución particular que satisfaga la ecuación diferencial y las condiciones iniciales.

11. $f'(x) = -6x,\ f(1) = -2$

12. $f''(x) = 24x,\ f'(-1) = 7,\ f(1) = -4$

13. Movimiento vertical Se lanza una pelota hacia arriba verticalmente desde el nivel del suelo con una velocidad inicial de 96 pies por segundo. Suponga que la aceleración de la pelota es $a(t) = -32$ pies por segundo cuadrado. (Ignore la resistencia del aire.)

(a) ¿Cuánto tardará la pelota en alcanzar su altura máxima? ¿Cuál es la altura máxima?

(b) ¿En cuanto tiempo la velocidad de la pelota es la mitad de la velocidad inicial?

(c) ¿A qué altura está la pelota cuando su velocidad es la mitad de la velocidad inicial?

14. **Movimiento vertical** ¿Con qué velocidad inicial debe ser lanzado un objeto hacia arriba (desde una altura de 3 metros) para alcanzar una altura de 150 metros? Suponga que la aceleración del objeto es $a(t) = 9.8$ metros por segundo cuadrado. (Desprecie la resistencia del aire.)

Encontrar una suma **En los ejercicios 15 y 16, encuentre la sumatoria. Utilice la función de sumatoria de una herramienta de graficación para comprobar su resultado.**

15. $\sum_{i=1}^{5} (5i - 3)$

16. $\sum_{k=0}^{3} (k^2 + 1)$

Usar la notación sigma **En los ejercicios 17 y 18, utilice la notación sigma para escribir la suma.**

17. $\frac{1}{5(3)} + \frac{2}{5(4)} + \frac{3}{5(5)} + \cdots + \frac{10}{5(12)}$

18. $\left(\frac{3}{n}\right)\left(\frac{1+1}{n}\right)^2 + \left(\frac{3}{n}\right)\left(\frac{2+1}{n}\right)^2 + \cdots + \left(\frac{3}{n}\right)\left(\frac{n+1}{n}\right)^2$

Evaluar una suma **En los ejercicios 19 a 24, utilice las propiedades de la sumatoria y el teorema 4.2 para evaluar la suma. Utilice las herramientas de suma de una calculadora para verificar su resultado.**

19. $\sum_{i=1}^{24} 8$

20. $\sum_{i=1}^{75} 5i$

21. $\sum_{i=1}^{20} 2i$

22. $\sum_{i=1}^{30} (3i - 4)$

23. $\sum_{i=1}^{20} (i + 1)^2$

24. $\sum_{i=1}^{12} i(i^2 - 1)$

Encontrar sumas superiores e inferiores para una región **En los ejercicios 25 y 26, utilice sumas superiores e inferiores para aproximar el área de la región en el número indicado de subintervalos (de igual ancho).**

25. $y = \frac{10}{x^2 + 1}$

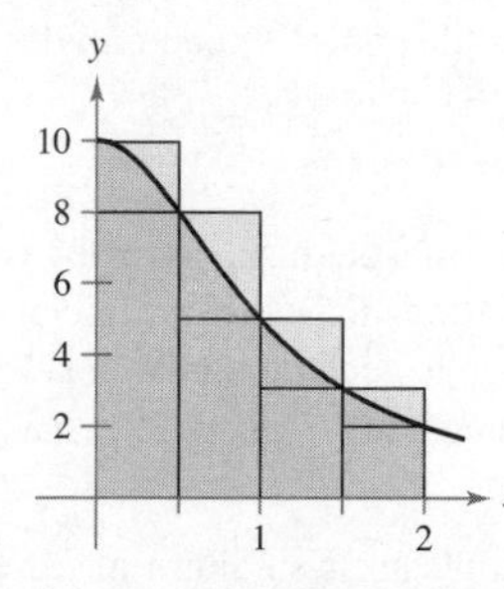

26. $y = 9 - \frac{1}{4}x^2$

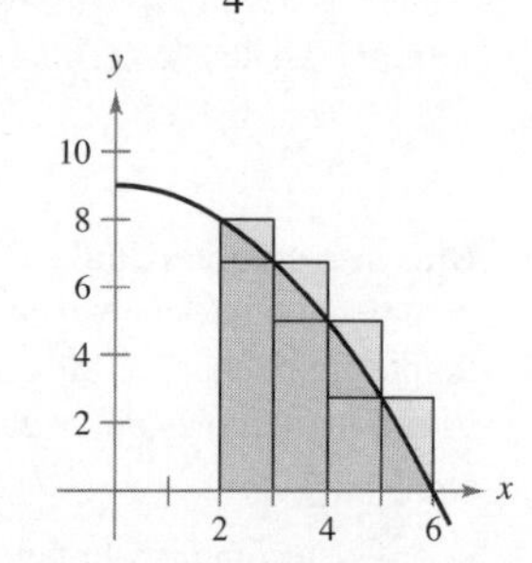

Encontrar las sumas superior e inferior de una región **En los ejercicios 27 y 28 encuentre las sumas superior e inferior para la región acotada por la gráfica de la función y el eje x en el intervalo dado. Exprese su respuesta en términos del número de subintervalos n.**

	Función	Intervalo
27.	$f(x) = 4x + 1$	$[2, 3]$
28.	$f(x) = 7x^2$	$[0, 3]$

Calcular el área por la definición de límite **En los ejercicios 29 a 32, utilice el proceso de límite para determinar el área de la región entre la gráfica de la función y el eje x en el intervalo dado. Dibuje la región.**

29. $y = 8 - 2x, \quad [0, 3]$

30. $y = x^2 + 3, \quad [0, 2]$

31. $y = 5 - x^2, \quad [-2, 1]$

32. $y = \frac{1}{4}x^3, \quad [2, 4]$

Aproximar un área con la regla del punto medio **En los ejercicios 33 y 34, use la regla del punto medio con $n = 4$ para aproximar el área de la región acotada por la gráfica de la función y el eje x en el intervalo dado.**

33. $f(x) = 16 - x^2, \quad [0, 4]$

34. $f(x) = \text{sen } \pi x, \quad [0, 1]$

Evaluar una integral definida como un límite **En los ejercicios 35 y 36, evalúe la integral definida por la definición de límite.**

35. $\int_{-3}^{5} 6x \, dx$

36. $\int_{0}^{3} (1 - 2x^2) \, dx$

Evaluar una integral definida por medio de una fórmula geométrica **En los ejercicios 37 y 38, dibuje la región cuya área está dada por la integral definida. Luego, utilice una fórmula geométrica para evaluar la integral ($a > 0, r > 0$).**

37. $\int_{0}^{5} (5 - |x - 5|) \, dx$

38. $\int_{-6}^{6} \sqrt{36 - x^2} \, dx$

39. **Usar las propiedades de las integrales definidas** Dadas

$$\int_4^8 f(x) \, dx = 12 \quad \text{y} \quad \int_4^8 g(x) \, dx = 5$$

evalúe

(a) $\int_4^8 [f(x) + g(x)] \, dx$ (b) $\int_4^8 [f(x) - g(x)] \, dx$

(c) $\int_4^8 [2f(x) - 3g(x)] \, dx$ (d) $\int_4^8 7f(x) \, dx$

40. **Usar las propiedades de las integrales definidas** Dadas

$$\int_0^2 f(x) \, dx = 2 \quad \text{y} \quad \int_2^5 f(x) = -5, \text{ evalúe}$$

(a) $\int_0^5 f(x) \, dx$ (b) $\int_5^2 f(x) \, dx$

(c) $\int_3^3 f(x) \, dx$ (d) $\int_2^5 -8f(x) \, dx$

Evaluar una integral definida **En los ejercicios 41 a 46, utilice el teorema fundamental del cálculo para evaluar la integral definida.**

41. $\int_0^6 (x - 1) \, dx$

42. $\int_{-2}^{1} (4x^4 - x) \, dx$

43. $\int_4^9 x\sqrt{x} \, dx$

44. $\int_1^4 \left(\frac{1}{x^3} + x\right) dx$

45. $\int_0^{3\pi/4} \text{sen } \theta \, d\theta$

46. $\int_{-\pi/4}^{\pi/4} \sec^2 t \, dt$

Determinar el área de una región En los ejercicios 47 y 48, determine el área de la región acotada por la función y el eje x en el intervalo $[0, \pi/2]$.

47. $y = \operatorname{sen} x$

48. $y = x + \cos x$

Encontrar el área de una región En los ejercicios 49 a 52, encuentre el área de la región limitada por las gráficas de las ecuaciones.

49. $y = 8 - x, x = 0, x = 6, y = 0$

50. $y = -x^2 + x + 6, y = 0$

51. $y = x - x^3, x = 0, x = 1, y = 0$

52. $y = \sqrt{x}(1 - x), y = 0$

Usar el teorema del valor medio para integrales En los ejercicios 53 y 54, encuentre el (los) valor(es) de c garantizado(s) por el teorema del valor medio para integrales de la función en el intervalo dado.

53. $f(x) = 3x^2, \quad [1, 3]$

54. $f(x) = \operatorname{sen} x, \quad [0, \pi]$

Encontrar el valor promedio de una función En los ejercicios 55 y 56, encuentre el valor promedio de la función en el intervalo indicado. Determine los valores de x en los cuales la función toma su valor promedio y grafique la función.

55. $f(x) = \dfrac{1}{\sqrt{x}}, \quad [4, 9]$

56. $f(x) = x^3, \quad [0, 2]$

Usar el segundo teorema fundamental del cálculo En los ejercicios 57 y 58, utilice el segundo teorema fundamental del cálculo para encontrar $F'(x)$.

57. $F(x) = \displaystyle\int_0^x t^2\sqrt{1 + t^3}\, dt$

58. $F(x) = \displaystyle\int_1^x \frac{1}{t^2}\, dt$

Encontrar la integral indefinida En los ejercicios 59 a 66, encuentre la integral indefinida.

59. $\displaystyle\int x(1 - 3x^2)^4\, dx$

60. $\displaystyle\int 6x^3\sqrt{3x^4 + 2}\, dx$

61. $\displaystyle\int \operatorname{sen}^3 x \cos x\, dx$

62. $\displaystyle\int x \operatorname{sen} 3x^2\, dx$

63. $\displaystyle\int \frac{\cos\theta}{\sqrt{1 - \operatorname{sen}\theta}}\, d\theta$

64. $\displaystyle\int \frac{\operatorname{sen} x}{\sqrt{\cos x}}\, dx$

65. $\displaystyle\int x\sqrt{8 - x}\, dx$

66. $\displaystyle\int \sqrt{1 + \sqrt{x}}\, dx$

Calcular la integral definida En los ejercicios 67 a 70, calcule la integral definida. Utilice una herramienta de graficación para comprobar el resultado.

67. $\displaystyle\int_0^1 (3x + 1)^5\, dx$

68. $\displaystyle\int_0^1 x^2(x^3 - 2)^3\, dx$

69. $\displaystyle\int_0^3 \frac{1}{\sqrt{1 + x}}\, dx$

70. $\displaystyle\int_3^6 \frac{x}{3\sqrt{x^2 - 8}}\, dx$

Encontrar el área de la región En los ejercicios 71 y 72, encuentre el área de la región bajo la curva mediante la evaluación de la integral definida con los límites dados. Utilice una herramienta de graficación para comprobar el resultado.

71. $\displaystyle\int_1^9 x\sqrt[3]{x - 1}\, dx$

72. $\displaystyle\int_0^{\pi/2} (\cos x + \operatorname{sen} 2x)\, dx$

Funciones pares e impares En los ejercicios 73 y 74, evalúe la integral ayudándose de las propiedades de las funciones pares e impares.

73. $\displaystyle\int_{-2}^{2} (x^3 - 2x)\, dx$

74. $\displaystyle\int_{-\pi}^{\pi} (\cos x + x^2)\, dx$

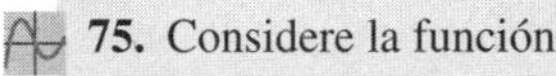

Construcción de conceptos

75. Considere la función

$$F(x) = \int_0^x \operatorname{sen}^2 t\, dt$$

(a) Evalúe F en $x = 0, \pi/6, \pi/3, \pi/2, 2\pi/3, 5\pi/6$ y π. ¿Son los valores de F crecientes o decrecientes? Explique su respuesta.

(b) Utilice las capacidades de integración de una calculadora para graficar F y $y_1 = \operatorname{sen}^2 t$ en el intervalo $0 \le t \le \pi$.

(c) Utilice las capacidades de derivación de una calculadora para graficar F'. ¿Cómo se relaciona esta gráfica con la gráfica del inciso (b)?

(d) Verifique que $\operatorname{sen}^2 t$ es la derivada de

$$y = \frac{1}{2}t - \frac{1}{4}\operatorname{sen} 2t$$

Grafique y y escriba un párrafo corto acerca de como esta gráfica se relaciona con las gráficas de los incisos (b) y (c).

76. Arquímedes demostró que el área de un arco parabólico es igual a $\frac{2}{3}$ del producto de la base y la altura (vea la figura).

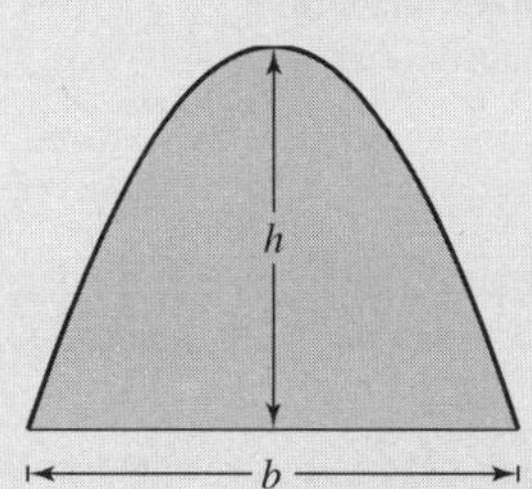

Para ver las figuras a color de las páginas 310 y 311, acceda al código

(a) Grafique el arco parabólico acotado por $y = 9 - x^2$ y el eje x. Utilice una integral apropiada para encontrar el área A.

(b) Encuentre la base y la altura del arco y verifique la fórmula de Arquímedes.

(c) Demuestre la fórmula de Arquímedes para una parábola en general.

Solución de problemas

Las respuestas a los ejercicios impares pueden consultarse en el Apéndice de este libro.

Calcular una suma y un límite En los ejercicios 1 y 2, (a) escriba el área bajo la gráfica de la función dada definida en el intervalo indicado como límite. Luego, (b) calcule la suma del inciso (a), y (c) calcule el límite utilizando el resultado del inciso (b).

1. $y = x^4 - 4x^3 + 4x^2$, $[0, 2]$

$$\left(\textit{Sugerencia: } \sum_{i=1}^{n} i^4 = \frac{n(n+1)(2n+1)(3n^2+3n-1)}{30}\right)$$

2. $y = \frac{1}{2}x^5 + 2x^3$, $[0, 2]$

$$\left(\textit{Sugerencia: } \sum_{i=1}^{n} i^5 = \frac{n^2(n+1)^2(2n^2+2n-1)}{12}\right)$$

3. Función de Fresnel La **función de Fresnel** S se define mediante la integral

$$S(x) = \int_0^x \operatorname{sen}\left(\frac{\pi t^2}{2}\right) dt$$

(a) Trace la gráfica de la función $y = \operatorname{sen} \frac{\pi x^2}{2}$ en el intervalo $[0, 3]$.

(b) Utilice la gráfica del inciso (a) para dibujar la gráfica de S en el intervalo $[0, 3]$.

(c) Localice todos los extremos relativos de S en el intervalo $(0, 3)$.

(d) Localice todos los puntos de inflexión de S en el intervalo $(0, 3)$.

4. Aproximación La aproximación de la **cuadratura gaussiana de dos puntos** para f es

$$\int_{-1}^{1} f(x)\, dx \approx f\left(-\frac{1}{\sqrt{3}}\right) + f\left(\frac{1}{\sqrt{3}}\right)$$

(a) Utilice esta fórmula para aproximar

$$\int_{-1}^{1} \cos x\, dx$$

Encuentre el error de la aproximación.

(b) Utilice esta fórmula para aproximar

$$\int_{-1}^{1} \frac{1}{1+x^2}\, dx$$

(c) Demuestre que la aproximación de la cuadratura gaussiana de dos puntos es exacta para todos los polinomios de grado 3 o menor.

5. Caída libre Galileo Galilei (1564-1642) enunció la siguiente proposición relativa a los objetos de caída libre:

El tiempo en el que cualquier espacio que se recorre por un cuerpo acelerado uniformemente es igual al tiempo en el cual ese mismo espacio se recorrería por el mismo cuerpo moviéndose a una velocidad uniforme cuyo valor es la media de la velocidad más alta del cuerpo acelerado y la velocidad justo antes de que empiece la aceleración.

Utilice las técnicas de este capítulo para comprobar esta proposición.

6. Extremos y puntos de inflexión La gráfica de una función f consta de tres segmentos de recta que unen a los puntos $(0, 0)$, $(2, -2)$, $(6, 2)$ y $(8, 3)$. La función F se define por medio de la integral.

$$F(x) = \int_0^x f(t)\, dt$$

(a) Dibuje la gráfica de f.

(b) Complete la tabla.

x	0	1	2	3	4	5	6	7	8
$F(x)$									

(c) Encuentre los extremos de F en el intervalo $[0, 8]$.

(d) Determine todos los puntos de inflexión de F en el intervalo $(0, 8)$.

7. Demostración Demuestre $\int_0^x f(t)(x-t)\, dt = \int_0^x \left(\int_0^t f(v)\, dv\right) dt$

8. Demostración Demuestre $\int_a^b f(x)f'(x)\, dx = \frac{1}{2}([f(b)]^2 - [f(a)]^2)$

9. Suma de Riemann Utilice una suma de Riemann para evaluar el límite

$$\lim_{n\to\infty} \frac{\sqrt{1} + \sqrt{2} + \sqrt{3} + \cdots + \sqrt{n}}{n^{3/2}}$$

10. Uso de una función continua Sea f continua en el intervalo $[0, b]$, donde $f(x) + f(b-x) \neq 0$ en $[0, b]$.

(a) Demuestre que $\int_0^b \frac{f(x)}{f(x) + f(b-x)}\, dx = \frac{b}{2}$

(b) Utilice el resultado del inciso (a) para calcular

$$\int_0^1 \frac{\operatorname{sen} x}{\operatorname{sen}(1-x) + \operatorname{sen} x}\, dx$$

(c) Utilice el resultado del inciso (a) para calcular

$$\int_0^3 \frac{\sqrt{x}}{\sqrt{x} + \sqrt{3-x}}\, dx$$

11. Minimizar una integral Determine los límites de integración donde $a \leq b$, tal que

$$\int_a^b (x^2 - 16)\, dx$$

tenga valor mínimo.

12. Sumas superiores e inferiores Considere la región acotada por $y = mx$, $y = 0$, $x = 0$ y $x = b$.

(a) Determine la suma superior e inferior para aproximar el área de la región cuando $\Delta x = b/4$.

(b) Determine la suma superior e inferior para aproximar el área de la región cuando $\Delta x = b/n$.

(c) Encuentre el área de la región dejando que n tiende a infinito en ambas sumas en el inciso (b). Demuestre que en cada caso se obtiene la fórmula para el área de un triángulo.

5 Función logaritmo, exponencial y otras funciones trascendentes

5.1 La función logaritmo natural: derivación
5.2 La función logaritmo natural: integración
5.3 Funciones inversas
5.4 Funciones exponenciales: derivación e integración
5.5 Otras bases distintas de *e* y aplicaciones
5.6 Formas indeterminadas y la regla de L'Hôpital
5.7 Funciones trigonométricas inversas: derivación
5.8 Funciones trigonométricas inversas: integración
5.9 Funciones hiperbólicas

5.1 Intensidad sonora *(Ejercicio 102, p. 323)*

5.2 La función logaritmo natural: integración *(Ejercicio 93, p. 332)*

5.4 Funciones exponenciales: derivación e integración *(Ejercicio 85, p. 349)*

5.5 Modelo radiactivo de vida media *(Ejemplo 1, p. 352)*

Superior izquierda, William R. Sallaz/Getty Images; superior derecha, Benoit Daoust/Shutterstock.com; inferior izquierda, John Sirlin/EyeEm/Getty Images; inferior derecha, Alexander Rieber/EyeEm/Getty Images

5.1 La función logaritmo natural: derivación

- **Definir la función logaritmo natural y utilizar sus propiedades.**
- **Definir el número *e*.**
- **Encontrar derivadas de las funciones que involucren la función logaritmo natural.**

Grandes ideas del cálculo

Se puede usar el cálculo para definir la función logarítmica natural ln x como una integral. Entonces se puede definir la inversa de ln x como la función exponencial natural e^x. La función e^x es una de las funciones más interesantes en cálculo: ¡su derivada y sus integrales son idénticas! Con estas definiciones y otras propiedades, se desarrollarán reglas para la derivación y la integración de funciones logarítmicas, exponenciales, trigonométricas inversas e hiperbólicas.

La función logaritmo natural

Recordemos que la regla general de las potencias

$$\int x^n\,dx = \frac{x^{n+1}}{n+1} + C, \quad n \neq -1 \qquad \text{Regla general de las potencias.}$$

no aplica cuando $n = -1$. Por lo tanto, aún no se ha encontrado una antiderivada para la función $f(x) = 1/x$. En esta sección se utilizará el segundo teorema fundamental del cálculo para *definir* una función de este tipo. Esta antiderivada es una función que no se ha encontrado anteriormente en el texto. No es algebraica ni trigonométrica, pero cae en una nueva clase de funciones llamadas *funciones logarítmicas*. Esta función en particular es la **función logaritmo natural**.

Definición de la función logaritmo natural

La **función logaritmo natural** está definida por

$$\ln x = \int_1^x \frac{1}{t}\,dt, \quad x > 0$$

El dominio de la función logaritmo natural es el conjunto de todos los números reales positivos.

A partir de esta definición, se puede ver que ln x es positivo para $x > 1$ y negativo para $0 < x < 1$, como se muestra en la figura 5.1. Por otra parte, $\ln 1 = 0$, debido a que los límites superior e inferior de la integración son iguales cuando $x = 1$.

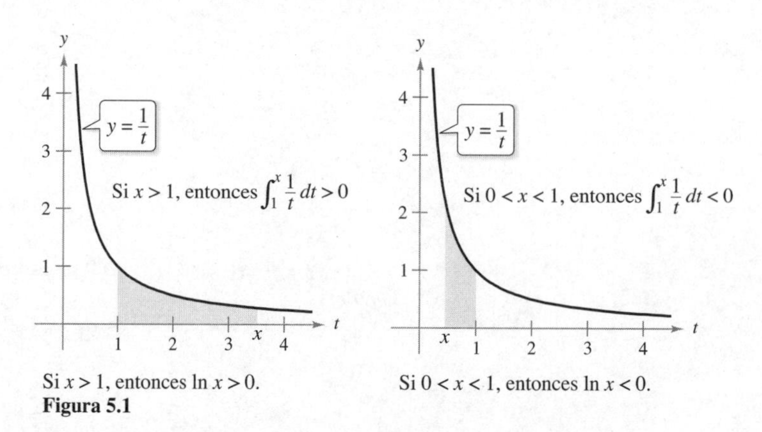

Si $x > 1$, entonces ln $x > 0$. Si $0 < x < 1$, entonces ln $x < 0$.
Figura 5.1

Para ver las figuras a color, acceda al código

Exploración

Representación gráfica de la función logaritmo natural Usando *solo* la definición de la función logaritmo natural, trace una gráfica de la función. Explique su razonamiento.

JOHN NAPIER (1550-1617)

Los logaritmos fueron inventados por el matemático escocés John Napier. A partir de las dos palabras griegas *logos* (o proporción) y *arithmos* (o número), Napier inventó el término *logaritmo*, para describir la teoría que pasó 20 años desarrollando y que apareció por primera vez en el libro *Mirifici logarithmorum canonis descriptio* (*Una descripción de la regla de Marvelous de los logaritmos*). Aunque él no introdujo la función logaritmo natural, a veces se le llama logaritmo *neperiano*.

Consulte LarsonCalculus.com (disponible solo en inglés) para leer más de esta biografía.

Para ver las figuras a color, acceda al código

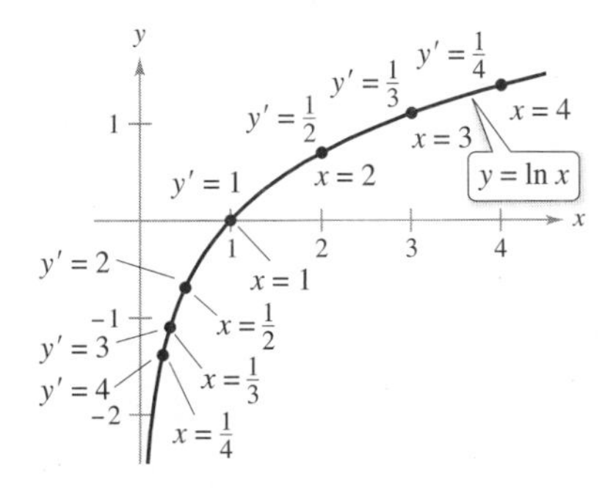

La función logaritmo natural es creciente, y su gráfica es cóncava hacia abajo.
Figura 5.3

Para dibujar la gráfica de $y = \ln x$, se puede pensar en la función logaritmo natural como una *antiderivada* dada por la ecuación diferencial

$$\frac{dy}{dx} = \frac{1}{x}$$ Ecuación diferencial

La figura 5.2 es una gráfica generada por computadora, llamada *campo de pendientes* (o *campo direccional*), que muestra pequeños segmentos de recta de pendiente $1/x$. La gráfica de $y = \ln x$ es la solución que pasa por el punto (1, 0).

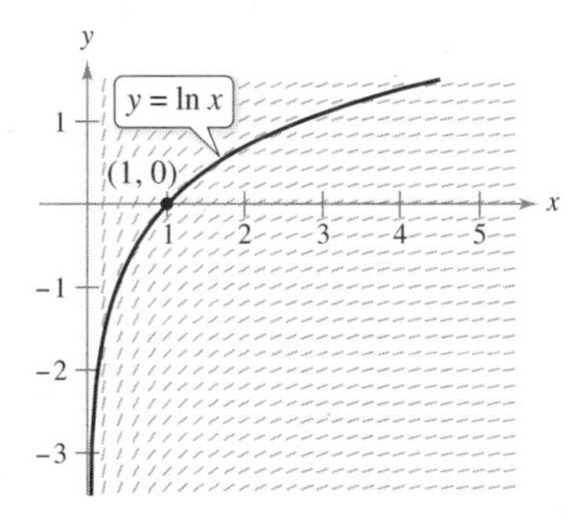

Cada segmento pequeño de recta tiene una pendiente de $\frac{1}{x}$
Figura 5.2

TEOREMA 5.1 Propiedades de la función logaritmo natural

La función logaritmo natural tiene las siguientes propiedades.

1. El dominio es $(0, \infty)$ y el intervalo es $(-\infty, \infty)$.
2. La función es continua, creciente y uno a uno.
3. La gráfica es cóncava hacia abajo.

Demostración El dominio de $f(x) = \ln x$ es $(0, \infty)$, por definición. Por otra parte, la función es continua porque es derivable. Es creciente debido a que su derivada

$$f'(x) = \frac{1}{x}$$ Primera derivada.

es positiva para $x > 0$, como se muestra en la figura 5.3. Es cóncava hacia abajo porque

$$f''(x) = -\frac{1}{x^2}$$ Segunda derivada.

es negativa para $x > 0$. La demostración de que f es uno a uno se da en el apéndice A. Los siguientes límites implican que su rango f es toda la recta de los números reales.

$$\lim_{x \to 0^+} \ln x = -\infty$$

y

$$\lim_{x \to \infty} \ln x = \infty$$

La verificación de estos dos límites se da en el apéndice A. ■

Utilizando la definición de la función logaritmo natural, es posible demostrar varias propiedades importantes que implican operaciones con logaritmos naturales. Si ya está familiarizado con los logaritmos, reconocerá que estas propiedades son características de todos los logaritmos.

TEOREMA 5.2 Propiedades logarítmicas

Si a y b son números positivos y n es racional, entonces las siguientes propiedades son verdaderas.

1. $\ln 1 = 0$ **2.** $\ln(ab) = \ln a + \ln b$

3. $\ln(a^n) = n \ln a$ **4.** $\ln\left(\frac{a}{b}\right) = \ln a - \ln b$

Demostración La primera propiedad ya ha sido discutida. La demostración de la segunda propiedad se deduce del hecho de que dos antiderivadas de la misma función difieren por una constante como máximo. A partir del segundo teorema fundamental del cálculo y la definición de la función logaritmo natural, usted sabe que

$$\frac{d}{dx}[\ln x] = \frac{d}{dx}\left[\int_1^x \frac{1}{t}\,dt\right] = \frac{1}{x}$$ Aplique el segundo teorema fundamental del cálculo.

Para ver las figuras a color, acceda al código

Por lo tanto, considere las dos derivadas

$$\frac{d}{dx}[\ln(ax)] = \frac{a}{ax} = \frac{1}{x}$$

y

$$\frac{d}{dx}[\ln a + \ln x] = 0 + \frac{1}{x} = \frac{1}{x}$$

Debido a que $\ln(ax)$ y $(\ln a + \ln x)$ son dos antiderivadas de $1/x$, deben diferir por una constante como máximo, $\ln(ax) = \ln a + \ln x + C$. Haciendo $x = 1$, se puede ver que $C = 0$. La tercera propiedad se puede demostrar de forma similar mediante la comparación de las derivadas de $\ln(x^n)$ y $n \ln x$. Por último, usando la segunda y tercera propiedades, se puede demostrar la cuarta propiedad.

$$\ln\left(\frac{a}{b}\right) = \ln[a(b^{-1})] = \ln a + \ln(b^{-1}) = \ln a - \ln b$$ ■

EJEMPLO 1 Desarrollar expresiones logarítmicas

a. $\ln\frac{10}{9} = \ln 10 - \ln 9$ Propiedad 4.

b. $\ln\sqrt{3x+2} = \ln(3x+2)^{1/2}$ Reescriba con exponente racional.

$= \frac{1}{2}\ln(3x+2)$ Propiedad 3.

c. $\ln\frac{6x}{5} = \ln(6x) - \ln 5$ Propiedad 4.

$= \ln 6 + \ln x - \ln 5$ Propiedad 2.

d. $\ln\frac{(x^2+3)^2}{x\sqrt[3]{x^2+1}} = \ln(x^2+3)^2 - \ln\left(x\sqrt[3]{x^2+1}\right)$

$= 2\ln(x^2+3) - [\ln x + \ln(x^2+1)^{1/3}]$

$= 2\ln(x^2+3) - \ln x - \ln(x^2+1)^{1/3}$

$= 2\ln(x^2+3) - \ln x - \frac{1}{3}\ln(x^2+1)$ ■

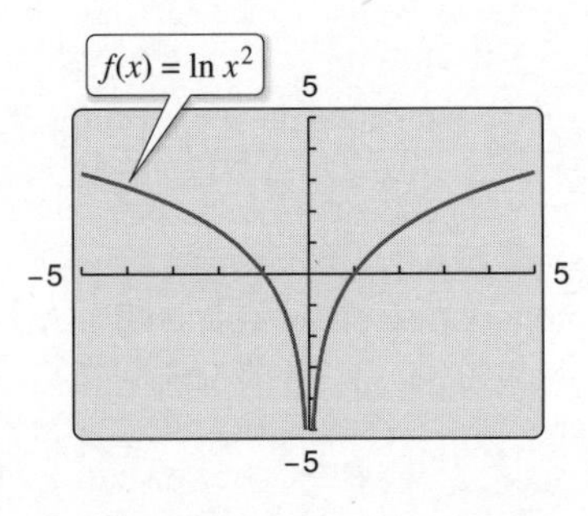

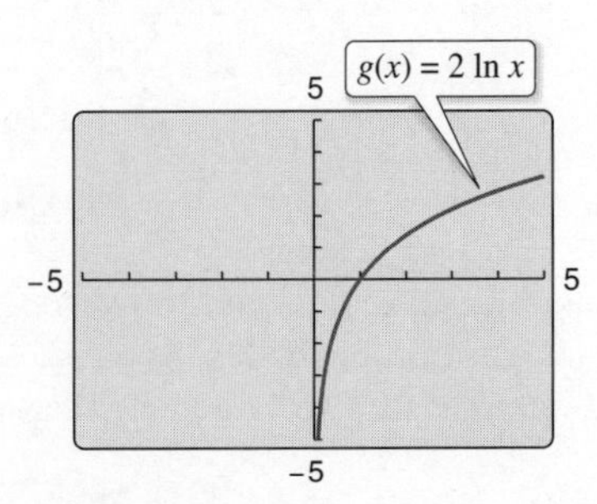

Figura 5.4

Al utilizar las propiedades de los logaritmos para reescribir las funciones logarítmicas, se debe comprobar si el dominio de la función reescrita es el mismo que el dominio de la original. Por ejemplo, el dominio de $f(x) = \ln x^2$ son todos los números reales, excepto $x = 0$ y el dominio de $g(x) = 2 \ln x$ son todos los números reales positivos. (Vea la figura 5.4.)

El número e

Es probable que usted haya estudiado logaritmos en un curso de álgebra. Hay, sin el beneficio del cálculo, logaritmos que pueden definirse en términos de un número de **base**. Por ejemplo, los logaritmos comunes tienen una base 10 y por lo tanto $\log_{10}10 = 1$. (Usted aprenderá más sobre esto en la sección 5.5.)

La **base del logaritmo natural** se define utilizando el hecho de que la función logaritmo natural es continua, es uno a uno, y tiene un rango de $(-\infty, \infty)$. Por tanto, tiene que haber un único número real x tal que $\ln x = 1$, como se muestra en la figura 5.5. Este número se designa por la letra e. Se puede demostrar que es irracional y tiene la siguiente aproximación decimal redondeado a 11 decimales.

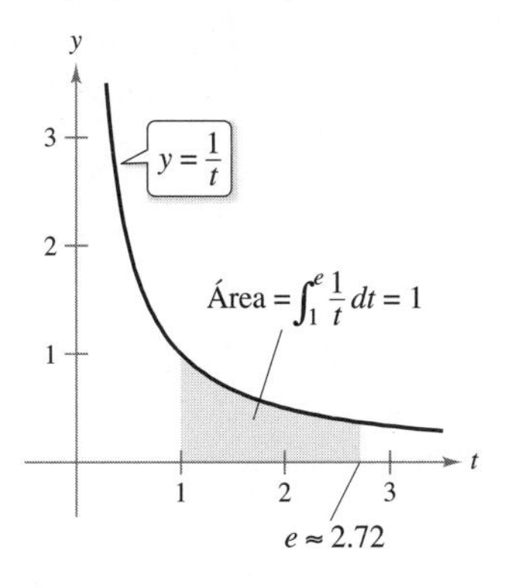

e es la base del logaritmo natural, porque $\ln e = 1$.
Figura 5.5

$$e \approx 2.71828182846$$

EL NUMERO e

El símbolo **e** se utilizó por primera vez por el matemático Leonhard Euler para representar la base de logaritmos naturales en una carta a otro matemático, Christian Goldbach, en 1731.

Definición de e

La letra e denota el número real positivo tal que

$$\ln e = \int_1^e \frac{1}{t}\,dt = 1$$

Una vez que se sabe que $\ln e = 1$, es posible utilizar las propiedades logarítmicas para evaluar los logaritmos naturales de otros números. Por ejemplo, mediante el uso de la propiedad

$$\ln(e^n) = n \ln e = n(1) = n$$

se puede evaluar $\ln(e^n)$ para varios valores de n, como se muestra en la tabla y en la figura 5.6.

Los logaritmos mostrados en la tabla de arriba son convenientes porque los valores de x son potencias enteras de e. Sin embargo, la mayoría de las expresiones logarítmicas se evalúan mejor con una calculadora. Por ejemplo, $\ln 2 \approx 0.693$ y $\ln(0.1) \approx -2.303$.

PARA INFORMACIÓN ADICIONAL Para obtener más información sobre el número e consulte el artículo "Unexpected Occurrences of the Number e", por Harris S. Schultz y Bill Leonard, en *Mathematics Magazine*. Para ver este artículo, visite *MathArticles.com* (disponible solo en inglés).

x	$\frac{1}{e^3} \approx 0.050$	$\frac{1}{e^2} \approx 0.135$	$\frac{1}{e} \approx 0.368$	$e^0 = 1$	$e \approx 2.718$	$e^2 \approx 7.389$
$\ln x$	-3	-2	-1	0	1	2

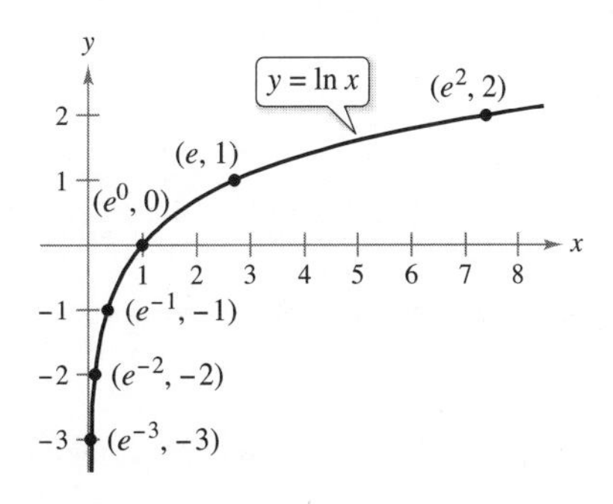

Si $x = e^n$, entonces $\ln x = n$.
Figura 5.6

La derivada de la función logaritmo natural

La derivada de la función logaritmo natural se da en el teorema 5.3. La primera parte del teorema se deduce de la definición de la función logaritmo natural como una antiderivada. La segunda parte del teorema es simplemente la versión de la regla de la cadena para la primera parte.

TEOREMA 5.3 Derivada de la función logaritmo natural

Sea u una función derivable de x.

1. $\dfrac{d}{dx}[\ln x] = \dfrac{1}{x}, \quad x > 0$

2. $\dfrac{d}{dx}[\ln u] = \dfrac{1}{u}\dfrac{du}{dx} = \dfrac{u'}{u}, \quad u > 0$

EJEMPLO 2 Derivar funciones logarítmicas

>>>> *Consulte LarsonCalculus.com (disponible solo en inglés) para una versión interactiva de este tipo de ejemplo.*

a. $\dfrac{d}{dx}[\ln 2x] = \dfrac{u'}{u} = \dfrac{2}{2x} = \dfrac{1}{x}$ $\qquad u = 2x$

b. $\dfrac{d}{dx}[\ln(x^2 + 1)] = \dfrac{u'}{u} = \dfrac{2x}{x^2 + 1}$ $\qquad u = x^2 + 1$

c. $\dfrac{d}{dx}[x \ln x] = x\left(\dfrac{d}{dx}[\ln x]\right) + (\ln x)\left(\dfrac{d}{dx}[x]\right)$ $\qquad$ Regla del producto.

$$= x\left(\frac{1}{x}\right) + (\ln x)(1)$$

$$= 1 + \ln x$$

d. $\dfrac{d}{dx}[(\ln x)^3] = 3(\ln x)^2 \dfrac{d}{dx}[\ln x]$ $\qquad$ Regla de la cadena.

$$= 3(\ln x)^2 \frac{1}{x}$$

Napier utilizó propiedades logarítmicas para simplificar *los cálculos* que implican productos, cocientes y potencias. Por supuesto, dada la disponibilidad de calculadoras, ahora hay poca necesidad para esta aplicación particular de los logaritmos. Sin embargo, hay un gran valor en el uso de las propiedades logarítmicas para simplificar la *derivación* que involucra productos, cocientes y potencias.

EJEMPLO 3 Propiedades logarítmicas como ayuda a la derivación

Derive $f(x) = \ln\sqrt{x + 1}$

Solución Para facilitar la derivación, reescriba el radical con un exponente racional. A continuación, utilice la propiedad logarítmica $\ln x^z = z \ln x$ para reescribir la función como

$$f(x) = \ln\sqrt{x + 1} = \ln(x + 1)^{1/2} = \frac{1}{2}\ln(x + 1) \qquad \text{Reescriba antes de derivar.}$$

A continuación, calcule la primera derivada de f respecto a x.

$$f'(x) = \frac{1}{2}\left(\frac{1}{x + 1}\right) = \frac{1}{2(x + 1)} \qquad \text{Derive.}$$

EJEMPLO 4 Propiedades logarítmicas como ayuda para derivar

Derive $f(x) = \ln \dfrac{x(x^2+1)^2}{\sqrt{2x^3-1}}$

Solución Primero, utilice propiedades logarítmicas para reescribir la función

$$f(x) = \ln \frac{x(x^2+1)^2}{\sqrt{2x^3-1}} \qquad \text{Escriba la función original.}$$

$$= \ln x + 2\ln(x^2+1) - \frac{1}{2}\ln(2x^3-1) \qquad \text{Reescriba antes de derivar.}$$

A continuación, calcule la primera derivada de f respecto a x.

$$f'(x) = \frac{1}{x} + 2\left(\frac{2x}{x^2+1}\right) - \frac{1}{2}\left(\frac{6x^2}{2x^3-1}\right) \qquad \text{Derive.}$$

$$= \frac{1}{x} + \frac{4x}{x^2+1} - \frac{3x^2}{2x^3-1} \qquad \text{Simplifique.}$$

COMENTARIO En el ejemplo 4, note cómo las propiedades logarítmicas

$$\ln xy = \ln x + \ln y,$$

$$\ln \frac{x}{y} = \ln x - \ln y$$

y

$$\ln x^z = z \ln x$$

son utilizadas para reescribir la función antes de derivar.

En los ejemplos 3 y 4 se puede ver la ventaja de aplicar las propiedades de los logaritmos *antes* de derivar. Considere, por ejemplo, la dificultad de derivar directamente la función del ejemplo 4.

En ocasiones es conveniente usar los logaritmos como ayuda para derivar funciones *no logarítmicas*. Este procedimiento se llama **derivación logarítmica**. En general, se utiliza la derivación logarítmica al derivar (1) una función que implica muchos factores o (2) una función que tiene una base variable y un exponente variable [vea la sección 5.5, ejemplo 5(d)].

EJEMPLO 5 Derivación logarítmica

Encuentre la derivada de

$$y = \frac{(x-2)^2}{\sqrt{x^2+1}}, \quad x \neq 2$$

Solución Observe que $y > 0$ para todo $x \neq 2$. Así, $\ln y$ está bien definida. Comience tomando el logaritmo natural de cada lado de la ecuación. A continuación aplique las propiedades logarítmicas y derive de manera implícita. Por último, resuelva para y'.

$$y = \frac{(x-2)^2}{\sqrt{x^2+1}}, \quad x \neq 2 \qquad \text{Escriba la ecuación original.}$$

$$\ln y = \ln \frac{(x-2)^2}{\sqrt{x^2+1}} \qquad \text{Tome el logaritmo natural de cada lado.}$$

$$\ln y = 2\ln(x-2) - \frac{1}{2}\ln(x^2+1) \qquad \text{Propiedades logarítmicas.}$$

$$\frac{y'}{y} = 2\left(\frac{1}{x-2}\right) - \frac{1}{2}\left(\frac{2x}{x^2+1}\right) \qquad \text{Derive.}$$

$$\frac{y'}{y} = \frac{x^2+2x+2}{(x-2)(x^2+1)} \qquad \text{Simplifique.}$$

$$y' = y\left[\frac{x^2+2x+2}{(x-2)(x^2+1)}\right] \qquad \text{Despeje } y'.$$

$$y' = \frac{(x-2)^2}{\sqrt{x^2+1}}\left[\frac{x^2+2x+2}{(x-2)(x^2+1)}\right] \qquad \text{Sustituya } y.$$

$$y' = \frac{(x-2)(x^2+2x+2)}{(x^2+1)^{3/2}} \qquad \text{Simplifique.}$$

COMENTARIO También se puede resolver el problema del ejemplo 5 sin usar derivación logarítmica mediante las reglas de potencias y cocientes. Use estas reglas para encontrar la derivada y demuestre que el resultado es equivalente al del ejemplo 5. ¿Qué método prefiere?

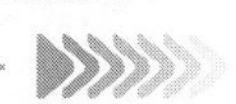

Debido a que el logaritmo natural no está definido para números negativos, a menudo se encontrará con expresiones de la forma $\ln|u|$. El siguiente teorema establece que se pueden derivar funciones de la forma $y = \ln|u|$ como si la notación de valor absoluto no estuviera presente.

> **TEOREMA 5.4 Derivada que involucra valor absoluto**
>
> Si u es una función derivable de x tal que $u \neq 0$, entonces
>
> $$\frac{d}{dx}[\ln|u|] = \frac{u'}{u}$$

Demostración Si $u > 0$, entonces $|u| = u$, y el resultado se obtiene del teorema 5.3. Si $u < 0$, entonces $|u| = -u$, y usted tiene

$$\frac{d}{dx}[\ln|u|] = \frac{d}{dx}[\ln(-u)] \qquad \text{Para } u < 0,\ |u| = -u.$$

$$= \frac{-u'}{-u} \qquad \text{Aplique el teorema 5.3.}$$

$$= \frac{u'}{u} \qquad \text{Simplifique.}$$

■

EJEMPLO 6 Derivada que involucra valor absoluto

Encuentre la derivada de

$$f(x) = \ln|\cos x|$$

Solución Usando el teorema 5.4, haga $u = \cos x$ y escriba

$$\frac{d}{dx}[\ln|\cos x|] = \frac{u'}{u} \qquad \frac{d}{dx}[\ln|u|] = \frac{u'}{u}$$

$$= \frac{-\operatorname{sen} x}{\cos x} \qquad u = \cos x$$

$$= -\tan x \qquad \text{Simplifique.}$$

■

El siguiente ejemplo muestra cómo usar las técnicas del capítulo 3 para encontrar los extremos relativos de una función logarítmica.

EJEMPLO 7 Encontrar extremos relativos

Localice los extremos relativos de

$$y = \ln(x^2 + 2x + 3)$$

Solución Derivando y, obtiene

$$\frac{dy}{dx} = \frac{2x + 2}{x^2 + 2x + 3}$$

dado que $dy/dx = 0$ cuando $x = -1$, se puede aplicar el criterio de la primera derivada y concluir que un mínimo relativo ocurre en el punto $(-1, \ln 2)$. Debido a que no hay otros puntos críticos, se deduce que este es el único extremo relativo.

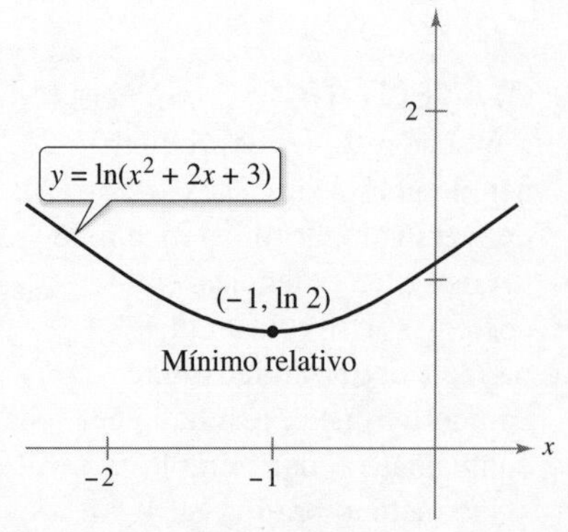

La derivada de y cambia de negativa a positiva en $x = -1$.

■

Para ver las figuras a color de las páginas 320 y 322, acceda al código

5.1 Ejercicios

Las respuestas a los ejercicios impares pueden consultarse en el Apéndice de este libro.

Repaso de conceptos

1. Explique por qué $\ln x$ es positivo para $x > 1$ y negativo para $0 < x < 1$.
2. Encuentre el valor de n para

   $\ln 4 + \ln(n^{-1}) = \ln 4 - \ln 7$
3. Defina el número e.
4. Establezca la versión de la regla de la cadena para la derivada de la función logaritmo natural.

Relación **En los ejercicios 5 a 8, relacione la función con su gráfica. [Las gráficas están etiquetadas (a), (b), (c) y (d).]**

(a)

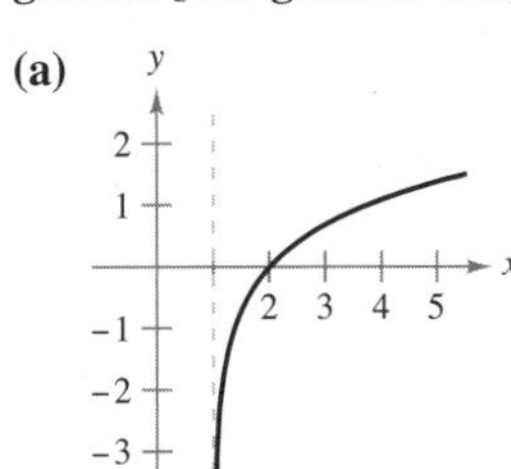

(b)

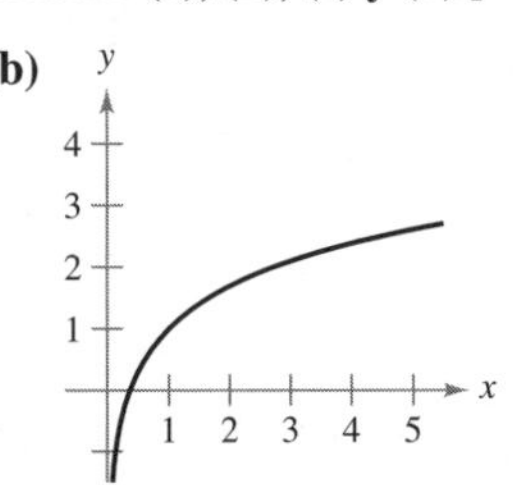

(c)

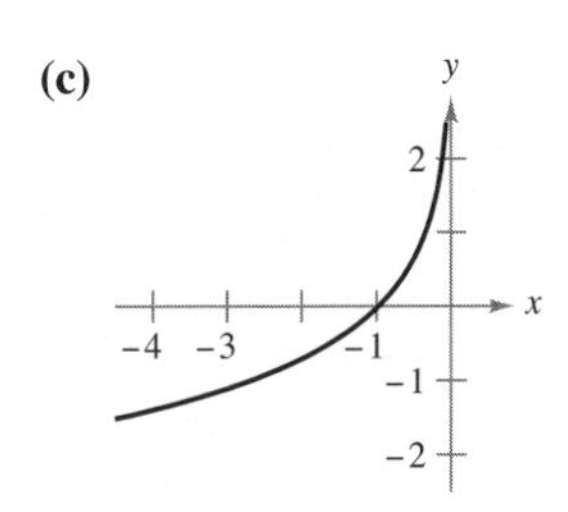

(d)

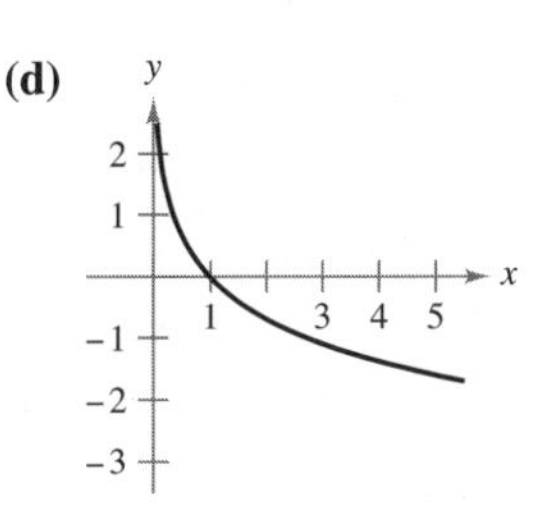

5. $f(x) = \ln x + 1$
6. $f(x) = -\ln x$
7. $f(x) = \ln(x - 1)$
8. $f(x) = -\ln(-x)$

Dibujar una gráfica **En los ejercicios 9 a 14, trace la gráfica de la función y establezca su dominio.**

9. $f(x) = 3 \ln x$
10. $f(x) = -2 \ln x$
11. $f(x) = \ln 2x$
12. $f(x) = \ln|x|$
13. $f(x) = \ln(x - 3)$
14. $f(x) = \ln x - 4$

Usar las propiedades de los logaritmos **En los ejercicios 15 y 16, utilice las propiedades de los logaritmos para aproximar los logaritmos indicados, dado que $\ln 2 \approx 0.6931$ y $\ln 3 \approx 1.0986$.**

15. (a) $\ln 6$ (b) $\ln \frac{2}{3}$ (c) $\ln 81$ (d) $\ln \sqrt{3}$
16. (a) $\ln 0.25$ (b) $\ln 24$ (c) $\ln \sqrt[3]{12}$ (d) $\ln \frac{1}{72}$

Desarrollar una expresión logarítmica **En los ejercicios 17 a 26, utilice las propiedades de los logaritmos para desarrollar la expresión logarítmica.**

17. $\ln \frac{x}{4}$
18. $\ln \sqrt{x^5}$
19. $\ln \frac{xy}{z}$
20. $\ln(xyz)$
21. $\ln\left(x\sqrt{x^2 + 5}\right)$
22. $x \ln \sqrt{x - 4}$
23. $\ln \sqrt{\frac{x - 1}{x}}$
24. $\ln(3e^2)$
25. $\ln z(z - 1)^2$
26. $\ln \frac{z}{e}$

Escribir como una expresión logarítmica **En los ejercicios 27 a 32, escriba la expresión como el logaritmo de una sola cantidad.**

27. $\ln(x - 2) - \ln(x + 2)$
28. $3 \ln x + 2 \ln y - 4 \ln z$
29. $\frac{1}{3}[2 \ln(x + 3) + \ln x - \ln(x^2 - 1)]$
30. $2[\ln x - \ln(x + 1) - \ln(x - 1)]$
31. $4 \ln 2 - \frac{1}{2} \ln(x^3 + 6x)$
32. $\frac{3}{2}[\ln(x^2 + 1) - \ln(x + 1) - \ln(x - 1)]$

Comprobar las propiedades de los logaritmos **En los ejercicios 33 y 34, (a) compruebe que $f = g$ mediante el uso de una herramienta de graficación para trazar f y g en la misma ventana de visualización, y (b) compruebe algebraicamente que $f = g$.**

33. $f(x) = \ln \frac{x^2}{4}, \quad x > 0, \quad g(x) = 2 \ln x - \ln 4$
34. $f(x) = \ln \sqrt{x(x^2 + 1)}, \quad g(x) = \frac{1}{2}[\ln x + \ln(x^2 + 1)]$

Determinar el valor de un límite **En los ejercicios 35 a 38, encuentre el límite.**

35. $\lim\limits_{x \to 3^+} \ln(x - 3)$
36. $\lim\limits_{x \to 6^-} \ln(6 - x)$
37. $\lim\limits_{x \to 2^-} \ln[x^2(3 - x)]$
38. $\lim\limits_{x \to 5^+} \ln \frac{x}{\sqrt{x - 4}}$

Determinar la derivada **En los ejercicios 39 a 62, encuentre la derivada de la función.**

39. $f(x) = \ln 3x$
40. $f(x) = \ln(x - 1)$
41. $f(x) = \ln(x^2 + 3)$
42. $h(x) = \ln(2x^2 + 1)$
43. $y = (\ln x)^4$
44. $y = x^2 \ln x$
45. $y = \ln(t + 1)^2$
46. $y = \ln \sqrt{x^2 - 4}$
47. $y = \ln\left(x\sqrt{x^2 - 1}\right)$
48. $y = \ln[t(t^2 + 3)^3]$
49. $f(x) = \ln \frac{x}{x^2 + 1}$
50. $f(x) = \ln \frac{2x}{x + 3}$
51. $g(t) = \frac{\ln t}{t^2}$
52. $h(t) = \frac{\ln t}{t^3 + 5}$
53. $y = \ln(\ln x^2)$
54. $y = \ln(\ln x)$

55. $y = \ln \sqrt{\dfrac{x+1}{x-1}}$ **56.** $y = \ln \sqrt[3]{\dfrac{x-1}{x+1}}$

57. $f(x) = \ln \dfrac{\sqrt{4+x^2}}{x}$ **58.** $f(x) = \ln\left(x + \sqrt{4+x^2}\right)$

59. $y = \ln|\operatorname{sen} x|$ **60.** $y = \ln|\csc x|$

61. $y = \ln\left|\dfrac{\cos x}{\cos x - 1}\right|$ **62.** $y = \ln|\sec x + \tan x|$

Determinar la ecuación de una recta tangente **En los ejercicios 63 a 70, (a) encuentre una ecuación de la recta tangente a la gráfica en el punto dado, (b) use una graficadora para representar gráficamente la función y su recta tangente en el punto y (c) use la función *tangente* de una herramienta de graficación para confirmar sus resultados.**

63. $y = \ln x^4, \quad (1, 0)$ **64.** $y = \ln x^{2/3}, \quad (-1, 0)$

65. $f(x) = 3x^2 - \ln x, \quad (1, 3)$

66. $f(x) = 4 - x^2 - \ln\left(\frac{1}{2}x + 1\right), \quad (0, 4)$

67. $f(x) = \ln\sqrt{1 + \operatorname{sen}^2 x}, \quad \left(\dfrac{\pi}{4}, \ln\sqrt{\dfrac{3}{2}}\right)$

68. $f(x) = \operatorname{sen} 2x \ln x^2, \quad (1, 0)$

69. $y = x^3 \ln x^4, \quad (-1, 0)$

70. $f(x) = \dfrac{1}{2}x \ln x^2, \quad (-1, 0)$

Derivación logarítmica **En los ejercicios 71 a 76, utilice la derivación logarítmica para encontrar *dy/dx*.**

71. $y = x\sqrt{x^2+1}, \quad x > 0$

72. $y = \sqrt{x^2(x+1)(x+2)}, \quad x > 0$

73. $y = \dfrac{x^2\sqrt{3x-2}}{(x+1)^2}, \quad x > \dfrac{2}{3}$ **74.** $y = \sqrt{\dfrac{x^2-1}{x^2+1}}, \quad x > 1$

75. $y = \dfrac{x(x-1)^{3/2}}{\sqrt{x+1}}, \quad x > 1$ **76.** $y = \dfrac{(x+1)(x-2)}{(x-1)(x+2)}, \quad x > 2$

Determinar la derivada implícita **En los ejercicios 77 a 80, use la derivación implícita para encontrar *dy/dx*.**

77. $x^2 - 3\ln y + y^2 = 10$ **78.** $\ln xy + 5x = 30$

79. $4x^3 + \ln y^2 + 2y = 2x$ **80.** $4xy + \ln x^2 y = 7$

Ecuación diferencial **En los ejercicios 81 y 82, demuestre que la función es una solución de la ecuación diferencial.**

	Función	Ecuación diferencial
81.	$y = 2\ln x + 3$	$xy'' + y' = 0$
82.	$y = x\ln x - 4x$	$x + y - xy' = 0$

Extremos relativos y puntos de inflexión **En los ejercicios 83 a 88, localice cualesquiera extremos relativos y puntos de inflexión. Utilice un programa de graficación para confirmar sus resultados.**

83. $y = \dfrac{x^2}{2} - \ln x$ **84.** $y = 2x - \ln 2x$

85. $y = x\ln x$ **86.** $y = \dfrac{\ln x}{x}$

87. $y = \dfrac{x}{\ln x}$ **88.** $y = x^2 \ln \dfrac{x}{4}$

Usar el método de Newton **En los ejercicios 89 y 90, utilice el método de Newton para aproximar, hasta tres decimales, la coordenada *x* del punto de intersección de las gráficas de las dos ecuaciones. Utilice un programa de graficación para verificar su resultado.**

89. $y = \ln x, \quad y = -x$ **90.** $y = \ln x, \quad y = 3 - x$

Exploración de conceptos

En los ejercicios 91 y 92, sea *f* una función positiva y derivable en toda la recta numérica y sea $g(x) = \ln f(x)$.

91. Cuándo g es creciente, ¿f debe ser creciente? Explique su respuesta.

92. Cuando la gráfica de f es cóncava hacia arriba, ¿la gráfica de g debe ser cóncava hacia arriba? Explique su respuesta.

93. ¿Es $\ln xy = \ln x \ln y$ una propiedad válida de logaritmos, para $x > 0$ y $y > 0$? Explique su respuesta.

94. **¿CÓMO LO VE?** La gráfica muestra la temperatura T (en °C) de un objeto h horas después de haberlo sacado de un horno.

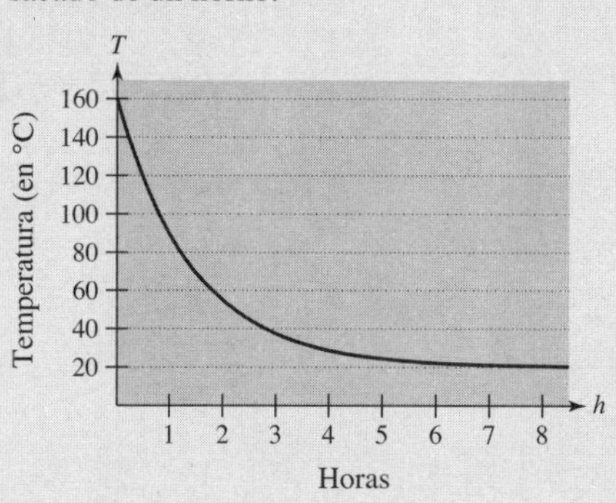

(a) Encuentre $\lim_{h\to\infty} T$. ¿Qué representa este límite?

(b) ¿Cuándo cambia la temperatura más rápidamente?

¿Verdadero o falso? **En los ejercicios 95 a 98, determine si la afirmación es verdadera o falsa. Si es falsa, explique por qué o dé un ejemplo que demuestre que es falsa.**

95. $\ln(a^{n+m}) = n\ln a + m\ln a$, donde $a > 0$ y m y n son racionales.

96. $\dfrac{d}{dx}[\ln(cx)] = \dfrac{d}{dx}[\ln x]$, donde $c > 0$

97. Si $y = \ln \pi$, entonces $y' = 1/\pi$.

98. Si $y = \ln e$, entonces $y' = 1$.

99. Ecuación logarítmica Resuelva para x

$$\frac{\ln x}{x} = \frac{\ln 2}{2}$$

100. Demostración Use una utilidad gráfica para graficar las ecuaciones $y_1 = x - 1$, $y_2 = \ln x$ y $y_3 = 1 - (1/x)$, $x > 0$. Note que $x - 1 \geq \ln x \geq 1 - (1/x)$. Demuestre esta desigualdad mediante el análisis de las funciones $f(x) = x - 1 - \ln x$ y $g(x) = 1 - (1/x) - \ln x$.

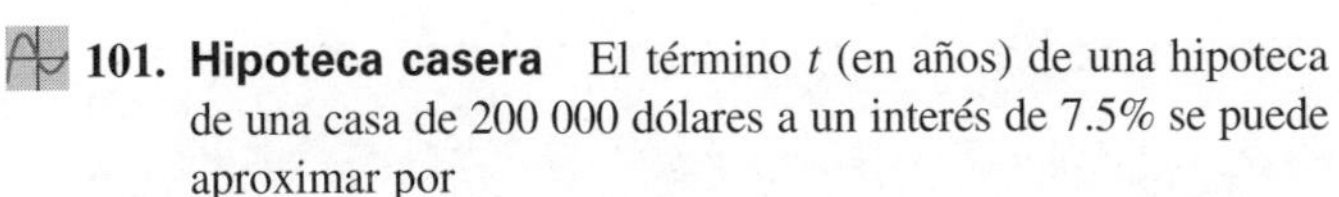

101. Hipoteca casera El término t (en años) de una hipoteca de una casa de 200 000 dólares a un interés de 7.5% se puede aproximar por

$$t = 13.375 \ln\left(\frac{x}{x - 1250}\right), \quad x > 1250$$

donde x es el pago mensual en dólares.

(a) Utilice un programa de graficación para trazar el modelo.

(b) Utilice el modelo para aproximar el plazo de la hipoteca de la casa para que el pago mensual sea de \$1398.43. ¿Cuál es el monto total que se paga?

(c) Utilice el modelo para aproximar el plazo de la hipoteca de la casa para que el pago mensual sea de \$1611.19. ¿Cuál es el monto total que se paga?

(d) Determine las razones instantáneas de cambio de t respecto a x, cuando $x = \$1398.43$ y $x = \$1611.19$.

(e) Escriba un breve párrafo describiendo el beneficio del pago mensual más alto.

102. Intensidad sonora

La relación entre el número de decibeles β y la intensidad de un sonido I en watts por centímetro cuadrado es

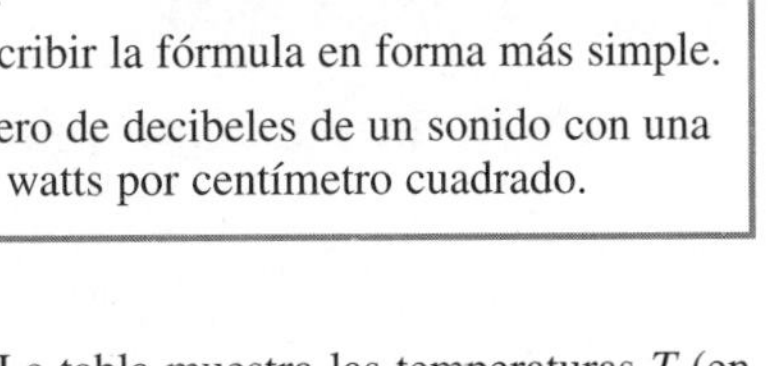

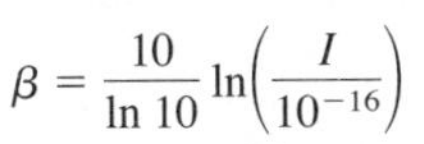

$$\beta = \frac{10}{\ln 10} \ln\left(\frac{I}{10^{-16}}\right)$$

(a) Utilice las propiedades de los logaritmos para escribir la fórmula en forma más simple.

(b) Determine el número de decibeles de un sonido con una intensidad de 10^{-5} watts por centímetro cuadrado.

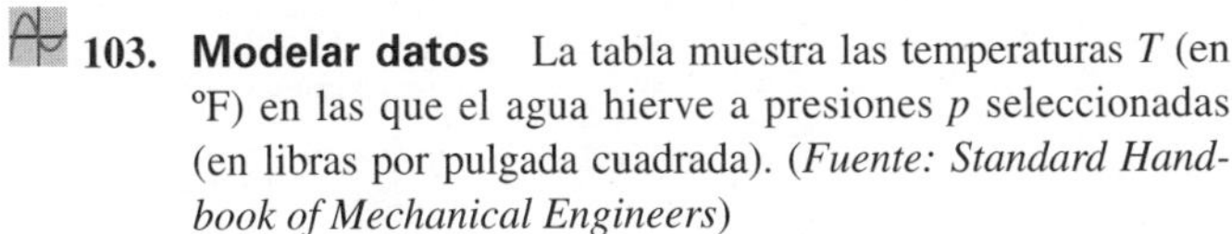

103. Modelar datos La tabla muestra las temperaturas T (en °F) en las que el agua hierve a presiones p seleccionadas (en libras por pulgada cuadrada). (*Fuente: Standard Handbook of Mechanical Engineers*)

p	5	10	14.696 (1 atm)	20
T	162.24	193.21	212.00	227.96

p	30	40	60	80	100
T	250.33	267.25	292.71	312.03	327.81

Un modelo que aproxima los datos es

$$T = 87.97 + 34.96 \ln p + 7.91\sqrt{p}$$

(a) Utilice un programa de graficación para trazar los datos y graficar el modelo.

(b) Determine las tasas de variación de T respecto a p cuando $p = 10$ y $p = 70$.

(c) Utilice un programa de graficación para graficar T'. Encuentre $\lim_{p\to\infty} T'(p)$ e interprete el resultado en el contexto del problema.

William R. Sallaz/Getty Images

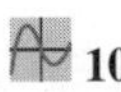

104. Modelar datos La presión atmosférica disminuye con la altitud. A nivel del mar, la presión promedio del aire es de una atmósfera (1.033227 kilogramos por centímetro cuadrado). La tabla muestra las presiones p (en atmósferas) a altitudes h seleccionadas (en kilómetros).

h	0	5	10	15	20	25
p	1	0.55	0.25	0.12	0.06	0.02

(a) Utilice un programa de graficación para encontrar un modelo de la forma $p = a + b \ln h$ para los datos. Explique por qué el resultado es un mensaje de error.

(b) Utilice un programa de graficación para encontrar el modelo logarítmico $h = a + b \ln p$ para los datos.

(c) Utilice un programa de graficación para trazar los datos y graficar el modelo del inciso (b).

(d) Utilice el modelo para estimar la altitud cuando $p = 0.75$.

(e) Utilice el modelo para estimar la presión cuando $h = 13$.

(f) Utilice el modelo para encontrar las razones de cambio de presión cuando $h = 5$ y $h = 20$. Interprete los resultados.

105. Tractriz Una persona que camina a lo largo de un muelle arrastra un barco con una cuerda de 10 metros. El barco se desplaza a lo largo de un camino conocido como *tractriz* (vea la figura). La ecuación de este camino es

$$y = 10 \ln\left(\frac{10 + \sqrt{100 - x^2}}{x}\right) - \sqrt{100 - x^2}$$

(a) Utilice un programa de graficación para trazar la función.

(b) ¿Cuáles son las pendientes de esta trayectoria cuando $x = 5$ y $x = 9$?

(c) ¿A qué se aproxima la pendiente de la trayectoria cuando $x \to 10$ por la izquierda?

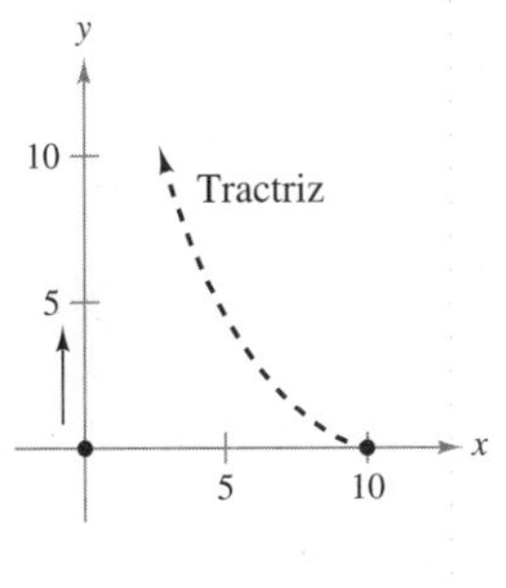

106. Teorema de los números primos Hay 25 números primos menores que 100. El **teorema de los números primos** establece que el número de primos menores que x es aproximadamente

$$p(x) \approx \frac{x}{\ln x}$$

Utilice esta aproximación para estimar la razón (números primos por 100 enteros) en los que se producen los números primos cuando

(a) $x = 1000$

(b) $x = 1\,000\,000$

(c) $x = 1\,000\,000\,000$

107. Conjetura Utilice un programa de graficación para representar f y g gráficamente en la misma ventana de visualización y determinar cuál está aumentando a mayor velocidad para grandes valores de x. ¿Qué puede concluir acerca de la tasa de crecimiento de la función logaritmo natural?

(a) $f(x) = \ln x, \quad g(x) = \sqrt{x}$

(b) $f(x) = \ln x, \quad g(x) = \sqrt[4]{x}$

5.2 La función logaritmo natural: integración

- Utilizar la regla de integración para logaritmos para integrar una función racional.
- Integrar funciones trigonométricas.

Regla de integración para logaritmos

Con las reglas de derivación

$$\frac{d}{dx}[\ln|x|] = \frac{1}{x} \quad \text{y} \quad \frac{d}{dx}[\ln|u|] = \frac{u'}{u}$$

que estudió en la sección anterior se obtiene la siguiente **regla de integración para logaritmos**.

TEOREMA 5.5 Regla de integración para logaritmos

Sea u una función derivable de x.

1. $\displaystyle\int \frac{1}{x}\,dx = \ln|x| + C$ **2.** $\displaystyle\int \frac{1}{u}\,du = \ln|u| + C$

Debido a que $du = u'\,dx$, la segunda fórmula también se puede escribir como

$$\int \frac{u'}{u}\,dx = \ln|u| + C$$ Forma alternativa de la regla de integración para logaritmos.

Exploración

Integración de funciones racionales

En el capítulo 4 aprendió las reglas que le han permitido integrar *cualquier* función polinomial. La regla de integración para logaritmos presentada en esta sección facilita la integración de funciones racionales. Por ejemplo, cada una de las siguientes funciones se puede integrar con la regla de integración para logaritmos.

$\frac{2}{x}$	Ejemplo 1
$\frac{1}{4x-1}$	Ejemplo 2
$\frac{x}{x^2+1}$	Ejemplo 3
$\frac{3x^2+1}{x^3+x}$	Ejemplo 4(a)
$\frac{x+1}{x^2+2x}$	Ejemplo 4(c)
$\frac{1}{3x+2}$	Ejemplo 4(d)
$\frac{x^2+x+1}{x^2+1}$	Ejemplo 5
$\frac{2x}{(x+1)^2}$	Ejemplo 6

Hay algunas funciones racionales que no pueden integrarse utilizando la regla de integración para logaritmos. Proporcione ejemplos de estas funciones y explique su razonamiento.

EJEMPLO 1 Usar la regla de integración para logaritmos

$$\int \frac{2}{x}\,dx = 2\int \frac{1}{x}\,dx$$ Regla del múltiplo constante.

$$= 2\ln|x| + C$$ Regla de integración para logaritmos.

$$= \ln(x^2) + C$$ Propiedad de los logaritmos.

Debido a que x^2 no puede ser negativa, la notación de valor absoluto es innecesaria en la forma final de la antiderivada.

EJEMPLO 2 Usar la regla de integración para logaritmos con un cambio de variable

Encuentre $\displaystyle\int \frac{1}{4x-1}\,dx$

Solución Si $u = 4x - 1$, entonces $du = 4\,dx$. Para introducir el factor 4 necesario en el integrando, multiplique y divida entre 4.

$$\int \frac{1}{4x-1}\,dx = \frac{1}{4}\int \left(\frac{1}{4x-1}\right)4\,dx$$ Multiplique y divida entre 4.

$$= \frac{1}{4}\int \frac{1}{u}\,du$$ Sustituya: $u = 4x - 1$.

$$= \frac{1}{4}\ln|u| + C$$ Aplique la regla de integración de logaritmos.

$$= \frac{1}{4}\ln|4x-1| + C$$ Sustituya el valor de u. ■

El ejemplo 3 utiliza la variante de la regla de integración para logaritmos. Para aplicar esta regla, busque los cocientes en los que el numerador es la derivada del denominador.

EJEMPLO 3 Determinar el área con la regla de integración para logaritmos

Encuentre el área de la región limitada por la gráfica de

$$y = \frac{x}{x^2 + 1}$$

el eje x y la recta $x = 3$.

Solución En la figura 5.7 se puede ver que el área de la región está dada por la integral definida

$$\int_0^3 \frac{x}{x^2 + 1}\,dx \qquad \text{Área de la región.}$$

Si $u = x^2 + 1$, entonces $u' = 2x$. Para aplicar la regla, multiplique y divida entre 2, como se muestra.

$$\begin{aligned}
\int_0^3 \frac{x}{x^2 + 1}\,dx &= \frac{1}{2}\int_0^3 \frac{2x}{x^2 + 1}\,dx && \text{Multiplique y divida entre 2.}\\
&= \frac{1}{2}\Big[\ln(x^2 + 1)\Big]_0^3 && \int \frac{u'}{u}\,dx = \ln|u| + C\\
&= \frac{1}{2}(\ln 10 - \ln 1)\\
&= \frac{1}{2}\ln 10 && \ln 1 = 0\\
&\approx 1.151
\end{aligned}$$

El área de la región es aproximadamente 1.151 unidades cuadradas.

y

0.5, 0.4, 0.3, 0.2, 0.1

1, 2, 3

x

$y = \frac{x}{x^2+1}$

$\text{Área} = \int_0^3 \frac{x}{x^2 + 1}\,dx$

El área de la región limitada por la gráfica de y, el eje x y $x = 3$ es $\frac{1}{2}\ln 10$.

Figura 5.7

EJEMPLO 4 Reconocer formas de cociente de la regla de integración para logaritmos

a. $\displaystyle\int \frac{3x^2 + 1}{x^3 + x}\,dx = \ln|x^3 + x| + C \qquad u = x^3 + x$

b. $\displaystyle\int \frac{\sec^2 x}{\tan x}\,dx = \ln|\tan x| + C \qquad u = \tan x$

c. $\displaystyle\int \frac{x + 1}{x^2 + 2x}\,dx = \frac{1}{2}\int \frac{2x + 2}{x^2 + 2x}\,dx \qquad u = x^2 + 2x$

$\displaystyle\qquad = \frac{1}{2}\ln|x^2 + 2x| + C$

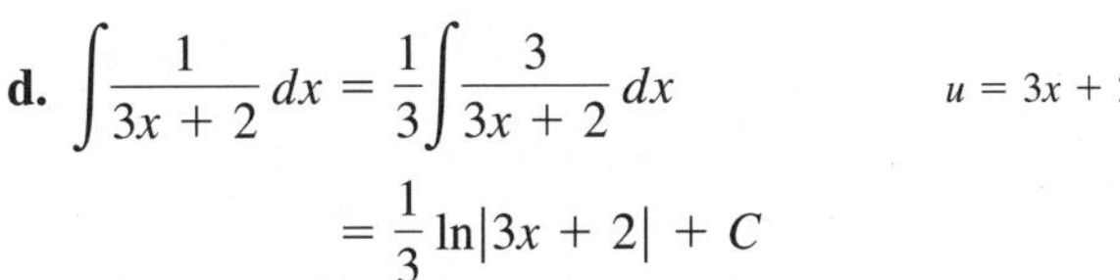

d. $\displaystyle\int \frac{1}{3x + 2}\,dx = \frac{1}{3}\int \frac{3}{3x + 2}\,dx \qquad u = 3x + 2$

$\displaystyle\qquad = \frac{1}{3}\ln|3x + 2| + C$ ■

Con antiderivadas o primitivas que involucran logaritmos, es fácil obtener formas que parecen bastante diferentes, pero siguen siendo equivalentes. Por ejemplo, tanto

$$\ln|(3x + 2)^{1/3}| + C$$

y

$$\ln|3x + 2|^{1/3} + C$$

son equivalentes a la antiderivada que se presenta en el ejemplo 4(d).

Para ver la figura a color, acceda al código

Las integrales a las que se puede aplicar la regla de integración de logaritmos aparecen a menudo en forma disfrazada. Por ejemplo, cuando una función racional tiene un *numerador de grado mayor o igual al del denominador*, al dividir se encuentra una forma a la que se puede aplicar la regla de integración de logaritmos. Esto se muestra en el ejemplo 5.

EJEMPLO 5 Usar la división larga antes de integrar

Consulte LarsonCalculus.com (disponible solo en inglés) para una versión interactiva de este tipo de ejemplo.

Encuentre la integral indefinida.

$$\int \frac{x^2 + x + 1}{x^2 + 1}\, dx$$

Solución Comience usando la división larga para reescribir el integrando.

$$\frac{x^2 + x + 1}{x^2 + 1} \quad \Longrightarrow \quad x^2 + 1 \overline{\smash{)}\, x^2 + x + 1} \quad \Longrightarrow \quad 1 + \frac{x}{x^2 + 1}$$

$$\begin{array}{r} 1 \\ x^2 + 1 \,\overline{)\, x^2 + x + 1} \\ \underline{x^2 \quad\;\; + 1} \\ x \end{array}$$

Ahora puede integrar para obtener

$$\begin{aligned} \int \frac{x^2 + x + 1}{x^2 + 1}\, dx &= \int \left(1 + \frac{x}{x^2 + 1}\right) dx && \text{Reescriba usando la división larga.} \\ &= \int dx + \frac{1}{2}\int \frac{2x}{x^2 + 1}\, dx && \text{Reescriba como dos integrales.} \\ &= x + \frac{1}{2}\ln(x^2 + 1) + C && \text{Integre.} \end{aligned}$$

Compruebe este resultado mediante la derivación para obtener el integrando original. ■

El siguiente ejemplo presenta otro caso en el que la regla de integración para logaritmos está disfrazada. En este caso, un cambio de variables ayuda a reconocer la regla de integración para logaritmos.

EJEMPLO 6 Cambiar variables con la regla de integración para logaritmos

Encuentre la integral indefinida.

$$\int \frac{2x}{(x + 1)^2}\, dx$$

Solución Sea $u = x + 1$, entonces $du = dx$ y $x = u - 1$.

$$\begin{aligned} \int \frac{2x}{(x + 1)^2}\, dx &= \int \frac{2(u - 1)}{u^2}\, du && \text{Sustituya.} \\ &= 2\int \left(\frac{u}{u^2} - \frac{1}{u^2}\right) du && \text{Reescriba como dos fracciones.} \\ &= 2\int \frac{du}{u} - 2\int u^{-2}\, du && \text{Reescriba como dos integrales.} \\ &= 2\ln|u| - 2\left(\frac{u^{-1}}{-1}\right) + C && \text{Integre.} \\ &= 2\ln|u| + \frac{2}{u} + C && \text{Simplifique.} \\ &= 2\ln|x + 1| + \frac{2}{x + 1} + C && \text{Sustituya } u. \end{aligned}$$

Compruebe este resultado mediante la derivación para obtener el integrando original. ■

TECNOLOGÍA

Use una utilidad gráfica para encontrar las integrales indefinidas en los ejemplos 5 y 6. ¿De qué manera se compara la forma de la antiderivada obtenida con la dada en los ejemplos 5 y 6?

Los métodos mostrados en los ejemplos 5 y 6 requieren reescribir un integrando disfrazado para que se ajuste a una o más fórmulas básicas de integración. En las secciones restantes del capítulo 5 y en el capítulo 7 se dedicará mucho tiempo a las técnicas de integración. Para dominar estas técnicas debe reconocer la naturaleza de "ajustar a la forma" de la integración. En este sentido, la integración no es tan sencilla como la derivación. La derivación es

"Aquí está la pregunta, ¿cuál es la respuesta?"

La integración es más como

"Aquí está la respuesta, ¿cuál es la pregunta?"

A continuación se presentan estrategias que se pueden utilizar para la integración.

Directrices para la integración

1. Aprenda una lista básica de fórmulas de integración.
2. Encuentre una fórmula de integración que se asemeje a la totalidad o parte del integrando y, por ensayo y error, encuentre una selección de u que hará que el integrando se ajuste a la fórmula.
3. Cuando no pueda encontrar una sustitución u que funcione, intente alterar el integrando. Usted puede tratar con una identidad trigonométrica, multiplicación y división por la misma cantidad, suma y resta de la misma cantidad, o una división larga. Sea creativo.
4. Si usted tiene acceso a un software que encuentre antiderivadas simbólicamente, úselo.
5. Verifique su resultado por derivación para obtener el integrando original.

EJEMPLO 7 Sustituir u y regla de integración para logaritmos

Resuelva la ecuación diferencial $\dfrac{dy}{dx} = \dfrac{1}{x \ln x}$

Solución La solución puede escribirse como una integral indefinida.

$$y = \int \frac{1}{x \ln x}\, dx$$

Debido a que el integrando es un cociente cuyo denominador está elevado a la primera potencia, usted debe tratar con la regla de integración para logaritmos. Hay tres opciones básicas para u. Dos de las opciones

$$u = x \quad \text{y} \quad u = x \ln x$$

no se ajustan a la forma u'/u de la regla de integración para logaritmos. Sin embargo, la tercera opción se ajusta. Haciendo $u = \ln x$ se tiene $u' = 1/x$. A continuación, se encuentra la integral indefinida.

$$\int \frac{1}{x \ln x}\, dx = \int \frac{1/x}{\ln x}\, dx \qquad \text{Divida el numerador y el denominador entre } x.$$

$$= \int \frac{u'}{u}\, dx \qquad \text{Sustituya: } u = \ln x.$$

$$= \ln|u| + C \qquad \text{Aplique la regla de integración para logaritmos.}$$

$$= \ln|\ln x| + C \qquad \text{Sustituya } u.$$

Por tanto, la solución de la ecuación diferencial es $y = \ln|\ln x| + C$.

COMENTARIO Tenga presente que puede comprobar su respuesta a un problema de integración derivando la respuesta. Por ejemplo, en el ejemplo 7, la derivada de $y = \ln|\ln x| + C$ es $y' = 1/(x \ln x)$.

Integrales de funciones trigonométricas

En la sección 4.1 aprendió las seis reglas de integración trigonométrica, las seis que corresponden directamente a las reglas de derivación. Con la regla de integración de logaritmos ahora puede completar el conjunto de fórmulas trigonométricas básicas de integración.

EJEMPLO 8 Usar una identidad trigonométrica

Encuentre $\int \tan x\,dx$.

Solución Esta integral no parece ajustarse a ninguna fórmula en nuestra lista básica. Sin embargo, mediante el uso de una identidad trigonométrica, se obtiene

$$\int \tan x\,dx = \int \frac{\operatorname{sen} x}{\cos x}\,dx$$

Sabiendo que $D_x[\cos x] = -\operatorname{sen} x$, puede hacer $u = \cos x$ y $u' = -\operatorname{sen} x$. Así se puede concluir que

$$\int \tan x\,dx = -\int \frac{-\operatorname{sen} x}{\cos x}\,dx$$ Aplique la identidad trigonométrica y multiplique y divida entre -1.

$$= -\int \frac{u'}{u}\,du$$ Sustituya: $u = \cos x$.

$$= -\ln|u| + C$$ Aplique la regla de integración para logaritmos.

$$= -\ln|\cos x| + C$$ Sustituya u.

El ejemplo 8 utiliza una identidad trigonométrica para deducir una regla de integración para la función tangente. El siguiente ejemplo da un paso bastante inusual (multiplicando y dividiendo entre la misma cantidad) para deducir una regla de integración para la función secante.

EJEMPLO 9 Deducir la fórmula de la secante

Encuentre $\int \sec x\,dx$.

Solución Considere el siguiente procedimiento.

$$\int \sec x\,dx = \int (\sec x)\left(\frac{\sec x + \tan x}{\sec x + \tan x}\right)dx$$ Multiplique y divida entre $\sec x + \tan x$.

$$= \int \frac{\sec^2 x + \sec x \tan x}{\sec x + \tan x}\,dx$$

Haciendo que u sea el denominador de este cociente se tiene

$$u = \sec x + \tan x$$

y

$$u' = \sec x \tan x + \sec^2 x$$

Por lo tanto, se puede concluir que

$$\int \sec x\,dx = \int \frac{\sec^2 x + \sec x \tan x}{\sec x + \tan x}\,dx$$ Reescriba el integrando.

$$= \int \frac{u'}{u}\,du$$ Sustituya: $u = \sec x + \tan x$.

$$= \ln|u| + C$$ Aplique la regla de integración de logaritmos.

$$= \ln|\sec x + \tan x| + C$$ Sustituya u.

Con los resultados de los ejemplos 8 y 9, ahora tiene fórmulas de integración para sen x, cos x y sec x. Las integrales de las seis funciones trigonométricas básicas se resumen a continuación. (Para las demostraciones de cot u y csc u, consulte los ejercicios 85 y 86.)

COMENTARIO Utilizando las identidades trigonométricas y las propiedades de los logaritmos, se podría volver a escribir estas seis reglas de integración en otras formas. Por ejemplo, podría escribir

$$\int \csc u\, du = \ln|\csc u - \cot u| + C$$

(Consulte los ejercicios 87 a 90.)

Integrales de las seis funciones trigonométricas básicas

$$\int \operatorname{sen} u\, du = -\cos u + C \qquad \int \cos u\, du = \operatorname{sen} u + C$$

$$\int \tan u\, du = -\ln|\cos u| + C \qquad \int \cot u\, du = \ln|\operatorname{sen} u| + C$$

$$\int \sec u\, du = \ln|\sec u + \tan u| + C \qquad \int \csc u\, du = -\ln|\csc u + \cot u| + C$$

EJEMPLO 10 Integrar funciones trigonométricas

Evalúe $\displaystyle\int_0^{\pi/4} \sqrt{1 + \tan^2 x}\, dx$

Solución Esta integral no se ajusta a ninguna de las fórmulas de la lista básica. Para obtener un integrando que solo contenga sec x, utilice la identidad trigonométrica $1 + \tan^2 x = \sec^2 x$, se tiene

$$\int_0^{\pi/4} \sqrt{1 + \tan^2 x}\, dx = \int_0^{\pi/4} \sqrt{\sec^2 x}\, dx \qquad \text{Aplique identidad trigonométrica.}$$

$$= \int_0^{\pi/4} \sec x\, dx \qquad \sec x \geq 0 \text{ para } 0 \leq x \leq \frac{\pi}{4}$$

$$= \ln|\sec x + \tan x|\Big]_0^{\pi/4} \qquad \text{Integre.}$$

$$= \ln(\sqrt{2} + 1) - \ln 1$$

$$\approx 0.881$$

Para ver las figuras a color de las páginas 329 a 331, acceda al código

EJEMPLO 11 Determinar un valor promedio

Determine el valor promedio de $f(x) = \tan x$ sobre el intervalo $\left[0, \frac{\pi}{4}\right]$.

Solución

$$\text{Valor promedio} = \frac{1}{(\pi/4) - 0}\int_0^{\pi/4} \tan x\, dx \qquad \text{Valor promedio} = \frac{1}{b-a}\int_a^b f(x)\, dx$$

$$= \frac{4}{\pi}\int_0^{\pi/4} \tan x\, dx \qquad \text{Simplifique.}$$

$$= \frac{4}{\pi}\Big[-\ln|\cos x|\Big]_0^{\pi/4} \qquad \text{Integre.}$$

$$= -\frac{4}{\pi}\left(\ln\frac{\sqrt{2}}{2} - \ln 1\right)$$

$$= -\frac{4}{\pi}\ln\frac{\sqrt{2}}{2}$$

$$\approx 0.441$$

El valor promedio es aproximadamente 0.441, como se muestra en la figura 5.8. ■

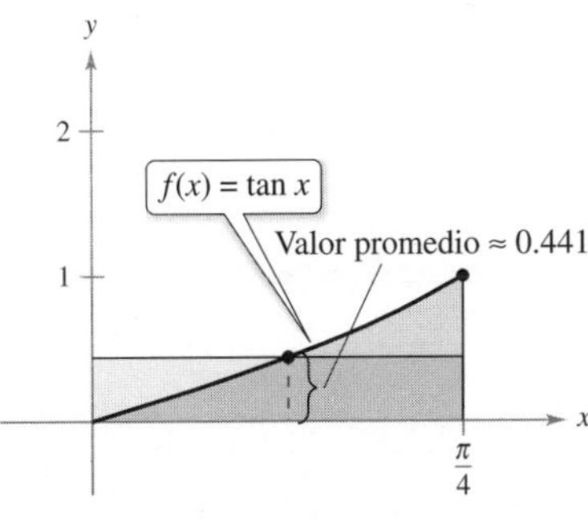

Figura 5.8

5.2 Ejercicios

Las respuestas a los ejercicios impares pueden consultarse en el Apéndice de este libro.

Repaso de conceptos

1. ¿Se puede utilizar la regla para logaritmos para calcular la siguiente integral? Explique su respuesta.

$$\int \frac{x}{(x^2-4)^3}\,dx$$

2. Explique cuándo utilizar la división larga antes de aplicar la regla de logaritmos para integrales.
3. Describa dos maneras de reescribir un integrando de manera que se ajuste a una fórmula de integración.
4. ¿La integral de qué función trigonométrica resulta en $\ln|\text{sen } x| + C$?

Encontrar una integral indefinida En los ejercicios 5 a 28, calcule la integral indefinida.

5. $\int \frac{5}{x}\,dx$
6. $\int \frac{1}{x-5}\,dx$
7. $\int \frac{1}{2x+5}\,dx$
8. $\int \frac{9}{5-4x}\,dx$
9. $\int \frac{x}{x^2-3}\,dx$
10. $\int \frac{x^2}{5-x^3}\,dx$
11. $\int \frac{4x^3+3}{x^4+3x}\,dx$
12. $\int \frac{x^2-2x}{x^3-3x^2}\,dx$
13. $\int \frac{x^2-7}{7x}\,dx$
14. $\int \frac{x^3-8x}{x^2}\,dx$
15. $\int \frac{x^2+2x+3}{x^3+3x^2+9x}\,dx$
16. $\int \frac{x^2+4x}{x^3+6x^2+5}\,dx$
17. $\int \frac{x^2-3x+2}{x+1}\,dx$
18. $\int \frac{2x^2+7x-3}{x-2}\,dx$
19. $\int \frac{x^3-3x^2+5}{x-3}\,dx$
20. $\int \frac{x^3-6x-20}{x+5}\,dx$
21. $\int \frac{x^4+x-4}{x^2+2}\,dx$
22. $\int \frac{x^3-4x^2-4x+20}{x^2-5}\,dx$
23. $\int \frac{(\ln x)^2}{x}\,dx$
24. $\int \frac{dx}{x(\ln x^2)^3}$
25. $\int \frac{1}{\sqrt{x}(1-3\sqrt{x})}\,dx$
26. $\int \frac{1}{x^{2/3}(1+x^{1/3})}\,dx$
27. $\int \frac{6x}{(x-5)^2}\,dx$
28. $\int \frac{x(x-2)}{(x-1)^3}\,dx$

Cambio de variables En los ejercicios 29 a 32, encuentre la integral indefinida haciendo un cambio de variables. (*Sugerencia*: Haga que u sea el denominador del integrando.)

29. $\int \frac{1}{1+\sqrt{2x}}\,dx$
30. $\int \frac{4}{1+\sqrt{5x}}\,dx$
31. $\int \frac{\sqrt{x}}{\sqrt{x}-3}\,dx$
32. $\int \frac{\sqrt[3]{x}}{\sqrt[3]{x}-1}\,dx$

Encontrar la integral indefinida de una función trigonométrica En los ejercicios 33 a 42, calcule la integral indefinida.

33. $\int \cot \frac{\theta}{3}\,d\theta$
34. $\int \theta \tan 2\theta^2\,d\theta$
35. $\int \csc 2x\,dx$
36. $\int \sec \frac{x}{2}\,dx$
37. $\int (5-\cos 3\theta)\,d\theta$
38. $\int \left(2-\tan \frac{\theta}{4}\right)d\theta$
39. $\int \frac{\cos t}{1+\text{sen } t}\,dt$
40. $\int \frac{\csc^2 t}{\cot t}\,dt$
41. $\int \frac{\sec x \tan x}{\sec x - 1}\,dx$
42. $\int (\sec 2x + \tan 2x)\,dx$

Ecuaciones diferenciales En los ejercicios 43 a 46, resuelva la ecuación diferencial. Utilice un programa de graficación para trazar tres soluciones, una de ellas pasa por el punto dado.

43. $\frac{dy}{dx} = \frac{3}{2-x}$, $(1, 0)$
44. $\frac{dy}{dx} = \frac{x-2}{x}$, $(-1, 0)$
45. $\frac{dy}{dx} = \frac{2x}{x^2-9}$, $(0, 4)$
46. $\frac{dr}{dt} = \frac{\sec^2 t}{\tan t + 1}$, $(\pi, 4)$

Encontrar una solución particular En los ejercicios 47 y 48, encuentre la solución particular que satisfaga la ecuación diferencial y las condiciones iniciales.

47. $f''(x) = \frac{2}{x^2}$, $f'(1) = 1$, $f(1) = 1$, $x > 0$
48. $f''(x) = -\frac{4}{(x-1)^2} - 2$, $f'(2) = 0$, $f(2) = 3$, $x > 1$

Campo direccional En los ejercicios 49 y 50 se dan una ecuación diferencial, un punto y un campo direccional. (a) Dibuje dos soluciones aproximadas de la ecuación diferencial en el campo direccional, una de las cuales pasa a través del punto dado. (b) Use la integración para encontrar la solución particular de la ecuación diferencial y utilice un programa de graficación para trazar la solución. Compare el resultado con los dibujos del inciso (a). Para imprimir una copia ampliada de la gráfica, vaya a *MathGraphs.com* (disponible solo en inglés).

49. $\frac{dy}{dx} = \frac{1}{x+2}$, $(0, 1)$
50. $\frac{dy}{dx} = \frac{\ln x}{x}$, $(1, -2)$

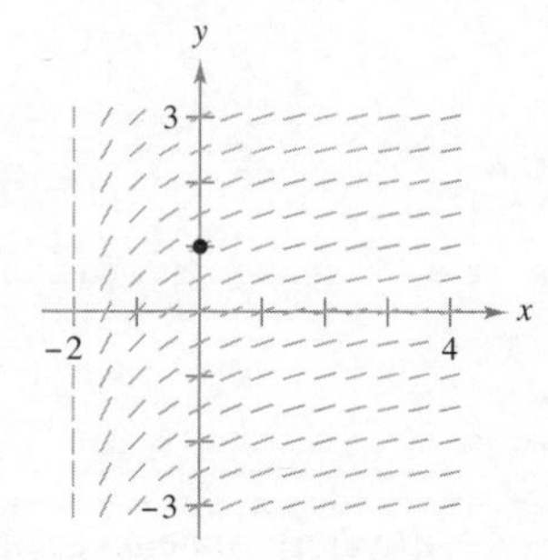

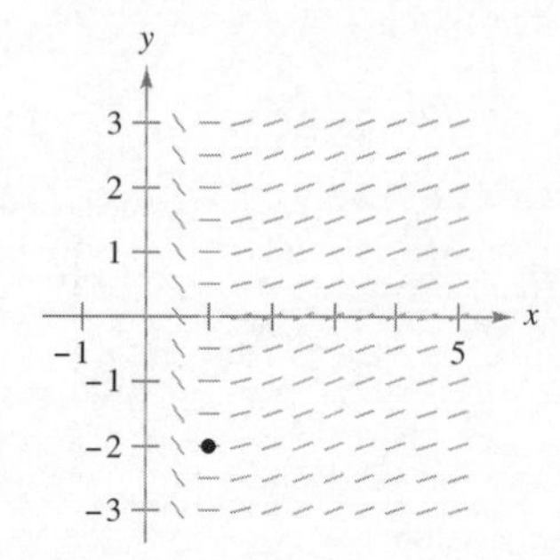

Evaluar una integral definida En los ejercicios 51 a 58, evalúe la integral definida. Utilice un programa de graficación para verificar el resultado.

51. $\displaystyle\int_0^4 \frac{5}{3x+1}\,dx$

52. $\displaystyle\int_{-1}^1 \frac{1}{2x+3}\,dx$

53. $\displaystyle\int_1^e \frac{(1+\ln x)^2}{x}\,dx$

54. $\displaystyle\int_e^{e^2} \frac{1}{x\ln x}\,dx$

55. $\displaystyle\int_0^2 \frac{x^2-2}{x+1}\,dx$

56. $\displaystyle\int_0^1 \frac{x-1}{x+1}\,dx$

57. $\displaystyle\int_1^2 \frac{1-\cos\theta}{\theta-\operatorname{sen}\theta}\,d\theta$

58. $\displaystyle\int_{\pi/8}^{\pi/4} (\csc 2\theta - \cot 2\theta)\,d\theta$

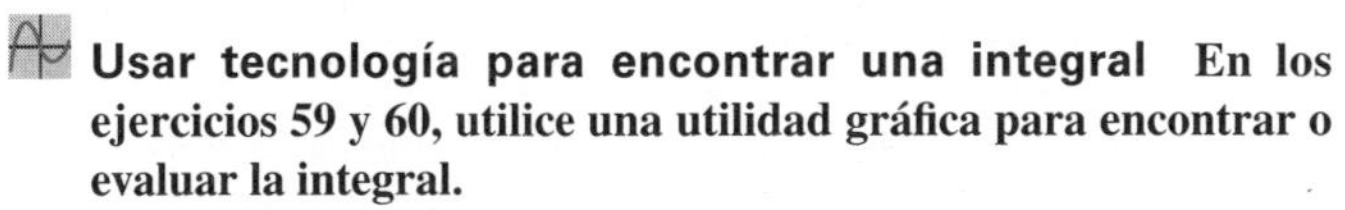

Usar tecnología para encontrar una integral En los ejercicios 59 y 60, utilice una utilidad gráfica para encontrar o evaluar la integral.

59. $\displaystyle\int \frac{1-\sqrt{x}}{1+\sqrt{x}}\,dx$

60. $\displaystyle\int_{-\pi/4}^{\pi/4} \frac{\operatorname{sen}^2 x - \cos^2 x}{\cos x}\,dx$

Encontrar una derivada En los ejercicios 61 a 64, encuentre $F'(x)$.

61. $\displaystyle F(x) = \int_1^x \frac{1}{t}\,dt$

62. $\displaystyle F(x) = \int_0^x \tan t\,dt$

63. $\displaystyle F(x) = \int_1^{4x} \cot t\,dt$

64. $\displaystyle F(x) = \int_0^{x^2} \frac{3}{t+1}\,dt$

Área En los ejercicios 65 a 68, encuentre el área de una región determinada. Utilice un programa de graficación para verificar el resultado.

65. $y = \dfrac{6}{x}$

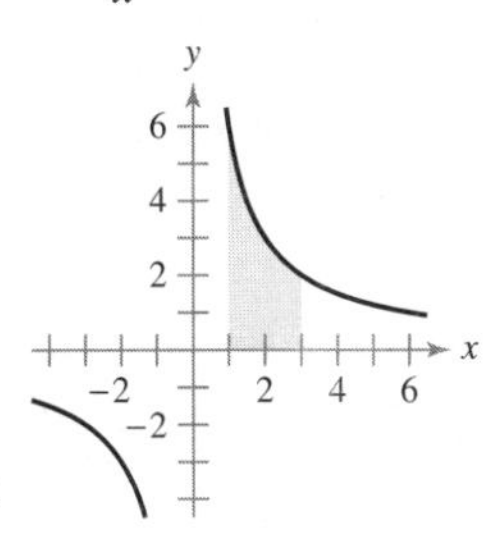

66. $y = \dfrac{1+\ln x^3}{x}$

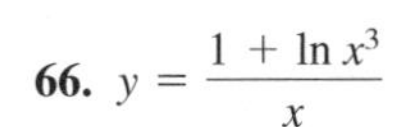

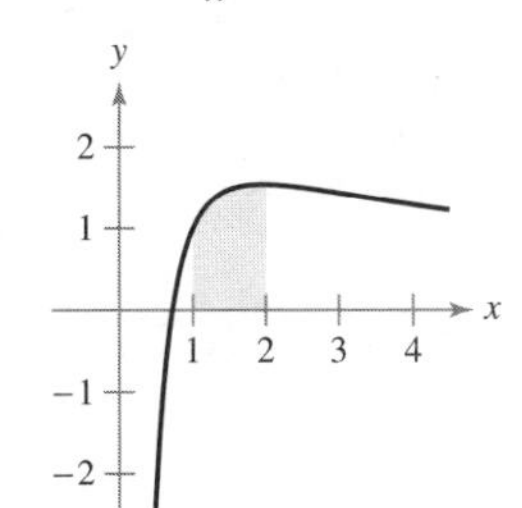

67. $y = \csc(x+1)$

68. $y = \dfrac{\operatorname{sen} x}{1+\cos x}$

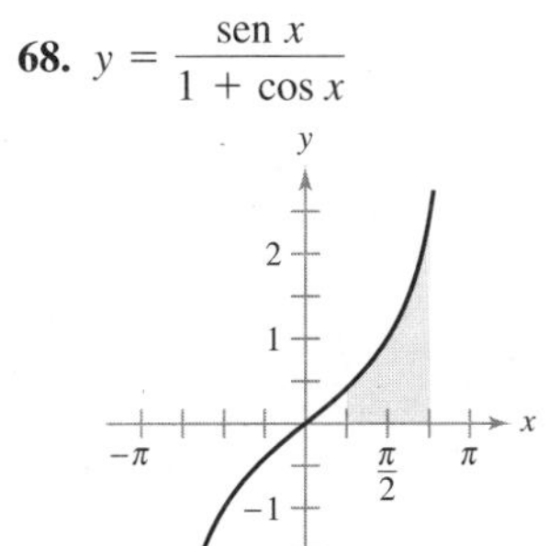

Área En los ejercicios 69 a 72, encuentre el área de la región limitada por las gráficas de las ecuaciones. Utilice un programa de graficación para verificar el resultado.

69. $y = \dfrac{x^2+4}{x}, \quad x=1, \quad x=4, \quad y=0$

70. $y = \dfrac{5x}{x^2+2}, \quad x=1, \quad x=5, \quad y=0$

71. $y = 2\sec\dfrac{\pi x}{6}, \quad x=0, \quad x=2, \quad y=0$

72. $y = 2x - \tan 0.3x, \quad x=1, \quad x=4, \quad y=0$

Determinar el valor promedio de una función En los ejercicios 73 a 76, encuentre el valor promedio de la función sobre el intervalo dado.

73. $f(x) = \dfrac{8}{x^2}, \quad [2, 4]$

74. $f(x) = \dfrac{4(x+1)}{x^2}, \quad [2, 4]$

75. $f(x) = \dfrac{2\ln x}{x}, \quad [1, e]$

76. $f(x) = \sec\dfrac{\pi x}{6}, \quad [0, 2]$

Regla del punto medio En los ejercicios 77 y 78 use la regla del punto medio con $n = 4$ para aproximar el valor de la integral definida. Utilice una herramienta de graficación para verificar su resultado.

77. $\displaystyle\int_1^3 \frac{12}{x}\,dx$

78. $\displaystyle\int_0^{\pi/4} \sec x\,dx$

Exploración de conceptos

En los ejercicios 79 y 80, determine qué valores se aproximan mejor al área de la región entre el eje x y la gráfica de la función sobre el intervalo dado. (Haga su selección a partir de un dibujo de la región, no mediante la realización de los cálculos.)

79. $f(x) = \sec x, \quad [0, 1]$

(a) 6 (b) −6 (c) $\frac{1}{2}$ (d) 1.25 (e) 3

80. $f(x) = \dfrac{2x}{x^2+1}, \quad [0, 4]$

(a) 3 (b) 7 (c) −2 (d) 5 (e) 1

81. **Desigualdad de Napier** Para $0 < x < y$, use el teorema del valor medio para demostrar que

$$\frac{1}{y} < \frac{\ln y - \ln x}{y - x} < \frac{1}{x}$$

82. **Piénselo** ¿Es la función

$$F(x) = \int_x^{2x} \frac{1}{t}\,dt$$

constante, creciente o decreciente sobre el intervalo $(0, \infty)$?

83. **Encontrar un valor** Encuentre un valor de x tal que

$$\int_1^x \frac{3}{t}\,dt = \int_{1/4}^x \frac{1}{t}\,dt$$

84. **Encontrar un valor** Encuentre un valor de x tal que

$$\int_1^x \frac{1}{t}\,dt$$

sea igual a (a) ln 5 y (b) 1.

85. **Demostración** Demuestre que

$$\int \cot u\, du = \ln|\text{sen } u| + C$$

86. **Demostración** Demuestre que

$$\int \csc u\, du = -\ln|\csc u + \cot u| + C$$

Usar las propiedades de los logaritmos y de las identidades trigonométricas En los ejercicios 87 a 90, demuestre que las dos fórmulas son equivalentes.

87. $\int \tan x\, dx = -\ln|\cos x| + C$

$\int \tan x\, dx = \ln|\sec x| + C$

88. $\int \cot x\, dx = \ln|\text{sen } x| + C$

$\int \cot x\, dx = -\ln|\csc x| + C$

89. $\int \sec x\, dx = \ln|\sec x + \tan x| + C$

$\int \sec x\, dx = -\ln|\sec x - \tan x| + C$

90. $\int \csc x\, dx = -\ln|\csc x + \cot x| + C$

$\int \csc x\, dx = \ln|\csc x - \cot x| + C$

91. **Biología** Una población de bacterias está cambiando a un ritmo de

$$\frac{dP}{dt} = \frac{3000}{1 + 0.25t}$$

donde t es el tiempo en días. La población inicial (cuando $t = 0$) es 1000.

(a) Escriba una ecuación que da la población en cualquier tiempo t.

(b) Encuentre la población cuando $t = 3$ días.

92. **Ventas** La tasa de cambio en ventas S es inversamente proporcional al tiempo t ($t > 1$) medido en semanas. Encuentre S como una función de t cuando las ventas después de 2 y 4 semanas son 200 unidades y 300 unidades, respectivamente.

93. **Transferencia de calor**

Encuentre el tiempo requerido para que un objeto se enfríe de 300 ºF a 250 ºF evaluando

$$t = \frac{10}{\ln 2}\int_{250}^{300} \frac{1}{T - 100}\, dT$$

donde t es el tiempo en minutos.

94. **Precio promedio** La ecuación de demanda de un producto es

$$p = \frac{90\,000}{400 + 3x}$$

donde p es el precio (en dólares) y x es el número de unidades (en miles). Encuentre el precio promedio p en el intervalo $40 \le x \le 50$.

95. **Área y pendiente** Grafique la función

$$f(x) = \frac{x}{1 + x^2}$$

sobre el intervalo $[0, \infty)$.

(a) Determine el área limitada por la gráfica de f y la recta $y = \frac{1}{2}x$.

(b) Determine los valores de la pendiente m de tal manera que la recta $y = mx$ y la gráfica de f encierren una región finita.

(c) Calcule el área de esta región como una función de m.

96. **¿CÓMO LO VE?** Use la gráfica de f' que se muestra en la figura para responder a lo siguiente.

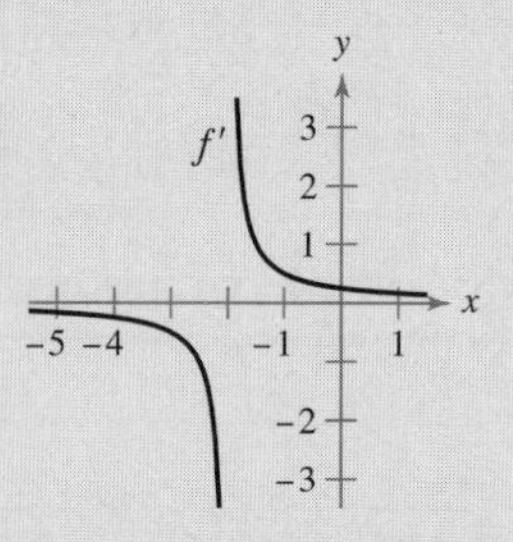

(a) Aproxime la pendiente de f en $x = -1$. Explique.

(b) Aproxime los intervalos abiertos en los que la gráfica de f es creciente y los intervalos abiertos en los que es decreciente. Explique.

¿Verdadero o falso? En los ejercicios 97 a 100, determine si la expresión es verdadera o falsa. Si es falsa, explique por qué o dé un ejemplo que demuestre que es falsa.

97. $\ln|x^4| = \ln x^4$

98. $\ln|\cos \theta^2| = \ln(\cos \theta^2)$

99. $\int \frac{1}{x}\, dx = \ln|cx|, \quad c \neq 0$

100. $\int_{-1}^{2} \frac{1}{x}\, dx = \Big[\ln|x|\Big]_{-1}^{2} = \ln 2 - \ln 1 = \ln 2$

DESAFÍO DEL EXAMEN PUTNAM

101. Suponga que f es una función definida en el intervalo $[1, 3]$ tal que $-1 \le f(x) \le 1$ para toda x y que $\int_1^3 f(x)\, dx = 0$. ¿Qué tan grande puede ser $\int_1^3 \frac{f(x)}{x}\, dx$?

5.3 Funciones inversas

Para ver la figura a color, acceda al código

- **Verificar que una función es la función inversa de otra función.**
- **Determinar si una función tiene una función inversa.**
- **Encontrar la derivada de una función inversa.**

Funciones inversas

Recordemos de la sección P.3 que una función puede ser representada por un conjunto de pares ordenados. Por ejemplo, la función $f(x) = x + 3$ del conjunto $A = \{1, 2, 3, 4\}$ al conjunto $B = \{4, 5, 6, 7\}$ se puede escribir como

$$f = \{(1, 4), (2, 5), (3, 6), (4, 7)\}$$

Intercambiando la primera y segunda coordenadas de cada par ordenado, se puede formar la **función inversa** de f. Esta función se denota por f^{-1} y se lee "inversa de f". Es una de B a A y se puede escribir como

$$f^{-1} = \{(4, 1), (5, 2), (6, 3), (7, 4)\}$$

Observe que el dominio de f es igual al rango de f^{-1} y viceversa, como se muestra en la figura 5.9. Las funciones f y f^{-1} tienen el efecto de "deshacerse" la una a la otra. Es decir, cuando se forma la composición de f con f^{-1} o con la composición de f^{-1} con f se obtiene la función identidad.

$$f(f^{-1}(x)) = x \quad \text{y} \quad f^{-1}(f(x)) = x$$

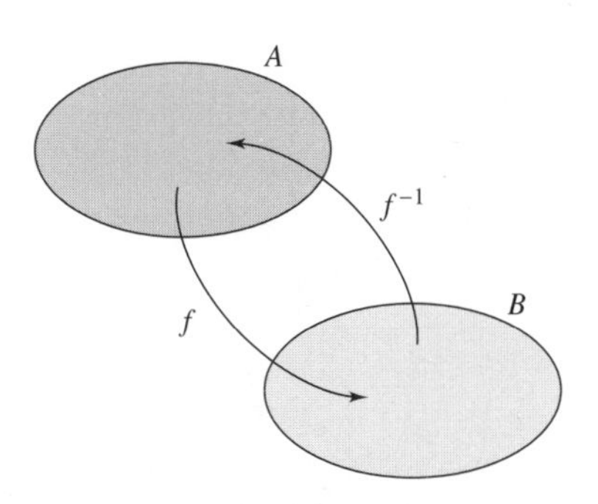

Dominio de f = rango de f^{-1}
Dominio de f^{-1} = rango de f
Figura 5.9

COMENTARIO Aunque la notación utilizada para denotar una función inversa se parece a la *notación exponencial*, es un uso diferente de -1 como un superíndice. Es decir, en general,

$$f^{-1}(x) \neq \frac{1}{f(x)}$$

Exploración

Encontrar funciones inversas Explique cómo "deshacer" cada una de las funciones siguientes. A continuación, utilice su explicación para escribir la función inversa de f.

a. $f(x) = x - 5$

b. $f(x) = 6x$

c. $f(x) = \dfrac{x}{2}$

d. $f(x) = 3x + 2$

e. $f(x) = x^3$

f. $f(x) = 4(x - 2)$

Utilice un programa de graficación para trazar cada función y su inversa en la misma ventana de visualización. ¿Qué comentario se puede hacer sobre cada par de gráficas?

Definición de la función inversa

Una función g es la **función inversa** de la función f cuando

$$f(g(x)) = x \text{ para cada } x \text{ en el dominio de } g$$

y

$$g(f(x)) = x \text{ para cada } x \text{ en el dominio de } f.$$

La función g se denota por f^{-1}.

He aquí algunas observaciones importantes sobre las funciones inversas.

1. Si g es la función inversa de f, entonces f es la función inversa de g.
2. El dominio de f^{-1} es igual al rango de f, y el rango de f^{-1} es igual al dominio de f.
3. Una función no necesariamente tiene una función inversa, pero cuando la tiene, la función inversa es única (vea el ejercicio 90).

Usted puede pensar que f^{-1} deshace lo hecho por f. Por ejemplo, la resta se puede utilizar para deshacer la suma, y la división se puede utilizar para deshacer la multiplicación. Así,

$$f(x) = x + c \quad \text{y} \quad f^{-1}(x) = x - c$$ La resta se puede utilizar para deshacer la suma.

son funciones inversas una de la otra y

$$f(x) = cx \quad \text{y} \quad f^{-1}(x) = \frac{x}{c}, \quad c \neq 0$$ La división se puede utilizar para deshacer la multiplicación.

son funciones inversas una de la otra, donde c es una constante.

EJEMPLO 1 Comprobar funciones inversas

Demuestre que las funciones son funciones inversas una de la otra.

$$f(x) = 2x^3 - 1 \quad \text{y} \quad g(x) = \sqrt[3]{\frac{x+1}{2}}$$

COMENTARIO En el ejemplo 1, intente comparar verbalmente las funciones f y g.

Para f: Primero eleve al cubo x, y después multiplique por 2, luego reste 1.

Para g: Primero sume 1, después divida entre 2, luego tome la raíz cúbica.

¿Ve el "patrón de deshacer"?

Solución Debido a que los dominios y rangos tanto de f como de g constan de todos los números reales, se puede concluir que existen dos funciones compuestas para toda x. La composición de f con g es

$$f(g(x)) = f\left(\sqrt[3]{\frac{x+1}{2}}\right) \qquad \text{Sustituya } f(x).$$

$$= 2\left(\sqrt[3]{\frac{x+1}{2}}\right)^3 - 1 \qquad \text{Definición de } f(x).$$

$$= 2\left(\frac{x+1}{2}\right) - 1 \qquad \text{Propiedades de los radicales.}$$

$$= x + 1 - 1 \qquad \text{Multiplique.}$$

$$= x \qquad \text{Simplifique.}$$

La composición de g con f es

$$g(f(x)) = \sqrt[3]{\frac{(2x^3 - 1) + 1}{2}} = \sqrt[3]{\frac{2x^3}{2}} = \sqrt[3]{x^3} = x$$

Ya que $f(g(x)) = x$ y $g(f(x)) = x$, puede concluir que f y g son funciones inversas entre sí (vea la figura 5.10).

Para ver las figuras a color, acceda al código

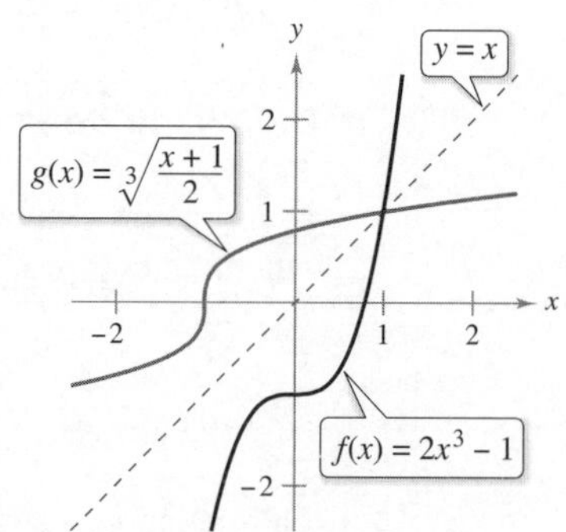

f y g son funciones inversas una de la otra.
Figura 5.10

En la figura 5.10, las gráficas de f y $g = f^{-1}$ parecen ser imágenes especulares entre sí respecto a la recta $y = x$. La gráfica de f^{-1} es una **reflexión** de la gráfica de f en la recta $y = x$. Esta idea se generaliza en el siguiente teorema.

TEOREMA 5.6 Propiedad reflexiva de las funciones inversas

La gráfica de f contiene el punto (a, b) si y solo si el gráfico de f^{-1} contiene el punto (b, a).

Demostración Si (a, b) está en la gráfica de f, entonces $f(a) = b$, y se puede escribir

$$f^{-1}(b) = f^{-1}(f(a)) = a$$

Así, (b, a) está en la gráfica de f^{-1}, como se muestra en la figura 5.11. Un argumento similar demuestra el teorema en la otra dirección.

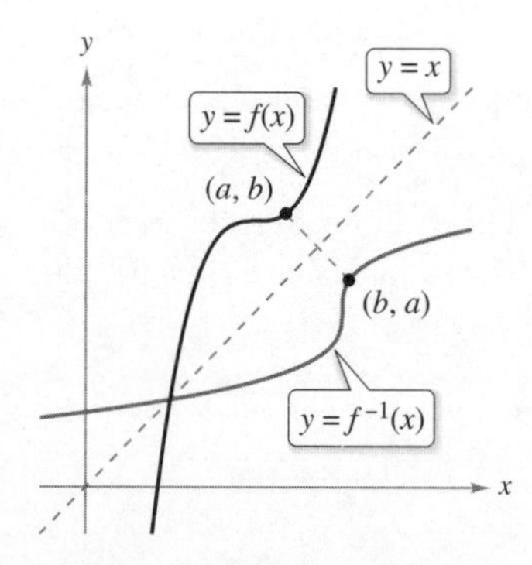

La gráfica de f^{-1} es una reflexión de la gráfica de f en la recta $y = x$.
Figura 5.11

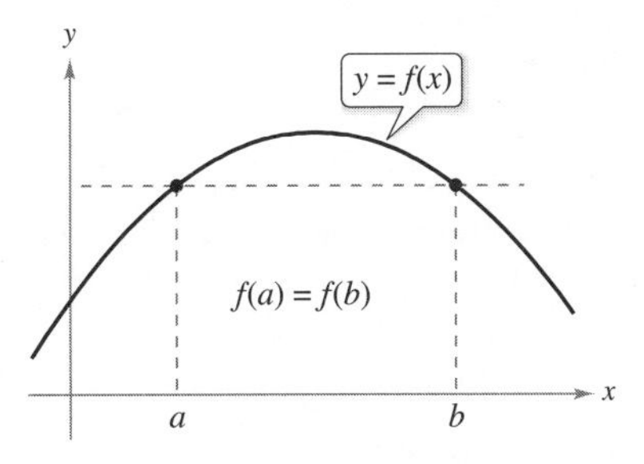

Si una recta horizontal corta la gráfica de f dos veces, entonces f no es uno a uno.
Figura 5.12

Para ver las figuras a color, acceda al código

Existencia de una función inversa

No todas las funciones tienen una función inversa, y el teorema 5.6 sugiere una prueba gráfica para los que quieran hacer la **prueba de la recta horizontal** para una función inversa. Esta prueba indica que una función f tiene una función inversa si y solo si toda recta horizontal corta la gráfica de f a lo más una vez (vea la figura 5.12). El siguiente teorema establece formalmente la razón por la que la prueba de la recta horizontal es válida. (Recuerde de la sección 3.3 que una función es estrictamente *monótona* cuando es creciente en todo su dominio o decreciente en todo su dominio.)

TEOREMA 5.7 Existencia de una función inversa

1. Una función tiene una función inversa si y solo si es uno a uno.
2. Si f es estrictamente monótona en todo su dominio, entonces es uno a uno y por lo tanto tiene una función inversa.

Demostración La demostración de la primera parte del teorema se deja como ejercicio (vea el ejercicio 91). Para demostrar la segunda parte del teorema, se considera de la sección P.3 que f es uno a uno cuando para x_1 y x_2 en su dominio

$$x_1 \neq x_2 \quad \Rightarrow \quad f(x_1) \neq f(x_2)$$

Ahora, se elijen x_1 y x_2 en el dominio de f. Si $x_1 \neq x_2$, entonces, ya que f es estrictamente monótona, se deduce que $f(x_1) < f(x_2)$ o $f(x_1) > f(x_2)$. En cualquier caso, $f(x_1) \neq f(x_2)$. Por tanto, f es uno a uno sobre el intervalo. ∎

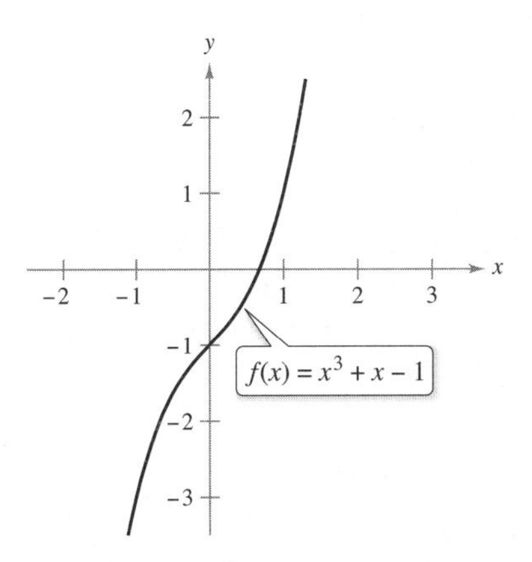

(a) Debido a que f es creciente en todo su dominio, tiene una función inversa.

EJEMPLO 2 Existencia de una función inversa

a. A partir de la gráfica de $f(x) = x^3 + x - 1$ mostrada en la figura 5.13(a), parece que f es creciente en todo su dominio. Para verificar esto, observe que la derivada, $f'(x) = 3x^2 + 1$, es positiva para todos los valores reales de x. Por tanto, f es estrictamente monótona y debe tener una función inversa.

b. A partir de la gráfica de $f(x) = x^3 - x + 1$ mostrada en la figura 5.13(b), se puede ver que la función no pasa la prueba de la recta horizontal. En otras palabras, no es uno a uno. Por ejemplo, tiene el mismo valor cuando $x = -1$, 0 y 1.

$$f(-1) = f(1) = f(0) = 1 \qquad \text{No es uno a uno.}$$

Por lo tanto, por el teorema 5.7, f no tiene una función inversa. ∎

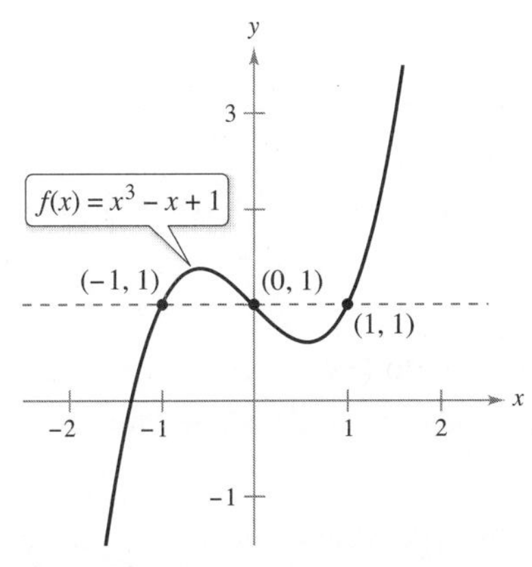

(b) Debido a que f no es uno a uno, no tiene una función inversa.
Figura 5.13

A menudo es más fácil demostrar que una función *tiene* una función inversa que encontrar la función inversa. Por ejemplo, sería difícil algebraicamente encontrar la función inversa de la función en el ejemplo 2(a).

Directrices para encontrar una función inversa

1. Utilice el teorema 5.7 para determinar si la función $y = f(x)$ tiene una función inversa.
2. Resuelva para x en función de y: $x = g(y) = f^{-1}(y)$.
3. Intercambie x y y. La ecuación resultante es $y = f^{-1}(x)$.
4. Defina el dominio de f^{-1} como el rango de f.
5. Verifique que $f(f^{-1}(x)) = x$ y $f^{-1}(f(x)) = x$.

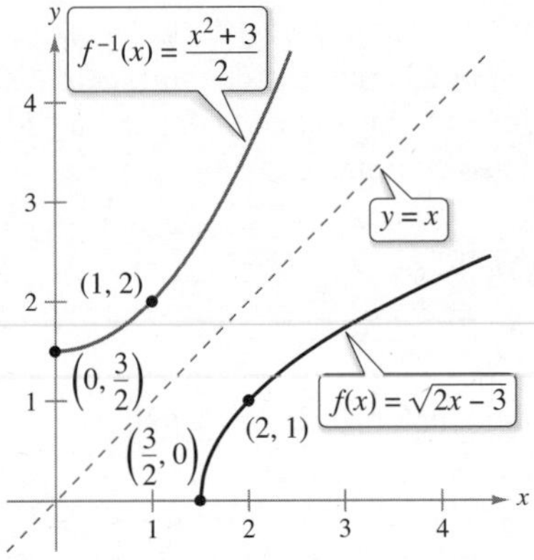

El dominio de f^{-1}, $[0, \infty)$, es el rango de f.
Figura 5.14

EJEMPLO 3 Determinar la función inversa

Encuentre la función inversa de $f(x) = \sqrt{2x - 3}$

Solución A partir de la gráfica de f en la figura 5.14, observe que f es creciente en todo su dominio, $[3/2, \infty)$. Para verificar esto, observe que

$$f'(x) = \frac{1}{\sqrt{2x - 3}} \qquad \text{Derivada de } f.$$

es positiva en el dominio de f. Por lo tanto, es estrictamente monótona y debe tener una función inversa. Para encontrar una ecuación para la función inversa, haga $y = f(x)$ y resuelva para x en términos de y.

$$\sqrt{2x - 3} = y \qquad \text{Haga } y = f(x).$$

$$2x - 3 = y^2 \qquad \text{Eleve al cuadrado cada lado.}$$

$$x = \frac{y^2 + 3}{2} \qquad \text{Despeje } x.$$

$$y = \frac{x^2 + 3}{2} \qquad \text{Intercambie } x \text{ y } y.$$

$$f^{-1}(x) = \frac{x^2 + 3}{2} \qquad \text{Sustituya } y \text{ por } f^{-1}(x).$$

El dominio de f^{-1} es el rango de f que es $[0, \infty)$. Se puede verificar este resultado, como se muestra.

$$f(f^{-1}(x)) = \sqrt{2\left(\frac{x^2 + 3}{2}\right) - 3} = \sqrt{x^2} = x, \quad x \geq 0$$

$$f^{-1}(f(x)) = \frac{\left(\sqrt{2x - 3}\right)^2 + 3}{2} = \frac{2x - 3 + 3}{2} = x, \quad x \geq \frac{3}{2}$$

El teorema 5.7 es útil en el siguiente tipo de problema. Se le da una función que *no* es uno a uno en su dominio. Al restringir el dominio a un intervalo en el que la función es estrictamente monótona, se puede concluir que la nueva función es uno a uno en el dominio restringido.

Para ver las figuras a color, acceda al código

EJEMPLO 4 Verificar si una función es uno a uno

Consulte LarsonCalculus.com (disponible solo en inglés) para una versión interactiva de este tipo de ejemplo.

Demuestre que la función seno

$$f(x) = \operatorname{sen} x$$

no es uno a uno en toda la recta real. A continuación, demuestre que $[-\pi/2, \pi/2]$ es el intervalo más grande, centrado en el origen, en el que f es estrictamente monótona.

Solución Está claro que no es uno a uno, porque diferentes valores de x dan el mismo valor de y. Por ejemplo,

$$\operatorname{sen} 0 = 0 = \operatorname{sen} \pi$$

Por otra parte, f es cada vez mayor sobre el intervalo abierto $(-\pi/2, \pi/2)$, porque su derivada

$$f'(x) = \cos x$$

es positiva en el intervalo. Por último, debido a que los puntos finales de la izquierda y de la derecha corresponden a los extremos relativos de la función seno, se puede concluir que f es creciente en el intervalo cerrado $[-\pi/2, \pi/2]$, y que en cualquier intervalo más grande la función no es estrictamente monótona (vea la figura 5.15).

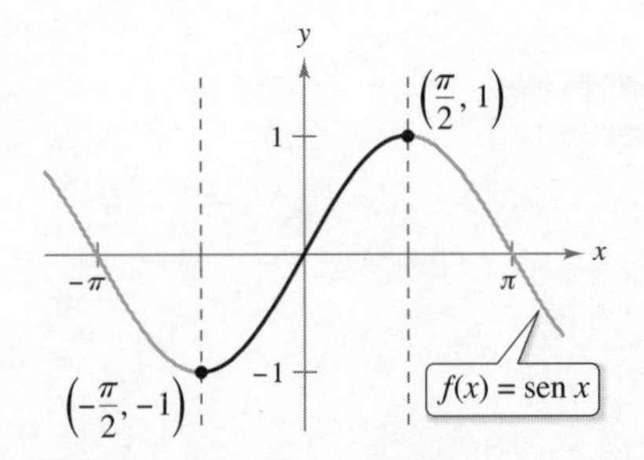

f es uno a uno sobre el intervalo $[-\pi/2, \pi/2]$.
Figura 5.15

Derivada de una función inversa

Los siguientes dos teoremas analizan la derivada de una función inversa. El razonamiento del teorema 5.8 se desprende de la propiedad reflexiva de las funciones inversas, como se muestra en la figura 5.11.

TEOREMA 5.8 Continuidad y derivabilidad de funciones inversas

Sea f una función cuyo dominio es un intervalo I. Si f tiene una función inversa, entonces las siguientes afirmaciones son verdaderas.

1. Si f es continua en su dominio, entonces f^{-1} es continua en su dominio.
2. Si f es creciente en su dominio, entonces f^{-1} es creciente en su dominio.
3. Si f es decreciente en su dominio, entonces f^{-1} es decreciente en su dominio.
4. Si f es derivable en un intervalo que contiene c y $f'(c) \neq 0$, entonces f^{-1} es derivable en $f(c)$.

Una demostración de este teorema se da en el apéndice A.

Exploración

Grafique las funciones inversas $f(x) = x^3$ y $g(x) = x^{1/3}$. Calcule las pendientes de f en (1, 1), (2, 8) y (3, 27), y las pendientes de g en (1, 1), (8, 2) y (27, 3). ¿Qué se observa? ¿Qué sucede en (0, 0)?

TEOREMA 5.9 La derivada de una función inversa

Sea f una función derivable en un intervalo I. Si f tiene una función inversa g, entonces g es derivable en cualquier x para el cual $f'(g(x)) \neq 0$. Además

$$g'(x) = \frac{1}{f'(g(x))}, \quad f'(g(x)) \neq 0$$

Una demostración de este teorema se da en el apéndice A.

EJEMPLO 5 Evaluar la derivada de una función inversa

Sea $f(x) = \frac{1}{4}x^3 + x - 1$, donde $f(2) = 3$. Sin escribir una fórmula para $f^{-1}(x)$ encuentre (a) $f^{-1}(3)$ y (b) $(f^{-1})'(3)$.

Solución Note que la derivada, $f'(x) = (3/4)x^2 + 1$, es positiva para todos los valores reales de x. De esta manera, f es estrictamente monótona y debe tener una función inversa.

a. Dado que $f(2) = 3$, se sabe que $f^{-1}(3) = 2$.

b. Dado que la función f es derivable y tiene una función inversa, se puede aplicar el teorema 5.9 (con $g = f^{-1}$) para escribir

$$(f^{-1})'(3) = \frac{1}{f'(f^{-1}(3))} = \frac{1}{f'(2)}$$

Por otra parte, usando $f'(x) = (3/4)x^2 + 1$, se puede concluir que

$$(f^{-1})'(3) = \frac{1}{f'(2)} = \frac{1}{(3/4)(2^2) + 1} = \frac{1}{4}$$

■

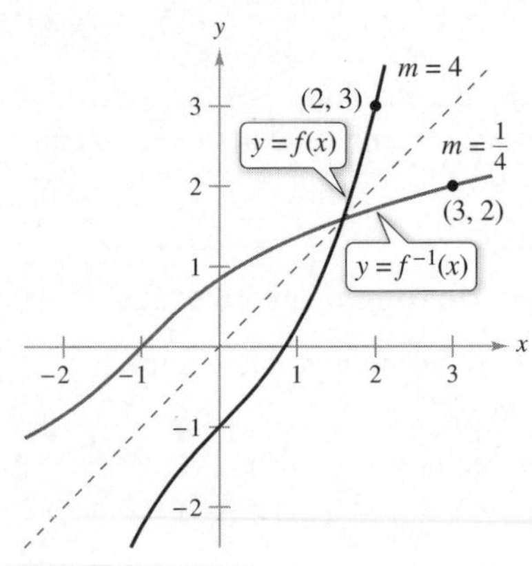

Las gráficas de las funciones inversas f y f^{-1} tienen pendientes recíprocas en los puntos (a, b) y (b, a).
Figura 5.16

En el ejemplo 5, observe que en el punto (2, 3) la pendiente de la gráfica de f es $m = 4$, y en el punto (3, 2) la pendiente de la gráfica de f^{-1} es

$$m = \frac{1}{4} \qquad \text{Pendiente de la gráfica de } f^{-1} \text{ en } (3, 2).$$

como se muestra en la figura 5.16. En general, si $y = g(x) = f^{-1}(x)$, entonces $f(y) = x$ y $f'(y) = \dfrac{dx}{dy}$. Del teorema 5.9 se deduce que

$$g'(x) = \frac{dy}{dx} = \frac{1}{f'(g(x))} = \frac{1}{f'(y)} = \frac{1}{dx/dy}$$

Esta relación recíproca es a veces escrita como

$$\frac{dy}{dx} = \frac{1}{dx/dy}$$

EJEMPLO 6 Las gráficas de las funciones inversas tienen pendientes recíprocas

Sea $f(x) = x^2$ (para $x \geq 0$), y sea $f^{-1}(x) = \sqrt{x}$. Demuestre que las pendientes de las gráficas de f y f^{-1} son recíprocas en cada uno de los siguientes puntos.

a. (2, 4) y (4, 2)

b. (3, 9) y (9, 3)

Solución Las derivadas de f y f^{-1} son

$$f'(x) = 2x \quad \text{y} \quad (f^{-1})'(x) = \frac{1}{2\sqrt{x}} \qquad \text{Encuentre la derivada de } f \text{ y } f^{-1}.$$

Para ver las figuras a color, acceda al código

a. En (2, 4), la pendiente de la gráfica de f es $f'(2) = 2(2) = 4$. En (4, 2) la pendiente de la gráfica de f^{-1} es

$$(f^{-1})'(4) = \frac{1}{2\sqrt{4}} = \frac{1}{2(2)} = \frac{1}{4} \qquad \text{Pendiente de la gráfica de } f^{-1} \text{ en } (4, 2).$$

b. En (3, 9), la pendiente de la gráfica de f es $f'(3) = 2(3) = 6$. En (9, 3) la pendiente de la gráfica de f^{-1} es

$$(f^{-1})'(9) = \frac{1}{2\sqrt{9}} = \frac{1}{2(3)} = \frac{1}{6} \qquad \text{Pendiente de la gráfica de } f^{-1} \text{ en } (9, 3).$$

Por tanto, en ambos casos las pendientes de las gráficas f y f^{-1} son recíprocas, como se muestra en la siguiente figura.

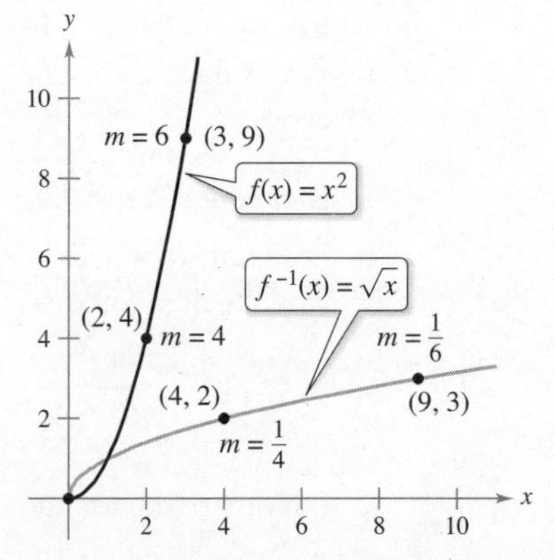

En (0, 0), la derivada de f es 0, y la derivada de f^{-1} no existe. ■

5.3 Ejercicios

Las respuestas a los ejercicios impares pueden consultarse en el Apéndice de este libro.

Repaso de conceptos

1. Describa qué significa decir que la función g es la inversa de la función f.
2. Describa la relación entre la gráfica de una función y la gráfica de su función inversa.
3. La función f tiene una función inversa f^{-1}. ¿Es el dominio de f el mismo dominio que el de f^{-1}?
4. La función f es decreciente en su dominio y tiene una función inversa f^{-1}. ¿Es f^{-1} creciente, decreciente o constante en su dominio?

Verificar funciones inversas **En los ejercicios 5 a 12, demuestre que f y g son funciones inversas de forma (a) analítica y (b) gráfica.**

5. $f(x) = 5x + 1,$ $\quad g(x) = \dfrac{x-1}{5}$
6. $f(x) = 3 - 4x,$ $\quad g(x) = \dfrac{3-x}{4}$
7. $f(x) = x^3,$ $\quad g(x) = \sqrt[3]{x}$
8. $f(x) = 1 - x^3,$ $\quad g(x) = \sqrt[3]{1-x}$
9. $f(x) = \sqrt{x-4},$ $\quad g(x) = x^2 + 4, \quad x \geq 0$
10. $f(x) = 16 - x^2, \quad x \geq 0,$ $\quad g(x) = \sqrt{16-x}$
11. $f(x) = \dfrac{1}{x},$ $\quad g(x) = \dfrac{1}{x}$
12. $f(x) = \dfrac{1}{1+x}, \quad x \geq 0,$ $\quad g(x) = \dfrac{1-x}{x}, \quad 0 < x \leq 1$

Usar la prueba de la recta horizontal **En los ejercicios 13 a 22, utilice un programa de graficación para representar gráficamente la función. A continuación, utilice la prueba de la recta horizontal para determinar si la función es uno a uno en todo su dominio y por lo tanto tiene una función inversa.**

13. $f(x) = \frac{3}{4}x + 6$
14. $f(x) = 1 - x^3$
15. $f(\theta) = \operatorname{sen} \theta$
16. $f(x) = x \cos x$
17. $h(s) = \dfrac{1}{s-2} - 3$
18. $g(t) = \dfrac{1}{\sqrt{t^2+1}}$
19. $f(x) = 5x\sqrt{x-1}$
20. $g(x) = (x+5)^3$
21. $f(x) = \ln x$
22. $h(x) = \ln x^2$

Determinar si una función tiene una función inversa **En los ejercicios 23 a 28, utilice la derivada para determinar si la función es estrictamente monótona en todo su dominio y por lo tanto tiene una función inversa.**

23. $f(x) = 2 - x - x^3$
24. $f(x) = x^3 - 6x^2 + 12x$
25. $f(x) = 8x^3 + x^2 - 1$
26. $f(x) = 1 - x^3 - 6x^5$
27. $f(x) = \ln(x-3)$
28. $f(x) = \cos \dfrac{3x}{2}$

Correspondencia **En los ejercicios 29 a 32, relacione la gráfica de la función con la gráfica de la función inversa. [Las gráficas de las funciones inversas están etiquetadas (a), (b), (c) y (d).]**

(a)

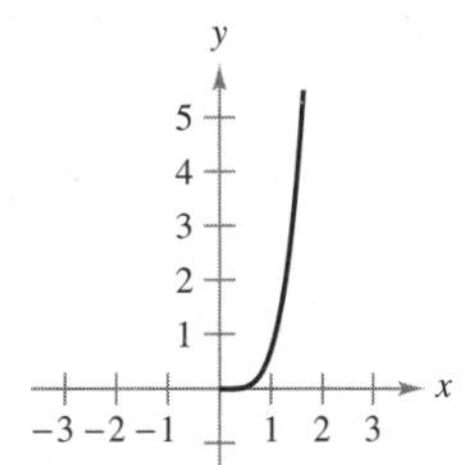

(b)

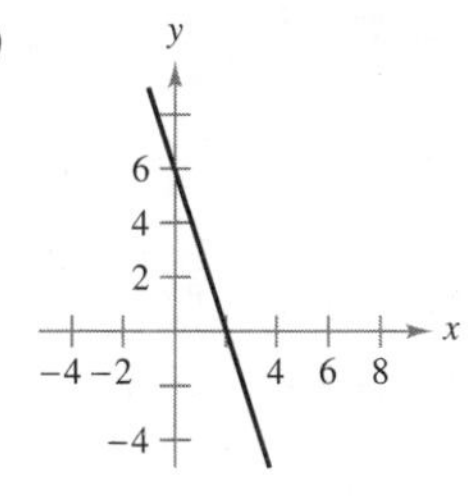

(c)

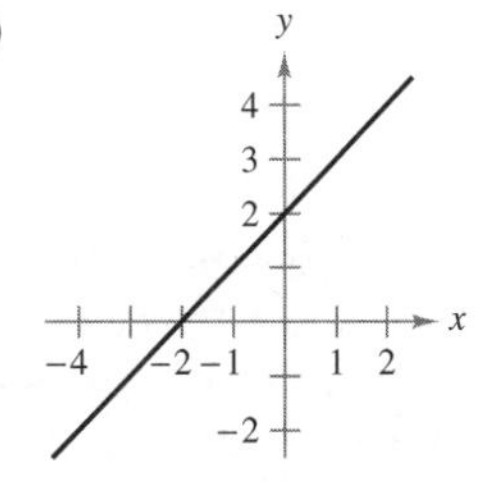

(d)

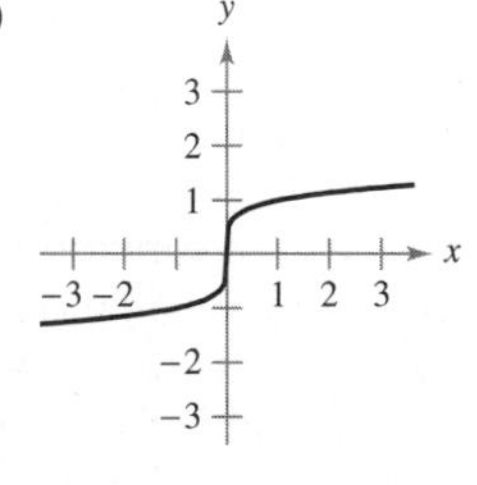

29.

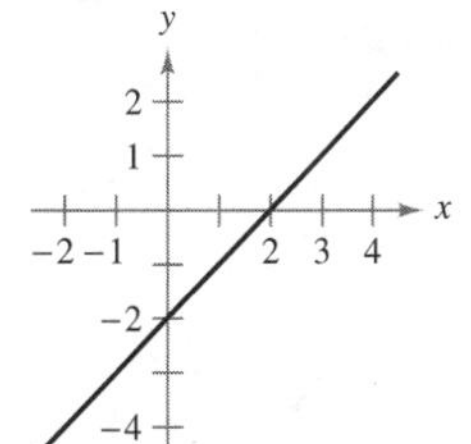

30.

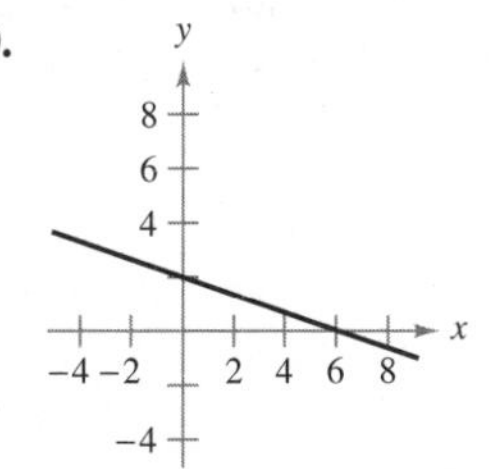

31.

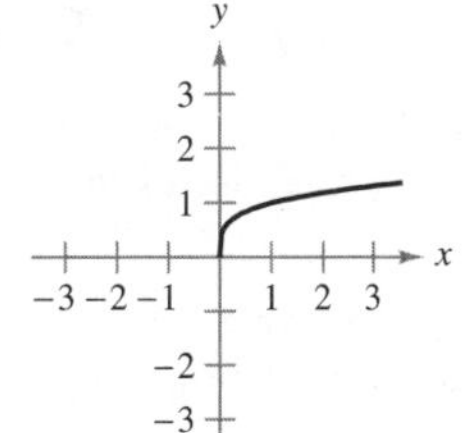

32.

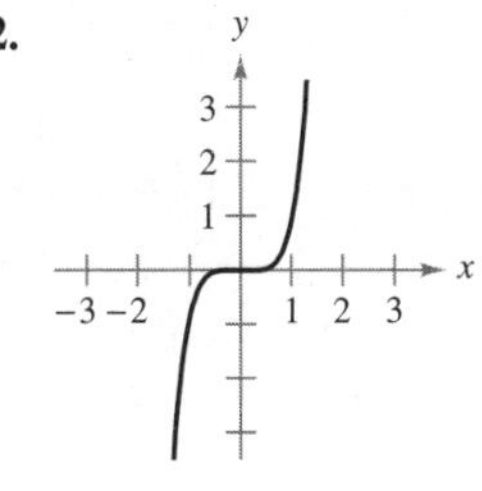

Verificar que una función tiene una función inversa **En los ejercicios 33 a 38 demuestre que f es estrictamente monótona sobre el intervalo dado y por lo tanto tiene una función inversa en ese intervalo.**

33. $f(x) = (x-4)^2, \quad [4, \infty)$
34. $f(x) = |x+2|, \quad [-2, \infty)$
35. $f(x) = \cot x, \quad (0, \pi)$
36. $f(x) = \dfrac{4}{x^2}, \quad (0, \infty)$
37. $f(x) = \cos x, \quad [0, \pi]$
38. $f(x) = \sec x, \quad \left[0, \dfrac{\pi}{2}\right)$

Determinar una función inversa **En los ejercicios 39 a 50, (a) encuentre la función inversa de f, (b) grafique f y f^{-1} en el mismo sistema de coordenadas, (c) describa la relación entre las gráficas y (d) indique el dominio y el rango de f y f^{-1}.**

39. $f(x) = 2x - 3$

40. $f(x) = 9 - 5x$

41. $f(x) = x^5$

42. $f(x) = x^3 - 1$

43. $f(x) = \sqrt{x}$

44. $f(x) = x^4, \quad x \geq 0$

45. $f(x) = \sqrt{4 - x^2}, \quad 0 \leq x \leq 2$

46. $f(x) = \sqrt{x^2 - 4}, \quad x \geq 2$

47. $f(x) = \sqrt[3]{x - 1}$

48. $f(x) = x^{2/3}, \quad x \geq 0$

49. $f(x) = \dfrac{x}{\sqrt{x^2 + 7}}$

50. $f(x) = \dfrac{x + 2}{x}$

Determinar una función inversa **En los ejercicios 51 y 52, utilice la gráfica de la función f para hacer una tabla de valores para los puntos dados. A continuación, haga una segunda tabla que se pueda utilizar para encontrar f^{-1} y trace la gráfica de f^{-1}. Para imprimir una copia ampliada de la gráfica, visite *MathGraphs.com* (disponible solo en inglés).**

51.

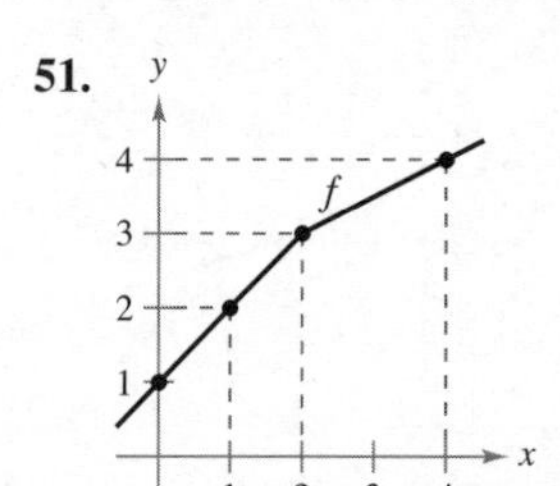

52.

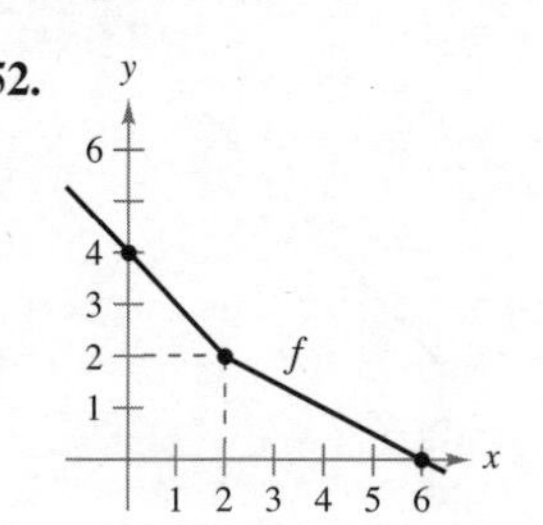

53. Costo Usted necesita 50 libras de dos productos que cuestan \$1.25 y \$2.75 por libra.

(a) Verifique que el costo total es $y = 1.25x + 2.75(50 - x)$, donde x es el número de libras de la materia prima más barata.

(b) Encuentre la función inversa de la función de costo. ¿Qué representa cada variable en la función inversa?

(c) ¿Cuál es el dominio de la función inversa? Valide o explique su respuesta utilizando el contexto del problema.

(d) Determine el número de libras de la mercancía menos costosa que compró cuando el costo total es de \$73.

54. Temperatura La fórmula $C = \frac{5}{9}(F - 32)$, con $F \geq -459.6$, representa la temperatura Celsius C como una función de la temperatura Fahrenheit F.

(a) Encuentre la función inversa de C.

(b) ¿Qué representa la función inversa?

(c) ¿Cuál es el dominio de la función inversa? Valide o explique su respuesta utilizando el contexto del problema.

(d) La temperatura es 22 °C, ¿cuál es la temperatura correspondiente en grados Fahrenheit?

Comprobar que es una función uno a uno **En los ejercicios 55 a 58, determine si la función es uno a uno. Si es así, encuentre su inversa.**

55. $f(x) = \sqrt{x - 2}$

56. $f(x) = -3$

57. $f(x) = |x - 2|, \quad x \leq 2$

58. $f(x) = ax + b, \quad a \neq 0$

Construir una función uno a uno **En los ejercicios 59 a 62, borre parte del dominio para que la función que queda sea uno a uno. Encuentre la función inversa de la función restante y proporcione el dominio de la función inversa. (*Nota*: Hay más de una respuesta correcta.)**

59. $f(x) = (x - 3)^2$

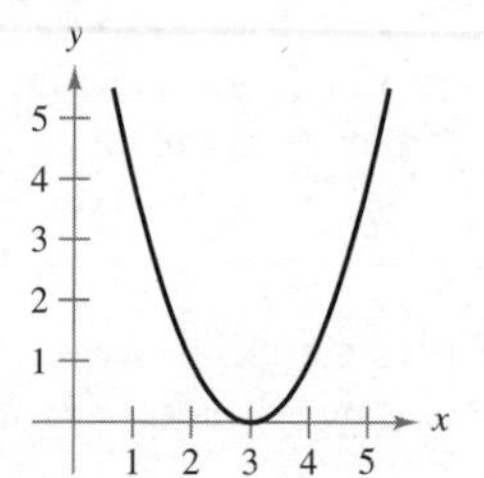

60. $f(x) = |x - 3|$

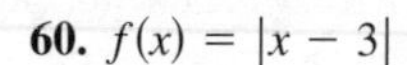

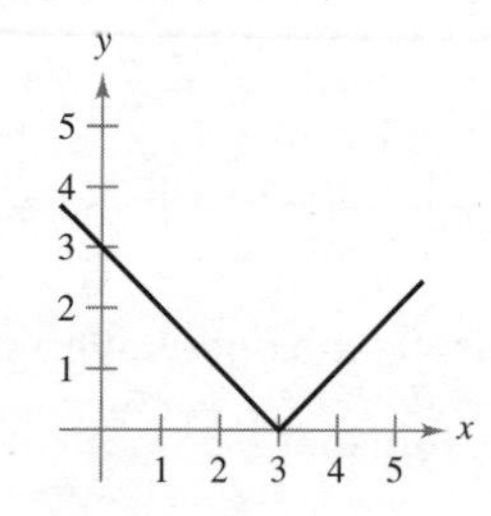

61. $f(x) = |x + 3|$

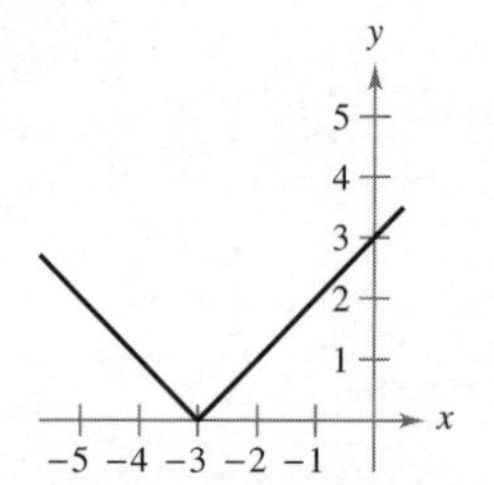

62. $f(x) = 16 - x^4$

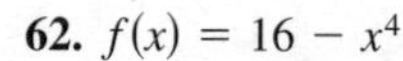

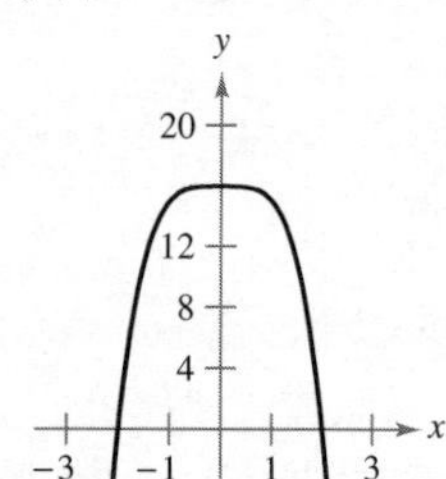

Piénselo **En los ejercicios 63 a 66, decida si la función tiene una función inversa. Si es así, describa qué representa la función inversa.**

63. $g(t)$ es el volumen de agua que ha pasado a través de un ducto t minutos después de abrir una válvula de control.

64. $h(t)$ es la altura de la marea t horas después de la medianoche, donde $0 \leq t < 24$.

65. $C(t)$ es el costo de una llamada de larga distancia de t minutos de duración.

66. $A(r)$ es el área de un círculo de radio r.

Evaluar la derivada de una función inversa **En los ejercicios 67 a 72, verifique que f tiene una inversa. A continuación, utilice la función f y el valor dado de la función $f(x) = a$ para encontrar $(f^{-1})'(a)$. (*Sugerencia*: Consulte el ejemplo 5.)**

67. $f(x) = 5 - 2x^3, \ f(-1) = 7$

68. $f(x) = \frac{1}{27}(x^5 + 2x^3), \ f(-3) = -11$

69. $f(x) = \sqrt{x - 4}, \ f(8) = 2$

70. $f(x) = \operatorname{sen} x, \ -\dfrac{\pi}{2} \leq x \leq \dfrac{\pi}{2}, \ f\left(\dfrac{\pi}{6}\right) = \dfrac{1}{2}$

71. $f(x) = \cos 2x, \ 0 \leq x \leq \dfrac{\pi}{2}, \ f(0) = 1$

72. $f(x) = \dfrac{x + 6}{x - 2}, \ x > 2, \ f(6) = 3$

Usar las funciones inversas **En los ejercicios 73 a 76, (a) encuentre los dominios de f y f^{-1}, (b) determine los rangos de f y f^{-1}, (c) trace la gráfica de f y f^{-1} y (d) demuestre que las pendientes de las gráficas de f y f^{-1} son recíprocas en los puntos dados.**

Funciones	Puntos
73. $f(x) = x^3$	$\left(\frac{1}{2}, \frac{1}{8}\right)$
$f^{-1}(x) = \sqrt[3]{x}$	$\left(\frac{1}{8}, \frac{1}{2}\right)$
74. $f(x) = 3 - 4x$	$(1, -1)$
$f^{-1}(x) = \dfrac{3 - x}{4}$	$(-1, 1)$
75. $f(x) = \sqrt{x - 4}$	$(5, 1)$
$f^{-1}(x) = x^2 + 4, \quad x \geq 0$	$(1, 5)$
76. $f(x) = \dfrac{4}{1 + x^2}, \quad x \geq 0$	$(1, 2)$
$f^{-1}(x) = \sqrt{\dfrac{4 - x}{x}}$	$(2, 1)$

Usar funciones compuestas e inversas **En los ejercicios 77 a 80, use las funciones $f(x) = \frac{1}{8}x - 3$ y $g(x) = x^3$ para encontrar el valor dado o la función.**

77. $(f^{-1} \circ g^{-1})(1)$

78. $(g^{-1} \circ g^{-1})(8)$

79. $g^{-1} \circ f^{-1}$

80. $(f \circ g)^{-1}$

Exploración de conceptos

81. Considere la función $f(x) = x^n$, con n impar. ¿Existe f^{-1}? Explique su respuesta.

82. ¿La suma de un término constante a una función afecta la existencia de una función inversa? Explique su respuesta.

En los ejercicios 83 y 84, la derivada de la función tiene el mismo signo para todas las x en su dominio, pero la función no es uno a uno. Explique por qué no lo es.

83. $f(x) = \tan x$

84. $f(x) = \dfrac{x}{x^2 - 4}$

¿Verdadero o falso? **En los ejercicios 85 a 86, determine si la afirmación es verdadera o falsa. Si es falsa, explique por qué o dé un ejemplo que demuestre que es falsa.**

85. Si f es una función par, entonces f^{-1} existe.

86. Si existe la función inversa f, entonces la intersección con el eje y de f es una intersección con el eje x de f^{-1}.

87. Construir una función uno a uno

(a) Demuestre que $f(x) = 2x^3 + 3x^2 - 36x$ no es uno a uno en $(-\infty, \infty)$.

(b) Determine el mayor valor de c tal que f sea uno a uno en $(-c, c)$.

88. Demostración Sean f y g funciones uno a uno. Demuestre que

(a) $f \circ g$ es uno a uno.

(b) $(f \circ g)^{-1}(x) = (g^{-1} \circ f^{-1})(x)$

89. Demostración Demuestre que si f tiene una función inversa, entonces $(f^{-1})^{-1} = f$.

90. Demostración Demuestre que si una función tiene una función inversa, la función inversa es única.

91. Demostración Demuestre que una función tiene una función inversa si y solo si se trata de una función uno a uno.

92. ¿CÓMO LO VE? Utilice la información de la gráfica que se presenta a continuación.

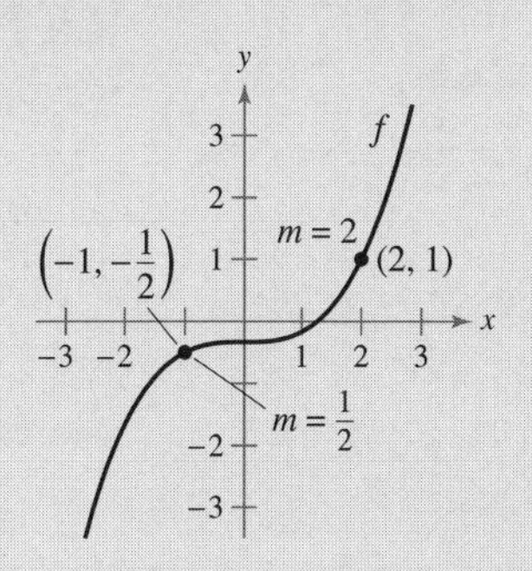

(a) ¿Cuál es la pendiente de la recta tangente a la gráfica de f^{-1} en el punto $\left(-\frac{1}{2}, -1\right)$? Explique.

(b) ¿Cuál es la pendiente de la recta tangente a la gráfica de f^{-1} en el punto $(1, 2)$? Explique.

93. Inversa de una función Sea

$$f(x) = \frac{x - 2}{x - 1}$$

Demuestre que f es su propia función inversa. ¿Qué puede concluir sobre la gráfica de f? Explique.

94. Uso del teorema 5.7 ¿La inversa de la segunda parte del teorema 5.7 es cierta? Es decir, si una función es uno a uno (y por lo tanto tiene una función inversa), entonces, ¿la función debe ser estrictamente monótona? Si es así, demuéstrelo. Si no es así, dé un contraejemplo.

95. Derivar una función inversa Demuestre que

$$f(x) = \int_2^x \sqrt{1 + t^2}\, dt$$

es uno a uno, y encuentre $(f^{-1})'(0)$.

96. Derivar una función inversa Demuestre que

$$f(x) = \int_2^x \frac{dt}{\sqrt{1 + t^4}}$$

es uno a uno y encuentre $(f^{-1})'(0)$.

97. Concavidad Sea f dos veces derivable y uno a uno en un intervalo abierto I. Demuestre que su función inversa g satisface

$$g''(x) = -\frac{f''(g(x))}{[f'(g(x))]^3}$$

Cuando f es creciente y cóncava hacia abajo, ¿cuál es la concavidad de g?

98. Usar una función Sea $f(x) = \dfrac{ax + b}{cx + d}$

(a) Demuestre que f es uno a uno si y solo si $bc - ad \neq 0$.

(b) Dado que $bc - ad \neq 0$, halle f^{-1}.

(c) Determine los valores de a, b, c y d tales que $f = f^{-1}$.

5.4 Funciones exponenciales: derivación e integración

- **Desarrollar propiedades de la función exponencial natural.**
- **Derivar funciones exponenciales naturales.**
- **Integrar funciones exponenciales naturales.**

La función exponencial natural

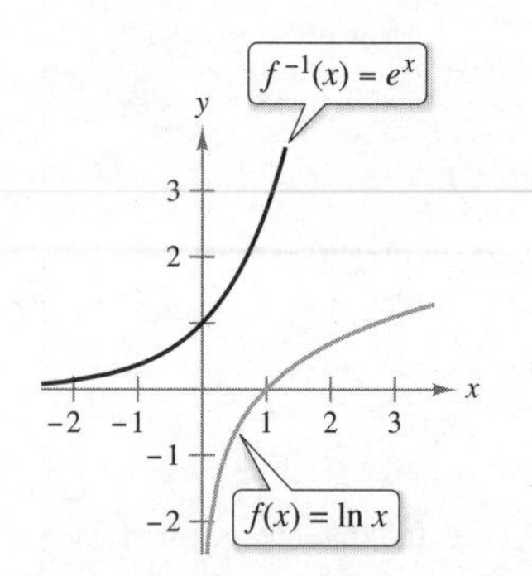

La función inversa de la función logaritmo natural es la función exponencial natural.
Figura 5.17

La función $f(x) = \ln x$ es creciente en todo su dominio, y por lo tanto tiene una función inversa f^{-1}. El dominio de f^{-1} es el conjunto de todos los números reales, y el rango es el conjunto de los números reales positivos, como se muestra en la figura 5.17. Por lo tanto, para cualquier número real x

$$f(f^{-1}(x)) = \ln[f^{-1}(x)] = x \qquad x \text{ es cualquier número real.}$$

Si x es racional, entonces

$$\ln(e^x) = x \ln e = x(1) = x \qquad x \text{ es un número racional.}$$

Debido a que la función logaritmo natural es uno a uno, se puede concluir que $f^{-1}(x)$ y e^x coinciden para *valores racionales* de x. La siguiente definición amplía el significado de e^x para incluir *todos* los valores reales de x.

Definición de la función exponencial natural

La función inversa de la función logaritmo natural se denomina **función exponencial natural** y se denota por

$$f^{-1}(x) = e^x$$

Es decir, $y = e^x$ si y solo si $x = \ln y$

Para ver las figuras a color, acceda al código

La relación inversa entre la función logaritmo natural y la función exponencial natural puede resumirse como se muestra.

$$\ln(e^x) = x \quad \text{y} \quad e^{\ln x} = x \qquad \text{Relación inversa.}$$

EJEMPLO 1 Resolver una ecuación exponencial

Resuelva $7 = e^{x+1}$

Solución Puede convertir de forma exponencial a la forma logarítmica *tomando el logaritmo natural de cada lado* de la ecuación.

$$7 = e^{x+1} \qquad \text{Escriba la ecuación original.}$$
$$\ln 7 = \ln(e^{x+1}) \qquad \text{Tome el logaritmo natural de cada lado.}$$
$$\ln 7 = x + 1 \qquad \text{Aplique la propiedad inversa.}$$
$$-1 + \ln 7 = x \qquad \text{Resuelva para } x.$$

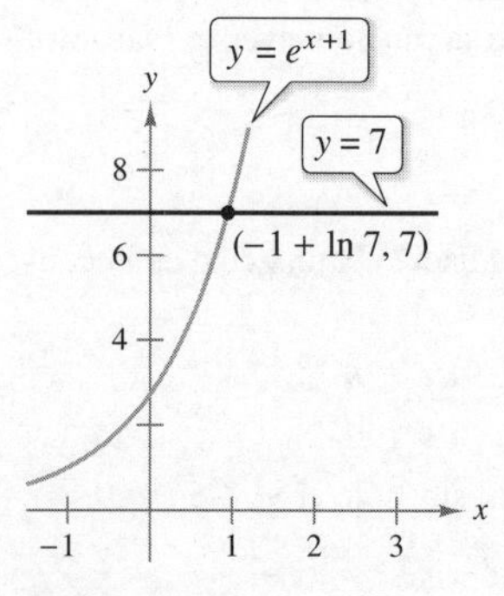

Figura 5.18

Así, la solución es $-1 + \ln 7 \approx 0.946$. La figura 5.18, que muestra las gráficas de los lados derecho e izquierdo de la ecuación original, apoya este resultado. Se puede verificar de manera algebraica esta solución como se muestra.

$$7 = e^{x+1} \qquad \text{Escriba la ecuación original.}$$
$$7 \stackrel{?}{=} e^{(-1+\ln 7)+1} \qquad \text{Sustituya } -1 + \ln 7 \text{ para } x \text{ en la ecuación original.}$$
$$7 \stackrel{?}{=} e^{\ln 7} \qquad \text{Simplifique.}$$
$$7 = 7 \checkmark \qquad \text{Solución verificada.}$$

TECNOLOGÍA

Es posible usar una utilidad gráfica para verificar una solución de una ecuación. Una manera de hacerlo es graficar los lados izquierdo y derecho de la ecuación y luego usar la función de *intersección*. Por ejemplo, para comprobar la solución al ejemplo 2, ingrese $y_1 = \ln(2x - 3)$ y $y_2 = 5$. La solución del original de la ecuación es el valor x de cada punto de intersección (vea la figura). Entonces la solución de la ecuación original es $x \approx 75.707$

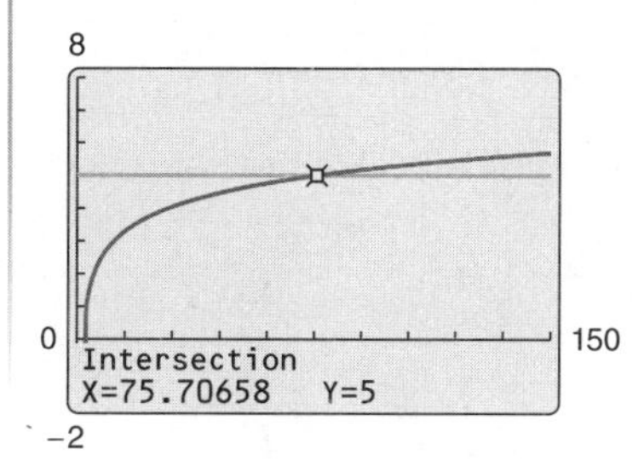

Para ver la figura a color, acceda al código

EJEMPLO 2 Resolver una ecuación logarítmica

Resuelva $\ln(2x - 3) = 5$

Solución Para convertir de forma logarítmica a forma exponencial, puede *elevar a un exponente* cada lado de la ecuación logarítmica.

$\ln(2x - 3) = 5$	Escriba la ecuación original.
$e^{\ln(2x-3)} = e^5$	Eleve cada lado a un exponente.
$2x - 3 = e^5$	Aplique la propiedad inversa.
$x = \frac{1}{2}(e^5 + 3)$	Resuelva para x.
$x \approx 75.707$	Use una calculadora.

Las reglas conocidas para operar con exponentes racionales pueden extenderse a la función exponencial natural, como se muestra en el siguiente teorema.

TEOREMA 5.10 Operaciones con funciones exponenciales

Sean a y b números reales.

1. $e^a e^b = e^{a+b}$ **2.** $\dfrac{e^a}{e^b} = e^{a-b}$

Demostración Para demostrar la propiedad 1, considere $\ln(e^a e^b)$. Use el teorema 5.2 para escribir

$$\ln(e^a e^b) = \ln(e^a) + \ln(e^b) = a + b = \ln(e^{a+b})$$

Debido a que la función logaritmo natural es uno a uno, se puede concluir que

$$e^a e^b = e^{a+b}$$

La demostración de la otra propiedad se presenta en el apéndice A.

En la sección 5.3 aprendió que una función inversa f^{-1} comparte muchas propiedades con f. Por lo tanto, la función exponencial natural hereda las propiedades que se enumeran a continuación de la función logaritmo natural.

Propiedades de la función exponencial natural

1. El dominio de $f(x) = e^x$ es
$$(-\infty, \infty)$$
y el rango es
$$(0, \infty)$$
2. La función $f(x) = e^x$ es continua, creciente y uno a uno en todo su dominio.
3. La gráfica de $f(x) = e^x$ es cóncava hacia arriba en todo su dominio.
4. $\lim\limits_{x \to -\infty} e^x = 0$
5. $\lim\limits_{x \to \infty} e^x = \infty$

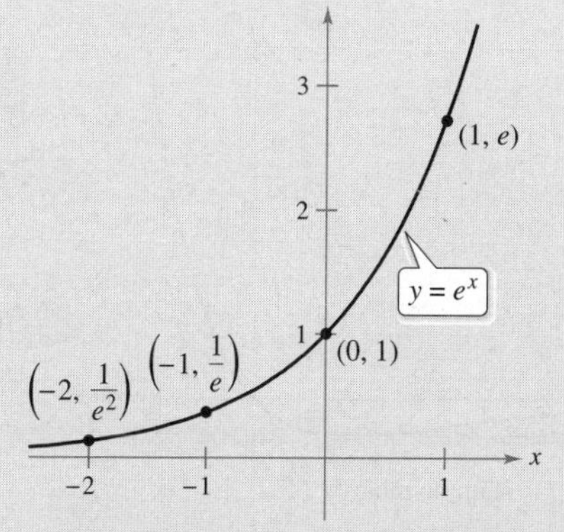

La función exponencial natural es creciente y su gráfica es cóncava hacia arriba.

Derivadas de funciones exponenciales

Una de las características más interesantes (y útiles) de la función exponencial natural es que *es su propia derivada*. En otras palabras, es una solución de la ecuación diferencial $y' = y$. Este resultado se indica en el siguiente teorema.

COMENTARIO Se puede interpretar este teorema geométrico diciendo que la pendiente de la gráfica de $f(x) = e^x$ en cualquier punto (x, e^x) es igual a la coordenada y del punto.

TEOREMA 5.11 Derivadas de la función exponencial natural

Sea u una función derivable de x.

1. $\dfrac{d}{dx}[e^x] = e^x$
2. $\dfrac{d}{dx}[e^u] = e^u \dfrac{du}{dx}$

Demostración Para demostrar la primera parte, utilice el hecho de que $\ln e^x = x$, y derive cada lado de la ecuación.

$$\ln e^x = x \qquad \text{Definición de función exponencial.}$$

$$\frac{d}{dx}[\ln e^x] = \frac{d}{dx}[x] \qquad \text{Derive cada lado de la ecuación respecto a } x.$$

$$\frac{1}{e^x}\frac{d}{dx}[e^x] = 1 \qquad \frac{d}{dx}[\ln u] = \frac{1}{u}\frac{du}{dx}$$

$$\frac{d}{dx}[e^x] = e^x \qquad \text{Multiplique cada lado por } e^x.$$

La derivada de e^u se deduce de la regla de la cadena. ■

EJEMPLO 3 Derivar funciones exponenciales

a. $\dfrac{d}{dx}[e^{2x-1}] = e^u\dfrac{du}{dx} = 2e^{2x-1}$ $\qquad u = 2x - 1$

b. $\dfrac{d}{dx}[e^{-3/x}] = e^u\dfrac{du}{dx} = \left(\dfrac{3}{x^2}\right)e^{-3/x} = \dfrac{3e^{-3/x}}{x^2}$ $\qquad u = -\dfrac{3}{x}$

c. $\dfrac{d}{dx}[x^2e^x] = x^2(e^x) + e^x(2x) = xe^x(x + 2)$ $\qquad$ Regla del producto y teorema 5.11.

d. $\dfrac{d}{dx}\left[\dfrac{e^{3x}}{e^x + 1}\right] = \dfrac{(e^x + 1)(3e^{3x}) - e^{3x}(e^x)}{(e^x + 1)^2} = \dfrac{3e^{4x} + 3e^{3x} - e^{4x}}{(e^x + 1)^2} = \dfrac{e^{3x}(2e^x + 3)}{(e^x + 1)^2}$

EJEMPLO 4 Localizar extremos relativos

Encuentre los extremos relativos de

$$f(x) = xe^x$$

Solución La derivada de f es

$$f'(x) = x(e^x) + e^x(1) \qquad \text{Regla del producto.}$$
$$= e^x(x + 1) \qquad \text{Factorice.}$$

Debido a que e^x nunca es 0, la derivada es 0 solo cuando $x = -1$. Por otra parte, por el criterio de la primera derivada, se puede determinar que esto corresponde a un mínimo relativo, como se muestra en la figura 5.19. Debido a que la derivada $f'(x) = e^x(x + 1)$ está definida para toda x, no hay otros puntos críticos. ■

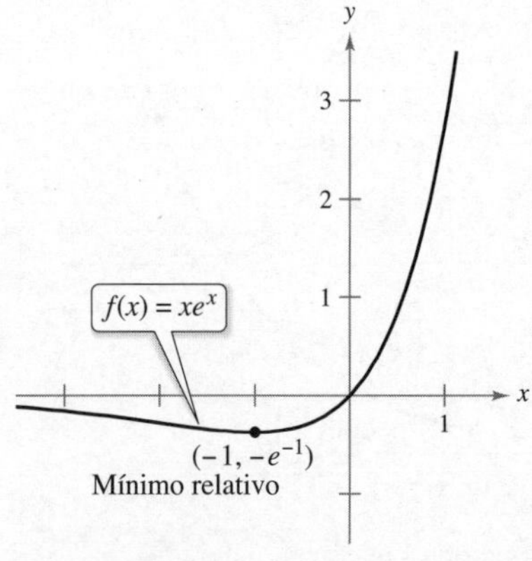

La derivada de f cambia de negativa a positiva en $x = -1$.
Figura 5.19

EJEMPLO 5 Encontrar la ecuación de una recta tangente

Encuentre la ecuación de la recta tangente a la gráfica de $f(x) = 2 + e^{1-x}$ en el punto (1, 3).

Solución Inicie por encontrar $f'(x)$.

$$f(x) = 2 + e^{1-x} \qquad \text{Escriba la función original.}$$

$$f'(x) = e^{1-x}(-1) \qquad u = 1 - x$$

$$= -e^{1-x} \qquad \text{Primera derivada.}$$

Para encontrar la pendiente de la recta tangente en (1, 3), evalúe $f'(1)$.

$$f'(1) = -e^{1-1} = -e^0 = -1 \qquad \text{Pendiente de la tangente en (1, 3).}$$

Ahora, utilice la ecuación punto-pendiente de la recta para escribir

$$y - y_1 = m(x - x_1) \qquad \text{Forma punto-pendiente.}$$

$$y - 3 = -1(x - 1) \qquad \text{Sustituya } y_1, m \text{ y } x_1.$$

$$y = -x + 4 \qquad \text{Ecuación de la recta tangente en (1, 3).}$$

La gráfica de f y su recta tangente en (1, 3), se muestran en la figura 5.20.

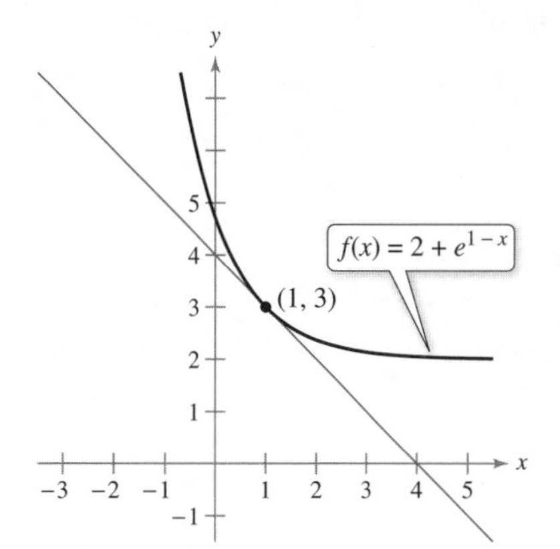

Figura 5.20

EJEMPLO 6 Función de densidad de probabilidad normal estándar

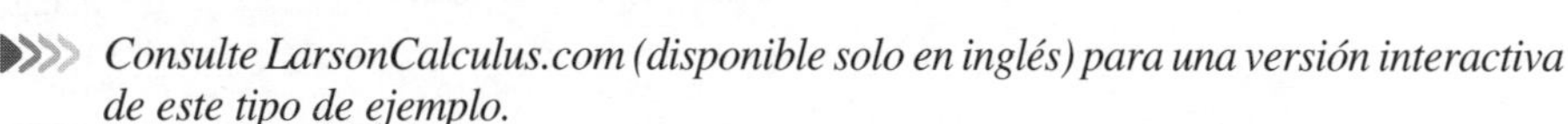
Consulte LarsonCalculus.com (disponible solo en inglés) para una versión interactiva de este tipo de ejemplo.

Demuestre que la *función de densidad de probabilidad normal estándar*

$$f(x) = \frac{1}{\sqrt{2\pi}}e^{-x^2/2}$$

tiene puntos de inflexión cuando $x = \pm 1$.

Solución Para localizar posibles puntos de inflexión, encuentre los valores de x para los que la segunda derivada es 0.

$$f(x) = \frac{1}{\sqrt{2\pi}}e^{-x^2/2} \qquad \text{Escriba la ecuación original.}$$

$$f'(x) = \frac{1}{\sqrt{2\pi}}(-x)e^{-x^2/2} \qquad \text{Primera derivada.}$$

$$f''(x) = \frac{1}{\sqrt{2\pi}}[(-x)(-x)e^{-x^2/2} + (-1)e^{-x^2/2}] \qquad \text{Regla del producto.}$$

$$= \frac{1}{\sqrt{2\pi}}(e^{-x^2/2})(x^2 - 1) \qquad \text{Segunda derivada.}$$

Por lo tanto, $f''(x) = 0$ cuando $x = \pm 1$, y se pueden aplicar las técnicas del capítulo 3 para concluir que estos valores dan los dos puntos de inflexión que se muestran en la figura de abajo.

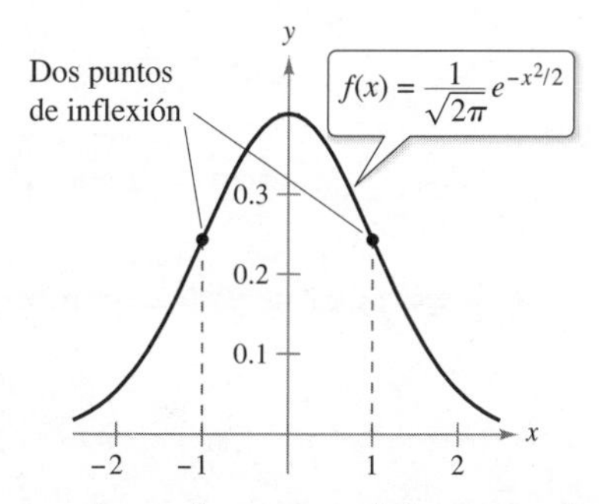

Curva en forma de campana dada por una función de densidad de probabilidad normal estándar.

COMENTARIO La forma general de una función de densidad de probabilidad normal (cuya media es 0) es

$$f(x) = \frac{1}{\sigma\sqrt{2\pi}}e^{-x^2/(2\sigma^2)}$$

donde σ es la desviación estándar (σ es la letra griega sigma minúscula). Esta "curva de campana" tiene puntos de inflexión cuando $x = \pm\sigma$.

Para ver las figuras a color, acceda al código

PARA INFORMACIÓN ADICIONAL Para obtener información sobre las derivadas de las funciones exponenciales de orden $1/2$, vea el artículo "A Child's Garden of Fractional Derivatives", por Marcia Kleinz y Thomas J. Osler, en *The College Mathematics Journal*. Para ver este artículo, visite *MathArticles.com* (disponible solo en inglés).

Integrales de funciones exponenciales

Cada fórmula de derivación en el teorema 5.11 tiene una fórmula de integración correspondiente.

TEOREMA 5.12 Reglas de integración de funciones exponenciales

Sea u una función derivable de x.

1. $\int e^x\,dx = e^x + C$ **2.** $\int e^u\,du = e^u + C$

EJEMPLO 7 Integrar funciones exponenciales

Encuentre $\int e^{3x+1}\,dx$

Solución Si $u = 3x + 1$, entonces $du = 3\,dx$. Para introducir el factor necesario de 3 en el integrando, multiplique y divida entre 3.

$$\int e^{3x+1}\,dx = \frac{1}{3}\int e^{3x+1}(3)\,dx \qquad \text{Multiplique y divida entre 3.}$$

$$= \frac{1}{3}\int e^u\,du \qquad \text{Sustituya: } u = 3x + 1.$$

$$= \frac{1}{3}e^u + C \qquad \text{Aplique la regla de los exponentes.}$$

$$= \frac{e^{3x+1}}{3} + C \qquad \text{Sustituya } u.$$

COMENTARIO En el ejemplo 7, *falta* el factor constante 3 que se introdujo para crear $du = 3\,dx$. Sin embargo, recuerde que no se puede introducir un factor *variable* que falta en el integrando. Por ejemplo,

$$\int e^{-x^2}\,dx \neq \frac{1}{x}\int e^{-x^2}(x\,dx)$$

EJEMPLO 8 Integrar funciones exponenciales

Encuentre la integral indefinida.

$$\int 5xe^{-x^2}\,dx$$

Solución Si $u = -x^2$, entonces $du = -2x\,dx$ o $x\,dx = -du/2$

$$\int 5xe^{-x^2}\,dx = \int 5e^{-x^2}(x\,dx) \qquad \text{Reagrupe la integral.}$$

$$= \int 5e^u\left(-\frac{du}{2}\right) \qquad \text{Sustituya: } u = -x^2.$$

$$= -\frac{5}{2}\int e^u\,du \qquad \text{Regla del múltiplo constante.}$$

$$= -\frac{5}{2}e^u + C \qquad \text{Aplique la regla de los exponentes.}$$

$$= -\frac{5}{2}e^{-x^2} + C \qquad \text{Sustituya } u.$$

EJEMPLO 9 **Integrar funciones exponenciales**

Encuentre cada una de las integrales indefinidas.

a. $\displaystyle\int \frac{e^{1/x}}{x^2}\,dx$ **b.** $\displaystyle\int \operatorname{sen} x\, e^{\cos x}\,dx$

Solución

a. $$\int \frac{e^{1/x}}{x^2}\,dx = -\int \overbrace{e^{1/x}}^{e^u}\overbrace{\left(-\frac{1}{x^2}\right)dx}^{du} \qquad u = \frac{1}{x}$$

$$= -e^{1/x} + C$$

b. $$\int \operatorname{sen} x\, e^{\cos x}\,dx = -\int \overbrace{e^{\cos x}}^{e^u}\overbrace{(-\operatorname{sen} x)dx}^{du} \qquad u = \cos x$$

$$= -e^{\cos x} + C$$

EJEMPLO 10 **Determinar áreas limitadas por funciones exponenciales**

Evalúe cada una de las integrales definidas

a. $\displaystyle\int_0^1 e^{-x}\,dx$ **b.** $\displaystyle\int_0^1 \frac{e^x}{1+e^x}\,dx$ **c.** $\displaystyle\int_{-1}^0 [e^x\cos(e^x)]\,dx$

Solución

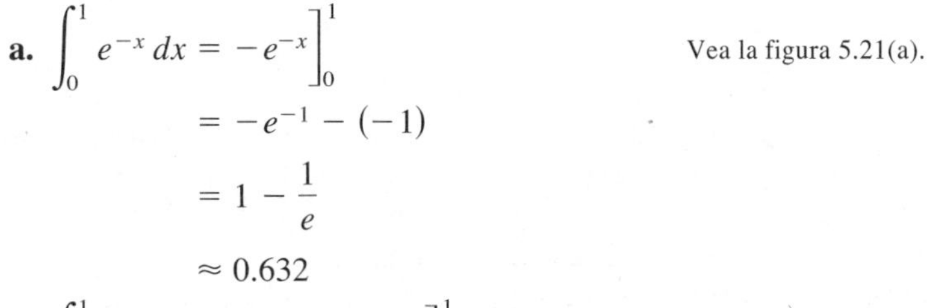

a. $$\int_0^1 e^{-x}\,dx = -e^{-x}\Big]_0^1 \qquad \text{Vea la figura 5.21(a).}$$

$$= -e^{-1} - (-1)$$

$$= 1 - \frac{1}{e}$$

$$\approx 0.632$$

b. $$\int_0^1 \frac{e^x}{1+e^x}\,dx = \ln(1+e^x)\Big]_0^1 \qquad \text{Vea la figura 5.21(b).}$$

$$= \ln(1+e) - \ln 2$$

$$\approx 0.620$$

c. $$\int_{-1}^0 e^x\cos(e^x)\,dx = \operatorname{sen}(e^x)\Big]_{-1}^0 \qquad \text{Vea la figura 5.21(c).}$$

$$= \operatorname{sen} 1 - \operatorname{sen}(e^{-1})$$

$$\approx 0.482$$

COMENTARIO En el ejemplo 10, las reglas de integración

$$\int \frac{du}{u} = \ln|u| + C$$

$$\int \cos u\,du = \operatorname{sen} u + C$$

y

$$\int e^u\,du = e^u + C$$

fueron utilizadas para resolver los incisos (a)-(c). En cada caso, ¿qué valor de u se utilizó?

Para ver la figura a color, acceda al código

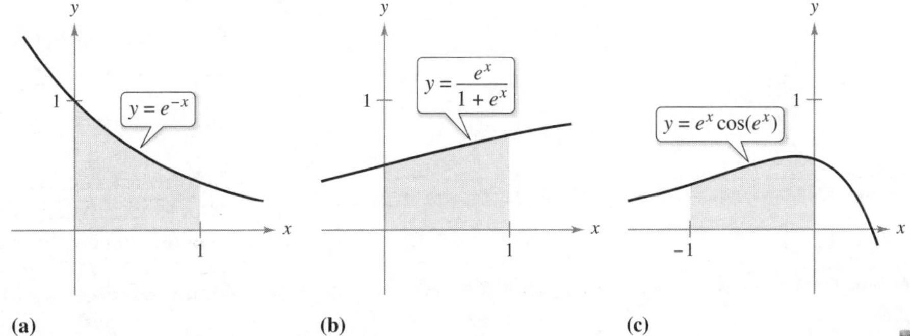

Figura 5.21

5.4 Ejercicios

Las respuestas a los ejercicios impares pueden consultarse en el Apéndice de este libro.

Repaso de conceptos

1. Describa la gráfica de $f(x) = e^x$.

2. ¿Cuál de las siguientes funciones son su propia derivada?
$y = e^x + 4$ $\quad y = e^x$ $\quad y = e^{4x}$ $\quad y = 4e^x$

Resolver una ecuación exponencial o logarítmica **En los ejercicios 3 a 18, resuelva para x con una precisión de tres decimales.**

3. $e^{\ln x} = 4$
4. $e^{\ln 3x} = 24$
5. $e^x = 12$
6. $5e^x = 36$
7. $9 - 2e^x = 7$
8. $8e^x - 12 = 7$
9. $50e^{-x} = 30$
10. $100e^{-2x} = 35$
11. $\dfrac{800}{100 - e^{x/2}} = 50$
12. $\dfrac{5000}{1 + e^{2x}} = 2$
13. $\ln x = 2$
14. $\ln x^2 = -8$
15. $\ln(x - 3) = 2$
16. $\ln 4x = 1$
17. $\ln\sqrt{x + 2} = 1$
18. $\ln(x - 2)^2 = 12$

Dibujar una gráfica **En los ejercicios 19 a 24, dibuje la gráfica de la función.**

19. $y = e^{-x}$
20. $y = \frac{1}{3}e^x$
21. $y = e^x + 1$
22. $y = -e^{x-1}$
23. $y = e^{-x^2}$
24. $y = e^{-x/2}$

Correspondencia **En los ejercicios 25 a 28, relacione la ecuación con la gráfica correcta. Suponga que a y C son números reales positivos. [Las gráficas están etiquetadas (a), (b), (c) y (d).]**

(a)

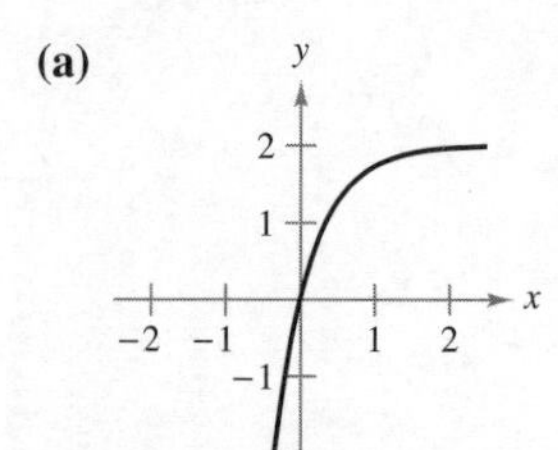

(b)

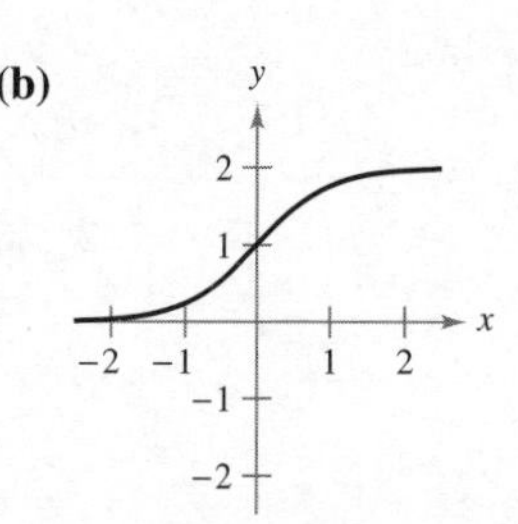

(c)

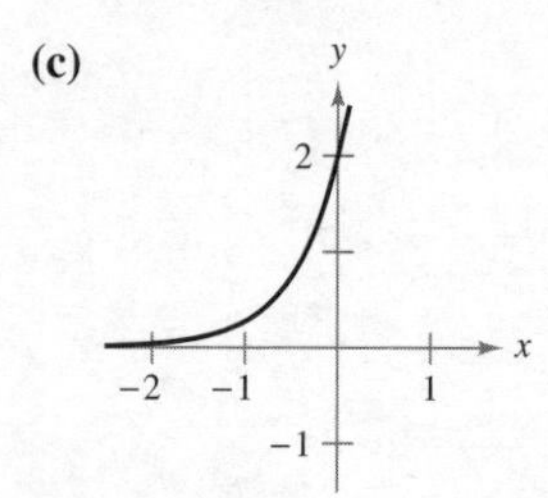

(d)

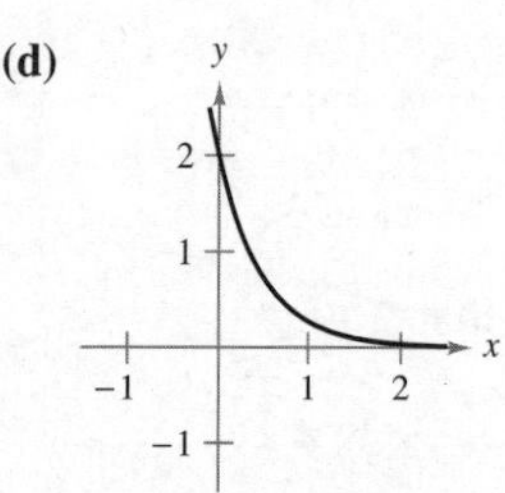

25. $y = Ce^{ax}$
26. $y = Ce^{-ax}$
27. $y = C(1 - e^{-ax})$
28. $y = \dfrac{C}{1 + e^{-ax}}$

Funciones inversas **En los ejercicios 29 a 32, ilustre qué funciones son inversas entre sí graficando ambas funciones en el mismo sistema de ejes coordenados.**

29. $f(x) = e^{2x}$
$g(x) = \ln\sqrt{x}$
30. $f(x) = e^{x/3}$
$g(x) = \ln x^3$
31. $f(x) = e^x - 1$
$g(x) = \ln(x + 1)$
32. $f(x) = e^{x-1}$
$g(x) = 1 + \ln x$

Encontrar una derivada **En los ejercicios 33 a 54, encuentre la derivada.**

33. $y = e^{5x}$
34. $y = e^{-8x}$
35. $y = e^{\sqrt{x}}$
36. $y = e^{-2x^3}$
37. $y = e^{x-4}$
38. $y = 5e^{x^2+5}$
39. $y = e^x \ln x$
40. $y = xe^{4x}$
41. $y = (x + 1)^2 e^x$
42. $y = x^2 e^{-x}$
43. $g(t) = (e^{-t} + e^t)^3$
44. $g(t) = e^{-3/t^2}$
45. $y = \ln(2 - e^{5x})$
46. $y = \ln\left(\dfrac{1 + e^x}{1 - e^x}\right)$
47. $y = \dfrac{2}{e^x + e^{-x}}$
48. $y = \dfrac{e^x - e^{-x}}{2}$
49. $y = \dfrac{e^x + 1}{e^x - 1}$
50. $y = \dfrac{e^{2x}}{e^{2x} + 1}$
51. $y = e^x(\operatorname{sen} x + \cos x)$
52. $y = e^{2x} \tan 2x$
53. $F(x) = \displaystyle\int_{\pi}^{\ln x} \cos e^t \, dt$
54. $F(x) = \displaystyle\int_{0}^{e^{2x}} \ln(t + 1) \, dt$

Encontrar una ecuación de una recta tangente **En los ejercicios 55 a 62, encuentre una ecuación de la recta tangente a la gráfica de la función en el punto dado.**

55. $f(x) = e^{3x}, \quad (0, 1)$
56. $f(x) = e^{-x} - 6, \quad (0, -5)$
57. $y = e^{3x-x^2}, \quad (3, 1)$
58. $y = e^{-2x+x^2}, \quad (2, 1)$
59. $f(x) = e^{-x} \ln x, \quad (1, 0)$
60. $y = \ln \dfrac{e^x + e^{-x}}{2}, \quad (0, 0)$
61. $y = x^2e^x - 2xe^x + 2e^x, \quad (1, e)$
62. $y = xe^x - e^x, \quad (1, 0)$

Derivación implícita **En los ejercicios 63 y 64, utilice la derivación implícita para encontrar dy/dx.**

63. $xe^y - 10x + 3y = 0$
64. $e^{xy} + x^2 - y^2 = 10$

Encontrar la ecuación de una recta tangente **En los ejercicios 65 y 66, halle una ecuación de la recta tangente a la gráfica de la función en el punto dado.**

65. $xe^y + ye^x = 1, \quad (0, 1)$
66. $1 + \ln xy = e^{x-y}, \quad (1, 1)$

Encontrar una segunda derivada **En los ejercicios 67 y 68, halle la segunda derivada de la función.**

67. $f(x) = (3 + 2x)e^{-3x}$ **68.** $g(x) = \sqrt{x} + e^x \ln x$

Ecuaciones diferenciales **En los ejercicios 69 y 70, demuestre que la función $y = f(x)$ es una solución de la ecuación diferencial.**

69. $y = 4e^{-x}$
$y'' - y = 0$

70. $y = e^{3x} + e^{-3x}$
$y'' - 9y = 0$

Encontrar extremos y puntos de inflexión **En los ejercicios 71 a 78, halle los extremos y los puntos de inflexión (si existen) de la función. Utilice un programa de graficación para trazar la función y confirmar sus resultados.**

71. $f(x) = \dfrac{e^x + e^{-x}}{2}$ **72.** $f(x) = \dfrac{e^x - e^{-x}}{2}$

73. $g(x) = \dfrac{1}{\sqrt{2\pi}} e^{-(x-2)^2/2}$ **74.** $g(x) = \dfrac{1}{\sqrt{2\pi}} e^{-(x-3)^2/2}$

75. $f(x) = (2 - x)e^x$ **76.** $f(x) = xe^{-x}$

77. $g(t) = 1 + (2 + t)e^{-t}$ **78.** $f(x) = -2 + e^{3x}(4 - 2x)$

79. Área Encuentre el área del rectángulo más grande que puede ser inscrito bajo la curva $y = e^{-x^2}$ en el primer y segundo cuadrantes.

80. Área Realice los siguientes pasos para encontrar el área máxima del rectángulo que se muestra en la figura.

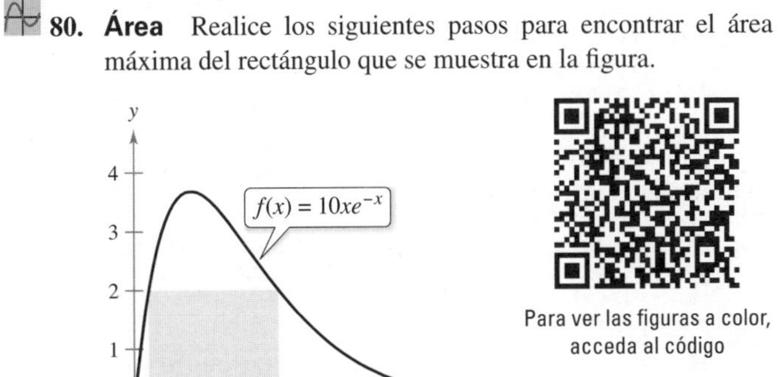

(a) Resuelva para c en la ecuación $f(c) = f(c + x)$.

(b) Utilice el resultado del inciso (a) para escribir el área en función de x. [*Sugerencia*: $A = xf(c)$.]

(c) Utilice un programa de graficación para trazar la función de área. Use la gráfica para aproximar las dimensiones del rectángulo de área máxima. Determine el área máxima.

(d) Utilice un programa de graficación para trazar la expresión para c encontrada en el inciso (a). Use la gráfica para aproximar

$$\lim_{x \to 0^+} c \quad \text{y} \quad \lim_{x \to \infty} c$$

Utilice este resultado para describir los cambios en las dimensiones y la posición del rectángulo para $0 < x < \infty$.

81. Encontrar una ecuación de una recta tangente Encuentre un punto de la gráfica de la función $f(x) = e^{2x}$ tal que la recta tangente a la gráfica en ese punto pasa por el origen. Utilice un programa de graficación para trazar las gráficas de f y de su recta tangente en la misma ventana de visualización.

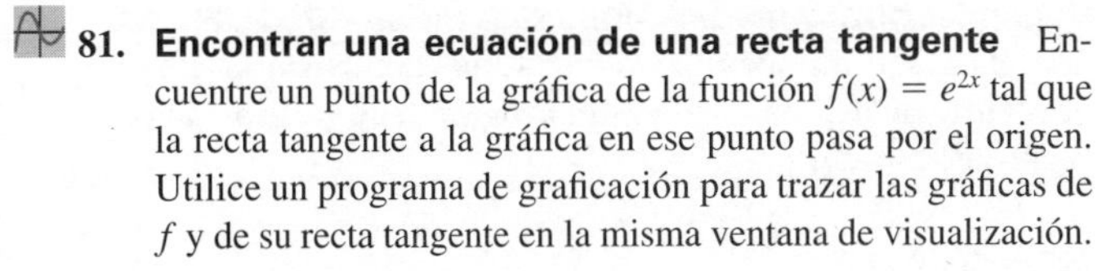

82. **¿CÓMO LO VE?** La figura muestra las gráficas de f y g, donde a es un número real positivo. Identifique el (los) intervalo(s) abierto(s) en el (los) que las gráficas de f y g: (a) crecen o decrecen, y (b) son cóncavas hacia arriba o cóncavas hacia abajo.

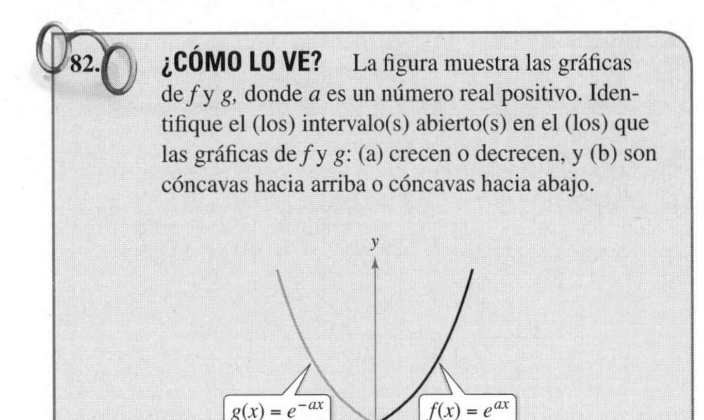

83. Depreciación El valor V de un artículo t años después de su adquisición es $V = 15\,000e^{-0.6286t}$, $0 \leq t \leq 10$.

(a) Utilice un programa de graficación para trazar la función.

(b) Halle las tasas de variación de V respecto a t cuando $t = 1$ y $t = 5$.

(c) Utilice un programa de graficación para trazar las rectas tangentes a la función cuando $t = 1$ y $t = 5$.

84. Movimiento armónico El desplazamiento desde el equilibrio de una masa oscilante en el extremo de un resorte suspendido de un techo es $y = 1.56e^{-0.22t} \cos 4.9t$, donde y es el desplazamiento (en pies) y t es el tiempo (en segundos). Utilice un programa de graficación para trazar la función de desplazamiento sobre el intervalo [0, 10]. Encuentre un valor de t en el que el desplazamiento es menor que 3 pulgadas desde la posición de equilibrio.

85. Presión atmosférica

Un meteorólogo mide la presión atmosférica P (en milibares) a una altura h (en kilómetros). Los datos se muestran a continuación.

h	0	5	10	15	20
P	1013.2	547.5	233.0	121.6	50.7

(a) Utilice un programa de graficación para trazar los puntos $(h, \ln P)$. Use las capacidades de regresión del programa para encontrar un modelo lineal que se ajuste a los datos revisados.

(b) La recta en el inciso (a) tiene la forma $\ln P = ah + b$. Escriba la ecuación en forma exponencial.

(c) Utilice un programa de graficación para trazar los datos originales y graficar el modelo exponencial en el inciso (b).

(d) Encuentre la tasa de cambio de la presión cuando $h = 5$ y $h = 18$.

86. Modelado de datos La tabla muestra los valores aproximados V de un sedán de tamaño medio para los años 2014 a 2020. La variable t representa el tiempo (en años), con $t = 14$ correspondiente a 2014.

t	14	15	16	17
V	\$23 046	\$20 596	\$18 851	\$17 001

t	18	19	20
V	\$15 226	\$14 101	\$12 841

(a) Utilice las capacidades de regresión de un programa de graficación para ajustar modelos lineales y cuadráticos a los datos. Grafique los datos y los modelos.

(b) ¿Qué representa la pendiente en el modelo lineal en el inciso (a)?

(c) Utilice la capacidad de regresión de un programa de graficación para ajustar un modelo exponencial a los datos.

(d) Determine la asíntota horizontal del modelo exponencial encontrado en el inciso (c). Interprete su significado en el contexto del problema.

(e) Utilice el modelo exponencial para encontrar la tasa de disminución en el valor del sedán cuando $t = 16$ y $t = 19$.

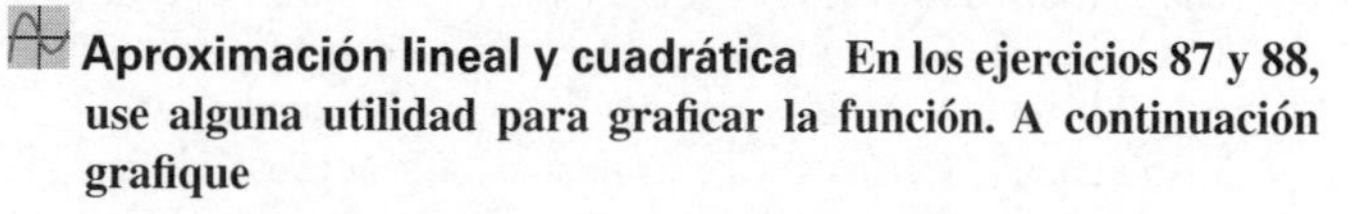

Aproximación lineal y cuadrática **En los ejercicios 87 y 88, use alguna utilidad para graficar la función. A continuación grafique**

$$P_1(x) = f(0) + f'(0)(x - 0) \quad \text{y}$$

$$P_2(x) = f(0) + f'(0)(x - 0) + \tfrac{1}{2}f''(0)(x - 0)^2$$

en la misma ventana de visualización. Compare los valores de f, P_1, P_2 y sus primeras derivadas en $x = 0$.

87. $f(x) = e^x$ **88.** $f(x) = e^{x/2}$

Fórmula de Stirling **Para valores grandes de n,**

$$n! = 1 \cdot 2 \cdot 3 \cdot 4 \cdots (n - 1) \cdot n$$

se puede aproximar por la fórmula de Stirling,

$$n! \approx \left(\frac{n}{e}\right)^n \sqrt{2\pi n}$$

En los ejercicios 89 y 90, encuentre el valor exacto de $n!$ y luego aproxime con la fórmula de Stirling.

89. $n = 12$ **90.** $n = 15$

Encontrar una integral indefinida **En los ejercicios 91 a 108, encuentre la integral indefinida.**

91. $\int e^{5x}(5)\,dx$ **92.** $\int e^{-x^4}(-4x^3)\,dx$

93. $\int e^{5x-3}\,dx$ **94.** $\int e^{1-3x}\,dx$

95. $\int (2x + 1)e^{x^2+x}\,dx$ **96.** $\int e^x(e^x + 1)^2\,dx$

97. $\int \frac{e^{\sqrt{x}}}{\sqrt{x}}\,dx$ **98.** $\int \frac{e^{1/x^2}}{x^3}\,dx$

99. $\int \frac{e^{-x}}{1 + e^{-x}}\,dx$ **100.** $\int \frac{e^{2x}}{1 + e^{2x}}\,dx$

101. $\int e^x\sqrt{1 - e^x}\,dx$ **102.** $\int \frac{e^x - e^{-x}}{e^x + e^{-x}}\,dx$

103. $\int \frac{e^x + e^{-x}}{e^x - e^{-x}}\,dx$ **104.** $\int \frac{2e^x - 2e^{-x}}{(e^x + e^{-x})^2}\,dx$

105. $\int \frac{5 - e^x}{e^{2x}}\,dx$ **106.** $\int \frac{e^{-3x} + 2e^{2x} + 3}{e^x}\,dx$

107. $\int e^{-x}\tan(e^{-x})\,dx$ **108.** $\int e^{2x}\csc(e^{2x})\,dx$

Evaluar una integral definida **En los ejercicios 109 a 118, calcule la integral definida. Utilice un programa de graficación para verificar el resultado.**

109. $\int_0^1 e^{-3x}\,dx$ **110.** $\int_{-1}^1 e^{1+4x}\,dx$

111. $\int_0^1 xe^{-x^2}\,dx$ **112.** $\int_{-2}^0 x^2e^{x^3/2}\,dx$

113. $\int_1^3 \frac{e^{3/x}}{x^2}\,dx$ **114.** $\int_0^{\sqrt{2}} xe^{-x^2/2}\,dx$

115. $\int_0^2 \frac{e^{4x}}{1 + e^{4x}}\,dx$ **116.** $\int_{-2}^0 \frac{e^{x+1}}{7 - e^{x+1}}\,dx$

117. $\int_0^{\pi/2} e^{\operatorname{sen} \pi x}\cos \pi x\,dx$ **118.** $\int_{\pi/3}^{\pi/2} e^{\sec 2x}\sec 2x \tan 2x\,dx$

Ecuaciones diferenciales **En los ejercicios 119 y 120, resuelva la ecuación diferencial.**

119. $\frac{dy}{dx} = xe^{9x^2}$

120. $\frac{dy}{dx} = (e^x - e^{-x})^2$

Ecuaciones diferenciales **En los ejercicios 121 y 122, encuentre la solución particular que satisface las condiciones iniciales.**

121. $f''(x) = \frac{1}{2}(e^x + e^{-x}),\ f(0) = 1,\ f'(0) = 0$

122. $f''(x) = \operatorname{sen} x + e^{2x},\ f(0) = \frac{1}{4},\ f'(0) = \frac{1}{2}$

Área **En los ejercicios 123 a 126, encuentre el área de la región acotada por las gráficas de las ecuaciones. Utilice un programa de graficación para verificar su resultado.**

123. $y = e^x,\ y = 0,\ x = 0,\ x = 6$

124. $y = e^{-2x},\ y = 0,\ x = -1,\ x = 3$

125. $y = xe^{-x^2/4},\ y = 0,\ x = 0,\ x = \sqrt{6}$

126. $y = e^{-5x} + 2,\ y = 0,\ x = 0,\ x = 2$

Regla del punto medio **En los ejercicios 127 y 128, utilice la regla del punto medio con $n = 12$ para aproximar el valor de la integral definida. Utilice un programa de graficación para verificar sus resultados.**

127. $\int_0^4 \sqrt{x}\,e^x\,dx$ **128.** $\int_0^2 2xe^{-x}\,dx$

Exploración de conceptos

129. Compare las asíntotas de la exponencial natural con las de la función logaritmo.

130. Use alguna utilidad para graficar $f(x) = e^x$ y la función dada en la misma ventana de visualización. ¿Cómo se relacionan las dos gráficas?

(a) $g(x) = e^{x-2}$ (b) $h(x) = -\frac{1}{2}e^x$

(c) $q(x) = e^{-x} + 3$ (d) $p(x) = 5e^x$

¿Verdadero o falso? **En los ejercicios 131 a 134, determine si la afirmación es verdadera o falsa. Si es falsa, explique por qué o dé un ejemplo que demuestre que es falsa.**

131. Si $f(x) = g(x)e^x$, entonces $f'(x) = g'(x)e^x$.

132. Si $f(x) = \ln x$, entonces $f(e^{n+1}) - f(e^n) = 1$ para cualquier valor de n.

133. Las gráficas de $f(x) = e^x$ y $g(x) = e^{-x}$ se cortan en ángulos rectos.

134. Si $f(x) = g(x)e^x$, entonces los únicos ceros de f son los ceros de g.

135. Probabilidad Una batería de automóvil tiene una vida media de 48 meses con una desviación estándar de 6 meses. La vida de la batería se distribuye normalmente. La probabilidad de que una batería dada durará entre 48 meses y 60 meses es de

$$0.0065 \int_{48}^{60} e^{-0.0139(t-48)^2}\, dt$$

Utilice las capacidades de integración de un programa de graficación para aproximar la integral. Interprete la probabilidad resultante.

136. Probabilidad La mediana de tiempo de espera (en minutos) para la gente esperando el servicio en una tienda de conveniencia está dada por la solución de la ecuación

$$\int_0^x 0.3e^{-0.3t}\, dt = \frac{1}{2}$$

¿Cuál es el tiempo de espera promedio?

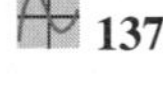

137. Modelado de datos Una válvula de un tanque de almacenamiento se abre durante 4 horas para liberar una sustancia química en un proceso de fabricación. En la tabla se da la velocidad de flujo R (en litros por hora) en el tiempo t (en horas).

t	0	1	2	3	4
R	425	240	118	71	36

(a) Utilice las capacidades de regresión de un programa de graficación para encontrar un modelo lineal para los puntos $(t, \ln R)$. Escriba la ecuación resultante de la forma $\ln R = at + b$ en forma exponencial.
(b) Utilice un programa de graficación para trazar los datos y graficar el modelo exponencial.
(c) Use la integral definida para aproximar el número de litros de sustancia química liberados durante las 4 horas.

138. Uso del área de una región Encuentre el valor de a tal que la superficie delimitada por $y = e^{-x}$, el eje x, $x = -a$ y $x = a$ es $\frac{8}{3}$.

139. Analizar una gráfica Considere la función

$$f(x) = \frac{2}{1 + e^{1/x}}$$

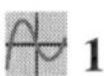

(a) Utilice un programa de graficación para trazar f.
(b) Escriba un breve párrafo explicando por qué la gráfica tiene una asíntota horizontal en $y = 1$ y por qué la función tiene una discontinuidad no evitable en $x = 0$.

140. Movimiento horizontal La función de posición de una partícula que se mueve a lo largo del eje x está dada por $x(t) = Ae^{kt} + Be^{-kt}$, donde A, B y k son constantes positivas.

(a) ¿En qué tiempo t la partícula está más cerca del origen?
(b) Demuestre que la aceleración de la partícula es proporcional a la posición de la partícula. ¿Cuál es la constante de proporcionalidad?

141. Derivar una desigualdad Dada $e^x \geq 1$, para $x \geq 0$ se tiene que

$$\int_0^x e^t\, dt \geq \int_0^x 1\, dt$$

Realice esta integración para derivar la desigualdad

$e^x \geq 1 + x$

para $x \geq 0$.

142. Resolver una ecuación Encuentre, con tres decimales, el valor de x tal que $e^{-x} = x$. (Use el método de Newton o la utilidad *cero* o *raíz* de un programa de graficación.)

143. Analizar una gráfica Considere la función

$f(x) = xe^{-kx}$

con $k > 0$. Encuentre los máximos relativos y los puntos de inflexión de f.

144. Encontrar la razón máxima de cambio Verifique que la función

$$y = \frac{L}{1 + ae^{-x/b}}, \quad a > 0, \quad b > 0, \quad L > 0$$

aumenta a una razón máxima cuando $y = L/2$.

DESAFÍO DEL EXAMEN PUTNAM

145. Sea S una clase de funciones de $[0, \infty)$ a $[0, \infty)$ que satisface

(i) La función $f_1(x) = e^x - 1$ y $f_2(x) = \ln(x + 1)$ están en S.

(ii) Si $f(x) + g(x)$ están en S, las funciones $f(x) + g(x)$ y $f(g(x))$ están en S.

(iii) Si $f(x)$ y $g(x)$ están en S y $f(x) \geq g(x)$ para toda $x \geq 0$, entonces la función $f(x) - g(x)$ está en S.

Demuestre que si $f(x)$ y $g(x)$ están en S entonces la función $f(x)g(x)$ también está en S.

5.5 Otras bases distintas de *e* y aplicaciones

- **Definir las funciones exponenciales que tienen bases distintas de *e*.**
- **Derivar e integrar funciones exponenciales que tienen bases distintas de *e*.**
- **Utilizar las funciones exponenciales para modelar el interés compuesto y el crecimiento exponencial.**

Bases distintas de e

La **base** de la función exponencial natural es *e*. Esta base "natural" se puede utilizar para asignar un significado a una base general *a*.

COMENTARIO Recuerde, la base $a = 1$ está excluida porque produce $f(x) = 1^x = 1$. Esta es una función *constante*, no una función *exponencial*.

Para ver las figuras a color, acceda al código

Definición de función exponencial de base *a*

Si a es un número real positivo $(a \neq 1)$ y x es cualquier número real, entonces la **función exponencial de base *a*** es denotada por a^x y se define por

$$a^x = e^{(\ln a)x}$$

Si $a = 1$ entonces $y = 1^x = 1$ es una función constante.

Las funciones exponenciales obedecen a las leyes usuales de los exponentes. Por ejemplo, aquí están algunas de las propiedades conocidas.

1. $a^0 = 1$ **2.** $a^x a^y = a^{x+y}$ **3.** $\dfrac{a^x}{a^y} = a^{x-y}$ **4.** $(a^x)^y = a^{xy}$

Cuando se modela la vida media de una muestra radiactiva, es conveniente utilizar $\frac{1}{2}$ como la base del modelo exponencial. (La *vida media* es el número de años necesarios para que la mitad de los átomos de una muestra de material radiactivo se desintegren.)

EJEMPLO 1 Modelar la vida media radiactiva

La vida media del carbono-14 es de unos 5715 años. Una muestra contiene 1 gramo de carbono-14. ¿Cuánto estará presente en 10 mil años?

Solución Sea $t = 0$, que representa el presente, y sea y que representa la cantidad (en gramos) de carbono-14 en la muestra. Utilizando una base de $\frac{1}{2}$ puede modelar y mediante la ecuación

$$y = \left(\frac{1}{2}\right)^{t/5715}$$

Observe que cuando $t = 5715$, la cantidad se reduce a la mitad de la cantidad original

$$y = \left(\frac{1}{2}\right)^{5715/5715} = \frac{1}{2} \text{ gramo}$$

Cuando $t = 11\,430$, la cantidad se reduce a un cuarto de la cantidad original y así sucesivamente. Para determinar la cantidad de carbono-14 después de 10 000 años, sustituya $t = 10\,000$.

$$y = \left(\frac{1}{2}\right)^{10000/5715}$$

$$\approx 0.30 \text{ gramos}$$

La gráfica de y se muestra a la derecha.

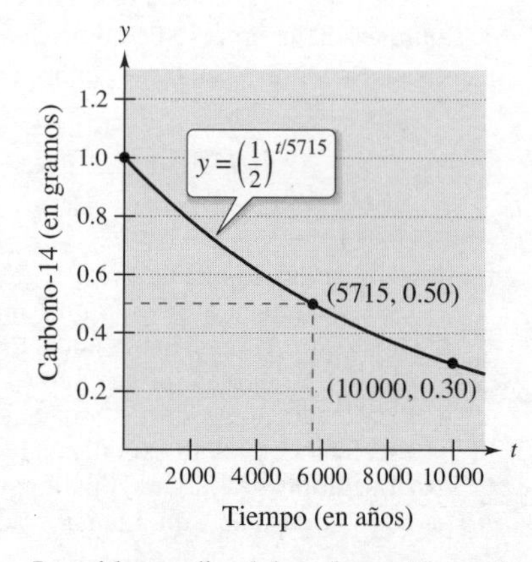

La vida media del carbono-14 es de unos 5715 años.

La datación por carbono utiliza el radioisótopo carbono-14 para estimar la antigüedad de los materiales orgánicos muertos. El método se basa en la velocidad de decaimiento del carbono-14 (vea ejemplo 1), un compuesto que los organismos toman cuando están vivos.

Se pueden definir funciones logarítmicas para bases diferentes de e de la misma manera en que se definen funciones exponenciales para otras bases.

COMENTARIO En precálculo, aprendió que $\log_a x$ es el valor al que a debe ser elevado para producir x. Esto concuerda con la definición de la derecha, porque

$$\begin{aligned} a^{\log_a x} &= a^{(1/\ln a)\ln x} \\ &= (e^{\ln a})^{(1/\ln a)\ln x} \\ &= e^{(\ln a/\ln a)\ln x} \\ &= e^{\ln x} \\ &= x \end{aligned}$$

Definición de función logarítmica en base a

Si a es un número real positivo ($a \neq 1$) y x es cualquier número real positivo, entonces la **función logarítmica en base a** se denota por $\log_a x$ y se define como

$$\log_a x = \frac{1}{\ln a} \ln x$$

Las funciones logarítmicas en base a tienen propiedades similares a las de la función logaritmo natural, dada en el teorema 5.2. (Suponga que x y y son números positivos y n es racional.)

1. $\log_a 1 = 0$ — Logaritmo de 1.
2. $\log_a xy = \log_a x + \log_a y$ — Logaritmo de un producto.
3. $\log_a x^n = n \log_a x$ — Logaritmo de una potencia.
4. $\log_a \dfrac{x}{y} = \log_a x - \log_a y$ — Logaritmo de un cociente.

De las definiciones de las funciones exponenciales y logarítmicas en base a se tiene que $f(x) = a^x$ y $g(x) = \log_a x$ son funciones inversas una de la otra.

Propiedades de las funciones inversas

1. $y = a^x$ si y solo si $x = \log_a y$
2. $a^{\log_a x} = x$, para $x > 0$
3. $\log_a a^x = x$, para toda x

La función logaritmo de base 10 recibe el nombre de **función logaritmo común.** Por lo tanto, para los logaritmos comunes

$$y = 10^x \quad \text{si y solo si} \quad x = \log_{10} y$$ Propiedad de las funciones inversas.

EJEMPLO 2 Bases distintas de e

En cada ecuación, resuelva para x.

a. $3^x = \dfrac{1}{81}$

b. $\log_2 x = -4$

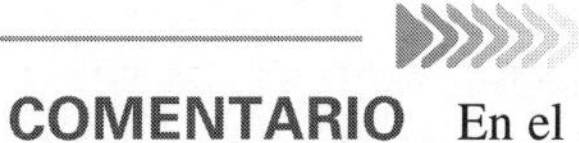

COMENTARIO En el ejemplo 2, la estrategia utilizada para resolver x es operar en cada lado de la ecuación con la función inversa. Por ejemplo, en la parte (a), la ecuación tiene una función exponencial de base 3. Entonces, para resolver x, se aplica la función logarítmica en base 3 a cada lado de la ecuación.

Solución

a. Para resolver esta ecuación puede aplicar la función logaritmo en base 3 a cada lado de la ecuación.

$$\begin{aligned} 3^x &= \frac{1}{81} \\ \log_3 3^x &= \log_3 \frac{1}{81} \\ x &= \log_3 3^{-4} \\ x &= -4 \end{aligned}$$

b. Para resolver esta ecuación puede aplicar la función exponencial de base 2 a cada lado de la ecuación.

$$\begin{aligned} \log_2 x &= -4 \\ 2^{\log_2 x} &= 2^{-4} \\ x &= \frac{1}{2^4} \\ x &= \frac{1}{16} \end{aligned}$$

■

Derivación e integración

Para derivar las funciones exponenciales y logarítmicas en otras bases se tienen tres opciones: (1) utilizar las definiciones de a^x y $\log_a x$ y derivar utilizando las reglas para las funciones exponenciales y logarítmicas naturales; (2) utilizar la derivación logarítmica, o (3) utilizar las reglas de derivación para bases distintas de e dadas en el siguiente teorema.

COMENTARIO Estas reglas de derivación son similares a las de la función exponencial natural y la función logaritmo natural. De hecho, solo difieren por los factores constantes $\ln a$ y $1/\ln a$. Esto indica una de las razones por las que, para cálculo, e es la base más conveniente.

TEOREMA 5.13 Derivadas de bases distintas de e

Sea a un número real positivo ($a \neq 1$) y sea u una función derivable de x.

1. $\dfrac{d}{dx}[a^x] = (\ln a)a^x$
2. $\dfrac{d}{dx}[a^u] = (\ln a)a^u \dfrac{du}{dx}$
3. $\dfrac{d}{dx}[\log_a x] = \dfrac{1}{(\ln a)x}$
4. $\dfrac{d}{dx}[\log_a u] = \dfrac{1}{(\ln a)u}\dfrac{du}{dx}$

Demostración Por definición $a^x = e^{(\ln a)x}$. Por lo tanto, usted puede demostrar la primera regla haciendo que $u = (\ln a)x$, y derivando con la base e para obtener

$$\frac{d}{dx}[a^x] = \frac{d}{dx}[e^{(\ln a)x}] = e^u\frac{du}{dx} = e^{(\ln a)x}(\ln a) = (\ln a)a^x$$

Para demostrar la tercera regla, puede escribir

$$\frac{d}{dx}[\log_a x] = \frac{d}{dx}\left[\frac{1}{\ln a}\ln x\right] = \frac{1}{\ln a}\left(\frac{1}{x}\right) = \frac{1}{(\ln a)x}$$

La segunda y la cuarta reglas son simplemente versiones de la regla de la cadena para la primera y tercera reglas. ■

EJEMPLO 3 Derivar funciones de otras bases

Encuentre la derivada de cada función.

a. $y = 2^x$ **b.** $y = 2^{3x}$ **c.** $y = \log_{10} \cos x$ **d.** $y = \log_3 \dfrac{\sqrt{x}}{2x + 5}$

Solución

a. $y' = \dfrac{d}{dx}[2^x] = (\ln 2)2^x$

b. $y' = \dfrac{d}{dx}[2^{3x}] = (\ln 2)2^{3x}(3) = (3 \ln 2)2^{3x}$

COMENTARIO Intente escribir 2^{3x} como 8^x y derive para ver que obtiene el mismo resultado.

c. $y' = \dfrac{d}{dx}[\log_{10} \cos x] = \dfrac{-\operatorname{sen} x}{(\ln 10)\cos x} = -\dfrac{1}{\ln 10}\tan x$

d. Antes de derivar, reescriba la función usando las propiedades de los logaritmos.

$$y = \log_3 \frac{\sqrt{x}}{2x + 5} = \frac{1}{2}\log_3 x - \log_3(2x + 5)$$

A continuación, aplique el teorema 5.13 para derivar la función.

$$y' = \frac{d}{dx}\left[\frac{1}{2}\log_3 x - \log_3(2x + 5)\right] \qquad \text{Derive respecto a } x.$$

$$= \frac{1}{2(\ln 3)x} - \frac{2}{(\ln 3)(2x + 5)}(2) \qquad \text{Teorema 5.13, propiedades 3 y 4.}$$

$$= \frac{5 - 2x}{2(\ln 3)x(2x + 5)} \qquad \text{Simplifique.}$$

■

A veces el integrando involucra una función exponencial con una base distinta de e. Cuando esto ocurre, hay dos opciones: (1) convertir a base e usando la fórmula $a^x = e^{(\ln a)x}$ y luego integrar, o (2) integrar directamente, utilizando la fórmula de integración

$$\int a^x\,dx = \left(\frac{1}{\ln a}\right)a^x + C$$

que se obtiene del teorema 5.13.

EJEMPLO 4 **Integrar una función exponencial de otra base**

Encuentre $\int 2^x\,dx$

Solución

$$\int 2^x\,dx = \frac{1}{\ln 2}2^x + C$$

Cuando se introdujo la regla de la potencia, $D_x[x^n] = nx^{n-1}$, en el capítulo 2, se requirió que el exponente n fuera un número racional. Ahora la regla se amplía para cubrir cualquier valor real de n. Intente demostrar este teorema utilizando la derivación logarítmica.

TEOREMA 5.14 La regla de la potencia para exponentes reales

Sea n cualquier número, y sea u una función derivable de x.

1. $\dfrac{d}{dx}[x^n] = nx^{n-1}$ **2.** $\dfrac{d}{dx}[u^n] = nu^{n-1}\dfrac{du}{dx}$

El siguiente ejemplo compara las derivadas de los cuatro tipos de funciones. Cada función utiliza una fórmula de derivación diferente, dependiendo de si la base y el exponente son constantes o variables.

EJEMPLO 5 **Comparar variables y constantes**

a. $\dfrac{d}{dx}[e^e] = 0$ Regla de la constante.

b. $\dfrac{d}{dx}[e^x] = e^x$ Regla exponencial.

c. $\dfrac{d}{dx}[x^e] = ex^{e-1}$ Regla de la potencia.

d.

$y = x^x$ Use la derivación logarítmica *a*.

$\ln y = \ln x^x$ Tome el logaritmo natural de cada lado.

$\ln y = x \ln x$ Propiedades de los logaritmos.

$\dfrac{y'}{y} = x\left(\dfrac{1}{x}\right) + (\ln x)(1)$ Derive.

$\dfrac{y'}{y} = 1 + \ln x$ Simplifique.

$y' = y(1 + \ln x)$ Resuelva y'.

$y' = x^x(1 + \ln x)$ Sustituya y.

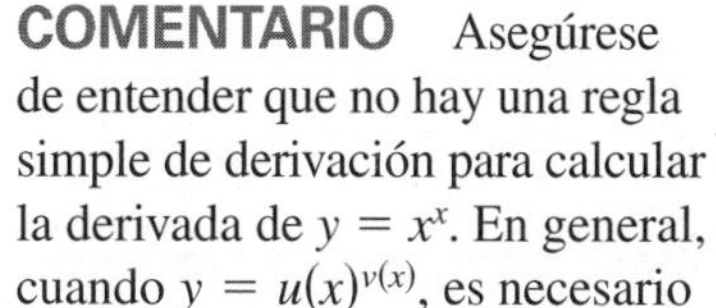

COMENTARIO Asegúrese de entender que no hay una regla simple de derivación para calcular la derivada de $y = x^x$. En general, cuando $y = u(x)^{v(x)}$, es necesario utilizar la derivación logarítmica.

Aplicaciones de las funciones exponenciales

Una cantidad de P dólares se deposita en una cuenta a una tasa de interés anual r (en formato decimal). ¿Cuál es el saldo de la cuenta al final de 1 año? La respuesta depende de la cantidad de veces n que el interés es capitalizado según la fórmula

$$A = P\left(1 + \frac{r}{n}\right)^n$$

Por ejemplo, el resultado de depositar una fianza de $1000 al 8% de interés capitalizado n veces al año se muestra en la tabla de la derecha.

n	A
1	$1080.00
2	$1081.60
4	$1082.43
12	$1083.00
365	$1083.28

A medida que n aumenta, el saldo A se aproxima a un límite. Para desarrollar este límite, utilice el siguiente teorema. Para demostrar la razonabilidad de este teorema, trate de evaluar

$$\left(\frac{x+1}{x}\right)^x$$

para varios valores de x, como se muestra en la tabla a la izquierda.

x	$\left(\frac{x+1}{x}\right)^x$
10	2.59374
100	2.70481
1000	2.71692
10 000	2.71815
100 000	2.71827
1 000 000	2.71828

TEOREMA 5.15 Límite que involucra *e*

$$\lim_{x\to\infty}\left(1 + \frac{1}{x}\right)^x = \lim_{x\to\infty}\left(\frac{x+1}{x}\right)^x = e$$

En el apéndice A se da una demostración de este teorema.

Teniendo en cuenta el teorema 5.15, vuelva a revisar la fórmula para el saldo A en una cuenta en la que el interés es capitalizado n veces por año. Al tomar el límite cuando tiende a infinito, se obtiene

$$A = \lim_{n\to\infty} P\left(1 + \frac{r}{n}\right)^n \qquad \text{Tome el límite cuando } n \to \infty.$$

$$= P \lim_{n\to\infty}\left[\left(1 + \frac{1}{n/r}\right)^{n/r}\right]^r \qquad \text{Reescriba.}$$

$$= P\left[\lim_{x\to\infty}\left(1 + \frac{1}{x}\right)^x\right]^r \qquad \text{Haga que } x = n/r. \text{ Entonces } x\to\infty \text{ conforme } n\to\infty.$$

$$= Pe^r \qquad \text{Aplique el teorema 5.15.}$$

Este límite produce el saldo después de 1 año de **capitalización continua**. Así, por un depósito de $1000 a un interés de 8% de interés capitalizado continuamente, el saldo al final de 1 año sería

$$A = 1000e^{0.08} \approx \$1083.29$$

COMENTARIO La tasa de interés r en las fórmulas para el interés compuesto debe estar escrita en forma decimal. Por ejemplo, una tasa de interés de 2.5% se escribe como $r = 0.025$

Resumen de las fórmulas de interés compuesto

Sea P = cantidad de depósito, t = número de años, A = saldo después de t años, r = tasa de interés anual (forma decimal) y n = número de capitalizaciones anuales.

1. Capitalización n veces por año: $A = P\left(1 + \frac{r}{n}\right)^{nt}$
2. Capitalización continua: $A = Pe^{rt}$

EJEMPLO 6 **Capitalización continua, trimestral y mensual**

Consulte LarsonCalculus.com (disponible solo en inglés) para una versión interactiva de este tipo de ejemplo.

Se realiza un depósito de \$2500 en una cuenta que paga una tasa de interés anual de 5%. Encuentre el saldo en la cuenta al final de los cinco años, cuando el interés es capitalizado de forma (a) trimestral, (b) mensual y (c) continua.

Solución

a. $A = P\left(1 + \dfrac{r}{n}\right)^{nt}$ Capitalización trimestral.

$= 2500\left(1 + \dfrac{0.05}{4}\right)^{4(5)}$

$= 2500(1.0125)^{20}$

$= \$3205.09$

b. $A = P\left(1 + \dfrac{r}{n}\right)^{nt}$ Capitalización mensual.

$= 2500\left(1 + \dfrac{0.05}{12}\right)^{12(5)}$

$\approx 2500(1.0041667)^{60}$

$= \$3208.40$

c. $A = Pe^{rt}$ Capitalización continua.

$= 2500\left[e^{0.05(5)}\right]$

$= 2500e^{0.25}$

$= \$3210.06$

Para ver las figuras a color de las páginas 357, 360 y 361, acceda al código

EJEMPLO 7 **Crecimiento de un cultivo de bacterias**

Un cultivo de bacterias está creciendo de acuerdo con la *función de crecimiento logístico*

$$y = \frac{1.25}{1 + 0.25e^{-0.4t}}, \quad t \geq 0$$

dónde y es el peso del cultivo en gramos y t es el tiempo en horas. Encuentre el peso del cultivo después de (a) 0 horas, (b) 1 hora y (c) 10 horas. (d) ¿Cuál a el límite cuando t se aproxima al infinito?

Solución

a. Cuando $t = 0$, $y = \dfrac{1.25}{1 + 0.25e^{-0.4(0)}}$

$= 1$ gramo

b. Cuando $t = 1$, $y = \dfrac{1.25}{1 + 0.25e^{-0.4(1)}}$

≈ 1.071 gramos

c. Cuando $t = 10$, $y = \dfrac{1.25}{1 + 0.25e^{-0.4(10)}}$

≈ 1.244 gramos

d. Tomando el límite cuando t se aproxima a infinito, se obtiene

$$\lim_{t \to \infty} \frac{1.25}{1 + 0.25e^{-0.4t}} = \frac{1.25}{1 + 0} = 1.25 \text{ gramos}$$

En la figura 5.22 se muestra la gráfica de la función. En la figura se observa que la recta $y = 1.25$ es una asíntota horizontal a la derecha.

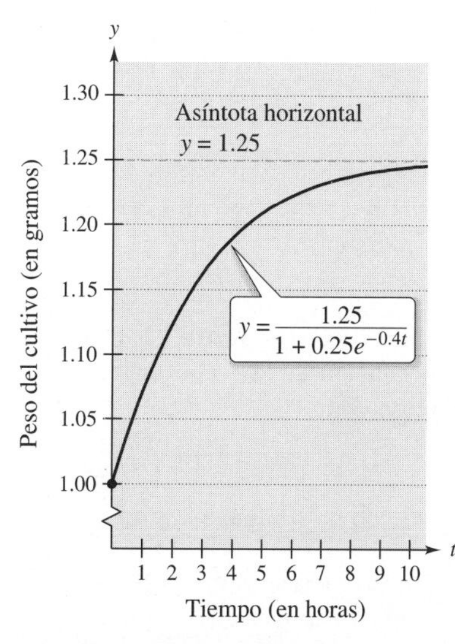

El límite del peso del cultivo cuando $t \to \infty$ es 1.25 gramos.
Figura 5.22

5.5 Ejercicios

Las respuestas a los ejercicios impares pueden consultarse en el Apéndice de este libro.

Repaso de conceptos

1. Encuentre los valores de a y b.

$$\frac{d}{dx}[6^{4x}] = a(\ln b)6^{4x}$$

2. Explique dos maneras diferentes de encontrar la integral indefinida.

$$\int 5^t\, dt$$

3. Explique cuándo es necesario utilizar derivación logarítmica para encontrar la derivada de una función exponencial.

4. Explique cómo escoger que fórmula de interés compuesto utilizar para encontrar el saldo de un depósito.

Evaluar una expresión logarítmica **En los ejercicios 5 a 10, evalúe la expresión sin usar una calculadora.**

5. $\log_2 \frac{1}{8}$
6. $\log_3 81$
7. $\log_7 1$
8. $\log_a \dfrac{1}{a}$
9. $\log_{64} 32$
10. $\log_{27} \frac{1}{9}$

Formas exponenciales y logarítmicas de ecuaciones **En los ejercicios 11 a 14, escriba la ecuación exponencial como una ecuación logarítmica, o viceversa.**

11. (a) $2^3 = 8$ (b) $3^{-1} = \frac{1}{3}$
12. (a) $27^{2/3} = 9$ (b) $16^{3/4} = 8$
13. (a) $\log_{10} 0.01 = -2$ (b) $\log_{0.5} 8 = -3$
14. (a) $\log_3 \frac{1}{9} = -2$ (b) $49^{1/2} = 7$

Dibujar una gráfica **En los ejercicios 15 a 20, dibuje a mano la gráfica de la función.**

15. $y = 2^x$
16. $y = 4^{x-1}$
17. $y = \left(\frac{1}{3}\right)^x$
18. $y = 2^{x^2}$
19. $h(x) = 5^{x-2}$
20. $y = 3^{-|x|}$

Resolver una ecuación **En los ejercicios 21 a 26, resuelva para x.**

21. (a) $\log_{10} 1000 = x$ (b) $\log_{10} 0.1 = x$
22. (a) $\log_3 \frac{1}{81} = x$ (b) $\log_6 36 = x$
23. (a) $\log_3 x = -1$ (b) $\log_2 x = -4$
24. (a) $\log_4 x = -2$ (b) $\log_5 x = 3$
25. (a) $x^2 - x = \log_5 25$ (b) $3x + 5 = \log_2 64$
26. (a) $\log_3 x + \log_3(x - 2) = 1$ (b) $\log_{10}(x + 3) - \log_{10} x = 1$

Resolver una ecuación **En los ejercicios 27 a 36, resuelva la ecuación con tres cifras decimales de precisión.**

27. $3^{2x} = 75$
28. $6^{-2x} = 74$
29. $2^{3-z} = 625$
30. $3(5^{x-1}) = 86$
31. $\left(1 + \dfrac{0.09}{12}\right)^{12t} = 3$
32. $\left(1 + \dfrac{0.10}{365}\right)^{365t} = 2$
33. $\log_2(x - 1) = 5$
34. $\log_{10}(t - 3) = 2.6$
35. $\log_7 x^3 = 1.9$
36. $\log_5 \sqrt{x - 4} = 3.2$

Funciones inversas **En los ejercicios 37 y 38, ilustre que las funciones son funciones inversas una de la otra al dibujar sus gráficas en el mismo conjunto de ejes coordenados.**

37. $f(x) = 4^x$, $g(x) = \log_4 x$
38. $f(x) = 3^x$, $g(x) = \log_3 x$

Encontrar una derivada **En los ejercicios 39 a 60, encuentre la derivada de la función.**

39. $f(x) = 4^x$
40. $f(x) = 3^{4x}$
41. $y = 5^{-4x}$
42. $y = 6^{3x-4}$
43. $f(x) = x\,9^x$
44. $y = -7x(8^{-2x})$
45. $f(t) = \dfrac{-2t^2}{8^t}$
46. $f(t) = \dfrac{3^{2t}}{t}$
47. $h(\theta) = 2^{-\theta} \cos \pi\theta$
48. $g(\alpha) = 5^{-\alpha/2} \operatorname{sen} 2\alpha$
49. $y = \log_4 (6x + 1)$
50. $y = \log_3(x^2 - 3x)$
51. $h(t) = \log_5(4 - t)^2$
52. $g(t) = \log_2(t^2 + 7)^3$
53. $y = \log_5 \sqrt{x^2 - 1}$
54. $f(x) = \log_2 \sqrt[3]{2x + 1}$
55. $f(x) = \log_2 \dfrac{x^2}{x - 1}$
56. $y = \log_{10} \dfrac{x^2 - 1}{x}$
57. $h(x) = \log_3 \dfrac{x\sqrt{x - 1}}{2}$
58. $g(x) = \log_5 \dfrac{4}{x^2\sqrt{1 - x}}$
59. $g(t) = \dfrac{10 \log_4 t}{t}$
60. $f(t) = t^{3/2} \log_2 \sqrt{t + 1}$

Encontrar la ecuación de una recta tangente **En los ejercicios 61 a 64, encuentre la ecuación de la recta tangente a la gráfica de la función en el punto dado.**

61. $y = 2^{-x}$, $(-1, 2)$
62. $y = 5^{x-2}$, $(2, 1)$
63. $y = \log_3 x$, $(27, 3)$
64. $y = \log_{10} 2x$, $(5, 1)$

Derivación logarítmica **En los ejercicios 65 a 68, utilice la derivación logarítmica para encontrar dy/dx.**

65. $y = x^{2/x}$
66. $y = x^{x-1}$
67. $y = (x - 2)^{x+1}$
68. $y = (1 + x)^{1/x}$

Encontrar una integral indefinida **En los ejercicios 69 a 76, encuentre la integral indefinida.**

69. $\int 3^x\,dx$
70. $\int 2^{-x}\,dx$
71. $\int (x^2 + 2^{-x})\,dx$
72. $\int (x^4 + 5^x)\,dx$
73. $\int x(5^{-x^2})\,dx$
74. $\int (4 - x)6^{(4-x)^2}\,dx$
75. $\int \frac{3^{2x}}{1 + 3^{2x}}\,dx$
76. $\int 2^{\operatorname{sen} x} \cos x\,dx$

Evaluar una integral definida **En los ejercicios 77 a 80, evalúe la integral definida. Use una utilidad gráfica para verificar su resultado.**

77. $\int_{-1}^{2} 2^x\,dx$
78. $\int_{-4}^{4} 3^{x/4}\,dx$
79. $\int_{0}^{1} (5^x - 3^x)\,dx$
80. $\int_{1}^{3} (4^{x+1} + 2^x)\,dx$

Área **En los ejercicios 81 y 82, encuentre el área de la región limitada por las gráficas de las ecuaciones. Use una utilidad gráfica para verificar su resultado.**

81. $y = \frac{\log_4 x}{x},\ y = 0,\ x = 1,\ x = 5$
82. $y = 3^{\cos x} \operatorname{sen} x,\ y = 0,\ x = 0,\ x = \pi$

Exploración de conceptos

83. Explique cómo es afectada la razón de cambio de la función exponencial $y = a^x$ cuando a se hace más grande.
84. Explique cómo es afectada la razón de cambio de la función exponencial $y = \log_a x$ cuando a se hace más grande.

85. **Analizar una ecuación logarítmica** Considere la función $f(x) = \log_{10} x$.
 (a) ¿Cuál es el dominio de f?
 (b) Halle f^{-1}.
 (c) Sea x un número real entre 1000 y 10 000. Determine el intervalo en el que se encuentra $f(x)$.
 (d) Determine el intervalo en el que se encuentra x, si $f(x)$ es negativa.
 (e) Cuando $f(x)$ aumenta en una unidad, ¿en qué factor debe haberse incrementado x?
 (f) Calcule la razón de x_1 a x_2, dado que $f(x_1) = 3n$ y $f(x_2) = n$.

86. **Comparar las tasas de crecimiento** Ordene las funciones

$$f(x) = \log_2 x,\ g(x) = x^x,\ h(x) = x^2 \text{ y } k(x) = 2^x$$

de la que tiene la mayor tasa de crecimiento a la que tiene la menor tasa de crecimiento para valores grandes de x.

87. **Analizar una gráfica** Use una utilidad gráfica para determinar si se intersecan (a) $y = (1/2)^x$ y $y = x$, (b) $y = 2^x$ y $y = x$.

88. **Analizar una gráfica** Utilice los resultados del ejercicio anterior para encontrar todos los valores positivos de a tales que $y = a^x$ y $y = x$ se intersecan.

89. **Inflación** Cuando la tasa anual de inflación promedia 5% en los próximos 10 años, el costo C aproximado de bienes o servicios en cualquier año en esa década es

$$C(t) = P(1.05)^t$$

donde t es el tiempo en años y P es el costo actual.
 (a) El precio de un cambio de aceite para su coche actualmente es de \$24.95. Estime el precio dentro de 10 años.
 (b) Determine la rapidez de cambio de C respecto a t cuando $t = 1$ y $t = 8$.
 (c) Compruebe que la razón de cambio de C es proporcional a C. ¿Cuál es la constante de proporcionalidad?

90. **Depreciación** Después de t años, el valor de un automóvil comprado por 25 000 dólares es

$$V(t) = 25\,000\left(\tfrac{3}{4}\right)^t$$

 (a) Utilice un programa de graficación para trazar la función y determinar el valor del coche 2 años después de que fue comprado.
 (b) Determine las tasas de variación de V respecto a t cuando $t = 1$ y $t = 4$.
 (c) Utilice un programa de graficación para trazar $V'(t)$ y determinar la asíntota horizontal de $V'(t)$. Interprete su significado en el contexto del problema.

Interés compuesto **En los ejercicios 91 a 94, complete la tabla para determinar el saldo A para P dólares invertidos a la tasa r durante t años y capitalizados n veces por año.**

n	1	2	4	12	365	Capitalización continua
A						

91. $P = \$1000$, $r = 3\tfrac{1}{2}\%$, $t = 10$ años
92. $P = \$2500$, $r = 6\%$, $t = 20$ años
93. $P = \$7500$, $r = 4.8\%$, $t = 30$ años
94. $P = \$4000$, $r = 4\%$, $t = 15$ años

Interés compuesto **En los ejercicios 95 a 98, complete la tabla mediante la determinación de la cantidad de dinero P (valor presente) que debe invertirse a una tasa r para producir un saldo de \$100 000 en el año t.**

t	1	10	20	30	40	50
P						

95. $r = 4\%$, Capitalización continua
96. $r = 0.6\%$, Capitalización continua
97. $r = 5\%$, Capitalización mensual
98. $r = 2\%$, Capitalización diaria

99. Interés compuesto Suponga que usted puede ganar 6% de una inversión, capitalizado diariamente. ¿Cuál de las siguientes opciones proporcionaría el mayor saldo al cabo de 8 años?

(a) \$20 000 ahora (b) \$30 000 después de 8 años

(c) \$8000 ahora y \$20 000 después de 4 años

(d) \$9000 ahora, \$9000 después de 4 años y \$9000 después de 8 años

100. Interés compuesto Considere un depósito de \$100 que se coloca en una cuenta durante 20 años con capitalización continua. Utilice un programa de graficación para trazar las funciones exponenciales que describen el crecimiento de la inversión en los 20 años para las siguientes tasas de interés. Compare los saldos finales para las tres tasas.

(a) $r = 3\%$ (b) $r = 5\%$ (c) $r = 6\%$

101. Rendimiento boscoso El rendimiento V (en millones de pies cúbicos por acre) para la madera en pie a la edad t es $V = 0.75e^{-48.1/0.5t}$, donde t es medido en años.

(a) Determine el volumen limitante de madera por acre cuando t tiende a infinito.

(b) Determine la rapidez a la que el rendimiento está cambiando cuando $t = 20$ años y $t = 60$ años.

102. ¿CÓMO LO VE? La gráfica muestra el porcentaje P de respuestas correctas después de n intentos en un proyecto grupal en la teoría del aprendizaje.

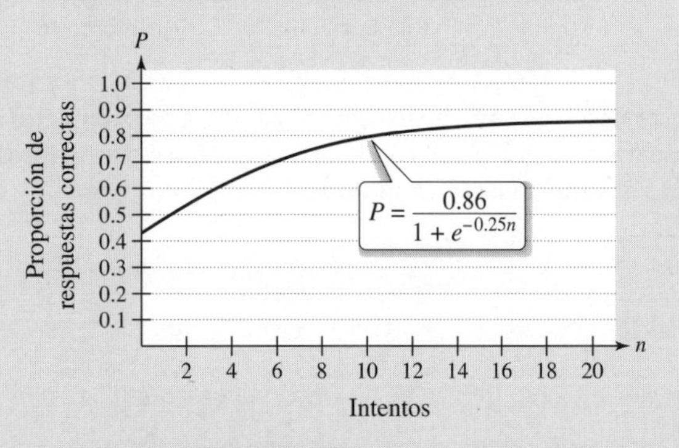

(a) ¿Cuál es la proporción limitante de respuestas correctas cuando n tiende a infinito?

(b) ¿Qué ocurre con la tasa de variación de la proporción en el largo plazo?

103. Crecimiento de la población Un lago es abastecido con 500 peces, y la población aumenta de acuerdo con la curva logística

$$p(t) = \frac{10\,000}{1 + 19e^{-t/5}}$$

donde t se mide en meses.

(a) Utilice un programa de graficación para trazar la función.

(b) Encuentre la población de peces después de 6 meses, 12 meses, 24 meses, 36 meses y 48 meses. ¿Cuál el es el tamaño limitante de la población de peces?

(c) Encuentre las tasas a las cuales está cambiando la población de peces después de 1 mes y después de 10 meses.

(d) ¿Después de cuántos meses la población está aumentando más rápido?

AdShooter/Getty Images

104. Modelar datos

En la tabla se muestran las resistencias a la rotura B (en toneladas) de los cables de acero de varios diámetros d (en pulgadas).

d	0.50	0.75	1.00	1.25	1.50	1.75
B	9.85	21.8	38.3	59.2	84.4	114.0

(a) Utilice las capacidades de regresión de un programa de graficación para ajustar los datos a un modelo exponencial.

(b) Utilice un programa de graficación para trazar los datos y graficar el modelo.

(c) Determine las tasas de crecimiento del modelo cuando $d = 0.8$ y $d = 1.5$.

105. Comparar modelos El número acumulado de muertes por el virus de ébola durante un brote en África Occidental en 2014 se muestran en la tabla, donde x representa el número de meses después del comienzo del brote. (*Fuente: Centers for Disease Control and Prevention*)

x	1	2	3	4	5
y	147	183	338	660	1422
x	6	7	8	9	10
y	2909	4912	5674	7573	8626

(a) Utilice las capacidades de regresión de un programa de graficación para encontrar los siguientes modelos para los datos.

$y_1 = ax + b$ $\quad y_2 = a + b \ln x$

$y_3 = ab^x$ $\quad y_4 = ax^b$

(b) Utilice un programa de graficación para trazar los datos y la gráfica de cada uno de los modelos. ¿Qué modelo considera que mejor se ajusta a los datos?

(c) Encuentre la tasa de cambio de cada uno de los modelos en el inciso (a) 5 meses después del inicio del brote. ¿Qué modelo crece con mayor rapidez en este tiempo?

106. Aproximar *e* Complete la tabla para demostrar que e también se puede definir como

$$\lim_{x \to 0^+} (1 + x)^{1/x}$$

x	1	10^{-1}	10^{-2}	10^{-4}	10^{-6}
$(1 + x)^{1/x}$					

Usar las propiedades de los exponentes En los ejercicios 107 a 110, encuentre el valor exacto de la expresión.

107. $5^{1/\ln 5}$ **108.** $6^{\ln 10/\ln 6}$

109. $9^{1/\ln 3}$ **110.** $32^{1/\ln 2}$

Modelar datos **En los ejercicios 111 y 112, encuentre una función exponencial que se ajuste a los datos experimentales recolectados a través del tiempo *t*.**

111.

t	0	1	2	3	4
y	1200.00	720.00	432.00	259.20	155.52

112.

t	0	1	2	3	4
y	600.00	630.00	661.50	694.58	729.30

113. Comparar funciones

(a) Demuestre que $(2^3)^2 \neq 2^{(3^2)}$.

(b) ¿Son $f(x) = (x^x)^x$ y $g(x) = x^{(x^x)}$ la misma función? ¿Por qué sí o por qué no?

(c) Calcule $f'(x)$ y $g'(x)$.

114. Determinar una función inversa Sea

$$f(x) = \frac{a^x - 1}{a^x + 1}$$

para $a > 0$, $a \neq 1$. Demuestre que f tiene una función inversa. Después encuentre f^{-1}.

115. Ecuación diferencial logística Demuestre que la solución de la ecuación diferencial logística

$$\frac{dy}{dt} = \frac{8}{25}y\left(\frac{5}{4} - y\right), \quad y(0) = 1$$

resulta en la función de crecimiento logístico en el ejemplo 7.

$$\left[\textit{Sugerencia}: \frac{1}{y\left(\frac{5}{4} - y\right)} = \frac{4}{5}\left(\frac{1}{y} + \frac{1}{\frac{5}{4} - y}\right)\right]$$

116. La subtangente Sea $P = (x_0, y_0)$ un punto de la gráfica de $y = f(x)$. Suponga que la recta tangente en P corta al eje x en el punto A (vea la figura). Si se considera el punto $B = (x_0, 0)$, entonces el segmento de recta B es la *subtangente* en P.

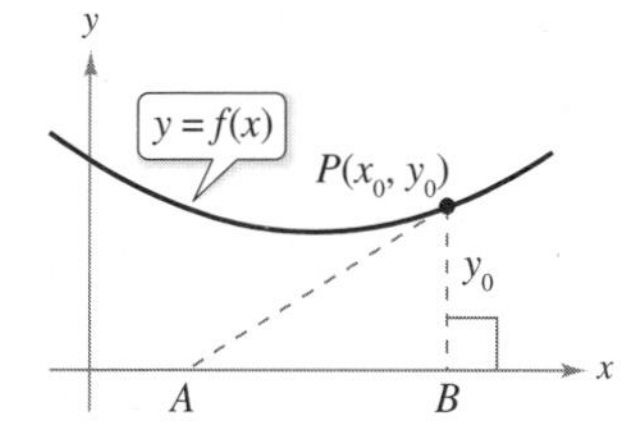

Sea $y = x^x$, $x > 0$.

(a) Encuentre $f'(x)$ y la longitud de la subtangente en $P = (x, y)$.

(b) Encuentre la longitud de la subtangente cuando $x = e$.

(c) Explique por qué la subtangente no está definida en $x = 1/e$.

117. Rectas tangentes

(a) Determine y' dado $y^x = x^y$.

(b) Determine la pendiente de la recta tangente a la gráfica de $y^x = x^y$ en cada uno de los siguientes puntos.

(i) (c, c) (ii) $(2, 4)$ (iii) $(4, 2)$

(c) ¿En qué puntos de la gráfica de $y^x = x^y$ no existe la recta tangente?

118. Usar las propiedades de los exponentes Dada la función exponencial $f(x) = a^x$, demuestre que

(a) $f(u + v) = f(u) \cdot f(v)$

(b) $f(2x) = [f(x)]^2$

DESAFÍOS DEL EXAMEN PUTNAM

119. ¿Cuál es mayor

$$\left(\sqrt{n}\right)^{\sqrt{n+1}} \quad \text{o} \quad \left(\sqrt{n+1}\right)^{\sqrt{n}}$$

donde $n > 8$?

120. Demuestre que si x es positiva, entonces

$$\log_e\left(1 + \frac{1}{x}\right) > \frac{1}{1 + x}$$

PROYECTO DE TRABAJO

Usar utilidades gráficas para estimar la pendiente

Sea $f(x) = \begin{cases} |x|^x, & x \neq 0 \\ 1, & x = 0 \end{cases}$

(a) Utilice un programa de graficación para trazar f en la ventana de visualización $-3 \leq x \leq 3$, $-2 \leq y \leq 2$. ¿Cuál es el dominio de f?

(b) Utilice las características de *zoom* y *trace* de un programa de graficación para estimar $\lim_{x \to 0} f(x)$.

(c) Escriba un breve párrafo explicando por qué la función f es continua para todos los números reales.

(d) Estime visualmente la pendiente de f en el punto $(0, 1)$.

(e) Explique por qué la derivada de una función se puede aproximar por la fórmula

$$\frac{f(x + \Delta x) - f(x - \Delta x)}{2\Delta x}$$

para valores pequeños de Δx. Utilice esta fórmula para aproximar la pendiente de f en el punto $(0, 1)$.

$$f'(0) \approx \frac{f(0 + \Delta x) - f(0 - \Delta x)}{2\Delta x} = \frac{f(\Delta x) - f(-\Delta x)}{2\Delta x}$$

¿Por qué cree que la pendiente de la gráfica de f está en $(0, 1)$?

(f) Encuentre una fórmula para la derivada de f y determine $f'(0)$. Escriba un breve párrafo explicando cómo una herramienta de graficación podría llevar a la aproximación de la pendiente de una gráfica de forma incorrecta.

(g) Use la fórmula para la derivada de f para encontrar el extremo relativo de f. Verifique su respuesta usando un programa de graficación.

■ **PARA INFORMACIÓN ADICIONAL** Para más información sobre el uso de las utilidades gráficas para estimar la pendiente, vea el artículo "Computer-Aided Delusions", de Richard L. Hall, en *The College Mathematics Journal*. Para ver este artículo, visite *MathArticles.com* (disponible solo en inglés).

5.6 Formas indeterminadas y la regla de L'Hôpital

- **Reconocer los límites que producen formas indeterminadas.**
- **Aplicar la regla de L'Hôpital para evaluar un límite.**

Formas indeterminadas

Recuerde de los capítulos 1 y 3 que las formas $0/0$ y ∞/∞ reciben el nombre de *indeterminadas* porque no garantizan que exista un límite, tampoco indican cuál es el límite, si es que existe. Cuando se ha encontrado en el texto con una de estas formas indeterminadas, se ha intentado reescribir la expresión mediante el uso de diversas técnicas algebraicas.

Forma indeterminada

Forma	Límite	Técnica algebraica
$\frac{0}{0}$	$\lim\limits_{x\to -1} \frac{2x^2-2}{x+1} = \lim\limits_{x\to -1} 2(x-1) = -4$	Dividir el numerador y el denominador entre $(x+1)$.
$\frac{\infty}{\infty}$	$\lim\limits_{x\to\infty} \frac{3x^2-1}{2x^2+1} = \lim\limits_{x\to\infty} \frac{3-(1/x^2)}{2+(1/x^2)} = \frac{3}{2}$	Dividir el numerador y el denominador entre x^2.

Para ver la figura a color, acceda al código

De vez en cuando se pueden extender estas técnicas algebraicas para encontrar límites de funciones trascendentes. Por ejemplo, el límite

$$\lim_{x\to 0} \frac{e^{2x}-1}{e^x-1}$$

produce la forma indeterminada $0/0$. Factorizando y luego dividiendo produce

$$\begin{aligned}\lim_{x\to 0} \frac{e^{2x}-1}{e^x-1} &= \lim_{x\to 0} \frac{(e^x+1)(e^x-1)}{e^x-1} && \text{Factorizar.}\\ &= \lim_{x\to 0}(e^x+1) && \text{Cancele el factor común.}\\ &= 2 && \text{Sustituya.}\end{aligned}$$

Sin embargo, no todas las formas indeterminadas pueden ser evaluadas por manipulación algebraica. Esto sucede a menudo cuando están implicadas funciones algebraicas y trascendentes. Por ejemplo, el límite

$$\lim_{x\to 0} \frac{e^{2x}-1}{x}$$

produce la forma indeterminada $0/0$. Reescribiendo la expresión para obtener

$$\lim_{x\to 0} \left(\frac{e^{2x}}{x} - \frac{1}{x}\right) \qquad \text{Reescriba como dos fracciones.}$$

simplemente produce otra forma indeterminada $\infty - \infty$. Por supuesto, se podría utilizar la tecnología para estimar el límite, como se muestra en la tabla y en la figura 5.23. De la tabla y la gráfica, el límite parece ser 2. (Este límite será verificado en el ejemplo 1.)

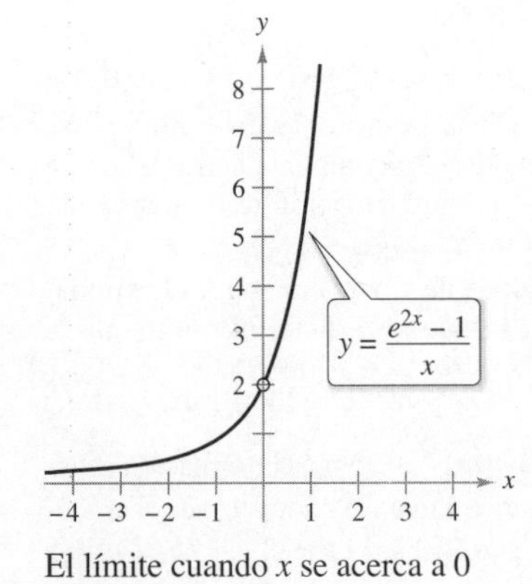

El límite cuando x se acerca a 0 parece ser 2.
Figura 5.23

x	-1	-0.1	-0.01	-0.001	0	0.001	0.01	0.1	1
$\frac{e^{2x}-1}{x}$	0.865	1.813	1.980	1.998	?	2.002	2.020	2.214	6.389

GUILLAUME L'HÔPITAL (1661-1704)

La regla de L'Hôpital lleva el nombre del matemático francés Guillaume François Antoine de L'Hôpital. Se le atribuye la escritura del primer texto sobre cálculo diferencial (en 1696) en el que apareció públicamente la regla que se acredita a L'Hôpital. Recientemente se ha descubierto que la regla y su demostración se escribieron en una carta de John Bernoulli a L'Hôpital. "...Yo reconozco que le debo mucho a las mentes brillantes de los hermanos Bernoulli. ... He hecho uso gratuito de sus descubrimientos... ", dijo L'Hôpital.
Visite LarsonCalculus.com (disponible solo en inglés) para leer más de esta biografía.

Regla de L'Hôpital

Para encontrar el límite ilustrado en la figura 5.23 se puede utilizar un teorema llamado **regla de L'Hôpital**. Este teorema afirma que en ciertas condiciones, el límite del cociente $f(x)/g(x)$ es determinado por el límite del cociente de las derivadas

$$\frac{f'(x)}{g'(x)}$$ Derivada del numerador y del denominador.

Para demostrar este teorema se puede utilizar un resultado más general llamado **teorema extendido del valor medio**.

TEOREMA 5.16 Teorema extendido del valor medio

Si f y g son derivables sobre un intervalo abierto (a, b) y continuo $[a, b]$, tal que $g'(x) \neq 0$ para cualquier x sobre (a, b), entonces existe un punto c en (a, b) tal que

$$\frac{f'(c)}{g'(c)} = \frac{f(b) - f(a)}{g(b) - g(a)}$$

Una demostración de este teorema se presenta en el apéndice A.

Para ver por qué el teorema 5.16 se llama teorema extendido del valor medio, considere el caso especial en el que $g(x) = x$. Para este caso, se obtiene el teorema del valor medio "estándar" como se presentó en la sección 3.2.

TEOREMA 5.17 Regla de L'Hôpital

Sean f y g funciones derivables sobre un intervalo abierto (a, b) que contiene a c, excepto posiblemente en c mismo. Suponga que $g'(x) \neq 0$ para toda x sobre (a, b), excepto posiblemente en c misma. Si el límite de $f(x)/g(x)$ cuando en x tiende a c produce la forma indeterminada $0/0$ entonces

$$\lim_{x \to c} \frac{f(x)}{g(x)} = \lim_{x \to c} \frac{f'(x)}{g'(x)}$$

siempre que exista el límite por la derecha (o sea infinito). Este resultado también se aplica cuando el límite de $f(x)/g(x)$ cuando x tiende a c produce cualquiera de las formas indeterminadas ∞/∞, $(-\infty/\infty)$, $\infty/(-\infty)$ o $(-\infty)/(-\infty)$.
Una demostración de este teorema se presenta en el apéndice A.

Hay quienes en ocasiones usan incorrectamente la regla de L'Hôpital aplicando la regla del cociente a $f(x)/g(x)$. Asegúrese de que la regla implica

$$\frac{f'(x)}{g'(x)}$$ Derivada de f dividida entre la derivada de g.

no la derivada de $f(x)/g(x)$.

La regla de L'Hôpital también puede aplicarse a los límites unilaterales. Por ejemplo, si el límite de $f(x)/g(x)$ cuando x tiende a c *por la derecha* produce la forma indeterminada $0/0$, entonces

$$\lim_{x \to c^+} \frac{f(x)}{g(x)} = \lim_{x \to c^+} \frac{f'(x)}{g'(x)}$$

suponiendo que el límite existe (o es infinito).

PARA INFORMACIÓN ADICIONAL Para mejorar su comprensión de la necesidad de la restricción de que $g'(x)$ sea distinta de cero para toda x en (a, b), excepto posiblemente en c, consulte el artículo "Counterexamples to L'Hôpital's Rule", por R. P. Boas, en *The American Mathematical Monthly*. Para ver este artículo, visite *MathArticles.com* (disponible solo en inglés).

Exploración

Enfoques numérico y gráfico
Utilice un enfoque numérico o uno gráfico para aproximar cada límite.

a. $\lim\limits_{x\to 0} \dfrac{2^{2x}-1}{x}$

b. $\lim\limits_{x\to 0} \dfrac{3^{2x}-1}{x}$

c. $\lim\limits_{x\to 0} \dfrac{4^{2x}-1}{x}$

d. $\lim\limits_{x\to 0} \dfrac{5^{2x}-1}{x}$

¿Qué patrón observa? ¿Un enfoque analítico tiene una ventaja para la determinación de estos límites? Si es así, explique su razonamiento.

EJEMPLO 1 Forma indeterminada 0/0

Evalúe $\lim\limits_{x\to 0} \dfrac{e^{2x}-1}{x}$

Solución Debido a que la sustitución directa da lugar a la forma indeterminada 0/0

$$\lim_{x\to 0} \frac{e^{2x}-1}{x} \quad \begin{cases} \lim\limits_{x\to 0} (e^{2x}-1) = 0 \\ \lim\limits_{x\to 0} x = 0 \end{cases}$$

puede aplicar la regla de L'Hôpital, como se muestra a continuación.

$$\lim_{x\to 0} \frac{e^{2x}-1}{x} = \lim_{x\to 0} \frac{\dfrac{d}{dx}[e^{2x}-1]}{\dfrac{d}{dx}[x]} \qquad \text{Aplique la regla de L'Hôpital.}$$

$$= \lim_{x\to 0} \frac{2e^{2x}}{1} \qquad \text{Derive el numerador y el denominador.}$$

$$= 2 \qquad \text{Evalúe el límite.}$$

En la solución del ejemplo 1, observe que no sabe que el primer límite es igual al segundo límite hasta que se haya demostrado que existe el segundo límite. En otras palabras, si no hubiera existido el segundo límite, entonces no se habría permitido la aplicación de la regla de L'Hôpital.

Otra forma de regla de L'Hôpital establece que si el límite de $f(x)/g(x)$ cuando x tiende a ∞ (o $-\infty$) produce la forma indeterminada 0/0 o ∞/∞, entonces

$$\lim_{x\to\infty} \frac{f(x)}{g(x)} = \lim_{x\to\infty} \frac{f'(x)}{g'(x)}$$

siempre que exista el límite por la derecha.

EJEMPLO 2 Forma indeterminada ∞/∞

Evalúe $\lim\limits_{x\to\infty} \dfrac{\ln x}{x}$

Solución Dado que la sustitución directa resulta en la forma indeterminada ∞/∞, se puede aplicar la regla de L'Hôpital para obtener

$$\lim_{x\to\infty} \frac{\ln x}{x} = \lim_{x\to\infty} \frac{\dfrac{d}{dx}[\ln x]}{\dfrac{d}{dx}[x]} \qquad \text{Aplique la regla de L'Hôpital.}$$

$$= \lim_{x\to\infty} \frac{1}{x} \qquad \text{Derive el numerador y el denominador.}$$

$$= 0 \qquad \text{Evalúe el límite.}$$

TECNOLOGÍA Utilice una herramienta de graficación para representar gráficamente $y_1 = \ln x$ y $y_2 = x$ en la misma ventana de visualización. ¿Qué función crece más rápido cuando x tiende a ∞? ¿Cómo se relaciona esta observación con el ejemplo 2?

PARA INFORMACIÓN ADICIONAL Para leer acerca de la conexión entre Leonhard Euler y Guillaume L'Hôpital, consulte el artículo "When Euler Met l'Hôpital", de William Dunham, en *Mathematics Magazine.* Para ver este artículo, visite *MathArticles.com* (disponible solo en inglés).

Ocasionalmente es necesario aplicar la regla de L'Hôpital más de una vez para eliminar una forma indeterminada, como se muestra en el ejemplo 3.

EJEMPLO 3 Aplicar la regla de L'Hôpital más de una vez

Evalúe $\lim_{x\to-\infty} \frac{x^2}{e^{-x}}$

Solución Dado que la sustitución directa resulta en la forma indeterminada ∞/∞, se puede aplicar la regla de L'Hôpital.

$$\lim_{x\to-\infty} \frac{x^2}{e^{-x}} = \lim_{x\to-\infty} \frac{\frac{d}{dx}[x^2]}{\frac{d}{dx}[e^{-x}]} = \lim_{x\to-\infty} \frac{2x}{-e^{-x}}$$

Este límite resulta en la forma indeterminada $(-\infty)/(-\infty)$, entonces se puede aplicar la regla de L'Hôpital de nuevo para obtener

$$\lim_{x\to-\infty} \frac{2x}{-e^{-x}} = \lim_{x\to-\infty} \frac{\frac{d}{dx}[2x]}{\frac{d}{dx}[-e^{-x}]} = \lim_{x\to-\infty} \frac{2}{e^{-x}} = 0$$

Además de las formas $0/0$ y ∞/∞, hay otras formas indeterminadas, como $0 \cdot \infty$, 1^∞, ∞^0, 0^0 e $\infty - \infty$. Por ejemplo, considere los siguientes cuatro límites que conducen a la forma indeterminada $0 \cdot \infty$.

$$\underbrace{\lim_{x\to0} \left(\frac{1}{x}\right)(x),}_{\text{El límite es 1.}} \quad \underbrace{\lim_{x\to0} \left(\frac{2}{x}\right)(x),}_{\text{El límite es 2.}} \quad \underbrace{\lim_{x\to\infty} \left(\frac{1}{e^x}\right)(x),}_{\text{El límite es 0.}} \quad \underbrace{\lim_{x\to\infty} \left(\frac{1}{x}\right)(e^x)}_{\text{El límite es } \infty.}$$

Debido a que cada límite es diferente, es claro que la forma $0 \cdot \infty$ es indeterminada en el sentido de que no determina el valor (o incluso la existencia) del límite. Los ejemplos que quedan de esta sección muestran los métodos para la evaluación de estas formas. Básicamente, intente convertir cada una de estas formas a $0/0$ o ∞/∞ para que se pueda aplicar la regla de L'Hôpital.

EJEMPLO 4 Forma indeterminada $0 \cdot \infty$

Evalúe $\lim_{x\to\infty} e^{-x}\sqrt{x}$

Solución Como la sustitución directa produce la forma indeterminada $0 \cdot \infty$, se debe tratar de reescribir el límite para ajustarlo a la forma $0/0$ o ∞/∞. En este caso, se reescribe el límite para ajustarlo a la segunda forma.

$$\lim_{x\to\infty} e^{-x}\sqrt{x} = \lim_{x\to\infty} \frac{\sqrt{x}}{e^x}$$

Ahora, por la regla de L'Hôpital, se tiene

$$\lim_{x\to\infty} \frac{\sqrt{x}}{e^x} = \lim_{x\to\infty} \frac{1/(2\sqrt{x})}{e^x} \quad \text{Derive el numerador y el denominador.}$$

$$= \lim_{x\to\infty} \frac{1}{2\sqrt{x}e^x} \quad \text{Simplifique.}$$

$$= 0 \quad \text{Evalúe el límite.}$$

Cuando reescribir un límite en una de las formas $0/0$ o ∞/∞ no parece funcionar, intente otra forma. Por decir, en el ejemplo 4, se puede escribir el límite como

$$\lim_{x\to\infty} e^{-x}\sqrt{x} = \lim_{x\to\infty} \frac{e^{-x}}{x^{-1/2}}$$

que produce la forma indeterminada $0/0$. Como suele suceder, la aplicación de la regla de L'Hôpital a este límite produce

$$\lim_{x\to\infty} \frac{e^{-x}}{x^{-1/2}} = \lim_{x\to\infty} \frac{-e^{-x}}{-1/(2x^{3/2})}$$

que también produce la forma indeterminada $0/0$.

Las formas indeterminadas 1^∞, ∞^0 y 0^0, surgen de los límites de las funciones que tienen bases y exponentes variables. Cuando se encontró antes con este tipo de función, utilizó la derivación logarítmica para encontrar la derivada. Puede utilizar un procedimiento similar al tomar límites, como se muestra en el siguiente ejemplo.

EJEMPLO 5 Forma indeterminada 1^∞

Evalúe $\displaystyle\lim_{x\to\infty}\left(1+\frac{1}{x}\right)^x$

COMENTARIO Note que la solución del ejemplo 5 es una demostración alterna del teorema 5.15.

Solución Como la sustitución directa produce la forma indeterminada 1^∞, puede proceder de la siguiente manera. Para empezar, suponga que el límite existe y es igual a y.

$$y = \lim_{x\to\infty}\left(1+\frac{1}{x}\right)^x$$

Tomando el logaritmo natural de cada lado se obtiene

$$\ln y = \ln\left[\lim_{x\to\infty}\left(1+\frac{1}{x}\right)^x\right]$$

Debido a que la función logarítmica natural es continua, puede escribir

$$\begin{aligned}
\ln y &= \lim_{x\to\infty}\left[x\ln\left(1+\frac{1}{x}\right)\right] && \text{Forma indeterminada } \infty\cdot 0.\\
&= \lim_{x\to\infty}\left(\frac{\ln[1+(1/x)]}{1/x}\right) && \text{Forma indeterminada } 0/0.\\
&= \lim_{x\to\infty}\left(\frac{(-1/x^2)\{1/[1+(1/x)]\}}{-1/x^2}\right) && \text{Regla de L'Hôpital.}\\
&= \lim_{x\to\infty}\frac{1}{1+(1/x)} && \text{Simplifique.}\\
&= 1 && \text{Evalúe el límite.}
\end{aligned}$$

Ahora, ya que ha demostrado que

$$\ln y = 1$$

puede concluir que

$$y = e$$

y obtener

$$\lim_{x\to\infty}\left(1+\frac{1}{x}\right)^x = e$$

Puede utilizar una herramienta de graficación para confirmar este resultado, como se muestra en la figura 5.24.

$y = \left(1+\frac{1}{x}\right)^x$

5, −3, 6, −1

El límite de $[1+(1/x)]^x$ cuando x tiende a infinito es e.
Figura 5.24

Para ver las figuras a color, acceda al código

La regla de L'Hôpital también se puede aplicar a límites unilaterales, como se demuestra en los ejemplos 6 y 7.

EJEMPLO 6 Forma indeterminada 0^0

Consulte LarsonCalculus.com (disponible solo en inglés) para una versión interactiva de este tipo de ejemplo.

Evalúe $\lim_{x\to 0^+} (\operatorname{sen} x)^x$.

Solución Como la sustitución directa produce la forma indeterminada 0^0, se puede proceder como se indica a continuación. Para empezar, suponga que el límite existe y es igual a y.

$$y = \lim_{x\to 0^+} (\operatorname{sen} x)^x \qquad \text{Forma indeterminada } 0^0.$$

$$\ln y = \ln\left[\lim_{x\to 0^+} (\operatorname{sen} x)^x\right] \qquad \text{Tome el logaritmo natural de cada lado.}$$

$$= \lim_{x\to 0^+} \left[\ln(\operatorname{sen} x)^x\right] \qquad \text{Continuidad.}$$

$$= \lim_{x\to 0^+} \left[x \ln(\operatorname{sen} x)\right] \qquad \text{Forma indeterminada } 0 \cdot (-\infty).$$

$$= \lim_{x\to 0^+} \frac{\ln(\operatorname{sen} x)}{1/x} \qquad \text{Forma indeterminada } -\infty/\infty.$$

$$= \lim_{x\to 0^+} \frac{\cot x}{-1/x^2} \qquad \text{Regla de L'Hôpital.}$$

$$= \lim_{x\to 0^+} \frac{-x^2}{\tan x} \qquad \text{Forma indeterminada } 0/0.$$

$$= \lim_{x\to 0^+} \frac{-2x}{\sec^2 x} \qquad \text{Regla de L'Hôpital.}$$

$$= 0 \qquad \text{Evalúe el límite.}$$

Ahora, como $\ln y = 0$, se puede concluir que $y = e^0 = 1$ y se obtiene que

$$\lim_{x\to 0^+} (\operatorname{sen} x)^x = 1$$

TECNOLOGÍA Al evaluar límites complicados como en el ejemplo 6, es útil verificar la racionalidad de la solución con una herramienta de graficación. Por ejemplo, los cálculos en la tabla siguiente y la gráfica en la figura (que se muestra enseguida) son consistentes con la conclusión de que $(\operatorname{sen} x)^x$ tiende a 1 cuando x tiende a 0 por la derecha.

x	1	0.1	0.01	0.001	0.0001	0.00001
$(\operatorname{sen} x)^x$	0.8415	0.7942	0.9550	0.9931	0.9991	0.9999

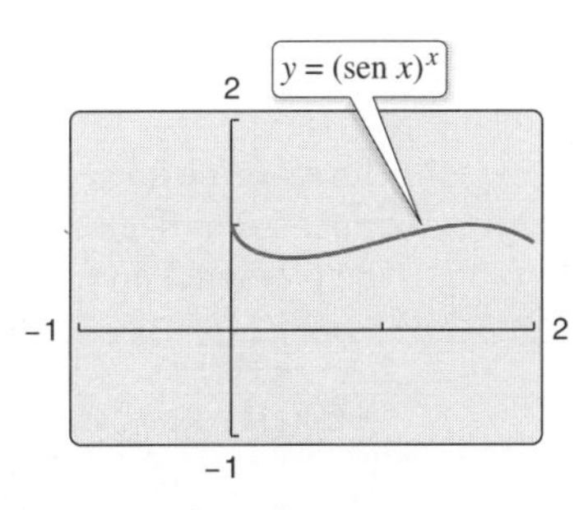

El límite de $(\operatorname{sen} x)^x$ es 1 cuando x tiende a 0 por la derecha.

Use alguna herramienta para estimar los límites $\lim_{x\to 0} (1 - \cos x)^x$ y $\lim_{x\to 0^+} (\tan x)^x$. Luego trate de verificar sus estimaciones analíticamente.

Para ver las figuras a color, acceda al código

EJEMPLO 7 Forma indeterminada $\infty - \infty$

Evalúe $\lim\limits_{x\to 1^+}\left(\dfrac{1}{\ln x} - \dfrac{1}{x-1}\right)$

Solución Como la sustitución directa produce la forma indeterminada $\infty - \infty$, se puede intentar reescribir la expresión para producir una forma a la que se puede aplicar la regla de L'Hôpital. En este caso, puede combinar las dos fracciones para obtener

$$\lim_{x\to 1^+}\left(\frac{1}{\ln x} - \frac{1}{x-1}\right) = \lim_{x\to 1^+}\frac{x-1-\ln x}{(x-1)\ln x}$$

Ahora, debido a que la sustitución directa produce la forma indeterminada 0/0, ya es posible aplicar la regla de L'Hôpital para obtener

$$\lim_{x\to 1^+}\frac{x-1-\ln x}{(x-1)\ln x} = \lim_{x\to 1^+}\frac{\frac{d}{dx}[x-1-\ln x]}{\frac{d}{dx}[(x-1)\ln x]}$$

$$= \lim_{x\to 1^+}\frac{1-(1/x)}{(x-1)(1/x)+\ln x}$$

$$= \lim_{x\to 1^+}\frac{x-1}{x-1+x\ln x}$$

Este límite también produce la forma indeterminada 0/0, por tanto se puede aplicar la regla de L'Hôpital de nuevo para obtener

$$\lim_{x\to 1^+}\frac{x-1}{x-1+x\ln x} = \lim_{x\to 1^+}\frac{1}{1+x(1/x)+\ln x} = \frac{1}{2}$$

Puede verificar lo razonable de esta solución usando la tabla de la izquierda. ■

Tabla para el ejercicio 7

x	$\dfrac{1}{\ln x} - \dfrac{1}{x-1}$
2	0.44270
1.5	0.46630
1.1	0.49206
1.01	0.49917
1.001	0.49992
1.0001	0.49999
1.00001	0.50000

Las formas $0/0$, ∞/∞, $\infty - \infty$, $0 \cdot \infty$, 0^0, 1^∞ y ∞^0 han sido identificadas como *indeterminadas*. Hay formas similares que se deben reconocer como "determinadas".

$\infty + \infty \to \infty$	El límite es infinito positivo.
$-\infty - \infty \to -\infty$	El límite es infinito negativo.
$0^\infty \to 0$	El límite es cero.
$0^{-\infty} \to \infty$	El límite es infinito positivo.

COMENTARIO Se le pedirá verificar que 0^∞ y $0^{-\infty}$ son formas "determinadas" en los ejercicios 112 y 113, respectivamente.

Como comentario final, recuerde que la regla de L'Hôpital se puede aplicar solo a los cocientes que conducen a las formas indeterminadas 0/0 y ∞/∞. Por ejemplo, la aplicación de la regla de L'Hôpital que se muestra a continuación es *incorrecta.*

$$\lim_{x\to 0}\frac{e^x}{x} \overset{?}{=} \lim_{x\to 0}\frac{e^x}{1} = 1$$

Uso incorrecto de la regla de L'Hôpital.

La razón de que esta aplicación sea incorrecta es que, a pesar de que el límite del denominador es 0, el límite del numerador es 1, lo que significa que las hipótesis de la regla de L'Hôpital no han sido satisfechas.

Exploración

En cada uno de los ejemplos presentados en esta sección se utiliza la regla de L'Hôpital para encontrar un límite que existe. También se puede utilizar para concluir que un límite es infinito. Por ejemplo, trate de usar la regla de L'Hôpital para demostrar que $\lim\limits_{x\to\infty} e^x/x = \infty$.

5.6 Ejercicios

Las respuestas a los ejercicios impares pueden consultarse en el Apéndice de este libro.

Repaso de conceptos

1. Explique el beneficio de la regla de L'Hôpital.

2. Para cada límite, utilice sustitución directa. A continuación, identifique la forma del límite como una forma indeterminada o no.

(a) $\lim\limits_{x\to 0} \dfrac{x^2}{\operatorname{sen} 2x}$ (b) $\lim\limits_{x\to\infty} (e^x + x^2)$

(c) $\lim\limits_{x\to\infty} (\ln x - e^x)$ (d) $\lim\limits_{x\to 0^+} \left(\ln x^2 - \dfrac{1}{x}\right)$

Análisis numérico y gráfico **En los ejercicios 3 a 6, complete la tabla y utilice el resultado de calcular el límite. Use un programa de graficación para trazar la función para confirmar su resultado.**

3. $\lim\limits_{x\to 0} \dfrac{\operatorname{sen} 4x}{\operatorname{sen} 3x}$

x	-0.1	-0.01	-0.001	0	0.001	0.01	0.1
$f(x)$				?			

4. $\lim\limits_{x\to 0} \dfrac{1 - e^x}{x}$

x	-0.1	-0.01	-0.001	0	0.001	0.01	0.1
$f(x)$				?			

5. $\lim\limits_{x\to\infty} x^5 e^{-x/100}$

x	1	10	10^2	10^3	10^4	10^5
$f(x)$						

6. $\lim\limits_{x\to\infty} \dfrac{6x}{\sqrt{3x^2 - 2x}}$

x	1	10	10^2	10^3	10^4	10^5
$f(x)$						

Usar dos métodos **En los ejercicios 7 a 14, evalúe el límite (a) utilizando técnicas de los capítulos 1 y 3, y (b) utilizando la regla de L'Hôpital.**

7. $\lim\limits_{x\to 4} \dfrac{3(x-4)}{x^2 - 16}$

8. $\lim\limits_{x\to -4} \dfrac{2x^2 + 13x + 20}{x + 4}$

9. $\lim\limits_{x\to 6} \dfrac{\sqrt{x + 10} - 4}{x - 6}$

10. $\lim\limits_{x\to -1} \left(\dfrac{1 - \sqrt{x + 2}}{x + 1}\right)$

11. $\lim\limits_{x\to 0} \left(\dfrac{2 - 2\cos x}{6x}\right)$

12. $\lim\limits_{x\to 0} \dfrac{\operatorname{sen} 6x}{4x}$

13. $\lim\limits_{x\to\infty} \dfrac{5x^2 - 3x + 1}{3x^2 - 5}$

14. $\lim\limits_{x\to\infty} \dfrac{x^3 + 2x}{4 - x}$

Evaluar un límite **En los ejercicios 15 a 42, evalúe el límite, utilizando la regla de L'Hôpital si es necesario.**

15. $\lim\limits_{x\to 3} \dfrac{x^2 - 2x - 3}{x - 3}$

16. $\lim\limits_{x\to -2} \dfrac{x^2 - 3x - 10}{x + 2}$

17. $\lim\limits_{x\to 0} \dfrac{\sqrt{25 - x^2} - 5}{x}$

18. $\lim\limits_{x\to 5^-} \dfrac{\sqrt{25 - x^2}}{x - 5}$

19. $\lim\limits_{x\to 0^+} \dfrac{e^x - (1 + x)}{x^3}$

20. $\lim\limits_{x\to 1} \dfrac{\ln x^3}{x^2 - 1}$

21. $\lim\limits_{x\to 1} \dfrac{x^{11} - 1}{x^4 - 1}$

22. $\lim\limits_{x\to 1} \dfrac{x^a - 1}{x^b - 1}$, donde $a, b \neq 0$

23. $\lim\limits_{x\to 0} \dfrac{\operatorname{sen} 3x}{\operatorname{sen} 5x}$

24. $\lim\limits_{x\to 0} \dfrac{\operatorname{sen} ax}{\operatorname{sen} bx}$, donde $a, b \neq 0$

25. $\lim\limits_{x\to\infty} \dfrac{7x^3 - 2x + 1}{6x^3 + 1}$

26. $\lim\limits_{x\to\infty} \dfrac{8 - x}{x^3}$

27. $\lim\limits_{x\to\infty} \dfrac{x^2 + 4x + 7}{x - 6}$

28. $\lim\limits_{x\to\infty} \dfrac{x^3}{x + 2}$

29. $\lim\limits_{x\to\infty} \dfrac{x^3}{e^{x/2}}$

30. $\lim\limits_{x\to\infty} \dfrac{e^{x^2}}{1 - x^3}$

31. $\lim\limits_{x\to\infty} \dfrac{x}{\sqrt{x^2 + 1}}$

32. $\lim\limits_{x\to\infty} \dfrac{x^2}{\sqrt{x^2 + 1}}$

33. $\lim\limits_{x\to\infty} \dfrac{\cos x}{x}$

34. $\lim\limits_{x\to\infty} \dfrac{\operatorname{sen} x}{x - \pi}$

35. $\lim\limits_{x\to\infty} \dfrac{\ln x}{x^2}$

36. $\lim\limits_{x\to\infty} \dfrac{\ln x^4}{x^3}$

37. $\lim\limits_{x\to\infty} \dfrac{e^x}{x^4}$

38. $\lim\limits_{x\to\infty} \dfrac{e^{2x-9}}{3x}$

39. $\lim\limits_{x\to 0} \dfrac{\operatorname{sen} 5x}{\tan 9x}$

40. $\lim\limits_{x\to 1} \dfrac{\ln x}{\operatorname{sen} \pi x}$

41. $\lim\limits_{x\to\infty} \dfrac{\int_1^x \ln(e^{4t-1})\, dt}{x}$

42. $\lim\limits_{x\to 1^+} \dfrac{\int_1^x \cos\theta\, d\theta}{x - 1}$

Evaluar un límite **En los ejercicios 43 a 62, (a) describa el tipo de forma indeterminada (si la hay) que se obtiene por sustitución directa. (b) Evalúe el límite, utilizando la regla de L'Hôpital si es necesario. (c) Use un programa de graficación para trazar la función y verificar el resultado en el inciso (b).**

43. $\lim\limits_{x\to\infty} x \ln x$

44. $\lim\limits_{x\to 0^+} x^3 \cot x$

45. $\lim\limits_{x\to\infty} x \operatorname{sen} \dfrac{1}{x}$

46. $\lim\limits_{x\to\infty} x \tan \dfrac{1}{x}$

47. $\lim\limits_{x\to 0^+} (e^x + x)^{2/x}$

48. $\lim\limits_{x\to 0^+} \left(1 + \dfrac{1}{x}\right)^x$

49. $\lim\limits_{x\to\infty} x^{1/x}$

50. $\lim\limits_{x\to 0^+} x^{1/x}$

51. $\lim\limits_{x\to 0^+} (1 + x)^{1/x}$

52. $\lim\limits_{x\to\infty} (1 + x)^{1/x}$

53. $\lim\limits_{x\to 0^+} 3x^{x/2}$

54. $\lim\limits_{x\to 4^+} [3(x-4)]^{x-4}$

55. $\lim\limits_{x\to 1^+} (\ln x)^{x-1}$

56. $\lim\limits_{x\to 0^+} \left[\cos\left(\dfrac{\pi}{2}-x\right)\right]^x$

57. $\lim\limits_{x\to 2^+} \left(\dfrac{8}{x^2-4}-\dfrac{x}{x-2}\right)$

58. $\lim\limits_{x\to 2^+} \left(\dfrac{1}{x^2-4}-\dfrac{\sqrt{x-1}}{x^2-4}\right)$

59. $\lim\limits_{x\to 1^+} \left(\dfrac{3}{\ln x}-\dfrac{2}{x-1}\right)$

60. $\lim\limits_{x\to 0^+} \left(\dfrac{10}{x}-\dfrac{3}{x^2}\right)$

61. $\lim\limits_{x\to\infty} (e^x-x)$

62. $\lim\limits_{x\to\infty} \left(x-\sqrt{x^2+1}\right)$

Exploración de conceptos

63. Determine funciones derivables f y g que satisfacen la condición especificada tal que

$$\lim_{x\to 5} f(x) = 0 \quad \text{y} \quad \lim_{x\to 5} g(x) = 0$$

Explique cómo obtuvo sus respuestas. (*Nota*: Hay muchas respuestas correctas.)

(a) $\lim\limits_{x\to 5} \dfrac{f(x)}{g(x)} = 10$

(b) $\lim\limits_{x\to 5} \dfrac{f(x)}{g(x)} = 0$

(c) $\lim\limits_{x\to 5} \dfrac{f(x)}{g(x)} = \infty$

64. Determine las funciones derivables f y g tal que

$$\lim_{x\to\infty} f(x) = \lim_{x\to\infty} g(x) = \infty \quad \text{y} \quad \lim_{x\to\infty} [f(x)-g(x)] = 25$$

Explique cómo obtuvo sus respuestas. (*Nota*: Hay muchas respuestas correctas.)

65. Determine cuál de los siguientes límites es posible evaluar usando la regla de L'Hôpital. Explique su razonamiento. No evalúe el límite.

(a) $\lim\limits_{x\to 2} \dfrac{x-2}{x^3-x-6}$

(b) $\lim\limits_{x\to 0} \dfrac{x^2-4x}{2x-1}$

(c) $\lim\limits_{x\to\infty} \dfrac{x^3}{e^x}$

(d) $\lim\limits_{x\to 3} \dfrac{e^{x^2}-e^9}{x-3}$

(e) $\lim\limits_{x\to 1} \dfrac{\cos \pi x}{\ln x}$

(f) $\lim\limits_{x\to 1} \dfrac{1+x(\ln x-1)}{(x-1)\ln x}$

66. **¿CÓMO LO VE?** Utilice la gráfica de f para encontrar el límite.

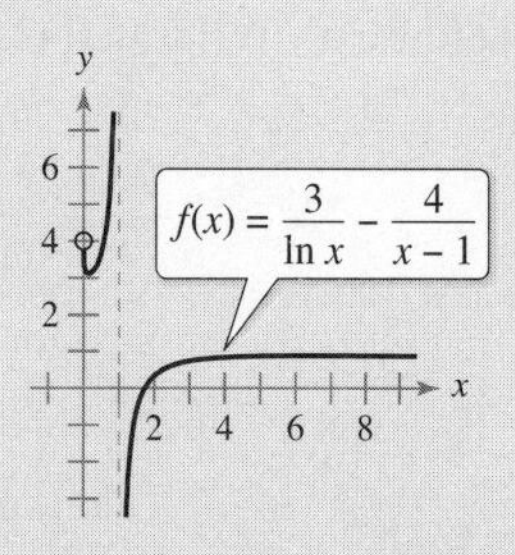

(a) $\lim\limits_{x\to 1^-} f(x)$ (b) $\lim\limits_{x\to 1^+} f(x)$ (c) $\lim\limits_{x\to 1} f(x)$

67. Enfoque numérico Complete la tabla para mostrar que x eventualmente "domina" $(\ln x)^4$.

x	10	10^2	10^4	10^6	10^8	10^{10}
$\dfrac{(\ln x)^4}{x}$						

68. Enfoque numérico Complete la tabla para mostrar que e^x eventualmente "domina" x^5.

x	1	5	10	20	30	40	50	100
$\dfrac{e^x}{x^5}$								

Comparar funciones En los ejercicios 69 a 74, utilice la regla de L'Hôpital para determinar las tasas comparativas de aumento de las funciones $f(x) = x^m$, $g(x) = e^{nx}$ y $h(x) = (\ln x)^n$, donde $n > 0$, $m > 0$ y $x \to \infty$.

69. $\lim\limits_{x\to\infty} \dfrac{x^2}{e^{5x}}$

70. $\lim\limits_{x\to\infty} \dfrac{x^3}{e^{2x}}$

71. $\lim\limits_{x\to\infty} \dfrac{(\ln x)^3}{x}$

72. $\lim\limits_{x\to\infty} \dfrac{(\ln x)^2}{x^3}$

73. $\lim\limits_{x\to\infty} \dfrac{(\ln x)^n}{x^m}$

74. $\lim\limits_{x\to\infty} \dfrac{x^m}{e^{nx}}$

Asíntotas y extremos relativos En los ejercicios 75 a 78, encuentre cualquier asíntota y extremo relativo que pueden existir y utilice una herramienta de graficación para trazar la función.

75. $y = x^{1/x}, \quad x > 0$

76. $y = x^x, \quad x > 0$

77. $y = 2xe^{-x}$

78. $y = \dfrac{\ln x}{x}$

Piénselo En los ejercicios 79 a 82, la regla de L'Hôpital se utilizó incorrectamente. Describa el error.

79. $\lim\limits_{x\to 2} \dfrac{3x^2+4x+1}{x^2-x-2} = \lim\limits_{x\to 2} \dfrac{6x+4}{2x-1} = \lim\limits_{x\to 2} \dfrac{6}{2} = 3$ ✗

80. $\lim\limits_{x\to 0} \dfrac{e^{2x}-1}{e^x} = \lim\limits_{x\to 0} \dfrac{2e^{2x}}{e^x}$
$= \lim\limits_{x\to 0} 2e^x$
$= 2$

81. $\lim\limits_{x\to 0} \dfrac{1-e^x}{x-x^2} = \lim\limits_{x\to 0} \dfrac{-e^x}{1-2x}$
$= \lim\limits_{x\to 0} \dfrac{-e^x}{-2}$
$= \dfrac{1}{2}$

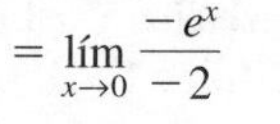

82. $\lim\limits_{x\to\infty} x\cos\dfrac{1}{x} = \lim\limits_{x\to\infty} \dfrac{\cos(1/x)}{1/x}$
$= \lim\limits_{x\to\infty} \dfrac{[-\operatorname{sen}(1/x)](1/x^2)}{-1/x^2}$
$= \lim\limits_{x\to\infty} \operatorname{sen}\dfrac{1}{x}$
$= 0$

Para ver las figuras a color de las páginas 370 y 371, acceda al código

Evaluar un límite **En los ejercicios 83 y 84, evalúe el límite utilizando la regla de L'Hôpital si es necesario.**

83. $\displaystyle\lim_{x\to 0} \frac{e^x - 1 - x - \dfrac{x^2}{2}}{x^3}$ **84.** $\displaystyle\lim_{x\to 0} \frac{\ln(1+x) - x + \dfrac{x^2}{2}}{x^3}$

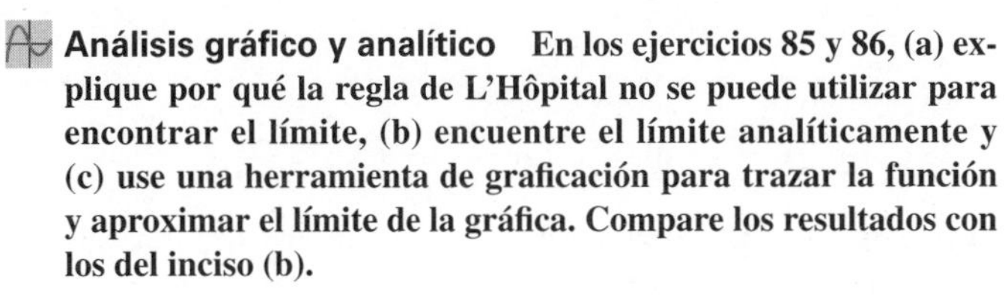

Análisis gráfico y analítico **En los ejercicios 85 y 86, (a) explique por qué la regla de L'Hôpital no se puede utilizar para encontrar el límite, (b) encuentre el límite analíticamente y (c) use una herramienta de graficación para trazar la función y aproximar el límite de la gráfica. Compare los resultados con los del inciso (b).**

85. $\displaystyle\lim_{x\to\infty} \frac{x}{\sqrt{x^2+1}}$ **86.** $\displaystyle\lim_{x\to\pi/2^-} \frac{\tan x}{\sec x}$

Análisis gráfico **En los ejercicios 87 y 88, grafique $f(x)/g(x)$ y $f'(x)/g'(x)$ cerca de $x = 0$. ¿Qué observa acerca de estas relaciones cuando $x \to 0$? ¿Cómo ilustra esto la regla de L'Hôpital?**

87. $f(x) = \operatorname{sen} 3x,\quad g(x) = \operatorname{sen} 4x$

88. $f(x) = e^{3x} - 1,\quad g(x) = x$

89. Circuito eléctrico El diagrama muestra un circuito eléctrico simple compuesto por una fuente de poder, una resistencia y un inductor. Si el voltaje V se aplica primero en el tiempo $t = 0$, entonces la corriente I que fluye a través del circuito en el tiempo t está dada por

$$I = \frac{V}{R}\left(1 - e^{-Rt/L}\right)$$

donde L es la inductancia y R es la resistencia. Usar la regla de L'Hôpital para hallar la fórmula de la corriente fijando V y L y dejando que R tienda a 0 por la derecha.

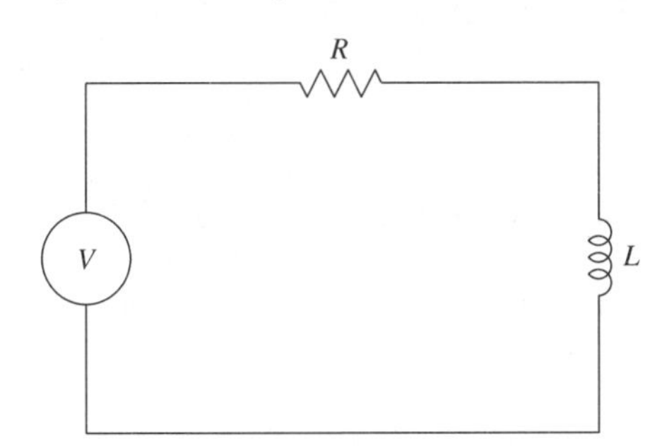

90. Velocidad en un medio resistivo La velocidad de un objeto que cae a través de un medio resistivo, tal como aire o agua, está dada por

$$v = \frac{32}{k}\left(1 - e^{-kt} + \frac{v_0 k e^{-kt}}{32}\right)$$

donde v_0 es la velocidad inicial, t es el tiempo en segundos y k es la constante de resistencia del medio. Utilice la regla de L'Hôpital para encontrar la fórmula de la velocidad de un cuerpo que cae en el vacío mediante la fijación de v_0 y t y dejando que k se aproxime a cero. (Suponga que la dirección hacia abajo es positiva.)

91. Función gamma La función gamma $\Gamma(n)$ se define en términos de la integral de la función dada por $f(x) = x^{n-1}e^{-x}$, $n > 0$. Demuestre que para cualquier valor fijo de n el límite de $f(x)$ cuando x tiende a infinito es cero.

92. Interés compuesto La fórmula para la cantidad A en una cuenta de ahorros se compone n veces por año por t años a una tasa de interés r y un depósito inicial de P está dada por

$$A = P\left(1 + \frac{r}{n}\right)^{nt}$$

Utilice la regla de L'Hôpital para demostrar que el límite de fórmula cuando el número de composiciones por año tiende a infinito está dado por $A = Pe^{rt}$.

Teorema extendido del valor medio **En los ejercicios 93 a 96, aplique el teorema del valor medio extendido a las funciones f y g en el intervalo cerrado $[a, b]$. Encuentre todos los valores c en el intervalo abierto (a, b) tales que**

$$\frac{f'(c)}{g'(c)} = \frac{f(b) - f(a)}{g(b) - g(a)}$$

	Funciones	**Intervalo**
93.	$f(x) = x^3,\ g(x) = x^2 + 1$	$[0, 1]$
94.	$f(x) = \dfrac{1}{x},\ g(x) = x^2 - 4$	$[1, 2]$
95.	$f(x) = \operatorname{sen} x,\ g(x) = \cos x$	$\left[0, \dfrac{\pi}{2}\right]$
96.	$f(x) = \ln x,\ g(x) = x^3$	$[1, 4]$

¿Verdadero o falso? **En los ejercicios 97 a 102, determine si el enunciado es verdadero o falso. Si es falso, explique por qué o dé un ejemplo que demuestre que es falso.**

97. Un límite de la forma $\infty/0$ está indeterminado.

98. Un límite de la forma $\infty \cdot \infty$ está indeterminado.

99. Una forma indeterminada no garantiza la existencia de un límite.

100. $\displaystyle\lim_{x\to 0}\frac{x^2+x+1}{x} = \lim_{x\to 0}\frac{2x+1}{1} = 1$

101. Si $p(x)$ es un polinomio, entonces $\displaystyle\lim_{x\to\infty}\frac{p(x)}{e^x} = 0$

102. Si $\displaystyle\lim_{x\to\infty}\frac{f(x)}{g(x)} = 1$, entonces $\displaystyle\lim_{x\to\infty}[f(x) - g(x)] = 0$

103. Área Encuentre el límite, cuando x tiende a 0, de la razón entre el área del triángulo con el área total sombreada en la figura.

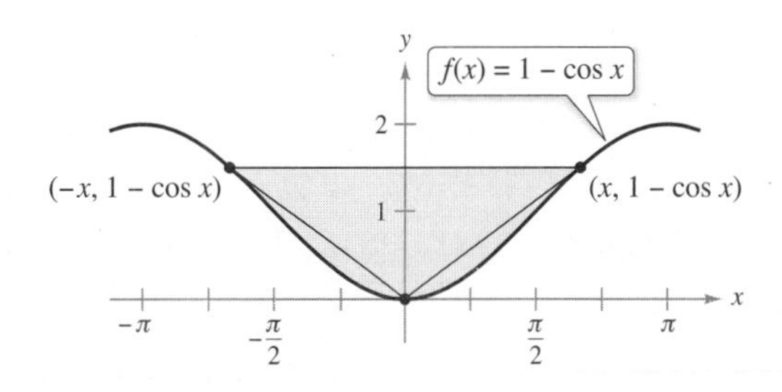

104. Evaluar un límite Evalúe el límite.

$$\lim_{x\to 0}\frac{\operatorname{sen} 5x \operatorname{sen} 7x}{x \operatorname{sen} 4x}$$

Use alguna utilidad gráfica para verificar su resultado.

Función continua En los ejercicios 105 y 106, encuentre el valor de c que hace la función continua en $x = 0$.

105. $f(x) = \begin{cases} \dfrac{4x - 2 \operatorname{sen} 2x}{2x^3}, & x \neq 0 \\ c, & x = 0 \end{cases}$

106. $f(x) = \begin{cases} (e^x + x)^{1/x}, & x \neq 0 \\ c, & x = 0 \end{cases}$

107. Encontrar valores Encuentre los valores de a y b tal que

$$\lim_{x \to 0} \frac{a - \cos bx}{x^2} = 2$$

108. Evaluar un límite Utilice una herramienta de graficación para graficar

$$f(x) = \frac{x^k - 1}{k}$$

para $k = 1$, 0.1 y 0.01. Después evalúe el límite

$$\lim_{k \to 0^+} \frac{x^k - 1}{k}$$

109. Encontrar una derivada

(a) Sea $f'(x)$ una función continua. Demuestre que

$$\lim_{h \to 0} \frac{f(x + h) - f(x - h)}{2h} = f'(x)$$

(b) Explique el resultado del inciso (a) de forma gráfica.

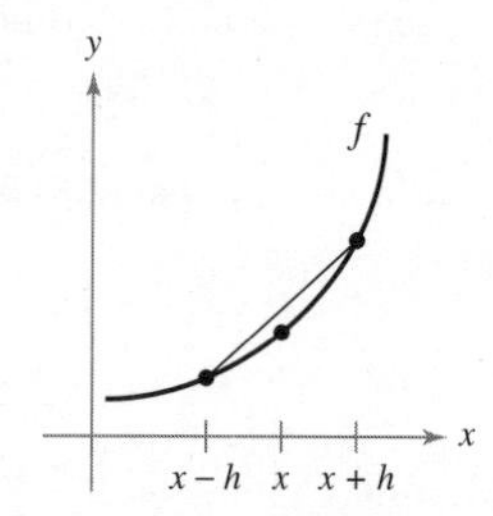

110. Encontrar una segunda derivada Sea $f''(x)$ una función. Demuestre que

$$\lim_{h \to 0} \frac{f(x + h) - 2f(x) + f(x - h)}{h^2} = f''(x)$$

111. Evaluar un límite Considere el límite $\lim_{x \to 0^+} (-x \ln x)$.

(a) Describa el tipo de forma indeterminada que se obtiene por sustitución directa.

(b) Evalúe el límite. Use una herramienta de graficación para verificar el resultado.

PARA INFORMACIÓN ADICIONAL Para un enfoque geométrico para este ejercicio, consulte el artículo "A Geometric Proof of $\lim_{d \to 0^+} (-d \ln d) = 0$" por John H. Mathews, en *The College Mathematics Journal*. Para ver este artículo, visite *MathArticles.com* (disponible solo en inglés).

112. Demostración Demuestre que si $f(x) \geq 0$, $\lim_{x \to a} f(x) = 0$ y $\lim_{x \to a} g(x) = \infty$, entonces $\lim_{x \to a} f(x)^{g(x)} = 0$.

113. Demostración Demuestre que si $f(x) \geq 0$, $\lim_{x \to a} f(x) = 0$ y $\lim_{x \to a} g(x) = -\infty$, entonces $\lim_{x \to a} f(x)^{g(x)} = \infty$.

114. Piénselo Utilice dos diferentes métodos para encontrar en límite

$$\lim_{x \to \infty} \frac{\ln x^m}{\ln x^n}$$

donde $m > 0$, $n > 0$ y $x > 0$.

115. Formas indeterminadas Demuestre que la forma indeterminada 0^0, ∞^0 y 1^∞ no siempre tienen un valor de 1, evaluando cada límite.

(a) $\lim_{x \to 0^+} x^{(\ln 2)/(1 + \ln x)}$

(b) $\lim_{x \to \infty} x^{(\ln 2)/(1 + \ln x)}$

(c) $\lim_{x \to 0} (x + 1)^{(\ln 2)/x}$

116. Historia del cálculo En el texto de cálculo de L'Hôpital de 1696, ilustró su regla con el límite de la función

$$f(x) = \frac{\sqrt{2a^3x - x^4} - a\sqrt[3]{a^2x}}{a - \sqrt[4]{ax^3}}$$

cuando x se aproxima a a, $a > 0$. Encuentre este límite.

117. Obtener un límite Considere la función

$$h(x) = \frac{x + \operatorname{sen} x}{x}$$

(a) Use un programa de graficación para trazar la función. Luego, utilice las aplicaciones *zoom* y *trace* para investigar $\lim_{x \to \infty} h(x)$.

(b) Encuentre $\lim_{x \to \infty} h(x)$ analíticamente al escribir

$$h(x) = \frac{x}{x} + \frac{\operatorname{sen} x}{x}$$

(c) ¿Se puede utilizar la regla de L'Hôpital para encontrar $\lim_{x \to \infty} h(x)$? Explique su razonamiento.

118. Evaluar un límite Sean $f(x) = x + x \operatorname{sen} x$ y $g(x) = x^2 - 4$

(a) Demuestre que $\lim_{x \to \infty} \dfrac{f(x)}{g(x)} = 0$

(b) Demuestre que $\lim_{x \to \infty} f(x) = \infty$ y $\lim_{x \to \infty} g(x) = \infty$

(c) Evalúe el límite

$$\lim_{x \to \infty} \frac{f'(x)}{g'(x)}$$

¿Qué se observa?

(d) ¿Sus respuestas a los incisos (a) a (c) contradicen la regla de L'Hôpital? Explique su razonamiento.

DESAFÍO DEL EXAMEN PUTNAM

119. Evalúe $\lim_{x \to \infty} \left[\dfrac{1}{x} \cdot \dfrac{a^x - 1}{a - 1} \right]^{1/x}$ donde $a > 0$; $a \neq 1$

Este problema fue preparado por el Committee on the Putnam Prize Competition.

5.7 Funciones trigonométricas inversas: derivación

- **Definir las seis funciones trigonométricas inversas y utilizar sus propiedades.**
- **Derivar una función trigonométrica inversa.**
- **Resumir las reglas básicas para la derivación de las funciones elementales.**

Funciones trigonométricas inversas

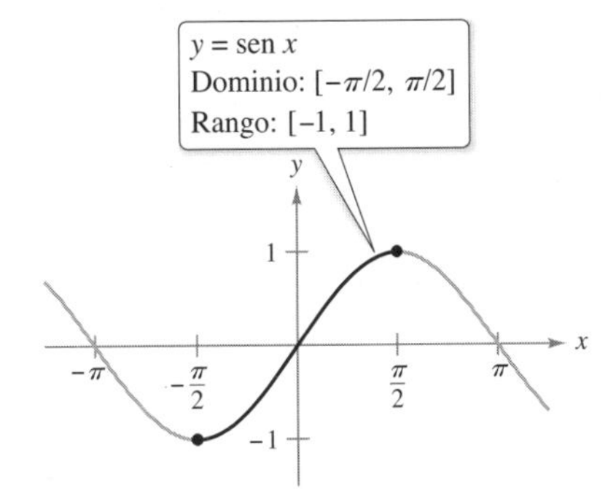

La función seno es uno a uno en $[-\pi/2, \pi/2]$.
Figura 5.25

Esta sección comienza con una declaración sorprendente: *Ninguna de las seis funciones trigonométricas básicas tiene una función inversa*. Esta afirmación es cierta, porque las seis funciones trigonométricas son periódicas y por lo tanto no son uno a uno. En esta sección se examinarán estas seis funciones para ver si sus dominios se pueden redefinir de manera tal que tengan funciones inversas en los *dominios restringidos*.

En el ejemplo 4 de la sección 5.3 se vio que la función seno es creciente (y por lo tanto es uno a uno) sobre el intervalo

$$\left[-\frac{\pi}{2}, \frac{\pi}{2}\right]$$

como se muestra en la figura 5.25. En este intervalo se puede definir la inversa de la función seno *restringida* como

$$y = \operatorname{arcsen} x \quad \text{si y solo si} \quad \operatorname{sen} y = x$$

donde $-1 \leq x \leq 1$ y $-\pi/2 \leq \operatorname{arcsen} x \leq \pi/2$.

Bajo las restricciones adecuadas, cada una de las seis funciones trigonométricas es uno a uno y por lo tanto tiene una función inversa, como se muestra en la siguiente definición. (Note que el símbolo $\Leftrightarrow$ se utiliza para representar la frase "si y solo si").

COMENTARIO El término "arcsen" se lee como "el arco seno de x" o a veces "el ángulo cuyo seno es x". Una notación alternativa para la función inversa del seno es "$\operatorname{sen}^{-1} x$" la cual es consistente con la notación de una función inversa $f^{-1}(x)$.

Definiciones de las funciones trigonométricas inversas

Función	Dominio	Rango
$y = \operatorname{arcsen} x \Leftrightarrow \operatorname{sen} y = x$	$-1 \leq x \leq 1$	$-\frac{\pi}{2} \leq y \leq \frac{\pi}{2}$
$y = \arccos x \Leftrightarrow \cos y = x$	$-1 \leq x \leq 1$	$0 \leq y \leq \pi$
$y = \arctan x \Leftrightarrow \tan y = x$	$-\infty < x < \infty$	$-\frac{\pi}{2} < y < \frac{\pi}{2}$
$y = \operatorname{arccot} x \Leftrightarrow \cot y = x$	$-\infty < x < \infty$	$0 < y < \pi$
$y = \operatorname{arcsec} x \Leftrightarrow \sec y = x$	$\lvert x \rvert \geq 1$	$0 \leq y \leq \pi, \quad y \neq \frac{\pi}{2}$
$y = \operatorname{arccsc} x \Leftrightarrow \csc y = x$	$\lvert x \rvert \geq 1$	$-\frac{\pi}{2} \leq y \leq \frac{\pi}{2}, \quad y \neq 0$

Exploración

La función inversa de la secante En este texto, la función secante inversa se define mediante la restricción del dominio de la función secante a los intervalos $[0, \pi/2) \cup (\pi/2, \pi]$. La mayoría de los otros textos y libros de consulta están de acuerdo con esto, pero algunos no. ¿Qué otros dominios podrían tener sentido? Explique su razonamiento gráficamente. La mayoría de las calculadoras no tienen una tecla para la función secante inversa. ¿Cómo puede usar una calculadora para evaluar la función secante inversa?

Para ver las figuras a color, acceda al código

Las gráficas de las seis funciones trigonométricas inversas se muestran en la figura 5.26.

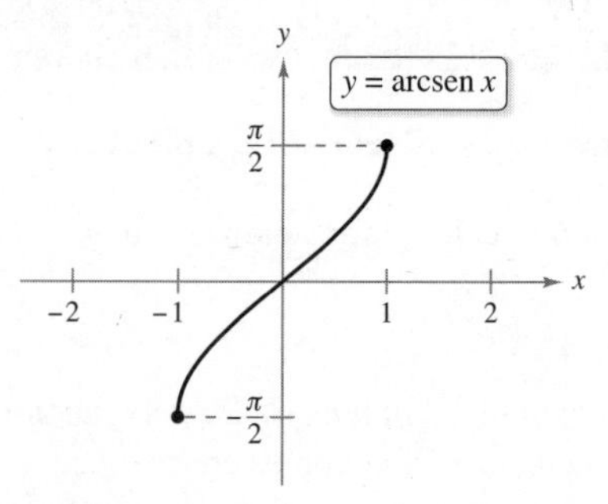

Dominio: $[-1, 1]$
Rango: $[-\pi/2, \pi/2]$

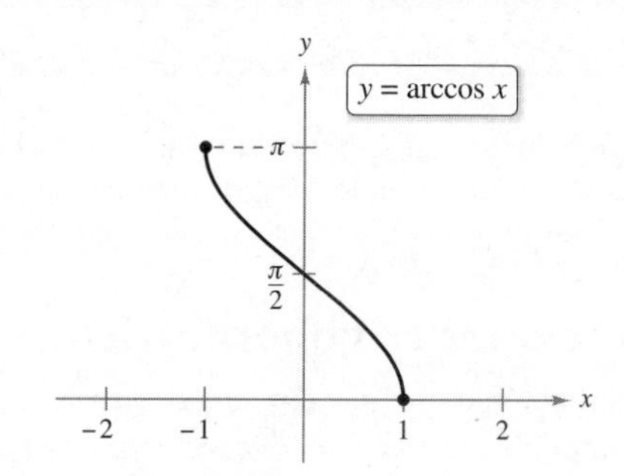

Dominio: $[-1, 1]$
Rango: $[0, \pi]$

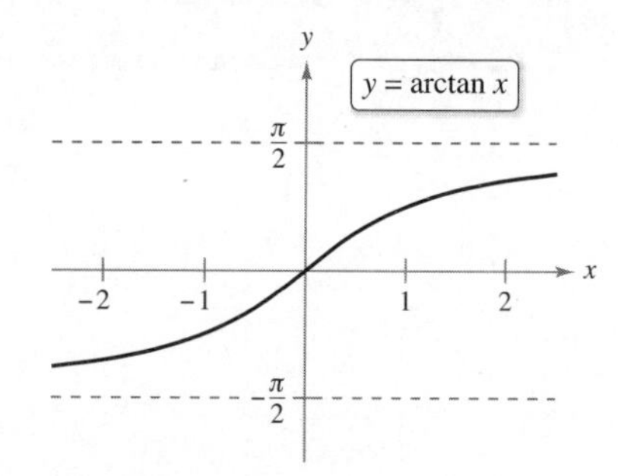

Dominio: $(-\infty, \infty)$
Rango: $(-\pi/2, \pi/2)$

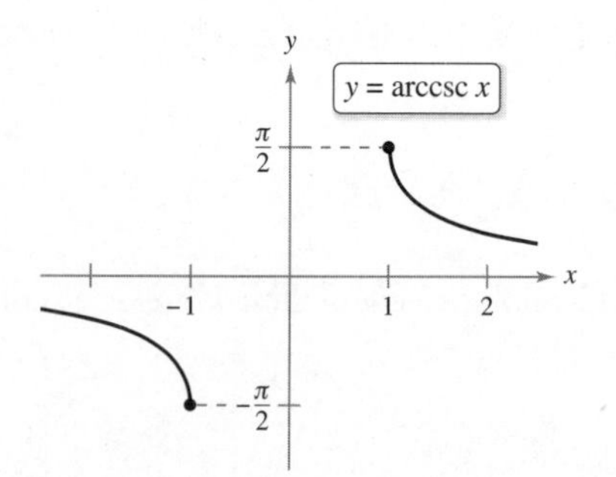

Dominio: $(-\infty, -1] \cup [1, \infty)$
Rango: $[-\pi/2, 0) \cup (0, \pi/2]$

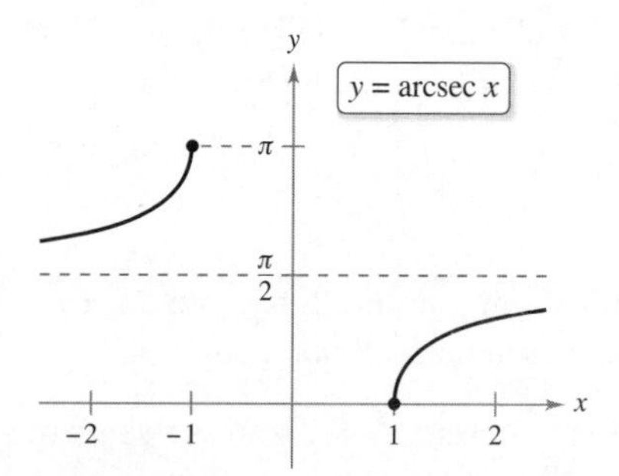

Dominio: $(-\infty, -1] \cup [1, \infty)$
Rango: $[0, \pi/2) \cup (\pi/2, \pi]$

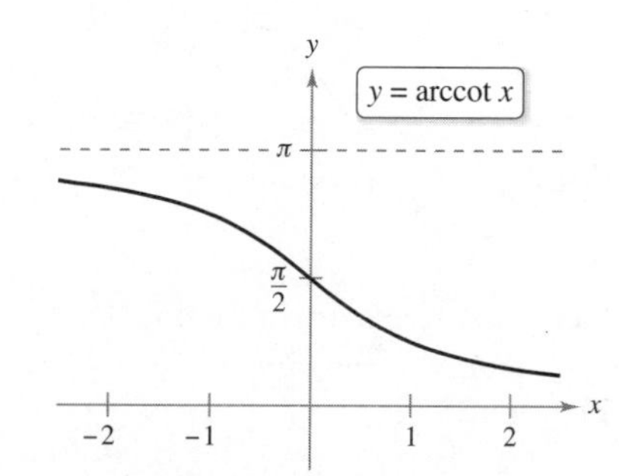

Dominio: $(-\infty, \infty)$
Rango: $(0, \pi)$

Figura 5.26

Al evaluar las funciones trigonométricas inversas, recuerde que denotan los ángulos en *radianes*. (Para un repaso de los radianes vea la sección P.4.)

EJEMPLO 1 Evaluar funciones trigonométricas inversas

Evalúe cada una de las funciones.

a. $\operatorname{arcsen}\left(-\frac{1}{2}\right)$ **b.** $\arccos 0$ **c.** $\arctan \sqrt{3}$ **d.** $\operatorname{arcsen}(0.3)$

Para ver las figuras a color, acceda al código

Solución

a. Por definición, $y = \operatorname{arcsen}\left(-\frac{1}{2}\right)$ implica que $\operatorname{sen} y = -\frac{1}{2}$. En el intervalo $[-\pi/2, \pi/2]$, el valor correcto de y es $-\pi/6$.

$$\operatorname{arcsen}\left(-\frac{1}{2}\right) = -\frac{\pi}{6}$$

b. Por definición, $y = \arccos 0$ implica que $\cos y = 0$. En el intervalo $[0, \pi]$, tiene que $y = \pi/2$.

$$\arccos 0 = \frac{\pi}{2}$$

c. Por definición, $y = \arctan \sqrt{3}$ implica que $\tan y = \sqrt{3}$. En el intervalo $(-\pi/2, \pi/2)$, tiene que $y = \pi/3$.

$$\arctan \sqrt{3} = \frac{\pi}{3}$$

d. Usando una calculadora ajustada en el modo de *radianes* produce

$$\operatorname{arcsen}(0.3) \approx 0.305$$

Las funciones inversas tienen las propiedades $f(f^{-1}(x)) = x$ y $f^{-1}(f(x)) = x$. Al aplicar estas propiedades para invertir las funciones trigonométricas, recuerde que las funciones trigonométricas tienen funciones inversas solo en dominios restringidos. Para valores fuera de estos dominios, estas dos propiedades no se sostienen. Por ejemplo, arcsen(sen π) es igual a 0, no π.

COMENTARIO Cuando utilice estas propiedades inversas, recuerde que los dominios están restringidos. Por ejemplo

$$\tan^{-1}\left(\tan\frac{3\pi}{4}\right) \neq \frac{3\pi}{4}$$

porque $3\pi/4$ no está en el intervalo $(-\pi/2, \pi/2)$. Por el contrario

$$\tan^{-1}\left(\tan\frac{3\pi}{4}\right) = \tan^{-1}(-1)$$
$$= -\frac{\pi}{4}$$

Propiedades de las funciones trigonométricas inversas

Si $-1 \leq x \leq 1$ y $\pi/2 \leq y \leq \pi/2$, entonces

$$\text{sen}(\text{arcsen}\, x) = x \quad \text{y} \quad \text{arcsen}(\text{sen}\, y) = y$$

Si $-\pi/2 < y < \pi/2$, entonces

$$\tan(\arctan x) = x \quad \text{y} \quad \arctan(\tan y) = y$$

Si $|x| \geq 1$ y $0 \leq y < \pi/2$ o $\pi/2 < y \leq \pi$, entonces

$$\sec(\text{arcsec}\, x) = x \quad \text{y} \quad \text{arcsec}(\sec y) = y$$

Propiedades similares también son válidas para las otras funciones trigonométricas inversas.

EJEMPLO 2 Resolver una ecuación

$$\arctan(2x - 3) = \frac{\pi}{4} \qquad \text{Ecuación original.}$$

$$\tan[\arctan(2x - 3)] = \tan\frac{\pi}{4} \qquad \text{Tome la tangente de cada lado.}$$

$$2x - 3 = 1 \qquad \tan(\arctan x) = x$$

$$x = 2 \qquad \text{Resuelva para } x.$$

Algunos problemas en cálculo requieren que evalúe expresiones como cos(arcsen x), como se muestra en el ejemplo 3.

COMENTARIO Para repasar las definiciones de las funciones trigonométricas de un triángulo rectángulo, vea la sección P.4.

Para ver las figuras a color, acceda al código

EJEMPLO 3 Usar triángulos rectángulos

a. Dada $y = \text{arcsen}\, x$, donde $0 < y < \pi/2$, encuentre cos y.

b. Dada $y = \text{arcsec}\left(\sqrt{5}/2\right)$, encuentre tan y.

Solución

a. Como $y = \text{arcsen}\, x$, usted sabe que $y = \text{sen}\, x$. Esta relación entre x y y puede ser representada por un triángulo rectángulo, como se muestra en la figura de la derecha.

$$\cos y = \cos(\text{arcsen}\, x) = \frac{\text{ady}}{\text{hip}} = \sqrt{1 - x^2}$$

(Este resultado es también válido para $-\pi/2 < y < 0$.)

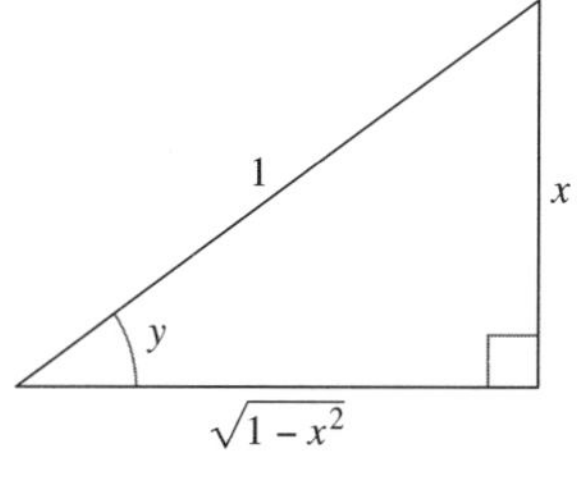

$y = \text{arcsen}\, x$

b. Utilice el triángulo rectángulo que se muestra en la figura de la izquierda.

$$\tan y = \tan\left(\text{arcsec}\,\frac{\sqrt{5}}{2}\right)$$
$$= \frac{\text{op}}{\text{ady}}$$
$$= \frac{1}{2}$$

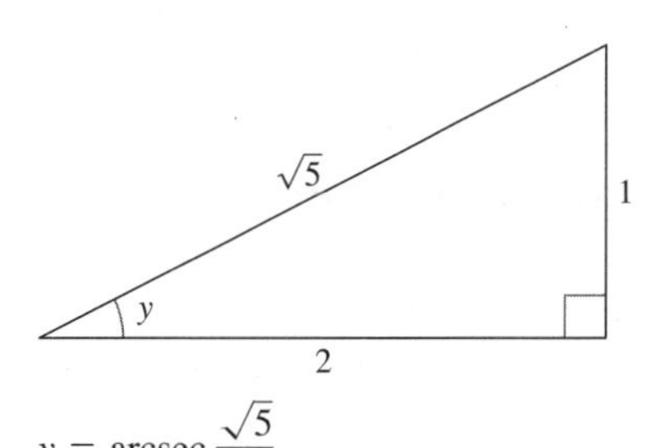

$y = \text{arcsec}\,\frac{\sqrt{5}}{2}$

COMENTARIO No existe un acuerdo común sobre la definición de arcsec x (o arccsc x) para valores negativos de x. Cuando definimos el rango del arco secante, se optó por preservar la identidad recíproca

$$\operatorname{arcsec} x = \arccos \frac{1}{x}$$

Una consecuencia de esta definición es que su gráfica tiene una pendiente positiva para cada valor x en su dominio. (Vea la figura 5.26.) Esto cuenta para el signo de valor absoluto en la fórmula para la derivada de arcsec x.

Derivadas de funciones trigonométricas inversas

En la sección 5.1 se aprendió que la derivada de la función *trascendente* $f(x) = \ln x$ es la función *algebraica* $f'(x) = 1/x$. Ahora se aprenderá que las derivadas de las funciones trigonométricas inversas también son algebraicas (a pesar de que las funciones trigonométricas inversas son ellas mismas trascendentales).

El siguiente teorema enumera las derivadas de las seis funciones trigonométricas inversas. Observe que las derivadas de arccos u, arccot u y arccsc u son los *negativos* de las derivadas de arcsen u, arctan u y arcsec u, respectivamente.

TEOREMA 5.18 Derivadas de funciones trigonométricas inversas

Sea u una función derivable de x.

$$\frac{d}{dx}[\operatorname{arcsen} u] = \frac{u'}{\sqrt{1-u^2}} \qquad \frac{d}{dx}[\arccos u] = \frac{-u'}{\sqrt{1-u^2}}$$

$$\frac{d}{dx}[\arctan u] = \frac{u'}{1+u^2} \qquad \frac{d}{dx}[\operatorname{arccot} u] = \frac{-u'}{1+u^2}$$

$$\frac{d}{dx}[\operatorname{arcsec} u] = \frac{u'}{|u|\sqrt{u^2-1}} \qquad \frac{d}{dx}[\operatorname{arccsc} u] = \frac{-u'}{|u|\sqrt{u^2-1}}$$

Las demostraciones para arcsen u y arccos u se proporcionan en el apéndice A. [Las demostraciones para las otras reglas se dejan como ejercicio (vea el ejercicio 94).]

TECNOLOGÍA Aunque el programa de gráficos no tiene la función arcsec, puede obtener su gráfica utilizando

$$f(x) = \operatorname{arcsec} x = \arccos \frac{1}{x}$$

EJEMPLO 4 Derivar funciones trigonométricas inversas

a. $\dfrac{d}{dx}[\operatorname{arcsen}(2x)] = \dfrac{2}{\sqrt{1-(2x)^2}} = \dfrac{2}{\sqrt{1-4x^2}}$ $\qquad u = 2x$

b. $\dfrac{d}{dx}[\arctan(3x)] = \dfrac{3}{1+(3x)^2} = \dfrac{3}{1+9x^2}$ $\qquad u = 3x$

c. $\dfrac{d}{dx}[\operatorname{arcsen} \sqrt{x}] = \dfrac{(1/2)\,x^{-1/2}}{\sqrt{1-x}} = \dfrac{1}{2\sqrt{x}\sqrt{1-x}} = \dfrac{1}{2\sqrt{x-x^2}}$ $\qquad u = \sqrt{x} = x^{1/2}$

d. $\dfrac{d}{dx}[\operatorname{arcsec} e^{2x}] = \dfrac{2e^{2x}}{e^{2x}\sqrt{(e^{2x})^2-1}} = \dfrac{2}{\sqrt{e^{4x}-1}}$ $\qquad u = e^{2x}$

El signo de valor absoluto no es necesario, porque $e^{2x} > 0$.

EJEMPLO 5 Simplificar una derivada

$$\begin{aligned}
y &= \operatorname{arcsen} x + x\sqrt{1-x^2}\\
y' &= \frac{1}{\sqrt{1-x^2}} + x\left(\frac{1}{2}\right)(-2x)(1-x^2)^{-1/2} + \sqrt{1-x^2}\\
&= \frac{1}{\sqrt{1-x^2}} - \frac{x^2}{\sqrt{1-x^2}} + \sqrt{1-x^2}\\
&= \sqrt{1-x^2} + \sqrt{1-x^2}\\
&= 2\sqrt{1-x^2}
\end{aligned}$$

Del ejemplo 5, se puede ver una de las ventajas de las funciones trigonométricas inversas que pueden ser utilizadas para integrar funciones algebraicas comunes. Por ejemplo, a partir del resultado que se muestra en el ejemplo, se tiene que

$$\int \sqrt{1-x^2}\,dx = \frac{1}{2}\left(\operatorname{arcsen} x + x\sqrt{1-x^2}\right)$$

EJEMPLO 6 Analizar la gráfica de una función trigonométrica inversa

Analice la gráfica de $y = (\arctan x)^2$

Solución A partir de la derivada de y respecto a x

$$y' = 2(\arctan x)\left(\frac{1}{1+x^2}\right) \qquad \text{Derive respecto a } x.$$

$$= \frac{2 \arctan x}{1+x^2} \qquad \text{Simplifique.}$$

se puede determinar que el único punto crítico es $x = 0$. Por el criterio de la primera derivada, este valor corresponde a un mínimo relativo. De la primera derivada se sigue que la gráfica es decreciente en el intervalo $(-\infty, 0)$ y creciente en $(0, \infty)$. De la segunda derivada

$$y'' = \frac{(1+x^2)\left(\frac{2}{1+x^2}\right) - (2\arctan x)(2x)}{(1+x^2)^2} \qquad \text{Derive respecto a } x.$$

$$= \frac{2(1 - 2x\arctan x)}{(1+x^2)^2} \qquad \text{Simplifique.}$$

se sigue que los puntos de inflexión ocurren cuando $2x \arctan x = 1$. Utilizando el método de Newton, estos puntos ocurren cuando $x \approx \pm 0.765$. Por último, debido a que

$$\lim_{x\to\pm\infty} (\arctan x)^2 = \frac{\pi^2}{4} \qquad \text{Límite cuando } x \text{ tiende a } +\infty \text{ y a } -\infty$$

se tiene que la gráfica presenta una asíntota horizontal en $y = \pi^2/4$. En la figura 5.27 se muestra la gráfica.

La gráfica de $y = (\arctan x)^2$ tiene una asíntota horizontal en $y = \pi^2/4$.
Figura 5.27

EJEMPLO 7 Maximizar un ángulo

Consulte LarsonCalculus.com (disponible solo en inglés) para una versión interactiva de este tipo de ejemplo.

Un fotógrafo está tomando una fotografía de una pintura colgada en una galería de arte. La altura de la pintura es de 4 pies. La lente de la cámara está 1 pie por debajo del borde inferior de la pintura, como se muestra en la figura de la derecha. ¿Hasta dónde debe alejarse la cámara de la pintura para maximizar el ángulo subtendido por el lente de la cámara?

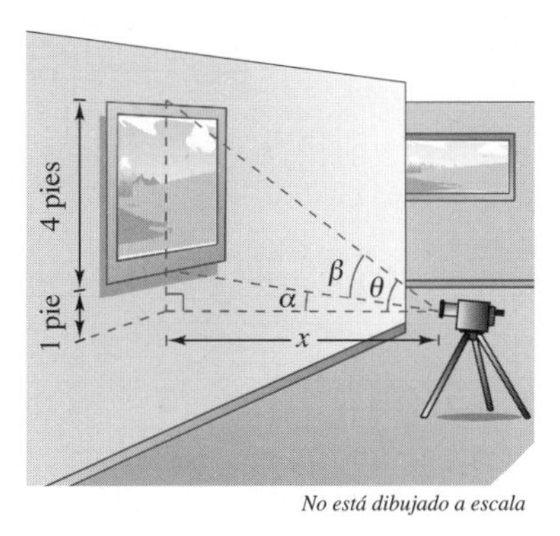

No está dibujado a escala

La cámara debe estar a 2.236 pies de la pared para maximizar el ángulo β.

Solución En la figura, sea β el ángulo que se maximiza.

$$\beta = \theta - \alpha = \operatorname{arccot} \frac{x}{5} - \operatorname{arccot} x$$

Al derivar respecto a x se tiene

$$\frac{d\beta}{dx} = \frac{-1/5}{1 + (x^2/25)} - \frac{-1}{1+x^2}$$

$$= \frac{-5}{25+x^2} + \frac{1}{1+x^2}$$

$$= \frac{4(5 - x^2)}{(25+x^2)(1+x^2)}$$

Debido a que $d\beta/dx = 0$ cuando $x = \sqrt{5}$, se puede concluir del criterio de la primera derivada que con esta distancia se obtiene un valor máximo de β. Por lo tanto, la distancia es $x \approx 2.236$ pies y el ángulo $\beta \approx 0.7297$ radianes $\approx 41.81°$

Para ver las figuras a color, acceda al código

COMENTARIO En el ejemplo 7, podría ser $\theta = \arctan(5/x)$ y $\alpha = \arctan(1/x)$. Aunque estas expresiones son más difíciles de usar que aquellas en el ejemplo 7, se debería obtener la misma respuesta. Intente verificarlo.

GALILEO GALILEI (1564-1642)

El enfoque científico de Galileo partió de la aceptación de la visión aristotélica de que la naturaleza tenía *cualidades* descriptibles, tales como la "fluidez" y la "potencialidad". Él eligió describir el mundo físico en términos de *cantidades* medibles, tales como el tiempo, la distancia, la fuerza y la masa.

Consulte LarsonCalculus.com (disponible solo en inglés) para leer más de esta biografía.

Revisión de las reglas básicas de derivación

En la década de 1600, Europa fue conducida a la era científica por grandes pensadores, como Descartes, Galileo, Huygens, Newton y Kepler. Estos hombres creían que la naturaleza se rige por leyes básicas que pueden, en su mayor parte, escribirse en términos de ecuaciones matemáticas. Una de las publicaciones más influyentes de este periodo, *Diálogo sobre los grandes sistemas del mundo*, por Galileo Galilei, se ha convertido en una descripción clásica del pensamiento científico moderno.

Así como las matemáticas se han desarrollado durante los últimos cien años, un pequeño número de funciones elementales han demostrado ser suficientes para modelar la mayoría* de los fenómenos de la física, la química, la biología, la ingeniería, la economía y una variedad de otros campos. Una **función elemental** es una función de la siguiente lista o es una que se puede formar como la suma, producto, cociente, o la composición de funciones en la lista.

Funciones algebraicas	**Funciones trascendentes**
Funciones polinomiales	Funciones logarítmicas
Funciones racionales	Funciones exponenciales
Funciones que involucran radicales	Funciones trigonométricas
	Funciones trigonométricas inversas

Con las reglas de derivación introducidas hasta el momento en el texto, se puede derivar *cualquier* función elemental. Por conveniencia, a continuación se resumen estas reglas de derivación.

Reglas básicas de derivación para funciones elementales

1. $\frac{d}{dx}[cu] = cu'$
2. $\frac{d}{dx}[u \pm v] = u' \pm v'$
3. $\frac{d}{dx}[uv] = uv' + vu'$
4. $\frac{d}{dx}\left[\frac{u}{v}\right] = \frac{vu' - uv'}{v^2}$
5. $\frac{d}{dx}[c] = 0$
6. $\frac{d}{dx}[u^n] = nu^{n-1}u'$
7. $\frac{d}{dx}[x] = 1$
8. $\frac{d}{dx}[|u|] = \frac{u}{|u|}(u'), \quad u \neq 0$
9. $\frac{d}{dx}[\ln u] = \frac{u'}{u}$
10. $\frac{d}{dx}[e^u] = e^u u'$
11. $\frac{d}{dx}[\log_a u] = \frac{u'}{(\ln a)u}$
12. $\frac{d}{dx}[a^u] = (\ln a)a^u u'$
13. $\frac{d}{dx}[\operatorname{sen} u] = (\cos u)u'$
14. $\frac{d}{dx}[\cos u] = -(\operatorname{sen} u)u'$
15. $\frac{d}{dx}[\tan u] = (\sec^2 u)u'$
16. $\frac{d}{dx}[\cot u] = -(\csc^2 u)u'$
17. $\frac{d}{dx}[\sec u] = (\sec u \tan u)u'$
18. $\frac{d}{dx}[\csc u] = -(\csc u \cot u)u'$
19. $\frac{d}{dx}[\operatorname{arcsen} u] = \frac{u'}{\sqrt{1 - u^2}}$
20. $\frac{d}{dx}[\arccos u] = \frac{-u'}{\sqrt{1 - u^2}}$
21. $\frac{d}{dx}[\arctan u] = \frac{u'}{1 + u^2}$
22. $\frac{d}{dx}[\operatorname{arccot} u] = \frac{-u'}{1 + u^2}$
23. $\frac{d}{dx}[\operatorname{arcsec} u] = \frac{u'}{|u|\sqrt{u^2 - 1}}$
24. $\frac{d}{dx}[\operatorname{arccsc} u] = \frac{-u'}{|u|\sqrt{u^2 - 1}}$

PARA INFORMACIÓN ADICIONAL Para más información sobre la derivada de la función arco tangente, vea el artículo "Differentiating the Arctangent Directly", por Eric Key, en *The College Mathematics Journal*. Para ver este artículo, visite *MathArticles.com* (disponible solo en inglés).

*Algunas de las funciones importantes que se utilizan en la ingeniería y la ciencia (por ejemplo, funciones de Bessel y funciones gamma) no son funciones elementales.

5.7 Ejercicios

Las respuestas a los ejercicios impares pueden consultarse en el Apéndice de este libro.

Repaso de conceptos

1. Describa el significado de arccos x.
2. Proporcione la definición de un dominio restringido. ¿Por qué son necesarios los dominios restringidos para definir las funciones trigonométricas inversas?
3. ¿Qué funciones trigonométricas tienen un rango de $0 < y < \pi$?
4. Encuentre el valor faltante.

$$\frac{d}{dx}[\operatorname{arccsc} x^3] = \frac{\blacksquare}{|x^3|\sqrt{x^6 - 1}}$$

Encontrar coordenadas En los ejercicios 5 y 6, determine las coordenadas que faltan de los puntos de la gráfica de la función.

5.

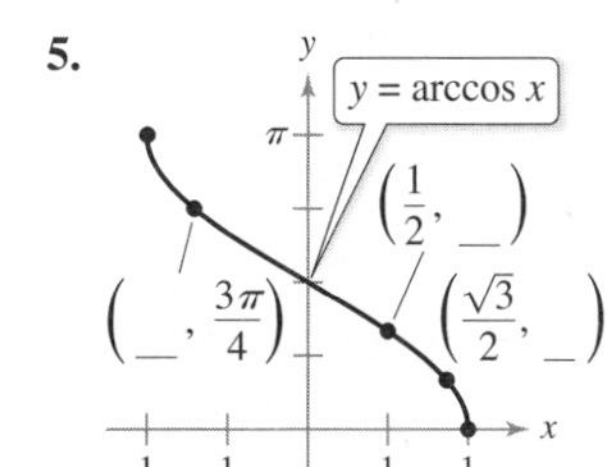

6.

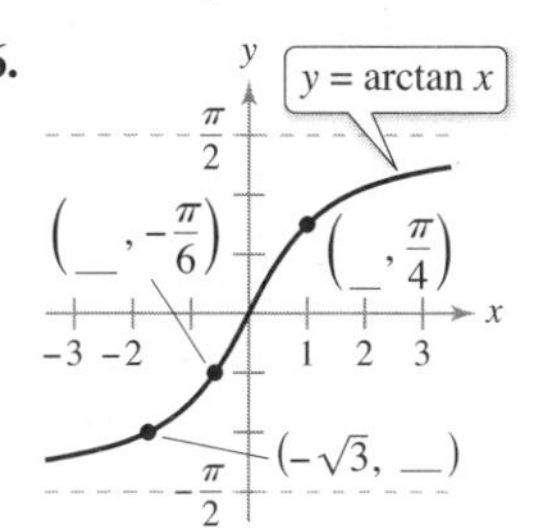

Evaluar funciones trigonométricas inversas En los ejercicios 7 a 14, evalúe la expresión sin necesidad de utilizar una calculadora.

7. $\operatorname{arcsen} \frac{1}{2}$
8. $\operatorname{arcsen} 0$
9. $\arccos \frac{1}{2}$
10. $\arccos(-1)$
11. $\arctan \frac{\sqrt{3}}{3}$
12. $\operatorname{arccot}(-\sqrt{3})$
13. $\operatorname{arccsc}(-\sqrt{2})$
14. $\operatorname{arcsec} 2$

Aproximar funciones trigonométricas inversas En los ejercicios 15 a 18, use una calculadora para aproximar el valor. Redondee su respuesta a dos decimales.

15. $\arccos(0.051)$
16. $\operatorname{arcsen}(-0.39)$
17. $\operatorname{arcsec} 1.269$
18. $\operatorname{arccsc}(-4.487)$

Usar un triángulo rectángulo En los ejercicios 19 a 24, use la figura para escribir la expresión en forma algebraica dada $y = \arccos x$, donde $0 < y < \pi/2$.

19. $\cos y$
20. $\operatorname{sen} y$
21. $\tan y$
22. $\cot y$
23. $\sec y$
24. $\csc y$

Evaluar una expresión En los ejercicios 25 a 28, evalúe cada expresión sin utilizar una calculadora. (*Sugerencia*: Dibuje un triángulo rectángulo, como se demostró en el ejemplo 3.)

25. (a) $\operatorname{sen}\left(\arctan \frac{3}{4}\right)$ (b) $\sec\left(\operatorname{arcsen} \frac{4}{5}\right)$
26. (a) $\tan\left(\arccos \frac{\sqrt{2}}{2}\right)$ (b) $\cos\left(\operatorname{arcsen} \frac{5}{13}\right)$
27. (a) $\cot\left[\operatorname{arcsen}\left(-\frac{1}{2}\right)\right]$ (b) $\csc\left[\arctan\left(-\frac{5}{12}\right)\right]$
28. (a) $\sec\left[\arctan\left(-\frac{3}{5}\right)\right]$ (b) $\tan\left[\operatorname{arcsen}\left(-\frac{5}{6}\right)\right]$

Simplificar una expresión usando un triángulo rectángulo En los ejercicios 29 a 36, escriba la expresión en forma algebraica. (*Sugerencia*: Dibuje un triángulo rectángulo, como se demostró en el ejemplo 3.)

29. $\cos(\operatorname{arcsen} 2x)$
30. $\sec(\arctan 6x)$
31. $\operatorname{sen}(\operatorname{arcsec} x)$
32. $\cos(\operatorname{arccot} x)$
33. $\tan\left(\operatorname{arcsec} \frac{x}{3}\right)$
34. $\sec[\operatorname{arcsen}(x - 1)]$
35. $\csc\left(\arctan \frac{x}{\sqrt{2}}\right)$
36. $\cos\left(\operatorname{arcsen} \frac{x - h}{r}\right)$

Resolver una ecuación En los ejercicios 37 a 40, resuelva la ecuación para x.

37. $\operatorname{arcsen}(3x - \pi) = \frac{1}{2}$
38. $\arctan(2x - 5) = -1$
39. $\operatorname{arcsen} \sqrt{2x} = \arccos \sqrt{x}$
40. $\arccos x = \operatorname{arcsec} x$

Encontrar una derivada En los ejercicios 41 a 56, halle la derivada de la función.

41. $f(x) = \operatorname{arcsen}(x - 1)$
42. $f(t) = \operatorname{arccsc}(-t^2)$
43. $g(x) = 3 \arccos \frac{x}{2}$
44. $f(x) = \operatorname{arcsec} 2x$
45. $f(x) = \arctan e^x$
46. $f(x) = \operatorname{arccot} \sqrt{x}$
47. $g(x) = \frac{\operatorname{arcsen} 3x}{x}$
48. $h(x) = x^2 \arctan 5x$
49. $h(t) = \operatorname{sen}(\arccos t)$
50. $f(x) = \operatorname{arcsen} x + \arccos x$
51. $y = 2x \arccos x - 2\sqrt{1 - x^2}$
52. $y = x \arctan 2x - \frac{1}{4} \ln(1 + 4x^2)$
53. $y = \frac{1}{2}\left(\frac{1}{2} \ln \frac{x + 1}{x - 1} + \arctan x\right)$
54. $y = \frac{1}{2}\left[x\sqrt{4 - x^2} + 4 \operatorname{arcsen} \frac{x}{2}\right]$
55. $y = 8 \operatorname{arcsen} \frac{x}{4} - \frac{x\sqrt{16 - x^2}}{2}$
56. $y = \arctan x + \frac{x}{1 + x^2}$

Para ver las figuras a color de las páginas 379 a 381, acceda al código

Encontrar la ecuación de una recta tangente **En los ejercicios 57 a 62, encuentre la ecuación de la recta tangente a la gráfica de la función en el punto dado.**

57. $y = 2 \operatorname{arcsen} x, \quad \left(\frac{1}{2}, \frac{\pi}{3}\right)$

58. $y = -\frac{1}{4} \arccos x, \quad \left(-\frac{1}{2}, -\frac{\pi}{6}\right)$

59. $y = \arctan \frac{x}{2}, \quad \left(2, \frac{\pi}{4}\right)$

60. $y = \operatorname{arcsec} 4x, \quad \left(\frac{\sqrt{2}}{4}, \frac{\pi}{4}\right)$

61. $y = 4x \arccos(x - 1), \quad (1, 2\pi)$

62. $y = 3x \operatorname{arcsen} x, \quad \left(\frac{1}{2}, \frac{\pi}{4}\right)$

Encontrar extremos relativos **En los ejercicios 63 a 66, encuentre cualquier extremo relativo de la función.**

63. $f(x) = \operatorname{arcsec} x - x$

64. $f(x) = \operatorname{arcsen} x - 2x$

65. $f(x) = \arctan x - \arctan(x - 4)$

66. $h(x) = \operatorname{arcsen} x - 2 \arctan x$

Analizar gráficas de funciones trigonométricas inversas **En los ejercicios 67 a 70, analice y dibuje una gráfica de la función. Identifique cualquier extremo relativo, puntos de inflexión y asíntotas. Utilice un programa de graficación para verificar sus resultados.**

67. $f(x) = \operatorname{arcsen}(x - 1)$

68. $f(x) = \arctan x + \frac{\pi}{2}$

69. $f(x) = \operatorname{arcsec} 2x$

70. $f(x) = \arccos \frac{x}{4}$

Derivación implícita **En los ejercicios 71 a 74, utilice derivación implícita para encontrar la ecuación de la recta tangente a la gráfica de la ecuación en el punto dado.**

71. $x^2 + x \arctan y = y - 1, \quad \left(-\frac{\pi}{4}, 1\right)$

72. $\arctan(xy) = \operatorname{arcsen}(x + y), \quad (0, 0)$

73. $\operatorname{arcsen} x + \operatorname{arcsen} y = \frac{\pi}{2}, \quad \left(\frac{\sqrt{2}}{2}, \frac{\sqrt{2}}{2}\right)$

74. $\arctan(x + y) = y^2 + \frac{\pi}{4}, \quad (1, 0)$

75. Determinar valores

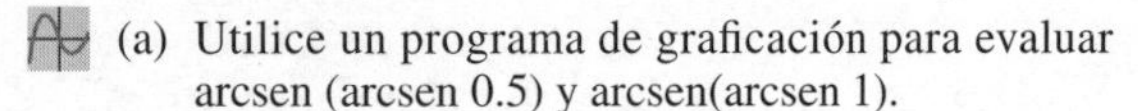

(a) Utilice un programa de graficación para evaluar arcsen (arcsen 0.5) y arcsen(arcsen 1).

(b) Sea

$f(x) = \operatorname{arcsen}(\operatorname{arcsen} x)$

Encuentre los valores de x sobre el intervalo $-1 \le x \le 1$ tal que $f(x)$ sea un número real.

76. **¿CÓMO LO VE?** Abajo se muestra la gráfica de $g(x) = \cos x$. Explique si los puntos

$$\left(-\frac{1}{2}, \frac{2\pi}{3}\right), \left(0, \frac{\pi}{2}\right) \text{ y } \left(\frac{1}{2}, -\frac{\pi}{3}\right)$$

se encuentran en la gráfica de $y = \arccos x$.

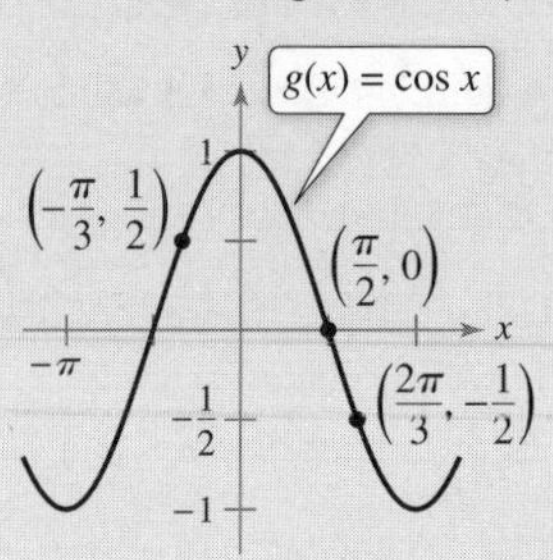

Exploración de conceptos

77. Determine si

$$\frac{\operatorname{arcsen} x}{\arccos x} = \arctan x$$

78. Determine si cada función trigonométrica inversa puede ser definida como se muestra. Explique su respuesta.

(a) $y = \operatorname{arcsec} x$, dominio: $x > 1$, rango: $-\frac{\pi}{2} < y < \frac{\pi}{2}$

(b) $y = \operatorname{arccsc} x$, dominio: $x > 1$, rango: $0 < y < \pi$

79. Explique por qué $\operatorname{sen} 2\pi = 0$ no implica que $\operatorname{arcsen} 0 = 2\pi$.

80. Explique por qué $\tan \pi = 0$ no implica que $\arctan 0 = \pi$.

Verificar identidades **En los ejercicios 81 y 82, compruebe cada identidad.**

81. (a) $\operatorname{arccsc} x = \operatorname{arcsen} \frac{1}{x}, \quad |x| \ge 1$

(b) $\arctan x + \arctan \frac{1}{x} = \frac{\pi}{2}, \quad x > 0$

82. (a) $\operatorname{arcsen}(-x) = -\operatorname{arcsen} x, \quad |x| \le 1$

(b) $\arccos(-x) = \pi - \arccos x, \quad |x| \le 1$

¿Verdadero o falso? **En los ejercicios 83 a 86, determine si la afirmación es verdadera o falsa. Si es falsa, explique por qué o dé un ejemplo que demuestre que es falsa.**

83. La pendiente de la gráfica de la función tangente inversa es positiva para toda x.

84. El rango de $y = \operatorname{arcsen} x$ es $[0, \pi]$.

85. $\frac{d}{dx}[\arctan(\tan x)] = 1$ para toda x en el dominio.

86. $\operatorname{arcsen}^2 x + \arccos^2 x = 1$

87. Razón de cambio angular Un avión vuela a una altitud de 5 millas hacia un punto directamente sobre un observador. Considere θ y x como se muestra en la figura.

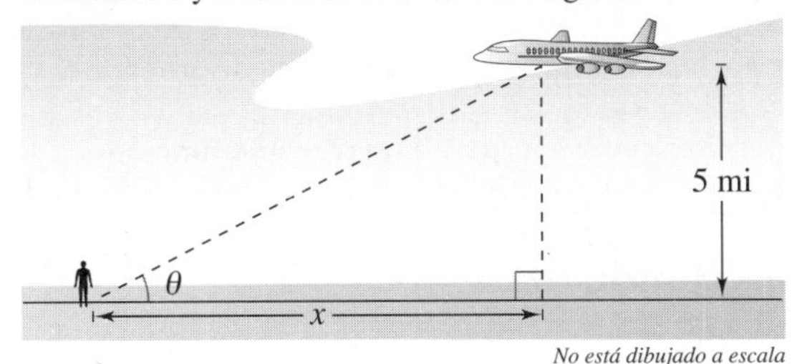

(a) Escriba θ como una función de x.

(b) La rapidez del avión es de 400 millas por hora. Encuentre $d\theta/dt$ cuando $x = 10$ millas y $x = 3$ millas.

88. Escribir Repita el ejercicio 87 para una altura de 3 millas y describa cómo la altitud afecta la razón de cambio de θ.

89. Razón de cambio angular En un experimento de caída libre, un objeto se deja caer desde una altura de 256 pies. Una cámara en el suelo a 500 pies del punto de impacto registra la caída del objeto (vea la figura).

(a) Encuentre la función de posición con la que se obtiene la altura del objeto en el tiempo t, suponiendo que el objeto se libera en el tiempo $t = 0$. ¿En qué momento el objeto llegará al nivel del suelo?

(b) Determine las razones de cambio del ángulo de elevación de la cámara cuando $t = 1$ y $t = 2$.

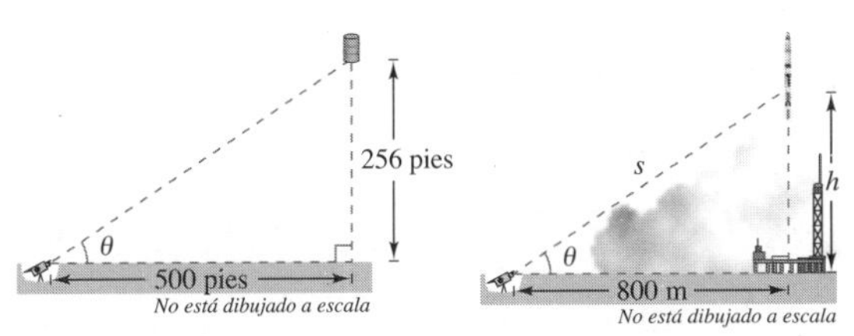

Figura para 89 Figura para 90

90. Razón de cambio angular Una cámara de televisión en la planta baja se encuentra filmando el despegue de un cohete en un punto a 800 metros de la plataforma de lanzamiento. Sea θ el ángulo de elevación del cohete y sea s la distancia entre la cámara y el cohete (vea la figura). Escriba θ como una función de s para el periodo cuando el cohete se mueve verticalmente. Derive el resultado para encontrar $d\theta/dt$ en términos de s y ds/dt.

91. Maximizar un ángulo Una cartelera de 85 pies de ancho es perpendicular a un camino recto y se encuentra a 40 metros de la carretera (vea la figura). Encuentre el punto de la carretera en que el ángulo θ subtendido por la cartelera es un máximo.

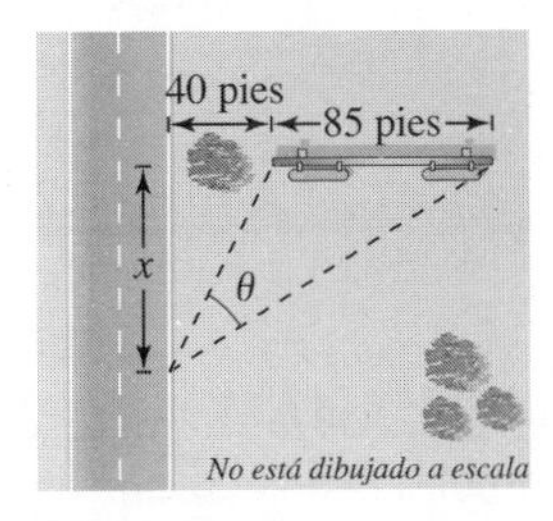

Figura para 91

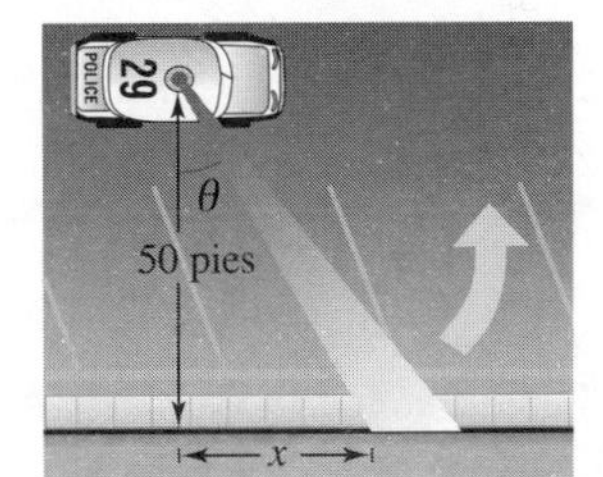

Figura para 92

92. Rapidez angular Un coche patrulla se estacionó a 50 pies de un gran almacén (vea la figura). La luz giratoria en la parte superior del coche gira a razón de 30 revoluciones por minuto. Escriba θ como una función de x. ¿Qué tan rápido se está moviendo el haz de luz a lo largo de la pared cuando el haz forma un ángulo de $\theta = 45°$ con la línea perpendicular de la luz a la pared?

93. Demostración Demuestre que

$$\arctan x + \arctan y = \arctan \frac{x+y}{1-xy}, \quad xy \neq 1$$

94. Demostración Demuestre cada fórmula de derivación.

(a) $\dfrac{d}{dx}[\arctan u] = \dfrac{u'}{1+u^2}$

(b) $\dfrac{d}{dx}[\operatorname{arccot} u] = \dfrac{-u'}{1+u^2}$

(c) $\dfrac{d}{dx}[\operatorname{arcsec} u] = \dfrac{u'}{|u|\sqrt{u^2-1}}$

(d) $\dfrac{d}{dx}[\operatorname{arccsc} u] = \dfrac{-u'}{|u|\sqrt{u^2-1}}$

95. Describir una gráfica Use alguna herramienta para graficar la función $f(x) = \arccos x + \operatorname{arcsen} x$ sobre el intervalo $[-1, 1]$.

(a) Describa la gráfica de f.

(b) Verifique el resultado del inciso (a) analíticamente.

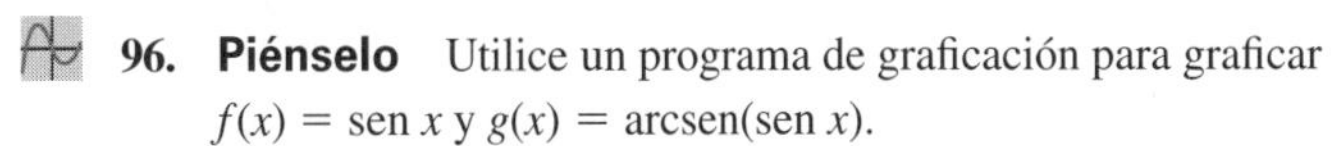

96. Piénselo Utilice un programa de graficación para graficar $f(x) = \operatorname{sen} x$ y $g(x) = \operatorname{arcsen}(\operatorname{sen} x)$.

(a) Explique por qué la gráfica de g no es la recta $y = x$

(b) Determine los extremos de g.

97. Maximizar un ángulo En la figura, determine el valor de c en el intervalo $[0, 4]$ sobre el eje x que maximiza el ángulo θ.

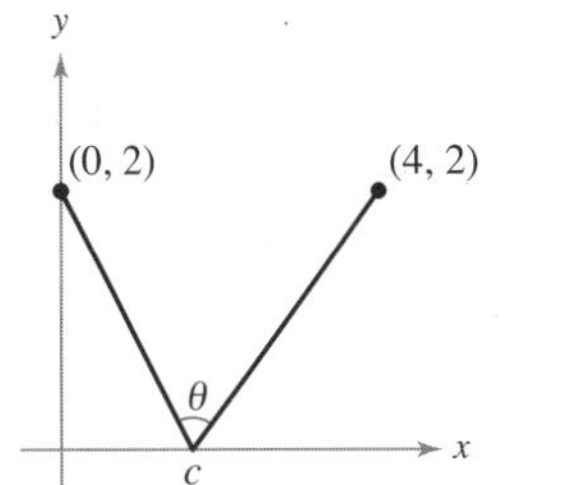

Figura para 97

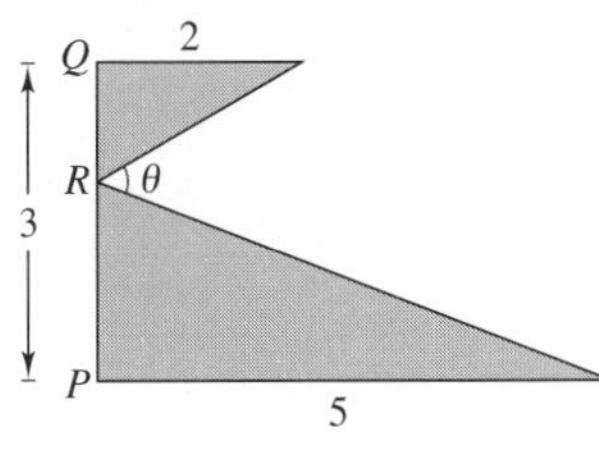

Figura para 98

98. Encontrar una distancia En la figura, encuentre PR tal que $0 \leq PR \leq 3$ y m el valor de θ es un máximo.

99. Función secante inversa Algunos libros de texto de cálculo definen la función secante inversa utilizando el intervalo $[0, \pi/2) \cup [\pi, 3\pi/2)$.

(a) Trace la gráfica $y = \operatorname{arcsec} x$ utilizando este rango.

(b) Demuestre que $y' = \dfrac{1}{x\sqrt{x^2-1}}$

100. Demostración Demostrar que

$$\operatorname{arcsen} x = \arctan \frac{x}{\sqrt{1-x^2}}, \quad |x| < 1$$

5.8 Funciones trigonométricas inversas: integración

- **Integrar funciones cuyas antiderivadas implican funciones trigonométricas inversas.**
- **Utilizar el método de completar el cuadrado para integrar una función.**
- **Repasar las reglas básicas de integración que involucran funciones elementales.**

Integrales que contienen funciones trigonométricas inversas

Las derivadas de las seis funciones trigonométricas inversas se agrupan en tres pares. En cada par, la derivada de una función es el negativo de la otra. Por ejemplo,

$$\frac{d}{dx}[\operatorname{arcsen} x] = \frac{1}{\sqrt{1 - x^2}}$$

y

$$\frac{d}{dx}[\arccos x] = -\frac{1}{\sqrt{1 - x^2}}$$

Cuando se relaciona la *antiderivada* que corresponde a cada una de las funciones trigonométricas inversas, es necesario utilizar solo un miembro de cada par. Por convención se utiliza arcsen x como la antiderivada de $1/\sqrt{1 - x^2}$, en lugar de $-\arccos x$. El siguiente teorema proporciona una fórmula antiderivada para cada uno de los tres pares. Las demostraciones de estas reglas de integración se dejan como ejercicio (vea los ejercicios 75 a 77).

PARA INFORMACIÓN ADICIONAL Para una demostración detallada de la regla 2 del teorema 5.19, consulte el artículo "A Direct Proof of the Integral Formula for Arctangent", por Arnold J. Insel, en *The College Mathematics Journal*. Para ver este artículo, visite *MathArticles.com* (disponible solo en inglés).

TEOREMA 5.19 Integrales que contienen funciones trigonométricas inversas

Sea u una función derivable de x, y sea $a > 0$

1. $\displaystyle\int \frac{du}{\sqrt{a^2 - u^2}} = \operatorname{arcsen}\frac{u}{a} + C$ **2.** $\displaystyle\int \frac{du}{a^2 + u^2} = \frac{1}{a}\arctan\frac{u}{a} + C$

3. $\displaystyle\int \frac{du}{u\sqrt{u^2 - a^2}} = \frac{1}{a}\operatorname{arcsec}\frac{|u|}{a} + C$

EJEMPLO 1 Integrar con funciones trigonométricas inversas

a. $\displaystyle\int \frac{dx}{\sqrt{4 - x^2}} = \operatorname{arcsen}\frac{x}{2} + C$ $\quad u = x, a = 2$

b. $\displaystyle\int \frac{dx}{2 + 9x^2} = \frac{1}{3}\int \frac{3\,dx}{(\sqrt{2})^2 + (3x)^2}$ $\quad u = 3x, a = \sqrt{2}$

$$= \frac{1}{3\sqrt{2}}\arctan\frac{3x}{\sqrt{2}} + C$$

c. $\displaystyle\int \frac{dx}{x\sqrt{4x^2 - 9}} = \int \frac{2\,dx}{2x\sqrt{(2x)^2 - 3^2}}$ $\quad u = 2x, a = 3$

$$= \frac{1}{3}\operatorname{arcsec}\frac{|2x|}{3} + C$$

Las integrales en el ejemplo 1 son aplicaciones bastante sencillas de las fórmulas de integración. Desafortunadamente, esto no es lo normal. Las fórmulas de integración para las funciones trigonométricas inversas se pueden disfrazar de muchas maneras.

EJEMPLO 2 Integrar por sustitución

Encuentre $\displaystyle\int \frac{dx}{\sqrt{e^{2x}-1}}$

Solución Como se observa, esta integral no encaja en ninguna de las tres fórmulas trigonométricas inversas. Sin embargo, utilizar la sustitución $u = e^x$, produce

$$u = e^x \quad \Rightarrow \quad du = e^x\,dx \quad \Rightarrow \quad dx = \frac{du}{e^x} = \frac{du}{u}$$

Con esta sustitución, puede integrar como se muestra.

$$\int \frac{dx}{\sqrt{e^{2x}-1}} = \int \frac{dx}{\sqrt{(e^x)^2-1}} \qquad \text{Escriba } e^{2x} \text{ como } (e^x)^2.$$

$$= \int \frac{du/u}{\sqrt{u^2-1}} \qquad \text{Sustituya.}$$

$$= \int \frac{du}{u\sqrt{u^2-1}} \qquad \text{Reescriba para ajustar a la regla del arco secante.}$$

$$= \operatorname{arcsec} \frac{|u|}{1} + C \qquad \text{Aplique la regla del arco secante.}$$

$$= \operatorname{arcsec} e^x + C \qquad \text{Sustituya } u.$$

Note que el signo del valor absoluto no es necesario en la respuesta final porque $e^x > 0$ ■

TECNOLOGÍA Una utilidad de integración simbólica puede ser útil para la integración de funciones como la del ejemplo 2. Sin embargo, en algunos casos la utilidad puede fallar en encontrar una antiderivada por dos razones. En primer lugar, algunas funciones elementales no tienen antiderivadas que sean funciones elementales. En segundo lugar, todas las utilidades tienen sus limitaciones: podría haber ingresado una función que la utilidad no estaba programada para manejar. Usted también debe recordar que las antiderivadas implican funciones trigonométricas o funciones logarítmicas que se pueden escribir de muchas formas diferentes. Por ejemplo, una utilidad encuentra que la integral en el ejemplo 2 es

$$\int \frac{dx}{\sqrt{e^{2x}-1}} = \arctan \sqrt{e^{2x}-1} + C$$

Intente demostrar que esta antiderivada es equivalente a la encontrada en el ejemplo 2.

EJEMPLO 3 Reescribir como la suma de dos cocientes

Encuentre $\displaystyle\int \frac{x+2}{\sqrt{4-x^2}}\,dx$

Solución Esta integral no parece ajustarse a ninguna de las fórmulas básicas de integración. Sin embargo, al dividir el integrando en dos partes, se puede ver que la primera parte se puede encontrar con la regla de la potencia, y la segunda parte resulta una función inversa del seno.

$$\int \frac{x+2}{\sqrt{4-x^2}}\,dx = \int \frac{x}{\sqrt{4-x^2}}\,dx + \int \frac{2}{\sqrt{4-x^2}}\,dx$$

$$= -\frac{1}{2}\int (4-x^2)^{-1/2}(-2x)\,dx + 2\int \frac{1}{\sqrt{4-x^2}}\,dx$$

$$= -\frac{1}{2}\left[\frac{(4-x^2)^{1/2}}{1/2}\right] + 2 \operatorname{arcsen} \frac{x}{2} + C$$

$$= -\sqrt{4-x^2} + 2 \operatorname{arcsen} \frac{x}{2} + C$$

■

Completando el cuadrado

Completar el cuadrado ayuda cuando hay funciones cuadráticas en el integrando. Por ejemplo, la ecuación cuadrática $x^2 + bx + c$ puede ser escrita como la diferencia de dos cuadrados sumando y restando $(b/2)^2$.

$$x^2 + bx + c = x^2 + bx + \left(\frac{b}{2}\right)^2 - \left(\frac{b}{2}\right)^2 + c = \left(x + \frac{b}{2}\right)^2 - \left(\frac{b}{2}\right)^2 + c$$

EJEMPLO 4 Completar el cuadrado

Consulte LarsonCalculus.com (disponible solo en inglés) para una versión interactiva de este tipo de ejemplo.

Encuentre $\displaystyle\int \frac{dx}{x^2 - 4x + 7}$

Solución Puede escribir el denominador como la suma de dos cuadrados, como se muestra.

$$x^2 - 4x + 7 = (x^2 - 4x + 4) - 4 + 7 = (x - 2)^2 + 3 = u^2 + a^2$$

Ahora, en esta forma cuadrada completa, sea $u = x - 2$ y $a = \sqrt{3}$

$$\int \frac{dx}{x^2 - 4x + 7} = \int \frac{dx}{(x - 2)^2 + 3} = \frac{1}{\sqrt{3}} \arctan \frac{x - 2}{\sqrt{3}} + C$$

Para ver la figura a color, acceda al código

Cuando el coeficiente principal no es 1, ayuda factorizar antes de completar el cuadrado. Por ejemplo, se puede completar el cuadrado de $2x^2 - 8x + 10$ al factorizar 2 primero.

$$\begin{aligned} 2x^2 - 8x + 10 &= 2(x^2 - 4x + 5) \\ &= 2(x^2 - 4x + 4 - 4 + 5) \\ &= 2[(x - 2)^2 + 1] \end{aligned}$$

Para completar el cuadrado cuando el coeficiente de x^2 es negativo, utilice el mismo proceso de factorización apenas mostrado. Por ejemplo, se puede completar el cuadrado para $3x^2 - x^2$ como se muestra.

$$3x - x^2 = -(x^2 - 3x) = -\left[x^2 - 3x + \left(\tfrac{3}{2}\right)^2 - \left(\tfrac{3}{2}\right)^2\right] = \left(\tfrac{3}{2}\right)^2 - \left(x - \tfrac{3}{2}\right)^2$$

EJEMPLO 5 Completar el cuadrado

Encuentre el área de la región limitada por la gráfica de

$$f(x) = \frac{1}{\sqrt{3x - x^2}}$$

el eje x y las rectas $x = \frac{3}{2}$ y $x = \frac{9}{4}$

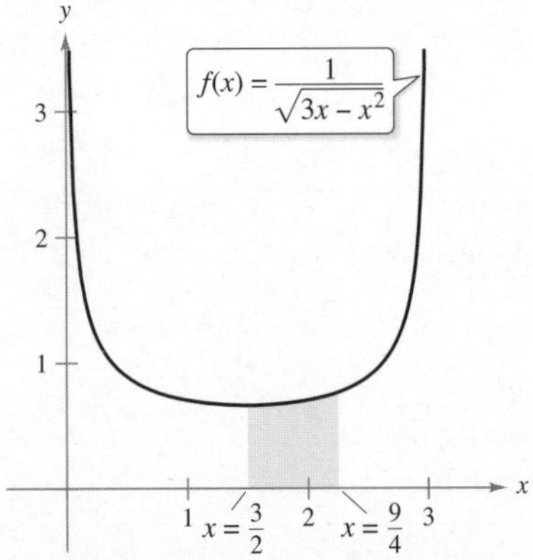

Solución En la figura 5.28 puede ver que el área es

$$\begin{aligned} \text{Área} &= \int_{3/2}^{9/4} \frac{1}{\sqrt{3x - x^2}}\, dx \\ &= \int_{3/2}^{9/4} \frac{dx}{\sqrt{(3/2)^2 - [x - (3/2)]^2}} \qquad \text{Use la forma de completar cuadrados.} \\ &= \arcsen \frac{x - (3/2)}{3/2}\Bigg]_{3/2}^{9/4} \\ &= \arcsen \frac{1}{2} - \arcsen 0 \\ &= \frac{\pi}{6} \\ &\approx 0.524 \end{aligned}$$

El área de la región limitada por la gráfica de f, el eje x, $x = \frac{3}{2}$ y $x = \frac{9}{4}$ es $\pi/6$.

Figura 5.28

Repaso de las reglas básicas de integración

Ya se ha completado la introducción de las **reglas básicas de integración**. Con suficiente práctica se puede ganar más eficiencia al aplicar estas reglas.

Reglas básicas de integración ($a > 0$)

1. $\int kf(u)\,du = k\int f(u)\,du$

2. $\int [f(u) \pm g(u)]\,du = \int f(u)\,du \pm \int g(u)\,du$

3. $\int du = u + C$

4. $\int u^n\,du = \dfrac{u^{n+1}}{n+1} + C, \quad n \neq -1$

5. $\int \dfrac{du}{u} = \ln|u| + C$

6. $\int e^u\,du = e^u + C$

7. $\int a^u\,du = \left(\dfrac{1}{\ln a}\right)a^u + C$

8. $\int \operatorname{sen} u\,du = -\cos u + C$

9. $\int \cos u\,du = \operatorname{sen} u + C$

10. $\int \tan u\,du = -\ln|\cos u| + C$

11. $\int \cot u\,du = \ln|\operatorname{sen} u| + C$

12. $\int \sec u\,du = \ln|\sec u + \tan u| + C$

13. $\int \csc u\,du = -\ln|\csc u + \cot u| + C$

14. $\int \sec^2 u\,du = \tan u + C$

15. $\int \csc^2 u\,du = -\cot u + C$

16. $\int \sec u \tan u\,du = \sec u + C$

17. $\int \csc u \cot u\,du = -\csc u + C$

18. $\int \dfrac{du}{\sqrt{a^2 - u^2}} = \operatorname{arcsen} \dfrac{u}{a} + C$

19. $\int \dfrac{du}{a^2 + u^2} = \dfrac{1}{a} \arctan \dfrac{u}{a} + C$

20. $\int \dfrac{du}{u\sqrt{u^2 - a^2}} = \dfrac{1}{a} \operatorname{arcsec} \dfrac{|u|}{a} + C$

Se puede aprender mucho acerca de la naturaleza de la integración comparando esta lista con el resumen de las reglas de derivación presentada en la sección anterior. Para la derivación, ahora se tienen reglas que permiten derivar *cualquier* función elemental. Para la integración, esto está lejos de ser cierto.

Las reglas de integración antes mencionadas son fundamentalmente las que fueron descubiertas durante el desarrollo de las reglas de derivación. Hasta el momento no se han aprendido reglas o técnicas para encontrar la antiderivada de un producto o cociente general, la función logaritmo natural o las funciones trigonométricas inversas. Más importante, no se puede aplicar ninguna de las reglas en esta lista a menos que se pueda crear la *du* correcta correspondiente a la *u* de la fórmula. El punto es que se necesita trabajar más con las técnicas de integración, lo que podrá hacerse en el capítulo 7. Los dos ejemplos siguientes deben dar una mejor idea de los problemas de integración que *se pueden* y *no se pueden* resolver con las técnicas y reglas que hasta hoy conocemos.

EJEMPLO 6 **Comparar problemas de integración**

Utilice las fórmulas y técnicas que ha estudiado hasta ahora en el texto para hallar cada integral, si es posible.

a. $\displaystyle\int \frac{dx}{x\sqrt{x^2-4}}$ **b.** $\displaystyle\int \frac{x\,dx}{\sqrt{x^2-4}}$ **c.** $\displaystyle\int \frac{dx}{\sqrt{x^2-4}}$

Solución

a. Se *puede* encontrar esta integral (se ajusta a la regla arco secante).

$$\int \frac{dx}{x\sqrt{x^2-4}} = \frac{1}{2}\operatorname{arcsec}\left|\frac{x}{2}\right| + C \qquad u = x,\ a = 2$$

b. Se *puede* encontrar esta integral (se ajusta a la regla de la potencia).

$$\begin{aligned}\int \frac{x\,dx}{\sqrt{x^2-4}} &= \frac{1}{2}\int (x^2-4)^{-1/2}(2x)\,dx \qquad u = x^2-4\\ &= \frac{1}{2}\left[\frac{(x^2-4)^{1/2}}{1/2}\right] + C\\ &= \sqrt{x^2-4} + C\end{aligned}$$

c. No se *puede* encontrar esta integral utilizando las técnicas estudiadas hasta ahora. (Se debe examinar la lista de reglas básicas de integración para verificar esta conclusión.)

EJEMPLO 7 **Comparar problemas de integración**

Utilice las fórmulas y técnicas que ha estudiado hasta ahora en el texto para hallar cada integral, si es posible.

a. $\displaystyle\int \frac{dx}{x\ln x}$ **b.** $\displaystyle\int \frac{\ln x\,dx}{x}$ **c.** $\displaystyle\int \ln x\,dx$

Solución

a. Se *puede* encontrar esta integral (se ajusta a la regla del logaritmo para integración).

$$\begin{aligned}\int \frac{dx}{x\ln x} &= \int \frac{1/x}{\ln x}\,dx \qquad u = \ln x\\ &= \ln|\ln x| + C\end{aligned}$$

b. Se *puede* encontrar esta integral (se ajusta a la regla de la potencia).

$$\begin{aligned}\int \frac{\ln x\,dx}{x} &= \int \left(\frac{1}{x}\right)(\ln x)^1\,dx \qquad u = \ln x\\ &= \frac{(\ln x)^2}{2} + C\end{aligned}$$

c. No se *puede* encontrar esta integral utilizando las técnicas que ha estudiado hasta ahora. ■

Note en los ejemplos 6 y 7 que las funciones más *simples* son aquellas que no pueden integrarse aún. En el capítulo 7 se aprenderá que la integral en el ejemplo 6(c) puede ser encontrada utilizando una *sustitución trigonométrica* (vea sección 7.4, ejercicio 20). La integral en el ejemplo 7(c) puede calcularse utilizando *integración por partes* (vea la sección 7.2, ejemplo 3) y el resultado se muestra abajo. Verifique este resultado al derivar la antiderivada.

$$\int \ln x\,dx = x\ln x - x + C$$

5.8 Ejercicios

Las respuestas a los ejercicios impares pueden consultarse en el Apéndice de este libro.

Repaso de conceptos

1. Decida si se puede encontrar cada integral mediante las fórmulas y técnicas estudiadas hasta el momento. Explique su respuesta. No integre.

   (a) $\int \frac{2\,dx}{\sqrt{x^2+4}}$ (b) $\int \frac{dx}{x\sqrt{x^2-9}}$

2. Describa el proceso de completación del cuadrado de una función cuadrática. Explique cuándo la completación del cuadrado es útil al calcular una integral.

Encontrar una integral indefinida **En los ejercicios 3 a 22, encuentre la integral indefinida.**

3. $\int \frac{dx}{\sqrt{9-x^2}}$
4. $\int \frac{dx}{\sqrt{1-4x^2}}$
5. $\int \frac{1}{x\sqrt{4x^2-1}}\,dx$
6. $\int \frac{12}{1+9x^2}\,dx$
7. $\int \frac{1}{\sqrt{1-(x+1)^2}}\,dx$
8. $\int \frac{7}{4+(3-x)^2}\,dx$
9. $\int \frac{t}{\sqrt{1-t^4}}\,dt$
10. $\int \frac{1}{x\sqrt{x^4-4}}\,dx$
11. $\int \frac{t}{t^4+25}\,dt$
12. $\int \frac{1}{x\sqrt{1-(\ln x)^2}}\,dx$
13. $\int \frac{e^{2x}}{4+e^{4x}}\,dx$
14. $\int \frac{5}{x\sqrt{9x^2-11}}\,dx$
15. $\int \frac{-\csc x \cot x}{\sqrt{25-\csc^2 x}}\,dx$
16. $\int \frac{\operatorname{sen} x}{7+\cos^2 x}\,dx$
17. $\int \frac{1}{\sqrt{x}\sqrt{1-x}}\,dx$
18. $\int \frac{3}{2\sqrt{x}(1+x)}\,dx$
19. $\int \frac{x-3}{x^2+1}\,dx$
20. $\int \frac{x^2+8}{x\sqrt{x^2-4}}\,dx$
21. $\int \frac{x+5}{\sqrt{9-(x-3)^2}}\,dx$
22. $\int \frac{x-2}{(x+1)^2+4}\,dx$

Evaluar una integral definida **En los ejercicios 23 a 34, evalúe la integral definida.**

23. $\int_0^{1/6} \frac{3}{\sqrt{1-9x^2}}\,dx$
24. $\int_0^{\sqrt{2}} \frac{1}{\sqrt{4-x^2}}\,dx$
25. $\int_0^{\sqrt{3}/2} \frac{1}{1+4x^2}\,dx$
26. $\int_{\sqrt{3}}^{3} \frac{1}{x\sqrt{4x^2-9}}\,dx$
27. $\int_1^7 \frac{1}{9+(x+2)^2}\,dx$
28. $\int_1^4 \frac{1}{x\sqrt{16x^2-5}}\,dx$
29. $\int_0^{\ln 5} \frac{e^x}{1+e^{2x}}\,dx$
30. $\int_{\ln 2}^{\ln 4} \frac{e^{-x}}{\sqrt{1-e^{-2x}}}\,dx$
31. $\int_{\pi/2}^{\pi} \frac{\operatorname{sen} x}{1+\cos^2 x}\,dx$
32. $\int_0^{\pi/2} \frac{\cos x}{1+\operatorname{sen}^2 x}\,dx$
33. $\int_0^{1/\sqrt{2}} \frac{\operatorname{arcsen} x}{\sqrt{1-x^2}}\,dx$
34. $\int_0^{1/\sqrt{2}} \frac{\arccos x}{\sqrt{1-x^2}}\,dx$

Completar el cuadrado **En los ejercicios 35 a 44, encuentre o evalúe la integral completando el cuadrado.**

35. $\int_0^2 \frac{dx}{x^2-2x+2}$
36. $\int_{-2}^{3} \frac{dx}{x^2+4x+8}$
37. $\int \frac{2x}{x^2+6x+13}\,dx$
38. $\int \frac{2x-5}{x^2+2x+2}\,dx$
39. $\int \frac{dx}{\sqrt{-2x^2+8x+4}}$
40. $\int \frac{dx}{3x^2-6x+12}$
41. $\int \frac{1}{\sqrt{-x^2-4x}}\,dx$
42. $\int \frac{2}{\sqrt{-x^2+4x}}\,dx$
43. $\int_2^3 \frac{2x-3}{\sqrt{4x-x^2}}\,dx$
44. $\int_3^4 \frac{1}{(x-1)\sqrt{x^2-2x}}\,dx$

Integrar por sustitución **En los ejercicios 45 a 48, utilice la sustitución especificada para encontrar o evaluar la integral.**

45. $\int \sqrt{e^t-3}\,dt$

    $u = \sqrt{e^t-3}$
46. $\int \frac{\sqrt{x-2}}{x+1}\,dx$

    $u = \sqrt{x-2}$
47. $\int_1^3 \frac{dx}{\sqrt{x}(1+x)}$

    $u = \sqrt{x}$
48. $\int_0^1 \frac{dx}{2\sqrt{3-x}\sqrt{x+1}}$

    $u = \sqrt{x+1}$

Comparar problemas de integración **En los ejercicios 49 a 52, determine cuál de las integrales se puede encontrar utilizando las fórmulas básicas de integración que se han estudiado hasta ahora en el texto.**

49. (a) $\int \frac{1}{\sqrt{1-x^2}}\,dx$ (b) $\int \frac{x}{\sqrt{1-x^2}}\,dx$ (c) $\int \frac{1}{x\sqrt{1-x^2}}\,dx$
50. (a) $\int e^{x^2}\,dx$ (b) $\int xe^{x^2}\,dx$ (c) $\int \frac{1}{x^2}e^{1/x}\,dx$
51. (a) $\int \sqrt{x-1}\,dx$ (b) $\int x\sqrt{x-1}\,dx$ (c) $\int \frac{x}{\sqrt{x-1}}\,dx$
52. (a) $\int \frac{1}{1+x^4}\,dx$ (b) $\int \frac{x}{1+x^4}\,dx$ (c) $\int \frac{x^3}{1+x^4}\,dx$

Exploración de conceptos

En los ejercicios 53 y 54, demuestre que las antiderivadas son equivalentes.

53. $\displaystyle\int \frac{3x^2}{\sqrt{1-x^6}}\,dx = \text{arcsen}\, x^3 + C \text{ o } \arccos\sqrt{1-x^6} + C$

54. $\displaystyle\int \frac{6}{4+9x^2}\,dx = \arctan\frac{3x}{2} + C \text{ o } \text{arccsc}\,\frac{\sqrt{4+9x^2}}{3x} + C$

55. La antiderivada de

$$\int \frac{1}{\sqrt{1-x^2}}\,dx$$

puede ser arcsen $x + C$ o $-\arccos x + C$. ¿Significa esto que arcsen $x = -\arccos x$? Explique su respuesta.

56. **¿CÓMO LO VE?** Utilizando la gráfica, ¿qué valor aproxima mejor el área de la región entre el eje x y la función sobre el intervalo $\left[-\frac{1}{2}, \frac{1}{2}\right]$? Explique.

(a) -3 (b) $\frac{1}{2}$ (c) 1 (d) 2 (e) 4

Campo direccional **En los ejercicios 57 y 58 se dan una ecuación diferencial, un punto y un campo direccional. (a) Dibuje dos soluciones aproximadas de la ecuación diferencial en el campo direccional, uno de los cuales pasa a través del punto dado. (b) Utilice integración para encontrar la solución particular de la ecuación diferencial y use un programa de graficación para trazar la solución. Compare el resultado con los dibujos del inciso (a). Para imprimir una copia ampliada de la gráfica, vaya a *MathGraphs.com* (disponible solo en inglés).**

57. $\dfrac{dy}{dx} = \dfrac{2}{9+x^2}$, $(0, 2)$

58. $\dfrac{dy}{dx} = \dfrac{2}{\sqrt{25-x^2}}$, $(5, \pi)$

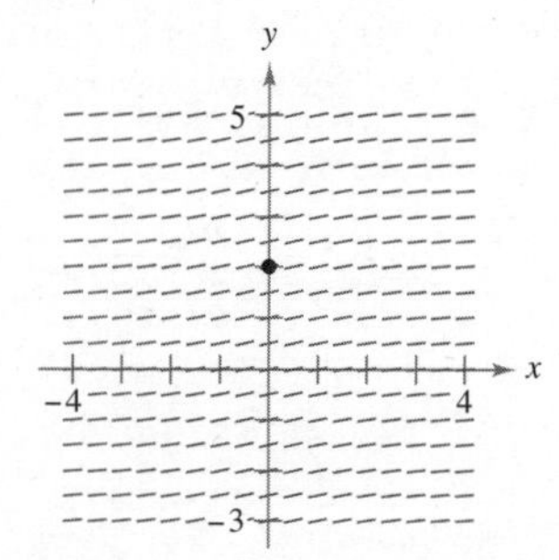

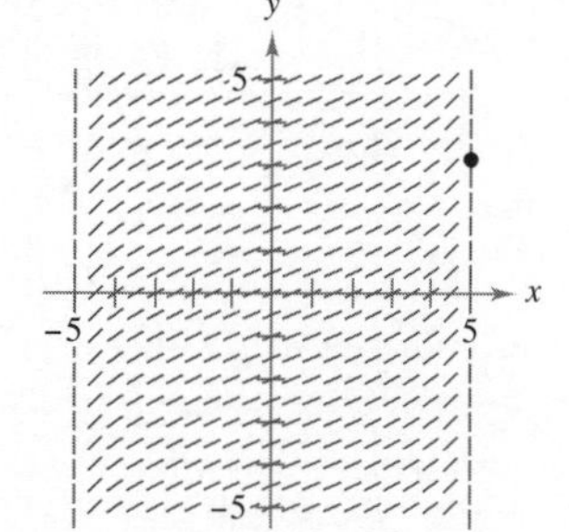

Campo direccional **En los ejercicios 59 a 62, utilice alguna herramienta para graficar el campo direccional de la ecuación diferencial y la gráfica de la solución que satisface la condición inicial dada.**

59. $\dfrac{dy}{dx} = \dfrac{10}{x\sqrt{x^2-1}}$
$y(3) = 0$

60. $\dfrac{dy}{dx} = \dfrac{1}{12+x^2}$
$y(4) = 2$

61. $\dfrac{dy}{dx} = \dfrac{2y}{\sqrt{16-x^2}}$
$y(0) = 2$

62. $\dfrac{dy}{dx} = \dfrac{\sqrt{y}}{1+x^2}$
$y(0) = 4$

Ecuaciones diferenciales **En los ejercicios 63 y 64, encuentre la solución particular de la ecuación diferencial que satisface la condición inicial.**

63. $\dfrac{dy}{dx} = \dfrac{1}{\sqrt{4-x^2}}$
$y(0) = \pi$

64. $\dfrac{dy}{dx} = \dfrac{1}{4+x^2}$
$y(2) = \pi$

Área **En los ejercicios 65 a 68, halle el área de la región. Use alguna utilidad gráfica para verificar su resultado.**

65. $y = \dfrac{2}{\sqrt{4-x^2}}$

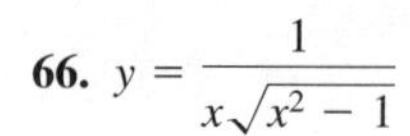

66. $y = \dfrac{1}{x\sqrt{x^2-1}}$

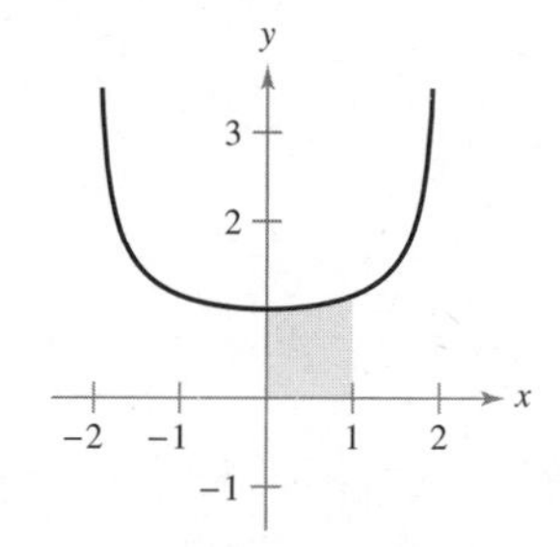

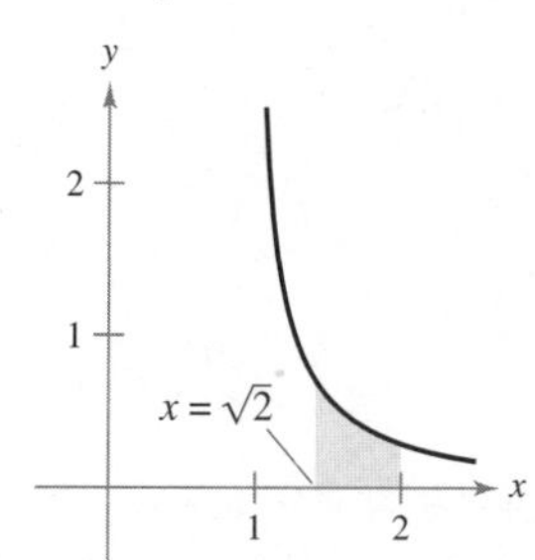

67. $y = \dfrac{3\cos x}{1+\text{sen}^2\, x}$

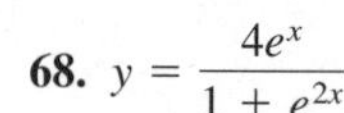

68. $y = \dfrac{4e^x}{1+e^{2x}}$

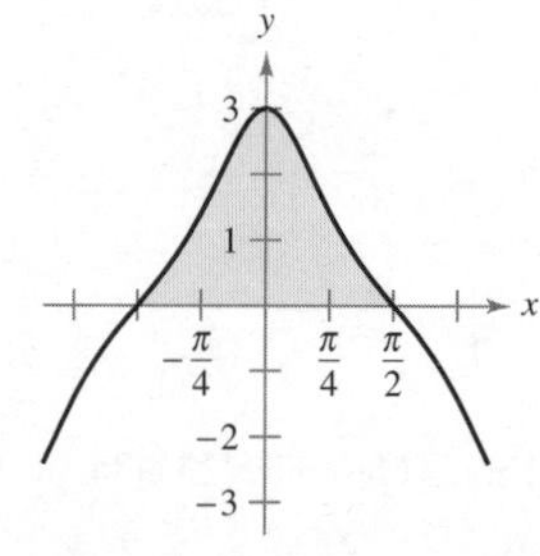

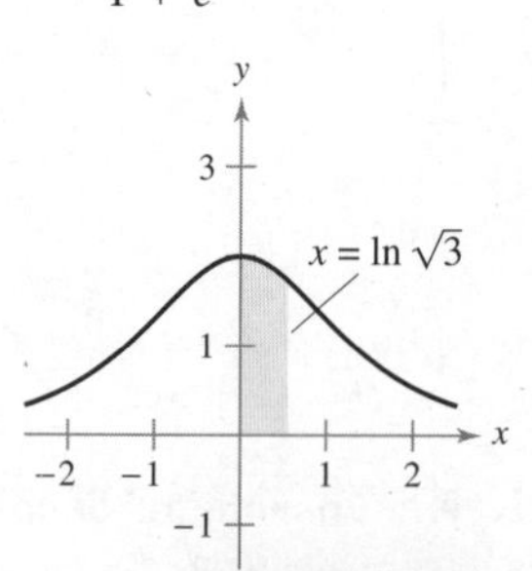

69. **Área**

(a) Dibuje la región cuya área está representada por

$$\int_0^1 \text{arcsen}\, x\, dx$$

Para ver las figuras a color, acceda al código

(b) Utilice las capacidades de integración de un programa de graficación para aproximar el área.

(c) Halle el área exacta analíticamente.

70. Aproximar Pi

(a) Demuestre que

$$\int_0^1 \frac{4}{1+x^2}\,dx = \pi$$

(b) Aproxime el número π mediante el uso de las capacidades de integración de una herramienta de graficación.

71. Investigación Considere la función

$$F(x) = \frac{1}{2}\int_x^{x+2} \frac{2}{t^2+1}\,dt$$

(a) Escriba un párrafo corto que dé una interpretación geométrica de la función $F(x)$ en relación con la función

$$f(x) = \frac{2}{x^2+1}$$

Use lo que ha escrito para suponer el valor de x que hará F máxima.

(b) Realice la integración dada para encontrar una forma alternativa de $F(x)$. Utilice cálculo para localizar el valor de x que hará F máxima y compare el resultado con su suposición en el inciso (a).

72. Comparar integrales Considere la integral

$$\int \frac{1}{\sqrt{6x - x^2}}\,dx$$

(a) Halle la integral al completar el cuadrado del radicando.

(b) Halle la integral al hacer la sustitución $u = \sqrt{x}$.

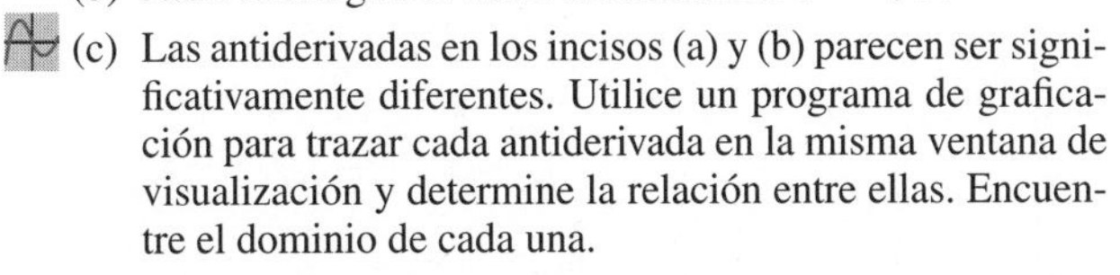

(c) Las antiderivadas en los incisos (a) y (b) parecen ser significativamente diferentes. Utilice un programa de graficación para trazar cada antiderivada en la misma ventana de visualización y determine la relación entre ellas. Encuentre el dominio de cada una.

¿Verdadero o falso? **En los ejercicios 73 y 74, determine si la afirmación es verdadera o falsa. Si es falsa, explique por qué o dé un ejemplo que demuestre que es falsa.**

73. $\displaystyle\int \frac{dx}{3x\sqrt{9x^2-16}} = \frac{1}{4}\operatorname{arcsec}\frac{3x}{4} + C$

74. $\displaystyle\int \frac{dx}{25+x^2} = \frac{1}{25}\arctan\frac{x}{25} + C$

Comprobar una regla de integración **En los ejercicios 75 a 77, compruebe la regla por derivación. Sea $a > 0$.**

75. $\displaystyle\int \frac{du}{\sqrt{a^2-u^2}} = \operatorname{arcsen}\frac{u}{a} + C$

76. $\displaystyle\int \frac{du}{a^2+u^2} = \frac{1}{a}\arctan\frac{u}{a} + C$

77. $\displaystyle\int \frac{du}{u\sqrt{u^2-a^2}} = \frac{1}{a}\operatorname{arcsec}\frac{|u|}{a} + C$

78. Demostración Trace la gráfica de las funciones

$$y_1 = \frac{x}{1+x^2}, \quad y_2 = \arctan x \quad \text{y} \quad y_3 = x$$

en [0, 10]. Demuestre que

$$\frac{x}{1+x^2} < \arctan x < x \qquad \text{para} \quad x > 0$$

79. Integración numérica

(a) Escriba una integral que represente el área de la región en la figura.

(b) Utilice la regla del punto medio con $n = 8$ para calcular el área de la región.

(c) Explique cómo se pueden utilizar los resultados de los incisos (a) y (b) para calcular π.

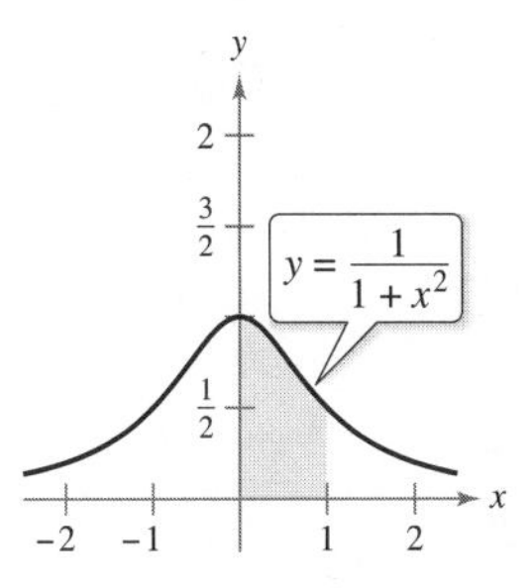

Para ver la figura a color, acceda al código

80. Movimiento vertical Un objeto se proyecta hacia arriba desde el suelo con una velocidad inicial de 500 pies por segundo. En este ejercicio, el objetivo es analizar el movimiento del objeto durante su vuelo hacia arriba.

(a) Si se desprecia la resistencia del aire, encuentre la velocidad del objeto como una función del tiempo. Utilice un programa de graficación para trazar esta función.

(b) Utilice el resultado del inciso (a) para encontrar la función de posición y determine la altura máxima alcanzada por el objeto.

(c) Si la resistencia del aire es proporcional al cuadrado de la velocidad, se obtiene la ecuación

$$\frac{dv}{dt} = -(32 + kv^2)$$

donde 32 pies por segundo cuadrado es la aceleración debida a la gravedad y k es una constante. Encuentre la velocidad como una función del tiempo mediante la resolución de la ecuación

$$\int \frac{dv}{32 + kv^2} = -\int dt$$

(d) Utilice un programa de graficación para trazar la función velocidad $v(t)$ en el inciso (c) para $k = 0.001$. Use la gráfica para aproximar el tiempo t_0 en que el objeto alcanza su altura máxima.

(e) Utilice las capacidades de integración de un programa de graficación para aproximar la integral

$$\int_0^{t_0} v(t)\,dt$$

donde $v(t)$ y t_0 son las que se encontraron en el inciso (d). Esta es la aproximación de la altura máxima del objeto.

(f) Explique la diferencial entre los resultados de los incisos (b) y (e).

PARA INFORMACIÓN ADICIONAL Para obtener más información sobre este tema, consulte el artículo "What Goes Up Must Come Down; Will Air Resistance Make It Return Sooner, or Later?", de John Lekner, en *Mathematics Magazine*. Para ver este artículo, visite *MathArticles.com* (disponible solo en inglés).

5.9 Funciones hiperbólicas

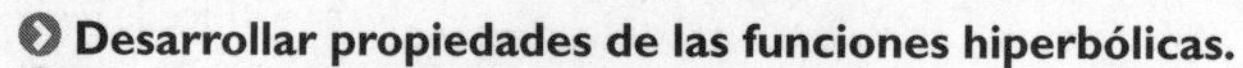

- **Desarrollar propiedades de las funciones hiperbólicas.**
- **Derivar e integrar funciones hiperbólicas.**
- **Desarrollar propiedades de las funciones hiperbólicas inversas.**
- **Derivar e integrar funciones que involucran funciones hiperbólicas inversas.**

JOHANN HEINRICH LAMBERT (1728-1777)

La primera persona en publicar un estudio completo sobre las funciones hiperbólicas fue Johann Heinrich Lambert, matemático suizo-alemán y colega de Euler. *Consulte LarsonCalculus.com (disponible solo en inglés) para leer más de esta biografía.*

Funciones hiperbólicas

En esta sección se analizará una clase especial de funciones exponenciales llamadas **funciones hiperbólicas**. El nombre *función hiperbólica* surgió de la comparación de la zona de una región semicircular, como se muestra en la figura 5.29, con el área de una región bajo una hipérbola, como se muestra en la figura 5.30.

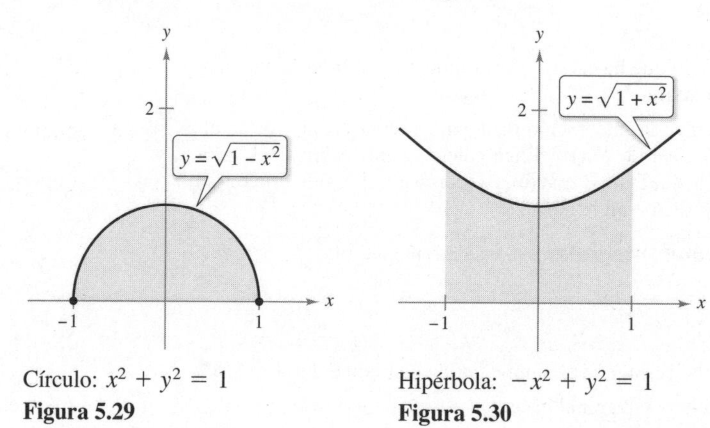

Círculo: $x^2 + y^2 = 1$
Figura 5.29

Hipérbola: $-x^2 + y^2 = 1$
Figura 5.30

La integral para la región semicircular implica una función trigonométrica inversa (circular)

$$\int_{-1}^{1} \sqrt{1 - x^2}\, dx = \frac{1}{2}\left[x\sqrt{1 - x^2} + \operatorname{arcsen} x\right]_{-1}^{1} = \frac{\pi}{2} \approx 1.571$$

La integral de la región hiperbólica implica una función hiperbólica inversa

$$\int_{-1}^{1} \sqrt{1 + x^2}\, dx = \frac{1}{2}\left[x\sqrt{1 + x^2} + \operatorname{senh}^{-1} x\right]_{-1}^{1} \approx 2.296$$

Esta es solo una de las muchas maneras en que las funciones hiperbólicas son similares a las funciones trigonométricas.

COMENTARIO La notación senh x se lee como "el seno hiperbólico de x", cosh x "el coseno hiperbólico de x", y así sucesivamente.

Definiciones de las funciones hiperbólicas

$$\operatorname{senh} x = \frac{e^x - e^{-x}}{2} \qquad \operatorname{csch} x = \frac{1}{\operatorname{senh} x}, \quad x \neq 0$$

$$\cosh x = \frac{e^x + e^{-x}}{2} \qquad \operatorname{sech} x = \frac{1}{\cosh x}$$

$$\tanh x = \frac{\operatorname{senh} x}{\cosh x} \qquad \coth x = \frac{1}{\tanh x}, \quad x \neq 0$$

PARA INFORMACIÓN ADICIONAL Para más información sobre el desarrollo de las funciones hiperbólicas, vea el artículo "An Introduction to Hyperbolic Functions in Elementary Calculus", por Jerome Rosenthal, en *Mathematics Teacher*. Para ver este artículo, visite *MathArticles.com* (disponible solo en inglés).

Para ver las figuras a color, acceda al código

Las gráficas de las seis funciones hiperbólicas y sus dominios y los intervalos se muestran en la figura 5.31. Observe que la gráfica de senh x se puede obtener mediante la adición de las coordenadas y de las funciones exponenciales $f(x) = \frac{1}{2}e^{x}$ y $g(x) = -\frac{1}{2}e^{-x}$. Del mismo modo, la gráfica de cosh x se puede obtener mediante la adición de las correspondientes coordenadas y de las funciones exponenciales $f(x) = \frac{1}{2}e^{x}$ y $h(x) = \frac{1}{2}e^{-x}$

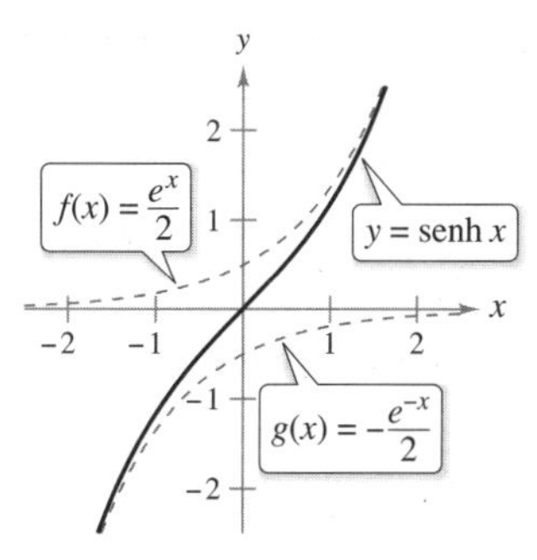

Dominio: $(-\infty, \infty)$
Rango: $(-\infty, \infty)$

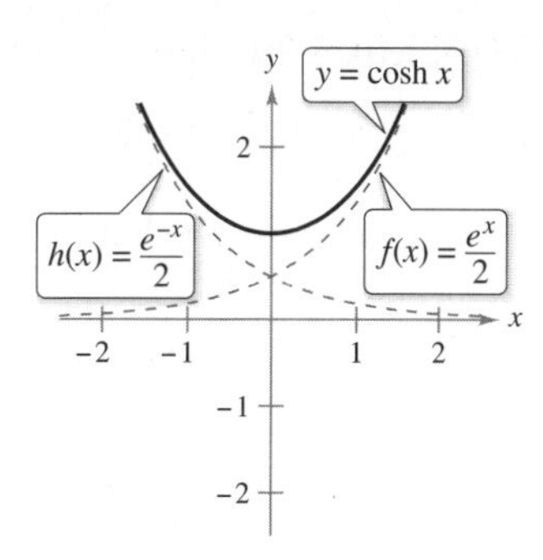

Dominio: $(-\infty, \infty)$
Rango: $[1, \infty)$

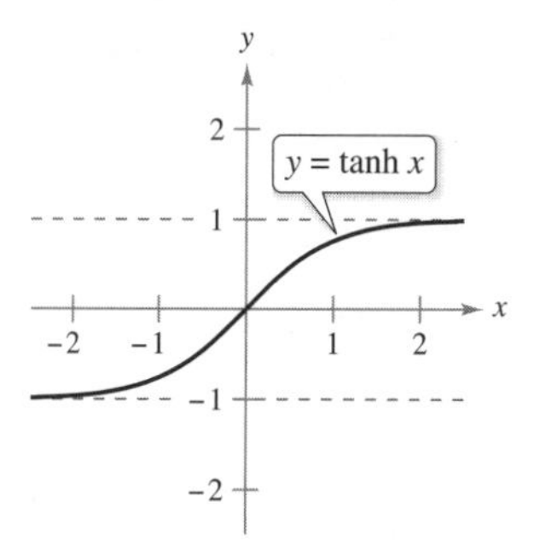

Dominio: $(-\infty, \infty)$
Rango: $(-1, 1)$

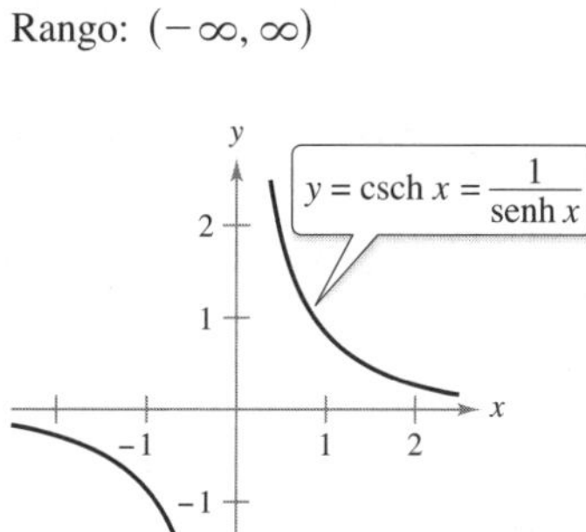
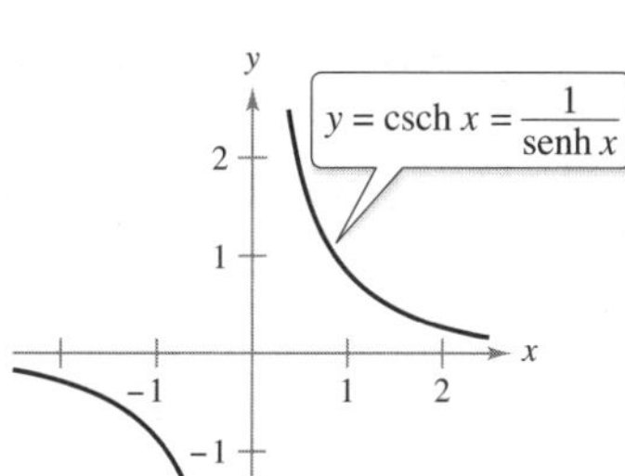

Dominio: $(-\infty, 0) \cup (0, \infty)$
Rango: $(-\infty, 0) \cup (0, \infty)$

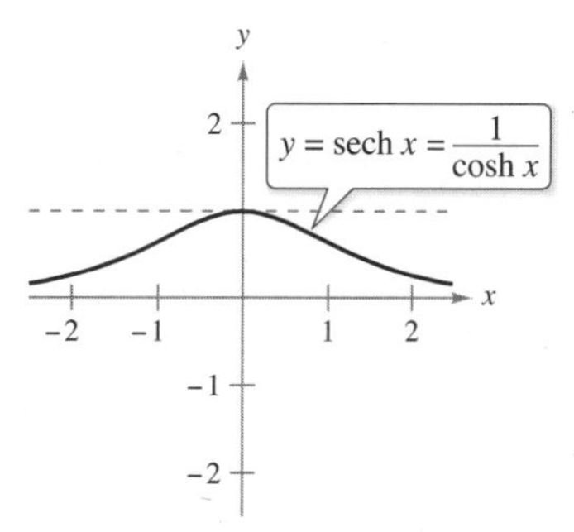

Dominio: $(-\infty, \infty)$
Rango: $(0, 1]$

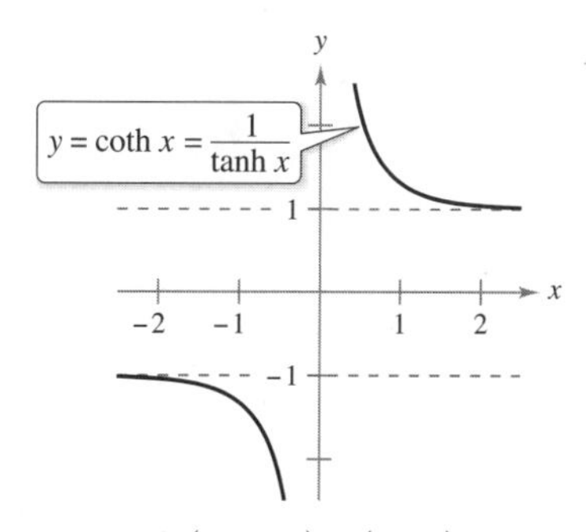

Dominio: $(-\infty, 0) \cup (0, \infty)$
Rango: $(-\infty, -1) \cup (1, \infty)$

Figura 5.31

Muchas de las identidades trigonométricas tienen *identidades hiperbólicas* correspondientes. Por ejemplo,

$$\begin{aligned}
\cosh^2 x - \operatorname{senh}^2 x &= \left(\frac{e^x + e^{-x}}{2}\right)^2 - \left(\frac{e^x - e^{-x}}{2}\right)^2 \\
&= \frac{e^{2x} + 2 + e^{-2x}}{4} - \frac{e^{2x} - 2 + e^{-2x}}{4} \\
&= \frac{4}{4} \\
&= 1
\end{aligned}$$

Para ver las figuras a color, acceda al código

Identidades hiperbólicas

$\cosh^2 x - \operatorname{senh}^2 x = 1$

$\tanh^2 x + \operatorname{sech}^2 x = 1$

$\coth^2 x - \operatorname{csch}^2 x = 1$

$\operatorname{senh}(x + y) = \operatorname{senh} x \cosh y + \cosh x \operatorname{senh} y$

$\operatorname{senh}(x - y) = \operatorname{senh} x \cosh y - \cosh x \operatorname{senh} y$

$\cosh(x + y) = \cosh x \cosh y + \operatorname{senh} x \operatorname{senh} y$

$\cosh(x - y) = \cosh x \cosh y - \operatorname{senh} x \operatorname{senh} y$

$\operatorname{senh}^2 x = \dfrac{-1 + \cosh 2x}{2}$ $\qquad$ $\cosh^2 x = \dfrac{1 + \cosh 2x}{2}$

$\operatorname{senh} 2x = 2 \operatorname{senh} x \cosh x$ $\qquad$ $\cosh 2x = \cosh^2 x + \operatorname{senh}^2 x$

Derivación e integración de funciones hiperbólicas

Debido a que las funciones hiperbólicas están escritas en términos de e^x y e^{-x}, se pueden deducir fácilmente las reglas de sus derivadas. El siguiente teorema muestra estas derivadas con las reglas de integración correspondientes.

TEOREMA 5.20 Derivadas e integrales de funciones hiperbólicas

Sea u una función derivable de x.

$$\frac{d}{dx}[\operatorname{senh} u] = (\cosh u)u' \qquad \int \cosh u\, du = \operatorname{senh} u + C$$

$$\frac{d}{dx}[\cosh u] = (\operatorname{senh} u)u' \qquad \int \operatorname{senh} u\, du = \cosh u + C$$

$$\frac{d}{dx}[\tanh u] = (\operatorname{sech}^2 u)u' \qquad \int \operatorname{sech}^2 u\, du = \tanh u + C$$

$$\frac{d}{dx}[\coth u] = -(\operatorname{csch}^2 u)u' \qquad \int \operatorname{csch}^2 u\, du = -\coth u + C$$

$$\frac{d}{dx}[\operatorname{sech} u] = -(\operatorname{sech} u \tanh u)u' \qquad \int \operatorname{sech} u \tanh u\, du = -\operatorname{sech} u + C$$

$$\frac{d}{dx}[\operatorname{csch} u] = -(\operatorname{csch} u \coth u)u' \qquad \int \operatorname{csch} u \coth u\, du = -\operatorname{csch} u + C$$

Demostración He aquí una demostración de dos de las reglas de derivación. (Se le pedirá que demuestre algunas de las otras reglas de derivación en los ejercicios 99 a 101.)

$$\frac{d}{dx}[\operatorname{senh} x] = \frac{d}{dx}\left[\frac{e^x - e^{-x}}{2}\right] \qquad \text{Definición de senh } x.$$

$$= \frac{e^x + e^{-x}}{2} \qquad d/dx[e^u] = e^u u'$$

$$= \cosh x \qquad \text{Definición de cosh } x.$$

$$\frac{d}{dx}[\tanh x] = \frac{d}{dx}\left[\frac{\operatorname{senh} x}{\cosh x}\right] \qquad \text{Definición de tanh } x.$$

$$= \frac{(\cosh x)(\cosh x) - (\operatorname{senh} x)(\operatorname{senh} x)}{\cosh^2 x} \qquad \text{Regla del cociente.}$$

$$= \frac{1}{\cosh^2 x} \qquad \cosh^2 x - \operatorname{senh}^2 x = 1$$

$$= \operatorname{sech}^2 x \qquad \text{Identidad hiperbólica.}$$

Las derivadas de senh u y tanh u se siguen de la regla de la cadena. ■

COMENTARIO En el ejemplo 1, además de aplicar el teorema 5.20, note el uso de las reglas del producto, diferencia y de logaritmos para encontrar las derivadas en los incisos (b) a (d).

EJEMPLO 1 Derivar funciones hiperbólicas

a. $\frac{d}{dx}[\operatorname{senh}(x^2 - 3)] = 2x \cosh(x^2 - 3)$

b. $\frac{d}{dx}[\ln(\cosh x)] = \frac{\operatorname{senh} x}{\cosh x} = \tanh x$

c. $\frac{d}{dx}[x \operatorname{senh} x - \cosh x] = x \cosh x + \operatorname{senh} x - \operatorname{senh} x = x \cosh x$

d. $\frac{d}{dx}[(x - 1) \cosh x - \operatorname{senh} x] = (x - 1) \operatorname{senh} x + \cosh x - \cosh x = (x - 1) \operatorname{senh} x$

■

EJEMPLO 2 Encontrar los extremos relativos

Encuentre los extremos relativos de

$$f(x) = (x - 1)\cosh x - \operatorname{senh} x$$

Solución Del resultado del ejemplo 1(d), se sabe que $f'(x) = (x - 1)\operatorname{senh} x$, a continuación iguale la primera derivada de f a 0.

$$(x - 1)\operatorname{senh} x = 0$$

Por lo tanto, los números críticos son $x = 1$ y $x = 0$. Usando el criterio de la segunda derivada, se puede verificar que en el punto $(0, -1)$ se obtiene un máximo relativo y en el punto $(1, -\operatorname{senh} 1)$ se obtiene un mínimo relativo, como se muestra en la figura 5.32. Use un programa de graficación para confirmar este resultado. Si una utilidad gráfica no tiene funciones hiperbólicas, se pueden utilizar las funciones exponenciales, como se muestra.

$$\begin{aligned} f(x) &= (x - 1)\left(\frac{1}{2}\right)(e^x + e^{-x}) - \frac{1}{2}(e^x - e^{-x}) \\ &= \frac{1}{2}(xe^x + xe^{-x} - e^x - e^{-x} - e^x + e^{-x}) \\ &= \frac{1}{2}(xe^x + xe^{-x} - 2e^x) \end{aligned}$$

$f''(0) < 0$, por lo que $(0, -1)$ es un máximo relativo. $f''(1) > 0$, por lo que $(1, -\operatorname{senh} 1)$ es un mínimo relativo.
Figura 5.32

Para ver las figuras a color, acceda al código

Cuando un cable flexible uniforme, como un cable de teléfono, se suspende a partir de dos puntos, toma la forma de una *catenaria*, como se analiza en el ejemplo 3.

EJEMPLO 3 Cables de energía colgantes

Consulte LarsonCalculus.com (disponible solo en inglés) para una versión interactiva de este tipo de ejemplo.

Los cables de alimentación están suspendidos entre dos torres, formando la catenaria que se muestra en la figura 5.33. La ecuación para esta catenaria es

$$y = a\cosh\frac{x}{a}$$

La distancia entre las dos torres es $2b$. Encuentre la pendiente de la catenaria en el punto donde el cable se une con la torre de la derecha.

Solución Al derivar se obtiene

$$y' = a\left(\frac{1}{a}\right)\operatorname{senh}\frac{x}{a} = \operatorname{senh}\frac{x}{a} \qquad \text{Derive respecto a } x.$$

En el punto $(b, a\cosh(b/a))$, la pendiente (desde la izquierda) es $m = \operatorname{senh}(b/a)$

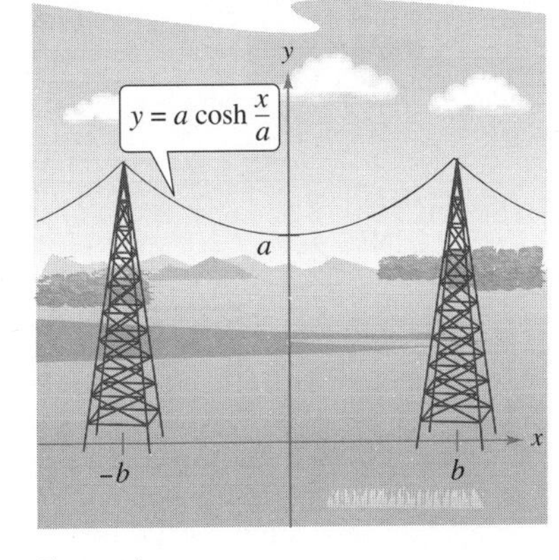

Catenaria.
Figura 5.33

PARA INFORMACIÓN ADICIONAL En el ejemplo 3, el cable es una catenaria entre dos soportes a la misma altura. Para obtener información sobre la forma de un cable colgante entre los apoyos de diferentes alturas, vea el artículo "Reexamining the Catenary", de Paul Cella, en *The College Mathematics Journal*. Para ver este artículo, visite *MathArticles.com* (disponible solo en inglés).

EJEMPLO 4 Integrar una función hiperbólica

Encuentre $\int \cosh 2x \operatorname{senh}^2 2x\, dx$.

Solución

$$\begin{aligned} \int \cosh 2x \operatorname{senh}^2 2x\, dx &= \frac{1}{2}\int (\operatorname{senh} 2x)^2(2\cosh 2x)\, dx \qquad u = \operatorname{senh} 2x \\ &= \frac{1}{2}\left[\frac{(\operatorname{senh} 2x)^3}{3}\right] + C \\ &= \frac{\operatorname{senh}^3 2x}{6} + C \end{aligned}$$

Funciones hiperbólicas inversas

A diferencia de las funciones trigonométricas, las funciones hiperbólicas no son periódicas. De hecho, al revisar la figura 5.31 se puede ver que cuatro de las seis funciones hiperbólicas son en realidad uno a uno (seno, tangente, cosecante y cotangente hiperbólicos). Así, se puede aplicar el teorema 5.7 para concluir que estas cuatro funciones tienen funciones inversas. Las otras dos (el coseno y la secante hiperbólicos) son uno a uno cuando sus dominios están restringidos a los números reales positivos, y para este dominio restringido también tienen funciones inversas. Debido a que las funciones hiperbólicas están definidas en términos de funciones exponenciales, no es sorprendente encontrar que las funciones hiperbólicas inversas se pueden escribir en términos de funciones logarítmicas, como se muestra en el teorema 5.21.

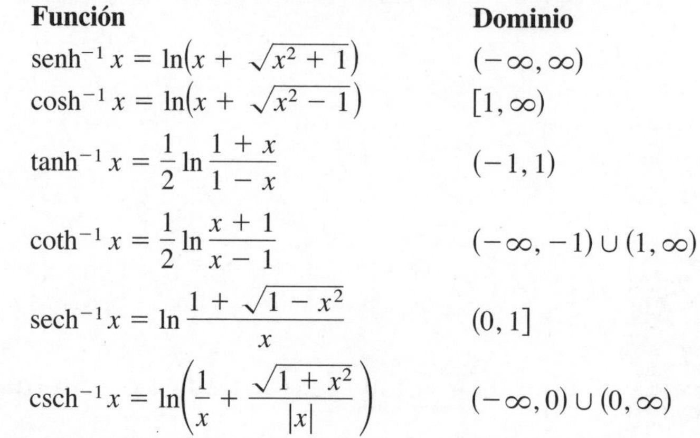

TEOREMA 5.21 Funciones hiperbólicas inversas

Función	**Dominio**
$\operatorname{senh}^{-1} x = \ln\left(x + \sqrt{x^2+1}\right)$	$(-\infty, \infty)$
$\cosh^{-1} x = \ln\left(x + \sqrt{x^2-1}\right)$	$[1, \infty)$
$\tanh^{-1} x = \dfrac{1}{2}\ln\dfrac{1+x}{1-x}$	$(-1, 1)$
$\coth^{-1} x = \dfrac{1}{2}\ln\dfrac{x+1}{x-1}$	$(-\infty, -1) \cup (1, \infty)$
$\operatorname{sech}^{-1} x = \ln\dfrac{1+\sqrt{1-x^2}}{x}$	$(0, 1]$
$\operatorname{csch}^{-1} x = \ln\left(\dfrac{1}{x} + \dfrac{\sqrt{1+x^2}}{\lvert x\rvert}\right)$	$(-\infty, 0) \cup (0, \infty)$

Para ver la figura a color, acceda al código

Demostración La demostración de este teorema es una aplicación directa de las propiedades de las funciones exponenciales y logarítmicas. Por ejemplo, para

$$f(x) = \operatorname{senh} x = \frac{e^x - e^{-x}}{2} \qquad \text{Definición de senh } x.$$

y

$$g(x) = \ln(x + \sqrt{x^2+1})$$

puede demostrar que

$$f(g(x)) = x \quad \text{y} \quad g(f(x)) = x$$

lo que implica que g es la función inversa de f. ■

TECNOLOGÍA Se puede utilizar alguna herramienta para confirmar gráficamente los resultados del teorema 5.21. Por ejemplo, para investigar la definición de la función tangente hiperbólica inversa grafique las siguientes funciones.

$$y_1 = \tanh x \qquad \text{Tangente hiperbólica.}$$

$$y_2 = \frac{e^x - e^{-x}}{e^x + e^{-x}} \qquad \text{Definición de tangente hiperbólica.}$$

$$y_3 = \tanh^{-1} x \qquad \text{Tangente hiperbólica inversa.}$$

$$y_4 = \frac{1}{2}\ln\frac{1+x}{1-x} \qquad \text{Definición de tangente hiperbólica inversa.}$$

En la figura 5.34 se muestra la pantalla resultante. Al usar las funciones *trace* o *table* para investigar cada función, note que $y_1 = y_2$ y $y_3 = y_4$. Observe también que la gráfica de y_1 es la reflexión de la gráfica de y_3 en la recta $y = x$.

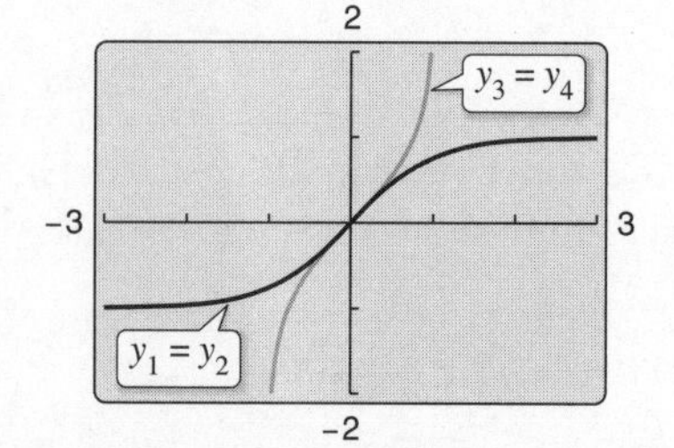

Gráficas de la función tangente hiperbólica y la función tangente hiperbólica inversa.
Figura 5.34

Las gráficas de las funciones hiperbólicas inversas se muestran en la figura 5.35.

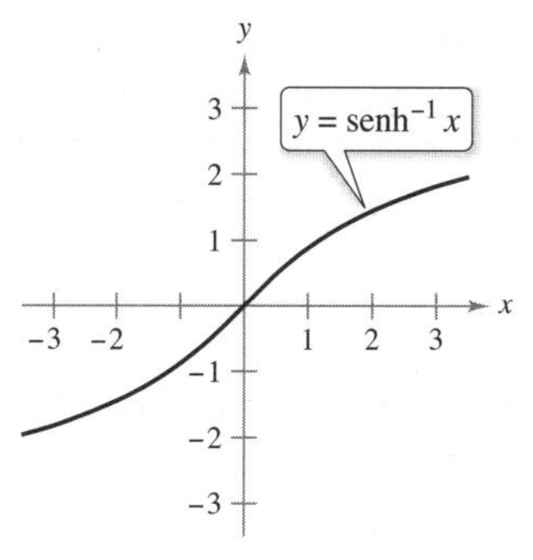

Dominio: $(-\infty, \infty)$
Rango: $(-\infty, \infty)$

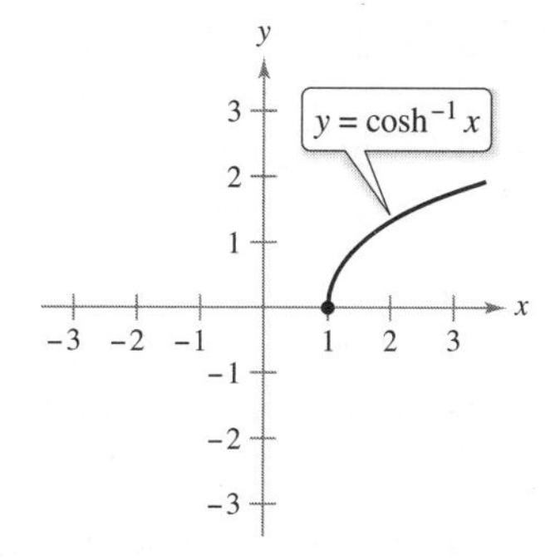

Dominio: $[1, \infty)$
Rango: $[0, \infty)$

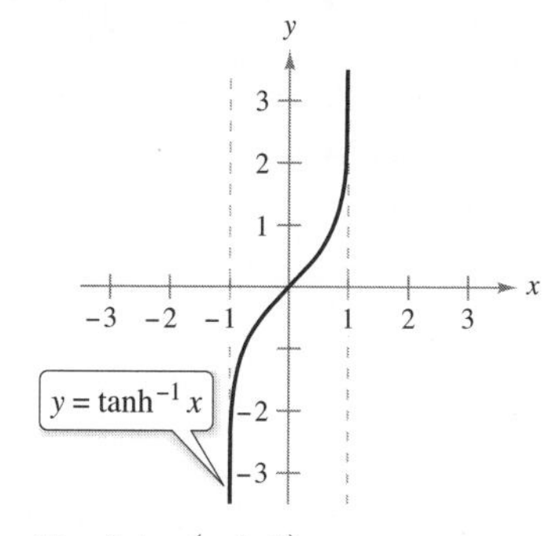

Dominio: $(-1, 1)$
Rango: $(-\infty, \infty)$

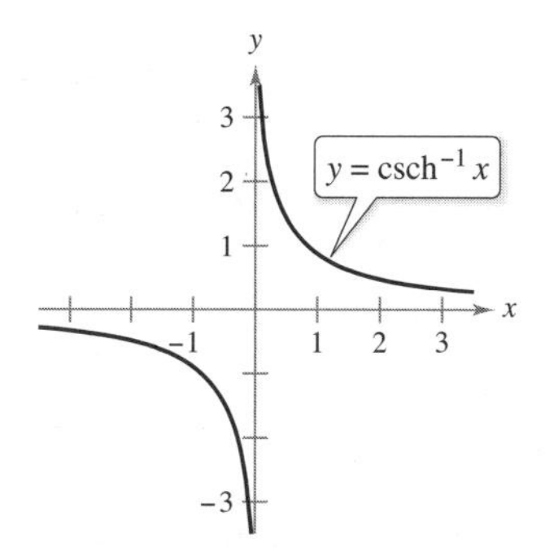

Dominio: $(-\infty, 0) \cup (0, \infty)$
Rango: $(-\infty, 0) \cup (0, \infty)$

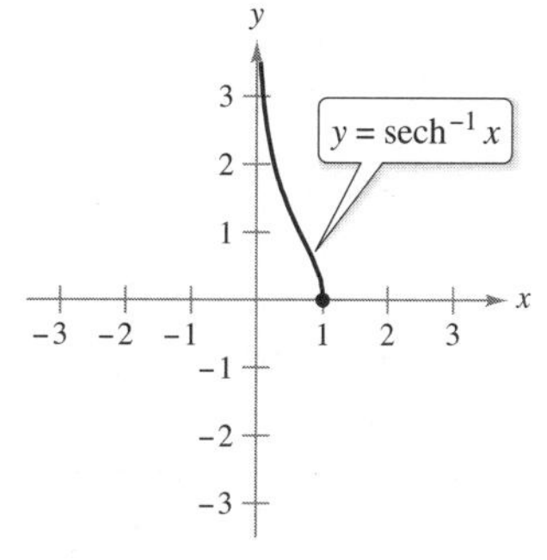

Dominio: $(0, 1]$
Rango: $[0, \infty)$

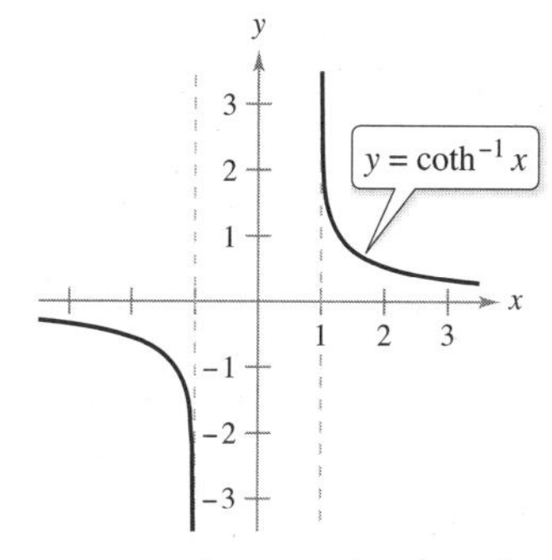

Dominio: $(-\infty, -1) \cup (1, \infty)$
Rango: $(-\infty, 0) \cup (0, \infty)$

Figura 5.35

Para ver las figuras a color, acceda al código

La secante hiperbólica inversa se puede utilizar para definir una curva llamada *tractriz* o *curva de seguimiento*, como se analiza en el ejemplo 5.

EJEMPLO 5 Tractriz

Una persona sostiene una cuerda que está atada a un barco, como se muestra en la figura 5.36. A medida que la persona camina a lo largo del muelle, el barco viaja a lo largo de una tractriz, dada por la ecuación

$$y = a \operatorname{sech}^{-1} \frac{x}{a} - \sqrt{a^2 - x^2}$$

donde a es la longitud de la cuerda. Para $a = 20$ pies, encuentre la distancia que la persona tiene que caminar para llevar el barco a una posición a 5 pies del muelle.

Solución En la figura 5.36, observe que la distancia que la persona ha caminado es

$$\begin{aligned} y_1 &= y + \sqrt{20^2 - x^2} \\ &= \left(20 \operatorname{sech}^{-1} \frac{x}{20} - \sqrt{20^2 - x^2}\right) + \sqrt{20^2 - x^2} \\ &= 20 \operatorname{sech}^{-1} \frac{x}{20} \end{aligned}$$

Cuando $x = 5$ esta distancia es

$$y_1 = 20 \operatorname{sech}^{-1} \frac{5}{20} = 20 \ln \frac{1 + \sqrt{1 - (1/4)^2}}{1/4} = 20 \ln(4 + \sqrt{15}) \approx 41.27 \text{ pies}$$

Por lo tanto, la persona debe caminar unos 41.27 pies para llevar el barco a una posición a 5 pies del muelle.

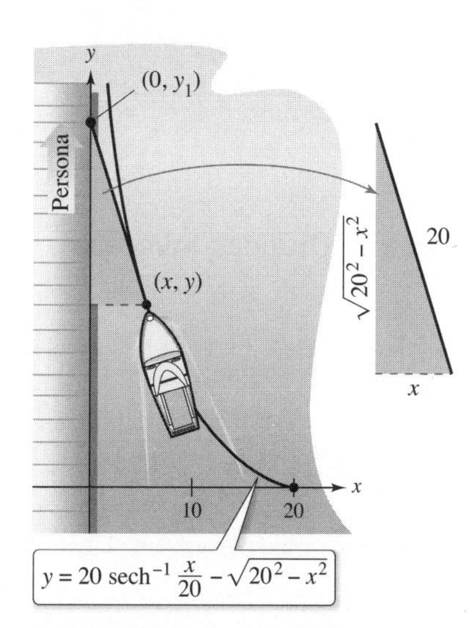

Una persona tiene que caminar unos 41.27 pies para llevar el barco a una posición a 5 pies del muelle.
Figura 5.36

Funciones hiperbólicas inversas: derivación e integración

Las derivadas de las funciones hiperbólicas inversas, que se asemejan a las derivadas de las funciones trigonométricas inversas, se enumeran en el teorema 5.22 con las fórmulas de integración correspondientes (en forma logarítmica). Se puede verificar cada una de estas fórmulas, según las definiciones logarítmicas de las funciones hiperbólicas inversas. (Consulte los ejercicios 102 a 104.)

TEOREMA 5.22 Derivación e integración que involucran funciones hiperbólicas inversas

Sea u una función derivable de x.

$$\frac{d}{dx}[\operatorname{senh}^{-1} u] = \frac{u'}{\sqrt{u^2+1}} \qquad \frac{d}{dx}[\cosh^{-1} u] = \frac{u'}{\sqrt{u^2-1}}$$

$$\frac{d}{dx}[\tanh^{-1} u] = \frac{u'}{1-u^2} \qquad \frac{d}{dx}[\coth^{-1} u] = \frac{u'}{1-u^2}$$

$$\frac{d}{dx}[\operatorname{sech}^{-1} u] = \frac{-u'}{u\sqrt{1-u^2}} \qquad \frac{d}{dx}[\operatorname{csch}^{-1} u] = \frac{-u'}{|u|\sqrt{1+u^2}}$$

$$\int \frac{du}{\sqrt{u^2 \pm a^2}} = \ln\left(u + \sqrt{u^2 \pm a^2}\right) + C$$

$$\int \frac{du}{a^2 - u^2} = \frac{1}{2a}\ln\left|\frac{a+u}{a-u}\right| + C$$

$$\int \frac{du}{u\sqrt{a^2 \pm u^2}} = -\frac{1}{a}\ln\frac{a+\sqrt{a^2 \pm u^2}}{|u|} + C$$

EJEMPLO 6 Derivar funciones hiperbólicas inversas

a. $$\frac{d}{dx}[\operatorname{senh}^{-1}(2x)] = \frac{2}{\sqrt{(2x)^2+1}} \qquad \frac{d}{dx}[\operatorname{senh}^{-1} u] \text{ con } u = 2x$$
$$= \frac{2}{\sqrt{4x^2+1}}$$

b. $$\frac{d}{dx}[\tanh^{-1}(x^3)] = \frac{3x^2}{1-(x^3)^2} \qquad \frac{d}{dx}[\tanh^{-1} u] \text{ con } u = x^3$$
$$= \frac{3x^2}{1-x^6}$$

EJEMPLO 7 Integrar usando funciones hiperbólicas inversas

a. $$\int \frac{dx}{x\sqrt{4-9x^2}} = \int \frac{3\,dx}{(3x)\sqrt{2^2-(3x)^2}} \qquad \int \frac{du}{u\sqrt{a^2-u^2}} \text{ con } a = 2 \text{ y } u = 3x$$
$$= -\frac{1}{2}\ln\frac{2+\sqrt{4-9x^2}}{|3x|} + C \qquad -\frac{1}{a}\ln\frac{a+\sqrt{a^2-u^2}}{|u|} + C$$

b. $$\int \frac{dx}{5-4x^2} = \frac{1}{2}\int \frac{2\,dx}{(\sqrt{5})^2-(2x)^2} \qquad \int \frac{du}{a^2-u^2} \text{ con } a = \sqrt{5} \text{ y } u = 2x$$
$$= \frac{1}{2}\left(\frac{1}{2\sqrt{5}}\ln\left|\frac{\sqrt{5}+2x}{\sqrt{5}-2x}\right|\right) + C \qquad \frac{1}{2a}\ln\left|\frac{a+u}{a-u}\right| + C$$
$$= \frac{1}{4\sqrt{5}}\ln\left|\frac{\sqrt{5}+2x}{\sqrt{5}-2x}\right| + C$$

5.9 Ejercicios

Las respuestas a los ejercicios impares pueden consultarse en el Apéndice de este libro.

Repaso de conceptos

1. Describa cómo surgió el nombre de *función hiperbólica.*
2. ¿Qué funciones hiperbólicas tienen dominios que no son totalmente números reales?
3. Dé una identidad hiperbólica que corresponda a la identidad trigonométrica

$$\operatorname{sen}^2 x = \frac{1 - \cos 2x}{2}$$

4. Encuentre el valor faltante.

$$\frac{d}{dx}[\operatorname{sech}^{-1}(3x)] = \frac{\blacksquare}{3x\sqrt{1 - 9x^2}}$$

Evaluar una función **En los ejercicios 5 a 10, evalúe la función. Si el valor no es un número racional, redondee su respuesta a tres cifras decimales.**

5. (a) $\operatorname{senh} 3$ (b) $\tanh(-2)$
6. (a) $\cosh 0$ (b) $\operatorname{sech} 1$
7. (a) $\operatorname{csch}(\ln 2)$ (b) $\coth(\ln 5)$
8. (a) $\operatorname{senh}^{-1} 0$ (b) $\tanh^{-1} 0$
9. (a) $\cosh^{-1} 2$ (b) $\operatorname{sech}^{-1} \frac{2}{3}$
10. (a) $\operatorname{csch}^{-1} 2$ (b) $\coth^{-1} 3$

Verificar una identidad **En los ejercicios 11 a 18, verifique la identidad.**

11. $\operatorname{senh} x + \cosh x = e^x$
12. $\cosh x - \operatorname{senh} x = e^{-x}$
13. $\tanh^2 x + \operatorname{sech}^2 x = 1$
14. $\coth^2 x - \operatorname{csch}^2 x = 1$
15. $\cosh^2 x = \dfrac{1 + \cosh 2x}{2}$
16. $\operatorname{senh}^2 x = \dfrac{-1 + \cosh 2x}{2}$
17. $\operatorname{senh} 2x = 2 \operatorname{senh} x \cosh x$
18. $\operatorname{senh}(x + y) = \operatorname{senh} x \cosh y + \cosh x \operatorname{senh} y$

Encontrar los valores de funciones hiperbólicas **En los ejercicios 19 y 20, utilice el valor de la función hiperbólica dada para encontrar los valores de las otras funciones hiperbólicas en x.**

19. $\operatorname{senh} x = \dfrac{3}{2}$
20. $\tanh x = \dfrac{1}{2}$

Obtener un límite **En los ejercicios 21 a 24, encuentre el límite.**

21. $\lim\limits_{x \to \infty} \operatorname{senh} x$
22. $\lim\limits_{x \to -\infty} \tanh x$
23. $\lim\limits_{x \to 0} \dfrac{\operatorname{senh} x}{x}$
24. $\lim\limits_{x \to 0^-} \coth x$

Encontrar una derivada **En los ejercicios 25 a 34, encuentre la derivada de la función.**

25. $f(x) = \operatorname{senh} 9x$
26. $f(x) = \cosh(8x + 1)$
27. $y = \operatorname{sech} 5x^2$
28. $f(x) = \tanh(4x^2 + 3x)$
29. $f(x) = \ln(\operatorname{senh} x)$
30. $y = \ln\left(\tanh \dfrac{x}{2}\right)$
31. $h(t) = \dfrac{t}{6} \operatorname{senh}(-3t)$
32. $y = (x^2 + 1) \coth \dfrac{x}{3}$
33. $f(t) = \arctan(\operatorname{senh} t)$
34. $g(x) = \operatorname{sech}^2 3x$

Encontrar la ecuación de una recta tangente **En los ejercicios 35 a 38, encuentre la ecuación de la recta tangente a la gráfica de la función en el punto dado.**

35. $y = \operatorname{senh}(1 - x^2), \quad (1, 0)$
36. $y = x^{\cosh x}, \quad (1, 1)$
37. $y = (\cosh x - \operatorname{senh} x)^2, \quad (0, 1)$
38. $y = e^{\operatorname{senh} x}, \quad (0, 1)$

Encontrar el extremo relativo **En los ejercicios 39 a 42, encuentre cualquier extremo relativo de la función. Utilice un programa de graficación para confirmar el resultado.**

39. $g(x) = x \operatorname{sech} x$
40. $h(x) = 2 \tanh x - x$
41. $f(x) = \operatorname{sen} x \operatorname{senh} x - \cos x \cosh x, \quad -4 \le x \le 4$
42. $f(x) = x \operatorname{senh}(x - 1) - \cosh(x - 1)$

Catenaria **En los ejercicios 43 y 44 se da un modelo para un cable de alimentación suspendido entre dos torres. (a) Grafique el modelo, (b) encuentre las alturas de los cables en las torres y en el punto medio entre las torres y (c) halle la pendiente del modelo en el punto donde el cable se une con la torre de la derecha.**

43. $y = 10 + 15 \cosh \dfrac{x}{15}, \quad -15 \le x \le 15$
44. $y = 18 + 25 \cosh \dfrac{x}{25}, \quad -25 \le x \le 25$

Encontrar una integral indefinida **En los ejercicios 45 a 54, encuentre la integral indefinida.**

45. $\displaystyle\int \cosh 4x \, dx$
46. $\displaystyle\int \operatorname{sech}^2 3x \, dx$
47. $\displaystyle\int \operatorname{senh}(1 - 2x) \, dx$
48. $\displaystyle\int \frac{\cosh \sqrt{x}}{\sqrt{x}} \, dx$
49. $\displaystyle\int \cosh^2(x - 1) \operatorname{senh}(x - 1) \, dx$
50. $\displaystyle\int \frac{\operatorname{senh} x}{1 + \operatorname{senh}^2 x} \, dx$
51. $\displaystyle\int \frac{\cosh x}{\operatorname{senh} x} \, dx$
52. $\displaystyle\int \frac{\operatorname{csch}(1/x) \coth(1/x)}{x^2} \, dx$
53. $\displaystyle\int x \operatorname{csch}^2 \frac{x^2}{2} \, dx$
54. $\displaystyle\int \operatorname{sech}^3 x \tanh x \, dx$

Evaluar una integral definida En los ejercicios 55 a 60, evalúe la integral.

55. $\int_0^{\ln 2} \tanh x\, dx$

56. $\int_0^1 \cosh^2 x\, dx$

57. $\int_3^4 \operatorname{csch}^2 (x - 2)\, dx$

58. $\int_{1/2}^1 \operatorname{sech}^2 (2x - 1)\, dx$

59. $\int_{5/3}^2 \operatorname{csch}(3x - 4) \coth(3x - 4)\, dx$

60. $\int_0^{\ln 2} 2e^{-x} \cosh x\, dx$

Exploración de conceptos

61. Explique gráficamente por qué la ecuación $\cosh x = \operatorname{senh} x$ no tiene solución.

62. Utilice las gráficas de la página 391 para determinar si cada función hiperbólica es par, impar o ninguna de ellas.

63. Verifique algebraicamente los resultados del ejercicio 62.

64. **¿CÓMO LO VE?** Utilice las gráficas de *f* y *g* que se muestran en las figuras para responder a lo siguiente.

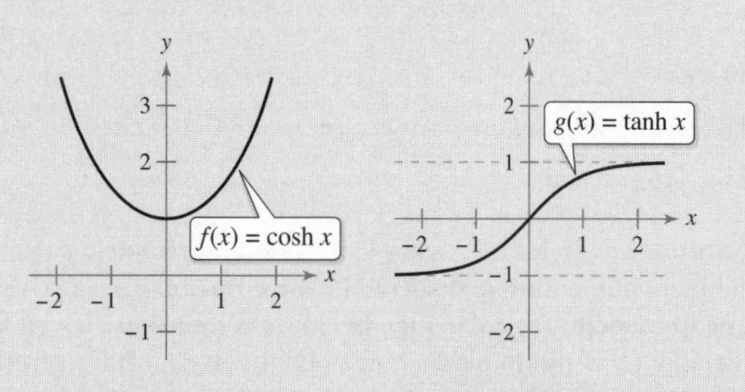

(a) Identifique el (los) intervalo(s) abierto(s) en el (los) que las gráficas de *f* y *g* son crecientes o decrecientes.

(b) Determine el (los) intervalo(s) abierto(s) en el (los) que las gráficas de *f* y *g* son cóncavas hacia arriba o cóncavas hacia abajo.

Encontrar una derivada En los ejercicios 65 a 74, encuentre la derivada de la función.

65. $y = \cosh^{-1}(3x)$

66. $y = \operatorname{csch}^{-1} (1 - x)$

67. $y = \tanh^{-1}\sqrt{x}$

68. $f(x) = \coth^{-1}(x^2)$

69. $y = \operatorname{senh}^{-1}(\tan x)$

70. $y = \tanh^{-1}(\operatorname{sen} 2x)$

71. $y = \operatorname{sech}^{-1} (\operatorname{sen} x),\ 0 < x < \pi/2$

72. $y = \coth^{-1} (e^{2x})$

73. $y = 2x \operatorname{senh}^{-1}(2x) - \sqrt{1 + 4x^2}$

74. $y = x \tanh^{-1} x + \ln\sqrt{1 - x^2}$

Para ver las figuras a color, acceda al código

Encontrar una integral indefinida En los ejercicios 75 a 82, encuentre la integral indefinida utilizando las fórmulas del teorema 5.22.

75. $\int \frac{1}{3 - 9x^2}\, dx$

76. $\int \frac{1}{2x\sqrt{1 - 4x^2}}\, dx$

77. $\int \frac{1}{\sqrt{1 + e^{2x}}}\, dx$

78. $\int \frac{x}{9 - x^4}\, dx$

79. $\int \frac{1}{\sqrt{x}\sqrt{1 + x}}\, dx$

80. $\int \frac{\sqrt{x}}{\sqrt{1 + x^3}}\, dx$

81. $\int \frac{-1}{4x - x^2}\, dx$

82. $\int \frac{dx}{(x + 2)\sqrt{x^2 + 4x + 8}}$

Evaluar una integral definida En los ejercicios 83 a 86, evalúe la integral definida utilizando las fórmulas del teorema 5.22.

83. $\int_3^7 \frac{1}{\sqrt{x^2 - 4}}\, dx$

84. $\int_1^3 \frac{1}{x\sqrt{4 + x^2}}\, dx$

85. $\int_{-1}^1 \frac{1}{16 - 9x^2}\, dx$

86. $\int_0^1 \frac{1}{\sqrt{25x^2 + 1}}\, dx$

Ecuaciones diferenciales En los ejercicios 87 y 88, resuelva la ecuación diferencial.

87. $\frac{dy}{dx} = \frac{x^3 - 21x}{5 + 4x - x^2}$

88. $\frac{dy}{dx} = \frac{1 - 2x}{4x - x^2}$

Área En los ejercicios 89 a 92, halle el área de la región.

89. $y = \operatorname{sech} \frac{x}{2}$

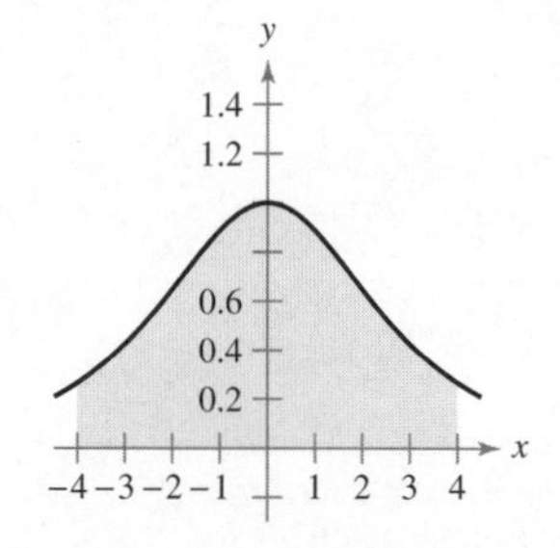

90. $y = \tanh 2x$

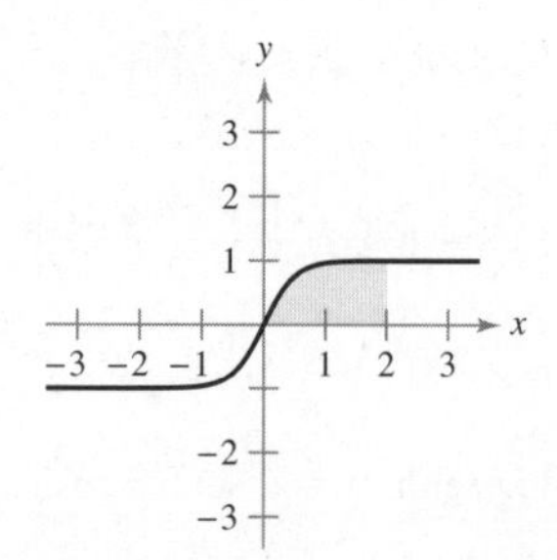

91. $y = \frac{5x}{\sqrt{x^4 + 1}}$

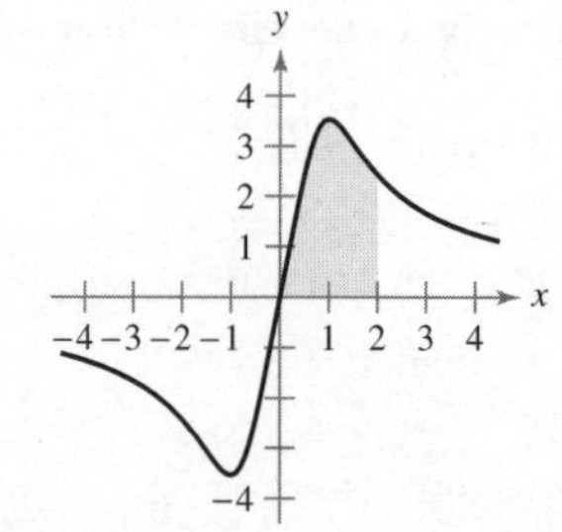

92. $y = \frac{6}{x\sqrt{9 - x^2}}$

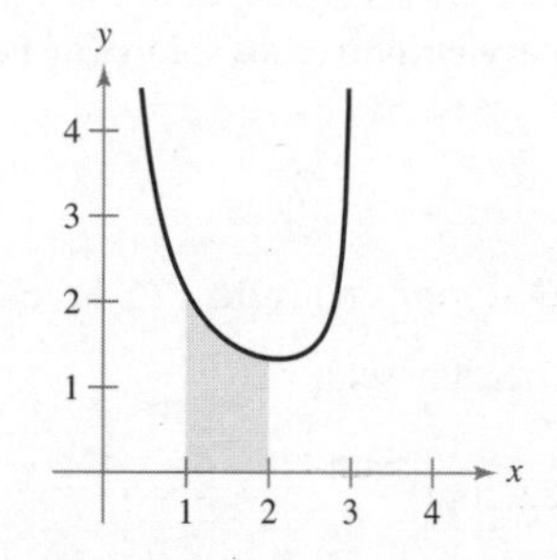

93. Tractriz Considere la ecuación de la tractriz

$$y = a\ \text{sech}^{-1}\left(\frac{x}{a}\right) - \sqrt{a^2 - x^2}, \quad a > 0$$

(a) Halle dy/dx.

(b) Sea L la recta tangente a la tractriz en el punto P. Cuando L se cruza con el eje y en el punto Q, muestre que la distancia entre P y Q es a.

94. Tractriz Demuestre que el barco en el ejemplo 5 siempre está apuntando hacia la persona.

95. Demostración Demuestre que

$$\tanh^{-1} x = \frac{1}{2}\ln\left(\frac{1+x}{1-x}\right), \quad -1 < x < 1$$

96. Demostración Demuestre que

$$\text{senh}^{-1} t = \ln\left(t + \sqrt{t^2 + 1}\right)$$

97. Uso de un triángulo rectángulo Demuestre que

$$\arctan(\text{senh}\ x) = \text{arcsen}(\tanh x)$$

98. Integración Sea $x > 0$ y $b > 0$. Demuestre que

$$\int_{-b}^{b} e^{xt}\, dt = \frac{2\ \text{senh}\ bx}{x}$$

Demostración En los ejercicios 99 a 104, demuestre la fórmula de derivación.

99. $\dfrac{d}{dx}[\cosh x] = \text{senh}\ x$ **100.** $\dfrac{d}{dx}[\coth x] = -\text{csch}^2\ x$

101. $\dfrac{d}{dx}[\text{sech}\ x] = -\text{sech}\ x \tanh x$

102. $\dfrac{d}{dx}[\cosh^{-1} x] = \dfrac{1}{\sqrt{x^2 - 1}}$

103. $\dfrac{d}{dx}[\text{senh}^{-1} x] = \dfrac{1}{\sqrt{x^2 + 1}}$

104. $\dfrac{d}{dx}[\text{sech}^{-1} x] = \dfrac{-1}{x\sqrt{1 - x^2}}$

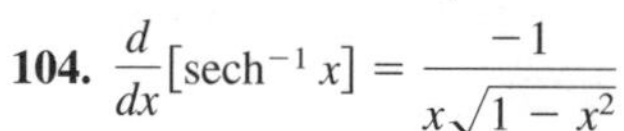

Para ver las figuras a color, acceda al código

105. Identidades hiperbólicas Diga si la identidad es correcta. Si no lo es, explique por qué o dé un ejemplo para demostrar que no es correcta. ¿Cómo se compara la identidad con la correspondiente identidad trigonométrica?

(a) $\cosh^2 x + \text{senh}^2\ x = 1$

(b) $\cosh(x - y) = \cosh x \cosh y - \text{senh}\ x\ \text{senh}\ y$

DESAFÍOS DEL EXAMEN PUTNAM

106. Desde el vértice $(0, c)$ de la catenaria $y = c \cosh(x/c)$ se traza una recta L, perpendicular a la tangente a la catenaria en el punto P. Demuestre que la longitud de L intersecado por los ejes es igual a la ordenada y del punto P.

107. Demuestre o refute: hay por lo menos una recta perpendicular a la gráfica de $y = \cosh x$ en un punto $(a, \cosh a)$ y que además es normal a la gráfica de $y = \text{senh}\ x$ en un punto $(c, \text{senh}\ c)$.

[En un punto sobre una gráfica, la recta normal es la perpendicular a la tangente en ese punto. Además considere $\cosh x = (e^x + e^{-x})/2$ y $\text{senh}\ x = (e^x - e^{-x})/2$.]

Este problema fue preparado por el Committee on the Putnam Prize Competition.

PROYECTO DE TRABAJO

Mapa de Mercator

Al volar o navegar, los pilotos esperan recibir una ruta marcada continua del curso a seguir. En un mapa plano estándar, esto es difícil porque un rumbo constante de la brújula da como resultado una línea curva, como se muestra a continuación.

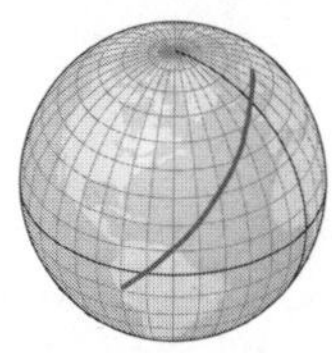

Globo: luz de vuelo con orientación constante de 45°

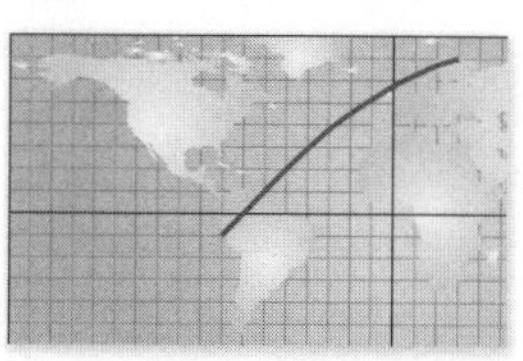

Mapa estándar plano: luz vuelo con orientación constante de 45°

Para que las líneas curvas parezcan líneas rectas en un mapa plano, el geógrafo flamenco Gerardus Mercator (1512-1594) se dio cuenta de que las líneas de latitud deben ser estiradas horizontalmente por un factor de escala de sec ϕ, donde ϕ es el ángulo (en radianes) de la línea de latitud. El mapa de Mercator tiene líneas de latitud que no son equidistantes, como se muestra a la derecha.

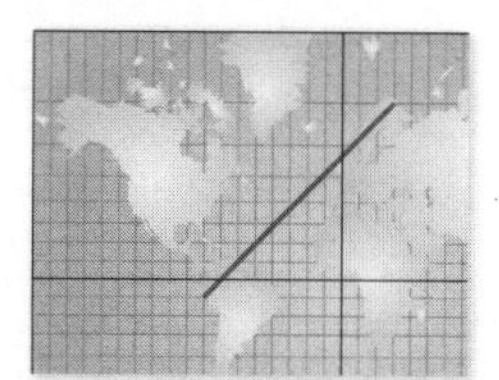

Mapa de Mercator: luz de vuelo con orientación constante de 45°

Para calcular estas longitudes verticales, imagine un globo con radio R y líneas de latitud marcadas en ángulos de cada $\Delta\phi$ radianes, con $\Delta\phi = \phi_i - \phi_{i-1}$, como se muestra en la figura de abajo a la izquierda. La longitud de arco de líneas de latitud consecutivas es $R\Delta\phi$. En el correspondiente mapa de Mercator, la distancia vertical entre la i-ésima y la $(i - 1)$-ésima líneas de latitud es $R\Delta\phi$ sec ϕ_i, y la distancia vertical total desde el ecuador a la n-ésima línea de latitud es aproximadamente $\sum_{i=1}^{n} R\Delta\phi \sec \phi_i$, como se muestra en la figura de la derecha a continuación.

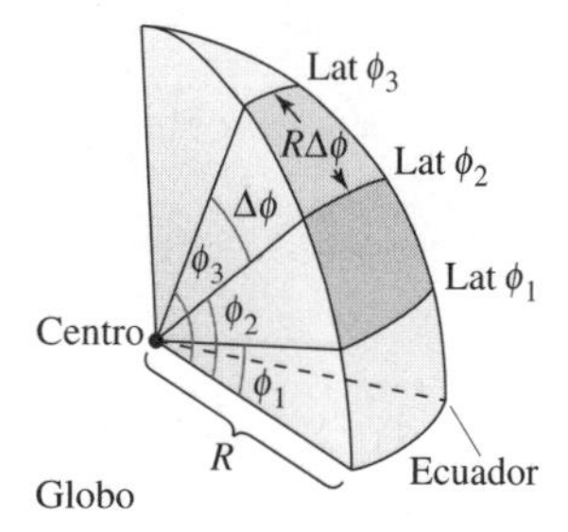

Globo

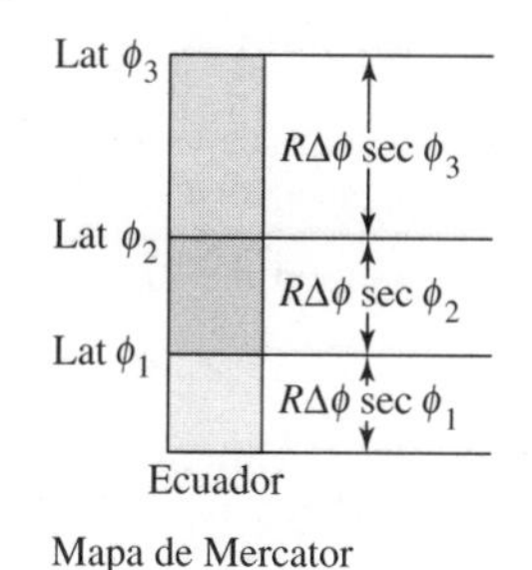

Mapa de Mercator

Los sitios web todavía utilizan los mapas de Mercator para mostrar el mundo.

(a) Explique cómo calcular la distancia vertical total en un mapa de Mercator desde el ecuador hasta la n-ésima línea de latitud usando cálculo.

(b) Usando un radio de globo de $R = 6$ pulgadas, encuentre la distancia vertical total en un mapa de Mercator desde el ecuador hasta las líneas de latitud cuyos ángulos son 30°, 45° y 60°.

(c) Explique qué sucede cuando intenta encontrar la distancia total vertical en un mapa de Mercator desde el ecuador hasta el Polo Norte.

(d) La *función gudermanniana* $\text{gd}(y) = \displaystyle\int_0^y \frac{dt}{\cosh t}$ expresa la latitud $\phi(y) = \text{gd}(y)$ en términos de la posición vertical y sobre un mapa de Mercator. Demuestre que $\text{gd}(y) = \arctan(\text{senh}\ y)$.

Ejercicios de repaso

Las respuestas a los ejercicios impares pueden consultarse en el Apéndice de este libro.

Exploración de conceptos

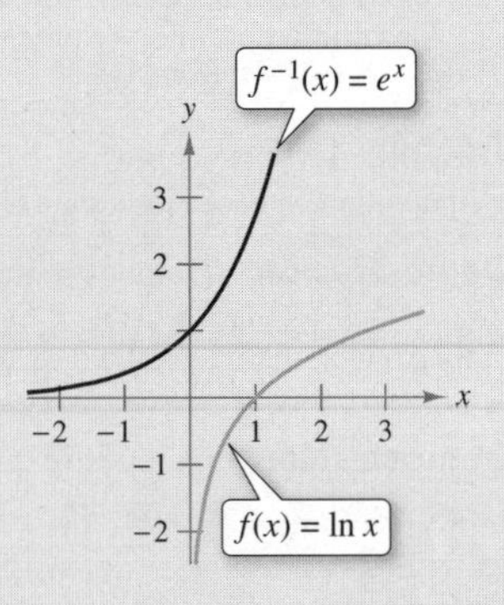

En este capítulo se presentaron varias definiciones clave. Primero, la función logaritmo natural fue definida como una integral.

$$\ln x = \int_1^x \frac{1}{t}\,dt,\ x > 0$$

Por el segundo teorema fundamental del cálculo, esta definición conduce directamente a la derivada de $\ln x$. En segundo lugar, al definir e^x como el inverso de $\ln x$ (vea la figura), se desarrollaron distintas propiedades, tales como

$$\ln e^x = x \quad \text{y} \quad e^{\ln x} = x$$

Se usaron estas definiciones y propiedades para desarrollar las derivadas y las reglas de integración para e^x. Luego se desarrollaron reglas de diferenciación e integración para funciones trigonométricas inversas y funciones hiperbólicas.

1. Use una utilidad gráfica para evaluar

$$y_1 = \ln x \quad \text{y} \quad y_2 = e^x$$

para $x = 0.1,\ 0.5,\ 1,\ 2$ y 10. Trace los puntos en el mismo conjunto de ejes y describa la relación entre y_1 e y_2. ¿Cómo se comparan los dominios y rangos de y_1 e y_2? ¿Cómo comparar las asíntotas de y_1 e y_2?

2. Use la regla de L'Hôpital para evaluar el límite importante del teorema 1.9 de la sección 1.3.

$$\lim_{\theta \to 0} \frac{\operatorname{sen} \theta}{\theta}$$

3. (a) Trace la región cuya área está representada por

$$\int_0^1 \arccos x\,dx$$

(b) Usar las capacidades de integración de una utilidad gráfica para aproximar el área.

(c) Encuentre el área exacta analíticamente.

4. Establezca la fórmula de integración que utilizaría para realizar la integración. No integre.

(a) $\displaystyle\int \sqrt[3]{x}\,dx$ (b) $\displaystyle\int \frac{x}{(x^2+4)^3}\,dx$

(c) $\displaystyle\int \frac{x}{x^2+4}\,dx$ (d) $\displaystyle\int \frac{\sec^2 x}{\tan x}\,dx$

5. Encuentre la derivada de cada función. (Suponga que c es una constante.)

(a) $y = x^c$

(b) $y = c^x$

(c) $y = x^x$

(d) $y = c^c$

Para ver la figura a color, acceda al código

6. Evalúe la integral en términos de (a) logaritmos naturales y (b) funciones hiperbólicas inversas.

$$\int_{-1/2}^{1/2} \frac{dx}{1-x^2}$$

Dibujar una gráfica **En los ejercicios 7 y 8, trace la gráfica de la función y establezca su dominio.**

7. $f(x) = \ln x - 3$ **8.** $f(x) = \ln(x+3)$

Usar las propiedades de los logaritmos **En los ejercicios 9 y 10, utilice las propiedades de los logaritmos para aproximar los logaritmos indicados, dado que $\ln 4 \approx 1.3863$ y $\ln 5 \approx 1.6094$.**

9. (a) $\ln 20$ (b) $\ln \frac{4}{5}$ (c) $\ln 625$ (d) $\ln \sqrt{5}$

10. (a) $\ln 0.0625$ (b) $\ln \frac{5}{4}$ (c) $\ln 16$ (d) $\ln \sqrt[3]{80}$

Expandir una expresión logarítmica **En los ejercicios 11 y 12, utilice las propiedades de los logaritmos para desarrollar la expresión logarítmica.**

11. $\ln \sqrt[5]{\dfrac{4x^2-1}{4x^2+1}}$

12. $\ln[(x^2+1)(x-1)]$

Condensar una expresión logarítmica **En los ejercicios 13 y 14, escriba la expresión como el logaritmo de una cantidad única.**

13. $\ln 3 + \frac{1}{3}\ln(4-x^2) - \ln x$

14. $3[\ln x - 2\ln(x^2+1)] + 2\ln 5$

Encontrar una derivada **En los ejercicios 15 a 22, encuentre la derivada de la función.**

15. $g(x) = \ln\sqrt{2x}$ **16.** $f(x) = \ln(3x^2+2x)$

17. $f(x) = x\sqrt{\ln x}$ **18.** $f(x) = [\ln(2x)]^3$

19. $y = \ln\sqrt{\dfrac{x^2+4}{x^2-4}}$ **20.** $y = \ln\dfrac{4x}{x-6}$

21. $y = \dfrac{1}{\ln(1-7x)}$

22. $y = \dfrac{\ln 5x}{1-x}$

Encontrar la ecuación de una recta tangente En los ejercicios 23 y 24, encuentre la ecuación de la recta tangente a la gráfica de la función en el punto dado.

23. $y = \ln(2 + x) + \dfrac{2}{2 + x}, \quad (-1, 2)$

24. $y = 2x^2 + \ln x^2, \quad (1, 2)$

Derivación logarítmica En los ejercicios 25 y 26 utilice derivación logarítmica para encontrar dy/dx.

25. $y = x^2\sqrt{x - 1}, \quad x > 1$

26. $y = \dfrac{x + 2}{\sqrt{3x - 2}}, \quad x > \dfrac{2}{3}$

Encontrar una integral indefinida En los ejercicios 27 a 32, encuentre la integral indefinida.

27. $\displaystyle\int \frac{1}{7x - 2}\, dx$

28. $\displaystyle\int \frac{x^2}{x^3 + 1}\, dx$

29. $\displaystyle\int \frac{\operatorname{sen} x}{1 + \cos x}\, dx$

30. $\displaystyle\int \frac{\ln\sqrt{x}}{x}\, dx$

31. $\displaystyle\int \frac{x^2 - 6x + 1}{x^2 + 1}\, dx$

32. $\displaystyle\int \frac{dx}{\sqrt{x}\left(2\sqrt{x} + 5\right)}$

Evaluar una integral definida En los ejercicios 33 a 36, evalúe la integral definida.

33. $\displaystyle\int_1^4 \frac{2x + 1}{2x}\, dx$

34. $\displaystyle\int_1^e \frac{\ln x}{x}\, dx$

35. $\displaystyle\int_0^{\pi/3} \sec\theta\, d\theta$

36. $\displaystyle\int_0^{\pi} \tan\frac{\theta}{3}\, d\theta$

Área En los ejercicios 37 y 38, encuentre el área de la región acotada por las gráficas de las ecuaciones. Utilice alguna aplicación para verificar su resultado.

37. $y = \dfrac{6x^2}{x^3 - 2}, x = 3, x = 5, y = 0$

38. $y = x + \csc\dfrac{\pi x}{12}, x = 2, x = 6, y = 0$

Buscar una función inversa En los ejercicios 39 a 44, (a) encuentre la función inversa de f, (b) grafique f y f^{-1} en el mismo sistema de ejes coordenados, (c) compruebe que $f^{-1}(f(x)) = x$ y $f(f^{-1}(x)) = x$ y (d) establezca los dominios y rangos de f y f^{-1}.

39. $f(x) = \frac{1}{2}x - 3$

40. $f(x) = 5x - 7$

41. $f(x) = \sqrt{x + 1}$

42. $f(x) = x^3 + 2$

43. $f(x) = \sqrt[3]{x + 1}$

44. $f(x) = x^2 - 5, \quad x \geq 0$

Evaluar la derivada de una función inversa En los ejercicios 45 a 48, verifique que f tiene una inversa. A continuación, utilice la función f y el valor de la función $f(x) = a$ dado para calcular $(f^{-1})'(a)$. (*Sugerencia*: Use el teorema 5.9.)

45. $f(x) = x^3 + 2, \quad f\left(-\sqrt[3]{3}\right) = -1$

46. $f(x) = x\sqrt{x - 3}, \quad f(4) = 4$

47. $f(x) = \tan x, \quad -\dfrac{\pi}{4} \leq x \leq \dfrac{\pi}{4}, \quad f\left(\dfrac{\pi}{6}\right) = \dfrac{\sqrt{3}}{3}$

48. $f(x) = \cos x, \quad 0 \leq x \leq \pi, \quad f\left(\dfrac{\pi}{2}\right) = 0$

Resolver una ecuación exponencial o logarítmica En los ejercicios 49 a 52, resuelva para x con una precisión de tres decimales.

49. $e^{3x} = 30$

50. $-4 + 3e^{-2x} = 6$

51. $\ln\sqrt{x + 1} = 2$

52. $\ln x + \ln(x - 3) = 0$

Encontrar una derivada En los ejercicios 53 a 58, encuentre la derivada de la función.

53. $g(t) = t^2e^t$

54. $g(x) = \ln\dfrac{e^x}{1 + e^x}$

55. $y = \sqrt{e^{2x} + e^{-2x}}$

56. $h(z) = e^{-z^2/2}$

57. $g(x) = \dfrac{x^3}{e^{2x}}$

58. $y = 3e^{-3/t}$

Encontrar la ecuación de una recta tangente En los ejercicios 59 y 60, encuentre la ecuación de la recta tangente a la gráfica de la función en el punto dado.

59. $f(x) = e^{6x}, \quad (0, 1)$

60. $h(x) = -xe^{2-x}, \quad (2, -2)$

Extremos relativos y puntos de inflexión En los ejercicios 61 y 62, encuentre los extremos relativos y los puntos de inflexión de la función (si existen). Use una utilidad gráfica para graficar la función y confirme sus resultados.

61. $f(x) = (x + 1)e^{-x}$

62. $g(x) = \dfrac{1}{\sqrt{2\pi}}e^{-(x-5)^2/2}$

Encontrar una integral indefinida En los ejercicios 63 a 66, encuentre la integral indefinida.

63. $\displaystyle\int xe^{1-x^2}\, dx$

64. $\displaystyle\int x^2e^{x^3+1}\, dx$

65. $\displaystyle\int \frac{e^{4x} - e^{2x} + 1}{e^x}\, dx$

66. $\displaystyle\int \frac{e^{2x} - e^{-2x}}{e^{2x} + e^{-2x}}\, dx$

Evaluar una integral definida En los ejercicios 67 a 70, evalúe la integral definida.

67. $\displaystyle\int_0^1 xe^{-3x^2}\, dx$

68. $\displaystyle\int_{1/2}^2 \frac{e^{1/x}}{x^2}\, dx$

69. $\displaystyle\int_1^3 \frac{e^x}{e^x - 1}\, dx$

70. $\displaystyle\int_{1/4}^5 \frac{e^{4x} + 1}{4x + e^{4x}}\, dx$

71. Área Encuentre el área de la región acotada por las gráficas de

$$y = 2e^{-x},\quad y = 0,\quad x = 0 \text{ y } x = 2$$

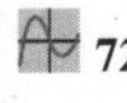

72. Depreciación El valor V de un artículo t años después de su adquisición es $V = 9000e^{-0.6t}$, $0 \leq t \leq 5$.

(a) Utilice un programa de graficación para trazar la función.

(b) Halle las tasas de variación de V respecto a t cuando $t = 1$ y $t = 4$.

(c) Utilice un programa de graficación para trazar las rectas tangentes a la función cuando $t = 1$ y $t = 4$.

Dibujar un gráfico **En los ejercicios 73 y 74, trace la gráfica de la función.**

73. $y = 3^{x/2}$

74. $y = \left(\frac{1}{4}\right)^x$

Resolver una ecuación **En los ejercicios 75 a 80, resuelva la ecuación con una precisión de tres decimales.**

75. $4^{1-x} = 52$

76. $2(3^{x+2}) = 17$

77. $\left(1 + \frac{0.03}{12}\right)^{12t} = 3$

78. $\left(1 + \frac{0.06}{365}\right)^{365t} = 2$

79. $\log_6(x + 1) = 2$

80. $\log_5 x^2 = 4.1$

Encontrar una derivada **En los ejercicios 81 a 88, encuentre la derivada de la función.**

81. $f(x) = 3^{x-1}$

82. $f(x) = 5^{3x}$

83. $g(t) = \frac{2^{3t}}{t^2}$

84. $f(x) = x(4^{-3x})$

85. $g(x) = \log_3 \sqrt{1 - x}$

86. $h(x) = \log_5 \frac{x}{x - 1}$

87. $y = x^{2x+1}$

88. $y = (3x + 5)^x$

Encontrar una integral indefinida **En los ejercicios 89 y 90, encuentre la integral indefinida.**

89. $\int (x + 1)5^{(x+1)^2}\, dx$

90. $\int \frac{2^{-1/t}}{t^2}\, dt$

Evaluar una integral definida **En los ejercicios 91 y 92, evalúe la integral definida.**

91. $\int_1^2 6^x\, dx$

92. $\int_{-4}^0 9^{x/2}\, dx$

93. Interés compuesto

(a) Se hace un depósito de \$550 en una cuenta de ahorros que paga una tasa de interés anual de 1% compuesto mensualmente. ¿Cuál es el saldo después de 11 años?

(b) ¿Qué tan grande debe ser un depósito, con un interés de 5% compuesto en forma continua, para obtener un saldo de \$10 000 en 15 años?

(c) Un depósito gana intereses a una tasa de r por ciento con capitalización continua y duplica su valor en 10 años. Encuentre r.

94. Razón de ascenso El tiempo t (en minutos) para que un pequeño avión ascienda a una altitud de h pies es

$$t = 50 \log_{10} \frac{18000}{18000 - h}$$

donde 18 000 pies es lo más alto que el avión puede volar.

(a) Determine el dominio de la función apropiada para el contexto del problema.

(b) Utilice un programa de graficación para trazar la función del tiempo e identificar las asíntotas.

(c) Encuentre el momento en el que la altitud aumenta a una rapidez mayor.

Evaluar un límite **En los ejercicios 95 a 102, utilice la regla de L'Hôpital para evaluar el límite.**

95. $\lim_{x \to 1} \frac{(\ln x)^2}{x - 1}$

96. $\lim_{x \to 0} \frac{\operatorname{sen} x\pi}{\operatorname{sen} 5\pi x}$

97. $\lim_{x \to \infty} \frac{e^{2x}}{x^2}$

98. $\lim_{x \to \infty} xe^{-x^2}$

99. $\lim_{x \to \infty} (\ln x)^{2/x}$

100. $\lim_{x \to 1^+} (x - 1)^{\ln x}$

101. $\lim_{n \to \infty} 1000\left(1 + \frac{0.09}{n}\right)^n$

102. $\lim_{x \to \infty} \left(1 + \frac{4}{x}\right)^x$

Evaluar una expresión **En los ejercicios 103 y 104, evalúe cada expresión sin necesidad de utilizar una calculadora. (*Sugerencia*: Dibuje un triángulo rectángulo.)**

103. (a) $\operatorname{sen}\left(\operatorname{arcsen} \frac{1}{2}\right)$

(b) $\cos\left(\operatorname{arcsen} \frac{1}{2}\right)$

104. (a) $\tan(\operatorname{arccot} 2)$

(b) $\cos\left(\operatorname{arcsec} \sqrt{5}\right)$

Encontrar una derivada **En los ejercicios 105 a 110, encuentre la derivada de la función.**

105. $y = \operatorname{arccsc} 2x^2$

106. $y = \frac{1}{2} \arctan e^{2x}$

107. $y = x \operatorname{arcsec} x$

108. $y = \sqrt{x^2 - 4} - 2 \operatorname{arcsec} \frac{x}{2}, \quad 2 < x < 4$

109. $y = x(\operatorname{arcsen} x)^2 - 2x + 2\sqrt{1 - x^2} \operatorname{arcsen} x$

110. $y = \tan(\operatorname{arcsen} x)$

Encontrar una integral indefinida **En los ejercicios 111 a 116, encuentre la integral indefinida.**

111. $\int \frac{1}{e^{2x} + e^{-2x}}\, dx$

112. $\int \frac{1}{3 + 25x^2}\, dx$

113. $\int \frac{x}{\sqrt{1 - x^4}}\, dx$

114. $\int \frac{1}{x\sqrt{9x^2 - 49}}\, dx$

115. $\int \frac{\arctan(x/2)}{4 + x^2}\, dx$

116. $\int \frac{\operatorname{arcsen} 2x}{\sqrt{1 - 4x^2}}\, dx$

Evaluar una integral definida En los ejercicios 117 a 120, evalúe la integral definida.

117. $\displaystyle\int_0^{1/7} \frac{dx}{\sqrt{1-49x^2}}$

118. $\displaystyle\int_0^1 \frac{2x^2}{\sqrt{4-x^6}}\,dx$

119. $\displaystyle\int_{-1}^2 \frac{10e^{2x}}{25+e^{4x}}\,dx$

120. $\displaystyle\int_{\pi/3}^{\pi/2} \frac{\cos x}{(\operatorname{sen} x)\sqrt{\operatorname{sen}^2 x-(1/4)}}\,dx$

Área En los ejercicios 121 y 122, encuentre el área de la región.

121. $y = \dfrac{4-x}{\sqrt{4-x^2}}$

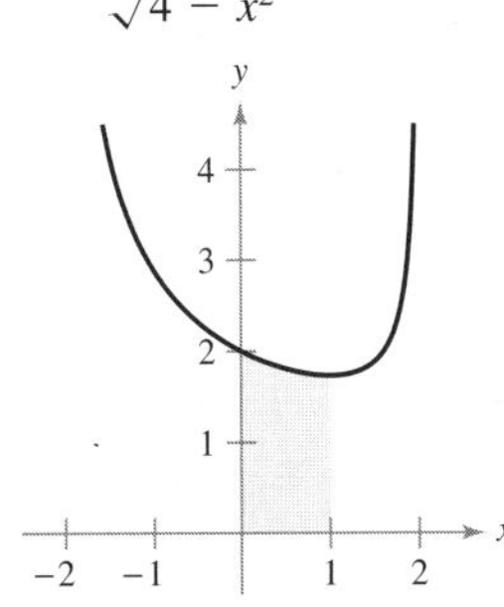

122. $y = \dfrac{6}{16+x^2}$

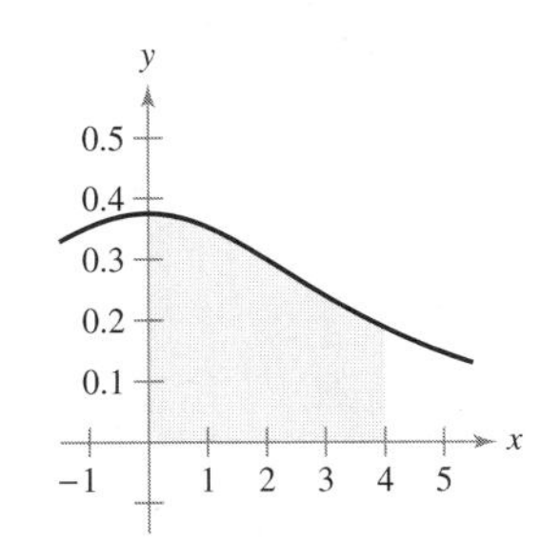

Encontrar una derivada En los ejercicios 123 a 128, encuentre la derivada de la función.

123. $y = \operatorname{sech}(4x-1)$

124. $y = 2x - \cosh\sqrt{x}$

125. $y = \coth 8x^2$

126. $y = \ln(\coth x)$

127. $y = \operatorname{senh}^{-1}(4x)$

128. $y = x\tanh^{-1}(2x)$

Encontrar una integral indefinida En los ejercicios 129 a 134, encuentre la integral indefinida.

129. $\displaystyle\int x^2 \operatorname{sech}^2 x^3\,dx$

130. $\displaystyle\int \operatorname{senh} 6x\,dx$

131. $\displaystyle\int \frac{\operatorname{sech}^2 x}{\tanh x}\,dx$

132. $\displaystyle\int \operatorname{csch}^4 3x \coth 3x\,dx$

133. $\displaystyle\int \frac{1}{9-4x^2}\,dx$

134. $\displaystyle\int \frac{x}{\sqrt{x^4-1}}\,dx$

Evaluar una integral definida En los ejercicios 135 a 138, evalúe la integral definida.

135. $\displaystyle\int_1^2 \operatorname{sech} 2x \tanh 2x\,dx$

136. $\displaystyle\int_0^1 \operatorname{senh}^2 x\,dx$

137. $\displaystyle\int_0^1 \frac{3}{\sqrt{9x^2+16}}\,dx$

138. $\displaystyle\int_{-1}^0 \frac{2}{49-4x^2}\,dx$

Construcción de conceptos

139. Considere la función

$$f(x) = \operatorname{sen}(\ln x)$$

(a) Determine el dominio de f.

(b) Encuentre dos valores de x que satisfagan $f(x) = 1$.

(c) Encuentre dos valores de x que satisfagan $f(x) = -1$.

(d) ¿Cuál es el rango de f?

(e) Encuentre $f'(x)$ y utilice el cálculo para encontrar el valor máximo de f en el intervalo $[1, 10]$.

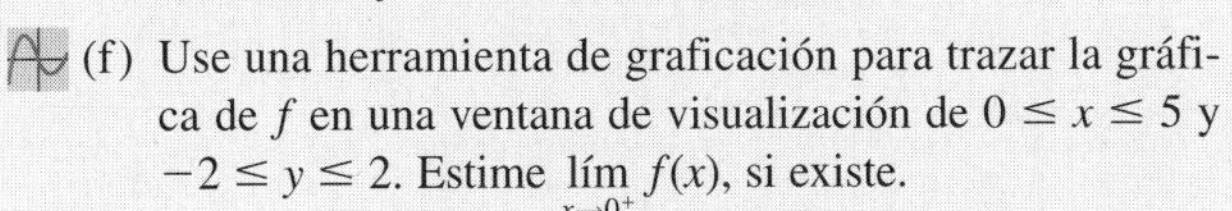

(f) Use una herramienta de graficación para trazar la gráfica de f en una ventana de visualización de $0 \le x \le 5$ y $-2 \le y \le 2$. Estime $\lim\limits_{x\to 0^+} f(x)$, si existe.

(g) Determine $\lim\limits_{x\to 0^+} f(x)$ analíticamente, si existe.

140. (a) Use una utilidad gráfica para comparar la gráfica de la función $y = e^x$ con la gráfica de cada una de las siguientes funciones.

(i) $y_1 = 1 + \dfrac{x}{1!}$

(ii) $y_2 = 1 + \dfrac{x}{1!} + \dfrac{x^2}{2!}$

(iii) $y_3 = 1 + \dfrac{x}{1!} + \dfrac{x^2}{2!} + \dfrac{x^3}{3!}$

(b) Identifique el patrón de polinomios sucesivos del inciso (a), extienda el patrón un término más y compare la gráfica de la función polinomial resultante con la gráfica de $y = e^x$.

(c) ¿Qué piensa que implique este patrón?

141. Considere la función

$$f(x) = \frac{\ln x}{x}$$

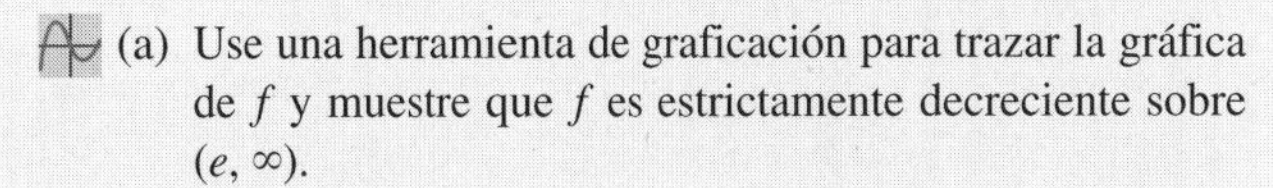

(a) Use una herramienta de graficación para trazar la gráfica de f y muestre que f es estrictamente decreciente sobre (e, ∞).

(b) Muestre que si $e \le A < B$, entonces $A^B > B^A$.

(c) Utilice el inciso (b) para mostrar que $e^\pi > \pi^e$.

142. En la sección 1.3, un argumento geométrico (vea la figura) fue utilizada para demostrar que

$$\lim_{\theta\to 0} \frac{\operatorname{sen}\theta}{\theta}$$

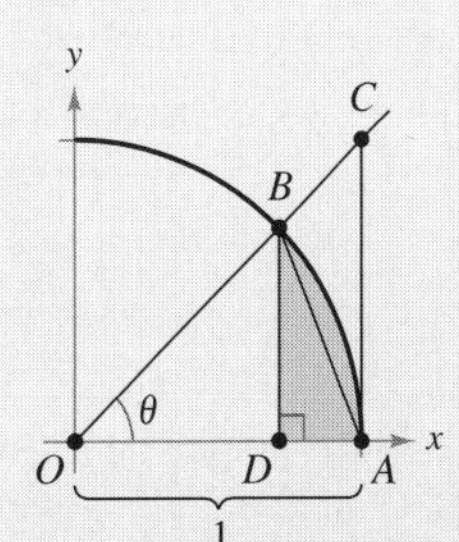

Para ver las figuras a color, acceda al código

(a) Escriba el área de ΔABD en términos de θ.

(b) Escriba el área de la región sombreada en términos de θ.

(c) Escriba la razón R entre las áreas de ΔABD y de la región sombreada.

(d) Encuentre $\lim\limits_{\theta\to 0} R$

Solución de problemas

Las respuestas a los ejercicios impares pueden consultarse en el Apéndice de este libro.

1. **Aproximación** Para aproximar e^x se puede utilizar una función de la forma

$$f(x) = \frac{a + bx}{1 + cx}$$

(Esta función se conoce como **aproximación de Padé**.) Los valores de $f(0)$, $f'(0)$ y $f''(0)$ son iguales a los valores correspondientes de e^x. Demuestre que estos valores son iguales a 1 y encuentre los valores de a, b y c tal que $f(0) = f'(0) = f''(0) = 1$. A continuación, utilice una herramienta de graficación para comparar las gráficas de f y e^x.

2. **Área** Considere las tres regiones A, B y C determinadas por la gráfica de $f(x) = \text{arcsen } x$, como se muestra en la figura.

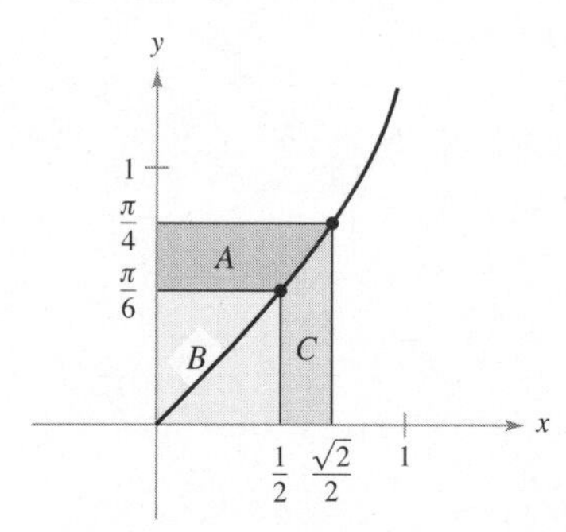

Para ver la figura a color, acceda al código

(a) Calcule las áreas de las regiones A y B.

(b) Utilice las respuestas del inciso (a) para evaluar la integral

$$\int_{1/2}^{\sqrt{2}/2} \text{arcsen } x \, dx$$

(c) Utilice los métodos del inciso (a) para evaluar la integral

$$\int_1^3 \ln x \, dx$$

(d) Utilice los métodos del inciso (a) para evaluar la integral

$$\int_1^{\sqrt{3}} \arctan x \, dx$$

3. **Encontrar un valor** Encuentre el valor de la constante positiva c tal que

$$\lim_{x \to \infty} \left(\frac{x + c}{x - c}\right)^x = 9$$

4. **Encontrar límites** Use una utilidad gráfica para estimar cada límite. Entonces calcule cada límite usando la regla de L'Hôpital. ¿Qué se puede concluir acerca de la forma $0 \cdot \infty$?

(a) $\displaystyle \lim_{x \to 0^+} \left(\cot x + \frac{1}{x}\right)$

(b) $\displaystyle \lim_{x \to 0^+} \left(\cot x - \frac{1}{x}\right)$

(c) $\displaystyle \lim_{x \to 0^+} \left[\left(\cot x + \frac{1}{x}\right)\left(\cot x - \frac{1}{x}\right)\right]$

5. **Distancia** Sea L la recta tangente a la gráfica de la función $y = \ln x$ en el punto (a, b), donde c es la intersección y de la recta tangente, como se muestra en la figura. Demuestre que la distancia entre b y c siempre es igual a 1.

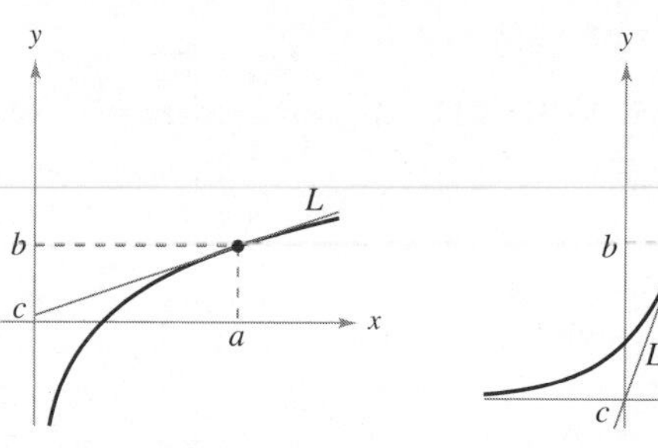

Figura para 5 Figura para 6

6. **Distancia** Sea L la recta tangente a la gráfica de la función $y = e^x$ en el punto (a, b), donde c es la intersección con el eje y de la recta tangente, como se muestra en la figura. Demuestre que la distancia entre a y c siempre es igual a 1.

7. **Área** Use integración por sustitución para encontrar el área bajo la curva

$$y = \frac{1}{\text{sen}^2 x + 4 \cos^2 x}$$

entre $x = 0$ y $x = \dfrac{\pi}{4}$

8. **Áreas y ángulos**

(a) Sea $P(\cos t, \text{ sen } t)$ un punto en el círculo unitario $x^2 + y^2 = 1$ en el primer cuadrante (vea la figura). Demuestre que t es igual a dos veces el área del sector circular sombreado AOP.

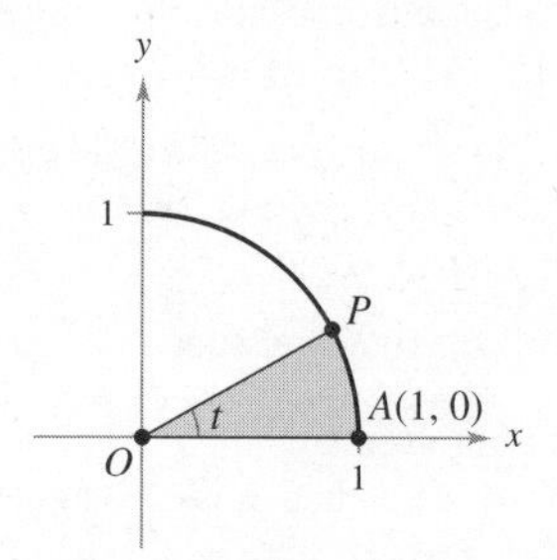

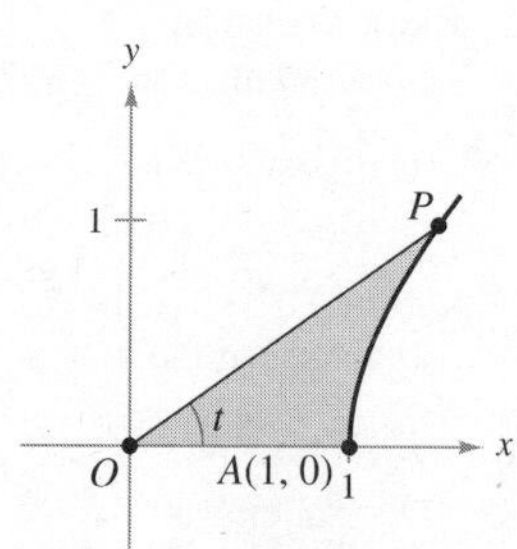

Figura para la parte (a) Figura para la parte (b)

(b) Sea $P(\cosh t, \text{ senh } t)$ un punto de la hipérbola unitaria $x^2 - y^2 = 1$ en el primer cuadrante (vea la figura). Demuestre que t es igual a dos veces el área de la región sombreada de AOP. Comience mostrando que el área de la región sombreada de AOP está dada por la fórmula

$$A(t) = \frac{1}{2} \cosh t \text{ senh } t - \int_1^{\cosh t} \sqrt{x^2 - 1} \, dx$$

9. **Intersección** Grafique la función exponencial $y = a^x$ para $a = 0.5$, 1.2 y 2.0. ¿Cuál de estas curvas corta la recta $y = x$? Determine todos los números a positivos para los cuales la curva $y = a^x$ corta a la recta $y = x$.

6 Aplicaciones de la integral

6.1 Diseño de edificaciones *(Ejercicio 79, p. 415)*

6.2 Impresión en 3D *(Ejercicio 68, p. 425)*

6.3 Saturno *(Proyecto de trabajo, p. 435)*

6.5 Pirámide de Khufu *(Proyecto de trabajo, p. 455)*

6.1 Área de una región entre dos curvas

Para ver las figuras a color, acceda al código

- **Encontrar el área de una región entre dos curvas utilizando integración.**
- **Encontrar el área de una región entre las curvas de intersección utilizando integración.**
- **Describir la integración como un proceso de acumulación.**

Área de una región entre dos curvas

Con algunas modificaciones, se puede extender la aplicación de las integrales definidas del área de una región *bajo* una curva al área de una región *entre* dos curvas. Consideremos dos funciones f y g que son continuas en el intervalo $[a, b]$. Además, las gráficas de f y g se encuentran por encima del eje x, y la gráfica de g se encuentra por debajo de la gráfica de f como se muestra en la figura 6.1. Se puede interpretar geométricamente el área de la región entre las gráficas como el área de la región bajo la gráfica de g restada del área de la región bajo la gráfica de f como se muestra en la figura 6.2.

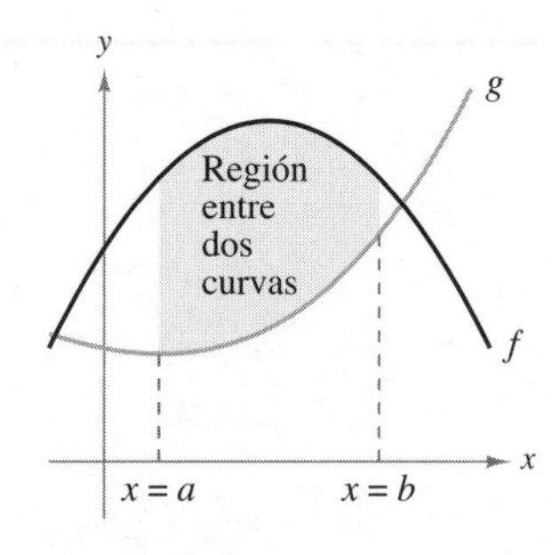

Figura 6.1

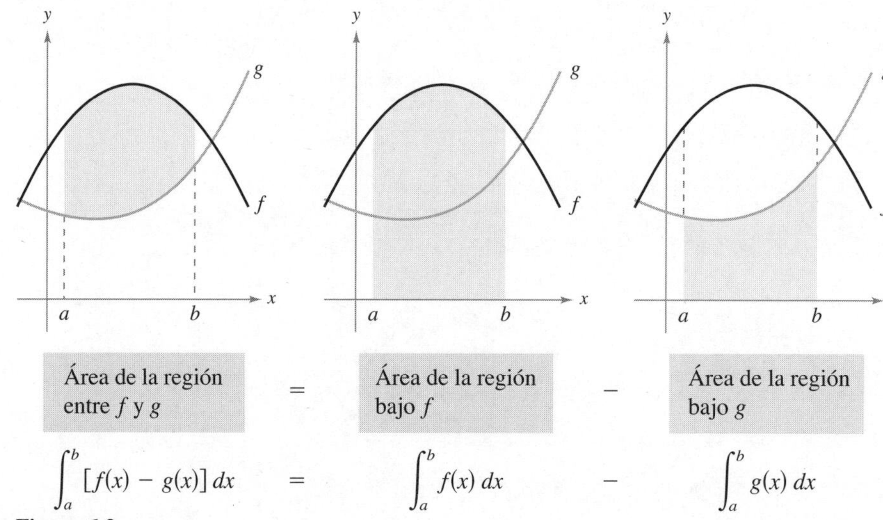

Área de la región entre f y g	=	Área de la región bajo f	−	Área de la región bajo g
$\int_a^b [f(x) - g(x)]\,dx$	=	$\int_a^b f(x)\,dx$	−	$\int_a^b g(x)\,dx$

Figura 6.2

Para verificar la razonabilidad del resultado que se muestra en la figura 6.2, se puede dividir el intervalo $[a, b]$ en n subintervalos, cada uno de ancho Δx. Entonces, como se muestra en la figura 6.3, el dibujo de un **rectángulo representativo** de ancho Δx y altura $f(x_i) - g(x_i)$, donde x_i se encuentra en el i-ésimo subintervalo. El área de este rectángulo representativo es

$$\Delta A_i = (\text{alto})(\text{ancho}) = [f(x_i) - g(x_i)]\Delta x$$

Mediante la suma de las áreas de los n rectángulos y tomando el límite cuando $\|\Delta\| \to 0$ $(n \to \infty)$, se obtiene

$$\lim_{n\to\infty} \sum_{i=1}^{n} [f(x_i) - g(x_i)]\Delta x$$

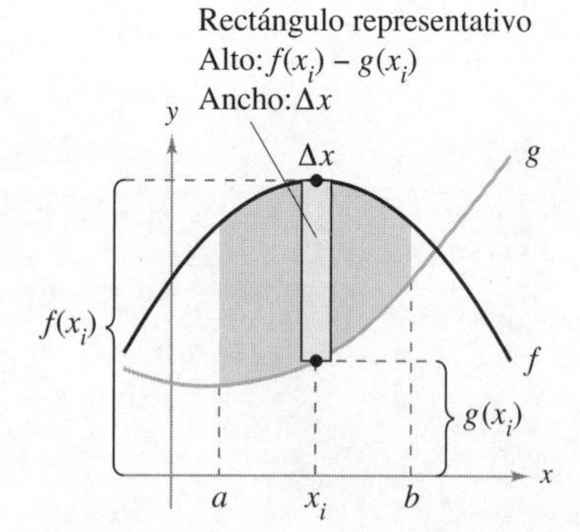

Figura 6.3

Debido a que f y g son continuas en $[a, b]$, $f - g$ también es continua en $[a, b]$ y existe el límite. Por lo que el área de la región es

$$\text{Área} = \lim_{n\to\infty} \sum_{i=1}^{n} [f(x_i) - g(x_i)]\Delta x$$

$$= \int_a^b [f(x) - g(x)]\,dx \qquad \text{Área entre } f \text{ y } g.$$

Grandes ideas del cálculo

En este capítulo se estudiarán algunas aplicaciones de la integral. Estas aplicaciones incluyen:

- Encontrar el área de una región entre dos curvas.
- Encontrar el volumen de un sólido.
- El trabajo realizado por una fuerza.

En muchas de estas aplicaciones se comienza con una fórmula conocida. Luego se investigará cómo el límite de una suma produce una nueva fórmula que involucra una integración.

COMENTARIO Recuerde de la sección 4.3 que $\|\Delta\|$ es la norma de la partición. En una partición normal, los enunciados $\|\Delta\| \to 0$ y $n \to \infty$ son equivalentes.

Área de una región entre dos curvas

Si f y g son funciones continuas en $[a, b]$ y $g(x) \leq f(x)$ para toda x en $[a, b]$, entonces el área de la región acotada por las gráficas de f y g y las rectas verticales $x = a$ y $x = b$ es

$$A = \int_a^b [f(x) - g(x)]\, dx$$

En la figura 6.1, las gráficas de f y g se muestran por encima del eje x. Sin embargo, esto no es necesario. El mismo integrando $[f(x) - g(x)]$ se puede utilizar mientras f y g sean continuas y $g(x) \leq f(x)$ para toda x en el intervalo $[a, b]$. Esto se resume gráficamente en la figura 6.4. Observe en la figura 6.4 que la altura de un rectángulo representativo es $f(x) - g(x)$ independientemente de la posición relativa del eje x.

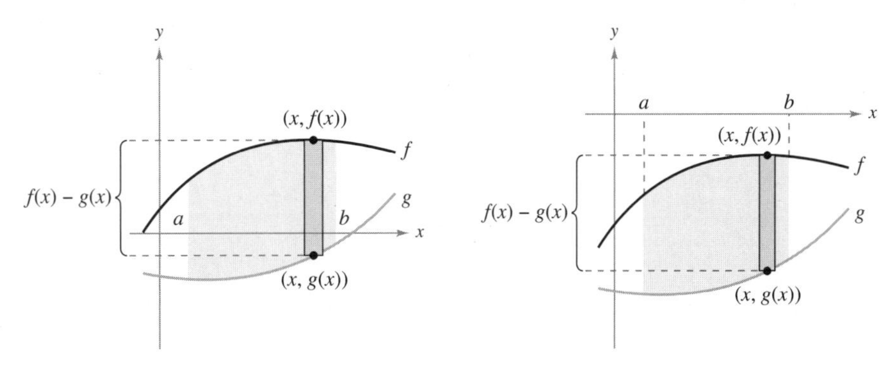

Para ver las figuras a color, acceda al código

Figura 6.4

Los rectángulos representativos se utilizan a lo largo de este capítulo en diversas aplicaciones de la integral. Un rectángulo vertical (de ancho Δx) implica la integración respecto a x, mientras que un rectángulo horizontal (de ancho Δy) implica la integración respecto a y.

EJEMPLO 1 Encontrar el área de una región entre dos curvas

Encuentre el área de la región acotada por las gráficas de $y = x^2 + 2$, $y = -x$, $x = 0$ y $x = 1$.

Solución Inicie con la gráfica de ambas funciones, como se muestra en la figura 6.5. De la figura, se observa que $-x \leq x^2 + 2$ para toda x en $[0, 1]$. Así, sean $f(x) = x^2 + 2$ y $g(x) = -x$. El área del rectángulo representativo es

$$\Delta A = [f(x) - g(x)]\Delta x = [(x^2 + 2) - (-x)]\Delta x$$

y el área de la región es

$$A = \int_a^b [f(x) - g(x)]\, dx \qquad \text{Área entre } f \text{ y } g.$$

$$= \int_0^1 [(x^2 + 2) - (-x)]\, dx \qquad \text{Sustituya } f \text{ y } g.$$

$$= \left[\frac{x^3}{3} + \frac{x^2}{2} + 2x\right]_0^1 \qquad \text{Integre.}$$

$$= \frac{1}{3} + \frac{1}{2} + 2 \qquad \text{Aplique el teorema fundamental del cálculo.}$$

$$= \frac{17}{6} \qquad \text{Simplifique.}$$

Región acotada por la gráfica de f, la gráfica g, $x = 0$ y $x = 1$.
Figura 6.5

Área de la región de la intersección entre las curvas

En el ejemplo 1, las gráficas de $f(x) = x^2 + 2$ y $g(x) = -x$ no se intersecan y los valores de a y b están dados en forma explícita. Un problema muy común implica el área de una región acotada por dos gráficas que se *intersecan*, donde se deben calcular los valores de a y b.

EJEMPLO 2 Región entre dos gráficas que se intersecan

Encuentre el área de la región acotada por las gráficas de $f(x) = 2 - x^2$ y $g(x) = x$

Solución En la figura 6.6, observe que las gráficas de f y g tienen dos puntos de intersección. Para encontrar las coordenadas x de estos puntos, iguale $f(x)$ y $g(x)$ y despeje a x.

$$2 - x^2 = x \qquad \text{Iguale } f(x) \text{ y } g(x).$$

$$-x^2 - x + 2 = 0 \qquad \text{Escriba en forma general.}$$

$$-(x + 2)(x - 1) = 0 \qquad \text{Factorice.}$$

$$x = -2 \text{ o } 1 \qquad \text{Resuelva para } x.$$

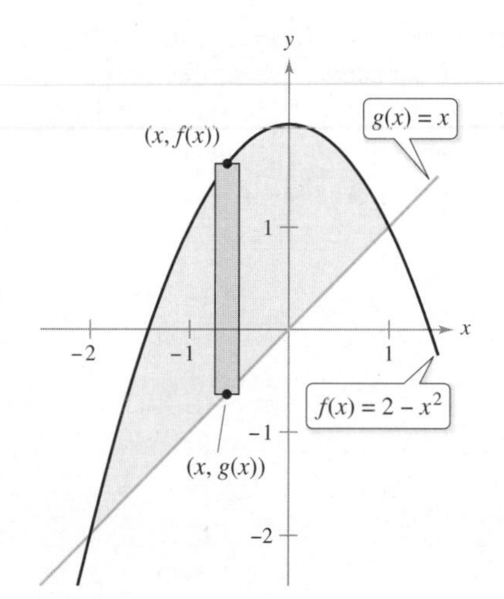

Región acotada por la gráfica de f y la gráfica de g.
Figura 6.6

Por lo tanto, $a = -2$ y $b = 1$. Como $g(x) \leq f(x)$ para toda x en el intervalo $[-2, 1]$, el rectángulo representativo tiene una superficie de

$$\Delta A = [f(x) - g(x)]\,\Delta x = [(2 - x^2) - x]\,\Delta x$$

y el área de la región es

$$A = \int_{-2}^{1} [(2 - x^2) - x]\,dx \qquad \text{Área entre } f \text{ y } g.$$

$$= \left[-\frac{x^3}{3} - \frac{x^2}{2} + 2x\right]_{-2}^{1} \qquad \text{Integre.}$$

$$= \frac{9}{2}$$

EJEMPLO 3 Región entre dos gráficas que se intersecan

Las curvas de seno y coseno se cruzan un número infinito de veces, delimitando regiones de áreas iguales, como se muestra en la figura 6.7. Encuentre el área de una de estas regiones.

Solución Considere el intervalo correspondiente a la región sombreada en la figura 6.7. Para toda x en este intervalo, $\cos x \leq \operatorname{sen} x$. Entonces, sea $g(x) = \cos x$ y $f(x) = \operatorname{sen} x$. Para encontrar los dos puntos de intersección en este intervalo, iguale $f(x)$ y $g(x)$ y resuelva para x.

$$\operatorname{sen} x = \cos x \qquad \text{Iguale } f(x) \text{ y } g(x).$$

$$\frac{\operatorname{sen} x}{\cos x} = 1 \qquad \text{Divida cada lado entre } \cos x.$$

$$\tan x = 1 \qquad \text{Identidad trigonométrica.}$$

$$x = \frac{\pi}{4} \text{ o } \frac{5\pi}{4}, \quad 0 \leq x \leq 2\pi \qquad \text{Resuelva para } x.$$

Una de las regiones delimitadas por las gráficas de las funciones seno y coseno.
Figura 6.7

Por lo tanto, $a = \pi/4$ y $b = 5\pi/4$. Ya que $\cos x \leq \operatorname{sen} x$ para toda x en el intervalo $[\pi/4, 5\pi/4]$, el área de la región es

$$A = \int_{\pi/4}^{5\pi/4} [\operatorname{sen} x - \cos x]\,dx \qquad \text{Área entre } f \text{ y } g.$$

$$= \left[-\cos x - \operatorname{sen} x\right]_{\pi/4}^{5\pi/4} \qquad \text{Integre.}$$

$$= 2\sqrt{2}$$

Para ver las figuras a color, acceda al código

Para encontrar el área de la región entre dos curvas que se intersecan en *más* de dos puntos, en primer lugar determine todos los puntos de intersección. Después, compruebe que la curva está por encima de la otra en cada intervalo determinado por estos puntos, como se muestra en el ejemplo 4.

EJEMPLO 4 Curvas que se intersecan en más de dos puntos

Consulte LarsonCalculus.com (disponible solo en inglés) para una versión interactiva de este tipo de ejemplo.

Encuentre el área de la región entre las gráficas de

$$f(x) = 3x^3 - x^2 - 10x \quad \text{y} \quad g(x) = -x^2 + 2x$$

Solución Comience igualando $f(x)$ y $g(x)$ y despeje x. Esto produce los valores en todos los puntos de intersección de las dos gráficas.

$$3x^3 - x^2 - 10x = -x^2 + 2x \qquad \text{Iguale } f(x) \text{ y } g(x).$$
$$3x^3 - 12x = 0 \qquad \text{Escriba la forma general.}$$
$$3x(x-2)(x+2) = 0 \qquad \text{Factorice.}$$
$$x = -2, 0, 2 \qquad \text{Despeje } x.$$

En $[-2, 0]$, $g(x) \le f(x)$ y en $[0, 2]$, $f(x) \le g(x)$.
Figura 6.8

Así, las dos gráficas se intersecan cuando $x = -2$, 0 y 2. En la figura 6.8, observe que $g(x) \le f(x)$ en el intervalo $[-2, 0]$. Sin embargo, las dos gráficas cambian en el origen, y $f(x) \le g(x)$ en el intervalo $[0, 2]$. Por lo tanto, necesita dos integrales, una para el intervalo $[-2, 0]$ y otra para el intervalo $[0, 2]$.

$$A = \underbrace{\int_{-2}^{0} [f(x) - g(x)]\,dx}_{\text{Área en } [-2,0]} + \underbrace{\int_{0}^{2} [g(x) - f(x)]\,dx}_{\text{Área en } [0,2]}$$
$$= \int_{-2}^{0} (3x^3 - 12x)\,dx + \int_{0}^{2} (-3x^3 + 12x)\,dx \qquad \text{Sustituya } f \text{ y } g \text{, simplifique.}$$
$$= \left[\frac{3x^4}{4} - 6x^2\right]_{-2}^{0} + \left[\frac{-3x^4}{4} + 6x^2\right]_{0}^{2} \qquad \text{Integre.}$$
$$= -(12 - 24) + (-12 + 24)$$
$$= 24$$

COMENTARIO En el ejemplo 4, observe que obtiene un resultado incorrecto cuando integra de -2 a 2. Dicha integración produce

$$\int_{-2}^{2} [f(x) - g(x)]\,dx = \int_{-2}^{2} (3x^3 - 12x)\,dx = 0$$

Cuando la gráfica de una función de y es una frontera de una región, a menudo es conveniente utilizar rectángulos representativos *horizontales* y encontrar el área mediante la integración respecto a y. En general, para determinar el área entre dos curvas, se puede utilizar

$$A = \int_{x_1}^{x_2} \underbrace{[(\text{curva superior}) - (\text{curva inferior})]}_{\text{en la variable } x}\,dx \qquad \text{Rectángulos verticales.}$$

o

$$A = \int_{y_1}^{y_2} \underbrace{[(\text{curva derecha}) - (\text{curva izquierda})]}_{\text{en la variable } y}\,dy \qquad \text{Rectángulos horizontales.}$$

donde (x_1, y_1) y (x_2, y_2) son puntos adyacentes de intersección de las dos curvas implicadas o puntos en las líneas frontera especificadas.

Para ver la figura a color, acceda al código

EJEMPLO 5 **Rectángulos representativos horizontales**

Encuentre el área de la región acotada por las gráficas de $x = 3 - y^2$ y $x = y + 1$

Solución Inicie con el trazado de la gráfica de ambas funciones, como se muestra en la figura 6.9. De la figura, note que las dos curvas se cortan cuando $y = -2$ y $y = 1$. Dado que $y + 1 \leq 3 - y^2$ para toda y en $[-2, 1]$, sean $g(y) = 3 - y^2$ y $f(y) = y + 1$. El área del rectángulo representativo es

$$\Delta A = [\underbrace{g(y)}_{\text{Curva derecha}} - \underbrace{f(y)}_{\text{Curva izquierda}}]\Delta y = [(3 - y^2) - (y + 1)]\Delta y$$

Por tanto, el área es

$$A = \int_{-2}^{1} [(3 - y^2) - (y + 1)]\, dy \qquad \text{Área entre } g \text{ y } f.$$

$$= \int_{-2}^{1} (-y^2 - y + 2)\, dy \qquad \text{Simplifique.}$$

$$= \left[\frac{-y^3}{3} - \frac{y^2}{2} + 2y\right]_{-2}^{1} \qquad \text{Integre.}$$

$$= \left(-\frac{1}{3} - \frac{1}{2} + 2\right) - \left(\frac{8}{3} - 2 - 4\right)$$

$$= \frac{9}{2}$$

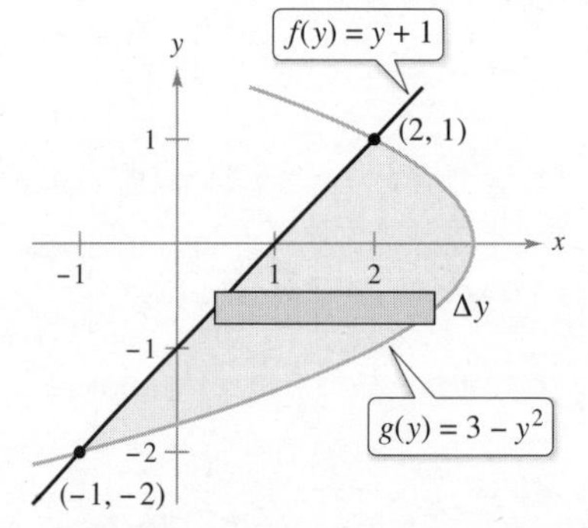

Rectángulos horizontales (integración respecto a y).
Figura 6.9

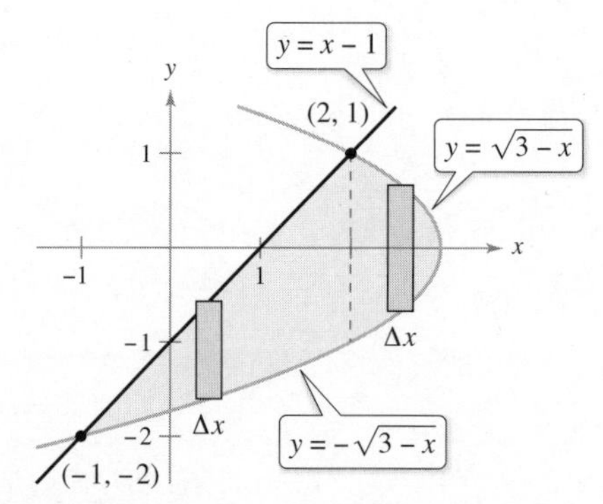

Rectángulos verticales (integración respecto a x).
Figura 6.10

Para ver las figuras a color, acceda al código

En el ejemplo 5, observe que mediante la integración respecto a y necesita solo una integral. Para integrar respecto a x, necesitaría dos integrales porque los límites superiores cambian en $x = 2$, como se muestra en la figura 6.10.

$$A = \int_{-1}^{2} \left[(x - 1) + \sqrt{3 - x}\right] dx + \int_{2}^{3} \left(\sqrt{3 - x} + \sqrt{3 - x}\right) dx$$

$$= \int_{-1}^{2} [x - 1 + (3 - x)^{1/2}]\, dx + 2\int_{2}^{3} (3 - x)^{1/2}\, dx$$

$$= \left[\frac{x^2}{2} - x - \frac{(3 - x)^{3/2}}{3/2}\right]_{-1}^{2} - 2\left[\frac{(3 - x)^{3/2}}{3/2}\right]_{2}^{3}$$

$$= \left(2 - 2 - \frac{2}{3}\right) - \left(\frac{1}{2} + 1 - \frac{16}{3}\right) - 2(0) + 2\left(\frac{2}{3}\right)$$

$$= \frac{9}{2}$$

La integración como un proceso de acumulación

En esta sección, la fórmula de integración para el área entre dos curvas se desarrolló mediante el uso de un rectángulo como *elemento representativo*. Para cada nueva aplicación en las secciones restantes de este capítulo, un elemento representativo apropiado será construido usando las fórmulas de precálculo que ya conoce. Entonces, cada fórmula de integración será obtenida sumando o acumulando estos elementos representativos.

Fórmula de precálculo conocida ⇨ Elemento representativo ⇨ Nueva fórmula de integración

Por ejemplo, en esta sección se desarrolló la fórmula del área como sigue.

$A = (\text{alto})(\text{ancho})$ ⇨ $\Delta A = [f(x) - g(x)]\,\Delta x$ ⇨ $A = \int_a^b [f(x) - g(x)]\,dx$

EJEMPLO 6 Integrar como un proceso de acumulación

Encuentre el área de la región acotada por la gráfica de $y = 4 - x^2$ y el eje x. Describa la integración como un proceso de acumulación.

Solución El área de la región es

$$A = \int_{-2}^{2} (4 - x^2)\,dx$$

Se puede pensar en la integración como una acumulación de las áreas de los rectángulos formados cuando el rectángulo representativo se desliza de $x = -2$ a $x = 2$, como se muestra en la figura 6.11.

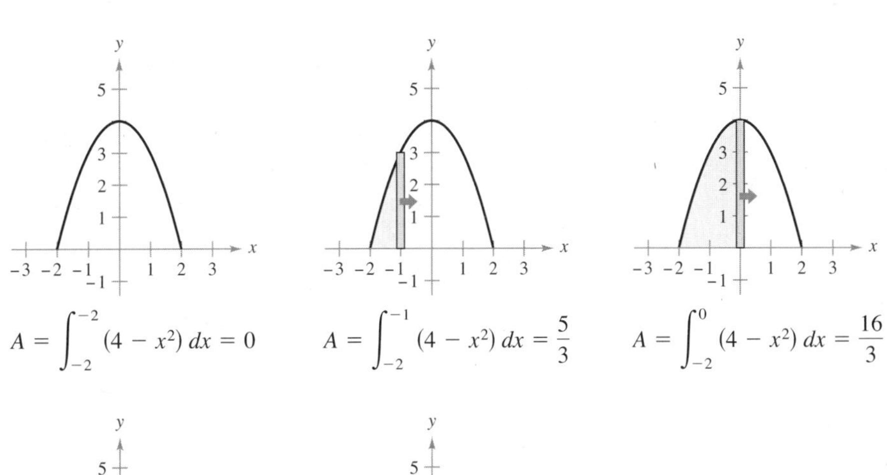

$A = \int_{-2}^{-2} (4 - x^2)\,dx = 0$ $A = \int_{-2}^{-1} (4 - x^2)\,dx = \frac{5}{3}$ $A = \int_{-2}^{0} (4 - x^2)\,dx = \frac{16}{3}$

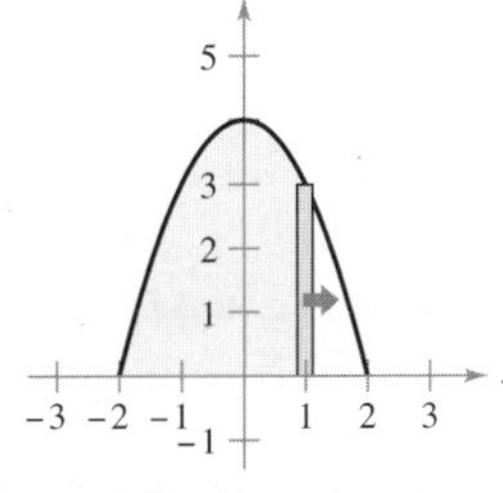

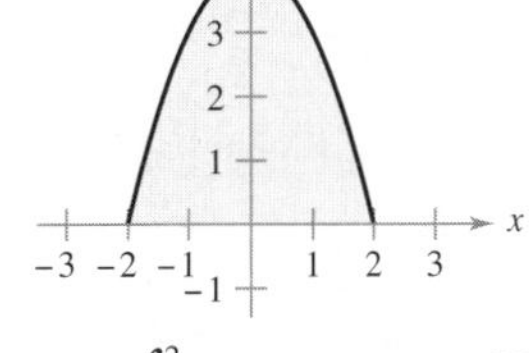

$A = \int_{-2}^{1} (4 - x^2)\,dx = 9$ $A = \int_{-2}^{2} (4 - x^2)\,dx = \frac{32}{3}$

Figura 6.11

Para ver la figura a color, acceda al código

6.1 Ejercicios

Las respuestas a los ejercicios impares pueden consultarse en el Apéndice de este libro.

Repaso de conceptos

1. Dé la interpretación geométrica del área de la región entre dos curvas.
2. Describa cómo encontrar el área de la región acotada por las gráficas de $f(x)$ y $g(x)$ y las rectas verticales $x = a$ y $x = b$, si f y g no se intersecan en $[a, b]$.
3. Explique por qué es importante determinar todos los puntos de intersección de dos curvas cuando se encuentra el área de la región entre dos curvas.
4. Dibuje la región para la que una integración respecto a y es más fácil que una integración respecto a x.

Escribir una integral definida **En los ejercicios 5 a 10, escriba una integral definida que represente el área de la región (no evalúe la integral).**

5. $y_1 = x^2 - 6x$
   $y_2 = 0$

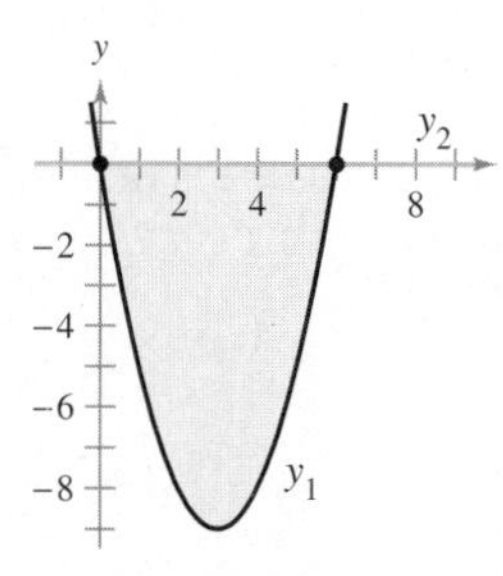

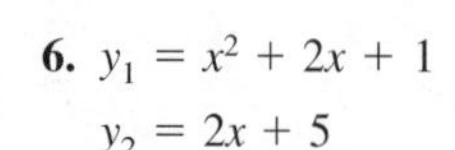

6. $y_1 = x^2 + 2x + 1$
   $y_2 = 2x + 5$

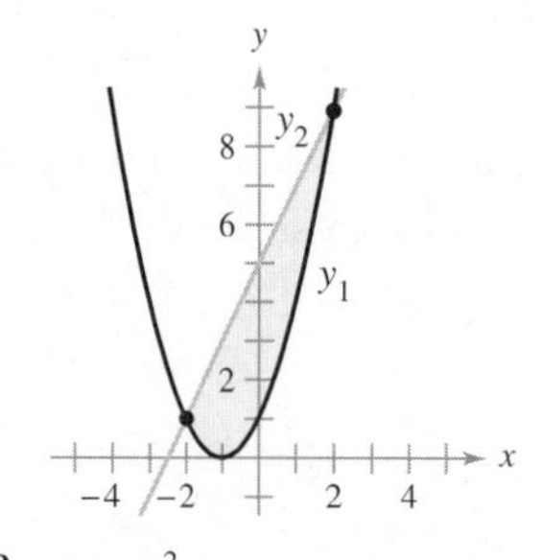

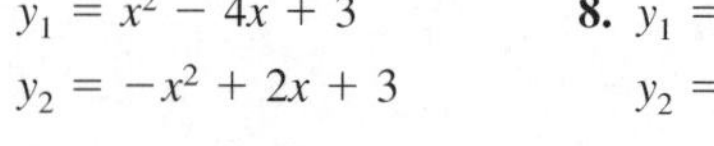

7. $y_1 = x^2 - 4x + 3$
   $y_2 = -x^2 + 2x + 3$

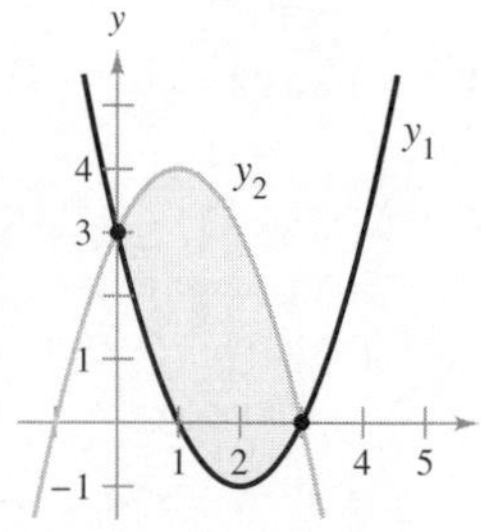

8. $y_1 = x^2$
   $y_2 = x^3$

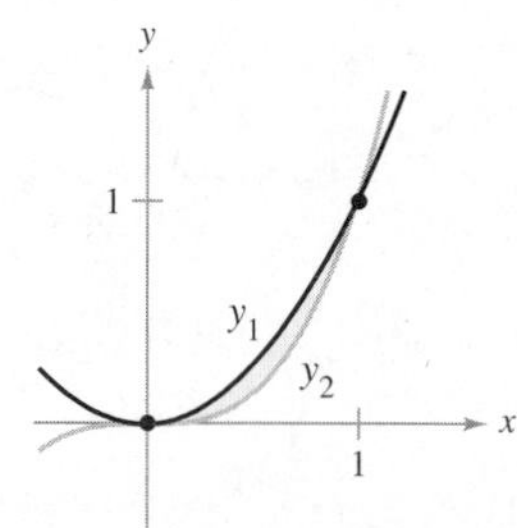

9. $y_1 = 3(x^3 - x)$
   $y_2 = 0$

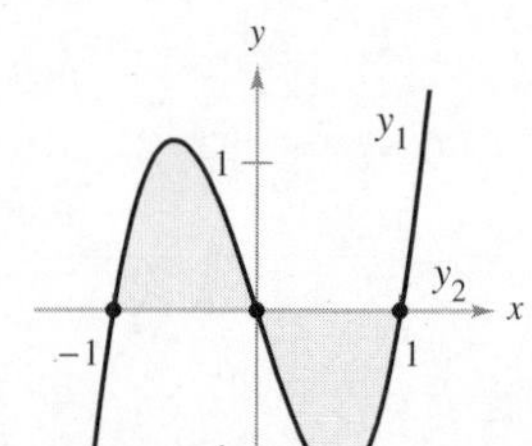

10. $y_1 = (x - 1)^3$
    $y_2 = x - 1$

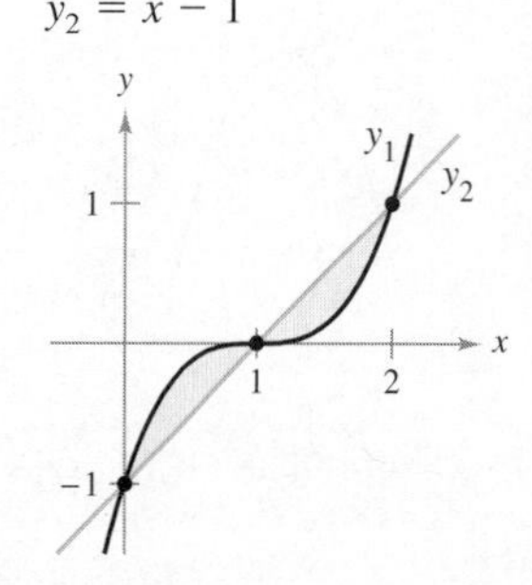

Encontrar una región **En los ejercicios 11 a 14, el integrando de la integral definida es una diferencia de dos funciones. Dibuje la gráfica de cada función y sombree la región cuya área está representada por la integral.**

11. $\displaystyle\int_0^4 \left[(x + 1) - \frac{x}{2}\right] dx$
12. $\displaystyle\int_2^3 \left[\left(\frac{x^3}{3} - x\right) - \frac{x}{3}\right] dx$
13. $\displaystyle\int_{-2}^1 [(2 - y) - y^2]\, dy$
14. $\displaystyle\int_0^4 \left(2\sqrt{y} - y\right) dy$

Encontrar el área de una región **En los ejercicios 15 a 28, dibuje la región acotada por las gráficas de las ecuaciones y encuentre el área de la región.**

15. $y = x^2 - 1,\quad y = -x + 2,\quad x = 0,\quad x = 1$
16. $y = -x^3 + 2,\quad y = x - 3,\quad x = -1,\quad x = 1$
17. $f(x) = x^2 + 2x,\quad g(x) = x + 2$
18. $y = -x^2 + 3x + 1,\quad y = -x + 1$
19. $f(x) = \dfrac{1}{9x^2},\quad y = 1,\quad x = 1,\quad x = 2$
20. $f(x) = -\dfrac{4}{x^3},\quad y = 0,\quad x = -3,\quad x = -1$
21. $f(x) = x^5 + 2,\quad g(x) = x + 2$
22. $f(x) = \sqrt[3]{x - 1},\quad g(x) = x - 1$
23. $f(y) = y^2,\quad g(y) = y + 2$
24. $f(y) = y(2 - y),\quad g(y) = -y$
25. $f(y) = y^2 + 1,\quad g(y) = 0,\quad y = -1,\quad y = 2$
26. $f(y) = \dfrac{y}{\sqrt{16 - y^2}},\quad g(y) = 0,\quad y = 3$
27. $f(x) = \dfrac{10}{x},\quad x = 0,\quad y = 2,\quad y = 10$
28. $g(x) = \dfrac{4}{2 - x},\quad y = 4,\quad x = 0$

Comparar métodos **En los ejercicios 29 y 30, encuentre el área de la región mediante la integración (a) respecto a x, y (b) respecto a y. (c) Compare los resultados. ¿Qué método es más sencillo? En general, ¿este método será siempre más sencillo que el otro? ¿Por qué sí o por qué no?**

29. $x = 4 - y^2$
    $x = y - 2$

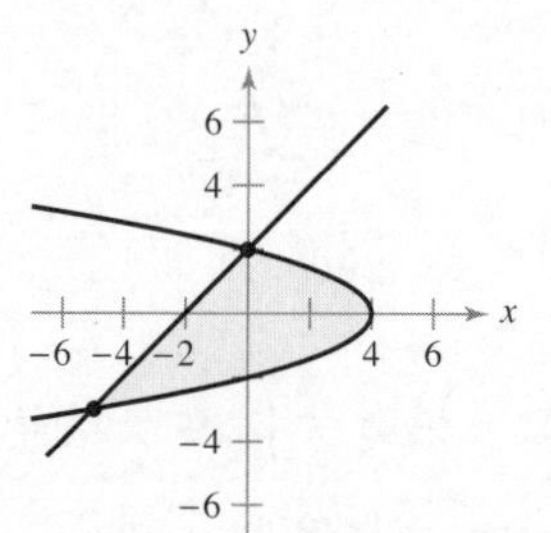

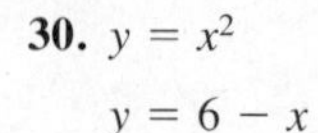

30. $y = x^2$
    $y = 6 - x$

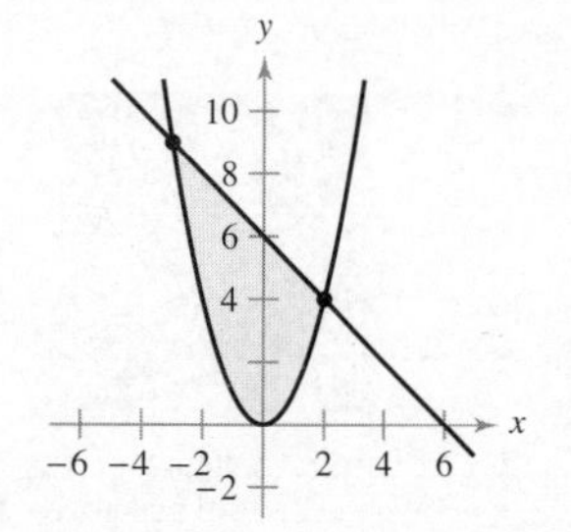

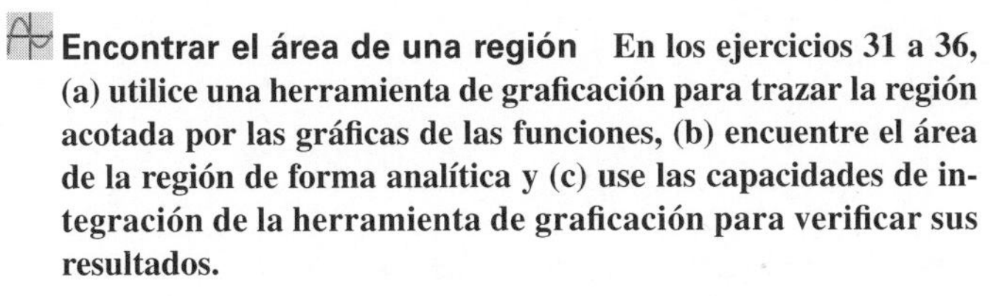

Encontrar el área de una región **En los ejercicios 31 a 36, (a) utilice una herramienta de graficación para trazar la región acotada por las gráficas de las funciones, (b) encuentre el área de la región de forma analítica y (c) use las capacidades de integración de la herramienta de graficación para verificar sus resultados.**

31. $f(x) = x(x^2 - 3x + 3), \quad g(x) = x^2$

32. $y = x^4 - 2x^2, \quad y = 2x^2$

33. $f(x) = x^4 - 4x^2, \quad g(x) = x^2 - 4$

34. $f(x) = x^4 - 9x^2, \quad g(x) = x^3 - 9x$

35. $f(x) = \dfrac{1}{1 + x^2}, \quad g(x) = \dfrac{1}{2}x^2$

36. $f(x) = \dfrac{6x}{x^2 + 1}, \quad y = 0, \quad 0 \le x \le 3$

Para ver las figuras a color de las páginas 412 y 413, acceda al código

Encontrar el área de una región **En los ejercicios 37 a 42, dibuje la región acotada por las gráficas de las funciones y encuentre el área de la región.**

37. $f(x) = \cos x, \quad g(x) = 2 - \cos x, \quad 0 \le x \le 2\pi$

38. $f(x) = \operatorname{sen} x, \quad g(x) = \cos 2x, \quad -\dfrac{\pi}{2} \le x \le \dfrac{\pi}{6}$

39. $f(x) = 2 \operatorname{sen} x, \quad g(x) = \tan x, \quad -\dfrac{\pi}{3} \le x \le \dfrac{\pi}{3}$

40. $f(x) = \sec \dfrac{\pi x}{4} \tan \dfrac{\pi x}{4}, \quad g(x) = \left(\sqrt{2} - 4\right)x + 4, \quad x = 0$

41. $f(x) = xe^{-x^2}, \quad y = 0, \quad 0 \le x \le 1$

42. $f(x) = -2^x, \quad g(x) = 1 - 3x$

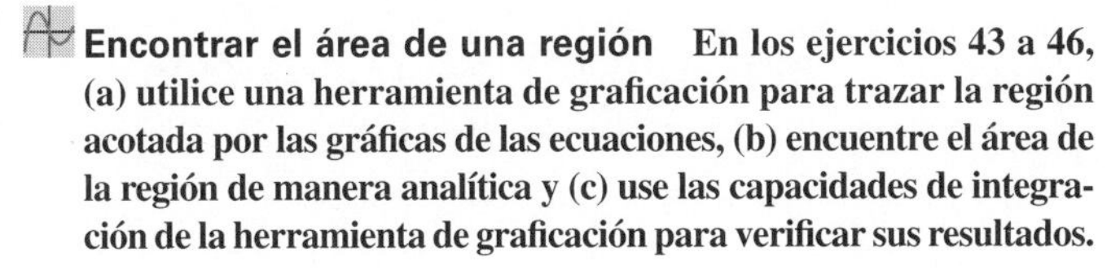

Encontrar el área de una región **En los ejercicios 43 a 46, (a) utilice una herramienta de graficación para trazar la región acotada por las gráficas de las ecuaciones, (b) encuentre el área de la región de manera analítica y (c) use las capacidades de integración de la herramienta de graficación para verificar sus resultados.**

43. $f(x) = 2 \operatorname{sen} x + \operatorname{sen} 2x, \quad y = 0, \quad 0 \le x \le \pi$

44. $f(x) = 2 \operatorname{sen} x + \cos 2x, \quad y = 0, \quad 0 < x \le \pi$

45. $f(x) = \dfrac{1}{x^2} e^{1/x}, \quad y = 0, \quad 1 \le x \le 3$

46. $g(x) = \dfrac{4 \ln x}{x}, \quad y = 0, \quad x = 5$

Encontrar el área de una región **En los ejercicios 47 a 50, (a) utilice una herramienta de graficación para trazar la región acotada por las gráficas de las ecuaciones, (b) explique por qué es difícil encontrar analíticamente el área de la región y (c) utilice las capacidades de integración de la herramienta de graficación para aproximar el área a cuatro decimales.**

47. $y = \sqrt{\dfrac{x^3}{4 - x}}, \quad y = 0, \quad x = 3$

48. $y = \sqrt{x}\, e^x, \quad y = 0, \quad x = 0, \quad x = 1$

49. $y = x^2, \quad y = 4 \cos x$

50. $y = x^2, \quad y = \sqrt{3 + x}$

51. Encuentre el área de una región Encuentre el área de la región acotada por las gráficas de y_1, y_2 y y_3 como se muestra en la figura.

$$y_1 = x^2 + 2, \quad y_2 = 4 - x^2, \quad y_3 = 2 - x$$

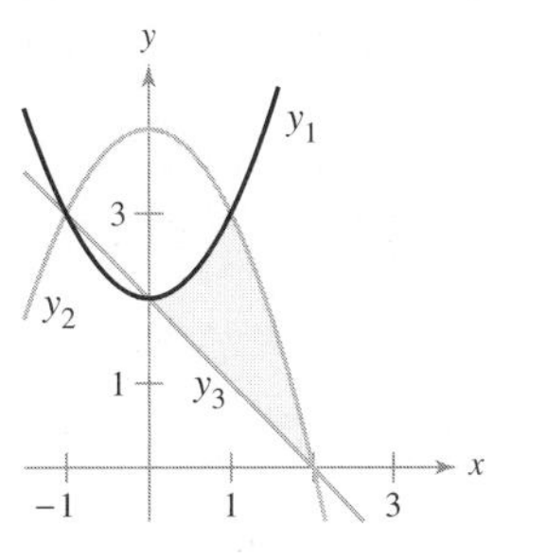

Figura para 51

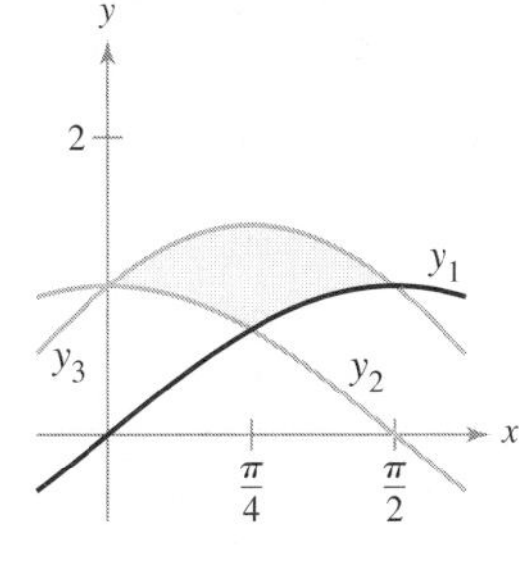

Figura para 52

52. Encuentre el área de una región Encuentre el área de la región acotada por las gráficas de y_1, y_2 y y_3 como se muestra en la figura.

$$y_1 = \operatorname{sen} x, \quad y_2 = \cos x, \quad y_3 = \operatorname{sen} x + \cos x$$

Integrar como un proceso de acumulación **En los ejercicios 53 a 56, encuentre la función de acumulación F. Después evalúe F en cada valor de la variable independiente y muestre gráficamente el área determinada por cada valor de F la variable independiente.**

53. $F(x) = \displaystyle\int_0^x \left(\frac{1}{2}t + 1\right) dt$ (a) $F(0)$ (b) $F(2)$ (c) $F(6)$

54. $F(x) = \displaystyle\int_0^x \left(\frac{1}{2}t^2 + 2\right) dt$ (a) $F(0)$ (b) $F(4)$ (c) $F(6)$

55. $F(\alpha) = \displaystyle\int_{-1}^{\alpha} \cos \frac{\pi\theta}{2}\, d\theta$ (a) $F(-1)$ (b) $F(0)$ (c) $F\left(\frac{1}{2}\right)$

56. $F(y) = \displaystyle\int_{-1}^{y} 4e^{x/2}\, dx$ (a) $F(-1)$ (b) $F(0)$ (c) $F(4)$

Calcular el área de una figura **En los ejercicios 57 a 60, utilice integración para encontrar el área de la figura que tiene los vértices dados.**

57. $(-1, -1), (1, 1), (2, -1)$

58. $(0, 0), (6, 0), (4, 3)$

59. $(0, 2), (4, 2), (0, -2), (-4, -2)$

60. $(0, 0), (1, 2), (3, -2), (1, -3)$

Utilizar una recta tangente **En los ejercicios 61 a 64, escriba y evalúe la integral definida que representa el área de la región acotada por la gráfica de la función y la recta tangente a la gráfica en el punto dado.**

61. $f(x) = 2x^3 - 1, \quad (1, 1)$

62. $f(x) = x - x^3, \quad (-1, 0)$

63. $f(x) = \dfrac{1}{x^2 + 1}, \quad \left(1, \dfrac{1}{2}\right)$

64. $y = \dfrac{2}{1 + 4x^2}, \quad \left(\dfrac{1}{2}, 1\right)$

Exploración de conceptos

65. Las gráficas de $y = 1 - x^2$ y $y = x^4 - 2x^2 + 1$ se intersecan en tres puntos. Sin embargo, el área entre las curvas se *puede* encontrar con una sola integral. Explique por qué esto es así, y escriba una integral que represente esta área (no integre).

66. El área de la región acotada por las gráficas de $y = x^3$ y $y = x$ *no se puede* encontrar con la integral simple $\int_{-1}^{1} (x^3 - x)\, dx$. Explique por qué esto es así. Utilice la simetría para escribir una sola integral que sí represente el área (no integre).

67. Dos automóviles con velocidades $v_1(t)$ y $v_2(t)$ (en metros por segundo) se prueban en una carretera recta. Considere las siguientes integrales.

$$\int_0^5 [v_1(t) - v_2(t)]\, dt = 10 \qquad \int_0^{10} [v_1(t) - v_2(t)]\, dt = 30$$

$$\int_{20}^{30} [v_1(t) - v_2(t)]\, dt = -5$$

(a) Escriba una interpretación verbal de cada integral.

(b) Determine si es posible encontrar la distancia entre los dos vehículos cuando $t = 5$ segundos. Explique su respuesta.

(c) Suponga que los dos automóviles comienzan en el mismo momento y lugar. ¿Qué automóvil está por delante cuando $t = 10$ segundos? ¿A qué distancia está del vehículo?

(d) Suponga que el vehículo 1 tiene velocidad v_1 y está por delante del vehículo 2 por 13 metros cuando $t = 20$ segundos. ¿A qué distancia por delante o por detrás está el automóvil 1 cuando $t = 30$ segundos?

68. **¿CÓMO LO VE?** Una legislatura estatal está debatiendo dos propuestas para la eliminación de los déficits presupuestarios anuales después de 10 años. La tasa de disminución de los déficits para cada propuesta se muestra en la figura.

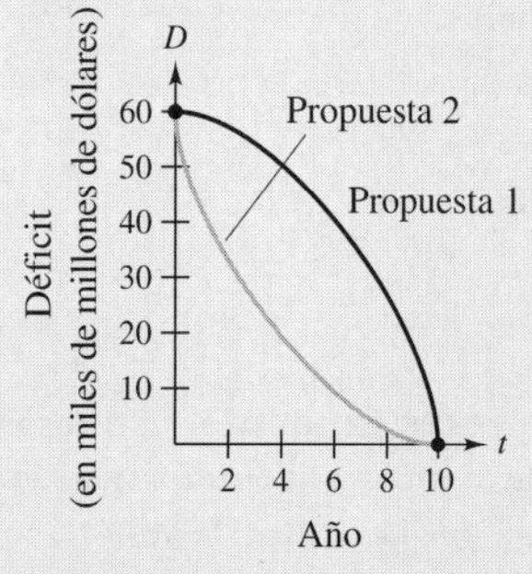

(a) ¿Qué representa el área entre las dos curvas?

(b) Desde el punto de vista de minimizar el déficit estatal acumulado, ¿cuál es la mejor propuesta? Explique.

Dividir una región **En los ejercicios 69 y 70, encuentre b tal que la recta $y = b$ divida la región acotada por las gráficas de las dos ecuaciones en dos regiones de igual área.**

69. $y = 9 - x^2, \quad y = 0$ **70.** $y = 9 - |x|, \quad y = 0$

Dividir una región **En los ejercicios 71 y 72, encuentre a tal que la recta $x = a$ divida la región acotada por las gráficas de las ecuaciones en dos regiones de igual área.**

71. $y = x, \quad y = 4, \quad x = 0$ **72.** $y^2 = 4 - x, \quad x = 0$

Límites e integrales **En los ejercicios 73 y 74, evalúe el límite y trace la gráfica de la región cuya área está representada por el límite.**

73. $\lim_{\|\Delta\| \to 0} \sum_{i=1}^{n} (x_i - x_i^2)\, \Delta x$, donde $x_i = \frac{i}{n}$ y $\Delta x = \frac{1}{n}$

74. $\lim_{\|\Delta\| \to 0} \sum_{i=1}^{n} (4 - x_i^2)\, \Delta x$, donde $x_i = -2 + \frac{4i}{n}$ y $\Delta x = \frac{4}{n}$

Ingresos **En los ejercicios 75 y 76, se dan dos modelos R_1 y R_2 para los ingresos (en miles de millones de dólares) para una gran corporación. Ambos modelos son estimaciones de los ingresos desde 2030 hasta 2035, con $t = 0$ correspondiente a 2030. ¿Qué modelo proyecta el mayor ingreso? ¿Qué modelo proyecta más ingresos totales en el periodo de seis años?**

75. $R_1 = 7.21 + 0.58t$

$R_2 = 7.21 + 0.45t$

76. $R_1 = 7.21 + 0.26t + 0.02t^2$

$R_2 = 7.21 + 0.1t + 0.01t^2$

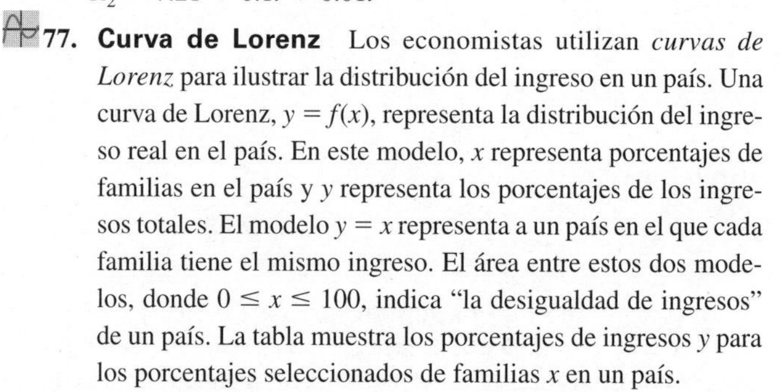

77. **Curva de Lorenz** Los economistas utilizan *curvas de Lorenz* para ilustrar la distribución del ingreso en un país. Una curva de Lorenz, $y = f(x)$, representa la distribución del ingreso real en el país. En este modelo, x representa porcentajes de familias en el país y y representa los porcentajes de los ingresos totales. El modelo $y = x$ representa a un país en el que cada familia tiene el mismo ingreso. El área entre estos dos modelos, donde $0 \leq x \leq 100$, indica "la desigualdad de ingresos" de un país. La tabla muestra los porcentajes de ingresos y para los porcentajes seleccionados de familias x en un país.

x	10	20	30	40	50
y	3.35	6.07	9.17	13.39	19.45

x	60	70	80	90
y	28.03	39.77	55.28	75.12

(a) Utilice una herramienta de graficación para encontrar un modelo cuadrático para la curva de Lorenz.

(b) Represente gráficamente los datos y grafique el modelo.

(c) Represente gráficamente el modelo $y = x$. ¿Cómo se compara este modelo con el modelo del inciso (a)?

(d) Utilice las capacidades de integración de una herramienta de graficación para aproximar la "desigualdad de los ingresos".

78. **Utilidad** El director financiero de una empresa informa que las ganancias para el año fiscal pasado fueron \$15.9 millones. El funcionario predice que las utilidades para los próximos 5 años crecerán a una tasa anual continua en algún lugar entre $3\frac{1}{2}\%$ y 5%. Calcule la diferencia acumulada en la utilidad total durante los 5 años en función del rango previsto de las tasas de crecimiento.

79. Diseño de edificaciones

Las secciones de concreto para un nuevo edificio tienen las dimensiones (en metros) y la forma que se muestra en la figura.

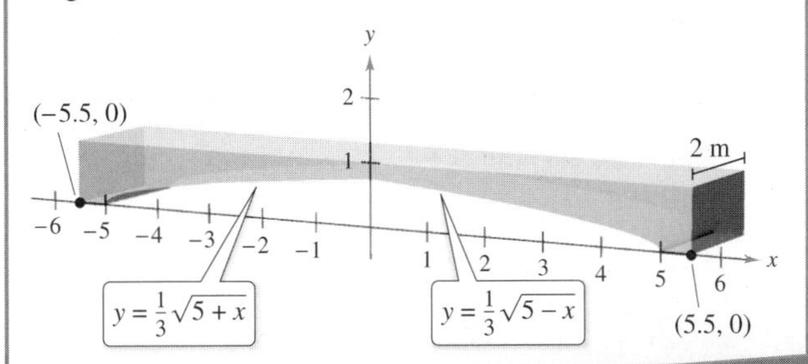

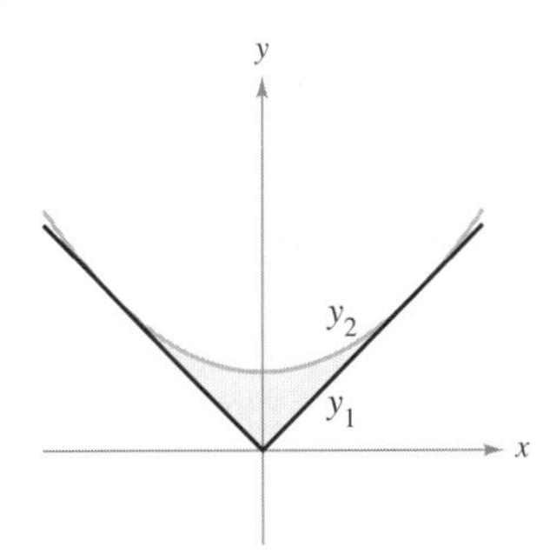

(a) Encuentre el área de la cara de la sección superpuesta en el sistema de coordenadas rectangulares.

(b) Encuentre el volumen de concreto en una de las secciones multiplicando el área en el inciso (a) por 2 metros.

(c) Un metro cúbico de concreto pesa 5000 libras. Encuentre el peso de la sección.

80. Diseño mecánico La superficie de una pieza de la máquina es la región entre las gráficas de $y_1 = |x|$ y $y_2 = 0.08x^2 + k$ (vea la figura).

(a) Determine k donde la parábola es tangente a la gráfica de y_1.

(b) Encuentre el área de la superficie de la pieza de la máquina.

81. Área Calcule el área entre la gráfica de $y = \operatorname{sen} x$ y el segmento de recta que une los puntos (0, 0) y $\left(\frac{7\pi}{6}, -\frac{1}{2}\right)$, como se muestra en la figura.

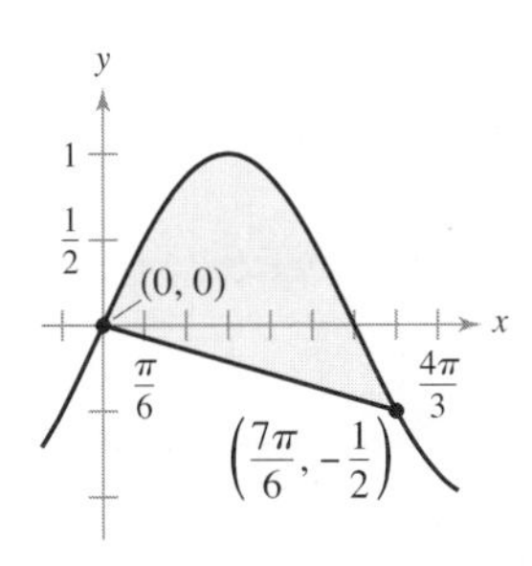

synel/Alamy Stock Photo

82. Área Sea $a > 0$ y $b > 0$. Demuestre que el área de la elipse $\frac{x^2}{a^2} + \frac{y^2}{b^2} = 1$ es πab (vea la figura).

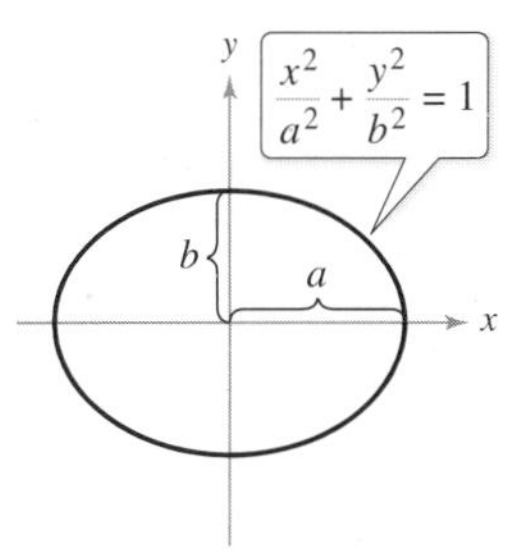

¿Verdadero o falso? **En los ejercicios 83 a 86, determine si el enunciado es verdadero o falso. Si es falso, explique por qué o dé un ejemplo que demuestre que es falso.**

83. Si el área de la región acotada por las gráficas de f y g es 1, entonces el área de la región acotada por las gráficas de $h(x) = f(x) + C$ y $k(x) = g(x) + C$ también es 1.

84. Si

$$\int_a^b [f(x) - g(x)]\, dx = A$$

entonces

$$\int_a^b [g(x) - f(x)]\, dx = -A$$

85. Si las gráficas de f y g se intersecan a la mitad de $x = a$ y $x = b$, entonces

$$\int_a^b [f(x) - g(x)]\, dx = 0$$

Para ver las figuras a color, acceda al código

86. La recta

$$y = \left(1 - \sqrt[3]{0.5}\right)x$$

divide la región bajo la curva

$$f(x) = x(1 - x)$$

en [0, 1] en dos regiones de área igual.

DESAFÍO DEL EXAMEN PUTNAM

87. La línea horizontal $y = c$ corta a la curva $y = 2x - 3x^3$ en el primer cuadrante como se muestra en la figura. Encuentre c de manera que las áreas de las dos regiones sombreadas sean iguales.

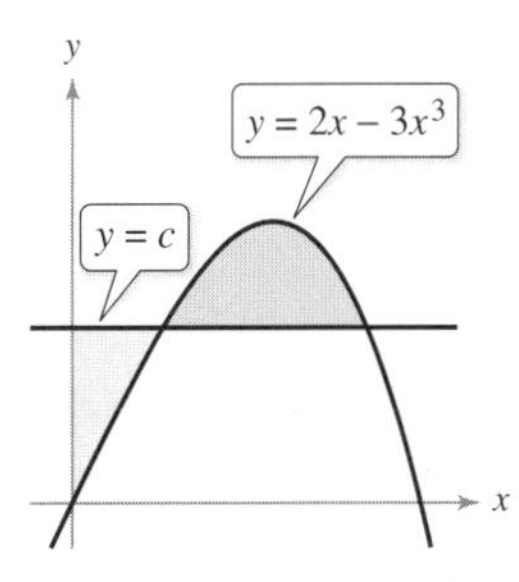

6.2 Volumen: método de los discos

- Encontrar el volumen de un sólido de revolución utilizando el método de los discos.
- Encontrar el volumen de un sólido de revolución utilizando el método de las arandelas.
- Encontrar el volumen de un sólido con secciones transversales conocidas.

Método de los discos

Ya se ha aprendido que el área es solo una de las *muchas* aplicaciones de la integral definida. Otra aplicación importante es encontrar el volumen de un sólido tridimensional. En esta sección se estudiará un tipo particular de sólido de tres dimensiones, uno cuyas secciones transversales son similares. Los sólidos de revolución son de uso común en la ingeniería y la fabricación. Algunos ejemplos son ejes, embudos, píldoras, botellas y pistones, como se muestra en la figura 6.12.

Para ver las figuras a color, acceda al código

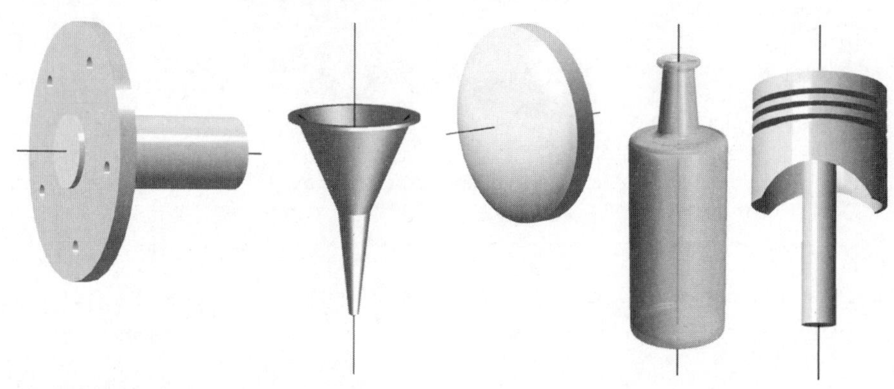

Sólidos de revolución.
Figura 6.12

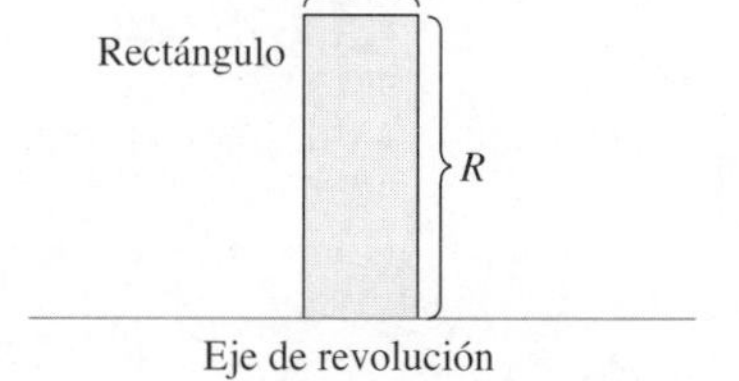

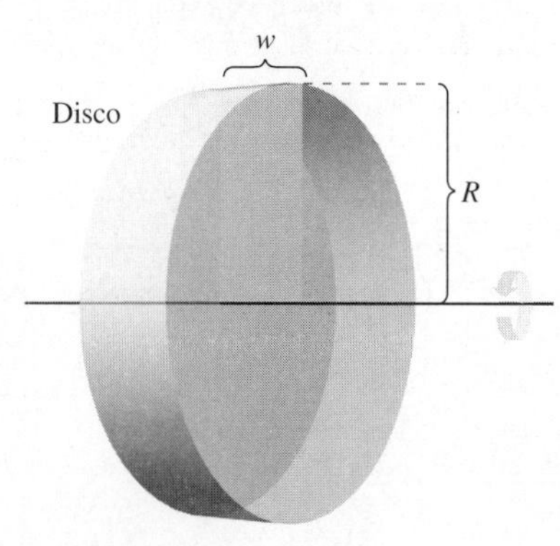

Volumen de un disco: $\pi R^2 w$.
Figura 6.13

Cuando se gira una región plana alrededor de una recta, el sólido resultante es un **sólido de revolución**, y la recta recibe el nombre de **eje de revolución**. El sólido más sencillo es un cilindro circular recto o **disco**, que está formado por un rectángulo que gira alrededor de un eje adyacente a un lado del rectángulo, como se muestra en la figura 6.13. El volumen de un disco de este tipo es

$$\begin{aligned}\text{Volumen del disco} &= (\text{área del disco})(\text{ancho del disco})\\ &= \pi R^2 w\end{aligned}$$

donde R es el radio del disco y w es el ancho.

Para usar el volumen de un disco para encontrar el volumen de un sólido general de revolución, considere un sólido de revolución formado al girar la región plana en la figura 6.14 alrededor del eje indicado. Para determinar el volumen de este sólido, considere un rectángulo representativo en la región plana. Cuando este rectángulo se hace girar alrededor del eje de revolución, se genera un disco representativo cuyo volumen es

$$\Delta V = \pi R^2 \Delta x$$

Aproximando el volumen del sólido por n de estos discos de ancho Δx y radio $R(x_i)$ se obtiene

$$\begin{aligned}\text{Volumen del sólido} &\approx \sum_{i=1}^{n} \pi[R(x_i)]^2 \, \Delta x\\ &= \pi \sum_{i=1}^{n} [R(x_i)]^2 \, \Delta x\end{aligned}$$

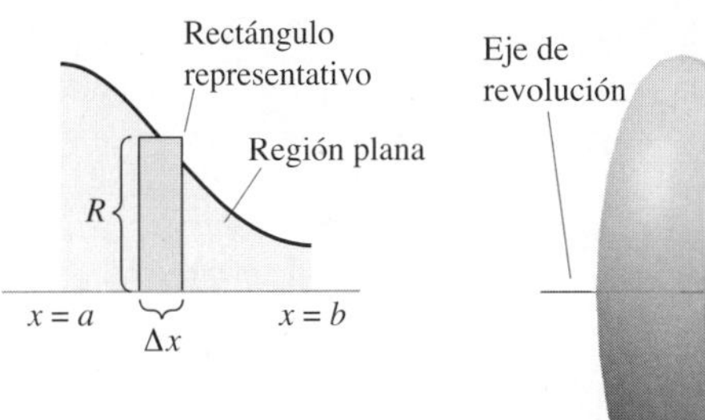

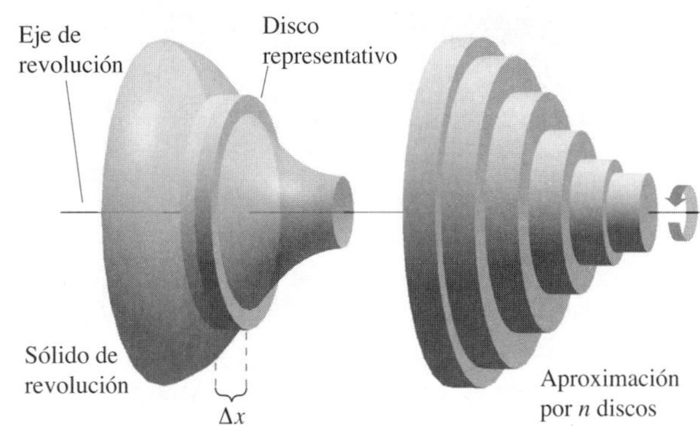

Método de los discos.
Figura 6.14

Esta aproximación parece mejorar a medida que $\|\Delta\| \to 0$ $(n \to \infty)$. Por lo que se puede definir el volumen del sólido como

$$\text{Volumen del sólido} = \lim_{\|\Delta\| \to 0} \pi \sum_{i=1}^{n} [R(x_i)]^2 \, \Delta x = \pi \int_a^b [R(x)]^2 \, dx$$

Para ver las figuras a color, acceda al código

Esquemáticamente, el método de disco se parece a esto.

Fórmula de precálculo conocida		**Elemento representativo**		**Nueva fórmula de integración**
Volumen del disco $V = \pi R^2 w$	⇒	$\Delta V = \pi [R(x_i)]^2 \, \Delta x$	⇒	Sólido de revolución $V = \pi \int_a^b [R(x)]^2 \, dx$

Una fórmula similar se puede deducir cuando el eje de revolución es vertical.

Método de los discos

Para encontrar el volumen de un sólido de revolución con el método de los discos, utilice una de las siguientes fórmulas. (Vea la figura 6.15.)

Eje horizontal de revolución

$$\text{Volumen} = V = \pi \int_a^b [R(x)]^2 \, dx$$

Eje vertical de revolución

$$\text{Volumen} = V = \pi \int_c^d [R(y)]^2 \, dy$$

COMENTARIO En la figura 6.15, observe que puede determinar la variable de integración mediante la colocación de un rectángulo representativo en la región plana "perpendicular" al eje de revolución. Cuando el ancho del rectángulo es Δx se integra respecto a x, y cuando el ancho del rectángulo es Δy se integra respecto a y.

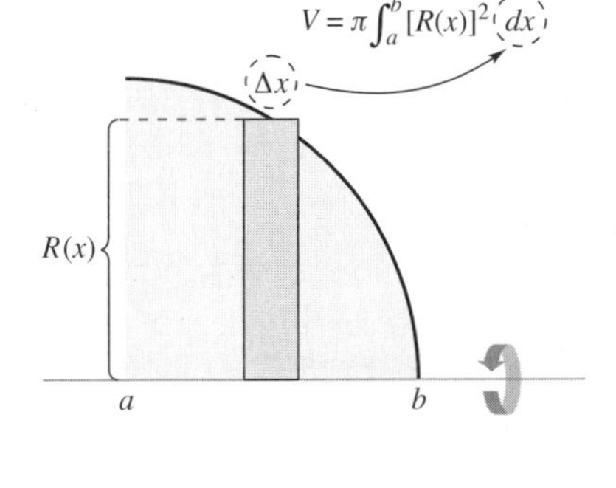

Eje horizontal de revolución.

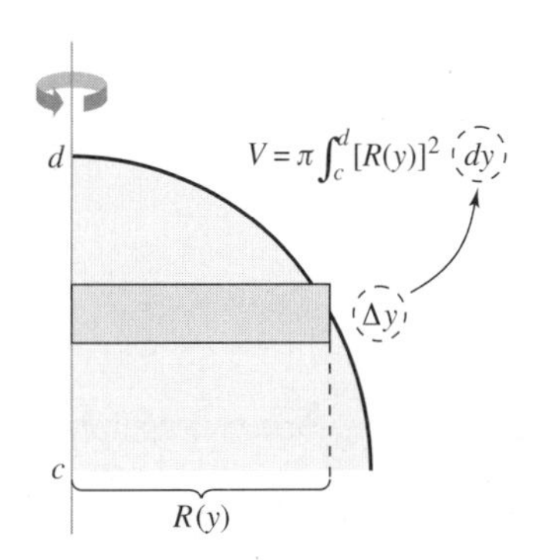

Eje vertical de revolución.

Figura 6.15

Para ver las figuras a color, acceda al código

La aplicación más sencilla del método de los discos involucra una región plana acotada por la gráfica de f y el eje x. Cuando el eje de revolución es el eje x, el radio $R(x)$ es simplemente $f(x)$.

EJEMPLO 1 Usar el método de los discos

Encuentre el volumen del sólido formado al girar la región acotada por la gráfica de $f(x) = \sqrt{\operatorname{sen} x}$ y el eje x $(0 \le x \le \pi)$ en el eje x, como se muestra en la figura 6.16.

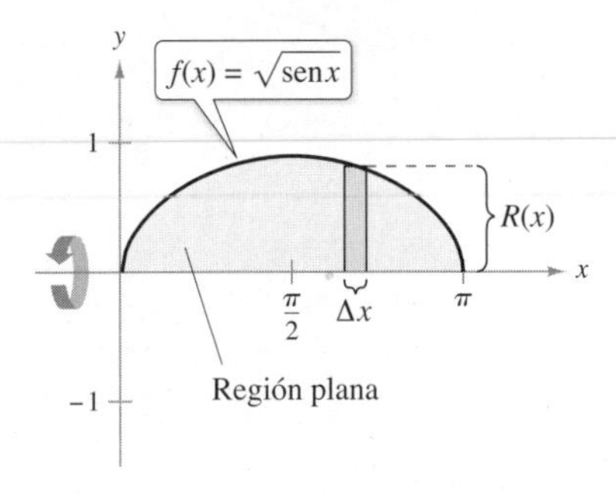

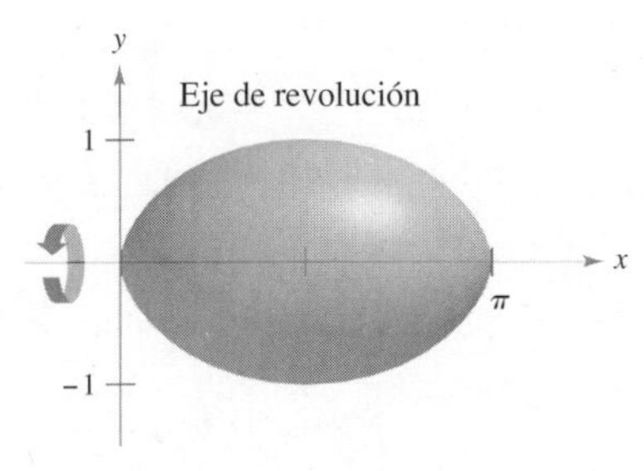

Figura 6.16

Solución Del rectángulo representativo en la gráfica superior en la figura 6.16, se puede ver que el radio de este sólido es $R(x) = f(x) = \sqrt{\operatorname{sen} x}$. Por lo tanto, el volumen del sólido de revolución es

$$
\begin{aligned}
V &= \pi \int_a^b [R(x)]^2\, dx && \text{Aplique el método de los discos.}\\
&= \pi \int_0^{\pi} \left(\sqrt{\operatorname{sen} x}\right)^2 dx && \text{Sustituya } \sqrt{\operatorname{sen} x} \text{ para } R(x).\\
&= \pi \int_0^{\pi} \operatorname{sen} x\, dx && \text{Simplifique.}\\
&= \pi \Big[-\cos x\Big]_0^{\pi} && \text{Integre.}\\
&= \pi(1 + 1) && \text{Aplique el teorema fundamental del cálculo.}\\
&= 2\pi && \text{Simplifique.}
\end{aligned}
$$

Note en el ejemplo 1 que el problema se resolvió *sin* referirse al dibujo tridimensional en la figura 6.16. En general, para establecer una integral para encontrar el volumen de un sólido de revolución, un bosquejo de la región plana es más útil que un bosquejo del sólido porque el radio se visualiza más fácilmente en la región plana.

EJEMPLO 2 Usar una recta que no es un eje coordenado

Encuentre el volumen del sólido formado al girar la región acotada por la gráfica de $f(x) = 2 - x^2$ y $g(x) = 1$ respecto a la recta $y = 1$, como se muestra en la figura 6.17.

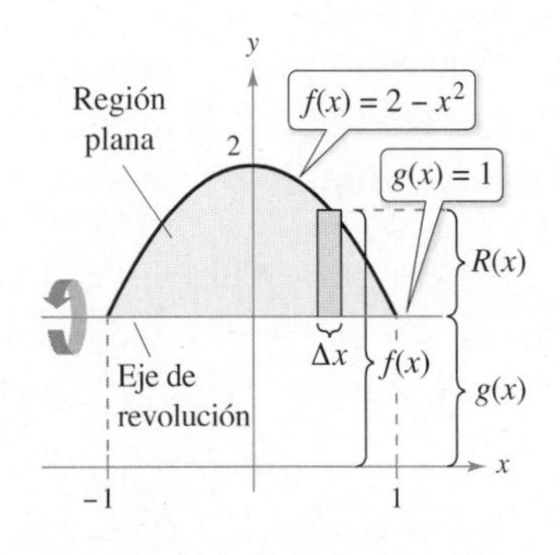

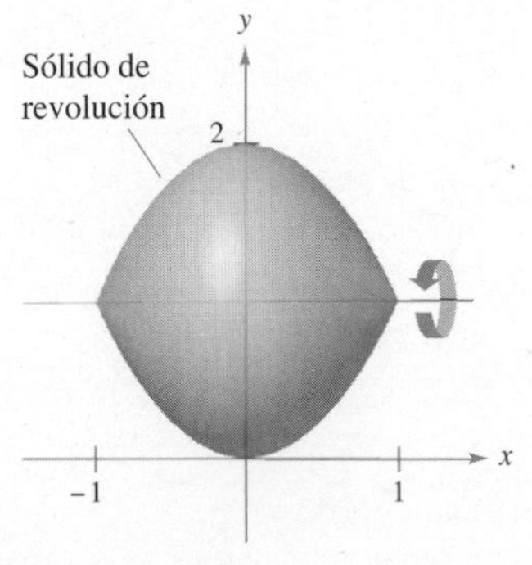

Figura 6.17

Solución Al igualar $f(x)$ y $g(x)$ se puede determinar que las dos gráficas se intersecan cuando $x = \pm 1$. Para encontrar el radio, reste $g(x)$ de $f(x)$.

$$
\begin{aligned}
R(x) &= f(x) - g(x)\\
&= (2 - x^2) - 1\\
&= 1 - x^2
\end{aligned}
$$

Para encontrar el volumen, integre entre -1 y 1.

$$
\begin{aligned}
V &= \pi \int_a^b [R(x)]^2\, dx && \text{Aplique el método de los discos.}\\
&= \pi \int_{-1}^{1} (1 - x^2)^2\, dx && \text{Sustituya } 1 - x^2 \text{ para } R(x).\\
&= \pi \int_{-1}^{1} (1 - 2x^2 + x^4)\, dx && \text{Simplifique.}\\
&= \pi \left[x - \frac{2x^3}{3} + \frac{x^5}{5}\right]_{-1}^{1} && \text{Integre.}\\
&= \frac{16\pi}{15}
\end{aligned}
$$

■

Método de las arandelas

El método de los discos se puede extender para cubrir sólidos de revolución con agujeros mediante la sustitución del disco representativo con una **arandela** representativa. La arandela se forma por un rectángulo que gira alrededor de un eje, como se muestra en la figura 6.18. Si r y R son los radios interior y exterior de la arandela y w es el ancho de la arandela, entonces el volumen es

$$\text{Volumen de la arandela} = \pi(R^2 - r^2)w$$

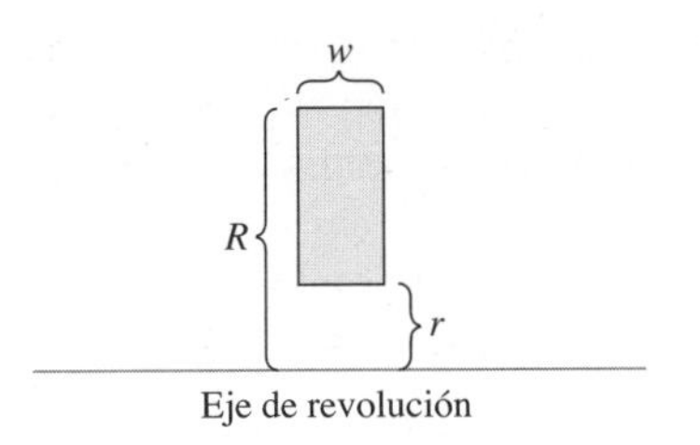

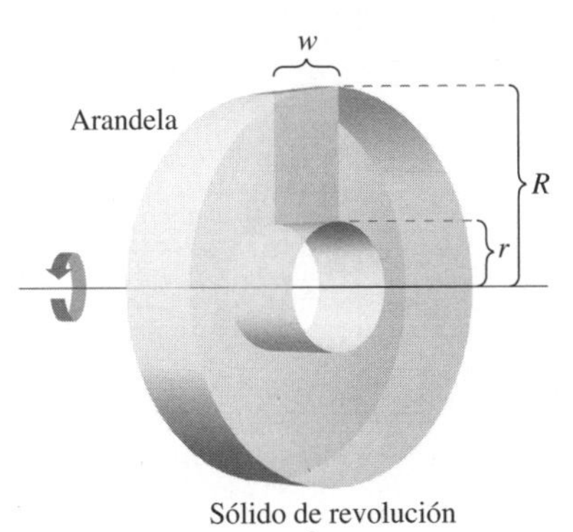

Figura 6.18

Para ver las figuras a color, acceda al código

Para ver cómo se puede utilizar este concepto para encontrar el volumen de un sólido de revolución, considere una región delimitada por un **radio exterior** $R(x)$ y un **radio interior** $r(x)$ como se muestra en la figura 6.19. Si la región se hace girar alrededor de su eje de revolución, entonces el volumen del sólido resultante es

$$V = \pi\int_a^b ([R(x)]^2 - [r(x)]^2)\,dx \qquad \text{Método de las arandelas.}$$

Observe que la integral que involucra el radio interior representa el volumen del agujero y se *resta* de la integral que involucra el radio exterior.

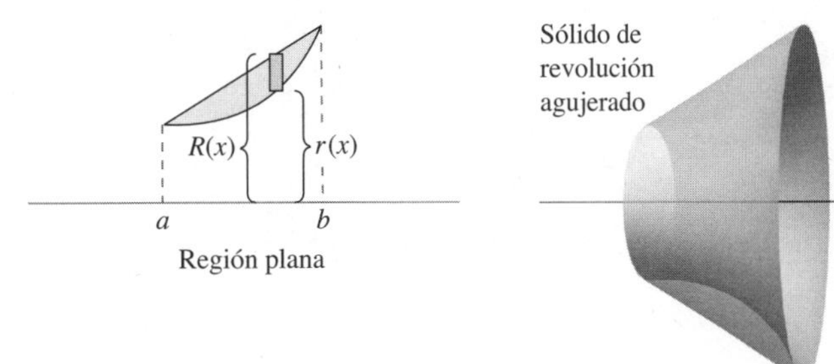

Figura 6.19

EJEMPLO 3 Usar el método de las arandelas

Encuentre el volumen del sólido formado al girar la región acotada por la gráfica de

$$y = \sqrt{x} \quad \text{y} \quad y = x^2$$

en el eje x, como se muestra en la figura 6.20.

Solución En la figura 6.20 se puede ver que las dos curvas se intersecan cuando $x = 0$ y $x = 1$. También se observa que los radios exterior e interior son los siguientes.

$$R(x) = \sqrt{x} \quad \text{y} \quad r(x) = x^2$$

respectivamente. Integrando entre 0 y 1 seobtiene

$$\begin{aligned} V &= \pi\int_a^b ([R(x)]^2 - [r(x)]^2)\,dx && \text{Aplique el método de las arandelas.} \\ &= \pi\int_0^1 \left[\left(\sqrt{x}\right)^2 - (x^2)^2\right] dx && \text{Sustituya } \sqrt{x} \text{ para } R(x) \text{ y } x^2 \text{ para } r(x). \\ &= \pi\int_0^1 (x - x^4)\,dx && \text{Simplifique.} \\ &= \pi\left[\frac{x^2}{2} - \frac{x^5}{5}\right]_0^1 && \text{Integre.} \\ &= \frac{3\pi}{10} \end{aligned}$$

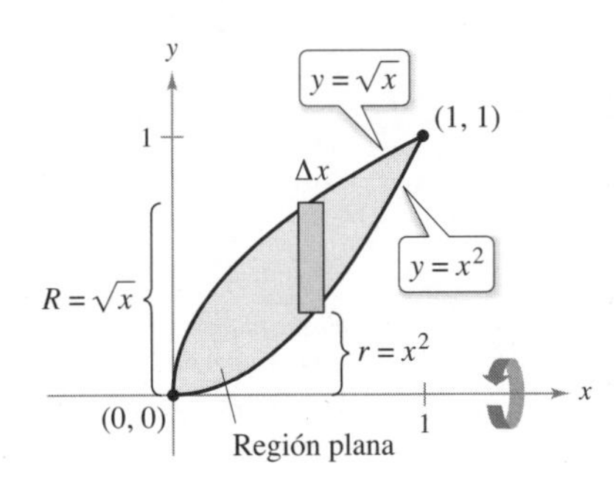

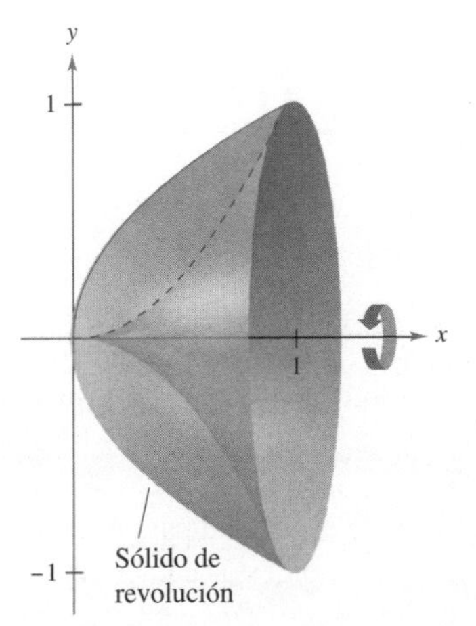

Sólido de revolución.
Figura 6.20

En cada ejemplo hasta el momento, el eje de revolución ha sido *horizontal* y se ha integrado respecto a x. En el siguiente ejemplo, el eje de revolución es *vertical* y se integra respecto a y. En este ejemplo, se necesitan dos integrales separadas para calcular el volumen.

EJEMPLO 4 Integrar respecto a y: caso de dos integrales

Encuentre el volumen del sólido formado al girar la región acotada por la gráfica de

$$y = x^2 + 1, \quad y = 0, \quad x = 0 \quad \text{y} \quad x = 1$$

respecto al eje y, como se muestra en la figura 6.21.

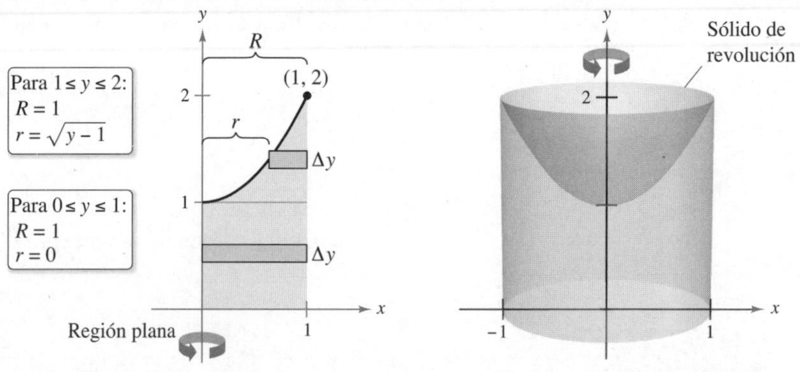

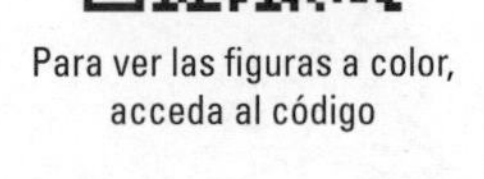

Figura 6.21

Solución Para la región mostrada en la figura 6.21, el radio exterior es simplemente $R = 1$. Sin embargo, no hay una fórmula conveniente que represente el radio interior. Cuando $0 \le y \le 1$, $r = 0$, pero cuando $1 \le y \le 2$, r está determinada por la ecuación $y = x^2 + 1$, lo cual implica que $r = \sqrt{y - 1}$.

$$r(y) = \begin{cases} 0, & 0 \le y \le 1 \\ \sqrt{y - 1}, & 1 \le y \le 2 \end{cases}$$

Usando esta definición del radio interno, se pueden utilizar dos integrales para encontrar el volumen.

$$\begin{aligned} V &= \pi \int_0^1 (1^2 - 0^2)\, dy + \pi \int_1^2 \left[1^2 - \left(\sqrt{y-1}\right)^2\right] dy && \text{Aplique el método de las arandelas.} \\ &= \pi \int_0^1 1\, dy + \pi \int_1^2 (2 - y)\, dy && \text{Simplifique.} \\ &= \pi \Big[y\Big]_0^1 + \pi \left[2y - \frac{y^2}{2}\right]_1^2 && \text{Integre.} \\ &= \pi + \pi\left(4 - 2 - 2 + \frac{1}{2}\right) \\ &= \frac{3\pi}{2} \end{aligned}$$

Note que la primera integral $\pi \int_0^1 1\, dy$ representa el volumen de un cilindro circular recto de radio 1 y altura 1. Esta porción del volumen podría haber sido determinada sin utilizar el cálculo. ■

TECNOLOGÍA Algunas utilidades gráficas tienen la capacidad para generar un sólido de revolución. Si tiene acceso a alguna herramienta con estas características, utilícela para representar gráficamente algunos de los sólidos de revolución descritos en esta sección. Por ejemplo, el sólido en el ejemplo 4 podría aparecer como el que se muestra en la figura 6.22.

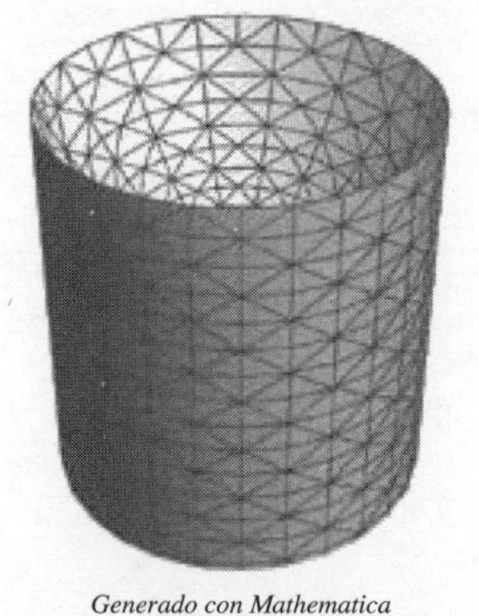

Generado con Mathematica

Figura 6.22

Sólido de revolución

(a)

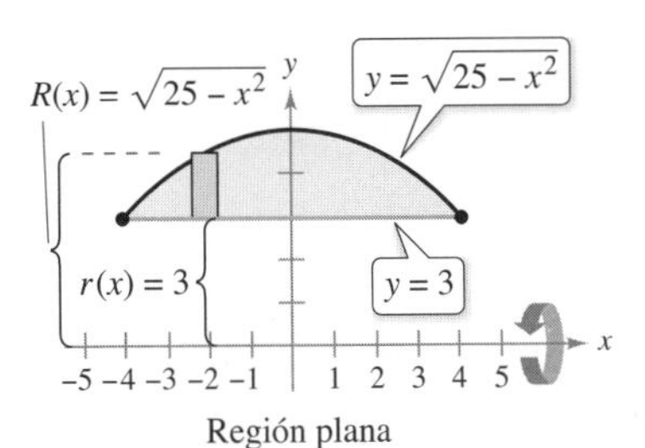

Región plana

(b)

Figura 6.23

EJEMPLO 5 Fabricación

Consulte LarsonCalculus.com (disponible solo en inglés) para una versión interactiva de este tipo de ejemplo.

Un fabricante hace un agujero a través del centro de una esfera metálica de un radio de 5 pulgadas, tal como se muestra en la figura 6.23(a). El agujero tiene un radio de 3 pulgadas. ¿Cuál es el volumen del anillo de metal resultante?

Solución Se puede imaginar que el anillo se genera por un segmento del círculo cuya ecuación es $x^2 + y^2 = 25$, como se muestra en la figura 6.23(b). Debido a que el radio del agujero es de 3 pulgadas, se puede hacer $y = 3$ y resolver la ecuación $x^2 + y^2 = 25$ para determinar que los límites de integración son $x = \pm 4$. Por tanto, los radios interior y exterior son $r(x) = 3$ y $R(x) = \sqrt{25 - x^2}$, y el volumen es

$$V = \pi \int_a^b \left([R(x)]^2 - [r(x)]^2\right) dx \qquad \text{Aplique el método de las arandelas.}$$

$$= \pi \int_{-4}^{4} \left[\left(\sqrt{25 - x^2}\right)^2 - (3)^2\right] dx \qquad \text{Sustituya } \sqrt{25 - x^2} \text{ para } R(x) \text{ y 3 para } r(x).$$

$$= \pi \int_{-4}^{4} (16 - x^2)\, dx \qquad \text{Simplifique.}$$

$$= \pi \left[16x - \frac{x^3}{3}\right]_{-4}^{4} \qquad \text{Integre.}$$

$$= \frac{256\pi}{3} \text{ pulgadas cúbicas} \qquad \text{Volumen del anillo metálico.}$$

Para ver las figuras a color, acceda al código

BONAVENTURA CAVALIERI (1598-1647)

Cavalieri hizo muchas contribuciones a la trigonometría, geometría, óptica y astronomía. Descubrió que si dos sólidos tienen altitudes iguales y todas las secciones transversales paralelas a sus bases y en distancias iguales de sus bases tienen áreas iguales, entonces tienen el mismo volumen (consulte el ejercicio 72).

Vea LarsonCalculus.com (disponible solo en inglés) para leer más de esta biografía.

Sólidos con secciones transversales conocidas

Con el método de los discos se puede encontrar el volumen de un sólido que tiene una sección transversal circular cuya área es $A = \pi R^2$. Este método se puede generalizar a sólidos de cualquier forma, siempre y cuando conozca la fórmula para el área de una sección transversal arbitraria. Algunas secciones transversales comunes son cuadrados, rectángulos, triángulos, semicírculos y trapecios.

Volúmenes de sólidos con secciones transversales conocidas

1. Para secciones transversales de área $A(x)$ tomada perpendicular al eje x,

$$\text{Volumen} = \int_a^b A(x)\, dx \qquad \text{Vea la figura 6.24(a).}$$

2. Para secciones transversales de área $A(y)$ tomada perpendicular al eje y,

$$\text{Volumen} = \int_c^d A(y)\, dy \qquad \text{Vea la figura 6.24(b).}$$

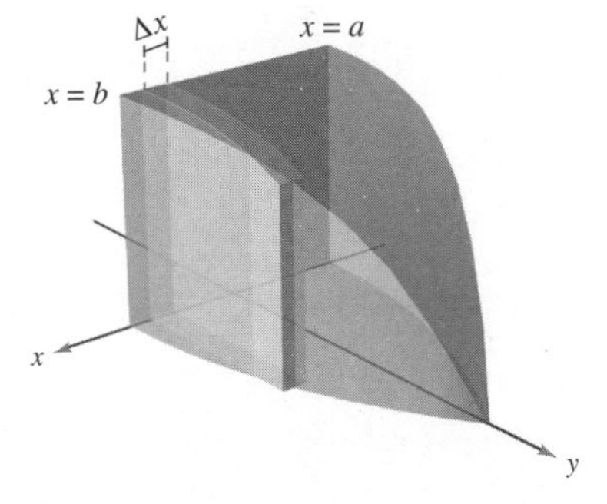

(a) Secciones transversales perpendiculares al eje x

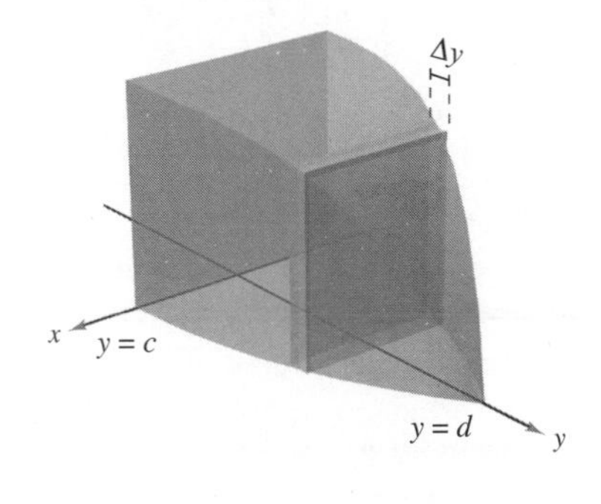

(b) Secciones transversales perpendiculares al eje y

Figura 6.24

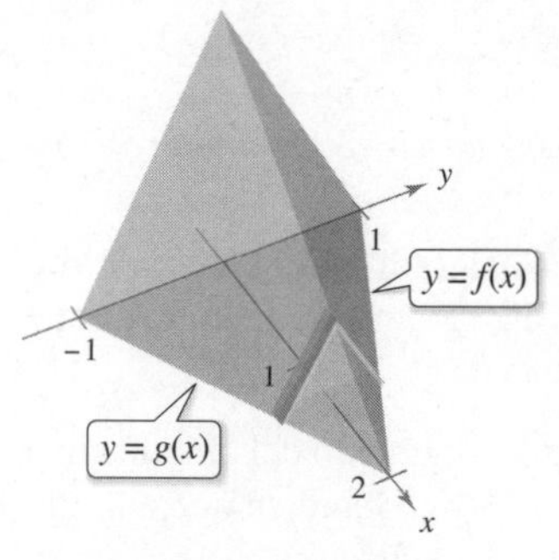

Las secciones transversales son triángulos equiláteros.

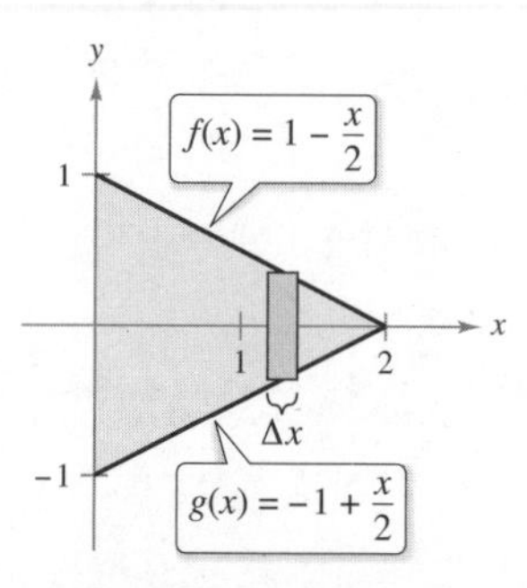

Base triangular en el plano *xy*.
Figura 6.25

Para ver las figuras a color, acceda al código

EJEMPLO 6 Secciones transversales triangulares

Encuentre el volumen del sólido mostrado en la figura 6.25. La base del sólido es la región acotada por las rectas

$$f(x) = 1 - \frac{x}{2}, \quad g(x) = -1 + \frac{x}{2} \quad \text{y} \quad x = 0$$

Las secciones transversales perpendiculares al eje x son triángulos equiláteros.

Solución La base y el área de cada sección transversal triangular son las siguientes.

$$\text{Base} = \left(1 - \frac{x}{2}\right) - \left(-1 + \frac{x}{2}\right) = 2 - x \qquad \text{Largo de la base.}$$

$$\text{Área} = \frac{\sqrt{3}}{4}(\text{base})^2 \qquad \text{Área del triángulo equilátero.}$$

$$A(x) = \frac{\sqrt{3}}{4}(2 - x)^2 \qquad \text{Área de la sección transversal.}$$

Debido a que x varía de 0 a 2, el volumen del sólido es

$$V = \int_a^b A(x)\,dx = \int_0^2 \frac{\sqrt{3}}{4}(2 - x)^2\,dx = -\frac{\sqrt{3}}{4}\left[\frac{(2 - x)^3}{3}\right]_0^2 = \frac{2\sqrt{3}}{3}$$

EJEMPLO 7 Aplicar a la geometría

Demuestre que el volumen de una pirámide de base cuadrada es

$$V = \frac{1}{3}hB$$

donde h es la altura de la pirámide y B es el área de la base.

Solución Como se muestra en la figura 6.26, puede intersecar la pirámide con un plano paralelo a la base y a la altura y para formar una sección transversal cuadrada cuyos lados son de longitud b'. Usando triángulos semejantes, puede demostrar que

$$\frac{b'}{b} = \frac{h - y}{h} \quad \text{o} \quad b' = \frac{b}{h}(h - y)$$

donde b es la longitud de los lados de la base de la pirámide. Por lo tanto,

$$A(y) = (b')^2 = \frac{b^2}{h^2}(h - y)^2$$

Al integrar entre 0 y h se obtiene

$$\begin{aligned}
V &= \int_0^h A(y)\,dy && \text{Secciones transversales perpendiculares al eje } y.\\
&= \int_0^h \frac{b^2}{h^2}(h - y)^2\,dy && \text{Sustituya.}\\
&= \frac{b^2}{h^2}\int_0^h (h - y)^2\,dy && \text{Regla del múltiplo constante.}\\
&= -\left(\frac{b^2}{h^2}\right)\left[\frac{(h - y)^3}{3}\right]_0^h && \text{Integre.}\\
&= \frac{b^2}{h^2}\left(\frac{h^3}{3}\right)\\
&= \frac{1}{3}hB && B = b^2
\end{aligned}$$

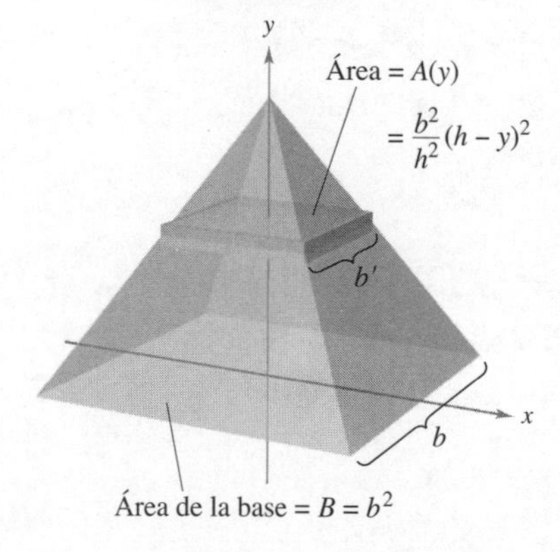

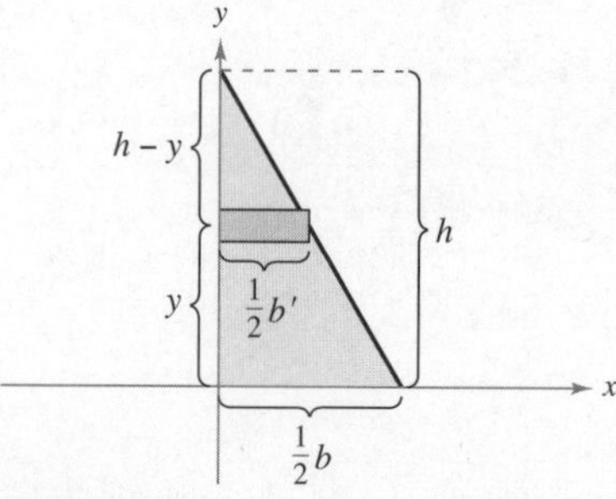

Figura 6.26

6.2 Ejercicios

Las respuestas a los ejercicios impares pueden consultarse en el Apéndice de este libro.

Repaso de conceptos

1. Explique cómo usar el método de los discos para hallar el volumen de un sólido de revolución.
2. Explique la relación entre el método del disco y el método de las arandelas.
3. Describa cuándo es necesario utilizar más de una integral para hallar el volumen de un sólido de revolución.
4. Explique cómo encontrar el volumen de un sólido con una sección transversal conocida.

Encontrar el volumen de un sólido En los ejercicios 5 a 8, escriba y evalúe la integral que da el volumen del sólido formado al girar la región alrededor del eje x.

5. $y = \sqrt{x}$

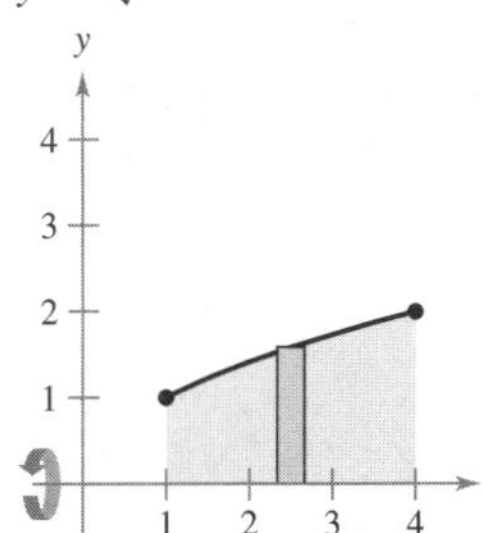

6. $y = -x + 1$

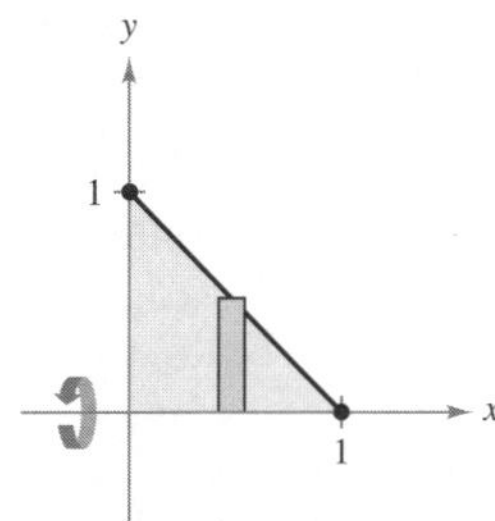

7. $y = x^2, \quad y = x^5$

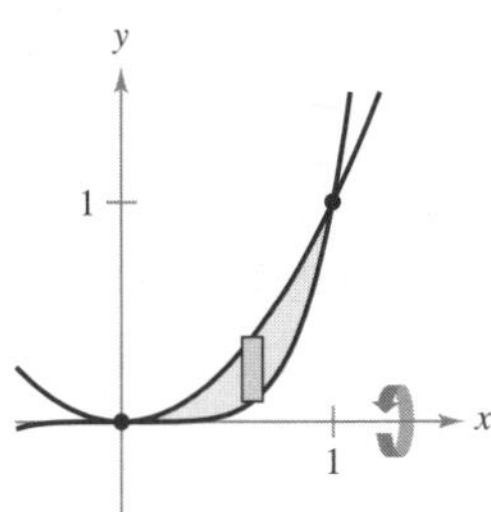

8. $y = 2, \quad y = 4 - \dfrac{x^2}{4}$

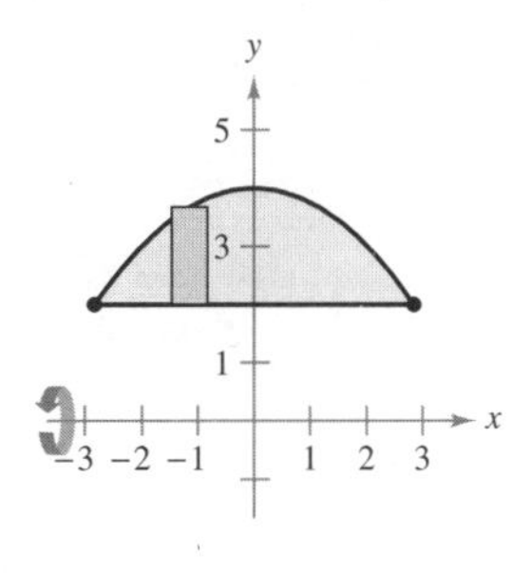

Encontrar el volumen de un sólido En los ejercicios 9 a 12, escriba y evalúe la integral que da el volumen del sólido formado al girar la región respecto al eje y.

9. $y = x^2$

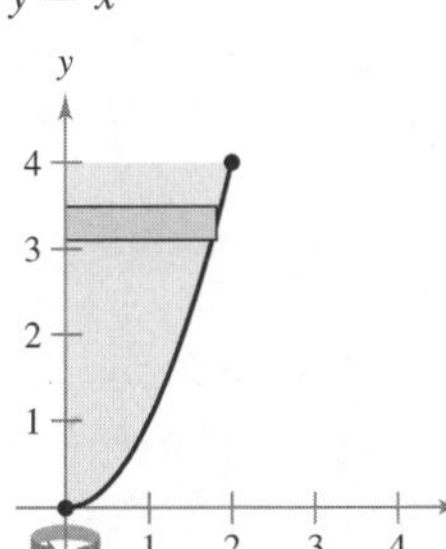

10. $y = \sqrt{16 - x^2}$

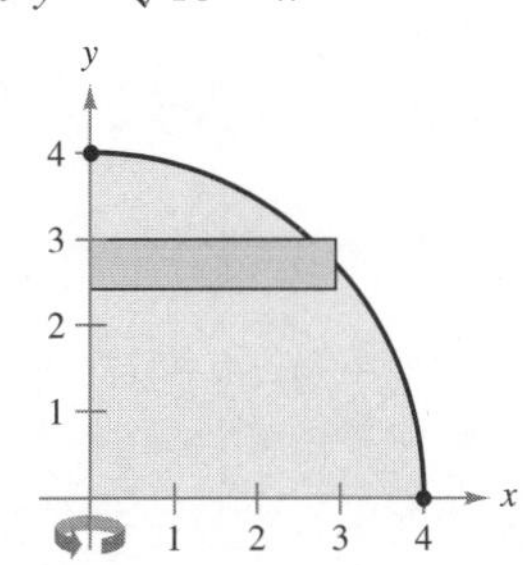

11. $y = x^{2/3}$

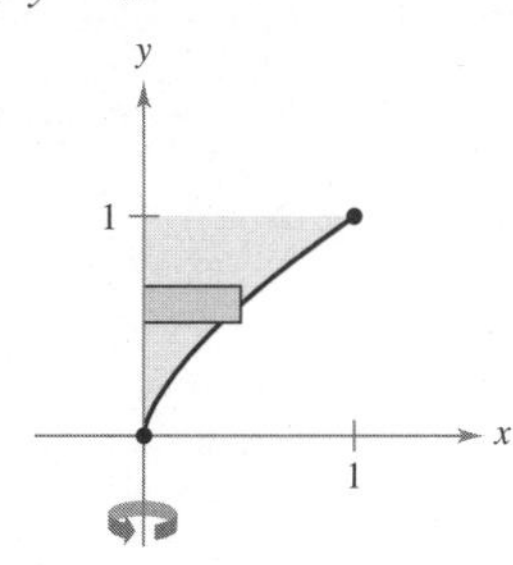

12. $x = -y^2 + 4y$

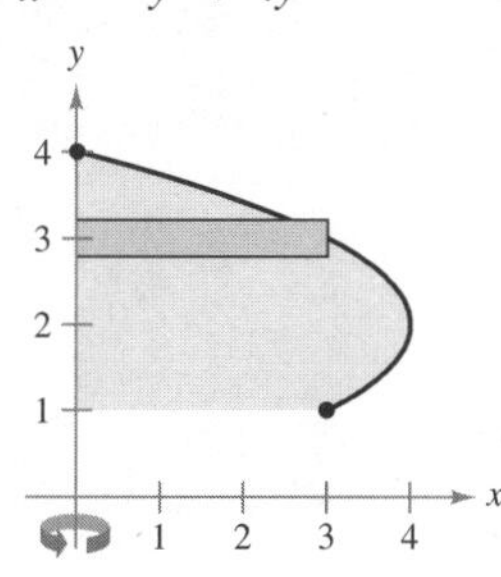

Encontrar el volumen de un sólido En los ejercicios 13 a 16, encuentre los volúmenes de los sólidos generados al girar la región acotada por las gráficas de las ecuaciones sobre las rectas dadas.

13. $y = \sqrt{x}, \quad y = 0, \quad x = 3$

(a) el eje x (b) el eje y

(c) $x = 3$ (d) $x = 6$

14. $y = 2x^2, \quad y = 0, \quad x = 2$

(a) el eje y

(b) el eje x

(c) $y = 8$

(d) $x = 2$

15. $y = x^2, \quad y = 4x - x^2$

(a) el eje x

(b) $y = 6$

16. $y = 4 + 2x - x^2, \quad y = 4 - x$

(a) el eje x

(b) $y = 1$

Para ver las figuras a color, acceda al código

Encontrar el volumen de un sólido En los ejercicios 17 a 20, determine el volumen del sólido generado al girar la región acotada por las gráficas de las ecuaciones respecto a la recta $y = 4$.

17. $y = x, \quad y = 3, \quad x = 0$

18. $y = \frac{1}{2}x^3, \quad y = 4, \quad x = 0$

19. $y = \dfrac{2}{1 + x}, \quad y = 0, \quad x = 0, \quad x = 4$

20. $y = \sqrt{1 - x}, \quad x = 0, \quad y = 0$

Encontrar el volumen de un sólido En los ejercicios 21 a 24, determine el volumen del sólido generado al girar la región acotada por las gráficas de las ecuaciones respecto a la recta $x = 5$.

21. $y = x, \quad y = 0, \quad y = 4, \quad x = 5$

22. $y = 2 - \dfrac{x}{2}, \quad y = 0, \quad y = 1, \quad x = 0$

23. $x = y^2, \quad x = 4$

24. $xy = 3, \quad y = 1, \quad y = 4, \quad x = 5$

Encontrar el volumen de un sólido En los ejercicios 25 a 32, halle el volumen del sólido generado al girar la región acotada por las gráficas de las ecuaciones respecto al eje x.

25. $y = \dfrac{1}{\sqrt{3x+5}}, \quad y = 0, \quad x = 0, \quad x = 2$

26. $y = x\sqrt{4-x^2}, \quad y = 0$

27. $y = \dfrac{6}{x}, \quad y = 0, \quad x = 1, \quad x = 3$

28. $y = \dfrac{2}{x+1}, \quad y = 0, \quad x = 0, \quad x = 6$

29. $y = e^{-3x}, \quad y = 0, \quad x = 0, \quad x = 2$

30. $y = e^{x/4}, \quad y = 0, \quad x = 0, \quad x = 6$

31. $y = x^2 + 1, \quad y = -x^2 + 2x + 5, \quad x = 0, \quad x = 3$

32. $y = \sqrt{x}, \quad y = -\frac{1}{2}x + 4, \quad x = 0, \quad x = 8$

Encontrar el volumen de un sólido En los ejercicios 33 a 36, encuentre el volumen del sólido generado al girar la región acotada por las gráficas de las ecuaciones respecto al eje y.

33. $y = 3(2 - x), \quad y = 0, \quad x = 0$

34. $y = \sqrt{3x - 2}, \quad x = 0, \quad y = 0, \quad y = 1$

35. $y = 9 - x^2, \quad y = 0, \quad x = 2, \quad x = 3$

36. $y = \dfrac{x^3}{8}, \quad y = 0, \quad x = 4$

Encontrar el volumen de un sólido En los ejercicios 37 a 40, encuentre el volumen del sólido generado al girar la región acotada por las gráficas de las ecuaciones respecto al eje x. Verifique sus resultados usando las capacidades de integración de una utilidad gráfica.

37. $y = \operatorname{sen} x, \quad y = 0, \quad x = 0, \quad x = \pi$

38. $y = \cos 2x, \quad y = 0, \quad x = 0, \quad x = \dfrac{\pi}{4}$

39. $y = e^{x-1}, \quad y = 0, \quad x = 1, \quad x = 2$

40. $y = e^{x/2} + e^{-x/2}, \quad y = 0, \quad x = -1, \quad x = 2$

Encontrar el volumen de un sólido En los ejercicios 41 a 48, encuentre el volumen generado por la rotación de la región determinada respecto a la recta especificada.

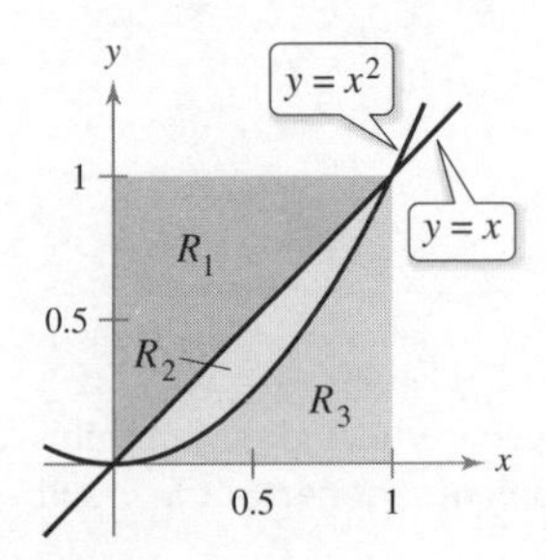

Para ver las figuras a color de las páginas 424 y 425, acceda al código

41. R_1 sobre $y = 0$

42. R_1 sobre $x = 1$

43. R_1 sobre $x = 0$

44. R_2 sobre $y = 1$

45. R_2 sobre $y = 0$

46. R_3 sobre $x = 1$

47. R_3 sobre $x = 0$

48. R_3 sobre $y = 1$

Encontrar el volumen de un sólido En los ejercicios 49 a 52, utilice las capacidades de integración de una herramienta de graficación para aproximar el volumen del sólido generado al girar la región acotada por las gráficas de las ecuaciones respecto al eje x.

49. $y = e^{-x^2}, \quad y = 0, \quad x = 0, \quad x = 2$

50. $y = \ln x, \quad y = 0, \quad x = 1, \quad x = 3$

51. $y = 2\arctan(0.2x), \quad y = 0, \quad x = 0, \quad x = 5$

52. $y = \sqrt{2x}, \quad y = x^2$

Exploración de conceptos

53. Cada integral representa el volumen de un sólido. Describa el sólido.

(a) $\pi \displaystyle\int_0^{\pi/2} \operatorname{sen}^2 x\, dx$ (b) $\pi \displaystyle\int_2^{4} y^4\, dy$

54. Una región acotada por la parábola $y = 4x - x^2$ y el eje x se hace girar alrededor del eje x. Una segunda región acotada por la parábola $y = 4 - x^2$ y el eje x se hace girar alrededor del eje x. Sin integrar, ¿cómo se puede comparar los volúmenes de los dos sólidos? Explique.

55. Comparar volúmenes
La región en la figura se gira alrededor de los ejes y la recta indicados. Ordene los volúmenes de los sólidos resultantes de menor a mayor. Explique su razonamiento.

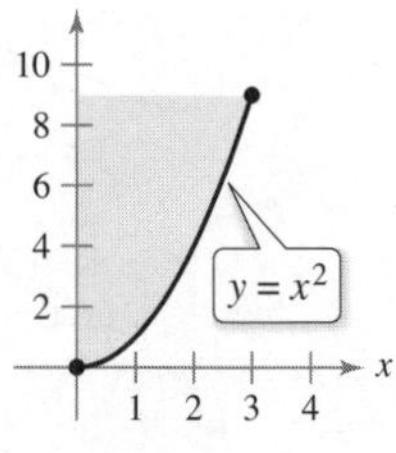
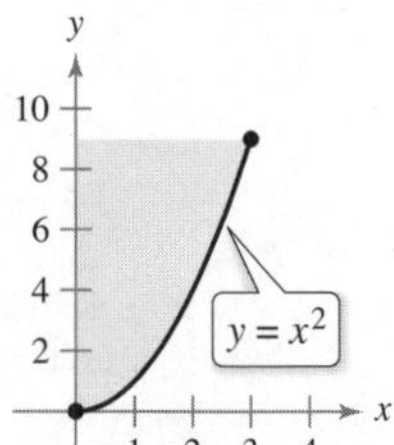

(a) Eje x
(b) Eje y
(c) $x = 3$

56. **¿CÓMO LO VE?** Use la gráfica para relacionar la integral para el volumen con el eje de rotación.

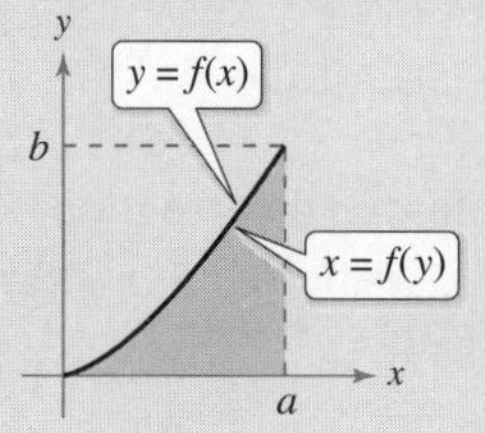

(a) $V = \pi \displaystyle\int_0^b (a^2 - [f(y)]^2)\, dy$ (i) Eje x

(b) $V = \pi \displaystyle\int_0^a (b^2 - [b - f(x)]^2)\, dx$ (ii) Eje y

(c) $V = \pi \displaystyle\int_0^a [f(x)]^2\, dx$ (iii) $x = a$

(d) $V = \pi \displaystyle\int_0^b [a - f(y)]^2\, dy$ (iv) $y = b$

Dividir un sólido **En los ejercicios 57 y 58, considere el sólido formado al girar la región acotada por las gráficas de $y = \sqrt{x}$, $y = 0$, $x = 1$ y $x = 3$ alrededor del eje x.**

57. Encuentre el valor de x en el intervalo [1, 3] que divide al sólido en dos partes de igual volumen.

58. Encuentre los valores de x en el intervalo [1, 3] que dividen al sólido en tres partes de igual volumen.

59. Fabricación Un fabricante hace un agujero a través del centro de una esfera metálica de radio R. El agujero tiene un radio r. Encuentre el volumen del anillo resultante.

60. Fabricación Para la esfera de metal en el ejercicio 59, sea $R = 6$. ¿Qué valor de r producirá un anillo cuyo volumen es exactamente la mitad del volumen de la esfera?

61. Volumen de un cono Utilice el método de los discos para verificar que el volumen de un cono circular recto es $\frac{1}{3}\pi r^2 h$, donde r es el radio de la base y h es la altura.

62. Volumen de una esfera Utilice el método de los discos para verificar que el volumen de una esfera es $\frac{4}{3}\pi r^3$, donde r es el radio.

63. Usar un cono Un cono de altura H con una base de radio r se corta con un plano paralelo y a h unidades por encima de la base, donde $h < H$. Encuentre el volumen del sólido (cono truncado) por debajo del plano.

64. Usar una esfera Una esfera de radio r es cortada por un plano h unidades sobre el ecuador, donde $h < r$. Encuentre el volumen del sólido (segmento esférico) por encima del plano.

65. Volumen del depósito de combustible Un tanque en el ala de un avión de reacción se forma al girar la región acotada por la gráfica de $y = \frac{1}{4}x^2\sqrt{2 - x}$ y el eje x $(0 \le x \le 2)$ respecto al eje x, donde x y y se miden en metros. Use un programa de graficación para trazar la función. Encuentre el volumen del tanque de manera analítica.

66. Volumen de un contenedor Un recipiente de vidrio puede ser modelado mediante la revolución de la gráfica de

$$y = \begin{cases} \sqrt{0.1x^3 - 2.2x^2 + 10.9x + 22.2}, & 0 \le x \le 11.5 \\ 2.95, & 11.5 < x \le 15 \end{cases}$$

respecto al eje x, donde x y y se miden en centímetros. Use un programa de graficación para trazar la función. Encuentre el volumen del contenedor de manera analítica.

67. Determinar los volúmenes de un sólido Encuentre los volúmenes de los sólidos (vea las figuras) generados si la mitad superior de la elipse $9x^2 + 25y^2 = 225$ se hace girar respecto (a) al eje x para formar un esferoide alargado (con forma de balón de futbol americano), y (b) al eje y para formar un esferoide achatado (en forma de la mitad de un caramelo).

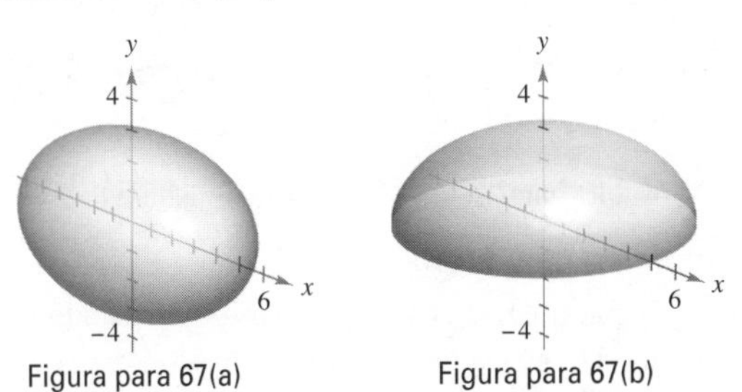

Figura para 67(a) Figura para 67(b)

68. Impresión en 3D

Se utiliza una impresora 3D para crear un vaso de plástico. Las ecuaciones dadas a la impresora para el interior del vaso son $x = \left(\frac{y}{4}\right)^{1/32}$ y $y = 5$ donde x y y se miden en pulgadas. ¿Cuál es el volumen total que puede tener el vaso cuando la región delimitada por las gráficas de las ecuaciones se gira sobre el eje y?

69. Volumen mínimo La función $y = 4 - (x^2/4)$ en el intervalo [0, 4] se hace girar en torno a la recta $y = b$ (vea la figura).

(a) Determine el volumen del sólido resultante en función de b.

(b) Utilice un programa de graficación para trazar la función en el inciso (a), y use la gráfica para aproximar el valor de b que minimiza el volumen del sólido.

(c) Utilice el cálculo para hallar el valor de b que minimiza el volumen del sólido, y compare el resultado con la respuesta al inciso (b).

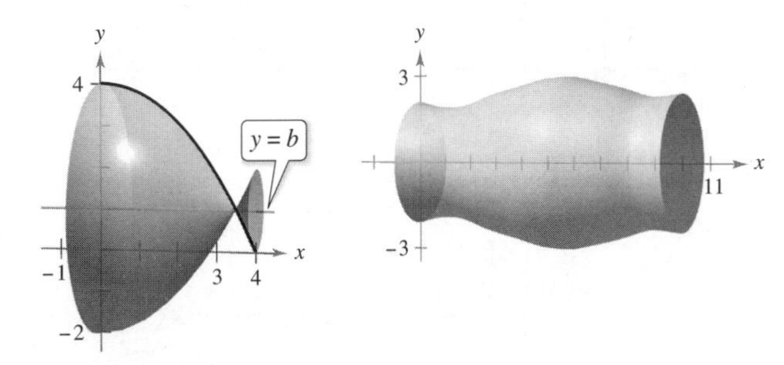

Figura para 69 Figura para 70

70. Modelar datos Se pide a un dibujante determinar la cantidad de material necesario para producir una pieza de la máquina (vea la figura). Los diámetros d de la parte en puntos igualmente espaciados se enlistan en la tabla. Las mediciones se indican en centímetros.

x	0	1	2	3	4	5
d	4.2	3.8	4.2	4.7	5.2	5.7

x	6	7	8	9	10
d	5.8	5.4	4.9	4.4	4.6

(a) Utilice las capacidades de regresión de una herramienta de graficación para encontrar un polinomio de cuarto grado a través de los puntos que representan el radio del sólido. Represente gráficamente los datos y grafique el modelo.

(b) Utilice las capacidades de integración de su herramienta para aproximar la integral definida que produce el volumen de la pieza.

71. Piénselo Relacione cada integral con el sólido cuyo volumen representa, y dé las dimensiones de cada sólido.

(a) Cilindro circular recto (b) Elipsoide

(c) Esfera (d) Cono circular recto (e) Toro

(i) $\pi \int_0^h \left(\frac{rx}{h}\right)^2 dx$ (ii) $\pi \int_0^h r^2\, dx$

(iii) $\pi \int_{-r}^{r} \left(\sqrt{r^2 - x^2}\right)^2 dx$

(iv) $\pi \int_{-b}^{b} \left(a\sqrt{1 - \frac{x^2}{b^2}}\right)^2 dx$

(v) $\pi \int_{-r}^{r} \left[\left(R + \sqrt{r^2 - x^2}\right)^2 - \left(R - \sqrt{r^2 - x^2}\right)^2\right] dx$

72. Teorema de Cavalieri Demuestre que si dos sólidos tienen alturas iguales y todas las secciones planas paralelas a sus bases y a distancias iguales desde sus bases tienen áreas iguales, entonces los sólidos tienen el mismo volumen (vea la figura).

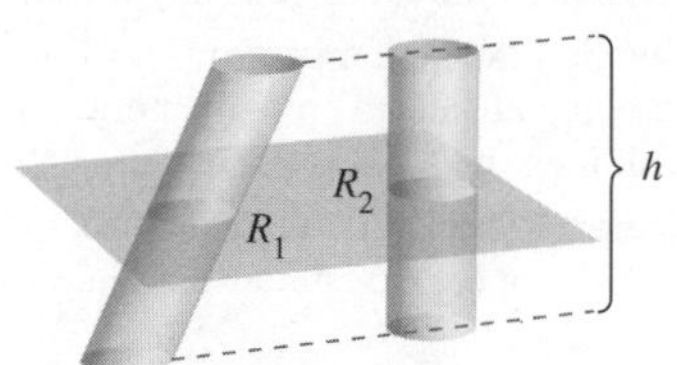

Área de R_1 = área de R_2

Para ver las figuras a color, acceda al código

73. Usar secciones transversales Encuentre los volúmenes de los sólidos cuyas bases están acotadas por las gráficas de $y = x + 1$ y $y = x^2 - 1$, con las secciones transversales indicadas tomadas perpendiculares al eje x.

(a) Cuadrados (b) Rectángulos de altura 1

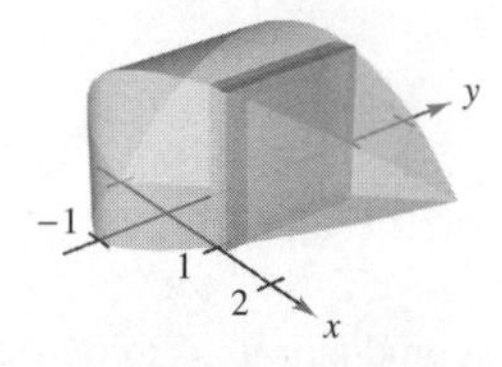

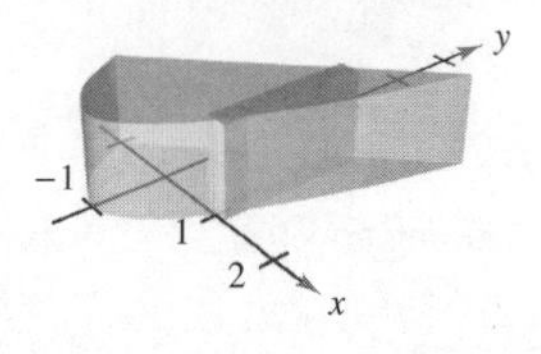

74. Usar secciones transversales Encuentre los volúmenes de los sólidos cuyas bases están delimitadas por el círculo $x^2 + y^2 = 4$, con las secciones transversales indicadas tomadas perpendiculares al eje x.

(a) Cuadrados (b) Triángulos equiláteros

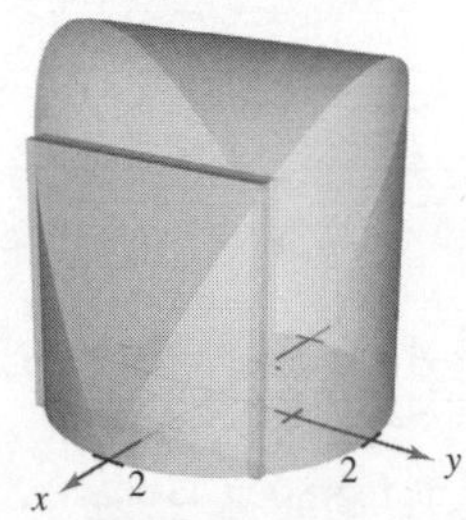

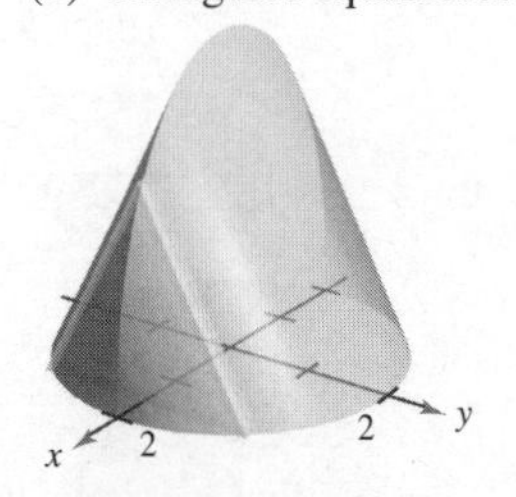

(c) Semicírculos (d) Triángulos rectángulos isósceles

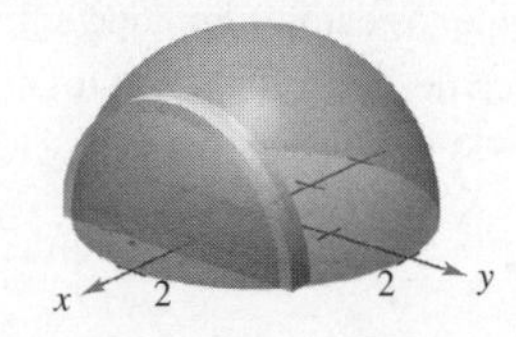

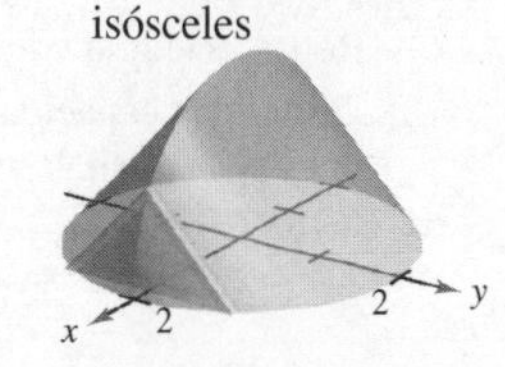

75. Usar secciones transversales Encuentre el volumen del sólido de intersección (el sólido común a ambos) de los dos cilindros circulares rectos de radio r cuyos ejes se producen en ángulo recto (vea la figura).

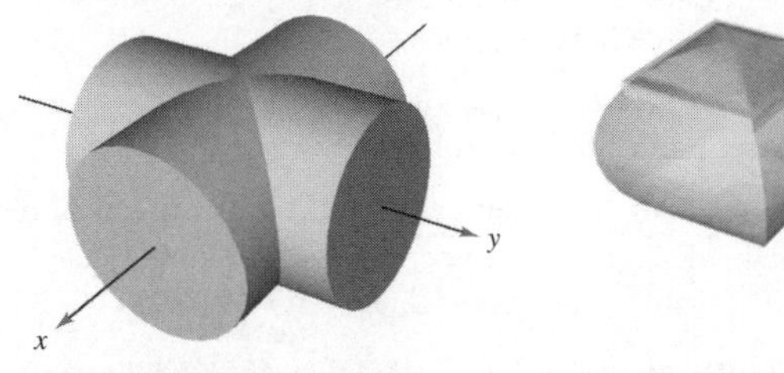

Intersección de dos cilindros Sólido de intersección

PARA INFORMACIÓN ADICIONAL Para más información sobre este problema, consulte el artículo "Estimating the Volumes of Solid Figures with Curved Surfaces", de Donald Cohen, en *Mathematics Teacher*. Para ver este artículo, visite *MathArticles.com* (disponible solo en inglés).

76. Usar secciones transversales El sólido mostrado en la figura tiene secciones transversales limitadas por la gráfica de $|x|^a + |y|^a = 1$, donde $1 \leq a \leq 2$.

(a) Describa la sección transversal cuando $a = 1$ y $a = 2$.

(b) Describa un procedimiento para aproximar el volumen del sólido.

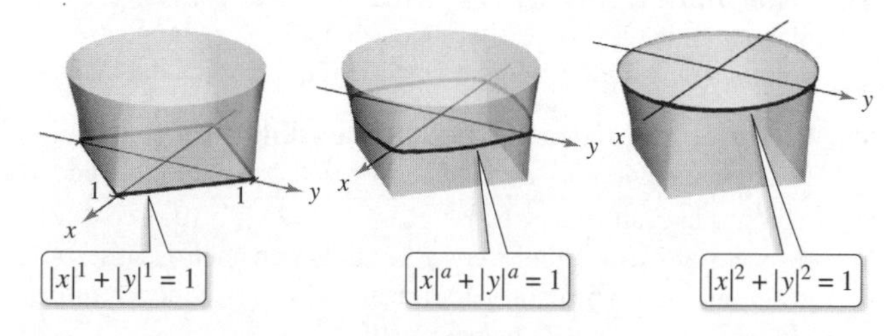

77. Volumen de una cuña Dos planos cortan un cilindro circular recto para formar una cuña. Un plano es perpendicular al eje del cilindro y el segundo forma un ángulo de θ grados con el primero (vea la figura).

(a) Calcule el volumen de la cuña si $\theta = 45°$.

(b) Calcule el volumen de la cuña para un ángulo arbitrario θ. Suponiendo que el cilindro tiene longitud suficiente, ¿cómo determina el cambio de volumen de la cuña a medida que θ aumenta desde 0° a 90°?

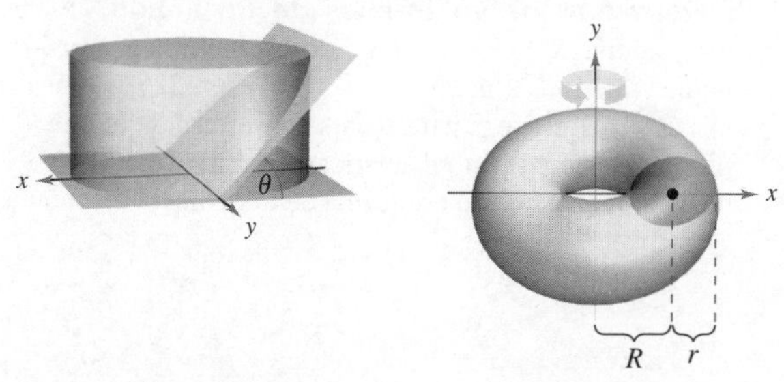

Figura para 77 Figura para 78

78. Volumen de un toro

(a) Demuestre que el volumen del toro mostrado en la figura está dado por la integral $8\pi R \int_0^r \sqrt{r^2 - y^2}\, dy$, donde $R > r > 0$.

(b) Determine el volumen del toro.

6.3 Volumen: método de las capas

- **Encontrar el volumen de un sólido de revolución utilizando el método de las capas.**
- **Comparar los usos del método de los discos y el método de las capas.**

Método de las capas

En esta sección estudiará un método alternativo para encontrar el volumen de un sólido de revolución. Se llama **método de las capas**, ya que utiliza capas cilíndricas. Una comparación de las ventajas de los métodos de los discos y las capas se da más adelante en esta sección.

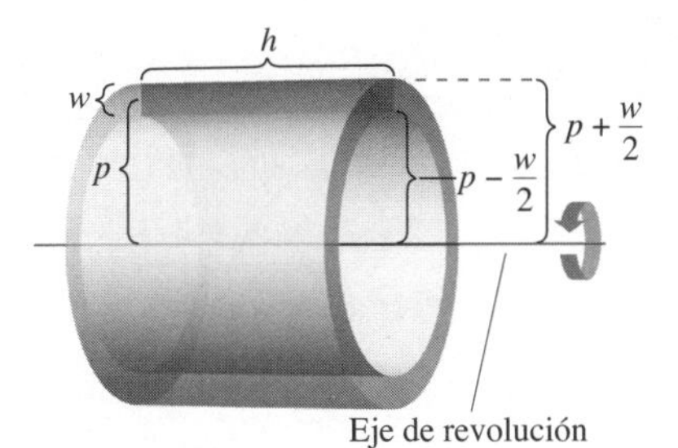

Figura 6.27

Para empezar, considere un rectángulo representativo como se muestra en la figura 6.27, donde w es el ancho del rectángulo, h es la altura del rectángulo y p es la distancia entre el eje de revolución y el *centro* del rectángulo. Cuando este rectángulo se hace girar alrededor de su eje de revolución, se forma una capa cilíndrica (o tubo) de espesor w. Para encontrar el volumen de esta capa, considere dos cilindros. El radio del cilindro más grande corresponde al radio exterior de la capa, y el radio del cilindro más pequeño corresponde al radio interior de la capa. Debido a que p es el radio promedio de la capa, se sabe que el radio exterior es

$$p + \frac{w}{2} \qquad \text{Radio exterior.}$$

y que el radio interior es

$$p - \frac{w}{2} \qquad \text{Radio interior.}$$

Para ver las figuras a color, acceda al código

Por tanto, el volumen de la capa es

$$\begin{aligned}
\text{Volumen de la capa} &= (\text{volumen del cilindro}) - (\text{volumen del agujero}) \\
&= \pi\left(p + \frac{w}{2}\right)^2 h - \pi\left(p - \frac{w}{2}\right)^2 h \\
&= 2\pi phw \\
&= 2\pi(\text{radio promedio})(\text{alto})(\text{espesor})
\end{aligned}$$

Se puede utilizar esta fórmula para encontrar el volumen de un sólido de revolución. Por ejemplo, en la figura 6.28 se hace girar la región plana alrededor de una recta para formar el sólido indicado. Considere un rectángulo horizontal de ancho Δy. A medida que la región plana gira alrededor de una recta paralela al eje x, el rectángulo genera una capa representativa cuyo volumen es

$$\Delta V = 2\pi[p(y)h(y)]\,\Delta y$$

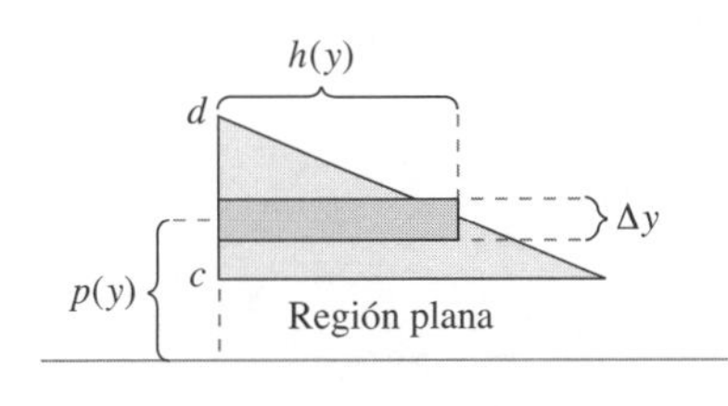

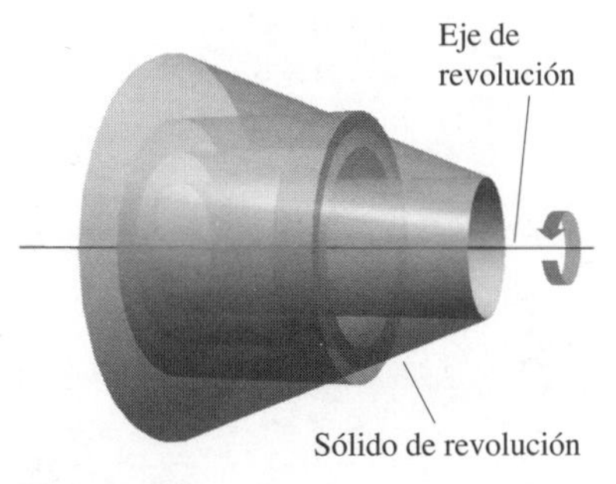

Figura 6.28

Se puede aproximar el volumen del sólido por n de estas capas de espesor Δy, altura $h(y_i)$ y radio medio $p(y_i)$.

$$\text{Volumen del sólido} \approx \sum_{i=1}^{n} 2\pi[p(y_i)h(y_i)]\,\Delta y = 2\pi \sum_{i=1}^{n} [p(y_i)h(y_i)]\,\Delta y$$

Esta aproximación parece mejorar a medida que $\|\Delta\| \to 0$ $(n \to \infty)$. Por lo tanto, el volumen del sólido es

$$\begin{aligned}
\text{Volumen del sólido} &= \lim_{\|\Delta\| \to 0} 2\pi \sum_{i=1}^{n} [p(y_i)h(y_i)]\,\Delta y \\
&= 2\pi \int_c^d [p(y)h(y)]\,dy
\end{aligned}$$

Método de las capas

Para encontrar el volumen de un sólido de revolución con el método de las capas, utilice una de las siguientes fórmulas. (Vea la figura 6.29.)

Eje horizontal de revolución

$$\text{Volumen} = V = 2\pi \int_{c}^{d} p(y)h(y)\, dy$$

Eje vertical de revolución

$$\text{Volumen} = V = 2\pi \int_{a}^{b} p(x)h(x)\, dx$$

COMENTARIO Asegúrese de entender que en el método de las capas el rectángulo representativo es *paralelo* al eje de revolución.

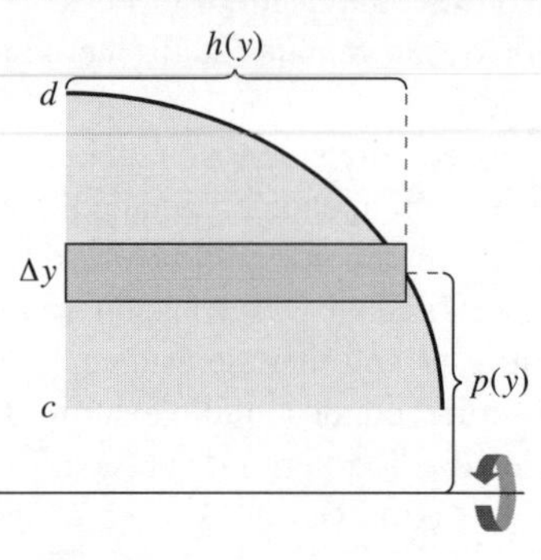

Eje horizontal de revolución

Eje vertical de revolución

Figura 6.29

EJEMPLO 1 Usar el método de las capas para determinar un volumen

Encuentre el volumen del sólido de revolución formado al girar la región acotada por la gráfica de

$$y = x - x^3$$

y el eje x $(0 \leq x \leq 1)$ respecto al eje y.

Para ver las figuras a color, acceda al código

Solución Debido a que el eje de revolución es vertical, se utiliza un rectángulo representativo vertical, como se muestra en la figura 6.30. El ancho Δx indica que x es la variable de integración. La distancia desde el centro del rectángulo al eje de revolución es $p(x) = x$, y la altura del rectángulo es

$$h(x) = x - x^3$$

Debido a los rangos x de 0 a 1, se aplica el método de las capas para encontrar el volumen del sólido.

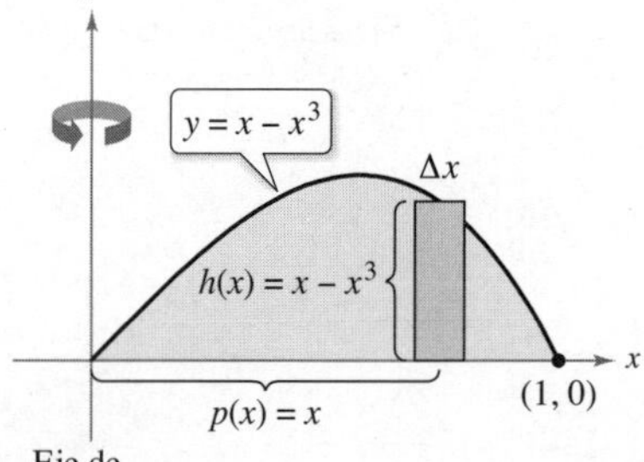

Figura 6.30

$$V = 2\pi \int_{a}^{b} p(x)h(x)\, dx \qquad \text{Aplique el método de las capas.}$$

$$= 2\pi \int_{0}^{1} x(x - x^3)\, dx \qquad \text{Sustituya } x \text{ para } p(x) \text{ y } x - x^3 \text{ para } h(x).$$

$$= 2\pi \int_{0}^{1} (-x^4 + x^2)\, dx \qquad \text{Simplifique.}$$

$$= 2\pi \left[-\frac{x^5}{5} + \frac{x^3}{3} \right]_{0}^{1} \qquad \text{Integre.}$$

$$= 2\pi \left(-\frac{1}{5} + \frac{1}{3} \right) \qquad \text{Aplique el teorema fundamental del cálculo.}$$

$$= \frac{4\pi}{15} \qquad \text{Simplifique.}$$

Exploración

Suponga que se le pide que use el método del disco para encontrar el volumen del ejemplo 1. ¿Cómo se vería el rectángulo representativo? ¿Es el método de los discos una buena manera de encontrar el volumen? ¿Por qué sí o por qué no?

EJEMPLO 2 Usar el método de las capas para determinar un volumen

Encuentre el volumen del sólido de revolución formado al girar la región acotada por la gráfica de

$$x = e^{-y^2}$$

y el eje x $(0 \leq y \leq 1)$ respecto al eje x.

Solución Debido a que el eje de revolución es horizontal, se utiliza un rectángulo representativo horizontal, como se muestra en la figura 6.31. El ancho Δy indica que y es la variable de integración. La distancia desde el centro del rectángulo al eje de revolución es $p(y) = y$, y la altura del rectángulo es $h(y) = e^{-y^2}$. Debido a que y va de 0 a 1, el volumen del sólido es

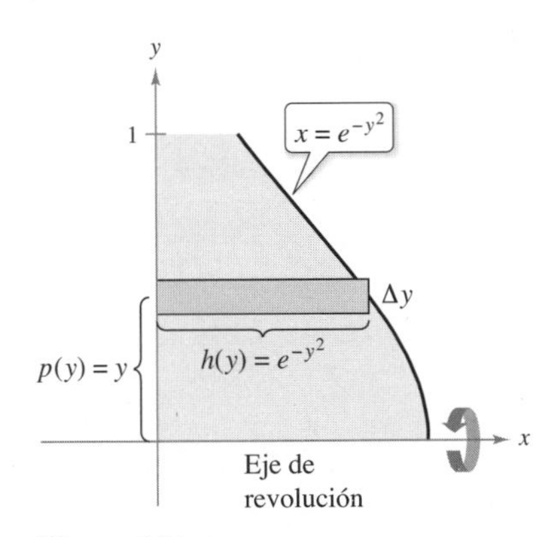

Figura 6.31

$$V = 2\pi \int_c^d p(y)h(y)\, dy \quad \text{Aplique el método de las capas.}$$

$$= 2\pi \int_0^1 ye^{-y^2}\, dy \quad \text{Sustituya } y \text{ para } p(y) \text{ y } e^{-y^2} \text{ para } h(y).$$

$$= -\pi\left[e^{-y^2}\right]_0^1 \quad \text{Integre.}$$

$$= \pi\left(1 - \frac{1}{e}\right) \quad \text{Aplique el teorema fundamental del cálculo.}$$

$$\approx 1.986 \quad \text{Utilice una calculadora.}$$

Verifique este resultado con ayuda de alguna utilidad gráfica, como se muestra abajo.

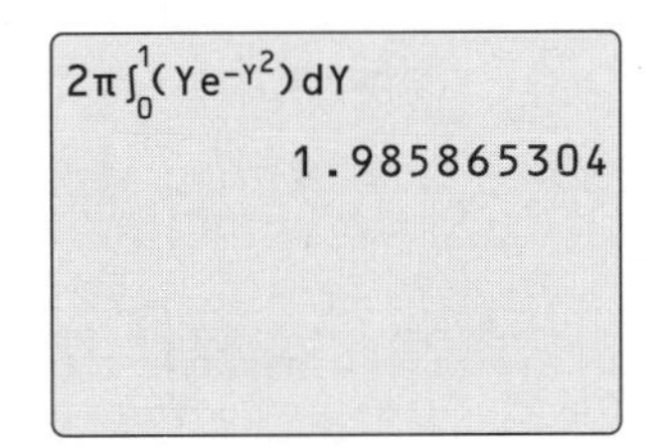

■

Para ver las figuras a color, acceda al código

Comparación del método de los discos y el método de las capas

Los métodos de los discos y las capas se pueden diferenciar de la siguiente manera. Para el método de los discos, el rectángulo representativo es siempre *perpendicular* al eje de revolución, mientras que para el método de las capas, el rectángulo representativo está siempre *paralelo* al eje de revolución, como se muestra en la figura 6.32.

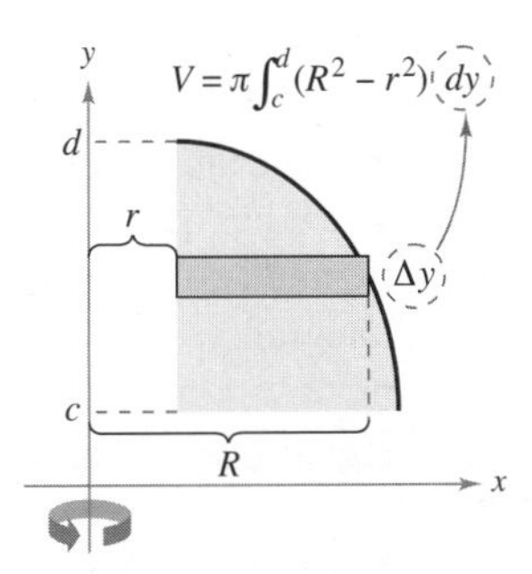

Eje de revolución vertical

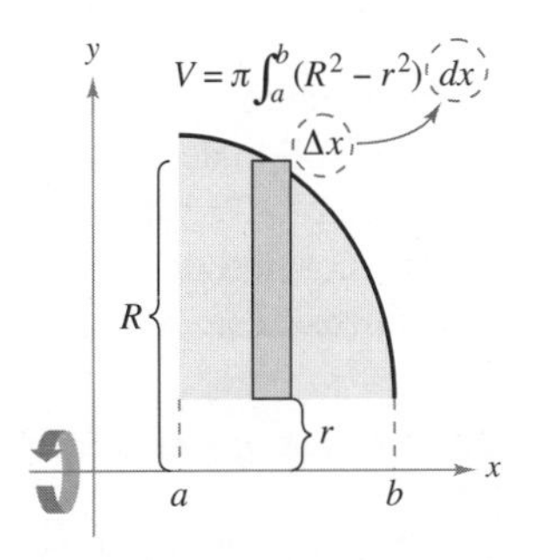

Eje de revolución horizontal

Método de los discos: el rectángulo representativo es perpendicular al eje de revolución.

Eje de revolución vertical

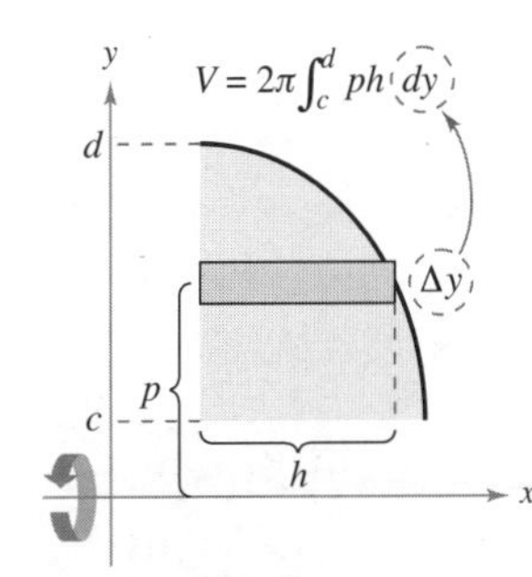

Eje de revolución horizontal

Método de las capas: el rectángulo representativo es paralelo al eje de revolución.

Figura 6.32

A veces es más cómodo usar un método que otro. El siguiente ejemplo ilustra un caso en el que el método de las capas es preferible.

EJEMPLO 3 Comparar métodos

Consulte LarsonCalculus.com (disponible solo en inglés) para una versión interactiva de este tipo de ejemplo.

Encuentre el volumen del sólido de revolución formado al girar la región acotada por la gráfica de $y = x^2 + 1$, $y = 0$. $x = 0$ y $x = 1$ alrededor del eje y.

Solución En el ejemplo 4 de la sección 6.2 se observó que el método de las arandelas requiere dos integrales para determinar el volumen de este sólido. Vea la figura 6.33(a).

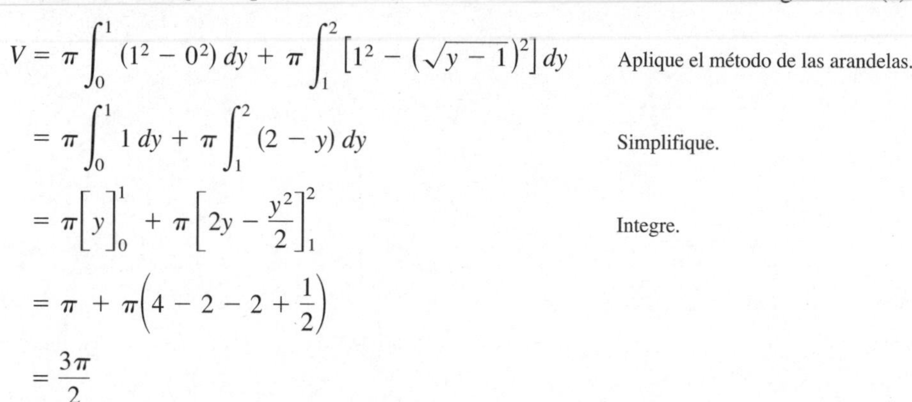

$$V = \pi\int_0^1 (1^2 - 0^2)\,dy + \pi\int_1^2 \left[1^2 - \left(\sqrt{y-1}\right)^2\right] dy \qquad \text{Aplique el método de las arandelas.}$$

$$= \pi\int_0^1 1\,dy + \pi\int_1^2 (2 - y)\,dy \qquad \text{Simplifique.}$$

$$= \pi\Big[y\Big]_0^1 + \pi\left[2y - \frac{y^2}{2}\right]_1^2 \qquad \text{Integre.}$$

$$= \pi + \pi\left(4 - 2 - 2 + \frac{1}{2}\right)$$

$$= \frac{3\pi}{2}$$

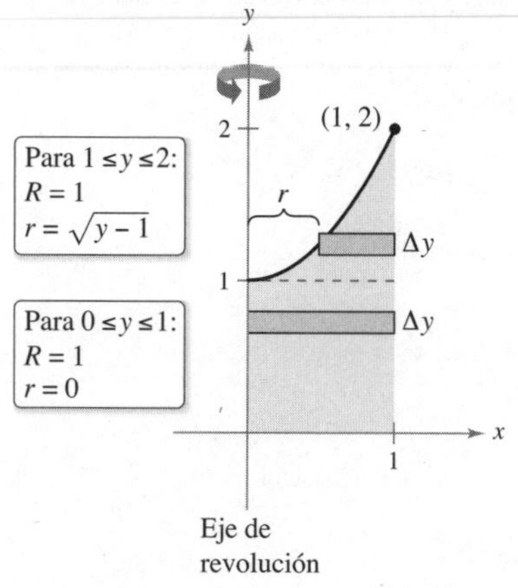

(a) Método de los discos

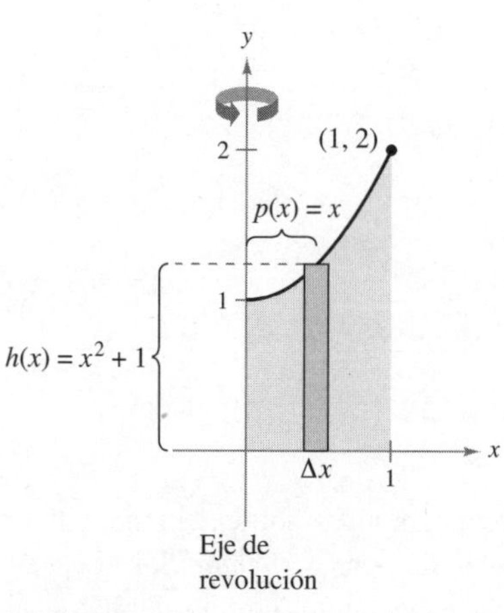

(b) Método de las capas

Figura 6.33

En la figura 6.33(b) se puede ver que el método de las capas requiere solo una integral para encontrar el volumen. La distancia desde el centro del rectángulo al eje de revolución es $p(x) = x$, la altura del rectángulo es $h(x) = x^2 + 1$ y x va de 0 a 1.

$$V = 2\pi\int_a^b p(x)h(x)\,dx \qquad \text{Aplique el método de las capas.}$$

$$= 2\pi\int_0^1 x(x^2 + 1)\,dx \qquad \text{Sustituya.}$$

$$= 2\pi\int_0^1 (x^3 + x)\,dx \qquad \text{Simplifique.}$$

$$= 2\pi\left[\frac{x^4}{4} + \frac{x^2}{2}\right]_0^1 \qquad \text{Integre.}$$

$$= 2\pi\left(\frac{3}{4}\right)$$

$$= \frac{3\pi}{2}$$

Considere el sólido formado mediante la revolución de la región en el ejemplo 3 respecto a la línea vertical $x = 1$. ¿El sólido de revolución resultante tiene un volumen mayor o menor que el sólido en el ejemplo 3? Sin integrar, se puede razonar que el sólido resultante tendría un volumen menor porque "más" de la región girada estaría más cerca del eje de revolución. Para confirmar esto, intente resolver la integral

$$V = 2\pi\int_0^1 (1 - x)(x^2 + 1)\,dx \qquad p(x) = 1 - x$$

que da el volumen del sólido.

PARA INFORMACIÓN ADICIONAL Para obtener más información sobre los métodos de disco y de las capas, consulte el artículo "The Disk and Shell Method", por Charles A. Cable, en *The American Mathematical Monthly*. Para ver este artículo, visite *MathArticles.com* (disponible solo en inglés).

Para ver las figuras a color, acceda al código

EJEMPLO 4 Volumen de un flotador

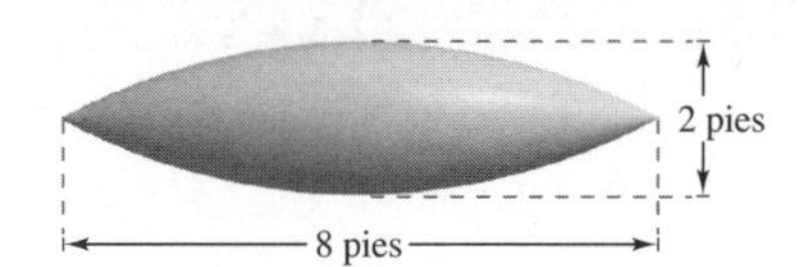

Figura 6.34

Un flotador debe fabricarse en la forma mostrada en la figura 6.34. El flotador está diseñado al rotar la gráfica de

$$y = 1 - \frac{x^2}{16}, \quad -4 \leq x \leq 4$$

alrededor del eje x, donde x y y se miden en pies. Encuentre el volumen del flotador.

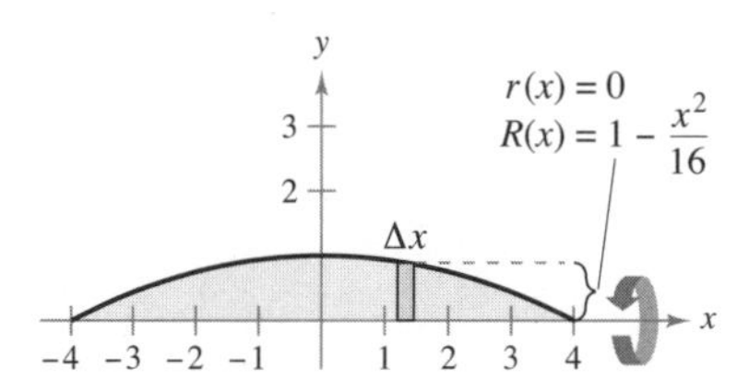

Método de los discos.
Figura 6.35

Solución Consulte la figura 6.35 y utilice el método de los discos como se muestra.

$$V = \pi \int_{-4}^{4} \left(1 - \frac{x^2}{16}\right)^2 dx \qquad \text{Aplique el método de los discos.}$$

$$= \pi \int_{-4}^{4} \left(1 - \frac{x^2}{8} + \frac{x^4}{256}\right) dx \qquad \text{Simplifique.}$$

$$= \pi \left[x - \frac{x^3}{24} + \frac{x^5}{1280}\right]_{-4}^{4} \qquad \text{Integre.}$$

$$= \frac{64\pi}{15}$$

$$\approx 13.4 \text{ pies cúbicos}$$

Para utilizar el método de las capas en el ejemplo 4, se tendría que resolver x en términos de y en la ecuación

$$y = 1 - \frac{x^2}{16}$$

y luego evaluar una integral que requiere una sustitución de u.

A veces es muy difícil (o incluso imposible) resolver para x. En estos casos, debe utilizar un rectángulo vertical (de ancho Δx), así x es la variable de integración. La posición (horizontal o vertical) del eje de revolución determina entonces el método a utilizar. Esto se muestra en el ejemplo 5.

Para ver las figuras a color, acceda al código

EJEMPLO 5 Necesidad del método de las capas

Encuentre el volumen del sólido formado al girar la región acotada por las gráficas de $y = x^3 + x + 1$, $y = 1$ y $x = 1$ respecto a la recta $x = 2$ como se muestra en la figura 6.36.

Solución En la ecuación $y = x^3 + x + 1$ no se puede resolver fácilmente para x en términos de y. (Vea el análisis al final de la sección 3.8.) Por lo tanto, la variable de integración debe ser x, y debe elegir un rectángulo representativo vertical. Debido a que el rectángulo es paralelo al eje de revolución, se utiliza el método de las capas.

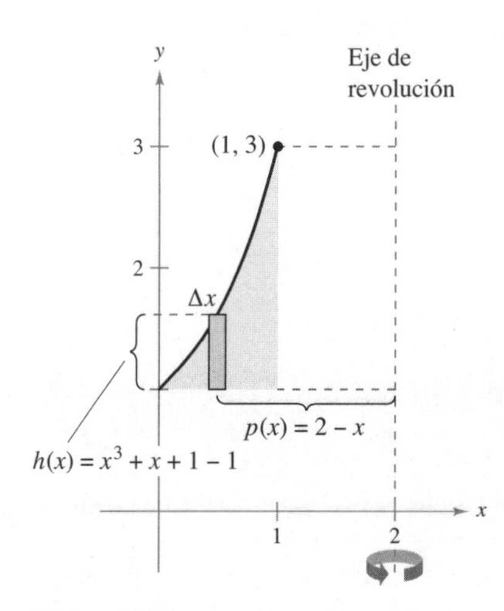

Figura 6.36

$$V = 2\pi \int_{a}^{b} p(x)h(x)\, dx \qquad \text{Aplique el método de las capas.}$$

$$= 2\pi \int_{0}^{1} (2 - x)(x^3 + x + 1 - 1)\, dx \qquad \text{Sustituya (vea la figura 6.36).}$$

$$= 2\pi \int_{0}^{1} (-x^4 + 2x^3 - x^2 + 2x)\, dx \qquad \text{Simplifique.}$$

$$= 2\pi \left[-\frac{x^5}{5} + \frac{x^4}{2} - \frac{x^3}{3} + x^2\right]_{0}^{1} \qquad \text{Integre.}$$

$$= 2\pi \left(-\frac{1}{5} + \frac{1}{2} - \frac{1}{3} + 1\right)$$

$$= \frac{29\pi}{15}$$

6.3 Ejercicios

Las respuestas a los ejercicios impares pueden consultarse en el Apéndice de este libro.

Repaso de conceptos

1. Explique cómo usar el método de las capas para hallar el volumen de un sólido de revolución.
2. Compare los rectángulos representativos del método del disco y el método de las capas

Encontrar el volumen de un sólido **En los ejercicios 3 a 12, utilice el método de las capas para escribir y evaluar la integral definida que representa el volumen del sólido generado al girar la región plana respecto al eje y.**

3. $y = x$

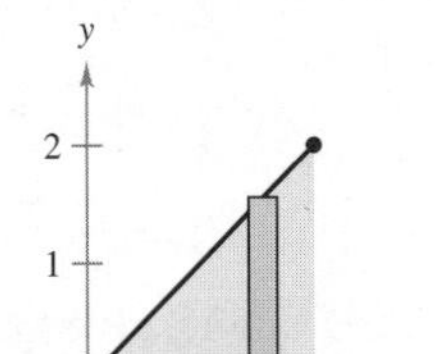

4. $y = 1 - x$

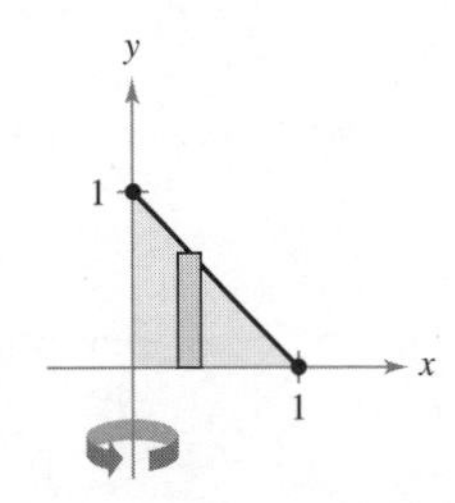

5. $y = \sqrt{x}$

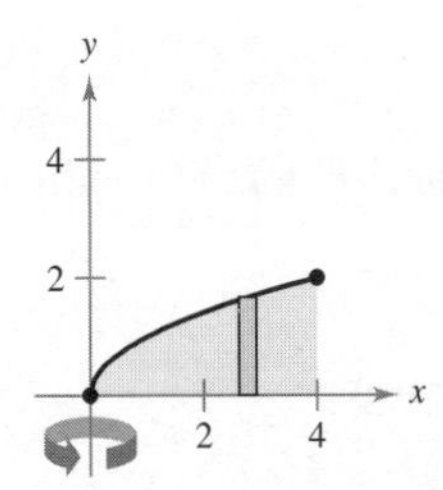

6. $y = \frac{1}{2}x^2 + 1$

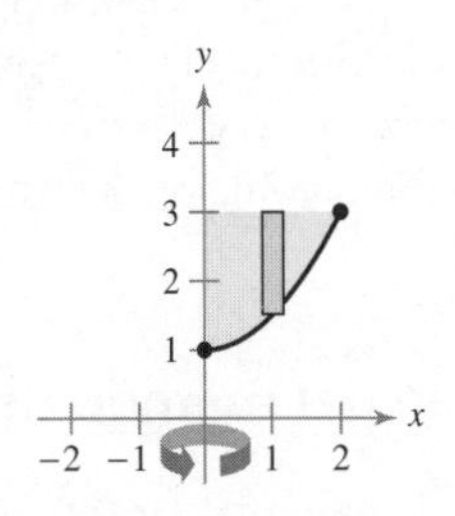

7. $y = \frac{1}{4}x^2, \quad y = 0, \quad x = 4$
8. $y = \frac{1}{2}x^3, \quad y = 0, \quad x = 3$
9. $y = x^2, \quad y = 4x - x^2$
10. $y = x^3, \quad y = 8, \quad x = 0$
11. $y = \sqrt{2x - 5}, \quad y = 0, \quad x = 4$
12. $y = x^{3/2}, \quad y = 8, \quad x = 0$

Encontrar el volumen de un sólido **En los ejercicios 13 a 22, utilice el método de las capas para escribir y evaluar la integral definida que representa el volumen del sólido generado al girar la región plana respecto al eje x.**

13. $y = x$

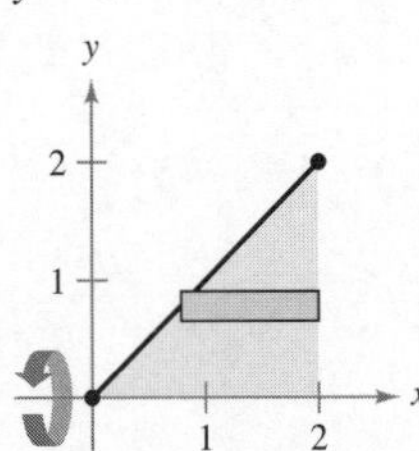

14. $y = 1 - x$

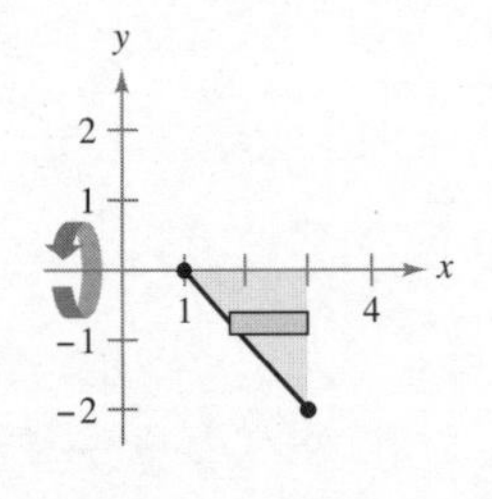

15. $y = \frac{1}{x}$

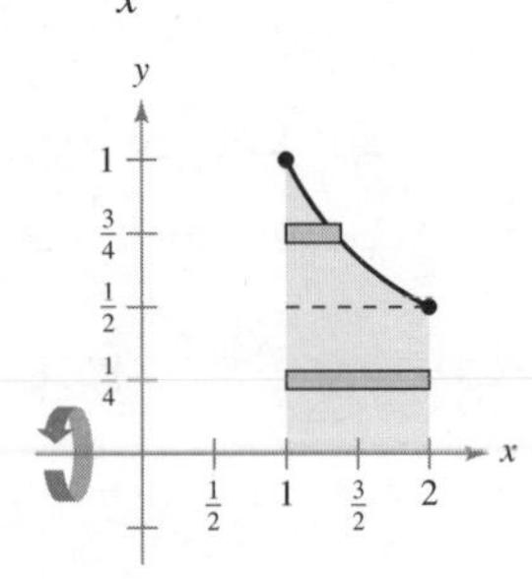

16. $x + y^2 = 4$

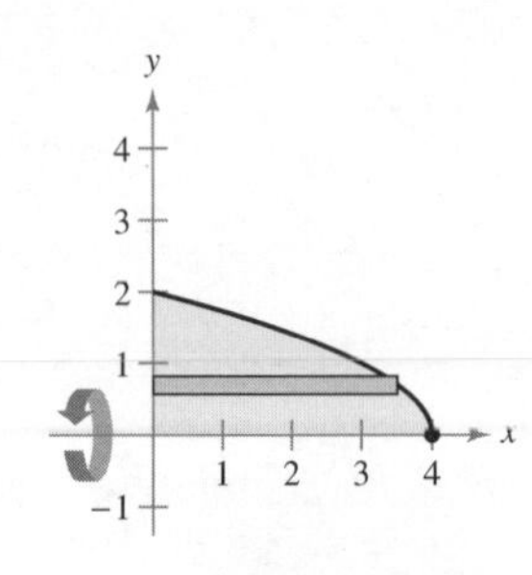

17. $y = x^3, \quad x = 0, \quad y = 8$
18. $y = 4x^2, \quad x = 0, \quad y = 4$
19. $x + y = 4, \quad y = x, \quad y = 0$
20. $y = 3 - x, \quad y = 0, \quad x = 6$
21. $y = 1 - \sqrt{x}, \quad y = x + 1, \quad y = 0$
22. $y = \sqrt{x + 2}, \quad y = x, \quad y = 0$

Para ver las figuras a color, acceda al código

Encontrar el volumen de un sólido **En los ejercicios 23 a 26, utilice el método de las capas para encontrar el volumen del sólido generado al girar la región acotada por las gráficas de las ecuaciones sobre la recta dada.**

23. $y = 2x - x^2, \quad y = 0,$ respecto a la recta $x = 4$
24. $y = \sqrt{x}, \quad y = 0, \quad x = 4,$ respecto a la recta $x = 6$
25. $y = 3x - x^2, \quad y = x^2,$ respecto a la recta $x = 2$
26. $y = \frac{1}{3}x^3, \quad y = 6x - x^2,$ respecto a la recta $x = 3$

Elegir un método **En los ejercicios 27 y 28, decidir si es más conveniente utilizar el método de los discos o el método de las capas para encontrar el volumen del sólido de revolución. Explique su razonamiento. (No calcule el volumen.)**

27. $(y - 2)^2 = 4 - x$

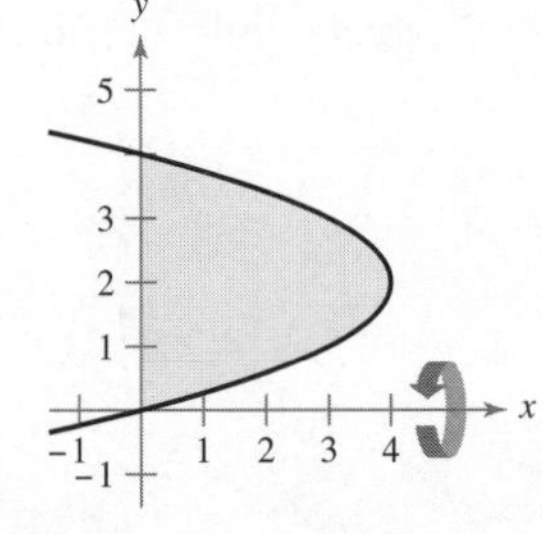

28. $y = 4 - e^x$

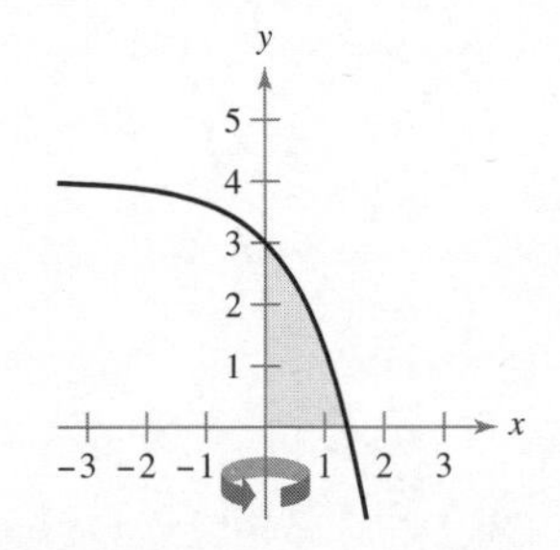

Elegir un método **En los ejercicios 29 a 32, utilice el método de los discos *o* el método de las capas para encontrar los volúmenes de los sólidos generados al girar la región acotada por las gráficas de las ecuaciones respecto a las rectas dadas.**

29. $y = x^3, \quad y = 0, \quad x = 2$

(a) el eje x (b) el eje y (c) $x = 4$

30. $y = \frac{10}{x^2}$, $y = 0$, $x = 1$, $x = 5$

(a) el eje x (b) el eje y (c) $y = 10$

31. $x^{1/2} + y^{1/2} = a^{1/2}$, $x = 0$, $y = 0$

(a) el eje x (b) el eje y (c) $x = a$

32. $x^{2/3} + y^{2/3} = a^{2/3}$, $a > 0$ (hipocicloide)

(a) el eje x (b) el eje y

Encontrar el volumen de un sólido usando tecnología En los ejercicios 33 a 36, (a) utilice una herramienta de graficación para trazar la región plana acotada por las gráficas de las ecuaciones, y (b) use las capacidades de integración de la herramienta de graficación para aproximar el volumen del sólido generado al girar la región alrededor del eje y.

33. $x^{4/3} + y^{4/3} = 1$, $x = 0$, $y = 0$, primer cuadrante

34. $y = \sqrt{1 - x^3}$, $y = 0$, $x = 0$

35. $y = \sqrt[3]{(x - 2)^2(x - 6)^2}$, $y = 0$, $x = 2$, $x = 6$

36. $y = \frac{2}{1 + e^{1/x}}$, $y = 0$, $x = 1$, $x = 3$

Exploración de conceptos

37. Considere la región plana acotada por las gráficas de $y = k$, $y = 0$, $x = 0$ y $x = b$ donde $k > 0$ y $b > 0$. Encuentre las alturas y los radios de los cilindros generados cuando se gira esta región respecto a (a) el eje x y (b) el eje y.

38. Un sólido se genera haciendo girar la región acotada por $y = 9 - x^2$ y $x = 0$ respecto al eje y. Explique por qué puede usarse el método de capas con límites de integración $x = 0$ y $x = 3$ para encontrar el volumen del sólido.

En los ejercicios 39 y 40, dé un argumento geométrico que explique por qué las integrales tienen valores iguales.

39. $\pi \int_1^5 (x - 1)\,dx = 2\pi \int_0^2 y[5 - (y^2 + 1)]\,dy$

40. $\pi \int_0^2 [16 - (2y)^2]\,dy = 2\pi \int_0^4 x\left(\frac{x}{2}\right)dx$

41. Comparar volúmenes La región en la figura se gira alrededor de los ejes y la recta dados. Ordene los volúmenes de los sólidos resultantes de menor a mayor. Explique su razonamiento.

(a) Eje x (b) Eje y (c) $x = 4$

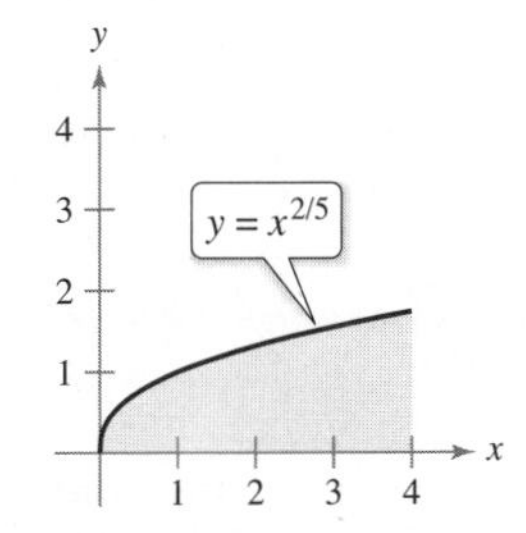

42. ¿CÓMO LO VE? Use la gráfica para responder lo siguiente.

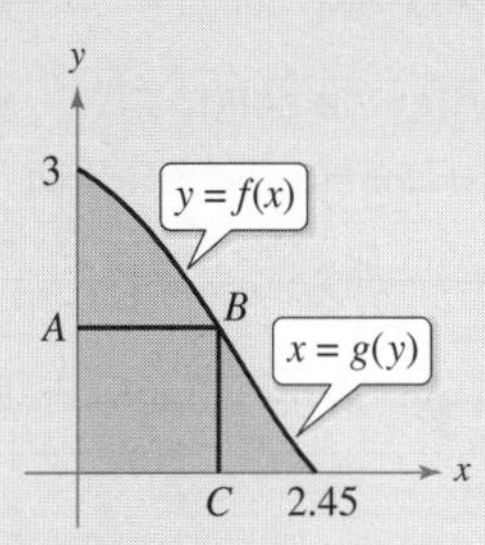

(a) Describa la figura generada por la rotación del segmento AB respecto al eje y.

(b) Describa la figura generada por la rotación del segmento BC respecto al eje y.

(c) Suponga que la curva en la figura puede ser descrita como $y = f(x)$ o $x = g(y)$. Al girar la región acotada por la curva, $y = 0$ y $x = 0$ respecto al eje y se genera un sólido. Determine las integrales para encontrar el volumen de este sólido utilizando el método de los discos y el método de las capas (no integre).

Analizar una integral En los ejercicios 43 a 46, la integral representa el volumen de un sólido de revolución. Identifique (a) la región plana que se gira y (b) el eje de revolución.

43. $2\pi \int_0^2 x^3\,dx$

44. $2\pi \int_0^1 (y - y^{3/2})\,dy$

45. $2\pi \int_0^6 (y + 2)\sqrt{6 - y}\,dy$

46. $2\pi \int_0^1 (4 - x)e^x\,dx$

47. Pieza de máquina Se genera un sólido al girar la región acotada por $y = \frac{1}{2}x^2$ y $y = 2$ respecto al eje y. Un agujero, centrado a lo largo del eje de revolución, es perforado a través de este sólido de manera que se elimina una cuarta parte del volumen. Encuentre el diámetro del agujero.

48. Pieza de máquina Se genera un sólido al girar la región acotada por $y = \sqrt{9 - x^2}$ y $y = 0$ respecto al eje y. Un agujero, centrado a lo largo del eje de revolución, es perforado a través de este sólido de manera que se remueve un tercio del volumen. Encuentre el diámetro del agujero.

49. Volumen de un toro Un toro se forma al girar la región acotada por el círculo $x^2 + y^2 = 1$ respecto a la recta $x = 2$ (vea la figura). Calcule el volumen de este sólido "en forma de rosquilla". (*Sugerencia*: La integral $\int_{-1}^{1} \sqrt{1 - x^2}\,dx$ representa el área de un semicírculo.)

Para ver las figuras a color, acceda al código

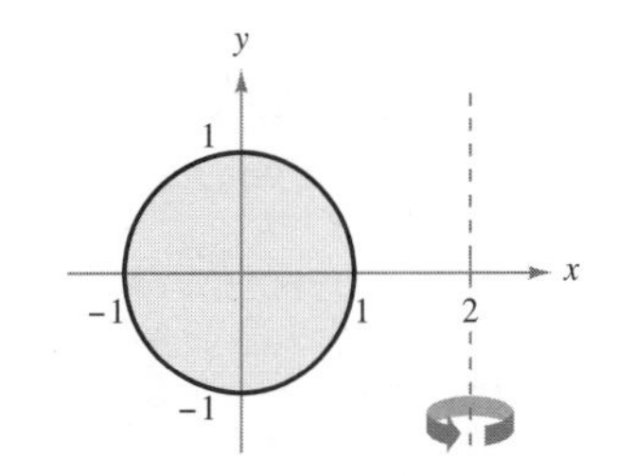

50. Volumen de un toro Repita el ejercicio 49 para un toro formado por el giro de la región acotada por el círculo $x^2 + y^2 = r^2$ respecto a la recta $x = R$, donde $r < R$.

51. Hallar el volumen de sólidos

(a) Utilice derivación para verificar que

$$\int x \operatorname{sen} x\, dx = \operatorname{sen} x - x \cos x + C$$

(b) Utilice el resultado del inciso (a) para encontrar el volumen del sólido generado al girar cada región plana respecto al eje y.

(i)

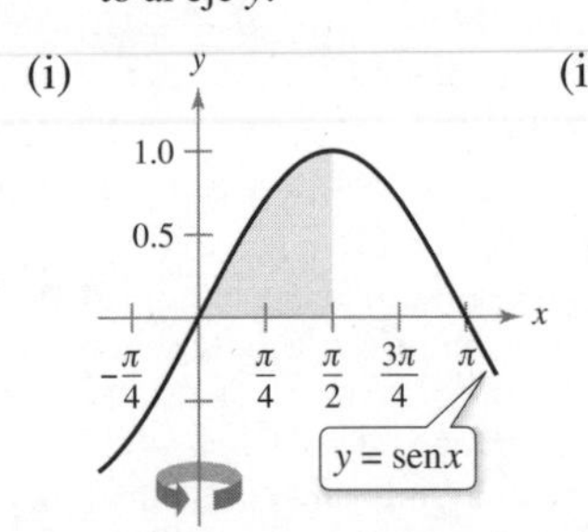

(ii)

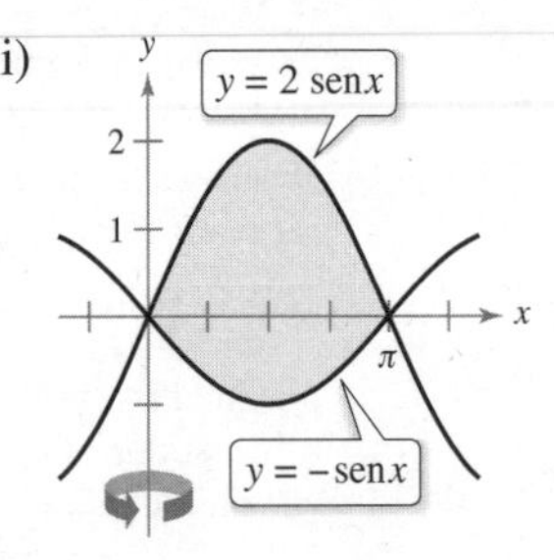

52. Hallar el volumen de sólidos

(a) Utilice la derivación para verificar que

$$\int x \cos x\, dx = \cos x + x \operatorname{sen} x + C$$

(b) Utilice el resultado del inciso (a) para encontrar el volumen del sólido generado al girar cada región plana respecto al eje y. (*Sugerencia*: Comience por la aproximación de los puntos de intersección.)

(i)

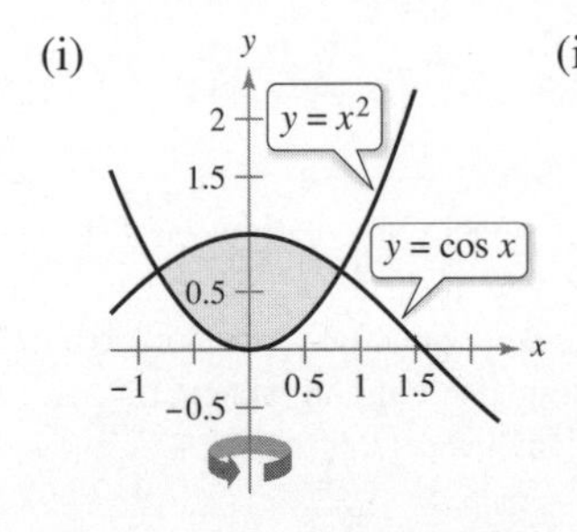

(ii)

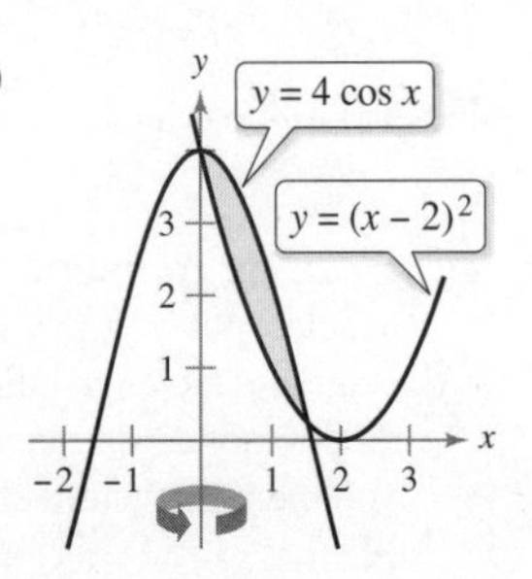

53. Volumen de un segmento de esfera Sea una esfera de radio r que es cortada por un plano, formando de este modo un segmento de altura h. Demuestre que el volumen de este segmento es

$$\frac{1}{3}\pi h^2(3r - h)$$

54. Volumen de un elipsoide Considere la región plana acotada por la gráfica de la elipse

$$\left(\frac{x}{a}\right)^2 + \left(\frac{y}{b}\right)^2 = 1$$

donde $a > 0$ y $b > 0$. Demuestre que el volumen del elipsoide formado cuando esta región gira respecto al eje y es

$$\frac{4}{3}\pi a^2 b$$

¿Cuál es el volumen cuando se hace girar la región alrededor del eje x?

55. Exploración Considere la región acotada por las gráficas de $y = ax^n$, $y = ab^n$ y $x = 0$ (vea la figura).

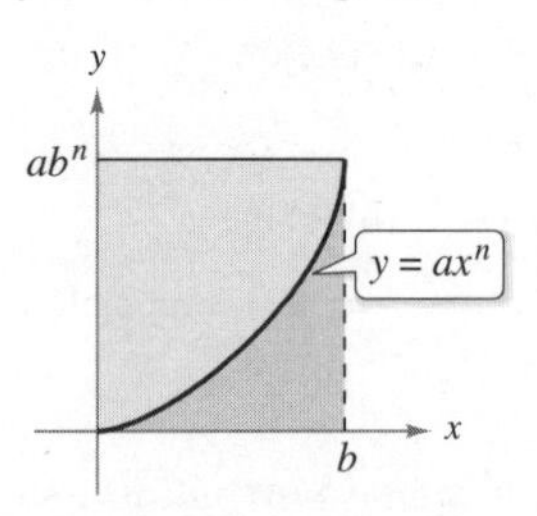

(a) Determine la razón $R_1(n)$ del área de la región al área del rectángulo circunscrito.

(b) Encuentre $\lim_{n\to\infty} R_1(n)$ y compare el resultado con el área del rectángulo circunscrito.

(c) Determine el volumen del sólido de revolución formado al girar la región alrededor del eje y. Encuentre la razón $R_2(n)$ de este volumen al volumen del cilindro circular recto circunscrito.

(d) Encuentre $\lim_{n\to\infty} R_2(n)$ y compare el resultado con el volumen del cilindro circunscrito.

(e) Utilice los resultados de los incisos (b) y (d) para hacer una conjetura acerca de la forma de la gráfica de $y = ax^n$ $(0 \le x \le b)$ cuando $n \to \infty$.

56. Piénselo Relacione cada integral con el sólido cuyo volumen representa, y proporcione las dimensiones de cada sólido.

(a) Cono circular recto (b) Toro (c) Esfera

(d) Cilindro circular recto (e) Elipsoide

(i) $2\pi \int_0^r hx\, dx$

(ii) $2\pi \int_0^r hx\left(1 - \frac{x}{r}\right) dx$

(iii) $2\pi \int_0^r 2x\sqrt{r^2 - x^2}\, dx$

(iv) $2\pi \int_0^b 2ax\sqrt{1 - \frac{x^2}{b^2}}\, dx$

(v) $2\pi \int_{-r}^r (R - x)\left(2\sqrt{r^2 - x^2}\right) dx$

Para ver las figuras a color, acceda al código

57. Volumen de un cobertizo de almacenamiento Un cobertizo de almacenamiento tiene una base circular de diámetro de 80 pies. Comenzando en el centro, la altura interior se mide cada 10 pies y se registra en la tabla (vea la figura). Encuentre el volumen del cobertizo.

x	Altura
0	50
10	45
20	40
30	20
40	0

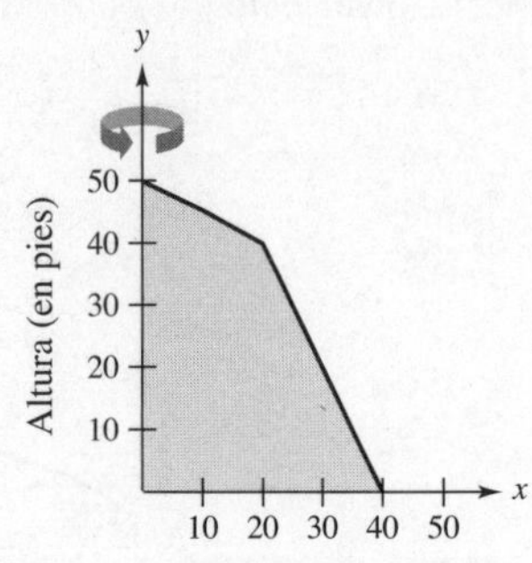

58. **Modelar datos** Un estanque es aproximadamente circular, con un diámetro de 400 metros. Comenzando en el centro, la profundidad del agua se mide cada 25 pies y se registra en la tabla (ver figura).

x	0	25	50
Profundidad	20	19	19

x	75	100	125
Profundidad	17	15	14

x	150	175	200
Profundidad	10	6	0

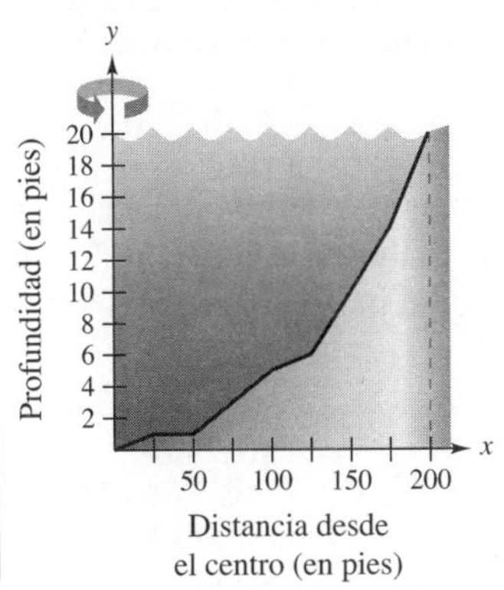

(a) Utilice la capacidad de regresión de una herramienta de graficación para encontrar un modelo cuadrático para las profundidades registradas en la tabla. Utilice la herramienta para trazar las profundidades y la gráfica del modelo.

(b) Utilice las capacidades de integración de una herramienta de graficación y el modelo en el inciso (a) para aproximar el volumen de agua en el estanque.

(c) Use el resultado del inciso (b) para aproximar el número de galones de agua en el estanque. (*Sugerencia*: 1 pie cúbico de agua es de aproximadamente 7.48 galones.)

59. **Volúmenes iguales** Sean V_1 y V_2 los volúmenes de los sólidos que resultan cuando la región plana acotada por

$$y = \frac{1}{x}, \quad y = 0, \quad x = \frac{1}{4} \quad \text{y} \quad x = c, \quad c > \frac{1}{4}$$

es girado alrededor del eje x y el eje y, respectivamente. Encuentre el valor de c para los que $V_1 = V_2$.

60. **Volumen de un segmento de un paraboloide** La región acotada por $y = r^2 - x^2$, $y = 0$ y $x = 0$ se gira alrededor del eje y para formar un paraboloide. Un agujero, centrado a lo largo del eje de revolución, se perfora a través de este sólido. El agujero tiene un radio de k, $0 < k < r$. Encuentre el volumen del anillo resultante (a) por integración respecto a x, y (b) por integración respecto a y.

61. **Hallar volúmenes de cuerpos sólidos** Considere la gráfica de $y^2 = x(4 - x)^2$ (vea la figura). Encuentre los volúmenes de los sólidos que se generan cuando el rizo de esta gráfica se gira respecto a (a) el eje x, (b) el eje y y (c) la recta $x = 4$.

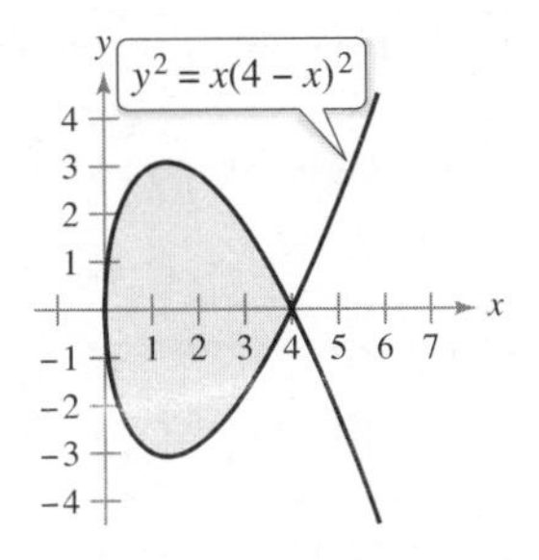

Para ver las figuras a color, acceda al código

PROYECTO DE TRABAJO

Saturno

El achatamiento de Saturno Saturno es el más achatado de los planetas de nuestro sistema solar. Su radio ecuatorial mide 60 268 kilómetros y su radio polar mide 54 364 kilómetros. La fotografía mejorada a color de Saturno fue tomada por el *Voyager 1*. En la fotografía, el achatamiento de Saturno es claramente visible.

(a) Encuentre la razón de los volúmenes de la esfera y el elipsoide achatado que se muestran a continuación.

(b) Si un planeta fuera esférico y tuviera el mismo volumen que Saturno, ¿cuál sería su radio?

Modelo computarizado de "Saturno esférico", cuyo radio ecuatorial es igual a su radio polar. La ecuación de la sección transversal que pasa por el polo es

$$x^2 + y^2 = 60\,268^2$$

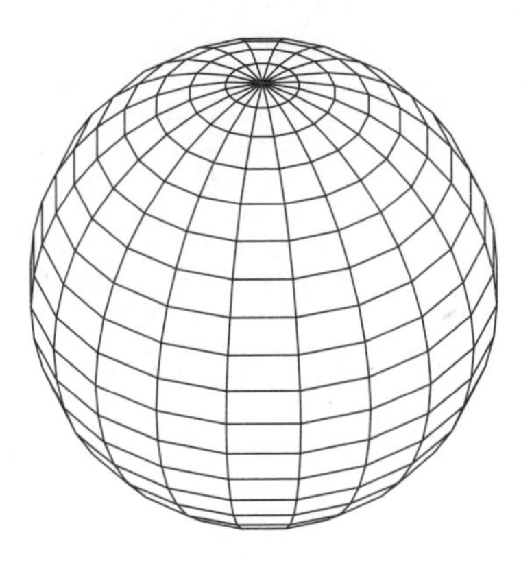

Modelo computarizado de "Saturno achatado", cuyo radio ecuatorial es mayor que su radio polar. La ecuación de la sección transversal que pasa por el polo es

$$\frac{x^2}{60\,268^2} + \frac{y^2}{54\,364^2} = 1$$

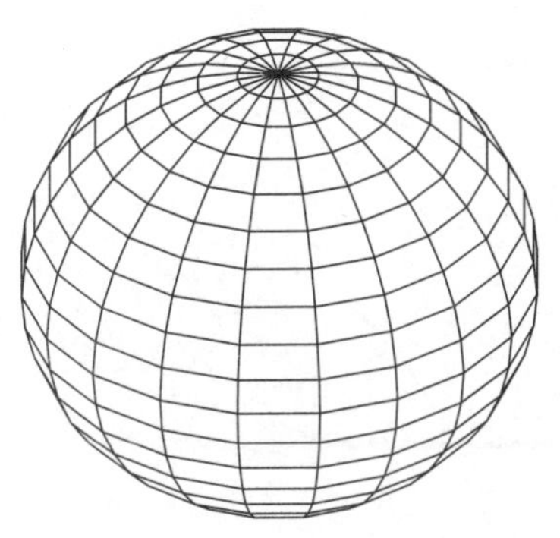

NASA

6.4 Longitud de arco y superficies de revolución

- **Encontrar la longitud de arco de una curva suave.**
- **Encontrar el área de una superficie de revolución.**

Longitud de arco

En esta sección se utilizan integrales definidas para encontrar las longitudes de arco de las curvas y las áreas de superficies de revolución. En cualquier caso, un arco (un segmento de una curva) se aproxima por segmentos de recta cuyas longitudes vienen dadas por la fórmula de la distancia

$$d = \sqrt{(x_2 - x_1)^2 + (y_2 - y_1)^2}$$

Una curva **rectificable** es aquella que tiene una longitud de arco finita. Se aprenderá que una condición suficiente para que la gráfica de una función sea rectificable entre $(a, f(a))$ y $(b, f(b))$ es que f' sea continua en $[a, b]$. Tal función se dice **continuamente diferenciable** en $[a, b]$ y su gráfica en el intervalo $[a, b]$ es una **curva suave.**

Considere una función $y = f(x)$ que es continuamente diferenciable en el intervalo $[a, b]$. Se puede aproximar la gráfica de f por n segmentos de recta cuyos puntos finales están determinados por la partición

$$a = x_0 < x_1 < x_2 < \cdot \cdot \cdot < x_n = b$$

como se muestra en la figura 6.37. Al hacer que $\Delta x_i = x_i - x_{i-1}$ y $\Delta y_i = y_i - y_{i-1}$, se puede aproximar la longitud de la gráfica por

Para ver las figuras a color, acceda al código

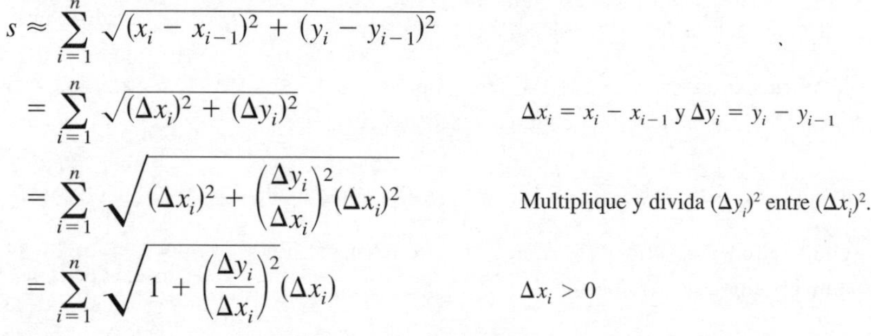

$$\begin{aligned} s &\approx \sum_{i=1}^{n} \sqrt{(x_i - x_{i-1})^2 + (y_i - y_{i-1})^2} \\ &= \sum_{i=1}^{n} \sqrt{(\Delta x_i)^2 + (\Delta y_i)^2} && \Delta x_i = x_i - x_{i-1} \text{ y } \Delta y_i = y_i - y_{i-1} \\ &= \sum_{i=1}^{n} \sqrt{(\Delta x_i)^2 + \left(\frac{\Delta y_i}{\Delta x_i}\right)^2 (\Delta x_i)^2} && \text{Multiplique y divida } (\Delta y_i)^2 \text{ entre } (\Delta x_i)^2. \\ &= \sum_{i=1}^{n} \sqrt{1 + \left(\frac{\Delta y_i}{\Delta x_i}\right)^2} (\Delta x_i) && \Delta x_i > 0 \end{aligned}$$

Esta aproximación parece mejorar cuando $\|\Delta\| \to 0$ $(n \to \infty)$. Así, la longitud de la gráfica es

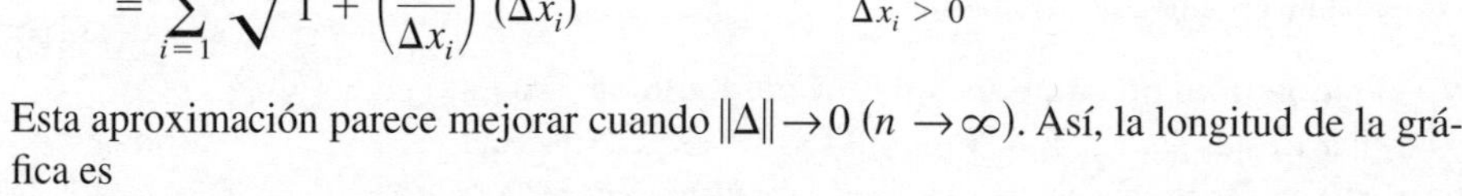

$$s = \lim_{\|\Delta\| \to 0} \sum_{i=1}^{n} \sqrt{1 + \left(\frac{\Delta y_i}{\Delta x_i}\right)^2} (\Delta x_i)$$

Debido a que $f'(x)$ existe para cada x en (x_{i-1}, x_i) el teorema del valor medio garantiza la existencia de c_i en (x_{i-1}, x_i) tal que

$$\frac{f(x_i) - f(x_{i-1})}{x_i - x_{i-1}} = f'(c_i)$$

$$\frac{\Delta y_i}{\Delta x_i} = f'(c_i)$$

Debido a que f' es continua en $[a, b]$ se deduce que $\sqrt{1 + [f'(x)]^2}$ también es continua (y por lo tanto integrable) en $[a, b]$ lo que implica que

$$\begin{aligned} s &= \lim_{\|\Delta\| \to 0} \sum_{i=1}^{n} \sqrt{1 + [f'(c_i)]^2} (\Delta x_i) \\ &= \int_a^b \sqrt{1 + [f'(x)]^2}\, dx \end{aligned}$$

donde s se denomina **longitud de arco** de f entre a y b.

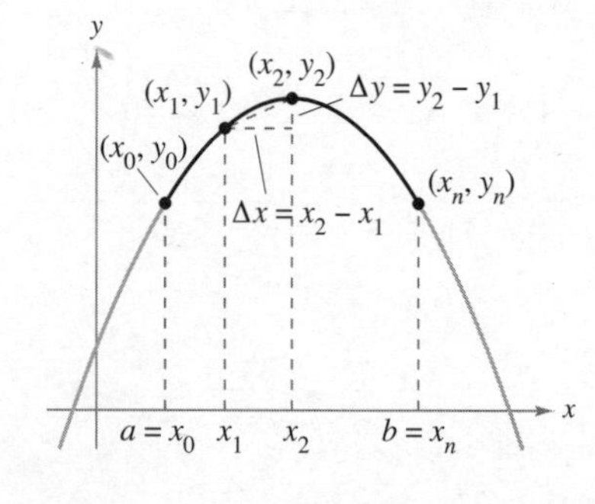

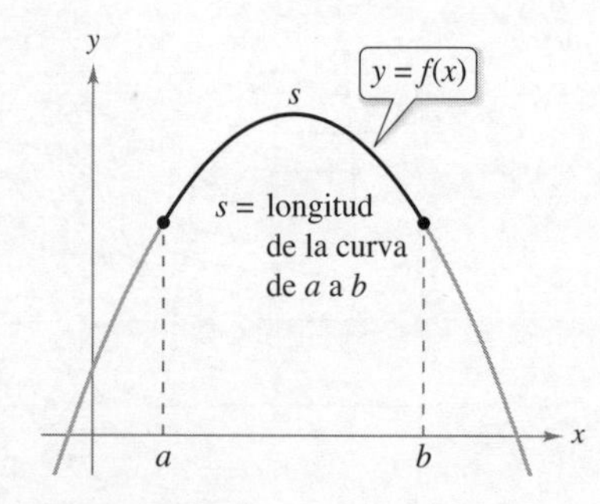

Figura 6.37

CHRISTIAN HUYGENS (1629-1695)

El matemático holandés Christian Huygens, quien inventó el reloj de péndulo, y James Gregory (1638-1675), un matemático escocés, hicieron contribuciones tempranas al problema de encontrar la longitud de una curva rectificable.

Consulte LarsonCalculus.com (disponible solo en inglés) para leer más de esta biografía.

Definición de longitud del arco

Sea la función $y = f(x)$ una curva suave en el intervalo $[a, b]$. La **longitud de arco** de f entre a y b es

$$s = \int_a^b \sqrt{1 + [f'(x)]^2}\, dx \qquad y \text{ es una función de } x.$$

Del mismo modo, para una curva suave $x = g(y)$, la **longitud de arco** de g entre c y d es

$$s = \int_c^d \sqrt{1 + [g'(y)]^2}\, dy \qquad x \text{ es una función de } y.$$

PARA INFORMACIÓN ADICIONAL Para ver cómo se puede utilizar la longitud de arco para definir las funciones trigonométricas, consulte el artículo "Trigonometry Requires Calculus, Not Vice Versa", de Yves Nievergelt, en *UMAP Modules*.

Debido a que la definición de longitud de arco puede ser aplicada a una función lineal, se puede comprobar que esta nueva definición concuerda con la fórmula estándar de la distancia para la longitud de un segmento de recta. Esto se demuestra en el ejemplo 1.

EJEMPLO 1 Longitud de un segmento de recta

Encuentre la longitud de arco de (x_1, y_1) a (x_2, y_2) en la gráfica de

$$f(x) = mx + b$$

Solución Como

$$f'(x) = m = \frac{y_2 - y_1}{x_2 - x_1} \qquad \text{Primera derivada.}$$

se deduce que

$$s = \int_{x_1}^{x_2} \sqrt{1 + [f'(x)]^2}\, dx \qquad \text{Fórmula de la longitud de arco.}$$

$$= \int_{x_1}^{x_2} \sqrt{1 + \left(\frac{y_2 - y_1}{x_2 - x_1}\right)^2}\, dx \qquad f'(x) = \frac{y_2 - y_1}{x_2 - x_1}$$

$$= \sqrt{\frac{(x_2 - x_1)^2 + (y_2 - y_1)^2}{(x_2 - x_1)^2}}(x)\Bigg]_{x_1}^{x_2} \qquad \text{Integre y simplifique.}$$

$$= \sqrt{\frac{(x_2 - x_1)^2 + (y_2 - y_1)^2}{(x_2 - x_1)^2}}(x_2 - x_1) \qquad \text{Aplique el teorema fundamental del cálculo.}$$

$$= \sqrt{(x_2 - x_1)^2 + (y_2 - y_1)^2} \qquad \text{Simplifique.}$$

que es la fórmula para la distancia entre dos puntos en el plano, como se muestra en la figura 6.38.

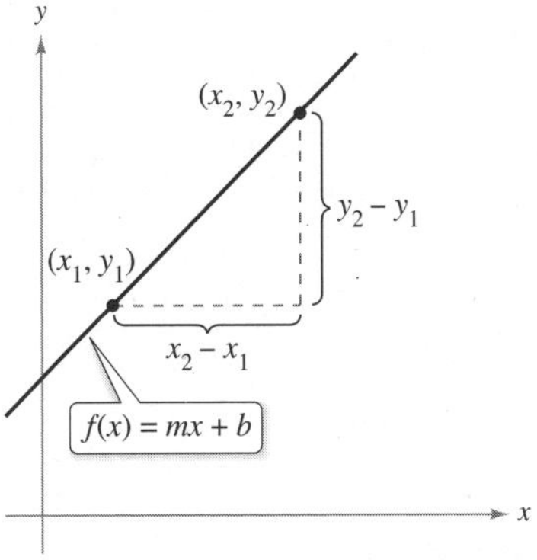

La fórmula para la longitud de arco de la gráfica (x_1, y_1) a (x_2, y_2) es la misma que la fórmula estándar de la distancia.
Figura 6.38

TECNOLOGÍA Las integrales definidas que representan la longitud de arco a menudo son muy difíciles de evaluar. En esta sección se presentan algunos ejemplos. En el siguiente capítulo, con técnicas de integración más avanzadas, se podrá enfrentar problemas más difíciles de longitud de arco. Mientras tanto, recuerde que siempre puede utilizar un programa de integración numérica para aproximar una longitud de arco. Por ejemplo, utilice la función de *integración numérica* de una herramienta de graficación para aproximar longitudes de arco en los ejemplos 2 y 3.

EJEMPLO 2 Encontrar la longitud de arco

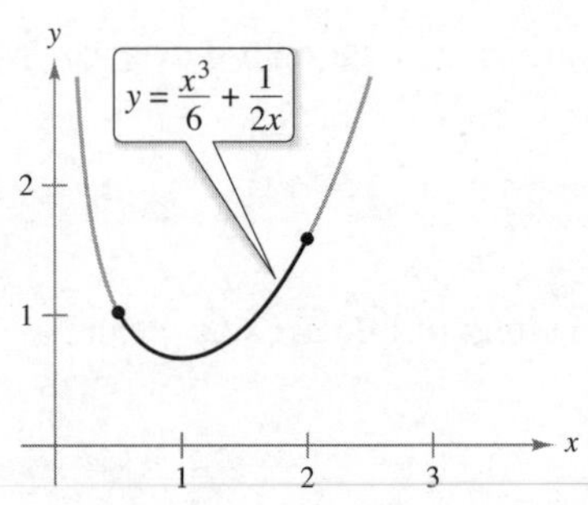

Longitud del arco de la gráfica de y en $\left[\frac{1}{2}, 2\right]$.
Figura 6.39

Determine la longitud de arco de la gráfica de $y = \dfrac{x^3}{6} + \dfrac{1}{2x}$ en el intervalo $\left[\frac{1}{2}, 2\right]$, como se muestra en la figura 6.39.

Solución Utilizando

$$\frac{dy}{dx} = \frac{3x^2}{6} - \frac{1}{2x^2} = \frac{1}{2}\left(x^2 - \frac{1}{x^2}\right) \qquad \text{Primera derivada.}$$

se obtiene una longitud de arco de

$$\begin{aligned}
s &= \int_a^b \sqrt{1 + \left(\frac{dy}{dx}\right)^2}\, dx && \text{Fórmula de la longitud de arco.}\\
&= \int_{1/2}^2 \sqrt{1 + \left[\frac{1}{2}\left(x^2 - \frac{1}{x^2}\right)\right]^2}\, dx && \frac{dy}{dx} = \frac{1}{2}\left(x^2 - \frac{1}{x^2}\right)\\
&= \int_{1/2}^2 \sqrt{\frac{1}{4}\left(x^4 + 2 + \frac{1}{x^4}\right)}\, dx\\
&= \frac{1}{2}\int_{1/2}^2 \left(x^2 + \frac{1}{x^2}\right) dx && \text{Simplifique.}\\
&= \frac{1}{2}\left[\frac{x^3}{3} - \frac{1}{x}\right]_{1/2}^2 && \text{Integre.}\\
&= \frac{1}{2}\left(\frac{13}{6} + \frac{47}{24}\right) && \text{Aplique el teorema fundamental del cálculo.}\\
&= \frac{33}{16} && \text{Simplifique.}
\end{aligned}$$

Para ver las figuras a color, acceda al código

EJEMPLO 3 Encontrar la longitud de arco

Determine la longitud de arco de la gráfica de $(y - 1)^3 = x^2$ en el intervalo $[0, 8]$, como se muestra en la figura 6.40. Redondee su respuesta a tres decimales.

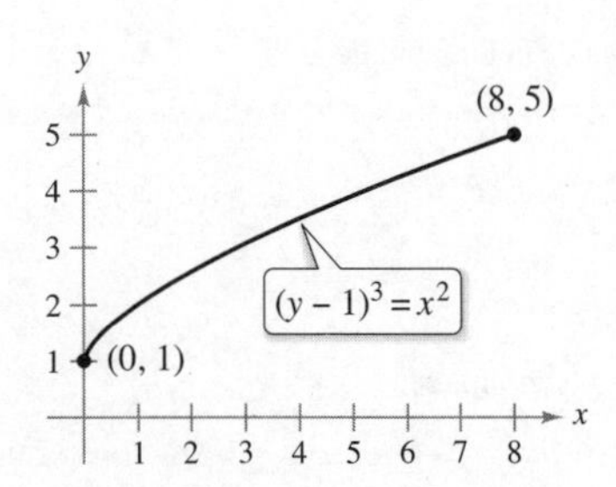

Longitud del arco de la gráfica de y en $[0, 8]$.
Figura 6.40

Solución Al resolver para y se tiene $y = x^{2/3} + 1$ y $dy/dx = 2/(3x^{1/3})$. Dado que dy/dx está indefinida cuando $x = 0$, la fórmula de longitud de arco respecto a x no puede utilizarse. Sin embargo, al resolver para x en términos de y se tiene $x = \pm(y - 1)^{3/2}$. Elegir el valor positivo de x produce

$$\frac{dx}{dy} = \frac{3}{2}(y - 1)^{1/2}$$

El intervalo $[0, 8]$ de x corresponde al intervalo $[1, 5]$ de y y la longitud de arco es

$$\begin{aligned}
s &= \int_c^d \sqrt{1 + \left(\frac{dx}{dy}\right)^2}\, dy && \text{Fórmula de la longitud de arco.}\\
&= \int_1^5 \sqrt{1 + \left[\frac{3}{2}(y - 1)^{1/2}\right]^2}\, dy && \frac{dx}{dy} = \frac{3}{2}(y - 1)^{1/2}\\
&= \int_1^5 \sqrt{\frac{9}{4}y - \frac{5}{4}}\, dy\\
&= \frac{1}{2}\int_1^5 \sqrt{9y - 5}\, dy && \text{Simplifique.}\\
&= \frac{1}{18}\left[\frac{(9y - 5)^{3/2}}{3/2}\right]_1^5 && \text{Integre.}\\
&= \frac{1}{27}(40^{3/2} - 4^{3/2}) && \text{Aplique el teorema fundamental del cálculo.}\\
&\approx 9.073 && \text{Use una calculadora.}
\end{aligned}$$

■

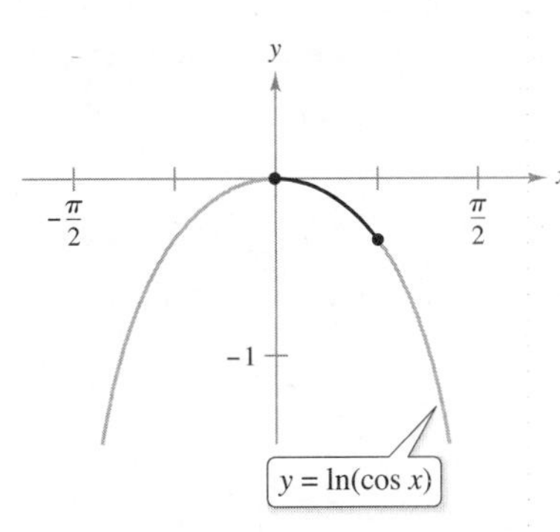

Longitud del arco de la gráfica de y en $\left[0, \frac{\pi}{4}\right]$.

Figura 6.41

Para ver las figuras a color, acceda al código

EJEMPLO 4 Encontrar la longitud de arco

Consulte LarsonCalculus.com (disponible solo en inglés) para una versión interactiva de este tipo de ejemplo.

Determine la longitud de arco de la gráfica de

$$y = \ln(\cos x)$$

de $x = 0$ a $x = \pi/4$, como se muestra en la figura 6.41. Redondee su respuesta a tres decimales.

Solución Utilizando

$$\frac{dy}{dx} = -\frac{\operatorname{sen} x}{\cos x} = -\tan x \qquad \text{Primera derivada.}$$

se obtiene una longitud de arco de

$$\begin{aligned}
s &= \int_a^b \sqrt{1 + \left(\frac{dy}{dx}\right)^2}\, dx && \text{Fórmula de la longitud de arco.}\\
&= \int_0^{\pi/4} \sqrt{1 + \tan^2 x}\, dx && \frac{dy}{dx} = -\tan x\\
&= \int_0^{\pi/4} \sqrt{\sec^2 x}\, dx && \text{Identidad trigonométrica.}\\
&= \int_0^{\pi/4} \sec x\, dx && \text{Simplifique.}\\
&= \Big[\ln|\sec x + \tan x|\Big]_0^{\pi/4} && \text{Integre.}\\
&= \ln\left(\sqrt{2} + 1\right) - \ln 1 && \text{Aplique el teorema fundamental del cálculo.}\\
&\approx 0.881 && \text{Use una calculadora.}
\end{aligned}$$

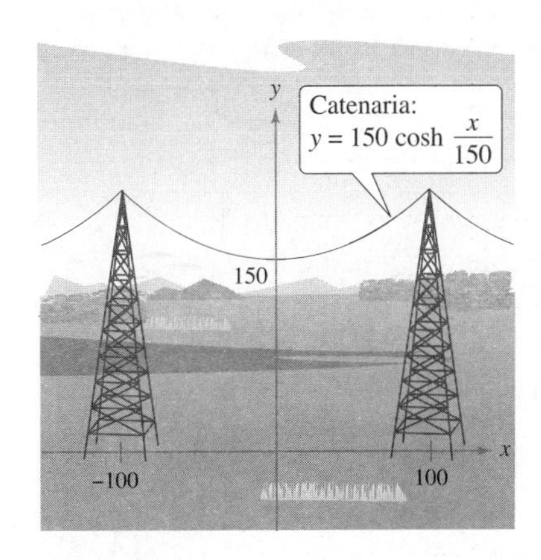

Figura 6.42

EJEMPLO 5 Longitud de un cable

Un cable eléctrico cuelga entre dos torres que se encuentran a 200 pies de distancia, como se muestra en la figura 6.42. El cable toma la forma de una catenaria cuya ecuación es

$$y = 75(e^{x/150} + e^{-x/150}) = 150 \cosh \frac{x}{150}$$

Encuentre la longitud de arco del cable entre las dos torres. Redondee al entero más próximo.

Solución Debido a que $y' = \frac{1}{2}(e^{x/150} - e^{-x/150})$, se puede elevar cada lado al cuadrado para obtener

$$(y')^2 = \frac{1}{4}(e^{x/75} - 2 + e^{-x/75})$$

Al agregar 1 a cada lado y simplificar se obtiene

$$1 + (y')^2 = \frac{1}{4}(e^{x/75} + 2 + e^{-x/75}) = \left[\frac{1}{2}(e^{x/150} + e^{-x/150})\right]^2$$

Por lo tanto, la longitud de arco del cable es

$$\begin{aligned}
s &= \int_a^b \sqrt{1 + (y')^2}\, dx && \text{Fórmula de la longitud de arco.}\\
&= \frac{1}{2}\int_{-100}^{100} (e^{x/150} + e^{-x/150})\, dx\\
&= 75\Big[e^{x/150} - e^{-x/150}\Big]_{-100}^{100} && \text{Integre.}\\
&= 150(e^{2/3} - e^{-2/3}) && \text{Aplique el teorema fundamental del cálculo.}\\
&\approx 215 \text{ pies} && \text{Use una calculadora.}
\end{aligned}$$

Área de una superficie de revolución

En las secciones 6.2 y 6.3 se usó la integración para calcular el volumen de un sólido de revolución. Ahora verá un procedimiento para hallar el área de una superficie de revolución.

Definición de la superficie de revolución

Cuando la gráfica de una función continua se hace girar alrededor de una recta, la superficie resultante es una **superficie de revolución**.

Para ver las figuras a color, acceda al código

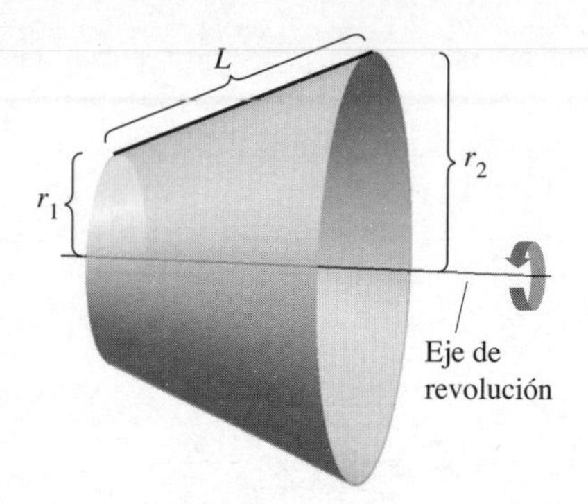

El área de una superficie de revolución se deduce de la fórmula para el área de la superficie lateral de un cono circular recto truncado. Considere el segmento de recta en la figura de la derecha, donde L es la longitud, r_1 es el radio en el extremo izquierdo y r_2 es el radio en el extremo derecho del segmento de recta. Cuando el segmento de recta se hace girar alrededor de su eje de revolución, se forma un cono circular recto truncado, con

$$S = 2\pi rL \qquad \text{Superficie lateral del cono truncado.}$$

donde

$$r = \frac{1}{2}(r_1 + r_2) \qquad \text{Radio promedio del cono truncado.}$$

(En el ejercicio 56 se le pedirá que verifique la fórmula para S.)

Considere una función f que tiene derivada continua en el intervalo $[a, b]$. La gráfica de f se hace girar alrededor del eje x para formar una superficie de revolución, como se muestra en la figura 6.43. Sea Δ una partición de $[a, b]$ con subintervalos de ancho Δx_i, entonces el segmento de recta de longitud

$$\Delta L_i = \sqrt{(\Delta x_i)^2 + (\Delta y_i)^2}$$

genera un cono truncado. Sea r_i el radio promedio de este cono truncado. Por el teorema del valor medio, existe un punto d_i (en el i-ésimo subintervalo) tal que

$$r_i = f(d_i)$$

El área de superficie lateral ΔS_i del cono truncado es

$$\begin{aligned}\Delta S_i &= 2\pi r_i\, \Delta L_i\\ &= 2\pi f(d_i)\sqrt{\Delta x_i^2 + \Delta y_i^2}\\ &= 2\pi f(d_i)\sqrt{1 + \left(\frac{\Delta y_i}{\Delta x_i}\right)^2}\,\Delta x_i\end{aligned}$$

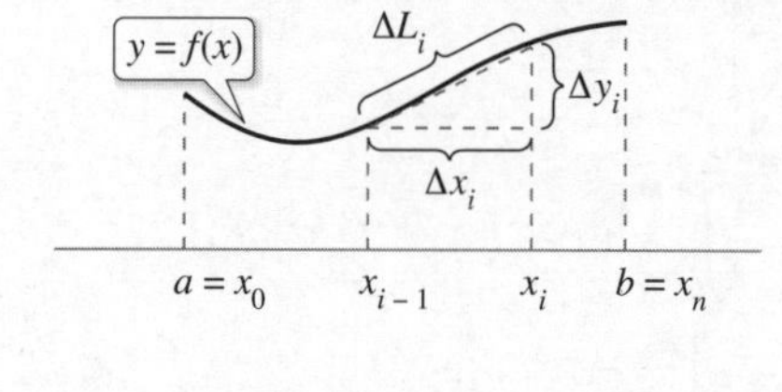

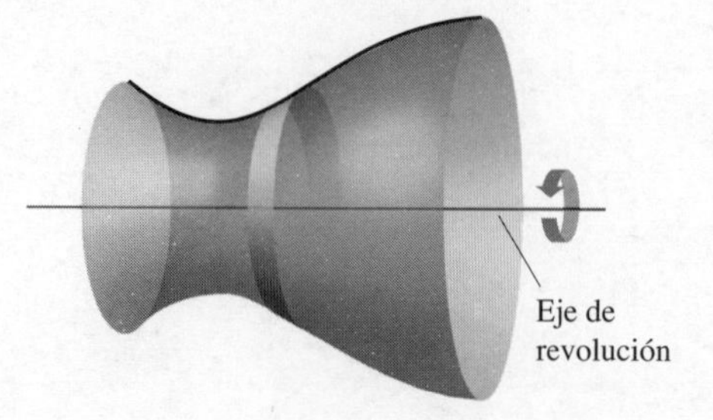

Figura 6.43

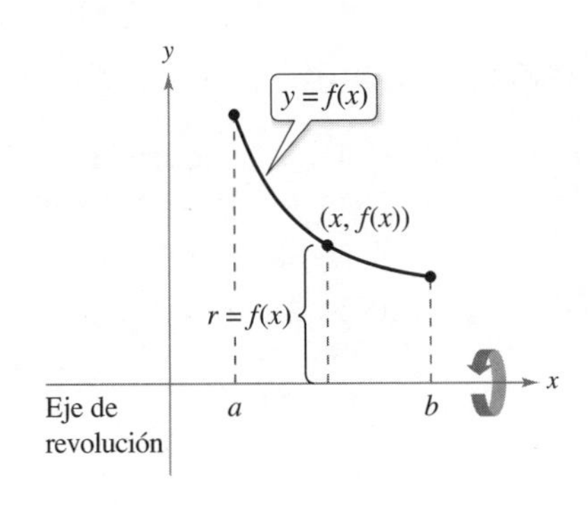

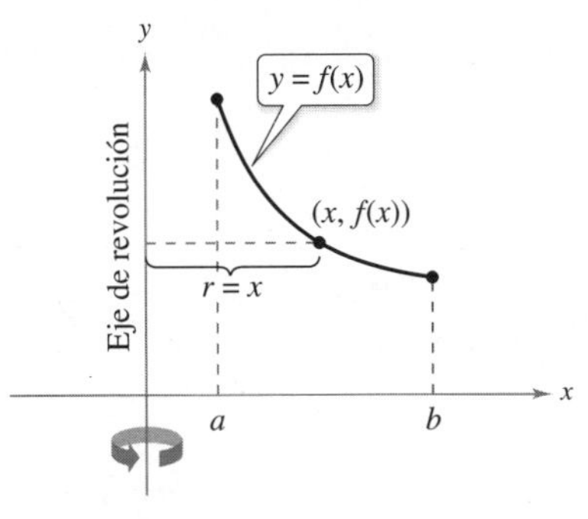

Figura 6.44

Por el teorema del valor medio, existe un punto c_i en (x_{i-1}, x_i) tal que

$$f'(c_i) = \frac{f(x_i) - f(x_{i-1})}{x_i - x_{i-1}} = \frac{\Delta y_i}{\Delta x_i}$$

Así, $\Delta S_i = 2\pi f(d_i)\sqrt{1 + [f'(c_i)]^2}\, \Delta x_i$, y la superficie total se puede aproximar por

$$S \approx 2\pi \sum_{i=1}^{n} f(d_i)\sqrt{1 + [f'(c_i)]^2}\, \Delta x_i$$

Se puede demostrar que el límite de la parte derecha como $\|\Delta\| \to 0$ $(n \to \infty)$ es

$$S = 2\pi \int_a^b f(x)\sqrt{1 + [f'(x)]^2}\, dx \qquad f \text{ se hace girar sobre el eje } x.$$

De una manera similar, si la gráfica de f se hace girar respecto al eje y, entonces S es

$$S = 2\pi \int_a^b x\sqrt{1 + [f'(x)]^2}\, dx \qquad f \text{ se hace girar sobre el eje } y.$$

En estas dos fórmulas de S se pueden considerar los productos $2\pi f(x)$ y $2\pi x$ como las circunferencias de los círculos trazados por un punto (x, y) en la gráfica de f al girar alrededor del eje x y el eje y (figura 6.44). En un caso, el radio es $r = f(x)$ y en el otro caso, el radio es $r = x$. Además, ajustando r adecuadamente se puede generalizar la fórmula para el área de superficie para cubrir *cualquier* eje horizontal o vertical de la revolución, como se indica en la siguiente definición.

Definición del área de una superficie de revolución

Sea $y = f(x)$ una función con primera derivada continua en el intervalo $[a, b]$. El área S de la superficie de revolución formada al girar la gráfica de f alrededor de un eje horizontal o vertical es

$$S = 2\pi \int_a^b r(x)\sqrt{1 + [f'(x)]^2}\, dx \qquad y \text{ es una función de } x.$$

donde $r(x)$ es la distancia entre la gráfica de y y el eje de revolución. Si $x = g(y)$ en el intervalo $[c, d]$, entonces el área de la superficie es

$$S = 2\pi \int_c^d r(y)\sqrt{1 + [g'(y)]^2}\, dy \qquad x \text{ es una función de } y.$$

donde $r(y)$ es la distancia entre la gráfica de g y el eje de revolución.

Para ver la figura a color, acceda al código

Las fórmulas de esta definición a veces se escriben como

$$S = 2\pi \int_a^b r(x)\, ds \qquad y \text{ es una función de } x.$$

y

$$S = 2\pi \int_c^d r(y)\, ds \qquad x \text{ es una función de } y.$$

donde

$$ds = \sqrt{1 + [f'(x)]^2}\, dx \quad \text{y} \quad ds = \sqrt{1 + [g'(y)]^2}\, dy$$

respectivamente.

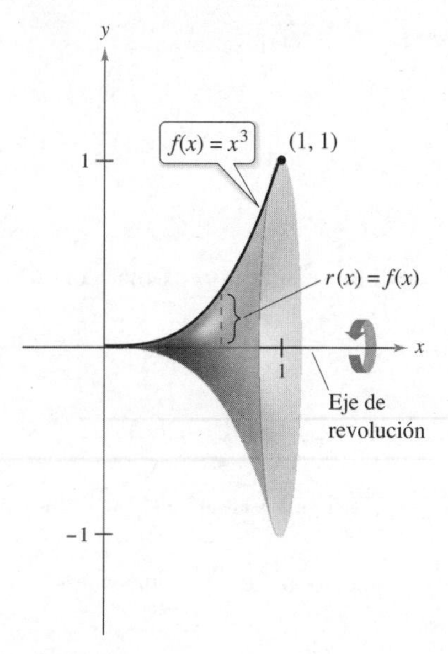

Figura 6.45

EJEMPLO 6 Área de una superficie de revolución

Encuentre el área de la superficie formada al girar la gráfica de $f(x) = x^3$ en el intervalo $[0, 1]$ alrededor del eje x, como se muestra en la figura 6.45. Redondee su respuesta a tres decimales.

Solución La distancia entre el eje x y la gráfica de f es $r(x) = f(x)$, y como $f'(x) = 3x^2$, el área de la superficie es

$$\begin{aligned}
S &= 2\pi \int_a^b r(x)\sqrt{1 + [f'(x)]^2}\,dx && \text{Fórmula para el área de la superficie.}\\
&= 2\pi \int_0^1 x^3\sqrt{1 + (3x^2)^2}\,dx && f(x) = 3x^2\\
&= \frac{2\pi}{36}\int_0^1 (36x^3)(1 + 9x^4)^{1/2}\,dx && \text{Simplifique.}\\
&= \frac{\pi}{18}\left[\frac{(1 + 9x^4)^{3/2}}{3/2}\right]_0^1 && \text{Integre.}\\
&= \frac{\pi}{27}(10^{3/2} - 1) && \text{Aplique el teorema fundamental del cálculo.}\\
&\approx 3.563 && \text{Use una calculadora.}
\end{aligned}$$

EJEMPLO 7 Área de una superficie de revolución

Encuentre el área de la superficie formada al girar la gráfica de $f(x) = x^2$ en el intervalo $[0, \sqrt{2}]$ alrededor del eje x, como se muestra en la siguiente figura. Redondee su respuesta a tres decimales.

$(\sqrt{2}, 2)$

$f(x) = x^2$

$r(x) = x$

Eje de revolución

Para ver las figuras a color, acceda al código

Solución En este caso, la distancia entre la gráfica de f y el eje y es $r(x) = x$. Con $f'(x) = 2x$ y la fórmula para el área de una superficie, se puede determinar que

$$\begin{aligned}
S &= 2\pi \int_a^b r(x)\sqrt{1 + [f'(x)]^2}\,dx && \text{Fórmula para el área de la superficie.}\\
&= 2\pi \int_0^{\sqrt{2}} x\sqrt{1 + (2x)^2}\,dx && f'(x) = 2x\\
&= \frac{2\pi}{8}\int_0^{\sqrt{2}} (1 + 4x^2)^{1/2}(8x)\,dx && \text{Simplifique.}\\
&= \frac{\pi}{4}\left[\frac{(1 + 4x^2)^{3/2}}{3/2}\right]_0^{\sqrt{2}} && \text{Integre.}\\
&= \frac{\pi}{6}[(1 + 8)^{3/2} - 1] && \text{Aplique el teorema fundamental del cálculo.}\\
&= \frac{13\pi}{3}\\
&\approx 13.614 && \text{Use una calculadora.}
\end{aligned}$$

6.4 Ejercicios

Las respuestas a los ejercicios impares pueden consultarse en el Apéndice de este libro.

Repaso de conceptos

1. Describa la condición para que una curva sea rectificable entre dos puntos.
2. Explique cómo encontrar la longitud de arco de una función que es una curva suave en el intervalo $[a, b]$.
3. Nombre una función para la cual la siguiente integral representa la longitud de arco de la función en el intervalo $[0, 2]$.

$$\int_0^2 \sqrt{1 + (4x)^2}\, dx$$

4. Describa una superficie de revolución.

Encontrar la distancia utilizando dos métodos **En los ejercicios 5 y 6, determine la distancia entre los puntos utilizando (a) la fórmula de la distancia y (b) integración.**

5. $(2, 1), (5, 3)$
6. $(-2, 2), (4, -6)$

Encontrar la longitud de arco **En los ejercicios 7 a 20, encuentre la longitud de arco de la gráfica de la función en el intervalo indicado.**

7. $y = \frac{2}{3}(x^2 + 1)^{3/2}$

8. $y = \frac{x^4}{8} + \frac{1}{4x^2}, \quad [2, 3]$

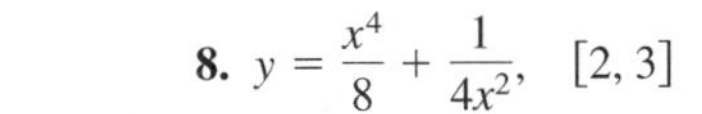

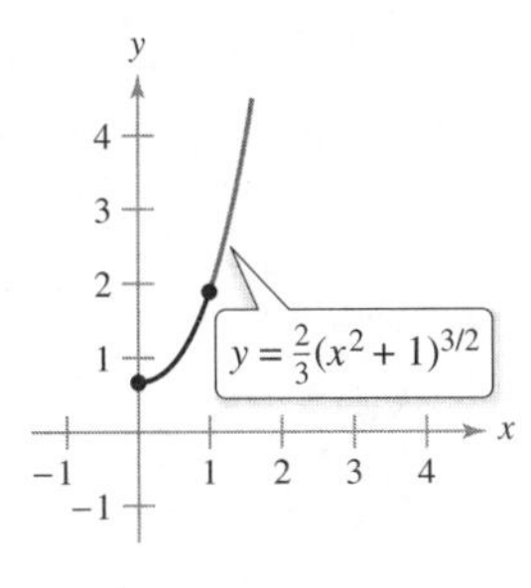

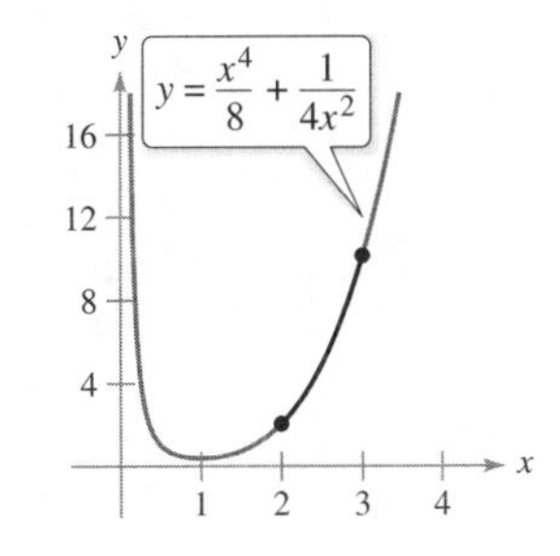

9. $y = \frac{2}{3}x^{3/2} + 1$

10. $y = 2x^{3/2} + 3$

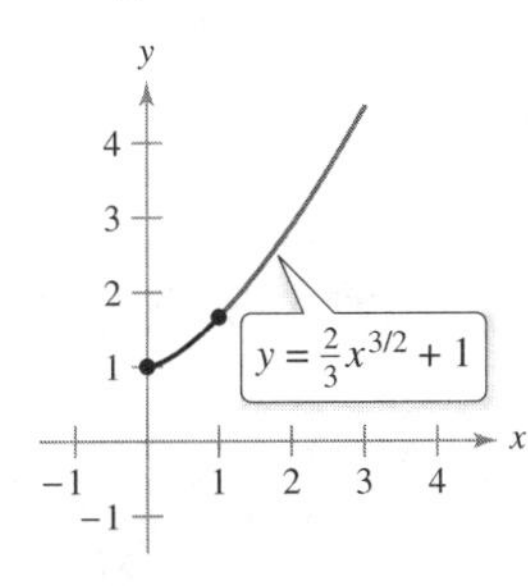

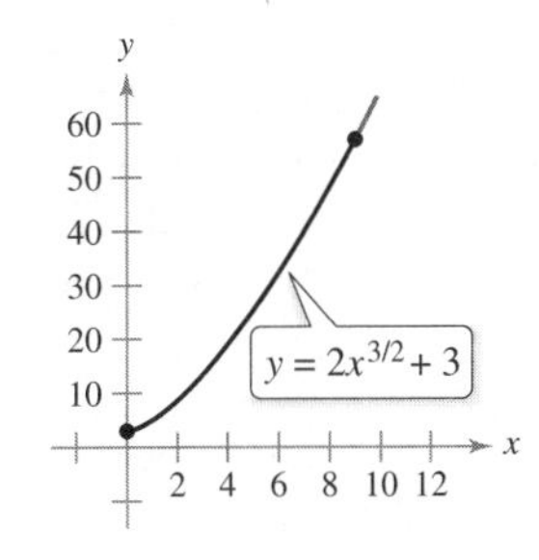

11. $y = \frac{3}{2}x^{2/3}, \quad [1, 8]$
12. $y = \frac{3}{2}x^{2/3} + 4, \quad [1, 27]$
13. $y = \frac{x^5}{10} + \frac{1}{6x^3}, \quad [2, 5]$
14. $y = \frac{x^7}{14} + \frac{1}{10x^5}, \quad [1, 2]$
15. $y = \ln(\operatorname{sen} x), \quad \left[\frac{\pi}{4}, \frac{3\pi}{4}\right]$
16. $y = \ln(\cos x), \quad \left[0, \frac{\pi}{3}\right]$
17. $y = \frac{1}{2}(e^x + e^{-x}), \quad [0, 2]$
18. $y = \ln\left(\frac{e^x + 1}{e^x - 1}\right), \quad [\ln 6, \ln 8]$
19. $x = \frac{1}{3}(y^2 + 2)^{3/2}, \quad 0 \le y \le 4$
20. $x = \frac{1}{3}\sqrt{y}(y - 3), \quad 1 \le y \le 4$

Encontrar la longitud de arco **En los ejercicios 21 a 30, (a) trace la gráfica de la función, destacando la parte indicada por el intervalo dado, (b) encuentre una integral definida que represente la longitud de arco de la curva en el intervalo indicado y observe que la integral no puede ser evaluada con las técnicas estudiadas hasta el momento y (c) use las capacidades de integración de una herramienta de graficación para aproximar la longitud de arco.**

21. $y = 4 - x^2, \quad [0, 2]$
22. $y = x^2 + x - 2, \quad [-2, 1]$
23. $y = \frac{1}{x}, \quad [1, 3]$
24. $y = \frac{1}{x + 1}, \quad [0, 1]$
25. $y = \operatorname{sen} x, \quad [0, \pi]$
26. $y = \cos x, \quad \left[-\frac{\pi}{2}, \frac{\pi}{2}\right]$
27. $y = 2 \arctan x, \quad [0, 1]$
28. $y = \ln x, \quad [1, 5]$
29. $x = e^{-y}, \quad 0 \le y \le 2$
30. $x = \sqrt{36 - y^2}, \quad 0 \le y \le 3$

Aproximar **En los ejercicios 31 y 32, aproxime la longitud de arco de la gráfica de la función en el intervalo [0, 4] de tres maneras. (a) Utilice la fórmula de la distancia para encontrar la distancia entre los puntos terminales del arco. (b) Utilice la fórmula de la distancia para encontrar las longitudes de los cuatro segmentos de recta que conectan los puntos en el arco cuando $x = 0, x = 1, x = 2, x = 3$ y $x = 4$. Encuentre la suma de las cuatro longitudes. (c) Utilice las capacidades de integración de una herramienta de graficación para aproximar la integral obteniendo la longitud de arco indicada.**

31. $f(x) = x^3$
32. $f(x) = (x^2 - 4)^2$

33. **Longitud de una catenaria** Un cable eléctrico está suspendido entre dos torres sepadas 40 metros (vea la figura). El cable forma una catenaria con ecuación

$$y = 10(e^{x/20} + e^{-x/20}), \quad -20 \le x \le 20$$

donde x y y se miden en metros. Encuentre la longitud de arco del cable entre las dos torres.

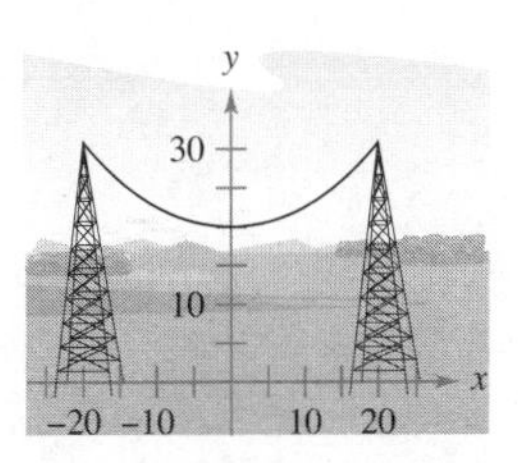

Para ver las figuras a color, acceda al código

34. Área de un techo Un granero mide 100 pies de largo y 40 pies de ancho (vea la figura). Una sección transversal del techo es la catenaria invertida $y = 31 - 10(e^{x/20} + e^{-x/20})$. Encuentre el número de pies cuadrados de techo sobre el granero.

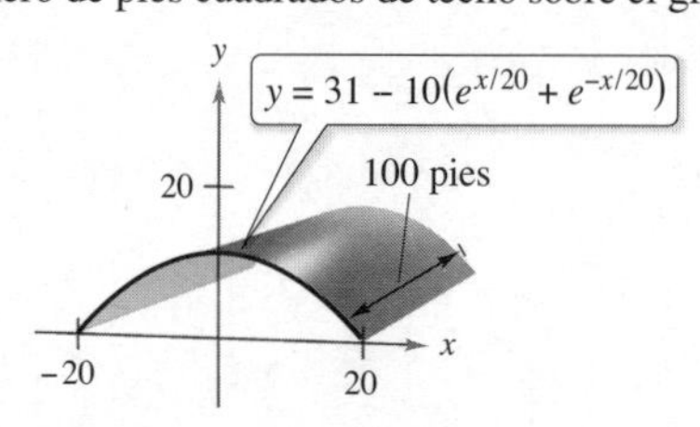

35. Longitud del Gateway Arch El Gateway Arch en St. Louis, Missouri, está modelado por

$$y = 693.8597 - 68.7672 \cosh(0.0100333x)$$

donde $-299.2239 \leq x \leq 299.2239$. Utilice las capacidades de integración de una herramienta de graficación para aproximar la longitud de esta curva (vea la figura).

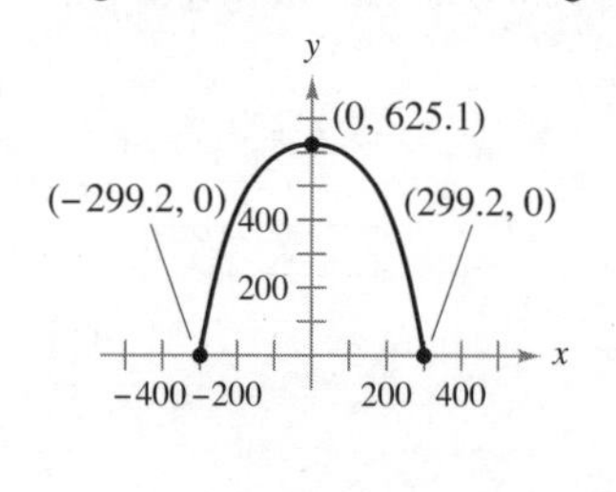

Figura para 35

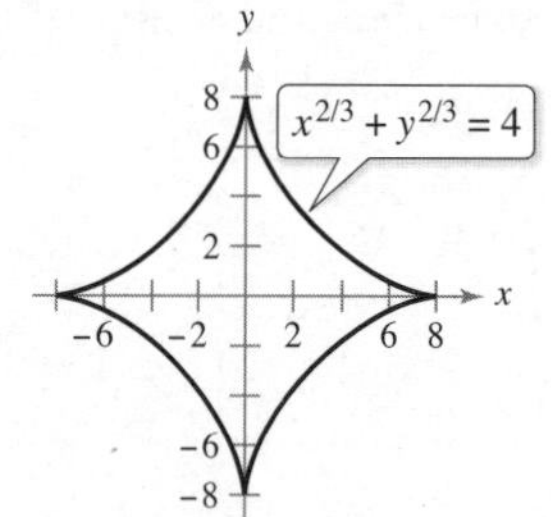

Figura para 36

36. Astroide Encuentre la longitud total de la gráfica de la astroide $x^{2/3} + y^{2/3} = 4$ (vea la figura).

37. Longitud de arco de un sector circular Encuentre la longitud de arco desde $(0, 3)$ hasta $(2, \sqrt{5})$ en sentido horario a lo largo del círculo $x^2 + y^2 = 9$.

38. Longitud de arco de un sector circular Encuentre la longitud del arco desde $(-3, 4)$ hasta $(4, 3)$ en sentido horario a lo largo del círculo $x^2 + y^2 = 25$. Demuestre que el resultado es un cuarto de la circunferencia del círculo.

Calcular el área de una superficie de revolución **En los ejercicios 39 a 44, escriba y evalúe la integral definida que representa el área de la superficie generada al girar la curva en el intervalo alrededor del eje *x*.**

39. $y = \frac{1}{3}x^3$

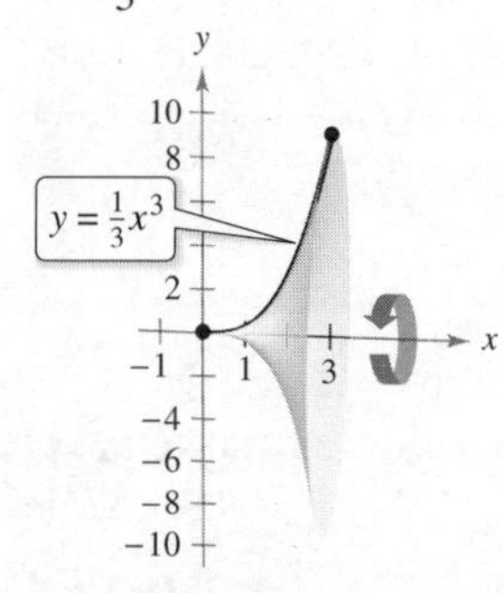

40. $y = 2\sqrt{x}$

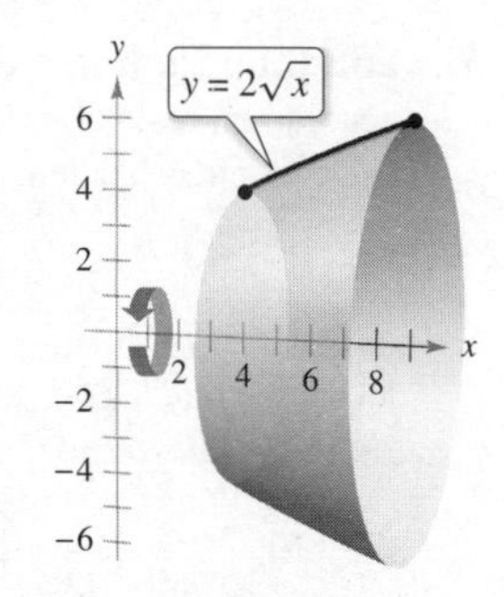

41. $y = \frac{x^3}{6} + \frac{1}{2x}$, $1 \leq x \leq 2$

42. $y = 3x$, $0 \leq x \leq 3$

43. $y = \sqrt{4 - x^2}$, $-1 \leq x \leq 1$

44. $y = \sqrt{9 - x^2}$, $-2 \leq x \leq 2$

Calcular el área de una superficie de revolución **En los ejercicios 45 a 48, escriba y evalúe la integral definida que represente el área de la superficie generada al girar la curva en el intervalo indicado alrededor del eje *y*.**

45. $y = \sqrt[3]{x} + 2$, $1 \leq x \leq 8$

46. $y = 9 - x^2$, $0 \leq x \leq 3$

47. $y = 1 - \frac{x^2}{4}$, $0 \leq x \leq 2$

48. $y = \frac{x}{2} + 3$, $1 \leq x \leq 5$

Cálcular el área de una superficie de revolución usando tecnología **En lós ejercicios 49 y 50, utilice las capacidades de integración de una herramienta de graficación para aproximar la superficie del sólido de revolución.**

	Función	Intervalo	Eje de revolución
49.	$y = \operatorname{sen} x$	$[0, \pi]$	Eje x
50.	$y = \ln x$	$[1, e]$	Eje y

Exploración de conceptos

En los ejercicios 51 y 52, determine qué valor aproxima mejor a la longitud de arco representada por la integral. Haga su selección con base en una gráfica del arco, no realice cálculos.

51. $\displaystyle\int_0^2 \sqrt{1 + \left[\frac{d}{dx}\left(\frac{5}{x^2 + 1}\right)\right]^2}\, dx$

(a) 25 (b) 5 (c) 2 (d) -4 (e) 3

52. $\displaystyle\int_0^{\pi/4} \sqrt{1 + \left[\frac{d}{dx}(\tan x)\right]^2}\, dx$

(a) 3 (b) -2 (c) 4 (d) $\frac{4\pi}{3}$ (e) 1

53. Considere la función

$$f(x) = \frac{1}{4}e^x + e^{-x}$$

Compare la integral definida de f en el intervalo $[a, b]$ con la longitud de arco de f en el intervalo $[a, b]$.

54. ¿CÓMO LO VE? En la figura se muestran las gráficas de las funciones f_1 y f_2 en el intervalo $[a, b]$. La gráfica de cada función se gira alrededor del eje x. ¿Qué superficie de revolución tiene la mayor área de superficie? Explique.

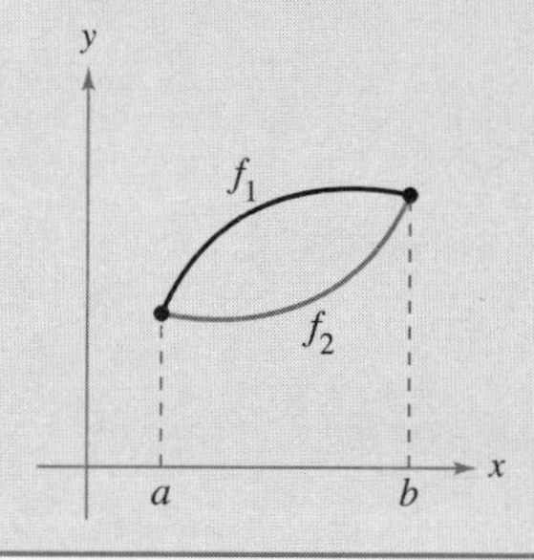

Para ver las figuras a color, acceda al código

55. Piénselo La figura muestra las gráficas de las funciones $y_1 = x$, $y_2 = \frac{1}{2}x^{3/2}$, $y_3 = \frac{1}{4}x^2$ y $y_4 = \frac{1}{8}x^{5/2}$ en el intervalo [0, 4]. Para imprimir una copia ampliada de la gráfica, visite *MathGraphs.com* (disponible solo en inglés).

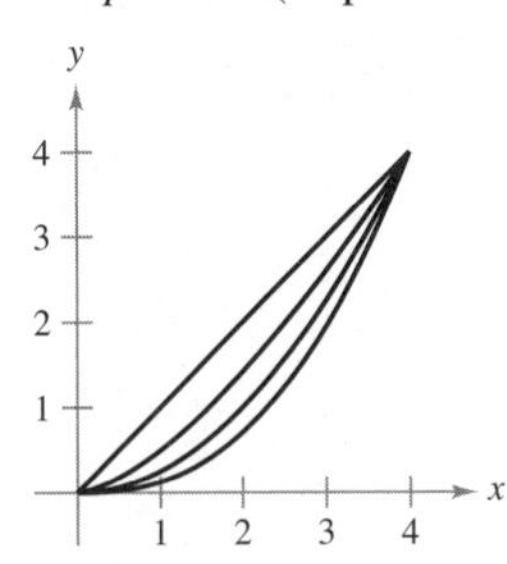

Para ver las figuras a color, acceda al código

(a) Identifique las funciones.

(b) Sin realizar cálculos, ordene las funciones en forma creciente respecto a la longitud de arco.

(c) Verifique su respuesta en el inciso (b) mediante el uso de las capacidades de integración de una herramienta de graficación para aproximar cada longitud de arco con tres cifras decimales.

56. Verificar la fórmula

(a) Dado un sector circular con un radio L y el ángulo central θ (vea la figura), demuestre que el área del sector está dada por

$$S = \frac{1}{2}L^2\theta$$

(b) Al unir los bordes rectos del sector en el inciso (a), se forma un cono circular recto (vea la figura) y la superficie lateral del cono es la misma que el área del sector. Demuestre que el área es $S = \pi rL$, donde r es el radio de la base del cono. (*Sugerencia*: La longitud de arco del sector es igual a la circunferencia de la base del cono.)

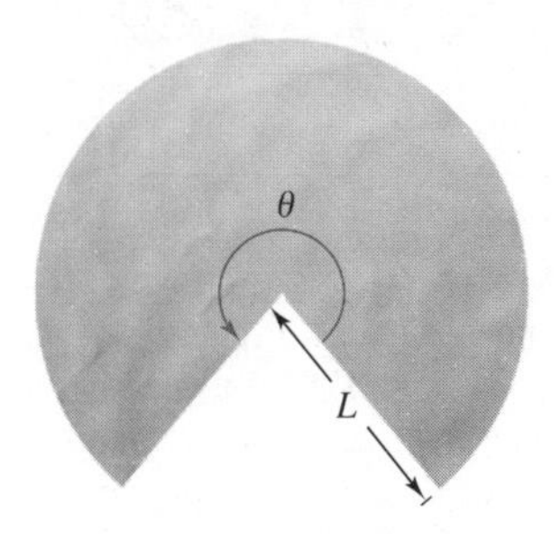

Figura para 56(a)

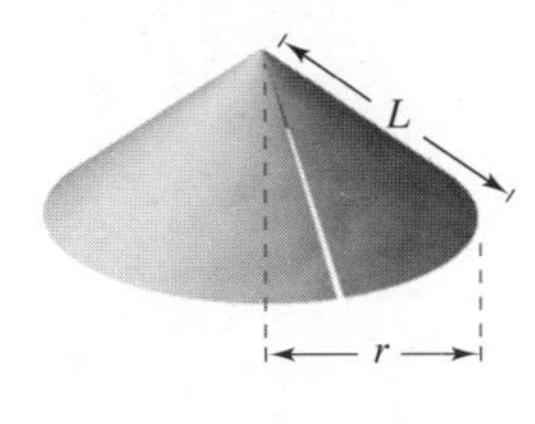

Figura para 56(b)

(c) Use el resultado del inciso (b) para verificar que la fórmula para el área de la superficie lateral del cono truncado con altura inclinada L y radios r_1 y r_2 (vea la figura) es $S = \pi(r_1 + r_2)L$. (*Nota*: Esta fórmula se utilizó para desarrollar la integral para encontrar el área superficial de una superficie de revolución.)

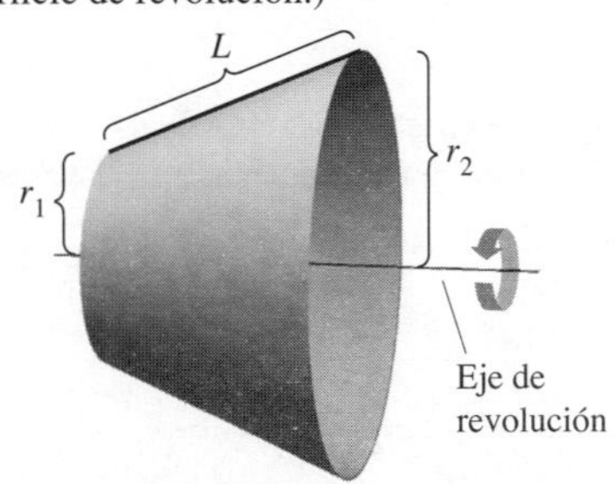

57. Área de la superficie lateral de un cono Un cono circular recto se genera al girar la región acotada por $y = 3x/4$, $y = 3$ y $x = 0$ respecto al eje y. Encuentre el área de la superficie lateral del cono.

58. Área de la superficie lateral de un cono Un cono circular recto se genera al girar la región acotada por $y = hx/r$, $y = h$ y $x = 0$ respecto al eje y. Compruebe que el área de la superficie lateral del cono es $S = \pi r\sqrt{r^2 + h^2}$.

59. Usar una esfera Encuentre el área de la superficie de una esfera formada al girar la gráfica de $y = \sqrt{9 - x^2}$, $0 \le x \le 2$, alrededor del eje y.

60. Usar una esfera Encuentre el área de la superficie de una esfera formada al girar la gráfica de $y = \sqrt{r^2 - x^2}$, $0 \le x \le a$, alrededor del eje y. Suponga que $a < r$.

61. Modelar datos La circunferencia C (en pulgadas) de un florero se mide a intervalos de 3 pulgadas a partir de su base. Las mediciones se muestran en la tabla, donde y es la distancia vertical en pulgadas desde la base.

y	0	3	6	9	12	15	18
C	50	65.5	70	66	58	51	48

(a) Utilice los datos para aproximar el volumen del florero sumando los volúmenes de los discos de aproximación.

(b) Utilice los datos para aproximar la superficie exterior (excluyendo la base) del florero sumando las superficies exteriores de los conos truncados circulares rectos de aproximación.

(c) Utilice las capacidades de regresión de una herramienta de graficación para encontrar un modelo cúbico para los puntos (y, r), donde $r = C/(2\pi)$. Utilice la herramienta de graficación para trazar los puntos y graficar el modelo.

(d) Utilice el modelo en el inciso (c) y las capacidades de integración de una herramienta de graficación para aproximar el volumen y el área de la superficie exterior del florero. Compare los resultados con sus respuestas en los incisos (a) y (b).

62. Modelar datos En la figura se muestra una propiedad delimitada por dos caminos perpendiculares y una corriente. Las distancias se miden en pies.

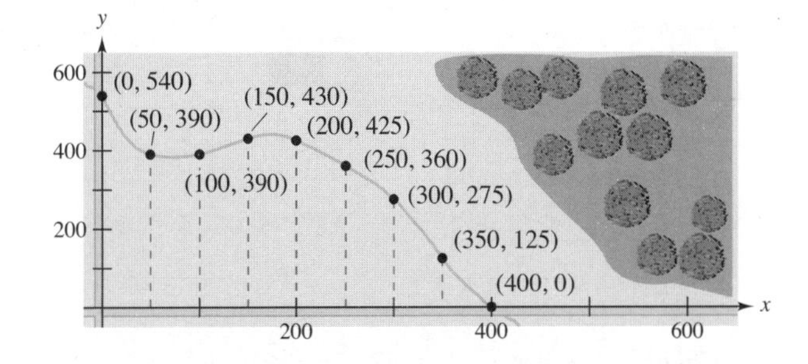

(a) Utilice las capacidades de regresión de una herramienta de graficación para ajustar un polinomio de cuarto grado a la trayectoria de la corriente.

(b) Utilice el modelo en el inciso (a) para aproximar el área de la propiedad en acres.

(c) Utilice las capacidades de integración de una herramienta de graficación para hallar la longitud de la corriente que limita la propiedad.

63. Volumen y área superficial Sea R la región acotada por $y = 1/x$, el eje x, $x = 1$ y $x = b$, donde $b > 1$. Sea D el sólido formado cuando R se hace girar alrededor del eje x.

(a) Calcule el volumen V de D.

(b) Escriba una integral definida que represente el área de la superficie S de D.

(c) Demuestre que V se acerca a un límite finito cuando $b \to \infty$.

(d) Demuestre que $S \to \infty$ cuando $b \to \infty$.

64. Longitud de arco Demuestre que

$$\int_{-1}^{1} \frac{1}{\sqrt{1 - x^2}}\,dx = \pi$$

sin evaluar la antiderivada de

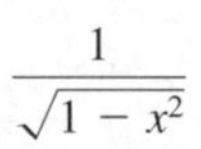

$$\frac{1}{\sqrt{1 - x^2}}$$

Para ver las figuras a color, acceda al código

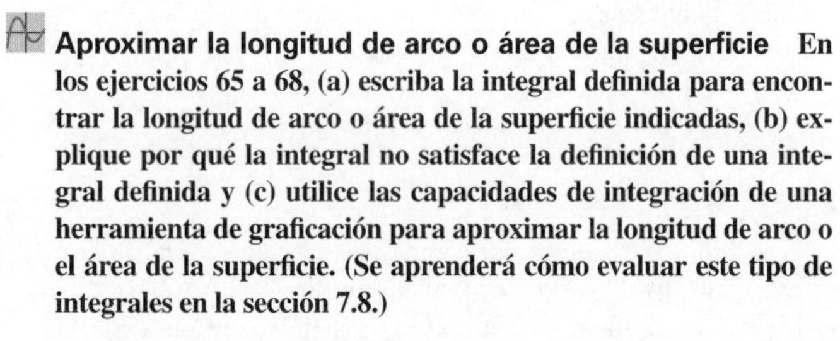

Aproximar la longitud de arco o área de la superficie En los ejercicios 65 a 68, (a) escriba la integral definida para encontrar la longitud de arco o área de la superficie indicadas, (b) explique por qué la integral no satisface la definición de una integral definida y (c) utilice las capacidades de integración de una herramienta de graficación para aproximar la longitud de arco o el área de la superficie. (Se aprenderá cómo evaluar este tipo de integrales en la sección 7.8.)

65. Distancia de persecución Un objeto que huye sale del origen y se mueve hacia arriba sobre el eje y (vea la figura). Al mismo tiempo, un perseguidor deja el punto (1, 0) y siempre se mueve hacia el objeto que huye. La velocidad del perseguidor es el doble de la del objeto que escapa. La ecuación de la trayectoria está modelada por

$$y = \frac{1}{3}(x^{3/2} - 3x^{1/2} + 2)$$

¿Hasta dónde se desplazó el objeto que huía cuando es atrapado? Demuestre que el perseguidor se ha desplazado dos veces más lejos.

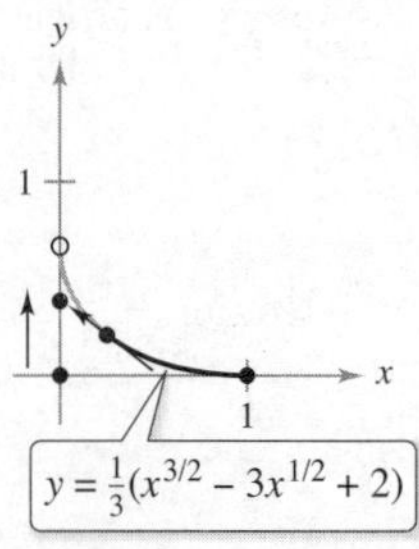

Figura para 65

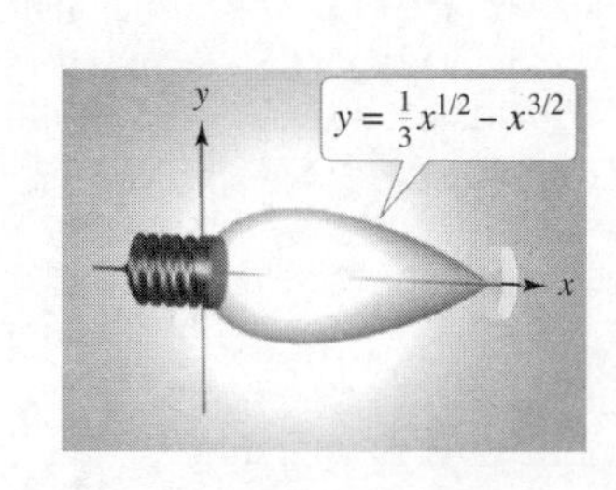

Figura para 66

66. Diseñar un foco Un foco ornamental ha sido diseñado mediante la revolución de la gráfica de

$$y = \frac{1}{3}x^{1/2} - x^{3/2}, \quad 0 \le x \le \frac{1}{3}$$

respecto al eje x, donde x y y se miden en pies (vea la figura). Encuentre el área de la superficie del foco y utilice el resultado para aproximar la cantidad de vidrio necesaria para fabricar el foco. Suponga que el vidrio tiene 0.015 pulgadas de espesor.

67. Astroide Encuentre el área de la superficie formada por la porción que gira en el primer cuadrante de la gráfica de $x^{2/3} + y^{2/3} = 4$, $0 \le y \le 8$, alrededor del eje y.

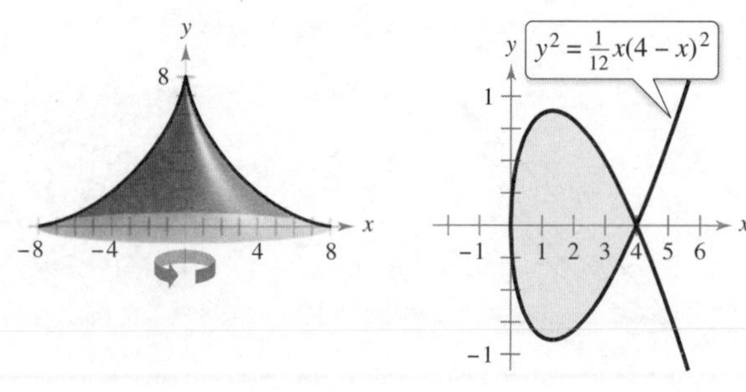

Figura para 67 Figura para 68

68. Usar un rizo Considere la gráfica de

$$y^2 = \frac{1}{12}x(4 - x)^2$$

mostrada en la figura. Encuentre el área de la superficie que se forma cuando el rizo de esta gráfica se gira en torno al eje x.

69. Puente colgante Un cable para un puente colgante tiene la forma de una parábola con la ecuación $y = kx^2$. Sea h la altura del cable desde su punto más bajo hasta su punto más alto y sea $2w$ la longitud total del puente (vea la figura). Demuestre que la longitud del cable C está dada por

$$C = 2\int_{0}^{w} \sqrt{1 + \left(\frac{4h^2}{w^2}\right)x^2}\,dx$$

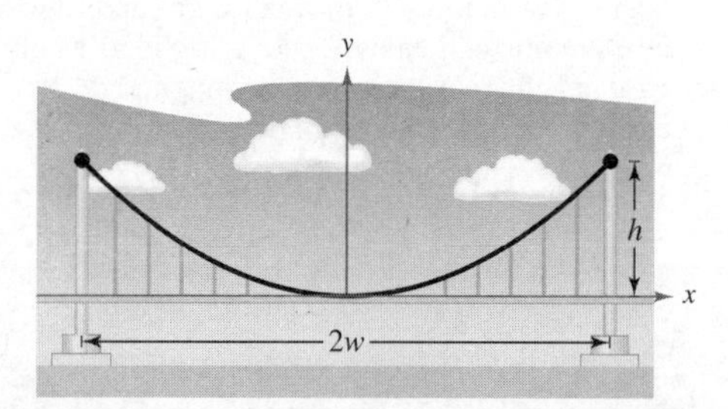

70. Puente colgante El puente Humber, que se encuentra en Reino Unido y fue inaugurado en 1981, cuenta con un claro principal de unos 1400 metros. Cada una de sus torres tiene una altura de unos 155 metros. Utilice estas dimensiones, la integral en el ejercicio 69 y las capacidades de integración de una herramienta de graficación para aproximar la longitud de un cable parabólico a lo largo del claro principal.

71. Longitud de arco y área Sea C la curva dada por $f(x) = \cosh x$ para $0 \le x \le t$, donde $t > 0$. Demuestre que la longitud de arco de C es igual a la zona delimitada por C y el eje x. Identifique otra curva en el intervalo $0 \le x \le t$ con esta propiedad.

DESAFÍO DEL EXAMEN PUTNAM

72. Encuentre la longitud de la curva $y^2 = x^3$ desde el origen hasta el punto donde la tangente forma un ángulo de 45° con el eje x.

Este problema fue preparado por el Committee on the Putnam Prize Competition.

6.5 Trabajo

- **Encontrar el trabajo realizado por una fuerza constante.**
- **Encontrar el trabajo realizado por una fuerza variable.**

Trabajo realizado por una fuerza constante

El concepto de trabajo es importante para los científicos e ingenieros para determinar la energía necesaria para llevar a cabo diversas tareas. Por ejemplo, es útil saber la cantidad de trabajo hecho cuando una grúa levanta una viga de acero, cuando se comprime un resorte, cuando un cohete es propulsado en el aire, o cuando un camión jala una carga a lo largo de una carretera.

En general, el **trabajo** es realizado por una fuerza cuando se mueve un objeto. Si la fuerza aplicada al objeto es *constante*, entonces el trabajo realizado es un producto de la fuerza y la distancia si el objeto se mueve en la dirección de la fuerza.

Para ver la figura a color, acceda al código

Definición de trabajo realizado por una fuerza constante

Si un objeto se mueve una distancia D en la dirección de una fuerza constante aplicada F entonces el **trabajo** W realizado por la fuerza se define como $W = FD$.

Hay cuatro tipos fundamentales de fuerzas: gravitacional, electromagnética, nuclear fuerte y nuclear débil. Se puede pensar en una **fuerza** como un *empujón* o un *jalón*; una fuerza cambia el estado de reposo o estado de movimiento de un cuerpo. Para las fuerzas gravitacionales de la Tierra, es común el uso de unidades de medición correspondientes al peso de un objeto.

EJEMPLO 1 Levantar un objeto

Determine el trabajo realizado al levantar un objeto de 50 libras a 4 pies.

Solución La magnitud de la fuerza F requerida es el peso del objeto, como se muestra en la figura 6.46. Así, el trabajo realizado al levantar el objeto 4 pies es

$$W = FD = 50(4) = 200 \text{ pies-libras}$$

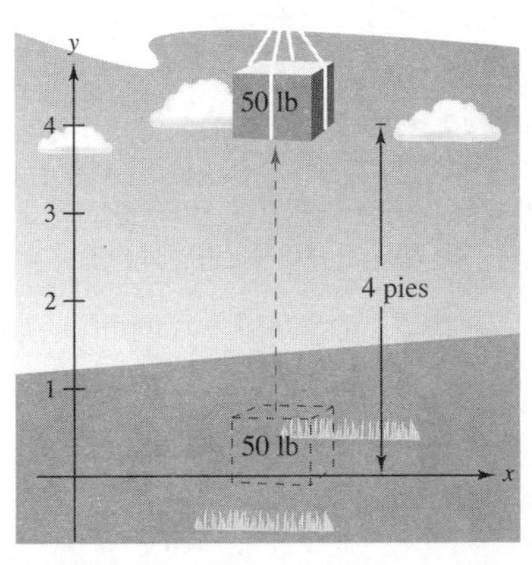

El trabajo realizado en el levantamiento de un objeto de 50 libras 4 pies es de 200 pie-libras.
Figura 6.46

En el sistema de medición de Estados Unidos, el trabajo se expresa normalmente en pie-libras (ft-lb), pulgadas-libra, o pies-tonelada. En el Sistema Internacional de Unidades (SI), la unidad básica de la fuerza es el **newton**, la fuerza que se requiere para producir una aceleración de 1 metro por segundo cuadrado para una masa de 1 kilogramo. En este sistema, el trabajo se expresa típicamente en newton-metros, también llamados joules. En otro sistema, el sistema centímetro-gramo-segundo (CGS), la unidad básica de la fuerza es la **dina**, la fuerza requerida para producir una aceleración de 1 centímetro por segundo cuadrado para una masa de 1 gramo. En este sistema, el trabajo se expresa típicamente en dinas-centímetros (ergs) o newton-metros (joules). La tabla a continuación resume las unidades de medición que por lo común se usan para expresar el trabajo realizado y lista varios factores de conversión.

Sistema de medición	Unidades de trabajo	Unidades de fuerza	Unidades de distancia
Estados Unidos	pie-libra (pie-lb)	libra (lb)	pie (pie)
Internacional	joule (J)	newton (N)	metro (m)
CGS	erg	dina (din)	centímetro (cm)

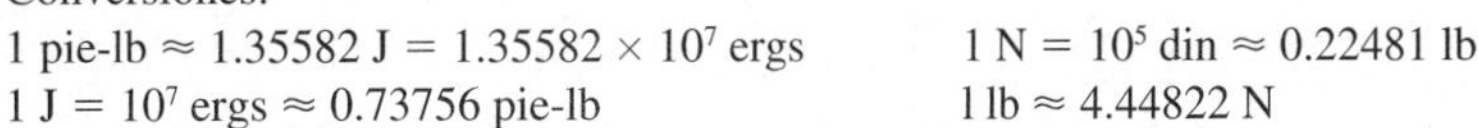

Conversiones:
1 pie-lb $\approx$ 1.35582 J = 1.35582 $\times 10^7$ ergs   1 N = 10^5 din $\approx$ 0.22481 lb
1 J = 10^7 ergs $\approx$ 0.73756 pie-lb   1 lb $\approx$ 4.44822 N

Trabajo realizado por una fuerza variable

En el ejemplo 1, la fuerza implicada era *constante*. Cuando se aplica una fuerza *variable* a un objeto, se necesita del cálculo para determinar el trabajo realizado, pues la cantidad de fuerza cambia a medida que el objeto cambia de posición. Por ejemplo, la fuerza requerida para comprimir el resorte aumenta conforme el resorte se comprime.

Considere un objeto que se mueve a lo largo de una recta desde $x = a$ hasta $x = b$ por una fuerza $F(x)$ que varía continuamente. Sea Δ una partición que divide el intervalo $[a, b]$ en n subintervalos determinados por

$$a = x_0 < x_1 < x_2 < \cdots < x_n = b$$

y sea $\Delta x_i = x_i - x_{i-1}$. Para cada i, elija c_i tal que

$$x_{i-1} \leq c_i \leq x_i$$

Por lo tanto, en c_i la fuerza es $F(c_i)$. Debido a que F es continua, se puede aproximar el trabajo realizado al mover el objeto a través del i-ésimo subintervalo por el incremento

$$\Delta W_i = F(c_i)\,\Delta x_i$$

como se muestra en la figura 6.47. Por lo tanto, el trabajo total realizado a medida que el objeto se mueve de a a b es aproximado por

$$W \approx \sum_{i=1}^{n} \Delta W_i = \sum_{i=1}^{n} F(c_i)\,\Delta x_i$$

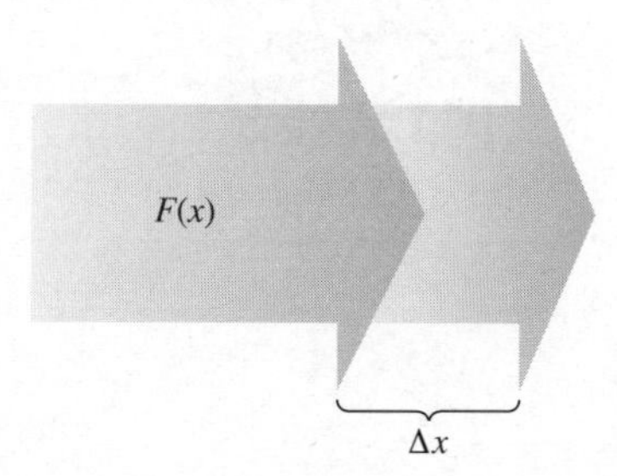

La cantidad de fuerza cambia a medida que un objeto cambia de posición (Δx).
Figura 6.47

Esta aproximación parece mejorar cuando $\|\Delta\| \to 0$ $(n \to \infty)$. Así, el trabajo realizado es

$$W = \lim_{\|\Delta\| \to 0} \sum_{i=1}^{n} F(c_i)\,\Delta x_i = \int_a^b F(x)\,dx$$

Definición de trabajo realizado por una fuerza variable

Si un objeto se mueve a lo largo de una recta por una fuerza $F(x)$ que varía continuamente, entonces el **trabajo** W realizado por la fuerza a medida que el objeto se mueve de

$$x = a \text{ hasta } x = b$$

está dado por

$$W = \lim_{\|\Delta\| \to 0} \sum_{i=1}^{n} \Delta W_i = \int_a^b F(x)\,dx$$

EMILIE DE BRETEUIL (1706-1749)

Un trabajo importante hecho por Breteuil fue la traducción de "Philosophiae Naturalis Principia Mathematica" de Newton al francés. Su traducción y comentario contribuyeron en gran medida a la aceptación de la ciencia newtoniana en Europa.
Consulte LarsonCalculus.com (disponible solo en inglés) para leer más de esta biografía.

Los ejemplos que restan en esta sección usan algunas leyes físicas conocidas. Los descubrimientos de muchas de estas leyes se produjeron durante el mismo periodo en que se estaba desarrollando el cálculo. De hecho, durante los siglos XVII y XVIII hubo poca diferencia entre los físicos y matemáticos. Uno de estos fue la física matemática Emilie de Breteuil. Ella fue clave en la síntesis del trabajo de muchos otros científicos, incluyendo a Newton, Leibniz, Huygens, Kepler y Descartes. Su texto de física *Institutions* fue ampliamente utilizado por muchos años.

Las tres leyes de la física mencionadas a continuación fueron desarrolladas por Robert Hooke (1635-1703), Isaac Newton (1642-1727) y Charles de Coulomb (1736-1806).

1. **Ley de Hooke**: La fuerza F requerida para comprimir o estirar un resorte (dentro de sus límites elásticos) es proporcional a la distancia d que el resorte se comprime o se estira desde su longitud original. Es decir,

$$F = kd$$

donde la constante de proporcionalidad k (la constante del resorte) depende de la naturaleza específica del resorte.

2. **Ley de Newton de la gravitación universal**: La fuerza F de atracción entre dos partículas de masas m_1 y m_2 es proporcional al producto de las masas e inversamente proporcional al cuadrado de la distancia d entre las dos partículas. Es decir,

$$F = G\frac{m_1 m_2}{d^2}$$

Debido a que m_1 y m_2 están en kilogramos y d en metros, F estará en newtons para un valor de $G = 6.67 \times 10^{-11}$ metros cúbicos por kilogramo-segundo al cuadrado, donde G es la *constante gravitacional.*

3. **Ley de Coulomb**: La fuerza F entre dos cargas q_1 y q_2 en el vacío es proporcional al producto de las cargas e inversamente proporcional al cuadrado de la distancia d entre las dos cargas. Es decir,

$$F = k\frac{q_1 q_2}{d^2}$$

Cuando q_1 y q_2 están dadas en unidades electrostáticas y d en centímetros, F estará en dinas para un valor de $k = 1$.

Para ver la figura a color, acceda al código

EJEMPLO 2 Compresión de un resorte

Consulte LarsonCalculus.com (disponible solo en inglés) para una versión interactiva de este tipo de ejemplo.

Una fuerza de 30 newtons comprime un resorte 0.3 metros desde su longitud natural de 1.5 metros. Calcule el trabajo realizado en la compresión adicional del resorte de 0.3 metros.

Solución Por la ley de Hooke, la fuerza $F(x)$ requerida para comprimir las unidades de resorte de x (de su longitud natural) es $F(x) = kx$. Debido a que $F(0.3) = 30$, se deduce que

$$F(0.3) = (k)(0.3) \implies 30 = 0.3k \implies 100 = k$$

Por lo tanto, $F(x) = 100x$, como se muestra en la figura 6.48. Para encontrar el incremento de trabajo, suponga que la fuerza requerida para comprimir el resorte sobre un pequeño incremento Δx es casi constante. Así, el incremento del trabajo es

$$\Delta W = (\text{fuerza})(\text{incremento de la distancia}) = (100x)\,\Delta x$$

Debido a que el resorte se comprime desde $x = 0.3$ metros hasta $x = 0.6$ metros menos que su longitud natural, el trabajo requerido es

$$W = \int_a^b F(x)\,dx = \int_{0.3}^{0.6} 100x\,dx = 50x^2\Big]_{0.3}^{0.6} = 18 - 4.5 = 13.5 \text{ joules}$$

Observe que *no* se integra desde $x = 0$ hasta $x = 0.6$, ya que se le pidió determinar el trabajo realizado en la compresión *adicional* del resorte 0.3 metros (sin incluir los primeros 0.3 metros).

Longitud natural: $F(0) = 0$

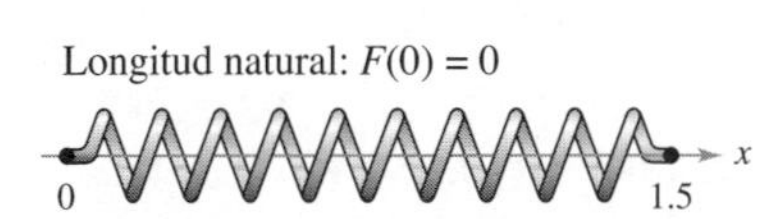

Comprimido 0.3 metros: $F(0.3) = 30$

x
0
0.3
1.5

Comprimido x metros: $F(x) = 100x$

x
0
x
1.5

Figura 6.48

EJEMPLO 3 Colocar un módulo espacial en órbita

Un módulo espacial pesa 15 toneladas métricas en la superficie de la Tierra. ¿Cuánto trabajo se realiza al propulsar el módulo a una altura de 800 millas sobre la Tierra, como se muestra en la figura 6.49? (Utilice 4000 millas como el radio de la Tierra. No considere el efecto de la resistencia del aire o el peso del propulsor.)

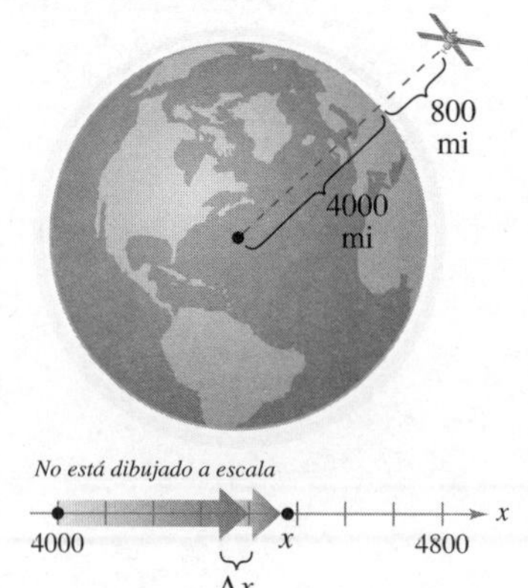

Figura 6.49

Solución Debido a que el peso de un cuerpo es inversamente proporcional al cuadrado de su distancia al centro de la Tierra, la fuerza $F(x)$ ejercida por la gravedad es

$$F(x) = \frac{C}{x^2}$$

donde C es la constante de proporcionalidad. Debido a que el módulo pesa 15 toneladas métricas en la superficie de la Tierra y el radio de la Tierra es de aproximadamente 4000 millas, se tiene

$$15 = \frac{C}{(4000)^2} \quad \Rightarrow \quad 240\,000\,000 = C$$

Así, el incremento del trabajo es

$$\Delta W = (\text{fuerza})(\text{incremento de la distancia}) = \frac{240\,000\,000}{x^2}\Delta x$$

Por último, debido a que el módulo es lanzado desde $x = 4000$ a $x = 4800$ millas, el trabajo total realizado es

$$\begin{aligned}
W &= \int_a^b F(x)\,dx && \text{Fórmula para el trabajo.}\\
&= \int_{4000}^{4800} \frac{240\,000\,000}{x^2}\,dx\\
&= \frac{-240\,000\,000}{x}\Bigg]_{4000}^{4800} && \text{Integre.}\\
&= -50\,000 + 60\,000\\
&= 10\,000 \text{ toneladas-millas}\\
&= 1.164 \times 10^{11} \text{ pies-libras} && 1 \text{ milla} = 5280 \text{ pies; } 1 \text{ ton} = 2000 \text{ libras}
\end{aligned}$$

En las unidades del SI, usando un factor de conversión de 1 pie-libra ≈ 1.35582 joules, el trabajo realizado es

$$W \approx 1.432 \times 10^{11} \text{ joules}$$

■

Las soluciones para los ejemplos 2 y 3 se ajustan a nuestro desarrollo del trabajo como la suma de los incrementos en la forma

$$\Delta W = (\text{fuerza})(\text{incremento de la distancia}) = (F)(\Delta x)$$

Otra manera de formular el incremento de trabajo es

$$\Delta W = (\text{incremento de la fuerza})(\text{distancia}) = (\Delta F)(x)$$

Esta segunda interpretación de ΔW es útil en problemas que involucran el movimiento de sustancias no rígidas como fluidos y cadenas.

Para ver la figura a color, acceda al código

EJEMPLO 4 Vaciado de un tanque de combustible

Un tanque esférico de 8 pies de radio está medio lleno de aceite que pesa 50 libras por pie cúbico. Encuentre el trabajo necesario para bombear el aceite a través de un agujero en la parte superior del tanque.

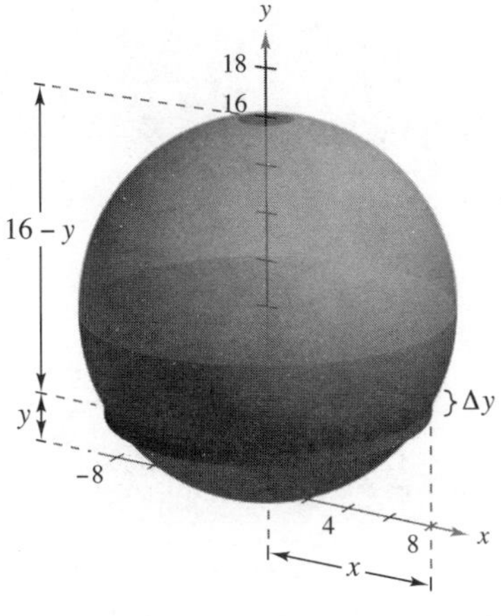

Figura 6.50

Solución Considere que el aceite se puede subdividir en discos de espesor Δy y radio x como se muestra en la figura 6.50. Debido a que el incremento de la fuerza de cada disco está dado por su peso, se tiene

$$\begin{aligned}\Delta F &= \text{peso}\\ &= \left(\frac{50 \text{ libras}}{\text{pie cúbico}}\right)(\text{volumen})\\ &= 50(\pi x^2 \Delta y) \text{ libras}\end{aligned}$$

Para un círculo de radio 8 y centro en (0, 8), se tiene

$$\begin{aligned}x^2 + (y-8)^2 &= 8^2\\ x^2 &= 16y - y^2\end{aligned}$$

y puede escribir el incremento de fuerza como

$$\begin{aligned}\Delta F &= 50(\pi x^2 \Delta y)\\ &= 50\pi(16y - y^2)\,\Delta y\end{aligned}$$

En la figura 6.50, observe que un disco a y pies de la parte inferior del tanque se debe mover una distancia de $(16 - y)$ pies. Así, el incremento del trabajo es

$$\begin{aligned}\Delta W &= \Delta F(16 - y)\\ &= [50\pi(16y - y^2)\,\Delta y](16 - y)\\ &= 50\pi(256y - 32y^2 + y^3)\,\Delta y\end{aligned}$$

Debido a que el tanque está medio lleno, va de 0 a 8 pies, y el trabajo necesario para vaciar el depósito es

$$\begin{aligned}W &= \int_0^8 50\pi(256y - 32y^2 + y^3)\,dy\\ &= 50\pi\left[128y^2 - \frac{32}{3}y^3 + \frac{y^4}{4}\right]_0^8\\ &= 50\pi\left(\frac{11\,264}{3}\right)\\ &\approx 589\,782 \text{ pies-libra}\end{aligned}$$

Para estimar la razonabilidad de los resultados en el ejemplo 4, considere que el peso del aceite en el tanque es

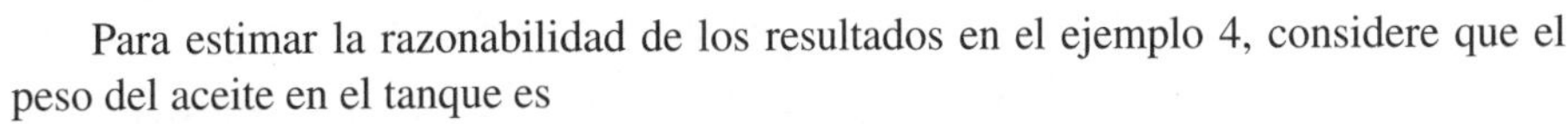

$$\left(\frac{1}{2}\right)(\text{volumen})(\text{densidad}) = \frac{1}{2}\left(\frac{4}{3}\pi 8^3\right)(50) \approx 53\,616.5 \text{ libras}$$

Elevar la totalidad de la mitad del tanque de aceite de 8 pies implicaría el trabajo de

$$\begin{aligned}W &= FD && \text{Fórmula para el trabajo realizado por una fuerza constante.}\\ &\approx (53\,616.5)(8)\\ &= 428\,932 \text{ pies-libra}\end{aligned}$$

Debido a que el aceite en realidad se levantó de entre 8 y 16 pies, parece razonable que el trabajo realizado sea de unas 589 782 pies-libra.

Para ver la figura a color, acceda al código

Trabajo que se requiere para elevar un extremo de la cadena.
Figura 6.51

EJEMPLO 5 Levantar una cadena

Una cadena de 20 pies de largo y peso de 5 libras por pie está enrollada en el suelo. ¿Cuánto trabajo se requiere para elevar un extremo de la cadena a una altura de 20 pies para que quede totalmente extendida, como se muestra en la figura 6.51?

Solución Imagine que la cadena se divide en pequeñas secciones, cada una de longitud Δy. Entonces, el peso de cada sección es el incremento de la fuerza

$$\Delta F = (\text{peso}) = \left(\frac{5 \text{ libras}}{\text{pie}}\right)(\text{longitud}) = 5\ \Delta y$$

Debido a que una sección típica (inicialmente en el suelo) se eleva a una altura de y, el incremento del trabajo es

$$\Delta W = (\text{incremento de la fuerza})(\text{distancia}) = (5\ \Delta y)y = 5y\ \Delta y$$

Debido a que los rangos de y son de 0 a 20 pies, el trabajo total es

$$W = \int_0^{20} 5y\ dy = \frac{5y^2}{2}\Big]_0^{20} = \frac{5(400)}{2} = 1000 \text{ pies-libra}$$

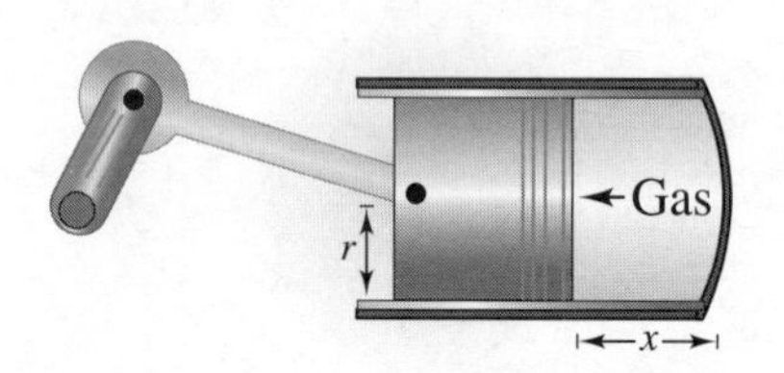

Trabajo realizado por el gas en expansión.
Figura 6.52

En el siguiente ejemplo, se considera un pistón de radio r en una carcasa cilíndrica, como se muestra en la figura 6.52. A medida que el gas se expande en el cilindro, se mueve el pistón, y se realiza el trabajo. Si p representa la presión del gas (en libras por pie cuadrado) contra la cabeza del pistón y V representa el volumen del gas (en pies cúbicos), entonces el incremento de trabajo implicado en mover el pistón Δx pies es

$$\Delta W = (\text{fuerza})(\text{incremento de la distancia}) = F(\Delta x) = p(\pi r^2)\,\Delta x = p\ \Delta V$$

Por lo que, como el volumen del gas se expande desde V_0 hasta V_1, el trabajo realizado en el movimiento del pistón es

$$W = \int_{V_0}^{V_1} p\ dV$$

Suponiendo que la presión del gas es inversamente proporcional a su volumen, se tiene $p = k/V$ y la integral para el trabajo se convierte en

$$W = \int_{V_0}^{V_1} \frac{k}{V}\,dV$$

Para ver las figuras a color de las páginas 452 y 453, acceda al código

EJEMPLO 6 Trabajo realizado por la expansión de un gas

Una cantidad de gas con un volumen inicial de 1 pie cúbico y una presión de 500 libras por pie cuadrado se expande hasta un volumen de 2 pies cúbicos. Encuentre el trabajo realizado por el gas. (Suponga que la presión es inversamente proporcional al volumen.)

Solución Como $p = k/V$ y $p = 500$ cuando $V = 1$, se tiene $k = 500$. Por lo tanto, el trabajo es

$$\begin{aligned} W &= \int_{V_0}^{V_1} \frac{k}{V}\,dV \\ &= \int_1^2 \frac{500}{V}\,dV \\ &= 500 \ln|V|\Big]_1^2 \\ &\approx 346.6 \text{ pies-libra} \end{aligned}$$

6.5 Ejercicios

Las respuestas a los ejercicios impares pueden consultarse en el Apéndice de este libro.

Repaso de conceptos

1. Explique cómo se sabe cuándo una fuerza realiza trabajo.
2. Describa la diferencia entre hallar el trabajo realizado por una fuerza constante y hallar el trabajo realizado por una fuerza variable.
3. Explique qué representa cada variable en la ley de Hooke.

   $F = kd$
4. Explique dos formas de escribir un incremento de trabajo.

Fuerza constante En los ejercicios 5 a 8, determine el trabajo realizado por la fuerza constante.

5. Una viga de acero de 1200 libras se levanta 40 pies.
6. Un polipasto eléctrico levanta 6 pies a un automóvil de 3000 libras.
7. Se requiere una fuerza de 112 newtons para deslizar un bloque de cemento de 8 metros en un proyecto de construcción.
8. La locomotora de un tren de carga que jala sus coches con una fuerza constante de 9 toneladas a una distancia de un cuarto de milla.

Ley de Hooke En los ejercicios 9 a 14, utilice la ley de Hooke para determinar el trabajo realizado por la fuerza variable en el problema del resorte.

9. Una fuerza de 5 libras comprime un resorte de 15 pulgadas un total de 3 pulgadas. ¿Cuánto trabajo se realiza al comprimir el resorte 7 pulgadas?
10. Una fuerza de 250 newtons estira un resorte 30 centímetros. ¿Cuánto trabajo se realiza en el estiramiento del resorte de 20 a 50 centímetros?
11. Una fuerza de 20 libras estira un resorte de 9 pulgadas en una máquina de ejercicios. Calcule el trabajo realizado al estirar el resorte 1 pie desde su posición natural.
12. La puerta de garaje tiene dos resortes, uno a cada lado de la puerta. Se requiere una fuerza de 15 libras para estirar cada resorte 1 pie. Debido al sistema de polea, los resortes se extienden solo la mitad de la distancia que se desplaza la puerta. La puerta se mueve un total de 8 pies, y los resortes están en su longitud natural cuando la puerta está abierta. Calcule el trabajo realizado por el par de resortes.
13. Se necesitan 18 pies-libra de trabajo para estirar un resorte 4 pulgadas desde su longitud natural. Encuentre el trabajo necesario para estirar el resorte 3 pulgadas adicionales.
14. Se necesitan 6 joules de trabajo para estirar un resorte 0.5 metros desde su longitud natural. Encuentre el trabajo requerido para estirar el resorte adicionalmente 0.25 metros.
15. **Propulsión** Despreciando la resistencia del aire y el peso del propulsor, determine el trabajo realizado en la propulsión de un satélite de 5 toneladas a una altura de (a) 100 millas sobre la Tierra, y (b) a 300 millas sobre la Tierra.
16. **Propulsión** Utilice la información en el ejercicio 15 para escribir el trabajo W del sistema de propulsión en función de la altura h del satélite sobre la Tierra. Encuentre el límite (si es que existe) de W cuando h tiende a infinito.
17. **Propulsión** Despreciando la resistencia del aire y el peso del propulsor, determine el trabajo realizado en la propulsión de un satélite de 10 toneladas a una altura de (a) 11 000 millas sobre la Tierra, y (b) 22 000 millas sobre la Tierra.
18. **Propulsión** Un módulo lunar pesa 12 toneladas en la superficie de la Tierra. ¿Cuánto trabajo se realiza al propulsar el módulo desde la superficie de la Luna a una altura de 50 millas? Considere que el radio de la Luna es de 1100 millas y su fuerza de gravedad es una sexta parte del de la Tierra.
19. **Bombeo de agua** Un tanque rectangular con una base de 4 por 5 pies y una altura de 4 pies está lleno de agua (vea la figura). El agua pesa 62.4 libras por pie cúbico. ¿Cuánto trabajo se realiza al bombear agua a lo largo del borde superior con el fin de vaciar (a) la mitad del tanque y (b) todo el tanque?

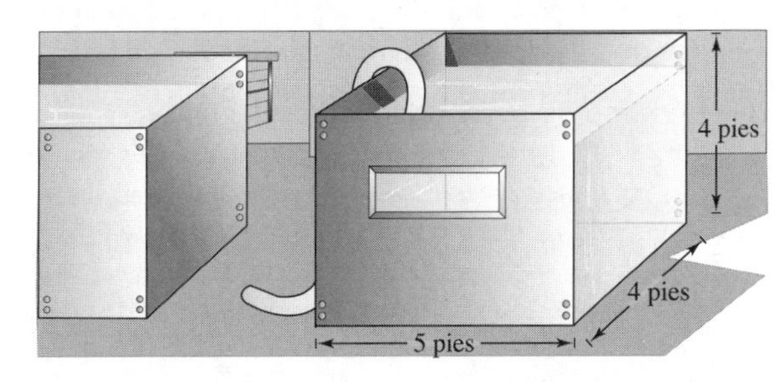

20. **Piénselo** Explique por qué la respuesta del inciso (b) del ejercicio 19 no es el doble de la respuesta en el inciso (a).
21. **Bombeo de agua** Un tanque de agua cilíndrico con 4 metros de altura y un radio de 2 metros es enterrado de manera que la parte superior del tanque está a 1 metro por debajo del nivel del suelo (vea la figura). ¿Cuánto trabajo se hace en el bombeo de un tanque lleno de agua hasta el nivel del suelo? (El agua pesa 9800 newtons por metro cúbico.)

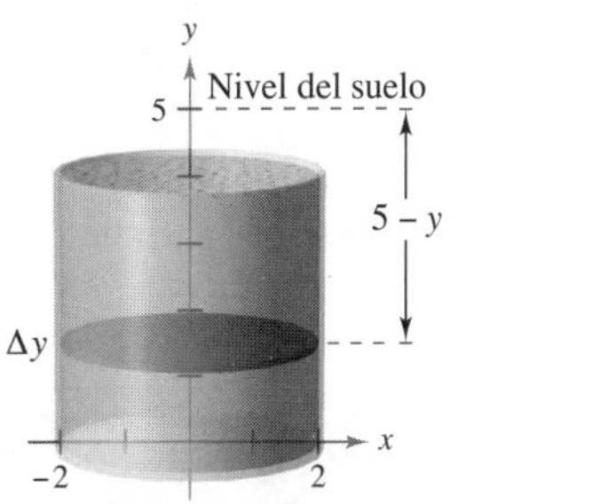

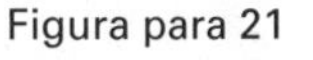

Figura para 21

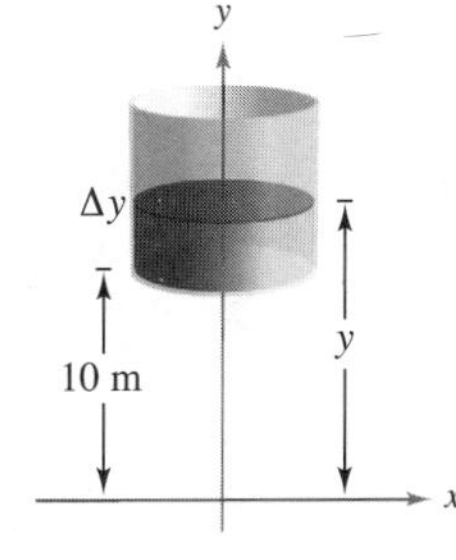

Figura para 22

22. **Bombeo de agua** Suponga que el tanque en el ejercicio 21 se encuentra en una torre de manera que la parte inferior del tanque está a 10 metros arriba del nivel de una corriente (vea la figura). ¿Cuánto trabajo se lleva a cabo en el llenado de la mitad del tanque de agua a través de un agujero en la parte inferior, utilizando el agua de la corriente?

23. **Bombeo de agua** Un tanque abierto tiene la forma de un cono circular recto (vea la figura). El depósito tiene 8 pies de ancho y 6 pies de altura. ¿Cuánto trabajo se realiza en el vaciado del depósito mediante el bombeo del agua sobre el borde superior?

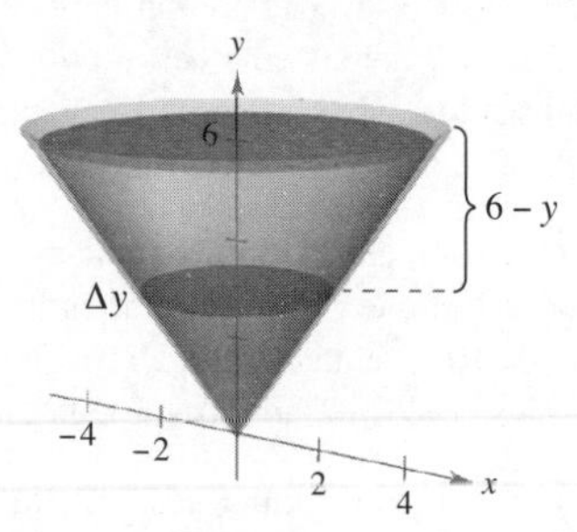

24. **Bombeo de agua** En el ejercicio 23, se bombea agua a través de la parte inferior del tanque. ¿Cuánto trabajo se realiza para llenar el depósito
   (a) hasta una profundidad de 2 pies?
   (b) desde una profundidad de 4 pies hasta una profundidad de 6 pies?

25. **Bombeo de agua** Un tanque hemisférico de 6 pies de radio se coloca de modo que su base es circular. ¿Cuánto trabajo se requiere para llenar el tanque con agua a través de un agujero en la base cuando la fuente de agua está en la base?

26. **Bombeo de combustible diesel** El tanque de combustible en un camión tiene secciones transversales trapezoidales con las dimensiones (en pies) que se muestran en la figura. Suponga que el motor está aproximadamente a 3 pies por encima de la parte superior del depósito de combustible y que el combustible diesel pesa aproximadamente 53.1 libras por pie cúbico. Encuentre el trabajo realizado por la bomba de combustible desde el tanque lleno de combustible hasta el nivel del motor.

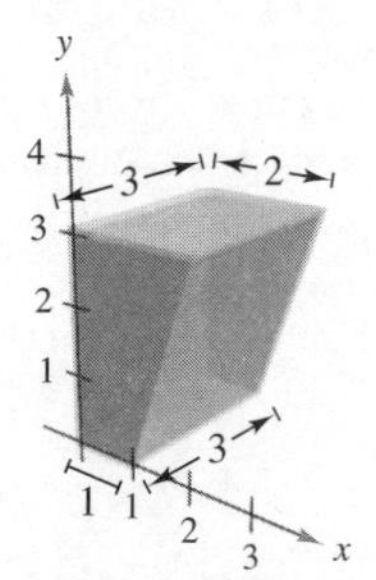

Para ver las figuras a color, acceda al código

Bombeo de gasolina **En los ejercicios 27 y 28, encuentre el trabajo realizado en el bombeo de gasolina que pesa 42 libras por pie cúbico.**

27. Un tanque de gasolina cilíndrico de 3 pies de diámetro y 4 pies de largo es transportado en la parte posterior de un camión y se utiliza para proveer de combustible a los tractores. El eje del tanque es horizontal. La abertura en el tanque en el tractor está a 5 pies por encima de la parte superior del tanque en el camión. Encuentre el trabajo realizado en el bombeo de todo el contenido del depósito de combustible en el tractor.

28. La parte superior de un tanque de almacenamiento de gasolina cilíndrico en una estación de servicio está a 4 pies por debajo del nivel del suelo. El eje del tanque es horizontal y su diámetro y longitud son 5 pies y 12 pies, respectivamente. Calcule el trabajo realizado en el bombeo de todo el contenido de la cisterna llena hasta una altura de 3 metros sobre el nivel del suelo.

Levantar una cadena **En los ejercicios 29 a 32, considere una cadena de 20 metros que pesa 3 libras por pie colgando de un malacate a 20 pies sobre el nivel del suelo. Encuentre el trabajo realizado por el malacate en el enrollado de la cantidad de cadena especificada.**

29. Levantar la cadena entera.
30. Levantar una tercera parte de la cadena.
31. Soltar el malacate hasta la parte inferior de la cadena que está al nivel de 10 pies.
32. Levantar toda la cadena cuando se le añade una carga de 500 libras.

Levantar una cadena **En los ejercicios 33 y 34, considere una cadena colgante de 15 pies que pesa 3 libras por pie. Calcule el trabajo realizado en el levantamiento de la cadena verticalmente a la posición indicada.**

33. Tome la parte inferior de la cadena y elévela al nivel de 15 pies, dejando la cadena doblada y todavía colgando verticalmente (vea la figura).

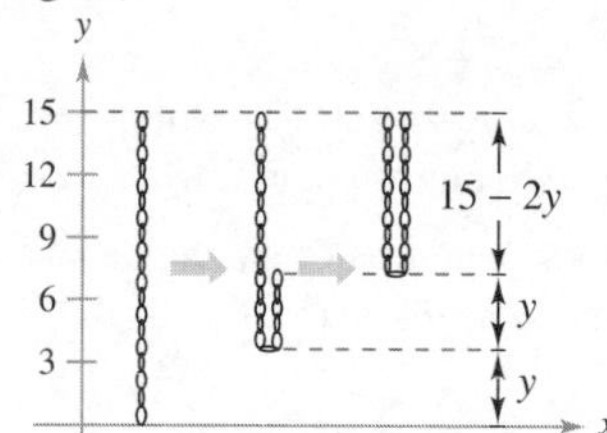

34. Repita el ejercicio 33 levantando la parte inferior de la cadena al nivel de 12 pies.

Exploración de conceptos

35. ¿Se necesita algún trabajo para empujar un objeto que no se mueve? Explique su respuesta.
36. En el ejemplo 1 se necesitaron 200 pies-libra de trabajo para levantar el objeto de 50 libras 4 pies verticalmente del suelo. ¿Se necesitan 200 pies-libra adicionales de trabajo para levantar el objeto otros 4 pies verticalmente? Explique su razonamiento.

37. **Ley de Newton de la gravitación universal** Considere dos partículas de masas m_1 y m_2. La posición de la primera la partícula es fija, y la distancia entre las partículas es a unidades. Usando la Ley de Newton de la gravitación universal, encuentre el trabajo necesario para mover la segunda partícula de modo que la distancia entre las partículas aumente a b unidades.

38. **Conjetura** Use la ley de Newton de gravitación universal para hacer una conjetura sobre lo que sucede con la fuerza de atracción entre dos partículas cuando la distancia entre ellas se multiplica por un número positivo n.

39. **Fuerza eléctrica** Dos electrones se repelen entre sí con una fuerza que varía inversamente con el cuadrado de la distancia entre ellos. Un electrón está fijo en el punto $(2, 4)$. Calcule el trabajo realizado en el movimiento del segundo electrón de $(-2, 4)$ a $(1, 4)$.

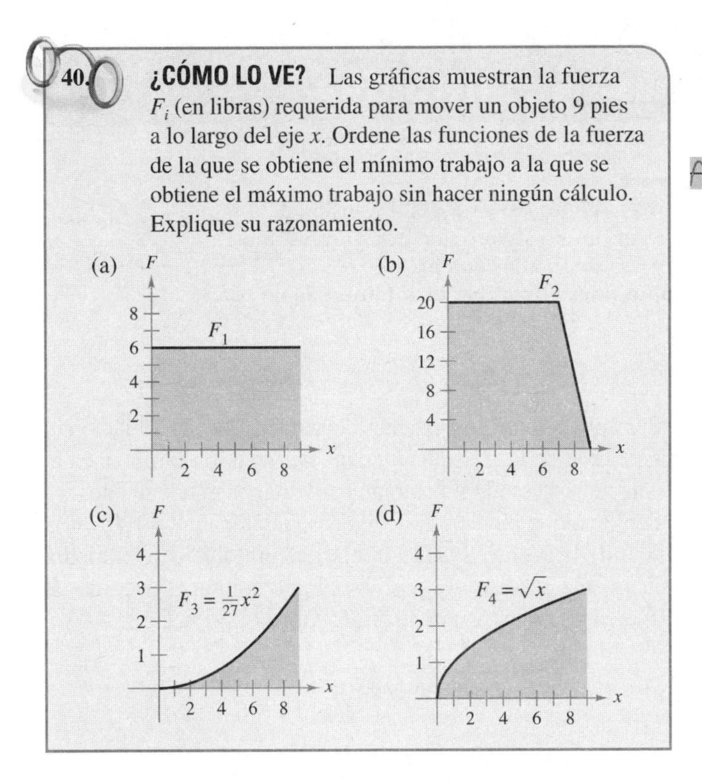

40. ¿CÓMO LO VE? Las gráficas muestran la fuerza F_i (en libras) requerida para mover un objeto 9 pies a lo largo del eje x. Ordene las funciones de la fuerza de la que se obtiene el mínimo trabajo a la que se obtiene el máximo trabajo sin hacer ningún cálculo. Explique su razonamiento.

41. Ordenar fuerzas Verifique su respuesta al ejercicio 40 mediante el cálculo del trabajo para cada función de fuerza.

42. Comparar trabajo Ordene lo siguiente de menor a mayor en términos del trabajo total realizado.

(a) Una caja de libros de 60 libras se levanta 3 pies.

(b) Una caja de libros de 80 libras se levanta 1 pie y luego una caja de libros de 40 libras se levanta 1 pie.

(c) Una caja de 60 libras se mantiene a 3 pies en el aire durante 3 minutos.

Ley de Boyle En los ejercicios 43 y 44, encuentre el trabajo realizado por el gas para el volumen y la presión dada. Suponga que la presión es inversamente proporcional al volumen. (Consulte el ejemplo 6.)

43. Una cantidad de gas con un volumen inicial de 2 pies cúbicos y una presión de 1000 libras por pie cuadrado se expande hasta un volumen de 3 pies cúbicos.

44. Una cantidad de gas con un volumen inicial de 1 pie cúbico y una presión de 2500 libras por pie cuadrado se expande hasta un volumen de 3 pies cúbicos.

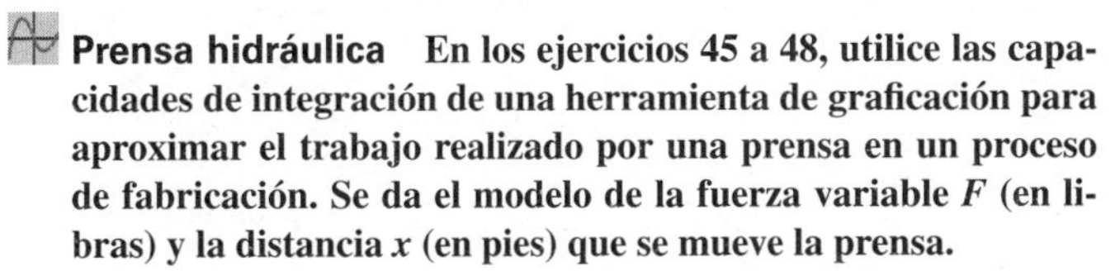

Prensa hidráulica En los ejercicios 45 a 48, utilice las capacidades de integración de una herramienta de graficación para aproximar el trabajo realizado por una prensa en un proceso de fabricación. Se da el modelo de la fuerza variable F (en libras) y la distancia x (en pies) que se mueve la prensa.

	Fuerza	**Intervalo**
45.	$F(x) = 1000[1.8 - \ln(x + 1)]$	$0 \le x \le 5$
46.	$F(x) = \dfrac{e^{x^2} - 1}{100}$	$0 \le x \le 4$
47.	$F(x) = 100x\sqrt{125 - x^3}$	$0 \le x \le 5$
48.	$F(x) = 1000 \operatorname{senh} x$	$0 \le x \le 2$

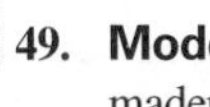

49. Modelar datos El cilindro hidráulico sobre un divisor de madera tiene un diámetro de 4 pulgadas (diámetro) y una carrera de 2 pies. La bomba hidráulica crea una presión máxima de 2000 libras por pulgada cuadrada. Por lo tanto, la fuerza máxima creada por el cilindro es $2000(\pi \cdot 2^2) = 8000\pi$ libras.

(a) Calcule el trabajo realizado a través de una extensión del cilindro, si se requiere la máxima fuerza.

(b) La fuerza ejercida en la división de un trozo de madera es variable. En la tabla se muestran las mediciones de la fuerza obtenida sobre la división de una pieza de madera. La variable x mide la extensión del cilindro en pies, y F es la fuerza en libras. Utilice las capacidades de regresión de alguna utilidad gráfica para determinar un modelo polinomial de cuarto grado para los datos. Grafique los datos y la gráfica del modelo.

x	0	$\frac{1}{3}$	$\frac{2}{3}$	1	$\frac{4}{3}$	$\frac{5}{3}$	2
$F(x)$	0	20 000	22 000	15 000	10 000	5000	0

(c) Utilice el modelo del inciso (b) para aproximar la extensión del cilindro cuando la fuerza es máxima.

(d) Utilice el modelo del inciso (b) para aproximar el trabajo realizado sobre la división de la pieza de madera.

PROYECTO DE TRABAJO

Pirámide de Khufu

La pirámide de Khufu (también conocida como la Gran Pirámide de Giza) es la más antigua de las Siete Maravillas del Mundo Antiguo. También es la más alta de las tres pirámides de Giza en Egipto. La pirámide tomó 20 años para construirse, terminando alrededor de 2560 a.C. Cuando se construyó, tenía una altura de 481 pies y una base cuadrada con longitudes laterales de 756 pies. Suponga que la piedra que se usó para construirlo pesaba 150 libras por pie cúbico.

(a) ¿Cuánto trabajo se requirió para construir la pirámide? Considere solo distancia vertical.

(b) Suponga que los constructores de pirámides trabajaron 12 horas cada día durante 330 días al año durante 20 años y que cada trabajador hizo 200 pies-libra de trabajo por hora. Aproximadamente, ¿cuántos trabajadores se necesitaron para construir la pirámide?

6.6 Momentos, centros de masa y centroides

- **Definir el concepto de masa.**
- **Encontrar el centro de masa en un sistema unidimensional.**
- **Encontrar el centro de masa en un sistema de dos dimensiones.**
- **Encontrar el centro de masa de una lámina plana.**
- **Usar el teorema de Pappus para encontrar el volumen de un sólido de revolución.**

Masa

En esta sección estudiará varias aplicaciones importantes de la integral que se relacionan con la masa. La masa es una medida de la resistencia de un cuerpo a los cambios en el movimiento, y es independiente del sistema gravitacional particular en el que se encuentra el cuerpo. Sin embargo, debido a que muchas aplicaciones relacionadas con la masa se producen sobre la superficie de la Tierra, a veces la masa de un objeto se equipara con su peso. Esto no es técnicamente correcto. El peso es un tipo de fuerza, y como tal depende de la gravedad. La fuerza y la masa están relacionadas por la ecuación

$$\text{Fuerza} = (\text{masa})(\text{aceleración})$$

La siguiente tabla muestra algunas de las medidas de uso común de la masa y la fuerza, así como sus factores de conversión.

Sistema de medición	Medida de masa	Medida de fuerza
Estadounidense	slug	libra = (slug)(pie/s^2)
Internacional	kilogramo	newton = (kilogramo)(m/s^2)
CGS	gramo	dina = (gramo)(cm/s^2)
Conversiones:		
1 libra ≈ 4.44822 newtons		1 slug ≈ 14.59390 kilogramos
1 newton ≈ 0.22481 libras		1 kilogramo ≈ 0.0685218 slugs
1 dina ≈ 0.0000022481 libras		1 gramo ≈ 0.0000685218 slugs
1 dina = 0.00001 newton		1 pie = 0.3048 metros

EJEMPLO 1 Masa sobre la superficie de la Tierra

Encuentre la masa (en slugs) de un objeto cuyo peso al nivel del mar es de 1 libra.

Solución Use 32 pies por segundo cuadrado como la aceleración debida a la gravedad.

$$\text{Masa} = \frac{\text{fuerza}}{\text{aceleración}} \qquad \text{Fuerza} = (\text{masa})(\text{aceleración}).$$

$$= \frac{1 \text{ libra}}{32 \text{ pies por segundo cuadrado}}$$

$$= 0.03125 \frac{\text{libras}}{\text{pies por segundo cuadrado}}$$

$$= 0.03125 \text{ slug}$$

Debido a que muchas aplicaciones relacionadas con la masa se producen en la superficie de la Tierra, esta cantidad de masa recibe el nombre de **libra masa**. ■

Centro de masa en un sistema unidimensional

Ahora estudiará dos tipos de momentos de masa, el **momento respecto a un punto** y el **momento respecto a una recta**. Para definir estos dos momentos, considere una situación idealizada en la que una masa m se concentra en un punto. Si x es la distancia entre esta masa puntual y otro punto P, entonces el **momento de m respecto al punto P** es

$$\text{Momento} = mx$$

y x es la **longitud del brazo de palanca**.

El concepto de momento se puede demostrar simplemente por un subibaja, como se muestra en la figura 6.53. Un niño de 20 kg de masa se encuentra 2 metros a la izquierda del punto de apoyo P y un niño más grande de 30 kilogramos de masa se sienta 2 metros a la derecha de P. Por experiencia, se sabe que el subibaja comenzará a girar hacia la derecha, moviendo al niño más grande hacia abajo. Esta rotación se debe a que el momento producido por el niño de la izquierda es menor que el momento producido por el niño a la derecha.

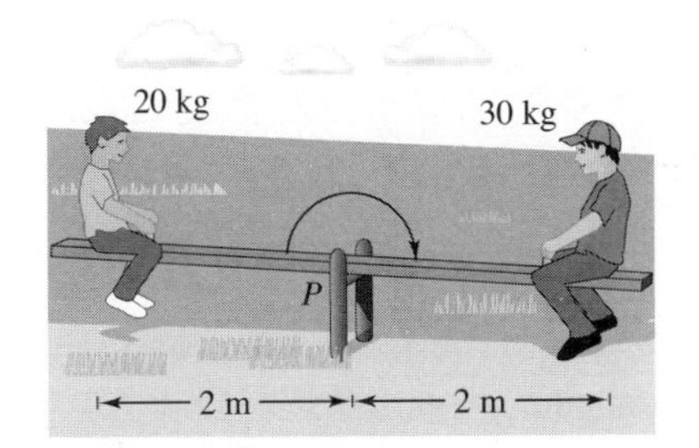

El subibaja equilibrará cuando los momentos izquierdo y derecho sean iguales.
Figura 6.53

$$\text{Momento lado izquierdo} = (20)(2) = 40 \ \text{kilogramos-metros}$$
$$\text{Momento lado derecho} = (30)(2) = 60 \ \text{kilogramos-metros}$$

Para equilibrar el subibaja, los dos momentos deben ser iguales. Por ejemplo, si el niño mayor se trasladó a una posición a $\frac{4}{3}$ metros del punto de apoyo, entonces el subibaja se equilibraría, porque cada niño produciría un momento de 40 kilogramos-metros.

Para generalizar esto, se puede introducir una recta coordenada en la que el origen corresponde al punto de apoyo, como se muestra en la figura 6.54. En el eje x se encuentran varias masas puntuales. La medida de la tendencia de este sistema para girar alrededor del origen es el **momento respecto al origen**, y se define como la suma de los n productos $m_i x_i$. El momento respecto al origen se denota por M_0 y se puede escribir como

$$M_0 = m_1x_1 + m_2x_2 + \cdot \cdot \cdot + m_nx_n$$

Si $M_0 = 0$, entonces se dice que el sistema está en **equilibrio**.

Para ver la figura a color, acceda al código

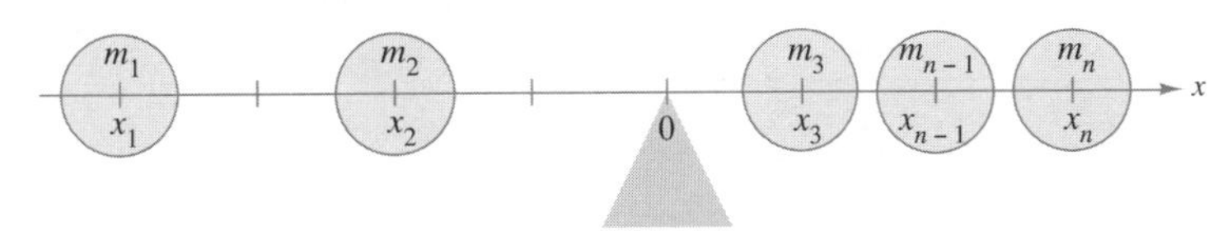

Si $m_1x_1 + m_2x_2 + \cdot \cdot \cdot + m_nx_n = 0$, entonces el sistema está en equilibrio.
Figura 6.54

Para un sistema que no está en equilibrio, el **centro de masa** se define como el punto $\bar{x}$ en el que el punto de apoyo podría ser reubicado para alcanzar el equilibrio. Si el sistema fuera trasladado $\bar{x}$ unidades, entonces, cada coordenada se convertiría en

$$(x_i - \bar{x}) \qquad \text{Traducir cada coordenada } x \text{ en unidades } \bar{x}.$$

y como el momento del sistema trasladado es 0, se tiene

$$\sum_{i=1}^{n} m_i(x_i - \bar{x}) = 0 \quad \Longrightarrow \quad \sum_{i=1}^{n} m_ix_i - \sum_{i=1}^{n} m_i\bar{x} = 0$$

Despejando $\bar{x}$ se produce

$$\bar{x} = \frac{\sum_{i=1}^{n} m_ix_i}{\sum_{i=1}^{n} m_i} = \frac{\text{momento del sistema alrededor del origen}}{\text{masa total del sistema}}$$

Cuando $m_1x_1 + m_2x_2 + \cdot \cdot \cdot + m_nx_n = 0$, el sistema está en equilibrio.

COMENTARIO Note el uso de las propiedades de suma

$$\sum_{i=1}^{n} ka_i = k\sum_{i=1}^{n} a_i$$

donde es una constante, y

$$\sum_{i=1}^{n}(a_i \pm b_i) = \sum_{i=1}^{n} a_i \pm \sum_{i=1}^{n} b_i$$

para reescribir y resolver para $\bar{x}$.

Momentos y centro de masa: sistema unidimensional

Sean los puntos de masa $m_1, m_2, \ldots, m_n$ que se encuentran en $x_1, x_2, \ldots, x_n$.

1. El **momento alrededor del origen** es

$$M_0 = m_1x_1 + m_2x_2 + \cdot \cdot \cdot + m_nx_n$$

2. El **centro de masa** es

$$\bar{x} = \frac{M_0}{m}$$

donde $m = m_1 + m_2 + \cdot \cdot \cdot + m_n$ es la **masa total** del sistema.

EJEMPLO 2 Centro de masa de un sistema lineal

Encuentre el centro de masa del sistema lineal mostrado en la figura 6.55.

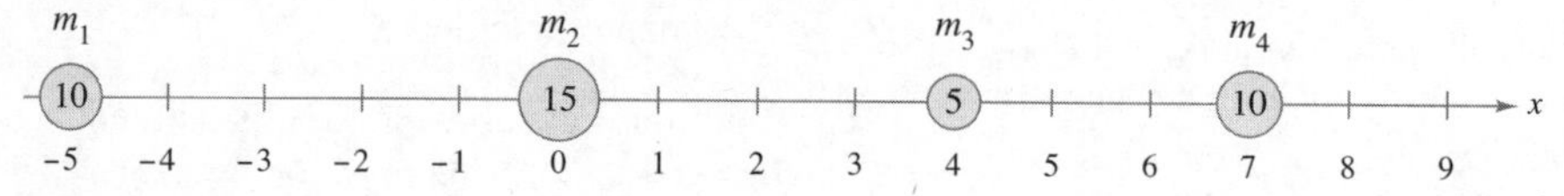

Figura 6.55

Solución En el momento alrededor el origen es

$$\begin{aligned} M_0 &= m_1x_1 + m_2x_2 + m_3x_3 + m_4x_4 \\ &= 10(-5) + 15(0) + 5(4) + 10(7) && \text{Vea la figura 6.55.} \\ &= -50 + 0 + 20 + 70 \\ &= 40 && \text{Momento alrededor del origen.} \end{aligned}$$

Debido a que la masa total del sistema es

$$m = 10 + 15 + 5 + 10 = 40 \qquad \text{Masa total.}$$

el centro de masa es

$$\bar{x} = \frac{M_0}{m} = \frac{40}{40} = 1 \qquad \text{Centro de masa.}$$

Observe que las masas puntuales estarán en equilibrio cuando el punto de apoyo se encuentre en $x = 1$. ■

En lugar de definir el momento de una masa, se podría definir el momento de una *fuerza*. En este contexto, el centro de masa se denomina **centro de gravedad**. Considere un sistema de masas puntuales $m_1, m_2, \ldots, m_n$ que se encuentra en $x_1, x_2, \ldots, x_n$. Entonces, ya que

fuerza = (masa)(aceleración)

la fuerza total del sistema es

$$F = m_1a + m_2a + \cdot \cdot \cdot + m_na = ma$$

El **torque** (**momento**) respecto al origen es

$$T_0 = (m_1a)x_1 + (m_2a)x_2 + \cdot \cdot \cdot + (m_na)x_n = M_0a$$

y el **centro de gravedad** es

$$\frac{T_0}{F} = \frac{M_0a}{ma} = \frac{M_0}{m} = \bar{x}$$

Por lo que el centro de gravedad y el centro de masa tienen la misma ubicación.

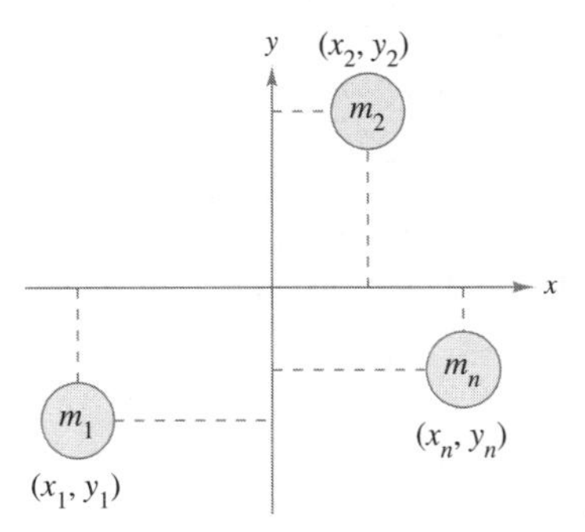

En un sistema de dos dimensiones, hay un momento M_y respecto al eje y y un momento M_x respecto al eje x.
Figura 6.56

Centro de masa en un sistema de dos dimensiones

Se puede extender el concepto de momento para dos dimensiones, considerando un sistema de masas localizadas en el plano xy en los puntos

$$(x_1, y_1), (x_2, y_2), \ldots, (x_n, y_n)$$

como se muestra en la figura 6.56. En lugar de definir un solo momento (respecto al origen), se definen dos momentos: uno respecto al eje x y uno respecto al eje y.

Momento y centro de masa: sistema en dos dimensiones

Sean los puntos de masa $m_1, m_2, \ldots, m_n$ que se encuentran en (x_1, y_1), $(x_2, y_2), \ldots, (x_n, y_n)$.

1. El **momento alrededor del eje y** es
$$M_y = m_1x_1 + m_2x_2 + \cdots + m_nx_n$$
2. El **momento alrededor del eje x** es
$$M_x = m_1y_1 + m_2y_2 + \cdots + m_ny_n$$
3. El **centro de masa** $(\bar{x}, \bar{y})$ (o **centro de gravedad**) es
$$\bar{x} = \frac{M_y}{m} \quad \text{y} \quad \bar{y} = \frac{M_x}{m}$$
donde
$$m = m_1 + m_2 + \cdots + m_n$$
es la **masa total** del sistema.

Para ver las figuras a color, acceda al código

El momento de un sistema de masas en el plano se puede tomar alrededor de cualquier recta horizontal o vertical. En general, el momento alrededor de una recta es la suma del producto de las masas y las *distancias dirigidas* desde los puntos a la recta.

$$\text{Momento} = m_1(y_1 - b) + m_2(y_2 - b) + \cdots + m_n(y_n - b) \qquad \text{Recta horizontal } y = b.$$
$$\text{Momento} = m_1(x_1 - a) + m_2(x_2 - a) + \cdots + m_n(x_n - a) \qquad \text{Recta vertical } x = a.$$

EJEMPLO 3 Centro de masa de un sistema en dos dimensiones

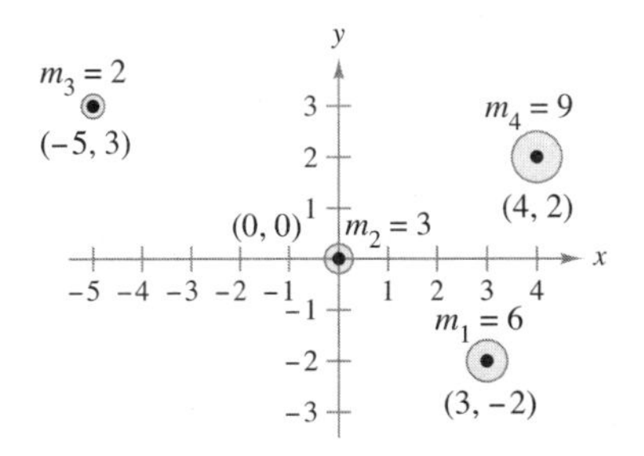

Figura 6.57

Encuentre el centro de masa de un sistema de masas puntuales $m_1 = 6$, $m_2 = 3$, $m_3 = 2$ y $m_4 = 9$ localizadas en $(3, -2)$, $(0, 0)$, $(-5, 3)$ y $(4, 2)$ respectivamente (vea la figura 6.57).

Solución Primero encuentre m, M_y y M_x

$$m = 6 + 3 + 2 + 9 = 20 \qquad \text{Masa total del sistema.}$$
$$M_y = 6(3) + 3(0) + 2(-5) + 9(4) = 44 \qquad \text{Momento alrededor del eje } y.$$
$$M_x = 6(-2) + 3(0) + 2(3) + 9(2) = 12 \qquad \text{Momento alrededor del eje } x.$$

Ahora, utilice este valor para encontrar

$$\bar{x} = \frac{M_y}{m} = \frac{44}{20} = \frac{11}{5}$$

y

$$\bar{y} = \frac{M_x}{m} = \frac{12}{20} = \frac{3}{5}$$

El centro de masa está en $\left(\frac{11}{5}, \frac{3}{5}\right)$.

Centro de masa de una lámina plana

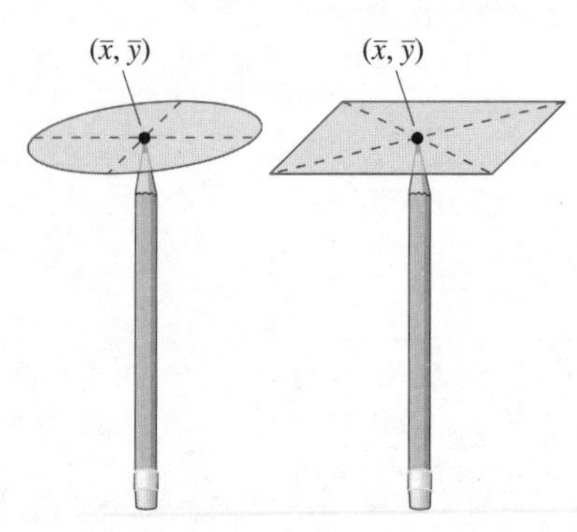

Se puede pensar en el centro de masa $(\bar{x}, \bar{y})$ de una lámina como su punto de equilibrio. Para una lámina circular, el centro de masa es el centro del círculo. Para una lámina rectangular, el centro de masa es el centro del rectángulo.

Figura 6.58

Hasta ahora, en esta sección se ha supuesto que la masa total de un sistema se distribuye en puntos discretos en un plano o en una recta. Ahora consideremos una placa delgada y plana de material de densidad constante llamada **lámina plana** (vea la figura 6.58). La **densidad** es una medida de la masa por unidad de volumen, como gramos por centímetro cúbico. Sin embargo, para láminas planas, la densidad se considera como una medida de la masa por unidad de área. La densidad se denota con ρ, la letra griega rho minúscula.

Considere una lámina plana de forma irregular de densidad uniforme ρ, acotada por las gráficas de $y = f(x)$, $y = g(x)$ y $a \leq x \leq b$, como se muestra en la figura 6.59. La masa de esta región es

$$\begin{aligned} m &= (\text{densidad})(\text{área}) \\ &= \rho \int_a^b [f(x) - g(x)]\, dx \\ &= \rho A \end{aligned}$$

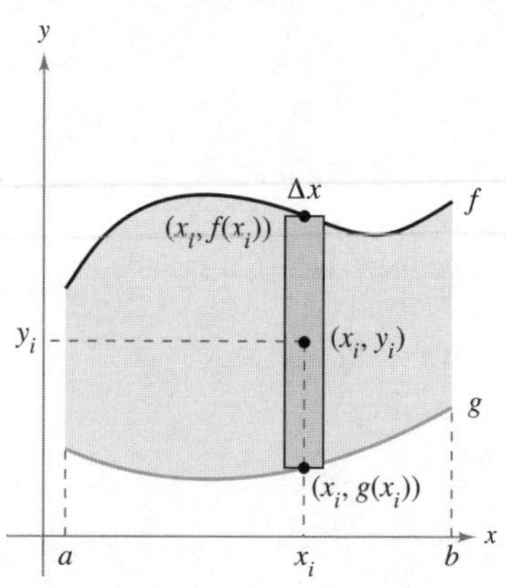

Lámina plana de densidad uniforme ρ.

Figura 6.59

donde A es el área de la región. Para encontrar el centro de masa de esta lámina, se divide el intervalo $[a, b]$ en n subintervalos de igual ancho Δx. Sea x_i el centro del i-ésimo subintervalo. Se puede aproximar la parte de la lámina situada en el i-ésimo subintervalo por un rectángulo cuya altura está dada por $h = f(x_i) - g(x_i)$. Debido a que la densidad del rectángulo es ρ, su masa es

$$m_i = (\text{densidad})(\text{área}) = \underbrace{\rho}_{\text{Densidad}} \underbrace{[f(x_i) - g(x_i)]}_{\text{Alto}} \underbrace{\Delta x}_{\text{Ancho}}$$

Ahora, teniendo en cuenta que esta masa se encuentra en el centro (x_i, y_i) del rectángulo, la distancia dirigida desde el eje x a (x_i, y_i) es $y_i = [f(x_i) + g(x_i)]/2$. Por lo que el momento de m_i alrededor del eje x es

$$\begin{aligned} \text{Momento} &= (\text{masa})(\text{distancia}) \\ &= m_i y_i \\ &= \rho[f(x_i) - g(x_i)]\, \Delta x \left[\frac{f(x_i) + g(x_i)}{2}\right] \end{aligned}$$

Para ver las figuras a color, acceda al código

Sumando los momentos y tomando el límite cuando $n \to \infty$ se sugieren las definiciones a continuación.

Momentos y centro de masa de una lámina plana

Sean f y g funciones continuas de tal manera que $f(x) \geq g(x)$ en $[a, b]$ y considere la lámina plana de densidad uniforme ρ acotada por las gráficas de $y = f(x)$, $y = g(x)$ y $a \leq x \leq b$.

1. Los **momentos respecto a los ejes x y y** son respectivamente

$$M_x = \rho \int_a^b \left[\frac{f(x) + g(x)}{2}\right][f(x) - g(x)]\, dx \text{ y}$$

$$M_y = \rho \int_a^b x[f(x) - g(x)]\, dx$$

2. El **centro de masa** $(\bar{x}, \bar{y})$ está dado por $\bar{x} = \dfrac{M_y}{m}$ y $\bar{y} = \dfrac{M_x}{m}$

donde $m = \rho \int_a^b [f(x) - g(x)]\, dx$ es la **masa de la lámina**.

EJEMPLO 4 Centro de masa de una lámina plana

Consulte LarsonCalculus.com (disponible solo en inglés) para una versión interactiva de este tipo de ejemplo.

Encuentre el centro de masa de la lámina de densidad uniforme ρ acotada por la gráfica de $f(x) = 4 - x^2$ y el eje x.

Solución Debido a que el centro de masa se encuentra sobre el eje de simetría, sabe que $\bar{x} = 0$. Por otra parte, la masa de la lámina es

$$m = \rho \int_{-2}^{2} (4 - x^2)\, dx$$
$$= \rho\left[4x - \frac{x^3}{3}\right]_{-2}^{2}$$
$$= \frac{32\rho}{3} \qquad \text{Masa de la lámina.}$$

Para ver las figuras a color, acceda al código

Para encontrar el momento alrededor del eje x, coloque un rectángulo representativo en la región, como se muestra en la figura de la derecha. La distancia desde el eje x hasta el centro de este rectángulo es

$$y_i = \frac{f(x)}{2} = \frac{4 - x^2}{2}$$

Debido a que la masa del rectángulo representativo es

$$\rho f(x)\, \Delta x = \rho(4 - x^2)\, \Delta x$$

se tiene

$$M_x = \rho \int_{-2}^{2} \frac{4 - x^2}{2}(4 - x^2)\, dx$$
$$= \frac{\rho}{2}\int_{-2}^{2} (16 - 8x^2 + x^4)\, dx$$
$$= \frac{\rho}{2}\left[16x - \frac{8x^3}{3} + \frac{x^5}{5}\right]_{-2}^{2} \qquad \text{Momento respecto a } x.$$
$$= \frac{256\rho}{15}$$

Ahora, se utiliza M_x y m para encontrar $\bar{y}$.

$$\bar{y} = \frac{M_x}{m} = \frac{256\rho/15}{32\rho/3} = \frac{8}{5}$$

Por lo que el centro de masa (el punto de equilibrio) de la lámina está en $\left(0, \frac{8}{5}\right)$, como se muestra en la figura 6.60. ■

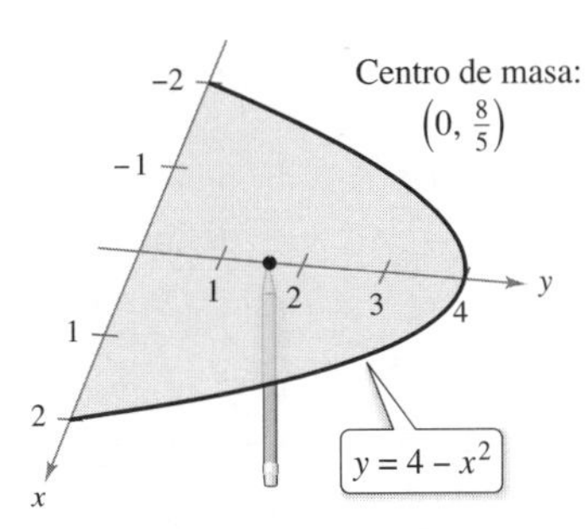

El centro de masa es el punto de equilibrio.
Figura 6.60

La densidad ρ en el ejemplo 4 es un factor común de ambos momentos y la masa, y como tal se saca de los cocientes que representan las coordenadas del centro de masa. Así, el centro de masa de una lámina de densidad *uniforme* solo depende de la forma de la lámina y no de su densidad. Por esta razón, el punto

$$(\bar{x}, \bar{y}) \qquad \text{Centro de masa o centroide.}$$

en ocasiones se denomina centro de masa de una *región* en el plano, o **centroide** de la región. En otras palabras, para encontrar el centroide de una región en el plano, simplemente suponga que la región tiene una densidad constante de $\rho = 1$ y por lo tanto la masa de la región es igual al área A, o $m = A$. Luego se calcula el correspondiente centro de masa, como se muestra en los siguientes dos ejemplos.

Figura 6.61

Para ver las figuras a color, acceda al código

EJEMPLO 5 Centroide de una región plana

Encuentre el centroide de la región acotada por las gráficas de $f(x) = 4 - x^2$ y $g(x) = x + 2$.

Solución Las dos gráficas se intersecan en los puntos $(-2, 0)$ y $(1, 3)$, como se muestra en la figura 6.61. Así, el área de la región es

$$A = \int_{-2}^{1} [f(x) - g(x)]\,dx = \int_{-2}^{1} (2 - x - x^2)\,dx = \frac{9}{2}$$

El centroide $(\bar{x}, \bar{y})$ de la región tiene las siguientes coordenadas.

$$\begin{aligned}
\bar{x} &= \frac{1}{A}\int_{-2}^{1} x[(4 - x^2) - (x + 2)]\,dx \\
&= \frac{2}{9}\int_{-2}^{1} (-x^3 - x^2 + 2x)\,dx \\
&= \frac{2}{9}\left[-\frac{x^4}{4} - \frac{x^3}{3} + x^2\right]_{-2}^{1} \\
&= -\frac{1}{2} \\
\bar{y} &= \frac{1}{A}\int_{-2}^{1}\left[\frac{(4 - x^2) + (x + 2)}{2}\right][(4 - x^2) - (x + 2)]\,dx \\
&= \frac{2}{9}\left(\frac{1}{2}\right)\int_{-2}^{1} (-x^2 + x + 6)(-x^2 - x + 2)\,dx \\
&= \frac{1}{9}\int_{-2}^{1} (x^4 - 9x^2 - 4x + 12)\,dx \\
&= \frac{1}{9}\left[\frac{x^5}{5} - 3x^3 - 2x^2 + 12x\right]_{-2}^{1} \\
&= \frac{12}{5}
\end{aligned}$$

Por lo tanto, el centroide de la región es $(\bar{x}, \bar{y}) = \left(-\frac{1}{2}, \frac{12}{5}\right)$. ■

Para regiones planas simples, se pueden encontrar los centroides sin recurrir a la integración.

EJEMPLO 6 Centroide de una región plana simple

Encuentre el centroide de la región mostrada en la figura 6.62(a).

Solución Mediante la superposición de un sistema de coordenadas en la región, como se muestra en la figura 6.62(b), se pueden localizar los centroides de los tres rectángulos en

$$\left(\frac{1}{2}, \frac{3}{2}\right), \quad \left(\frac{5}{2}, \frac{1}{2}\right) \quad \text{y} \quad (5, 1)$$

Usando estos tres puntos, puede encontrar el centroide de la región

$$A = \text{área de la región} = 3 + 3 + 4 = 10$$

$$\bar{x} = \frac{(1/2)(3) + (5/2)(3) + (5)(4)}{10} = \frac{29}{10} = 2.9$$

$$\bar{y} = \frac{(3/2)(3) + (1/2)(3) + (1)(4)}{10} = \frac{10}{10} = 1$$

Por lo tanto, el centroide de la región es (2.9, 1). Observe que (2.9, 1) no es el “promedio” de $\left(\frac{1}{2}, \frac{3}{2}\right)$, $\left(\frac{5}{2}, \frac{1}{2}\right)$ y (5, 1). ■

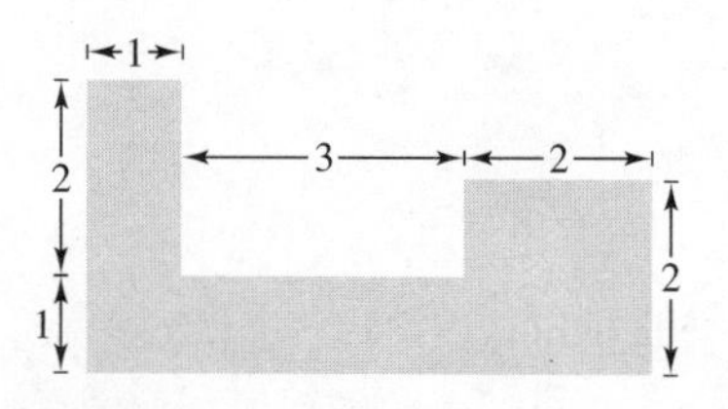

(a) Región original

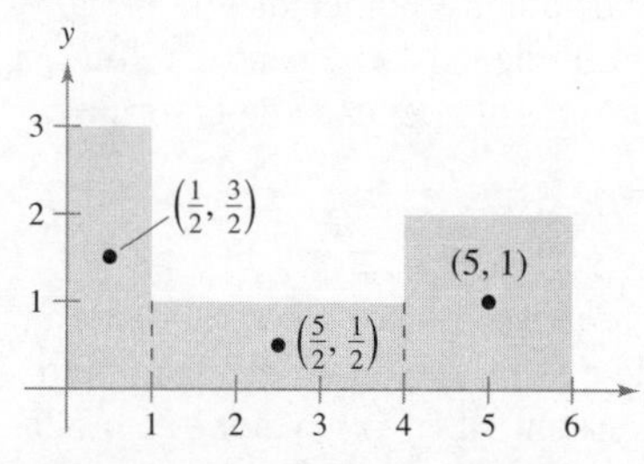

(b) Centroides de los tres rectángulos

Figura 6.62

Teorema de Pappus

El último tema de esta sección es un teorema útil acreditado a Pappus de Alejandría (aproximadamente 300 d.C.), un matemático griego cuya *Mathematical Collection* en ocho volúmenes es un registro de gran parte de las matemáticas griegas clásicas. En la sección 9.4 se le pedirá que demuestre este teorema.

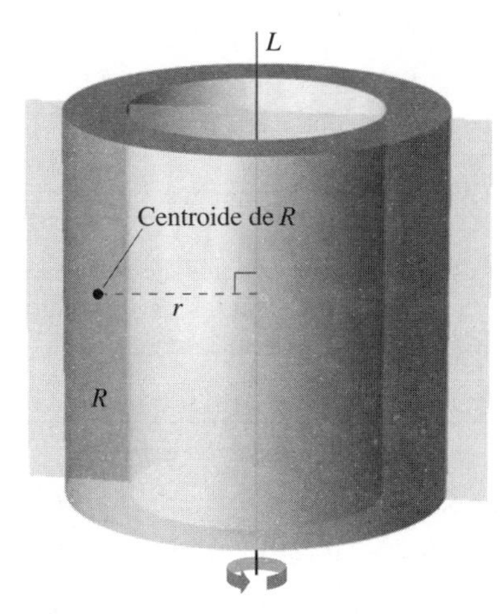

El volumen V es $2\pi rA$, donde A es el área de la región R.
Figura 6.63

> **TEOREMA 6.1 El teorema de Pappus**
>
> Sea R una región en un plano y sea L una recta en el mismo plano tal que no interseca el interior de R como se muestra en la figura 6.63. Si r es la distancia entre el centroide de R y la recta, entonces el volumen V del sólido de revolución formado por la rotación de R respecto a la recta es
>
> $$V = 2\pi rA$$
>
> donde A es el área de R. (Observe que $2\pi r$ es la distancia recorrida por el centroide a medida que la región se hace girar alrededor de la recta.)

El teorema de Pappus se puede utilizar para encontrar el volumen de un toro, como se muestra en el siguiente ejemplo. Recordemos que un toro es un sólido con forma de rosquilla formado por una región circular que gira alrededor de una recta que se encuentra en el mismo plano que el círculo (pero no corta al círculo).

EJEMPLO 7 Encontrar un volumen por medio del teorema de Pappus

Encuentre el volumen del toro mostrado en la figura 6.64(a), que se formó por el giro de la región circular acotada por

$$(x - 2)^2 + y^2 = 1$$

alrededor del eje y, como se muestra en la figura 6.64(b).

Para ver las figuras a color, acceda al código

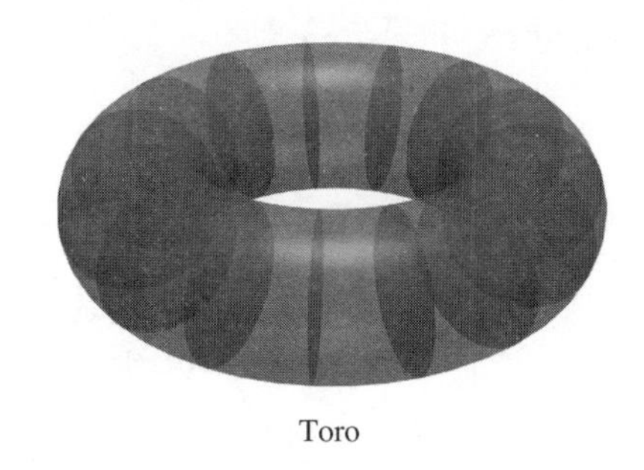

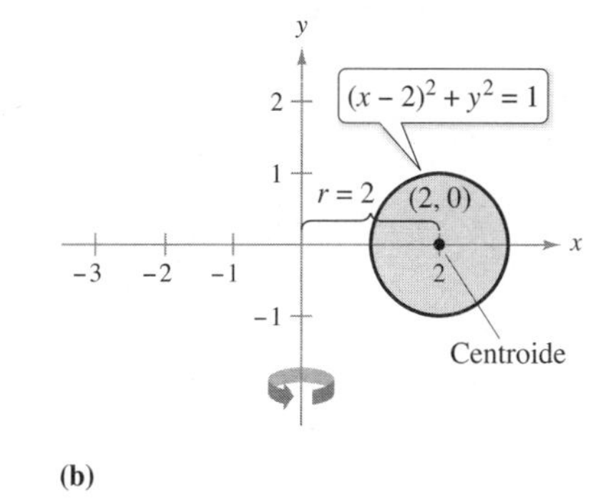

(a) (b)
Figura 6.64

Solución En la figura 6.64(b), se puede ver que el centroide de la región circular es (2, 0). Así, la distancia entre el centroide y el eje de revolución es

$$r = 2$$

Debido a que el área de la región circular es $A = \pi$, el volumen del toro es

$$\begin{aligned} V &= 2\pi rA \\ &= 2\pi(2)(\pi) \\ &= 4\pi^2 \\ &\approx 39.5 \end{aligned}$$

> **Exploración**
>
> Utilice el método de las capas para demostrar que el volumen del toro en el ejemplo 7 es
>
> $$V = \int_1^3 4\pi x\sqrt{1 - (x - 2)^2}\, dx$$
>
> Evalúe esta integral usando una herramienta de graficación. ¿Su respuesta concuerda con la del ejemplo 7?

6.6 Ejercicios

Las respuestas a los ejercicios impares pueden consultarse en el Apéndice de este libro.

Repaso de conceptos

1. Explique cómo se relacionan la masa y el peso.
2. La ecuación para el momento respecto al origen de un sistema unidimensional es

   $M_0 = 5(-3) + 2(-1) + 1(1) + 5(2) + 1(6)$

   ¿Está el sistema en equilibrio? Explique su respuesta.
3. Dé la definición de lámina plana. Describa lo que representa el centro de masa de una lámina.
4. Explique por qué es útil el teorema de Pappus.

Centro de masa de un sistema lineal **En los ejercicios 5 a 8, encuentre el centro de masa de las masas puntuales situadas en el eje *x*.**

5. $m_1 = 7, m_2 = 3, m_3 = 5$
   $x_1 = -5, x_2 = 0, x_3 = 3$
6. $m_1 = 0.1, m_2 = 0.2, m_3 = 0.2, m_4 = 0.5$
   $x_1 = 1, x_2 = 2, x_3 = 3, x_4 = 4$
7. $m_1 = 1, m_2 = 3, m_3 = 2, m_4 = 9, m_5 = 5$
   $x_1 = 6, x_2 = 10, x_3 = 3, x_4 = 2, x_5 = 4$
8. $m_1 = 8, m_2 = 5, m_3 = 5, m_4 = 12, m_5 = 2$
   $x_1 = -2, x_2 = 6, x_3 = 0, x_4 = 3, x_5 = -5$

Equilibrio de un sistema lineal **En los ejercicios 9 y 10, considere una viga de longitud *L* con un punto de apoyo situado a *x* pies de un extremo (vea la figura). Hay objetos con pesos W_1 y W_2 colocados en extremos opuestos de la viga. Encuentre *x* tal que el sistema esté en equilibrio.**

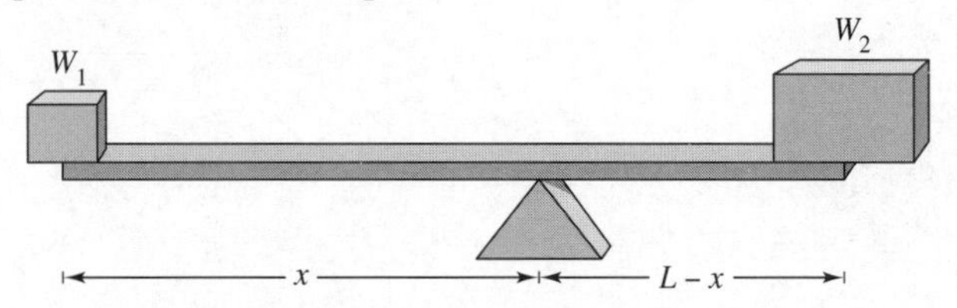

9. Dos niños que pesan 48 y 72 libras, respectivamente, se van a jugar en un subibaja que mide 10 pies de largo.
10. Con el propósito de mover una roca 600 libras, una persona que pesa 200 libras quiere equilibrarla sobre una viga que mide 5 pies de largo.

Centro de masa de un sistema de dos dimensiones **En los ejercicios 11 a 14, encuentre el centro de masa del sistema de masas puntuales dado.**

11.

m_i	5	1	3
(x_i, y_i)	(2, 2)	(−3, 1)	(1, −4)

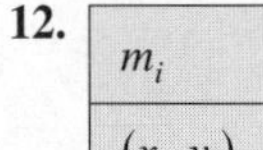

12.

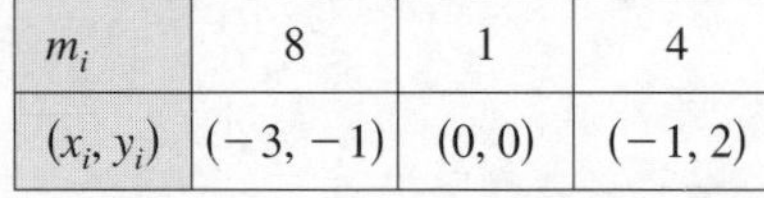

m_i	8	1	4
(x_i, y_i)	(−3, −1)	(0, 0)	(−1, 2)

Para ver las figuras a color, acceda al código

13.

m_i	12	6	4.5	15
(x_i, y_i)	(2, 3)	(−1, 5)	(6, 8)	(2, −2)

14.

m_i	3	4	2	1	6
(x_i, y_i)	(−2, −3)	(5, 5)	(7, 1)	(0, 0)	(−3, 0)

Centro de masa de una lámina plana **En los ejercicios 15 a 28, encuentre M_x, M_y y $(\bar{x}, \bar{y})$ para las láminas de densidad uniforme ρ acotada por las gráficas de las ecuaciones.**

15. $y = \frac{1}{2}x,\ y = 0,\ x = 2$
16. $y = 6 - x,\ y = 0,\ x = 0$
17. $y = \sqrt{x},\ y = 0,\ x = 4$
18. $y = \frac{1}{3}x^2,\ y = 0,\ x = 2$
19. $y = x^2,\ y = x^3$
20. $y = \sqrt{x},\ y = \frac{1}{2}x$
21. $y = -x^2 + 4x + 2,\ y = x + 2$
22. $y = \sqrt{x} + 1,\ y = \frac{1}{3}x + 1$
23. $y = x^{2/3},\ y = 0,\ x = 8$
24. $y = x^{2/3},\ y = 4$
25. $x = 4 - y^2,\ x = 0$
26. $x = 3y - y^2,\ x = 0$
27. $x = -y,\ x = 2y - y^2$
28. $x = y + 2,\ x = y^2$

Aproximar un centroide usando tecnología **En los ejercicios 29 y 30, utilice una herramienta de graficación para trazar la región acotada por las gráficas de las ecuaciones. Utilice las capacidades de integración de la herramienta de graficación para aproximar el centroide de la región.**

29. $y = 5\sqrt[3]{400 - x^2},\ y = 0$
30. $y = \dfrac{8}{x^2 + 4},\ y = 0,\ x = -2,\ x = 2$

Encontrar el centro de masa **En los ejercicios 31 a 34, introduzca el sistema de coordenadas apropiado y encuentre las coordenadas del centro de masa de la lámina plana. (La respuesta depende de la posición del sistema de coordenadas.)**

31.

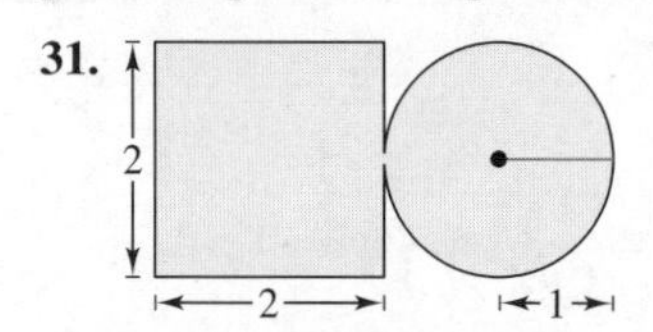

32.

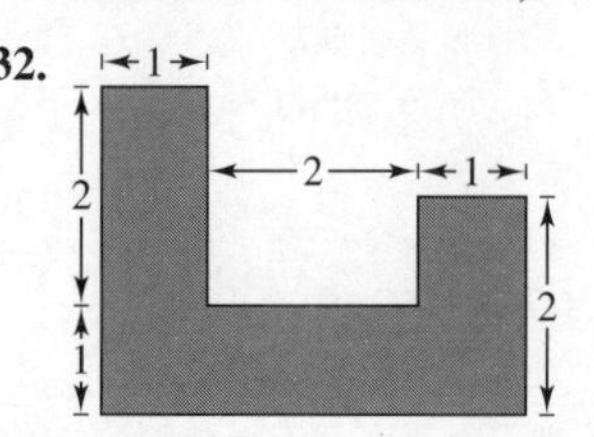

33.

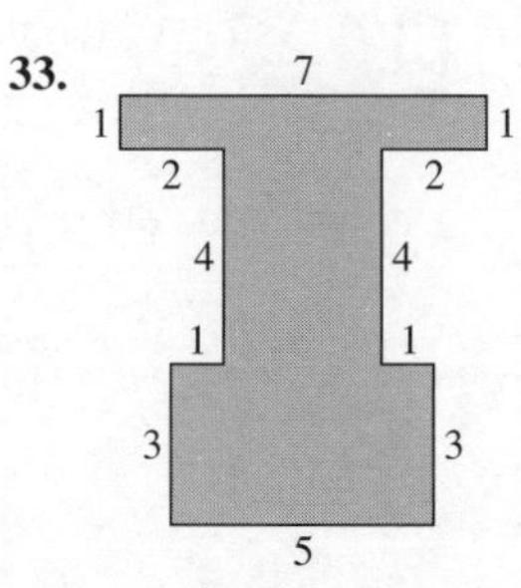

34.

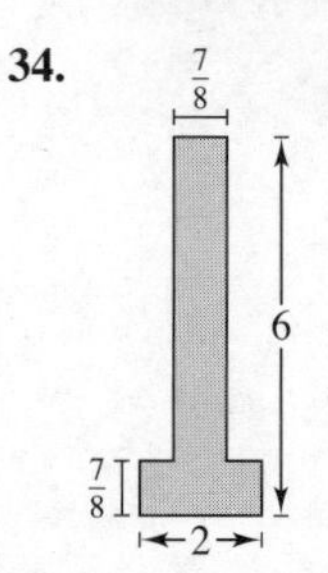

35. **Encontrar el centro de masa** Encuentre el centro de masa de la lámina en el ejercicio 31 cuando la parte circular de esta tiene dos veces la densidad de la parte cuadrada de la lámina.

36. **Encontrar el centro de masa** Encuentre el centro de masa de la lámina en el ejercicio 31 cuando la parte cuadrada de esta tiene dos veces la densidad de la porción circular de la lámina.

Encontrar un volumen por el teorema de Pappus En los ejercicios 37 a 40, utilice el teorema de Pappus para encontrar el volumen del sólido de revolución.

37. El toro formado por el giro de la región circular acotada por

$$(x - 5)^2 + y^2 = 16$$

respecto al eje y.

38. El toro formado por el giro de la región circular acotada por

$$x^2 + (y - 3)^2 = 4$$

alrededor del eje x.

39. El sólido formado al girar la región acotada por las gráficas de $y = x$, $y = 4$ y $x = 0$ respecto al eje x.

40. El sólido formado al girar la región acotada por las gráficas de $y = 2\sqrt{x - 2}$, $y = 0$ y $x = 6$ respecto al eje y.

Exploración de conceptos

41. Explique qué le sucede al centro de masa de un sistema lineal cuando cada punto de masa se traslada k unidades horizontalmente.

42. Explique por qué el centroide de un rectángulo es el centro del rectángulo.

43. Use rectángulos para crear una región tal que el centro de la masa se encuentre fuera de la región. Verifique algebraicamente que el centro de masa se encuentra fuera de la región.

44. **¿CÓMO LO VE?** El centroide de la región plana acotada por las gráficas de $y = f(x)$, $y = 0$, $x = 0$ y $x = 3$ es (1.2, 1.4). Sin integrar, encuentre el centroide de cada una de las regiones acotadas por las gráficas de los siguientes conjuntos de ecuaciones. Explique su razonamiento.

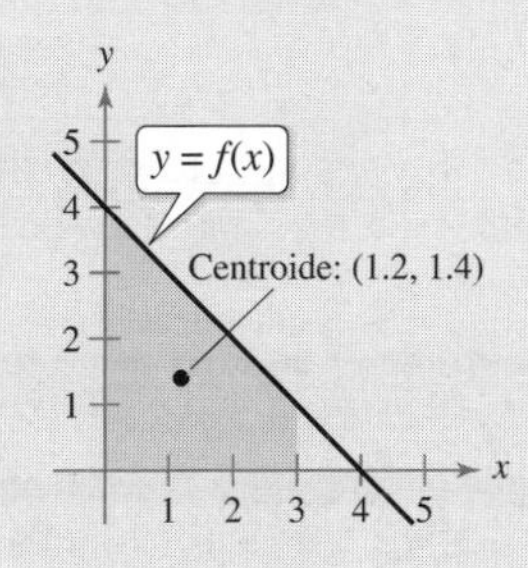

Para ver las figuras a color, acceda al código

(a) $y = f(x) + 2$, $y = 2$, $x = 0$ y $x = 3$

(b) $y = f(x - 2)$, $y = 0$, $x = 2$ y $x = 5$

(c) $y = -f(x)$, $y = 0$, $x = 0$ y $x = 3$

Centroide de una región común En los ejercicios 45 a 50, encuentre y/o verifique el centroide de la región común utilizado en ingeniería.

45. **Triángulo** Demuestre que el centro de gravedad del triángulo con vértices $(-a, 0)$, $(a, 0)$ y (b, c) es el punto de intersección de las medianas (vea la figura).

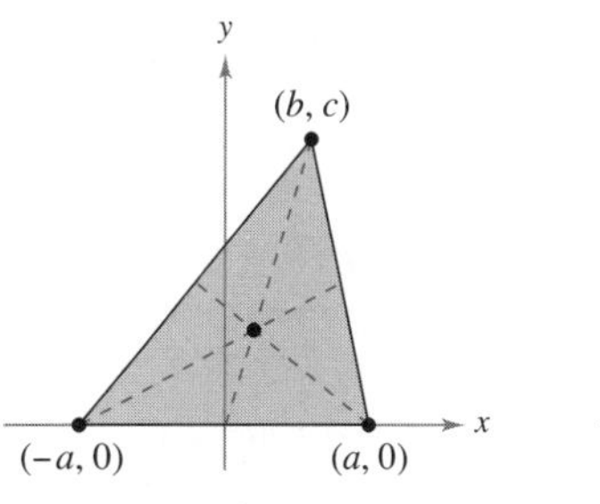

Figura para 45

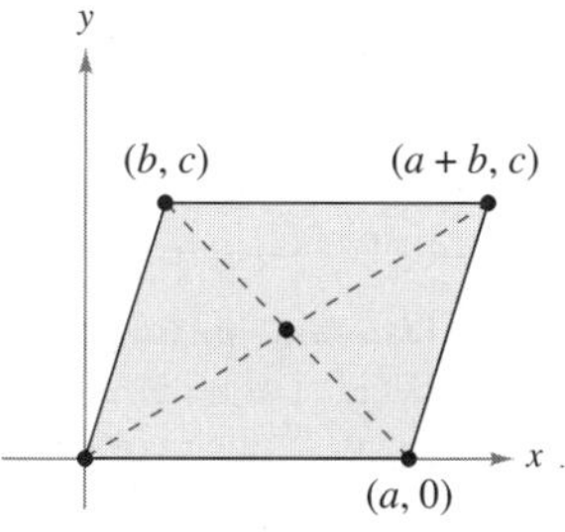

Figura para 46

46. **Paralelogramo** Demuestre que el centroide del paralelogramo con vértices $(0, 0)$, $(a, 0)$, (b, c) y $(a + b, c)$ es el punto de intersección de las diagonales (vea la figura).

47. **Trapezoide** Encuentre el centroide del trapezoide con vértices $(0, 0)$, $(0, a)$, (c, b) y $(c, 0)$. Demuestre que es la intersección de la recta que conecta los puntos medios de los lados paralelos y la recta que conecta los lados paralelos extendidos, como se muestra en la figura.

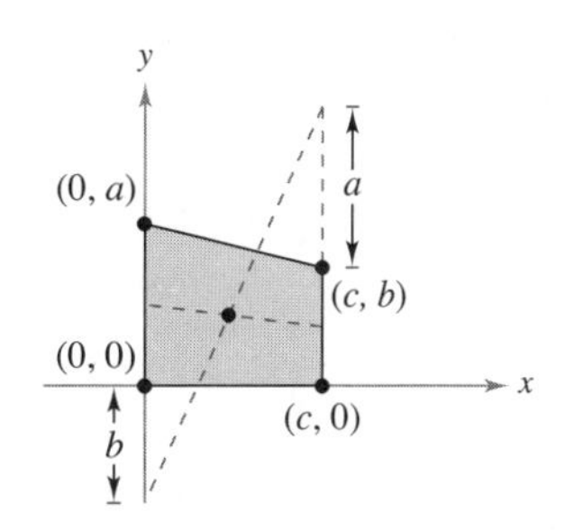

Figura para 47

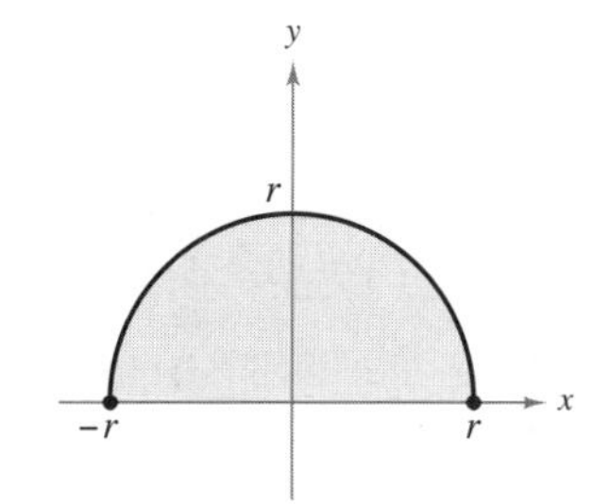

Figura para 48

48. **Semicírculo** Encuentre el centroide de la región acotada por las gráficas de $y = \sqrt{r^2 - x^2}$ y $y = 0$ (vea la figura).

49. **Semielipse** Encuentre el centroide de la región acotada por las gráficas de $y = \dfrac{b}{a}\sqrt{a^2 - x^2}$ y $y = 0$ (vea la figura).

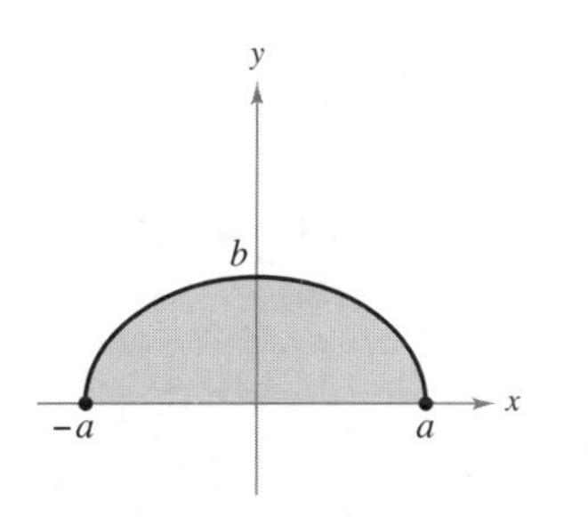

Figura para 49

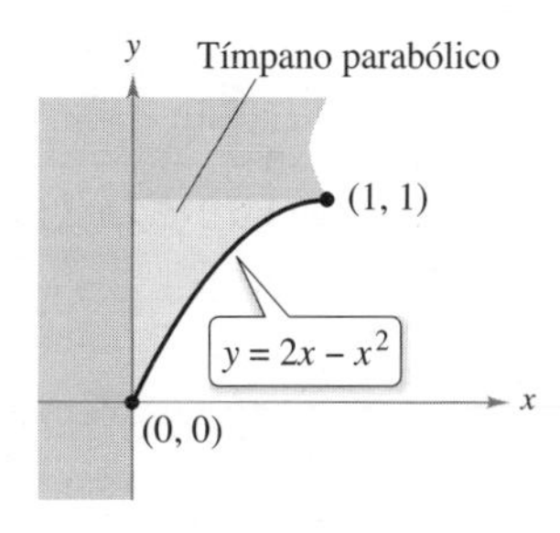

Figura para 50

50. **Tímpano parabólico** Encuentre el centroide del **tímpano parabólico** que se muestra en la figura.

51. Razonamiento gráfico Considere la región acotada por las gráficas de $y = x^2$ y $y = b$, donde $b > 0$.

(a) Dibuje una gráfica de la región.

(b) Establezca la integral para encontrar M_y. Debido a la forma del integrando, el valor de la integral se puede conseguir sin integrar. ¿Cuál es la forma del integrando? ¿Cuál es el valor de la integral y cuál es el valor de $\bar{x}$?

(c) Utilice la gráfica del inciso (a) para determinar $\bar{y} > \frac{b}{2}$ o $\bar{y} < \frac{b}{2}$. Explique.

(d) Use integración para comprobar su respuesta al inciso (c).

52. Razonamiento gráfico y numérico Considere la región acotada por las gráficas de $y = x^{2n}$ y $y = b$, donde $b > 0$ y n es un entero positivo.

(a) Dibuje una gráfica de la región.

(b) Establezca la integral para encontrar M_y. Debido a la forma del integrando, el valor de la integral se puede obtener sin la integración. ¿Cuál es la forma del integrando? ¿Cuál es el valor de la integral y cuál es el valor de $\bar{x}$?

(c) Utilice la gráfica del inciso (a) para determinar si $\bar{y} > \frac{b}{2}$ o $\bar{y} < \frac{b}{2}$. Explique.

(d) Utilice la integración para encontrar $\bar{y}$ como una función de n.

(e) Utilice el resultado del inciso (d) para completar la tabla.

n	1	2	3	4
$\bar{y}$				

(f) Encuentre $\lim_{n\to\infty} \bar{y}$.

(g) Proporcione una explicación geométrica del resultado en el inciso (f).

53. Modelar datos El fabricante de vidrio para una ventana en la conversión de una furgoneta tiene que aproximarse a su centro de masa. Se superpone un sistema de coordenadas a un prototipo del vidrio (vea la figura). Las mediciones (en centímetros) para la mitad derecha de la pieza simétrica de vidrio se enumeran en la tabla.

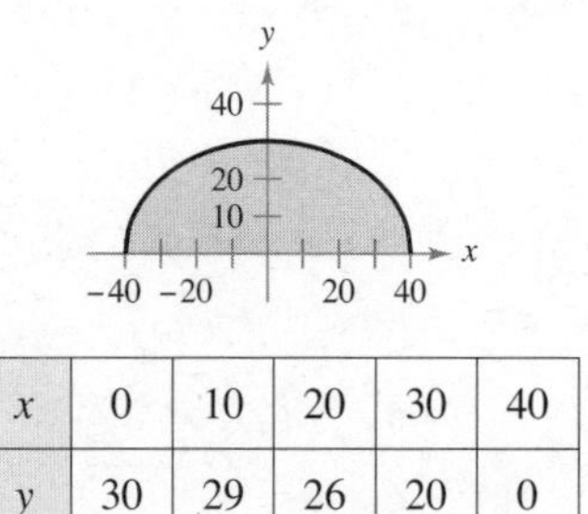

x	0	10	20	30	40
y	30	29	26	20	0

Para ver las figuras a color, acceda al código

(a) Utilice la capacidad de regresión de una herramienta de graficación para encontrar un modelo polinomial de cuarto grado para los datos.

(b) Utilice las capacidades de integración de una herramienta de graficación y el modelo para aproximar el centro de masa del vidrio.

54. Modelar datos El fabricante de un barco necesita aproximar el centro de masa de una sección del casco. Se superpone un sistema de coordenadas a un prototipo (vea la figura). Las mediciones (en pies) para la mitad derecha del prototipo simétrico se enumeran en la tabla.

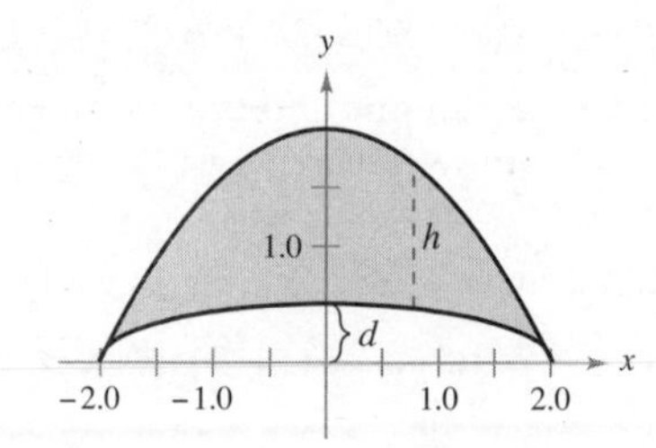

x	0	0.5	1.0	1.5	2
h	1.50	1.45	1.30	0.99	0
d	0.50	0.48	0.43	0.33	0

(a) Utilice las capacidades de regresión de una herramienta de graficación para encontrar modelos polinomiales de cuarto grado de las dos curvas que se muestran en la figura.

(b) Utilice las capacidades de integración de una herramienta de graficación y los modelos para aproximar el centro de masa de la sección del casco.

Segundo teorema de Pappus En los ejercicios 55 y 56, utilice el *segundo teorema de Pappus*, que se enuncia de la siguiente manera: si un segmento de una curva plana C se hace girar alrededor de un eje que no interseca la curva (excepto, posiblemente, en sus puntos extremos), el área S de la superficie de revolución resultante es igual al producto de la longitud de C por la distancia d recorrida por el centroide de C.

55. Encuentre el área de la superficie formada al girar la gráfica de $y = 3 - x$, $0 \le x \le 3$ alrededor del eje y.

56. Se forma un toro al hacer girar la gráfica de $(x - 1)^2 + y^2 = 1$ respecto al eje y. Encuentre el área de la superficie del toro.

57. Encontrar un centroide Sea $n \ge 1$ constante, y considere la región acotada por $f(x) = x^n$, el eje x y $x = 1$. Encuentre el centroide de esta región. Cuando $n \to \infty$, ¿a qué se parece la región y donde se encuentra su centroide?

58. Encontrar un centroide Considere las funciones

$$f(x) = x^n \quad \text{y} \quad g(x) = x^m$$

en el intervalo [0, 1], donde m y n son enteros positivos y $n > m$. Encuentre el centroide de la región acotada por f y g.

DESAFÍO DEL EXAMEN PUTNAM

59. Sea V la región en el plano cartesiano consistente en todos los puntos (x, y) que satisfacen las condiciones simultáneas $|x| \le y \le |x| + 3$ y $y \le 4$. Encuentre el centroide $(\bar{x}, \bar{y})$ de V.

6.7 Presión y fuerza de un fluido

Encontrar la presión del fluido y la fuerza del fluido.

Presión y fuerza de un fluido

Los nadadores saben que entre más profundo se sumerge un objeto dentro de un fluido, mayor será la presión sobre el objeto. La **presión** se define como la fuerza por unidad de área sobre la superficie de un cuerpo. Por ejemplo, debido a que una columna de agua de 10 pies de altura y 1 pulgada cuadrada pesa 4.3 libras, la *presión del fluido* a una profundidad de 10 pies de agua es de 4.3 libras por pulgada cuadrada.* A los 20 pies, esta aumentaría a 8.6 libras por pulgada cuadrada, y en general la presión es proporcional a la profundidad del objeto en el fluido.

BLAISE PASCAL (1623-1662)

Pascal es bien conocido por su trabajo en muchas áreas de las matemáticas y la física, y también por su influencia en Leibniz. Aunque gran parte de la obra de Pascal en el cálculo era intuitiva y carecía del rigor de las matemáticas modernas; no obstante, anticipó muchos resultados importantes.
Consulte LarsonCalculus.com (disponible solo en inglés) para leer más de esta biografía.

Definición de presión del fluido

La **presión** sobre un objeto a una profundidad h en un líquido es

$$\text{presión} = P = wh$$

donde w es el peso específico del líquido (peso por unidad de volumen).

A continuación se presentan algunos pesos específicos de fluidos en libras por pie cúbico.

Fluido	Peso específico
Alcohol etílico	49.4
Gasolina	41.0-43.0
Glicerina	78.6
Keroseno	51.2
Mercurio	849.0
Agua de mar	64.0
Agua	62.4

En el cálculo de la presión del fluido, se puede utilizar una ley física importante (y sorprendente) que recibe el nombre de **principio de Pascal**, llamada así en honor del matemático francés Blaise Pascal. El principio de Pascal establece que la presión ejercida por un fluido a una profundidad h se transmite igualmente *en todas direcciones*. Por ejemplo, en la figura 6.65, la presión en la profundidad indicada es la misma para los tres objetos. Debido a que la presión del fluido se da en términos de fuerza por unidad de área ($P = F/A$), la fuerza del fluido sobre una superficie *horizontal sumergida* de área A es

$$\text{Fuerza del fluido} = F = PA = (\text{presión})(\text{área})$$

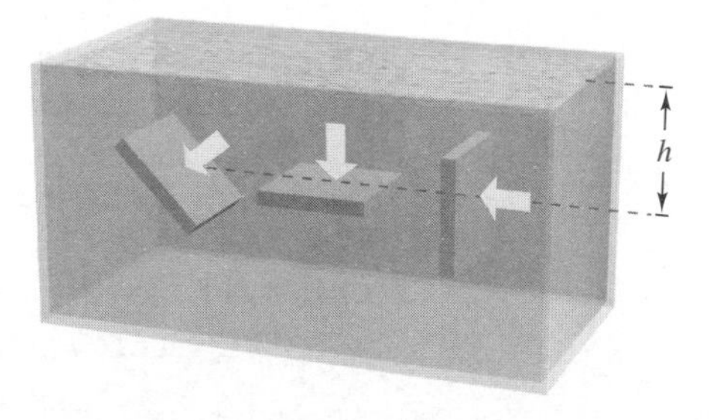

La presión a una profundidad h es la misma para todos los objetos.
Figura 6.65

Para ver la figura a color, acceda al código

* La presión total sobre un objeto en 10 pies de agua también incluiría la presión debida a la atmósfera terrestre. A nivel del mar, la presión atmosférica es aproximadamente 14.7 libras por pulgada cuadrada.

EJEMPLO 1 Fuerza de un fluido sobre una hoja de metal sumergida

La fuerza del fluido sobre una hoja de metal horizontal es igual a la presión del fluido por el área.

Figura 6.66

Encuentre la fuerza del fluido sobre una hoja de metal rectangular que mide 3 por 4 pies que se sumerge en 6 pies de agua, como se muestra en la figura 6.66.

Solución Debido a que la densidad del agua es 62.4 libras por pie cúbico y la lámina se sumerge en 6 pies de agua, la presión del fluido es

$$P = (62.4)(6) \qquad P = wh$$
$$= 374.4 \text{ libras por pie cuadrado}$$

Debido a que el área total de la lámina es $A = (3)(4) = 12$ pies cuadrados, la fuerza del fluido es

$$F = PA$$
$$= \left(374.4 \frac{\text{libras}}{\text{pie cúbico}}\right)(12 \text{ pies cuadrados})$$
$$= 4492.8 \text{ libras}$$

Este resultado es independiente del tamaño del cuerpo de agua. La fuerza del fluido sería la misma en una piscina o un lago. ■

En el ejemplo 1, el hecho de que la hoja es rectangular y horizontal significa que no necesita métodos de cálculo para resolver el problema. Considere una superficie que se sumerge verticalmente en un fluido. Este problema es más difícil debido a que la presión no es constante a lo largo de la superficie.

Considere una placa vertical que se sumerge en un fluido de peso específico w (peso por unidad de volumen), como se muestra en la figura 6.67. Para determinar la fuerza total sobre *un lado* de la región desde la profundidad c hasta la profundidad d se puede subdividir el intervalo $[c, d]$ en n subintervalos, cada uno de ancho Δy. A continuación, considere el rectángulo representativo de ancho Δy y longitud $L(y_i)$ donde y_i es el i-ésimo subintervalo. La fuerza sobre este rectángulo representativo es

$$\Delta F_i = w(\text{profundidad})(\text{área})$$
$$= wh(y_i)L(y_i)\,\Delta y$$

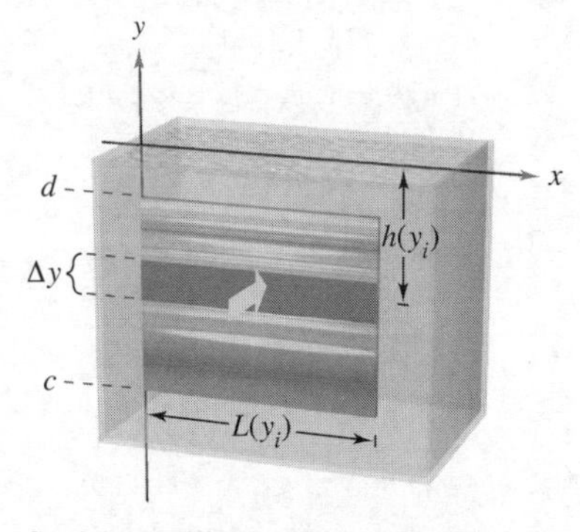

Se deben utilizar métodos de cálculo para encontrar la fuerza del fluido sobre una placa metálica vertical.

Figura 6.67

Para ver las figuras a color, acceda al código

La fuerza sobre estos n rectángulos es

$$\sum_{i=1}^{n} \Delta F_i = w\sum_{i=1}^{n} h(y_i)L(y_i)\,\Delta y$$

Observe que se considera que w es constante y se factoriza de la suma. Por lo tanto, tomando el límite cuando $\|\Delta\| \to 0$ $(n \to \infty)$ se sugiere la siguiente definición.

Definición de fuerza ejercida por un fluido

La **fuerza F ejercida por un fluido** de peso específico w constante (peso por unidad de volumen) sobre una región plana vertical sumergida desde $y = c$ hasta $y = d$ es

$$F = w \lim_{\|\Delta\| \to 0} \sum_{i=1}^{n} h(y_i)L(y_i)\,\Delta y$$
$$= w\int_c^d h(y)L(y)\,dy$$

donde $h(y)$ es la profundidad del fluido en y y $L(y)$ es la longitud horizontal de la región en y.

EJEMPLO 2 Fuerza de un fluido sobre una superficie vertical

Consulte LarsonCalculus.com (disponible solo en inglés) para una versión interactiva de este tipo de ejemplo.

Una puerta vertical en una presa tiene la forma de un trapecio isósceles que mide 8 pies en la parte superior y 6 pies en la parte inferior, con una altura de 5 pies, como se muestra en la figura 6.68(a). ¿Cuál es la fuerza del fluido sobre la puerta cuando la parte superior de la puerta está a 4 pies por debajo de la superficie del agua?

Solución En la creación de un modelo matemático para este problema, tiene libertad para ubicar los ejes x y y de varias maneras diferentes. Un enfoque conveniente es dejar que el eje y corte la puerta y colocar el eje x en la superficie del agua, como se muestra en la figura 6.68(b). Así, la profundidad del agua y en pies es

$$\text{Profundidad} = h(y) = -y$$

Para encontrar la longitud $L(y)$ de la región en y, halle la ecuación de la recta que forma el lado derecho de la puerta. Debido a que esta recta pasa por los puntos $(-3, 9)$ y $(4, -4)$ su ecuación es

$$y - (-9) = \frac{-4 - (-9)}{4 - 3}(x - 3)$$
$$y + 9 = 5(x - 3)$$
$$y = 5x - 24$$
$$x = \frac{y + 24}{5}$$

En la figura 6.68(b) se puede ver que la longitud de la región en y es

$$\text{Longitud} = 2x = \frac{2}{5}(y + 24) = L(y)$$

Por último, al integrar de $y = -9$ a $y = -4$, se puede calcular la fuerza del fluido.

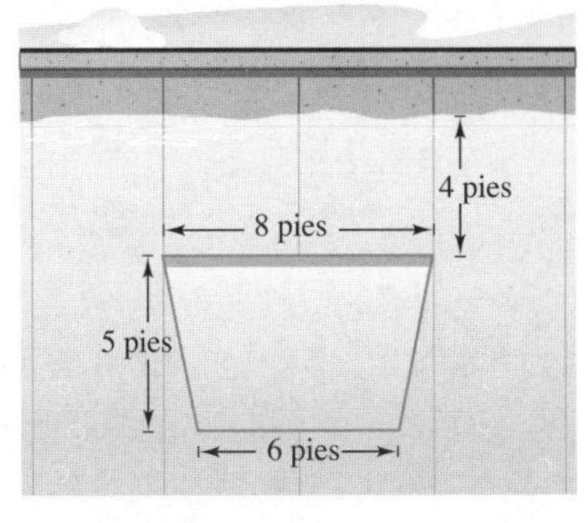

(a) Puerta de agua en una presa.

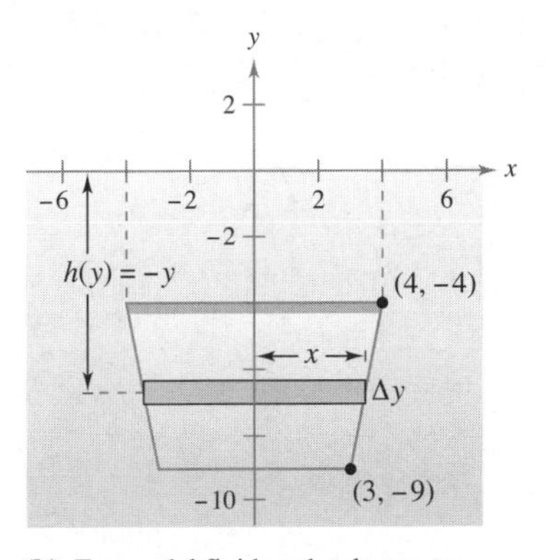

(b) Fuerza del fluido sobre la puerta.

Figura 6.68

$$F = w\int_c^d h(y)L(y)\,dy \qquad \text{Definición de fuerza ejercida por un fluido.}$$
$$= 62.4\int_{-9}^{-4}(-y)\left(\frac{2}{5}\right)(y + 24)\,dy \qquad \text{Sustituya.}$$
$$= -62.4\left(\frac{2}{5}\right)\int_{-9}^{-4}(y^2 + 24y)\,dy$$
$$= -62.4\left(\frac{2}{5}\right)\left[\frac{y^3}{3} + 12y^2\right]_{-9}^{-4} \qquad \text{Integre.}$$
$$= -62.4\left(\frac{2}{5}\right)\left(\frac{-1675}{3}\right)$$
$$= 13\,936 \text{ libras}$$

En el ejemplo 2, el eje x coincidió con la superficie del agua. Esto era conveniente, pero arbitrario. En la elección de un sistema de coordenadas para representar una situación física, se deben considerar varias posibilidades. A menudo se pueden simplificar los cálculos al localizar el sistema de coordenadas para aprovechar las características especiales del problema, tales como la simetría.

Para ver las figuras a color, acceda al código

EJEMPLO 3 Fuerza de un fluido sobre una superficie vertical

Una ventana de observación circular en un barco de investigación marina tiene un radio de 1 pie, y el centro de la ventana está a 8 pies debajo del nivel del agua, como se muestra en la figura 6.69. ¿Cuál es la fuerza del fluido sobre la ventana?

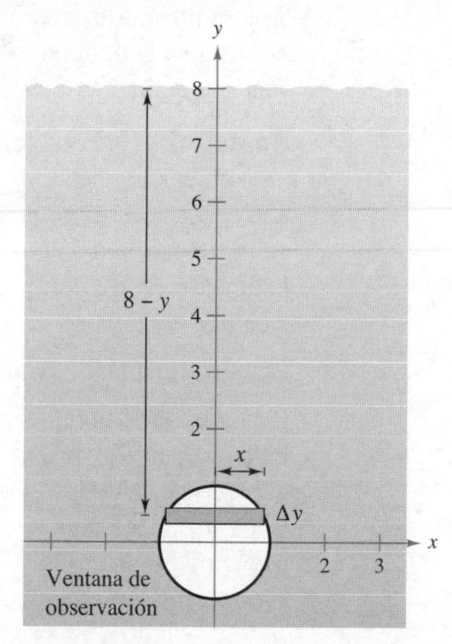

Fuerza del fluido sobre la ventana.
Figura 6.69

Solución Para sacar ventaja de la simetría, elija un sistema de coordenadas tal que el origen coincida con el centro de la ventana, como se muestra en la figura 6.69. La profundidad en y es entonces

$$\text{Profundidad} = h(y) = 8 - y$$

La longitud horizontal de la ventana es $2x$ y se puede utilizar la ecuación para la circunferencia, $x^2 + y^2 = 1$, para resolver para x como se muestra.

$$\text{Longitud} = 2x = 2\sqrt{1 - y^2} = L(y)$$

Finalmente, debido a que y varía de -1 a 1, y utilizando 64 libras por pie cúbico como el peso específico del agua de mar, tiene

$$F = w\int_c^d h(y)L(y)\,dy = 64\int_{-1}^{1} (8 - y)(2)\sqrt{1 - y^2}\,dy$$

Al principio parece que esta integral sería difícil de resolver. Sin embargo, cuando se divide la integral en dos partes y se aplica la simetría, la solución es simple.

$$F = 64(16)\int_{-1}^{1} \sqrt{1 - y^2}\,dy - 64(2)\int_{-1}^{1} y\sqrt{1 - y^2}\,dy$$

La segunda integral es igual a 0 (porque el integrando es impar y los límites de integración son simétricos respecto al origen). Por otra parte, al reconocer que la primera integral representa el área de un semicírculo de radio 1, se obtiene

$$\begin{aligned} F &= 64(16)\left(\frac{\pi}{2}\right) - 64(2)(0) \\ &= 512\pi \\ &\approx 1608.5 \text{ libras} \end{aligned}$$

Por tanto, la fuerza del fluido sobre la ventana es de aproximadamente 1608.5 libras. ■

Para ver las figuras a color de las páginas 470 y 471, acceda al código

6.7 Ejercicios

Las respuestas a los ejercicios impares pueden consultarse en el Apéndice de este libro.

Repaso de conceptos

1. Describa la presión de un fluido.
2. ¿Cambia la presión de un fluido con la profundidad? Explique su respuesta.

Fuerza sobre una hoja sumergida **En los ejercicios 3 a 6, se proporciona el área del lado superior de una hoja de metal. La hoja de metal se sumerge horizontalmente en 8 pies de agua. Encuentre la fuerza del fluido en el lado superior.**

3. 3 pies cuadrados
4. 8 pies cuadrados
5. 10 pies cuadrados
6. 25 pies cuadrados

Fuerza sobre una hoja sumergida **En los ejercicios 7 y 8, se proporciona el área del lado superior de una hoja de metal. La hoja de metal se sumerge horizontalmente en 5 pies de alcohol etílico. Encuentre la fuerza del fluido en el lado superior.**

7. 9 pies cuadrados
8. 14 pies cuadrados

Fuerza de fluidos sobre una pared del tanque **En los ejercicios 9 a 14, la figura es el lado vertical de un tanque lleno de agua, donde las dimensiones están dadas en pies. Encuentre la fuerza del fluido sobre este lado del tanque.**

9. Rectángulo

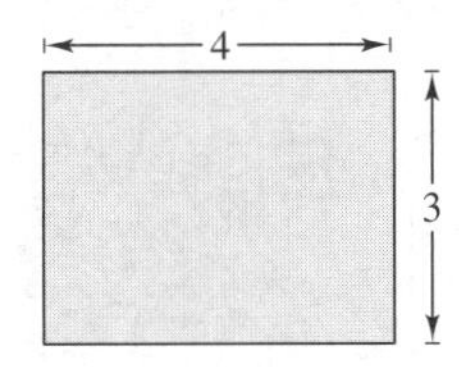

10. Triángulo

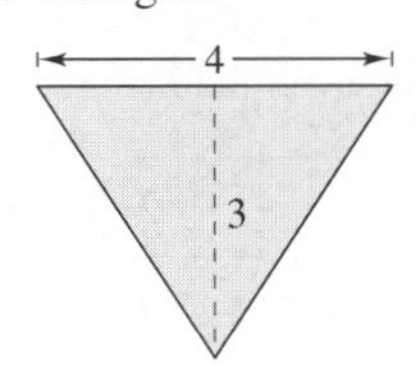

11. Trapezoide

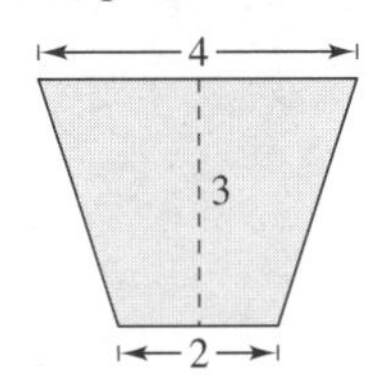

12. Semicírculo

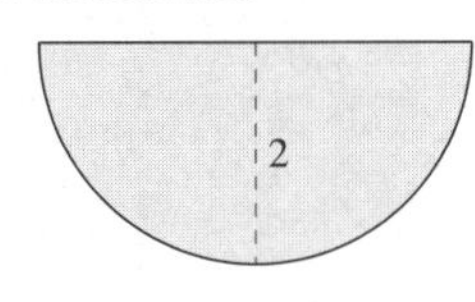

13. Parábola, $y = x^2$

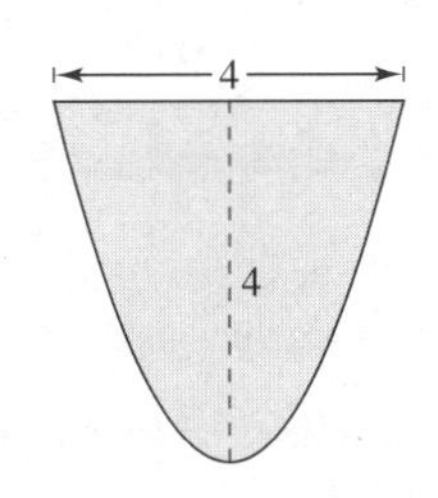

14. Semielipse
$y = -\frac{1}{2}\sqrt{36 - 9x^2}$

4

3

Fuerza de fluido del agua **En los ejercicios 15 a 18, encuentre la fuerza del fluido sobre la placa vertical sumergida en el agua, donde las dimensiones están dadas en metros y la densidad del agua es 9800 newtons por metro cúbico.**

15. Cuadrado

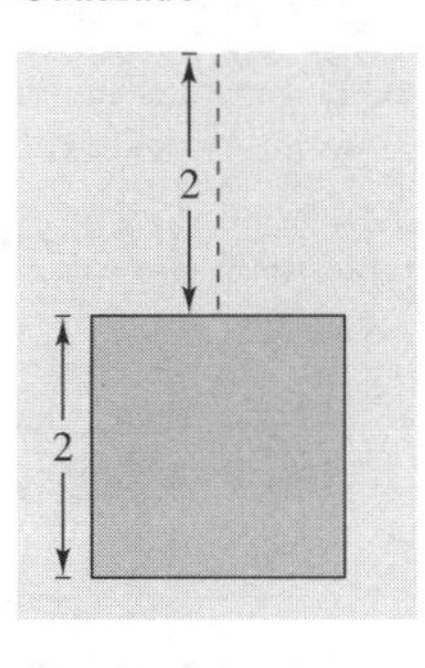

16. Rectángulo

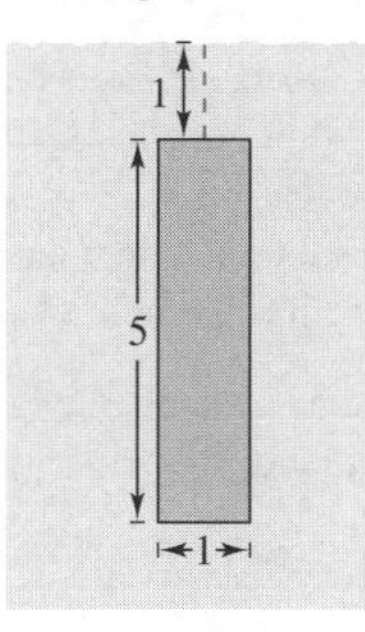

17. Triángulo

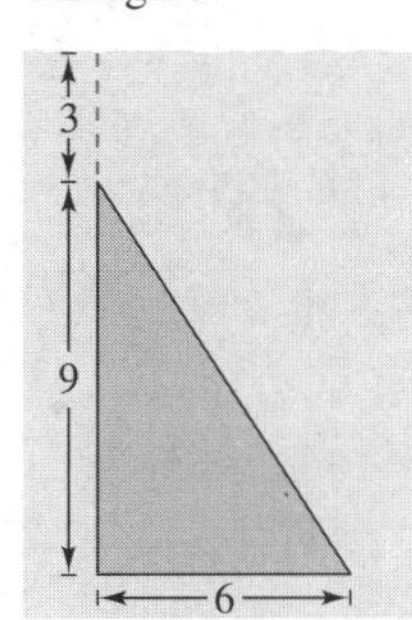

18. Cuadrado

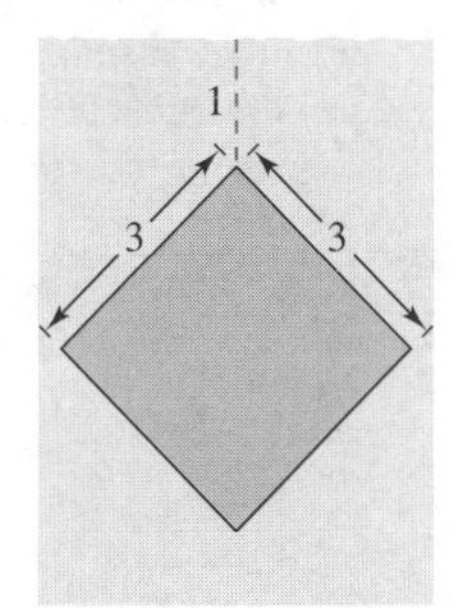

Fuerza sobre una forma de concreto **En los ejercicios 19 a 22, la figura es el lado vertical de una forma de concreto colado que pesa 140.7 libras por pie cúbico. Determine la fuerza sobre esta parte de la forma de concreto.**

19. Rectángulo

20. Semielipse,
$y = -\frac{3}{4}\sqrt{16 - x^2}$

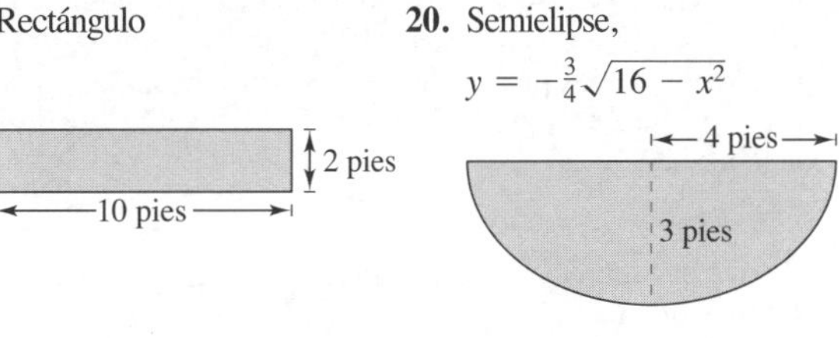

21. Rectángulo

22. Triángulo

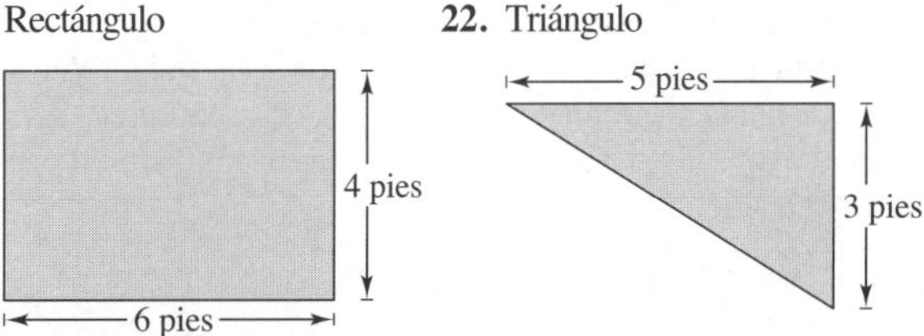

23. **Fuerza de fluido de la gasolina** Se coloca un tanque cilíndrico de gasolina de modo que el eje del cilindro es horizontal. Encuentre la fuerza del fluido sobre un extremo circular del tanque cuando el tanque está medio lleno, donde el diámetro es de 3 pies y la gasolina pesa 42 libras por pie cúbico.

24. Fuerza de fluido de la gasolina Repita el ejercicio 23 para un tanque que está lleno. (Evalúe una integral mediante una fórmula geométrica y la otra observando que el integrando es una función impar.)

Exploración de conceptos

25. Explique por qué la presión de un fluido sobre una superficie se calcula utilizando rectángulos representativos horizontales en lugar de rectángulos verticales.

26. La fuerza de flotación es la diferencia entre las fuerzas del fluido en los lados superior e inferior de un sólido. Encuentre una expresión para la fuerza de flotación de un sólido rectangular sumergido en un fluido con su lado superior paralelo a la superficie del fluido.

27. Aproxime la profundidad del agua en el tanque del ejercicio 9 si la fuerza del fluido es la mitad de grande que cuando el tanque está lleno. Explique por qué la respuesta no es $\frac{3}{2}$.

28. ¿CÓMO LO VE? Dos ventanas semicirculares idénticas se sitúan a la misma profundidad sobre la pared vertical de un acuario (vea la figura). ¿Cuál se somete a la mayor fuerza de fluido? Explique.

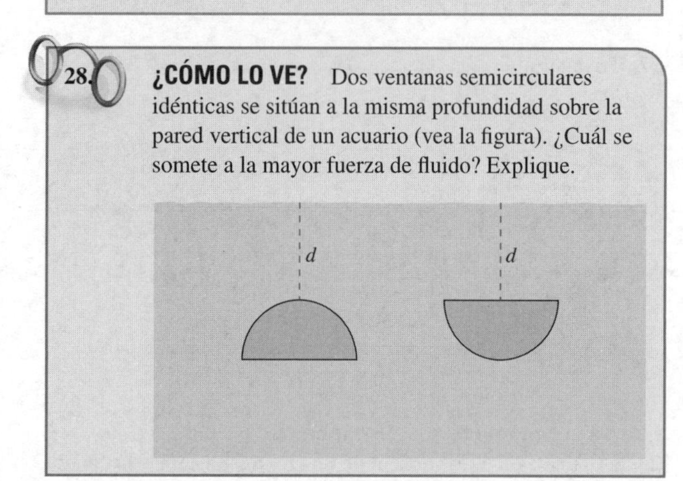

29. Fuerza de fluido en una placa circular Una placa circular de radio r pies se sumerge verticalmente en un tanque que contiene un líquido que pesa w libras por pie cúbico. El centro del círculo está a k pies debajo de la superficie del fluido, donde $k > r$. Demuestre que la fuerza del fluido sobre la superficie de la placa es

$$F = wk(\pi r^2)$$

(Evalúe una integral mediante una fórmula geométrica y la otra observando que el integrando es una función impar.)

30. Fuerza de fluido sobre una placa circular Utilice el resultado del ejercicio 29 para encontrar la fuerza del fluido sobre la placa circular que se muestra en cada figura. Suponga que las placas están en la pared de un tanque lleno de agua y las mediciones se dan en pies.

(a)

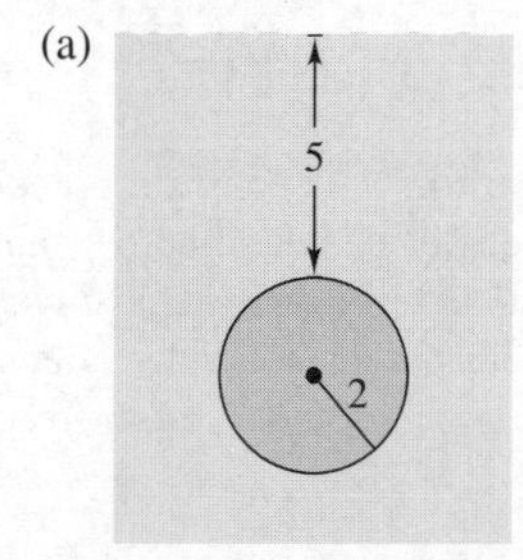

(b)

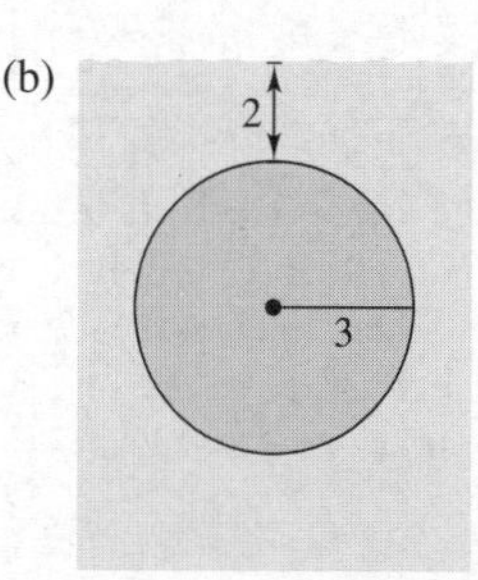

31. Fuerza de fluido sobre una placa rectangular Una placa rectangular de h pies de altura y b pies de base se sumerge verticalmente en un tanque de líquido que pesa w libras por pie cúbico. El centro del rectángulo está a k pies debajo de la superficie del fluido, donde $k > h/2$. Demuestre que la fuerza del fluido sobre la superficie de la placa es

$$F = wkhb$$

32. Fuerza de fluido sobre una placa rectangular Utilice el resultado del ejercicio 31 para encontrar la fuerza del fluido sobre la placa rectangular que se muestra en cada figura. Suponga que las placas están en la pared de un tanque lleno de agua y las mediciones están dadas en pies.

(a) (b)

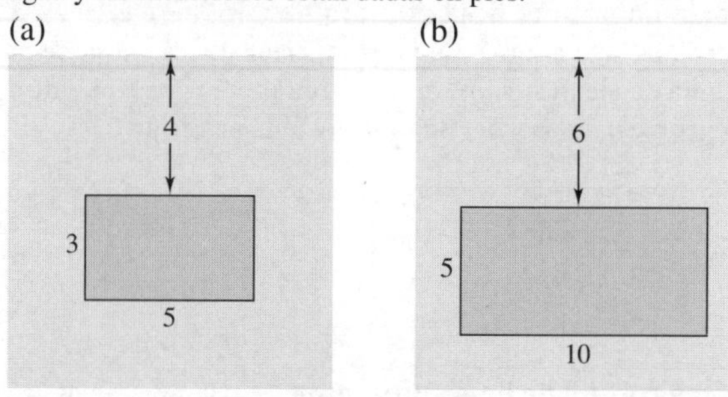

33. Tronera de un submarino Una tronera cuadrada en un lado vertical de un submarino (sumergido en el agua de mar) tiene un área de 1 metro cuadrado. Encuentre la fuerza del fluido sobre la tronera, suponiendo que el centro del cuadrado se encuentra a 15 pies bajo la superficie.

34. Tronera de un submarino Repita el ejercicio 33 para una tronera circular que tiene un diámetro de 1 pie. El centro se encuentra a 15 pies bajo la superficie.

35. Modelar datos En la figura se muestra la popa vertical de un barco parcialmente sumergida en el agua del mar con un sistema de coordenadas superpuesto. La tabla muestra el ancho w de la popa (en pies) para los valores indicados de y. Encuentre la fuerza del fluido sobre la popa.

y	0	1	2	3	4
w	0	5	9	10.25	10.5

Para ver las figuras a color, acceda al código

36. Puerta de un canal de riego La sección transversal vertical de un canal de riego se modela como

$$f(x) = \frac{5x^2}{x^2 + 4}$$

donde x se mide en pies y $x = 0$ corresponde al centro del canal. Utilice las capacidades de integración de una herramienta de graficación para aproximar la fuerza del fluido sobre una puerta vertical que se usa para detener el flujo de agua cuando esta se encuentra a 3 pies de profundidad.

Ejercicios de repaso

Las respuestas a los ejercicios impares pueden consultarse en el Apéndice de este libro.

Exploración de conceptos

En este capítulo se estudiaron varias aplicaciones de integración. Para desarrollar una fórmula de integración para estas aplicaciones, se comenzó con una fórmula de precálculo conocida. Entonces, usando esa fórmula para construir un elemento representativo, se obtuvo una fórmula de integración sumando, o acumulando, estos elementos. Por ejemplo, considere cómo fue desarrollada la fórmula para el área de una región entre dos curvas.

Fórmula conocida de precálculo		**Elemento representativo**		**Nueva fórmula de integración**
$A = \text{(altura)(ancho)}$	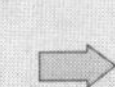	$\Delta A = [f(x) - g(x)]\Delta x$		$A = \int_a^b [f(x) - g(x)]\, dx$

1. Identifique la fórmula de precálculo y el elemento representativo utilizado para desarrollar la fórmula de integración para cada aplicación.

(a) Método de los discos

(b) Método de las arandelas

(c) Método de las capas

(d) Área de una superficie de revolución

2. Sean f y g dos funciones continuas en $[a, b]$ con $g(x) \leq f(x)$ para toda x en $[a, b]$. Describa con palabras el área dada por

$$\int_a^b [f(x) - g(x)]\, dx$$

¿Cambia la interpretación de la integral cuando $f(x) \geq 0$ y $g(x) \leq 0$?

3. Determine qué valor aproxima mejor el área de la región acotada por las gráficas de

$$f(x) = x + 1 \quad \text{y} \quad g(x) = (x - 1)^2$$

Haga su selección con base en la gráfica de la región y no realizando ningún cálculo.

(a) -2 (b) 2 (c) 10 (d) 4 (e) 8

4. Determine qué valor se aproxima mejor al volumen del sólido generado al hacer girar la región delimitada por las gráficas de

$$y = \arctan x, \quad y = 0, \quad x = 0 \quad \text{y} \quad x = 1$$

Alrededor del eje x. Haga su selección con base en la gráfica de la región y no realizando ningún cálculo.

(a) 10 (b) $\frac{3}{4}$ (c) 5 (d) -6 (e) 15

5. Explique por qué las dos integrales son iguales.

$$\int_1^e \sqrt{1 + \frac{1}{x^2}}\, dx = \int_0^1 \sqrt{1 + e^{2x}}\, dx$$

Use las capacidades de integración de una utilidad gráfica para verificar que las integrales son iguales.

6. Sean $m_1, m_2, \ldots, m_n$ masas puntuales ubicadas en

$$(x_1, y_1), (x_2, y_2), \ldots, (x_n, y_n).$$

Defina el centro de masa $(\bar{x}. \bar{y})$.

Encontrar el área de una región **En los ejercicios 7 a 16, dibuje la región acotada por las gráficas de las ecuaciones y encuentre el área de la región.**

7. $y = 6 - \frac{1}{2}x^2, \quad y = \frac{3}{4}x, \quad x = -2, \quad x = 2$

8. $y = \frac{1}{x^2}, \quad y = 4, \quad x = 5$

9. $y = \frac{1}{x^2 + 1}, \quad y = 0, \quad x = -1, \quad x = 1$

10. $x = y^2 - 2y, \quad x = -1, \quad y = 0$

11. $y = x, \quad y = x^3$

12. $x = y^2 + 1, \quad x = y + 3$

13. $y = e^x, \quad y = e^2, \quad x = 0$

14. $y = \csc x, \quad y = 2, \quad \frac{\pi}{6} \leq x \leq \frac{5\pi}{6}$

15. $y = \operatorname{sen} x, \quad y = \cos x, \quad \frac{\pi}{4} \leq x \leq \frac{5\pi}{4}$

16. $x = \cos y, \quad x = \frac{1}{2}, \quad \frac{\pi}{3} \leq y \leq \frac{7\pi}{3}$

Encontrar el área de una región **En los ejercicios 17 a 20, (a) utilice una herramienta de graficación para trazar la región acotada por las gráficas de las ecuaciones, y (b) utilice las capacidades de integración de la herramienta de graficación para encontrar el área de la región a cuatro decimales.**

17. $y = x^2 - 8x + 3, \quad y = 3 + 8x - x^2$

18. $y = x^2 - 4x + 3, \quad y = x^3, \quad x = 0$

19. $\sqrt{x} + \sqrt{y} = 1, \quad y = 0, \quad x = 0$

20. $y = x^4 - 2x^2, \quad y = 2x^2$

Integración como proceso de acumulación **En los ejercicios 21 y 22, encuentre la función de acumulación F. Luego evalúe F en cada valor de la variable independiente y mostrar gráficamente el área dada por cada valor de la variable independiente.**

21. $F(x) = \int_0^x (3t + 1)\, dt$

(a) $F(0)$ (b) $F(2)$ (c) $F(6)$

22. $F(x) = \int_{-\pi}^x (2 + \operatorname{sen} t)\, dt$

(a) $F(-\pi)$ (b) $F(0)$ (c) $F(2\pi)$

Ingresos **En los ejercicios 23 y 24 se dan dos modelos R_1 y R_2 para ingresos (en millones de dólares) para una corporación. Ambos modelos son estimaciones de ingresos desde 2030 hasta 2035, con $t = 0$ correspondiente a 2030. ¿Qué modelo proyecta los mayores ingresos? ¿Cuánto más ingresos totales proyecta el modelo durante un periodo de seis años?**

23. $R_1 = 2.98 + 0.65t$

$R_2 = 2.98 + 0.56t$

24. $R_1 = 4.87 + 0.55t + 0.01t^2$

$R_2 = 4.87 + 0.61t + 0.07t^2$

Hallar el volumen de un sólido **En los ejercicios 25 y 26, use el método de los discos para encontrar el volumen del sólido generado al girar la región acotada por las gráficas de las ecuaciones sobre el eje x.**

25. $y = \dfrac{1}{\sqrt{1 + x^2}}, \quad y = 0, \quad x = -1, \quad x = 1$

26. $y = e^{-x}, \quad y = 0, \quad x = 0, \quad x = 1$

Hallar el volumen de un sólido **En los ejercicios 27 y 28, use el método de las capas para encontrar el volumen del sólido generado al girar la región acotada por las gráficas de las ecuaciones sobre el eje x.**

27. $y = \dfrac{1}{x^4 + 1}, \quad y = 0, \quad x = 0, \quad x = 1$

28. $y = \dfrac{1}{x^2}, \quad y = 0, \quad x = 2, \quad x = 5$

Hallar el volumen de un sólido **En los ejercicios 29 y 30, use el método de los discos *o* el método de las capas para encontrar los volúmenes de los sólidos generados al girar la región acotada por las gráficas de las ecuaciones sobre las rectas dadas.**

29. $y = x, \quad y = 0, \quad x = 3$

(a) el eje x

(b) el eje y

(c) la recta $x = 3$

(d) la recta $x = 6$

30. $y = \sqrt{x}, \quad y = 2, \quad x = 0$

(a) el eje x

(b) la recta $y = 2$

(c) el eje y

(d) la recta $x = -1$

31. Tanque de gasolina Un tanque de gasolina es un esferoide achatado generado al girar la región acotada por la gráfica de

$$\frac{x^2}{16} + \frac{y^2}{9} = 1$$

alrededor del eje y, donde x y y se miden en pies. ¿Cuánta gasolina puede almacenar el tanque?

32. Usar secciones transversales Encuentre el volumen del sólido cuya base está acotada por el círculo $x^2 + y^2 = 9$ y las secciones transversales perpendiculares al eje x son triángulos equiláteros.

Encontrar la longitud de arco **En los ejercicios 33 y 34, encuentre la longitud de arco de la gráfica de la función en el intervalo indicado.**

33. $f(x) = \frac{4}{5}x^{5/4}, \quad [0, 4]$

34. $y = \frac{1}{3}x^{3/2} - 1, \quad [2, 6]$

Hallar el área de una superficie de revolución **En los ejercicios 35 y 36, escriba y evalúe la integral definida que representa el área de la superficie generada por la rotación de la curva en el intervalo indicado alrededor del eje x.**

35. $y = \dfrac{x^3}{18}, \quad 3 \le x \le 6$

36. $y = \sqrt{25 - x^2}, \quad -4 \le x \le 4$

Hallar el área de una superficie de revolución **En los ejercicios 37 y 38, escriba y evalúe la integral definida que representa el área de la superficie generada por la rotación de la curva en el intervalo indicado alrededor del eje x.**

37. $y = \dfrac{x^2}{2} + 4, \quad 0 \le x \le 2$

38. $y = \sqrt[3]{x}, \quad 1 \le x \le 2$

39. Ley de Hooke Se necesita una fuerza de 5 libras para estirar un resorte 1 pulgada desde su posición natural. Calcule el trabajo realizado al estirar el resorte desde su longitud natural de 10 pulgadas hasta una longitud de 15 pulgadas.

40. Ley de Hooke Se necesita una fuerza de 50 libras para estirar un resorte 1 pulgada desde su posición natural. Calcule el trabajo realizado al estirar el resorte desde su longitud natural de 10 pulgadas para duplicar esa longitud.

41. Propulsión Despreciando la resistencia del aire y el peso del propulsor, determine el trabajo realizado para colocar un satélite de 5 toneladas a una altura de 200 millas sobre la Tierra.

42. Bombear agua Un pozo de agua tiene una carcasa de 8 pulgadas (diámetro) y se encuentra a 190 pies de profundidad. El agua está a 25 pies desde la parte superior del pozo. Determine la cantidad de trabajo realizado en el bombeo del pozo seco.

43. Enrollar una cadena Una cadena de 10 pies de largo pesa 4 libras por pie y se cuelga desde una plataforma a 20 pies sobre el suelo. ¿Cuánto trabajo se requiere para elevar toda la cadena hasta el nivel de 20 pies?

44. Enrollar una cadena Un malacate, a 200 pies sobre el nivel del suelo en la parte superior de un edificio, utiliza un cable que pesa 5 libras por pie. Encuentre el trabajo realizado en el enrollado del cable cuando hay una carga de 300 libras unida al extremo del cable.

45. Ley de Boyle Una cantidad de gas con un volumen inicial de 1 pie cúbico y una presión de 500 libras por pie cuadrado se expande hasta un volumen de 4 pies cúbicos. Encuentre el trabajo realizado por el gas. Suponga que la presión es inversamente proporcional al volumen.

46. Ley de Boyle Una cantidad de gas con un volumen inicial de 2 pies cúbicos y una presión de 800 libras por pie cuadrado se expande hasta un volumen de 3 pies cúbicos. Encuentre el trabajo realizado por el gas. Suponga que la presión es inversamente proporcional al volumen.

47. Centro de masa de un sistema lineal Encuentre el centro de masa de las masas puntuales situadas en el eje x.

$$m_1 = 8, \quad m_2 = 12, \quad m_3 = 6, \quad m_4 = 14$$

$$x_1 = -1, \quad x_2 = 2, \quad x_3 = 5, \quad x_4 = 7$$

48. Centro de masa de un sistema de dos dimensiones Encuentre el centro de masa del sistema de masas puntuales dado.

m_i	3	2	6	9
(x_i, y_i)	$(2, 1)$	$(-3, 2)$	$(4, -1)$	$(6, 5)$

Centro de masa de una lámina plana En los ejercicios 49 y 50, encuentre M_x, M_y y $(\bar{x}, \bar{y})$ para la lámina de densidad uniforme ρ acotada por las gráficas de las ecuaciones.

49. $y = x^2, \quad y = 2x + 3$

50. $y = x^{2/3}, \quad y = \frac{1}{2}x$

51. Encontrar un volumen Utilice el teorema de Pappus para encontrar el volumen del toro formado girando el círculo $(x - 4)^2 + y^2 = 4$ respecto al eje y.

52. Encontrar el centro de masa Introduzca un sistema de coordenadas apropiado y encuentre el centro de masa de la lámina plana. (La respuesta depende de la posición del sistema de coordenadas.)

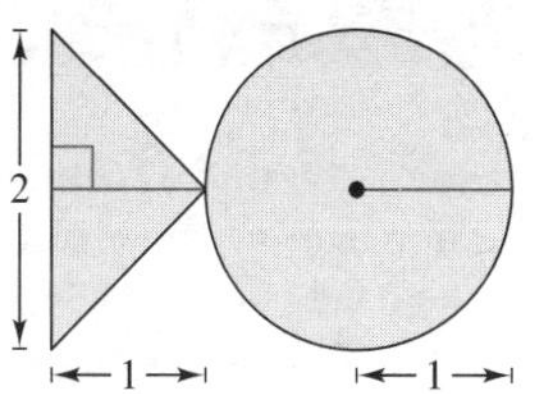

Fuerza sobre una hoja sumergida En los ejercicios 53 y 54 se da el área de la parte superior de una hoja de metal. La hoja de metal se sumerge horizontalmente en 3 pies de agua. Encuentre la fuerza del fluido en el lado superior.

53. 2 pies cuadrados

54. 15 pies cuadrados

55. Fuerza de fluido del agua de mar Encuentre la fuerza de fluido sobre la placa vertical sumergida en agua de mar (vea la figura).

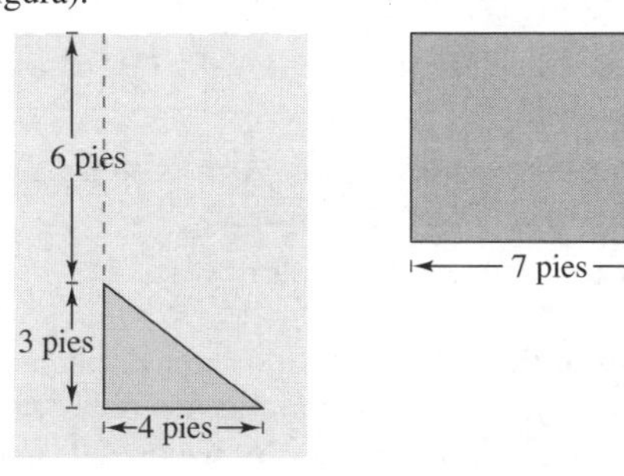

Figura para 55 Figura para 56

56. Fuerza sobre una forma de concreto La figura es el lado vertical de una forma de concreto colado que pesa 140.7 libras por pie cúbico. Determine la fuerza sobre esta parte de la forma de concreto.

57. Tronera de un submarino Una tronera circular en un lado vertical de un submarino (sumergido en agua de mar) tiene un diámetro de 3 pies. Encuentre la fuerza del fluido sobre la tronera, suponiendo que el centro del círculo está a 1600 pies debajo de la superficie.

Construcción de conceptos

58. La gráfica de $y = f(x)$ pasa por el origen. La longitud de arco de la curva de $(0, 0)$ a $(x, f(x))$ está dada por

$$s(x) = \int_0^x \sqrt{1 + e^t}\, dt$$

Identifique la función f.

59. Sea f rectificable en el intervalo $[a, b]$ y sea

$$s(x) = \int_a^x \sqrt{1 + [f'(t)]^2}\, dt$$

(a) Encuentre $\dfrac{ds}{dx}$.

(b) Encuentre ds y $(ds)^2$.

(c) Encuentre $s(x)$ en $[1, 3]$, donde $f(t) = t^{3/2}$.

(d) Utilice la función y el intervalo en el inciso (c) para calcular $s(2)$ y describa lo que significa.

60. Sea R el área de la región en el primer cuadrante acotada por la parábola $y = x^2$ y la recta $y = cx$, $c > 0$. Sea T el área del triángulo AOB. Calcule el límite

$$\lim_{c \to 0^+} \frac{T}{R}$$

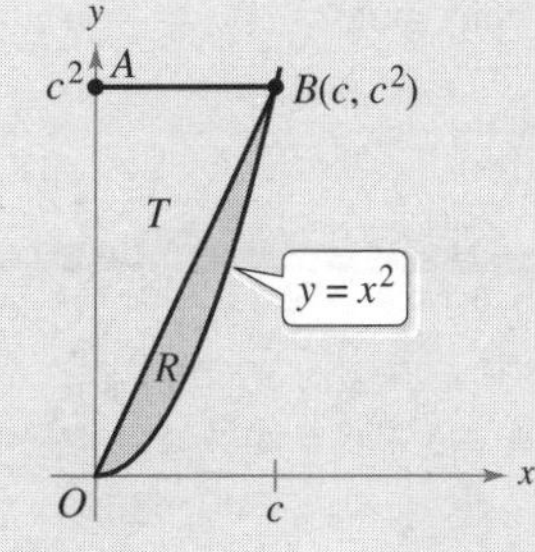

Para ver las figuras a color, acceda al código

Solución de problemas

Las respuestas a los ejercicios impares pueden consultarse en el Apéndice de este libro.

1. **Centro de masa de una lámina** Sea L una lámina de densidad uniforme $\rho = 1$ que se obtiene eliminando el círculo A de radio r del círculo B de radio $2r$ (vea la figura).

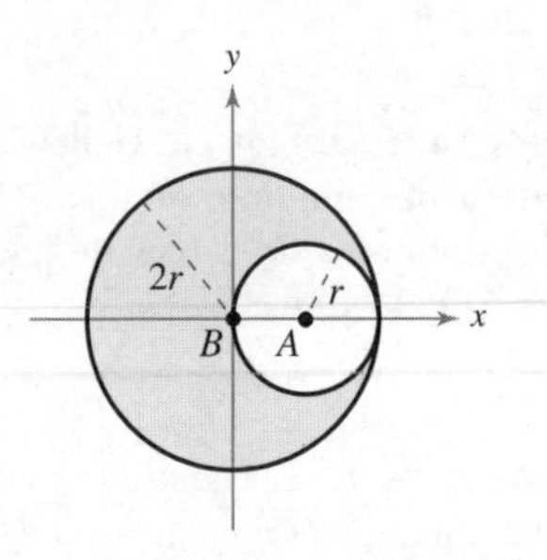

Para ver las figuras a color, acceda al código

   (a) Demuestre que $M_x = 0$ para L.

   (b) Demuestre que M_y para L es igual a (M_y para B) – (M_y para A.)

   (c) Encuentre M_y para B y M_y para A. A continuación, utilice el inciso (b) para calcular M_y para L.

   (d) ¿Cuál es el centro de masa de L?

2. **Dividir una región** Sea R la región acotada por la parábola $y = x - x^2$ y el eje x (vea la figura). Encuentre la ecuación de la recta que divide esta región en dos regiones de igual área.

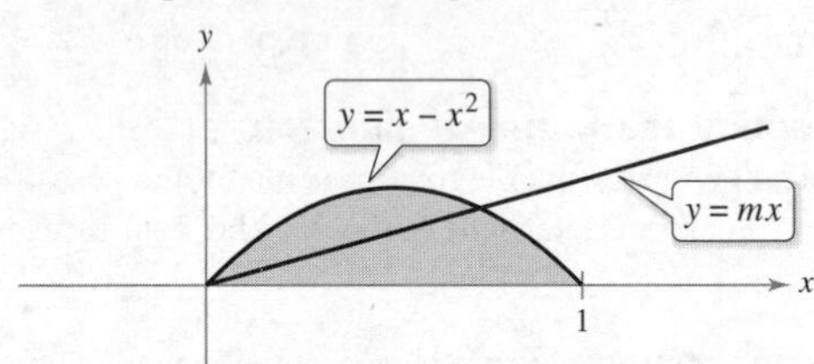

3. **Principio de Arquímedes** El **principio de Arquímedes** establece que la fuerza ascendente o de flotación sobre un objeto dentro de un fluido es igual al peso del líquido que desplaza el objeto. Para un objeto parcialmente sumergido, se puede obtener información acerca de las densidades relativas del objeto flotante y el fluido mediante la observación de cuánto del objeto está por encima y por debajo de la superficie. También se puede determinar el tamaño de un objeto flotante si se conoce la cantidad que está por encima de la superficie y las densidades relativas. Se puede ver la parte superior de un iceberg flotando (vea la figura). La densidad del agua del mar es 1.03×10^3 kilogramos por metro cúbico, y la del hielo es 0.92×10^3 kilogramos por metro cúbico. ¿Qué porcentaje total del iceberg está por debajo de la superficie?

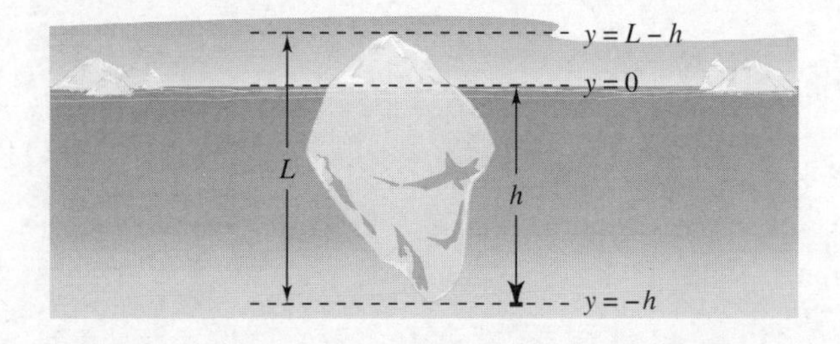

4. **Área de una superficie** Grafique la curva

$$8y^2 = x^2(1 - x^2)$$

Use alguna utilidad de graficación para encontrar el área de la superficie del sólido de revolución obtenido al hacer girar la curva alrededor del eje y.

5. **Centroide** Una hoja de un ventilador industrial tiene la configuración de un semicírculo conectado a un trapecio (vea la figura). Encuentre el centroide de la hoja.

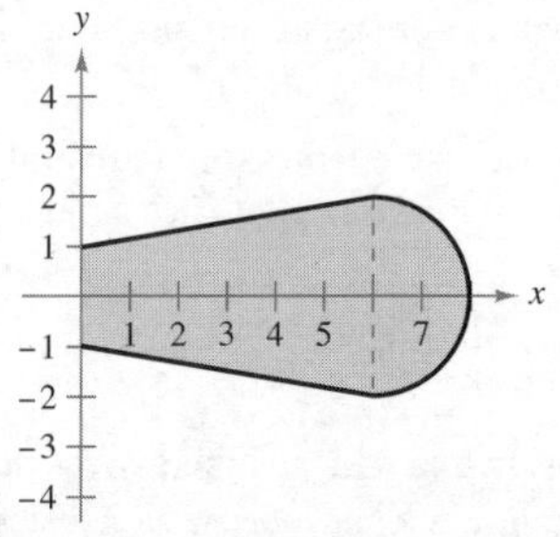

6. **Trabajo** Encuentre el trabajo hecho por cada fuerza F.

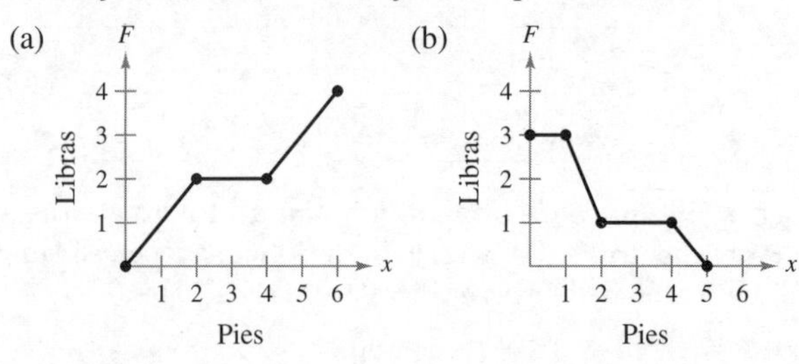

7. **Volumen** Un rectángulo R de longitud ℓ y ancho w gira alrededor de la recta L (vea la figura). Determine el volumen del sólido de revolución resultante.

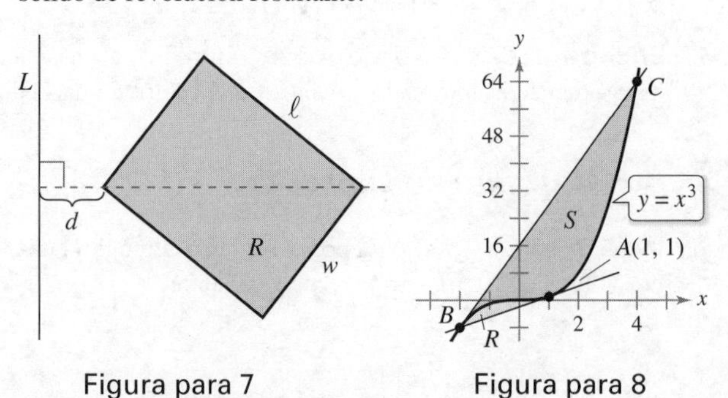

Figura para 7 Figura para 8

8. **Comparar áreas de regiones**

   (a) La recta tangente a la curva $y = x^3$ en el punto $A(1, 1)$ corta a la curva en otro punto B. Sea R el área de la región acotada por la curva y la recta tangente. La recta tangente en B corta a la curva en otro punto C (vea la figura). Sea S el área de la región acotada por la curva y esta segunda recta tangente. ¿Cómo se relacionan las áreas R y S?

   (b) Repita la construcción en el inciso (a) mediante la selección de un punto arbitrario A de la curva $y = x^3$. Demuestre que las dos áreas R y S están siempre relacionadas de la misma manera.

7 Técnicas de integración e integrales impropias

7.2 **Modelo de memoria** *(Ejercicio 92, p. 493)*

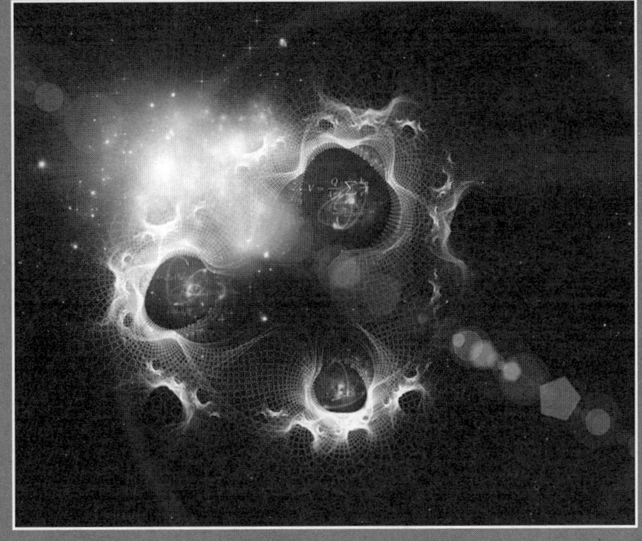

7.3 **El producto de Wallis** *(Proyecto de trabajo, p. 502)*

7.5 **Fuerza del fluido** *(Ejercicio 63, p. 511)*

7.5 **Reacción química** *(Ejercicio 50, p. 520)*

7.1 Reglas básicas de integración

Revisar los procedimientos para ajustar un integrando a una de las reglas básicas de integración.

Repaso de las reglas básicas de integración ($a > 0$)

1. $\int kf(u)\,du = k\int f(u)\,du$
2. $\int [f(u) \pm g(u)]\,du = \int f(u)\,du \pm \int g(u)\,du$
3. $\int du = u + C$
4. $\int u^n\,du = \dfrac{u^{n+1}}{n+1} + C,\quad n \neq -1$
5. $\int \dfrac{du}{u} = \ln|u| + C$
6. $\int e^u\,du = e^u + C$
7. $\int a^u\,du = \left(\dfrac{1}{\ln a}\right)a^u + C$
8. $\int \operatorname{sen} u\,du = -\cos u + C$
9. $\int \cos u\,du = \operatorname{sen} u + C$
10. $\int \tan u\,du = -\ln|\cos u| + C$
11. $\int \cot u\,du = \ln|\operatorname{sen} u| + C$
12. $\int \sec u\,du = \ln|\sec u + \tan u| + C$
13. $\int \csc u\,du = -\ln|\csc u + \cot u| + C$
14. $\int \sec^2 u\,du = \tan u + C$
15. $\int \csc^2 u\,du = -\cot u + C$
16. $\int \sec u \tan u\,du = \sec u + C$
17. $\int \csc u \cot u\,du = -\csc u + C$
18. $\int \dfrac{du}{\sqrt{a^2 - u^2}} = \operatorname{arcsen} \dfrac{u}{a} + C$
19. $\int \dfrac{du}{a^2 + u^2} = \dfrac{1}{a} \arctan \dfrac{u}{a} + C$
20. $\int \dfrac{du}{u\sqrt{u^2 - a^2}} = \dfrac{1}{a} \operatorname{arcsec} \dfrac{|u|}{a} + C$

Ajuste de integrandos a las reglas básicas de integración

En este capítulo se estudiarán varias técnicas de integración que amplían en gran medida el conjunto de integrales para las que se pueden aplicar las reglas básicas de integración. Estas reglas se repasan a la izquierda. Un paso importante en la solución de cualquier problema de integración es el reconocimiento de cuál regla de integración básica usar.

EJEMPLO 1 Comparar entre tres integrales similares

Consulte LarsonCalculus.com (disponible solo en inglés) para una versión interactiva de este tipo de ejemplo.

Determine cada una de las integrales.

a. $\displaystyle\int \frac{4}{x^2 + 9}\,dx$ **b.** $\displaystyle\int \frac{4x}{x^2 + 9}\,dx$ **c.** $\displaystyle\int \frac{4x^2}{x^2 + 9}\,dx$

Solución

a. Utilice la regla del arcotangente y sean $u = x$ y $a = 3$.

$$\int \frac{4}{x^2 + 9}\,dx = 4\int \frac{1}{x^2 + 3^2}\,dx \qquad \text{Regla del múltiplo constante.}$$

$$= 4\left(\frac{1}{3}\arctan\frac{x}{3}\right) + C \qquad \text{Regla del arcotangente.}$$

$$= \frac{4}{3}\arctan\frac{x}{3} + C \qquad \text{Simplifique.}$$

b. La regla del arcotangente no aplica porque el numerador contiene un factor de x. Considere la regla del logaritmo y sea $u = x^2 + 9$. Entonces $du = 2x\,dx$, y se tiene

$$\int \frac{4x}{x^2 + 9}\,dx = 2\int \frac{2x\,dx}{x^2 + 9} \qquad \text{Regla del múltiplo constante.}$$

$$= 2\int \frac{du}{u} \qquad \text{Sustituya: } u = x^2 + 9.$$

$$= 2\ln|u| + C \qquad \text{Regla del logaritmo.}$$

$$= 2\ln(x^2 + 9) + C \qquad \text{Reescriba como una función de } x.$$

c. Debido a que el grado del numerador es igual al grado del denominador, se debe utilizar la división larga para reescribir la función racional impropia como la suma de un polinomio y una función racional propia.

$$\int \frac{4x^2}{x^2 + 9}\,dx = \int \left(4 + \frac{-36}{x^2 + 9}\right)dx \qquad \text{Reescriba usando la división larga.}$$

$$= \int 4\,dx - 36\int \frac{1}{x^2 + 9}\,dx \qquad \text{Escriba como dos integrales.}$$

$$= 4x - 36\left(\frac{1}{3}\arctan\frac{x}{3}\right) + C \qquad \text{Integre.}$$

$$= 4x - 12\arctan\frac{x}{3} + C \qquad \text{Simplifique.}$$

Observe que en el ejemplo 1(c) se requiere algo de álgebra antes de aplicar cualquier regla de integración, y se necesita más de una regla para evaluar la integral resultante.

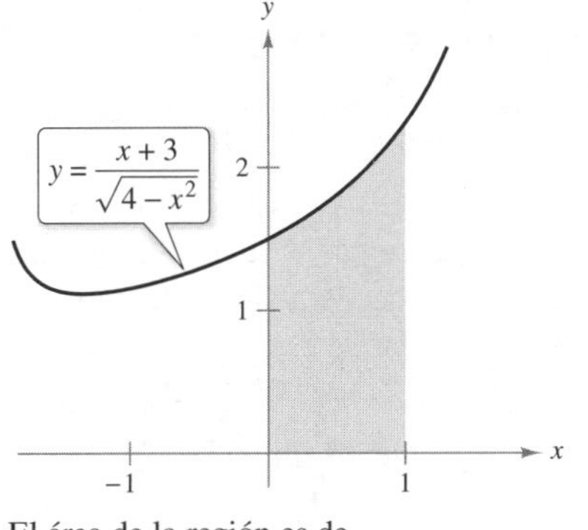

El área de la región es de aproximadamente 1.839.

Figura 7.1

Para ver la figura a color, acceda al código

EJEMPLO 2 **Usar dos reglas de integración para resolver una integral simple**

Evalúe $\int_0^1 \frac{x+3}{\sqrt{4-x^2}}\,dx$

Solución Comience por escribir la integral como la suma de dos integrales. Luego aplique la regla de la potencia y la regla del arcoseno.

$$\begin{aligned}
\int_0^1 \frac{x+3}{\sqrt{4-x^2}}\,dx &= \int_0^1 \frac{x}{\sqrt{4-x^2}}\,dx + \int_0^1 \frac{3}{\sqrt{4-x^2}}\,dx \\
&= -\frac{1}{2}\int_0^1 (4-x^2)^{-1/2}(-2x)\,dx + 3\int_0^1 \frac{1}{\sqrt{2^2-x^2}}\,dx \\
&= \left[-(4-x^2)^{1/2} + 3 \operatorname{arcsen} \frac{x}{2}\right]_0^1 \\
&= \left(-\sqrt{3} + \frac{\pi}{2}\right) - (-2+0) \\
&\approx 1.839 \qquad \text{Vea la figura 7.1.}
\end{aligned}$$

TECNOLOGÍA La regla del punto medio puede ser usada para dar una buena aproximación del valor de la integral en el ejemplo 2 (para $n = 5$, la aproximación es 1.839). Cuando se utiliza la integración numérica, sin embargo, debe ser consciente de que la regla del punto medio no siempre da buenas aproximaciones cuando uno o ambos de los límites de integración están cerca de una asíntota vertical. Por ejemplo, usando el teorema fundamental del cálculo, se puede obtener

$$\int_0^{1.99} \frac{x+3}{\sqrt{4-x^2}}\,dx \approx 6.213$$

Para $n = 5$, la regla del punto medio da una aproximación de 5.667.

Las reglas 18, 19 y 20 de las reglas básicas de integración de la página anterior tienen expresiones que implican la suma o diferencia de dos cuadrados:

$$a^2 - u^2, \quad a^2 + u^2 \quad \text{y} \quad u^2 - a^2$$

Estas expresiones son a menudo evidentes después de una sustitución de u, como se muestra en el ejemplo 3.

EJEMPLO 3 **Sustitución que involucra $a^2 - u^2$**

Encuentre $\int \frac{x^2}{\sqrt{16-x^6}}\,dx$

Solución Debido a que el radical en el denominador se puede escribir en la forma

$$\sqrt{a^2-u^2} = \sqrt{4^2-(x^3)^2}$$

se puede intentar la sustitución $u = x^3$. Entonces $du = 3x^2\,dx$ y se tiene

$$\begin{aligned}
\int \frac{x^2}{\sqrt{16-x^6}}\,dx &= \frac{1}{3}\int \frac{3x^2\,dx}{\sqrt{4^2-(x^3)^2}} && \text{Reescriba la integral.} \\
&= \frac{1}{3}\int \frac{du}{\sqrt{4^2-u^2}} && \text{Sustituya: } u = x^3. \\
&= \frac{1}{3} \operatorname{arcsen} \frac{u}{4} + C && \text{Regla del arcoseno.} \\
&= \frac{1}{3} \operatorname{arcsen} \frac{x^3}{4} + C && \text{Reescriba como una función de } x.
\end{aligned}$$

Exploración

Comparación de tres integrales similares ¿Cuáles, en su caso, de las integrales indicadas a continuación pueden ser evaluadas utilizando las 20 reglas básicas de integración? Para cualquiera que se pueda evaluar, hágalo. Para las que no se pueda, explique por qué no.

a. $\int \frac{3}{\sqrt{1-x^2}}\,dx$

b. $\int \frac{3x}{\sqrt{1-x^2}}\,dx$

c. $\int \frac{3x^2}{\sqrt{1-x^2}}\,dx$

Dos de las reglas de integración que más se pasan por alto son la regla del logaritmo y la regla de la potencia. Advierta en los dos ejemplos siguientes cómo se pueden disfrazar estas dos reglas de integración.

EJEMPLO 4 Forma disfrazada de la regla del logaritmo

Encuentre $\displaystyle\int \frac{1}{1+e^x}\,dx$

Solución La integral no parece adaptarse a alguna de las reglas básicas. Sin embargo, la forma del cociente sugiere la regla del logaritmo. Si se hace $u = 1 + e^x$, entonces $du = e^x\,dx$. Se puede obtener la du requerida sumando y restando e^x en el numerador.

$$\int \frac{1}{1+e^x}\,dx = \int \frac{1+e^x-e^x}{1+e^x}\,dx \qquad \text{Sume y reste } e^x \text{ en el numerador.}$$

$$= \int \left(\frac{1+e^x}{1+e^x} - \frac{e^x}{1+e^x}\right)dx \qquad \text{Reescriba como dos fracciones.}$$

$$= \int dx - \int \frac{e^x\,dx}{1+e^x} \qquad \text{Reescriba como dos integrales.}$$

$$= x - \ln(1+e^x) + C \qquad \text{Integre.}$$

COMENTARIO Recuerde que se pueden separar numeradores pero no denominadores. Cuidado con este error común en el ajuste de integrandos a las reglas básicas. Por ejemplo, no se puede separar denominadores en el ejemplo 4.

$$\frac{1}{1+e^x} \neq \frac{1}{1} + \frac{1}{e^x}$$

Por lo general hay más de una manera de resolver un problema de integración. Por ejemplo, en el ejemplo 4 trate de integrar multiplicando el numerador y el denominador por e^{-x} para obtener una integral de la forma $-\int du/u$. Demuestre que se puede obtener la misma respuesta por este procedimiento. (Tenga cuidado: la respuesta aparecerá en una forma diferente.)

EJEMPLO 5 Forma disfrazada de la regla de la potencia

Encuentre $\displaystyle\int (\cot x)[\ln(\operatorname{sen} x)]\,dx$

Solución Una vez más, la integral no parece adaptarse a alguna de las reglas básicas. Sin embargo, teniendo en cuenta las dos opciones principales para u

$$u = \cot x \quad \text{o} \quad u = \ln(\operatorname{sen} x)$$

Puede observar que la segunda opción es la apropiada, ya que

$$u = \ln(\operatorname{sen} x) \quad \text{y} \quad du = \frac{\cos x}{\operatorname{sen} x}\,dx = \cot x\,dx$$

Al usar esta sustitución para encontrar la integral se obtiene,

$$\int (\cot x)[\ln(\operatorname{sen} x)]\,dx = \int u\,du \qquad \text{Sustituya: } u = \ln(\operatorname{sen} x).$$

$$= \frac{u^2}{2} + C \qquad \text{Integre.}$$

$$= \frac{1}{2}[\ln(\operatorname{sen} x)]^2 + C \qquad \text{Reescriba como una función de } x.$$

Grandes ideas del cálculo

¿Cómo se encuentran integrales como

$$\int x^2 \ln x\,dx$$

o

$$\int \operatorname{sen}^3 x \cos^4 x\,dx?$$

Cuando se intenta utilizar las técnicas básicas de integración aprendidas hasta ahora, se puede descubrir que no funcionan. En este capítulo se estudiarán varias técnicas avanzadas de integración que se pueden usar para evaluar integrales como estas.

Además, se estudiará cómo usar límites para evaluar integrales en las que uno o ambos límites de integración son infinitos o el integrando tiene un número finito de discontinuidades. Tales integrales se llaman integrales impropias.

En el ejemplo 5, intente comprobar que la derivada de

$$\frac{1}{2}[\ln(\operatorname{sen} x)]^2 + C$$

es el integrando de la integral original.

Con frecuencia se utilizan identidades trigonométricas para ajustar integrales a una de las reglas básicas de integración.

EJEMPLO 6 Usar identidades trigonométricas

Encuentre $\int \tan^2 2x\,dx$

>>>> **TECNOLOGÍA**
Si usted tiene acceso a un sistema de álgebra computacional, trate de usarlo para evaluar las integrales en esta sección. Compare las *formas* de las antiderivadas proporcionadas por el software con las formas obtenidas a mano. Algunas veces las formas serán las mismas, pero a menudo serán diferentes. Por ejemplo, ¿por qué la antiderivada $\ln 2x + C$ es equivalente a la antiderivada $\ln x + C$?

Solución Observe que $\tan^2 u$ no está en la lista de reglas básicas de integración. Sin embargo, $\sec^2 u$ sí está. Esto sugiere la identidad trigonométrica $\tan^2 u = \sec^2 u - 1$. Al hacer que $u = 2x$ entonces $du = 2\,dx$. Al usar esta sustitución para encontrar la integral se obtiene

$$\int \tan^2 2x\,dx = \frac{1}{2}\int \tan^2 u\,du \qquad \text{Sustituya: } u = 2x.$$

$$= \frac{1}{2}\int (\sec^2 u - 1)\,du \qquad \text{Identidad trigonométrica.}$$

$$= \frac{1}{2}\int \sec^2 u\,du - \frac{1}{2}\int du \qquad \text{Reescriba como dos integrales.}$$

$$= \frac{1}{2}\tan u - \frac{u}{2} + C \qquad \text{Integre.}$$

$$= \frac{1}{2}\tan 2x - x + C \qquad \text{Reescriba como función de } x.$$

■

Esta sección concluye con un resumen de los procedimientos comunes para el ajuste de integrandos a las reglas básicas de integración.

Procedimientos para ajustar integrandos a las reglas básicas de integración

Técnica	Ejemplo
Desarrollar el (numerador).	$(1 + e^x)^2 = 1 + 2e^x + e^{2x}$
Separar el numerador.	$\dfrac{1+x}{x^2+1} = \dfrac{1}{x^2+1} + \dfrac{x}{x^2+1}$
Completar el cuadrado.	$\dfrac{1}{\sqrt{2x - x^2}} = \dfrac{1}{\sqrt{1 - (x-1)^2}}$
Dividir la función racional impropia.	$\dfrac{x^2}{x^2+1} = 1 - \dfrac{1}{x^2+1}$
Sumar y restar términos en el numerador.	$\dfrac{2x}{x^2+2x+1} = \dfrac{2x+2-2}{x^2+2x+1} = \dfrac{2x+2}{x^2+2x+1} - \dfrac{2}{(x+1)^2}$
Usar identidades trigonométricas.	$\cot^2 x = \csc^2 x - 1$
Multiplicar y dividir entre el conjugado pitagórico.	$\dfrac{1}{1+\operatorname{sen} x} = \left(\dfrac{1}{1+\operatorname{sen} x}\right)\left(\dfrac{1-\operatorname{sen} x}{1-\operatorname{sen} x}\right) = \dfrac{1-\operatorname{sen} x}{1-\operatorname{sen}^2 x} = \dfrac{1-\operatorname{sen} x}{\cos^2 x} = \sec^2 x - \dfrac{\operatorname{sen} x}{\cos^2 x}$

7.1 Ejercicios

Las respuestas a los ejercicios impares pueden consultarse en el Apéndice de este libro.

Repaso de conceptos

1. Explique cómo integrar una función racional con un numerador y denominador del mismo grado.
2. Indique el procedimiento que debe usarse para ajustar cada integrando a las reglas básicas de integración. No integre.

(a) $\displaystyle\int \frac{2+x}{x^2+9}\,dx$ (b) $\displaystyle\int \cot^2 x\,dx$

Elegir una antiderivada En los ejercicios 3 y 4, seleccione la antiderivada correcta.

3. $\displaystyle\int \frac{x}{\sqrt{x^2+1}}\,dx$

(a) $2\sqrt{x^2+1}+C$ (b) $\sqrt{x^2+1}+C$

(c) $\frac{1}{2}\sqrt{x^2+1}+C$ (d) $\ln(x^2+1)+C$

4. $\displaystyle\int \frac{1}{x^2+1}\,dx$

(a) $\ln\sqrt{x^2+1}+C$ (b) $\dfrac{2x}{(x^2+1)^2}+C$

(c) $\arctan x+C$ (d) $\ln(x^2+1)+C$

Elegir una fórmula En los ejercicios 5 a 14, seleccione la fórmula de integración básica que puede utilizar para encontrar la integral, e identifique u y a, cuando sea apropiado. No integre.

5. $\displaystyle\int (5x-3)^4\,dx$
6. $\displaystyle\int \frac{2t+1}{t^2+t-4}\,dt$
7. $\displaystyle\int \frac{1}{\sqrt{x}(1-2\sqrt{x})}\,dx$
8. $\displaystyle\int \frac{2}{(2t-1)^2+4}\,dt$
9. $\displaystyle\int \frac{3}{\sqrt{1-t^2}}\,dt$
10. $\displaystyle\int \frac{-2x}{\sqrt{x^2-4}}\,dx$
11. $\displaystyle\int t\,\text{sen}\,t^2\,dt$
12. $\displaystyle\int \sec 5x\tan 5x\,dx$
13. $\displaystyle\int (\cos x)e^{\text{sen}\,x}\,dx$
14. $\displaystyle\int \frac{1}{x\sqrt{x^2-4}}\,dx$

Encontrar una integral indefinida En los ejercicios 15 a 46, calcule la integral indefinida.

15. $\displaystyle\int 14(x-5)^6\,dx$
16. $\displaystyle\int \frac{5}{(t+6)^3}\,dt$
17. $\displaystyle\int \frac{7}{(z-10)^7}\,dz$
18. $\displaystyle\int t^3\sqrt{t^4+1}\,dt$
19. $\displaystyle\int \left[z^2+\frac{1}{(1-z)^6}\right]dz$
20. $\displaystyle\int \left[4x-\frac{2}{(2x+3)^2}\right]dx$
21. $\displaystyle\int \frac{t^2-3}{-t^3+9t+1}\,dt$
22. $\displaystyle\int \frac{x+1}{\sqrt{3x^2+6x}}\,dx$
23. $\displaystyle\int \frac{x^2}{x-1}\,dx$
24. $\displaystyle\int \frac{3x}{x+4}\,dx$
25. $\displaystyle\int \frac{x+2}{x+1}\,dx$
26. $\displaystyle\int \left(\frac{1}{9z-5}-\frac{1}{9z+5}\right)dz$
27. $\displaystyle\int (5+4x^2)^2\,dx$
28. $\displaystyle\int x\left(3+\frac{2}{x}\right)^2 dx$
29. $\displaystyle\int x\cos 2\pi x^2\,dx$
30. $\displaystyle\int \csc \pi x\cot \pi x\,dx$
31. $\displaystyle\int \frac{\text{sen}\,x}{\sqrt{\cos x}}\,dx$
32. $\displaystyle\int \frac{\csc^2 3t}{\cot 3t}\,dt$
33. $\displaystyle\int \frac{2}{e^{-x}+1}\,dx$
34. $\displaystyle\int \frac{4}{3-e^x}\,dx$
35. $\displaystyle\int \frac{\ln x^2}{x}\,dx$
36. $\displaystyle\int (\tan x)[\ln(\cos x)]\,dx$
37. $\displaystyle\int \frac{1+\cos\alpha}{\text{sen}\,\alpha}\,d\alpha$
38. $\displaystyle\int \frac{1}{\cos\theta-1}\,d\theta$
39. $\displaystyle\int \frac{-1}{\sqrt{1-(4t+1)^2}}\,dt$
40. $\displaystyle\int \frac{1}{25+4x^2}\,dx$
41. $\displaystyle\int \frac{\tan(2/t)}{t^2}\,dt$
42. $\displaystyle\int \frac{e^{-1/t^3}}{t^4}\,dt$
43. $\displaystyle\int \frac{6}{z\sqrt{9z^2-25}}\,dz$
44. $\displaystyle\int \frac{1}{(x-1)\sqrt{4x^2-8x+3}}\,dx$
45. $\displaystyle\int \frac{4}{4x^2+4x+65}\,dx$
46. $\displaystyle\int \frac{1}{x^2-4x+9}\,dx$

Para ver las figuras a color, acceda al código

Campo direccional En los ejercicios 47 y 48, se dan una ecuación diferencial, un punto y un campo direccional. (a) Trace dos soluciones aproximadas de la ecuación diferencial en el campo direccional, una de las cuales pasa a través del punto dado. (b) Utilice la integración y el punto dado para encontrar la solución particular de la ecuación diferencial y use una utilidad gráfica para representar gráficamente la solución. Compare el resultado con los dibujos del inciso (a) que pasa por el punto dado.

47. $\dfrac{ds}{dt}=\dfrac{t}{\sqrt{1-t^4}},\ \left(0,-\dfrac{1}{2}\right)$

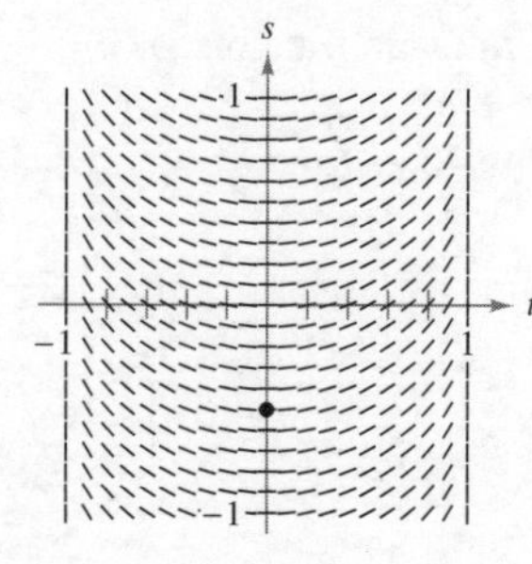

48. $\dfrac{dy}{dx}=\dfrac{1}{\sqrt{4x-x^2}},\ \left(2,\dfrac{1}{2}\right)$

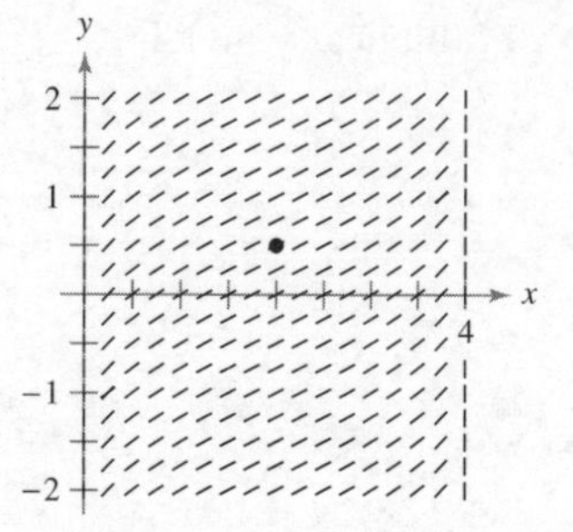

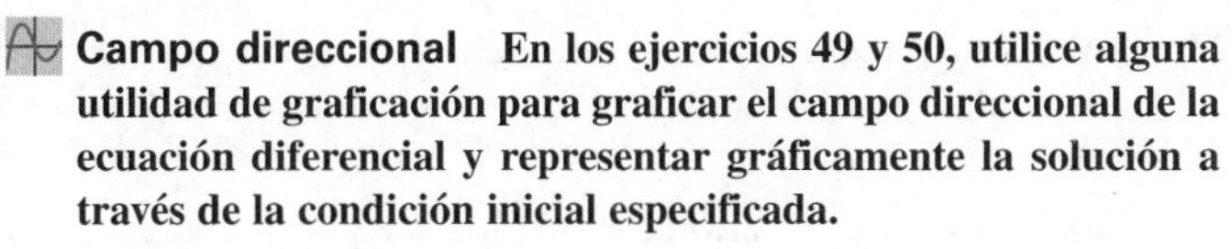

Campo direccional En los ejercicios 49 y 50, utilice alguna utilidad de graficación para graficar el campo direccional de la ecuación diferencial y representar gráficamente la solución a través de la condición inicial especificada.

49. $\dfrac{dy}{dx} = 0.8y,\ y(0) = 4$

50. $\dfrac{dy}{dx} = 5 - y,\ y(0) = 1$

Ecuaciones diferenciales En los ejercicios 51 a 56, encuentre la solución general de la ecuación diferencial.

51. $\dfrac{dy}{dx} = (e^x + 5)^2$

52. $\dfrac{dy}{dx} = (4 - e^{2x})^2$

53. $\dfrac{dr}{dt} = \dfrac{10e^t}{\sqrt{1 - e^{2t}}}$

54. $\dfrac{dr}{dt} = \dfrac{(1 + e^t)^2}{e^{3t}}$

55. $(4 + \tan^2 x)y' = \sec^2 x$

56. $y' = \dfrac{1}{x\sqrt{4x^2 - 9}}$

Evaluar una integral definida En los ejercicios 57 a 72, evalúe la integral definida. Utilice las capacidades de integración de una herramienta de graficación para verificar su resultado.

57. $\displaystyle\int_{2/3}^{1} (2 - 3t)^4\, dt$

58. $\displaystyle\int_{-1}^{0} \frac{5}{(t + 2)^{11}}\, dt$

59. $\displaystyle\int_{0}^{\pi/4} \cos 2x\, dx$

60. $\displaystyle\int_{0}^{\pi} \operatorname{sen}^2 t \cos t\, dt$

61. $\displaystyle\int_{0}^{1} xe^{-x^2}\, dx$

62. $\displaystyle\int_{1}^{e} \frac{1 - \ln x}{x}\, dx$

63. $\displaystyle\int_{2}^{3} \frac{\ln(x + 1)^3}{x + 1}\, dx$

64. $\displaystyle\int_{-3}^{1} \frac{e^x}{e^{2x} + 2e^x + 1}\, dx$

65. $\displaystyle\int_{0}^{8} \frac{2x}{\sqrt{x^2 + 36}}\, dx$

66. $\displaystyle\int_{1}^{3} \frac{2x^2 + 3x - 2}{x}\, dx$

67. $\displaystyle\int_{3}^{5} \frac{2t}{t^2 - 4t + 4}\, dt$

68. $\displaystyle\int_{2}^{4} \frac{4x^3}{x^4 - 6x^2 + 9}\, dx$

69. $\displaystyle\int_{0}^{2/\sqrt{3}} \frac{1}{4 + 9x^2}\, dx$

70. $\displaystyle\int_{0}^{7} \frac{1}{\sqrt{100 - x^2}}\, dx$

71. $\displaystyle\int_{-4}^{0} 3^{1-x}\, dx$

72. $\displaystyle\int_{0}^{1} 7^{x^2+2x}(x + 1)\, dx$

Encontrar una integral usando tecnología En los ejercicios 73 a 76, utilice alguna utilidad de graficación para encontrar la integral. Utilice la herramienta para graficar dos antiderivadas. Describa la relación entre las gráficas de las dos antiderivadas.

73. $\displaystyle\int \frac{1}{x^2 + 4x + 13}\, dx$

74. $\displaystyle\int \frac{x - 2}{x^2 + 4x + 13}\, dx$

75. $\displaystyle\int \frac{1}{1 + \operatorname{sen}\theta}\, d\theta$

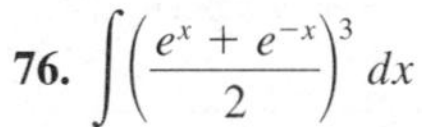

76. $\displaystyle\int \left(\frac{e^x + e^{-x}}{2}\right)^3 dx$

Para ver las figuras a color, acceda al código

Área En los ejercicios 77 a 80, calcule el área de la región.

77. $y = (-4x + 6)^{3/2}$

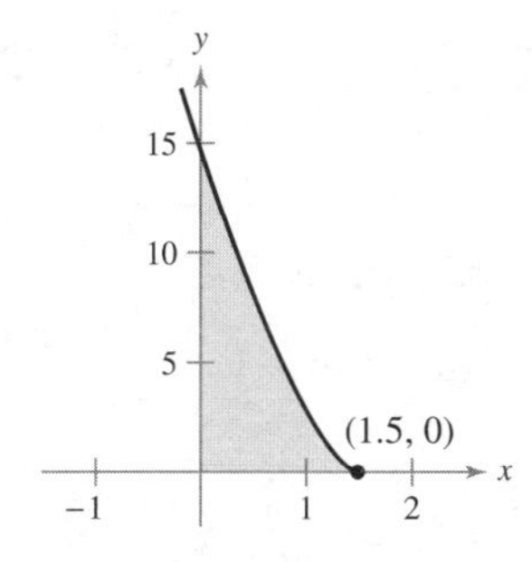

78. $y = \dfrac{3x + 2}{x^2 + 9}$

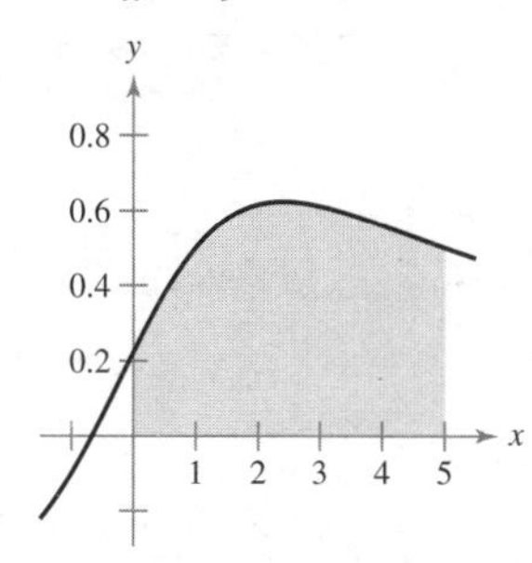

79. $y^2 = x^2(1 - x^2)$

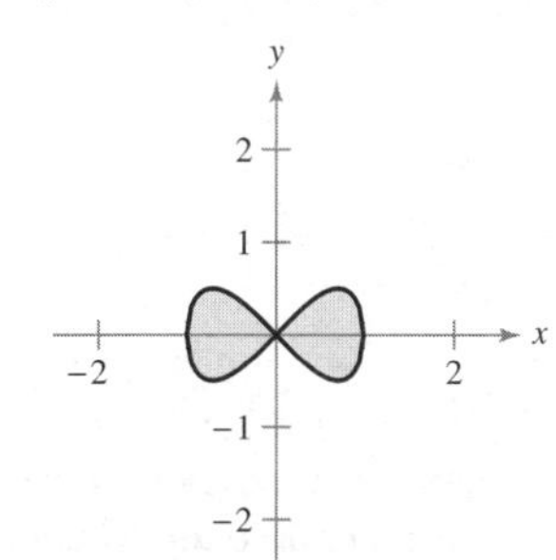

80. $y = \operatorname{sen} 2x$

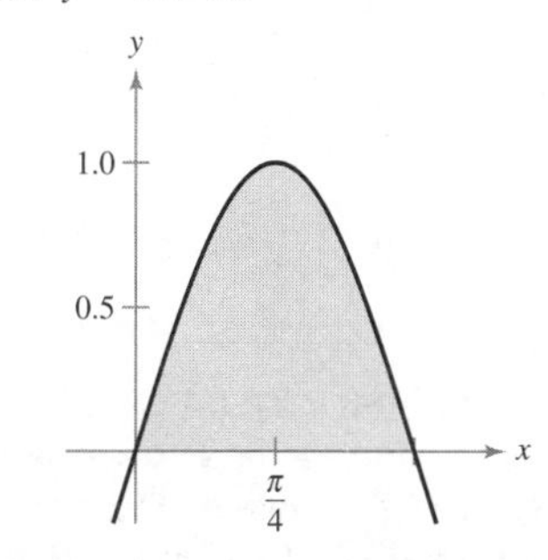

Exploración de conceptos

81. Cuando se evalúa

$$\int_{-1}^{1} x^2\, dx$$

¿es apropiado sustituir

$$u = x^2,\quad x = \sqrt{u}\quad \text{y}\quad dx = \frac{du}{2\sqrt{u}}$$

para obtener

$$\frac{1}{2}\int_{1}^{1} \sqrt{u}\, du = 0?$$ Explique.

82. Demuestre que

$$\sec x = \frac{\operatorname{sen} x}{\cos x} + \frac{\cos x}{1 + \operatorname{sen} x}$$

Luego use esta identidad para derivar la regla de integración básica

$$\int \sec x\, dx = \ln|\sec x + \tan x| + C$$

83. **Encontrar constantes** Determine las constantes a y b de forma que $\operatorname{sen} x + \cos x = a \operatorname{sen}(x + b)$. Utilice este resultado para integrar

$$\int \frac{dx}{\operatorname{sen} x + \cos x}$$

84. **Área** Las gráficas de $f(x) = x$ y $g(x) = ax^2$ se intersecan en los puntos $(0, 0)$ y $(1/a, 1/a)$. Encuentre a $(a > 0)$ tal que el área de la región acotada por las gráficas de estas dos funciones es $\frac{2}{3}$.

85. Comparar antiderivadas

(a) Explique por qué la antiderivada $y_1 = e^{x+C_1}$ es equivalente a la antiderivada $y_2 = Ce^x$.

(b) Explique por qué la antiderivada $y_1 = \sec^2 x + C_1$ es equivalente a la antiderivada $y_2 = \tan^2 x + C$.

86. ¿CÓMO LO VE? Usando la gráfica, ¿es $\int_0^5 f(x)\,dx$ positiva o negativa? Explique.

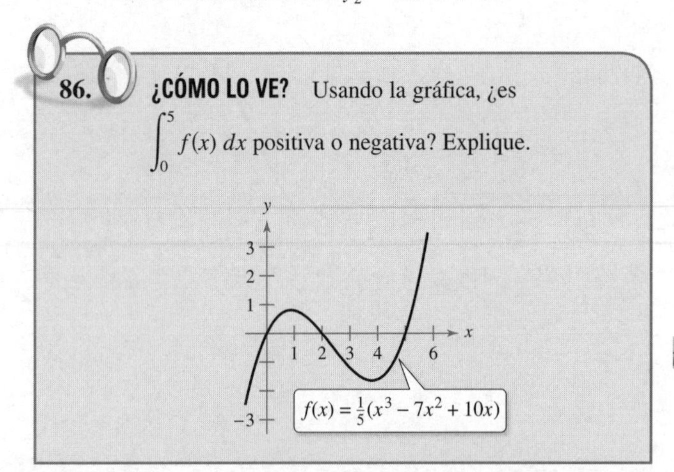

Aproximar **En los ejercicios 87 y 88, determine qué valores aproximan mejor el área de la región comprendida entre el eje *x* y la gráfica de la función en el intervalo dado. Haga su selección con base en un dibujo de la región y no realizando cálculos.**

87. $f(x) = \dfrac{4x}{x^2 + 1}$, $[0, 2]$

(a) 3 (b) 1 (c) −8 (d) 8 (e) 10

88. $f(x) = \dfrac{4}{x^2 + 1}$, $[0, 2]$

(a) 3 (b) 1 (c) −4 (d) 4 (e) 10

Interpretar integrales **En los ejercicios 89 y 90, (a) dibuje la región cuya área está dada por la integral, (b) dibuje el sólido cuyo volumen está dado por la integral cuando se utiliza el método de los discos, y (c) dibuje el sólido cuyo volumen está dado por la integral cuando se utiliza el método de las capas. (Hay más de una respuesta correcta para cada inciso.)**

89. $\displaystyle\int_0^2 2\pi x^2\,dx$ 90. $\displaystyle\int_0^4 \pi y\,dy$

91. Volumen La región acotada por $y = e^{-x^2}$, $y = 0$, $x = 0$ y $x = b$ $(b > 0)$ se gira respecto al eje *y*.

(a) Halle el volumen del sólido generado cuando $b = 1$.

(b) Encuentre *b* tal que el volumen del sólido generado sea de $\frac{4}{3}$ unidades cúbicas.

92. Volumen Considere la región acotada por las gráficas de $x = 0$, $y = \cos x^2$, $y = \operatorname{sen} x^2$ y $x = \sqrt{\pi}/2$. Encuentre el volumen del sólido generado al girar la región respecto al eje *y*.

93. Longitud de arco Encuentre la longitud de arco de la gráfica de $y = \ln(\operatorname{sen} x)$ de $x = \pi/4$ a $x = \pi/2$.

94. Longitud de arco Encuentre la longitud de arco de la gráfica de $y = \ln(\cos x)$ de $x = 0$ a $x = \pi/3$.

95. Área de la superficie Encuentre el área de la superficie formada al girar la gráfica de $y = 2\sqrt{x}$ en el intervalo $[0, 9]$ respecto al eje *x*.

96. Centroide Encuentre el centroide de la región acotada por las gráficas de

$$y = \frac{1}{x^2 + 1}, \quad y = 0, \quad x = 0 \quad \text{y} \quad x = 2$$

Valor promedio de una función **En los ejercicios 97 y 98, encuentre el valor promedio de la función sobre el intervalo dado.**

97. $f(x) = \dfrac{1}{1 + x^2}$, $-3 \le x \le 3$

98. $f(x) = \operatorname{sen} nx$, $0 \le x \le \pi/n$, *n* es un entero positivo.

Longitud de arco **En los ejercicios 99 y 100, utilice las capacidades de integración de una herramienta de graficación para aproximar la longitud de arco de la curva en el intervalo dado.**

99. $y = \tan \pi x$, $\left[0, \frac{1}{4}\right]$ 100. $y = x^{3/2}$, $[1, 8]$

101. Encontrar un patrón

(a) Encuentre $\int \cos^3 x\,dx$.

(b) Encuentre $\int \cos^5 x\,dx$.

(c) Encuentre $\int \cos^7 x\,dx$.

(d) Explique cómo encontrar $\int \cos^{15} x\,dx$ sin integrar realmente.

102. Encontrar un patrón

(a) Escriba $\int \tan^3 x\,dx$ en términos de $\int \tan x\,dx$. Luego encuentre $\int \tan^3 x\,dx$.

(b) Escriba $\int \tan^5 x\,dx$ en términos de $\int \tan^3 x\,dx$.

(c) Escriba $\int \tan^{2k+1} x\,dx$ donde *k* es un entero positivo, en términos de $\int \tan^{2k-1} x\,dx$.

(d) Explique cómo encontrar $\int \tan^{15} x\,dx$ sin llegar a la integración.

103. Métodos de integración Demuestre que los siguientes resultados son equivalentes. (Se aprenderá acerca de la integración por tablas en la sección 7.7.)

Integración por tablas

$$\int \sqrt{x^2 + 1}\,dx = \frac{1}{2}\left(x\sqrt{x^2 + 1} + \ln\left|x + \sqrt{x^2 + 1}\right|\right) + C$$

Integración usando una utilidad de graficación

$$\int \sqrt{x^2 + 1}\,dx = \frac{1}{2}\left[x\sqrt{x^2 + 1} + \operatorname{arcsenh}(x)\right] + C$$

DESAFÍO DEL EXAMEN PUTNAM

104. Evalúe $\displaystyle\int_2^4 \frac{\sqrt{\ln(9 - x)}\,dx}{\sqrt{\ln(9 - x)} + \sqrt{\ln(x + 3)}}$

7.2 Integración por partes

Encontrar una antiderivada utilizando integración por partes.

Integración por partes

En esta sección se estudiará una técnica de integración importante que recibe el nombre de **integración por partes**. Esta técnica se puede aplicar a una amplia variedad de funciones y es particularmente útil para integrandos que involucran *productos* de funciones algebraicas y trascendentes. Por ejemplo, la integración por partes funciona bien con integrales como

$$\int x \ln x\, dx, \quad \int x^2 e^x\, dx \quad \text{y} \quad \int e^x \operatorname{sen} x\, dx$$

La integración por partes se basa en la fórmula para la derivada de un producto

$$\frac{d}{dx}[uv] = u\frac{dv}{dx} + v\frac{du}{dx} \qquad \text{Regla del producto.}$$

$$= uv' + vu' \qquad \text{Reescriba usando la notación prima.}$$

donde u y v son funciones derivables de x. Cuando u' y v' son continuas, se pueden integrar ambos lados de esta ecuación para obtener

$$uv = \int uv'\, dx + \int vu'\, dx \qquad \text{Integre cada lado.}$$

$$= \int u\, dv + \int v\, du \qquad \text{Escriba en forma derivada.}$$

Al reescribir esta ecuación, se obtiene el siguiente teorema.

TEOREMA 7.1 Integración por partes

Si u y v son funciones de x que tienen derivadas continuas, entonces

$$\int u\, dv = uv - \int v\, du$$

Esta fórmula expresa la integral original en términos de otra integral. Dependiendo de las opciones de u y dv, puede ser más fácil para encontrar la segunda integral que la original. Debido a que las opciones de u y dv son fundamentales en la integración de proceso de partes, se proporcionan las siguientes directrices.

Directrices para la integración por partes

1. Trate de que dv sea la parte más complicada del integrando que se ajuste a una regla básica de integración. Entonces u será la parte restante del integrando.
2. Trate de que u sea la parte del integrando cuya derivada es una función más simple que u. Entonces dv será la parte restante del integrando.

Observe que dv siempre incluye el dx del integrando original.

Cuando se utiliza la integración por partes, considere que primero se puede elegir dv o primero se puede elegir u. Sin embargo, después de elegir, la elección del otro factor está determinada, debe ser la parte restante del integrando. También tenga en cuenta que dv debe contener el diferencial dx de la integral original.

Exploración

Demostración sin palabras
Este es un enfoque diferente para demostrar la fórmula de integración por partes. Este planteamiento se tomó de "Proof Without Words: Integration by Parts" por Roger B. Nelsen, *Mathematics Magazine,* 64, núm. 2, abril de 1991, p. 130, con el permiso del autor.

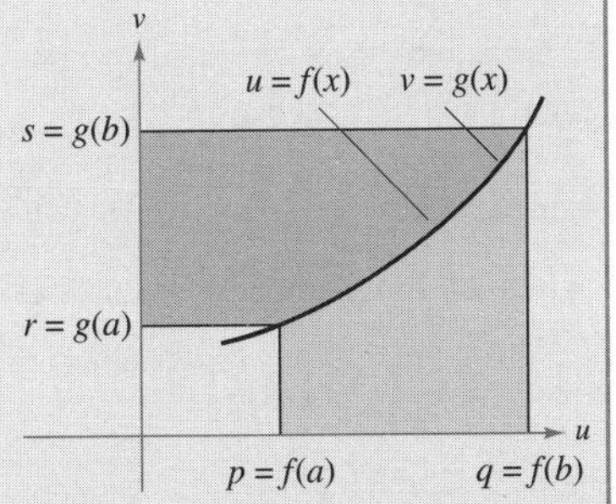

Área + Área = $qs - pr$

$$\int_r^s u\, dv + \int_q^p v\, du = \Big[uv\Big]_{(p,\, r)}^{(q,\, s)}$$

$$\int_r^s u\, dv = \Big[uv\Big]_{(p,\, r)}^{(q,\, s)} - \int_q^p v\, du$$

Explique cómo esta gráfica demuestra el teorema. ¿Qué notación en esta demostración no le resulta conocida? ¿Qué cree que significa?

Para ver la figura a color, acceda al código

EJEMPLO 1 **Integrar por partes**

Encuentre $\int xe^x \, dx$

Solución Para aplicar la integración por partes se necesita escribir la integral en forma $\int u \, dv$. Hay varias maneras de hacer esto.

$$\int \underbrace{(x)}_{u}\underbrace{(e^x \, dx)}_{dv}, \quad \int \underbrace{(e^x)}_{u}\underbrace{(x \, dx)}_{dv}, \quad \int \underbrace{(1)}_{u}\underbrace{(xe^x \, dx)}_{dv}, \quad \int \underbrace{(xe^x)}_{u}\underbrace{(dx)}_{dv}$$

Las directrices de la página anterior sugieren la primera opción debido a que la derivada de $u = x$ es más simple que x y $dv = e^x \, dx$ es la parte más complicada del integrando que se ajusta a una fórmula de integración básica.

$$dv = e^x \, dx \quad \Rightarrow \quad v = \int dv = \int e^x \, dx = e^x$$

$$u = x \quad \Rightarrow \quad du = dx$$

Ahora, la integración por partes produce

$$\int u \, dv = uv - \int v \, du \qquad \text{Fórmula de integración por partes.}$$

$$\int xe^x \, dx = xe^x - \int e^x \, dx \qquad \text{Sustituya.}$$

$$= xe^x - e^x + C \qquad \text{Integre.}$$

Utilice derivación para verificar que $xe^x - e^x + C$ es el integrando de la integral *original*.

COMENTARIO En el ejemplo 1, considere que no es necesario incluir una constante de integración en la resolución de

$$v = \int e^x \, dx = e^x + C_1$$

Para ilustrar esto, reemplace $v = e^x$ por $v = e^x + C_1$ y aplique la integración por partes. ¿Se obtiene el mismo resultado?

EJEMPLO 2 **Integrar por partes**

Encuentre $\int x^2 \ln x \, dx$

Solución En este caso, x^2 es más fácil de integrar que $\ln x$. Además, la derivada de $\ln x$ es más simple que $\ln x$. Por lo tanto, se elige $dv = x^2 \, dx$ y sea $u = \ln x$.

$$dv = x^2 \, dx \quad \Rightarrow \quad v = \int x^2 \, dx = \frac{x^3}{3}$$

$$u = \ln x \quad \Rightarrow \quad du = \frac{1}{x} \, dx$$

La integración por partes produce

$$\int u \, dv = uv - \int v \, du \qquad \text{Fórmula de integración por partes.}$$

$$\int x^2 \ln x \, dx = \frac{x^3}{3} \ln x - \int \left(\frac{x^3}{3}\right)\left(\frac{1}{x}\right) dx \qquad \text{Sustituya.}$$

$$= \frac{x^3}{3} \ln x - \frac{1}{3}\int x^2 \, dx \qquad \text{Simplifique.}$$

$$= \frac{x^3}{3} \ln x - \frac{x^3}{9} + C \qquad \text{Integre.}$$

Se puede comprobar este resultado mediante derivación.

$$\frac{d}{dx}\left[\frac{x^3}{3} \ln x - \frac{x^3}{9} + C\right] = \frac{x^3}{3}\left(\frac{1}{x}\right) + (\ln x)(x^2) - \frac{x^2}{3} = x^2 \ln x$$

TECNOLOGÍA Intente graficar

$$f(x) = \int x^2 \ln x \, dx$$

y

$$g(x) = \frac{x^3}{3} \ln x - \frac{x^3}{9}$$

en su utilidad gráfica. ¿Obtiene la misma gráfica? (Esto puede tomar un tiempo, así que tenga paciencia.)

Una sorprendente aplicación de la integración por partes involucra integrandos que constan de términos individuales, como

$$\int \ln x\, dx \quad \text{o} \quad \int \operatorname{arcsen} x\, dx$$

En estos casos, trate de hacer $dv = dx$ como se muestra en los siguientes dos ejemplos.

PARA INFORMACIÓN ADICIONAL Para ver cómo se utiliza la integración por partes en la demostración de la aproximación de Stirling

$$\ln(n!) = n \ln n - n$$

consulte el artículo "The Validity of Stirling's Approximation: A Physical Chemistry Project" por A. S. Wallner y K. A. Brandt en el *Journal of Chemical Education.*

EJEMPLO 3 Un integrando con un solo término

Encuentre $\int \ln x\, dx$

Solución El integrando no es un producto, así que se elige $dv = dx$ y $u = \ln x$.

$$dv = dx \quad \Rightarrow \quad v = \int dx = x$$

$$u = \ln x \quad \Rightarrow \quad du = \frac{1}{x}\, dx$$

A continuación, aplique la fórmula de integración por partes.

$$\int u\, dv = uv - \int v\, du \qquad \text{Fórmula de integración por partes.}$$

$$\int \ln x\, dx = (\ln x)(x) - \int x\left(\frac{1}{x}\right) dx \qquad \text{Sustituya.}$$

$$= x \ln x - \int dx \qquad \text{Simplifique.}$$

$$= x \ln x - x + C \qquad \text{Integre.}$$

Para ver la figura a color, acceda al código

EJEMPLO 4 Integrar con un solo término

Evalúe $\int_0^1 \operatorname{arcsen} x\, dx$

Solución Sea $dv = dx$ y $u = \operatorname{arcsen} x$.

$$dv = dx \quad \Rightarrow \quad v = \int dx = x$$

$$u = \operatorname{arcsen} x \quad \Rightarrow \quad du = \frac{1}{\sqrt{1 - x^2}}\, dx$$

A continuación, encuentre la antiderivada.

$$\int u\, dv = uv - \int v\, du \qquad \text{Fórmula de integración por partes.}$$

$$\int \operatorname{arcsen} x\, dx = x \operatorname{arcsen} x - \int \frac{x}{\sqrt{1 - x^2}}\, dx \qquad \text{Sustituya.}$$

$$= x \operatorname{arcsen} x + \frac{1}{2}\int (1 - x^2)^{-1/2}(-2x)\, dx \qquad \text{Reescriba.}$$

$$= x \operatorname{arcsen} x + \sqrt{1 - x^2} + C \qquad \text{Integre.}$$

Finalmente, se usa esta antiderivada para evaluar la integral definida.

$$\int_0^1 \operatorname{arcsen} x\, dx = \left[x \operatorname{arcsen} x + \sqrt{1 - x^2}\right]_0^1 = \frac{\pi}{2} - 1 \approx 0.571$$

El área representada por esta integral definida se muestra en la figura 7.2. ■

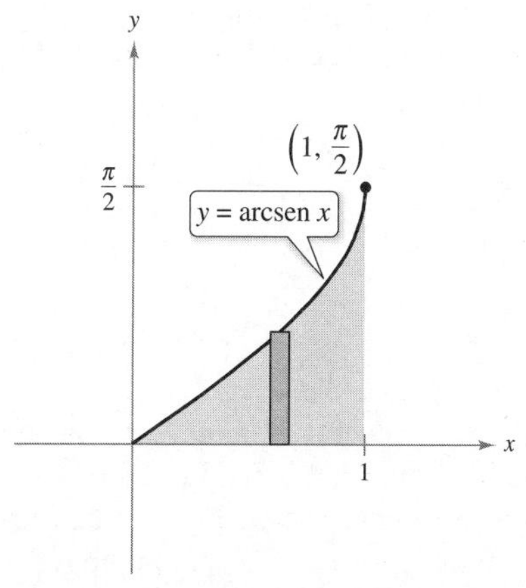

El área de la región es aproximadamente 0.571.

Figura 7.2

Algunas integrales requieren el uso repetido de la fórmula de la integración por partes, como se muestra en el siguiente ejemplo.

EJEMPLO 5 Uso repetido de la integración por partes

Encuentre $\int x^2 \operatorname{sen} x\, dx$

TECNOLOGÍA

Recuerde que hay varias formas de utilizar la tecnología para evaluar una integral definida: (1) usar una aproximación numérica como la regla del punto medio, (2) usar una utilidad gráfica para encontrar la antiderivada y luego aplicar el teorema fundamental del cálculo, o (3) usar la función de *integración numérica* de una utilidad gráfica. Estos métodos, sin embargo, tienen deficiencias. Para aplicar el teorema fundamental del cálculo, la utilidad gráfica debe ser capaz de encontrar la antiderivada. A menudo, la función de *integración numérica* de una herramienta no da ninguna indicación del grado de precisión de la aproximación.

Solución Los factores x^2 y sen x son igualmente fáciles de integrar. Sin embargo, la derivada de x^2 se hace más simple, mientras que la derivada de sen x no. Por lo tanto, sea $dv = \operatorname{sen} x\, dx$ y sea $u = x^2$

$$dv = \operatorname{sen} x\, dx \quad \Rightarrow \quad v = \int \operatorname{sen} x\, dx = -\cos x$$

$$u = x^2 \quad \Rightarrow \quad du = 2x\, dx$$

Ahora, la integración por partes produce

$$\int x^2 \operatorname{sen} x\, dx = -x^2 \cos x + \int 2x \cos x\, dx$$

Primer uso de la integración por partes.

Este primer uso de la integración por partes ha logrado simplificar la integral original, pero la integral de la derecha sigue sin ajustarse a una regla de integración básica. Para evaluar esa integral, se puede aplicar la integración por partes otra vez. Ahora, sea $dv = \cos x\, dx$ y sea $u = 2x$

$$dv = \cos x\, dx \quad \Rightarrow \quad v = \int \cos x\, dx = \operatorname{sen} x$$

$$u = 2x \quad \Rightarrow \quad du = 2\, dx$$

Ahora, la integración por partes produce

$$\int 2x \cos x\, dx = 2x \operatorname{sen} x - \int 2 \operatorname{sen} x\, dx$$

Segundo uso de la integración por partes.

$$= 2x \operatorname{sen} x + 2 \cos x + C$$

Combinando estos dos resultados, se puede escribir

$$\int x^2 \operatorname{sen} x\, dx = -x^2 \cos x + 2x \operatorname{sen} x + 2 \cos x + C$$

■

Al hacer aplicaciones repetidas de la integración por partes, es necesario tener cuidado de no intercambiar las sustituciones en aplicaciones sucesivas. Considere el ejemplo 5, la primera sustitución fue $u = x^2$ y $dv = \operatorname{sen} x\, dx$. Si en la segunda aplicación se hubiera hecho la sustitución de $u = \cos x$ y $dv = 2x\, dx$, se habría obtenido

$$\int x^2 \operatorname{sen} x\, dx = -x^2 \cos x + \int 2x \cos x\, dx$$

$$= -x^2 \cos x + x^2 \cos x + \int x^2 \operatorname{sen} x\, dx$$

$$= \int x^2 \operatorname{sen} x\, dx$$

deshaciendo así la integración anterior y volviendo a la integral *original*. Al aplicar repetidamente la integración por partes, también debe vigilar la aparición de un *múltiplo constante* de la integral original. Por ejemplo, esto ocurre cuando se utiliza la integración por partes para evaluar $\int e^x \cos 2x\, dx$, y también ocurre en el ejemplo 6 de la página siguiente.

La integral en el ejemplo 6 es importante. En la sección 7.4 (ejemplo 6) se aprenderá que se utiliza para encontrar la longitud de arco de un segmento parabólico.

EJEMPLO 6 Integrar por partes

Encuentre $\int \sec^3 x\, dx$

Solución La parte más complicada del integrando que puede integrarse fácilmente es $\sec^2 x$, entonces podría hacer que $dv = \sec^2 x\, dx$ y $u = \sec x$.

$$dv = \sec^2 x\, dx \quad \Longrightarrow \quad v = \int \sec^2 x\, dx = \tan x$$

$$u = \sec x \quad \Longrightarrow \quad du = \sec x \tan x\, dx$$

La integración por partes produce

$$\int u\, dv = uv - \int v\, du \qquad \text{Fórmula de integración por partes.}$$

$$\int \sec^3 x\, dx = \sec x \tan x - \int \sec x \tan^2 x\, dx \qquad \text{Sustituya.}$$

$$\int \sec^3 x\, dx = \sec x \tan x - \int (\sec x)(\sec^2 x - 1)\, dx \qquad \text{Identidad trigonométrica.}$$

$$\int \sec^3 x\, dx = \sec x \tan x - \int \sec^3 x\, dx + \int \sec x\, dx \qquad \text{Reescriba.}$$

$$2\int \sec^3 x\, dx = \sec x \tan x + \int \sec x\, dx \qquad \text{Agrupe las integrales semejantes.}$$

$$2\int \sec^3 x\, dx = \sec x \tan x + \ln|\sec x + \tan x| + C \qquad \text{Integre.}$$

$$\int \sec^3 x\, dx = \frac{1}{2}\sec x \tan x + \frac{1}{2}\ln|\sec x + \tan x| + C \qquad \text{Divida entre 2.}$$

Para ver la figura a color, acceda al código

EJEMPLO 7 Encontrar un centroide

La parte de una máquina es modelada por la región acotada por la gráfica de $y = \text{sen}\, x$ y el eje x, $0 \le x \le \pi/2$, como se muestra en la figura 7.3. Encuentre el centroide de esta región.

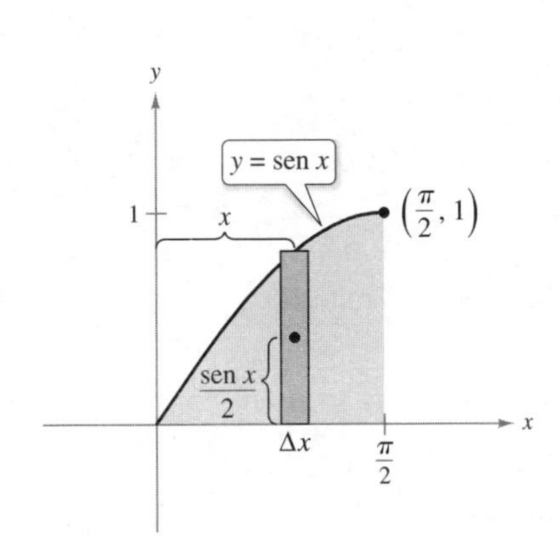

Figura 7.3

Solución Comience por encontrar el área de la región.

$$A = \int_0^{\pi/2} \text{sen}\, x\, dx = \Big[-\cos x\Big]_0^{\pi/2} = 1$$

Ahora se pueden encontrar las coordenadas del centroide. Para evaluar la integral para $\bar{y}$, primero reescriba el integrando usando la identidad trigonométrica $\text{sen}^2 x = (1 - \cos 2x)/2$.

$$\bar{y} = \frac{1}{A}\int_0^{\pi/2} \frac{\text{sen}\, x}{2}(\text{sen}\, x)\, dx = \frac{1}{4}\int_0^{\pi/2} (1 - \cos 2x)\, dx = \frac{1}{4}\left[x - \frac{\text{sen}\, 2x}{2}\right]_0^{\pi/2} = \frac{\pi}{8}$$

Se puede evaluar la integral para $\bar{x}$, $(1/A)\int_0^{\pi/2} x\, \text{sen}\, x\, dx$ con integración por partes. Para ello, sea $dv = \text{sen}\, x\, dx$ y $u = x$. Esto produce $v = -\cos x$ y $du = dx$ y se tiene

$$\int x\, \text{sen}\, x\, dx = -x\cos x + \int \cos x\, dx = -x\cos x + \text{sen}\, x + C$$

Por último, se puede determinar que $\bar{x}$ es

$$\bar{x} = \frac{1}{A}\int_0^{\pi/2} x\, \text{sen}\, x\, dx = \Big[-x\cos x + \text{sen}\, x\Big]_0^{\pi/2} = 1$$

Por lo tanto, el centroide de la región es $(1, \pi/8)$. ■

A medida que adquiera experiencia en el uso de la integración por partes, aumentará su habilidad en la determinación de u y dv. El siguiente resumen muestra varias integrales comunes con sugerencias para la elección de u y dv.

COMENTARIO Se puede utilizar el acrónimo LIATE como una guía para la elección de u en la integración por partes. Con este objetivo, revise el integrando, haciéndose las siguientes preguntas.

¿Hay una parte Logarítmica?

¿Hay una parte trigonométrica Inversa?

¿Hay una parte Algebraica?

¿Hay una parte Trigonométrica?

¿Hay una parte Exponencial?

Resumen: integrales comunes utilizando integración por partes

1. Para integrales de la forma

$$\int x^n e^{ax}\,dx, \quad \int x^n \operatorname{sen} ax\,dx \quad \text{o} \quad \int x^n \cos ax\,dx$$

sea $u = x^n$ y $dv = e^{ax}\,dx$, sen $ax\,dx$ o cos $ax\,dx$

2. Para integrales de la forma

$$\int x^n \ln x\,dx, \quad \int x^n \operatorname{arcsen} ax\,dx \quad \text{o} \quad \int x^n \arctan ax\,dx$$

sea $u = \ln x$, arcsen ax, o arctan ax y $dv = x^n\,dx$

3. Para integrales de la forma

$$\int e^{ax} \operatorname{sen} bx\,dx \quad \text{o} \quad \int e^{ax} \cos bx\,dx$$

sea $u = \operatorname{sen} bx$ o $\cos bx$ y sea $dv = e^{ax}\,dx$

En problemas que involucran la aplicación repetida de la integración por partes, un método tabular, ilustrado en el ejemplo 8, puede ayudar a organizar el trabajo. Este método funciona bien para integrales de la forma

$$\int x^n \operatorname{sen} ax\,dx, \quad \int x^n \cos ax\,dx \quad \text{y} \quad \int x^n e^{ax}\,dx$$

EJEMPLO 8 Usar el método tabular

Consulte LarsonCalculus.com (disponible solo en inglés) para una versión interactiva de este tipo de ejemplo.

Encuentre $\displaystyle\int x^2 \operatorname{sen} 4x\,dx$

Para ver las figuras a color de la página 491, acceda al código

Solución Comience como es costumbre haciendo $u = x^2$ y $dv = v'\,dx = \operatorname{sen} 4x\,dx$. A continuación, genere una tabla con tres columnas, como se muestra.

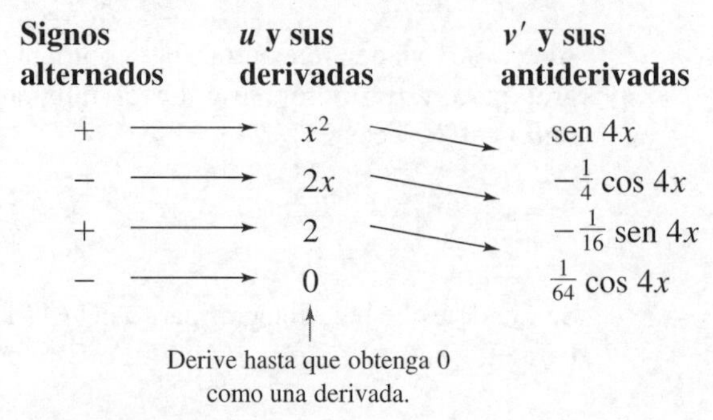

Signos alternados	u y sus derivadas	v' y sus antiderivadas
+	x^2	$\operatorname{sen} 4x$
−	$2x$	$-\frac{1}{4}\cos 4x$
+	2	$-\frac{1}{16}\operatorname{sen} 4x$
−	0	$\frac{1}{64}\cos 4x$

■ **PARA INFORMACIÓN ADICIONAL** Para obtener más información sobre el método tabular, consulte el artículo "Tabular Integration by Parts" de David Horowitz en *The College Mathematics Journal*, y el artículo "More on Tabular Integration by Parts" de Leonard Gillman en *The College Mathematics Journal.* Para ver estos artículos, visite *MathArticles.com* (disponible solo en inglés).

La solución se obtiene mediante la adición de los productos con el signo de los elementos diagonales.

$$\int x^2 \operatorname{sen} 4x\,dx = x^2\left(-\frac{1}{4}\cos 4x\right) - 2x\left(-\frac{1}{16}\operatorname{sen} 4x\right) + 2\left(\frac{1}{64}\cos 4x\right) + C$$

$$= -\frac{1}{4}x^2\cos 4x + \frac{1}{8}x \operatorname{sen} 4x + \frac{1}{32}\cos 4x + C$$

■

7.2 Ejercicios

Las respuestas a los ejercicios impares pueden consultarse en el Apéndice de este libro.

Repaso de conceptos

1. ¿En qué fórmula se basa la integración por partes?
2. Describa cómo elegir u y dv al usar la integración por partes.
3. ¿Cómo puede usarse la integración por partes en un integrando con un solo término que no se ajusta a ninguna de las reglas básicas de integración?
4. Explique cuándo es útil la integración con el método tabular.

Configurar la integración por partes **En los ejercicios 5 a 10, identifique u y dv para encontrar la integral mediante la integración por partes. No integre.**

5. $\int xe^{9x}\,dx$
6. $\int x^2e^{2x}\,dx$
7. $\int (\ln x)^2\,dx$
8. $\int \ln 5x\,dx$
9. $\int x \sec^2 x\,dx$
10. $\int x^2 \cos x\,dx$

Usar la integración por partes **En los ejercicios 11 a 14, calcule la integral indefinida mediante la integración por partes con las opciones dadas de u y dv.**

11. $\displaystyle\int x^3 \ln x\,dx;\ u = \ln x,\ dv = x^3\,dx$
12. $\displaystyle\int (7 - x)e^{x/2}\,dx;\ u = 7 - x,\ dv = e^{x/2}\,dx$
13. $\displaystyle\int (2x + 1)\operatorname{sen} 4x\,dx;\ u = 2x + 1,\ dv = \operatorname{sen} 4x\,dx$
14. $\displaystyle\int x \cos 4x\,dx;\ u = x,\ dv = \cos 4x\,dx$

Encontrar una integral indefinida **En los ejercicios 15 a 34, calcule la integral indefinida. (*Nota*: Resuelva con el método más conveniente, no todos requieren integración por partes.)**

15. $\displaystyle\int xe^{4x}\,dx$
16. $\displaystyle\int \frac{5x}{e^{2x}}\,dx$
17. $\displaystyle\int x^3e^x\,dx$
18. $\displaystyle\int \frac{e^{1/t}}{t^2}\,dt$
19. $\displaystyle\int t\ln(t + 1)\,dt$
20. $\displaystyle\int x^5 \ln 3x\,dx$
21. $\displaystyle\int \frac{(\ln x)^2}{x}\,dx$
22. $\displaystyle\int \frac{\ln x}{x^3}\,dx$
23. $\displaystyle\int \frac{xe^{2x}}{(2x + 1)^2}\,dx$
24. $\displaystyle\int \frac{x^3e^{x^2}}{(x^2 + 1)^2}\,dx$
25. $\displaystyle\int x\sqrt{x - 5}\,dx$
26. $\displaystyle\int \frac{2x}{\sqrt{1 - 6x}}\,dx$
27. $\displaystyle\int x \csc^2 x\,dx$
28. $\displaystyle\int t \csc t \cot t\,dt$
29. $\displaystyle\int x^3 \operatorname{sen} x\,dx$
30. $\displaystyle\int x^2 \cos x\,dx$
31. $\displaystyle\int \arctan x\,dx$
32. $\displaystyle\int 4 \arccos x\,dx$
33. $\displaystyle\int e^{-3x} \operatorname{sen} 5x\,dx$
34. $\displaystyle\int e^{4x} \cos 2x\,dx$

Ecuaciones diferenciales **En los ejercicios 35 a 38, encuentre la solución general de la ecuación diferencial.**

35. $y' = \ln x$
36. $y' = \arctan\dfrac{x}{2}$
37. $\dfrac{dy}{dt} = \dfrac{t^2}{\sqrt{3 + 5t}}$
38. $\dfrac{dy}{dx} = x^2\sqrt{x - 3}$

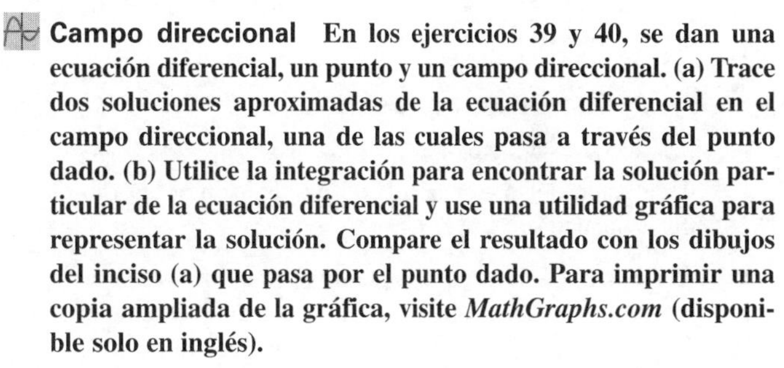

Campo direccional **En los ejercicios 39 y 40, se dan una ecuación diferencial, un punto y un campo direccional. (a) Trace dos soluciones aproximadas de la ecuación diferencial en el campo direccional, una de las cuales pasa a través del punto dado. (b) Utilice la integración para encontrar la solución particular de la ecuación diferencial y use una utilidad gráfica para representar la solución. Compare el resultado con los dibujos del inciso (a) que pasa por el punto dado. Para imprimir una copia ampliada de la gráfica, visite *MathGraphs.com* (disponible solo en inglés).**

39. $\dfrac{dy}{dx} = x\sqrt{y}\cos x,\ (0, 4)$
40. $\dfrac{dy}{dx} = e^{-x/3}\operatorname{sen} 2x,\ \left(0, -\frac{18}{37}\right)$

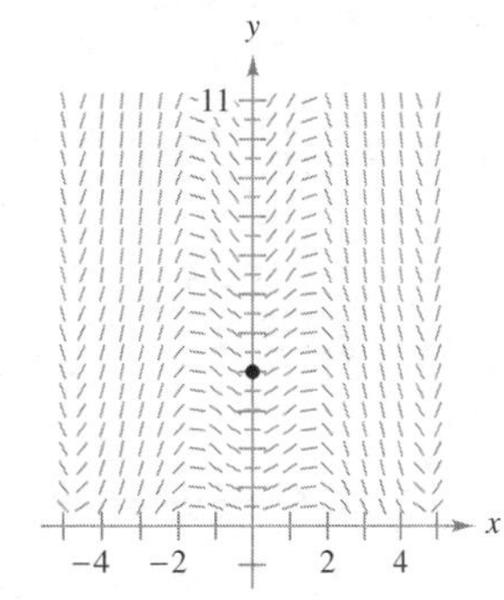

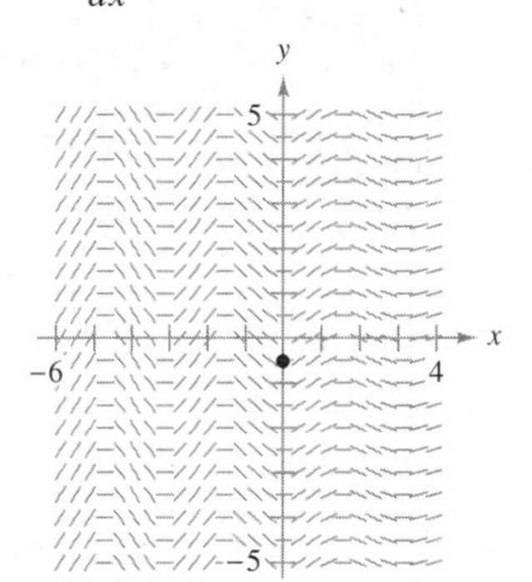

Campo direccional **En los ejercicios 41 y 42, utilice alguna utilidad de graficación para graficar el campo direccional de la ecuación diferencial y representar gráficamente la solución a través de la condición inicial especificada.**

41. $\dfrac{dy}{dx} = \dfrac{x}{y}e^{x/8},\ y(0) = 2$
42. $\dfrac{dy}{dx} = \dfrac{x}{y}\operatorname{sen} x,\ y(0) = 4$

Evaluar una integral definida **En los ejercicios 43 a 52, calcule la integral definida. Use un programa de graficación para confirmar el resultado.**

43. $\displaystyle\int_0^3 xe^{x/2}\,dx$
44. $\displaystyle\int_0^2 x^2e^{-2x}\,dx$
45. $\displaystyle\int_0^{\pi/4} x\cos 2x\,dx$
46. $\displaystyle\int_0^{\pi} x \operatorname{sen} 2x\,dx$

47. $\int_0^{1/2} \arccos x\, dx$ **48.** $\int_0^1 x \operatorname{arcsen} x^2\, dx$

49. $\int_0^1 e^x \operatorname{sen} x\, dx$ **50.** $\int_0^1 \ln(4 + x^2)\, dx$

51. $\int_2^4 x \operatorname{arcsec} x\, dx$ **52.** $\int_0^{\pi/8} x \sec^2 2x\, dx$

Usar el método tabular **En los ejercicios 53 a 58, utilice el método tabular para encontrar la integral indefinida.**

53. $\int x^2 e^{2x}\, dx$ **54.** $\int (1 - x)(e^{-x} + 1)\, dx$

55. $\int (x + 2)^2 \operatorname{sen} x\, dx$ **56.** $\int x^3 \cos 2x\, dx$

57. $\int (6 + x)\sqrt{4x + 9}\, dx$

58. $\int x^2(x - 2)^{3/2}\, dx$

Exploración de conceptos

59. Escriba una integral que requiera tres aplicaciones de integración por partes. Explique por qué son necesarias tres aplicaciones.

60. Al evaluar $\int x \operatorname{sen} x\, dx$, explique por qué al hacer que $u = \operatorname{sen} x$ y $dv = x\, dx$ se dificulta más encontrar la solución.

61. Indique si usaría la integración por partes para evaluar cada integral. Si es así, identifique cómo se eligirían u y dv. Explique su razonamiento.

(a) $\int \frac{\ln x}{x}\, dx$ (b) $\int x \ln x\, dx$ (c) $\int x^2 e^{-3x}\, dx$

(d) $\int 2xe^{x^2}\, dx$ (e) $\int \frac{x}{\sqrt{x+1}}\, dx$ (f) $\int \frac{x}{\sqrt{x^2+1}}\, dx$

62. **¿CÓMO LO VE?** Utilice la gráfica de f' mostrada en la figura para responder lo siguiente.

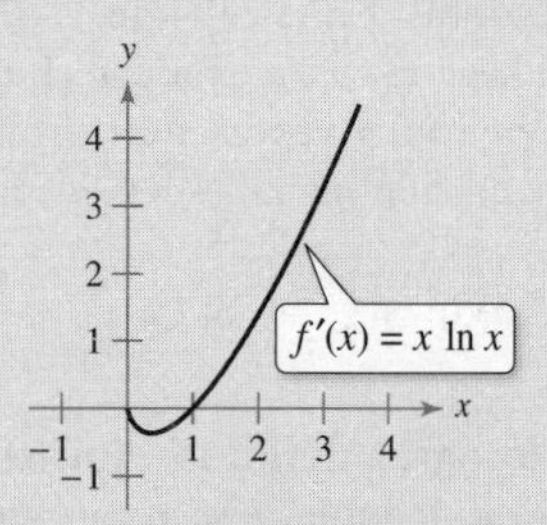

(a) Calcule la pendiente de f en $x = 2$. Explique.

(b) Aproxime los intervalos abiertos en los que la gráfica de f es creciente y los intervalos abiertos en los que es decreciente. Explique.

Utilizar dos métodos **En los ejercicios 63 a 66, calcule la integral indefinida mediante sustitución, seguida por la integración por partes.**

63. $\int \operatorname{sen} \sqrt{x}\, dx$ **64.** $\int 2x^3 \cos x^2\, dx$

65. $\int x^5 e^{x^2}\, dx$ **66.** $\int e^{\sqrt{2x}}\, dx$

67. Usar dos métodos Integre $\int \frac{x^3}{\sqrt{4 + x^2}}\, dx$

(a) por partes, haciendo $dv = \frac{x}{\sqrt{4 + x^2}}\, dx$

(b) por sustitución, haciendo $u = 4 + x^2$

68. Usar dos métodos Integre $\int_0^a x^2\sqrt{a - x}\, dx$

(a) por partes, eligiendo $dv = (a - x)^{1/2}\, dx$

(b) por sustitución, eligiendo $u = \sqrt{a - x}$

Encontrar una regla general **En los ejercicios 69 y 70, use alguna utilidad gráfica para encontrar las integrales para $n = 0, 1, 2$ y 3. Utilice el resultado para obtener una regla general para las integrales para cualquier entero positivo n y pruebe sus resultados para $n = 4$.**

69. $\int x^n \ln x\, dx$

70. $\int x^n e^x\, dx$

Demostración **En los ejercicios 71 a 76, utilice la integración por partes para demostrar la fórmula. (Para los ejercicios 71 a 74, suponga que n es un entero positivo.)**

71. $\int x^n \operatorname{sen} x\, dx = -x^n \cos x + n\int x^{n-1} \cos x\, dx$

72. $\int x^n \cos x\, dx = x^n \operatorname{sen} x - n\int x^{n-1} \operatorname{sen} x\, dx$

73. $\int x^n \ln x\, dx = \frac{x^{n+1}}{(n + 1)^2}[-1 + (n + 1)\ln x] + C$

74. $\int x^n e^{ax}\, dx = \frac{x^n e^{ax}}{a} - \frac{n}{a}\int x^{n-1} e^{ax}\, dx$

75. $\int e^{ax} \operatorname{sen} bx\, dx = \frac{e^{ax}(a \operatorname{sen} bx - b \cos bx)}{a^2 + b^2} + C$

76. $\int e^{ax} \cos bx\, dx = \frac{e^{ax}(a \cos bx + b \operatorname{sen} bx)}{a^2 + b^2} + C$

Usar fórmulas **En los ejercicios 77 a 82, calcule la integral mediante el uso de la fórmula apropiada de los ejercicios 71 a 76.**

77. $\int x^2 \operatorname{sen} x\, dx$ **78.** $\int x^2 \cos x\, dx$

79. $\int x^5 \ln x\, dx$ **80.** $\int x^3 e^{2x}\, dx$

81. $\int e^{-3x} \operatorname{sen} 4x\, dx$ **82.** $\int e^{2x} \cos 3x\, dx$

Área **En los ejercicios 83 a 86, use una herramienta de graficación para trazar la región acotada por las gráficas de las ecuaciones. Luego determine analíticamente el área de la región.**

83. $y = 2xe^{-x}, \ y = 0, \ x = 3$

84. $y = \frac{1}{10}xe^{3x}, \ y = 0, \ x = 0, \ x = 2$

85. $y = e^{-x} \operatorname{sen} \pi x, \ y = 0, \ x = 1$

86. $y = x^3 \ln x, \ y = 0, \ x = 1, \ x = 3$

87. Área, volumen y centroide Dada la región acotada por las gráficas de $y = \ln x$, $y = 0$ y $x = e$, encuentre

(a) el área de la región.

(b) el volumen del sólido generado al girar la región respecto al eje x.

(c) el volumen del sólido generado al girar la región respecto al eje y.

(d) el centroide de la región.

88. Área, volumen y centroide Dada la región acotada por las gráficas de $y = x \operatorname{sen} x$, $y = 0$ y $x = \pi$, encuentre

(a) el área de la región.

(b) el volumen del sólido generado al girar la región alrededor del eje x.

(c) el volumen del sólido generado al girar la región sobre el eje y.

(d) el centroide de la región.

89. Centroide Encuentre el centroide de la región acotada por las gráficas de $y = \operatorname{arcsen} x$, $x = 0$ y $y = \pi/2$. ¿Cómo se relaciona este problema con el ejemplo 7 en esta sección?

90. Centroide Encuentre el centroide de la región acotada por las gráficas de $f(x) = x^2$, $g(x) = 2^x$, $x = 2$ y $x = 4$.

91. Desplazamiento promedio La vibración de un resorte es afectada por una fuerza de amortiguación de manera que el desplazamiento del resorte está dado por

$$y = e^{-4t}(\cos 2t + 5 \operatorname{sen} 2t)$$

Encuentre el valor promedio de y y en el intervalo de $t = 0$ a $t = \pi$.

92. Modelo de memoria

Un modelo para la capacidad M de un niño para memorizar, medido en una escala de 0 a 10, está dado por

$$M = 1 + 1.6t \ln t, \quad 0 < t \leq 4$$

donde t es la edad del niño en años. Encuentre el valor promedio de este modelo

(a) entre el primer y segundo cumpleaños del niño.

(b) entre el tercer y cuarto cumpleaños del niño.

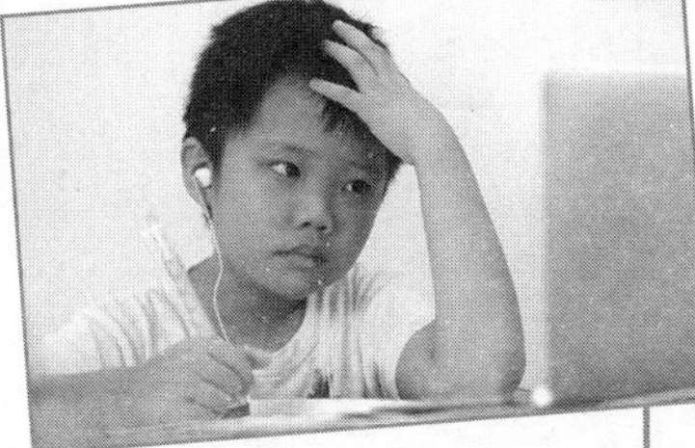

Valor presente **En los ejercicios 93 y 94, encuentre el valor presente P de un flujo de ingreso continuo de $c(t)$ dólares por año para**

$$P = \int_0^{t_1} c(t)e^{-rt}\, dt$$

donde t_1 es el tiempo en años y r es la tasa de interés anual compuesto en forma continua.

93. $c(t) = 100000 + 4000t, \ r = 5\%, \ t_1 = 10$

94. $c(t) = 1000 + 120t, \ r = 2\%, \ t_1 = 30$

Integrales utilizadas para encontrar los coeficientes de Fourier **En los ejercicios 95 y 96, verifique el valor de la integral definida, donde n es un entero positivo.**

95. $$\int_{-\pi}^{\pi} x \operatorname{sen} nx\, dx = \begin{cases} \dfrac{2\pi}{n}, & n \text{ es impar} \\ -\dfrac{2\pi}{n}, & n \text{ es par} \end{cases}$$

96. $$\int_{-\pi}^{\pi} x^2 \cos nx\, dx = \frac{(-1)^n 4\pi}{n^2}$$

97. Cuerda vibrante Una cuerda extendida entre los dos puntos (0, 0) y (2, 0) es arrancada por el desplazamiento de la cuerda h unidades en su punto medio. El movimiento de la cuerda se modela con una **serie de Fourier en senos** cuyos coeficientes están dados por

$$b_n = h \int_0^1 x \operatorname{sen} \frac{n\pi x}{2}\, dx + h \int_1^2 (-x + 2) \operatorname{sen} \frac{n\pi x}{2}\, dx$$

Encuentre b_n.

98. Encontrar un patrón Encuentre el área acotada por las gráficas de $y = x \operatorname{sen} x$ y $y = 0$ sobre cada intervalo.

(a) $[0, \pi]$ (b) $[\pi, 2\pi]$ (c) $[2\pi, 3\pi]$

Describa cualquier patrón que observe. ¿Cuál es el área entre las gráficas de $y = x \operatorname{sen} x$ y $y = 0$ en el intervalo $[n\pi, (n + 1)\pi]$, donde n es cualquier número entero no negativo? Explique.

99. Encontrar un error Encuentre el error en el siguiente argumento de que $0 = 1$.

$$dv = dx \implies v = \int dx = x$$

$$u = \frac{1}{x} \implies du = -\frac{1}{x^2}\, dx$$

$$0 + \int \frac{dx}{x} = \left(\frac{1}{x}\right)(x) - \int \left(-\frac{1}{x^2}\right)(x)\, dx$$

$$= 1 + \int \frac{dx}{x}$$

Por lo que $0 = 1$.

DESAFÍO DEL EXAMEN PUTNAM

100. Encuentre un número real c y un número positivo L para los cuales

$$\lim_{r \to \infty} \frac{r^c \int_0^{\pi/2} x^r \operatorname{sen} x\, dx}{\int_0^{\pi/2} x^r \cos x\, dx} = L$$

7.3 Integrales trigonométricas

- **Resolver integrales trigonométricas que involucran potencias de seno y coseno.**
- **Resolver integrales trigonométricas que involucran potencias de secante y tangente.**
- **Resolver integrales trigonométricas que involucran senos y cosenos de dos ángulos.**

Integrales que involucran potencias de seno y coseno

En esta sección se estudiarán las técnicas para evaluar integrales de la forma

$$\int \operatorname{sen}^m x \cos^n x\, dx \quad \text{y} \quad \int \sec^m x \tan^n x\, dx$$

donde m o n es un número entero positivo. Para encontrar antiderivadas o primitivas para estas formas, trate de separarlas en combinaciones de las integrales trigonométricas a las que se pueda aplicar la regla de la potencia.

Por ejemplo, se puede evaluar

$$\int \operatorname{sen}^5 x \cos x\, dx$$

con la regla de la potencia al hacer que $u = \operatorname{sen} x$. Entonces, $du = \cos x\, dx$ y se obtiene

$$\int \operatorname{sen}^5 x \cos x\, dx = \int u^5\, du = \frac{u^6}{6} + C = \frac{\operatorname{sen}^6 x}{6} + C$$

Para separar $\int \operatorname{sen}^m x \cos^n x\, dx$ en formas a las que se puede aplicar la regla de la potencia, utilice las siguientes identidades.

$$\operatorname{sen}^2 x + \cos^2 x = 1 \qquad \text{Identidad pitagórica.}$$

$$\operatorname{sen}^2 x = \frac{1 - \cos 2x}{2} \qquad \text{Identidad de medio ángulo para } \operatorname{sen}^2 x.$$

$$\cos^2 x = \frac{1 + \cos 2x}{2} \qquad \text{Identidad de medio ángulo de } \cos^2 x.$$

SHEILA SCOTT MACINTYRE (1910-1960)

Sheila Scott Macintyre publicó su primer trabajo sobre los periodos asintóticos de las funciones integrales en 1935. Recibió su doctorado en la Universidad de Aberdeen, donde enseñó. En 1958 aceptó una beca de investigador visitante en la Universidad de Cincinnati.

Consulte LarsonCalculus.com (disponible solo en inglés) para leer más de esta biografía.

Directrices para la evaluación de integrales que involucran potencias de seno y coseno

1. Cuando la potencia del seno es impar y positiva, separe un factor de seno y convierta los factores restantes a cosenos. Después, desarrolle e integre.

$$\int \overbrace{\operatorname{sen}^{2k+1}}^{\text{Impar}} x \cos^n x\, dx = \int \overbrace{(\operatorname{sen}^2 x)^k}^{\text{Convertir a cosenos.}} \cos^n x \overbrace{\operatorname{sen} x\, dx}^{\text{Separar para } du.} = \int (1 - \cos^2 x)^k \cos^n x \operatorname{sen} x\, dx$$

2. Cuando la potencia del coseno es impar y positiva, separe un factor coseno y convierta los restantes factores a senos. Luego desarrolle e integre.

$$\int \operatorname{sen}^m x \overbrace{\cos^{2k+1}}^{\text{Impar}} x\, dx = \int (\operatorname{sen}^m x)\overbrace{(\cos^2 x)^k}^{\text{Convertir a senos.}} \overbrace{\cos x\, dx}^{\text{Separar para } du.} = \int (\operatorname{sen}^m x)(1 - \operatorname{sen}^2 x)^k \cos x\, dx$$

3. Cuando las potencias tanto del seno como del coseno son pares y no negativas, use repetidamente las identidades

$$\operatorname{sen}^2 x = \frac{1 - \cos 2x}{2} \quad \text{y} \quad \cos^2 x = \frac{1 + \cos 2x}{2}$$

para convertir el integrando a potencias impares del coseno. Después, proceda como en la segunda directriz.

EJEMPLO 1 La potencia del seno es impar y positiva

Encuentre $\int \operatorname{sen}^3 x \cos^4 x \, dx$

Solución Debido a que espera utilizar la regla de la potencia con $u = \cos x$ *separe un factor del seno* para formar du y convierta los factores del seno restantes en cosenos.

$$\begin{aligned}
\int \operatorname{sen}^3 x \cos^4 x \, dx &= \int (\operatorname{sen}^2 x \cos^4 x)(\operatorname{sen} x) \, dx && \text{Reescriba.} \\
&= \int (1 - \cos^2 x) \cos^4 x \operatorname{sen} x \, dx && \text{Identidad trigonométrica.} \\
&= \int (\cos^4 x - \cos^6 x) \operatorname{sen} x \, dx && \text{Multiplique.} \\
&= \int \cos^4 x \operatorname{sen} x \, dx - \int \cos^6 x \operatorname{sen} x \, dx && \text{Reescriba.} \\
&= -\int (\cos^4 x)(-\operatorname{sen} x) \, dx + \int (\cos^6 x)(-\operatorname{sen} x) \, dx \\
&= -\frac{\cos^5 x}{5} + \frac{\cos^7 x}{7} + C && \text{Integre.}
\end{aligned}$$

TECNOLOGÍA Una utilidad gráfica que se usó para calcular la integral en el ejemplo 1 produjo el siguiente resultado

$$\int \operatorname{sen}^3 x \cos^4 x \, dx = (-\cos^5 x)\left(\frac{1}{7} \operatorname{sen}^2 x + \frac{2}{35}\right) + C$$

¿Esto es equivalente al resultado obtenido en el ejemplo 1?

Para ver la figura a color, acceda al código

En el ejemplo 1, *ambas* potencias de m y n se convirtieron en enteros positivos. Esta estrategia funciona siempre y cuando m o n sean impares y positivos. Para el caso del siguiente ejemplo, la potencia del coseno es 3, pero la potencia del seno es $-\frac{1}{2}$.

EJEMPLO 2 La potencia del coseno es impar y positiva

Consulte LarsonCalculus.com (disponible solo en inglés) para una versión interactiva de este tipo de ejemplo.

Evalúe $\displaystyle\int_{\pi/6}^{\pi/3} \frac{\cos^3 x}{\sqrt{\operatorname{sen} x}} \, dx$

Solución Como se espera utilizar la regla de la potencia con $u = \operatorname{sen} x$ *se separa un factor coseno* para formar du y se convierten los factores coseno restantes en senos.

$$\begin{aligned}
\int_{\pi/6}^{\pi/3} \frac{\cos^3 x}{\sqrt{\operatorname{sen} x}} \, dx &= \int_{\pi/6}^{\pi/3} \frac{\cos^2 x \cos x}{\sqrt{\operatorname{sen} x}} \, dx && \text{Reescriba.} \\
&= \int_{\pi/6}^{\pi/3} \frac{(1 - \operatorname{sen}^2 x)(\cos x)}{\sqrt{\operatorname{sen} x}} \, dx && \text{Identidad trigonométrica.} \\
&= \int_{\pi/6}^{\pi/3} [(\operatorname{sen} x)^{-1/2} - (\operatorname{sen} x)^{3/2}] \cos x \, dx && \text{Divida.} \\
&= \left[\frac{(\operatorname{sen} x)^{1/2}}{1/2} - \frac{(\operatorname{sen} x)^{5/2}}{5/2}\right]_{\pi/6}^{\pi/3} && \text{Integre.} \\
&= 2\left(\frac{\sqrt{3}}{2}\right)^{1/2} - \frac{2}{5}\left(\frac{\sqrt{3}}{2}\right)^{5/2} - \sqrt{2} + \frac{\sqrt{32}}{80} \\
&\approx 0.239
\end{aligned}$$

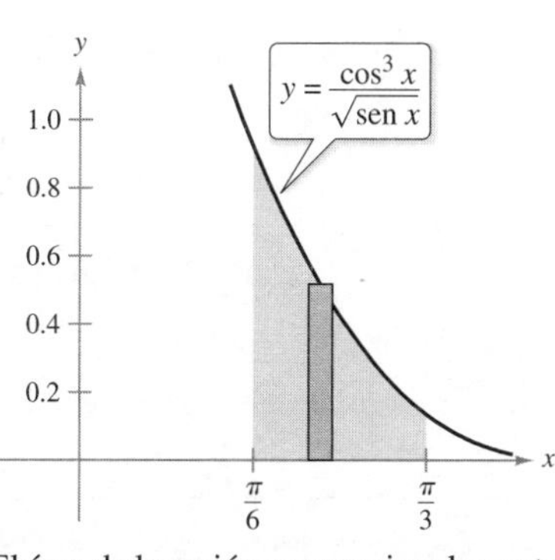

El área de la región es aproximadamente 0.239.

Figura 7.4

La figura 7.4 muestra la región cuya área está representada por esta integral.

EJEMPLO 3 **La potencia del coseno es par y no negativa**

Encuentre $\int \cos^4 x\, dx$

Solución Como m y n son pares y no negativos ($m = 0$) puede reemplazar $\cos^4 x$ por

$$\left(\frac{1 + \cos 2x}{2}\right)^2$$

Así, puede integrar como se muestra.

$$\int \cos^4 x\, dx = \int \left(\frac{1 + \cos 2x}{2}\right)^2 dx \qquad \text{Identidad de medio ángulo.}$$

$$= \int \left(\frac{1}{4} + \frac{\cos 2x}{2} + \frac{\cos^2 2x}{4}\right) dx \qquad \text{Desarrolle.}$$

$$= \int \left[\frac{1}{4} + \frac{\cos 2x}{2} + \frac{1}{4}\left(\frac{1 + \cos 4x}{2}\right)\right] dx \qquad \text{Identidad de medio ángulo.}$$

$$= \frac{3}{8}\int dx + \frac{1}{4}\int 2 \cos 2x\, dx + \frac{1}{32}\int 4 \cos 4x\, dx \qquad \text{Reescriba.}$$

$$= \frac{3x}{8} + \frac{\operatorname{sen} 2x}{4} + \frac{\operatorname{sen} 4x}{32} + C \qquad \text{Integre.}$$

Use un programa de derivación simbólica para verificar esto. ¿Se puede simplificar la derivada para obtener el integrando original? ■

En el ejemplo 3, cuando se evalúa la integral definida entre 0 y $\pi/2$ se obtiene

$$\int_0^{\pi/2} \cos^4 x\, dx = \left[\frac{3x}{8} + \frac{\operatorname{sen} 2x}{4} + \frac{\operatorname{sen} 4x}{32}\right]_0^{\pi/2}$$

$$= \left(\frac{3\pi}{16} + 0 + 0\right) - (0 + 0 + 0)$$

$$= \frac{3\pi}{16}$$

Observe que el único término que contribuye a la solución es

$$\frac{3x}{8}$$

Esta observación se generaliza en las siguientes fórmulas desarrolladas por John Wallis (1616-1703). Observe las restricciones sobre el entero positivo n.

JOHN WALLIS (1616-1703)

Wallis hizo gran parte de su trabajo en el cálculo antes de Newton y Leibniz, el cual influyó en el pensamiento de estos dos hombres. A Wallis también se le atribuye la introducción del símbolo actual para el infinito (∞). *Consulte LarsonCalculus.com (disponible solo en inglés) para leer más de esta biografía.*

Fórmulas de Wallis

1. Si n es impar ($n \geq 3$), entonces

$$\int_0^{\pi/2} \cos^n x\, dx = \left(\frac{2}{3}\right)\left(\frac{4}{5}\right)\left(\frac{6}{7}\right) \cdots \left(\frac{n-1}{n}\right)$$

2. Si n es par ($n \geq 2$), entonces

$$\int_0^{\pi/2} \cos^n x\, dx = \left(\frac{1}{2}\right)\left(\frac{3}{4}\right)\left(\frac{5}{6}\right) \cdots \left(\frac{n-1}{n}\right)\left(\frac{\pi}{2}\right)$$

Estas fórmulas también son válidas cuando $\cos^n x$ se sustituye por $\operatorname{sen}^n x$ (En el ejercicio 87 se le pide que demuestre ambas fórmulas.)

Bettmann/Getty Images

Integrales que involucran potencias de secante y tangente

Las siguientes directrices pueden ayudarle a evaluar integrales de la forma

$$\int \sec^m x \tan^n x\, dx \qquad \text{Ya sea que } m \text{ o } n \text{ sean enteros positivos.}$$

Directrices para la evaluación de integrales que involucran potencias de secante y tangente

1. Cuando la potencia de la secante es par y positiva, separe un factor de secante al cuadrado y convierta los factores restantes en tangentes. Después, desarrolle e integre.

$$\int \sec^{\overbrace{2k}^{\text{Par}}} x \tan^n x\, dx = \int \overbrace{(\sec^2 x)^{k-1}}^{\text{Convertir a tangentes.}} \tan^n x \overbrace{\sec^2 x\, dx}^{\text{Separar para } du.} = \int (1 + \tan^2 x)^{k-1} \tan^n x \sec^2 x\, dx$$

2. Cuando la potencia de la tangente es impar y positiva, separe un factor secante-tangente y convierta los factores restantes a secantes. A continuación, desarrolle e integre.

$$\int \sec^m x \tan^{\overbrace{2k+1}^{\text{Impar}}} x\, dx = \int (\sec^{m-1} x)\overbrace{(\tan^2 x)^k}^{\text{Convertir a secantes.}} \overbrace{\sec x \tan x\, dx}^{\text{Separar para } du.} = \int (\sec^{m-1} x)(\sec^2 x - 1)^k \sec x \tan x\, dx$$

3. Cuando no hay factores secantes y la potencia de la tangente es par y positiva, convierta un factor de tangente-cuadrada a un factor de secante-cuadrada, a continuación, desarrolle y repita si es necesario.

$$\int \tan^n x\, dx = \int (\tan^{n-2} x)\overbrace{(\tan^2 x)}^{\text{Convertir a secantes.}}\, dx = \int (\tan^{n-2} x)(\sec^2 x - 1)\, dx$$

4. Cuando la integral es de la forma

$$\int \sec^m x\, dx$$

donde m es impar y positiva, utilice la integración por partes, como se ilustra en el ejemplo 6 en la sección 7.2.

5. Cuando no se aplique ninguna de las cuatro primeras directrices, intente convertir a senos y cosenos.

EJEMPLO 4 **La potencia de la tangente es impar y positiva**

Encuentre $\displaystyle\int \frac{\tan^3 x}{\sqrt{\sec x}}\, dx$

Solución Debido a que espera utilizar la regla de la potencia con $u = \sec x$, *separe un factor de* $(\sec x \tan x)$ para formar du y convierta los factores restantes de las tangentes a secantes.

$$\int \frac{\tan^3 x}{\sqrt{\sec x}}\, dx = \int (\sec x)^{-1/2} \tan^3 x\, dx \qquad \text{Reescriba.}$$

$$= \int (\sec x)^{-3/2}(\tan^2 x)(\sec x \tan x)\, dx \qquad \text{Reescriba.}$$

$$= \int (\sec x)^{-3/2}(\sec^2 x - 1)(\sec x \tan x)\, dx \qquad \text{Identidad trigonométrica.}$$

$$= \int [(\sec x)^{1/2} - (\sec x)^{-3/2}](\sec x \tan x)\, dx \qquad \text{Multiplique.}$$

$$= \frac{2}{3}(\sec x)^{3/2} + 2(\sec x)^{-1/2} + C \qquad \text{Integre.}$$

■

EJEMPLO 5 La potencia de la secante es par y positiva

Encuentre $\int \sec^4 3x \tan^3 3x \, dx$

Solución Sea $u = \tan 3x$. Entonces $du = 3 \sec^2 3x \, dx$ y puede escribir

$$\int \sec^4 3x \tan^3 3x \, dx = \int (\sec^2 3x \tan^3 3x)(\sec^2 3x) \, dx \qquad \text{Reescriba.}$$

$$= \int (1 + \tan^2 3x)(\tan^3 3x)(\sec^2 3x) \, dx \qquad \text{Identidad trigonométrica.}$$

$$= \frac{1}{3} \int (\tan^3 3x + \tan^5 3x)(3 \sec^2 3x) \, dx \qquad \text{Multiplique.}$$

$$= \frac{1}{3}\left(\frac{\tan^4 3x}{4} + \frac{\tan^6 3x}{6}\right) + C \qquad \text{Integre.}$$

$$= \frac{\tan^4 3x}{12} + \frac{\tan^6 3x}{18} + C$$

En el ejemplo 5, la potencia de la tangente es impar y positiva. Así, también se puede encontrar la integral utilizando el procedimiento descrito en la segunda directriz de la página anterior. En los ejercicios 67 y 68 se le pedirá demostrar que los resultados obtenidos por estos dos procedimientos difieren solo por una constante.

Para ver la figura a color, acceda al código

EJEMPLO 6 La potencia de la tangente es par

Evalúe $\int_0^{\pi/4} \tan^4 x \, dx$

Solución Puesto que no existen factores secantes, puede iniciar con la conversión de un factor tangente cuadrada a un factor secante cuadrada.

$$\int \tan^4 x \, dx = \int (\tan^2 x)(\tan^2 x) \, dx \qquad \text{Reescriba.}$$

$$= \int (\tan^2 x)(\sec^2 x - 1) \, dx \qquad \text{Identidad trigonométrica.}$$

$$= \int \tan^2 x \sec^2 x \, dx - \int \tan^2 x \, dx \qquad \text{Reescriba.}$$

$$= \int \tan^2 x \sec^2 x \, dx - \int (\sec^2 x - 1) \, dx \qquad \text{Identidad trigonométrica.}$$

$$= \frac{\tan^3 x}{3} - \tan x + x + C \qquad \text{Integre.}$$

A continuación, calcule la integral definida.

$$\int_0^{\pi/4} \tan^4 x \, dx = \left[\frac{\tan^3 x}{3} - \tan x + x\right]_0^{\pi/4}$$

$$= \frac{1}{3} - 1 + \frac{\pi}{4}$$

$$\approx 0.119$$

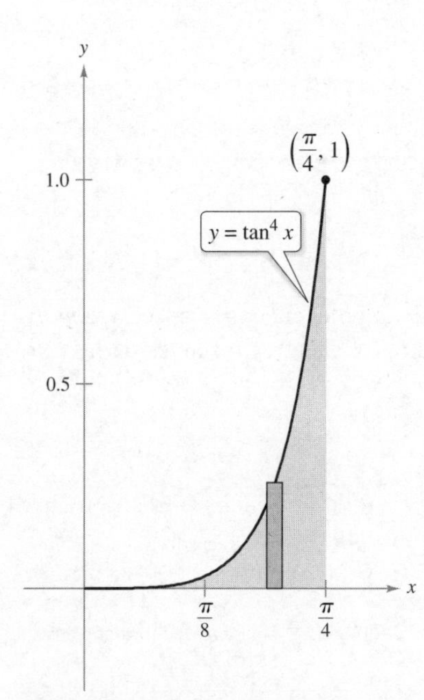

El área de la región es de aproximadamente 0.119.
Figura 7.5

En la figura 7.5 se muestra el área representada por la integral definida. Use la regla del punto medio para aproximar esta integral. Con $n = 15$ se debe obtener una aproximación que está dentro de 0.001 del valor real.

Para las integrales que involucran potencias de cotangentes y cosecantes, se puede seguir una estrategia similar a la utilizada para potencias de tangentes y secantes. Además, al integrar las funciones trigonométricas, recuerde que a veces ayuda convertir todo el integrando a potencias de senos y cosenos.

EJEMPLO 7 **Convertir a senos y cosenos**

Encuentre $\int \frac{\sec x}{\tan^2 x}\,dx$

Solución Debido a que no se aplican las primeras cuatro directrices de la página 497, intente convertir el integrando a senos y cosenos. En este caso, se pueden integrar las potencias resultantes del seno y el coseno como se muestra.

$$\int \frac{\sec x}{\tan^2 x}\,dx = \int \sec x \cot^2 x\,dx \quad \text{Identidad trigonométrica.}$$

$$= \int \left(\frac{1}{\cos x}\right)\left(\frac{\cos x}{\operatorname{sen} x}\right)^2 dx \quad \text{Convierta a senos y cosenos.}$$

$$= \int (\operatorname{sen} x)^{-2}(\cos x)\,dx \quad \text{Reescriba.}$$

$$= -(\operatorname{sen} x)^{-1} + C \quad \text{Integre.}$$

$$= -\csc x + C \quad \text{Identidad trigonométrica.}$$

Integrales que involucran senos y cosenos de dos ángulos

Las integrales que involucran los productos de senos y cosenos de dos ángulos se producen en muchas aplicaciones. Es posible evaluar estas integrales usando la integración por partes. Sin embargo, puede encontrarlas con mayor facilidad si usa las siguientes identidades de producto a suma.

$$\operatorname{sen} mx \operatorname{sen} nx = \frac{1}{2}(\cos[(m-n)x] - \cos[(m+n)x])$$

$$\operatorname{sen} mx \cos nx = \frac{1}{2}(\operatorname{sen}[(m-n)x] + \operatorname{sen}[(m+n)x])$$

$$\cos mx \cos nx = \frac{1}{2}(\cos[(m-n)x] + \cos[(m+n)x])$$

EJEMPLO 8 **Usar identidades de producto a suma**

Encuentre $\int \operatorname{sen} 5x \cos 4x\,dx$

Solución El integrando tiene la identidad sen mx cos nx. Considerando la segunda identidad producto-suma anterior, puede escribir

$$\int \operatorname{sen} 5x \cos 4x\,dx = \frac{1}{2}\int (\operatorname{sen} x + \operatorname{sen} 9x)\,dx \quad \text{Identidad de producto a suma.}$$

$$= \frac{1}{2}\left(-\cos x - \frac{\cos 9x}{9}\right) + C \quad \text{Integre.}$$

$$= -\frac{\cos x}{2} - \frac{\cos 9x}{18} + C \quad \text{Multiplique.}$$

PARA INFORMACIÓN ADICIONAL Para aprender más acerca de las integrales que implican productos seno-coseno con diferentes ángulos, consulte el artículo "Integrals of Products of Sine and Cosine with Different Arguments" por Sherrie J. Nicol en *The College Mathematics Journal*. Para ver este artículo, visite *MathArticles.com* (disponible solo en inglés).

7.3 Ejercicios

Las respuestas a los ejercicios impares pueden consultarse en el Apéndice de este libro.

Repaso de conceptos

1. ¿Qué integral requiere más pasos para calcularse? Explique su respuesta. No integre.

$$\int \text{sen}^8 x\, dx \qquad\qquad \int \text{sen}^8 x \cos x\, dx$$

2. Describa la técnica para encontrar $\int \sec^5 x \tan^7 x\, dx$. No integre.

Encontrar una integral indefinida que involucra seno y coseno En los ejercicios 3 a 14, calcule la integral indefinida.

3. $\int \cos^5 x \,\text{sen}\, x\, dx$
4. $\int \text{sen}^7 2x \cos 2x\, dx$
5. $\int \cos^3 x \,\text{sen}^4 x\, dx$
6. $\int \text{sen}^3 3x\, dx$
7. $\int \text{sen}^3 x \cos^2 x\, dx$
8. $\int \cos^3 \frac{x}{3}\, dx$
9. $\int \text{sen}^3 2\theta \sqrt{\cos 2\theta}\, d\theta$
10. $\int \frac{\cos^5 t}{\sqrt{\text{sen}\, t}}\, dt$
11. $\int \cos^2 3x\, dx$
12. $\int \text{sen}^4 6\theta\, d\theta$
13. $\int 8x \cos^2 x\, dx$
14. $\int x^2 \,\text{sen}^2 x\, dx$

Usar las fórmulas de Wallis En los ejercicios 15 a 20, utilice las fórmulas de Wallis para evaluar la integral.

15. $\int_0^{\pi/2} \cos^3 x\, dx$
16. $\int_0^{\pi/2} \cos^6 x\, dx$
17. $\int_0^{\pi/2} \text{sen}^2 x\, dx$
18. $\int_0^{\pi/2} \text{sen}^9 x\, dx$
19. $\int_0^{\pi/2} \text{sen}^{10} x\, dx$
20. $\int_0^{\pi/2} \cos^{11} x\, dx$

Encontrar una integral indefinida que implica secante y tangente En los ejercicios 21 a 34, calcule la integral indefinida.

21. $\int \sec 4x\, dx$
22. $\int \sec^4 x\, dx$
23. $\int \sec^3 \pi x\, dx$
24. $\int \tan^6 3x\, dx$
25. $\int \tan^5 \frac{x}{2}\, dx$
26. $\int \tan^3 \frac{\pi x}{2} \sec^2 \frac{\pi x}{2}\, dx$

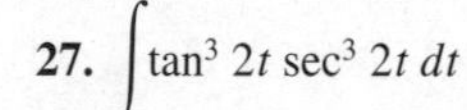

27. $\int \tan^3 2t \sec^3 2t\, dt$

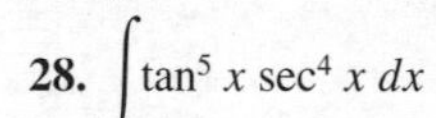

28. $\int \tan^5 x \sec^4 x\, dx$

Para ver las figuras a color, acceda al código

29. $\int \sec^6 4x \tan 4x\, dx$
30. $\int \sec^2 \frac{x}{2} \tan \frac{x}{2}\, dx$
31. $\int \sec^5 x \tan^3 x\, dx$
32. $\int \tan^3 3x\, dx$
33. $\int \frac{\tan^2 x}{\sec x}\, dx$
34. $\int \frac{\tan^2 x}{\sec^5 x}\, dx$

Ecuaciones diferenciales En los ejercicios 35 a 38, resuelva la ecuación diferencial.

35. $\frac{dr}{d\theta} = \text{sen}^4 \pi\theta$
36. $\frac{ds}{d\alpha} = \text{sen}^2 \frac{\alpha}{2} \cos^2 \frac{\alpha}{2}$
37. $y' = \tan^3 3x \sec 3x$
38. $y' = \sqrt{\tan x} \sec^4 x$

Campo direccional En los ejercicios 39 y 40 se dan una ecuación diferencial, un punto y un campo direccional. (a) Trace dos soluciones aproximadas de la ecuación diferencial en el campo direccional, una de las cuales pasa a través del punto dado. (b) Utilice la integración para encontrar la solución particular de la ecuación diferencial y use una utilidad gráfica para representar gráficamente la solución. Compare el resultado con los dibujos del inciso (a). Para imprimir una copia ampliada de la gráfica, visite *MathGraphs.com* (disponible solo en inglés).

39. $\frac{dy}{dx} = \text{sen}^2 x,\ (0, 0)$
40. $\frac{dy}{dx} = \sec^2 x \tan^2 x,\ \left(0, -\frac{1}{4}\right)$

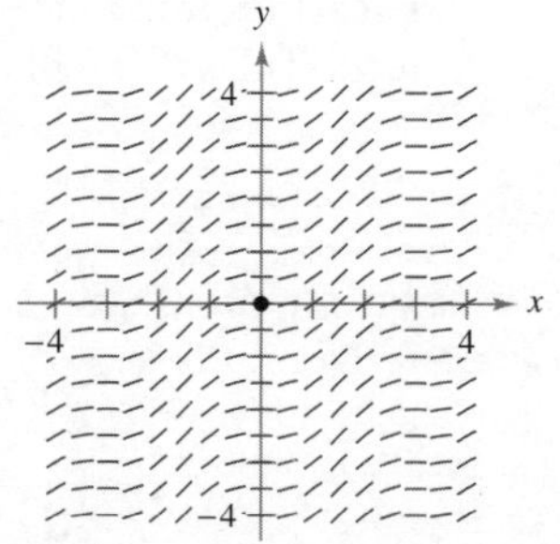

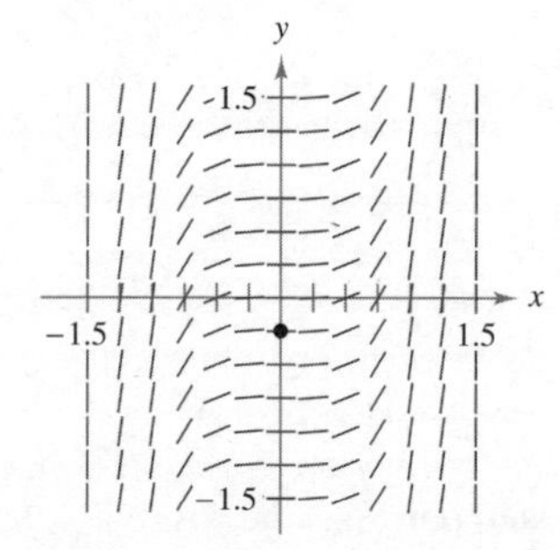

Campo direccional En los ejercicios 41 y 42, utilice alguna utilidad de graficación para graficar el campo direccional de la ecuación diferencial, y la gráfica de la solución a través de la condición inicial especificada.

41. $\frac{dy}{dx} = \frac{3\,\text{sen}\, x}{y},\ y(0) = 2$
42. $\frac{dy}{dx} = 3\sqrt{y} \tan^2 x,\ y(0) = 3$

Usar identidades de producto a suma En los ejercicios 43 a 48, encuentre la integral indefinida.

43. $\int \cos 2x \cos 6x\, dx$
44. $\int \cos 5\theta \cos 3\theta\, d\theta$
45. $\int \text{sen}\, 2t \cos 9t\, dt$
46. $\int \text{sen}\, 8x \cos 7x\, dx$
47. $\int \text{sen}\, \theta\, \text{sen}\, 3\theta\, d\theta$
48. $\int \text{sen}\, 5x\, \text{sen}\, 4x\, dx$

Encontrar una integral indefinida En los ejercicios 49 a 58, calcule la integral indefinida. Utilice un sistema de álgebra computacional para confirmar su resultado.

49. $\int \cot^3 2x\, dx$

50. $\int \tan^5 \frac{x}{4} \sec^4 \frac{x}{4}\, dx$

51. $\int \csc^4 3x\, dx$

52. $\int \cot^3 \frac{x}{2} \csc^4 \frac{x}{2}\, dx$

53. $\int \frac{\cot^2 t}{\csc t}\, dt$

54. $\int \frac{\cot^3 t}{\csc t}\, dt$

55. $\int \frac{1}{\sec x \tan x}\, dx$

56. $\int \frac{\operatorname{sen}^2 x - \cos^2 x}{\cos x}\, dx$

57. $\int (\tan^4 t - \sec^4 t)\, dt$

58. $\int \frac{1 - \sec t}{\cos t - 1}\, dt$

Evaluar una integral definida En los ejercicios 59 a 66, calcule la integral definida.

59. $\int_{-\pi}^{\pi} \operatorname{sen}^2 x\, dx$

60. $\int_0^{\pi/3} \tan^2 x\, dx$

61. $\int_0^{\pi/4} 6 \tan^3 x\, dx$

62. $\int_0^{\pi/3} \sec^{3/2} x \tan x\, dx$

63. $\int_0^{\pi/2} \frac{\cot t}{1 + \operatorname{sen} t}\, dt$

64. $\int_{\pi/6}^{\pi/3} \operatorname{sen} 6x \cos 4x\, dx$

65. $\int_{-\pi/2}^{\pi/2} 3 \cos^3 x\, dx$

66. $\int_0^{\pi} \operatorname{sen}^5 x\, dx$

Exploración de conceptos

En los ejercicios 67 y 68, (a) resuelva la integral indefinida de dos maneras diferentes. (b) Utilice un programa de graficación para trazar la antiderivada (sin la constante de integración) obtenida por cada método para demostrar que los resultados solo difieren por una constante, (c) demuestre analíticamente que los resultados difieren solo por una constante.

67. $\int \sec^4 3x \tan^3 3x\, dx$

68. $\int \sec^2 x \tan x\, dx$

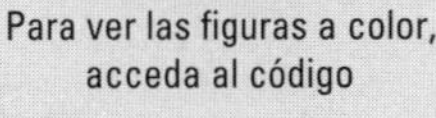

Para ver las figuras a color, acceda al código

69. Encuentre la integral indefinida

$$\int \operatorname{sen} x \cos x\, dx$$

utilizando el método indicado. Explique cómo difieren sus respuestas para cada método.

(a) Sustitución con $u = \operatorname{sen} x$

(b) Sustitución con $u = \cos x$

(c) Integración por partes

(d) Uso de la identidad $\operatorname{sen} 2x = 2 \operatorname{sen} x \cos x$

70. **¿CÓMO LO VE?** Use la gráfica de f' que se muestra en la figura para responder lo siguiente.

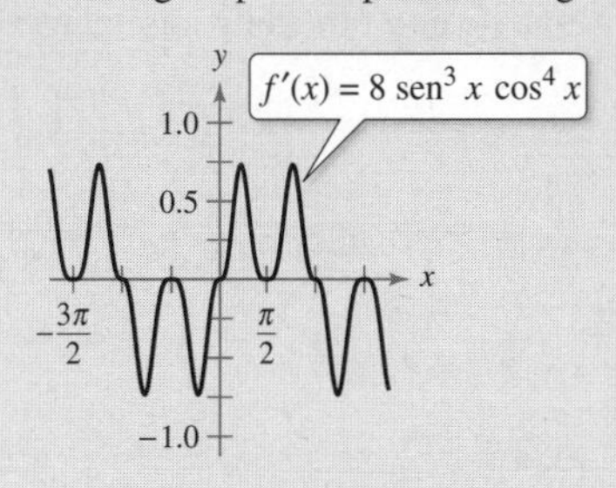

(a) Usando el intervalo que se muestra en la figura, aproxime el (los) valor(es) de x donde f es máximo. Explique.

(b) Usando el intervalo que se muestra en la figura, aproxime el (los) valor(es) de x donde f es mínima. Explique.

Área En los ejercicios 71 y 72, encuentre el área de la región dada.

71. $y = \operatorname{sen} x,\ y = \operatorname{sen}^3 x$

72. $y = \operatorname{sen}^2 \pi x$

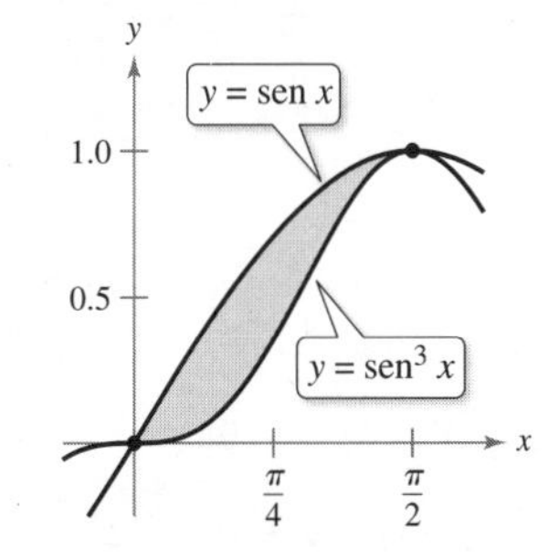

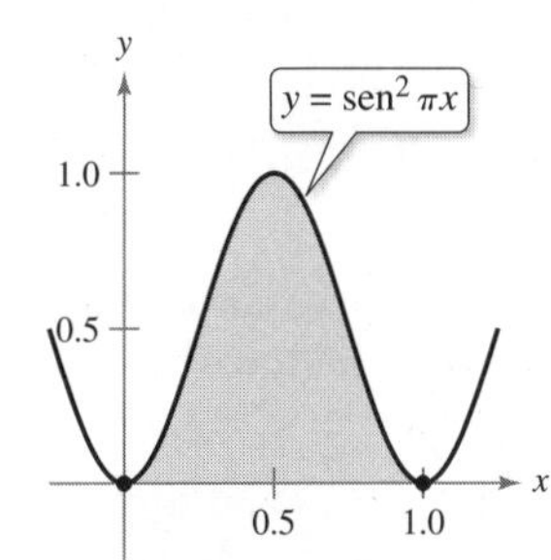

Área En los ejercicios 73 y 74, encuentre el área de la región acotada por las gráficas de las ecuaciones.

73. $y = \cos^2 x,\quad y = \operatorname{sen}^2 x,\quad x = -\frac{\pi}{4},\quad x = \frac{\pi}{4}$

74. $y = \cos^2 x,\quad y = \operatorname{sen} x \cos x,\quad x = -\frac{\pi}{2},\quad x = \frac{\pi}{4}$

Volumen En los ejercicios 75 y 76, determine el volumen del sólido generado al girar la región acotada por las gráficas de la ecuación sobre el eje x.

75. $y = \tan x,\quad y = 0,\quad x = -\frac{\pi}{4},\quad x = \frac{\pi}{4}$

76. $y = \cos \frac{x}{2},\quad y = \operatorname{sen} \frac{x}{2},\quad x = 0,\quad x = \frac{\pi}{2}$

Volumen y centroide En los ejercicios 77 y 78, para la región acotada por las gráficas de las ecuaciones, encuentre (a) el volumen del sólido formado por girar la región alrededor del eje x y (b) el centroide de la región.

77. $y = \operatorname{sen} x,\quad y = 0,\quad x = 0,\quad x = \pi$

78. $y = \cos x,\quad y = 0,\quad x = 0,\quad x = \frac{\pi}{2}$

Verificar una fórmula de reducción **En los ejercicios 79 a 82, utilice la integración por partes para verificar la fórmula de reducción. (Una *fórmula de reducción* simplifica una integral dada a la suma de una función y una integral más simple.)**

79. $\int \operatorname{sen}^n x\,dx = -\frac{\operatorname{sen}^{n-1} x \cos x}{n} + \frac{n-1}{n}\int \operatorname{sen}^{n-2} x\,dx$

80. $\int \cos^n x\,dx = \frac{\cos^{n-1} x \operatorname{sen} x}{n} + \frac{n-1}{n}\int \cos^{n-2} x\,dx$

81. $\int \cos^m x \operatorname{sen}^n x\,dx$

$= -\frac{\cos^{m+1} x \operatorname{sen}^{n-1} x}{m+n} + \frac{n-1}{m+n}\int \cos^m x \operatorname{sen}^{n-2} x\,dx$

82. $\int \sec^n x\,dx = \frac{\sec^{n-2} x \tan x}{n-1} + \frac{n-2}{n-1}\int \sec^{n-2} x\,dx$

Usar fórmulas **En los ejercicios 83 a 86, utilice los resultados de los ejercicios 79 a 82 para encontrar la integral.**

83. $\int \operatorname{sen}^5 x\,dx$

84. $\int \cos^4 x\,dx$

85. $\int \cos^2 x \operatorname{sen}^4 x\,dx$

86. $\int \operatorname{sen}^4 \frac{2\pi x}{5}\,dx$

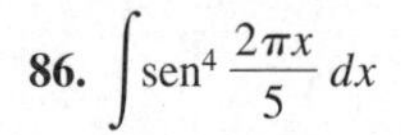

Para ver la figura a color, acceda al código

87. Fórmulas de Wallis Utilice el resultado del ejercicio 80 para demostrar las siguientes versiones de las fórmulas de Wallis.

(a) Si n es impar ($n \geq 3$), entonces

$$\int_0^{\pi/2} \cos^n x\,dx = \left(\frac{2}{3}\right)\left(\frac{4}{5}\right)\left(\frac{6}{7}\right)\cdots\left(\frac{n-1}{n}\right)$$

(b) Si n es par ($n \geq 2$), entonces

$$\int_0^{\pi/2} \cos^n x\,dx = \left(\frac{1}{2}\right)\left(\frac{3}{4}\right)\left(\frac{5}{6}\right)\cdots\left(\frac{n-1}{n}\right)\left(\frac{\pi}{2}\right)$$

88. Longitud de arco Encuentre la longitud de arco de la gráfica de la función $y = \ln(1 - x^2)$ en el intervalo $0 \leq x \leq \frac{1}{2}$ (vea la figura).

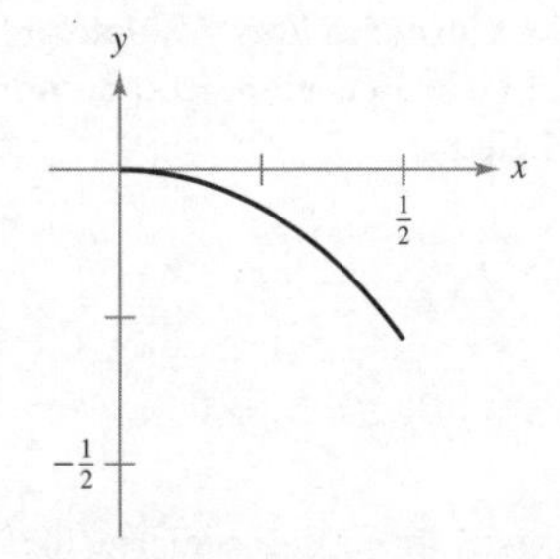

89. Demostración Suponga que $f(a) = f(b) = g(a) = g(b) = 0$ y que las segundas derivadas de f y g son continuas en el intervalo cerrado $[a, b]$. Demuestre que

$$\int_a^b f(x)g''(x)\,dx = \int_a^b f''(x)g(x)\,dx$$

PROYECTO DE TRABAJO

El producto de Wallis

La fórmula de π como un producto infinito fue deducida por el matemático inglés John Wallis en 1655. Este producto, llamado **producto de Wallis**, apareció en su libro *Arithmetica Infinitorum.*

$$\frac{\pi}{2} = \left(\frac{2\cdot 2}{1\cdot 3}\right)\left(\frac{4\cdot 4}{3\cdot 5}\right)\left(\frac{6\cdot 6}{5\cdot 7}\right)\cdots\left(\frac{(2n)\cdot(2n)}{(2n-1)\cdot(2n+1)}\right)\cdots$$

En 2015, los físicos Carl Hagen y Tamar Friedmann (también matemática) tropezó con una conexión entre mecánica cuántica y el producto de Wallis cuando aplicaron el principio variacional a estados de mayor energía del átomo de hidrógeno. Este principio se usaba anteriormente solo en el estado de energía fundamental. El producto de Wallis apareció naturalmente en medio de sus cálculos involucrando funciones gamma.

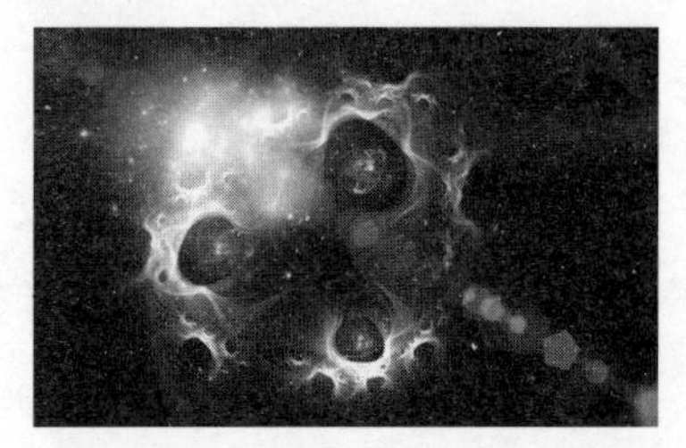

La mecánica cuántica es el estudio de la materia y la luz en una escala atómica y subatómica.

Considere el método de Wallis para encontrar una fórmula para π. Sea

$$I(n) = \int_0^{\pi/2} \operatorname{sen}^n x\,dx$$

A partir de las fórmulas de Wallis,

$$I(n) = \left(\frac{1}{2}\right)\left(\frac{3}{4}\right)\left(\frac{5}{6}\right)\cdots\left(\frac{n-1}{n}\right)\left(\frac{\pi}{2}\right),\ n \text{ es par } (n \geq 2)$$

o

$$I(n) = \left(\frac{2}{3}\right)\left(\frac{4}{5}\right)\left(\frac{6}{7}\right)\cdots\left(\frac{n-1}{n}\right),\ n \text{ es impar } (n \geq 3)$$

(a) Encuentre $I(n)$ para $n = 2, 3, 4$ y 5. ¿Qué se observa?

(b) Demuestre que $I(n+1) \leq I(n)$ para $n \geq 2$.

(c) Demuestre que

$$\lim_{n\to\infty} \frac{I(2n+1)}{I(2n)} = 1$$

(*Sugerencia:* Utilice el teorema de compresión.)

(d) Verifique el producto de Wallis utilizando el límite del inciso anterior.

PARA INFORMACIÓN ADICIONAL Para una demostración alternativa del producto de Wallis, vea el artículo "An Elementary Proof of the Wallis Product Formula for pi" por Johan Wästlund en *The American Mathematical Monthly*. Para ver este artículo visite *MathArticles.com* (disponible solo en inglés).

7.4 Sustitución trigonométrica

- Utilizar sustitución trigonométrica para resolver una integral.
- Utilizar integrales para modelar y resolver aplicaciones de la vida real.

Exploración

Integración de una función radical Hasta este punto en el texto, no se ha evaluado la integral

$$\int_{-1}^{1} \sqrt{1 - x^2}\, dx$$

De la geometría, debe ser capaz de encontrar el valor exacto de esta integral, ¿cuál es? Trate de encontrar el valor exacto mediante la sustitución

$$x = \operatorname{sen} \theta$$

y

$$dx = \cos \theta \, d\theta$$

¿Su respuesta concuerda con el valor que obtuvo utilizando la geometría?

Sustitución trigonométrica

Ahora que es posible evaluar integrales que involucran potencias de funciones trigonométricas, se puede utilizar la **sustitución trigonométrica** para evaluar integrales que involucren a los radicales

$$\sqrt{a^2 - u^2}, \quad \sqrt{a^2 + u^2} \quad \text{y} \quad \sqrt{u^2 - a^2}$$

El objetivo con la sustitución trigonométrica es eliminar el radical en el integrando. Esto se hace mediante el uso de las identidades pitagóricas.

$$\cos^2 \theta = 1 - \operatorname{sen}^2 \theta$$
$$\sec^2 \theta = 1 + \tan^2 \theta$$
$$\tan^2 \theta = \sec^2 \theta - 1$$

Por ejemplo, para $a > 0$, sea $u = a \operatorname{sen} \theta$, donde $-\pi/2 \leq \theta \leq \pi/2$. Entonces

$$\begin{aligned} \sqrt{a^2 - u^2} &= \sqrt{a^2 - a^2 \operatorname{sen}^2 \theta} && \text{Sustituya para } u. \\ &= \sqrt{a^2(1 - \operatorname{sen}^2 \theta)} && \text{Factorice.} \\ &= \sqrt{a^2 \cos^2 \theta} && \text{Identidad pitagórica.} \\ &= a \cos \theta && \text{Simplifique.} \end{aligned}$$

Observe que $\theta \geq 0$, porque $-\pi/2 \leq \theta \leq \pi/2$.

Sustitución trigonométrica ($a > 0$)

1. Para integrales que involucran $\sqrt{a^2 - u^2}$, sea

$$u = a \operatorname{sen} \theta$$

Entonces $\sqrt{a^2 - u^2} = a \cos \theta$, donde

$$-\pi/2 \leq \theta \leq \pi/2$$

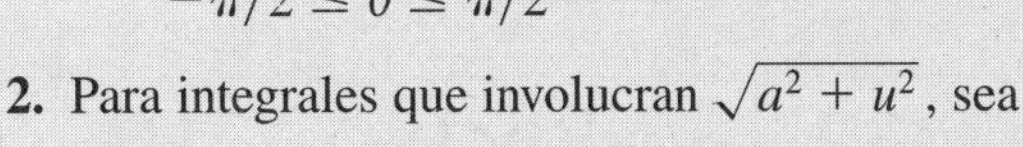

2. Para integrales que involucran $\sqrt{a^2 + u^2}$, sea

$$u = a \tan \theta$$

Entonces $\sqrt{a^2 + u^2} = a \sec \theta$, donde

$$-\pi/2 < \theta < \pi/2$$

3. Para integrales que involucran $\sqrt{u^2 - a^2}$, sea

$$u = a \sec \theta$$

Entonces

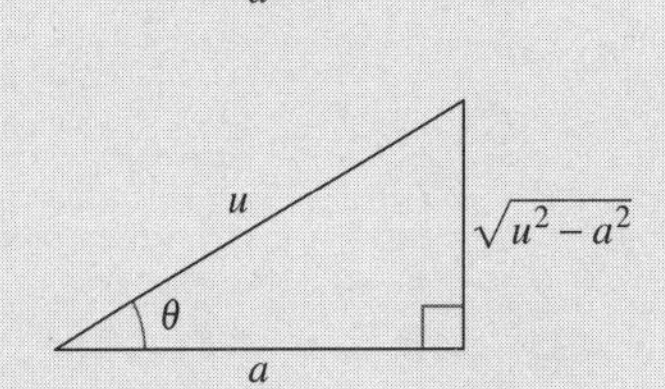

$$\sqrt{u^2 - a^2} = \begin{cases} a \tan \theta \text{ para } u > a, \text{ donde } 0 \leq \theta < \pi/2 \\ -a \tan \theta \text{ para } u < -a, \text{ donde } \pi/2 < \theta \leq \pi \end{cases}$$

Las restricciones sobre θ aseguran que la función que define la sustitución es uno a uno. De hecho, estos son los mismos intervalos sobre los que se definen el arcoseno, arcotangente y arcosecante.

EJEMPLO 1 Sustitución trigonométrica: $u = a$ sen θ

Encuentre $\displaystyle\int \frac{dx}{x^2\sqrt{9 - x^2}}$

Solución En primer lugar, advierta que no se aplica ninguna de las reglas básicas de integración. Para utilizar la sustitución trigonométrica, se observa que

$$\sqrt{9 - x^2}$$

es de la forma $\sqrt{a^2 - u^2}$. Así, se puede utilizar la sustitución

$$x = a \operatorname{sen} \theta = 3 \operatorname{sen} \theta$$

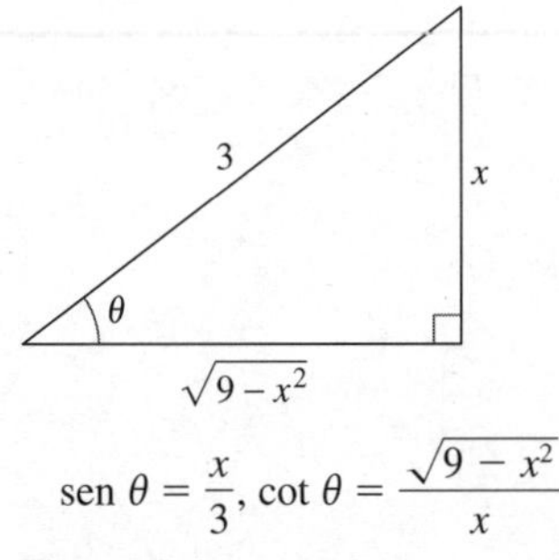

$\operatorname{sen} \theta = \dfrac{x}{3}$, $\cot \theta = \dfrac{\sqrt{9 - x^2}}{x}$

Figura 7.6

Usando la derivación y el triángulo que se muestra en la figura 7.6, se obtiene

$$dx = 3 \cos \theta \, d\theta, \quad \sqrt{9 - x^2} = 3 \cos \theta \quad \text{y} \quad x^2 = 9 \operatorname{sen}^2 \theta$$

Así, la sustitución trigonométrica da como resultado

$$\int \frac{dx}{x^2\sqrt{9 - x^2}} = \int \frac{3 \cos \theta \, d\theta}{(9 \operatorname{sen}^2 \theta)(3 \cos \theta)} \qquad \text{Sustituya.}$$

$$= \frac{1}{9}\int \frac{d\theta}{\operatorname{sen}^2 \theta} \qquad \text{Simplifique.}$$

$$= \frac{1}{9}\int \csc^2 \theta \, d\theta \qquad \text{Identidad trigonométrica.}$$

$$= -\frac{1}{9}\cot \theta + C \qquad \text{Aplique la regla de la cosecante.}$$

$$= -\frac{1}{9}\left(\frac{\sqrt{9 - x^2}}{x}\right) + C \qquad \text{Sustituya para } \cot \theta.$$

$$= -\frac{\sqrt{9 - x^2}}{9x} + C$$

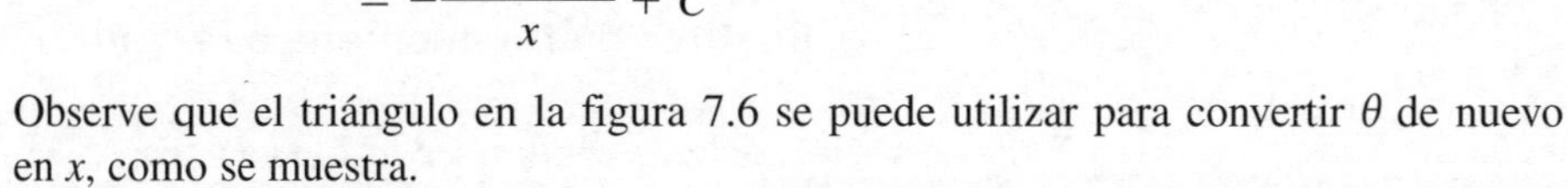

Observe que el triángulo en la figura 7.6 se puede utilizar para convertir θ de nuevo en x, como se muestra.

$$\cot \theta = \frac{\text{adyacente}}{\text{opuesto}} \qquad \text{Definición de cotangente en un triángulo rectángulo.}$$

$$= \frac{\sqrt{9 - x^2}}{x} \qquad \text{Sustituya.}$$

COMENTARIO Para revisar las definiciones de las funciones trigonométricas de un triángulo rectángulo, vea la sección P.4.

TECNOLOGÍA Use alguna utilidad de graficación para encontrar cada una de las integrales indefinidas.

$$\int \frac{dx}{\sqrt{9 - x^2}} \qquad \int \frac{dx}{x\sqrt{9 - x^2}}$$

$$\int \frac{dx}{x^2\sqrt{9 - x^2}} \qquad \int \frac{dx}{x^3\sqrt{9 - x^2}}$$

Luego, utilice la sustitución trigonométrica para duplicar los resultados obtenidos con la herramienta.

En el capítulo 5 se vio cómo se pueden utilizar las funciones hiperbólicas inversas para evaluar las integrales

$$\int \frac{du}{\sqrt{u^2 \pm a^2}}, \quad \int \frac{du}{a^2 - u^2} \quad \text{y} \quad \int \frac{du}{u\sqrt{a^2 \pm u^2}}$$

También se pueden evaluar estas integrales utilizando sustitución trigonométrica. Esto se muestra en el siguiente ejemplo.

EJEMPLO 2 Sustitución trigonométrica: $u = a \tan \theta$

Encuentre $\displaystyle\int \frac{dx}{\sqrt{4x^2 + 1}}$

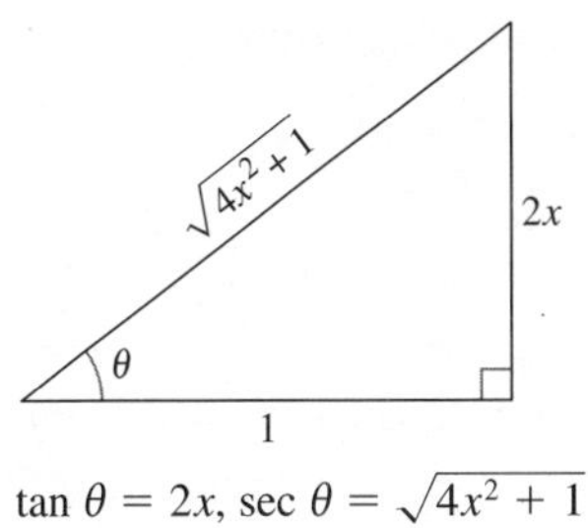

$\tan \theta = 2x,\ \sec \theta = \sqrt{4x^2 + 1}$

Figura 7.7

Solución Sea $u = 2x$, $a = 1$ y $2x = \tan \theta$ como se muestra en la figura 7.7. Entonces,

$$dx = \frac{1}{2}\sec^2 \theta\, d\theta \quad \text{y} \quad \sqrt{4x^2 + 1} = \sec \theta$$

Con la sustitución trigonométrica se obtiene

$$\begin{aligned}
\int \frac{dx}{\sqrt{4x^2 + 1}} &= \frac{1}{2}\int \frac{\sec^2 \theta\, d\theta}{\sec \theta} && \text{Sustituya.}\\
&= \frac{1}{2}\int \sec \theta\, d\theta && \text{Simplifique.}\\
&= \frac{1}{2}\ln|\sec \theta + \tan \theta| + C && \text{Aplique la regla de la secante.}\\
&= \frac{1}{2}\ln\left|\sqrt{4x^2 + 1} + 2x\right| + C && \text{Sustituya hacia atrás.}
\end{aligned}$$

Intente comprobar este resultado con alguna herramienta. ¿El resultado está dado en esta forma o en la forma de una función hiperbólica inversa? ■

Para utilizar sustitución trigonométrica en integrales que involucran expresiones como $(a^2 - u^2)^{n/2}$, intente escribir la expresión como $(a^2 - u^2)^{n/2} = (\sqrt{a^2 - u^2})^n$.

EJEMPLO 3 Sustitución trigonométrica: potencias racionales

Consulte LarsonCalculus.com (disponible solo en inglés) para una versión interactiva de este tipo de ejemplo.

Encuentre $\displaystyle\int \frac{dx}{(x^2 + 1)^{3/2}}$

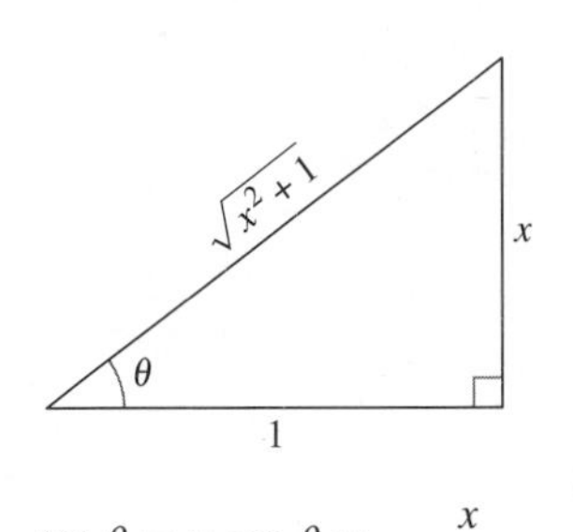

$\tan \theta = x,\ \text{sen}\ \theta = \dfrac{x}{\sqrt{x^2 + 1}}$

Figura 7.8

Solución Primero, escriba $(x^2 + 1)^{3/2}$ como $(\sqrt{x^2 + 1})^3$. Luego, defina $a = 1$ y $u = x = \tan \theta$, como se muestra en la figura 7.8. Utilizando

$$dx = \sec^2 \theta\, d\theta \quad \text{y} \quad \sqrt{x^2 + 1} = \sec \theta$$

puede aplicar la sustitución trigonométrica, como se muestra.

$$\begin{aligned}
\int \frac{dx}{(x^2 + 1)^{3/2}} &= \int \frac{dx}{\left(\sqrt{x^2 + 1}\right)^3} && \text{Reescriba el denominador.}\\
&= \int \frac{\sec^2 \theta\, d\theta}{\sec^3 \theta} && \text{Sustituya.}\\
&= \int \frac{d\theta}{\sec \theta} && \text{Simplifique.}\\
&= \int \cos \theta\, d\theta && \text{Identidad trigonométrica.}\\
&= \text{sen}\ \theta + C && \text{Aplique la regla del coseno.}\\
&= \frac{x}{\sqrt{x^2 + 1}} + C && \text{Sustituya hacia atrás.}
\end{aligned}$$

■

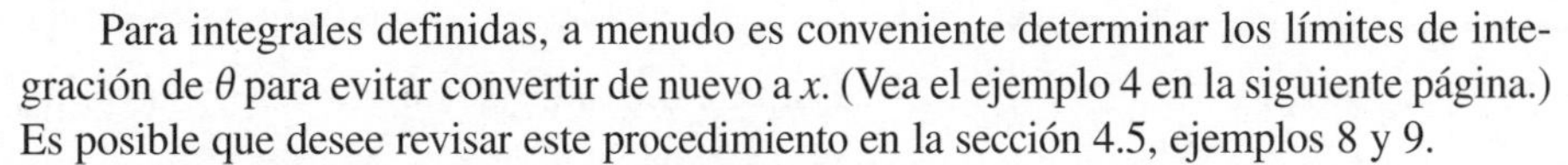

Para integrales definidas, a menudo es conveniente determinar los límites de integración de θ para evitar convertir de nuevo a x. (Vea el ejemplo 4 en la siguiente página.) Es posible que desee revisar este procedimiento en la sección 4.5, ejemplos 8 y 9.

EJEMPLO 4 Convertir los límites de integración

Evalúe $\displaystyle\int_{\sqrt{3}}^{2} \frac{\sqrt{x^2-3}}{x}\,dx$

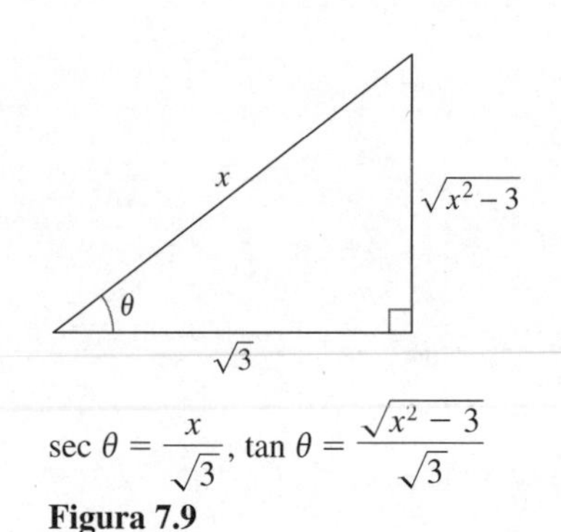

$\sec\theta = \dfrac{x}{\sqrt{3}}$, $\tan\theta = \dfrac{\sqrt{x^2-3}}{\sqrt{3}}$

Figura 7.9

Solución Como $\sqrt{x^2-3}$ tiene la forma $\sqrt{u^2-a^2}$, se puede considerar

$$u = x, \quad a = \sqrt{3} \quad \text{y} \quad x = \sqrt{3}\sec\theta$$

como se muestra en la figura 7.9. Entonces

$$dx = \sqrt{3}\sec\theta\tan\theta\,d\theta \quad \text{y} \quad \sqrt{x^2-3} = \sqrt{3}\tan\theta$$

Para determinar los límites superior e inferior de integración, utilice la sustitución $x = \sqrt{3}\sec\theta$ como se muestra.

Límite inferior

Cuando $x = \sqrt{3}\sec\theta = 1$

y $\theta = 0$

Límite superior

Cuando $x = 2$, $\sec\theta = \dfrac{2}{\sqrt{3}}$

y $\theta = \dfrac{\pi}{6}$

Por tanto, tiene

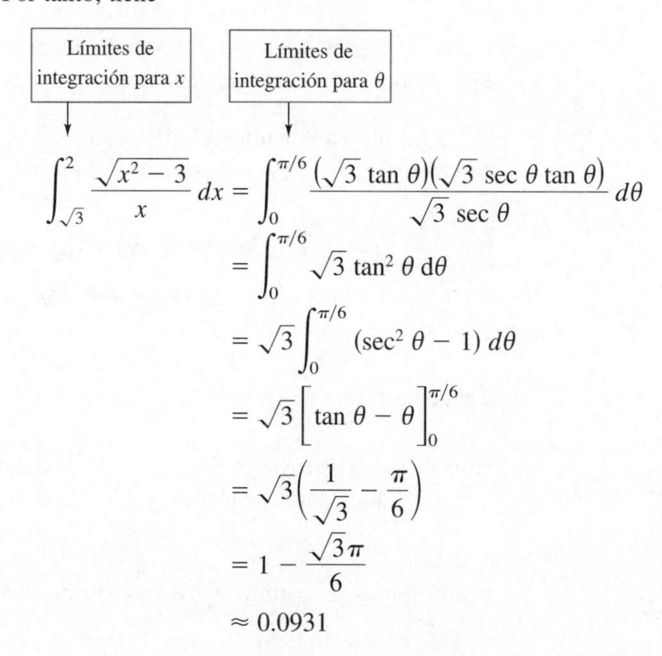

$$\begin{aligned}
\int_{\sqrt{3}}^{2} \frac{\sqrt{x^2-3}}{x}\,dx &= \int_{0}^{\pi/6} \frac{(\sqrt{3}\tan\theta)(\sqrt{3}\sec\theta\tan\theta)}{\sqrt{3}\sec\theta}\,d\theta \\
&= \int_{0}^{\pi/6} \sqrt{3}\tan^2\theta\,d\theta \\
&= \sqrt{3}\int_{0}^{\pi/6} (\sec^2\theta - 1)\,d\theta \\
&= \sqrt{3}\Big[\tan\theta - \theta\Big]_{0}^{\pi/6} \\
&= \sqrt{3}\left(\frac{1}{\sqrt{3}} - \frac{\pi}{6}\right) \\
&= 1 - \frac{\sqrt{3}\pi}{6} \\
&\approx 0.0931
\end{aligned}$$

COMENTARIO En el ejemplo 4 convierta de nuevo a la variable x y evalúe la antiderivada en los límites originales de integración. ¿Se obtiene el mismo resultado?

Cuando utilice la sustitución trigonométrica para evaluar integrales definidas, se debe tener cuidado de comprobar que los valores de θ están en los intervalos analizados al principio de esta sección. Por ejemplo, si en el ejemplo 4 se había pedido evaluar la integral definida

$$\int_{-2}^{-\sqrt{3}} \frac{\sqrt{x^2-3}}{x}\,dx$$

entonces, utilizando $u = x$ y $a = \sqrt{3}$ en el intervalo $[-2, -\sqrt{3}]$ implicaría que $u < -a$. Así, al determinar los límites superior e inferior de la integración, se tendría que elegir θ tal que $\pi/2 < \theta \le \pi$. En este caso, la integral se puede reescribir como

$$\int_{-2}^{-\sqrt{3}} \frac{\sqrt{x^2-3}}{x}\,dx = \int_{5\pi/6}^{\pi} \frac{(-\sqrt{3}\tan\theta)(\sqrt{3}\sec\theta\tan\theta)\,d\theta}{\sqrt{3}\sec\theta}$$

Complete esta integración y muestre que el resultado es equivalente al del ejemplo 4 (vea el ejercicio 66).

COMENTARIO Recuerde que en el capítulo 5 se utilizó la completación de cuadrados para integrandos que involucran funciones cuadráticas.

Se puede utilizar sustitución trigonométrica además de completar el cuadrado. Por ejemplo, trate de encontrar la integral

$$\int \sqrt{x^2 - 2x}\, dx$$

Para empezar, puede completar el cuadrado para $x^2 - 2x$ y escribir la integral como

$$\int \sqrt{(x-1)^2 - 1^2}\, dx$$

Debido a que el integrando es de la forma

$$\sqrt{u^2 - a^2}$$

con $u = x - 1$ y $a = 1$, ahora se puede utilizar sustitución trigonométrica para encontrar la integral.

La sustitución trigonométrica se puede utilizar para evaluar las tres integrales que figuran en el siguiente teorema. Estas integrales se encontrarán varias veces en el resto del texto. Cuando esto suceda, simplemente nos referiremos al teorema 7.2. (En el ejercicio 65 se pide al lector que demuestre las fórmulas dadas en el teorema 7.2.)

TEOREMA 7.2 Fórmulas especiales de integración ($a > 0$)

1. $\displaystyle\int \sqrt{a^2 - u^2}\, du = \frac{1}{2}\left(u\sqrt{a^2 - u^2} + a^2 \operatorname{arcsen} \frac{u}{a}\right) + C$

2. $\displaystyle\int \sqrt{u^2 - a^2}\, du = \frac{1}{2}\left(u\sqrt{u^2 - a^2} - a^2 \ln\left|u + \sqrt{u^2 - a^2}\right|\right) + C$

3. $\displaystyle\int \sqrt{u^2 + a^2}\, du = \frac{1}{2}\left(u\sqrt{u^2 + a^2} + a^2 \ln\left|u + \sqrt{u^2 + a^2}\right|\right) + C$

Para ver la figura a color, acceda al código

EJEMPLO 5 Área de una elipse

Encuentre el área encerrada por la elipse

$$\frac{x^2}{a^2} + \frac{y^2}{b^2} = 1$$

Solución La elipse es simétrica respecto a ambos ejes, así que se puede encontrar el área de la región delimitada por la elipse en el cuadrante I y multiplicar por 4 para obtener el área total de la elipse (vea la figura 7.10). En el cuadrante I, la ecuación de la elipse es

$$y = b\sqrt{1 - \left(\frac{x}{a}\right)^2}, \quad 0 \le x \le a$$

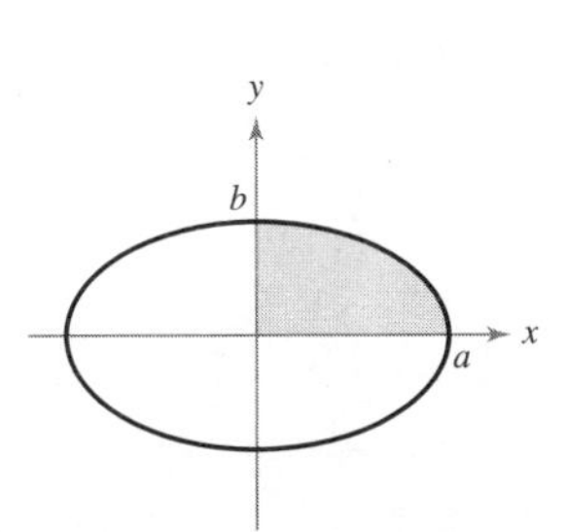

El área acotada por la elipse en el cuadrante I es la cuarta parte del área total encerrada por la elipse.
Figura 7.10

De esta manera, el área total de la elipse es

$$\begin{aligned}
A &= 4\int_0^a b\sqrt{1 - \left(\frac{x}{a}\right)^2}\, dx \\
&= \frac{4b}{a}\int_0^a \sqrt{a^2 - x^2}\, dx \\
&= \left(\frac{4b}{a}\right)\left(\frac{1}{2}\right)\left[x\sqrt{a^2 - x^2} + a^2 \operatorname{arcsen} \frac{x}{a}\right]_0^a && \text{Aplique el teorema 7.2.} \\
&= \left(\frac{2b}{a}\right)\left[a^2\left(\frac{\pi}{2}\right)\right] \\
&= \pi ab
\end{aligned}$$

Aplicaciones

EJEMPLO 6 Encontrar la longitud de arco

Encuentre la longitud de arco de la gráfica de $f(x) = \frac{1}{2}x^2$ de $x = 0$ a $x = 1$. (Vea la figura 7.11.)

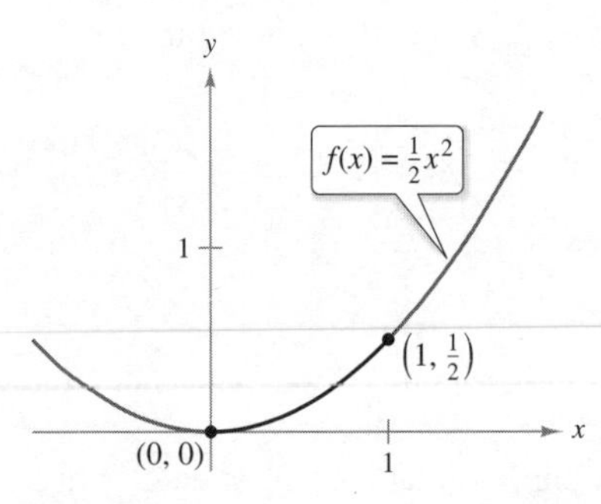

Longitud de arco de la curva de (0, 0) a $\left(1, \frac{1}{2}\right)$.
Figura 7.11

Solución Consulte la fórmula de longitud de arco en la sección 7.4.

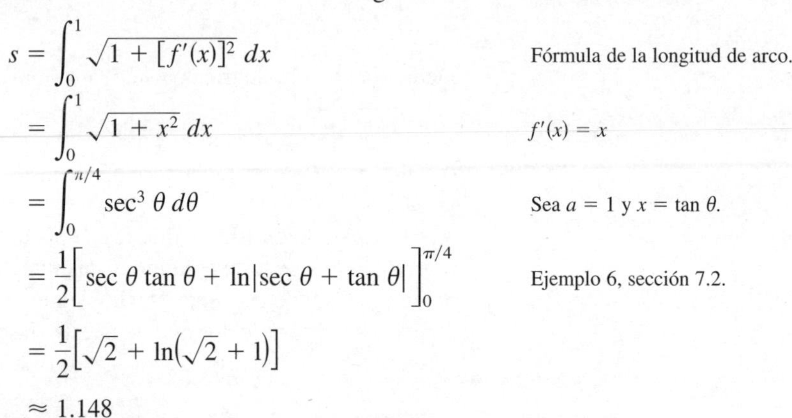

$$s = \int_0^1 \sqrt{1 + [f'(x)]^2}\, dx \qquad \text{Fórmula de la longitud de arco.}$$

$$= \int_0^1 \sqrt{1 + x^2}\, dx \qquad f'(x) = x$$

$$= \int_0^{\pi/4} \sec^3 \theta\, d\theta \qquad \text{Sea } a = 1 \text{ y } x = \tan\theta.$$

$$= \frac{1}{2}\Big[\sec\theta\tan\theta + \ln|\sec\theta + \tan\theta|\Big]_0^{\pi/4} \qquad \text{Ejemplo 6, sección 7.2.}$$

$$= \frac{1}{2}\left[\sqrt{2} + \ln\left(\sqrt{2} + 1\right)\right]$$

$$\approx 1.148$$

EJEMPLO 7 Comparar dos fuerzas de fluido

Un barril de aceite sellado (con un peso de 48 libras por pie cúbico) está flotando en agua de mar (que pesa 64 libras por pie cúbico), como se muestra en las figuras 7.12 y 7.13. (El barril no está completamente lleno de aceite. Con el barril acostado sobre un lado, 0.2 pies de su parte superior está vacía.) Compare las fuerzas de fluido sobre un extremo del barril desde el interior y desde el exterior. (Suponga que el radio del barril es de 1 pie y que cuando el barril está acostado, 0.6 pies de su superficie está por arriba del agua.)

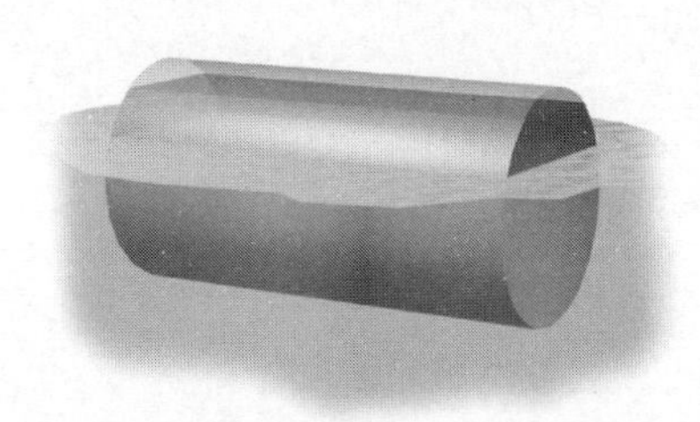

El barril no está completamente lleno de aceite, 0.2 pies de la parte superior del barril está vacía.
Figura 7.12

Para ver las figuras a color, acceda al código

Solución En la figura 7.13 se ubica el sistema de coordenadas con el origen en el centro del círculo

$$x^2 + y^2 = 1$$

Para encontrar la fuerza del fluido sobre un extremo del barril *desde el interior,* integre entre -1 y 0.8 (con un peso de $w = 48$).

$$F = w\int_c^d h(y)L(y)\, dy \qquad \text{Ecuación general (vea la sección 6.7.)}$$

$$F_{\text{interior}} = 48\int_{-1}^{0.8} (0.8 - y)(2)\sqrt{1 - y^2}\, dy$$

$$= 76.8\int_{-1}^{0.8} \sqrt{1 - y^2}\, dy - 96\int_{-1}^{0.8} y\sqrt{1 - y^2}\, dy$$

Para encontrar la fuerza del *fluido desde el exterior,* integre entre -1 y 0.4 (con un peso de $w = 64$).

$$F_{\text{exterior}} = 64\int_{-1}^{0.4} (0.4 - y)(2)\sqrt{1 - y^2}\, dy$$

$$= 51.2\int_{-1}^{0.4} \sqrt{1 - y^2}\, dy - 128\int_{-1}^{0.4} y\sqrt{1 - y^2}\, dy$$

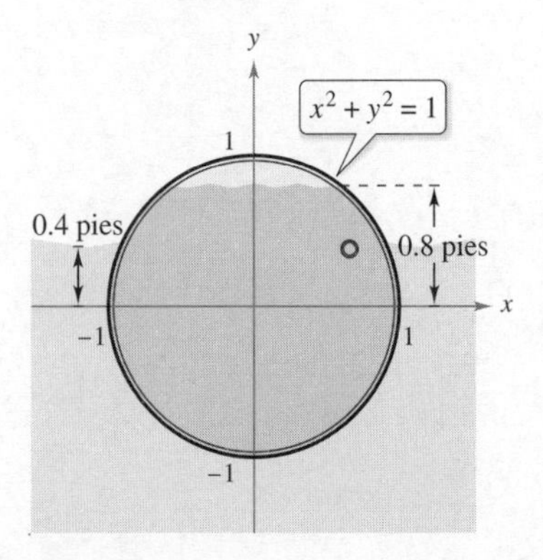

Figura 7.13

Los detalles de la integración se dejan para que el lector la complete en el ejercicio 64. Intuitivamente, ¿diría que la fuerza del aceite (el interior) o la fuerza del agua de mar (el exterior) es mayor? Mediante la evaluación de estas dos integrales, puede determinar que

$$F_{\text{interior}} \approx 121.3 \text{ libras} \quad \text{y} \quad F_{\text{exterior}} \approx 93.0 \text{ libras}$$

7.4 Ejercicios

Las respuestas a los ejercicios impares pueden consultarse en el Apéndice de este libro.

Repaso de conceptos

1. Establezca la sustitución trigonométrica que utilizaría para encontrar la integral indefinida. No integre.

(a) $\int (9 + x^2)^{-2}\, dx$ (b) $\int \sqrt{4 - x^2}\, dx$

(c) $\int \frac{x^2}{\sqrt{25 - x^2}}\, dx$ (d) $\int x^2(x^2 - 25)^{3/2}\, dx$

2. Explique por qué es útil la completación de cuadrados cuando se considera la integración por sustitución trigonométrica.

Usar sustitución trigonométrica En los ejercicios 3 a 6, encuentre la integral indefinida usando la sustitución $x = 4 \operatorname{sen} \theta$.

3. $\int \frac{1}{(16 - x^2)^{3/2}}\, dx$

4. $\int \frac{4}{x^2\sqrt{16 - x^2}}\, dx$

5. $\int \frac{\sqrt{16 - x^2}}{x}\, dx$

6. $\int \frac{x^3}{\sqrt{16 - x^2}}\, dx$

Usar sustitución trigonométrica En los ejercicios 7 a 10, calcule la integral indefinida usando la sustitución $x = 5 \sec \theta$.

7. $\int \frac{1}{\sqrt{x^2 - 25}}\, dx$

8. $\int \frac{\sqrt{x^2 - 25}}{x}\, dx$

9. $\int x^3\sqrt{x^2 - 25}\, dx$

10. $\int \frac{x^3}{\sqrt{x^2 - 25}}\, dx$

Usar sustitución trigonométrica En los ejercicios 11 a 14, calcule la integral indefinida mediante la sustitución $x = 2 \tan \theta$.

11. $\int \frac{x}{2}\sqrt{4 + x^2}\, dx$

12. $\int \frac{x^3}{4\sqrt{4 + x^2}}\, dx$

13. $\int \frac{4}{(4 + x^2)^2}\, dx$

14. $\int \frac{2x^2}{(4 + x^2)^2}\, dx$

Fórmulas especiales de integración En los ejercicios 15 a 18, utilice las fórmulas especiales de integración (teorema 7.2) para encontrar la integral indefinida.

15. $\int \sqrt{49 - 16x^2}\, dx$

16. $\int \sqrt{5x^2 - 1}\, dx$

17. $\int \sqrt{36 - 5x^2}\, dx$

18. $\int \sqrt{9 + 4x^2}$

Encontrar una integral indefinida En los ejercicios 19 a 32, calcule la integral indefinida.

19. $\int \sqrt{16 - 4x^2}\, dx$

20. $\int \frac{1}{\sqrt{x^2 - 4}}\, dx$

21. $\int \frac{\sqrt{1 - x^2}}{x^4}\, dx$

22. $\int \frac{\sqrt{25x^2 + 4}}{x^4}\, dx$

23. $\int \frac{1}{x\sqrt{4x^2 + 9}}\, dx$

24. $\int \frac{1}{x\sqrt{9x^2 + 1}}\, dx$

25. $\int \frac{-3}{(x^2 + 3)^{3/2}}\, dx$

26. $\int \frac{1}{(x^2 + 5)^{3/2}}\, dx$

27. $\int e^x\sqrt{1 - e^{2x}}\, dx$

28. $\int \frac{\sqrt{1 - x}}{\sqrt{x}}\, dx$

29. $\int \frac{1}{4 + 4x^2 + x^4}\, dx$

30. $\int \frac{x^3 + x + 1}{x^4 + 2x^2 + 1}\, dx$

31. $\int \operatorname{arcsec} 2x\, dx,\ x > \frac{1}{2}$

32. $\int x \operatorname{arcsen} x\, dx$

Completar el cuadrado En los ejercicios 33 a 36, complete el cuadrado y encuentre la integral indefinida.

33. $\int \frac{x}{\sqrt{4x - x^2}}\, dx$

34. $\int \frac{x^2}{\sqrt{2x - x^2}}\, dx$

35. $\int \frac{x}{\sqrt{x^2 + 6x + 12}}\, dx$

36. $\int \frac{x}{\sqrt{x^2 - 6x + 5}}\, dx$

Convertir límites de integración En los ejercicios 37 a 42, evalúe la integral definida mediante (a) los límites de integración dados y (b) los límites obtenidos por sustitución trigonométrica.

37. $\int_0^{\sqrt{3}/2} \frac{t^2}{(1 - t^2)^{3/2}}\, dt$

38. $\int_0^{\sqrt{3}/2} \frac{t^2}{(1 - t^2)^{5/2}}\, dt$

39. $\int_0^3 \frac{x^3}{\sqrt{x^2 + 9}}\, dx$

40. $\int_0^{3/5} \sqrt{9 - 25^2}\, dx$

41. $\int_4^6 \frac{x^2}{\sqrt{x^2 - 9}}\, dx$

42. $\int_4^8 \frac{\sqrt{x^2 - 16}}{x^2}\, dx$

¿Verdadero o falso? En los ejercicios 43 a 46, determine si el enunciado es verdadero o falso. Si es falso, explique por qué o dé un ejemplo que demuestre que es falso.

43. Si $x = \operatorname{sen} \theta$, entonces

$$\int \frac{dx}{\sqrt{1 - x^2}} = \int d\theta$$

44. Si $x = \sec \theta$, entonces

$$\int \frac{\sqrt{x^2 - 1}}{x}\, dx = \int \sec \theta \tan \theta\, d\theta$$

45. Si $x = \tan \theta$, entonces

$$\int_0^{\sqrt{3}} \frac{dx}{(1 + x^2)^{3/2}} = \int_0^{4\pi/3} \cos \theta\, d\theta$$

46. Si $x = \operatorname{sen} \theta$, entonces

$$\int_{-1}^{1} x^2\sqrt{1 - x^2}\, dx = 2\int_0^{\pi/2} \operatorname{sen}^2 \theta \cos^2 \theta\, d\theta$$

Exploración de conceptos

En los ejercicios 47 y 48 establezca el método de integración que utilizaría para realizar cada integración. Explique por qué eligió ese método. No integre.

47. $\int x\sqrt{x^2+1}\,dx$ **48.** $\int x^2\sqrt{x^2-1}\,dx$

49. (a) Encuentre la integral $\int \frac{x}{\sqrt{1-x^2}}\,dx$ mediante la sustitución de u. Después, determine la integral mediante sustitución trigonométrica. Analice los resultados.

(b) Encuentre la integral $\int \frac{x^2}{x^2+9}\,dx$ algebraicamente utilizando $x^2 = (x^2+9) - 9$. Luego, determine la integral mediante sustitución trigonométrica. Analice los resultados.

50. **¿CÓMO LO VE?** Utilice la gráfica de f' en la figura para responder lo siguiente.

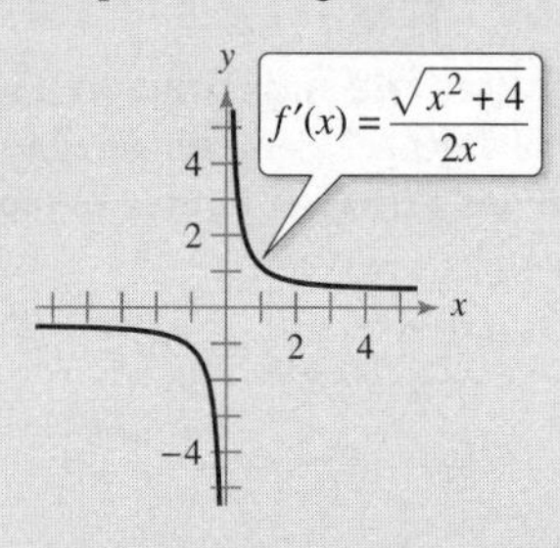

(a) Identifique el (los) intervalo(s) abierto(s) en el (los) que la gráfica de f es creciente o decreciente. Explique.

(b) Identifique el (los) intervalo(s) abierto(s) en el (los) que la gráfica de f es cóncava hacia arriba o cóncava hacia abajo. Explique.

51. Área Calcule el área encerrada por la elipse

$$\frac{x^2}{a^2} + \frac{y^2}{b^2} = 1$$

mostrada en la figura.

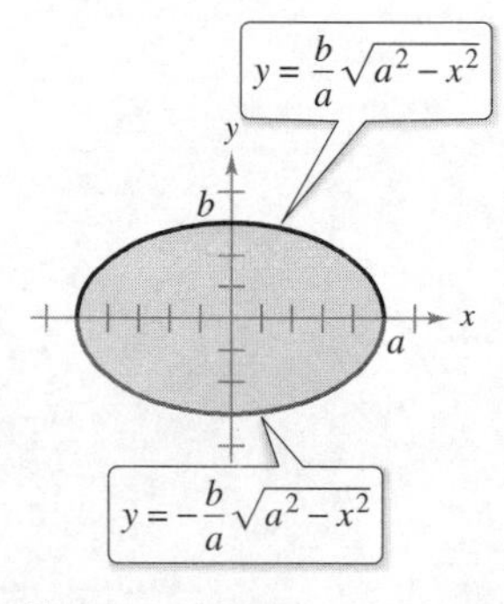

Figura para 51

Figura para 52

52. Área Calcule el área de la región sombreada del círculo de radio a cuando la cuerda está a h unidades $(0 < h < a)$ desde el centro del círculo (vea la figura).

Longitud de arco **En los ejercicios 53 y 54, encuentre la longitud de arco de la curva en el intervalo dado.**

53. $y = \ln x,\ [1, 5]$ **54.** $y = \frac{x^2}{4} - 2x,\ [4, 8]$

Volumen de un toro **En los ejercicios 55 y 56, encuentre el volumen del toro generado al girar la región acotada por la gráfica de la circunferencia respecto al eje y.**

55. $(x-3)^2 + y^2 = 1$

56. $(x-h)^2 + y^2 = r^2,\ h > r$

Centroide **En los ejercicios 57 y 58, encuentre el centroide de la región determinada por las gráficas de las desigualdades.**

57. $y \le \frac{3}{\sqrt{x^2+9}},\ y \ge 0,\ x \ge -4,\ x \le 4$

58. $y \le \frac{1}{4}x^2,\ (x-4)^2 + y^2 \le 16,\ y \ge 0$

59. Volumen El eje de un tanque de almacenamiento en la forma de un cilindro circular recto es horizontal (vea la figura). El radio y la longitud del tanque son de 1 metro y 3 metros, respectivamente.

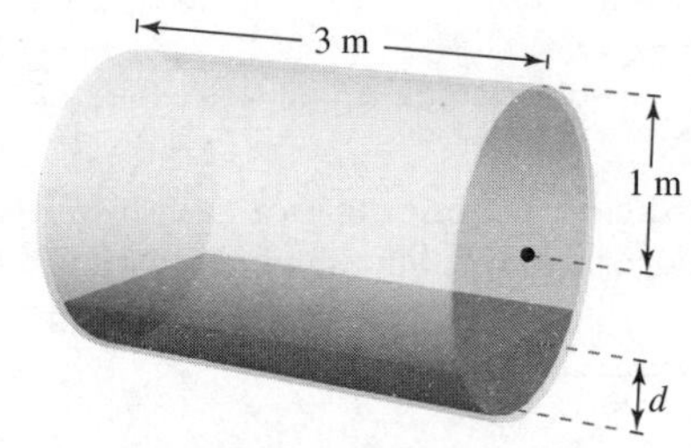

(a) Determine el volumen de fluido en el tanque como una función de su profundidad d.

(b) Utilice un programa de graficación para trazar la función en el inciso (a).

(c) Diseñar una varilla para el tanque con marcas de $\frac{1}{4}$, $\frac{1}{2}$ y $\frac{3}{4}$.

(d) El fluido está entrando en el tanque a una velocidad de $\frac{1}{4}$ metros cúbicos por minuto. Determine la rapidez de cambio de la profundidad del fluido como una función de su profundidad d.

(e) Utilice una herramienta de graficación para trazar la función en el inciso (d). ¿En qué momento la rapidez de cambio de la profundidad es mínima? ¿Concuerda esto con su intuición? Explique.

60. Intensidad de campo La intensidad de campo H de un imán de longitud $2L$ sobre una partícula ubicada a r unidades desde el centro del imán es

$$H = \frac{2mL}{(r^2 + L^2)^{3/2}}$$

donde $\pm m$ son los polos del imán (vea la gráfica). Encuentre la fuerza promedio del campo a medida que la partícula se mueve de 0 a R unidades del centro mediante la evaluación de la integral

$$\frac{1}{R}\int_0^R \frac{2mL}{(r^2 + L^2)^{3/2}}\,dr$$

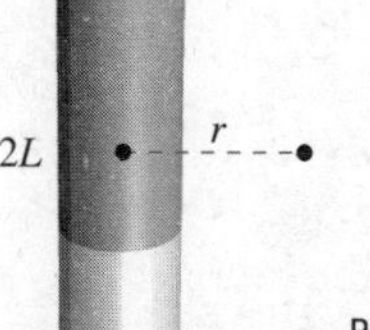

Para ver las figuras a color, acceda al código

61. Tractriz Un remolcador se aleja directamente de la orilla tirando de un barco de pesca al final de una cuerda de 12 metros (vea la figura). Inicialmente, el barco de pesca se encuentra a 12 metros de distancia del remolcador.

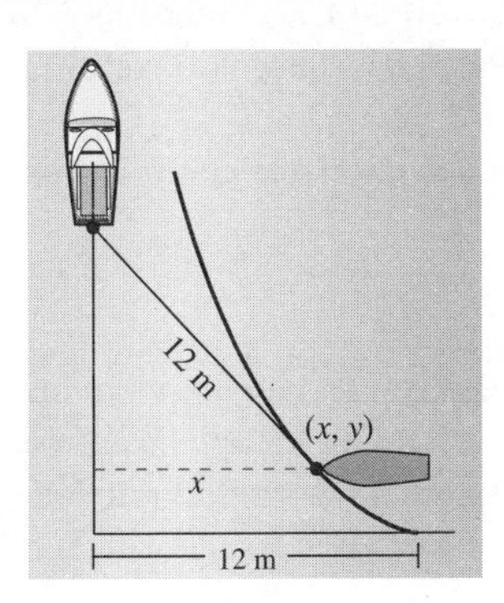

(a) Demuestre que la pendiente de la recta tangente a la trayectoria del bote es

$$\frac{dy}{dx} = -\frac{\sqrt{144 - x^2}}{x}$$

(b) Utilice el resultado del inciso (a) para encontrar la ecuación de la trayectoria del bote. Use un programa de graficación para trazar la trayectoria y compararla con la figura.

(c) Encuentre cualquier asíntota vertical de la gráfica en el inciso anterior.

(d) Cuando el remolcador está a 12 metros de la orilla, ¿qué tan lejos se ha desplazado el bote?

62. Conjetura

(a) Encuentre las fórmulas para las distancias entre (0, 0) y (a, a^2), $a > 0$ a lo largo de la recta entre estos puntos y a lo largo de la parábola $y = x^2$.

(b) Utilice las fórmulas del inciso (a) para encontrar las distancias para $a = 1$, $a = 10$ y $a = 100$.

(c) Haga una conjetura acerca de la diferencia entre las dos distancias a medida que a se incrementa.

63. Fuerza del fluido

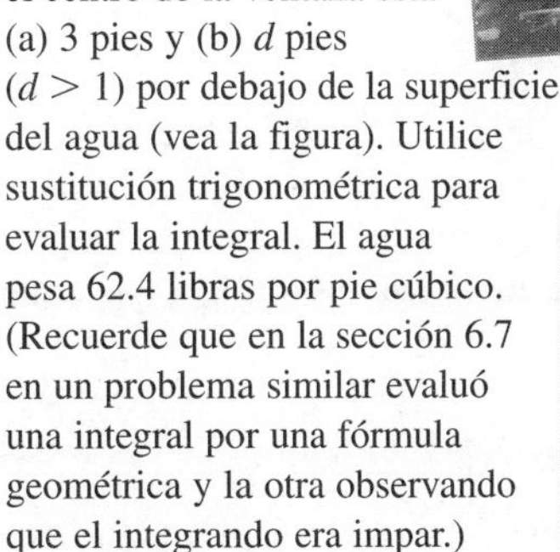

Encuentre la fuerza del fluido sobre una ventana de observación circular de 1 pie de radio en una pared vertical de un gran tanque lleno de agua en un criadero de peces cuando el centro de la ventana está (a) 3 pies y (b) d pies ($d > 1$) por debajo de la superficie del agua (vea la figura). Utilice sustitución trigonométrica para evaluar la integral. El agua pesa 62.4 libras por pie cúbico. (Recuerde que en la sección 6.7 en un problema similar evaluó una integral por una fórmula geométrica y la otra observando que el integrando era impar.)

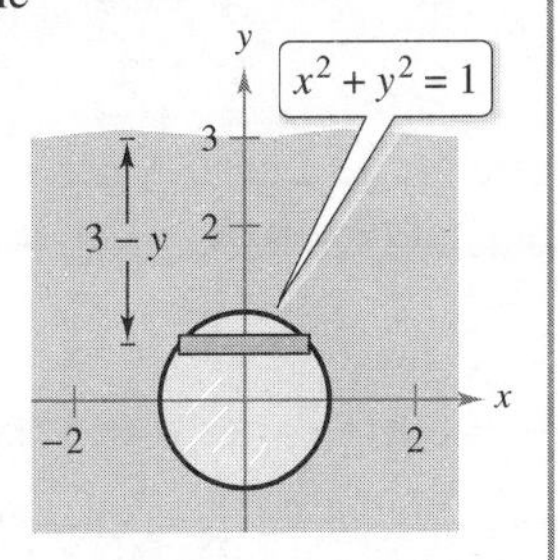

64. Fuerza del fluido Evalúe las dos integrales siguientes, que producen las fuerzas de fluido dadas en el ejemplo 7.

(a) $F_{\text{interior}} = 48\int_{-1}^{0.8} (0.8 - y)(2)\sqrt{1 - y^2}\, dy$

(b) $F_{\text{exterior}} = 64\int_{-1}^{0.4} (0.4 - y)(2)\sqrt{1 - y^2}\, dy$

65. Verificar fórmulas Use sustitución trigonométrica para verificar las fórmulas de integración dadas en el teorema 7.2.

66. Encontrar una integral definida Complete la integración mostrada abajo (vea la página 506). ¿Es equivalente el resultado al del ejemplo 4? Explique su respuesta.

$$\int_{-2}^{-\sqrt{3}} \frac{\sqrt{x^2 - 3}}{x}\, dx = \int_{5\pi/6}^{\pi} \frac{(-\sqrt{3}\tan\theta)(\sqrt{3}\sec\theta\tan\theta)\, d\theta}{\sqrt{3}\sec\theta}$$

67. Área de una luna La región en forma de media luna, acotada por dos círculos, forma una *luna* (vea la figura). Encuentre el área de la luna si el radio del círculo más pequeño es de 3 y el radio del círculo más grande es 5.

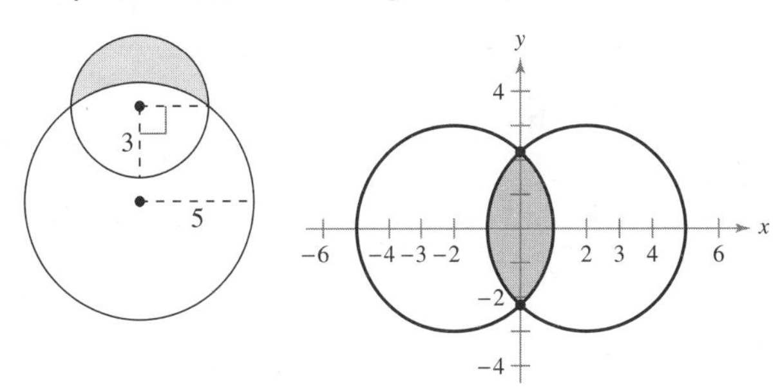

Figura para 67 Figura para 68

68. Área Dos círculos de radio 3, con centros en (−2, 0) y (2, 0) se intersecan (vea la figura). Encuentre el área de la región sombreada.

69. Longitud de arco Demuestre que la longitud de arco de la gráfica de $y = \operatorname{sen} x$ sobre el intervalo $[0, 2\pi]$ es igual a la circunferencia de la elipse

$x^2 + 2y^2 = 2$ (vea la figura).

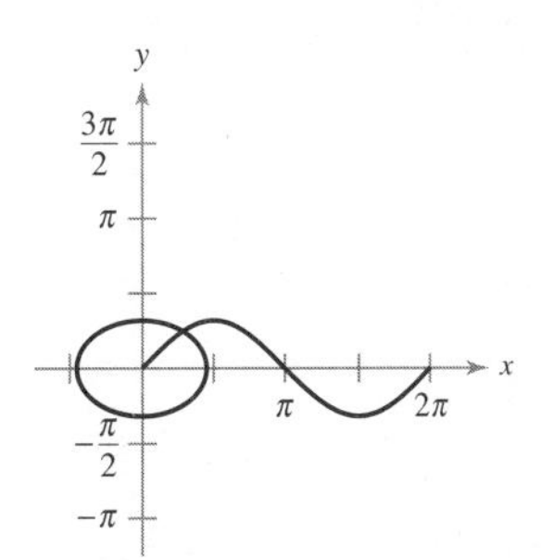

Para ver las figuras a color, acceda al código

DESAFÍO DEL EXAMEN PUTNAM

70. Evalúe

$$\int_0^1 \frac{\ln(x + 1)}{x^2 + 1}\, dx$$

7.5 Fracciones parciales

- **Describir el concepto de descomposición en fracciones parciales.**
- **Utilizar la descomposición en fracciones parciales con factores lineales para integrar funciones racionales.**
- **Utilizar la descomposición en fracciones parciales con factores cuadráticos para integrar funciones racionales.**

Fracciones parciales

En esta sección se examina un procedimiento para descomponer una función racional en funciones racionales sencillas a las que se pueden aplicar las fórmulas básicas de integración. Este procedimiento recibe el nombre de **método de fracciones parciales**. Para ver el beneficio del método de fracciones parciales, considere la integral

$$\int \frac{1}{x^2 - 5x + 6}\,dx$$

Para evaluar esta integral *sin* fracciones parciales se puede completar el cuadrado y utilizar la sustitución trigonométrica (vea la figura 7.14) para obtener

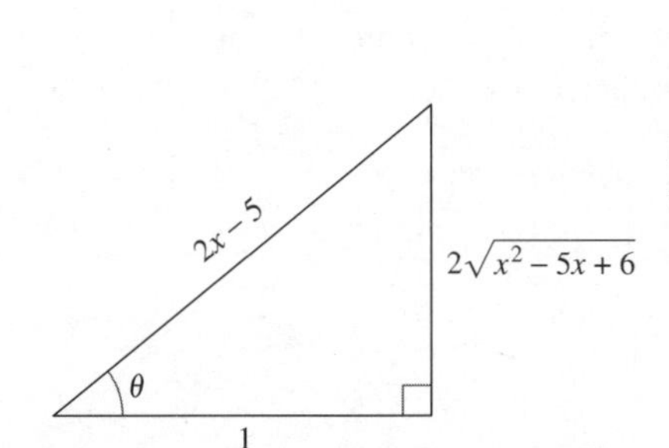

$\sec\theta = 2x - 5$
Figura 7.14

$$\int \frac{1}{x^2 - 5x + 6}\,dx = \int \frac{dx}{(x - 5/2)^2 - (1/2)^2} \qquad a = \tfrac{1}{2},\ x - \tfrac{5}{2} = \tfrac{1}{2}\sec\theta$$

$$= \int \frac{(1/2)\sec\theta\tan\theta\,d\theta}{(1/4)\tan^2\theta} \qquad dx = \tfrac{1}{2}\sec\theta\tan\theta\,d\theta$$

$$= 2\int \csc\theta\,d\theta$$

$$= 2\ln|\csc\theta - \cot\theta| + C$$

$$= 2\ln\left|\frac{2x - 5}{2\sqrt{x^2 - 5x + 6}} - \frac{1}{2\sqrt{x^2 - 5x + 6}}\right| + C$$

$$= 2\ln\left|\frac{x - 3}{\sqrt{x^2 - 5x + 6}}\right| + C$$

$$= \ln\left|\frac{(x - 3)^2}{x^2 - 5x + 6}\right| + C$$

$$= \ln\left|\frac{(x - 3)^2}{(x - 2)(x - 3)}\right| + C$$

$$= \ln\left|\frac{x - 3}{x - 2}\right| + C$$

$$= \ln|x - 3| - \ln|x - 2| + C$$

JOHN BERNOULLI (1667-1748)

El método de fracciones parciales fue introducido por John Bernoulli, un matemático suizo que fue clave en el desarrollo inicial del cálculo. John Bernoulli fue profesor en la Universidad de Basilea y enseñó a muchos estudiantes sobresalientes, de los cuales el más famoso fue Leonhard Euler.

Consulte LarsonCalculus.com (disponible solo en inglés) para leer más de esta biografía.

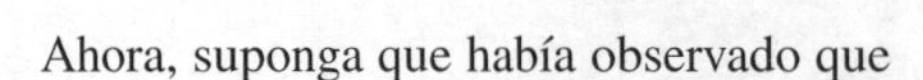

Ahora, suponga que había observado que

$$\frac{1}{x^2 - 5x + 6} = \frac{1}{x - 3} - \frac{1}{x - 2} \qquad \text{Descomposición en fracciones parciales.}$$

Entonces, se podría calcular la integral como se muestra.

$$\int \frac{1}{x^2 - 5x + 6}\,dx = \int \left(\frac{1}{x - 3} - \frac{1}{x - 2}\right)dx = \ln|x - 3| - \ln|x - 2| + C$$

Este método es claramente preferible a la sustitución trigonométrica. Sin embargo, su uso depende de la capacidad para factorizar el denominador, $x^2 - 5x + 6$ y encontrar las **fracciones parciales**

$$\frac{1}{x - 3} \quad \text{y} \quad -\frac{1}{x - 2}$$

En esta sección, se estudiarán las técnicas para encontrar descomposiciones en fracciones parciales.

Recuerde del álgebra que todo polinomio con coeficientes reales se puede factorizar en factores lineales y cuadráticos irreducibles.* Por ejemplo, el polinomio

$$x^5 + x^4 - x - 1$$

puede ser escrito como

$$\begin{aligned} x^5 + x^4 - x - 1 &= x^4(x + 1) - (x + 1) \\ &= (x^4 - 1)(x + 1) \\ &= (x^2 + 1)(x^2 - 1)(x + 1) \\ &= (x^2 + 1)(x + 1)(x - 1)(x + 1) \\ &= (x - 1)(x + 1)^2(x^2 + 1) \end{aligned}$$

donde $(x - 1)$ es un factor lineal, $(x + 1)^2$ es un factor lineal repetido, y $(x^2 + 1)$ es un factor cuadrático irreducible. Usando esta factorización, se puede escribir la descomposición en fracciones parciales de la expresión racional

$$\frac{N(x)}{x^5 + x^4 - x - 1}$$

donde $N(x)$ es un polinomio de grado menor que 5, tal como se muestra.

$$\frac{N(x)}{(x - 1)(x + 1)^2(x^2 + 1)} = \frac{A}{x - 1} + \frac{B}{x + 1} + \frac{C}{(x + 1)^2} + \frac{Dx + E}{x^2 + 1}$$

COMENTARIO En precálculo, aprendió a combinar funciones tales como

$$\frac{1}{x - 2} + \frac{-1}{x + 3} = \frac{5}{(x - 2)(x + 3)}$$

El método de fracciones parciales le muestra cómo revertir este proceso.

$$\frac{5}{(x - 2)(x + 3)} = \frac{?}{x - 2} + \frac{?}{x + 3}$$

Descomposición de $N(x)/D(x)$ en fracciones parciales

1. **Dividir cuando la función es impropia:** Si $N(x)/D(x)$ es una fracción impropia (es decir, cuando el grado del numerador es mayor o igual que el grado del denominador), divida el denominador en el numerador para obtener

$$\frac{N(x)}{D(x)} = (\text{un polinomio}) + \frac{N_1(x)}{D(x)}$$

donde el grado de $N_1(x)$ es menor que el grado de $D(x)$. Después aplique los pasos 2, 3 y 4 a la expresión racional propia

$$\frac{N_1(x)}{D(x)}$$

2. **Factorizar el denominador:** Factorice completamente el denominador en factores de forma

$$(px + q)^m \quad \text{y} \quad (ax^2 + bx + c)^n$$

donde $ax^2 + bx + c$ es irreducible.

3. **Factores lineales:** Para cada factor de la forma $(px + q)^m$, la descomposición en fracciones parciales debe incluir la siguiente suma de m fracciones.

$$\frac{A_1}{(px + q)} + \frac{A_2}{(px + q)^2} + \cdots + \frac{A_m}{(px + q)^m}$$

4. **Factores cuadráticos:** Para cada factor de la forma $(ax^2 + bx + c)^n$, la descomposición en fracciones parciales debe incluir la siguiente suma de n fracciones.

$$\frac{B_1x + C_1}{ax^2 + bx + c} + \frac{B_2x + C_2}{(ax^2 + bx + c)^2} + \cdots + \frac{B_nx + C_n}{(ax^2 + bx + c)^n}$$

* Para una revisión de técnicas de factorización, vea *Precalculus*, 11a edición, por Ron Larson (Boston, Massachusetts: Cengage, 2022).

Factores lineales

Las técnicas algebraicas para la determinación de las constantes en los numeradores de una descomposición en fracciones parciales con factores lineales o repetidos se muestran en los ejemplos 1 y 2.

EJEMPLO 1 Factores lineales diferentes

Escriba la descomposición en fracciones parciales para

$$\frac{1}{x^2 - 5x + 6}$$

Solución Dado que el denominador se factoriza como $x^2 - 5x + 6 = (x - 3)(x - 2)$, se podría incluir una fracción parcial por cada factor y escribir

$$\frac{1}{x^2 - 5x + 6} = \frac{A}{x - 3} + \frac{B}{x - 2}$$

donde deben determinarse A y B. Multiplicando esta ecuación por el mínimo común denominador $(x - 3)(x - 2)$ se obtiene la **ecuación básica**

$$1 = A(x - 2) + B(x - 3) \qquad \text{Ecuación básica.}$$

Debido a que esta ecuación es verdadera para todas las x, puede sustituir los valores *convenientes* para x para obtener ecuaciones en A y B. Los valores más convenientes son los que hacen que determinados factores sean iguales a 0. Para resolver para A, sea $x = 3$.

$$1 = A(3 - 2) + B(3 - 3) \qquad \text{Sea } x = 3 \text{ en la ecuación básica.}$$
$$1 = A(1) + B(0)$$
$$1 = A$$

Para resolver para B, sea $x = 2$

$$1 = A(2 - 2) + B(2 - 3) \qquad \text{Sea } x = 2 \text{ en la ecuación básica.}$$
$$1 = A(0) + B(-1)$$
$$-1 = B$$

Por tanto, la descomposición es

$$\frac{1}{x^2 - 5x + 6} = \frac{1}{x - 3} - \frac{1}{x - 2}$$

como se demostró al inicio de esta sección. ■

COMENTARIO Observe que las sustituciones para x en el ejemplo 1 se eligen por su conveniencia en la determinación de los valores de A y B; $x = 3$ se elige para eliminar el término $B(x - 3)$ y $x = 2$ se elige para eliminar el término $A(x - 2)$. El objetivo es hacer sustituciones *convenientes* siempre que sea posible.

■ **PARA INFORMACIÓN ADICIONAL** A fin de aprender un método diferente para encontrar descomposiciones en fracciones parciales, llamado el método Heaviside, consulte el artículo "Calculus to Algebra Connections in Partial Fraction Decomposition" por Joseph Wiener y Will Watkins en *The AMATYC Review*.

Asegúrese de ver que el método de fracciones parciales es práctico solo para las integrales de funciones racionales cuyos denominadores se factorizan "cómodamente." Por ejemplo, cuando el denominador en el ejemplo 1 se cambia a

$$x^2 - 5x + 5$$

su descomposición en factores es

$$x^2 - 5x + 5 = \left(x - \frac{5 + \sqrt{5}}{2}\right)\left(x - \frac{5 - \sqrt{5}}{2}\right)$$

sería demasiado complicado usarla con fracciones parciales. En estos casos, se debe completar el cuadrado o utilizar un sistema algebraico para realizar la integración. Al hacer esto, se debe obtener

$$\int \frac{1}{x^2 - 5x + 5}\,dx = \frac{\sqrt{5}}{5}\ln\left|2x - \sqrt{5} - 5\right| - \frac{\sqrt{5}}{5}\ln\left|2x + \sqrt{5} - 5\right| + C$$

EJEMPLO 2 **Factores lineales repetidos**

Encuentre $\displaystyle\int \frac{5x^2 + 20x + 6}{x^3 + 2x^2 + x}\,dx$

Solución Dado que el denominador se factoriza como

$$x^3 + 2x^2 + x = x(x^2 + 2x + 1) = x(x + 1)^2$$

debe incluir una fracción para *cada potencia* de x y $(x + 1)$ y escribir

$$\frac{5x^2 + 20x + 6}{x(x + 1)^2} = \frac{A}{x} + \frac{B}{x + 1} + \frac{C}{(x + 1)^2}$$

Multiplicando por el mínimo común denominador $x(x + 1)^2$ se obtiene la ecuación básica

$$5x^2 + 20x + 6 = A(x + 1)^2 + Bx(x + 1) + Cx \qquad \text{Ecuación básica.}$$

Para despejar A, se hace $x = 0$. Esto elimina los términos B y C y produce

$$\begin{aligned} 5(0)^2 + 20(0) + 6 &= A(0 + 1)^2 + B(0)(0 + 1) + C(0) \\ 6 &= A(1) + 0 + 0 \\ 6 &= A \end{aligned}$$

Para despejar a C, se hace $x = -1$. Esto elimina los términos A y B y produce

$$\begin{aligned} 5(-1)^2 + 20(-1) + 6 &= A(-1 + 1)^2 + B(-1)(-1 + 1) + C(-1) \\ 5 - 20 + 6 &= 0 + 0 - C \\ 9 &= C \end{aligned}$$

Se han utilizado las opciones más convenientes para x, por lo que para encontrar el valor de B, puede utilizar *cualquier otro valor* de x junto con los valores calculados de A y C. Utilizar $x = 1$, $A = 6$ y $C = 9$ produce

$$\begin{aligned} 5(1)^2 + 20(1) + 6 &= 6(1 + 1)^2 + B(1)(1 + 1) + 9(1) \\ 31 &= 6(4) + 2B + 9 \\ -2 &= 2B \\ -1 &= B \end{aligned}$$

Así, la descomposición es

$$\frac{5x^2 + 20x + 6}{x(x + 1)^2} = \frac{6}{x} - \frac{1}{x + 1} + \frac{9}{(x + 1)^2}$$

A continuación, se usa la descomposición para reescribir el integrando original y encontrar la integral.

$$\begin{aligned} \int \frac{5x^2 + 20x + 6}{x(x + 1)^2}\,dx &= \int \left(\frac{6}{x} - \frac{1}{x + 1} + \frac{9}{(x + 1)^2}\right)dx \\ &= 6 \ln|x| - \ln|x + 1| + 9\frac{(x + 1)^{-1}}{-1} + C \\ &= \ln\left|\frac{x^6}{x + 1}\right| - \frac{9}{x + 1} + C \end{aligned}$$

Intente comprobar este resultado mediante la derivación. Incluya álgebra en su comprobación, simplificando la derivada hasta que haya obtenido el integrando original. ■

Es necesario hacer tantas sustituciones para x como incógnitas (A, B, C, . . .) haya que determinar. Por ejemplo, en el ejemplo 2 se han hecho tres sustituciones ($x = 0$, $x = -1$ y $x = 1$) para resolver para A, B y C.

PARA INFORMACIÓN ADICIONAL Para una aproximación alternativa al uso de fracciones parciales, vea el artículo "A Shortcut in Partial Fractions" por Xun-Cheng Huang en *The College Mathematics Journal.*

TECNOLOGÍA Algunas utilidades gráficas pueden ser usadas para convertir una función racional a su descomposición en fracciones parciales. Si se tiene acceso a dicha utilidad, utilícela para encontrar la descomposición en fracciones parciales de las fracciones en los ejemplos 1 y 2. Después compare los resultados con los que se dieron en los ejemplos.

Factores cuadráticos

Al utilizar el método de fracciones parciales con factores *lineales*, una elección conveniente de x inmediatamente produce un valor para uno de los coeficientes. Con los factores *cuadráticos*, por lo general se tiene que resolver un sistema de ecuaciones lineales independientemente de la elección de x.

EJEMPLO 3 Factores lineales distintos y factores cuadráticos

Consulte LarsonCalculus.com (disponible solo en inglés) para una versión interactiva de este tipo de ejemplo.

Encuentre $\displaystyle\int \frac{2x^3 - 4x - 8}{(x^2 - x)(x^2 + 4)}\,dx$

Solución Dado que el denominador se factoriza como

$$(x^2 - x)(x^2 + 4) = x(x - 1)(x^2 + 4)$$

puede incluir una fracción parcial para cada factor y escribir

$$\frac{2x^3 - 4x - 8}{x(x - 1)(x^2 + 4)} = \frac{A}{x} + \frac{B}{x - 1} + \frac{Cx + D}{x^2 + 4}$$

Multiplicando por el mínimo común denominador $x(x - 1)(x^2 + 4)$ se obtiene la ecuación básica

$$2x^3 - 4x - 8 = A(x - 1)(x^2 + 4) + Bx(x^2 + 4) + (Cx + D)(x)(x - 1)$$

Para resolver para A, haga $x = 0$ para obtener

$$-8 = A(-1)(4) + B(0)(4) + D(0)(-1)$$
$$-8 = -4A + 0 + 0$$
$$2 = A$$

Para despejar a B, haga $x = 1$ para obtener

$$-10 = A(0)(5) + B(5) + (C + D)(1)(0)$$
$$-10 = 0 + 5B + 0$$
$$-2 = B$$

Hasta este punto, C y D están aún por determinarse. Se pueden encontrar estas constantes eligiendo otros dos valores de x y resolviendo el sistema resultante de ecuaciones lineales. Primero, elija $x = -1$. Con $A = 2$ y $B = -2$, se tiene

$$-6 = (2)(-2)(5) + (-2)(-1)(5) + (-C + D)(-1)(-2)$$
$$2 = -C + D$$

Luego, al elegir $x = 2$. Con $A = 2$ y $B = -2$, se puede escribir

$$0 = (2)(1)(8) + (-2)(2)(8) + (2C + D)(2)(1)$$
$$8 = 2C + D$$

Resolviendo el sistema lineal restando la primera ecuación de la segunda

$$-C + D = 2$$
$$2C + D = 8$$

se obtiene $C = 2$. En consecuencia, $D = 4$, se sigue que

$$\int \frac{2x^3 - 4x - 8}{x(x - 1)(x^2 + 4)}\,dx = \int\left(\frac{2}{x} - \frac{2}{x - 1} + \frac{2x}{x^2 + 4} + \frac{4}{x^2 + 4}\right)dx$$
$$= 2\ln|x| - 2\ln|x - 1| + \ln(x^2 + 4) + 2\arctan\frac{x}{2} + C$$

■

En los ejemplos 1, 2 y 3, la solución de la ecuación básica comenzó con la sustitución de los valores de x, lo que hizo los factores lineales iguales a 0. Este método funciona bien cuando la descomposición en fracciones parciales implica factores lineales. Sin embargo, cuando la descomposición implica solo factores cuadráticos, a menudo es más conveniente un procedimiento alternativo. Por ejemplo, trate de escribir el lado derecho de la ecuación básica en forma polinómica e *iguale los coeficientes* de los términos semejantes. Este método se muestra en el ejemplo 4.

EJEMPLO 4 Factores cuadráticos repetidos

Encuentre $\displaystyle\int \frac{8x^3 + 13x}{(x^2 + 2)^2}\,dx$

Solución Incluya una fracción parcial por cada potencia de $(x^2 + 2)$ y escriba

$$\frac{8x^3 + 13x}{(x^2 + 2)^2} = \frac{Ax + B}{x^2 + 2} + \frac{Cx + D}{(x^2 + 2)^2}$$

Multiplique por el mínimo común denominador $(x^2 + 2)^2$ para obtener la ecuación básica

$$8x^3 + 13x = (Ax + B)(x^2 + 2) + Cx + D \qquad \text{Ecuación básica.}$$

Desarrolle la ecuación básica y agrupe términos semejantes para obtener.

$$8x^3 + 13x = Ax^3 + 2Ax + Bx^2 + 2B + Cx + D \qquad \text{Expanda.}$$

$$8x^3 + 13x = Ax^3 + Bx^2 + (2A + C)x + (2B + D) \qquad \text{Agrupe términos semejantes.}$$

Ahora, puede igualar los coeficientes de los términos semejantes en los lados opuestos de la ecuación.

$8 = A$ $\qquad$ $0 = 2B + D$

$$8x^3 + 0x^2 + 13x + 0 = Ax^3 + Bx^2 + (2A + C)x + (2B + D)$$

$0 = B$

$13 = 2A + C$

De esta manera se tiene $A = 8$, $B = 0$, $13 = 2A + C$ y $0 = 2B + D$. Ahora, se utilizan los valores de A y de B para determinar C y D.

$$13 = 2A + C \Rightarrow 13 = 2(8) + C \Rightarrow -3 = C$$

$$0 = 2B + D \Rightarrow 0 = 2(0) + D \Rightarrow 0 = D$$

Finalmente, puede concluir que

$$\int \frac{8x^3 + 13x}{(x^2 + 2)^2}\,dx = \int \left(\frac{8x}{x^2 + 2} + \frac{-3x}{(x^2 + 2)^2}\right)dx$$

$$= 4\ln(x^2 + 2) + \frac{3}{2(x^2 + 2)} + C$$

Para ver la figura a color, acceda al código

TECNOLOGÍA Puede utilizar una herramienta de graficación para confirmar la descomposición encontrada en el ejemplo 4. Para ello, grafique

$$y_1 = \frac{8x^3 + 13x}{(x^2 + 2)^2}$$

y

$$y_2 = \frac{8x}{x^2 + 2} + \frac{-3x}{(x^2 + 2)^2}$$

en la misma ventana de visualización. Las gráficas deben ser idénticas, como se muestra a la derecha).

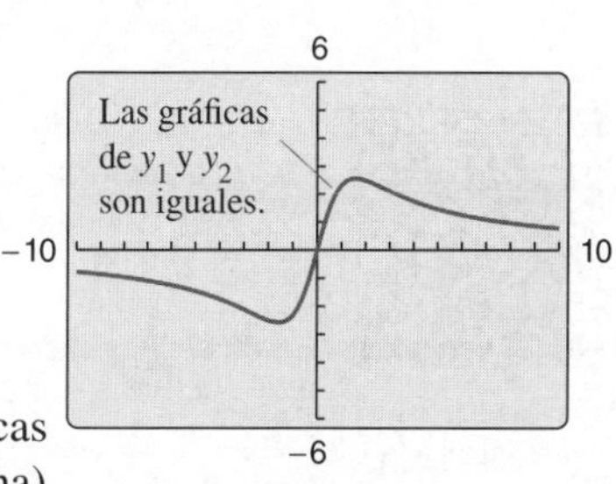

Al integrar expresiones racionales, debe considerarse que para las expresiones racionales *impropias* como

$$\frac{N(x)}{D(x)} = \frac{2x^3 + x^2 - 7x + 7}{x^2 + x - 2}$$

primero debe dividirse para obtener

$$\frac{N(x)}{D(x)} = 2x - 1 + \frac{-2x + 5}{x^2 + x - 2}$$

Después debe descomponerse la expresión racional propia en sus fracciones parciales por los métodos habituales.

Aquí hay algunas directrices para la solución de la ecuación básica que se obtiene en una fracción parcial.

Directrices para resolver la ecuación básica

Factores lineales

1. Sustituir las raíces de los factores lineales distintos en la ecuación básica.
2. Para factores lineales repetidos, utilizar los coeficientes determinados en la primera directriz para volver a escribir la ecuación básica. A continuación, sustituir otros valores propios de x y resolver los coeficientes restantes.

Factores cuadráticos

1. Desarrollar la ecuación básica.
2. Agrupar términos de acuerdo con las potencias de x.
3. Igualar los coeficientes de las potencias para obtener un sistema de ecuaciones lineales que impliquen A, B, C y así sucesivamente.
4. Resolver el sistema de ecuaciones lineales.

PARA INFORMACIÓN ADICIONAL Para leer acerca de otro método de evaluación de las integrales de funciones racionales, consulte el artículo "Alternate Approach to Partial Fractions to Evaluate Integrals of Rational Functions" por N. R. Nandakumar y Michael J. Bossé en *The Pi Mu Epsilon Journal.* Para ver este artículo, visite *MathArticles.com* (disponible solo en inglés).

Antes de concluir esta sección se presentan algunas cosas que se deben recordar. En primer lugar, no es necesario utilizar la técnica de fracciones parciales en todas las funciones racionales. Por ejemplo, la siguiente integral se evalúa con mayor facilidad por la regla del logaritmo.

$$\int \frac{x^2 + 1}{x^3 + 3x - 4}\,dx = \frac{1}{3}\int \frac{3x^2 + 3}{x^3 + 3x - 4}\,dx \qquad \text{Multiplique y divida entre 3.}$$

$$= \frac{1}{3}\ln|x^3 + 3x - 4| + C \qquad \text{Aplique la regla del logaritmo.}$$

En segundo lugar, cuando el integrando no está en forma reducida, la reducción puede eliminar la necesidad de fracciones parciales, como se muestra en la siguiente integral.

$$\int \frac{x^2 - x - 2}{x^3 - 2x - 4}\,dx = \int \frac{(x + 1)(x - 2)}{(x - 2)(x^2 + 2x + 2)}\,dx \qquad \text{Factorice.}$$

$$= \int \frac{x + 1}{x^2 + 2x + 2}\,dx \qquad \text{Divida el factor común.}$$

$$= \frac{1}{2}\ln|x^2 + 2x + 2| + C \qquad \text{Aplique la regla del logaritmo.}$$

Finalmente, las fracciones parciales se pueden utilizar con algunos cocientes que involucren funciones trascendentes. Por ejemplo, la sustitución $u = \operatorname{sen} x$ le permite escribir

$$\int \frac{\cos x}{(\operatorname{sen} x)(\operatorname{sen} x - 1)}\,dx = \int \frac{du}{u(u - 1)} \qquad u = \operatorname{sen} x,\ du = \cos x\,dx$$

Para ver las figuras a color de las página 519, acceda al código

7.5 Ejercicios

Las respuestas a los ejercicios impares pueden consultarse en el Apéndice de este libro.

Repaso de conceptos

1. Escriba la descomposición en fracciones parciales de cada expresión racional. No determine las constantes.

(a) $\dfrac{4}{x^2 - 8x}$ (b) $\dfrac{2x^2 + 1}{(x - 3)^3}$

(c) $\dfrac{2x - 3}{x^3 + 10x}$ (d) $\dfrac{2x - 1}{x(x^2 + 1)^2}$

2. Explique cómo resolver una ecuación básica en una descomposición en fracciones parciales que involucra factores cuadráticos.

Usar fracciones parciales En los ejercicios 3 a 20, use fracciones parciales para encontrar la integral indefinida.

3. $\displaystyle\int \frac{1}{x^2 - 9}\,dx$ **4.** $\displaystyle\int \frac{2}{9x^2 - 1}\,dx$

5. $\displaystyle\int \frac{5}{x^2 + 3x - 4}\,dx$ **6.** $\displaystyle\int \frac{3 - x}{3x^2 - 2x - 1}\,dx$

7. $\displaystyle\int \frac{x^2 + 12x + 12}{x^3 - 4x}\,dx$ **8.** $\displaystyle\int \frac{x^3 - x + 3}{x^2 + x - 2}\,dx$

9. $\displaystyle\int \frac{2x^3 - 4x^2 - 15x + 5}{x^2 - 2x - 8}\,dx$ **10.** $\displaystyle\int \frac{x + 2}{x^2 + 5x}\,dx$

11. $\displaystyle\int \frac{4x^2 + 2x - 1}{x^3 + x^2}\,dx$ **12.** $\displaystyle\int \frac{5x - 2}{(x - 2)^2}\,dx$

13. $\displaystyle\int \frac{x^2 - 6x + 2}{x^3 + 2x^2 + x}\,dx$ **14.** $\displaystyle\int \frac{8x}{x^3 + x^2 - x - 1}\,dx$

15. $\displaystyle\int \frac{9 - x^2}{7x^3 + x}\,dx$ **16.** $\displaystyle\int \frac{6x}{x^3 - 8}\,dx$

17. $\displaystyle\int \frac{x^2}{x^4 - 2x^2 - 8}\,dx$ **18.** $\displaystyle\int \frac{x}{16x^4 - 1}\,dx$

19. $\displaystyle\int \frac{x^2 + 5}{x^3 - x^2 + x + 3}\,dx$

20. $\displaystyle\int \frac{x^2 + 6x + 4}{x^4 + 8x^2 + 16}\,dx$

Evaluar una integral definida En los ejercicios 21 a 24, utilice fracciones parciales para evaluar la integral definida. Use una herramienta de graficación para verificar su resultado.

21. $\displaystyle\int_0^2 \frac{3}{4x^2 + 5x + 1}\,dx$ **22.** $\displaystyle\int_1^5 \frac{x - 1}{x^2(x + 1)}\,dx$

23. $\displaystyle\int_1^2 \frac{x + 1}{x(x^2 + 1)}\,dx$ **24.** $\displaystyle\int_0^1 \frac{x^2 - x}{x^2 + x + 1}\,dx$

Encontrar una integral indefinida En los ejercicios 25 a 32, use sustitución y fracciones parciales para encontrar la integral indefinida.

25. $\displaystyle\int \frac{\operatorname{sen} x}{\cos x + \cos^2 x}\,dx$ **26.** $\displaystyle\int \frac{5 \cos x}{\operatorname{sen}^2 x + 3 \operatorname{sen} x - 4}\,dx$

27. $\displaystyle\int \frac{\sec^2 x}{\tan^2 x + 5 \tan x + 6}\,dx$ **28.** $\displaystyle\int \frac{\sec^2 x}{(\tan x)(\tan x + 1)}\,dx$

29. $\displaystyle\int \frac{e^x}{(e^x - 1)(e^x + 4)}\,dx$ **30.** $\displaystyle\int \frac{e^x}{(e^{2x} + 1)(e^x - 1)}\,dx$

31. $\displaystyle\int \frac{\sqrt{x}}{x - 4}\,dx$ **32.** $\displaystyle\int \frac{1}{x(\sqrt{3} - \sqrt{x})}\,dx$

Verificar una fórmula En los ejercicios 33 a 36, utilice el método de fracciones parciales para verificar la fórmula de integración.

33. $\displaystyle\int \frac{1}{x(a + bx)}\,dx = \frac{1}{a}\ln\left|\frac{x}{a + bx}\right| + C$

34. $\displaystyle\int \frac{1}{a^2 - x^2}\,dx = \frac{1}{2a}\ln\left|\frac{a + x}{a - x}\right| + C$

35. $\displaystyle\int \frac{x}{(a + bx)^2}\,dx = \frac{1}{b^2}\left(\frac{a}{a + bx} + \ln|a + bx|\right) + C$

36. $\displaystyle\int \frac{1}{x^2(a + bx)}\,dx = -\frac{1}{ax} - \frac{b}{a^2}\ln\left|\frac{x}{a + bx}\right| + C$

Área En los ejercicios 37 a 40, utilice fracciones parciales para encontrar el área de la región dada.

37. $y = \dfrac{12}{x^2 + 5x + 6}$ **38.** $y = \dfrac{15}{x^2 + 7x + 12}$

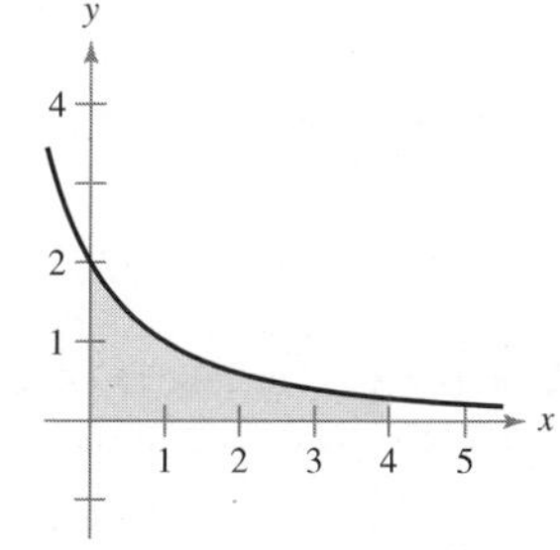

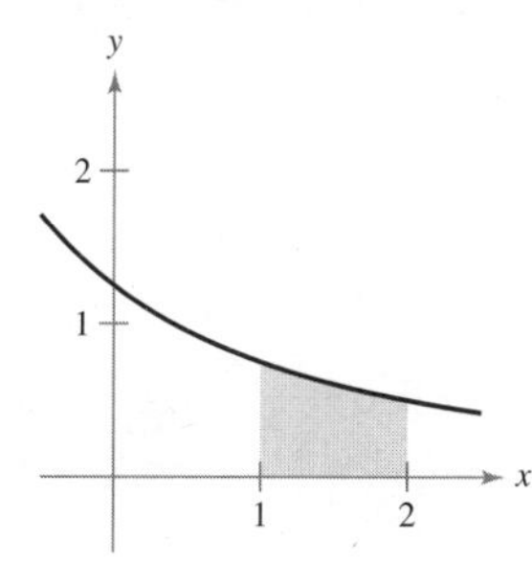

39. $y = \dfrac{15}{9 - x^2}$ **40.** $y = \dfrac{7}{16 - x^2}$

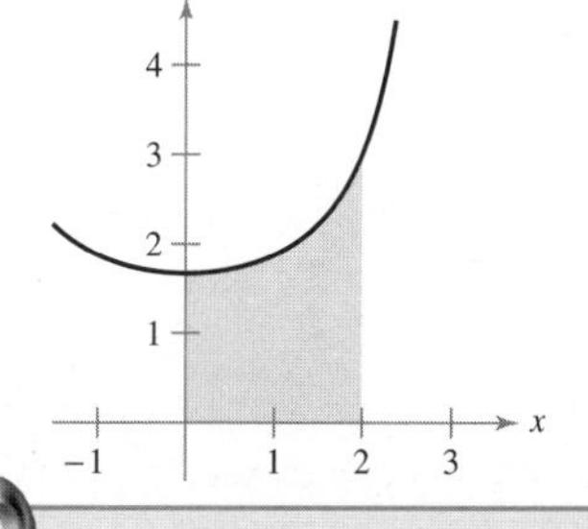

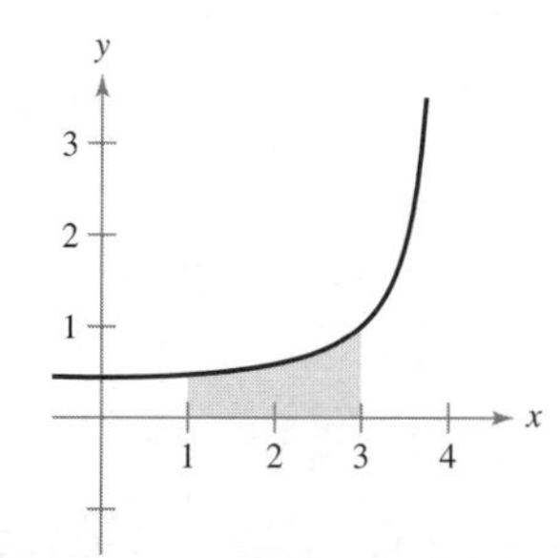

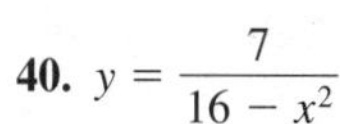

Exploración de conceptos

En los ejercicios 41 a 43, establezca el método de integración que utilizaría para evaluar cada integral. Explique por qué eligió ese método. No integre.

41. $\displaystyle\int \frac{x + 1}{x^2 + 2x - 8}\,dx$ **42.** $\displaystyle\int \frac{7x + 4}{x^2 + 2x - 8}\,dx$

43. $\displaystyle\int \frac{4}{x^2 + 2x + 5}\,dx$

44. ¿CÓMO LO VE? Utilice la gráfica de f' mostrada en la figura para responder a lo siguiente.

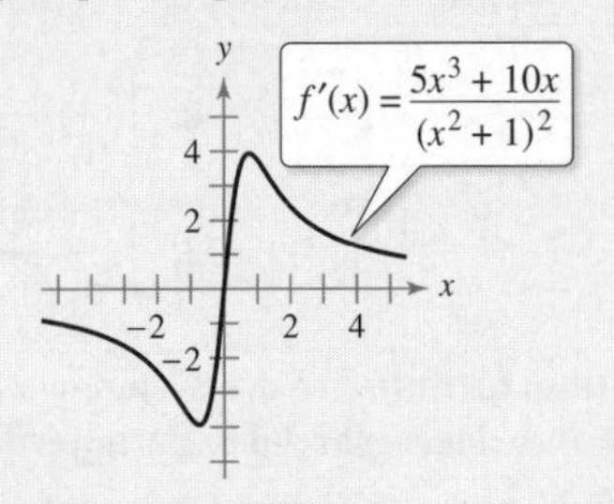

(a) ¿Es $f(3) - f(2) > 0$? Explique.

(b) ¿Qué es mayor, el área bajo la gráfica de f' de 1 a 2 o el área bajo la gráfica de f' de 3 a 4?

45. Modelar datos En la tabla se muestra el costo predicho C (en cientos de miles de dólares) para una empresa para eliminar $p\%$ de un producto químico de sus aguas residuales.

p	0	10	20	30	40
C	0	0.7	1.0	1.3	1.7

p	50	60	70	80	90
C	2.0	2.7	3.6	5.5	11.2

Un modelo para los datos está dado por

$$C = \frac{124p}{(10 + p)(100 - p)}$$

para $0 \leq p < 100$. Utilice el modelo para encontrar el costo promedio de la eliminación entre 75% y 80% de la sustancia química.

46. Valor promedio de una función Encuentre el valor promedio de

$$f(x) = \frac{1}{4x^2 - 1}$$

de $x = 1$ a $x = 4$.

47. Volumen y centroide Considere la región acotada por las gráficas de

$$y = \frac{2x}{x^2 + 1}, \quad y = 0, \quad x = 0 \quad \text{y} \quad x = 3$$

(a) Encuentre el volumen del sólido generado al girar la región alrededor del eje x.

(b) Encuentre el centroide de la región.

48. Volumen Considere la región acotada por la gráfica de

$$y^2 = \frac{(2 - x)^2}{(1 + x)^2}$$

en el intervalo $[0, 1]$. Encuentre el volumen del sólido generado al girar esta región alrededor del eje x.

49. Modelo epidémico Un solo individuo infectado entra en una comunidad de n individuos susceptibles de infectarse. Sea x el número de individuos recientemente infectados en el momento t. El modelo epidémico común supone que la enfermedad se propaga a una velocidad proporcional al producto del número total de infectados y el número de los aún no infectados. Por lo que,

$$\frac{dx}{dt} = k(x + 1)(n - x)$$

y se obtiene

$$\int \frac{1}{(x + 1)(n - x)}\, dx = \int k\, dt$$

Para ver la figura a color, acceda al código

Resuelva para x como una función de t.

50. Reacción química

En una reacción química, una unidad de compuesto Y y una unidad de compuesto Z se convierten en una sola unidad del compuesto X. Sea x la cantidad de compuesto X formado. La velocidad de formación de X es proporcional al producto de las cantidades de compuestos no convertidos Y y Z. Por lo tanto, $dx/dt = k(y_0 - x)(z_0 - x)$, donde y_0 y z_0 son las cantidades iniciales de compuestos Y y Z. De esta ecuación, se obtiene

$$\int \frac{1}{(y_0 - x)(z_0 - x)}\, dx = \int k\, dt$$

(a) Resuelva para x en términos de t.

(b) Utilice el resultado del inciso (a) para encontrar x cuando $t \to \infty$ para (1) $y_0 < z_0$, (2) $y_0 > z_0$ y (3) $y_0 = z_0$.

51. Utilizar dos métodos Evalúe

$$\int_0^1 \frac{x}{1 + x^4}\, dx$$

de dos maneras diferentes, una de las cuales es fracciones parciales.

DESAFÍOS DEL EXAMEN PUTNAM

52. Demuestre que $\dfrac{22}{7} - \pi = \displaystyle\int_0^1 \frac{x^4(1 - x)^4}{1 + x^2}\, dx$

53. Sea $p(x)$ un polinomio no cero de grado menor que 1992 que tiene un factor no constante en común con $x^3 - x$. Sea

$$\frac{d^{1992}}{dx^{1992}}\left(\frac{p(x)}{x^3 - x}\right) = \frac{f(x)}{g(x)}$$

Con $f(x)$ y $g(x)$ polinomios. Encuentre el menor grado posible de $f(x)$.

7.6 Integración numérica

- **Aproximar una integral definida utilizando la regla del trapecio.**
- **Aproximar una integral definida utilizando la regla de Simpson.**
- **Analizar los errores de aproximación en la regla del trapecio y en la regla de Simpson.**

La regla del trapecio

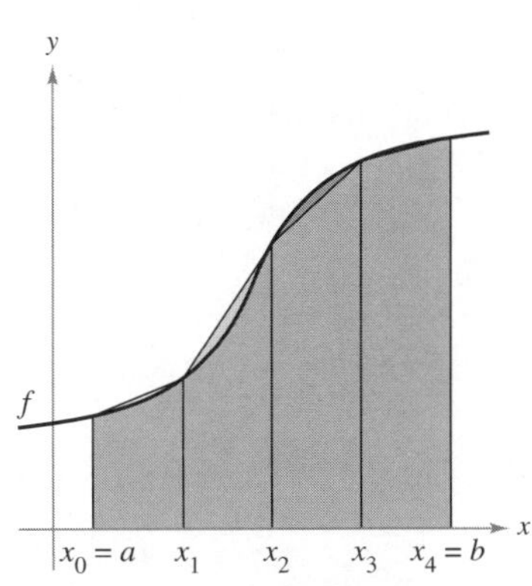

El área de la región puede aproximarse utilizando cuatro trapecios.
Figura 7.15

Algunas funciones elementales no tienen antiderivadas que sean funciones elementales. Por ejemplo, no hay función elemental que tenga alguna de las siguientes funciones como su derivada.

$$\sqrt[3]{x}\sqrt{1-x}, \qquad \sqrt{x}\cos x, \qquad \frac{\cos x}{x}, \qquad \sqrt{1-x^3}, \qquad \operatorname{sen} x^2$$

¿Cómo se puede evaluar una integral definida que involucra una función cuya antiderivada no puede ser determinada? El teorema fundamental del cálculo sigue siendo válido pero no puede aplicarse fácilmente. En este caso, es más sencillo recurrir a una técnica de aproximación como la regla del punto medio (vea la sección 4.2). En esta sección se describen otras dos de estas técnicas.

Una forma de aproximar una integral definida es utilizar n trapecios, como se muestra en la figura 7.15. el desarrollo de este método, suponga que f es continua y positiva en el intervalo $[a, b]$. Por tanto, la integral definida

$$\int_a^b f(x)\, dx$$

representa el área de la región acotada por la gráfica de f y el eje x, desde $x = a$ hasta $x = b$. Primero, divida el intervalo $[a, b]$ en n subintervalos, cada uno de ancho $\Delta x = (b - a)/n$ tal que

$$a = x_0 < x_1 < x_2 < \cdots < x_n = b$$

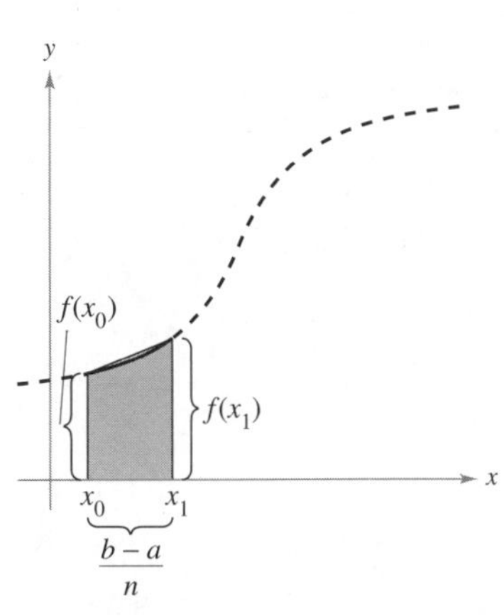

El área del primer trapecio es

$$\left[\frac{f(x_0) + f(x_1)}{2}\right]\left(\frac{b-a}{n}\right)$$

Figura 7.16

Luego se forma un trapecio para cada subintervalo (vea la figura 7.16). El área del i-ésimo trapecio es

$$\text{Área del } i\text{-ésimo trapecio} = \left[\frac{f(x_{i-1}) + f(x_i)}{2}\right]\left(\frac{b-a}{n}\right)$$

Esto implica que la suma de las áreas de los n trapecios es

$$\begin{aligned}
\text{Área} &= \left(\frac{b-a}{n}\right)\left[\frac{f(x_0) + f(x_1)}{2} + \cdots + \frac{f(x_{n-1}) + f(x_n)}{2}\right] \\
&= \left(\frac{b-a}{2n}\right)[f(x_0) + f(x_1) + f(x_1) + f(x_2) + \cdots + f(x_{n-1}) + f(x_n)] \\
&= \left(\frac{b-a}{2n}\right)[f(x_0) + 2f(x_1) + 2f(x_2) + \cdots + 2f(x_{n-1}) + f(x_n)]
\end{aligned}$$

Haciendo $\Delta x = (b - a)/n$, se puede tomar el límite cuando $n \to \infty$ para obtener

$$\begin{aligned}
&\lim_{n\to\infty} \left(\frac{b-a}{2n}\right)[f(x_0) + 2f(x_1) + \cdots + 2f(x_{n-1}) + f(x_n)] \\
&\quad = \lim_{n\to\infty} \left[\frac{[f(a) - f(b)]\,\Delta x}{2} + \sum_{i=1}^{n} f(x_1)\,\Delta x\right] \\
&\quad = \lim_{n\to\infty} \frac{[f(a) - f(b)](b-a)}{2n} + \lim_{n\to\infty} \sum_{i=1}^{n} f(x_1)\,\Delta x \\
&\quad = 0 + \int_a^b f(x)\, dx
\end{aligned}$$

El resultado se resume en el siguiente teorema.

Para ver las figuras a color, acceda al código

TEOREMA 7.3 La regla del trapecio

Sea f una función continua en $[a, b]$. La regla del trapecio para aproximar la integral $\int_a^b f(x)\,dx$ está dada por

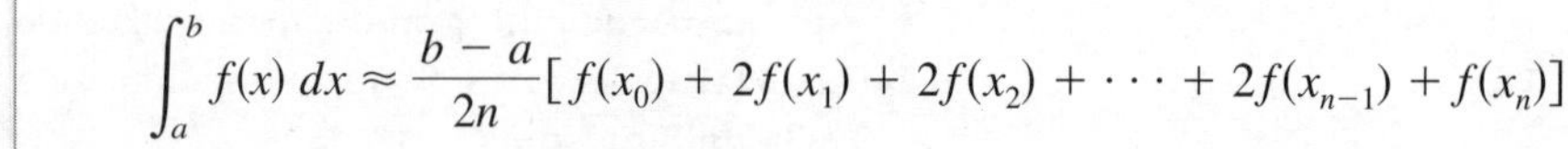

$$\int_a^b f(x)\,dx \approx \frac{b-a}{2n}[f(x_0) + 2f(x_1) + 2f(x_2) + \cdots + 2f(x_{n-1}) + f(x_n)]$$

Además, como $n \to \infty$ el lado derecho se aproxima a $\int_a^b f(x)\,dx$.

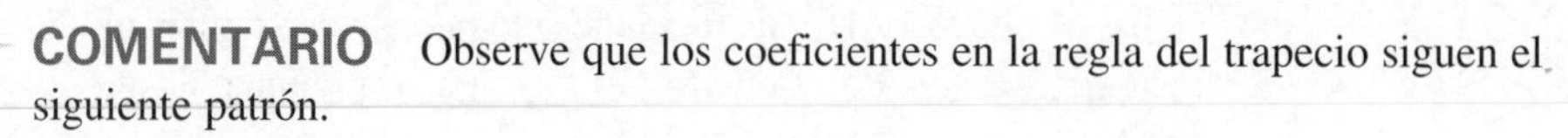

COMENTARIO Observe que los coeficientes en la regla del trapecio siguen el siguiente patrón.

1 2 2 2 . . . 2 2 1

EJEMPLO 1 Aproximar con la regla del trapecio

Utilice la regla del trapecio para aproximar

$$\int_0^{\pi} \operatorname{sen} x\,dx$$

Compare los resultados para $n = 4$ y $n = 8$, como se muestra en la figura 7.17.

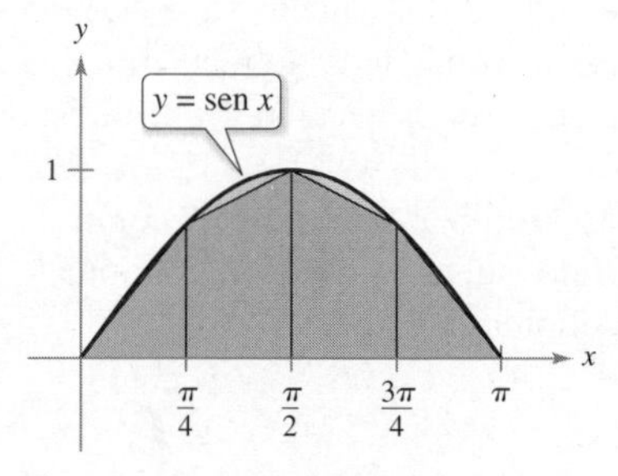

Cuatro intervalos

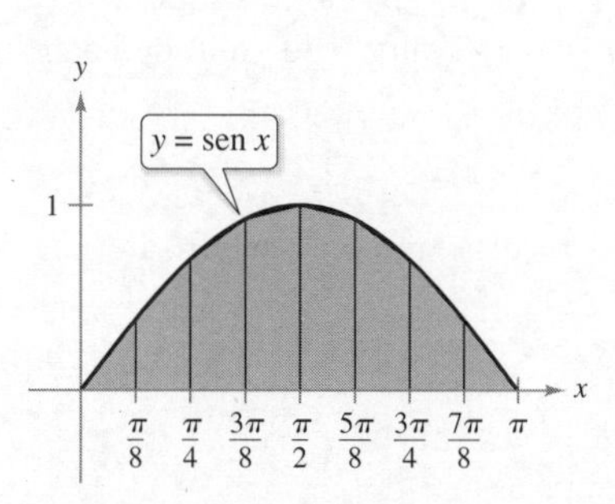

Ocho subintervalos

Aproximaciones trapezoidales.
Figura 7.17

Solución Cuando $n = 4$, $\Delta x = \pi/4$, se obtiene

$$\int_0^{\pi} \operatorname{sen} x\,dx \approx \frac{\pi}{8}\left(\operatorname{sen} 0 + 2\operatorname{sen}\frac{\pi}{4} + 2\operatorname{sen}\frac{\pi}{2} + 2\operatorname{sen}\frac{3\pi}{4} + \operatorname{sen}\pi\right)$$

$$= \frac{\pi}{8}(0 + \sqrt{2} + 2 + \sqrt{2} + 0)$$

$$= \frac{\pi(1 + \sqrt{2})}{2}$$

$$\approx 1.896 \qquad \text{Aproximación para } n = 4$$

Cuando $n = 8$, $\Delta x = \pi/8$, se obtiene

$$\int_0^{\pi} \operatorname{sen} x\,dx \approx \frac{\pi}{16}\left(\operatorname{sen} 0 + 2\operatorname{sen}\frac{\pi}{8} + 2\operatorname{sen}\frac{\pi}{4} + 2\operatorname{sen}\frac{3\pi}{8} + 2\operatorname{sen}\frac{\pi}{2} + 2\operatorname{sen}\frac{5\pi}{8} + 2\operatorname{sen}\frac{3\pi}{4} + 2\operatorname{sen}\frac{7\pi}{8} + \operatorname{sen}\pi\right)$$

$$= \frac{\pi}{16}\left(2 + 2\sqrt{2} + 4\operatorname{sen}\frac{\pi}{8} + 4\operatorname{sen}\frac{3\pi}{8}\right)$$

$$\approx 1.974 \qquad \text{Aproximación para } n = 8$$

Por supuesto, para *esta integral en particular*, se puede encontrar una antiderivada y usar el teorema fundamental del cálculo para hallar el valor exacto de la integral definida.

$$\int_0^{\pi} \operatorname{sen} x\,dx = -\cos x\Big]_0^{\pi} = 1 + 1 = 2 \qquad \text{Valor exacto.}$$

De esta manera, la aproximación para $n = 8$ se aproxima mejor al valor exacto que para $n = 4$. ■

Para ver las figuras a color, acceda al código

TECNOLOGÍA La mayoría de las herramientas de graficación cuenta con *aplicaciones incorporadas* que se pueden utilizar para aproximar el valor de una integral definida. Use una utilidad de este tipo para aproximar la integral en el ejemplo 1. ¿Qué tan precisa es su aproximación? Cuando se utiliza uno de estos programas, debe tener cuidado con sus limitaciones. Muchas veces, no se da una indicación del grado de precisión de la aproximación.

Es interesante comparar la regla del trapecio con la regla del punto medio que se dio en la sección 4.2. En la regla del trapecio, se promedian los valores de la función en los puntos terminales de los subintervalos, pero la regla del punto medio toma los valores de la función de los puntos medios de los subintervalos.

$$\int_a^b f(x)\,dx \approx \sum_{i=1}^{n} f\left(\frac{x_{i-1}+x_i}{2}\right)\Delta x$$ Regla del punto medio.

$$\int_a^b f(x)\,dx \approx \sum_{i=1}^{n} \left(\frac{f(x_{i-1})+f(x_i)}{2}\right)\Delta x$$ Regla del trapecio.

Hay dos puntos importantes que deben señalarse respecto a la regla del trapecio (o a la regla del punto medio). Primero, la aproximación tiende a volverse más exacta a medida que n aumenta. Así, en el ejemplo 1, si $n = 16$, la regla del trapecio produce una aproximación de 1.994. Segundo, aunque se podría utilizar el teorema fundamental para calcular la integral en el ejemplo 1, este teorema no puede utilizarse para calcular una integral tan simple como $\int_0^{\pi} \operatorname{sen} x^2\,dx$ debido a que $\operatorname{sen} x^2$ no tiene una antiderivada elemental. Sin embargo, es posible aplicar la regla del trapecio para evaluar esta integral.

Regla de Simpson

Una manera de ver la aproximación que permite la regla del trapecio de una integral definida consiste en decir que en cada subintervalo se aproxima f por medio de un polinomio de *primer* grado. En la regla de Simpson, que recibe ese nombre en honor del matemático inglés Thomas Simpson (1710-1761), se lleva este procedimiento un paso adelante y f se aproxima mediante polinomios de *segundo* grado.

Antes de presentar la regla de Simpson, considere el siguiente teorema sobre las integrales de polinomios de grado 2 (o menor).

TEOREMA 7.4 Integral de $p(x) = Ax^2 + Bx + C$

Si $p(x) = Ax^2 + Bx + C$, entonces

$$\int_a^b p(x)\,dx = \left(\frac{b-a}{6}\right)\left[p(a) + 4p\left(\frac{a+b}{2}\right) + p(b)\right]$$

Demostración

$$\begin{aligned}\int_a^b p(x)\,dx &= \int_a^b (Ax^2 + Bx + C)\,dx\\ &= \left[\frac{Ax^3}{3} + \frac{Bx^2}{2} + Cx\right]_a^b\\ &= \frac{A(b^3-a^3)}{3} + \frac{B(b^2-a^2)}{2} + C(b-a)\\ &= \left(\frac{b-a}{6}\right)[2A(a^2+ab+b^2) + 3B(b+a) + 6C]\end{aligned}$$

Mediante la expansión y la agrupación de términos, la expresión dentro de los corchetes se convierte en

$$\underbrace{(Aa^2 + Ba + C)}_{p(a)} + \underbrace{4\left[A\left(\frac{b+a}{2}\right)^2 + B\left(\frac{b+a}{2}\right) + C\right]}_{4p\left(\frac{a+b}{2}\right)} + \underbrace{(Ab^2 + Bb + C)}_{p(b)}$$

y se puede escribir

$$\int_a^b p(x)\,dx = \left(\frac{b-a}{6}\right)\left[p(a) + 4p\left(\frac{a+b}{2}\right) + p(b)\right]$$ ■

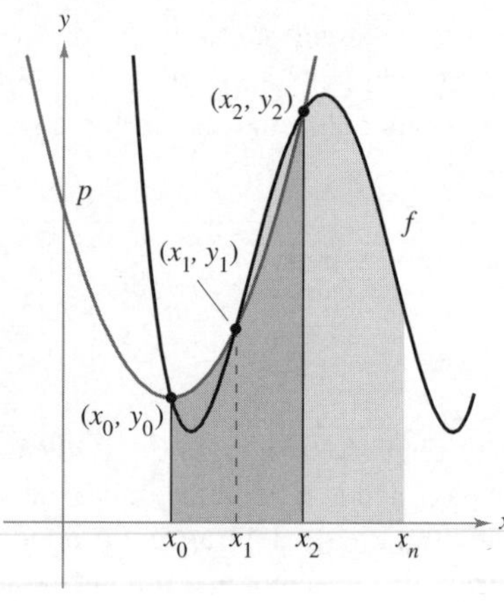

$$\int_{x_0}^{x_2} p(x)\,dx \approx \int_{x_0}^{x_2} f(x)\,dx$$

Figura 7.18

Para ver la figura a color, acceda al código

Para formular la regla de Simpson con el fin de aproximar una integral definida, se divide el intervalo $[a, b]$ en n subintervalos, cada uno de ancho $\Delta x = (b - a)/n$. Sin embargo, esta vez se requiere que n sea par, y los subintervalos se agrupan en pares tales que

$$a = \underbrace{x_0 < x_1 < x_2}_{[x_0,\, x_2]} < \underbrace{x_3 < x_4}_{[x_2,\, x_4]} < \cdots < \underbrace{x_{n-2} < x_{n-1} < x_n}_{[x_{n-2},\, x_n]} = b$$

En cada subintervalo (doble) $[x_{i-2}, x_i]$, f se puede aproximar por medio de un polinomio p de grado menor que o igual a 2. (Vea el ejercicio 47.) Por ejemplo, en el subintervalo $[x_0, x_2]$, elija el polinomio de menor grado que pasa a través de los puntos (x_0, y_0), (x_1, y_1) y (x_2, y_2) como se muestra en la figura 7.18. Ahora, utilizando p como una aproximación de f en este subintervalo, por el teorema 7.4, se tiene que

$$\begin{aligned}
\int_{x_0}^{x_2} f(x)\,dx &\approx \int_{x_0}^{x_2} p(x)\,dx \\
&= \frac{x_2 - x_0}{6}\left[p(x_0) + 4p\left(\frac{x_0 + x_2}{2}\right) + p(x_2)\right] \\
&= \frac{2[(b - a)/n]}{6}[p(x_0) + 4p(x_1) + p(x_2)] \\
&= \frac{b - a}{3n}[f(x_0) + 4f(x_1) + f(x_2)]
\end{aligned}$$

Repitiendo este procedimiento en el intervalo completo $[a, b]$ se produce el siguiente teorema.

COMENTARIO Observe que los coeficientes en la regla de Simpson tienen el siguiente patrón.

1 4 2 4 2 4 . . . 4 2 4 1

COMENTARIO En la sección 4.2, ejemplo 8, la regla del punto medio con $n = 4$ aproxima esta integral definida a 2.052. En el ejemplo 1, la regla del trapecio con $n = 4$ da una aproximación de 1.896. En el ejemplo 2, la regla de Simpson con $n = 4$ produjo una aproximación de 2.005. La antiderivada produciría el valor verdadero de 2.

TEOREMA 7.5 La regla de Simpson

Sea f una función continua en $[a, b]$ y sea n un entero par. La regla de Simpson para aproximar $\int_a^b f(x)\,dx$ es

$$\int_a^b f(x)\,dx \approx \frac{b - a}{3n}[f(x_0) + 4f(x_1) + 2f(x_2) + 4f(x_3) + \cdots + 2f(x_{n-2}) + 4f(x_{n-1}) + f(x_n)]$$

Además, cuando $n \to \infty$ el lado derecho tiende a $\int_a^b f(x)\,dx$.

En el ejemplo 1, la regla del trapecio se utilizó para calcular $\int_0^\pi \operatorname{sen} x\,dx$. En el siguiente ejemplo, se aplica la regla de Simpson a la misma integral.

EJEMPLO 2 Aproximar con la regla Simpson

Consulte LarsonCalculus.com (disponible solo en inglés) para una versión interactiva de este tipo de ejemplo.

Utilice la regla de Simpson para aproximar

$$\int_0^\pi \operatorname{sen} x\,dx$$

Compare los resultados para $n = 4$ y $n = 8$.

Solución Cuando $n = 4$, se tiene

$$\int_0^\pi \operatorname{sen} x\,dx \approx \frac{\pi}{12}\left(\operatorname{sen} 0 + 4\operatorname{sen}\frac{\pi}{4} + 2\operatorname{sen}\frac{\pi}{2} + 4\operatorname{sen}\frac{3\pi}{4} + \operatorname{sen}\pi\right) \approx 2.005$$

Cuando $n = 8$ y se usa una herramienta de graficación, la aproximación es 2.0003. Como se muestra en el ejemplo 1, el valor exacto de la integral definida es 2. Entonces, la aproximación que usa $n = 8$ está más cerca del valor exacto que una que usa $n = 4$. ■

 **PARA INFORMACIÓN ADICIONAL** En cuanto a las demostraciones de las fórmulas utilizadas para calcular los errores implicados en el uso de la regla del punto medio y la regla de Simpson, consulte el artículo "Elementary Proofs of Error Estimates for the Midpoint and Simpson's Rules" por Edward C. Fazekas, Jr. y Peter R. Mercer en *Mathematics Magazine*. Para ver este artículo, visite *MathArticles.com* (disponible solo el inglés).

Análisis de errores

Al usar una técnica de aproximación es importante conocer la precisión del resultado. El siguiente teorema, que se enuncia sin demostración, proporciona las fórmulas para calcular los errores que implican el uso de la regla de Simpson y de la regla del trapecio. En general, cuando se realiza una aproximación piense en el error E como la diferencia entre $\int_a^b f(x)\,dx$ y la aproximación.

TEOREMA 7.6 Errores en las reglas del trapecio y la de Simpson

Si una función f tiene una segunda derivada continua en $[a, b]$ entonces el error E al aproximar $\int_a^b f(x)\,dx$ por medio de la regla del trapecio es

$$|E| \leq \frac{(b-a)^3}{12n^2}[\text{máx}|f''(x)|], \quad a \leq x \leq b \qquad \text{Regla del trapecio.}$$

Además, si tiene una cuarta derivada continua en $[a, b]$ entonces el error E al aproximar $\int_a^b f(x)\,dx$ mediante la regla de Simpson es

$$|E| \leq \frac{(b-a)^5}{180n^4}[\text{máx}|f^{(4)}(x)|], \quad a \leq x \leq b \qquad \text{Regla de Simpson.}$$

El teorema 7.6 establece que los errores generados por la regla del trapecio y la regla de Simpson tienen cotas superiores dependientes de los valores extremos de $f''(x)$ y $f^{(4)}(x)$ en el intervalo $[a, b]$. Además, estos errores pueden hacerse arbitrariamente pequeños *incrementando* n, siempre que f'' y $f^{(4)}$ sean continuas y, en consecuencia, acotadas en $[a, b]$.

TECNOLOGÍA Si tiene acceso a un sistema algebraico por computadora, utilícelo para calcular la integral definida del ejemplo 3. Podría obtener un valor de

$$\frac{1}{2}[\sqrt{2} + \ln(1 + \sqrt{2})] \approx 1.14779$$

EJEMPLO 3 Error aproximado en la regla del trapecio

Determine un valor de n tal que la regla del trapecio se aproxime al valor de

$$\int_0^1 \sqrt{1 + x^2}\,dx$$

con un error menor o igual que 0.01.

Solución Comience haciendo $f(x) = \sqrt{1 + x^2} = (1 + x^2)^{1/2}$. Las primeras dos derivadas de f son

$$f'(x) = x(1 + x^2)^{-1/2} \quad \text{y} \quad f''(x) = (1 + x^2)^{-3/2}$$

El valor máximo de $|f''(x)|$ en el intervalo $[0, 1]$ es $|f''(0)| = 1$. Por tanto, por el teorema 7.6, puede escribir

$$|E| \leq \frac{(b-a)^3}{12n^2}|f''(0)| = \frac{1}{12n^2}(1) = \frac{1}{12n^2}$$

Para obtener un error E menor que 0.01, debe elegir n tal que $1/(12n^2) \leq 1/100$. Esto implica que $100 \leq 12n^2$, o $n \geq \sqrt{100/12} \approx 2.89$. Así, puede elegir $n = 3$ (debido a que n debe ser mayor o igual a 2.89) y aplicar la regla del trapecio, como se ilustra en la figura 7.19, para obtener

$$\int_0^1 \sqrt{1 + x^2}\,dx \approx \frac{1}{6}\left[\sqrt{1 + 0^2} + 2\sqrt{1 + \left(\frac{1}{3}\right)^2} + 2\sqrt{1 + \left(\frac{2}{3}\right)^2} + \sqrt{1 + 1^2}\right] \approx 1.154$$

Por tanto, al sumar y restar el error de esta estimación, sabe que

$$1.144 \leq \int_0^1 \sqrt{1 + x^2}\,dx \leq 1.164$$

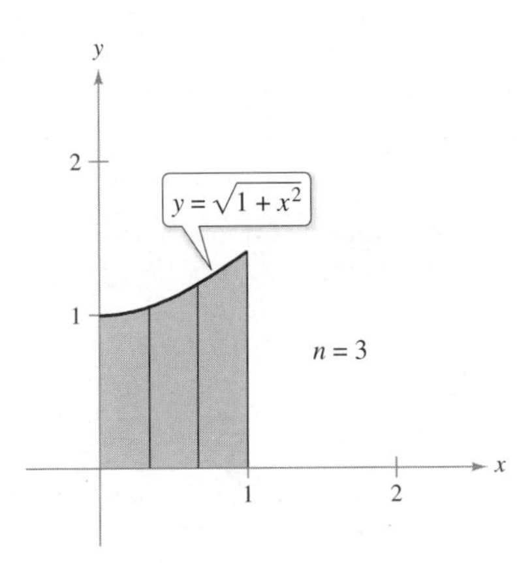

$$1.144 \leq \int_0^1 \sqrt{1 + x^2}\,dx \leq 1.164$$

Figura 7.19

Para ver la figura a color, acceda al código

7.6 Ejercicios

Las respuestas a los ejercicios impares pueden consultarse en el Apéndice de este libro.

Repaso de conceptos

1. Explique si utilizaría integración numérica o no, para evaluar $\int_0^2 (e^x + 5x)\,dx$
2. Describa cómo disminuir el error entre una aproximación y el valor exacto de una integral usando la regla del trapecio y la regla de Simpson.

Usar la regla del trapecio y la regla de Simpson En los ejercicios 3 a 14, use la regla del trapecio y la regla de Simpson para aproximar el valor de la integral definida para un valor dado de n. Redondee la respuesta hasta cuatro decimales y compare los resultados con el valor exacto de la integral definida.

3. $\int_0^2 x^2\,dx, \quad n = 4$
4. $\int_1^2 \left(\frac{x^2}{4} + 1\right) dx, \quad n = 4$
5. $\int_3^4 \frac{1}{x-2}\,dx, \quad n = 4$
6. $\int_2^3 \frac{2}{x^2}\,dx, \quad n = 4$
7. $\int_1^3 x^3\,dx, \quad n = 6$
8. $\int_0^8 \sqrt[3]{x}\,dx, \quad n = 8$
9. $\int_4^9 \sqrt{x}\,dx, \quad n = 8$
10. $\int_1^4 (4 - x^2)\,dx, \quad n = 6$
11. $\int_0^1 \frac{2}{(x+2)^2}\,dx, \quad n = 4$
12. $\int_0^2 x\sqrt{x^2+1}\,dx, \quad n = 4$
13. $\int_0^2 xe^{-x}\,dx, \quad n = 4$
14. $\int_0^2 x \ln(x+1)\,dx, \quad n = 4$

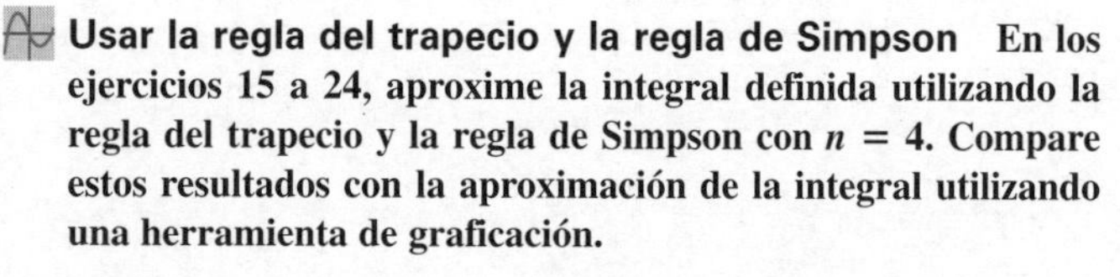

Usar la regla del trapecio y la regla de Simpson En los ejercicios 15 a 24, aproxime la integral definida utilizando la regla del trapecio y la regla de Simpson con $n = 4$. Compare estos resultados con la aproximación de la integral utilizando una herramienta de graficación.

15. $\int_0^2 \sqrt{1 + x^3}\,dx$
16. $\int_0^1 \sqrt{x}\sqrt{1-x}\,dx$
17. $\int_0^1 \frac{1}{1+x^2}\,dx$
18. $\int_0^2 \frac{1}{\sqrt{1+x^3}}\,dx$
19. $\int_0^4 \sqrt{x}e^x\,dx$
20. $\int_1^3 \ln x\,dx$
21. $\int_0^{\sqrt{\pi/2}} \operatorname{sen} x^2\,dx$
22. $\int_{\pi/2}^{\pi} \sqrt{x} \operatorname{sen} x\,dx$
23. $\int_0^{\pi/4} x \tan x\,dx$
24. $\int_0^{\pi} f(x)\,dx, \quad f(x) = \begin{cases} \frac{\operatorname{sen} x}{x}, & x > 0 \\ 1, & x = 0 \end{cases}$

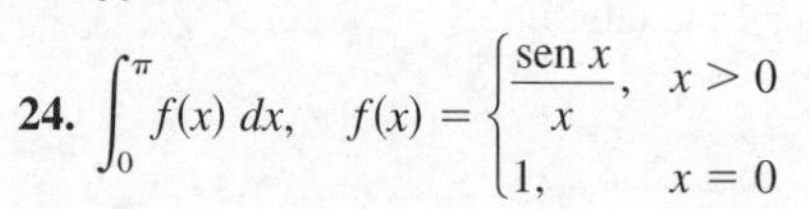

Para ver las figuras a color, acceda al código

Estimar errores En los ejercicios 25 a 28, utilice las fórmulas de error del teorema 7.6 para calcular el error en la aproximación de la integral, con $n = 4$, utilizando (a) la regla del trapecio y (b) la regla de Simpson.

25. $\int_0^2 (x^2 + 2x)\,dx$
26. $\int_1^3 2x^3\,dx$
27. $\int_2^4 \frac{1}{(x-1)^2}\,dx$
28. $\int_0^1 e^{x^3}\,dx$

Estimar errores En los ejercicios 29 a 32, utilice las fórmulas del error en el teorema 7.6 con el fin de encontrar n tal que el error en la aproximación de la integral definida sea menor que 0.00001 utilizando (a) la regla del trapecio y (b) la regla de Simpson.

29. $\int_1^3 \frac{1}{x}\,dx$
30. $\int_0^1 \frac{1}{1+x}\,dx$
31. $\int_0^2 \sqrt{x+2}\,dx$
32. $\int_1^3 e^{2x}\,dx$

Estimar errores utilizando tecnología En los ejercicios 33 y 34, use alguna utilidad gráfica y las fórmulas del error para determinar n de manera que el error en la aproximación de la integral definida sea menor que 0.00001 utilizando (a) la regla del trapecio y (b) la regla de Simpson.

33. $\int_0^1 \tan x^2\,dx$
34. $\int_0^2 (x+1)^{2/3}\,dx$

35. **Encontrar el área de una región** Aproxime el área de la región sombreada utilizando la regla del trapecio y la regla de Simpson para $n = 4$.

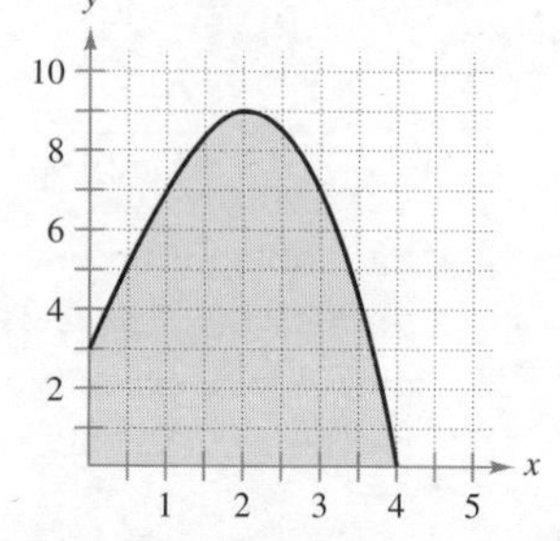

Figura para 35

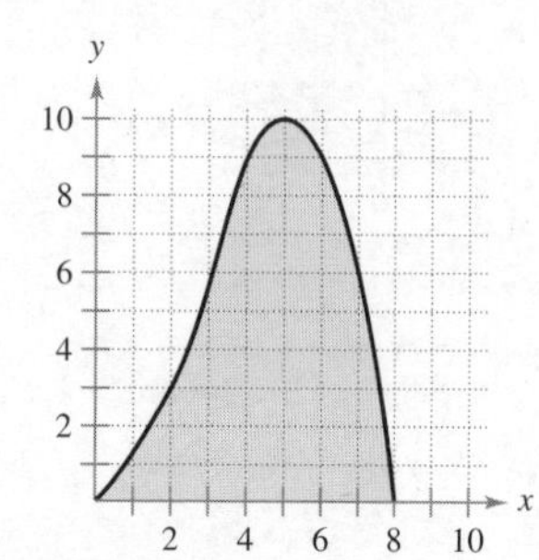

Figura para 36

36. **Encontrar el área de una región** Aproxime el área de la región sombreada utilizando la regla del trapecio y la regla de Simpson para $n = 8$.

37. **Área** Utilice la regla de Simpson con $n = 14$ para aproximar el área de la región acotada por las gráficas de $y = \sqrt{x}\cos x$, $y = 0$, $x = 0$ y $x = \pi/2$.

38. ¿CÓMO LO VE? La función f es cóncava hacia arriba en el intervalo $[0, 2]$ y la función g es cóncava hacia abajo en el intervalo $[0, 2]$.

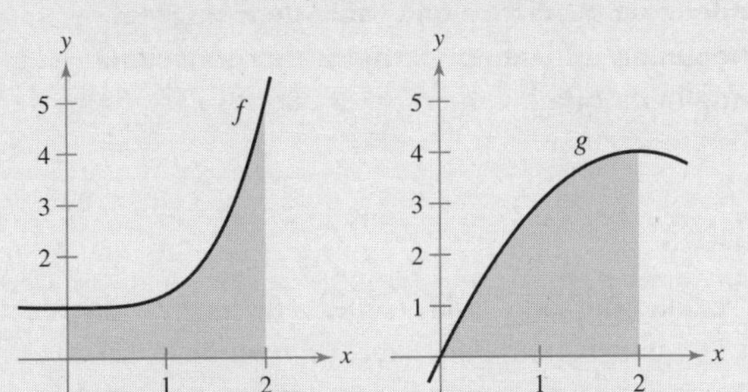

(a) Use la regla del trapecio con $n = 4$, ¿qué integral sería sobreestimada $\int_0^2 f(x)\,dx$ o $\int_0^2 g(x)\,dx$? ¿Qué integral sería subestimada? Explique su razonamiento.

(b) Qué regla usaría para aproximaciones más exactas de $\int_0^2 f(x)\,dx$ y $\int_0^2 g(x)\,dx$ ¿la regla del trapecio o la regla de Simpson? Explique su razonamiento.

Exploración de conceptos

39. Explique cómo la regla del trapecio se relaciona con las aproximaciones al utilizar sumas de Riemann izquierda y derecha.

40. Describa el tamaño del error cuando se utiliza la regla del trapecio para aproximar $\int_a^b f(x)\,dx$ cuando $f(x)$ es una función lineal. Explique su resultado con una gráfica.

41. Topografía Utilice la regla del trapecio para calcular el número de metros cuadrados de tierra en un lote donde x y y se miden en metros, como se muestra en la figura. La tierra es acotada por un río y dos caminos rectos que se juntan en ángulos rectos.

x	0	100	200	300	400	500
y	125	125	120	112	90	90

x	600	700	800	900	1000
y	95	88	75	35	0

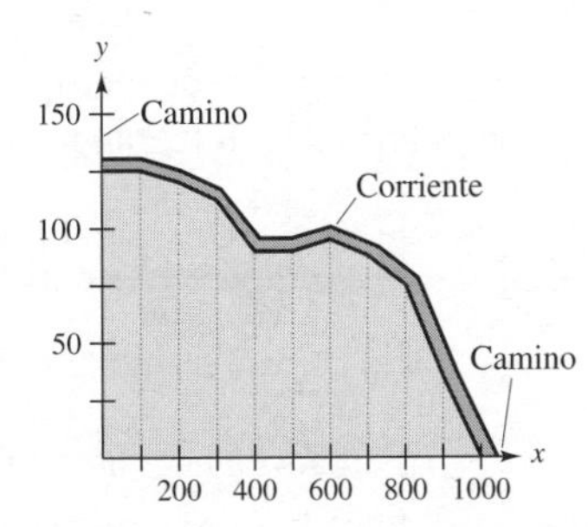

Para ver la figura a color, acceda al código

42. Circunferencia La **integral elíptica**

$$8\sqrt{3}\int_0^{\pi/2} \sqrt{1 - \tfrac{2}{3}\operatorname{sen}^2\theta}\,d\theta$$

proporciona la circunferencia de una elipse. Utilice la regla de Simpson con $n = 8$ para aproximar la circunferencia.

43. Trabajo Para determinar el tamaño del motor requerido en la operación de una prensa, una compañía debe conocer la cantidad de trabajo realizado cuando la prensa mueve un objeto linealmente 5 pies. La fuerza variable para desplazar el objeto es

$$F(x) = 100x\sqrt{125 - x^3}$$

donde F está dada en libras y x produce la posición de la unidad en pies. Utilice la regla de Simpson con $n = 12$ para aproximar el trabajo W (en pies-libras) realizado a través de un ciclo si

$$W = \int_0^5 F(x)\,dx$$

44. Aproximar una función La tabla presenta varias mediciones recopiladas en un experimento para aproximar una función continua desconocida $y = f(x)$.

x	0.00	0.25	0.50	0.75	1.00
y	4.32	4.36	4.58	5.79	6.14

x	1.25	1.50	1.75	2.00
y	7.25	7.64	8.08	8.14

(a) Aproxime la integral

$$\int_0^2 f(x)\,dx$$

utilizando la regla del trapecio y la regla de Simpson.

(b) Utilice una herramienta de graficación para encontrar un modelo de la forma $y = ax^3 + bx^2 + cx + d$ para los datos. Integre el polinomio resultante en $[0, 2]$ y compare el resultado con el inciso (a).

45. Usar la regla de Simpson Use la regla de Simpson con $n = 10$ y alguna utilidad gráfica para aproximar t en la ecuación integral

$$\int_0^t \operatorname{sen}\sqrt{x}\,dx = 2$$

46. Demostración Demuestre que la regla de Simpson es exacta al aproximar la integral de una función polinomial cúbica, y demuestre el resultado con $n = 4$ para

$$\int_0^1 x^3\,dx$$

47. Demostración Demuestre que puede encontrar un polinomio

$$p(x) = Ax^2 + Bx + C$$

que pasa por cualesquiera de los tres puntos (x_1, y_1), (x_2, y_2) y (x_3, y_3) donde las x_i son distintas.

7.7 Integración por tablas y otras técnicas de integración

- **Encontrar una integral indefinida mediante una tabla de integrales.**
- **Encontrar una integral indefinida utilizando fórmulas de reducción.**
- **Encontrar una integral indefinida que involucra expresiones racionales de seno y coseno.**

Integración por tablas

Hasta ahora, en este capítulo se han estudiado varias técnicas de integración que se pueden usar con las reglas básicas de integración. Pero saber *cómo* utilizar las diversas técnicas no es suficiente. También se necesita saber *cuándo* usarlas. La integración es, ante todo, un problema de reconocimiento. Es decir, se debe reconocer la regla o la técnica que se debe aplicar para obtener una antiderivada o primitiva. Con frecuencia, una ligera alteración de un integrando requerirá una técnica de integración diferente (o producir una función cuya antiderivada no es una función elemental), como se muestra a continuación.

$$\int x \ln x \, dx = \frac{x^2}{2} \ln x - \frac{x^2}{4} + C \qquad \text{Integración por partes.}$$

$$\int \frac{\ln x}{x} \, dx = \frac{(\ln x)^2}{2} + C \qquad \text{Regla de potencias.}$$

$$\int \frac{1}{x \ln x} \, dx = \ln|\ln x| + C \qquad \text{Regla de logaritmos.}$$

$$\int \frac{x}{\ln x} \, dx = ? \qquad \text{No es una función elemental.}$$

TECNOLOGÍA

Una utilidad gráfica que realiza integración simbólica consta, en parte, de una base de datos de fórmulas de integración. La diferencia principal entre el uso de una utilidad y el uso de tablas de integrales es que con la utilidad el equipo busca en la base de datos para encontrar un ajuste. Con tablas de integración *se debe* realizar la búsqueda.

Muchas personas encuentran que las tablas de integrales son un valioso complemento para las técnicas de integración que se tratan en este capítulo. En el apéndice B se pueden encontrar tablas de integrales comunes. La **integración por tablas** no es un "cura-todo" para todas las dificultades que pueden acompañar a la integración; el uso de tablas de integrales requiere mucho razonamiento e intuición y con frecuencia involucra una sustitución.

Cada fórmula de integración en el apéndice B se puede desarrollar usando una o más de las técnicas en este capítulo. Se debe tratar de verificar varias de las fórmulas. Por ejemplo, la fórmula 4

$$\int \frac{u}{(a + bu)^2} \, du = \frac{1}{b^2}\left(\frac{a}{a + bu} + \ln|a + bu|\right) + C \qquad \text{Fórmula 4.}$$

se puede verificar usando el método de fracciones parciales. La fórmula 19

$$\int \frac{\sqrt{a + bu}}{u} \, du = 2\sqrt{a + bu} + a\int \frac{1}{u\sqrt{a + bu}} \, du \qquad \text{Fórmula 19.}$$

puede verificarse usando integración por partes, y la fórmula 84

$$\int \frac{1}{1 + e^u} \, du = u - \ln(1 + e^u) + C \qquad \text{Fórmula 84.}$$

puede verificarse utilizando la sustitución. Tenga en cuenta que las integrales en el apéndice B se clasifican de acuerdo con la forma del integrando. Varias de estas formas se muestran a continuación.

u^n	$(a + bu)$
$(a + bu + cu^2)$	$\sqrt{a + bu}$
$(a^2 \pm u^2)$	$\sqrt{u^2 \pm a^2}$
$\sqrt{a^2 - u^2}$	Funciones trigonométricas
Funciones trigonométricas inversas	Funciones exponenciales
Funciones logarítmicas	

Exploración

Utilice las tablas de integrales en el apéndice B y la sustitución

$$u = \sqrt{x - 1}$$

para evaluar la integral en el ejemplo 1. Al hacer esto, usted debe obtener

$$\int \frac{dx}{x\sqrt{x-1}} = \int \frac{2\,du}{u^2 + 1}$$

¿Esto produce el mismo resultado que el obtenido en el ejemplo 1?

EJEMPLO 1 Integrar por tablas

Encuentre $\displaystyle\int \frac{dx}{x\sqrt{x-1}}$

Solución Debido a que la expresión dentro del radical es lineal, se deben considerar formas que implican $\sqrt{a + bu}$.

$$\int \frac{1}{u\sqrt{a+bu}}\,du = \frac{2}{\sqrt{-a}} \arctan \sqrt{\frac{a+bu}{-a}} + C \qquad \text{Fórmula 17 } (a < 0).$$

Sea $a = -1$, $b = 1$ y $u = x$. Entonces $du = dx$, y se puede escribir

$$\int \frac{dx}{x\sqrt{x-1}} = 2 \arctan \sqrt{x-1} + C$$

EJEMPLO 2 Integrar por tablas

Consulte LarsonCalculus.com (disponible solo en inglés) para una versión interactiva de este tipo de ejemplo.

Encuentre $\displaystyle\int x\sqrt{x^4 - 9}\,dx$

Solución Debido a que el radical tiene la forma $\sqrt{u^2 - a^2}$ se debería considerar la fórmula 26.

$$\int \sqrt{u^2 - a^2}\,du = \frac{1}{2}\left(u\sqrt{u^2 - a^2} - a^2 \ln\left|u + \sqrt{u^2 - a^2}\right|\right) + C$$

Sea $u = x^2$ y $a = 3$. Entonces $du = 2x\,dx$, y se obtiene

$$\int x\sqrt{x^4 - 9}\,dx = \frac{1}{2}\int \sqrt{(x^2)^2 - 3^2}\,(2x)\,dx \qquad \text{Multiplicar y dividir entre 2.}$$

$$= \frac{1}{4}\left(x^2\sqrt{x^4 - 9} - 9\ln\left|x^2 + \sqrt{x^4 - 9}\right|\right) + C$$

Para ver la figura a color, acceda al código

EJEMPLO 3 Integrar por tablas

Evalúe $\displaystyle\int_0^2 \frac{x}{1 + e^{-x^2}}\,dx$

Solución De las formas que implican e^u considere la fórmula

$$\int \frac{1}{1 + e^u}\,du = u - \ln(1 + e^u) + C \qquad \text{Fórmula 84.}$$

Sea $u = -x^2$. Entonces $du = -2x\,dx$, y se obtiene

$$\int \frac{x}{1 + e^{-x^2}}\,dx = -\frac{1}{2}\int \frac{-2x\,dx}{1 + e^{-x^2}} \qquad \text{Multiplique y divida entre } -2.$$

$$= -\frac{1}{2}\left[-x^2 - \ln\left(1 + e^{-x^2}\right)\right] + C \qquad \text{Aplique la fórmula 84.}$$

$$= \frac{1}{2}\left[x^2 + \ln\left(1 + e^{-x^2}\right)\right] + C \qquad \text{Simplifique.}$$

Por tanto, el valor de la integral definida es

$$\int_0^2 \frac{x}{1 + e^{-x^2}}\,dx = \frac{1}{2}\left[x^2 + \ln\left(1 + e^{-x^2}\right)\right]_0^2 = \frac{1}{2}\left[4 + \ln(1 + e^{-4}) - \ln 2\right] \approx 1.66.$$

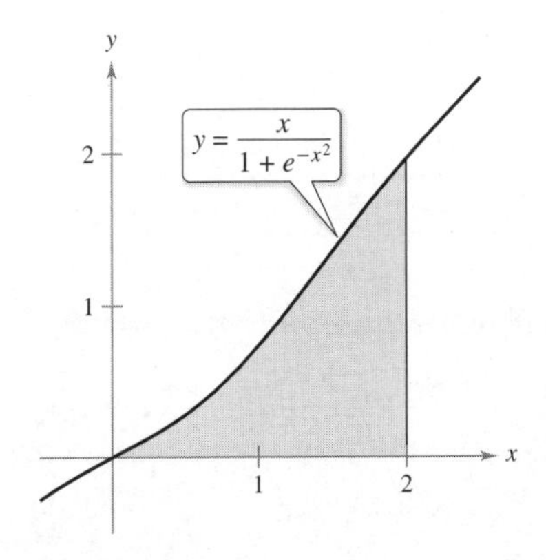

Figura 7.20

La figura 7.20 muestra la región cuya área está representada por esta integral.

Fórmulas de reducción

Varias de las integrales de las tablas de integración tienen la forma

$$\int f(x)\,dx = g(x) + \int h(x)\,dx$$

Estas fórmulas de integración se denominan **fórmulas de reducción**, ya que reducen una integral dada a la suma de una función y una integral simple.

EJEMPLO 4 Usar una fórmula de reducción

Encuentre $\int x^3 \operatorname{sen} x\,dx$

COMENTARIO Recuerde que integrales como la del ejemplo 4 se pueden evaluar usando el método tabular mostrado en el ejemplo 8 de la sección 7.2. Utilice este método para evaluar la integral en el ejemplo 4. ¿Se obtiene el mismo resultado?

Solución Considere las tres fórmulas siguientes.

$$\int u \operatorname{sen} u\,du = \operatorname{sen} u - u\cos u + C \qquad \text{Fórmula 52.}$$

$$\int u^n \operatorname{sen} u\,du = -u^n \cos u + n\int u^{n-1}\cos u\,du \qquad \text{Fórmula 54.}$$

$$\int u^n \cos u\,du = u^n \operatorname{sen} u - n\int u^{n-1}\operatorname{sen} u\,du \qquad \text{Fórmula 55.}$$

Utilizar las fórmulas 54, 55 y 52, obtiene

$$\begin{aligned}\int x^3 \operatorname{sen} x\,dx &= -x^3\cos x + 3\int x^2\cos x\,dx\\ &= -x^3\cos x + 3\left(x^2\operatorname{sen} x - 2\int x\operatorname{sen} x\,dx\right)\\ &= -x^3\cos x + 3x^2\operatorname{sen} x + 6x\cos x - 6\operatorname{sen} x + C\end{aligned}$$

EJEMPLO 5 Usar una fórmula de reducción

Encuentre $\int \frac{\sqrt{3-5x}}{2x}\,dx$

Solución Considere las dos fórmulas siguientes.

$$\int \frac{1}{u\sqrt{a+bu}}\,du = \frac{1}{\sqrt{a}}\ln\left|\frac{\sqrt{a+bu}-\sqrt{a}}{\sqrt{a+bu}+\sqrt{a}}\right| + C \qquad \text{Fórmula 17 } (a > 0).$$

$$\int \frac{\sqrt{a+bu}}{u}\,du = 2\sqrt{a+bu} + a\int \frac{1}{u\sqrt{a+bu}}\,du \qquad \text{Fórmula 19.}$$

Usando la fórmula 19 con $a = 3$, $b = -5$ y $u = x$, se obtiene

$$\begin{aligned}\frac{1}{2}\int \frac{\sqrt{3-5x}}{x}\,dx &= \frac{1}{2}\left(2\sqrt{3-5x} + 3\int \frac{dx}{x\sqrt{3-5x}}\right)\\ &= \sqrt{3-5x} + \frac{3}{2}\int \frac{dx}{x\sqrt{3-5x}}\end{aligned}$$

Usando la fórmula 17 con $a = 3$, $b = -5$ y $u = x$, obtiene

$$\begin{aligned}\int \frac{\sqrt{3-5x}}{2x}\,dx &= \sqrt{3-5x} + \frac{3}{2}\left(\frac{1}{\sqrt{3}}\ln\left|\frac{\sqrt{3-5x}-\sqrt{3}}{\sqrt{3-5x}+\sqrt{3}}\right|\right) + C\\ &= \sqrt{3-5x} + \frac{\sqrt{3}}{2}\ln\left|\frac{\sqrt{3-5x}-\sqrt{3}}{\sqrt{3-5x}+\sqrt{3}}\right| + C\end{aligned}$$

■

Funciones racionales de seno y coseno

EJEMPLO 6 **Integrar por tablas**

Encuentre $\displaystyle\int \frac{\operatorname{sen} 2x}{2 + \cos x}\, dx$

Solución Utilice la identidad trigonométrica $\operatorname{sen} 2x = 2 \operatorname{sen} x \cos x$ y la regla del múltiplo constante para reescribir la integral.

$$\int \frac{\operatorname{sen} 2x}{2 + \cos x}\, dx = 2\int \frac{\operatorname{sen} x \cos x}{2 + \cos x}\, dx$$

Una verificación de las formas que implican sen u o cos u en el apéndice B muestra que no se aplica ninguna de las enumeradas. Así, se pueden considerar formas que implican $a + bu$. Por ejemplo,

$$\int \frac{u}{a + bu}\, du = \frac{1}{b^2}(bu - a \ln|a + bu|) + C \qquad \text{Fórmula 3.}$$

Sea $a = 2$, $b = 1$ y $u = \cos x$. Entonces $du = -\operatorname{sen} x\, dx$, y se obtiene

$$\begin{aligned} 2\int \frac{\operatorname{sen} x \cos x}{2 + \cos x}\, dx &= -2\int \frac{(\cos x)(-\operatorname{sen} x\, dx)}{2 + \cos x} \qquad \text{Multiplique y divida entre } -1. \\ &= -2(\cos x - 2 \ln|2 + \cos x|) + C \\ &= -2 \cos x + 4 \ln|2 + \cos x| + C \end{aligned}$$

El ejemplo 6 involucra una expresión racional de sen x y cos x. Cuando no se puede encontrar una integral de esta forma en las tablas de integración, pruebe utilizar la siguiente sustitución especial para convertir la expresión trigonométrica a una expresión racional estándar.

Sustitución de funciones racionales de seno y coseno

Para integrales que implican funciones racionales de seno y coseno, la sustitución

$$u = \frac{\operatorname{sen} x}{1 + \cos x} = \tan \frac{x}{2}$$

da como resultado

$$\cos x = \frac{1 - u^2}{1 + u^2}, \quad \operatorname{sen} x = \frac{2u}{1 + u^2} \quad \text{y} \quad dx = \frac{2\, du}{1 + u^2}$$

Demostración De la sustitución de u, se tiene que

$$u^2 = \frac{\operatorname{sen}^2 x}{(1 + \cos x)^2} = \frac{1 - \cos^2 x}{(1 + \cos x)^2} = \frac{1 - \cos x}{1 + \cos x}$$

Resolviendo para cos x, obtiene

$$\cos x = \frac{1 - u^2}{1 + u^2}$$

Para hallar sen x, escriba $u = (\operatorname{sen} x)/(1 + \cos x)$ como

$$\operatorname{sen} x = u(1 + \cos x) = u\left(1 + \frac{1 - u^2}{1 + u^2}\right) = \frac{2u}{1 + u^2}$$

Por último, para hallar dx considere $u = \tan(x/2)$. Entonces se obtiene $\arctan u = x/2$ y

$$dx = \frac{2\, du}{1 + u^2}$$

7.7 Ejercicios

Las respuestas a los ejercicios impares pueden consultarse en el Apéndice de este libro.

Repaso de conceptos

1. ¿Qué fórmula de la tabla de integrales utilizaría para encontrar la siguiente integral? Explique su respuesta.

$$\int \frac{\sqrt{5-9x^2}}{x^2}\,dx$$

2. Describa qué se entiende por una fórmula de reducción. Dé un ejemplo.

Integrar por tablas **En los ejercicios 3 y 4, utilice una tabla de integrales con formas que involucran $a + bu$ para encontrar la integral indefinida.**

3. $\int \frac{x^2}{5+x}\,dx$
4. $\int \frac{2}{x^2(4+3x)^2}\,dx$

Integrar por tablas **En los ejercicios 5 y 6, use una tabla de integrales con las formas que involucran $\sqrt{a^2-u^2}$ para encontrar la integral indefinida.**

5. $\int \frac{1}{x^2\sqrt{1-x^2}}\,dx$
6. $\int \frac{\sqrt{64-x^4}}{x}\,dx$

Integrar por tablas **En los ejercicios 7 a 10, use una tabla de integrales con formas que involucran funciones trigonométricas para encontrar la integral indefinida.**

7. $\int \cos^4 3x\,dx$
8. $\int \frac{\operatorname{sen}^4\sqrt{x}}{\sqrt{x}}\,dx$
9. $\int \frac{1}{\sqrt{x}\left(1-\cos\sqrt{x}\right)}\,dx$
10. $\int \frac{1}{1+\cot 4x}\,dx$

Integrar por tablas **En los ejercicios 11 y 12, use una tabla de integrales con formas que implican e^u para encontrar la integral indefinida.**

11. $\int \frac{1}{1+e^{2x}}\,dx$
12. $\int e^{-4x}\operatorname{sen} 3x\,dx$

Integrar por tablas **En los ejercicios 13 y 14, utilice una tabla de integrales con formas que implican $\ln u$ para encontrar la integral indefinida.**

13. $\int x^6 \ln x\,dx$
14. $\int (\ln x)^3\,dx$

Usar dos métodos **En los ejercicios 15 a 18, calcule la integral indefinida (a) utilizando tablas de integración y (b) utilizando el método indicado.**

	Integral	Método
15.	$\int \ln \frac{x}{3}\,dx$	Integración por partes
16.	$\int \operatorname{sen}^2 3x\,dx$	Fórmula de reducción de potencias
17.	$\int \frac{1}{x^2(x-1)}\,dx$	Fracciones parciales
18.	$\int \frac{dx}{(4+x^2)^{3/2}}$	Sustitución trigonométrica

Encontrar una integral indefinida **En los ejercicios 19 a 40, utilice tablas de integración para encontrar la integral indefinida.**

19. $\int x\,\operatorname{arccsc}(x^2+1)\,dx$
20. $\int \operatorname{arccot}(4x-5)\,dx$
21. $\int \frac{2}{x^3\sqrt{x^4-1}}\,dx$
22. $\int \frac{1}{x^2+4x+8}\,dx$
23. $\int \frac{x}{(7-6x)^2}\,dx$
24. $\int \frac{\theta^3}{1+\operatorname{sen}\theta^4}\,d\theta$
25. $\int e^x \arccos e^x\,dx$
26. $\int \frac{e^x}{1-\tan e^x}\,dx$
27. $\int \frac{x}{1-\sec x^2}\,dx$
28. $\int \frac{1}{t[1+(\ln t)^2]}\,dx$
29. $\int \frac{\cos\theta}{3+2\operatorname{sen}\theta+\operatorname{sen}^2\theta}\,d\theta$
30. $\int x^2\sqrt{3+25x^2}\,dx$
31. $\int \frac{1}{x^2\sqrt{2+9x^2}}\,dx$
32. $\int \sqrt{x}\arctan x^{3/2}\,dx$
33. $\int \frac{\ln x}{x(3+2\ln x)}\,dx$
34. $\int \frac{e^x}{(1-e^{2x})^{3/2}}\,dx$
35. $\int \frac{x}{(x^2-6x+10)^2}\,dx$
36. $\int \sqrt{\frac{5-x}{5+x}}\,dx$
37. $\int \frac{x}{\sqrt{x^4-6x^2+5}}\,dx$
38. $\int \frac{\cos x}{\sqrt{\operatorname{sen}^2 x+1}}\,dx$
39. $\int \frac{e^{3x}}{(1+e^x)^3}\,dx$
40. $\int \cot^4\theta\,d\theta$

Evaluar una integral definida **En los ejercicios 41 a 48, utilice tablas de integración para calcular la integral definida.**

41. $\int_0^1 \frac{x}{\sqrt{1+x}}\,dx$
42. $\int_0^1 2x^3e^{x^2}\,dx$
43. $\int_1^2 x^4\ln x\,dx$
44. $\int_0^{\pi/2} x\operatorname{sen} 2x\,dx$
45. $\int_{-\pi/2}^{\pi/2} \frac{\cos x}{1+\operatorname{sen}^2 x}\,dx$
46. $\int_0^5 \frac{x^2}{(5+2x)^2}\,dx$
47. $\int_0^{\pi/2} t^3\cos t\,dt$
48. $\int_0^3 \sqrt{x^2+16}\,dx$

Verificar una fórmula **En los ejercicios 49 a 54, verifique la fórmula de integración.**

49. $\int \frac{u^2}{(a+bu)^2}\,du = \frac{1}{b^3}\left(bu - \frac{a^2}{a+bu} - 2a\ln|a+bu|\right) + C$

50. $\int \frac{u^n}{\sqrt{a+bu}}\,du = \frac{2}{(2n+1)b}\left(u^n\sqrt{a+bu} - na\int \frac{u^{n-1}}{\sqrt{a+bu}}\,du\right)$

51. $\displaystyle\int \frac{1}{(u^2 \pm a^2)^{3/2}}\, du = \frac{\pm u}{a^2\sqrt{u^2 \pm a^2}} + C$

52. $\displaystyle\int u^n \cos u\, du = u^n \operatorname{sen} u - n\int u^{n-1} \operatorname{sen} u\, du$

53. $\displaystyle\int \arctan u\, du = u \arctan u - \ln\sqrt{1 + u^2} + C$

54. $\displaystyle\int (\ln u)^n\, du = u(\ln u)^n - n\int (\ln u)^{n-1}\, du$

Encontrar o evaluar una integral **En los ejercicios 55 a 62, encuentre o evalúe la integral.**

55. $\displaystyle\int \frac{1}{2 - 3 \operatorname{sen} \theta}\, d\theta$

56. $\displaystyle\int \frac{\operatorname{sen} \theta}{1 + \cos^2 \theta}\, d\theta$

57. $\displaystyle\int_0^{\pi/2} \frac{1}{1 + \operatorname{sen} \theta + \cos \theta}\, d\theta$

58. $\displaystyle\int_0^{\pi/2} \frac{1}{3 - 2 \cos \theta}\, d\theta$

59. $\displaystyle\int \frac{\operatorname{sen} \theta}{3 - 2 \cos \theta}\, d\theta$

60. $\displaystyle\int \frac{\cos \theta}{1 + \cos \theta}\, d\theta$

61. $\displaystyle\int \frac{\operatorname{sen} \sqrt{\theta}}{\sqrt{\theta}}\, d\theta$

62. $\displaystyle\int \frac{4}{\csc \theta - \cot \theta}\, d\theta$

Área **En los ejercicios 63 y 64, encuentre el área de la región acotada por las gráficas de las ecuaciones.**

63. $y = \dfrac{x}{\sqrt{x + 3}},\ y = 0,\ x = 6$

64. $y = \dfrac{x}{1 + e^{x^2}},\ y = 0,\ x = 2$

Exploración de conceptos

65. (a) Evalúe $\int x^n \ln x\, dx$ para $n = 1, 2$ y 3. Describa cualquier patrón que observe.

(b) Escriba una regla general para la evaluación de la integral en el inciso (a), para un entero $n \geq 1$.

(c) Verifique la regla obtenida en el inciso (b) mediante una integración por partes.

66. Establezca el método o fórmula de integración que utilizaría para encontrar la antiderivada. Explique por qué eligió ese método o fórmula. No integre.

(a) $\displaystyle\int \frac{e^x}{e^{2x} + 1}\, dx$ (b) $\displaystyle\int \frac{e^x}{e^x + 1}\, dx$ (c) $\displaystyle\int xe^{x^2}\, dx$

(d) $\displaystyle\int xe^x\, dx$ (e) $\displaystyle\int e^{2x}\sqrt{e^{2x} + 1}\, dx$

67. **Trabajo** Un cilindro hidráulico en una máquina industrial empuja un bloque de acero a una distancia de x pies $(0 \leq x \leq 5)$, donde la fuerza variable requerida es $F(x) = 2000xe^{-x}$ libras. Calcule el trabajo realizado al empujar el bloque un máximo de 5 pies a través de la máquina.

68. **Trabajo** Repita el ejercicio 67, usando $F(x) = \dfrac{500x}{\sqrt{26 - x^2}}$ libras.

69. **Población** Una población está creciendo de acuerdo con el modelo logístico

$$N = \frac{5000}{1 + e^{4.8 - 1.9t}}$$

donde t es el tiempo en días. Encuentra la población media en el intervalo $[0, 2]$.

70. **¿CÓMO LO VE?** Utilice la gráfica de f' que se muestra en la figura para responder lo siguiente.

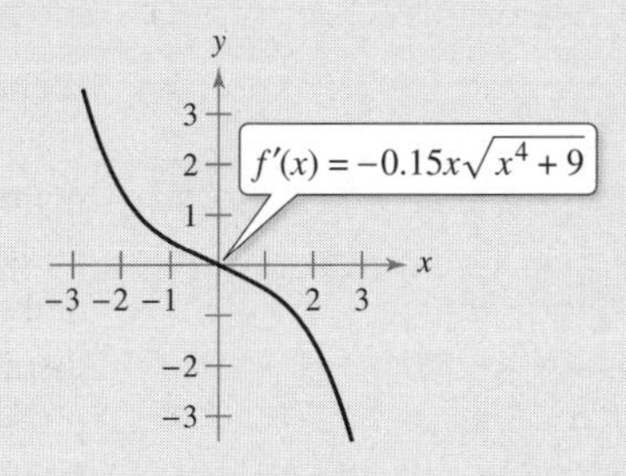

(a) Calcule la pendiente de f en $x = -1$. Explique.

(b) Aproxime los intervalos abiertos sobre los que la gráfica de f es creciente y los intervalos abiertos sobre los que es decreciente. Explique.

71. **Volumen** Considere la región acotada por las gráficas de

$y = x\sqrt{16 - x^2},\ y = 0,\ x = 0$ y $x = 4$

Encuentre el volumen del sólido generado al girar la región sobre el eje y.

72. **Diseñar edificaciones** La sección transversal de una viga de concreto prefabricado para un edificio está acotada por las gráficas de las ecuaciones

$$x = \frac{2}{\sqrt{1 + y^2}},\ x = \frac{-2}{\sqrt{1 + y^2}},\ y = 0 \text{ y } y = 3$$

donde x y y se miden en pies. La longitud de la viga es de 20 pies (vea la figura).

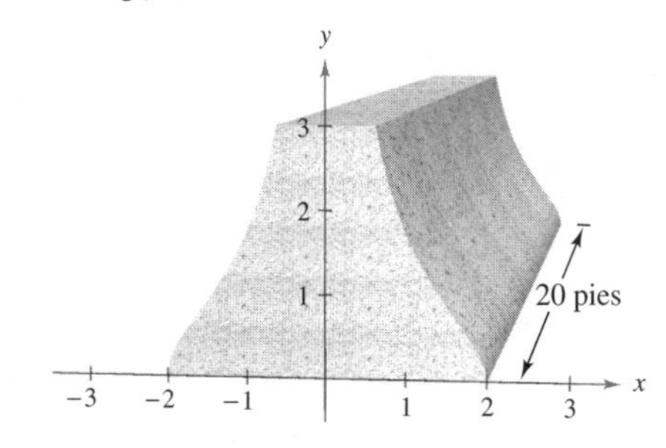

(a) Encuentre el volumen V y el peso W de la viga. Suponga que el concreto pesa 148 libras por pie cúbico.

(b) Encuentre el centroide de una sección transversal de la viga.

DESAFÍO DEL EXAMEN PUTNAM

73. Evalúe $\displaystyle\int_0^{\pi/2} \frac{dx}{1 + (\tan x)^{\sqrt{2}}}$

Este problema fue preparado por el Committee on the Putnam Prize Competition.

7.8 Integrales impropias

- Evaluar una integral impropia que tiene un límite de integración infinito.
- Evaluar una integral impropia que tiene una discontinuidad infinita.

Integrales impropias con límites de integración infinitos

La definición de una integral definida

$$\int_a^b f(x)\,dx$$

requiere que el intervalo $[a, b]$ sea finito. Por otra parte, el teorema fundamental del cálculo, con el que se han estado evaluando las integrales definidas, requiere que f sea continua en $[a, b]$. En esta sección se estudiará un procedimiento para la evaluación de las integrales que por lo general no cumplen estos requisitos, ya sea porque uno o ambos de los límites de integración son infinitos, o porque f tiene un número finito de discontinuidades infinitas en el intervalo $[a, b]$. Las integrales con cualquiera de estas propiedades son **integrales impropias**. Se dice que una función f tiene una **discontinuidad infinita** en c cuando, *desde la derecha o la izquierda,*

$$\lim_{x\to c} f(x) = \infty \quad \text{o} \quad \lim_{x\to c} f(x) = -\infty$$

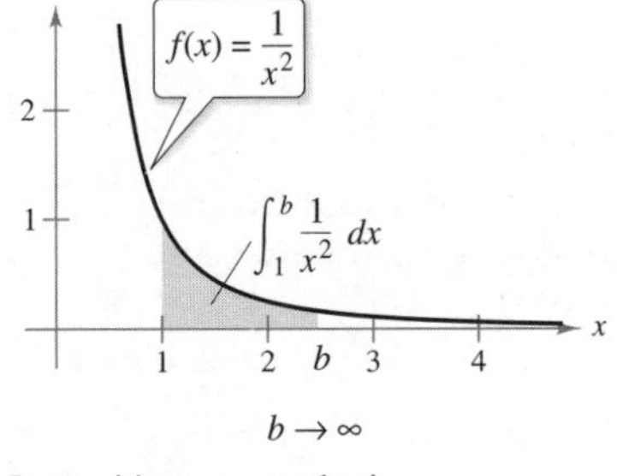

La región no acotada tiene una superficie de 1.
Figura 7.21

Para tener una idea de cómo evaluar una integral impropia, considere la integral

$$\int_1^b \frac{dx}{x^2} = -\frac{1}{x}\bigg]_1^b = -\frac{1}{b} + 1 = 1 - \frac{1}{b}$$

que se puede interpretar como el área de la región sombreada que se muestra en la figura 7.21. Tomando el límite cuando $b \to \infty$ se obtiene

$$\int_1^\infty \frac{dx}{x^2} = \lim_{b\to\infty}\left(\int_1^b \frac{dx}{x^2}\right) = \lim_{b\to\infty}\left(1 - \frac{1}{b}\right) = 1$$

Esta integral impropia se puede interpretar como el área de la región *acotada* entre la gráfica de $f(x) = 1/x^2$ y el eje x (a la derecha de $x = 1$).

Para ver la figura a color, acceda al código

Definición de integrales impropias con límites de integración infinitos

1. Si una función f es continua en el intervalo $[a, \infty)$, entonces
$$\int_a^\infty f(x)\,dx = \lim_{b\to\infty}\int_a^b f(x)\,dx$$
2. Si una función f es continua en el intervalo $(-\infty, b]$, entonces
$$\int_{-\infty}^b f(x)\,dx = \lim_{a\to-\infty}\int_a^b f(x)\,dx$$
3. Si una función f es continua en el intervalo $(-\infty, \infty)$, entonces
$$\int_{-\infty}^\infty f(x)\,dx = \int_{-\infty}^c f(x)\,dx + \int_c^\infty f(x)\,dx$$
donde c es cualquier número real (vea el ejercicio 107).

En los dos primeros casos, la integral impropia **converge** cuando el límite existe; de lo contrario, la integral impropia **diverge**. En el tercer caso, la integral impropia de la izquierda diverge cuando alguna de las integrales impropias de la derecha diverge.

EJEMPLO 1 Divergencia de una integral impropia

Evalúe $\displaystyle\int_1^b \frac{dx}{x}$

Solución

$$\int_1^{\infty} \frac{dx}{x} = \lim_{b\to\infty} \int_1^b \frac{dx}{x} \qquad \text{Tome el límite como } b \to \infty.$$

$$= \lim_{b\to\infty} \Big[\ln x\Big]_1^b \qquad \text{Aplique la regla de logaritmo.}$$

$$= \lim_{b\to\infty} (\ln b - 0) \qquad \text{Aplique el teorema fundamental del cálculo.}$$

$$= \infty \qquad \text{Evalúe el límite.}$$

No existe el límite. Así, se puede concluir que la integral impropia diverge. Vea la figura 7.22. ■

Esta región no acotada tiene un área infinita.
Figura 7.22

Compare las regiones mostradas en las figuras 7.21 y 7.22. Tienen un aspecto similar, pero la región de la figura 7.21 es un área finita de 1 y la de la figura 7.22 tiene un área infinita.

EJEMPLO 2 Convergencia de las integrales impropias

Evalúe cada una de las integrales impropias.

a. $\displaystyle\int_0^{\infty} e^{-x}\,dx$

b. $\displaystyle\int_0^{\infty} \frac{1}{x^2+1}\,dx$

Para ver las figuras a color, acceda al código

Solución

a. $$\int_0^{\infty} e^{-x}\,dx = \lim_{b\to\infty} \int_0^b e^{-x}\,dx$$

$$= \lim_{b\to\infty} \Big[-e^{-x}\Big]_0^b$$

$$= \lim_{b\to\infty} (-e^{-b} + 1)$$

$$= 1$$

Vea la figura 7.23(a).

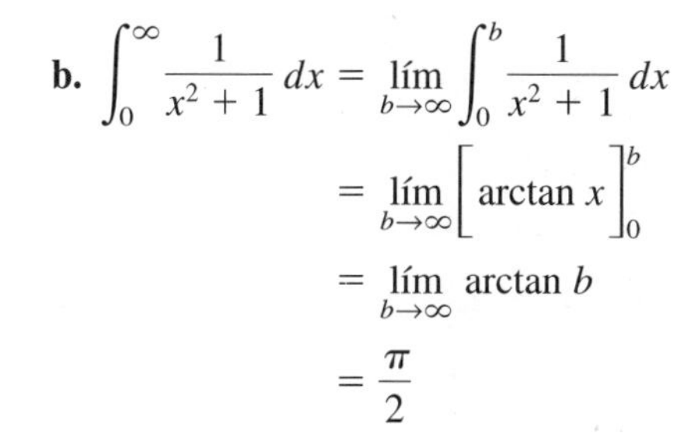

b. $$\int_0^{\infty} \frac{1}{x^2+1}\,dx = \lim_{b\to\infty} \int_0^b \frac{1}{x^2+1}\,dx$$

$$= \lim_{b\to\infty} \Big[\arctan x\Big]_0^b$$

$$= \lim_{b\to\infty} \arctan b$$

$$= \frac{\pi}{2}$$

Vea la figura 7.23(b).

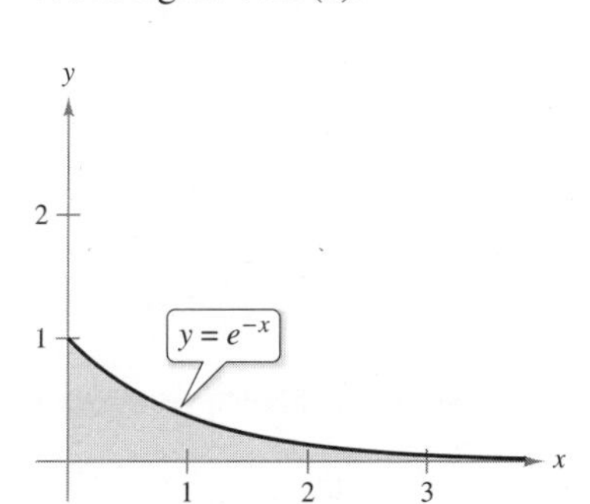

(a) El área de la región no acotada es 1.

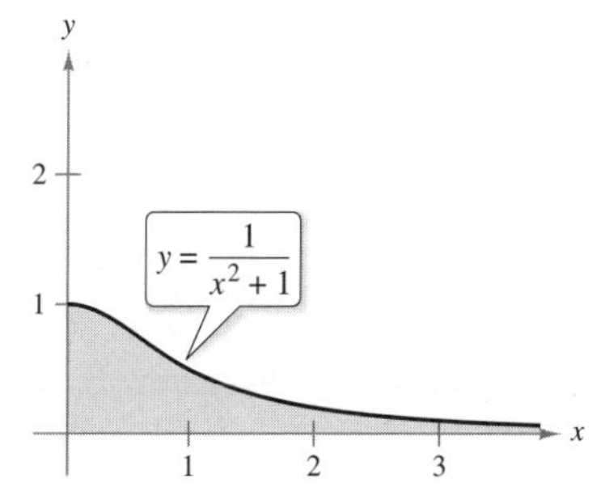

(b) El área de la región no acotada es $\pi/2$.

Figura 7.23 ■

En el siguiente ejemplo, observe cómo la regla de L'Hôpital se puede utilizar para evaluar una integral impropia.

EJEMPLO 3 Usar la regla de L'Hôpital con una integral impropia

Evalúe $\displaystyle\int_0^{\infty} (1 - x)e^{-x}\, dx$

Solución Utilice la integración por partes, con $dv = e^{-x}\, dx$ y $u = (1 - x)$.

$$\int (1 - x)e^{-x}\, dx = -e^{-x}(1 - x) - \int e^{-x}\, dx$$
$$= -e^{-x} + xe^{-x} + e^{-x} + C$$
$$= xe^{-x} + C$$

Ahora, aplique la definición de integral impropia.

$$\int_1^{\infty} (1 - x)e^{-x}\, dx = \lim_{b\to\infty} \Big[xe^{-x}\Big]_1^b$$
$$= \lim_{b\to\infty} \left(\frac{1}{e^b} - \frac{1}{e}\right)$$
$$= \lim_{b\to\infty} \frac{1}{e^b} - \lim_{b\to\infty} \frac{1}{e}$$

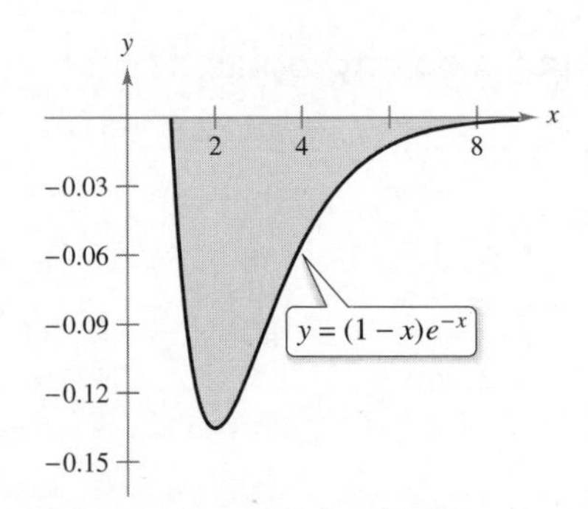

El área de la región acotada es $|-1/e|$.
Figura 7.24

Para el primer límite, use la regla de L'Hôpital.

$$\lim_{b\to\infty} \frac{b}{e^b} = \lim_{b\to\infty} \frac{1}{e^b} = 0$$

Por tanto, puede concluir que

$$\int_1^{\infty} (1 - x)e^{-x}\, dx = \lim_{b\to\infty} \frac{1}{e^b} - \lim_{b\to\infty} \frac{1}{e}$$
$$= 0 - \frac{1}{e}$$
$$= -\frac{1}{e}$$

Vea la figura 7.24.

EJEMPLO 4 Límites de integración superior e inferior infinitos

Evalúe $\displaystyle\int_{-\infty}^{\infty} \frac{e^x}{1 + e^{2x}}\, dx$

Para ver las figuras a color, acceda al código

Solución Observe que el integrando es continuo en $(-\infty, \infty)$. Para evaluar la integral, se puede dividir en dos partes, eligiendo $c = 0$ como un valor conveniente.

$$\int_{-\infty}^{\infty} \frac{e^x}{1 + e^{2x}}\, dx = \int_{-\infty}^{0} \frac{e^x}{1 + e^{2x}}\, dx + \int_0^{\infty} \frac{e^x}{1 + e^{2x}}\, dx$$
$$= \lim_{a\to-\infty} \Big[\arctan e^x\Big]_a^0 + \lim_{b\to\infty} \Big[\arctan e^x\Big]_0^b$$
$$= \lim_{a\to-\infty} \left(\frac{\pi}{4} - \arctan e^a\right) + \lim_{b\to\infty} \left(\arctan e^b - \frac{\pi}{4}\right)$$
$$= \frac{\pi}{4} - 0 + \frac{\pi}{2} - \frac{\pi}{4}$$
$$= \frac{\pi}{2}$$

Vea la figura 7.25.

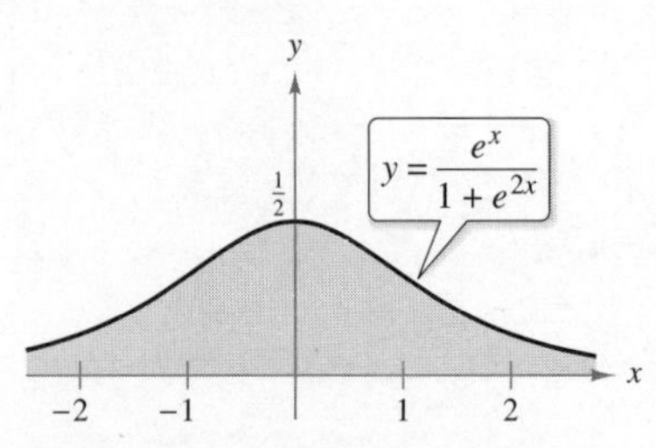

El área de la región no acotada es $\pi/2$.
Figura 7.25

EJEMPLO 5 **Puesta en órbita de un módulo espacial**

En el ejemplo 3 en la sección 7.5, encontró que requeriría 10 000 millas-toneladas de trabajo para impulsar un módulo espacial de 15 toneladas métricas a una altura de 800 millas sobre la Tierra. ¿Cuánto trabajo se requiere para impulsar el módulo una distancia no acotada lejos de la superficie de la Tierra?

Solución Al principio se podría pensar que sería necesaria una cantidad infinita de trabajo. Pero si este fuera el caso, sería imposible enviar cohetes al espacio exterior. Debido a que esto ya se ha hecho, el trabajo que se requiere debe ser finito. Se puede determinar el trabajo de la manera siguiente. Use la integral del ejemplo 3, sección 7.5, reemplace el límite superior de 4 800 millas por ∞ y escriba

$$W = \int_{4000}^{\infty} \frac{240\,000\,000}{x^2}\,dx$$

$$= \lim_{b\to\infty}\left[-\frac{240\,000\,000}{x}\right]_{4000}^{b} \qquad \text{Integre.}$$

$$= \lim_{b\to\infty}\left(-\frac{240\,000\,000}{b} + \frac{240\,000\,000}{4000}\right)$$

$$= 60\,000 \text{ millas-toneladas} \qquad 1 \text{ milla} = 5\,280 \text{ pies;}$$

$$= 6.336 \times 10^{11} \text{ pies-libras} \qquad 1 \text{ ton} = 2\,000 \text{ libras}$$

En las unidades del SI, usando un factor de conversión de

$$1 \text{ pie-libra} \approx 1.35582 \text{ joules}$$

el trabajo realizado es $W \approx 8.59 \times 10^{11}$ joules. ■

Integrales impropias con discontinuidades infinitas

El segundo tipo básico de integral impropia es uno que tiene una discontinuidad infinita *en o entre* los límites de integración.

Definición de integrales impropias con discontinuidades infinitas

1. Si una función f es continua en el intervalo $[a, b)$ y tiene una discontinuidad infinita en b, entonces

$$\int_a^b f(x)\,dx = \lim_{c\to b^-}\int_a^c f(x)\,dx$$

2. Si una función f es continua en el intervalo $(a, b]$ y tiene una discontinuidad infinita en a, entonces

$$\int_a^b f(x)\,dx = \lim_{c\to a^+}\int_c^b f(x)\,dx$$

3. Si una función f es continua en el intervalo $[a, b]$ excepto por alguna c en (a, b) en la que f tiene una discontinuidad infinita, entonces

$$\int_a^b f(x)\,dx = \int_a^c f(x)\,dx + \int_c^b f(x)\,dx$$

En los dos primeros casos, la integral impropia **converge** cuando el límite existe, de lo contrario, la integral impropia **diverge**. En el tercer caso, la integral impropia de la izquierda diverge cuando alguna de las integrales impropias de la derecha diverge.

EJEMPLO 6 Integral impropia con una discontinuidad infinita

Evalúe $\displaystyle\int_0^1 \frac{dx}{\sqrt[3]{x}}$

Solución El integrando tiene una discontinuidad infinita en $x = 0$, como lo presenta la figura. Puede evaluar esta integral como se muestra a continuación.

$$\int_0^1 x^{-1/3}\,dx = \lim_{b\to 0^+}\left[\frac{x^{2/3}}{2/3}\right]_b^1$$
$$= \lim_{b\to 0^+}\frac{3}{2}(1 - b^{2/3})$$
$$= \frac{3}{2}$$

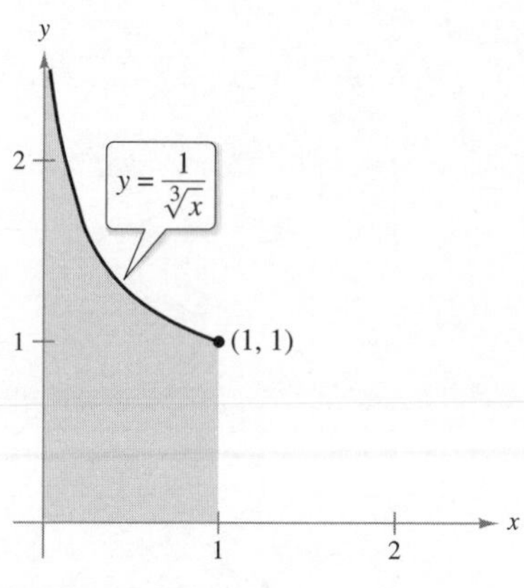

Discontinuidad infinita en $x = 0$

Para ver la figura a color, acceda al código

EJEMPLO 7 Integral impropia divergente

Evalúe $\displaystyle\int_0^2 \frac{dx}{x^3}$

Solución Como el integrando tiene una discontinuidad infinita en $x = 0$, puede escribir

$$\int_0^2 \frac{dx}{x^3} = \lim_{b\to 0^+}\left[-\frac{1}{2x^2}\right]_b^2$$
$$= \lim_{b\to 0^+}\left(-\frac{1}{8} + \frac{1}{2b^2}\right)$$
$$= \infty$$

Por tanto, puede concluir que la integral impropia diverge.

EJEMPLO 8 Integral impropia con una discontinuidad interior

Evalúe $\displaystyle\int_{-1}^2 \frac{dx}{x^3}$

Solución Esta integral es impropia porque el integrando tiene una discontinuidad infinita en el punto interior $x = 0$, como se muestra en la figura 7.26. Por tanto, puede escribir

$$\int_{-1}^2 \frac{dx}{x^3} = \int_{-1}^0 \frac{dx}{x^3} + \int_0^2 \frac{dx}{x^3}$$

Del ejemplo 7, sabe que la segunda integral diverge. Por tanto, la integral impropia original también diverge. ■

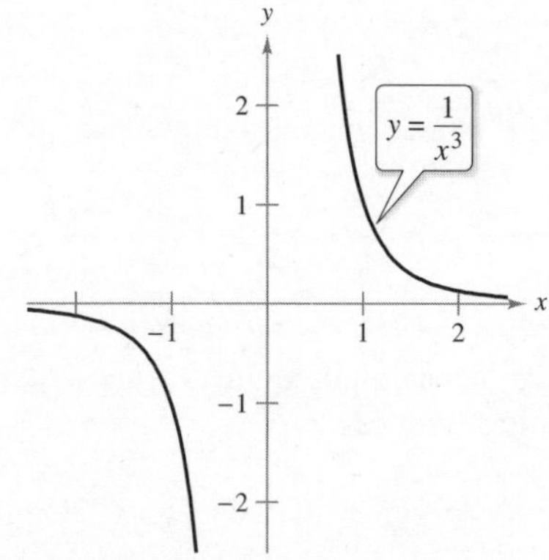

La integral impropia $\displaystyle\int_{-1}^2 \frac{dx}{x^3}$ diverge.

Figura 7.26

Recuerde que debe comprobar si hay discontinuidades infinitas en puntos interiores, así como en los puntos terminales para determinar si una integral es impropia. Por ejemplo, si no hubiera reconocido que la integral en el ejemplo 8 era impropia, habría obtenido el resultado *incorrecto*

$$\int_{-1}^2 \frac{dx}{x^3} = \left.\frac{-1}{2x^2}\right]_{-1}^2 = -\frac{1}{8} + \frac{1}{2} = \frac{3}{8}$$ Evaluación incorrecta.

La integral en el siguiente ejemplo es impropia por *dos* razones. Uno de los límites de la integración es infinito, y el integrando tiene una discontinuidad infinita en el límite exterior de la integración.

EJEMPLO 9 Integral doblemente impropia

Consulte LarsonCalculus.com (disponible solo en inglés) para una versión interactiva de este tipo de ejemplo.

Evalúe $\displaystyle\int_0^{\infty} \frac{dx}{\sqrt{x}\,(x+1)}$

Solución Para evaluar esta integral, divídala en un punto conveniente (por ejemplo, $x = 1$) y escriba

$$\begin{aligned}
\int_0^{\infty} \frac{dx}{\sqrt{x}\,(x+1)} &= \int_0^{1} \frac{dx}{\sqrt{x}\,(x+1)} + \int_1^{\infty} \frac{dx}{\sqrt{x}\,(x+1)} \\
&= \lim_{b\to 0^+}\left[2 \arctan \sqrt{x}\right]_b^1 + \lim_{b\to\infty}\left[2 \arctan \sqrt{x}\right]_1^c \\
&= \lim_{b\to 0^+}\left(2 \arctan 1 - 2 \arctan \sqrt{b}\right) + \lim_{b\to\infty}\left(2 \arctan \sqrt{c} - 2 \arctan 1\right) \\
&= 2\left(\frac{\pi}{4}\right) - 0 + 2\left(\frac{\pi}{2}\right) - 2\left(\frac{\pi}{4}\right) \\
&= \pi
\end{aligned}$$

Vea la figura 7.27.

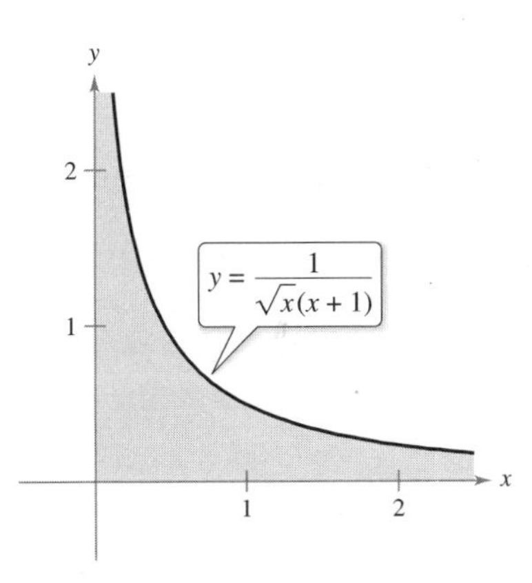

El área de la región acotada es π.
Figura 7.27

EJEMPLO 10 Aplicación que involucra la longitud de arco

Utilice la fórmula para la longitud de arco para mostrar que la circunferencia del círculo $x^2 + y^2 = 1$ es 2π.

Solución Para simplificar el trabajo, considere el cuarto de círculo dado por $y = \sqrt{1 - x^2}$, donde $0 \le x \le 1$. La función y es derivable para cualquier x en este intervalo, excepto $x = 1$. Por lo tanto, la longitud de arco del cuarto de círculo está dada por la integral impropia

Para ver la figura a color, acceda al código

$$\begin{aligned}
s &= \int_0^1 \sqrt{1 + (y')^2}\,dx \\
&= \int_0^1 \sqrt{1 + \left(\frac{-x}{\sqrt{1-x^2}}\right)^2}\,dx \\
&= \int_0^1 \frac{dx}{\sqrt{1-x^2}}
\end{aligned}$$

Esta integral es impropia, ya que tiene una discontinuidad infinita en $x = 1$. Por lo tanto, puede escribir

$$\begin{aligned}
s &= \int_0^1 \frac{dx}{\sqrt{1-x^2}} \\
&= \lim_{b\to 1^-}\left[\operatorname{arcsen} x\right]_0^b \\
&= \lim_{b\to 1^-}(\operatorname{arcsen} b - \operatorname{arcsen} 0) \\
&= \frac{\pi}{2} - 0 \\
&= \frac{\pi}{2}
\end{aligned}$$

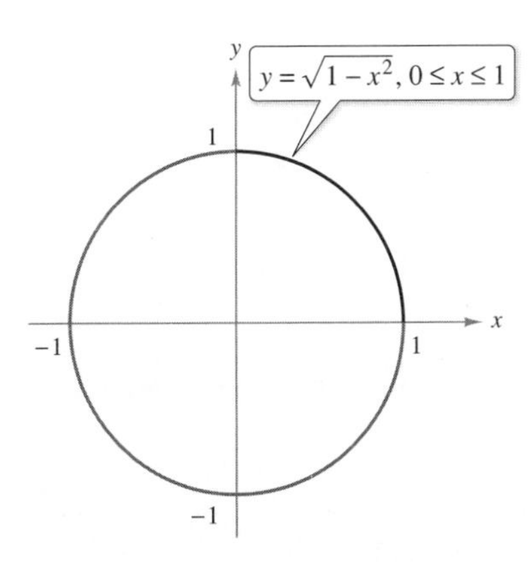

La circunferencia del círculo es 2π.
Figura 7.28

Finalmente, multiplicando por 4, puede concluir que la circunferencia del círculo es $4s = 2\pi$, como se muestra en la figura 7.28.

Esta sección concluye con un teorema útil para describir la convergencia o divergencia de un tipo común de integral impropia. La demostración de este teorema se deja como ejercicio (vea el ejercicio 49).

TEOREMA 7.7 Un tipo especial de integral impropia

$$\int_1^{\infty} \frac{dx}{x^p} = \begin{cases} \dfrac{1}{p-1}, & p > 1 \\ \text{diverge}, & p \leq 1 \end{cases}$$

EJEMPLO 11 Una aplicación que involucra un sólido de revolución

El sólido formado al girar (alrededor del eje x) la región *no acotada* que se extiende entre la gráfica de $f(x) = 1/x$ y el eje x $(x \geq 1)$ recibe el nombre de **cuerno de Gabriel**. (Vea la figura 7.29.) Demuestre que este sólido tiene un volumen finito y una superficie infinita.

PARA INFORMACIÓN ADICIONAL Para investigación adicional de los sólidos que tienen volúmenes finitos y superficies infinitas, consulte el artículo “Supersolids: Solids Having Finite Volume and Infinite Surfaces” por William P. Love en *Mathematics Teacher*. Para ver este artículo, visite *MathArticles*.com (disponible solo en inglés).

Solución Utilizando el método de disco y el teorema 7.7, puede determinar que el volumen es

$$\begin{aligned} V &= \pi \int_1^{\infty} \left(\frac{1}{x}\right)^2 dx && \text{Teorema 7.7, } p = 2 > 1 \\ &= \pi\left(\frac{1}{2-1}\right) \\ &= \pi \end{aligned}$$

El área de superficie está dada por

$$S = 2\pi \int_1^{\infty} f(x)\sqrt{1 + [f'(x)]^2}\, dx = 2\pi \int_1^{\infty} \frac{1}{x}\sqrt{1 + \frac{1}{x^4}}\, dx$$

Ya que

$$\sqrt{1 + \frac{1}{x^4}} > 1$$

en el intervalo $[1, \infty)$ y la integral impropia

$$\int_1^{\infty} \frac{1}{x}\, dx$$

diverge, puede concluir que la integral impropia

$$\int_1^{\infty} \frac{1}{x}\sqrt{1 + \frac{1}{x^4}}\, dx$$

también diverge. (Vea el ejercicio 52.) Por tanto, el área de superficie es infinita.

Para ver la figura a color, acceda al código

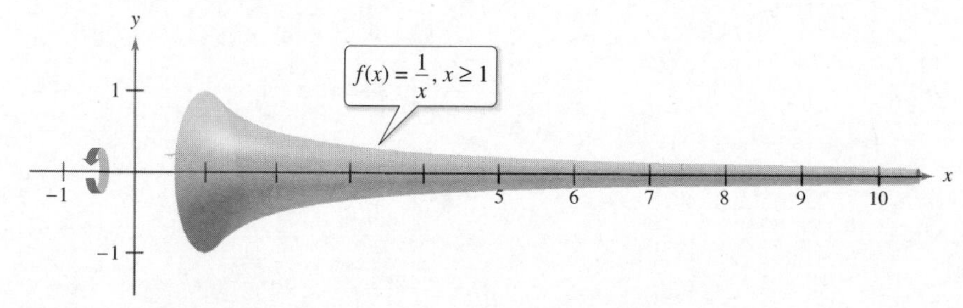

El cuerno de Gabriel tiene un volumen finito y una superficie infinita.
Figura 7.29

PARA INFORMACIÓN ADICIONAL Para aprender sobre otra función que tiene un volumen finito y una superficie infinita, consulte el artículo “Gabriel’s Wedding Cake” por Julian F. Fleron en *The College Mathematics Journal*. Para ver este artículo, visite *MathArticles.com* (disponible solo en inglés).

7.8 Ejercicios

Las respuestas a los ejercicios impares pueden consultarse en el Apéndice de este libro.

Repaso de conceptos

1. Describa tres maneras en las que una integral es impropia.

2. Explique qué significa que una integral impropia converja.

3. Explique cómo evaluar una integral impropia que tiene un límite de integración infinito.

4. ¿Para qué valores de a es impropia cada integral? Explique su respuesta.

(a) $\displaystyle\int_a^5 \frac{1}{x+2}\,dx$ (b) $\displaystyle\int_a^4 \frac{x}{3x-1}\,dx$

Determinar si una integral es impropia **En los ejercicios 5 a 12, debe decidir si la integral es impropia. Explique su razonamiento.**

5. $\displaystyle\int_0^1 \frac{dx}{5x-3}$ **6.** $\displaystyle\int_1^2 \frac{dx}{x^3}$

7. $\displaystyle\int_0^1 \frac{2x-5}{x^2-5x+6}\,dx$ **8.** $\displaystyle\int_1^\infty \ln x^2\,dx$

9. $\displaystyle\int_0^2 e^{-x}\,dx$ **10.** $\displaystyle\int_0^\infty \cos x\,dx$

11. $\displaystyle\int_{-\infty}^\infty \frac{\operatorname{sen} x}{4+x^2}\,dx$ **12.** $\displaystyle\int_0^{\pi/4} \csc x\,dx$

Evaluar una integral impropia **En los ejercicios 13 a 16, explique por qué la integral es impropia y determine si diverge o converge. Evalúe la integral si converge.**

13. $\displaystyle\int_0^4 \frac{1}{\sqrt{x}}\,dx$ **14.** $\displaystyle\int_3^4 \frac{1}{(x-3)^{3/2}}\,dx$

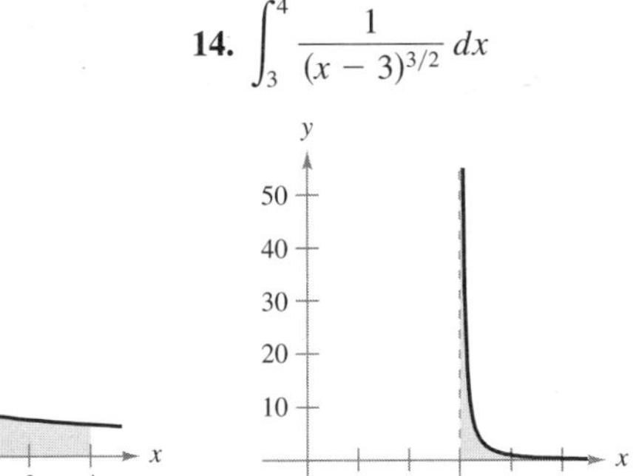

15. $\displaystyle\int_0^2 \frac{1}{(x-1)^2}\,dx$ **16.** $\displaystyle\int_{-\infty}^0 e^{3x}\,dx$

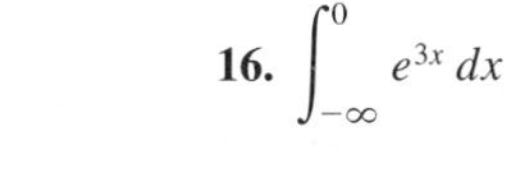

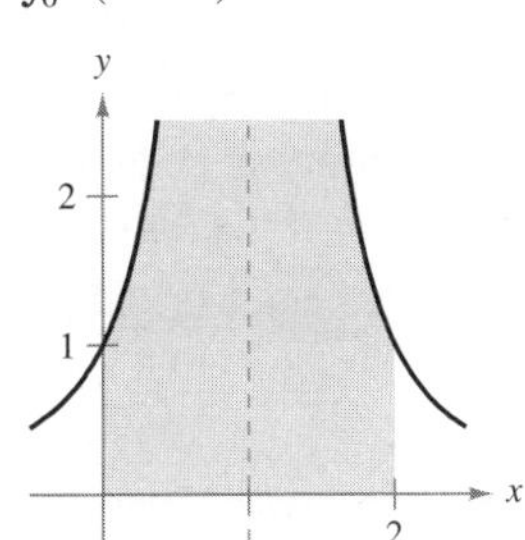

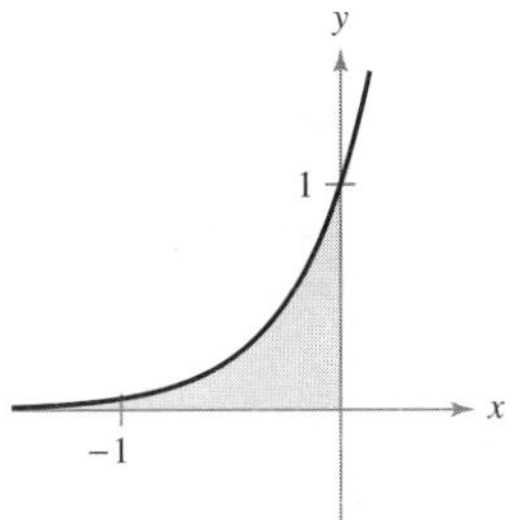

Evaluar una integral impropia **En los ejercicios 17 a 32, determine si la integral impropia diverge o converge. Evalúe la integral si converge.**

17. $\displaystyle\int_2^\infty \frac{1}{x^3}\,dx$ **18.** $\displaystyle\int_3^\infty \frac{1}{(x-1)^4}\,dx$

19. $\displaystyle\int_1^\infty \frac{3}{\sqrt[3]{x}}\,dx$ **20.** $\displaystyle\int_1^\infty \frac{4}{\sqrt[4]{x}}\,dx$

21. $\displaystyle\int_0^\infty e^{x/3}\,dx$ **22.** $\displaystyle\int_{-\infty}^0 xe^{-4x}\,dx$

23. $\displaystyle\int_0^\infty x^2e^{-x}\,dx$ **24.** $\displaystyle\int_0^\infty e^{-x}\cos x\,dx$

25. $\displaystyle\int_4^\infty \frac{1}{x(\ln x)^3}\,dx$ **26.** $\displaystyle\int_1^\infty \frac{\ln x}{x}\,dx$

27. $\displaystyle\int_{-\infty}^\infty \frac{4}{16+x^2}\,dx$ **28.** $\displaystyle\int_0^\infty \frac{x^3}{(x^2+1)^2}\,dx$

29. $\displaystyle\int_0^\infty \frac{1}{e^x+e^{-x}}\,dx$ **30.** $\displaystyle\int_0^\infty \frac{e^x}{1+e^x}\,dx$

31. $\displaystyle\int_0^\infty \cos \pi x\,dx$ **32.** $\displaystyle\int_0^\infty \operatorname{sen}\frac{x}{2}\,dx$

Evaluar una integral impropia **En los ejercicios 33 a 48, determine si la integral impropia diverge o converge. Evalúe la integral si converge, y compruebe sus resultados con los resultados obtenidos mediante el uso de las capacidades de integración de una herramienta de graficación.**

33. $\displaystyle\int_0^1 \frac{1}{x^2}\,dx$ **34.** $\displaystyle\int_0^5 \frac{10}{x}\,dx$

35. $\displaystyle\int_0^2 \frac{1}{\sqrt[3]{x-1}}\,dx$ **36.** $\displaystyle\int_0^8 \frac{3}{\sqrt{8-x}}\,dx$

37. $\displaystyle\int_0^1 x\ln x\,dx$ **38.** $\displaystyle\int_0^e \ln x^2\,dx$

39. $\displaystyle\int_0^{\pi/2} \tan\theta\,d\theta$ **40.** $\displaystyle\int_0^{\pi/2} \sec\theta\,d\theta$

41. $\displaystyle\int_2^4 \frac{2}{x\sqrt{x^2-4}}\,dx$ **42.** $\displaystyle\int_3^6 \frac{1}{\sqrt{36-x^2}}\,dx$

43. $\displaystyle\int_3^5 \frac{1}{\sqrt{x^2-9}}\,dx$

44. $\displaystyle\int_0^5 \frac{1}{25-x^2}\,dx$

45. $\displaystyle\int_3^\infty \frac{1}{x\sqrt{x^2-9}}\,dx$

46. $\displaystyle\int_4^\infty \frac{\sqrt{x^2-16}}{x^2}\,dx$

47. $\displaystyle\int_0^\infty \frac{4}{\sqrt{x}(x+6)}\,dx$

48. $\displaystyle\int_1^\infty \frac{1}{x\ln x}\,dx$

Para ver las figuras a color, acceda al código

Encontrar valores **En los ejercicios 49 y 50, determine todos los valores de p para que la integral impropia converja.**

49. $\displaystyle\int_1^{\infty} \frac{1}{x^p}\,dx$ **50.** $\displaystyle\int_0^{1} \frac{1}{x^p}\,dx$

51. Inducción matemática Use inducción matemática para verificar que la siguiente integral converge para cualquier entero positivo n.

$$\int_0^{\infty} x^n e^{-x}\,dx$$

52. Prueba de comparación para integrales impropias En algunos casos, es imposible encontrar el valor exacto de una integral impropia, pero es importante determinar si la integral converge o diverge. Suponga que las funciones f y g son continuas y $0 \le g(x) \le f(x)$ en el intervalo $[a, \infty)$. Se puede demostrar que si $\int_a^{\infty} f(x)\,dx$ converge, entonces $\int_a^{\infty} g(x)\,dx$ también converge, y si $\int_a^{\infty} g(x)\,dx$ diverge, entonces $\int_a^{\infty} f(x)\,dx$ también diverge. Esto se conoce como el criterio de comparación para integrales impropias.

(a) Utilice la prueba de comparación para determinar si $\int_1^{\infty} e^{-x^2}\,dx$ converge o diverge. (*Sugerencia:* Utilice el hecho de que $e^{-x^2} \le e^{-x}$ para $x \ge 1$.)

(b) Utilice la prueba de comparación para determinar si $\displaystyle\int_1^{\infty} \frac{1}{x^5+1}\,dx$ converge o diverge. (*Sugerencia:* Utilice el hecho de que $\dfrac{1}{x^5+1} \le \dfrac{1}{x^5}$ para $x \ge 1$.)

Convergencia o divergencia **En los ejercicios 53 a 60, utilice los resultados de los ejercicios 49 a 52 para determinar si la integral impropia converge o diverge.**

53. $\displaystyle\int_0^{1} \frac{1}{\sqrt[6]{x}}\,dx$ **54.** $\displaystyle\int_0^{1} \frac{1}{x^9}\,dx$

55. $\displaystyle\int_1^{\infty} \frac{1}{x^5}\,dx$ **56.** $\displaystyle\int_0^{\infty} x^4 e^{-x}\,dx$

57. $\displaystyle\int_1^{\infty} \frac{1}{x^2+5}\,dx$ **58.** $\displaystyle\int_2^{\infty} \frac{1}{\sqrt{x-1}}\,dx$

59. $\displaystyle\int_1^{\infty} \frac{1-\operatorname{sen} x}{x^2}\,dx$ **60.** $\displaystyle\int_0^{\infty} \frac{1}{e^x+x}\,dx$

Exploración de conceptos

61. Explique por qué $\displaystyle\int_{-1}^{1} \frac{1}{x^3}\,dx \neq 0$

62. Considere la integral

$$\int_0^{3} \frac{10}{x^2-2x}\,dx$$

Para determinar la convergencia o divergencia de la integral, ¿cuántas integrales impropias deben ser analizadas? ¿Qué debe ser verdad de cada una de estas integrales si la integral dada converge?

Para ver las figuras a color, acceda al código

Área **En los ejercicios 63 a 66, encuentre el área de la región sombreada no acotada.**

63. $y = -\dfrac{7}{(x-1)^3}$, $-\infty < x \le -1$ **64.** $y = -\ln x$

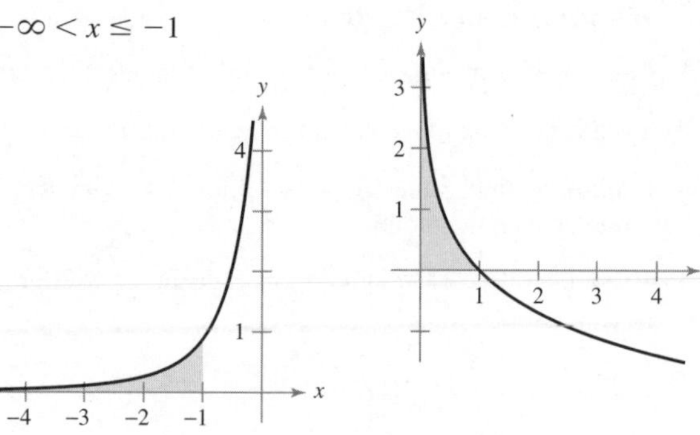

65. Bruja de Agnesi: $y = \dfrac{1}{x^2+1}$ **66.** Bruja de Agnesi: $y = \dfrac{8}{x^2+4}$

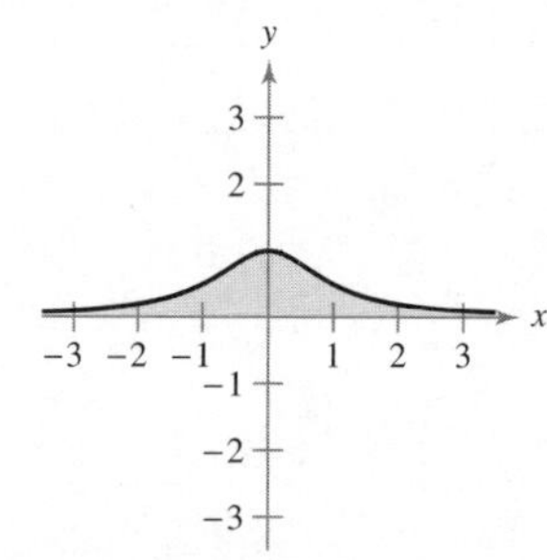

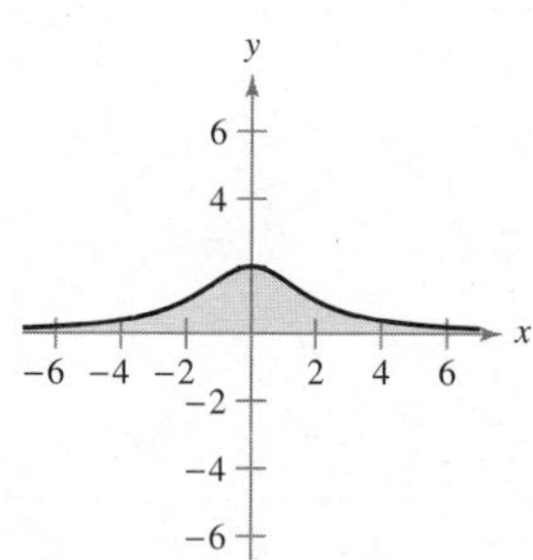

Área y volumen **En los ejercicios 67 y 68, considere la región que satisface las desigualdades. (a) Encuentre el área de la región. (b) Determine el volumen del sólido generado al girar la región alrededor del eje x. (c) Halle el volumen del sólido generado al girar la región sobre el eje y.**

67. $y \le e^{-x}$, $y \ge 0$, $x \ge 0$

68. $y \le \dfrac{1}{x^2}$, $y \ge 0$, $x \ge 1$

69. Longitud de arco Encuentre la longitud del arco de la gráfica de $y = \sqrt{16-x^2}$ en el intervalo $[0, 4]$.

70. Área de una superficie Encuentre el área de la superficie formada al girar la gráfica de $y = 2e^{-x}$ sobre el intervalo $[0, \infty)$ alrededor del eje x.

Propulsión **En los ejercicios 71 y 72, utilice el peso del cohete para responder cada pregunta. (Use 4000 millas como el radio de la Tierra e ignore el efecto de resistencia del aire.)**

(a) ¿Cuánto trabajo se requiere para impulsar el cohete una distancia ilimitada lejos de la superficie de la Tierra?

(b) ¿Qué distancia ha recorrido el cohete cuando se ha producido la mitad del total de trabajo?

71. Cohete de 5 toneladas

72. Cohete de 10 toneladas

Probabilidad Una función f no negativa se llama *de densidad de probabilidad* si

$$\int_{-\infty}^{\infty} f(t)\,dt = 1$$

La probabilidad de que x se encuentre entre a y b está dada por

$$P(a \le x \le b) = \int_a^b f(t)\,dt$$

En los ejercicios 73 y 74, (a) demuestre que la función no negativa es una función de densidad de probabilidad, (b) encuentre $P(0 \le x \le 6)$.

73. $f(t) = \begin{cases} \frac{1}{9}e^{-t/9}, & t \ge 0 \\ 0, & t < 0 \end{cases}$ **74.** $f(t) = \begin{cases} \frac{5}{6}e^{-5t/6}, & t \ge 0 \\ 0, & t < 0 \end{cases}$

75. Probabilidad normal La estatura promedio del hombre estadounidense de entre 20 y 29 años de edad es de 69 pulgadas, y la desviación estándar es de 3 pulgadas. Un hombre de 20 a 29 años de edad, es elegido al azar de la población. La probabilidad de que él tenga 6 pies o más de estatura es

$$P(72 \le x < \infty) = \int_{72}^{\infty} \frac{1}{3\sqrt{2\pi}} e^{-(x-69)^2/18}\,dx$$

(*Fuente: National Center for Health Statistics*)

(a) Use un programa de graficación para trazar el integrando. Utilice la herramienta para convencerse de que el área comprendida entre el eje x y el integrando es 1.

(b) Utilice una herramienta de graficación para aproximar $P(72 \le x < \infty)$.

(c) Aproxime $0.5 - P(69 \le x \le 72)$ utilizando la herramienta de graficación. Utilice la gráfica del inciso (a) para explicar por qué este resultado es el mismo que la respuesta del inciso (b).

76. ¿CÓMO LO VE? La gráfica muestra la función de densidad de probabilidad para una marca de automóviles que tiene una eficiencia de combustible promedio de 26 millas por galón y una desviación estándar de 2.4 millas por galón.

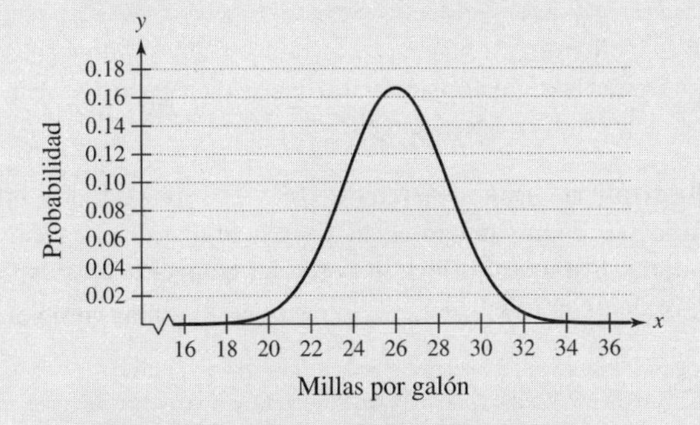

(a) ¿Cuál es mayor, la probabilidad de elegir al azar un automóvil que rinda entre 26 y 28 millas por galón o la probabilidad de elegir al azar uno que rinda entre 22 y 24 millas por galón?

(b) ¿Cuál es mayor, la probabilidad de elegir al azar un automóvil que rinda entre 20 y 22 millas por galón o la probabilidad de elegir al azar uno que rinda por lo menos 30 millas por galón?

Costo capitalizado En los ejercicios 77 y 78, encuentre el costo C capitalizado de un activo (a) para $n = 5$ años, (b) para $n = 10$ años y (c) para siempre. El costo capitalizado se da por

$$C = C_0 + \int_0^n c(t)e^{-rt}\,dt$$

donde C_0 es la inversión inicial, t es el tiempo en años, r es la tasa anual de interés compuesto continuamente y $c(t)$ es el costo anual de mantenimiento.

77. $C_0 = \$700\,000$
$c(t) = \$25\,000$
$r = 0.06$

78. $C_0 = \$700\,000$
$c(t) = \$25\,000(1 + 0.08t)$
$r = 0.06$

79. Teoría electromagnética El potencial magnético P en un punto en el eje de una bobina circular está dado por

$$P = \frac{2\pi NIr}{k}\int_c^{\infty} \frac{1}{(r^2 + x^2)^{3/2}}\,dx$$

donde N, I, r, k y c son constantes. Encuentre P.

80. Fuerza de gravedad Una varilla uniforme "semi-infinita" ocupa el eje x no negativo. La varilla tiene una densidad lineal δ que significa que un segmento de longitud dx tiene una masa de $\delta\,dx$. Una partícula de masa M se encuentra en el punto $(-a, 0)$. La fuerza de gravedad F que la varilla ejerce sobre la masa está dada por

$$F = \int_0^{\infty} \frac{GM\delta}{(a + x)^2}\,dx$$

donde G es la constante gravitacional. Encuentre F.

¿Verdadero o falso? En los ejercicios 81 a 86, determine si el enunciado es verdadero o falso. Si es falso, explique por qué o dé un ejemplo que demuestre que es falso.

81. Si f es continua sobre $[0, \infty)$ y $\lim_{x\to\infty} f(x) = 0$, entonces $\int_a^{\infty} f(x)\,dx$ converge.

82. Si f es continua sobre $[0, \infty)$ y $\int_0^{\infty} f(x)\,dx$ diverge, entonces $\lim_{x\to\infty} f(x) \ne 0$.

83. Si f' es continua sobre $[0, \infty)$ y $\lim_{x\to\infty} f(x) = 0$, entonces

$$\int_0^{\infty} f'(x)\,dx = -f(0)$$

84. Si la gráfica de f es simétrica respecto al origen o el eje y, entonces $\int_0^{\infty} f(x)\,dx$ converge si y solo si $\int_{-\infty}^{\infty} f(x)\,dx$ converge.

85. $\int_0^{\infty} e^{ax}\,dx$ converge para $a < 0$.

86. Si $\lim_{x\to\infty} f(x) = L$, entonces $\int_0^{\infty} f(x)\,dx$ converge.

87. Comparar integrales

(a) Demuestre que $\int_{-\infty}^{\infty} \operatorname{sen} x\,dx$ diverge.

(b) Demuestre que $\lim_{a\to\infty} \int_{-a}^{a} \operatorname{sen} x\,dx = 0$.

(c) ¿Qué muestran los incisos (a) y (b) sobre la definición de integrales impropias?

88. Exploración Considere la integral

$$\int_0^{\pi/2} \frac{4}{1 + (\tan x)^n}\, dx$$

donde n es un entero positivo.

(a) ¿La integral es impropia? Explique.

(b) Utilice un programa de graficación para trazar el integrando para $n = 2, 4, 8$ y 12.

(c) Use las gráficas para aproximar la integral cuando $n \to \infty$.

(d) Utilice alguna utilidad gráfica para evaluar la integral para los valores de n del inciso (b). Haga una conjetura sobre el valor de la integral para cualquier entero positivo n. Compare sus resultados con su respuesta del inciso (c).

89. Comparar integrales Sea f una función continua en el intervalo $[a, \infty)$. Demuestre que si la integral impropia $\int_a^\infty |f(x)|\, dx$ converge, entonces la integral impropia $\int_a^\infty f(x)\, dx$ también converge.

90. Redacción

(a) Las integrales impropias

$$\int_1^\infty \frac{1}{x}\, dx \quad \text{y} \quad \int_1^\infty \frac{1}{x^2}\, dx$$

divergen y convergen, respectivamente. Describa las diferencias esenciales entre los integrandos que causan que una integral converja y la otra diverja.

(b) Use alguna utilidad para graficar la función $y = (\operatorname{sen} x)/x$ en el intervalo $(1, \infty)$. Use su conocimiento sobre la integral definida para hacer una inferencia acerca de si la integral

$$\int_1^\infty \frac{\operatorname{sen} x}{x}\, dx$$

converge. Justifique su respuesta.

(c) Haga una aplicación de la integración por partes en el resultado del ejercicio 89 para determinar la divergencia o convergencia de la integral del inciso (b).

Transformadas de Laplace Sea $f(t)$ una función definida para todos los valores positivos de t. La transformada de Laplace de $f(t)$ se define por

$$F(s) = \int_0^\infty e^{-st} f(t)\, dt$$

cuando la integral impropia existe. Las transformadas de Laplace se utilizan para resolver ecuaciones diferenciales. En los ejercicios 91 a 98, encuentre la transformada de Laplace de la función.

91. $f(t) = 1$

92. $f(t) = t$

93. $f(t) = t^2$

94. $f(t) = e^{at}$

95. $f(t) = \cos at$

96. $f(t) = \operatorname{sen} at$

97. $f(t) = \cosh at$

98. $f(t) = \operatorname{senh} at$

99. Función gamma La función gamma $\Gamma(n)$ se define como

$$\Gamma(n) = \int_0^\infty x^{n-1} e^{-x}\, dx, \quad n > 0$$

(a) Encuentre $\Gamma(1)$, $\Gamma(2)$ y $\Gamma(3)$.

(b) Utilice la integración por partes para demostrar que $\Gamma(n + 1) = n\Gamma(n)$.

(c) Escriba $\Gamma(n)$ usando la notación factorial, donde n es un entero positivo.

100. Demostración Demuestre que $I_n = \left(\frac{n-1}{n+2}\right) I_{n-1}$, donde

$$I_n = \int_0^\infty \frac{x^{2n-1}}{(x^2 + 1)^{n+3}}\, dx, \quad n \geq 1$$

Después, evalúe cada integral.

(a) $\displaystyle\int_0^\infty \frac{x}{(x^2 + 1)^4}\, dx$

(b) $\displaystyle\int_0^\infty \frac{x^3}{(x^2 + 1)^5}\, dx$

(c) $\displaystyle\int_0^\infty \frac{x^5}{(x^2 + 1)^6}\, dx$

101. Determinar un valor ¿Para qué valor de c, la integral

$$\int_0^\infty \left(\frac{1}{\sqrt{x^2 + 1}} - \frac{c}{x + 1}\right) dx$$

es convergente? Evalúe la integral para este valor de c.

102. Determinar un valor ¿Para qué valor de c la integral

$$\int_1^\infty \left(\frac{cx}{x^2 + 2} - \frac{1}{3x}\right) dx$$

es convergente? Evalúe la integral para este valor de c.

103. Volumen Encuentre el volumen del sólido generado al girar la región acotada por la gráfica de f alrededor del eje x.

$$f(x) = \begin{cases} x \ln x, & 0 < x \leq 2 \\ 0, & x = 0 \end{cases}$$

104. Volumen Encuentre el volumen del sólido generado al girar la región no acotada comprendida entre $y = -\ln x$ y el eje y $(y \geq 0)$ respecto al eje x.

Sustituir u En los ejercicios 105 y 106, reescriba la integral impropia como una integral propia utilizando la sustitución u dada. Entonces, utilice la regla del trapecio con $n = 5$ para aproximar la integral.

105. $\displaystyle\int_0^1 \frac{\operatorname{sen} x}{\sqrt{x}}\, dx, \quad u = \sqrt{x}$

106. $\displaystyle\int_0^1 \frac{\cos x}{\sqrt{1 - x}}\, dx, \quad u = \sqrt{1 - x}$

107. Reescribir una integral Sea $\int_{-\infty}^\infty f(x)\, dx$ convergente y sean a y b números reales, donde $a \neq b$. Demuestre que

$$\int_{-\infty}^a f(x)\, dx + \int_a^\infty f(x)\, dx = \int_{-\infty}^b f(x)\, dx + \int_b^\infty f(x)\, dx$$

Ejercicios de repaso

Las respuestas a los ejercicios impares pueden consultarse en el Apéndice de este libro.

Exploración de conceptos

Se pueden aplicar las técnicas de integración aprendidas en este capítulo a una amplia variedad de funciones. Por ejemplo, la integración por partes es particularmente útil para integrandos que involucran productos de funciones algebraicas y trascendentales. ¡Incluso puede ser útil para integrandos que consisten en un solo término! Esta técnica se desarrolló a partir de la regla del producto para derivadas.

Regla del producto (derivadas)	**Integración por partes**
$\frac{d}{dx}[uv] = uv' + vu'$	$\int u\,dv = uv - \int v\,du$

Es importante aprender cómo reconocer cuándo utilizar técnicas avanzadas de integración.

Técnica	**Comentario**
Sustitución trigonométrica	Úsela con la regla de la potencia para encontrar integrales trigonométricas.
Fracciones parciales	Descomponer una función racional en funciones racionales más simples a las que se puedan aplicar técnicas básicas de integración.
Integración numérica	Use la regla del trapecio o la regla de Simpson para integrales de funciones elementales que no tienen antiderivadas que sean funciones elementales.
Integrales impropias	Use un límite para determinar si una integral impropia converge o diverge.

1. Describa cómo encontraría cada integral usando (i) la integración por partes y (ii) sustitución. Realice cada integración. ¿Son equivalentes los resultados?

(a) $\int 2x\sqrt{2x-3}\,dx$

(b) $\int x\sqrt{9+x}\,dx$

2. ¿Es buena opción elegir $u = \cos x$ y $dv = x\,dx$ para encontrar

$$\int x\cos x\,dx?$$

Explique su razonamiento.

3. Describa cómo integraría $\int \operatorname{sen}^m x \cos^n x\,dx$ para cada condición.

(a) m es positiva e impar.

(b) n es positiva e impar.

(c) m y n son ambas positivas y pares.

4. Describa como integraría $\int \operatorname{sen}^m x \tan^n x\,dx$ para cada condición.

(a) m es positivo y par.

(b) n es positivo e impar.

(c) n es positivo, par y no hay función secante.

(d) m es positivo, impar y no hay función tangente.

5. Describa geométricamente cómo se utiliza la regla trapezoidal para aproximar una integral definida.

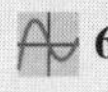

6. Explique por qué la evaluación de cada integral mostrada a continuación es incorrecta. Utilice las capacidades de integración de una utilidad gráfica para intentar evaluar la integral. Determine si la utilidad da la respuesta correcta.

(a) $\int_{-1}^{1} \frac{1}{x^2}\,dx = -2$ ✗

(b) $\int_{0}^{\infty} \sec x\,dx = 0$ ✗

Utilizar reglas básicas de integración **En los ejercicios 7 a 14, use las reglas básicas de integración para encontrar o evaluar la integral.**

7. $\int x^2\sqrt{x^3-27}\,dx$

8. $\int xe^{5-x^2}\,dx$

9. $\int \csc^2\left(\frac{x+8}{4}\right)dx$

10. $\int \frac{x}{\sqrt[3]{4-x^2}}\,dx$

11. $\int_1^e \frac{\ln 2x}{x}\,dx$

12. $\int_{3/2}^{2} 2x\sqrt{2x-3}\,dx$

13. $\int \frac{100}{\sqrt{100-x^2}}\,dx$

14. $\int \frac{2x}{x-3}\,dx$

Usar la integración por partes **En los ejercicios 15 a 22, utilice la integración por partes para encontrar la integral indefinida.**

15. $\int x\,e^{1-x}\,dx$

16. $\int x^2e^{x/2}\,dx$

17. $\int e^{2x}\operatorname{sen} 3x\,dx$

18. $\int x\sqrt{x-1}\,dx$

19. $\int x\sec^2 x\,dx$

20. $\int \ln\sqrt{x^2-4}\,dx$

21. $\int x \arcsen 2x\,dx$

22. $\int \arctan 2x\,dx$

Encontrar una integral trigonométrica En los ejercicios 23 a 32, calcule la integral trigonométrica.

23. $\int \operatorname{sen} x \cos^4 x\, dx$

24. $\int \operatorname{sen}^2 x \cos^3 x\, dx$

25. $\int \cos^3(\pi x - 1)\, dx$

26. $\int \operatorname{sen}^2 \frac{\pi x}{2}\, dx$

27. $\int \sec^4 \frac{x}{2}\, dx$

28. $\int \tan \theta \sec^4 \theta\, d\theta$

29. $\int x \tan^4 x^2\, dx$

30. $\int \frac{\tan^2 x}{\sec^3 x}\, dx$

31. $\int \frac{1}{1 - \operatorname{sen} \theta}\, d\theta$

32. $\int (\cos 2\theta)(\operatorname{sen} \theta + \cos \theta)^2\, d\theta$

Área En los ejercicios 33 y 34, encuentre el área de la región.

33. $y = \operatorname{sen}^4 x$

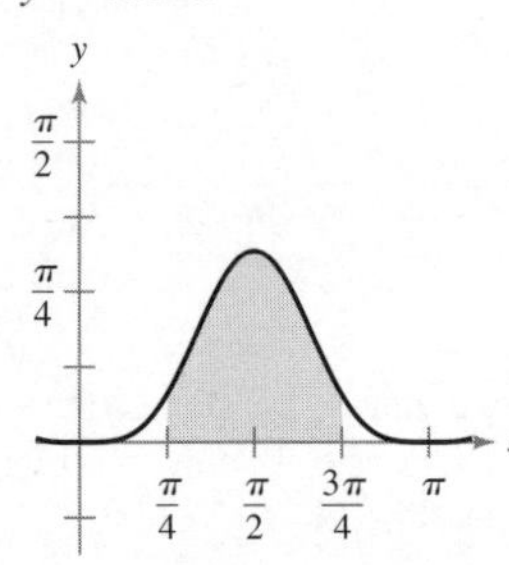

34. $y = \operatorname{sen} 3x \cos 2x$

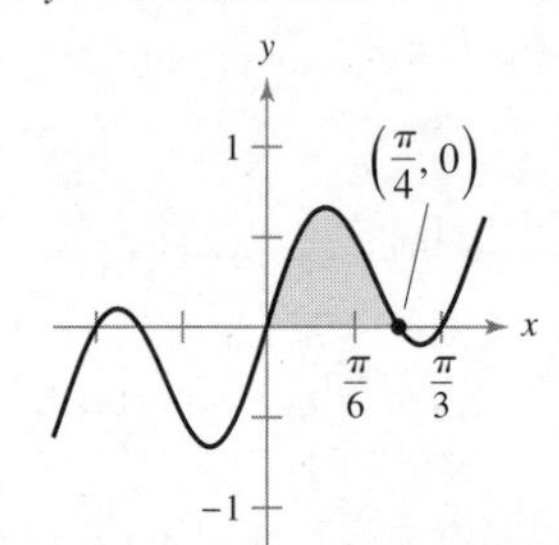

Usar la sustitución trigonométrica En los ejercicios 35 a 40, utilice la sustitución trigonométrica para encontrar o evaluar la integral.

35. $\int \frac{-12}{x^2\sqrt{4 - x^2}}\, dx$

36. $\int \frac{\sqrt{x^2 - 9}}{x}\, dx$

37. $\int \frac{x^3}{\sqrt{4 + x^2}}\, dx$

38. $\int \sqrt{25 - 9x^2}\, dx$

39. $\int_0^1 \frac{6x^3}{\sqrt{16 + x^2}}\, dx$

40. $\int_3^4 x^3\sqrt{x^2 - 9}\, dx$

Usar métodos diferentes En los ejercicios 41 y 42, encuentre la integral indefinida utilizando cada método.

41. $\int \frac{x^3}{\sqrt{4 + x^2}}\, dx$

(a) Sustitución trigonométrica

(b) Sustitución: $u^2 = 4 + x^2$

(c) Integración por partes: $dv = \frac{x}{\sqrt{4 + x^2}}\, dx$

42. $\int x\sqrt{4 + x}\, dx$

(a) Sustitución trigonométrica

(b) Sustitución: $u^2 = 4 + x$

(c) Sustitución: $u = 4 + x$

(d) Integración por partes: $dv = \sqrt{4 + x}\, dx$

Usar fracciones parciales En los ejercicios 43 a 50, use fracciones parciales para encontrar la integral indefinida.

43. $\int \frac{x - 8}{x^2 - x - 6}\, dx$

44. $\int \frac{5x - 2}{x^2 - x}\, dx$

45. $\int \frac{x^2 + 2x}{x^3 - x^2 + x - 1}\, dx$

46. $\int \frac{4x - 2}{3(x - 1)^2}\, dx$

47. $\int \frac{x^2}{x^2 - 2x + 1}\, dx$

48. $\int \frac{x^3 + 4}{x^2 - 4x}\, dx$

49. $\int \frac{4e^x}{(e^{2x} - 1)(e^x + 3)}\, dx$

50. $\int \frac{\sec^2 \theta}{(\tan \theta)(\tan \theta - 1)}\, d\theta$

Uso de la regla del trapecio y la regla de Simpson En los ejercicios 51 a 54, aproxime la integral definida usando la regla del trapecio y la regla de Simpson con $n = 4$. Compare estos resultados con la aproximación de la integral usando una utilidad gráfica.

51. $\int_2^3 \frac{2}{1 + x^2}\, dx$

52. $\int_0^1 \frac{x^{3/2}}{3 - x^2}\, dx$

53. $\int_0^{\pi/2} \sqrt{x} \cos x\, dx$

54. $\int_0^{\pi} \sqrt{1 + \operatorname{sen}^2 x}\, dx$

Para ver las figuras a color, acceda al código

Integrar por tablas En los ejercicios 55 a 62, utilice tablas de integración para encontrar o evaluar la integral.

55. $\int \frac{x}{(4 + 5x)^2}\, dx$

56. $\int \frac{x}{\sqrt{4 + 5x}}\, dx$

57. $\int_0^{\sqrt{\pi/2}} \frac{x}{1 + \operatorname{sen} x^2}\, dx$

58. $\int_0^1 \frac{x}{1 + e^{x^2}}\, dx$

59. $\int \frac{x}{x^2 + 4x + 8}\, dx$

60. $\int \frac{3}{2x\sqrt{9x^2 - 1}}\, dx, \quad x > \frac{1}{3}$

61. $\int \frac{1}{\operatorname{sen} \pi x \cos \pi x}\, dx$

62. $\int \frac{1}{1 + \tan \pi x}\, dx$

Encontrar una integral indefinida En los ejercicios 63 a 70, encuentre la integral indefinida usando cualquier método.

63. $\int \theta \operatorname{sen} \theta \cos \theta\, d\theta$

64. $\int \frac{\csc \sqrt{2x}}{\sqrt{x}}\, dx$

65. $\int \frac{x^{1/4}}{1 + x^{1/2}}\, dx$

66. $\int \sqrt{1 + \sqrt{x}}\, dx$

67. $\int \sqrt{1 + \cos x}\, dx$

68. $\int \frac{3x^3 + 4x}{(x^2 + 1)^2}\, dx$

69. $\int \cos x \ln(\operatorname{sen} x)\, dx$

70. $\int (\operatorname{sen} \theta + \cos \theta)^2\, d\theta$

Ecuaciones diferenciales En los ejercicios 71 a 74, resuelva la ecuación diferencial usando cualquier método.

71. $\frac{dy}{dx} = \frac{25}{x^2 - 25}$

72. $\frac{dy}{dx} = \frac{\sqrt{4 - x^2}}{2x}$

73. $y' = \ln(x^2 + x)$

74. $y' = \sqrt{1 - \cos \theta}$

Evaluar una integral definida **En los ejercicios 75 a 80, evalúe la integral definida utilizando cualquier método. Use un programa de graficación para verificar su resultado.**

75. $\int_{2}^{\sqrt{5}} x(x^2-4)^{3/2}\,dx$

76. $\int_{0}^{1} \frac{x}{(x-2)(x-4)}\,dx$

77. $\int_{1}^{4} \frac{\ln x}{x}\,dx$

78. $\int_{0}^{2} xe^{3x}\,dx$

79. $\int_{0}^{\pi} (x^2-4)\operatorname{sen} x\,dx$

80. $\int_{0}^{5} \frac{x}{\sqrt{4+x}}\,dx$

Área **En los ejercicios 81 y 82, encuentre el área de la región dada usando cualquier método.**

81. $y = x\sqrt{3-2x}$

82. $y = \frac{1}{25-x^2}$

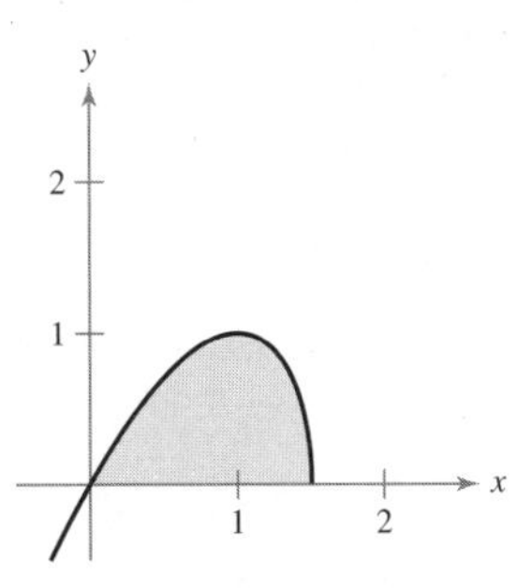

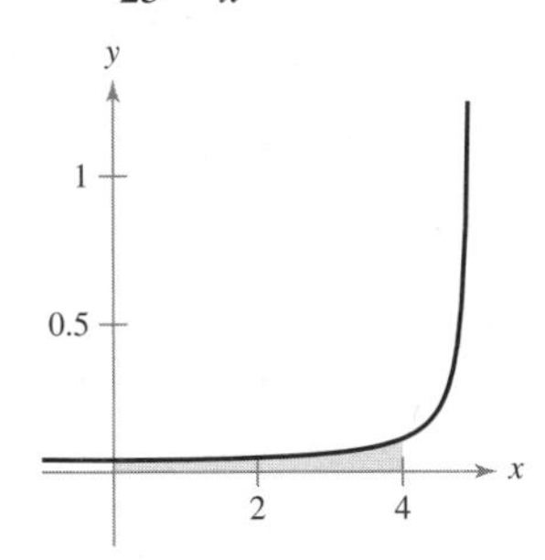

Centroide **En los ejercicios 83 y 84, encuentre el centroide de la región acotada por las gráficas de las ecuaciones utilizando cualquier método.**

83. $y = \sqrt{1-x^2}, \quad y = 0$

84. $(x-1)^2 + y^2 = 1, \quad (x-4)^2 + y^2 = 4$

Evaluar una integral impropia **En los ejercicios 85 a 92, determine si la integral impropia diverge o converge. Evalúe la integral si converge.**

85. $\int_{0}^{16} \frac{1}{\sqrt[4]{x}}\,dx$

86. $\int_{0}^{2} \frac{7}{x-2}\,dx$

87. $\int_{1}^{\infty} x^2 \ln x\,dx$

88. $\int_{0}^{\infty} \frac{e^{-1/x}}{x^2}\,dx$

89. $\int_{1}^{\infty} \frac{\ln x}{x^2}\,dx$

90. $\int_{1}^{\infty} \frac{1}{\sqrt[4]{x}}\,dx$

91. $\int_{2}^{\infty} \frac{1}{x\sqrt{x^2-4}}\,dx$

92. $\int_{0}^{\infty} \frac{2}{\sqrt{x}(x+4)}\,dx$

93. **Valor presente** El consejo de administración de una sociedad anónima está calculando el precio a pagar por un negocio que se pronostica producirá un flujo continuo de ganancia de \$500 000 por año. El dinero va a ganar una tasa nominal de 5% anual compuesto en forma continua. El valor presente durante t_0 años es de

$$\text{Valor presente} = \int_{0}^{t_0} 500\,000e^{-0.05t}\,dt$$

(a) Encuentre el valor presente del negocio para 20 años.

(b) Encuentre el valor presente del negocio a perpetuidad (para siempre).

94. **Volumen** Encuentre el volumen del sólido generado al girar la región acotada por las gráficas de $y \leq xe^{-x}$, $y \geq 0$ y $x \geq 0$ alrededor el eje x.

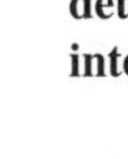

95. **Probabilidad** Las longitudes promedio (de pico a cola) de diferentes especies de currucas en el este de Estados Unidos tienen una distribución normal aproximada con una media de 12.9 centímetros y una desviación estándar de 0.95 centímetros. La probabilidad de que una curruca seleccionada al azar tenga una longitud entre a y b centímetros es

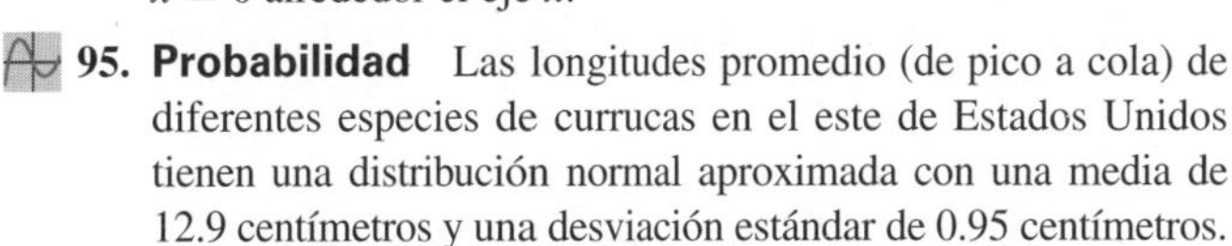

$$P(a \leq x \leq b) = \frac{1}{0.95\sqrt{2\pi}} \int_{a}^{b} e^{-(x-12.9)^2/1.805}\,dx$$

Use una herramienta de graficación para aproximar la probabilidad de que una curruca seleccionada al azar tenga una longitud de (a) 13 centímetros o más, y (b) 15 centímetros o más. (*Fuente: Peterson's Field Guide: Eastern Birds*)

Construcción de conceptos

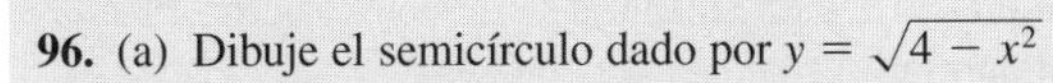

96. (a) Dibuje el semicírculo dado por $y = \sqrt{4-x^2}$

(b) Explique por qué

$$\int_{-2}^{2} \frac{2}{\sqrt{4-x^2}}\,dx = \int_{-2}^{2} \sqrt{4-x^2}\,dx$$

sin evaluar la integral.

97. El **producto interno** de dos funciones f y g en el intervalo $[a, b]$ está dado por

$$\langle f, g \rangle = \int_{a}^{b} f(x)g(x)\,dx$$

Se dice que dos funciones diferentes f y g son **ortogonales** si $\langle f, g \rangle = 0$. Demuestre que el conjunto de funciones mostrado a continuación es ortogonal en $[-\pi, \pi]$.

$\{\operatorname{sen} x, \operatorname{sen} 2x, \operatorname{sen} 3x, \ldots, \cos x, \cos 2x, \cos 3x, \ldots\}$

98. La siguiente suma es una *serie finita de Fourier.*

$$f(x) = \sum_{i=1}^{N} a_i \operatorname{sen} ix$$
$$= a_1 \operatorname{sen} x + a_2 \operatorname{sen} 2x + a_3 \operatorname{sen} 3x + \cdots + a_N \operatorname{sen} Nx$$

(a) Utilice el ejercicio 97 para demostrar que el enésimo coeficiente a_n es

$$a_n = \frac{1}{\pi}\int_{-\pi}^{\pi} f(x) \operatorname{sen} nx\,dx$$

(b) Sea $f(x) = x$. Encuentre a_1, a_2 y a_3.

99. Considere las dos integrales

$$\int \frac{e^x}{x}\,dx \quad \text{y} \quad \int \frac{1}{\ln x}\,dx$$

Joseph Liouville demostró que la primera integral no tiene una antiderivada elemental. Utilice este hecho para probar que la segunda integral no tiene antiderivada elemental.

Solución de problemas

1. **Fórmulas de Wallis**

(a) Evalúe las integrales

$$\int_{-1}^{1} (1 - x^2)\, dx \quad \text{y} \quad \int_{-1}^{1} (1 - x^2)^2\, dx$$

(b) Use las fórmulas de Wallis para demostrar que

$$\int_{-1}^{1} (1 - x^2)^n\, dx = \frac{2^{2n+1}(n!)^2}{(2n+1)!}$$

para todos los enteros positivos n.

2. **Demostración**

(a) Evalúe las integrales

$$\int_{0}^{1} \ln x\, dx \quad \text{y} \quad \int_{0}^{1} (\ln x)^2\, dx$$

Para ver las figuras a color, acceda al código

(b) Demuestre que

$$\int_{0}^{1} (\ln x)^n\, dx = (-1)^n\, n!$$

para todos los enteros positivos n.

3. **Comparar métodos** Sea $I = \int_0^4 f(x)\, dx$ donde f se muestra en la figura. Represente por $L(n)$ y $R(n)$ a las sumas de Riemann que consideran el extremo izquierdo y el extremo derecho de cada uno de los n subintervalos de igual ancho. (Suponga que n es par.) Sean $T(n)$ y $S(n)$ los correspondientes valores de la regla del trapecio y de la regla de Simpson.

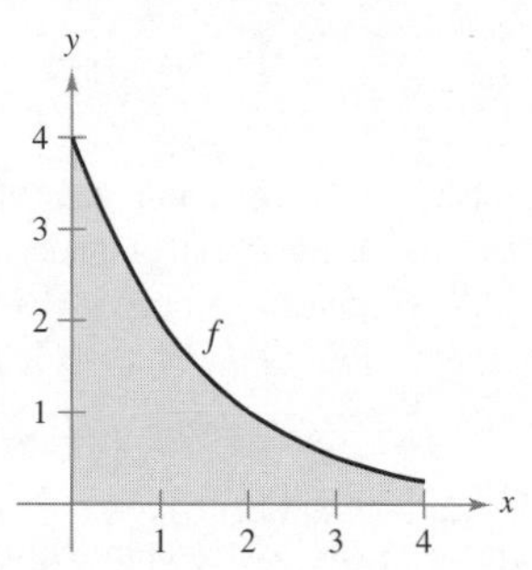

(a) Para cualquier n, enliste $L(n)$, $R(n)$, $T(n)$ e I en orden ascendente.

(b) Aproxime $S(4)$.

4. **Área** Considere el problema de encontrar el área de la región acotada por el eje x, la recta $x = 4$ y la curva

$$y = \frac{x^2}{(x^2 + 9)^{3/2}}$$

(a) Use un programa de graficación para trazar la región y aproximar su área.

(b) Utilice una sustitución trigonométrica adecuada para encontrar el área exacta.

(c) Utilice la sustitución $x = 3$ senh u para encontrar el área exacta y verifique que se obtiene la misma respuesta del inciso (b).

5. **Centroide** Encuentre el centroide de la región acotada por el eje x y la curva $y = e^{-c^2x^2}$, donde c es una constante positiva (vea la figura).

$$\left(\textit{Sugerencia:} \text{ Demuestre que } \int_{0}^{\infty} e^{-c^2x^2}\, dx = \frac{1}{c}\int_{0}^{\infty} e^{-x^2}\, dx.\right)$$

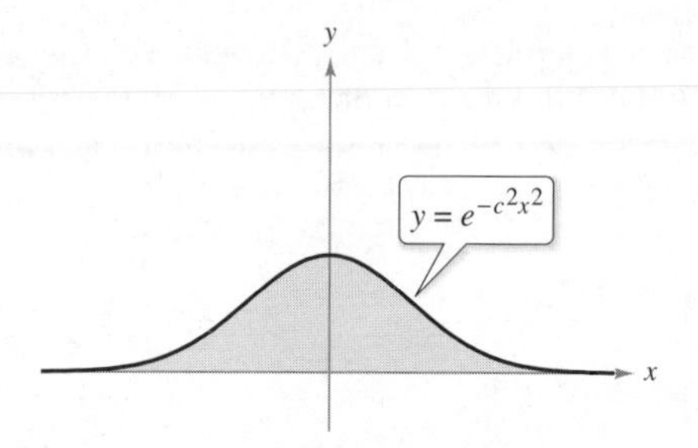

6. **Demostración** Demuestre la siguiente generalización del teorema del valor medio. Si f es dos veces diferenciable en el intervalo cerrado $[a, b]$, entonces

$$f(b) - f(a) = f'(a)(b - a) - \int_{a}^{b} f''(t)(t - b)\, dt$$

7. **Descomponer en fracciones parciales** Suponga que el denominador de una función racional se puede factorizar en factores lineales distintos

$$D(x) = (x - c_1)(x - c_2) \cdots (x - c_n)$$

para un número entero positivo n y distintos números reales $c_1, c_2, \ldots, c_n$. Si N es un polinomio de grado menor que n, demuestre que

$$\frac{N(x)}{D(x)} = \frac{P_1}{x - c_1} + \frac{P_2}{x - c_2} + \cdots + \frac{P_n}{x - c_n}$$

donde $P_k = N(c_k)/D'(c_k)$ para $k = 1, 2, \ldots, n$. Observe que esta es la descomposición en fracciones parciales de $N(x)/D(x)$.

8. **Descomponer en fracciones parciales** Utilice el resultado del ejercicio 7 para encontrar la descomposición en fracciones parciales de

$$\frac{x^3 - 3x^2 + 1}{x^4 - 13x^2 + 12x}$$

9. **Cohete** La velocidad v (en pies por segundo) de un cohete cuya masa inicial (incluido el combustible) está dada por

$$v = -gt + u \ln \frac{m}{m - rt}, \quad t < \frac{m}{r}$$

donde u es la velocidad de expulsión del combustible, r es la velocidad a la que se consume el combustible y $g = 32$ pies por segundo cuadrado es la aceleración de la gravedad. Encuentre la ecuación de la posición de un cohete para el que $m = 50\,000$ libras, $u = 12\,000$ pies por segundo y $r = 400$ libras por segundo. ¿Cuál es la altura del cohete cuando $t = 100$ segundos? (Suponga que el cohete fue disparado desde el nivel del suelo y se mueve directamente hacia arriba.)

8 Funciones de varias variables

8.1 Silvicultura *(Ejercicio 77, p. 560)*

8.3 Costo marginal *(Ejercicio 118, p. 580)*

8.4 Factor del viento *(Ejercicio 27, p. 588)*

8.6 Fondo del océano *(Ejercicio 66, p. 608)*

8.1 Introducción a las funciones de varias variables

- **Describir la notación para una función de varias variables.**
- **Dibujar la gráfica de una función de dos variables.**
- **Dibujar las curvas de nivel de una función de dos variables.**
- **Dibujar las superficies de nivel de una función de tres variables.**
- **Usar utilidades gráficas para representar una función de dos variables.**

Grandes ideas del cálculo

El cálculo fue desarrollado originalmente para estudiar funciones de una sola variable. Más tarde se descubrió que las dos operaciones básicas de cálculo: la derivación y la integración, pueden extenderse significativamente a funciones de dos o más variables.

Gráficamente, las funciones de *una* variable están representadas por curvas en el plano. Las gráficas de funciones de *dos* variables se representan por superficies en el espacio.

Funciones de varias variables

Hasta ahora en este texto solo se han tratado las funciones de una sola variable (independiente). Sin embargo, muchos problemas comunes son funciones de dos o más variables. Enseguida se dan tres ejemplos.

1. El trabajo realizado por una fuerza, $W = FD$ es una función de dos variables.
2. El volumen de un cilindro circular recto, $V = \pi r^2 h$ es una función de dos variables.
3. El volumen de un sólido rectangular, $V = lwh$ es una función de tres variables.

La notación para una función de dos o más variables es similar a la utilizada para una función de una sola variable. Aquí se presentan dos ejemplos.

$$z = f(\underbrace{x, y}_{\text{2 variables}}) = x^2 + xy$$ Función de dos variables.

y

$$w = f(\underbrace{x, y, z}_{\text{3 variables}}) = x + 2y - 3z$$ Función de tres variables.

Definición de una función de dos variables

Sea D un conjunto de pares ordenados de números reales. Si a cada par ordenado (x, y) en D le corresponde un único número real $f(x, y)$, entonces se dice que f es una **función de x y y**. El conjunto D es el **dominio** de f, y el correspondiente conjunto de valores $f(x, y)$ es el **rango** de f. Para la función

$$z = f(x, y)$$

x y y son las **variables independientes** y z es la **variable dependiente**.

Pueden darse definiciones similares para las funciones de tres, cuatro o n variables, donde los dominios consisten en tríadas (x_1, x_2, x_3), tétradas (x_1, x_2, x_3, x_4) y n-adas $(x_1, x_2, \ldots, x_n)$. En todos los casos, el rango es un conjunto de números reales. En este capítulo solo se estudiarán funciones de dos o tres variables.

Como ocurre con las funciones de una variable, la manera más común para describir una función de varias variables es por medio de una *ecuación*, y a menos que se diga explícitamente lo contrario, puede suponer que el dominio es el conjunto de todos los puntos para los que la ecuación está definida. Por ejemplo, el dominio de la función

$$f(x, y) = x^2 + y^2$$

es todo el plano xy. De manera similar, el dominio de

$$f(x, y) = \ln xy$$

es el conjunto de todos los puntos (x, y) en el plano para los que $xy > 0$. Esto consiste en todos los puntos del primer y tercer cuadrantes.

Exploración

Sin usar una herramienta de graficación, describa la gráfica de cada función de dos variables.

a. $z = x^2 + y^2$
b. $z = x + y$
c. $z = x^2 + y$
d. $z = \sqrt{x^2 + y^2}$
e. $z = \sqrt{1 - x^2 + y^2}$

EJEMPLO 1 Dominios de funciones de varias variables

Encuentre el dominio de cada función.

a. $f(x, y) = \dfrac{\sqrt{x^2 + y^2 - 9}}{x}$ **b.** $g(x, y, z) = \dfrac{x}{\sqrt{9 - x^2 - y^2 - z^2}}$

Solución

a. La función f está definida para todos los puntos (x, y) tales que $x \neq 0$ y

$$x^2 + y^2 \geq 9$$

Por tanto, el dominio es el conjunto de todos los puntos que están sobre o en el exterior del círculo $x^2 + y^2 = 9$ con *excepción* de los puntos en el eje y, como se muestra en la figura 8.1.

b. La función g está definida para todos los puntos (x, y, z) tales que

$$x^2 + y^2 + z^2 < 9$$

Por consiguiente, el dominio es el conjunto de todos los puntos (x, y, z) que se encuentran en el interior de la esfera de radio 3 centrada en el origen. ■

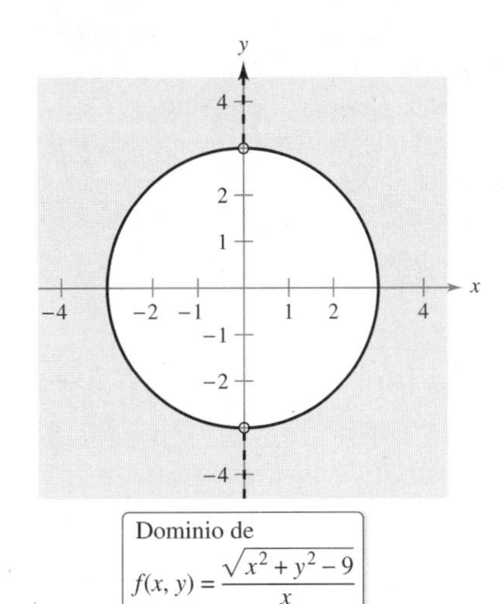

Figura 8.1

Las funciones de varias variables pueden combinarse de la misma manera que las funciones de una sola variable. Por ejemplo, se puede formar la suma, la diferencia, el producto y el cociente de funciones de dos variables como sigue.

$$(f \pm g)(x, y) = f(x, y) \pm g(x, y) \qquad \text{Suma o diferencia.}$$

$$(fg)(x, y) = f(x, y)g(x, y) \qquad \text{Producto.}$$

$$\frac{f}{g}(x, y) = \frac{f(x, y)}{g(x, y)} \quad g(x, y) \neq 0 \qquad \text{Cociente.}$$

No se puede formar la composición de dos funciones de varias variables. Sin embargo, si h es una función de dos variables y g es una función de una sola variable, puede formarse la **función compuesta** $(g \circ h)(x, y)$ como sigue.

$$(g \circ h)(x, y) = g(h(x, y)) \qquad \text{Composición.}$$

El dominio de esta función compuesta consta de todo (x, y) en el dominio de h tal que $h(x, y)$ está en el dominio de g. Por ejemplo, la función dada por

$$f(x, y) = \sqrt{16 - 4x^2 - y^2}$$

se puede ver como la función compuesta de dos variables dada por

$$h(x, y) = 16 - 4x^2 - y^2$$

y la función de una sola variable dada por

$$g(u) = \sqrt{u}$$

El dominio de esta función es el conjunto de todos los puntos que se encuentran en la elipse dada por $4x^2 + y^2 = 16$.

Una función que puede expresarse como suma de funciones de la forma cx^my^n (donde c es un número real y m y n son enteros no negativos) se llama **función polinomial** de dos variables. Por ejemplo, las funciones dadas por

$$f(x, y) = x^2 + y^2 - 2xy + x + 2 \quad \text{y} \quad g(x, y) = 3xy^2 + x - 2$$

son funciones polinomiales de dos variables. Una **función racional** es el cociente de dos funciones polinomiales. Terminología similar se utiliza para las funciones de más de dos variables.

MARY FAIRFAX SOMERVILLE (1780-1872)

Somerville se interesó por el problema de crear modelos geométricos de funciones de varias variables. Su libro más conocido, *The Mechanics of the Heavens*, se publicó en 1831.

Consulte LarsonCalculus.com (disponible solo en inglés) para leer más de esta biografía.

Chronicle/Alamy Stock Photo

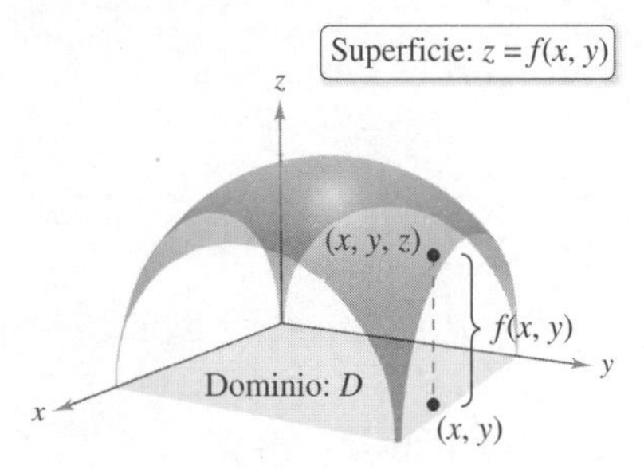

Figura 8.2

Gráfica de una función de dos variables

Como en el caso de las funciones de una sola variable, usted puede aprender mucho acerca del comportamiento de una función de dos variables dibujando su gráfica. La **gráfica** de una función f de dos variables es el conjunto de todos los puntos (x, y, z) para los que $z = f(x, y)$ y (x, y) está en el dominio de f. Esta gráfica puede interpretarse geométricamente como una *superficie en el espacio*. En la figura 8.2 se debe observar que la gráfica de $z = f(x, y)$ es una superficie cuya proyección sobre el plano xy es D, el dominio de f. A cada punto (x, y) en D corresponde un punto (x, y, z) de la superficie, y viceversa, a cada punto (x, y, z) de la superficie le corresponde un punto (x, y) en D.

Para ver las figuras a color, acceda al código

EJEMPLO 2 Describir la gráfica de una función de dos variables

Considere la función dada por

$$f(x, y) = \sqrt{16 - 4x^2 - y^2}$$

a. Encuentre el dominio y el rango de la función.

b. Describa la gráfica de f.

Solución

a. El dominio D dado por la ecuación de f es el conjunto de todos los puntos (x, y) tales que

$$16 - 4x^2 - y^2 \geq 0 \qquad \text{La cantidad en el radical debe ser no negativa.}$$

Por tanto, D es el conjunto de todos los puntos que pertenecen o están dentro de la elipse dada por

$$\frac{x^2}{4} + \frac{y^2}{16} = 1 \qquad \text{Elipse en el plano } xy.$$

El rango de f está formado por todos los valores $z = f(x, y)$ tales que $0 \leq z \leq \sqrt{16}$, o sea

$$0 \leq z \leq 4 \qquad \text{Rango de } f.$$

b. Un punto (x, y, z) está en la gráfica de f si y solo si

$$z = \sqrt{16 - 4x^2 - y^2}$$
$$z^2 = 16 - 4x^2 - y^2$$
$$4x^2 + y^2 + z^2 = 16$$
$$\frac{x^2}{4} + \frac{y^2}{16} + \frac{z^2}{16} = 1, \quad 0 \leq z \leq 4$$

de manera que la gráfica de f es la mitad superior de un elipsoide, como se muestra en la figura 8.3. ■

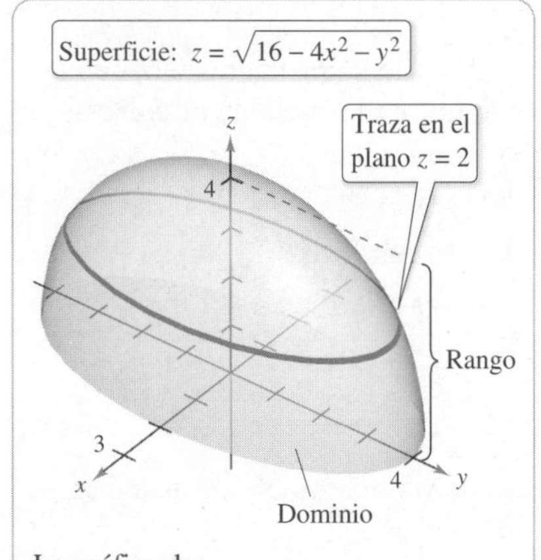

La gráfica de $f(x, y) = \sqrt{16 - 4x^2 - y^2}$ es la parte superior de un elipsoide.
Figura 8.3

Para visualizar esta gráfica con **REALIDAD AUMENTADA**, puede introducir la ecuación en alguna aplicación de AR, como GeoGebra.

Para dibujar *a mano* una superficie en el espacio, es útil usar trazas en planos paralelos a los planos coordenados, como se muestra en la figura 8.3. Por ejemplo, para hallar la traza de la superficie en el plano $z = 2$ sustituya $z = 2$ en la ecuación $z = \sqrt{16 - 4x^2 - y^2}$ para obtener

$$2 = \sqrt{16 - 4x^2 - y^2} \quad \Longrightarrow \quad \frac{x^2}{3} + \frac{y^2}{12} = 1$$

Por tanto, la traza es una elipse centrada en el punto $(0, 0, 2)$ con ejes mayor y menor de longitudes $4\sqrt{3}$ y $2\sqrt{3}$.

Las trazas también se usan en la mayor parte de las herramientas de graficación tridimensionales. Por ejemplo, la figura 8.4 muestra una versión generada por computadora de la superficie dada en el ejemplo 2. En esta gráfica la herramienta de graficación tomó 25 trazas paralelas al plano xy y 12 trazas en planos verticales.

Si usted dispone de una herramienta de graficación tridimensional, utilícela para representar varias superficies.

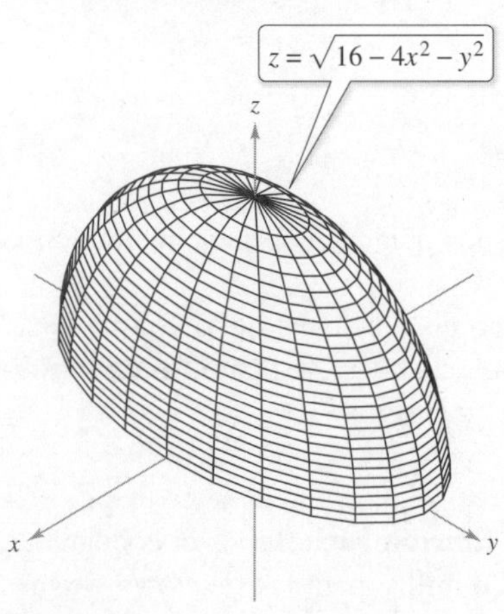

Figura 8.4

Curvas de nivel

Una segunda manera de visualizar una función de dos variables es usar un **campo escalar** en el que el escalar

$$z = f(x, y)$$

se asigna al punto (x, y). Un campo escalar puede caracterizarse por sus **curvas de nivel** (o **líneas de contorno**) a lo largo de las cuales el valor de $f(x, y)$ es constante. Por ejemplo, el mapa climático en la figura 8.5 muestra las curvas de nivel de igual presión, llamadas **isobaras**. Las curvas de nivel que representan puntos de igual temperatura en mapas climáticos se llaman **isotermas**, como se muestra en la figura 8.6. Otro uso común de curvas de nivel es la representación de campos de potencial eléctrico. En este tipo de mapa, las curvas de nivel se llaman **líneas equipotenciales**.

Para ver las figuras a color, acceda al código

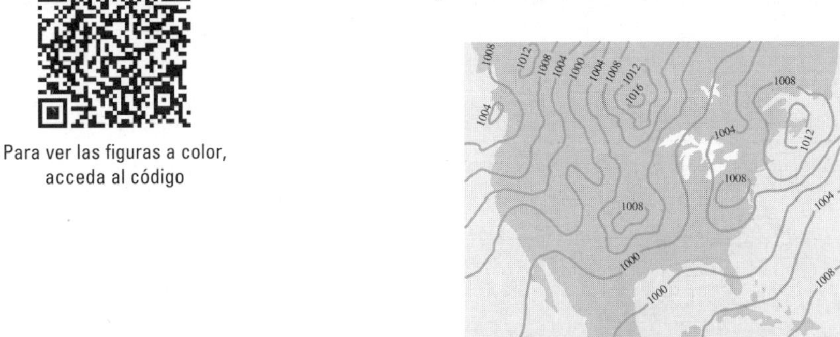

Las curvas de nivel muestran las líneas de igual presión (isobaras) medidas en milibares.

Figura 8.5

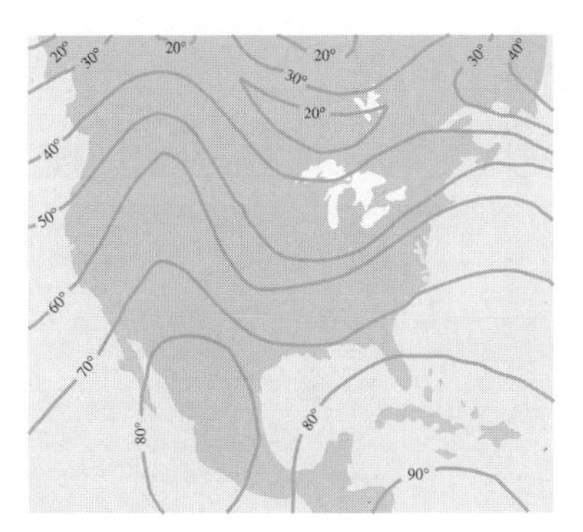

Las curvas de nivel muestran las líneas de igual temperatura (isotermas) medidas en grados Fahrenheit.

Figura 8.6

Los mapas de contorno suelen usarse para representar regiones de la superficie de la Tierra, donde las curvas de nivel representan la altura sobre el nivel del mar. Este tipo de mapas se llama **mapa topográfico**. Por ejemplo, la montaña mostrada en la figura 8.7 se representa por el mapa topográfico de la figura 8.8.

Figura 8.7

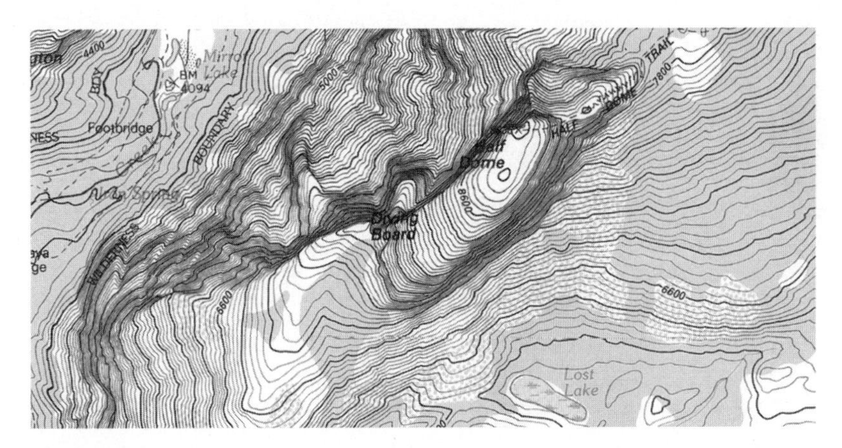

Figura 8.8

Un mapa de contorno representa la variación de z respecto a x y y mediante espacio entre las curvas de nivel. Una separación grande entre las curvas de nivel indica que z cambia lentamente, mientras que un espacio pequeño indica un cambio rápido en z. Además, en un mapa de contorno, es importante elegir valores de *c uniformemente espaciados*, para dar una mejor ilusión tridimensional.

Para ver las figuras a color, acceda al código

EJEMPLO 3 Dibujar un mapa de contorno

El hemisferio dado por

$$f(x, y) = \sqrt{64 - x^2 - y^2}$$

se muestra en la figura 8.9. Dibuje un mapa de contorno de esta superficie utilizando curvas de nivel que correspondan a $c = 0, 1, 2, \ldots, 8$.

Solución Para cada c, la ecuación dada por $f(x, y) = c$ es un círculo (o un punto) en el plano xy. Por ejemplo, para $c_1 = 0$, la curva de nivel es

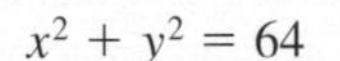

$$x^2 + y^2 = 64 \qquad \text{Círculo de radio 8.}$$

la cual es un círculo de radio 8. La figura 8.10 muestra las nueve curvas de nivel del hemisferio.

Para visualizar esta gráfica con **REALIDAD AUMENTADA**, puede introducir la ecuación en alguna aplicación de AR, como GeoGebra.

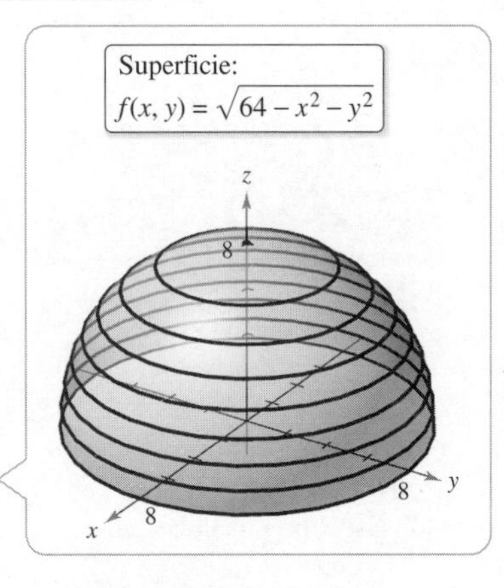

Hemisferio.
Figura 8.9

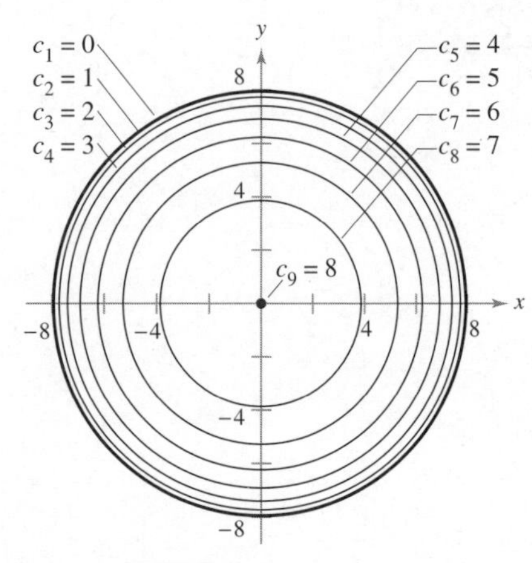

Mapa de contorno.
Figura 8.10

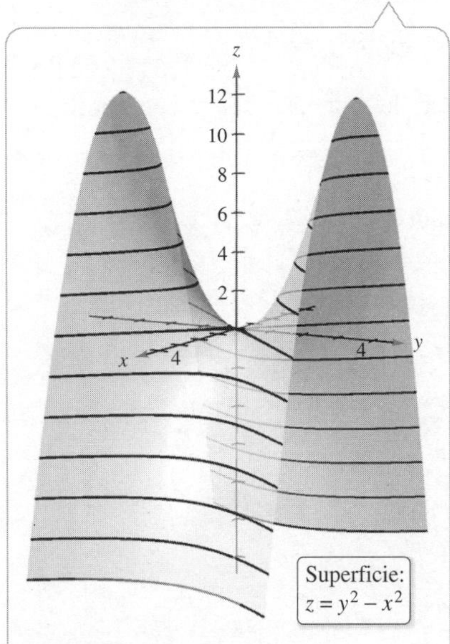

Paraboloide hiperbólico.
Figura 8.11

EJEMPLO 4 Dibujar un mapa de contorno

Consulte LarsonCalculus.com (disponible solo en inglés) para una versión interactiva de este tipo de ejemplo.

El paraboloide hiperbólico

$$z = y^2 - x^2$$

se muestra en la figura 8.11. Dibuje un mapa de contorno de esta superficie.

Solución Para cada valor de c, sea $f(x, y) = c$ y dibuje la curva de nivel resultante en el plano xy. Para esta función, cada una de las curvas de nivel ($c \neq 0$) es una hipérbola cuyas asíntotas son las rectas $y = \pm x$. Si $c < 0$, el eje transversal es horizontal. Por ejemplo, la curva de nivel para $c = -4$ está dada por

$$\frac{x^2}{2^2} - \frac{y^2}{2^2} = 1$$

Si $c > 0$, el eje transversal es vertical. Por ejemplo, la curva de nivel para $c = 4$ está dada por

$$\frac{y^2}{2^2} - \frac{x^2}{2^2} = 1$$

Si $c = 0$'la curva de nivel es la cónica degenerada representada por las asíntotas que se cortan, como se muestra en la figura 8.12.

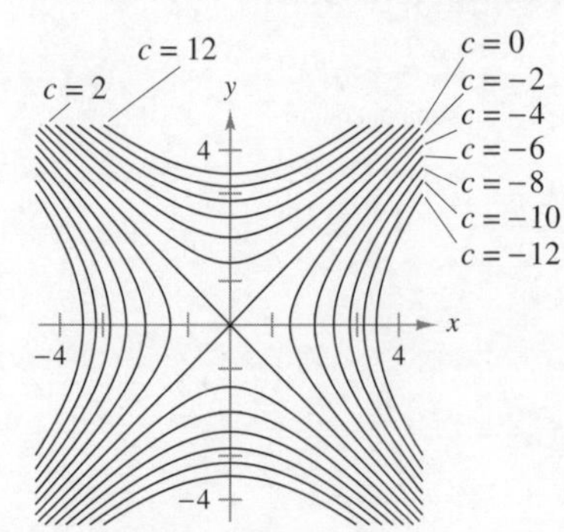

Curvas de nivel hiperbólicas (en incrementos de 2).
Figura 8.12

Un ejemplo de una función de dos variables usada en economía es la **función de producción de Cobb-Douglas**. Esta función se utiliza como un modelo para representar el número de unidades producidas al variar las cantidades de trabajo y capital. Si x mide las unidades de trabajo y y mide las unidades de capital, entonces el número de unidades producidas está dado por

$$f(x, y) = Cx^a y^{1-a}$$

donde C y a son constantes, con $0 < a < 1$.

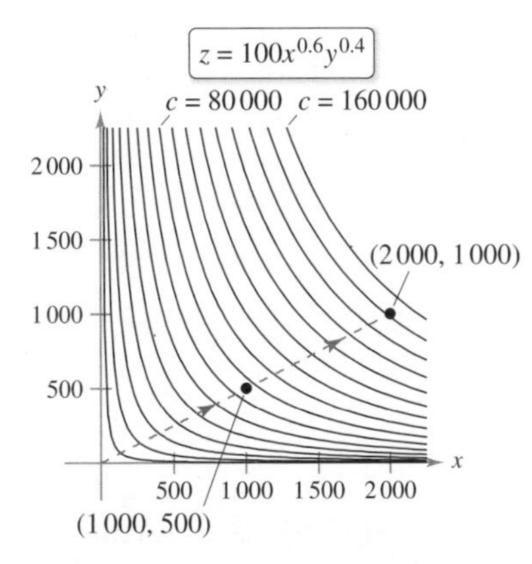

Curvas de nivel (con incrementos de 10000).
Figura 8.13

EJEMPLO 5 La función de producción de Cobb-Douglas

Un fabricante estima que su función de producción es

$$f(x, y) = 100x^{0.6}y^{0.4}$$

donde x es el número de unidades de trabajo y y el número de unidades de capital. Compare el nivel de producción cuando $x = 1000$ y $y = 500$ con el nivel de producción cuando $x = 2000$ y $y = 1000$.

Solución Cuando $x = 1000$ y $y = 500$, el nivel de producción es

$$f(1000, 500) = 100(1000^{0.6})(500^{0.4}) \approx 75786$$

Cuando $x = 2000$ y $y = 1000$, el nivel de producción es

$$f(2000, 1000) = 100(2000^{0.6})(1000^{0.4}) \approx 151572$$

Las curvas de nivel de $z = f(x, y)$ se muestran en la figura 8.13. Observe que al doblar ambas x y y se duplica el nivel de producción (vea el ejercicio 83).

Superficies de nivel

El concepto de curva de nivel puede extenderse una dimensión para definir una **superficie de nivel**. Si f es una función de tres variables y c es una constante, la gráfica de la ecuación

$$f(x, y, z) = c$$

es una **superficie de nivel** de la función f como se muestra en la figura 8.14.

Para ver las figuras a color, acceda al código

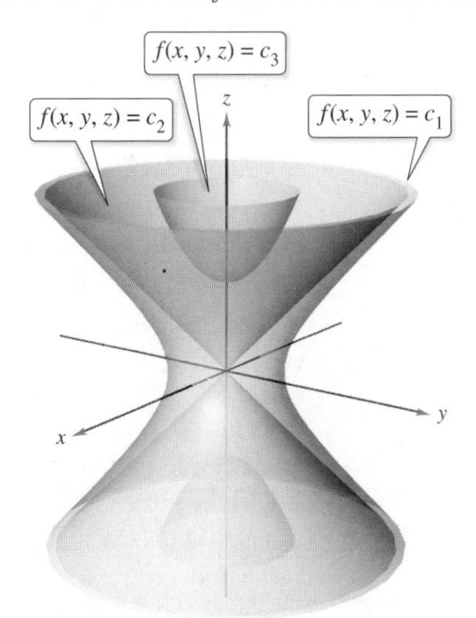

Superficies de nivel de f.
Figura 8.14

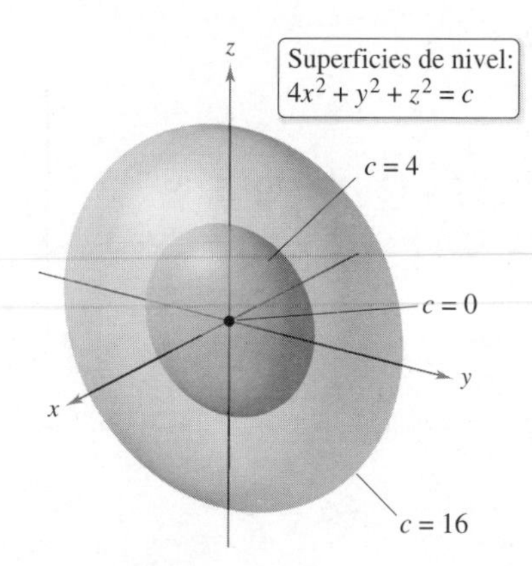

Figura 8.15

EJEMPLO 6 Superficies de nivel

Describa las superficies de nivel de la función

$$f(x, y, z) = 4x^2 + y^2 + z^2$$

Solución Cada superficie de nivel tiene una ecuación de la forma

$$4x^2 + y^2 + z^2 = c \qquad \text{Ecuación de una superficie de nivel.}$$

Por tanto, las superficies de nivel son elipsoides (cuyas secciones transversales paralelas al plano yz son círculos). A medida que c aumenta, los radios de las secciones transversales circulares aumentan según la raíz cuadrada de c. Por ejemplo, las superficies de nivel correspondientes a los valores $c = 0$, $c = 4$ y $c = 16$ son como sigue.

$$4x^2 + y^2 + z^2 = 0 \qquad \text{Superficie de nivel para } c = 0 \text{ (un solo punto).}$$

$$\frac{x^2}{1} + \frac{y^2}{4} + \frac{z^2}{4} = 1 \qquad \text{Superficie de nivel para } c = 4 \text{ (elipsoide).}$$

$$\frac{x^2}{4} + \frac{y^2}{16} + \frac{z^2}{16} = 1 \qquad \text{Superficie de nivel para } c = 16 \text{ (elipsoide).}$$

Estas superficies de nivel se muestran en la figura 8.15.

Si la función del ejemplo 6 representara la *temperatura* en el punto (x, y, z), las superficies de nivel mostradas en la figura 8.15 se llamarían **superficies isotermas**.

Utilidades gráficas y superficies

Para ver la figura a color, acceda al código

El problema de dibujar la gráfica de una superficie en el espacio puede simplificarse usando una utilidad de graficación. Aunque hay varios tipos de herramientas de graficación tridimensionales, la mayoría utiliza alguna forma de análisis de trazas para dar la impresión de tres dimensiones. Para usar tales herramientas de graficación, por lo general se necesita introducir la ecuación de la superficie y la región del plano xy sobre la cual se visualiza la superficie. (En algunos casos puede ser necesario introducir el número de trazas que se van a considerar.) Por ejemplo, para representar gráficamente la superficie dada por

$$f(x, y) = (x^2 + y^2)e^{1-x^2-y^2}$$

usted podría elegir los límites siguientes para x, y y z.

$$-3 \le x \le 3 \qquad \text{Límites para } x.$$

$$-3 \le y \le 3 \qquad \text{Límites para } y.$$

$$0 \le z \le 3 \qquad \text{Límites para } z.$$

Para visualizar esta gráfica con **REALIDAD AUMENTADA**, puede introducir la ecuación en alguna aplicación de AR, como GeoGebra.

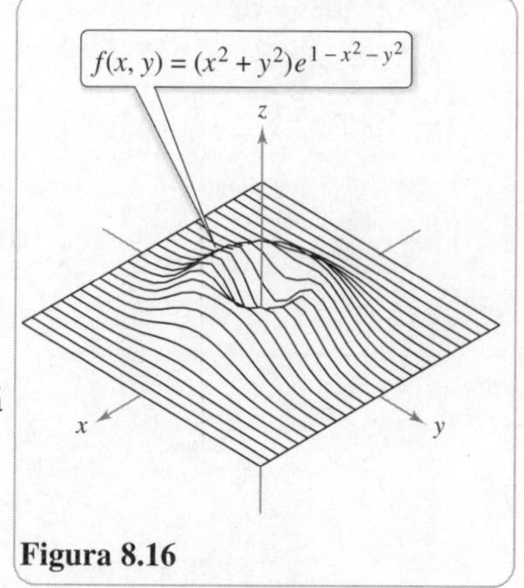

Figura 8.16

La figura 8.16 muestra una gráfica de esta superficie generada por computadora utilizando 26 trazas paralelas al plano yz. Para realizar el efecto tridimensional, el programa utiliza una rutina de "línea oculta". Es decir, comienza dibujando las trazas en primer plano (las correspondientes a los valores mayores de x), y después, a medida que se dibuja una nueva traza, el programa determina si mostrará toda o solo parte de la traza siguiente.

Las gráficas en la página siguiente muestran una variedad de superficies. Use alguna herramienta de graficación o de realidad aumentada para reproducir estas superficies. Las gráficas tridimensionales en este texto pueden visualizarse y ser rotadas. Estas gráficas rotables se encuentran en *LarsonCalculus.com* (disponible solo en inglés).

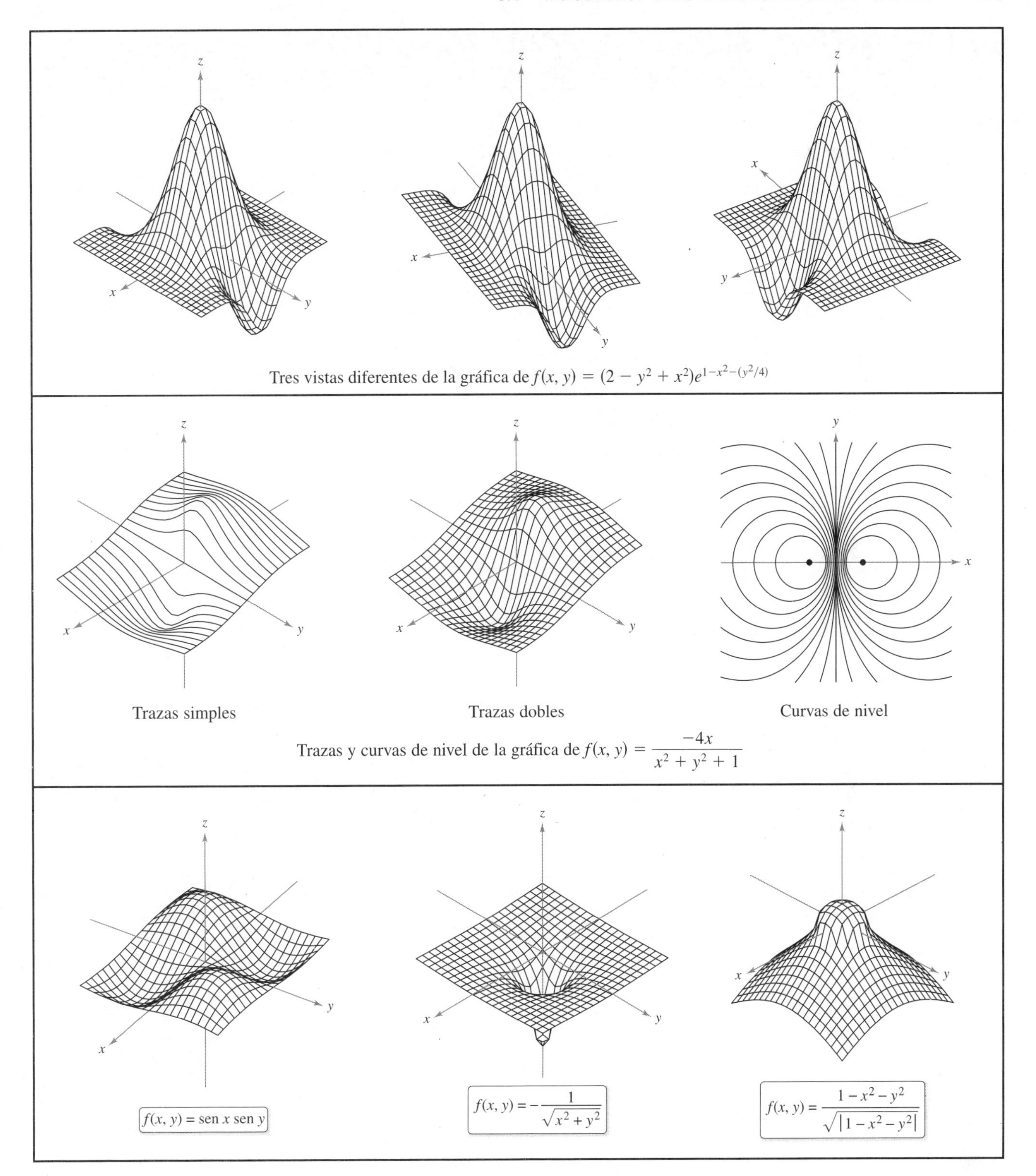

Tres vistas diferentes de la gráfica de $f(x, y) = (2 - y^2 + x^2)e^{1-x^2-(y^2/4)}$

Trazas y curvas de nivel de la gráfica de $f(x, y) = \dfrac{-4x}{x^2 + y^2 + 1}$

8.1 Ejercicios

Las respuestas a los ejercicios impares pueden consultarse en el Apéndice de este libro.

Repaso de conceptos

1. Explique por qué $z^2 = x + 3y$ no es una función de x y de y.
2. ¿Qué es la gráfica de una función de dos variables? ¿Cómo se puede ser interpretada geométricamente?
3. Utilice la gráfica para determinar si z es una función de x y de y. Explique su respuesta.

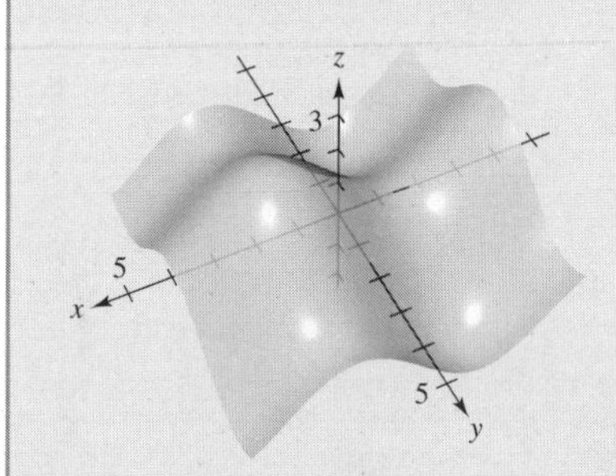

Para ver la figura a color, acceda al código

4. Explique cómo trazar un mapa de contorno de una función de x y de y.

Determinar si una ecuación es una función En los ejercicios 5 a 8, determine si z es una función de x y de y.

5. $x^2z + 3y^2 - xy = 10$ **6.** $xz^2 + 2xy - y^2 = 4$

7. $\dfrac{x^2}{4} + \dfrac{y^2}{9} + z^2 = 1$ **8.** $z + x \ln y - 8yz = 0$

Evaluar una función En los ejercicios 9 a 20, evalúe la función en los valores dados de las variables independientes. Simplifique los resultados.

9. $f(x, y) = 2x - y + 3$
(a) $f(0, 2)$ (b) $f(-1, 0)$
(c) $f(5, 30)$ (d) $f(3, y)$
(e) $f(x, 4)$ (f) $f(5, t)$

10. $f(x, y) = 4 - x^2 - 4y^2$
(a) $f(0, 0)$ (b) $f(0, 1)$
(c) $f(2, 3)$ (d) $f(1, y)$
(e) $f(x, 0)$ (f) $f(t, 1)$

11. $f(x, y) = xe^y$
(a) $f(-1, 0)$ (b) $f(0, 2)$
(c) $f(x, 3)$ (d) $f(t, -y)$

12. $g(x, y) = \ln|x + y|$
(a) $g(1, 0)$ (b) $g(0, -t^2)$
(c) $g(e, 0)$ (d) $g(e, e)$

13. $h(x, y, z) = \dfrac{xy}{z}$
(a) $h(-1, 3, -1)$
(b) $h(2, 2, 2)$
(c) $h(4, 4t, t^2)$
(d) $h(-3, 2, 5)$

14. $f(x, y, z) = \sqrt{x + y + z}$
(a) $f(2, 2, 5)$
(b) $f(0, 6, -2)$
(c) $f(8, -7, 2)$
(d) $f(0, 1, -1)$

15. $f(x, y) = x \operatorname{sen} y$
(a) $f(2, \pi/4)$
(b) $f(3, 1)$
(c) $f(-3, 0)$
(d) $f(4, \pi/2)$

16. $V(r, h) = \pi r^2 h$
(a) $V(3, 10)$
(b) $V(5, 2)$
(c) $V(4, 8)$
(d) $V(6, \pi)$

17. $g(x, y) = \displaystyle\int_x^y (2t - 3)\, dt$
(a) $g(4, 0)$ (b) $g(4, 1)$ (c) $g\left(4, \frac{3}{2}\right)$ (d) $g\left(\frac{3}{2}, 0\right)$

18. $g(x, y) = \displaystyle\int_x^y \frac{1}{t}\, dt$
(a) $g(4, 1)$ (b) $g(6, 3)$ (c) $g(2, 5)$ (d) $g\left(\frac{1}{2}, 7\right)$

19. $f(x, y) = 2x + y^2$
(a) $\dfrac{f(x + \Delta x, y) - f(x, y)}{\Delta x}$ (b) $\dfrac{f(x, y + \Delta y) - f(x, y)}{\Delta y}$

20. $f(x, y) = 3x^2 - 2y$
(a) $\dfrac{f(x + \Delta x, y) - f(x, y)}{\Delta x}$ (b) $\dfrac{f(x, y + \Delta y) - f(x, y)}{\Delta y}$

Encontrar el dominio y el rango de una función En los ejercicios 21 a 32, determine el dominio y el rango de la función.

21. $f(x, y) = 3x^2 - y$ **22.** $f(x, y) = e^{xy}$

23. $g(x, y) = x\sqrt{y}$ **24.** $g(x, y) = \dfrac{y}{\sqrt{x}}$

25. $z = \dfrac{x + y}{xy}$ **26.** $z = \dfrac{xy}{x + y}$

27. $f(x, y) = \sqrt{4 - x^2 - y^2}$ **28.** $f(x, y) = \sqrt{9 - 6x^2 - y^2}$

29. $f(x, y) = \arccos(x + y)$ **30.** $f(x, y) = \operatorname{arcsen}(y/x)$

31. $f(x, y) = \ln(5 - x - y)$ **32.** $f(x, y) = \ln(xy - 6)$

33. Piénselo Las gráficas marcadas (a), (b), (c) y (d) son gráficas de la función

$$f(x, y) = \frac{-4x}{x^2 + y^2 + 1}$$

Asocie cada gráfica con el punto en el espacio desde el que la superficie es visualizada. Los cuatro puntos son (20, 15, 25), (−15, 10, 20), (20, 20, 0) y (20, 0, 0).

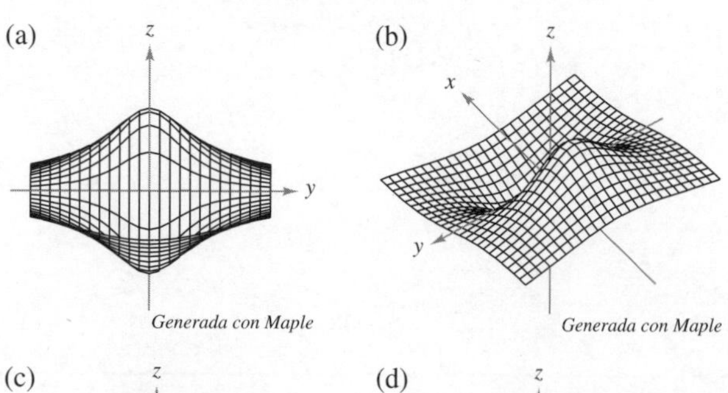

Generada con Maple Generada con Maple

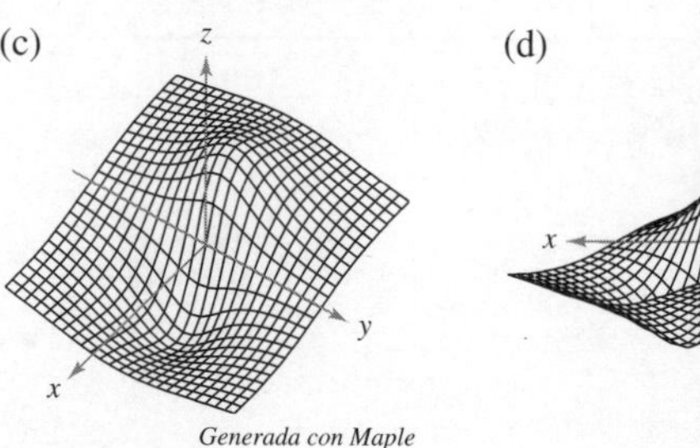

Generada con Maple Generada con Maple

34. Piénselo Use la función dada en el ejercicio 33.

(a) Encuentre el dominio y rango de la función.

(b) Identifique los puntos en el plano xy donde el valor de la función es 0.

(c) ¿Pasa la superficie por todos los octantes del sistema de coordenadas rectangular? Dé las razones de su respuesta.

Dibujar una superficie **En los ejercicios 35 a 42, describa y dibuje la superficie dada por la función.**

35. $f(x, y) = 4$

36. $f(x, y) = 6 - 2x - 3y$

37. $f(x, y) = y^2$

38. $g(x, y) = \frac{1}{2}y$

39. $z = -x^2 - y^2$

40. $z = \frac{1}{2}\sqrt{x^2 + y^2}$

41. $f(x, y) = e^{-x}$

42. $f(x, y) = \begin{cases} xy, & x \geq 0, y \geq 0 \\ 0, & x < 0 \text{ o } y < 0 \end{cases}$

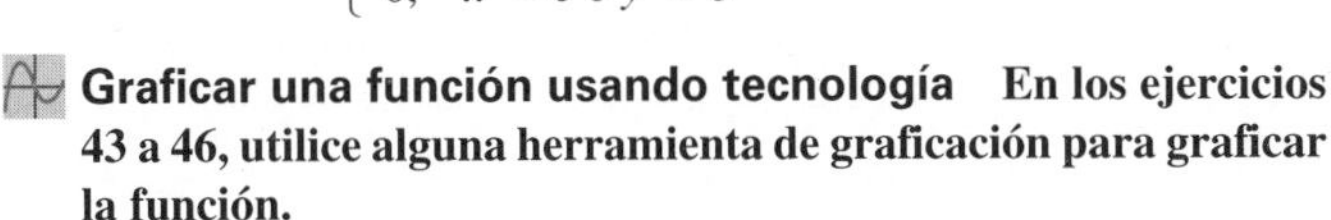

Graficar una función usando tecnología **En los ejercicios 43 a 46, utilice alguna herramienta de graficación para graficar la función.**

43. $z = y^2 - x^2 + 1$

44. $z = \frac{1}{12}\sqrt{144 - 16x^2 - 9y^2}$

45. $f(x, y) = x^2e^{(-xy/2)}$

46. $f(x, y) = x \text{ sen } y$

Relacionar **En los ejercicios 47 a 50, asocie la gráfica de la superficie con uno de los mapas de contorno. [Los mapas de contorno están etiquetados con (a), (b), (c) y (d).]**

(a)

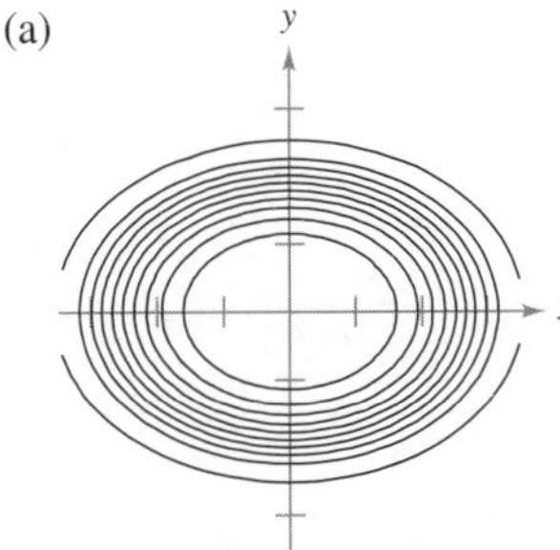

(b)

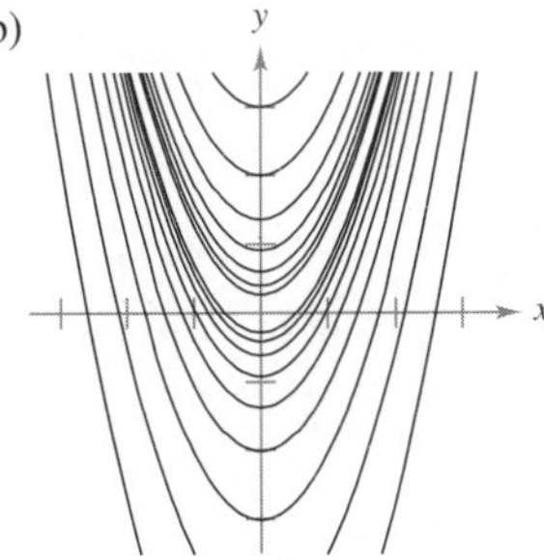

(c)

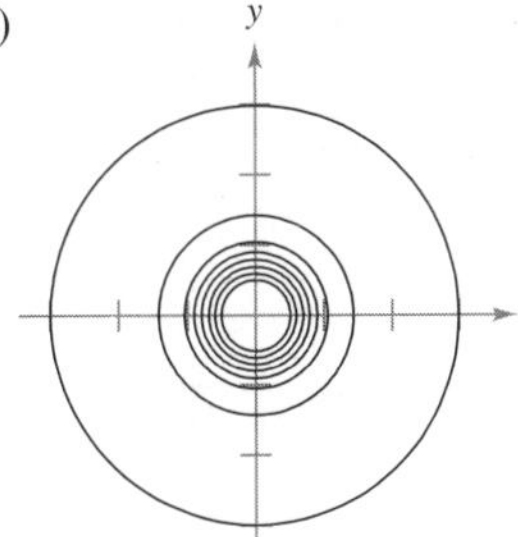

(d)

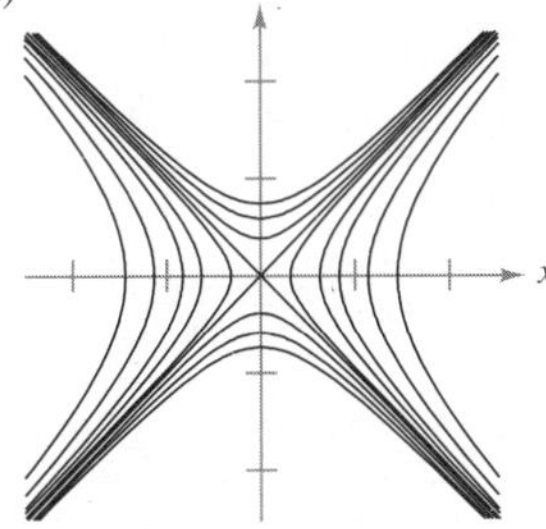

47. $f(x, y) = e^{1-x^2-y^2}$

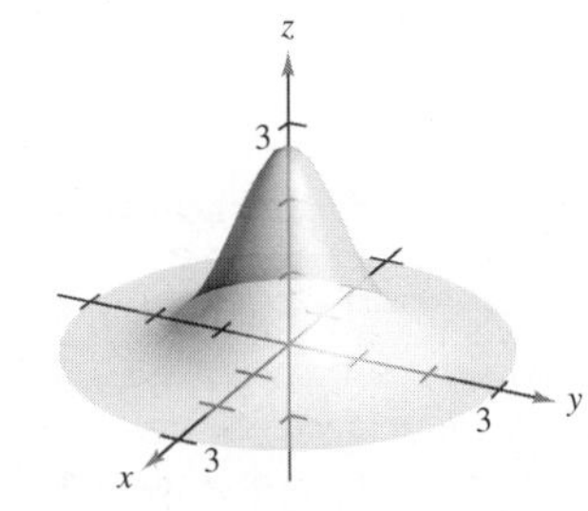

48. $f(x, y) = e^{1-x^2+y^2}$

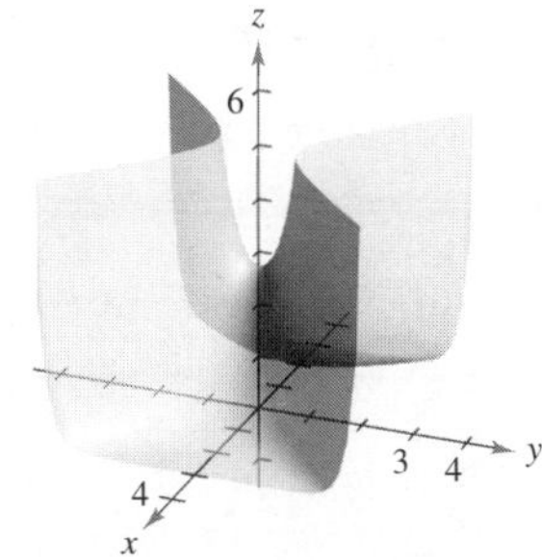

49. $f(x, y) = \ln|y - x^2|$

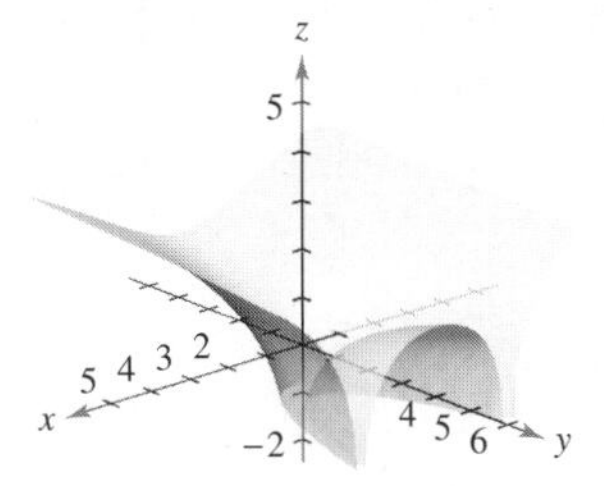

50. $f(x, y) = \cos\left(\frac{x^2 + 2y^2}{4}\right)$

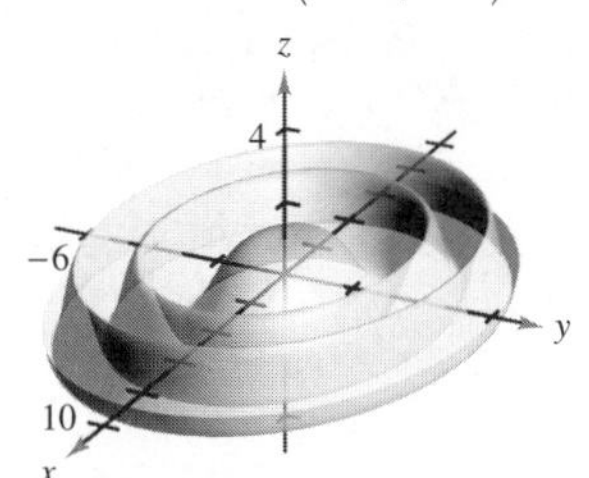

Dibujar un mapa de contorno **En los ejercicios 51 a 58, describa las curvas de nivel de la función. Dibuje un mapa de contorno de la superficie utilizando las curvas de nivel para los valores dados de c.**

51. $z = x + y, \ c = -1, 0, 2, 4$

52. $z = 6 - 2x - 3y, \ c = 0, 2, 4, 6, 8, 10$

53. $z = x^2 + 4y^2, \ c = 0, 1, 2, 3, 4$

54. $f(x, y) = \sqrt{9 - x^2 - y^2}, \ c = 0, 1, 2, 3$

55. $f(x, y) = xy, \ c = \pm 1, \pm 2, \ldots, \pm 6$

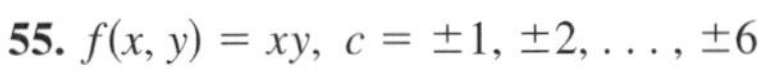

56. $f(x, y) = e^{xy/2}, \ c = 2, 3, 4, \frac{1}{2}, \frac{1}{3}, \frac{1}{4}$

57. $f(x, y) = x/(x^2 + y^2), \ c = \pm\frac{1}{2}, \pm 1, \pm\frac{3}{2}, \pm 2$

58. $f(x, y) = \ln(x - y), \ c = 0, \pm\frac{1}{2}, \pm 1, \pm\frac{3}{2}, \pm 2$

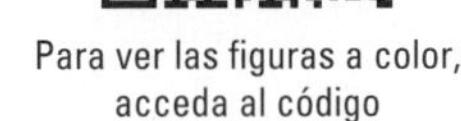

Para ver las figuras a color, acceda al código

Dibujar curvas de nivel utilizando tecnología **En los ejercicios 59 a 62, utilice una herramienta de graficación para representar seis curvas de nivel de la función.**

59. $f(x, y) = x^2 - y^2 + 2$

60. $f(x, y) = |xy|$

61. $g(x, y) = \dfrac{8}{1 + x^2 + y^2}$

62. $h(x, y) = 3 \text{ sen}(|x| + |y|)$

Exploración de conceptos

63. ¿Aplica el criterio de la recta vertical para funciones de dos variables? Explique su razonamiento.

64. Todas las curvas de nivel de la superficie dada por $z = f(x, y)$ son círculos concéntricos. ¿Implica esto que la gráfica de f es un hemisferio? Ilustre la respuesta con un ejemplo.

65. Construya una función cuyas curvas de nivel sean rectas que pasen por el origen.

66. Considere la función $f(x, y) = xy$, para $x \geq 0$ y $y \geq 0$.

(a) Trace la gráfica de la superficie dada por f.

(b) Haga una conjetura acerca de la relación entre las gráficas de f y $g(x, y) = f(x, y) - 3$. Explique su razonamiento.

(c) Repita el inciso (b) para $g(x, y) = -f(x, y)$.

(d) Repita el inciso (b) para $g(x, y) = \frac{1}{2}f(x, y)$.

(e) Sobre la superficie en el inciso (a), trace la gráfica de $z = f(x, x)$.

Redacción **En los ejercicios 67 y 68, utilice las gráficas de las curvas de nivel (valores de c uniformemente espaciados) de la función f para dar una descripción de una posible gráfica de f. ¿Es única la gráfica de f? Explique su respuesta.**

67. **68.**

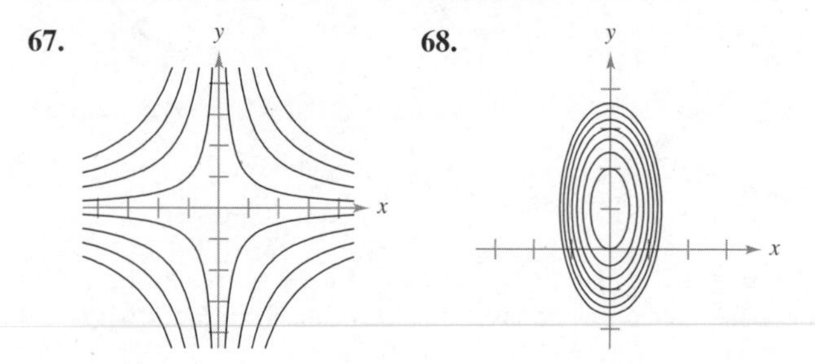

69. Inversión En 2020 se efectuó una inversión de $1 000 a 6% de interés compuesto anual. Suponga que el inversor paga una tasa de impuesto R y que la tasa de inflación anual es I. En el año 2030, el valor V de la inversión en dólares constantes de 2020 es

$$V(I, R) = 1\,000\left[\frac{1 + 0.06(1 - R)}{1 + I}\right]^{10}$$

Utilice esta función de dos variables para completar la tabla.

	Tasa de inflación		
Tasa de impuestos	0	0.03	0.05
0			
0.28			
0.35			

70. Inversión Se depositan $5 000 en una cuenta de ahorro a una tasa de interés compuesto continuo r (expresado en forma decimal). La cantidad $A(r, t)$ después de t años es

$$A(r, t) = 5\,000e^{rt}$$

Utilice esta función de dos variables para completar la tabla.

	Número de años			
Tasa	5	10	15	20
0.02				
0.03				
0.04				
0.05				

Dibujar una superficie de nivel **En los ejercicios 71 a 76, describa y dibuje la gráfica de la superficie de nivel $f(x, y, z) = c$ para el valor de c que se especifica.**

71. $f(x, y, z) = x - y + z,\ c = 1$

72. $f(x, y, z) = 4x + y + 2z,\ c = 4$

73. $f(x, y, z) = x^2 + y^2 + z^2,\ c = 9$

74. $f(x, y, z) = x^2 + \frac{1}{4}y^2 - z,\ c = 1$

75. $f(x, y, z) = 4x^2 + 4y^2 - z^2,\ c = 0$

76. $f(x, y, z) = \operatorname{sen} x - z,\ c = 0$

77. Silvicultura

La *regla de troncos de Doyle* es uno de los diferentes métodos que se usan para determinar la producción de madera (en pies tablares) como función de su diámetro d (en pulgadas) y de su altura L (en pies). El número de pies tablares es

$$N(d, L) = \left(\frac{d - 4}{4}\right)^2 L$$

(a) Determine el número de pies tablares de madera en un tronco de 22 pulgadas de diámetro y 12 pies de altura.

(b) Encuentre $N(30, 12)$.

78. Modelo de filas La cantidad de tiempo promedio que un cliente espera en una fila para recibir un servicio es

$$W(x, y) = \frac{1}{x - y}, \quad x > y$$

donde y es la tasa media de llegadas, expresada como número de clientes por unidad de tiempo, y x es la tasa media de servicio, expresada en las mismas unidades. Evalúe cada una de las siguientes cantidades.

(a) $W(15, 9)$ (b) $W(15, 13)$

(c) $W(12, 7)$ (d) $W(5, 2)$

79. Distribución de temperaturas La temperatura T (en grados Celsius) en cualquier punto (x, y) de una placa circular de acero de 10 metros de radio es

$$T = 600 - 0.75x^2 - 0.75y^2$$

donde x y y se miden en metros. Dibuje las curvas isotermas para $T = 0, 100, 200, \ldots, 600$.

80. Potencial eléctrico El potencial eléctrico V en cualquier punto (x, y) es

$$V(x, y) = \frac{5}{\sqrt{25 + x^2 + y^2}}$$

Dibuje las curvas equipotenciales de $V = \frac{1}{2}$, $V = \frac{1}{3}$ y $V = \frac{1}{4}$.

Función de producción de Cobb-Douglas **En los ejercicios 81 y 82, utilice la función de producción de Cobb-Douglas para encontrar el nivel de producción cuando $x = 600$ unidades de labor y $y = 350$ unidades de capital.**

81. $f(x, y) = 80x^{0.5}y^{0.5}$

82. $f(x, y) = 100x^{0.65}y^{0.35}$

83. Función de producción de Cobb-Douglas Utilice la función de producción de Cobb-Douglas, $f(x, y) = Cx^a y^{1-a}$, para demostrar que si el número de unidades de trabajo y el número de unidades de capital se duplican, el nivel de producción también se duplica.

84. Función de producción de Cobb-Douglas Demuestre que la función de producción de Cobb-Douglas $z = Cx^a y^{1-a}$ puede reescribirse como

$$\ln \frac{z}{y} = \ln C + a \ln \frac{x}{y}$$

85. Ley de los gases ideales De acuerdo con la ley de los gases ideales, $PV = kT$, donde P es la presión, V es el volumen, T es la temperatura (en kelvins) y k es una constante de proporcionalidad. Un tanque contiene 2000 pulgadas cúbicas de nitrógeno a una presión de 26 libras por pulgada cuadrada y una temperatura de 300 K.

(a) Determine k.

(b) Exprese P como función de V y T, y describa las curvas de nivel.

86. Modelar datos La tabla muestra las ventas netas x (en miles de millones de dólares), los activos totales y (en miles de millones de dólares) y los derechos de los accionistas z (en miles de millones de dólares) para Walmart desde 2015 hasta 2020. *(Fuente: Wal-Mart Stores, Inc.)*

Año	2015	2016	2017	2018	2019	2020
x	482.2	478.6	481.3	495.8	510.3	519.9
y	203.7	199.6	198.8	204.5	219.3	236.5
z	81.4	80.5	77.8	77.9	72.5	74.7

Un modelo para estos datos es

$z = f(x, y) = -0.328x + 0.195y = 198.7$

(a) Complete la cuarta fila en la tabla utilizando el modelo para aproximar z para los valores dados de x y y. Compare las aproximaciones con los valores actuales de z.

(b) ¿Cuál de las dos variables en este modelo tiene mayor influencia sobre los derechos de los accionistas? Explique su razonamiento.

(c) Simplifique la expresión para $f(x, 150)$ e interprete su significado en el contexto del problema.

87. Meteorología Los meteorólogos miden la presión atmosférica en milibares. A partir de estas observaciones elaboran mapas climáticos en los que se muestran las curvas de presión atmosférica constante (isobaras) (vea la figura). En el mapa, cuanto más juntas están las isobaras, mayor es la velocidad del viento. Asocie los puntos A, B y C con (a) la mayor presión, (b) la menor presión y (c) la mayor velocidad del viento.

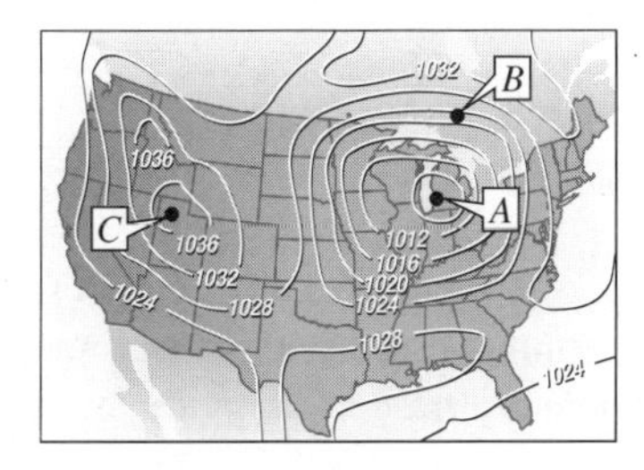

Figura para 87

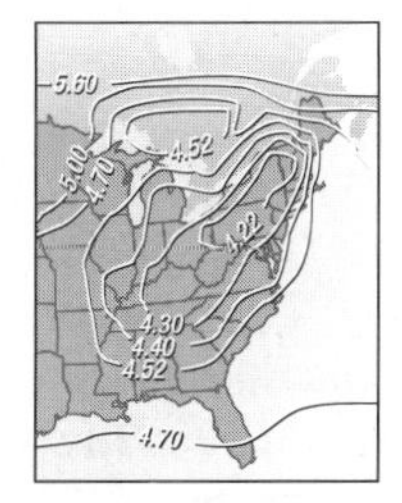

Figura para 88

88. Lluvia ácida La acidez del agua de lluvia se mide en unidades llamadas pH. Un pH de 7 es neutro, valores menores corresponden a acidez creciente, y valores mayores a alcalinidad creciente. El mapa muestra las curvas de pH constante y da evidencia de que en la dirección en la que sopla el viento de áreas muy industrializadas la acidez ha ido aumentando. Utilice las curvas de nivel en el mapa, para determinar la dirección de los vientos dominantes en el noreste de Estados Unidos.

89. Costo de construcción Una caja rectangular abierta por arriba tiene x pies de longitud, y pies de ancho y z pies de alto. Construir la base cuesta \$4.50 por pie cuadrado y construir los lados \$2.50 por pie cuadrado. Exprese el costo C de construcción de la caja como función de x, y y z.

90. ¿CÓMO LO VE? El mapa de contorno del hemisferio sur que se muestra en la figura fue generado por computadora usando una colección de datos mediante instrumentación satelital. El color y las líneas de contorno se usa para mostrar el "agujero de ozono" en la atmósfera de la Tierra. Las áreas púrpura y azul (vea el código QR) representan los niveles de ozono más bajos y las áreas verdes representan los niveles más altos. *(Fuente: NASA)*

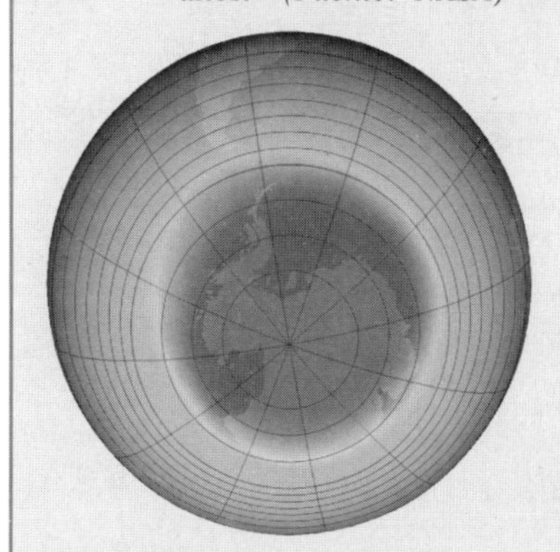

Para ver las figuras a color, acceda al código

(a) ¿Corresponden las curvas de nivel a los mismos niveles de ozono espaciados? Explique.

(b) Describa cómo obtener un mapa de contorno más detallado.

¿Verdadero o falso? **En los ejercicios 91 a 94, determine si el enunciado es verdadero o falso. Si es falso, explique por qué o dé un ejemplo que demuestre que es falso.**

91. Si $f(x_0, y_0) = f(x_1, y_1)$, entonces $x_0 = x_1$ y $y_0 = y_1$.

92. Si f es una función, entonces $f(ax, ay) = a^2 f(x, y)$.

93. La ecuación de una esfera es una función de tres variables.

94. Dos diferentes curvas de nivel de la gráfica de $z = f(x, y)$ pueden intersecarse.

DESAFÍO DEL EXAMEN PUTNAM

95. Sea f: $\mathbb{R}^2 \to \mathbb{R}$ una función tal que

$$f(x, y) + f(y, z) + f(z, x) = 0$$

para todos los números reales x, y y z. Demuestre que existe una función g: $\mathbb{R} \to \mathbb{R}$ tal que

$$f(x, y) = g(x) - g(y)$$

para todos los números reales x y y.

Este problema fue preparado por el Committee on the Putnam Prize Competition.

NASA

8.2 Límites y continuidad

- **Definir una vecindad en el plano.**
- **Utilizar la definición de límite de una función de dos variables.**
- **Extender el concepto de continuidad a una función de dos variables.**
- **Extender el concepto de continuidad a una función de tres variables.**

Vecindades en el plano

En esta sección se estudiarán los límites y la continuidad de funciones de dos o tres variables. La sección comienza con funciones de dos variables. Al final de la sección, los conceptos se extienden a funciones de tres variables.

El estudio del límite de una función de dos variables inicia definiendo el análogo bidimensional de un intervalo en la recta real. Utilizando la fórmula para la distancia entre dos puntos

$$(x, y) \quad \text{y} \quad (x_0, y_0)$$

en el plano, se puede definir la **δ-vecindad** de (x_0, y_0) como el **disco** centrado en (x_0, y_0) de radio $\delta > 0$

$$\{(x, y): \sqrt{(x - x_0)^2 + (y - y_0)^2} < \delta\} \qquad \text{Disco abierto.}$$

como se muestra en la figura 8.17. Cuando esta fórmula contiene el signo de desigualdad $<$ *menor que*, al disco se le llama **abierto**, y cuando contiene el signo de desigualdad $\leq$ *menor o igual que*, al disco se le llama **cerrado**. Esto corresponde al uso de $<$ y $\leq$ para definir intervalos abiertos y cerrados.

SONYA KOVALEVSKY (1850-1891)

Gran parte de la terminología que se usa para definir límites y continuidad de una función de dos o tres variables la introdujo el matemático alemán Karl Weierstrass (1815-1897). El enfoque riguroso de Weierstrass a los límites y a otros temas en cálculo le valió la reputación de "padre del análisis moderno". Weierstrass era un maestro excelente. Una de sus alumnas más conocidas fue la matemática rusa Sonya Kovalevsky, quien aplicó muchas de las técnicas de Weierstrass a problemas de la física matemática y se convirtió en una de las primeras mujeres aceptada como investigadora matemática.

Para leer más acerca de esta biografía vea LarsonCalculus.com (disponible solo en inglés).

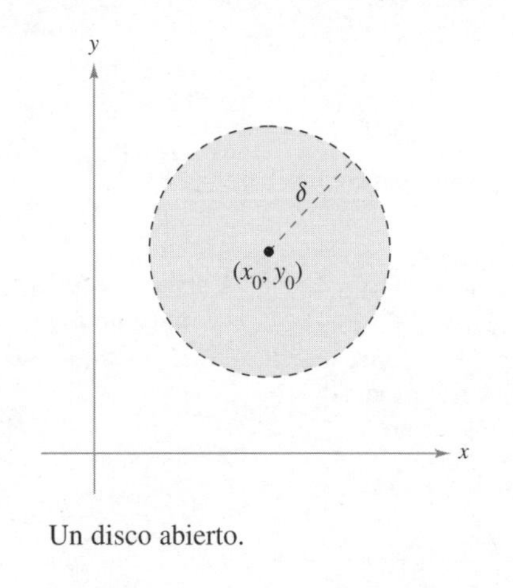

Un disco abierto.

Figura 8.17

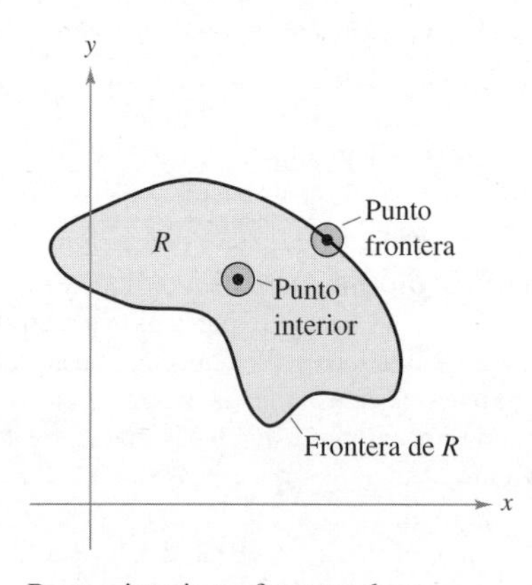

Puntos interior y frontera de una región R.

Figura 8.18

Sea la región R un conjunto de puntos en el plano. Un punto (x_0, y_0) en R es un **punto interior** de R si existe una δ-vecindad de (x_0, y_0) que está contenida completamente en R, como se muestra en la figura 8.18. Si cada punto en R es un punto interior, la región R se dice una **región abierta**. Un punto (x_0, y_0) es un **punto frontera** de R si cada disco abierto centrado en (x_0, y_0) contiene puntos "dentro y fuera" de R. Si R contiene a todos sus puntos frontera entonces R es una **región cerrada**.

PARA INFORMACIÓN ADICIONAL Para más información acerca de Sonya Kovalevsky, vea el artículo "S. Kovalevsky: A Mathematical Lesson" de Karen D. Rappaport en *The American Mathematical Monthly*. Para ver este artículo, visite *MathArticles.com* (disponible solo en inglés).

Para ver las figuras a color, acceda al código

Límite de una función de dos variables

Definición del límite de una función de dos variables

Sea f una función de dos variables definidas, excepto posiblemente en (x_0, y_0), sobre un disco centrado en (x_0, y_0), y sea L un número real. Entonces

$$\lim_{(x, y)\to(x_0, y_0)} f(x, y) = L$$

Si para cada $\varepsilon > 0$ corresponde una $\delta > 0$ tal que

$$|f(x, y) - L| < \varepsilon \quad \text{siempre que} \quad 0 < \sqrt{(x - x_0)^2 + (y - y_0)^2} < \delta$$

Para ver la figura a color, acceda al código

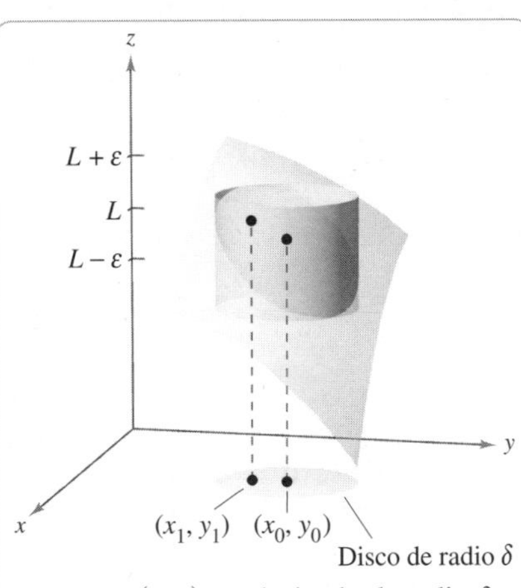

Para todo (x, y) en el círculo de radio δ, el valor de $f(x, y)$ se encuentra entre $L + \varepsilon$ y $L - \varepsilon$.
Figura 8.19

Para visualizar esta gráfica con **REALIDAD AUMENTADA**, puede introducir la ecuación en alguna aplicación de AR, como GeoGebra.

Gráficamente, la definición del límite de una función de dos variables implica que para todo punto $(x, y) \neq (x_0, y_0)$ en el disco de radio δ, el valor $f(x, y)$ está entre $L + \varepsilon$ y $L - \varepsilon$, como se muestra en la figura 8.19.

La definición del límite de una función en dos variables es similar a la definición del límite de una función en una sola variable, pero existe una diferencia importante. Para determinar si una función en una sola variable tiene límite, solo se necesita ver que se aproxime al límite por ambas direcciones: por la derecha y por la izquierda. Si la función se aproxima al mismo límite por la derecha y por la izquierda, puede concluir que el límite existe. Sin embargo, para una función de dos variables la expresión

$$(x, y) \to (x_0, y_0)$$

significa que el punto (x, y) puede aproximarse al punto (x_0, y_0) por cualquier dirección. Si el valor de

$$\lim_{(x, y)\to(x_0, y_0)} f(x, y)$$

no es el mismo al aproximarse por cualquier **trayectoria** a (x_0, y_0) entonces el límite no existe.

EJEMPLO 1 Verificar un límite a partir de la definición

Demuestre que $\displaystyle\lim_{(x, y)\to(a, b)} x = a$

Solución Sea $f(x, y) = x$ y $L = a$. Necesita demostrar que para cada $\varepsilon > 0$, existe una δ-vecindad de (a, b) tal que

$$|f(x, y) - L| = |x - a| < \varepsilon$$

siempre que $(x, y) \neq (a, b)$ se encuentre en el entorno. Primero se puede observar que

$$0 < \sqrt{(x - a)^2 + (y - b)^2} < \delta$$

lo cual implica que

$$\begin{aligned} |f(x, y) - L| &= |x - a| \\ &= \sqrt{(x - a)^2} \\ &\leq \sqrt{(x - a)^2 + (y - b)^2} \\ &< \delta \end{aligned}$$

Así que se puede elegir $\delta = \varepsilon$ y el límite queda verificado. ■

Los límites de funciones de varias variables tienen las mismas propiedades respecto a la suma, diferencia, producto y cociente que los límites de funciones de una sola variable. (Vea el teorema 1.2 en la sección 1.3.) Algunas de estas propiedades se utilizan en el siguiente ejemplo.

EJEMPLO 2 Calcular un límite

Calcule

$$\lim_{(x, y)\to(1, 2)} \frac{5x^2y}{x^2 + y^2}$$

Solución Usando las propiedades de los límites de productos y de sumas, se tiene

$$\lim_{(x, y)\to(1, 2)} 5x^2y = 5(1^2)(2) = 10$$

y

$$\lim_{(x, y)\to(1, 2)} (x^2 + y^2) = (1^2 + 2^2) = 5$$

Como el límite de un cociente es igual al cociente de los límites (y el denominador no es 0), se tiene

$$\lim_{(x, y)\to(1, 2)} \frac{5x^2y}{x^2 + y^2} = \frac{10}{5} = 2$$

Para ver la figura a color, acceda al código

EJEMPLO 3 Calcular un límite

Calcule $\displaystyle\lim_{(x, y)\to(0, 0)} \frac{5x^2y}{x^2 + y^2}$

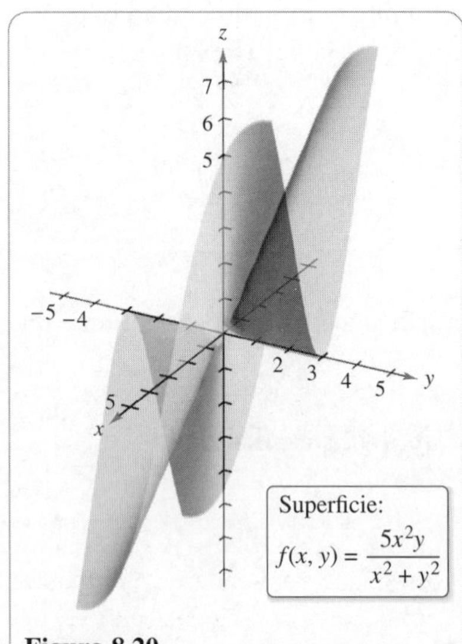

Figura 8.20

Para visualizar esta gráfica con **REALIDAD AUMENTADA**, puede introducir la ecuación en alguna aplicación de AR, como GeoGebra.

Solución En este caso, los límites del numerador y del denominador son ambos 0, por tanto no puede determinar la existencia (o inexistencia) del límite tomando los límites del numerador y el denominador por separado y dividiendo después. Sin embargo, por la gráfica de f (figura 8.20), parece razonable pensar que el límite pueda ser 0. En consecuencia, se puede intentar aplicar la definición de límite a $L = 0$. Primero, se debe observar que

$$|y| \leq \sqrt{x^2 + y^2}$$

y

$$\frac{x^2}{x^2 + y^2} \leq 1$$

Entonces, en una δ-vecindad de (0, 0), se tiene

$$0 < \sqrt{x^2 + y^2} < \delta$$

y además para $(x, y) \neq (0, 0)$

$$\begin{aligned} |f(x, y) - 0| &= 5\left|\frac{5x^2y}{x^2 + y^2}\right| \\ &= 5|y|\left(\frac{x^2}{x^2 + y^2}\right) \\ &\leq 5|y| \\ &\leq 5\sqrt{x^2 + y^2} \\ &< 5\delta \end{aligned}$$

Por tanto, puede elegir $\delta = \varepsilon/5$ y concluir que

$$\lim_{(x, y)\to(0, 0)} \frac{5x^2y}{x^2 + y^2} = 0$$

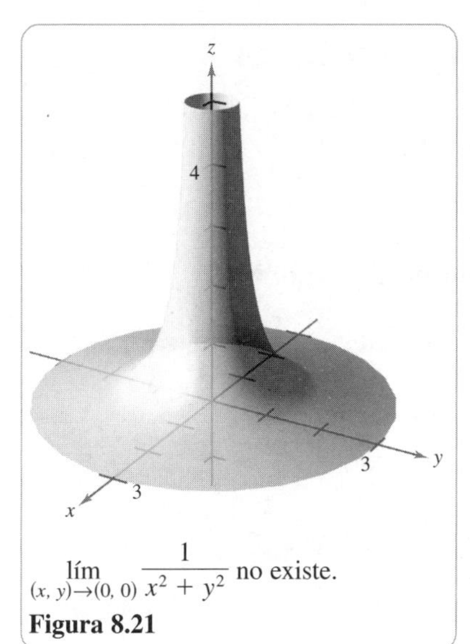

$\lim\limits_{(x, y)\to(0, 0)} \dfrac{1}{x^2 + y^2}$ no existe.

Figura 8.21

Para visualizar esta gráfica con **REALIDAD AUMENTADA,** puede introducir la ecuación en alguna aplicación de AR, como GeoGebra.

Con algunas funciones es fácil reconocer que el límite no existe. Por ejemplo, está claro que el límite

$$\lim_{(x, y)\to(0, 0)} \frac{1}{x^2 + y^2}$$

no existe porque el valor de $f(x, y)$ crece indefinidamente cuando (x, y) tiende a $(0, 0)$ por *cualquier* trayectoria (vea la figura 8.21).

Con otras funciones no es tan fácil reconocer que un límite no existe. Así, el siguiente ejemplo describe un caso en el que el límite no existe, ya que la función se aproxima a valores diferentes a lo largo de trayectorias distintas.

EJEMPLO 4 Un límite que no existe

Consulte LarsonCalculus.com (disponible solo en inglés) para una versión interactiva de este tipo de ejemplo.

Demuestre que el siguiente límite no existe.

$$\lim_{(x, y)\to(0, 0)} \left(\frac{x^2 - y^2}{x^2 + y^2}\right)^2$$

Solución El dominio de la función

$$f(x, y) = \left(\frac{x^2 - y^2}{x^2 + y^2}\right)^2$$

consta de todos los puntos en el plano xy con excepción del punto $(0, 0)$. Para demostrar que el límite no existe cuando (x, y) tiende a $(0, 0)$ considere aproximaciones a $(0, 0)$ a lo largo de dos "trayectorias" diferentes, como se muestra en la figura 8.22. A lo largo del eje x todo punto es de la forma

$$(x, 0)$$

y el límite a lo largo de esta trayectoria es

$$\lim_{(x, 0)\to(0, 0)} \left(\frac{x^2 - 0^2}{x^2 + 0^2}\right)^2 = \lim_{(x, 0)\to(0, 0)} 1^2 = 1 \qquad \text{Límite a lo largo del eje } x.$$

Sin embargo, si (x, y) se aproxima a $(0, 0)$ a lo largo de la recta $y = x$, se obtiene

$$\lim_{(x, x)\to(0, 0)} \left(\frac{x^2 - x^2}{x^2 + x^2}\right)^2 = \lim_{(x, x)\to(0, 0)} \left(\frac{0}{2x^2}\right)^2 = 0 \qquad \text{Límite a lo largo de } y = x.$$

Para ver las figuras a color, acceda al código

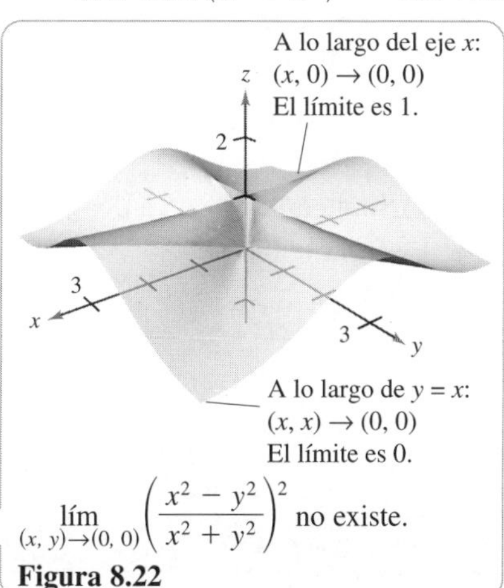

$\lim\limits_{(x, y)\to(0, 0)} \left(\dfrac{x^2 - y^2}{x^2 + y^2}\right)^2$ no existe.

Figura 8.22

Para visualizar esta gráfica con **REALIDAD AUMENTADA,** puede introducir la ecuación en alguna aplicación de AR, como GeoGebra.

Esto significa que en cualquier disco abierto centrado en $(0, 0)$ existen puntos (x, y) en los que f toma el valor 1 y otros puntos en los que f asume el valor 0. Por ejemplo,

$$f(x, y) = 1$$

en los puntos $(1, 0)$, $(0.1, 0)$, $(0.01, 0)$ y $(0.001, 0)$, y

$$f(x, y) = 0$$

en $(1, 1)$, $(0.1, 0.1)$, $(0.01, 0.01)$ y $(0.001, 0.001)$. Por tanto, f no tiene límite cuando $(x, y)\to(0, 0)$. ■

En el ejemplo 4 se puede concluir que el límite no existe, ya que se encuentran dos trayectorias que dan límites diferentes. Sin embargo, si dos trayectorias hubieran dado el mismo límite, *no podría* concluir que el límite existe. Para llegar a tal conclusión, debe demostrar que el límite es el mismo para *todas* aproximaciones posibles, lo cual no puede garantizarse.

Continuidad de una función de dos variables

En el ejemplo 2 se observa que el límite de $f(x, y) = 5x^2y/(x^2 + y^2)$ cuando $(x, y) \to (1, 2)$ puede calcularse por sustitución directa. Es decir, el límite es $f(1, 2) = 2$. En tales casos, se dice que la función es **continua** en el punto (1, 2).

COMENTARIO Esta definición de continuidad puede extenderse a *puntos frontera* de la región abierta R, considerando un tipo especial de límite en el que (x, y) solo se permite tender hacia (x_0, y_0) a lo largo de trayectorias que están en la región. Este concepto es similar al de límites unilaterales, tratado en el capítulo 1.

Definición de continuidad de una función de dos variables

Una función f de dos variables es **continua en un punto (x_0, y_0)** de una región abierta R si $f(x_0, y_0)$ está definida y es igual al límite de $f(x, y)$ cuando (x, y) tiende a (x_0, y_0). Es decir

$$\lim_{(x, y)\to(x_0, y_0)} f(x, y) = f(x_0, y_0)$$

La función f es **continua en la región abierta R** si es continua en todo punto de R.

En el ejemplo 3 se demostró que la función

$$f(x, y) = \frac{5x^2y}{x^2 + y^2}$$

no es continua en (0, 0). Sin embargo, como el límite en este punto existe, se puede eliminar la discontinuidad definiendo el valor de f en (0, 0) igual a su límite. Tal discontinuidad se dice **removible**. En el ejemplo 4 se demostró que la función

$$f(x, y) = \left(\frac{x^2 - y^2}{x^2 + y^2}\right)^2$$

tampoco es continua en (0, 0) pero esta discontinuidad es **no removible**.

TEOREMA 8.1 Funciones continuas de dos variables

Si k es un número real y $f(x, y)$ y $g(x, y)$ son funciones continuas en (x_0, y_0) entonces las siguientes funciones son continuas en (x_0, y_0).

1. Múltiplo escalar: kf
2. Suma o diferencia: $f \pm g$
3. Producto: fg
4. Cociente: f/g, $g(x_0, y_0) \neq 0$

Para ver la figura a color, acceda al código

El teorema 8.1 establece la continuidad de las funciones *polinomiales* y *racionales* en todo punto de su dominio. La continuidad de otros tipos de funciones puede extenderse de manera natural de una a dos variables. Por ejemplo, las funciones cuyas gráficas se muestran en las figuras 8.23 y 8.24 son continuas en todo punto del plano.

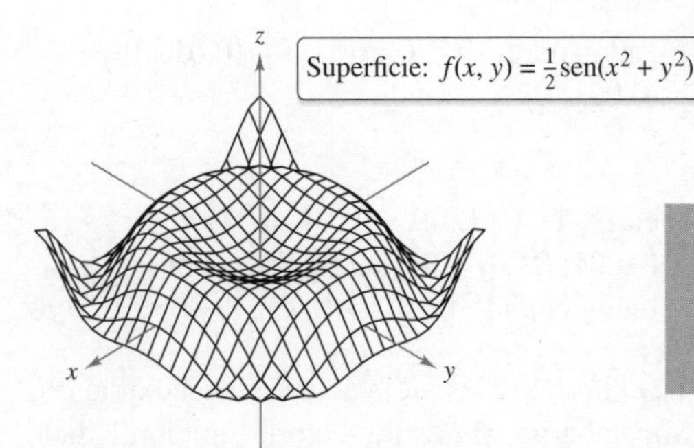

La función f es continua en todo punto del plano.
Figura 8.23

Para visualizar esta gráfica con **REALIDAD AUMENTADA**, puede introducir la ecuación en alguna aplicación de AR, como GeoGebra.

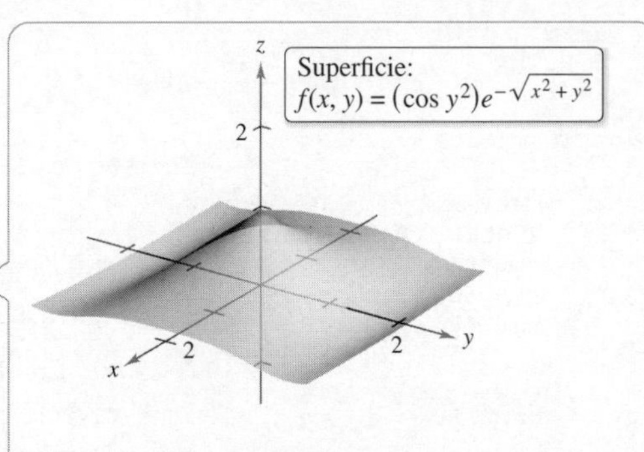

La función f es continua en todo punto del plano.
Figura 8.24

El siguiente teorema establece las condiciones para las que una función compuesta es continua.

TEOREMA 8.2 Continuidad de una función compuesta

Si h es continua en (x_0, y_0) y g es continua en $h(x_0, y_0)$ entonces la función compuesta por $(g \circ h)(x, y) = g(h(x, y))$ es continua en (x_0, y_0). Es decir,

$$\lim_{(x, y)\to(x_0, y_0)} g(h(x, y)) = g(h(x_0, y_0))$$

En el teorema 8.2 hay que observar que h es una función de dos variables, mientras que g es una función de una variable.

EJEMPLO 5 Analizar la continuidad

Analice la continuidad de cada función.

a. $f(x, y) = \dfrac{x - 2y}{x^2 + y^2}$ **b.** $g(x, y) = \dfrac{2}{y - x^2}$

Solución

a. Como una función racional es continua en todo punto de su dominio, se puede concluir que f es continua en todo punto del plano xy excepto en (0, 0), como se muestra en la figura 8.25.

b. La función dada por

$$g(x, y) = \frac{2}{y - x^2}$$

es continua, excepto en los puntos en los cuales el denominador es 0, que están dados por

$$y - x^2 = 0$$

Por tanto, puede concluir que la función es continua en todos los puntos, excepto en aquellos en los que se encuentra la parábola $y = x^2$. En el interior de esta parábola se tiene $y > x^2$ y la superficie representada por la función se encuentra sobre el plano xy como se muestra en la figura 8.26. En el exterior de la parábola, $y < x^2$ y la superficie se encuentra debajo del plano xy.

Para ver las figuras a color, acceda al código

Para visualizar esta gráfica con **REALIDAD AUMENTADA**, puede introducir la ecuación en alguna aplicación de AR, como GeoGebra.

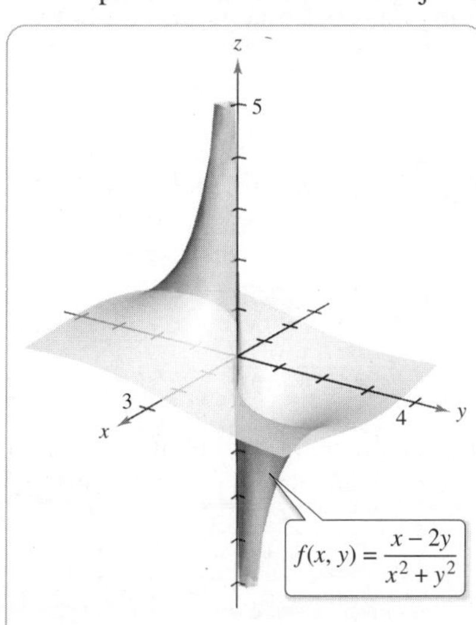

La función f no es continua en (0, 0).

Figura 8.25

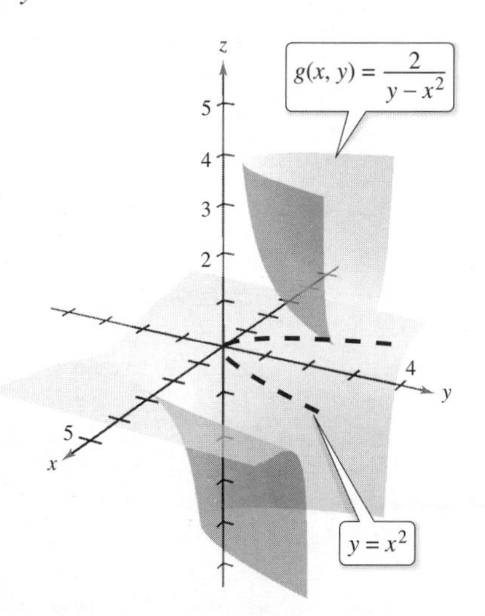

La función g no es continua en la parábola $y = x^2$.

Figura 8.26

Continuidad de una función de tres variables

Las definiciones anteriores de límites y continuidad pueden extenderse a funciones de tres variables, considerando los puntos (x, y, z) dentro de la *esfera abierta*

$$(x - x_0)^2 + (y - y_0)^2 + (z - z_0)^2 < \delta^2$$ Esfera abierta.

El radio de esta esfera es δ, y la esfera está centrada en (x_0, y_0, z_0) como se muestra en la figura 8.27.

Para ver la figura a color, acceda al código

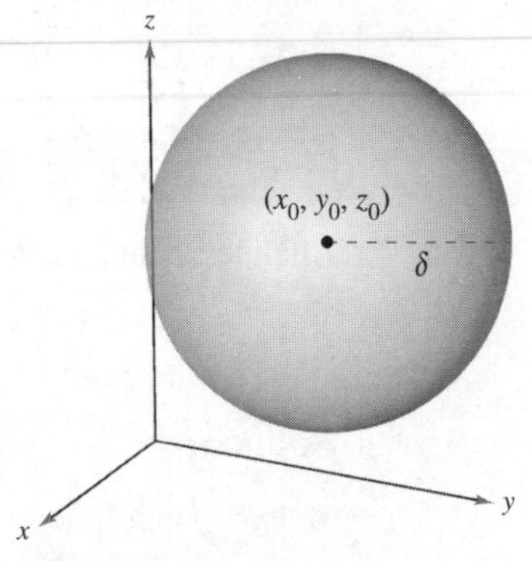

Esfera abierta en el espacio.
Figura 8.27

Un punto (x_0, y_0, z_0) en una región R en el espacio es un **punto interior** de R si existe una δ-esfera centrada en (x_0, y_0, z_0) que está contenida completamente en R. Si todo punto de R es un punto interior, entonces se dice que R es una región **abierta**.

Definición de continuidad de una función de tres variables

Una función f de tres variables es **continua en un punto** (x_0, y_0, z_0) de una región abierta R si $f(x_0, y_0, z_0)$ está definido y es igual al límite de $f(x, y, z)$ cuando (x, y, z) se aproxima a (x_0, y_0, z_0). Es decir,

$$\lim_{(x, y, z)\to(x_0, y_0, z_0)} f(x, y, z) = f(x_0, y_0, z_0)$$

La función f es **continua en una región abierta R** si es continua en todo punto de R.

EJEMPLO 6 Verificar la continuidad de una función de tres variables

Analice la continuidad de

$$f(x, y, z) = \frac{1}{x^2 + y^2 - z}$$

Solución La función f es continua, excepto en los puntos en los que el denominador es igual a 0, que están dados por la ecuación

$$x^2 + y^2 - z = 0$$

Por lo que, f es continua en cualquier punto del espacio, excepto en los puntos del paraboloide

$$z = x^2 + y^2$$ ■

8.2 Ejercicios

Las respuestas a los ejercicios impares pueden consultarse en el Apéndice de este libro.

Repaso de conceptos

1. Escriba una breve descripción del significado de la notación $\lim_{(x, y)\to(-1, 3)} f(x, y) = 1$.

2. Explique cómo examinar límites a lo largo de diferentes trayectorias podría mostrar que un límite no existe. ¿Muestra este tipo de análisis que un límite no existe? Explique.

Comprobar un límite por definición **En los ejercicios 3 a 6, utilice la definición de límite de una función de dos variables para verificar el límite.**

3. $\lim_{(x, y)\to(1, 0)} x = 1$

4. $\lim_{(x, y)\to(4, -1)} y = 4$

5. $\lim_{(x, y)\to(1, -3)} y = -3$

6. $\lim_{(x, y)\to(a, b)} y = b$

Usar las propiedades de límites **En los ejercicios 7 a 10, encuentre el límite indicado utilizando los límites**

$$\lim_{(x,y)\to(a, b)} f(x, y) = 4 \quad \text{y} \quad \lim_{(x,y)\to(a, b)} g(x, y) = -5.$$

7. $\lim_{(x, y)\to(a, b)} [f(x, y) - g(x, y)]$

8. $\lim_{(x, y)\to(a, b)} \left[\dfrac{3f(x, y)}{g(x, y)}\right]$

9. $\lim_{(x, y)\to(a, b)} [f(x, y)g(x, y)]$

10. $\lim_{(x, y)\to(a, b)} \left[\dfrac{f(x, y) + g(x, y)}{f(x, y)}\right]$

Límites y continuidad **En los ejercicios 11 a 24, calcule el límite y analice la continuidad de la función.**

11. $\lim_{(x, y)\to(3, 1)} (x^2 - 2y)$

12. $\lim_{(x, y)\to(-1, 1)} (x + 4y^2 + 5)$

13. $\lim_{(x, y)\to(1, 2)} e^{xy}$

14. $\lim_{(x, y)\to(2, 4)} \dfrac{x + y}{x^2 + 1}$

15. $\lim_{(x, y)\to(0, 2)} \dfrac{x}{y}$

16. $\lim_{(x, y)\to(-1, 2)} \dfrac{x + y}{x - y}$

17. $\lim_{(x, y)\to(1, 1)} \dfrac{xy}{x^2 + y^2}$

18. $\lim_{(x, y)\to(1, 1)} \dfrac{x}{\sqrt{x + y}}$

19. $\lim_{(x, y)\to(\pi/3, 2)} y \cos xy$

20. $\lim_{(x, y)\to(\pi, -4)} \operatorname{sen} \dfrac{x}{y}$

21. $\lim_{(x, y)\to(0, 1)} \dfrac{\operatorname{arcsen} xy}{1 - xy}$

22. $\lim_{(x, y)\to(0, 1)} \dfrac{\arccos(x/y)}{1 + xy}$

23. $\lim_{(x, y, z)\to(1, 3, 4)} \sqrt{x + y + z}$

24. $\lim_{(x, y, z)\to(-2, 1, 0)} xe^{yz}$

Obtener un límite **En los ejercicios 25 a 36, encuentre el límite (si existe). Si el límite no existe, explique por qué.**

25. $\lim_{(x, y)\to(1, 1)} \dfrac{xy - 1}{1 + xy}$

26. $\lim_{(x, y)\to(1, -1)} \dfrac{x^2y}{1 + xy^2}$

27. $\lim_{(x, y)\to(0, 0)} \dfrac{1}{x + y}$

28. $\lim_{(x, y)\to(0, 0)} \dfrac{1}{x^2y^2}$

29. $\lim_{(x, y)\to(0, 0)} \dfrac{x - y}{\sqrt{x} - \sqrt{y}}$

30. $\lim_{(x, y)\to(2, 1)} \dfrac{x - y - 1}{\sqrt{x - y} - 1}$

31. $\lim_{(x, y)\to(0, 0)} \dfrac{x + y}{x^2 + y}$

32. $\lim_{(x, y)\to(0, 0)} \dfrac{x}{x^2 - y^2}$

33. $\lim_{(x, y)\to(0, 0)} \dfrac{x^2}{(x^2 + 1)(y^2 + 1)}$

34. $\lim_{(x, y)\to(0, 0)} \ln(x^2 + y^2)$

35. $\lim_{(x, y, z)\to(0, 0, 0)} \dfrac{xy + yz + xz}{x^2 + y^2 + z^2}$

36. $\lim_{(x, y, z)\to(0, 0, 0)} \dfrac{xy + yz^2 + xz^2}{x^2 + y^2 + z^2}$

Exploración de conceptos

37. ¿Puede concluir algo acerca de $\lim_{(x, y)\to(2, 3)} f(x, y)$ cuando $f(2, 3) = 4$? Explique su respuesta.

38. ¿Puede concluir algo acerca de $f(2, 3)$ cuando $\lim_{(x, y)\to(2, 3)} f(x, y) = 4$? Explique su respuesta.

39. Sea $\lim_{(x, y)\to(0, 0)} f(x, y) = 0$. ¿Es cierto que $\lim_{(x, 0)\to(0, 0)} f(x, 0) = 0$? Explique su razonamiento.

40. **¿CÓMO LO VE?** En la figura se muestra la gráfica de $f(x, y) = \ln(x^2 + y^2)$. A partir de la gráfica, ¿puede inferir que existe el límite en cada punto?

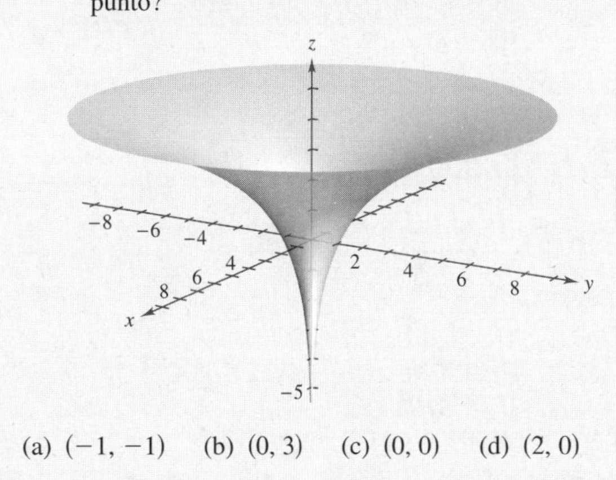

(a) $(-1, -1)$ (b) $(0, 3)$ (c) $(0, 0)$ (d) $(2, 0)$

Continuidad **En los ejercicios 41 y 42, analice la continuidad de la función y evalúe el límite $f(x, y)$ (si existe) cuando $(x, y) \to (0, 0)$.**

41. $f(x, y) = e^{xy}$

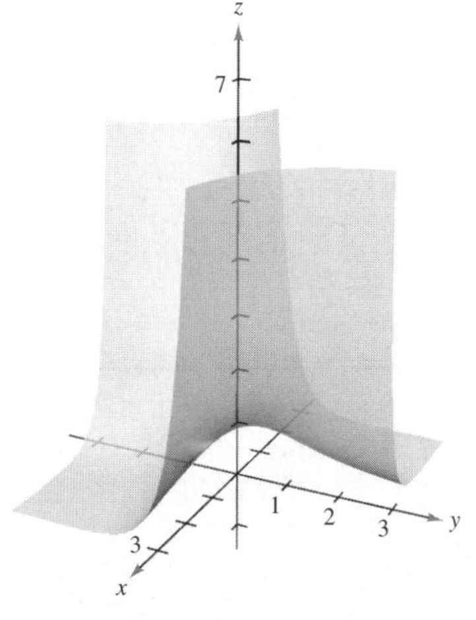

Para ver las figuras a color, acceda al código

42. $f(x, y) = 1 - \dfrac{\cos(x^2 + y^2)}{x^2 + y^2}$

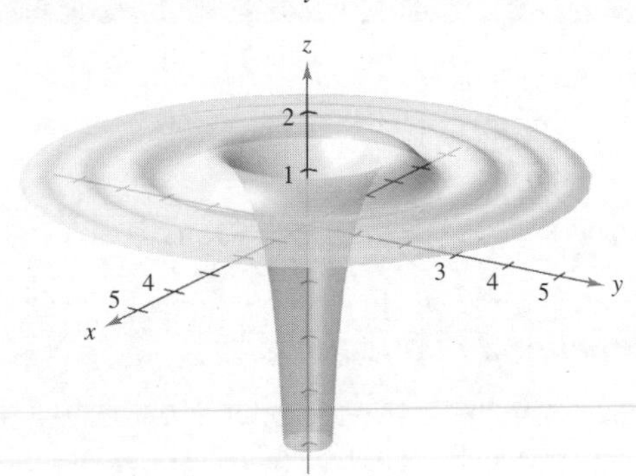

46. $f(x, y) = \dfrac{2x - y^2}{2x^2 + y}$

Trayectoria: $y = 0$

Puntos: (1, 0), (0.25, 0), (0.01, 0), (0.001, 0), (0.000001, 0)

Trayectoria: $y = x$

Puntos: (1, 1), (0.25, 0.25), (0.01, 0.01), (0.001, 0.001), (0.0001, 0.0001)

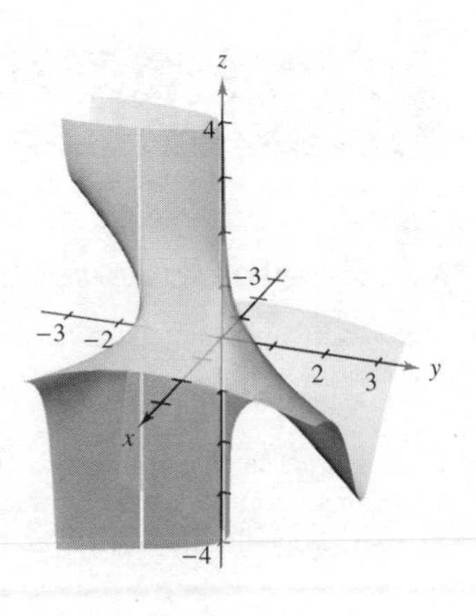

Límite y continuidad En los ejercicios 43 a 46, utilice una herramienta de graficación para elaborar una tabla que muestre los valores $f(x, y)$ de los puntos que se especifican. Utilice el resultado para formular una conjetura sobre el límite de $f(x, y)$ cuando $(x, y) \to (0, 0)$. Determine analíticamente si el límite existe y analice la continuidad de la función.

43. $f(x, y) = \dfrac{xy}{x^2 + y^2}$

Trayectoria: $y = 0$

Puntos: (1, 0), (0.5, 0), (0.1, 0), (0.01, 0), (0.001, 0)

Trayectoria: $y = x$

Puntos: (1, 1), (0.5, 0.5), (0.1, 0.1), (0.01, 0.01), (0.001, 0.001)

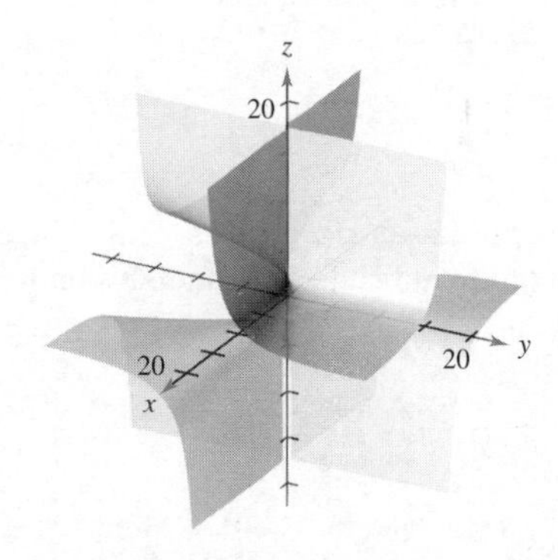

44. $f(x, y) = -\dfrac{xy^2}{x^2 + y^4}$

Trayectoria: $x = y^2$

Puntos: (1, 1), (0.25, 0.5), (0.01, 0.1), (0.0001, 0.01), (0.000001, 0.001)

Trayectoria: $x = -y^2$

Puntos: (−1, 1), (−0.25, 0.5), (−0.01, 0.1), (−0.0001, 0.01), (−0.000001, 0.001)

45. $f(x, y) = \dfrac{y}{x^2 + y^2}$

Trayectoria: $y = 0$

Puntos: (1, 0), (0.5, 0), (0.1, 0), (0.01, 0), (0.001, 0)

Trayectoria: $y = x$

Puntos: (1, 1), (0.5, 0.5), (0.1, 0.1), (0.01, 0.01), (0.001, 0.001)

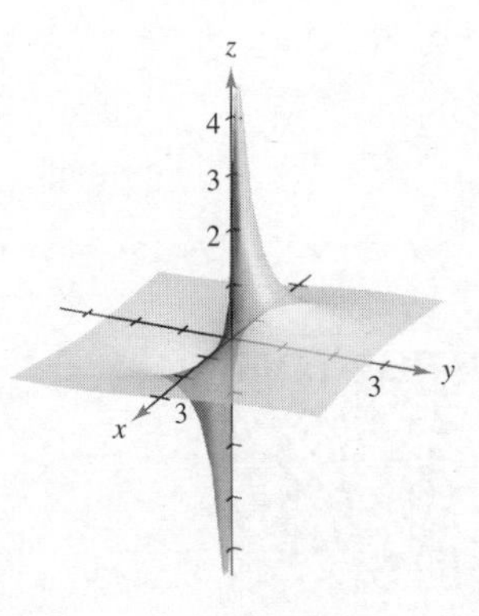

47. Límite Considere $\lim\limits_{(x, y)\to(0, 0)} \dfrac{x^2 + y^2}{xy}$ (vea la figura).

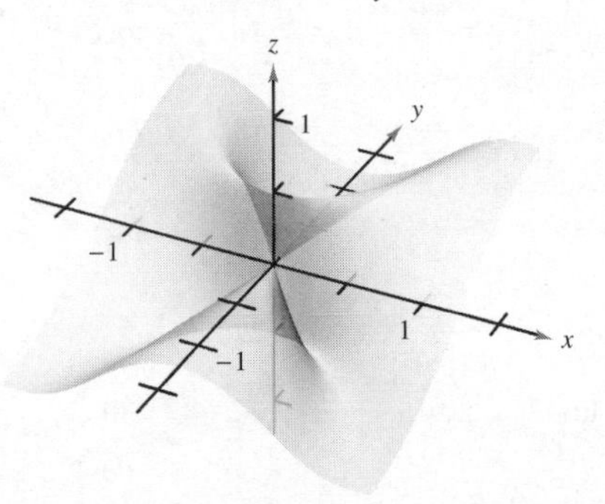

(a) Determine el límite (si es posible) a lo largo de toda recta de la forma $y = ax$.

(b) Determine el límite (si es posible) a lo largo de la parábola $y = x^2$.

(c) ¿Existe el límite? Explique su respuesta.

48. Límite Considere $\lim\limits_{(x, y)\to(0, 0)} \dfrac{x^2 y}{x^4 + y^2}$ (vea la figura).

(a) Determine el límite (si es posible) a lo largo de toda la recta de la forma $y = ax$.

(b) Determine el límite (si es posible) a lo largo de la parábola $y = x^2$.

(c) ¿Existe el límite? Explique su respuesta.

Para ver las figuras a color, acceda al código

Comparar la continuidad **En los ejercicios 49 y 50, analice la continuidad de las funciones f y g. Explique cualquier diferencia.**

49. $f(x, y)\ \begin{cases} \dfrac{x^4 - y^4}{x^2 + y^2}, & (x, y) \neq (0, 0) \\ 0, & (x, y) = (0, 0) \end{cases}$

$g(x, y)\ \begin{cases} \dfrac{x^4 - y^4}{x^2 + y^2}, & (x, y) \neq (0, 0) \\ 1, & (x, y) = (0, 0) \end{cases}$

50. $f(x, y)\ \begin{cases} \dfrac{x^2 + 2xy^2 + y^2}{x^2 + y^2}, & (x, y) \neq (0, 0) \\ 0, & (x, y) = (0, 0) \end{cases}$

$g(x, y)\ \begin{cases} \dfrac{x^2 + 2xy^2 + y^2}{x^2 + y^2}, & (x, y) \neq (0, 0) \\ 1, & (x, y) = (0, 0) \end{cases}$

Determinar un límite usando coordenadas polares **En los ejercicios 51 a 56, utilice coordenadas polares para hallar el límite. [*Sugerencia:* Sea $x = r \cos \theta$ y $y = r \operatorname{sen} \theta$ y observe que $(x, y) \to (0, 0)$ implica $r \to 0$.]**

51. $\displaystyle \lim_{(x, y)\to(0, 0)} \frac{xy^2}{x^2 + y^2}$

52. $\displaystyle \lim_{(x, y)\to(0, 0)} \frac{x^3 + y^3}{x^2 + y^2}$

53. $\displaystyle \lim_{(x, y)\to(0, 0)} \frac{x^2y^2}{x^2 + y^2}$

54. $\displaystyle \lim_{(x, y)\to(0, 0)} \frac{x^2 - y^2}{\sqrt{x^2 + y^2}}$

55. $\displaystyle \lim_{(x, y)\to(0, 0)} \cos(x^2\ y^2)$

56. $\displaystyle \lim_{(x, y)\to(0, 0)} \operatorname{sen} \sqrt{x^2 + y^2}$

Determinar un límite usando coordenadas polares **En los ejercicios 57 a 60, use coordenadas polares y la regla de L'Hôpital para encontrar el límite.**

57. $\displaystyle \lim_{(x, y)\to(0, 0)} \frac{\operatorname{sen} \sqrt{x^2 + y^2}}{\sqrt{x^2 + y^2}}$

58. $\displaystyle \lim_{(x, y)\to(0, 0)} \frac{\operatorname{sen}(x^2 + y^2)}{x^2 + y^2}$

59. $\displaystyle \lim_{(x, y)\to(0, 0)} \frac{1 - \cos(x^2 + y^2)}{x^2 + y^2}$

60. $\displaystyle \lim_{(x, y)\to(0, 0)} (x^2\ y^2) \ln(x^2\ y^2)$

Continuidad **En los ejercicios 61 a 66, analice la continuidad de la función.**

61. $f(x, y, z)\ \dfrac{1}{\sqrt{x^2 + y^2 + z^2}}$

62. $f(x, y, z)\ \dfrac{z}{x^2 + y^2 - 4}$

63. $f(x, y, z)\ \dfrac{\operatorname{sen} z}{e^x + e^y}$

64. $f(x, y, z)\ xy \operatorname{sen} z$

65. $f(x, y)\ \begin{cases} \dfrac{\operatorname{sen} xy}{xy}, & xy \neq 0 \\ 1, & xy = 0 \end{cases}$

66. $f(x, y)\ \begin{cases} \dfrac{\operatorname{sen}(x^2 - y^2)}{x^2 - y^2}, & x^2 \neq y^2 \\ 1, & x^2 = y^2 \end{cases}$

Continuidad de una función compuesta **En los ejercicios 67 a 70, analice la continuidad de la función compuesta $f \circ g$.**

67. $f(t)\ t^2$

$g(x, y)\ 2x\ 3y$

68. $f(t)\ \dfrac{1}{t}$

$g(x, y)\ x^2\ y^2$

69. $f(t)\ \dfrac{1}{t}$

$g(x, y)\ 2x\ 3y$

70. $f(t)\ \dfrac{1}{1 - t}$

$g(x, y)\ x^2\ y^2$

Determinar un límite **En los ejercicios 71 a 76, halle cada límite.**

(a) $\displaystyle \lim_{\Delta x\to 0} \frac{f(x + \Delta x, y) - f(x, y)}{\Delta x}$

(b) $\displaystyle \lim_{\Delta y\to 0} \frac{f(x, y + \Delta y) - f(x, y)}{\Delta y}$

71. $f(x, y)\ x^2\ 4y$

72. $f(x, y)\ 3x^2\ y^2$

73. $f(x, y)\ \dfrac{x}{y}$

74. $f(x, y)\ \dfrac{1}{x + y}$

75. $f(x, y)\ 3x\ xy\ 2y$

76. $f(x, y)\ \sqrt{y}\,(y\ 1)$

Determinar un límite usando coordenadas esféricas **En los ejercicios 77 y 78, utilice las coordenadas esféricas para encontrar el límite. [*Sugerencia:* Tome $x = \rho \operatorname{sen} \phi \cos \theta$, $y = \rho \operatorname{sen} \phi \operatorname{sen} \theta$ y $z = \rho \cos \phi$, y observe que $(x, y, z) \to (0, 0, 0)$ equivalente a $\rho \to 0^+$.]**

77. $\displaystyle \lim_{(x, y)\to(0, 0, 0)} \frac{xyz}{x^2 + y^2 + z^2}$

78. $\displaystyle \lim_{(x, y)\to(0, 0, 0)} \tan^{1}\left(\frac{1}{x^2 + y^2 + z^2}\right)$

¿Verdadero o falso? **En los ejercicios 79 a 82, determine si el enunciado es verdadero o falso. Si es falso, explique por qué o dé un ejemplo que demuestre que es falso.**

79. Una región cerrada contiene a todos sus puntos frontera.

80. Cada punto en una región abierta es un punto interior.

81. Si f es continua para toda x y y, y $f(0, 0)\ 0$, entonces $\displaystyle \lim_{(x, y)\to(0, 0)} f(x, y)\ 0$.

82. Si g es una función continua de x, h es una función continua de y, y además $f(x, y)\ g(x)\ h(y)$, entonces f es continua.

83. Obtener un límite Halle el siguiente límite.

$$\lim_{(x, y)\to(0, 1)} \tan^{1}\left[\frac{x^2 + 1}{x^2 + (y - 1)^2}\right]$$

84. Continuidad Dada la función

$$f(x, y)\ xy\left(\frac{x^2 - y^2}{x^2 + y^2}\right)$$

defina $f(0, 0)$ de manera que f sea continua en el origen.

85. Demostración Demuestre que $\displaystyle \lim_{(x, y)\to(a, b)} [f(x, y)\ g(x, y)]\ L_1\ L_2$ donde $f(x, y)$ tiende a L_1 y $g(x, y)$ tiende a L_2 cuando $(x, y) \to (a, b)$.

86. Demostración Demuestre que si f es una función continua y $f(a, b)\ 0$, entonces existe una δ-vecindad de (a, b) tal que $f(x, y)\ 0$ para todo punto (x, y) en la vecindad.

8.3 Derivadas parciales

- **Hallar y utilizar las derivadas parciales de una función de dos variables.**
- **Hallar y utilizar las derivadas parciales de una función de tres o más variables.**
- **Hallar derivadas parciales de orden superior de una función de dos o tres variables.**

Derivadas parciales de una función de dos variables

En aplicaciones de funciones de varias variables suele surgir la pregunta: ¿"Cómo afectaría al valor de una función un cambio en una de sus variables independientes?". Se puede contestar esta pregunta considerando cada una de las variables independientes por separado. Por ejemplo, para determinar el efecto de un catalizador en un experimento, un químico podría repetir el experimento varias veces usando cantidades distintas de catalizador, mientras mantiene constantes las otras variables, como temperatura y presión. Para determinar la velocidad o la razón de cambio de una función f respecto a una de sus variables independientes puede utilizar un procedimiento similar. A este proceso se le llama **derivación parcial**, y el resultado se llama **derivada parcial** de f respecto a la variable independiente elegida.

JEAN LE ROND D'ALEMBERT (1717-1783)

La introducción de las derivadas parciales ocurrió años después del trabajo sobre el cálculo de Newton y Leibniz. Entre 1730 y 1760, Leonhard Euler y Jean Le Rond d'Alembert publicaron por separado varios artículos sobre dinámica, en los cuales establecieron gran parte de la teoría de las derivadas parciales. Estos artículos utilizaban funciones de dos o más variables para estudiar problemas de equilibrio, movimiento de fluidos y cuerdas vibrantes.

Consulte LarsonCalculus.com (disponible solo en inglés) para leer más acerca de esta biografía.

Definición de las derivadas parciales de una función de dos variables

Si $z = f(x, y)$, las **primeras derivadas parciales** de f respecto a x y y son las funciones f_x y f_y definidas por

$$f_x(x, y) = \lim_{\Delta x \to 0} \frac{f(x + \Delta x, y) - f(x, y)}{\Delta x}$$ Derivada parcial respecto a x.

y

$$f_y(x, y) = \lim_{\Delta y \to 0} \frac{f(x, y + \Delta y) - f(x, y)}{\Delta y}$$ Derivada parcial respecto a y.

siempre y cuando el límite exista.

Esta definición indica que si $z = f(x, y)$, entonces para hallar f_x, *considere y constante* y derive respecto a x. De manera similar, para calcular f_y, *considere x constante* y derive respecto a y.

EJEMPLO 1 Hallar las derivadas parciales

a. Para hallar f_x para $f(x, y) = 3x - x^2y^2 + 2x^3y$, considere y constante y derive respecto a x.

$$f_x(x, y) = 3 - 2xy^2 + 6x^2y$$ Derivada parcial respecto a x.

Para hallar f_y, considere x constante y derive respecto a y.

$$f_y(x, y) = -2x^2y + 2x^3$$ Derivada parcial respecto a y.

b. Para hallar f_x para $f(x, y) = (\ln x)(\operatorname{sen} x^2y)$, considere y constante y derive respecto a x.

$$f_x(x, y) = (\ln x)(\cos x^2y)(2xy) + \frac{\operatorname{sen} x^2y}{x}$$ Derivada parcial respecto a x.

Para hallar f_y, considere x constante y derive respecto a y.

$$f_y(x, y) = (\ln x)(\cos x^2y)(x^2)$$ Derivada parcial respecto a y.

COMENTARIO La notación $\partial z/\partial x$ se lee como "la derivada parcial de z respecto a x" y $\partial z/\partial y$ se lee como "la derivada parcial de z respecto a y".

Notación para las primeras derivadas parciales

Para $z = f(x, y)$, las derivadas parciales f_x y f_y se denotan por

$$\frac{\partial}{\partial x} f(x, y) = f_x(x, y) = z_x = \frac{\partial z}{\partial x} \qquad \text{Derivada parcial respecto a } x.$$

y

$$\frac{\partial}{\partial y} f(x, y) = f_y(x, y) = z_y = \frac{\partial z}{\partial y} \qquad \text{Derivada parcial respecto a } y.$$

Las primeras derivadas parciales evaluadas en el punto (a, b) se denotan por

$$\left.\frac{\partial z}{\partial x}\right|_{(a, b)} = f_x(a, b) \quad \text{y} \quad \left.\frac{\partial z}{\partial y}\right|_{(a, b)} = f_y(a, b)$$

Para ver las figuras a color, acceda al código

EJEMPLO 2 Hallar y evaluar las derivadas parciales

Dada $f(x, y) = xe^{x^2y}$, halle f_x y f_y, y evalúe cada una en el punto $(1, \ln 2)$.

Solución Para encontrar la primera derivada parcial respecto a x, considere a y constante y derive respecto a x utilizando la regla del producto.

$$f_x(x, y) = (x)\frac{\partial}{\partial x}[e^{x^2y}] + (e^{x^2y})\frac{\partial}{\partial x}[x] \qquad \text{Aplique la regla del producto.}$$

$$= xe^{x^2y}(2xy) + e^{x^2y} \qquad \text{Mantenga } y \text{ constante.}$$

El valor de f_x en el punto $(1, \ln 2)$ es

$$f_x(1, \ln 2) = e^{\ln 2}(2, \ln 2) + e^{\ln 2} = 4 \ln 2 + 2$$

Para encontrar la primera derivada parcial respecto a y, considere a x constante y derive respecto a y utilizando la regla del múltiplo constante.

$$f_y(x, y) = (x)\frac{\partial}{\partial y}[e^{x^2y}] \qquad \text{Aplique la regla del múltiplo constante.}$$

$$= xe^{x^2y}(x^2) \qquad \text{Mantenga } x \text{ constante.}$$

$$= x^3e^{x^2y} \qquad \text{Simplifique.}$$

El valor de f_y en el punto $(1, \ln 2)$ es

$$f_y(1, \ln 2) = e^{\ln 2} = 2$$

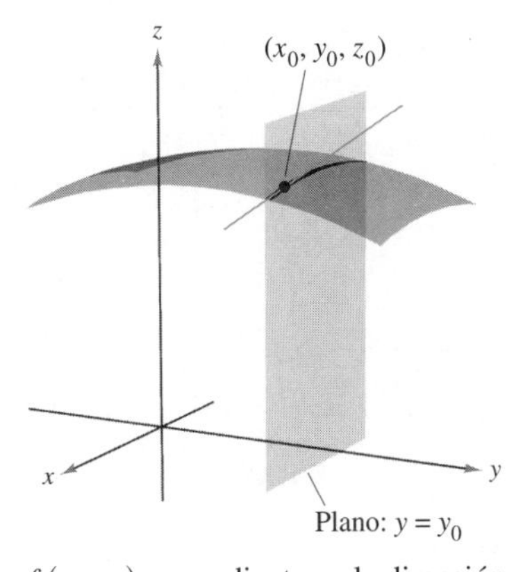

$f_x(x_0, y_0)$ = pendiente en la dirección x.
Figura 8.28

Las derivadas parciales de una función de dos variables $z = f(x, y)$, tienen una interpretación geométrica útil. Si $y = y_0$, entonces $z = f(x, y_0)$ representa la curva formada por la intersección de la superficie $z = f(x, y)$ con el plano $y = y_0$ como se muestra en la figura 8.28. Por consiguiente,

$$f_x(x_0, y_0) = \lim_{\Delta x \to 0} \frac{f(x_0 + \Delta x, y_0) - f(x_0, y_0)}{\Delta x}$$

representa la pendiente de esta curva en el punto $(x_0, y_0, f(x_0, y_0))$. Observe que tanto la curva como la recta tangente se encuentran en el plano $y = y_0$. Análogamente,

$$f_y(x_0, y_0) = \lim_{\Delta y \to 0} \frac{f(x_0, y_0 + \Delta y) - f(x_0, y_0)}{\Delta y}$$

representa la pendiente de la curva dada por la intersección de $z = f(x, y)$ y el plano $x = x_0$ en $(x_0, y_0, f(x_0, y_0))$ como se muestra en la figura 8.29.

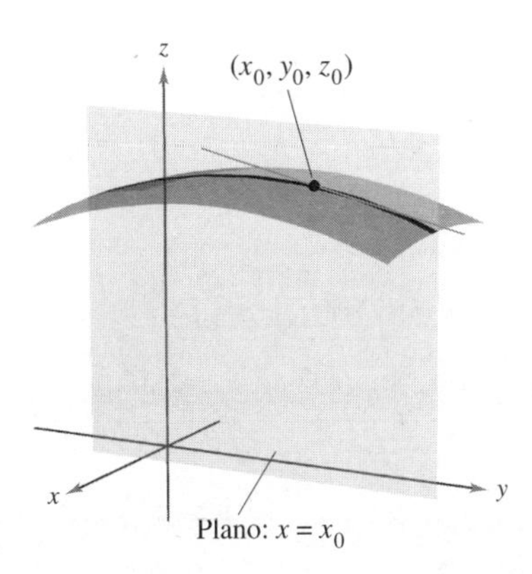

$f_y(x_0, y_0)$ = pendiente en la dirección y.
Figura 8.29

Informalmente, los valores $\partial f/\partial x$ y $\partial f/\partial y$ en (x_0, y_0, z_0) denotan las **pendientes de la superficie en las direcciones de x y y**, respectivamente.

COMENTARIO Las siguientes estrategias pueden ayudar a encontrar la pendiente de una superficie en las direcciones de los ejes x y y. Sea (x_0, y_0, z_0) un punto sobre la superficie $z = f(x, y)$.

1. Encuentre las derivadas parciales respecto a x y a y.
2. La pendiente en la dirección del eje x en (x_0, y_0, z_0) es $f_x(x_0, y_0)$.
3. La pendiente en la dirección del eje y en (x_0, y_0, z_0) es $f_y(x_0, y_0)$.

Para ver las figuras a color, acceda al código

EJEMPLO 3 Hallar las pendientes de una superficie

Consulte LarsonCalculus.com (disponible solo en inglés) para una versión interactiva de este tipo de ejemplo.

Halle las pendientes en las direcciones de x y de y de la superficie dada por

$$f(x, y) = -\frac{x^2}{2} - y^2 + \frac{25}{8}$$

en el punto $\left(\frac{1}{2}, 1, 2\right)$.

Solución Las derivadas parciales de f respecto a x y a y son

$$f_x(x, y) = -x \quad \text{y} \quad f_y(x, y) = -2y \qquad \text{Derivadas parciales.}$$

Por tanto, en el punto $\left(\frac{1}{2}, 1, 2\right)$ en la dirección de x la pendiente es

$$f_x\left(\frac{1}{2}, 1\right) = -\frac{1}{2} \qquad \text{Figura 8.30.}$$

y en la dirección y la pendiente es

$$f_y\left(\frac{1}{2}, 1\right) = -2 \qquad \text{Figura 8.31.}$$

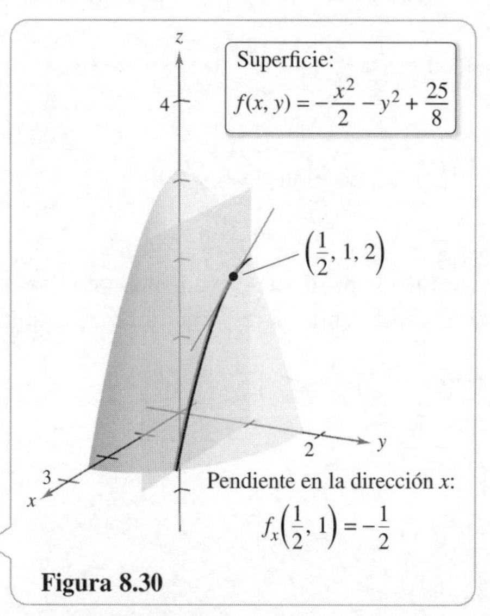

Figura 8.30

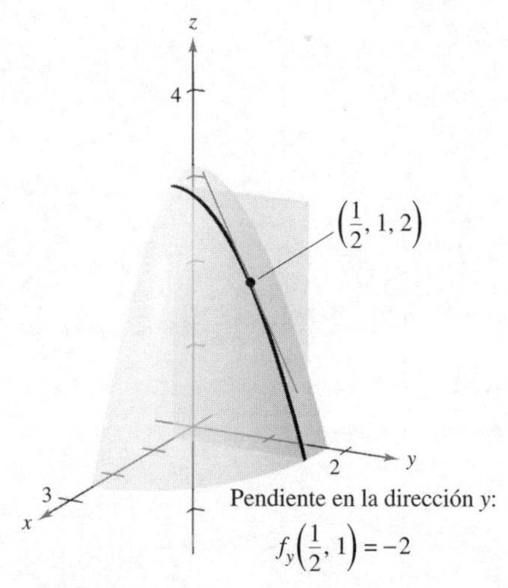

Figura 8.31

Para visualizar esta gráfica con **REALIDAD AUMENTADA**, puede introducir la ecuación en alguna aplicación de AR, como GeoGebra.

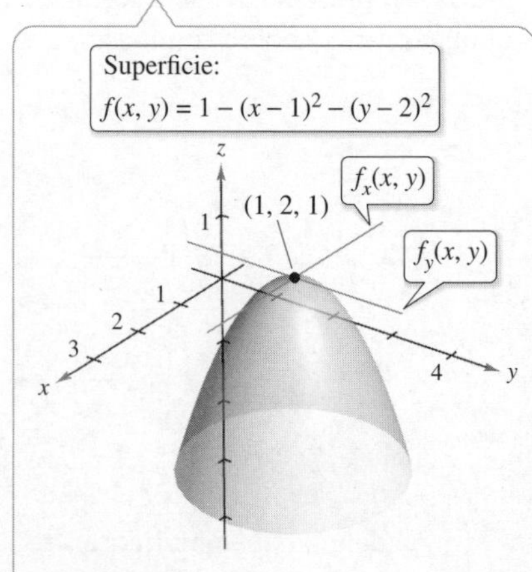

Figura 8.32

EJEMPLO 4 Hallar las pendientes de una superficie

Halle las pendientes de la superficie dada por

$$f(x, y) = 1 - (x - 1)^2 - (y - 2)^2$$

en el punto $(1, 2, 1)$ en las direcciones de x y de y.

Solución Las derivadas parciales de f respecto a x y y son

$$f_x(x, y) = -2(x - 1) \quad \text{y} \quad f_y(x, y) = -2(y - 2) \qquad \text{Derivadas parciales.}$$

Por tanto, en el punto $(1, 2, 1)$ la pendiente en la dirección x es

$$f_x(1, 2) = -2(1 - 1) = 0$$

y la pendiente en la dirección y es

$$f_y(1, 2) = -2(2 - 1) = 0$$

como se muestra en la figura 8.32. ■

Sin importar cuántas variables estén involucradas, las derivadas parciales pueden ser interpretadas como *razones de cambio.*

EJEMPLO 5 **Usar derivadas parciales como razones de cambio**

El área de un paralelogramo con lados adyacentes a y b entre los que se forma un ángulo θ está dada por $A = ab \text{ sen } \theta$, como se muestra en la figura 8.33.

El área del paralelogramo es ab sen θ.
Figura 8.33

Para ver la figura a color, acceda al código

a. Halle la razón de cambio de A respecto de a si $a = 10$, $b = 20$ y $\theta = \pi/6$.

b. Calcule la razón de cambio de A respecto de θ si $a = 10$, $b = 20$ y $\theta = \pi/6$.

Solución

a. Para hallar la razón de cambio del área respecto de a se mantienen b y θ constantes, y se deriva respecto de a para obtener

$$\frac{\partial A}{\partial a} = b \text{ sen } \theta \qquad \text{Encuentre la derivada parcial respecto de } a.$$

Para $a = 10$, $b = 20$ y $\theta = \pi/6$, la razón de cambio del área respecto de a es

$$\frac{\partial A}{\partial a} = 20 \text{ sen } \frac{\pi}{6} = 10 \qquad \text{Sustituya } b \text{ y } \theta.$$

b. Para hallar la razón de cambio del área respecto de θ, a y b constantes se mantienen y se deriva respecto de θ para obtener

$$\frac{\partial A}{\partial \theta} = ab \cos \theta. \qquad \text{Encuentre la derivada parcial respecto de } \theta.$$

Para $a = 10$, $b = 20$ y $\theta = \pi/6$, la razón de cambio del área respecto de θ es

$$\frac{\partial A}{\partial \theta} = (10)(20) \cos \frac{\pi}{6} = 100\sqrt{3} \qquad \text{Sustituya } a, b \text{ y } \theta.$$

Derivadas parciales de una función de tres o más variables

El concepto de derivada parcial puede extenderse de manera natural a funciones de tres o más variables. Por ejemplo, la función

$$w = f(x, y, z) \qquad \text{Función de tres variables.}$$

tiene tres derivadas parciales, cada una de las cuales se forma manteniendo constantes las otras dos variables. Es decir, para definir la derivada parcial de w respecto a x, considere y y z constantes y derive respecto a x. Para hallar las derivadas parciales de w respecto a y y respecto a z se emplea un proceso similar.

$$\frac{\partial w}{\partial x} = f_x(x, y, z) = \lim_{\Delta x \to 0} \frac{f(x + \Delta x, y, z) - f(x, y, z)}{\Delta x}$$

$$\frac{\partial w}{\partial y} = f_y(x, y, z) = \lim_{\Delta y \to 0} \frac{f(x, y + \Delta y, z) - f(x, y, z)}{\Delta y}$$

$$\frac{\partial w}{\partial z} = f_z(x, y, z) = \lim_{\Delta z \to 0} \frac{f(x, y, z + \Delta z) - f(x, y, z)}{\Delta z}$$

En general, si $w = f(x_1, x_2, \ldots, x_n)$, hay n derivadas parciales denotadas por

$$\frac{\partial w}{\partial x_k} = f_{x_k}(x_1, x_2, \ldots, x_n), \quad k = 1, 2, \ldots, n.$$

Para hallar la derivada parcial respecto a una de las variables, se mantienen constantes las otras variables y se deriva respecto a la variable dada.

EJEMPLO 6 **Hallar las derivadas parciales**

a. Para hallar la derivada parcial de $f(x, y, z) = xy + yz^2 + xz$ respecto a z, considere x y y constantes y se obtiene

$$\frac{\partial}{\partial z}[xy + yz^2 + xz] = 2yz + x$$

b. Para hallar la derivada parcial de $f(x, y, z) = z \operatorname{sen}(xy^2 + 2z)$ respecto a z, considere x y y constantes. Entonces, usando la regla del producto, se obtiene

$$\begin{aligned}\frac{\partial}{\partial z}[z \operatorname{sen}(xy^2 + 2z)] &= (z)\frac{\partial}{\partial z}[\operatorname{sen}(xy^2 + 2z)] + \operatorname{sen}(xy^2 + 2z)\frac{\partial}{\partial z}[z]\\ &= (z)[\cos(xy^2 + 2z)](2) + \operatorname{sen}(xy^2 + 2z)\\ &= 2z\cos(xy^2 + 2z) + \operatorname{sen}(xy^2 + 2z)\end{aligned}$$

c. Para encontrar la derivada parcial de

$$f(x, y, z, w) = \frac{x + y + z}{w}$$

respecto a w, las variables x, y y z se consideran constantes y se obtiene

$$\frac{\partial}{\partial w}\left[\frac{x + y + z}{w}\right] = -\frac{x + y + z}{w^2}$$

Derivadas parciales de orden superior

Como sucede con las derivadas ordinarias, es posible hallar las segundas, terceras, etc., derivadas parciales de una función de varias variables, siempre que tales derivadas existan. Las derivadas de orden superior se denotan por el orden al que se hace la derivación. Por ejemplo, la función $z = f(x, y)$ tiene las siguientes derivadas parciales de segundo orden.

1. Derivando dos veces respecto a x

$$\frac{\partial}{\partial x}\left(\frac{\partial f}{\partial x}\right) = \frac{\partial^2 f}{\partial x^2} = f_{xx}$$

2. Derivando dos veces respecto a y

$$\frac{\partial}{\partial y}\left(\frac{\partial f}{\partial y}\right) = \frac{\partial^2 f}{\partial y^2} = f_{yy}$$

3. Derivando primero respecto a x y después respecto a y

$$\frac{\partial}{\partial y}\left(\frac{\partial f}{\partial x}\right) = \frac{\partial^2 f}{\partial y \partial x} = f_{xy}$$

4. Derivando primero respecto a y y después respecto a x

$$\frac{\partial}{\partial x}\left(\frac{\partial f}{\partial y}\right) = \frac{\partial^2 f}{\partial x \partial y} = f_{yx}$$

El tercer y cuarto casos se llaman **derivadas parciales mixtas**.

COMENTARIO Se observa que los dos tipos de notación para las derivadas parciales mixtas tienen convenciones diferentes para indicar el orden de derivación.

$$\frac{\partial}{\partial y}\left(\frac{\partial f}{\partial x}\right) = \frac{\partial^2 f}{\partial y \partial x}$$ Orden de derecha a izquierda

$$(f_x)_y = f_{xy}$$ Orden de izquierda a derecha

Se puede recordar el orden de ambas notaciones observando que primero se deriva respecto a la variable más "cercana" a f.

EJEMPLO 7 Hallar derivadas parciales de segundo orden

Encuentre las derivadas parciales de segundo orden de

$$f(x, y) = 3xy^2 - 2y + 5x^2y^2$$

y determine el valor de $f_{xy}(-1, 2)$.

Solución Empiece por hallar las derivadas parciales de primer orden respecto a x y y.

$$f_x(x, y) = 3y^2 + 10xy^2 \quad \text{y} \quad f_y(x, y) = 6xy - 2 + 10x^2y$$

Después, derive cada una de estas respecto a x y y.

$$f_{xx}(x, y) = 10y^2 \qquad \text{y} \quad f_{yy}(x, y) = 6x + 10x^2$$

$$f_{xy}(x, y) = 6y + 20xy \quad \text{y} \quad f_{yx}(x, y) = 6y + 20xy$$

En $(-1, 2)$, el valor de f_{xy} es

$$f_{xy}(-1, 2) = 6(2) + 20(-1)(2) = 12 - 40 = -28$$

■

Observe que en el ejemplo 7 las dos derivadas parciales mixtas son iguales. En el teorema 8.3 se dan condiciones suficientes para que esto ocurra.

TEOREMA 8.3 Igualdad de las derivadas parciales mixtas

Si f es una función de x y y tal que f_{xy} y f_{yx} son continuas en un disco abierto R, entonces, para todo (x, y) en R,

$$f_{xy}(x, y) = f_{yx}(x, y).$$

El teorema 8.3 también se aplica a una función f de *tres o más variables* siempre y cuando las derivadas parciales de segundo orden sean continuas. Por ejemplo, si

$$w = f(x, y, z) \qquad \text{Función de tres variables.}$$

y todas sus derivadas parciales de segundo orden son continuas en una región abierta R, entonces en todo punto R el orden de derivación para obtener las derivadas parciales mixtas de segundo orden es irrelevante. Si las derivadas parciales de f de tercer orden también son continuas, el orden de derivación para obtener las derivadas parciales mixtas de tercer orden es irrelevante.

EJEMPLO 8 Hallar derivadas parciales de orden superior

Demuestre que $f_{xz} = f_{zx}$ y $f_{xzz} = f_{zxz} = f_{zzx}$ para la función dada por

$$f(x, y, z) = ye^x + x \ln z$$

Solución Comience por calcular las primeras derivadas parciales respecto a x y a z.

$$f_x(x, y, z) = ye^x + \ln z, \quad f_z(x, y, z) = \frac{x}{z}$$

Enseguida, encuentre las segundas derivadas parciales respecto a x y a z. Note que $f_{xz} = f_{zx}$.

$$f_{xz}(x, y, z) = \frac{1}{z}, \quad f_{zx}(x, y, z) = \frac{1}{z}, \quad f_{zz}(x, y, z) = -\frac{x}{z^2}$$

Finalmente, encuentre las terceras derivadas parciales respecto a x y a z. Note que las tres derivadas son iguales.

$$f_{xzz}(x, y, z) = -\frac{1}{z^2}, \quad f_{zxz}(x, y, z) = -\frac{1}{z^2}, \quad f_{zzx}(x, y, z) = -\frac{1}{z^2}$$

■

8.3 Ejercicios

Las respuestas a los ejercicios impares pueden consultarse en el Apéndice de este libro.

Repaso de conceptos

1. Enliste tres maneras de escribir la primera derivada parcial de $z = f(x, y)$ respecto a x.

2. Dibuje una superficie que represente a una función f de dos variables x y y. Utilice el dibujo para dar una interpretación geométrica de $\partial f/\partial x$ y $\partial f/\partial y$.

3. Describa el orden en el cual ocurre la derivada de $f(x, y, z)$ para (a) f_{yxz} y (b) $\partial^2 f/\partial x \partial z$.

4. Si f es una función de x y y tal que f_{xy} y f_{yx} son continuas. ¿Cuál es la relación entre las derivadas parciales mixtas?

Examinar una derivada parcial **En los ejercicios 5 a 10, explique si se debe usar o no la regla del cociente para encontrar la derivada parcial. No derive.**

5. $\frac{\partial}{\partial x}\left(\frac{x^2y}{y^2-3}\right)$
6. $\frac{\partial}{\partial y}\left(\frac{x^2y}{y^2-3}\right)$
7. $\frac{\partial}{\partial y}\left(\frac{x-y}{x^2+1}\right)$
8. $\frac{\partial}{\partial x}\left(\frac{x-y}{x^2+1}\right)$
9. $\frac{\partial}{\partial x}\left(\frac{xy}{x^2+1}\right)$
10. $\frac{\partial}{\partial y}\left(\frac{xy}{x^2+1}\right)$

Determinar derivadas parciales **En los ejercicios 11 a 40, halle las dos derivadas parciales de primer orden.**

11. $f(x, y) = 2x - 5y + 3$
12. $f(x, y) = x^2 - 2y^2 + 4$
13. $z = 6x - x^2y + 8y^2$
14. $f(x, y) = 4x^3y^{-2}$
15. $z = x\sqrt{y}$
16. $z = 2y^2\sqrt{x}$
17. $z = e^{xy}$
18. $z = e^{x/y}$
19. $z = x^2e^{2y}$
20. $z = 7ye^{y/x}$
21. $z = \ln \frac{x}{y}$
22. $z = \ln\sqrt{xy}$
23. $z = \ln(x^2 + y^2)$
24. $z = \ln \frac{x+y}{x-y}$
25. $z = \frac{x^2}{2y} + \frac{3y^2}{x}$
26. $z = \frac{xy}{x^2+y^2}$
27. $h(x, y) = e^{-(x^2+y^2)}$
28. $g(x, y) = \ln\sqrt{x^2 + y^2}$
29. $f(x, y) = \sqrt{x^2 + y^2}$
30. $f(x, y) = \sqrt{2x + y^3}$
31. $z = \cos xy$
32. $z = \operatorname{sen}(x + 2y)$
33. $z = \tan(2x - y)$
34. $z = \operatorname{sen} 5x \cos 5y$
35. $z = e^y \operatorname{sen} 8xy$
36. $z = \cos(x^2 + y^2)$
37. $z = \operatorname{senh}(2x + 3y)$
38. $z = \cosh xy^2$
39. $f(x, y) = \int_x^y (t^2 - 1)\, dt$
40. $f(x, y) = \int_x^y (2t + 1)\, dt + \int_y^x (2t - 1)\, dt$

Para ver las figuras a color, acceda al código

Encontrar derivadas parciales **En los ejercicios 41 a 44, utilice la definición de derivadas parciales para encontrar $f_x(x, y)$ y $f_y(x, y)$.**

41. $f(x, y) = 3x + 2y$
42. $f(x, y) = x^2 - 2xy + y^2$
43. $f(x, y) = \sqrt{x + y}$
44. $f(x, y) = \frac{1}{x+y}$

Evaluar derivadas parciales **En los ejercicios 45 a 52, encuentre f_x y f_y y evalúe cada una de ellas en el punto dado.**

45. $f(x, y) = e^xy^2$, $(\ln 3, 2)$
46. $f(x, y) = x^3 \ln 5y$, $(1, 1)$
47. $f(x, y) = \cos(2x - y)$, $\left(\frac{\pi}{4}, \frac{\pi}{3}\right)$
48. $f(x, y) = \operatorname{sen} xy$, $\left(2, \frac{\pi}{4}\right)$
49. $f(x, y) = \arctan \frac{y}{x}$, $(2, -2)$
50. $f(x, y) = \arccos xy$, $(1, 1)$
51. $f(x, y) = \frac{xy}{x-y}$, $(2, -2)$
52. $f(x, y) = \frac{2xy}{\sqrt{4x^2 + 5y^2}}$, $(1, 1)$

Determinar las pendientes de una superficie **En los ejercicios 53 a 56, calcule las pendientes de la superficie en las direcciones de x y de y en el punto dado.**

53. $z = xy$
$(1, 2, 2)$

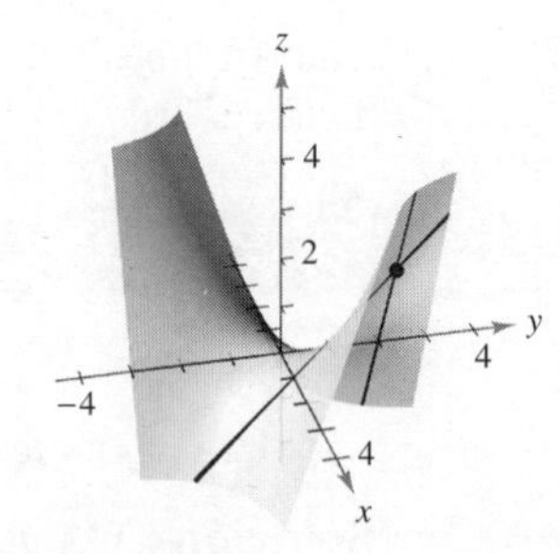

54. $z = \sqrt{25 - x^2 - y^2}$
$(3, 0, 4)$

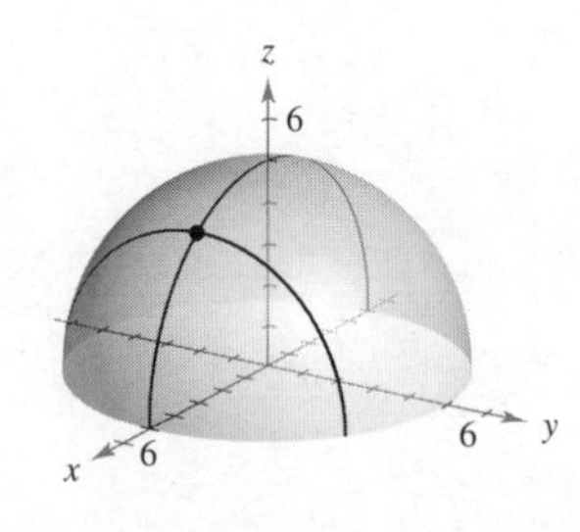

55. $g(x, y) = 4 - x^2 - y^2$
$(1, 1, 2)$

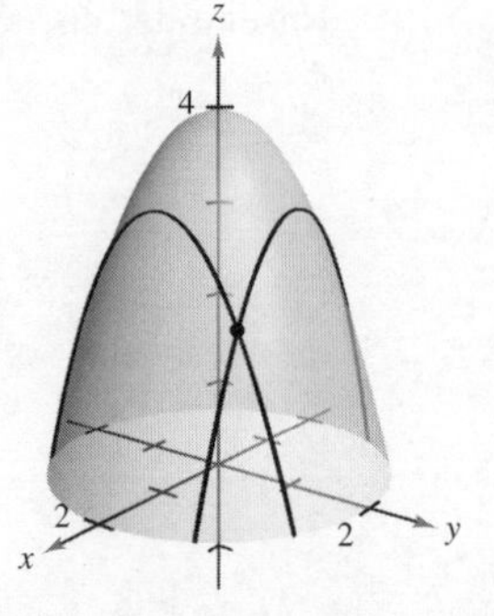

56. $h(x, y) = x^2 - y^2$
$(-2, 1, 3)$

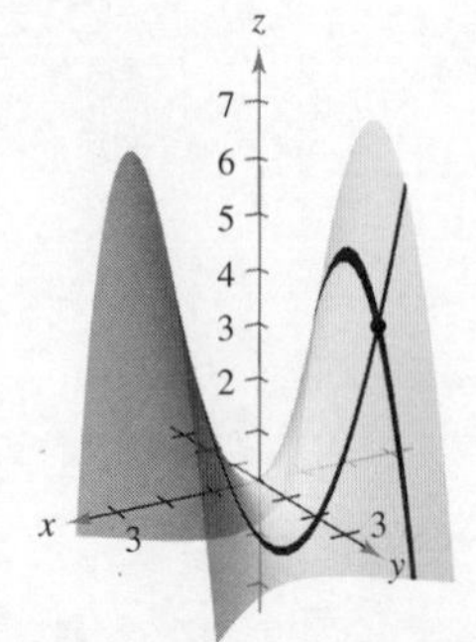

Encontrar derivadas parciales En los ejercicios 57 a 62, encuentre las derivadas parciales de primer orden respecto a x, y y z.

57. $H(x, y, z) = \operatorname{sen}(x + 2y + 3z)$

58. $f(x, y, z) = 3x^2y - 5xyz + 10yz^2$

59. $w = \sqrt{x^2 + y^2 + z^2}$

60. $w = \dfrac{7xz}{x + y}$

61. $F(x, y, z) = \ln\sqrt{x^2 + y^2 + z^2}$

62. $G(x, y, z) = \dfrac{1}{\sqrt{1 - x^2 - y^2 - z^2}}$

Encontrar y evaluar derivadas parciales En los ejercicios 63 a 68, encuentre f_x, f_y y f_z y evalúe cada una de ellas en el punto dado.

63. $f(x, y, z) = x^3yz^2,\ (1, 1, 1)$

64. $f(x, y, z) = x^2y^3 + 2xyz - 3yz,\ (-2, 1, 2)$

65. $f(x, y, z) = \dfrac{\ln x}{yz},\ (1, -1, -1)$

66. $f(x, y, z) = \dfrac{xy}{x + y + z},\ (3, 1, -1)$

67. $f(x, y, z) = z\operatorname{sen}(x + 6y),\ \left(0, \dfrac{\pi}{2}, -4\right)$

68. $f(x, y, z) = \sqrt{3x^2 + y^2 - 2z^2},\ (1, -2, 1)$

Uso de las primeras derivadas parciales En los ejercicios 69 a 76, encuentre todos los valores de x y y tales que $f_x(x, y) = 0$ y $f_y(x, y) = 0$ simultáneamente.

69. $f(x, y) = x^2 + xy + y^2 - 2x + 2y$

70. $f(x, y) = x^2 - xy + y^2 - 5x + y$

71. $f(x, y) = x^2 + 4xy + y^2 - 4x + 16y + 3$

72. $f(x, y) = x^2 - xy + y^2$

73. $f(x, y) = \dfrac{1}{x} + \dfrac{1}{y} + xy$

74. $f(x, y) = 3x^3 - 12xy + y^3$

75. $f(x, y) = e^{x^2 + xy + y^2}$

76. $f(x, y) = \ln(x^2 + y^2 + 1)$

Determinar segundas derivadas parciales En los ejercicios 77 a 86, calcule las cuatro derivadas parciales de segundo orden. Observe que las derivadas parciales mixtas de segundo orden son iguales.

77. $z = 3xy^2$

78. $z = x^2 + 3y^2$

79. $z = x^4 - 2xy + 3y^3$

80. $z = x^4 - 3x^2y^2 + y^4$

81. $z = \sqrt{x^2 + y^2}$

82. $z = \ln(x - y)$

83. $z = e^x \tan y$

84. $z = 2xe^y - 3ye^{-x}$

85. $z = \cos xy$

86. $z = \arctan \dfrac{y}{x}$

Determinar derivadas parciales usando tecnología En los ejercicios 87 a 90, use alguna utilidad de graficación para encontrar las derivadas parciales de primer y segundo órdenes de la función. Determine si existen valores de x y y tales que $f_x(x, y) = 0$ y $f_y(x, y) = 0$ simultáneamente.

87. $f(x, y) = x\sec y$

88. $f(x, y) = \sqrt{25 - x^2 - y^2}$

89. $f(x, y) = \ln\dfrac{x}{x^2 + y^2}$

90. $f(x, y) = \dfrac{xy}{x - y}$

Encontrar derivadas parciales de orden superior En los ejercicios 91 a 94, demuestre que las derivadas parciales mixtas f_{xyy}, f_{yxy} y f_{yyx} son iguales.

91. $f(x, y, z) = xyz$

92. $f(x, y, z) = x^2 - 3xy + 4yz + z^3$

93. $f(x, y, z) = e^{-x}\operatorname{sen} yz$

94. $f(x, y, z) = \dfrac{2z}{x + y}$

Ecuación de Laplace En los ejercicios 95 a 98, demuestre que la función satisface la ecuación diferencial de Laplace $\partial^2 z/\partial x^2 + \partial^2 z/\partial y^2 = 0$.

95. $z = 5xy$

96. $z = \frac{1}{2}(e^y - e^{-y})\operatorname{sen} x$

97. $z = e^x \operatorname{sen} y$

98. $z = \arctan \dfrac{y}{x}$

Ecuación de onda En los ejercicios 99 a 102, demuestre que la función satisface la ecuación de onda $\partial^2 z/\partial t^2 = c^2(\partial^2 z/\partial x^2)$.

99. $z = \operatorname{sen}(x - ct)$

100. $z = \cos(4x + 4ct)$

101. $z = \ln(x + ct)$

102. $z = \operatorname{sen}\omega ct\operatorname{sen}\omega x$

Ecuación del calor En los ejercicios 103 y 104, demuestre que la función satisface la ecuación del calor $\partial z/\partial t = c^2(\partial^2 z/\partial x^2)$.

103. $z = e^{-t}\cos\dfrac{x}{c}$

104. $z = e^{-t}\operatorname{sen}\dfrac{x}{c}$

Ecuaciones de Cauchy-Riemann En los ejercicios 105 y 106, demuestre que las funciones u y v satisfacen las ecuaciones de Cauchy-Riemann

$$\frac{\partial u}{\partial x} = \frac{\partial v}{\partial y} \quad \text{y} \quad \frac{\partial u}{\partial y} = -\frac{\partial v}{\partial x}$$

105. $u = x^2 - y^2,\ v = 2xy$

106. $u = e^x\cos y,\ v = e^x\operatorname{sen} y$

Usar primeras derivadas En los ejercicios 107 y 108, determine si existe o no una función $f(x, y)$ con las derivadas parciales dadas. Explique su razonamiento. Si tal función existe, proporcione un ejemplo.

107. $f_x(x, y) = -3\operatorname{sen}(3x - 2y),\ f_y(x, y) = 2\operatorname{sen}(3x - 2y)$

108. $f_x(x, y) = 2x + y,\ f_y(x, y) = x - 4y$

Exploración de conceptos

109. Considere una función $z = f(x, y)$ tal que $z_x = z_y$. ¿Satisface esto la función $z = c(x + y)$? Explique su respuesta.

110. Dada la función $z = f(x)g(y)$, encuentre $z_x + z_y$.

111. Dibuje la gráfica de una función $z = f(x, y)$ cuya derivada f_x sea siempre negativa y cuya derivada f_y sea siempre positiva.

112. El precio P (en dólares) de un auto usado es función de su costo inicial C (en dólares) y su antigüedad A (en años). ¿Cuáles son las unidades de $\partial P/\partial A$? ¿Es $\partial P/\partial A$ positiva o negativa? Explique su respuesta.

113. Área Un rectángulo mide 8 metros de largo y 6 metros de ancho (vea la figura). Se dibuja una línea horizontal y una línea vertical, creando cuatro rectángulos más pequeños.

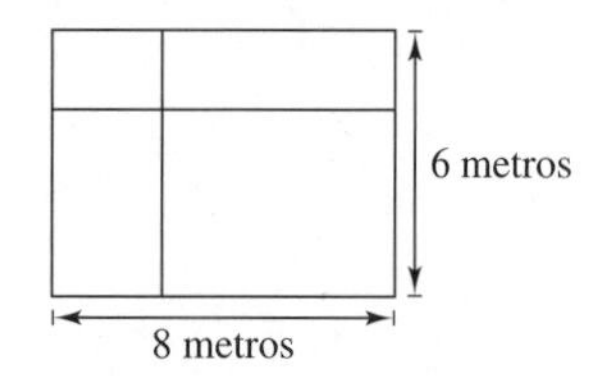

Sea S la suma de los cuadrados de las áreas de los cuatro rectángulos más pequeños. Encuentre los valores máximo y mínimo de S.

114. ¿CÓMO LO VE? Utilice la gráfica de la superficie para determinar el signo de cada derivada parcial. Explique su razonamiento.

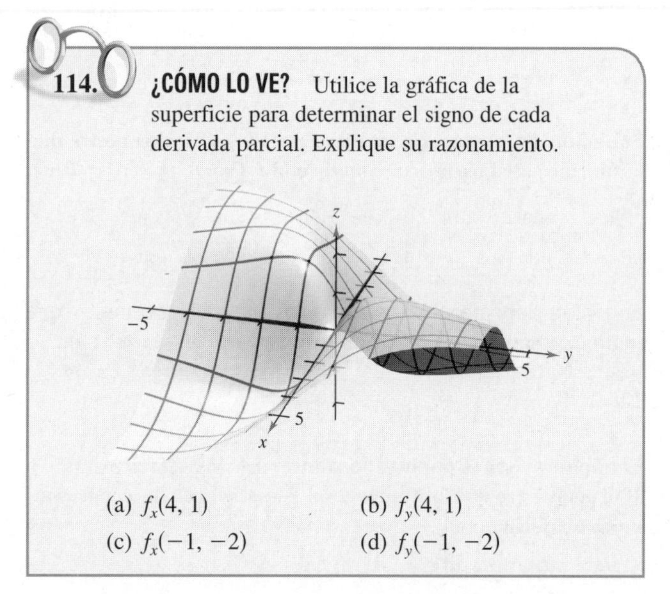

(a) $f_x(4, 1)$ (b) $f_y(4, 1)$
(c) $f_x(-1, -2)$ (d) $f_y(-1, -2)$

115. Área El área de un triángulo está representada por $A = \frac{1}{2}ab \operatorname{sen} \theta$, donde a y b son dos de las longitudes de los lados y θ es el ángulo entre a y b.

(a) Encuentre la razón de cambio de A respecto a b para $a = 4$, $b = 1$ y $\theta = \pi/4$.

(b) Encuentre la razón de cambio de A respecto a θ para $a = 2$, $b = 5$ y $\theta = \pi/3$.

116. Volumen El volumen de un cono circular recto de radio r y la altura h está representado por $V = \frac{1}{3}\pi r^2 h$.

(a) Encuentre la razón de cambio de V respecto a r para $r = 2$ y $h = 2$.

(b) Encuentre la razón de cambio de V respecto a h para $r = 2$ y $h = 2$.

117. Ingreso marginal Una corporación farmacéutica tiene dos plantas que producen la misma medicina. Si x_1 y x_2 son los números de unidades producidas en la planta 1 y en la planta 2, respectivamente, entonces el ingreso total para el producto está dado por

$$R = 200x_1 + 200x_2 - 4x_1^2 - 8x_1x_2 - 4x_2^2.$$

Cuando $x_1 = 4$ y $x_2 = 12$, encuentre (a) el ingreso marginal para la planta 1, $\partial R/\partial x_1$, y (b) el ingreso marginal para la planta 2, $\partial R/\partial x_2$.

118. Costo marginal

Una empresa fabrica dos tipos de estufas de combustión de madera: el modelo autoestable y el modelo para inserción en una chimenea. La función de costo para producir x estufas autoestables y y de inserción en una chimenea es

$$C = 32\sqrt{xy} + 175x + 205y + 1050$$

(a) Calcule los costos marginales ($\partial C/\partial x$ y $\partial C/\partial y$) cuando $x = 80$ y $y = 20$.

(b) Cuando se requiera producción adicional, ¿qué modelo de estufa hará incrementar el costo con una tasa más alta? ¿Cómo puede determinarse esto a partir del modelo del costo?

119. Psicología Recientemente en el siglo XX se desarrolló una prueba de inteligencia llamada la *Prueba de Stanford-Binet* (más conocida como la *prueba IQ*). En esta prueba, una edad mental individual M se divide entre la edad cronológica individual C y el cociente es multiplicado por 100. El resultado es el IQ de la persona.

$$IQ(M, C) = \frac{M}{C} \times 100$$

Encuentre las derivadas parciales de IQ respecto a M y respecto a C. Evalúe las derivadas parciales en el punto (12, 10) e interprete el resultado. *(Fuente: Adaptado de Bernstein/Clark-Stewart/Roy/Wickens, Psychology, Fourth Edition.)*

120. Productividad marginal Considere la función de producción de Cobb-Douglas $f(x, y) = 200x^{0.7}y^{0.3}$. Si $x = 1000$ y $y = 500$, encuentre (a) la productividad marginal del trabajo $\partial f/\partial x$ y (b) la productividad marginal de capital $\partial f/\partial y$.

121. Piénselo Sea N el número de aspirantes a una universidad, p el costo por alimentación y alojamiento en la universidad, y t el costo de la matrícula. Suponga que N es una función de p y t tal que $\partial N/\partial p < 0$ y $\partial N/\partial t < 0$. ¿Qué información obtiene al saber que ambas derivadas parciales son negativas?

122. Inversión El valor de una inversión de \$1 000 a 6% de interés compuesto anual es

$$V(I, R) = 1000\left[\frac{1 + 0.06(1 - R)}{1 + I}\right]^{10}$$

donde I es la tasa anual de inflación y R es la tasa de impuesto para el inversionista. Calcule $V_I(0.03, 0.28)$ y $V_R(0.03, 0.28)$. Determine si la tasa de impuesto o la tasa de inflación es el mayor factor "negativo" sobre el crecimiento de la inversión.

123. Distribución de temperatura La temperatura en cualquier punto (x, y) de una placa de acero está dada por $T = 500 - 0.6x^2 - 1.5y^2$, donde x y y se miden en metros. En el punto (2, 3) halle la razón de cambio de la temperatura respecto a la distancia recorrida en la placa en las direcciones del eje x y del eje y.

124. Temperatura aparente Una medida de la percepción del calor ambiental para una persona promedio es el índice de temperatura aparente. Un modelo para este índice es

$$A = 0.885t - 22.4h + 1.20th - 0.544$$

donde A es la temperatura aparente en grados Celsius, t es la temperatura del aire y h es la humedad relativa dada en forma decimal. *(Fuente: The UMAP Journal)*

(a) Halle $\frac{\partial A}{\partial t}$ y $\frac{\partial A}{\partial h}$ si $t = 30°$ y $h = 0.80$

(b) ¿Qué influye más sobre A, la temperatura del aire o la humedad? Explique.

125. Ley de los gases ideales La ley de los gases ideales establece que

$$PV = nRT$$

donde P es la presión, V es el volumen, n es el número de moles de gas, R es una constante (la constante de los gases) y T es la temperatura absoluta. Demuestre que

$$\frac{\partial T}{\partial P} \cdot \frac{\partial P}{\partial V} \cdot \frac{\partial V}{\partial T} = -1$$

126. Utilidad marginal La función de utilidad $U = f(x, y)$ es una medida de la utilidad (o satisfacción) que obtiene una persona por el consumo de dos productos x y y. La función de utilidad para los dos productos es

$$U = -5x^2 + xy - 3y^2$$

(a) Determine la utilidad marginal del producto x.

(b) Determine la utilidad marginal del producto y.

(c) Si $x = 2$ y $y = 3$, ¿se debe consumir una unidad más de producto x o una unidad más de producto y? Explique su razonamiento.

(d) Utilice un sistema algebraico por computadora y represente gráficamente la función. Interprete las utilidades marginales de productos x y y de manera gráfica.

127. Modelo matemático En la tabla se muestran los consumos per cápita (en miles de millones de dólares) de diferentes tipos de entretenimiento en Estados Unidos desde 2012 hasta 2017, donde x representa los gastos en parques de atracciones y lugares para acampar, la variable y son los gastos en vivo (excluyendo deportes), y z representa a los espectadores de deportes. *(Fuente: U.S. Bureau of Economic Analysis)*

Año	2012	2013	2014	2015	2016	2017
x	44.3	46.8	49.8	54.2	57.9	61.9
y	24.9	24.8	26.5	28.9	30.7	32.6
z	20.9	22.1	23.2	23.1	24.2	26.1

Un modelo para los datos está dado por

$$z = 0.54x - 0.6y + 11.98$$

(a) Halle $\frac{\partial z}{\partial x}$ y $\frac{\partial z}{\partial y}$

(b) Interprete las derivadas parciales en el contexto del problema.

128. Modelado de datos La tabla muestra el gasto en atención pública médica (en miles de millones de dólares) en compensación a trabajadores x, asistencia pública y, y seguro médico del Estado z, de 2014 a 2019. *(Fuente: Centers for Medicare and Medicaid Services)*

Año	2014	2015	2016	2017	2018	2019
x	57.9	64.7	67.4	72.1	76.2	82.3
y	47.5	48.4	48.8	47.9	48.5	48.5
z	498.2	542.7	564.8	578.2	596.0	613.5

Un modelo para los datos está dado por

$$z = -0.111x^2 + 20.256x + 14.003y^2 - 1343.977y + 31\,942$$

(a) Halle $\frac{\partial^2 z}{\partial x^2}$ y $\frac{\partial^2 z}{\partial y^2}$.

(b) Determine la concavidad de las trazas paralelas al plano xz. Interprete el resultado en el contexto del problema.

(c) Determine la concavidad de las trazas paralelas al plano yz. Interprete el resultado en el contexto del problema.

129. Uso de una función Considere la función definida por

$$f(x, y) = \begin{cases} \dfrac{xy(x^2 - y^2)}{x^2 + y^2}, & (x, y) \neq (0, 0) \\ 0, & (x, y) = (0, 0) \end{cases}$$

(a) Halle $f_x(x, y)$ y $f_y(x, y)$ para $(x, y) \neq (0, 0)$

(b) Utilice la definición de derivadas parciales para hallar $f_x(0, 0)$ y $f_y(0, 0)$.

$$\left[\textit{Sugerencia: } f_x(0, 0) = \lim_{\Delta x \to 0} \frac{f(\Delta x, 0) - f(0, 0)}{\Delta x}\right]$$

(c) Utilice la definición de derivadas parciales para hallar $f_{xy}(0, 0)$ y $f_{yx}(0, 0)$.

(d) Utilizando el teorema 8.3 y el resultado del inciso (c), indique qué puede decirse acerca de f_{xy} o f_{yx}.

130. Uso de una función Considere la función

$$f(x, y) = (x^3 + y^3)^{1/3}$$

(a) Halle $f_x(0, 0)$ y $f_y(0, 0)$

(b) Determine los puntos (si los hay) en los cuales $f_x(x, y)$ o $f_y(x, y)$ no existen.

131. Uso de una función Considere la función

$$f(x, y) = (x^2 + y^2)^{2/3}$$

Demuestre que

$$f_x(x, y) = \begin{cases} \dfrac{4x}{3(x^2 + y^2)^{1/3}}, & (x, y) \neq (0, 0) \\ 0, & (x, y) = (0, 0) \end{cases}$$

PARA INFORMACIÓN ADICIONAL Para más información sobre este problema, consulte el artículo "A Classroom Note on a Naturally Occurring Piecewise Defined Function" de Don Cohen en *Mathematics and Computer Education.*

8.4 Diferenciales

- **Aplicar los conceptos de incrementos y diferenciales.**
- **Extender el concepto de diferenciabilidad a funciones de dos variables.**
- **Utilizar una diferencial como una aproximación.**

Incrementos y diferenciales

En esta sección se generalizan los conceptos de incrementos y diferenciales a funciones de dos o más variables. Recuerde que en la sección 3.9, dada $y = f(x)$, se definió la diferencial de y como

$$dy = f'(x)\, dx$$

Terminología similar se usa para una función de dos variables, $z = f(x, y)$. Es decir, Δx y Δy son los **incrementos en x y y**, y el **incremento en z** está dado por

$$\Delta z = f(x + \Delta x, y + \Delta y) - f(x, y)$$ Incremento en z.

Definición de diferencial total

Si $z = f(x, y)$, y Δx y Δy son los incrementos en x y y entonces las **diferenciales** de las variables independientes x y y son

$$dx = \Delta x \quad \text{y} \quad dy = \Delta y$$

y la **diferencial total** de la variable dependiente z es

$$dz = \frac{\partial z}{\partial x} dx + \frac{\partial z}{\partial y} dy = f_x(x, y)\, dx + f_y(x, y)\, dy$$

Esta definición puede extenderse a una función de tres o más variables. Por ejemplo, si $w = f(x, y, z, u)$, entonces $dx = \Delta x$, $dy = \Delta y$, $dz = \Delta z$, $du = \Delta u$, y la diferencial total de w es

$$dw = \frac{\partial w}{\partial x} dx + \frac{\partial w}{\partial y} dy + \frac{\partial w}{\partial z} dz + \frac{\partial w}{\partial u} du$$

EJEMPLO 1 Hallar la diferencial total

Encuentre la diferencial total de cada función.

a. $z = 2x \operatorname{sen} y - 3x^2y^2$ **b.** $w = x^2 + y^2 + z^2$

Solución

a. La diferencial total dz de $z = 2x \operatorname{sen} y - 3x^2y^2$ es

$$dz = \frac{\partial z}{\partial x} dx + \frac{\partial z}{\partial y} dy$$ Diferencial total dz.

$$= (2 \operatorname{sen} y - 6xy^2)\, dx + (2x \cos y - 6x^2y)\, dy$$

b. La diferencial total dw de $w = x^2 + y^2 + z^2$ es

$$dw = \frac{\partial w}{\partial x} dx + \frac{\partial w}{\partial y} dy + \frac{\partial w}{\partial z} dz$$ Diferencial total dw.

$$= 2x\, dx + 2y\, dy + 2z\, dz$$

■

Diferenciabilidad

En la sección 3.9 se aprendió que si una función dada por $y = f(x)$ es *diferenciable*, se puede utilizar la diferencial $dy = f'(x)\,dx$ como una aproximación (para Δx pequeños) al valor $\Delta y = f(x + \Delta x) - f(x)$. Cuando una aproximación similar es válida para una función de dos variables, se dice que la función es **diferenciable**. Esto se expresa explícitamente en la definición siguiente.

Definición de diferenciabilidad

Una función f dada por $z = f(x, y)$ es **diferenciable** en (x_0, y_0) si Δz puede expresarse en la forma

$$\Delta z = f_x(x_0, y_0)\,\Delta x + f_y(x_0, y_0)\,\Delta y + \varepsilon_1 \Delta x + \varepsilon_2 \Delta y$$

donde ε_1 y $\varepsilon_2 \to 0$ cuando

$$(\Delta x, \Delta y) \to (0, 0)$$

La función f es **diferenciable en una región *R*** si es diferenciable en todo punto de R.

Para ver la figura a color, acceda al código

EJEMPLO 2 Demostrar que una función es diferenciable

Demuestre que la función dada por

$$f(x, y) = x^2 + 3y$$

es diferenciable en todo punto del plano.

Solución Haciendo $z = f(x, y)$, el incremento de z en un punto arbitrario (x, y) en el plano es

$$\begin{aligned}
\Delta z &= f(x + \Delta x, y + \Delta y) - f(x, y) && \text{Incremento de } z. \\
&= (x + \Delta x)^2 + 3(y + \Delta y) - (x^2 + 3y) \\
&= x^2 + 2x\Delta x + (\Delta x)^2 + 3y + 3\Delta y - x^2 - 3y \\
&= 2x\Delta x + (\Delta x)^2 + 3\Delta y \\
&= 2x(\Delta x) + 3(\Delta y) + \Delta x(\Delta x) + 0(\Delta y) \\
&= f_x(x, y)\Delta x + f_y(x, y)\Delta y + \varepsilon_1 \Delta x + \varepsilon_2 \Delta y
\end{aligned}$$

donde $\varepsilon_1 = \Delta x$ y $\varepsilon_2 = 0$. Como $\varepsilon_1 \to 0$ y $\varepsilon_2 \to 0$ cuando $(\Delta x, \Delta y) \to (0, 0)$ se sigue que f es diferenciable en todo punto en el plano. La gráfica de f se muestra en la figura 8.34. ■

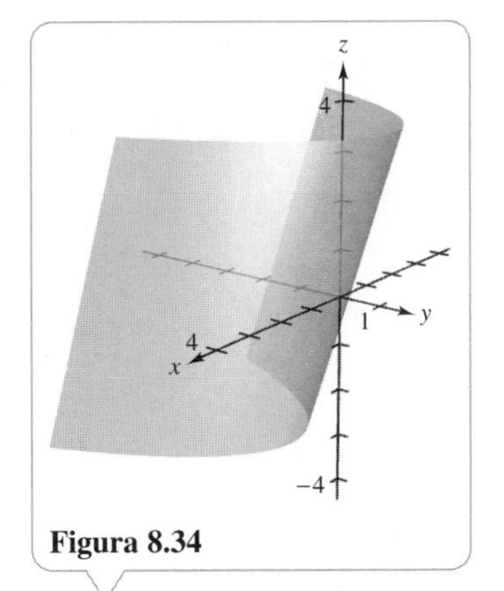

Figura 8.34

Para visualizar esta gráfica con **REALIDAD AUMENTADA**, puede introducir la ecuación en alguna aplicación de AR, como GeoGebra.

Debe tenerse en cuenta que el término "diferenciable" se usa de manera diferente para funciones de dos variables y para funciones de una variable. Una función de una variable es diferenciable en un punto si su derivada existe en el punto. Sin embargo, en el caso de una función de dos variables, la existencia de las derivadas parciales f_x y f_y no garantiza que la función sea diferenciable (vea el ejemplo 5). El teorema siguiente proporciona una condición *suficiente* para la diferenciabilidad de una función de dos variables.

TEOREMA 8.4 Condiciones suficientes para la diferenciabilidad

Si f es una función de x y y, para la que f_x y f_y son continuas en una región abierta R, entonces f es diferenciable en R.

En el apéndice A se da una demostración de este teorema.

Aproximación mediante diferenciales

El teorema 8.4 dice que se puede elegir $(x + \Delta x, y + \Delta y)$ suficientemente cerca de (x, y) para hacer que $\varepsilon_1 \Delta x$ y $\varepsilon_2 \Delta y$ sean insignificantes. En otros términos, para Δx y Δy pequeños, se puede usar la aproximación

$$\Delta z \approx dz \qquad \text{Cambio aproximado en } z.$$

El cambio exacto en z es Δz. Este cambio puede aproximarse mediante la diferencial dz.
Figura 8.35

Esta aproximación se ilustra gráficamente en la figura 8.35. Hay que recordar que las derivadas parciales $\partial z/\partial x$ y $\partial z/\partial y$ pueden interpretarse como las pendientes de la superficie en las direcciones de x y de y. Esto significa que

$$dz = \frac{\partial z}{\partial x}\Delta x + \frac{\partial z}{\partial y}\Delta y$$

representa el cambio en la altura de un plano tangente a la superficie en el punto de coordenadas $(x, y, f(x, y))$. Como un plano en el espacio se representa mediante una ecuación lineal en las variables x, y y z, la aproximación de Δz mediante dz se llama **aproximación lineal**. Se aprenderá más acerca de esta interpretación geométrica en la sección 8.7.

EJEMPLO 3 Usar la diferencial como una aproximación

Consulte LarsonCalculus.com (disponible solo en inglés) para una versión interactiva de este tipo de ejemplo.

Utilice la diferencial dz para aproximar el cambio en

$$z = \sqrt{4 - x^2 - y^2}$$

cuando (x, y) se desplaza del punto $(1, 1)$ al punto $(1.01, 0.97)$. Compare esta aproximación con el cambio exacto en z.

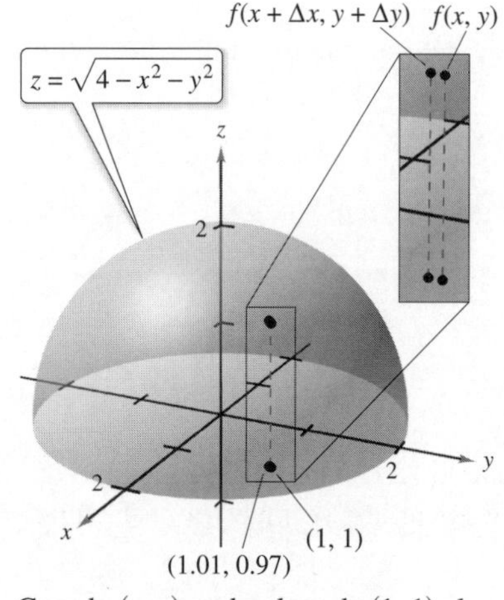

Cuando (x, y) se desplaza de $(1, 1)$ al punto $(1.01, 0.97)$, el valor de $f(x, y)$ cambia aproximadamente en 0.0137.
Figura 8.36

Solución Haciendo $(x, y) = (1, 1)$ y $(x + \Delta x, y + \Delta y) = (1.01, 0.97)$ se obtiene

$$dx = \Delta x = 0.01 \quad \text{y} \quad dy = \Delta y = -0.03$$

Por tanto, el cambio en z puede aproximarse mediante

$$\Delta z \approx dz = \frac{\partial z}{\partial x}dx + \frac{\partial z}{\partial y}dy = \frac{-x}{\sqrt{4 - x^2 - y^2}}\Delta x + \frac{-y}{\sqrt{4 - x^2 - y^2}}\Delta y$$

Cuando $x = 1$ y $y = 1$ se tiene

$$\Delta z \approx -\frac{1}{\sqrt{2}}(0.01) - \frac{1}{\sqrt{2}}(-0.03) = \frac{0.02}{\sqrt{2}} = \sqrt{2}(0.01) \approx 0.0141$$

En la figura 8.36 puede ver que el cambio exacto corresponde a la diferencia entre las alturas de dos puntos sobre la superficie de un hemisferio. Esta diferencia está dada por

$$\begin{aligned}\Delta z &= f(1.01, 0.97) - f(1, 1)\\ &= \sqrt{4 - (1.01)^2 - (0.97)^2} - \sqrt{4 - 1^2 - 1^2}\\ &\approx 0.0137\end{aligned}$$

Una función de tres variables $w = f(x, y, z)$ se dice que es **diferenciable** en (x, y, z) si $\Delta w = f(x + \Delta x, y + \Delta y, z + \Delta z) - f(x, y, z)$ puede expresarse en la forma

$$\Delta w = f_x \Delta x + f_y \Delta y + f_z \Delta z + \varepsilon_1 \Delta x + \varepsilon_2 \Delta y + \varepsilon_3 \Delta z$$

donde ε_1, ε_2 y $\varepsilon_3 \to 0$ cuando $(\Delta x, \Delta y, \Delta z) \to (0, 0, 0)$. Con esta definición de diferenciabilidad, el teorema 8.4 puede extenderse de la siguiente manera a funciones de tres variables: si f es una función de x, y y z, donde f_x, f_y y f_z son continuas en una región abierta R entonces f es diferenciable en R.

En la sección 3.9 se utilizaron las diferenciales para aproximar el error de propagación introducido por un error de medición. Esta aplicación de las diferenciales se ilustra en el ejemplo 4.

Para ver las figuras a color, acceda al código

EJEMPLO 4 Análisis de error

El error producido al medir cada una de las dimensiones de una caja rectangular es ± 0.1 milímetros. Las dimensiones de la caja son $x = 50$ centímetros, $y = 20$ centímetros y $z = 15$ centímetros, como se muestra en la figura 8.37. Utilice dV para estimar el error de propagación y el error relativo en el volumen calculado de la caja.

Volumen $= xyz$.
Figura 8.37

Para ver la figura a color, acceda al código

Solución El volumen de la caja está dado por $V = xyz$, y por tanto

$$\begin{aligned} dV &= \frac{\partial V}{\partial x}dx + \frac{\partial V}{\partial y}dy + \frac{\partial V}{\partial z}dz \\ &= yz\,dx + xz\,dy + xy\,dz \end{aligned}$$

Utilizando 0.1 milímetros = 0.01 centímetros, se obtiene

$$dx = dy = dz = \pm 0.01$$

y el error de propagación es aproximadamente

$$\begin{aligned} dV &= (20)(15)(\pm 0.01) + (50)(15)(\pm 0.01) + (50)(20)(\pm 0.01) \\ &= 300(\pm 0.01) + 750(\pm 0.01) + 1000(\pm 0.01) \\ &= 2050(\pm 0.01) \\ &= \pm 20.5 \text{ centímetros cúbicos} \end{aligned}$$

Como el volumen medido es

$$V = (50)(20)(15) = 15\,000 \text{ centímetros cúbicos}$$

el error relativo, $\Delta V/V$, es aproximadamente

$$\frac{\Delta V}{V} \approx \frac{dV}{V} = \frac{\pm 20.5}{15\,000} \approx \pm 0.0014$$

lo cual es un porcentaje de error de alrededor de 0.14%. ■

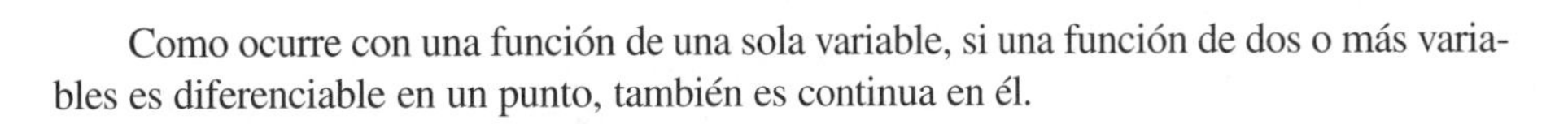

Como ocurre con una función de una sola variable, si una función de dos o más variables es diferenciable en un punto, también es continua en él.

TEOREMA 8.5 Diferenciabilidad implica continuidad

Si una función de x y y es diferenciable en (x_0, y_0), entonces es continua en (x_0, y_0).

Demostración Sea f diferenciable en (x_0, y_0), donde $z = f(x, y)$. Entonces

$$\Delta z = [f_x(x_0, y_0) + \varepsilon_1]\,\Delta x + [f_y(x_0, y_0) + \varepsilon_2]\,\Delta y$$

donde ε_1 y $\varepsilon_2 \to 0$ cuando $(\Delta x, \Delta y) \to (0, 0)$. Sin embargo, por definición, se sabe que Δz está dada por

$$\Delta z = f(x_0 + \Delta x, y_0 + \Delta y) - f(x_0, y_0)$$

Haciendo $x = x_0 = \Delta x$ y $y = y_0 + \Delta y$ se obtiene

$$\begin{aligned} f(x, y) - f(x_0, y_0) &= [f_x(x_0, y_0) + \varepsilon_1]\,\Delta x + [f_y(x_0, y_0) + \varepsilon_2]\,\Delta y \\ &= [f_x(x_0, y_0) + \varepsilon_1](x - x_0) + [f_y(x_0, y_0) + \varepsilon_2](y - y_0) \end{aligned}$$

Tomando el límite cuando $(x, y) \to (x_0, y_0)$ se tiene

$$\lim_{(x, y)\to(x_0, y_0)} f(x, y) = f(x_0, y_0)$$

lo cual significa que f es continua en (x_0, y_0). ■

Recuerde que la existencia de f_x y f_y no es suficiente para garantizar la diferenciabilidad, como se ilustra en el siguiente ejemplo.

EJEMPLO 5 Una función que no es diferenciable

Para la función

$$f(x, y) = \begin{cases} \dfrac{-3xy}{x^2 + y^2}, & (x, y) \neq (0, 0) \\ 0, & (x, y) = (0, 0) \end{cases}$$

demuestre que $f_x(0, 0)$ y $f_y(0, 0)$ existen, pero f no es diferenciable en (0, 0).

Solución Usted puede mostrar que f no es diferenciable en (0, 0) demostrando que no es continua en este punto. Para ver que f no es continua en (0, 0), observe los valores de $f(x, y)$ a lo largo de dos trayectorias diferentes que se aproximan a (0, 0), como se muestra en la figura 8.38. A lo largo de la recta $y = x$, el límite es

$$\lim_{(x, x)\to(0, 0)} f(x, y) = \lim_{(x, x)\to(0, 0)} \frac{-3x^2}{2x^2} = -\frac{3}{2}$$

mientras que a lo largo de $y = -x$ tiene

$$\lim_{(x, -x)\to(0, 0)} f(x, y) = \lim_{(x, -x)\to(0, 0)} \frac{3x^2}{2x^2} = \frac{3}{2}$$

Así, el límite de $f(x, y)$ cuando $(x, y)\to(0, 0)$ no existe, y se puede concluir que f no es continua en (0, 0). Luego, por el teorema 8.5 se sabe que f no es diferenciable en (0, 0). Por otro lado, de acuerdo con la definición de las derivadas parciales f_x y f_y, se tiene

$$f_x(0, 0) = \lim_{\Delta x\to 0} \frac{f(\Delta x, 0) - f(0, 0)}{\Delta x} = \lim_{\Delta x\to 0} \frac{0 - 0}{\Delta x} = 0$$

y

$$f_y(0, 0) = \lim_{\Delta y\to 0} \frac{f(0, \Delta y) - f(0, 0)}{\Delta y} = \lim_{\Delta y\to 0} \frac{0 - 0}{\Delta y} = 0$$

Por tanto, las derivadas parciales en (0, 0) existen.

Para ver la figura a color, acceda al código

$$f(x, y) = \begin{cases} \dfrac{-3xy}{x^2 + y^2}, & (x, y) \neq (0, 0) \\ 0, & (x, y) = (0, 0) \end{cases}$$

A lo largo de la recta $y = -x$, $f(x, y)$ se aproxima o tiende a 3/2.

(0, 0, 0)

A lo largo de la recta $y = x$, $f(x, y)$ se aproxima o tiende a −3/2.

Figura 8.38

Para visualizar esta gráfica con **REALIDAD AUMENTADA**, puede introducir la ecuación en alguna aplicación de AR, como GeoGebra.

TECNOLOGÍA Se puede utilizar una herramienta de graficación para trazar la gráfica de funciones definidas por partes como la función del ejemplo 5.

8.4 Ejercicios

Las respuestas a los ejercicios impares ueden consultarse en el Apéndice de este libro.

Repaso de conceptos

1. Describa el cambio en la precisión de dz como una aproximación de Δz como incremento de Δx y Δy.

2. Explique qué se entiende por aproximación lineal de $z = f(x, y)$ en el punto $P(x_0, y_0)$.

Determinar una diferencial total En los ejercicios 3 a 8, encuentre la diferencial total.

3. $z = 5x^3y^2$
4. $z = 2x^3y - 8xy^4$
5. $z = \frac{1}{2}(e^{x^2+y^2} - e^{-x^2-y^2})$
6. $z = e^{-x} \tan y$
7. $w = x^2yz^2 + \text{sen } yz$
8. $w = (x + y)/(z - 3y)$

Usar una diferencial como aproximación En los ejercicios 9 a 14, (a) encuentre $f(2, 1)$ y $f(2.1, 1.05)$ y calcule Δz, y (b) use la diferencial total dz para aproximar Δz.

9. $f(x, y) = 2x - 3y$
10. $f(x, y) = x^2 + y^2$
11. $f(x, y) = 16 - x^2 - y^2$
12. $f(x, y) = y/x$
13. $f(x, y) = ye^x$
14. $f(x, y) = x \cos y$

Aproximar una expresión En los ejercicios 15 a 18, encuentre $z = f(x, y)$ y utilice la diferencial total para aproximar la cantidad.

15. $(2.01)^2(9.02) - 2^2 \cdot 9$
16. $\dfrac{1 - (3.05)^2}{(5.95)^2} - \dfrac{1 - 3^2}{6^2}$
17. $\text{sen}[(1.05)^2 + (0.95)^2] - \text{sen}(1^2 + 1^2)$
18. $\sqrt{(4.03)^2 + (3.1)^2} - \sqrt{4^2 + 3^2}$

Exploración de conceptos

19. Determine si $f(x, y)$ es continua en una región abierta R cuando f_x y f_y son continuas en R. Explique su razonamiento.

20. **¿CÓMO LO VE?** ¿Qué punto tiene un diferencial mayor, (2, 2) o $(\frac{1}{2}, \frac{1}{2})$? Explique. (Suponga que dx y dy son iguales en ambos puntos.)

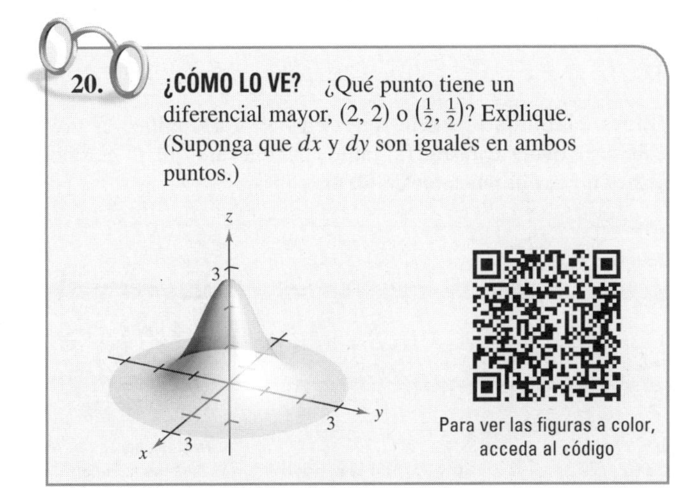

21. **Área** El área del rectángulo sombreada en la figura es $A = lh$. Los posibles errores en la longitud y la altura son Δl y Δh, respectivamente. Encuentre dA e identifique las regiones de la figura cuyas áreas están dadas por los términos de dA. ¿Qué región representa la diferencia entre ΔA y dA?

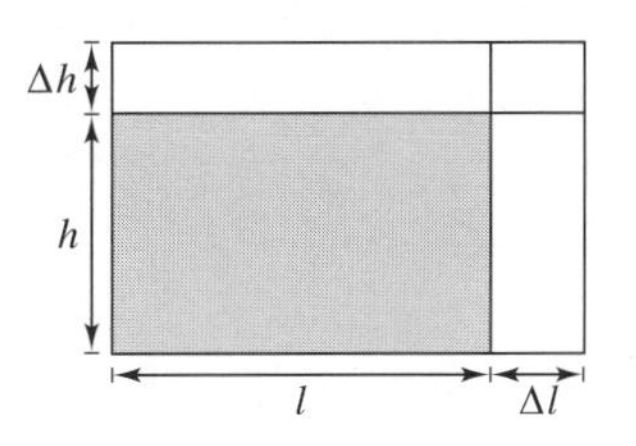

Figura para 21

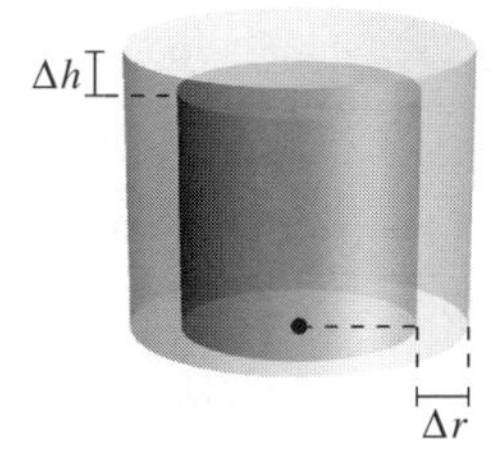

Figura para 22

22. **Volumen** El volumen del cilindro circular recto de color rojo (vea el código QR) es $V = \pi r^2 h$. Los posibles errores en el radio y en la altura son Δr y Δh, respectivamente. Determine dV e identifique los sólidos en la figura cuyos volúmenes están dados en términos de dV. ¿Qué sólido representa la diferencia entre ΔV y dV?

23. **Volumen** El posible error implicado en la medición de cada dimensión de una caja rectangular es ± 0.02 pulg. Las dimensiones de la caja son 8 pulgadas por 5 pulgadas por 12 pulgadas. Aproxime el error de propagación y el error relativo en el volumen calculado de la caja.

24. **Volumen** El posible error implicado en la medición de cada dimensión de un cilindro circular recto es ± 0.05 pulg. El radio es de 3 centímetros y la altura de 10 centímetros. Aproxime el error de propagación y el error relativo en el volumen calculado del cilindro.

25. **Análisis numérico** Se construye un cono circular recto de altura $h = 8$ y radio $r = 4$ metros y en el proceso se cometieron errores Δr en el radio y Δh en la altura. Sea V el volumen del cono. Complete la tabla para mostrar la relación entre ΔV y dV para los errores indicados.

Δr	Δh	dV o dS	ΔV o ΔS	$\Delta V - dV$ o $\Delta S - dS$
0.1	0.1			
0.1	−0.1			
0.001	0.002			
−0.0001	0.0002			

Tabla para los ejercicios 25 y 26

26. **Análisis numérico** Se construye un cono circular recto de altura $h = 16$ metros y radio $r = 6$ metros. En el proceso, se cometieron errores Δr y Δh respectivamente. Sea S el área de la superficie lateral del cono. Complete la tabla anterior para mostrar la relación entre ΔS y dS para los errores indicados.

27. Frialdad del viento

La fórmula para la frialdad del viento C (en grados Fahrenheit) es

$$C = 35.74 + 0.6215T - 35.75v^{0.16} + 0.4275Tv^{0.16}$$

donde v es la velocidad del viento en millas por hora y T es la temperatura en grados Fahrenheit. La velocidad del viento es 23 ± 3 millas por hora y la temperatura es $8° \pm 1°$. Utilice dC para estimar el posible error de propagación y el error relativo máximos al calcular la frialdad producida por el factor del viento. *(Fuente: National Oceanic and Atmospheric Administration)*

28. Resistencia La resistencia total R (en ohms) de dos resistencias conectadas en paralelo es

$$\frac{1}{R} = \frac{1}{R_1} + \frac{1}{R_2}$$

Aproxime el cambio en R cuando R_1 incrementa de 10 ohms a 10.5 ohms y R_2 decrece de 15 ohms a 13 ohms.

29. Potencia La potencia eléctrica P está dada por

$$P = \frac{E^2}{R}$$

donde E es el voltaje y R es la resistencia. Aproxime el máximo error porcentual al calcular la potencia si se aplican 120 volts a una resistencia de 2000 ohm y los posibles errores porcentuales al medir E y R son 3% y 4%, respectivamente.

30. Aceleración La aceleración centrípeta de una partícula que se mueve en un círculo es $a = v^2/r$, donde v es la velocidad y r es el radio del círculo. Aproxime el error porcentual máximo al medir la aceleración debida a errores de 3% en v y 2% en r.

31. Volumen Un abrevadero tiene 16 pies de largo (vea la figura). Sus secciones transversales son triángulos isósceles en los que los dos lados iguales miden 18 pulgadas. El ángulo entre los dos lados iguales es θ.

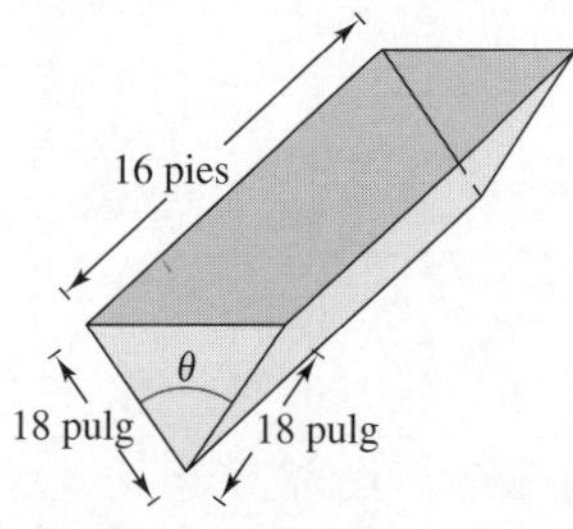

No está dibujado a escala

(a) Exprese el volumen del abrevadero en función de θ y determine el valor de θ para el que el volumen sea máximo.

(b) El error máximo en las mediciones lineales es de 1/2 pulgada y el error máximo en la medida del ángulo es 2°. Aproxime el cambio a partir del volumen máximo.

32. Deportes Un jugador de béisbol en el jardín central se encuentra aproximadamente a 330 pies de una cámara de televisión que está en la base. Un bateador golpea un "fly" elevado que sale hacia la cerca situada a una distancia de 420 pies de la cámara (vea la figura).

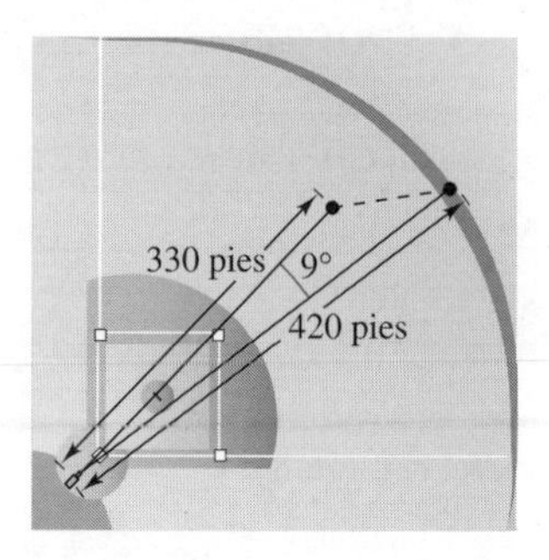

(a) La cámara gira 9° para seguir la carrera. Aproxime el número de pies que el jugador central tiene que correr para atrapar la pelota.

(b) La posición del "fildeador" central podría tener un error hasta de 6 pies y el error máximo al medir la rotación de la cámara de 1°. Aproxime el máximo error posible en el resultado del inciso (a).

33. Inductancia La inductancia L (en microhenrys) de un hilo recto no magnético en el vacío es

$$L = 0.00021\left(\ln\frac{2h}{r} - 0.75\right)$$

donde h es la longitud del alambre en milímetros y r es el radio de una sección transversal circular. Aproxime L cuando $r = 2 \pm \frac{1}{16}$ milímetros y $h = 100 \pm \frac{1}{100}$ milímetros.

34. Péndulo El periodo T de un péndulo de longitud L es $T = (2\pi\sqrt{L})/\sqrt{g}$, donde g es la aceleración de la gravedad. Un péndulo se mueve desde la zona del canal, donde $g = 32.09$ pies por segundo cuadrado, a Groenlandia, donde $g = 32.23$ pies por segundo cuadrado. Debido al cambio en la temperatura, la longitud del péndulo cambia de 2.5 pies a 2.48 pies. Aproxime el cambio en el periodo del péndulo.

Diferenciabilidad En los ejercicios 35 a 38, demuestre que la función es diferenciable, hallando los valores de ε_1 y ε_2 que se dan en la definición de diferenciabilidad, y verifique que tanto ε_1 como ε_2 tienden a 0 cuando $(\Delta x, \Delta y) \to (0, 0)$.

35. $f(x, y) = x^2 - 2x + y$

36. $f(x, y) = x^2 + y^2$

37. $f(x, y) = x^2y$

38. $f(x, y) = 5x - 10y + y^3$

Diferenciabilidad En los ejercicios 39 a 41, utilice la función para demostrar que (a) tanto $f_x(0, 0)$ como $f_y(0, 0)$ existen, y (b) f no es diferenciable en (0, 0).

39. $f(x, y) = \begin{cases} \dfrac{3x^2y}{x^4 + y^2}, & (x, y) \neq (0, 0) \\ 0, & (x, y) = (0, 0) \end{cases}$

40. $f(x, y) = \begin{cases} \dfrac{5x^2y}{x^3 + y^3}, & (x, y) \neq (0, 0) \\ 0, & (x, y) = (0, 0) \end{cases}$

41. $f(x, y) = \begin{cases} 1, & x = 0 \text{ o } y = 0 \\ 0, & \text{de otra manera} \end{cases}$

Para ver las figuras a color, acceda al código

8.5 Reglas de la cadena para funciones de varias variables

- **Utilizar las reglas de la cadena para funciones de varias variables.**
- **Hallar las derivadas parciales implícitamente.**

Reglas de la cadena para funciones de varias variables

El trabajo con diferenciales de la sección anterior proporciona las bases para la extensión de la regla de la cadena a funciones de dos variables. Existen dos casos. El primer caso considera que w es una función de x y y, donde x y y son funciones de una sola variable independiente t, como se muestra en el teorema 8.6.

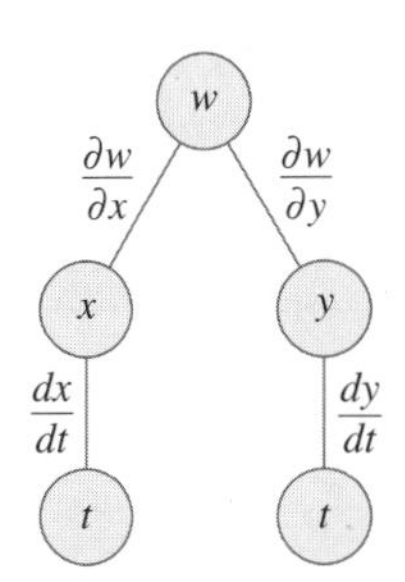

Regla de la cadena: una variable dependiente w, es función de x y y, las que a su vez son funciones de t. Este diagrama representa la derivada de w con respecto a t.
Figura 8.39

TEOREMA 8.6 Regla de la cadena: una variable independiente

Sea $w = f(x, y)$ donde f es una función derivable de x y y. Si $x = g(t)$ y $y = h(t)$ donde g y h son funciones derivables de t, entonces w es una función diferenciable de t, y

$$\frac{dw}{dt} = \frac{\partial w}{\partial x}\frac{dx}{dt} + \frac{\partial w}{\partial y}\frac{dy}{dt}$$

La regla de la cadena se muestra esquemáticamente en la figura 8.39.
Una demostración de este teorema se da en el apéndice A.

Para ver la figura a color, acceda al código

EJEMPLO 1 Regla de la cadena: una variable independiente

Sea $w = x^2y - y^2$, donde $x = \operatorname{sen} t$ y $y = e^t$. Halle dw/dt cuando $t = 0$.

Solución De acuerdo con la regla de la cadena para una variable independiente, se tiene

$$\frac{dw}{dt} = \frac{\partial w}{\partial x}\frac{dx}{dt} + \frac{\partial w}{\partial y}\frac{dy}{dt} \qquad \text{Aplique el teorema 8.6.}$$

$$= 2xy(\cos t) + (x^2 - 2y)e^t \qquad \text{Calcule las derivadas.}$$

$$= 2(\operatorname{sen} t)(e^t)(\cos t) + (\operatorname{sen}^2 t - 2e^t)e^t \qquad \text{Sustituya } x = \operatorname{sen} t \text{ y } y = e^t.$$

$$= 2e^t \operatorname{sen} t \cos t + e^t \operatorname{sen}^2 t - 2e^{2t} \qquad \text{Simplifique.}$$

Cuando $t = 0$ se deduce que

$$\frac{dw}{dt} = -2 \qquad \text{Evalúe } \frac{dw}{dt} \text{ para } t = 0.$$

La regla de la cadena presentada en esta sección proporciona técnicas alternativas para resolver muchos problemas del cálculo de una sola variable. Así, en el ejemplo 1 podrían haber usado técnicas para una sola variable para encontrar dw/dt expresando primero w como función de t,

$$w = x^2y - y^2 \qquad w \text{ como una función de } x \text{ y } y.$$

$$= (\operatorname{sen} t)^2(e^t) - (e^t)^2 \qquad \text{Sustituya } x = \operatorname{sen} t \text{ y } y = e^t.$$

$$= e^t \operatorname{sen}^2 t - e^{2t} \qquad w \text{ como una función de } t.$$

y derivando después como de costumbre. Como se muestra a continuación, el resultado es el mismo que el del ejemplo 1.

$$\frac{dw}{dt} = e^t(2)(\operatorname{sen} t)(\cos t) + (\operatorname{sen}^2 t)(e^t) - e^{2t}(2)$$

$$= 2e^t \operatorname{sen} t \cos t + e^t \operatorname{sen}^2 t - 2e^{2t}$$

La regla de la cadena en el teorema 8.6 puede extenderse a cualquier número de variables. Por ejemplo, si cada x_i es una función derivable de una sola variable t, entonces para

$$w = f(x_1, x_2, \ldots, x_n)$$

se tiene

$$\frac{dw}{dt} = \frac{\partial w}{\partial x_1}\frac{dx_1}{dt} + \frac{\partial w}{\partial x_2}\frac{dx_2}{dt} + \cdots + \frac{\partial w}{\partial x_n}\frac{dx_n}{dt}$$

Para ver las figuras a color, acceda al código

EJEMPLO 2 Aplicación de la regla de la cadena a razones de cambio relacionadas

Dos objetos recorren trayectorias elípticas dadas por las siguientes ecuaciones paramétricas.

$x_1 = 4 \cos t$ y $y_1 = 2 \operatorname{sen} t$ Primer objeto.

$x_2 = 2 \operatorname{sen} 2t$ y $y_2 = 3 \cos 2t$ Segundo objeto.

¿A qué razón cambia la distancia entre los dos objetos cuando $t = \pi$?

Solución En la figura 8.40, se puede ver que la distancia s entre los dos objetos está dada por

$$s = \sqrt{(x_2 - x_1)^2 + (y_2 - y_1)^2}$$

y que cuando $t = \pi$, se tiene $x_1 = -4$, $y_1 = 0$, $x_2 = 0$, $y_2 = 3$ y

$$s = \sqrt{(0 + 4)^2 + (3 + 0)^2} = 5$$

Cuando $t = \pi$, las derivadas parciales de s son las siguientes

$$\frac{\partial s}{\partial x_1} = \frac{-(x_2 - x_1)}{\sqrt{(x_2 - x_1)^2 + (y_2 - y_1)^2}} = -\frac{1}{5}(0 + 4) = -\frac{4}{5}$$

$$\frac{\partial s}{\partial y_1} = \frac{-(y_2 - y_1)}{\sqrt{(x_2 - x_1)^2 + (y_2 - y_1)^2}} = -\frac{1}{5}(3 - 0) = -\frac{3}{5}$$

$$\frac{\partial s}{\partial x_2} = \frac{(x_2 - x_1)}{\sqrt{(x_2 - x_1)^2 + (y_2 - y_1)^2}} = \frac{1}{5}(0 + 4) = \frac{4}{5}$$

$$\frac{\partial s}{\partial y_2} = \frac{(y_2 - y_1)}{\sqrt{(x_2 - x_1)^2 + (y_2 - y_1)^2}} = \frac{1}{5}(3 - 0) = \frac{3}{5}$$

Cuando $t = \pi$, las derivadas de x_1, y_1, x_2 y y_2 son

$$\frac{dx_1}{dt} = -4 \operatorname{sen} t = 0$$

$$\frac{dy_1}{dt} = 2 \cos t = -2$$

$$\frac{dx_2}{dt} = 4 \cos 2t = 4$$

$$\frac{dy_2}{dt} = -6 \operatorname{sen} 2t = 0$$

Por tanto, usando la regla de la cadena apropiada, se sabe que la distancia cambia a una razón de

$$\begin{aligned}\frac{ds}{dt} &= \frac{\partial s}{\partial x_1}\frac{dx_1}{dt} + \frac{\partial s}{\partial y_1}\frac{dy_1}{dt} + \frac{\partial s}{\partial x_2}\frac{dx_2}{dt} + \frac{\partial s}{\partial y_2}\frac{dy_2}{dt} \\ &= \left(-\frac{4}{5}\right)(0) + \left(-\frac{3}{5}\right)(-2) + \left(\frac{4}{5}\right)(4) + \left(\frac{3}{5}\right)(0) \\ &= \frac{22}{5}\end{aligned}$$

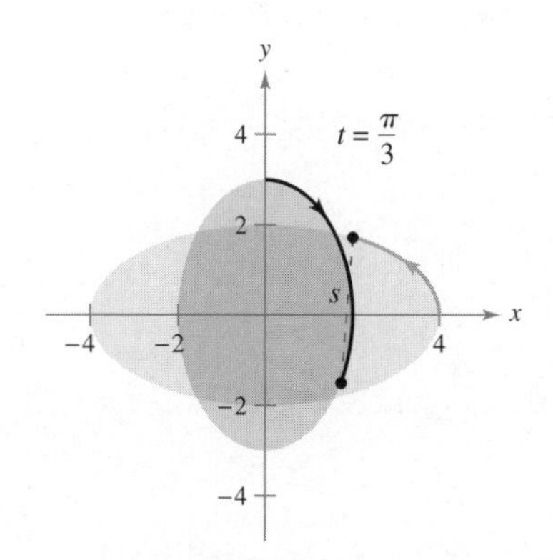

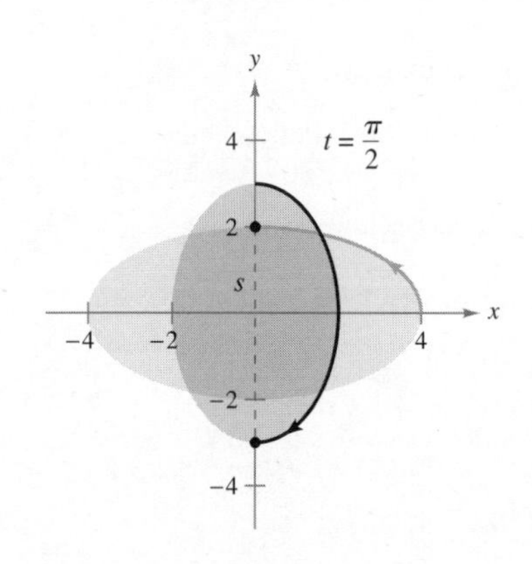

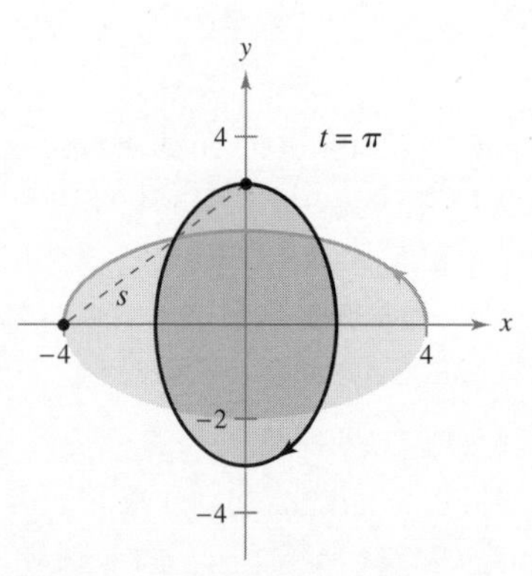

Trayectorias de dos objetos que recorren órbitas elípticas.
Figura 8.40

En el ejemplo 2 se observa que s es función de cuatro variables *intermedias*, x_1, y_1, x_2 y y_2, cada una de las cuales es a su vez función de una sola variable t. Otro tipo de función compuesta es aquella en la que las variables intermedias son, a su vez, funciones de más de una variable. Por ejemplo, si $w = f(x, y)$, donde $x = g(s, t)$ y $y = h(s, t)$, se deduce que w es función de s y de t, y se puede considerar las derivadas parciales de w respecto a s y t. Una manera de encontrar estas derivadas parciales es expresar w explícitamente como función de s y t sustituyendo las ecuaciones $x = g(s, t)$ y $y = h(s, t)$ en la ecuación $w = f(x, y)$. Así, se pueden encontrar las derivadas parciales de la manera usual, como se muestra en el siguiente ejemplo.

EJEMPLO 3 Hallar derivadas parciales por sustitución

Encuentre $\partial w/\partial s$ y $\partial w/\partial t$ para $w = 2xy$, donde $x = s^2 + t^2$ y $y = s/t$.

Solución Comience por sustituir $x = s^2 + t^2$ y $y = s/t$ en la ecuación $w = 2xy$ para obtener

$$w = 2xy = 2(s^2 + t^2)\left(\frac{s}{t}\right) = 2\left(\frac{s^3}{t} + st\right)$$

Después, para encontrar $\partial w/\partial s$ mantenga constante t y derive respecto a s.

$$\frac{\partial w}{\partial s} = 2\left(\frac{3s^2}{t} + t\right) \qquad t \text{ se mantiene constante.}$$

$$= \frac{6s^2 + 2t^2}{t}$$

De manera similar, para hallar $\partial w/\partial t$ mantenga constante s y derive respecto a t para obtener

$$\frac{\partial w}{\partial t} = 2\left(-\frac{s^3}{t^2} + s\right) \qquad s \text{ se mantiene constante.}$$

$$= 2\left(\frac{-s^3 + st^2}{t^2}\right)$$

$$= \frac{2st^2 - 2s^3}{t^2}$$

Para ver la figura a color, acceda al código

El teorema 8.7 proporciona un método alternativo para hallar las derivadas parciales del ejemplo 3, sin expresar w explícitamente como función de s y t.

TEOREMA 8.7 Regla de la cadena: dos variables independientes

Sea $w = f(x, y)$, donde f es una función diferenciable de x y y. Si $x = g(s, t)$ y $y = h(s, t)$ son tales que las derivadas parciales de primer orden $\partial x/\partial s$, $\partial x/\partial t$, $\partial y/\partial s$ y $\partial y/\partial t$ existen, entonces $\partial w/\partial s$ y $\partial w/\partial t$ existen y están dadas por

$$\frac{\partial w}{\partial s} = \frac{\partial w}{\partial x}\frac{\partial x}{\partial s} + \frac{\partial w}{\partial y}\frac{\partial y}{\partial s}$$

y

$$\frac{\partial w}{\partial t} = \frac{\partial w}{\partial x}\frac{\partial x}{\partial t} + \frac{\partial w}{\partial y}\frac{\partial y}{\partial t}$$

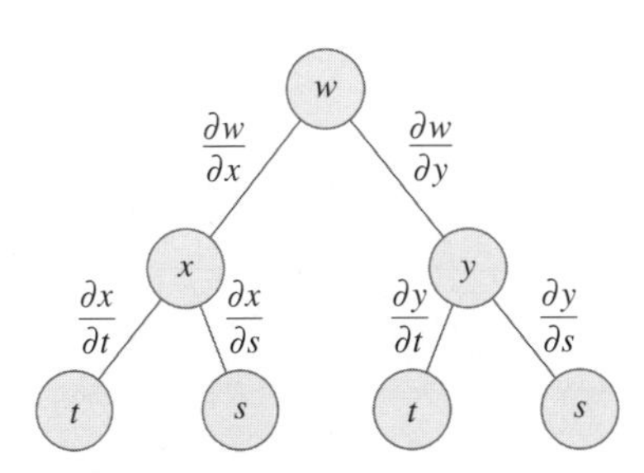

Regla de la cadena: dos variables independientes.
Figura 8.41

La regla de la cadena en este teorema se muestra esquemáticamente en la figura 8.41.

Demostración Para obtener $\partial w/\partial s$ mantenga constante t y aplique el teorema 8.6 para obtener el resultado deseado. De manera similar, para obtener $\partial w/\partial t$ mantenga constante s y aplique el teorema 8.6.

EJEMPLO 4 Regla de la cadena con dos variables independientes

Consulte LarsonCalculus.com (disponible solo en inglés) para una versión interactiva de este tipo de ejemplo.

Utilice la regla de la cadena para encontrar $\partial w/\partial s$ y $\partial w/\partial t$, dada

$$w = 2xy$$

donde $x = s^2 + t^2$ y $y = s/t$.

Solución Observe que estas mismas derivadas parciales fueron calculadas en el ejemplo 3. Esta vez, usando el teorema 8.7, se puede mantener t constante y derivar respecto a s para obtener

$$\begin{aligned}
\frac{\partial w}{\partial s} &= \frac{\partial w}{\partial x}\frac{\partial x}{\partial s} + \frac{\partial w}{\partial y}\frac{\partial y}{\partial s} \\
&= 2y(2s) + 2x\left(\frac{1}{t}\right) && t \text{ se mantiene constante.} \\
&= 2\left(\frac{s}{t}\right)(2s) + 2(s^2 + t^2)\left(\frac{1}{t}\right) && \text{Sustituya } \frac{s}{t} \text{ por } y \text{ y } s^2 + t^2 \text{ por } x. \\
&= \frac{4s^2}{t} + \frac{2s^2 + 2t^2}{t} \\
&= \frac{6s^2 + 2t^2}{t}
\end{aligned}$$

De manera similar, manteniendo s constante se obtiene

$$\begin{aligned}
\frac{\partial w}{\partial t} &= \frac{\partial w}{\partial x}\frac{\partial x}{\partial t} + \frac{\partial w}{\partial y}\frac{\partial y}{\partial t} \\
&= 2y(2t) + 2x\left(\frac{-s}{t^2}\right) && s \text{ se mantiene constante.} \\
&= 2\left(\frac{s}{t}\right)(2t) + 2(s^2 + t^2)\left(\frac{-s}{t^2}\right) && \text{Sustituya } \frac{s}{t} \text{ por } y \text{ y } s^2 + t^2 \text{ por } x. \\
&= 4s - \frac{2s^3 + 2st^2}{t^2} \\
&= \frac{4st^2 - 2s^3 - 2st^2}{t^2} \\
&= \frac{2st^2 - 2s^3}{t^2}
\end{aligned}$$

La regla de la cadena del teorema 8.7 también puede extenderse a cualquier número de variables. Por ejemplo, si w es una función diferenciable de n variables

$$x_1, x_2, \ldots, x_n$$

donde cada x_i es una función diferenciable de m variables $t_1, t_2, \ldots, t_m$, entonces para

$$w = f(x_1, x_2, \ldots, x_n)$$

se obtiene lo siguiente

$$\begin{aligned}
\frac{\partial w}{\partial t_1} &= \frac{\partial w}{\partial x_1}\frac{\partial x_1}{\partial t_1} + \frac{\partial w}{\partial x_2}\frac{\partial x_2}{\partial t_1} + \cdots + \frac{\partial w}{\partial x_n}\frac{\partial x_n}{\partial t_1} \\
\frac{\partial w}{\partial t_2} &= \frac{\partial w}{\partial x_1}\frac{\partial x_1}{\partial t_2} + \frac{\partial w}{\partial x_2}\frac{\partial x_2}{\partial t_2} + \cdots + \frac{\partial w}{\partial x_n}\frac{\partial x_n}{\partial t_2} \\
&\vdots \\
\frac{\partial w}{\partial t_m} &= \frac{\partial w}{\partial x_1}\frac{\partial x_1}{\partial t_m} + \frac{\partial w}{\partial x_2}\frac{\partial x_2}{\partial t_m} + \cdots + \frac{\partial w}{\partial x_n}\frac{\partial x_n}{\partial t_m}
\end{aligned}$$

EJEMPLO 5 **Regla de la cadena para una función de tres variables**

Determine $\partial w/\partial s$ y $\partial w/\partial t$ cuando $s = 1$ y $t = 2\pi$ para

$$w = xy + yz + xz$$

donde $x = s \cos t$, $y = s \operatorname{sen} t$ y $z = t$

Solución Por extensión del teorema 8.7, tiene

$$\begin{aligned}\frac{\partial w}{\partial s} &= \frac{\partial w}{\partial x}\frac{\partial x}{\partial s} + \frac{\partial w}{\partial y}\frac{\partial y}{\partial s} + \frac{\partial w}{\partial z}\frac{\partial z}{\partial s}\\ &= (y + z)(\cos t) + (x + z)(\operatorname{sen} t) + (y + x)(0)\\ &= (y + z)(\cos t) + (x + z)(\operatorname{sen} t)\end{aligned}$$

Cuando $s = 1$ y $t = 2\pi$ usted tiene que $x = 1$, $y = 0$ y $z = 2\pi$. Así

$$\frac{\partial w}{\partial s} = (0 + 2\pi)(1) + (1 + 2\pi)(0) = 2\pi$$

Además

$$\begin{aligned}\frac{\partial w}{\partial t} &= \frac{\partial w}{\partial x}\frac{\partial x}{\partial t} + \frac{\partial w}{\partial y}\frac{\partial y}{\partial t} + \frac{\partial w}{\partial z}\frac{\partial z}{\partial t}\\ &= (y + z)(-s \operatorname{sen} t) + (x + z)(s \cos t) + (y + x)(1)\end{aligned}$$

y si $s = 1$ y $t = 2\pi$ tiene que

$$\begin{aligned}\frac{\partial w}{\partial t} &= (0 + 2\pi)(0) + (1 + 2\pi)(1) + (0 + 1)(1)\\ &= 2 + 2\pi\end{aligned}$$

Diferenciación parcial implícita

Esta sección concluye con una aplicación de la regla de la cadena para determinar la derivada de una función definida *implícitamente.* Suponga que x y y están relacionadas por la ecuación $F(x, y) = 0$, donde se supone que $y = f(x)$ es función derivable de x. Para hallar dy/dx, podría recurrir a las técnicas vistas de la sección 2.5. Sin embargo, verá que la regla de la cadena proporciona una mejor alternativa. Si se considera la función dada por

$$w = F(x, y) = F(x, f(x))$$

Se puede aplicar el teorema 8.6 para obtener

$$\frac{dw}{dx} = F_x(x, y)\frac{dx}{dx} + F_y(x, y)\frac{dy}{dx}$$

Como $w = F(x, y) = 0$ para toda x en el dominio de f, se sabe que

$$\frac{dw}{dx} = 0$$

y tiene

$$F_x(x, y)\frac{dx}{dx} + F_y(x, y)\frac{dy}{dx} = 0$$

Ahora, si $F_y(x, y) \neq 0$ se puede usar el hecho de que $dx/dx = 1$ para concluir que

$$\frac{dy}{dx} = -\frac{F_x(x, y)}{F_y(x, y)}$$

Un procedimiento similar puede usarse para encontrar las derivadas parciales de funciones de varias variables definidas implícitamente.

TEOREMA 8.8 Regla de la cadena: derivación implícita

Si la ecuación $F(x, y) = 0$ define a y implícitamente como función derivable de x, entonces

$$\frac{dy}{dx} = -\frac{F_x(x, y)}{F_y(x, y)}, \quad F_y(x, y) \neq 0$$

Si la ecuación $F(x, y, z) = 0$ define a z implícitamente como función diferenciable de x y y, entonces

$$\frac{\partial z}{\partial t} = -\frac{F_x(x, y, z)}{F_z(x, y, x)} \quad \text{y} \quad \frac{\partial z}{\partial y} = -\frac{F_y(x, y, z)}{F_z(x, y, x)}, \quad F_z(x, y, z) \neq 0$$

Este teorema puede extenderse a funciones diferenciables definidas implícitamente de cualquier número de variables.

EJEMPLO 6 Hallar una derivada implícitamente

Encuentre dy/dx dada la ecuación

$$y^3 + y^2 - 5y - x^2 + 4 = 0$$

Solución Comience por definir una función

$$F(x, y) = y^3 + y^2 - 5y - x^2 + 4$$

Entonces

$$F_x(x, y) = -2x \quad \text{y} \quad F_y(x, y) = 3y^2 + 2y - 5$$

Usando el teorema 8.8, se tiene

$$\frac{dy}{dx} = -\frac{F_x(x, y)}{F_y(x, y)} = \frac{-(-2x)}{3y^2 + 2y - 5} = \frac{2x}{3y^2 + 2y - 5}$$

COMENTARIO Compare la solución del ejemplo 6 con la solución del ejemplo 2 en la sección 2.5.

EJEMPLO 7 Hallar derivadas parciales implícitamente

Encuentre $\partial z/\partial x$ y $\partial z/\partial y$ para

$$3x^2z - x^2y^2 + 2z^3 + 3yz - 5 = 0$$

Solución Comience haciendo

$$F(x, y, z) = 3x^2z - x^2y^2 + 2z^3 + 3yz - 5$$

Entonces

$$F_x(x, y, z) = 6xz - 2xy^2$$
$$F_y(x, y, z) = -2x^2y + 3z$$

y

$$F_z(x, y, z) = 3x^2 + 6z^2 + 3y$$

Usando el teorema 8.8, tiene

$$\frac{\partial z}{\partial x} = -\frac{F_x(x, y, z)}{F_z(x, y, x)} = \frac{2xy^2 - 6xz}{3x^2 + 6z^2 + 3y}$$

y

$$\frac{\partial z}{\partial y} = -\frac{F_y(x, y, z)}{F_z(x, y, x)} = \frac{2x^2y - 3z}{3x^2 + 6z^2 + 3y}$$

■

8.5 Ejercicios

Las respuestas a los ejercicios impares pueden consultarse en el Apéndice de este libro.

Repaso de conceptos

1. Considere $w = f(x, y)$, donde $x = g(s, t)$ y $y = h(s, t)$. Describa dos maneras de encontrar las derivadas parciales $\partial w/\partial s$ y $\partial w/\partial t$.

2. Explique por qué al usar la regla de la cadena para determinar la derivada de la ecuación

   $F(x, y) = 0$

   es más fácil implícitamente que usar el método aprendido en la sección 2.5.

Usar la regla de la cadena En los ejercicios 3 a 6, encuentre dw/dt utilizando la regla de la cadena apropiada. Evalúe dw/dt para el valor dado de t.

Función	Valor
3. $w = x^2 + 5y$	$t = 2$
$x = 2t,\ y = t$	
4. $w = \sqrt{x^2 + y^2}$	$t = 0$
$x = \cos t,\ y = e^t$	
5. $w = x \operatorname{sen} y$	$t = 0$
$x = e^t,\ y = \pi - t$	
6. $w = \ln \dfrac{y}{x}$	$t = \dfrac{\pi}{4}$
$x = \cos t,\ y = \operatorname{sen} t$	

Usar métodos diferentes En los ejercicios 7 a 12, encuentre dw/dt (a) utilizando la regla de la cadena apropiada y (b) convirtiendo w en función de t antes de derivar.

7. $w = x - \dfrac{1}{y}, \quad x = e^{2t}, \quad y = t^3$
8. $w = \cos(x - y), \quad x = t^2, \quad y = 1$
9. $w = x^2 + y^2 + z^2, \quad x = \cos t, \quad y = \operatorname{sen} t, \quad z = e^t$
10. $w = xy \cos z, \quad x = t, \quad y = t^2, \quad z = \arccos t$
11. $w = xy + xz + yz, \quad x = t - 1, \quad y = t^2 - 1, \quad z = t$
12. $w = xy^2 + x^2z + yz^2, \quad x = t^2, \quad y = 2t, \quad z = 2$

Movimiento de un proyectil En los ejercicios 13 y 14, se dan las ecuaciones paramétricas de las trayectorias de dos proyectiles. ¿A qué velocidad cambia la distancia entre los dos objetos en el valor de t dado?

13. $x_1 = 10 \cos 2t, \quad y_1 = 6 \operatorname{sen} 2t$ — Primer objeto.
    $x_2 = 7 \cos t, \quad y_2 = 4 \operatorname{sen} t$ — Segundo objeto.
    $t = \pi/2$
14. $x_1 = 48\sqrt{2}t, \quad y_1 = 48\sqrt{2}t - 16t^2$ — Primer objeto.
    $x_2 = 48\sqrt{3}t \quad y_2 = 48t - 16t^2$ — Segundo objeto.
    $t = 1$

Hallar derivadas parciales En los ejercicios 15 a 18, determine $\partial w/\partial s$ y $\partial w/\partial t$ utilizando la regla de la cadena apropiada. Evalúe cada derivada parcial en los valores dados de s y t.

Función	Valores
15. $w = x^2 + y^2$	$s = 1, \quad t = 3$
$x = s + t, \quad y = s - t$	
16. $w = y^3 - 3x^2y$	$s = -1, \quad t = 2$
$x = e^s, \quad y = e^t$	
17. $w = \operatorname{sen}(2x + 3y)$	$s = 0, \quad t = \dfrac{\pi}{2}$
$x = s + t, \quad y = s - t$	
18. $w = x^2 - y^2$	$s = 3, \quad t = \dfrac{\pi}{4}$
$x = s \cos t, \quad y = s \operatorname{sen} t$	

Usar métodos diferentes En los ejercicios 19 a 22, encuentre $\partial w/\partial s$ y $\partial w/\partial t$ (a) utilizando la regla de la cadena apropiada y (b) convirtiendo w en una función de s y t antes de derivar.

19. $w = xyz, \quad x = s + t, \quad y = s - t, \quad z = st^2$
20. $w = x^2 + y^2 + z^2, \quad x = t \operatorname{sen} s, \quad y = t \cos s, \quad z = st^2$
21. $w = ze^{xy}, \quad x = s - t, \quad y = s + t, \quad z = st$
22. $w = x \cos yz, \quad x = s^2, \quad y = t^2, \quad z = s - 2t$

Hallar una derivada implícita En los ejercicios 23 a 26, encuentre dy/dx por derivación implícita.

23. $x^2 - xy + y^2 - x + y = 0$
24. $\sec xy + \tan xy + 5 = 0$
25. $\ln\sqrt{x^2 + y^2} + x + y = 4$
26. $\dfrac{x}{x^2 + y^2} - y^2 = 6$

Hallar derivadas parciales implícitas En los ejercicios 27 a 34, determine las primeras derivadas parciales de z por derivación implícita.

27. $x^2 + y^2 + z^2 = 1$
28. $xz + yz + xy = 0$
29. $x^2 + 2yz + z^2 = 1$
30. $x + \operatorname{sen}(y + z) = 0$
31. $\tan(x + y) + \cos z = 2$
32. $z = e^x \operatorname{sen}(y + z)$
33. $e^{xz} + xy = 0$
34. $x \ln y + y^2z + z^2 = 8$

Hallar derivadas parciales implícitas En los ejercicios 35 a 38, determine las primeras derivadas parciales de w por derivación implícita.

35. $7xy + yz^2 - 4wz + w^2z + w^2x - 6 = 0$
36. $x^2 + y^2 + z^2 - 5yw + 10w^2 = 2$
37. $\cos xy + \operatorname{sen} yz + wz = 20$
38. $w - \sqrt{x - y} - \sqrt{y - z} = 0$

Funciones homogéneas **Una función f se dice *homogénea de grado n* si $f(tx, ty) = t^n f(x, y)$. En los ejercicios 39 a 42, (a) demuestre que la función es homogénea y determine n, y (b) demuestre que $xf_x(x, y) + yf_y(x, y) = nf(x, y)$.**

39. $f(x, y) = 2x^2 - 5xy$

40. $f(x, y) = x^3 - 3xy^2 + y^3$

41. $f(x, y) = e^{x/y}$

42. $f(x, y) = x \cos \dfrac{x + y}{y}$

43. Usar una tabla de valores Sean $w = f(x, y)$, $x = g(t)$ y $y = h(t)$, donde f, g y h son diferenciables. Use la regla de la cadena apropiada y la tabla de valores mostrada para dw/dt cuando $t = 2$.

$g(2)$	$h(2)$	$g'(2)$	$h'(2)$	$f_x(4, 3)$	$f_y(4, 3)$
4	3	-1	6	-5	7

44. Usar una tabla de valores Sean $w = f(x, y)$, $x = g(s, t)$ y $y = h(s, t)$, donde f, g y h son diferenciables. Use la regla de la cadena apropiada y la tabla de valores mostrada para encontrar $w_s(1, 2)$.

$g(1, 2)$	$h(1, 2)$	$g_s(1, 2)$	$h_s(1, 2)$	$f_x(4, 3)$	$f_y(4, 3)$
4	3	-3	5	-5	7

Exploración de conceptos

45. Demuestre que $\dfrac{\partial w}{\partial u} + \dfrac{\partial w}{\partial v} = 0$ para $w = f(x, y)$, $x = u - v$ y $y = v - u$.

46. Demuestre el resultado del ejercicio 45 para

$$w = (x - y)\,\text{sen}(y - x)$$

47. Sea $F(u, v)$ una función de dos variables. Encuentre una fórmula para $f'(x)$ cuando (a) $f(x) = F(4x, 4)$ y (b) $f(x) = F(-2x, x^2)$.

48. **¿CÓMO LO VE?** La trayectoria de un objeto está dada por $w = f(x, y)$ y se muestra en la figura, donde x y y son funciones de t. El punto de la gráfica representa la posición del objeto.

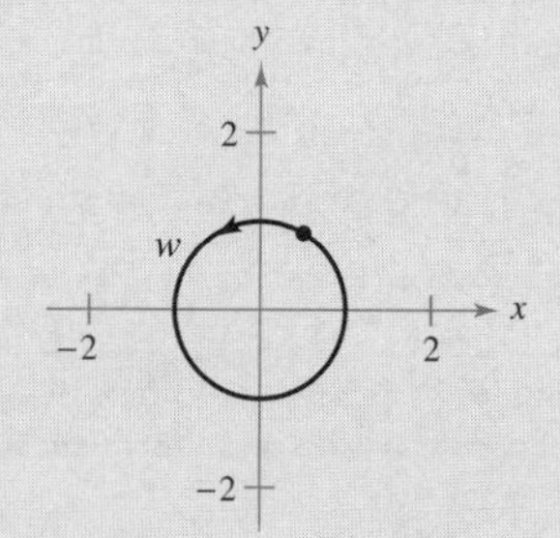

Para ver las figuras a color, acceda al código

Determine si cada una de las siguientes derivadas es positiva, negativa o cero.

(a) $\dfrac{dx}{dt}$ (b) $\dfrac{dy}{dt}$

49. Volumen y área superficial El radio de un cilindro circular recto se incrementa a razón de 6 pulgadas por minuto, y la altura decrece a razón de 4 pulgadas por minuto. ¿Cuál es la razón de cambio del volumen y del área superficial cuando el radio es 12 pulgadas y la altura 36 pulgadas?

50. Ley de los gases ideales Según la ley de los gases ideales

$$PV = mRT$$

donde P es la presión, V es el volumen, m es la masa constante, R es una constante, T es la temperatura y P y V son funciones del tiempo. Encuentre dT/dt, la razón de cambio de la temperatura respecto al tiempo.

51. Momento de inercia Un cilindro anular tiene un radio interior de r_1 y un radio exterior de r_2 (vea la figura). Su momento de inercia es

$$I = \tfrac{1}{2}m(r_1^2 + r_2^2)$$

donde m es la masa. Los dos radios se incrementan a razón de 2 centímetros por segundo. Encuentre la velocidad a la que varía I en el instante en que los radios son 6 y 8 centímetros. (Suponga que la masa es constante.)

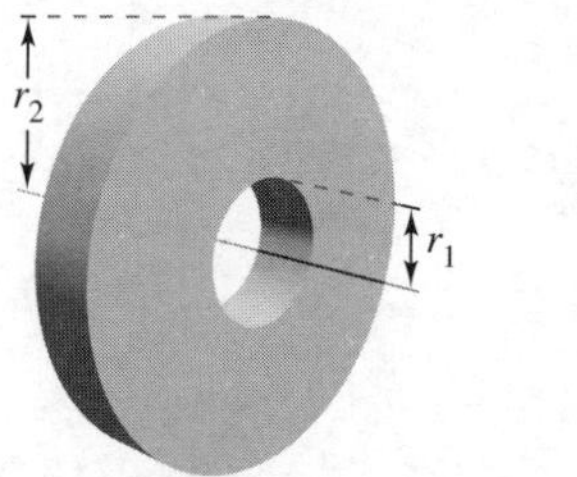

Figura para 51

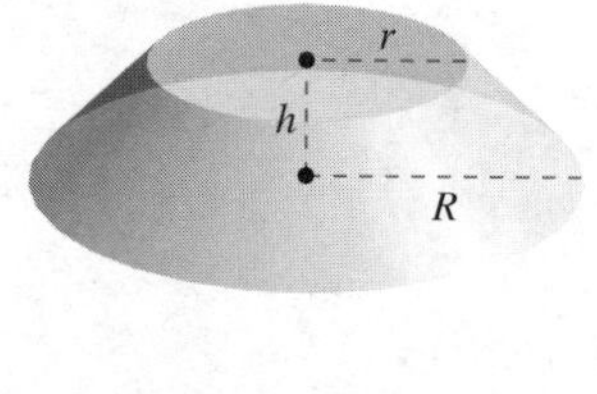

Figura para 52

52. Volumen y área superficial Los dos radios del cono circular recto truncado se incrementan a razón de 4 centímetros por minuto y la altura se incrementa a razón de 12 centímetros por minuto (vea la figura). Determine a qué velocidad cambian el volumen y el área superficial cuando los radios son 15 y 25 centímetros, respectivamente, y la altura es de 10 centímetros.

53. Ecuaciones de Cauchy-Riemann Dadas las funciones $u(x, y)$ y $v(x, y)$, compruebe que las **ecuaciones diferenciales de Cauchy-Riemann**

$$\frac{\partial u}{\partial x} = \frac{\partial v}{\partial y} \quad \text{y} \quad \frac{\partial u}{\partial y} = -\frac{\partial v}{\partial x}$$

se pueden escribir en coordenadas polares como

$$\frac{\partial u}{\partial r} = \frac{1}{r} \cdot \frac{\partial v}{\partial \theta} \quad \text{y} \quad \frac{\partial v}{\partial r} = -\frac{1}{r} \cdot \frac{\partial u}{\partial \theta}$$

54. Ecuaciones de Cauchy-Riemann Demuestre el resultado del ejercicio 53 para las funciones

$$u = \ln\sqrt{x^2 + y^2} \quad \text{y} \quad v = \arctan\frac{y}{x}$$

55. Función homogénea Demuestre que si $f(x, y)$ es homogénea de grado n, entonces

$$xf_x(x, y) + yf_y(x, y) = nf(x, y)$$

[*Sugerencia:* Sea $g(t) = f(tx, ty) = t^n f(x, y)$. Halle $g'(t)$ y después haga $t = 1$.]

8.6 Derivadas direccionales y gradientes

- Hallar y usar las derivadas direccionales de una función de dos variables.
- Hallar el gradiente de una función de dos variables.
- Utilizar el gradiente de una función de dos variables en aplicaciones.
- Hallar las derivadas direccionales y el gradiente de funciones de tres variables.

Para ver las figuras a color, acceda al código

Derivada direccional

Suponga que usted está en la colina de la figura 8.42 y quiere determinar la inclinación de la colina respecto al eje z. Si la colina está representada por $z = f(x, y)$ y sabe cómo determinar la pendiente en dos direcciones diferentes: la pendiente en la dirección de y está dada por la derivada parcial $f_y(x, y)$ y la pendiente en la dirección de x está dada por la derivada parcial $f_x(x, y)$. En esta sección se verá que estas dos derivadas parciales pueden usarse para calcular la pendiente en *cualquier* dirección.

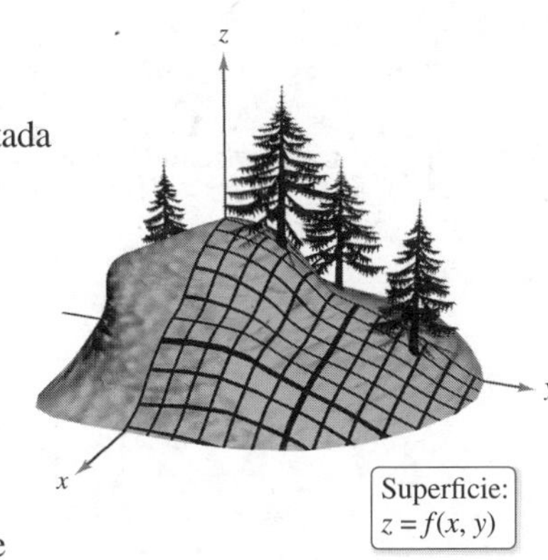

Figura 8.42

Para determinar la pendiente en un punto de una superficie, se definirá un nuevo tipo de derivada llamada **derivada direccional**. Sea $z = f(x, y)$ una *superficie* y $P(x_0, y_0)$ un *punto* en el dominio de f, como se muestra en la figura 8.43. La "dirección" de la derivada direccional está dada por un vector unitario

$$\mathbf{u} = \cos\theta\mathbf{i} + \operatorname{sen}\theta\mathbf{j}$$

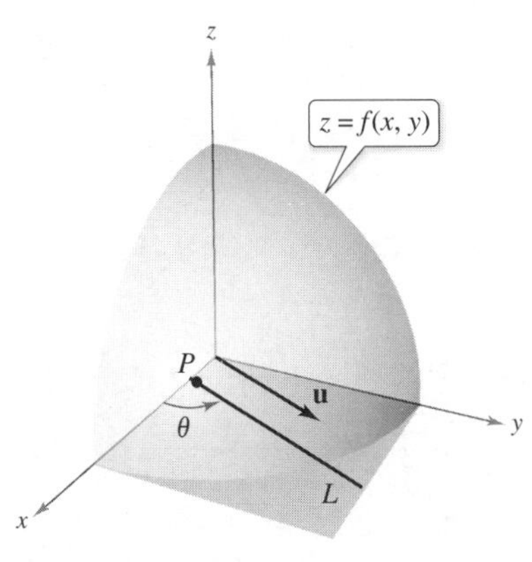

Figura 8.43

donde θ es el ángulo que forma el vector con el eje x positivo. Para hallar la pendiente deseada, se reduce el problema a dos dimensiones cortando la superficie con un plano vertical que pasa por el punto P y es paralelo a $\mathbf{u}$, como se muestra en la figura 8.44. Este plano vertical corta la superficie formando una curva C. La pendiente de la superficie en el punto $(x_0, y_0, f(x_0, y_0))$ en la dirección de $\mathbf{u}$ se define como la pendiente de la curva C en ese punto.

De manera informal, se puede expresar la pendiente de la curva C como un límite análogo a los usados en el cálculo de una variable. El plano vertical utilizado para formar C corta el plano xy en una recta L, representada por las ecuaciones paramétricas

$$x = x_0 + t\cos\theta$$

y

$$y = y_0 + t\operatorname{sen}\theta$$

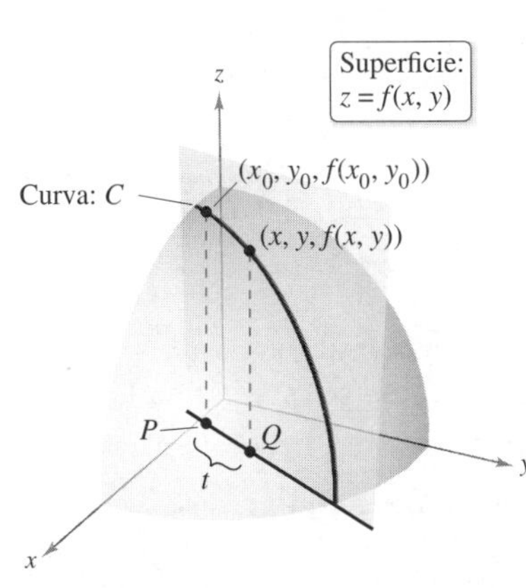

Figura 8.44

de manera que para todo valor de t, el punto $Q(x, y)$ se encuentra en la recta L. Para cada uno de los puntos P y Q, hay un punto correspondiente en la superficie.

$(x_0, y_0, f(x_0, y_0))$ Punto sobre P.

$(x, y, f(x, y))$ Punto sobre Q.

Como la distancia entre P y Q es

$$\sqrt{(x - x_0)^2 + (y - y_0)^2} = \sqrt{(t\cos\theta)^2 + (t\operatorname{sen}\theta)^2} = |t|$$

es posible escribir la pendiente de la recta secante, que pasa por $(x_0, y_0, f(x_0, y_0))$ y $(x, y, f(x, y))$ como

$$\frac{f(x, y) - f(x_0, y_0)}{t} = \frac{f(x_0 + t\cos\theta, y_0 + t\operatorname{sen}\theta) - f(x_0, y_0)}{t}$$

Por último, haciendo que t tienda a 0, se llega a la siguiente definición.

COMENTARIO Asegúrese de entender que la derivada direccional representa la *razón de cambio de una función* en la dirección del vector unitario $\mathbf{u} = \cos\theta\mathbf{i} + \text{sen}\,\theta\mathbf{j}$. Geométricamente, se puede interpretar a la derivada direccional como la *pendiente de una superficie* en la dirección dada por el vector unitario **u** en un punto de la superficie. (Vea la figura 8.46.)

Definición de la derivada direccional

Sea f una función de dos variables x y y y sea $\mathbf{u} = \cos\theta\mathbf{i} + \text{sen}\,\theta\mathbf{j}$ un vector unitario. Entonces la **derivada direccional de f en la dirección de u**, denotada por $D_\mathbf{u}f$, es

$$D_\mathbf{u}f(x, y) = \lim_{t\to 0} \frac{f(x + t\cos\theta, y + t\,\text{sen}\,\theta) - f(x, y)}{t}$$

siempre que este límite exista.

Calcular derivadas direccionales empleando esta definición es lo mismo que encontrar la derivada de una función de una variable empleando el proceso del límite (sección 2.1). Una fórmula más simple para hallar derivadas direccionales emplea las derivadas parciales f_x y f_y.

TEOREMA 8.9 Derivada direccional

Si f es una función diferenciable de x y y, entonces la derivada direccional de f en la dirección del vector unitario $\mathbf{u} = \cos\theta\mathbf{i} + \text{sen}\,\theta\mathbf{j}$ es

$$D_\mathbf{u}f(x, y) = f_x(x, y)\cos\theta + f_y(x, y)\,\text{sen}\,\theta$$

Demostración Dado un punto fijo (x_0, y_0), sea

$$x = x_0 + t\cos\theta \quad \text{y} \quad y = y_0 + t\,\text{sen}\,\theta$$

Ahora, sea $g(t) = f(x, y)$. Como f es diferenciable, puede aplicar la regla de la cadena dada en el teorema 8.6 para obtener

$$\begin{aligned} g'(t) &= f_x(x, y)x'(t) + f_y(x, y)y'(t) && \text{Aplique la regla de la cadena (teorema 8.6).} \\ &= f_x(x, y)\cos\theta + f_y(x, y)\,\text{sen}\,\theta \end{aligned}$$

Si $t = 0$, entonces $x = x_0$ y $y = y_0$, por tanto

$$g'(0) = f_x(x_0, y_0)\cos\theta + f_y(x_0, y_0)\,\text{sen}\,\theta$$

De acuerdo con la definición de $g'(t)$, también es verdad que

$$\begin{aligned} g'(0) &= \lim_{t\to 0} \frac{g(t) - g(0)}{t} \\ &= \lim_{t\to 0} \frac{f(x_0 + t\cos\theta, y_0 + t\,\text{sen}\,\theta) - f(x_0, y_0)}{t} \end{aligned}$$

Por consiguiente, $D_\mathbf{u}f(x_0, y_0) = f_x(x_0, y_0)\cos\theta + f_y(x_0, y_0)\,\text{sen}\,\theta$.

Para ver la figura a color, acceda al código

Hay una cantidad infinita de derivadas direccionales en un punto dado de una superficie, una para cada dirección especificada por **u**, como se muestra en la figura 8.45. Dos de estas son las derivadas parciales f_x y f_y.

1. En la dirección del eje x positivo $(\theta = 0)$: $\mathbf{u} = \cos 0\mathbf{i} + \text{sen}\,0\mathbf{j} = \mathbf{i}$

$$D_\mathbf{i}f(x, y) = f_x(x, y)\cos 0 + f_y(x, y)\,\text{sen}\,0 = f_x(x, y)$$

2. En la dirección del eje y positivo $\left(\theta = \frac{\pi}{2}\right)$: $\mathbf{u} = \cos\frac{\pi}{2}\mathbf{i} + \text{sen}\,\frac{\pi}{2}\mathbf{j} = \mathbf{j}$

$$D_\mathbf{j}f(x, y) = f_x(x, y)\cos\frac{\pi}{2} + f_y(x, y)\,\text{sen}\,\frac{\pi}{2} = f_y(x, y)$$

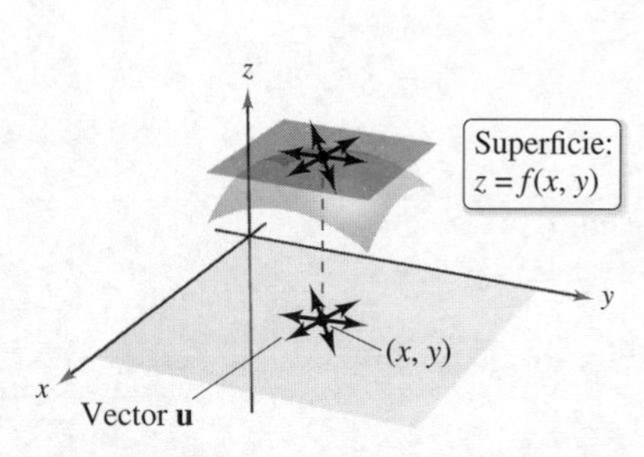

Figura 8.45

Para ver las figuras a color, acceda al código

EJEMPLO 1 Hallar una derivada direccional

Encuentre la derivada direccional de

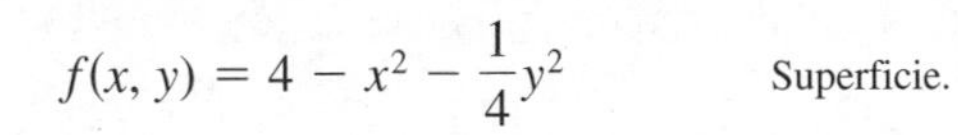

$$f(x, y) = 4 - x^2 - \frac{1}{4}y^2 \qquad \text{Superficie.}$$

en el punto (1, 2) en la dirección de

$$\mathbf{u} = \left(\cos\frac{\pi}{3}\right)\mathbf{i} + \left(\operatorname{sen}\frac{\pi}{3}\right)\mathbf{j} \qquad \text{Dirección.}$$

Solución Como las derivadas $f_x(x, y) = -2x$ y $f_y(x, y) = -y/2$ son continuas, f es derivable y se puede aplicar el teorema 8.9.

$$D_{\mathbf{u}}f(x, y) = f_x(x, y)\cos\theta + f_y(x, y)\operatorname{sen}\theta = (-2x)\cos\theta + \left(-\frac{y}{2}\right)\operatorname{sen}\theta$$

Evaluando en $\theta = \pi/3$, $x = 1$ y $y = 2$ se obtiene

$$D_{\mathbf{u}}f(1, 2) = (-2)\left(\frac{1}{2}\right) + (-1)\left(\frac{\sqrt{3}}{2}\right)$$

$$= -1 - \frac{\sqrt{3}}{2}$$

$$\approx -1.866 \qquad \text{Vea la figura 8.46.}$$

Observe en la figura 8.46 que la derivada direccional se puede interpretar como la pendiente de la superficie en el punto (1, 2, 2) en la dirección del vector unitario **u**. ■

Superficie: $f(x, y) = 4 - x^2 - \frac{1}{4}y^2$

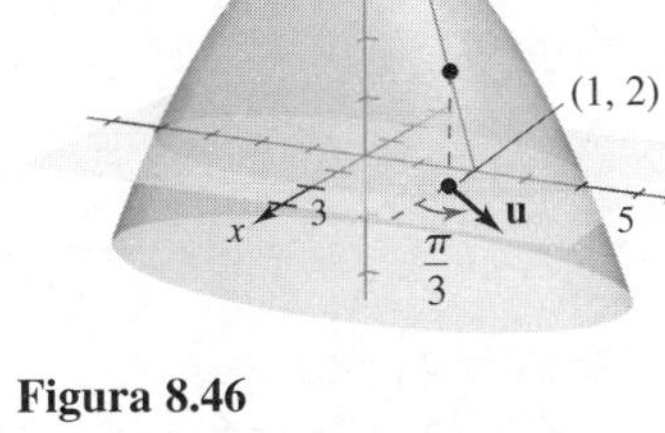

Figura 8.46

Para visualizar esta gráfica con **REALIDAD AUMENTADA**, puede introducir la ecuación en alguna aplicación de AR, como GeoGebra.

En el caso anterior se ha especificado la dirección por medio de un vector unitario **u**. Si la dirección está dada por un vector cuya longitud no es 1, *se debe normalizar* el vector antes de aplicar la fórmula del teorema 8.9.

EJEMPLO 2 Hallar una derivada direccional

Consulte LarsonCalculus.com (disponible solo en inglés) para una versión interactiva de este tipo de ejemplo.

Encuentre la derivada direccional de

$$f(x, y) = x^2 \operatorname{sen} 2y \qquad \text{Superficie.}$$

en el punto $(1, \pi/2)$ en la dirección de

$$\mathbf{v} = 3\mathbf{i} - 4\mathbf{j} \qquad \text{Dirección.}$$

Solución Dado que las derivadas $f_x(x, y) = 2x \operatorname{sen} 2y$, y $f_y(x, y) = 2x^2 \cos 2y$ son continuas, f es derivable y puede aplicar el teorema 8.9. Comience por encontrar un vector unitario en la dirección de **v**.

$$\mathbf{u} = \frac{\mathbf{v}}{\|\mathbf{v}\|} = \frac{3}{5}\mathbf{i} - \frac{4}{5}\mathbf{j} = \cos\theta\mathbf{i} + \operatorname{sen}\theta\mathbf{j}$$

Usando este vector unitario, se tiene

$$D_{\mathbf{u}}f(x, y) = (2x \operatorname{sen} 2y)(\cos\theta) = (2x^2 \cos 2y)(\operatorname{sen}\theta)$$

$$D_{\mathbf{u}}f\left(1, \frac{\pi}{2}\right) = (2\operatorname{sen}\pi)\left(\frac{3}{5}\right) + (2\cos\pi)\left(-\frac{4}{5}\right)$$

$$= (0)\left(\frac{3}{5}\right) + (-2)\left(-\frac{4}{5}\right)$$

$$= \frac{8}{5} \qquad \text{Vea la figura 8.47.}$$

■

Superficie: $f(x, y) = x^2 \operatorname{sen} 2y$

Figura 8.47

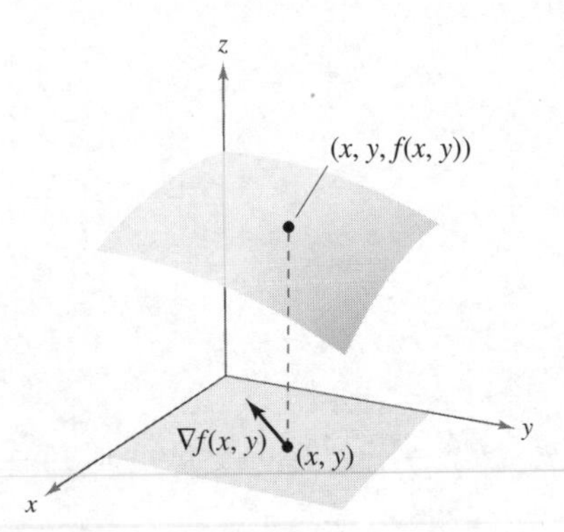

El gradiente de f es un vector en el plano xy.
Figura 8.48

El gradiente de una función de dos variables

El **gradiente** de una función de dos variables es una función vectorial de dos variables. Esta función tiene múltiples aplicaciones importantes, algunas de las cuales se describen más adelante en esta misma sección.

Definición de gradiente de una función de dos variables

Sea $z = f(x, y)$ una función de x y y tal que f_x y f_y existen. Entonces el **gradiente de** f, denotado por $\nabla f(x, y)$, es el vector

$$\nabla f(x, y) = f_x(x, y)\mathbf{i} + f_y(x, y)\mathbf{j}$$

(El término ∇f se lee como nabla f.) Otra notación para el gradiente es **grad** $f(x, y)$.

En la figura 8.48 advierta que para cada (x, y), el gradiente $\nabla f(x, y)$ es un vector en el plano (no un vector en el espacio).

Observe que el símbolo ∇ no tiene ningún valor. Es un operador, de la misma manera que d/dx es un operador. Cuando ∇ opera sobre $f(x, y)$ produce el vector $\nabla f(x, y)$.

Para ver la figura a color, acceda al código

EJEMPLO 3 Hallar el gradiente de una función

Encuentre el gradiente de

$$f(x, y) = y \ln x + xy^2$$

en el punto $(1, 2)$.

Solución Utilizando las derivadas parciales

$$f_x(x, y) = \frac{y}{x} + y^2 \quad \text{y} \quad f_y(x, y) = \ln x + 2xy$$

se tiene

$$\begin{aligned}\nabla f(x, y) &= f_x(x, y)\mathbf{i} + f_y(x, y)\mathbf{j}\\ &= \left(\frac{y}{x} + y^2\right)\mathbf{i} + (\ln x + 2xy)\mathbf{j}\end{aligned}$$

En el punto $(1, 2)$, el gradiente es

$$\begin{aligned}\nabla f(1, 2) &= \left(\frac{2}{1} + 2^2\right)\mathbf{i} + [\ln 1 + 2(1)(2)]\mathbf{j}\\ &= 6\mathbf{i} + 4\mathbf{j}\end{aligned}$$

Como el gradiente de f es un vector, puede expresar la derivada direccional de f en la dirección de $\mathbf{u}$ como

$$D_{\mathbf{u}}f(x, y) = [f_x(x, y)\mathbf{i} + f_y(x, y)\mathbf{j}] \cdot (\cos\theta\mathbf{i} + \operatorname{sen}\theta\mathbf{j})$$

En otras palabras, la derivada direccional es el producto escalar del gradiente y el vector de dirección. Este útil resultado se resume en el siguiente teorema.

TEOREMA 8.10 Forma alternativa de la derivada direccional

Si f es una función diferenciable de x y y, entonces la derivada direccional de f en la dirección del vector unitario $\mathbf{u}$ es

$$D_{\mathbf{u}}f(x, y) = \nabla f(x, y) \cdot \mathbf{u}$$

EJEMPLO 4 Hallar una derivada direccional usando $\nabla f(x, y)$

Encuentre la derivada direccional de $f(x, y) = 3x^2 - 2y^2$ en el punto $\left(-\frac{3}{4}, 0\right)$ en la dirección de $P\left(-\frac{3}{4}, 0\right)$ a $Q(0, 1)$.

Solución Como las derivadas de f son continuas, f es diferenciable y puede aplicar el teorema 8.10. Un vector en la dirección dada es

$$\overrightarrow{PQ} = \left(0 + \frac{3}{4}\right)\mathbf{i} + (1 - 0)\mathbf{j} = \frac{3}{4}\mathbf{i} + \mathbf{j}$$

y un vector unitario en esta dirección es

$$\mathbf{u} = \frac{\overrightarrow{PQ}}{\|\overrightarrow{PQ}\|} = \frac{3}{5}\mathbf{i} + \frac{4}{5}\mathbf{j}$$ Vector unitario en la dirección de $\overrightarrow{PQ}$.

Como $\nabla f(x, y) = f_x(x, y)\mathbf{i} + f_y(x, y)\mathbf{j} = 6x\mathbf{i} - 4y\mathbf{j}$, el gradiente en $\left(-\frac{3}{4}, 0\right)$ es

$$\nabla f\left(-\frac{3}{4}, 0\right) = -\frac{9}{2}\mathbf{i} + 0\mathbf{j}$$ Gradiente en $\left(-\frac{3}{4}, 0\right)$.

Por consiguiente, en $\left(-\frac{3}{4}, 0\right)$ la derivada direccional es

$$\begin{aligned} D_{\mathbf{u}}f\left(-\frac{3}{4}, 0\right) &= \nabla f\left(-\frac{3}{4}, 0\right) \cdot \mathbf{u} \\ &= \left(-\frac{9}{2}\mathbf{i} + 0\mathbf{j}\right) \cdot \left(\frac{3}{5}\mathbf{i} + \frac{4}{5}\mathbf{j}\right) \\ &= -\frac{27}{10} \end{aligned}$$ Derivada direccional en $\left(-\frac{3}{4}, 0\right)$.

Vea la figura 8.49. ■

Para visualizar esta gráfica con **REALIDAD AUMENTADA**, puede introducir la ecuación en alguna aplicación de AR, como GeoGebra.

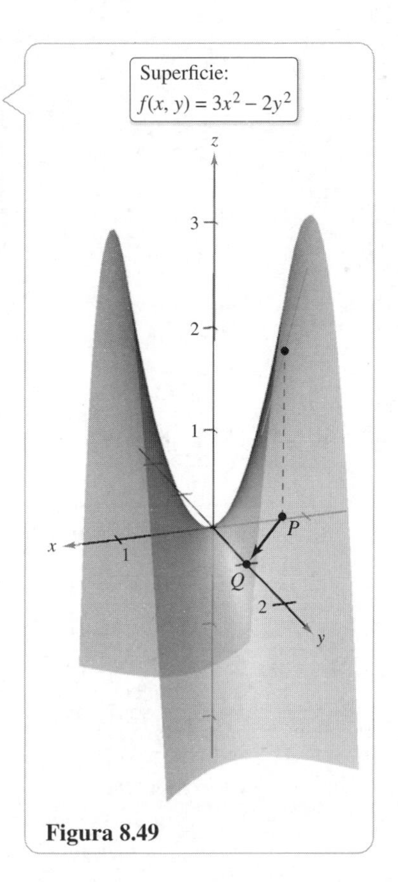

Figura 8.49

Para ver la figura a color, acceda al código

Aplicaciones del gradiente

Ya se ha visto que hay muchas derivadas direccionales en un punto (x, y) sobre una superficie. En muchas aplicaciones se desea saber en qué dirección moverse de manera que $f(x, y)$ crezca más rápidamente. Esta dirección se llama dirección de mayor ascenso, y viene dada por el gradiente, como se establece en el siguiente teorema.

TEOREMA 8.11 Propiedades del gradiente

Sea f diferenciable en el punto (x, y).

1. Si $\nabla f(x, y) = \mathbf{0}$, entonces $D_{\mathbf{u}} f(x, y) = 0$ para todo $\mathbf{u}$.
2. La dirección de *máximo* incremento de f está dada por $\nabla f(x, y)$. El valor máximo de $D_{\mathbf{u}} f(x, y)$ es

$$\|\nabla f(x, y)\| \qquad \text{Valor máximo de } D_{\mathbf{u}} f(x, y).$$

3. La dirección de *mínimo* incremento de f está dada por $-\nabla f(x, y)$. El valor mínimo de $D_{\mathbf{u}} f(x, y)$ es

$$-\|\nabla f(x, y)\| \qquad \text{Valor mínimo de } D_{\mathbf{u}} f(x, y).$$

COMENTARIO La propiedad 2 del teorema 8.11 dice que en el punto (x, y), f crece más rápidamente en dirección del gradiente, $\nabla f(x, y)$.

Demostración Si $\nabla f(x, y) = \mathbf{0}$, entonces en cualquier dirección (con cualquier $\mathbf{u}$), se tiene

$$\begin{aligned} D_{\mathbf{u}} f(x, y) &= \nabla f(x, y) \cdot \mathbf{u} \\ &= (0\mathbf{i} + 0\mathbf{j}) \cdot (\cos 0\mathbf{i} + \operatorname{sen} 0\mathbf{j}) \\ &= 0 \end{aligned}$$

Si $\nabla f(x, y) \neq \mathbf{0}$, sea ϕ el ángulo entre $\nabla f(x, y)$ y un vector unitario $\mathbf{u}$. Usando el producto escalar se puede aplicar el teorema 8.5 para concluir que

$$\begin{aligned} D_{\mathbf{u}} f(x, y) &= \nabla f(x, y) \cdot \mathbf{u} \\ &= \|\nabla f(x, y)\| \, \|\mathbf{u}\| \cos \phi \\ &= \|\nabla f(x, y)\| \cos \phi \end{aligned}$$

y se deduce que el valor máximo de $D_{\mathbf{u}} f(x, y)$ se presentará cuando

$$\cos \phi = 1$$

Por tanto, $\phi = 0$, y el valor máximo de la derivada direccional se tiene cuando $\mathbf{u}$ tiene la misma dirección que $\nabla f(x, y)$. Este valor máximo de $D_{\mathbf{u}} f(x, y)$ es precisamente

$$\|\nabla f(x, y)\| \cos \phi = \|\nabla f(x, y)\|$$

De igual forma, el valor mínimo de $D_{\mathbf{u}} f(x, y)$ puede obtenerse haciendo

$$\phi = \pi$$

de manera que $\mathbf{u}$ apunte en dirección opuesta a $\nabla f(x, y)$ como se muestra en la figura 8.50. ■

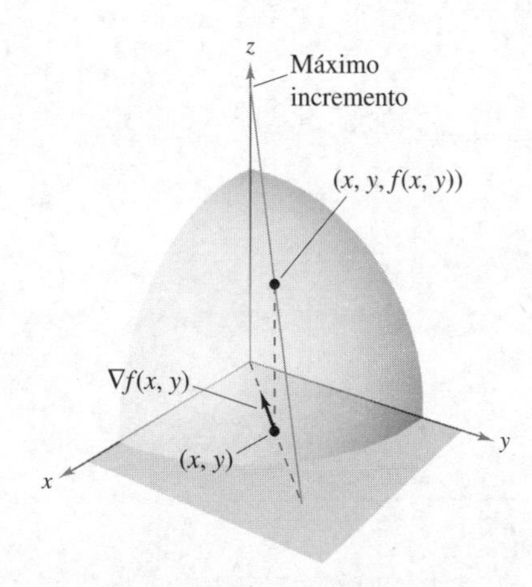

El gradiente de f es un vector en el plano xy que apunta en dirección del máximo incremento sobre la superficie dada por $z = f(x, y)$.
Figura 8.50

Para visualizar una de las propiedades del gradiente, imagine a un esquiador que desciende por una montaña. Si $f(x, y)$ denota la altitud a la que se encuentra el esquiador, entonces $-\nabla f(x, y)$ indica la dirección de acuerdo con la *brújula* que debe tomar el esquiador para seguir el camino de descenso más rápido. (Recuerde que el gradiente indica una dirección en el plano xy y no apunta hacia arriba ni hacia abajo de la ladera de la montaña.)

Otra ilustración del gradiente es la temperatura $T(x, y)$ en cualquier punto (x, y) de una placa metálica plana. En este caso, $\nabla T(x, y)$ da la dirección de máximo aumento de temperatura en el punto (x, y) como se ilustra en el siguiente ejemplo.

Para ver la figura a color, acceda al código

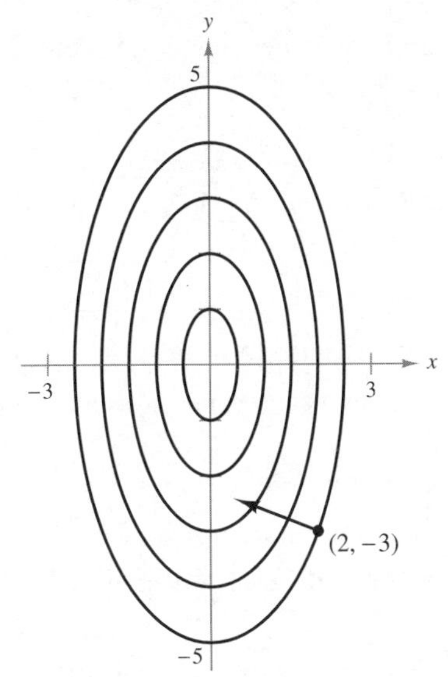

La dirección del máximo incremento de la temperatura en $(2, -3)$ está dada por $-16\mathbf{i} + 6\mathbf{j}$.
Figura 8.51

EJEMPLO 5 Hallar la dirección de máximo incremento

La temperatura en grados Celsius en la superficie de una placa metálica es

$$T(x, y) = 20 - 4x^2 - y^2$$

donde x y y se miden en centímetros. ¿En qué dirección a partir de $(2, -3)$ aumenta más rápido la temperatura? ¿Cuál es la tasa de incremento?

Solución El gradiente es

$$\nabla T(x, y) = T_x(x, y)\mathbf{i} + T_y(x, y)\mathbf{j} = -8x\mathbf{i} - 2y\mathbf{j}$$

Se deduce que la dirección de máximo incremento está dada por

$$\nabla T(2, -3) = -16\mathbf{i} + 6\mathbf{j}$$

como se muestra en la figura 8.51, y la tasa de incremento es

$$\|\nabla T(2, -3)\| = \sqrt{256 + 36} = \sqrt{292} \approx 17.09° \text{ por centímetro}$$

La solución presentada en el ejemplo 5 puede entenderse erróneamente. Aunque el gradiente apunta en la dirección de máximo incremento de la temperatura, no necesariamente apunta hacia el punto más caliente de la placa. En otras palabras, el gradiente proporciona una solución local para encontrar un incremento relativo de la temperatura en el punto $(2, -3)$. *Una vez que se abandona esa posición, la dirección de máximo incremento puede cambiar.*

EJEMPLO 6 Hallar la trayectoria de un rastreador térmico

Un rastreador térmico se encuentra en el punto $(2, -3)$ sobre una placa metálica cuya temperatura en (x, y) es

$$T(x, y) = 20 - 4x^2 - y^2$$

Encuentre la trayectoria del rastreador, si este se mueve continuamente en la dirección de máximo incremento de temperatura.

Solución Represente la trayectoria por la función de posición

$$\mathbf{r}(t) = x(t)\mathbf{i} + y(t)\mathbf{j}$$

Un vector tangente en cada punto $(x(t), y(t))$ está dado por

$$\mathbf{r}'(t) = \frac{dx}{dt}\mathbf{i} + \frac{dy}{dt}\mathbf{j}$$

Como el rastreador busca el máximo incremento de temperatura, las direcciones de $\mathbf{r}'(t)$ y $\nabla T(x, y) = -8x\mathbf{i} - 2y\mathbf{j}$ son iguales en todo punto de la trayectoria. Así,

$$-8x = k\frac{dx}{dt} \quad \text{y} \quad -2y = k\frac{dy}{dt}$$

donde k depende de t. Despejando en cada ecuación para dt/k e igualando los resultados, se obtiene

$$\frac{dx}{-8x} = \frac{dy}{-2y}$$

La solución de esta ecuación diferencial es $x = Cy^4$. Como el rastreador comienza en el punto $(2, -3)$ puede determinar que $C = 2/81$. Por tanto, la trayectoria del rastreador del calor es

$$x = \frac{2}{81}y^4$$

La trayectoria se muestra en la figura 8.52.

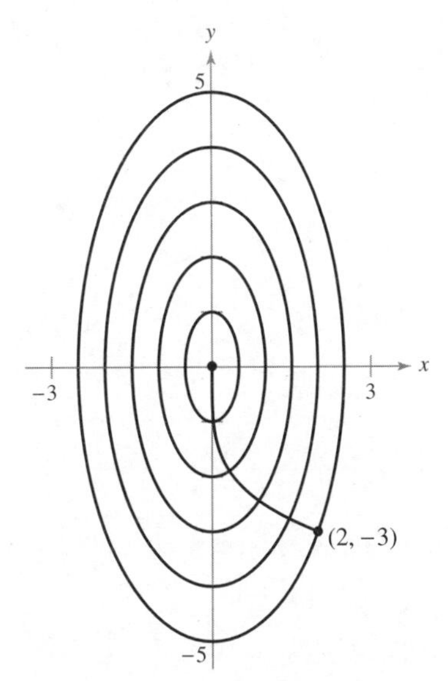

Trayectoria seguida por un rastreador térmico.
Figura 8.52

En la figura 8.52, la trayectoria del rastreador (determinada por el gradiente en cada punto) parece ser ortogonal a cada una de las curvas de nivel. Esto resulta claro cuando se considera que la temperatura $T(x, y)$ es constante en cada una de las curvas de nivel. Así, en cualquier punto (x, y) sobre la curva, la razón de cambio de T en la dirección de un vector unitario tangente **u** es 0, y se puede escribir

$$\nabla f(x, y) \cdot \mathbf{u} = D_{\mathbf{u}}T(x, y) = 0 \qquad \mathbf{u} \text{ es un vector unitario tangente.}$$

Dado que el producto punto de $\nabla f(x, y)$ y **u** es 0, se puede concluir que deben ser ortogonales. Este resultado se establece en el siguiente teorema.

Para ver las figuras a color, acceda al código

TEOREMA 8.12 El gradiente es normal a las curvas de nivel

Si es f diferenciable en (x_0, y_0) y $\nabla f(x_0, y_0) \neq \mathbf{0}$, entonces $\nabla f(x_0, y_0)$ es normal (ortogonal) a la curva de nivel que pasa por (x_0, y_0).

EJEMPLO 7 Hallar un vector normal a una curva de nivel

Dibuje la curva de nivel que corresponde a $c = 0$ para la función dada por

$$f(x, y) = y - \operatorname{sen} x$$

y encuentre un vector normal a varios puntos de la curva.

Solución La curva de nivel para $c = 0$ está dada por

$$0 = y - \operatorname{sen} x \implies y = \operatorname{sen} x$$

como se muestra en la figura 8.53(a). Ya que el vector gradiente de f en (x, y) es

$$\begin{aligned}\nabla f(x, y) &= f_x(x, y)\mathbf{i} + f_y(x, y)\mathbf{j}\\ &= -\cos x\mathbf{i} + \mathbf{j}\end{aligned}$$

se puede utilizar el teorema 8.12 para concluir que $\nabla f(x, y)$ es normal para la curva de nivel en el punto (x, y). Algunos vectores gradiente son

$$\nabla f(-\pi, 0) = \mathbf{i} + \mathbf{j}$$

$$\nabla f\left(-\frac{2\pi}{3}, -\frac{\sqrt{3}}{2}\right) = \frac{1}{2}\mathbf{i} + \mathbf{j}$$

$$\nabla f\left(-\frac{\pi}{2}, -1\right) = \mathbf{j}$$

$$\nabla f\left(-\frac{\pi}{3}, -\frac{\sqrt{3}}{2}\right) = -\frac{1}{2}\mathbf{i} + \mathbf{j}$$

$$\nabla f(0, 0) = -\mathbf{i} + \mathbf{j}$$

$$\nabla f\left(\frac{\pi}{3}, \frac{\sqrt{3}}{2}\right) = -\frac{1}{2}\mathbf{i} + \mathbf{j}$$

$$\nabla f\left(\frac{\pi}{2}, 1\right) = \mathbf{j}$$

$$\nabla f\left(\frac{2\pi}{3}, \frac{\sqrt{3}}{2}\right) = \frac{1}{2}\mathbf{i} + \mathbf{j}$$

y

$$\nabla f(\pi, 0) = \mathbf{i} + \mathbf{j}$$

Estos vectores y la curva de nivel $y = \operatorname{sen} x$ se muestran en la figura 8.53(b). ■

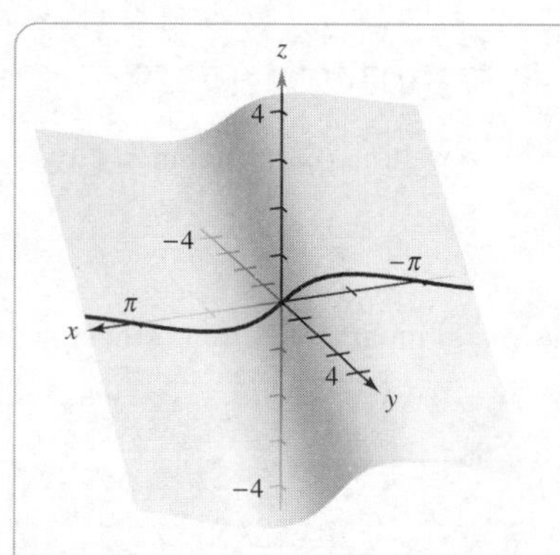

(a) La superficie está dada por $f(x, y) = y - \operatorname{sen} x$.

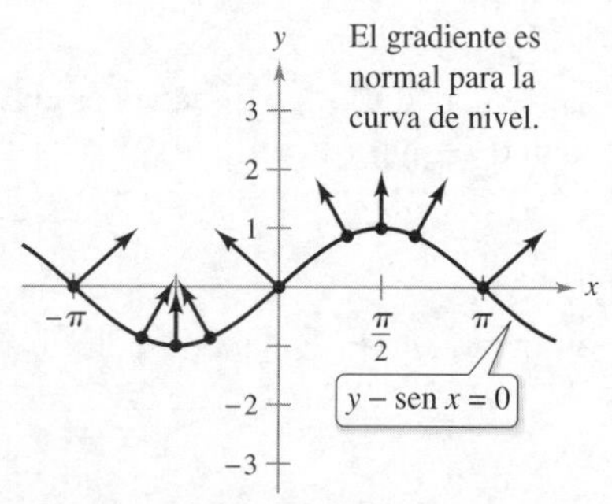

(b) La curva de nivel está dada por $f(x, y) = 0$.

Figura 8.53

Para visualizar esta gráfica con **REALIDAD AUMENTADA**, puede introducir la ecuación en alguna aplicación de AR, como GeoGebra.

Funciones de tres variables

Las definiciones de derivada direccional y gradiente se pueden extender de manera natural a funciones de tres o más variables. Como sucede a menudo, algo de la interpretación geométrica se pierde al generalizar funciones de dos variables a funciones de tres variables. Por ejemplo, no se puede interpretar la derivada direccional de una función de tres variables como una pendiente.

Las definiciones y propiedades de la derivada direccional y del gradiente de una función de tres variables se dan en el siguiente resumen.

Derivada direccional y gradiente para tres variables

Sea f una función de x, y y z, con derivadas parciales de primer orden continuas. La **derivada direccional de f** en dirección de un vector unitario

$$\mathbf{u} = a\mathbf{i} + b\mathbf{j} + c\mathbf{k}$$

está dada por

$$D_{\mathbf{u}} f(x, y, z) = af_x(x, y, z) + bf_y(x, y, z) + cf_z(x, y, z)$$

El **gradiente de f** se define como

$$\nabla f(x, y, z) = f_x(x, y, z)\mathbf{i} + f_y(x, y, z)\mathbf{j} + f_z(x, y, z)\mathbf{k}$$

Las propiedades del gradiente son las siguientes.

1. $D_{\mathbf{u}} f(x, y, z) = \nabla f(x, y, z) \cdot \mathbf{u}$
2. Si $\nabla f(x, y, z) = \mathbf{0}$, entonces $D_{\mathbf{u}} f(x, y, z) = 0$ para toda $\mathbf{u}$.
3. La dirección de *máximo* incremento de f está dada por $\nabla f(x, y, z)$. El valor máximo de $D_{\mathbf{u}} f(x, y, z)$ es

   $\|\nabla f(x, y, z)\|$ Valor máximo de $D_{\mathbf{u}} f(x, y, z)$.
4. La dirección de *mínimo* incremento de f está dada por $-\nabla f(x, y, z)$. El valor mínimo de $D_{\mathbf{u}} f(x, y, z)$ es

   $-\|\nabla f(x, y, z)\|$ Valor mínimo de $D_{\mathbf{u}} f(x, y, z)$.

Para ver la figura a color, acceda al código

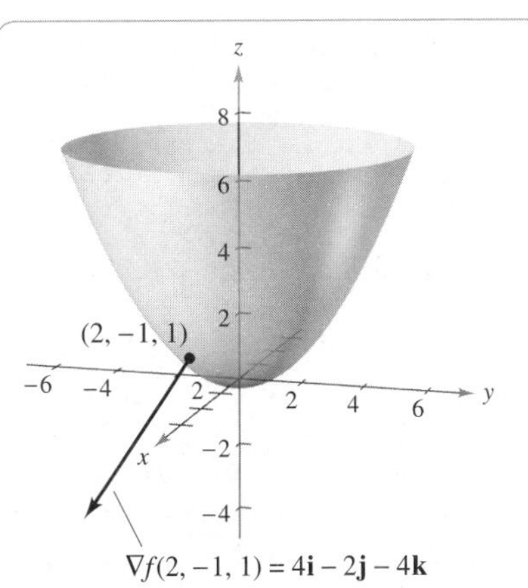

Superficie de nivel y vector gradiente en $(2, -1, 1)$ para $f(x, y, z) = x^2 + y^2 - 4z$.
Figura 8.54

Para visualizar esta gráfica con **REALIDAD AUMENTADA**, puede introducir la ecuación en alguna aplicación de AR, como GeoGebra.

El teorema 8.12 se puede generalizar a funciones de tres variables. Bajo las hipótesis adecuadas,

$$\nabla f(x_0, y_0, z_0)$$

es normal a la superficie de nivel a través de (x_0, y_0, z_0).

EJEMPLO 8 Hallar el gradiente de una función

Encuentre $\nabla f(x, y, z)$ para la función

$$f(x, y, z) = x^2 + y^2 - 4z$$

y determine la dirección de máximo crecimiento de f en el punto $(2, -1, 1)$.

Solución El vector gradiente está dado por

$$\begin{aligned}\nabla f(x, y, z) &= f_x(x, y, z)\mathbf{i} + f_y(x, y, z)\mathbf{j} + f_z(x, y, z)\mathbf{k}\\ &= 2x\mathbf{i} + 2y\mathbf{j} - 4\mathbf{k}\end{aligned}$$

Por tanto, la dirección de máximo crecimiento en $(2, -1, 1)$ es

$$\nabla f(2, -1, 1) = 4\mathbf{i} - 2\mathbf{j} - 4\mathbf{k}$$ Vea la figura 8.54.

8.6 Ejercicios

Las respuestas a los ejercicios impares pueden consultarse en el Apéndice de este libro.

Repaso de conceptos

1. Para una función $f(x, y)$, ¿cuándo la derivada direccional en el punto (x_0, y_0) iguala a la derivada parcial respecto a x en el punto (x_0, y_0)? Explique lo que esto significa gráficamente.

2. ¿Cuál es el significado del gradiente de una función f en un punto (x, y)?

Hallar una derivada direccional En los ejercicios 3 a 6, utilice el teorema 8.9 para encontrar la derivada direccional de la función en P en la dirección del vector unitario $\mathbf{u} = \cos\theta\mathbf{i} + \operatorname{sen}\theta\mathbf{j}$.

3. $f(x, y) = x^2 + y^2$, $P(1, -2)$, $\theta = \dfrac{\pi}{4}$

4. $f(x, y) = \dfrac{y}{x + y}$, $P(3, 0)$, $\theta = -\dfrac{\pi}{6}$

5. $f(x, y) = \operatorname{sen}(2x + y)$, $P(0, \pi)$, $\theta = -\dfrac{5\pi}{6}$

6. $g(x, y) = xe^y$, $P(0, 2)$, $\theta = \dfrac{2\pi}{3}$

Hallar una derivada direccional En los ejercicios 7 a 10, utilice el teorema 8.9 para encontrar la derivada direccional de la función en P en la dirección de v.

7. $f(x, y) = 3x - 4xy + 9y$, $P(1, 2)$, $\mathbf{v} = \frac{3}{5}\mathbf{i} + \frac{4}{5}\mathbf{j}$

8. $f(x, y) = x^3 - y^3$, $P(4, 3)$, $\mathbf{v} = \dfrac{\sqrt{2}}{2}(\mathbf{i} + \mathbf{j})$

9. $g(x, y) = \sqrt{x^2 + y^2}$, $P(3, 4)$, $\mathbf{v} = 3\mathbf{i} - 4\mathbf{j}$

10. $h(x, y) = e^{-(x^2 + y^2)}$, P(0, 0), $\mathbf{v} = \mathbf{i} + \mathbf{j}$

Hallar una derivada direccional En los ejercicios 11 a 14, utilice el teorema 8.9 para encontrar la derivada direccional de la función en P en la dirección hacia $\overrightarrow{PQ}$.

11. $f(x, y) = x^2 + 3y^2$, $P(1, 1)$, $Q(4, 5)$

12. $f(x, y) = \cos(x + y)$, $P(0, \pi)$, $Q\left(\dfrac{\pi}{2}, 0\right)$

13. $f(x, y) = e^y \operatorname{sen} x$, $P(0, 0)$, $Q(2, 1)$

14. $f(x, y) = \operatorname{sen} 2x \cos y$, $P(\pi, 0)$ $Q\left(\dfrac{\pi}{2}, \pi\right)$

Hallar el gradiente de una función En los ejercicios 15 a 20, determine el gradiente de la función en el punto dado.

15. $f(x, y) = 3x + 5y^2 + 1$, $(2, 1)$

16. $g(x, y) = 2xe^{y/x}$, $(2, 0)$

17. $z = \dfrac{\ln(x^2 - y)}{x} - 4$, $(2, 3)$

18. $z = \cos(x^2 + y^2)$, $(3, -4)$

19. $w = 6xy - y^2 + 2xyz^3$, $(-1, 5, -1)$

20. $w = x\tan(y + z)$, $(4, 3, -1)$

Hallar una derivada direccional En los ejercicios 21 a 24, utilice el gradiente para determinar la derivada direccional de la función en P en la dirección de v.

21. $f(x, y) = xy$, $P(0, -2)$, $\mathbf{v} = \frac{1}{2}(\mathbf{i} + \sqrt{3}\mathbf{j})$

22. $h(x, y) = e^{-3x} \operatorname{sen} y$, $P\left(1, \dfrac{\pi}{2}\right)$, $\mathbf{v} = -\mathbf{i}$

23. $f(x, y, z) = x^2 + y^2 + z^2$, $P(1, 1, 1)$, $\mathbf{v} = \dfrac{\sqrt{3}}{3}(\mathbf{i} - \mathbf{j} + \mathbf{k})$

24. $f(x, y, z) = xy + yz + xz$, $P(1, 2, -1)$, $\mathbf{v} = 2\mathbf{i} + \mathbf{j} - \mathbf{k}$

Hallar una derivada direccional En los ejercicios 25 a 28, utilice el gradiente para hallar la derivada direccional de la función en P en la dirección hacia $\overrightarrow{PQ}$.

25. $g(x, y) = x^2 + y^2 + 1$, $P(1, 2)$, $Q(2, 3)$

26. $f(x, y) = 3x^2 - y^2 + 4$, $P(-1, 4)$, $Q(3, 6)$

27. $g(x, y, z) = xye^z$, $P(2, 4, 0)$, $Q(0, 0, 0)$

28. $h(x, y, z) = \ln(x + y + z)$, $P(1, 0, 0)$, $Q(4, 3, 1)$

Usar las propiedades del gradiente En los ejercicios 29 a 38, encuentre el gradiente de la función y el valor máximo de la derivada direccional en el punto dado.

29. $f(x, y) = y^2 - x\sqrt{y}$, $(0, 3)$

30. $f(x, y) = \dfrac{x + y}{y + 1}$, $(0, 1)$

31. $h(x, y) = x\tan y$, $\left(2, \dfrac{\pi}{4}\right)$

32. $h(x, y) = y\cos(x - y)$, $\left(0, \dfrac{\pi}{3}\right)$

33. $f(x, y) = \operatorname{sen} x^2y^3$, $\left(\dfrac{1}{\pi}, \pi\right)$

34. $g(x, y) = \ln\sqrt[3]{x^2 + y^2}$, $(1, 2)$

35. $f(x, y, z) = \sqrt{x^2 + y^2 + z^2}$, $(1, 4, 2)$

36. $w = \dfrac{1}{\sqrt{1 - x^2 - y^2 - z^2}}$, $(0, 0, 0)$

37. $w = xy^2z^2$, $(2, 1, 1)$

38. $f(x, y, z) = xe^{yz}$, $(2, 0, -4)$

Hallar un vector normal a una curva de nivel En los ejercicios 39 a 42, determine un vector normal a la curva de nivel $f(x, y) = c$ en P.

39. $f(x, y) = 6 - 2x - 3y$
$c = 6$, $P(0, 0)$

40. $f(x, y) = x^2 + y^2$
$c = 25$, $P(3, 4)$

41. $f(x, y) = xy$
$c = -3$, $P(-1, 3)$

42. $f(x, y) = \dfrac{x}{x^2 + y^2}$
$c = \frac{1}{2}$, $P(1, 1)$

Utilizar una función **En los ejercicios 43 a 46, (a) encuentre el gradiente de la función en *P*, (b) encuentre un vector normal unitario para la curva de nivel $f(x, y) = c$ en *P*, (c) encuentre la recta tangente a la curva de nivel $f(x, y) = c$ en *P* y (d) trace la curva de nivel, el vector unitario normal y la recta tangente en el plano *xy*.**

43. $f(x, y) = 4x^2 - y$
$c = 6,\quad P(2, 10)$

44. $f(x, y) = x - y^2$
$c = 3,\quad P(4, -1)$

45. $f(x, y) = 3x^2 - 2y^2$
$c = 1,\quad P(1, 1)$

46. $f(x, y) = 9x^2 + 4y^2$
$c = 40,\quad P(2, -1)$

47. Usar una función Considere la función

$$f(x, y) = 3 - \frac{x}{3} - \frac{y}{2}$$

(a) Dibuje la gráfica de f en el primer octante y marque el punto (3, 2, 1) sobre la superficie.

(b) Encuentre $D_{\mathbf{u}}f(3, 2)$, donde $\mathbf{u} = \cos\theta\mathbf{i} + \operatorname{sen}\theta\mathbf{j}$, usando cada valor dado de θ.

(i) $\theta = \frac{\pi}{4}$ (ii) $\theta = \frac{2\pi}{3}$ (iii) $\theta = \frac{4\pi}{3}$ (iv) $\theta = -\frac{\pi}{6}$

(c) Determine $D_{\mathbf{u}}f(3, 2)$, donde $\mathbf{u} = \frac{\mathbf{v}}{\|\mathbf{v}\|}$, usando cada vector $\mathbf{v}$.

(i) $\mathbf{v} = \mathbf{i} + \mathbf{j}$

(ii) $\mathbf{v} = -3\mathbf{i} - 4\mathbf{j}$

(iii) $\mathbf{v}$ es el vector de (1, 2) a (−2, 6).

(iv) $\mathbf{v}$ es el vector de (3, 2) a (4, 5).

(d) Encuentre $\nabla f(x, y)$.

(e) Determine el valor máximo de la derivada direccional en (3, 2).

(f) Encuentre un vector unitario $\mathbf{u}$ ortogonal a $\nabla f(3, 2)$ y calcule $D_{\mathbf{u}}f(3, 2)$. Analice el significado geométrico del resultado.

48. Usar una función Considere la función

$$f(x, y) = 9 - x^2 - y^2$$

(a) Trace la gráfica de f en el primer octante y grafique el punto (1, 2, 4) sobre la superficie.

(b) Encuentre $D_{\mathbf{u}}f(1, 2)$, donde $\mathbf{u} = \cos\theta\mathbf{i} + \operatorname{sen}\theta\mathbf{j}$, para cada valor dado de θ.

(i) $\theta = -\frac{\pi}{4}$ (ii) $\theta = \frac{\pi}{3}$ (iii) $\theta = \frac{3\pi}{4}$ (iv) $\theta = -\frac{\pi}{2}$

(c) Encuentre $D_{\mathbf{u}}f(1, 2)$, donde $\mathbf{u} = \frac{\mathbf{v}}{\|\mathbf{v}\|}$, para cada vector dado $\mathbf{v}$.

(i) $\mathbf{v} = 3\mathbf{i} + \mathbf{j}$

(ii) $\mathbf{v} = -8\mathbf{i} - 6\mathbf{j}$

(iii) $\mathbf{v}$ es el vector que va de (−1, −1) a (3, 5).

(iv) $\mathbf{v}$ es el vector que va de (−2, 0) a (1, 3).

(d) Encuentre $\nabla f(1, 2)$.

(e) Encuentre el valor máximo para la derivada direccional en el punto (1, 2).

(f) Encuentre un vector unitario $\mathbf{u}$ ortogonal a $\nabla f(1, 2)$ y calcule $D_{\mathbf{u}}f(1, 2)$. Discuta el significado geométrico del resultado.

49. Investigación Considere la función

$$f(x, y) = x^2 - y^2$$

en el punto (4, −3, 7)

(a) Utilice un sistema algebraico por computadora para dibujar la superficie dada por esa función.

(b) Determine la derivada direccional $D_{\mathbf{u}}f(4, -3)$ como función de θ, donde

$$\mathbf{u} = \cos\theta\mathbf{i} + \operatorname{sen}\theta\mathbf{j}$$

Utilice alguna herramienta de graficación para representar gráficamente la función en el intervalo $[0, 2\pi)$.

(c) Aproxime las raíces de la función del inciso (b) e interprete cada una de ellas en el contexto del problema.

(d) Aproxime los puntos críticos de la función del inciso (b) e interprete cada uno en el contexto del problema.

(e) Encuentre $\|\nabla f(4, -3)\|$ y explique su relación con las respuestas del inciso (d).

(f) Utilice un sistema algebraico por computadora para representar gráficamente la curva de nivel de la función f en el nivel $c = 7$. En esta curva, grafique el vector en la dirección de $\nabla f(4, -3)$ y establezca su relación con la curva de nivel.

50. Investigación Considere la función

$$f(x, y) = \frac{8y}{1 + x^2 + y^2}$$

(a) Verifique analíticamente que la curva de nivel de $f(x, y)$ para el nivel $c = 2$ es un círculo.

(b) En el punto $(\sqrt{3}, 2)$ sobre la curva de nivel para la cual $c = 2$, dibuje el vector que apunta en dirección de la mayor razón de crecimiento de la función. (Para imprimir una copia ampliada vaya a *MathGraphs.com*, disponible solo en inglés).

(c) En el punto $(\sqrt{3}, 2)$ sobre la curva de nivel $c = 2$, dibuje el vector cuya derivada direccional sea 0.

(d) Utilice alguna utilidad de graficación para representar gráficamente la superficie y verifique las respuestas a los incisos (a) a (c).

Exploración de conceptos

51. Considere $\mathbf{v} = 3\mathbf{u}$. Determine si la derivada direccional de una función derivable $f(x, y)$ en la dirección del vector $\mathbf{v}$ en el punto (x_0, y_0) es tres veces la derivada direccional de f en la dirección de $\mathbf{u}$ en el punto (x_0, y_0). Explique su respuesta.

52. Dibuje la gráfica de una superficie y elija un punto *P* sobre la superficie. Dibuje un vector en el plano *xy* que indique la dirección de mayor ascenso sobre la superficie en *P*.

53. Topografía La superficie de una montaña se modela mediante la ecuación

$$h(x, y) = 5000 - 0.001x^2 - 0.004y^2$$

Un montañista se encuentra en el punto (500, 300, 4390). ¿En qué dirección debe moverse para ascender con la mayor rapidez?

54. **¿CÓMO LO VE?** La figura muestra un mapa topográfico utilizado por un grupo de excursionistas. Dibuje las trayectorias de descenso más rápidas si los excursionistas parten del punto A y si parten del punto B. (Para imprimir una copia ampliada de la gráfica, vaya a *MathGraphs.com*, disponible solo en inglés).

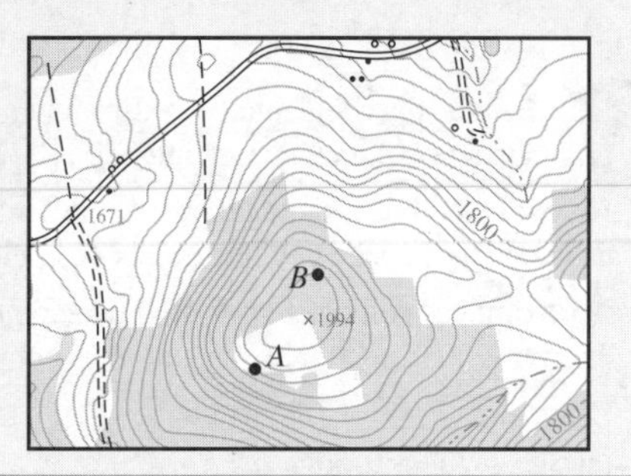

55. Temperatura La temperatura en el punto (x, y) de una placa metálica se modela mediante

$$T(x, y) = \frac{x}{x^2 + y^2}$$

Encuentre la dirección del mayor incremento de calor desde el punto $(3, 4)$.

56. Temperatura La temperatura de una placa de metal en el punto (x, y) está dada por $T(x, y) = 400e^{-(x^2 + y)/2}$, $x \geq 0$, $y \geq 0$.

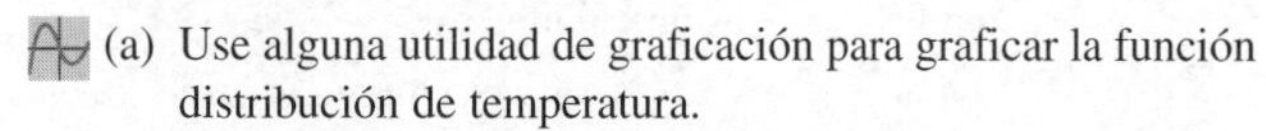

(a) Use alguna utilidad de graficación para graficar la función distribución de temperatura.

(b) Encuentre las direcciones sobre la placa en el punto $(3, 5)$, en las que no hay cambio en el calor.

(c) Encuentre la dirección de mayor crecimiento de calor en el punto $(3, 5)$.

Hallar la dirección de máximo crecimiento **En los ejercicios 57 y 58, la temperatura en grados Celsius en la superficie de una placa de metal está dada por $T(x, y)$, donde x y y se miden en centímetros. Encuentre la dirección del punto P donde la temperatura aumenta más rápido y la razón de crecimiento.**

57. $T(x, y) = 80 - 3x^2 - y^2$, $P(-1, 5)$

58. $T(x, y) = 50 - x^2 - 4y^2$, $P(2, -1)$

Encontrar la trayectoria de un rastreador térmico **En los ejercicios 59 y 60, encuentre la trayectoria de un rastreador térmico situado en el punto P de una placa metálica cuya temperatura en el punto (x, y) está dada por $T(x, y)$.**

59. $T(x, y) = 400 - 2x^2 - y^2$, $P(10, 10)$

60. $T(x, y) = 100 - x^2 - 2y^2$, $P(4, 3)$

¿Verdadero o falso? **En los ejercicios 61 a 64, determine si el enunciado es verdadero o falso. Si es falso, explique por qué o dé un ejemplo que demuestre que es falso.**

61. Si $f(x, y) = \sqrt{1 - x^2 - y^2}$, entonces $D_{\mathbf{u}} f(0, 0) = 0$ para todo vector unitario $\mathbf{u}$.

62. Si $f(x, y) = x + y$, entonces $-1 \leq D_{\mathbf{u}} f(x, y) \leq 1$.

63. Si $D_{\mathbf{u}} f(x, y)$ existe, entonces $D_{\mathbf{u}} f(x, y) = -D_{\mathbf{u}} f(x, y)$.

64. Si $D_{\mathbf{u}} f(x_0, y_0) = c$ para todo vector unitario $\mathbf{u}$, entonces $c = 0$.

65. Hallar una función Determine una función f tal que

$$\nabla f = e^x \cos y\mathbf{i} - e^x \operatorname{sen} y\mathbf{j} + z\mathbf{k}$$

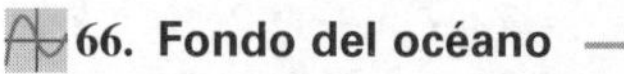

66. Fondo del océano

Un equipo de oceanógrafos está elaborando un mapa del fondo del océano para ayudar a recuperar un barco hundido. Utilizando un sonar, desarrollan el modelo

$$D = 250 + 30x^2 + 50 \operatorname{sen} \frac{\pi y}{2}, \quad 0 \leq x \leq 2, \quad 0 \leq y \leq 2$$

donde D es la profundidad en metros, y x y y son las distancias en kilómetros.

(a) Use alguna utilidad para representar gráficamente la superficie D.

(b) Como la gráfica del inciso (a) da la profundidad, no es un mapa del fondo del océano. ¿Cómo podría modificarse el modelo para que se pudiera obtener una gráfica del fondo del océano?

(c) ¿Cuál es la profundidad a la que se encuentra el barco si se localiza en las coordenadas $x = 1$ y $y = 0.5$?

(d) Determine la pendiente del fondo del océano en la dirección del eje x positivo a partir del punto donde se encuentra el barco.

(e) Determine la pendiente del fondo del océano en la dirección del eje y positivo en el punto donde se encuentra el barco.

(f) Determine la dirección de mayor razón de cambio de la profundidad a partir del punto donde se encuentra el barco.

67. Usar una función Considere la función

$$f(x, y) = \sqrt[3]{xy}$$

(a) Demuestre que f es continua en el origen.

(b) Demuestre que f_x y f_y existen en el origen, pero que la derivada direccional en el origen en todas las demás direcciones no existe.

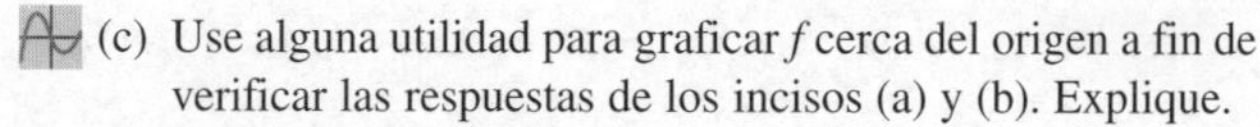

(c) Use alguna utilidad para graficar f cerca del origen a fin de verificar las respuestas de los incisos (a) y (b). Explique.

68. Derivada direccional Considere la función

$$f(x, y) = \begin{cases} \dfrac{4xy}{x^2 + y^2}, & (x, y) \neq (0, 0) \\ 0, & (x, y) \neq (0, 0) \end{cases}$$

y el vector unitario

$$\mathbf{u} = \frac{1}{\sqrt{2}}(\mathbf{i} + \mathbf{j})$$

¿La derivada direccional de f en $P(0, 0)$ en la dirección de $\mathbf{u}$ existe? Si $f(0, 0)$ se definiera como 2 en lugar de 0, existiría la derivada direccional? Explique su respuesta.

NaturePicsFilms/Shutterstock.com

8.7 Planos tangentes y rectas normales

- Hallar ecuaciones de planos tangentes y rectas normales a superficies.
- Hallar el ángulo de inclinación de un plano en el espacio.
- Comparar los gradientes $\nabla f(x, y)$ y $\nabla F(x, y, z)$.

Exploración

Bolas de billar y rectas normales En cada una de las tres figuras la bola en movimiento está a punto de golpear una bola estacionaria en el punto P. Explique cómo utilizar la recta normal a la bola estacionaria en el punto P para describir el movimiento resultante en cada una de las bolas. Suponiendo que todas las bolas en movimiento tengan la misma velocidad, ¿cuál de las bolas estacionarias adquirirá mayor velocidad? ¿Cuál adquirirá menor velocidad? Explique su razonamiento.

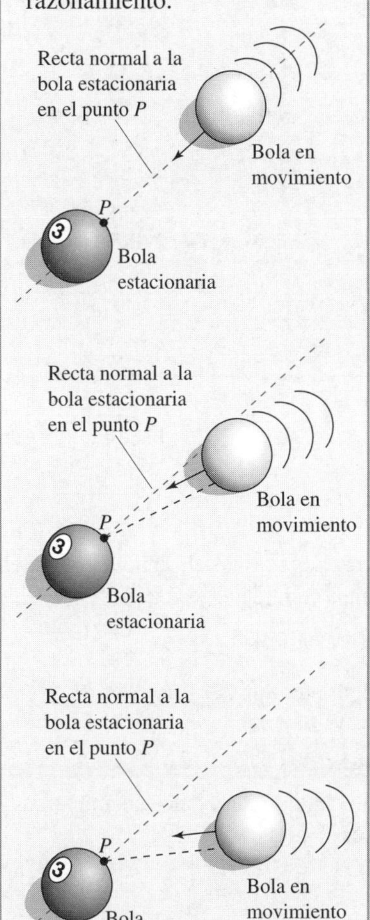

Plano tangente y recta normal a una superficie

Hasta ahora las superficies en el espacio se han representado principalmente por medio de ecuaciones de la forma

$$z = f(x, y) \qquad \text{Ecuación de una superficie } S.$$

Sin embargo, en el siguiente desarrollo es conveniente utilizar la representación más general $F(x, y, z) = 0$. Una superficie S dada por $z = f(x, y)$, se puede convertir a la forma general definiendo F como

$$F(x, y, z) = f(x, y) - z$$

Debido a que $f(x, y) - z = 0$, se puede considerar a S como la superficie de nivel de F dada por

$$F(x, y, z) = 0 \qquad \text{Ecuación alternativa de la superficie } S.$$

EJEMPLO 1 **Expresar la ecuación de una superficie**

Para ver las figuras a color, acceda al código

Dada la función

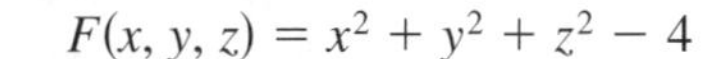

$$F(x, y, z) = x^2 + y^2 + z^2 - 4$$

describa la superficie de nivel dada por

$$F(x, y, z) = 0$$

Solución La superficie de nivel dada por $F(x, y, z) = 0$ puede expresarse como

$$x^2 + y^2 + z^2 = 4$$

la cual es una esfera de radio 2 centrada en el origen. ■

Se han visto muchos ejemplos acerca de la utilidad de rectas normales en aplicaciones relacionadas con curvas. Las rectas normales son igualmente importantes al analizar superficies y sólidos. Por ejemplo, considere la colisión de dos bolas de billar. Cuando una bola estacionaria es golpeada en un punto P de su superficie, se mueve a lo largo de la **recta de impacto** determinada por P y por el centro de la bola. El impacto puede ser de *dos* maneras. Si la bola que golpea se mueve a lo largo de la línea de impacto, se detiene y transfiere todo su momento a la bola estacionaria, como se muestra en la figura 8.55.

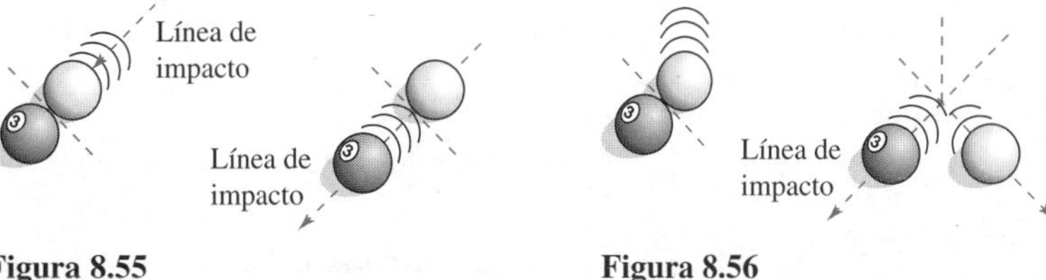

Figura 8.55 **Figura 8.56**

Cuando la bola que golpea no se mueve a lo largo de la línea de impacto, se desvía a un lado o al otro y retiene parte de su momento. La transferencia de parte de su momento a la bola estacionaria ocurre a lo largo de la línea de impacto, *sin considerar* la dirección de la bola que golpea, como se muestra en la figura 8.56. A esta línea de impacto se le llama **recta normal** a la superficie de la bola en el punto P.

Para ver la figura a color, acceda al código

En el proceso de hallar una recta normal a una superficie, también se puede resolver el problema de encontrar un **plano tangente** a la superficie. Sea S una superficie dada por

$$F(x, y, z) = 0$$

y sea $P(x_0, y_0, z_0)$ un punto en S. Sea C una curva en S que pasa por P definida por la función vectorial

$$\mathbf{r}(t) = x(t)\mathbf{i} + y(t)\mathbf{j} + z(t)\mathbf{k}$$

Entonces, para toda t

$$F(x(t), y(t), z(t)) = 0$$

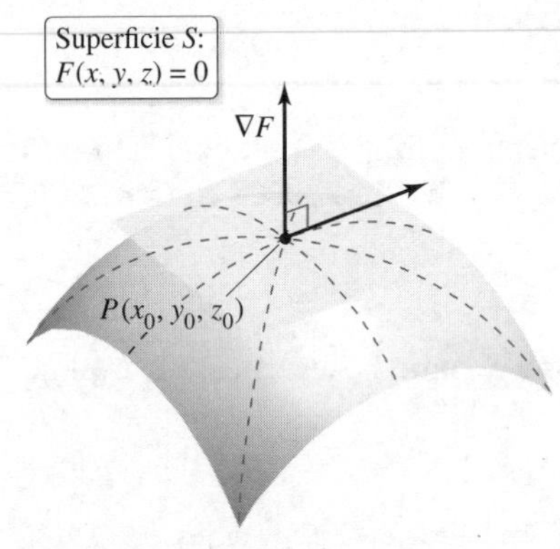

Plano tangente a la superficie S en P.
Figura 8.57

Si F es diferenciable y las derivadas $x'(t)$, $y'(t)$ y $z'(t)$ existen, por la regla de la cadena se deduce que

$$\begin{aligned} 0 &= F'(t) \\ &= F_x(x, y, z)x'(t) + F_y(x, y, z)y'(t) + F_z(x, y, z)z'(t) \end{aligned}$$

En (x_0, y_0, z_0) la forma vectorial equivalente es

$$0 = \underbrace{\nabla F(x_0, y_0, z_0)}_{\text{Gradiente}} \cdot \underbrace{\mathbf{r}'(t_0)}_{\text{Vector tangente}}$$

Este resultado significa que el gradiente en P es ortogonal al vector tangente de toda curva en S que pase por P. Por tanto, todas las rectas tangentes en S se encuentran en un plano que es normal a $\nabla F(x_0, y_0, z_0)$ y contiene a P, como se muestra en la figura 8.57.

Definición de plano tangente y recta normal

Sea F una función diferenciable en el punto $P(x_0, y_0, z_0)$ de la superficie S dada por $F(x, y, z) = 0$ tal que

$$\nabla F(x_0, y_0, z_0) \neq \mathbf{0}$$

1. Al plano que pasa por P y es normal a $\nabla F(x_0, y_0, z_0)$ se le llama **plano tangente a S en P.**
2. A la recta que pasa por P y tiene la dirección de $\nabla F(x_0, y_0, z_0)$ se le llama **recta normal a S en P.**

COMENTARIO En el resto de esta sección, suponga que $\nabla F(x_0, y_0, z_0)$ es distinto de cero, a menos que se establezca lo contrario.

Para hallar una ecuación para el plano tangente a S en (x_0, y_0, z_0) sea (x, y, z) un punto arbitrario en el plano tangente. Entonces el vector

$$\mathbf{v} = (x - x_0)\mathbf{i} + (y - y_0)\mathbf{j} + (z - z_0)\mathbf{k}$$

se encuentra en el plano tangente. Como $\nabla F(x_0, y_0, z_0)$ es normal al plano tangente en (x_0, y_0, z_0), debe ser ortogonal a todo vector en el plano tangente, y se tiene

$$\nabla F(x_0, y_0, z_0) \cdot \mathbf{v} = 0$$

lo que demuestra el resultado enunciado en el siguiente teorema.

TEOREMA 8.13 Ecuación del plano tangente

Si F es diferenciable en (x_0, y_0, z_0) entonces una ecuación del plano tangente a la superficie dada por $F(x, y, z) = 0$ en (x_0, y_0, z_0) es

$$F_x(x_0, y_0, z_0)(x - x_0) + F_y(x_0, y_0, z_0)(y - y_0) + F_z(x_0, y_0, z_0)(z - z_0) = 0$$

EJEMPLO 2 Hallar una ecuación de un plano tangente

Determine una ecuación del plano tangente al hiperboloide

$$z^2 - 2x^2 - 2y^2 = 12$$

en el punto $(1, -1, 4)$

Solución Comience por expresar la ecuación de la superficie como

$$z^2 - 2x^2 - 2y^2 - 12 = 0$$

Entonces, considerando

$$F(x, y, z) = z^2 - 2x^2 - 2y^2 - 12$$

se tiene

$$F_x(x, y, z) = -4x, \quad F_y(x, y, z) = -4y \quad \text{y} \quad F_z(x, y, z) = 2z$$

En el punto $(1, -1, 4)$ las derivadas parciales son

$$F_x(1, -1, 4) = -4, \quad F_y(1, -1, 4) = 4 \quad \text{y} \quad F_z(1, -1, 4) = 8$$

Por tanto, una ecuación del plano tangente en $(1, -1, 4)$ es

$$\begin{aligned} -4(x - 1) + 4(y + 1) + 8(z - 4) &= 0 \\ -4x + 4 + 4y + 4 + 8z - 32 &= 0 \\ -4x + 4y + 8z - 24 &= 0 \\ x - y - 2z + 6 &= 0 \end{aligned}$$

La figura 8.58 muestra una parte del hiperboloide y el plano tangente.

Para ver la figura a color, acceda al código

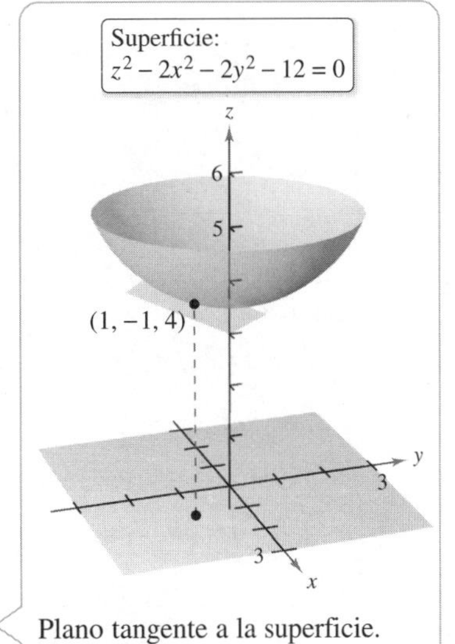

Plano tangente a la superficie.
Figura 8.58

Para visualizar esta gráfica con **REALIDAD AUMENTADA**, puede introducir la ecuación en alguna aplicación de AR, como GeoGebra.

Para hallar la ecuación del plano tangente en un punto sobre una superficie dada por $z = f(x, y)$, defina la función F mediante

$$F(x, y, z) = f(x, y) - z$$

Entonces S está dada por la superficie de nivel $F(x, y, z) = 0$, y por el teorema 8.13, una ecuación del plano tangente a S en el punto (x_0, y_0, z_0) es

$$f_x(x_0, y_0)(x - x_0) + f_y(x_0, y_0)(y - x_0) - (z - z_0) = 0$$

EJEMPLO 3 Hallar una ecuación del plano tangente

Encuentre la ecuación del plano tangente al paraboloide

$$z = 1 - \frac{1}{10}(x^2 + 4y^2)$$

en el punto $\left(1, 1, \frac{1}{2}\right)$

Solución De $z = f(x, y) = 1 - \frac{1}{10}(x^2 + 4y^2)$, se obtiene

$$f_x(x, y) = -\frac{x}{5} \quad \Longrightarrow \quad f_x(1, 1) = -\frac{1}{5}$$

y

$$f_y(x, y) = -\frac{4y}{5} \quad \Longrightarrow \quad f_y(1, 1) = -\frac{4}{5}$$

Así, una ecuación del plano tangente en $\left(1, 1, \frac{1}{2}\right)$ es

$$f_x(1, 1)(x - 1) + f_y(1, 1)(y - 1) - \left(z - \frac{1}{2}\right) = 0$$

$$-\frac{1}{5}(x - 1) - \frac{4}{5}(y - 1) - \left(z - \frac{1}{2}\right) = 0$$

$$-\frac{1}{5}x - \frac{4}{5}y - z + \frac{3}{2} = 0$$

Este plano tangente se muestra en la figura 8.59. ■

Para ver las figuras a color, acceda al código

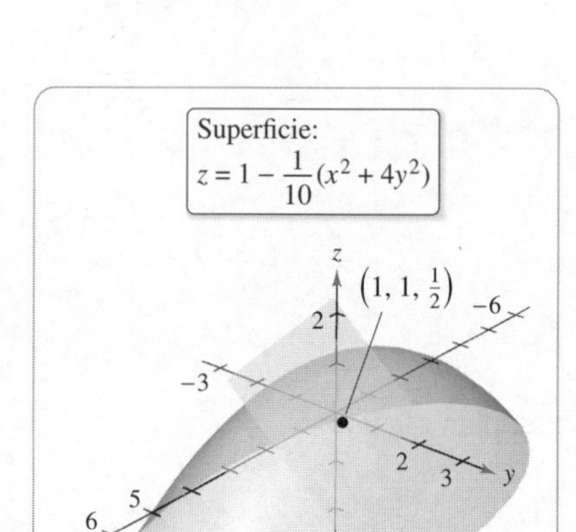

Figura 8.59

Para visualizar esta gráfica con **REALIDAD AUMENTADA**, puede introducir la ecuación en alguna aplicación de AR, como GeoGebra.

El gradiente $\nabla F(x, y, z)$ proporciona una manera adecuada de obtener ecuaciones de rectas normales, como se muestra en el ejemplo 4.

EJEMPLO 4 Hallar una ecuación de una recta normal a una superficie

Consulte LarsonCalculus.com (disponible solo en inglés) para una versión interactiva de este tipo de ejemplo.

Encuentre un conjunto de ecuaciones simétricas para la recta normal a la superficie dada por

$$xyz = 12$$

en el punto $(2, -2, -3)$.

Solución Para iniciar, sea

$$F(x, y, z) = xyz - 12$$

Entonces, el gradiente está dado por

$$\nabla F(x, y, z) = F_x(x, y, z)\mathbf{i} + F_y(x, y, z)\mathbf{j} + F_z(x, y, z)\mathbf{k}$$
$$= yz\mathbf{i} + xz\mathbf{j} + xy\mathbf{k}$$

y en el punto $(2, -2, -3)$ se tiene

$$\nabla F(2, -2, -3) = (-2)(-3)\mathbf{i} + (2)(-3)\mathbf{j} + (2)(-2)\mathbf{k}$$
$$= 6\mathbf{i} - 6\mathbf{j} - 4\mathbf{k}$$

La recta normal en $(2, -2, -3)$ tiene números de directores 6, -6 y -4 y la correspondiente ecuación simétrica es

$$\frac{x - 2}{6} = \frac{y + 2}{-6} = \frac{z + 3}{-4}$$

Vea la figura 8.60. ■

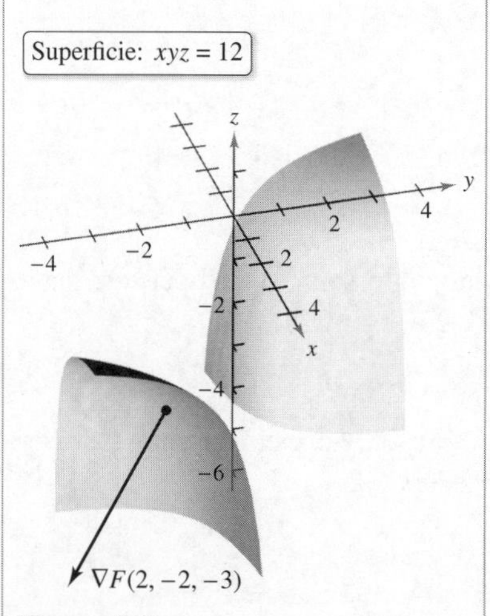

Figura 8.60

Saber que el gradiente $\nabla F(x, y, z)$ es un vector normal a la superficie dada por $F(x, y, z) = 0$ permite resolver diversos problemas relacionados con superficies y curvas en el espacio.

EJEMPLO 5 **Hallar la ecuación de una recta tangente a una curva**

Encuentre un conjunto de ecuaciones paramétricas para la recta tangente a la curva de intersección del elipsoide

$$x^2 + 2y^2 + 2z^2 = 20 \qquad \text{Elipsoide.}$$

y el paraboloide

$$x^2 + y^2 + z = 4 \qquad \text{Paraboloide.}$$

en el punto (0, 1, 3), como se muestra en la figura 8.61.

Figura 8.61

Para visualizar esta gráfica con **REALIDAD AUMENTADA**, puede introducir la ecuación en alguna aplicación de AR, como GeoGebra.

Solución Se inicia con el cálculo de los gradientes a ambas superficies en el punto (0, 1, 3).

Elipsoide

$$F(x, y, z) = x^2 + 2y^2 + 2z^2 - 20$$
$$\nabla F(x, y, z) = 2x\mathbf{i} + 4y\mathbf{j} + 4z\mathbf{k}$$
$$\nabla F(0, 1, 3) = 4\mathbf{j} + 12\mathbf{k}$$

Paraboloide

$$G(x, y, z) = x^2 + y^2 + z - 4$$
$$\nabla G(x, y, z) = 2x\mathbf{i} + 2y\mathbf{j} + \mathbf{k}$$
$$\nabla G(0, 1, 3) = 2\mathbf{j} + \mathbf{k}$$

El producto cruz de estos dos gradientes es un vector tangente a ambas superficies en el punto (0, 1, 3).

$$\nabla F(0, 1, 3) \times \nabla G(0, 1, 3) = \begin{vmatrix} \mathbf{i} & \mathbf{j} & \mathbf{k} \\ 0 & 4 & 12 \\ 0 & 2 & 1 \end{vmatrix} = -20\mathbf{i}$$

Por tanto, la recta tangente a la curva de intersección de las dos superficies en el punto (0, 1, 3) es una recta paralela al eje x y que pasa por el punto (0, 1, 3). Como $-20\mathbf{i} = -20(\mathbf{i} + 0\mathbf{j} + 0\mathbf{k})$, los números directores son 1, 0 y 0. De manera que un conjunto de ecuaciones paramétricas para la recta tangente que pasa por el punto (0, 1, 3) es $x = t$, $y = 1$ y $z = 3$.

Para ver las figuras a color, acceda al código

El ángulo de inclinación de un plano

Otro uso del gradiente $\nabla F(x, y, z)$ es determinar el ángulo de inclinación del plano tangente a una superficie. El **ángulo de inclinación** de un plano se define como el ángulo θ $(0 \leq \theta \leq \pi/2)$ entre el plano dado y el plano xy como se muestra en la figura 8.62. (El ángulo de inclinación de un plano horizontal es por definición cero.) Como el vector $\mathbf{k}$ es normal al plano xy, se puede utilizar la fórmula del coseno del ángulo entre dos planos para concluir que el ángulo de inclinación de un plano con vector normal $\mathbf{n}$ está dado por

$$\cos = \frac{|\mathbf{n} \cdot \mathbf{k}|}{\|\mathbf{n}\| \, \|\mathbf{k}\|} = \frac{|\mathbf{n} \cdot \mathbf{k}|}{\|\mathbf{n}\|} \qquad \text{Ángulo de inclinación de un plano.}$$

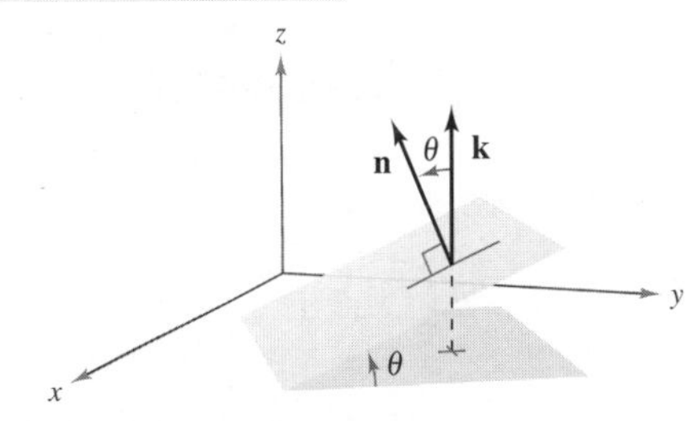

El ángulo de inclinación.
Figura 8.62

EJEMPLO 6 **Hallar el ángulo de inclinación de un plano tangente**

Determine el ángulo de inclinación del plano tangente al elipsoide

$$\frac{x^2}{12} + \frac{y^2}{12} + \frac{z^2}{3} = 1$$

en el punto (2, 2, 1).

Para ver la figura a color, acceda al código

Solución Para iniciar, sea

$$F(x, y, z) = \frac{x^2}{12} + \frac{y^2}{12} + \frac{z^2}{3} - 1$$

Entonces, el gradiente de F en el punto (2, 2, 1) es

$$\nabla F(x, y, z) = \frac{x}{6}\mathbf{i} + \frac{y}{6}\mathbf{j} + \frac{2z}{3}\mathbf{k}$$

$$\nabla F(2, 2, 1) = \frac{1}{3}\mathbf{i} + \frac{1}{3}\mathbf{j} + \frac{2}{3}\mathbf{k}$$

Como $\nabla F(2, 2, 1)$ es normal al plano tangente y $\mathbf{k}$ es normal al plano xy se deduce que el ángulo de inclinación del plano tangente está dado por

$$\cos\theta = \frac{|\nabla F(2, 2, 1) \cdot \mathbf{k}|}{\|\nabla F(2, 2, 1)\|} = \frac{2/3}{\sqrt{(1/3)^2 + (1/3)^2 + (2/3)^2}} = \sqrt{\frac{2}{3}}$$

lo cual implica que

$$\theta = \arccos\sqrt{\frac{2}{3}} \approx 35.3°$$

como se muestra en la figura 8.63.

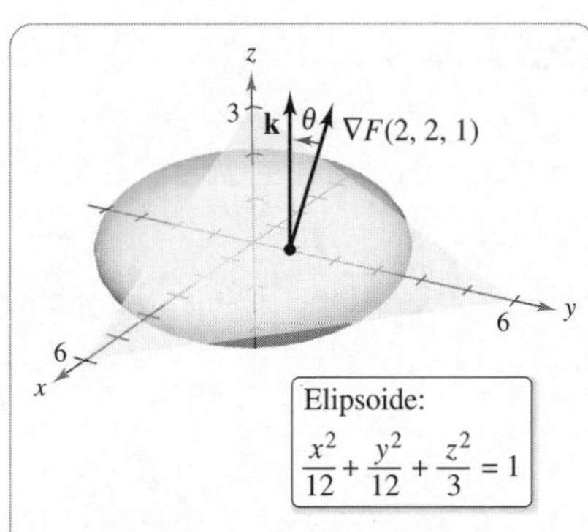

Figura 8.63

Para visualizar esta gráfica con **REALIDAD AUMENTADA**, puede introducir la ecuación en alguna aplicación de AR, como GeoGebra.

Un caso del procedimiento mostrado en el ejemplo 6 merece mención especial. El ángulo de inclinación θ del plano tangente a la superficie $z = f(x, y)$ en (x_0, y_0, z_0) está dado por

$$\cos\theta = \frac{1}{\sqrt{[f_x(x_0, y_0)]^2 + [f_y(x_0, y_0)]^2 + 1}}$$

Fórmula alternativa para el ángulo de inclinación. (Vea el ejercicio 65.)

Comparación de los gradientes $\nabla f(x, y)$ y $\nabla F(x, y, z)$

Esta sección concluye con una comparación de los gradientes $\nabla f(x, y)$ y $\nabla F(x, y, z)$. En la sección anterior se vio que el gradiente de una función f de dos variables es normal a las curvas de nivel de f. Específicamente, el teorema 8.12 establece que si f es diferenciable en (x_0, y_0) y $\nabla f(x_0, y_0) \neq \mathbf{0}$, entonces $\nabla f(x_0, y_0)$ es normal a la curva de nivel que pasa por (x_0, y_0). Habiendo desarrollado rectas normales a superficies, ahora puede extender este resultado a una función de tres variables. La demostración del teorema 8.14 se deja como ejercicio (vea el ejercicio 66).

TEOREMA 8.14 El gradiente es normal a las superficies de nivel

Si F es diferenciable en (x_0, y_0, z_0) y

$$\nabla F(x_0, y_0, z_0) \neq \mathbf{0}$$

entonces $\nabla F(x_0, y_0, z_0)$ es normal a la superficie de nivel que pasa por (x_0, y_0, z_0).

Al trabajar con los gradientes $\nabla f(x, y)$ y $\nabla F(x, y, z)$ debe recordar que $\nabla f(x, y)$ es un vector en el plano xy y $\nabla F(x, y, z)$ es un vector en el espacio.

8.7 Ejercicios

Las respuestas a los ejercicios impares pueden consultarse en el Apéndice de este libro.

Repaso de conceptos

1. Considere un punto (x_0, y_0, z_0) sobre la superficie dada por $F(x, y, z) = 0$. ¿Cuál es la relación entre $\nabla F(x_0, y_0, z_0)$ y cualquier vector tangente $\mathbf{v}$ en (x_0, y_0, z_0)? ¿Cómo se representa matemáticamente esta relación?

2. Considere un punto (x_0, y_0, z_0) sobre la superficie dada por $F(x, y, z) = 0$. ¿Cuál es la relación entre $\nabla F(x_0, y_0, z_0)$ y la recta normal que pasa por (x_0, y_0, z_0)?

Describir una superficie En los ejercicios 3 a 6, describa la superficie de nivel $F(x, y, z) = 0$.

3. $F(x, y, z) = 3x - 5y + 3z - 15$
4. $F(x, y, z) = 36 - x^2 - y^2 - z^2$
5. $F(x, y, z) = 4x^2 + 9y^2 - 4z^2$
6. $F(x, y, z) = 16x^2 - 9y^2 + 36z$

Hallar un vector unitario normal En los ejercicios 7 y 8, determine un vector unitario normal a la superficie en el punto dado. [*Sugerencia:* Normalice el vector gradiente $\nabla F(x, y, z)$.]

	Superficie	Punto
7.	$3x + 4y + 12z = 0$	$(0, 0, 0)$
8.	$x^2y^3 - y^2z + 2xz^3 = 4$	$(-1, 1, -1)$

Hallar la ecuación de un plano tangente En los ejercicios 9 a 18, determine una ecuación del plano tangente a la superficie en el punto dado.

9. $z = x^2 + y^2 + 3$, $(2, 1, 8)$

10. $f(x, y) = \dfrac{y}{x}$, $(1, 2, 2)$

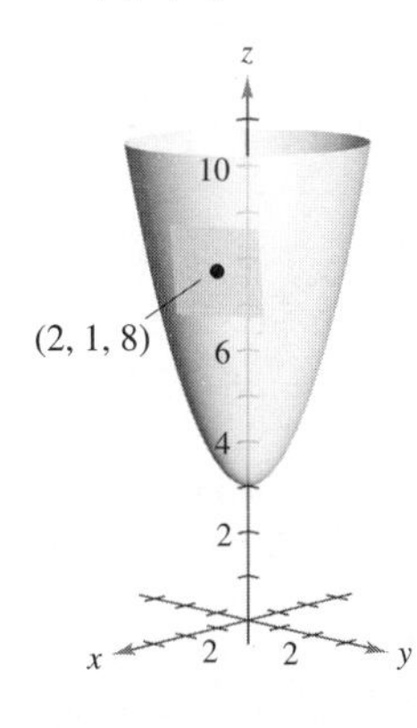

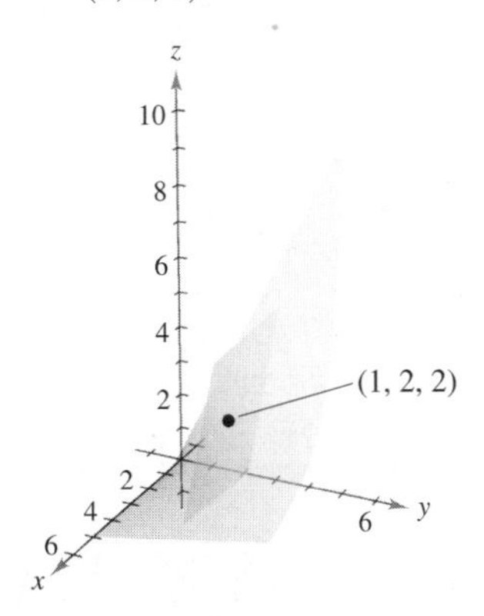

11. $z = \sqrt{x^2 + y^2}$, $(3, 4, 5)$
12. $g(x, y) = \arctan \dfrac{y}{x}$, $(1, 0, 0)$
13. $g(x, y) = x^2 + y^2$, $(1, -1, 2)$
14. $f(x, y) = x^2 - 2xy + y^2$, $(1, 2, 1)$
15. $h(x, y) = \ln \sqrt{x^2 + y^2}$, $(3, 4, \ln 5)$
16. $f(x, y) = \operatorname{sen} x \cos y$, $\left(\dfrac{\pi}{3}, \dfrac{\pi}{6}, \dfrac{3}{4}\right)$
17. $x^2 + y^2 - 5z^2 = 15$, $(-4, -2, 1)$
18. $x^2 + 2z^2 = y^2$, $(1, 3, -2)$

Hallar la ecuación de un plano tangente y una recta normal En los ejercicios 19 a 28, (a) encuentre una ecuación del plano tangente y (b) un conjunto de ecuaciones simétricas para la recta normal a la superficie dada en el punto indicado.

19. $x + y + z = 9$, $(3, 3, 3)$
20. $x^2 + y^2 + z^2 = 9$, $(1, 2, 2)$
21. $x^2 + 2y^2 + z^2 = 7$, $(1, -1, 2)$
22. $z = 16 - x^2 - y^2$, $(2, 2, 8)$
23. $z = x^2 - y^2$, $(3, 2, 5)$
24. $xy - z = 0$, $(-2, -3, 6)$
25. $xyz = 10$, $(1, 2, 5)$
26. $6xy = z$, $(-1, 1, -6)$
27. $z = ye^{2xy}$, $(0, 2, 2)$
28. $y \ln xz^2 = 2$, $(e, 2, 1)$

Para ver las figuras a color, acceda al código

Hallar la ecuación de una recta tangente a una curva En los ejercicios 29 a 34, encuentre un conjunto de ecuaciones paramétricas para la recta tangente a la curva de intersección de las superficies dadas en el punto indicado.

29. $x^2 + y^2 = 2$, $z = x$, $(1, 1, 1)$
30. $z = x^2 + y^2$, $z = 4 - y$, $(2, -1, 5)$
31. $x^2 + z^2 = 25$, $y^2 + z^2 = 25$, $(3, 3, 4)$
32. $z = \sqrt{x^2 + y^2}$, $5x - 2y + 3z = 22$, $(3, 4, 5)$
33. $x^2 + y^2 + z^2 = 14$, $x - y - z = 0$, $(3, 1, 2)$
34. $z = x^2 + y^2$, $x + y + 6z = 33$, $(1, 2, 5)$

Hallar el ángulo de inclinación de un plano tangente En los ejercicios 35 a 38, encuentre el ángulo de inclinación del plano tangente a la superficie en el punto dado.

35. $3x^2 + 2y^2 - z = 15$, $(2, 2, 5)$
36. $2xy - z^3 = 0$, $(2, 2, 2)$
37. $x^2 - y^2 + z = 0$, $(1, 2, 3)$
38. $x^2 + y^2 = 5$, $(2, 1, 3)$

Plano tangente horizontal En los ejercicios 39 a 44, encuentre el (los) punto(s) sobre la superficie en la cual el plano tangente es horizontal.

39. $z = 3 - x^2 - y^2 + 6y$
40. $z = 3x^2 + 2y^2 - 3x + 4y - 5$
41. $z = x^2 - xy + y^2 - 2x - 2y$
42. $z = 4x^2 + 4xy - 2y^2 + 8x - 5y - 4$
43. $z = 5xy$
44. $z = xy + \dfrac{1}{x} + \dfrac{1}{y}$

Superficies tangentes **En los ejercicios 45 y 46, demuestre que las superficies son tangentes entre sí en el punto dado demostrando que tienen el mismo plano tangente en este punto.**

45. $x^2 + 2y^2 + 3z^2 = 3$, $x^2 + y^2 + z^2 + 6x - 10y + 14 = 0$, $(-1, 1, 0)$

46. $x^2 + y^2 + z^2 - 8x - 12y + 4z + 42 = 0$,
$x^2 + y^2 + 2z = 7$, $(2, 3, -3)$

Planos tangentes perpendiculares **En los ejercicios 47 y 48, (a) demuestre que las superficies se intersecan en el punto dado y (b) demuestre que las superficies tienen planos tangentes perpendiculares en este punto.**

47. $z = 2xy^2$, $8x^2 - 5y^2 - 8z = -13$, $(1, 1, 2)$

48. $x^2 + y^2 + z^2 + 2x - 4y - 4z - 12 = 0$,
$4x^2 + y^2 + 16z^2 = 24$, $(1, -2, 1)$

Exploración de conceptos

49. El plano tangente a la superficie representada por $F(x, y, z) = 0$ en el punto P también es tangente a la superficie representada por $G(x, y, z) = 0$ en P. ¿Es cierto que $\nabla F(x, y, z) = \nabla G(x, y, z)$ en el punto P? Explique su respuesta.

50. En algunas superficies, las rectas normales en cualquier punto pasan por el mismo objeto geométrico. ¿Cuál es el objeto geométrico común en una esfera? ¿Cuál es el objeto geométrico común en un cilindro circular recto? Explique.

51. Usar un elipsoide Encuentre un punto sobre el elipsoide $3x^2 + y^2 + 3z^2 = 1$ donde el plano tangente es paralelo al plano $-12x + 2y + 6z = 0$.

52. Usar un hiperboloide Encuentre un punto sobre el hiperboloide $x^2 + 4y^2 - z^2 = 1$ donde el plano tangente es paralelo al plano $x + 4y - z = 0$.

53. Usar un elipsoide Encuentre un punto sobre el elipsoide $x^2 + 4y^2 + z^2 = 9$ donde el plano tangente es perpendicular a la recta, con ecuaciones paramétricas

$x = 2 - 4t$, $y = 1 + 8t$ y $z = 3 - 2t$

54. ¿CÓMO LO VE? La gráfica muestra el elipsoide $x^2 + 4y^2 + z^2 = 16$. Utilice la gráfica para determinar la ecuación del plano tangente a cada uno de los puntos dados.

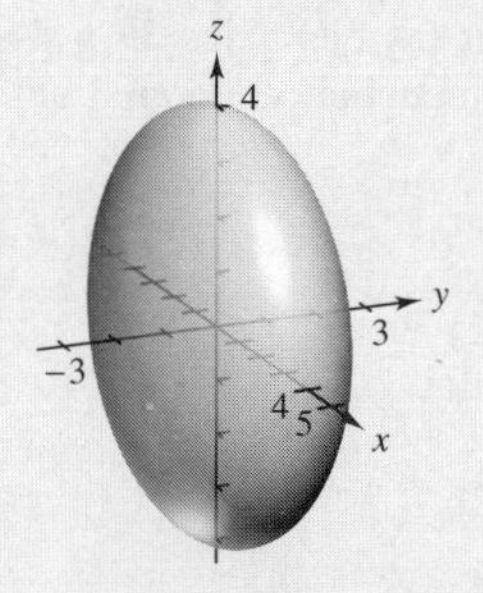

Para ver la figura a color, acceda al código

(a) $(4, 0, 0)$ (b) $(0, -2, 0)$ (c) $(0, 0, -4)$

55. Investigación Considere la función

$$f(x, y) = \frac{4xy}{(x^2 + 1)(y^2 + 1)}$$

en los intervalos $-2 \le x \le 2$ y $0 \le y \le 3$.

(a) Determine un conjunto de ecuaciones paramétricas de la recta normal y una ecuación del plano tangente a la superficie en el punto $(1, 1, 1)$.

(b) Repita el inciso (a) con el punto $\left(-1, 2, -\frac{4}{5}\right)$.

(c) Use alguna utilidad de graficación y represente gráficamente la superficie, las rectas normales y los planos tangentes encontrados en los incisos (a) y (b).

56. Investigación Considere la función

$$f(x, y) = \frac{\operatorname{sen} y}{x}$$

en los intervalos $-3 \le x \le 3$ y $0 \le y \le 2\pi$.

(a) Determine un conjunto de ecuaciones paramétricas de la recta normal y una ecuación del plano tangente a la superficie en el punto

$$\left(2, \frac{\pi}{2}, \frac{1}{2}\right)$$

(b) Repita el inciso (a) con el punto $\left(-\frac{2}{3}, \frac{3\pi}{2}, \frac{3}{2}\right)$.

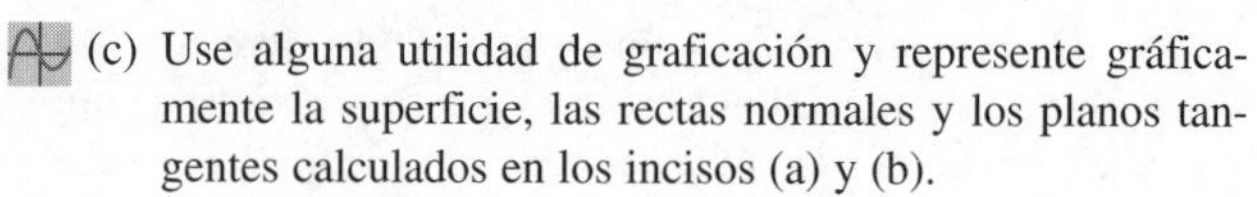

(c) Use alguna utilidad de graficación y represente gráficamente la superficie, las rectas normales y los planos tangentes calculados en los incisos (a) y (b).

57. Usar funciones Considere las funciones

$$f(x, y) = 6 - x^2 - \frac{y^2}{4} \quad \text{y} \quad g(x, y) = 2x + y$$

(a) Determine un conjunto de ecuaciones paramétricas de la recta tangente a la curva de intersección de las superficies en el punto $(1, 2, 4)$ y encuentre el ángulo entre los vectores gradientes de f y de g.

(b) Use alguna utilidad de graficación y represente gráficamente las superficies y la recta tangente obtenida en el inciso (a).

58. Usar funciones Considere las funciones

$$f(x, y) = \sqrt{16 - x^2 - y^2 + 2x - 4y}$$

y

$$g(x, y) = \frac{\sqrt{2}}{2}\sqrt{1 - 3x^2 + y^2 + 6x + 4y}$$

(a) Use alguna utilidad de graficación y represente gráficamente la porción del primer octante de las superficies representadas por f y g.

(b) Encuentre un punto en el primer octante sobre la curva intersección y demuestre que las superficies son ortogonales en este punto.

(c) Estas superficies son ortogonales a lo largo de la curva de intersección. ¿Demuestra este hecho el inciso (b)? Explique.

Expresar un plano tangente **En los ejercicios 59 y 60, demuestre que el plano tangente a la superficie cuádrica en el punto (x_0, y_0, z_0) puede expresarse en la forma dada.**

59. Elipsoide: $\dfrac{x^2}{a^2} + \dfrac{y^2}{b^2} + \dfrac{z^2}{c^2} = 1$

Plano tangente: $\dfrac{x_0x}{a^2} + \dfrac{y_0y}{b^2} + \dfrac{z_0z}{c^2} = 1$

60. Hiperboloide: $\frac{x^2}{a^2} + \frac{y^2}{b^2} - \frac{z^2}{c^2} = 1$

Plano tangente: $\frac{x_0 x}{a^2} + \frac{y_0 y}{b^2} - \frac{z_0 z}{c^2} = 1$

61. Planos tangentes de un cono Demuestre que todo plano tangente al cono

$z^2 = a^2x^2 + b^2y^2$

pasa por el origen.

62. Planos tangentes Sea f una función derivable y considere la superficie

$z = xf\left(\frac{y}{x}\right)$

Demuestre que el plano tangente a cualquier punto $P(x_0, y_0, z_0)$ de la superficie pasa por el origen.

63. Aproximación Considere las siguientes aproximaciones para una función $f(x, y)$ centrada en $(0, 0)$.

Aproximación lineal:

$P_1(x, y) = f(0, 0) + f_x(0, 0)x + f_y(0, 0)y$

Aproximación cuadrática:

$P_2(x, y) = f(0, 0) + f_x(0, 0)x + f_y(0, 0)y +$
$\frac{1}{2}f_{xx}(0, 0)x^2 + f_{xy}(0, 0)xy + \frac{1}{2}f_{yy}(0, 0)y^2$

[Observe que la aproximación lineal es el plano tangente a la superficie en $(0, 0, f(0, 0))$.]

(a) Encuentre la aproximación lineal a $f(x, y) = e^{x-y}$ centrada en $(0, 0)$.

(b) Encuentre la aproximación cuadrática a $f(x, y) = e^{x-y}$ centrada en $(0, 0)$.

(c) Si $x = 0$ es la aproximación cuadrática, ¿para qué función se obtiene el polinomio de Taylor de segundo orden? Responda la misma pregunta para $y = 0$.

(d) Complete la tabla.

x	y	$f(x, y)$	$P_1(x, y)$	$P_2(x, y)$
0	0			
0	0.1			
0.2	0.1			
0.2	0.5			
1	0.5			

(e) Use alguna utilidad de graficación y represente gráficamente las superficies $z = f(x, y)$, $z = P_1(x, y)$ y $z = P_2(x, y)$.

64. Aproximación Repita el ejercicio 63 con la función $f(x, y) = \cos(x + y)$.

65. Demostración Demuestre que el ángulo de inclinación θ del plano tangente a la superficie $z = f(x, y)$ en el punto (x_0, y_0, z_0) está dado por

$$\cos \theta = \frac{1}{\sqrt{[f_x(x_0, y_0)]^2 + [f_y(x_0, y_0)]^2 + 1}}$$

66. Demostración Demuestre el teorema 8.14.

PROYECTO DE TRABAJO

Flora silvestre

La diversidad de la flora silvestre en una pradera se puede medir contando el número de margaritas, linos, amapolas, etc. Si existen n tipos de flores silvestres, cada una en una proporción p_i respecto a la población total, se deduce que

$p_1 + p_2 + \cdots + p_n = 1$

La medida de diversidad de la población se define como

$$H = -\sum_{i=1}^{n} p_i \log_2 p_i$$

En esta definición, se entiende que $p_i \log_2 p_i = 0$ cuando $p_i = 0$. Las tablas muestran las proporciones de flores silvestres en una pradera en mayo, junio, agosto y septiembre.

Mayo

Tipo de flor	1	2	3	4
Proporción	$\frac{5}{16}$	$\frac{5}{16}$	$\frac{5}{16}$	$\frac{1}{16}$

Junio

Tipo de flor	1	2	3	4
Proporción	$\frac{1}{4}$	$\frac{1}{4}$	$\frac{1}{4}$	$\frac{1}{4}$

Agosto

Tipo de flor	1	2	3	4
Proporción	$\frac{1}{4}$	0	$\frac{1}{4}$	$\frac{1}{2}$

Septiembre

Tipo de flor	1	2	3	4
Proporción	0	0	0	1

(a) Determine la diversidad de flores silvestres durante cada mes. ¿Cómo interpretaría la diversidad en septiembre? ¿Qué mes tiene mayor diversidad?

(b) Si la pradera contiene 10 tipos de flores silvestres en proporciones aproximadamente iguales, ¿la diversidad de la población es mayor o menor que la diversidad de una distribución similar con 4 tipos de flores? ¿Qué tipo de distribución (de 10 tipos de flores silvestres) produciría la diversidad máxima?

(c) Sea H_n la diversidad máxima de n tipos de flores silvestres. ¿Tiende H_n a algún límite cuando n tiende a ∞?

PARA INFORMACIÓN ADICIONAL Los biólogos utilizan el concepto de diversidad para medir las proporciones de diferentes tipos de organismos dentro de un medio ambiente. Para más información sobre esta técnica, vea el artículo "Information Theory and Biological Diversity" de Steven Kolmes y Kevin Mitchell en *UMAP Modules*.

8.8 Extremos de funciones de dos variables

- **Hallar extremos absolutos y extremos relativos de una función de dos variables.**
- **Utilizar el criterio de las segundas derivadas parciales para hallar los extremos relativos de una función de dos variables.**

Extremos absolutos y extremos relativos

En el capítulo 3 se estudiaron las técnicas para hallar valores extremos de una función de una sola variable. En esta sección se extenderán estas técnicas a funciones de dos variables. Por ejemplo, en el teorema 8.15 se extiende el teorema del valor extremo para una función de una sola variable a una función de dos variables.

Considere una función continua f de dos variables, definida en una región acotada cerrada R en el plano xy. Los valores $f(a, b)$ y $f(c, d)$ tales que

$$f(a, b) \leq f(x, y) \leq f(c, d) \qquad (a, b) \text{ y } (c, d) \text{ están en } R.$$

para todo (x, y) en R se conocen como **mínimo** y **máximo** de f en la región R, como se muestra en la figura 8.64. Se sabe de la sección 8.2 que una región en el plano es *cerrada* si contiene todos sus puntos frontera. El teorema del valor extremo se refiere a una región en el plano que es cerrada y *acotada*. A una región en el plano se le llama **acotada** si es una subregión de un disco cerrado en el plano.

Superficie: $z = f(x, y)$

Mínimo

Máximo

Región acotada cerrada R

R contiene algún(os) punto(s) donde $f(x, y)$ es un mínimo y algún(os) punto(s) donde $f(x, y)$ es un máximo.
Figura 8.64

TEOREMA 8.15 Teorema del valor extremo

Sea f una función continua de dos variables x y y definida en una región acotada cerrada R en el plano xy.

1. Existe por lo menos un punto en R en el que f toma un valor mínimo.
2. Existe por lo menos un punto en R en el que f toma un valor máximo.

A un mínimo también se le llama **mínimo absoluto**, y a un máximo también se le llama **máximo absoluto**. Como en el cálculo de una variable, se hace una distinción entre extremos absolutos y **extremos relativos**.

Para ver las figuras a color, acceda al código

Definición de extremos relativos

Sea f una función definida en una región R que contiene (x_0, y_0).

1. La función f tiene un **mínimo relativo** en (x_0, y_0) si

$$f(x, y) \geq f(x_0, y_0)$$

para todo (x, y) en un disco *abierto* que contiene (x_0, y_0).

2. La función f tiene un **máximo relativo** en (x_0, y_0) si

$$f(x, y) \leq f(x_0, y_0)$$

para todo (x, y) en un disco *abierto* que contiene (x_0, y_0).

Decir que f tiene un máximo relativo en (x_0, y_0) significa que el punto (x_0, y_0, z_0) es por lo menos tan alto como todos los puntos cercanos en la gráfica de

$$z = f(x, y)$$

De manera similar, f tiene un mínimo relativo en (x_0, y_0) si (x_0, y_0, z_0) es por lo menos tan bajo como todos los puntos cercanos en la gráfica (vea la figura 8.65).

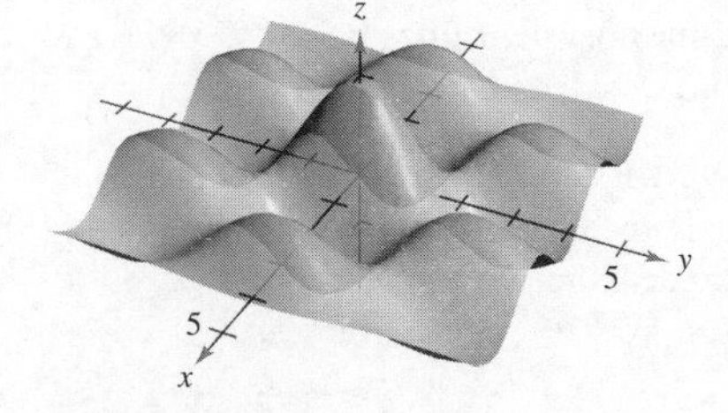

Extremo relativo.
Figura 8.65

KARL WEIERSTRASS (1815-1897)

Aunque el teorema del valor extremo había sido ya utilizado antes por los matemáticos, el primero en proporcionar una demostración rigurosa fue el matemático alemán Karl Weierstrass, quien también proporcionó justificaciones rigurosas para muchos otros resultados matemáticos ya de uso común. A él se deben muchos de los fundamentos lógicos sobre los cuales se basa el cálculo moderno.

Consulte LarsonCalculus.com (disponible solo en inglés) para leer más acerca de esta biografía.

Para localizar los extremos relativos de f, puede investigar los puntos en los que el gradiente de f es **0** o los puntos en los cuales una de las derivadas parciales no exista. Tales puntos se llaman **puntos críticos** de f.

Definición de los puntos críticos

Sea f definida en una región abierta R que contiene (x_0, y_0). El punto (x_0, y_0) es un **punto crítico** de f si se satisface una de las condiciones siguientes.

1. $f_x(x_0, y_0) = 0$ y $f_y(x_0, y_0) = 0$

2. $f_x(x_0, y_0)$ o $f_y(x_0, y_0)$ no existe.

Recuerde del teorema 8.11 que si f es diferenciable y

$$\nabla f(x_0, y_0) = f_x(x_0, y_0)\mathbf{i} + f_y(x_0, y_0)\mathbf{j} = 0\mathbf{i} + 0\mathbf{j}$$

entonces toda derivada direccional en (x_0, y_0) debe ser 0. Esto implica que la función tiene un plano tangente horizontal al punto (x_0, y_0), como se muestra en la figura 8.66. Al parecer, tal punto es una localización probable para un extremo relativo. Esto se confirma por el teorema 8.16.

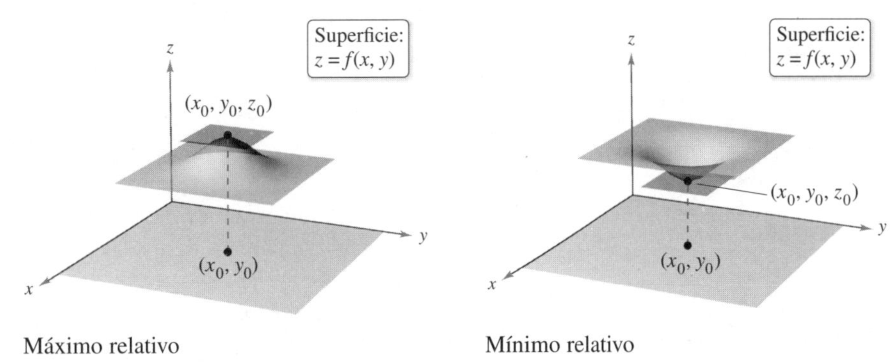

Máximo relativo   Mínimo relativo

Figura 8.66

TEOREMA 8.16 Los extremos relativos se presentan solo en puntos críticos

Si f tiene un extremo relativo en (x_0, y_0) una región abierta R entonces (x_0, y_0) es un punto crítico de f.

Exploración

Utilice una herramienta de graficación para representar $z = x^3 - 3xy + y^3$ usando las cotas $0 \le x \le 3$, $0 \le y \le 3$ y $-3 \le z \le 3$. Esta vista parece sugerir que la superficie tiene un mínimo absoluto. ¿Tiene la superficie un mínimo absoluto? ¿Por qué sí o por qué no?

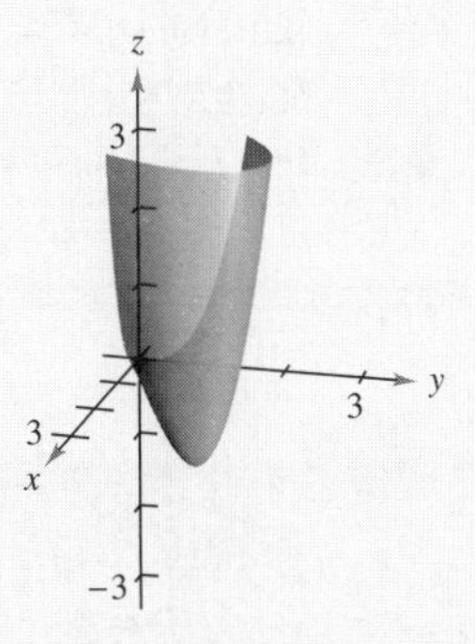

Para ver las figuras a color, acceda al código

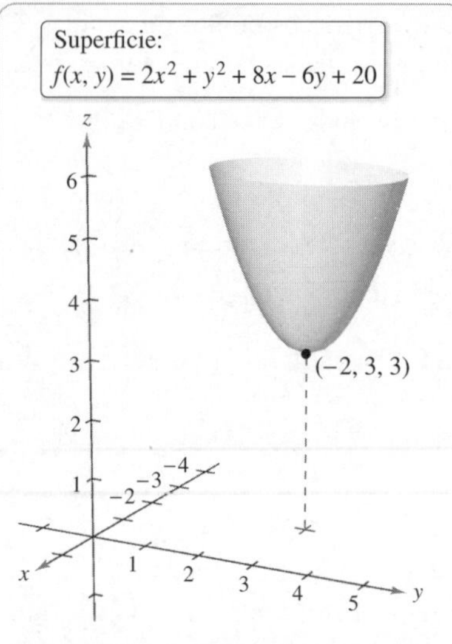

La función $z = f(x, y)$ tiene un mínimo relativo en $(-2, 3)$.
Figura 8.67

Para visualizar esta gráfica con **REALIDAD AUMENTADA**, puede introducir la ecuación en alguna aplicación de AR, como GeoGebra.

EJEMPLO 1 Hallar un extremo relativo

Consulte LarsonCalculus.com (disponible solo en inglés) para una versión interactiva de este tipo de ejemplo.

Encuentre los extremos relativos de

$$f(x, y) = 2x^2 + y^2 + 8x - 6y + 20$$

Solución Para comenzar, se encuentran los puntos críticos de f. Como

$$f_x(x, y) = 4x + 8 \quad \text{Derivada parcial respecto a } x.$$

y

$$f_y(x, y) = 2y - 6 \quad \text{Derivada parcial respecto a } y.$$

están definidas para toda x y y, los únicos puntos críticos son aquellos en los cuales las derivadas parciales de primer orden son 0. Para localizar estos puntos, se igualan $f_x(x, y)$ y $f_y(x, y)$ con 0, y se resuelven las ecuaciones

$$4x + 8 = 0 \quad \text{y} \quad 2y - 6 = 0$$

para obtener el punto crítico $(-2, 3)$. Completando cuadrados en f, puede concluir que para todo $(x, y) \neq (-2, 3)$

$$f(x, y) = 2(x + 2)^2 + (y - 3)^2 + 3 > 3$$

Por tanto, un *mínimo* relativo de f se encuentra en $(-2, 3)$. El valor del mínimo relativo es $f(-2, 3) = 3$ como se muestra en la figura 8.67. ■

El ejemplo 1 muestra un mínimo relativo que se presenta en un tipo de punto crítico; el tipo en el cual ambas derivadas $f_x(x, y)$ y $f_y(x, y)$ son 0. En el siguiente ejemplo se presenta un máximo relativo asociado con el otro tipo de punto crítico; el tipo en el cual $f_x(x, y)$ o $f_y(x, y)$ no existen.

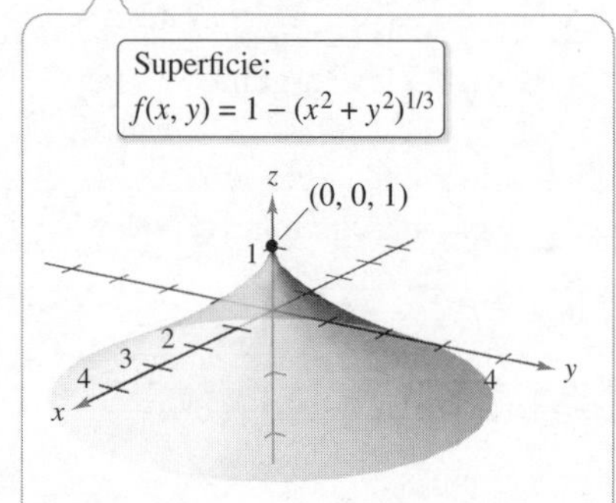

$f_x(x, y)$ y $f_y(x, y)$ están indefinidas en $(0, 0)$.
Figura 8.68

EJEMPLO 2 Hallar un extremo relativo

Determine los extremos relativos de

$$f(x, y) = 1 - (x^2 + y^2)^{1/3}$$

Solución Como

$$f_x(x, y) = -\frac{2x}{3(x^2 + y^2)^{2/3}} \quad \text{Derivada parcial respecto a } x.$$

y

$$f_y(x, y) = -\frac{2y}{3(x^2 + y^2)^{2/3}} \quad \text{Derivada parcial respecto a } y.$$

se deduce que ambas derivadas parciales existen para todo punto en el plano xy excepto para $(0, 0)$. Como las derivadas parciales no pueden ser ambas 0 a menos que x y y sean 0, se puede concluir que $(0, 0)$ es el único punto crítico. En la figura 8.68, se observa que $f(0, 0)$ es 1. Para cualquier otro (x, y), es claro que

$$f(x, y) = 1 - (x^2 + y^2)^{1/3} < 1$$

Por tanto, f tiene un *máximo* relativo en $(0, 0)$. ■

En el ejemplo 2, $f_x(x, y) = 0$ para todo punto distinto de $(0, 0)$ en el eje y. Sin embargo, como $f_y(x, y)$ no es cero, estos no son puntos críticos. Recuerde que una de las derivadas parciales debe no existir o las *dos* deben ser 0 para tener un punto crítico.

Para ver las figuras a color, acceda al código

El criterio de las segundas derivadas parciales

El teorema 8.16 dice que para encontrar extremos relativos solo se necesita examinar los valores de $f(x, y)$ en los puntos críticos. Sin embargo, como sucede con una función de una variable, los puntos críticos de una función de dos variables no siempre son máximos o mínimos relativos. Algunos puntos críticos producen **puntos silla** que no son máximos relativos ni mínimos relativos.

Para visualizar esta gráfica con **REALIDAD AUMENTADA**, puede introducir la ecuación en alguna aplicación de AR, como GeoGebra.

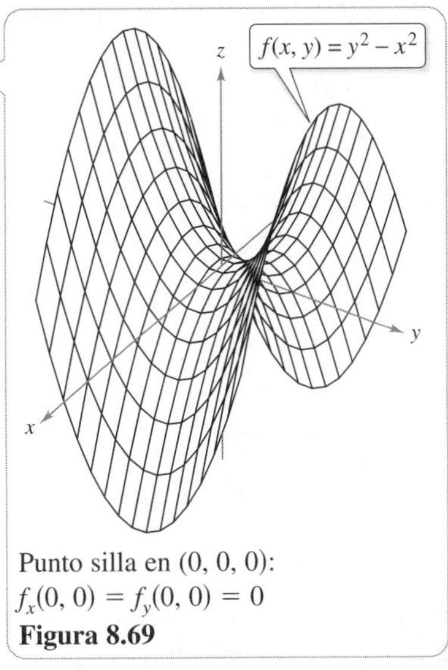

Punto silla en (0, 0, 0):
$f_x(0, 0) = f_y(0, 0) = 0$
Figura 8.69

Como ejemplo de un punto crítico que no es un extremo relativo, considere el paraboloide hiperbólico

$$f(x, y) = y^2 - x^2$$

que se muestra en la figura 8.69. En el punto (0, 0), ambas derivadas parciales

$$f_x(x, y) = -2x \quad \text{y} \quad f_y(x, y) = 2y$$

son 0. Sin embargo, la función f no tiene un extremo relativo en este punto, ya que en todo disco abierto centrado en (0, 0), la función toma valores negativos (a lo largo del eje x) y valores positivos (a lo largo del eje y). Por tanto, el punto (0, 0, 0) es un punto silla de la superficie. (El término "punto silla" viene del hecho de que la superficie mostrada en la figura 8.69 se parece a una silla de montar.)

En las funciones de los ejemplos 1 y 2 fue relativamente fácil determinar los extremos relativos, porque cada una de las funciones estaba dada, o se podía expresar, en forma de cuadrado perfecto. Con funciones más complicadas, los argumentos algebraicos son menos adecuados y es mejor emplear los medios analíticos presentados en el siguiente criterio de las segundas derivadas parciales. Este teorema es el análogo para dos variables al criterio de la segunda derivada para funciones de una variable. La demostración de este teorema se deja para un curso de cálculo avanzado.

TEOREMA 8.17 Criterio de las segundas derivadas parciales

Sea f una función con segundas derivadas parciales continuas en una región abierta que contiene un punto (a, b) para el cual

$$f_x(a, b) = 0 \quad \text{y} \quad f_y(a, b) = 0$$

Para identificar los extremos relativos de f, considere la cantidad

$$d = f_{xx}(a, b)\,f_{yy}(a, b) - [f_{xy}(a, b)]^2$$

1. Si $d > 0$ y $f_{xx}(a, b) > 0$, entonces f tiene un **mínimo relativo** en (a, b).
2. Si $d > 0$ y $f_{xx}(a, b) < 0$, entonces f tiene un **máximo relativo** en (a, b).
3. Si $d < 0$, entonces $(a, b, f(a, b))$ es un **punto silla**.
4. Si $d = 0$, el criterio no permite ninguna conclusión.

COMENTARIO Si $d > 0$, entonces $f_{xx}(a, b)$ y $f_{yy}(a, b)$ deben tener el mismo signo. Esto significa que $f_{xx}(a, b)$ puede sustituirse por $f_{yy}(a, b)$ en las dos primeras partes del criterio.

Un recurso conveniente para recordar la fórmula de d en el criterio de las segundas derivadas parciales lo da el determinante de orden 2×2

$$d = \begin{vmatrix} f_{xx}(a, b) & f_{xy}(a, b) \\ f_{yx}(a, b) & f_{yy}(a, b) \end{vmatrix}$$

donde $f_{xy}(a, b) = f_{yx}(a, b)$ de acuerdo con el teorema 8.3.

Para ver las figuras a color, acceda al código

EJEMPLO 3 Aplicar el criterio de las segundas derivadas parciales

Identifique los extremos relativos de $f(x, y) = -x^3 + 4xy - 2y^2 + 1$.

Solución Se comienza con identificar los puntos críticos de f. Como

$$f_x(x, y) = -3x^2 + 4y \quad \text{y} \quad f_y(x, y) = 4x - 4y$$

existen para toda x y y los únicos puntos críticos son aquellos en los que ambas derivadas parciales de primer orden son 0. Para localizar estos puntos, se igualan $f_x(x, y)$ y $f_y(x, y)$ a 0 para obtener

$$-3x^2 + 4y = 0 \quad \text{y} \quad 4x - 4y = 0$$

De la segunda ecuación, se sabe que $x = y$. Al sustituir para x en la primera ecuación y resolver para y se encuentran dos soluciones.

$$-3x^2 + 4y = 0 \quad \Rightarrow \quad y(-3y + 4) = 0 \quad \Rightarrow \quad y = 0 \quad \text{y} \quad y = \frac{4}{3}$$

De manera que, como $x = y$, los puntos críticos son $(0, 0)$ y $\left(\frac{4}{3}, \frac{4}{3}\right)$. Las segundas derivadas parciales son

$$f_{xx}(x, y) = -6x, \quad f_{yy}(x, y) = -4 \quad \text{y} \quad f_{xy}(x, y) = 4$$

Se deduce que para el punto crítico $(0, 0)$ se sigue que

$$d = f_{xx}(0, 0)\, f_{yy}(0, 0) - [f_{xy}(0, 0)]^2 = 0 - 16 < 0$$

y por el criterio de las segundas derivadas parciales se puede concluir que $(0, 0, 1)$ es un punto silla de f. Además, para el punto crítico $\left(\frac{4}{3}, \frac{4}{3}\right)$

$$d = f_{xx}\left(\frac{4}{3}, \frac{4}{3}\right) f_{yy}\left(\frac{4}{3}, \frac{4}{3}\right) - \left[f_{xy}\left(\frac{4}{3}, \frac{4}{3}\right)\right]^2 = -8(-4) - 16 = 16 > 0$$

y como $f_{xx}\left(\frac{4}{3}, \frac{4}{3}\right) = -8 < 0$, puede concluir que f tiene un máximo relativo en $\left(\frac{4}{3}, \frac{4}{3}\right)$, como se muestra en la figura 8.70.

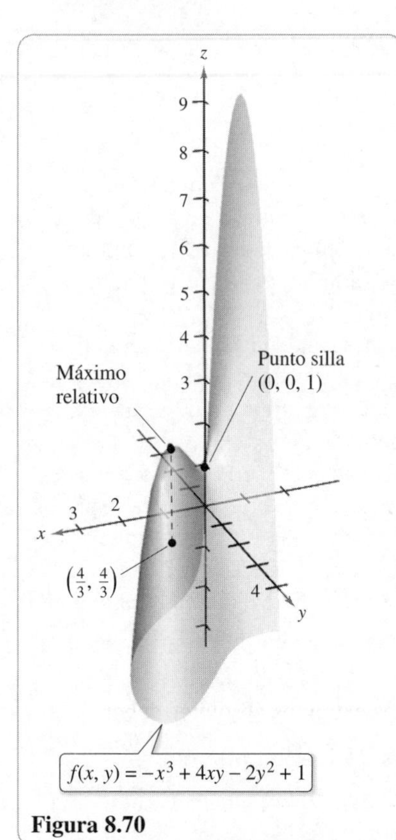

Figura 8.70

Para visualizar esta gráfica con **REALIDAD AUMENTADA**, puede introducir la ecuación en alguna aplicación de AR, como GeoGebra.

El criterio de las segundas derivadas parciales puede fallar al tratar de determinar los extremos relativos de dos maneras. Si alguna de las primeras derivadas parciales no existe, no puede aplicar el criterio. Si

$$d = f_{xx}(a, b)\, f_{yy}(a, b) - [f_{xy}(a, b)]^2 = 0$$

el criterio no es concluyente. En tales casos, se puede tratar de hallar los extremos mediante la gráfica o mediante algún otro método, como se muestra en el siguiente ejemplo.

EJEMPLO 4 Cuando el criterio de las segundas derivadas parciales no es concluyente

Encuentre los extremos relativos de $f(x, y) = x^2y^2$.

Solución Como $f_x(x, y) = 2xy^2$ y $f_y(x, y) = 2x^2y$ se sabe que ambas derivadas parciales son iguales que 0 si $x = 0$ o $y = 0$. Es decir, todo punto del eje x o del eje y es un punto crítico, Sin embargo, dado que

$$f_{xx}(x, y) = 2y^2, \quad f_{yy}(x, y) = 2x^2 \quad \text{y} \quad f_{xy}(x, y) = 4xy$$

se sabe que

$$\begin{aligned} d &= f_{xx}(x, y)\, f_{yy}(x, y) - [f_{xy}(x, y)]^2 \\ &= 4x^2y^2 - 16x^2y^2 \\ &= -12x^2y^2 \end{aligned}$$

que es 0 si $x = 0$ o $y = 0$. Por tanto, el criterio de las segundas derivadas parciales no es concluyente, no funciona. Sin embargo, como $f(x, y) = 0$ para todo punto en los ejes x o y y $f(x, y) = x^2y^2 > 0$ en todos los otros puntos, usted puede concluir que cada uno de estos puntos críticos son un mínimo absoluto, como se muestra en la figura 8.71.

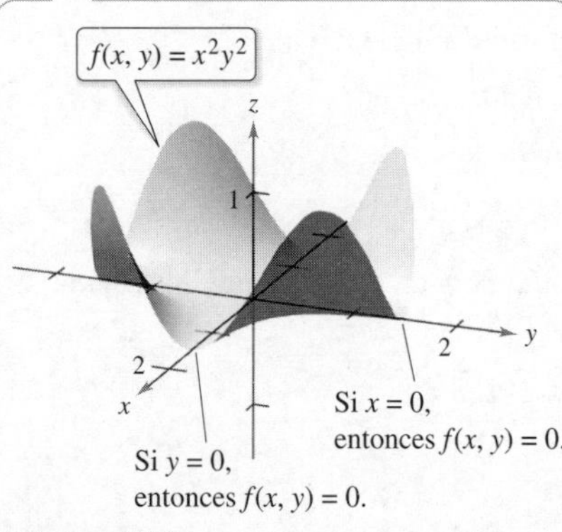

Figura 8.71

Los extremos absolutos de una función se pueden presentar de dos maneras. Primero, algunos extremos relativos también resultan ser extremos absolutos. Así, en el ejemplo 1, $f(-2, 3)$ es un mínimo absoluto de la función. (Por otro lado, el máximo relativo encontrado en el ejemplo 3 no es un máximo absoluto de la función.) Segundo, los extremos absolutos pueden presentarse en un punto frontera del dominio. Esto se ilustra en el ejemplo 5.

EJEMPLO 5 Encontrar extremos absolutos

Encuentre los extremos absolutos de la función

$$f(x, y) = \text{sen } xy$$

en la región cerrada dada por

$$0 \leq x \leq \pi \quad \text{y} \quad 0 \leq y \leq 1$$

Solución De las derivadas parciales

$$f_x(x, y) = y \cos xy \quad \text{y} \quad f_y(x, y) = x \cos xy$$

se puede determinar que todo punto sobre la hipérbola dada por $xy = \pi/2$ es un punto crítico. En todos estos puntos el valor f es

$$f(x, y) = \text{sen } \frac{\pi}{2} = 1$$

Para ver la figura a color, acceda al código

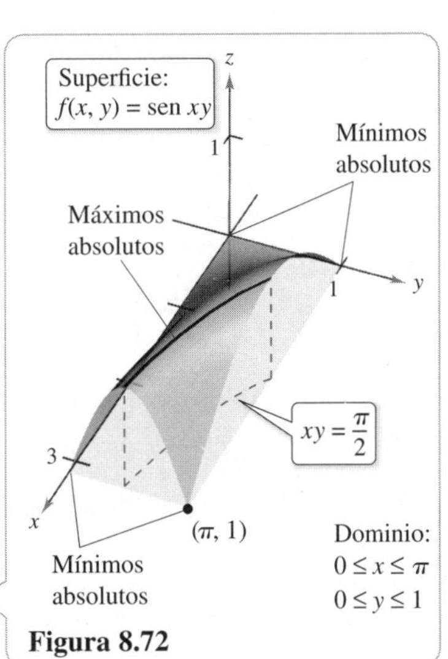

Figura 8.72

Para visualizar esta gráfica con **REALIDAD AUMENTADA**, puede introducir la ecuación en alguna aplicación de AR, como GeoGebra.

el cual sabe que es el máximo absoluto, como se muestra en la figura 8.72. El otro punto crítico de f que se *encuentra en la región dada* es (0, 0). Este punto produce un mínimo absoluto de 0, ya que

$$0 \leq xy \leq \pi$$

implica que

$$0 \leq \text{sen } xy \leq 1$$

Para localizar otros extremos absolutos deben considerarse las cuatro fronteras de la región formadas por las trazas de los planos verticales $x = 0$, $x = \pi$, $y = 0$ y $y = 1$. Al hacer esto, encuentra que $\text{sen } xy = 0$ en todos los puntos del eje x en todos los puntos del eje y y en el punto $(\pi, 1)$. Cada uno de estos puntos es un mínimo absoluto de la superficie, como se muestra en la figura 8.72. ■

Los conceptos de extremos relativos y puntos críticos pueden extenderse a funciones de tres o más variables. Si todas las primeras derivadas parciales de

$$w = f(x_1, x_2, x_3, \ldots, x_n)$$

existen, puede mostrarse que se presenta un máximo o un mínimo relativo en $(x_1, x_2, x_3, \ldots, x_n)$ solo si cada una de las primeras derivadas parciales en ese punto es 0. Esto significa que los puntos críticos se obtienen al resolver el sistema de ecuaciones siguiente.

$$\begin{aligned} f_{x_1}(x_1, x_2, x_3, \ldots, x_n) &= 0 \\ f_{x_2}(x_1, x_2, x_3, \ldots, x_n) &= 0 \\ &\vdots \\ f_{x_n}(x_1, x_2, x_3, \ldots, x_n) &= 0 \end{aligned}$$

La extensión del teorema 8.17 a tres o más variables también es posible, aunque no se considerará en este texto.

8.8 Ejercicios

Las respuestas a los ejercicios impares pueden consultarse en el Apéndice de este libro.

Repaso de conceptos

1. Para una función de dos variables, describa lo que es (a) mínimo relativo, (b) máximo relativo, (c) punto crítico y (d) punto silla.
2. ¿En qué condición falla el criterio de las segundas derivadas parciales? Explique por qué el criterio falla en esta condición.

Hallar los extremos relativos **En los ejercicios 3 a 8, identifique los extremos de la función reconociendo su forma dada o su forma después de completar cuadrados. Verifique los resultados empleando derivadas parciales para localizar los puntos críticos y probar si son extremos relativos.**

3. $g(x, y) = (x - 1)^2 + (y - 3)^2$
4. $g(x, y) = 5 - (x - 6)^2 - (y + 2)^2$
5. $f(x, y) = \sqrt{x^2 + y^2 + 1}$
6. $f(x, y) = \sqrt{49 - (x - 2)^2 - y^2}$
7. $f(x, y) = x^2 + y^2 + 2x - 6y + 6$
8. $f(x, y) = -x^2 - y^2 + 10x + 12y - 64$

Usar el criterio de segundas derivadas parciales **En los ejercicios 9 a 24, encuentre todos los extremos relativos y los puntos silla de la función. Utilice el criterio de las segundas derivadas parciales donde aplique.**

9. $f(x, y) = x^2 + y^2 + 8x - 12y - 3$
10. $g(x, y) = x^2 - y^2 - x - y$
11. $f(x, y) = -2x^4y^4$
12. $f(x, y) = \frac{1}{2}xy$
13. $f(x, y) = -3x^2 - 2y^2 + 3x - 4y + 5$
14. $h(x, y) = x^2 - 3xy - y^2$
15. $f(x, y) = 7x^2 + 2y^2 - 7x + 16y - 13$
16. $f(x, y) = x^5 + y^5$
17. $z = x^2 + xy + \frac{1}{2}y^2 - 2x + y$
18. $z = -5x^2 + 4xy - y^2 + 16x + 10$
19. $f(x, y) = -4(x^2 + y^2 + 81)^{1/4}$
20. $h(x, y) = (x^2 + y^2)^{1/3} + 2$
21. $f(x, y) = x^2 - xy - y^2 - 3x - y$

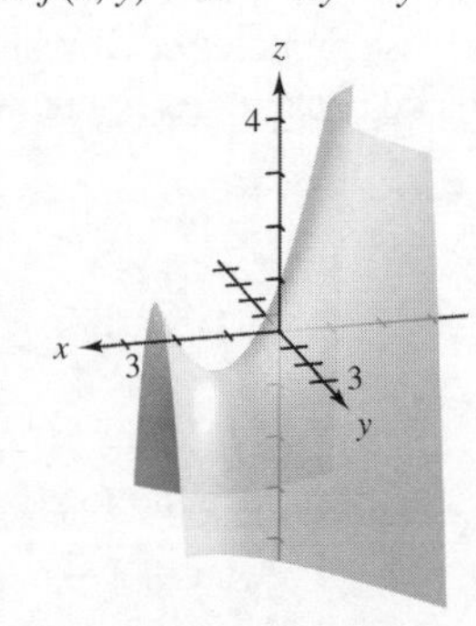

Para ver las figuras a color, acceda al código

22. $f(x, y) = 2xy - \frac{1}{2}(x^4 + y^4) + 1$

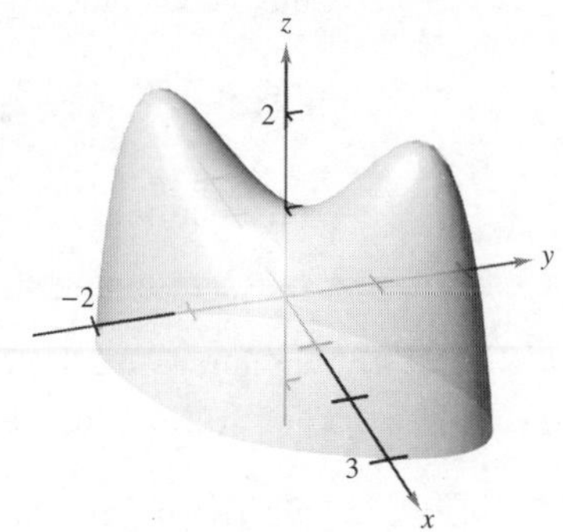

23. $z = e^{-x}\operatorname{sen} y$

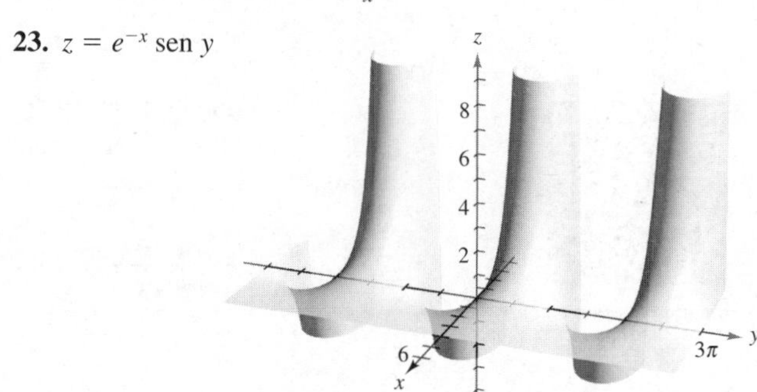

24. $z = \left(\frac{1}{2} - x^2 + y^2\right)e^{1-x^2-y^2}$

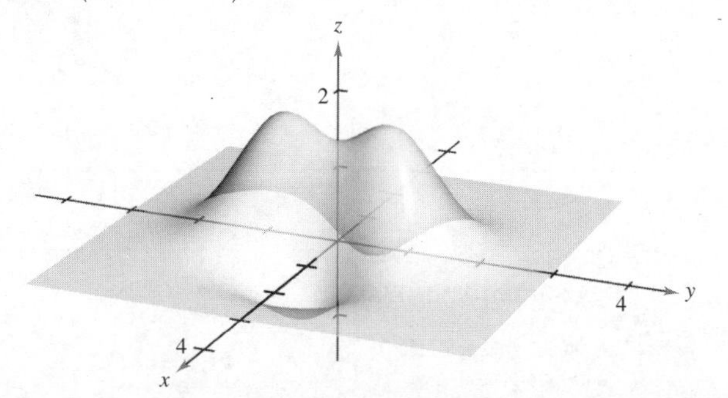

Usar tecnología para hallar extremos relativos y puntos silla **En los ejercicios 25 a 28, use alguna utilidad gráfica para representar la superficie y localice los extremos relativos y los puntos silla.**

25. $z = \dfrac{-4x}{x^2 + y^2 + 1}$
26. $z = \cos x + \operatorname{sen} y, \ -\pi/2 < x < \pi/2, \ -\pi < y < \pi$
27. $z = (x^2 + 4y^2)e^{1-x^2-y^2}$
28. $z = e^{xy}$

Hallar extremos relativos **En los ejercicios 29 y 30, examine la función para determinar los extremos sin utilizar los criterios de la derivada y use alguna utilidad de graficación para graficar la superficie y verifique sus respuestas. (*Sugerencia:* Por observación determine si es posible que z sea negativa. ¿Cuándo z es igual a 0?)**

29. $z = \dfrac{(x - y)^4}{x^2 + y^2}$
30. $z = \dfrac{(x^2 - y^2)^2}{x^2 + y^2}$

Piénselo **En los ejercicios 31 a 34, determine si hay un máximo relativo, un mínimo relativo, un punto silla, o si la información es insuficiente para determinar la naturaleza de la función $f(x, y)$ en el punto crítico (x_0, y_0).**

31. $f_{xx}(x_0, y_0) = 9,\quad f_{yy}(x_0, y_0) = 4,\quad f_{xy}(x_0, y_0) = 6$
32. $f_{xx}(x_0, y_0) = -3,\quad f_{yy}(x_0, y_0) = -8,\quad f_{xy}(x_0, y_0) = 2$
33. $f_{xx}(x_0, y_0) = -9,\quad f_{yy}(x_0, y_0) = 6,\quad f_{xy}(x_0, y_0) = 10$
34. $f_{xx}(x_0, y_0) = 25,\quad f_{yy}(x_0, y_0) = 8,\quad f_{xy}(x_0, y_0) = 10$

Hallar los extremos relativos y los puntos silla **En los ejercicios 35 a 38, (a) encuentre los puntos críticos, (b) aplique el criterio de los extremos relativos, (c) enliste los puntos críticos en los cuales el criterio de las segundas derivadas parciales no es concluyente y (d) use alguna utilidad de graficación trazar la función, clasificando cualesquiera puntos extremo y puntos silla.**

35. $f(x, y) = x^3 + y^3$
36. $f(x, y) = x^3 + y^3 - 6x^2 + 9x^2 + 12x + 27y + 19$
37. $f(x, y) = (x - 1)^2(y + 4)^2$
38. $f(x, y) = x^{2/3} + y^{2/3}$

Hallar extremos absolutos **En los ejercicios 39 a 46, determine los extremos absolutos de la función en la región R. (Cada caso, R contiene sus puntos frontera.) Use alguna utilidad de graficación para confirmar los resultados.**

39. $f(x, y) = x^2 - 4xy + 5$
$R = \{(x, y): 1 \le x \le 4, 0 \le y \le 2\}$
40. $f(x, y) = x^2 + xy$
$R = \{(x, y): |x| \le 2, |y| \le 1\}$
41. $f(x, y) = 12 - 3x - 2y$
R: La región triangular en el plano xy con vértices (2, 0), (0, 1) y (1, 2).
42. $f(x, y) = (2x - y)^2$
R: La región triangular en el plano xy con vértices (2, 0), (0, 1) y (1, 2).
43. $f(x, y) = 3x^2 + 2y^2 - 4y$
R: La región en el plano xy acotada por las gráficas de $y = x^2$ y $y = 4$.
44. $f(x, y) = 2x - 2xy + y^2$
R: La región en el plano xy acotada por las gráficas de $y = x^2$ y $y = 1$.
45. $f(x, y) = x^2 + 2xy + y^2$
$R = \{(x, y): |x| \le 2, |y| \le 1\}$
46. $f(x, y) = \dfrac{4xy}{(x^2 + 1)(y^2 + 1)}$
$R = \{(x, y): 0 \le x \le 1, 0 \le y \le 1\}$

Examinar una función **En los ejercicios 47 y 48, encuentre los puntos críticos de la función y, por la forma de la función, determine si se presenta un máximo o un mínimo relativo en cada punto.**

47. $f(x, y, z) = x^2 + (y - 3)^2 + (z + 1)^2$
48. $f(x, y, z) = 9 - [x(y - 1)(z + 2)]^2$

Exploración de conceptos

49. Una función f tiene segundas derivadas parciales continuas en una región abierta que contiene el punto crítico (3, 7). La función tiene un mínimo en (3, 7), y $d > 0$ para el criterio de las segundas derivadas parciales. Determine el intervalo para $f_{xy}(3, 7)$ si $f_{xx}(3, 7) = 2$ y $f_{yy}(3, 7) = 8$.
50. Una función f tiene segundas derivadas parciales continuas en una región abierta que contiene el punto crítico (a, b). Si $f_{xx}(a, b)$ y $f_{yy}(a, b)$ tiene signos opuestos, ¿qué implica esto? Explique.

En los ejercicios 51 y 52, trace la gráfica de una función arbitraria f que satisfaga las condiciones dadas. Establezca si la función tiene extremos o puntos silla. (Hay muchas respuestas correctas.)

51. Todas las primeras y segundas derivadas parciales de f son 0.
52. $f_x(x, y) > 0$ y $f_y(x, y) < 0$ para todo (x, y).

53. **Comparar funciones** Considere las funciones
$f(x, y) = x^2 - y^2$ y $g(x, y) = x^2 + y^2$
(a) Demuestre que ambas funciones tienen un punto crítico en (0, 0).
(b) Explique cómo f y g se comportan de manera diferente en este punto crítico.

54. **¿CÓMO LO VE?** Determine si cada punto etiquetado es un máximo absoluto, un mínimo absoluto o ninguno de los dos.

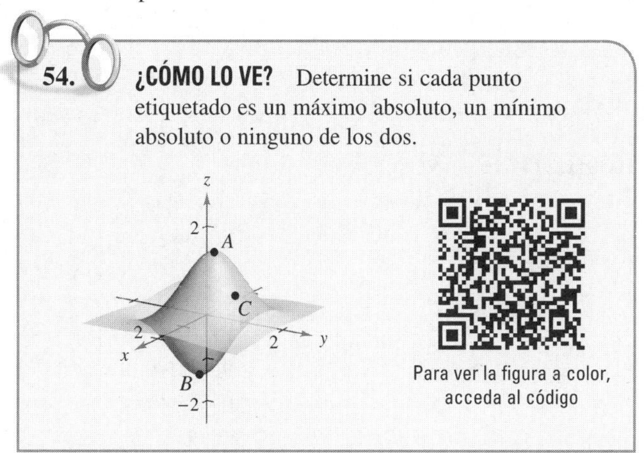

¿Verdadero o falso? **En los ejercicios 55 a 58, determine si el enunciado es verdadero o falso. Si es falso, explique por qué o dé un ejemplo que demuestre que es falso.**

55. Si f tiene un máximo relativo en (x_0, y_0, z_0), entonces
$f_x(x_0, y_0) = f_y(x_0, y_0) = 0$
56. Si
$f_x(x_0, y_0) = f_y(x_0, y_0) = 0$
entonces f tiene un extremo relativo en (x_0, y_0, z_0).
57. Entre cualesquiera dos mínimos relativos de f debe estar al menos un máximo relativo de f.
58. Si f continua para todo x y y, y tiene dos mínimos relativos, entonces f debe tener por lo menos un máximo relativo.

8.9 Aplicaciones de los extremos de funciones de dos variables

Para ver la figura a color, acceda al código

- Resolver problemas de optimización con funciones de varias variables.
- Utilizar el método de mínimos cuadrados.

Problemas de optimización aplicada

En esta sección se examinarán algunas de las muchas aplicaciones de los extremos de funciones de dos (o más) variables.

EJEMPLO 1 Hallar un volumen máximo

Consulte LarsonCalculus.com (disponible solo en inglés) para una versión interactiva de este tipo de ejemplo.

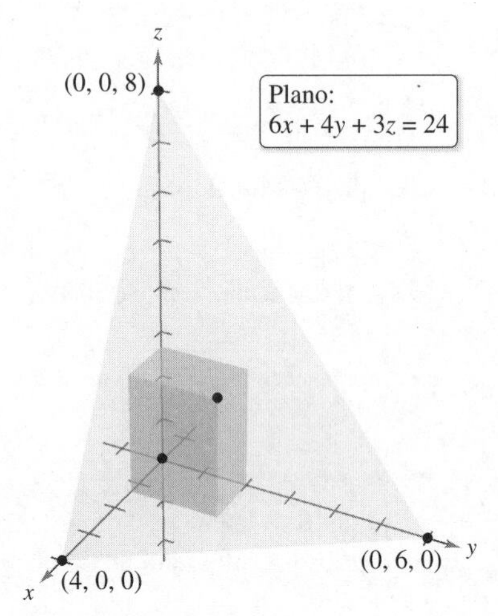

Figura 8.73

Una caja rectangular descansa en el plano xy con uno de sus vértices en el origen. El vértice opuesto está en el plano $6x + 4y + 3z = 24$, como se muestra en la figura 8.73. Encuentre el volumen máximo de la caja.

Solución Sean x, y y z el largo, ancho y la altura de la caja. Como un vértice de la caja se encuentra en el plano $6x + 4y + 3z = 24$, se sabe que $z = \frac{1}{3}(24 - 6x - 4y)$, y así, se puede expresar el volumen xyz de la caja en función de dos variables.

$$V(x, y) = (x)(y)\left[\frac{1}{3}(24 - 6x - 4y)\right] = \frac{1}{3}(24xy - 6x^2y - 4xy^2)$$

Ahora, encuentre las primeras derivadas parciales de V.

$$V_x(x, y) = \frac{1}{3}(24y - 12xy - 4y^2) = \frac{y}{3}(24 - 12x - 4y)$$

y

$$V_y(x, y) = \frac{1}{3}(24x - 6x^2 - 8xy) = \frac{x}{3}(24 - 6x - 8y)$$

Se observa que las primeras derivadas parciales se definen para toda x y y. Por tanto, haciendo $V_x(x, y)$ y $V_y(x, y)$ iguales a 0 y resolviendo las ecuaciones $\frac{1}{3}y(24 - 12x - 4y) = 0$ y $\frac{1}{3}x(24 - 6x - 8y) = 0$, se obtienen los puntos críticos (0, 0), (4, 0), (0, 6) y $\left(\frac{4}{3}, 2\right)$. En (0, 0), (4, 0) y (0, 6), el volumen es 0, por lo que en este punto no se tiene el volumen máximo. En el punto $\left(\frac{4}{3}, 2\right)$, se puede aplicar el criterio de las segundas derivadas parciales.

$$V_{xx}(x, y) = -4y, \quad V_{yy}(x, y) = \frac{-8x}{3}, \quad V_{xy}(x, y) = \frac{1}{3}(24 - 12x - 8y)$$

Ya que

$$V_{xx}\left(\frac{4}{3}, 2\right)V_{yy}\left(\frac{4}{3}, 2\right) - \left[V_{xy}\left(\frac{4}{3}, 2\right)\right]^2 = (-8)\left(-\frac{32}{9}\right) - \left(-\frac{8}{3}\right)^2 = \frac{64}{3} > 0$$

y

$$V_{xx}\left(\frac{4}{3}, 2\right) = -8 < 0$$

se puede concluir, de acuerdo con el criterio de las segundas derivadas parciales, que el volumen máximo es

$$V\left(\frac{4}{3}, 2\right) = \frac{1}{3}\left[24\left(\frac{4}{3}\right)(2) - 6\left(\frac{4}{3}\right)^2(2) - 4\left(\frac{4}{3}\right)(2^2)\right] = \frac{64}{9} \text{ unidades cúbicas}$$

Observe que el volumen es 0 en los puntos frontera del dominio triangular de V. ■

COMENTARIO En muchos problemas prácticos, el dominio de la función a optimizar es una región acotada cerrada. Para encontrar los puntos mínimos o máximos, no solo debe probar los puntos críticos, sino también los valores de la función en los puntos frontera.

Las aplicaciones de los extremos a la economía y a los negocios a menudo involucran más de una variable independiente. Por ejemplo, una empresa puede producir varios modelos de un mismo tipo de producto. El precio por unidad y la ganancia o beneficio por unidad de cada modelo son, por lo general, diferentes. La demanda de cada modelo es, a menudo, función de los precios de los otros modelos (así como su propio precio). El siguiente ejemplo ilustra una aplicación en la que hay dos productos.

EJEMPLO 2 Hallar la ganancia máxima

Un fabricante de artículos electrónicos determina que la ganancia P (en dólares) obtenida al producir x unidades de un Producto 1 y y unidades de un Producto 2 se aproxima mediante el modelo

$$P(x, y) = 8x + 10y - (0.001)(x^2 + xy + y^2) - 10000$$

Encuentre el nivel de producción que proporciona una ganancia máxima. ¿Cuál es la ganancia máxima?

Solución Las derivadas parciales de la función de ganancia son

$$P_x(x, y) = 8 - (0.001)(2x + y)$$

y

$$P_y(x, y) = 10 - (0.001)(x + 2y)$$

Igualando estas derivadas parciales a 0, se obtiene el siguiente sistema de ecuaciones

$$8 - (0.001)(2x + y) = 0$$
$$10 - (0.001)(x + 2y) = 0$$

Después de simplificar, este sistema de ecuaciones lineales puede expresarse como

$$2x + y = 8000$$
$$x + 2y = 10000$$

La solución de este sistema produce $x = 2000$ y $y = 4000$. Las segundas derivadas parciales de P son

$$P_{xx}(2000, 4000) = -0.002$$
$$P_{yy}(2000, 4000) = -0.002$$

y

$$P_{xy}(2000, 4000) = -0.001$$

Ya que $P_{xx} < 0$ y

$$P_{xx}(2000, 4000)P_{yy}(2000,4000) - [P_{xy}(2000, 4000)]^2 = (-0.002)^2 - (-0.001)^2$$

es mayor que 0, se puede concluir que el nivel de producción con $x = 2000$ unidades y $y = 4000$ unidades proporciona la *ganancia máxima*. La ganancia máxima es

$$\begin{aligned} &P(2000, 4000) \\ &= 8(2000) + 10(4000) - (0.001)[2000^2 + 2000(4000) + 4000^2] - 10000 \\ &= \$18000 \end{aligned}$$

En el ejemplo 2 se supuso que la planta industrial puede producir el número requerido de unidades para proporcionar la ganancia máxima. En la práctica, la producción estará limitada por restricciones físicas. En la sección siguiente se estudiarán tales problemas de optimización.

PARA INFORMACIÓN ADICIONAL Para más información sobre el uso de la matemática en la economía, consulte el artículo "Mathematical Methods of Economics" de Joel Franklin en *The American Mathematical Monthly*. Para ver este artículo, consulte *MathArticles.com* (disponible solo en inglés).

El método de mínimos cuadrados

En muchos de los ejemplos en este texto se han involucrado **modelos matemáticos**, como en el caso del ejemplo 2, donde se utiliza un modelo cuadrático para la ganancia. Hay varias maneras para desarrollar tales modelos; una es conocida como el método de **mínimos cuadrados**.

Al construir un modelo para representar un fenómeno particular, los objetivos son simplicidad y precisión. Por supuesto, estas metas entran a menudo en conflicto. Por ejemplo, un modelo lineal simple para los puntos en la figura 8.74 es

$$y = 1.9x - 5 \qquad \text{Modelo lineal.}$$

Sin embargo, la figura 8.75 muestra que si se elige el modelo cuadrático, ligeramente más complicado, que es

$$y = 0.20x^2 - 0.7x + 1 \qquad \text{Modelo cuadrático.}$$

se logra mayor precisión.

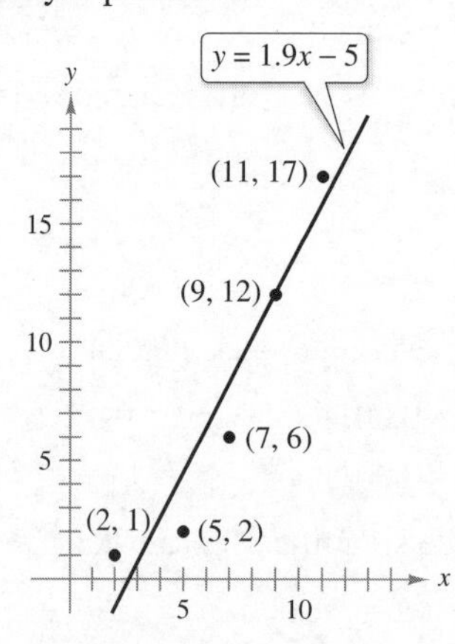

Figura 8.74

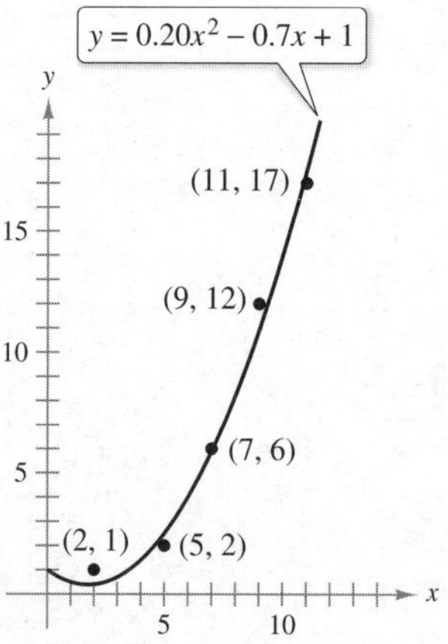

Figura 8.75

Como una medida de qué tan bien se ajusta el modelo $y = f(x)$ a la colección de puntos

$$\{(x_1, y_1), (x_2, y_2), (x_3, y_3), \ldots, (x_n, y_n)\}$$

se pueden sumar los cuadrados de las diferencias entre los valores reales y los valores dados por el modelo para obtener la **suma de los cuadrados de los errores o errores cuadráticos**

$$S = \sum_{i=1}^{n} [f(x_i) - y_i]^2 \qquad \text{Suma de los cuadrados de los errores.}$$

Gráficamente, S se puede interpretar como la suma de los cuadrados de las distancias verticales entre la gráfica de f los puntos dados en el plano (los puntos de los datos), como se muestra en la figura 8.76. Si el modelo es perfecto, entonces $S = 0$. Sin embargo, cuando la perfección no es posible, puede conformarse con un modelo que minimice el valor de S. Por ejemplo, la suma de los errores cuadráticos en el modelo lineal en la figura 8.74 es

$$S = 17.6$$

En estadística, al *modelo lineal* que minimiza el valor de S se le llama **recta de regresión de mínimos cuadrados**. La demostración de que esta recta realmente minimiza S requiere minimizar una función de dos variables.

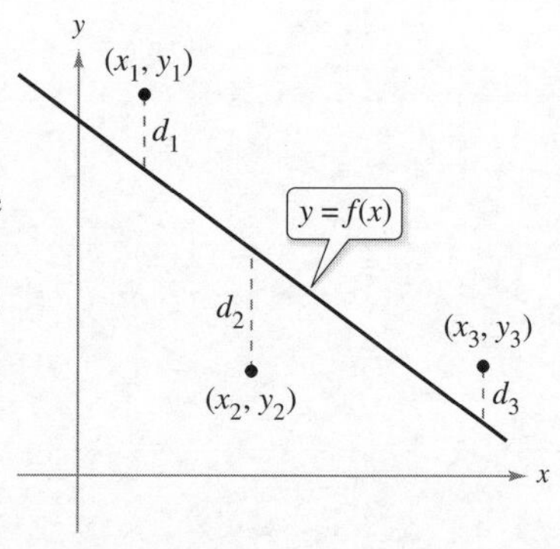

Suma del cuadrado de los errores:
$S = d_1^2 + d_2^2 + d_3^2$
Figura 8.76

COMENTARIO En el ejercicio 31 se describe un método para encontrar la regresión cuadrática con mínimos cuadrados para un conjunto de datos.

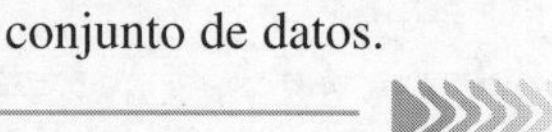

ADRIEN-MARIE LEGENDRE (1752-1833)

El método de mínimos cuadrados lo introdujo el matemático francés Adrien-Marie Legendre. Legendre es mejor conocido por su trabajo en geometría. De hecho, su texto *Elementos de geometría* fue tan popular en Estados Unidos que se usó durante un periodo de más de 100 años y hubo 33 ediciones.
Consulte LarsonCalculus.com (disponible solo en inglés) para leer más acerca de esta biografía.

TEOREMA 8.18 Recta de regresión de mínimos cuadrados

La **recta de regresión de mínimos cuadrados** para los puntos

$$\{(x_1, y_1), (x_2, y_2), \ldots, (x_n, y_n)\}$$

está dada por $f(x) = ax + b$, donde

$$a = \frac{n\sum_{i=1}^{n} x_i y_i - \sum_{i=1}^{n} x_i \sum_{i=1}^{n} y_i}{n\sum_{i=1}^{n} x_i^2 - \left(\sum_{i=1}^{n} x_i\right)^2} \quad \text{y} \quad b = \frac{1}{n}\left(\sum_{i=1}^{n} y_i - a\sum_{i=1}^{n} x_i\right)$$

Demostración Sea $S(a, b)$ la suma de los cuadrados de los errores para el modelo

$$f(x) = ax + b$$

y el conjunto de puntos dado. Es decir

$$\begin{aligned} S(a, b) &= \sum_{i=1}^{n} [f(x_i) - y_i]^2 \\ &= \sum_{i=1}^{n} (ax_i + b - y_i)^2 \end{aligned}$$

donde los puntos (x_i, y_i) representan constantes. Como S es una función de a y b, se pueden usar los métodos de la sección anterior para encontrar el valor mínimo de S. Las primeras derivadas parciales de S son

$$\begin{aligned} S_a(a, b) &= \sum_{i=1}^{n} 2x_i(ax_i + b - y_i) \\ &= 2a\sum_{i=1}^{n} x_i^2 + 2b\sum_{i=1}^{n} x_i - 2\sum_{i=1}^{n} x_i y_i \end{aligned}$$

y

$$\begin{aligned} S_b(a, b) &= \sum_{i=1}^{n} 2(ax_i + b - y_i) \\ &= 2a\sum_{i=1}^{n} x_i + 2nb - 2\sum_{i=1}^{n} y_i \end{aligned}$$

Igualando estas dos derivadas parciales a 0, se obtienen los valores de a y b que indica el teorema. Se deja como ejercicio aplicar el criterio de las segundas derivadas parciales (vea el ejercicio 41) para verificar que estos valores de a y b dan un mínimo. ■

Si los valores de x están simétricamente distribuidos respecto al eje y entonces $\Sigma x_i = 0$ y las fórmulas para a y b se simplifican como

$$a = \frac{\sum_{i=1}^{n} x_i y_i}{\sum_{i=1}^{n} x_i^2}$$

y

$$b = \frac{1}{n}\sum_{i=1}^{n} y_i$$

Esta simplificación es a menudo posible mediante una traslación de los valores x. Por ejemplo, si los valores x en una colección de datos son 9, 10, 11, 12 y 13, se puede representar al 11 con el 0, de manera que, después de la traslación los valores son -2, -1, 0, 1 y 2.

EJEMPLO 3 Hallar la recta de regresión de mínimos cuadrados

Encuentre la recta de regresión de mínimos cuadrados para los puntos

$$(-3, 0), \quad (-1, 1), \quad (0, 2) \quad \text{y} \quad (2, 3)$$

Solución La tabla muestra los cálculos necesarios para encontrar la recta de regresión de mínimos cuadrados usando $n = 4$.

x	y	xy	x^2
-3	0	0	9
-1	1	-1	1
0	2	0	0
2	3	6	4
$\sum_{i=1}^{n} x_i = -2$	$\sum_{i=1}^{n} y_i = 6$	$\sum_{i=1}^{n} x_i y_i = 5$	$\sum_{i=1}^{n} x_i^2 = 14$

Al aplicar el teorema 8.18 se tiene

$$a = \frac{n\sum_{i=1}^{n} x_i y_i - \sum_{i=1}^{n} x_i \sum_{i=1}^{n} y_i}{n\sum_{i=1}^{n} x_i^2 - \left(\sum_{i=1}^{n} x_i\right)^2} = \frac{4(5) - (-2)(6)}{4(14) - (-2)^2} = \frac{8}{13}$$

y

$$b = \frac{1}{n}\left(\sum_{i=1}^{n} y_i - a\sum_{i=1}^{n} x_i\right) = \frac{1}{4}\left[6 - \frac{8}{13}(-2)\right] = \frac{47}{26}$$

La recta de regresión de mínimos cuadrados es

$$f(x) = \frac{8}{13}x + \frac{47}{26}$$

como se muestra en la figura 8.77

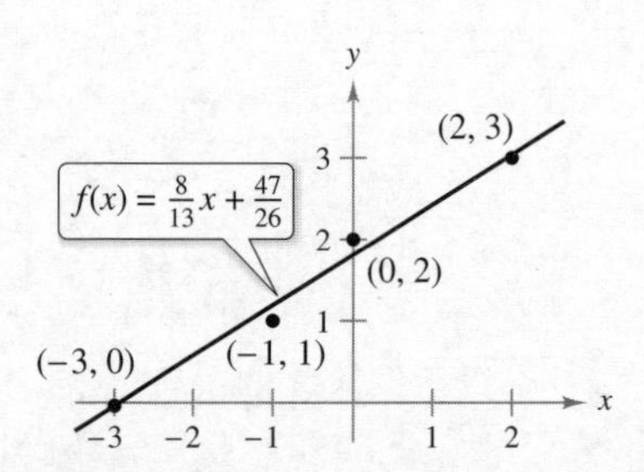

Recta de regresión de mínimos cuadrados.
Figura 8.77

TECNOLOGÍA
Muchas calculadoras tienen "incorporados" programas de regresión de mínimos cuadrados. Puede utilizar una calculadora con estos programas para reproducir los resultados del ejemplo 3.

8.9 Ejercicios

Las respuestas a los ejercicios impares pueden consultarse en el Apéndice de este libro.

Repaso de conceptos

1. Establezca una estrategia para la solución de problemas de aplicación de máximos y mínimos.
2. Describa el método de mínimos cuadrados para elaborar modelos matemáticos.

Hallar la distancia mínima **En los ejercicios 3 y 4, determine la distancia mínima del punto al plano $x - y + z = 3$. (*Sugerencia:* Para simplificar los cálculos, minimice el cuadrado de la distancia.)**

3. $(1, -3, 2)$
4. $(4, 0, 6)$

Hallar la distancia mínima **En los ejercicios 5 y 6, encuentre la distancia mínima desde el punto a la superficie $z = \sqrt{1 - 2x - 2y}$. (*Sugerencia:* Para simplificar los cálculos minimice el cuadrado de la distancia.)**

5. $(-2, -2, 0)$
6. $(-4, 1, 0)$

Hallar números positivos **En los ejercicios 7 a 10, determine tres números positivos x, y y z que satisfagan las condiciones dadas.**

7. El producto es 27 y la suma es mínima.
8. La suma es 32 y $P = xy^2z$ es máxima.
9. La suma es 30 y la suma de los cuadrados es mínima.
10. El producto es 1 y la suma de los cuadrados es mínima.

11. **Costo** Un contratista de mejoras caseras está pintando las paredes y el techo de una habitación rectangular. El volumen de la habitación es de 668.25 pies cúbicos. El costo de pintura de pared es de \$0.06 por pie cuadrado y el costo de pintura de techo es de \$0.11 por pie cuadrado. Encuentre las dimensiones de la habitación que den por resultado un mínimo costo para la pintura. ¿Cuál es el mínimo costo por la pintura?

12. **Volumen máximo** El material para construir la base de una caja abierta cuesta 1.5 veces más por unidad de área que el material para construir los lados. Dada una cantidad fija de dinero C, determine las dimensiones de la caja de mayor volumen que puede ser fabricada.

13. **Volumen y área superficial** Demuestre que una caja rectangular de volumen dado y área exterior mínima es un cubo.

14. **Volumen máximo** Demuestre que la caja rectangular de volumen máximo inscrita en una esfera de radio r es un cubo.

15. **Ingreso máximo** Una empresa fabrica dos tipos de zapatos tenis, tenis para correr y tenis para básquetbol. El ingreso total de x_1 unidades de tenis para correr y x_2 unidades de tenis de básquetbol es

$$R = -5x_1^2 - 8x_2^2 - 2x_1x_2 + 42x_1 + 102x_2$$

donde x_1 y x_2 están en miles de unidades. Determine x_1 y x_2 que maximizan el ingreso.

16. **Ganancia máxima** Una empresa fabrica velas en dos lugares. El costo de producción de x_1 unidades en el lugar 1 es $C_1 = 0.02x_1^2 + 4x_1 + 500$ y el costo de producción de x_2 unidades en el lugar 2 es $C_2 = 0.05x_2^2 + 4x_2 + 275$. Las velas se venden a \$15 por unidad. Encuentre la cantidad que debe producirse en cada lugar para aumentar al máximo la ganancia $P = 15(x_1 + x_2) - C_1 - C_2$.

17. **Ley de Hardy-Weinberg** Los tipos sanguíneos son genéticamente determinados por tres alelos: A, B y O. (Alelo es cualquiera de las posibles formas de mutación de un gen.) Una persona cuyo tipo sanguíneo es AA, BB u OO es homocigótica. Una persona cuyo tipo sanguíneo es AB, AO o BO es heterocigótica. La ley Hardy-Weinberg establece que la proporción P de individuos heterocigótica en cualquier población dada es

$$P(p, q, r) = 2pq + 2pr + 2qr$$

donde p representa el porcentaje de alelos A en la población, q representa el porcentaje de alelos B en la población y r representa el porcentaje de alelos O en la población. Utilice el hecho de que

$$p + q + r = 1$$

para demostrar que la proporción máxima de individuos heterocigóticos en cualquier población es $\frac{2}{3}$.

18. **Índice de diversidad de Shannon** Una forma de medir la diversidad de especies es usar el índice de diversidad de Shannon H. Si un hábitat consiste en tres especies, A, B y C, su índice de diversidad de Shannon es

$$H = -x \ln x - y \ln y = z \ln z$$

donde x es el porcentaje de especies A, y es el porcentaje de especies B y z es el porcentaje de especies C en el hábitat. Use el hecho de que

$$x + y + z = 1$$

para demostrar que el valor máximo de H ocurre cuando $x = y = z = \frac{1}{3}$. ¿Cuál es el máximo valor de H?

19. **Costo mínimo** Hay que construir un conducto para agua desde el punto P al punto S y debe atravesar regiones donde los costos de construcción difieren (vea la figura). El costo por kilómetro en dólares es $3k$ de P a Q, $2k$ de Q a R y k de R a S. Encuentre x y y tales que el costo total C se minimice.

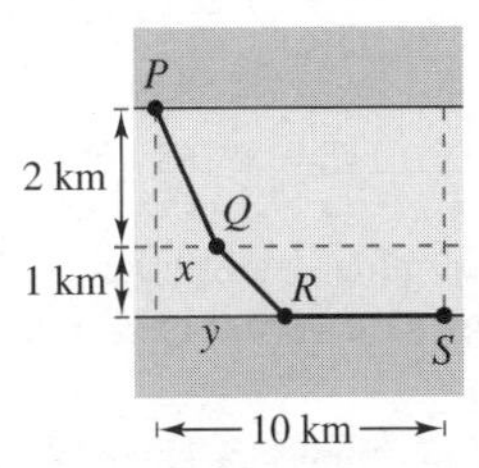

Figura para 19

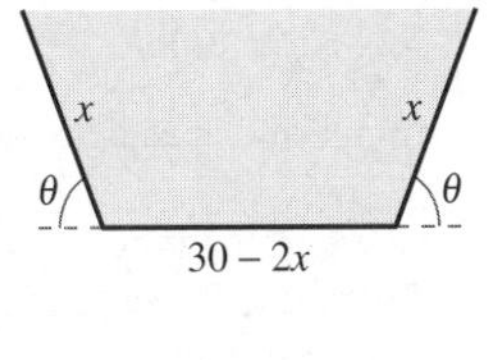

Figura para 20

20. **Área** Un comedero de secciones transversales en forma de trapecio se forma doblando los extremos de una lámina de aluminio de 30 pulgadas de ancho (vea la figura). Halle la sección transversal de área máxima.

Hallar la recta de regresión de mínimos cuadrados En los ejercicios 21 a 24, (a) determine la recta de regresión de mínimos cuadrados y (b) calcule S, la suma de los errores al cuadrado. Utilice las capacidades de regresión de una herramienta de graficación para verificar los resultados.

21.

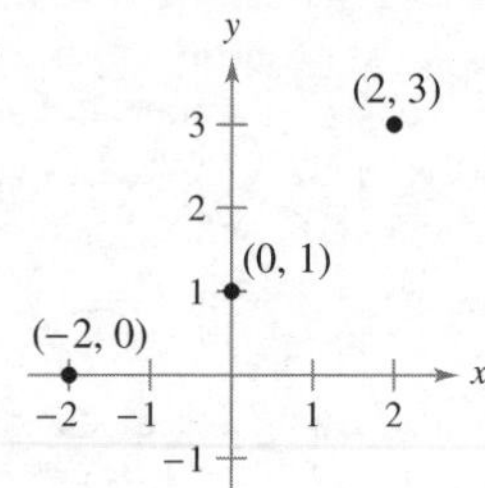

22.

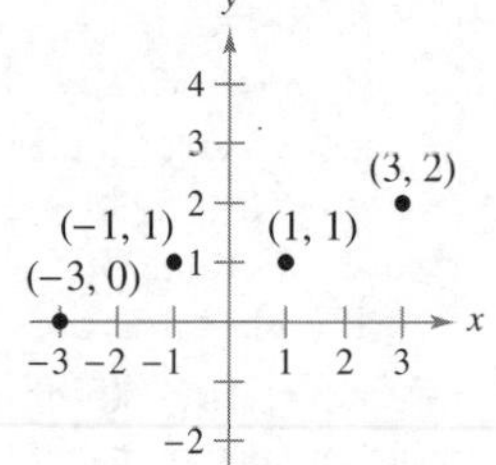

23.

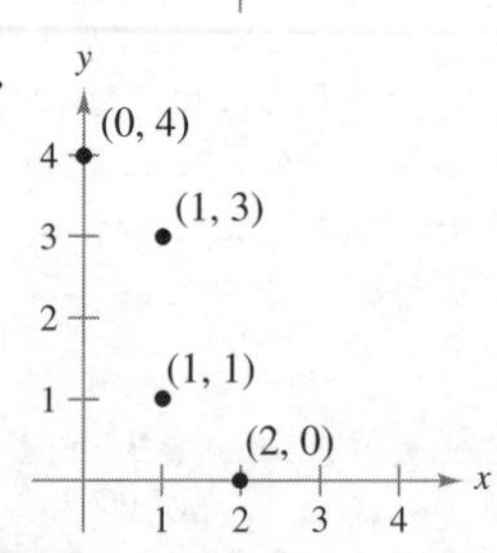

24.

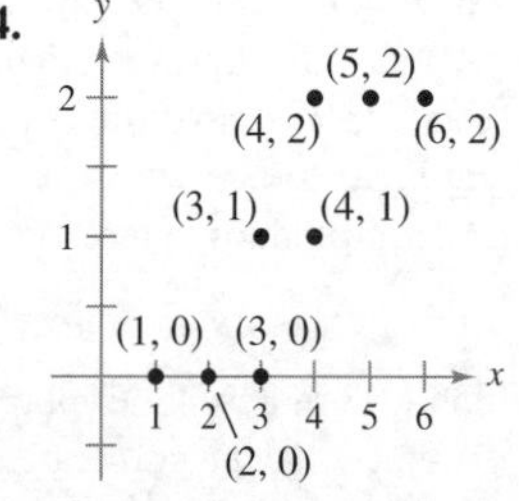

Hallar la recta de regresión de mínimos cuadrados En los ejercicios 25 a 28, encuentre la recta de regresión de mínimos cuadrados para los puntos dados. Utilice las capacidades de regresión de una herramienta de graficación para verificar los resultados. Utilice la herramienta para trazar los puntos y representar la recta de regresión.

25. (0, 0), (1, 1), (3, 6), (4, 8), (5, 9)

26. (0, 4), (4, 1), (7, − 3)

27. (0, 6), (4, 3), (5, 0), (8, −4), (10, −5)

28. (6, 4), (1, 2), (3, 3), (8, 6), (11, 8), (13, 8)

29. Modelado de datos En la tabla se muestran las recolecciones de impuesto sobre el ingreso interno bruto (en miles de millones de dólares) por el Servicio de Ingresos Internos para el ingreso interno x y el impuesto sobre la renta y durante los años seleccionados. *(Fuente: U.S. Internal Revenue Service)*

Año	1985	1990	1995	2000
Ingreso interno, x	743	1 056	1 376	2 097
Impuesto sobre la renta, y	474	650	850	1 373

Año	2005	2010	2015	2020
Ingreso interno, x	2 269	2 345	3 303	3 493
Impuesto sobre la renta, y	1 415	1 454	2 183	2 135

(a) Utilice las funciones de regresión de una utilidad gráfica para encontrar la recta de regresión de mínimos cuadrados para los datos.

(b) Utilice el modelo para calcular los impuestos sobre la renta colectados cuando el ingreso interno recolectados es de 1 300 miles de millones de dólares.

(c) En 1980, los ingresos internos recaudados fueron de $519 mil millones y los impuestos sobre la renta recaudados fueron de $360 mil millones. Describir cómo la inclusión de esta información afectaría al modelo.

30. Modelado de datos En la tabla se muestran las edades x (en años) y las presiones arteriales sistólicas y de siete hombres.

Edad, x	16	25	39	45	49	64	70
Presión arterial sistólica, y	109	122	150	165	159	183	199

(a) Utilice un programa de regresión para hallar la recta de regresión de mínimos cuadrados para los datos.

(b) Use alguna utilidad de graficación para trazar los datos y graficar el modelo.

(c) Utilice el modelo para aproximar la variación en la presión arterial sistólica por cada incremento de un año en la edad.

(d) Un hombre de 30 años tiene una presión arterial sistólica de 180 mm Hg. Describa cómo se afectaría el modelo al incluir esta información.

Exploración de conceptos

31. Encuentre un sistema de ecuaciones con cuya solución se obtienen los coeficientes a, b y c para la regresión de mínimos cuadrados cuadrática

$$y = ax^2 + bx + c$$

para los puntos $(x_1, y_1), (x_2, y_2), \ldots, (x_n, y_n)$ mediante la minimización de la suma

$$S(a, b, c) = \sum_{i=1}^{n} (y_i - ax_i^2 - bx_i - c)^2$$

32. ¿CÓMO LO VE? Asocie la ecuación de regresión con la gráfica apropiada. Explique su razonamiento. (Observe los ejes x y y están incompletos.)

(a) $y = 0.22x - 7.5$

(b) $y = -0.35x + 11.5$

(c) $y = 0.09x + 19.8$

(d) $y = -1.29x + 89.8$

(i)

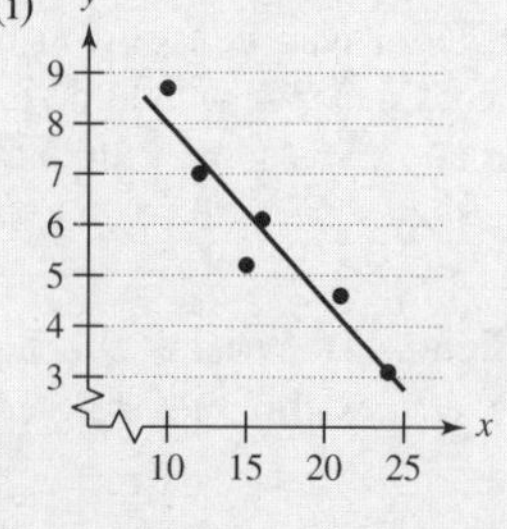

(ii)

(iii)

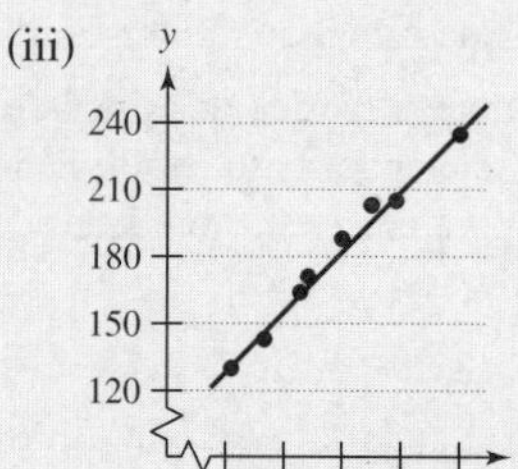

(iv)

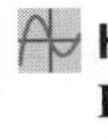 **Hallar la regresión cuadrática de mínimos cuadrados** **En los ejercicios 33 a 36, utilice el resultado del ejercicio 31 para determinar la regresión cuadrática de mínimos cuadrados de los puntos dados. Utilice las capacidades de regresión de una utilidad gráfica para confirmar los resultados. Use la herramienta para trazar los puntos y la gráfica de la regresión cuadrática de mínimos cuadrados.**

33. $(-2, 0)$, $(-1, 0)$, $(0, 1)$, $(1, 2)$, $(2, 5)$

34. $(-4, 5)$, $(-2, 6)$, $(2, 6)$, $(4, 2)$

35. $(0, 0)$, $(2, 2)$, $(3, 6)$, $(4, 12)$

36. $(0, 10)$, $(1, 9)$, $(2, 6)$, $(3, 0)$

37. Modelado matemático Después de que fue desarrollado un nuevo turbopropulsor para un motor de automóvil, se obtuvieron los datos siguientes experimentales de velocidad y en millas por hora a intervalos x de 2 segundos.

Tiempo, x	0	2	4	6	8	10
Velocidad, y	0	15	30	50	65	70

(a) Utilice el resultado del ejercicio 31 para encontrar la regresión cuadrática de mínimos cuadrados para los datos.

(b) Utilice una herramienta de graficación para trazar los puntos y graficar el modelo.

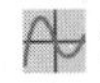 **38. Modelado matemático** La tabla muestra el número total de veteranos y (en millones) con una discapacidad relacionada con el servicio desde 2015 hasta 2019. El valor $x = 5$ representa el año 2015. *(Fuente: U.S. Department of Veterans Affairs)*

Año, x	2015	2016	2017	2018	2019
Veteranos, y	4.2	4.4	4.6	4.7	4.9

(a) Utilice un programa de regresión para hallar la recta de regresión de mínimos cuadrados para los datos.

(b) Utilice un programa de regresión para hallar el modelo cuadrático de regresión de mínimos cuadrados para los datos.

(c) Use una herramienta de graficación para trazar los datos y graficar los modelos.

(d) Utilice ambos modelos para pronosticar el número total de veteranos con una discapacidad relacionada con el servicio para el año 2030. ¿Cómo difieren los dos modelos al extrapolarlos al futuro?

 **39. Modelado de datos** Un meteorólogo mide la presión atmosférica P (en kilogramos por metro cuadrado) a una altitud h (en kilómetros). Los datos se muestran en la tabla.

Altura, h	0	5	10	15	20
Presión, P	10 332	5 583	2 376	1 240	517

(a) Utilice un programa de regresión para hallar una recta de regresión de mínimos cuadrados para los puntos $(h, \ln P)$.

(b) El resultado del inciso (a) es una ecuación de la forma $\ln P = ah + b$. Exprese esta forma logarítmica en forma exponencial.

(c) Utilice una herramienta de graficación para trazar los datos originales y representar el modelo exponencial del inciso (b).

 **40. Modelado de datos** Los puntos terminales del intervalo de visión se llaman *punto próximo* y *punto lejano* del ojo. Con la edad, estos puntos cambian. La tabla muestra los puntos próximos y (en pulgadas) a varias edades x (en años). *(Fuente: Ophthalmology & Physiological Optics)*

Edad, x	16	32	44	50	60
Punto próximo, y	3.0	4.7	9.8	19.7	39.4

(a) Encuentre un modelo racional para los datos tomando el recíproco o inverso de los puntos próximos para generar los puntos $(x, 1/y)$. Utilice una herramienta de regresión para hallar una recta de regresión de mínimos cuadrados para los datos revisados. La recta resultante tiene la forma $1/y = ax + b$. Despeje y.

(b) Utilice una herramienta de graficación para trazar los datos y representar el modelo.

(c) ¿Puede utilizarse el modelo para predecir el punto próximo en una persona de 70 años? Explique.

41. Usar el criterio de las segundas derivadas parciales Utilice el criterio de las segundas derivadas parciales para verificar que las fórmulas para a y b proporcionadas en el teorema 8.18 llevan a un mínimo.

$$\left[\textit{Sugerencia: } \text{Considere el hecho que } n \sum_{i=1}^{n} x_i^2 \geq \left(\sum_{i=1}^{n} x_i \right)^2 \right]$$

PROYECTO DE TRABAJO

Construcción de un oleoducto

Una empresa petrolera desea construir un oleoducto desde su plataforma A hasta su refinería B. La plataforma está a 2 millas de la costa, y la refinería está 1 milla tierra adentro. Además, A y B están a 5 millas de distancia una de otra, como se muestra en la figura.

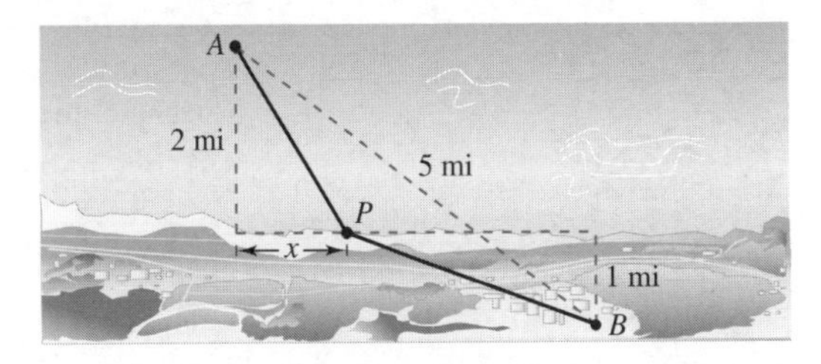

El costo de construcción del oleoducto es \$3 millones por milla en el mar, y \$4 millones por milla en tierra. Por tanto, el costo del oleoducto depende de la localización del punto P en la orilla. ¿Cuál sería la ruta más económica para el oleoducto?

Imagine que hay que redactar un informe para la empresa petrolera acerca de este problema. Sea x la distancia mostrada en la figura. Determine el costo de construir el oleoducto de A a P, y el costo de construir de P a B. Analice alguna trayectoria muestra para el oleoducto y sus costos correspondientes. Por ejemplo, ¿cuál es el costo de la ruta más directa? Utilice después el cálculo para determinar la ruta del oleoducto que minimiza el costo. Explique todos los pasos del desarrollo e incluya cualquier gráfica necesaria.

8.10 Multiplicadores de Lagrange

- Entender el método de los multiplicadores de Lagrange.
- Utilizar los multiplicadores de Lagrange para resolver problemas de optimización con restricciones.
- Utilizar el método de multiplicadores de Lagrange con dos restricciones.

Multiplicadores de Lagrange

Muchos problemas de optimización tienen **restricciones**, o **ligaduras**, para los valores que pueden usarse para dar la solución óptima. Tales restricciones tienden a complicar los problemas de optimización, porque la solución óptima puede presentarse en un punto frontera del dominio. En esta sección se estudiará una ingeniosa técnica para resolver tales problemas, conocida como el **método de los multiplicadores de Lagrange**.

MULTIPLICADORES DE LAGRANGE

El método de los multiplicadores de Lagrange debe su nombre al matemático francés Joseph Louis Lagrange. Lagrange presentó el método por primera vez en su famoso trabajo sobre mecánica, escrito cuando tenía apenas 19 años.

Para ver cómo funciona esta técnica, suponga que se requiere hallar el rectángulo de área máxima que puede inscribirse en la elipse dada por

$$\frac{x^2}{3^2} + \frac{y^2}{4^2} = 1$$

Sea (x, y) el vértice del rectángulo que se encuentra en el primer cuadrante, como se muestra en la figura 8.78. Como el rectángulo tiene lados de longitudes $2x$ y $2y$, su área está dada por

$$f(x, y) = 4xy \qquad \text{Función objetivo.}$$

Se desea x y y tales que $f(x, y)$ sea un máximo. La elección de (x, y) está restringida a puntos del primer cuadrante que están en la elipse

$$\frac{x^2}{3^2} + \frac{y^2}{4^2} = 1 \qquad \text{Restricción.}$$

Ahora, considere la restricción como una curva de nivel fija de

$$g(x, y) = \frac{x^2}{3^2} + \frac{y^2}{4^2}$$

Las curvas de nivel de f representan una familia de hipérbolas

$$f(x, y) = 4xy = k$$

En esta familia, las curvas de nivel que satisfacen la restricción dada corresponden a hipérbolas que cortan a la elipse. Es más, para maximizar $f(x, y)$ se requiere hallar la hipérbola que justo satisfaga la restricción. La curva de nivel que hace esto es la que es tangente a la elipse, como se muestra en la figura 8.79.

Para ver las figuras a color, acceda al código

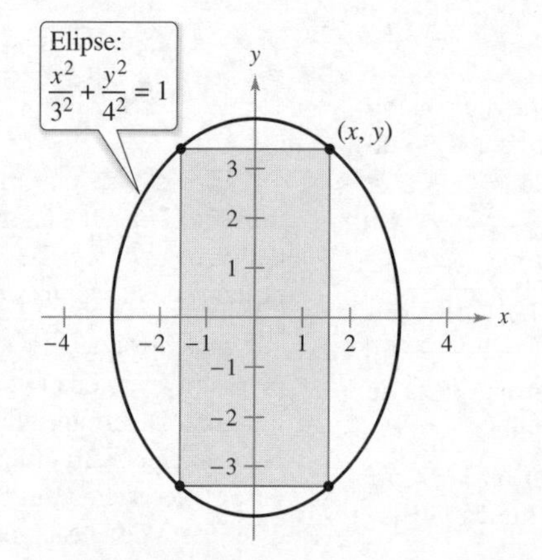

Función objetivo: $f(x, y) = 4xy$.

Figura 8.78

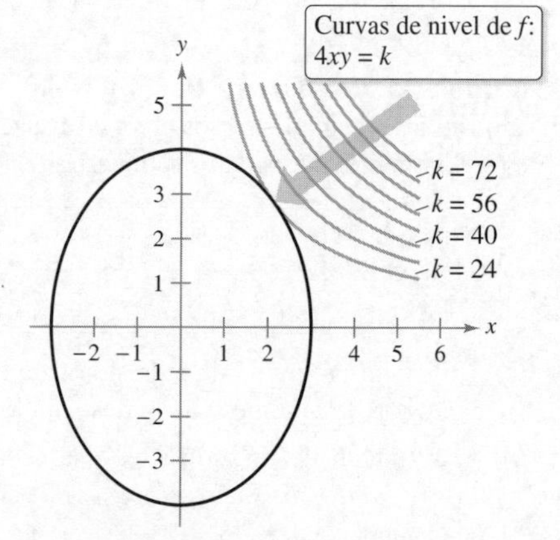

Restricción: $g(x, y) = \frac{x^2}{3^2} + \frac{y^2}{4^2} = 1$.

Figura 8.79

Para encontrar la hipérbola apropiada se usa el hecho de que dos curvas son tangentes en un punto si y solo si sus vectores gradiente son paralelos. Esto significa que $\nabla f(x, y)$ debe ser un múltiplo escalar de $\nabla g(x, y)$ en el punto de tangencia. En el contexto de los problemas de optimización con restricciones, este escalar se denota con λ (la letra griega *lambda* minúscula del alfabeto griego).

$$\nabla f(x, y) = \lambda \nabla g(x, y)$$

Al escalar λ se le conoce como un **multiplicador de Lagrange**. El teorema 8.19 da las condiciones necesarias para la existencia de tales multiplicadores.

TEOREMA 8.19 Teorema de Lagrange

Sean f y g funciones con primeras derivadas parciales continuas y tales que f tiene un extremo en un punto (x_0, y_0) sobre la curva suave de restricción $g(x, y) = c$. Si $\nabla g(x_0, y_0) \neq \mathbf{0}$, entonces existe un número real λ tal que

$$\nabla f(x_0, y_0) = \lambda \nabla g(x_0, y_0)$$

COMENTARIO
Utilizando un argumento similar con superficies de nivel y el teorema 8.14, se puede demostrar que el teorema de Lagrange también es válido para funciones de tres variables.

Demostración Para empezar, se representa la curva suave dada por $g(x, y) = c$ mediante la función vectorial

$$\mathbf{r}(t) = x(t)\mathbf{i} + y(t)\mathbf{j}, \quad \mathbf{r}'(t) \neq \mathbf{0}$$

donde x' y y' son funciones continuas en un intervalo abierto I. Se define la función h como $h(t) = f(x(t), y(t))$. Entonces, como $f(x_0, y_0)$ es un valor extremo de f se sabe que

$$h(t_0) = f(x(t_0), y(t_0)) = f(x_0, y_0)$$

es un valor extremo de h. Esto implica que $h'(t_0) = 0$, y por la regla de la cadena

$$\begin{aligned} h'(t_0) &= f_x(x_0, y_0)x'(t_0) + f_y(x_0, y_0)y'(t_0) \\ &= \nabla f(x_0, y_0) \cdot \mathbf{r}'(t_0) \\ &= 0 \end{aligned}$$

Así, $\nabla f(x_0, y_0)$ es ortogonal a $\mathbf{r}'(t_0)$. Por el teorema 8.12, $\nabla g(x_0, y_0)$ también es ortogonal a $\mathbf{r}'(t_0)$. Por consiguiente, los gradientes $\nabla f(x_0, y_0)$ y $\nabla g(x_0, y_0)$ son paralelos y debe existir un escalar λ tal que

$$\nabla f(x_0, y_0) = \lambda \nabla g(x_0, y_0)$$ ■

El método de los multiplicadores de Lagrange emplea el teorema 8.19 para encontrar los valores extremos de una función f sujeta a una restricción.

COMENTARIO Como verá en los ejemplos 1 y 2, el método de los multiplicadores de Lagrange requiere resolver sistemas de ecuaciones no lineales. Esto a menudo requiere de alguna manipulación algebraica ingeniosa.

Método de los multiplicadores de Lagrange

Sean f y g funciones que satisfacen las hipótesis del teorema de Lagrange, y sea f una función que tiene un mínimo o un máximo sujeto a la restricción $g(x, y) = c$. Para hallar el mínimo o el máximo de f, siga los pasos descritos a continuación.

1. Resolver simultáneamente las ecuaciones $\nabla f(x, y) = \lambda \nabla g(x, y)$ y $g(x, y) = c$ resolviendo el sistema de ecuaciones

$$\begin{aligned} f_x(x, y) &= \lambda g_x(x, y) \\ f_y(x, y) &= \lambda g_y(x, y) \\ g(x, y) &= c \end{aligned}$$

2. Evaluar f en cada punto solución obtenido en el primer paso. El valor mayor da el máximo de f sujeto a la restricción $g(x, y) = c$, y el valor menor da el mínimo de f sujeto a la restricción $g(x, y) = c$.

Problemas de optimización con restricciones

En el problema presentado al principio de esta sección, se requería maximizar el área de un rectángulo inscrito en una elipse. El ejemplo 1 muestra cómo usar los multiplicadores de Lagrange para resolver este mismo problema.

EJEMPLO 1 Multiplicador de Lagrange con una restricción

Encuentre el valor máximo de $f(x, y) = 4xy$, donde $x > 0$ y $y > 0$, sujeto a la restricción $(x^2/3^2) + (y^2/4^2) = 1$

Solución Para comenzar, sea

$$g(x, y) = \frac{x^2}{3^2} + \frac{y^2}{4^2} = 1$$

Igualando $\nabla f(x, y) = 4y\mathbf{i} + 4x\mathbf{j}$ y $\lambda \nabla g(x, y) = (2\lambda x/9)\mathbf{i} + (\lambda y/8)\mathbf{j}$, se puede obtener el sistema de ecuaciones

$$4y = \frac{2}{9}\lambda x \qquad f_x(x, y) = \lambda g_x(x, y)$$

$$4x = \frac{1}{8}\lambda y \qquad f_y(x, y) = \lambda g_y(x, y)$$

$$\frac{x^2}{3^2} + \frac{y^2}{4^2} = 1 \qquad \text{Restricción.}$$

COMENTARIO Observe que el expresar la restricción como

$$\frac{x^2}{3^2} + \frac{y^2}{4^2} = 1$$

o

$$\frac{x^2}{3^2} + \frac{y^2}{4^2} - 1 = 0$$

no afecta la solución, la constante se elimina cuando se calcula ∇g.

De la primera ecuación, se obtiene $\lambda = 18y/x$, que sustituido en la segunda ecuación da

$$4x = \frac{1}{8}\left(\frac{18y}{x}\right)y \quad \Longrightarrow \quad x^2 = \frac{9}{16}y^2$$

Sustituyendo este valor en la tercera ecuación produce

$$\frac{1}{9}\left(\frac{9}{16}y^2\right) + \frac{1}{16}y^2 = 1 \quad \Longrightarrow \quad y^2 = 8 \quad \Longrightarrow \quad y = \pm 2\sqrt{2}$$

Debido a que $y > 0$, se elige el valor positivo para encontrar que

$$\begin{aligned} x^2 &= \frac{9}{16}y^2 \\ &= \frac{9}{16}(8) \\ &= \frac{9}{2} \\ x &= \pm\frac{3}{\sqrt{2}} \end{aligned}$$

Debido a que $x > 0$, se elige el valor positivo. Por tanto, el valor máximo de f es

$$f\left(\frac{3}{\sqrt{2}}, 2\sqrt{2}\right) = 4\left(\frac{3}{\sqrt{2}}\right)(2\sqrt{2}) = 24$$

El ejemplo 1 también puede resolverse utilizando las técnicas aprendidas en el capítulo 3. Para ver cómo se hace esto, calcule el valor máximo de $A = 4xy$ dado que $(x^2/3^2) + (y^2/4^2) = 1$. Para empezar, despeje y de la segunda ecuación para obtener $y = \frac{4}{3}\sqrt{9 - x^2}$. Después sustituya este valor en la primera ecuación para obtener $A = 4x\left(\frac{4}{3}\sqrt{9 - x^2}\right)$. Por último, use las técnicas del capítulo 3 para maximizar A.

Para algunas aplicaciones industriales, un robot puede costar más que el salario anual y las prestaciones para un empleado. Entonces, los fabricantes deben equilibrar cuidadosamente la cantidad de dinero gastado en mano de obra y capital.

EJEMPLO 2 Una aplicación a la economía

La función de producción de Cobb-Douglas (vea la sección 8.1) para un fabricante de software está dada por

$$f(x, y) = 100x^{3/4}y^{1/4} \qquad \text{Función objetivo.}$$

donde x representa las unidades de trabajo (a \$150 por unidad) y y representa las unidades de capital (a \$250 por unidad). El costo total de trabajo y capital está limitado a \$50 000. Encuentre el nivel máximo de producción de este fabricante.

Solución El gradiente de f es

$$\nabla f(x, y) = 75x^{-1/4}y^{1/4}\mathbf{i} + 25x^{3/4}y^{-3/4}\mathbf{j}$$

El límite para el costo de trabajo y capital se refleja en la restricción

$$g(x, y) = 150x + 250y = 50\,000 \qquad \text{Restricción.}$$

Así, $\lambda\nabla g(x, y) = 150\lambda\mathbf{i} + 250\lambda\mathbf{j}$. Esto produce el sistema siguiente de ecuaciones.

$$\begin{aligned} 75x^{-1/4}y^{1/4} &= 150\lambda && f_x(x, y) = \lambda g_x(x, y) \\ 25x^{3/4}y^{-3/4} &= 250\lambda && f_y(x, y) = \lambda g_y(x, y) \\ 150x + 250y &= 50\,000 && \text{Restricción.} \end{aligned}$$

Al resolver para λ en la primera ecuación

$$\lambda = \frac{75x^{-1/4}y^{1/4}}{150} = \frac{x^{-1/4}y^{1/4}}{2}$$

y sustituir en la segunda ecuación, se obtiene

$$\begin{aligned} 25x^{3/4}y^{-3/4} &= 250\left(\frac{x^{-1/4}y^{1/4}}{2}\right) \\ 25x &= 125y && \text{Multiplique por } x^{1/4}y^{3/4} \\ x &= 5y \end{aligned}$$

Al sustituir este valor de x en la tercera ecuación, se tiene

$$\begin{aligned} 150(5y) + 250y &= 50\,000 \\ 1000y &= 50\,000 \\ y &= 50 \text{ unidades de capital} \end{aligned}$$

Esto significa que el valor de x es

$$\begin{aligned} x &= 5(50) \\ &= 250 \text{ unidades de trabajo} \end{aligned}$$

Por tanto, el nivel máximo de producción es

$$\begin{aligned} f(250, 50) &= 100(250)^{3/4}(50)^{1/4} \\ &\approx 16\,719 \text{ unidades producidas} \end{aligned}$$

Los economistas llaman al multiplicador de Lagrange obtenido en una función de producción la **productividad marginal del capital**. Por ejemplo, en el ejemplo 2 la productividad marginal de capital en $x = 250$ y $y = 50$ es

$$\lambda = \frac{x^{-1/4}y^{1/4}}{2} = \frac{(250)^{-1/4}(50)^{1/4}}{2} \approx 0.334$$

lo cual significa que por cada dólar adicional gastado en la producción, pueden producirse 0.334 unidades adicionales del producto.

PARA INFORMACIÓN ADICIONAL
Para más información sobre la utilización de los multiplicadores de Lagrange en economía, consulte el artículo "Lagrange Multiplier Problems in Economics" de John V. Baxley y John C. Moorhouse en *The American Mathematical Monthly*. Para ver este artículo vaya a *MathArticles.com* (disponible solo en inglés).

EJEMPLO 3 Multiplicadores de Lagrange y tres variables

Consulte LarsonCalculus.com (disponible solo en inglés) para una versión interactiva de este tipo de ejemplo.

Para ver las figuras a color, acceda al código

Encuentre el valor mínimo de

$$f(x, y, z) = 2x^2 + y^2 + 3z^2 \qquad \text{Función objetivo.}$$

sujeto a la restricción $2x - 3y - 4z = 49$

Solución Sea $g(x, y, z) = 2x - 3y - 4z = 49$. Entonces, como

$$\nabla f(x, y, z) = 4x\mathbf{i} + 2y\mathbf{j} + 6z\mathbf{k}$$

y

$$\lambda \nabla g(x, y, z) = 2\lambda \mathbf{i} - 3\lambda \mathbf{j} - 4\lambda \mathbf{k}$$

se obtiene el siguiente sistema de ecuaciones.

$$4x = 2\lambda \qquad f_x(x, y, z) = \lambda g_x(x, y, z)$$
$$2y = -3\lambda \qquad f_y(x, y, z) = \lambda g_y(x, y, z)$$
$$6z = -4\lambda \qquad f_z(x, y, z) = \lambda g_z(x, y, z)$$
$$2x - 3y - 4z = 49 \qquad \text{Restricción.}$$

La solución de este sistema es $x = 3$, $y = -9$ y $z = -4$. Por tanto, el valor óptimo de f es

$$f(3, -9, -4) = 2(3)^2 + (-9)^2 + 3(-4)^2$$
$$= 147$$

De la función original y de la restricción, resulta claro que $f(x, y, z)$ no tiene máximo. Por tanto, el valor óptimo de f determinado arriba es un mínimo.

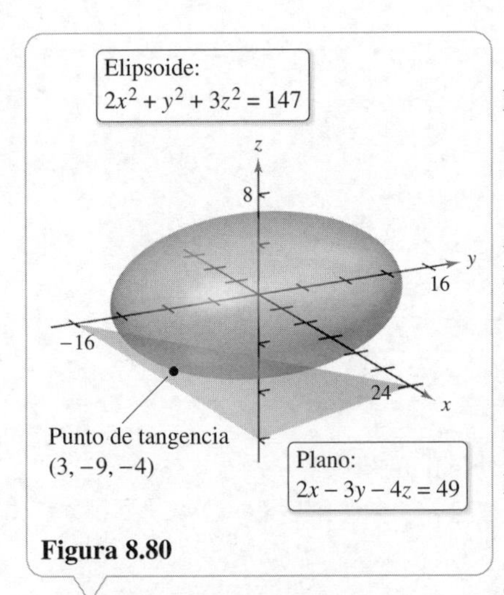

Figura 8.80

Para visualizar esta gráfica con **REALIDAD AUMENTADA**, puede introducir la ecuación en alguna aplicación de AR, como GeoGebra.

Una interpretación gráfica del problema de optimización con restricciones para dos variables fue dada al inicio de esta sección. Para tres variables la interpretación es similar, excepto que se usan superficies de nivel en lugar de curvas de nivel. Así, en el ejemplo 3 las superficies de nivel de f son elipsoides centradas en el origen, y la restricción

$$2x - 3y - 4z = 49$$

es un plano. El valor mínimo de f está representado por el elipsoide tangente al plano de restricción, como se muestra en la figura 8.80.

EJEMPLO 4 Optimizar el interior de una región

Encuentre los valores extremos de

$$f(x, y) = x^2 + 2y^2 - 2x + 3 \qquad \text{Función objetivo.}$$

sujeto a la restricción $x^2 + y^2 \leq 10$

Solución Para resolver este problema, se puede dividir la restricción en dos casos.

a. Para los puntos *en el círculo* $x^2 + 2y^2 = 10$, se pueden usar los multiplicadores de Lagrange para hallar que el valor máximo de $f(x, y)$ es 24 este valor se presenta en $(-1, 3)$ y en $(-1, -3)$. De manera similar, se puede determinar que el valor mínimo de $f(x, y)$ es aproximadamente 6.675, este valor se presenta en $(\sqrt{10}, 0)$.

b. Para los puntos *interiores al círculo,* se pueden usar las técnicas analizadas en la sección 8.8 para concluir que la función tiene un mínimo relativo de 2 en el punto $(1, 0)$.

Combinando estos dos resultados, se puede concluir que f tiene un máximo de 24 en $(-1, \pm 3)$ y un mínimo de 2 en $(1, 0)$ como se muestra en la figura 8.81.

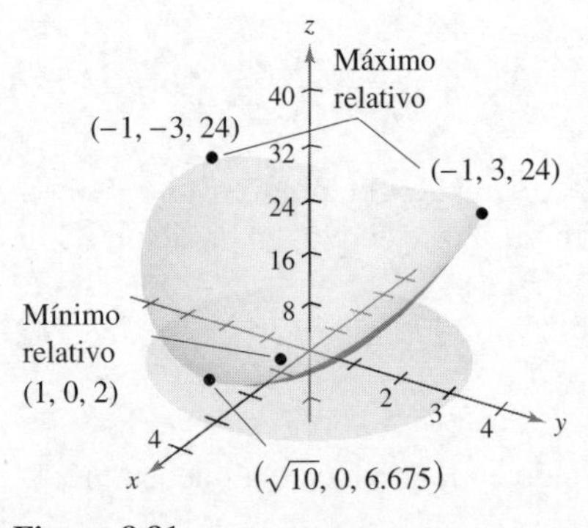

Figura 8.81

El método de multiplicadores de Lagrange con dos restricciones

En problemas de optimización que involucran *dos* funciones de restricción g y h se puede introducir un segundo multiplicador de Lagrange, μ (letra minúscula *mu* del alfabeto griego), y resolver la ecuación

$$\nabla f = \lambda \nabla g + \mu \nabla h$$

donde los vectores gradiente no son paralelos, como se ilustra en el ejemplo 5.

EJEMPLO 5 Optimizar con dos restricciones

Sea $T(x, y, z) = 20 + 2x + 2y + z^2$ la función de temperatura en cada punto en la esfera

$$x^2 + y^2 + z^2 = 11$$

Encuentre las temperaturas extremas en la curva formada por la intersección del plano $x + y + z = 3$ y la esfera.

Solución Las dos restricciones son

$$g(x, y, z) = x^2 + y^2 + z^2 = 11 \quad \text{y} \quad h(x, y, z) = x + y + z = 3$$

Usando

$$\nabla T(x, y, z) = 2\mathbf{i} + 2\mathbf{j} + 2z\mathbf{k}$$
$$\lambda \nabla g(x, y, z) = 2\lambda x\mathbf{i} + 2\lambda y\mathbf{j} + 2\lambda z\mathbf{k}$$

y

$$\mu \nabla h(x, y, z) = \mu\mathbf{i} + \mu\mathbf{j} + \mu\mathbf{k}$$

puede escribir el siguiente sistema de ecuaciones

$$2 = 2\lambda x + \mu \qquad T_x(x, y, z) = \lambda g_x(x, y, z) + \mu h_x(x, y, z)$$
$$2 = 2\lambda y + \mu \qquad T_y(x, y, z) = \lambda g_y(x, y, z) + \mu h_y(x, y, z)$$
$$2z = 2\lambda z + \mu \qquad T_z(x, y, z) = \lambda g_z(x, y, z) + \mu h_z(x, y, z)$$
$$x^2 + y^2 + z^2 = 11 \qquad \text{Restricción 1.}$$
$$x + y + z = 3 \qquad \text{Restricción 2.}$$

Restando la segunda ecuación de la primera, se obtiene el sistema

$$\lambda(x - y) = 0$$
$$2z(1 - \lambda) - \mu = 0$$
$$x^2 + y^2 + z^2 = 11$$
$$x + y + z = 3$$

COMENTARIO El sistema de ecuaciones que se obtiene en el método de los multiplicadores de Lagrange no es, en general, un sistema lineal, y a menudo hallar la solución requiere de ingenio.

De la primera ecuación, puede concluir que $\lambda = 0$ o $x = y$. Si $\lambda = 0$ se puede demostrar que los puntos críticos son $(3, -1, 1)$ y $(-1, 3, 1)$. (Tratar de hacer esto toma un poco de trabajo.) Si $\lambda \neq 0$, entonces $x = y$ y se puede demostrar que los puntos críticos se presentan donde $x = y = (3 \pm 2\sqrt{3})/3$ y $z = (3 \mp 4\sqrt{3})/3$. Por último, para encontrar las soluciones óptimas se deben comparar las temperaturas en los cuatro puntos críticos.

$$T(3, -1, 1) = T(-1, 3, 1) = 25$$
$$T\left(\frac{3 - 2\sqrt{3}}{3}, \frac{3 - 2\sqrt{3}}{3}, \frac{3 + 4\sqrt{3}}{3}\right) = \frac{91}{3} \approx 30.33$$
$$T\left(\frac{3 + 2\sqrt{3}}{3}, \frac{3 + 2\sqrt{3}}{3}, \frac{3 - 4\sqrt{3}}{3}\right) = \frac{91}{3} \approx 30.33$$

Así, $T = 25$ es la temperatura mínima y $T = \frac{91}{3}$ es la temperatura máxima en la curva. ■

8.10 Ejercicios

Las respuestas a los ejercicios impares pueden consultarse en el Apéndice de este libro.

Repaso de conceptos

1. Explique qué se entiende por problemas de optimización con restricciones.

2. Describa el método de los multiplicadores de Lagrange para resolver problemas de optimización con restricciones.

Usar multiplicadores de Lagrange **En los ejercicios 3 a 10, utilice multiplicadores de Lagrange para hallar el extremo indicado, suponga que *x* y *y* son positivas.**

3. Maximizar: $f(x, y) = xy$
   Restricción: $x + y = 10$

4. Minimizar: $f(x, y) = 2x + y$
   Restricción: $xy = 32$

5. Minimizar: $f(x, y) = x^2 + y^2$
   Restricción: $x + 2y - 5 = 0$

6. Maximizar: $f(x, y) = x^2 - y^2$
   Restricción: $2y - x^2 = 0$

7. Maximizar: $f(x, y) = 2x + 2xy + y$
   Restricción: $2x + y = 100$

8. Minimizar: $f(x, y) = 3x + y + 10$
   Restricción: $x^2y = 6$

9. Maximizar: $f(x, y) = \sqrt{6 - x^2 - y^2}$
   Restricción: $x + y - 2 = 0$

10. Minimizar: $f(x, y) = \sqrt{x^2 + y^2}$
    Restricción: $2x + 4y - 15 = 0$

Usar multiplicadores de Lagrange **En los ejercicios 11 a 14, utilice los multiplicadores de Lagrange para hallar los extremos indicados, suponiendo que *x*, *y* y *z* son positivas.**

11. Minimizar: $f(x, y, z) = x^2 + y^2 + z^2$
    Restricción: $x + y + z - 9 = 0$

12. Maximizar: $f(x, y, z) = xyz$
    Restricción: $x + y + z - 3 = 0$

13. Minimizar: $f(x, y, z) = x^2 + y^2 + z^2$
    Restricción: $x + y + z = 1$

14. Maximizar: $f(x, y, z) = x + y + z$
    Restricción: $x^2 + y^2 + z^2 = 1$

Para ver las figuras a color de la página 641, acceda al código

Usar multiplicadores de Lagrange **En los ejercicios 15 y 16, utilice los multiplicadores de Lagrange para hallar todos los extremos de la función sujetos a la restricción $x^2 + y^2 \leq 1$.**

15. $f(x, y) = x^2 + 3xy + y^2$

16. $f(x, y) = e^{-xy/4}$

Usar multiplicadores de Lagrange **En los ejercicios 17 y 18, utilice los multiplicadores de Lagrange para hallar los extremos de *f* indicados sujetos a dos restricciones. En cada caso, suponga que *x*, *y* y *z* son no negativas.**

17. Maximizar: $f(x, y, z) = xyz$
    Restricción: $x + y + z = 32, \quad x - y + z = 0$

18. Minimizar: $f(x, y, z) = x^2 + y^2 + z^2$
    Restricción: $x + 2z = 6, \quad x + y = 12$

Hallar la distancia mínima **En los ejercicios 19 a 28, use los multiplicadores de Lagrange para encontrar la distancia mínima desde la curva o superficie al punto indicado. (*Sugerencia:* Para simplificar los cálculos, minimice el cuadrado de la distancia.)**

Curva	Punto
19. Recta: $x + y = 1$	$(0, 0)$
20. Recta: $2x + 3y = -1$	$(0, 0)$
21. Recta: $x - y = 4$	$(0, 2)$
22. Recta: $x + 4y = 3$	$(1, 0)$
23. Parábola: $y = x^2$	$(0, 3)$
24. Parábola: $y = x^2$	$(-3, 0)$
25. Circunferencia: $x^2 + (y - 1)^2 = 9$	$(4, 4)$
26. Circunferencia: $(x - 4)^2 + y^2 = 4$	$(0, 10)$
Superficie	**Punto**
27. Plano: $x + y + z = 1$	$(2, 1, 1)$
28. Cono: $z = \sqrt{x^2 + y^2}$	$(4, 0, 0)$

Intersección de superficies **En los ejercicios 29 y 30, busque el punto más alto de la curva de intersección de las superficies.**

29. Cono: $x^2 + y^2 - z^2 = 0$
    Plano: $x + 2z = 4$

30. Esfera: $x^2 + y^2 + z^2 = 36$
    Plano: $2x + y - z = 2$

Usar multiplicadores de Lagrange **En los ejercicios 31 a 38, use los multiplicadores de Lagrange para resolver el ejercicio indicado en la sección 13.9.**

31. Ejercicio 3
32. Ejercicio 4
33. Ejercicio 7
34. Ejercicio 8
35. Ejercicio 11
36. Ejercicio 12
37. Ejercicio 17
38. Ejercicio 18

39. **Volumen máximo** Utilice multiplicadores de Lagrange para determinar las dimensiones de la caja rectangular de volumen máximo que puede ser inscrita (con los bordes paralelos a los ejes coordenados) en el elipsoide

$$\frac{x^2}{a^2} + \frac{y^2}{b^2} + \frac{z^2}{c^2} = 1$$

40. **¿CÓMO LO VE?** Las gráficas muestran la restricción y varias curvas de nivel de la función objetivo. Utilice la gráfica para aproximar los extremos indicados.

(a) Maximizar $z = xy$ (b) Minimizar $z = x^2 + y^2$

Restricción: $2x + y = 4$ Restricción: $x + y - 4 = 0$

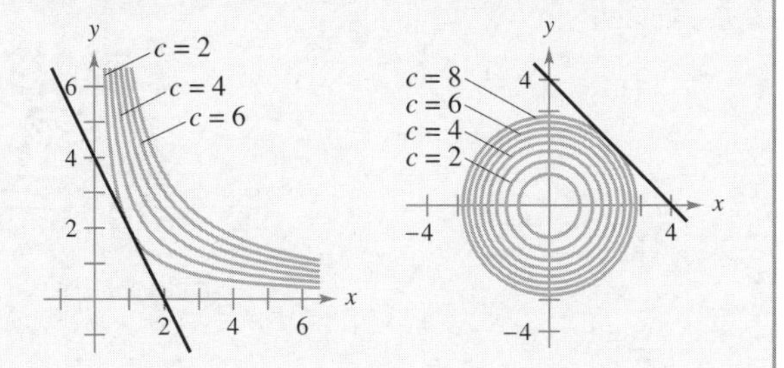

Exploración de conceptos

41. Explique por qué no es posible usar los multiplicadores de Lagrange para encontrar el mínimo de la función $f(x, y) = x$ sujeto a la restricción $y^2 + x^4 - x^3 = 0$.

42. Grafique las curvas de nivel de $f(x, y) = x^2 + y^2 = c$ para $c = 1, 2, 3$ y 4, y grafique la restricción $x + y = 2$. Explique de manera analítica cómo se sabe que el extremo de $f(x, y) = x^2 + y^2$ en $(1, 1)$ es un mínimo en lugar de un máximo.

43. Costo mínimo Un contenedor de carga (en forma de un sólido rectangular) debe tener un volumen de 480 pies cúbicos. La parte inferior costará \$5 por pie cuadrado para construir, y los lados y la parte superior costarán \$3 por pie cuadrado para construcción. Use los multiplicadores de Lagrange para encontrar las dimensiones del contenedor de este tamaño que tiene costo mínimo.

44. Medias geométrica y aritmética

(a) Utilice los multiplicadores de Lagrange para demostrar que el producto de tres números positivos x, y y z cuya suma tiene un valor constante S, es máxima cuando los tres números son iguales. Utilice este resultado para demostrar que

$$\sqrt[3]{xyz} \leq \frac{x + y + z}{3}$$

(b) Generalice el resultado del inciso (a) para demostrar que el producto $x_1x_2x_3 \ldots x_n$ es máximo cuando

$$x_1 = x_2 = x_3 = \cdots = x_n, \ \sum_{i=1}^{n} x_i = S, \text{ y todo } x_i \geq 0$$

Después, demuestre que

$$\sqrt[n]{x_1x_2x_3 \cdots x_n} = \frac{x_1 + x_2 + x_3 + \cdots + x_n}{n}$$

Esto demuestra que la media geométrica nunca es mayor que la media aritmética.

45. Superficie mínima Utilice multiplicadores de Lagrange para encontrar las dimensiones de un cilindro circular recto con volumen de V_0 y superficie mínima.

46. Temperatura Sea $T(x, y, z) = 100 + x^2 + y^2$ la temperatura en cada punto sobre la esfera

$$x^2 + y^2 + z^2 = 50$$

Utilice multiplicadores de Lagrange para encontrar la temperatura máxima en la curva formada por la intersección de la esfera y el plano $x - z = 0$.

47. Refracción de la luz Cuando las ondas de luz que viajan en un medio transparente atraviesan la superficie de un segundo medio transparente, tienden a "desviarse" para seguir la trayectoria de tiempo mínimo. Esta tendencia se llama *refracción* y está descrita por la **ley de refracción de Snell**

$$\frac{\text{sen } \theta_1}{v_1} = \frac{\text{sen } \theta_2}{v_2}$$

donde θ_1 y θ_2 son las magnitudes de los ángulos mostrados en la figura, y v_1 y v_2 son las velocidades de la luz en los dos medios. Utilice los multiplicadores de Lagrange para deducir esta ley usando $x + y = a$.

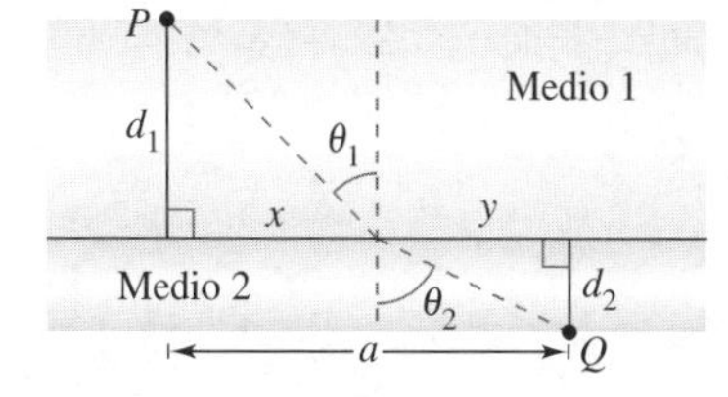

Figura para 47

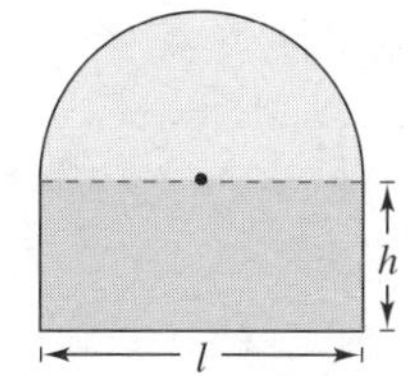

Figura para 48

48. Área y perímetro Un semicírculo está sobre un rectángulo (vea la figura). Si el área es fija y el perímetro es un mínimo, o si el perímetro es fijo y el área es un máximo, utilice multiplicadores de Lagrange para verificar que la longitud del rectángulo es el doble de su altura.

Nivel de producción En los ejercicios 49 y 50, utilice multiplicadores de Lagrange para encontrar el máximo nivel de producción P cuando el costo total de trabajo (a \$112 por unidad) y capital (a \$60 por unidad) está restringido a \$250 000, donde P es la función de producción, x es el número de unidades de trabajo y y es el número de unidades de capital.

49. $P(x, y) = 100x^{0.25}y^{0.75}$

50. $P(x, y) = 100x^{0.4}y^{0.6}$

Costo En los ejercicios 51 y 52, utilice multiplicadores de Lagrange para encontrar el costo mínimo de producir 50 000 unidades de un producto, donde P es la función de producción, x es el número de unidades de trabajo (a \$72 por unidad) y y es el número de unidades de capital (a \$60 por unidad).

51. $P(x, y) = 100x^{0.25}y^{0.75}$ **52.** $P(x, y) = 100x^{0.6}y^{0.4}$

DESAFÍO DEL EXAMEN PUTNAM

53. Una boya está hecha de tres piezas, a saber, un cilindro y dos conos iguales, la altura de cada uno de los conos es igual a la altura del cilindro. Para una superficie dada, ¿con qué forma se tendrá el volumen máximo?

Ejercicios de repaso

Las respuestas a los ejercicios impares pueden consultarse en el Apéndice de este libro.

Exploración de conceptos

En este capítulo se amplió el conocimiento del cálculo de funciones de una variable a funciones de dos o más variables. Muchas de las fórmulas y técnicas de este capítulo son extensiones de las utilizadas en capítulos anteriores del texto. A continuación, se enumeran varios ejemplos.

Una variable	**Dos variables**
Límite de $y = f(x)$	*Límite de* $z = f(x, y)$
$\lim_{x \to c} f(x) = L$	$\lim_{(x, y) \to (x_0, y_0)} f(x, y) = L$
Derivada de $y = f(x)$	*Derivada parcial de* $z = f(x, y)$
$\dfrac{dy}{dx} = \lim_{\Delta x \to 0} \dfrac{f(x + \Delta x) - f(x)}{\Delta x}$	$\dfrac{\partial z}{\partial x} = \lim_{\Delta x \to 0} \dfrac{f(x + \Delta x, y) - f(x, y)}{\Delta x}$

Para ver la figura a color, acceda al código

1. En sus propias palabras, describa cómo dibujar la gráfica de una función de dos variables.

2. ¿Cómo se puede visualizar una función de tres variables?

3. Use la gráfica para determinar si z es una función de x y y. Explique su respuesta.

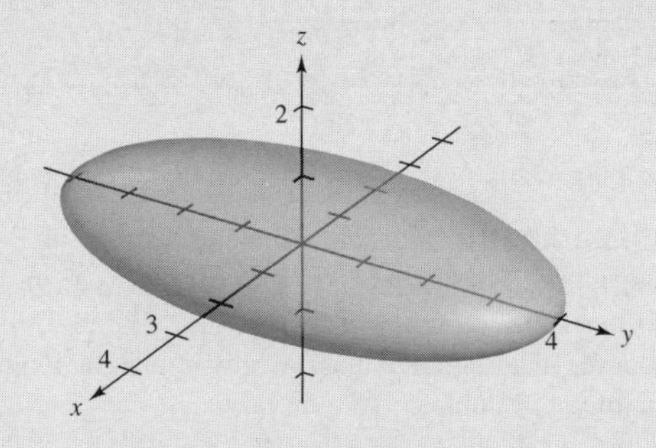

4. Trace la gráfica de una función $z = f(x, y)$ cuyas derivadas f_x y f_y son siempre negativas.

5. La figura muestra las curvas de nivel de una función desconocida $f(x, y)$. Si es posible, ¿qué información puede ser determinada en los puntos A, B, C y D? Explique su razonamiento.

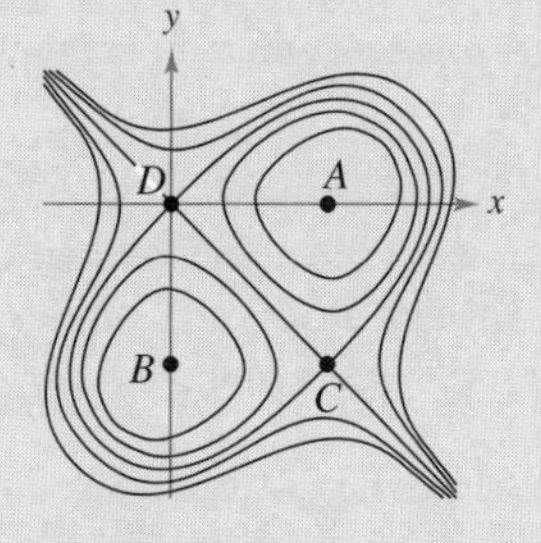

6. Considere las funciones $f(x, y) = x^2 - y^2$ y $g(x, y) = x^2 + y^2$

   (a) Demuestre que ambas funciones tienen un punto crítico en $(0, 0)$.

   (b) Explique cómo f y g se comportan de manera diferente en este punto crítico.

Evaluar una función **En los ejercicios 7 y 8, encuentre y simplifique los valores de la función.**

7. $f(x, y) = x^2y - 3$

   (a) $f(0, 4)$ (b) $f(2, -1)$ (c) $f(-3, 2)$ (d) $f(x, 7)$

8. $f(x, y) = 6 - 4x - 2y^2$

   (a) $f(0, 2)$ (b) $f(5, 0)$ (c) $f(-1, -2)$ (d) $f(-3, y)$

Hallar el dominio y el rango de una función **En los ejercicios 9 y 10, determine el dominio y el rango de la función.**

9. $f(x, y) = \dfrac{\sqrt{x}}{y}$

10. $f(x, y) = \sqrt{36 - x^2 - y^2}$

Trazar una superficie **En los ejercicios 11 y 12, describa y trace la superficie dada por la función.**

11. $f(x, y) = -2$

12. $g(x, y) = x$

Trazar un mapa de contorno **En los ejercicios 13 y 14, describa las curvas de nivel de la función. Trace un mapa de contorno de la superficie usando curvas de nivel para los valores de c dados.**

13. $z = 3 - 2x + y, \quad c = 0, 2, 4, 6, 8$

14. $z = 2x^2 + y^2, \quad c = 1, 2, 3, 4, 5$

15. **Conjetura** Considere la función $f(x, y) = x^2 + y^2$.

   (a) Trace la gráfica de la superficie dada por f.

   (b) Haga una conjetura sobre la relación entre las gráficas de f y $g(x, y) = f(x, y) + 2$. Explique su razonamiento.

   (c) Haga una conjetura sobre la relación entre las gráficas de f y $g(x, y) = f(x, y - 2)$. Explique su razonamiento.

   (d) Sobre la superficie en el inciso (a), trace las gráficas $z = f(1, y)$ y $z = f(x, 1)$.

16. Función de producción de Cobb-Douglas Un fabricante estima que su producción puede ser modelada por

$$f(x, y) = 100x^{0.8}y^{0.2}$$

donde x es el número de unidades de trabajo y y es el número de unidades de capital.

(a) Encuentre el nivel de producción cuando $x = 100$ y $y = 200$.

(b) Encuentre el nivel de producción cuando $x = 500$ y $y = 1500$.

Dibujar una superficie de nivel **En los ejercicios 17 y 18, dibuje la gráfica de la superficie de nivel $f(x, y, z) = c$ para un valor dado c.**

17. $f(x, y, z) = x^2 - y + z^2, \quad c = 2$

18. $f(x, y, z) = 4x^2 - y^2 + 4z^2, \quad c = 0$

Límite y continuidad **En los ejercicios 19 a 24, encuentre el límite (si éste existe) y analice la continuidad de la función.**

19. $\displaystyle\lim_{(x, y)\to(1, 1)} \frac{xy}{x^2 + y^2}$

20. $\displaystyle\lim_{(x, y)\to(1, 1)} \frac{xy}{x^2 - y^2}$

21. $\displaystyle\lim_{(x, y)\to(0, 0)} \frac{y + xe^{-y^2}}{1 + x^2}$

22. $\displaystyle\lim_{(x, y)\to(0, 0)} \frac{x^2y}{x^4 + y^2}$

23. $\displaystyle\lim_{(x, y, z)\to(-3, 1, 2)} \frac{\ln z}{xy - z}$

24. $\displaystyle\lim_{(x, y, z)\to(1, 3, \pi)} \operatorname{sen} \frac{xz}{2y}$

Hallar derivadas parciales **En los ejercicios 25 a 32, determine todas las primeras derivadas parciales.**

25. $f(x, y) = 5x^3 + 7y - 3$

26. $f(x, y) = 4x^2 - 2xy + y^2$

27. $f(x, y) = e^x \cos y$

28. $f(x, y) = \dfrac{xy}{x + y}$

29. $f(x, y) = y^3e^{y/x}$

30. $z = \ln(x^2 + y^2 + 1)$

31. $f(x, y, z) = 2xz^2 + 6xyz$

32. $w = \sqrt{x^2 - y^2 - z^2}$

Encontrar y evaluar derivadas parciales **En los ejercicios 33 a 36, encuentre todas las primeras derivadas parciales y evalúelas en el punto indicado.**

33. $f(x, y) = x^2 - y, \quad (0, 2)$

34. $f(x, y) = xe^{2y}, \quad (-1, 1)$

35. $f(x, y, z) = xy \cos xz, \quad (2, 3, -\pi/3)$

36. $f(x, y, z) = \sqrt{x^2 + y - z^2}, \quad (-3, -3, 1)$

Hallar segundas derivadas parciales **En los ejercicios 37 a 40, determine las cuatro segundas derivadas parciales. Observe que las derivadas parciales mixtas son iguales.**

37. $f(x, y) = 3x^2 - xy + 2y^3$

38. $h(x, y) = \dfrac{x}{x + y}$

39. $h(x, y) = x \operatorname{sen} y + y \cos x$

40. $g(x, y) = \cos(x - 2y)$

41. Hallar las pendientes de una superficie Determine las pendientes de la superficie

$$z = x^2 \ln(y + 1)$$

en las direcciones x y y en el punto $(2, 0, 0)$.

42. Ingreso marginal Una empresa tiene dos plantas que producen la misma podadora de césped. Si x_1 y x_2 son los números de unidades producidas en la planta 1 y en la planta 2, respectivamente, entonces los ingresos totales de la producción están dados por

$$R = 300x_1 + 300x_2 - 5x_1^2 - 10x_1x_2 - 5x_2^2$$

Si $x_1 = 5$ y $x_2 = 8$, determine (a) el ingreso marginal para la planta 1, $\partial R/\partial x_1$, y (b) el ingreso marginal para la planta 2, $\partial R/\partial x_2$.

Hallar una diferencial total **En los ejercicios 43 a 46, determine la diferencial total.**

43. $z = x \operatorname{sen} xy$

44. $z = 5x^4y^3$

45. $w = 3xy^2 - 2x^3yz^2$

46. $w = \dfrac{3x + 4y}{y + 3z}$

Usar una diferencial como una aproximación **En los ejercicios 47 y 48, (a) evalúe $f(2, 1)$ y $f(2.1, 1.05)$ y calcule Δz, y (b) utilice la diferencial total dz para aproximar Δz.**

47. $f(x, y) = 4x + 2y$

48. $f(x, y) = 36 - x^2 - y^2$

49. Volumen El posible error implicado en la medida de cada dimensión de un cono circular recto es $\pm\frac{1}{8}$ pulg. El radio es de 2 pulgadas y la altura de 5 pulgadas. Aproxime la propagación del error y el error relativo en el cálculo del volumen del cono.

50. Superficie lateral Aproxime la propagación de error y el error relativo en el cálculo de la superficie lateral del cono del ejercicio 49. (La superficie lateral está dada por $A = \pi r\sqrt{r^2 + h^2}$.)

Diferenciabilidad **En los ejercicios 51 y 52, muestre que la función es diferenciable encontrando valores ε_1 y ε_2 como se designaron en la definición de diferenciabilidad y verifique que ambos ε_1 y ε_2 tienden a 0 cuando $(\Delta x, \Delta y)\to(0, 0)$.**

51. $f(x, y) = 6x - y^2$

52. $f(x, y) = xy^2$

Usar diferentes métodos **En los ejercicios 53 a 56, encuentre dw/dt (a) utilizando la regla de la cadena apropiada y (b) convirtiendo w en función de t antes de derivar.**

53. $w = \ln(x^2 + y), \quad x = 2t, \quad y = 4 - t$

54. $w = y^2 - x, \quad x = \cos t, \quad y = \operatorname{sen} t$

55. $w = x^2z + y + z, \quad x = e^t, \quad y = t, \quad z = t^2$

56. $w = \operatorname{sen} x + y^2z + 2z, \quad x = \operatorname{arcsen}(t - 1), \quad y = t^3, \quad z = 3$

Usar diferentes métodos **En los ejercicios 57 y 58, encuentre $\partial w/\partial r$ y $\partial w/\partial t$ (a) utilizando la regla de la cadena apropiada y (b) convirtiendo w en una función de r y de t antes de derivar.**

57. $w = \dfrac{xy}{z}, \quad x = 2r + t, \quad y = rt, \quad z = 2r - t$

58. $w = x^2 + y^2 + z^2, \quad x = r \cos t, \quad y = r \operatorname{sen} t, \quad z = t$

Encontrar una derivada implícita **En los ejercicios 59 y 60, derive implícitamente para encontrar dy/dx.**

59. $x^3 - xy + 5y = 0$

60. $\dfrac{xy^2}{x + y} = 3$

Hallar derivadas parciales implícitamente **En los ejercicios 61 y 62, encuentre las primeras derivadas parciales de z por derivación implícita.**

61. $x^2 + xy + y^2 + yz + z^2 = 0$

62. $xz^2 - y \operatorname{sen} z = 0$

Hallar una derivada direccional **En los ejercicios 63 y 64, use el teorema 8.9 para encontrar la derivada direccional de la función en P en dirección de v.**

63. $f(x, y) = x^2y, \quad P(-5, 5), \quad \mathbf{v} = 3\mathbf{i} - 4\mathbf{j}$

64. $f(x, y) = \frac{1}{4}y^2 - x^2, \quad P(1, 4), \quad \mathbf{v} = 2\mathbf{i} + \mathbf{j}$

Hallar una derivada direccional **En los ejercicios 65 y 66, use el gradiente para encontrar la derivada direccional de la función en P en dirección de v.**

65. $w = y^2 + xz, \quad P(1, 2, 2), \quad \mathbf{v} = 2\mathbf{i} - \mathbf{j} + 2\mathbf{k}$

66. $w = 5x^2 + 2xy - 3y^2z, \quad P(1, 0, 1), \quad \mathbf{v} = \mathbf{i} + \mathbf{j} - \mathbf{k}$

Usar propiedades del gradiente **En los ejercicios 67 a 72, encuentre el gradiente de la función y el máximo valor de la derivada direccional en el punto dado.**

67. $z = x^2y, \quad (2, 1)$

68. $z = e^{-x} \cos y, \quad \left(0, \dfrac{\pi}{4}\right)$

69. $z = \dfrac{y}{x^2 + y^2}, \quad (1, 1)$

70. $z = \dfrac{x^2}{x - y}, \quad (2, 1)$

71. $w = x^4y - y^2z^2, \quad \left(-1, \frac{1}{2}, 2\right)$

72. $w = e^{\sqrt{x+y+z^2}}, \quad (5, 0, 2)$

Usar una función **En los ejercicios 73 y 74, (a) encuentre el gradiente de la función en P, (b) encuentre un vector normal unitario para la curva de nivel $f(x, y) = c$ en P, (c) encuentre la recta tangente a la curva de nivel $f(x, y) = c$ en P y (d) trace la curva de nivel, el vector unitario normal y la recta tangente en el plano xy.**

73. $f(x, y) = 9x^2 - 4y^2$

$c = 65, \quad P(3, 2)$

74. $f(x, y) = 4y \operatorname{sen} x - y$

$c = 3, \quad P\left(\dfrac{\pi}{2}, 1\right)$

Hallar una ecuación de un plano tangente **En los ejercicios 75 a 78, encuentre una ecuación del plano tangente a la superficie en el punto dado.**

75. $z = x^2 + y^2 + 2, \quad (1, 3, 12)$

76. $9x^2 + y^2 + 4z^2 = 25, \quad (0, -3, 2)$

77. $z = -9 + 4x - 6y - x^2 - y^2, \quad (2, -3, 4)$

78. $f(x, y) = \sqrt{25 - y^2}, \quad (2, 3, 4)$

Hallar una ecuación de un plano tangente y una recta normal **En los ejercicios 79 y 80, encuentre (a) una ecuación del plano tangente y (b) un conjunto de ecuaciones simétricas para la recta normal, a la superficie dada en el punto indicado.**

79. $f(x, y) = x^2y, \quad (2, 1, 4)$

80. $z = \sqrt{9 - x^2 - y^2}, \quad (1, 2, 2)$

Encontrar el ángulo de inclinación de un plano tangente **En los ejercicios 81 y 82, encuentre el ángulo de inclinación del plano tangente a la superficie dada en el punto indicado.**

81. $x^2 + y^2 + z^2 = 14, \quad (2, 1, 3)$

82. $xy + yz^2 = 32, \quad (-4, 1, 6)$

Plano tangente horizontal **En los ejercicios 83 y 84, encuentre el (los) punto(s) sobre la superficie en los que el plano tangente es horizontal.**

83. $z = 9 - 2x^2 + y^3$

84. $z = 2xy + 3x + 5y$

Usar el criterio de segundas parciales **En los ejercicios 85 a 90, encuentre todos los extremos relativos y puntos silla de la función. Utilice el criterio de las segundas derivadas parciales donde sea posible.**

85. $f(x, y) = -x^2 - 4y^2 + 8x - 8y - 11$

86. $f(x, y) = x^2 - y^2 - 16x - 16y$

87. $f(x, y) = 2x^2 + 6xy + 9y^2 + 8x + 14$

88. $f(x, y) = x^6y^6$

89. $f(x, y) = xy + \dfrac{1}{x} + \dfrac{1}{y}$

90. $f(x, y) = -8x^2 + 4xy - y^2 + 12x + 7$

91. **Hallar la distancia mínima** Determine la distancia mínima del punto (2, 1, 4) a la suferficie $x + y + z = 4$. (*Sugerencia:* Para simplificar los cálculos, minimice el cuadrado de la distancia.)

92. **Hallar los números positivos** Determine tres números positivos, x, y y z, tales que el producto es 64 y la suma es mínima.

93. **Ingreso máximo** Una compañía fabrica dos tipos de bicicletas, una bicicleta de carreras y una bicicleta de montaña. El ingreso total de x_1 unidades de bicicletas de carrera y x_2 unidades de bicicletas de montaña es

$$R = -6x_1^2 - 10x_2^2 - 2x_1x_2 + 32x_1 + 84x_2$$

donde x_1 y x_2 están en miles de unidades. Encuentre x_1 y x_2 de tal forma que maximicen el ingreso.

94. **Máxima ganancia** Una corporación fabrica cámaras digitales en dos lugares. Las funciones de costo para producir x_1 unidades en el lugar 1 es $C_1 = 0.05x_1^2 + 15x_1 + 5\,400$ y x_2 unidades en el lugar 2 es $C_2 = 0.03x_2^2 + 15x_2 + 6\,100$. Las cámaras digitales se venden a \$180 por unidad. Determine los niveles de producción en los dos lugares que maximizan la ganancia $P = 180(x_1 + x_2) - C_1 - C_2$.

Hallar la recta de regresión de mínimos cuadrados **En los ejercicios 95 y 96, determine la recta de regresión de mínimos cuadrados para los puntos. Utilice las capacidades de regresión de una herramienta de graficación para comparar sus resultados. Use la herramienta de graficación para trazar los puntos y graficar la recta de regresión.**

95. (0, 4), (1, 5), (3, 6), (6, 8), (8, 10)

96. (0, 10), (2, 8), (4, 7), (7, 5), (9, 3), (12, 0)

97. Modelado de datos Un agrónomo prueba cuatro fertilizantes en los campos de cultivo para determinar la relación entre la producción de trigo y (en bushels por acre) y la cantidad de fertilizante x (en cientos de libras por acre). Los resultados se muestran en la tabla. Utilice el programa de regresión de una herramienta de graficación para hallar la recta de regresión de mínimos cuadrados para los datos. Utilice el modelo para estimar la producción para una aplicación de 175 libras de fertilizante por acre.

Fertilizante, x	100	150	200	250
Cosecha, y	35	44	50	56

98. Modelado de datos La tabla muestra los datos de producto y (en miligramos) de una reacción química después de t minutos.

Minutos, t	1	2	3	4	5	6	7	8
Producto, y	1.2	7.1	9.9	13.1	15.5	16.0	17.9	18.0

(a) Use las capacidades de regresión de una herramienta de graficación para encontrar la recta de regresión de mínimos cuadrados. Después utilice la herramienta para trazar los datos y graficar el modelo.

(b) Utilice una herramienta de graficación para los puntos $(\ln t, y)$. Estos puntos parecen seguir un patrón lineal más cerca que la gráfica de los datos dados en el inciso (a)?

(c) Use alguna utilidad gráfica para encontrar la recta de regresión de mínimos cuadrados para los puntos $(\ln t, y)$ y obtener el modelo logarítmico $y = a + b \ln t$. A continuación trace los datos originales y grafique los modelos lineal y logarítmico. ¿Cuál es el mejor modelo? Explique.

Usar los multiplicadores de Lagrange En los ejercicios 99 a 104, utilice los multiplicadores de Lagrange para encontrar los extremos indicados, suponga que x y y son positivos.

99. Minimizar: $f(x, y) = x^2 + y^2$

Restricción: $x + y - 8 = 0$

100. Maximizar: $f(x, y) = xy$

Restricción: $x + 3y - 6 = 0$

101. Maximizar: $f(x, y) = 2x + 3xy + y$

Restricción: $x + 2y = 29$

102. Minimizar: $f(x, y) = x^2 - y^2$

Restricción: $x - 2y + 6 = 0$

103. Maximizar: $f(x, y) = 2xy$

Restricción: $2x + y = 12$

104. Minimizar: $f(x, y) = 3x^2 - y^2$

Restricción: $2x - 2y + 5 = 0$

Para ver las figuras a color, acceda al código

105. Costo mínimo Se quiere construir un conducto para agua desde el punto P al punto S, y debe atravesar regiones donde los costos de construcción difieren (vea la figura). El costo por kilómetro en dólares es $3k$ de P a Q, $2k$ de Q a R y k de R a S. Por simplicidad tome $k = 1$. Use multiplicadores de Lagrange para hallar x, y y z tales que el costo total C se minimice.

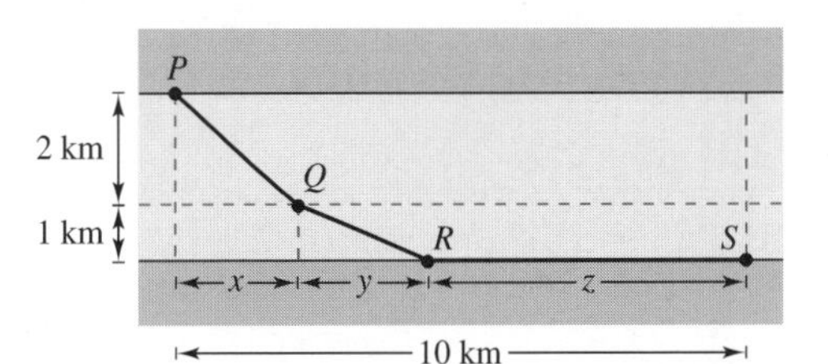

Construcción de conceptos

106. La **fórmula de Herón** establece que el área de un triángulo con lados de longitudes a, b y c está dada por

$$A = \sqrt{s(s-a)(s-b)(s-c)}$$

donde

$$s = \frac{a+b+c}{2}$$

como se muestra en la figura.

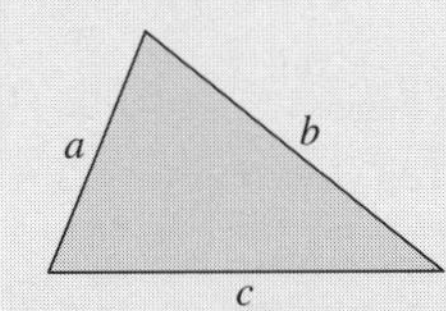

(a) Use la fórmula de Herón para encontrar el área del triángulo con vértices (0, 0), (3, 4) y (6, 0).

(b) Demuestre que entre todos los triángulos que tienen un perímetro fijo, el triángulo con el área más grande es un triángulo equilátero.

(c) Demuestre que entre todos los triángulos que tienen un área fija, el triángulo de menor perímetro es un triángulo equilátero.

107. La ley de los gases ideales establece que $PV = nRT$, donde P es la presión, V es el volumen, n es el número de moles de gas, R es una constante fija (la constante del gas) y T es la temperatura (en Kelvins). La **ecuación de van der Waals**

$$\left(P + \frac{an^2}{V^2}\right)(V - nb) = nRT$$

es una modificación de la ley de los gases ideales. donde b es el volumen por mol que está ocupado por las moléculas de gas, y a es una constante que representa la interacción de las moléculas de gas. Encuentre $\partial P/\partial V$ y $\partial T/\partial P$.

108. Demuestre que

$$u(x, t) = \frac{1}{2}\left[f(x - ct) + f(x + ct)\right]$$

es una solución de la ecuación de onda unidimensional

$$\frac{\partial^2 u}{\partial t^2} = c^2 \frac{\partial^2 u}{\partial x^2}$$

(Esta ecuación describe la pequeña vibración transversal de una cuerda elástica como las de ciertos instrumentos musicales.)

Solución de problemas

1. **Plano tangente** Sea $P(x_0, y_0, z_0)$ un punto en el primer octante en la superficie $xyz = 1$, como se muestra en la figura.
   (a) Encuentre la ecuación del plano tangente a la superficie en el punto P.
   (b) Demuestre que el volumen del tetraedro formado en los tres planos de coordenadas y el plano tangente es constante, independiente del punto de tangencia (vea la figura).

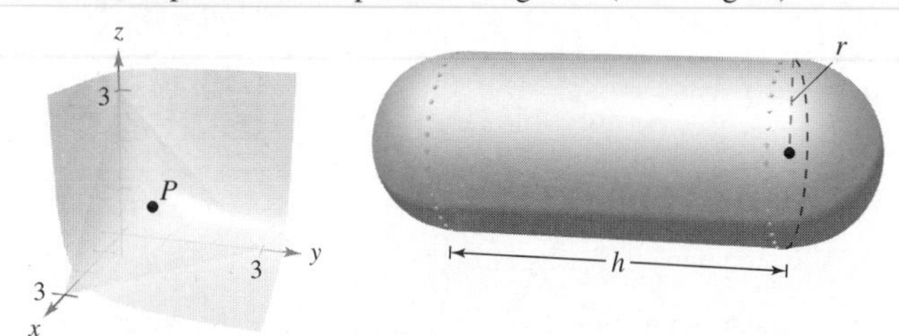

Figura para 1 Figura para 2

2. **Minimizar material** Un tanque industrial tiene forma cilíndrica con extremos hemisféricos, como se muestra en la figura. El depósito debe almacenar 1000 litros de fluido. Determine el radio r y la longitud h que minimizan la cantidad de material utilizado para la construcción del tanque.

3. **Hallar valores máximos y mínimos**
   (a) Sean $f(x, y) = x - y$ y $g(x, y) = x^2 + y^2 = 4$. Grafique varias curvas de nivel de f y la restricción g en el plano xy. Use la gráfica para determinar el valor mayor de f sujeto a la restricción $g = 4$. Después, verifique su resultado mediante los multiplicadores de Lagrange.
   (b) Sean $f(x, y) = x - y$ y $g(x, y) = x^2 + y^2 = 0$. Encuentre los valores máximos y mínimos de f sujetos a la restricción $g = 0$. ¿Funcionará el método de los multiplicadores de Lagrange en este caso? Explique.

4. **Usar funciones** Use alguna utilidad de graficación y represente las funciones $f(x) = \sqrt[3]{x^3 - 1}$ y $g(x) = x$ en la misma ventana de visualización.
   (a) Demuestre que
   $$\lim_{x\to\infty} [f(x) - g(x)] = 0 \quad \text{y} \quad \lim_{x\to-\infty} [f(x) - g(x)] = 0$$
   (b) Encuentre el punto en la gráfica de f que está más alejado de la gráfica de g.

5. **Función de producción de Cobb-Douglas** Considere la función de producción de Cobb-Douglas
   $$f(x, y) = Cx^a y^{1-a}, \quad 0 < a < 1$$
   (a) Demuestre que f satisface la ecuación $x\dfrac{\partial f}{\partial x} + y\dfrac{\partial f}{\partial y} = f$
   (b) Demuestre que $f(tx, ty) = tf(x, y)$.

6. **Ecuación de Laplace** Reescriba la ecuación de Laplace
   $$\frac{\partial^2 u}{\partial x^2} + \frac{\partial^2 u}{\partial y^2} + \frac{\partial^2 u}{\partial z^2} = 0$$
   en coordenadas cilíndricas.

7. **Determinar puntos extremos y puntos silla** Considere la función
   $$f(x, y) = (\alpha x^2 + \beta y^2)e^{-(x^2 + y^2)}, \quad 0 < |\alpha| < \beta$$
   (a) Use alguna utilidad de graficación y represente gráficamente la función empleando $\alpha = 1$ y $\beta = 2$, e identifique todos los extremos o puntos silla.
   (b) Use alguna utilidad de graficación y represente gráficamente la función empleando $\alpha = -1$ y $\beta = 2$, e identifique todos los extremos o puntos silla.
   (c) Generalice los resultados de los incisos (a) y (b) para la función f.

8. **Temperatura** Considere una placa circular de radio 1 dada por $x^2 + y^2 \leq 1$, como se muestra en la figura. La temperatura sobre cualquier punto $P(x, y)$ de la placa está dada por la función $T(x, y) = 2x^2 + y^2 - y + 10$.

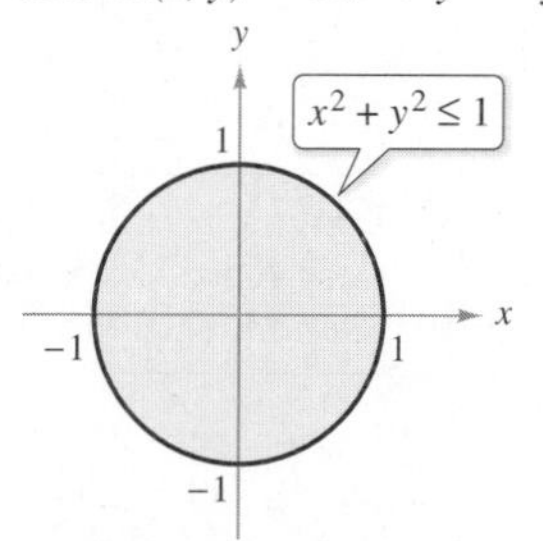

Para ver las figuras a color, acceda al código

   (a) Dibuje la isoterma $T(x, y) = 10$. Para imprimir una copia ampliada de la gráfica, vaya a *MathGraphs.com* (disponible solo en inglés).
   (b) Determine el punto más caliente y el punto más frío de la placa.

9. **Ecuación de onda** Demuestre que
   $$u(x, t) = \frac{1}{2}[\operatorname{sen}(x - t) + \operatorname{sen}(x + t)]$$
   es una solución a la ecuación de onda unidimensional
   $$\frac{\partial^2 u}{\partial t^2} = \frac{\partial^2 u}{\partial x^2}$$

10. **Planos tangentes** Sea f una función de una variable derivable. Demuestre que los planos tangentes a la superficie $z = yf(x/y)$ se cortan en un punto común.

11. **Verificar ecuaciones** Considere la función $w = f(x, y)$, donde $x = r\cos\theta$ y $y = r\operatorname{sen}\theta$. Verifique cada una de las siguientes ecuaciones.
   (a) $$\frac{\partial w}{\partial x} = \frac{\partial w}{\partial r}\cos\theta - \frac{\partial w}{\partial \theta}\frac{\operatorname{sen}\theta}{r}$$
   $$\frac{\partial w}{\partial y} = \frac{\partial w}{\partial r}\operatorname{sen}\theta + \frac{\partial w}{\partial \theta}\frac{\cos\theta}{r}$$
   (b) $$\left(\frac{\partial w}{\partial x}\right)^2 + \left(\frac{\partial w}{\partial y}\right)^2 = \left(\frac{\partial w}{\partial r}\right)^2 + \left(\frac{1}{r^2}\right)\left(\frac{\partial w}{\partial \theta}\right)^2$$

12. **Usar una función** Demuestre el resultado del ejercicio 11(b) para
   $$w = \arctan\frac{y}{x}$$

13. **Demostración** Demuestre que si f es una función diferenciable tal que $\nabla f(x_0, y_0) = 0$, entonces el plano tangente en (x_0, y_0) es horizontal.

9 Integración múltiple

9.2 Integrales dobles y volumen (*Ejercicio 57, p. 666*)

9.3 Glaciar (*Ejercicio 58, p. 675*)

9.4 Centro de presión sobre una vela (*Proyecto de trabajo, p. 683*)

9.5 Área de una superficie (*Ejercicio 34, p. 690*)

9.1 Integrales iteradas y área en el plano

- **Evaluar una integral iterada.**
- **Utilizar una integral iterada para hallar el área de una región plana.**

Grandes ideas del cálculo

Así como se extendieron los conceptos de límites y derivadas a funciones de varias variables, se puede extender la integración *simple*

$$\int_a^b f(x)\,dx$$

a la integración *múltiple*. En la integración múltiple, el integrando es una función de varias variables, como

$$\int_a^b \int_{g_1(x)}^{g_2(x)} f(x, y)\,dy\,dx$$

Con la integración múltiple se pueden analizar regiones más generales para encontrar sus volúmenes, masas y centroides. Además, se puede encontrar el centro de masa y momentos de inercia de un sólido con densidad variable.

Integrales iteradas

En el capítulo 9 se estudiarán varias aplicaciones de integración que involucran funciones de varias variables. Este capítulo es muy similar al capítulo 6, ya que ilustra el uso de la integración para hallar áreas planas, volúmenes, áreas de superficies, momentos y centros de masa.

En el capítulo 8 se estudió cómo derivar funciones de varias variables respecto a una variable manteniendo constantes las demás variables. Empleando un procedimiento similar se pueden *integrar* funciones de varias variables. Como un ejemplo, considere la derivada parcial $f_x(x, y) = 2xy$. Considerando a y constante, se puede integrar respecto a x para obtener

$$\begin{aligned}
f(x, y) &= \int f_x(x, y)\,dx && \text{Integre respecto a } x. \\
&= \int 2xy\,dx && \text{Mantenga } y \text{ constante.} \\
&= y\int 2x\,dx && \text{Saque } y \text{ como factor constante.} \\
&= y(x^2) + C(y) && \text{La antiderivada de } 2x \text{ es } x^2. \\
&= x^2y + C(y) && C(y) \text{ es una función de } y.
\end{aligned}$$

La "constante" de integración, $C(y)$, es una función de y. En otras palabras, al integrar respecto a x, se puede recuperar $f(x, y)$ solo parcialmente. La recuperación total de una función de x y y a partir de sus derivadas parciales es un tema que se estudia en un curso completo de análisis vectorial. Por ahora, lo que interesa es extender las integrales definidas a funciones de varias variables. Por ejemplo, al considerar y constante, se puede aplicar el teorema fundamental del cálculo para evaluar

$$\int_1^{2y} 2xy\,dx = x^2y\Big]_1^{2y} = (2y)^2y - (1)^2y = 4y^3 - y$$

x es la variable de integración y y es constante. — Sustituya x por los límites de integración. — El resultado es una función de y.

De manera similar se puede integrar respecto a y, manteniendo x fija. Ambos procedimientos se resumen como sigue.

$$\int_{h_1(y)}^{h_2(y)} f_x(x, y)\,dx = f(x, y)\Big]_{h_1(y)}^{h_2(y)} = f(h_2(y), y) - f(h_1(y), y) \qquad \text{Respecto a } x.$$

$$\int_{g_1(x)}^{g_2(x)} f_y(x, y)\,dy = f(x, y)\Big]_{g_1(x)}^{g_2(x)} = f(x, g_2(x)) - f(x, g_1(x)) \qquad \text{Respecto a } y.$$

Observe que la variable de integración no puede aparecer en ninguno de los límites de integración. Por ejemplo, no tiene ningún sentido escribir

$$\int_0^x y\,dx$$

EJEMPLO 1 Integrar respecto a y

Evaluar $\displaystyle\int_1^x (2xy + 3y^2)\, dy$

Solución Al considerar a x como constante e integrar respecto a y, se tiene

$$\int_1^x (2xy + 3y^2)\, dy = \Big[xy^2 + y^3\Big]_1^x \qquad \text{Integre respecto a } y.$$
$$= (2x^3) - (x + 1)$$
$$= 2x^3 - x - 1$$

COMENTARIO Recuerde que se puede verificar una antiderivada utilizando derivación. Por decir, en el ejemplo 1 se puede verificar que

$$xy^2 + y^3$$

es la antiderivada correcta al encontrar

$$\frac{\partial}{\partial y}[xy^2 + y^3]$$

En el ejemplo 1 observe que la integral define una función de x que puede ser integrada *ella misma*, como se muestra en el siguiente ejemplo.

EJEMPLO 2 La integral de una integral

Evalúe $\displaystyle\int_1^2 \left[\int_1^x (2xy + 3y^2)\, dy\right] dx$

Solución Utilizando el resultado del ejemplo 1, se tiene

$$\int_1^2 \left[\int_1^x (2xy + 3y^2)\, dy\right] dx = \int_1^2 (2x^3 - x - 1)\, dx$$
$$= \left[\frac{x^4}{2} - \frac{x^2}{2} - x\right]_1^2 \qquad \text{Integre respecto a } x.$$
$$= 4 - (-1)$$
$$= 5$$

La integral del ejemplo 2 es una **integral iterada**. Los corchetes que se usan en el ejemplo 2 normalmente no se escriben. En su lugar, las integrales iteradas se escriben simplemente como

$$\int_a^b \int_{g_1(x)}^{g_2(x)} f(x, y)\, dy\, dx \quad \text{y} \quad \int_c^d \int_{h_1(y)}^{h_2(y)} f(x, y)\, dx\, dy$$

Los **límites interiores de integración** pueden ser variables respecto a la variable exterior de integración. Sin embargo, los **límites exteriores de integración** *deben ser* constantes respecto a ambas variables de integración. Después de realizar la integración interior, se obtiene una integral definida "ordinaria" y la segunda integración produce un número real. Los límites de integración de una integral iterada definen dos intervalos que limitan a las variables. Como en el ejemplo 2, los límites exteriores indican que x está en el intervalo $1 \le x \le 2$ y los límites interiores indican que y está en el intervalo $1 \le y \le x$. Juntos, estos dos intervalos determinan la **región de integración R** de la integral iterada, como se muestra en la figura 9.1.

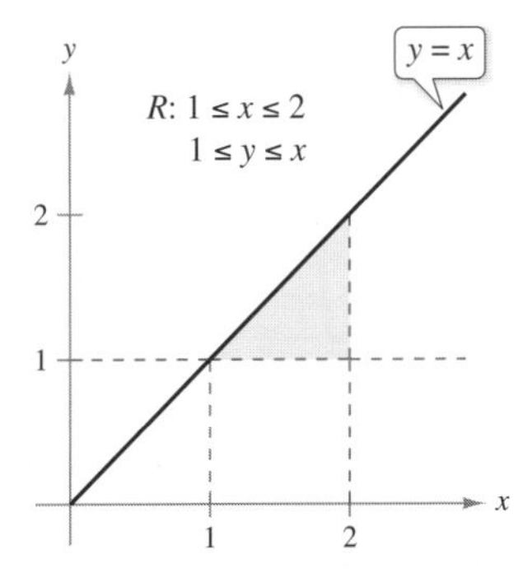

La región de integración para $\displaystyle\int_1^2 \int_1^x f(x, y)\, dy\, dx$

Figura 9.1

Como una integral iterada es simplemente un tipo especial de integral definida, en el que el integrando es también una integral, se pueden utilizar las propiedades de las integrales definidas para evaluar integrales iteradas.

Para ver la figura a color, acceda al código

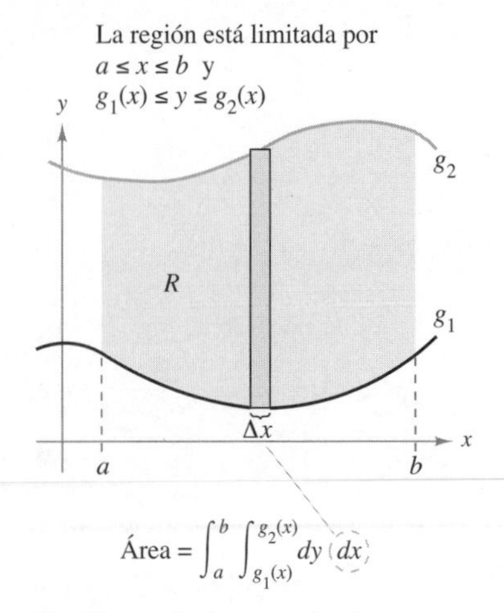

Región verticalmente simple.
Figura 9.2

Área de una región plana

En el resto de esta sección se volverá a estudiar el problema de hallar el área de una región plana. Considere la región plana R acotada por $a \le x \le b$ y $g_1(x) \le y \le g_2(x)$, como se muestra en la figura 9.2. El área de R está dada por la integral definida

$$\int_a^b [g_2(x) - g_1(x)]\, dx \qquad \text{Área de } R.$$

Usando el teorema fundamental del cálculo, se puede reescribir el integrando $g_2(x) - g_1(x)$ como una integral definida. Concretamente, si considera x fija y se deja que y varíe desde $g_1(x)$ hasta $g_2(x)$ se puede escribir

$$\int_{g_1(x)}^{g_2(x)} dy = y \Big]_{g_1(x)}^{g_2(x)} = g_2(x) - g_1(x)$$

Combinando estas dos integrales, se puede expresar el área de la región R mediante una integral iterada

$$\int_a^b \int_{g_1(x)}^{g_2(x)} dy\, dx = \int_a^b y \Big]_{g_1(x)}^{g_2(x)} dx$$

$$= \int_a^b [g_2(x) - g_1(x)]\, dx \qquad \text{Área de } R.$$

Colocar un rectángulo representativo en la región R ayuda a determinar el orden y los límites de integración. Un rectángulo vertical implica el orden $dy\, dx$, donde los límites interiores corresponden a los límites superior e inferior del rectángulo, como se muestra en la figura 9.2. Este tipo de región se llama **verticalmente simple**, porque los límites exteriores de integración representan las rectas verticales

$$x = a \quad \text{y} \quad x = b$$

La región está acotada por $c \le y \le d$ y $h_1(y) \le x \le h_2(y)$

Área $= \int_c^d \int_{h_1(y)}^{h_2(y)} dx\, dy$

Región horizontalmente simple.
Figura 9.3

De manera similar, un rectángulo horizontal implica el orden $dx\, dy$, donde los límites interiores están determinados por los límites izquierdo y derecho del rectángulo, como se muestra en la figura 9.3. Este tipo de región se llama **horizontalmente simple**, porque los límites exteriores representan las rectas horizontales

$$y = c \quad \text{y} \quad y = d$$

Las integrales iteradas utilizadas en estos dos tipos de regiones simples se resumen como sigue.

Para ver las figuras a color, acceda al código

COMENTARIO Asegúrese de entender que el orden de integración de estas dos integrales es diferente, el orden $dy\, dx$ corresponde a una región verticalmente simple (vea la figura 9.2) y el orden $dx\, dy$ corresponde a una región horizontalmente simple (vea la figura 9.3).

Área de una región en el plano

1. Si R está definida por $a \le x \le b$ y $g_1(x) \le y \le g_2(x)$, donde g_1 y g_2 son continuas en $[a, b]$, entonces el área de R está dada por

$$A = \int_a^b \int_{g_1(x)}^{g_2(x)} dy\, dx \qquad \text{Figura 9.2 (verticalmente simple).}$$

2. Si R está definida por $c \le y \le d$ y $h_1(y) \le x \le h_2(y)$, donde h_1 y h_2 son continuas en $[c, d]$, entonces el área de R está dada por

$$A = \int_c^d \int_{h_1(y)}^{h_2(y)} dx\, dy \qquad \text{Figura 9.3 (horizontalmente simple).}$$

Si los cuatro límites de integración son constantes, la región de integración es rectangular, como se muestra en el ejemplo 3.

EJEMPLO 3 Área de una región rectangular

Utilice una integral iterada para representar el área del rectángulo que se muestra en la figura 9.4.

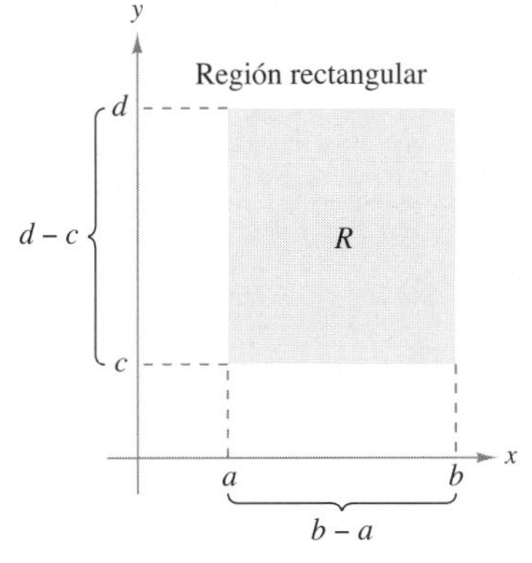

Figura 9.4

Solución La región de la figura 9.4 es verticalmente simple y horizontalmente simple, por tanto se puede emplear cualquier orden de integración. Eligiendo el orden $dy\,dx$, se tiene.

$$\int_a^b \int_c^d dy\,dx = \int_a^b y\Big]_c^d dx \qquad \text{Integre respecto a } y.$$

$$= \int_a^b (d - c)\,dx$$

$$= \Big[(d - c)x\Big]_a^b \qquad \text{Integre respecto a } x.$$

$$= (d - c)(b - a)$$

Observe que esta respuesta es consistente con los conocimientos de la geometría.

EJEMPLO 4 Hallar el área por medio de una integral iterada

Utilice una integral iterada para hallar el área de la región acotada por las gráficas de

$$f(x) = \text{sen } x \qquad \text{La curva seno constituye el límite superior.}$$

y

$$g(x) = \cos x \qquad \text{La curva coseno constituye el límite inferior.}$$

entre $x = \pi/4$ y $x = 5\pi/4$.

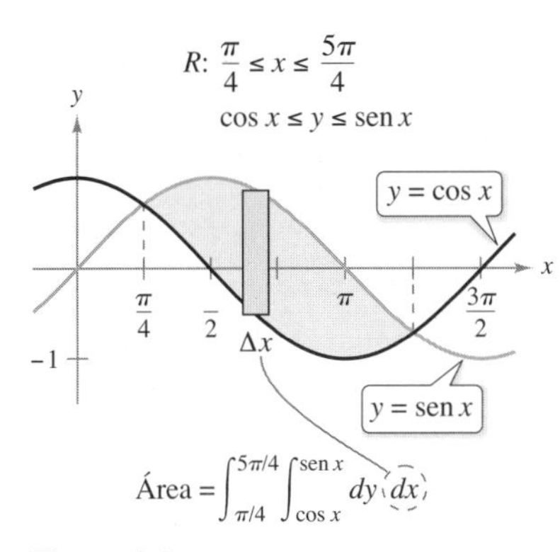

Figura 9.5

Solución Como f y g se dan como funciones de x, es conveniente un rectángulo representativo vertical, y se puede elegir $dy\,dx$ como orden de integración, como se muestra en la figura 9.5. Los límites exteriores de integración son

$$\frac{\pi}{4} \le x \le \frac{5\pi}{4}$$

Además, dado que el rectángulo representativo está acotado encima por $f(x) = \text{sen } x$ debajo por $g(x) = \cos x$, se tiene

$$\text{Área de } R = \int_{\pi/4}^{5\pi/4} \int_{\cos x}^{\text{sen } x} dy\,dx$$

$$= \int_{\pi/4}^{5\pi/4} y\Big]_{\cos x}^{\text{sen } x} dx \qquad \text{Integre respecto a } y.$$

$$= \int_{\pi/4}^{5\pi/4} (\text{sen } x - \cos x)\,dx$$

$$= \Big[-\cos x - \text{sen } x\Big]_{\pi/4}^{5\pi/4} \qquad \text{Integre respecto a } x.$$

$$= 2\sqrt{2}$$

La región de integración en una integral iterada no necesariamente debe estar acotada por rectas. Por ejemplo, la región de integración que se muestra en la figura 9.5 es *verticalmente simple* aun cuando no tiene rectas verticales como fronteras izquierda y derecha. Lo que hace que la región sea verticalmente simple es que está acotada encima y debajo por gráficas de *funciones de x*.

Para ver las figuras a color, acceda al código

Con frecuencia, uno de los órdenes de integración hace que un problema de integración sea más sencillo que con el otro orden de integración. Por ejemplo, si se calcula de nuevo el ejemplo 4 con el orden *dx dy*; es sorprendente ver que la tarea es formidable. Sin embargo, si se llega al resultado, se puede ver que la respuesta es la misma. En otras palabras, el orden de integración afecta la complejidad de la integración, pero no el valor de la integral.

EJEMPLO 5 Comparar diferentes órdenes de integración

Consulte LarsonCalculus.com (disponible solo en inglés) para una versión interactiva de este tipo de ejemplo.

Dibuje la región cuya área está representada por la integral

$$\int_0^2 \int_{y^2}^4 dx\, dy$$

Después encuentre otra integral iterada que utilice el orden *dy dx* para representar la misma área y demuestre que ambas integrales dan el mismo valor.

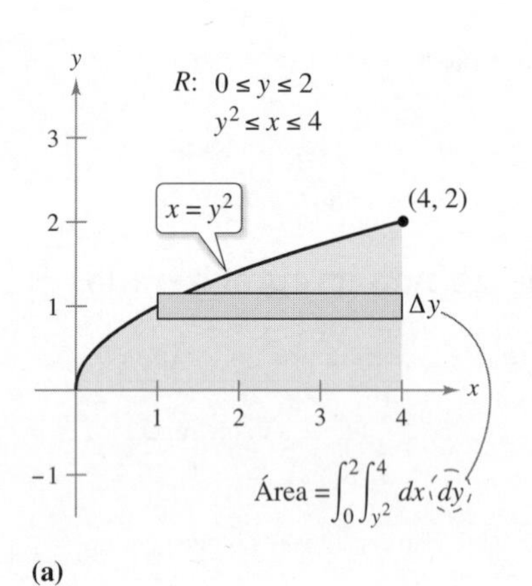

(a)

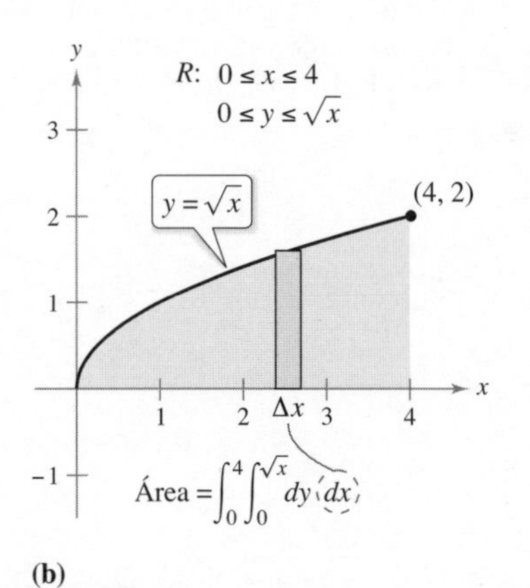

(b)

Figura 9.6

Solución De acuerdo con los límites de integración dados, se sabe que

$$y^2 \le x \le 4 \qquad \text{Límites interiores de integración.}$$

lo cual significa que la región R está acotada a la izquierda por la parábola $x = y^2$ y a la derecha por la recta $x = 4$. Además, como

$$0 \le y \le 2 \qquad \text{Límites exteriores de integración}$$

sabe que R está acotada inferiormente por el eje x, como se muestra en la figura 9.6(a). El valor de esta integral es

$$\int_0^2 \int_{y^2}^4 dx\, dy = \int_0^2 x \Big]_{y^2}^4 dy \qquad \text{Integre respecto a } x.$$

$$= \int_0^2 (4 - y^2)\, dy$$

$$= \left[4y - \frac{y^3}{3}\right]_0^2 \qquad \text{Integre respecto a } y.$$

$$= \frac{16}{3}$$

Para cambiar el orden de integración a *dy dx*, se coloca un rectángulo vertical en la región, como se muestra en la figura 9.6(b). Con esto puede ver que los límites constantes $0 \le x \le 4$ sirven como límites exteriores de integración. Despejando y de la ecuación $x = y^2$ se puede concluir que los límites interiores son $0 \le y \le \sqrt{x}$. Por tanto, el área de la región también se puede representar por

$$\int_0^4 \int_0^{\sqrt{x}} dy\, dx$$

Al evaluar esta integral, observe que tiene el mismo valor que la integral original.

$$\int_0^4 \int_0^{\sqrt{x}} dy\, dx = \int_0^4 y \Big]_0^{\sqrt{x}} dx \qquad \text{Integre respecto a } y.$$

$$= \int_0^4 \sqrt{x}\, dx$$

$$= \frac{2}{3} x^{3/2} \Big]_0^4 \qquad \text{Integre respecto a } x.$$

$$= \frac{16}{3}$$

Para ver las figuras a color, acceda al código

Algunas veces no es posible calcular el área de una región con una sola integral iterada. En estos casos se divide la región en subregiones, de manera que el área de cada subregión pueda calcularse por medio de una integral iterada. El área total es entonces la suma de las integrales iteradas.

EJEMPLO 6 Área representada por dos integrales iteradas

Determine el área de la región R que se encuentra bajo la parábola

$y = 4x - x^2$ La parábola forma el límite superior.

sobre el eje x, y sobre la recta

$y = -3x + 6$ La recta y el eje x forman el límite inferior.

Solución Para empezar se divide a R en dos subregiones R_1 y R_2, como se muestra en la figura 9.7.

COMENTARIO En los ejemplos 3 a 6, se observa la ventaja de dibujar la región de integración. Se recomienda desarrollar el hábito de hacer dibujos como ayuda para determinar los límites de integración de todas las integrales iteradas de este capítulo.

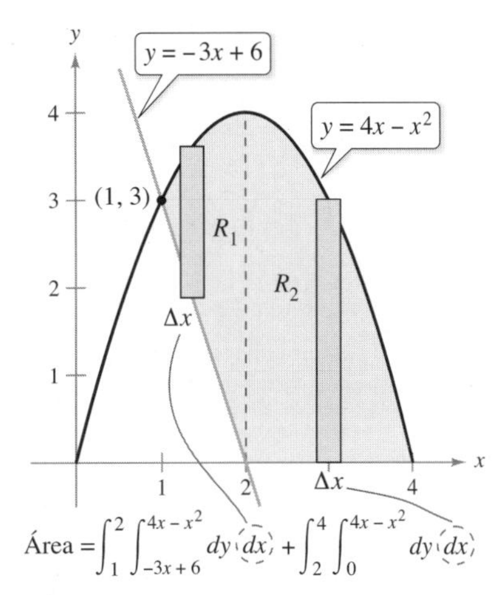

Figura 9.7

En ambas regiones es conveniente usar rectángulos verticales y obtener

$$\begin{aligned}
\text{Área} &= \int_1^2 \int_{-3x+6}^{4x-x^2} dy\,dx + \int_2^4 \int_0^{4x-x^2} dy\,dx \\
&= \int_1^2 (4x - x^2 + 3x - 6)\,dx + \int_2^4 (4x - x^2)\,dx \\
&= \left[\frac{7x^2}{2} - \frac{x^3}{3} - 6x\right]_1^2 + \left[2x^2 - \frac{x^3}{3}\right]_2^4 \\
&= \left(14 - \frac{8}{3} - 12 - \frac{7}{2} + \frac{1}{3} + 6\right) + \left(32 - \frac{64}{3} - 8 + \frac{8}{3}\right) \\
&= \frac{15}{2}
\end{aligned}$$

El área de la región es 15/2 unidades cuadradas. Trate de comprobar el resultado usando el procedimiento para hallar el área entre dos curvas, que se presentó en la sección 6.1. ■

En este punto, se puede preguntar para qué se necesitan las integrales iteradas. Después de todo, ya se sabe usar la integración convencional para hallar el área de una región en el plano. (Por ejemplo, compare la solución del ejemplo 4 de esta sección con la del ejemplo 3 en la sección 6.1.) La necesidad de las integrales iteradas será más clara en la siguiente sección. En esta sección se presta especial atención a los procedimientos para determinar los límites de integración de las integrales iteradas, y el siguiente conjunto de ejercicios está diseñado para adquirir práctica en este procedimiento importante.

Para ver la figura a color, acceda al código

9.1 Ejercicios

Las respuestas a los ejercicios impares pueden consultarse en el Apéndice de este libro.

Repaso de conceptos

1. Explique qué se entiende por integral iterada. ¿Cómo se evalúa?

2. Dibuje la región de integración para la integral iterada

$$\int_1^2 \int_0^{2-x} f(x, y)\, dy\, dx$$

Evaluar una integral En los ejercicios 3 a 10, evalúe la integral.

3. $\displaystyle\int_0^x (2x - y)\, dy$

4. $\displaystyle\int_x^{x^2} \frac{y}{x}\, dy$

5. $\displaystyle\int_0^{\sqrt{4-x^2}} x^2 y\, dy$

6. $\displaystyle\int_{x^3}^{\sqrt{x}} (x^2 + 3y^2)\, dy$

7. $\displaystyle\int_{e^y}^{y} \frac{y \ln x}{x}\, dx, \quad y > 0$

8. $\displaystyle\int_{-\sqrt{1-y^2}}^{\sqrt{1-y^2}} (x^2 + y^2)\, dx$

9. $\displaystyle\int_0^{x^3} y e^{-y/x}\, dy$

10. $\displaystyle\int_y^{\pi/2} \operatorname{sen}^3 x \cos y\, dx$

Evaluar una integral iterada En los ejercicios 11 a 28, evalúe la integral iterada.

11. $\displaystyle\int_0^1 \int_0^2 (x + y)\, dy\, dx$

12. $\displaystyle\int_{-1}^1 \int_{-2}^2 (x^2 - y^2)\, dy\, dx$

13. $\displaystyle\int_0^{\pi/4} \int_0^1 y \cos x\, dy\, dx$

14. $\displaystyle\int_0^{\ln 4} \int_0^{\ln 3} e^{x+y}\, dy\, dx$

15. $\displaystyle\int_0^2 \int_0^{6x^2} x^3\, dy\, dx$

16. $\displaystyle\int_0^1 \int_0^y (6x + 5y^3)\, dx\, dy$

17. $\displaystyle\int_0^{\pi/2} \int_0^{\cos x} (1 + \operatorname{sen} x)\, dy\, dx$

18. $\displaystyle\int_1^4 \int_1^{\sqrt{x}} 2ye^{-x}\, dy\, dx$

19. $\displaystyle\int_0^1 \int_0^x \sqrt{1 - x^2}\, dy\, dx$

20. $\displaystyle\int_{-4}^4 \int_0^{x^2} \sqrt{64 - x^3}\, dy\, dx$

21. $\displaystyle\int_0^1 \int_0^{\sqrt{1-y^2}} (x + y)\, dx\, dy$

22. $\displaystyle\int_0^2 \int_{3y^2-6y}^{2y-y^2} 3y\, dx\, dy$

23. $\displaystyle\int_0^2 \int_0^{\sqrt{4-y^2}} \frac{2}{\sqrt{4 - y^2}}\, dx\, dy$

24. $\displaystyle\int_1^3 \int_0^y \frac{4}{x^2 + y^2}\, dx\, dy$

25. $\displaystyle\int_0^{\pi/2} \int_0^{2\cos\theta} r\, dr\, d\theta$

26. $\displaystyle\int_0^{\pi/4} \int_{\sqrt{3}}^{\sqrt{3}\cos\theta} r\, dr\, d\theta$

27. $\displaystyle\int_0^{\pi/2} \int_0^{\operatorname{sen}\theta} \theta r\, dr\, d\theta$

28. $\displaystyle\int_0^{\pi/4} \int_0^{\cos\theta} 3r^2 \operatorname{sen}\theta\, dr\, d\theta$

Evaluar una integral iterada impropia En los ejercicios 29 a 32, evalúe la integral iterada impropia.

29. $\displaystyle\int_1^\infty \int_0^{1/x} y\, dy\, dx$

30. $\displaystyle\int_0^3 \int_0^\infty \frac{x^2}{1 + y^2}\, dy\, dx$

31. $\displaystyle\int_1^\infty \int_1^\infty \frac{1}{xy}\, dx\, dy$

32. $\displaystyle\int_0^\infty \int_0^\infty xye^{-(x^2+y^2)}\, dx\, dy$

Determinar el área de una región En los ejercicios 33 a 36, utilice una integral iterada para hallar el área de la región.

33.

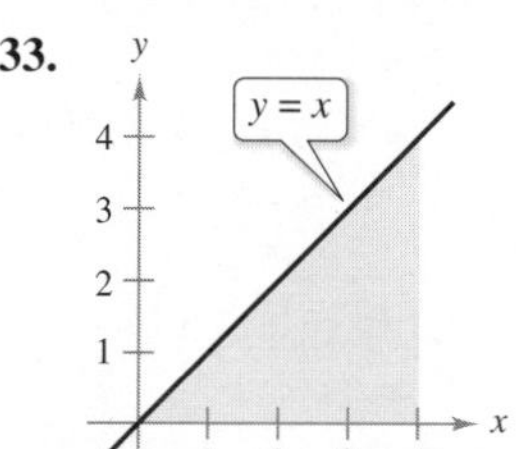

34.

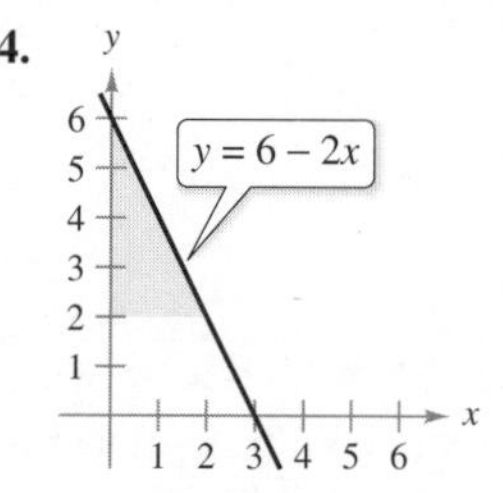

35.

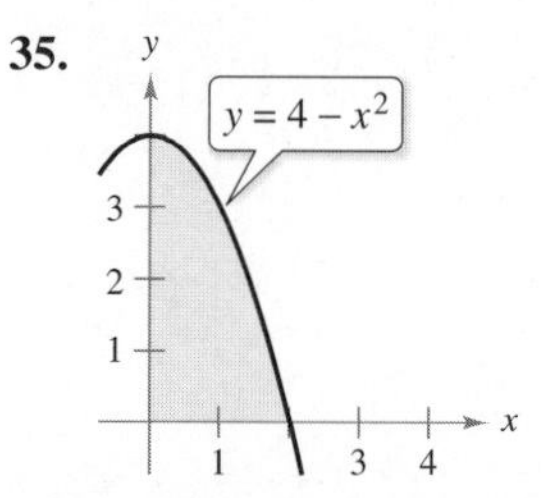

36.

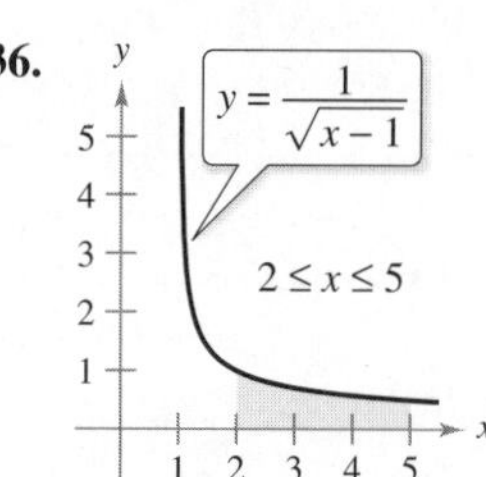

Determinar el área de una región En los ejercicios 37 a 42, utilice una integral iterada para calcular el área de la región acotada por las gráficas de las ecuaciones.

37. $y = 9 - x^2, \quad y = 0$

38. $2x - 3y = 0, \quad x + y = 5, \quad y = 0$

39. $\sqrt{x} + \sqrt{y} = 2, \quad x = 0, \quad y = 0$

40. $y = x^{3/2}, \quad y = 2x$

41. $y = 4 - x^2, \quad y = x + 2$

42. $y = x, \quad y = 2x, \quad x = 2$

Para ver las figuras a color, acceda al código

Cambiar el orden de integración En los ejercicios 43 a 50, dibuje la región R de integración y cambie el orden de integración.

43. $\displaystyle\int_0^4 \int_0^y f(x, y)\, dx\, dy$

44. $\displaystyle\int_0^4 \int_{\sqrt{y}}^2 f(x, y)\, dx\, dy$

45. $\displaystyle\int_{-2}^2 \int_0^{\sqrt{4-x^2}} f(x, y)\, dy\, dx$

46. $\displaystyle\int_0^2 \int_0^{4-x^2} f(x, y)\, dy\, dx$

47. $\displaystyle\int_1^{10} \int_0^{\ln y} f(x, y)\, dx\, dy$

48. $\displaystyle\int_{-1}^2 \int_0^{e^{-x}} f(x, y)\, dy\, dx$

49. $\displaystyle\int_{-1}^1 \int_{x^2}^1 f(x, y)\, dy\, dx$

50. $\displaystyle\int_{-\pi/2}^{\pi/2} \int_0^{\cos x} f(x, y)\, dy\, dx$

Cambiar el orden de integración **En los ejercicios 51 a 60, dibuje la región R cuya área está dada por la integral iterada. Después, cambie el orden de integración y demuestre que ambos órdenes dan la misma área.**

51. $\int_0^1 \int_0^2 dy\,dx$

52. $\int_1^2 \int_2^4 dx\,dy$

53. $\int_0^1 \int_{2y}^2 dx\,dy$

54. $\int_0^9 \int_{\sqrt{x}}^3 dy\,dx$

55. $\int_0^1 \int_{-\sqrt{1-y^2}}^{\sqrt{1-y^2}} dx\,dy$

56. $\int_{-2}^2 \int_{-\sqrt{4-x^2}}^{\sqrt{4-x^2}} dy\,dx$

57. $\int_0^2 \int_0^x dy\,dx + \int_2^4 \int_0^{4-x} dy\,dx$

58. $\int_0^4 \int_0^{x/2} dy\,dx + \int_4^6 \int_0^{6-x} dy\,dx$

59. $\int_0^1 \int_{y^2}^{\sqrt[3]{y}} dx\,dy$

60. $\int_{-2}^2 \int_0^{4-y^2} dx\,dy$

Cambiar el orden de integración **En los ejercicios 61 a 66, trace la región de integración. Después, evalúe la integral iterada. (*Sugerencia:* Observe que es necesario cambiar el orden de integración.)**

61. $\int_0^2 \int_x^2 x\sqrt{1+y^3}\,dy\,dx$

62. $\int_0^4 \int_{\sqrt{x}}^2 \frac{3}{2+y^3}\,dy\,dx$

63. $\int_0^1 \int_{2x}^2 4e^{y^2}\,dy\,dx$

64. $\int_0^2 \int_x^2 e^{-y^2}\,dy\,dx$

65. $\int_0^1 \int_y^1 \operatorname{sen} x^2\,dx\,dy$

66. $\int_0^2 \int_{y^2}^4 \sqrt{x}\operatorname{sen} x\,dx\,dy$

Exploración de conceptos

67. Escriba una integral iterada que represente el área de una circunferencia de radio 5 con centro en el origen. Verifique que su integral produce el área correcta.

68. Exprese el área de la región acotada por $x = \sqrt{4-4y^2}$, $y = 1$ y $x = 2$ al menos en dos diferentes formas, una de las cuales sea una integral iterada. No encuentre el área de la región.

69. Determine si cada expresión representa el área de la región sombreada (vea la figura).

(a) $\int_0^5 \int_y^{\sqrt{50-y^2}} dy\,dx$

(b) $\int_0^5 \int_x^{\sqrt{50-x^2}} dy\,dx$

(c) $\int_0^5 \int_0^y dx\,dy + \int_5^{5\sqrt{2}} \int_0^{\sqrt{50-y^2}} dx\,dy$

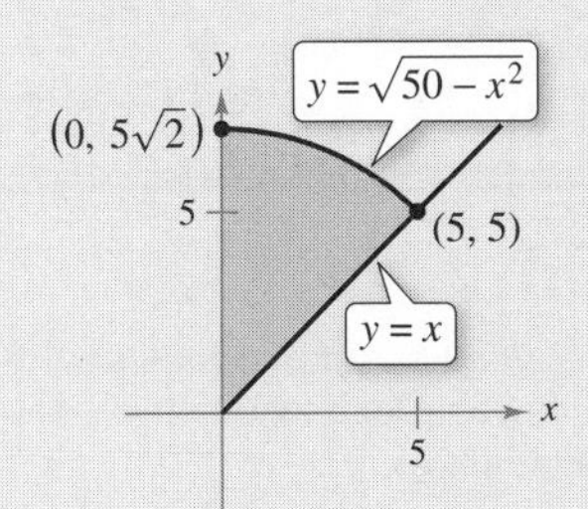

Para ver las figuras a color, acceda al código

70. **¿CÓMO LO VE?** Utilice cada orden de integración para escribir integrales iteradas que representen el área de la región R (vea la figura).

(a) Área $= \iint dx\,dy$ (b) Área $= \iint dy\,dx$

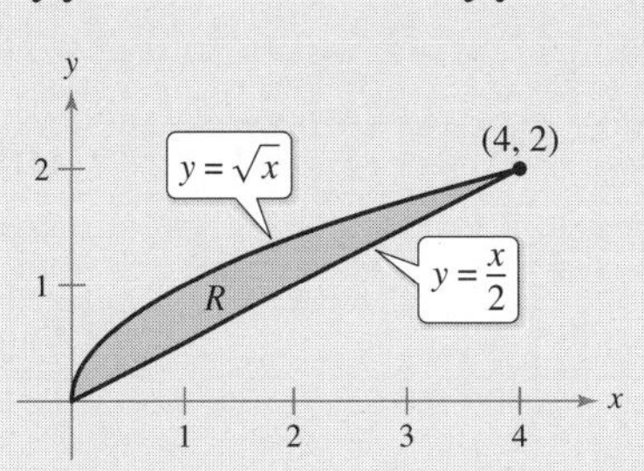

Evaluar una integral iterada **En los ejercicios 71 a 78, use alguna utilidad de graficación para evaluar la integral iterada.**

71. $\int_0^2 \int_{x^2}^{2x} (x^3 + 3y^2)\,dy\,dx$

72. $\int_0^a \int_0^{a-x} (x^2 + y^2)\,dy\,dx$

73. $\int_0^1 \int_y^{2y} \operatorname{sen}(x+y)\,dx\,dy$

74. $\int_0^2 \int_0^{4-x^2} e^{xy}\,dy\,dx$

75. $\int_0^4 \int_0^y \frac{2}{(x+1)(y+1)}\,dx\,dy$

76. $\int_0^2 \int_x^2 \sqrt{16-x^3-y^3}\,dy\,dx$

77. $\int_0^{2\pi} \int_0^{1+\cos\theta} 6r^2\cos\theta\,dr\,d\theta$

78. $\int_0^{\pi/2} \int_0^{1+\operatorname{sen}\theta} 15\theta r\,dr\,d\theta$

Comparar diferentes órdenes de integración **En los ejercicios 79 y 80, (a) dibuje la región de integración, (b) cambie el orden de integración y (c) use alguna utilidad de graficación para demostrar que ambos órdenes dan el mismo valor.**

79. $\int_0^2 \int_{y^3}^{4\sqrt{2y}} (x^2y - xy^2)\,dx\,dy$

80. $\int_0^2 \int_{\sqrt{4-x^2}}^{4-x^2/4} \frac{xy}{x^2+y^2+1}\,dy\,dx$

¿Verdadero o falso? **En los ejercicios 81 y 82, determine si el enunciado es verdadero o falso. Si es falso, explique por qué o dé un ejemplo que demuestre que es falso.**

81. $\int_a^b \int_c^d f(x, y)\,dy\,dx = \int_c^d \int_a^b f(x, y)\,dx\,dy$

82. $\int_0^1 \int_0^x f(x, y)\,dy\,dx = \int_0^1 \int_0^y f(x, y)\,dx\,dy$

9.2 Integrales dobles y volumen

- **Utilizar una integral doble para representar el volumen de una región sólida y utilizar las propiedades de las integrales dobles.**
- **Evaluar una integral doble como una integral iterada.**
- **Hallar el valor promedio de una función sobre una región.**

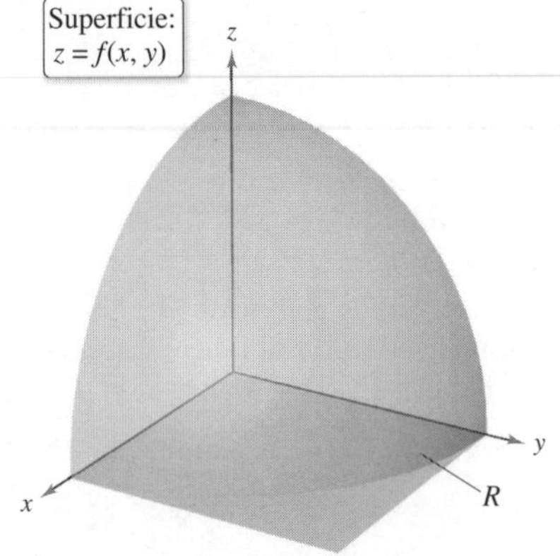

Figura 9.8

Integrales dobles y volumen de una región sólida

Se sabe que una integral definida sobre un *intervalo* utiliza un proceso de límite para asignar una medida a cantidades como el área, el volumen, la longitud de arco y la masa. En esta sección se utilizará un proceso similar para definir la **integral doble** de una función de dos variables sobre una *región en el plano*.

Considere una función continua f tal que $f(x, y) \geq 0$ para todo (x, y) en una región R del plano xy. El objetivo es hallar el volumen de la región sólida comprendida entre la superficie dada por

$$z = f(x, y) \qquad \text{Superficie sobre el plano } xy.$$

y el plano xy, como se muestra en la figura 9.8. Para empezar, se sobrepone una cuadrícula rectangular sobre la región, como se muestra en la figura 9.9. Los rectángulos que se encuentran completamente dentro de R forman una **partición interior** Δ, cuya **norma** $\|\Delta\|$ está definida como la longitud de la diagonal más larga de los n rectángulos. Después, se elije un punto (x_i, y_i) en cada rectángulo y se forma el prisma rectangular cuya altura es

$$f(x_i, y_i) \qquad \text{Altura del } i\text{-ésimo prisma.}$$

como se muestra en la figura 9.10. Dado que el área del i-ésimo rectángulo es

$$\Delta A_i \qquad \text{Área del rectángulo } i\text{-ésimo.}$$

se deduce que el volumen del i-ésimo prisma es

$$f(x_i, y_i)\,\Delta A_i \qquad \text{Volumen del prisma } i\text{-ésimo.}$$

y se puede aproximar el volumen de la región sólida por la suma de Riemann de los volúmenes de todos los n prismas,

$$\sum_{i=1}^{n} f(x_i, y_i)\,\Delta A_i \qquad \text{Suma de Riemann.}$$

Para ver las figuras a color, acceda al código

como se muestra en la figura 9.11. Esta aproximación se puede mejorar tomando redes una partición con rectángulos cada vez más pequeños, como se muestra en el ejemplo 1.

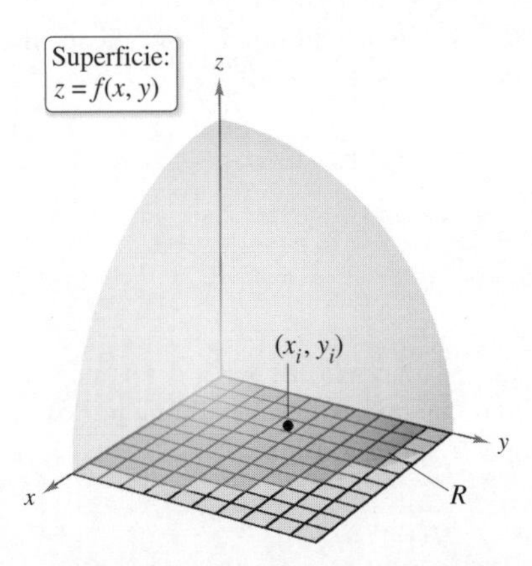

Los rectángulos que se encuentran dentro de R forman una partición interior de R.
Figura 9.9

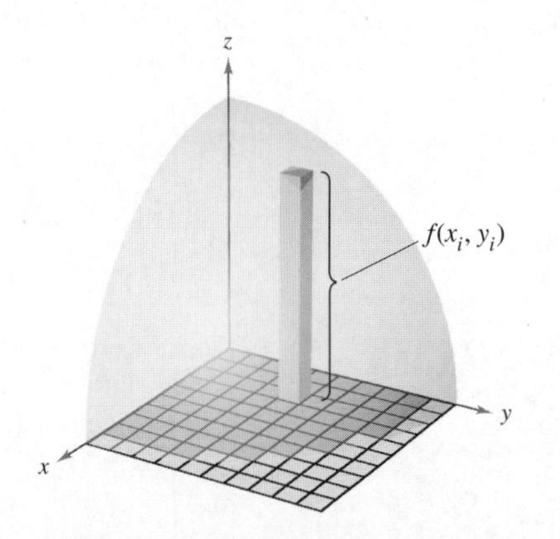

Prisma rectangular cuya base tiene un área de ΔA_i y cuya altura es $f(x_i, y_i)$.
Figura 9.10

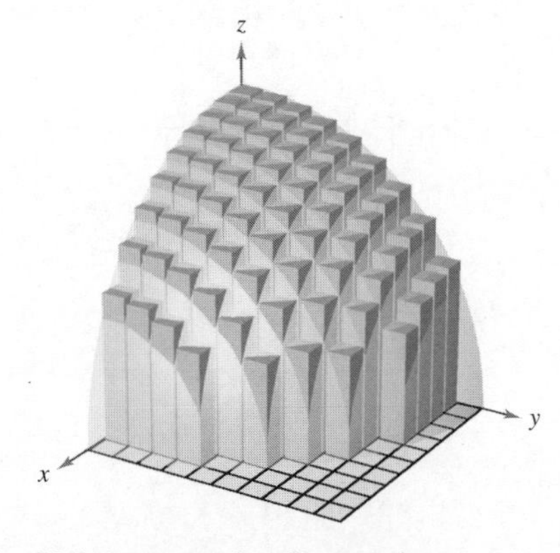

Volumen aproximado por prismas rectangulares.
Figura 9.11

EJEMPLO 1 Aproximar el volumen de un sólido

Aproxime el volumen del sólido comprendido entre el paraboloide

$$f(x, y) = 1 - \frac{1}{2}x^2 - \frac{1}{2}y^2$$

y la región cuadrada R dada por $0 \leq x \leq 1$, $0 \leq y \leq 1$. Utilice una partición formada por los cuadrados cuyos lados tengan una longitud de $\frac{1}{4}$.

Solución Comience formando la partición especificada de R. En esta partición es conveniente elegir los centros de las subregiones como los puntos en los que se evalúa $f(x, y)$.

$$\begin{array}{cccc} \left(\frac{1}{8}, \frac{1}{8}\right) & \left(\frac{1}{8}, \frac{3}{8}\right) & \left(\frac{1}{8}, \frac{5}{8}\right) & \left(\frac{1}{8}, \frac{7}{8}\right) \\ \left(\frac{3}{8}, \frac{1}{8}\right) & \left(\frac{3}{8}, \frac{3}{8}\right) & \left(\frac{3}{8}, \frac{5}{8}\right) & \left(\frac{3}{8}, \frac{7}{8}\right) \\ \left(\frac{5}{8}, \frac{1}{8}\right) & \left(\frac{5}{8}, \frac{3}{8}\right) & \left(\frac{5}{8}, \frac{5}{8}\right) & \left(\frac{5}{8}, \frac{7}{8}\right) \\ \left(\frac{7}{8}, \frac{1}{8}\right) & \left(\frac{7}{8}, \frac{3}{8}\right) & \left(\frac{7}{8}, \frac{5}{8}\right) & \left(\frac{7}{8}, \frac{7}{8}\right) \end{array}$$

Como el área de cada cuadrado $\Delta A_i = \frac{1}{16}$, el volumen se puede aproximar por la suma

$$\sum_{i=1}^{16} f(x_i, y_i)\,\Delta A_i = \sum_{i=1}^{16}\left(1 - \frac{1}{2}x_i^2 - \frac{1}{2}y_i^2\right)\left(\frac{1}{16}\right) \approx 0.672$$

COMENTARIO En el ejemplo 1 se obtiene una mejor aproximación si se utiliza una partición más fina. Por ejemplo, al utilizar una partición con cuadrados con lados de longitud $1/10$, la aproximación es 0.668.

Esta aproximación se muestra gráficamente en la figura 9.12. El volumen exacto del sólido es $\frac{2}{3}$ (vea el ejemplo 2).

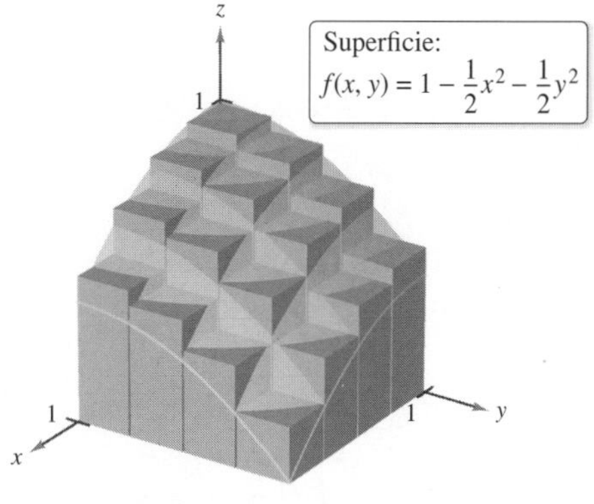

Figura 9.12

En el ejemplo 1 se puede observar que usando particiones más finas obtiene mejores aproximaciones del volumen. Esta observación sugiere que se puede obtener el volumen exacto tomando un límite. Es decir

$$\text{Volumen} = \lim_{\|\Delta\| \to 0} \sum_{i=1}^{n} f(x_i, y_i)\,\Delta A_i$$

El significado exacto de este límite es que el límite es igual a L si para todo $\varepsilon > 0$ existe una $\delta > 0$ tal que

$$\left| L - \sum_{i=1}^{n} f(x_i, y_i)\,\Delta A_i \right| < \varepsilon$$

para toda partición Δ de la región plana R (que satisfaga $\|\Delta\| < \delta$) y para toda elección posible de x_i y y_i en la región i-ésima.

El uso del límite de una suma de Riemann para definir un volumen es un caso especial del uso del límite para definir una **integral doble**. Sin embargo, el caso general no requiere que la función sea positiva o continua.

Para ver la figura a color, acceda al código

Definición de integral doble

Si f está definida en una región cerrada y acotada R del plano xy, entonces la **integral doble de f sobre R** está dada por

$$\int_R\int f(x, y)\, dA = \lim_{\|\Delta\|\to 0} \sum_{i=1}^{n} f(x_i, y_i)\, \Delta A_i$$

siempre que el límite exista. Si existe el límite, entonces f es **integrable** sobre R.

Una vez definida una integral doble se verá que una integral definida ocasionalmente se llama **integral simple**.

Para que la integral doble de f en la región R exista, es suficiente que R pueda expresarse como la unión de un número finito de subregiones que no se sobrepongan (vea la figura 9.13) y que sean vertical u horizontalmente simples, y que f sea continua en la región R. Esto significa que la intersección de dos regiones que no se sobreponen es un conjunto que tiene un área igual a 0. En la figura 9.13, el área del segmento común a R_1 y R_2 es 0.

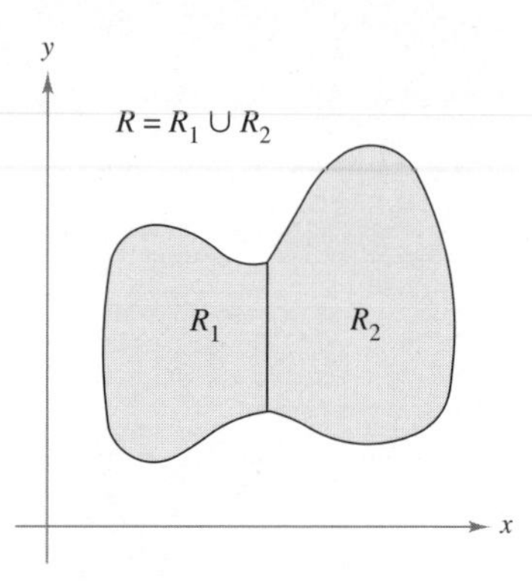

Las dos regiones R_1 y R_2 no se sobreponen.
Figura 9.13

Se puede usar una integral doble para hallar el volumen de una región sólida que se encuentra entre el plano xy y la superficie dada por $z = f(x, y)$.

Para ver las figuras a color, acceda al código

Exploración

Las cantidades en la tabla representan la profundidad (en yardas) de la tierra en el centro de cada cuadrado de la figura.

x \ y	10	20	30
10	100	90	70
20	70	70	40
30	50	50	40
40	40	50	30

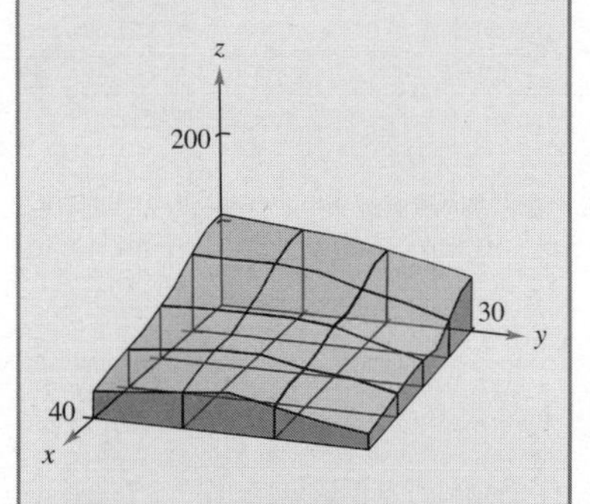

Aproxime el número de yardas cúbicas de tierra en el primer octante. (Esta exploración fue sugerida por Robert Vojack.)

Volumen de una región sólida

Si f es una función integrable sobre una región plana R y $f(x, y) \geq 0$ para todo (x, y) en R, entonces el volumen de la región sólida que se encuentra sobre R y bajo la gráfica de f se define como

$$V = \int_R\int f(x, y)\, dA$$

Las integrales dobles tienen muchas de las propiedades de las integrales simples.

TEOREMA 9.1 Propiedades de las integrales dobles

Sean f y g continuas en una región cerrada y acotada R del plano, y sea c una constante

1. $\displaystyle\int_R\int cf(x, y)\, dA = c\int_R\int f(x, y)\, dA$

2. $\displaystyle\int_R\int [f(x, y) \pm g(x, y)]\, dA = \int_R\int f(x, y)\, dA \pm \int_R\int g(x, y)\, dA$

3. $\displaystyle\int_R\int f(x, y)\, dA \geq 0,\quad$ si $f(x, y) \geq 0$

4. $\displaystyle\int_R\int f(x, y)\, dA \geq \int_R\int g(x, y)\, dA,\quad$ si $f(x, y) \geq g(x, y)$

5. $\displaystyle\int_R\int f(x, y)\, dA = \int_{R_1}\int f(x, y)\, dA + \int_{R_2}\int f(x, y)\, dA$, donde R es la unión

dos subregiones R_1 y R_2 que no se sobreponen.

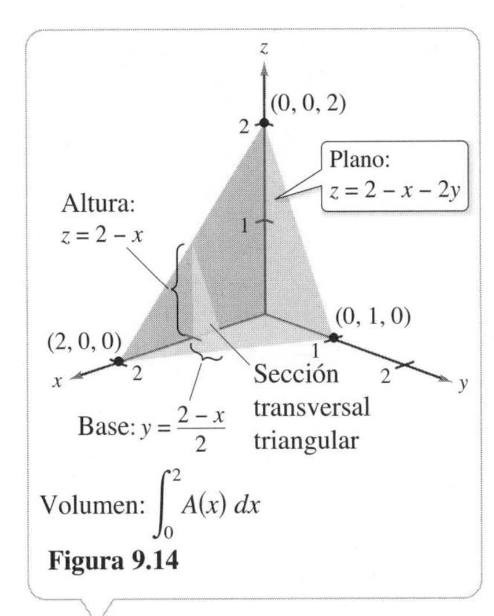

Figura 9.14

Para visualizar esta gráfica con **REALIDAD AUMENTADA,** puede introducir la ecuación en alguna aplicación de AR, como GeoGebra.

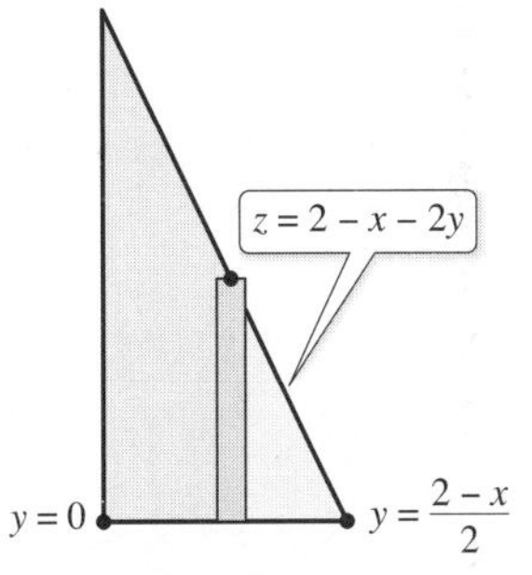

Sección transversal triangular.
Figura 9.15

Para ver las figuras a color, acceda al código

Evaluación de integrales dobles

Normalmente, el primer paso para evaluar una integral doble es reescribirla como una integral iterada. Para mostrar cómo se hace esto se utiliza el modelo geométrico de una integral doble como el volumen de un sólido.

Considere la región sólida acotada por el plano $z = f(x, y) = 2 - x - 2y$, y por los tres planos coordenados, como se muestra en la figura 9.14. Cada sección transversal vertical paralela al plano yz es una región triangular cuya base tiene longitud $y = (2 - x)/2$ y cuya altura es $z = 2 - x$. Esto implica que para un valor fijo de x, el área de la sección transversal triangular es

$$A(x) = \frac{1}{2}(\text{base})(\text{altura}) = \frac{1}{2}\left(\frac{2-x}{2}\right)(2-x) = \frac{(2-x)^2}{4}$$

De acuerdo con la fórmula para el volumen de un sólido de secciones transversales conocidas (sección 6.2), el volumen del sólido es

$$\text{Volumen} = \int_a^b A(x)\,dx \qquad \text{Fórmula para el volumen.}$$

$$= \int_0^2 \frac{(2-x)^2}{4}\,dx \qquad \text{Sustituya.}$$

$$= -\frac{(2-x)^3}{12}\bigg]_0^2 \qquad \text{Integre respecto a } x.$$

$$= \frac{2}{3} \qquad \text{Volumen de la región sólida (figura 9.14).}$$

Este procedimiento funciona sin importar cómo se obtenga $A(x)$. En particular, se puede hallar $A(x)$ por integración, como se muestra en la figura 9.15. Es decir, considere x constante e integre $z = 2 - x - 2y$ desde 0 hasta $(2 - x)/2$ para obtener

$$A(x) = \int_0^{(2-x)/2} (2 - x - 2y)\,dy \qquad \text{Aplicar la fórmula para el área.}$$

$$= \Big[(2-x)y - y^2\Big]_0^{(2-x)/2} \qquad \text{Integre respecto a } y.$$

$$= \frac{(2-x)^2}{4} \qquad \text{Volumen de la región transversal triangular (figura 9.15).}$$

Combinando estos resultados, obtiene la *integral iterada*

$$\text{Volumen} = \iint_R f(x, y)\,dA = \int_0^2 \int_0^{(2-x)/2} (2 - x - 2y)\,dy\,dx$$

Para comprender mejor este procedimiento, se puede imaginar la integración como dos barridos. En la integración interior, una recta vertical barre el área de una sección transversal. En la integración exterior, la sección transversal triangular barre el volumen, como se muestra en la figura 9.16.

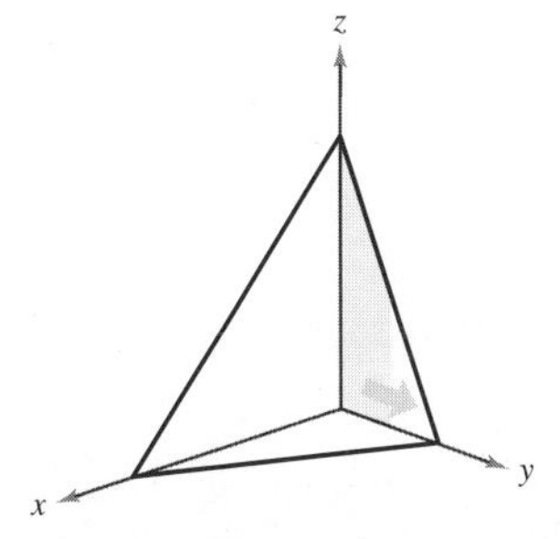

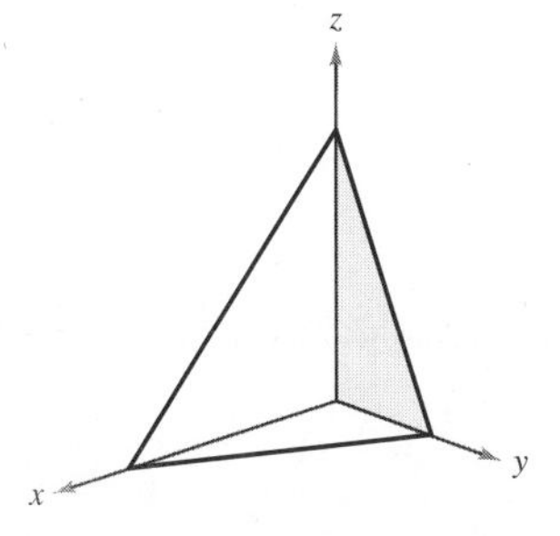

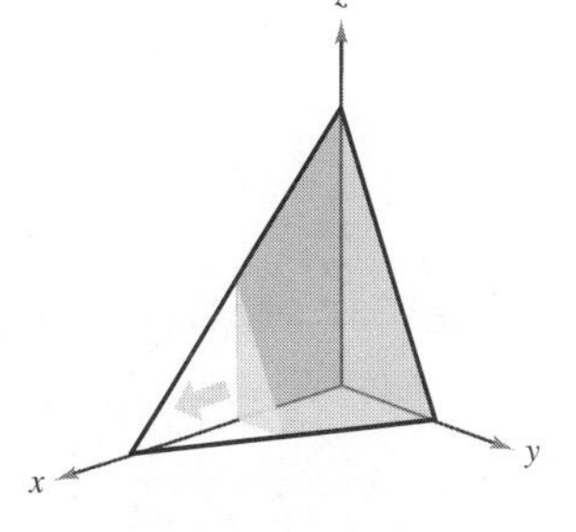

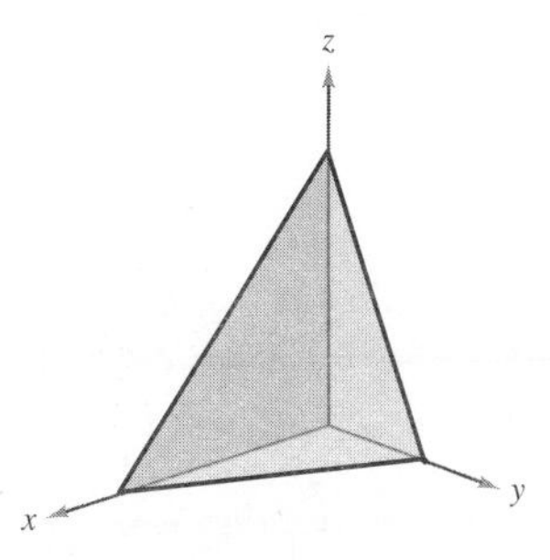

Integre respecto a y para obtener el área de la sección transversal. Integre respecto a x para obtener el volumen del sólido.
Figura 9.16

El siguiente teorema lo demostró el matemático italiano Guido Fubini (1879-1943). El teorema establece que si R es vertical u horizontalmente simple y f es continua en R, la integral doble de f en R es igual a una integral iterada.

TEOREMA 9.2 Teorema de Fubini

Sea f continua en una región plana R.

1. Si R está definida por $a \leq x \leq b$ y $g_1(x) \leq y \leq g_2(x)$, donde g_1 y g_2 son continuas en $[a, b]$, entonces

$$\int_R\int f(x, y)\, dA = \int_a^b \int_{g_1(x)}^{g_2(x)} f(x, y)\, dy\, dx$$

2. Si R está definida por $c \leq y \leq d$ y $h_1(y) \leq x \leq h_2(y)$, donde h_1 y h_2 son continuas en $[c, d]$, entonces

$$\int_R\int f(x, y)\, dA = \int_c^d \int_{h_1(y)}^{h_2(y)} f(x, y)\, dx\, dy$$

EJEMPLO 2 Evaluar una integral doble como integral iterada

Evalúe

$$\int_R\int \left(1 - \frac{1}{2}x^2 - \frac{1}{2}y^2\right) dA$$

donde R es la región dada por

$$0 \leq x \leq 1, \quad 0 \leq y \leq 1$$

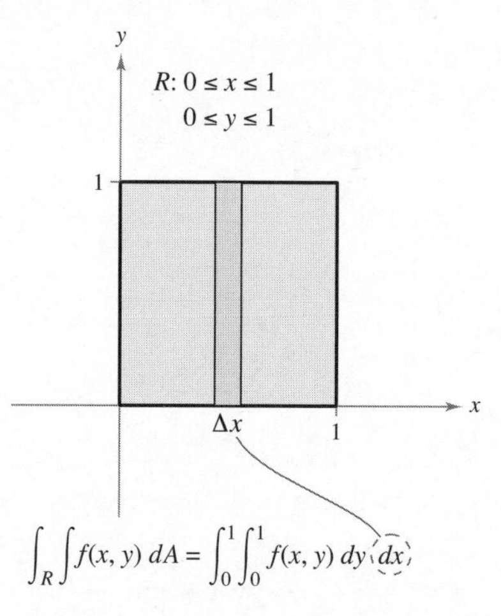

Solución Como la región R es un cuadrado, es vertical y horizontalmente simple, se puede emplear cualquier orden de integración. Elija $dy\, dx$ colocando un rectángulo representativo vertical en la región, como se muestra en la figura de la derecha. Con esto se obtiene

$$\begin{aligned}
\int_R\int \left(1 - \frac{1}{2}x^2 - \frac{1}{2}y^2\right) dA &= \int_0^1\int_0^1 \left(1 - \frac{1}{2}x^2 - \frac{1}{2}y^2\right) dy\, dx \\
&= \int_0^1 \left[\left(1 - \frac{1}{2}x^2\right)y - \frac{y^3}{6}\right]_0^1 dx \\
&= \int_0^1 \left(\frac{5}{6} - \frac{1}{2}x^2\right) dx \\
&= \left[\frac{5}{6}x - \frac{x^3}{6}\right]_0^1 \\
&= \frac{2}{3}
\end{aligned}$$

Para ver la figura a color, acceda al código

La integral doble evaluada en el ejemplo 2 representa el volumen de la región sólida que fue aproximado en el ejemplo 1. Observe que la aproximación obtenida en el ejemplo 1 es buena $\left(0.672 \text{ contra } \frac{2}{3}\right)$, aun cuando empleó una partición que constaba solo de 16 cuadrados. El error se debe a que se utilizaron los centros de las subregiones cuadradas como los puntos para la aproximación. Esto es comparable a la aproximación de una integral simple con la regla del punto medio.

Exploración

El volumen de un sector de paraboloide El sólido del ejemplo 3 tiene una base elíptica (no circular). Considere la región limitada o acotada por el paraboloide circular

$$z = a^2 - x^2 - y^2, \quad a > 0$$

y el plano xy. ¿Cuántas maneras de hallar el volumen de este sólido conoce ahora? Por ejemplo, podría usar el método del disco para encontrar el volumen como un sólido de revolución. ¿Todos los métodos involucran integración?

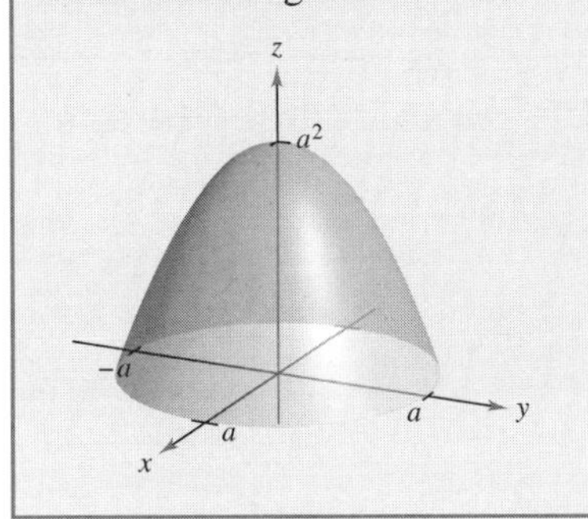

COMENTARIO En el ejemplo 3, observe la utilidad de la fórmula de Wallis para evaluar $\int_0^{\pi/2} \cos^n \theta \, d\theta$. Esta fórmula puede consultarla en la sección 7.3.

Para ver las figuras a color, acceda al código

La dificultad para evaluar una integral simple $\int_a^b f(x)\,dx$ depende normalmente de la función f, y no del intervalo $[a, b]$. Esta es una diferencia importante entre las integrales simples y las integrales dobles. En el siguiente ejemplo se integra una función similar a la de los ejemplos 1 y 2. Se observa que una variación en la región R lleva a un problema de integración mucho más difícil.

EJEMPLO 3 Hallar el volumen por medio de una integral doble

Determine el volumen de la región sólida acotada por el paraboloide $z = 4 - x^2 - 2y^2$ y el plano xy, como se muestra en la figura 9.17(a).

Solución Haciendo $z = 0$, se observa que la base de la región, en el plano xy, es la elipse $x^2 + 2y^2 = 4$, como se muestra en la figura 9.17(b). Esta región plana es vertical y horizontalmente simple, por tanto el orden $dy\,dx$ es apropiado.

Límites variables para y: $-\sqrt{\dfrac{(4 - x^2)}{2}} \le y \le \sqrt{\dfrac{(4 - x^2)}{2}}$

Límites constantes para x: $-2 \le x \le 2$

El volumen es

$$V = \int_{-2}^{2}\int_{-\sqrt{(4-x^2)/2}}^{\sqrt{(4-x^2)/2}} (4 - x^2 - 2y^2)\,dy\,dx \qquad \text{Vea la figura 9.17(b).}$$

$$= \int_{-2}^{2}\left[(4 - x^2)y - \frac{2y^3}{3}\right]_{-\sqrt{(4-x^2)/2}}^{\sqrt{(4-x^2)/2}} dx$$

$$= \frac{4}{3\sqrt{2}}\int_{-2}^{2}(4 - x^2)^{3/2}\,dx$$

$$= \frac{4}{3\sqrt{2}}\int_{-\pi/2}^{\pi/2} 16\cos^4\theta\,d\theta \qquad x = 2\,\text{sen}\,\theta$$

$$= \frac{64}{3\sqrt{2}}(2)\int_{0}^{\pi/2}\cos^4\theta\,d\theta$$

$$= \frac{128}{3\sqrt{2}}\left(\frac{3\pi}{16}\right) \qquad \text{Fórmula de Wallis.}$$

$$= 4\sqrt{2}\pi$$

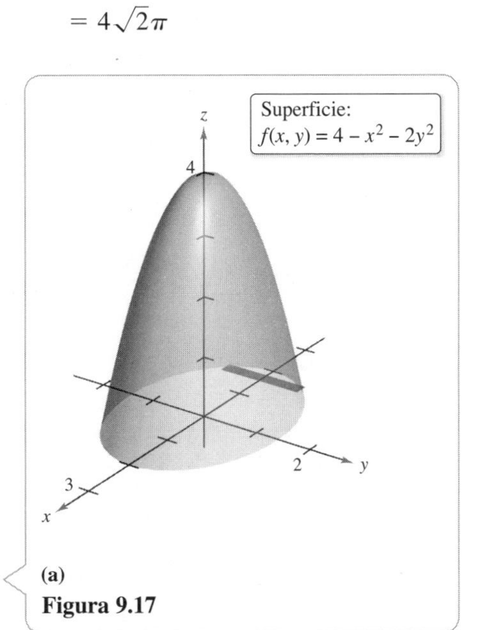

(a)

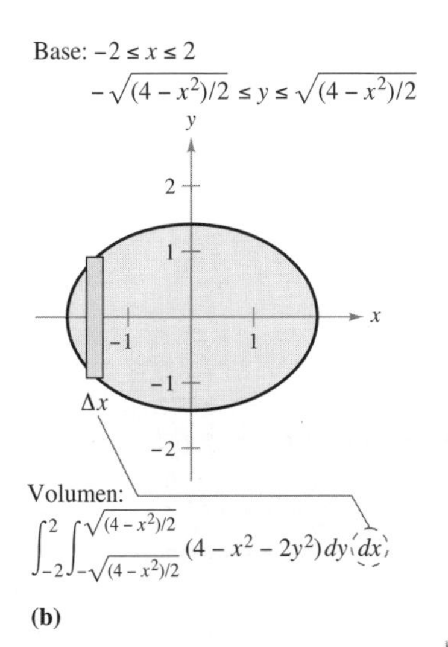

(b)

Figura 9.17

Para visualizar esta gráfica con **REALIDAD AUMENTADA**, puede introducir la ecuación en alguna aplicación de AR, como GeoGebra.

En los ejemplos 2 y 3, los problemas se podrían haber resuelto empleando cualquiera de los órdenes de integración, porque las regiones eran vertical y horizontalmente simples. En caso de haber usado el orden $dx\,dy$ habría obtenido integrales con dificultad muy parecida. Sin embargo, hay algunas ocasiones en las que uno de los órdenes de integración es mucho más conveniente que otro. El ejemplo 4 muestra uno de estos casos.

EJEMPLO 4 Comparar diferentes órdenes de integración

Consulte LarsonCalculus.com (disponible solo en inglés) para una versión interactiva de este tipo de ejemplo.

Encuentre el volumen de la región sólida R acotada por la superficie

$$f(x, y) = e^{-x^2} \qquad \text{Superficie.}$$

y los planos $z = 0$, $y = 0$, $y = x$ y $x = 1$, como se muestra en la figura 9.18.

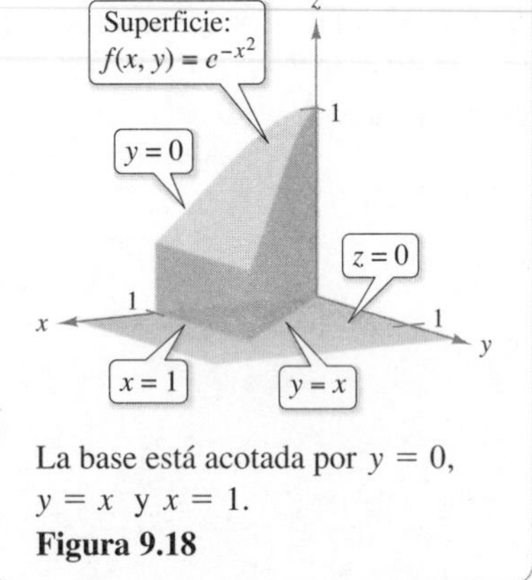

La base está acotada por $y = 0$, $y = x$ y $x = 1$.
Figura 9.18

Para visualizar esta gráfica con **REALIDAD AUMENTADA**, puede introducir la ecuación en alguna aplicación de AR, como GeoGebra.

Solución La base de la región sólida en el plano xy está acotada por las rectas $y = 0$, $x = 1$ y $y = x$. Los dos posibles órdenes de integración se muestran en la figura 9.19.

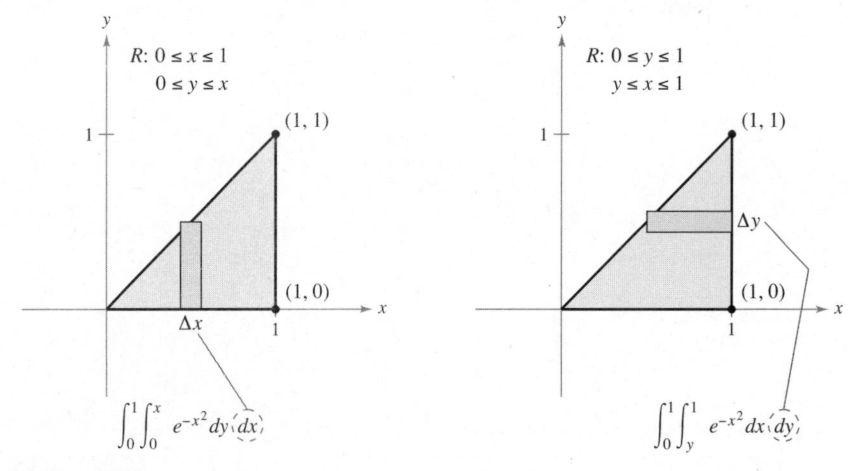

Figura 9.19

Estableciendo las integrales iteradas correspondientes, se observa que el orden $dx\,dy$ requiere la antiderivada

$$\int e^{-x^2}\,dx$$

la cual no es una función elemental. Por otro lado, con el orden $dy\,dx$ obtiene

$$\int_0^1 \int_0^x e^{-x^2}\,dy\,dx = \int_0^1 e^{-x^2} y\Big]_0^x\,dx \qquad \text{Integre respecto a } y.$$

$$= \int_0^1 xe^{-x^2}\,dx$$

$$= -\frac{1}{2}e^{-x^2}\Big]_0^1 \qquad \text{Integre respecto a } x.$$

$$= -\frac{1}{2}\left(\frac{1}{e} - 1\right)$$

$$= \frac{e - 1}{2e} \qquad \text{Volumen de la región sólida (figura 9.18).}$$

$$\approx 0.316$$

TECNOLOGÍA Utilice alguna utilidad de graficación para evaluar la integral del ejemplo 4.

Para ver las figuras a color, acceda al código

EJEMPLO 5 Volumen de una región acotada por dos superficies

Encuentre el volumen de la región sólida acotada arriba por el paraboloide

$$z = 1 - x^2 - y^2 \qquad \text{Paraboloide.}$$

y abajo por el plano

$$z = 1 - y \qquad \text{Plano.}$$

como se muestra en la figura 9.20.

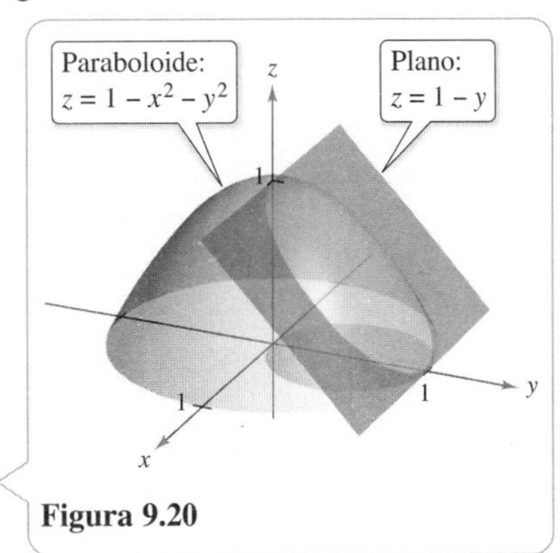

Figura 9.20

Para visualizar esta gráfica con **REALIDAD AUMENTADA**, puede introducir la ecuación en alguna aplicación de AR, como GeoGebra.

Solución Igualando los valores z, se puede determinar que la intersección de dos superficies se presenta en el cilindro circular recto dado por

$$1 - y = 1 - x^2 - y^2 \implies x^2 = y - y^2$$

Así, la región R en el plano xy es un círculo, como se muestra en la figura 9.21. Ya que el volumen de la región sólida es la diferencia entre el volumen bajo el paraboloide y el volumen bajo el plano, se tiene

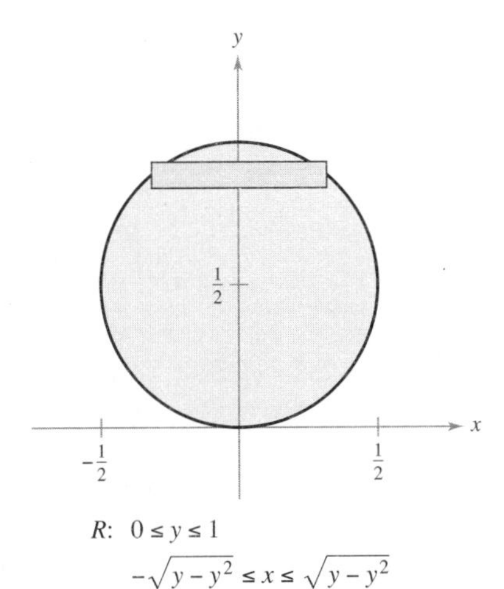

Figura 9.21

$$\text{Volumen} = (\text{volumen bajo el paraboloide}) - (\text{volumen bajo el plano})$$

$$= \int_0^1 \int_{-\sqrt{y-y^2}}^{\sqrt{y-y^2}} (1 - x^2 - y^2)\,dx\,dy - \int_0^1 \int_{-\sqrt{y-y^2}}^{\sqrt{y-y^2}} (1 - y)\,dx\,dy$$

$$= \int_0^1 \int_{-\sqrt{y-y^2}}^{\sqrt{y-y^2}} (y - y^2 - x^2)\,dx\,dy$$

$$= \int_0^1 \left[(y - y^2)x - \frac{x^3}{3} \right]_{-\sqrt{y-y^2}}^{\sqrt{y-y^2}} dy$$

$$= \frac{4}{3}\int_0^1 (y - y^2)^{3/2}\,dy$$

$$= \left(\frac{4}{3}\right)\left(\frac{1}{8}\right)\int_0^1 [1 - (2y - 1)^2]^{3/2}\,dy$$

$$= \frac{1}{6}\int_{-\pi/2}^{\pi/2} \frac{\cos^4 \theta}{2}\,d\theta \qquad 2y - 1 = \operatorname{sen}\theta$$

$$= \frac{1}{6}\int_0^{\pi/2} \cos^4 \theta\,d\theta$$

$$= \left(\frac{1}{6}\right)\left(\frac{3\pi}{16}\right) \qquad \text{Fórmula de Wallis.}$$

$$= \frac{\pi}{32}$$

Para ver las figuras a color, acceda al código

Valor promedio de una función

Recuerde de la sección 4.4 que para una función f en una variable, el valor promedio de f sobre $[a, b]$ es

$$\frac{1}{b-a}\int_a^b f(x)\,dx$$

Dada una función f en dos variables, se puede encontrar el valor promedio de f sobre la región plana R como se muestra en la siguiente definición.

Definición del valor promedio de una función sobre una región

Si f es integrable sobre la región plana R, entonces el **valor promedio** de f sobre R es

$$\text{Valor promedio} = \frac{1}{A}\int_R\int f(x, y)\,dA$$

donde A es el área de la región R.

EJEMPLO 6 **Hallar el valor promedio de una función**

Determine el valor promedio de

$$f(x, y) = \frac{1}{2}xy$$

sobre la región del plano R, donde R es un rectángulo con vértices

$$(0, 0), (4, 0), (4, 3) \quad \text{y} \quad (0, 3)$$

Solución El área de la región rectangular R es

$$A = (4)(3) = 12$$

como se muestra en la figura 9.22. Los límites de x son

$$0 \le x \le 4$$

y los límites de y son

$$0 \le y \le 3$$

Entonces, el valor promedio es

$$\begin{aligned}\text{Valor promedio} &= \frac{1}{A}\int_R\int f(x, y)\,dA\\ &= \frac{1}{12}\int_0^4\int_0^3 \frac{1}{2}xy\,dy\,dx\\ &= \frac{1}{12}\int_0^4 \frac{1}{4}xy^2\Big]_0^3\,dx\\ &= \left(\frac{1}{12}\right)\left(\frac{9}{4}\right)\int_0^4 x\,dx\\ &= \frac{3}{16}\left[\frac{1}{2}x^2\right]_0^4\\ &= \left(\frac{3}{16}\right)(8)\\ &= \frac{3}{2}\end{aligned}$$

Para visualizar esta gráfica con **REALIDAD AUMENTADA**, puede introducir la ecuación en alguna aplicación de AR, como GeoGebra.

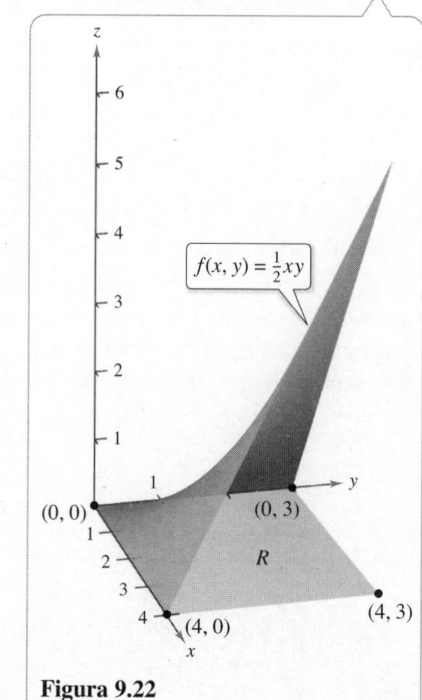

Figura 9.22

Para ver la figura a color, acceda al código

9.2 Ejercicios

Las respuestas a los ejercicios impares pueden consultarse en el Apéndice de este libro.

Repaso de conceptos

1. Describa el proceso de utilizar una partición interna para aproximar el volumen de una región sólida arriba del plano *xy*. ¿Cómo se puede mejorar esta aproximación?

2. Explique las ventajas del teorema de Fubini al evaluar una integral doble.

Aproximar **En los ejercicios 3 a 6, aproxime la integral $\int_R\int f(x, y)\,dA$ dividiendo el rectángulo R con vértices (0, 0), (4, 0), (4, 2) y (0, 2) en ocho cuadrados iguales y hallando la suma $\sum_{i=1}^{8} f(x_i, y_i)\,\Delta A_i$, donde (x_i, y_i) es el centro del i-ésimo cuadrado. Evalúe la integral iterada y compárela con la aproximación.**

3. $\int_0^4\int_0^2 (x + y)\,dy\,dx$

4. $\frac{1}{2}\int_0^4\int_0^2 x^2y\,dy\,dx$

5. $\int_0^4\int_0^2 (x^2 + y^2)\,dy\,dx$

6. $\int_0^4\int_0^2 \frac{1}{(x + 1)(y + 1)}\,dy\,dx$

Evaluar una doble integral **En los ejercicios 7 a 12, dibuje la región R y evalúe la integral iterada $\int_R\int f(x, y)\,dA$.**

7. $\int_0^2\int_0^1 (1 - 4x + 8y)\,dy\,dx$

8. $\int_0^{\pi}\int_0^{\pi/2} \operatorname{sen}^2 x\cos^2 y\,dy\,dx$

9. $\int_0^6\int_{y/2}^3 (x + y)\,dx\,dy$

10. $\int_0^4\int_{y/2}^{\sqrt{y}} x^2y^2\,dx\,dy$

11. $\int_{-3}^3\int_{-\sqrt{9-x^2}}^{\sqrt{9-x^2}} (x + y)\,dy\,dx$

12. 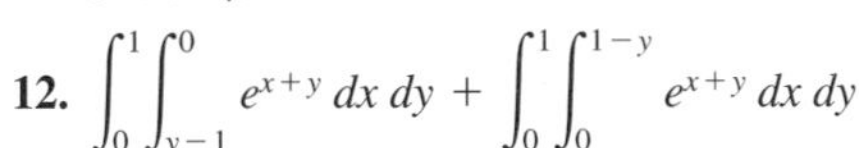
$\int_0^1\int_{y-1}^0 e^{x+y}\,dx\,dy + \int_0^1\int_0^{1-y} e^{x+y}\,dx\,dy$

Para ver las figuras a color de las páginas 665 y 666, acceda al código

Evaluar una doble integral **En los ejercicios 13 a 20, establezca las integrales para ambos órdenes de integración. Utilice el orden más conveniente para evaluar la integral sobre la región R.**

13. $\int_R\int xy\,dA$

R: rectángulo con vértices (0, 0), (0, 5), (3, 5), (3, 0)

14. $\int_R\int \operatorname{sen} x \operatorname{sen} y\,dA$

R: rectángulo con vértices $(-\pi, 0)$, $(\pi, 0)$, $(\pi, \pi/2)$, $(-\pi, \pi/2)$

15. $\int_R\int \frac{y}{x^2 + y^2}\,dA$

R: trapezoide acotado por $y = x$, $y = 2x$, $x = 1$, $x = 2$

16. $\int_R\int xe^y\,dA$

R: triángulo acotado por $y = 4 - x$, $y = 0$, $x = 0$

17. $\int_R\int -2y\,dA$

R: región acotada por $y = 4 - x^2$, $y = 4 - x$

18. $\int_R\int \frac{y}{1 + x^2}\,dA$

R: región acotada por $y = 0$, $y = \sqrt{x}$, $x = 4$

19. $\int_R\int x\,dA$

R: sector de un círculo en el primer cuadrante acotado por $y = \sqrt{25 - x^2}$, $3x - 4y = 0$, $y = 0$

20. $\int_R\int (x^2 + y^2)\,dA$

R: semicírculo acotado por $y = \sqrt{4 - x^2}$, $y = 0$

Determinar volumen **En los ejercicios 21 a 26, utilice una integral doble para hallar el volumen del sólido indicado.**

21.

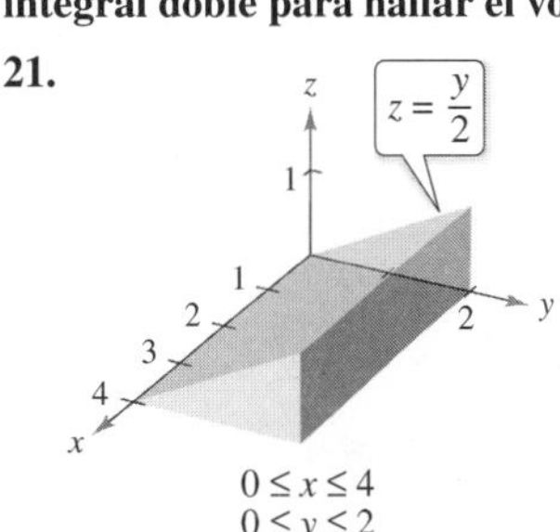

22.

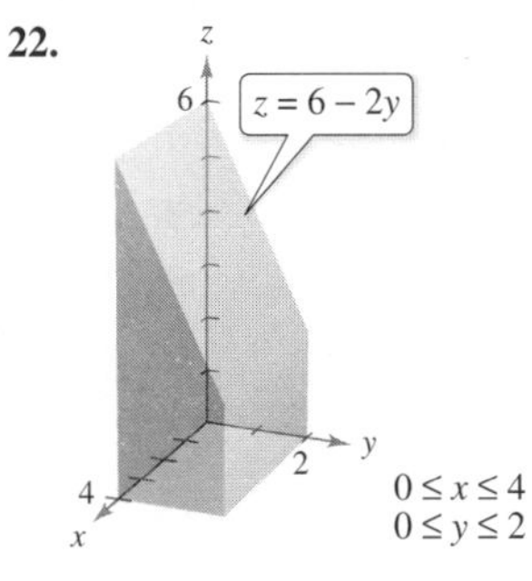

23.

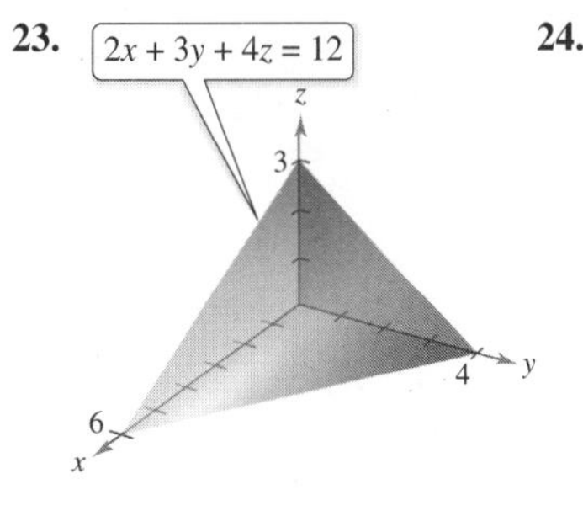

24.

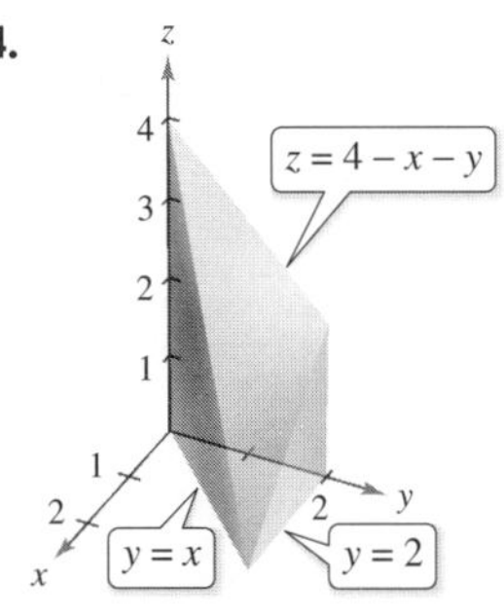

25.

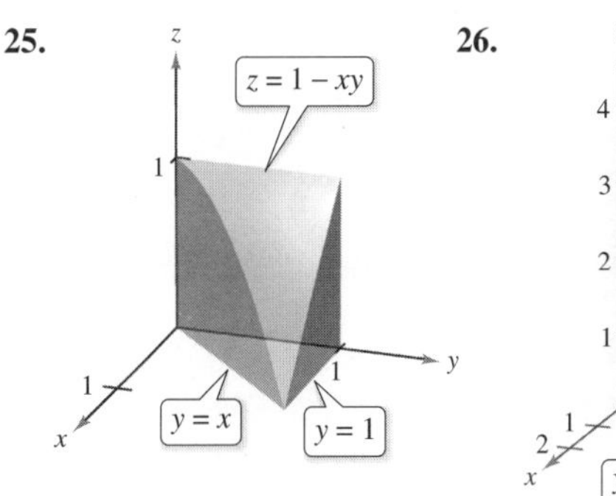

26.

$z = 4 - y^2$, $y = x$, $y = 2$

Encontrar un volumen **En los ejercicios 27 y 28, utilice una integral doble impropia para determinar el volumen del sólido indicado.**

27. 28.

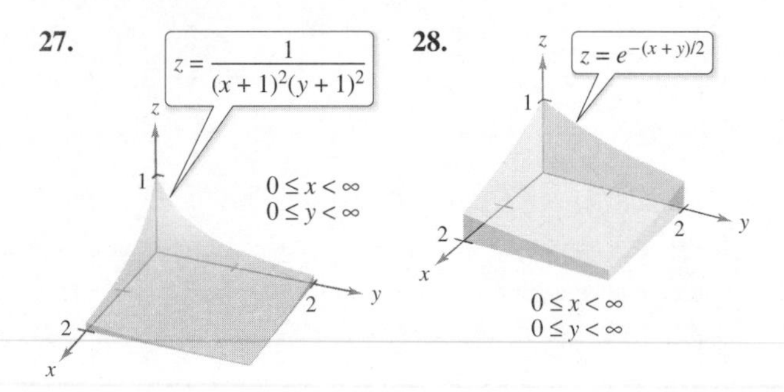

Determinar el volumen **En los ejercicios 29 a 34, proporcione una integral doble para hallar el volumen del sólido acotado por las gráficas de las ecuaciones.**

29. $z = xy,\ z = 0,\ y = x^3,\ x = 1$, primer octante

30. $z = 0,\ z = x^2,\ x = 0,\ x = 2,\ y = 0,\ y = 4$

31. $z = x + y,\ x^2 + y^2 = 4$, primer octante

32. $z = \dfrac{1}{1 + y^2},\ x = 0,\ x = 2,\ y \ge 0$

33. $y = 4 - x^2,\ z = 4 - x^2$, primer octante

34. $x^2 + z^2 = 1,\ y^2 + z^2 = 1$, primer octante

Volumen de una región acotada por dos superficies **En los ejercicios 35 a 40, establezca una integral doble para encontrar el volumen de una región sólida limitada por las gráficas de las ecuaciones. No evalúe la integral.**

35. 36.

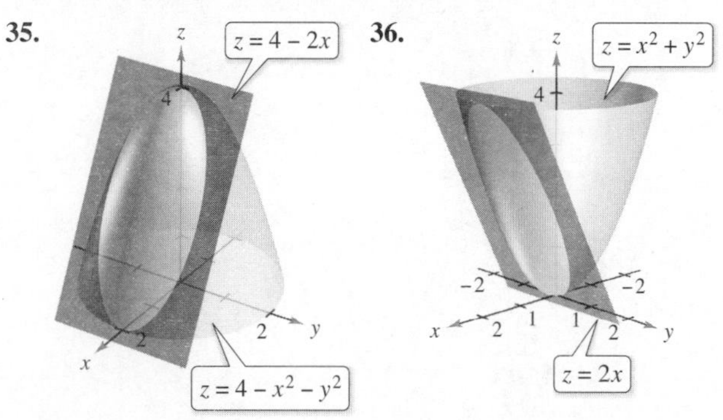

37. $z = x^2 + y^2,\ x^2 + y^2 = 4,\ z = 0$

38. $z = \operatorname{sen}^2 x,\ z = 0,\ 0 \le x \le \pi,\ 0 \le y \le 5$

39. $z = x^2 + 2y^2,\ z = 4y$

40. $z = x^2 + y^2,\ z = 18 - x^2 - y^2$

Determinar el volumen usando tecnología **En los ejercicios 41 a 44 use alguna utilidad de graficación para encontrar el volumen del sólido acotado por las gráficas de las ecuaciones.**

41. $z = 9 - x^2 - y^2,\ z = 0$

42. $x^2 = 9 - y,\ z^2 = 9 - y$, primer octante

43. $z = \dfrac{2}{1 + x^2 + y^2},\ z = 0,\ y = 0,\ x = 0,\ y = -0.5x + 1$

44. $z = \ln(1 + x + y),\ z = 0,\ y = 0,\ x = 0,\ x = 4 - \sqrt{y}$

Evaluar una integral iterada **En los ejercicios 45 a 50, trace la región de integración. Después, evalúe la integral iterada y, si es necesario, cambie el orden de integración.**

45. $\displaystyle\int_0^1 \int_{y/2}^{1/2} e^{-x^2}\,dx\,dy$

46. $\displaystyle\int_0^{\ln 10} \int_{e^x}^{10} \frac{1}{\ln y}\,dy\,dx$

47. $\displaystyle\int_{-2}^{2} \int_{-\sqrt{4-x^2}}^{\sqrt{4-x^2}} \sqrt{4 - y^2}\,dy\,dx$

48. $\displaystyle\int_0^3 \int_{y/3}^{1} \frac{1}{1 + x^4}\,dx\,dy$

49. $\displaystyle\int_0^2 \int_{2x}^{4} \operatorname{sen} y^2\,dy\,dx$

50. $\displaystyle\int_0^2 \int_{x^2/2}^{2} \sqrt{y}\cos y\,dy\,dx$

Valor promedio **En los ejercicios 51 a 56, encuentre el valor promedio de $f(x, y)$ sobre la región R.**

51. $f(x, y) = x$

R: rectángulo con vértices $(0, 0), (4, 0), (4, 2), (0, 2)$

52. $f(x, y) = 2xy$

R: rectángulo con vértices $(0, 1), (1, 1), (1, 6), (0, 6)$

53. $f(x, y) = x^2 + y^2$

R: cuadrado con vértices $(0, 0), (2, 0), (2, 2), (0, 2)$

54. $f(x, y) = \dfrac{1}{x + y}$, R: triángulo con vértices $(0, 0), (1, 0), (1, 1)$

55. $f(x, y) = e^{x+y}$, R: triángulo con vértices $(0, 0), (0, 1), (1, 1)$

56. $f(x, y) = \operatorname{sen}(x + y)$

R: rectángulo con vértices $(0, 0), (\pi, 0), (\pi, \pi), (0, \pi)$

57. **Producción promedio**

La función de producción Cobb-Douglas para un fabricante de automóviles es $f(x, y) = 100x^{0.6}y^{0.4}$, donde x es el número de unidades de trabajo y y es el número de unidades de capital. Estime el nivel promedio de producción si el número x de unidades de trabajo varía entre 200 y 250, y el número y de unidades de capital varía entre 300 y 325.

58. **Temperatura promedio** La temperatura en grados Celsius sobre la superficie de una placa metálica es

$$T(x, y) = 20 - 4x^2 - y^2$$

donde x y y están medidas en centímetros. Estime la temperatura promedio si x varía entre 0 y 2 centímetros y y varía entre 0 y 4 centímetros.

Exploración de conceptos

59. Sea R una región en el plano xy cuya área es B. Si $f(x, y) = k$ para todo punto (x, y) en R, ¿cuál es el valor de $\int_R\int f(x, y)\,dA$? Explique.

60. Sea la región del plano R de un círculo unitario, y el máximo valor de f sobre R sea 6. ¿Es el valor más grande posible de $\int_R\int f(x, y)\,dy\,dx$ igual a 6? ¿Por qué sí o por qué no? Si es no, ¿cuál es el valor más grande posible?

Probabilidad Una *función de densidad de probabilidad conjunta* de las variables aleatorias continuas x y y es una función $f(x, y)$ que satisface las propiedades siguientes.

(a) $f(x, y) \geq 0$ para todo (x, y)

(b) $\int_{-\infty}^{\infty}\int_{-\infty}^{\infty} f(x, y)\, dA = 1$

(c) $P[(x, y) \in R] = \int_R\int f(x, y)\, dA$

En los ejercicios 61 a 64, demuestre que la función es una función de densidad de probabilidad conjunta y encuentre la probabilidad requerida.

61. $f(x, y) = \begin{cases} \frac{1}{3}, & 0 \leq x \leq 1, 1 \leq y \leq 4 \\ 0, & \text{de otra manera} \end{cases}$

$P(0 \leq x \leq 1, 1 \leq y \leq 3)$

62. $f(x, y) = \begin{cases} \frac{1}{5}xy, & 0 \leq x \leq 2, 0 \leq y \leq \sqrt{5} \\ 0, & \text{de otra manera} \end{cases}$

$P(0 \leq x \leq 1, 0 \leq y \leq 2)$

63. $f(x, y) = \begin{cases} \frac{1}{27}(9 - x - y), & 0 \leq x \leq 3, 3 \leq y \leq 6 \\ 0, & \text{de otra manera} \end{cases}$

$P(0 \leq x \leq 1, 3 \leq y \leq 6)$

64. $f(x, y) = \begin{cases} e^{-x-y}, & x \geq 0, y \geq 0 \\ 0, & \text{de otra manera} \end{cases}$

$P(0 \leq x \leq 1, x \leq y \leq 1)$

65. Demostración Si f es una función continua tal que $0 \leq f(x, y) \leq 1$ en una región R de área 1. Demuestre que $0 \leq \int_R\int f(x, y)\, dA \leq 1$.

66. Determinar el volumen Encuentre el volumen del sólido que se encuentra en el primer octante, acotado por los planos coordenados y el plano

$$\frac{x}{a} + \frac{y}{b} + \frac{z}{c} = 1$$

donde $a > 0$, $b > 0$ y $c > 0$.

67. Aproximación La tabla muestra valores de una función f sobre una región cuadrada R. Divida la región en 16 cuadrados iguales y elija (x_i, y_i) como el punto más cercano al origen en el i-ésimo cuadrado. Aproxime el valor de la integral a continuación. Compare esta aproximación con la obtenida usando el punto más lejano al origen en el i-ésimo cuadrado.

$$\int_0^4\int_0^4 f(x, y)\, dy\, dx$$

x \ y	0	1	2	3	4
0	32	31	28	23	16
1	31	30	27	22	15
2	28	27	24	19	12
3	23	22	19	14	7
4	16	15	12	7	0

68. ¿CÓMO LO VE? La figura siguiente muestra el Condado de Erie, Nueva York. Sea $f(x, y)$ la precipitación anual de nieve en el punto (x, y) en el condado, donde R es el condado. Interprete cada una de las siguientes integrales.

(a) $\int_R\int f(x, y)\, dA$

(b) $\dfrac{\int_R\int f(x, y)\, dA}{\int_R\int dA}$

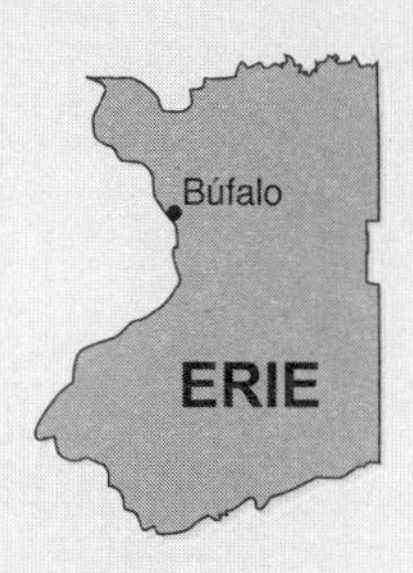

¿Verdadero o falso? **En los ejercicios 69 y 70, determine si el enunciado es verdadero o falso. Si es falso, explique por qué o dé un ejemplo que demuestre que es falso.**

69. El volumen de la esfera $x^2 + y^2 + z^2 = 1$ está dado por la integral

$$V = 8\int_0^1\int_0^1 \sqrt{1 - x^2 - y^2}\, dx\, dy$$

70. Si $f(x, y) \leq g(x, y)$ para todo (x, y) en R, y f y g son continuas sobre R, entonces $\int_R\int f(x, y)\, dA \leq \int_R\int g(x, y)\, dA$.

71. Maximizar una integral doble Determine la región R en el plano xy que maximiza el valor de

$$\int_R\int (9 - x^2 - y^2)\, dA$$

72. Minimizar una integral doble Determine la región R en el plano xy que minimiza el valor de

$$\int_R\int (x^2 + y^2 - 4)\, dA$$

73. Valor promedio Sea

$$f(x) = \int_1^x e^{t^2}\, dt$$

Encuentre el valor promedio de f en el intervalo $[0, 1]$.

74. Usar geometría Utilice un argumento geométrico para demostrar que

$$\int_0^3\int_0^{\sqrt{9-y^2}} \sqrt{9 - x^2 - y^2}\, dx\, dy = \frac{9\pi}{2}$$

DESAFÍOS DEL EXAMEN PUTNAM

75. Evalúe $\int_0^a \int_0^b e^{\text{máx}\{b^2x^2, a^2y^2\}}\, dy\, dx$, donde a y b son positivos.

76. Demuestre que si $\lambda > \frac{1}{2}$, no existe una función real u tal que, para toda x en el intervalo cerrado $0 \leq x \leq 1$, $u(x) = 1 + \lambda\int_x^1 u(y)u(y - x)\, dy$.

9.3 Cambio de variables: coordenadas polares

- **Escribir y evaluar integrales dobles en coordenadas polares.**

Integrales dobles en coordenadas polares

Algunas integrales dobles son *mucho* más fáciles de evaluar en forma polar que en forma rectangular. Esto es específicamente cierto para regiones tales como círculos, cardioides, curvas rosa y de integrandos que contienen $x^2 + y^2$.

Se sabe que las coordenadas polares de un punto están relacionadas con las coordenadas rectangulares (x, y) del punto, de la siguiente manera.

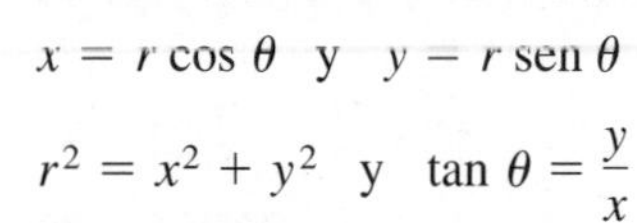

$$x = r\cos\theta \quad \text{y} \quad y = r\,\text{sen}\,\theta$$

$$r^2 = x^2 + y^2 \quad \text{y} \quad \tan\theta = \frac{y}{x}$$

Para ver las figuras a color, acceda al código

EJEMPLO 1 **Utilizar coordenadas polares para describir una región**

Utilice coordenadas polares para describir cada una de las regiones mostradas en la figura 9.23.

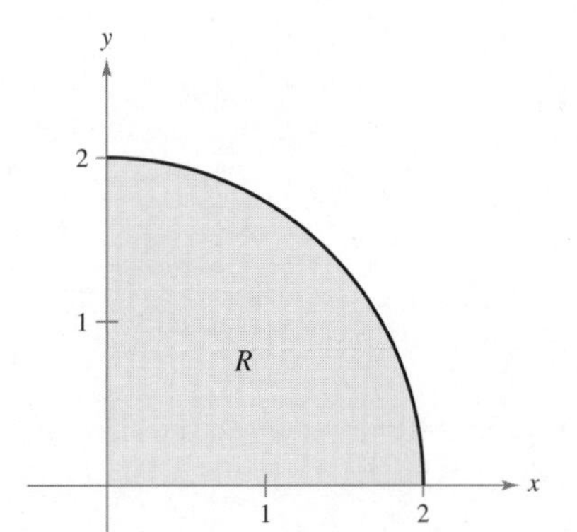

(a)

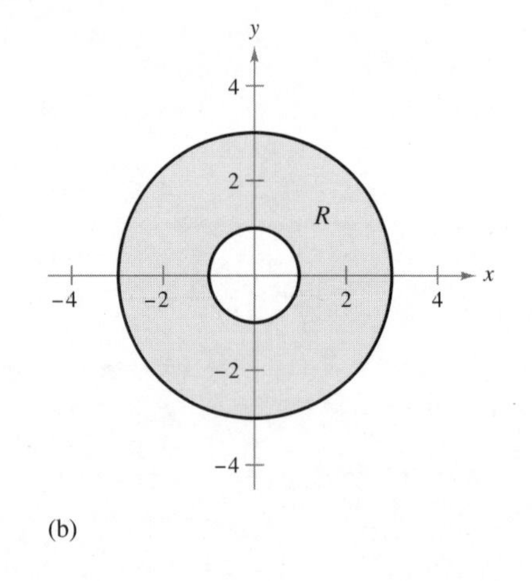

(b)

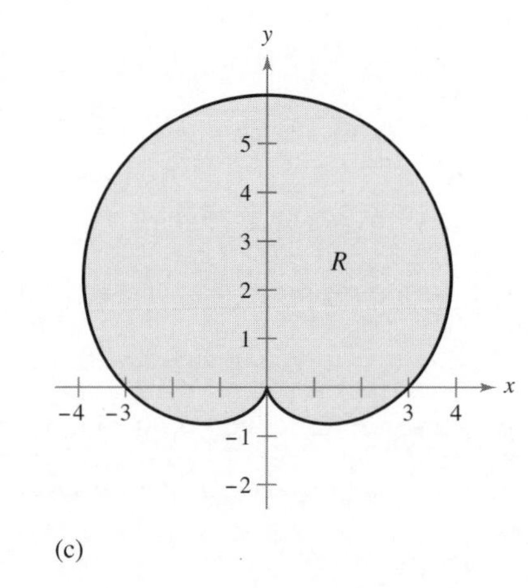

(c)

Figura 9.23

Solución

a. La región R es un cuarto del círculo de radio 2. Esta región se describe en coordenadas polares como

$$R = \{(r, \theta): 0 \le r \le 2, \quad 0 \le \theta \le \pi/2\}$$

b. La región R consta de todos los puntos comprendidos entre los círculos concéntricos de radios 1 y 3. Esta región se describe en coordenadas polares como

$$R = \{(r, \theta): 1 \le r \le 3, \quad 0 \le \theta \le 2\pi\}$$

c. La región R es una cardioide con $a = b = 3$. Se puede describir en coordenadas polares como

$$R = \{(r, \theta): 0 \le r \le 3 + 3\,\text{sen}\,\theta, \; 0 \le \theta \le 2\pi\}$$

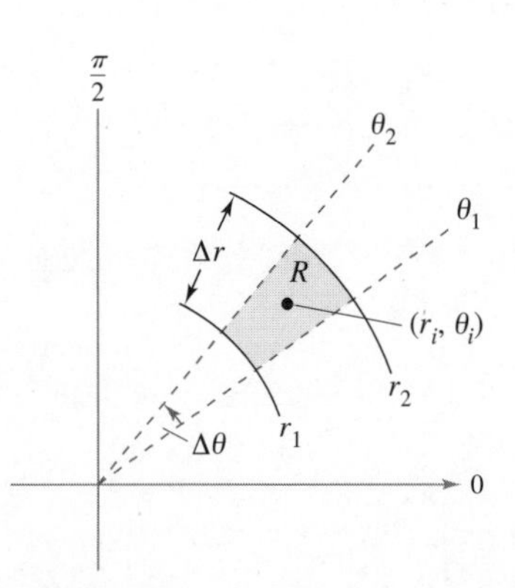

Sector polar.
Figura 9.24

Las regiones del ejemplo 1 son casos especiales de **sectores polares**

$$R = \{(r, \theta): r_1 \le r \le r_2, \quad \theta_1 \le \theta \le \theta_2\} \qquad \text{Sector polar.}$$

como el mostrado en la figura 9.24.

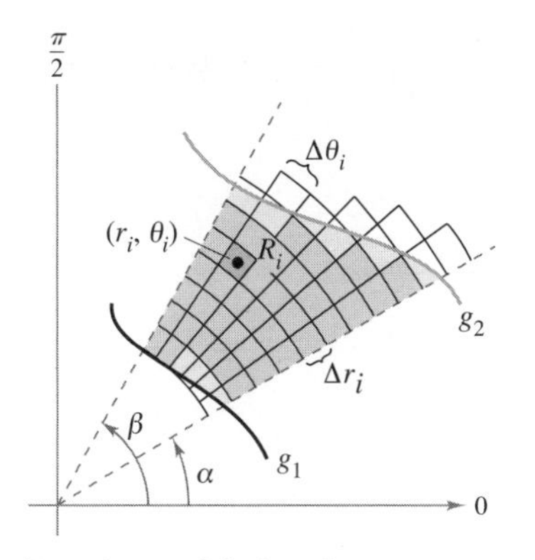

La red o cuadrícula polar se sobrepone sobre la región R.

Figura 9.25

Para definir una integral doble de una función continua $z = f(x, y)$ en coordenadas polares, considere una región R acotada por las gráficas de

$$r = g_1(\theta) \quad \text{y} \quad r = g_2(\theta)$$

y las rectas $\theta = \alpha$ y $\theta = \beta$. En lugar de hacer una partición de R de rectángulos pequeños, utilice una partición de sectores polares pequeños. A R se le superpone una red o cuadrícula polar formada por rayos o semirrectas radiales y arcos circulares, como se muestra en la figura 9.25. Los sectores polares R_i que se encuentran completamente dentro de R forman una **partición polar interna** Δ cuya **norma** $\|\Delta\|$ es la longitud de la diagonal más larga en los n sectores polares.

Considere un sector polar específico R_i, como se muestra en la figura 9.26. Se puede demostrar (vea el ejercicio 68) que el área de R_i es

$$\Delta A_i = r_i \Delta r_i \Delta\theta_i \qquad \text{Área de } R_i$$

donde $\Delta r_i = r_2 - r_1$ y $\Delta\theta_i = \theta_2 - \theta_1$. Esto implica que el volumen del sólido de altura $f(r_i \cos\theta_i, r_i \operatorname{sen}\theta_i)$ sobre R_i es aproximadamente

$$f(r_i \cos\theta_i, r_i \operatorname{sen}\theta_i) r_i \Delta r_i \Delta\theta_i$$

y se tiene

$$\int\!\!\int_R f(x, y)\, dA \approx \sum_{i=1}^{n} f(r_i \cos\theta_i, r_i \operatorname{sen}\theta_i) r_i \Delta r_i \Delta\theta_i$$

La suma de la derecha puede ser interpretada como una suma de Riemann para

$$f(r\cos\theta, r\operatorname{sen}\theta) r$$

La región R corresponde a una región S *horizontalmente simple* en el plano $r\theta$, como se muestra en la figura 9.27. Los sectores polares R_i corresponden a los rectángulos S_i, y el área ΔA_i de S_i es $\Delta r_i \Delta\theta_i$. Por tanto, el lado derecho de la ecuación corresponde a la integral doble

$$\int\!\!\int_S f(r\cos\theta, r\operatorname{sen}\theta) r\, dA$$

A partir de esto, se puede aplicar el teorema 9.2 para escribir

$$\int\!\!\int_R f(x, y)\, dA = \int\!\!\int_S f(r\cos\theta, r\operatorname{sen}\theta) r\, dA$$
$$= \int_\alpha^\beta \int_{g_1(\theta)}^{g_2(\theta)} f(r\cos\theta, r\operatorname{sen}\theta) r\, dr\, d\theta$$

Esto sugiere el teorema siguiente, cuya demostración se verá en la sección 9.8.

Para ver las figuras a color, acceda al código

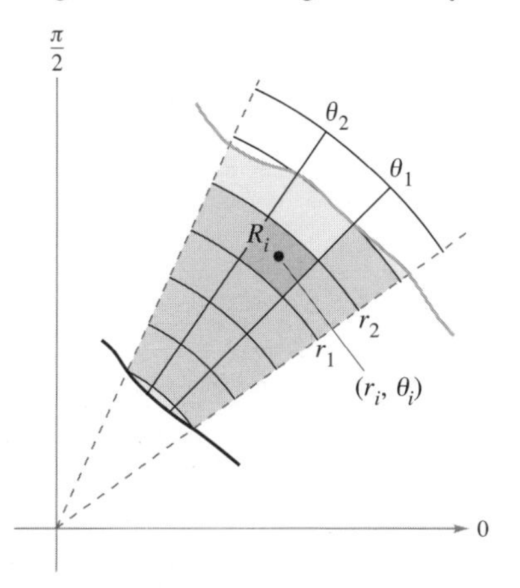

El sector polar R_i es el conjunto de todos los puntos (r, θ) tal que $r_1 \le r \le r_2$ y $\theta_1 \le \theta \le \theta_2$.

Figura 9.26

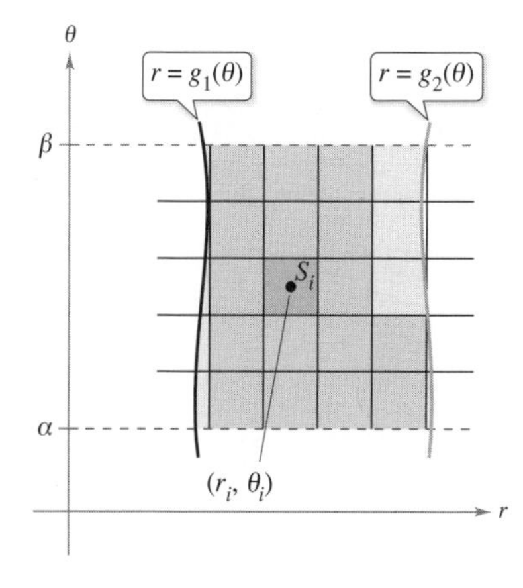

Región S horizontalmente simple.

Figura 9.27

> **TEOREMA 9.3 Cambio de variables a la forma polar**
>
> Sea R una región plana que consta de todos los puntos $(x, y) = (r \cos \theta, r \operatorname{sen} \theta)$ que satisfacen las condiciones $0 \leq g_1(\theta) \leq r \leq g_2(\theta)$, $\alpha \leq \theta \leq \beta$, donde $0 \leq (\beta - \alpha) \leq 2\pi$. Si g_1 y g_2 son continuas sobre $[\alpha, \beta]$ y f es continua en R, entonces
>
> $$\int\!\!\int_R f(x, y)\, dA = \int_\alpha^\beta \int_{g_1(\theta)}^{g_2(\theta)} f(r \cos \theta, r \operatorname{sen} \theta) r\, dr\, d\theta$$

> **Exploración**
>
> ***Volumen de un sector de un paraboloide*** En la Exploración de la página 661, se le pidió resumir los diferentes métodos hasta ahora estudiados para calcular el volumen del sólido acotado por el paraboloide
>
> $$z = a^2 - x^2 - y^2, a > 0$$
>
> y el plano xy. Ahora se conoce un método más. Utilícelo para encontrar el volumen del sólido.

Si $z = f(x, y)$ es no negativa sobre R, entonces la integral del teorema 9.3 puede interpretarse como el volumen de la región sólida entre la gráfica de f y la región R. Cuando use la integral en el teorema 9.3, asegúrese de no omitir el factor extra de r en el integrando.

La región R está restringida a ser de dos tipos básicos, regiones ***r*-simples** y regiones ***θ*-simples**, como se muestra en la figura 9.28.

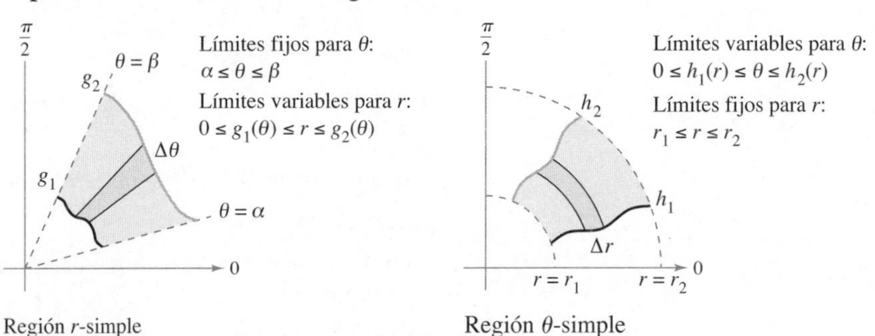

Región r-simple Región θ-simple

Figura 9.28

Para ver las figuras a color, acceda al código

EJEMPLO 2 Evaluar una integral doble usando coordenadas polares

Sea R la región anular comprendida entre los dos círculos $x^2 + y^2 = 1$ y $x^2 + y^2 = 5$. Evalúe la integral

$$\int\!\!\int_R (x^2 + y)\, dA$$

Solución Los límites polares son $1 \leq r \leq \sqrt{5}$ y $0 \leq \theta \leq 2\pi$, como se muestra en la figura 9.29. Además, $x^2 = (r \cos \theta)^2$ y $y = r \operatorname{sen} \theta$. Por tanto, se tiene

$$\begin{aligned}
\int\!\!\int_R (x^2 + y)\, dA &= \int_0^{2\pi} \int_1^{\sqrt{5}} (r^2 \cos^2 \theta + r \operatorname{sen} \theta) r\, dr\, d\theta \\
&= \int_0^{2\pi} \int_1^{\sqrt{5}} (r^3 \cos^2 \theta + r^2 \operatorname{sen} \theta)\, dr\, d\theta \\
&= \int_0^{2\pi} \left(\frac{r^4}{4} \cos^2 \theta + \frac{r^3}{3} \operatorname{sen} \theta \right) \Big]_1^{\sqrt{5}} d\theta \\
&= \int_0^{2\pi} \left(6 \cos^2 \theta + \frac{5\sqrt{5} - 1}{3} \operatorname{sen} \theta \right) d\theta \\
&= \int_0^{2\pi} \left(3 + 3 \cos 2\theta + \frac{5\sqrt{5} - 1}{3} \operatorname{sen} \theta \right) d\theta \\
&= \left(3\theta + \frac{3 \operatorname{sen} 2\theta}{2} - \frac{5\sqrt{5} - 1}{3} \cos \theta \right) \Big]_0^{2\pi} \\
&= 6\pi
\end{aligned}$$

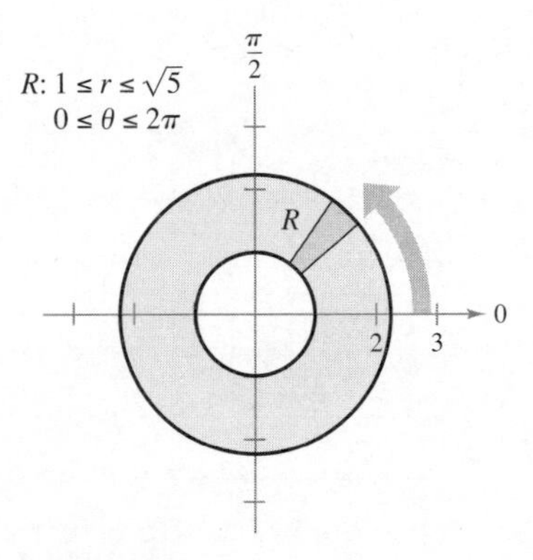

Figura 9.29

En el ejemplo 2, observe el factor de r con $dr\,d\theta$ en el integrando. Esto proviene de la fórmula para el área de un sector polar. En notación diferencial, puede escribirlo como

$$dA = r\,dr\,d\theta$$

lo que indica que el área de un sector polar aumenta al alejarse del origen.

Superficie: $z = \sqrt{16 - x^2 - y^2}$

R: $x^2 + y^2 \leq 4$

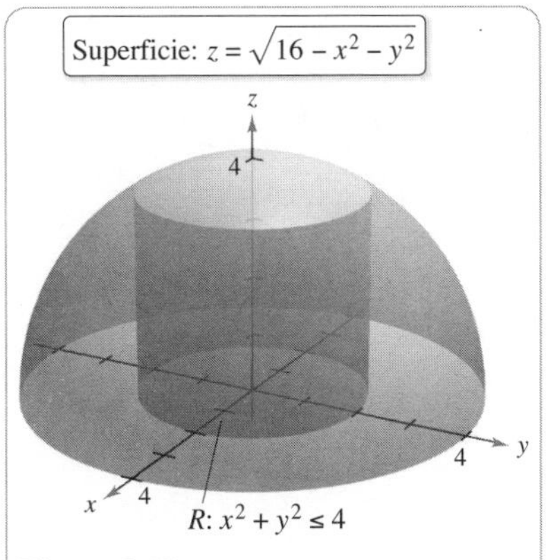

Figura 9.30

Para visualizar esta gráfica con **REALIDAD AUMENTADA**, puede introducir la ecuación en alguna aplicación de AR, como GeoGebra.

COMENTARIO Para ver la ventaja de las coordenadas polares en el ejemplo 3, trate de evaluar la integral iterada rectangular correspondiente

$$\int_{-2}^{2}\int_{-\sqrt{4-y^2}}^{\sqrt{4-y^2}} \sqrt{16 - x^2 - y^2}\,dx\,dy$$

EJEMPLO 3 Cambiar variables a coordenadas polares

Utilice las coordenadas polares para hallar el volumen de la región sólida limitada superiormente por el hemisferio

$$z = \sqrt{16 - x^2 - y^2} \qquad \text{Hemisferio que forma la superficie superior.}$$

e inferiormente por la región circular R dada por

$$x^2 + y^2 \leq 4 \qquad \text{Región circular que forma la superficie inferior.}$$

como se muestra en la figura 9.30.

Solución En la figura 9.30 se puede ver que R tiene como límites

$$-\sqrt{4 - y^2} \leq x \leq \sqrt{4 - y^2}, \quad -2 \leq y \leq 2$$

y que $0 \leq z \leq \sqrt{16 - x^2 - y^2}$. En coordenadas polares, los límites son

$$0 \leq r \leq 2 \quad \text{y} \quad 0 \leq \theta \leq 2\pi$$

con altura $z = \sqrt{16 - x^2 - y^2} = \sqrt{16 - r^2}$. Por consiguiente, el volumen V está dado por

$$\begin{aligned}
V &= \int_R\int f(x, y)\,dA && \text{Fórmula para el volumen.}\\
&= \int_0^{2\pi}\int_0^2 \sqrt{16 - r^2}\,r\,dr\,d\theta && \text{Coordenadas polares.}\\
&= -\frac{1}{3}\int_0^{2\pi} (16 - r^2)^{3/2}\Big]_0^2\,d\theta && \text{Integre respecto a } r.\\
&= -\frac{1}{3}\int_0^{2\pi} \left(24\sqrt{3} - 64\right)d\theta\\
&= -\frac{8}{3}\left(3\sqrt{3} - 8\right)\theta\Big]_0^{2\pi} && \text{Integre respecto a } \theta.\\
&= \frac{16\pi}{3}\left(8 - 3\sqrt{3}\right)\\
&\approx 46.979
\end{aligned}$$

TECNOLOGÍA Toda utilidad de graficación que calcula integrales dobles en coordenadas rectangulares también calcula integrales dobles en coordenadas polares. La razón es que una vez que se ha formado la integral iterada, su valor no cambia al usar variables diferentes. En otras palabras, si se usa alguna utilidad de graficación para evaluar

$$\int_0^{2\pi}\int_0^2 \sqrt{16 - x^2}\,x\,dx\,dy$$

deberá obtener el mismo valor que se obtuvo en el ejemplo 3.

Así como ocurre con coordenadas rectangulares, la integral doble

$$\int_R\int dA$$

puede usarse para calcular el área de una región en el plano.

Para ver la figura a color, acceda al código

EJEMPLO 4 Hallar áreas de regiones polares

Consulte LarsonCalculus.com (disponible solo en inglés) para una versión interactiva de este tipo de ejemplo.

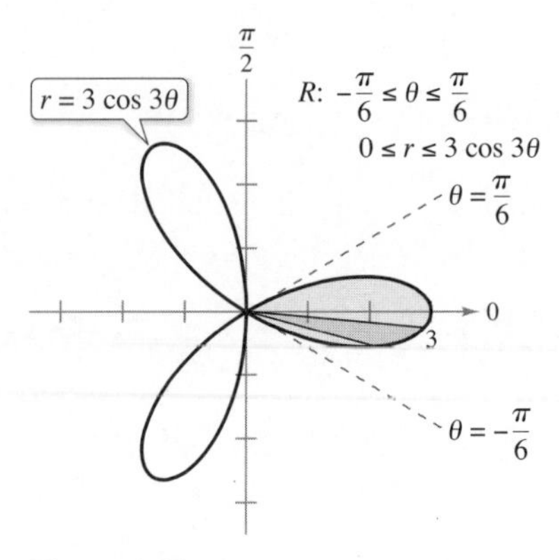

Figura 9.31

Utilice una integral doble para hallar el área encerrada por la gráfica de $r = 3\cos 3\theta$, sea R un pétalo de la curva mostrada en la figura 9.31. Esta región es r-simple y los límites son: $-\pi/6 \le \theta \le \pi/6$ y $0 \le r \le 3\cos 3\theta$. Por tanto, el área de un pétalo es

$$\frac{1}{3}A = \int_R\int dA = \int_{-\pi/6}^{\pi/6}\int_0^{3\cos 3\theta} r\,dr\,d\theta$$

$$= \int_{-\pi/6}^{\pi/6} \frac{r^2}{2}\Big]_0^{3\cos 3\theta} d\theta \qquad \text{Integre respecto a } r.$$

$$= \frac{9}{2}\int_{-\pi/6}^{\pi/6} \cos^2 3\theta\,d\theta$$

$$= \frac{9}{4}\int_{-\pi/6}^{\pi/6} (1 + \cos 6\theta)\,d\theta$$

$$= \frac{9}{4}\left[\theta + \frac{1}{6}\operatorname{sen} 6\theta\right]_{-\pi/6}^{\pi/6} \qquad \text{Integre respecto a } \theta.$$

$$= \frac{3\pi}{4}$$

Así, el área total es $A = 9\pi/4$.

Para ver las figuras a color, acceda al código

Como se ilustra en el ejemplo 4, el área de una región en el plano puede representarse mediante

$$A = \int_\alpha^\beta\int_{g_1(\theta)}^{g_2(\theta)} r\,dr\,d\theta$$

Para $g_1(\theta) = 0$, obtiene

$$A = \int_\alpha^\beta\int_0^{g_2(\theta)} r\,dr\,d\theta = \int_\alpha^\beta \frac{r^2}{2}\Big]_0^{g_2(\theta)} d\theta = \frac{1}{2}\int_\alpha^\beta [g_2(\theta)]^2\,d\theta$$

lo cual concuerda con el área de una región polar simple.

Hasta ahora en esta sección todos los ejemplos de integrales iteradas en forma polar han sido de la forma

$$\int_\alpha^\beta\int_{g_1(\theta)}^{g_2(\theta)} f(r\cos\theta, r\operatorname{sen}\theta)r\,dr\,d\theta$$

donde el orden de integración es primero respecto a r. Algunas veces se puede simplificar el problema de integración al integrar primero respecto a θ.

EJEMPLO 5 Integrar primero respecto a θ

Encuentre el área de la región acotada en la parte superior por la espiral $r = \pi/(3\theta)$ e inferiormente por el eje polar, entre $r = 1$ y $r = 2$.

Solución La región se muestra en la figura 9.32. Los límites polares de la región son

$$1 \le r \le 2 \quad \text{y} \quad 0 \le \theta \le \frac{\pi}{3r}$$

Por tanto, el área de la región puede evaluarse como sigue

$$A = \int_1^2\int_0^{\pi/(3r)} r\,d\theta\,dr = \int_1^2 r\theta\Big]_0^{\pi/(3r)} dr = \int_1^2 \frac{\pi}{3}\,dr = \frac{\pi r}{3}\Big]_1^2 = \frac{\pi}{3}$$

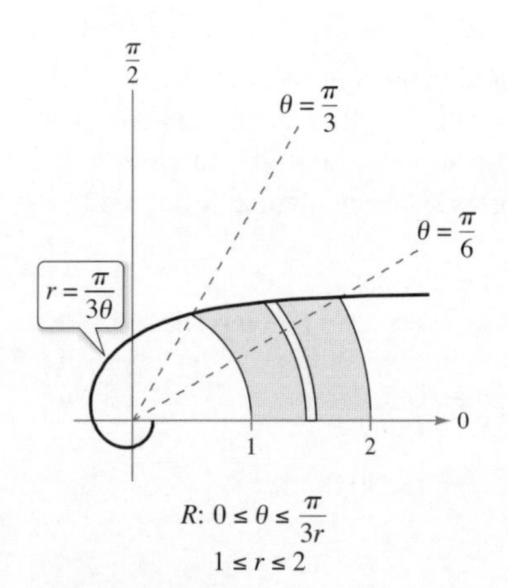

Región θ-simple.
Figura 9.32

9.3 Ejercicios

Las respuestas a los ejercicios impares pueden consultarse en el Apéndice de este libro.

Repaso de conceptos

En los ejercicios 1 y 2 se muestra la región R para la integral $\int_R\int f(x, y)\,dA$. Establezca si serían utilizaría coordenadas rectangulares o coordenadas para evaluar la integral.

1. **2.**

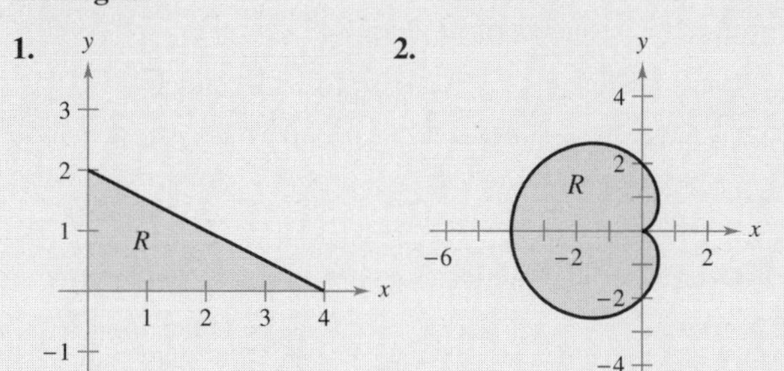

3. Describa las regiones r-simples y θ-simples.

4. Dibuje la región de integración representada por la integral doble

$$\int_0^{2\pi}\int_3^6 f(r, \theta) r\,dr\,d\theta$$

Describir una región **En los ejercicios 5 a 8, utilice las coordenadas polares para describir la región mostrada.**

5.

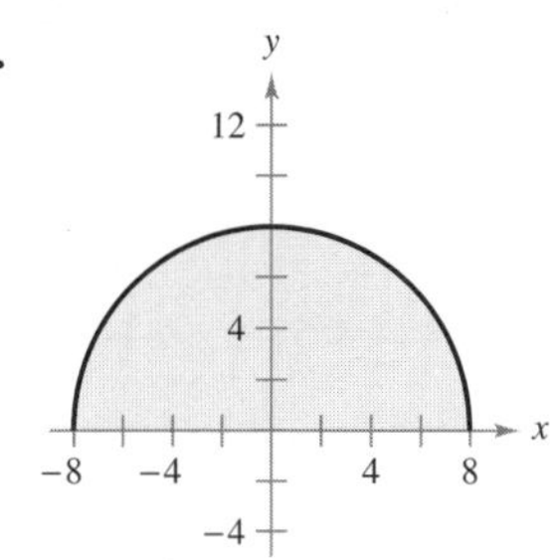

6.

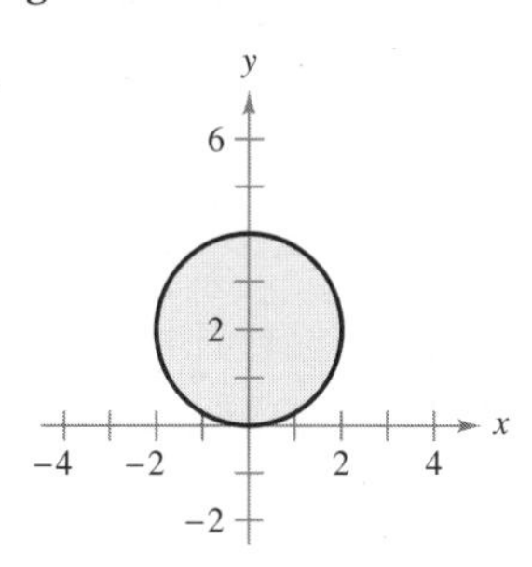

7.

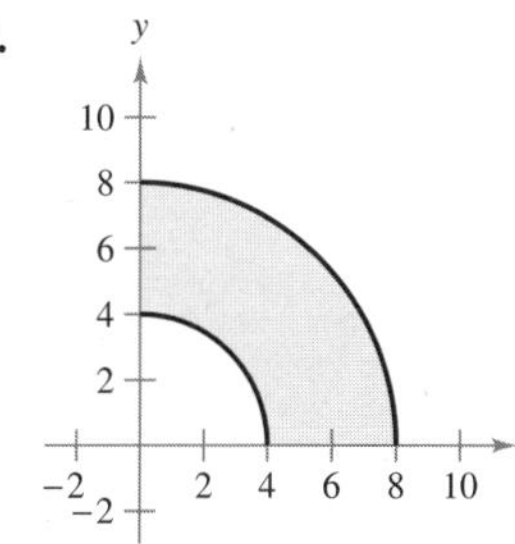

8.

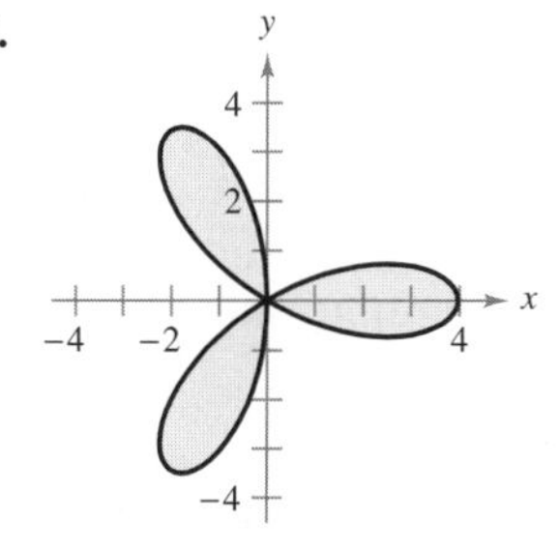

Evaluar una integral doble **En los ejercicios 9 a 16, evalúe la integral doble $\int_R\int f(r, \theta)\,dA$ y dibuje la región R.**

9. $\displaystyle\int_0^{\pi}\int_0^{2\cos\theta} r\,dr\,d\theta$

10. $\displaystyle\int_0^{\pi/2}\int_0^{\operatorname{sen}\theta} r^2\,dr\,d\theta$

11. $\displaystyle\int_0^{2\pi}\int_0^{1} 6r^2 \operatorname{sen}\theta\,dr\,d\theta$

12. $\displaystyle\int_0^{\pi/4}\int_0^{4} r^2 \operatorname{sen}\theta\cos\theta\,dr\,d\theta$

13. $\displaystyle\int_0^{\pi/2}\int_1^{3} \sqrt{9 - r^2}\,r\,dr\,d\theta$

14. $\displaystyle\int_0^{\pi/2}\int_0^{3} re^{-r^2}\,dr\,d\theta$

15. $\displaystyle\int_0^{\pi/2}\int_0^{1+\operatorname{sen}\theta} \theta r\,dr\,d\theta$

16. $\displaystyle\int_0^{\pi/2}\int_0^{1-\cos\theta} (\operatorname{sen}\theta) r\,dr\,d\theta$

Convertir a coordenadas polares **En los ejercicios 17 a 26, evalúe la integral iterada convirtiendo a coordenadas polares.**

17. $\displaystyle\int_0^{3}\int_0^{\sqrt{9-y^2}} y\,dx\,dy$

18. $\displaystyle\int_0^{2}\int_0^{\sqrt{4-x^2}} x\,dy\,dx$

19. $\displaystyle\int_{-2}^{2}\int_0^{\sqrt{4-x^2}} (x^2 + y^2)\,dy\,dx$

20. $\displaystyle\int_0^{1}\int_{-\sqrt{x-x^2}}^{\sqrt{x-x^2}} (x^2 + y^2)\,dy\,dx$

21. $\displaystyle\int_0^{1}\int_0^{\sqrt{1-x^2}} (x^2 + y^2)^{3/2}\,dy\,dx$

22. $\displaystyle\int_0^{2}\int_y^{\sqrt{8-y^2}} \sqrt{x^2 + y^2}\,dx\,dy$

23. $\displaystyle\int_0^{2}\int_0^{\sqrt{2x-x^2}} xy\,dy\,dx$

24. $\displaystyle\int_0^{4}\int_0^{\sqrt{4y-y^2}} x^2\,dx\,dy$

25. $\displaystyle\int_{-1}^{1}\int_0^{\sqrt{1-x^2}} \cos(x^2 + y^2)\,dy\,dx$

26. $\displaystyle\int_0^{\sqrt{6}}\int_0^{\sqrt{6-x^2}} \operatorname{sen}\sqrt{x^2 + y^2}\,dy\,dx$

Para ver las figuras a color, acceda al código

Convertir a coordenadas polares **En los ejercicios 27 y 28, combine la suma de las dos integrales iteradas en una sola integral iterada convirtiendo a coordenadas polares. Evalúe la integral iterada resultante.**

27. $\displaystyle\int_0^{2}\int_0^{x} \sqrt{x^2 + y^2}\,dy\,dx + \int_2^{2\sqrt{2}}\int_0^{\sqrt{8-x^2}} \sqrt{x^2 + y^2}\,dy\,dx$

28. $\displaystyle\int_0^{(5\sqrt{2})/2}\int_0^{x} xy\,dy\,dx + \int_{(5\sqrt{2})/2}^{5}\int_0^{\sqrt{25-x^2}} xy\,dy\,dx$

Convertir a coordenadas polares **En los ejercicios 29 a 32, utilice coordenadas polares para escribir y evaluar la integral doble $\int_R\int f(x, y)\, dA$.**

Para ver las figuras a color, acceda al código

29. $f(x, y) = x + y$

$R: x^2 + y^2 \le 36,\ x \ge 0,\ y \ge 0$

30. $f(x, y) = e^{-(x^2+y^2)/2}$

$R: x^2 + y^2 \le 25,\ x \ge 0$

31. $f(x, y) = \arctan \dfrac{y}{x}$

$R: x^2 + y^2 \ge 1,\ x^2 + y^2 \le 4,\ 0 \le y \le x$

32. $f(x, y) = 9 - x^2 - y^2$

$R: x^2 + y^2 \le 9,\ x \ge 0,\ y \ge 0$

Volumen **En los ejercicios 33 a 38, utilice una integral doble en coordenadas polares para hallar el volumen del sólido acotado por las gráficas de las ecuaciones.**

33. $z = xy,\ x^2 + y^2 = 1$, primer octante

34. $z = x^2 + y^2 + 3,\ z = 0,\ x^2 + y^2 = 1$

35. $z = \sqrt{x^2 + y^2},\ z = 0,\ x^2 + y^2 = 25$

36. $z = \ln(x^2 + y^2),\ z = 0,\ x^2 + y^2 \ge 1,\ x^2 + y^2 \le 4$

37. Interior al hemisferio $z = \sqrt{16 - x^2 - y^2}$ e interior al cilindro $x^2 + y^2 - 4x = 0$.

38. Interior al hemisferio $z = \sqrt{16 - x^2 - y^2}$ y exterior al cilindro $x^2 + y^2 = 1$.

39. Volumen Utilice una integral doble en coordenadas polares para encontrar a tal que el volumen en el interior del hemisferio

$z = \sqrt{16 - x^2 - y^2}$

y en el exterior del cilindro $x^2 + y^2 = a^2$ es la mitad del volumen del hemisferio.

40. Volumen Utilice la integral doble en coordenadas polares para encontrar el volumen de una esfera de radio a.

Área **En los ejercicios 41 a 46, utilice una integral doble para calcular el área de la región sombreada.**

41.

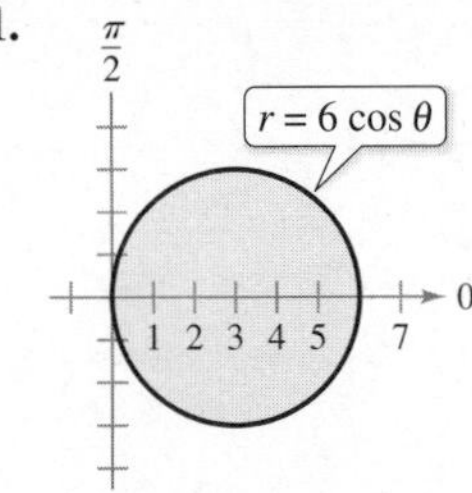

42.

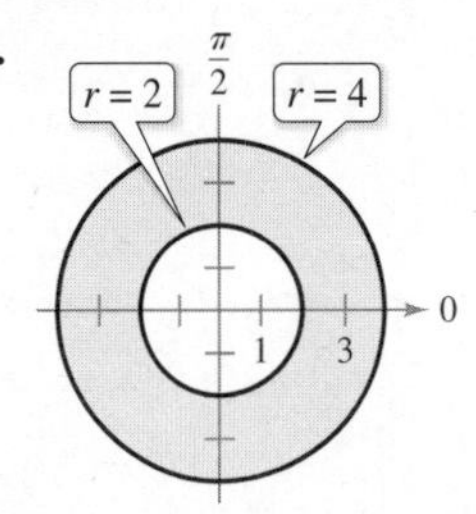

43.

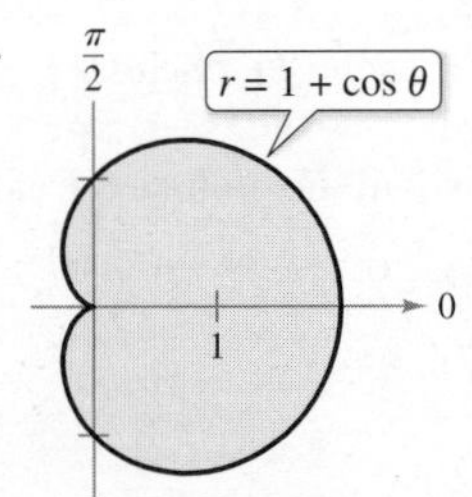

44.

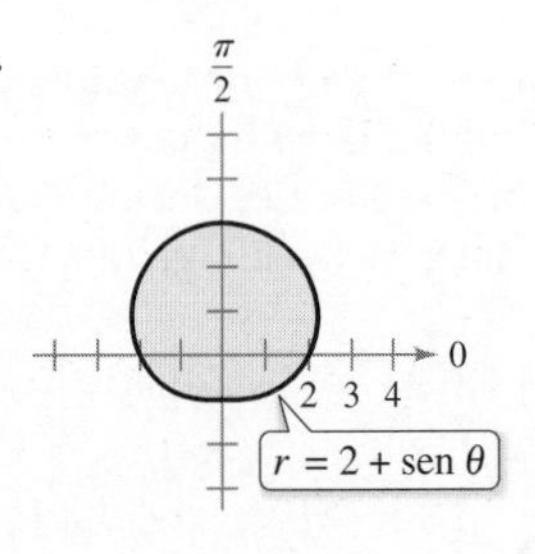

45.

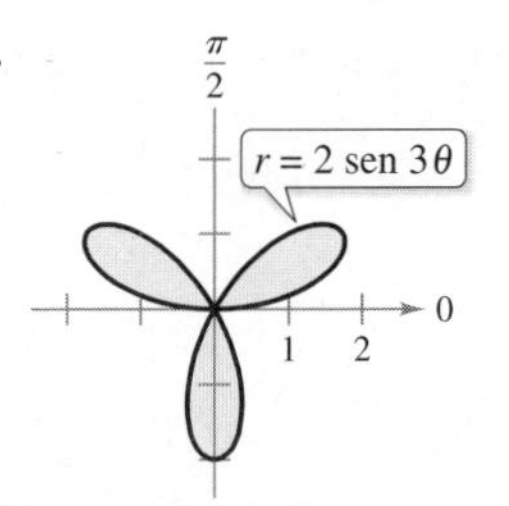

46.

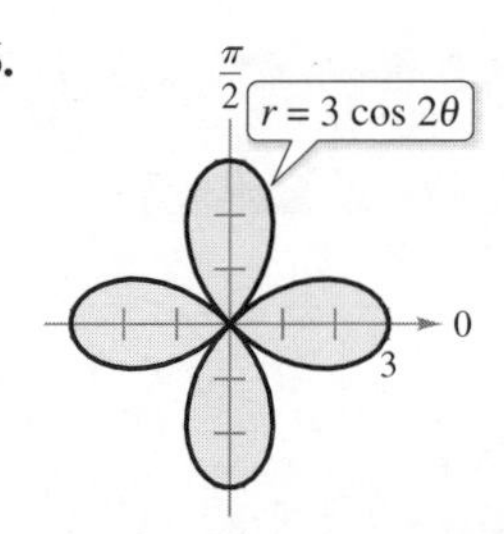

Área **En los ejercicios 47 a 52, trace una gráfica de la región acotada por las gráficas de las ecuaciones. Después, use una integral doble para encontrar el área de la región.**

47. Dentro del círculo $r = 2 \cos \theta$ y fuera del círculo $r = 1$.

48. Dentro de la cardioide $r = 2 + 2 \cos \theta$ y fuera del círculo $r = 1$.

49. Dentro del círculo $r = 3 \cos \theta$ y fuera de la cardioide $r = 1 + \cos \theta$.

50. Dentro de la cardioide $r = 1 + \cos \theta$ y fuera del círculo $r = 3 \cos \theta$.

51. Dentro de la curva rosa $r = 4 \text{ sen } 3\theta$ y fuera del círculo $r = 2$.

52. Dentro del círculo $r = 2$ y fuera de la cardioide $r = 2 - 2 \cos \theta$.

Exploración de conceptos

53. Exprese el área de la región R en la figura utilizando la suma de dos integrales dobles en coordenadas polares. A continuación, encuentre el área de la región sin utilizar integrales.

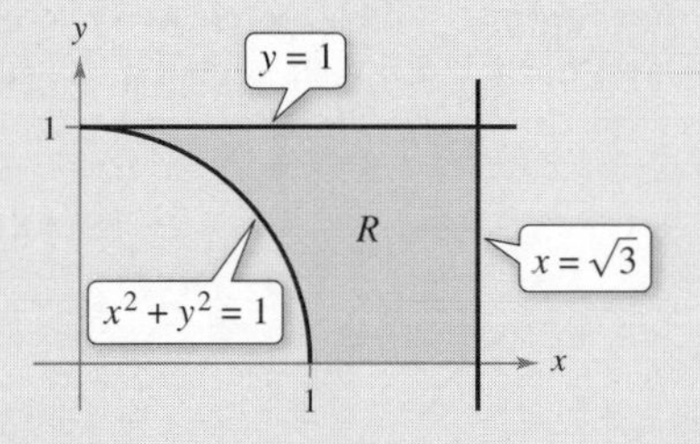

54. Sea R la región acotada por el círculo $x^2 + y^2 = 9$.

(a) Establezca la integral $\int_R\int f(x, y)\, dA$.

(b) Convierta la integral en el inciso (a) a coordenadas polares.

(c) ¿Qué integral debería elegirse para evaluar? ¿Por qué?

55. Población

La densidad de población de una ciudad es aproximada por el modelo

$f(x, y) = 4000e^{-0.01(x^2+y^2)}$

para la región $x^2 + y^2 \le 9$, donde x y y se miden en millas. Integre la función de densidad sobre la región circular indicada para aproximar la población de la ciudad.

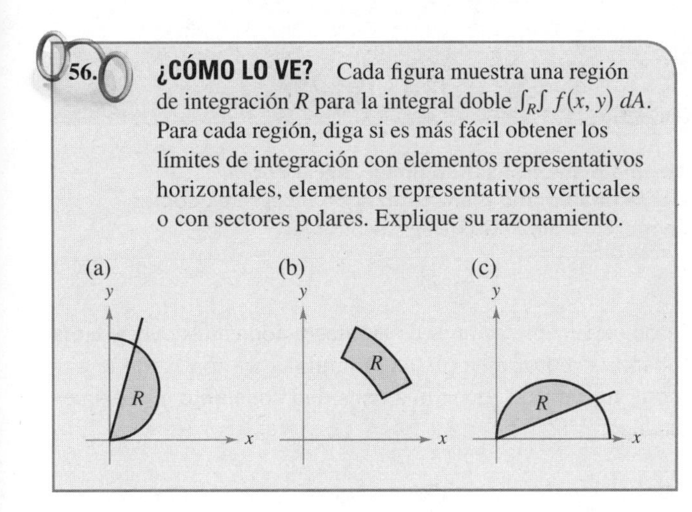

56. **¿CÓMO LO VE?** Cada figura muestra una región de integración R para la integral doble $\int_R\int f(x, y)\, dA$. Para cada región, diga si es más fácil obtener los límites de integración con elementos representativos horizontales, elementos representativos verticales o con sectores polares. Explique su razonamiento.

57. Volumen Determine el diámetro de un orificio taladrado verticalmente a través del centro del sólido acotado por las gráficas de las ecuaciones $z = 25e^{-(x^2+y^2)/4}$, $z = 0$ y $x^2 + y^2 = 16$ si se elimina la décima parte del volumen del sólido.

58. Glaciar

Las secciones transversales horizontales de un bloque de hielo desprendido de un glaciar tienen forma de un cuarto de círculo con radio aproximado de 50 pies. La base se divide en 20 subregiones, como se muestra en la figura. En el centro de cada subregión se mide la altura del hielo, dando los puntos siguientes en coordenadas cilíndricas.

$\left(5, \frac{\pi}{16}, 7\right), \left(15, \frac{\pi}{16}, 8\right), \left(25, \frac{\pi}{16}, 10\right), \left(35, \frac{\pi}{16}, 12\right), \left(45, \frac{\pi}{16}, 9\right),$
$\left(5, \frac{3\pi}{16}, 9\right), \left(15, \frac{3\pi}{16}, 10\right), \left(25, \frac{3\pi}{16}, 14\right), \left(35, \frac{3\pi}{16}, 15\right), \left(45, \frac{3\pi}{16}, 10\right),$
$\left(5, \frac{5\pi}{16}, 9\right), \left(15, \frac{5\pi}{16}, 11\right), \left(25, \frac{5\pi}{16}, 15\right), \left(35, \frac{5\pi}{16}, 18\right), \left(45, \frac{5\pi}{16}, 14\right),$
$\left(5, \frac{7\pi}{16}, 5\right), \left(15, \frac{7\pi}{16}, 8\right), \left(25, \frac{7\pi}{16}, 11\right), \left(35, \frac{7\pi}{16}, 16\right), \left(45, \frac{7\pi}{16}, 12\right)$

(a) Aproxime el volumen del sólido.

(b) El hielo pesa aproximadamente 57 libras por pie cúbico. Aproxime el peso del sólido.

(c) Aproxime el número de galones de agua en el sólido si hay 7.48 galones de agua por pie cúbico.

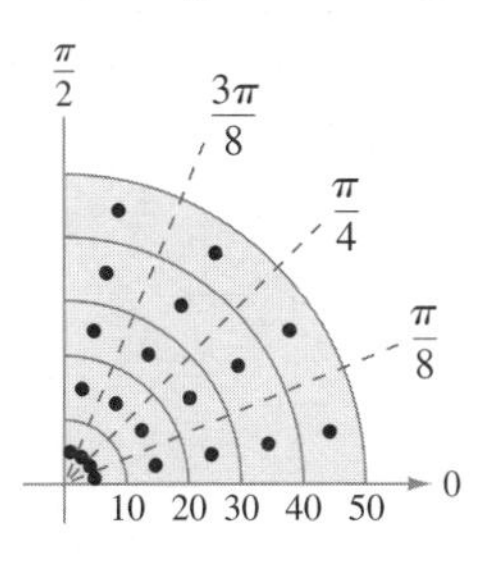

Aproximación **En los ejercicios 59 y 60, utilice un sistema algebraico por computadora y aproxime la integral iterada.**

59. $\displaystyle\int_{\pi/4}^{\pi/2}\int_0^5 r\sqrt{1 + r^3}\, \text{sen}\sqrt{\theta}\, dr\, d\theta$

60. $\displaystyle\int_0^{\pi/4}\int_0^4 5re^{\sqrt{r\theta}}\, dr\, d\theta$

¿Verdadero o falso? **En los ejercicios 61 y 62, determine si el enunciado es verdadero o falso. Si es falso, explique por qué o dé un ejemplo que demuestre que es falso.**

61. Si $\int_R\int f(r, \theta)\, dA > 0$, entonces $f(r, \theta) > 0$ para todo (r, θ) en R.

62. Si $f(r, \theta)$ es una función constante y el área de la región S es el doble del área de la región R, entonces

$$2\int_R\int f(r, \theta)\, dA = \int_S\int f(r, \theta)\, dA$$

63. Probabilidad El valor de la integral

$$I = \int_{-\infty}^{\infty} e^{-x^2/2}\, dx$$

se requiere en el desarrollo de la función de densidad de probabilidad normal.

(a) Utilice coordenadas polares para evaluar la integral impropia.

$$I^2 = \left(\int_{-\infty}^{\infty} e^{-x^2/2}\, dx\right)\left(\int_{-\infty}^{\infty} e^{-y^2/2}\, dy\right)$$
$$= \int_{-\infty}^{\infty}\int_{-\infty}^{\infty} e^{-(x^2+y^2)/2}\, dA$$

(b) Utilice el resultado del inciso (a) para calcular I.

PARA INFORMACIÓN ADICIONAL Para más información sobre este problema, vea el artículo "Integrating Without Polar Coordinates", de William Dunham, en *Mathematics Teacher*. Para consultar este artículo, visite *MathArticles.com* (disponible solo en inglés).

64. Evaluar integrales Utilice el resultado del ejercicio 63 y un cambio de variables para evaluar cada una de las integrales siguientes. No se requiere hacer ninguna integración.

(a) $\displaystyle\int_{-\infty}^{\infty} e^{-x^2}\, dx$ (b) $\displaystyle\int_{-\infty}^{\infty} e^{-4x^2}\, dx$

65. Piénselo Considere la región R acotada por las gráficas de $y = 2$, $y = 4$, $y = x$ y $y = \sqrt{3}x$, y la integral doble $\int_R\int f\, dA$. Determine los límites de integración si la región R está dividida en (a) elementos representativos horizontales, (b) elementos representativos verticales y (c) sectores polares.

66. Piénselo Repita el ejercicio 65 para una región R acotada por la gráfica de la ecuación $(x - 2)^2 + y^2 = 4$.

67. Probabilidad Encuentre k tal que la función

$$f(x, y) = \begin{cases} ke^{-(x^2+y^2)}, & x \geq 0, y \geq 0 \\ 0, & \text{de otra manera} \end{cases}$$

es una función de densidad de probabilidad. (*Sugerencia:* Demuestre que $\int_R\int f(x, y)\, dA = 1$.)

68. Área Demuestre que el área A del sector polar R (vea la figura) es $A = r\Delta r\Delta\theta$, donde $r = (r_1 + r_2)/2$ es el radio promedio de R.

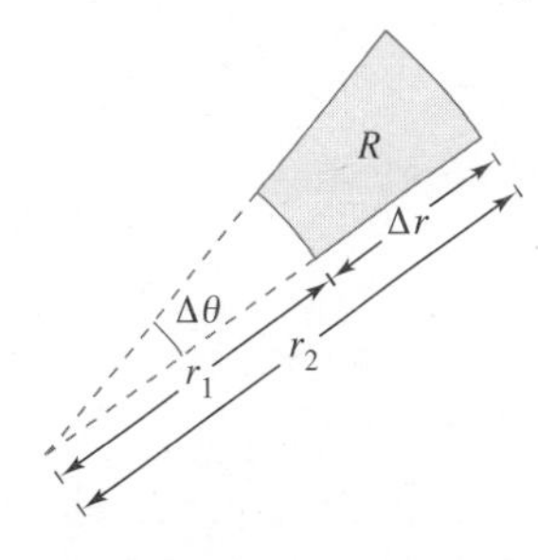

Para ver las figuras a color, acceda al código

9.4 Centro de masa y momentos de inercia

- Hallar la masa de una lámina plana utilizando una integral doble.
- Hallar el centro de masa de una lámina plana utilizando integrales dobles.
- Hallar los momentos de inercia utilizando integrales dobles.

Masa

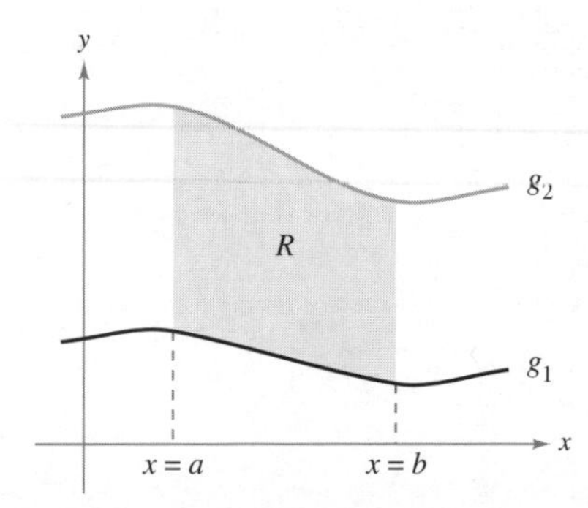

Lámina de densidad constante ρ.
Figura 9.33

En la sección 6.6 se analizaron varias aplicaciones de la integración en las que se tenía una lámina de densidad *constante* ρ. Por ejemplo, si la lámina que corresponde a la región R, que se muestra en la figura 9.33, tiene una densidad constante ρ, entonces la masa de la lámina está dada por

$$\text{Masa} = \rho A = \rho \int_R\int dA = \int_R\int \rho\, dA \qquad \text{Densidad constante.}$$

Si no se especifica otra cosa, se supondrá que una lámina tiene densidad constante. En esta sección se extiende la definición del término *lámina* para abarcar también placas delgadas de densidad *variable*. Las integrales dobles pueden usarse para calcular la masa de una lámina de densidad variable, donde la densidad en (x, y) está dada por la **función de densidad** ρ.

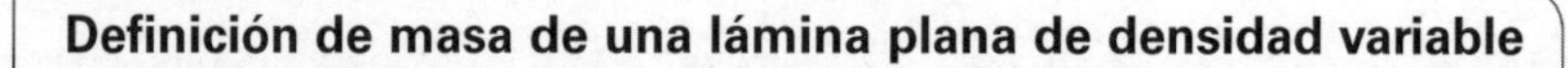

Definición de masa de una lámina plana de densidad variable

Si ρ es una función de densidad continua sobre la lámina que corresponde a una región plana R, entonces la masa m de la lámina está dada por

$$m = \int_R\int \rho(x, y)\, dA \qquad \text{Densidad variable.}$$

Para ver las figuras a color, acceda al código

La densidad se expresa normalmente como masa por unidad de volumen. Sin embargo, en una lámina plana la densidad es masa por unidad de área.

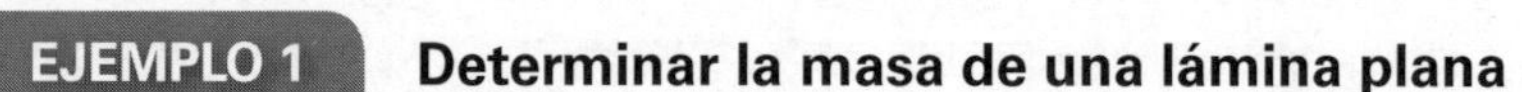

EJEMPLO 1 Determinar la masa de una lámina plana

Encuentre la masa de la lámina triangular con vértices (0, 0), (0, 3) y (2, 3), dado que la densidad en (x, y) es $\rho(x, y) = 2x + y$.

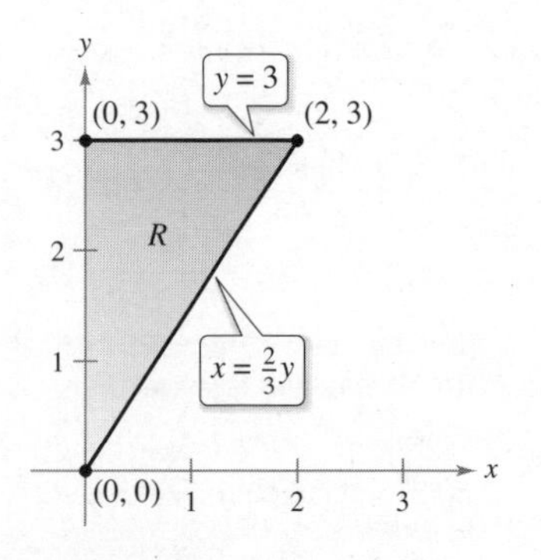

Lámina de densidad variable $\rho(x, y) = 2x + y$.
Figura 9.34

Solución Como se muestra en la figura 9.34, la región R tiene como fronteras $x = 0$, $y = 3$ y $y = 3x/2$ (o $x = 2y/3$). Por consiguiente, la masa de la lámina es

$$\begin{aligned} m &= \int_R\int (2x + y)\, dA \\ &= \int_0^3 \int_0^{2y/3} (2x + y)\, dx\, dy \\ &= \int_0^3 \Big[x^2 + xy\Big]_0^{2y/3} dy \qquad \text{Integre respecto a } x. \\ &= \frac{10}{9}\int_0^3 y^2\, dy \\ &= \frac{10}{9}\left[\frac{y^3}{3}\right]_0^3 \qquad \text{Integre respecto a } y. \\ &= 10 \end{aligned}$$

En la figura 9.34, observe que la lámina plana está sombreada; el sombreado más oscuro corresponde a la parte más densa.

EJEMPLO 2 Determinar la masa en coordenadas polares

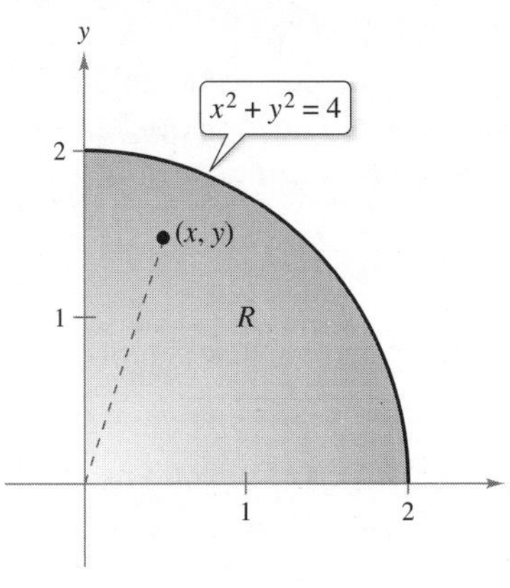

Densidad en (x, y): $\rho(x, y) = k\sqrt{x^2 + y^2}$
Figura 9.35

Encuentre la masa de la lámina correspondiente a la porción en el primer cuadrante del círculo

$$x^2 + y^2 = 4$$

donde la densidad en el punto (x, y) es proporcional a la distancia entre el punto y el origen, como se muestra en la figura 9.35.

Solución En cualquier punto (x, y), la densidad de la lámina es

$$\begin{aligned}\rho(x, y) &= k\sqrt{(x-0)^2 + (y-0)^2}\\ &= k\sqrt{x^2 + y^2}\end{aligned}$$

donde k es la constante de proporcionalidad. Dado que $0 \le x \le 2$ y $0 \le y \le \sqrt{4 - x^2}$, la masa está dada por

$$\begin{aligned}m &= \int_R\int k\sqrt{x^2 + y^2}\, dA\\ &= \int_0^2 \int_0^{\sqrt{4-x^2}} k\sqrt{x^2 + y^2}\, dy\, dx\end{aligned}$$

Para simplificar la integración, se puede convertir a coordenadas polares utilizando los límites

$$0 \le \theta \le \pi/2 \quad \text{y} \quad 0 \le r \le 2$$

Por tanto, la masa es

$$\begin{aligned}m &= \int_R\int k\sqrt{x^2 + y^2}\, dA\\ &= \int_0^{\pi/2}\int_0^2 k\sqrt{r^2}\, r\, dr\, d\theta && \text{Coordenadas polares.}\\ &= \int_0^{\pi/2}\int_0^2 kr^2\, dr\, d\theta && \text{Simplifique el integrando.}\\ &= \int_0^{\pi/2} \frac{kr^3}{3}\Big]_0^2\, d\theta && \text{Integre respecto a } r.\\ &= \frac{8k}{3}\int_0^{\pi/2} d\theta\\ &= \frac{8k}{3}\Big[\theta\Big]_0^{\pi/2} && \text{Integre respecto a } \theta.\\ &= \frac{4\pi k}{3}\end{aligned}$$

Para ver la figura a color, acceda al código

TECNOLOGÍA En muchas ocasiones, en este libro se han mencionado las ventajas de usar aplicaciones de graficación que realizan integración simbólica. Aun cuando utilice alguna aplicación, recuerde que los mejores resultados requieren un usuario conocedor. Por ejemplo, observe la simplificación de la integral del ejemplo 2 cuando se convierte a la forma polar.

Forma rectangular	**Forma polar**
$\int_0^2 \int_0^{\sqrt{4-x^2}} k\sqrt{x^2 + y^2}\, dy\, dx$	$\int_0^{\pi/2}\int_0^2 kr^2\, dr\, d\theta$

Use alguna herramienta para evaluar ambas integrales. Es posible que algunas utilidades no puedan evaluar la primera integral, pero cualquier programa que calcule integrales dobles puede evaluar la segunda integral.

Momentos y centros de masa

Para una lámina de densidad variable, los momentos de masa se definen de manera similar a la empleada en el caso de densidad uniforme. Dada una partición Δ de una lámina correspondiente a una región plana R, considere el i-ésimo rectángulo R_i de área ΔA_i, como se muestra en la figura 9.36. Suponga que la masa de R_i se concentra en uno de sus puntos interiores (x_i, y_i). El momento de masa de R_i respecto al eje x puede aproximarse por medio de

$$(\text{Masa})(y_i) \approx [\rho(x_i, y_i)\,\Delta A_i](y_i)$$

De manera similar, el momento de masa respecto al eje y puede aproximarse por medio de

$$(\text{Masa})(x_i) \approx [\rho(x_i, y_i)\,\Delta A_i](x_i)$$

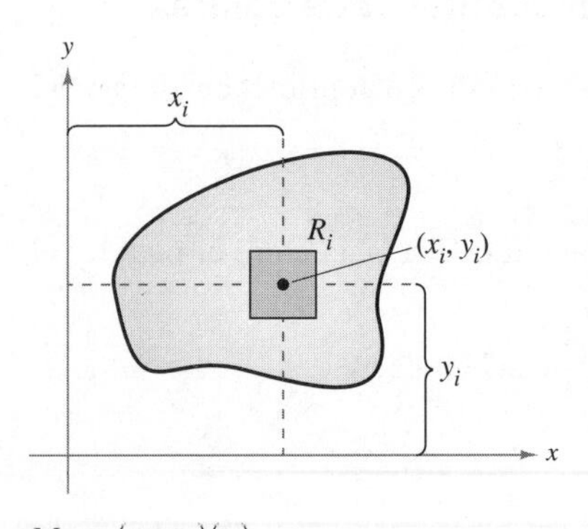

$M_x = (\text{masa})(y_i)$
$M_y = (\text{masa})(x_i)$
Figura 9.36

Al formar la suma de Riemann de todos estos productos y tomando límites cuando la norma de Δ tiende a 0, se obtienen las siguientes definiciones de momentos de masa respecto a los ejes x y y.

Momentos y centro de masa de una lámina plana de densidad variable

Sea ρ una función de densidad continua sobre la lámina plana R. Los **momentos de masa** respecto a los ejes x y y son

$$M_x = \int_R\int (y)\rho(x, y)\,dA$$

y

$$M_y = \int_R\int (x)\rho(x, y)\,dA$$

Si m es la masa de la lámina, entonces el **centro de masa** es

$$(\bar{x}, \bar{y}) = \left(\frac{M_y}{m}, \frac{M_x}{m}\right)$$

Si R representa una región plana simple en lugar de una lámina, el punto $(\bar{x}, \bar{y})$ se llama **centroide** de la región.

Para ver las figuras a color, acceda al código

Para algunas láminas planas con densidad constante ρ se puede determinar el centro de masa (o una de sus coordenadas) utilizando la simetría en lugar de usar integración. Por ejemplo, considere las láminas de densidad constante mostradas en la figura 9.37. Utilizando la simetría, se puede ver que $\bar{y} = 0$ en la primera lámina y $\bar{x} = 0$ en la segunda lámina.

R: $0 \le x \le 1$
$-\sqrt{1-x^2} \le y \le \sqrt{1-x^2}$

Lámina de densidad constante y simétrica respecto al eje x.
Figura 9.37

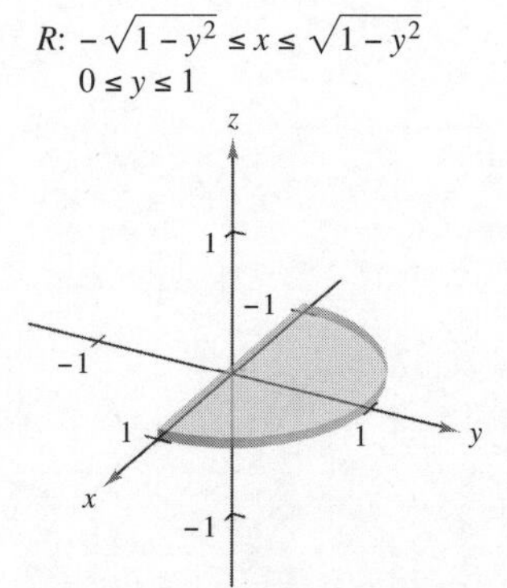

Lámina de densidad constante y simétrica respecto al eje y.

EJEMPLO 3 Hallar el centro de masa

Consulte LarsonCalculus.com (disponible solo en inglés) para una versión interactiva de este tipo de ejemplo.

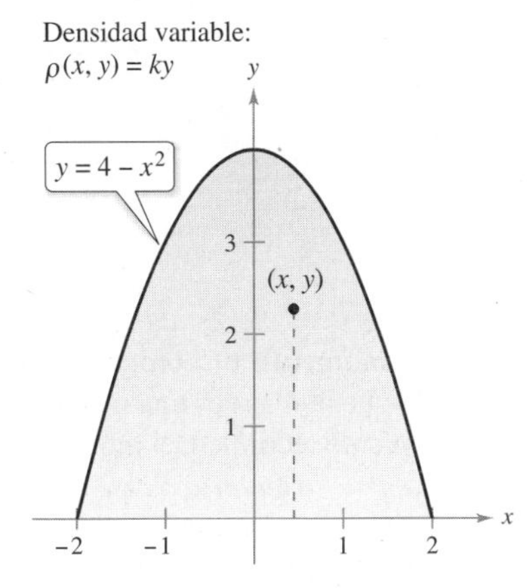

Región parabólica de densidad variable.
Figura 9.38

Encuentre el centro de masa de la lámina que corresponde a la región parabólica

$$0 \le y \le 4 - x^2 \qquad \text{Región parabólica.}$$

donde la densidad en el punto (x, y) es proporcional a la distancia entre (x, y) y el eje x, como se muestra en la figura 9.38.

Solución Como la lámina es simétrica respecto al eje y y $\rho(x, y) = ky$, donde k es la constante de proporcionalidad. De esta manera, el centro de masa está en el eje y y $\bar{x} = 0$. Para hallar $\bar{y}$, primero calcule la masa de la lámina.

$$m = \int_{-2}^{2}\int_{0}^{4-x^2} ky\,dy\,dx$$

$$= \frac{k}{2}\int_{-2}^{2} y^2\Big]_0^{4-x^2} dx \qquad \text{Integre respecto a } y.$$

$$= \frac{k}{2}\int_{-2}^{2}(16 - 8x^2 + x^4)\,dx$$

$$= \frac{k}{2}\left[16x - \frac{8x^3}{3} + \frac{x^5}{5}\right]_{-2}^{2} \qquad \text{Integre respecto a } x.$$

$$= k\left(32 - \frac{64}{3} + \frac{32}{5}\right)$$

$$= \frac{256k}{15} \qquad \text{Masa de la lámina.}$$

Después halle el momento respecto al eje x.

$$M_x = \int_{-2}^{2}\int_{0}^{4-x^2} (y)(ky)\,dy\,dx$$

$$= \frac{k}{3}\int_{-2}^{2} y^3\Big]_0^{4-x^2} dx \qquad \text{Integre respecto a } y.$$

$$= \frac{k}{3}\int_{-2}^{2}(64 - 48x^2 + 12x^4 - x^6)\,dx$$

$$= \frac{k}{3}\left[64x - 16x^3 + \frac{12x^5}{5} - \frac{x^7}{7}\right]_{-2}^{2} \qquad \text{Integre respecto a } x.$$

$$= \frac{4096k}{105} \qquad \text{Momento de masa respecto al eje } x.$$

Para ver las figuras a color, acceda al código

Así,

$$\bar{y} = \frac{M_x}{m} = \frac{4096k/105}{256k/15} = \frac{16}{7}$$

y el centro de masa es $\left(0, \frac{16}{7}\right)$. ■

Densidad variable: $\rho(x, y) = ky$

R: $-2 \le x \le 2$, $0 \le y \le 4 - x^2$

Centro de masa: $\left(0, \frac{16}{7}\right)$

Figura 9.39

Aunque se puede interpretar los momentos M_x y M_y como una medida de la tendencia a girar en torno a los ejes x o y, el cálculo de los momentos normalmente es un paso intermedio hacia una meta más tangible. El uso de los momentos M_x y M_y es encontrar el centro de masa. La determinación del centro de masa es útil en muchas aplicaciones, ya que permite tratar una lámina como si su masa se concentrara en un solo punto. Intuitivamente, puede concebir el centro de masa como el punto de equilibrio de la lámina. Por ejemplo, la lámina del ejemplo 3 se mantendrá en equilibrio sobre la punta de un lápiz colocado en $\left(0, \frac{16}{7}\right)$, como se muestra en la figura 9.39.

Momentos de inercia

Los momentos M_x y M_y utilizados en la determinación del centro de masa de una lámina se suelen llamar **primeros momentos** respecto a los ejes x y y. En cada uno de los casos, el momento es el producto de una masa por una distancia.

$$M_x = \int_R\int \underbrace{(y)}_{\text{Distancia al eje } x}\underbrace{\rho(x, y)\, dA}_{\text{Masa}} \qquad M_y = \int_R\int \underbrace{(x)}_{\text{Distancia al eje } y}\underbrace{\rho(x, y)\, dA}_{\text{Masa}}$$

Ahora se introducirá otro tipo de momento, el **segundo momento** o **momento de inercia** de una lámina respecto de una recta. Del mismo modo que la masa es una medida de la tendencia de la materia a resistirse a cambios en el movimiento rectilíneo, el momento de inercia respecto de una recta es *una medida de la tendencia de la materia a resistirse a cambios en el movimiento de rotación*. Por ejemplo, si una partícula de masa m está a una distancia d de una recta fija, su momento de inercia respecto de la recta se define como

$$I = md^2 = (\text{masa})(\text{distancia})^2$$

Igual que con los momentos de masa, se puede generalizar este concepto para obtener los momentos de inercia de una lámina de densidad variable respecto de los ejes x y y. Estos segundos momentos se denotan por I_x e I_y, en cada caso el momento es el producto de una masa por el cuadrado de una distancia.

$$I_x = \int_R\int \underbrace{(y^2)}_{\text{Cuadrado de la distancia al eje } x}\underbrace{\rho(x, y)\, dA}_{\text{Masa}} \qquad I_y = \int_R\int \underbrace{(x^2)}_{\text{Cuadrado de la distancia al eje } y}\underbrace{\rho(x, y)\, dA}_{\text{Masa}}$$

A la suma de los momentos I_x e I_y se le llama el **momento polar de inercia** y se denota por I_0. En el caso de una lámina en el plano xy, I_0 representa el momento de inercia de la lámina respecto al eje z. El término "momento polar de inercia" se debe a que en el cálculo se utiliza el cuadrado de la distancia polar r.

$$I_0 = \int_R\int (x^2 + y^2)\rho(x, y)\, dA = \int_R\int r^2\rho(x, y)\, dA$$

EJEMPLO 4 Hallar el momento de inercia

Encuentre el momento de inercia respecto del eje x de la lámina del ejemplo 3.

Solución De acuerdo con la definición de momento de inercia, se tiene

$$I_x = \int_{-2}^{2}\int_{0}^{4-x^2} (y^2)(ky)\, dy\, dx$$

$$= \frac{k}{4}\int_{-2}^{2} y^4\Big]_0^{4-x^2} dx \qquad \text{Integre respecto a } y.$$

$$= \frac{k}{4}\int_{-2}^{2} (256 - 256x^2 + 96x^4 - 16x^6 + x^8)\, dx$$

$$= \frac{k}{4}\left[256x - \frac{256x^3}{3} + \frac{96x^5}{5} - \frac{16x^7}{7} + \frac{x^9}{9}\right]_{-2}^{2} \qquad \text{Integre respecto a } x.$$

$$= \frac{32\,768k}{315} \qquad \text{Momento de masa respecto al eje } x.$$

■

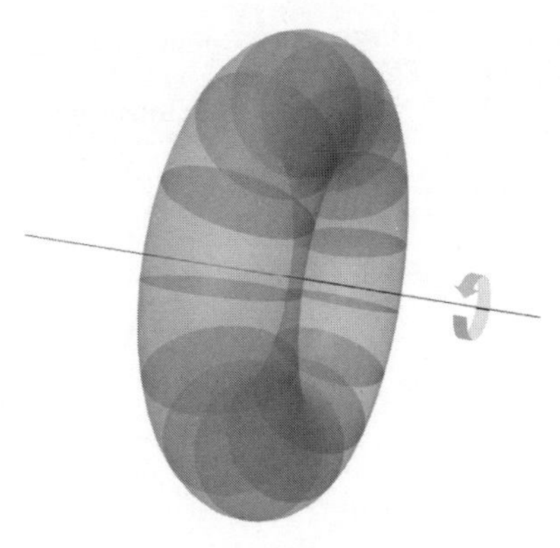

Lámina plana girando a ω radianes por segundo.
Figura 9.40

El momento de inercia I de una lámina en rotación puede utilizarse para medir su energía cinética. Por ejemplo, considere una lámina plana que gira en torno a una recta con una **velocidad angular** de ω radianes por segundo, como se muestra en la figura 9.40. La energía cinética E de la lámina en rotación es

$$E = \frac{1}{2}I\omega^2 \qquad \text{Energía cinética para el movimiento rotacional.}$$

Por otro lado, la energía cinética E de una masa m que se mueve en línea recta a una velocidad v es

$$E = \frac{1}{2}mv^2 \qquad \text{Energía cinética para el movimiento lineal.}$$

Por lo tanto, la energía cinética de una masa que se mueve en línea recta es proporcional a su masa, pero la energía cinética de una masa que gira en torno a un eje es proporcional a su momento de inercia.

El **radio de giro** $\bar{\bar{r}}$ de una masa en rotación m con momento de inercia I se define como

$$\bar{\bar{r}} = \sqrt{\frac{I}{m}} \qquad \text{Radio de giro.}$$

Para ver las figuras a color, acceda al código

Si toda la masa se localizara a una distancia $\bar{\bar{r}}$ de su eje de giro o eje de rotación, tendría el mismo momento de inercia y, por consiguiente, la misma energía cinética. Por ejemplo, el radio de giro de la lámina del ejemplo 4 respecto al eje x está dado por

$$\bar{\bar{y}} = \sqrt{\frac{I_x}{m}} = \sqrt{\frac{32\,768k/315}{256k/15}} = \sqrt{\frac{128}{21}} \approx 2.469$$

EJEMPLO 5 Calcular el radio de giro

Encuentre el radio de giro respecto al eje y de la lámina que corresponde a la región R: $0 \le y \le \operatorname{sen} x$, $0 \le x \le \pi$, donde la densidad en (x, y) está dada por $\rho(x, y) = x$.

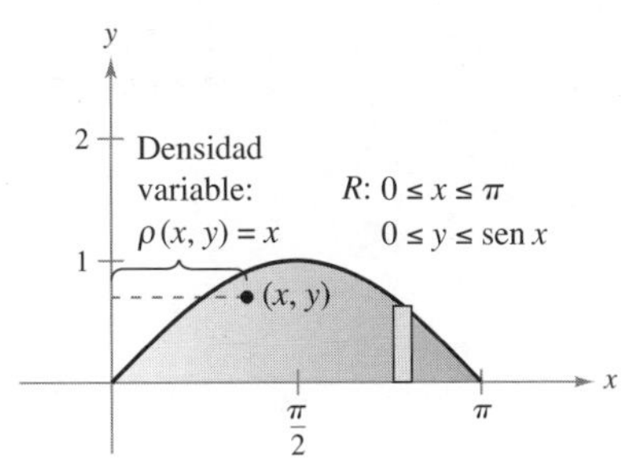

Figura 9.41

Solución La región R se muestra en la figura 9.41. Integrando $\rho(x, y) = x$ sobre la región R, se puede determinar que la masa de la región es π. El momento de inercia respecto al eje y es

$$\begin{aligned} I_y &= \int_0^{\pi}\int_0^{\operatorname{sen} x} x^3\,dy\,dx \\ &= \int_0^{\pi} x^3y\Big]_0^{\operatorname{sen} x} dx && \text{Integre respecto a } y. \\ &= \int_0^{\pi} x^3 \operatorname{sen} x\,dx \\ &= \Big[(3x^2 - 6)(\operatorname{sen} x) - (x^3 - 6x)(\cos x)\Big]_0^{\pi} && \text{Integre respecto a } x. \\ &= \pi^3 - 6\pi && \text{Momento de masa respecto al eje } y. \end{aligned}$$

Por tanto, el radio de giro respecto al eje y es

$$\begin{aligned} \bar{\bar{x}} &= \sqrt{\frac{I_y}{m}} \\ &= \sqrt{\frac{\pi^3 - 6\pi}{\pi}} \\ &= \sqrt{\pi^2 - 6} \\ &\approx 1.967 && \text{Radio de giro respecto al eje } y. \end{aligned}$$

■

9.4 Ejercicios

Las respuestas a los ejercicios impares pueden consultarse en el Apéndice de este libro.

Repaso de conceptos

1. Explique cuándo se debería utilizar una integral doble para encontrar la masa de una lámina plana.
2. Describa qué mide el momento de inercia. Explique cómo es utilizado para encontrar el momento polar de inercia.

Determinar la masa de una lámina En los ejercicios 3 a 6, encuentre la masa de la lámina descrita por las desigualdades, dado que su densidad es $\rho(x, y) = xy$.

3. $0 \leq x \leq 2,\ 0 \leq y \leq 2$
4. $0 \leq x \leq 2,\ 0 \leq y \leq 4 - x^2$
5. $0 \leq x \leq 1,\ 0 \leq y \leq \sqrt{1 - x^2}$
6. $x \geq 0,\ 3 \leq y \leq 3 + \sqrt{9 - x^2}$

Determinar el centro de masa En los ejercicios 7 a 10, encuentre la masa y el centro de masa de la lámina correspondiente a la región R para cada densidad.

7. R: cuadrado con vértices $(0, 0), (a, 0), (0, a), (a, a)$
   (a) $\rho = k$ (b) $\rho = ky$ (c) $\rho = kx$
8. R: rectángulo con vértices $(0, 0), (a, 0), (0, b), (a, b)$
   (a) $\rho = kxy$ (b) $\rho = k(x^2 + y^2)$
9. R: triángulo con vértices $(0, 0), (0, a), (a, a)$
   (a) $\rho = k$ (b) $\rho = ky$ (c) $\rho = kx$
10. R: triángulo con vértices $(0, 0), (a/2, a), (a, 0)$
    (a) $\rho = k$ (b) $\rho = kxy$
11. **Traslaciones en el plano** Traslade la lámina del ejercicio 7 cinco unidades a la derecha y determine el centro de masa resultante.
12. **Conjetura** Utilice el resultado del ejercicio 11 para formular una conjetura acerca del cambio en el centro de masa cuando una lámina de densidad constante se traslada c unidades horizontalmente o d unidades verticalmente. ¿La conjetura es verdadera si la densidad no es constante? Explique.

Determinar el centro de masa En los ejercicios 13 a 24, encuentre la masa y el centro de masa de la lámina acotada por las gráficas de las ecuaciones con la densidad dada.

13. $y = \sqrt{x},\ y = 0,\ x = 1,\ \rho = ky$
14. $y = x^2,\ y = 0,\ x = 2,\ \rho = kxy$
15. $y = 4/x,\ y = 0,\ x = 1,\ x = 4,\ \rho = kx^2$
16. $y = \dfrac{1}{1 + x^2},\ y = 0,\ x = -1,\ x = 1,\ \rho = k$
17. $y = e^x,\ y = 0,\ x = 0,\ x = 1,\ \rho = k$
18. $y = e^{-x},\ y = 0,\ x = 0,\ x = 1,\ \rho = ky^2$
19. $y = 4 - x^2,\ y = 0,\ \rho = ky$

Para ver las figuras a color, acceda al código

20. $x = 9 - y^2,\ x = 0,\ \rho = kx$
21. $y = \operatorname{sen} \dfrac{x\pi}{3},\ y = 0,\ x = 0,\ x = 3,\ \rho = k$
22. $y = \cos \dfrac{x\pi}{8},\ y = 0,\ x = 0,\ x = 4,\ \rho = ky$
23. $y = \sqrt{36 - x^2},\ 0 \leq y \leq x,\ \rho = k$
24. $x^2 + y^2 = 16,\ x \geq 0,\ y \geq 0,\ \rho = k(x^2 + y^2)$

Determinar el centro de masa usando tecnología En los ejercicios 25 a 28 use alguna utilidad de graficación para hallar la masa y el centro de masa de la lámina acotada por las gráficas de las ecuaciones con la densidad dada.

25. $y = e^{-x},\ y = 0,\ x = 0,\ x = 2,\ \rho = kxy$
26. $y = \ln x,\ y = 0,\ x = 1,\ x = e,\ \rho = \dfrac{k}{x}$
27. $r = 2 \cos 3\theta,\ -\dfrac{\pi}{6} \leq \theta \leq \dfrac{\pi}{6},\ \rho = k$
28. $r = 1 + \cos \theta,\ \rho = k$

Determinar el radio de giro respecto a cada eje En los ejercicios 29 a 34, compruebe los momentos de inercia dados y encuentre $\bar{\bar{x}}$ y $\bar{\bar{y}}$. Suponga que la densidad de cada lámina es $\rho = 1$ gramo por centímetro cuadrado. (Estas regiones son formas de uso común empleadas en la ingeniería.)

29. Rectángulo

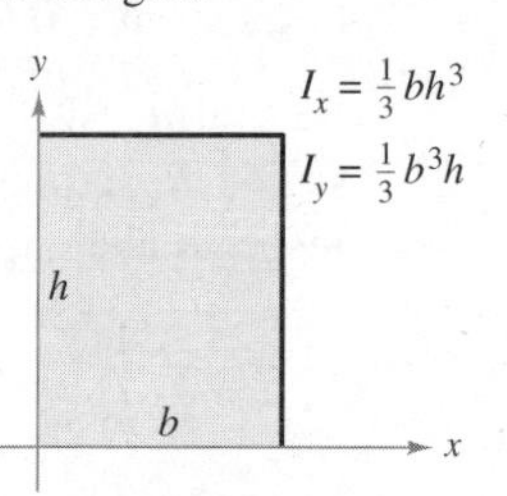

30. Triángulo rectángulo

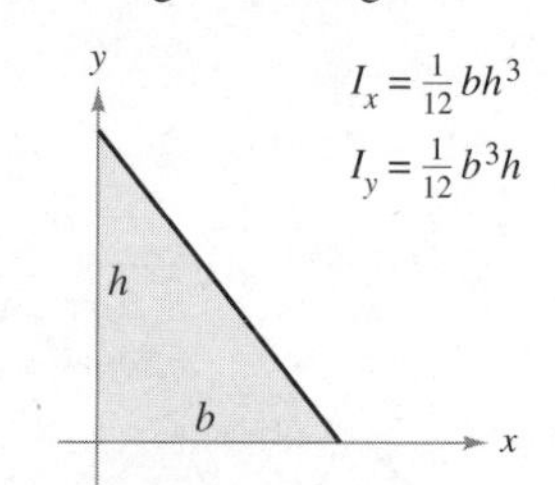

31. Círculo

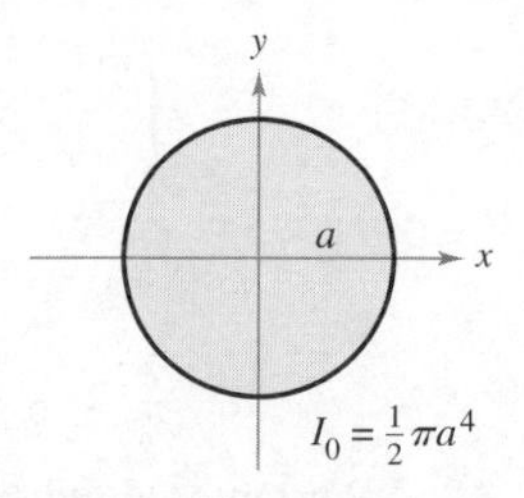

32. Semicírculo

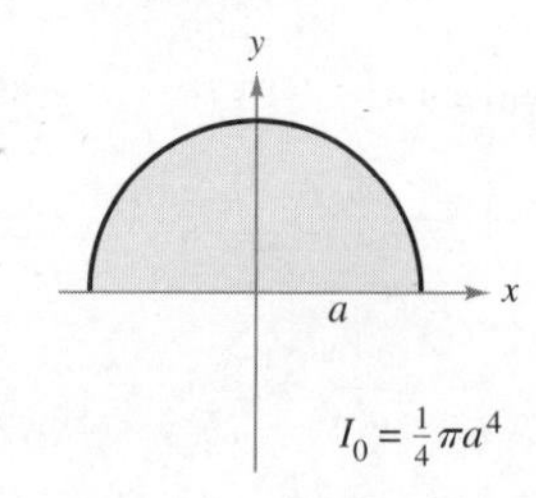

33. Cuarto de círculo

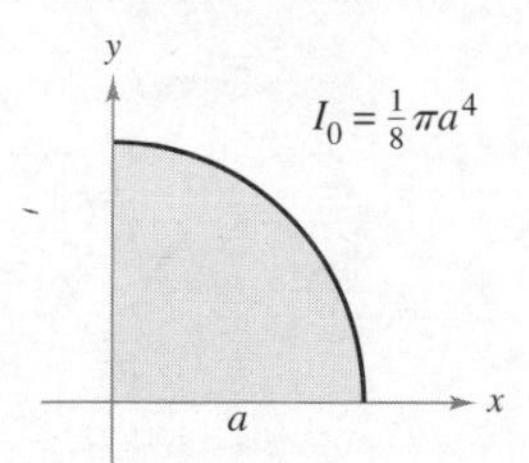

34. Elipse

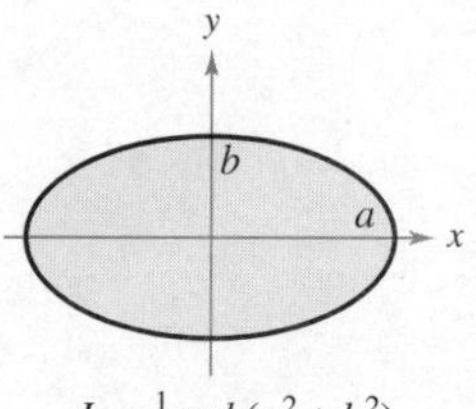

Determinar momentos de inercia y radios de giro **En los ejercicios 35 a 38, determine $I_x, I_y, I_0, \bar{\bar{x}}$ y $\bar{\bar{y}}$ para la lámina limitada por las gráficas de las ecuaciones.**

35. $y = 4 - x^2,\ y = 0,\ x > 0,\ \rho = kx$

36. $y = x,\ y = x^2,\ \rho = kxy$

37. $y = \sqrt{x},\ y = 0,\ x = 4,\ \rho = kxy$

38. $y = x^2,\ y^2 = x,\ \rho = kx$

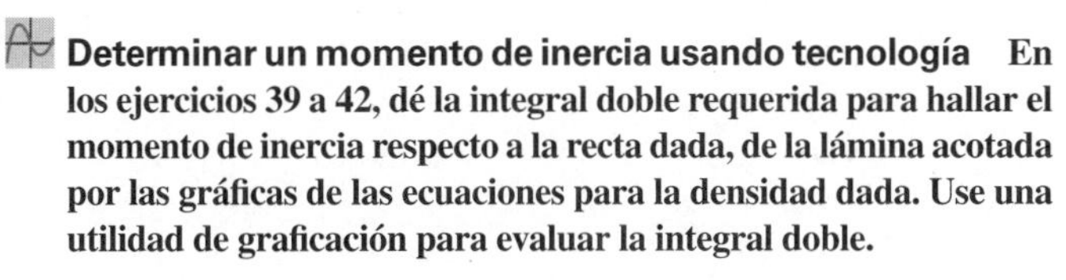

Determinar un momento de inercia usando tecnología **En los ejercicios 39 a 42, dé la integral doble requerida para hallar el momento de inercia respecto a la recta dada, de la lámina acotada por las gráficas de las ecuaciones para la densidad dada. Use una utilidad de graficación para evaluar la integral doble.**

39. $x^2 + y^2 = b^2,\ \rho = k,$ recta: $x = a\ (a > b)$

40. $y = \sqrt{x},\ y = 0,\ x = 4,\ \rho = kx,$ recta: $x = 6$

41. $y = \sqrt{a^2 - x^2},\ y = 0,\ \rho = ky,$ recta: $y = a$

42. $y = 4 - x^2,\ y = 0,\ \rho = k,$ recta: $y = 2$

Hidráulica **En los ejercicios 43 a 46, determine la posición del eje horizontal y_a en el que debe situarse una compuerta vertical en una presa para lograr que no haya momento que ocasione la rotación bajo la carga indicada (vea la figura). El modelo para y_a es**

$$y_a = \bar{y} - \frac{I_{\bar{y}}}{hA}$$

donde $\bar{y}$ es la coordenada y del centroide de la compuerta, $I_{\bar{y}}$ es el momento de inercia de la compuerta respecto a la recta $y = \bar{y}$, h es la profundidad del centroide bajo la superficie y A es el área de la compuerta.

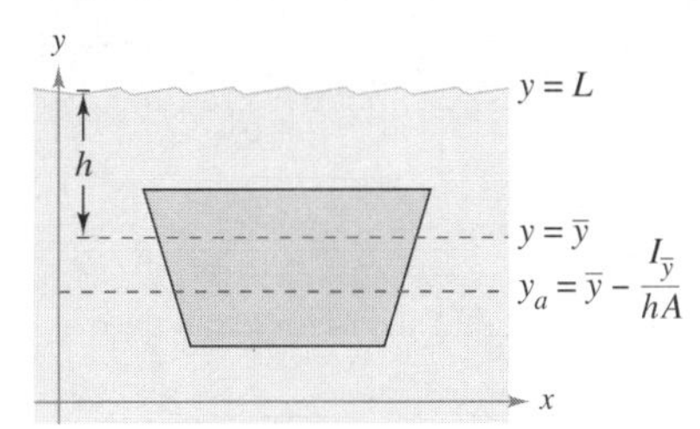

43.

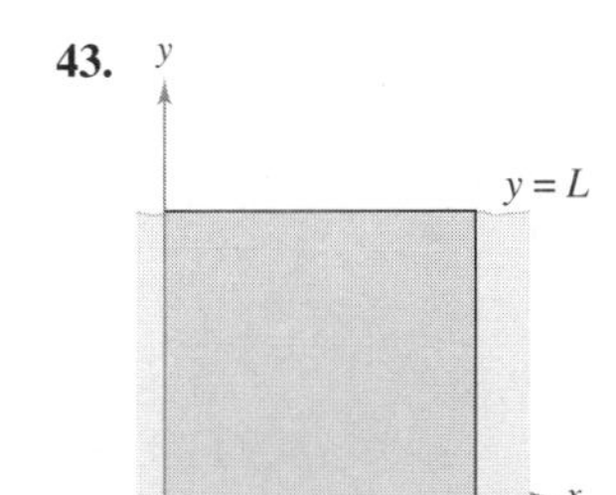

44.

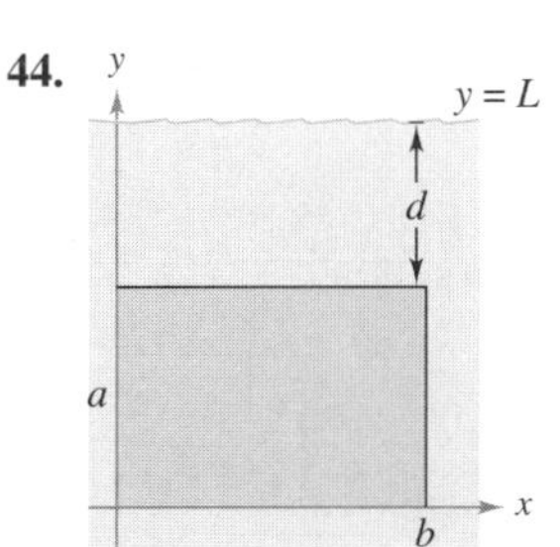

45.

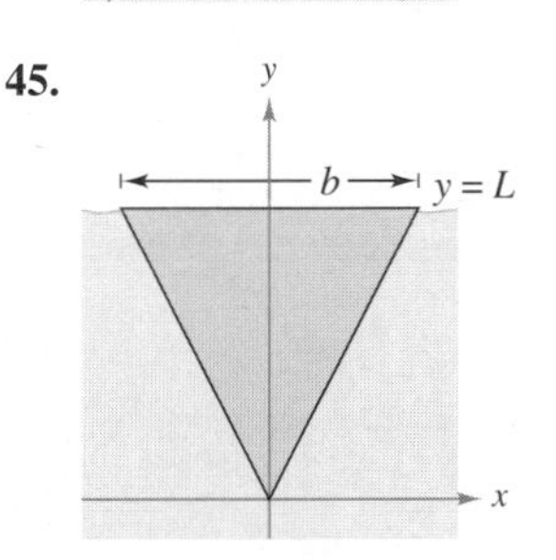

46.

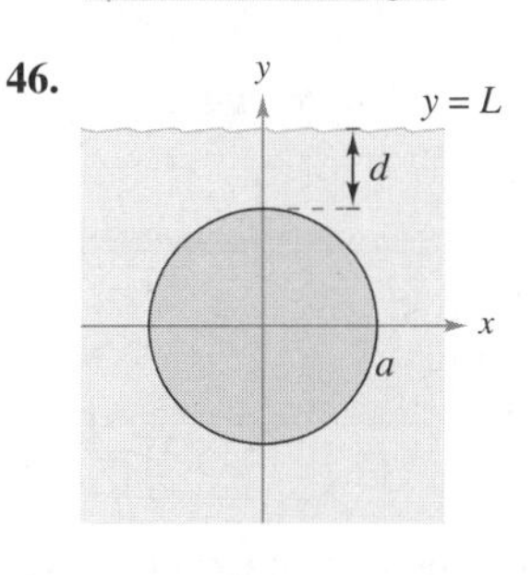

Valentin Valkov/Shutterstock.com

Exploración de conceptos

47. ¿Qué significa que un objeto tenga un momento polar de inercia más grande que el de otro objeto?

48. **¿CÓMO LO VE?** El centro de masa de la lámina de densidad constante mostrado en la figura es $\left(2, \frac{8}{5}\right)$. Haga una conjetura acerca de cómo cambiará el centro de masa $(\bar{x}, \bar{y})$ si la densidad $\rho(x, y)$ no es constante. Explique. (Haga la conjetura *sin* realizar cálculo alguno.)

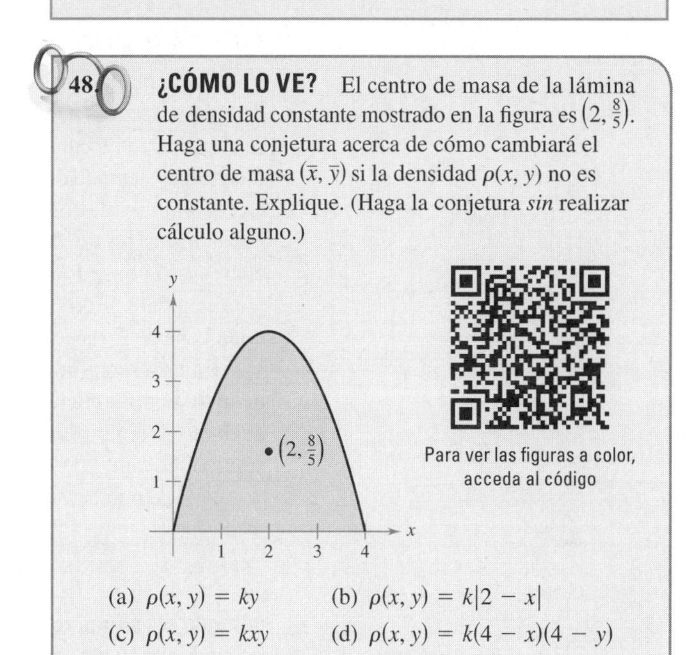

(a) $\rho(x, y) = ky$ (b) $\rho(x, y) = k|2 - x|$

(c) $\rho(x, y) = kxy$ (d) $\rho(x, y) = k(4 - x)(4 - y)$

49. Demostración Demuestre el siguiente teorema de Pappus: sea R una región plana y L una recta en el mismo plano que no corta el interior de R. Si r es la distancia entre el centroide de R y la recta, entonces el volumen V del sólido de revolución generado por revolución de R en torno a la recta está dado por $V = 2\pi rA$, donde A es el área de R.

PROYECTO DE TRABAJO

Centro de presión sobre una vela

El centro de presión sobre una vela es aquel punto (x_p, y_p) en el cual puede suponerse que actúa la fuerza aerodinámica total. Si la vela se representa mediante una región plana R, el centro de presión es

$$x_p = \frac{\int_R\int xy\,dA}{\int_R\int y\,dA} \quad \text{y} \quad y_p = \frac{\int_R\int y^2\,dA}{\int_R\int y\,dA}$$

Considere una vela triangular con vértices en (0, 0), (2, 1) y (0, 5). Compruebe los valores de cada integral.

(a) $\displaystyle\int_R\int y\,dA = 10$

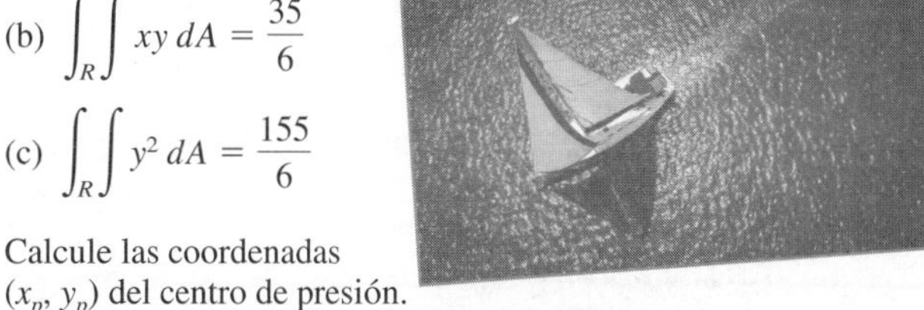

(b) $\displaystyle\int_R\int xy\,dA = \frac{35}{6}$

(c) $\displaystyle\int_R\int y^2\,dA = \frac{155}{6}$

Calcule las coordenadas (x_p, y_p) del centro de presión. Dibuje una gráfica de la vela e indique la localización del centro de presión.

9.5 Área de una superficie

- **Utilizar una integral doble para hallar el área de una superficie.**

Área de una superficie

Hasta este punto ya se tiene una gran cantidad de conocimientos acerca de la región sólida que se encuentra entre una superficie y una región R cerrada y acotada el plano xy, como se muestra en la figura 9.42. Por ejemplo, se sabe cómo hallar los extremos de f en R (sección 8.8), el área de la base R del sólido (sección 9.1), el volumen del sólido (sección 9.2) y el centroide de la base de R (sección 9.4).

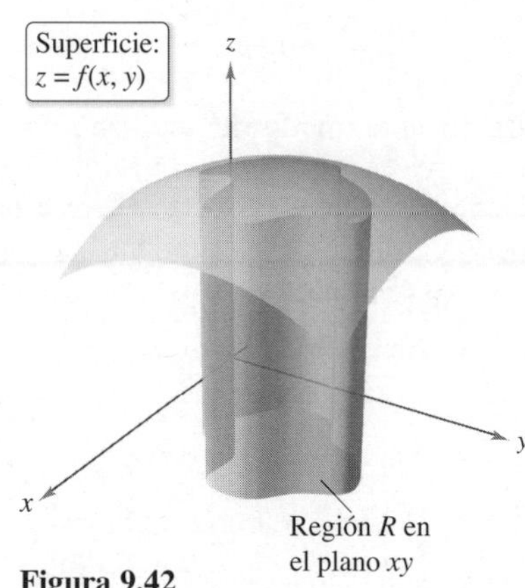

Figura 9.42

En esta sección se verá cómo hallar el **área de la superficie** superior del sólido. Más adelante se aprenderá a calcular el centroide del sólido (sección 9.6).

Para empezar, considere una superficie S dada por

$$z = f(x, y) \qquad \text{Superficie definida sobre una región } R.$$

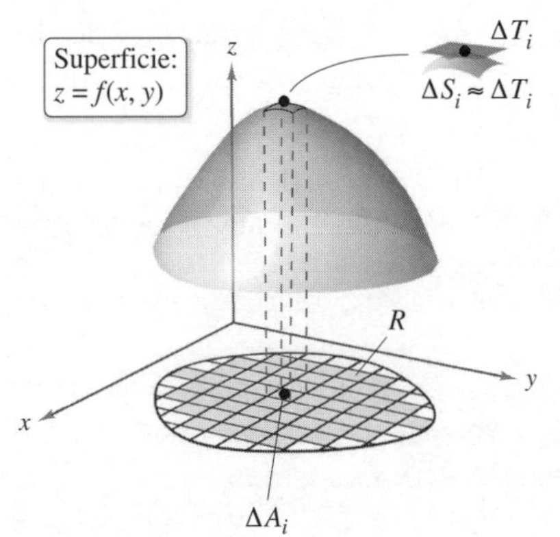

Figura 9.43

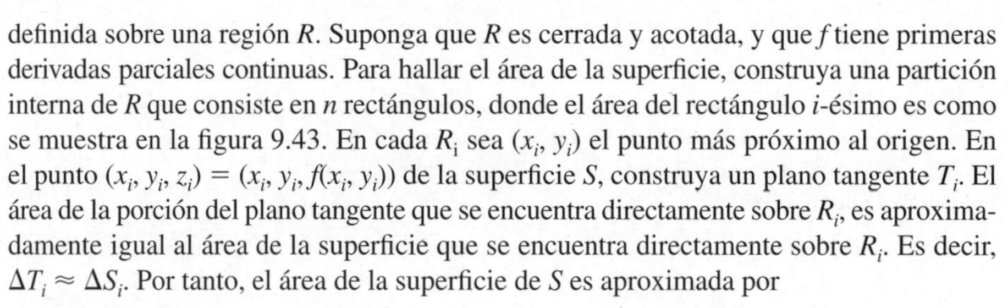

definida sobre una región R. Suponga que R es cerrada y acotada, y que f tiene primeras derivadas parciales continuas. Para hallar el área de la superficie, construya una partición interna de R que consiste en n rectángulos, donde el área del rectángulo i-ésimo es como se muestra en la figura 9.43. En cada R_i sea (x_i, y_i) el punto más próximo al origen. En el punto $(x_i, y_i, z_i) = (x_i, y_i, f(x_i, y_i))$ de la superficie S, construya un plano tangente T_i. El área de la porción del plano tangente que se encuentra directamente sobre R_i, es aproximadamente igual al área de la superficie que se encuentra directamente sobre R_i. Es decir, $\Delta T_i \approx \Delta S_i$. Por tanto, el área de la superficie de S es aproximada por

$$\sum_{i=1}^{n} \Delta S_i \approx \sum_{i=1}^{n} \Delta T_i$$

Para hallar el área del paralelogramo ΔT_i, observe que sus lados están dados por los vectores

$$\mathbf{u} = \Delta x_i \mathbf{i} + f_x(x_i, y_i)\, \Delta x_i \mathbf{k}$$

y

$$\mathbf{v} = \Delta y_i \mathbf{j} + f_y(x_i, y_i)\, \Delta y_i \mathbf{k}$$

El área de ΔT_i está dada por $\|\mathbf{u} \times \mathbf{v}\|$, donde

$$\begin{aligned} \mathbf{u} \times \mathbf{v} &= \begin{vmatrix} \mathbf{i} & \mathbf{j} & \mathbf{k} \\ \Delta x_i & 0 & f_x(x_i, y_i)\, \Delta x_i \\ 0 & \Delta y_i & f_y(x_i, y_i)\, \Delta y_i \end{vmatrix} \\ &= -f_x(x_i, y_i)\, \Delta x_i \Delta y_i \mathbf{i} - f_y(x_i, y_i)\, \Delta x_i \Delta y_i \mathbf{j} + \Delta x_i \Delta y_i \mathbf{k} \\ &= [-f_x(x_i, y_i)\mathbf{i} - f_y(x_i, y_i)\mathbf{j} + \mathbf{k}]\, \Delta A_i \end{aligned}$$

Por tanto, el área de ΔT_i es $\|\mathbf{u} \times \mathbf{v}\| = \sqrt{[f_x(x_i, y_i)]^2 + [f_y(x_i, y_i)]^2 + 1}\, \Delta A_i$, y

$$\begin{aligned} \text{Área superficial de } S &\approx \sum_{i=1}^{n} \Delta S_i \\ &\approx \sum_{i=1}^{n} \sqrt{1 + [f_x(x_i, y_i)]^2 + [f_y(x_i, y_i)]^2}\, \Delta A_i \end{aligned}$$

Esto sugiere la definición de área de una superficie en la siguiente página.

Para ver las figuras a color, acceda al código

Definición del área de una superficie

Si f y sus primeras derivadas parciales son continuas en la región cerrada R en el plano xy, entonces el **área de la superficie** S dada por $z = f(x, y)$ sobre R está dada por

$$\text{Área de la superficie} = \iint_R dS$$

$$= \iint_R \sqrt{1 + [f_x(x, y)]^2 + [f_y(x, y)]^2}\, dA$$

Para memorizar la integral doble para el área de una superficie, es útil notar su semejanza con la integral de la longitud del arco.

Longitud en el eje x: $\int_a^b dx$

Longitud de arco en el plano xy: $\int_a^b ds = \int_a^b \sqrt{1 + [f'(x)]^2}\, dx$

Área en el plano xy: $\iint_R dA$

Área de una superficie en el espacio: $\iint_R dS = \iint_R \sqrt{1 + [f_x(x, y)]^2 + [f_y(x, y)]^2}\, dA$

Al igual que las integrales para la longitud de arco, las integrales para el área de una superficie son a menudo muy difíciles de calcular. Sin embargo, en el ejemplo siguiente se muestra un tipo que se evalúa con facilidad.

COMENTARIO Note que la diferencial ds de la longitud de arco en el plano xy es

$$\sqrt{1 + [f'(x)]^2}\, dx$$

y la diferencial dS para el área de una superficie en el espacio es

$$\sqrt{1 + [f_x(x, y)]^2 + [f_y(x, y)]^2}\, dA$$

EJEMPLO 1 Área de la superficie de una región plana

Encuentre el área de la superficie de la porción del plano

$$z = 2 - x - y$$

que se localiza sobre el círculo $x^2 + y^2 \leq 1$ en el primer cuadrante, como se muestra en la figura 9.44.

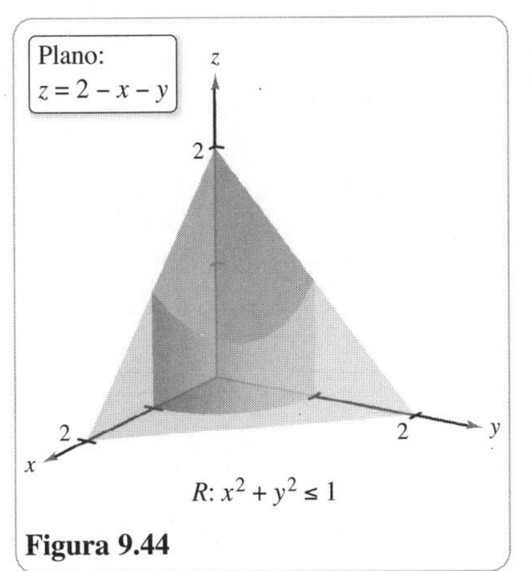

Figura 9.44

Para visualizar esta gráfica con **REALIDAD AUMENTADA**, puede introducir la ecuación en alguna aplicación de AR, como GeoGebra.

Solución Note que $f(x, y) = 2 - x - y$, las derivadas $f_x(x, y) = -1$ y $f_y(x, y) = -1$ son continuas sobre la región R. De esta manera, el área de la superficie está dada por

$$S = \iint_R \sqrt{1 + [f_x(x, y)]^2 + [f_y(x, y)]^2}\, dA \qquad \text{Fórmula para el área de la superficie.}$$

$$= \iint_R \sqrt{1 + (-1)^2 + (-1)^2}\, dA \qquad \text{Sustituir.}$$

$$= \iint_R \sqrt{3}\, dA$$

$$= \sqrt{3} \iint_R dA$$

Observe que la última integral es simplemente $\sqrt{3}$ por el área de la región R. Note que R es un cuarto del círculo de radio 1, cuya área de R es $\frac{1}{4}\pi(1^2)$ o $\pi/4$. Por tanto, el área de S es

$$S = \sqrt{3}\,(\text{área de } R)$$

$$= \sqrt{3}\left(\frac{\pi}{4}\right)$$

$$= \frac{\sqrt{3}\,\pi}{4}$$

Para ver la figura a color, acceda al código

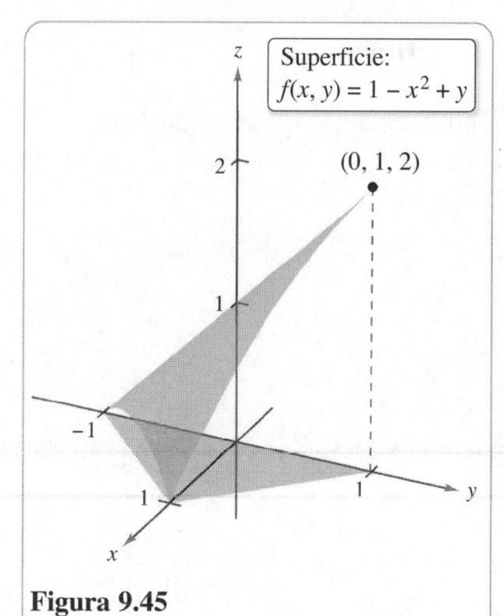

Figura 9.45

Para visualizar esta gráfica con **REALIDAD AUMENTADA**, puede introducir la ecuación en alguna aplicación de AR, como GeoGebra.

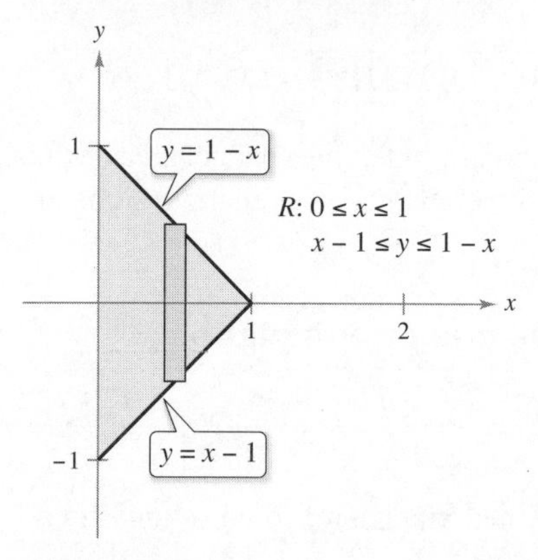

Figura 9.46

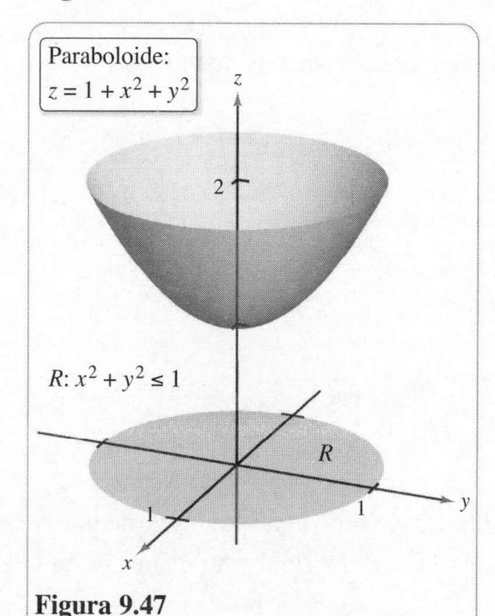

Figura 9.47

Para visualizar esta gráfica con **REALIDAD AUMENTADA**, puede introducir la ecuación en alguna aplicación de AR, como GeoGebra.

EJEMPLO 2 Hallar el área de una superficie

Consulte LarsonCalculus.com (disponible solo en inglés) para una versión interactiva de este tipo de ejemplo.

Encuentre el área de la porción de la superficie $f(x, y) = 1 - x^2 + y$ que se localiza sobre la región triangular cuyos vértices son (1, 0, 0), (0, −1, 0) y (0, 1, 0), como se muestra en la figura 9.45.

Solución Como $f_x(x, y) = -2x$ y $f_y(x, y) = 1$, se tiene

$$S = \int_R\int \sqrt{1 + [f_x(x, y)]^2 + [f_y(x, y)]^2}\, dA = \int_R\int \sqrt{1 + 4x^2 + 1}\, dA$$

En la figura 9.46 se puede ver que los límites de R son $0 \le x \le 1$ y $x - 1 \le y \le 1 - x$. Por lo que la integral será

$$S = \int_0^1 \int_{x-1}^{1-x} \sqrt{2 + 4x^2}\, dy\, dx$$ Aplique la fórmula para el área de una superficie.

$$= \int_0^1 y\sqrt{2 + 4x^2}\Big]_{x-1}^{1-x} dx$$

$$= \int_0^1 \left[(1 - x)\sqrt{2 + 4x^2} - (x - 1)\sqrt{2 + 4x^2}\right] dx$$

$$= \int_0^1 \left(2\sqrt{2 + 4x^2} - 2x\sqrt{2 + 4x^2}\right) dx$$ Tablas de integración (apéndice B). Fórmula 26 y regla de la potencia.

$$= \left[x\sqrt{2 + 4x^2} + \ln\left(2x + \sqrt{2 + 4x^2}\right) - \frac{(2 + 4x^2)^{3/2}}{6}\right]_0^1$$

$$= \sqrt{6} + \ln\left(2 + \sqrt{6}\right) - \sqrt{6} - \ln\sqrt{2} + \frac{1}{3}\sqrt{2}$$

$$\approx 1.618$$

EJEMPLO 3 Cambio de variables a coordenadas polares

Calcule el área de la superficie del paraboloide $z = 1 + x^2 + y^2$ que se encuentra sobre el círculo unitario, como se muestra en la figura 9.47.

Solución Como $f_x(x, y) = 2x$ y $f_y(x, y) = 2y$, se tiene

$$S = \int_R\int \sqrt{1 + [f_x(x, y)]^2 + [f_y(x, y)]^2}\, dA = \int_R\int \sqrt{1 + 4x^2 + 4y^2}\, dA$$

Se puede convertir a coordenadas polares haciendo $x = r\cos\theta$ y $y = r \operatorname{sen}\theta$. Entonces, como la región R está acotada por $0 \le r \le 1$ y $0 \le \theta \le 2\pi$, se tiene

$$S = \int_0^{2\pi}\int_0^1 \sqrt{1 + 4r^2}\, r\, dr\, d\theta$$ Coordenadas polares.

$$= \int_0^{2\pi} \frac{1}{12}(1 + 4r^2)^{3/2}\Big]_0^1 d\theta$$ Integre respecto a r.

$$= \int_0^{2\pi} \frac{5\sqrt{5} - 1}{12}\, d\theta$$

$$= \frac{5\sqrt{5} - 1}{12}\,\theta\Big]_0^{2\pi}$$ Integre respecto a θ.

$$= \frac{\pi\left(5\sqrt{5} - 1\right)}{6}$$

$$\approx 5.33$$

Para ver las figuras a color, acceda al código

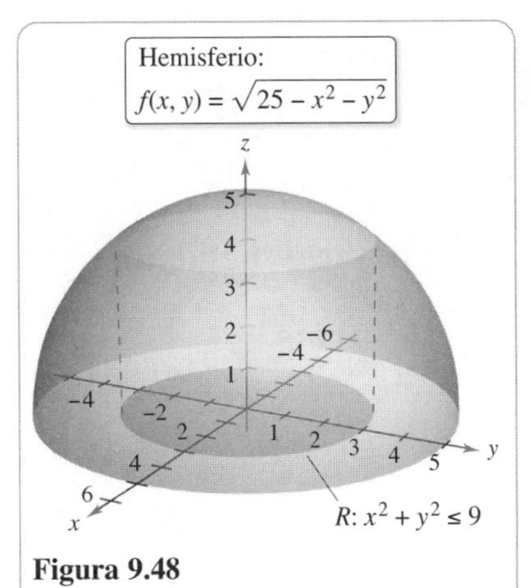

Figura 9.48

Para visualizar esta gráfica con **REALIDAD AUMENTADA,** puede introducir la ecuación en alguna aplicación de AR, como GeoGebra.

Para ver las figuras a color, acceda al código

Para visualizar esta gráfica con **REALIDAD AUMENTADA,** puede introducir la ecuación en alguna aplicación de AR, como GeoGebra.

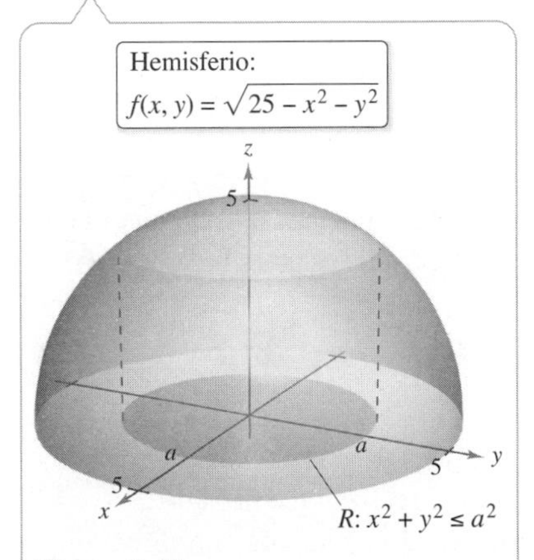

Figura 9.49

EJEMPLO 4 Hallar el área de una superficie

Calcule el área de la superficie S de la porción del hemisferio

$$f(x, y) = \sqrt{25 - x^2 - y^2} \qquad \text{Hemisferio.}$$

que se encuentra sobre la región R acotada por el círculo $x^2 + y^2 \le 9$, como se muestra en la figura 9.48.

Solución Las primeras derivadas parciales de f son

$$f_x(x, y) = \frac{-x}{\sqrt{25 - x^2 - y^2}}$$

y

$$f_y(x, y) = \frac{-y}{\sqrt{25 - x^2 - y^2}}$$

y de acuerdo con la fórmula para el área de una superficie, se tiene

$$dS = \sqrt{1 + [f_x(x, y)]^2 + [f_y(x, y)]^2}\, dA$$

$$= \sqrt{1 + \left(\frac{-x}{\sqrt{25 - x^2 - y^2}}\right)^2 + \left(\frac{-y}{\sqrt{25 - x^2 - y^2}}\right)^2}\, dA$$

$$= \frac{5}{\sqrt{25 - x^2 - y^2}}\, dA$$

Así, el área de la superficie es

$$S = \iint_R \frac{5}{\sqrt{25 - x^2 - y^2}}\, dA$$

Se puede convertir a coordenadas polares haciendo $x = r\cos\theta$ y $y = r\,\text{sen}\,\theta$. Entonces, como la región R está acotada por $0 \le r \le 3$ y $0 \le \theta \le 2\pi$, se obtiene

$$S = \int_0^{2\pi}\int_0^3 \frac{5}{\sqrt{25 - r^2}}\, r\, dr\, d\theta \qquad \text{Coordenadas polares.}$$

$$= 5\int_0^{2\pi} -\sqrt{25 - r^2}\Big]_0^3\, d\theta \qquad \text{Integre respecto a } r.$$

$$= 5\int_0^{2\pi} d\theta$$

$$= 10\pi \qquad \text{Integre respecto a } \theta.$$

El procedimiento utilizado en el ejemplo 4 puede extenderse para hallar el área de la superficie de una esfera al usar la región R acotada por el círculo $x^2 + y^2 \le a^2$, donde $0 < a < 5$, como se muestra en la figura 9.49. El área de la superficie de la porción del hemisferio

$$f(x, y) = \sqrt{25 - x^2 - y^2}$$

que se encuentra sobre la región circular es

$$S = \iint_R \frac{5}{\sqrt{25 - x^2 - y^2}}\, dA$$

$$= \int_0^{2\pi}\int_0^a \frac{5}{\sqrt{25 - r^2}}\, r\, dr\, d\theta$$

$$= 10\pi\left(5 - \sqrt{25 - a^2}\right)$$

Tomando el límite cuando a tiende a 5 y multiplicando el resultado por 2, se obtiene el área total, que es 100π. (El área de la superficie de una esfera de radio r es $S = 4\pi r^2$.)

Para visualizar esta gráfica con **REALIDAD AUMENTADA**, puede introducir la ecuación en alguna aplicación de AR, como GeoGebra.

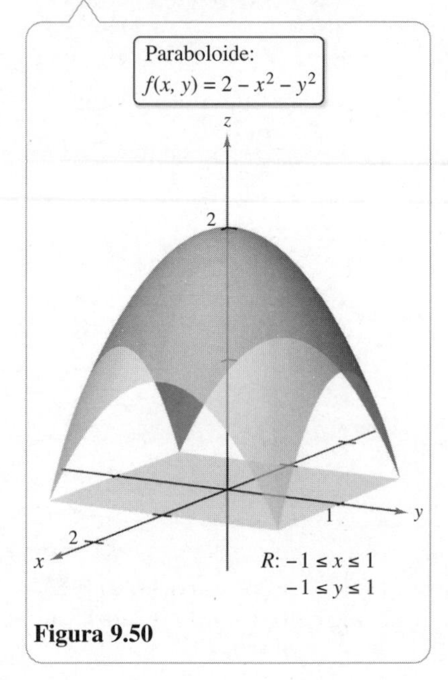

Figura 9.50

Es posible utilizar la regla de Simpson o la regla del trapecio para aproximar el valor de una integral doble, *siempre* que se pueda obtener la primera integral. Esto se ilustra en el ejemplo siguiente.

EJEMPLO 5 Aproximar el área de una superficie mediante la regla de Simpson

Calcule el área de la superficie del paraboloide

$$f(x, y) = 2 - x^2 - y^2 \qquad \text{Paraboloide.}$$

que se encuentra sobre la región cuadrada acotada por

$$-1 \le x \le 1 \text{ y } -1 \le y \le 1$$

como se muestra en la figura 9.50.

Solución Utilizando las derivadas parciales

$$f_x(x, y) = -2x \text{ y } f_y(x, y) = -2y$$

tiene que el área de la superficie es

$$S = \int_R\int \sqrt{1 + [f_x(x, y)]^2 + [f_y(x, y)]^2}\, dA \qquad \text{Fórmula para el área de una superficie.}$$

$$= \int_R\int \sqrt{1 + (-2x)^2 + (-2y)^2}\, dA \qquad \text{Sustituya.}$$

$$= \int_R\int \sqrt{1 + 4x^2 + 4y^2}\, dA \qquad \text{Simplifique.}$$

En coordenadas polares, la recta $x = 1$ está dada por

$$r \cos \theta = 1 \text{ o } r = \sec \theta$$

y a partir de la figura 9.51 puede determinar que un cuarto de la región R está acotada por

$$0 \le r \le \sec \theta \text{ y } -\frac{\pi}{4} \le \theta \le \frac{\pi}{4}$$

Haciendo $x = r \cos \theta$ y $y = r \operatorname{sen} \theta$ se obtiene

$$\frac{1}{4}S = \frac{1}{4}\int_R\int \sqrt{1 + 4x^2 + 4y^2}\, dA \qquad \text{Un cuarto del área de la superficie.}$$

$$= \int_{-\pi/4}^{\pi/4}\int_0^{\sec \theta} \sqrt{1 + 4r^2}\, r\, dr\, d\theta \qquad \text{Coordenadas polares.}$$

$$= \int_{-\pi/4}^{\pi/4} \frac{1}{12}(1 + 4r^2)^{3/2}\Big]_0^{\sec \theta} d\theta \qquad \text{Integre respecto a } r.$$

$$= \frac{1}{12}\int_{-\pi/4}^{\pi/4} [(1 + 4\sec^2 \theta)^{3/2} - 1]\, d\theta$$

Un cuarto de la región R está acotada por $0 \le r \le \sec \theta$ y $-\frac{\pi}{4} \le \theta \le \frac{\pi}{4}$.

Figura 9.51

Después de multiplicar cada lado por 4 se puede aproximar la integral usando la regla de Simpson con $n = 10$, para encontrar que el área de la superficie es

$$S = 4\left(\frac{1}{12}\right)\int_{-\pi/4}^{\pi/4} [(1 + 4\sec^2 \theta)^{3/2} - 1]\, d\theta \approx 7.450$$

TECNOLOGÍA La mayor parte de las utilidades de graficación que realizan integración simbólica con integrales múltiples también realizan técnicas de aproximación numéricas. Si se tiene acceso a alguna utilidad, utilícela para aproximar el valor de la integral del ejemplo 5.

Para ver las figuras a color, acceda al código

9.5 Ejercicios

Las respuestas a los ejercicios impares pueden consultarse en el Apéndice de este libro.

Repaso de conceptos

1. ¿Cuál es la diferencial del área de la superficie dS en el espacio?
2. Escriba una integral doble que represente el área de la superficie de la porción del plano $z = 3$ que está sobre la región rectangular con vértices $(0, 0)$, $(4, 0)$, $(0, 5)$ y $(4, 5)$. A continuación, encuentre el área de la superficie sin integrar.

Determinar el área superficial **En los ejercicios 3 a 16, encuentre el área de la superficie dada por $z = f(x, y)$ sobre la región R.**

3. $f(x, y) = 2x + 2y$
   R: triángulo cuyos vértices son $(0, 0)$, $(4, 0)$, $(0, 4)$
4. $f(x, y) = 15 + 2x - 3y$
   R: cuadrado cuyos vértices son $(0, 0)$, $(3, 0)$, $(0, 3)$, $(3, 3)$
5. $f(x, y) = 4 + 5x + 6y$, $R = \{(x, y): x^2 + y^2 \le 4\}$
6. $f(x, y) = 12 + 2x - 3y$, $R = \{(x, y): x^2 + y^2 \le 9\}$
7. $f(x, y) = 9 - x^2$
   R: cuadrado cuyos vértices son $(0, 0)$, $(2, 0)$, $(0, 2)$, $(2, 2)$
8. $f(x, y) = y^2$
   R: cuadrado cuyos vértices son $(0, 0)$, $(3, 0)$, $(0, 3)$, $(3, 3)$
9. $f(x, y) = 3 + 2x^{3/2}$
   R: rectángulo cuyos vértices son $(0, 0)$, $(0, 4)$, $(1, 4)$, $(1, 0)$
10. $f(x, y) = 2 + \frac{2}{3}y^{3/2}$
    $R = \{(x, y): 0 \le x \le 2, 0 \le y \le 2 - x\}$
11. $f(x, y) = \ln|\sec x|$
    $R = \left\{(x, y): 0 \le x \le \frac{\pi}{4}, 0 \le y \le \tan x\right\}$
12. $f(x, y) = 13 + x^2 - y^2$
    $R = \{(x, y): x^2 + y^2 \le 4\}$
13. $f(x, y) = \sqrt{x^2 + y^2}$
    $R = \{(x, y): 0 \le f(x, y) \le 1\}$
14. $f(x, y) = xy$
    $R = \{(x, y): x^2 + y^2 \le 16\}$
15. $f(x, y) = \sqrt{a^2 - x^2 - y^2}$
    $R = \{(x, y): x^2 + y^2 \le b^2, 0 < b < a\}$
16. $f(x, y) = \sqrt{a^2 - x^2 - y^2}$
    $R = \{(x, y): x^2 + y^2 \le a^2\}$

Determinar el área de una superficie **En los ejercicios 17 a 20, encuentre el área de la superficie.**

17. Porción del plano $z = 12 - 3x - 2y$ en el primer octante.
18. Porción del paraboloide $z = 16 - x^2 - y^2$ en el primer octante.
19. Porción de la esfera $x^2 + y^2 + z^2 = 25$ en el interior del cilindro $x^2 + y^2 = 9$.
20. Porción del cono $z = 2\sqrt{x^2 + y^2}$ en el interior del cilindro $x^2 + y^2 = 4$.

Determinar el área de una superficie usando tecnología **En los ejercicios 21 a 26, dé una integral doble que represente el área de la superficie de $z = f(x, y)$ sobre la región R. Use alguna aplicación para evaluar la integral doble.**

21. $f(x, y) = 2y + x^2$
    R: triángulo cuyos vértices son $(0, 0)$, $(1, 0)$, $(1, 1)$
22. $f(x, y) = 2x + y^2$
    R: triángulo cuyos vértices son $(0, 0)$, $(2, 0)$, $(2, 2)$
23. $f(x, y) = 9 - x^2 - y^2$
    $R = \{(x, y): 0 \le f(x, y)\}$
24. $f(x, y) = x^2 + y^2$
    $R = \{(x, y): 0 \le f(x, y) \le 16\}$
25. $f(x, y) = 4 - x^2 - y^2$
    $R = \{(x, y): 0 \le x \le 1, 0 \le y \le 1\}$
26. $f(x, y) = \frac{2}{3}x^{3/2} + \cos x$
    $R = \{(x, y): 0 \le x \le 1, 0 \le y \le 1\}$

Establecer una integral doble **En los ejercicios 27 a 29, establezca una integral doble que represente el área de la superficie dada por $z = f(x, y)$ que está sobre la región R.**

27. $f(x, y) = e^{xy}$
    $R = \{(x, y): 0 \le x \le 4, 0 \le y \le 10\}$
28. $f(x, y) = x^2 - 3xy - y^2$
    $R = \{(x, y): 0 \le x \le 4, 0 \le y \le x\}$
29. $f(x, y) = \cos(x^2 + y^2)$
    $R = \left\{(x, y): x^2 + y^2 \le \frac{\pi}{2}\right\}$

Para ver la figura a color, acceda al código

30. **¿CÓMO LO VE?** Considere la superficie $f(x, y) = x^2 + y^2$ (vea la figura) y el área de superficie de f sobre cada región R. Sin integrar, ordene las áreas de superficie desde la menor hasta la mayor. Explique su razonamiento.

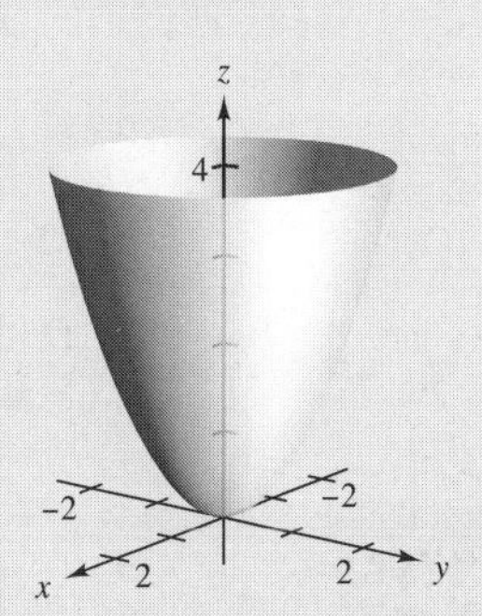

(a) R: rectángulo con vértices $(0, 0)$, $(2, 0)$, $(2, 2)$, $(0, 2)$
(b) R: triángulo con vértices $(0, 0)$, $(2, 0)$, $(0, 2)$
(c) $R = \{(x, y): x^2 + y^2 \le 4$ solo el primer cuadrante$\}$

Exploración de conceptos

31. ¿Aumentará el área de superficie de la gráfica de una función $z = f(x, y)$ sobre una región R si la gráfica se corre k unidades verticalmente? Explique usando las derivadas parciales de z.

32. **Área de superficie** Considere la superficie $f(x, y) = x + y$. ¿Cuál es la relación entre el área de la superficie sobre la región

$R_1 = \{(x, y): x^2 + y^2 \leq 1\}$

y el área de la superficie que queda sobre la región

$R_2 = \{(x, y): x^2 + y^2 \leq 4\}$?

33. **Diseño de producto** Una empresa produce un objeto esférico de 25 centímetros de radio. Se hace una perforación de 4 centímetros de radio a través del centro del objeto. Calcule
(a) el volumen del objeto.
(b) el área de la superficie exterior del objeto.

34. **Modelado de datos**

Una compañía construye un granero de dimensiones 30 por 50 pies. En la figura se muestra la forma simétrica y la altura elegidas para el tejado.

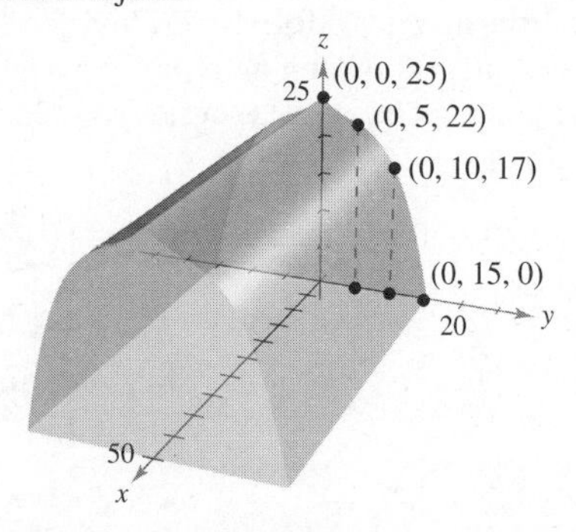

(a) Utilice las funciones de regresión de una herramienta de graficación para hallar un modelo de la forma

$z = ay^3 + by^2 + xy + d$

para el perfil del techo.

(b) Utilice las funciones de integración numérica de una herramienta de graficación y el modelo del inciso (a) para aproximar el volumen del espacio de almacenaje en el granero.

(c) Utilice las funciones de integración numérica de una herramienta de graficación y el modelo del inciso (a) para aproximar el área de la superficie del techo.

(d) Aproxime la longitud de arco de la recta del techo y calcule el área de la superficie del techo multiplicando la longitud de arco por la longitud del granero. Compare los resultados y las integraciones con los encontrados en el inciso (c).

AlexKZ/Shutterstock.com

35. **Área de una superficie** Encuentre el área de la superficie del sólido de intersección de los cilindros $x^2 + z^2 = 1$ y $y^2 + z^2 = 1$ (vea la figura).

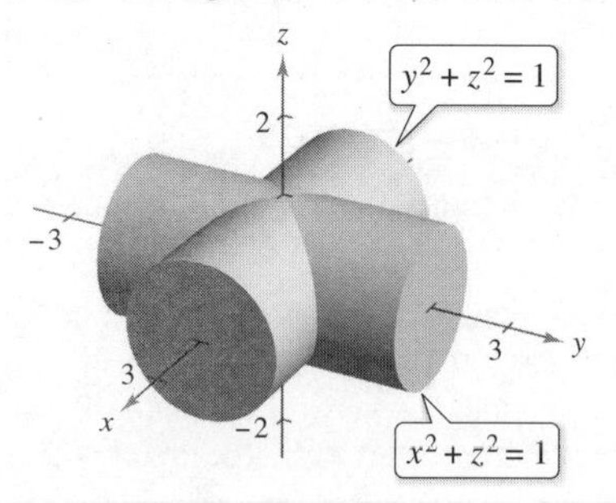

36. **Área de una superficie** Demuestre que el área de la superficie del cono $z = k\sqrt{x^2 + y^2}$, $k > 0$, sobre la región circular $x^2 + y^2 \leq r^2$ en el plano xy es $\pi r^2\sqrt{k^2 + 1}$ (vea la figura).

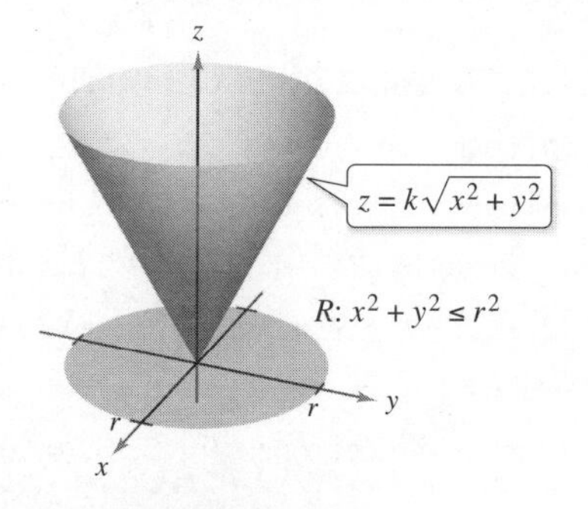

PROYECTO DE TRABAJO

Área de una superficie en coordenadas polares

(a) Utilice la fórmula del área de una superficie en coordenadas rectangulares para deducir la siguiente fórmula del área de una superficie en coordenadas polares, donde

$z = f(x, y) = f(r \cos \theta, r \operatorname{sen} \theta)$.

(*Sugerencia*: Utilice la regla de la cadena para funciones de dos variables.)

$$S = \int_R\int \sqrt{1 + f_r^2 + \frac{1}{r^2}f_\theta^2}\; r\, dr\, d\theta$$

(b) Utilice la fórmula del inciso (a) para encontrar el área de la superficie del paraboloide $z = x^2 + y^2$ definida sobre la región circular $x^2 + y^2 \leq 4$ en el plano xp (vea la figura).

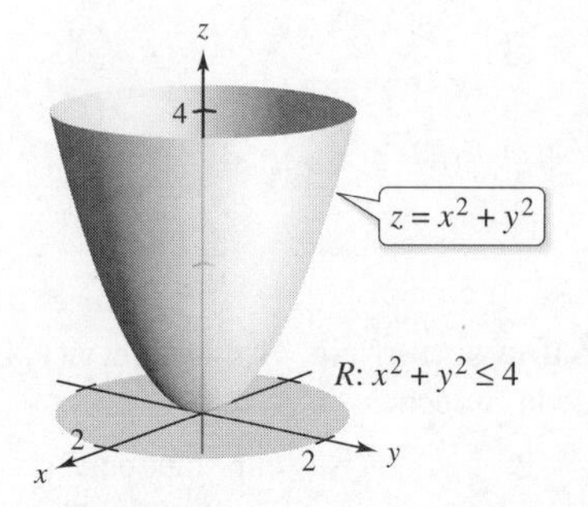

Para ver las figuras a color, acceda al código

(c) Utilice el inciso (a) para encontrar el área de la superficie $z = xy$ definida sobre la región circular $x^2 + y^2 \leq 16$ en el plano xy. Compare su respuesta con la respuesta del ejercicio 14.

9.6 Integrales triples y aplicaciones

- **Utilizar una integral triple para calcular el volumen de una región sólida.**
- **Hallar el centro de masa y los momentos de inercia de una región sólida.**

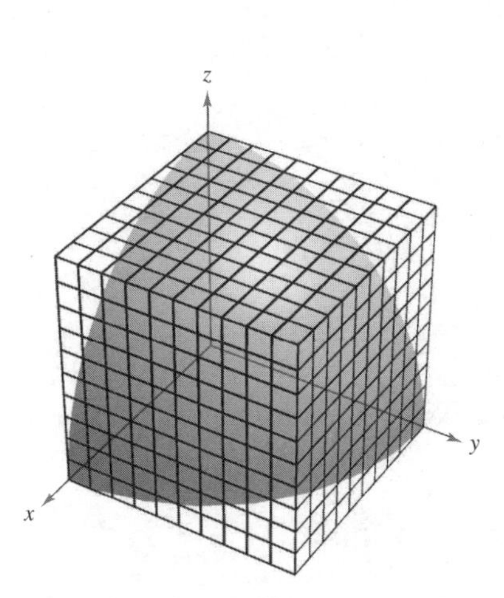

Región sólida Q

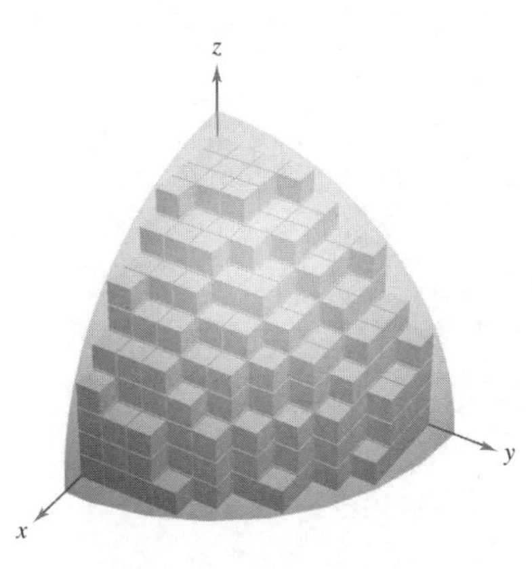

Volumen de $Q \approx \sum_{i=1}^{n} \Delta V_i$

Figura 9.52

Integrales triples

El procedimiento que se utiliza para definir una **integral triple** es análogo al utilizado para integrales dobles. Considere una función f de tres variables que es continua sobre una región sólida acotada Q. Entonces, al encerrar Q en una red de cubos y formar una **partición interna** formada por todos los cubos que quedan completamente dentro de Q, como se muestra en la figura 9.52. El volumen del i-ésimo cubo es

$$\Delta V_i = \Delta x_i \Delta y_i \Delta z_i \qquad \text{Volumen del } i\text{-ésimo cubo.}$$

La **norma** $\|\Delta\|$ de la partición es la longitud de la diagonal más larga en los n cubos de la partición. Al elegir un punto (x_i, y_i, z_i) en cada cubo y formar la suma de Riemann

$$\sum_{i=1}^{n} f(x_i, y_i, z_i)\, \Delta V_i$$

Al tomar el límite cuando $\|\Delta\| \to 0$ se llega a la siguiente definición.

Definición de integral triple

Si f es continua sobre una región sólida acotada Q, entonces la **integral triple de f sobre Q** se define como

$$\iiint_Q f(x, y, z)\, dV = \lim_{\|\Delta\| \to 0} \sum_{i=1}^{n} f(x_i, y_i, z_i)\, \Delta V_i$$

siempre que el límite exista. El **volumen** de la región sólida Q está dado por

$$\text{Volumen de } Q = \iiint_Q dV$$

Algunas de las propiedades de las integrales dobles expuestas en el teorema 9.1 pueden replantearse en términos de integrales triples.

1. $\displaystyle \iiint_Q cf(x, y, z)\, dV = c \iiint_Q f(x, y, z)\, dV$

2. $\displaystyle \iiint_Q [f(x, y, z) \pm g(x, y, z)]\, dV = \iiint_Q f(x, y, z)\, dV \pm \iiint_Q g(x, y, z)\, dV$

3. $\displaystyle \iiint_Q f(x, y, z)\, dV = \iiint_{Q_1} f(x, y, z)\, dV + \iiint_{Q_2} f(x, y, z)\, dV$

En las propiedades dadas arriba, Q es la unión de dos subregiones sólidas que no se sobreponen a Q_1 y Q_2. Si la región sólida Q es simple, la integral triple $\iiint f(x, y, z)\, dV$ puede ser evaluada con una integral iterada utilizando alguno de los seis posibles órdenes de integración.

$dx\, dy\, dz \quad dy\, dx\, dz \quad dz\, dx\, dy$

$dx\, dz\, dy \quad dy\, dz\, dx \quad dz\, dy\, dx$

Para ver las figuras a color, acceda al código

Exploración

Volumen de un sector de un paraboloide En las páginas 661 y 670 se le pidió resumir las diferentes formas estudiadas hasta ahora para hallar el volumen del sólido acotado por el paraboloide

$$z = a^2 - x^2 - y^2, \quad a > 0$$

y el plano xy. Ahora conoce un método más. Utilícelo para hallar el volumen del sólido.

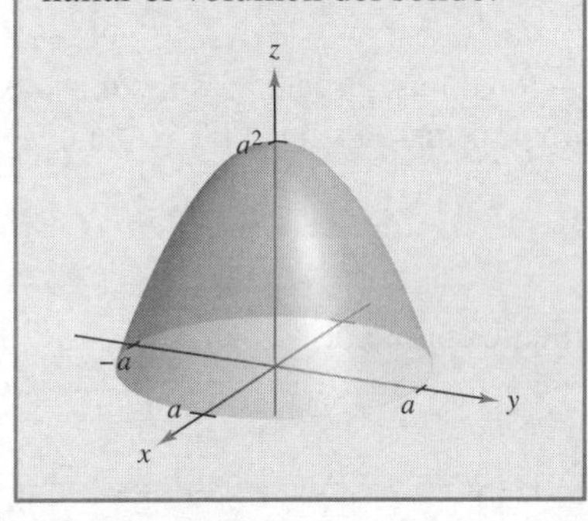

La siguiente versión del teorema de Fubini describe una región que es considerada simple respecto al orden $dz\,dy\,dx$. Para los otros cinco órdenes pueden formularse versiones similares.

TEOREMA 9.4 Evaluación mediante integrales iteradas

Sea f continua en una región sólida definida por Q

$$a \leq x \leq b,$$
$$h_1(x) \leq y \leq h_2(x),$$
$$g_1(x, y) \leq z \leq g_2(x, y)$$

donde h_1, h_2, g_1 y g_2 son funciones continuas. Entonces

$$\iiint_Q f(x, y, z)\, dV = \int_a^b \int_{h_1(x)}^{h_2(x)} \int_{g_1(x, y)}^{g_2(x, y)} f(x, y, z)\, dz\, dy\, dx$$

Para evaluar una integral iterada triple en el orden $dz\,dy\,dx$, mantenga x y y constantes para la integración más interna. Después, mantenga x constante para la segunda integración.

EJEMPLO 1 Evaluar una integral iterada triple

Evalúe la integral iterada triple

$$\int_0^2 \int_0^x \int_0^{x+y} e^x(y + 2z)\, dz\, dy\, dx$$

Solución Para la primera integración, mantenga x y y constantes e integre respecto a z.

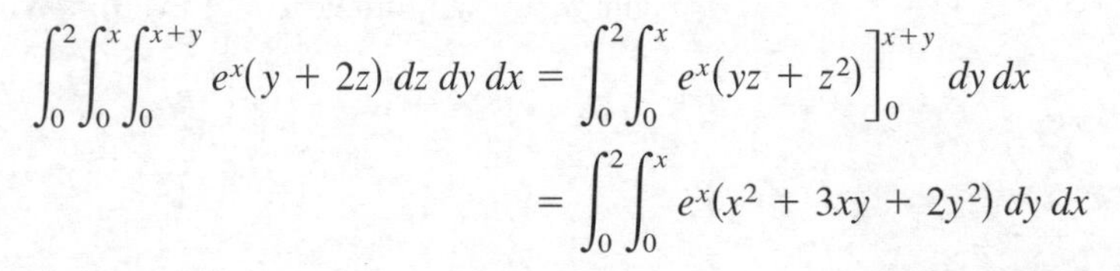

$$\int_0^2 \int_0^x \int_0^{x+y} e^x(y + 2z)\, dz\, dy\, dx = \int_0^2 \int_0^x e^x(yz + z^2)\Big]_0^{x+y} dy\, dx$$
$$= \int_0^2 \int_0^x e^x(x^2 + 3xy + 2y^2)\, dy\, dx$$

Para ver la figura a color, acceda al código

Para la segunda integración, mantenga x constante e integre respecto a y.

$$\int_0^2 \int_0^x e^x(x^2 + 3xy + 2y^2)\, dy\, dx = \int_0^2 \left[e^x\left(x^2y + \frac{3xy^2}{2} + \frac{2y^3}{3}\right)\right]_0^x dx$$
$$= \frac{19}{6}\int_0^2 x^3e^x\, dx$$

Por último, integre respecto a x

$$\frac{19}{6}\int_0^2 x^3e^x\, dx = \frac{19}{6}\Big[e^x(x^3 - 3x^2 + 6x - 6)\Big]_0^2$$
$$= 19\left(\frac{e^2}{3} + 1\right)$$
$$\approx 65.797$$

COMENTARIO Para hacer la última integración en el ejemplo 1, utilice integración por partes tres veces.

El ejemplo 1 muestra el orden de integración $dz\,dy\,dx$. Con otros órdenes puede seguir un procedimiento similar. Por ejemplo, para evaluar una integral iterada triple en el orden $dx\,dy\,dz$ mantenga y y z constantes para la integración más interna e integre respecto a x. Después, para la segunda integración, mantenga z constante e integre respecto a y. Por último, para la tercera integración, integre respecto a z.

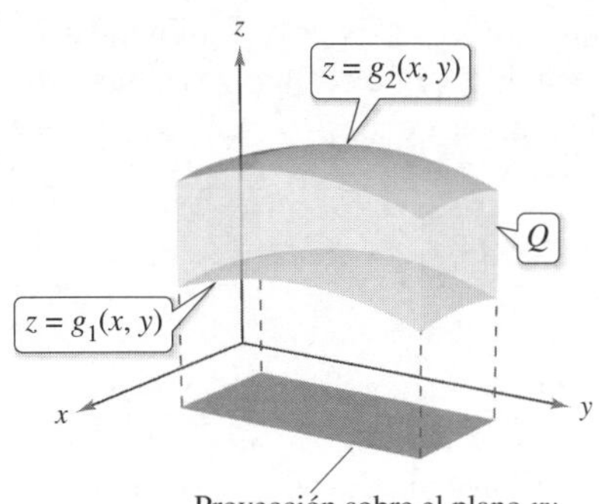

La región sólida Q se encuentra entre dos superficies.

Figura 9.53

Para visualizar esta gráfica con **REALIDAD AUMENTADA**, puede introducir la ecuación en alguna aplicación de AR, como GeoGebra.

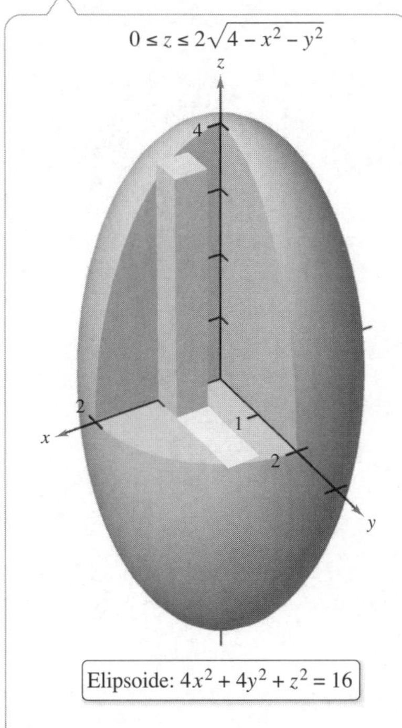

Figura 9.54

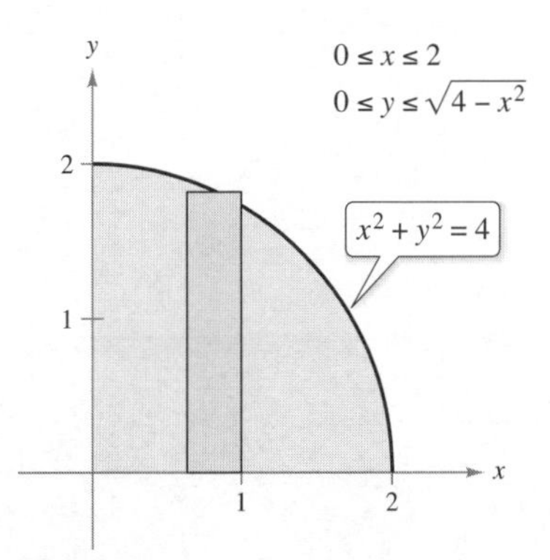

Figura 9.55

Para hallar los límites de un orden de integración en particular, por lo general se aconseja determinar primero los límites más internos, que pueden ser funciones de las dos variables exteriores. Después, proyectando el sólido Q sobre el plano coordenado de las dos variables exteriores, se pueden determinar sus límites de integración mediante los métodos usados para las integrales dobles. Por ejemplo, para evaluar

$$\iiint_Q f(x, y, z)\, dz\, dy\, dx$$

primero determine los límites de z, y entonces la integral toma la forma

$$\iint \left[\int_{g_1(x, y)}^{g_2(x, y)} f(x, y, z)\, dz \right] dy\, dx$$

Proyectando el sólido Q sobre el plano xy, se pueden determinar los límites de x y de y de la misma manera que en el caso de las integrales dobles, como se muestra en la figura 9.53.

EJEMPLO 2 Integral triple para hallar un volumen

Encuentre el volumen del elipsoide dado por $4x^2 + 4y^2 + z^2 = 16$.

Solución Como en la ecuación x, y y z juegan papeles similares, el orden de integración es probablemente irrelevante, y se puede elegir arbitrariamente $dz\, dy\, dx$. Además, se pueden simplificar los cálculos considerando solo la porción del elipsoide que se encuentra en el primer octante, como se muestra en la figura 9.54. Para el orden $dz\, dy\, dx$, primero determine los límites para z.

$$0 \le z \le 2\sqrt{4 - x^2 - y^2}$$ Límites para z.

Como puede ver en la figura 9.55, los límites de x y y son

$$0 \le x \le 2 \quad \text{y} \quad 0 \le y \le \sqrt{4 - x^2}$$ Límites para x y y.

Por lo que el volumen del elipsoide es

$$V = \iiint_Q dV$$ Fórmula para el volumen.

$$= 8\int_0^2 \int_0^{\sqrt{4-x^2}} \int_0^{2\sqrt{4-x^2-y^2}} dz\, dy\, dx$$ Convierta a una integral iterada.

$$= 8\int_0^2 \int_0^{\sqrt{4-x^2}} z \Big]_0^{2\sqrt{4-x^2-y^2}} dy\, dx$$

$$= 16\int_0^2 \int_0^{\sqrt{4-x^2}} \sqrt{(4 - x^2) - y^2}\, dy\, dx$$ Tablas de integración (apéndice B), fórmula 37.

$$= 8\int_0^2 \left[y\sqrt{4 - x^2 - y^2} + (4 - x^2)\, \text{arcsen}\left(\frac{y}{\sqrt{4 - x^2}} \right) \right]_0^{\sqrt{4-x^2}} dx$$

$$= 8\int_0^2 [0 + (4 - x^2)\, \text{arcsen}(1) - 0 - 0]\, dx$$

$$= 8\int_0^2 (4 - x^2)\left(\frac{\pi}{2}\right) dx$$

$$= 4\pi\left[4x - \frac{x^3}{3}\right]_0^2$$

$$= \frac{64\pi}{3}$$

Para ver las figuras a color, acceda al código

El ejemplo 2 es poco usual en el sentido de que con los seis posibles órdenes de integración se obtienen integrales de dificultad comparable. Trate de emplear algún otro de los posibles órdenes de integración para hallar el volumen del elipsoide. Por ejemplo, con el orden $dx\,dy\,dz$ obtiene la integral

$$V = 8\int_0^4\int_0^{\sqrt{16-z^2}/2}\int_0^{\sqrt{16-4y^2-z^2}/2} dx\,dy\,dz$$

Si se resuelve esta integral, se obtiene el mismo volumen que en el ejemplo 2. Esto es siempre así; el orden de integración no afecta el valor de la integral. Sin embargo, el orden de integración a menudo afecta la complejidad de la integral. En el ejemplo 3, el orden de integración propuesto no es conveniente, por lo que se puede cambiar el orden para simplificar el problema.

EJEMPLO 3 Cambiar el orden de integración

Evalúe $\displaystyle\int_0^{\sqrt{\pi/2}}\int_x^{\sqrt{\pi/2}}\int_1^3 \operatorname{sen}(y^2)\,dz\,dy\,dx$

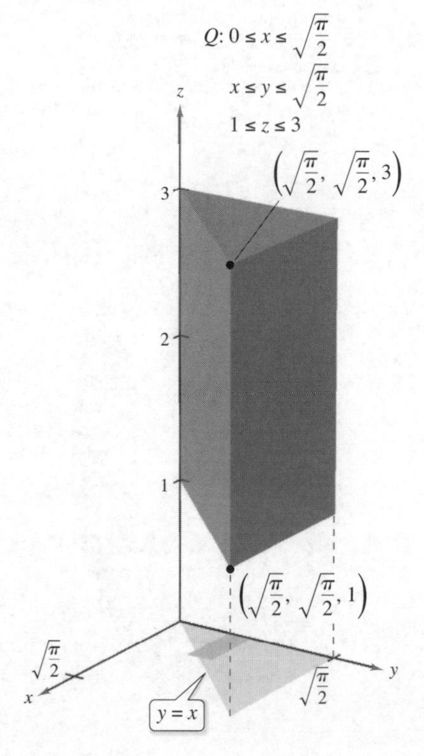

Figura 9.56

Solución Se observa que después de una integración en el orden dado, se encuentra la integral $2\int \operatorname{sen}(y^2)\,dy$, que no es una función elemental. Para evitar este problema, cambie el orden de integración a $dz\,dx\,dy$, de manera que y sea la variable exterior. Como se muestra en la figura 9.56, la región sólida Q está dada por

$$0 \le x \le \sqrt{\frac{\pi}{2}}$$

$$x \le y \le \sqrt{\frac{\pi}{2}}$$

$$1 \le z \le 3$$

y la proyección de Q en el plano xy proporciona los límites

$$0 \le y \le \sqrt{\frac{\pi}{2}}$$

y

$$0 \le x \le y$$

Por tanto, la evaluación de la integral triple usando el orden $dz\,dx\,dy$ produce

$$\begin{aligned}
\int_0^{\sqrt{\pi/2}}\int_0^y\int_1^3 \operatorname{sen}(y^2)\,dz\,dx\,dy &= \int_0^{\sqrt{\pi/2}}\int_0^y z\operatorname{sen}(y^2)\Big]_1^3\,dx\,dy\\
&= 2\int_0^{\sqrt{\pi/2}}\int_0^y \operatorname{sen}(y^2)\,dx\,dy\\
&= 2\int_0^{\sqrt{\pi/2}} x\operatorname{sen}(y^2)\Big]_0^y\,dy\\
&= 2\int_0^{\sqrt{\pi/2}} y\operatorname{sen}(y^2)\,dy\\
&= -\cos(y^2)\Big]_0^{\sqrt{\pi/2}}\\
&= 1
\end{aligned}$$

Para ver la figura a color, acceda al código

EJEMPLO 4 Determinar los límites de integración

Para visualizar estas gráficas con **REALIDAD AUMENTADA**, puede introducir la ecuación en alguna aplicación de AR, como GeoGebra.

Establezca una integral triple para el volumen de cada una de las regiones sólidas.

a. La región en el primer octante acotada superiormente por el cilindro $z = 1 - y^2$ y comprendida entre los planos verticales $x + y = 1$ y $x + y = 3$

b. El hemisferio superior $z = \sqrt{1 - x^2 - y^2}$

c. La región acotada inferiormente por el paraboloide $z = x^2 + y^2$ y superiormente por la esfera $x^2 + y^2 + z^2 = 6$

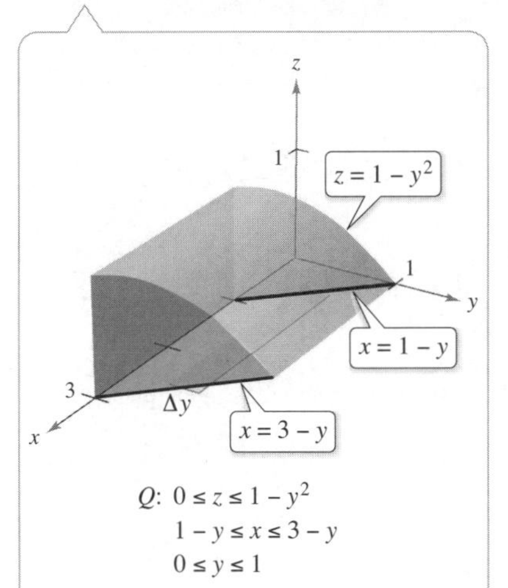

Q: $0 \le z \le 1 - y^2$
$1 - y \le x \le 3 - y$
$0 \le y \le 1$

Figura 9.57

Solución

a. En la figura 9.57, se observa que el sólido está acotado inferiormente por el plano xy $(z = 0)$ y superiormente por el cilindro $z = 1 - y^2$. Por tanto,

$$0 \le z \le 1 - y^2 \qquad \text{Límites para } z.$$

Al proyectar la región sobre el plano xy obtiene un paralelogramo. Como dos de los lados del paralelogramo son paralelos al eje x, se tienen los límites siguientes

$$1 - y \le x \le 3 - y \quad \text{y} \quad 0 \le y \le 1 \qquad \text{Límites para } x \text{ y } y.$$

Por tanto, el volumen de la región está dado por

$$V = \iiint_Q dV = \int_0^1 \int_{1-y}^{3-y} \int_0^{1-y^2} dz\, dx\, dy$$

Para ver las figuras a color, acceda al código

b. Para el hemisferio superior dado por $z = \sqrt{1 - x^2 - y^2}$, se tiene

$$0 \le z \le \sqrt{1 - x^2 - y^2} \qquad \text{Límites para } z.$$

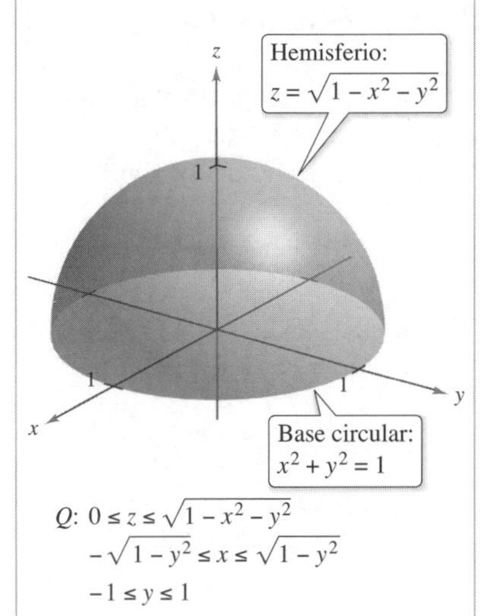

Q: $0 \le z \le \sqrt{1 - x^2 - y^2}$
$-\sqrt{1 - y^2} \le x \le \sqrt{1 - y^2}$
$-1 \le y \le 1$

Figura 9.58

En la figura 9.58 se observa que la proyección del hemisferio sobre el plano xy es el círculo dado por

$$x^2 + y^2 = 1$$

y se puede usar el orden $dx\, dy$ o el orden $dy\, dx$. Eligiendo el primero se obtiene

$$-\sqrt{1 - y^2} \le x \le \sqrt{1 - y^2} \quad \text{y} \quad -1 \le y \le 1 \qquad \text{Límites para } x \text{ y } y.$$

lo cual implica que el volumen de la región está dado por

$$V = \iiint_Q dV = \int_{-1}^1 \int_{-\sqrt{1-y^2}}^{\sqrt{1-y^2}} \int_0^{\sqrt{1-x^2-y^2}} dz\, dx\, dy$$

c. Para la región acotada inferiormente por el paraboloide $z = x^2 + y^2$ y superiormente por la esfera $x^2 + y^2 + z^2 = 6$ tiene

$$x^2 + y^2 \le z \le \sqrt{6 - x^2 - y^2} \qquad \text{Límites para } z.$$

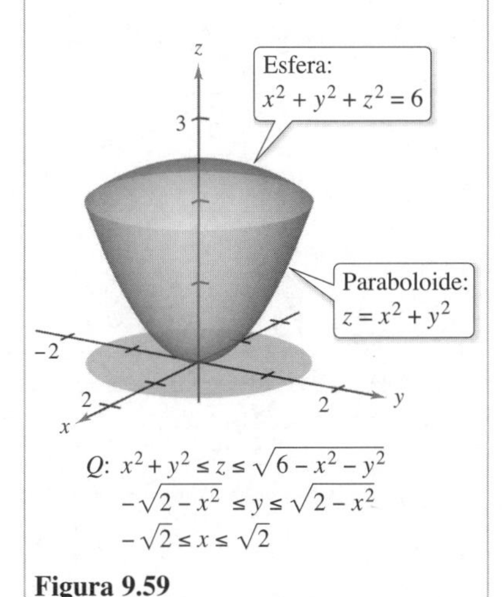

Q: $x^2 + y^2 \le z \le \sqrt{6 - x^2 - y^2}$
$-\sqrt{2 - x^2} \le y \le \sqrt{2 - x^2}$
$-\sqrt{2} \le x \le \sqrt{2}$

Figura 9.59

La esfera y el paraboloide se cortan en $z = 2$. Además, en la figura 9.59 se puede ver que la proyección de la región sólida sobre el plano xy es el círculo dado por

$$x^2 + y^2 = 2$$

Utilizando el orden $dy\, dx$ se obtiene

$$-\sqrt{2 - x^2} \le y \le \sqrt{2 - x^2} \quad \text{y} \quad -\sqrt{2} \le x \le \sqrt{2} \qquad \text{Límites para } x \text{ y } y.$$

lo cual implica que el volumen de la región está dado por

$$V = \iiint_Q dV = \int_{-\sqrt{2}}^{\sqrt{2}} \int_{-\sqrt{2-x^2}}^{\sqrt{2-x^2}} \int_{x^2+y^2}^{\sqrt{6-x^2-y^2}} dz\, dy\, dx$$

Centro de masa y momentos de inercia

En el resto de esta sección se analizan dos aplicaciones importantes de las integrales triples a la ingeniería. Considere una región sólida Q cuya densidad está dada por la **función de densidad** ρ. El **centro de masa** de una región sólida Q de masa m está dado por $(\bar{x}, \bar{y}, \bar{z})$, donde

$$m = \iiint_Q \rho(x, y, z)\, dV \qquad \text{Masa del sólido.}$$

$$M_{yz} = \iiint_Q x\rho(x, y, z)\, dV \qquad \text{Primer momento respecto al plano } yz.$$

$$M_{xz} = \iiint_Q y\rho(x, y, z)\, dV \qquad \text{Primer momento respecto al plano } xz.$$

$$M_{xy} = \iiint_Q z\rho(x, y, z)\, dV \qquad \text{Primer momento respecto al plano } xy.$$

y

$$\bar{x} = \frac{M_{yz}}{m}, \quad \bar{y} = \frac{M_{xz}}{m}, \quad \bar{z} = \frac{M_{xy}}{m}$$

Las cantidades M_{yz}, M_{xz} y M_{xy} se conocen como los **primeros momentos** de la región Q respecto a los planos yz, xz y xy.

Los primeros momentos de las regiones sólidas se toman respecto a un plano, mientras que los segundos momentos de los sólidos se toman respecto a una recta. Los **segundos momentos** (o **momentos de inercia**) respecto a los ejes x, y y z son los siguientes.

COMENTARIO En ingeniería y en física, el momento de inercia de una masa se usa para hallar el tiempo requerido para que una masa alcance una velocidad de rotación dada respecto a un eje, como se muestra en la figura 9.60. Cuanto mayor es el momento de inercia, mayor es la fuerza que hay que aplicar a la masa para que alcance la velocidad deseada.

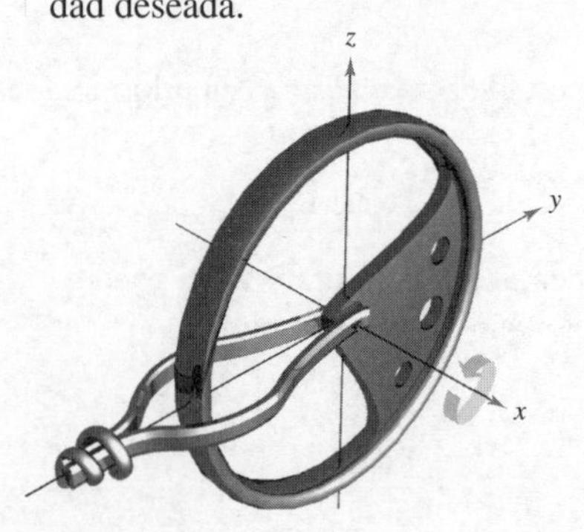

Figura 9.60

$$I_x = \iiint_Q (y^2 + z^2)\rho(x, y, z)\, dV \qquad \text{Momento de inercia respecto al eje } x.$$

$$I_y = \iiint_Q (x^2 + z^2)\rho(x, y, z)\, dV \qquad \text{Momento de inercia respecto al eje } y.$$

e

$$I_z = \iiint_Q (x^2 + y^2)\rho(x, y, z)\, dV \qquad \text{Momento de inercia respecto al eje } z.$$

En problemas que requieren el cálculo de los tres momentos, puede ahorrarse una cantidad considerable de trabajo empleando la propiedad aditiva de las integrales triples y escribiendo

$$I_x = I_{xz} + I_{xy}, \quad I_y = I_{yz} + I_{xy} \quad \text{e} \quad I_z = I_{yz} + I_{xz}$$

donde I_{xy}, I_{xz} e I_{yz} son

$$I_{xy} = \iiint_Q z^2\rho(x, y, z)\, dV$$

$$I_{xz} = \iiint_Q y^2\rho(x, y, z)\, dV$$

e

$$I_{yz} = \iiint_Q x^2\rho(x, y, z)\, dV$$

EJEMPLO 5 Hallar el centro de masa de una región sólida

Consulte LarsonCalculus.com (disponible solo en inglés) para una versión interactiva de este tipo de ejemplo.

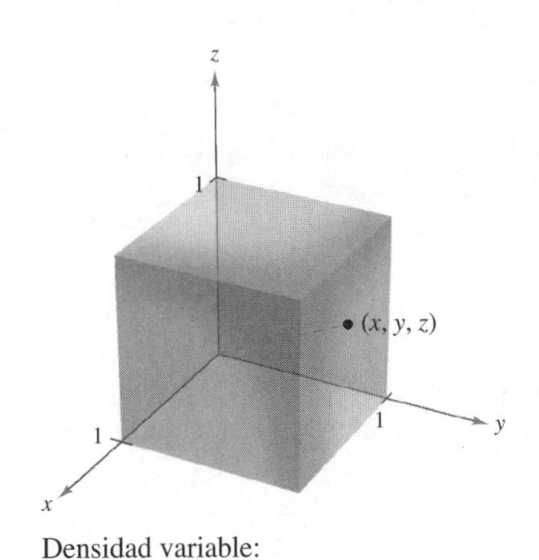

Densidad variable:
$\rho(x, y, z) = k(x^2 + y^2 + z^2)$
Figura 9.61

Encuentre el centro de masa del cubo unitario mostrado en la figura 9.61, dado que la densidad en el punto (x, y, z) es proporcional al cuadrado de su distancia al origen.

Solución Como la densidad en (x, y, z) es proporcional al cuadrado de la distancia entre $(0, 0, 0)$ y (x, y, z), tiene

$$\rho(x, y, z) = k(x^2 + y^2 + z^2)$$

donde k es la constante de proporcionalidad. Esta función de densidad se puede utilizar para hallar la masa del cubo. Debido a la simetría de la región, cualquier orden de integración producirá integrales de dificultad comparable.

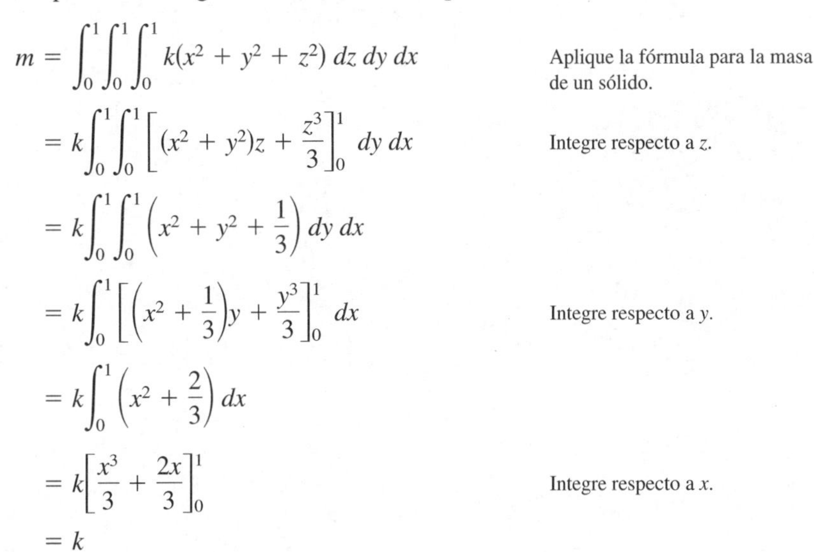

$$m = \int_0^1 \int_0^1 \int_0^1 k(x^2 + y^2 + z^2)\, dz\, dy\, dx \qquad \text{Aplique la fórmula para la masa de un sólido.}$$

$$= k \int_0^1 \int_0^1 \left[(x^2 + y^2)z + \frac{z^3}{3} \right]_0^1 dy\, dx \qquad \text{Integre respecto a } z.$$

$$= k \int_0^1 \int_0^1 \left(x^2 + y^2 + \frac{1}{3} \right) dy\, dx$$

$$= k \int_0^1 \left[\left(x^2 + \frac{1}{3} \right) y + \frac{y^3}{3} \right]_0^1 dx \qquad \text{Integre respecto a } y.$$

$$= k \int_0^1 \left(x^2 + \frac{2}{3} \right) dx$$

$$= k \left[\frac{x^3}{3} + \frac{2x}{3} \right]_0^1 \qquad \text{Integre respecto a } x.$$

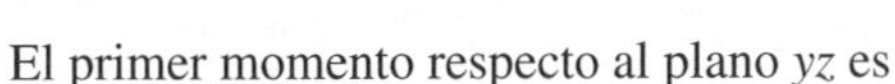

$$= k$$

El primer momento respecto al plano yz es

$$M_{yz} = k \int_0^1 \int_0^1 \int_0^1 x(x^2 + y^2 + z^2)\, dz\, dy\, dx \qquad \text{Aplique la fórmula para el primer momento respecto al plano } yz.$$

$$= k \int_0^1 x \left[\int_0^1 \int_0^1 (x^2 + y^2 + z^2)\, dz\, dy \right] dx \qquad \text{Factorice.}$$

Para ver la figura a color, acceda al código

Se observa que x puede sacarse como factor fuera de las dos integrales interiores, ya que es constante respecto a y y a z. Después de factorizar, las dos integrales interiores son iguales respecto a la masa m. Por tanto, se tiene

$$M_{yz} = k \int_0^1 x \left(x^2 + \frac{2}{3} \right) dx$$

$$= k \left[\frac{x^4}{4} + \frac{x^2}{3} \right]_0^1 \qquad \text{Integre respecto a } x.$$

$$= \frac{7k}{12}. \qquad \text{Primer momento cerca del plano } yz.$$

Así,

$$\bar{x} = \frac{M_{yz}}{m} = \frac{7k/12}{k} = \frac{7}{12}$$

Por último, por la naturaleza de ρ y la simetría de x, y y z en esta región sólida, se tiene que $\bar{x} = \bar{y} = \bar{z}$, y el centro de masa es $\left(\frac{7}{12}, \frac{7}{12}, \frac{7}{12}\right)$. ■

EJEMPLO 6 Momentos de inercia de una región sólida

Encuentre los momentos de inercia respecto a los ejes x y y de la región sólida comprendida entre el hemisferio

$$z = \sqrt{4 - x^2 - y^2}$$

y el plano xy, dado que la densidad en (x, y, z) es proporcional a la distancia entre (x, y, z) y el plano xy.

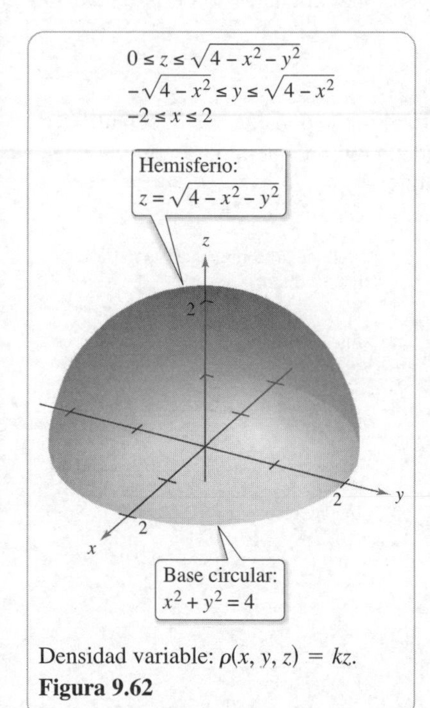

Densidad variable: $\rho(x, y, z) = kz$.
Figura 9.62

Para visualizar esta gráfica con **REALIDAD AUMENTADA**, puede introducir la ecuación en alguna aplicación de AR, como GeoGebra.

Solución La densidad de la región está dada por

$$\rho(x, y, z) = kz$$

donde k es la constante de proporcionalidad. Considerando la simetría de este problema, se sabe que $I_x = I_y$, y solo necesita calcular un momento, digamos I_x. De acuerdo con la figura 9.62, al elegir el orden $dz\,dy\,dx$ y escribir

$$I_x = \iiint_Q (y^2 + z^2)\rho(x, y, z)\,dV \qquad \text{Momento de inercia respecto al eje } x.$$

$$= \int_{-2}^{2}\int_{-\sqrt{4-x^2}}^{\sqrt{4-x^2}}\int_0^{\sqrt{4-x^2-y^2}} (y^2 + z^2)(kz)\,dz\,dy\,dx$$

$$= k\int_{-2}^{2}\int_{-\sqrt{4-x^2}}^{\sqrt{4-x^2}} \left[\frac{y^2z^2}{2} + \frac{z^4}{4}\right]_0^{\sqrt{4-x^2-y^2}} dy\,dx$$

$$= k\int_{-2}^{2}\int_{-\sqrt{4-x^2}}^{\sqrt{4-x^2}} \left[\frac{y^2(4 - x^2 - y^2)}{2} + \frac{(4 - x^2 - y^2)^2}{4}\right] dy\,dx$$

$$= \frac{k}{4}\int_{-2}^{2}\int_{-\sqrt{4-x^2}}^{\sqrt{4-x^2}} [(4 - x^2)^2 - y^4]\,dy\,dx$$

$$= \frac{k}{4}\int_{-2}^{2} \left[(4 - x^2)^2 y - \frac{y^5}{5}\right]_{-\sqrt{4-x^2}}^{\sqrt{4-x^2}} dx$$

$$= \frac{k}{4}\int_{-2}^{2} \frac{8}{5}(4 - x^2)^{5/2}\,dx$$

$$= \frac{4k}{5}\int_0^2 (4 - x^2)^{5/2}\,dx$$

$$= \frac{4k}{5}\int_0^{\pi/2} 64\cos^6\theta\,d\theta \qquad \text{Sustitución trigonométrica: } x = 2 \operatorname{sen}\theta.$$

$$= \left(\frac{256k}{5}\right)\left(\frac{5\pi}{32}\right) \qquad \text{Fórmula de Wallis.}$$

$$= 8k\pi$$

Por tanto, $I_x = 8k\pi = I_y$. ■

En el ejemplo 6, los momentos de inercia respecto a los ejes x y y son iguales. Sin embargo, el momento respecto al eje z es diferente. ¿Parece que el momento de inercia respecto al eje z deba ser menor o mayor que los momentos calculados en el ejemplo 6? Realizando los cálculos, se puede determinar que

$$I_z = \frac{16}{3}k\pi$$

Esto indica que el sólido mostrado en la figura 9.62 presenta resistencia mayor a la rotación en torno a los ejes x o y que en torno al eje z.

Para ver la figura a color, acceda al código

9.6 Ejercicios

Las respuestas a los ejercicios impares pueden consultarse en el Apéndice de este libro.

Repaso de conceptos

1. ¿Qué representa la integral $Q = \iiint_Q dV$?

2. Explique por qué resulta de mucha utilidad ser capaz de cambiar el orden de integración para una integral triple.

Evaluar una triple integral En los ejercicios 3 a 10, evalúe la integral iterada.

3. $\int_0^3 \int_0^2 \int_0^1 (x + y + z)\, dx\, dz\, dy$

4. $\int_0^2 \int_0^1 \int_{-1}^2 xyz^3\, dx\, dy\, dz$

5. $\int_0^1 \int_0^x \int_0^{\sqrt{xy}} x\, dz\, dy\, dx$

6. $\int_0^9 \int_0^{y/3} \int_0^{\sqrt{y^2-9x^2}} z\, dz\, dx\, dy$

7. $\int_1^4 \int_0^1 \int_0^x 2ze^{-x^2}\, dy\, dx\, dz$

8. $\int_1^4 \int_1^{e^2} \int_0^{1/xz} \ln z\, dy\, dz\, dx$

9. $\int_{-3}^4 \int_0^{\pi/2} \int_0^{1+3x} x \cos y\, dz\, dy\, dx$

10. $\int_0^{\pi/2} \int_0^{y/2} \int_0^{1/y} \operatorname{sen} y\, dz\, dx\, dy$

Para ver las figuras a color, acceda al código

Aproximar una integral iterada triple usando tecnología En los ejercicios 11 y 12, use alguna utilidad de graficación para evaluar la integral iterada triple.

11. $\int_0^3 \int_{-\sqrt{9-y^2}}^{\sqrt{9-y^2}} \int_0^{y^2} y\, dz\, dx\, dy$

12. $\int_0^3 \int_0^{2-(2y/3)} \int_0^{6-2y-3z} ze^{-x^2y^2}\, dx\, dz\, dy$

Establecer una integral triple En los ejercicios 13 a 18, establezca una integral triple para el volumen del sólido.

13. El sólido en el primer octante acotado por los planos coordenados y el plano $z = 7 - x - 2y$.

14. El sólido acotado por $z = 9 - x^2$, $z = 0$, $y = 0$ y $y = 2x$.

15. El sólido acotado por el paraboloide $z = 6 - x^2 - y^2$ y $z = 0$.

16. El sólido limitado por $z = \sqrt{1 - x^2 - y^2}$ y $z = 0$.

17. El sólido común bajo de la esfera $x^2 + y^2 + z^2 = 80$ y sobre el paraboloide $z = \frac{1}{2}(x^2 + y^2)$.

18. El sólido limitado arriba por el cilindro $z = 4 - x^2$ y abajo por el paraboloide $z = x^2 + 3y^2$.

Volumen En los ejercicios 19 a 24, utilice una integral triple para hallar el volumen del sólido acotado por las gráficas de las ecuaciones.

19. 20.

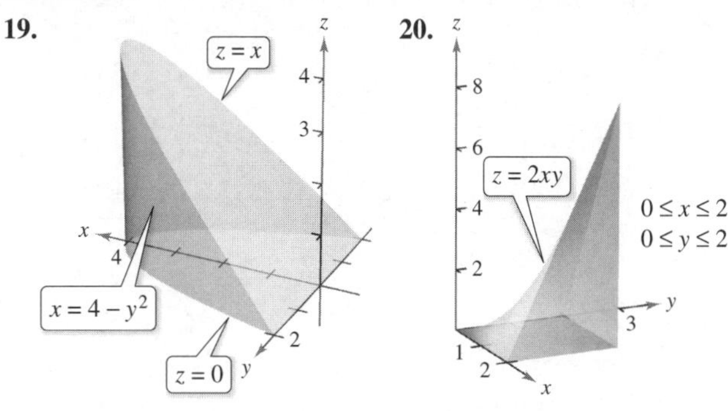

21. $z = 6x^2$, $y = 3 - 3x$, primer octante

22. $z = 9 - x^3$, $y = -x^2 + 2$, $y = 0$, $z = 0$, $x \geq 0$

23. $z = 2 - y$, $z = 4 - y^2$, $x = 0$, $x = 3$, $y = 0$

24. $z = \sqrt{x}$, $y = x + 2$, $y = x^2$, primer octante

Cambiar el orden de integración En los ejercicios 25 a 30, dibuje el sólido cuyo volumen está dado por la integral iterada y reescriba la integral utilizando el orden de integración indicado.

25. $\int_0^1 \int_{-1}^0 \int_0^{y^2} dz\, dy\, dx$

Reescriba usando el orden $dy\, dz\, dx$.

26. $\int_{-1}^1 \int_{y^2}^1 \int_0^{1-x} dz\, dx\, dy$

Reescriba usando el orden $dx\, dz\, dy$.

27. $\int_0^4 \int_0^{(4-x)/2} \int_0^{(12-3x-6y)/4} dz\, dy\, dx$

Reescriba usando el orden $dy\, dx\, dz$.

28. $\int_0^3 \int_0^{\sqrt{9-x^2}} \int_0^{6-x-y} dz\, dy\, dx$

Reescriba usando el orden $dz\, dx\, dy$.

29. $\int_0^1 \int_y^1 \int_0^{\sqrt{1-y^2}} dz\, dx\, dy$

Reescriba usando el orden $dz\, dy\, dx$.

30. $\int_0^2 \int_{2x}^4 \int_0^{\sqrt{y^2-4x^2}} dz\, dy\, dx$

Reescriba usando el orden $dx\, dy\, dz$.

Órdenes de integración En los ejercicios 31 a 34, escriba una integral triple para $f(x, y, z) = xyz$ sobre la región sólida Q para cada uno de los seis posibles órdenes de integración. Después, evalúe una de las integrales triples.

31. $Q = \{(x, y, z)\colon 0 \leq x \leq 1, 0 \leq y \leq 5x, 0 \leq z \leq 3\}$

32. $Q = \{(x, y, z)\colon 0 \leq x \leq 2, x^2 \leq y \leq 4, 0 \leq z \leq 2 - x\}$

33. $Q = \{(x, y, z)\colon x^2 + y^2 \leq 9, 0 \leq z \leq 4\}$

34. $Q = \{(x, y, z)\colon 0 \leq x \leq 1, 0 \leq y \leq 1 - x^2, 0 \leq z \leq 6\}$

Órdenes de integración En los ejercicios 35 y 36, la figura muestra la región de integración de la integral dada. Reescriba la integral como una integral iterada equivalente con los otros cinco órdenes.

35. $\int_0^1 \int_0^{1-y^2} \int_0^{1-y} dz\,dx\,dy$

36. $\int_0^3 \int_0^x \int_0^{9-x^2} dz\,dy\,dx$

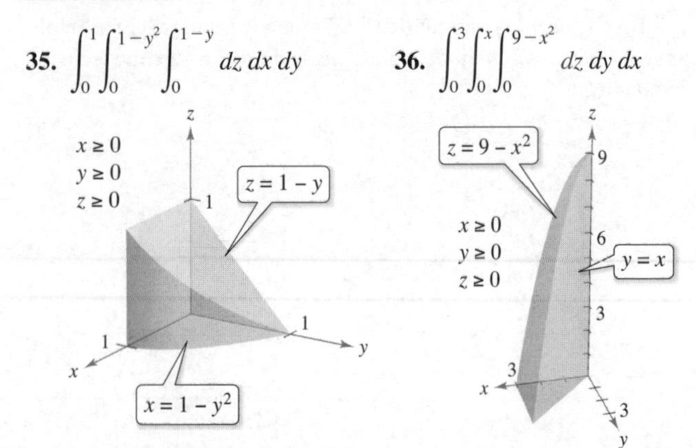

Centro de masa En los ejercicios 37 a 40, encuentre la masa y las coordenadas indicadas del centro de masa de la región sólida Q de densidad ρ acotada por las gráficas de las ecuaciones.

37. Encontrar $\bar{x}$ usando $\rho(x, y, z) = k$.

Q: $2x + 3y + 6z = 12, x = 0, y = 0, z = 0$

38. Encontrar $\bar{y}$ usando $\rho(x, y, z) = ky$.

Q: $3x + 3y + 5z = 15, x = 0, y = 0, z = 0$

39. Encontrar $\bar{z}$ usando $\rho(x, y, z) = kx$.

Q: $z = 4 - x, z = 0, y = 0, y = 4, x = 0$

40. Encontrar $\bar{y}$ usando $\rho(x, y, z) = k$.

Q: $\frac{x}{a} + \frac{y}{b} + \frac{z}{c} = 1\ (a, b, c > 0), x = 0, y = 0, z = 0$

Centro de masa En los ejercicios 41 y 42, establezca las integrales triples para encontrar la masa y el centro de masa del sólido de densidad ρ acotado por las gráficas de las ecuaciones. No evalúe las integrales.

41. $x = 0,\ x = b,\ y = 0,\ y = b,\ z = 0,\ z = b,\ \rho(x, y, z) = kxy$

42. $x = 0,\ x = a,\ y = 0,\ y = b,\ z = 0,\ z = c,\ \rho(x, y, z) = kz$

Piénselo En la figura se muestra el centro de masa de un sólido de densidad constante. En los ejercicios 43 a 46, haga una conjetura acerca de cómo cambiará el centro de masa $(\bar{x}, \bar{y}, \bar{z})$ con la densidad no constante $\rho(x, y, z)$. Explique. (Realice sus conjeturas sin realizar ningún cálculo.)

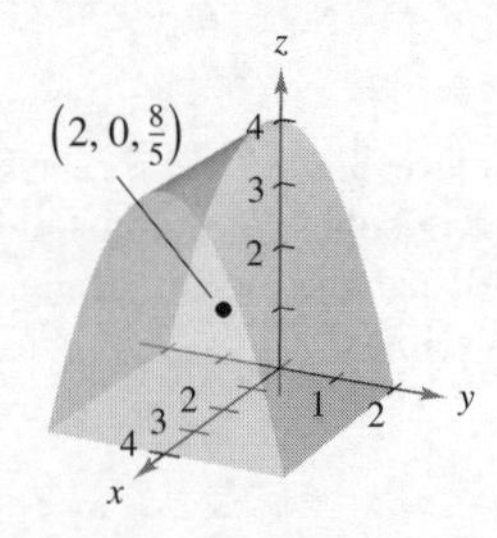

Para ver las figuras a color, acceda al código

43. $\rho(x, y, z) = kx$

44. $\rho(x, y, z) = kz$

45. $\rho(x, y, z) = k(y + 2)$

46. $\rho(x, y, z) = kxz^2(y + 2)^2$

Centroide En los ejercicios 47 a 52, encuentre el centroide de la región sólida acotada por las gráficas de las ecuaciones o descrita en la figura. Use alguna utilidad para evaluar las integrales triples. (Suponga densidad uniforme y encuentre el centro de masa.)

47. $z = \frac{h}{r}\sqrt{x^2 + y^2}, z = h$

48. $y = \sqrt{9 - x^2}, z = y, z = 0$

49. $z = \sqrt{16 - x^2 - y^2}, z = 0$

50. $z = \frac{1}{y^2 + 1}, z = 0, x = -2, x = 2, y = 0, y = 1$

51.

52.

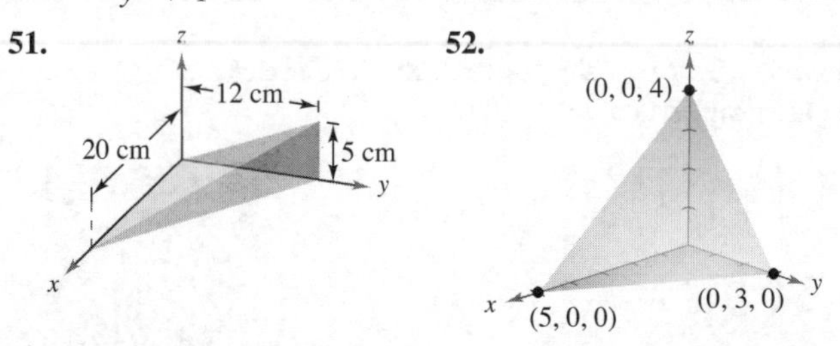

Momentos de inercia En los ejercicios 53 a 56, encuentre I_x, I_y e I_z para el sólido de densidad dada. Utilice alguna aplicación para evaluar las integrales triples.

53. (a) $\rho = k$

(b) $\rho = kxyz$

54. (a) $\rho(x, y, z) = k$

(b) $\rho(x, y, z) = k(x^2 + y^2)$

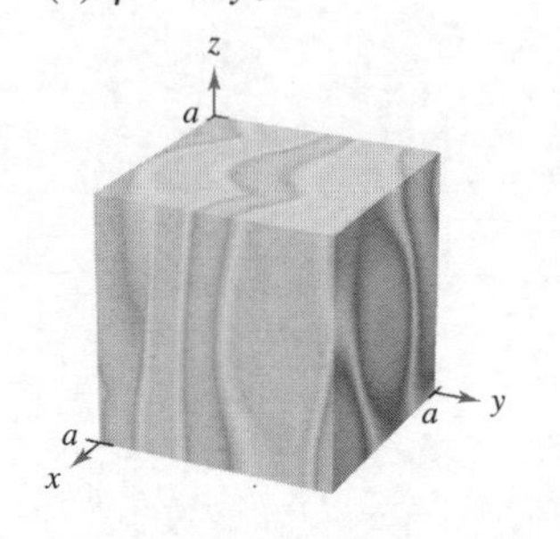

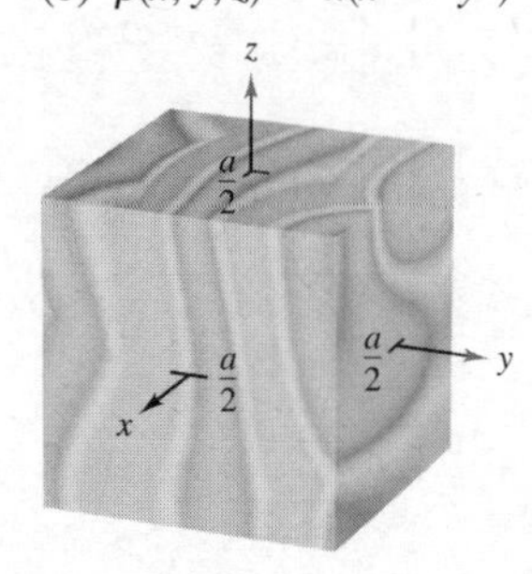

55. (a) $\rho(x, y, z) = k$

(b) $\rho = ky$

56. (a) $\rho = kz$

(b) $\rho = k(4 - z)$

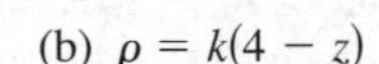

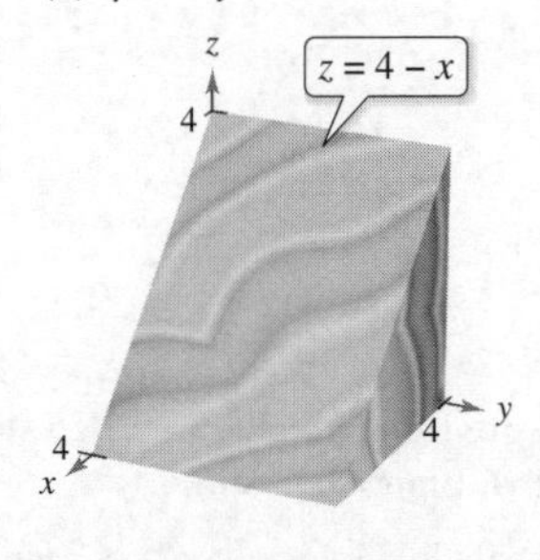

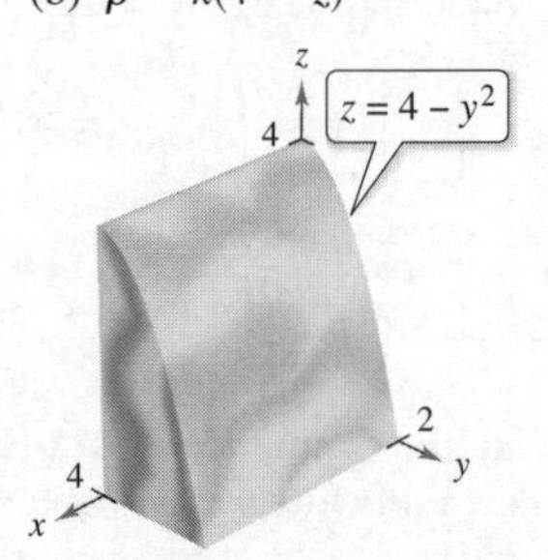

Momentos de inercia En los ejercicios 57 y 58, verifique los momentos de inercia del sólido de densidad uniforme. Utilice alguna aplicación para evaluar las integrales triples.

57. $I_x = \frac{1}{12}m(3a^2 + L^2)$

$I_y = \frac{1}{2}ma^2$

$I_z = \frac{1}{12}m(3a^2 + L^2)$

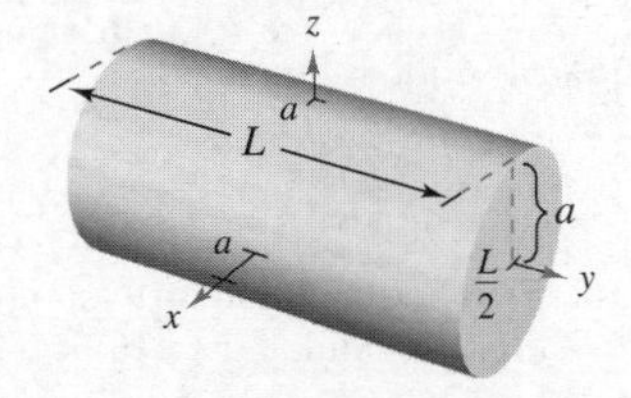

58. $I_x = \frac{1}{12}m(a^2 + b^2)$

$I_y = \frac{1}{12}m(b^2 + c^2)$

$I_z = \frac{1}{12}m(a^2 + c^2)$

Para ver las figuras a color, acceda al código

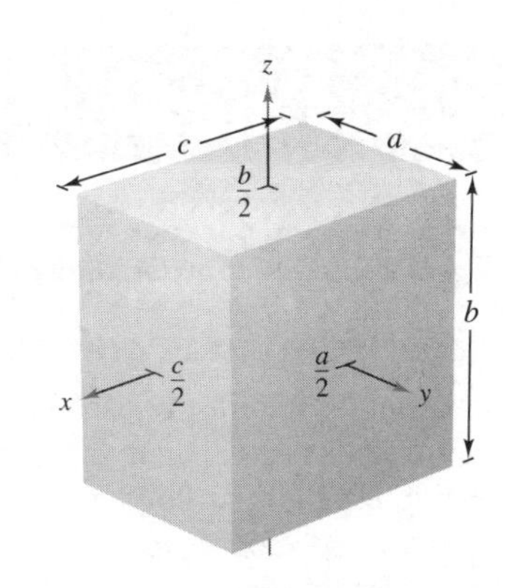

Momentos de inercia **En los ejercicios 59 y 60, dé una integral triple que represente el momento de inercia respecto al eje z de la región sólida Q de densidad ρ. No evalúe la integral.**

59. $Q = \{(x, y, z): -1 \le x \le 1, -1 \le y \le 1, 0 \le z \le 1 - x\}$

$\rho = \sqrt{x^2 + y^2 + z^2}$

60. $Q = \{(x, y, z): x^2 + y^2 \le 1, 0 \le z \le 4 - x^2 - y^2\}$

$\rho = kx^2$

Establecer integrales triples **En los ejercicios 61 y 62, utilizando la descripción de región sólida, establezca la integral para (a) la masa, (b) el centro de masa y (c) el momento de inercia respecto al eje z.**

61. El sólido acotado por $z = 4 - x^2 - y^2$ y $z = 0$ con la función de densidad $\rho(x, y, z) = kz$.

62. El sólido en el primer octante acotado por los planos coordenados y $x^2 + y^2 + z^2 = 25$ con función de densidad $\rho(x, y, z) = kxy$.

Valor promedio **En los ejercicios 63 a 66, encuentre el valor promedio de la función sobre el sólido dado. El valor promedio de una función continua $f(x, y, z)$ sobre una región sólida Q es**

$$\text{Valor promedio} = \frac{1}{V}\iiint_Q f(x, y, z)\, dV$$

donde V es el volumen de la región sólida Q.

63. $f(x, y, z) = z^2 + 4$ sobre el cubo en el primer octante acotado por los planos coordenados, y los planos $x = 1$, $y = 1$ y $z = 1$.

64. $f(x, y, z) = xyz$ sobre el cubo en el primer octante acotado por los planos coordenados y los planos $x = 4$, $y = 4$ y $z = 4$.

65. $f(x, y, z) = x + y + z$ sobre el tetraedro en el primer octante cuyos vértices son $(0, 0, 0)$, $(2, 0, 0)$, $(0, 2, 0)$ y $(0, 0, 2)$.

66. $f(x, y, z) = x + y$ sobre el sólido acotado por la esfera con ecuación $x^2 + y^2 + z^2 = 3$.

Exploración de conceptos

67. Determine si el momento de inercia respecto al eje y del cilindro del ejercicio 57 aumentará o disminuirá con la densidad no constante $\rho(x, y, z) = \sqrt{x^2 + z^2}$

68. Encuentre el volumen de la esfera $x^2 + y^2 + z^2 = 9$ usando el método de las capas y usando una integral triple. Compare sus respuestas.

Exploración de conceptos (continuación)

69. ¿Cuál de las siguientes integrales es igual que

$\int_1^3 \int_0^2 \int_{-1}^1 f(x, y, z)\, dz\, dy\, dx$? Explique.

(a) $\displaystyle\int_1^3 \int_0^2 \int_{-1}^1 f(x, y, z)\, dz\, dx\, dy$

(b) $\displaystyle\int_{-1}^1 \int_0^2 \int_1^3 f(x, y, z)\, dx\, dy\, dz$

(c) $\displaystyle\int_0^2 \int_1^3 \int_{-1}^1 f(x, y, z)\, dy\, dx\, dz$

70. **¿CÓMO LO VE?** Considere los dos sólidos de pesos iguales que se muestran en la figura.

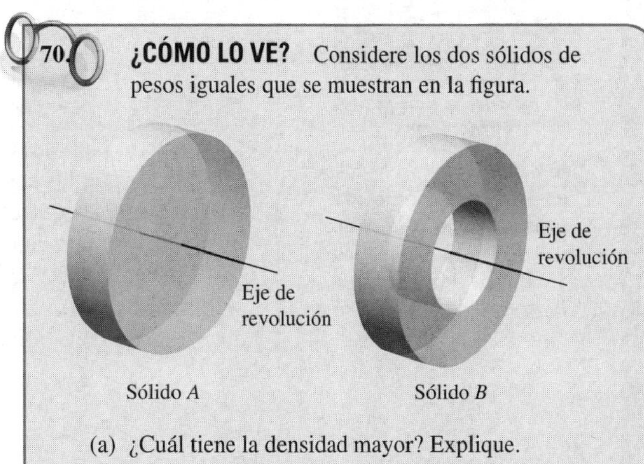

(a) ¿Cuál tiene la densidad mayor? Explique.

(b) ¿Cuál sólido tiene el momento de inercia mayor? Explique.

(c) Los sólidos se hacen rodar hacia abajo en un plano inclinado. Empiezan al mismo tiempo y a la misma altura. ¿Cuál llegará abajo primero? Explique.

71. **Maximizar una integral triple** Determine la región del sólido Q donde la integral

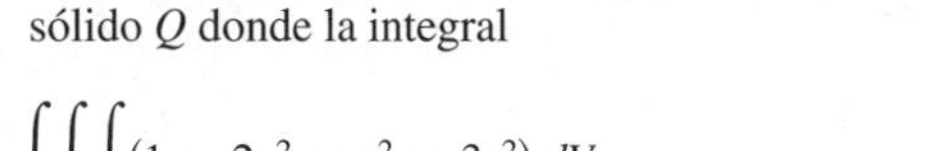

$$\iiint_Q (1 - 2x^2 - y^2 - 3z^2)\, dV$$

es un máximo. Use alguna utilidad para aproximar el valor máximo. ¿Cuál es el valor máximo exacto?

72. **Determinar un valor** Resuelva para a en la integral triple.

$$\int_0^1 \int_0^{3-a-y^2} \int_a^{4-x-y^2} dz\, dx\, dy = \frac{14}{15}$$

DESAFÍO DEL EXAMEN PUTNAM

73. Evalúe

$$\lim_{n\to\infty} \int_0^1 \int_0^1 \cdots \int_0^1 \cos^2\left\{\frac{\pi}{2n}(x_1 + x_2 + \cdots + x_n)\right\} dx_1\, dx_2 \cdots dx_n$$

Este problema fue preparado por el Committee on the Putnam Prize Competition.

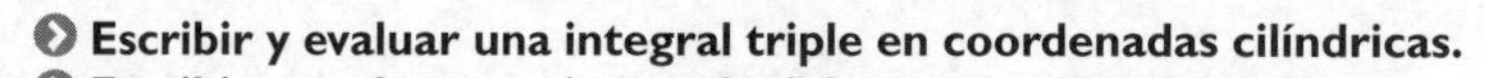

9.7 Integrales triples en otras coordenadas

- Escribir y evaluar una integral triple en coordenadas cilíndricas.
- Escribir y evaluar una integral triple en coordenadas esféricas.

PIERRE SIMON DE LAPLACE (1749-1827)

Uno de los primeros en utilizar un sistema de coordenadas cilíndricas fue el matemático francés Pierre Simon de Laplace. Laplace ha sido llamado el "Newton de Francia", y publicó muchos trabajos importantes en mecánica, ecuaciones diferenciales y probabilidad.

Consulte LarsonCalculus.com (disponible solo en inglés) para leer más acerca de esta biografía.

Integrales triples en coordenadas cilíndricas

Muchas regiones sólidas comunes como esferas, elipsoides, conos y paraboloides pueden dar lugar a integrales triples difíciles de calcular en coordenadas rectangulares. De hecho, fue precisamente esta dificultad la que llevó a la introducción de sistemas de coordenadas no rectangulares. En esta sección se aprenderá a usar coordenadas *cilíndricas* y *esféricas* para evaluar integrales triples.

Recuerde que las ecuaciones rectangulares de conversión para coordenadas cilíndricas son

$$x = r\cos\theta$$
$$y = r\operatorname{sen}\theta$$
$$z = z$$

Una manera fácil de recordar estas ecuaciones es observar que las ecuaciones para obtener x y y son iguales que en el caso de coordenadas polares y que z no cambia.

En este sistema de coordenadas, la región sólida más simple es un bloque cilíndrico determinado por

$$r_1 \le r \le r_2$$
$$\theta_1 \le \theta \le \theta_2$$

y

$$z_1 \le z \le z_2$$

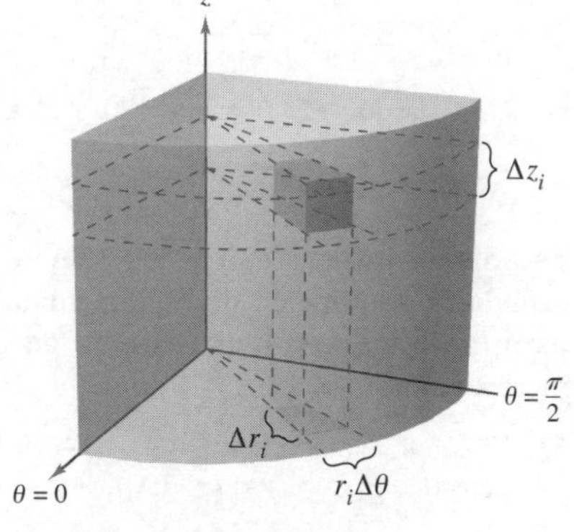

Volumen del bloque cilíndrico:
$\Delta V_i = r_i \Delta r_i \Delta\theta_i \Delta z_i$
Figura 9.63

como se muestra en la figura 9.63.

Para expresar una integral triple por medio de coordenadas cilíndricas, suponga que Q es una región sólida cuya proyección R sobre el plano xy puede describirse en coordenadas polares. Es decir,

$$Q = \{(x, y, z): (x, y) \text{ está en } R, \quad h_1(x, y) \le z \le h_2(x, y)\}$$

y

$$R = \{(r, \theta): \theta_1 \le \theta \le \theta_2, \quad g_1(\theta) \le r \le g_2(\theta)\}$$

Si f es una función continua sobre el sólido Q, puede expresar la integral triple de f sobre Q como

$$\iiint_Q f(x, y, z)\, dV = \iint_R \left[\int_{h_1(x,y)}^{h_2(x,y)} f(x, y, z)\, dz\right] dA$$

donde la integral doble sobre R se evalúa en coordenadas polares. Es decir, R es una región plana que es r-simple o θ-simple. Si R es r-simple, la forma iterada de la integral triple en forma cilíndrica es

$$\iiint_Q f(x, y, z)\, dV = \int_{\theta_1}^{\theta_2}\int_{g_1(\theta)}^{g_2(\theta)}\int_{h_1(r\cos\theta,\, r\operatorname{sen}\theta)}^{h_2(r\cos\theta,\, r\operatorname{sen}\theta)} f(r\cos\theta, r\operatorname{sen}\theta, z) r\, dz\, dr\, d\theta$$

Este es solo uno de los seis posibles órdenes de integración. Los otros cinco son $dz\,d\theta\,dr$, $dr\,dz\,d\theta$, $dr\,d\theta\,dz$, $d\theta\,dz\,dr$ y $d\theta\,dr\,dz$.

Para ver la figura a color, acceda al código

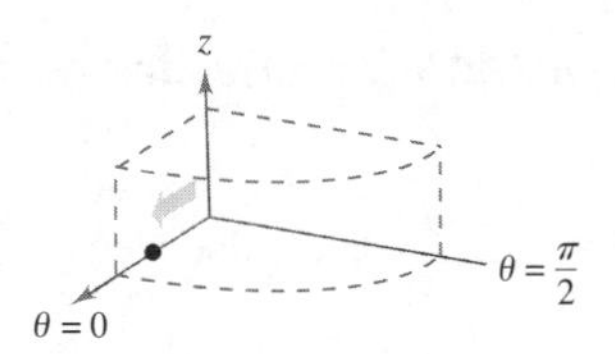

Integre respecto a r.

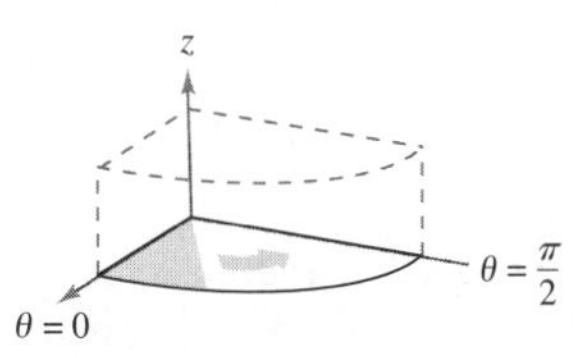

Integre respecto a θ.

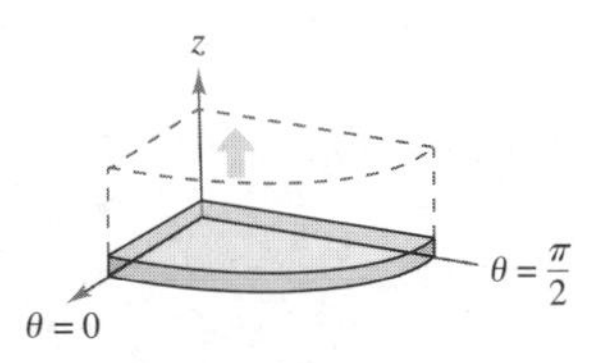

Integre respecto a z.
Figura 9.64

Para visualizar un orden de integración determinado es de gran ayuda considerar la integral iterada en términos de tres movimientos de barrido, cada uno de los cuales agrega una dimensión al sólido. Por ejemplo, en el orden $dr\,d\theta\,dz$ la primera integración ocurre en la dirección r, aquí un punto barre un rayo. Después, a medida que θ aumenta, la recta barre un sector. Por último, a medida que z aumenta, el sector barre una cuña sólida, como se muestra en la figura 9.64.

Exploración

Volumen de un sector de un paraboloide En las exploraciones de las páginas 661, 670 y 692 se le pidió resumir las diferentes formas conocidas para hallar el volumen del sólido acotado por el paraboloide

$$z = a^2 - x^2 - y^2, \quad a > 0$$

y el plano xy. Ahora ya conoce un método más. Utilícelo para hallar el volumen del sólido. Compare los diferentes métodos. ¿Cuáles son las ventajas y desventajas de cada uno?

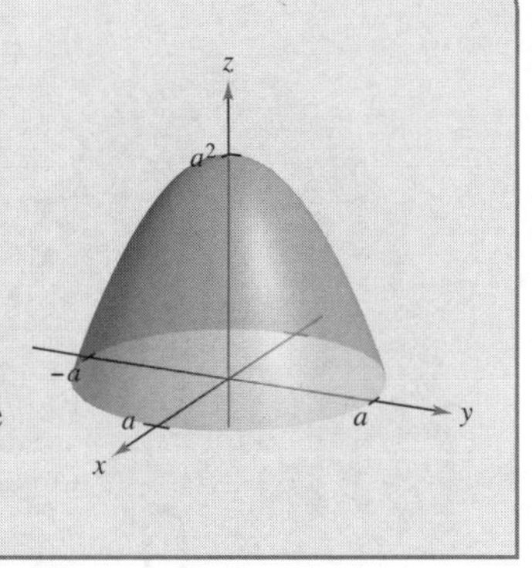

EJEMPLO 1 Hallar el volumen empleando coordenadas cilíndricas

Encuentre el volumen de la región sólida Q cortada en la esfera $x^2 + y^2 + z^2 = 4$ por el cilindro $r = 2 \operatorname{sen} \theta$, como se muestra en la figura 9.65.

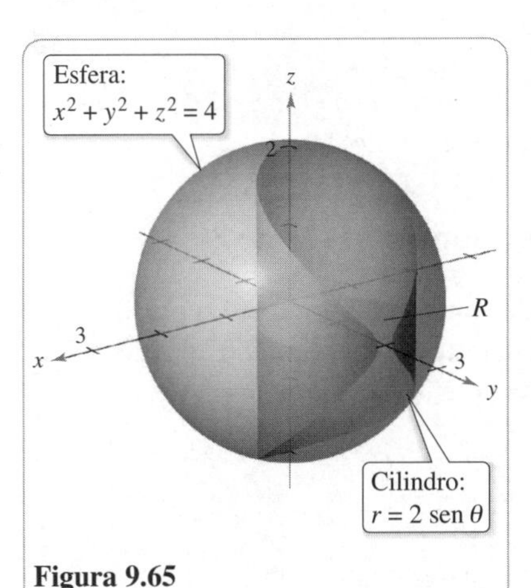

Figura 9.65

Para visualizar esta gráfica con **REALIDAD AUMENTADA**, puede introducir la ecuación en alguna aplicación de AR, como GeoGebra.

Solución Como $x^2 + y^2 + z^2 = r^2 + z^2 = 4$, los límites de z son

$$-\sqrt{4 - r^2} \leq z \leq \sqrt{4 - r^2} \qquad \text{Límites para } z.$$

Sea R la proyección circular del sólido sobre el plano $r\theta$. Entonces los límites de R son

$$0 \leq r \leq 2 \operatorname{sen} \theta \quad \text{y} \quad 0 \leq \theta \leq \pi \qquad \text{Límites para } R.$$

Por tanto, el volumen de Q es

$$V = \int_0^{\pi} \int_0^{2 \operatorname{sen} \theta} \int_{-\sqrt{4-r^2}}^{\sqrt{4-r^2}} r\,dz\,dr\,d\theta \qquad \text{Aplique la fórmula para el volumen.}$$

$$= 2\int_0^{\pi/2} \int_0^{2 \operatorname{sen} \theta} \int_{-\sqrt{4-r^2}}^{\sqrt{4-r^2}} r\,dz\,dr\,d\theta \qquad \text{Use la simetría para reescribir los límites para } \theta.$$

$$= 2\int_0^{\pi/2} \int_0^{2 \operatorname{sen} \theta} 2r\sqrt{4 - r^2}\,dr\,d\theta \qquad \text{Integre respecto a } z.$$

$$= 2\int_0^{\pi/2} -\frac{2}{3}(4 - r^2)^{3/2}\Big]_0^{2 \operatorname{sen} \theta} d\theta \qquad \text{Integre respecto a } r.$$

$$= \frac{4}{3}\int_0^{\pi/2} (8 - 8\cos^3 \theta)\,d\theta$$

$$= \frac{32}{3}\int_0^{\pi/2} [1 - (\cos \theta)(1 - \operatorname{sen}^2 \theta)]\,d\theta \qquad \text{Factorice y use la identidad trigonométrica } \cos^2 \theta = 1 - \operatorname{sen}^2 \theta.$$

$$= \frac{32}{3}\left[\theta - \operatorname{sen} \theta + \frac{\operatorname{sen}^3 \theta}{3}\right]_0^{\pi/2} \qquad \text{Integre respecto a } \theta.$$

$$= \frac{16}{9}(3\pi - 4)$$

$$\approx 9.644$$

Para ver las figuras a color, acceda al código

Para visualizar estas gráficas con **REALIDAD AUMENTADA**, puede introducir la ecuación en alguna aplicación de AR, como GeoGebra.

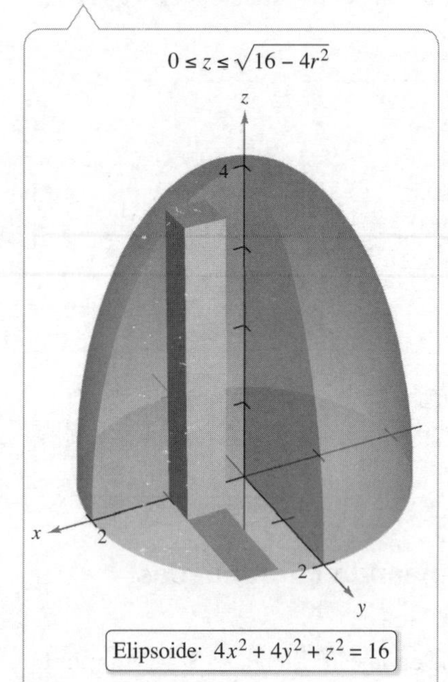

Figura 9.66

EJEMPLO 2 Hallar la masa empleando coordenadas cilíndricas

Encuentre la masa de la porción del elipsoide Q dado por $4x^2 + 4y^2 + z^2 = 16$, situado sobre el plano xy. La densidad en un punto del sólido es proporcional a la distancia entre el punto y el plano xy.

Solución La función de densidad es $\rho(r, \theta, z) = kz$, donde k es la constante de proporcionalidad. Los límites de z son

$$0 \le z \le \sqrt{16 - 4x^2 - 4y^2} = \sqrt{16 - 4r^2}$$

donde $0 \le r \le 2$ y $0 \le \theta \le 2\pi$, como se muestra en la figura 9.66. La masa del sólido es

$$m = \int_0^{2\pi}\int_0^2\int_0^{\sqrt{16-4r^2}} kzr\,dz\,dr\,d\theta \qquad \text{Aplique la fórmula para la masa del sólido.}$$

$$= \frac{k}{2}\int_0^{2\pi}\int_0^2 z^2r\Big]_0^{\sqrt{16-4r^2}} dr\,d\theta \qquad \text{Integre respecto a } z.$$

$$= \frac{k}{2}\int_0^{2\pi}\int_0^2 (16r - 4r^3)\,dr\,d\theta$$

$$= \frac{k}{2}\int_0^{2\pi}\Big[8r^2 - r^4\Big]_0^2 d\theta \qquad \text{Integre respecto a } r.$$

$$= 8k\int_0^{2\pi} d\theta$$

$$= 16\pi k \qquad \text{Integre respecto a } \theta.$$

La integración en coordenadas cilíndricas es útil cuando en el integrando aparecen factores $x^2 + y^2$ con la expresión como se ilustra en el ejemplo 3.

EJEMPLO 3 Hallar el momento de inercia

Encuentre el momento de inercia respecto al eje de simetría del sólido Q acotado por el paraboloide $z = x^2 + y^2$ y el plano $z = 4$ como se muestra en la figura 9.67. La densidad en cada punto es proporcional a la distancia entre el punto y el eje z.

Solución Como el eje z es el eje de simetría, y $\rho(x, y, z) = k\sqrt{x^2 + y^2}$, donde k es la constante de proporcionalidad, se deduce que

$$I_z = \iiint_Q k(x^2 + y^2)\sqrt{x^2 + y^2}\,dV \qquad \text{Momento de inercia sobre el eje } z.$$

En coordenadas cilíndricas, $0 \le r \le \sqrt{x^2 + y^2} = \sqrt{z}$ y $0 \le \theta \le 2\pi$. Por tanto, tiene

$$I_z = k\int_0^4\int_0^{2\pi}\int_0^{\sqrt{z}} r^2(r)r\,dr\,d\theta\,dz \qquad \text{Coordenadas cilíndricas.}$$

$$= k\int_0^4\int_0^{2\pi} \frac{r^5}{5}\Big]_0^{\sqrt{z}} d\theta\,dz \qquad \text{Integre respecto a } r.$$

$$= k\int_0^4\int_0^{2\pi} \frac{z^{5/2}}{5}\,d\theta\,dz$$

$$= \frac{k}{5}\int_0^4 z^{5/2}(2\pi)\,dz \qquad \text{Integre respecto a } \theta.$$

$$= \frac{2\pi k}{5}\Big[\frac{2}{7}z^{7/2}\Big]_0^4 \qquad \text{Integre respecto a } z.$$

$$= \frac{512k\pi}{35}$$

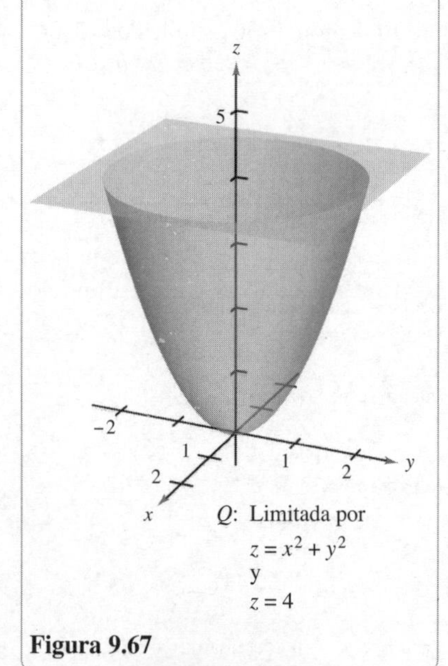

Figura 9.67

Para ver las figuras a color, acceda al código

Integrales triples en coordenadas esféricas

Las integrales triples que involucran esferas o conos son a menudo más fáciles de calcular mediante la conversión a coordenadas esféricas. Recuerde que las ecuaciones rectangulares de conversión a coordenadas esféricas son

$$x = \rho \operatorname{sen}\phi \cos\theta$$
$$y = \rho \operatorname{sen}\phi \operatorname{sen}\theta$$
$$z = \rho \cos\phi$$

COMENTARIO La letra griega ρ utilizada en coordenadas esféricas no está relacionada con la densidad. Más bien, es el análogo tridimensional de la r utilizada en coordenadas polares. Para los problemas que involucran coordenadas esféricas y una función de densidad, este texto utiliza un símbolo diferente para denotar la densidad.

En este sistema de coordenadas, la región más simple es un bloque esférico determinado por

$$\{(\rho, \theta, \phi): \rho_1 \le \rho \le \rho_2, \quad \theta_1 \le \theta \le \theta_2, \quad \phi_1 \le \phi \le \phi_2\}$$

donde $\rho_1 \ge 0$, $\theta_2 - \theta_1 \le 2\pi$ y $0 \le \phi_1 \le \phi_2 \le \pi$, como se muestra en la figura 9.68. Si (ρ, θ, ϕ) es un punto en el interior de uno de estos bloques, entonces el volumen del bloque puede ser aproximado por $\Delta V \approx \rho^2 \operatorname{sen}\phi\, \Delta\rho\Delta\phi\Delta\theta$. (Vea el ejercicio 6 en los ejercicios de Solución de problemas de este capítulo.)

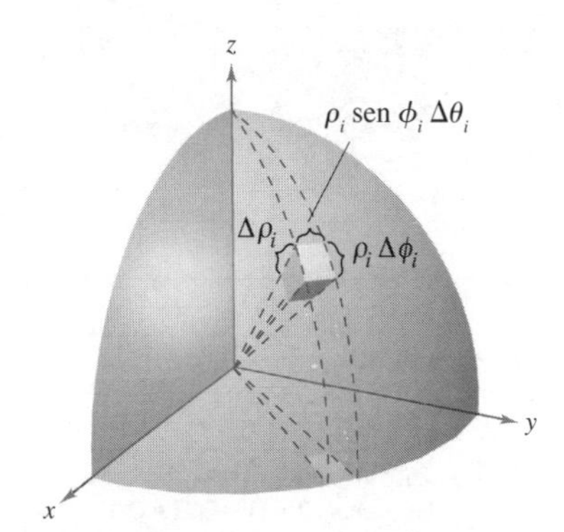

Bloque esférico:
$\Delta V_i \approx \rho_i^2 \operatorname{sen}\phi_i\,\Delta\rho_i\,\Delta\phi_i\,\Delta\theta_i$
Figura 9.68

Utilizando el proceso habitual que comprende una partición interior, una suma y un límite, se puede desarrollar la siguiente versión de una integral triple en coordenadas esféricas para una función continua f en la región sólida Q. Esta fórmula, mostrada a continuación, puede ser modificada para diferentes órdenes de integración y puede generalizarse a regiones con límites variables.

$$\iiint_Q f(x, y, z)\, dV = \int_{\theta_1}^{\theta_2}\int_{\phi_1}^{\phi_2}\int_{\rho_1}^{\rho_2} f(\rho \operatorname{sen}\phi \cos\theta, \rho \operatorname{sen}\phi \operatorname{sen}\theta, \rho\cos\phi)\rho^2 \operatorname{sen}\phi\, d\rho\, d\phi\, d\theta$$

Al igual que las integrales triples en coordenadas cilíndricas, las integrales triples en coordenadas esféricas se evalúan empleando integrales iteradas. Como sucede con las coordenadas cilíndricas, se puede visualizar un orden determinado de integración contemplando la integral iterada en términos de tres movimientos de barrido, cada uno de los cuales agrega una dimensión al sólido. Por ejemplo, la integral iterada

$$\int_0^{2\pi}\int_0^{\pi/4}\int_0^3 \rho^2 \operatorname{sen}\phi\, d\rho\, d\phi\, d\theta$$

(que se usó en el ejemplo 4) se ilustra en la figura 9.69.

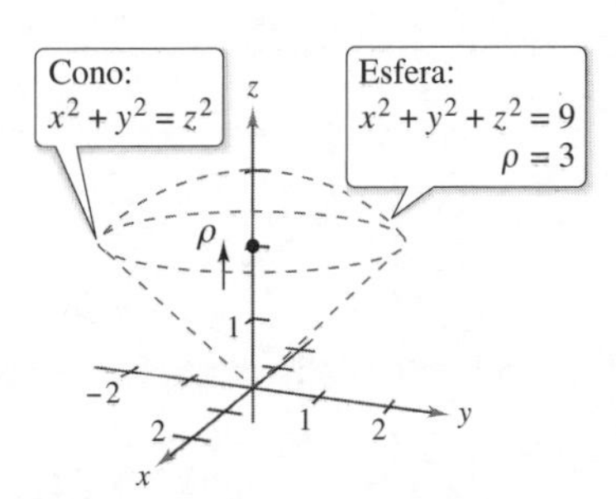

ρ varía desde 0 hasta 3 mientras ϕ y θ se mantienen constantes.
Figura 9.69

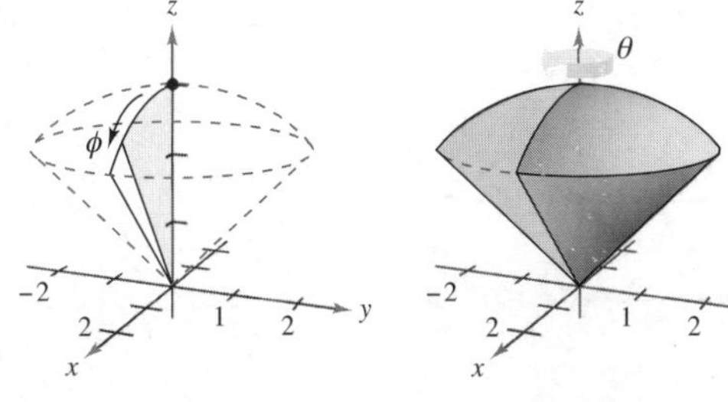

ϕ varía de 0 a $\pi/4$ mientras θ se mantiene constante.

θ varía desde 0 hasta 2π.

Para ver las figuras a color, acceda al código

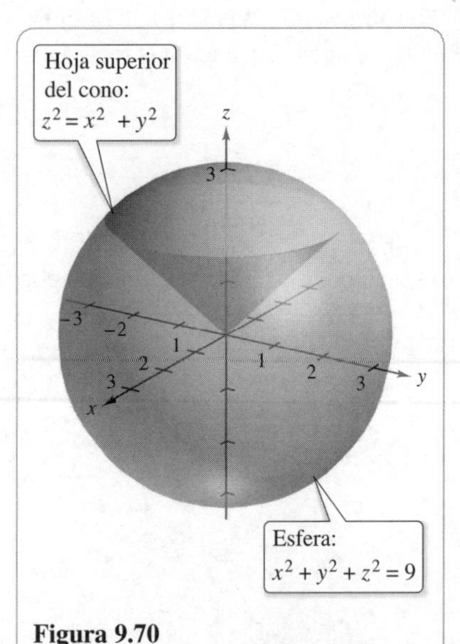

Figura 9.70

Para visualizar esta gráfica con **REALIDAD AUMENTADA**, puede introducir la ecuación en alguna aplicación de AR, como GeoGebra.

Para ver la figura a color, acceda al código

EJEMPLO 4 Hallar un volumen en coordenadas esféricas

Encuentre el volumen de la región sólida Q acotada debajo por la hoja superior del cono $z^2 = x^2 + y^2$ y encima por la esfera $x^2 + y^2 + z^2 = 9$, como se muestra en la figura 9.70.

Solución En coordenadas esféricas, la ecuación de la esfera es

$$\rho^2 = x^2 + y^2 + z^2 = 9 \quad \Longrightarrow \quad \rho = 3$$

Además, la esfera y el cono se cortan cuando

$$(x^2 + y^2) + z^2 = (z^2) + z^2 = 9 \quad \Longrightarrow \quad z = \frac{3}{\sqrt{2}}$$

y como $z = \rho \cos \phi$, tiene que

$$\left(\frac{3}{\sqrt{2}}\right)\left(\frac{1}{3}\right) = \cos \phi \quad \Longrightarrow \quad \phi = \frac{\pi}{4}$$

Por consiguiente, puede utilizar el orden de integración $d\rho\, d\phi\, d\theta$, donde $0 \le \rho \le 3$, $0 \le \phi \le \pi/4$ y $0 \le \theta \le 2\pi$. El volumen es

$$V = \int_0^{2\pi}\int_0^{\pi/4}\int_0^3 \rho^2 \operatorname{sen} \phi \, d\rho\, d\phi\, d\theta \qquad \text{Aplique la fórmula para el volumen.}$$

$$= \int_0^{2\pi}\int_0^{\pi/4} 9 \operatorname{sen} \phi \, d\phi\, d\theta \qquad \text{Integre respecto a } \rho.$$

$$= 9\int_0^{2\pi} -\cos \phi \Big]_0^{\pi/4} d\theta \qquad \text{Integre respecto a } \phi.$$

$$= 9\int_0^{2\pi} \left(1 - \frac{\sqrt{2}}{2}\right) d\theta$$

$$= 9\pi(2 - \sqrt{2}) \qquad \text{Integre respecto a } \theta.$$

$$\approx 16.563$$

EJEMPLO 5 Hallar el centro de masa de una región sólida

Consulte LarsonCalculus.com (disponible solo en inglés) para una versión interactiva de este tipo de ejemplo.

Encuentre el centro de masa de la región sólida Q de densidad uniforme del ejemplo 4.

Solución Como la densidad es uniforme, se puede considerar que la densidad en el punto (x, y, z) es k. Por la simetría, el centro de masa se encuentra en el eje z, y solo se necesita calcular $\bar{z} = M_{xy}/m$, donde $m = kV = 9k\pi(2 - \sqrt{2})$. Como $z = \rho \cos \phi$ se deduce que

$$M_{xy} = \iiint_Q kz \, dV = k\int_0^3\int_0^{2\pi}\int_0^{\pi/4} (\rho \cos \phi)\rho^2 \operatorname{sen} \phi \, d\phi\, d\theta\, d\rho$$

$$= k\int_0^3\int_0^{2\pi} \rho^3 \frac{\operatorname{sen}^2 \phi}{2}\Big]_0^{\pi/4} d\theta\, d\rho$$

$$= \frac{k}{4}\int_0^3\int_0^{2\pi} \rho^3 \, d\theta\, d\rho = \frac{k\pi}{2}\int_0^3 \rho^3 \, d\rho = \frac{81k\pi}{8}$$

Por tanto,

$$\bar{z} = \frac{M_{xy}}{m} = \frac{81k\pi/8}{9k\pi(2 - \sqrt{2})} = \frac{9(2 + \sqrt{2})}{16} \approx 1.920$$

y el centro de masa es aproximadamente (0, 0, 1.920) ■

9.7 Ejercicios

Las respuestas a los ejercicios impares pueden consultarse en el Apéndice de este libro.

Repaso de conceptos

1. Explique por qué las integrales triples que representan los volúmenes de los sólidos a veces son más fáciles de evaluar en coordenadas cilíndricas o en coordenadas esféricas en lugar de coordenadas rectangulares.

2. ¿Cuál es la diferencial de volumen, dV, para (a) coordenadas cilíndricas y (b) coordenadas esféricas? Elija un orden de integración para cada sistema.

Evaluar una integral triple iterada **En los ejercicios 3 a 8, evalúe la integral triple iterada.**

3. $\int_{-1}^{5}\int_{0}^{\pi/2}\int_{0}^{3} r\cos\theta\, dr\, d\theta\, dz$ 4. $\int_{0}^{\pi/4}\int_{0}^{6}\int_{0}^{6-r} rz\, dz\, dr\, d\theta$

5. $\int_{0}^{\pi/2}\int_{0}^{\cos\theta}\int_{0}^{3+r^2} 2r\,\text{sen}\,\theta\, dz\, dr\, d\theta$

6. $\int_{0}^{\pi/2}\int_{0}^{\pi}\int_{0}^{2} e^{-\rho^3}\rho^2\, d\rho\, d\theta\, d\phi$

7. $\int_{0}^{2\pi}\int_{0}^{\pi/2}\int_{0}^{\text{sen}\,\phi} \rho\cos\phi\, d\rho\, d\phi\, d\theta$

8. $\int_{0}^{\pi/4}\int_{0}^{\pi/4}\int_{0}^{\cos\theta} \rho^2\,\text{sen}\,\phi\cos\phi\, d\rho\, d\theta\, d\phi$

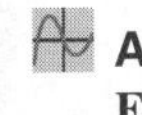

Aproximar una integral triple iterada usando tecnología **En los ejercicios 9 y 10, use alguna aplicación para evaluar la integral triple iterada.**

9. $\int_{0}^{4}\int_{0}^{z}\int_{0}^{\pi/2} re^{r}\, d\theta\, dr\, dz$

10. $\int_{0}^{\pi/2}\int_{0}^{\pi}\int_{0}^{\text{sen}\,\theta} 2\rho^2\cos\phi\, d\rho\, d\theta\, d\phi$

Volumen **En los ejercicios 11 a 14, dibuje la región sólida cuyo volumen está dado por la integral iterada, y evalúe la integral.**

11. $\int_{0}^{\pi/2}\int_{0}^{3}\int_{0}^{e^{-r^2}} r\, dz\, dr\, d\theta$ 12. $\int_{0}^{2\pi}\int_{0}^{2\sqrt{2}}\int_{r^2-2}^{6} r\, dz\, dr\, d\theta$

13. $\int_{0}^{2\pi}\int_{\pi/6}^{\pi/2}\int_{0}^{4} \rho^2\,\text{sen}\,\phi\, d\rho\, d\phi\, d\theta$

14. $\int_{0}^{2\pi}\int_{0}^{\pi}\int_{2}^{5} \rho^2\,\text{sen}\,\phi\, d\rho\, d\phi\, d\theta$

Volumen **En los ejercicios 15 a 20, utilice coordenadas cilíndricas para hallar el volumen del sólido.**

15. Sólido interior a $x^2 + y^2 + z^2 = 36$ y $(x - 3)^2 + y^2 = 9$.

16. Sólido interior a $x^2 + y^2 + z^2 = 16$ y a exterior a $z = \sqrt{x^2 + y^2}$.

17. Sólido limitado arriba por $z = 2x$ y abajo por $z = 2x^2 + 2y^2$.

18. Sólido limitado arriba por $z = 2 - x^2 - y^2$ y abajo por $z = x^2 + y^2$.

19. Sólido limitado por las gráficas de la esfera $r^2 + z^2 = 25$ y del cilindro $r = 5\cos\theta$.

20. Sólido interior a la esfera $x^2 + y^2 + z^2 = 4$ y sobre la hoja superior del cono $z^2 = x^2 + y^2$.

Masa **En los ejercicios 21 y 22, utilice coordenadas cilíndricas para hallar la masa del sólido Q de densidad ρ.**

21. $Q = \{(x, y, z): 0 \le z \le 9 - x - 2y, x^2 + y^2 \le 4\}$
$\rho(x, y, z) = k\sqrt{x^2 + y^2}$

22. $Q = \{(x, y, z): 0 \le z \le 12e^{-(x^2+y^2)}, x^2 + y^2 \le 4, x \ge 0, y \ge 0\}$
$\rho(x, y, z) = k$

Usar coordenadas cilíndricas **En los ejercicios 23 a 28, utilice coordenadas cilíndricas para encontrar la característica indicada del cono que se muestra en la figura.**

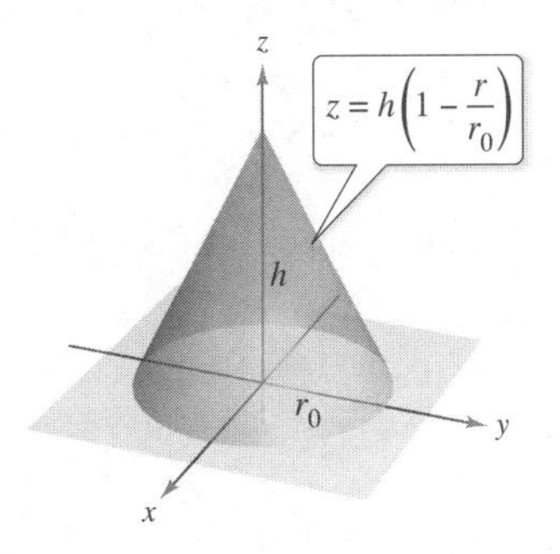

Para ver la figura a color, acceda al código

23. Encuentre el volumen del cono.

24. Determine el centroide del cono.

25. Encuentre el centro de masa del cono suponiendo que su densidad en cualquier punto es proporcional a la distancia entre el punto y el eje del cono. Utilice alguna aplicación para evaluar la integral triple.

26. Encuentre el centro de masa del cono suponiendo que su densidad en cualquier punto es proporcional a la distancia entre el punto y la base. Utilice alguna aplicación para evaluar la integral triple.

27. Suponga que el cono tiene densidad uniforme y demuestre que el momento de inercia respecto al eje z es

$I_z = \frac{3}{10}mr_0^2$

28. Suponga que la densidad del cono es $\rho(x, y, z) = k\sqrt{x^2 + y^2}$ y encuentre el momento de inercia respecto al eje z.

Momento de inercia **En los ejercicios 29 y 30, use coordenadas cilíndricas para verificar la fórmula dada para el momento de inercia del sólido de densidad uniforme.**

29. Capa cilíndrica: $I_z = \frac{1}{2}m(a^2 + b^2)$
$0 < a \le r \le b, \quad 0 \le z \le h$

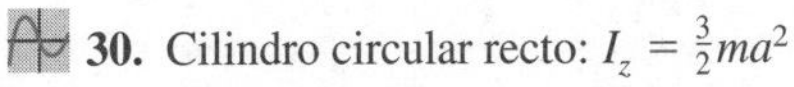

30. Cilindro circular recto: $I_z = \frac{3}{2}ma^2$
$r = 2a\,\text{sen}\,\theta, \quad 0 \le z \le h$
(Utilice utilidad de graficación para calcular la integral triple).

Volumen **En los ejercicios 31 a 34, utilice coordenadas esféricas para calcular el volumen del sólido.**

31. Sólido dentro de

$$x^2 + y^2 + z^2 = 9$$

exterior a $z = \sqrt{x^2 + y^2}$, y arriba del plano xy.

32. Sólido limitado arriba por

$$x^2 + y^2 + z^2 = z$$

y abajo por $z = \sqrt{x^2 + y^2}$

33. El toro dado por $\rho = 4 \text{ sen } \phi$. (Utilice alguna aplicación para evaluar la integral triple.)

34. El sólido comprendido entre las esferas

$$x^2 + y^2 + z^2 = a^2 \quad \text{y} \quad x^2 + y^2 + z^2 = b^2, b > a,$$

e interior al cono $z^2 = x^2 + y^2$

Masa **En los ejercicios 35 y 36, utilice coordenadas esféricas para hallar la masa de la esfera $x^2 + y^2 + z^2 = a^2$ con la densidad dada.**

35. La densidad en cualquier punto es proporcional a la distancia entre el punto y el origen.

36. La densidad en cualquier punto es proporcional a la distancia del punto al eje z.

Centro de masa **En los ejercicios 37 y 38, utilice coordenadas esféricas para hallar el centro de masa del sólido de densidad uniforme.**

37. Sólido hemisférico de radio r.

38. Sólido comprendido entre dos hemisferios concéntricos de radios r y R donde $r < R$.

Momento de inercia **En los ejercicios 39 y 40, utilice coordenadas esféricas para hallar el momento de inercia respecto al eje z del sólido de densidad uniforme.**

39. Sólido acotado por el hemisferio $\rho = \cos \phi$, $\frac{\pi}{4} \leq \phi \leq \frac{\pi}{2}$, y el cono $\phi = \frac{\pi}{4}$.

40. Sólido comprendido entre dos hemisferios concéntricos de radios r y R donde $r < R$.

Convertir coordenadas **En los ejercicios 41 a 44, convierta la integral de coordenadas rectangulares a coordenadas cilíndricas y a coordenadas esféricas, y evalúe la integral iterada más sencilla.**

41. $$\int_{-2}^{2}\int_{-\sqrt{4-x^2}}^{\sqrt{4-x^2}}\int_{x^2+y^2}^{4} x \, dz \, dy \, dx$$

42. $$\int_{0}^{2}\int_{0}^{\sqrt{4-x^2}}\int_{0}^{\sqrt{16-x^2-y^2}} \sqrt{x^2 + y^2} \, dz \, dy \, dx$$

43. $$\int_{-1}^{1}\int_{-\sqrt{1-x^2}}^{\sqrt{1-x^2}}\int_{1}^{1+\sqrt{1-x^2-y^2}} x \, dz \, dy \, dx$$

44. $$\int_{0}^{3}\int_{0}^{\sqrt{9-x^2}}\int_{0}^{\sqrt{9-x^2-y^2}} \sqrt{x^2 + y^2 + z^2} \, dz \, dy \, dx$$

Exploración de conceptos

45. Describa la superficie cuya ecuación es una coordenada igual a una constante en cada una de las coordenadas en (a) el sistema de coordenadas cilíndricas y (b) el sistema de coordenadas esféricas.

46. **¿CÓMO LO VE?** El sólido está acotado por debajo por la hoja superior de un cono y encima por una esfera (vea la figura). ¿Qué sería más fácil de usar para encontrar el volumen del sólido, coordenadas cilíndricas o esféricas? Explique.

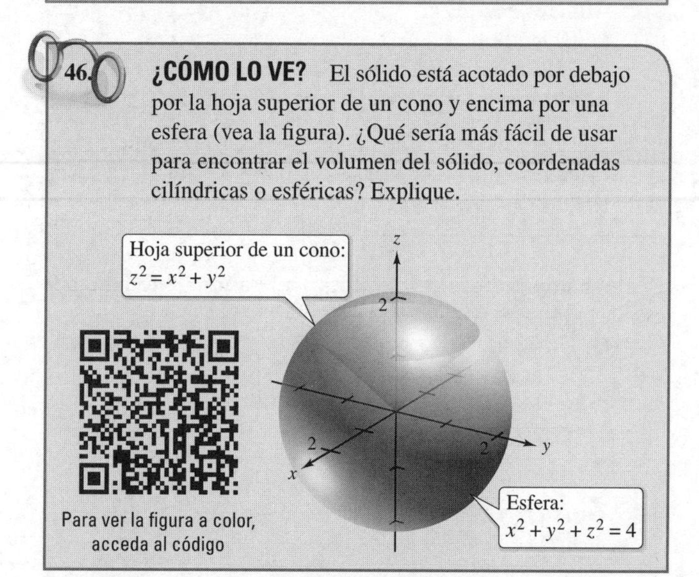

DESAFÍO DEL EXAMEN PUTNAM

47. Hallar el volumen de la región de puntos (x, y, z) tal que

$$(x^2 + y^2 + z^2 + 8)^2 \leq 36(x^2 + y^2)$$

Este problema fue preparado por el Committee on the Putnam Prize Competition.

PROYECTO DE TRABAJO

Esferas deformadas

En los incisos (a) y (b), encuentre el volumen de las esferas deformadas. Estos sólidos se usan como modelos de tumores.

(a) Esfera arrugada

$\rho = 1 + 0.2 \text{ sen } 8\theta \text{ sen } \phi$

$0 \leq \theta \leq 2\pi, 0 \leq \phi \leq \pi$

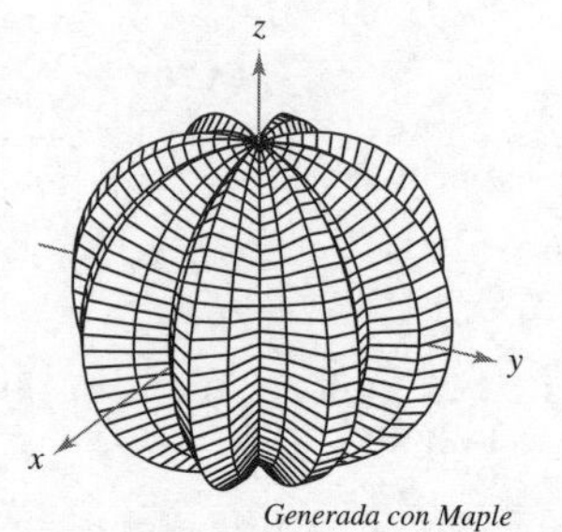

Generada con Maple

(b) Esfera deformada

$\rho = 1 + 0.2 \text{ sen } 8\theta \text{ sen } 4\phi$

$0 \leq \theta \leq 2\pi, 0 \leq \phi \leq \pi$

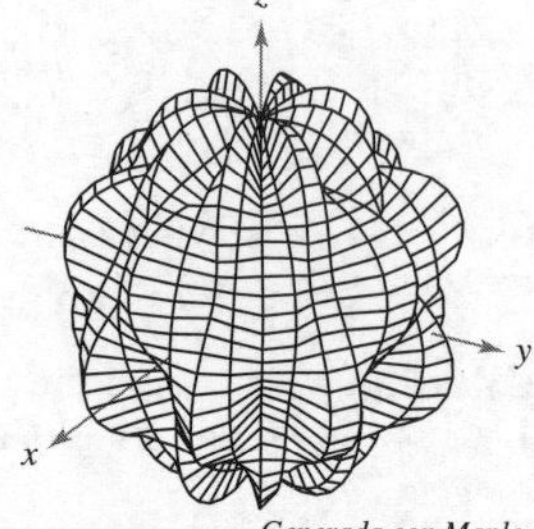

Generada con Maple

■ **PARA INFORMACIÓN ADICIONAL** Para más información sobre estos tipos de esferas, consulte el artículo "Heat Therapy for Tumors", de Leah Edelstein-Keshet, en *The UMAP Journal*.

9.8 Cambio de variables: jacobianos

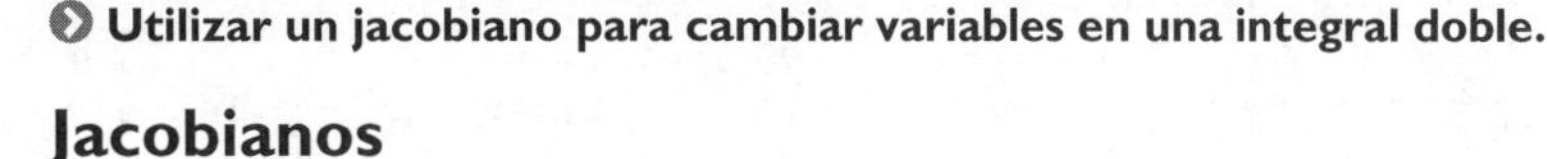

- Describir el concepto de jacobiano.
- Utilizar un jacobiano para cambiar variables en una integral doble.

CARL GUSTAV JACOBI (1804-1851)

El jacobiano recibe su nombre en honor al matemático alemán Carl Gustav Jacobi, conocido por su trabajo en muchas áreas de matemáticas, pero su interés en integración provenía del problema de hallar la circunferencia de una elipse.

Consulte LarsonCalculus.com (disponible solo en inglés) para leer más acerca de esta biografía.

Jacobianos

Para una integral simple

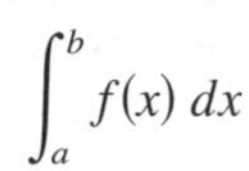

$$\int_a^b f(x)\,dx$$

se puede tener un cambio de variables haciendo $x = g(u)$, con lo que $dx = g'(u)\,du$ y obtener

$$\int_a^b f(x)\,dx = \int_c^d f(g(u))g'(u)\,du$$

donde $a = g(c)$ y $b = g(d)$. Note que el proceso de cambio de variables introduce un factor adicional $g'(u)$ en el integrando. Esto también ocurre en el caso de las integrales dobles.

$$\int_R\!\!\int f(x, y)\,dA = \int_S\!\!\int f(g(u, v), h(u, v)) \underbrace{\left| \frac{\partial x}{\partial u}\frac{\partial y}{\partial v} - \frac{\partial y}{\partial u}\frac{\partial x}{\partial v} \right|}_{\text{Jacobiano}} du\,dv$$

donde el cambio de variables

$$x = g(u, v) \quad \text{y} \quad y = h(u, v)$$

introduce un factor llamado **el jacobiano** de x y y respecto a u y v. Al definir el jacobiano, es conveniente utilizar la notación de determinantes mostrada a continuación.

Definición del jacobiano

Si $x = g(u, v)$ y $y = h(u, v)$, entonces el **jacobiano** de x y y respecto a u y v, denotado por $\partial(x, y)/\partial(u, v)$, es

$$\frac{\partial(x, y)}{\partial(u, v)} = \begin{vmatrix} \dfrac{\partial x}{\partial u} & \dfrac{\partial x}{\partial v} \\ \dfrac{\partial y}{\partial u} & \dfrac{\partial y}{\partial v} \end{vmatrix} = \frac{\partial x}{\partial u}\frac{\partial y}{\partial v} - \frac{\partial y}{\partial u}\frac{\partial x}{\partial v}$$

EJEMPLO 1 El jacobiano para la conversión rectangular-polar

Determine el jacobiano para el cambio de variables definido por

$$x = r\cos\theta \quad \text{y} \quad y = r\,\text{sen}\,\theta$$

Solución De acuerdo con la definición de un jacobiano, se tiene

$$\frac{\partial(x, y)}{\partial(r, \theta)} = \begin{vmatrix} \dfrac{\partial x}{\partial r} & \dfrac{\partial x}{\partial \theta} \\ \dfrac{\partial y}{\partial r} & \dfrac{\partial y}{\partial \theta} \end{vmatrix} \qquad \text{Definición de jacobiano.}$$

$$= \begin{vmatrix} \cos\theta & -r\,\text{sen}\,\theta \\ \text{sen}\,\theta & r\cos\theta \end{vmatrix} \qquad \text{Sustituya.}$$

$$= r\cos^2\theta + r\,\text{sen}^2\,\theta \qquad \text{Encuentre la determinante.}$$

$$= r(\cos^2\theta + \text{sen}^2\,\theta) \qquad \text{Factorice.}$$

$$= r \qquad \text{Identidad trigonométrica.}$$

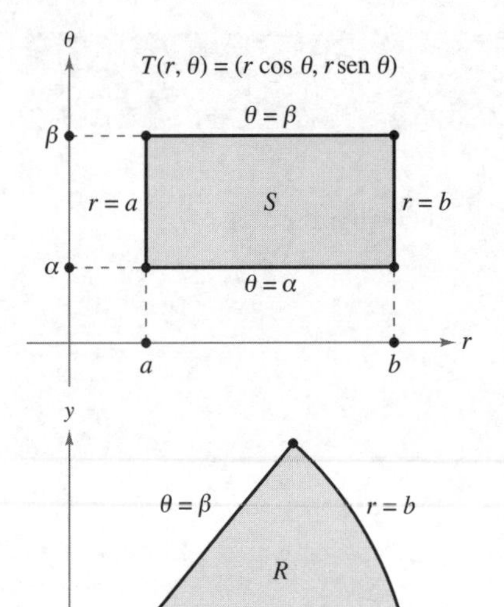

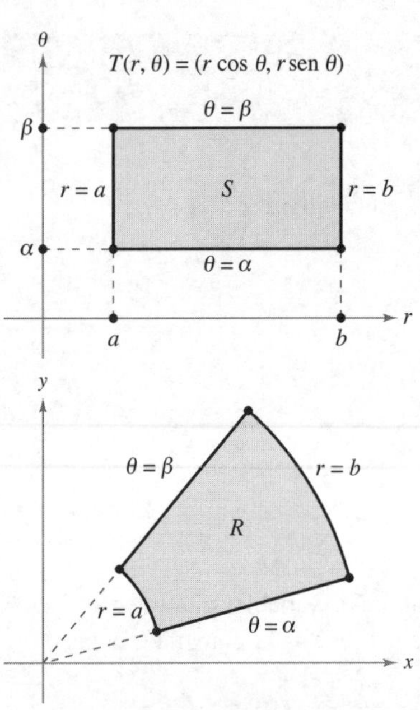

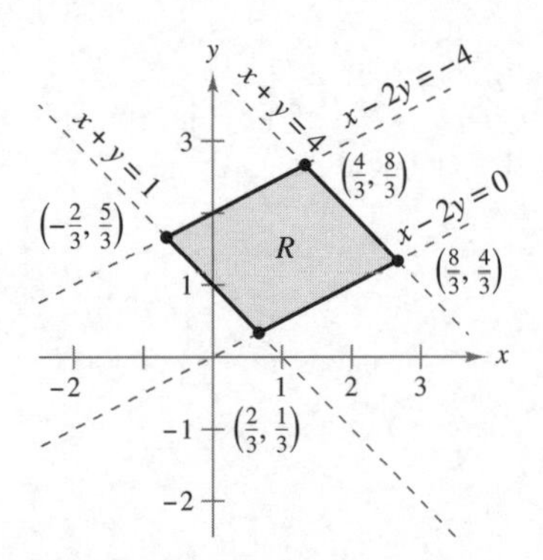

S es la región en el plano $r\theta$ que corresponde a R en el plano xy.
Figura 9.71

El ejemplo 1 indica que el cambio de variables de coordenadas rectangulares a polares en una integral doble se puede escribir como

$$\int_R\int f(x, y)\, dA = \int_S\int f(r\cos\theta, r\,\mathrm{sen}\,\theta) r\, dr\, d\theta,\ r > 0$$

$$= \int_S\int f(r\cos\theta, r\,\mathrm{sen}\,\theta)\left|\frac{\partial(x, y)}{\partial(r, \theta)}\right| dr\, d\theta$$

donde S es la región en el plano $r\theta$ que corresponde a la región R en el plano xy, como se muestra en la figura 9.71. Esta fórmula es semejante a la encontrada en el teorema 9.3 (vea la sección 9.3).

En general, un cambio de variables está dado por una **transformación** T uno a uno de una región S en el plano uv en una región R en el plano xy dada por

$$T(u, v) = (x, y) = (g(u, v), h(u, v))$$

donde g y h tienen primeras derivadas parciales continuas en la región S. Observe que el punto se encuentra en S y el punto (x, y) se encuentra en R. En la mayor parte de las ocasiones (u, v), busque una transformación en la que la región S sea más simple que la región R.

EJEMPLO 2 Hallar un cambio de variables para simplificar una región

Sea R la región limitada o acotada por las rectas

$$x - 2y = 0,\quad x - 2y = -4,\quad x + y = 4 \quad \text{y} \quad x + y = 1$$

como se muestra en la figura 9.72. Encuentre una transformación T de una región S a R tal que S sea una región rectangular (con lados paralelos a los ejes u o v).

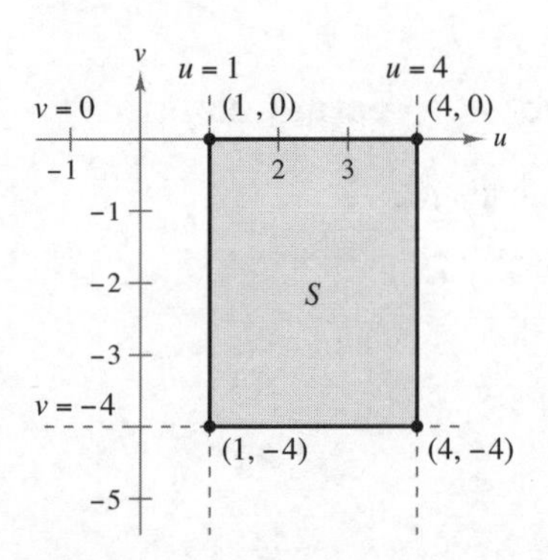

Región R en el plano xy.
Figura 9.72

Solución Para empezar, sea $u = x + y$ y $v = x - 2y$. Resolviendo este sistema de ecuaciones para encontrar x y y se obtiene $T(u, v) = (x, y)$, donde

$$x = \frac{1}{3}(2u + v) \quad \text{y} \quad y = \frac{1}{3}(u - v)$$

Los cuatro límites de R en el plano xy dan lugar a los límites siguientes de S en el plano uv.

Límites en el plano xy		**Límites en el plano uv**
$x + y = 1$	⇨	$u = 1$
$x + y = 4$	⇨	$u = 4$
$x - 2y = 0$	⇨	$v = 0$
$x - 2y = -4$	⇨	$v = -4$

Región S en el plano uv.
Figura 9.73

La región S se muestra en la figura 9.73. Observe que la transformación

$$T(u, v) = (x, y) = \left(\frac{1}{3}[2u + v], \frac{1}{3}[u - v]\right)$$

transforma los vértices de la región S en los vértices de la región R, como se indica

$$T(1, 0) = \left(\frac{1}{3}[2(1) + 0], \frac{1}{3}[1 - 0]\right) = \left(\frac{2}{3}, \frac{1}{3}\right)$$

$$T(4, 0) = \left(\frac{1}{3}[2(4) + 0], \frac{1}{3}[4 - 0]\right) = \left(\frac{8}{3}, \frac{4}{3}\right)$$

$$T(4, -4) = \left(\frac{1}{3}[2(4) - 4], \frac{1}{3}[4 - (-4)]\right) = \left(\frac{4}{3}, \frac{8}{3}\right)$$

$$T(1, -4) = \left(\frac{1}{3}[2(1) - 4], \frac{1}{3}[1 - (-4)]\right) = \left(-\frac{2}{3}, \frac{5}{3}\right)$$

Para ver las figuras a color, acceda al código

Cambio de variables en integrales dobles

TEOREMA 9.5 Cambio de variables en integrales dobles

Sea R una región vertical u horizontalmente sencilla en el plano xy y sea S una región vertical u horizontalmente simple en el plano uv. Sea T una transformación definida de S a R dada por $T(u, v) = (x, y) = (g(u, v), h(u, v))$, donde g y h tienen primeras derivadas parciales continuas. Suponga que T es uno a uno, excepto posiblemente en la frontera de S. Si f es continua en R y $\partial(x, y)/\partial(u, v)$ no es cero en S, entonces

$$\int_R\int f(x, y)\, dx\, dy = \int_S\int f(g(u, v), h(u, v))\left|\frac{\partial(x, y)}{\partial(u, v)}\right| du\, dv$$

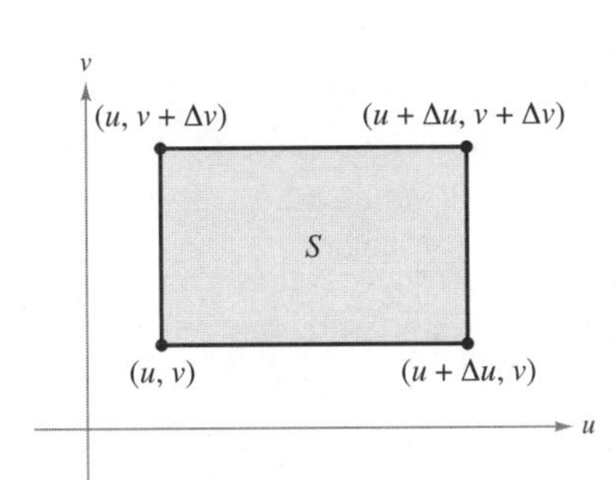

Área de $S = \Delta u\, \Delta v$
$\Delta u > 0, \Delta v > 0$
Figura 9.74

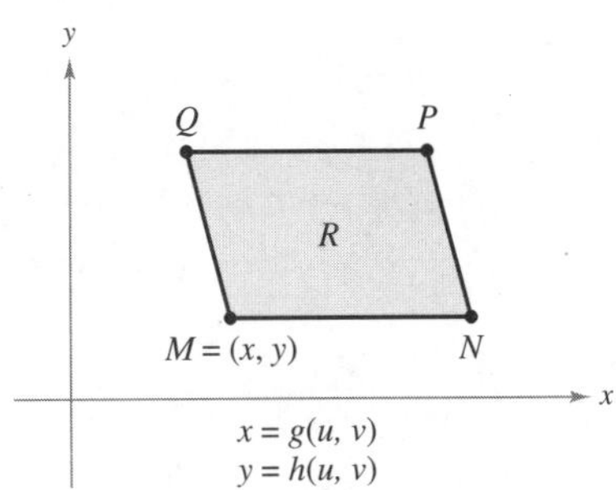

Los vértices en el plano xy son $M(g(u, v), h(u, v))$, $N(g(u + \Delta u, v), h(u + \Delta u, v))$, $P(g(u + \Delta u, v + \Delta v), h(u + \Delta u, v + \Delta v))$ y $Q(g(u, v + \Delta v), h(u, v + \Delta v))$
Figura 9.75

Demostración Considere el caso en el que S es una región rectangular en el plano uv con vértices (u, v), $(u + \Delta u, v)$, $(u + \Delta u, v + \Delta v)$ y $(u, v + \Delta v)$, como se muestra en la figura 9.74. Las imágenes de estos vértices en el plano xy se muestran en la figura 9.75. Si Δu y Δv son pequeños, la continuidad de g y de h implica que R es aproximadamente un paralelogramo determinado por los vectores $\overrightarrow{MN}$ y $\overrightarrow{MQ}$. Por lo que el área de R es

$$\Delta A \approx \|\overrightarrow{MN} \times \overrightarrow{MQ}\|$$

Además, para Δu y Δv pequeños, las derivadas parciales de g y h respecto a u pueden ser aproximadas por

$$g_u(u, v) \approx \frac{g(u + \Delta u, v) - g(u, v)}{\Delta u} \quad \text{y} \quad h_u(u, v) \approx \frac{h(u + \Delta u, v) - h(u, v)}{\Delta u}$$

Por consiguiente,

$$\begin{aligned}\overrightarrow{MN} &= [g(u + \Delta u, v) - g(u, v)]\mathbf{i} + [h(u + \Delta u, v) - h(u, v)]\mathbf{j}\\ &\approx [g_u(u, v)\, \Delta u]\mathbf{i} + [h_u(u, v)\, \Delta u]\mathbf{j}\\ &= \frac{\partial x}{\partial u}\Delta u\mathbf{i} + \frac{\partial y}{\partial u}\Delta u\mathbf{j}\end{aligned}$$

De manera similar, se puede aproximar $\overrightarrow{MQ}$ por $\frac{\partial x}{\partial v}\Delta v\mathbf{i} + \frac{\partial y}{\partial v}\Delta v\mathbf{j}$, lo que implica que

$$\overrightarrow{MN} \times \overrightarrow{MQ} \approx \begin{vmatrix}\mathbf{i} & \mathbf{j} & \mathbf{k}\\ \frac{\partial x}{\partial u}\Delta u & \frac{\partial y}{\partial u}\Delta u & 0\\ \frac{\partial x}{\partial v}\Delta v & \frac{\partial y}{\partial v}\Delta v & 0\end{vmatrix} = \begin{vmatrix}\frac{\partial x}{\partial u} & \frac{\partial y}{\partial u}\\ \frac{\partial x}{\partial v} & \frac{\partial y}{\partial v}\end{vmatrix}\Delta u\, \Delta v\mathbf{k}$$

Por tanto, en la notación del jacobiano

$$\Delta A \approx \|\overrightarrow{MN} \times \overrightarrow{MQ}\| \approx \left|\frac{\partial(x, y)}{\partial(u, v)}\right| \Delta u\, \Delta v$$

Como esta aproximación mejora cuando Δu y Δv se aproximan a 0, el caso límite se puede escribir como

$$dA \approx \|\overrightarrow{MN} \times \overrightarrow{MQ}\| \approx \left|\frac{\partial(x, y)}{\partial(u, v)}\right| du\, dv$$

Por tanto,

$$\int_R\int f(x, y)\, dx\, dy = \int_S\int f(g(u, v), h(u, v))\left|\frac{\partial(x, y)}{\partial(u, v)}\right| du\, dv$$ ■

Para ver las figuras a color, acceda al código

Los dos ejemplos siguientes muestran cómo un cambio de variables puede simplificar el proceso de integración. La simplificación se puede dar de varias maneras. Se puede hacer un cambio de variables para simplificar la *región R* o el *integrando f(x, y)* o ambos.

EJEMPLO 3 Cambio de variables para simplificar una región

Consulte LarsonCalculus.com (disponible solo en inglés) para una versión interactiva de este tipo de ejemplo.

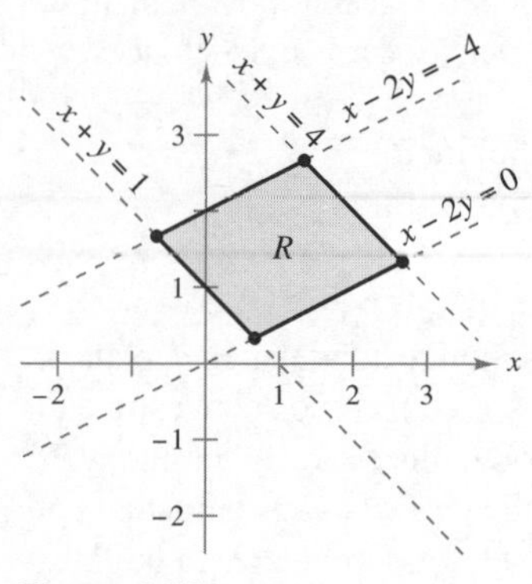

Figura 9.76

Sea R la región acotada por las rectas

$$x - 2y = 0, \quad x - 2y = -4, \quad x + y = 4 \quad \text{y} \quad x + y = 1$$

como se muestra en la figura 9.76. Evalúe la integral doble

$$\int_R\int 3xy\, dA$$

Solución De acuerdo con el ejemplo 2, se puede usar el siguiente cambio de variables.

$$x = \frac{1}{3}(2u + v) \quad \text{y} \quad y = \frac{1}{3}(u - v)$$

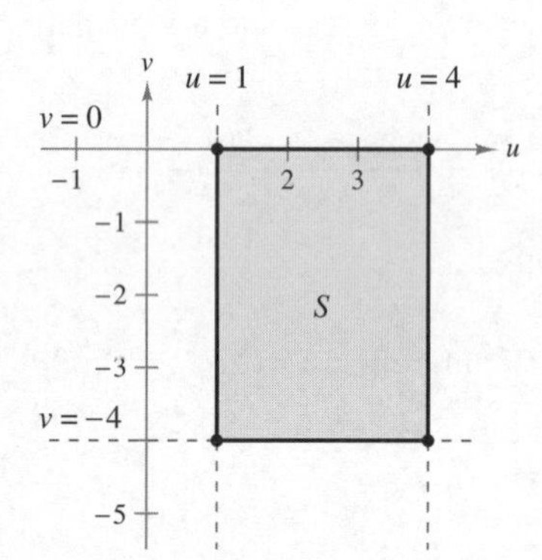

Figura 9.77

(Note que la región S se muestra en la figura 9.77). Las derivadas parciales de x y y son

$$\frac{\partial x}{\partial u} = \frac{2}{3}, \quad \frac{\partial x}{\partial v} = \frac{1}{3}, \quad \frac{\partial y}{\partial u} = \frac{1}{3} \quad \text{y} \quad \frac{\partial y}{\partial v} = -\frac{1}{3}$$

lo cual implica que el jacobiano es

$$\begin{aligned}
\frac{\partial(x, y)}{\partial(u, v)} &= \begin{vmatrix} \frac{\partial x}{\partial u} & \frac{\partial x}{\partial v} \\ \frac{\partial y}{\partial u} & \frac{\partial y}{\partial v} \end{vmatrix} \\
&= \begin{vmatrix} \frac{2}{3} & \frac{1}{3} \\ \frac{1}{3} & -\frac{1}{3} \end{vmatrix} \\
&= -\frac{2}{9} - \frac{1}{9} \\
&= -\frac{1}{3}
\end{aligned}$$

Por tanto, por el teorema 9.5, se obtiene

$$\begin{aligned}
\int_R\int 3xy\, dA &= \int_S\int 3\left[\frac{1}{3}(2u + v)\frac{1}{3}(u - v)\right]\left|\frac{\partial(x, y)}{\partial(u, v)}\right| dv\, du \\
&= \int_1^4\int_{-4}^0 \frac{1}{9}(2u^2 - uv - v^2)\, dv\, du \\
&= \frac{1}{9}\int_1^4 \left[2u^2v - \frac{uv^2}{2} - \frac{v^3}{3}\right]_{-4}^0 du \\
&= \frac{1}{9}\int_1^4 \left(8u^2 + 8u - \frac{64}{3}\right) du \\
&= \frac{1}{9}\left[\frac{8u^3}{3} + 4u^2 - \frac{64}{3}u\right]_1^4 \\
&= \frac{164}{9}
\end{aligned}$$

Para ver las figuras a color, acceda al código

EJEMPLO 4 Cambio de variables para simplificar un integrando

Sea R la región acotada por el cuadrado cuyos vértices son (0, 1), (1, 2), (2, 1) y (1, 0). Evalúe la integral

$$\int_R\int (x + y)^2 \operatorname{sen}^2(x - y)\, dA$$

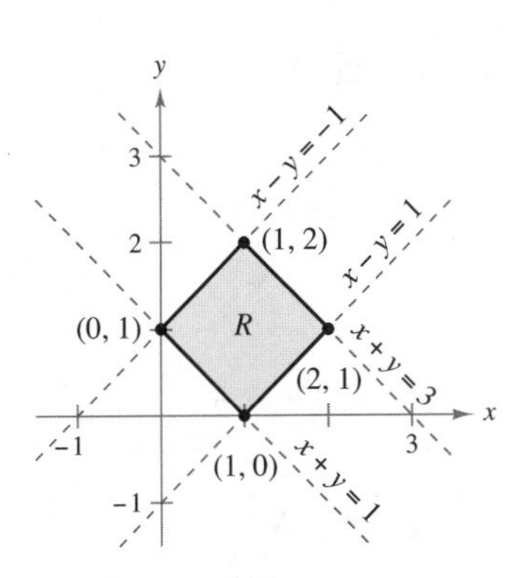

Región R en el plano xy.
Figura 9.78

Solución Se puede observar que los lados de la región R se encuentran sobre las rectas $x + y = 1$, $x - y = 1$, $x + y = 3$ y $x - y = -1$, como se muestra en la figura 9.78. Haciendo $u = x + y$ y $v = x - y$ se tiene que los límites de la región S en el plano uv son

$$1 \leq u \leq 3 \quad \text{y} \quad -1 \leq v \leq 1$$

como se muestra en la figura 9.79. Despejando x y y en términos de u y v se obtiene

$$x = \frac{1}{2}(u + v) \quad \text{y} \quad y = \frac{1}{2}(u - v)$$

Las derivadas parciales de x y y son

$$\frac{\partial x}{\partial u} = \frac{1}{2}, \quad \frac{\partial x}{\partial v} = \frac{1}{2}, \quad \frac{\partial y}{\partial u} = \frac{1}{2} \quad \text{y} \quad \frac{\partial y}{\partial v} = -\frac{1}{2}$$

lo cual implica que el jacobiano es

$$\frac{\partial(x, y)}{\partial(u, v)} = \begin{vmatrix} \frac{\partial x}{\partial u} & \frac{\partial x}{\partial v} \\ \frac{\partial y}{\partial u} & \frac{\partial y}{\partial v} \end{vmatrix} = \begin{vmatrix} \frac{1}{2} & \frac{1}{2} \\ \frac{1}{2} & -\frac{1}{2} \end{vmatrix} = -\frac{1}{4} - \frac{1}{4} = -\frac{1}{2}$$

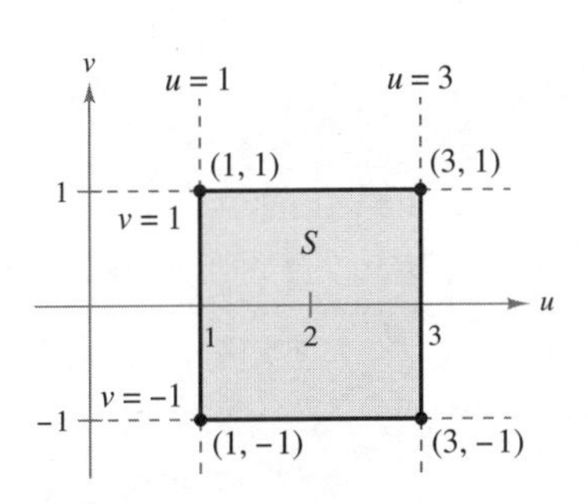

Región S en el plano uv.
Figura 9.79

Por el teorema 9.5, se deduce que

$$\begin{aligned}
\int_R\int (x + y)^2 \operatorname{sen}^2(x - y)\, dA &= \int_{-1}^{1}\int_{1}^{3} u^2 \operatorname{sen}^2 v\left(\frac{1}{2}\right) du\, dv \\
&= \frac{1}{2}\int_{-1}^{1} (\operatorname{sen}^2 v) \frac{u^3}{3}\bigg]_1^3 dv \\
&= \frac{13}{3}\int_{-1}^{1} \operatorname{sen}^2 v\, dv \\
&= \frac{13}{6}\int_{-1}^{1} (1 - \cos 2v)\, dv \\
&= \frac{13}{6}\left[v - \frac{1}{2}\operatorname{sen} 2v\right]_{-1}^{1} \\
&= \frac{13}{6}\left[2 - \frac{1}{2}\operatorname{sen} 2 + \frac{1}{2}\operatorname{sen}(-2)\right] \\
&= \frac{13}{6}(2 - \operatorname{sen} 2) \\
&\approx 2.363
\end{aligned}$$

Para ver las figuras a color, acceda al código

En cada uno de los ejemplos de cambio de variables de esta sección, la región S ha sido un rectángulo con lados paralelos a los ejes u o v. En ocasiones, se puede usar un cambio de variables para otros tipos de regiones. Por ejemplo, $T(u, v) = \left(x, \frac{1}{2}y\right)$ transforma la región circular $u^2 + v^2 = 1$ en la región elíptica

$$x^2 + \frac{y^2}{4} = 1$$

9.8 Ejercicios

Las respuestas a los ejercicios impares pueden consultarse en el Apéndice de este libro.

Repaso de conceptos

1. Describa cómo encontrar el jacobiano de x y y respecto a u y v para $x = g(u, v)$ y $y = h(u, v)$.
2. Explique cuándo es conveniente el uso del jacobiano para cambiar de variables en una integral doble.

Encontrar un jacobiano **En los ejercicios 3 a 10, encuentre el jacobiano $\partial(x, y)/\partial(u, v)$ para el cambio de variables indicado.**

3. $x = -\frac{1}{2}(u - v),\ y = \frac{1}{2}(u + v)$
4. $x = 5u - v,\ y = 3u + 4v$
5. $x = u - v^2,\ y = u + v$
6. $x = uv - 2u,\ y = uv$
7. $x = u\cos\theta - v\,\text{sen}\,\theta,\ y = u\,\text{sen}\,\theta + v\cos\theta$
8. $x = u + 1,\ y = 9v$
9. $x = e^u\,\text{sen}\,v,\ y = e^u\cos v$
10. $x = u/v,\ y = u + v$

Para ver las figuras a color, acceda al código

Usar una transformación **En los ejercicios 11 a 14, dibuje la imagen S en el plano uv de la región R en el plano xy utilizando las transformaciones dadas.**

11. $x = 3u + 2v$

$y = 3v$

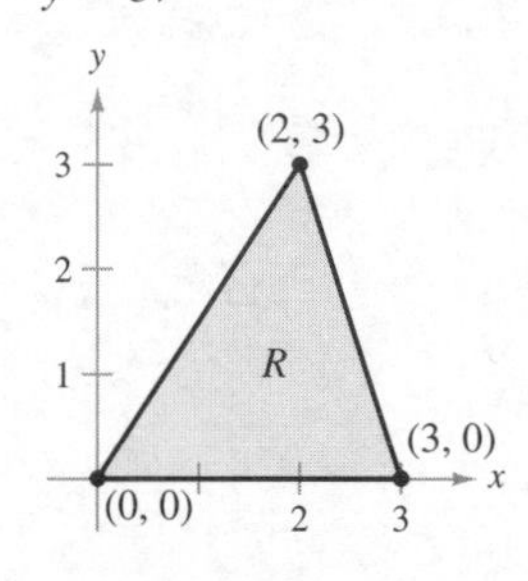

12. $x = \frac{1}{3}(4u - v)$

$y = \frac{1}{3}(u - v)$

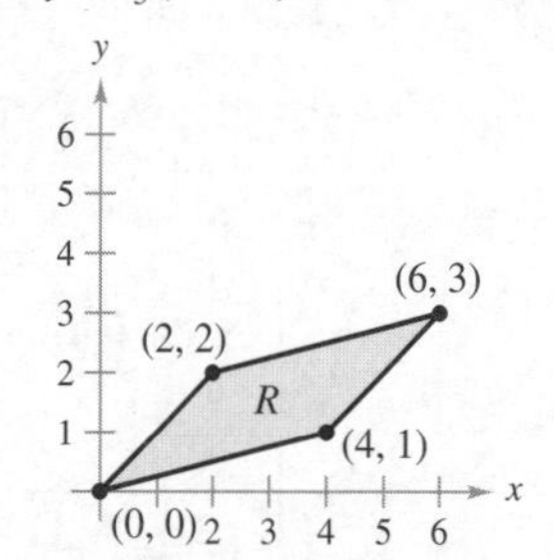

13. $x = \frac{1}{2}(u + v)$

$y = \frac{1}{2}(u - v)$

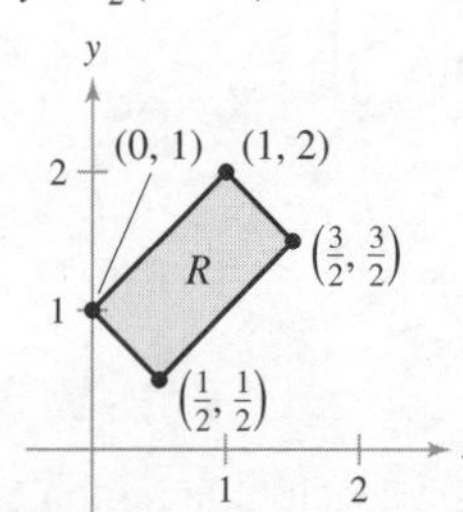

14. $x = \frac{1}{3}(v - u)$

$y = \frac{1}{3}(2v + u)$

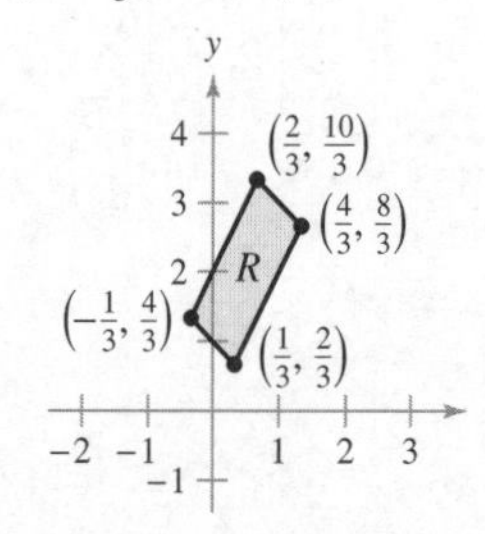

Verificar un cambio de variable **En los ejercicios 15 y 16, compruebe el resultado del ejemplo indicado por establecer la integral usando $dy\,dx$ o $dx\,dy$ para dA. Después, use alguna utilidad de graficación para evaluar la integral.**

15. Ejemplo 3
16. Ejemplo 4

Evaluar una integral doble usando un cambio de variable **En los ejercicios 17 a 22, utilice el cambio de variables indicado para hallar la integral doble.**

17. $\displaystyle\iint_R 4(x^2 + y^2)\,dA$

$x = \frac{1}{2}(u + v)$

$y = \frac{1}{2}(u - v)$

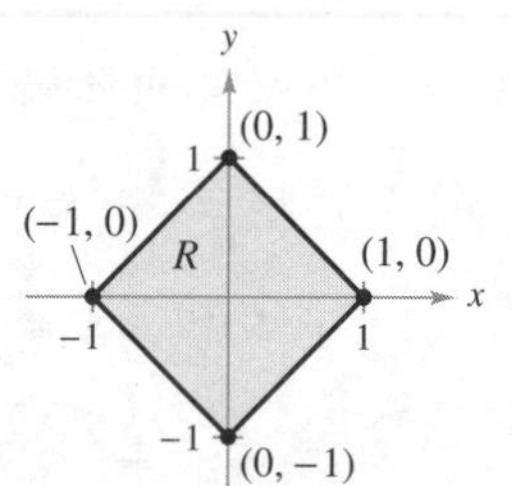

18. $\displaystyle\iint_R (2y - x)\,dA$

$x = \frac{1}{2}(v - u)$

$y = \frac{1}{2}(3u - v)$

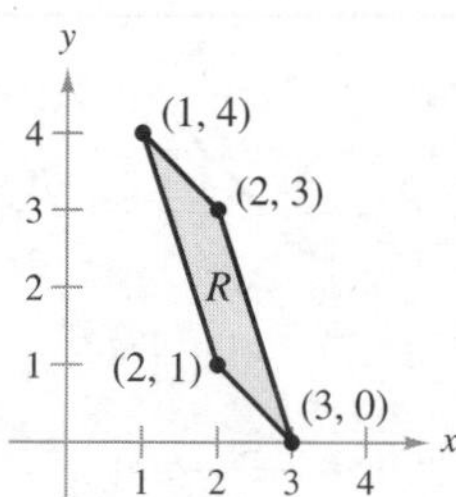

19. $\displaystyle\iint_R y(x - y)\,dA$

$x = u + v$

$y = u$

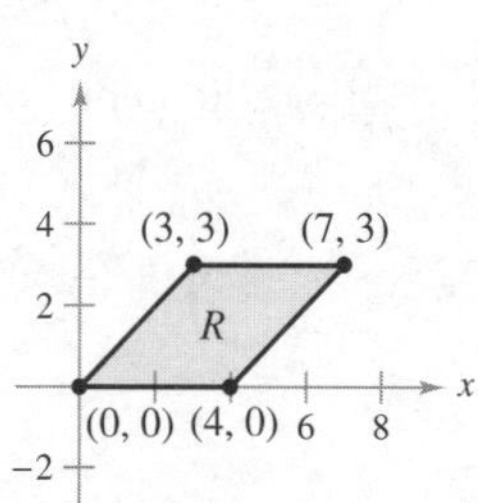

20. $\displaystyle\iint_R 4(x + y)e^{x-y}\,dA$

$x = \frac{1}{2}(u + v)$

$y = \frac{1}{2}(u - v)$

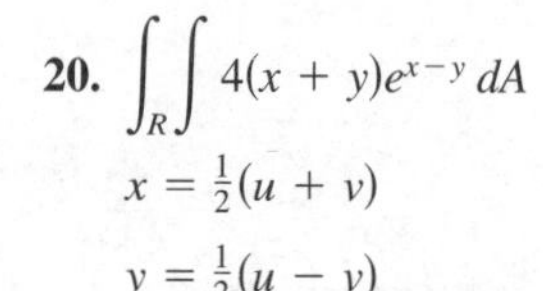

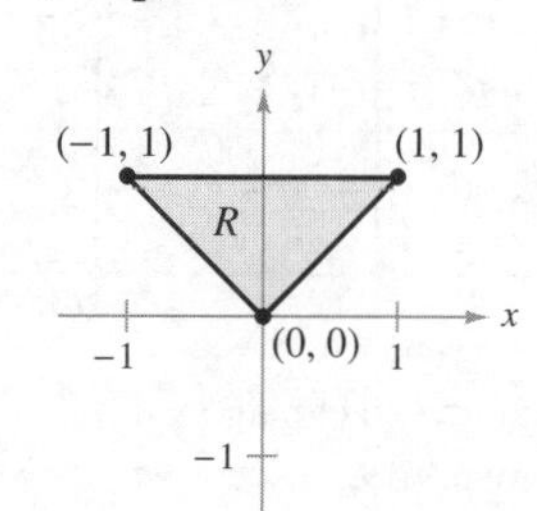

21. $\displaystyle\iint_R e^{-xy/2}\,dA$

$x = \sqrt{\frac{v}{u}},\quad y = \sqrt{uv}$

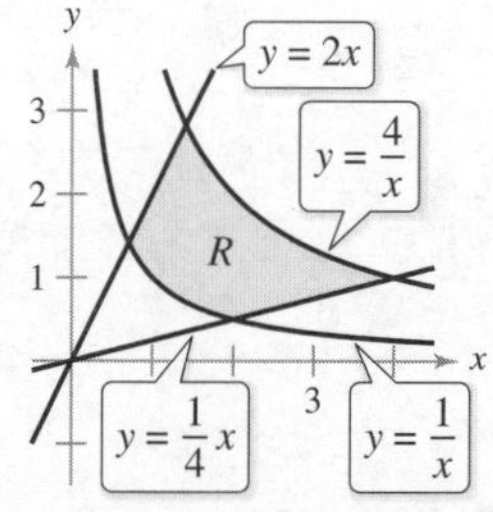

22. $\displaystyle\iint_R y\,\text{sen}\,xy\,dA$

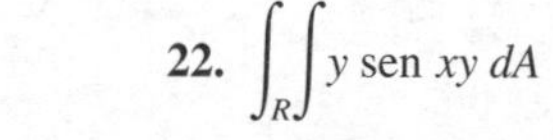

$x = \frac{u}{v},\quad y = v$

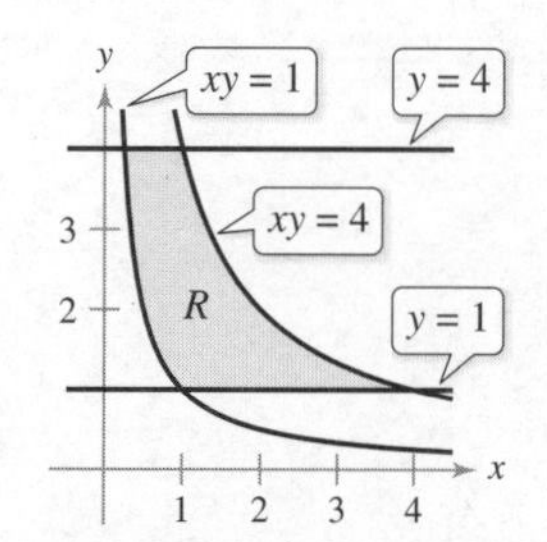

Hallar el volumen usando un cambio de variables **En los ejercicios 23 a 30, utilice un cambio de variables para hallar el volumen de la región sólida que se encuentra bajo la superficie $z = f(x, y)$ y sobre la región plana R.**

23. $f(x, y) = 9xy$

R: región limitada por el cuadrado con vértices (1, 0), (0, 1), (1, 2), (2, 1).

24. $f(x, y) = (3x + 2y)^2\sqrt{2y - x}$

R: región limitada por el paralelogramo con vértices (0, 0), (−2, 3), (2, 5), (4, 2).

25. $f(x, y) = (x + y)e^{x-y}$

R: región acotada por el cuadrado cuyos vértices son (4, 0), (6, 2), (4, 4), (2, 2).

26. $f(x, y) = (x + y)^2 \operatorname{sen}^2(x - y)$

R: región acotada por el cuadrado cuyos vértices son $(\pi, 0)$, $(3\pi/2, \pi/2)$, (π, π), $(\pi/2, \pi/2)$.

27. $f(x, y) = \sqrt{(x - y)(x + 4y)}$

R: región acotada por el paralelogramo cuyos vértices son (0, 0), (1, 1), (5, 0), (4, −1).

28. $f(x, y) = (3x + 2y)(2y - x)^{3/2}$

R: región acotada por el paralelogramo cuyos vértices son (0, 0), (−2, 3), (2, 5), (4, 2).

29. $f(x, y) = \sqrt{x + y}$

R: región acotada por el triángulo cuyos vértices son (0, 0), $(a, 0)$, $(0, a)$ donde $a > 0$.

30. $f(x, y) = \dfrac{xy}{1 + x^2y^2}$

R: región acotada por las gráficas de $xy = 1$, $xy = 4$, $x = 1$, $x = 4$. (*Sugerencia:* Haga $x = u$, $y = v/u$.)

Exploración de conceptos

31. Las sustituciones $u = 2x - y$ y $v = x + y$ transforman la región R (vea la figura) en una región simple S en el plano uv. Determine el número total de lados de S que son paralelos a cualquiera de los ejes u o v.

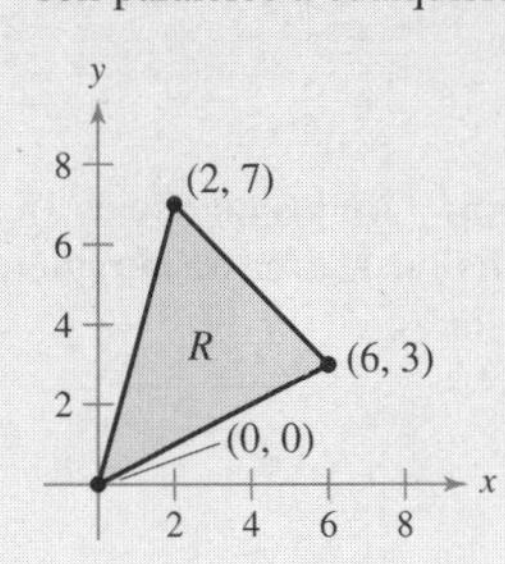

Para ver las figuras a color, acceda al código

32. **¿CÓMO LO VE?** La región R es transformada en una región simple S (vea la figura). ¿Qué sustitución se puede usar para hacer la transformación?

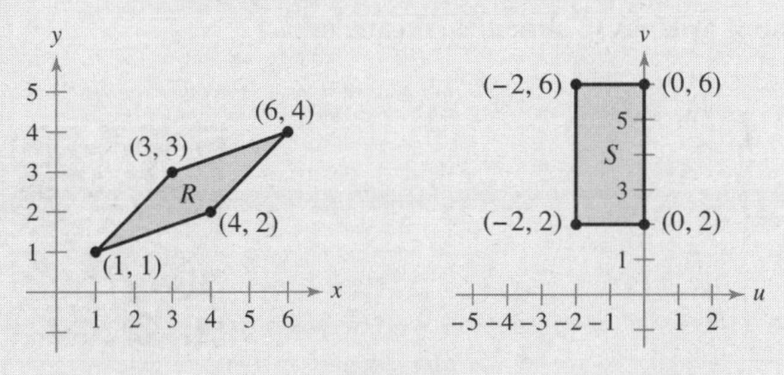

(a) $u = 3y - x$, $v = y - x$ (b) $u = y - x$, $v = 3y - x$

33. **Usar una elipse** Considere la región R en el plano xy acotada por la elipse

$$\frac{x^2}{a^2} + \frac{y^2}{b^2} = 1$$

y las transformaciones $x = au$ y $y = bv$

(a) Dibuje la gráfica de la región R y su imagen S bajo la transformación dada.

(b) Encuentre $\dfrac{\partial(x, y)}{\partial(u, v)}$

(c) Encuentre el área de la elipse utilizando el cambio de variables indicado.

34. **Volumen** Utilice el resultado del ejercicio 33 para hallar el volumen de cada uno de los sólidos abovedados que se encuentran bajo la superficie $z = f(x, y)$ y sobre la región elíptica R. (*Sugerencia:* Después de hacer el cambio de variables dado por los resultados del ejercicio 33, haga un segundo cambio de variables a coordenadas polares.)

(a) $f(x, y) = 16 - x^2 - y^2$; R: $\dfrac{x^2}{16} + \dfrac{y^2}{9} \le 1$

(b) $f(x, y) = A\cos\left(\dfrac{\pi}{2}\sqrt{\dfrac{x^2}{a^2} + \dfrac{y^2}{b^2}}\right)$; R: $\dfrac{x^2}{a^2} + \dfrac{y^2}{b^2} \le 1$

Hallar un jacobiano En los ejercicios 35 a 40, encuentre el jacobiano

$$\frac{\partial(x, y, z)}{\partial(u, v, w)}$$

para el cambio de variables indicado. Si

$$x = f(u, v, w), \quad y = g(u, v, w) \quad \text{y} \quad z = h(u, v, w)$$

entonces el jacobiano de x, y y z respecto a u, v y w es

$$\frac{\partial(x, y, z)}{\partial(u, v, w)} = \begin{vmatrix} \dfrac{\partial x}{\partial u} & \dfrac{\partial x}{\partial v} & \dfrac{\partial x}{\partial w} \\ \dfrac{\partial y}{\partial u} & \dfrac{\partial y}{\partial v} & \dfrac{\partial y}{\partial w} \\ \dfrac{\partial z}{\partial u} & \dfrac{\partial z}{\partial v} & \dfrac{\partial z}{\partial w} \end{vmatrix}$$

35. $x = u(1 - v)$, $y = uv(1 - w)$, $z = uvw$

36. $x = 4u - v$, $y = 4v - w$, $z = u + w$

37. $x = \frac{1}{2}(u + v)$, $y = \frac{1}{2}(u - v)$, $z = 2uvw$

38. $x = u - v + w$, $y = 2uv$, $z = u + v + w$

39. Coordenadas esféricas

$x = \rho \operatorname{sen} \phi \cos \theta$, $y = \rho \operatorname{sen} \phi \operatorname{sen} \theta$, $z = \rho \cos \phi$

40. Coordenadas cilíndricas

$x = r\cos\theta$, $y = r\operatorname{sen}\theta$, $z = z$

DESAFÍO DEL EXAMEN PUTNAM

41. Sea A el área de la región del primer cuadrante acotada por la recta $y = \frac{1}{2}x$, el eje x y la elipse $\frac{1}{9}x^2 + y^2 = 1$. Encuentre el número positivo m tal que A es igual al área de la región del primer cuadrante acotada por la recta $y = mx$, el eje y y la elipse $\frac{1}{9}x^2 + y^2 = 1$.

Ejercicios de repaso

Las respuestas a los ejercicios impares pueden consultarse en el Apéndice de este libro.

Exploración de conceptos

En este capítulo se combinó el conocimiento de integración y funciones de varias variables para desarrollar integrales dobles y triples. Ahora es posible integrar funciones sobre muchos objetos geométricos, desde intervalos en el eje x hasta regiones en el plano y sólidos tridimensionales complicados. Se observó una serie de aplicaciones importantes, incluido el volumen, los centros de masa y el área de una superficie. Se estudió además que muchas integrales dobles son más fáciles de evaluar usando coordenadas polares. De manera similar, muchas integrales triples se analizan mejor utilizando coordenadas cilíndricas o esféricas.

1. Explique cómo cambiar de coordenadas rectangulares a coordenadas polares en una integral doble.

2. Identifique la expresión que no es válida. Explique su razonamiento.

(a) $\int_0^2 \int_0^3 f(x, y)\, dy\, dx$ (b) $\int_0^2 \int_0^y f(x, y)\, dy\, dx$

(c) $\int_0^2 \int_x^3 f(x, y)\, dy\, dx$ (d) $\int_0^2 \int_0^x f(x, y)\, dy\, dx$

3. Proporcione un argumento geométrico para la igualdad. Verifique la igualdad analíticamente.

$$\int_0^2 \int_{3y/2}^{5-y} e^{x+y}\, dx\, dy = \int_0^3 \int_0^{2x/3} e^{x+y}\, dy\, dx + \int_3^5 \int_0^{5-x} e^{x+y}\, dy\, dx$$

4. Responda cada pregunta acerca del área de la superficie S de una superficie dada por la función positiva $z = f(x, y)$ definida sobre la región R en el plano xy. Explique cada respuesta.

(a) ¿Es posible que S iguale el área de R?

(b) ¿Puede S ser más grande que el área de R?

(c) ¿Puede S ser menor que el área de R?

5. Cada figura muestra una región de integración para la integral doble $\int_R\int f(x, y)\, dA$. Para cada región, índique que tipo de elementos permite establecer los límites de integración con mayor facilidad: elementos representativos horizontales, elementos representativos verticales o sectores polares. Explique su razonamiento.

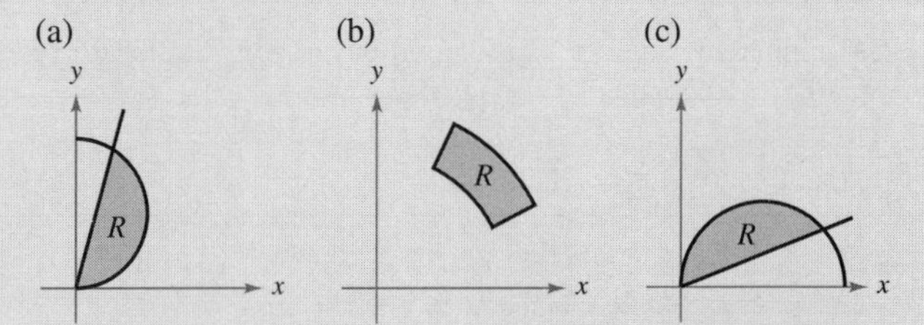

6. Convierta la integral de coordenadas rectangulares a (a) coordenadas cilíndricas y (b) coordenadas esféricas. Sin evaluarlas, ¿qué integral parece ser más sencilla de evaluar? ¿Por qué?

$$\int_0^a \int_0^{\sqrt{a^2-x^2}} \int_0^{\sqrt{a^2-x^2-y^2}} \sqrt{x^2 + y^2 + z^2}\, dz\, dy\, dx$$

Evaluar una integral En los ejercicios 7 a 10, evalúe la integral.

7. $\int_0^{3x} \operatorname{sen} xy\, dy$

8. $\int_y^{y^2} \frac{x}{y+1}\, dx$

9. $\int_y^{2y} (x^2 + y^2)\, dx$

10. $\int_1^{x^2} x \ln y\, dy$

Evaluar una integral iterada En los ejercicios 11 a 14, evalúe la integral iterada.

11. $\int_0^1 \int_0^{1+x} (3x + 2y)\, dy\, dx$

12. $\int_0^2 \int_{x^2}^{2x} (x^2 + 2y)\, dy\, dx$

13. $\int_0^1 \int_0^{\sqrt{1-x^4}} x^3\, dy\, dx$

14. $\int_0^1 \int_0^{2y} (9 + 3x^2 + 3y^2)\, dx\, dy$

Encontrar el área de una región En los ejercicios 15 a 18, utilice una integral iterada para hallar el área de la región acotada por las gráficas de las ecuaciones.

15. $x + 3y = 3,\ x = 0,\ y = 0$

16. $y = 6x - x^2,\ y = x^2 - 2x$

17. $y = x,\ y = 2x + 2,\ x = 0,\ x = 4$

18. $x = y^2 + 1,\ x = 0,\ y = 0,\ y = 2$

Cambiar el orden de integración En los ejercicios 19 a 22, trace la región R cuya área está dada por la integral iterada. Después cambie el orden de integración y demuestre que con ambos órdenes se obtiene la misma área.

19. $\int_1^5 \int_0^4 dy\, dx$

20. $\int_{-3}^3 \int_0^{9-y^2} dx\, dy$

21. $\int_0^2 \int_{y/2}^{3-y} dx\, dy$

22. $\int_0^3 \int_0^x dy\, dx + \int_3^6 \int_0^{6-x} dy\, dx$

Para ver las figuras a color de las páginas 716 y 717, acceda al código

Evaluar una integral doble En los ejercicios 23 y 24, establezca las integrales para ambos órdenes de integración. Utilice el orden más conveniente para evaluar la integral sobre la región R.

23. $\displaystyle\int_R\int 4xy\, dA$

R: rectángulo con vértices $(0, 0), (0, 4), (2, 4), (2, 0)$

24. $\displaystyle\int_R\int 6x^2\, dA$

R: región acotada por $y = 0, y = \sqrt{x}, x = 1$

Encontrar un volumen En los ejercicios 25 a 28, use una integral doble para encontrar el volumen del sólido indicado.

25.

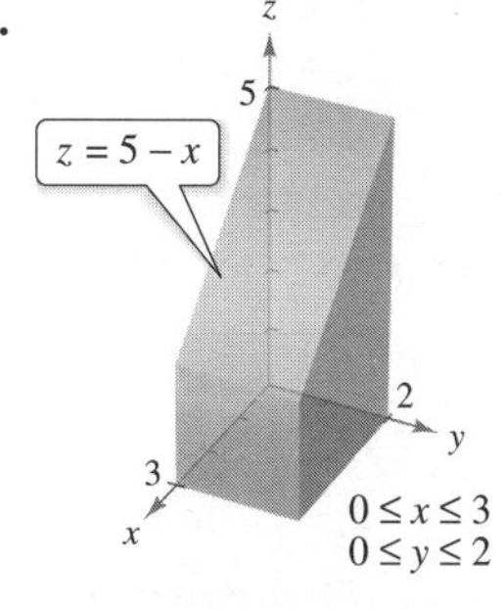

26.

z
z = 4
4
y = x
2
2
y
x
x = 2

27.

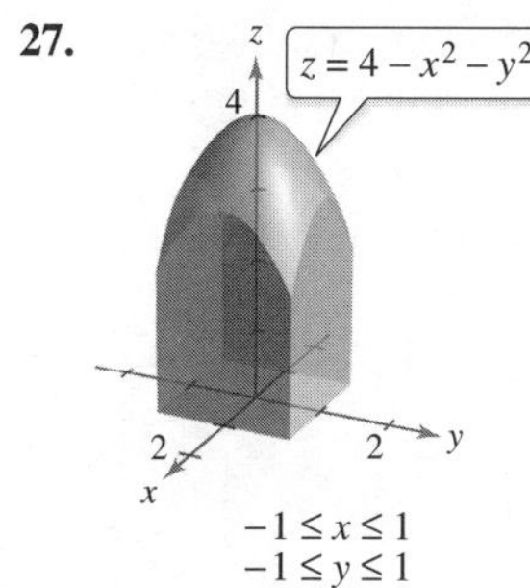

28.

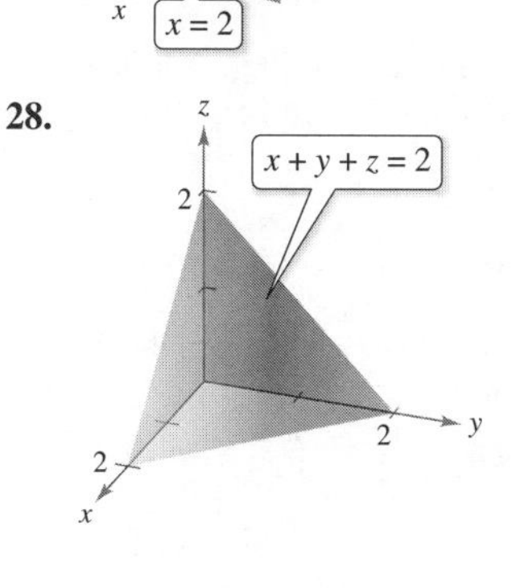

Valor promedio En los ejercicios 29 y 30, encuentre el valor promedio de $f(x, y)$ sobre la región plana R.

29. $f(x) = 16 - x^2 - y^2$

R: rectángulo con vértices $(2, 2), (-2, 2), (-2, -2), (2, -2)$

30. $f(x) = 2x^2 + y^2$

R: cuadrado con vértices $(0, 0), (3, 0), (3, 3), (0, 3)$

31. Temperatura promedio La temperatura en grados Celsius sobre la superficie de una placa metálica es

$$T(x, y) = 40 - 6x^2 - y^2$$

donde x y y están medidos en centímetros. Estime la temperatura promedio si x varía entre 0 y 3 centímetros, y y varía entre 0 y 5 centímetros.

32. Ganancia promedio La ganancia P (en dólares) debido al marketing de dos modelos de televisión es

$$P = 192x + 576y - x^2 - 5y^2 - 2xy - 5000$$

donde x y y representan el número de unidades de los dos modelos de televisión. Estime la ganancia promedio semanal si x varía entre 40 y 50 unidades y y varía entre 45 y 60 unidades.

Convertir a coordenadas polares En los ejercicios 33 y 34, evalúe la integral iterada convirtiendo a coordenadas polares.

33. $\displaystyle\int_0^{\sqrt{5}}\int_0^{\sqrt{5-x^2}} \sqrt{x^2 + y^2}\, dy\, dx$

34. $\displaystyle\int_0^4\int_0^{\sqrt{16-y^2}} (x^2 + y^2)\, dx\, dy$

Volumen En los ejercicios 35 y 36, utilice una integral doble en coordenadas polares para hallar el volumen del sólido acotado por las gráficas de las ecuaciones.

35. $z = xy^2, x^2 + y^2 = 9$, primer octante

36. $z = \sqrt{25 - x^2 - y^2}, z = 0, x^2 + y^2 = 16$

Área En los ejercicios 37 y 38, utilice una integral doble para encontrar el área de la región sombreada.

37.

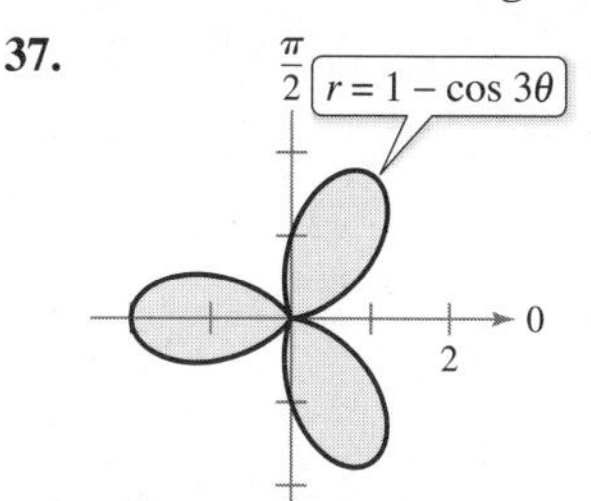

38.

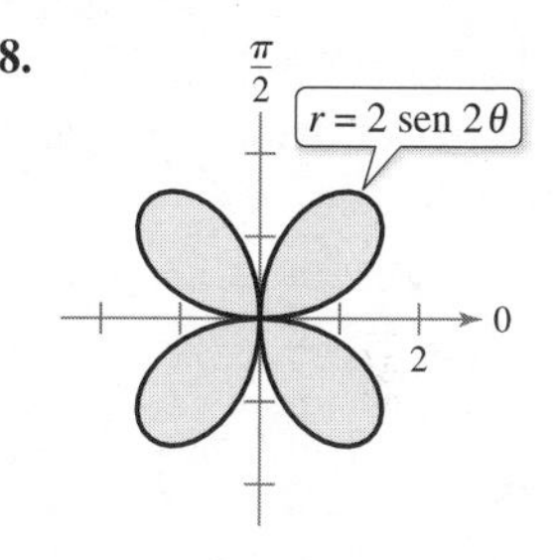

Área En los ejercicios 39 y 40, trace una gráfica de la región acotada por las gráficas de las ecuaciones. Después utilice una integral doble para encontrar el área de la región.

39. Dentro del caracol $r = 3 + 2 \cos \theta$ y fuera del círculo $r = 4$.

40. Dentro del círculo $r = 3 \text{ sen } \theta$ y fuera de la cardioide $r = 1 + \text{sen } \theta$.

41. Área y volumen Considere la región R en el plano xy acotada por la gráfica de la ecuación

$$(x^2 + y^2)^2 = 9(x^2 - y^2)$$

(a) Convierta la ecuación a coordenadas polares. Utilice una herramienta de graficación para trazar la gráfica de la ecuación.

(b) Use una integral doble para encontrar el área de la región R.

(c) Use alguna utilidad de graficación para determinar el volumen de la región del sólido acotado por encima por el hemisferio

$$z = \sqrt{9 - x^2 - y^2}$$

y por debajo con la región R.

42. Convertir a coordenadas polares Combine la suma de las dos integrales iteradas en una sola integral iterada convirtiendo a coordenadas polares. Evalúe la integral iterada resultante.

$$\int_0^{8/\sqrt{13}}\int_0^{3x/2} xy\, dy\, dx + \int_{8/\sqrt{13}}^4\int_0^{\sqrt{16-x^2}} xy\, dy\, dx$$

Encontrar la masa de una lámina En los ejercicios 43 y 44, encuentre la masa de la lámina descrita por las desigualdades, dado que su densidad es $\rho(x, y) = x + 3y$.

43. $0 \le x \le 1,\ 0 \le y \le 2$

44. $x \ge 0,\ 0 \le y \le \sqrt{4 - x^2}$

Determinar el centro de masa En los ejercicios 45 a 48, encuentre la masa y el centro de masa de la lámina acotada por las gráficas de las ecuaciones con la densidad dada.

45. $y = x^3, y = 0, x = 2, \rho = kx$

46. $y = \dfrac{2}{x}, y = 0, x = 1, x = 2, \rho = ky$

47. $y = 2x, y = 2x^3, x \geq 0, y \geq 0, \rho = kxy$

48. $y = 6 - x, y = 0, x = 0, \rho = kx^2$

Determinar momentos de inercia y radios de giro En los ejercicios 49 y 50, determine $I_x, I_y, I_0, \bar{\bar{x}}$ y $\bar{\bar{y}}$ para la lámina acotada por las gráficas de las ecuaciones.

49. $y = 0, y = 2, x = 0, x = 3, \rho = kx$

50. $y = 4 - x^2, y = 0, x > 0, \rho = ky$

Hallar el área de una superficie En los ejercicios 51 a 54, encuentre el área de la superficie dada por $z = f(x, y)$ sobre la región R.

51. $f(x, y) = 25 - x^2 - y^2$

$R = \{(x, y): x^2 + y^2 \leq 25\}$

52. $f(x, y) = 8 + 4x - 5y$

$R = \{(x, y): x^2 + y^2 \leq 1\}$

53. $f(x, y) = 9 - y^2$

R: triángulo con vértices $(-3, 3)$, $(0, 0)$ y $(3, 3)$

54. $f(x, y) = 4 - x^2$

R: triángulo con vértices $(-2, 2)$, $(0, 0)$ y $(2, 2)$

55. Diseño de construcción Un nuevo auditorio es construido con un cimiento en forma de un cuarto de un círculo de 50 pies de radio. Así, se forma una región R limitada por la gráfica de $x^2 + y^2 = 50^2$ con $x \geq 0$ y $y \geq 0$. Las siguientes ecuaciones son modelos para el piso y el techo.

Piso: $z = \dfrac{x + y}{5}$ Techo: $z = 20 + \dfrac{xy}{100}$

(a) Calcule el volumen del cuarto, el cual es necesario para determinar los requisitos de calor y enfriamiento.

(b) Encuentre el área de la superficie del techo.

56. Área de una superficie El techo del escenario de un teatro al aire libre en un parque se modela por

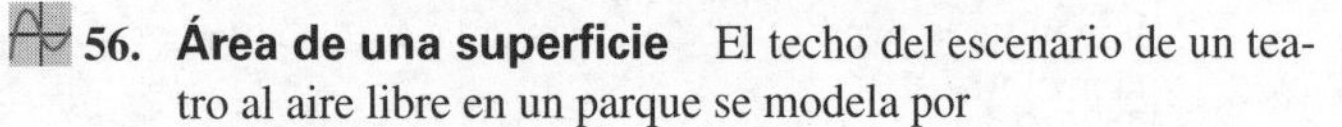

$$f(x, y) = 25\left[1 + e^{-(x^2+y^2)/1000}\cos^2\left(\frac{x^2 + y^2}{1000}\right)\right]$$

donde el escenario es un semicírculo acotado por las gráficas de $y = \sqrt{50^2 - x^2}$ y $y = 0$

(a) Utilice alguna utilidad gráfica para representar gráficamente la superficie.

(b) Utilice alguna utilidad gráfica para aproximar la cantidad de pies cuadrados de techo requeridos para cubrir la superficie.

Evaluar una integral triple iterada En los ejercicios 57 a 60, evalúe la integral triple iterada.

57. $\displaystyle\int_0^4\int_0^1\int_0^2 (2x + y + 4z)\, dy\, dz\, dx$

58. $\displaystyle\int_0^1\int_0^{1+\sqrt{y}}\int_0^{xy} y\, dz\, dx\, dy$

59. $\displaystyle\int_0^2\int_1^2\int_0^1 (e^x + y^2 + z^2)\, dx\, dy\, dz$

60. $\displaystyle\int_0^3\int_{\pi/2}^{\pi}\int_2^5 z \operatorname{sen} x\, dy\, dx\, dz$

Aproximar una integral triple iterada usando tecnología En los ejercicios 61 y 62 use alguna utilidad para aproximar la integral triple iterada.

61. $\displaystyle\int_{-1}^1\int_{-\sqrt{1-x^2}}^{\sqrt{1-x^2}}\int_{-\sqrt{1-x^2-y^2}}^{\sqrt{1-x^2-y^2}} (x^2 + y^2)\, dz\, dy\, dx$

62. $\displaystyle\int_0^2\int_0^{\sqrt{4-x^2}}\int_0^{\sqrt{4-x^2-y^2}} xyz\, dz\, dy\, dx$

Volumen En los ejercicios 63 y 64, use una integral triple para encontrar el volumen del sólido acotado por las gráficas de las ecuaciones.

63. $z = xy, z = 0, 0 \leq x \leq 3, 0 \leq y \leq 4$

64. $z = 8 - x - y, z = 0, y = x, y = 3, x = 0$

Cambiar el orden de integración En los ejercicios 65 y 66, dibuje el sólido cuyo volumen está dado por la integral iterada y reescriba la integral usando el orden de integración indicado.

65. $\displaystyle\int_0^1\int_0^y\int_0^{\sqrt{1-x^2}} dz\, dx\, dy$

Reescriba utilizando el orden $dz\, dy\, dx$.

66. $\displaystyle\int_0^6\int_0^{6-x}\int_0^{6-x-y} dz\, dy\, dx$

Reescriba utilizando el orden $dy\, dx\, dz$.

Centro de masa En los ejercicios 67 y 68, encuentre la masa y las coordenadas indicadas del centro de masa de la región sólida Q de densidad ρ acotada por las gráficas de las ecuaciones.

67. Encuentre $\bar{x}$ usando $\rho(x, y, z) = k$

Q: $x + y + z = 10, x = 0, y = 0, z = 0$

68. Encuentre $\bar{y}$ usando $\rho(x, y, z) = kx$

Q: $z = 5 - y, z = 0, y = 0, x = 0, x = 5$

Evaluar una integral triple iterada En los ejercicios 69 a 72, evalúe la integral triple iterada.

69. $\displaystyle\int_0^3\int_{\pi/6}^{\pi/3}\int_0^4 r\cos\theta\, dr\, d\theta\, dz$

70. $\displaystyle\int_0^{\pi/2}\int_0^3\int_0^{4-z} z\, dr\, dz\, d\theta$

71. $\displaystyle\int_0^{\pi}\int_0^{\pi/2}\int_0^{\operatorname{sen}\theta} \rho^2 \operatorname{sen}\theta\cos\theta\, d\rho\, d\theta\, d\phi$

72. $\displaystyle\int_0^{\pi/4}\int_0^{\pi/4}\int_0^{\cos\phi} \cos\theta\, d\rho\, d\phi\, d\theta$

Aproximar una integral triple iterada usando tecnología **En los ejercicios 73 y 74, use alguna utilidad para aproximar la integral triple iterada.**

73. $\displaystyle\int_0^{\pi}\int_0^{2}\int_0^{3} \sqrt{z^2+4}\,dz\,dr\,d\theta$

74. $\displaystyle\int_0^{\pi/2}\int_0^{\pi/2}\int_0^{\cos\phi} \rho^2\cos\theta\,d\rho\,d\theta\,d\phi$

Volumen **En los ejercicios 75 y 76, use coordenadas cilíndricas para encontrar el volumen del sólido.**

75. Sólido acotado arriba por $z = 8 - x^2 - y^2$ y debajo por $z = x^2 + y^2$

76. Sólido acotado arriba por $3x^2 + 3y^2 + z^2 = 45$ y debajo por el plano xy.

Volumen **En los ejercicios 77 y 78, use coordenadas esféricas para encontrar el volumen del sólido.**

77. Sólido acotado arriba por $x^2 + y^2 + z^2 = 4$ y debajo por $z^2 = 3x^2 + 3y^2$

78. Sólido acotado arriba por $x^2 + y^2 + z^2 = 36$ y debajo por $z = \sqrt{x^2 + y^2}$

Determinar un jacobiano **En los ejercicios 79 a 82, encuentre el jacobiano**

$$\frac{\partial(x, y)}{\partial(u, v)}$$

para el cambio de variables indicado.

79. $x = 3uv,\ y = 2(u - v)$

80. $x = u^2 + v^2,\ y = u^2 - v^2$

81. $x = u \operatorname{sen}\theta + v\cos\theta,\ y = u\cos\theta + v\operatorname{sen}\theta$

82. $x = uv,\ y = \dfrac{v}{u}$

Para ver las figuras a color, acceda al código

Evaluar una integral doble usando un cambio de variables **En los ejercicios 83 a 86, utilice el cambio de variables indicado para evaluar la integral doble.**

83. $\displaystyle\iint_R \ln(x + y)\,dA$

$x = \frac{1}{2}(u + v)$

$y = \frac{1}{2}(u - v)$

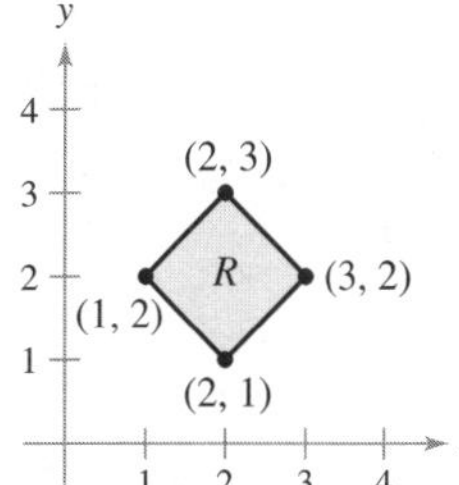

84. $\displaystyle\iint_R 16xy\,dA$

$x = \frac{1}{4}(u + v)$

$y = \frac{1}{2}(v - u)$

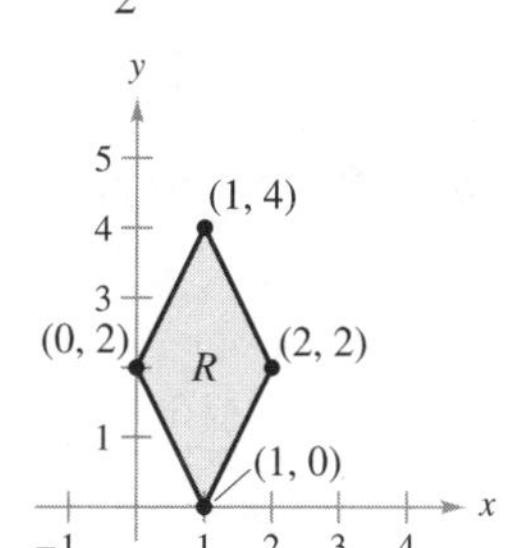

85. $\displaystyle\iint_R (xy + x^2)\,dA$

$x = u$

$y = \frac{1}{3}(u - v)$

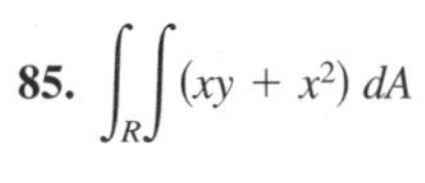

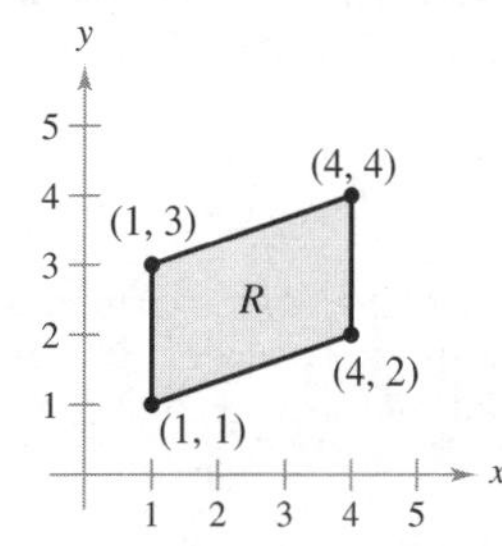

86. $\displaystyle\iint_R \frac{x}{1 + x^2y^2}\,dA$

$x = u$

$y = \dfrac{v}{u}$

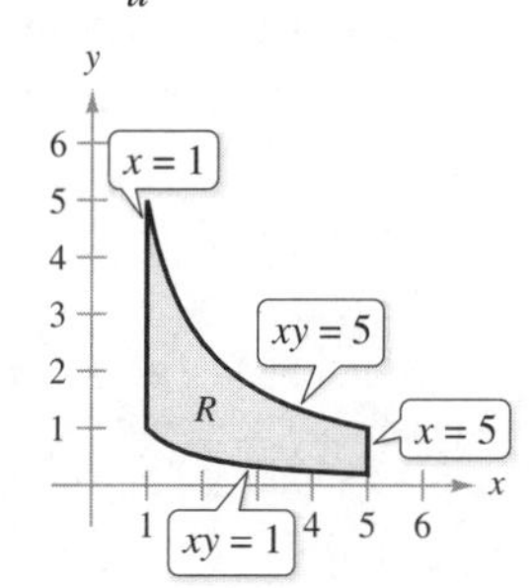

Construcción de conceptos

87. Demuestre que

$$\sum_{n=1}^{\infty}\frac{1}{n^3} = \int_0^1\int_0^1\int_0^1 \frac{1}{1 - xyz}\,dx\,dy\,dz$$

88. Encuentre el volumen del sólido de intersección de los tres cilindros

$x^2 + z^2 = 1,\quad y^2 + z^2 = 1\quad$ y $\quad x^2 + y^2 = 1$

como se muestra en la figura.

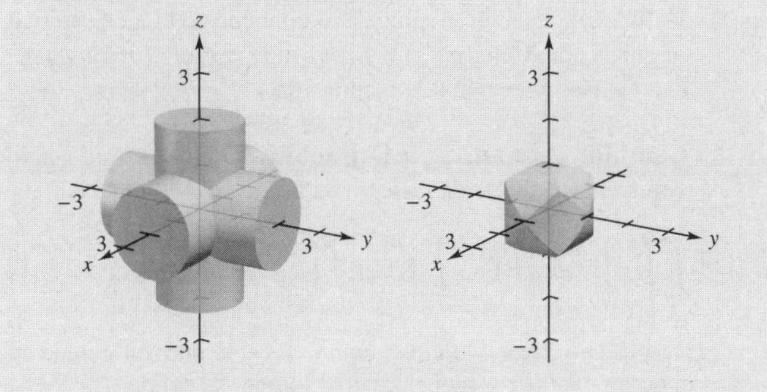

89. Considere un segmento esférico de altura h de una esfera de radio a, donde $h \leq a$ y densidad constante $\rho(x, y, z) = k$, como se muestra en la figura.

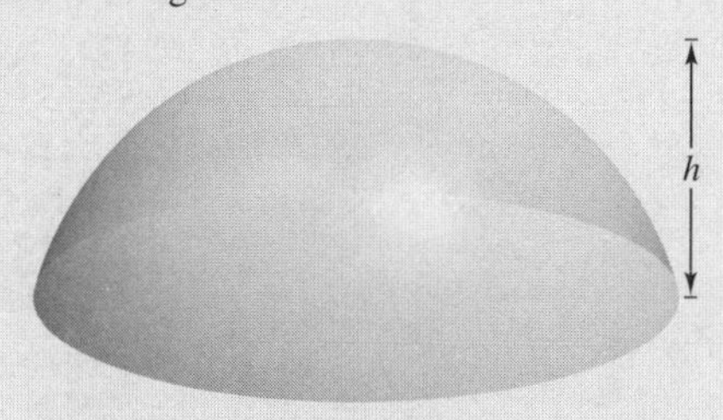

(a) Encuentre el volumen del sólido.

(b) Encuentre el centroide del sólido.

(c) Use el resultado del inciso (b) para encontrar el centroide de un hemisferio de radio a.

(d) Encuentre $\lim\limits_{h\to 0} \bar{z}$

(e) Encuentre I_z

(f) Use el resultado del inciso (e) para encontrar I_z de un hemisferio.

Solución de problemas

Las respuestas a los ejercicios impares pueden consultarse en el Apéndice de este libro.

1. **Área de una superficie** Sean a, b, c y d números reales positivos. La porción del plano $ax + by + cz = d$ en el primer octante se muestra en la figura. Demuestre que el área de la superficie de esta porción del plano es igual a

$$\frac{A(R)}{c}\sqrt{a^2 + b^2 + c^2}$$

donde $A(R)$ es el área de la región triangular R en el plano xy, como se muestra en la figura.

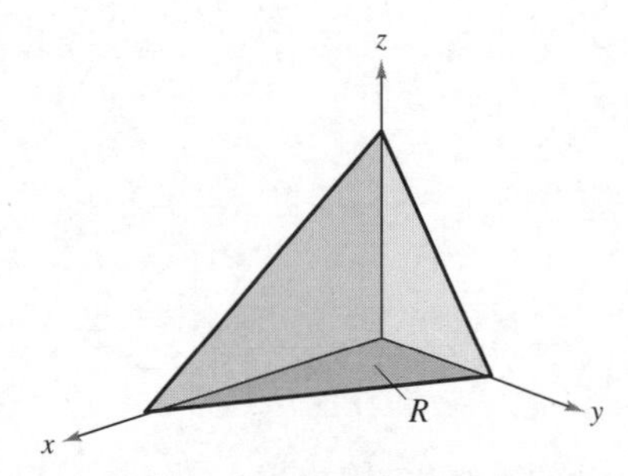

2. **Rociador** Considere un césped circular de 10 pies de radio, como se muestra en la figura. Suponga que un rociador distribuye agua de manera radial de acuerdo con la fórmula

$$f(r) = \frac{r}{16} - \frac{r^2}{160}$$

(medido en pies cúbicos de agua por hora por pie cuadrado de césped), donde r es la distancia en pies al rociador. Encuentre la cantidad de agua que se distribuye en 1 hora en las dos regiones anulares siguientes.

$$A = \{(r, \theta): 4 \le r \le 5, 0 \le \theta \le 2\pi\}$$

$$B = \{(r, \theta): 9 \le r \le 10, 0 \le \theta \le 2\pi\}$$

¿Es uniforme la distribución del agua? Determine la cantidad de agua que recibe todo el césped en 1 hora.

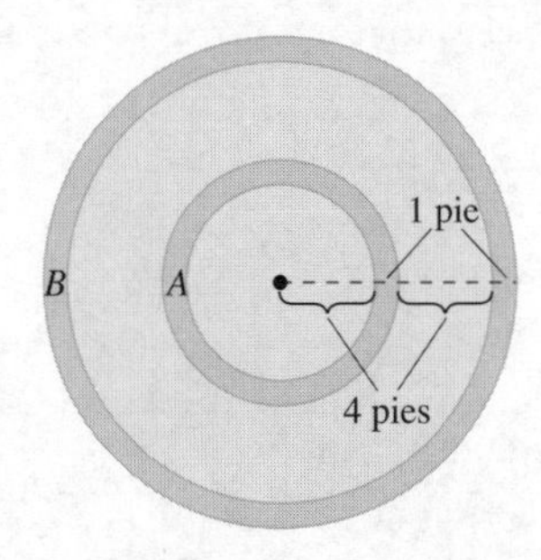

Para ver las figuras a color, acceda al código

3. **Volumen** Encuentre el volumen del sólido generado al girar la región en el primer cuadrante limitado por $y = e^{-x^2}$ alrededor del eje y. Use este resultado para encontrar

$$\int_{-\infty}^{\infty} e^{-x^2}\,dx$$

4. **Demostración** Demuestre que $\lim\limits_{n\to\infty} \int_0^1 \int_0^1 x^n y^n\,dx\,dy = 0$.

5. **Deducir una suma** Deduzca el famoso resultado de Euler

$$\sum_{n=1}^{\infty} \frac{1}{n^2} = \frac{\pi^2}{6}$$

completando cada uno de los pasos.

(a) Demuestre que

$$\int \frac{dv}{2 - u^2 + v^2} = \frac{1}{\sqrt{2 - u^2}} \arctan \frac{v}{\sqrt{2 - u^2}} + C$$

(b) Demuestre que

$$I_1 = \int_0^{\sqrt{2}/2} \int_{-u}^{u} \frac{2}{2 - u^2 + v^2}\,dv\,du = \frac{\pi^2}{18}$$

Utilice la sustitución $u = \sqrt{2}\,\text{sen}\,\theta$.

(c) Demuestre que

$$I_2 = \int_{\sqrt{2}/2}^{\sqrt{2}} \int_{u-\sqrt{2}}^{-u+\sqrt{2}} \frac{2}{2 - u^2 + v^2}\,dv\,du$$

$$= 4\int_{\pi/6}^{\pi/2} \arctan \frac{1 - \text{sen}\,\theta}{\cos\theta}\,d\theta$$

Use la sustitución $u = \sqrt{2}\,\text{sen}\,\theta$.

(d) Demuestre la identidad trigonométrica

$$\frac{1 - \text{sen}\,\theta}{\cos\theta} = \tan\left[\frac{(\pi/2) - \theta}{2}\right]$$

(e) Demuestre que

$$I_2 = \int_{\sqrt{2}/2}^{\sqrt{2}} \int_{u-\sqrt{2}}^{-u+\sqrt{2}} \frac{2}{2 - u^2 + v^2}\,dv\,du = \frac{\pi^2}{9}$$

(f) Utilice la fórmula para la suma de una serie geométrica infinita para comprobar que

$$\sum_{n=1}^{\infty} \frac{1}{n^2} = \int_0^1 \int_0^1 \frac{1}{1 - xy}\,dx\,dy$$

(g) Use el cambio de variables

$$u = \frac{x + y}{\sqrt{2}} \quad \text{y} \quad v = \frac{y - x}{\sqrt{2}}$$

para demostrar que

$$\sum_{n=1}^{\infty} \frac{1}{n^2} = \int_0^1 \int_0^1 \frac{1}{1 - xy}\,dx\,dy = I_1 + I_2 = \frac{\pi^2}{6}$$

6. **Volumen** Demuestre que el volumen de un bloque esférico se puede aproximar por $\Delta V \approx \rho^2\,\text{sen}\,\phi\,\Delta\rho\,\Delta\phi\,\Delta\theta$. (*Sugerencia*: Consulte sección 9.7, página 705.)

7. **Cambiar el orden de integración** Dibuje el sólido cuyo volumen está dado por la suma de las integrales iteradas

$$\int_0^6 \int_{z/2}^3 \int_{z/2}^{y} dx\,dy\,dz + \int_0^6 \int_3^{(12-z)/2} \int_{z/2}^{6-y} dx\,dy\,dz$$

Después escriba el volumen como una sola integral iterada en el orden $dy\,dz\,dx$ y encuentre el volumen del sólido.

Apéndices

* Este material se encuentra disponible en línea. Consulte términos y condiciones con su representante Cengage.

A Demostración de teoremas seleccionados

En esta edición hemos realizado el apéndice A con demostraciones de teoremas seleccionados en formato de video en *LarsonCalculus.com* (disponible solo en inglés). En este sitio encontrará un enlace donde Bruce Edwards explica cada demostración del libro,* incluyendo los de este apéndice. Esperamos que estos videos mejoren su estudio del cálculo.

* Este material está basado en la obra completa en inglés, pero cuenta con material disponible que le ayudará en sus clases.

Video muestra: Bruce Edwards's demostración de La regla de la potencia en *LarsonCalculus.com* *(disponible solo en inglés)*.

2.2 Reglas básicas de derivación y razones de cambio 111

La regla de la potencia

Antes de demostrar la próxima regla, es importante que revise el proceso de desarrollo de un binomio.

$$(x + \Delta x)^2 = x^2 + 2x\Delta x + (\Delta x)^2$$
$$(x + \Delta x)^3 = x^3 + 3x^2\Delta x + 3x(\Delta x)^2 + (\Delta x)^3$$
$$(x + \Delta x)^4 = x^4 + 4x^3\Delta x + 6x^2(\Delta x)^2 + 4x(\Delta x)^3 + (\Delta x)^4$$
$$(x + \Delta x)^5 = x^5 + 5x^4\Delta x + 10x^3(\Delta x)^2 + 10x^2(\Delta x)^3 + 5x(\Delta x)^4 + (\Delta x)^5$$

El desarrollo general del binomio para un entero positivo n cualquiera es

$$(x + \Delta x)^n = x^n + nx^{n-1}(\Delta x) + \underbrace{\frac{n(n-1)x^{n-2}}{2}(\Delta x)^2 + \cdots + (\Delta x)^n}_{(\Delta x)^2 \text{ es un factor común en estos términos.}}$$

Este desarrollo del binomio se utilizará para demostrar un caso especial de la regla de la potencia.

TEOREMA 2.3 La regla de la potencia

Si n es un número racional, entonces la función $f(x) = x^n$ es derivable y

$$\frac{d}{dx}[x^n] = nx^{n-1}$$

Para que f sea derivable en $x = 0$, n debe ser un número tal que x^{n-1} esté definida en un intervalo que contenga al 0.

COMENTARIO Del ejemplo ... tró ... tá ... lebe ... sobre ... cero. ... 1.

Demostración Si n es un entero positivo mayor que 1, entonces del desarrollo del binomio resulta

$$\begin{aligned}\frac{d}{dx}[x^n] &= \lim_{\Delta x \to 0} \frac{(x+\Delta x)^n - x^n}{\Delta x} \\ &= \lim_{\Delta x \to 0} \frac{x^n + nx^{n-1}(\Delta x) + \frac{n(n-1)x^{n-2}}{2}(\Delta x)^2 + \cdots + (\Delta x)^n - x^n}{\Delta x} \\ &= \lim_{\Delta x \to 0} \left[nx^{n-1} + \frac{n(n-1)x^{n-2}}{2}(\Delta x) + \cdots + (\Delta x)^{n-1} \right] \\ &= nx^{n-1} + 0 + \cdots + 0 \\ &= nx^{n-1}\end{aligned}$$

Esto demuestra el caso en el que n es un entero positivo mayor que 1. Se deja al lector la demostración del caso $n = 1$. En el ejemplo 7 de la sección 2.3 se demuestra el caso para el que n es un entero negativo. En el ejercicio 73 de la sección 2.5 se le pide demostrar el caso en el cual n es racional (en la sección 5.5 la regla de la potencia se extenderá hasta abarcar los valores irracionales de n). ■

Al utilizar la regla de la potencia, es conveniente considerar el caso en el que $n = 1$ como una regla distinta de derivación, a saber

$$\frac{d}{dx}[x] = 1 \qquad \text{Regla de la potencia para } n = 1.$$

Esta regla es congruente con el hecho de que la pendiente de la recta $y = x$ es 1, como se muestra en la figura 2.15.

B Tablas de integración

Formas que contienen u^n

1. $\displaystyle\int u^n\,du = \frac{u^{n+1}}{n+1} + C, \quad n \neq -1$

2. $\displaystyle\int \frac{1}{u}\,du = \ln|u| + C$

Formas que contienen $a + bu$

3. $\displaystyle\int \frac{u}{a+bu}\,du = \frac{1}{b^2}(bu - a\ln|a+bu|) + C$

4. $\displaystyle\int \frac{u}{(a+bu)^2}\,du = \frac{1}{b^2}\left(\frac{a}{a+bu} + \ln|a+bu|\right) + C$

5. $\displaystyle\int \frac{u}{(a+bu)^n}\,du = \frac{1}{b^2}\left[\frac{-1}{(n-2)(a+bu)^{n-2}} + \frac{a}{(n-1)(a+bu)^{n-1}}\right] + C, \quad n \neq 1, 2$

6. $\displaystyle\int \frac{u^2}{a+bu}\,du = \frac{1}{b^3}\left[-\frac{bu}{2}(2a - bu) + a^2\ln|a+bu|\right] + C$

7. $\displaystyle\int \frac{u^2}{(a+bu)^2}\,du = \frac{1}{b^3}\left(bu - \frac{a^2}{a+bu} - 2a\ln|a+bu|\right) + C$

8. $\displaystyle\int \frac{u^2}{(a+bu)^3}\,du = \frac{1}{b^3}\left[\frac{2a}{a+bu} - \frac{a^2}{2(a+bu)^2} + \ln|a+bu|\right] + C$

9. $\displaystyle\int \frac{u^2}{(a+bu)^n}\,du = \frac{1}{b^3}\left[\frac{-1}{(n-3)(a+bu)^{n-3}} + \frac{2a}{(n-2)(a+bu)^{n-2}} - \frac{a^2}{(n-1)(a+bu)^{n-1}}\right] + C, \quad n \neq 1, 2, 3$

10. $\displaystyle\int \frac{1}{u(a+bu)}\,du = \frac{1}{a}\ln\left|\frac{u}{a+bu}\right| + C$

11. $\displaystyle\int \frac{1}{u(a+bu)^2}\,du = \frac{1}{a}\left(\frac{1}{a+bu} + \frac{1}{a}\ln\left|\frac{u}{a+bu}\right|\right) + C$

12. $\displaystyle\int \frac{1}{u^2(a+bu)}\,du = -\frac{1}{a}\left(\frac{1}{u} + \frac{b}{a}\ln\left|\frac{u}{a+bu}\right|\right) + C$

13. $\displaystyle\int \frac{1}{u^2(a+bu)^2}\,du = -\frac{1}{a^2}\left[\frac{a+2bu}{u(a+bu)} + \frac{2b}{a}\ln\left|\frac{u}{a+bu}\right|\right] + C$

Formas que contienen $a + bu + cu^2,\ b^2 \neq 4ac$

14. $\displaystyle\int \frac{1}{a+bu+cu^2}\,du = \begin{cases} \dfrac{2}{\sqrt{4ac-b^2}}\arctan\dfrac{2cu+b}{\sqrt{4ac-b^2}} + C, & b^2 < 4ac \\[2ex] \dfrac{1}{\sqrt{b^2-4ac}}\ln\left|\dfrac{2cu+b-\sqrt{b^2-4ac}}{2cu+b+\sqrt{b^2-4ac}}\right| + C, & b^2 > 4ac \end{cases}$

15. $\displaystyle\int \frac{u}{a+bu+cu^2}\,du = \frac{1}{2c}\left(\ln|a+bu+cu^2| - b\int \frac{1}{a+bu+cu^2}\,du\right)$

Formas que contienen $\sqrt{a+bu}$

16. $\displaystyle\int u^n\sqrt{a+bu}\,du = \frac{2}{b(2n+3)}\left[u^n(a+bu)^{3/2} - na\int u^{n-1}\sqrt{a+bu}\,du\right]$

17. $\displaystyle\int \frac{1}{u\sqrt{a+bu}}\,du = \begin{cases} \dfrac{1}{\sqrt{a}}\ln\left|\dfrac{\sqrt{a+bu}-\sqrt{a}}{\sqrt{a+bu}+\sqrt{a}}\right| + C, & a > 0 \\[2ex] \dfrac{2}{\sqrt{-a}}\arctan\sqrt{\dfrac{a+bu}{-a}} + C, & a < 0 \end{cases}$

18. $\displaystyle\int \frac{1}{u^n\sqrt{a+bu}}\,du = \frac{-1}{a(n-1)}\left[\frac{\sqrt{a+bu}}{u^{n-1}} + \frac{(2n-3)b}{2}\int \frac{1}{u^{n-1}\sqrt{a+bu}}\,du\right], \quad n \neq 1$

19. $\displaystyle\int \frac{\sqrt{a+bu}}{u}\,du = 2\sqrt{a+bu} + a\int \frac{1}{u\sqrt{a+bu}}\,du$

20. $\displaystyle\int \frac{\sqrt{a+bu}}{u^n}\,du = \frac{-1}{a(n-1)}\left[\frac{(a+bu)^{3/2}}{u^{n-1}} + \frac{(2n-5)b}{2}\int \frac{\sqrt{a+bu}}{u^{n-1}}\right], \quad n \neq 1$

21. $\displaystyle\int \frac{u}{\sqrt{a+bu}}\,du = \frac{-2(2a-bu)}{3b^2}\sqrt{a+bu} + C$

22. $\displaystyle\int \frac{u^n}{\sqrt{a+bu}}\,du = \frac{2}{(2n+1)b}\left(u^n\sqrt{a+bu} - na\int \frac{u^{n-1}}{\sqrt{a+bu}}\,du\right)$

Formas que contienen $a^2 \pm u^2$, $a > 0$

23. $\displaystyle\int \frac{1}{a^2+u^2}\,du = \frac{1}{a}\arctan\frac{u}{a} + C$

24. $\displaystyle\int \frac{1}{u^2-a^2}\,du = -\int \frac{1}{a^2-u^2}\,du = \frac{1}{2a}\ln\left|\frac{u-a}{u+a}\right| + C$

25. $\displaystyle\int \frac{1}{(a^2\pm u^2)^n}\,du = \frac{1}{2a^2(n-1)}\left[\frac{u}{(a^2\pm u^2)^{n-1}} + (2n-3)\int \frac{1}{(a^2\pm u^2)^{n-1}}\,du\right], \quad n \neq 1$

Formas que contienen $\sqrt{u^2 \pm a^2}$, $a > 0$

26. $\displaystyle\int \sqrt{u^2\pm a^2}\,du = \frac{1}{2}\left(u\sqrt{u^2\pm a^2} \pm a^2\ln\left|u+\sqrt{u^2\pm a^2}\right|\right) + C$

27. $\displaystyle\int u^2\sqrt{u^2\pm a^2}\,du = \frac{1}{8}\left[u(2u^2\pm a^2)\sqrt{u^2\pm a^2} - a^4\ln\left|u+\sqrt{u^2\pm a^2}\right|\right] + C$

28. $\displaystyle\int \frac{\sqrt{u^2+a^2}}{u}\,du = \sqrt{u^2+a^2} - a\ln\left|\frac{a+\sqrt{u^2+a^2}}{u}\right| + C$

29. $\displaystyle\int \frac{\sqrt{u^2-a^2}}{u}\,du = \sqrt{u^2-a^2} - a\,\text{arcsec}\frac{|u|}{a} + C$

30. $\displaystyle\int \frac{\sqrt{u^2\pm a^2}}{u^2}\,du = \frac{-\sqrt{u^2\pm a^2}}{u} + \ln\left|u+\sqrt{u^2\pm a^2}\right| + C$

31. $\displaystyle\int \frac{1}{\sqrt{u^2\pm a^2}}\,du = \ln\left|u+\sqrt{u^2\pm a^2}\right| + C$

32. $\displaystyle\int \frac{1}{u\sqrt{u^2+a^2}}\,du = \frac{-1}{a}\ln\left|\frac{a+\sqrt{u^2+a^2}}{u}\right| + C$

33. $\displaystyle\int \frac{1}{u\sqrt{u^2-a^2}}\,du = \frac{1}{a}\,\text{arcsec}\frac{|u|}{a} + C$

34. $\displaystyle\int \frac{u^2}{\sqrt{u^2\pm a^2}}\,du = \frac{1}{2}\left(u\sqrt{u^2\pm a^2} \mp a^2\ln\left|u+\sqrt{u^2\pm a^2}\right|\right) + C$

35. $\displaystyle\int \frac{1}{u^2\sqrt{u^2\pm a^2}}\,du = \mp\frac{\sqrt{u^2\pm a^2}}{a^2u} + C$

36. $\displaystyle\int \frac{1}{(u^2\pm a^2)^{3/2}}\,du = \frac{\pm u}{a^2\sqrt{u^2\pm a^2}} + C$

Formas que contienen $\sqrt{a^2 - u^2}$, $a > 0$

37. $\displaystyle\int \sqrt{a^2-u^2}\,du = \frac{1}{2}\left(u\sqrt{a^2-u^2} + a^2\,\text{arcsen}\frac{u}{a}\right) + C$

38. $\displaystyle\int u^2\sqrt{a^2-u^2}\,du = \frac{1}{8}\left[u(2u^2-a^2)\sqrt{a^2-u^2} + a^4\,\text{arcsen}\frac{u}{a}\right] + C$

39. $\displaystyle\int \frac{\sqrt{a^2 - u^2}}{u}\, du = \sqrt{a^2 - u^2} - a \ln\left|\frac{a + \sqrt{a^2 - u^2}}{u}\right| + C$

40. $\displaystyle\int \frac{\sqrt{a^2 - u^2}}{u^2}\, du = \frac{-\sqrt{a^2 - u^2}}{u} - \operatorname{arcsen}\frac{u}{a} + C$

41. $\displaystyle\int \frac{1}{\sqrt{a^2 - u^2}}\, du = \operatorname{arcsen}\frac{u}{a} + C$

42. $\displaystyle\int \frac{1}{u\sqrt{a^2 - u^2}}\, du = \frac{-1}{a}\ln\left|\frac{a + \sqrt{a^2 - u^2}}{u}\right| + C$

43. $\displaystyle\int \frac{u^2}{\sqrt{a^2 - u^2}}\, du = \frac{1}{2}\left(-u\sqrt{a^2 - u^2} + a^2 \operatorname{arcsen}\frac{u}{a}\right) + C$

44. $\displaystyle\int \frac{1}{u^2\sqrt{a^2 - u^2}}\, du = \frac{-\sqrt{a^2 - u^2}}{a^2 u} + C$

45. $\displaystyle\int \frac{1}{(a^2 - u^2)^{3/2}}\, du = \frac{u}{a^2\sqrt{a^2 - u^2}} + C$

Formas que contienen sen *u* o cos *u*

46. $\displaystyle\int \operatorname{sen} u\, du = -\cos u + C$

47. $\displaystyle\int \cos u\, du = \operatorname{sen} u + C$

48. $\displaystyle\int \operatorname{sen}^2 u\, du = \frac{1}{2}(u - \operatorname{sen} u \cos u) + C$

49. $\displaystyle\int \cos^2 u\, du = \frac{1}{2}(u + \operatorname{sen} u \cos u) + C$

50. $\displaystyle\int \operatorname{sen}^n u\, du = -\frac{\operatorname{sen}^{n-1} u \cos u}{n} + \frac{n-1}{n}\int \operatorname{sen}^{n-2} u\, du$

51. $\displaystyle\int \cos^n u\, du = \frac{\cos^{n-1} u \operatorname{sen} u}{n} + \frac{n-1}{n}\int \cos^{n-2} u\, du$

52. $\displaystyle\int u \operatorname{sen} u\, du = \operatorname{sen} u - u\cos u + C$

53. $\displaystyle\int u \cos u\, du = \cos u + u \operatorname{sen} u + C$

54. $\displaystyle\int u^n \operatorname{sen} u\, du = -u^n \cos u + n\int u^{n-1}\cos u\, du$

55. $\displaystyle\int u^n \cos u\, du = u^n \operatorname{sen} u - n\int u^{n-1} \operatorname{sen} u\, du$

56. $\displaystyle\int \frac{1}{1 \pm \operatorname{sen} u}\, du = \tan u \mp \sec u + C$

57. $\displaystyle\int \frac{1}{1 \pm \cos u}\, du = -\cot u \pm \csc u + C$

58. $\displaystyle\int \frac{1}{\operatorname{sen} u \cos u}\, du = \ln|\tan u| + C$

Formas que contienen tan *u*, cot *u*, sec *u* o csc *u*

59. $\displaystyle\int \tan u\, du = -\ln|\cos u| + C$

60. $\displaystyle\int \cot u\, du = \ln|\operatorname{sen} u| + C$

61. $\displaystyle\int \sec u\, du = \ln|\sec u + \tan u| + C$

62. $\displaystyle\int \csc u\, du = \ln|\csc u - \cot u| + C$ o $\displaystyle\int \csc u\, du = -\ln|\csc u + \cot u| + C$

63. $\displaystyle\int \tan^2 u\, du = -u + \tan u + C$

64. $\displaystyle\int \cot^2 u\, du = -u - \cot u + C$

65. $\displaystyle\int \sec^2 u\, du = \tan u + C$

66. $\displaystyle\int \csc^2 u\, du = -\cot u + C$

67. $\displaystyle\int \tan^n u\, du = \frac{\tan^{n-1} u}{n-1} - \int \tan^{n-2} u\, du,\ n \neq 1$

68. $\displaystyle\int \cot^n u\, du = -\frac{\cot^{n-1} u}{n-1} - \int \cot^{n-2} u\, du,\ n \neq 1$

69. $\displaystyle\int \sec^n u\, du = \frac{\sec^{n-2} u \tan u}{n-1} + \frac{n-2}{n-1}\int \sec^{n-2} u\, du,\ n \neq 1$

70. $\displaystyle\int \csc^n u\, du = -\frac{\csc^{n-2} u \cot u}{n-1} + \frac{n-2}{n-1}\int \csc^{n-2} u\, du,\ n \neq 1$

71. $\displaystyle\int \frac{1}{1 \pm \tan u}\, du = \frac{1}{2}(u \pm \ln|\cos u \pm \operatorname{sen} u|) + C$

72. $\displaystyle\int \frac{1}{1 \pm \cot u}\, du = \frac{1}{2}(u \mp \ln|\operatorname{sen} u \pm \cos u|) + C$

73. $\displaystyle\int \frac{1}{1 \pm \sec u}\, du = u + \cot u \mp \csc u + C$

74. $\displaystyle\int \frac{1}{1 \pm \csc u}\, du = u - \tan u \pm \sec u + C$

Formas que contienen funciones trigonométricas inversas

75. $\displaystyle\int \operatorname{arcsen} u\, du = u \operatorname{arcsen} u + \sqrt{1 - u^2} + C$

76. $\displaystyle\int \arccos u\, du = u \arccos u - \sqrt{1 - u^2} + C$

77. $\displaystyle\int \arctan u\, du = u \arctan u - \ln\sqrt{1 + u^2} + C$

78. $\displaystyle\int \operatorname{arccot} u\, du = u \operatorname{arccot} u + \ln\sqrt{1 + u^2} + C$

79. $\displaystyle\int \operatorname{arcsec} u\, du = u \operatorname{arcsec} u - \ln\left|u + \sqrt{u^2 - 1}\right| + C$

80. $\displaystyle\int \operatorname{arccsc} u\, du = u \operatorname{arccsc} u + \ln\left|u + \sqrt{u^2 - 1}\right| + C$

Formas que contienen e^u

81. $\displaystyle\int e^u\, du = e^u + C$

82. $\displaystyle\int ue^u\, du = (u - 1)e^u + C$

83. $\displaystyle\int u^n e^u\, du = u^n e^u - n\int u^{n-1} e^u\, du$

84. $\displaystyle\int \frac{1}{1 + e^u}\, du = u - \ln(1 + e^u) + C$

85. $\displaystyle\int e^{au} \operatorname{sen} bu\, du = \frac{e^{au}}{a^2 + b^2}(a \operatorname{sen} bu - b \cos bu) + C$

86. $\displaystyle\int e^{au} \cos bu\, du = \frac{e^{au}}{a^2 + b^2}(a \cos bu + b \operatorname{sen} bu) + C$

Formas que contienen $\ln u$

87. $\displaystyle\int \ln u\, du = u(-1 + \ln u) + C$

88. $\displaystyle\int u \ln u\, du = \frac{u^2}{4}(-1 + 2\ln u) + C$

89. $\displaystyle\int u^n \ln u\, du = \frac{u^{n-1}}{(n + 1)^2}[-1 + (n + 1)\ln u] + C, \; n \neq -1$

90. $\displaystyle\int (\ln u)^2\, du = u[2 - 2\ln u + (\ln u)^2] + C$

91. $\displaystyle\int (\ln u)^n\, du = u(\ln u)^n - n\int (\ln u)^{n-1}\, du$

Formas que contienen funciones hiperbólicas

92. $\displaystyle\int \cosh u\, du = \operatorname{senh} u + C$

93. $\displaystyle\int \operatorname{senh} u\, du = \cosh u + C$

94. $\displaystyle\int \operatorname{sech}^2 u\, du = \tanh u + C$

95. $\displaystyle\int \operatorname{csch}^2 u\, du = -\coth u + C$

96. $\displaystyle\int \operatorname{sech} u \tanh u\, du = -\operatorname{sech} u + C$

97. $\displaystyle\int \operatorname{csch} u \coth u\, du = -\operatorname{csch} u + C$

Formas que contienen funciones hiperbólicas inversas (en forma logarítmica)

98. $\displaystyle\int \frac{du}{\sqrt{u^2 \pm a^2}} = \ln\left(u + \sqrt{u^2 \pm a^2}\right) + C$

99. $\displaystyle\int \frac{du}{a^2 - u^2} = \frac{1}{2a}\ln\left|\frac{a + u}{a - u}\right| + C$

100. $\displaystyle\int \frac{du}{u\sqrt{a^2 \pm u^2}} = -\frac{1}{a}\ln\frac{a + \sqrt{a^2 \pm u^2}}{|u|} + C$

Respuestas a ejercicios con numeración impar

Capítulo P

Sección P.1

1. Para encontrar las intersecciones de la gráfica de una ecuación con el eje x, se iguala a y con cero y se resuelve la ecuación para x. Para encontrar las intersecciones de la gráfica de una ecuación con el eje y, se iguala a x con cero y se resuelve para y.

3. b **4.** d **5.** a **6.** c

7.

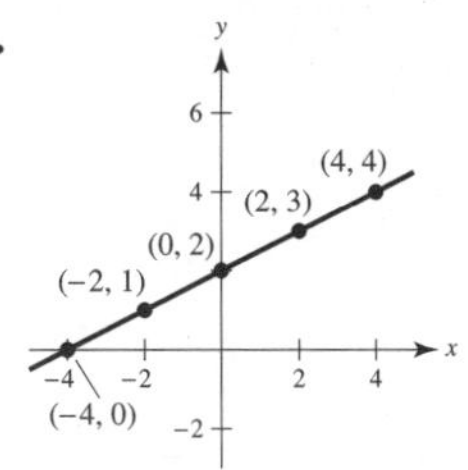

9.

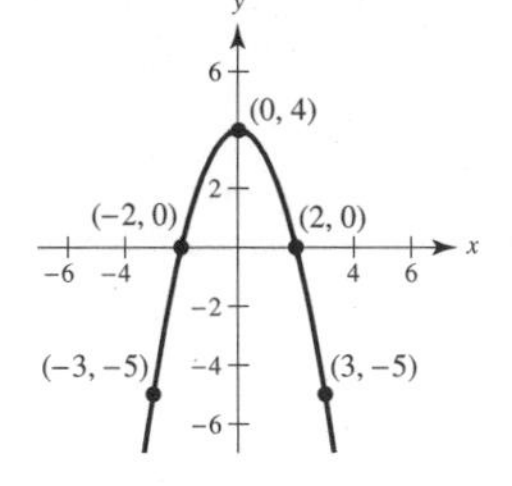

11.

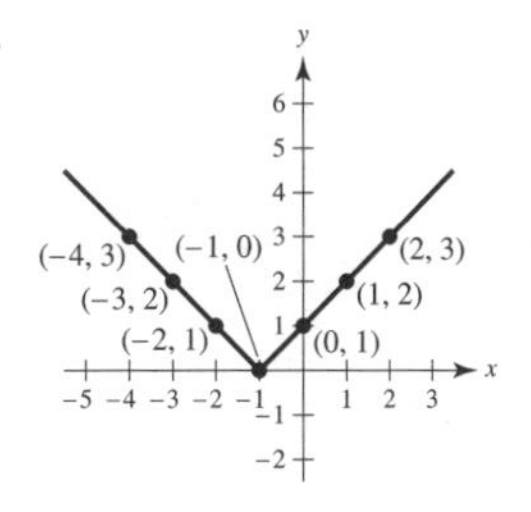

13.

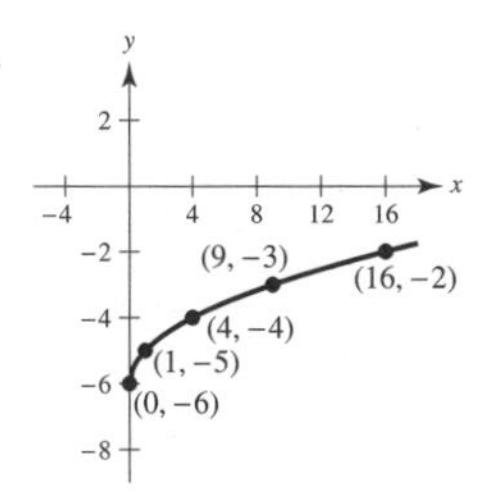

15.

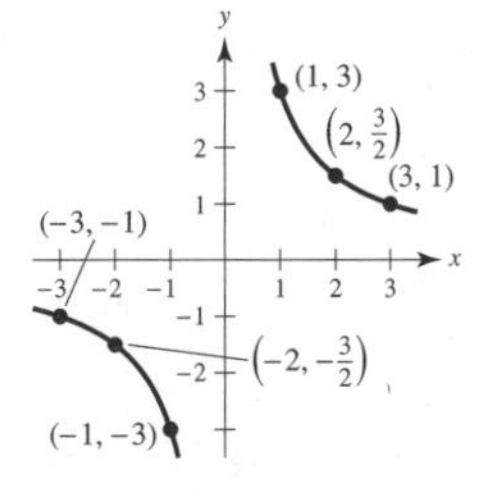

17.

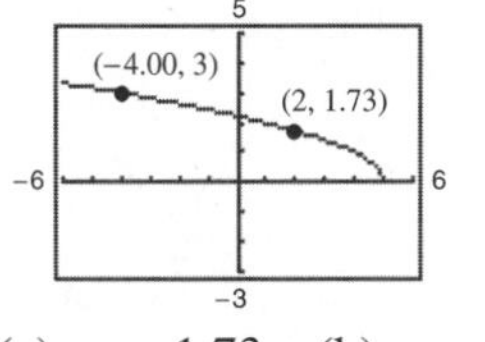

(a) $y \approx 1.73$ (b) $x = -4$

19. $(0, -5), \left(\frac{5}{2}, 0\right)$ **21.** $(0, -2), (-2, 0), (1, 0)$

23. $(0, 0), (4, 0), (-4, 0)$ **25.** $(0, 2), (4, 0)$ **27.** $(0, 0)$

29. Simétrica respecto al eje y.

31. Simétrica respecto al eje x.

33. Simétrica respecto al origen. **35.** Sin simetría

37. Simétrica respecto al origen.

39. Simétrica respecto al eje y.

41.

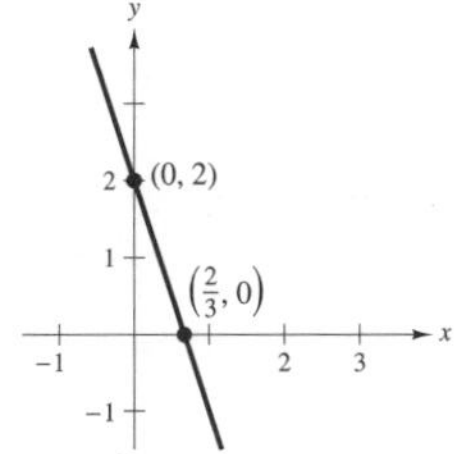

Simetría: ninguna

43.

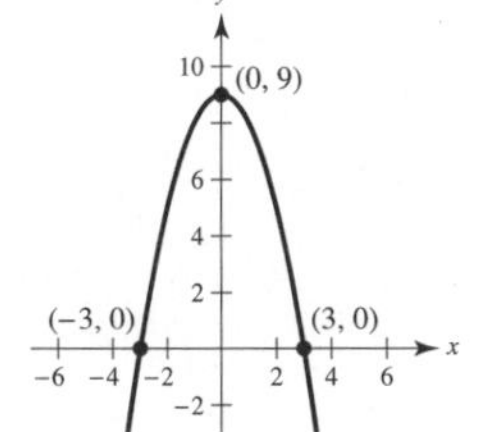

Simetría: el eje y

45.

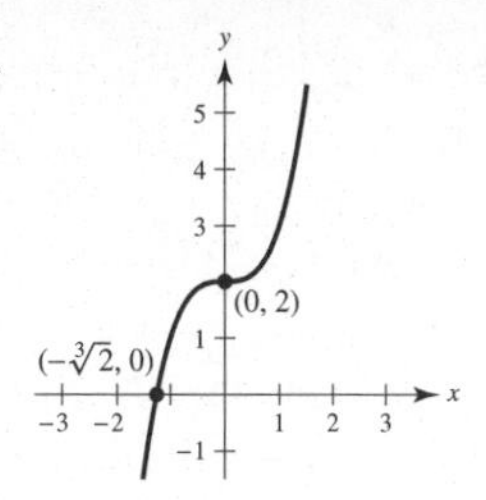

Simetría: ninguna

47.

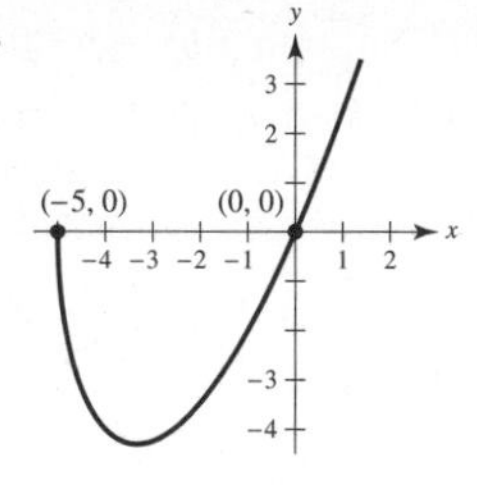

Simetría: ninguna

49.

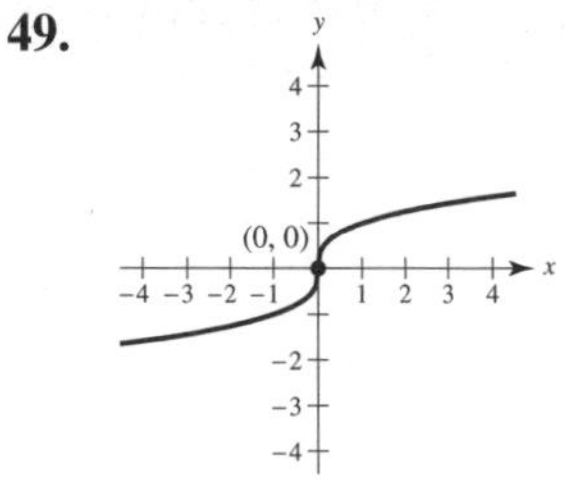

Simetría: el origen

51.

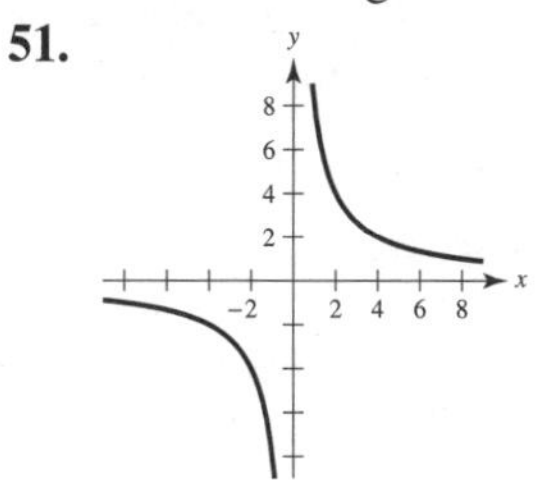

Simetría: el origen

53.

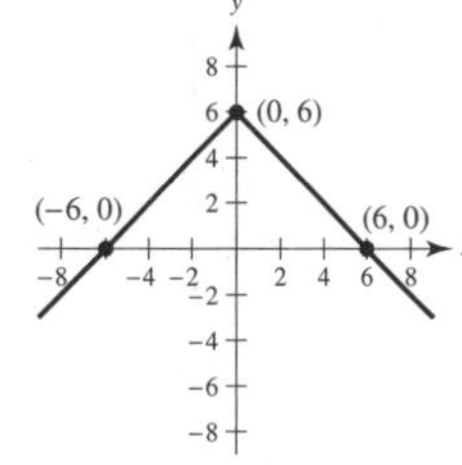

Simetría: el eje y

55.

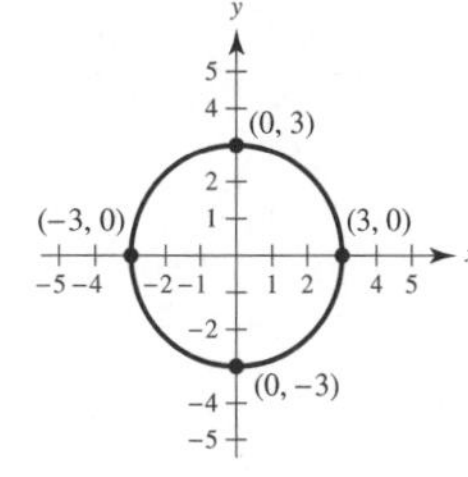

Intersecciones con x: $(-3, 0), (3, 0)$;
Intersecciones con y: $(0, -3), (0, 3)$
Simetría: eje x, eje y, origen

57.

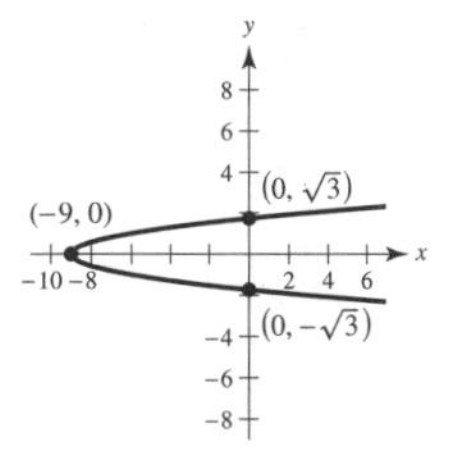

Simetría: el eje x

59. $(3, 5)$ **61.** $(-4, -1), (1, 14)$ **63.** $(-1, -2), (2, 1)$

65. $(-1, -5), (0, -1), (2, 1)$ **67.** $(-2, 2), (-3, \sqrt{3})$

69. (a) $y = 0.74t + 7.2$

(b)

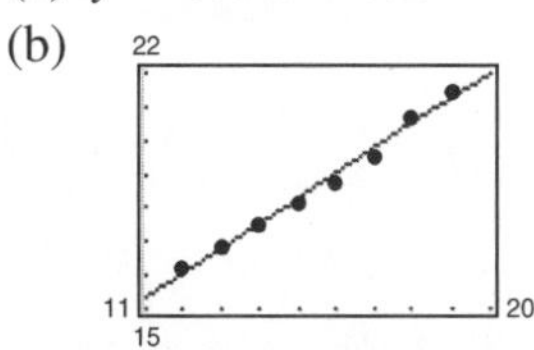

El modelo es un buen ajuste para los datos.

(c) \$28.7 trillones

71. 4480 unidades

73. Las respuestas pueden variar. *Ejemplo de respuesta:* $y = (2x + 3)(x - 4)(2x - 5)$

75. Sí. Suponiendo que la gráfica tiene simetrías con el eje x y el origen. Si (x, y) está sobre la gráfica, tambien está $(x, -y)$ por simetría con el eje x. Dado que $(x, -y)$ está sobre la gráfica, entonces también está $(-x, -(-y)) = (-x, y)$ por simetría con el origen. Por tanto, la gráfica es simétrica respecto al eje y. El mismo argumento se tiene para la simetría con el eje y y el origen.

77. Falso. $(4, -5)$ no es un punto sobre la gráfica de $x = y^2 - 29$.

79. Verdadero

Sección P.2

1. Pendiente; intersección con el eje y

3. $m = 2$ **5.** $m = -1$

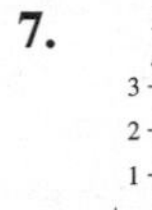

7.

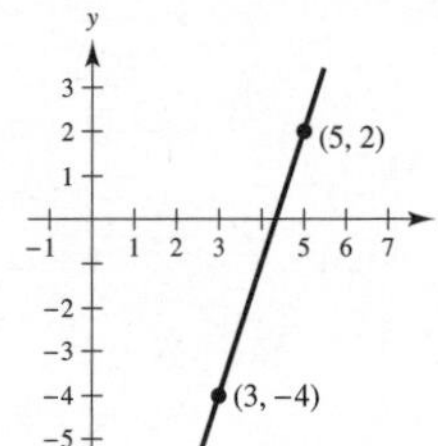

$m = 3$

9.

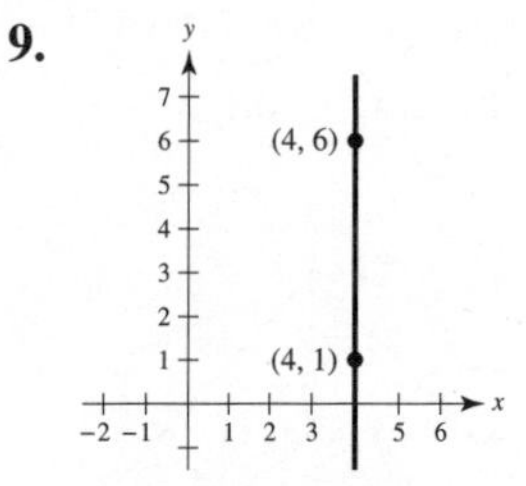

m está indefinida.

11.

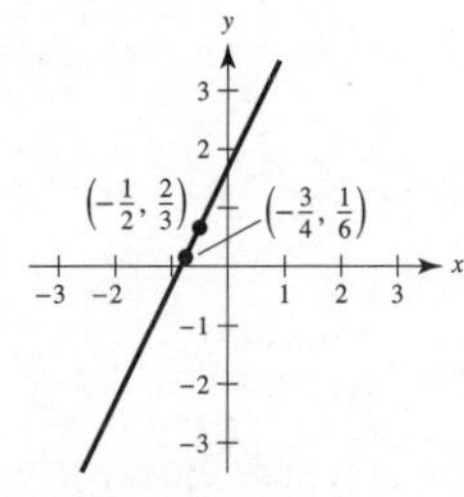

$m = 2$

13.

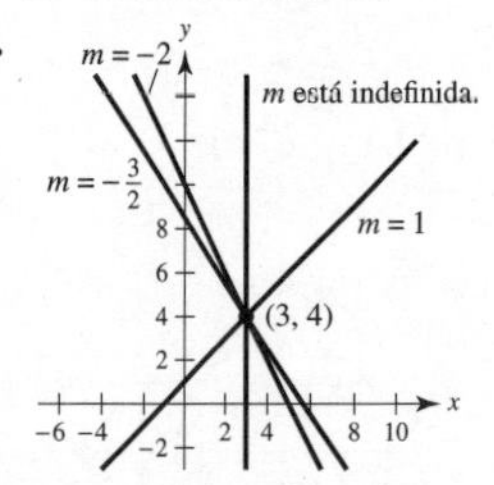

15. Las respuestas pueden variar. *Ejemplo de respuestas:* (0, 2), (1, 2), (5, 2)

17. Las respuestas pueden variar. *Ejemplo de respuestas:* (0, 10), (2, 4), (3, 1)

19. $3x - 4y + 12 = 0$

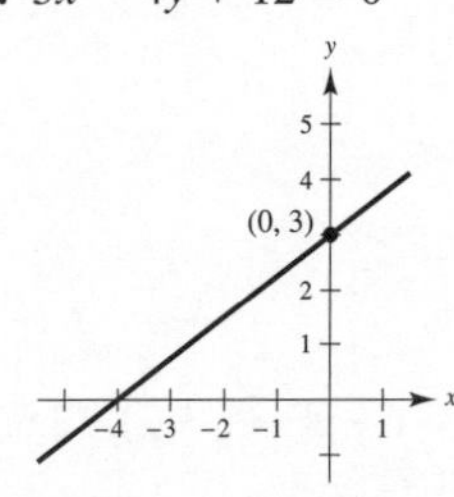

21. $x = 1$

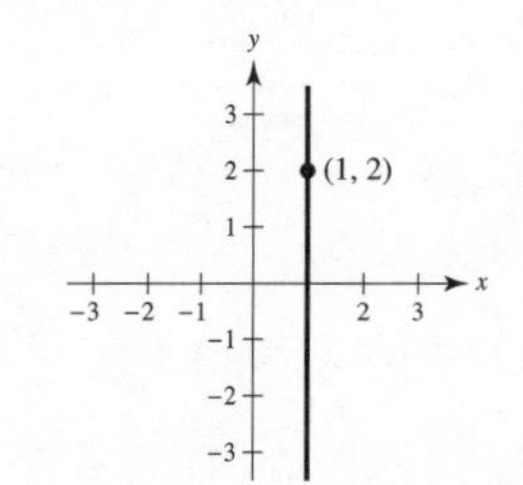

23. $3x - y - 11 = 0$

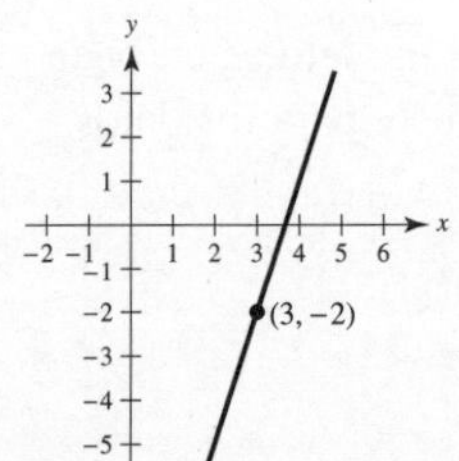

25. 12 pies

27. (a)

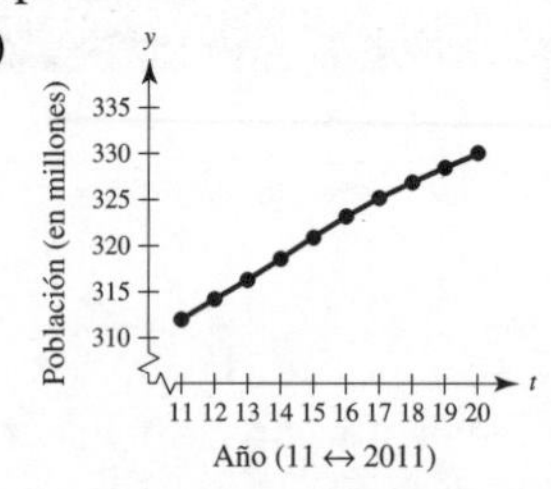

de 2018 hasta 2019 y de 2019 hasta 2020.

(b) 2.01 millones de personas por año (c) 350.2 millones de personas

29. $m = 4$, $(0, -3)$ **31.** $m = -5$, $(0, 20)$

33. m está indefinida, sin intersección con el eje y.

35.

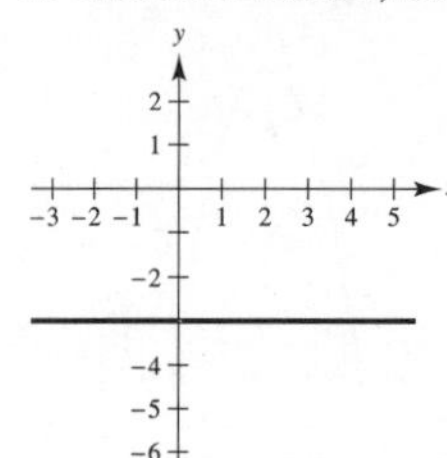

37.

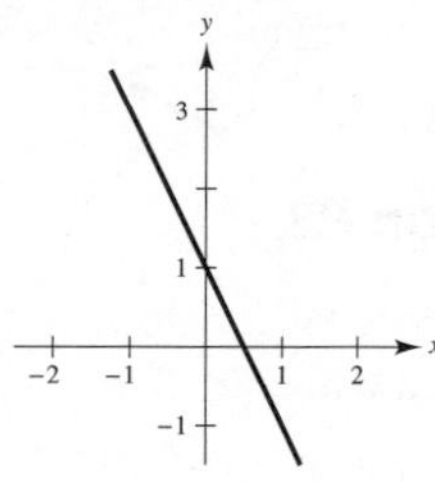

39.

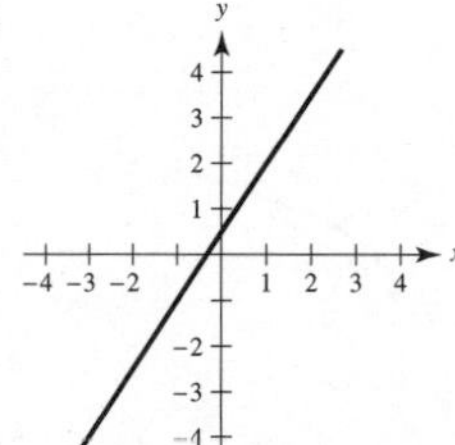

41.

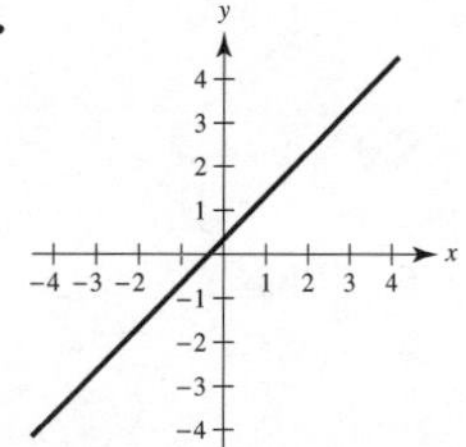

43. $2x - y - 5 = 0$

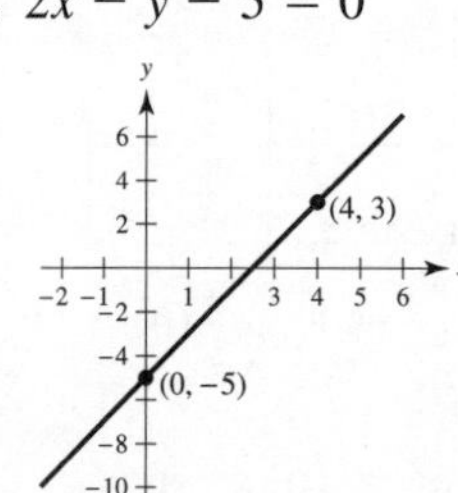

45. $8x + 3y - 40 = 0$

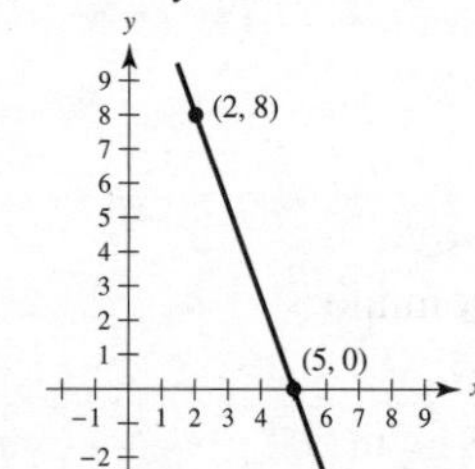

47. $x - 6 = 0$

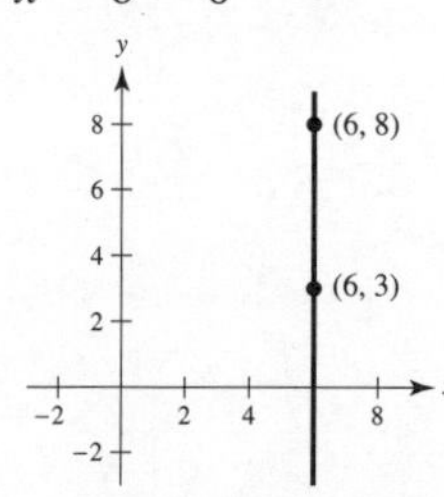

49. $y - 1 = 0$

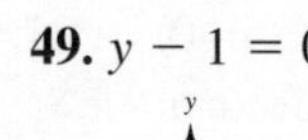

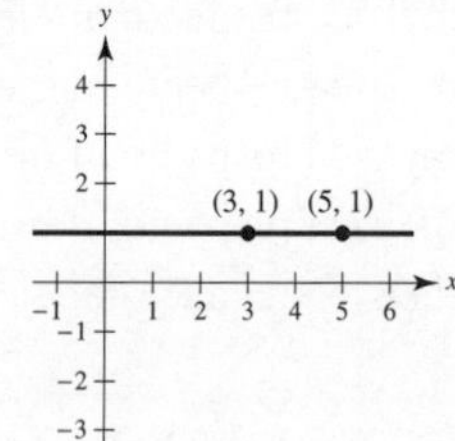

51. $y = \left(\dfrac{1 - b}{3}\right)x + b$ **53.** $3x + 2y - 6 = 0$

55. $x + 2y - 5 = 0$ **57.** (a) $x + 7 = 0$ (b) $y + 2 = 0$

59. (a) $x + y + 1 = 0$ (b) $x - y + 5 = 0$

61. (a) $40x - 24y - 9 = 0$ (b) $24x + 40y - 53 = 0$

63. $V = 250t + 1\,600$ **65.** No colineales porque $m_1 \neq m_2$.

67. Los segmentos de recta adyacentes son perpendiculares y cada segmento de recta tiene una longitud de $\sqrt{8} = 2\sqrt{2}$ unidades.

69. $12y + 5x - 169 = 0$

71. (a) $\left(0, \dfrac{-a^2 + b^2 + c^2}{2c}\right)$ (b) $\left(\dfrac{b}{3}, \dfrac{c}{3}\right)$

73. $5F - 9C - 160 = 0$; $72\ °F \approx 22.2\ °C$

75. (a) $x = (1530 - p)/15$

(b)

45 unidades

(c) 49 unidades

77. Demostración **79.** $\dfrac{5\sqrt{2}}{2}$ **81-83.** Demostraciones

85. Verdadero

Sección P.3

1. Sí; no; las funciones tienen exactamente una salida para cada entrada.

3. Desplazamientos verticales, desplazamientos horizontales y reflexiones.

5. (a) -2 (b) 13 (c) $3b - 2$ (d) $3x - 5$

7. (a) $2\sqrt{2}$ (b) $\sqrt{13}$ (c) $2\sqrt{2}$
(d) $\sqrt{x^2 + 2bx^2 + b^2x^2 + 4}$

9. (a) 5 (b) 0 (c) 1 (d) $4 + 2t - t^2$

11. $3x^2 + 3x\Delta x + (\Delta x)^2$, $\Delta x \neq 0$

13. Dominio: $(-\infty, \infty)$; rango: $[0, \infty)$

15. Dominio: $(-\infty, \infty)$; rango: $(-\infty, \infty)$

17. Dominio: $[0, \infty)$; rango: $[0, \infty)$

19. Dominio: $[-4, 4]$; rango: $[0, 4]$

21. Dominio: $(-\infty, 0) \cup (0, \infty)$; rango: $(-\infty, 0) \cup (0, \infty)$

23. Dominio: $[0, 1]$

25. Dominio: $(-\infty, -3) \cup (-3, \infty)$

27. (a) -1 (b) 2 (c) 6 (d) $2t^2 + 4$
Dominio: $(-\infty, \infty)$; rango: $(-\infty, 1) \cup [2, \infty)$

29. (a) 4 (b) 0 (c) -2 (d) $-b^2$
Dominio: $(-\infty, \infty)$; rango: $(-\infty, 0] \cup [1, \infty)$

31.

Dominio: $(-\infty, \infty)$
Rango: $(-\infty, \infty)$

33.

Dominio: $(-\infty, \infty)$
Rango: $[5, \infty)$

35.

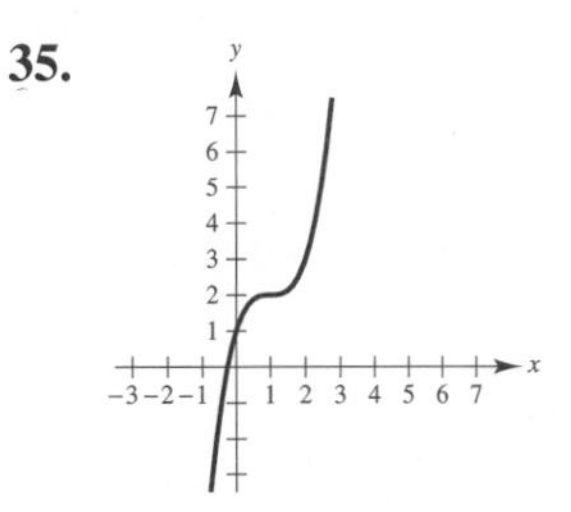

Dominio: $(-\infty, \infty)$
Rango: $(-\infty, \infty)$

37.

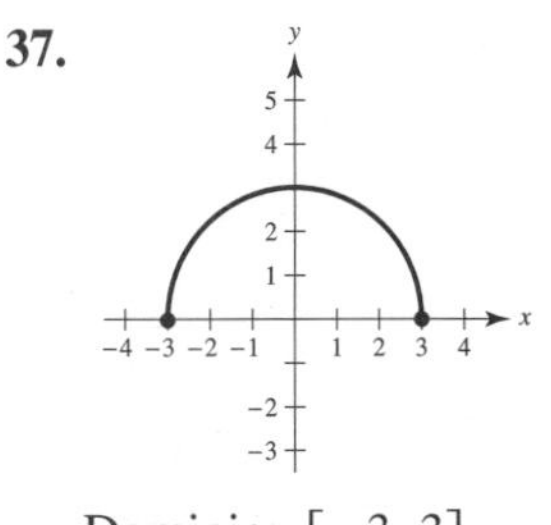

Dominio: $[-3, 3]$
Rango: $[0, 3]$

39.

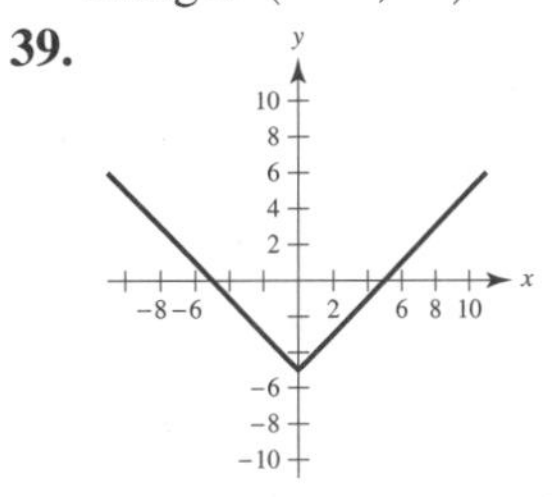

Dominio: $(-\infty, \infty)$
Rango: $[-5, \infty)$

41.

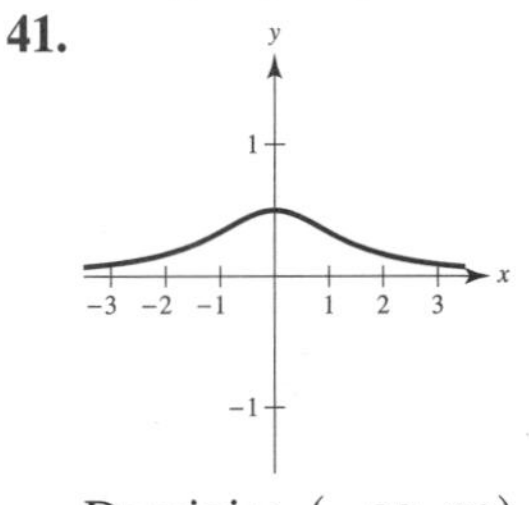

Dominio: $(-\infty, \infty)$
Rango: $\left(0, \frac{1}{2}\right]$

43. y no es una función de x. **45.** y es una función de x.

47. y es una función de x. **49.** y no es una función de x.

51. Desplazamiento horizontal a la derecha de dos unidades
$y = \sqrt{x - 2}$

53. Desplazamiento horizontal a la derecha de dos unidades y vertical hacia abajo de una unidad
$y = (x - 2)^2 - 1$

55. *d* **56.** *b* **57.** *c* **58.** *a* **59.** *e* **60.** *g*

61. (a)

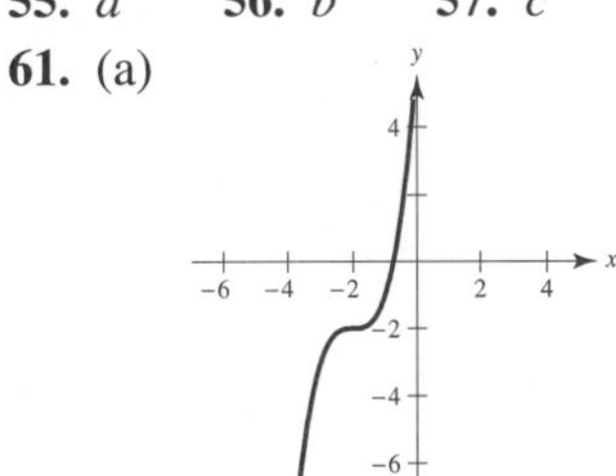

(b)

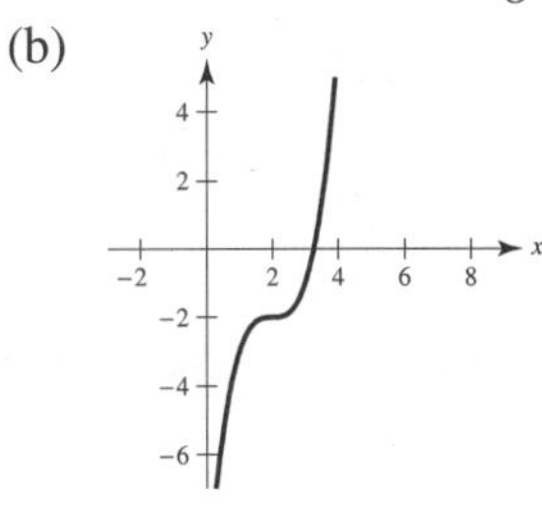

(c)

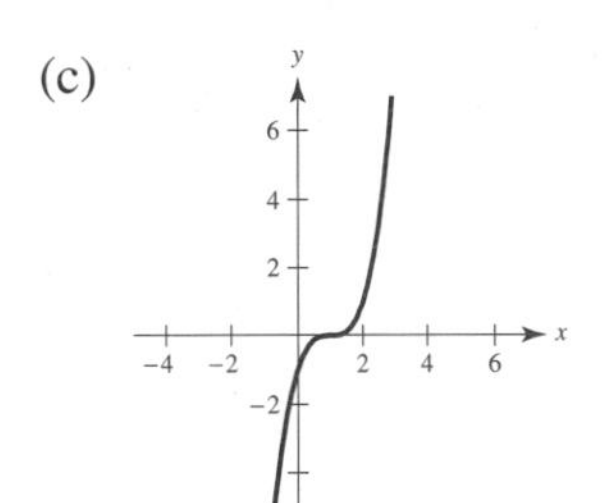

(d)

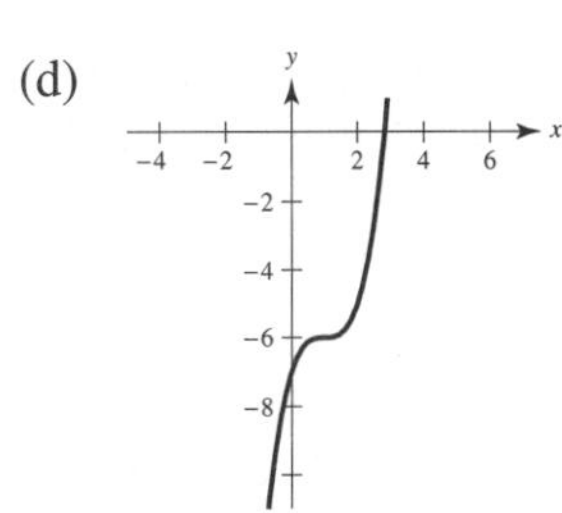

(e)

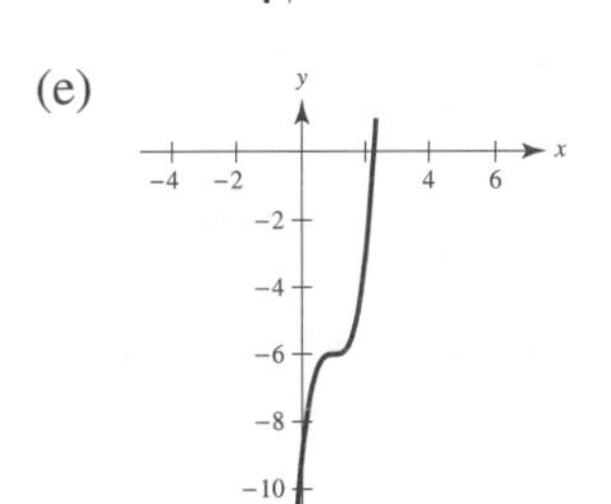

(f)

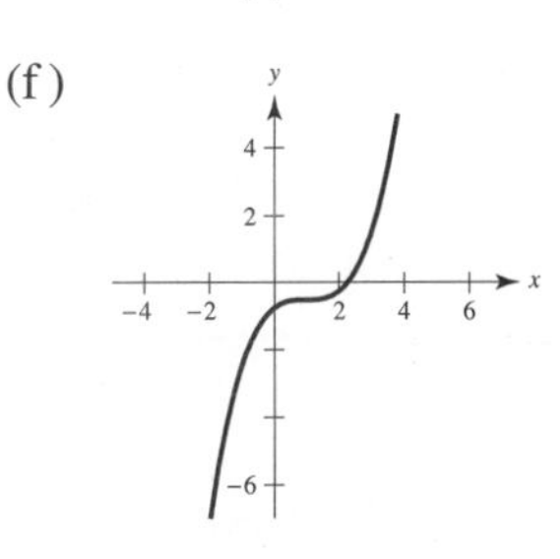

(g)

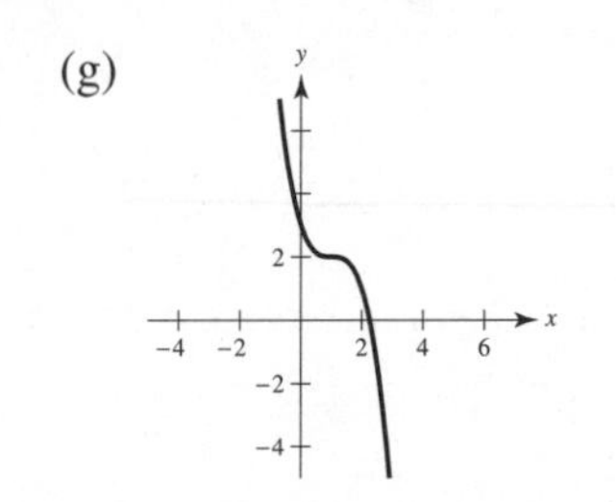

(h)

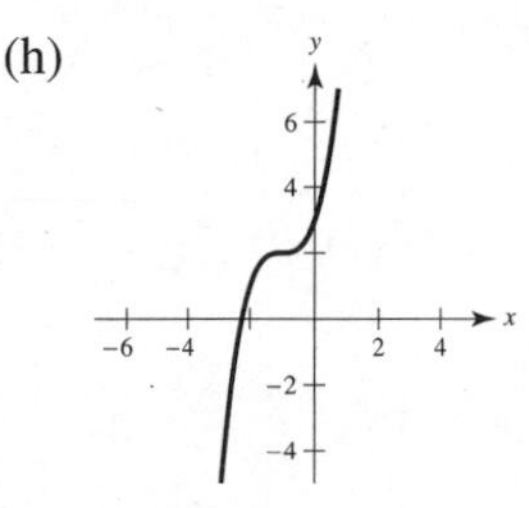

63. (a) $-x - 1$ (b) $5x - 9$
(c) $-6x^2 + 23x - 20$ (d) $\dfrac{2x - 5}{4 - 3x}$

65. (a) 0 (b) 0 (c) -1 (d) $\sqrt{15}$
(e) $\sqrt{x^2 - 1}$ (f) $x - 1\ (x \geq 0)$

67. $(f \circ g)(x) = x^2$; dominio: $(-\infty, \infty)$
$(g \circ f)(x) = x^2$; dominio: $(-\infty, \infty)$
Sí

69. $(f \circ g)(x) = x$; dominio: $[0, \infty)$
$(g \circ f)(x) = |x|$; dominio: $(-\infty, \infty)$
No, sus dominios son diferentes.

71. $(f \circ g)(x) = \dfrac{3}{x^2 + 1}$;
dominio: $(-\infty, -1) \cup (-1, 1) \cup (1, \infty)$
$(g \circ f)(x) = \dfrac{9}{x^2} - 1$; dominio: $(-\infty, 0) \cup (0, \infty)$
No

73. (a) 4 (b) -2
(c) Indefinida. La gráfica de g no existe en $x = -5$.
(d) 3 (e) 2
(f) Indefinida. La gráfica de f no existe en $x = -4$.

75. Las respuestas pueden variar.
Ejemplo de respuesta: $f(x) = \sqrt{x}$; $g(x) = 2x - 2$

77. (a) $\left(\frac{3}{2}, 4\right)$ (b) $\left(\frac{3}{2}, -4\right)$

79. f es par. g no es par ni impar. h es impar.

81. Par; ceros: $x = -2, 0, 2$ **83.** Ninguna; ceros: $x = 0$

85. $f(x) = -5x - 6, -2 \leq x \leq 0$ **87.** $y = -\sqrt{-x}$

89. Las respuestas pueden variar.
Ejemplo de respuesta:

91. Las respuestas pueden variar.
Ejemplo de respuesta:

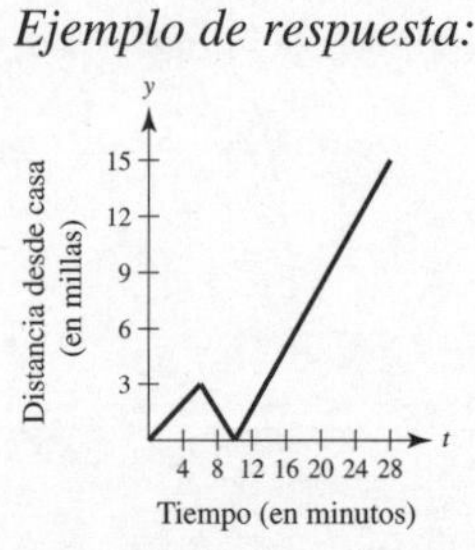

93. $c = 25$

95. No. La gráfica de una función que es cortada por una recta horizontal más de una vez significa que hay más de un valor de x que corresponde al mismo valor de y.

97. No. Considere $y = x^3 + x + 2$.
$f(-x) \neq -f(x)$
Esta es una función de grado impar que no es impar.

99. (a) $T(4) = 16$ °C, $T(15) \approx 23$ °C
(b) Los cambios de temperatura ocurren 1 hora después.
(c) Las temperaturas son 1° más bajas.
(d) $T(t) = \begin{cases} 16, & 0 \leq t \leq 6 \\ 7t - 26, & 6 < t < 7 \\ 23, & 7 \leq t \leq 20 \\ -7t + 163, & 20 < t < 21 \\ 16, & 21 \leq t \leq 24 \end{cases}$

101. (a)

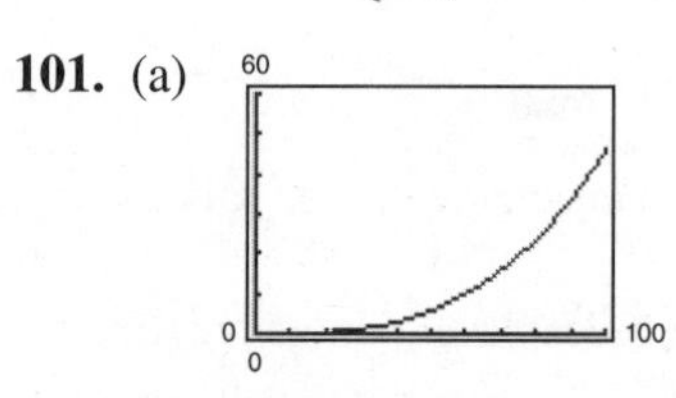

(b) $H\left(\dfrac{x}{1.6}\right) = 0.00001132x^3$

103-105. Demostraciones **107.** $L = \sqrt{x^2 + \left(\dfrac{2x}{x - 3}\right)^2}$

109. Falso. Por ejemplo, si $f(x) = x^2$, entonces $f(-1) = f(1)$.

111. Verdadero

113. Falso. $f(x) = 0$ es simétrica respecto al eje x.

115. Problema Putnam A1, 1988

Sección P.4

1. En general, si θ es un ángulo, entonces el ángulo $\theta + n(2\pi)$, n es un entero no cero, es coterminal con θ.

3. $\operatorname{sen} \theta = \dfrac{7}{25}$
$\cos \theta = \dfrac{24}{25}$
$\tan \theta = \dfrac{7}{24}$

5. (a) 396°, −324° (b) 240°, −480°

7. (a) $\dfrac{19\pi}{9}, -\dfrac{17\pi}{9}$ (b) $\dfrac{10\pi}{3}, -\dfrac{2\pi}{3}$

9. (a) $\dfrac{\pi}{6}$; 0.524 (b) $\dfrac{5\pi}{6}$; 2.618
(c) $\dfrac{7\pi}{4}$; 5.498 (d) $\dfrac{2\pi}{3}$; 2.094

11. (a) 270° (b) 210° (c) −105° (d) −135.62°

13.

r	8 pies	15 pulg	85 cm	24 pulg	$\dfrac{12963}{\pi}$ mi
s	12 pies	24 pulg	63.75π cm	96 pulg	8642 mi
θ	1.5	1.6	$\dfrac{3\pi}{4}$	4	$\dfrac{2\pi}{3}$

15. (a) $\operatorname{sen}\theta = \frac{4}{5}$ $\quad \csc\theta = \frac{5}{4}$
$\cos\theta = \frac{3}{5}$ $\quad \sec\theta = \frac{5}{3}$
$\tan\theta = \frac{4}{3}$ $\quad \cot\theta = \frac{3}{4}$
(b) $\operatorname{sen}\theta = -\frac{5}{13}$ $\quad \csc\theta = -\frac{13}{5}$
$\cos\theta = -\frac{12}{13}$ $\quad \sec\theta = -\frac{13}{12}$
$\tan\theta = \frac{5}{12}$ $\quad \cot\theta = \frac{12}{5}$

17.

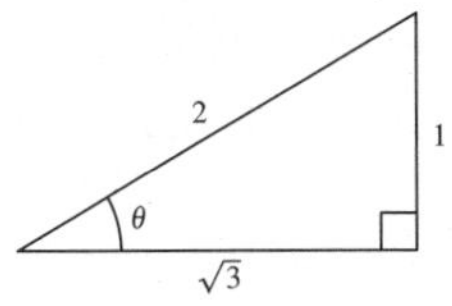

$\cos\theta = \dfrac{\sqrt{3}}{2}$

$\tan\theta = \dfrac{\sqrt{3}}{3}$

$\csc\theta = 2$

$\sec\theta = \dfrac{2\sqrt{3}}{3}$

$\cot\theta = \sqrt{3}$

19.

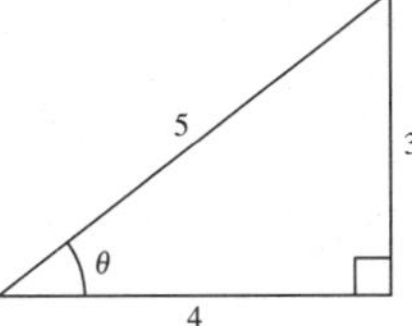

$\operatorname{sen}\theta = \dfrac{3}{5}$

$\tan\theta = \dfrac{3}{4}$

$\csc\theta = \dfrac{5}{3}$

$\sec\theta = \dfrac{5}{4}$

$\cot\theta = \dfrac{4}{3}$

21. (a) $\operatorname{sen} 225° = -\dfrac{\sqrt{2}}{2}$ (b) $\operatorname{sen}(-225°) = \dfrac{\sqrt{2}}{2}$
$\cos 225° = -\dfrac{\sqrt{2}}{2}$ $\quad \cos(-225°) = -\dfrac{\sqrt{2}}{2}$
$\tan 225° = 1$ $\quad \tan(-225°) = -1$
(c) $\operatorname{sen}\dfrac{5\pi}{3} = -\dfrac{\sqrt{3}}{2}$ (d) $\operatorname{sen}\dfrac{11\pi}{6} = -\dfrac{1}{2}$
$\cos\dfrac{5\pi}{3} = \dfrac{1}{2}$ $\quad \cos\dfrac{11\pi}{6} = \dfrac{\sqrt{3}}{2}$
$\tan\dfrac{5\pi}{3} = -\sqrt{3}$ $\quad \tan\dfrac{11\pi}{6} = -\dfrac{\sqrt{3}}{3}$

23. (a) $\dfrac{1}{2}$ (b) $\sqrt{3}$

25. (a) 0.1736 (b) 5.7588 **27.** (a) 0.3640 (b) 0.3640

29. (a) Cuadrante III (b) Cuadrante IV

31. (a) $\theta = \dfrac{\pi}{4}, \dfrac{7\pi}{4}$ (b) $\theta = \dfrac{3\pi}{4}, \dfrac{5\pi}{4}$

33. (a) $\theta = \dfrac{\pi}{4}, \dfrac{5\pi}{4}$ (b) $\theta = \dfrac{5\pi}{6}, \dfrac{11\pi}{6}$

35. $\theta = \dfrac{\pi}{4}, \dfrac{3\pi}{4}, \dfrac{5\pi}{4}, \dfrac{7\pi}{4}$ **37.** $\theta = 0, \dfrac{\pi}{4}, \pi, \dfrac{5\pi}{4}, 2\pi$

39. $\theta = \dfrac{\pi}{3}, \dfrac{5\pi}{3}, \pi$ **41.** $\theta = \dfrac{\pi}{3}, \dfrac{5\pi}{3}$ **43.** $\theta = 0, \dfrac{\pi}{2}, \pi, 2\pi$

45. $\theta = \dfrac{2\pi}{3}, \pi$ **47.** 5099 pies

49. Periodo: π
Amplitud: 2

51. Periodo: $\frac{1}{2}$
Amplitud: 3

53. Periodo: $\dfrac{\pi}{2}$ **55.** Periodo: $\dfrac{2\pi}{5}$

57. (a)

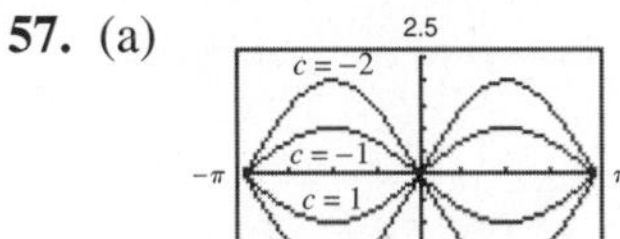
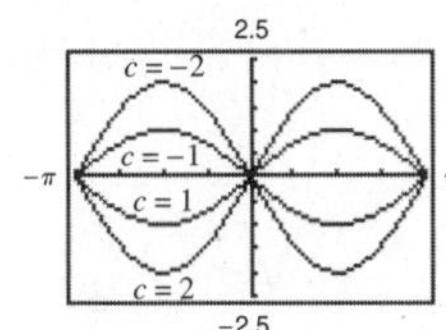

Cambio en la amplitud

(b)

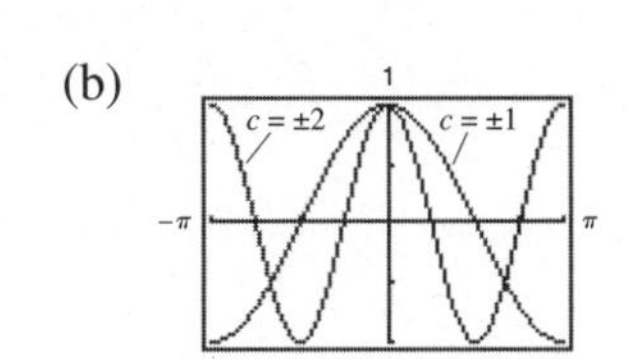

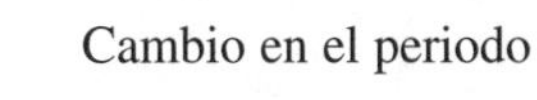

Cambio en el periodo

(c)

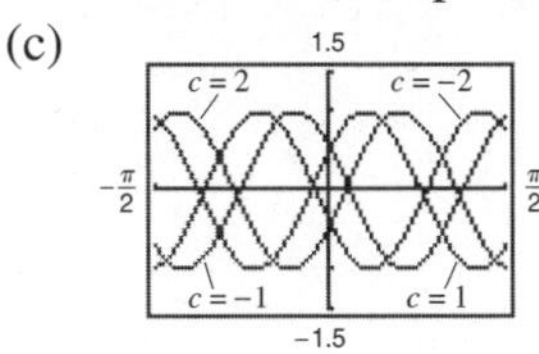

Traslación horizontal

59.

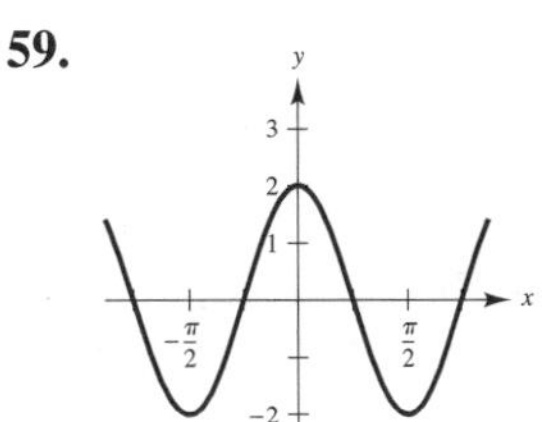

61.

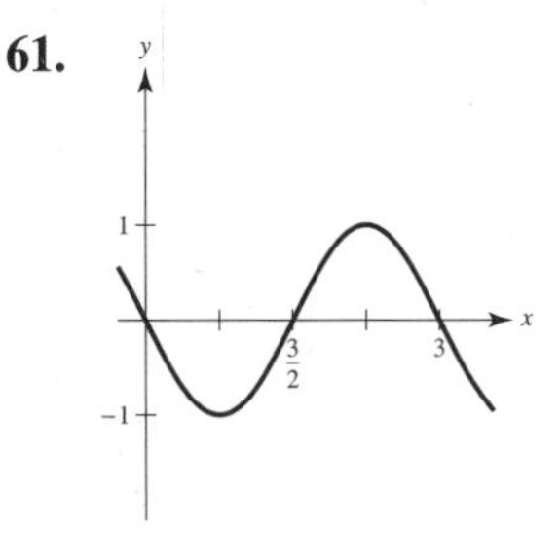

63.

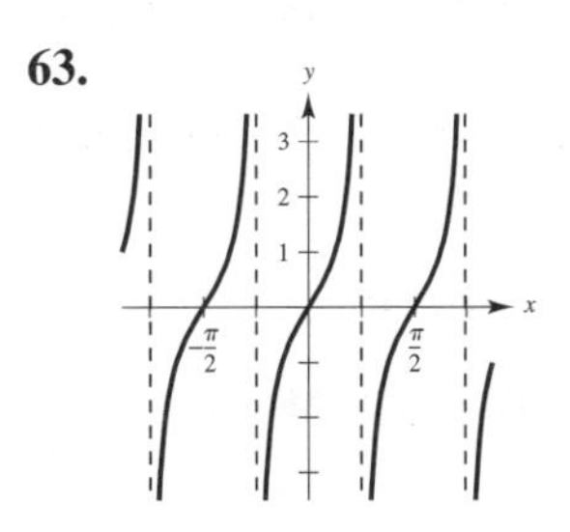

65.

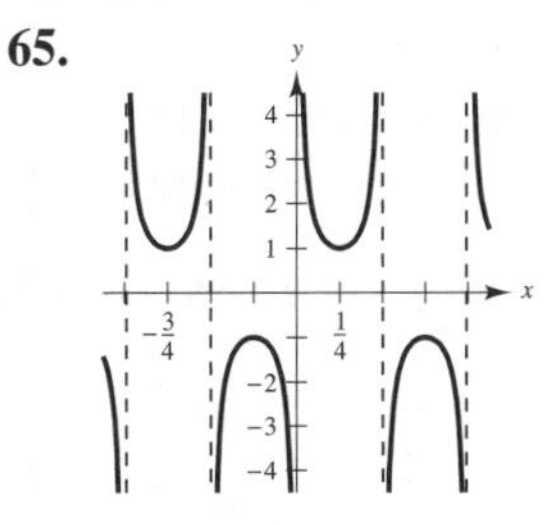

67.

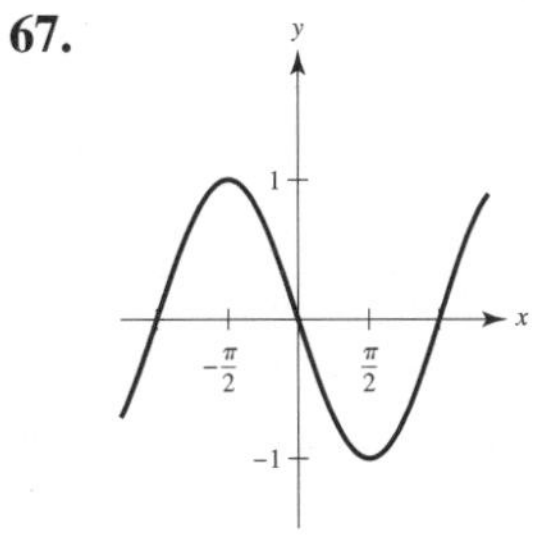

69.

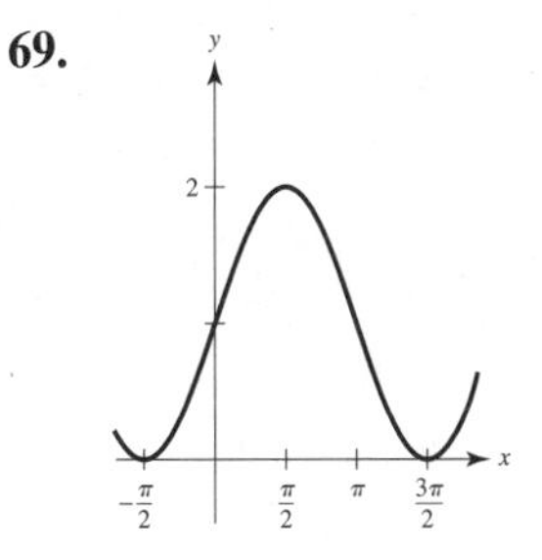

71.

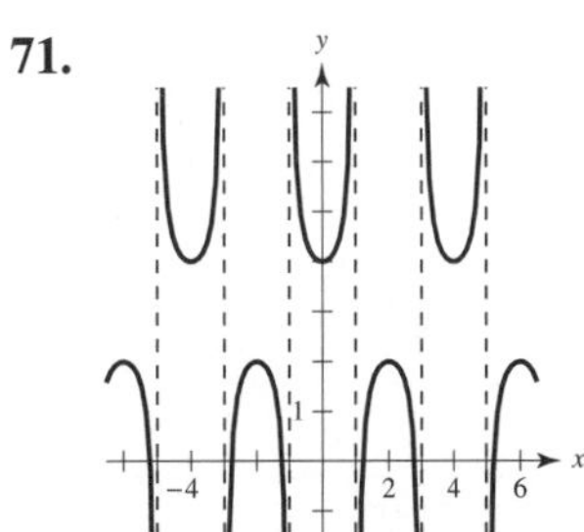

73. $a = 3, b = \dfrac{1}{2}, c = \dfrac{\pi}{2}$

75. No. Se puede utilizar $1 + \tan^2\theta = \sec^2\theta$, pero no se puede determinar el signo.

77. El rango de la función coseno es $-1 \le y \le 1$. El rango de la función secante es $y \le -1$ o $y \ge 1$.

79. $h = 51 + 50 \operatorname{sen}\left(8\pi t - \dfrac{\pi}{2}\right)$

81.

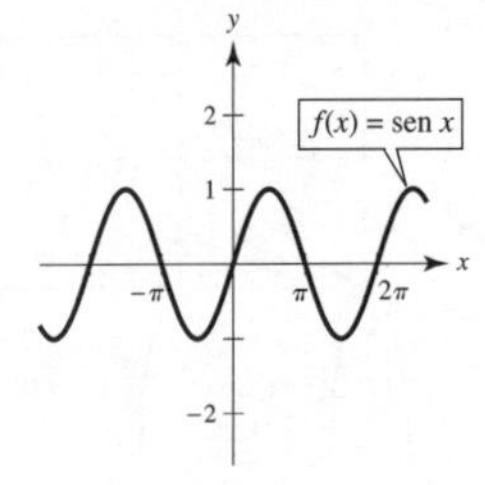

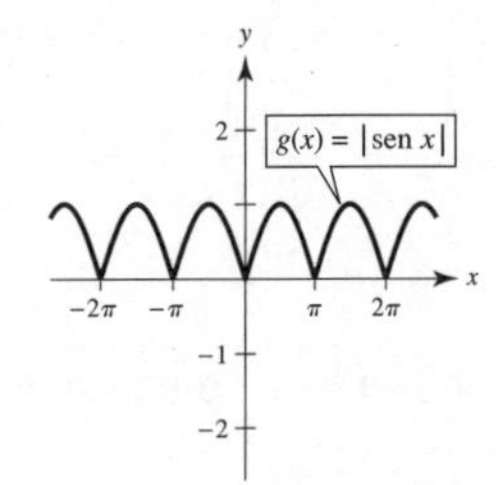

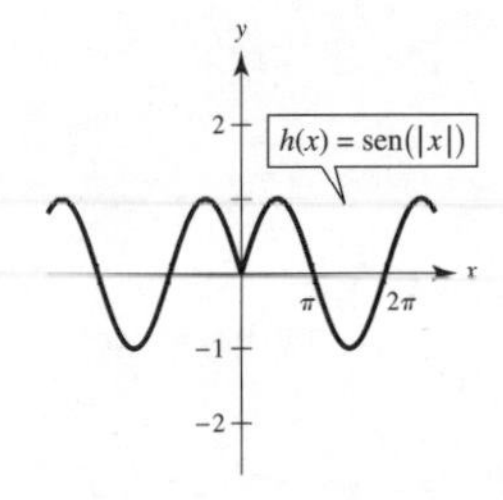

La gráfica de $|f(x)|$ reflejará cualquier parte de la gráfica de $f(x)$ debajo del eje x respecto del eje x. La gráfica de $f(|x|)$ reflejará la parte de la gráfica de $f(x)$ a la derecha del eje y respecto del eje y.

83. Falso. 4π radianes (no 4 radianes) corresponde a dos revoluciones completas desde el lado inicial hasta el lado terminal del ángulo.

85. Falso. La amplitud de la función $y = \frac{1}{2}$ sen $2x$ es la mitad de la amplitud de la función $y =$ sen x.

Ejercicios de repaso del capítulo P

1. (i) b, e, f (ii) d (iii) No hay coincidencias.
(iv) e, f (v) a (vi) d

3. Las respuestas pueden variar. *Ejemplo de respuestas:*
(a) $\text{sen}(1 + 2) \neq \text{sen } 1 + \text{sen } 2$
(b) $\cos(1 + 2) \neq \cos 1 + \cos 2$
(c) $\tan(1 + 2) \neq \tan 1 + \tan 2$

5. (a) Dominio de f: $(-\infty, \infty)$; rango de f: $[-3, 3]$
Dominio de g: $(-\infty, \infty)$; rango de g: $(-\infty, \infty)$
(b) La gráfica de f es simétrica respecto al eje y; la gráfica de g es simétrica respecto al origen.
(c) Intersecciones de f: $\left(\frac{\pi}{4} + n\pi, 0\right), \left(\frac{3\pi}{4} + n\pi, 0\right), (0, 3)$
Intersecciones de g: $(0, 0)$
(d)

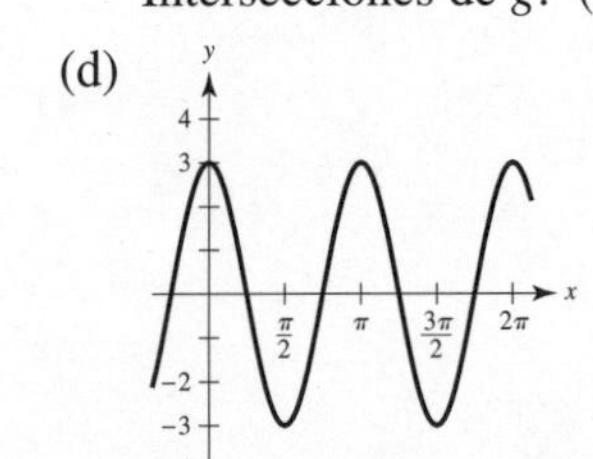

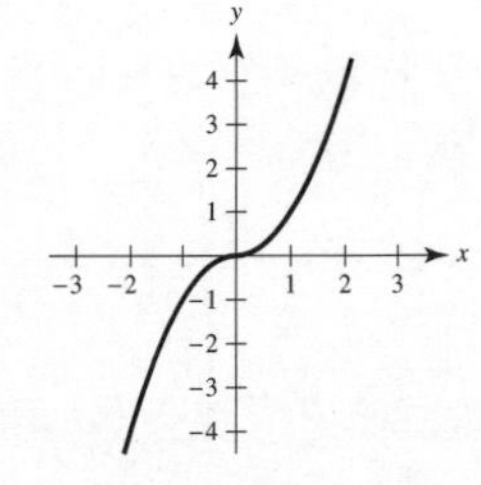

(e) $f + g = 3 \cos 2x + x|x|, f - g = 3 \cos 2x - x|x|,$
$fg = x|x|(3 \cos 2x), \frac{f}{g} = \frac{3 \cos 2x}{x|x|}, x \neq 0$
(f) $f(g(x)) = 3 \cos(2x|x|), g(f(x)) = 9 \cos 2x|\cos 2x|$

7. $\left(\frac{8}{5}, 0\right), (0, -8)$ **9.** $(3, 0), \left(0, \frac{3}{4}\right)$ **11.** No simétrica.

13. Simétrica respecto al eje x, el eje y y el origen.

15.

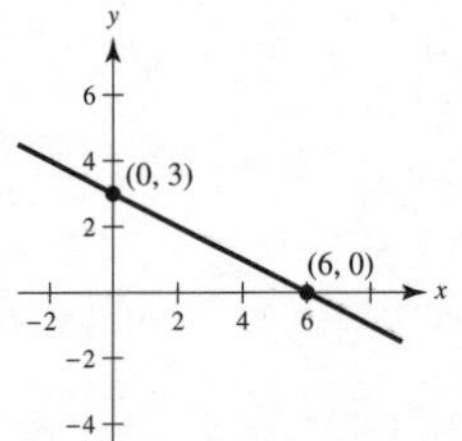

Simetría: ninguna

17.

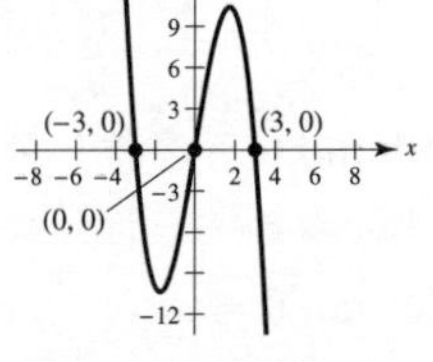

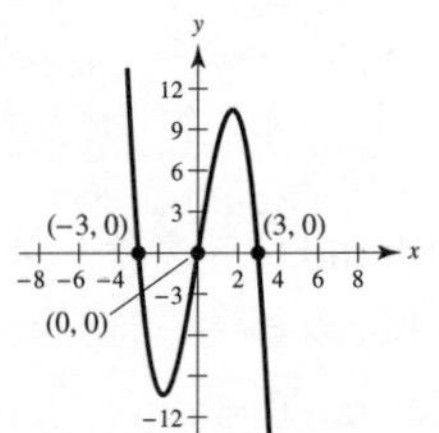

Simetría: el origen

19.

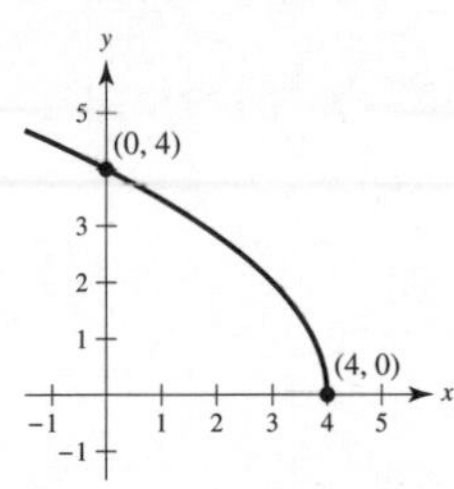

Simetría: ninguna

21. $(-2, 3)$ **23.** $(-2, 3), (3, 8)$

25.

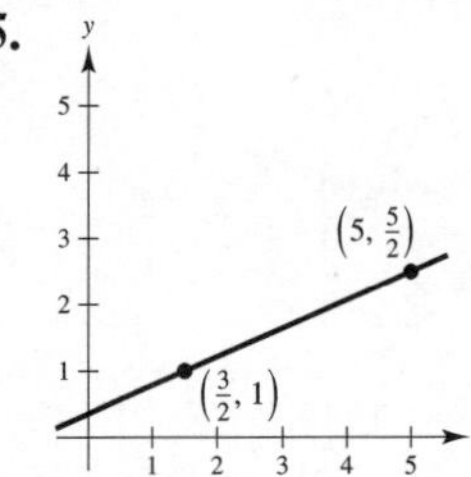

$m = \frac{3}{7}$

27. $7x - 4y - 41 = 0$

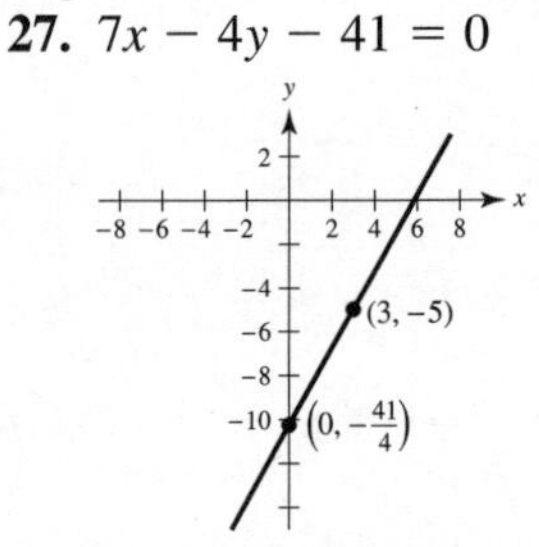

29. $x = -8$ o $x + 8 = 0$

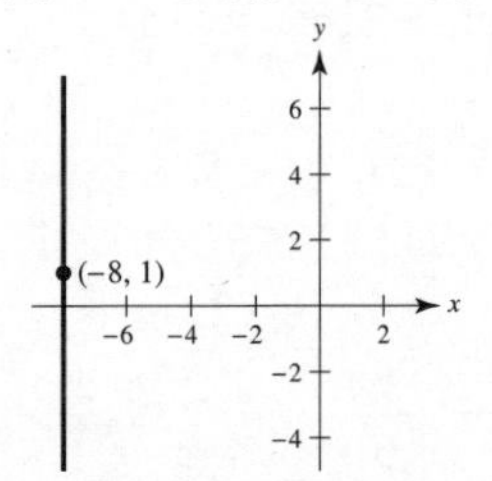

31. Pendiente: 3
Intersección eje y: $(0, 5)$

33.

35.

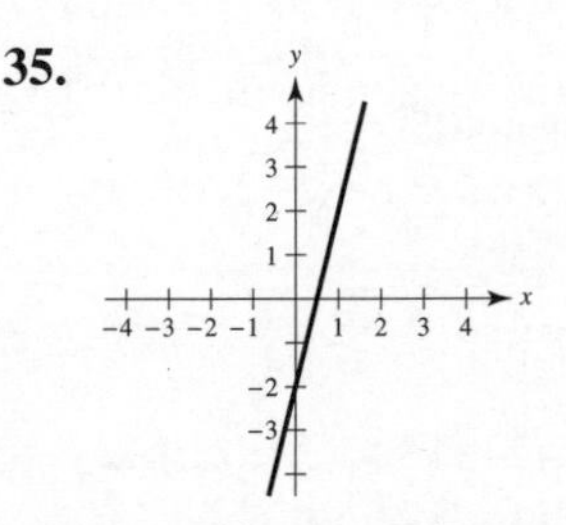

37. $x - 4y = 0$

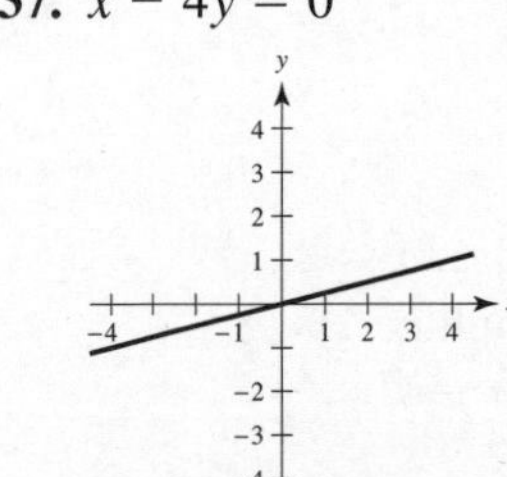

39. (a) $7x - 16y + 101 = 0$
(b) $5x - 3y + 30 = 0$
(c) $4x - 3y + 27 = 0$
(d) $x + 3 = 0$

41. $V = 12\,500 - 850t$; \$9 950

43. (a) 4 (b) 29 (c) -11 (d) $5t + 9$

45. (a) 0 (b) 2 (c) 3 (d) 1

47. $8x + 4\Delta x,\ \Delta x \neq 0$

49. Dominio: $(-\infty, \infty)$; rango: $[3, \infty)$

51. Dominio: $(-\infty, \infty)$; rango: $(-\infty, 0]$

53.

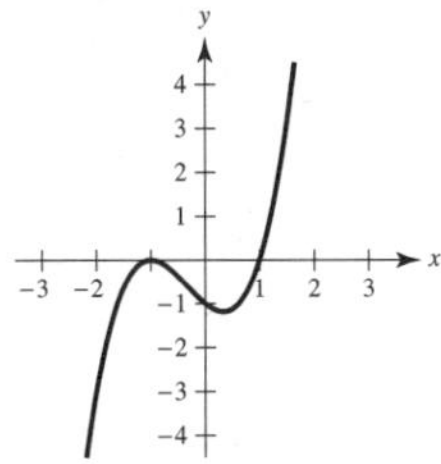

Dominio: $(-\infty, \infty)$
Rango: $(-\infty, \infty)$

55.

Dominio: $(-\infty, \infty)$
Rango: $[0, \infty)$

57. No es una función. **59.** Función

61. $f(x) = x^3 - 3x^2$

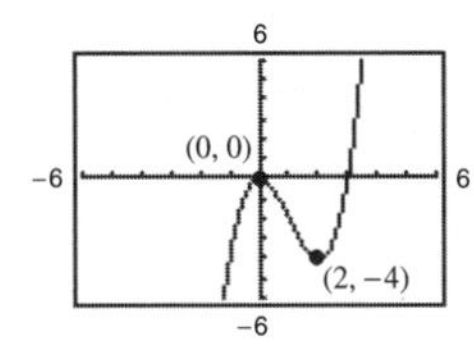

(a) $g(x) = -x^3 + 3x^2 + 1$

(b) $g(x) = (x - 2)^3 - 3(x - 2)^2 + 1$

63. $f(g(x)) = -3x + 1$; dominio: $(-\infty, \infty)$
$g(f(x)) = -3x - 1$; dominio: $(-\infty, \infty)$
No

65. Par; ceros: $x = -1, 0, 1$

67. $\dfrac{17\pi}{9} \approx 5.934$ **69.** $-\dfrac{8\pi}{3} \approx -8.378$

71. 30° **73.** $-120°$

75. $\text{sen}(-45°) = -\dfrac{\sqrt{2}}{2}$
$\cos(-45°) = \dfrac{\sqrt{2}}{2}$
$\tan(-45°) = -1$

77. $\text{sen}\,\dfrac{13\pi}{6} = \dfrac{1}{2}$
$\cos\dfrac{13\pi}{6} = \dfrac{\sqrt{3}}{2}$
$\tan\dfrac{13\pi}{6} = \dfrac{\sqrt{3}}{3}$

79. $\text{sen}\,405° = \dfrac{\sqrt{2}}{2}$
$\cos 405° = \dfrac{\sqrt{2}}{2}$
$\tan 405° = 1$

81. 0.6494 **83.** 3.2361 **85.** -0.3420 **87.** $\dfrac{2\pi}{3}, \dfrac{4\pi}{3}$

89. $\dfrac{7\pi}{6}, \dfrac{3\pi}{2}, \dfrac{11\pi}{6}$ **91.** $\dfrac{\pi}{3}, \pi, \dfrac{5\pi}{3}$

93.

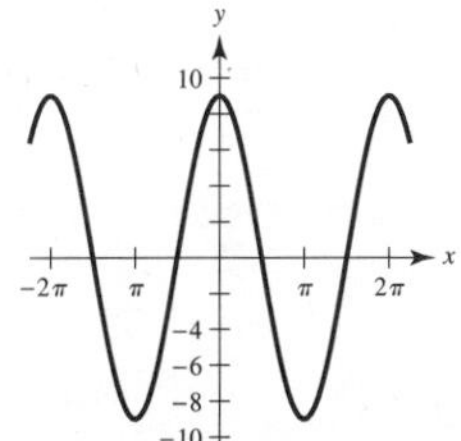

95.

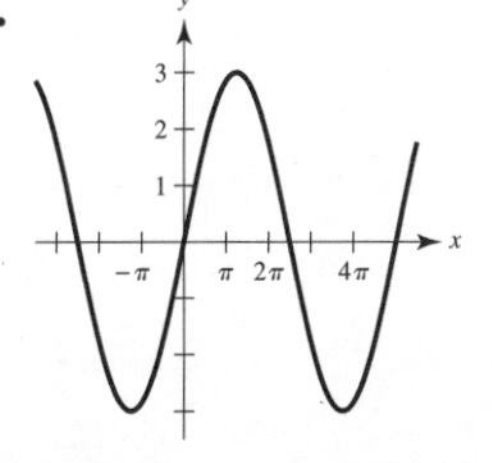

97.

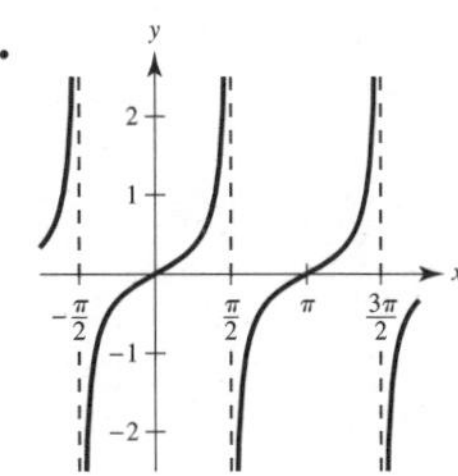

99.

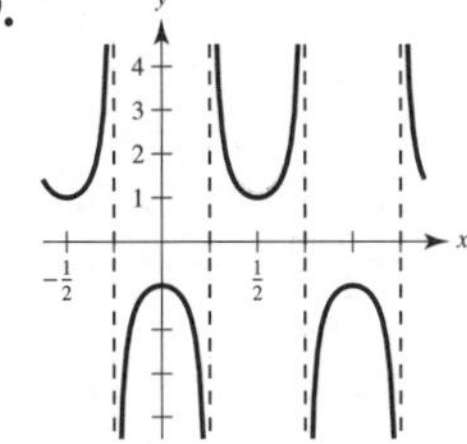

101. (a) $\dfrac{1}{5}$; mayor que (b) $\dfrac{1}{3}$; menor que

(c) $\dfrac{10}{41}$, mayor que (d) $\dfrac{\sqrt{4 + h} - 2}{h}$

(e) $\dfrac{1}{4}$, cuando h se aproxima a 0, la pendiente se aproxima a $\dfrac{1}{4}$.

Solución de problemas

1. (a) Centro: (3, 4); radio: 5

(b) $y = -\frac{3}{4}x$ (c) $y = \frac{3}{4}x - \frac{9}{2}$ (d) $\left(3, -\frac{9}{4}\right)$

3. $T(x) = \dfrac{2\sqrt{4 + x^2} + \sqrt{(3 - x)^2 + 1}}{4}$

5. (a) $A(x) = x\left(\dfrac{100 - x}{2}\right)$; dominio: (0, 100)

(b) Las dimensiones 50 m × 25 m permiten un área máxima de 1 250 m².

(c) 50 m × 25 m; área = 1 250 m²

7. 80 km/h; la velocidad promedio es la distancia dividida entre el tiempo. Sea d la distancia desde el punto de inicio hasta la playa. Así, la distancia total del viaje redondo es $2d$. El tiempo para manejar a la playa es $d/120$ y el tiempo para manejar de regreso es $d/60$. De esta manera, al simplificar la ecuación

$$\text{Velocidad promedio} = \frac{\text{distancia}}{\text{tiempo}} = \frac{2d}{d/120 + d/60}$$

se encuentra la velocidad promedio.

9. Demostración

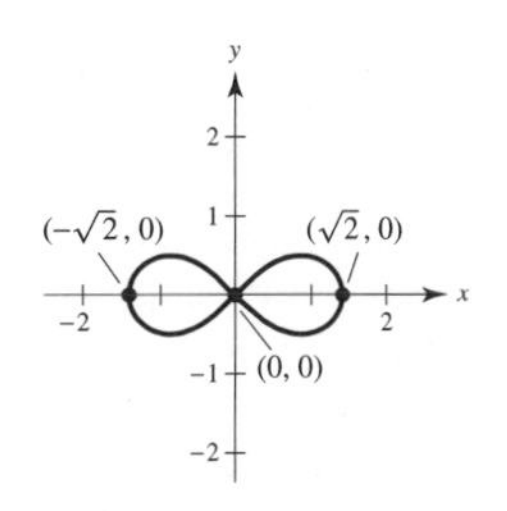

Capítulo 1

Sección 1.1

1. El cálculo son las matemáticas del cambio. Las matemáticas del precálculo son más estáticas.

   Las respuestas pueden variar. *Ejemplo de respuesta:*

Precálculo	**Cálculo**
Área del rectángulo	Área bajo una curva
Trabajo realizado por una fuerza constante	Trabajo realizado por una fuerza variable
Centro de un rectángulo	Centroide de una región

3. Precálculo: 300 pies
5. Cálculo: La pendiente de la recta tangente en $x = 2$ es 0.16.
7. 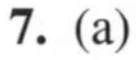 (a)

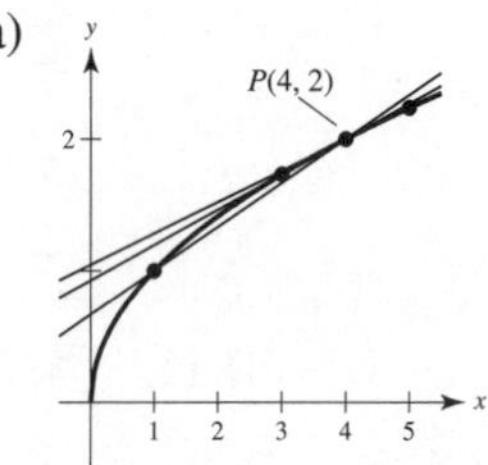

   (b) $x = 1$: $m = \frac{1}{3}$

   $x = 3$: $m = \dfrac{1}{\sqrt{3} + 2} \approx 0.2679$

   $x = 5$: $m = \dfrac{1}{\sqrt{5} + 2} \approx 0.2361$

   (c) $\frac{1}{4}$; se puede mejorar la aproximación de la pendiente en $x = 4$ al considerar valores de x muy cercanos a 4.
9. Área $\approx$ 10.417; área $\approx$ 9.145; usar más rectángulos.
11. (a) Aproximadamente 5.66
    (b) Aproximadamente 6.11
    (c) Incrementar el número de segmentos de recta.

Sección 1.2

1. Cuando la gráfica de la función se aproxima a 8 sobre el eje horizontal, también se aproxima a 25 sobre el eje vertical.

3.

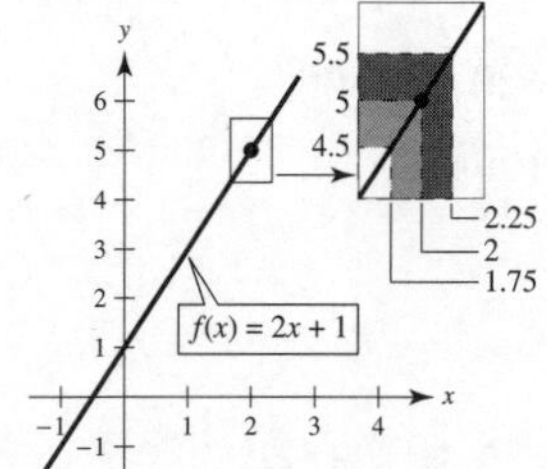

5.

x	3.9	3.99	3.999	4
$f(x)$	0.3448	0.3344	0.3334	?

x	4.001	4.01	4.1
$f(x)$	0.3332	0.3322	0.3226

$$\lim_{x\to 4} \frac{x - 4}{x^2 - 5x + 4} \approx 0.3333 \left(\text{El límite actual es } \frac{1}{3}.\right)$$

7.

x	−0.1	−0.01	−0.001	0
$f(x)$	0.5132	0.5013	0.5001	?

x	0.001	0.01	0.1
$f(x)$	0.4999	0.4988	0.4881

$$\lim_{x\to 0} \frac{\sqrt{x+1} - 1}{x} \approx 0.5000 \left(\text{El límite actual es } \frac{1}{2}.\right)$$

9.

x	−0.1	−0.01	−0.001	0
$f(x)$	0.9983	0.99998	1.0000	?

x	0.001	0.01	0.1
$f(x)$	1.0000	0.99998	0.9983

$$\lim_{x\to 0} \frac{\operatorname{sen} x}{x} \approx 1.0000 \text{ (El límite actual es 1.)}$$

11. 1 **13.** 2
15. El límite no existe. La función se aproxima a 1 por la derecha del 2, pero se aproxima a −1 por la izquierda del 2.
17. El límite no existe. La función oscila entre 1 y −1 cuando x tiende a 0.
19.

x	3.9	3.99	3.999	4
$f(x)$	7.9	7.99	7.999	?

x	4.001	4.01	4.1
$f(x)$	8.001	8.01	8.1

$$\lim_{x\to 4} \frac{x^2 - 16}{x - 4} \approx 8.0000 \text{ (El límite actual es 8.)}$$

21.

x	0.9	0.99	0.999	1
$f(x)$	0.2564	0.2506	0.2501	?

x	1.001	1.01	1.1
$f(x)$	0.2499	0.2494	0.2439

$$\lim_{x\to 1} \frac{x - 2}{x^2 + x - 6} \approx 0.2500 \left(\text{El límite actual es } \frac{1}{4}.\right)$$

23.

x	0.9	0.99	0.999	1
$f(x)$	0.7340	0.6733	0.6673	?

x	1.001	1.01	1.1
$f(x)$	0.6660	0.6600	0.6015

$\lim\limits_{x\to 1} \dfrac{x^4-1}{x^6-1} \approx 0.6666 \left(\text{El límite actual es } \dfrac{2}{3}.\right)$

25.

x	−6.1	−6.01	−6.001	−6
$f(x)$	−0.1248	−0.1250	−0.1250	?

x	−5.999	−5.99	−5.9
$f(x)$	−0.1250	−0.1250	−0.1252

$\lim\limits_{x\to -6} \dfrac{\sqrt{10-x}-4}{x+6} \approx -0.1250 \left(\text{El límite actual es } -\dfrac{1}{8}.\right)$

27.

x	−0.1	−0.01	−0.001	0
$f(x)$	−0.5263	−0.5025	−0.5003	?

x	0.001	0.01	0.1
$f(x)$	−0.4998	−0.4975	−0.4762

$\lim\limits_{x\to 0} \dfrac{[2/(x+2)]-1}{x} \approx -0.5000 \left(\text{El límite actual es } -\dfrac{1}{2}.\right)$

29.

x	−0.1	−0.01	−0.001	0
$f(x)$	1.9867	1.9999	2.0000	?

x	0.001	0.01	0.1
$f(x)$	2.0000	1.9999	1.9867

$\lim\limits_{x\to 0} \dfrac{\text{sen } 2x}{x} \approx 2.0000$ (El límite actual es 2.)

31.

x	−0.1	−0.01	−0.001	0
$f(x)$	−2000	-2×10^6	-2×10^9	?

x	0.001	0.01	0.1
$f(x)$	2×10^9	2×10^6	2000

Cuando x tiende a 0 por la izquierda, la función decrece indefinidamente. Cuando x tiende a 0 por la derecha, la función crece indefinidamente.

33. (a) 2

(b) El límite no existe. La función se aproxima a 1 por la derecha del 1, pero se aproxima a 3.5 por la izquierda del 1.

(c) El valor no existe. La función no está definida en $x = 4$.

(d) 2

35.

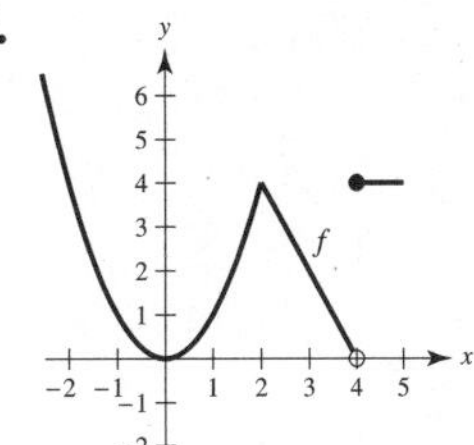

37.

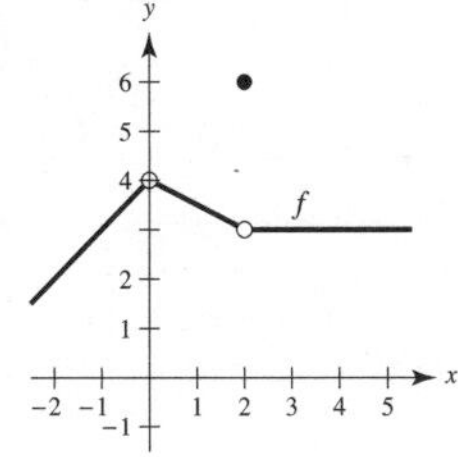

$\lim\limits_{x\to c} f(x)$ existe para todos los puntos de la gráfica excepto donde $c = 4$.

39. $\delta = 0.4$ **41.** $\delta = \frac{1}{11} \approx 0.091$

43. $L = 8$

Las respuestas pueden variar. *Ejemplo de respuestas:*

(a) $\delta \approx 0.0033$ (b) $\delta \approx 0.00167$

45. $L = 1$

Las respuestas pueden variar.

Ejemplo de respuestas:

(a) $\delta = 0.002$

(b) $\delta = 0.001$

47. $L = 12$

Las respuestas pueden. variar.

Ejemplo de respuestas:

(a) $\delta = 0.00125$

(b) $\delta = 0.000625$

49. 6 **51.** −3 **53.** 3 **55.** 0 **57.** 10

59. 2 **61.** 4

63.

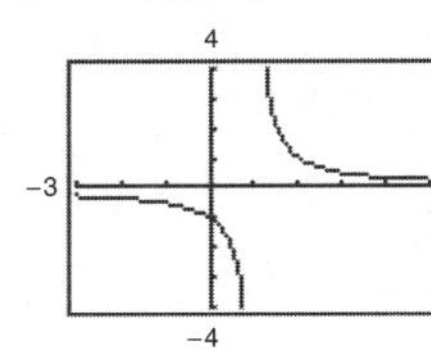

$\lim\limits_{x\to 3} f(x) = \dfrac{1}{2}$

Dominio: $(-\infty, 1) \cup (1, 3) \cup (3, \infty)$

La gráfica tiene un hueco en $x = 3$.

65.

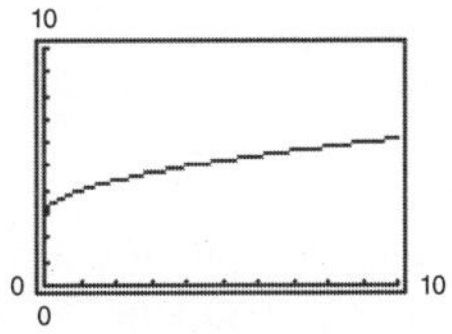

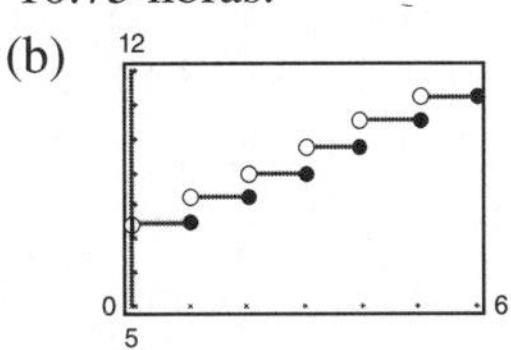

$\lim\limits_{x\to 9} f(x) = 6$

Dominio: $(-\infty, 9) \cup (9, \infty)$

La gráfica tiene un hueco en $x = 9$.

67. (a) \$15; el costo de enviar un paquete con un peso de 10.75 libras.

(b) El límite no existe porque los límites por la izquierda y por la derecha no son iguales.

69. Al escoger un valor positivo más pequeño de δ se seguirá cumpliendo la desigualdad $|f(x) - L| < \varepsilon$.

71. No. El hecho de que $f(2) = 4$ no condiciona la existencia del límite de $f(x)$ cuando x tiende a 2.

73. (a) $r = \dfrac{3}{\pi} \approx 0.9549$ cm

(b) $\dfrac{5.5}{2\pi} \le r \le \dfrac{6.5}{2\pi}$, o aproximadamente

$0.8754 < r < 1.0345$

(c) $\lim\limits_{r\to 3/\pi} 2\pi r = 6$; $\varepsilon = 0.5$; $\delta \approx 0.0796$

75.

x	-0.001	-0.0001	-0.00001
$f(x)$	2.7196	2.7184	2.7183

x	0.00001	0.0001	0.001
$f(x)$	2.7183	2.7181	2.7169

$\lim_{x\to 0} f(x) \approx 2.7183$

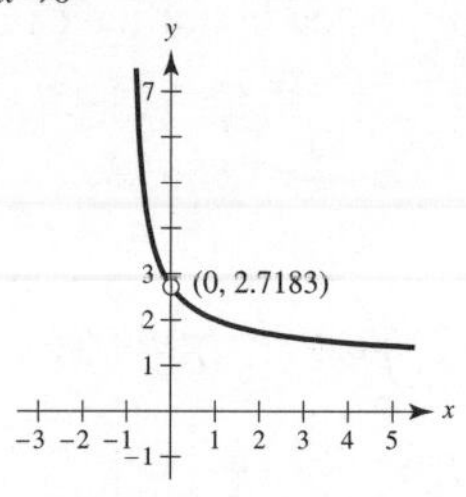

77. $\delta = 0.001, \quad (1.999, 2.001)$

79. Falso. La existencia o no existencia de $f(x)$ en $x = c$ no condiciona la existencia del límite de $f(x)$ cuando $x \to c$.

81. Falso. Vea el ejercicio 13.

83. Sí. Cuando x se aproxima a 0.25 por ambos lados, $\sqrt{x}$ se acerca arbitrariamente a 0.5.

85-87. Demostraciones **89.** $\lim_{x\to 0} \frac{\operatorname{sen} nx}{x} = n$

91. Problema Putnam B1, 1986

Sección 1.3

1. Sustituya c por x y simplifique.

3. Si una función f es encerrada entre dos funciones h y g, $h(x) \le f(x) \le g(x)$, y h y g tienen el mismo límite L cuando $x \to c$, entonces $\lim_{x\to c} f(x)$ existe y es igual a L.

5. 8 **7.** -1 **9.** 0 **11.** 7 **13.** $\sqrt{11}$ **15.** 125

17. $\frac{3}{5}$ **19.** $\frac{1}{5}$ **21.** 7 **23.** (a) 4 (b) 64 (c) 64

25. (a) 3 (b) 2 (c) 2 **27.** 1 **29.** $\frac{1}{2}$ **31.** 1

33. $\frac{1}{2}$ **35.** -1 **37.** (a) 10 (b) $\frac{12}{5}$ (c) $\frac{4}{5}$ (d) $\frac{1}{5}$

39. (a) 256 (b) 4 (c) 48 (d) 64

41. $f(x) = \frac{x^2 + 3x}{x}$ y $g(x) = x + 3$ coinciden excepto en $x = 0$. $\lim_{x\to 0} f(x) = \lim_{x\to 0} g(x) = 3$

43. $f(x) = \frac{x^2 - 1}{x + 1}$ y $g(x) = x - 1$ coinciden excepto en $x = -1$. $\lim_{x\to -1} f(x) = \lim_{x\to -1} g(x) = -2$

45. $f(x) = \frac{x^3 - 8}{x - 2}$ y $g(x) = x^2 + 2x + 4$ coinciden excepto en $x = 2$. $\lim_{x\to 2} f(x) = \lim_{x\to 2} g(x) = 12$

47. -1 **49.** $\frac{1}{8}$ **51.** $\frac{5}{6}$ **53.** $\frac{1}{6}$ **55.** $\frac{\sqrt{5}}{10}$

57. $-\frac{1}{9}$ **59.** 2 **61.** $2x - 2$ **63.** $\frac{1}{5}$ **65.** 0

67. 0 **69.** 0 **71.** 0 **73.** $\frac{3}{2}$

75.

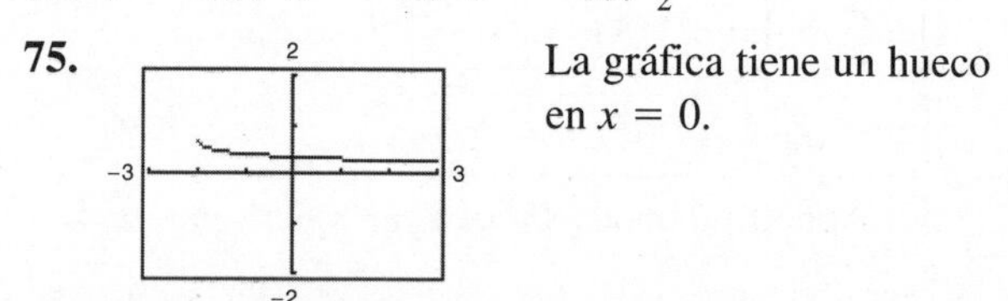

La gráfica tiene un hueco en $x = 0$.

Las respuestas pueden variar. *Ejemplo de respuesta:*

x	-0.1	-0.01	-0.001	0.001	0.01	0.1
$f(x)$	0.358	0.354	0.354	0.354	0.353	0.349

$\lim_{x\to 0} \frac{\sqrt{x+2} - \sqrt{2}}{x} \approx 0.354$; el límite actual es $\frac{1}{2\sqrt{2}} = \frac{\sqrt{2}}{4}$

77.

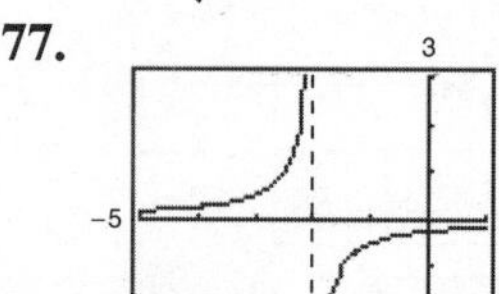

La gráfica tiene un hueco en $x = 0$.

Las respuestas pueden variar. *Ejemplo de respuesta:*

x	-0.1	-0.01	-0.001
$f(x)$	-0.263	-0.251	-0.250

x	0.001	0.01	0.1
$f(x)$	-0.250	-0.249	-0.238

$\lim_{x\to 0} \frac{[1/(2 + x)] - (1/2)}{x} \approx -0.250$; el límite actual es $-\frac{1}{4}$.

79.

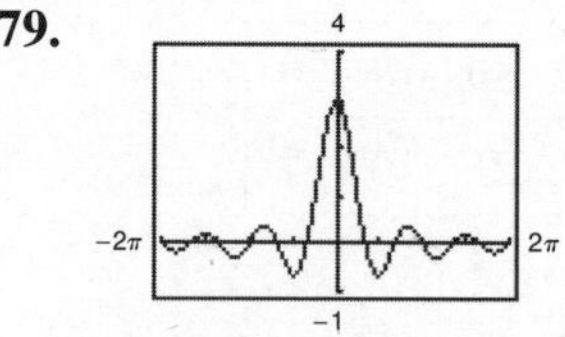

La gráfica tiene un hueco en $t = 0$.

Las respuestas pueden variar. *Ejemplo de respuesta:*

t	-0.1	-0.01	0	0.01	0.1
$f(t)$	2.96	2.9996	?	2.9996	2.96

$\lim_{x\to 0} \frac{\operatorname{sen} 3t}{t} \approx 3.0000$; el límite actual es 3.

81. 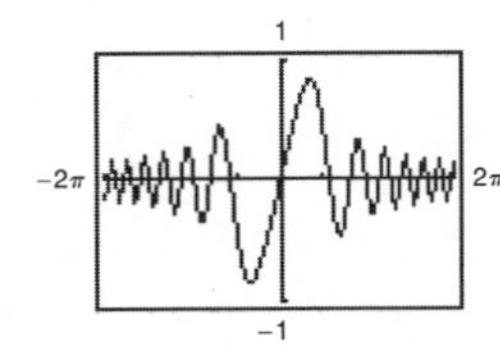

La gráfica tiene un hueco en $x = 0$.

Las respuestas pueden variar. *Ejemplo de respuesta:*

x	-0.1	-0.01	-0.001	0	0.001	0.01	0.1
$f(x)$	-0.1	-0.01	-0.001	?	0.001	0.01	0.1

$\lim\limits_{x\to 0} \dfrac{\operatorname{sen} x^2}{x} = 0$; el límite actual es 0.

83. 3 **85.** $2x - 4$ **87.** $x^{-1/2}$

89. $-1/(x+3)^2$ **91.** 4

93. 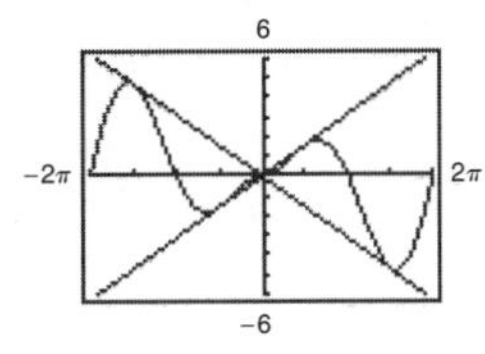

0

95. 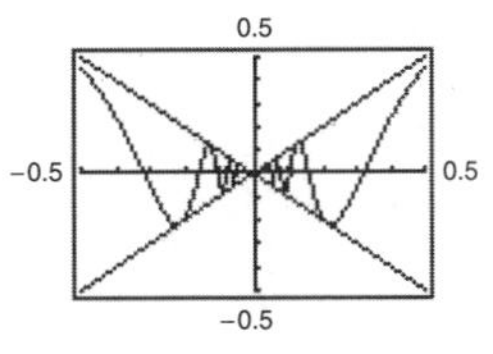

0

La gráfica tiene un hueco en $x = 0$.

97. f y g coinciden en todas partes excepto en un punto si c es un número real tal que $f(x) = g(x)$ para toda $x \neq c$.

Ejemplo de respuesta: $f(x) = \dfrac{x^2 - 1}{x - 1}$ y $g(x) = x + 1$ coinciden en todos los puntos excepto en $x = 1$.

99. -29.4 m/s

101. -64 pies/s (velocidad $= 64$ pies/s)

103. 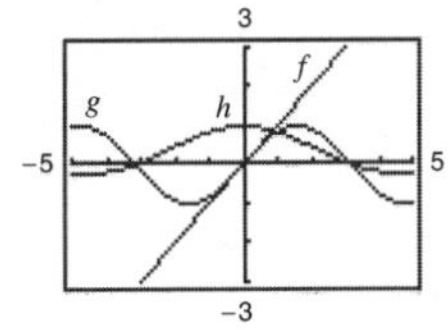

Las magnitudes de $f(x)$ y $g(x)$ son aproximadamente iguales cuando x se acerca a 0. Por lo tanto, su radio es aproximadamente 1.

105. Sean $f(x) = 1/x$ y $g(x) = -1/x$.

$\lim\limits_{x\to 0} f(x)$ y $\lim\limits_{x\to 0} g(x)$ no existe. Sin embargo,

$$\lim_{x\to 0} [f(x) + g(x)] = \lim_{x\to 0} \left[\frac{1}{x} + \left(-\frac{1}{x}\right)\right] = \lim_{x\to 0} 0 = 0$$

y así este límite existe.

107-111. Demostraciones

113. La utilidad gráfica fue programada en modo *grados* en lugar de modo *radianes*.

115. Falso. El límite no existe porque la función se aproxima a 1 por la derecha del 0 y se aproxima a -1 por la izquierda del 0.

117. Verdadero.

119. Falso. El límite no existe porque $f(x)$ tiende a 3 por la izquierda del 2 y tiende a 0 por la derecha de 2.

121. Demostración

123. (a) Para toda $x \neq 0, \dfrac{\pi}{2} + n\pi$

(b) El dominio no es evidente. El hueco en $x = 0$ no está aparentemente en la gráfica.

(c) $\frac{1}{2}$ (d) $\frac{1}{2}$

125. $\lim\limits_{x\to 0} f(x)$ no existe; $\lim\limits_{x\to 0} g(x) = 0$

Sección 1.4

1. Una función f es continua en un punto c si $f(c)$ está definida, $\lim\limits_{x\to c} f(x)$ existe, y $\lim\limits_{x\to c} f(x) = f(c)$.

3. El límite existe porque el límite por la izquierda y el límite por la derecha son equivalentes.

5. (a) 3 (b) 3

(c) 3; $f(x)$ es continua sobre $(-\infty, \infty)$.

7. (a) 0 (b) 0 (c) 0; discontinuidad en $x = 3$

9. (a) -3 (b) 3 (c) El límite no existe.

Discontinuidad en $x = 2$

11. $\frac{1}{16}$ **13.** $\frac{1}{10}$ **15.** 0

17. El límite no existe. La función decrece indefinidamente cuando x tiende a -3 por la izquierda.

19. -1 **21.** 1

23. El límite no existe. La función decrece indefinidamente cuando x tiende a π por la izquierda y crece indefinidamente cuando x tiende a π por la derecha.

25. 8 **27.** 2 **29.** $-\dfrac{1}{x^2}$ **31.** $\dfrac{5}{2}$ **33.** 2

35. Discontinuidades en $x = -2$ y $x = 2$

37. Discontinuidades en cada entero

39. Continua sobre $[-7, 7]$ **41.** Continua sobre $[-1, 4]$

43. Discontinuidad no evitable en $x = 0$

45. Continua para todos los reales x

47. Discontinuidades no evitables en $x = -2$ y $x = 2$

49. Continua para todos los reales x

51. Discontinuidad no evitable en $x = 1$

Discontinuidad evitable en $x = 0$

53. Continua para todos los reales x

55. Discontinuidad evitable en $x = -2$

Discontinuidad no evitable en $x = 5$

57. Discontinuidad no evitable en $x = -7$

59. Discontinuidad no evitable en múltiplos enteros de $\dfrac{\pi}{2}$

61. Discontinuidad no evitable en cada entero

63. Continua para todos los reales x

65. Discontinuidad no evitable en $x = 2$

67. Continua para todos los reales x

69. $a = 7$ **71.** $a = 2$ **73.** $a = -1, b = 1$

75. Continua para todos los reales x

77. Discontinuidad no evitable en $x = 1$ y $x = -1$

79. Continua sobre los intervalos abiertos

$\ldots, (-3\pi, -\pi), (-\pi, \pi), (\pi, 3\pi), \ldots$

81.

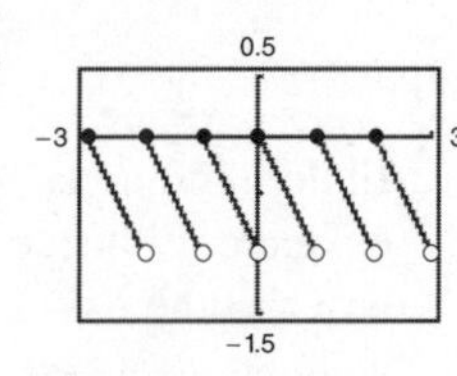

Discontinuidad no evitable en cada entero

83.

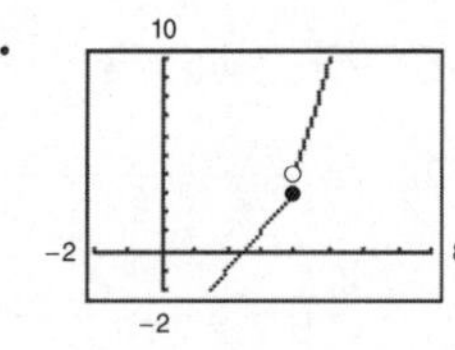

Discontinuidad no evitable en $x = 4$

85. Continua sobre $(-\infty, \infty)$ **87.** Continua sobre $[0, \infty)$

89. Continua sobre los intervalos abiertos . . . , $(-6, -2)$, $(-2, 2)$, $(2, 6)$, . . .

91. Continua sobre $(-\infty, \infty)$

93. Dado que $f(x)$ es continua en el intervalo $[1, 2]$ y $f(1) = \frac{37}{12}$ y $f(2) = -\frac{8}{3}$ por el teorema del valor intermedio existe un número real c en $[1, 2]$ tal que $f(c) = 0$.

95. Dado que $f(x)$ es continua en el intervalo $[0, \pi]$ y $f(0) = -3$ y $f(\pi) \approx 8.87$, por el teorema del valor intermedio existe un número real c en $[0, \pi]$ tal que $f(c) = 0$.

97. Considere los intervalos $[1, 3]$ y $[3, 5]$.
$f(1) = 2 > 0$ y $f(3) = -2 < 0$. Así, existe al menos un cero en el intervalo $[1, 3]$.
$f(3) = -2 < 0$ y $f(5) = 2 > 0$. Así, existe al menos un cero en el intervalo $[3, 5]$.

99. 0.68, 0.6823 **101.** 0.56, 0.5636

103. 0.95, 0.9472

105. $f(3) = 11$; $c = 3$

107. $f(0) \approx 0.6458$, $f(5) \approx 1.464$; $c = 2$

109. $f(1) = 0$, $f(3) = 24$; $c = 2$

111. (a) Las respuestas pueden variar. *Ejemplo de respuesta:*

$$f(x) = \frac{1}{(x-a)(x-b)}$$

(b) Las respuestas pueden variar. *Ejemplo de respuesta:*

$$g(x) = \begin{cases} -1 & -2 \le x < 0 \\ 1 & 0 \le x \le 2 \end{cases}$$

No; la función g no es continua en $x = 0$.

113. Si f y g son continuas para toda x, también lo es $f + g$ (teorema 1.11, parte 2). Sin embargo, $\dfrac{f}{g}$ podría no ser continua si $g(x) = 0$. Por ejemplo, sea $f(x) = x$ y $g(x) = x^2 - 1$.

Entonces f y g son continuas para todo real x, excepto $\dfrac{f}{g}$ no es continua en $x = \pm 1$.

115. Verdadero

117. Falso. $f(x) = \cos x$ tiene dos ceros en $[0, 2\pi]$. Sin embargo, $f(0)$ y $f(2\pi)$ tienen el mismo signo.

119. Falso. Una función racional puede ser escrita como $\dfrac{P(x)}{Q(x)}$, donde P y Q son polinomios de grados m y n, respectivamente. Puede tener a lo más, n discontinuidades.

121. Las funciones difieren por 1 para valores no enteros de x.

123. (a) $C(t) = 3 - [\![1 - t]\!]$, $0 < t \le 13$

(b)

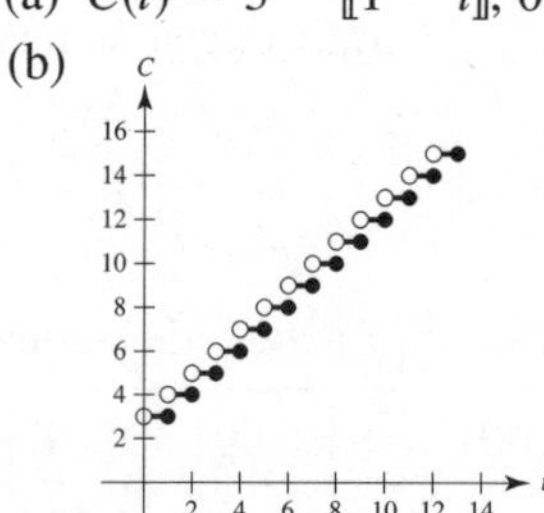

Hay una discontinuidad no evitable en cada valor entero de t, u hora.

125-127. Demostraciones **129.** Las respuestas pueden variar.

131. (a)

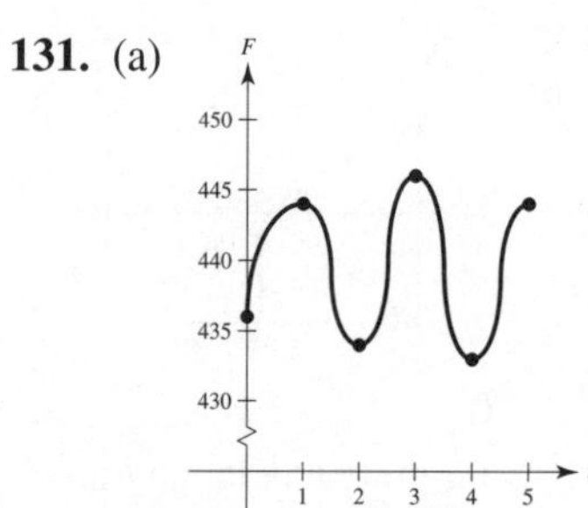

(b) No. La frecuencia es oscilante.

133. (a) $c = 0$, 1 o 2

(b) $c = \dfrac{-1 \pm \sqrt{5}}{2}$

135. Demostración

137. $h(x)$ tiene una discontinuidad no evitable en cada entero excepto en 0.

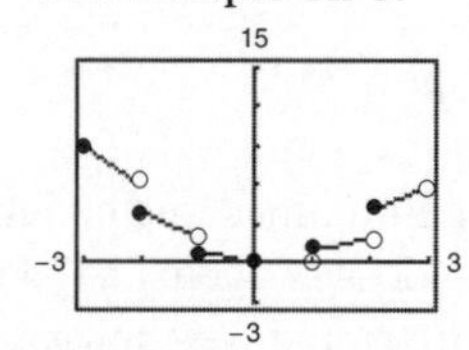

139. Problema Putnam B2, 1988

Sección 1.5

1. Un límite en el cual $f(x)$ crece o decrece indefinidamente cuando x tiende a c se llama límite infinito. ∞ no es un número. Más bien, el símbolo $\lim_{x\to c} f(x) = \infty$ dice cómo el límite no existe.

3. $\lim_{x\to -2^+} 2\left|\dfrac{x}{x^2-4}\right| = \infty$, $\lim_{x\to -2^-} 2\left|\dfrac{x}{x^2-4}\right| = \infty$

5. $\lim_{x\to -2^+} \tan\dfrac{\pi x}{4} = -\infty$, $\lim_{x\to -2^-} \tan\dfrac{\pi x}{4} = \infty$

7. $\lim_{x\to 4^+} \dfrac{1}{x-4} = \infty$, $\lim_{x\to 4^-} \dfrac{1}{x-4} = -\infty$

9. $\lim_{x\to 4^+} \dfrac{1}{(x-4)^2} = \infty$, $\lim_{x\to 4^-} \dfrac{1}{(x-4)^2} = \infty$

11.

x	-3.5	-3.1	-3.01	-3.001	-3
$f(x)$	0.31	1.64	16.6	167	?

x	-2.999	-2.99	-2.9	-2.5
$f(x)$	-167	-16.7	-1.69	-0.36

$\lim_{x\to -3^+} f(x) = -\infty;\quad \lim_{x\to -3^-} f(x) = \infty$

13.

x	-3.5	-3.1	-3.01	-3.001	-3
$f(x)$	3.8	16	151	1501	?

x	-2.999	-2.99	-2.9	-2.5
$f(x)$	-1499	-149	-14	-2.3

$\lim_{x\to -3^+} f(x) = -\infty;\quad \lim_{x\to -3^-} f(x) = \infty$

15.

x	-3.5	-3.1	-3.01	-3.001	-3
$f(x)$	-1.7321	-9.514	-95.49	-954.9	?

x	-2.999	-2.99	-2.9	-2.5
$f(x)$	954.9	95.49	9.514	1.7321

$\lim_{x\to -3^-} f(x) = -\infty;\quad \lim_{x\to -3^+} f(x) = \infty$

17.

x	-3.5	-3.1	-3.01	-3.001	-3
$f(x)$	-3.8637	-19.107	-190.99	-1909.9	?

x	-2.999	-2.99	-2.9	-2.5
$f(x)$	1909.9	190.99	19.107	3.8637

$\lim_{x\to -3^-} f(x) = -\infty;\quad \lim_{x\to -3^+} f(x) = \infty$

19. $x = 0$ **21.** $x = \pm 2$ **23.** Sin asíntota vertical.
25. $x = -2, x = 1$ **27.** Sin asíntota vertical.
29. $x = 0, x = 3$ **31.** $x = n\pi$, n es un entero.
33. $t = n\pi$, n es un entero no cero.
35. Discontinuidad evitable en $x = -1$
37. Asíntota vertical en $x = -1$ **39.** ∞
41. ∞ **43.** $-\frac{1}{5}$ **45.** $-\infty$ **47.** $-\infty$
49. ∞ **51.** ∞ **53.** 0 **55.** ∞
57.

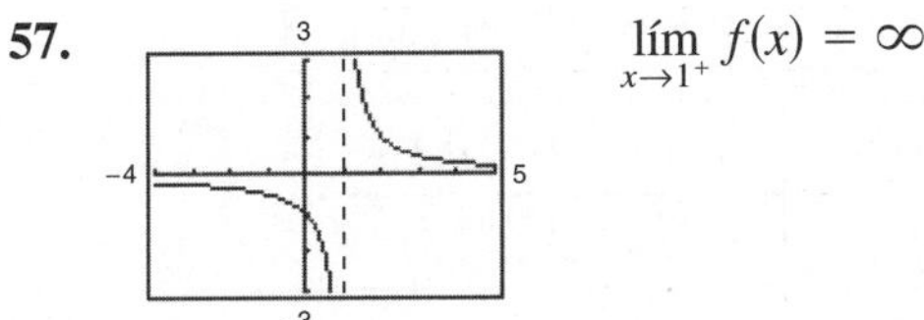

$\lim_{x\to 1^+} f(x) = \infty$

59. (a) ∞ (b) $-\infty$ (c) 0

61. Las respuestas pueden variar. *Ejemplo de respuesta:*

$$f(x) = \frac{x-3}{x^2 - 4x - 12}$$

63.

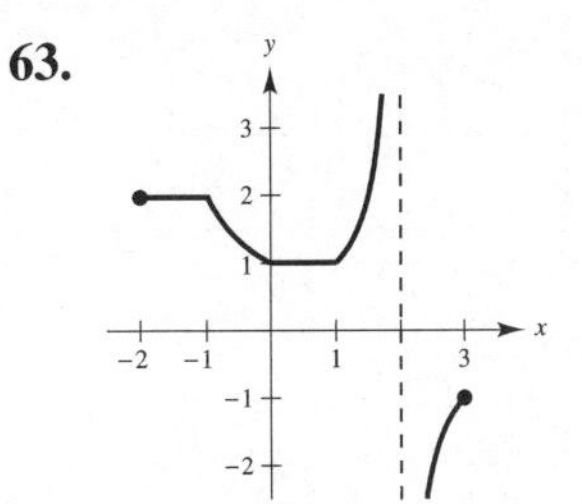

65. (a)

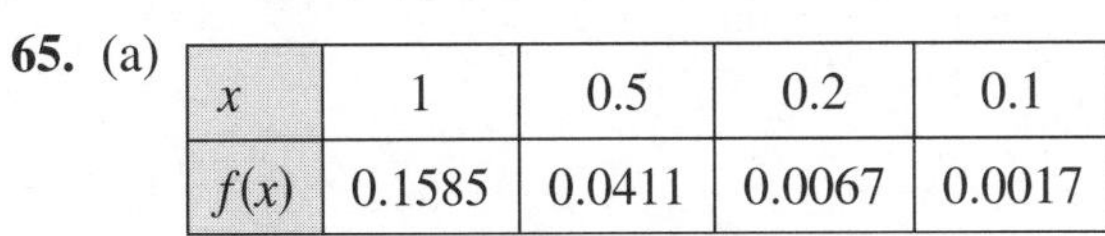

x	1	0.5	0.2	0.1
$f(x)$	0.1585	0.0411	0.0067	0.0017

x	0.01	0.001	0.0001
$f(x)$	≈ 0	≈ 0	≈ 0

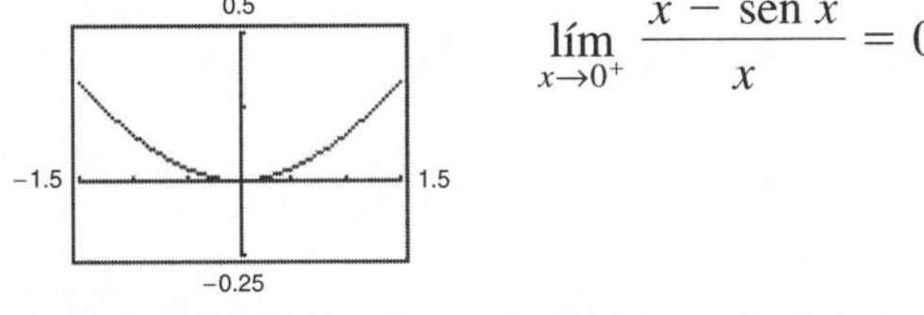

$\lim_{x\to 0^+} \frac{x - \operatorname{sen} x}{x} = 0$

(b)

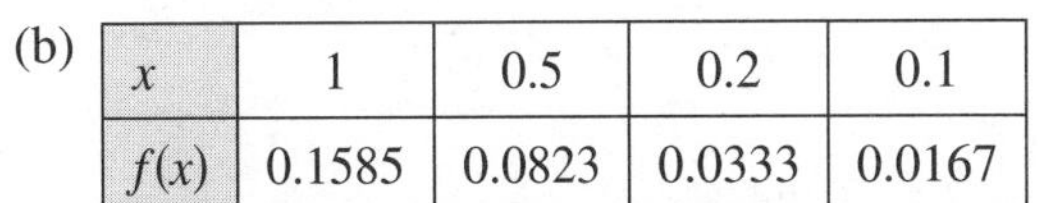

x	1	0.5	0.2	0.1
$f(x)$	0.1585	0.0823	0.0333	0.0167

x	0.01	0.001	0.0001
$f(x)$	0.0017	≈ 0	≈ 0

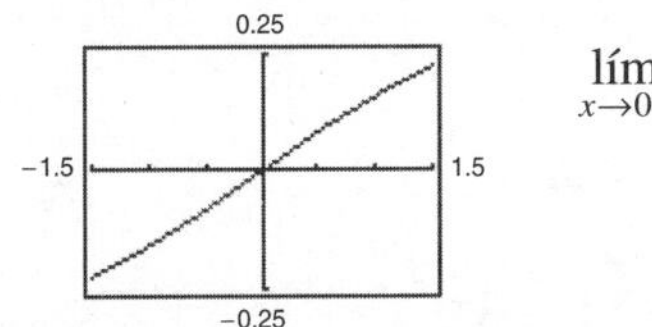

$\lim_{x\to 0^+} \frac{x - \operatorname{sen} x}{x^2} = 0$

(c)

x	1	0.5	0.2	0.1
$f(x)$	0.1585	0.1646	0.1663	0.1666

x	0.01	0.001	0.0001
$f(x)$	0.1667	0.1667	0.1667

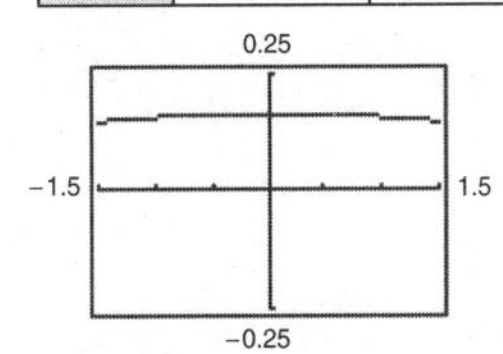

$\lim_{x\to 0^+} \frac{x - \operatorname{sen} x}{x^3} = 0.1\overline{6} \text{ o } \frac{1}{6}$

(d)

x	1	0.5	0.2	0.1
$f(x)$	0.1585	0.3292	0.8317	1.6658

x	0.01	0.001	0.0001
$f(x)$	16.67	166.7	1667.0

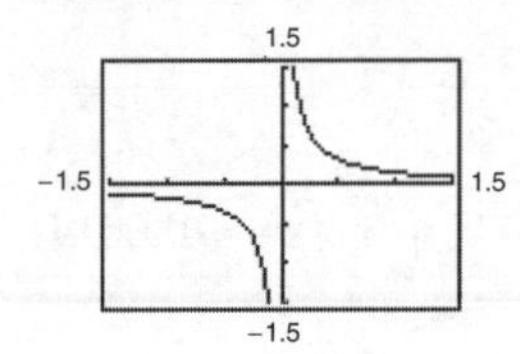

$$\lim_{x\to 0^+} \frac{x - \operatorname{sen} x}{x^4} = \infty$$

Para $n > 3$, $\displaystyle\lim_{x\to 0^+} \frac{x - \operatorname{sen} x}{x^n} = \infty$.

67. (a) $\frac{3}{2}$ pies/s (b) $\displaystyle\lim_{x\to 25^-} \frac{2x}{\sqrt{625 - x^2}} = \infty$

69. ∞ o $-\infty$ si $k < 0$

71. (a) $A = 50 \tan\theta - 50\theta$; dominio: $\left(0, \dfrac{\pi}{2}\right)$

(b)

θ	0.3	0.6	0.9	1.2	1.5
$f(\theta)$	0.47	4.21	18.0	68.6	630.1

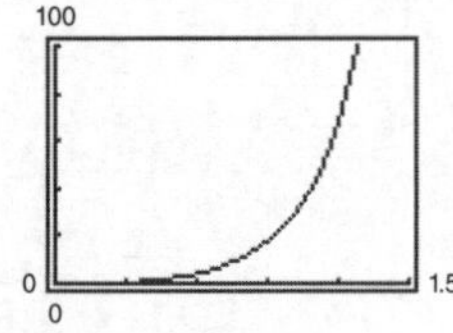

(c) $\displaystyle\lim_{\theta\to\pi/2^-} A = \infty$

73. Verdadero. **75.** Falso. Sea $f(x) = \tan x$

77. Sea $f(x) = \dfrac{1}{x^2}$ y $g(x) = \dfrac{1}{x^4}$, y sea $c = 0$. $\displaystyle\lim_{x\to 0} \frac{1}{x^2} = \infty$ y

$\displaystyle\lim_{x\to 0} \frac{1}{x^4} = \infty$, pero

$$\lim_{x\to 0}\left(\frac{1}{x^2} - \frac{1}{x^4}\right) = \lim_{x\to 0}\left(\frac{x^2 - 1}{x^4}\right) = -\infty \neq 0$$

79. Dado $\displaystyle\lim_{x\to c} f(x) = \infty$ sea $g(x) = 1$. Entonces

$\displaystyle\lim_{x\to c} \frac{g(x)}{f(x)} = 0$ por el teorema 1.15.

81-83. Demostraciones

Ejercicios de repaso para el capítulo 1

1. Las respuestas pueden variar. Ejemplo de respuesta:

$$f(x) = \begin{cases} \dfrac{x^2 - 4}{x - 2}, & x \neq 2 \\ 0, & x = 2 \end{cases}$$

3. (a) $(-\infty, 0] \cup [1, \infty)$ (b) 0 (c) 0

5. (a) 2 (b) Sí, cuando se define que $f(0) = 2$.

7. (a) Precálculo: 10 unidades cuadradas

(b) Cálculo: 5 unidades cuadradas

9.

t	4.9	4.99	4.999	5
$f(t)$	9.9	9.99	9.999	?

t	5.001	5.01	5.1
$f(t)$	10.001	10.01	10.1

$\displaystyle\lim_{t\to 5} f(t) \approx 10.0000$ (El límite actual es 10.)

11.

x	−0.1	−0.01	−0.001	0
$f(x)$	0.2516	0.2502	0.2500	?

x	0.001	0.01	0.1
$f(x)$	0.2500	0.2498	0.2485

$\displaystyle\lim_{x\to 0} f(x) \approx 0.2500$ (El límite actual es $\frac{1}{4}$.)

13.

x	−0.1	−0.01	−0.001	0
$f(x)$	−0.0207	−0.0204	−0.0204	?

x	0.001	0.01	0.1
$f(x)$	−0.0204	−0.0204	−0.0201

$\displaystyle\lim_{x\to 0} f(x) \approx -0.0204$ $\left(\text{El límite actual es } -\dfrac{1}{49}.\right)$

15. (a) El límite no existe. La función se aproxima a 3 por la izquierda del 2, pero se aproxima a 2 por la derecha del 2.

(b) 0

17. 5; demostración **19.** −3; demostración **21.** 36

23. $\sqrt{6} \approx 2.45$

25. 16 **27.** $\frac{4}{3}$ **29.** −1 **31.** $\frac{1}{2}$ **33.** −1

35. 0 **37.** $\sqrt{3}/2$ **39.** −3 **41.** −5

43. La gráfica tiene un hueco en $x = 0$.

x	−0.1	−0.01	−0.001	0
$f(x)$	0.3352	0.3335	0.3334	?

x	0.001	0.01	0.1
$f(x)$	0.3333	0.3331	0.3315

$\displaystyle\lim_{x\to 0} \frac{\sqrt{2x + 9} - 3}{x} \approx 0.3333$; el límite actual es $\dfrac{1}{3}$.

45. 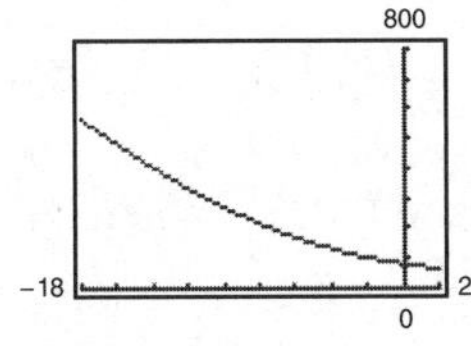

La gráfica tiene un hueco en $x = -9$.

x	-9.1	-9.01	-9.001	-9
$f(x)$	245.7100	243.2701	243.0270	?

x	-8.999	-8.99	-8.9
$f(x)$	242.9730	242.7301	240.3100

$\lim\limits_{x\to -9} \dfrac{x^3 + 729}{x + 9} \approx 243.00$; el límite actual es 243.

47. -39.2 m/s **49.** $\frac{1}{6}$ **51.** ∞

53. -1 **55.** 3 **57.** 0

59. El límite no existe. La función se aproxima a 2 por la izquierda del 1, pero se aproxima a 1 por la derecha del 1.

61. Continua sobre $[-2, 2]$ **63.** Sin discontinuidades.

65. Discontinuidad no evitable en $x = 5$

67. Discontinuidades no evitables en $x = -1$ y $x = 1$
Discontinuidad evitable en $x = 0$

69. $c = -\frac{1}{2}$ **71.** Continua para todos los reales x

73. Continua sobre $[0, \infty)$

75. Discontinuidad evitable en $x = 1$
Continua sobre $(-\infty, 1) \cup (1, \infty)$

77. Demostración

79. $f(-1) = -8, f(2) = 10$
Porque f es continua en el intervalo cerrado $[-1, 2]$ y $-8 < 2 < 10$, hay al menos un número c en $[-1, 2]$ tal que $f(c) = 2$; $c = 1$

81. Por la izquierda: $-\infty$
Por la derecha: ∞

83. $x = 0$ **85.** $x = \pm 3$

87. $x = 2n + 1$, donde n es un entero **89.** $-\infty$ **91.** $\frac{1}{3}$

93. $-\infty$ **95.** $\frac{4}{5}$ **97.** ∞

99. (a) \$720 000.00 (b) ∞

101. (a) 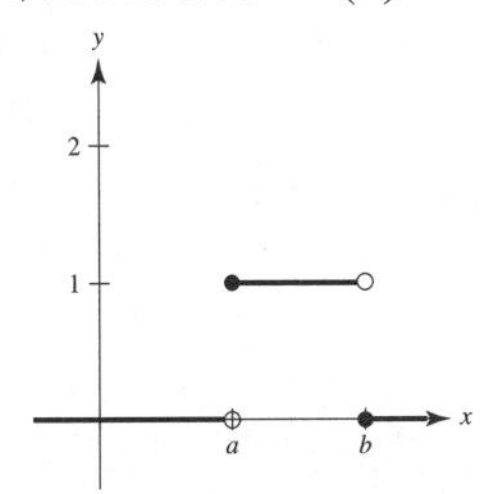

(b) $\lim\limits_{x\to a^+} P_{a,b}(x) = 1$
$\lim\limits_{x\to a^-} P_{a,b}(x) = 0$
$\lim\limits_{x\to b^+} P_{a,b}(x) = 0$
$\lim\limits_{x\to b^-} P_{a,b}(x) = 1$

(c) Continua para todos excepto a y b.

(d) El área debajo de la gráfica de U y arriba del eje x es 1.

Solución de problemas

1. (a) Perímetro
$\triangle PAO = 1 + \sqrt{(x^2 - 1)^2 + x^2} + \sqrt{x^4 + x^2}$
Perímetro
$\triangle PBO = 1 + \sqrt{x^4 + (x - 1)^2} + \sqrt{x^4 + x^2}$

(b)

x	4	2	1
Perímetro $\triangle PAO$	33.0166	9.0777	3.4142
Perímetro $\triangle PBO$	33.7712	9.5952	3.4142
$r(x)$	0.9777	0.9461	1.0000

x	0.1	0.01
Perímetro $\triangle PAO$	2.0955	2.0100
Perímetro $\triangle PBO$	2.0006	2.0000
$r(x)$	1.0475	1.0050

1

(c) Área $\triangle PAO = \dfrac{x}{2}$

Área $\triangle PBO = \dfrac{x^2}{2}$

(d)

x	4	2	1	0.1	0.01
Área $\triangle PAO$	2	1	1/2	1/20	1/200
Área $\triangle PBO$	8	2	1/2	1/200	1/20 000
$a(x)$	4	2	1	1/10	1/100

0

3. (a) $m = -\frac{12}{5}$ (b) $y = \frac{5}{12}x - \frac{169}{12}$

(c) $m_x = \dfrac{-\sqrt{169 - x^2} + 12}{x - 5}$

(d) $\frac{5}{12}$; es la misma que la pendiente de la recta tangente encontrada en el inciso (b).

5. $a = 3, b = 6$ **7.** Demostración

Capítulo 2

Sección 2.1

1. Sea $(c, f(c))$ un punto arbitrario sobre la gráfica de f. Entonces la pendiente de la recta tangente en $(c, f(c))$ es

$$m = \lim_{\Delta x \to 0} \frac{f(c + \Delta x) - f(c)}{\Delta x}$$

3. El límite usado para definir la pendiente de la recta tangente también es utilizado para definir la derivada. La clave es reescribir el cociente de la diferencia de tal manera que Δx no aparezca como un factor en el denominador.

5. $m_1 = 0, m_2 = 5/2$

7. (a)-(d)

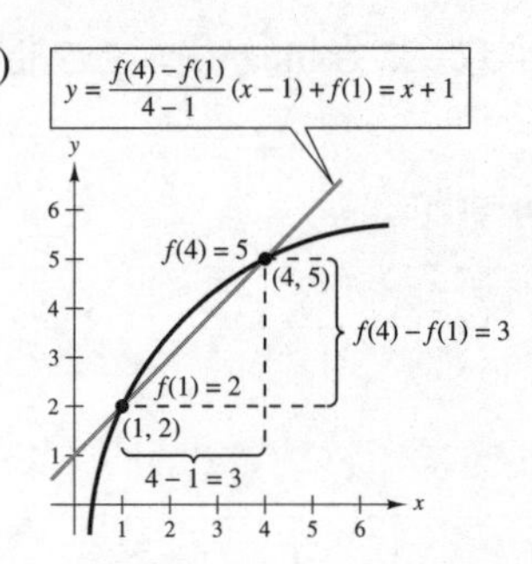

9. $m = -5$

11. $m = 8$ **13.** $m = 3$ **15.** $f'(x) = 0$

17. $f'(x) = -5$ **19.** $h'(s) = \frac{2}{3}$ **21.** $f'(x) = 2x + 1$

23. $f'(x) = 3x^2 - 12$ **25.** $f'(x) = \dfrac{-1}{(x-1)^2}$

27. $f'(x) = \dfrac{1}{2\sqrt{x+4}}$

29. (a) Recta tangente:
$y = -2x + 2$
(b)

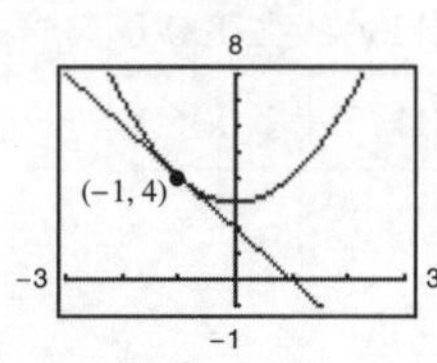

31. (a) Recta tangente:
$y = 12x - 16$
(b)

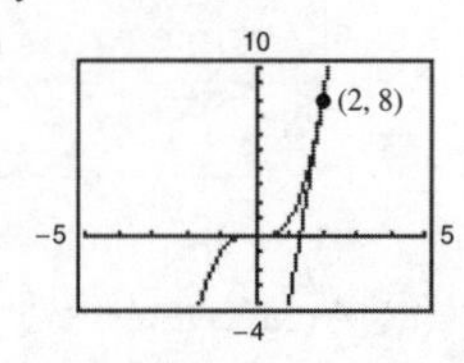

33. (a) Recta tangente:
$y = \frac{1}{2}x + \frac{1}{2}$
(b)

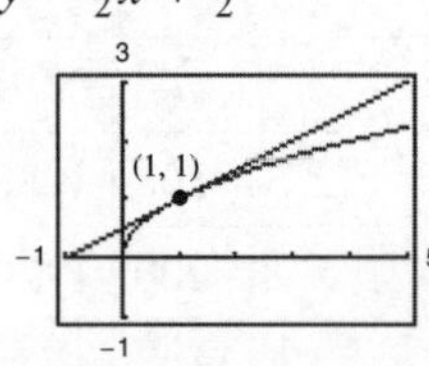

35. (a) Recta tangente:
$y = \frac{3}{4}x - 2$
(b)

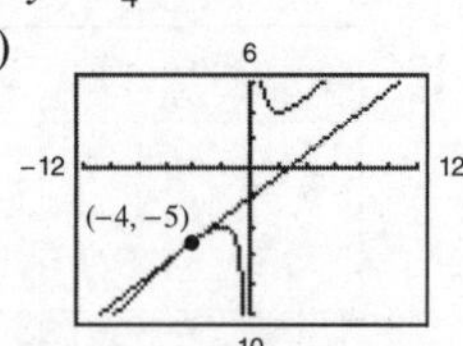

37. $y = -x + 1$ **39.** $y = 3x - 2$; $y = 3x + 2$

41. $y = -\frac{1}{2}x + \frac{3}{2}$

43.

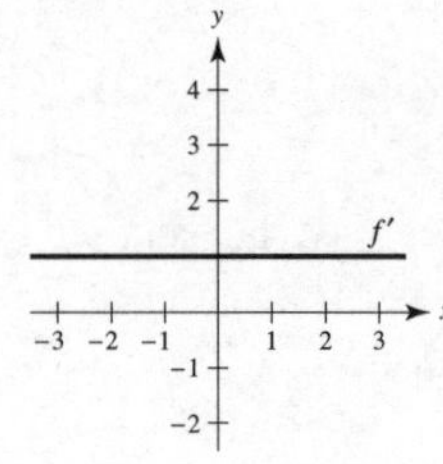

La pendiente de la gráfica de f es 1 para todos los valores de x.

45.

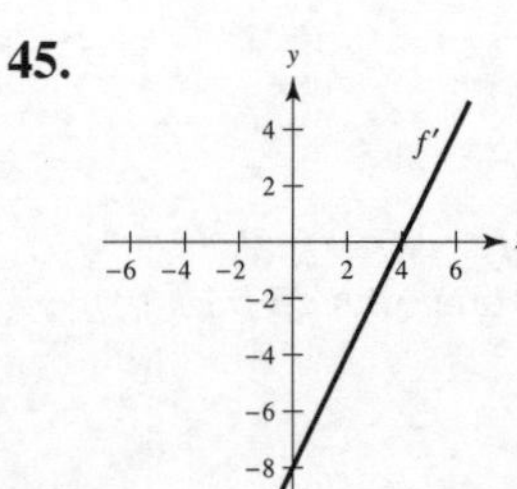

La pendiente de la gráfica de f es negativa para $x < 4$, positiva para $x < 4$ y 0 en $x = 4$.

47.

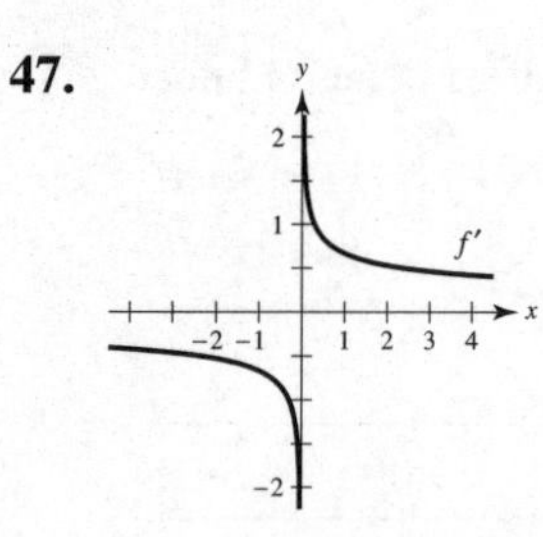

La pendiente de la gráfica de f es negativa para $x < 0$ y positiva para $x > 0$. La pendiente no está definida en $x = 0$.

49. Las respuestas pueden variar.
Ejemplo de respuesta: $y = -x$

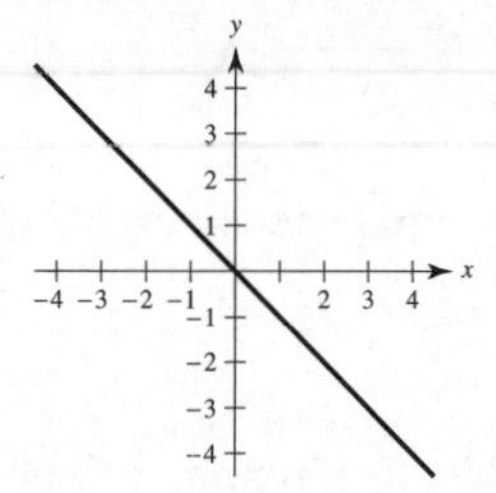

51. No. Considere $f(x) = \sqrt{x}$ y su derivada.

53. $g(4) = 5$; $g'(4) = -\frac{5}{3}$

55. $f(x) = 5 - 3x$
$c = 1$

57. $f(x) = -x^2$
$c = 6$

59. $f(x) = -3x + 2$

61. $y = 2x + 1$, $y = -2x + 9$

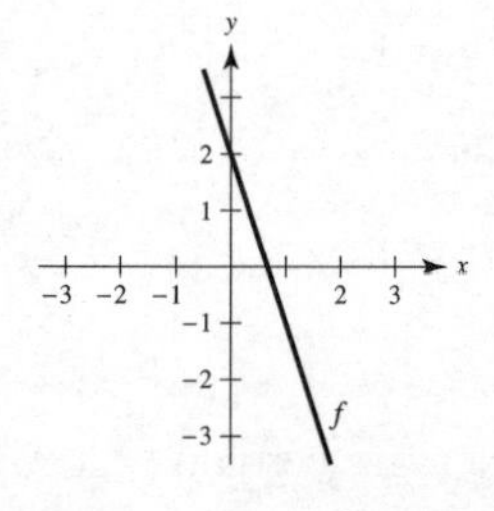

63. (a)

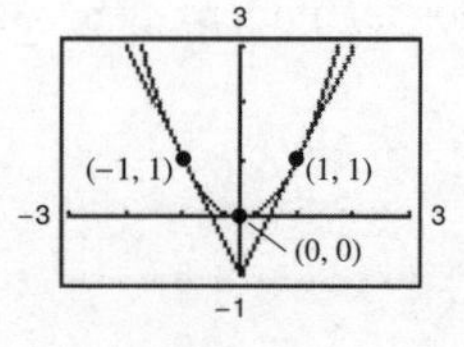

Para esta función, las pendientes de las rectas tangentes son siempre distintas para diferentes valores de x.

(b)

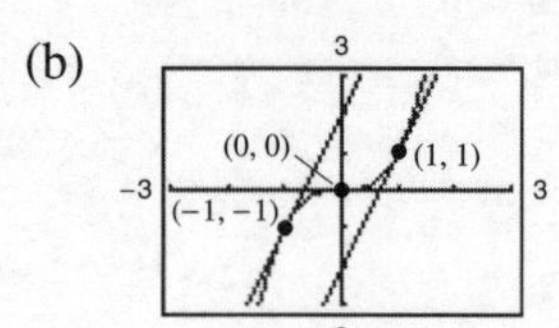

Para esta función, las pendientes de las rectas tangentes son algunas veces las mismas.

65. (a)

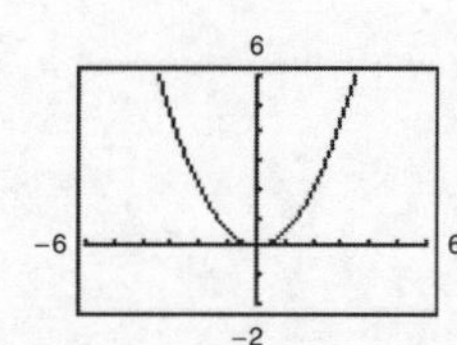

$f'(0) = 0, f'\left(\frac{1}{2}\right) = \frac{1}{2}, f'(1) = 1, f'(2) = 2$

(b) $f'\left(-\frac{1}{2}\right) = -\frac{1}{2}, f'(-1) = -1, f'(-2) = -2$

(c)

(d) $f'(x) = x$

67. $f(2) = 4, f(2.1) = 3.99, f'(2) \approx -0.1$ **69.** 6 **71.** 4

73. $g(x)$ no es derivable en $x = 0$.

75. $f(x)$ no es derivable en $x = 6$.

77. $h(x)$ no es derivable en $x = -7$.

79. $(-\infty, -4) \cup (-4, \infty)$ **81.** $(-1, \infty)$

83.

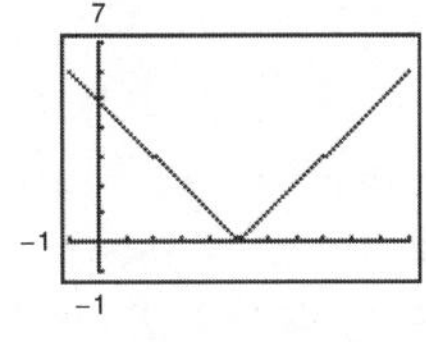

$(-\infty, 5) \cup (5, \infty)$

85.

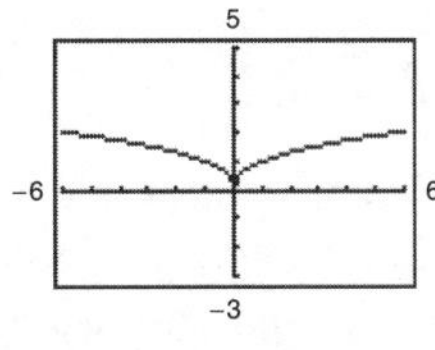

$(-\infty, 0) \cup (0, \infty)$

87. La derivada por la izquierda es -1 y la derivada por la derecha es 1, por lo anterior f no es derivable en $x = 1$.

89. Las derivadas por la derecha y por la izquierda son ambas 0, de tal manera que $f(1) = 0$.

91. f es derivable en $x = 2$.

93. (a) $d = \dfrac{3|m + 1|}{\sqrt{m^2 + 1}}$

(b)

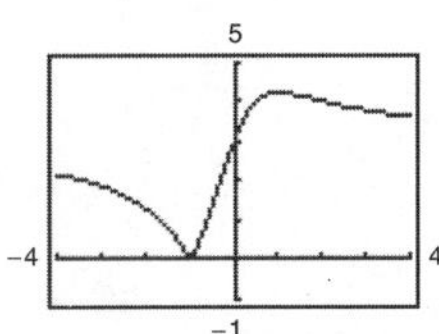

No derivable en $m = -1$

95. Falso. La pendiente es $\lim\limits_{\Delta x \to 0} \dfrac{f(2 + \Delta x) - f(2)}{\Delta x}$

97. Falso. Por ejemplo, $f(x) = |x|$. Las derivadas por la derecha y por la izquierda existen, pero no son iguales.

99. Demostración

Sección 2.2

1. Si la constante c en la función constante $f(x) = c$ es un número real, entonces $\dfrac{d}{dx}[c] = 0$.

3. La derivada de la función seno es la función coseno. La derivada de la función coseno es el negativo de la función seno.

5. (a) $\frac{1}{2}$ (b) 3 **7.** 0 **9.** $7x^6$ **11.** $-5/x^6$

13. $1/(9x^{8/9})$ **15.** 1 **17.** $-6t + 2$

19. $2x + 12x^2$

21. $3t^2 + 10t - 3$ **23.** $\dfrac{\pi}{2}\cos\theta$ **25.** $2x + \dfrac{1}{2}\operatorname{sen} x$

	Función	Reescribir	Derivada	Simplificar
27.	$y = \dfrac{2}{7x^4}$	$y = \dfrac{2}{7}x^{-4}$	$y' = -\dfrac{8}{7}x^{-5}$	$y' = -\dfrac{8}{7x^5}$
29.	$y = \dfrac{6}{(5x)^3}$	$y = \dfrac{6}{125}x^{-3}$	$y' = -\dfrac{18}{125}x^{-4}$	$y' = -\dfrac{8}{125x^4}$

31. -2 **33.** 0 **35.** 8 **37.** 3 **39.** $\dfrac{2x + 6}{x^3}$

41. $\dfrac{2t + 12}{t^4}$ **43.** $\dfrac{x^3 - 8}{x^3}$ **45.** $\dfrac{3t^2 - 4t + 24}{2t^{5/2}}$

47. $3x^2 + 1$ **49.** $\dfrac{1}{2\sqrt{x}} - \dfrac{2}{x^{2/3}}$ **51.** $\dfrac{3}{\sqrt{x}} - 5\operatorname{sen} x$

53. $18x + 5\operatorname{sen} x$

55. (a) $y = 2x - 2$

(b)

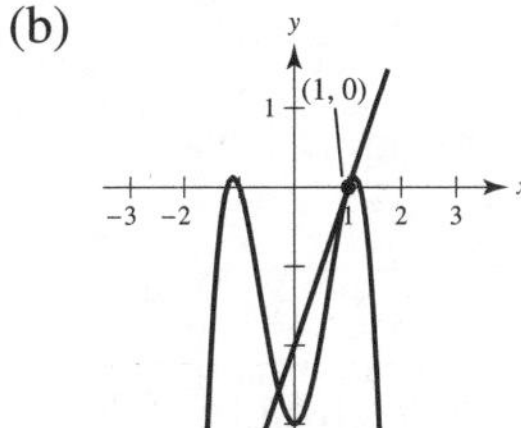

57. (a) $3x + 2y - 7 = 0$

(b)

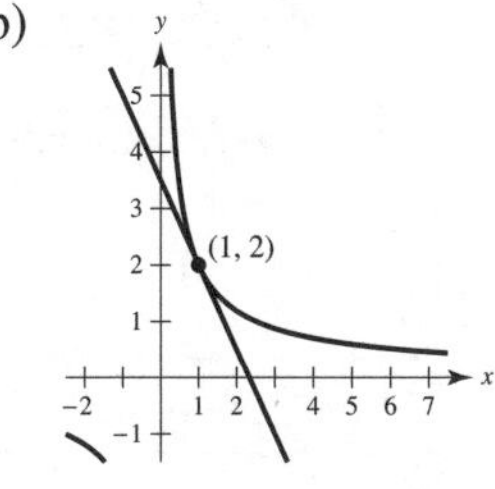

59. $(-1, 2), (0, 3), (1, 2)$ **61.** Sin tangentes horizontales.

63. (π, π) **65.** $k = -8$ **67.** $k = 3$

69. $g'(x) = f'(x)$ **71.** $g'(x) = -5f'(x)$

73.

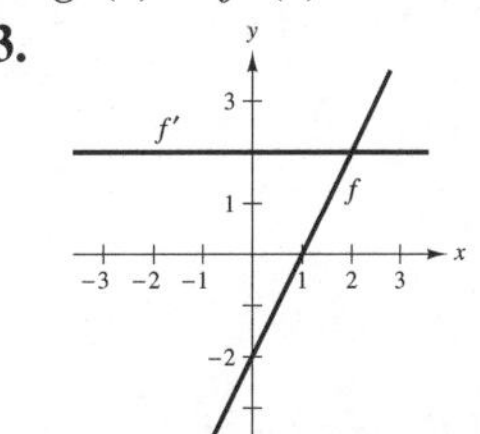

La razón de cambio de f es constante y por tanto f' es una función constante.

75.

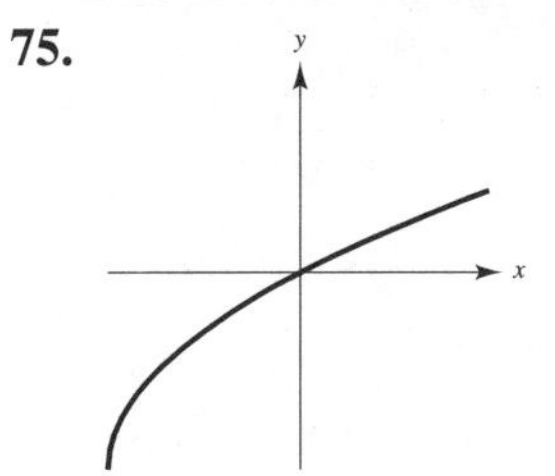

77. $y = 2x - 1$ $y = 4x - 4$

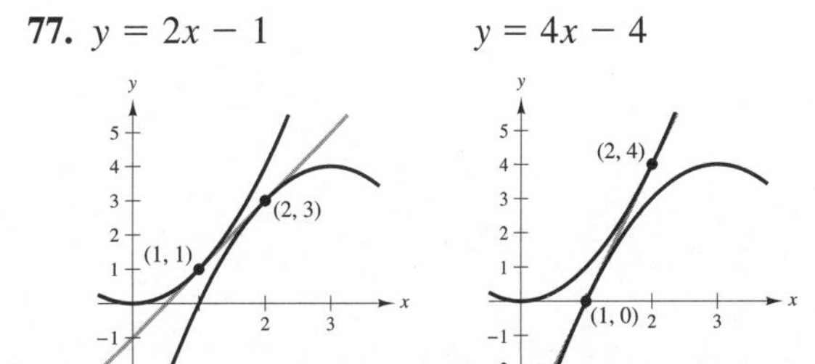

79. $f'(x) = 3 + \cos x \neq 0$ para toda x.

81. $x - 4y + 4 = 0$

83. (a)

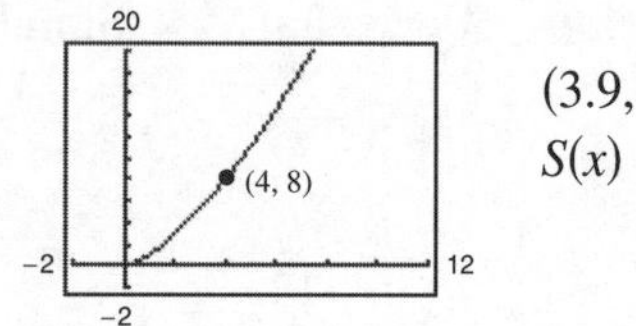

(3.9, 7.7019), $S(x) = 2.981x - 3.924$

(b) $T(x) = 3(x - 4) + 8 = 3x - 4$

La pendiente (y ecuación) de la recta secante se aproxima a la pendiente de recta tangente en (4, 8) conforme se eligen puntos más y más cerca a (4, 8).

(c)

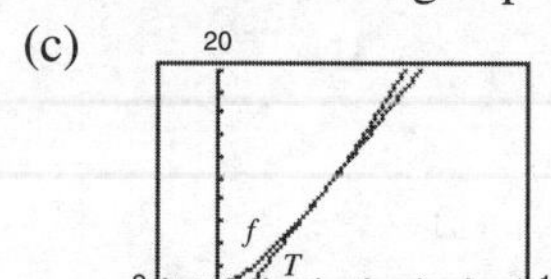

La aproximación se hace menos precisa.

(d)

Δx	-3	-2	-1	-0.5	-0.1	0
$f(4 + \Delta x)$	1	2.828	5.196	6.548	7.702	8
$T(4 + \Delta x)$	-1	2	5	6.5	7.7	8

Δx	0.1	0.5	1	2	3
$f(4 + \Delta x)$	8.302	9.546	11.180	14.697	18.520
$T(4 + \Delta x)$	8.3	9.5	11	14	17

85. Falso. Sea $f(x) = x$ y $g(x) = x + 1$.

87. Falso. $\dfrac{dy}{dx} = 0$ **89.** Falso. $f'(x) = 0$

91. Razón promedio: 3
Razones instantáneas:
$f'(1) = 3, f'(2) = 3$

93. Razón promedio: $\frac{1}{2}$
Razones instantáneas:
$f'(1) = 1, f'(2) = \frac{1}{4}$

95. (a) $s(t) = -16t^2 + 1362$, $v(t) = -32t$
(b) -48 pies/s
(c) $s'(1) = -32$ pies/s, $s'(2) = -64$ pies/s
(d) $t = \dfrac{\sqrt{1362}}{4} \approx 9.226$ s (e) -295.242 pies/s

97. $v(5) = 71$ m/s; $v(10) = 22$ m/s

99.

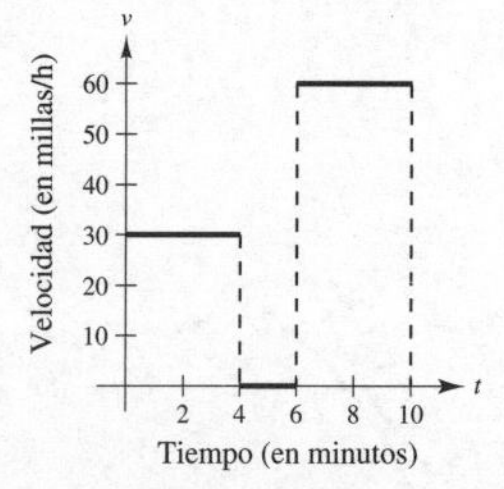

101. $V'(6) = 108$ cm³/cm

103. (a) $R(v) = 0.417v - 0.02$
(b) $B(v) = 0.0056v^2 + 0.001v + 0.04$
(c) $T(v) = 0.0056v^2 + 0.418v + 0.02$
(d)

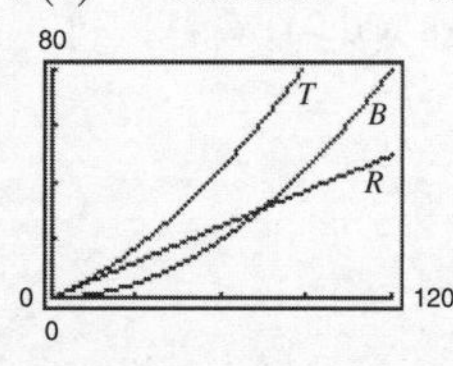

(e) $T'(v) = 0.0112v + 0.418$
$T'(40) = 0.866$
$T'(80) = 1.314$
$T'(100) = 1.538$
(f) La distancia de frenado se incrementa a un ritmo creciente.

105. Demostración **107.** $y = 2x^2 - 3x + 1$

109. $9x + y = 0$, $9x + 4y + 27 = 0$

111. $a = \frac{1}{3}$, $b = -\frac{4}{3}$

113. $f_1(x) = |\text{sen } x|$ es derivable para toda $x \neq n\pi$, n un entero.
$f_2(x) = \text{sen } |x|$ es derivable para toda $x \neq 0$.

115. Problema Putnam A2, 2010

Sección 2.3

1. Para encontrar la derivada el producto de dos funciones derivables f y g, multiplicar la primera función f por la derivada de la segunda función g y a continuación sumar la segunda función g multiplicada por la derivada de la primera función f.

3. $\dfrac{d}{dx} \tan x = \sec^2 x$

$\dfrac{d}{dx} \cot x = -\csc^2 x$

$\dfrac{d}{dx} \sec x = \sec x \tan x$

$\dfrac{d}{dx} \csc x = -\csc x \cot x$

5. $-20x + 17$ **7.** $\dfrac{1 - 5t^2}{2\sqrt{t}}$

9. $x^2(3 \cos x - x \text{ sen } x)$

11. $-\dfrac{5}{(x - 5)^2}$ **13.** $\dfrac{1 - 5x^3}{2\sqrt{x}(x^3 + 1)^2}$

15. $\dfrac{x \cos x - 2 \text{ sen } x}{x^3}$

17. $f'(x) = (x^3 + 4x)(6x + 2) + (3x^2 + 2x - 5)(3x^2 + 4)$
$= 15x^4 + 8x^3 + 21x^2 + 16x - 20$
$f'(0) = -20$

19. $f'(x) = \dfrac{x^2 - 6x + 4}{(x - 3)^2}$
$f'(1) = -\dfrac{1}{4}$

21. $f'(x) = \cos x - x \text{ sen } x$
$f'\left(\dfrac{\pi}{4}\right) = \dfrac{\sqrt{2}}{8}(4 - \pi)$

	Función	Reescribir	Derivar	Simplificar
23.	$y = \dfrac{x^3 + 6x}{3}$	$y = \dfrac{1}{3}x^3 + 2x$	$y' = \dfrac{1}{3}(3x^2) + 2$	$y' = x^2 + 2$
25.	$y = \dfrac{6}{7x^2}$	$y = \dfrac{6}{7}x^{-2}$	$y' = -\dfrac{12}{7}x^{-3}$	$y' = -\dfrac{12}{7x^3}$
27.	$y = \dfrac{4x^{3/2}}{x}$	$y = 4x^{1/2}$, $x > 0$	$y' = 2x^{-1/2}$	$y' = \dfrac{2}{\sqrt{x}}$, $x > 0$

29. $\dfrac{3}{(x + 1)^2}$, $x \neq 1$ **31.** $\dfrac{x^2 + 6x - 3}{(x + 3)^2}$ **33.** $\dfrac{3x + 1}{2x^{3/2}}$

35. $-\dfrac{2x^2 - 2x + 3}{x^2(x - 3)^2}$ **37.** $\dfrac{4s^2(3s^2 + 13s + 15)}{(s + 2)^2}$

39. $10x^4 - 8x^3 - 21x^2 - 10x - 30$

41. $t(t \cos t + 2 \operatorname{sen} t)$

43. $\dfrac{-(t \operatorname{sen} t + \cos t)}{t^2}$ **45.** $-1 + \sec^2 x$, o $\tan^2 x$

47. $\dfrac{1}{4t^{3/4}} - 6 \csc t \cot t$ **49.** $\dfrac{3}{2} \sec x(\tan x - \sec x)$

51. $\cos x \cot^2 x$ **53.** $x(x \sec^2 x + 2 \tan x)$

55. $4x \cos x + (2 - x^2) \operatorname{sen} x$ **57.** $\dfrac{2x^2 + 8x - 1}{(x + 2)^2}$

59. $\dfrac{(1 - \operatorname{sen} \theta) + \theta \cos \theta}{(1 - \operatorname{sen} \theta)^2}$ **61.** $-4\sqrt{3}$ **63.** $\dfrac{1}{\pi^2}$

65. (a) $y = -3x - 1$
(b)

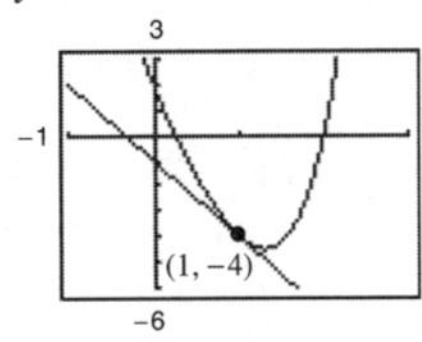

67. (a) $y = 4x + 25$
(b)

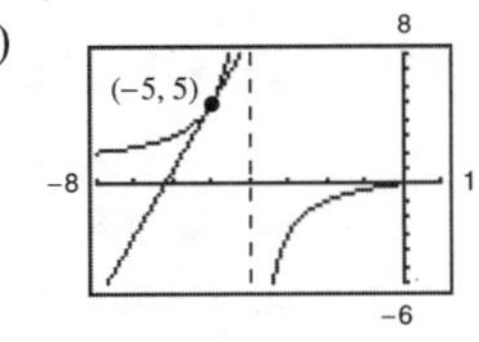

69. (a) $4x - 2y - \pi + 2 = 0$
(b)

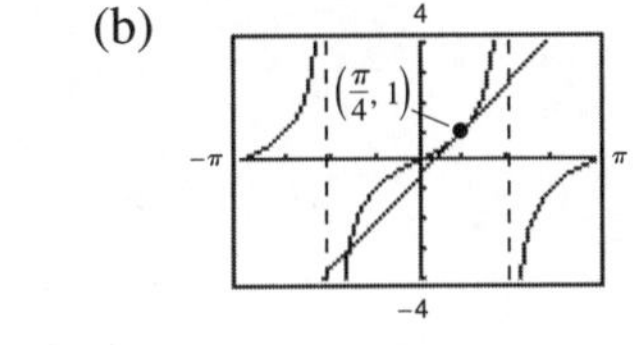

71. $2y + x - 4 = 0$ **73.** $25y - 12x + 16 = 0$

75. $(1, 1)$ **77.** $(0, 0), (2, 4)$

79. Rectas tangentes: $2y + x = 7$, $2y + x = -1$

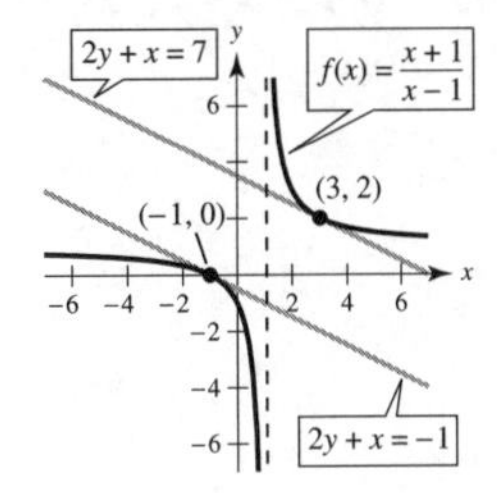

81. $f(x) + 2 = g(x)$ **83.** (a) $p'(1) = 1$ (b) $q'(4) = -\frac{1}{3}$

85. $\dfrac{18t + 5}{2\sqrt{t}}$ cm²/s

87. (a) −\$38.13 miles/100 componentes
(b) −\$10.37 miles/100 componentes
(c) −\$3.80 miles/100 componentes
El costo decrece con el incremento del tamaño de la orden.

89. Demostración

91. (a) $h(t) = 155.2t + 839.5$
$p(t) = 1.9t + 292.9$
(b)

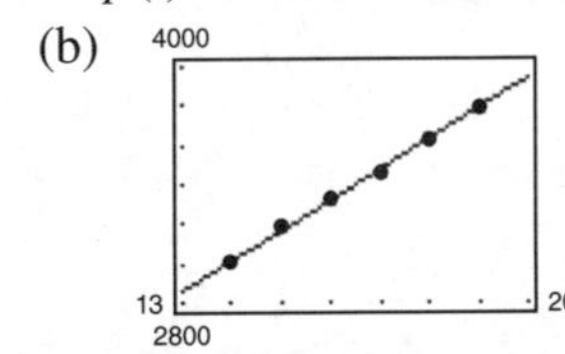

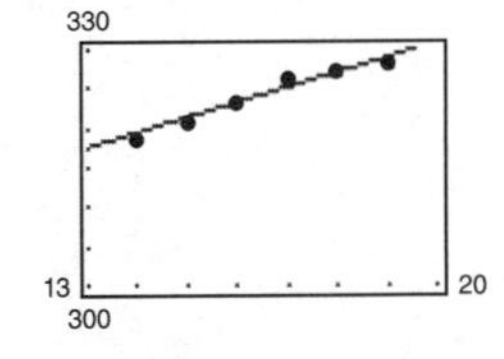

(c) $A = \dfrac{155.2t + 839.5}{1.9t + 292.9}$

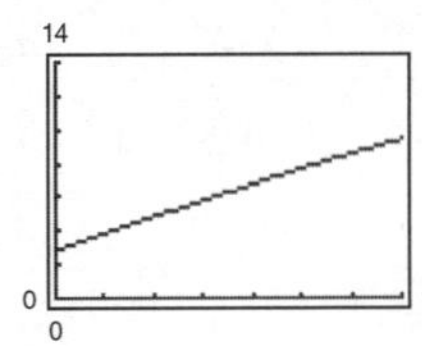

A representa el promedio de los gastos por cuidado de la salud por persona (en miles de dólares).

(d) $A'(t) = \dfrac{43863.03}{(1.9t + 292.9)^2}$

$A'(t)$ representa la razón de cambio promedio de los gastos por cuidado de la salud por persona para el año dado t.

93. 2 **95.** $\dfrac{3}{\sqrt{x}}$ **97.** $\dfrac{2}{(x - 1)^3}$

99. $2 \cos x - x \operatorname{sen} x$ **101.** $\csc^3 x + \csc x \cot^2 x$

103. $6x + \dfrac{6}{25x^{8/5}}$ **105.** $\operatorname{sen} x$

107. 0 **109.** −10

111. $n - 1$ o menos; las respuestas pueden variar.
Ejemplo de respuesta:
$f(x) = x^3, f'(x) = 3x^2, f''(x) = 6x, f'''(x) = 6, f^{(4)}(x) = 0$

113.

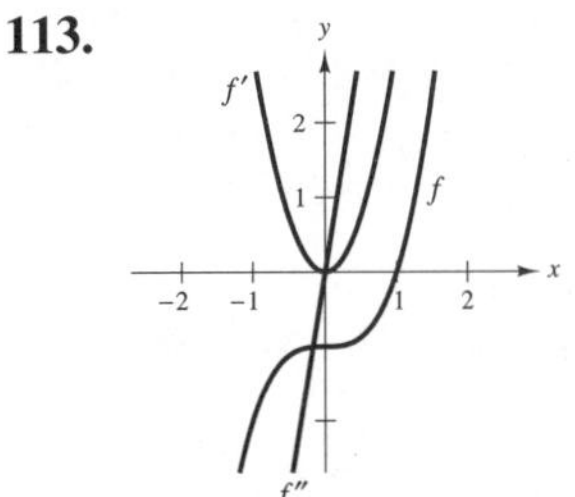

Parece que f es cúbica, así f' sería cuadrática f'' sería lineal.

115.

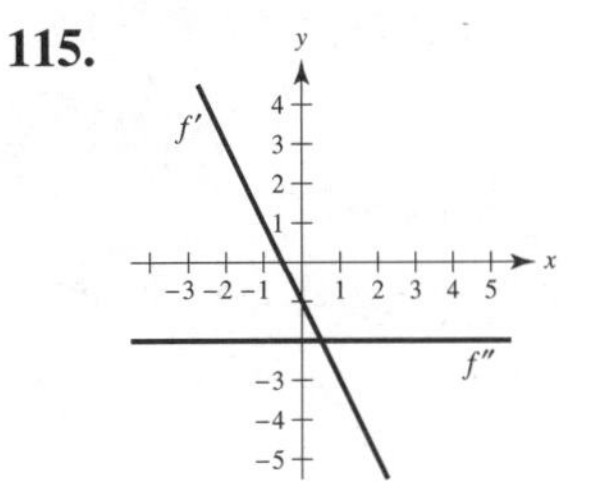

117. Las respuestas pueden variar.
Ejemplo de respuesta: $f(x) = (x - 2)^2$

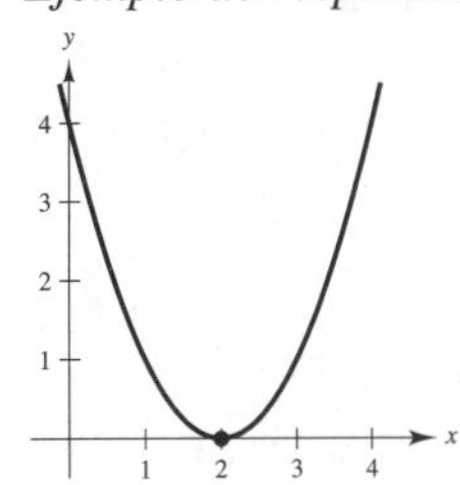

119. $v(3) = 27$ m/s
$a(3) = -6$ m/s²
La velocidad del objeto está decreciendo.

121.

t	0	1	2	3	4
$s(t)$	0	57.75	99	123.75	132
$v(t)$	66	49.5	33	16.5	0
$a(t)$	-16.5	-16.5	-16.5	-16.5	-16.5

La velocidad promedio sobre [0, 1] es 57.75 pies/s, sobre [1, 2] es 41.25 pies/s, sobre [2, 3] es 24.75 pies/s y sobre [3, 4] es 8.25 pies/s

123. $f^{(n)}(x) = n(n-1)(n-2)\cdots(2)(1) = n!$

125. (a) $f''(x) = g(x)h''(x) + 2g'(x)h'(x) + g''(x)h(x)$
$f'''(x) = g(x)h'''(x) + 3g'(x)h''(x) + 3g''(x)h'(x) + g'''(x)h(x)$
$f^{(4)}(x) = g(x)h^{(4)}(x) + 4g'(x)h'''(x) + 6g''(x)h''(x) + 4g'''(x)h'(x) + g^{(4)}(x)h(x)$

(b) $f^{(n)}(x) = g(x)h^{(n)}(x) + \dfrac{n!}{1!(n-1)!}g'(x)h^{(n-1)}(x) + \dfrac{n!}{2!(n-2)!}g''(x)h^{(n-2)}(x) + \cdots + \dfrac{n!}{(n-2)!1!}g^{(n-1)}(x)h'(x) + g^{(n)}(x)h(x)$

127. $n = 1$: $f'(x) = x\cos x + \operatorname{sen} x$
$n = 2$: $f'(x) = x^2\cos x + 2x\operatorname{sen} x$
$n = 3$: $f'(x) = x^3\cos x + 3x^2\operatorname{sen} x$
$n = 4$: $f'(x) = x^4\cos x + 4x^3\operatorname{sen} x$
Regla general: $f'(x) = x^n\cos x + nx^{(n-1)}\operatorname{sen} x$

129. $y' = -\dfrac{1}{x^2}$, $y'' = \dfrac{2}{x^3}$,
$x^3y'' + 2x^2y' = x^3\left(\dfrac{2}{x^3}\right) + 2x^2\left(\dfrac{-1}{x^2}\right)$
$= 2 - 2$
$= 0$

131. $y' = 2\cos x$, $y'' = -2\operatorname{sen} x$,
$y'' + y = -2\operatorname{sen} x + 2\operatorname{sen} x + 3 = 3$

133. Falso. $h'(x) = f(x)g'(x) + g(x)f'(x)$ **135.** Verdadero

137. Verdadero **139.** Demostración

Sección 2.4

1. Para encontrar la derivada de la composición de dos funciones derivables, se toma la derivada de la función externa y se mantiene igual la función interna. A continuación, se multiplica la derivada de la función interna.

	$y = f(g(x))$	$u = g(x)$	$y = f(u)$
3.	$y = (6x-5)^4$	$u = 6x - 5$	$y = u^4$
5.	$y = \dfrac{1}{3x+5}$	$u = 3x + 5$	$y = \dfrac{1}{u}$
7.	$y = \csc^3 x$	$u = \csc x$	$y = u^3$

9. $6(2x-7)^2$ **11.** $-\dfrac{45}{2(4-9x)^{1/6}}$ **13.** $-\dfrac{10s}{\sqrt{5s^2+3}}$

15. $\dfrac{4x}{\sqrt[3]{(6x^2+1)^2}}$ **17.** $-\dfrac{1}{(x-2)^2}$ **19.** $-\dfrac{54s^2}{(s^3-2)^4}$

21. $-\dfrac{3}{2\sqrt{(3x+5)^3}}$ **23.** $x(x-2)^6(9x-4)$

25. $\dfrac{1-2x^2}{\sqrt{1-x^2}}$ **27.** $\dfrac{1}{\sqrt{(x^2+1)^3}}$

29. $\dfrac{-2(x+5)(x^2+10x-2)}{(x^2+2)^3}$ **31.** $\dfrac{8(t+1)^3}{(t+3)^5}$

33. $20x(x^2+3)^9 + 2(x^2+3)^5 + 20x^2(x^2+3)^4 + 2x$

35. $-4\operatorname{sen} 4x$ **37.** $15\sec^2 3x$

39. $2\pi^2 x\cos(\pi x)^2$ **41.** $2\cos 4x$

43. $\dfrac{-1-\cos^2 x}{\operatorname{sen}^3 x}$ **45.** $8\sec^2 x\tan x$

47. $\operatorname{sen} 2\theta\cos 2\theta$, o $\dfrac{1}{2}\operatorname{sen} 4\theta$

49. $6\pi(\pi t-1)\sec(\pi t-1)^2\tan(\pi t-1)^2$

51. $(6x - \operatorname{sen} x)\cos(3x^2 + \cos x)$

53. $-\dfrac{3\pi\cos\sqrt{\cot 3\pi x}\csc^2(3\pi x)}{2\sqrt{\cot 3\pi x}}$

55. $\dfrac{1-3x^2-4x^{3/2}}{2\sqrt{x}(x^2+1)^2}$

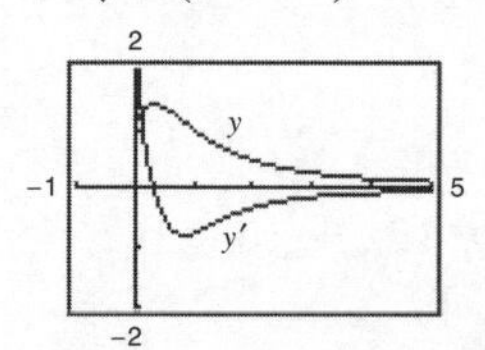

El cero de y' corresponde al punto sobre la gráfica de la función donde la recta tangente es horizontal.

57. $-\dfrac{\pi x\operatorname{sen}(\pi x) + \cos(\pi x) + 1}{x^2}$

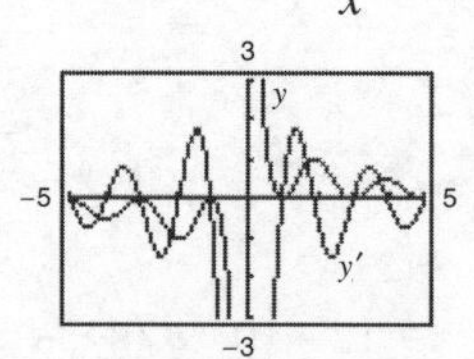

Los ceros de y' corresponden a los puntos sobre la gráfica de la función donde las rectas tangentes son horizontales.

59. 3; 3 ciclos en $[0, 2\pi]$ **61.** $\frac{5}{3}$

63. $-\frac{3}{3}$ **65.** -1 **67.** 0

69. (a) $8x - 5y - 7 = 0$
(b)

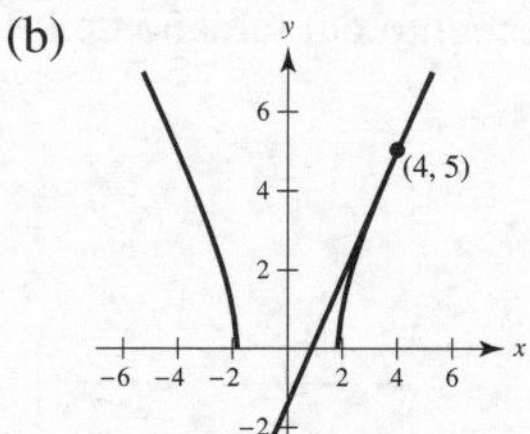

71. (a) $24x + y + 23 = 0$
(b)

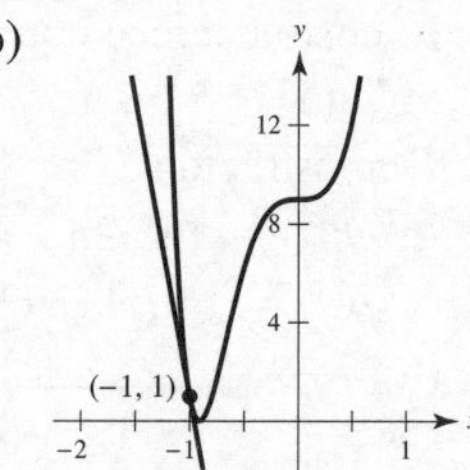

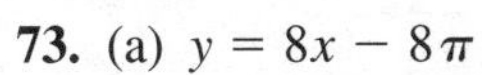

73. (a) $y = 8x - 8\pi$

(b)

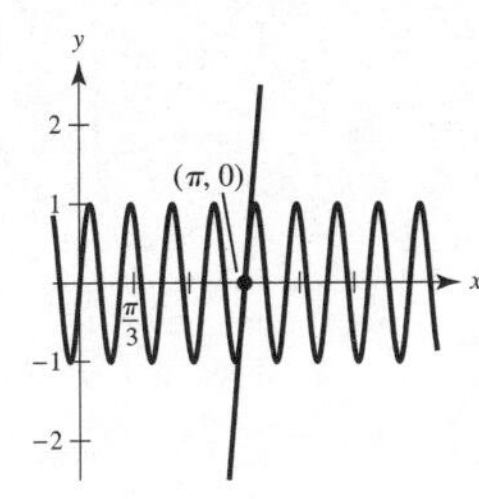

75. (a) $4x - y + (1 - \pi) = 0$

(b)

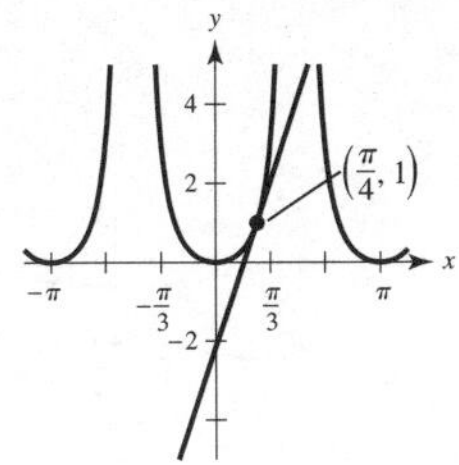

77. $3x + 4y - 25 = 0$

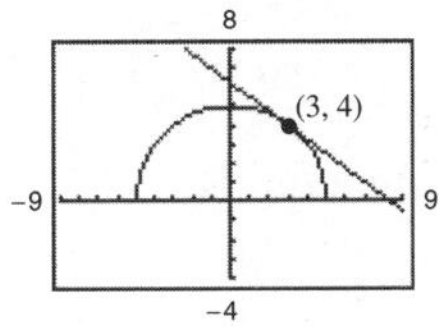

79. $\left(\frac{\pi}{6}, \frac{3\sqrt{3}}{2}\right), \left(\frac{5\pi}{6}, -\frac{3\sqrt{3}}{2}\right), \left(\frac{3\pi}{2}, 0\right)$

81. $2940(2 - 7x)^2$

83. $\frac{242}{(11x - 6)^3}$ **85.** $2(\cos x^2 - 2x^2 \operatorname{sen} x^2)$

87. $h''(x) = 18x + 6, 24$ **89.** $g''(x) = -\frac{3}{(2x + 7)^{\frac{3}{2}}}, -3$

91. $f''(x) = -4x^2 \cos x^2 - 2 \operatorname{sen} x^2, 0$

93.

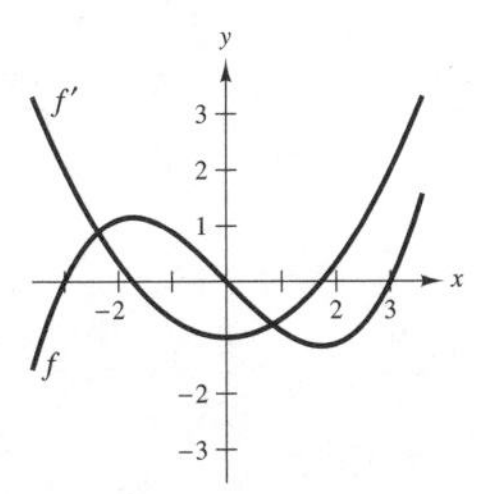

Los ceros de f' corresponden a los puntos donde la gráfica de f tiene tangentes horizontales.

95. (a) La razón de cambio de g es tres veces más rápido que la razón de cambio de f.
(b) La razón de cambio de g es $2x$ veces más rápido que la razón de cambio de f.

97. (a) $g'(x) = f'(x)$ (b) $h'(x) = 2f'(x)$
(c) $r'(x) = -3f'(-3x)$ (d) $s'(x) = f'(x + 2)$

x	−2	−1	0	1	2	3
$f'(x)$	4	$\frac{2}{3}$	$-\frac{1}{3}$	−1	−2	−4
$g'(x)$	4	$\frac{2}{3}$	$-\frac{1}{3}$	−1	−2	−4
$h'(x)$	8	$\frac{4}{3}$	$-\frac{2}{3}$	−2	−4	−8
$r'(x)$		12	1			
$s'(x)$	$-\frac{1}{3}$	−1	−2	−4		

99. (a) $\frac{1}{2}$
(b) $s'(5)$ no existe porque g no es derivable en 6.

101. (a) 1.461 (b) −1.016 **103.** 0.2 rad, 1.45 rad/s

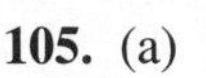

105. (a)

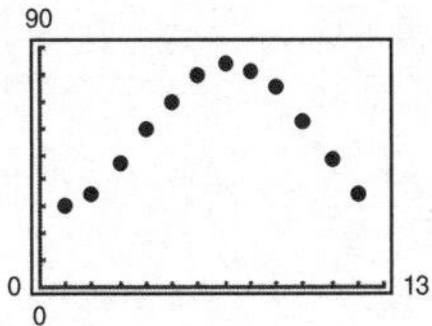

$T(t) = 27.3 \operatorname{sen}(0.49t - 1.90) + 57.1$

(b)

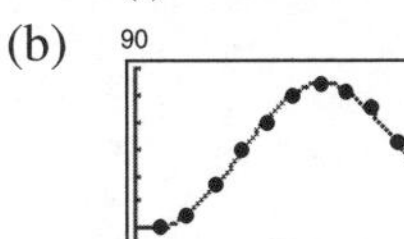

El modelo se ajusta bien.

(c) $T'(t) = 13.377 \cos(0.49t - 1.90)$

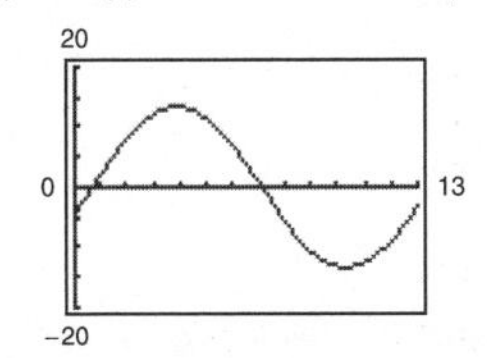

(d) La temperatura cambia más rápidamente en la primavera (marzo-mayo) y el otoño (octubre-noviembre) La temperatura cambia más lentamente en invierno (diciembre-febrero) y verano (junio-agosto).
Sí. Las explicaciones pueden variar.

107. (a) 0 bacterias por día
(b) 177.8 bacterias por día
(c) 44.4 bacterias por día
(d) 10.8 bacterias por día
(e) 3.3 bacterias por día
(f) La razón de cambio de la población decrece conforme pasa el tiempo.

109. (a) $f'(x) = \beta \cos \beta x$
$f''(x) = -\beta^2 \operatorname{sen} \beta x$
$f'''(x) = -\beta^3 \cos \beta x$
$f^{(4)}(x) = \beta^4 \operatorname{sen} \beta x$
(b) $f''(x) + \beta^2 f(x) = -\beta^2 \operatorname{sen} \beta x + \beta^2(\operatorname{sen} \beta x) = 0$
(c) $f^{(2k)}(x) = (-1)^k \beta^{2k} \operatorname{sen} \beta x$
$f^{(2k-1)}(x) = (-1)^{k+1}\beta^{2k-1} \cos \beta x$

111. (a) $r'(1) = 0$ (b) $s'(4) = \frac{5}{8}$

113. (a) y (b) Demostraciones

115. $g'(x) = 3\left(\frac{3x - 5}{|3x - 5|}\right), \quad x \neq \frac{5}{3}$

117. $h'(x) = -|x| \operatorname{sen} x + \frac{x}{|x|} \cos x, \quad x \neq 0$

119. (a) $P_1(x) = 2\left(x - \dfrac{\pi}{4}\right) + 1$

$P_2(x) = 2\left(x - \dfrac{\pi}{4}\right)^2 + 2\left(x - \dfrac{\pi}{4}\right) + 1$

(b)

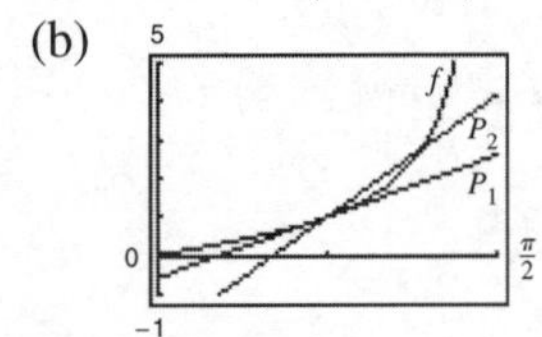

(c) P_2

(d) La precisión empeora a medida que se aleja de $x = \dfrac{\pi}{4}$.

121. Verdadero **123.** Verdadero

125. Problema Putnam A1, 1967

Sección 2.5

1. Las respuestas pueden variar. *Ejemplo de respuesta:* en la forma implícita de una función, la variable dependiente y es explícitamente escrita como una función de la variable independiente x $[y = f(x)]$. En una ecuación implícita, la variable dependiente y no está necesariamente escrita en la forma $y = f(x)$. Un ejemplo de una función implícita es $x^2 + xy = 5$. En forma explícita, sería

$y = \dfrac{5 - x^2}{x}$

3. Se utiliza derivación implícita para encontrar la derivada en casos donde es difícil expresar y como una función de x explícitamente.

5. $-\dfrac{x}{y}$ **7.** $-\dfrac{x^4}{y^4}$ **9.** $\dfrac{y - 3x^2}{2y - x}$

11. $\dfrac{1 - 3x^2y^3}{3x^3y^2 - 1}$ **13.** $\dfrac{6xy - 3x^2 - 2y^2}{4xy - 3x^2}$ **15.** $\dfrac{\cos x}{4 \operatorname{sen} 2y}$

17. $-\dfrac{\cot x \csc x + \tan y + 1}{x \sec^2 y}$ **19.** $\dfrac{y \cos xy}{1 - x \cos xy}$

21. (a) $y_1 = \sqrt{64 - x^2}$, $y_2 = -\sqrt{64 - x^2}$

(b)

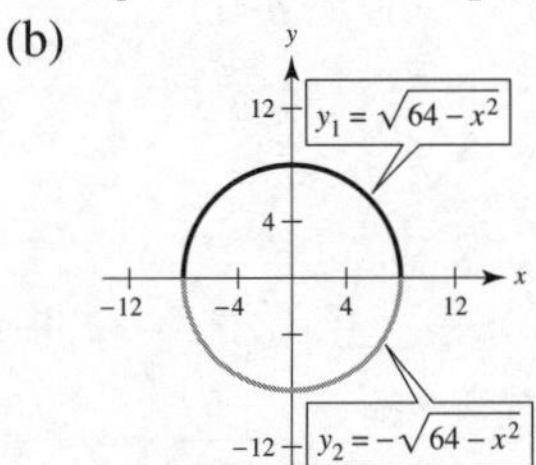

(c) $\dfrac{dy}{dx} = \pm\dfrac{x}{\sqrt{64 - x^2}} = -\dfrac{x}{y}$ (d) $\dfrac{dy}{dx} = -\dfrac{x}{y}$

23. (a) $y_1 = \dfrac{\sqrt{x^2 + 16}}{4}$, $y_2 = \dfrac{-\sqrt{x^2 + 16}}{4}$

(b)

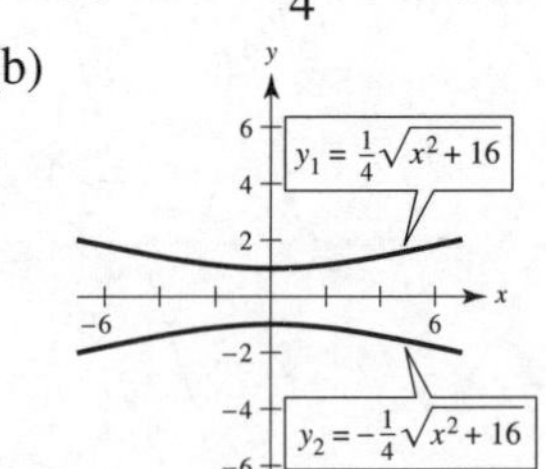

(c) $\dfrac{dy}{dx} = \dfrac{\pm x}{4\sqrt{x^2 + 16}} = \dfrac{x}{16y}$ (d) $\dfrac{dy}{dx} = \dfrac{x}{16y}$

25. $-\dfrac{y}{x}$; $-\dfrac{1}{6}$ **27.** $\dfrac{98x}{y(x^2 + 49)^2}$; indefinida

29. $-\dfrac{y(y + 2x)}{x(x + 2y)}$; -1 **31.** $-\operatorname{sen}^2(x + y)$ o $-\dfrac{x^2}{x^2 + 1}$; 0

33. $-\frac{1}{2}$ **35.** 0 **37.** $y = -x + 7$

39. $y = \dfrac{\sqrt{3}x}{2} + \dfrac{8\sqrt{3}x}{2}$ **41.** $y = -\dfrac{2}{11}x + \dfrac{30}{11}$

43. Las respuestas pueden variar. *Ejemplos de respuestas:* $xy = 2$, $yx^2 + x = 2$; $x^2 + y^2 + y = 4$, $xy + y^2 = 2$

45. (a) $y = -2x + 4$ (b) Las respuestas pueden variar.

47. $\cos^2 y$, $-\dfrac{\pi}{2} < y < \dfrac{\pi}{2}$, $\dfrac{1}{1 + x^2}$ **49.** $-\dfrac{4}{y^3}$

51. $\dfrac{6x^2 + 2y - 20x}{(x^2 - 1)^2}$ **53.** $\dfrac{x \operatorname{sen} x + 2 \cos x + 14y}{7x^2}$

55. $2x + 3y - 30 = 0$

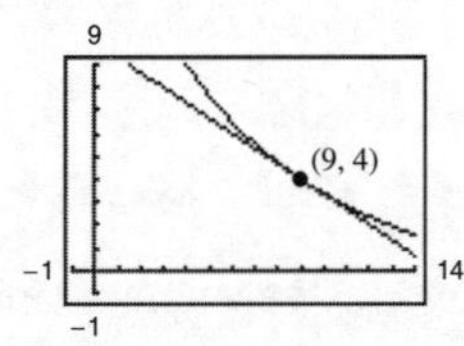

57. En (4, 3):
Recta tangente: $4x + 3y - 25 = 0$
Recta normal: $3x - 4y = 0$

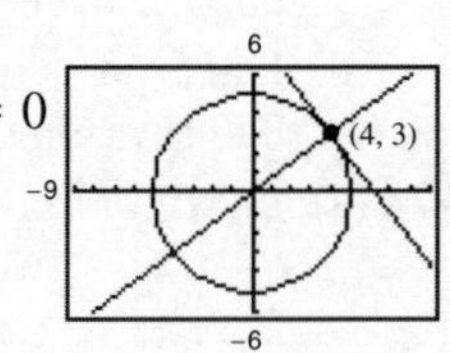

En $(-3, 4)$
Recta tangente: $3x - 4y + 25 = 0$
Recta normal: $4x + 3y = 0$

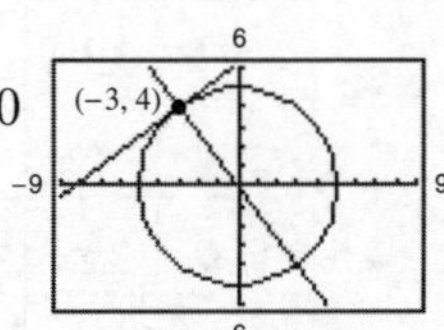

59. $x^2 + y^2 = r^2 \Rightarrow y' = -\dfrac{x}{y} \Rightarrow \dfrac{x}{y}$ = pendiente de la recta normal. Entonces para (x_0, y_0) sobre el círculo, $x_0 \neq 0$, una ecuación de la recta normal $y = \left(\dfrac{y_0}{x_0}\right)x$, la cual pasa por el origen. Si $x_0 = 0$, la recta normal es vertical y pasa por el origen.

61. Tangentes horizontales: $(-4, 0), (-4, 10)$
Tangentes verticales: $(0, 5), (-8, 5)$

63.

En $(1, 2)$:
Pendiente de la elipse: -1
Pendiente de la parábola: 1
En $(1, -2)$:
Pendiente de la elipse: 1
Pendiente de la parábola: -1

65.

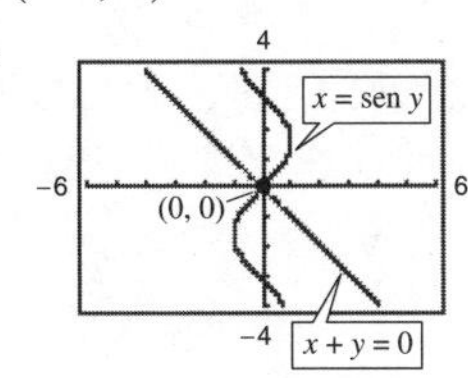

En $(0, 0)$:
Pendiente de la recta: -1
Pendiente de la curva seno: 1

67. Derivadas: $\dfrac{dy}{dx} = -\dfrac{y}{x}, \dfrac{dy}{dx} = \dfrac{x}{y}$

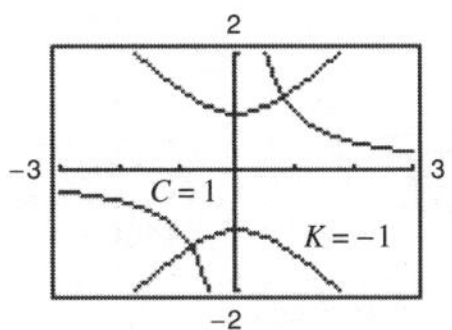

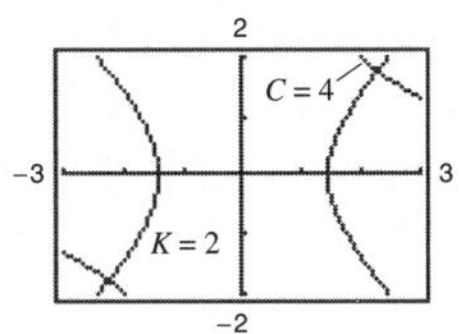

69.

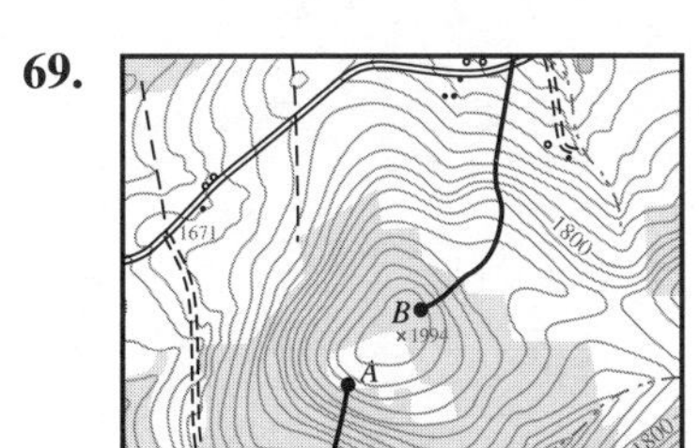

Utilice el punto de inicio *B*.

71. (a)

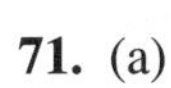

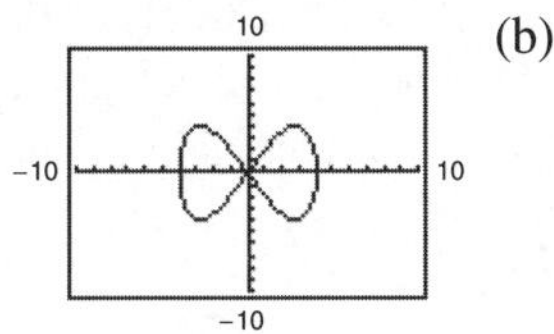

(b)

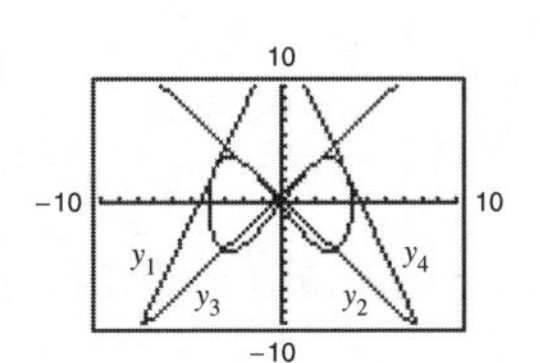

$y_1 = \frac{1}{3}\left[\left(\sqrt{7} + 7\right)x + \left(8\sqrt{7} + 23\right)\right]$
$y_2 = -\frac{1}{3}\left[\left(-\sqrt{7} + 7\right)x - \left(23 - 8\sqrt{7}\right)\right]$
$y_3 = -\frac{1}{3}\left[\left(\sqrt{7} - 7\right)x - \left(23 - 8\sqrt{7}\right)\right]$
$y_4 = -\frac{1}{3}\left[\left(\sqrt{7} + 7\right)x - \left(8\sqrt{7} + 23\right)\right]$

(c) $\left(\dfrac{8\sqrt{7}}{7}, 5\right)$

73. Demostración

75. $y = -\dfrac{\sqrt{3x}}{2}x + 2\sqrt{3}, y = \dfrac{\sqrt{3x}}{2}x - 2\sqrt{3}$

77. (a) $y = 2x - 6$

(b)

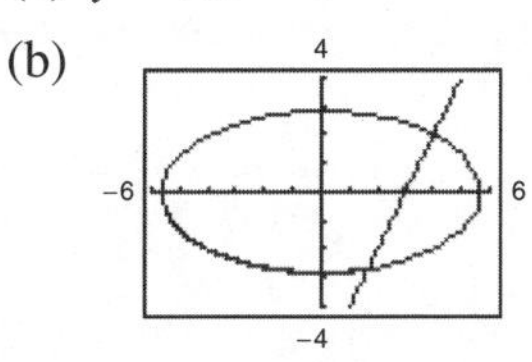

(c) $\left(\frac{28}{17}, -\frac{46}{17}\right)$

Sección 2.6

1. La ecuación de la razón relacionada es una ecuación que relaciona las razones de cambio de varias cantidades.

3. (a) $\frac{3}{4}$ (b) 20 **5.** (a) $-\frac{5}{8}$ (b) $\frac{3}{2}$

7. (a) -8 cm/s
(b) 0 cm/s
(c) 8 cm/s

9. (a) 12 pies/s
(b) 6 pies/s
(c) 3 pies/s

11. 296π cm^2/min

13. (a) 972π pulg^3/min, $15\,552\pi$ pulg^3/min
(b) Si $\dfrac{dr}{dt}$ es constante, $\dfrac{dV}{dt}$ es proporcional a r^2.

15. (a) 72 cm^3/s
(b) 1 800 cm^3/s

17. $\dfrac{8}{405\pi}$ pies/min

19. (a) 12.5% (b) $\dfrac{1}{144}$ m/min

21. (a) $-\frac{7}{12}$ pies/s, $-\frac{3}{2}$ pies/s, $-\frac{48}{7}$ pies/s
(b) $\frac{527}{24}$ pies^2/s (c) $\frac{1}{12}$ rad/s

23. Razón de cambio vertical: $\dfrac{1}{5}$ m/s
Razón de cambio horizontal: $-\dfrac{\sqrt{3}}{15}$ m/s

25. (a) -750 mi/h (b) 30 min

27. $-\dfrac{50}{\sqrt{85}} \approx -5.42$ pies/s

29. (a) $\frac{25}{3}$ pies/s (b) $\frac{10}{3}$ pies/s

31. (a) 12 s (b) $\dfrac{1}{2}\sqrt{3}$ m (c) $\dfrac{\sqrt{5}\pi}{120}$ m/s

33. La razón de evaporación es proporcional
$S \Longrightarrow \dfrac{dV}{dt} = k(4\pi r^2)$
$V = \left(\dfrac{4}{3}\right)\pi r^3 \quad \Longrightarrow \quad \dfrac{dV}{dt} = 4\pi r^2 \dfrac{dr}{dt}$. Así $k = \dfrac{dr}{dt}$

35. (a) $\dfrac{dy}{dt} = 3\dfrac{dt}{dt}$ significa que y cambia tres veces más rápido de lo que x cambia.
(b) y cambia más lentamente cuando $x \approx 0$ o $x \approx L$. y cambia más rápidamente cuando x está próxima al punto medio del intervalo.

37. 0.6 ohm/s **39.** Alrededor de 84.9797 mi/h

41. $\dfrac{2\sqrt{21}}{525} \approx 0.017$ rad/s

43. (a) $\dfrac{200\pi}{3}$ pies/s (b) 200π pies/s
(c) Alrededor de 427.43π pies/s

45. (a) Demostración (b) $\dfrac{\sqrt{3}s^2}{8}, \dfrac{s^2}{8}$

47. (a) $r(f) = -0.0406f^3 + 1.974f^2 - 31.21f + 161.6$

(b) $\frac{dr}{dt} = (-0.1218f^2 + 3.948f - 31.21)\frac{df}{dt}$, -0.2899 millones de participantes/año

49. -0.1808 pies/s^2

Ejercicios de repaso para el capítulo 2

1. (a) 80, 144, 80

(b) -32 no es necesario el cálculo.

(c) -64 es necesario el cálculo.

(d) Los límites permiten encontrar la derivada de una función y con la derivada se puede encontrar la velocidad instantánea del auto.

3. Las respuestas pueden variar.

Ejemplo de respuesta: $y = 2x$

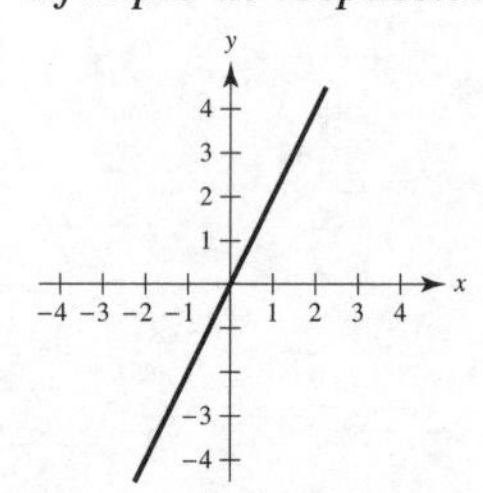

5. Las respuestas pueden variar. *Ejemplo de respuesta:*

$p(x) = 2x^2 + 2x + 1$

$(c, p(c)) = (0, 1)$

$(c + h, p(c + h)) = (1, 5)$

Recta tangente: $y = 2x + 1$

Recta secante: $y = 4x + 1$

(a)

(b) Las respuestas pueden variar.

(c) Las respuestas pueden variar.

7. 0 **9.** $3x^2 - 2$ **11.** 5

13. f es derivable para toda $x \neq 3$. **15.** 0

17. $3x^2 - 22x$ **19.** $\frac{3}{\sqrt{x}} + \frac{1}{\sqrt[3]{x^2}}$ **21.** $-\frac{4}{3t^3}$

23. $4 - 5\cos\theta$ **25.** $-3\,\text{sen}\,\theta - \frac{\cos\theta}{4}$

27. -1 **29.** 2

31. (a) 50 vibraciones/s/lb

(b) 33.33 vibraciones/s/lb

33. (a) $s(t) = -16t^2 - 30t + 600$

$v(t) = -32t - 30$

(b) -94 pies/s

(c) $v(1) = -62$ pies/s, $v(3) = -126$ pies/s

(d) Alrededor de 5.258 s

(e) Alrededor de -198.256 pies/s

35. $4(5x^3 - 15x^2 - 11x - 8)$

37. $9x\cos x - \cos x + 9\,\text{sen}\,x$

39. $\frac{-(x^2 + 1)}{(x^2 - 1)^2}$ **41.** $\frac{4x^3\cos x + x^4\,\text{sen}\,x}{\cos^2 x}$

43. $3x^2\sec x\tan x + 6x\sec x$ **45.** $-x\,\text{sen}\,x$

47. $y = 4x + 10$ **49.** $y = -8x + 1$ **51.** $-48t$

53. $\frac{225}{4}\sqrt{x}$ **55.** $6\sec^2\theta\tan\theta$ **57.** $8\cot x\csc^2 x$

59. $v(3) = 11$ m/s, $a(3) = -6$ m/s^2 **61.** $28(7x + 3)^3$

63. $-\frac{6x}{(x^2 + 5)^4}$ **65.** $-45\,\text{sen}(9x + 1)$

67. $\frac{1}{2}(1 - \cos 2x)$, o $\text{sen}^2 x$ **69.** $(36x + 1)(6x + 1)^4$

71. $\frac{3x^2(x + 10)}{2(x + 5)^{5/2}}$ **73.** -2 **75.** -11 **77.** 0

79. $384(8x + 5)$ **81.** $2\csc^2 x\cot x$

83. (a) -18.667 °F/h

(b) -7.284 °F/h

(c) -3.240 °F/h

(d) -0.747 °F/h

85. $-\frac{x}{y}$ **87.** $\frac{y(y^2 - 3x^2)}{x(x^2 - 3y^2)}$ **89.** $\frac{y\,\text{sen}\,x + \text{sen}\,y}{\cos x - x\cos y}$

91. Recta tangente: $3x + y - 10 = 0$

Recta normal: $x - 3y = 0$

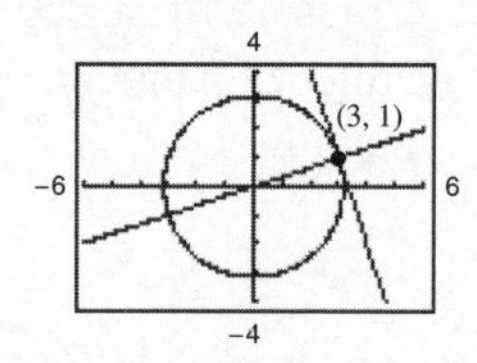

93. $2\sqrt{2}$ unidades/s, 4 unidades/s, 8 unidades/s

95. 450π km/h

97. (a) $j(t)$ es la razón de cambio de la aceleración.

(b) $j(t) = 0$ de manera que la aceleración es constante.

Solución de problemas

1. (a) $r = \frac{1}{2}$; $x^2 + \left(y - \frac{1}{2}\right)^2 = \frac{1}{4}$

(b) Centro: $\left(0, \frac{5}{4}\right)$; $x^2 + \left(y - \frac{5}{4}\right)^2 = 1$

3. $p(x) = 2x^3 + 4x^2 - 5$

5. (a) $v(t) = -\frac{27}{5}t + 27$ pies/s

$a(t) = -\frac{27}{5}$ pies/s^2

(b) 5 s; 73.5 pies

(c) La aceleración debida a la gravedad sobre la Tierra es más grande en magnitud que la gravedad sobre la Luna.

7. (a) Graficar $\begin{cases} y_1 = \frac{1}{a}\sqrt{x^2(a^2 - x^2)} \\ y_2 = -\frac{1}{a}\sqrt{x^2(a^2 - x^2)} \end{cases}$

como ecuaciones separadas.

(b) Las respuestas pueden variar. *Ejemplo de respuesta:*

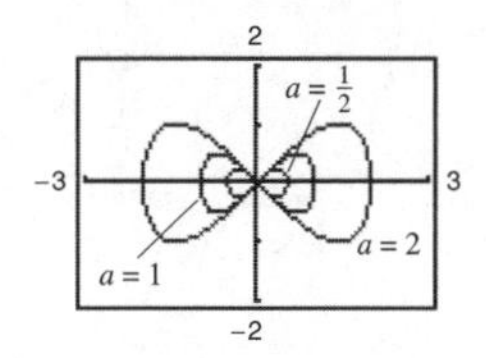

Las intersecciones serán siempre (0, 0), (a, 0) y ($-a$, 0), y los valores máximo y mínimo para y parecen ser $\pm\frac{1}{2}a$.

(c) $\left(\frac{a\sqrt{2}}{2}, \frac{a}{2}\right), \left(\frac{a\sqrt{2}}{2}, -\frac{a}{2}\right), \left(-\frac{a\sqrt{2}}{2}, \frac{a}{2}\right),$
$\left(-\frac{a\sqrt{2}}{2}, -\frac{a}{2}\right)$

9. Demostración; la gráfica de L es una recta que pasa por el origen (0, 0).

Capítulo 3

Sección 3.1

1. $f(c)$ es el punto bajo de la gráfica de f sobre el intervalo I.

3. Un máximo relativo es un pico de la gráfica. Un máximo absoluto es el valor más grande sobre el intervalo I.

5. Encontrar todos los valores de x para los cuales $f'(x) = 0$ y todos los valores de x para los cuales $f'(x)$ no existe.

7. $f'(0) = 0$ **9.** $g'(2) = 0$ **11.** $f'(-2)$ está indefinida.

13. 2, máximo absoluto (y máximo relativo)

15. 1, máximo absoluto (y máximo relativo);
2, mínimo absoluto (y mínimo relativo);
3, máximo absoluto (y máximo relativo)

17. $x = \frac{3}{4}$ **19.** $t = \frac{8}{3}$ **21.** $x = \frac{\pi}{3}, \pi, \frac{5\pi}{3}$

23. Mínimo: (2, 1)
Máximo: (−1, 4)

25. Mínimo: (−3, −13)
Máximo: (0, 5)

27. Mínimo: $(-1, -\frac{5}{2})$
Máximo: (2, 2)

29. Mínimo: (0, 0)
Máximo: (−1, 5)

31. Mínimos: (1, −6) y (−2, −6)
Máximo: (0, 0)

33. Mínimo: (−1, −1)
Máximo: (3, 3)

35. El valor mínimo es −2 para $-2 \le x < -1$.
Máximo: (2, 2)

37. Mínimo: $\left(\frac{3\pi}{2}, -1\right)$
Máximo: $\left(\frac{5\pi}{6}, \frac{1}{2}\right)$

39. Mínimo: $(\pi, -3)$
Máximos: (0, 3) y $(2\pi, 3)$

41. (a) Mínimo: (0, −3)
Máximo: (2, 1)
(b) Mínimo: (0, −3)
(c) Máximo: (2, 1)
(d) Sin extremos.

43. (a) Máximo: (1, −1)
Máximo: (−1, 3)
(b) Máximo: (3, 3)
(c) Mínimo: (1, −1)
(d) Mínimo: (1, −1)

45.

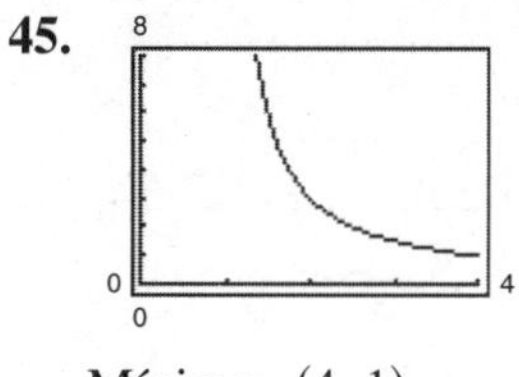

Mínimo: (4, 1)

47.

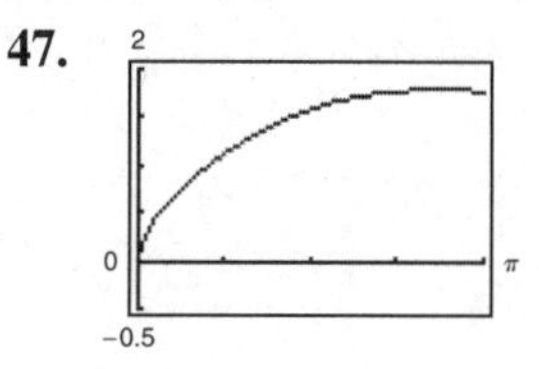

Mínimo: (0, 0)
Máximo: (2.7149, 1.7856)

49. (a)

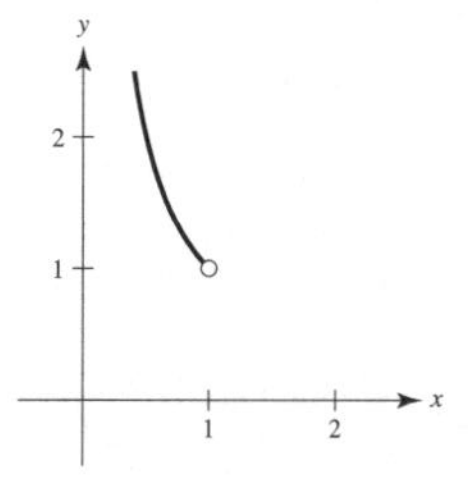

(b) Mínimo:
(0.4398, −1.0613)

51. Máximo: $\left|f''\left(\sqrt[3]{-10 + \sqrt{108}}\right)\right| = f''\left(\sqrt{3} - 1\right) \approx 1.47$

53. Máximo: $\left|f^{(4)}(0)\right| = \frac{56}{81}$

55. Las respuestas pueden variar. *Ejemplo de respuesta:* Sea $f(x) = \frac{1}{x}$. f es continua sobre (0, 1) pero no tiene un máximo o un mínimo.

57. (a) Sí. El valor está definido.
(b) No. El valor está indefinido.

59. No. La función no está definida en $x = -2$.

61. Máximo: $P(12) = 72$. No. P es decreciente para $I > 12$.

63. $\theta = \operatorname{arcsec}\sqrt{3} \approx 0.9553$ rad

65. Falso. El máximo sería 9 si el intervalo fuera cerrado.

67. Verdadero **69.** Demostración

71. Problema Putnam B3, 2004

Sección 3.2

1. El teorema de Rolle proporciona condiciones que garantizan la existencia de un valor extremo en el interior de un intervalo cerrado.

3. $f(-1) = f(1) = 1$; f no es continua sobre $[-1, 1]$.

5. $f(0) = f(2) = 0$; f no es derivable sobre (0, 2).

7. (2, 0), (−1, 0); $f'(\frac{1}{2}) = 0$

9. (0, 0), (−4, 0); $f'(-\frac{8}{3}) = 0$

11. $f'\left(\frac{3}{2}\right) = 0$ **13.** $f'\left(\frac{6 - \sqrt{3}}{3}\right) = 0; f'\left(\frac{6 + \sqrt{3}}{3}\right) = 0$

15. No es derivable en $x = 0$. **17.** $f'(-2 + \sqrt{5}) = 0$

19. $f'\left(\frac{\pi}{2}\right) = 0$; $f'\left(\frac{3\pi}{2}\right) = 0$ **21.** $f'(1) = 0$

23. No es continua sobre $[0, \pi]$.

25.

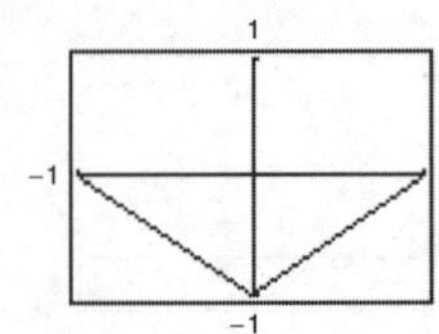

No aplica el teorema de Rolle.

27.

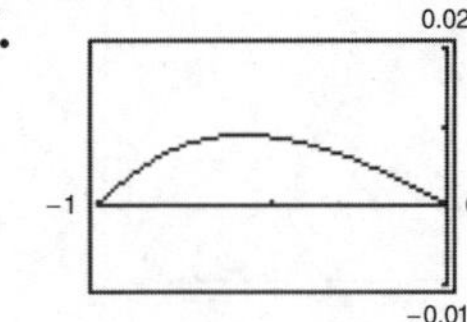

$f'\left(-\frac{6}{\pi}\arccos\frac{3}{\pi}\right) = 0$

29. (a) $f(1) = f(2) = 38$
(b) Velocidad $= 0$ para alguna t en $(1, 2)$; $t = \frac{3}{2}$ s

31.

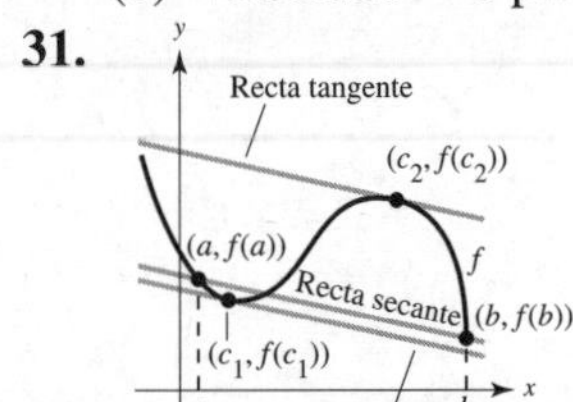

33. La función no es continua en $[0, 6]$.
35. La función no es continua en $[0, 6]$.
37. (a) Recta secante: $x + y - 3 = 0$ (b) $c = \frac{1}{2}$
(c) Recta tangente: $4x + 4y - 21 = 0$
(d)

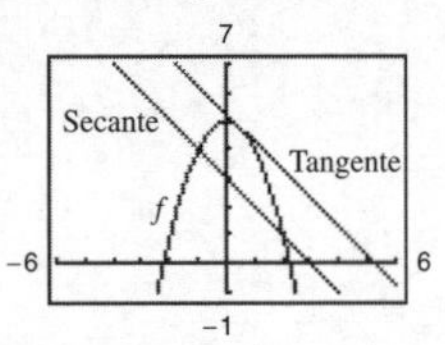

39. $f'\left(\frac{\sqrt{21}}{2}\right) = 42$ **41.** $f'\left(-\frac{\sqrt{3}}{2}\right) = 3$
43. f no es continua en $x = 1$.
45. f no es derivable en $x = -\frac{1}{2}$. **47.** $f'\left(\frac{\pi}{2}\right) = 0$
49. (a)-(c)

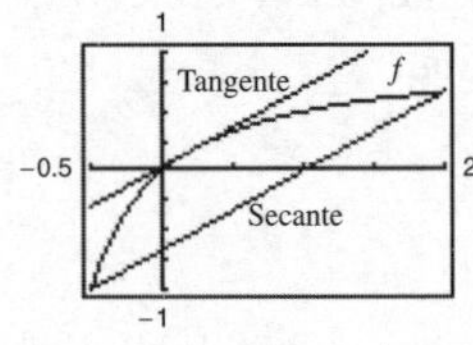

(b) $y = \frac{2}{3}(x - 1)$
(c) $y = \frac{1}{3}\left(2x + 5 - 2\sqrt{6}\right)$

51. (a)-(c)

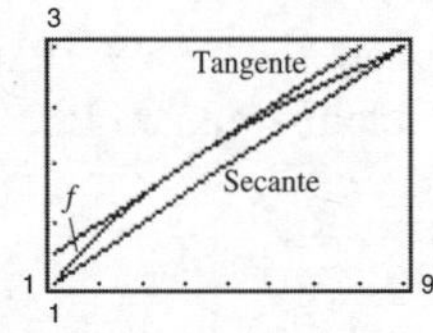

(b) $y = \frac{1}{4}x + \frac{3}{4}$
(c) $y = \frac{1}{4}x + 1$

53. (a) -14.7 m/s (b) 1.5 s
55. No. Sea $f(x) = x^2$ en $[-1, 2]$.
57. No. $f(x)$ no es continua sobre $[0, 1]$, de manera que no satisface las hipótesis del teorema de Rolle.
59. Por el teorema del valor medio, hay un tiempo en que la velocidad del avión debe ser igual a la velocidad promedio de 454.5 millas/h. La velocidad fue 400 millas/h cuando el avión estuvo acelerando a 454.5 millas/h y desaceleró desde 454.5 millas/h.
61. Demostración
63. (a) Las respuestas pueden variar. *Ejemplo de respuesta:*

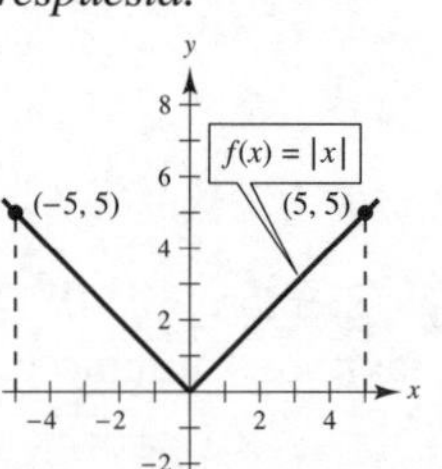

(b)

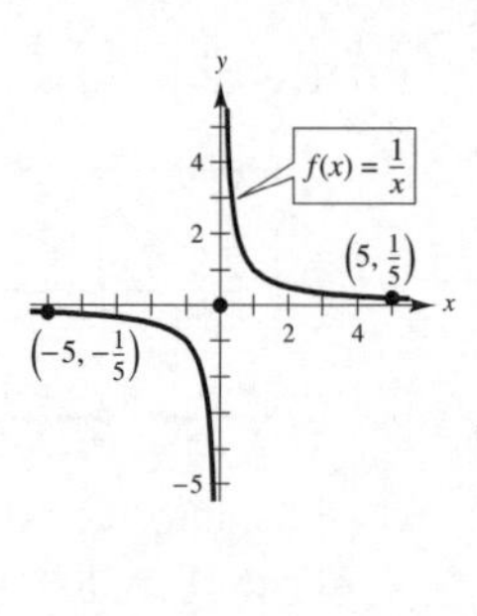

65-67. Demostraciones **69.** $f(x) = 5$; $f(x) = c$ y $f(2) = 5$
71. $f(x) = x^2 - 1$; $f(x) = x^2 + c$ y $f(1) = 0$, de modo que $c = -1$
73. Falso. f no es continua sobre $[-1, 1]$. **75.** Verdadero
77-83. Demostraciones

Sección 3.3

1. Una derivada positiva de una función sobre un intervalo abierto implica que la función es creciente sobre el intervalo. Una derivada negativa implica que la función es decreciente. Una derivada cero implica que la función es constante.
3. (a) $(0, 6)$ (b) $(6, 8)$
5. Creciente sobre $(-\infty, -1)$; decreciente sobre $(-1, \infty)$
7. Creciente sobre $(-\infty, -2)$ y $(2, \infty)$; decreciente sobre $(-2, 2)$
9. Creciente sobre $(-\infty, -1)$; decreciente sobre $(-1, \infty)$
11. Creciente sobre $(1, \infty)$; decreciente sobre $(-\infty, 1)$
13. Creciente sobre $\left(-2\sqrt{2}, 2\sqrt{2}\right)$;
decreciente sobre $\left(-4, -2\sqrt{2}\right)$ y $\left(2\sqrt{2}, 4\right)$
15. Creciente sobre $\left(0, \frac{\pi}{2}\right)$ y $\left(\frac{3\pi}{2}, 2\pi\right)$;
decreciente sobre $\left(\frac{\pi}{2}, \frac{3\pi}{2}\right)$
17. Creciente sobre $\left(0, \frac{7\pi}{6}\right)$ y $\left(\frac{11\pi}{6}, 2\pi\right)$;
decreciente sobre $\left(\frac{7\pi}{6}, \frac{11\pi}{6}\right)$
19. (a) Punto crítico: $x = 4$
(b) Creciente sobre $(4, \infty)$; decreciente sobre $(-\infty, 4)$
(c) Mínimo relativo: $(4, -16)$
21. (a) Punto crítico: $x = 1$
(b) Creciente sobre $(-\infty, 1)$; decreciente sobre $(1, \infty)$
(c) Máximo relativo: $(1, 5)$
23. (a) Puntos críticos: $x = -1, 1$
(b) Creciente sobre $(-1, 1)$;
decreciente sobre $(-\infty, -1)$ y $(1, \infty)$
(c) Máximo relativo: $(1, 17)$;
mínimo relativo: $(-1, -11)$

25. (a) Puntos críticos: $x = -\frac{5}{3}, 1$
(b) Creciente sobre $\left(-\infty, -\frac{5}{3}\right), (1, \infty)$;
decreciente sobre $\left(-\frac{5}{3}, 1\right)$
(c) Máximo relativo: $\left(-\frac{5}{3}, \frac{256}{27}\right)$;
mínimo relativo: $(1, 0)$

27. (a) Puntos críticos: $x = \pm 1$
(b) Creciente sobre $(-\infty, -1)$ y $(1, \infty)$;
decreciente sobre $(-1, 1)$
(c) Máximo relativo: $\left(-1, \frac{4}{5}\right)$; mínimo relativo: $\left(1, -\frac{4}{5}\right)$

29. (a) Punto crítico: $x = 0$
(b) Creciente sobre $(-\infty, \infty)$
(c) Sin extremos relativos

31. (a) Punto crítico: $x = -2$
(b) Creciente sobre $(-2, \infty)$; decreciente sobre $(-\infty, -2)$
(c) Mínimo relativo: $(-2, 0)$

33. (a) Punto crítico: $x = 5$
(b) Creciente sobre $(-\infty, 5)$; decreciente sobre $(5, \infty)$
(c) Máximo relativo: $(5, 5)$

35. (a) Puntos críticos: $x = \pm\frac{\sqrt{2}}{2}$; discontinuidad: $x = 0$
(b) Creciente sobre $\left(-\infty, -\frac{\sqrt{2}}{2}\right)$ y $\left(\frac{\sqrt{2}}{2}, \infty\right)$;
decreciente sobre $\left(-\frac{\sqrt{2}}{2}, 0\right)$ y $\left(0, \frac{\sqrt{2}}{2}\right)$
(c) Máximo relativo: $\left(-\frac{\sqrt{2}}{2}, -2\sqrt{2}\right)$;
mínimo relativo: $\left(\frac{\sqrt{2}}{2}, 2\sqrt{2}\right)$

37. (a) Punto crítico: $x = 0$; discontinuidades: $x = \pm 3$
(b) Creciente sobre $(-\infty, -3)$ y $(-3, 0)$;
decreciente sobre $(0, 3)$ y $(3, \infty)$
(c) Máximo relativo: $(0, 0)$

39. (a) Punto crítico: $x = 0$
(b) Creciente sobre $(-\infty, 0)$; decreciente sobre $(0, \infty)$
(c) Máximo relativo: $(0, 4)$

41. (a) Punto crítico: $x = \frac{\pi}{3}, \frac{5\pi}{3}$; creciente sobre $\left(\frac{\pi}{3}, \frac{5\pi}{3}\right)$;
decreciente sobre $\left(0, \frac{\pi}{3}\right)$ y $\left(\frac{5\pi}{3}, 2\pi\right)$
(b) Máximo relativo: $\left(\frac{5\pi}{3}, \frac{5\pi}{3} + \sqrt{3}\right)$;
mínimo relativo: $\left(\frac{\pi}{3}, \frac{\pi}{3} - \sqrt{3}\right)$

43. (a) Puntos críticos: $x = \frac{\pi}{4}, \frac{5\pi}{4}$;
Creciente sobre $\left(0, \frac{\pi}{4}\right)$ y $\left(\frac{5\pi}{4}, 2\pi\right)$;
decreciente sobre $\left(\frac{\pi}{4}, \frac{5\pi}{4}\right)$
(b) Máximo relativo: $\left(\frac{\pi}{4}, \sqrt{2}\right)$;
mínimo relativo: $\left(\frac{5\pi}{4}, -\sqrt{2}\right)$

45. (a) Puntos críticos:
$x = \frac{\pi}{4}, \frac{\pi}{2}, \frac{3\pi}{4}, \pi, \frac{5\pi}{4}, \frac{3\pi}{2}, \frac{7\pi}{4}$;
creciente sobre $\left(\frac{\pi}{4}, \frac{\pi}{2}\right), \left(\frac{3\pi}{4}, \pi\right), \left(\frac{5\pi}{4}, \frac{3\pi}{2}\right), \left(\frac{7\pi}{4}, 2\pi\right)$;
decreciente sobre $\left(0, \frac{\pi}{4}\right), \left(\frac{\pi}{2}, \frac{3\pi}{4}\right), \left(\pi, \frac{5\pi}{4}\right), \left(\frac{3\pi}{2}, \frac{7\pi}{4}\right)$
(b) Máximos relativos: $\left(\frac{\pi}{2}, 1\right), (\pi, 1), \left(\frac{3\pi}{2}, 1\right)$;
mínimos relativos: $\left(\frac{\pi}{4}, 0\right), \left(\frac{3\pi}{4}, 0\right), \left(\frac{5\pi}{4}, 0\right), \left(\frac{7\pi}{4}, 0\right)$

47. (a) Puntos críticos: $\frac{\pi}{2}, \frac{7\pi}{6}, \frac{3\pi}{2}, \frac{11\pi}{4}$;
creciente sobre $\left(0, \frac{\pi}{2}\right), \left(\frac{7\pi}{6}, \frac{3\pi}{2}\right), \left(\frac{11\pi}{6}, 2\pi\right)$;
decreciente sobre $\left(\frac{\pi}{2}, \frac{7\pi}{6}\right), \left(\frac{3\pi}{2}, \frac{11\pi}{6}\right)$
(b) Máximos relativos: $\left(\frac{\pi}{2}, 2\right), \left(\frac{3\pi}{2}, 0\right)$;
mínimos relativos: $\left(\frac{7\pi}{6}, -\frac{1}{4}\right), \left(\frac{11\pi}{6}, -\frac{1}{4}\right)$

49. (a) $f'(x) = \dfrac{2(9 - 2x^2)}{\sqrt{9 - x^2}}$
(b) 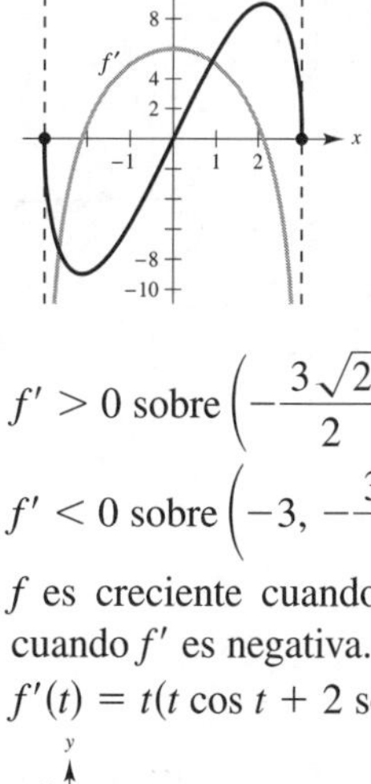
(c) Puntos críticos:
$x = \pm\frac{3\sqrt{2}}{2}$
(d) $f' > 0$ sobre $\left(-\frac{3\sqrt{2}}{2}, \frac{3\sqrt{2}}{2}\right)$;
$f' < 0$ sobre $\left(-3, -\frac{3\sqrt{2}}{2}\right), \left(\frac{3\sqrt{2}}{2}, 3\right)$;
f es creciente cuando f' es positiva y decreciente cuando f' es negativa.

51. (a) $f'(t) = t(t \cos t + 2 \operatorname{sen} t)$
(b) 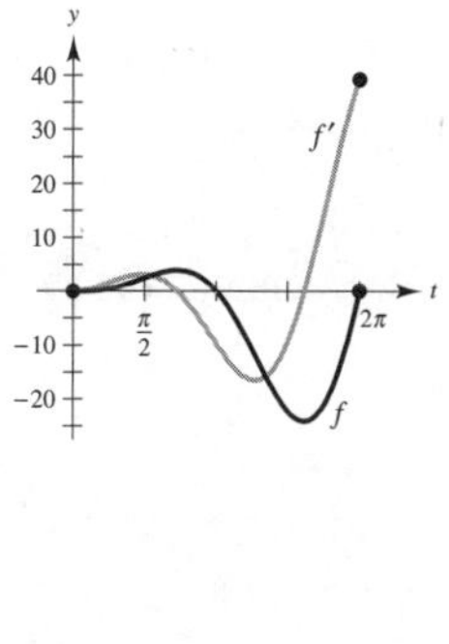
(c) Puntos críticos:
$t = 2.2889, 5.0870$
(d) $f' > 0$ en $(0, 2.2889)$, $(5.0870, 2\pi)$; $f' < 0$ en $(2.2889, 5.0870)$; f es creciente cuando f' es positiva y decreciente cuando f' es negativa.

53. (a) $f'(x) = -\cos \dfrac{x}{3}$

(b)

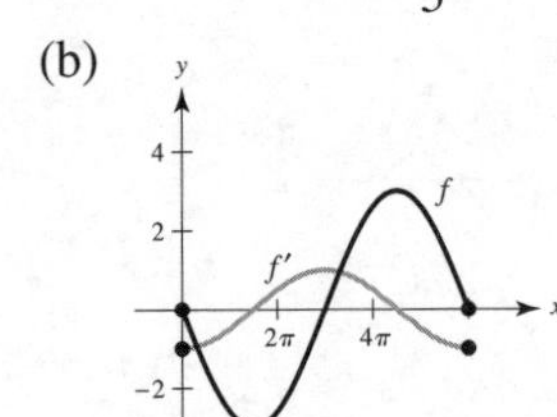

(c) Puntos críticos: $x = \dfrac{3\pi}{2}, \dfrac{9\pi}{2}$

(d) $f' > 0$ sobre $\left(\dfrac{3\pi}{2}, \dfrac{9\pi}{2}\right)$; $f' < 0$ sobre $\left(0, \dfrac{3\pi}{2}\right)$, $\left(\dfrac{9\pi}{2}, 6\pi\right)$; f es creciente cuando f' es positiva y decreciente cuando f' es negativa.

55. $f(x)$ es simétrica respecto al origen.
Ceros: $(0, 0), (\pm\sqrt{3}, 0)$

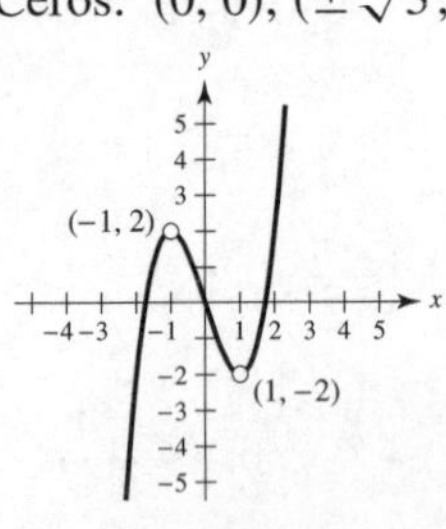

$g(x)$ es continua sobre $(-\infty, \infty)$, y $f(x)$ tiene huecos en $x = 1$ y $x = -1$.

57.

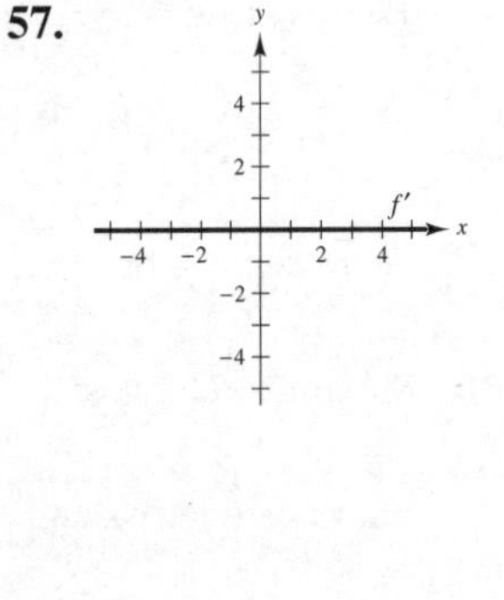

59.

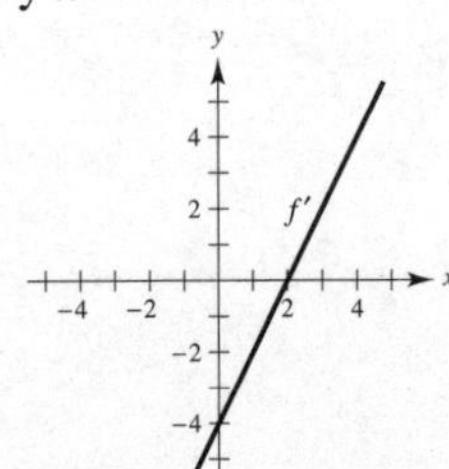

61.

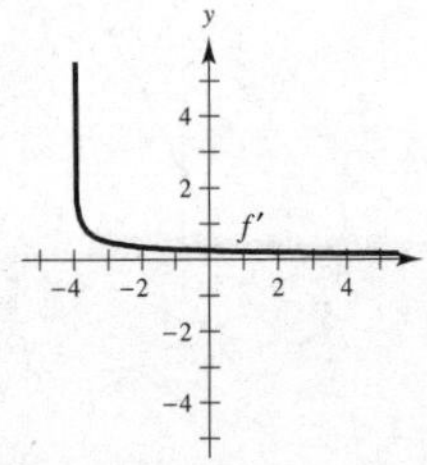

63. $g'(0) < 0$ **65.** $g'(-6) < 0$

67. Las respuestas pueden variar. *Ejemplo de respuesta:*

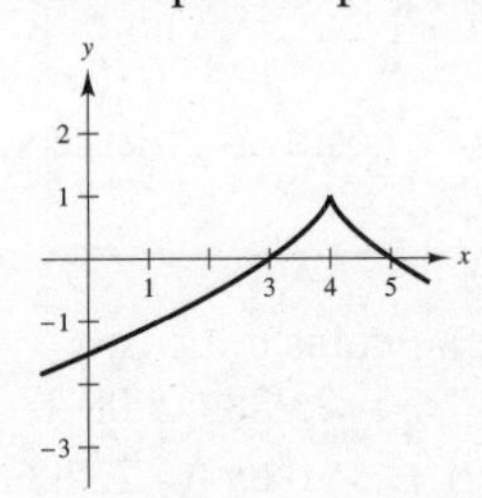

69. No. Por ejemplo, el producto de $f(x) = x$ y $g(x) = x$ es $f(x) \cdot g(x) = x^2$ la cual es decreciente sobre $(-\infty, 0)$ y decreciente sobre $(0, \infty)$.

71. $(5, f(5))$ es un mínimo relativo.

73. (a)

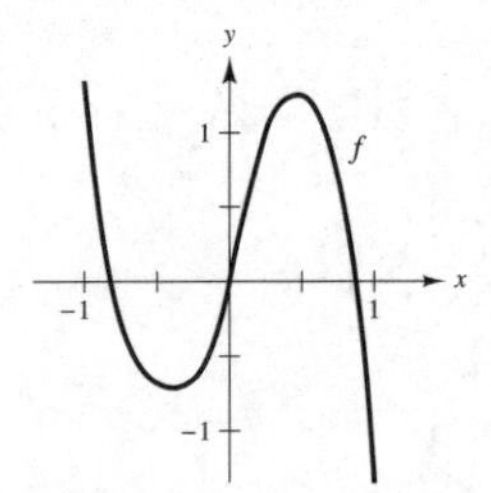

(b) Puntos críticos: $x \approx -0.40$ y $x \approx 0.48$

(c) Máximo relativo: $(0.48, 1.25)$;
mínimo relativo: $(-0.40, 0.75)$

75. (a) $s'(t) = 9.8(\text{sen } \theta)t$; velocidad $= |9.8(\text{sen } \theta)t|$

(b)

θ	0	$\dfrac{\pi}{4}$	$\dfrac{\pi}{3}$	$\dfrac{\pi}{2}$	$\dfrac{2\pi}{3}$	$\dfrac{3\pi}{4}$	π
$s'(t)$	0	$4.9\sqrt{2}\,t$	$4.9\sqrt{3}\,t$	$9.8t$	$4.9\sqrt{3}\,t$	$4.9\sqrt{2}\,t$	0

La velocidad es máxima en $\theta = \dfrac{\pi}{2}$.

77. (a)

t	0	0.5	1	1.5	2	2.5	3
$C(t)$	0	0.055	0.107	0.148	0.171	0.176	0.167

$t = 2.5$ h

(b)

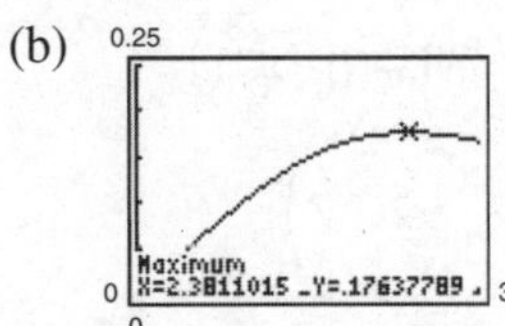

$t \approx 2.38$ h (c) $t \approx 2.38$ h

79. $r = \dfrac{2R}{3}$

81. (a) $v(t) = 6 - 2t$ (b) $[0, 3)$ (c) $(3, \infty)$ (d) $t = 3$

83. (a) $v(t) = 3t^2 - 10t + 4$

(b) $\left[0, \dfrac{5 - \sqrt{13}}{3}\right)$ y $\left(\dfrac{5 + \sqrt{13}}{3}, \infty\right)$

(c) $\left(\dfrac{5 - \sqrt{13}}{3}, \dfrac{5 + \sqrt{13}}{3}\right)$ (d) $t = \dfrac{5 \pm \sqrt{13}}{3}$

85. Las respuestas pueden variar.

87. (a) Grado mínimo: 3

(b)
$$a_3(0)^3 + a_2(0)^2 + a_1(0) + a_0 = 0$$
$$a_3(2)^3 + a_2(2)^2 + a_1(2) + a_0 = 2$$
$$3a_3(0)^2 + 2a_2(0) + a_1 = 0$$
$$3a_3(2)^2 + 2a_2(2) + a_1 = 0$$

(c) $f(x) = -\frac{1}{2}x^3 + \frac{3}{2}x^2$

89. (a) Grado mínimo: 4

(b)
$$a_4(0)^4 + a_3(0)^3 + a_2(0)^2 + a_1(0) + a_0 = 0$$
$$a_4(2)^4 + a_3(2)^3 + a_2(2)^2 + a_1(2) + a_0 = 4$$
$$a_4(4)^4 + a_3(4)^3 + a_2(4)^2 + a_1(4) + a_0 = 0$$
$$4a_4(0)^3 + 3a_3(0)^2 + 2a_2(0) + a_1 = 0$$
$$4a_4(2)^3 + 3a_3(2)^2 + 2a_2(2) + a_1 = 0$$
$$4a_4(4)^3 + 3a_3(4)^2 + 2a_2(4) + a_1 = 0$$

(c) $f(x) = \frac{1}{4}x^4 - 2x^3 + 4x^2$

91. Falso. Sea $f(x) = \text{sen } x$. **93.** Falso. Sea $f(x) = x^3$.

95. Falso. Sea $f(x) = x^3$. Hay un punto crítico en $x = 0$ pero no un extremo relativo.

97-99. Demostraciones **101.** Problema Putnam A3, 2003

Sección 3.4

1. Encontrar la segunda derivada de una función y formar intervalos de prueba usando los valores para los cuales la segunda derivada es cero o no existe y los valores en los que la función no es continua. Determinar el signo de la segunda derivada sobre estos intervalos de prueba. Si la segunda derivada es positiva, entonces la gráfica es cóncava hacia arriba. Si la segunda derivada es negativa, entonces la gráfica es cóncava hacia abajo.

3. $f' > 0, f'' < 0$ **5.** Cóncava hacia arriba: $(-\infty, \infty)$

7. Cóncava hacia arriba: $(-\infty, 0), (\frac{3}{2}, \infty)$; cóncava hacia abajo: $(0, \frac{3}{2})$

9. Cóncava hacia arriba: $(-\infty, -2), (2, \infty)$; cóncava hacia abajo: $(-2, 2)$

11. Cóncava hacia arriba: $(-\infty, -\frac{1}{6})$; cóncava hacia abajo: $(-\frac{1}{6}, \infty)$

13. Cóncava hacia arriba: $(-\infty, -1), (1, \infty)$; cóncava hacia abajo: $(-1, 1)$

15. Cóncava hacia arriba: $\left(-\frac{\pi}{2}, 0\right)$; cóncava hacia abajo: $\left(0, \frac{\pi}{2}\right)$

17. Punto de inflexión: $(3, 0)$; cóncava hacia abajo: $(-\infty, 3)$; cóncava hacia arriba: $(3, \infty)$

19. Puntos de inflexión: Ninguno; cóncava hacia abajo: $(-\infty, \infty)$

21. Puntos de inflexión: $(2, -16), (4, 0)$; cóncava hacia arriba: $(-\infty, 2), (4, \infty)$; cóncava hacia abajo: $(2, 4)$

23. Puntos de inflexión: Ninguno; cóncava hacia arriba: $(-3, \infty)$

25. Puntos de inflexión: Ninguno; cóncava hacia arriba: $(0, \infty)$

27. Punto de inflexión: $(2\pi, 0)$; cóncava hacia arriba: $(2\pi, 4\pi)$; cóncava hacia abajo: $(0, 2\pi)$

29. Punto de inflexión: Ninguno; cóncava hacia arriba: $(0, \pi), (2\pi, 3\pi)$; cóncava hacia abajo: $(\pi, 2\pi), (3\pi, 4\pi)$

31. Puntos de inflexión: $(\pi, 0), (1.823, 1.452), (4.46, -1.452)$; cóncava hacia arriba: $(1.823, \pi), (4.46, 2\pi)$; cóncava hacia abajo: $(0, 1.823), (\pi, 4.46)$

33. Máximo relativo: $(3, 9)$

35. Máximo relativo: $(0, 3)$; mínimo relativo: $(2, -1)$

37. Mínimo relativo: $(3, -25)$

39. Mínimo relativo: $(0, -3)$

41. Máximo relativo: $(-2, -4)$; mínimo relativo: $(2, 4)$

43. No tiene extremos porque f es no creciente.

45. (a) $f'(x) = 0.2x(x - 3)^2(5x - 6)$; $f''(x) = 0.4(x - 3)(10x^2 - 24x + 9)$

(b) Máximo relativo: $(0, 0)$; mínimo relativo: $(1.2, -1.6796)$; puntos de inflexión: $(0.4652, -0.7048)$, $(1.9348, -0.9048)$, $(3, 0)$

(c)

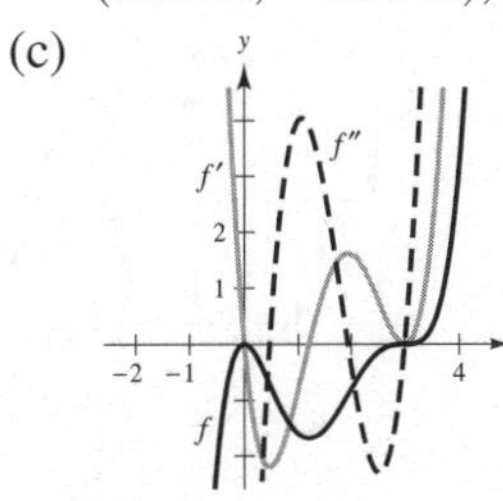

f es creciente cuando f' es positiva y decreciente cuando f' es negativa. f es cóncava hacia arriba cuando f'' es positiva y cóncava hacia abajo cuando f'' es negativa.

47. (a) $f'(x) = \cos x - \cos 3x + \cos 5x$; $f''(x) = -\text{sen } x + 3 \text{ sen } 3x - 5 \text{ sen } 5x$

(b) Máximo relativo: $\left(\frac{\pi}{2}, 1.53333\right)$;

puntos de inflexión: $\left(\frac{\pi}{6}, 0.2667\right)$, $(1.1731, 0.9637)$, $(1.9685, 0.9637)$, $\left(\frac{5\pi}{6}, 0.2667\right)$

(c)

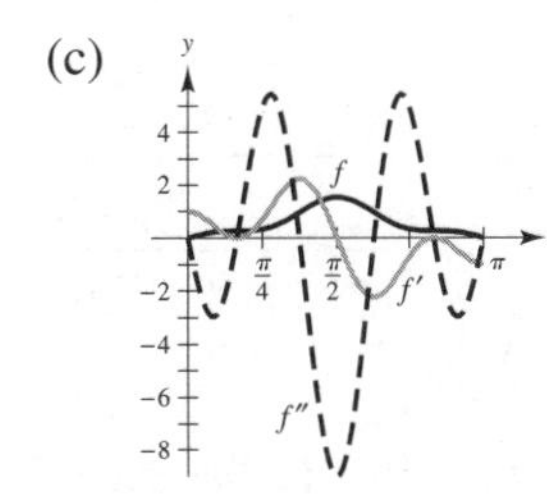

f es creciente cuando f' es positiva y decreciente cuando f' es negativa. f es cóncava hacia arriba cuando f'' es positiva y cóncava hacia abajo cuando f'' es negativa.

49. (a) (b)

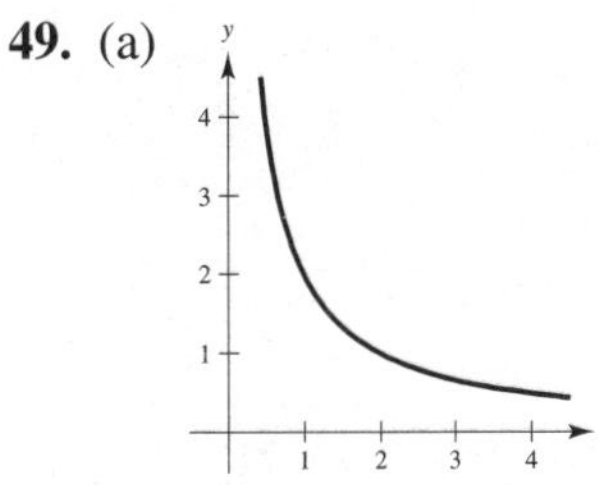

51.

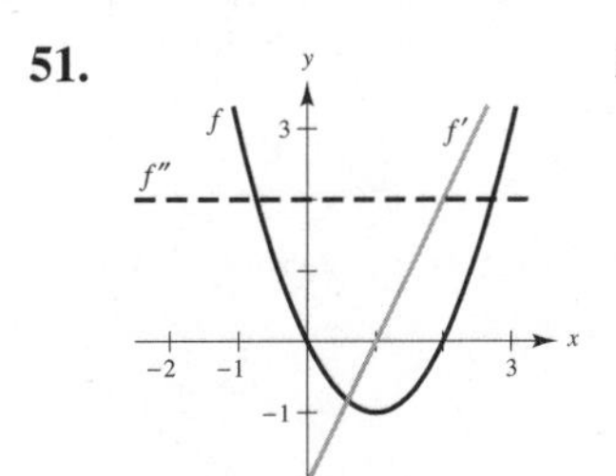

53.

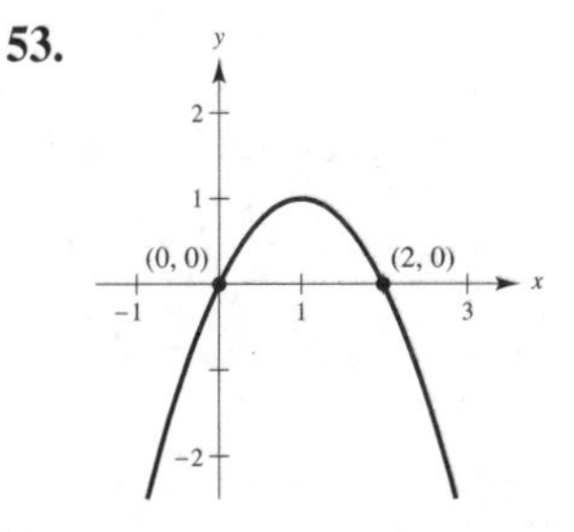

55.

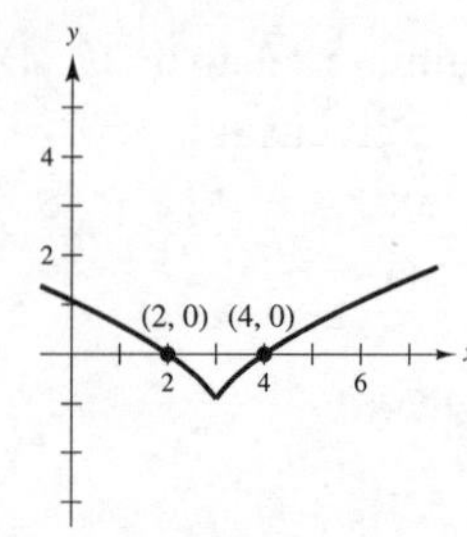

57. *Ejemplo de respuesta:*

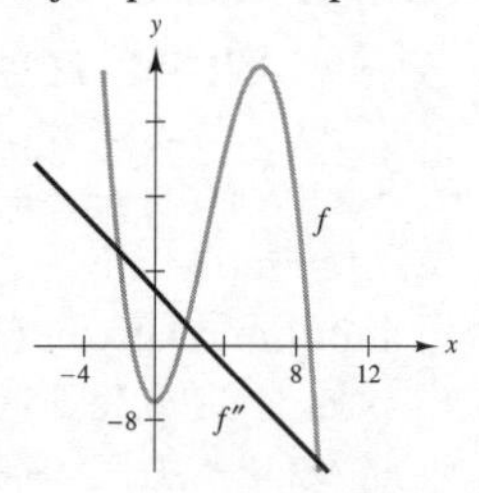

59. (a) $f(x) = (x - 2)^n$ tiene un punto de inflexión en (2, 0) si n es impar y $n \geq 3$.

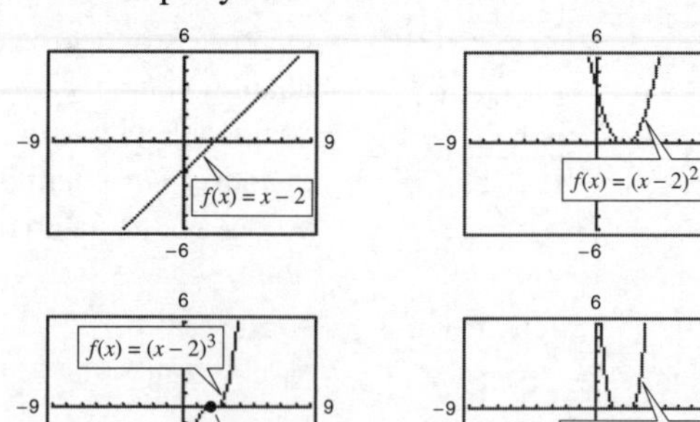

(b) Demostración

61. $f(x) = \frac{1}{2}x^3 - 6x^2 + \frac{45}{2}x - 24$

63. (a) $f(x) = \frac{1}{32}x^3 + \frac{3}{16}x^2$ (b) A dos millas del aterrizaje.

65. $x = 100$ unidades

67. (a)

t	0.5	1	1.5	2	2.5	3
S	151.5	555.6	1097.6	1666.7	2193.0	2647.1

$1.5 < t < 2$

(b)

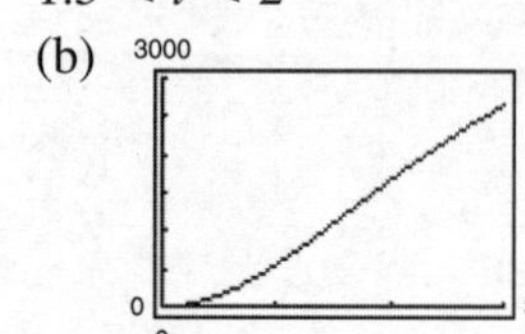

$t \approx 1.5$

(c) Aproximadamente 1.633 años

69. $P_1(x) = 2\sqrt{2}$

$P_2(x) = 2\sqrt{2} - \sqrt{2}\left(x - \frac{\pi}{4}\right)^2$

Los valores de f, P_1 y P_2, y sus primeras derivadas son iguales.

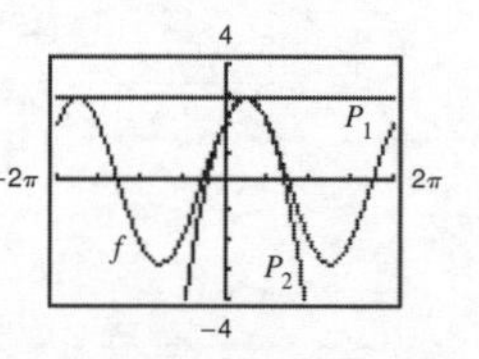

cuando $x = \frac{\pi}{4}$. Las aproximaciones empeoran a medida que se aleja de $x = \frac{\pi}{4}$.

71. $P_1(x) = 1 - \frac{x}{2}$

$P_2(x) = 1 - \frac{x}{2} - \frac{x^2}{8}$

Los valores de f, P_1 y P_2, y sus primeras derivadas son iguales cuando $x = 0$. Las aproximaciones empeoran a medida que se aleja de $x = 0$.

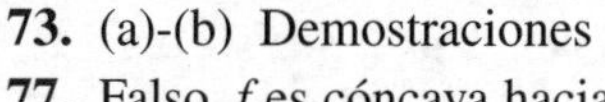

73. (a)-(b) Demostraciones **75.** Verdadero

77. Falso. f es cóncava hacia arriba en $x = c$ si $f''(c) > 0$.

79. Demostración

Sección 3.5

1. (a) A medida que x crece indefinidamente, $f(x)$ tiende a -5.

(b) A medida que x decrece indefinidamente, $f(x)$ tiende a 3.

3. 2; uno desde la izquierda y otro desde la derecha.

5. f **6.** c **7.** d **8.** a **9.** b **10.** e

11. (a) ∞ (b) 5 (c) 0 **13.** (a) 0 (b) 1 (c) ∞

15. (a) 0 (b) $-\frac{2}{3}$ (c) $-\infty$ **17.** 4 **19.** $\frac{7}{9}$ **21.** 0

23. $-\infty$ **25.** -1 **27.** -2 **29.** $\frac{1}{2}$ **31.** ∞

33. 0 **35.** 0

37.

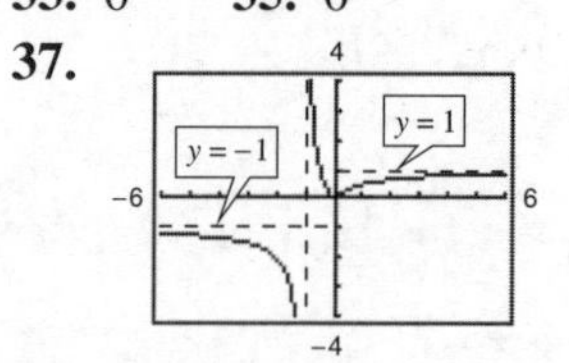

39.

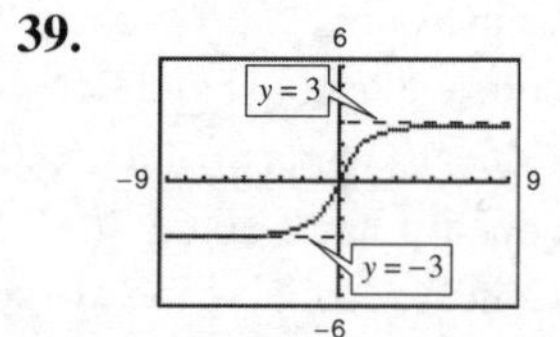

41. 1 **43.** 0 **45.** $\frac{1}{6}$

47.

x	10^0	10^1	10^2	10^3	10^4	10^5	10^6
$f(x)$	1.000	0.513	0.501	0.500	0.500	0.500	0.500

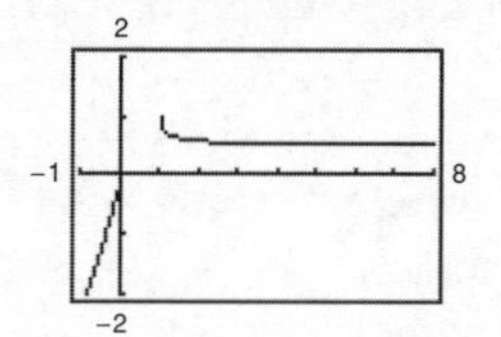

$\lim_{x\to\infty} \left[x - \sqrt{x(x-1)}\right] = \frac{1}{2}$

49.

x	10^0	10^1	10^2	10^3	10^4	10^5	10^6
$f(x)$	0.479	0.500	0.500	0.500	0.500	0.500	0.500

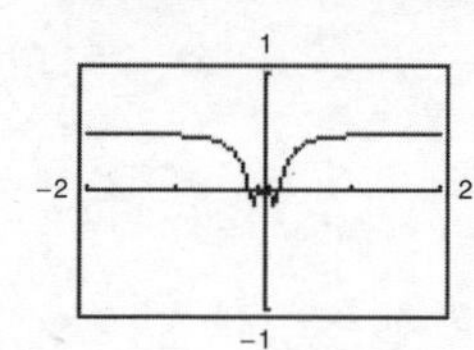

La gráfica tiene un hueco en $x = 0$.

$\lim_{x\to\infty} x \operatorname{sen} \frac{1}{2x} = \frac{1}{2}$

51. 100%

53. Un límite infinito es una descripción de cómo un límite no existe. Un límite al infinito se refiere al comportamiento final de una función.

55. (a) 5 (b) -5

57. (a)

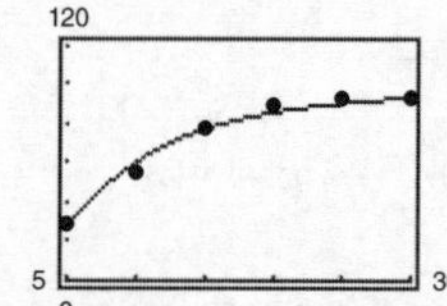

(b) Sí. $\lim_{t\to\infty} S = \frac{100}{1} = 100$

59. (a) $\lim\limits_{x\to\infty} f(x) = 2$

(b) $x_1 = \sqrt{\dfrac{4-2\varepsilon}{\varepsilon}}$, $x_2 = -\sqrt{\dfrac{4-2\varepsilon}{\varepsilon}}$

(c) $M = \sqrt{\dfrac{4-2\varepsilon}{\varepsilon}}$ (d) $N = -\sqrt{\dfrac{4-2\varepsilon}{\varepsilon}}$

61. (a) Las respuestas pueden variar. $M = \dfrac{5\sqrt{33}}{11}$

(b) Las respuestas pueden variar. $M = \dfrac{29\sqrt{177}}{59}$

63-65. Demostraciones

67. (a) $d(m) = \dfrac{|3m+3|}{\sqrt{m^2+1}}$

(b)

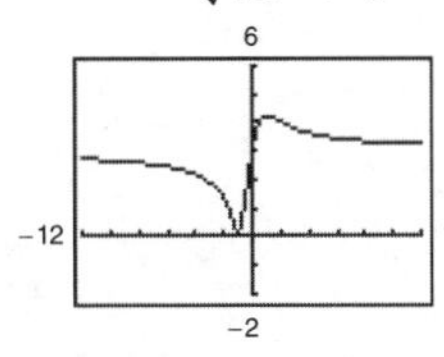

(c) $\lim\limits_{m\to\infty} d(m) = 3$; $\lim\limits_{a\to-\infty} d(m) = 3$; a medida que m tiende a $\pm\infty$ la distancia tiende a 3.

69. Demostración

Sección 3.6

1. Para analizar la gráfica de una función, determine el dominio y el rango, las intersecciones, las asíntotas, la simetría de la gráfica y localice los valores de x para los cuales $f(x)$ y $f''(x)$ son cero o no existen. A continuación, use los resultados para determinar los extremos relativos y los puntos de inflexión.
3. Función racional; utilice la división larga para reescribir la función racional como la suma de un polinomio de primer grado y otra función racional.

5. d **6.** c **7.** a **8.** b

9.

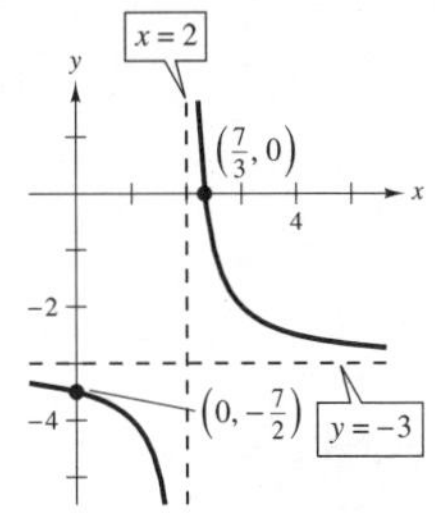

11.

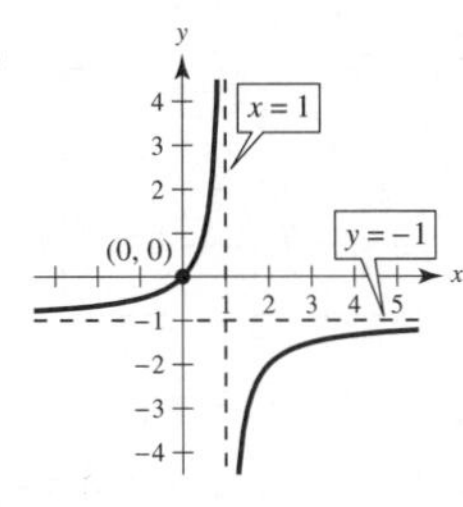

13.

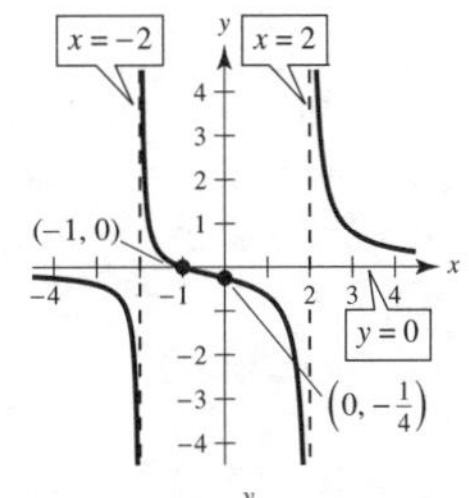

15.

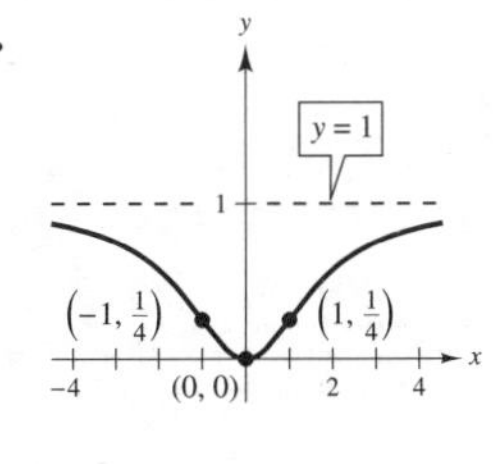

17.

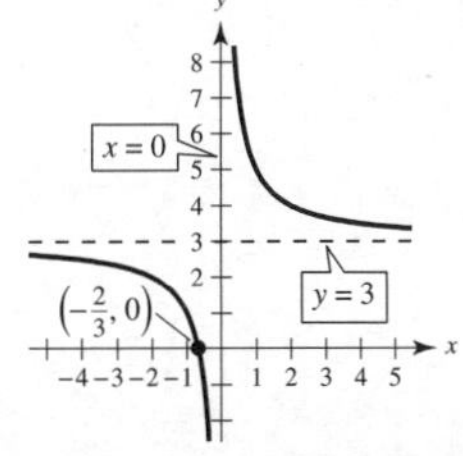

19.

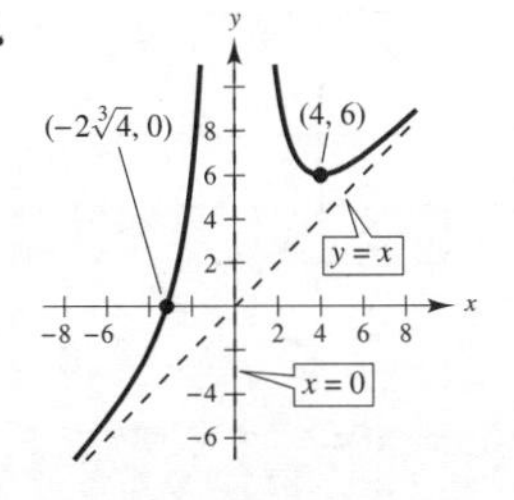

21.

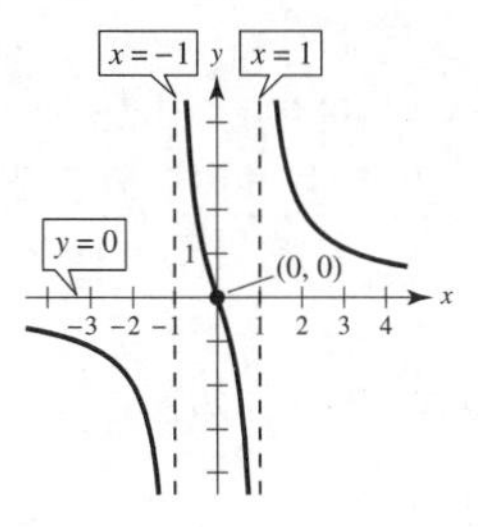

23.

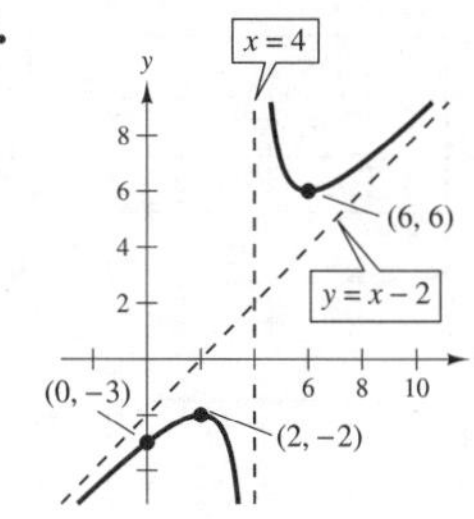

25.

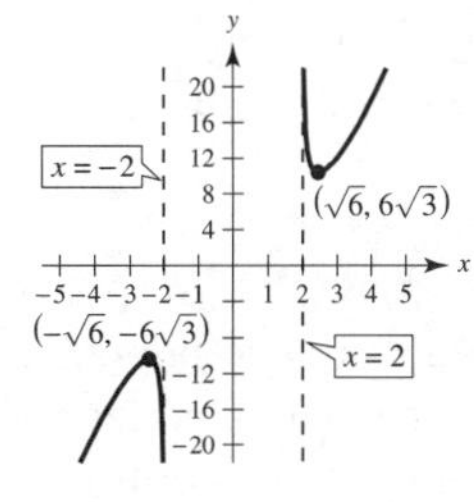

27.

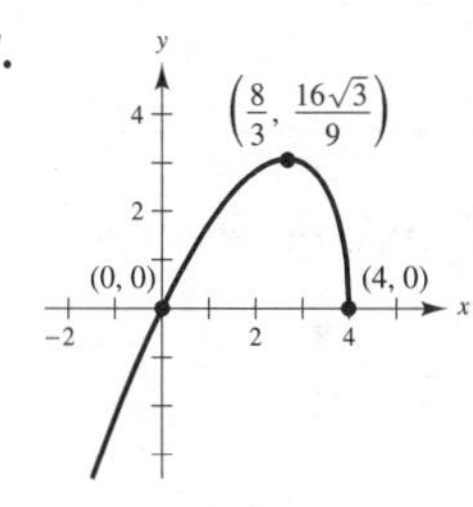

29.

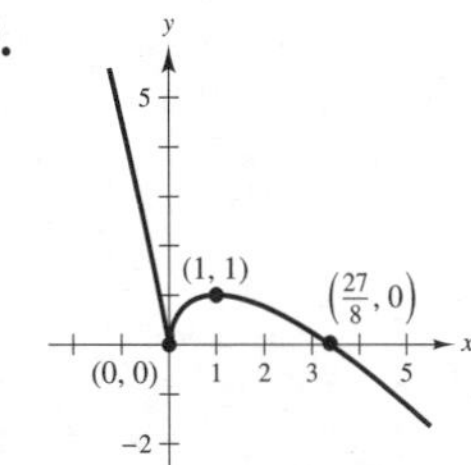

31.

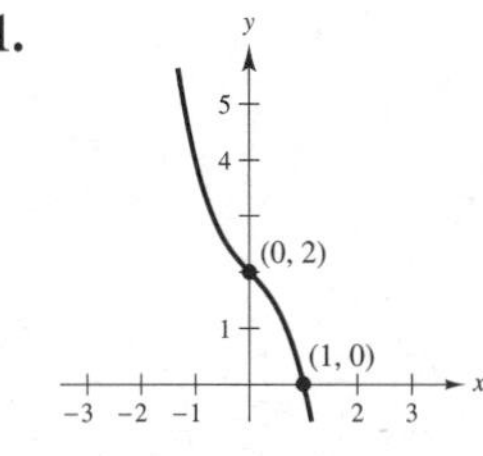

33.

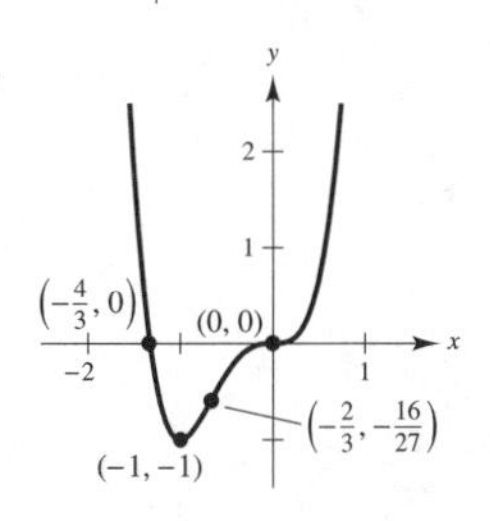

35.

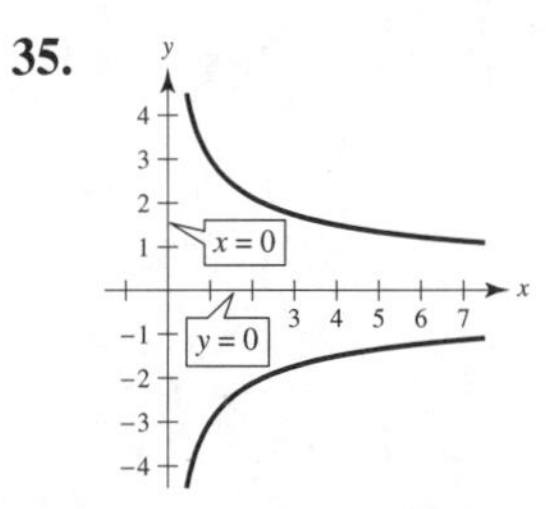

37.

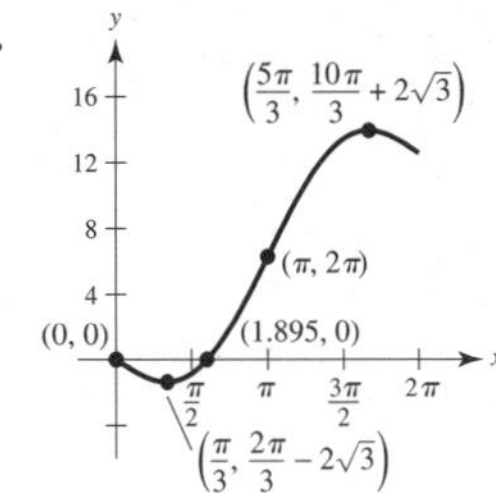

39.

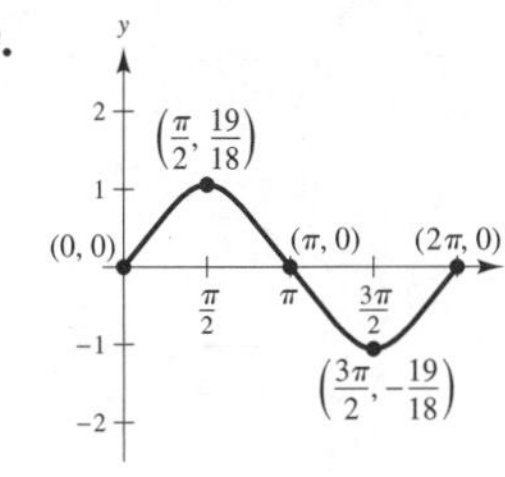

41.

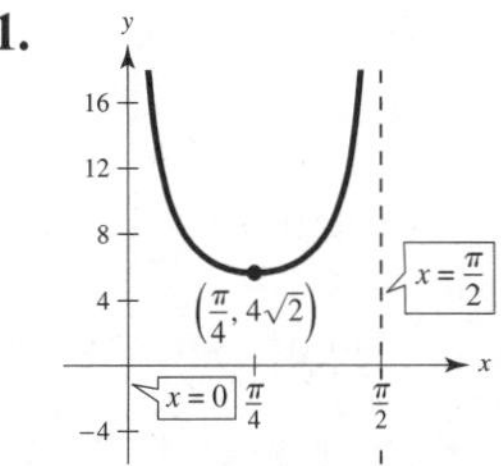

43.

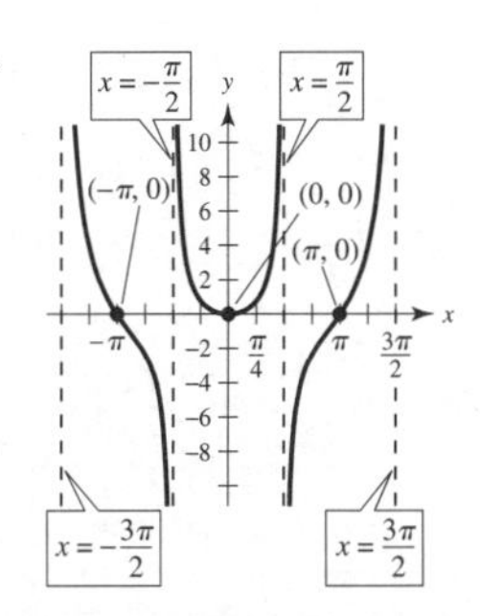

45.

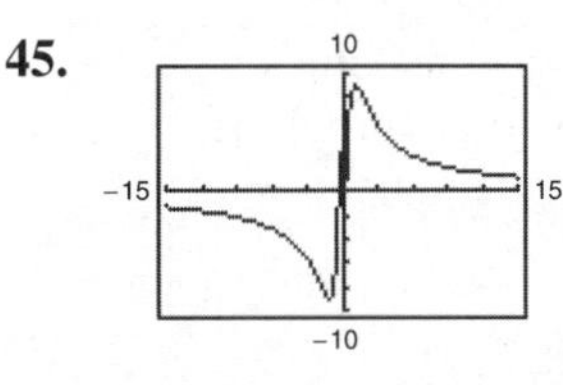

Mínimo: $(-1.10, -9.05)$; máximo: $(1.10, 9.05)$; puntos de inflexión: $(-1.84, -7.86)$, $(1.84, 7.86)$; asíntota vertical: $x = 0$; asíntota horizontal: $y = 0$

47. 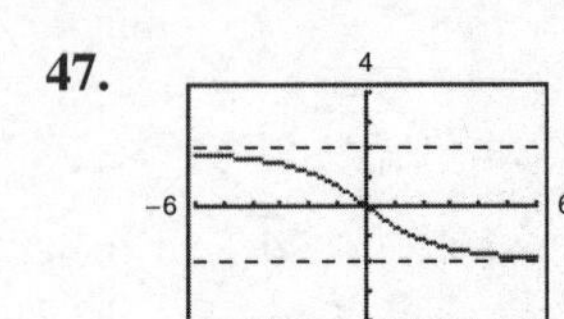

Punto de inflexión: (0, 0); asíntotas horizontales: $y = \pm 2$

49. 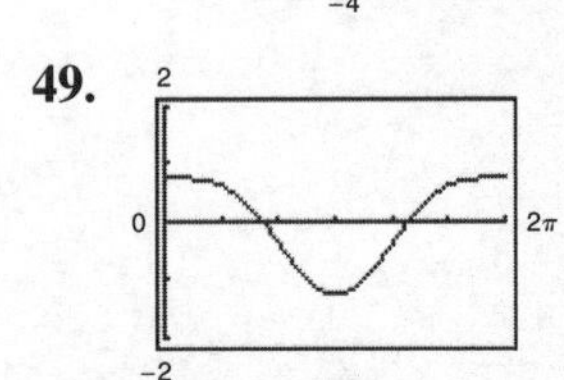

Mínimo relativo: $\left(\pi, -\frac{5}{4}\right)$; puntos de inflexión: $\left(\frac{2\pi}{3}, -\frac{3}{8}\right), \left(\frac{4\pi}{3}, -\frac{3}{8}\right)$

51. *Ejemplo de respuesta:*

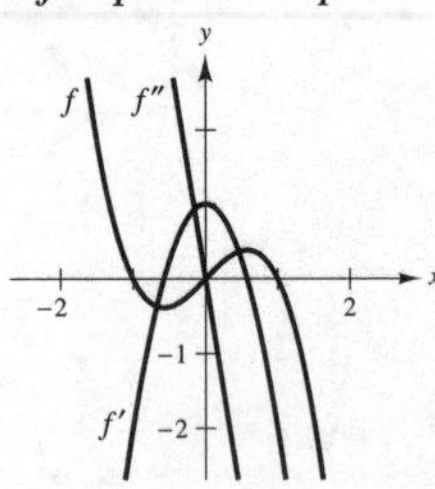

Los ceros de f' corresponden a los puntos donde la gráfica de f tiene tangentes horizontales. Los ceros de f'' corresponden a los puntos donde la gráfica de f' tiene una tangente horizontal.

53. 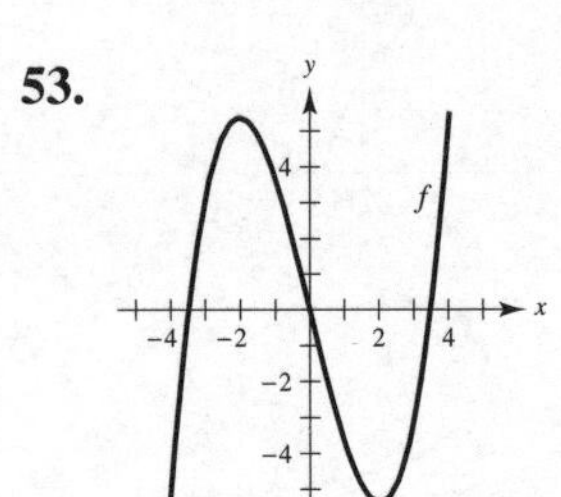

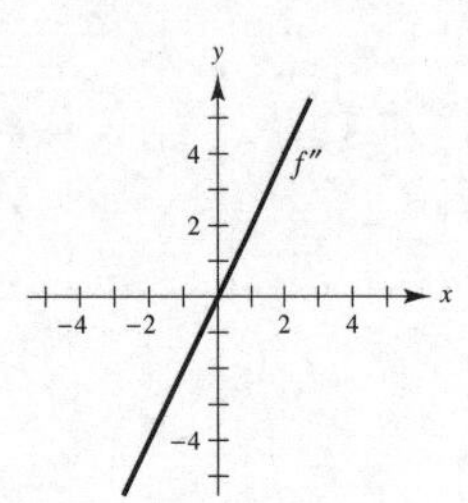

55. 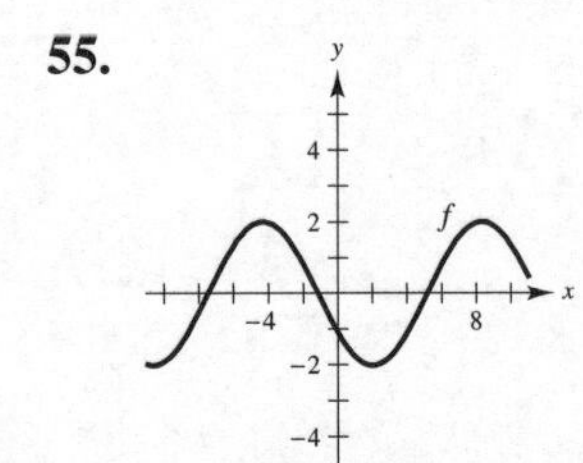

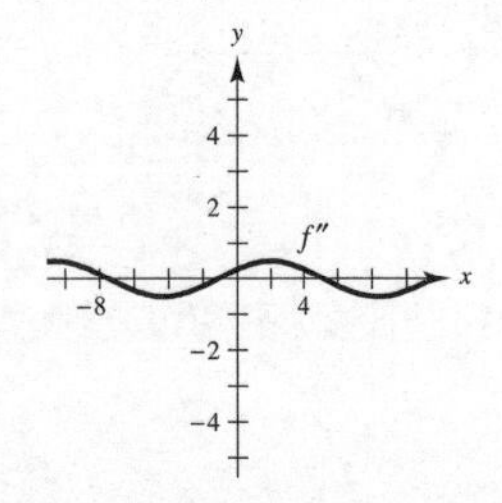

57. (a) 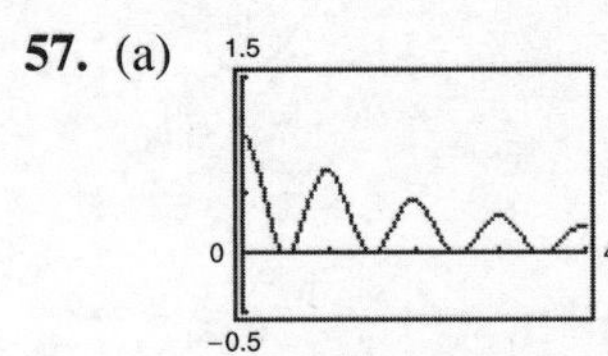

La gráfica tiene huecos en $x = 0$ y en $x = 4$.
Puntos críticos aproximados visualmente: $\frac{1}{2}$, 1, $\frac{3}{2}$, 2, $\frac{5}{2}$, 3, $\frac{7}{2}$

(b) $f'(x) = \dfrac{-x\cos^2 \pi x}{(x^2+1)^{3/2}} - \dfrac{2\pi \operatorname{sen} \pi x \cos \pi x}{\sqrt{x^2-1}}$;

puntos críticos aproximados: $\frac{1}{2}$, 0.97, $\frac{3}{2}$, 1.98, $\frac{5}{2}$, 2.98, $\frac{7}{2}$;
Los puntos críticos donde hay máximos parecen ser enteros en el inciso (a), pero al aproximarse a ellos utilizando f' se puede observar que no son enteros.

59. Las respuestas pueden variar. *Ejemplo de respuesta:* Sea

$$f(x) = \frac{-6}{0.1(x-2)^2 + 1} + 6$$

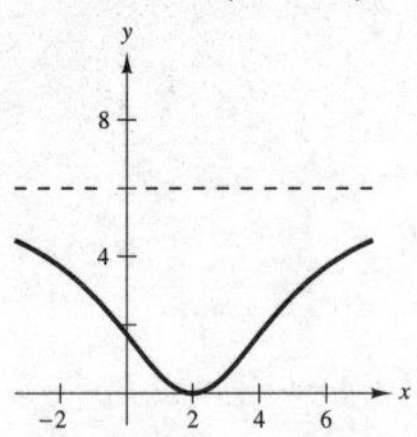

61. f es decreciente sobre (2, 8), y por lo tanto $f(3) > f(5)$.

63. (a) 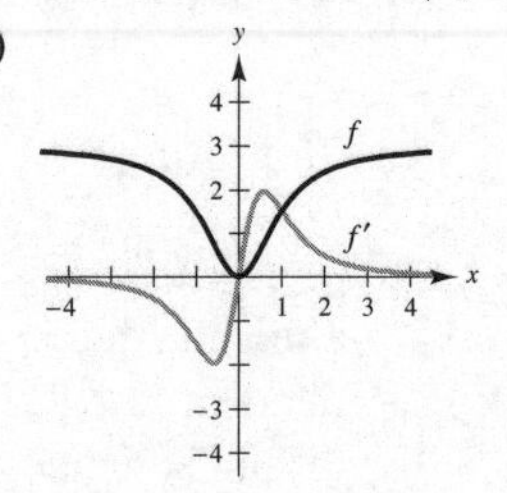

(b) $\lim_{x\to\infty} f(x) = 3, \quad \lim_{x\to\infty} f'(x) = 0$

(c) Dado que $\lim_{x\to\infty} f(x) = 3$, la gráfica se aproxima a esa recta horizontal, $\lim_{x\to\infty} f'(x) = 0$.

65. 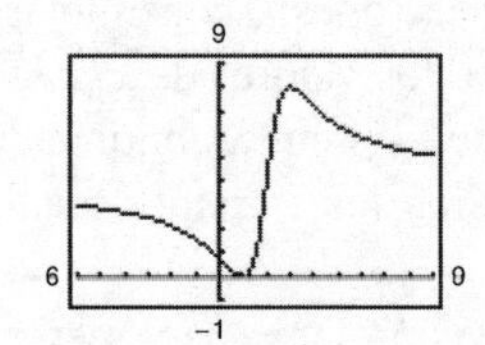

La gráfica cruza la asíntota horizontal $y = 4$.
La gráfica de una función f no cruza a su asíntota vertical $x = c$ porque $f(c)$ no existe.

67. 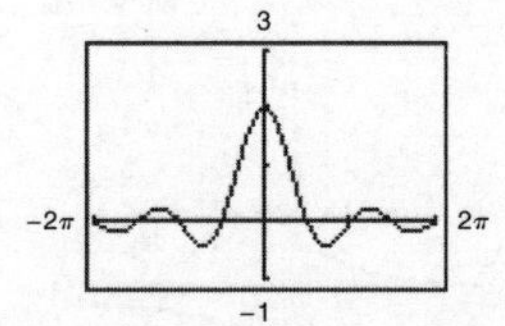

La gráfica tiene un hueco en $x = 0$.
La gráfica cruza la asíntota horizontal $y = 0$.
La gráfica de una función h no cruza su asíntota vertical $x = c$ porque $h(c)$ no existe.

69. 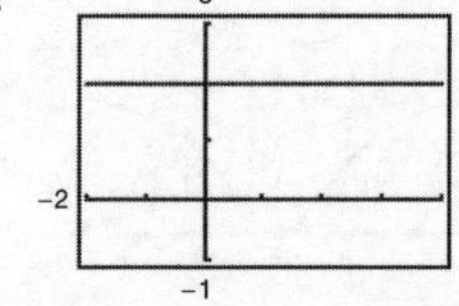

La gráfica tiene un hueco en $x = 3$. La función racional no está reducida a su mínima expresión.

71. 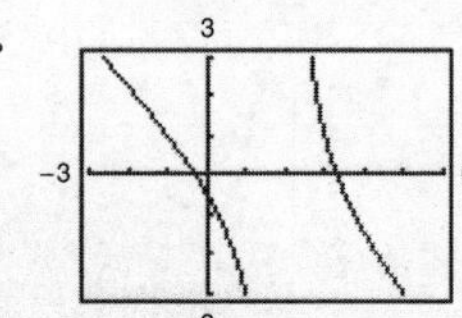

La gráfica parece aproximarse a la recta $y = -x + 1$, que es una asíntota oblicua.

73. 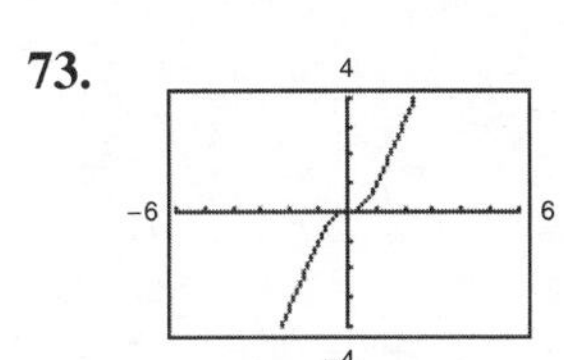

La gráfica parece aproximarse a la recta $y = 2x$, que es una asíntota oblicua.

75. 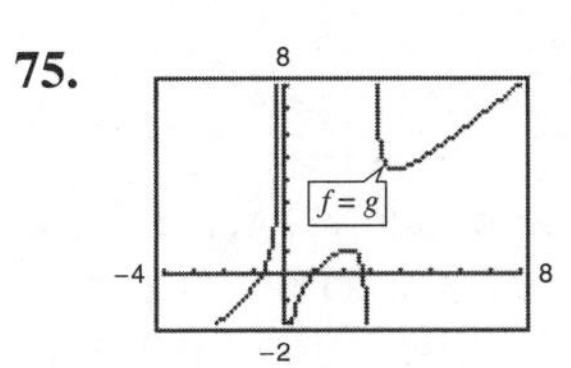

La gráfica parece aproximarse a la recta $y = x$, que es una asíntota oblicua.

77. (a)-(h) Demostraciones

79. Las respuestas pueden variar. *Ejemplo de respuesta:* $y = \dfrac{1}{x-3}$

81. Las respuestas pueden variar.
Ejemplo de respuesta: $y = \dfrac{3x^2 - 7x - 5}{x - 3}$

83. Falso. Sea $f(x) = \dfrac{2x}{\sqrt{x^2+2}}$, $f'(x) > 0$ para todos los números reales.

85. Falso. Por ejemplo,
$y = \dfrac{x^3 - 1}{x}$
no tiene una asíntota inclinada.

87. (a) $(-3, 1)$ (b) $(-7, -1)$
(c) Máximo relativo en $x = -3$, mínimo relativo en $x = 1$
(d) $x = -1$

89. Las respuestas pueden variar. *Ejemplo de respuesta:* La gráfica tiene una asíntota vertical en $x = b$. Si a y b son ambos positivos o ambos negativos, entonces la gráfica de f tiende a ∞ cuando x tiende a b y la gráfica tiene un mínimo en $x = -b$. Si a y b tienen signos opuestos, entonces la gráfica de f tiende a $-\infty$ cuando x tiende a b, y la gráfica tiene un máximo en $x = -b$.

91. $y = 4x$, $y = -4x$

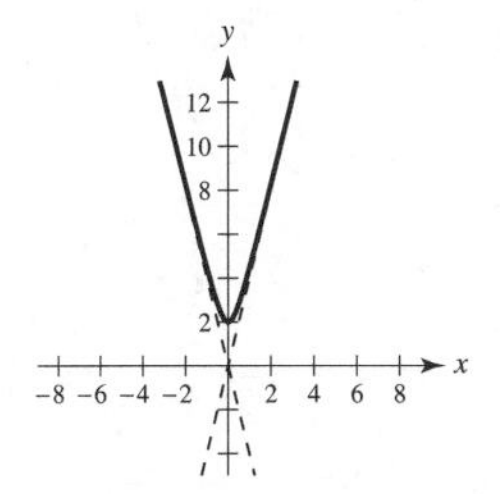

93. (a) Cuando n es par, f es simétrica respecto al eje y. Cuando n es impar, f es simétrica respecto al origen.
(b) $n = 0, 1, 2, 3$ (c) $n = 4$ (d) $y = 2x$

(e) 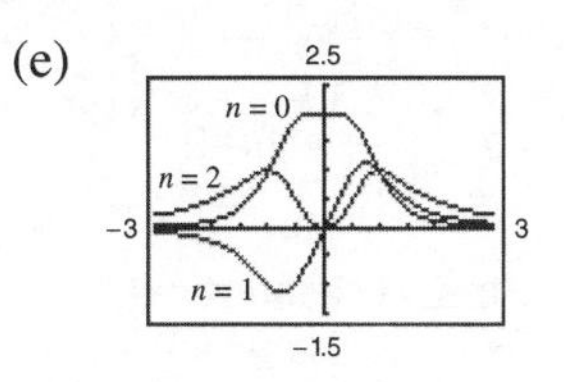

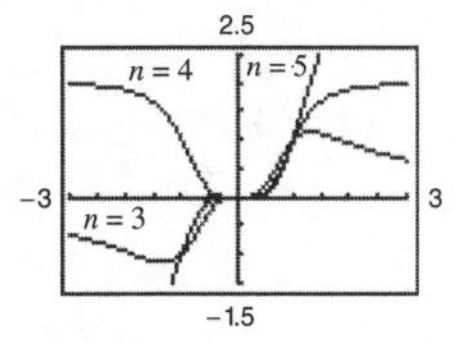

n	0	1	2	3	4	5
M	1	2	3	2	1	0
N	2	3	4	5	2	3

Sección 3.7

1. Una ecuación primaria es una fórmula para la cantidad a ser optimizada. Una ecuación secundaria se puede resolver para una variable y luego se sustituye en la ecuación primaria para obtener una función de una sola variable. Un dominio factible es el conjunto de valores de entrada válidos en un problema de optimización.

3. (a)

Primer número, x	Segundo número	Producto, P
10	$110 - 10$	$10(110 - 10) = 1\,000$
20	$110 - 20$	$20(110 - 20) = 1\,800$
30	$110 - 30$	$30(110 - 30) = 2\,400$
40	$110 - 40$	$40(110 - 40) = 2\,800$
50	$110 - 50$	$50(110 - 50) = 3\,000$
60	$110 - 60$	$60(110 - 60) = 3\,000$

El máximo se alcanza cerca de $x = 50$ y 60.
(b) $P = x(110 - x)$ (c) 55; 55 y 55
(d) 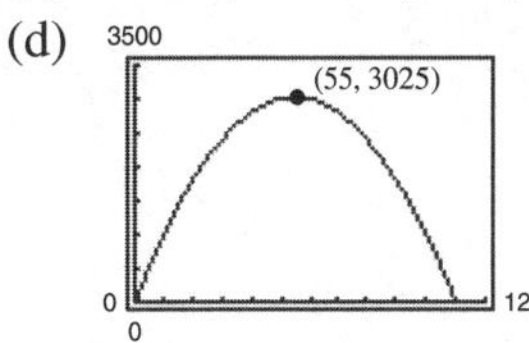

5. $\dfrac{S}{2}$ y $\dfrac{S}{2}$ **7.** 21 y 7 **9.** 54 y 27

11. $\ell = w = 20$ m **13.** $\ell = w = 7$ pies

15. $\left(-\sqrt{\dfrac{5}{2}}, \dfrac{5}{2}\right), \left(\sqrt{\dfrac{5}{2}}, \dfrac{5}{2}\right)$ **17.** $(7/2, \sqrt{7/2})$

19. 40 pulg × 20 pulg **21.** 900 m × 450 m

23. Porción rectangular: $\dfrac{16}{\pi + 4} \times \dfrac{32}{\pi + 4}$ pies

25. (a) $L = \sqrt{x^2 + 4 + \dfrac{8}{x-1} + \dfrac{4}{(x-1)^2}}, \quad x > 1$

(b) 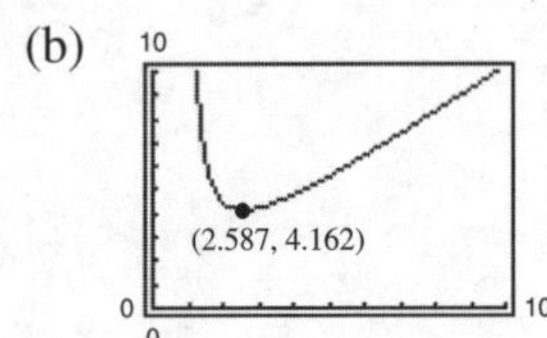

Mínimo cuando $x \approx 2.587$

(c) $(0, 0), (2, 0), (0, 4)$

27. Ancho: $\dfrac{5\sqrt{2}}{2}$, largo: $5\sqrt{2}$

29. (a)

(b)

Largo, x	Ancho, y	Área, xy
10	$(2/\pi)(100 - 10)$	$(10)(2/\pi)(100 - 10) \approx 573$
20	$(2/\pi)(100 - 20)$	$(20)(2/\pi)(100 - 20) \approx 1019$
30	$(2/\pi)(100 - 30)$	$(30)(2/\pi)(100 - 30) \approx 1337$
40	$(2/\pi)(100 - 40)$	$(40)(2/\pi)(100 - 40) \approx 1528$
50	$(2/\pi)(100 - 50)$	$(50)(2/\pi)(100 - 50) \approx 1592$
60	$(2/\pi)(100 - 60)$	$(60)(2/\pi)(100 - 60) \approx 1528$

El área máxima del rectángulo es aproximadamente 1592 m^2.

(c) $A = \dfrac{2}{\pi}(100x - x^2), 0 < x < 100$

(d) $\dfrac{dA}{dx} = \dfrac{2}{\pi}(100 - 2x)$
$= 0$ cuando $x = 50$;

el valor máximo es aproximadamente 1592 cuando $x = 50$ y $y = \dfrac{100}{\pi}$.

(e) 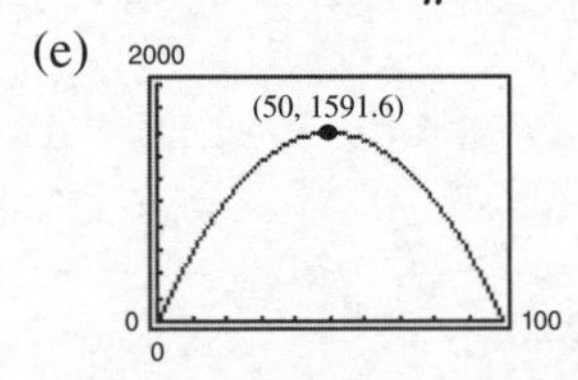

31. No. El volumen cambia porque la forma del contenedor cambia cuando se comprime.

33. $r = \sqrt[3]{\dfrac{21}{2\pi}} \approx 1.50$ ($h = 0$, de manera que el sólido es una esfera.)

35. Lado del cuadrado: $\dfrac{10\sqrt{3}}{9 + 4\sqrt{3}}$;

lado del triángulo: $\dfrac{30}{9 + 4\sqrt{3}}$

37. $w = \dfrac{20\sqrt{3}}{3}$ pulg, $h = \dfrac{20\sqrt{6}}{3}$ pulg **39.** $6\sqrt{3}$

41. 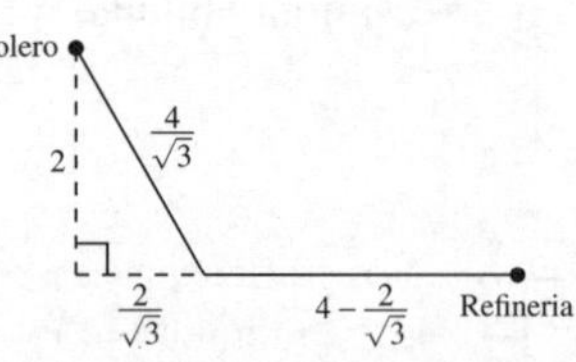

La trayectoria de la tubería debe ir bajo el agua desde el pozo hasta la costa siguiendo la hipotenusa de un triángulo rectángulo con lados de longitudes de 2 kilómetros y $\dfrac{2}{\sqrt{3}}$ kilómetros para una distancia dc $\dfrac{4}{\sqrt{3}}$ kilómetros. Entonces la tubería debería ir por la costa hacia la refinería por una distancia de $\left(4 - \dfrac{2}{\sqrt{3}}\right)$ kilómetros.

43. Una milla desde el punto más cercano a la costa.

45. 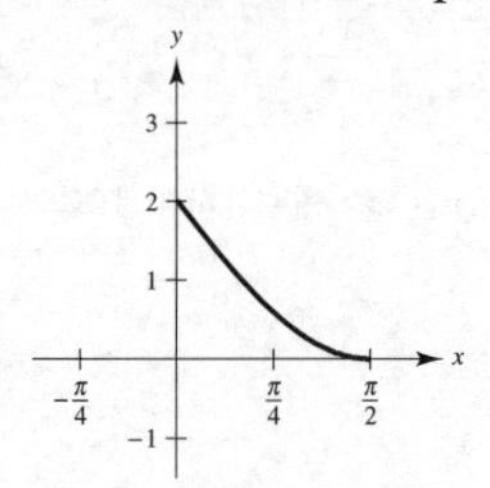

(a) Del origen a la intersección con el eje y: 2;
del origen a la intersección con el eje x: $\dfrac{\pi}{2}$

(b) $d = \sqrt{x^2 + (2 - 2\,\text{sen}\,x)^2}$

(c) La distancia mínima es 0.9795 cuando $x \approx 0.7967$.

47. Alrededor de 1.153 radianes o 66°.

49. $5.\overline{3}\%$ **51.** $y = \frac{64}{141}x$, $S \approx 6.1$ millas

53. $y = \frac{3}{10}x$, $S_3 \approx 4.50$ millas

55. $(0, 0)$ **57.** Problema Putnam A1, 1986

Sección 3.8

1. Las respuestas pueden variar.
Ejemplo de respuesta: Si f es una función continua sobre $[a, b]$ y derivable en (a, b), donde $c \in [a, b]$ y $f(c) = 0$, entonces el método de Newton utiliza rectas tangentes para aproximar c. Primero, se estima un valor inicial x_1 cercano a c. (Vea la gráfica.) A continuación se determina x_2 usando $x_2 = x_1 - \dfrac{f(x_1)}{f'(x_1)}$. Se calcula una tercera estimación x_3 usando $x_3 = x_2 - \dfrac{f(x_2)}{f'(x_2)}$. Se continúa el proceso hasta que $|x_n - x_{n+1}|$ es menor que la precisión deseada, y se designa por x_{n+1} a la aproximación final de c.

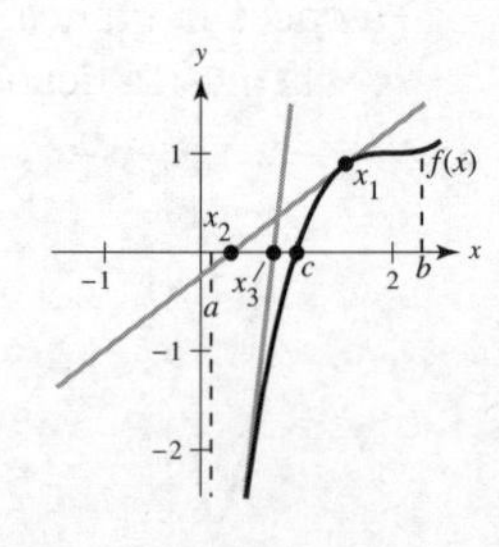

En las respuestas de los ejercicios 3 y 5, los valores de las tablas han sido redondeados por conveniencia. Debido a que una calculadora y un programa computacional realizan cálculos internos usando más dígitos de los que se muestran en la pantalla, se pueden producir valores ligeramente diferentes de los que se muestran en las tablas.

3.

n	x_n	$f(x_n)$	$f'(x_n)$	$\dfrac{f(x_n)}{f'(x_n)}$	$x_n - \dfrac{f(x_n)}{f'(x_n)}$
1	2	-1	4	-0.25	2.25
2	2.25	0.0625	4.5	0.0139	2.2361

5.

n	x_n	$f(x_n)$	$f'(x_n)$	$\dfrac{f(x_n)}{f'(x_n)}$	$x_n - \dfrac{f(x_n)}{f'(x_n)}$
1	1.6	-0.0292	-0.9996	0.0292	1.5708
2	1.5708	0	-1	0	1.5708

7. -1.587 **9.** 0.682 **11.** 1.250, 5.000
13. 0.900, 1.100, 1.900 **15.** 1.935 **17.** 0.569
19. 4.493
21. (a)

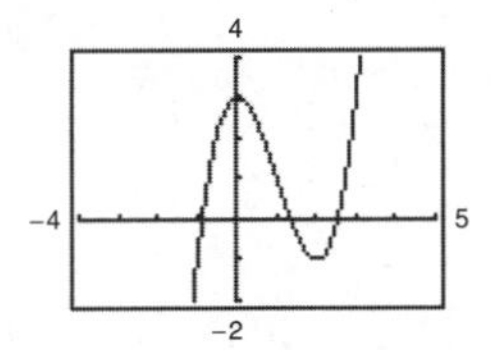

(b) 1.347 (c) 2.532
(d)

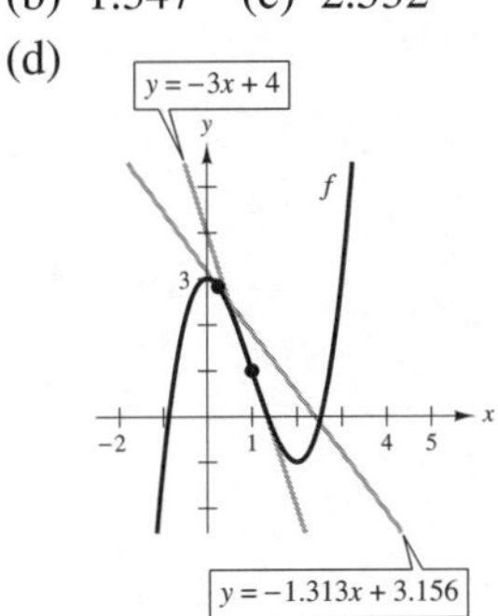

Si la estimación inicial $x = x_1$ no está lo suficientemente cerca de la raíz deseada de una función, entonces la intersección x de la correspondiente recta tangente a la función puede aproximarse una segunda raíz de la función.

23. $f'(x_1) = 0$ **25.** Los valores serían idénticos.
27. 0.74 **29.** Demostración **31.** (1.939, 0.240)
33. $x \approx 1.563$ millas
35. (a) Demostración (b) $\sqrt{5} \approx 2.236$, $\sqrt{7} \approx 2.646$
37. Demostración
39. Falso; sea $f(x) = \dfrac{x^2 - 1}{x - 1}$ **41.** Verdadero **43.** 0.217

Sección 3.9

1. $y = f(c) + f'(c)(x - c)$
3. Propagación del error $= f(x + \Delta x) - f(x)$,
error relativo $= \left|\dfrac{dy}{y}\right|$, error porcentual $= \left|\dfrac{dy}{y}\right| \cdot 100$

5. $T(x) = 4x - 4$

x	1.9	1.99	2	2.01	2.1
$f(x)$	3.610	3.960	4	4.040	4.410
$T(x)$	3.600	3.960	4	4.040	4.400

7. $T(x) = 80x - 128$

x	1.9	1.99	2	2.01	2.1
$f(x)$	24.761	31.208	32	32.808	40.841
$T(x)$	24.000	31.200	32	32.800	40.000

9. $T(x) = (\cos 2)(x - 2) + \text{sen } 2$

x	1.9	1.99	2	2.01	2.1
$f(x)$	0.946	0.913	0.909	0.905	0.863
$T(x)$	0.951	0.913	0.909	0.905	0.868

11. $y - f(0) = f'(0)(x - 0)$
$y - 2 = \frac{1}{4}x$
$y = 2 + \dfrac{x}{4}$

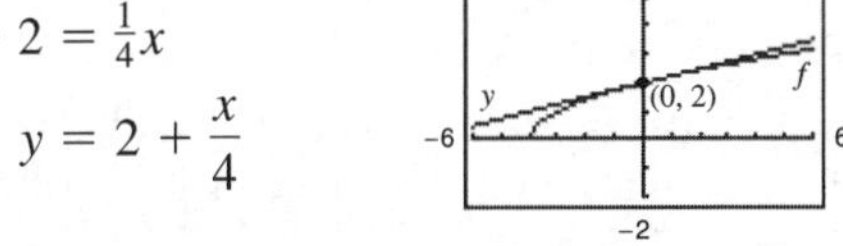

13. $\Delta y = 0.1655$, $dy = 0.15$
15. $\Delta y = -0.039$, $dy = -0.040$
17. $\Delta y \approx -0.053018$, $dy = -0.053$ **19.** $6x\,dx$
21. $(x \sec^2 x + \tan x)\,dx$ **23.** $-\dfrac{3}{(2x - 1)^2}\,dx$
25. $-\dfrac{x}{\sqrt{9 - x^2}}\,dx$ **27.** $(3 - \text{sen } 2x)\,dx$
29. (a) 0.9 (b) 1.04 **31.** (a) 8.035 (b) 7.95
33. (a) $\pm\dfrac{5}{8}$ pulg^2 (b) 0.625%
35. (a) ± 20.25 pulg^3 (b) ± 5.4 pulg^2 (c) 0.6%, 0.4%
37. 4.7 pies, alrededor de 5.4%
39. (a) $\frac{1}{4}$% (b) 216 s = 3.6 min
41. 6407 pies
43. $f(x) = \sqrt{x}$, $dy = \dfrac{1}{2\sqrt{x}}\,dx$

$f(99.4) \approx \sqrt{100} + \dfrac{1}{2\sqrt{100}}(-0.6) = 9.97$

Calculadora: 9.97

45. $f(x) = \sqrt[4]{x}$, $dy = \dfrac{1}{4x^{3/4}}\,dx$

$f(624) \approx \sqrt[4]{625} + \dfrac{1}{4(625)^{3/4}}(-1) = 4.998$

Calculadora: 4.998

47. El valor de dy se acerca más al valor de Δy cuando Δx tiende a 0. Las gráficas pueden variar.
49. Verdadero **51.** Verdadero **53.** Verdadero

Ejercicios de repaso para el capítulo 3

1. Un punto crítico es un punto sobre la gráfica de f donde la derivada de f es cero o donde f no es derivable.

Las respuestas pueden variar.

Ejemplo de respuesta: $f(x) = \begin{cases} |x|, & x \leq 1 \\ (x-2)^2, & x > 1 \end{cases}$

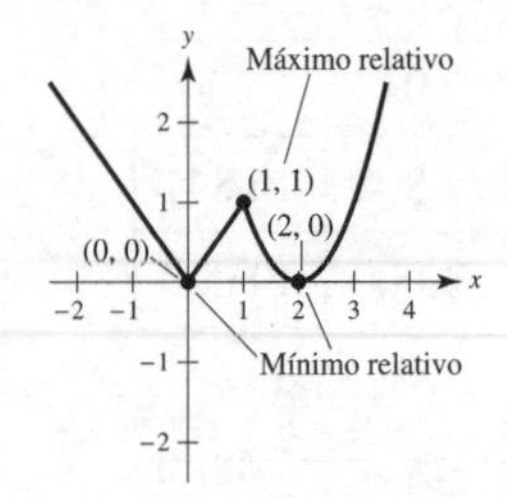

3. (a) *Las respuestas pueden variar.*

X	Y1	Y2
0	1	1
2	1.7321	2
4	2.2361	3
6	2.6458	4
8	3	5
10	3.3166	6
12	3.6056	7

X=0

(b) Demostración

5. (a) $V = x^2(108 - 4x) = 108x^2 - 4x^3$; la ecuación para el volumen es la misma ecuación utilizada en el ejercicio 4.

(b) 18 pulg $\times$ 18 pulg $\times$ 36 pulg

7. Máximo: $(0, 0)$; Mínimo: $\left(-\frac{5}{2}, -\frac{25}{4}\right)$

9. Máximo: $(4, 0)$; Mínimo: $(0, -2)$

11. Máximo: $\left(3, \frac{2}{3}\right)$; Mínimo: $\left(-3, -\frac{2}{3}\right)$

13. Máximo: $(2\pi, 17.57)$; Mínimo: $(2.73, 0.88)$

15. $f'(1) = 0$

17. No continua sobre $[-2, 2]$

19. $f'\left(\dfrac{2744}{729}\right) = \dfrac{3}{7}$

21. f no es derivable en $x = 5$.

23. $f'(0) = 1$

25. No; la función tiene una discontinuidad en $x = 0$, la cual está en el intervalo $[-2, 1]$.

27. Creciente sobre $\left(-\frac{3}{2}, \infty\right)$; decreciente sobre $\left(-\infty, -\frac{3}{2}\right)$

29. Creciente sobre $(-\infty, 1)$, $(2, \infty)$; decreciente sobre $(1, 2)$

31. Creciente sobre $(1, \infty)$; decreciente sobre $(0, 1)$

33. (a) Punto crítico: $x = 3$
(b) Creciente sobre $(3, \infty)$; decreciente sobre $(-\infty, 3)$
(c) Mínimo relativo: $(3, -4)$

35. (a) Punto crítico: $t = 2$
(b) Creciente sobre $(2, \infty)$; decreciente sobre $(-\infty, 2)$
(c) Mínimo relativo: $(2, -12)$

37. (a) Punto crítico: $x = -8$; discontinuidad: $x = 0$
(b) Creciente sobre $(-8, 0)$; decreciente sobre $(-\infty, -8)$ y $(0, \infty)$
(c) Mínimo relativo: $\left(-8, -\frac{1}{16}\right)$

39. (a) Punto crítico: $x = \dfrac{3\pi}{4}, \dfrac{7\pi}{4}$
(b) Creciente sobre $\left(\dfrac{3\pi}{4}, \dfrac{7\pi}{4}\right)$; decreciente sobre $\left(0, \dfrac{3\pi}{4}\right)$ y $\left(\dfrac{7\pi}{4}, 2\pi\right)$
(c) Mínimo relativo: $\left(\dfrac{3\pi}{4}, -\sqrt{2}\right)$; máximo relativo: $\left(\dfrac{7\pi}{4}, \sqrt{2}\right)$

41. (a) $v(t) = 3 - 4t$ (b) $\left[0, \frac{3}{4}\right)$ (c) $\left(\frac{3}{4}, \infty\right)$ (d) $t = \frac{3}{4}$

43. Punto de inflexión: $(3, -54)$; cóncava hacia arriba: $(3, \infty)$; cóncava hacia abajo: $(-\infty, 3)$

45. Punto de inflexión: Ninguno; cóncava hacia arriba: $(-5, \infty)$

47. Punto de inflexión: $\left(\dfrac{\pi}{2}, \dfrac{\pi}{2}\right), \left(\dfrac{3\pi}{2}, \dfrac{3\pi}{2}\right)$; cóncava hacia arriba: $\left(\dfrac{\pi}{2}, \dfrac{3\pi}{2}\right)$; cóncava hacia abajo: $\left(0, \dfrac{\pi}{2}\right), \left(\dfrac{3\pi}{2}, 2\pi\right)$

49. Mínimo relativo: $(-9, 0)$

51. Máximos relativos: $\left(\dfrac{\sqrt{2}}{2}, \dfrac{1}{2}\right), \left(-\dfrac{\sqrt{2}}{2}, \dfrac{1}{2}\right)$; mínimo relativo: $(0, 0)$

53. Máximo relativo: $(-3, -12)$; mínimo relativo: $(3, 12)$

55.

57. Creciente y cóncava hacia abajo

59. (a) $D = -0.05041t^4 + 3.5255t^3 - 83.134t^2 + 783.95t - 1810.9$

(b)

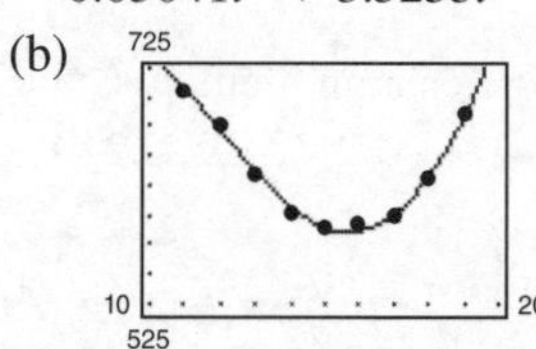

(c) 2011; 2015 (d) 2019

61. 8 **63.** $-\frac{1}{8}$ **65.** $-\infty$ **67.** 0 **69.** 6

71. **73.**

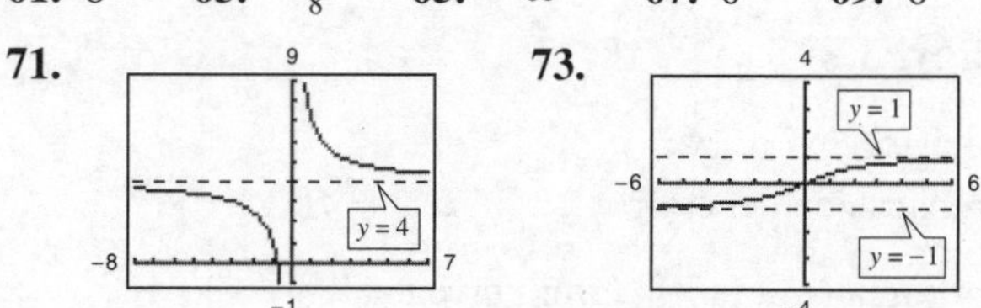

75.

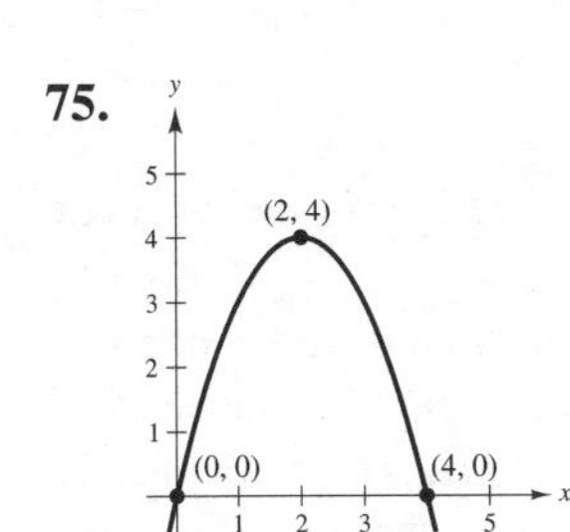

77.

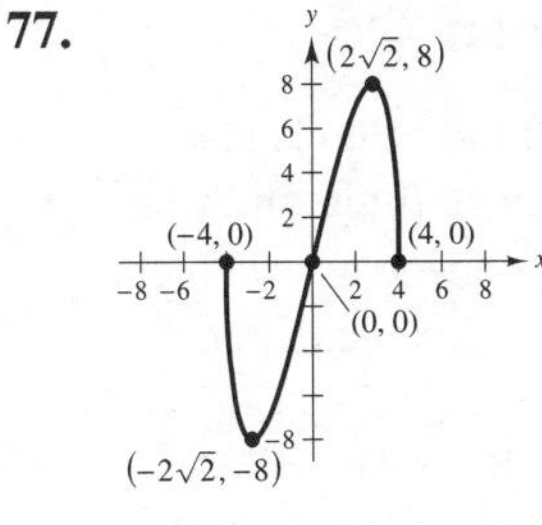

79.

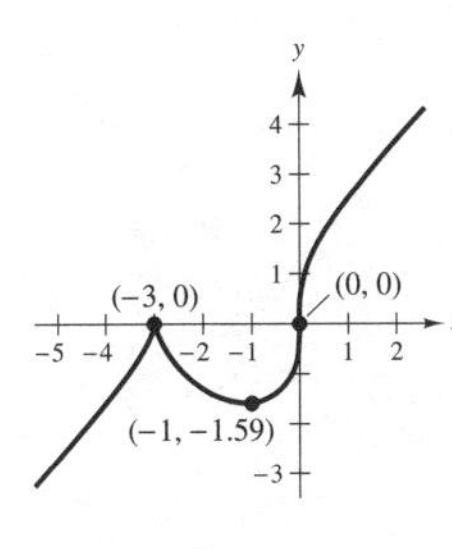

81.

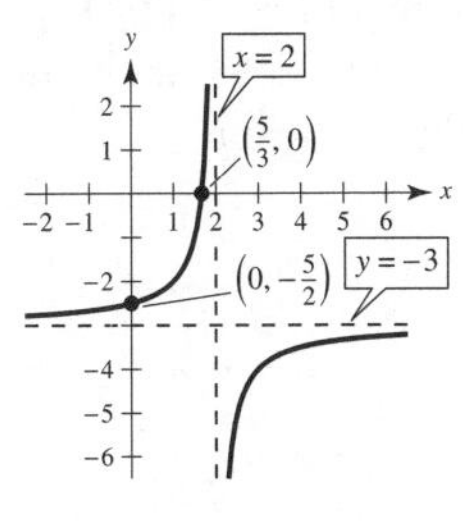

83.

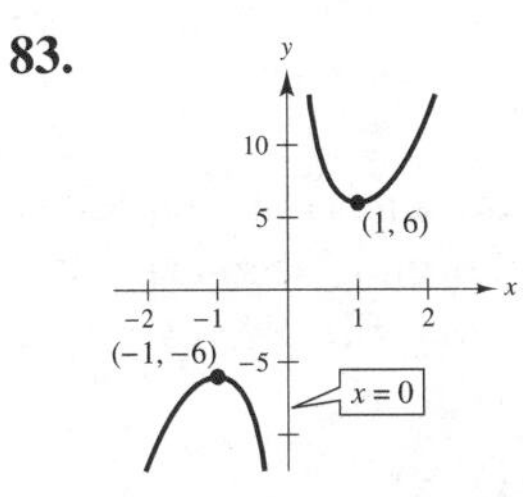

85. 54, 36 **87.** $x = 50$ pies y $y = \frac{200}{3}$ pies

89. (0, 0), (5, 0), (0, 10) **91.** 14.05 pies **93.** $\dfrac{32\pi r^3}{81}$

95. $-1.532, -0.347, 1.879$ **97.** $-2.182, -0.795$

99. -0.755 **101.** $\Delta y = 5.044$, $dy = 4.8$

103. $dy = (1 - \cos x + x \operatorname{sen} x)\, dx$

105. (a) $f(x) = \sqrt{x}$, $dy = \dfrac{1}{2\sqrt{x}}\, dx$

$$f(63.9) \approx \sqrt{64} + \frac{1}{2\sqrt{64}}(-0.1) = 7.99375$$

Calculadora: 7.99375

(b) $f(x) = x^4$, $dy = 4x^3\, dx$

$f(2.02) \approx 2^4 + 4(2^3)(0.02) = 16.64$

Calculadora: 16.64966

107. Ecuación de la recta: $\dfrac{x}{3} + \dfrac{y}{4} = 1$ o $y = -\dfrac{4}{3}x + 4$.

Dimensiones del rectángulo: $\dfrac{3}{2} \times 2$

Dimensiones del círculo: $r = 1$

Dimensiones del semicírculo: $r = \dfrac{12}{7}$

109. $a = 6$, $b = 1$, $c = 2$

Solución de problemas

1. Opciones de a pueden variar.

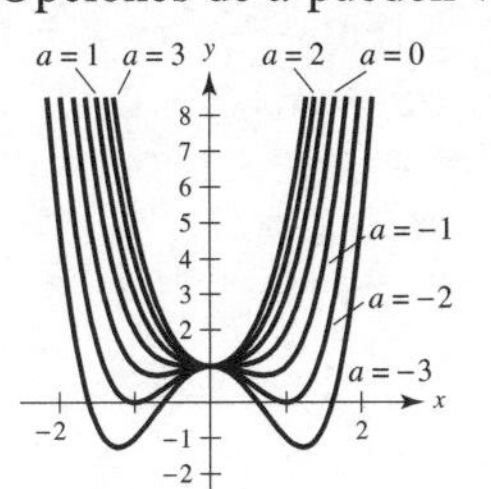

(a) Un mínimo relativo en (0, 1) para $a \geq 0$

(b) Un máximo relativo en (0, 1) para $a < 0$

(c) Dos mínimos relativos para $a < 0$ cuando $x = \pm\sqrt{-\dfrac{a}{2}}$

(d) Si $a < 0$, hay tres puntos críticos. Si $a \geq 0$, entonces hay un único punto crítico.

3. (a) Sin punto de inflexión. (b) Un punto de inflexión.

(c) $y' = ky - \dfrac{k}{L}y^2$

$$y'' = ky'\left(1 - \frac{2}{L}y\right)$$

Si $y = \dfrac{2}{L}$, entonces $y'' = 0$, y es un punto de inflexión.

5. Demostración

7. El insecto debe dirigirse hacia el punto medio del lado opuesto. Sin cálculo, imagine abrir el cubo por arriba. La distancia más corta es la recta PQ, que pasa a través del punto medio como se muestra en la figura.

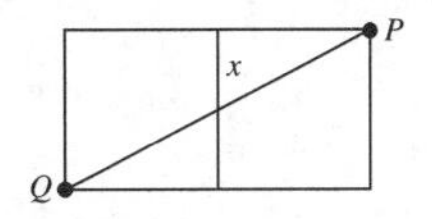

9. Demostración

Capítulo 4

Sección 4.1

1. Una función F es una antiderivada de f sobre el intervalo I cuando $F'(x) = f(x)$ para toda x en I.

3. La solución particular resulta de conocer el valor de $y = F(x)$ para un valor de x. Utilizando la condición inicial en la solución general, se puede resolver para C para obtener la solución particular.

5. Demostración **7.** $y = 3t^3 + C$ **9.** $y = \frac{2}{5}x^{5/2} + C$

	Integral original	Reescribir	Integrar	Simplificar
11.	$\int \sqrt[3]{x}\, dx$	$\int x^{1/3}\, dx$	$\dfrac{x^{4/3}}{4/3} + C$	$\dfrac{3}{2}x^{4/3} + C$
13.	$\int \dfrac{1}{x\sqrt{x}}\, dx$	$\int x^{-3/2}\, dx$	$\dfrac{x^{-1/2}}{-1/2} + C$	$-\dfrac{2}{\sqrt{x}} + C$

15. $\frac{1}{2}x^2 + 7x + C$ **17.** $\frac{1}{6}x^6 + x + C$

19. $\frac{2}{5}x^{5/2} + x^2 + x + C$ **21.** $\frac{3}{5}x^{5/3} + C$

23. $-\dfrac{1}{4x^4} + C$ **25.** $\dfrac{2}{3}x^{3/2} + 12x^{1/2} + C$

27. $x^3 + \frac{1}{2}x^2 - 2x + C$ **29.** $5 \operatorname{sen} x - 4 \cos x + C$

31. $-\csc x - x^2 + C$ **33.** $\tan \theta + \cos \theta + C$

35. $\tan y + C$ **37.** $f(x) = 3x^2 + 8$

39. $h(x) = x^7 + 5x - 7$ **41.** $f(x) = x^2 + x + 4$

43. $f(x) = -4\sqrt{x} + 3x$

45. (a) Las respuestas pueden variar. (b) $y = \dfrac{x^3}{3} - x + \dfrac{7}{3}$

Ejemplo de respuesta:

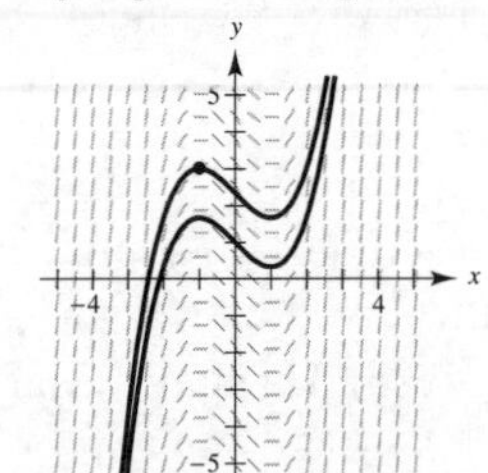

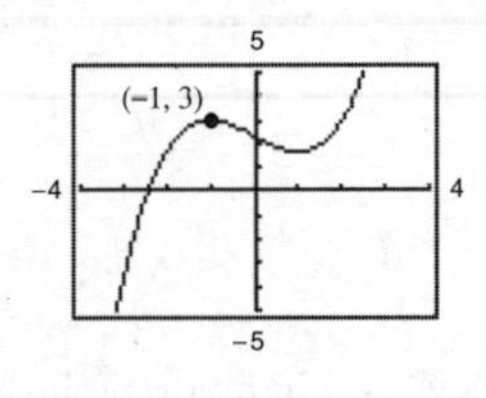

47. (a)

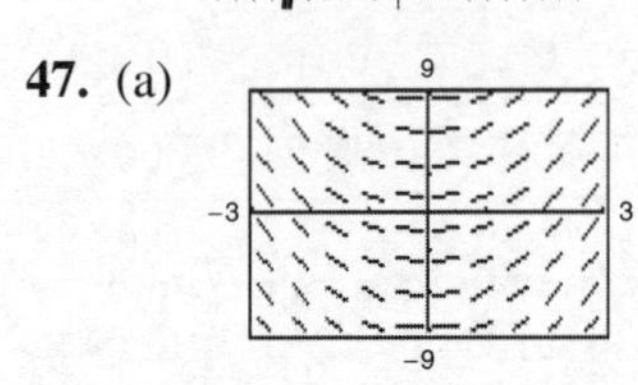

(b) $y = x^2 - 6$

(c)

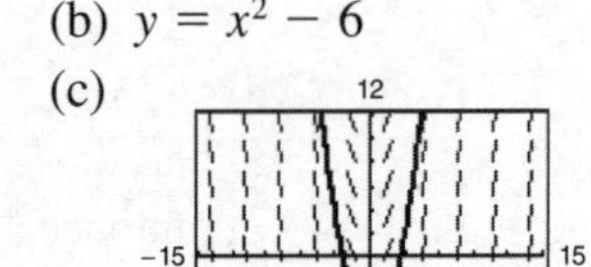

49. Las respuestas pueden variar. *Ejemplo de respuesta:*

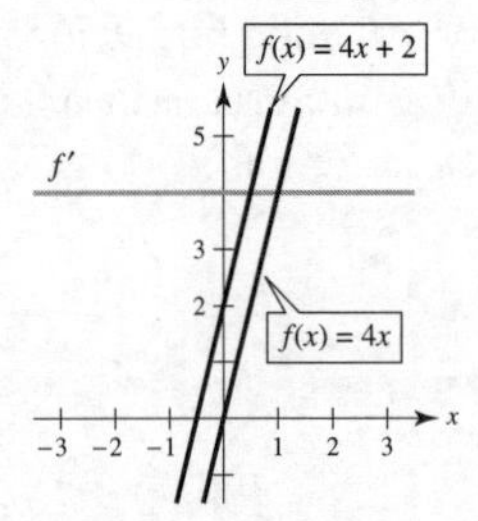

51. $f(x) = \tan^2 x \Longrightarrow f'(x) = 2 \tan x \cdot \sec^2 x$
$g(x) = \sec^2 x \Longrightarrow g'(x) = 2 \sec x \cdot \sec x \tan x = f'(x)$
Las derivadas son la misma, de manera que f y g difieren en una constante.

53. $f(x) = \dfrac{x^3}{3} - 4x + \dfrac{16}{3}$

55. (a) $h(t) = \frac{3}{4}t^2 + 5t + 12$ (b) 69 cm **57.** 62.25 pies

59. (a) $t \approx 2.562$ s (b) $v(t) \approx -65.970$ pies/s

61. $v_0 \approx 62.3$ m/s **63.** 320 m; –32 m/s

65. (a) $v(t) = 3t^2 - 12t + 9$, $a(t) = 6t - 12$
(b) (0, 1), (3, 5) (c) -3

67. $a(t) = -\dfrac{1}{2t^{3/2}}$, $x(t) = 2\sqrt{t} + 2$

69. (a) 1.18 m/s² (b) 190 m

71. (a) 300 pies (b) 60 pies/s ≈ 41 m/h

73. Falso. f tiene un número infinito de antiderivadas, cada una diferiendo en una constante.

75. Verdadero **77.** Verdadero **79.** Demostración

81. Problema Putnam B2, 1991

Sección 4.2

1. El índice de la suma es i, el límite superior de la suma es 8 y su límite inferior es 3.

3. Se puede usar la recta $y = x$ acotada por $x = a$ y $x = b$. La suma de las áreas de los rectángulos inscritos en la figura de abajo es la suma inferior.

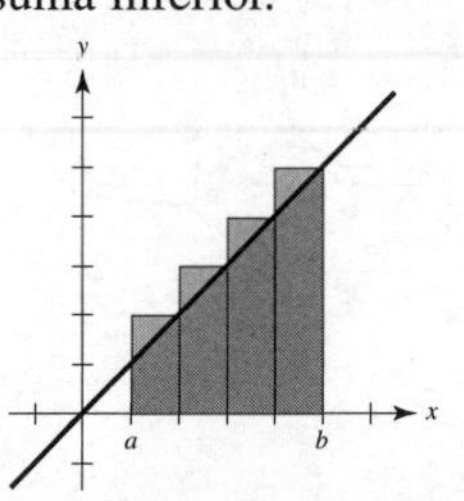

La suma de áreas de los rectángulos circunscritos en la figura de abajo es la suma superior.

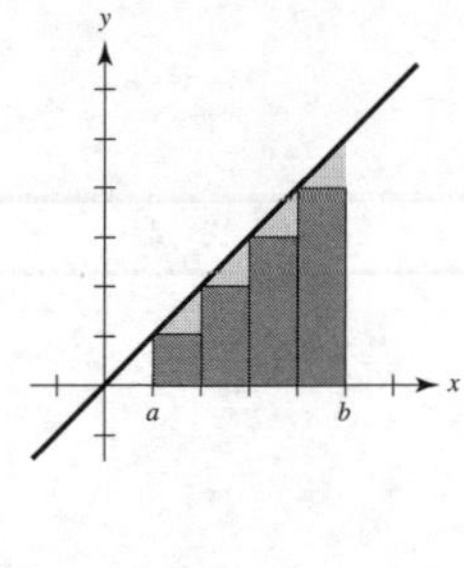

Los rectángulos en la primera gráfica no contienen toda el área de la región, y los rectángulos en la segunda gráfica cubren más que el área de la región. El valor exacto del área se encuentra entre estas dos sumas.

5. 75 **7.** $\dfrac{158}{85}$ **9.** $8c$ **11.** $\displaystyle\sum_{i=1}^{n} \frac{1}{5i}$

13. $\displaystyle\sum_{j=1}^{6}\left[7\left(\frac{j}{6}\right) = 5\right]$ **15.** $\displaystyle\frac{2}{n}\sum_{i=1}^{n}\left[\left(\frac{2i}{n}\right)^3 - \left(\frac{2i}{n}\right)\right]$ **17.** 84

19. 1 200 **21.** 2 470 **23.** 1 876

25. $\dfrac{n+2}{n}$
$n = 10$: $S = 1.2$
$n = 100$: $S = 1.02$
$n = 1000$: $S = 1.002$
$n = 10\,000$: $S = 1.0002$

27. $\dfrac{2(n+1)(n-1)}{n^2}$
$n = 10$: $S = 1.98$
$n = 100$: $S = 1.9998$
$n = 1\,000$: $S = 1.999998$
$n = 10\,000$: $S = 1.99999998$

29. $13 <$ (Área de la región) < 15

31. $55 <$ (Área de la región) < 74.5

33. $0.7908 <$ (Área de la región) < 1.1835

35. El área de la región sombreada está entre 12.5 unidades cuadradas y 16.5 unidades cuadradas.

37. $A \approx S \approx 0.768$
$A \approx s \approx 0.518$

39. $A \approx S \approx 0.746$
$A \approx s \approx 0.646$

41. $s(n) = 24 - \dfrac{24}{n}$, $S(n) = 24 + \dfrac{24}{n}$

43. $s(n) = \dfrac{5(2n^2 - 3n + 1)}{6n^2}$, $S(n) = \dfrac{5(2n^2 + 3n + 1)}{6n^2}$

45. (a)

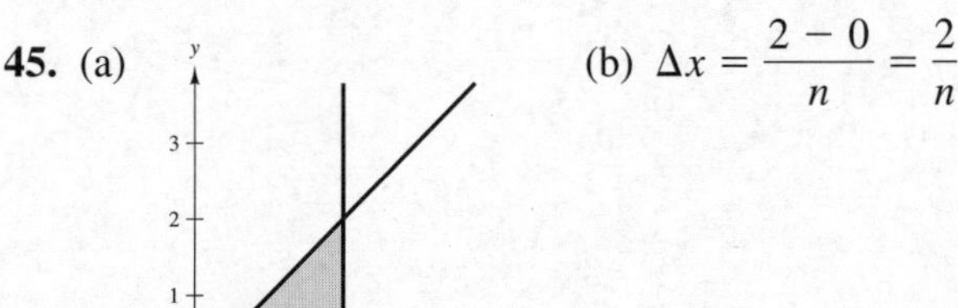

(b) $\Delta x = \dfrac{2 - 0}{n} = \dfrac{2}{n}$

(c) $s(n) = \sum_{i=1}^{n} f(x_{i-1})\,\Delta x = \sum_{i=1}^{n} \left[(i-1)\left(\frac{2}{n}\right)\right]\left(\frac{2}{n}\right)$

(d) $S(n) = \sum_{i=1}^{n} f(x_i)\,\Delta x = \sum_{i=1}^{n} \left[i\left(\frac{2}{n}\right)\right]\left(\frac{2}{n}\right)$

(e)

n	5	10	50	100
$s(n)$	1.6	1.8	1.96	1.98
$S(n)$	2.4	2.2	2.04	2.02

(f) $\lim_{n\to\infty} \sum_{i=1}^{n} \left[(i-1)\left(\frac{2}{n}\right)\right]\left(\frac{2}{n}\right) = 2$

$\lim_{n\to\infty} \sum_{i=1}^{n} \left[i\left(\frac{2}{n}\right)\right]\left(\frac{2}{n}\right) = 2$

47. $A = 3$

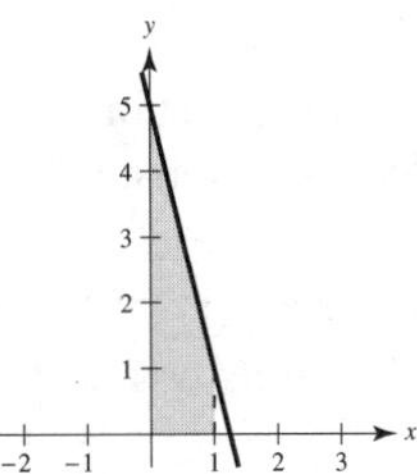

49. $A = \frac{7}{3}$

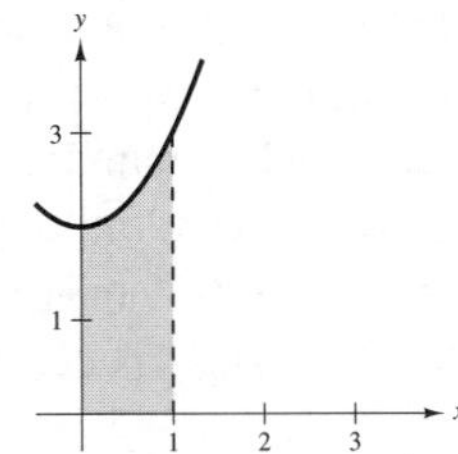

51. $A = 54$

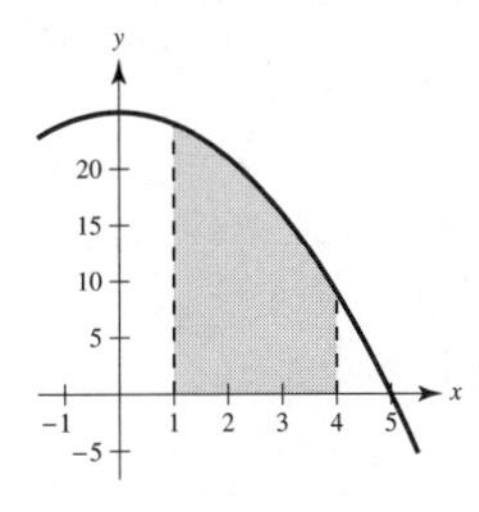

53. $A = 34$

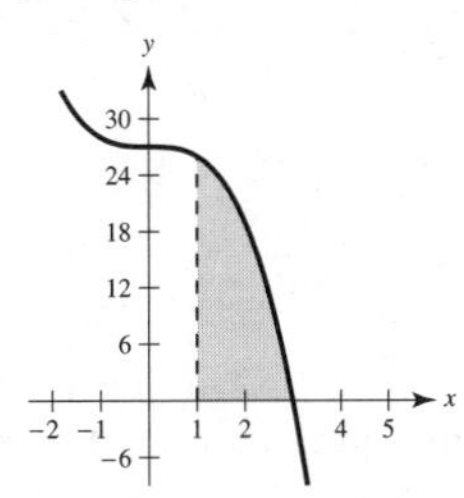

55. $A = \frac{2}{3}$

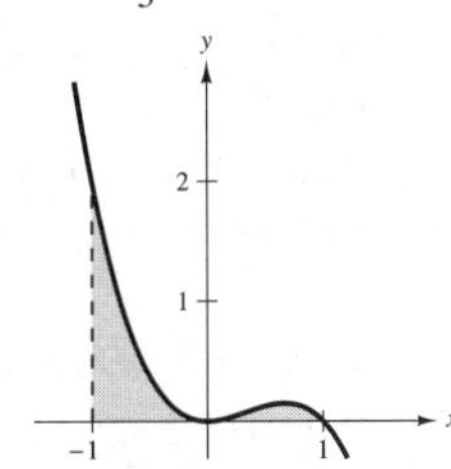

57. $A = 8$

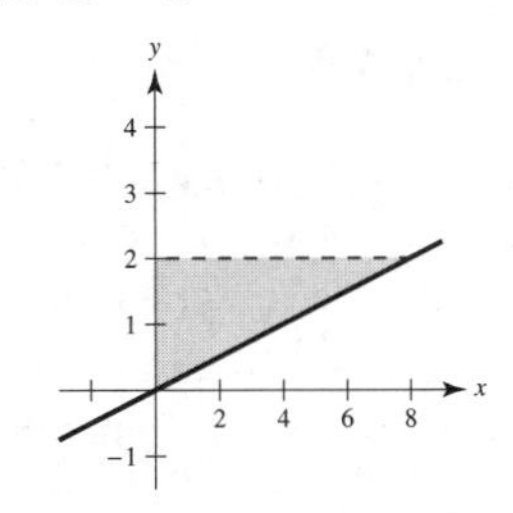

59. $A = \frac{125}{3}$

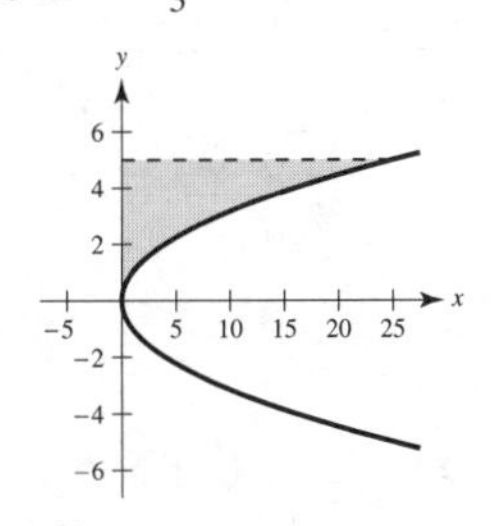

61. $A = \frac{44}{3}$

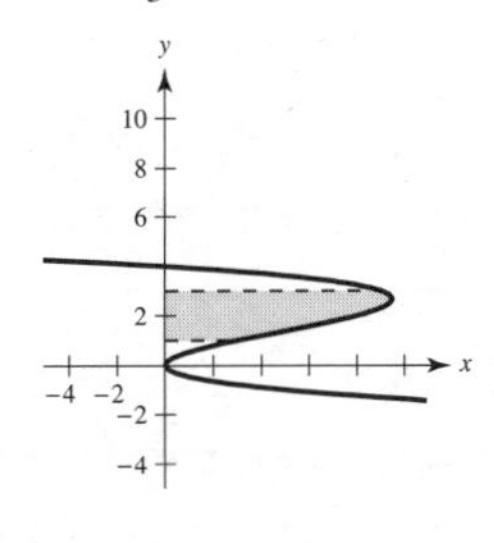

63. $\frac{69}{8}$ **65.** 0.345 **67.** b

69. Una sobreestimación en un lado del punto medio compensa una subestimación al otro lado del punto medio.

71. (a)

$s(4) = \frac{46}{3}$

(b)

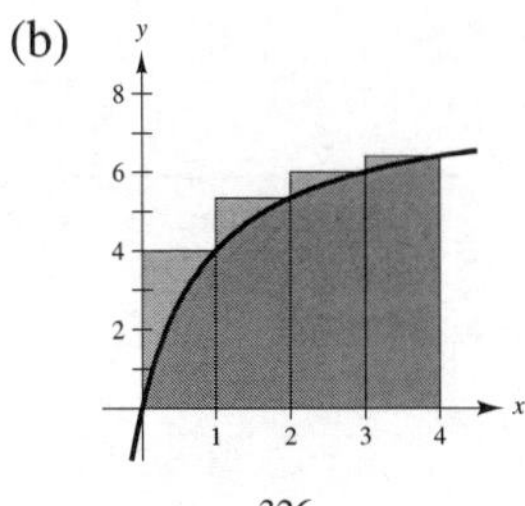

$S(4) = \frac{326}{15}$

(c)

$M(4) = \frac{6112}{315}$

(d) Demostración

(e)

n	4	8	20	100	200
$s(n)$	15.333	17.368	18.459	18.995	19.060
$S(n)$	21.733	20.568	19.739	19.251	19.188
$M(n)$	19.403	19.201	19.137	19.125	19.125

(f) Dado que f es una función creciente, $s(n)$ es siempre creciente y $S(n)$ es siempre decreciente.

73. Verdadero

75. Suponga que hay n filas y $n + 1$ columnas. Las estrellas a la izquierda totalizan $1 + 2 + \cdots + n$, de la misma manera que las estrellas de la derecha. Hay $n(n + 1)$ estrellas en total. De manera que

$2[1 + 2 + \cdots + n] = n(n + 1)$

y $1 + 2 + \cdots + n = \frac{n(n+1)}{2}$.

77. Cuando n es impar, hay $\left(\frac{n+1}{2}\right)^2$ asientos. Cuando n es par, hay $\frac{n^2 + 2n}{4}$ asientos.

79. Problema Putnam B1, 1989

Sección 4.3

1. Una suma de Riemann representa la suma de todas las subregiones para una función f sobre un intervalo $[a, b]$.

3. $2\sqrt{3} \approx 3.464$ **5.** 32 **7.** 0 **9.** $\frac{10}{3}$

11. $\int_{-1}^{5} (3x + 10)\,dx$ **13.** $\int_{0}^{4} 5\,dx$ **15.** $\int_{-4}^{4} (4 - |x|)\,dx$

17. $\int_{-5}^{5} (25 - x^2)\,dx$ **19.** $\int_{0}^{\pi/2} \cos x\,dx$ **21.** $\int_{0}^{2} y^3\,dy$

23.

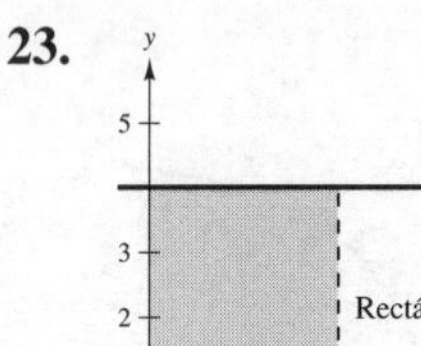

$A = 12$

25.

Triángulo

$A = 8$

27.

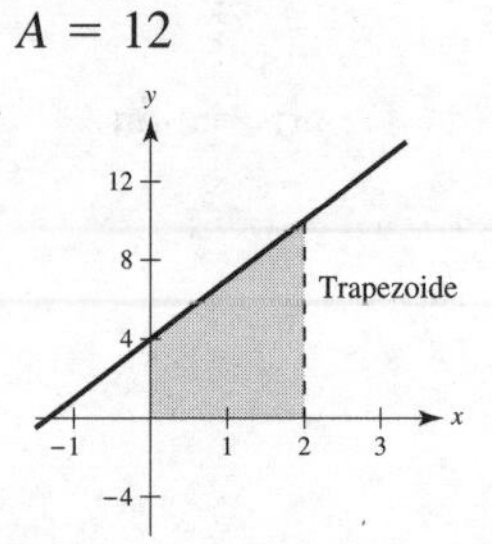

$A = 14$

29.

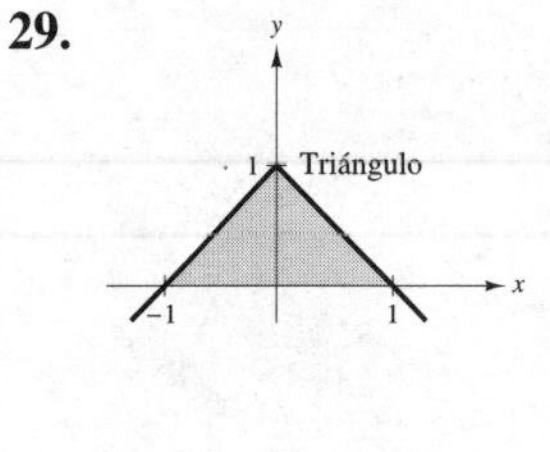

$A = 1$

31.

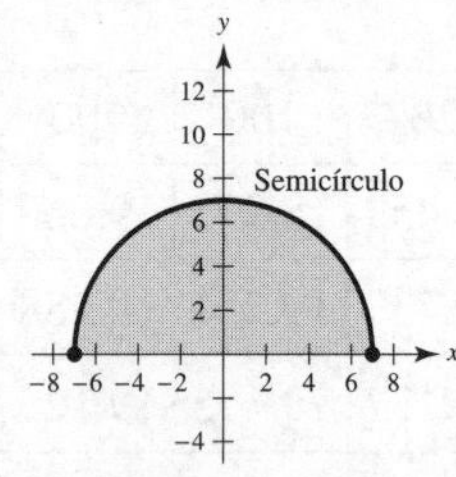

$A = \dfrac{49\pi}{2}$

33. -320 **35.** 80 **37.** -40 **39.** 508

41. (a) 13 (b) -10 (c) 0 (d) 30

43. (a) 8 (b) -12 (c) -4 (d) 30 **45.** $-48, 88$

47. (a) $-\pi$ (b) 4 (c) $-(1 + 2\pi)$ (d) $3 - 2\pi$
(e) $5 + 2\pi$ (f) $23 - 2\pi$

49. (a) 14 (b) 4 (c) 8 (d) 0 **51.** 40 **53.** a

55. Las respuestas pueden variar. *Ejemplo de respuesta:*

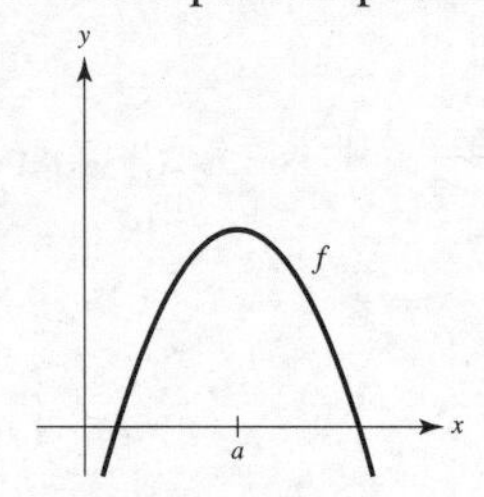

No hay región.

57. Método geométrico:

$$\int_{-1}^{3} (x + 2)\, dx = \text{Área del triángulo grande} - \text{Área del triángulo pequeño}$$

$$= \frac{25}{2} - \frac{1}{2} = 12$$

Definición de límite:

$$\int_{-1}^{3} (x + 2)\, dx = \lim_{n\to\infty} \sum_{i=1}^{n} \left[\left(-1 + \frac{4i}{n} + 2\right)\left(\frac{4}{n}\right)\right] = 12$$

59. $a = -2, b = 5$

61. Las respuestas pueden variar.
Ejemplo de respuesta: $a = \pi$, $b = 2\pi$

$$\int_{\pi}^{2\pi} \text{sen } x\, dx < 0$$

63. Verdadero **65.** Verdadero

67. Falso. $\displaystyle\int_0^2 (-x)\, dx = -2$

69. 272 **71.** Demostración

73. No. No importa qué tan pequeños son los subintervalos, la cantidad de números racionales e irracionales en cada subitervalo es infinito, y $f(c_i) = 0$ o $f(c_i) = 1$.

75. $a = -1$ y $b = 1$ maximizan la integral.

77. Las respuestas pueden variar. *Ejemplo de respuesta:*

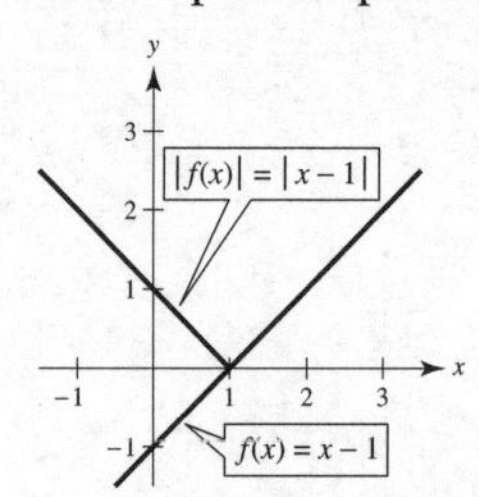

Las integrales son iguales cuando f es siempre mayor o igual que 0 sobre $[a, b]$.

79. $\frac{1}{3}$

Sección 4.4

1. Encuentre una antiderivada de la función y evalúe la diferencia de la antiderivada en los límites superior e inferior de integración.

3. El valor promedio de una función sobre un intervalo es la integral de la función en el intervalo $[a, b]$ multiplicado por $\dfrac{1}{b - a}$.

5.

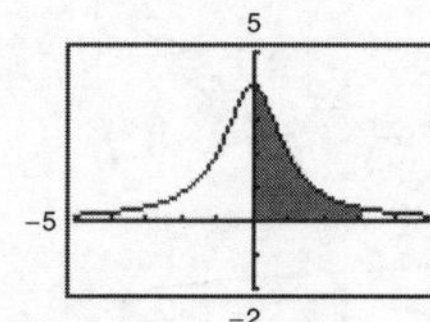

Positiva

7.

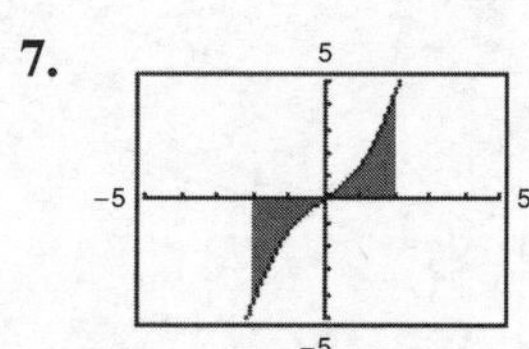

Cero

9. -2 **11.** $-\frac{28}{3}$ **13.** $\frac{1}{3}$ **15.** $\frac{1}{2}$ **17.** $\frac{2}{3}$

19. -4 **21.** $-\frac{1}{18}$ **23.** $-\frac{27}{20}$ **25.** $\frac{25}{2}$ **27.** $\frac{64}{3}$

29. $2 - 7\pi$ **31.** $\dfrac{\pi}{4}$ **33.** $\dfrac{2\sqrt{3}}{3}$ **35.** 0 **37.** $\dfrac{1}{6}$

39. 1 **41.** $\dfrac{52}{3}$ **43.** 20 **45.** $\dfrac{32}{3}$ **47.** $\dfrac{3\sqrt[3]{2}}{3} \approx 1.8899$

49. $2\sqrt{3} \approx 3.4641$ **51.** $\pm\arccos\dfrac{\sqrt{\pi}}{2} \approx \pm 0.4817$

53. Valor promedio $= \frac{8}{3}$ **55.** Valor promedio $= 10.2$

$x = \pm\dfrac{2\sqrt{3}}{3}$ $x \approx 1.3375$

57. Valor promedio $= \dfrac{2}{\pi}$

$x \approx 0.690, x \approx 2.451$

59. (a) $F(x) = 500 \sec^2 x$ **61.** $\dfrac{2}{\pi} \approx 63.7\%$

(b) $\dfrac{1\,500\sqrt{3}}{\pi} \approx 827$ N

63. $F(x) = -\dfrac{20}{x} + 20$ **65.** $F(x) = \operatorname{sen} x$

$F(2) = 10$ $F(0) = 0$

$F(5) = 16$ $F\left(\dfrac{\pi}{4}\right) = \dfrac{\sqrt{2}}{2}$

$F(8) = \dfrac{35}{2}$ $F\left(\dfrac{\pi}{2}\right) = 1$

67. (a) $g(0) = 0, g(2) \approx 7, g(4) \approx 9, g(6) \approx 8, g(8) \approx 5$

(b) Creciente: $(0, 4)$; decreciente: $(4, 8)$

(c) Un máximo ocurre en $x = 4$.

(d)

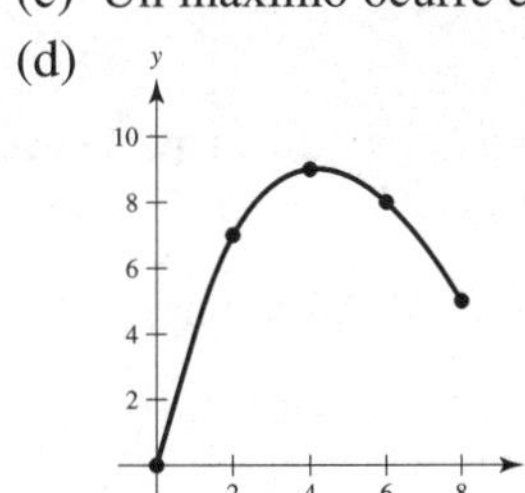

69. $\frac{1}{2}x^2 + 2x$ **71.** $\frac{3}{4}x^{4/3} - 12$ **73.** $\tan x - 1$

75. $x^2 - 2x$ **77.** $\sqrt{x^4 - 1}$ **79.** $\sqrt{x} \csc x$ **81.** 8

83. $\cos x \sqrt{\operatorname{sen} x}$ **85.** $3x^2 \operatorname{sen} x^6$

87.

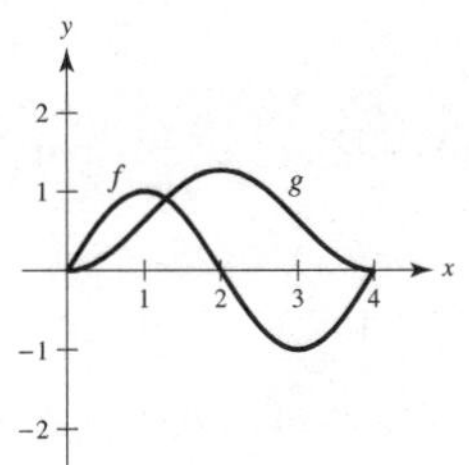

89. 8190 L

Un extremo de g ocurre en $x = 2$.

91. Alrededor de 540 pies

93. (a) $\frac{3}{2}$ pies a la derecha (b) $\frac{113}{10}$ pies

95. (a) 0 pies (b) $\frac{63}{2}$ pies **97.** (a) 2 pies a la derecha (b) 2 pies

99. (a)

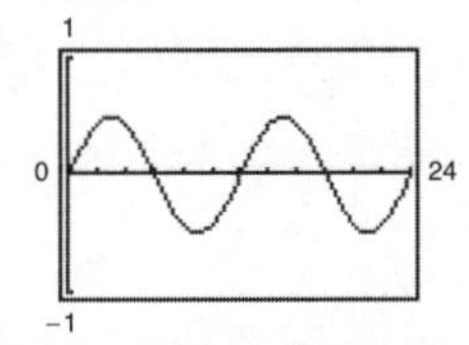

El área arriba del eje x es igual al área debajo del eje x. De manera que el valor promedio es cero.

(b)

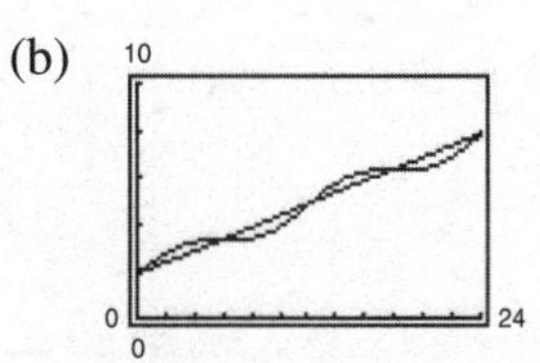

De esta manera, el valor promedio de S parece ser g.

101. El desplazamiento y la distancia total recorrida son iguales cuando la partícula se mueve siempre en la misma dirección sobre un intervalo.

103. El teorema fundamental del cálculo requiere que f sea continua sobre $[a, b]$ y que F sea una antiderivada para f sobre todo el intervalo. En un intervalo que contiene a c, la función $f(x) = \dfrac{1}{x - c}$ no es continua en c.

105. 28 unidades

107. $f(x) = x^{-2}$ tiene una discontinuidad no evitable en $x = 0$.

109. $f(x) = \sec^2 x$ tiene una discontinuidad no evitable en $x = \dfrac{\pi}{2}$.

111. Verdadero

113. $\dfrac{x|x|}{2} = C$

115. $f(x) = 2x + 1$, y $c = 1$ o $c = -2$

117. (a) 0 (b) 0 (c) $xf(x) + \int_0^x f(t)\,dt$ (d) 0

119. Problema Putnam B5, 2006

Sección 4.5

1. Se pueden mover múltiplos constantes fuera del signo de integral.

$$\int kf(x)\,dx = k\int f(x)\,dx$$

3. La integral de $[g'(x)]^n g(x)$ es $\dfrac{[g(x)]^{n+1}}{n+1} + C, n \neq -1$.

Citando la regla de la potencia para polinomios.

$\int f(g(x))g'(x)\,dx$	$u = g(x)$	$du = g'(x)\,dx$
5. $\int (5x^2 + 1)^2(10x)\,dx$	$5x^2 + 1$	$10x\,dx$
7. $\int \tan^2 x \sec^2 x\,dx$	$\tan x$	$\sec^2 x\,dx$

9. $\frac{1}{5}(1 + 6x)^5 + C$ **11.** $\frac{2}{3}(25 - x^2)^{3/2} + C$

13. $\frac{1}{12}(x^4 + 3)^3 + C$ **15.** $\frac{1}{30}(2x^3 - 1)^5 + C$

17. $\frac{1}{3}(t^2 + 2)^{3/2} + C$ **19.** $-\frac{15}{8}(1 - x^2)^{4/3} + C$

21. $\dfrac{7}{4(1 - x^2)^2} + C$ **23.** $-\dfrac{1}{3(1 + x^3)} + C$

25. $-\sqrt{1 - x^2} + C$ **27.** $-\dfrac{1}{4}\left(1 + \dfrac{1}{t}\right)^4 + C$

29. $\sqrt{2x} + C$ **31.** $2x^2 - 4\sqrt{16 - x^2} + C$

33. $-\dfrac{1}{2(x^2 + 2x - 3)} + C$

35. (a) Las respuestas pueden variar. (b) $y = -\frac{1}{3}(4 - x^2)^{3/2} + 2$

Ejemplo de respuesta:

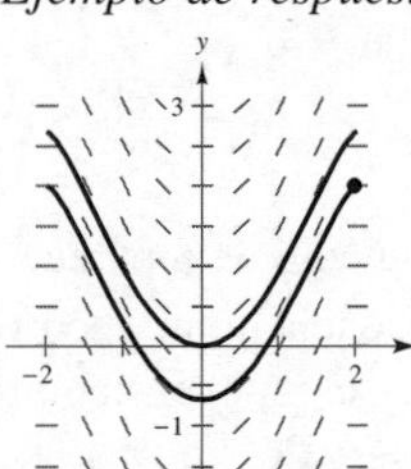
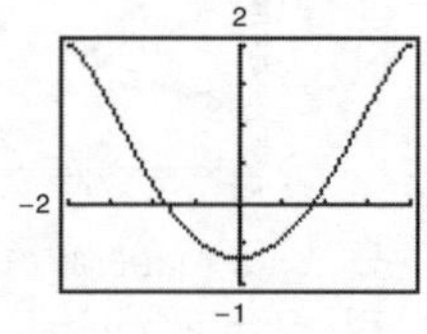

37. $f(x) = (2x^3 + 1)^3 + 3$ **39.** $-\cos \pi x + C$

41. $\frac{1}{6}\text{sen } 6x + C$ **43.** $-\text{sen } \frac{1}{\theta} + C$

45. $\frac{1}{4}\text{ sen}^2 2x + C$ o $-\frac{1}{4}\cos^2 2x + C_1$ o $-\frac{1}{8}\cos 4x + C_2$

47. $\frac{1}{2}\tan^2 x + C$ o $\frac{1}{2}\sec^2 x + C_1$ **49.** $f(x) = 2\cos\frac{x}{2} + 4$

51. $f(x) = \frac{1}{12}(4x^2 - 10)^3 - 8$

53. $\frac{2}{5}(x + 6)^{5/2} - 4(x + 6)^{3/2} + C = \frac{2}{5}(x + 6)^{3/2}(x - 4) + C$

55. $-\left[\frac{2}{3}(1 - x)^{3/2} - \frac{4}{5}(1 - x)^{5/2} + \frac{2}{7}(1 - x)^{7/2}\right] + C =$
$-\frac{2}{105}(1 - x)^{3/2}(15x^2 + 12x + 8) + C$

57. $\frac{1}{8}\left[\frac{2}{5}(2x - 1)^{5/2} + \frac{4}{3}(2x - 1)^{3/2} - 6(2x - 1)^{1/2}\right] + C =$
$\frac{\sqrt{2x - 1}}{15}(3x^2 + 2x - 13) + C$

59. $-\frac{1}{8}\cos^4 2x + C$ **61.** 0 **63.** $12 - \frac{8}{9}\sqrt{2}$ **65.** 2

67. $\frac{1}{2}$ **69.** $\frac{28\pi}{15}$ **71.** $\frac{1209}{28}$ **73.** $2(\sqrt{3} - 1)$ **75.** $\frac{272}{15}$

77. 0 **79.** (a) 144 (b) 72 (c) -144 (d) 432

81. $2\int_0^3 (4x^2 - 6)\, dx = 36$

83. (a) $\int x^2\sqrt{x^3 + 1}\, dx$; use sustitución con $u = x^3 + 1$.

(b) $\int \cot^3(2x)\csc^2(2x)\, dx$; use sustitución con $u = \cot 2x$.

85. \$340 000

87. (a) 102.532 miles de unidades
(b) 102.352 miles de unidades
(c) 74.5 miles de unidades

89. (a)

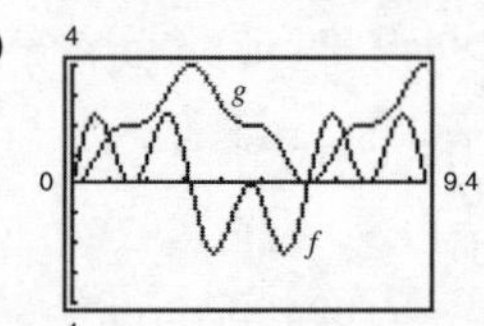

(b) g es no negativa, porque la gráfica de f es positiva al inicio y generalmente tiene más secciones positivas que negativas.

(c) Los puntos sobre g que corresponden a los extremos de f son puntos de inflexión de g.

(d) No, algunos ceros de f tales como $x = \frac{\pi}{2}$, no corresponden a los extremos de g. La gráfica de g continúa creciendo después de $x = \frac{\pi}{2}$, porque f permanece por arriba del eje x.

(e)

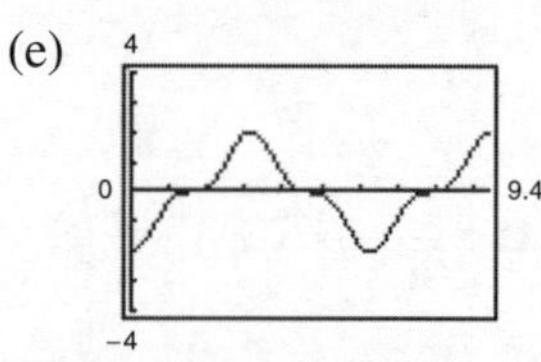

La gráfica de h es la gráfica de g desplazada 2 unidades hacia abajo.

91. (a) y (b) Demostraciones

93. Verdadero **95.** Verdadero **97.** Verdadero

99-101. Demostraciones

103. Problema Putnam A1, 1958

Ejercicios de repaso para el capítulo 4

1. (a) La derivada de g es negativa la derivada de f.

(b) Los comportamientos de las gráficas de las funciones f y $-g$ difieren por una constante C. Por eso, $f(x) - (-g(x)) = \text{sen}^2(x) + \cos^2(x) = C$.
Por la identidad pitagórica, $C = 1$.

3. c

5. (a) $v'(t)$ representa la aceleración de la partícula al tiempo t.

(b) $\int_a^c v(t)\, dt$ representa el desplazamiento de la partícula desde el tiempo $t = a$ hasta $t = c$.

(c) $\int_a^c |v(t)|\, dt$ representa la distancia total recorrida por la partícula desde el tiempo $t = a$ hasta $t = c$.

(d) $\frac{d}{dx}\left[\int_a^x v(t)\, dt\right] = v(x)$ representa la velocidad de la partícula al tiempo x.

(e) $A - B$ representa el desplazamiento de la partícula desde el tiempo $t = a$ hasta $t = c$.

(f) $\int_a^b v(t)\, dt + \int_b^c v(t)\, dt$ representa el desplazamiento de la partícula desde el tiempo $t = a$ hasta $t = c$.

7. $\frac{x^4}{4} + 4x + C$ **9.** $9x^{2/3} + C$ **11.** $f(x) = 1 - 3x^2$

13. (a) 3 s; 144 pies (b) $\frac{3}{2}$ s (c) 108 pies

15. 60 **17.** $\sum_{i=1}^{10} \frac{i}{5(i + 2)}$ **19.** 192 **21.** 420

23. 3310 **25.** 9.038 < (Área de la región) < 13.038

27. $s(n) = 11 - \frac{2}{n}$, $S(n) = 11 + \frac{2}{n}$

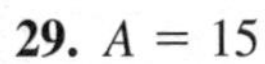

29. $A = 15$ **31.** $A = 12$

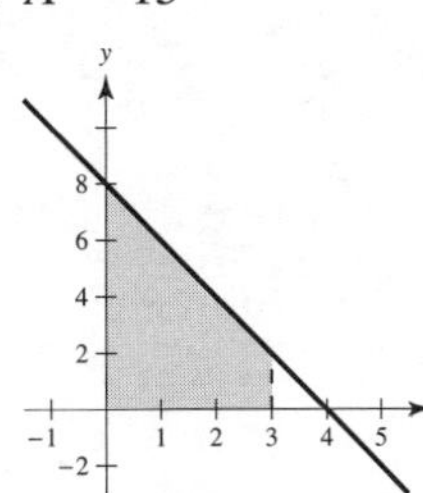

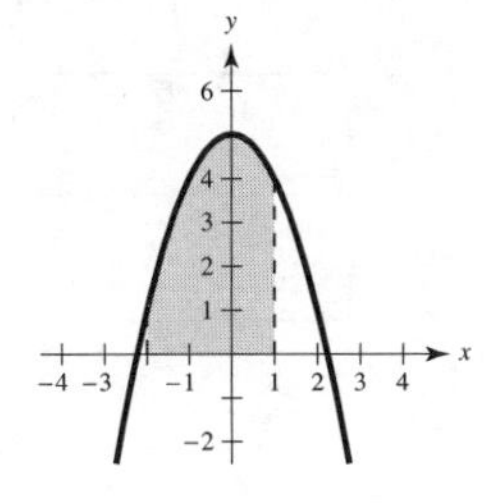

33. 43 **35.** 48

37.

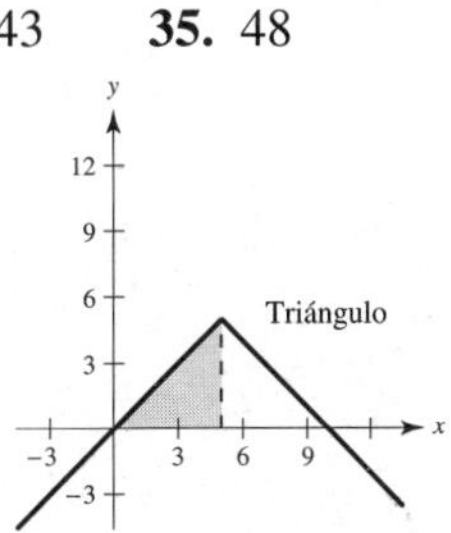

$A = \frac{25}{2}$

39. (a) 17 (b) 7 (c) 9 (d) 84

41. 12 **43.** $\dfrac{422}{5}$ **45.** $\dfrac{\sqrt{2}+2}{2}$ **47.** 1 **49.** 30

51. $\frac{1}{4}$ **53.** $\sqrt{\frac{13}{3}}$

55. Valor promedio $= \frac{2}{5}$

$x = \frac{25}{4}$

57. $x^2\sqrt{1+x^3}$

59. $-\frac{1}{30}(1-3x^2)^5 + C = \frac{1}{30}(3x^2-1)^5 + C$

61. $\frac{1}{4}\operatorname{sen}^4 x + C$ **63.** $-2\sqrt{1-\operatorname{sen}\theta} + C$

65. $\frac{2}{5}(8-x)^{5/2} - \frac{16}{3}(8-x)^{3/2} + C$

67. $\dfrac{455}{2}$ **69.** 2 **71.** $\dfrac{468}{7}$ **73.** 0

75. (a)

x	0	$\pi/6$	$\pi/3$	$\pi/2$	$2\pi/3$
$F(x)$	0	0.04529	0.30709	0.78540	1.26370

x	$5\pi/6$	π
$F(x)$	1.52550	1.570780

Los valores están creciendo.

(b)

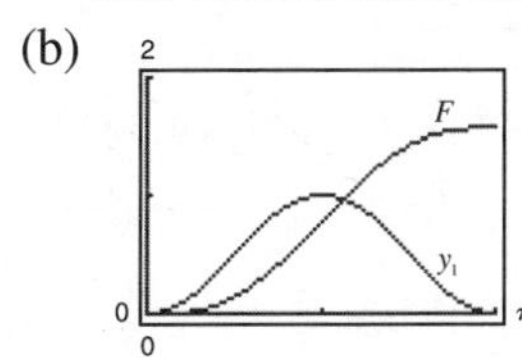

(c)

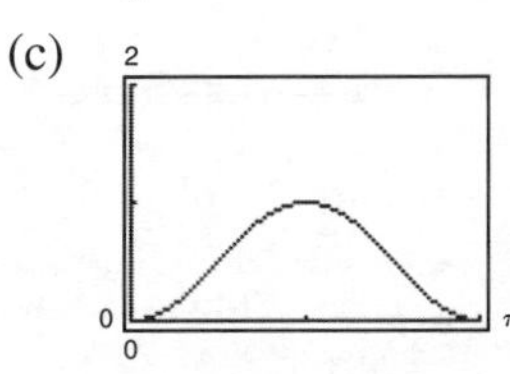

La gráfica de $F'(x)$ es la misma que la gráfica de y_1 en el inciso (b).

(d) $y' = \dfrac{1}{2} - \dfrac{1}{2}\cos(2t) = \dfrac{(1-\cos(2t))}{2} = \operatorname{sen}^2(t)$

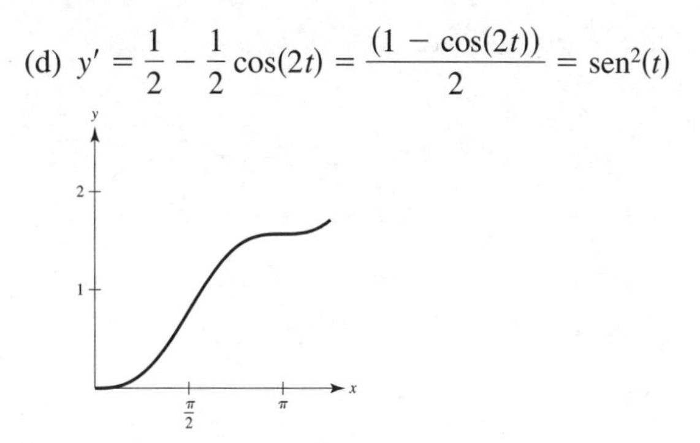

Solución de problemas

1. (a) $\lim_{n\to\infty}\left[\dfrac{32}{n^5}\sum_{i=1}^{n} i^4 - \dfrac{64}{n^4}\sum_{i=1}^{n} i^3 + \dfrac{32}{n^3}\sum_{i=1}^{n} i^2\right]$

(b) $\dfrac{16n^4-16}{15n^4}$ (c) $\dfrac{16}{15}$

3. (a)

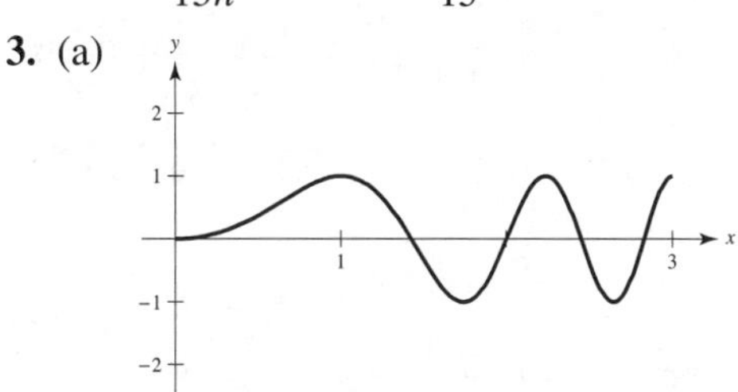

(b)

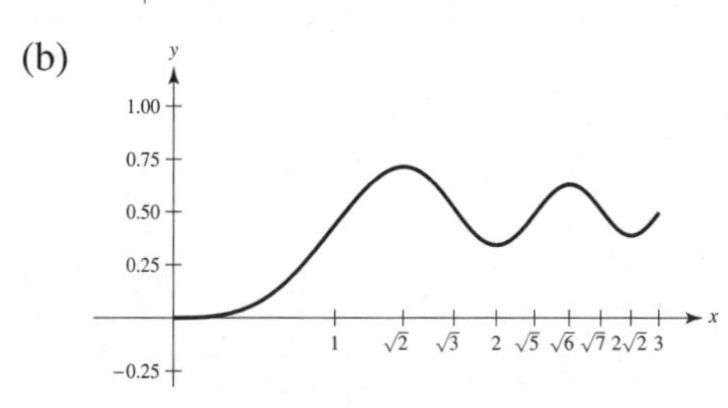

(c) Máximos relativos en $x = \sqrt{2}, \sqrt{6}$

Mínimos relativos en $x = 2, 2\sqrt{2}$

(d) Puntos de inflexión en $x = 1, \sqrt{3}, \sqrt{5}, \sqrt{7}$

5-7. Demostraciones **9.** $\dfrac{2}{3}$ **11.** $a = -4$ y $b = 4$

Capítulo 5

Sección 5.1

1. Para $x > 1$, $\ln x = \displaystyle\int_1^x \frac{1}{t}\,dt > 0$. Para $0 < x < 1$,

$$\ln x = \int_1^x \frac{1}{t}\,dt = -\int_1^x \frac{1}{t}\,dt$$

3. El número e es la base del logaritmo natural:

$$\ln e = \int_1^e \frac{1}{t}\,dt = 1$$

5. b **6.** d **7.** a **8.** c

9.

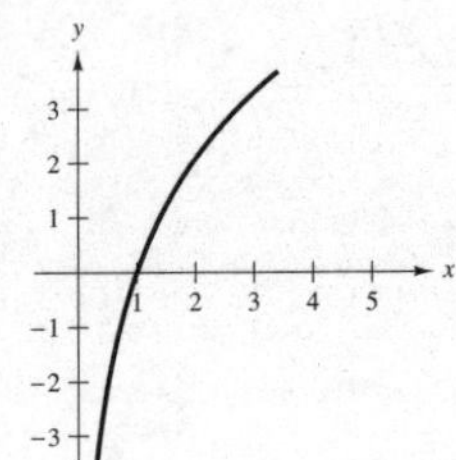

Dominio: $x > 0$

11.

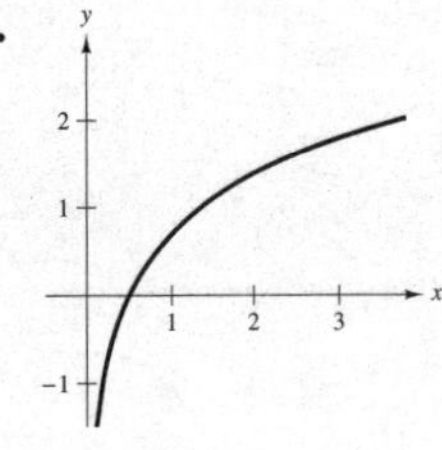

Dominio: $x > 0$

13.

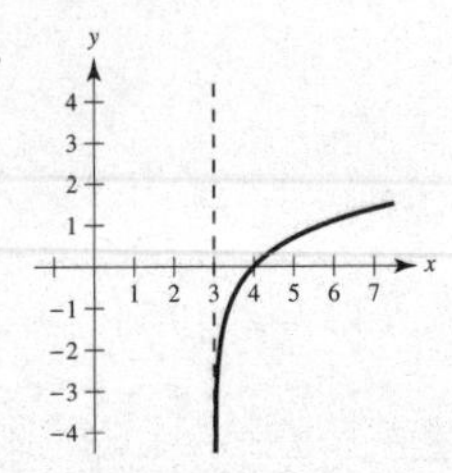

Dominio: $x > 3$

15. (a) 1.7917 (b) -0.4055 (c) 4.3944 (d) 0.5493

17. $\ln x - \ln 4$ **19.** $\ln x + \ln y - \ln z$

21. $\ln x + \frac{1}{2}\ln(x^2 + 5)$ **23.** $\frac{1}{2}[\ln(x - 1) - \ln x]$

25. $\ln z + 2\ln(z - 1)$ **27.** $\ln \dfrac{x - 2}{x + 2}$

29. $\ln \sqrt[3]{\dfrac{x(x + 3)^2}{x^2 - 1}}$ **31.** $\ln \dfrac{16}{\sqrt{x^3 + 6x}}$

33. (a)

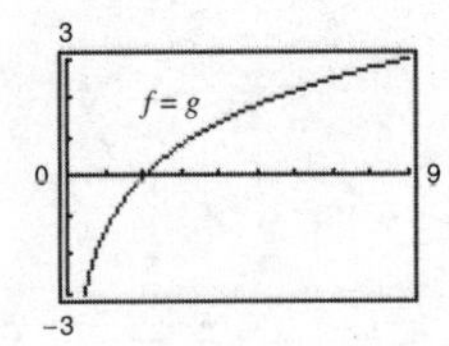

(b) $f(x) = \ln \dfrac{x^2}{4} = \ln x^2 - \ln 4$
$= 2\ln x - \ln 4$
$= g(x)$

35. $-\infty$ **37.** $\ln 4 \approx 1.3863$ **39.** $\dfrac{1}{x}$ **41.** $\dfrac{2x}{x^2 + 3}$

43. $\dfrac{4(\ln x)^3}{x}$ **45.** $\dfrac{2}{t + 1}$ **47.** $\dfrac{2x^2 - 1}{x(x^2 - 1)}$

49. $\dfrac{1 - x^2}{x(x^2 + 1)}$ **51.** $\dfrac{1 - 2\ln t}{t^3}$ **53.** $\dfrac{2}{x \ln x^2} = \dfrac{1}{x \ln x}$

55. $\dfrac{1}{1 - x^2}$ **57.** $\dfrac{-4}{x(x^2 + 4)}$ **59.** $\cot x$

61. $-\tan x + \dfrac{\operatorname{sen} x}{\cos x - 1}$

63. (a) $y = 4x - 4$
(b)

65. (a) $5x - y - 2 = 0$
(b)

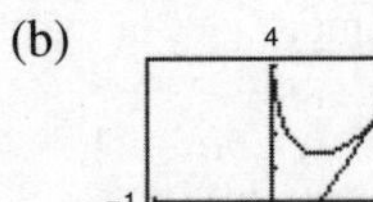

67. (a) $y = \frac{1}{3}x - \frac{1}{12}\pi + \frac{1}{2}\ln\frac{3}{2}$
(b)

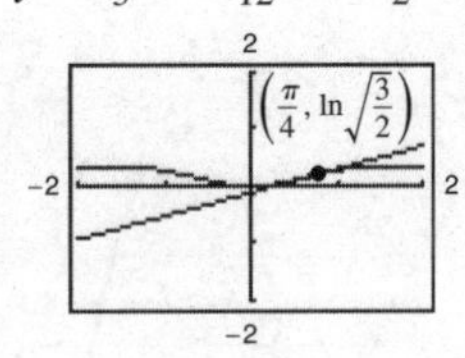

69. (a) $y = 4x + 4$
(b)

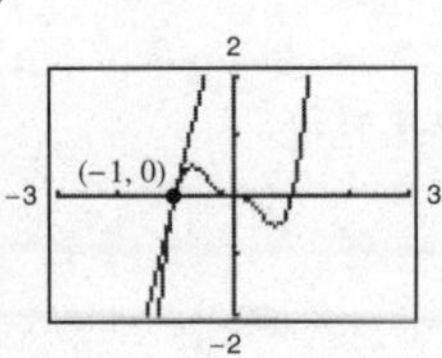

71. $\dfrac{2x^2 + 1}{\sqrt{x^2 + 1}}$ **73.** $\dfrac{3x^3 + 15x^2 - 8x}{2(x + 1)^3\sqrt{3x - 2}}$

75. $\dfrac{(2x^2 + 2x - 1)\sqrt{x - 1}}{(x + 1)^{3/2}}$ **77.** $\dfrac{2xy}{3 - 2y^2}$

79. $\dfrac{y(1 - 6x^2)}{1 + y}$ **81.** $xy'' + y' = x\left(-\dfrac{2}{x^2}\right) + \dfrac{2}{x} = 0$

83. Mínimo relativo: $\left(1, \frac{1}{2}\right)$

85. Mínimo relativo: $(e^{-1}, -e^{-1})$

87. Mínimo relativo: (e, e); punto de inflexión: $\left(e^2, \dfrac{e^2}{2}\right)$

89. $x \approx 0.567$

91. Sí. Si la gráfica de g es creciente, entonces $g'(x) > 0$. Porque $f(x) > 0$, se sabe que $f'(x) = g'(x)f(x)$ y así $f'(x) > 0$. Por lo tanto, la gráfica de f es creciente.

93. No. Por ejemplo,
$(\ln 2)(\ln 3) \approx 0.76 \neq 1.79 \approx \ln(2 \cdot 3) = \ln 6$

95. Verdadero.

97. Falso. π es una constante, así $\dfrac{d}{dx}[\ln \pi] = 0$.

99. $x = 2, x = 4$

101. (a)

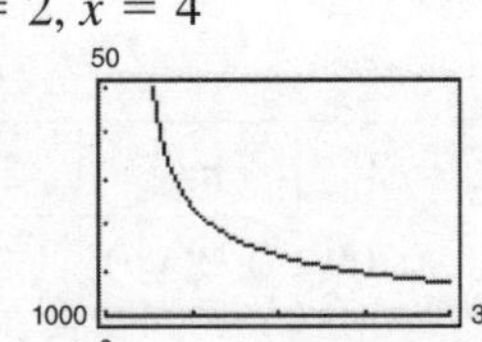

(b) 30 años; \$503 434.80
(c) 20 años; \$386 685.60

(d) Cuando $x = 1398.43$, $\dfrac{dt}{dx} \approx -0.0805$. Cuando $x = 1611.19$, $\dfrac{dt}{dx} \approx -0.0287$

(e) Dos beneficios de un pago mensual más alto son un plazo más corto y un menor monto total pagado.

103. (a)

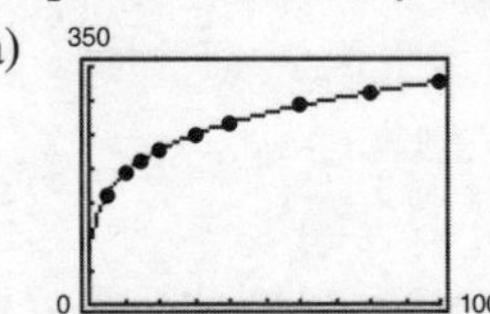

(c)

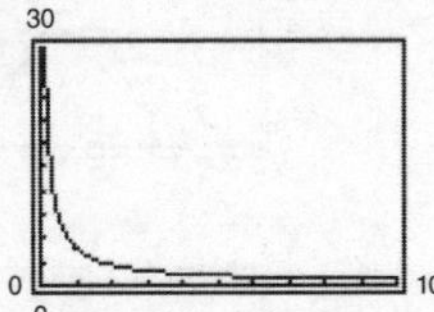

(b) $T'(10) \approx 4.75°/\text{lb/pulg}^2$
$T'(70) \approx 0.97°/\text{lb/pulg}^2$

$\lim_{p\to\infty} T'(p) = 0$
Las respuestas pueden variar.

105. (a)

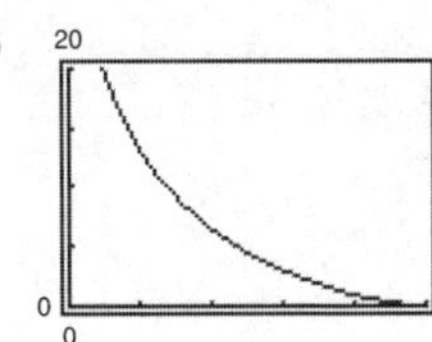

(b) Cuando $x = 5$,

$$\frac{dy}{dx} = -\sqrt{3}$$

Cuando $x = 9$,

$$\frac{dy}{dx} \approx -\frac{\sqrt{19}}{9}$$

(c) $\lim\limits_{x\to 10^-} \dfrac{dy}{dx} = 0$

107. (a)

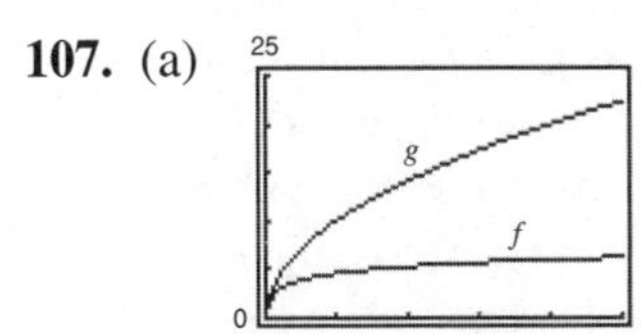

Para $x > 4$, $g'(x) > f'(x)$. g está creciendo a una razón más rápida que f para valores más grandes de x.

(b)

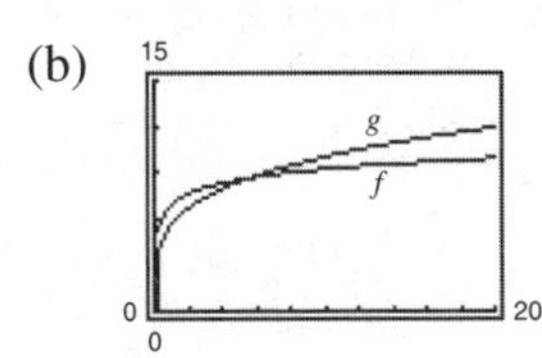

Para $x > 256$, $g'(x) > f'(x)$. g está creciendo a una razón más rápida que f para valores más grandes de x.

$f(x) = \ln x$ crece más lentamente para valores más grandes de x.

Sección 5.2

1. No. Para usar la regla logarítmica busque cocientes en los cuales el numerador es la derivada del denominador, analizándola mentalmente.

3. Las formas de alterar un integrando son reescribir usando una identidad trigonométrica, multiplicar y dividir entre la misma cantidad, sumar y restar la misma cantidad o usar división larga.

5. $5 \ln|x| + C$ **7.** $\frac{1}{2}\ln|2x + 5| + C$

9. $\frac{1}{2}\ln|x^2 - 3| + C$ **11.** $\ln|x^4 + 3x| + C$

13. $\dfrac{x^2}{14} - \ln|x| + C$ **15.** $\dfrac{1}{3}\ln|x^3 + 3x^2 + 9x| + C$

17. $\frac{1}{2}x^2 - 4x + 6\ln|x + 1| + C$

19. $\frac{1}{3}x^3 + 5\ln|x - 3| + C$

21. $\frac{1}{3}x^3 - 2x + \ln\sqrt{x^2 + 2} + C$ **23.** $\frac{1}{3}(\ln x)^3 + C$

25. $-\dfrac{2}{3}\ln|1 - 3\sqrt{x}| + C$ **27.** $6\ln|x - 5| - \dfrac{30}{x - 5} + C$

29. $\sqrt{2x} - \ln|1 + \sqrt{2x}| + C$

31. $x + 6\sqrt{x} + 18\ln|\sqrt{x} - 3| + C$

33. $3\ln\left|\operatorname{sen}\dfrac{\theta}{3}\right| + C$

35. $-\frac{1}{2}\ln|\csc 2x + \cot 2x| + C$ **37.** $5\theta - \frac{1}{3}\operatorname{sen} 3\theta + C$

39. $\ln|1 + \operatorname{sen} t| + C$ **41.** $\ln|\sec x - 1| + C$

43. $y = -3\ln|2 - x| + C$ **45.** $y = \ln|x^2 - 9| + C$

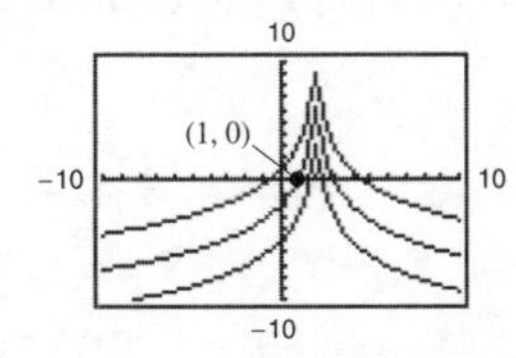

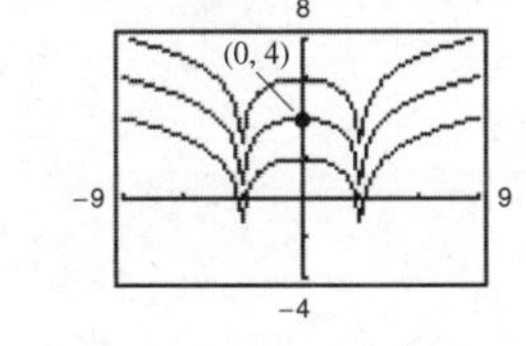

47. $f(x) = -2\ln x + 3x - 2$

49. (a) (b) $y = \ln\left(\dfrac{x + 2}{2}\right) + 1$

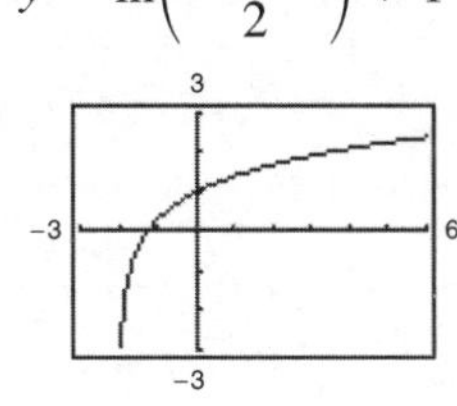

51. $\frac{5}{3}\ln 13 \approx 4.275$ **53.** $\frac{7}{3}$ **55.** $-\ln 3 \approx 1.099$

57. $\ln\left|\dfrac{2 - \operatorname{sen} 2}{1 - \operatorname{sen} 1}\right| \approx 1.929$

59. $4\sqrt{x} - x - 4\ln(1 + \sqrt{x}) + C$ **61.** $\dfrac{1}{x}$

63. $4\cot 4x$ **65.** $6\ln 3 \approx 6.592$

67. $\ln|\csc 1 + \cot 1| - \ln|\csc 2 + \cot 2| \approx 1.048$

69. $\dfrac{15}{2} + 8\ln 2 \approx 13.045$ **71.** $\dfrac{12}{\pi}\ln(2 + \sqrt{3}) \approx 5.03$

73. 1 **75.** $\dfrac{1}{e - 1} \approx 0.582$ **77.** Alrededor de 13.077

79. d **81.** Demostración **83.** $x = 2$ **85.** Demostración

87. $-\ln|\cos x| + C = \ln\left|\dfrac{1}{\cos x}\right| + C = \ln|\sec x| + C$

89. $\ln|\sec x + \tan x| + C = \ln\left|\dfrac{\sec^2 x - \tan^2 x}{\sec x - \tan x}\right| + C$

$$= -\ln|\sec x - \tan x| + C$$

91. (a) $P(t) = 1\,000(12\ln|1 + 0.25t| + 1)$

(b) $P(3) \approx 7715$

93. Alrededor de 4.15 min

95. (a) $A = \frac{1}{2}\ln 2 - \frac{1}{4}$

(b) $0 < m < 1$

(c) $A = \frac{1}{2}(m - \ln m - 1)$

97. Verdadero **99.** Verdadero

101. Problema Putnam B2, 2014

Sección 5.3

1. Las funciones f y g tienen el efecto de "deshacerse" entre sí.

3. No. El dominio de f^{-1} es el rango de f.

5. (a) $f(g(x)) = 5\left(\dfrac{x - 1}{5}\right) + 1 = x$

$$g(f(x)) = \frac{(5x + 1) - 1}{5} = x$$

(b)

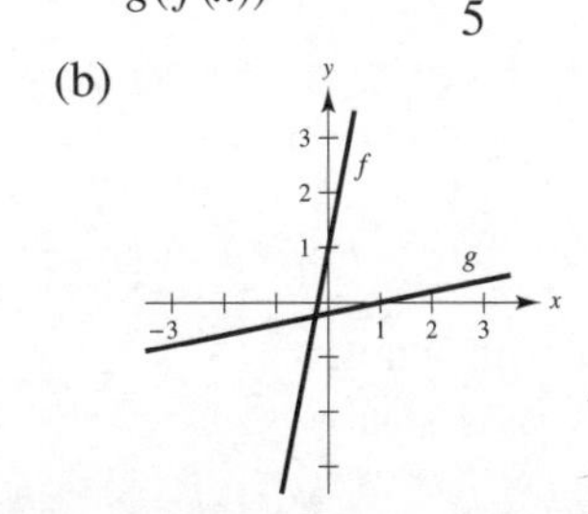

7. (a) $f(g(x)) = (\sqrt[3]{x})^3 = x$
$g(f(x)) = \sqrt[3]{x^3} = x$
(b)

9. (a) $f(g(x)) = \sqrt{x^2 + 4 - 4} = x$
$g(f(x)) = (\sqrt{x - 4})^2 + 4 = x$
(b)

11. (a) $f(g(x)) = \dfrac{1}{1/x} = x$
$g(f(x)) = \dfrac{1}{1/x} = x$
(b)

13. Uno a uno, existe la inversa

15. No es uno a uno, no existe la inversa

17. Uno a uno, existe la inversa

19. Uno a uno, existe la inversa

21. Uno a uno, existe la inversa

23. Estrictamente monótona, existe la inversa.

25. No es estrictamente monótona, la inversa no existe.

27. Estrictamente monótona, existe la inversa.

29. c **30.** b **31.** a **32.** d

33. $f'(x) = 2(x - 4) > 0$ sobre $(4, \infty)$

35. $f'(x) = -\csc^2 x < 0$ sobre $(0, \pi)$

37. $f'(x) = -\text{sen}\, x < 0$ sobre $(0, \pi)$

39. (a) $f^{-1}(x) = \dfrac{x + 3}{2}$
(b)

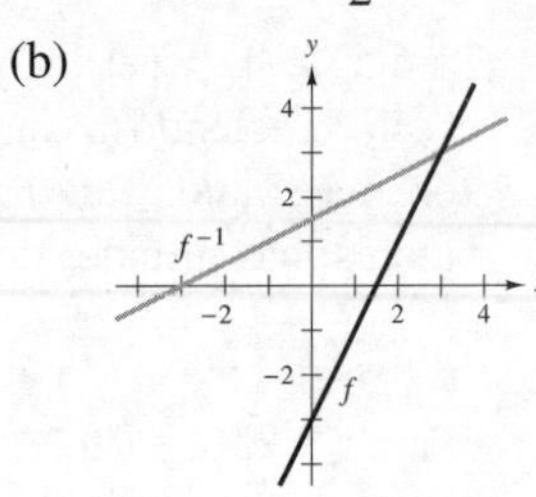

(c) f y f^{-1} son simétricas respecto a $y = x$.
(d) Dominio de f y f^{-1}: todos los números reales
Rango de f y f^{-1}: todos los números reales

41. (a) $f^{-1}(x) = x^{1/5}$
(b)

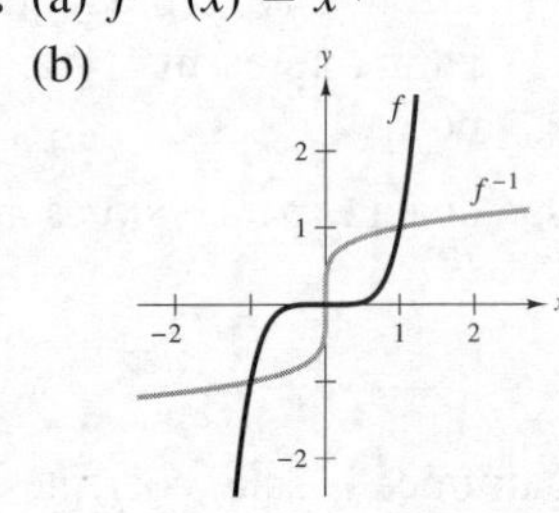

(c) f y f^{-1} son simétricas respecto a $y = x$.
(d) Dominio de f y f^{-1}: todos los números reales
Rango de f y f^{-1}: todos los números reales

43. (a) $f^{-1}(x) = x^2, \quad x \geq 0$
(b)

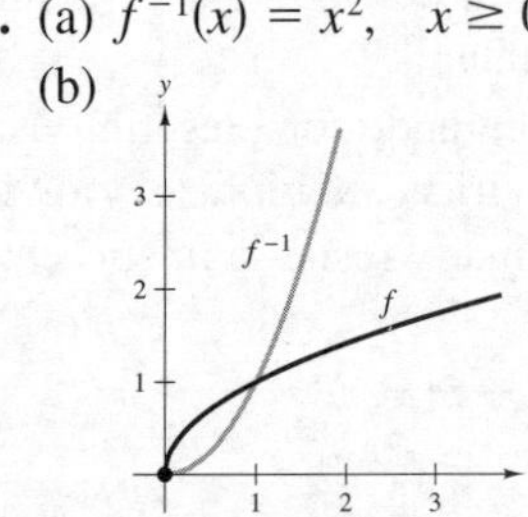

(c) f y f^{-1} son simétricas respecto a $y = x$.
(d) Dominio de f y f^{-1}: $x \geq 0$
Rango de f y f^{-1}: $y \geq 0$

45. (a) $f^{-1}(x) = \sqrt{4 - x^2}, \quad 0 \leq x \leq 2$
(b)

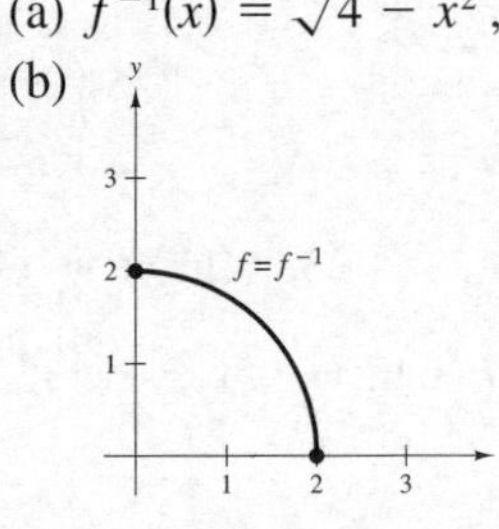

(c) f y f^{-1} son simétricas respecto a $y = x$.
(d) Dominio de f y f^{-1}: $0 \leq x \leq 2$
Rango de f y f^{-1}: $0 \leq y \leq 2$

47. (a) $f^{-1}(x) = x^3 + 1$
(b)

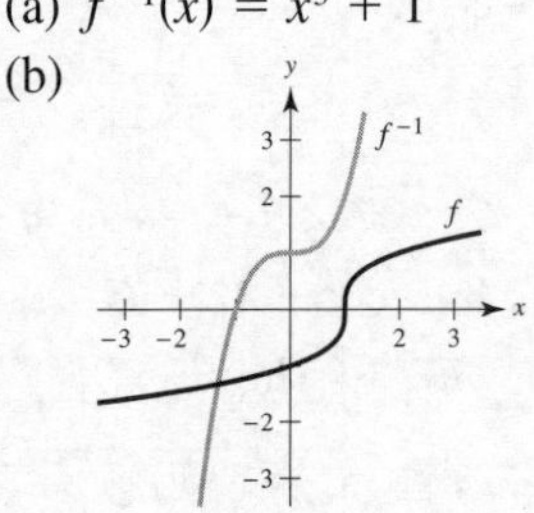

(c) f y f^{-1} son simétricas respecto a $y = x$.
(d) Dominio de f y f^{-1}: todos los números reales
Rango de f y f^{-1}: todos los números reales

49. (a) $f^{-1}(x) = \dfrac{\sqrt{7}x}{\sqrt{1 - x^2}}, \quad -1 < x < 1$

(b)

(c) f y f^{-1} son simétricas respecto a $y = x$.

(d) Dominio de f: todos los números reales
Dominio de f^{-1}: $-1 < x < 1$
Rango de f: $-1 < y < 1$
Rango de f^{-1}: todos los números reales

51.

x	0	1	2	4
$f(x)$	1	2	3	4

x	1	2	3	4
$f^{-1}(x)$	0	1	2	4

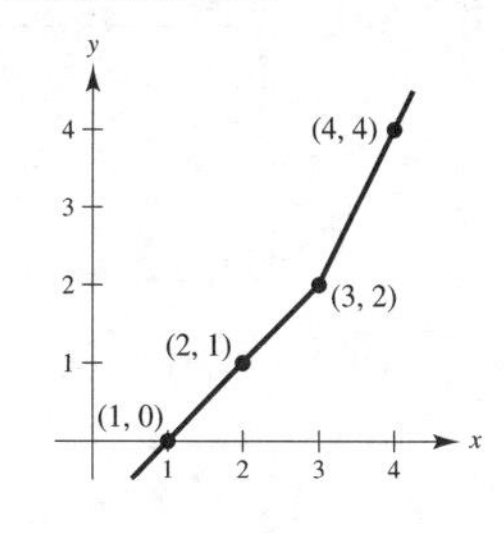

53. (a) Demostración
(b) $y^{-1} = \frac{2}{3}(137.5 - x)$
x: costo total
y: cantidad de libras del producto menos costoso
(c) $[62.5, 137.5]$; $50(1.25) = 62.5$ da el costo total cuando se compran 50 libras del producto menos costoso, y $50(2.75) = 137.5$ da el costo total cuando se compran 50 libras del producto más costoso.
(d) 43 lb

55. Uno a uno
$f^{-1}(x) = x^2 + 2, \quad x \geq 0$

57. Uno a uno
$f^{-1}(x) = 2 - x, \quad x \geq 0$

59. *Ejemplo de respuesta:* $f^{-1}(x) = \sqrt{x} + 3 \quad x \geq 0$

61. *Ejemplo de respuesta:* $f^{-1}(x) = x - 3 \quad x \geq 0$

63. La inversa existe. El volumen es una función creciente y por lo tanto es uno a uno. La función inversa da el tiempo t correspondiente al volumen V.

65. La inversa no existe. **67.** $-\frac{1}{6}$ **69.** 4

71. $(f^{-1})'(1)$ está indefinida.

73. (a) Dominio de f: $(-\infty, \infty)$
Dominio de f^{-1}: $(-\infty, \infty)$
(b) Rango de f: $(-\infty, \infty)$
Rango de f^{-1}: $(-\infty, \infty)$
(c)

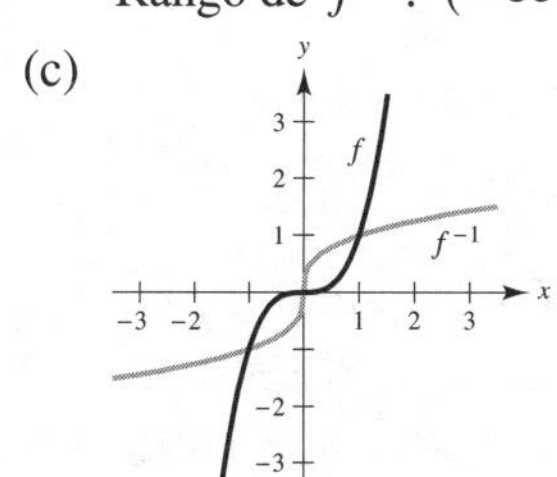

(d) $f'\left(\frac{1}{2}\right) = \frac{3}{4}$, $(f^{-1})'\left(\frac{1}{8}\right) = \frac{4}{3}$

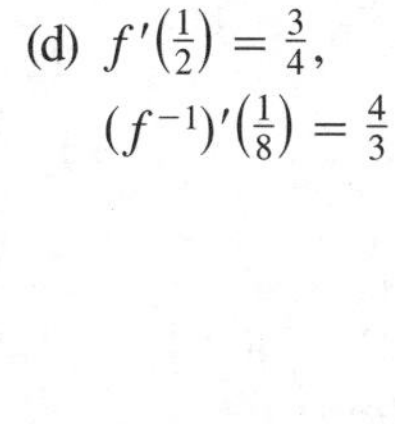

75. (a) Dominio de f: $[4, \infty)$
Dominio de f^{-1}: $[0, \infty)$
(b) Rango de f: $[0, \infty)$
Rango de f^{-1}: $[4, \infty)$
(c)

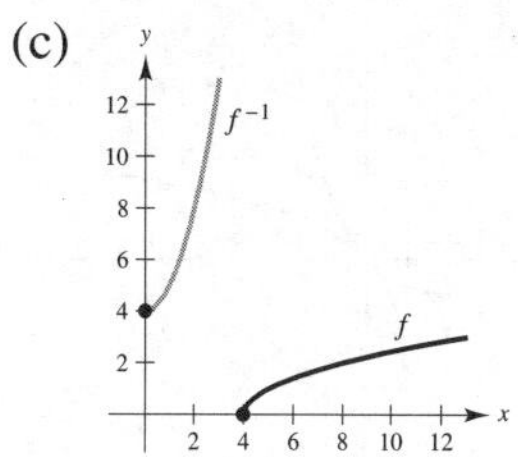

(d) $f'(5) = \frac{1}{2}$, $(f^{-1})'(1) = 2$

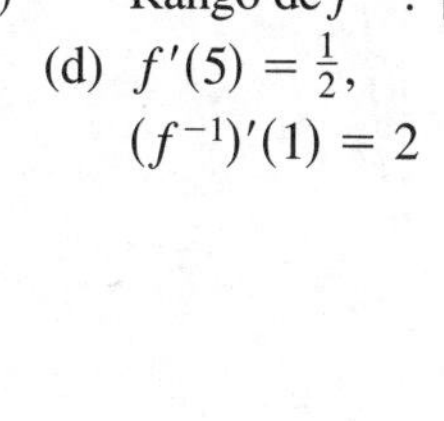

77. 32 **79.** $2\sqrt[3]{(x + 3)}$

81. Sí. Las funciones de la forma $f(x) = x^n$, n es impar, son siempre crecientes o siempre decrecientes. De esta manera, es uno a uno y por lo tanto tiene una función inversa.

83. Muchos valores x permiten el mismo valor y. Por ejemplo, $f(\pi) = 0 = f(0)$. La gráfica no es continua en $\dfrac{(2n - 1)\pi}{2}$, donde n es un entero.

85. Falso. Sea $f(x) = x^2$.

87. (a) (b) $c = 2$

f no cumple con el criterio de la recta horizontal.

89-91. Demostraciones

93. Demostración; la gráfica de f es simétrica respecto a la recta $y = x$.

95. Demostración; $\dfrac{\sqrt{5}}{5}$ **97.** Demostración, cóncava hacia arriba

Sección 5.4

1. La gráfica de $f(x) = e^x$ es cóncava hacia arriba y creciente en todo su dominio.

3. $x = 4$ **5.** $x \approx 2.485$ **7.** $x = 0$ **9.** $x \approx 0.511$

11. $x \approx 8.862$ **13.** $x \approx 7.389$ **15.** $x \approx 10.389$

17. $x \approx 5.389$

19.

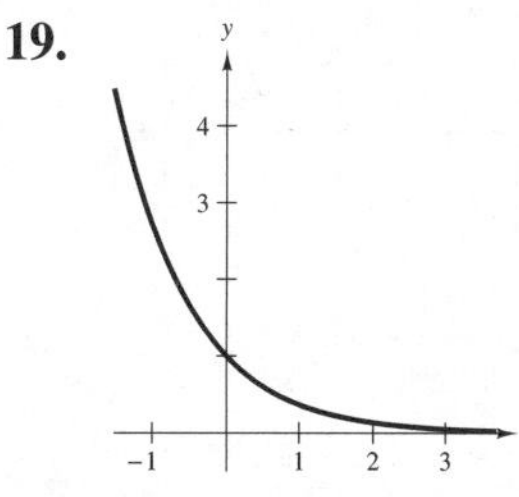

21.

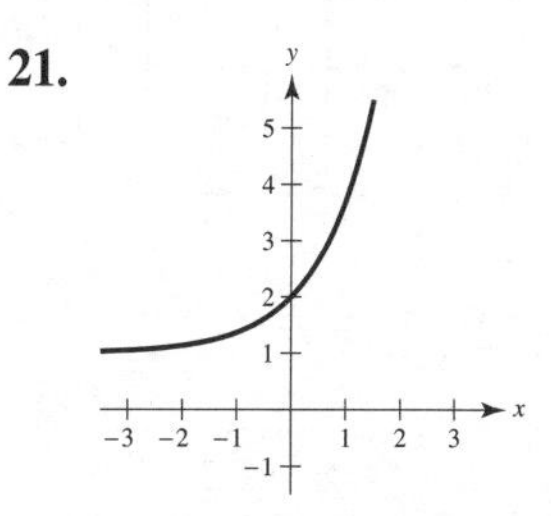

23.

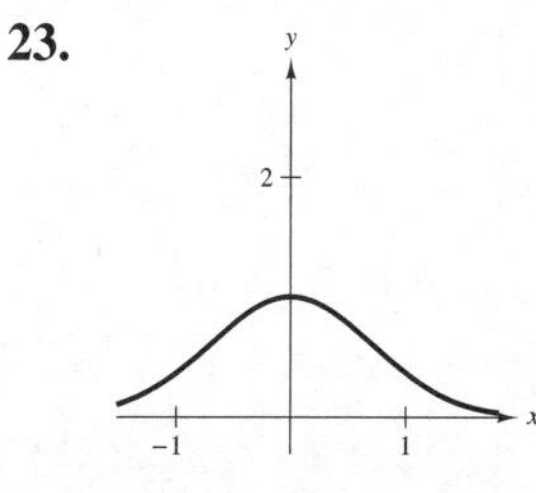

25. c **26.** d **27.** a **28.** b

29.

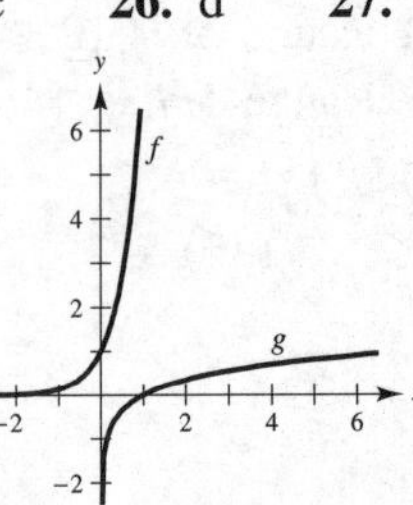

31.

33. $5e^{5x}$ **35.** $\dfrac{e^{\sqrt{x}}}{2\sqrt{x}}$ **37.** e^{x-4} **39.** $e^x\left(\dfrac{1}{x} + \ln x\right)$

41. $e^x(x + 1)(x + 3)$ **43.** $3(e^{-t} + e^t)^2(e^t - e^{-t})$

45. $-\dfrac{5e^{5x}}{2 - e^{5x}}$ **47.** $\dfrac{-2(e^x - e^{-x})}{(e^x + e^{-x})^2}$ **49.** $-\dfrac{2e^x}{(e^x - 1)^2}$

51. $2e^x \cos x$ **53.** $\dfrac{\cos x}{x}$ **55.** $y = 3x + 1$

57. $y = -3x + 10$ **59.** $y = \left(\dfrac{1}{e}\right)x - \dfrac{1}{e}$

61. $y = ex$ **63.** $\dfrac{10 - e^y}{xe^y + 3}$ **65.** $y = (-e - 1)x + 1$

67. $3(6x + 5)e^{-3x}$

69. $y'' - y = 0$

$4e^{-x} - 4e^{-x} = 0$

71. Mínimo relativo: $(0, 1)$

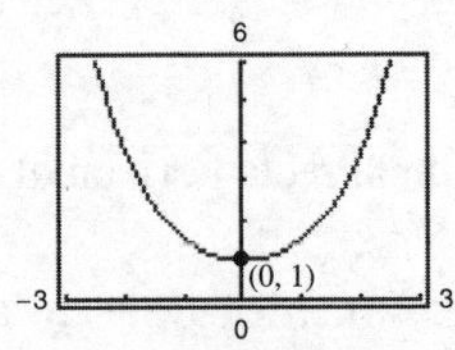

73. Máximo relativo:

$\left(2, \dfrac{1}{\sqrt{2\pi}}\right)$

Puntos de inflexión:

$\left(1, \dfrac{e^{-0.5}}{\sqrt{2\pi}}\right), \left(3, \dfrac{e^{-0.5}}{\sqrt{2\pi}}\right)$

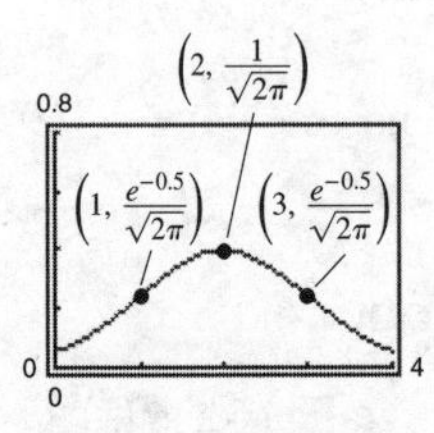

75. Máximo relativo: $(1, e)$

Punto de inflexión: $(0, 2)$

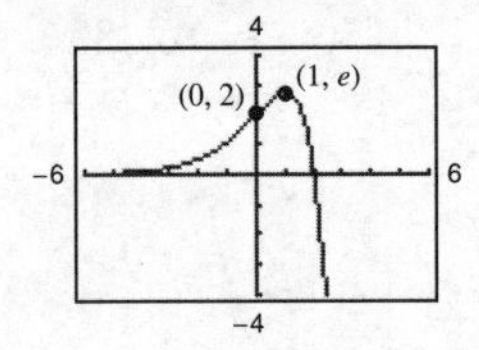

77. Máximo relativo:

$(-1, 1 + e)$

Punto de inflexión: $(0, 3)$

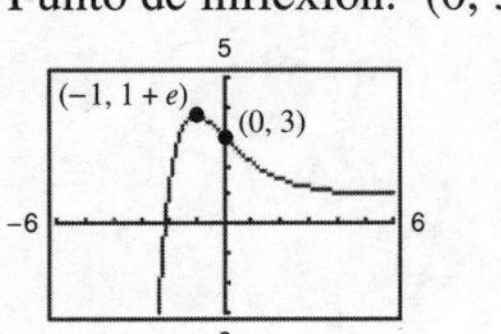

79. $A = \sqrt{2}e^{-1/2}$

81. $\left(\frac{1}{2}, e\right)$

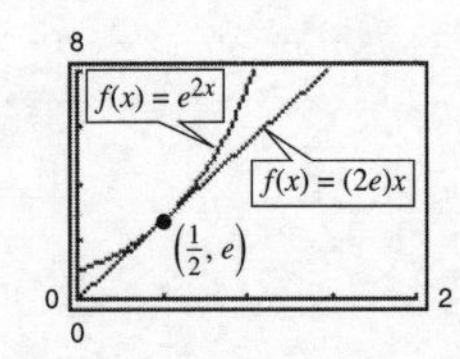

83. (a)

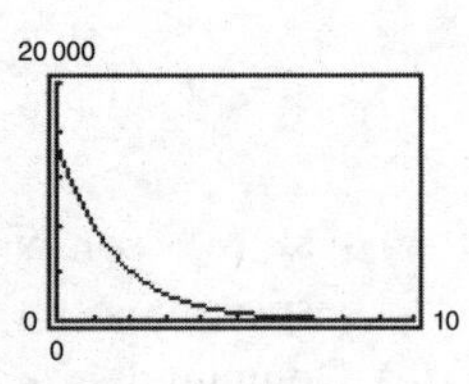

(b) Cuando $t = 1$,

$\dfrac{dV}{dt} \approx -5028.84$

Cuando $t = 5$,

$\dfrac{dV}{dt} \approx -406.89$

(c)

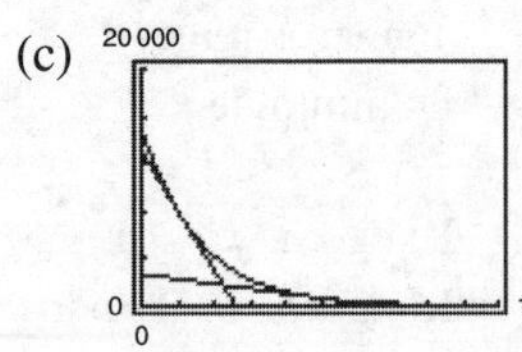

85. (a)

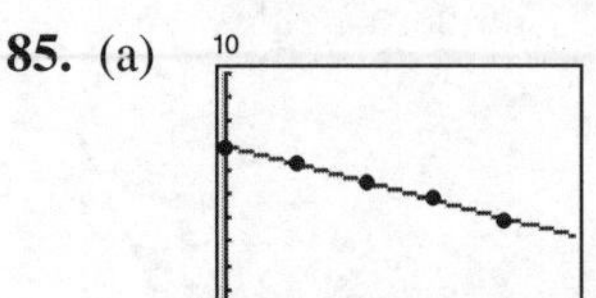

$\ln P = -0.1499h + 6.9797$

(b) $P = 1074.6e^{-0.1499h}$

(c)

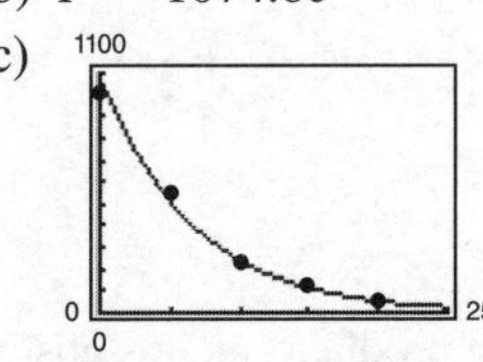

(d) $h = 5$: -76.13 milibares/km

$h = 18$: -10.84 milibares/km

87. $P = 1 + x$; $P = 1 + x + \frac{1}{2}x^2$

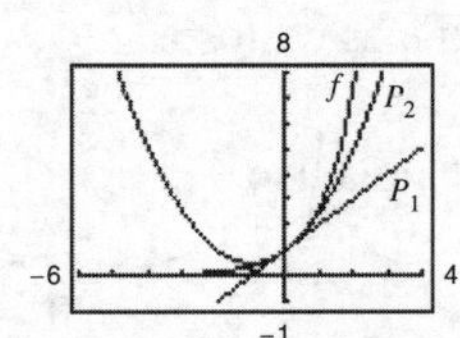

Los valores de f, P_1 y P_2 y sus primeras derivadas coinciden en $x = 0$.

89. $12! = 479\,001\,600$

Fórmula de Stirling: $12! \approx 475\,687\,487$

91. $e^{5x} + C$ **93.** $\frac{1}{5}e^{5x-3} + C$ **95.** $e^{x^2+x} + C$

97. $2e^{\sqrt{x}} + C$

99. $x - \ln(e^x + 1) + C_1$ o $-\ln(1 + e^{-x}) + C_2$

101. $-\frac{2}{3}(1 - e^x)^{3/2} + C$ **103.** $\ln|e^x - e^{-x}| + C$

105. $-\frac{5}{2}e^{-2x} + e^{-x} + C$ **107.** $\ln|\cos e^{-x}| + C$

109. $\dfrac{e^3 - 1}{3e^3}$ **111.** $\dfrac{e - 1}{2e}$ **113.** $\dfrac{e}{3}(e^2 - 1)$

115. $\dfrac{1}{4}\ln\dfrac{1 + e^8}{2}$ **117.** $\dfrac{1}{\pi}[e^{\operatorname{sen}(\pi^2/2)} - 1]$

119. $y = \frac{1}{18}e^{9x^2} + C$ **121.** $f(x) = \frac{1}{2}(e^x + e^{-x})$

123. $e^6 - 1 \approx 402.4$ **125.** $2(1 - e^{-3/2}) \approx 1.554$

127. 92.190

129. La función exponencial natural tiene una asíntota horizontal $y = 0$ hacia la izquierda y la función logaritmo natural tiene una asíntota vertical $x = 0$ por la derecha.

131. Falso. La derivada es $e^x(g'(x) + g(x))$.

133. Verdadero

135. La probabilidad de que una batería dada dure entre 48 meses y 60 meses es aproximadamente 47.72%.

137. (a) $R = 428.78e^{-0.6155t}$

(b)

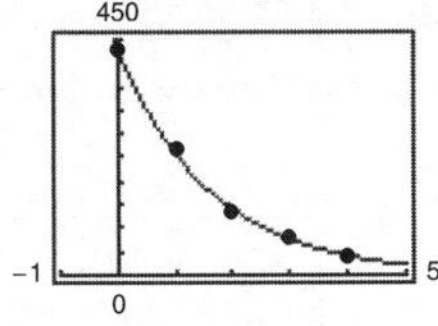

(c) Alrededor de 637.2 L

139. (a)

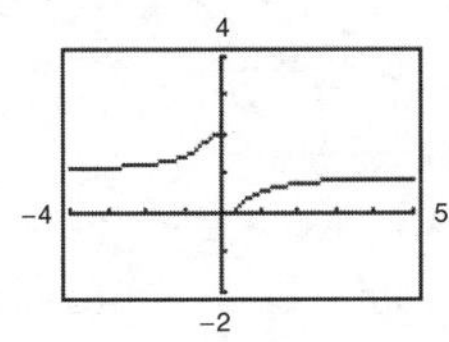

(b) Cuando x crece indefinidamente, $1/x$ se aproxima a cero, y $e^{1/x}$ tiende a 1. De esta manera, $f(x)$ tiende a $2/(1+1) = 1$. Así, $f(x)$ tiene una asíntota horizontal en $y = 1$. Cuando x tiende a cero por la derecha, $1/x$ tiende a ∞, $e^{1/x}$ tiende a ∞ y $f(x)$ se aproxima a cero. Cuando x tiende a cero por la izquierda, $1/x$ tiende a $-\infty$, $e^{1/x}$ tiende a cero y $f(x)$ tiende a 2. El límite no existe porque el límite por la izquierda no es igual al límite por la derecha. Por tanto, $x = 0$ es una discontinuidad no evitable.

141. $\int_0^x e^t\,dt \geq \int_0^x 1\,dt$: $e^x - 1 \geq x$; $e^x \geq x + 1$ para $x \geq 0$

143. Máximo relativo: $\left(\frac{1}{k}, \frac{1}{ke}\right)$

Punto de inflexión: $\left(\frac{2}{k}, \frac{2}{ke^2}\right)$

145. Problema Putnam B1, 2012

Sección 5.5

1. $a = 4, b = 6$

3. Es necesario cuando se tiene una función de la forma $y = u(x)^{v(x)}$

5. -3 **7.** 0 **9.** $\frac{5}{6}$

11. (a) $\log_2 8 = 3$ (b) $\log_3\left(\frac{1}{3}\right) = -1$

13. (a) $10^{-2} = 0.01$ (b) $\left(\frac{1}{2}\right)^{-3} = 8$

15.

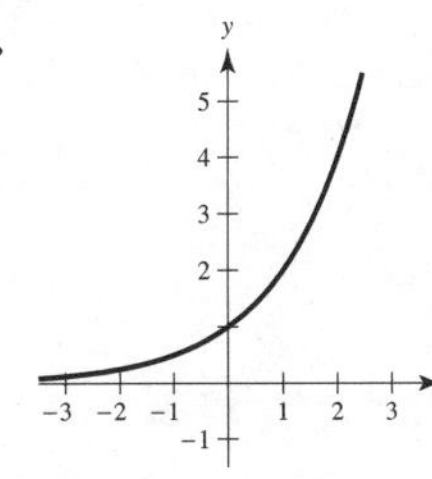

17.

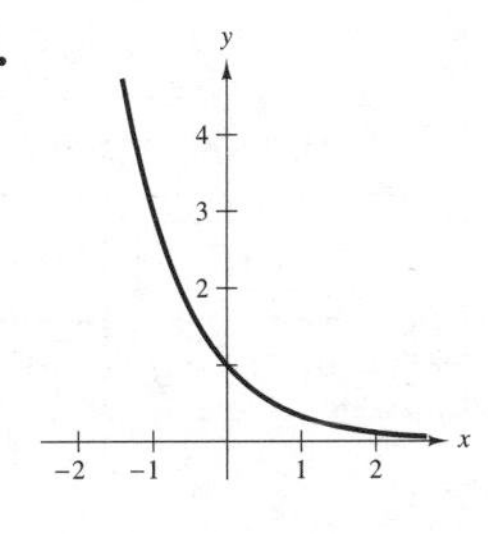

19.

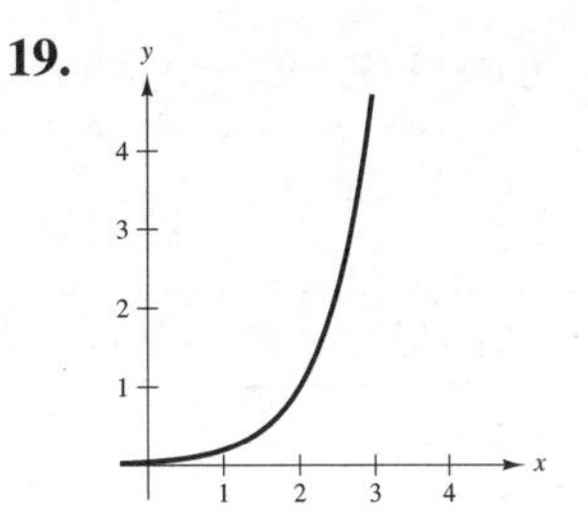

21. (a) $x = 3$ (b) $x = -1$ **23.** (a) $x = \frac{1}{3}$ (b) $x = \frac{1}{16}$

25. (a) $x = -1, 2$ (b) $x = \frac{1}{3}$ **27.** 1.965

29. -6.288 **31.** 12.253 **33.** 33.000 **35.** 3.429

37.

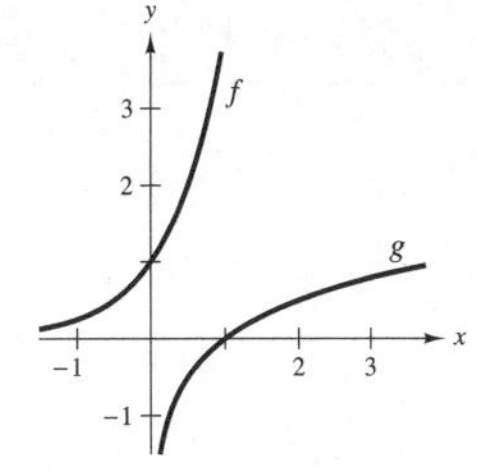

39. $(\ln 4)4^x$ **41.** $(-4 \ln 5)5^{-4x}$ **43.** $9^x(x \ln 9 + 1)$

45. $\dfrac{2t^2 \ln 8 - 4t}{8^t}$ **47.** $-2^{-\theta}[(\ln 2) \cos \pi\theta + \pi \operatorname{sen} \pi\theta]$

49. $\dfrac{6}{(\ln 4)(6x+1)}$ **51.** $\dfrac{2}{(\ln 5)(t-4)}$ **53.** $\dfrac{x}{(\ln 5)(x^2-1)}$

55. $\dfrac{x-2}{(\ln 2)x(x-1)}$ **57.** $\dfrac{3x-2}{(2x \ln 3)(x-1)}$ **59.** $\dfrac{5(1-\ln t)}{t^2 \ln 2}$

61. $y = -2x \ln 2 - 2 \ln 2 + 2$

63. $y = \dfrac{1}{27 \ln 3}x + 3 - \dfrac{1}{\ln 3}$ **65.** $2(1 - \ln x)x^{(2/x)-2}$

67. $(x-2)^{x+1}\left[\dfrac{x+1}{x-2} + \ln(x-2)\right]$ **69.** $\dfrac{3^x}{\ln 3} + C$

71. $\dfrac{1}{3}x^3 - \dfrac{2^{-x}}{\ln 2} + C$ **73.** $-\dfrac{1}{2 \ln 5}(5^{-x^2}) + C$

75. $\dfrac{\ln(3^{2x}+1)}{2 \ln 3} + C$ **77.** $\dfrac{7}{2 \ln 2}$

79. $\dfrac{4}{\ln 5} - \dfrac{2}{\ln 3}$ **81.** $\dfrac{(\ln 5)^2}{2 \ln 4} \approx 0.934$

83. La función exponencial crece más rápidamente conforme a se hace más grande.

85. (a) $x > 0$ (b) 10^x (c) $3 \leq f(x) \leq 4$
(d) $0 < x < 1$ (e) 10 (f) 100^n

87. (a)

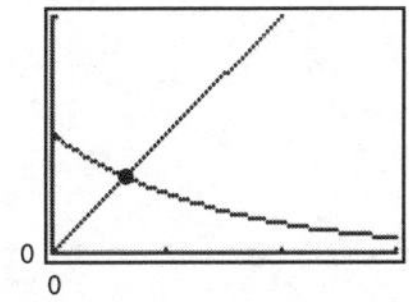

Si, $y = (1/2)^x$ y $y = x$ la interseca.

(b)

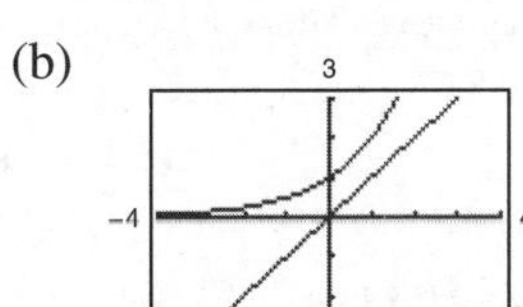

No, $y = 2^x$ y $y = x$ no la interseca.

89. (a) \$40.64 (b) $C'(1) \approx 0.051P$, $C'(8) \approx 0.072P$
(c) ln 1.05

91.

n	1	2	4	12
A	\$1410.60	\$1414.78	\$1416.91	\$1418.34

n	365	Continua
A	\$1419.04	\$1419.07

93.

n	1	2	4	12
A	\$30612.57	\$31121.37	\$31385.05	\$31564.42

n	365	Continua
A	\$31652.22	\$31655.22

95.

t	1	10	20	30
P	\$96078.94	\$67032.00	\$44932.90	\$30119.42

t	40	50
P	\$20189.65	\$13533.53

97.

t	1	10	20	30
P	\$95132.82	\$60716.10	\$36864.45	\$22382.66

t	40	50
P	\$13589.88	\$8251.24

99. c

101. (a) 0.75 millones pies³/acre

(b) $t = 20$: $\frac{dV}{dt} = 0.0015$; $t = 60$: $\frac{dV}{dt} = 0.0040$

103. (a)

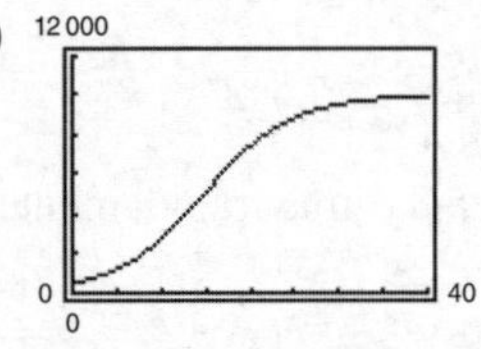

(b) 6 meses: 1487 peces
12 meses: 3672 peces
24 meses: 8648 peces
36 meses: 9860 peces
48 meses: 9987 peces
Tamaño limitante: 10000 peces

(c) 1 mes: alrededor de 114 peces/mes
10 meses: alrededor de 403 peces/mes

(d) Alrededor de 15 meses

105. (a) $y_1 = 1024x - 2387.73$,
$y_2 = -2305.215 + 3674.168 \ln x$,
$y_3 = 427.996(1.363)^x$, $y_4 = 54.656x^{2.2225}$

(b)

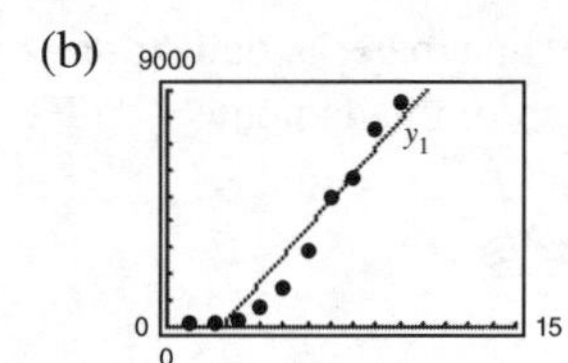

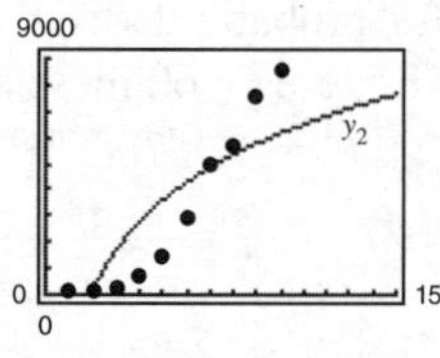

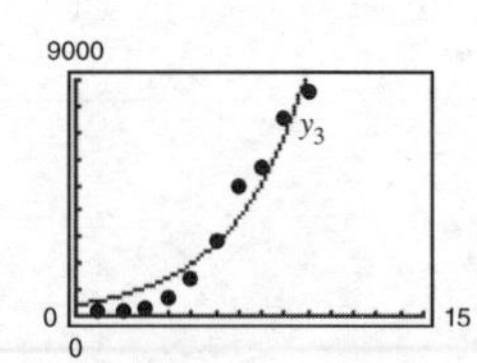

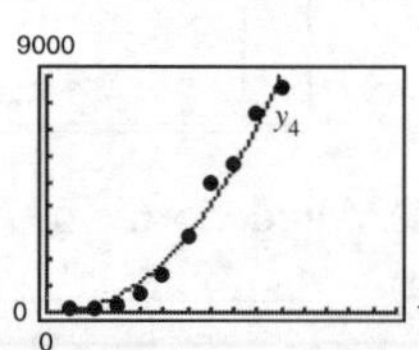

Las respuestas pueden variar.

(c) $y'_1(5) = 1024$, $y'_2(5) = 734.83$, $y'_3(5) = 623.51$, $y'_4(5) = 868.90$; y_1 está creciendo a la razón más grande.

107. e **109.** e^2 **111.** $y = 1200(0.6^t)$

113. (a) $(2^3)^2 = 2^6 = 64$
$2^{(3^2)} = 2^9 = 512$

(b) No. $f(x) = (x^x)^x = x^{(x^2)}$ y $g(x) = x^{(x^x)}$

(c) $f'(x) = x^{x^2}(x + 2x \ln x)$
$g'(x) = x^{x^x + x - 1}[x(\ln x)^2 + x \ln x + 1]$

115. Demostración

117. (a) $\frac{dy}{dx} = \frac{y^2 - yx \ln y}{x^2 - xy \ln x}$

(b) (i) 1 cuando $c \neq 0$, $c \neq e$ (ii) -3.1774
(iii) -0.3147

(c) (e, e)

119. Problema Putnam

Sección 5.6

1. La regla de L'Hôpital permite resolver límites de la forma $0/0$ y ∞/∞.

3.

x	-0.1	-0.01	-0.001	0
$f(x)$	1.3177	1.3332	1.3333	?

x	0.001	0.01	0.1
$f(x)$	1.3333	1.3332	1.3177

$\frac{4}{3}$

5.

x	1	10	10^2
$f(x)$	0.9900	90483.7	3.7×10^9

x	10^3	10^4	10^5
$f(x)$	4.5×10^{10}	0	0

0

7. $\frac{3}{8}$ **9.** $\frac{1}{8}$ **11.** 0 **13.** $\frac{5}{3}$ **15.** 4 **17.** 0
19. ∞ **21.** $\frac{11}{4}$ **23.** $\frac{3}{5}$ **25.** $\frac{7}{6}$ **27.** ∞
29. 0 **31.** 1 **33.** 0 **35.** 0 **37.** ∞
39. $\frac{5}{9}$ **41.** ∞

43. (a) No es una forma indeterminada.
(b) ∞
(c)

45. (a) $0 \cdot \infty$
(b) 1
(c)

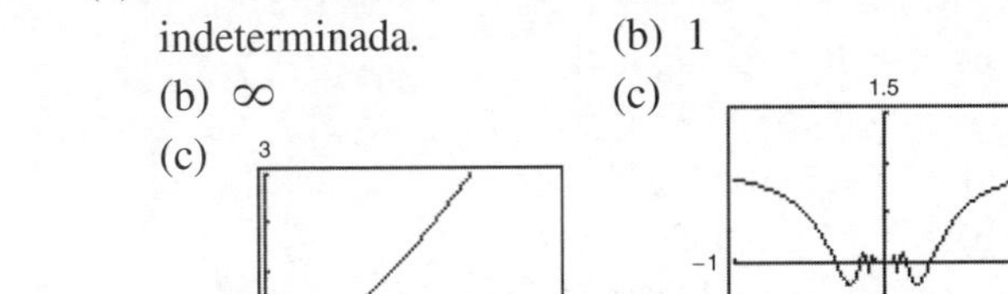
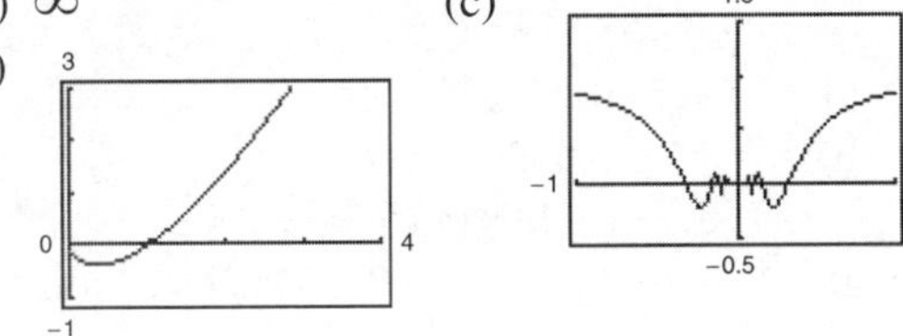

47. (a) 1^{∞}
(b) e^4
(c)

49. (a) ∞^0
(b) 1
(c)

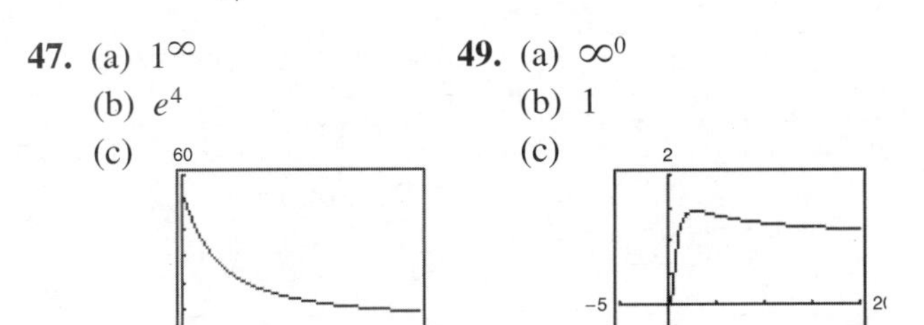

51. (a) 1^{∞} (b) e
(c)

53. (a) 0^0 (b) 3
(c)

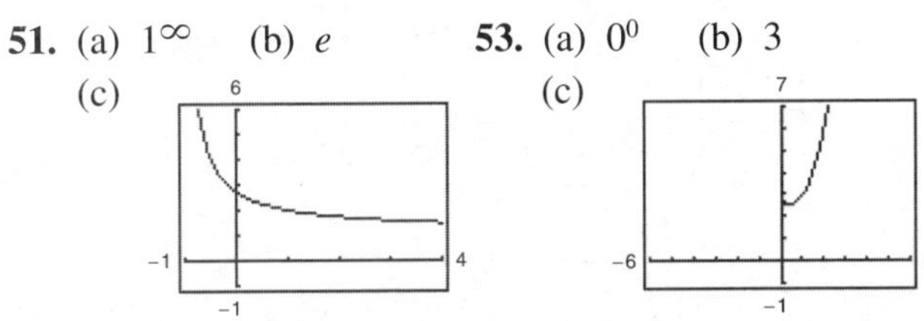

55. (a) 0^0 (b) 1
(c)

57. (a) $\infty - \infty$ (b) $-\frac{3}{2}$
(c)

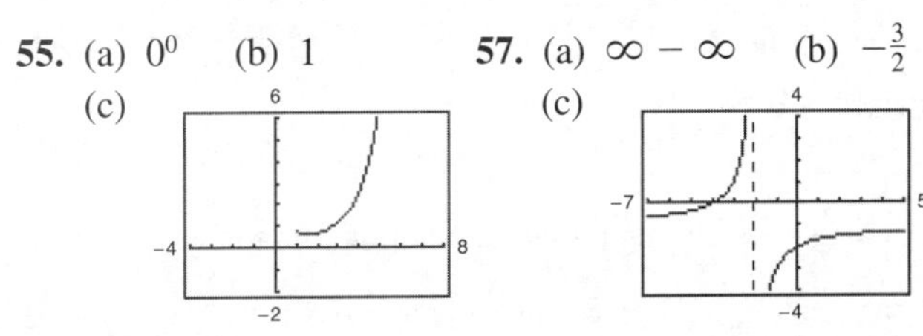

59. (a) $\infty - \infty$ (b) ∞
(c)

61. (a) $\infty - \infty$ (b) ∞
(c)

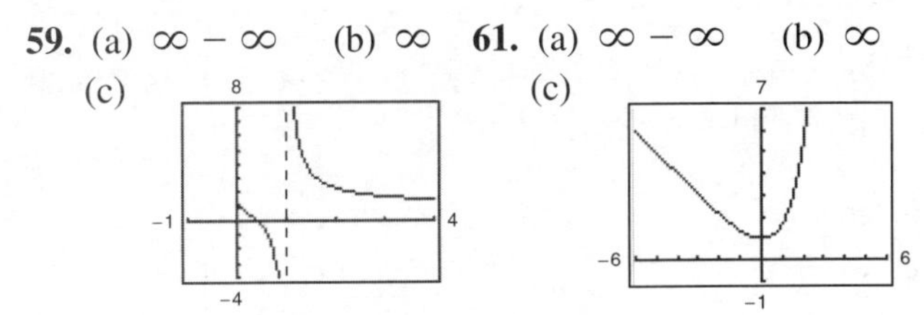

63. Las respuestas pueden variar. *Ejemplo de respuestas:*
(a) $f(x) = x^2 - 25, g(x) = x - 5$
(b) $f(x) = (x - 5)^2, g(x) = x^2 - 25$
(c) $f(x) = x^2 - 25, g(x) = (x - 5)^3$

65. (a) Sí; $\frac{0}{0}$ (b) No; $\frac{0}{-1}$ (c) Sí; $\frac{\infty}{\infty}$ (d) Sí; $\frac{0}{0}$
(e) No; $\frac{-1}{0}$ (f) Sí; $\frac{0}{0}$

67.

x	10	10^2	10^4	10^6	10^8	10^{10}
$\frac{(\ln x)^4}{x}$	2.811	4.498	0.720	0.036	0.001	0.000

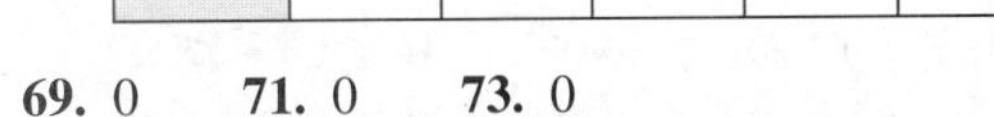

69. 0 **71.** 0 **73.** 0

75. Asíntota horizontal: $y = 1$
Máximo relativo: $(e, e^{1/e})$

77. Asíntota horizontal: $y = 0$
Máximo relativo: $\left(1, \frac{2}{e}\right)$

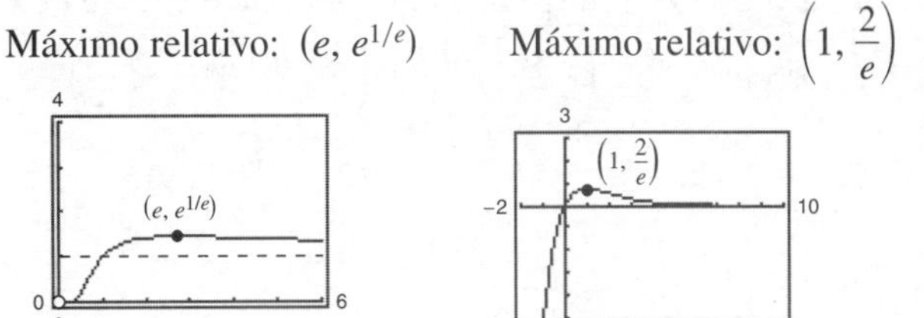

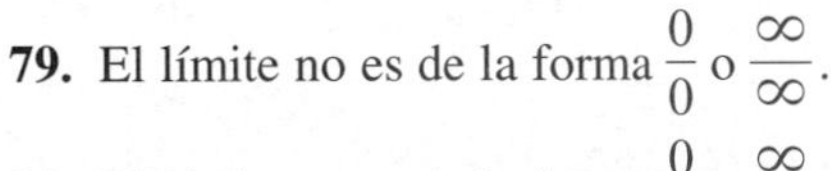

79. El límite no es de la forma $\frac{0}{0}$ o $\frac{\infty}{\infty}$.

81. El límite no es de la forma $\frac{0}{0}$ o $\frac{\infty}{\infty}$.

83. 1/6

85. (a) $\lim_{x\to\infty} \frac{x}{\sqrt{x^2+1}} = \lim_{x\to\infty} \frac{\sqrt{x^2+1}}{x} = \lim_{x\to\infty} \frac{x}{\sqrt{x^2+1}}$

Aplicando la regla de L'Hôpital dos veces resulta en el límite original, de manera que la regla de L'Hôpital falla.
(b) 1
(c)

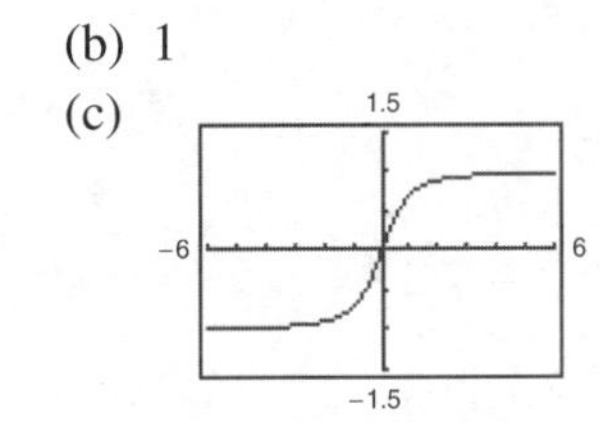

87.

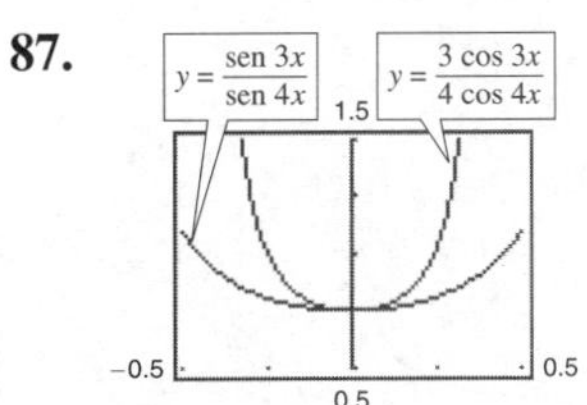

Cuando $x \to 0$, las gráficas se acercan más entre sí (ellas parecen aproximarse a 0.75). Por la regla de L'Hôpital
$\lim_{x\to 0} \frac{\text{sen } 3x}{\text{sen } 4x} = \lim_{x\to 0} \frac{3 \cos 3x}{4 \cos 4x} = \frac{3}{4}$

89. $\frac{Vt}{L}$ **91.** Demostración **93.** $c = \frac{2}{3}$ **95.** $c = \frac{\pi}{4}$

97. Falso. $\frac{\infty}{0} = \pm\infty$ **99.** Verdadero

101. Verdadero **103.** $\frac{3}{4}$

105. $c = \frac{4}{3}$ **107.** $a = 1, b = \pm 2$ **109.** Demostración

111. (a) $0 \cdot \infty$ (b) 0 **113.** Demostración

115. (a)-(c) 2

117. (a)

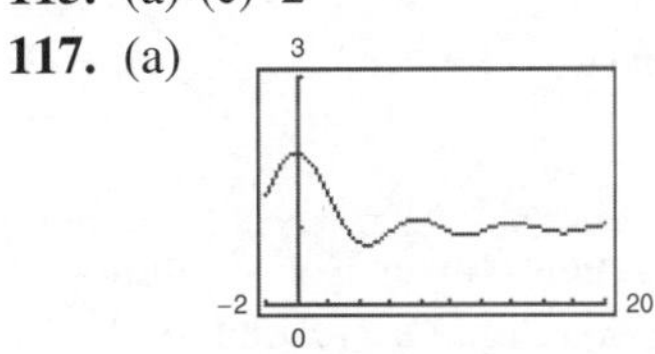

(b) $\lim_{x\to\infty} h(x) = 1$ (c) No

119. Problema Putnam A1, 1956

CAPÍTULO 5

Sección 5.7

1. arccos x es el ángulo, $0 \le \theta \le \pi$, cuyo coseno es x.

3. arccot **5.** $\left(-\frac{\sqrt{2}}{2}, \frac{3\pi}{4}\right), \left(\frac{1}{2}, \frac{\pi}{3}\right), \left(\frac{\sqrt{3}}{2}, \frac{\pi}{6}\right)$

7. $\frac{\pi}{6}$ **9.** $\frac{\pi}{3}$ **11.** $\frac{\pi}{6}$ **13.** $-\frac{\pi}{4}$ **15.** 1.52

17. $\arccos \frac{1}{1.269} \approx 0.66$ **19.** x **21.** $\frac{\sqrt{1-x^2}}{x}$

23. $\frac{1}{x}$ **25.** (a) $\frac{3}{5}$ (b) $\frac{5}{3}$ **27.** (a) $-\sqrt{3}$ (b) $-\frac{13}{5}$

29. $\sqrt{1-4x^2}$ **31.** $\frac{\sqrt{x^2-1}}{|x|}$ **33.** $\frac{\sqrt{x^2-9}}{3}$

35. $\frac{\sqrt{x^2+2}}{x}$ **37.** $x = \frac{1}{3}\left(\operatorname{sen}\frac{1}{2} + \pi\right) \approx 1.207$ **39.** $x = \frac{1}{3}$

41. $\frac{1}{\sqrt{2x-x^2}}$ **43.** $-\frac{3}{\sqrt{4-x^2}}$ **45.** $\frac{e^x}{1+e^{2x}}$

47. $\frac{3x - \sqrt{1-9x^2}\,\operatorname{arcsen} 3x}{x^2\sqrt{1-9x^2}}$ **49.** $-\frac{t}{\sqrt{1-t^2}}$

51. $2 \arccos x$ **53.** $\frac{1}{1-x^4}$ **55.** $\frac{x^2}{\sqrt{16-x^2}}$

57. $y = \frac{1}{3}\left(4\sqrt{3}x - 2\sqrt{3} + \pi\right)$ **59.** $y = \frac{1}{4}x + \frac{\pi - 2}{4}$

61. $y = (2\pi - 4)x + 4$

63. Máximo relativo: $(1.272, -0.606)$
Mínimo relativo: $(-1.272, 3.747)$

65. Máximo relativo: $(2, 2.214)$

67.

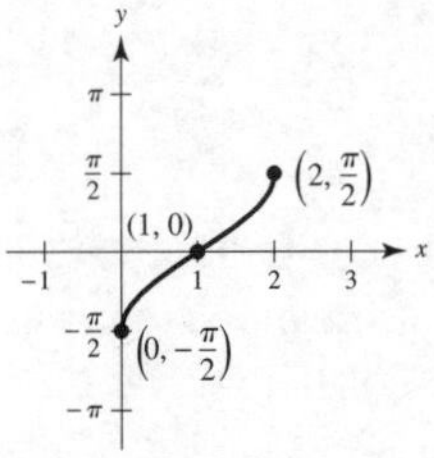

Máximo: $\left(2, \frac{\pi}{2}\right)$
Mínimo: $\left(0, -\frac{\pi}{2}\right)$
Punto de inflexión: $(1, 0)$

69.

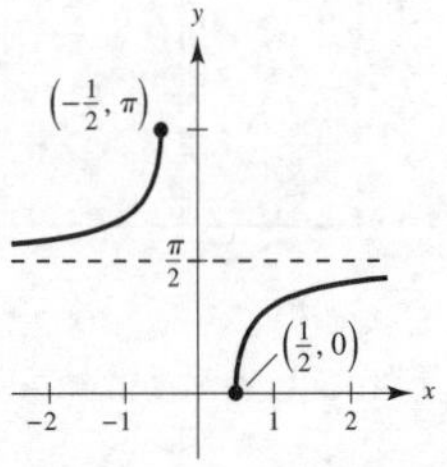

Máximo: $\left(-\frac{1}{2}, \pi\right)$
Mínimo: $\left(\frac{1}{2}, 0\right)$
Asíntota: $y = \frac{\pi}{2}$

71. $y = -\frac{2\pi x}{\pi + 8} + 1 - \frac{\pi^2}{2\pi + 16}$ **73.** $y = -x + \sqrt{2}$

75. (a) $\operatorname{arcsen}(\operatorname{arcsen} 0.5) \approx 0.551$
$\operatorname{arcsen}(\operatorname{arcsen} 1)$ no existe.
(b) $\operatorname{sen}(-1) \le x \le \operatorname{sen} 1$

77. No

79. Para tener una verdadera función inversa, el dominio del seno debe ser restringido. Como un resultado, 2π no está en el rango de la función arcoseno.

81. (a) y (b) Demostraciones **83.** Verdadero

85. Verdadero

87. (a) $\theta = \operatorname{arccot} \frac{x}{5}$
(b) $x = 10$: 16 rad/h
$x = 3$: 58.824 rad/h

89. (a) $h(t) = -16t^2 + 256$; $t = 4$ s
(b) $t = 1$: -0.0520 rad/s
$t = 2$: -0.1116 rad/s

91. $50\sqrt{2} \approx 70.71$ pies **93.** Demostración

95. 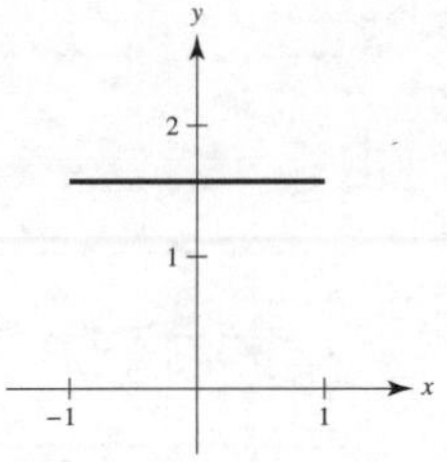
(a) La gráfica es una recta horizontal en $\frac{\pi}{2}$.
(b) Demostración

97. $c = 2$

99. (a) 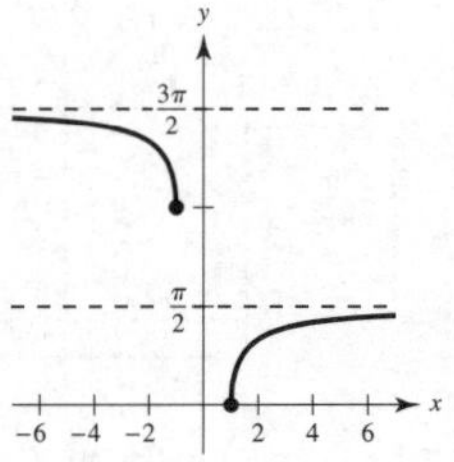
(b) Demostración

Sección 5.8

1. (a) No
(b) Sí. Use la regla involucrando la función arcosecante.

3. $\operatorname{arcsen} \frac{x}{3} + C$ **5.** $\operatorname{arcsec}|2x| + C$

7. $\operatorname{arcsen}(x + 1) + C$ **9.** $\frac{1}{2} \operatorname{arcsen} t^2 + C$

11. $\frac{1}{10} \arctan \frac{t^2}{5} + C$ **13.** $\frac{1}{4} \arctan \frac{e^{2x}}{2} + C$

15. $\operatorname{arcsen} \frac{\csc x}{5} + C$ **17.** $2 \operatorname{arcsen} \sqrt{x} + C$

19. $\frac{1}{2}\ln(x^2 + 1) - 3 \arctan x + C$

21. $8 \operatorname{arcsen} \frac{x-3}{3} - \sqrt{6x - x^2} + C$ **23.** $\frac{\pi}{6}$ **25.** $\frac{\pi}{6}$

27. $\frac{1}{3}\left(\arctan 3 - \frac{\pi}{4}\right) \approx 0.155$ **29.** $\arctan 5 - \frac{\pi}{4} \approx 0.588$

31. $\frac{\pi}{4}$ **33.** $\frac{1}{32}\pi^2 \approx 0.308$ **35.** $\frac{\pi}{2}$

37. $\ln|x^2 + 6x + 13| - 3 \arctan\left(\frac{x+3}{2}\right) + C$

39. $\frac{\sqrt{2}}{2} \operatorname{arcsen}\left[\frac{\sqrt{6}}{6}(x - 2)\right] + C$ **41.** $\operatorname{arcsen} \frac{x+2}{2} + C$

43. $4 - 2\sqrt{3} + \frac{1}{6}\pi \approx 1.059$

45. $2\sqrt{e^t - 3} - 2\sqrt{3} \arctan \frac{\sqrt{e^t - 3}}{\sqrt{3}} + C$ **47.** $\frac{\pi}{6}$

49. (a) $\operatorname{arcsen} x + C$ (b) $-\sqrt{1 - x^2} + C$
(c) No es posible

51. (a) $\frac{2}{3}(x-1)^{3/2}+C$ (b) $\frac{2}{15}(x-1)^{3/2}(x+2)+C$
(c) $\frac{2}{3}\sqrt{x-1}\,(x+2)+C$

53. Demostración

55. No. Graficando $f(x)=\operatorname{arcsen} x$ y $g(x)=-\arccos x$, se puede ver que la gráfica de f es la gráfica de g desplazada verticalmente.

57. (a)

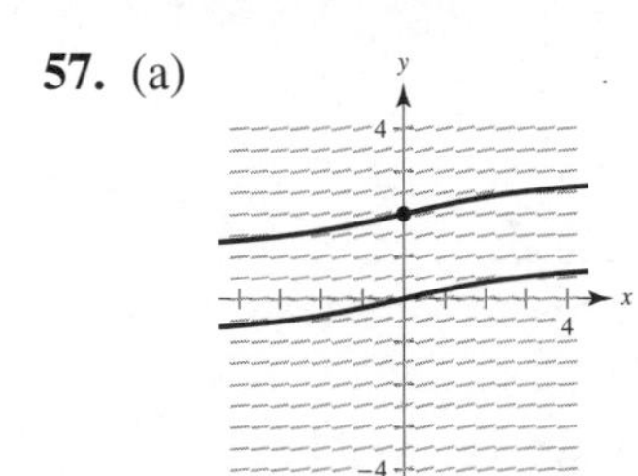

(b) $y=\dfrac{2}{3}\arctan\dfrac{x}{3}+2$

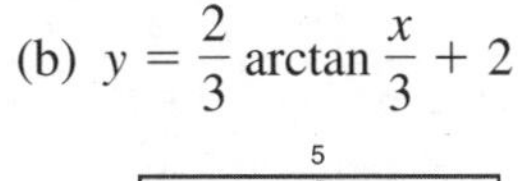

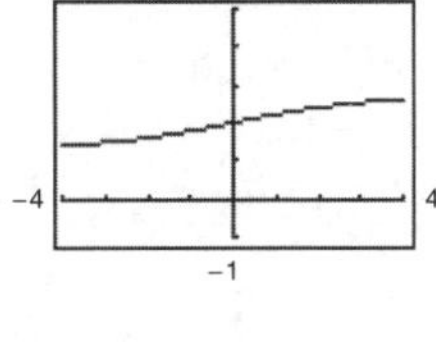

59.

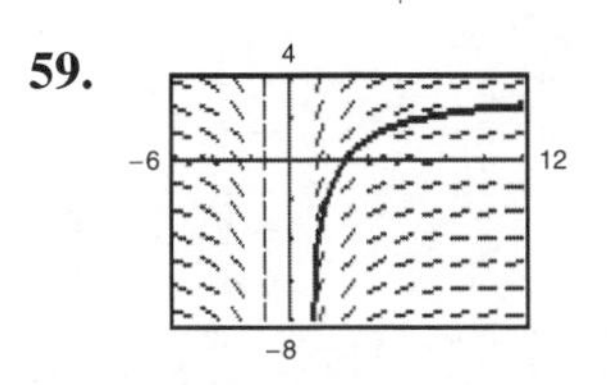

61.

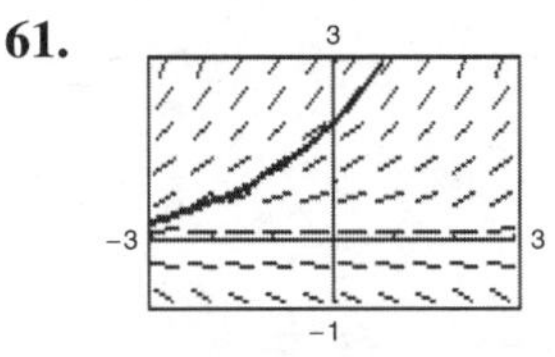

63. $y=\operatorname{arcsen}\dfrac{x}{2}+\pi$ **65.** $\dfrac{\pi}{3}$ **67.** $\dfrac{3\pi}{2}$

69. (a)

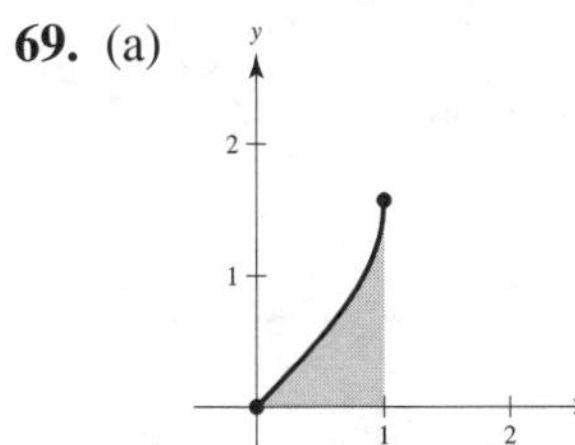

(b) 0.5708
(c) $=\dfrac{\pi-2}{2}$

71. (a) $F(x)$ representa el valor promedio de $f(x)$ sobre el intervalo $[x, x+2]$; máximo en $x=-1$
(b) máximo en $x=-1$

73. Falso. $\displaystyle\int\frac{dx}{3x\sqrt{9x^2-16}}=\frac{1}{12}\operatorname{arcsec}\frac{|3x|}{4}+C$

75-77. Demostraciones

79. (a) $\displaystyle\int_0^1\frac{1}{1+x^2}\,dx$ (b) Alrededor de 0.7857

(c) Porque $\displaystyle\int_0^1\frac{1}{1+x^2}\,dx=\frac{\pi}{4}$, se puede usar la regla del punto medio para aproximar $\frac{\pi}{4}$. Multiplicando el resultado por 4 se obtiene una estimación de π.

Sección 5.9

1. La función hiperbólica surgió de la comparación del área de una región semicircular con el área de una región bajo una hipérbola.

3. $\operatorname{senh}^2 x=\dfrac{-1+\cosh 2x}{2}$ **5.** (a) 10.018 (b) -0.964

7. (a) $\frac{4}{3}$ (b) $\frac{13}{12}$ **9.** (a) 1.317 (b) 0.962

11-17. Demostraciones

19. $\cosh x=\dfrac{\sqrt{13}}{2}$, $\tanh x=\dfrac{3\sqrt{13}}{13}$, $\operatorname{csch} x=\dfrac{2}{3}$,
$\operatorname{sech} x=\dfrac{2\sqrt{13}}{13}$, $\coth x=\dfrac{\sqrt{13}}{3}$

21. ∞ **23.** 1 **25.** $9\cosh 9x$

27. $-10x(\operatorname{sech} 5x^2\tanh 5x^2)$ **29.** $\coth x$

31. $-\dfrac{t}{2}\cosh(-3t)+\dfrac{\operatorname{senh}(-3t)}{6}$ **33.** $\operatorname{sech} t$

35. $y=-2x+2$ **37.** $y=1-2x$

39. Máximo relativo: $(1.20, 0.66)$
Mínimo relativo: $(-1.20, -0.66)$

41. Máximo relativo: $(\pm\pi, \cosh\pi)$
Mínimo relativo: $(0, -1)$

43. (a)

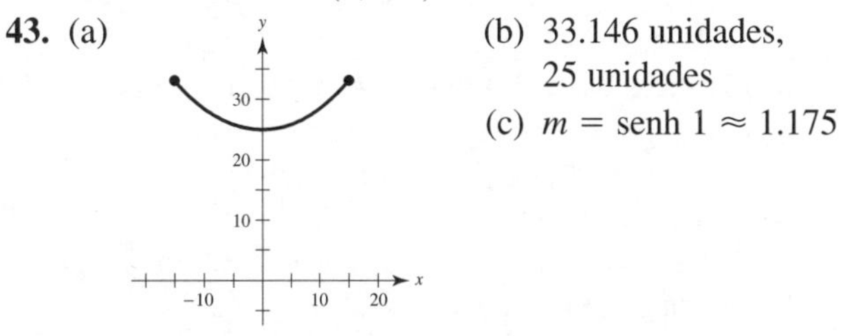

(b) 33.146 unidades, 25 unidades
(c) $m=\operatorname{senh} 1\approx 1.175$

45. $\frac{1}{4}\operatorname{senh} 4x+C$ **47.** $-\frac{1}{2}\cosh(1-2x)+C$

49. $\frac{1}{3}\cosh^3(x-1)+C$ **51.** $\ln|\operatorname{senh} x|+C$

53. $-\coth\dfrac{x^2}{2}+C$ **55.** $\ln\dfrac{5}{4}$ **57.** $\coth 1-\coth 2$

59. $-\frac{1}{3}(\operatorname{csch} 2-\operatorname{csch} 1)$

61.

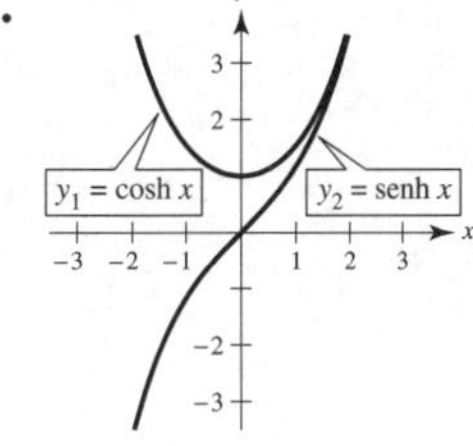

Las gráficas no se intersecan.

63. Demostración **65.** $\dfrac{3}{\sqrt{9x^2-1}}$ **67.** $\dfrac{1}{2\sqrt{x}\,(1-x)}$

69. $|\sec x|$ **71.** $-\csc x$ **73.** $2\operatorname{senh}^{-1}(2x)$

75. $\dfrac{\sqrt{3}}{18}\ln\left|\dfrac{1+\sqrt{3}x}{1-\sqrt{3}x}\right|+C$

77. $\ln\left(\sqrt{e^{2x}+1}-1\right)-x+C$

79. $2\operatorname{senh}^{-1}\sqrt{x}+C=2\ln\left(\sqrt{x}+\sqrt{1+x}\right)+C$

81. $\dfrac{1}{4}\ln\left|\dfrac{x-4}{4}\right|+C$ **83.** $\ln\left(\dfrac{3+\sqrt{5}}{2}\right)$ **85.** $\dfrac{\ln 7}{12}$

87. $-\dfrac{x^2}{2}-4x-\dfrac{10}{3}\ln\left|\dfrac{x-5}{x+1}\right|+C$

89. $8\arctan e^2-2\pi\approx 5.207$

91. $\frac{5}{2}\ln\left(\sqrt{17}+4\right)\approx 5.237$

93. (a) $-\dfrac{\sqrt{a^2-x^2}}{x}$ (b) Demostración

95-103. Demostraciones

105. (a) La identidad no es correcta. La identidad correcta es: $\cosh^2 x + \operatorname{senh}^2 x = \cosh(2x)$.

(b) La identidad es correcta.

107. Problema Putnam

Ejercicios de repaso para el capítulo 5

1. $y_1(0.1) = -2.303$, $y_2(0.1) = 1.105$, $y_1(0.5) = -0.693$, $y_2(0.5) = 1.649$, $y_1(1) = 0$, $y_2(1) = 2.718$, $y_1(2) = 0.693$, $y_2(2) = 7.389$, $y_1(10) = 2.303$, $y_2(10) = 22026.47$

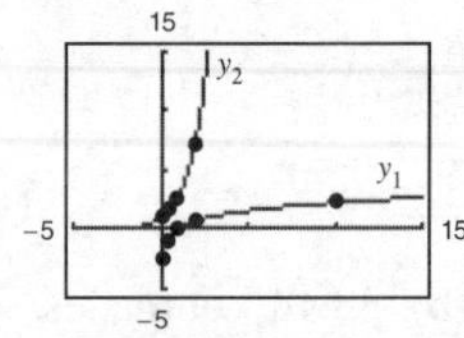

Las gráficas de $y_1 = \ln x$ y $y_2 = e^x$ son inversas una de la otra. Esto significa que el dominio de $\ln x$, $0 < x < \infty$, es el rango de e^x y el rango de $\ln x$, $-\infty < y < \infty$, es el dominio de e^x. La gráfica de $\ln x$ tiene una asíntota en $x = 0$ mientras la gráfica de e^x tiene una asíntota en $y = 0$.

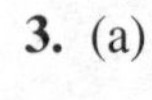

3. (a)

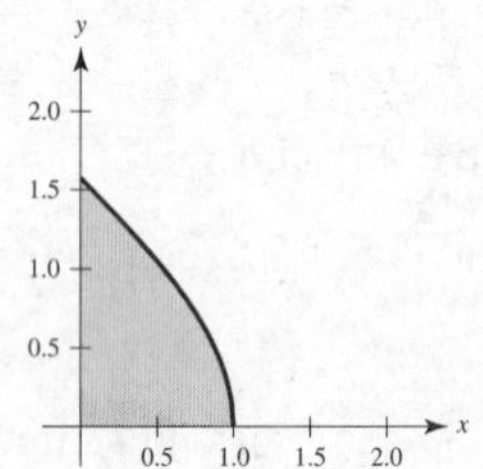

(b) 0.9997

(c) 1

5. (a) $y' = cx^{c-1}$ (b) $y' = c^x \ln c$

(c) $y' = x^x(\ln x + 1)$ (d) $y' = 0$

7.

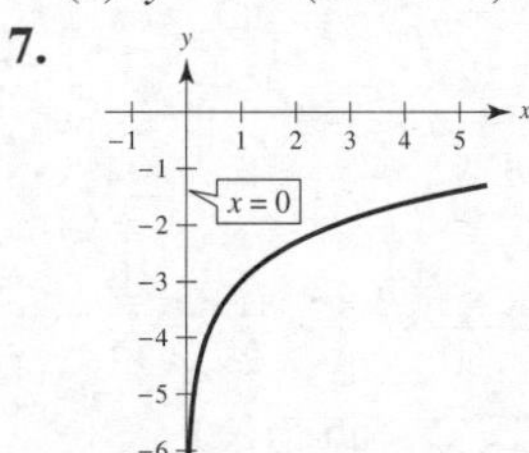

Dominio: $x > 0$

9. (a) 2.9957 (b) −0.2231 (c) 6.4376 (d) 0.8047

11. $\frac{1}{5}[\ln(2x + 1) + \ln(2x - 1) - \ln(4x^2 + 1)]$

13. $\ln \dfrac{3\sqrt[3]{4 - x^2}}{x}$ **15.** $\dfrac{1}{2x}$ **17.** $\dfrac{1 + 2\ln x}{2\sqrt{\ln x}}$

19. $-\dfrac{8x}{x^4 - 16}$ **21.** $\dfrac{7}{(1 - 7x)[\ln(1 - 7x)]^2}$

23. $y = -x + 1$ **25.** $\dfrac{5x^2 - 4x}{2\sqrt{x - 1}}$ **27.** $\dfrac{1}{7}\ln|7x - 2| + C$

29. $-\ln|1 + \cos x| + C$ **31.** $x - 3\ln(x^2 + 1) + C$

33. $3 + \ln 2$ **35.** $\ln(2 + \sqrt{3})$ **37.** $2\ln\frac{123}{25} \approx 3.187$

39. (a) $f^{-1}(x) = 2x + 6$

(b)

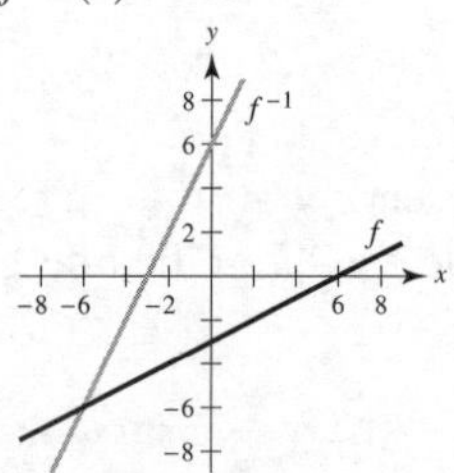

(c) Demostración

(d) Dominio de f y f^{-1}: todos los números reales

Rango de f y f^{-1}: todos los números reales

41. (a) $f^{-1}(x) = x^2 - 1, \quad x \geq 0$

(b)

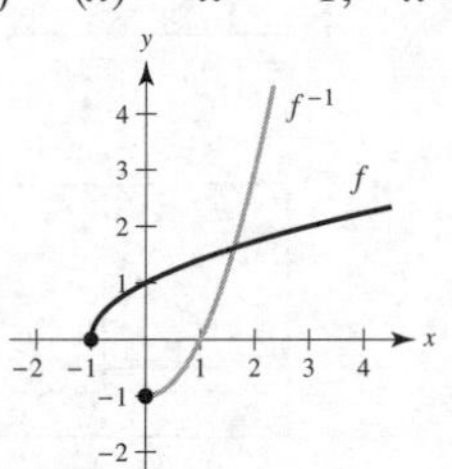

(c) Demostración

(d) Dominio de f: $x \geq -1$, dominio de f^{-1}: $x \geq 0$

Rango de f: $y \geq 0$, rango de f^{-1}: $y \geq -1$

43. (a) $f^{-1}(x) = x^3 - 1$

(b)

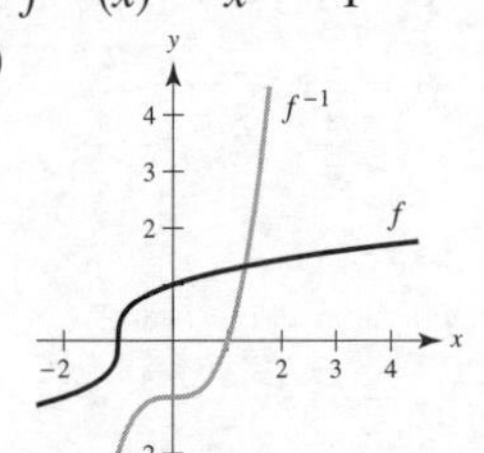

(c) Demostración

(d) Dominio de f y f^{-1}: todos los números reales

Rango de f y f^{-1}: todos los números reales

45. $\dfrac{1}{3(\sqrt[3]{-3})^2} \approx 0.160$ **47.** $\dfrac{3}{4}$ **49.** $x \approx 1.134$

51. $e^4 - 1 \approx 53.598$ **53.** $te^t(t + 2)$ **55.** $\dfrac{e^{2x} - e^{-2x}}{\sqrt{e^{2x} + e^{-2x}}}$

57. $\dfrac{3x^2 - 2x^3}{e^{2x}}$ **59.** $y = 6x + 1$

61. Máximo relativo: (0, 1)

Punto de inflexión: $\left(1, \dfrac{2}{e}\right)$

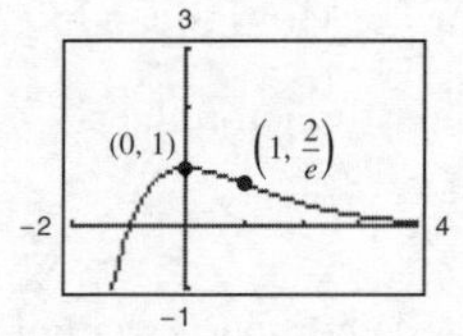

63. $-\dfrac{1}{2}e^{1-x^2} + C$ **65.** $\dfrac{e^{4x} - 3e^{2x} - 3}{3e^x} + C$

67. $\dfrac{1 - e^{-3}}{6}$ **69.** $\ln(e^2 + e + 1)$

71. Alrededor de 1.729

73.

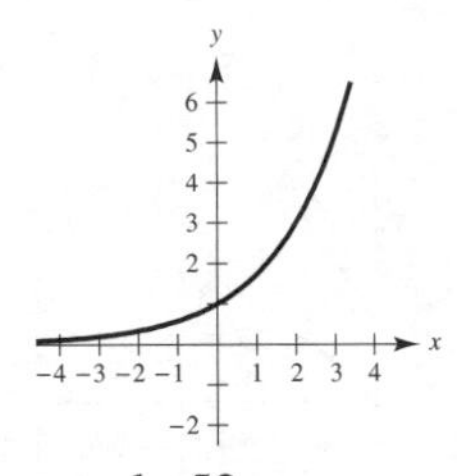

75. $1 - \dfrac{\ln 52}{\ln 4} \approx -1.850$ **77.** $\dfrac{\ln 3}{12 \ln 1.0025} \approx 36.666$

79. 35 **81.** $3^{x-1} \ln 3$ **83.** $\dfrac{8^t(t \ln 8 - 2)}{t^3}$

85. $-\dfrac{1}{(2 - 2x) \ln 3}$ **87.** $x^{2x+1}\left(2 \ln x + 2 + \dfrac{1}{x}\right)$

89. $\dfrac{5^{(x+1)^2}}{2 \ln 5} + C$ **91.** $\dfrac{30}{\ln 6}$

93. (a) \$613.92 (b) \$4723.67 (c) 6.93%

95. 0 **97.** ∞ **99.** 1 **101.** $1\,000e^{0.09} \approx 1\,094.17$

103. (a) $\dfrac{1}{2}$ (b) $\dfrac{\sqrt{3}}{2}$ **105.** $-\dfrac{2}{x\sqrt{4x^4 - 1}}$

107. $\dfrac{x}{|x|\sqrt{x^2 - 1}} + \operatorname{arcsec} x$ **109.** $(\operatorname{arcsen} x)^2$

111. $\frac{1}{2} \arctan e^{2x} + C$ **113.** $\frac{1}{2} \operatorname{arcsen} x^2 + C$

115. $\dfrac{1}{4}\left(\arctan \dfrac{x}{2}\right)^2 + C$ **117.** $\dfrac{\pi}{14}$

119. $\arctan \dfrac{e^4}{5} - \arctan \dfrac{e^{-2}}{5}$ **121.** $\dfrac{2}{3}\pi + \sqrt{3} - 2 \approx 1.826$

123. $y' = -4 \operatorname{sech}(4x - 1) \tanh(4x - 1)$

125. $y' = -16x \operatorname{csch}^2(8x^2)$ **127.** $y' = \dfrac{4}{\sqrt{16x^2 + 1}}$

129. $\frac{1}{3} \tanh x^3 + C$ **131.** $\ln|\tanh x| + C$

133. $\dfrac{1}{12} \ln\left|\dfrac{3 + 2x}{3 - 2x}\right| + C$ **135.** $-\dfrac{1}{2} \operatorname{sech} 4 + \dfrac{1}{2} \operatorname{sech} 2$

137. $\ln 2$

139. (a) Dominio: $0 < x < \infty$ (b) $x = 4.81$ y $x = 0.009$
(c) $x = 0.208$ y $x = 0.0004$ (d) Rango: $-1 \leq y \leq 1$
(e) $f'(x) = \dfrac{\cos(\ln x)}{x}$
Máximo: $y = 1$
(f)

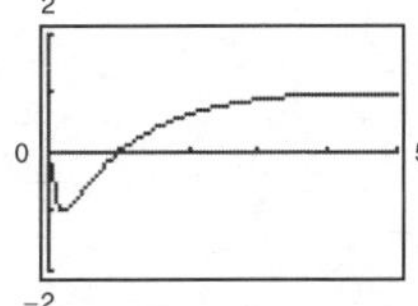

El límite no existe.

(g) El límite es indeterminado.

141. (a)

(b) Demostración
(c) Demostración

Solución de problemas

1. $a = 1, b = \frac{1}{2}, c = -\frac{1}{2}$

$f(x) = \dfrac{1 + x/2}{1 - x/2}$

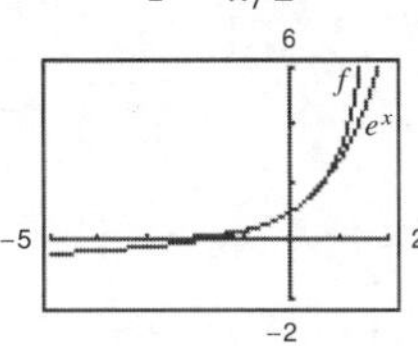

3. $\ln 3$ **5.** Demostración **7.** Área $= \frac{1}{2} \arctan\left(\frac{1}{2}\right)$

9.

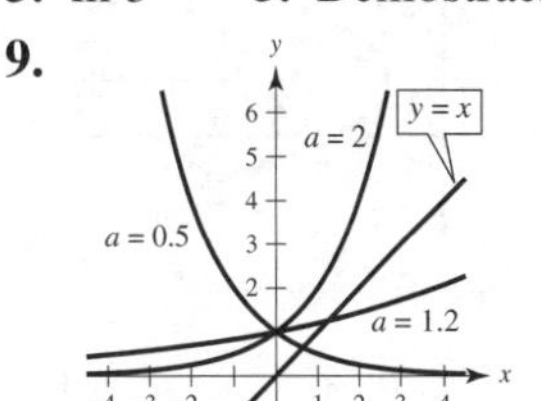

$y = 0.5^x$ y $y = 1.2^x$
interseca la recta $y = x$; $0 < a < e^{1/e}$

Capítulo 6

Sección 6.1

1. En la variable x, el área de la región entre dos gráficas es el área debajo de la gráfica de la función de arriba menos el área debajo de la función de abajo.

3. Los puntos de intersección se utilizan para determinar las rectas verticales que acotan la región.

5. $-\displaystyle\int_0^6 (x^2 - 6x)\, dx$ **7.** $\displaystyle\int_0^3 (-2x^2 + 6x)\, dx$

9. $-6\displaystyle\int_0^1 (x^3 - x)\, dx$

11.

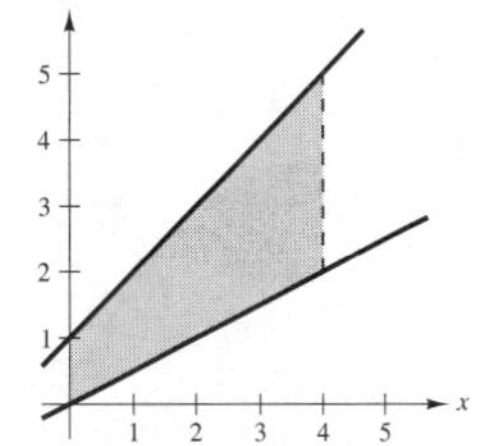

13.

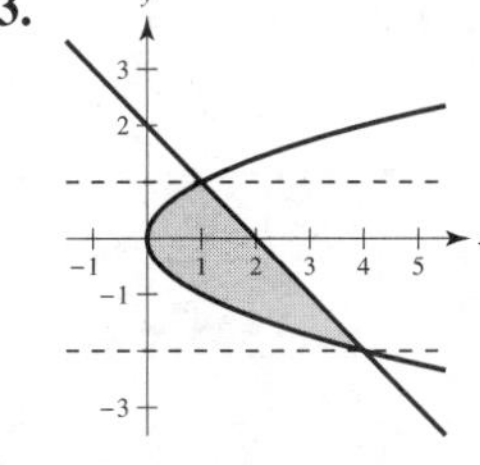

15.

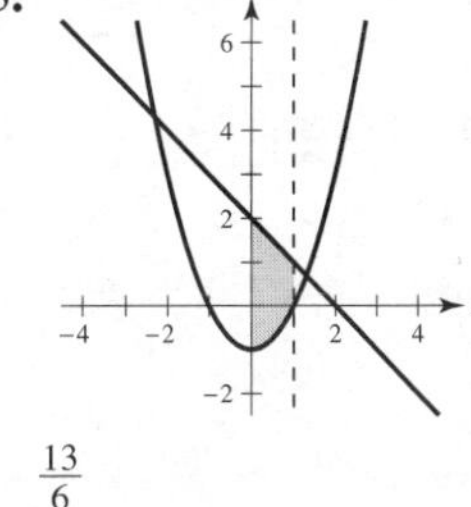

$\frac{13}{6}$

17.

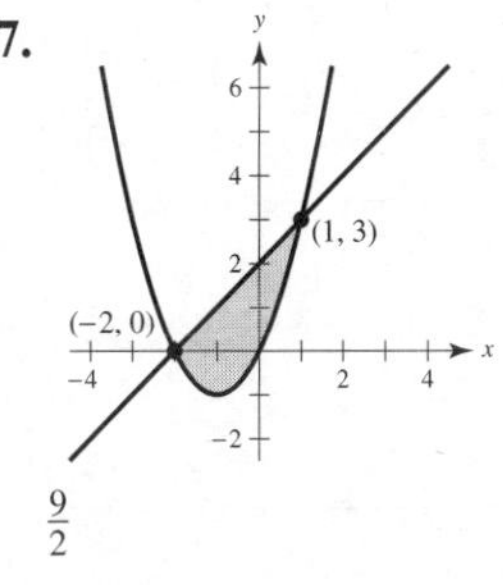

$\frac{9}{2}$

19.

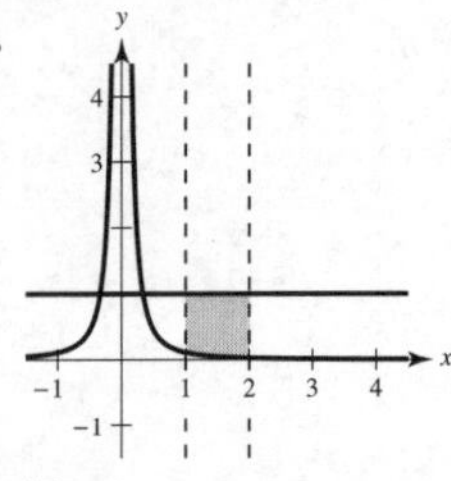

$\frac{17}{18}$

21.

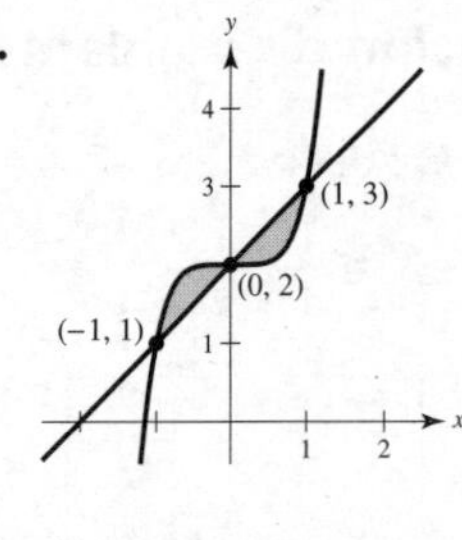

$\frac{2}{3}$

23.

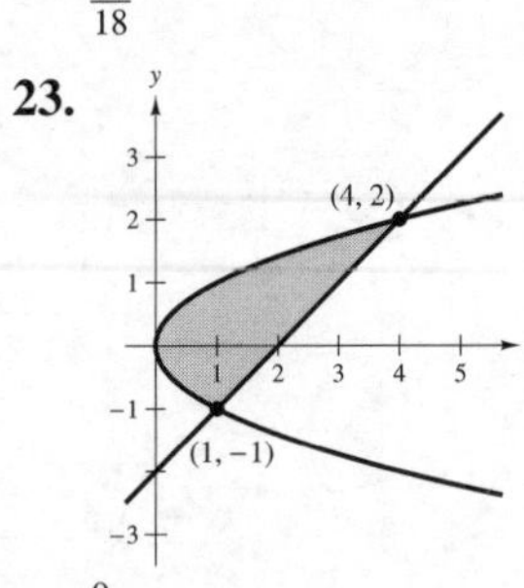

$\frac{9}{2}$

25.

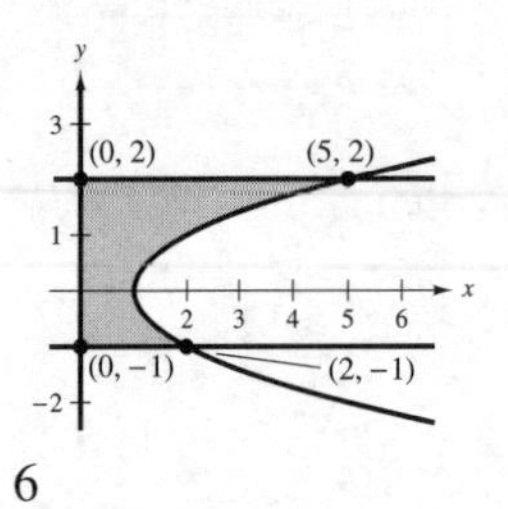

6

27.

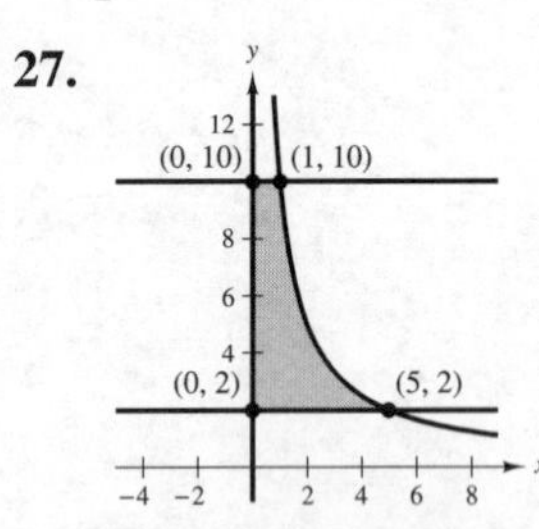

$10 \ln 5 \approx 16.094$

29. (a) $\frac{125}{6}$ (b) $\frac{125}{6}$

(c) Integración respecto a y. Las respuestas pueden variar.

31. (a)

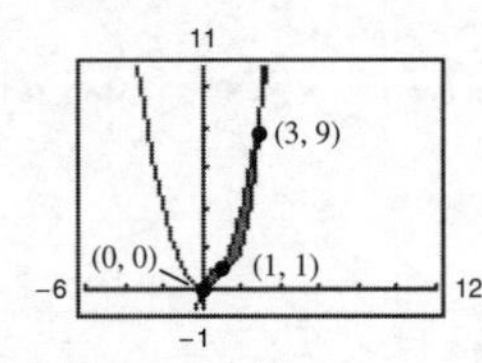

(b) $\frac{37}{12}$

33. (a)

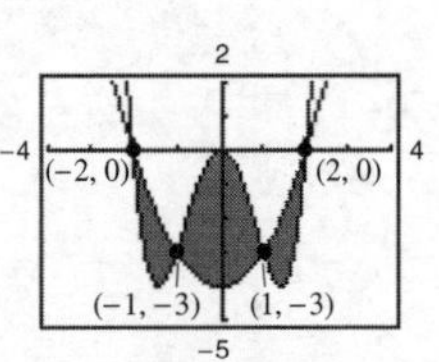

(b) 8

35. (a)

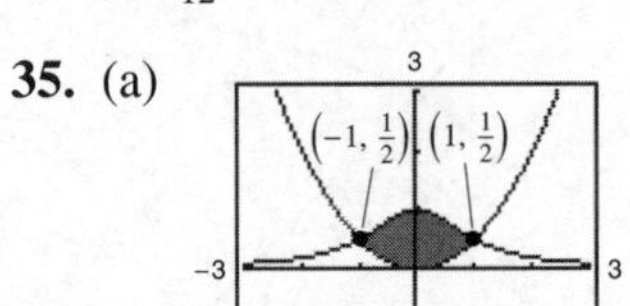

(b) $\frac{\pi}{2} - \frac{1}{3} \approx 1.237$

37.

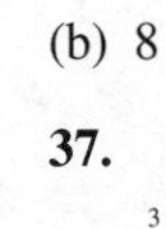

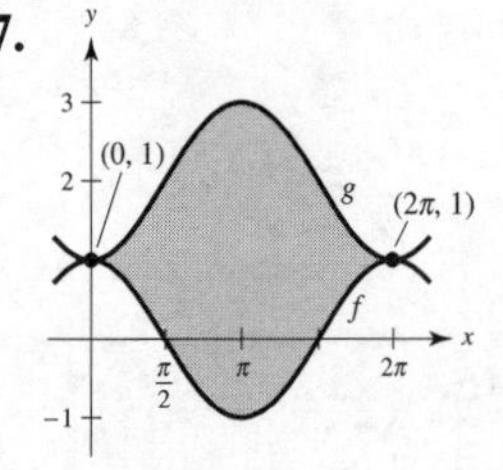

$4\pi \approx 12.566$

39.

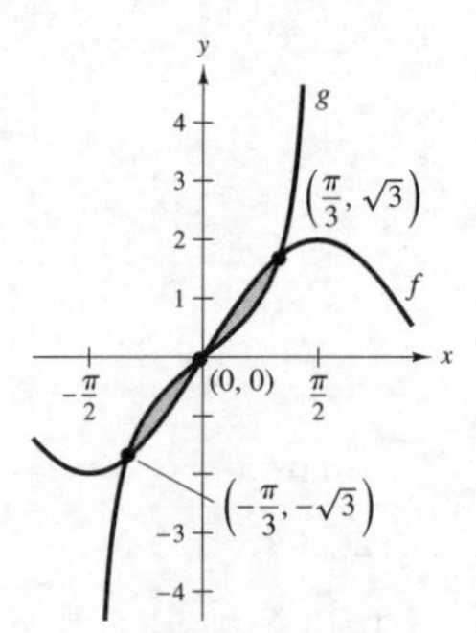

$2(1 - \ln 2) \approx 0.614$

41.

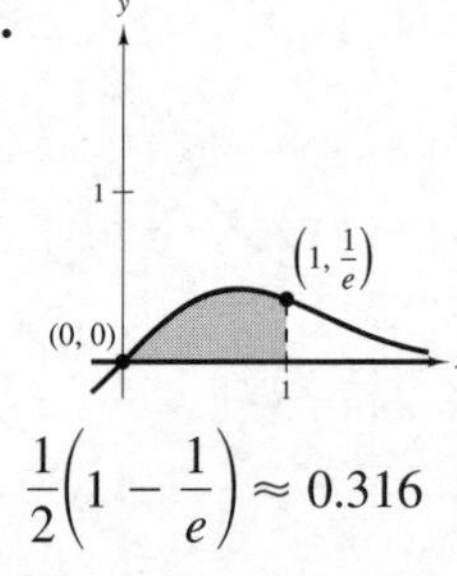

$\frac{1}{2}\left(1 - \frac{1}{e}\right) \approx 0.316$

43. (a)

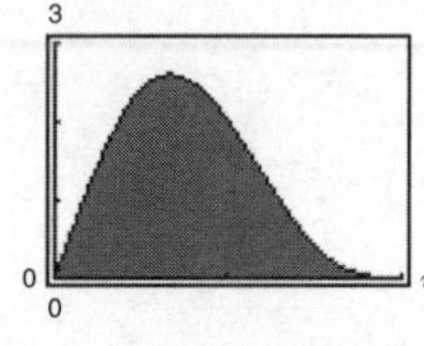

(b) 4

45. (a)

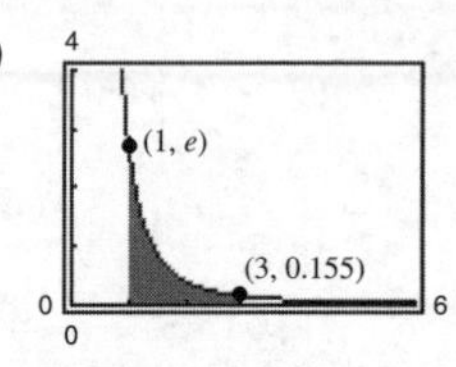

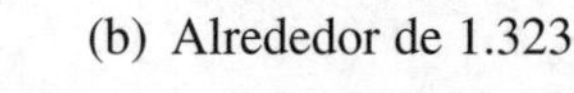

(b) Alrededor de 1.323

47. (a)

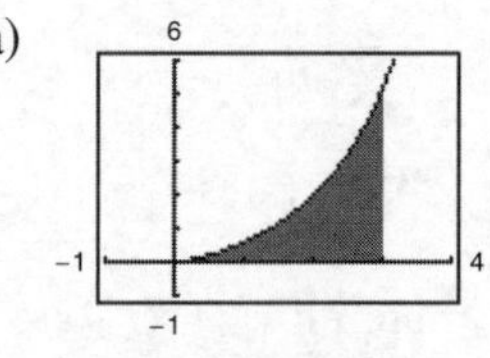

(b) La función es difícil de integrar.

(c) Alrededor de 4.7721

49. (a)

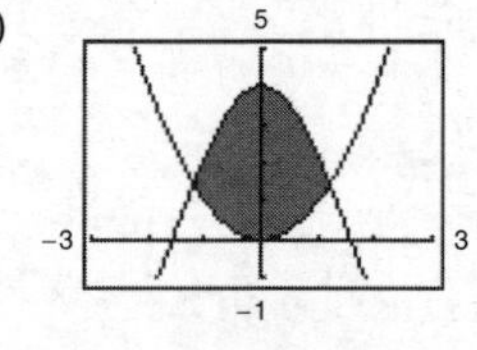

(b) Las intersecciones son difíciles de encontrar.

(c) Alrededor de 6.3043

51. 2

53. $F(x) = \frac{1}{4}x^2 + x$

(a) $F(0) = 0$

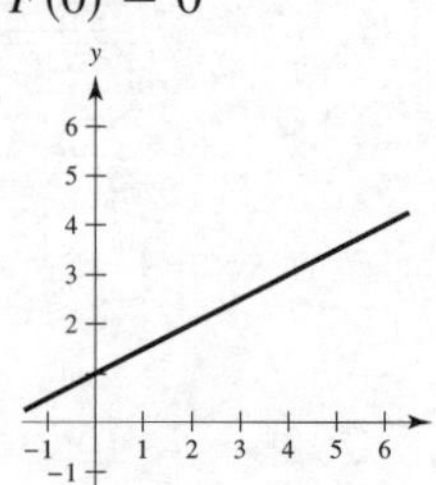

(b) $F(2) = 3$

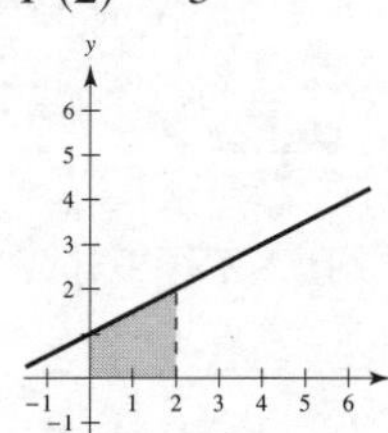

(c) $F(6) = 15$

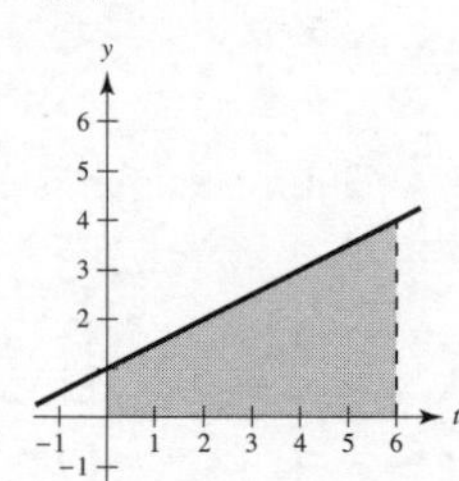

55. $F(\alpha) = \dfrac{2}{\pi}\left(\operatorname{sen}\dfrac{\pi\alpha}{2} + 1\right)$

(a) $F(-1) = 0$ (b) $F(0) = \dfrac{2}{\pi} \approx 0.6366$

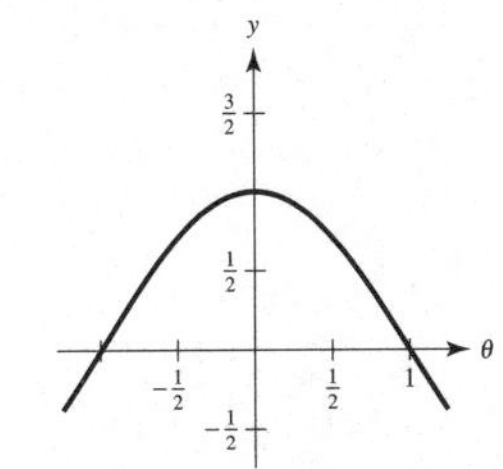

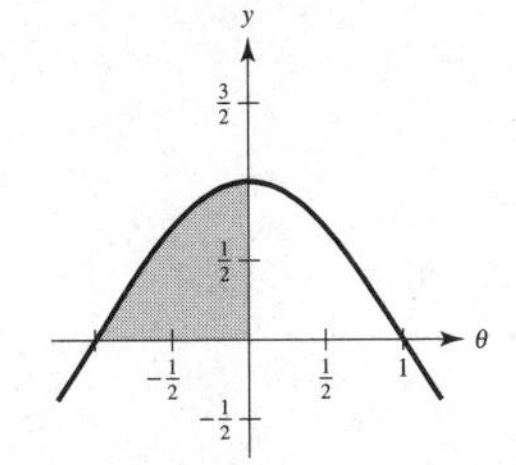

(c) $F\left(\dfrac{1}{2}\right) = \dfrac{\sqrt{2} + 2}{\pi} \approx 1.0868$

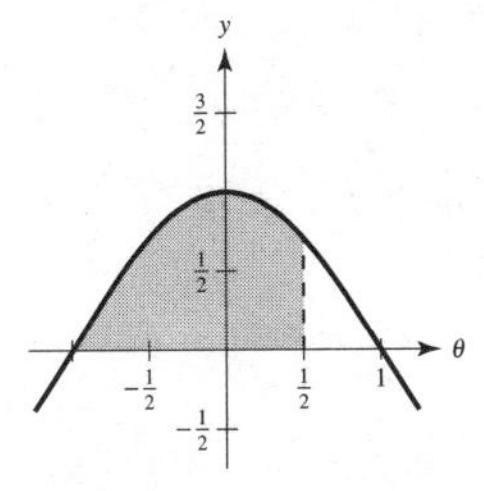

57. 3 **59.** 16

61. $\displaystyle\int_{-2}^{1} [(2x^3 - 1) - (6x - 5)]\,dx = \tfrac{27}{2}$

63. $\displaystyle\int_{0}^{1} \left[\frac{1}{x^2 + 1} - \left(-\frac{1}{2}x + 1\right)\right] dx \approx 0.0354$

65. Las respuestas pueden variar.
Ejemplo: $x^4 - 2x^2 + 1 \le 1 - x^2$ sobre $[-1, 1]$

$\displaystyle\int_{-2}^{1} [(1 - x^2) - (x^4 - 2x^2 + 1)]\,dx$

67. (a) La integral $\int_0^5 [v_1(t) - v_2(t)]\,dt = 10$ significa que el primer auto viajó 10 metros más que el segundo entre 0 y 5 segundos.
La integral $\int_0^{10} [v_1(t) - v_2(t)]\,dt = 30$ significa que el primer auto viajó 30 metros más que el segundo entre 0 y 10 segundos.
La integral $\int_{20}^{30} [v_1(t) - v_2(t)]\,dt = -5$ significa que el segundo auto viajó 5 metros más que el primero entre 20 y 30 segundos.
(b) No. No se sabe cuándo iniciaron ambos autos o la distancia inicial entre ellos.
(c) El auto con velocidad v_1 está adelante 30 metros.
(d) El auto 1 está adelante 8 metros.

69. $b = 9\left(1 - \dfrac{1}{\sqrt[3]{4}}\right) \approx 3.330$

71. $a = 4 - 2\sqrt{2} \approx 1.172$

73. Las respuestas pueden variar. *Ejemplo de respuesta*: $\frac{1}{6}$

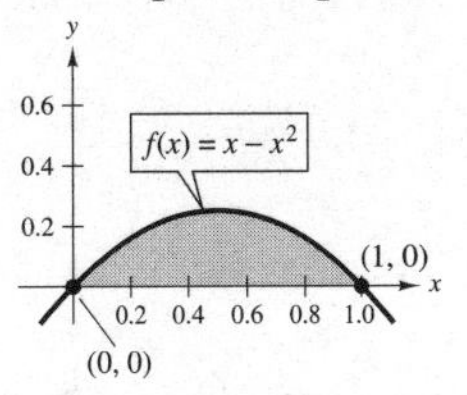

75. R_1: \$1.625 millones

77. (a) $y = 0.0124x^2 - 0.385x + 7.85$

(b)

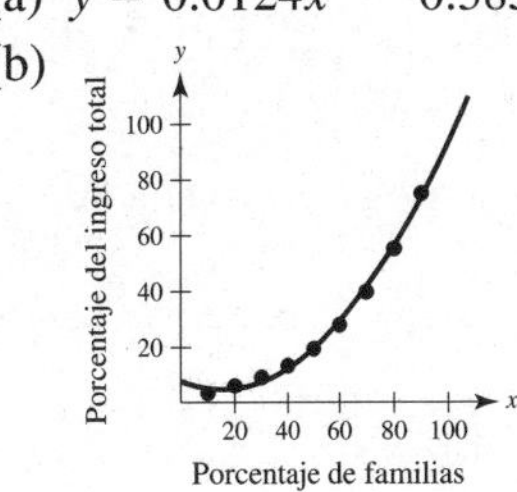

(c)

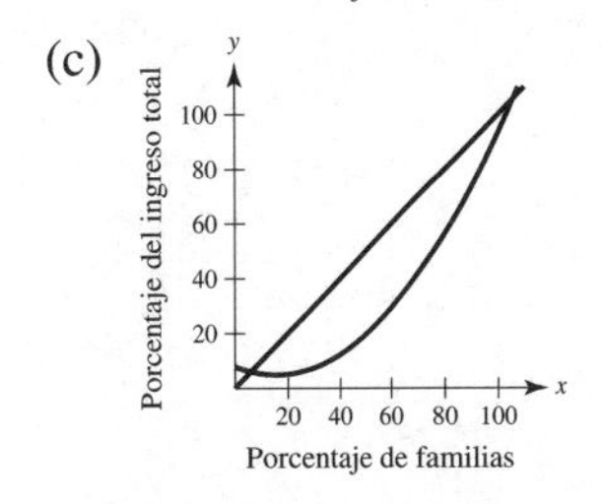

Para $6 \le x \le 100$, los valores de y son más grandes para el modelo $y = x$.

(d) Alrededor de 2006.7

79. (a) Alrededor de 6.031 m² (b) Alrededor de 12.062 m³
(c) 60 310 lb

81. $\dfrac{\sqrt{3}}{2} + \dfrac{7\pi}{24} + 1 \approx 2.7823$ **83.** Verdadero

85. Falso. Sea $f(x) = x$ y $g(x) = 2x - x^2$. Entonces f y g intersecan en $(1, 1)$, el punto medio de $[0, 2]$, pero

$$\int_a^b [f(x) - g(x)]\,dx = \int_0^2 [x - (2x - x^2)]\,dx = \tfrac{2}{3} \neq 0$$

87. Problema Putnam A1, 1993

Sección 6.2

1. Encuentre la integral del cuadrado del radio del sólido sobre el intervalo definido y entonces multiplicar por π.

3. Es necesario cuando el sólido de revolución está formado por dos o más sólidos distintos.

5. $\pi\displaystyle\int_1^4 (\sqrt{x})^2\,dx = \frac{15\pi}{2}$

7. $\pi\displaystyle\int_0^1 [(x^2)^2 - (x^5)^2]\,dx = \frac{6\pi}{55}$

9. $\pi\displaystyle\int_0^4 (\sqrt{y})^2\,dy = 8\pi$ **11.** $\pi\displaystyle\int_0^1 (y^{3/2})^2\,dy = \frac{\pi}{4}$

13. (a) $\dfrac{9\pi}{2}$ (b) $\dfrac{36\pi\sqrt{3}}{5}$ (c) $\dfrac{24\pi\sqrt{3}}{5}$ (d) $\dfrac{84\pi\sqrt{3}}{5}$

15. (a) $\dfrac{32\pi}{3}$ (b) $\dfrac{64\pi}{3}$ **17.** 18π **19.** $\pi\left(16\ln 5 - \dfrac{16}{5}\right)$

21. $\frac{124\pi}{3}$ **23.** $\frac{832\pi}{15}$ **25.** $\frac{\pi}{3}\ln\frac{11}{5}$ **27.** 24π

29. $\pi\left(\frac{1-e^{-12}}{6}\right)$ **31.** $\frac{277\pi}{3}$ **33.** 8π **35.** $\frac{25\pi}{2}$

37. $\frac{\pi^2}{2} \approx 4.935$ **39.** $\frac{\pi}{2}(e^2-1) \approx 10.036$ **41.** $\frac{2\pi}{3}$

43. $\frac{\pi}{3}$ **45.** $\frac{2\pi}{15}$ **47.** $\frac{\pi}{2}$ **49.** 1.969 **51.** 15.4115

53. (a) Una curva senoidal sobre $\left[0, \frac{\pi}{2}\right]$ rotada alrededor del eje x

(b) Una función polinomial sobre $[2, 4]$ rotada alrededor del eje y

55. $b < c < a$ **57.** $\sqrt{5}$ **59.** $V = \frac{4}{3}\pi(R^2 - r^2)^{3/2}$

61. Demostración **63.** $\pi r^2 h\left(1 - \frac{h}{H} + \frac{h^2}{3H^2}\right)$

65.

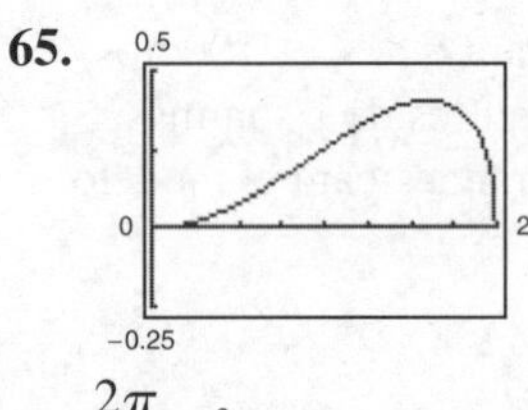

$\frac{2\pi}{15}$ m^3

67. (a) 60π (b) 50π

69. (a) $V = \pi\left(4b^2 - \frac{64}{3}b + \frac{512}{15}\right)$

(b)

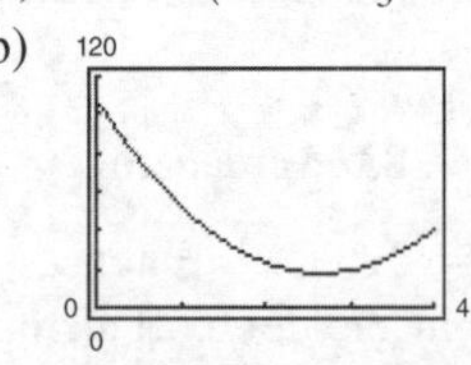

$b \approx 2.67$

(c) $b = \frac{8}{3} \approx 2.67$

71. (a) ii; cilindro circular recto de radio r y altura h

(b) iv; elipsoide que encierra la elipse tiene la ecuación $\left(\frac{x}{b}\right)^2 + \left(\frac{y}{a}\right)^2 = 1$

(c) iii; esfera de radio r

(d) i; cono circular recto de radio r y altura h

(e) v; toro con sección transversal de radio r y radio externo R

73. (a) $\frac{81}{10}$ (b) $\frac{9}{2}$ **75.** $\frac{16}{3}r^3$

77. (a) $\frac{2}{3}r^3$ (b) $\frac{2}{3}r^3 \tan\theta$; como $\theta \to 90°$, $V \to \infty$.

Sección 6.3

1. Determine la distancia desde el centro del rectángulo representativo al eje de revolución y encuentre la altura del rectángulo. A continuación utilice la fórmula $V = 2\pi\int_c^d p(y)h(y)\,dy$ para un eje horizontal de revolución o $V = 2\pi\int_a^b p(x)h(x)\,dx$ para un eje vertical de revolución.

3. $2\pi\int_0^2 x^2\,dx = \frac{16\pi}{3}$ **5.** $2\pi\int_0^4 x\sqrt{x}\,dx = \frac{128\pi}{5}$

7. $2\pi\int_0^4 \frac{1}{4}x^3\,dx = 32\pi$ **9.** $2\pi\int_0^2 x(4x - 2x^2)\,dx = \frac{16\pi}{3}$

11. $2\pi\int_{5/2}^4 x\sqrt{2x-5}\,dx = \frac{34\pi\sqrt{3}}{5}$

13. $2\pi\int_0^2 y(2-y)\,dy = \frac{8\pi}{3}$

15. $2\pi\left[\int_0^{1/2} y\,dy + \int_{1/2}^1 y\left(\frac{1}{y} - 1\right)dy\right] = \frac{\pi}{2}$

17. $2\pi\int_0^8 y^{4/3}\,dy = \frac{768\pi}{7}$ **19.** $2\pi\int_0^2 y(4-2y)\,dy = \frac{16\pi}{3}$

21. $\int_0^1 y(y^2 - 3y + 2)\,dy = \frac{\pi}{2}$

23. 8π **25.** $\frac{45\pi}{16}$

27. Método de las capas. Es mucho más fácil escribir x en términos de y, que viceversa.

29. (a) $\frac{128\pi}{7}$ (b) $\frac{64\pi}{5}$ (c) $\frac{96\pi}{5}$

31. (a) $\frac{\pi a^3}{15}$ (b) $\frac{\pi a^3}{15}$ (c) $\frac{4\pi a^3}{15}$

33. (a)

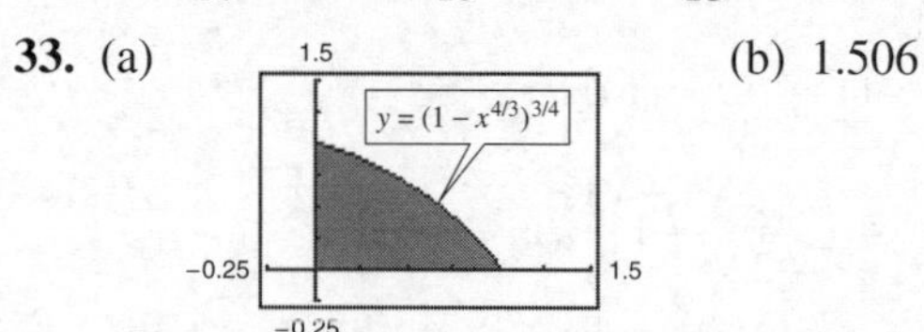

(b) 1.506

35. (a)

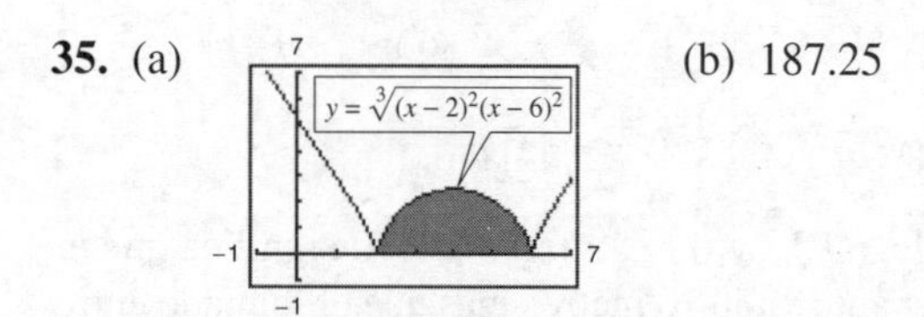

(b) 187.25

37. (a) Altura: b, radio: k (b) Altura: k, radio: b

39. Ambas integrales dan el volumen del sólido generado por la revolución de la región acotada por las gráficas de $y = \sqrt{x-1}$, $y = 0$ y $x = 5$, alrededor del eje x.

41. a, c, b

43. (a) Región acotada por $y = x^2$, $y = 0$, $x = 0$, $x = 2$

(b) Rotada alrededor del eje y

45. (a) Región acotada por $x = \sqrt{6-y}$, $y = 0$, $x = 0$

(b) Rotada alrededor de $y = -2$

47. Diámetro $= 2\sqrt{4 - 2\sqrt{3}} \approx 1.464$ **49.** $4\pi^2$

51. (a) Demostración (b) (i) $V = 2\pi$ (ii) $V = 6\pi^2$

53. Demostración

55. (a) $R_1(n) = \frac{n}{n+1}$ (b) $\lim_{n\to\infty} R_1(n) = 1$

(c) $V = \pi ab^{n+2}\left(\frac{n}{n+2}\right)$; $R_2(n) = \frac{n}{n+2}$

(d) $\lim_{n\to\infty} R_2(n) = 1$

(e) Cuando $n \to \infty$, la gráfica se aproxima a la recta $x = b$.

57. Alrededor de 121 475 pies^3 **59.** $c = 2$

61. (a) $\frac{64\pi}{3}$ (b) $\frac{2048\pi}{7}$ (c) $\frac{8192\pi}{105}$

Sección 6.4

1. La gráfica de la función f es rectificable entre $(a, f(a))$ y $(b, f(b))$ si f' es continua sobre $[a, b]$.

3. Las respuestas pueden variar. *Ejemplo de respuesta:* $f(x) = 2x^2$

5. (a) y (b) $\sqrt{13}$ **7.** $\frac{5}{3}$ **9.** $\frac{2}{3}(2\sqrt{2} - 1) \approx 1.219$

11. $5\sqrt{5} - 2\sqrt{2} \approx 8.352$ **13.** 309.3195

15. $\ln \frac{\sqrt{2} + 1}{\sqrt{2} - 1} \approx 1.763$ **17.** $\frac{1}{2}\left(e^2 - \frac{1}{e^2}\right) \approx 3.627$

19. $\frac{76}{3}$

21. (a)

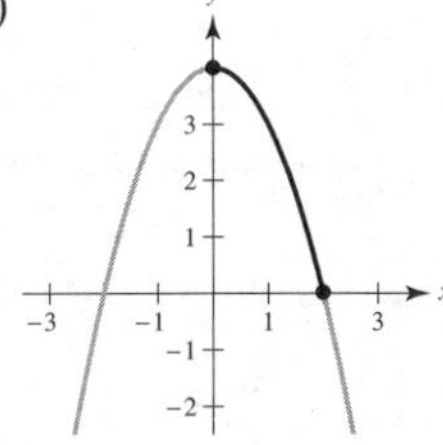

(b) $\int_0^2 \sqrt{1 + 4x^2}\, dx$

(c) Alrededor de 4.647

23. (a)

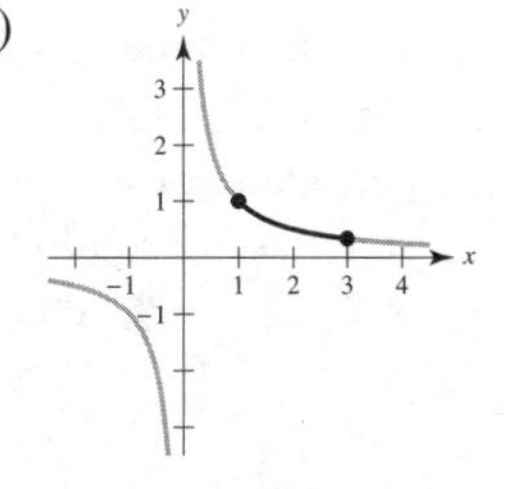

(b) $\int_1^3 \sqrt{1 + \frac{1}{x^4}}\, dx$

(c) Alrededor de 2.147

25. (a)

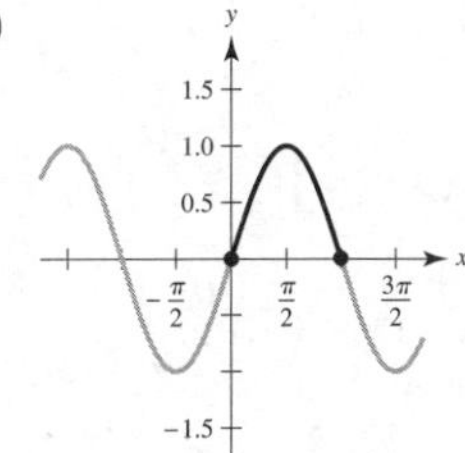

(b) $\int_0^{\pi} \sqrt{1 + \cos^2 x}\, dx$

(c) Alrededor de 3.820

27. (a)

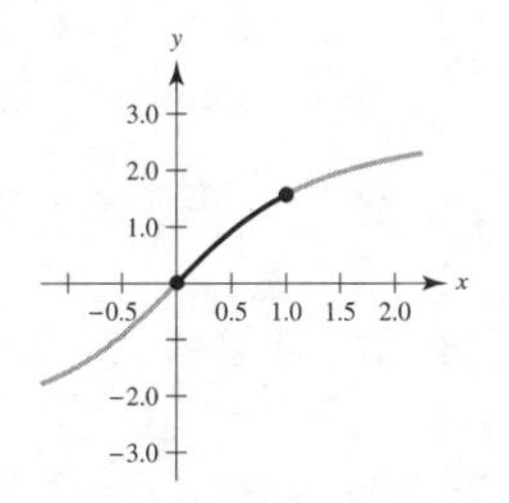

(b) $\int_0^1 \sqrt{1 + \left(\frac{2}{1 + x^2}\right)^2}\, dx$

(c) Alrededor de 1.871

29. (a)

(b) $\int_0^2 \sqrt{1 + e^{-2y}}\, dy$

$= \int_{e^{-2}}^{1} \sqrt{1 + \frac{1}{x^2}}\, dx$

(c) Alrededor de 2.221

31. (a) 64.125 (b) 64.525 (c) 64.672

33. $\frac{20(e^2 - 1)}{e} \approx 47.0$ m **35.** Alrededor de 1480

37. $3 \operatorname{arcsen} \frac{2}{3} \approx 2.1892$

39. $2\pi \int_0^3 \frac{1}{3}x^3 \sqrt{1 + x^4}\, dx = \frac{\pi}{9}(82\sqrt{82} - 1) \approx 258.85$

41. $2\pi \int_1^2 \left(\frac{x^3}{6} + \frac{1}{2x}\right)\left(\frac{x^2}{2} + \frac{1}{2x^2}\right) dx = \frac{47\pi}{16} \approx 9.23$

43. $2\pi \int_{-1}^{1} 2\, dx = 8\pi \approx 25.13$

45. $2\pi \int_1^8 x\sqrt{1 + \frac{1}{9x^{4/3}}}\, dx =$

$\frac{\pi}{27}(145\sqrt{145} - 10\sqrt{10}) \approx 199.48$

47. $2\pi \int_0^2 x\sqrt{1 + \frac{x^2}{4}}\, dx = \frac{\pi}{3}(16\sqrt{2} - 8) \approx 15.318$

49. 14.424 **51.** b **53.** Tienen el mismo valor.

55. (a)

(b) y_1, y_2, y_3, y_4

(c) $s_1 \approx 5.657$, $s_2 \approx 5.759$, $s_3 \approx 5.916$, $s_4 \approx 6.063$

57. 20π **59.** $6\pi(3 - \sqrt{5}) \approx 14.40$

61. (a) Las respuestas pueden variar. *Ejemplo de respuesta:* 5207.62 pulg^3

(b) Las respuestas pueden variar. *Ejemplo de respuesta:* 1168.64 pulg^2

(c) $r = 0.0040y^3 - 0.142y^2 + 1.23y + 7.9$

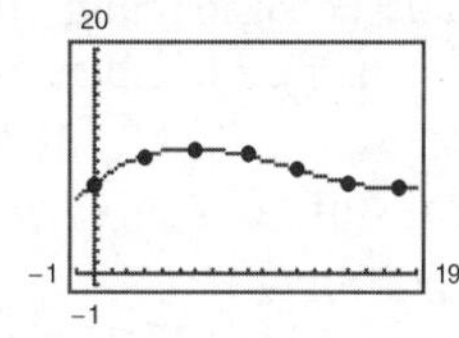

(d) $V = 5279.64$ pulg^3, $S = 1179.5$ pulg^2

63. (a) $\pi\left(1 - \frac{1}{b}\right)$ (b) $2\pi \int_1^b \frac{\sqrt{x^4 + 1}}{x^3}\, dx$

(c) $\lim_{b\to\infty} V = \lim_{b\to\infty} \pi\left(1 - \frac{1}{b}\right) = \pi$

(d) Dado que $\frac{\sqrt{x^4 + 1}}{x^3} > \frac{\sqrt{x^4}}{x^3} = \frac{1}{x} > 0$ sobre $[1, b]$,

se tiene $\int_1^b \frac{\sqrt{x^4 + 1}}{x^3}\, dx > \int_1^b \frac{1}{x}\, dx = \Big[\ln x\Big]_1^b = \ln b$

y $\lim_{b\to\infty} \ln b \to \infty$. Luego, $\lim_{b\to\infty} 2\pi \int_1^b \frac{\sqrt{x^4 + 1}}{x^3}\, dx = \infty$.

65. (a) Objeto que huye: $\frac{2}{3}$ de unidad

Perseguidor: $\dfrac{1}{2}\displaystyle\int_0^1 \frac{x+1}{\sqrt{x}}\,dx$

(b) La integral no satisface la definición de integral definida porque el integrando no está definido en 0.

(c) Utilizando una utilidad de graficación:

$$\frac{1}{2}\int_0^1 \frac{x+1}{\sqrt{x}}\,dx = \frac{4}{3}$$

$\frac{4}{3} = 2\left(\frac{2}{3}\right)$ de manera que el perseguidor ha viajado el doble de la distancia que el objeto que huye cuando es atrapado.

67. (a) $s = 2\pi\displaystyle\int_0^8 x\sqrt{\frac{4}{x^{2/3}}}\,dx$

(b) La integral no satisface la definición de integral definida porque el integrando no está definido en 0.

(c) Utilizando una utilidad de graficación:

$$2\pi\int_0^8 x\sqrt{\frac{4}{x^{2/3}}}\,dx = \frac{384\pi}{5}$$

El área de la superficie es $\dfrac{384\pi}{5}$ unidades cuadradas.

69. Demostración **71.** Demostración; $g(x) = 1$

Sección 6.5

1. El trabajo es realizado por una fuerza cuando mueve un objeto.

3. En la ley de Hooke, F es la fuerza requerida para comprimir o estirar un resorte, d es la distancia que el resorte es comprimido o elongado desde su longitud original y k es la constante de proporcionalidad que depende de la naturaleza específica del resorte.

5. 48 000 pies-libra **7.** 896 N-m

9. 40.833 pulg-libra $\approx$ 3.403 pies-libra

11. 160 pulg-libra $\approx$13.3 pies-libra **13.** 37.125 pies-libra

15. (a) 487.8 millas-ton $\approx 5.151 \times 10^9$ pies-libra
(b) 1395.3 millas-ton $\approx 1.473 \times 10^{10}$ pies-libra

17. (a) 29 333.3 millas-ton $\approx 3.098 \times 10^{11}$ pies-libra
(b) 33 846.2 millas-ton $\approx 3.574 \times 10^{11}$ pies-libra

19. (a) 2 496 pies-libra (b) 9 984 pies-libra

21. 470400π N-m **23.** 2995.2π pies-libra

25. 20217.6π pies-libra **27.** 2457π pies-libra

29. 600 pies-libra **31.** 450 pies-libra **33.** 168.75 pies-libra

35. No. Algo puede requerir mucho esfuerzo físico para no realizar trabajo. Esto no es trabajo porque no hay cambio en la distancia.

37. $Gm_1m_2\left(\dfrac{1}{a} - \dfrac{1}{b}\right)$ **39.** $\dfrac{3k}{4}$

41. (a) 54 pies-libra (b) 160 pies-libra
(c) 9 pies-libra (d) 18 pies-libra

43. $2000 \ln \frac{3}{2} \approx 810.93$ pies-libra **45.** 3249.4 pies-libra

47. 10 330.3 pies-libra

49. (a) 16000π pies-libra
(b) $F(x) = -16261.36x^4 + 82295.45x^3 - 157738.64x^2 + 104386.36x - 32.4675$

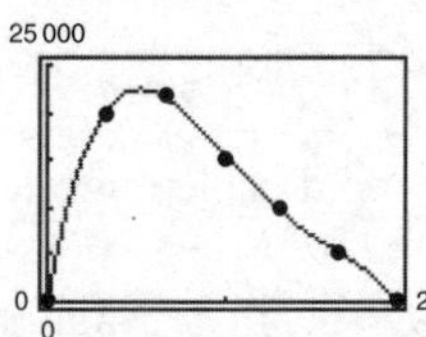

(c) 0.524 pies (d) 25 180.5 pies-libra

Sección 6.6

1. El peso es una fuerza que depende de la gravedad. La masa es una medida de la resistencia de un cuerpo a los cambios en su movimiento y es independiente del sistema gravitacional en el cual el cuepo se localice. El peso (o fuerza) de un objeto es su masa multiplicada por la aceleración debida a su gravedad.

3. Una lámina plana es una placa plana de un material de densidad constante. El centro de masa de una lámina es su punto de equilibrio.

5. $\bar{x} = -\frac{4}{3}$ **7.** $\bar{x} = 4$ **9.** $x = 6$ pies

11. $(\bar{x}, \bar{y}) = \left(\frac{10}{9}, -\frac{1}{9}\right)$ **13.** $(\bar{x}, \bar{y}) = \left(2, \frac{48}{25}\right)$

15. $M_x = \dfrac{\rho}{3}, M_y = \dfrac{4\rho}{3}, \quad (\bar{x}, \bar{y}) = \left(\dfrac{4}{3}, \dfrac{1}{3}\right)$

17. $M_x = 4\rho, M_y = \dfrac{64\rho}{3} \quad (\bar{x}, \bar{y}) = \left(\dfrac{12}{5}, \dfrac{3}{4}\right)$

19. $M_x = \dfrac{\rho}{35}, M_y = \dfrac{\rho}{20}, \quad (\bar{x}, \bar{y}) = \left(\dfrac{3}{5}, \dfrac{12}{35}\right)$

21. $M_x = \dfrac{99\rho}{5}, M_y = \dfrac{27\rho}{4}, \quad (\bar{x}, \bar{y}) = \left(\dfrac{3}{2}, \dfrac{22}{5}\right)$

23. $M_x = \dfrac{192\rho}{7}, M_y = 96\rho, \quad (\bar{x}, \bar{y}) = \left(5, \dfrac{10}{7}\right)$

25. $M_x = 0, M_y = \dfrac{256\rho}{7}, \quad (\bar{x}, \bar{y}) = \left(\dfrac{8}{5}, 0\right)$

27. $M_x = \dfrac{27\rho}{4}, M_y = -\dfrac{27\rho}{10}, \quad (\bar{x}, \bar{y}) = \left(-\dfrac{3}{5}, \dfrac{3}{2}\right)$

29.

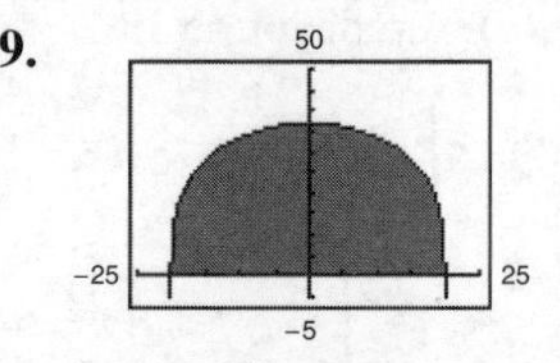

$(\bar{x}, \bar{y}) = (0, 16.2)$

31. $(\bar{x}, \bar{y}) = \left(\dfrac{4 + 3\pi}{4 + \pi}, 0\right)$

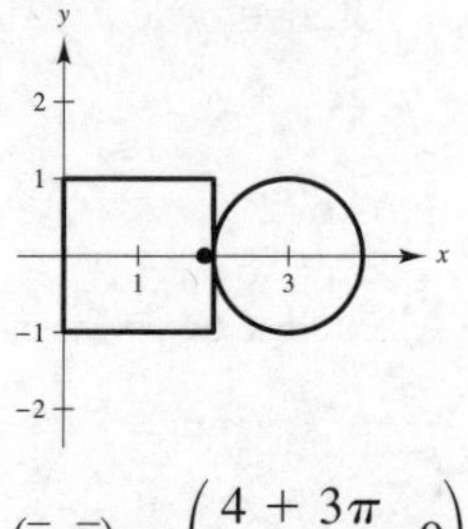

33. $(\bar{x}, \bar{y}) = \left(0, \dfrac{135}{34}\right)$

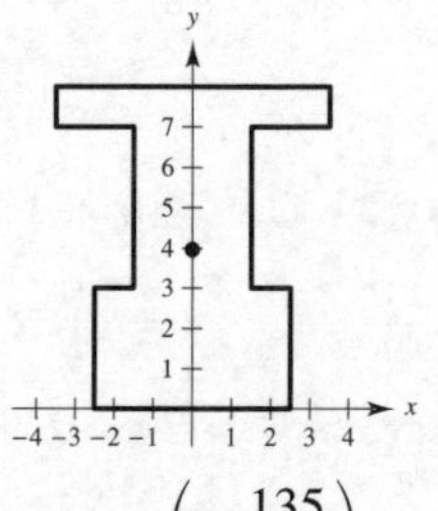

35. $(\bar{x}, \bar{y}) = \left(\dfrac{2 + 3\pi}{2 + \pi}, 0\right)$ **37.** $160\pi^2 \approx 1579.14$

39. $\dfrac{128\pi}{3} \approx 134.04$

41. El centro de masa está desplazado k unidades tambien.

43. Las respuestas pueden variar. *Ejemplo de respuesta:* Use tres rectángulos de ancho 1 y longitud 4 y ubíquelos como se muestra.

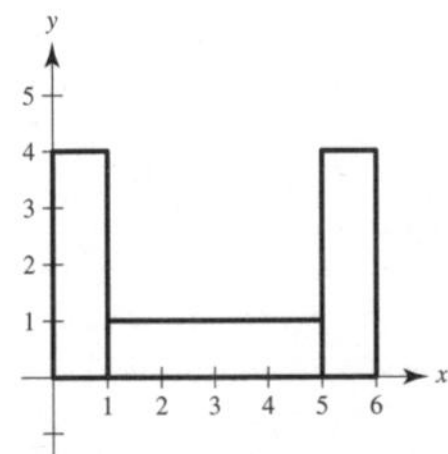

$(\bar{x}, \bar{y}) = (3, 1.5)$

45. $(\bar{x}, \bar{y}) = \left(\dfrac{b}{3}, \dfrac{c}{3}\right)$

47. $(\bar{x}, \bar{y}) = \left(\dfrac{(a + 2b)c}{3(a + b)}, \dfrac{a^2 + ab + b^2}{3(a + b)}\right)$

49. $(\bar{x}, \bar{y}) = \left(0, \dfrac{4b}{3\pi}\right)$

51. (a)

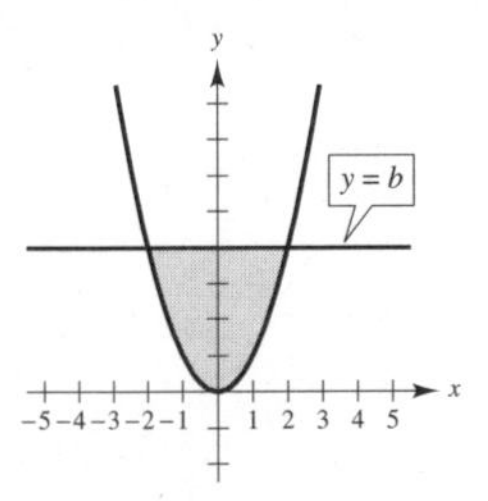

(b) $M_y = \displaystyle\int_{-\sqrt{b}}^{\sqrt{b}} x(b - x^2)\,dx = 0$ porque $x(b - x^2)$ es una función impar; $\bar{x} = 0$ por simetría.

(c) $\bar{y} > \dfrac{b}{2}$ porque el área es más grande para $y > \dfrac{b}{2}$.

(d) $\bar{y} = \frac{3}{5}b$

53. (a) $y = (-1.02 \times 10^{-5})x^4 - 0.0019x^2 + 29.28$
(b) $(\bar{x}, \bar{y}) = (0, 12.85)$

55. $9\pi\sqrt{2}$

57. $(\bar{x}, \bar{y}) = \left(\dfrac{n + 1}{n + 2}, \dfrac{n + 1}{n + 2}\right)$; como $n \to \infty$, la región se reduce hacia el segmento de recta $y = 0$ para $0 \le x \le 1$ y $x = 1$ para $0 \le y \le 1$; $(\bar{x}, \bar{y}) \to \left(1, \dfrac{1}{4}\right)$.

59. Problema Putnam A1, 1982

Sección 6.7

1. La presión del fluido es la fuerza por unidad de área sobre la superficie de un cuerpo sumergido en un fluido.

3. 1497.6 lb **5.** 4992 lb **7.** 2223 lb **9.** 1123.2 lb

11. 748.8 lb **13.** 1064.96 lb **15.** 117 600 N

17. 2 381 400 N **19.** 2814 lb **21.** 6753.6 lb

23. 94.5 lb

25. Dado que se mide la fuerza total sobre una región entre dos profundidades.

27. $\dfrac{3\sqrt{2}}{2} \approx 2.12$ pies; la presión se incrementa cuando crece la profundidad.

29-31. Demostraciones **33.** 960 lb **35.** 2936 lb

Ejercicios de repaso para el capítulo 6

1. (a) $V = \pi R^2 w$
(b) $V = \pi(R^2 - r^2)w$
(c) $V = 2\pi phw$
(d) $S = 2\pi rL$ donde $r = \frac{1}{2}(r_1 + r_2)$

3. d **5.** Demostración

7.

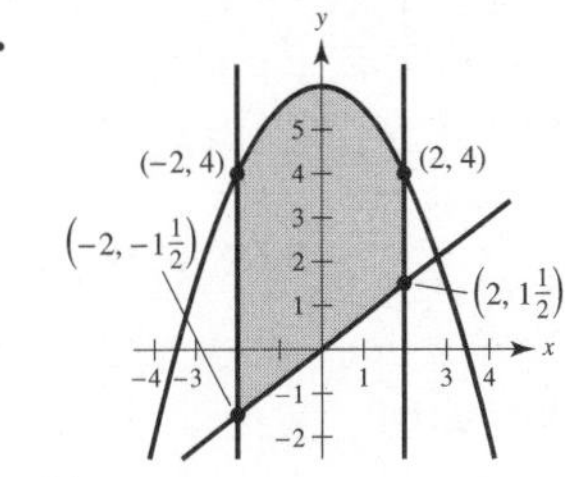

$\dfrac{64}{3}$

9.

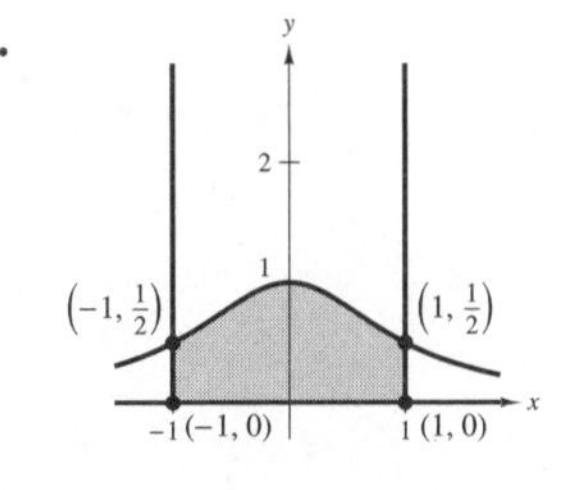

$\dfrac{\pi}{2}$

11.

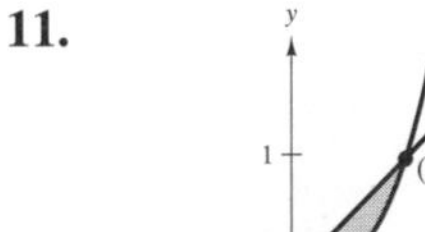

$\frac{1}{2}$

13.

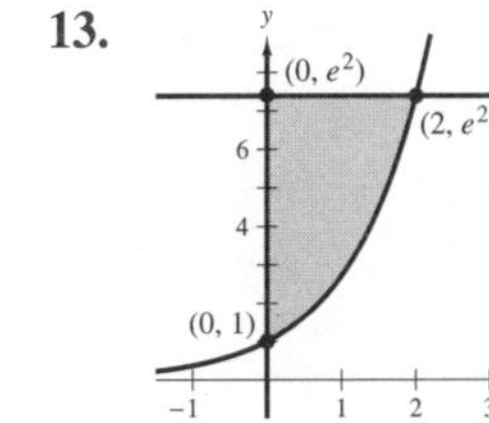

$e^2 + 1$

15.

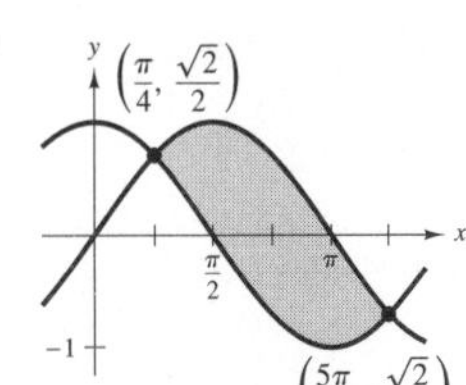

$2\sqrt{2}$

17. (a)

(b) 170.6667

19. (a)

(b) 0.1667

CAPÍTULO 6

21. $F(x) = \frac{3}{2}x^2 + x$

(a) $F(x) = 0$ (b) $F(2) = 8$

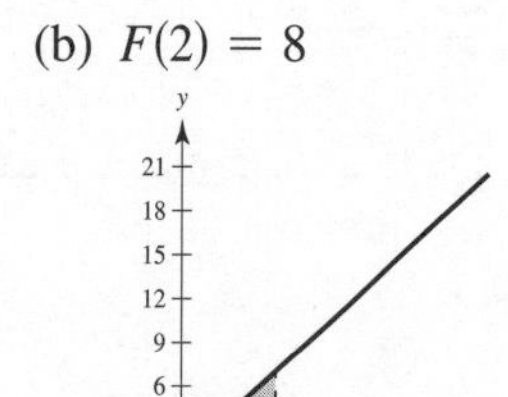

(c) $F(6) = 60$

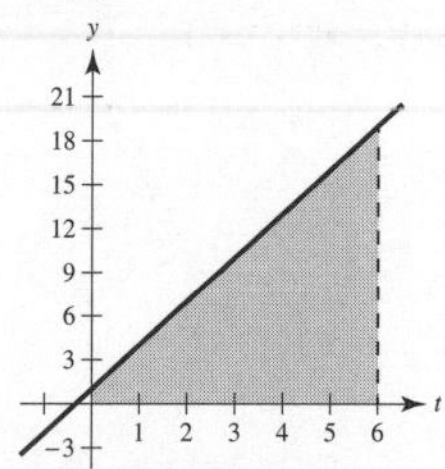

23. R_1; \$1.125 millones **25.** $\dfrac{\pi^2}{2}$ **27.** $\dfrac{\pi^2}{4}$

29. (a) 9π (b) 18π (c) 9π (d) 36π

31. $64\pi \approx 201.1$ pies^3 33. $\frac{8}{15}\left(1 + 6\sqrt{3}\right) \approx 6.076$

35. $2\pi\displaystyle\int_3^6 \frac{x^3}{18}\sqrt{1 + \frac{x^4}{36}}\, dx \approx 459.098$

37. $2\pi\displaystyle\int_0^2 x\sqrt{1 + x^2}\, dx \approx 21.322$ **39.** 5.208 pies-libra

41. 952.4 millas-ton $\approx 1.109 \times 10^{10}$ pies-libra

43. 200 pies-libra

45. 693.15 pies-libra

47. 3.6 **49.** $M_x = \dfrac{544\rho}{15}$, $M_y = \dfrac{32\rho}{3}$, $(\bar{x}, \bar{y}) = \left(1, \dfrac{17}{5}\right)$

51. $V = 32\pi^2$

53. 374.4 lb **55.** 3072 lb **57.** 723 822.95 lb

59. (a) $\dfrac{ds}{dx} = \sqrt{1 + (f'(x))^2}$

(b) $ds = \sqrt{1 + (f'(x))^2} - \sqrt{1 + (f'(a))^2}$

$(ds)^2 = \left(\sqrt{1 + (f'(x))^2} - \sqrt{1 + (f'(a))^2}\right)^2$

(c) 4.66

(d) 2.09; este valor representa el área debajo de la curva, $ds/dx = \sqrt{1 + \left(\left(\frac{3}{2}x^{1/2}\right)\right)^2}$ de 1 a 2.

Solución de problemas

1. (a) Por simetría, $M_x = 0$ para L

(b) Dado que

$(M_y$ para $L) + (M_y$ para $A) = (M_y$ para $B)$,

se tiene

$(M_y$ para $L) = (M_y$ para $B) = (M_y$ para $A)$

(c) M_y para $B = 0$

M_y para $A = \pi r^3$

M_y para $L = -\pi r^3$

(d) $\left(-\dfrac{r}{3}, 0\right)$

3. 89.3% 5. $(\bar{x}, \bar{y}) = \left(\dfrac{2(9\pi + 49)}{3(\pi + 9)}, 0\right)$

7. $V = 2\pi\left(d + \frac{1}{2}\sqrt{w^2 + l^2}\right) lw$

Capítulo 7

Sección 7.1

1. Utilice división larga para reescribir la función como la suma de un polinomio y una función racional propia.

3. b

5. $\displaystyle\int u^n\, du$, $u = 5x - 3, n = 4$ **7.** $\displaystyle\int \frac{du}{u}$, $u = 1 - 2\sqrt{x}$ **9.** $\displaystyle\int \frac{du}{\sqrt{a^2 - u^2}}$, $u = t, a = 1$

11. $\displaystyle\int \operatorname{sen} u\, du$, $u = t^2$ **13.** $\displaystyle\int e^u\, du$, $u = \operatorname{sen} x$ **15.** $2(x - 5)^7 + C$

17. $-\dfrac{7}{6(z - 10)^6} + C$ **19.** $\dfrac{z^3}{3} - \dfrac{1}{5(z - 1)^5} + C$

21. $-\frac{1}{3}\ln|-t^3 + 9t + 1| + C$

23. $\frac{1}{2}x^2 + x + \ln|x + 1| + C$

25. $x + \ln|x + 1| + C$

27. $\dfrac{x}{15}(48x^4 + 200x^2 + 375) + C$

29. $\dfrac{\operatorname{sen} 2\pi x^2}{4\pi} + C$ **31.** $-2\sqrt{\cos x} + C$

33. $2\ln(1 + e^x) + C$ **35.** $(\ln x)^2 + C$

37. $-\ln|\csc\alpha + \cot\alpha| + \ln|\operatorname{sen}\alpha| + C$

39. $-\dfrac{1}{4}\operatorname{arcsen}(4t + 1) + C$ **41.** $\dfrac{1}{2}\ln\left|\cos\dfrac{2}{t}\right| + C$

43. $\dfrac{6}{5}\operatorname{arcsec}\dfrac{|3z|}{5} + C$ **45.** $\dfrac{1}{4}\arctan\dfrac{2x + 1}{8} + C$

47. (a)

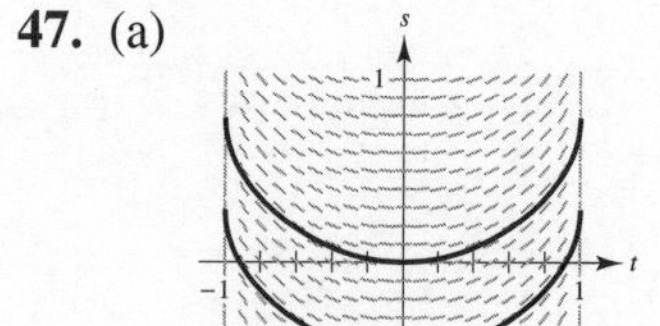

(b) $\frac{1}{2}\operatorname{arcsen} t^2 - \frac{1}{2}$

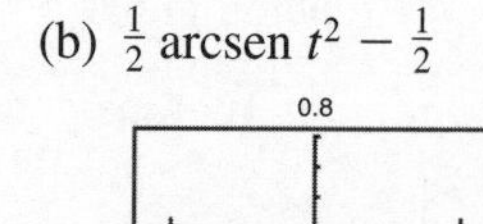

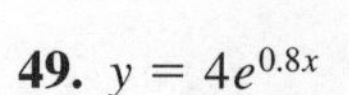

49. $y = 4e^{0.8x}$

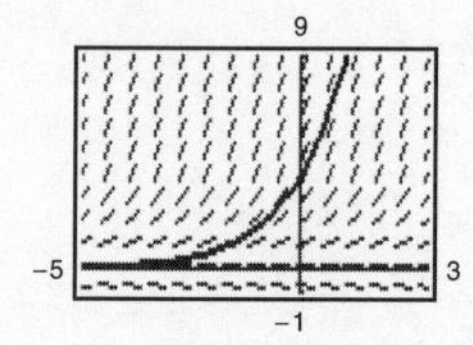

51. $y = \frac{1}{2}e^{2x} + 10e^x + 25x + C$ **53.** $r = 10\operatorname{arcsen} e^t + C$

55. $y = \dfrac{1}{2}\arctan\dfrac{\tan x}{2} + C$ **57.** $\dfrac{1}{15}$ **59.** $\dfrac{1}{2}$

61. $\dfrac{1}{2}(1 - e^{-1}) \approx 0.316$ **63.** $\dfrac{3}{2}[(\ln 4)^2 - (\ln 3)^2] \approx 1.072$

65. 8 **67.** $\ln 9 + \frac{8}{3} \approx 4.864$ **69.** $\frac{\pi}{18}$

71. $\frac{240}{\ln 3} \approx 218.457$

73. $\frac{1}{3}\arctan\left[\frac{1}{3}(x+2)\right] + C$
Las gráficas pueden variar.
Ejemplo:

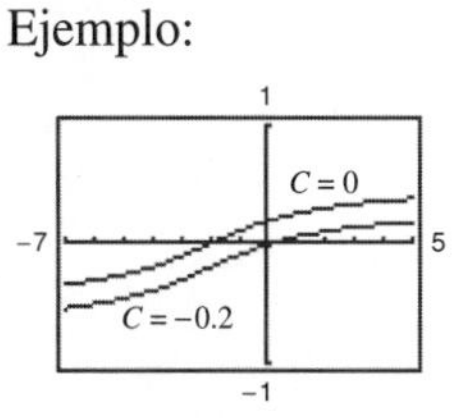

Una gráfica es una traslación vertical de la otra.

75. $\tan\theta - \sec\theta + C$
Las gráficas pueden variar.
Ejemplo:

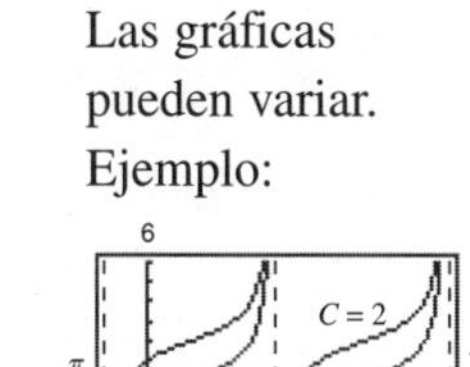

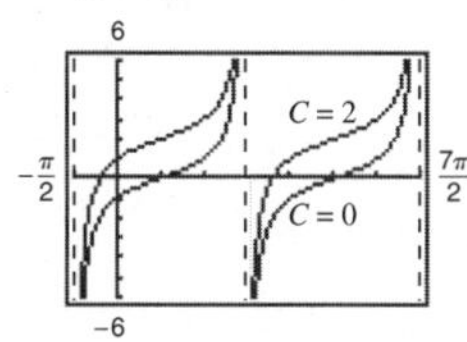

Una gráfica es una traslación vertical de la otra.

77. $\frac{18\sqrt{6}}{2} \approx 8.82$ **79.** $\frac{4}{3} \approx 1.333$

81. No. Cuando $u = x^2$, no se sigue que $x = \sqrt{u}$ porque x es negativa sobre $[-1, 0)$.

83. $a = \sqrt{2}, b = \frac{\pi}{4}$;

$$-\frac{1}{\sqrt{2}}\ln\left|\csc\left(x + \frac{\pi}{4}\right) + \cot\left(x + \frac{\pi}{4}\right)\right| + C$$

85. (a) Son equivalentes porque
$e^{x+C_1} = e^x \cdot e^{C_1} = Ce^x, C = e^{C_1}$
(b) Difieren en una constante.
$\sec^2 x + C_1 = (\tan^2 x + 1) + C_1 = \tan^2 x + C$

87. a

89. (a)

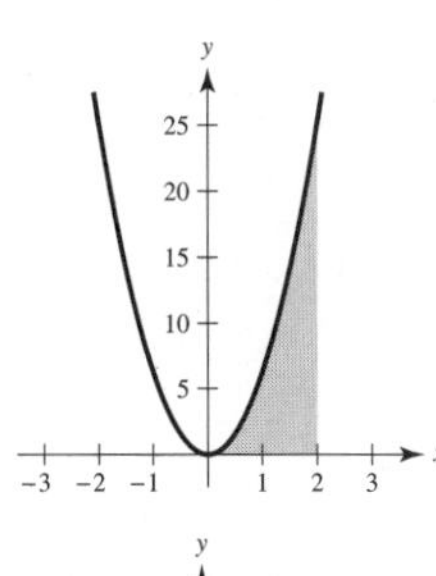

(b)

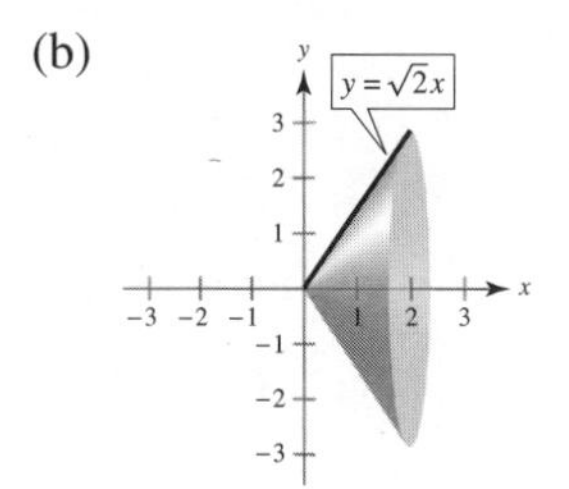

(c)

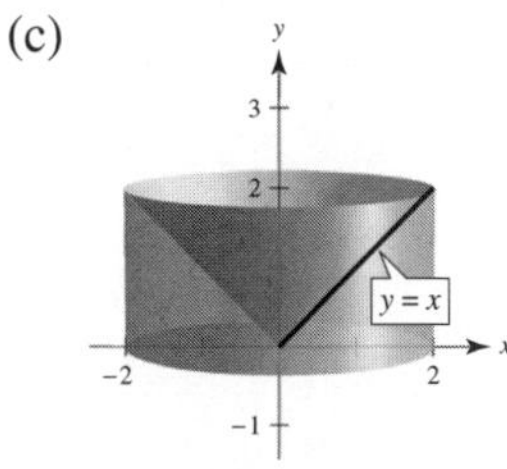

91. (a) $\pi(1 - e^{-1}) \approx 1.986$
(b) $b = \sqrt{\ln\frac{3\pi}{3\pi - 4}} \approx 0.743$

93. $\ln(\sqrt{2} + 1) \approx 0.8814$

95. $\frac{8\pi}{3}(10\sqrt{10} - 1) \approx 256.545$ **97.** $\frac{1}{3}\arctan 3 \approx 0.416$

99. Alrededor de 1.0320

101. (a) $\frac{1}{3}\operatorname{sen} x(\cos^2 x + 2)$
(b) $\frac{1}{15}\operatorname{sen} x(3\cos^4 x + 4\cos^2 x + 8)$
(c) $\frac{1}{35}\operatorname{sen} x(5\cos^6 x + 6\cos^4 x + 8\cos^2 x + 16)$
(d) $\int \cos^{15} x\,dx = \int (1 - \operatorname{sen}^2 x)^7 \cos x\,dx$
Se debe expandir $(1 - \operatorname{sen}^2 x)^7$.

103. Demostración

Sección 7.2

1. La fórmula para la derivada de un producto.

3. Sea $dv = dx$. **5.** $u = x, dv = e^{9x}\,dx$

7. $u = (\ln x)^2, dv = dx$ **9.** $u = x, dv = \sec^2 x\,dx$

11. $\frac{1}{16}x^4(4\ln x - 1) + C$

13. $-\frac{1}{4}(2x + 1)\cos 4x + \frac{1}{8}\operatorname{sen} 4x + C$

15. $\frac{e^{4x}}{16}(4x - 1) + C$ **17.** $e^x(x^3 - 3x^2 + 6x - 6) + C$

19. $\frac{1}{4}[2(t^2 - 1)\ln|t + 1| - t^2 + 2t] + C$ **21.** $\frac{1}{3}(\ln x)^3 + C$

23. $\frac{e^{2x}}{4(2x + 1)} + C$ **25.** $\frac{2}{15}(x - 5)^{3/2}(3x + 10) + C$

27. $-x\cot x + \ln|\operatorname{sen} x| + C$

29. $(6x - x^3)\cos x + (3x^2 - 6)\operatorname{sen} x + C$

31. $x\arctan x - \frac{1}{2}\ln(1 + x^2) + C$

33. $-\frac{3}{34}e^{-3x}\operatorname{sen} 5x - \frac{5}{34}e^{-3x}\cos 5x + C$

35. $x\ln x - x + C$

37. $y = \frac{2}{5}t^2\sqrt{3 + 5t} - \frac{8t}{75}(3 + 5t)^{3/2} + \frac{16}{1875}(3 + 5t)^{5/2} + C$
$= \frac{2}{625}\sqrt{3 + 5t}\,(25t^2 - 20t + 24) + C$

39. (a) (b) $2\sqrt{y} - \cos x - x\operatorname{sen} x = 3$

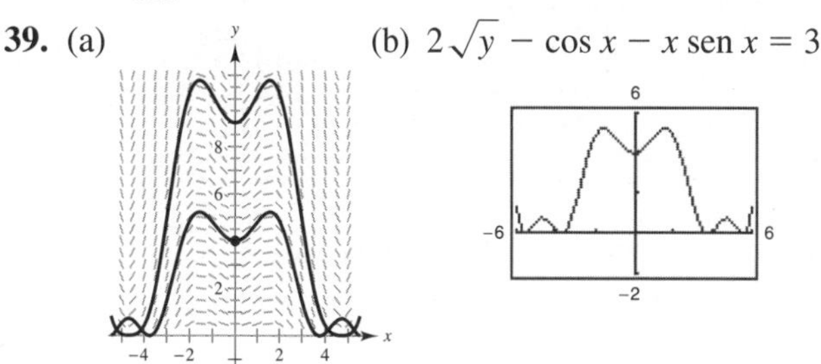

41.

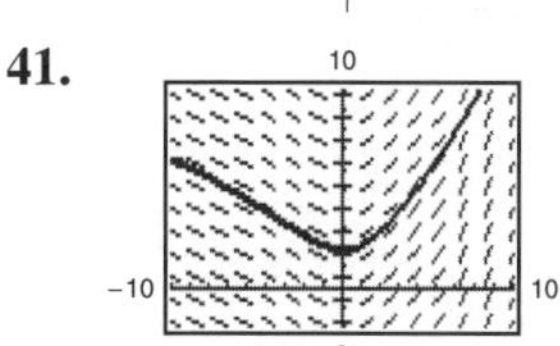

43. $2e^{3/2} + 4 \approx 12.963$ **45.** $\frac{\pi}{8} - \frac{1}{4} \approx 0.143$

47. $\frac{\pi - 3\sqrt{3} + 6}{6} \approx 0.658$

49. $\frac{1}{2}[e(\operatorname{sen} 1 - \cos 1) + 1] \approx 0.909$

51. $8\operatorname{arcsec} 4 + \frac{\sqrt{3}}{2} - \frac{\sqrt{15}}{2} - \frac{2\pi}{3} \approx 7.380$

53. $\frac{e^{2x}}{4}(2x^2 - 2x + 1) + C$

55. $-\cos x(x+2)^2 + 2\operatorname{sen} x(x+2) + 2\cos x + C$

57. $\frac{1}{20}(4x+9)^{3/2}(2x+17) + C$

59. Las respuestas pueden variar.
Ejemplo de respuesta: $\int x^3 \operatorname{sen} x\, dx$
Se requieren tres aplicaciones para que el factor algebraico se reduzca a una constante.

61. (a) No, sustitución (b) Sí, $u = \ln x$, $dv = x\, dx$
(c) Sí, $u = x^2$, $dv = e^{-3x}\, dx$ (d) No, sustitución
(e) Sí, $u = x$, $dv = \dfrac{1}{\sqrt{x+1}}\, dx$ (f) No, sustitución

63. $2(\operatorname{sen}\sqrt{x} - \sqrt{x}\cos\sqrt{x}) + C$

65. $\frac{1}{2}\left(x^4e^{x^2} - 2x^2e^{x^2} + 2e^{x^2}\right) + C$

67. (a) y (b) $\frac{1}{3}\sqrt{4+x^2}\,(x^2-8) + C$

69. $n = 0$: $x(\ln x - 1) + C$
$n = 1$: $\frac{1}{4}x^2(2\ln x - 1) + C$
$n = 2$: $\frac{1}{9}x^3(3\ln x - 1) + C$
$n = 3$: $\frac{1}{16}x^4(4\ln x - 1) + C$
$n = 4$: $\frac{1}{25}x^5(5\ln x - 1) + C$

$$\int x^n \ln x\, dx = \frac{x^{n+1}}{(n+1)^2}[(n+1)\ln x - 1] + C$$

71-75. Demostraciones

77. $-x^2\cos x + 2x\operatorname{sen} x + 2\cos x + C$

79. $\frac{1}{36}x^6(6\ln x - 1) + C$

81. $\dfrac{e^{-3x}(-3\operatorname{sen} 4x - 4\cos 4x)}{25} + C$

83.

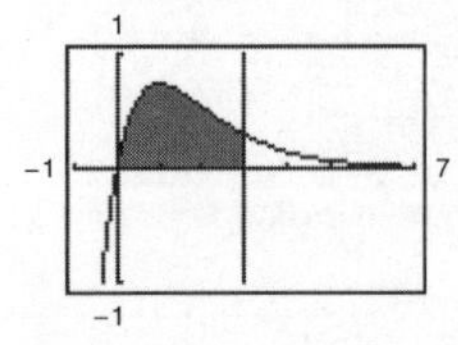

$2 - \dfrac{8}{e^3} \approx 1.602$

85.

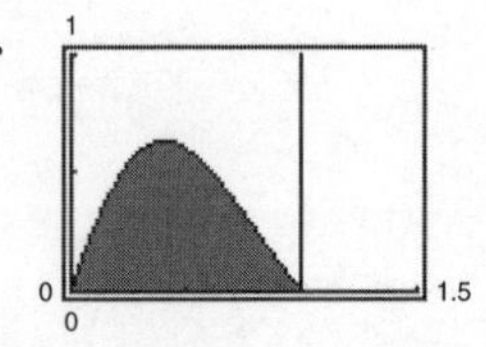

$\dfrac{\pi}{1+\pi^2}\left(\dfrac{1}{e} + 1\right) \approx 0.395$

87. (a) 1 (b) $\pi(e-2) \approx 2.257$
(c) $\frac{1}{2}\pi(e^2+1) \approx 13.177$
(d) $\left(\dfrac{e^2+1}{4}, \dfrac{e-2}{2}\right) \approx (2.097, 0.359)$

89. En el ejemplo 7 se demostró que el centroide de una región equivalente es $\left(1, \dfrac{\pi}{8}\right)$. Por simetría, el centroide de esta región es $\left(\dfrac{\pi}{8}, 1\right)$.

91. $\dfrac{7}{10\pi}(1 - e^{-4\pi}) \approx 0.223$ **93.** \$931 265

95. Demostración **97.** $b_n = \dfrac{8h}{(n\pi)^2}\operatorname{sen}\dfrac{n\pi}{2}$

99. Para cualquier función integrable,
$\int f(x)\, dx = C + \int f(x)\, dx$, pero esta no puede ser utilizada porque implica $C = 0$.

Sección 7.3

1. $\int \operatorname{sen}^8 x\, dx$. La otra integral puede ser encontrada por cambio de variable.

3. $-\frac{1}{6}\cos^6 x + C$ **5.** $\frac{1}{5}\operatorname{sen}^5 x - \frac{1}{7}\operatorname{sen}^7 x + C$

7. $-\frac{1}{3}\cos^3 x + \frac{1}{5}\cos^5 x + C$

9. $-\frac{1}{3}(\cos 2\theta)^{3/2} + \frac{1}{7}(\cos 2\theta)^{7/2} + C$

11. $\frac{1}{12}(6x + \operatorname{sen} 6x) + C$

13. $2x^2 + 2x\operatorname{sen} 2x + \cos 2x + C$

15. $\dfrac{2}{3}$ **17.** $\dfrac{\pi}{4}$ **19.** $\dfrac{63\pi}{512}$

21. $\dfrac{1}{4}\ln|\sec 4x + \tan 4x| + C$

23. $\dfrac{\sec \pi x \tan \pi x + \ln|\sec \pi x + \tan \pi x|}{2\pi} + C$

25. $\dfrac{1}{2}\tan^4\dfrac{x}{2} - \tan^2\dfrac{x}{2} - 2\ln\left|\cos\dfrac{x}{2}\right| + C$

27. $\dfrac{1}{2}\left[\dfrac{\sec^5 2t}{5} - \dfrac{\sec^3 2t}{3}\right] + C$ **29.** $\dfrac{1}{24}\sec^6 4x + C$

31. $\frac{1}{7}\sec^7 x - \frac{1}{5}\sec^5 x + C$

33. $\ln|\sec x + \tan x| - \operatorname{sen} x + C$

35. $\dfrac{12\pi\theta - 8\operatorname{sen} 2\pi\theta + \operatorname{sen} 4\pi\theta}{32\pi} + C$

37. $y = \frac{1}{9}\sec^3 3x - \frac{1}{3}\sec 3x + C$

39. (a)

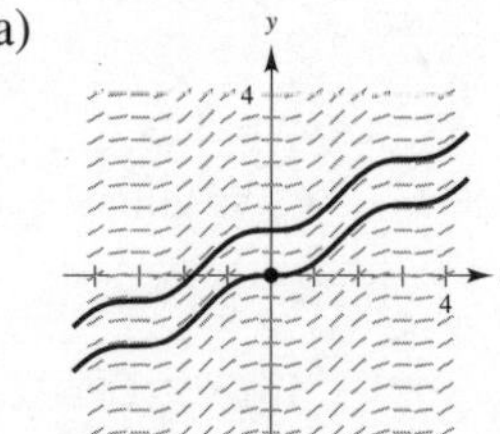

(b) $y = \frac{1}{2}x - \frac{1}{4}\operatorname{sen} 2x$

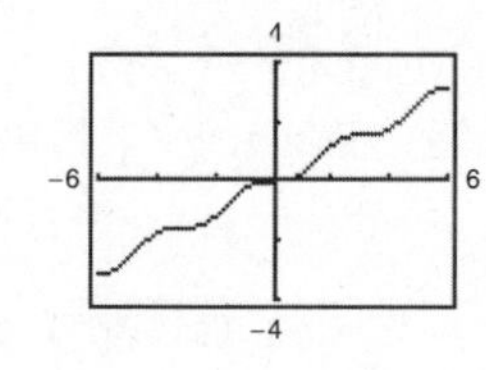

41.

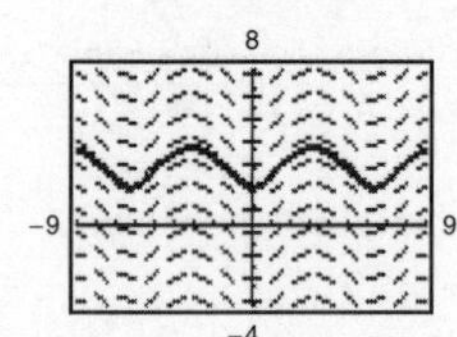

43. $\frac{1}{16}(2\operatorname{sen} 4x + \operatorname{sen} 8x) + C$

45. $\frac{1}{14}\cos 7t - \frac{1}{22}\cos 11t + C$

47. $\frac{1}{8}(2\operatorname{sen} 2\theta - \operatorname{sen} 4\theta) + C$

49. $\frac{1}{4}(\ln|\csc^2 2x| - \cot^2 2x) + C$

51. $-\frac{1}{3}\cot 3x - \frac{1}{9}\cot^3 3x + C$

53. $\ln|\csc t - \cot t| + \cos t + C$

55. $\ln|\csc x - \cot x| + \cos x + C$ **57.** $t - 2\tan t + C$

59. π **61.** $3(1 - \ln 2)$ **63.** $\ln 2$ **65.** 4

67. (a) $\frac{1}{18}\tan^6 3x + \frac{1}{12}\tan^4 3x + C_1$,
$\frac{1}{18}\sec^6 3x - \frac{1}{12}\sec^4 3x + C_2$
(b) (c) Demostración

69. (a) $\frac{1}{2}\operatorname{sen}^2 x + C$ (b) $-\frac{1}{2}\cos^2 x + C$
(c) $\frac{1}{2}\operatorname{sen}^2 x + C$ (d) $-\frac{1}{4}\cos 2x + C$
Todas las respuestas son las mismas pero se escriben de diferentes formas. Utilizando identidades trigonométricas se puede reescribir cada respuesta en la misma forma.

71. $\frac{1}{3}$ **73.** 1 **75.** $2\pi\left(1 - \frac{\pi}{4}\right) \approx 1.348$

77. (a) $\frac{\pi^2}{2}$ (b) $(\bar{x}, \bar{y}) = \left(\frac{\pi}{2}, \frac{\pi}{8}\right)$ **79-81.** Demostraciones

83. $-\frac{1}{15}\cos x(3\operatorname{sen}^4 x + 4\operatorname{sen}^2 x + 8) + C$

85. $-\frac{1}{48}(8\cos^3 x\operatorname{sen}^3 x + 6\cos^3 x\operatorname{sen} x - 3\cos x\operatorname{sen} x - 3x) + C$

87. (a) y (b) Demostraciones **89.** Demostración

Sección 7.4

1. (a) $x = 3\tan\theta$ (b) $x = 2\operatorname{sen}\theta$
(c) $x = 5\operatorname{sen}\theta$ (d) $x = 5\sec\theta$

3. $\frac{x}{16\sqrt{16 - x^2}} + C$

5. $4\ln\left|\frac{4 - \sqrt{16 - x^2}}{x}\right| + \sqrt{16 - x^2} + C$

7. $\ln\left|x + \sqrt{x^2 - 25}\right| + C$

9. $\frac{1}{15}(x^2 - 25)^{3/2}(3x^2 + 50) + C$

11. $\frac{(4 + x^2)^{3/2}}{6} + C$ **13.** $\frac{1}{4}\left(\arctan\frac{x}{2} + \frac{2x}{4 + x^2}\right) + C$

15. $\frac{1}{2}x\sqrt{49 - 16x^2} + \frac{49}{8}\operatorname{arcsen}\frac{4x}{7} + C$

17. $\frac{1}{2\sqrt{5}}\left(\sqrt{5}x\sqrt{36 - 5x^2} + 36\operatorname{arcsen}\frac{\sqrt{5}x}{6}\right) + C$

19. $4\operatorname{arcsen}\frac{x}{2} + x\sqrt{4 - x^2} + C$ **21.** $-\frac{(1 - x^2)^{3/2}}{3x^3} + C$

23. $-\frac{1}{3}\ln\left|\frac{\sqrt{4x^2 + 9} + 3}{2x}\right| + C$ **25.** $-\frac{x}{\sqrt{x^2 + 3}} + C$

27. $\frac{1}{2}\left(\operatorname{arcsen} e^x + e^x\sqrt{1 - e^{2x}}\right) + C$

29. $\frac{1}{4}\left(\frac{x}{x^2 + 2} + \frac{1}{\sqrt{2}}\arctan\frac{x}{\sqrt{2}}\right) + C$

31. $x\operatorname{arcsec} 2x - \frac{1}{2}\ln\left|2x + \sqrt{4x^2 - 1}\right| + C$

33. $2\operatorname{arcsen}\frac{x - 2}{2} - \sqrt{4x - x^2} + C$

35. $\sqrt{x^2 + 6x + 12} - 3\ln\left|\sqrt{x^2 + 6x + 12} + (x + 3)\right| + C$

37. (a) y (b) $\sqrt{3} - \frac{\pi}{3} \approx 0.685$

39. (a) y (b) $9(2 - \sqrt{2}) \approx 5.272$

41. (a) y (b) $-\frac{9}{2}\ln\left(\frac{2\sqrt{7}}{3} - \frac{4\sqrt{3}}{3} - \frac{\sqrt{21}}{3} + \frac{8}{3}\right) + 9\sqrt{3} - 2\sqrt{7} \approx 12.644$

43. Verdadero

45. Falso. $\int_0^{\sqrt{3}} \frac{dx}{(1 + x^2)^{3/2}} = \int_0^{\pi/3} \cos\theta\, d\theta$

47. Sustitución: $u = x^2 + 1$, $du = 2x\,dx$

49. (a) $-\sqrt{1 - x^2} + C$; las respuestas son equivalentes.
(b) $x - 3\arctan\frac{x}{3} + C$; las respuestas son equivalentes.

51. πab

53. $\ln\frac{5(\sqrt{2} + 1)}{\sqrt{26} + 1} + \sqrt{26} - \sqrt{2} \approx 4.367$ **55.** $6\pi^2$

57. (0, 0.422)

59. (a) $V = \frac{3\pi}{2} + 3\operatorname{arcsen}(d - 1) + 3(d - 1)\sqrt{2d - d^2}$
(b)

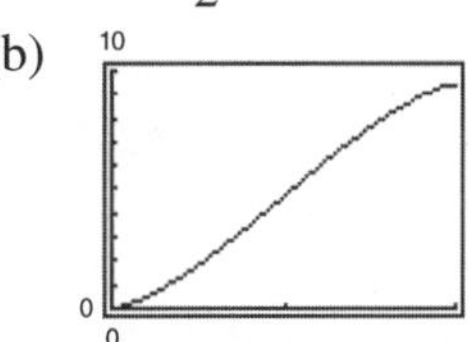

(c) El tanque lleno soporta $3\pi \approx 9.4248$ metros cúbicos. Las rectas horizontales
$y = \frac{3\pi}{4}, y = \frac{3\pi}{2}, y = \frac{9\pi}{4}$
intersecan a la curva en $d = 0.596, 1.0, 1.404$. La varilla debe tener estas marcas sobre ella.

(d) $d'(t) = \frac{1}{24\sqrt{1 - (d - 1)^2}}$

(e)

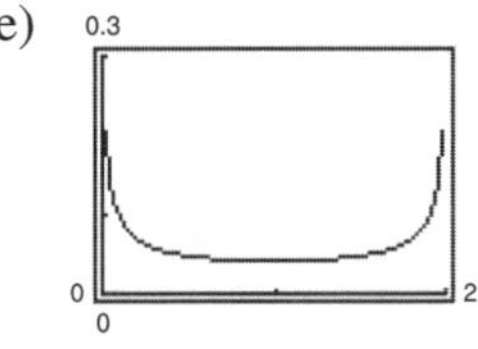

El mínimo ocurre en $d = 1$, que es la parte más ancha del tanque.

61. (a) Demostración
(b) $y = -12\ln\frac{12 - \sqrt{144 - x^2}}{x} - \sqrt{144 - x^2}$

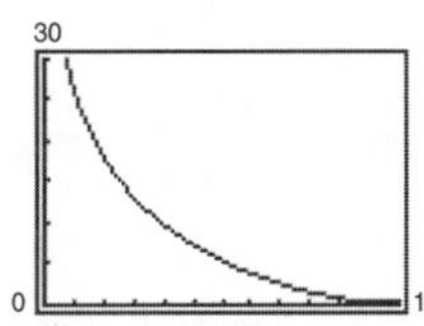

(c) Asíntota vertical: $x = 0$ (d) Alrededor de 5.2 m

63. (a) 187.2π lb (b) $62.4\pi d$ lb **65.** Demostración

CAPÍTULO 7

67. $12 + \frac{9\pi}{2} - 25 \operatorname{arcsen} \frac{3}{5} \approx 10.050$

69. Demostración

Sección 7.5

1. (a) $\frac{A}{x} + \frac{B}{x-8}$ (b) $\frac{A}{x-3} + \frac{B}{(x-3)^2} + \frac{C}{(x-3)^3}$

(c) $\frac{A}{x} + \frac{Bx+C}{x^2+10}$ (d) $\frac{A}{x} + \frac{Bx+C}{x^2+1} + \frac{Dx+E}{(x^2+1)^2}$

3. $\frac{1}{6}\ln\left|\frac{x-3}{x+3}\right| + C$ **5.** $\ln\left|\frac{x-1}{x+4}\right| + C$

7. $5\ln|x-2| - \ln|x+2| - 3\ln|x| + C$

9. $x^2 + \frac{3}{2}\ln|x-4| - \frac{1}{2}\ln|x+2| + C$

11. $\frac{1}{x} + \ln|x^4 + x^3| + C$

13. $\frac{9}{x+1} + 2\ln|x| - \ln|x+1| + C$

15. $9\ln|x| - \frac{32}{7}\ln(7x^2+1) + C$

17. $\frac{1}{6}\left(\ln\left|\frac{x-2}{x+2}\right| + \sqrt{2}\arctan\frac{x}{\sqrt{2}}\right) + C$

19. $\ln|x+1| + \sqrt{2}\arctan\frac{x-1}{\sqrt{2}} + C$ **21.** $\ln 3$

23. $\frac{1}{2}\ln\frac{8}{5} - \frac{\pi}{4} + \arctan 2 \approx 0.557$ **25.** $\ln|1 + \sec x| + C$

27. $\ln\left|\frac{\tan x + 2}{\tan x + 3}\right| + C$ **29.** $\frac{1}{5}\ln\left|\frac{e^x - 1}{e^x + 4}\right| + C$

31. $2\sqrt{x} + 2\ln\left|\frac{\sqrt{x}-2}{\sqrt{x}+2}\right| + C$ **33-35.** Demostraciones

37. $12\ln\frac{9}{7}$ **39.** $\frac{5}{2}\ln 5$

41. Sustitución: $u = x^2 + 2x - 8$

43. Sustitución trigonométrica (tan) o la regla de la tangente inversa

45. 4.90 o $490 000

47. (a) $V = 2\pi\left(\arctan 3 - \frac{3}{10}\right) \approx 5.963$

(b) $(\bar{x}, \bar{y}) \approx (1.521, 0.412)$

49. $x = \frac{n[e^{(n+1)kt} - 1]}{n + e^{(n+1)kt}}$ **51.** $\frac{\pi}{8}$

53. Problema Putnam B4, 1992

Sección 7.6

1. No. La integral puede evaluarse fácilmente empleando reglas básicas de integración.

	Trapecio	Simpson	Exacto
3.	2.7500	2.6667	2.6667
5.	0.6970	0.6933	0.6931
7.	20.2222	20.0000	20.0000
9.	12.6640	12.6667	12.6667
11.	0.3352	0.3334	0.3333
13.	0.5706	0.5930	0.5940

	Trapecio	Simpson	Utilidad gráfica
15.	3.2833	3.2396	3.2413
17.	0.7828	0.7854	0.7854
19.	102.5553	93.3752	92.7437
21.	0.5495	0.5483	0.5493
23.	0.1940	0.1860	0.1858

25. (a) $\frac{1}{12}$ (b) 0 **27.** (a) $\frac{1}{4}$ (b) $\frac{1}{12}$

29. (a) $n = 366$ (b) $n = 26$

31. (a) $n = 77$ (b) $n = 8$

33. (a) $n = 643$ (b) $n = 48$

35. Regla del trapecio: 24.5

Regla de Simpson: 25.67

37. 0.701 **39.** $T_n = \frac{1}{2}(L_n + R_n)$ **41.** 89 250 m^2

43. 10 233.58 pies-libra **45.** 2.477 **47.** Demostración

Sección 7.7

1. Fórmula 40 **3.** $-\frac{1}{2}x(10 - x) + 25\ln|5 + x| + C$

5. $-\frac{\sqrt{1-x^2}}{x} + C$

7. $\frac{1}{24}(3x + \operatorname{sen} 3x \cos 3x + 2\cos^3 3x \operatorname{sen} 3x) + C$

9. $-2\left(\cot\sqrt{x} + \csc\sqrt{x}\right) + C$ **11.** $x - \frac{1}{2}\ln(1 + e^{2x}) + C$

13. $\frac{x^7}{49}(7\ln x - 1) + C$ **15.** (a) y (b) $x\left(\ln\frac{x}{3} - 1\right) + C$

17. (a) y (b) $\ln\left|\frac{x-1}{x}\right| + \frac{1}{x} + C$

19. $\frac{1}{2}\left[(x^2+1)\operatorname{arccsc}(x^2+1) + \ln\left(x^2 + 1 + \sqrt{x^4 + 2x^2}\right)\right] + C$

21. $\frac{\sqrt{x^4 - 1}}{x^2} + C$ **23.** $\frac{1}{36}\left(\frac{7}{7 - 6x} + \ln|7 - 6x|\right) + C$

25. $e^x \arccos(e^x) - \sqrt{1 - e^{2x}} + C$

27. $\frac{1}{2}(x^2 + \cot x^2 + \csc x^2) + C$

29. $\frac{\sqrt{2}}{2}\arctan\frac{1 + \operatorname{sen}\theta}{\sqrt{2}} + C$ **31.** $-\frac{\sqrt{2 + 9x^2}}{2x} + C$

33. $\frac{1}{4}(2\ln|x| - 3\ln|3 + 2\ln|x||) + C$

35. $\frac{3x - 10}{2(x^2 - 6x + 10)} + \frac{3}{2}\arctan(x - 3) + C$

37. $\frac{1}{2}\ln\left|x^2 - 3 + \sqrt{x^4 - 6x^2 + 5}\right| + C$

39. $\frac{2}{1 + e^x} - \frac{1}{2(1 + e^x)^2} + \ln(1 + e^x) + C$

41. $\frac{2}{3}\left(2 - \sqrt{2}\right) \approx 0.3905$ **43.** $\frac{32}{5}\ln 2 - \frac{31}{25} \approx 3.1961$

45. $\frac{\pi}{2}$ **47.** $\frac{\pi^3}{8} - 3\pi + 6 \approx 0.4510$ **49-53.** Demostraciones

55. $\frac{1}{\sqrt{5}}\ln\left|\frac{2\tan(\theta/2) - 3 - \sqrt{5}}{2\tan(\theta/2) - 3 + \sqrt{5}}\right| + C$ **57.** $\ln 2$

59. $\frac{1}{2}\ln(3 - 2\cos\theta) + C$ **61.** $-2\cos\sqrt{\theta} + C$

63. $4\sqrt{3}$

65. (a) $\int x \ln x \, dx = \frac{1}{2}x^2 \ln x - \frac{1}{4}x^2 + C$

$\int x^2 \ln x \, dx = \frac{1}{3}x^3 \ln x - \frac{1}{9}x^3 + C$

$\int x^3 \ln x \, dx = \frac{1}{4}x^4 \ln x - \frac{1}{16}x^4 + C$

(b) $\int x^n \ln x \, dx = \frac{x^{n+1}}{n+1} \ln x - \frac{x^{n+1}}{(n+1)^2} + C$

(c) Demostración

67. 1919.145 pies-libra **69.** Alrededor de 401.4

71. $32\pi^2$ **73.** Problema Putnam A3, 1980

Sección 7.8

1. Uno de los límites de integración es infinito, ambos límites de integración son infinitos o la función tiene un número finito de discontinuidades infinitas sobre el intervalo considerado.

3. Para evaluar la integral propia $\int_a^{\infty} f(x)\,dx$, encontrar el límite cuando $b \to \infty$ cuando f es continua sobre $[a, \infty)$ o encontrar el límite cuando $a \to -\infty$ cuando f es continua sobre $(-\infty, b]$.

5. Impropia; $0 \le \frac{3}{5} \le 1$

7. No impropia; continua sobre $[0, 1]$

9. No impropia; continua sobre $[0, 2]$

11. Impropia; límites de integración infinitos

13. Discontinuidad infinita en $x = 0$; 4

15. Discontinuidad infinita en $x = 1$; diverge.

17. $\frac{1}{8}$ **19.** Diverge. **21.** Diverge. **23.** 2

25. $\frac{1}{2(\ln 4)^2}$ **27.** π **29.** $\frac{\pi}{4}$ **31.** Diverge.

33. Diverge. **35.** 0 **37.** $-\frac{1}{4}$ **39.** Diverge.

41. $\frac{\pi}{3}$ **43.** $\ln 3$ **45.** $\frac{\pi}{6}$ **47.** $\frac{2\pi\sqrt{6}}{3}$ **49.** $p > 1$

51. Demostración **53.** Converge. **55.** Converge.

57. Converge. **59.** Converge.

61. La integral impropia diverge. **63.** $\frac{7}{8}$ **65.** π

67. (a) 1 (b) $\frac{\pi}{2}$ (c) 2π **69.** 2π

71. (a) $W = 20\,000$ millas-ton (b) 4000 millas

73. (a) Demostración (b) 48.66%

75. (a)

0.15

50 90

0

(b) Alrededor de 0.1587

(c) 0.1587; la misma por simetría

77. (a) \$807 992.41 (b) \$887 995.15 (c) \$1 116 666.67

79. $P = \frac{2\pi NI\left(\sqrt{r^2 + c^2} - c\right)}{kr\sqrt{r^2 + c^2}}$

81. Falso. Sea $f(x) = \frac{1}{x+1}$ **83.** Verdadero

85. Verdadero **87.** (a) y (b) Demostraciones

(c) La definición de integral impropia $\int_{-\infty}^{\infty} f(x)\,dx$ no es $\lim\limits_{a \to \infty} \int_{-a}^{a} f(x)\,dx$

89. Demostración **91.** $\frac{1}{s}, s > 0$ **93.** $\frac{2}{s^3}, s > 0$

95. $\frac{s}{s^2 + a^2}, s > 0$ **97.** $\frac{s}{s^2 - a^2}, s > |a|$

99. (a) $\Gamma(1) = 1, \Gamma(2) = 1, \Gamma(3) = 2$ (b) Demostración
(c) $\Gamma(n) = (n-1)!$

101. $c = 1, \ln 2$

103. $8\pi\left[\frac{(\ln 2)^2}{3} - \frac{\ln 4}{9} + \frac{2}{27}\right] \approx 2.01545$

105. $\int_0^1 2 \operatorname{sen} u^2 \, du$; 0.6278 **107.** Demostración

Ejercicios de repaso para el capítulo 7

1. (a) (i) $u = 2x, dv = \sqrt{2x-3}\,dx, du = 2\,dx,$
$v = \frac{1}{3}(2x-3)^{3/2}$

(ii) $u = \sqrt{2x-3} \Rightarrow u^2 = 2x - 3, x = \frac{1}{2}(u^2 + 3),$
$dx = u\,du$

$\int 2x\sqrt{2x-3}\,dx = \frac{2}{5}(x+1)(2x-3)^{3/2} + C$

(b) (i) $u = x, dv = \sqrt{9+x}\,dx, du = dx, v = \frac{2}{3}(9+x)^{3/2}$

(ii) $u = \sqrt{9+x} \Rightarrow u^2 = 9 + x, x = u^2 - 9,$
$dx = 2u\,du$

$\int x\sqrt{9+x}\,dx = \frac{2}{5}(x-6)(9+x)^{3/2} + C$

3. *Ejemplo de respuestas:*

(a) Si m es positiva e impar, separe un factor de sen x y convierta los factores restantes a $(1 - \cos^2 x)^{(m-1)/2}$, a continuación use sustitución e integración por partes.

(b) Si n es positiva e impar separe un factor de cos x y convierta los factores restantes a $(1 - \operatorname{sen}^2 x)^{(n-1)/2}$, a continuación use sustitución e integración por partes.

(c) Si ambos m y n son positivos y pares, use integración por partes y una fórmula de reducción de potencias para determinar una expresión para v.

5. La regla del trapecio se utiliza para aproximar una integral definida mediante el uso de n trapecios. El intervalo $[a, b]$ se particiona en n subintervalos y cada uno de ellos forma entonces un trapecio al conectar los puntos donde las rectas verticales que pasan por los puntos finales de cada subintervalo cortan a la gráfica de f. El área de cada trapecio se determina para aproximar la integral definida.

7. $\frac{2}{9}(x^3 - 27)^{3/2} + C$ **9.** $-4 \cot \frac{x+8}{4} + C$

11. $\frac{1}{2} + \ln 2 \approx 1.1931$ **13.** $100 \operatorname{arcsen} \frac{x}{10} + C$

15. $-xe^{1-x} - e^{1-x} + C$

17. $\frac{1}{13}e^{2x}(2 \operatorname{sen} 3x - 3 \cos 3x) + C$

19. $x \tan x + \ln|\cos x| + C$

21. $\frac{1}{16}\left[(8x^2 - 1) \operatorname{arcsen} 2x + 2x\sqrt{1 - 4x^2}\right] + C$

23. $-\frac{\cos^5 x}{5} + C$

25. $\frac{\operatorname{sen}(\pi x - 1)[\cos^2(\pi x - 1) + 2]}{3\pi} + C$

27. $\frac{2}{3}\left(\tan^3 \frac{x}{2} + 3 \tan \frac{x}{2}\right) + C$

29. $\frac{\tan^3 x^2}{6} - \frac{\tan x^2}{2} + \frac{x^2}{2} + C$ **31.** $\tan \theta + \sec \theta + C$

33. $\frac{3\pi}{16} + \frac{1}{2} \approx 1.0890$ **35.** $\frac{3\sqrt{4 - x^2}}{x} + C$

37. $\frac{1}{3}(x^2 + 4)^{1/2}(x^2 - 8) + C$ **39.** $256 - 62\sqrt{17} \approx 0.3675$

41. (a), (b) y (c) $\frac{1}{3}\sqrt{4 + x^2}(x^2 - 8) + C$

43. $2 \ln|x + 2| - \ln|x - 3| + C$

45. $\frac{1}{4}[6 \ln|x - 1| - \ln(x^2 + 1) + 6 \arctan x] + C$

47. $x + \frac{1}{1 - x} + 2 \ln|x - 1| + C$

49. $-\ln|e^x + 1| + \frac{1}{2}\ln|e^x + 3| + \frac{1}{2}\ln|e^x - 1| + C$

	Trapecio	Simpson	Utilidad gráfica
51.	0.2848	0.2838	0.2838
53.	0.6366	0.6847	0.7041

55. $\frac{1}{25}\left(\frac{4}{4 + 5x} + \ln|4 + 5x|\right) + C$ **57.** $1 - \frac{\sqrt{2}}{2}$

59. $\frac{1}{2}\ln|x^2 + 4x + 8| - \arctan \frac{x + 2}{2} + C$

61. $\frac{\ln|\tan \pi x|}{\pi} + C$ **63.** $\frac{1}{8}(\operatorname{sen} 2\theta - 2\theta \cos 2\theta) + C$

65. $\frac{4}{3}(x^{3/4} - 3x^{1/4} + 3 \arctan x^{1/4}) + C$

67. $2\sqrt{1 - \cos x} + C$ **69.** $\operatorname{sen} x \ln(\operatorname{sen} x) - \operatorname{sen} x + C$

71. $\frac{5}{2}\ln\left|\frac{x - 5}{x + 5}\right| + C$

73. $y = x \ln|x^2 + x| - 2x + \ln|x + 1| + C$ **75.** $\frac{1}{5}$

77. $\frac{1}{2}(\ln 4)^2 \approx 0.961$

79. $\pi^2 - 4 \operatorname{sen} 2 - 2 \cos 2 - 6 \approx 1.0647$

81. $\frac{\sqrt{27}}{2} \approx 1.0392$

83. $(\bar{x}, \bar{y}) = \left(0, \frac{4}{3\pi}\right)$ **85.** $\frac{32}{3}$ **87.** Diverge. **89.** 1

91. $\frac{\pi}{4}$ **93.** (a) \$6 321 205.59 (b) \$10 000 000

95. (a) 0.4581 (b) 0.0135 **97.** Demostración

99. Demostración

Solución de problemas

1. (a) $\frac{4}{3}, \frac{16}{15}$ (b) Demostración

3. (a) $R(n), I, T(n), L(n)$

(b) $S(4) = \frac{1}{3}[f(0) + 4f(1) + 2f(2) + 4f(3) + f(4)] \approx 5.42$

5. $(\bar{x}, \bar{y}) = \left(0, \frac{\sqrt{2}}{4}\right)$ **7.** Demostración

9. $s(t) = -16t^2 + 12000t\left(1 + \ln \frac{50000}{50000 - 400t}\right)$

$+ 1500000 \ln \frac{50000 - 400t}{50000}$; 557 168.626 pies

Capítulo 8

Sección 8.1

1. No hay un único valor de z para cada par ordenado.

3. z es una función de x y y. **5.** z es una función de x y y.

7. z no es una función de x y y.

9. (a) 1 (b) 1 (c) -17
(d) $9 - y$ (e) $2x - 1$ (f) $13 - t$

11. (a) -1 (b) 0 (c) xe^3 (d) te^{-y}

13. (a) 3 (b) 2 (c) $\frac{16}{t}$ (d) $-\frac{6}{5}$

15. (a) $\sqrt{2}$ (b) $3 \operatorname{sen} 1$ (c) 0 (d) 4

17. (a) -4 (b) -6 (c) $-\frac{25}{4}$ (d) $\frac{9}{4}$

19. (a) $2, \Delta x \neq 0$ (b) $2y + \Delta y, \Delta y \neq 0$

21. Dominio: $\{(x, y): x$ es cualquier número real, y es cualquier número real$\}$
Rango: todos los números reales

23. Dominio: $\{(x, y): y \geq 0\}$
Rango: todos los números reales

25. Dominio: $\{(x, y): x \neq 0, y \neq 0\}$
Rango: todos los números reales

27. Dominio: $\{(x, y): x^2 + y^2 \leq 4\}$
Rango: $0 \leq z \leq 2$

29. Dominio: $\{(x, y): -1 \leq x + y \leq 1\}$
Rango: $0 \leq z \leq \pi$

31. Dominio: $\{(x, y): y < -x + 5\}$
Rango: todos los números reales

33. (a) (20, 0, 0) (b) (−15, 10, 20)
(c) (20, 15, 25) (d) (20, 20, 0)

35. Plano

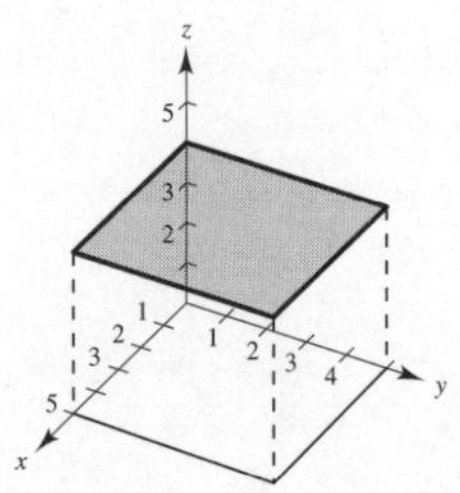

37. Cilindro con generatrices paralelas al eje x

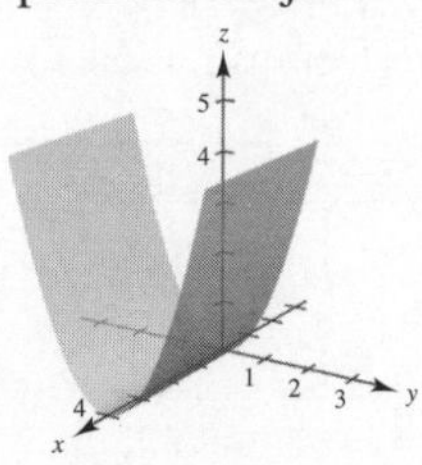

39. Paraboloide

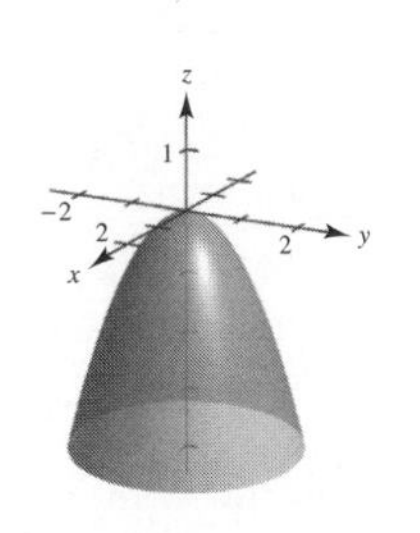

41. Cilindro con generatrices paralelas al eje x

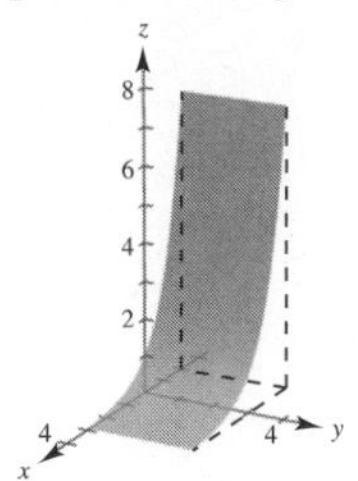

43.

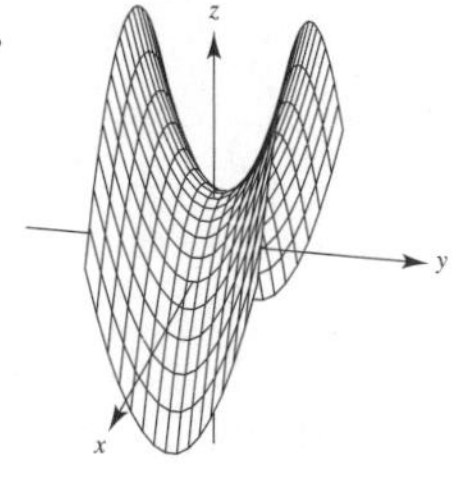

45.

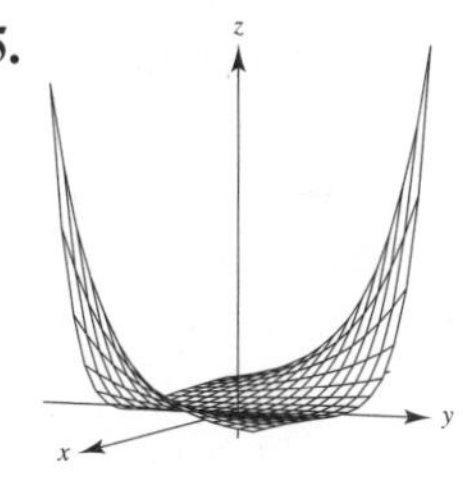

47. c **48.** d **49.** b **50.** a

51. Rectas: $x + y = c$

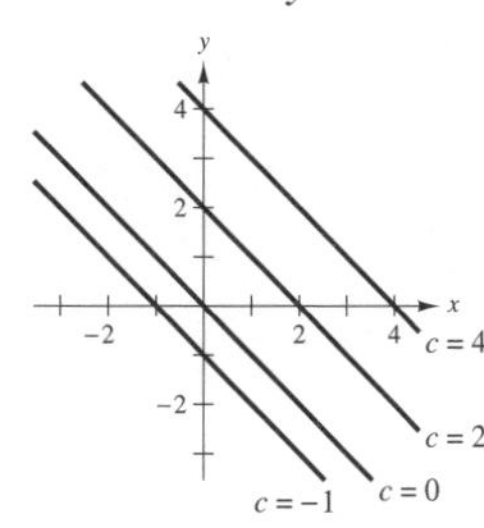

53. Elipses: $x^2 + 4y^2 = c$ [excepto $x^2 + 4y^2 = c$ es el punto $(0, 0)$]

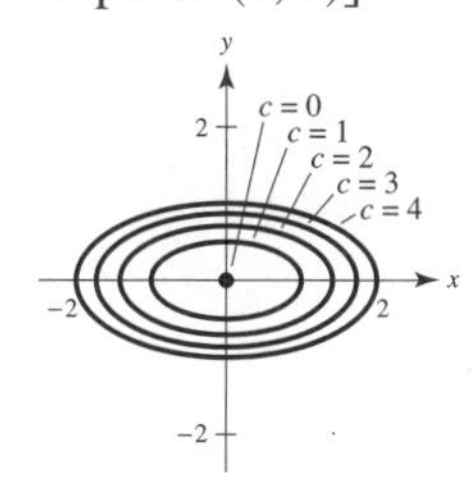

55. Hipérbolas: $xy = c$

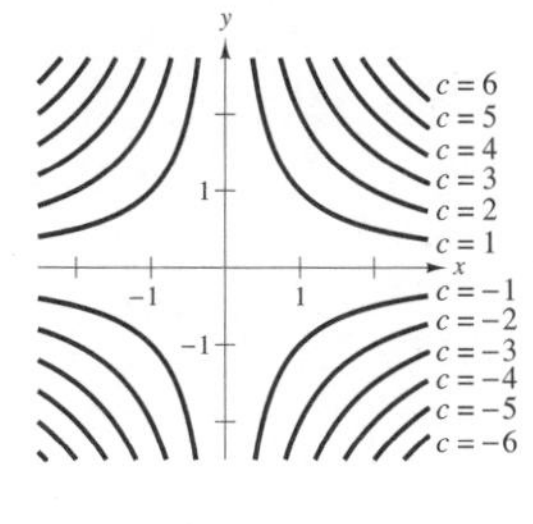

57. Círculos que pasan por $(0, 0)$

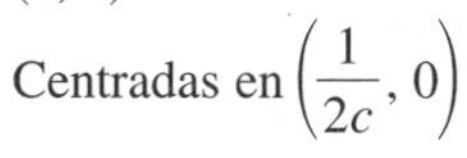

Centradas en $\left(\frac{1}{2c}, 0\right)$

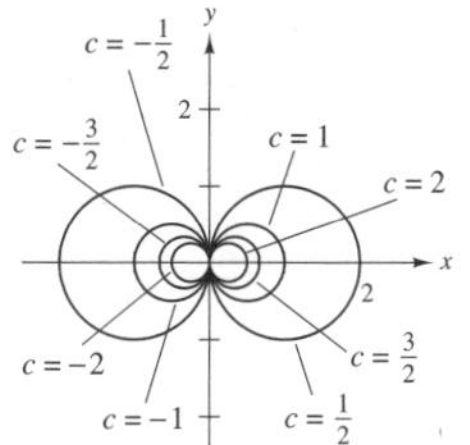

59.

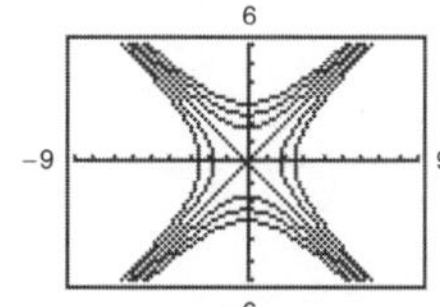

61.

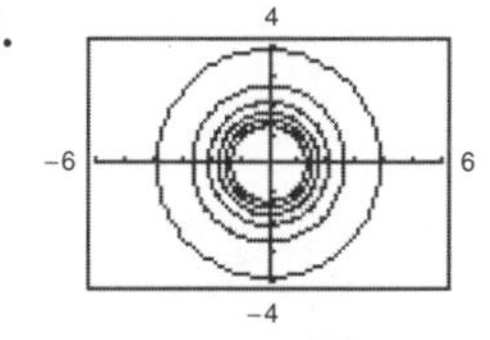

63. Si; la definición de una función de dos variables requiere que z sea única para cada par (x, y) en el dominio.

65. $f(x, y) = \dfrac{x}{y}$ $\left(\text{Las curvas de nivel son las rectas } y = \dfrac{x}{c}.\right)$

67. La superficie puede tener la forma de una silla. Por ejemplo, sea $f(x, y) = xy$. La gráfica no es única porque cualquier traslación producirá las mismas curvas de nivel.

69.

	Tasa de inflación		
Tasa de impuestos	0	0.03	0.05
0	\$1 790.85	\$1 332.56	\$1 099.43
0.28	\$1 526.43	\$1 135.80	\$937.09
0.35	\$1 466.07	\$1 090.90	\$900.04

71. Plano

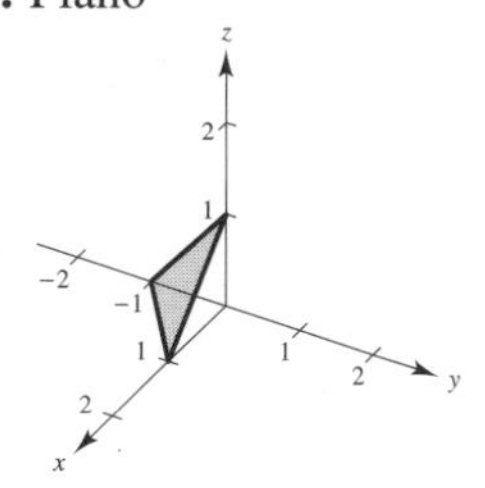

73. Esfera

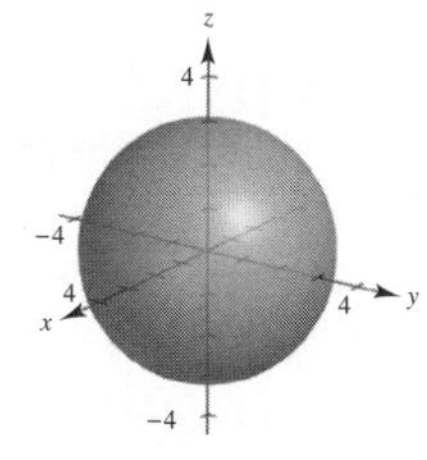

75. Cono elíptico

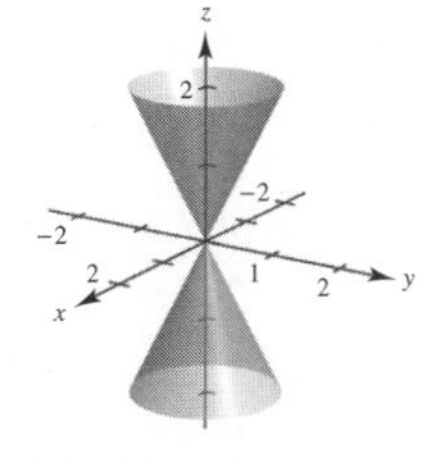

77. (a) 243 pies tablares (b) 507 pies tablares

79.

81. 36 661 unidades

83. Demostración

85. (a) $k = \dfrac{520}{3}$

(b) $P = \dfrac{520T}{3V}$

Las curvas de nivel son rectas.

87. (a) C (b) A (c) B

89. $C = 4.50xy + 5.00(xz + yz)$

91. Falso. Sea $f(x, y) = 4$.

93. Falso. La ecuación de una esfera no es una función.

95. Problema Putnam A1, 2008

Sección 8.2

1. Cuando x tiende a -1 y y tiende a 3, z tiende a 1.

3-5. Demostraciones **7.** 9 **9.** -20 **11.** 7, continua

13. e^2, continua **15.** 0, continua para $y \neq 0$

17. $\frac{1}{2}$, continua excepto en $(0, 0)$ **19.** -1, continua

21. 0, continua para $xy \neq 1$, $|xy| \leq 1$

23. $2\sqrt{2}$, continua para $x + y + z \geq 0$ **25.** 0

27. El límite no existe. **29.** El límite no existe.

31. El límite no existe. **33.** 0

35. El límite no existe.

37. No. La existencia de $f(2, 3)$ no condiciona la existencia del límite cuando $(x, y) \to (2, 3)$.

39. $\lim_{x\to\infty} f(x, 0) = 0$ si $f(x, 0)$ existe. **41.** Continua, 1

43.

(x, y)	$(1, 0)$	$(0.5, 0)$	$(0.1, 0)$	$(0.01, 0)$	$(0.001, 0)$
$f(x, y)$	0	0	0	0	0

$y = 0$: 0

(x, y)	$(1, 1)$	$(0.5, 0.5)$	$(0.1, 0.1)$
$f(x, y)$	$\frac{1}{2}$	$\frac{1}{2}$	$\frac{1}{2}$

(x, y)	$(0.01, 0.01)$	$(0.001, 0.001)$
$f(x, y)$	$\frac{1}{2}$	$\frac{1}{2}$

$y = x$: $\frac{1}{2}$

El límite no existe.

Continua excepto en $(0, 0)$

45.

(x, y)	$(1, 0)$	$(0.5, 0)$	$(0.1, 0)$	$(0.01, 0)$	$(0.001, 0)$
$f(x, y)$	0	0	0	0	0

$y = 0$: 0

(x, y)	$(1, 1)$	$(0.5, 0.5)$	$(0.1, 0.1)$
$f(x, y)$	$\frac{1}{2}$	1	5

(x, y)	$(0.01, 0.01)$	$(0.001, 0.001)$
$f(x, y)$	50	500

$y = x$: ∞

El límite no existe.

Continua excepto en $(0, 0)$

47. (a) $\dfrac{1 + a^2}{a}$, $a \neq 0$ (b) El límite no existe.

(c) No; diferentes trayectorias resultan en diferentes límites.

49. f es continua. g es continua excepto en $(0, 0)$. g tiene una discontinuidad evitable en $(0, 0)$.

51. 0 **53.** 0 **55.** 1 **57.** 1 **59.** 0

61. Continua excepto en $(0, 0, 0)$ **63.** Continua

65. Continua **67.** Continua

69. Continua para $y \neq \dfrac{2x}{3}$ **71.** (a) $2x$ (b) -4

73. (a) $\dfrac{1}{y}$ (b) $-\dfrac{x}{y^2}$ **75.** (a) $3 + y$ (b) $x - 2$

77. 0 **79.** Verdadero

81. Falso. Sea $f(x, y) = \begin{cases} \ln(x^2 + y^2), & x \neq 0, y \neq 0 \\ 0, & x = 0, y = 0 \end{cases}$

83. $\dfrac{\pi}{2}$ **85.** Demostración

Sección 8.3

1. $z_x, f_x(x, y), \dfrac{\partial z}{\partial x}$

3. (a) Derivar primero respecto a y, después respecto a x y al final respecto a z.

(b) Derivar primero respecto a z, después respecto a x.

5. No. Porque se está encontrando la derivada parcial respecto a x, se considera a y como constante. De esta manera, el denominador es considerado una constante y no contiene ninguna variable.

7. No. Porque se está encontrando la derivada parcial respecto a y, se considera que x es constante. De esta manera, el denominador se considera una constante y no contiene ninguna variable.

9. Sí. Porque se está encontrando la derivada parcial respecto a x, se considera que y es constante. De manera que tanto el numerador como el denominador contienen variables.

11. $f_x(x, y) = 2$, $f_y(x, y) = -5$

13. $\dfrac{\partial z}{\partial x} = 6 - 2xy$, $\dfrac{\partial z}{\partial y} = -x^2 + 16y$

15. $\dfrac{\partial z}{\partial x} = \sqrt{y}$, $\dfrac{\partial z}{\partial y} = \dfrac{x}{2\sqrt{y}}$

17. $\dfrac{\partial z}{\partial x} = ye^{xy}$, $\dfrac{\partial z}{\partial y} = xe^{xy}$

19. $\dfrac{\partial z}{\partial x} = 2xe^{2y}$, $\dfrac{\partial z}{\partial y} = 2x^2e^{2y}$

21. $\dfrac{\partial z}{\partial x} = \dfrac{1}{x}$, $\dfrac{\partial z}{\partial y} = -\dfrac{1}{y}$

23. $\dfrac{\partial z}{\partial x} = \dfrac{2x}{x^2 + y^2}$, $\dfrac{\partial z}{\partial y} = \dfrac{2y}{x^2 + y^2}$

25. $\dfrac{\partial z}{\partial x} = \dfrac{x^3 - 3y^3}{x^2y}$, $\dfrac{\partial z}{\partial y} = \dfrac{-x^3 + 12y^3}{2xy^2}$

27. $h_x(x, y) = -2xe^{-(x^2+y^2)}$, $h_y(x, y) = -2ye^{-(x^2+y^2)}$

29. $f_x(x, y) = \dfrac{x}{\sqrt{x^2 + y^2}}$, $f_y(x, y) = \dfrac{y}{\sqrt{x^2 - y^2}}$

31. $\dfrac{\partial z}{\partial x} = -y \operatorname{sen} xy$, $\dfrac{\partial z}{\partial y} = -x \operatorname{sen} xy$

33. $\dfrac{\partial z}{\partial x} = 2 \sec^2(2x - y)$, $\dfrac{\partial z}{\partial y} = -\sec^2(2x - y)$

35. $\dfrac{\partial z}{\partial x} = 8ye^y \cos 8xy$, $\dfrac{\partial z}{\partial y} = e^y(8x \cos 8xy + \operatorname{sen} 8xy)$

37. $\dfrac{\partial z}{\partial x} = 2 \cosh(2x + 3y)$, $\dfrac{\partial z}{\partial y} = 3 \cosh(2x + 3y)$

39. $f_x(x, y) = 1 - x^2$
$f_y(x, y) = y^2 - 1$

41. $f_x(x, y) = 3$
$f_y(x, y) = 2$

43. $f_x(x, y) = \dfrac{1}{2\sqrt{x + y}}$
$f_y(x, y) = \dfrac{1}{2\sqrt{x + y}}$

45. $f_x = 12$
$f_y = 12$

47. $f_x = -1$
$f_y = \frac{1}{2}$

49. $f_x = \frac{1}{4}$
$f_y = \frac{1}{4}$

51. $f_x = -\dfrac{1}{4}$
$f_y = \dfrac{1}{4}$

53. $\dfrac{\partial z}{\partial x}(1, 2) = 2$
$\dfrac{\partial z}{\partial y}(1, 2) = 1$

55. $g_x(1, 1) = -2$
$g_y(1, 1) = -2$

57. $H_x(x, y, z) = \cos(x + 2y + 3z)$
$H_y(x, y, z) = 2\cos(x + 2y + 3z)$
$H_z(x, y, z) = 3\cos(x + 2y + 3z)$

59. $\dfrac{\partial w}{\partial x} = \dfrac{x}{\sqrt{x^2 + y^2 + z^2}}$
$\dfrac{\partial w}{\partial y} = \dfrac{y}{\sqrt{x^2 + y^2 + z^2}}$
$\dfrac{\partial w}{\partial z} = \dfrac{z}{\sqrt{x^2 + y^2 + z^2}}$

61. $F_x(x, y, z) = \dfrac{x}{x^2 + y^2 + z^2}$
$F_y(x, y, z) = \dfrac{y}{x^2 + y^2 + z^2}$
$F_z(x, y, z) = \dfrac{z}{x^2 + y^2 + z^2}$

63. $f_x = 3, f_y = 1, f_z = 2$ **65.** $f_x = 1, f_y = 0, f_z = 0$

67. $f_x = 4, f_y = 24, f_z = 0$ **69.** $x = 2, y = -2$

71. $x = -6, y = 4$ **73.** $x = 1, y = 1$ **75.** $x = 0, y = 0$

77. $\dfrac{\partial^2 z}{\partial x^2} = 0$
$\dfrac{\partial^2 z}{\partial y^2} = 6x$
$\dfrac{\partial^2 z}{\partial y \partial x} = \dfrac{\partial^2 z}{\partial x \partial y} = 6y$

79. $\dfrac{\partial^2 z}{\partial x^2} = 12x^2$
$\dfrac{\partial^2 z}{\partial y^2} = 18y$
$\dfrac{\partial^2 z}{\partial y \partial x} = \dfrac{\partial^2 z}{\partial x \partial y} = -2$

81. $\dfrac{\partial^2 z}{\partial x^2} = \dfrac{y^2}{(x^2 + y^2)^{3/2}}$
$\dfrac{\partial^2 z}{\partial y^2} = \dfrac{x^2}{(x^2 + y^2)^{3/2}}$
$\dfrac{\partial^2 z}{\partial y \partial x} = \dfrac{\partial^2 z}{\partial x \partial y} = \dfrac{-xy}{(x^2 + y^2)^{3/2}}$

83. $\dfrac{\partial^2 z}{\partial x^2} = e^x \tan y$
$\dfrac{\partial^2 z}{\partial y^2} = 2e^x \sec^2 y \tan y$
$\dfrac{\partial^2 z}{\partial y \partial x} = \dfrac{\partial^2 z}{\partial x \partial y} = e^x \sec^2 2y$

85. $\dfrac{\partial^2 z}{\partial x^2} = -y^2 \cos xy$
$\dfrac{\partial^2 z}{\partial y^2} = -x^2 \cos xy$
$\dfrac{\partial^2 z}{\partial y \partial x} = \dfrac{\partial^2 z}{\partial x \partial y} = -xy \cos xy - \text{sen } xy$

87. $\dfrac{\partial z}{\partial x} = \sec y$
$\dfrac{\partial z}{\partial y} = x \sec y \tan y$
$\dfrac{\partial^2 z}{\partial x^2} = 0$
$\dfrac{\partial^2 z}{\partial y^2} = x \sec y(\sec^2 y + \tan^2 y)$
$\dfrac{\partial^2 z}{\partial y \partial x} = \dfrac{\partial^2 z}{\partial x \partial y} = \sec y \tan y$
No existen valores de x ni de y tales que $f_x(x, y) = f_y(x, y) = 0$.

89. $\dfrac{\partial z}{\partial x} = \dfrac{y^2 - x^2}{x(x^2 + y^2)}$
$\dfrac{\partial z}{\partial y} = \dfrac{-2y}{x^2 + y^2}$
$\dfrac{\partial^2 z}{\partial x^2} = \dfrac{x^4 - 4x^2y^2 - y^4}{x^2(x^2 + y^2)^2}$
$\dfrac{\partial^2 z}{\partial y^2} = \dfrac{2(y^2 - x^2)}{(x^2 + y^2)^2}$
$\dfrac{\partial^2 z}{\partial y \partial x} = \dfrac{\partial^2 z}{\partial x \partial y} = \dfrac{4xy}{(x^2 + y^2)^2}$
No existen valores de x ni de y tales que $f_x(x, y) = f_y(x, y) = 0$.

91. $f_{xyy}(x, y, z) = f_{yxy}(x, y, z) = f_{yyx}(x, y, z) = 0$

93. $f_{xyy}(x, y, z) = f_{yxy}(x, y, z) = f_{yyx}(x, y, z) = z^2 e^{-x} \text{ sen } yz$

95. $\dfrac{\partial^2 z}{\partial x^2} + \dfrac{\partial^2 z}{\partial y^2} = 0 + 0 = 0$

97. $\dfrac{\partial^2 z}{\partial x^2} + \dfrac{\partial^2 z}{\partial y^2} = e^x \text{ sen } y - e^x \text{ sen } y = 0$

99. $\dfrac{\partial^2 z}{\partial t^2} = -c^2 \text{ sen}(x - ct) = c^2\left(\dfrac{\partial^2 z}{\partial x^2}\right)$

101. $\dfrac{\partial^2 z}{\partial t^2} = \dfrac{-c^2}{(x + ct)^2} = c^2\left(\dfrac{\partial^2 z}{\partial x^2}\right)$

103. $\dfrac{\partial z}{\partial t} = \dfrac{-e^{-t}\cos x}{c} = c^2\left(\dfrac{\partial^2 z}{\partial x^2}\right)$ **105.** Demostración

107. Sí; $f(x, y) = \cos(3x - 2y)$

109. No. Sea $z = x + y + 1$.

111.

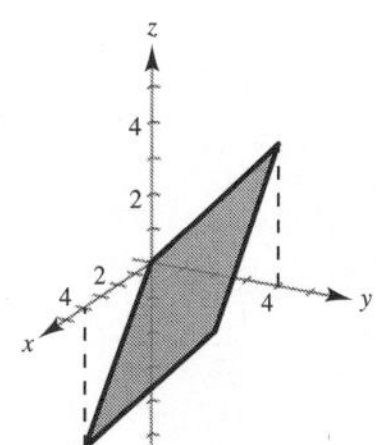

113. $S_{\text{máx}} = 2\,304 \text{ m}^2$; $S_{\text{mín}} = 576 \text{ m}^2$

115. (a) $\sqrt{2}$ (b) $\frac{5}{2}$ **117.** (a) 72 (b) 72

119. $IQ_M = \frac{100}{C}$, $IQ_M(12, 10) = 10$

IQ aumenta a razón de 10 puntos por año de edad mental cuando la edad mental es 12 y la edad cronológica es 10.

$IQ_C = -\frac{100M}{C^2}$, $IQ_C(12, 10) = -12$

IQ disminuye a razón de 12 puntos por año de edad cronológica cuando la edad mental es 12 y la edad cronológica es 10.

121. Un aumento en el cargo por comida y vivienda o en el la matrícula provocará una disminución en el número de solicitantes.

123. $\frac{\partial T}{\partial x} = -2.4°/\text{m}$, $\frac{\partial T}{\partial y} = -9°/\text{m}$

125. $T = \frac{PV}{nR} \Rightarrow \frac{\partial T}{\partial P} = \frac{v}{nR}$

$P = \frac{nRT}{V} \Rightarrow \frac{\partial P}{\partial V} = \frac{-nRT}{V^2}$

$V = \frac{nRT}{P} \Rightarrow \frac{\partial V}{\partial T} = \frac{nR}{P}$

$\frac{\partial T}{\partial P} \cdot \frac{\partial P}{\partial V} \cdot \frac{\partial V}{\partial T} = -\frac{nRT}{VP} = -\frac{nRT}{nRT} = -1$

127. (a) $\frac{\partial z}{\partial x} = 0.54$, $\frac{\partial z}{\partial y} = -0.6$

(b) Como los gastos en parques de atracciones y campamentos aumentan, los gastos en espectadores de deportes se incrementan. Como los gastos en entretenimiento en vivo aumentan, los gastos en espectadores de deportes disminuyen.

129. (a) $f_x(x, y) = \frac{y(x^4 + 4x^2y^2 - y^4)}{(x^2 + y^2)^2}$

$f_y(x, y) = \frac{x(x^4 - 4x^2y^2 - y^4)}{(x^2 + y^2)^2}$

(b) $f_x(0, 0) = 0, f_y(0, 0) = 0$

(c) $f_{xy}(0, 0) = -1, f_{yx}(0, 0) = 1$

(d) f_{xy} o f_{yx} o ambas no son continuas en (0, 0).

131. Demostración

Sección 8.4

1. En general, la precisión empeora cuando Δx y Δy se incrementan.

3. $dz = 15x^2y^2\,dx + 10x^3y\,dy$

5. $dz = (e^{x^2+y^2} + e^{-x^2-y^2})(x\,dx + y\,dy)$

7. $dw = 2xyz^2\,dx + (x^2z^2 + z\cos yz)\,dy + (2x^2yz + y\cos yz)$

9. (a) $f(2, 1) = 1, f(2.1, 1.05) = 1.05, \Delta z = 0.05$

(b) $dz = 0.05$

11. (a) $f(2, 1) = 11, f(2.1, 1.05) = 10.4875, \Delta z = -0.5125$

(b) $dz = -0.5$

13. (a) $f(2, 1) = e^2 \approx 7.3891, f(2.1, 1.05) = 1.05e^{2.1} \approx 8.5745, \Delta z \approx 1.1854$

(b) $dz \approx 1.1084$

15. 0.44 **17.** 0

19. Sí. Dado que f_x y f_y son continuas sobre R, se sabe que f es derivable sobre R. Dado que f es derivable sobre R, se sabe que f es continua sobre R.

21. $dA = h\,dl + l\,dh$

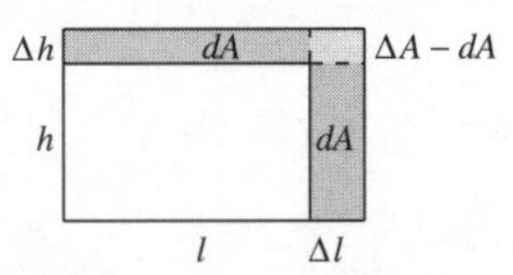

$\Delta A - dA = dl\,dh$

23. $dV = \pm 3.92$ pulg^3, $\frac{dV}{V} = 0.82\%$

25.

Δr	Δh	dV	ΔV	$\Delta V - dV$
0.1	0.1	8.3776	8.5462	0.1686
0.1	−0.1	5.0265	5.0255	−0.0010
0.001	0.002	0.1005	0.1006	0.0001
−0.0001	0.0002	−0.0034	−0.0034	0.0000

27. $dC = \pm 2.4418°$, $\frac{dC}{C} = 19\%$ **29.** 10%

31. (a) $V = 18 \operatorname{sen} \theta$ pies^3, $\theta = \frac{\pi}{2}$ (b) 1.047 pies^3

33. $L \approx 8.096 \times 10^{-4} \pm 6.6 \times 10^{-6}$ microhenrios

35. Las respuestas pueden variar.

Ejemplo de respuesta:

$\varepsilon_1 = \Delta x$

$\varepsilon_2 = 0$

37. Las respuestas pueden variar.

Ejemplo de respuesta:

$\varepsilon_1 = y\,\Delta x$

$\varepsilon_2 = 2x\,\Delta x + (\Delta x)^2$

39-41. Demostraciones

Sección 8.5

1. Se puede convertir w en una función de s y t, o se puede utilizar la regla de la cadena dada en el teorema 13.7.

3. $8t + 5$; 21 **5.** $e^t(\operatorname{sen} t + \cos t)$; 1

7. (a) y (b) $2e^{2t} + \frac{3}{t^4}$ **9.** (a) y (b) $2e^{2t}$

11. (a) y (b) $3(2t^2 - 1)$ **13.** $\frac{-11\sqrt{29}}{29} \approx -2.04$

15. $\frac{\partial w}{\partial s} = 4s, 4$

$\frac{\partial w}{\partial t} = 4t, 12$

17. $\frac{\partial w}{\partial s} = 5\cos(5s - t), 0$

$\frac{\partial w}{\partial t} = -\cos(5s - t), 0$

19. (a) y (b)

$\frac{\partial w}{\partial s} = t^2(3s^2 - t^2)$

$\frac{\partial w}{\partial t} = 2st(s^2 - 2t^2)$

21. (a) y (b)

$\frac{\partial w}{\partial s} = te^{s^2-t^2}(2s^2 + 1)$

$\frac{\partial w}{\partial t} = se^{s^2-t^2}(1 - 2t^2)$

23. $\frac{y - 2x + 1}{2y - x + 1}$ **25.** $-\frac{x^2 + y^2 + x}{x^2 + y^2 + y}$

27. $\frac{\partial z}{\partial x} = -\frac{x}{z}$

$\frac{\partial z}{\partial y} = -\frac{y}{z}$

29. $\frac{\partial z}{\partial x} = -\frac{x}{y+z}$

$\frac{\partial z}{\partial y} = -\frac{y}{y+z}$

31. $\frac{\partial z}{\partial x} = \frac{\partial z}{\partial y} = \frac{\sec^2(x+y)}{\operatorname{sen} z}$

33. $\frac{\partial z}{\partial x} = -\frac{(ze^{xz}+y)}{xe^{xz}}$

$\frac{\partial z}{\partial y} = -e^{-xz}$

35. $\frac{\partial w}{\partial x} = \frac{7y+w^2}{4z-2wz-2wx}$

$\frac{\partial w}{\partial y} = \frac{7x+z^2}{4z-2wz-2wx}$

$\frac{\partial w}{\partial z} = \frac{2yz-4w+w^2}{4z-2wz-2wx}$

37. $\frac{\partial w}{\partial x} = \frac{y \operatorname{sen} xy}{z}$

$\frac{\partial w}{\partial y} = \frac{x \operatorname{sen} xy - z\cos yz}{z}$

$\frac{\partial w}{\partial z} = -\frac{y\cos yz + w}{z}$

39. (a) $f(tx, ty) = 2(tx)^2 - 5(tx)(ty)$
$= t^2(2x^2 - 5xy) = t^2 f(x, y);\ n = 2$

(b) $xf_x(x, y) + yf_y(x, y) = 4x^2 - 10xy = 2f(x, y)$

41. (a) $f(tx, ty) = e^{tx/ty} = e^{x/y} = f(x, y);\ n = 0$

(b) $xf_x(x, y) + yf_y(x, y) = \frac{xe^{x/y}}{y} - \frac{xe^{x/y}}{y} = 0$

43. 47 **45.** Demostración

47. (a) $\frac{\partial F}{\partial u}\frac{\partial u}{dx} + \frac{\partial F}{\partial v}\frac{\partial v}{\partial x} = 4\frac{\partial F}{\partial u}$

(b) $\frac{\partial F}{\partial u}\frac{\partial u}{\partial x} + \frac{\partial F}{\partial v}\frac{\partial v}{\partial x} = -2\frac{\partial F}{\partial u} + 2x\frac{\partial F}{\partial v}$

49. 4608π pulg^3/min, 624π pulg^2/min **51.** $28m$ cm^2/s

53-55. Demostraciones

Sección 8.6

1. La derivada parcial respecto a x es la derivada direccional en la dirección del eje x positivo. Eso es, la derivada direccional para $\theta = 0$.

3. $-\sqrt{2}$ **5.** $\frac{1}{2} + \sqrt{3}$ **7.** 1 **9.** $-\frac{7}{25}$ **11.** 6

13. $\frac{2\sqrt{5}}{5}$ **15.** $3\mathbf{i} + 10\mathbf{j}$ **17.** $2\mathbf{i} - \frac{1}{2}\mathbf{j}$

19. $20\mathbf{i} - 14\mathbf{j} - 30\mathbf{k}$ **21.** -1 **23.** $\frac{2\sqrt{3}}{3}$ **25.** $3\sqrt{2}$

27. $-\frac{8}{\sqrt{5}}$ **29.** $-\sqrt{y}\,\mathbf{i} + \left(2y - \frac{x}{2\sqrt{y}}\right)\mathbf{j};\ \sqrt{39}$

31. $\tan y\mathbf{i} + x\sec^2 y\mathbf{j};\ \sqrt{17}$

33. $\cos x^2y^3(2x\mathbf{i} + 3y^2\mathbf{j});\ \frac{1}{\pi}\sqrt{4+9\pi^6},$

35. $=\frac{x\mathbf{i} + y\mathbf{j} + z\mathbf{k}}{\sqrt{x^2+y^2+z^2}};\ 1$

37. $yz(yz\mathbf{i} + 2xz\mathbf{j} + 2xy\mathbf{k});\ \sqrt{33}$

39. $-2\mathbf{i} - 3\mathbf{j}$ **41.** $3\mathbf{i} - \mathbf{j}$

43. (a) $16\mathbf{i} - \mathbf{j}$ (b) $\frac{\sqrt{257}}{257}(16\mathbf{i} - \mathbf{j})$ (c) $y = 16x - 22$

(d)

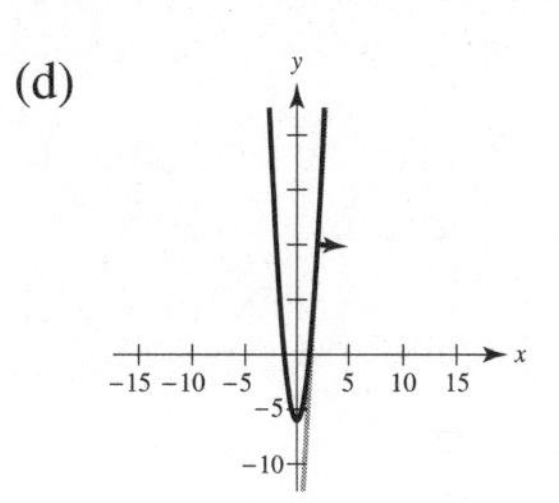

45. (a) $6\mathbf{i} - 4\mathbf{j}$ (b) $\frac{\sqrt{13}}{13}(3\mathbf{i} - 2\mathbf{j})$ (c) $y = \frac{3}{2}x - \frac{1}{2}$

(d)

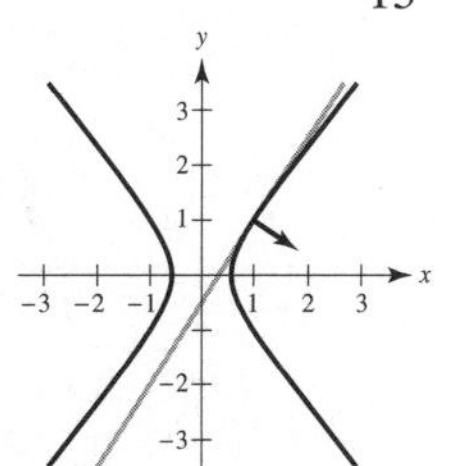

47. (a)

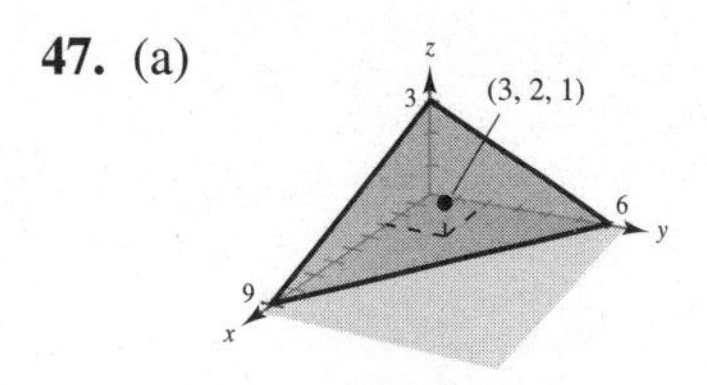

(b) (i) $-\frac{5\sqrt{2}}{12}$ (ii) $\frac{2-3\sqrt{3}}{12}$

(iii) $\frac{2+3\sqrt{3}}{12}$ (iv) $\frac{3-2\sqrt{3}}{12}$

(c) (i) $-\frac{5\sqrt{2}}{12}$ (ii) $\frac{3}{5}$ (iii) $-\frac{1}{5}$ (iv) $-\frac{11\sqrt{10}}{60}$

(d) $-\frac{1}{3}\mathbf{i} - \frac{1}{2}\mathbf{j}$ (e) $\frac{\sqrt{13}}{6}$

(f) $\mathbf{u} = \frac{1}{\sqrt{13}}(3\mathbf{i} - 2\mathbf{j})$

$D_{\mathbf{u}}f(3, 2) = \nabla f \cdot \mathbf{u} = 0$

∇f es la dirección de la razón de cambio más grande de f. Así, en una dirección ortogonal a ∇f, la razón de cambio de f es 0.

49. (a)

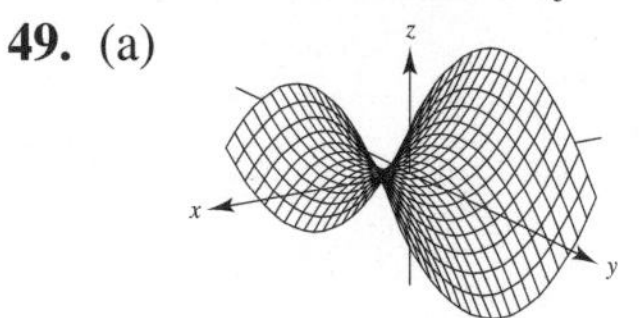

(b) $D_{\mathbf{u}}f(4, -3) = 8\cos\theta + 6\operatorname{sen}\theta$

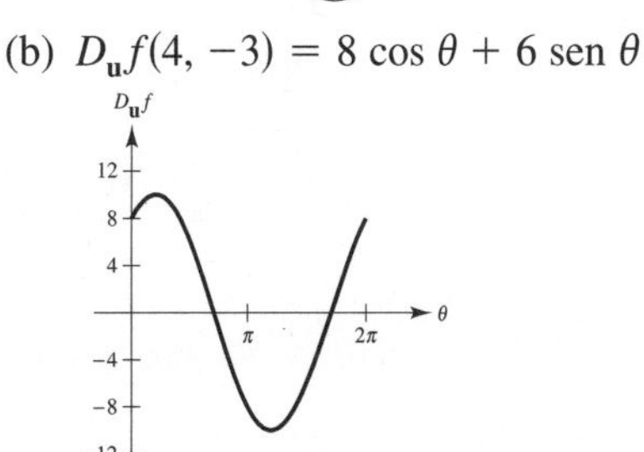

Generado por Mathematica

(c) $\theta \approx 2.21,\ \theta \approx 5.36$

Direcciones en las cuales no hay cambio en f.

(d) $\theta \approx 0.64, \theta \approx 3.79$
Direcciones de la mayor razón de cambio en f.
(e) 10; magnitud de la mayor razón de cambio
(f)

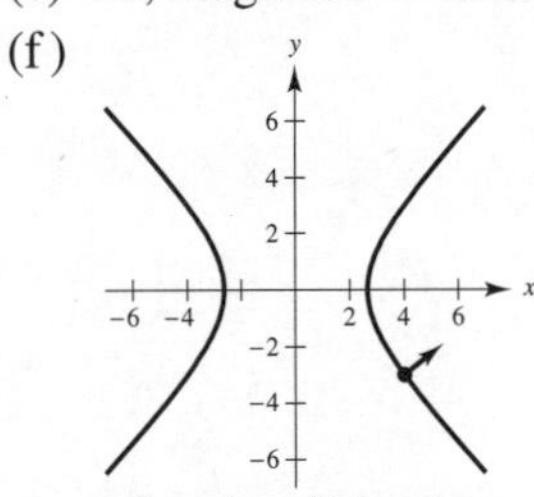

Generado por Mathematica

Ortogonal a la curva de nivel

51. No; las respuestas pueden variar.
53. $5\nabla h = -(5\mathbf{i} + 12\mathbf{j})$
55. $\frac{1}{625}(7\mathbf{i} - 24\mathbf{j})$ **57.** $6\mathbf{i} - 10\mathbf{j}$; $11.66°/\text{cm}$
59. $y^2 = 10x$ **61.** Verdadero **63.** Verdadero
65. $f(x, y, z) = e^x \cos y + \frac{1}{2}z^2 + C$
67. (a) y (b) Demostraciones
(c)

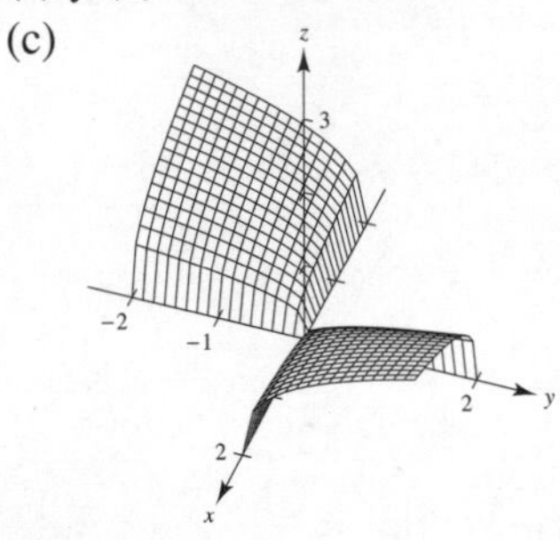

Sección 8.7

1. $\nabla F(x_0, y_0, z_0)$ y cualquier vector tangente $\mathbf{v}$ en (x_0, y_0, z_0) son ortogonales. Así, $\nabla F(x_0, y_0, z_0) \cdot \mathbf{v} = 0$.
3. La superficie de nivel puede ser escrita como $3x - 5y + 3z = 15$, la cual es una ecuación de un plano en el espacio.
5. La superficie de nivel puede ser escrita como $4x^2 + 9y^2 - 4z^2 = 0$, la cual es un cono elíptico sobre el eje z.
7. $\frac{1}{13}(3\mathbf{i} + 4\mathbf{j} + 12\mathbf{k})$
9. $4x + 2y - z = 2$ **11.** $3x + 4y - 5z = 0$
13. $2x - 2y - z = 2$
15. $3x + 4y - 25z = 25(1 - \ln 5)$
17. $4x + 2y + 5z = -15$
19. (a) $x + y + z = 9$ (b) $x - 3 = y - 3 = z - 3$
21. (a) $x - 2y + 2z = 7$ (b) $x - 1 = \dfrac{y + 1}{-2} = \dfrac{z - 2}{2}$
23. (a) $6x - 4y - z - 5$
(b) $\dfrac{x - 3}{6} = \dfrac{y - 2}{-4} = \dfrac{z - 5}{-1}$
25. (a) $10x + 5y + 2z = 30$
(b) $\dfrac{x - 1}{10} = \dfrac{y - 2}{5} = \dfrac{z - 5}{2}$
27. (a) $8x + y - z = 0$ (b) $\dfrac{x}{8} = \dfrac{y - 2}{1} = \dfrac{z - 2}{-1}$
29. $x = t + 1, y = 1 - t, z = t + 1$
31. $x = 4t + 3, y = 4t + 3, z = 4 - 3t$
33. $x = t + 3, y = 5t + 1, z = 2 - 4t$
35. 86.0° **37.** 77.4° **39.** (0, 3, 12) **41.** (2, 2, −4)
43. (0, 0, 0) **45.** Demostración
47. (a) y (b) Demostraciones
49. No necesariamente; solo necesitan ser paralelos.
51. $\left(-\frac{1}{2}, \frac{1}{4}, \frac{1}{4}\right)$ o $\left(\frac{1}{2}, -\frac{1}{4}, -\frac{1}{4}\right)$ **53.** $(-2, 1, -1)$ o $(2, -1, 1)$
55. (a) Recta: $x = 1, y = 1, z = 1 - t$
Plano: $z = 1$
(b) Recta: $x = -1, y = 2 + \frac{6}{25}t, z = -\frac{4}{5} - t$
Plano: $6y - 25z - 32 = 0$
(c)

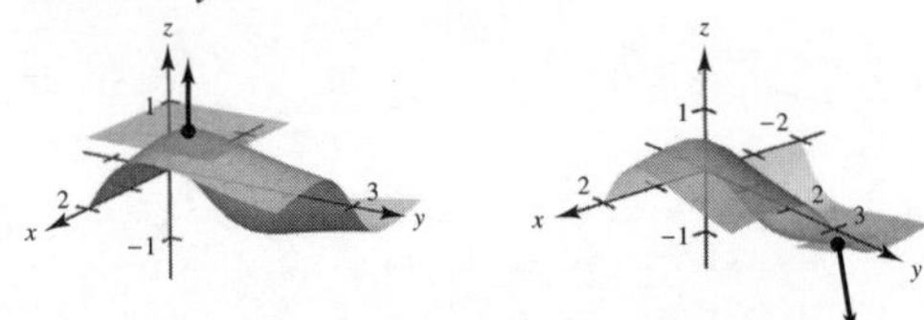

57. (a) $x = 1 + t$
$y = 2 - 2t$
$z = 4$
$\theta \approx 48.2°$
(b) (1, 2, 4)

59. $F(x, y, z) = \dfrac{x^2}{a^2} + \dfrac{y^2}{b^2} + \dfrac{z^2}{c^2} - 1$
$F_x(x, y, z) = \dfrac{2x}{a^2}$
$F_y(x, y, z) = \dfrac{2y}{b^2}$
$F_z(x, y, z) = \dfrac{2z}{c^2}$
Plano: $\dfrac{2x_0}{a^2}(x - x_0) + \dfrac{2y_0}{b^2}(y - y_0) + \dfrac{2z_0}{c^2}(z - z_0) = 0$
$\dfrac{x_0x}{a^2} + \dfrac{y_0y}{b^2} + \dfrac{z_0z}{c^2} = 1$
61. $F(x, y, z) = a^2x^2 + b^2y^2 - z^2$
$F_x(x, y, z) = 2a^2x$
$F_y(x, y, z) = 2b^2y$
$F_z(x, y, z) = -2z$
Plano: $2a^2x_0(x - x_0) + 2b^2y_0(y - y_0) - 2z_0(z - z_0) = 0$
$a^2x_0x + b^2y_0y - z_0z = 0$
De manera que el plano pasa por el origen.
63. (a) $P_1(x, y) = 1 + x - y$
(b) $P_2(x, y) = 1 + x - y + \frac{1}{2}x^2 - xy + \frac{1}{2}y^2$
(c) Si $x = 0$, $P_2(0, y) = 1 - y + \frac{1}{2}y^2$.
Este es el polinomio de Taylor de segundo grado para e^{-y}. Si $y = 0$, $P_2(x, 0) = 1 + x + \frac{1}{2}x^2$.
Este es el polinomio de Taylor de segundo grado para e^x.

(d)

x	y	$f(x, y)$	$P_1(x, y)$	$P_2(x, y)$
0	0	1	1	1
0	0.1	0.9048	0.9000	0.9050
0.2	0.1	1.1052	1.1000	1.1050
0.2	0.5	0.7408	0.7000	0.7450
1	0.5	1.6487	1.5000	1.6250

(e)

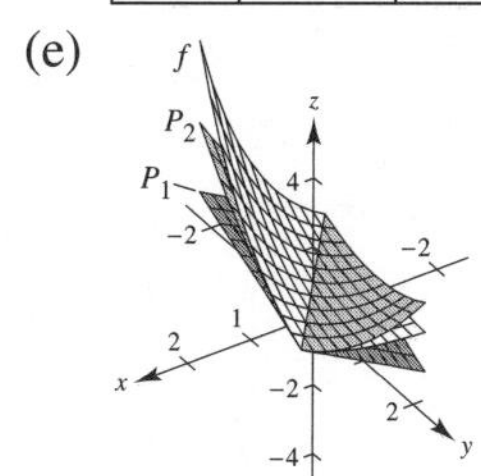

65. Demostración

Sección 8.8

1. (a) Para decir que f tiene un mínimo relativo en (x_0, y_0) significa que el punto (x_0, y_0, z_0) es al menos tan bajo como todos los puntos cercanos sobre la gráfica de $z = f(x, y)$.
(b) Para decir que f tiene un máximo relativo en (x_0, y_0) significa que el punto (x_0, y_0, z_0) es al menos tan alto como todos los puntos cercanos sobre la gráfica de $z = f(x, y)$.
(c) Los puntos críticos de f son los puntos en los cuales el gradiente de f es 0 o los puntos en los cuales una de las derivadas no existe.
(d) Un punto crítico es un punto silla si no es un mínimo relativo ni un máximo relativo.

3. Mínimo relativo: $(1, 3, 0)$
5. Mínimo relativo: $(0, 0, 1)$
7. Mínimo relativo: $(-1, 3, -4)$
9. Mínimo relativo: $(-4, 6, -55)$
11. Cada punto a lo largo del eje x o y es un punto crítico. Cada uno de los puntos críticos produce un máximo absoluto.
13. Máximo relativo: $\left(\frac{1}{2}, -1, \frac{31}{4}\right)$
15. Mínimo relativo: $\left(\frac{1}{2}, -4, -\frac{187}{4}\right)$
17. Mínimo relativo: $(3, -4, -5)$
19. Máximo relativo: $(0, 0, -12)$
21. Punto silla: $(1, -1, -1)$
23. Sin puntos críticos.

25. Máximo relativo: $(-1, 0, 2)$
Mínimo relativo: $(1, 0, -2)$

27. Mínimo relativo: $(0, 0, 0)$
Máximo relativo: $(0, \pm 1, 4)$
Puntos silla: $(\pm 1, 0, 1)$

29. z nunca es negativa. Mínimo: $z = 0$ cuando $x = y \neq 0$.

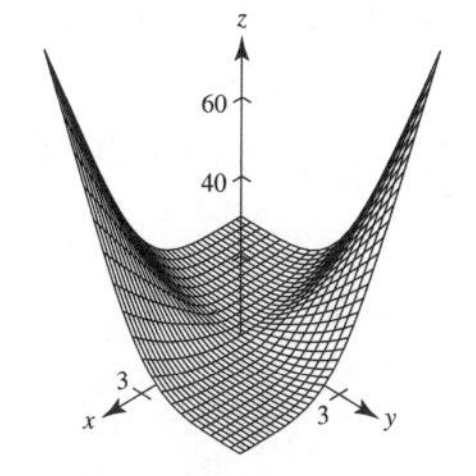

31. Información insuficiente
33. Punto silla
35. (a) $(0, 0)$ (b) Punto silla: $(0, 0, 0)$ (c) $(0, 0)$
(d)

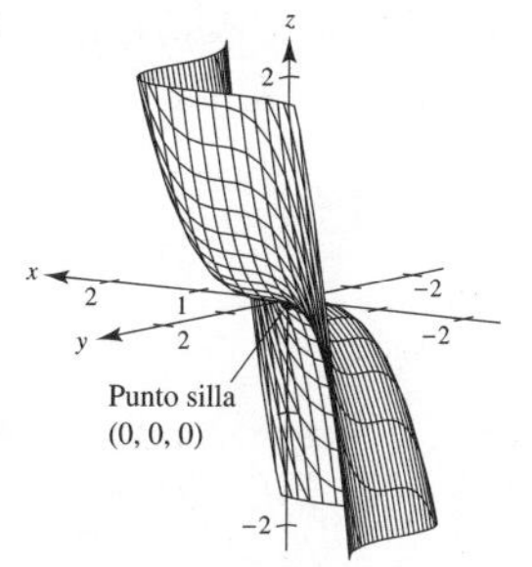

37. (a) $(1, a)$, $(b, -4)$
(b) Mínimos absolutos: $(1, a, 0)$, $(b, -4, 0)$
(c) $(1, a)$, $(b, -4)$
(d)

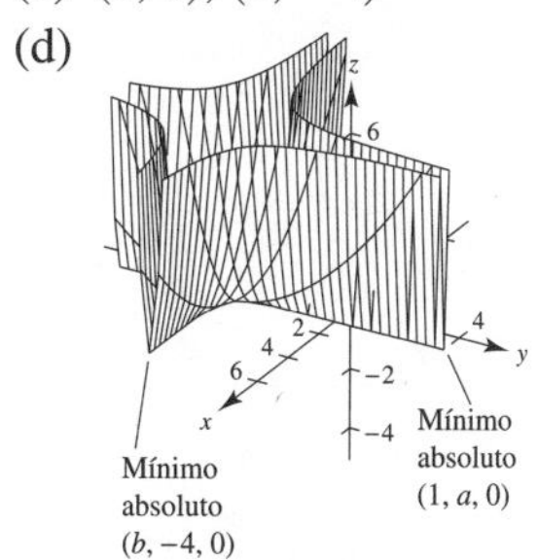

39. Máximo absoluto: $(4, 0, 21)$
Mínimo absoluto: $(4, 2, -11)$

41. Máximo absoluto: $(0, 1, 10)$
Mínimo absoluto: $(1, 2, 5)$

43. Máximo absoluto: $(\pm 2, 4, 28)$
Mínimo absoluto: $(0, 1, -2)$

45. Máximos absolutos: $(-2, -1, 9)$, $(2, 1, 9)$
Mínimos absolutos: $(x, -x, 0)$, $|x| \leq 1$

47. Mínimo relativo: $(0, 3, -1)$
49. $-4 < f_{xy}(3, 7) < 4$

51.

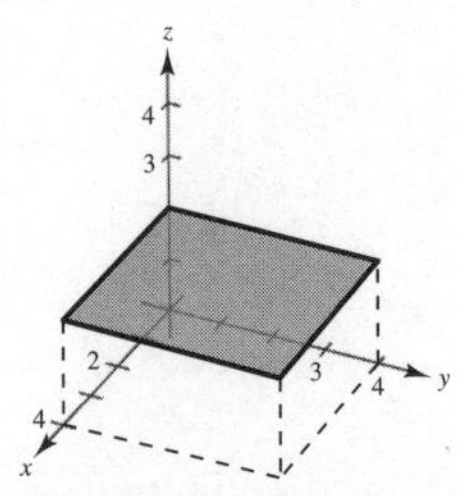

Extremos en todo (x, y)

53. (a) $f_x = 2x = 0, f_y = -2y = 0 \implies (0, 0)$ es un punto crítico.
$g_x = 2x = 0,\ g_y = 2y = 0 \implies (0, 0)$ es un punto crítico.
(b) $d = 2(-2) - 0 < 0 \implies (0, 0)$ es un punto silla.
$d = 2(2) - 0 > 0 \implies (0, 0)$ es un mínimo relativo.

55. Falso. Sea $f(x, y) = 1 - |x| - |y|$ en el punto $(0, 0, 0)$.

57. Falso. Sea $f(x, y) = x^2y^2$.

Sección 8.9

1. Escribir la ecuación a maximizar o minimizar como una función de dos variables. Obtener las derivadas parciales y establecer si son cero o indefinidas para obtener los puntos críticos. Utilizar el criterio de las segundas derivadas parciales para probar los extremos relativos usando los puntos críticos. Verifique los puntos frontera.

3. $\sqrt{3}$ **5.** $\sqrt{7}$ **7.** $x = y = z = 3$

9. $x = y = z = 10$

11. 9 pies $\times$ 9 pies $\times$ 8.25 pies; \$26.73

13. Sean x, y y z la longitud, el largo y la altura, respectivamente, y sea, V_0 el volumen dado. Entonces $V_0 = xyz$ y $z = \dfrac{V_0}{xy}$. El área de la superficie es

$$S = 2xy + 2yz + 2xz = 2\left(xy + \frac{V_0}{x} + \frac{V_0}{y}\right).$$

$$\left.\begin{aligned} S_x &= 2\left(y - \frac{V_0}{x^2}\right) = 0 \\ S_y &= 2\left(x - \frac{V_0}{y^2}\right) = 0 \end{aligned}\right\} \begin{aligned} x^2y - V_0 &= 0 \\ xy^2 - V_0 &= 0 \end{aligned}$$

Así, $x = \sqrt[3]{V_0}$, $y = \sqrt[3]{V_0}$ y $z = \sqrt[3]{V_0}$.

15. $x_1 = 3, x_2 = 6$ **17.** Demostración

19. $x = \dfrac{\sqrt{2}}{2} \approx 0.707$ km

$y = \dfrac{3\sqrt{2} + 2\sqrt{3}}{6} \approx 1.284$ km

21. (a) $y = \frac{3}{4}x + \frac{4}{3}$ (b) $\frac{1}{6}$

23. (a) $y = -2x + 4$ (b) 2

25. $y = \frac{84}{43}x - \frac{12}{43}$ **27.** $y = -\frac{175}{148}x + \frac{945}{148}$

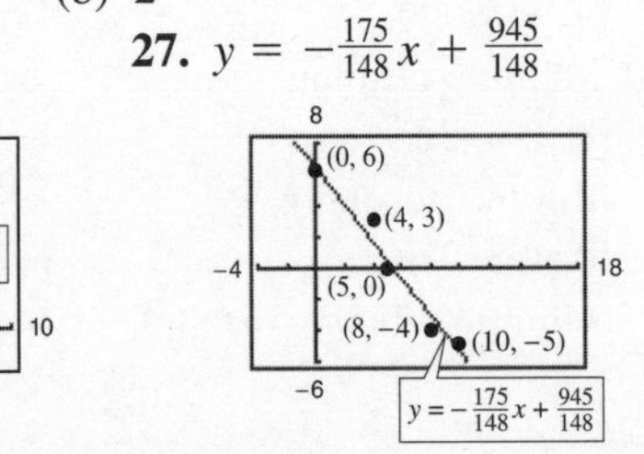

29. (a) $y = 0.636x - 10.095$
(b) \$816.71 miles de millones
(c) El nuevo modelo es $y = 0.6302x + 5.973$

31.
$$a\sum_{i=1}^{n} x_i^4 + b\sum_{i=1}^{n} x_i^3 + c\sum_{i=1}^{n} x_i^2 = \sum_{i=1}^{n} x_i^2y_i$$
$$a\sum_{i=1}^{n} x_i^3 + b\sum_{i=1}^{n} x_i^2 + c\sum_{i=1}^{n} x_i = \sum_{i=1}^{n} x_iy_i$$
$$a\sum_{i=1}^{n} x_i^2 + b\sum_{i=1}^{n} x_i + cn = \sum_{i=1}^{n} y_i$$

33. $y = \frac{3}{7}x^2 + \frac{6}{5}x + \frac{26}{35}$ **35.** $y = x^2 - x$

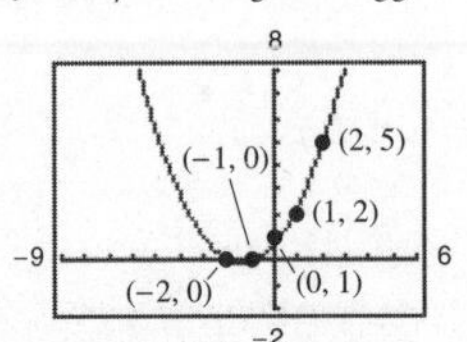

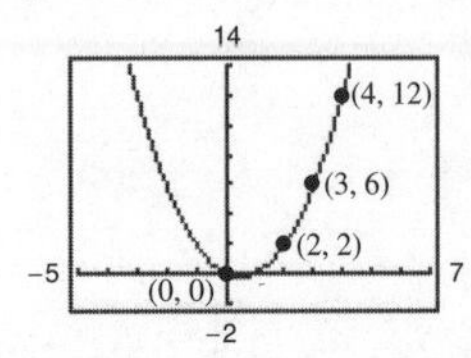

37. (a) $y = -0.22x^2 + 9.66x - 1.79$
(b)

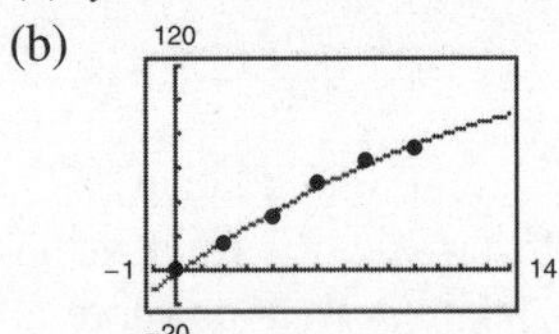

39. (a) $\ln P = -0.1499h + 9.3018$
(b) $P = 10957.7e^{-0.1499h}$
(c)

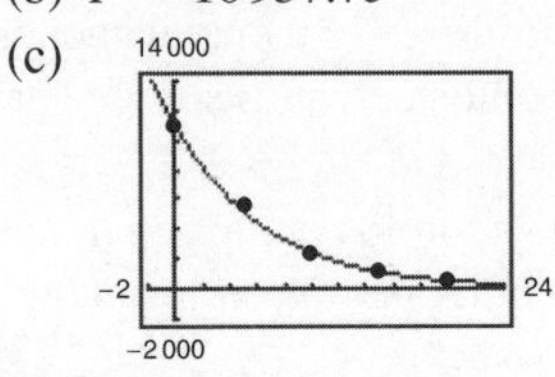

41. Demostración

Sección 8.10

1. Los problemas de optimización que tienen restricciones o condiciones en los valores que se pueden usar para producir las soluciones óptimas son llamados problemas de optimización con restricciones.

3. $f(5, 5) = 25$ **5.** $f(1, 2) = 5$ **7.** $f(25, 50) = 2600$

9. $f(1, 1) = 2$ **11.** $f(3, 3, 3) = 27$ **13.** $f\left(\frac{1}{3}, \frac{1}{3}, \frac{1}{3}\right) = \frac{1}{3}$

15. Máximos: $f\left(\dfrac{\sqrt{2}}{2}, \dfrac{\sqrt{2}}{2}\right) = \dfrac{5}{2}$

$f\left(-\dfrac{\sqrt{2}}{2}, -\dfrac{\sqrt{2}}{2}\right) = \dfrac{5}{2}$

Mínimos: $f\left(-\dfrac{\sqrt{2}}{2}, \dfrac{\sqrt{2}}{2}\right) = -\dfrac{1}{2}$

$f\left(\dfrac{\sqrt{2}}{2}, -\dfrac{\sqrt{2}}{2}\right) = -\dfrac{1}{2}$

17. $f(8, 16, 8) = 1024$ **19.** $\dfrac{\sqrt{2}}{2}$ **21.** $3\sqrt{2}$

23. $\dfrac{\sqrt{11}}{2}$ **25.** 2 **27.** $\sqrt{3}$ **29.** $(-4, 0, 4)$

31. $\sqrt{3}$ **33.** $x = y = z = 3$

35. 9 pies × 9 pies × 8.25 pies; \$26.73

37. Demostración **39.** $\dfrac{2\sqrt{3}a}{3} \times \dfrac{2\sqrt{3}b}{3} \times \dfrac{2\sqrt{3}c}{3}$

41. En (0, 0) las ecuaciones de Lagrange son inconsistentes.

43. $\sqrt[3]{360} \times \sqrt[3]{360} \times \frac{4}{3}\sqrt[3]{360}$ pies

45. $r = \sqrt[3]{\dfrac{v_0}{2\pi}}$ y $h = 2\sqrt[3]{\dfrac{v_0}{2\pi}}$ **47.** Demostración

49. $P\left(\dfrac{15\,625}{28}, 3125\right) \approx 203\,144$

51. $x \approx 237.4$
$y \approx 640.9$
Costo ≈ \$68 364.80

53. Problema Putnam 2, sesión matutina, 1938

Ejercicios de repaso para el capítulo 8

1. Encuentre el dominio y rango de la función. A continuación utilice las trazas en planos paralelos a los planos coordenados.

3. z no es una función de x y y. La gráfica es un elipsoide, de manera que existen entradas para x y y que dan múltiplos valores para z.

5. A y B pueden ser extremos relativos; C y D pueden ser puntos silla.

7. (a) -3 (b) -7 (c) 15 (d) $7x^2 - 3$

9. Dominio: $\{(x, y): x \geq 0 \text{ y } y \neq 0\}$
Rango: todos los números reales

11.

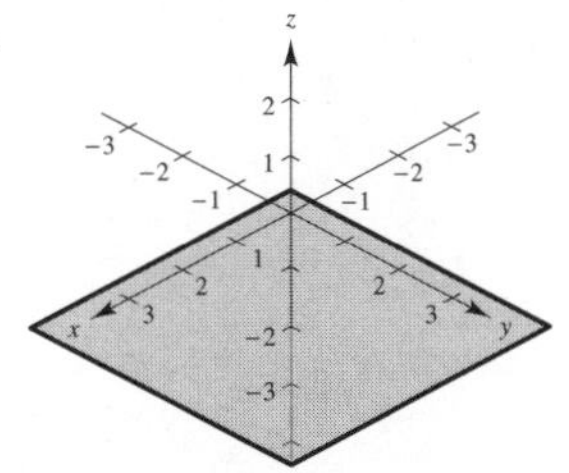

Plano

13. Rectas: $y = 2x - 3 + c$

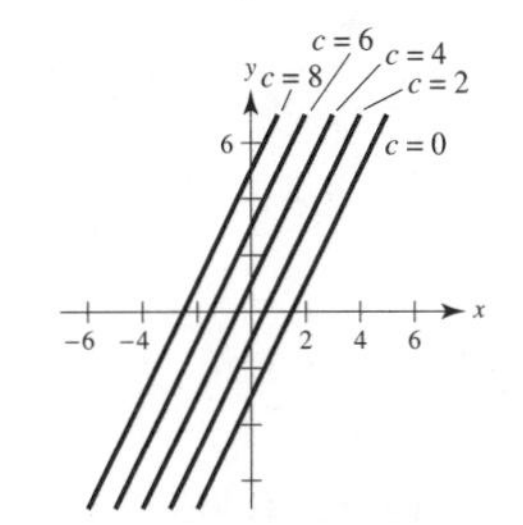

15. (a)

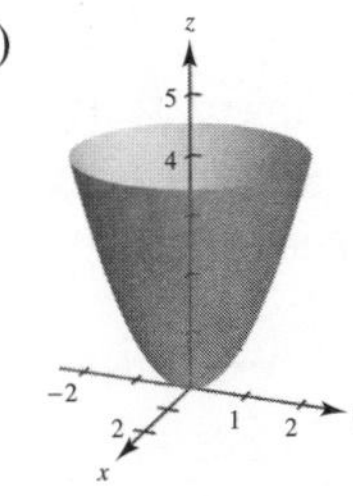

(b) g es una traslación de f dos unidades hacia arriba.

(c) g es una traslación horizontal de f dos unidades a la derecha.

(d)

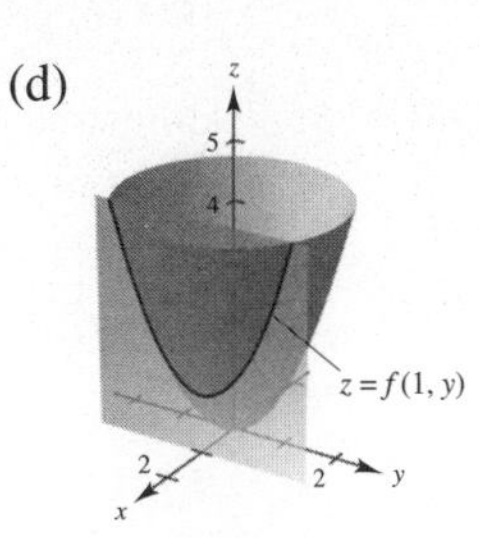

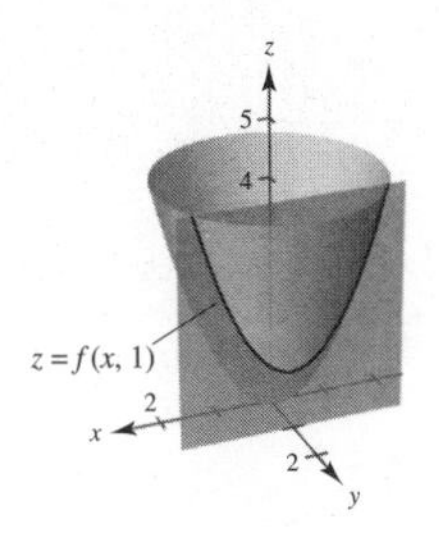

17. Paraboloide elíptico

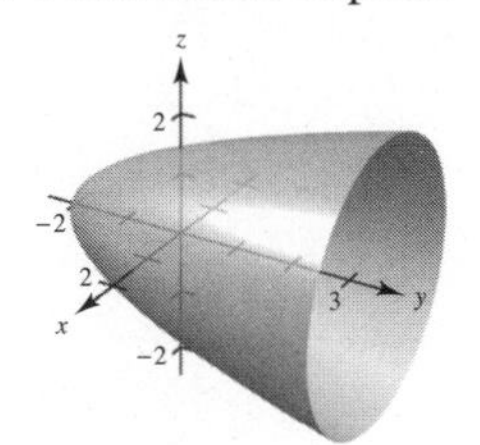

19. Límite: $\frac{1}{2}$
Continua excepto en (0, 0)

21. Límite: 0
Continua

23. Límite: $-\dfrac{\ln 2}{5}$

Continua para $x \neq \dfrac{z}{y}$

25. $f_x(x, y) = 15x^2$
$f_y(x, y) = 7$

27. $f_x(x, y) = e^x \cos y$
$f_y(x, y) = -e^x \operatorname{sen} y$

29. $f_x(x, y) = -\dfrac{y^4}{x^2}e^{y/x}$

$f_y(x, y) = \dfrac{y^3}{x}e^{y/x} + 3y^2e^{y/x}$

31. $f_x(x, y, z) = 2z^2 + 6yz$
$f_y(x, y, z) = 6xz$
$f_z(x, y, z) = 4xz + 6xy$

33. $f_x(0, 2) = 0$
$f_y(0, 2) = -1$

35. $f_x\left(2, 3, -\dfrac{\pi}{3}\right) = -\sqrt{3}\pi - \dfrac{3}{2}$

$f_y\left(2, 3, -\dfrac{\pi}{3}\right) = -1$

$f_z\left(2, 3, -\dfrac{\pi}{3}\right) = 6\sqrt{3}$

37. $f_{xx}(x, y) = 6$
$f_{yy}(x, y) = 12y$
$f_{xy}(x, y) = f_{yx}(x, y) = -1$

39. $h_{xx}(x, y) = -y \cos x$
$h_{yy}(x, y) = -x \operatorname{sen} y$
$h_{xy}(x, y) = h_{yx}(x, y) = \cos y - \operatorname{sen} x$

41. Pendiente en la dirección x: 0
Pendiente en la dirección y: 4

43. $(xy \cos xy + \operatorname{sen} xy)\, dx + (x^2 \cos xy)\, dy$

45. $(3y^2 - 6x^2yz^2)\, dx + (6xy - 2x^3z^2)\, dy + (-4x^3yz)\, dz$

47. (a) $f(2, 1) = 10$
$f(2.1, 1.05) = 10.5$
$\Delta z = 0.5$
(b) $dz = 0.5$

49. $dV = \pm\pi$ pulg^3, $\frac{dV}{V} = 15\%$ **51.** Demostración

53. (a) y (b) $\frac{dw}{dt} = \frac{8t-1}{4t^2 - t + 4}$

55. (a) y (b) $\frac{dw}{dt} = 2t^2e^{2t} + 2te^{2t} + 2t + 1$

57. (a) y (b) $\frac{\partial w}{\partial r} = \frac{4r^2t - 4rt^2 - t^3}{(2r-t)^2}$

$\frac{\partial w}{\partial t} = \frac{4r^2t - rt^2 - 4r^3}{(2r-t)^2}$

59. $\frac{-3x^2 + y}{-x + 5}$

61. $\frac{\partial z}{\partial x} = \frac{-2x - y}{y + 2z}$

$\frac{\partial z}{\partial y} = \frac{-x - 2y - z}{y + 2z}$

63. -50 **65.** $\frac{2}{3}$ **67.** $\langle 4, 4\rangle\ 4\sqrt{2}$ **69.** $\langle -\frac{1}{2}, 0\rangle, \frac{1}{2}$

71. $\langle -2, -3, -1\rangle, \sqrt{14}$

73. (a) $54\mathbf{i} - 16\mathbf{j}$ (b) $\frac{27}{\sqrt{793}}\mathbf{i} - \frac{8}{\sqrt{793}}\mathbf{j}$

(c) $y = \frac{27}{8}x - \frac{65}{8}$

(d)

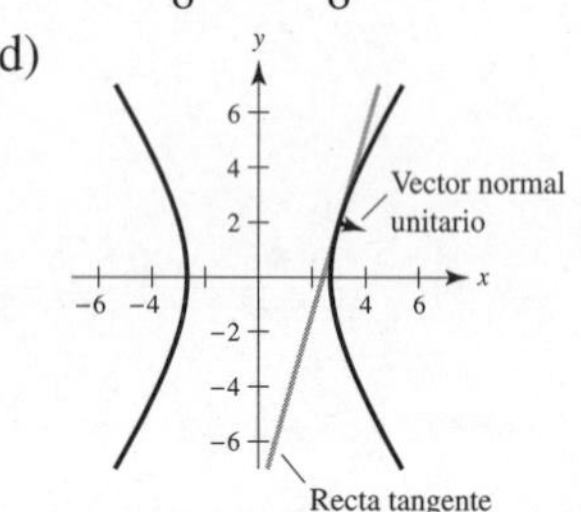

75. $2x + 6y - z = 8$ **77.** $z = 4$

79. (a) $4x + 4y - z = 8$

(b) $x = 2 + 4t, y = 1 + 4t, z = 4 - t$

81. 36.7° **83.** (0, 0, 9)

85. Máximo relativo: (4, −1, 9)

87. Mínimo relativo: $(-4, \frac{4}{3}, -2)$

89. Mínimo relativo: (1, 1, 3) **91.** $\sqrt{3}$

93. $x_1 = 2, x_2 = 4$

95. $y = \frac{161}{226}x + \frac{456}{113}$

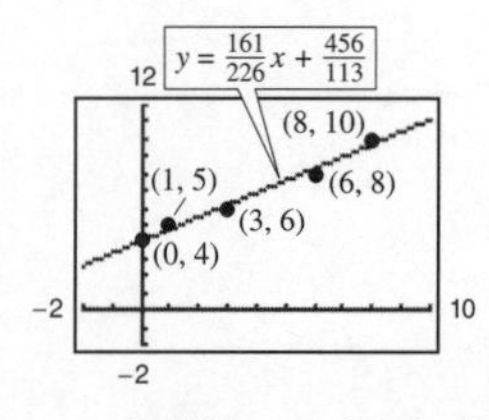

97. $y = 0.138x + 22.1$; 46.25 bushels/acre

99. $f(4, 4) = 32$ **101.** $f(15, 7) = 352$ **103.** $f(3, 6) = 36$

105. $x = \frac{\sqrt{2}}{2} \approx 0.707$ km, $y = \frac{\sqrt{3}}{3} \approx 0.577$ km,

$z = (60 - 3\sqrt{2} - 2\sqrt{3})6 \approx 8.716$ km

107. $\frac{\partial P}{\partial V} = \frac{2an^2}{V^3} - \frac{nRT}{(V - nb)^2}, \frac{\partial T}{\partial P} = \frac{1}{nR}(V - nb)$

Solución de problemas

1. (a) $y_0z_0(x - x_0) + x_0z_0(y - y_0) + x_0y_0(z - z_0) = 0$

(b) $x_0y_0z_0 = 1 \Longrightarrow z_0 = \frac{1}{x_0y_0}$

Entonces el plano tangente es

$$y_0\left(\frac{1}{x_0y_0}\right)(x - x_0) + x_0\left(\frac{1}{x_0y_0}\right)(y - y_0) + x_0y_0\left(z - \frac{1}{x_0y_0}\right) = 0$$

Intersecciones: $(3x_0, 0, 0), (0, 3y_0, 0), \left(0, 0, \frac{3}{x_0y_0}\right)$

3. (a)

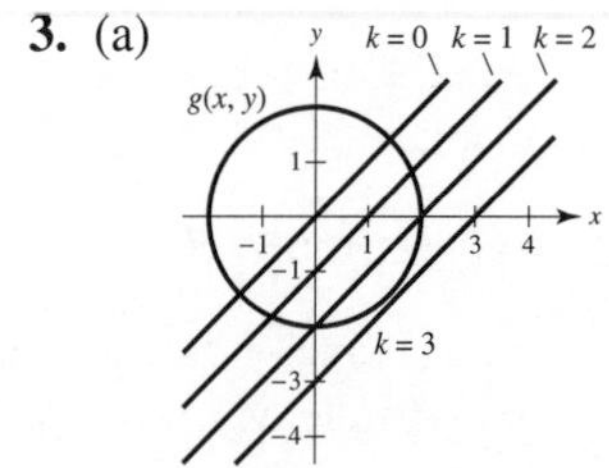

Valor máximo: $2\sqrt{2}$

(b)

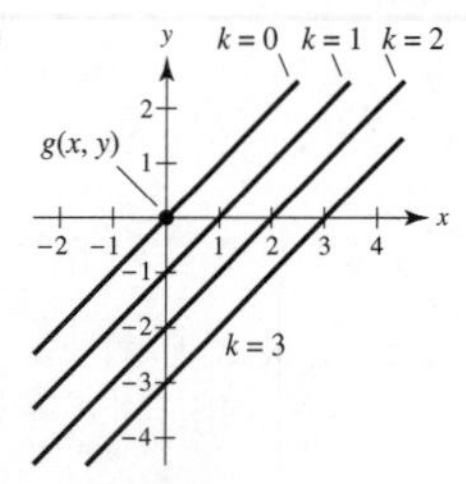

Valores máximo y mínimo: 0
El método de los multiplicadores de Lagrange no aplica porque $\nabla g(x_0, y_0) = \mathbf{0}$.

5. (a) $x\frac{\partial f}{\partial x} + y\frac{\partial f}{\partial x} = xCy^{1-a}ax^{a-1} + yCx^a(1-a)y^{1-a-1}$

$= ax^aCy^{1-a} + (1-a)x^aC(y^{1-a})$

$= Cx^ay^{1-a}[a + (1-a)]$

$= Cx^ay^{1-a}$

$= f(x, y)$

(b) $f(tx, ty) = C(tx)^a(ty)^{1-a}$

$= Ctx^ay^{1-a}$

$= tCx^ay^{1-a}$

$= tf(x, y)$

7. (a)

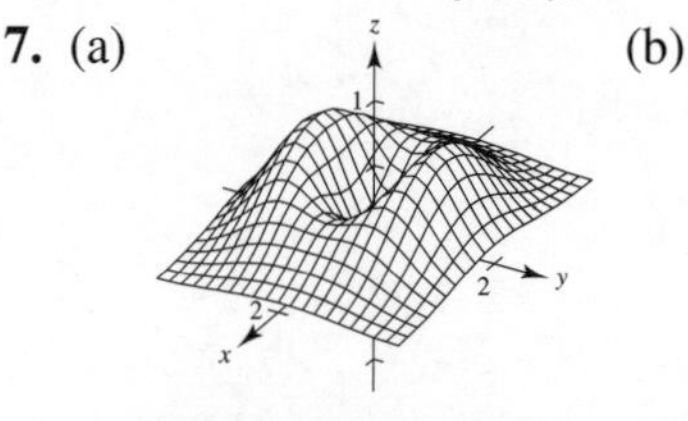

(b)

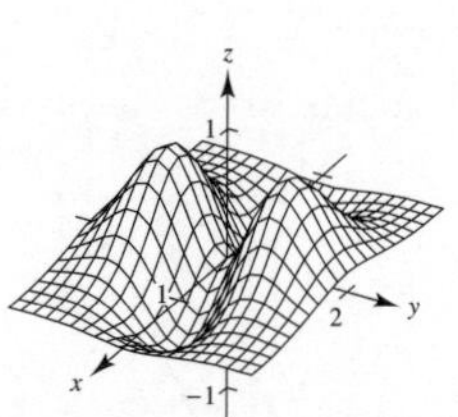

(a) Mínimo: (0, 0, 0)
Máximos: $(0, \pm1, 2e^{-1})$
Puntos silla: $(\pm1, 0, e^{-1})$

(b) Mínimos: $(\pm1, 0, -e^{-1})$
Máximos: $(0, \pm1, 2e^{-1})$
Puntos silla: (0, 0, 0)

(c) $\alpha > 0$
Mínimo: (0, 0, 0)
Máximos: $(0, \pm1, \beta e^{-1})$
Puntos silla: $(\pm1, 0, \alpha e^{-1})$

$\alpha < 0$
Mínimos: $(\pm1, 0, \alpha e^{-1})$
Máximos: $(0, \pm1, \beta e^{-1})$
Puntos silla: (0, 0, 0)

9-13. Demostraciones

Capítulo 9

Sección 9.1

1. Una integral iterada es una integral de una función de varias variables. Integrar respecto a una variable mientras se mantienen constantes las otras variables.

3. $\dfrac{3x^2}{2}$ **5.** $\dfrac{4x^2 + x^4}{2}$ **7.** $\dfrac{y}{2}[(\ln y)^2 - y^2]$

9. $x^2(1 - e^{-x^2} - x^2e^{-x^2})$ **11.** 3 **13.** $\dfrac{\sqrt{2}}{4}$

15. 64 **17.** $\dfrac{3}{2}$ **19.** $\dfrac{1}{3}$ **21.** $\dfrac{2}{3}$ **23.** 4 **25.** $\dfrac{\pi}{2}$

27. $\dfrac{\pi^2}{32} + \dfrac{1}{8}$ **29.** $\frac{1}{2}$ **31.** Diverge. **33.** 8

35. $\frac{16}{3}$ **37.** 36 **39.** $\frac{8}{3}$ **41.** $\frac{9}{2}$

43.

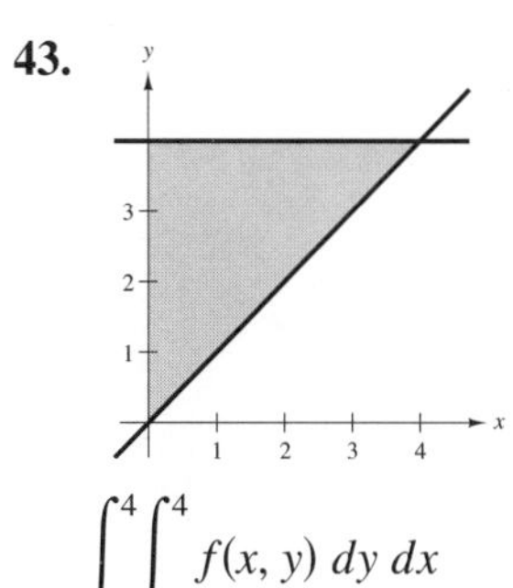

$$\int_0^4 \int_x^4 f(x, y)\, dy\, dx$$

45.

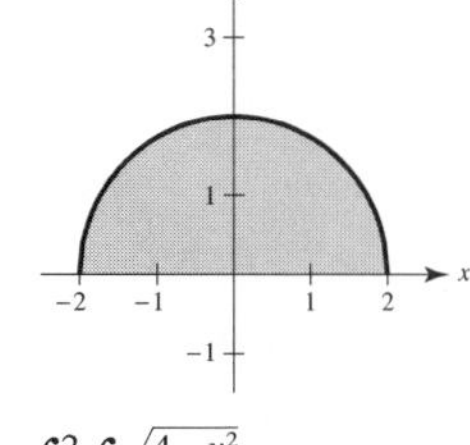

$$\int_0^2 \int_{-\sqrt{4-y^2}}^{\sqrt{4-y^2}} f(x, y)\, dy\, dx$$

47.

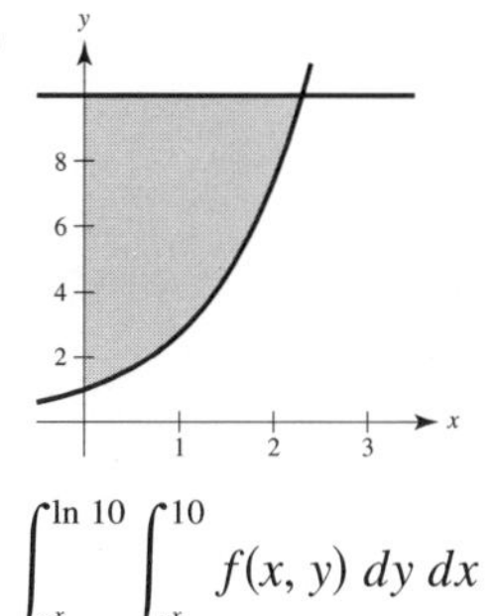

$$\int_{e^x}^{\ln 10} \int_{e^x}^{10} f(x, y)\, dy\, dx$$

49.

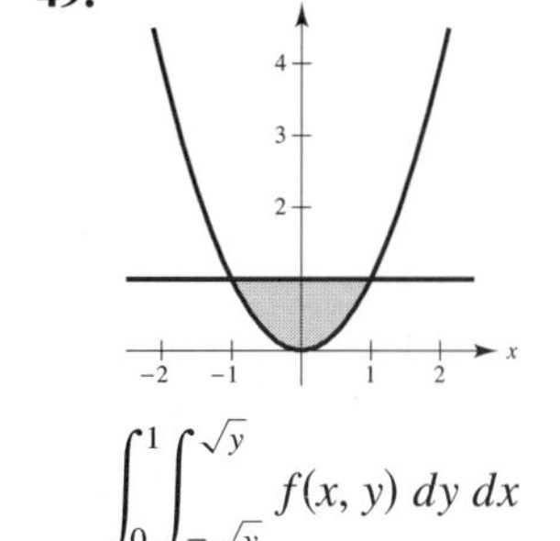

$$\int_0^1 \int_{-\sqrt{y}}^{\sqrt{y}} f(x, y)\, dy\, dx$$

51.

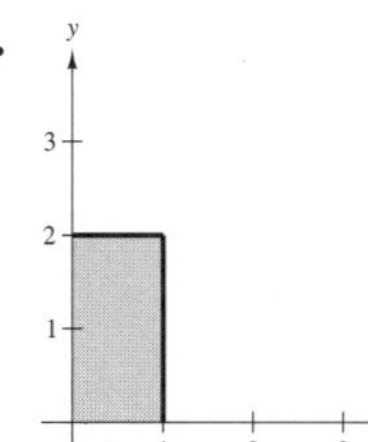

$$\int_0^1 \int_0^2 dy\, dx = \int_0^2 \int_0^1 dx\, dy = 2$$

53.

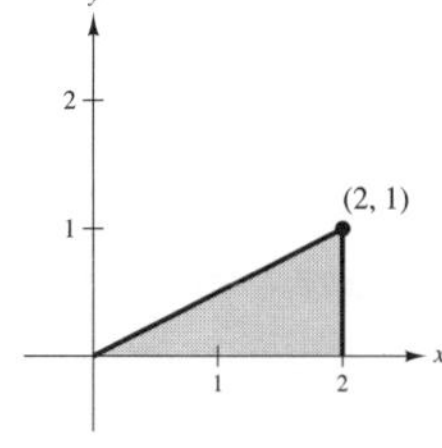

$$\int_0^1 \int_{2y}^2 dx\, dy = \int_0^2 \int_0^{x/2} dy\, dx = 1$$

55.

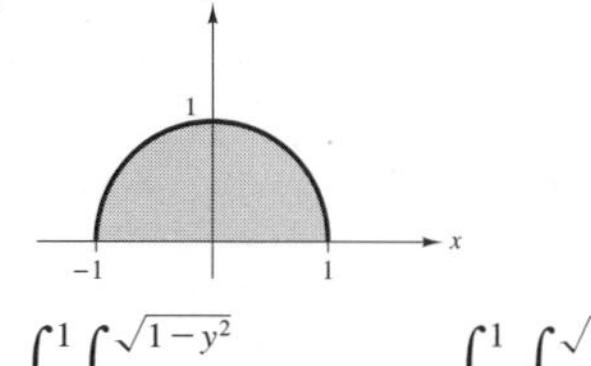

$$\int_0^1 \int_{-\sqrt{1-y^2}}^{\sqrt{1-y^2}} dx\, dy = \int_{-1}^1 \int_0^{\sqrt{1-x^2}} dy\, dx = \frac{\pi}{2}$$

57.

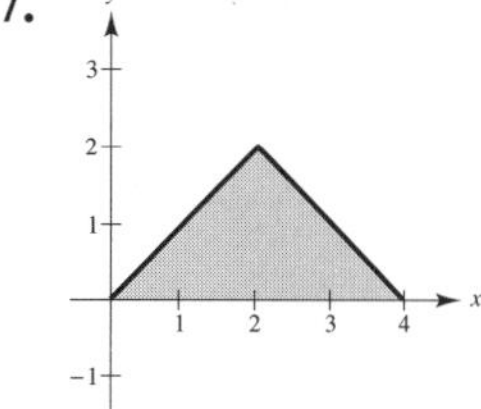

$$\int_0^2 \int_0^x dy\, dx + \int_2^4 \int_0^{4-x} dy\, dx = \int_0^2 \int_y^{4-y} dx\, dy = 4$$

59.

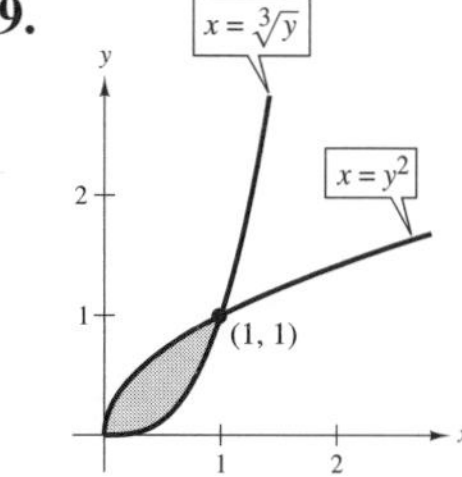

$$\int_0^1 \int_{y^2}^{\sqrt[3]{y}} dx\, dy = \int_0^1 \int_{x^3}^{\sqrt{x}} dy\, dx = \frac{5}{12}$$

61.

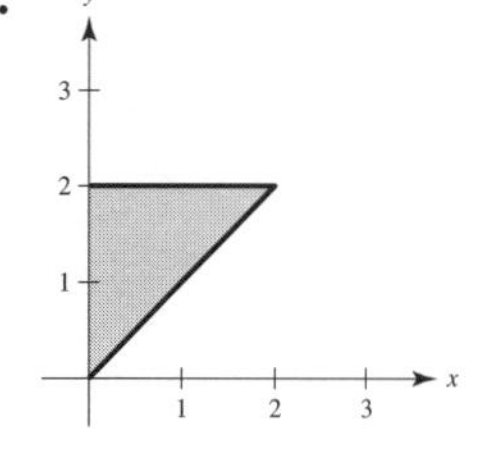

$$\int_0^2 \int_x^2 x\sqrt{1 + y^3}\, dy\, dx = \frac{26}{9}$$

63.

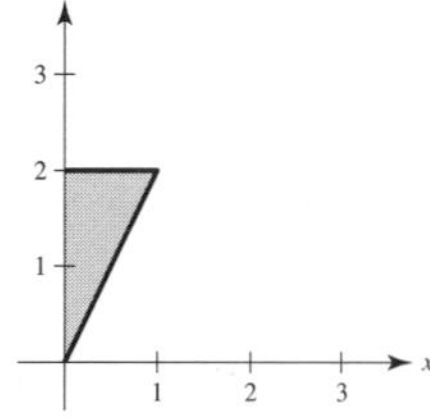

$$\int_0^1 \int_{2x}^2 4e^{y^2}\, dy\, dx = e^4 - 1 \approx 53.598$$

65.

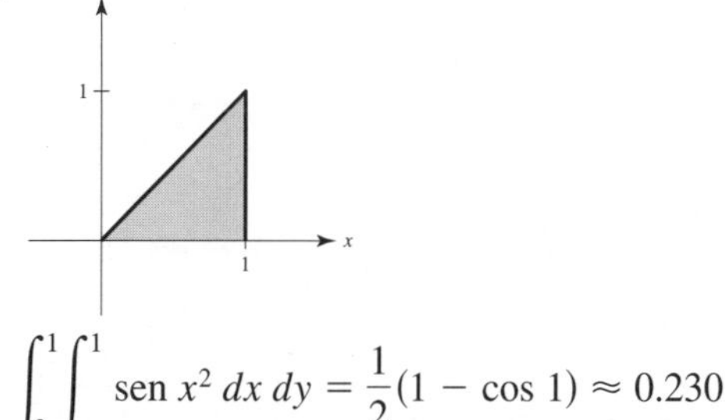

$$\int_0^1 \int_y^1 \operatorname{sen} x^2\, dx\, dy = \frac{1}{2}(1 - \cos 1) \approx 0.230$$

67. $4\int_0^5\int_0^{\sqrt{25-x^2}} dy\,dx = 25\pi$ unidades cuadradas

69. (a) No (b) Sí (c) Sí **71.** $\frac{1664}{105}$

73. $\dfrac{\text{sen } 2}{2} - \dfrac{\text{sen } 3}{3}$ **75.** $(\ln 5)^2$ **77.** $\dfrac{15\pi}{2}$

79. (a)

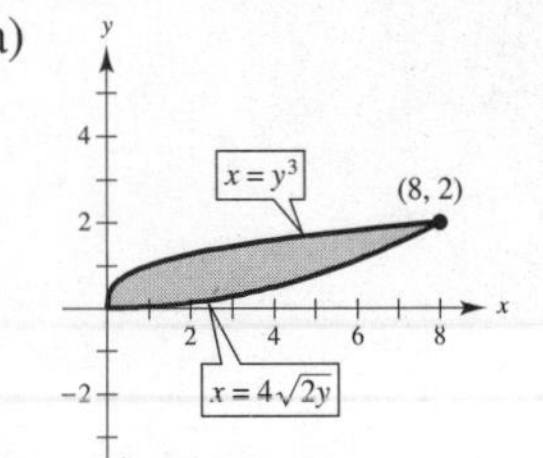

(b) $\int_0^5\int_{x^2/32}^{\sqrt[3]{x}} (x^2y - xy^2)\,dy\,dx$ (c) $\dfrac{67\,520}{693}$

81. Verdadero

Sección 9.2

1. Use prismas rectangulares para aproximar el volumen, donde $f(x_i, y_i)$ es la altura del prisma i y ΔA_i es el área de la base rectangular del prisma. Se puede mejorar la aproximación mediante el uso de prismas rectangulares de bases más pequeñas.

3. 24; la aproximación es exacta.

5. Aproximación: 52; exacto: $\frac{160}{3}$

7.

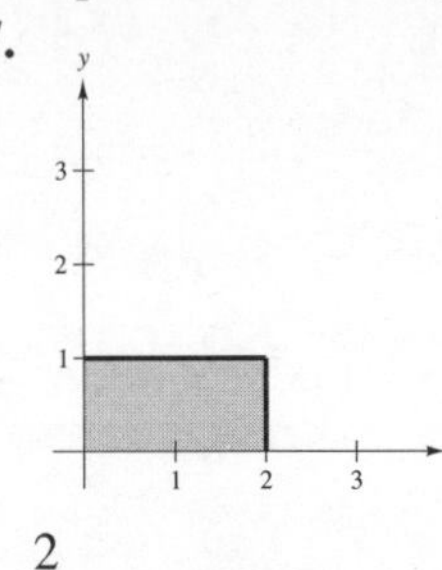

2

9.

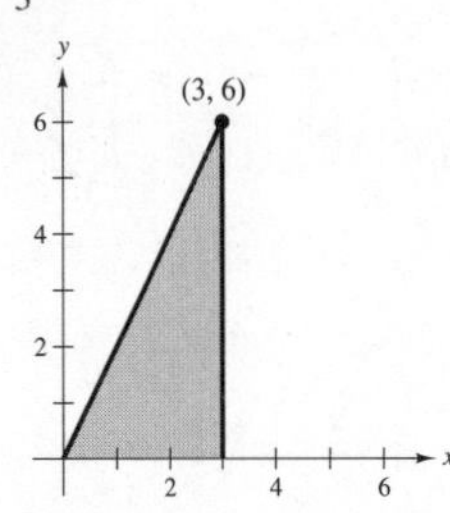

36

11.

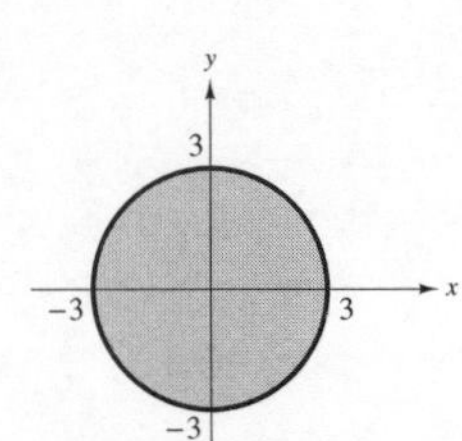

0

13. $\int_0^3\int_0^5 xy\,dy\,dx = \dfrac{225}{4}$

$\int_0^5\int_0^3 xy\,dy\,dx = \dfrac{225}{4}$

15. $\int_1^2\int_x^{2x} \dfrac{y}{x^2+y^2}\,dy\,dx = \dfrac{1}{2}\ln\dfrac{5}{2}$

$\int_1^2\int_1^y \dfrac{y}{x^2+y^2}\,dx\,dy + \int_2^4\int_{y/2}^2 \dfrac{y}{x^2+y^2}\,dx\,dy = \dfrac{1}{2}\ln\dfrac{5}{2}$

17. $\int_0^1\int_{4-x}^{4-x^2} -2y\,dy\,dx = -\dfrac{6}{5}$

$\int_3^4\int_{4-y}^{\sqrt{4-y}} -2y\,dx\,dy = -\dfrac{6}{5}$

19. $\int_0^3\int_{4y/3}^{\sqrt{25-y^2}} x\,dx\,dy = 25$

$\int_0^4\int_0^{3x/4} x\,dy\,dx + \int_4^5\int_0^{\sqrt{25-x^2}} x\,dy\,dx = 25$

21. 4 **23.** 12 **25.** $\frac{3}{8}$ **27.** 1

29. $\int_0^1\int_0^{x^3} xy\,dy\,dx = \dfrac{1}{16}$

31. $\int_0^2\int_0^{\sqrt{4-x^2}} (x+y)\,dy\,dx = \dfrac{16}{3}$

33. $\int_0^2\int_0^{4-x^2} (4-x^2)\,dy\,dx = \dfrac{256}{15}$

35. $2\int_0^2\int_0^{\sqrt{1-(x-1)^2}} (2x - x^2 + y^2)\,dy\,dx$

37. $4\int_0^2\int_0^{\sqrt{4-x^2}} (x^2+y^2)\,dy\,dx$

39. $\int_0^2\int_{-\sqrt{2-2(y-1)^2}}^{\sqrt{2-2(y-1)^2}} (4y - x^2 - 2y^2)\,dx\,dy$

41. $\dfrac{81\pi}{2}$ **43.** 1.2315

45.

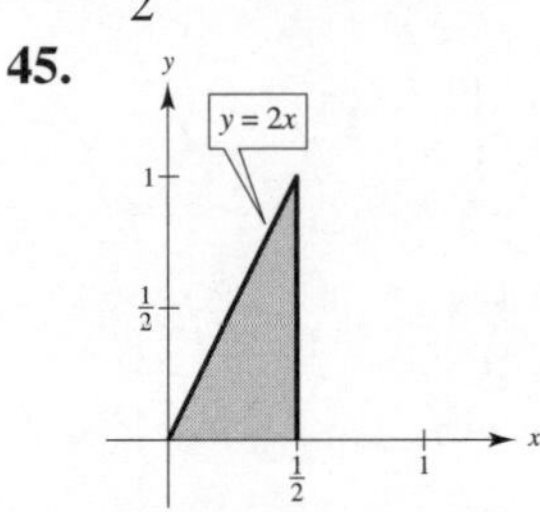

$\int_0^{1/2}\int_0^{2x} e^{-x^2}\,dy\,dx = 1 - e^{-1/4} \approx 0.221$

47.

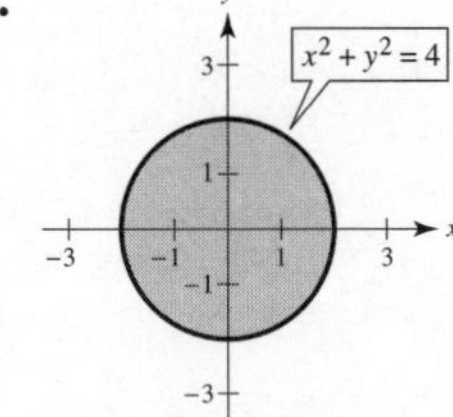

$\int_{-2}^2\int_{-\sqrt{4-y^2}}^{\sqrt{4-y^2}} \sqrt{4-y^2}\,dx\,dy = \dfrac{64}{3}$

49.

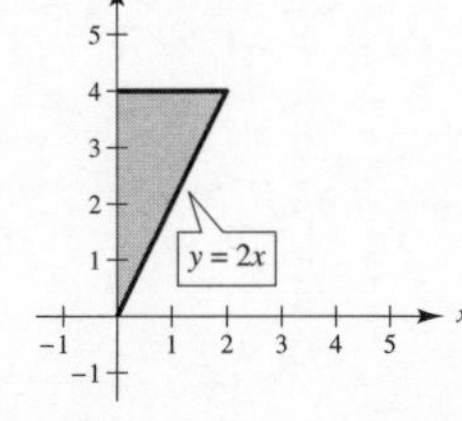

$\int_0^4\int_0^{y/2} \text{sen } y^2\,dx\,dy = \dfrac{1-\cos 16}{4} \approx 0.489$

51. 2 **53.** $\frac{8}{3}$ **55.** $(e - 1)^2$ **57.** 25 645.24

59. kB; las respuestas pueden variar.

61. Demostración; $\frac{2}{3}$ **63.** Demostración; $\frac{4}{9}$

65. Demostración **67.** 400; 272

69. Falso. $V = 8\int_0^1 \int_0^{\sqrt{1-y^2}} \sqrt{1 - x^2 - y^2}\, dx\, dy$

71. R: $x^2 + y^2 \leq 9$ **73.** $\frac{1}{2}(1 - e)$

75. Problema Putnam A2, 1989

Sección 9.3

1. Rectangular

3. Las regiones r-simples tienen límites fijos para θ y límites variables para r. Las regiones *theta*-simples tienen límites fijos para θ y límites fijos para r.

5. $R = \{(r, \theta)\text{: } 0 \leq r \leq 8, 0 \leq \theta \leq \pi\}$

7. $R = \left\{(r, \theta)\text{: } 4 \leq r \leq 8, 0 \leq \theta \leq \dfrac{\pi}{2}\right\}$

9. π

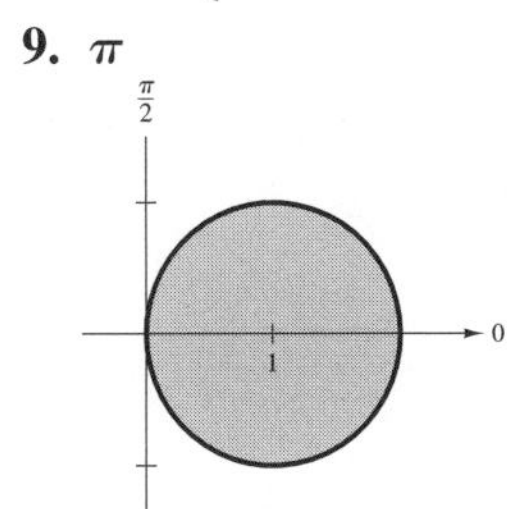

11. 0

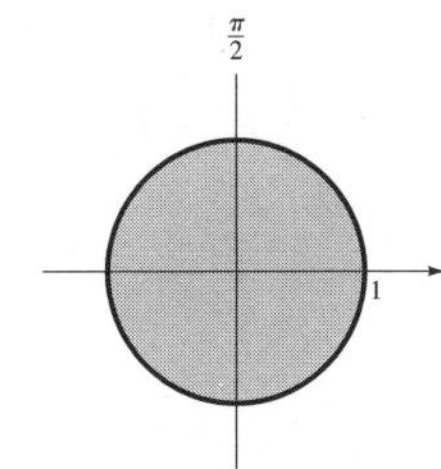

13. $\dfrac{8\sqrt{2}\pi}{3}$

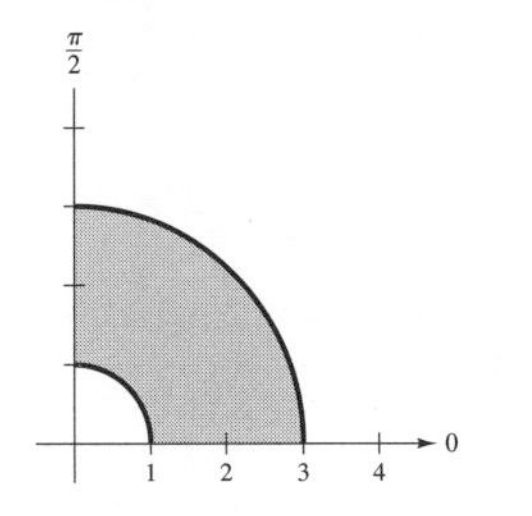

15. $\dfrac{9}{8} + \dfrac{3\pi^2}{32}$

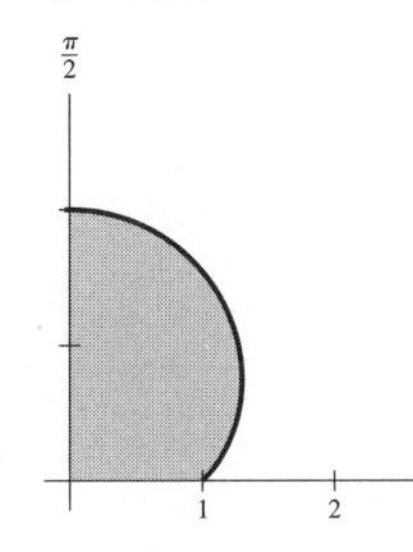

17. 9 **19.** 4π **21.** $\dfrac{\pi}{10}$ **23.** $\dfrac{2}{3}$

25. $\dfrac{\pi}{2}$ sen 1 **27.** $\displaystyle\int_0^{\pi/4}\int_0^{2\sqrt{2}} r^2\, dr\, d\theta = \frac{4\sqrt{2}\pi}{3}$

29. $\displaystyle\int_0^{\pi/2}\int_0^{6} (\cos\theta + \operatorname{sen}\theta) r^2\, dr\, d\theta = 144$

31. $\displaystyle\int_0^{\pi/4}\int_1^{2} r\theta\, dr\, d\theta = \frac{3\pi^2}{64}$ **33.** $\dfrac{1}{8}$ **35.** $\dfrac{250\pi}{3}$

37. $\frac{64}{9}(3\pi - 4)$ **39.** $2\sqrt{4 - 2\sqrt[3]{2}}$ **41.** 9π

43. $\dfrac{3\pi}{2}$ **45.** π

47. $\dfrac{\pi}{3} + \dfrac{\sqrt{3}\pi}{2}$ **49.** π

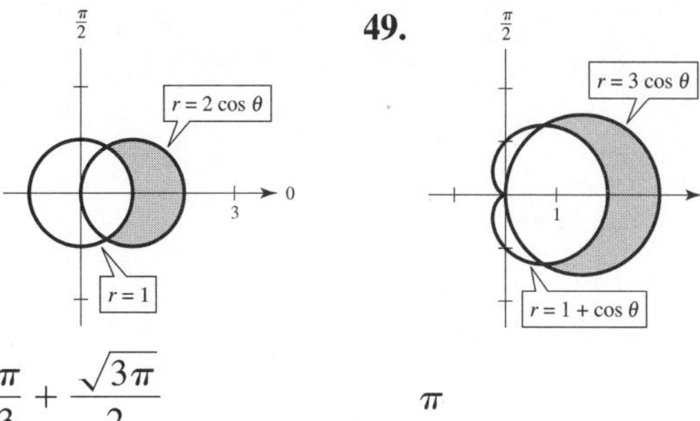

51. $\dfrac{4\pi}{3} + 2\sqrt{3}$

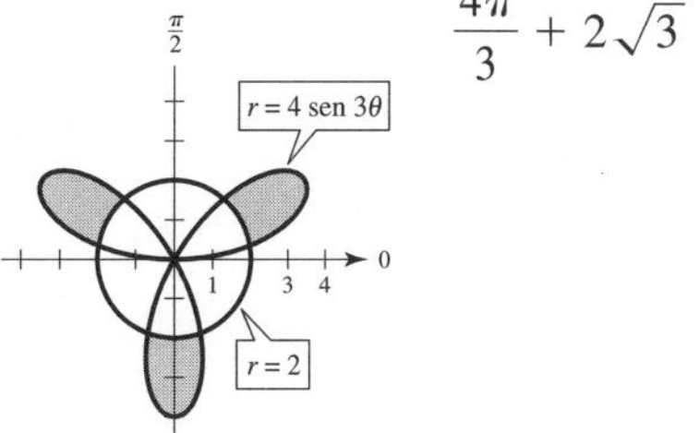

53. $\displaystyle\int_0^{\pi/6}\int_1^{\sqrt{3}\sec\theta} r\, dr\, d\theta + \int_{\pi/6}^{\pi/2}\int_1^{\csc\theta} r\, dr\, d\theta = \sqrt{3} - \frac{\pi}{4}$

55. 486 788 **57.** 1.2858 **59.** 56.051

61. Falso. Sea $f(r, \theta) = r - 1$ y sea R un sector donde $0 \leq r \leq 6$ y $0 \leq \theta \leq \pi$.

63. (a) 2π (b) $\sqrt{2}\pi$

65. (a) $\displaystyle\int_2^4\int_{y/\sqrt{3}}^{y} f\, dx\, dy$

(b) $\displaystyle\int_{2/\sqrt{3}}^{2}\int_2^{\sqrt{3}x} f\, dy\, dx + \int_2^{4/\sqrt{3}}\int_2^{\sqrt{3}x} f\, dy\, dx + \int_{4/\sqrt{3}}^{4}\int_x^{4} f\, dy\, dx$

(c) $\displaystyle\int_{\pi/4}^{\pi/3}\int_{2\csc\theta}^{4\csc\theta} fr\, dr\, d\theta$

67. $\dfrac{4}{\pi}$

Sección 9.4

1. Utilice una integral doble cuando la densidad de la lámina no es constante.

3. $m = 4$ **5.** $m = \frac{1}{8}$

7. (a) $m = ka^2, \left(\dfrac{a}{2}, \dfrac{a}{2}\right)$ (b) $m = \dfrac{ka^3}{2}, \left(\dfrac{a}{2}, \dfrac{2a}{3}\right)$

(c) $m = \dfrac{ka^3}{2}, \left(\dfrac{2a}{3}, \dfrac{a}{2}\right)$

9. (a) $m = \dfrac{ka^2}{2}, \left(\dfrac{a}{3}, \dfrac{2a}{3}\right)$ (b) $m = \dfrac{ka^3}{3}, \left(\dfrac{3a}{8}, \dfrac{3a}{4}\right)$

(c) $m = \dfrac{ka^3}{6}, \left(\dfrac{a}{2}, \dfrac{3a}{4}\right)$

11. (a) $\left(\dfrac{a}{2} + 5, \dfrac{a}{2}\right)$ (b) $\left(\dfrac{a}{2} + 5, \dfrac{2a}{3}\right)$

(c) $\left(\dfrac{2(a^2 + 15a + 75)}{3(a + 10)}, \dfrac{a}{2}\right)$

13. $m = \frac{k}{4}, \left(\frac{2}{3}, \frac{8}{15}\right)$ **15.** $m = 30k, \left(\frac{14}{5}, \frac{4}{5}\right)$

17. $m = k(e-1), \left(\frac{1}{e-1}, \frac{e+1}{4}\right)$

19. $m = \frac{256k}{15}, \left(0, \frac{16}{7}\right)$ **21.** $m = \frac{6k}{\pi}, \left(\frac{3}{2}, \frac{\pi}{8}\right)$

23. $m = \frac{9\pi k}{2}, \left(\frac{8\sqrt{2}}{\pi}, \frac{8(2-\sqrt{2})}{\pi}\right)$

25. $m = \frac{k}{8}(1 - 5e^{-4}), \left(\frac{e^4-13}{e^4-5}, \frac{8}{27}\left[\frac{e^6-7}{e^6-5e^2}\right]\right)$

27. $m = \frac{k\pi}{3}, \left(\frac{81\sqrt{3}}{40\pi}, 0\right)$

29. $\bar{\bar{x}} = \frac{\sqrt{3}b}{3}$, $\bar{\bar{y}} = \frac{\sqrt{3}h}{3}$ **31.** $\bar{\bar{x}} = \frac{a}{2}$, $\bar{\bar{y}} = \frac{a}{2}$ **33.** $\bar{\bar{x}} = \frac{a}{2}$, $\bar{\bar{y}} = \frac{a}{2}$

35. $I_x = \frac{32k}{3}$, $I_y = \frac{16k}{3}$, $I_0 = 16k$, $\bar{\bar{x}} = \frac{2\sqrt{3}}{3}$, $\bar{\bar{y}} = \frac{2\sqrt{6}}{3}$

37. $I_x = 16k$, $I_y = \frac{512k}{5}$, $I_0 = \frac{592k}{5}$, $\bar{\bar{x}} = \frac{4\sqrt{15}}{5}$, $\bar{\bar{y}} = \frac{\sqrt{6}}{2}$

39. $2k\int_{-b}^{b}\int_{0}^{\sqrt{b^2-x^2}} (x-a)^2\, dy\, dx = \frac{k\pi b^2}{4}(b^2 + 4a^2)$

41. $\int_{-a}^{a}\int_{0}^{\sqrt{a^2-x^2}} ky(y-a)^2\, dy\, dx = ka^5\left(\frac{56 - 15\pi}{60}\right)$

43. $\frac{L}{3}$ **45.** $\frac{L}{2}$

47. El objeto con un mayor momento polar de inercia tiene más resistencia, por lo que se requiere más torque para rotar el objeto.

49. Demostración

Sección 9.5

1. Si f y sus primeras derivadas parciales son continuas en la región cerrada R en el plano xy, entonces el diferencial de la superficie dada por $z = f(x, y)$ sobre R es $dS = \sqrt{1 + [f_x(x,y)]^2 + [f_y(x,y)]^2}\, dA$.

3. 24 **5.** $4\pi\sqrt{62}$ **7.** $\frac{1}{2}\left[4\sqrt{17} + \ln\left(4 + \sqrt{17}\right)\right]$

9. $\frac{8}{27}\left(10\sqrt{10} - 1\right)$ **11.** $\sqrt{2} - 1$ **13.** $\sqrt{2}\pi$

15. $2\pi a\left(a - \sqrt{a^2 - b^2}\right)$ **17.** $12\sqrt{14}$ **19.** 20π

21. $\int_0^1\int_0^x \sqrt{5 + 4x^2}\, dy\, dx = \frac{27 - 5\sqrt{5}}{12} \approx 1.3183$

23. $\int_{-3}^{3}\int_{-\sqrt{9-x^2}}^{\sqrt{9-x^2}} \sqrt{1 + 4x^2 + 4y^2}\, dy\, dx$
$= \frac{\pi}{6}\left(37\sqrt{37} - 1\right) \approx 117.3187$

25. $\int_0^1\int_0^1 \sqrt{1 + 4x^2 + 4y^2}\, dy\, dx \approx 1.8616$

27. $\int_0^4\int_0^{10} \sqrt{1 + e^{2xy}(x^2 + y^2)}\, dy\, dx$

29. $\int_{-\sqrt{\pi/2}}^{\sqrt{\pi/2}}\int_{-\sqrt{(\pi/2)-x^2}}^{\sqrt{(\pi/2)-x^2}} \sqrt{1 + 4(x^2 + y^2)\,\mathrm{sen}^2(x^2 + y^2)}\, dy\, dx$

31. No. El tamaño y la forma de la gráfica siguen siendo los mismos, solo cambia la posición. Por lo tanto, el área de la superficie no aumenta.

33. (a) $812\pi\sqrt{609}$ cm³ (b) $100\pi\sqrt{609}$ cm³ **35.** 16

Sección 9.6

1. El volumen de la región sólida Q **3.** 18 **5.** $\frac{1}{9}$

7. $\frac{15}{2}\left(1 - \frac{1}{e}\right)$ **9.** $\frac{189}{2}$ **11.** $\frac{324}{5}$

13. $\int_0^7\int_0^{(7-x)/2}\int_0^{7-y-2y} dz\, dy\, dx$

15. $\int_{-\sqrt{6}}^{\sqrt{6}}\int_{-\sqrt{6-y^2}}^{\sqrt{6-y^2}}\int_0^{6-x^2-y^2} dz\, dy\, dx$

17. $\int_{-4}^{4}\int_{-\sqrt{16-x^2}}^{\sqrt{16-x^2}}\int_{(x^2+y^2)/2}^{\sqrt{80-x^2-y^2}} dz\, dy\, dx$ **19.** $\frac{256}{15}$

21. $\frac{3}{2}$ **23.** 10

25.

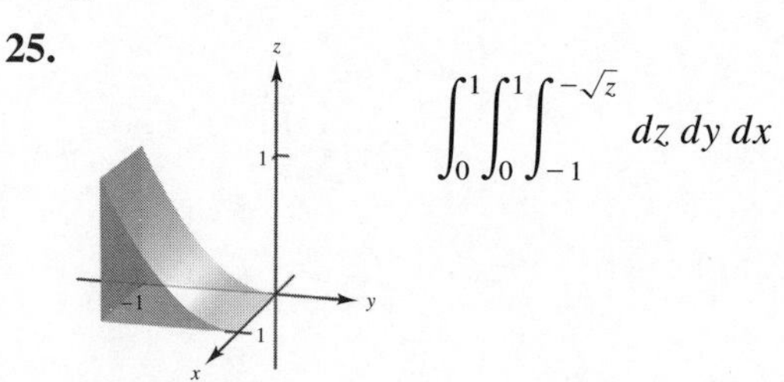

$\int_0^1\int_0^1\int_{-1}^{-\sqrt{z}} dz\, dy\, dx$

27.

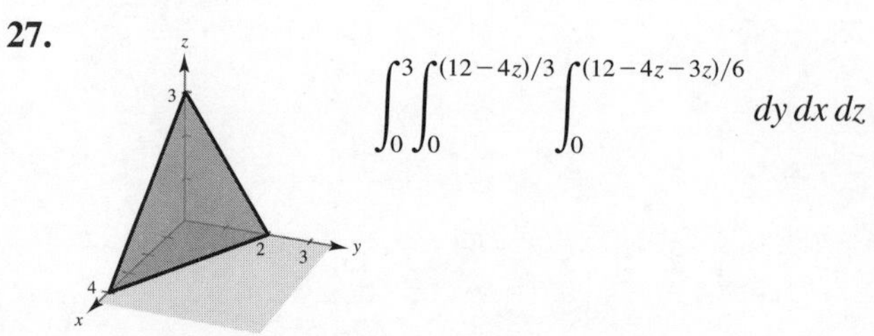

$\int_0^3\int_0^{(12-4z)/3}\int_0^{(12-4z-3z)/6} dy\, dx\, dz$

29.

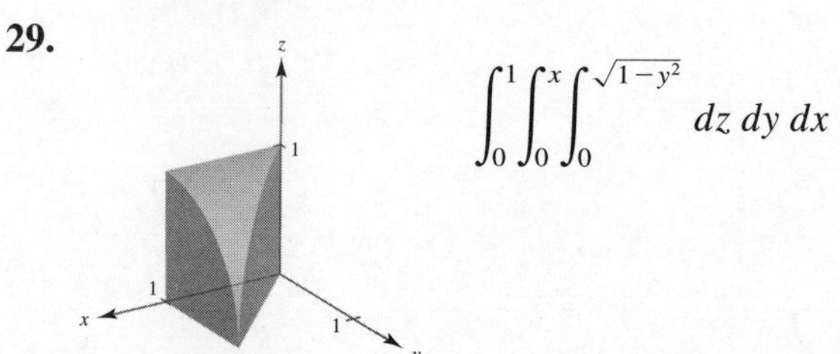

$\int_0^1\int_0^x\int_0^{\sqrt{1-y^2}} dz\, dy\, dx$

31. $\int_0^3\int_0^5\int_{y/5}^1 xyz\,dx\,dy\,dz,\ \int_0^3\int_0^1\int_0^{5x} xyz\,dy\,dx\,dz,$
$\int_0^5\int_0^3\int_{y/5}^1 xyz\,dx\,dz\,dy,\ \int_0^1\int_0^3\int_0^{5x} xyz\,dy\,dz\,dx,$
$\int_0^5\int_{y/5}^1\int_0^3 xyz\,dz\,dx\,dy,\ \int_0^1\int_0^{5x}\int_0^3 xyz\,dz\,dy\,dx;\ \frac{225}{16}$

33. $\int_{-3}^3\int_{-\sqrt{9-x^2}}^{\sqrt{9-x^2}}\int_0^4 xyz\,dz\,dy\,dx,\ \int_{-3}^3\int_{-\sqrt{9-y^2}}^{\sqrt{9-y^2}}\int_0^4 xyz\,dz\,dx\,dy,$
$\int_{-3}^3\int_0^4\int_{-\sqrt{9-x^2}}^{\sqrt{9-x^2}} xyz\,dy\,dz\,dx,\ \int_0^4\int_{-3}^3\int_{-\sqrt{9-x^2}}^{\sqrt{9-x^2}} xyz\,dy\,dx\,dz,$
$\int_0^4\int_{-3}^3\int_{-\sqrt{9-y^2}}^{\sqrt{9-y^2}} xyz\,dx\,dy\,dz,\ \int_{-3}^3\int_0^4\int_{-\sqrt{9-y^2}}^{\sqrt{9-y^2}} xyz\,dx\,dz\,dy;\ 0$

35. $\int_0^1\int_0^{1-z}\int_0^{1-y^2} dx\,dy\,dz,\ \int_0^1\int_0^{1-y}\int_0^{1-y^2} dx\,dz\,dy,$
$\int_0^1\int_0^{2z-z^2}\int_0^{1-z} 1\,dy\,dx\,dz + \int_0^1\int_{2z-z^2}^1\int_0^{\sqrt{1-x}} 1\,dy\,dx\,dz,$
$\int_0^1\int_{1-\sqrt{1-x}}^1\int_0^{1-z} 1\,dy\,dz\,dx + \int_0^1\int_0^{1-\sqrt{1-x}}\int_0^{\sqrt{1-x}} 1\,dy\,dz\,dx,$
$\int_0^1\int_0^{\sqrt{1-x}}\int_0^{1-y} dz\,dy\,dx$

37. $m = 8k, \bar{x} = \frac{3}{2}$ **39.** $m = \frac{128k}{3}, \bar{z} = 1$

41. $m = k\int_0^b\int_0^b\int_0^b xy\,dz\,dy\,dx$
$M_{yz} = k\int_0^b\int_0^b\int_0^b x^2y\,dz\,dy\,dx$
$M_{xz} = k\int_0^b\int_0^b\int_0^b xy^2\,dz\,dy\,dx$
$M_{xy} = k\int_0^b\int_0^b\int_0^b xyz\,dz\,dy\,dx$

43. $\bar{x}$ será mayor que 2, y $\bar{y}$ y $\bar{z}$ permanecerán sin cambios.
45. $\bar{x}$ y $\bar{z}$ permanecerán sin cambios y $\bar{y}$ será mayor que 0.

47. $\left(0, 0, \frac{3h}{4}\right)$ **49.** $\left(0, 0, \frac{3}{2}\right)$ **51.** $\left(5, 6, \frac{5}{4}\right)$

53. (a) $I_x = \frac{2ka^5}{3}$, $I_y = \frac{2ka^5}{3}$, $I_z = \frac{2ka^5}{3}$
(b) $I_x = \frac{ka^8}{8}$, $I_y = \frac{ka^8}{8}$, $I_z = \frac{ka^8}{8}$

55. (a) $I_x = 256k$, $I_y = \frac{512k}{3}$, $I_z = 256k$
(b) $I_x = \frac{2048k}{3}$, $I_y = \frac{1024k}{3}$, $I_z = \frac{2048k}{3}$

57. Demostración

59. $\int_{-1}^1\int_{-1}^1\int_0^{1-x} (x^2 + y^2)\sqrt{x^2 + y^2 + z^2}\,dz\,dy\,dx$

61. (a) $m = \int_{-2}^2\int_{-\sqrt{4-x^2}}^{\sqrt{4-x^2}}\int_0^{4-x^2-y^2} kz\,dz\,dy\,dx$
(b) $\bar{x} = \bar{y} = 0$ por simetría.
$\bar{z} = \frac{1}{m}\int_{-2}^2\int_{-\sqrt{4-x^2}}^{\sqrt{4-x^2}}\int_0^{4-x^2-y^2} kz^2\,dz\,dy\,dx$
(c) $I_z = \int_{-2}^2\int_{-\sqrt{4-x^2}}^{\sqrt{4-x^2}}\int_0^{4-x^2-y^2} kz(x^2 + y^2)\,dz\,dy\,dx$

63. $\frac{13}{3}$ **65.** $\frac{3}{2}$ **67.** Aumenta.

69. b **71.** $2x^2 + y^2 + 3z^2 \le 1;\ 0.684;\ \frac{6\sqrt{6}\pi}{45}$

73. Problema Putnam B1, 1965

Sección 9.7

1. Algunos sólidos están representados por ecuaciones que involucran x^2 y y^2. A menudo, al convertir estas ecuaciones a coordenadas cilíndricas o esféricas se producen ecuaciones con las que puede trabajar más fácilmente.

3. 27 **5.** $\frac{11}{10}$ **7.** $\frac{\pi}{3}$ **9.** $\pi(e^4 + 3)$

11. **13.**

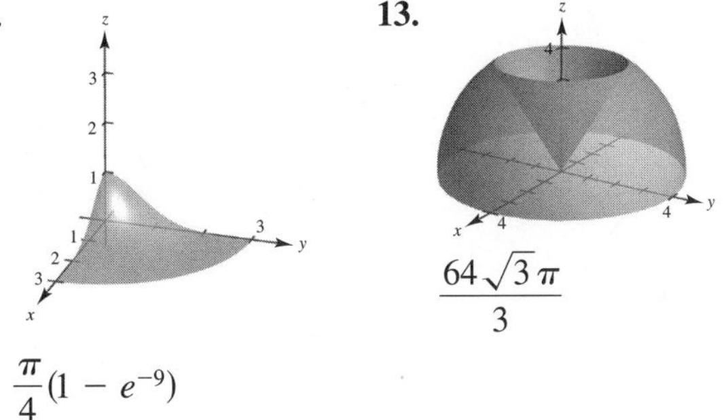

11. $\frac{\pi}{4}(1 - e^{-9})$ **13.** $\frac{64\sqrt{3}\pi}{3}$

15. $48(3\pi - 4)$ **17.** $\frac{\pi}{6}$ **19.** $\frac{250}{9}(3\pi - 4)$ **21.** $48k\pi$

23. $\frac{\pi r_0^2 h}{3}$ **25.** $\left(0, 0, \frac{h}{5}\right)$

27. $I_z = 4k\int_0^{\pi/2}\int_0^{r_0}\int_0^{h(r_0-r)/r_0} r^3\,dz\,dr\,d\theta = \frac{3mr_0^2}{10}$

29. Demostración **31.** $9\pi\sqrt{2}$ **33.** $16\pi^2$

35. $k\pi a^4$ **37.** $\left(0, 0, \frac{3r}{8}\right)$ **39.** $\frac{k\pi}{192}$

41. Cilíndricas: $\int_0^{2\pi}\int_0^2\int_{r^2}^4 r^2\cos\theta\,dz\,dr\,d\theta = 0$

Esféricas: $\int_0^{2\pi}\int_0^{\arctan(1/2)}\int_0^{4\sec\phi} \rho^3\,\text{sen}^2\,\phi\cos\theta\,d\rho\,d\phi\,d\theta$
$+ \int_0^{2\pi}\int_{\arctan(1/2)}^{\pi/2}\int_0^{\cot\phi\csc\phi} \rho^3\,\text{sen}^2\,\phi\cos\phi\,d\rho\,d\phi\,d\theta = 0$

43. Cilíndricas: $\displaystyle\int_0^{2\pi}\int_0^1\int_1^{1+\sqrt{1-r^2}} r^2\cos\theta\,dz\,dr\,d\theta = 0$

Esféricas: $\displaystyle\int_0^{\pi/4}\int_0^{2\pi}\int_{\sec\phi}^{2\cos\phi} \rho^3 \operatorname{sen}^2\phi\cos\theta\,d\rho\,d\theta\,d\phi = 0$

45. (a) r constante: cilindro circular recto alrededor del eje z
θ constante: plano paralelo al eje z
z constante: plano paralelo al plano xy
(b) ρ constante: esfera
θ constante: plano paralelo al eje z
ϕ constante: cono

47. Problema Putnam A1, 2006

Sección 9.8

1. $\dfrac{\partial x}{\partial u}\dfrac{\partial y}{\partial v} - \dfrac{\partial y}{\partial u}\dfrac{\partial x}{\partial v}$ **3.** $-\frac{1}{2}$ **5.** $1 + 2v$

7. 1 **9.** $-e^{2u}$

11.

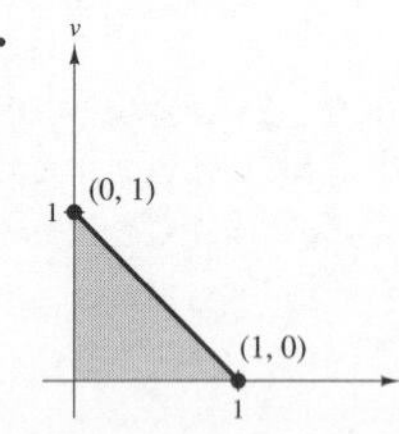

13.

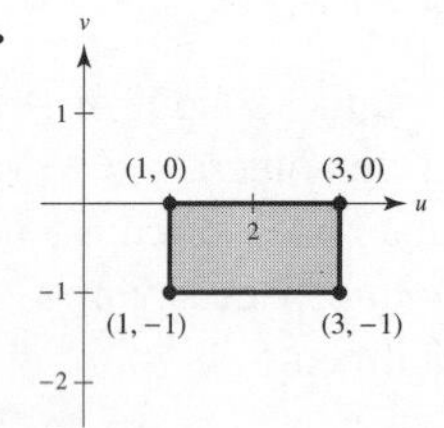

15. $\displaystyle\iint_R 3xy\,dA = \int_{-2/3}^{2/3}\int_{1-x}^{(1/2)x+2} 3xy\,dy\,dx$

$\displaystyle+ \int_{2/3}^{4/3}\int_{(1/2)x}^{(1/2)x+2} 3xy\,dy\,dx + \int_{4/3}^{8/3}\int_{(1/2)x}^{4-x} 3xy\,dy\,dx = \frac{164}{9}$

17. $\frac{8}{3}$ **19.** 36 **21.** $(e^{-1/2} - e^{-2})\ln 8 \approx 0.9798$

23. 18 **25.** $12(e^4 - 1)$ **27.** $\frac{100}{9}$

29. $\frac{2}{5}a^{5/2}$ **31.** Uno

33. (a)

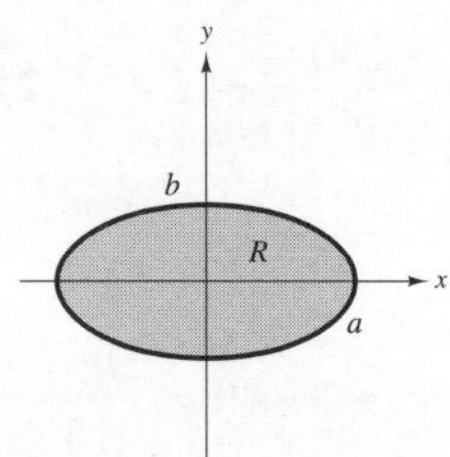

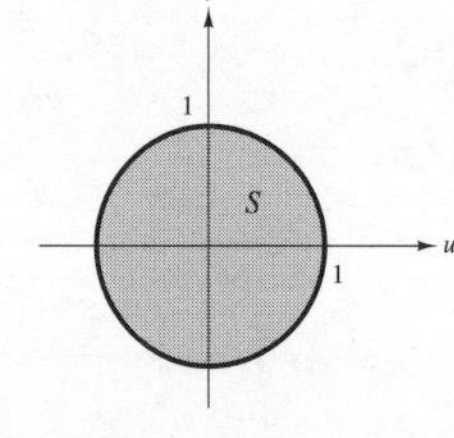

(b) ab (c) πab

35. u^2v **37.** $-uv$ **39.** $-\rho^2 \operatorname{sen}\phi$

41. Problema Putnam A2, 1994

Ejercicios de repaso para el capítulo 9

1. Use el teorema 14.3 para cambiar de coordenadas rectangulares a coordenadas polares en una integral doble:

$$\iint_R f(x, y)\,dA = \int_\alpha^\beta\int_{g_1(\theta)}^{g_2(\theta)} f(r\cos\theta, r\operatorname{sen}\theta)r\,dr\,d\theta$$

3. Demostración **5.** (a) Horizontal (b) Polar (c) Vertical

7. $\dfrac{1-\cos 3x^2}{x}$ **9.** $\dfrac{10y^3}{3}$ **11.** $\dfrac{29}{6}$

13. $\dfrac{1}{6}$ **15.** $\dfrac{3}{2}$ **17.** 16

19.

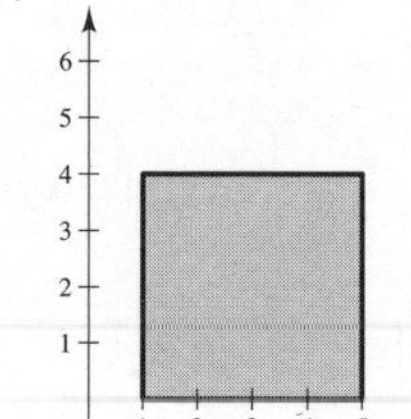

$\displaystyle\int_1^5\int_0^4 dy\,dx = \int_0^4\int_1^5 dx\,dy = 16$

21.

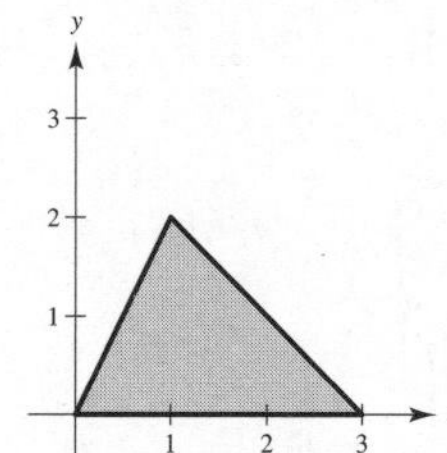

$\displaystyle\int_0^2\int_{y/2}^{3-y} dx\,dy = \int_0^1\int_0^{2x} dy\,dx + \int_1^3\int_0^{3-x} dy\,dx = 3$

23. $\displaystyle\int_0^2\int_0^4 4xy\,dy\,dx = \int_0^4\int_0^2 4xy\,dx\,dy = 64$ **25.** 21

27. $\dfrac{40}{3}$ **29.** $\dfrac{40}{3}$ **31.** 13.67 °C **33.** $\dfrac{5\sqrt{5}\pi}{6}$

35. $\dfrac{81}{5}$ **37.** $\dfrac{3\pi}{2}$

39. $r = 4$, $r = 3 + 2\cos\theta$

$\dfrac{13\sqrt{3}}{2} - \dfrac{5\pi}{3}$

41. (a) $r = 3\sqrt{\cos 2\theta}$

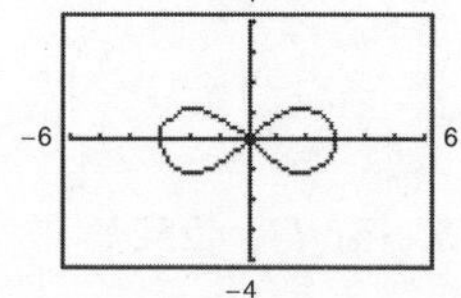

(b) 9 (c) $3(3\pi - 16\sqrt{2} + 20) \approx 20.392$

43. 7 **45.** $m = \dfrac{32k}{5}, \left(\dfrac{5}{3}, \dfrac{5}{2}\right)$

47. $m = \dfrac{k}{4}, \left(\dfrac{32}{45}, \dfrac{64}{55}\right)$

49. $I_x = 12k$

$I_y = \frac{81k}{2}$

$I_0 = \frac{105k}{2}$

$\bar{\bar{x}} = \frac{3\sqrt{2}}{2}$

$\bar{\bar{y}} = \frac{2\sqrt{3}}{3}$

51. $\frac{\pi}{6}\left(100\sqrt{101} - 1\right)$ **53.** $\frac{1}{6}\left(37\sqrt{37} - 1\right)$

55. (a) 30415.74 pies^3 (b) 2081.53 pies^2 **57.** 56

59. $\frac{16}{3} + 2e$ **61.** $\frac{8\pi}{5}$ **63.** 36

65.

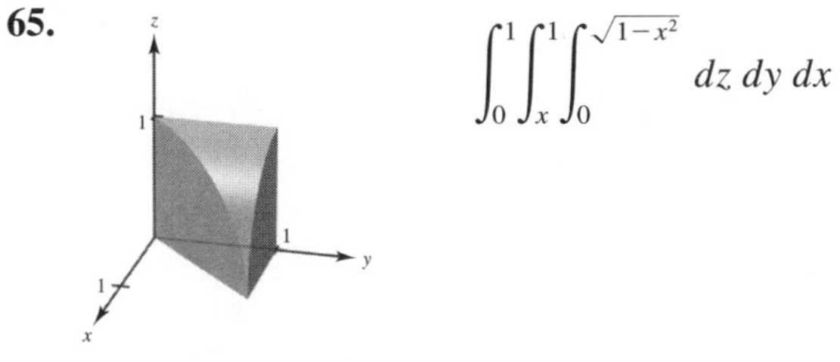

$$\int_0^1 \int_x^1 \int_0^{\sqrt{1-x^2}} dz\, dy\, dx$$

67. $m = \frac{500k}{3}, \bar{x} = \frac{5}{2}$ **69.** $12\left(\sqrt{3} - 1\right)$ **71.** $\frac{\pi}{15}$

73. $\pi\left(3\sqrt{13} + 4\ln\frac{3 + \sqrt{13}}{2}\right) \approx 48.995$ **75.** 16π

77. $\frac{8\pi}{3}\left(2 - \sqrt{3}\right)$ **79.** $-6(v + u)$

81. $\operatorname{sen}^2\theta - \cos^2\theta$ **83.** $5\ln 5 - 3\ln 3 - 2 \approx 2.751$

85. 81 **87.** Demostración

89. (a) $\frac{1}{3}\pi h^2(3a - h)$ (b) $\left(0, 0, \frac{3(2a - h)^2}{4(3a - h)}\right)$

(c) $\left(0, 0, \frac{3}{8}a\right)$ (d) a

(e) $(\pi/30)h^3(20a^2 - 15ah + 3h^2)$ (f) $4\pi a^5/15$

Solución de problemas

1. Demostración **3.** $\int_0^\infty e^{-x^2}\, dx = \frac{\sqrt{\pi}}{2}$

5. (a)-(g) Demostraciones

7.

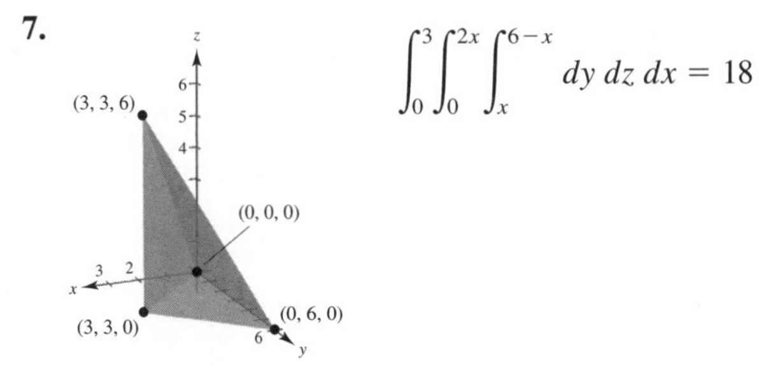

$$\int_0^3 \int_0^{2x} \int_x^{6-x} dy\, dz\, dx = 18$$

Índice analítico

A

B

C

G

H

I

J

K

L

M

V

W

Y

Índice de aplicaciones

Ingeniería y ciencias físicas

Negocios y economía

Ciencias sociales y del comportamiento

Ciencias de la vida

General

ÁLGEBRA

Ceros y factores de un polinomio

Sea $p(x) = a_n x^n + a_{n-1}x^{n-1} + \cdots + a_1 x + a_0$ un polinomio. Si $p(a) = 0$, entonces a es un *cero* del polinomio y una solución de la ecuación $p(x) = 0$. Además, $(x - a)$ es un *factor* del polinomio.

Teorema fundamental del álgebra

Un polinomio de grado n tiene n ceros (no necesariamente distintos). Aunque todos estos ceros pueden ser imaginarios, un polinomio real de grado impar tendrá por lo menos un cero real.

Fórmula cuadrática

Si $p(x) = ax^2 + bx + c$ y $0 \le b^2 - 4ac$, entonces los ceros reales de p son $x = \left(-b \pm \sqrt{b^2 - 4ac}\right)/2a$.

Factores especiales

$x^2 - a^2 = (x - a)(x + a)$

$x^3 - a^3 = (x - a)(x^2 + ax + a^2)$

$x^3 + a^3 = (x + a)(x^2 - ax + a^2)$

$x^4 - a^4 = (x - a)(x + a)(x^2 + a^2)$

Teorema del binomio

$(x + y)^2 = x^2 + 2xy + y^2$

$(x - y)^2 = x^2 - 2xy + y^2$

$(x + y)^3 = x^3 + 3x^2y + 3xy^2 + y^3$

$(x - y)^3 = x^3 - 3x^2y + 3xy^2 - y^3$

$(x + y)^4 = x^4 + 4x^3y + 6x^2y^2 + 4xy^3 + y^4$

$(x - y)^4 = x^4 - 4x^3y + 6x^2y^2 - 4xy^3 + y^4$

$$(x + y)^n = x^n + nx^{n-1}y + \frac{n(n-1)}{2!}x^{n-2}y^2 + \cdots + nxy^{n-1} + y^n$$

$$(x - y)^n = x^n - nx^{n-1}y + \frac{n(n-1)}{2!}x^{n-2}y^2 - \cdots \pm nxy^{n-1} \mp y^n$$

Teorema del cero racional

Si $p(x) = a_n x^n + a_{n-1}x^{n-1} + \cdots + a_1 x + a_0$ tiene coeficientes enteros, entonces todo *cero racional* de p es de la forma $x = r/s$, donde r es un factor de a_0 y s es un factor de a_n.

Factorización por agrupamiento

$$acx^3 + adx^2 + bcx + bd = ax^2(cx + d) + b(cx + d) = (ax^2 + b)(cx + d)$$

Operaciones aritméticas

$ab + ac = a(b + c)$

$\dfrac{a}{b} + \dfrac{c}{d} = \dfrac{ad + bc}{bd}$

$\dfrac{a + b}{c} = \dfrac{a}{c} + \dfrac{b}{c}$

$\dfrac{\left(\dfrac{a}{b}\right)}{\left(\dfrac{c}{d}\right)} = \left(\dfrac{a}{b}\right)\left(\dfrac{d}{c}\right) = \dfrac{ad}{bc}$

$\dfrac{\left(\dfrac{a}{b}\right)}{c} = \dfrac{a}{bc}$

$\dfrac{a}{\left(\dfrac{b}{c}\right)} = \dfrac{ac}{b}$

$a\left(\dfrac{b}{c}\right) = \dfrac{ab}{c}$

$\dfrac{a - b}{c - d} = \dfrac{b - a}{d - c}$

$\dfrac{ab + ac}{a} = b + c$

Exponentes y radicales

$a^0 = 1, \quad a \neq 0$

$(ab)^x = a^x b^x$

$a^x a^y = a^{x+y}$

$\sqrt{a} = a^{1/2}$

$\dfrac{a^x}{a^y} = a^{x-y}$

$\sqrt[n]{a} = a^{1/n}$

$\left(\dfrac{a}{b}\right)^x = \dfrac{a^x}{b^x}$

$\sqrt[n]{a^m} = a^{m/n}$

$a^{-x} = \dfrac{1}{a^x}$

$\sqrt[n]{ab} = \sqrt[n]{a}\,\sqrt[n]{b}$

$(a^x)^y = a^{xy}$

$\sqrt[n]{\dfrac{a}{b}} = \dfrac{\sqrt[n]{a}}{\sqrt[n]{b}}$

FÓRMULAS DE GEOMETRÍA

Triángulo

$h = a \operatorname{sen} \theta$

Área $= \dfrac{1}{2}bh$

(Ley de los cosenos)

$c^2 = a^2 + b^2 - 2ab \cos \theta$

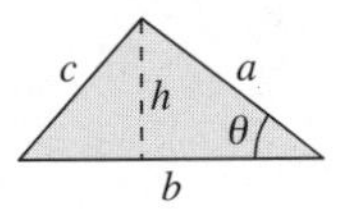

Triángulo rectángulo

(Teorema de Pitágoras)

$c^2 = a^2 + b^2$

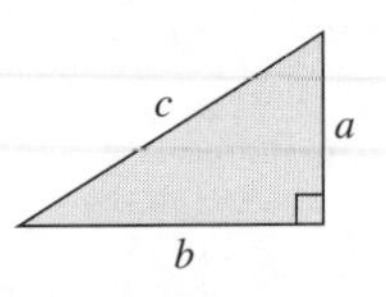

Triángulo equilátero

$h = \dfrac{\sqrt{3}s}{2}$

Área $= \dfrac{\sqrt{3}s^2}{4}$

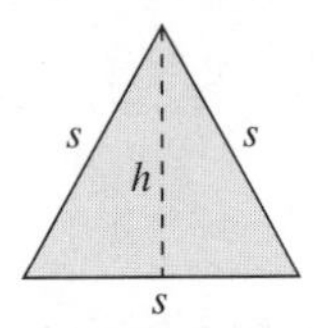

Paralelogramo

Área $= bh$

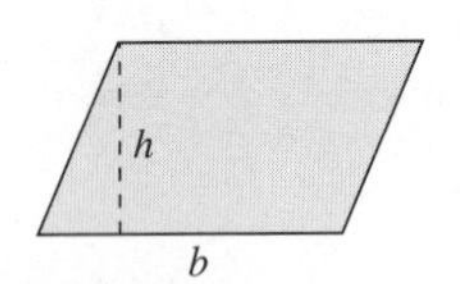

Trapezoide

Área $= \dfrac{h}{2}(a + b)$

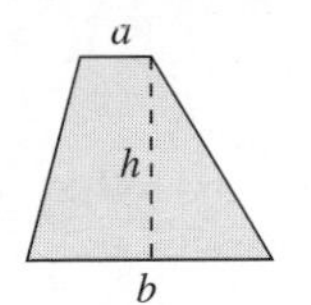

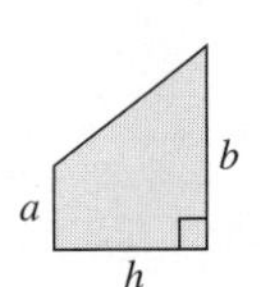

Círculo

Área $= \pi r^2$

Circunferencia $= 2\pi r$

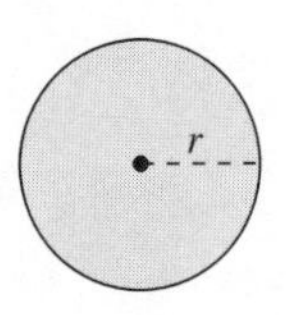

Sector circular

(θ en radianes)

Área $= \dfrac{\theta r^2}{2}$

$s = r\theta$

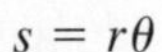

Anillo circular

(p = radio promedio,
w = ancho del anillo)

Área $= \pi(R^2 - r^2)$
$= 2\pi pw$

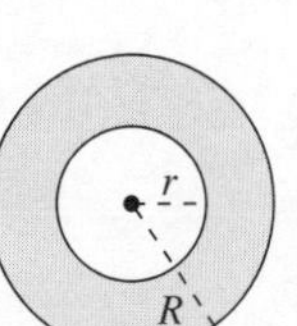

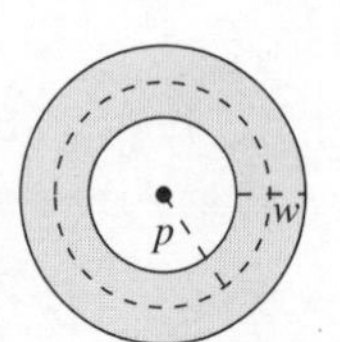

Sector de un anillo circular

(p = radio promedio,
w = ancho del anillo,
θ en radianes)

Área $= \theta pw$

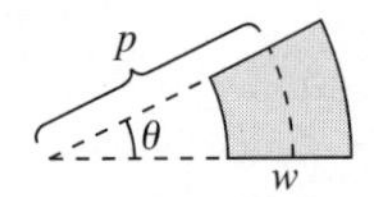

Elipse

Área $= \pi ab$

Circunferencia $\approx 2\pi\sqrt{\dfrac{a^2 + b^2}{2}}$

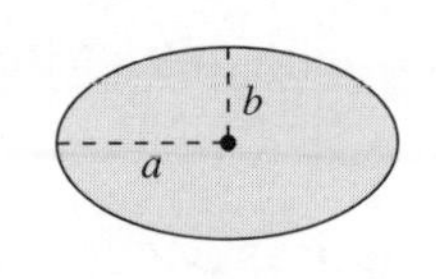

Cono

(A = área de la base)

Volumen $= \dfrac{Ah}{3}$

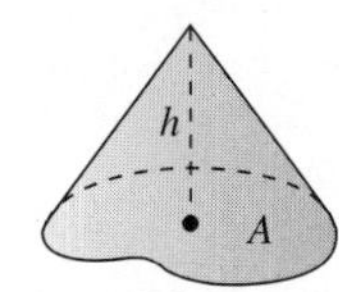

Cono circular recto

Volumen $= \dfrac{\pi r^2 h}{3}$

Área de la superficie lateral $= \pi r\sqrt{r^2 + h^2}$

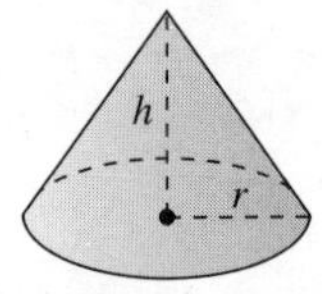

Tronco de un cono circular recto

Volumen $= \dfrac{\pi(r^2 + rR + R^2)h}{3}$

Área de la superficie lateral $= \pi s(R + r)$

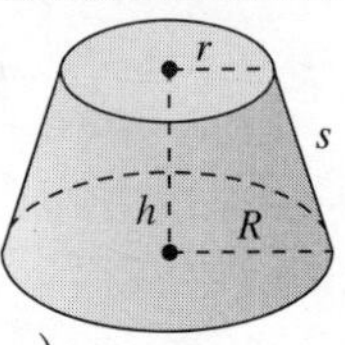

Cilindro circular recto

Volumen $= \pi r^2 h$

Área de la superficie lateral $= 2\pi rh$

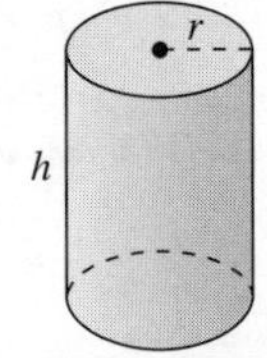

Esfera

Volumen $= \dfrac{4}{3}\pi r^3$

Área de la superficie $= 4\pi r^2$

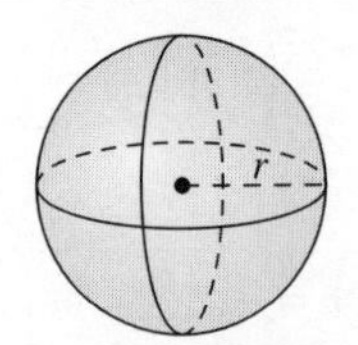

Cuña

(A = área de la cara superior,
B = área de la base)

$A = B \sec \theta$

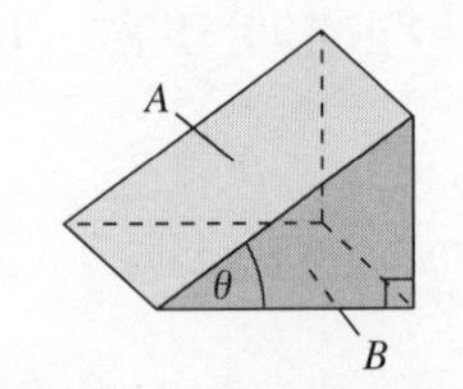

TRIGONOMETRÍA

Definiciones de las seis funciones trigonométricas

Definiciones para un triángulo rectángulo, donde $0 < \theta < \pi/2$.

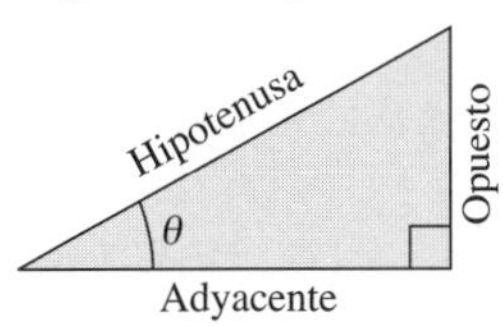

$$\operatorname{sen}\theta = \frac{\text{op}}{\text{hip}} \quad \csc\theta = \frac{\text{hip}}{\text{op}}$$

$$\cos\theta = \frac{\text{ady}}{\text{hip}} \quad \sec\theta = \frac{\text{hip}}{\text{ady}}$$

$$\tan\theta = \frac{\text{op}}{\text{ady}} \quad \cot\theta = \frac{\text{ady}}{\text{op}}$$

Definiciones de las funciones circulares, donde θ es cualquier ángulo.

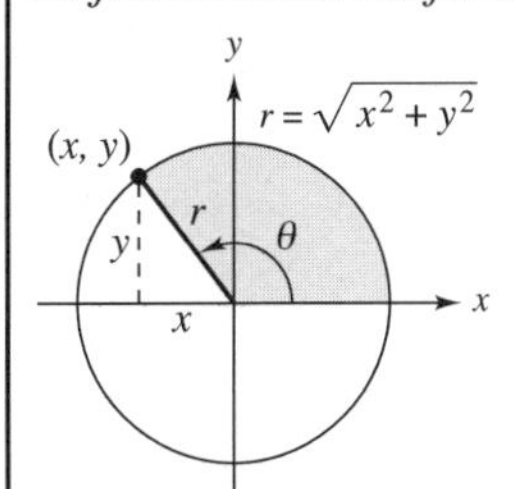

$$\operatorname{sen}\theta = \frac{y}{r} \quad \csc\theta = \frac{r}{y}$$

$$\cos\theta = \frac{x}{r} \quad \sec\theta = \frac{r}{x}$$

$$\tan\theta = \frac{y}{x} \quad \cot\theta = \frac{x}{y}$$

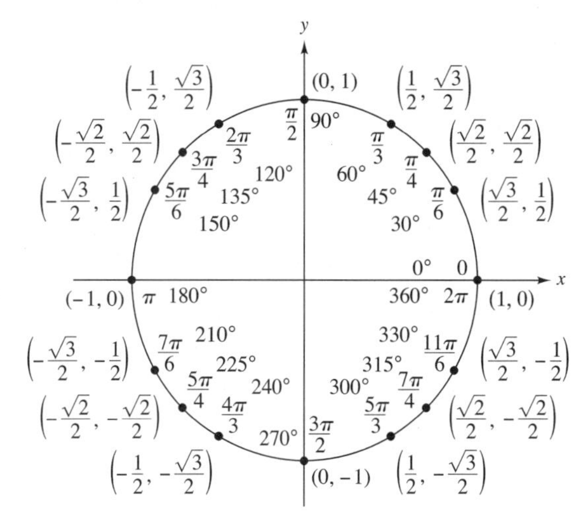

Identidades recíprocas

$$\operatorname{sen} x = \frac{1}{\csc x} \quad \cos x = \frac{1}{\sec x} \quad \tan x = \frac{1}{\cot x}$$

$$\csc x = \frac{1}{\operatorname{sen} x} \quad \sec x = \frac{1}{\cos x} \quad \cot x = \frac{1}{\tan x}$$

Identidades para la tangente y la cotangente

$$\tan x = \frac{\operatorname{sen} x}{\cos x} \quad \cot x = \frac{\cos x}{\operatorname{sen} x}$$

Identidades pitagóricas

$$\operatorname{sen}^2 x + \cos^2 x = 1$$

$$1 + \tan^2 x = \sec^2 x \qquad 1 + \cot^2 x = \csc^2 x$$

Identidades para cofunciones

$$\operatorname{sen}\left(\frac{\pi}{2} - x\right) = \cos x \quad \cos\left(\frac{\pi}{2} - x\right) = \operatorname{sen} x$$

$$\csc\left(\frac{\pi}{2} - x\right) = \sec x \quad \tan\left(\frac{\pi}{2} - x\right) = \cot x$$

$$\sec\left(\frac{\pi}{2} - x\right) = \csc x \quad \cot\left(\frac{\pi}{2} - x\right) = \tan x$$

Identidades pares/impares

$$\operatorname{sen}(-x) = -\operatorname{sen} x \quad \cos(-x) = \cos x$$

$$\csc(-x) = -\csc x \quad \tan(-x) = -\tan x$$

$$\sec(-x) = \sec x \quad \cot(-x) = -\cot x$$

Fórmulas para la suma y la diferencia

$$\operatorname{sen}(u \pm v) = \operatorname{sen} u \cos v \pm \cos u \operatorname{sen} v$$

$$\cos(u \pm v) = \cos u \cos v \mp \operatorname{sen} u \operatorname{sen} v$$

$$\tan(u \pm v) = \frac{\tan u \pm \tan v}{1 \mp \tan u \tan v}$$

Fórmulas para ángulos dobles

$$\operatorname{sen} 2u = 2 \operatorname{sen} u \cos u$$

$$\cos 2u = \cos^2 u - \operatorname{sen}^2 u = 2\cos^2 u - 1 = 1 - 2\operatorname{sen}^2 u$$

$$\tan 2u = \frac{2\tan u}{1 - \tan^2 u}$$

Fórmulas para la reducción de potencias

$$\operatorname{sen}^2 u = \frac{1 - \cos 2u}{2}$$

$$\cos^2 u = \frac{1 + \cos 2u}{2}$$

$$\tan^2 u = \frac{1 - \cos 2u}{1 + \cos 2u}$$

Fórmulas suma a producto

$$\operatorname{sen} u + \operatorname{sen} v = 2\operatorname{sen}\left(\frac{u+v}{2}\right)\cos\left(\frac{u-v}{2}\right)$$

$$\operatorname{sen} u - \operatorname{sen} v = 2\cos\left(\frac{u+v}{2}\right)\operatorname{sen}\left(\frac{u-v}{2}\right)$$

$$\cos u + \cos v = 2\cos\left(\frac{u+v}{2}\right)\cos\left(\frac{u-v}{2}\right)$$

$$\cos u - \cos v = -2\operatorname{sen}\left(\frac{u+v}{2}\right)\operatorname{sen}\left(\frac{u-v}{2}\right)$$

Fórmulas producto a suma

$$\operatorname{sen} u \operatorname{sen} v = \frac{1}{2}[\cos(u-v) - \cos(u+v)]$$

$$\cos u \cos v = \frac{1}{2}[\cos(u-v) + \cos(u+v)]$$

$$\operatorname{sen} u \cos v = \frac{1}{2}[\operatorname{sen}(u+v) + \operatorname{sen}(u-v)]$$

$$\cos u \operatorname{sen} v = \frac{1}{2}[\operatorname{sen}(u+v) - \operatorname{sen}(u-v)]$$

DERIVADAS E INTEGRALES

Reglas básicas de diferenciación

1. $\frac{d}{dx}[cu] = cu'$
2. $\frac{d}{dx}[u \pm v] = u' \pm v'$
3. $\frac{d}{dx}[uv] = uv' + vu'$
4. $\frac{d}{dx}\left[\frac{u}{v}\right] = \frac{vu' - uv'}{v^2}$
5. $\frac{d}{dx}[c] = 0$
6. $\frac{d}{dx}[u^n] = nu^{n-1}u'$
7. $\frac{d}{dx}[x] = 1$
8. $\frac{d}{dx}[|u|] = \frac{u}{|u|}(u'), \quad u \neq 0$
9. $\frac{d}{dx}[\ln u] = \frac{u'}{u}$
10. $\frac{d}{dx}[e^u] = e^u u'$
11. $\frac{d}{dx}[\log_a u] = \frac{u'}{(\ln a)u}$
12. $\frac{d}{dx}[a^u] = (\ln a)a^u u'$
13. $\frac{d}{dx}[\operatorname{sen} u] = (\cos u)u'$
14. $\frac{d}{dx}[\cos u] = -(\operatorname{sen} u)u'$
15. $\frac{d}{dx}[\tan u] = (\sec^2 u)u'$
16. $\frac{d}{dx}[\cot u] = -(\csc^2 u)u'$
17. $\frac{d}{dx}[\sec u] = (\sec u \tan u)u'$
18. $\frac{d}{dx}[\csc u] = -(\csc u \cot u)u'$
19. $\frac{d}{dx}[\operatorname{arcsen} u] = \frac{u'}{\sqrt{1 - u^2}}$
20. $\frac{d}{dx}[\arccos u] = \frac{-u'}{\sqrt{1 - u^2}}$
21. $\frac{d}{dx}[\arctan u] = \frac{u'}{1 + u^2}$
22. $\frac{d}{dx}[\operatorname{arccot} u] = \frac{-u'}{1 + u^2}$
23. $\frac{d}{dx}[\operatorname{arcsec} u] = \frac{u'}{|u|\sqrt{u^2 - 1}}$
24. $\frac{d}{dx}[\operatorname{arccsc} u] = \frac{-u'}{|u|\sqrt{u^2 - 1}}$
25. $\frac{d}{dx}[\operatorname{senh} u] = (\cosh u)u'$
26. $\frac{d}{dx}[\cosh u] = (\operatorname{senh} u)u'$
27. $\frac{d}{dx}[\tanh u] = (\operatorname{sech}^2 u)u'$
28. $\frac{d}{dx}[\coth u] = -(\operatorname{csch}^2 u)u'$
29. $\frac{d}{dx}[\operatorname{sech} u] = -(\operatorname{sech} u \tanh u)u'$
30. $\frac{d}{dx}[\operatorname{csch} u] = -(\operatorname{csch} u \coth u)u'$
31. $\frac{d}{dx}[\operatorname{senh}^{-1} u] = \frac{u'}{\sqrt{u^2 + 1}}$
32. $\frac{d}{dx}[\cosh^{-1} u] = \frac{u'}{\sqrt{u^2 - 1}}$
33. $\frac{d}{dx}[\tanh^{-1} u] = \frac{u'}{1 - u^2}$
34. $\frac{d}{dx}[\coth^{-1} u] = \frac{u'}{1 - u^2}$
35. $\frac{d}{dx}[\operatorname{sech}^{-1} u] = \frac{-u'}{u\sqrt{1 - u^2}}$
36. $\frac{d}{dx}[\operatorname{csch}^{-1} u] = \frac{-u'}{|u|\sqrt{1 + u^2}}$

Fórmulas básicas de integración

1. $\int kf(u)\,du = k\int f(u)\,du$
2. $\int [f(u) \pm g(u)]\,du = \int f(u)\,du \pm \int g(u)\,du$
3. $\int du = u + C$
4. $\int u^n\,du = \frac{u^{n+1}}{n + 1} + C, \quad n \neq -1$
5. $\int \frac{du}{u} = \ln|u| + C$
6. $\int e^u\,du = e^u + C$
7. $\int a^u\,du = \left(\frac{1}{\ln a}\right)a^u + C$
8. $\int \operatorname{sen} u\,du = -\cos u + C$
9. $\int \cos u\,du = \operatorname{sen} u + C$
10. $\int \tan u\,du = -\ln|\cos u| + C$
11. $\int \cot u\,du = \ln|\operatorname{sen} u| + C$
12. $\int \sec u\,du = \ln|\sec u + \tan u| + C$
13. $\int \csc u\,du = -\ln|\csc u + \cot u| + C$
14. $\int \sec^2 u\,du = \tan u + C$
15. $\int \csc^2 u\,du = -\cot u + C$
16. $\int \sec u \tan u\,du = \sec u + C$
17. $\int \csc u \cot u\,du = -\csc u + C$
18. $\int \frac{du}{\sqrt{a^2 - u^2}} = \operatorname{arcsen}\frac{u}{a} + C$
19. $\int \frac{du}{a^2 + u^2} = \frac{1}{a}\arctan\frac{u}{a} + C$
20. $\int \frac{du}{u\sqrt{u^2 - a^2}} = \frac{1}{a}\operatorname{arcsec}\frac{|u|}{a} + C$